《数控加工手册》卷目

第1卷
第1篇　数控加工常用资料
第2篇　数控机床

第2卷
第3篇　数控刀具
第4篇　机床夹具、组合夹具与机床辅具

第3卷
第5篇　数控加工工艺
第6篇　数控编程技术

第4卷
第7篇　数控测量技术
第8篇　常用数控系统

《数控加工手册》编委会名单

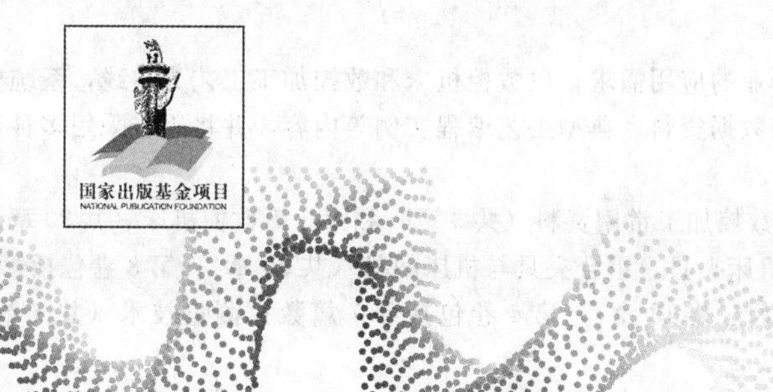

数控加工手册

HANDBOOK OF NUMERICAL CONTROL MACHINING

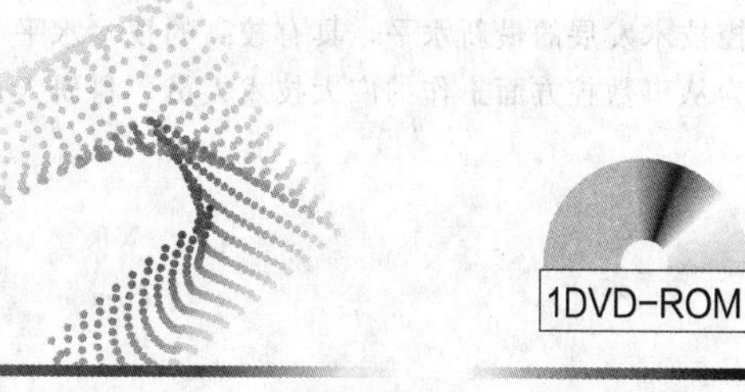

第④卷

张定华 主 编
殷国富 曹 岩 卜 昆 副主编

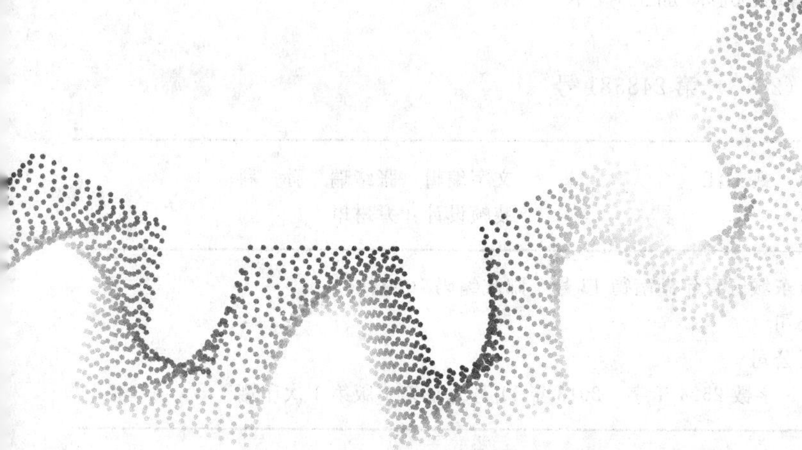

化学工业出版社
·北 京·

本手册结合航空航天、汽车工业等高端制造行业的应用需求，以数控机床和数控加工工艺为主线，系统整理和总结了数控加工相关的关键技术和方法、标准数据资料、典型工艺编程实例等内容，并将逐步采用多种数字媒体形式出版。

本手册分为4卷，共8篇。第1卷包括第1篇数控加工常用资料（共3章）和第2篇数控机床（共20章）；第2卷包括第3篇数控刀具（共16章）和第4篇机床夹具、组合夹具与机床辅具（共20章）；第3卷包括第5篇数控加工工艺（共11章）和第6篇数控编程技术（共12章）；第4卷包括第7篇数控测量技术（共8章）和第8篇常用数控系统（共7章）。

本手册汇集了国内数控行业与制造行业生产、科研、教学一线的几十位资深专家与学者的智慧，紧跟数控技术发展前沿，以先进翔实的技术内容结构、充实的经验图表实例和最新的国家、行业标准，体现了国内外数控技术发展的最新水平，具有较高的技术水平与实际应用价值，能够满足生产、教学、科研的广泛需求，可作为从事数控方面工作的广大技术人员、科研人员以及大中专院校师生的工具书。

图书在版编目（CIP）数据

数控加工手册．第4卷/张定华主编．—北京：化学工业出版社，2013.11

ISBN 978-7-122-18749-9

Ⅰ.①数…　Ⅱ.①张…　Ⅲ.①数控机床-加工-技术手册　Ⅳ.①TG659-62

中国版本图书馆CIP数据核字（2013）第248381号

责任编辑：张　立　孙　炜　张素芳　武　江　　文字编辑：张绪瑞　孙　科

责任校对：边　涛　战河红　　装帧设计：尹琳琳

出版发行：化学工业出版社（北京市东城区青年湖南街13号　邮政编码100011）

印　　刷：北京永鑫印刷有限责任公司

装　　订：三河市万龙印装有限责任公司

787mm×1092mm　1/16　印张74¾　字数2524千字　2013年11月北京第1版第1次印刷

购书咨询：010-64518888（传真：010-64519686）　售后服务：010-64518899

网　　址：http://www.cip.com.cn

凡购买本书，如有缺损质量问题，本社销售中心负责调换。

定　　价：188.00元（含1DVD-ROM）

《数控加工手册》编写人员名单

主　　　编： 张定华

副　主　编： 殷国富　曹　岩　卜　昆

主要编写人员：（按姓氏拼音排序）

白　瑀　陈　桦　程云勇　董冠华　杜　江
杜柳青　范庆明　方　舟　方一鸣　房亚东
顾德英　胡瑞飞　胡　腾　胡贤金　黄魁东
黄宗南　姬坤海　李建华　李云龙　蔺小军
刘　怀　刘　丽　刘　宁　刘维伟　刘　峥
潘　牧　单晨伟　桑国柱　申　晋　孙　波
孙惠娟　孙建华　田荣鑫　万宏强　王　玲
王生德　王万金　王志宏　谢华锟　徐　雷
杨艳丽　姚　慧　要小鹏　叶方涛　殷　勤
殷　鹰　张金泉　赵秀粉　赵钟菊　郑　彬
仲伟峰　朱家诚

参加编写人员：（按姓氏拼音排序）

曹飞龙　曹现刚　曹　森　常威威　陈　冰
陈　黎　陈　龙　陈　思　陈　璇　陈　悦
程　璞　程　文　崔　迪　崔栋鹏　邓聪颖
邓　霜　丁肖艺　东潘龙　董爱民　董　洁
董　鑫　董雪娇　窦杨柳　杜永霞　杜　仲
段婉璐　樊宁静　方　辉　高　斌　高妮萍
高　源　耿　乐　郭骏峰　郭　卿　郭　研
韩　策　韩飞燕　何　波　贺小东　衡　良
侯永锋　胡晓兵　胡小龙　黄沁园　贾立伟

《数控加工手册》编写人员名单

寇啸溪	李朝朝	李光明	李　靖	李堂明
李向欣	李晓燕	李转霞	廖　恺	蔺麦田
刘超锋	刘　凯	刘　璐	刘鹏军	刘全兴
刘一龙	卢健钊	卢志伟	罗　明	罗　勋
马俊金	马陆飞	毛晓博	梅思林	孟晓贤
孟昭渝溪	米　良	慕文龙	穆龙涛	聂笃忠
潘学坤	齐俊德	秦豫川	邱　飞	任静波
任军学	沈　冰	史耀耀	宋金辉	宿文军
孙明楠	谭　峰	谭　靓	陶开荣	陶　毅
田长明	田晓飞	汪文虎	王成洲	王东方
王海丞	王海军	王金涛	王　晶	王骏腾
王　鹍	王丽雅	王　亮	王念鲁	王　佩
王　嫔	王　婷	王文娟	王向男	王　骁
王小龙	王　艳	王耀辰	王　宇	王增强
王志伟	王智杰	吴宝海	吴　广	吴刘兴
吴少琼	吴　毅	吴雨佳	肖　炜	解　彪
谢少华	徐沛沛	徐　哲	严冬青	严佳强
杨　晨	杨成立	杨富强	杨建华	杨　杰
杨丽娜	杨　沫	杨青龙	杨　升	杨　艳
姚倡锋	殷　飞	殷　鸣	尹小忠	于　飞
袁　伟	曾定州	翟　玉	张慧芳	张敬东
张　磊	张利娜	张鹏飞	张　瑞	张少云
张现东	张小粉	张晓峰	张笑凡	张新鸽
张雅丹	张　莹	赵　举	赵　颖	郑炳风
郑　佳	郑召斌	周传磊	周　君	周世平
周　续	周玉波	朱金波	朱　科	朱　鹏
朱真真	左　维			

序言

数控加工技术是先进制造技术的重要组成部分，其应用的广度和深度是衡量一个国家综合技术水平和企业现代化水平的重要标志之一。根据我国《国家中长期科学和技术发展规划纲要(2006—2020)》的要求，国家工业和信息化部、科学技术部在2009年设立并启动了“高档数控机床与基础制造装备”科技重大专项，其主要目标就是在国内形成高档数控机床的自主开发能力和数控加工技术的广泛应用，使得数控机床的总体技术水平进入国际先进行列。

《数控加工手册》的编写和出版对于满足生产、教学、科研的广泛需求，服务国家科技重大专项和高端装备制造业的发展具有积极意义。本手册充分地吸收、总结了国内外数控加工领域中的新标准、新材料、新工艺、新技术、新产品、新设计理论与方法，具有较高的技术水平与实际应用价值。在出版形式方面，除了采用传统的纸质图书外，还采用了最新的ebook、云出版等出版形式，便于读者快速查阅和使用。

本手册以数控机床和数控加工工艺为主线，对数控机床设计的相关知识、数控编程和实例、刀具辅具以及机床检测技术等方面进行了精心的选择和系统的论述，内容全面，取材新颖，图文并茂，较好地体现了数控加工技术的先进性、科学性、系统性和实用性，可为数控机床设计、数控加工编程、数控加工工艺设计等技术人员提供先进的设计思想、编程方法和详细的参考数据资料。我衷心祝贺这部实用工具书的编著出版，相信它将会为我国数控机床和机械加工行业的可持续发展，从机械加工大国转变为机械加工强国做出重要的贡献。

熊有伦

2013年11月16日

前言

数控加工技术是随着数控机床而发展起来的先进加工技术，其内涵主要包括数控加工机床、数控加工工艺和数控加工编程，外延已拓展到数控加工车间管理和计算机集成制造，推动了制造业向数字化、网络化、集成化、智能化发展。

随着国内产业结构调整，数控机床拥有量持续增长，产品结构日趋复杂，精度日趋提高，激烈的市场竞争要求产品研制生产周期越来越短，不断提高数控加工技术应用水平和普及程度，已成为国家提升制造业核心竞争力的重要支撑。但目前国内真正掌握现代数控机床和数控加工工艺技术的人员严重不足。为此，我们结合航空航天、汽车工业等高端制造行业的应用需求，系统整理和总结了数控加工工艺关键技术和方法、标准数据资料、典型工艺编程实例等内容，编写了这套《数控加工手册》，并将逐步采用数字媒体形式出版。

本手册的内容主要包括：数控加工常用资料，数控机床，数控刀具，机床夹具、组合夹具与机床辅具，数控加工工艺，数控编程技术，数控测量技术，常用数控系统等，可作为从事数控方面工作的广大技术人员、科研人员以及大中专院校相关专业师生的工具书。

《数控加工手册》的编写由化学工业出版社发起并得到了国家出版基金项目的资助，由张定华教授担任主编，殷国富、曹岩、卜昆担任副主编，参加编写工作的单位主要包括西北工业大学、四川大学、西安工业大学、成都工具研究所、山东大学等。本手册的编写参考和引用了国内外许多专家学者的优秀研究成果和文献资料，化学工业出版社的编辑和审校者也付出了艰辛的劳动和辛勤的汗水，在这里表示衷心感谢！

数控加工技术仍在不断发展和完善，同时由于编者知识水平和经验有限，加之编写时间仓促，难免不能充分反映数控加工技术的最新进展，书中的疏漏和不足之处敬请专家和读者批评指正。

张定华

2013 年 11 月

CONTENTS 目录

第7篇 数控测量技术

第1章 在机测量系统

1.1 在机测量系统概述 …… 7-3
1.1.1 在机测量的概念 …… 7-3
1.1.2 在机测量系统的组成 …… 7-3
1.1.3 在机测量系统的工作原理 …… 7-4
1.1.4 在机测量系统的功能 …… 7-4
1.2 在机测量主要硬件设备 …… 7-5
1.2.1 触发测头 …… 7-5
1.2.2 无线电接收器 …… 7-9
1.2.3 对刀仪 …… 7-9
1.3 在机测量软件 …… 7-13
1.3.1 在机测量软件的特征 …… 7-13
1.3.2 常用商业在机测量软件 …… 7-13
1.4 在机测量方法及步骤 …… 7-16
1.4.1 在机测量使用方法及步骤 …… 7-16
1.4.2 在机测量实施步骤 …… 7-17

第2章 三坐标测量机

2.1 三坐标测量机概述 …… 7-18
2.1.1 三坐标测量机定义 …… 7-18
2.1.2 三坐标测量机分类 …… 7-18
2.1.3 选用坐标测量机时应该考虑的因素 …… 7-22
2.2 三坐标测量机的结构 …… 7-24
2.2.1 标尺系统 …… 7-24
2.2.2 导轨 …… 7-24
2.2.3 驱动机构 …… 7-24
2.2.4 直线步进电机 …… 7-25
2.2.5 平衡部件 …… 7-25
2.2.6 附件 …… 7-25
2.2.7 三坐标测量机测头 …… 7-25
2.3 三坐标测量机控制系统 …… 7-26
2.3.1 控制系统的结构 …… 7-26
2.3.2 空间坐标测量控制 …… 7-27
2.3.3 测量进给控制 …… 7-27
2.4 探测系统 …… 7-27
2.4.1 测头 …… 7-27
2.4.2 触发测头 …… 7-32
2.4.3 扫描测头 …… 7-33
2.4.4 光学测头 …… 7-33
2.4.5 测头附件 …… 7-34
2.4.6 分度测座 …… 7-34
2.4.7 常用探测系统 …… 7-34
2.5 坐标测量软件 …… 7-38
2.5.1 坐标测量软件功能 …… 7-39
2.5.2 选择测量软件需要考虑的要素 …… 7-39
2.5.3 测量编程的几种模式 …… 7-39
2.6 测头半径补偿 …… 7-40
2.6.1 二维补偿技术 …… 7-40
2.6.2 三维补偿技术 …… 7-40
2.6.3 三维补偿的计算 …… 7-41
2.7 坐标测量机测量路径规划 …… 7-41
2.7.1 平面形状的规划路径的设计 …… 7-42
2.7.2 自由曲面的测量规划技术 …… 7-42
2.7.3 曲面测量区域划分规则 …… 7-43
2.7.4 测量路径的生成方法分类 …… 7-44
2.7.5 测量路径规划策略 …… 7-44
2.7.6 常用曲面测量路径规划方法 …… 7-45
2.8 三坐标测量机坐标系的建立 …… 7-47
2.8.1 坐标系的建立 …… 7-47
2.8.2 建立零件坐标系步骤 …… 7-47
2.8.3 常用的工件坐标系建立方法 …… 7-47
2.8.4 柱坐标与直角坐标系的关系 …… 7-48
2.8.5 球坐标与直角坐标的关系 …… 7-48
2.9 三坐标测量机误差补偿 …… 7-49
2.9.1 三坐标误差补偿分类 …… 7-49
2.9.2 误差补偿的步骤 …… 7-49

2.10 三坐标测量机误差的检定 …………… 7-51
2.10.1 几何单项误差的评定 …………… 7-51
2.10.2 测头及其附件的误差检测 ………… 7-52
2.11 测量机的安装与维护 ………………… 7-52
2.11.1 测量机安装地点的一般原则 …… 7-52
2.11.2 测量机工作温度和工作湿度 …… 7-52
2.11.3 测量机供气系统 ………………… 7-53
2.11.4 电气要求 ………………………… 7-53
2.11.5 检定验收环境要求 ……………… 7-53
2.11.6 测量机维护 ……………………… 7-53
2.12 三坐标测量机的应用实例 ………… 7-54
2.12.1 曲面的测量 ……………………… 7-54
2.12.2 齿轮测量 ………………………… 7-57
2.12.3 螺纹的测量 ……………………… 7-58
2.12.4 叶片测量 ………………………… 7-60
2.12.5 叶盘测量 ………………………… 7-61

第3章 光学测量

3.1 激光测量 ……………………………… 7-63
3.1.1 激光干涉仪 ……………………… 7-63
3.1.2 激光跟踪测量仪 ………………… 7-67
3.1.3 激光扫描仪 ……………………… 7-72
3.2 白光测量 ……………………………… 7-72
3.2.1 摄影测量 ………………………… 7-73
3.2.2 白光干涉测量 …………………… 7-73
3.2.3 三维白光扫描 …………………… 7-75
3.3 CT 测量 ……………………………… 7-76
3.3.1 工业 CT 原理及组成 …………… 7-77
3.3.2 工业 CT 检测流程和软件系统 …… 7-79
3.3.3 射线数字成像系统的类型 ……… 7-81
3.3.4 典型应用 ………………………… 7-82
3.4 典型光学测量产品 …………………… 7-83
3.4.1 3D Camega 产品 ………………… 7-83
3.4.2 ATOS 光学扫描仪 ……………… 7-86
3.4.3 HDI 白光三维扫描仪 …………… 7-89
3.4.4 海克斯康 Optigo 白光测量系统 … 7-91
3.4.5 CoreView 系列软件 …………… 7-91
3.4.6 Optiv 复合式影像测量系统 …… 7-91
3.4.7 TESA 轴类零件光学测量仪 …… 7-94

第4章 测量对象和测量方法

4.1 测量工具 ……………………………… 7-95
4.2 测量方法 ……………………………… 7-97
4.2.1 常见的测量 ……………………… 7-97
4.2.2 测量误差 ………………………… 7-101
4.2.3 验收 ……………………………… 7-101
4.2.4 测量数值分析 …………………… 7-102
4.2.5 测量标准 ………………………… 7-103
4.2.6 软件的使用 ……………………… 7-104
4.3 渗氮层检验 …………………………… 7-107
4.3.1 渗氮 ……………………………… 7-107
4.3.2 侵蚀剂的选择 …………………… 7-108
4.4 黏度测量 ……………………………… 7-109
4.4.1 平氏黏度计 ……………………… 7-109
4.4.2 芬氏黏度计 ……………………… 7-109
4.4.3 乌氏黏度计 ……………………… 7-109
4.4.4 逆流黏度计 ……………………… 7-110
4.4.5 动能修正 ………………………… 7-110
4.5 硬度测量 ……………………………… 7-111
4.6 直线度误差和平面度误差检测 ……… 7-111

第5章 常用量具量仪

5.1 千分尺 ………………………………… 7-113
5.1.1 外径千分尺 ……………………… 7-113
5.1.2 内径千分尺 ……………………… 7-113
5.1.3 公法线千分尺 …………………… 7-115
5.1.4 深度千分尺 ……………………… 7-115
5.1.5 杠杆千分尺 ……………………… 7-115
5.1.6 螺纹千分尺 ……………………… 7-116
5.2 塞尺与方形角尺 ……………………… 7-117
5.2.1 塞尺 ……………………………… 7-117
5.2.2 方形角尺 ………………………… 7-117
5.3 电子数显卡尺 ………………………… 7-118
5.4 卡尺 …………………………………… 7-119
5.4.1 游标、带表和数显齿厚卡尺 …… 7-119
5.4.2 游标、带表和数显卡尺 ………… 7-120
5.4.3 游标、带表和数显万能角度尺 … 7-123
5.5 容栅数显标尺 ………………………… 7-124
5.6 量规 …………………………………… 7-125
5.6.1 光滑极限量规 …………………… 7-125
5.6.2 功能量规 ………………………… 7-128
5.6.3 圆锥量规 ………………………… 7-130
5.6.4 圆柱直齿渐开线花键量规 ……… 7-135
5.6.5 矩形花键量规 …………………… 7-139
5.6.6 55°非密封螺纹量规 …………… 7-141
5.6.7 电子塞规 ………………………… 7-143
5.6.8 杠杆卡规 ………………………… 7-145
5.6.9 步距规 …………………………… 7-147
5.7 针规与量针 …………………………… 7-147

5.7.1 针规 …… 7-147
5.7.2 螺纹测量用三针量针 …… 7-148
5.7.3 量针 …… 7-150
5.7.4 针规、三针校准规范 …… 7-151
5.8 测量仪 …… 7-153
5.8.1 齿轮齿距测量仪校准规范 …… 7-153
5.8.2 杠杆齿轮比较仪 …… 7-153
5.8.3 齿轮齿距测量仪 …… 7-154
5.8.4 齿轮螺旋线测量仪 …… 7-154
5.8.5 双啮仪 …… 7-154
5.8.6 万能测齿仪 …… 7-154
5.8.7 万能齿轮测量仪 …… 7-158
5.8.8 齿轮螺旋线测量仪 …… 7-158
5.8.9 万能渐开线检查仪 …… 7-163
5.8.10 杠杆齿轮比较仪 …… 7-167
5.8.11 扭簧比较仪 …… 7-167
5.8.12 机械式比较仪 …… 7-167
5.8.13 电感测微仪 …… 7-172
5.8.14 电子柱电感测微机 …… 7-173
5.8.15 数显电感测微仪 …… 7-175
5.8.16 齿轮单面啮合整体误差测量仪 …… 7-175
5.8.17 电子数显测高仪 …… 7-175
5.8.18 条式和框式水平仪 …… 7-179
5.8.19 电子水平仪 …… 7-179
5.8.20 直角尺检查仪 …… 7-180
5.8.21 圆度仪 …… 7-180
5.8.22 凸轮轴测量仪 …… 7-182
5.8.23 刀具预调测量仪 …… 7-183
5.9 测量表 …… 7-184
5.9.1 指示表 …… 7-184
5.9.2 内径指示表 …… 7-186
5.9.3 深度指示表 …… 7-189
5.9.4 杠杆指示表 …… 7-191
5.9.5 厚度指示表 …… 7-191
5.9.6 电子数显指示表 …… 7-194
5.9.7 曲轴量表 …… 7-194
5.9.8 指示卡表 …… 7-194
5.10 比较样块 …… 7-197
5.10.1 表面粗糙度比较样块 …… 7-197
5.10.2 电火花、抛（丸）、喷砂、研磨、锉、抛光加工表面粗糙度比较样块 …… 7-197
5.11 样板 …… 7-200
5.11.1 齿轮渐开线样板 …… 7-200
5.11.2 齿轮螺旋线样板 …… 7-200
5.11.3 螺纹样板 …… 7-201
5.12 气动测量头的技术条件 …… 7-202
5.13 岩石平板与铸铁平板 …… 7-205
5.13.1 岩石平板 …… 7-205
5.13.2 铸铁平板 …… 7-205
5.14 测量台架 …… 7-207
5.15 D型邵氏硬度计 …… 7-209
5.16 标准努氏硬度块 …… 7-210
5.17 科里奥利质量流量计 …… 7-211
5.18 双金属温度计 …… 7-212
5.19 非金属拉力压力和万能试验机 …… 7-213
5.20 量块 …… 7-215
5.20.1 量块 …… 7-215
5.20.2 角度量块 …… 7-215
5.21 正弦规 …… 7-218
5.22 正多面棱体 …… 7-219

第 6 章 数控机床精度检验

6.1 数控车床精度检验 …… 7-221
6.1.1 单柱和双柱立式车床精度检验（GB/T 23582.1—2009） …… 7-221
6.1.2 数控立式车床精度检验 …… 7-228
6.1.3 数控立式卡盘车床精度检验 …… 7-228
6.1.4 数控卧式车床性能试验规范 …… 7-238
6.1.5 卧式车床几何精度检验 …… 7-240
6.1.6 重型卧式车床精度检验（GB/T 23569—2009） …… 7-254
6.1.7 精密车床精度检验 …… 7-263
6.1.8 简式数控卧式车床精度检验（GB/T 25659.1—2010） …… 7-268
6.1.9 数控小型排刀车床精度检验 …… 7-278
6.1.10 数控纵切自动车床精度检验 …… 7-283
6.1.11 仿形车床几何精度检验（JB/T 3849.2—2011） …… 7-287
6.1.12 凸轮轴车床精度检验（JB/T 8769.1—2011） …… 7-293
6.1.13 数控车床和车削中心检测条件：线性和回转轴线的定位精度及重复定位精度检验 …… 7-300
6.1.14 数控车床和车削中心检验条件：热变形的评定 …… 7-300
6.2 数控铣床精度检验 …… 7-301
6.2.1 平面铣床精度检验（JB/T 3313.2—2011） …… 7-301
6.2.2 数控升降台卧式铣床精度检验（GB/T 21948.1—2008） …… 7-313
6.2.3 数控升降台立式铣床精度检验

(GB/T 21948.2—2008) ………… 7-323
6.2.4 数控床身铣床精度检验 (JB/T 8329—2008, GB/T 20958.1—2007) …………… 7-330
6.2.5 数控立式升降台铣床精度检验 (JB/T 9928.1—1999) …………… 7-342
6.3 数控钻床精度检验 ……………………… 7-352
6.3.1 数控立式钻床精度检验 (JB/T 8357.1—2008) …………… 7-352
6.3.2 数控龙门移动多主轴钻床精度检验 (GB/T 25663—2010) …………… 7-356
6.3.3 钻削加工中心几何精度检验 (JB/T 8648.1—2008) …………… 7-362
6.4 数控镗床精度检验 ……………………… 7-371
6.4.1 坐标镗床精度检验 (JB/T 2254.1—2011) …………… 7-371
6.4.2 卧式铣镗床精度检验 (GB/T 5289.3—2006) …………… 7-384
6.4.3 数控仿形定梁龙门镗铣床精度检验 (GB/T 25658.1—2010) ………… 7-396
6.5 齿轮和螺纹加工机床精度检验 ………… 7-407
6.5.1 数控异型螺杆铣床精度检验 (GB/T 21947—2008) ………… 7-407
6.5.2 数控小型蜗杆铣床精度检验 (GB/T 25660.1—2010) ………… 7-416
6.5.3 数控弧齿锥齿轮铣齿机精度检验 (GB/T 25662—2010) ………… 7-424
6.5.4 数控滚齿机精度检验 (GB/T 25380—2010) …………… 7-430
6.5.5 数控扇形齿轮插齿机精度检验 (GB/T 21945—2008) ………… 7-439
6.5.6 数控剃齿机精度检验 (GB/T 21946—2008) ………… 7-445
6.6 数控磨床精度检验 ……………………… 7-453
6.6.1 无心外圆磨床精度检验 (GB/T 4681—2007) ……………… 7-453
6.6.2 外圆磨床精度检验 (GB/T 4685—2007) …………… 7-460
6.6.3 内圆磨床精度检验 (GB/T 4682—2007) ……………… 7-474
6.6.4 龙门导轨磨床精度检验 (GB/T 5288—2007) ………………… 7-480
6.6.5 卡规磨床精度检验 (JB/T 3870.1—1999) …………… 7-491
6.6.6 万能工具磨床精度检验 (JB/T 3875.2—1999) ……………… 7-498
6.7 组合机床和加工中心精度检验 ………… 7-503
6.7.1 加工中心检验条件：卧式和带附加主轴头机床的几何精度检验（水平 Z 轴）(JB/T 8771.1—1998) …………… 7-503
6.7.2 加工中心检验条件：线性和回转轴线的定位精度和重复定位精度检验 (GB/T 18400.4—2010) ………… 7-524
6.7.3 精密加工中心检验条件：卧式和带附加主轴头机床几何精度检验（水平 Z 轴）(GB/T 20957.1—2007) …… 7-525
6.7.4 精密加工中心检验条件：线性和回转轴线的定位精度和重复定位精度检验（GB/T 20957.4—2007） …… 7-538

第 7 章 齿轮和齿轮副测量

7.1 齿轮精度 ……………………………… 7-539
7.2 齿轮精度的选用 ………………………… 7-552

第 8 章 滚动轴承测量

8.1 向心轴承公差 …………………………… 7-555
8.2 滚动轴承测量和检验的原则及方法 …… 7-566
8.3 滚动轴承通用技术规则 ………………… 7-567
8.4 推力轴承公差 …………………………… 7-567
8.5 仪器用精密轴承：公制系列轴承的外形尺寸、公差和特性 ……………… 7-571
8.6 仪器用精密轴承：英制系列轴承的外形尺寸、公差和特性 ……………… 7-574
8.7 滚轮滚针轴承外形尺寸和公差 ……… 7-581
8.8 振动测量方法：具有圆柱孔和圆柱外表面的向心球轴承 ……………… 7-584
8.9 振动测量方法：具有圆柱孔和圆柱外表面的调心滚子轴承和圆锥滚子轴承 ……………………………… 7-585
8.10 振动测量方法：具有圆柱孔和圆柱外表面的圆柱滚子轴承 ……………… 7-585
8.11 径向游隙的测量方法 ………………… 7-586
8.12 向心轴承定位槽尺寸和公差 ………… 7-586
8.13 滚动轴承振动（速度）测量方法 …… 7-589
8.14 滚动轴承振动（加速度）测量方法 …… 7-590
8.15 滚动轴承零件表面粗糙度测量和评定方法 ……………………………… 7-591

参考文献 ………………………………… 7-592

▶▶▶ 第8篇 常用数控系统

第1章 机械电气设备数控系统

1.1 开放式数控系统 …… 8-3
1.1.1 术语和定义 …… 8-3
1.1.2 ONC系统体系结构应用示例 …… 8-5
1.1.3 基于现场总线的开放式数控系统硬件平台应用示例 …… 8-8
1.1.4 可用于ONC的实时多任务操作系统——Linux …… 8-15
1.1.5 基于虚拟机原理的ONC系统的解决方案 …… 8-20
1.1.6 ONC系统内部通信协议传输格式 …… 8-26
1.2 总线接口与通信协议 …… 8-30
1.2.1 术语和定义 …… 8-30
1.2.2 基本要求 …… 8-32
1.2.3 物理层 …… 8-33
1.2.4 数据链路层 …… 8-34
1.2.5 应用层 …… 8-37
1.2.6 用户层行规 …… 8-38
1.2.7 总线安全导则 …… 8-45
1.2.8 数据类型定义 …… 8-46
1.3 通用技术条件 …… 8-47
1.3.1 术语和定义 …… 8-47
1.3.2 技术要求 …… 8-49
1.3.3 试验方法 …… 8-56
1.3.4 检验规定 …… 8-64
1.3.5 包装与储运 …… 8-64
1.3.6 产品质量判定规则与检验项目 …… 8-64
1.3.7 故障判断和计入原则 …… 8-66
1.3.8 可靠性试验 …… 8-66
1.3.9 数控系统功能型分类及定义 …… 8-67
1.4 NCUC-Bus现场总线应用层协议 …… 8-67
1.4.1 概述 …… 8-67
1.4.2 协议规范 …… 8-70
1.4.3 数据链路层报文格式和服务类型 …… 8-74
1.4.4 总线连接的建立与管理 …… 8-76
1.4.5 差错检测和恢复 …… 8-77
1.4.6 服务 …… 8-78
1.4.7 设备数据字典和标准设备模型 …… 8-85
1.4.8 服务 …… 8-88
1.5 对客户服务基本要求 …… 8-94
1.5.1 概述 …… 8-94
1.5.2 基本原则及内容 …… 8-94
1.5.3 产品服务 …… 8-95
1.5.4 随行文件的要求 …… 8-96
1.5.5 产品质量保证文件 …… 8-99
1.6 电火花加工机床数控系统可靠性 …… 8-100
1.6.1 定义及术语 …… 8-100
1.6.2 故障 …… 8-100
1.6.3 试验样品及抽样 …… 8-102
1.6.4 试验方案 …… 8-102
1.6.5 试验条件 …… 8-102
1.6.6 试验观测 …… 8-102
1.6.7 故障检修及试验记录 …… 8-103
1.6.8 数据处理 …… 8-103
1.6.9 试验报告 …… 8-103
1.6.10 试验记录表格参考样式 …… 8-104
1.6.11 x^2 分布分位数表 …… 8-108

第2章 Siemens数控系统

2.1 Sinumerik 840D数控系统 …… 8-110
2.1.1 Sinumerik 840D数控系统性能 …… 8-110
2.1.2 Sinumerik 840D数控系统硬件结构 …… 8-110
2.1.3 Sinumerik 840D数控系统的软件结构 …… 8-110
2.1.4 Sinumerik 840D数控系统操作面板 …… 8-110
2.1.5 Sinumerik 840D数控系统屏幕划分 …… 8-114
2.1.6 Sinumerik 840D数控系统开机步骤 …… 8-114
2.1.7 Sinumerik 840D铣削编程 …… 8-116
2.2 Sinumerik 810D数控系统 …… 8-123
2.2.1 Sinumerik 810D数控系统性能 …… 8-123
2.2.2 Sinumerik 810D数控系统硬件结构 …… 8-124
2.3 Sinumerik 802D solution line数控系统 …… 8-124
2.3.1 Sinumerik 802D solution line数控系统性能 …… 8-124
2.3.2 Sinumerik 802D solution line数控系统硬件结构 …… 8-125
2.3.3 Sinumerik 802D solution line数控系统编程 …… 8-125
2.4 Sinumerik 802C数控系统 …… 8-127

2.4.1 Sinumerik 802C 数控系统性能 … 8-127
2.4.2 Sinumerik 802C 数控系统硬件结构 …… 8-127
2.4.3 Sinumerik 802C 数控系统编程 8-127
2.5 Sinumerik 802C base line 数控系统 … 8-139
2.5.1 Sinumerik 802C base line 数控系统性能 …… 8-139
2.5.2 Sinumerik 802C base line 数控系统操作面板 …… 8-140
2.5.3 Sinumerik 802C base line 数控系统模拟 …… 8-140
2.5.4 Sinumerik 802C base line 编程实例 …… 8-142

第 3 章 FANUC 数控系统

3.1 FANUC 16i/18i/21i 系列数控系统 … 8-144
3.1.1 功能及特点 …… 8-144
3.1.2 基本构成及连接 …… 8-145
3.1.3 进给与主轴控制 …… 8-145
3.2 FANUC 0i 系列数控系统 …… 8-146
3.2.1 主要功能及特点 …… 8-146
3.2.2 基本构成 …… 8-146
3.2.3 部件的连接 …… 8-147
3.2.4 机床参数 …… 8-147
3.2.5 FANUC 0i 编程 …… 8-148
3.3 FANUC 0 系列数控系统 …… 8-159
3.3.1 主要功能及特点 …… 8-159
3.3.2 基本构成 …… 8-160
3.3.3 控制单元的连接 …… 8-160
3.3.4 伺服系统的基本配置 …… 8-161
3.3.5 数字伺服有关参数的设定 …… 8-162
3.4 FANUC 0 系列 NC 操作系统 …… 8-163
3.4.1 自动执行程序的操作 …… 8-163
3.4.2 系统试运行和安全功能实现 …… 8-164
3.4.3 零件程序的输入、编辑和存储 …… 8-164
3.4.4 数据的显示和设定 …… 8-165
3.5 FANUC 0 系列 NC 编程系统 …… 8-166
3.5.1 参考点和坐标系 …… 8-166
3.5.2 插补功能 …… 8-166
3.5.3 进给功能 …… 8-169
3.5.4 辅助功能 …… 8-169
3.5.5 程序结构 …… 8-170
3.6 FANUC 数控系统数控编程 …… 8-172
3.6.1 数控车床编程实例 …… 8-172
3.6.2 数控铣床及加工中心编程实例 … 8-174

第 4 章 FAGOR 数控系统

4.1 FAGOR 8070 数控系统 …… 8-178
4.1.1 FAGOR 8070 数控系统参数 …… 8-178
4.1.2 FAGOR 8070 数控系统硬件结构 …… 8-230
4.1.3 FAGOR 8070 数控系统操作方法 …… 8-232
4.1.4 FAGOR 8070 数控系统编程实例 …… 8-252
4.2 FAGOR 8055 数控系统 …… 8-258
4.2.1 FAGOR 8055 数控系统参数 …… 8-258
4.2.2 FAGOR 8055 数控系统硬件结构 …… 8-295
4.2.3 FAGOR 8055 数控系统操作方法 …… 8-298
4.2.4 FAGOR 8055 数控系统编程实例 …… 8-314
4.3 FAGOR 8035 数控系统 …… 8-320
4.3.1 FAGOR 8035 数控系统硬件结构 …… 8-320
4.3.2 FAGOR 8035 数控系统操作方法 … 8-325
4.3.3 FAGOR 8035 数控系统编程实例 …… 8-346

第 5 章 广州数控系统

5.1 钻、铣床数控系统 …… 8-351
5.1.1 GSK 980MDc 钻铣数控系统 …… 8-351
5.1.2 GSK 990MA 铣床数控系统…… 8-354
5.1.3 GSK 980MDa 钻铣床数控系统 …… 8-357
5.2 加工中心数控系统 …… 8-359
5.2.1 GSK 983 一体化系列数控系统 …… 8-359
5.2.2 GSK 218M 加工中心数控系统 …… 8-362
5.2.3 GSK 218MC 系列加工中心数控系统 …… 8-366
5.2.4 GSK 25i 铣床加工中心数控系统 …… 8-366
5.3 车床数控系统 …… 8-369
5.3.1 GSK 928TEⅡ车床数控系统 …… 8-369
5.3.2 GSK 980TB2 车床数控系统 …… 8-370
5.3.3 GSK 980TA2 车床数控系统 …… 8-372
5.3.4 GSK 928TEa 车床数控系统 …… 8-375
5.3.5 GSK 98T 车床数控系统 …… 8-377
5.3.6 GSK 988T 车床数控系统 …… 8-378
5.3.7 GSK 980TDb 车床数控系统 …… 8-382
5.3.8 GSK 980TDc 车床数控系统 …… 8-384

5.3.9 GSK 981T 车床数控系统 ……… 8-387
5.3.10 GSK 928TCa 车床数控系统 …… 8-390
5.3.11 GSK 980TA1 车床数控系统 …… 8-392
5.3.12 GSK 928TC-2 车床数控系统 … 8-395
5.3.13 GSK 928TC 车床数控系统 …… 8-396
5.3.14 GSK 928TB 车床数控系统 …… 8-396
5.4 磨床数控系统 ……………………… 8-399
5.4.1 GSK 928GE 外/内圆磨床数控系统 ……………………… 8-399
5.4.2 GSK 928GA 平面磨床数控系统 ……………………… 8-401

第 6 章 华中世纪星数控系统

6.1 华中世纪星数控系统概述 …………… 8-404
6.1.1 华中世纪星数控系统简介 ……… 8-404
6.1.2 华中数控系统的功能特点 ……… 8-404
6.1.3 华中数控系统的开放性 ………… 8-405
6.2 世纪星 HNC-21/ 22T 车床数控系统 ……………………… 8-405
6.2.1 操作面板介绍 ……………… 8-405
6.2.2 主轴功能、进给功能和刀具功能 ……………………… 8-406
6.2.3 手动操作 ……………………… 8-406
6.2.4 数据的设置 ………………… 8-408
6.2.5 程序编辑、管理、运行 ………… 8-409
6.2.6 图形的显示 ………………… 8-409
6.2.7 简单循环、复合循环 ………… 8-412
6.2.8 加工实例 ……………………… 8-412
6.3 世纪星 HNC-21/22M 铣床（加工中心）数控系统 ……………………… 8-417
6.3.1 操作面板介绍 ……………… 8-417
6.3.2 开机、关机、急停、复位、回机床参考点、超程解除 ………………… 8-417
6.3.3 手动操作 ……………………… 8-417
6.3.4 数据的设置 ………………… 8-419
6.3.5 程序编辑、管理、运行 ………… 8-420
6.3.6 模拟显示 ……………………… 8-423
6.3.7 固定循环 ……………………… 8-423
6.3.8 加工实例 ……………………… 8-425
6.4 世纪星 HNC-18i/18xp/19xp 系列数控系统 ……………………… 8-426
6.4.1 系统功能描述 ……………… 8-426
6.4.2 HNC-18iT/18xpT/19xpT 车削系统 ……………………… 8-428
6.4.3 HNC-18xpM/19xpM 铣削系统 ……………………… 8-431

第 7 章 三菱数控系统

7.1 三菱数控系统概述 ………………… 8-436
7.1.1 三菱数控系统简介 …………… 8-436
7.1.2 三菱数控系统的功能特点 ……… 8-436
7.1.3 三菱数控系统的技术特点 ……… 8-438
7.2 M700V/M70V 系列（L 系）数控系统 ……………………… 8-439
7.2.1 操作面板介绍 ……………… 8-439
7.2.2 最小指令单位 ……………… 8-439
7.2.3 程序结构 ……………………… 8-440
7.2.4 位置指令 ……………………… 8-446
7.2.5 插补功能 ……………………… 8-450
7.2.6 进给功能及暂停 …………… 8-455
7.2.7 辅助功能 ……………………… 8-462
7.2.8 主轴及刀具功能 …………… 8-463
7.2.9 刀具偏置功能 ……………… 8-470
7.2.10 坐标系设定功能 …………… 8-474
7.3 M700V/M70V 系列（M 系）数控系统 ……………………… 8-479
7.3.1 坐标系与控制轴 …………… 8-479
7.3.2 最小指令单位 ……………… 8-480
7.3.3 程序构成 ……………………… 8-481
7.3.4 位置指令 ……………………… 8-488
7.3.5 插补功能 ……………………… 8-491
7.3.6 进给功能 ……………………… 8-497
7.3.7 暂停 ……………………………… 8-504
7.3.8 辅助功能 ……………………… 8-504
7.3.9 主轴与刀具功能 …………… 8-506
7.3.10 刀具补偿功能 ……………… 8-508
7.4 E60/E68 系列（L 系）数控系统 …… 8-515
7.4.1 操作面板介绍 ……………… 8-515
7.4.2 数据格式 ……………………… 8-517
7.4.3 输入指令单位 ……………… 8-521
7.4.4 位置指令 ……………………… 8-523
7.4.5 插补功能 ……………………… 8-530
7.4.6 进给功能 ……………………… 8-538
7.4.7 辅助功能 ……………………… 8-543
7.4.8 主轴与刀具功能 …………… 8-544
7.4.9 刀具偏移功能 ……………… 8-550
7.4.10 坐标系设定功能 …………… 8-553

参考文献 …………………………………… 8-558
索引 ……………………………………………… I-1

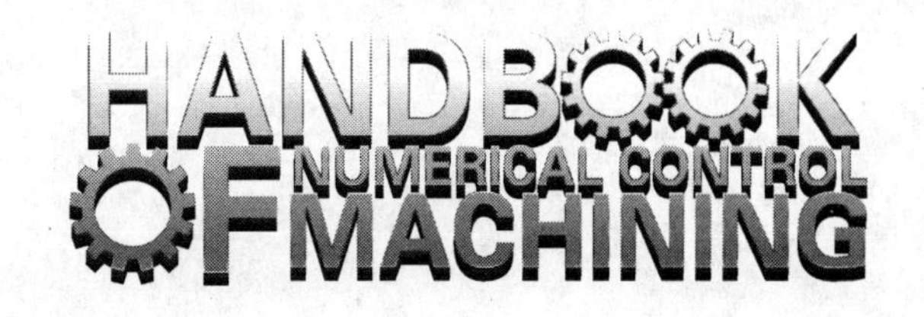

第 7 篇

数控测量技术

◀◀◀

主　编　曹　岩　杜　江

副主编　蔺小军　黄魁东　程云勇　杨艳丽　李建华

主　审　张金泉

第 1 章　在机测量系统

随着现代机械制造技术向高精度、智能化、高速化发展，数控机床的线性精度和几何精度也越来越高，控制器的功能越来越强大，这使得人们可以利用机床本身配以测量系统来实现对加工工件的在线测量，或刀具自动测量及检测。使用测头系统的智能化功能使人工完成的工件定位、试切、刀具磨损、破损检测所耗费的机床准备时间减少了 90%以上，有效提高了机床的工作效率，使零件在加工过程中的质量处于被控制的状态，提高了加工过程的自动化、智能化的程度，使废品的发生率接近于零。

1.1　在机测量系统概述

在机测量系统正协助越来越多的企业和研究院所减少废品、解决疑难问题并进而提高了制造的效率。越来越多的机床开始在数控机床上补充和增加在机测量系统，以挖掘和发挥数控加工最大的加工潜能；在机测量为常规测量提供了良好补充。

1.1.1　在机测量的概念

在机测量（Measurement on Machine）是指当工件位于机床工作台上时，利用安装在机床主轴上的测头，通过在机测量软件或者专业的测量宏程序驱动机床直接对加工工件实施工序间的测量，实现对工件加工制造实时的、在线的过程控制。

在机测量是以机床硬件为载体，附以相应的测量工具，在工件加工过程中，实时在机床上进行几何特征的测量，根据检测结果指导后续工艺的改进。

1.1.2　在机测量系统的组成

在机测量系统包括具有测量功能的数控设备、数据传输与误差补偿软件和尺寸与误差计算软件。在机测量系统的核心是数控设备与测头系统的通信以及测点坐标的传输。目前，机床测头多为接触式，按信号传输方式又可分为硬线连接式、感应式、光学式和无线电式四类。

在机测量系统的系统结构如图 7-1-1 所示。

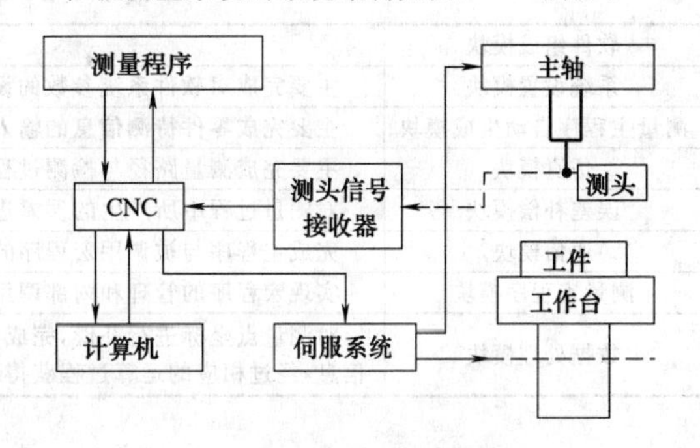

图 7-1-1　在机测量系统的系统结构

在机测量系统由硬件部分和软件部分组成。

硬件部分如图 7-1-2 所示，通常由如表 7-1-1 所示五部分组成。

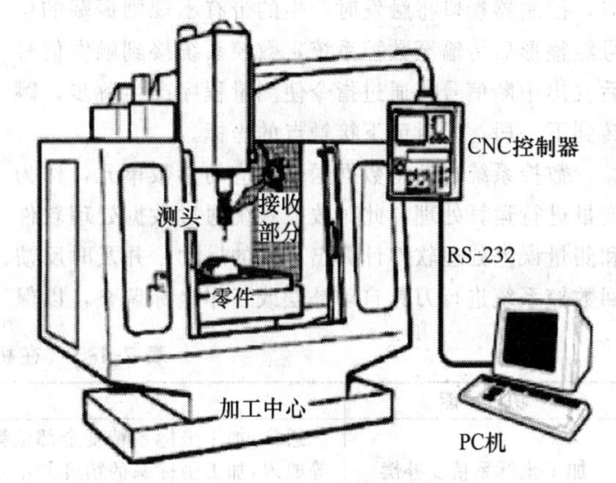

图 7-1-2　在机测量系统硬件部分

表 7-1-1　硬件部分的组成

硬件组成部分	作　用
机床本体	机床本体是实现加工、检测的基础，其工作部件是实现所需基本运动的部件，它的传动部件的精度直接影响着加工、检测的精度
数控系统	目前数控机床一般都采用 CNC 数控系统，数控加工、插补运算以及机床各种控制功能都通过程序来实现。计算机与其他装置之间可通过接口设备连接，当控制对象或功能改变时，只需改变软件和接口。CNC 数控系统一般由中央处理器和输入输出接口组成，中央处理器又由存储器、运算器、控制器和总线组成

续表

硬件组成部分	作 用
伺服系统	伺服系统是数控机床的重要组成部分,用以实现数控机床的进给位置伺服控制和主轴转速(或位置)伺服控制。伺服系统的性能是决定机床加工精度、测量精度、表面质量和生产效率的主要因素
测量系统	测量系统由接触触发式测头、信号传输系统和数据采集系统组成,是数控机床在机测量系统的关键部分,直接影响着在机测量的精度
计算机系统	在机测量系统利用计算机进行测量数据的采集和处理、检测数控程序的生成、检测过程的仿真及与数控机床通信等功能

软件由表 7-1-2 所示的 7 个模块组成。

表 7-1-2 软件部分的组成

软件组成模块	作 用
系统设置模块	主要完成对软件系统参数的设置,如测头型号、测杆长度、宝石球直径等参数的设置
测量主程序自动生成模块	主要完成零件待测信息的输入,生成检测主程序
仿真模块	主要完成测量路径与检测过程、测头碰撞干涉检查的仿真
误差补偿模块	对测量过程中所产生的误差进行补偿,提高测量精度
通信模块	完成主程序与被调用宏程序的发送及测量点坐标信息的接收
测量宏程序模块	实现宏程序的管理和内部调用。主模块要实现对宏程序的查找、增添、修改及删除等操作
数据处理模块	对测量点坐标进行补偿,完成各种尺寸及精度计算。通过打开测量数据文件,获得测量点坐标信息,经过相应的运算过程获得最终结果

1.1.3 在机测量系统的工作原理

数控设备上利用触发式测头进行自动检测时，测头接触工件的瞬间都发出一个 TTL 输出信号，通过信号传输器用有线方式或无线方式传送至控制器接口，控制器接口将触发时产生的带有不规则振荡的信号经整形后传输至数控系统，数控系统接到触发信号后发出中断信号，通过指令使测量程序产生跳步，跳转到下一段，同时记下接触点的坐标。

数控系统自动将数据送至相应的参数单元，作为变量进行运算处理，此时数控系统通过数据处理软件和测量误差处理软件计算出工件的尺寸，并及时反馈回数控系统进行刀具自动补偿或工作坐标调整，以保证工件的加工精度。系统中将被测工件安装在工作台上，并利用工作台的回转运动完成测试中的旋转运动。在此基础上，设计了由测试导轨、微调对正机构、精密测量元件、计算机等组成的附加测量装置。

将测量装置安装在机床刀架上，并用刀架的垂直、径向运动和刀架的转动实现测量装置的位置调整。最终构成了由大型精密机床和附加测量装置组成的完整的一体化测量系统，从而实现了工件的在机测量。

在机测量系统的工作原理如图 7-1-3 所示。

1.1.4 在机测量系统的功能

在机测量系统的功能如表 7-1-3 所示。

表 7-1-3 在机测量系统的功能

功 能	说 明
加工坐标系精度补偿	通常,加工坐标系精度全部依赖工件在工装上的定位精度,由于人为操作误差及工装本身精度等原因,加工坐标系的精度并不是很可靠,所以在加工之前,应用在机测量系统精确建立坐标系,并据此回补机床的加工坐标系,将为良好的加工质量奠定基础
刀具状态的检测	对刀具状态的检测也称为“对刀”,是利用设置在机床工作台面上的测量装置(对刀仪),对刀库中的刀具按事先设定的程序进行对刀测量,然后与既定值进行比较后作出判断。同时,通过对刀具的检测也能实现对刀具磨损、破损或安装型号正确与否的识别
机床加工参数的设定	通过在机测量间接或直接地获取加工中心在执行下道工序时最合适的加工参数,从而可大大提高工件的制造质量。确保正确的加工状态:工件、夹具的找正和补偿
工装状态监测	工装的状态严重影响工件的定位精度,所以利用在机测量技术验证工装的精度是大批量生产线常采用的手段。在一道工序完毕后,或者在所有工序都已完成后再对工件进行自动测量,即直接在机床上实施对制成品的检验,是机内在机测量的又一种功能。此时,相当于把一台坐标测量机移到了机床上,显然,这能大大减少脱机测量的辅助时间,降低质量成本。事实上,如今这种在机测量功能也确已十分强大,除了可进行各种几何元素的快速检测外,利用专门开发的软件还能完成脱机编程,通过在电脑中模拟,还可避免在机测量中可能发生的干涉、碰撞等现象

续表

功　能	说　明
关键特征工序控制测量	当工件原料昂贵、难以加工或其他原因需要控制废品率，或者新产品新工艺处于验证阶段，急需要最快的验证手段以缩短研发周期时，可以对工序中的某些关键特征进行在机测量，实时指导下一道工序加工，提高加工质量，同时免除使用其他非在机测量手段导致的工件搬运成本、工期时间浪费以及工件再次返工时带来的重定位累积误差

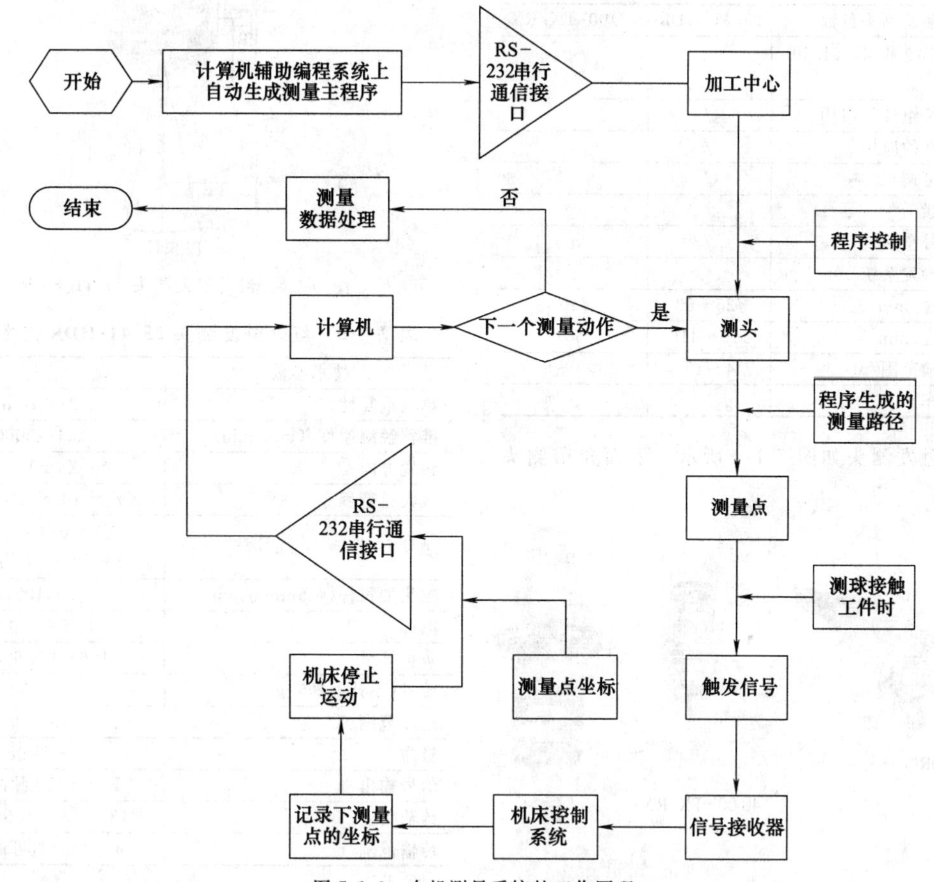

图 7-1-3　在机测量系统的工作原理

总而言之，在机测量为常规测量提供了良好补充，解决客户的疑难并进而提高了制造的效率。越来越多的机床用户开始在其数控机床上补充和增加在机测量系统，以挖掘和发挥数控加工最大的加工潜能；在机测量系统正协助越来越多的企业减少废品。在机测量是常规测量的有效补充，比常规测量具有实时性、互动性、普及性。

1.2　在机测量主要硬件设备

在机测量系统是由测头及其附件组成的系统，测头是在机测量探测时发送信号的装置，它可以输出开关信号，亦可以输出与探针偏转角度成正比的比例信号，它是在机测量的关键部件，测头精度的高低很大程度决定了在机测量的测量重复性及精度；不同零件需要选择不同功能的测头进行测量。

1.2.1　触发测头

触发测头又称为开关测头。测头的主要任务是探测零件并发出锁存信号，实时地锁存被测表面坐标点的三维坐标值。触发测头一般发出的为跳变的方波电信号，利用电信号的前缘跳变作为锁存信号，由于前缘信号很陡，一般为微秒级，因此保证了锁存坐标值的实时性。

1. 红外触发测头

红外触发测头是接触式测头。当测头触及工件表面时，测针偏斜，触发信号实时传输到红外线接收器中。该接收器将光信号转换成电信号，并传递到控制器。控制器侦测到各轴的当前位置之后，就会生成基于当前校验数据的结果。红外传输式触发测头大多应用在铣床、加工中心和车床上。红外触发测头 25.41-HDR 和 40.00-TX/RX 技术参数对比，如表 7-1-4 所示。

表 7-1-4　红外触发测头参数对比

红外线触发测头参数	25.41-HDR	40.00-TX/RX
红外线接收器 91.40-RX/TX	√	√
测头加长组件的应用	√	
星形测针的应用	√	√
触测力可调	√	
机械式激活	√	
红外信号激活	√	√
三点式触发系统		√
测头直径/mm	ϕ25～63	ϕ40
测头长度/mm	110～410	50
信号传输范围/m	4～10	1.5～5
适用于车床		√

红外触发测头如图 7-1-4 所示。下面介绍测头参数。

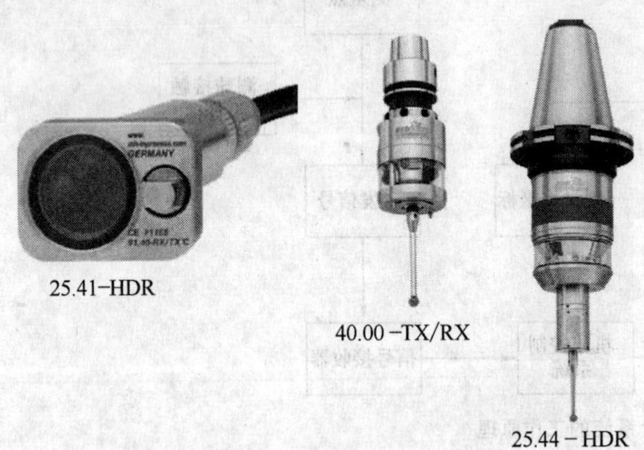

图 7-1-4　红外触发测头

(1) 红外触发测头 25.41-HDR

为了深入工件内部腔测量或者近壁测量，采用一些可组合的通用加长组件是十分必要的。这种测头的触发力可自由调节，因此，能够适应不同材质工件的检测要求，以及各式各样的测量要求。红外触发测头 25.41-HDR 如图 7-1-5 所示，技术参数如表 7-1-5 所示。

(2) 红外触发测头 40.00-TX/RX

红外触发测头 40.00-TX/RX 是专为加工中心和车床而设计的。紧凑的结构，使它成为在采用小刀柄和小刀库的高速加工中心上进行测试的理想选择。拥有双向红外线传输的功能，意味着它也可应用于车床在机测量。红外触发测头 40.00-TX/RX 如图 7-1-6 所示，技术参数如表 7-1-6 所示。

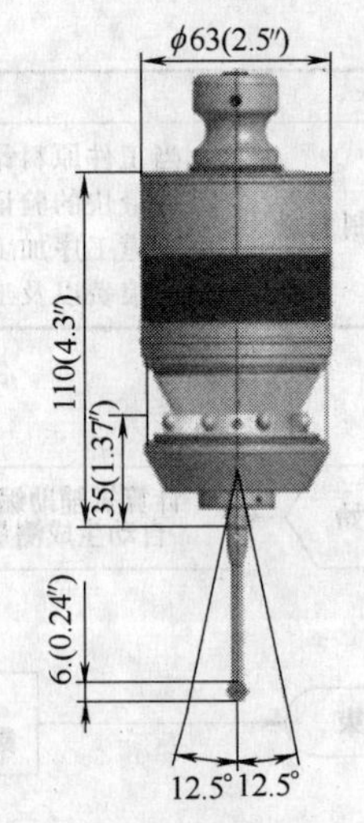

图 7-1-5　红外触发测头 25.41-HDR

表 7-1-5　红外触发测头 25.41-HDR 技术参数

技术参数	指标
单项重复性	$2\sigma<1\mu m$
推荐触测速度/(mm/min)	254～2000
触发方向	$\pm X, \pm Y, -Z$
最大过行程	XY:±12.5°，Z:－6mm
触发力(带 50mm 的测针)	XY＝0.4～1.8N， Z＝4～12N，可调节
测头加长杆(ϕ25mm)/mm	30，50，100，200
电源	1 节 9V 电池
防护等级	IP68：EN 60529
质量(不计刀柄)/g	1350
温度范围/℃	10～50
材质	不锈钢
信号输出	HDR9600 脉冲/秒
传输角度	130°～360°(环轴向)
传输范围/m	4～10，可调

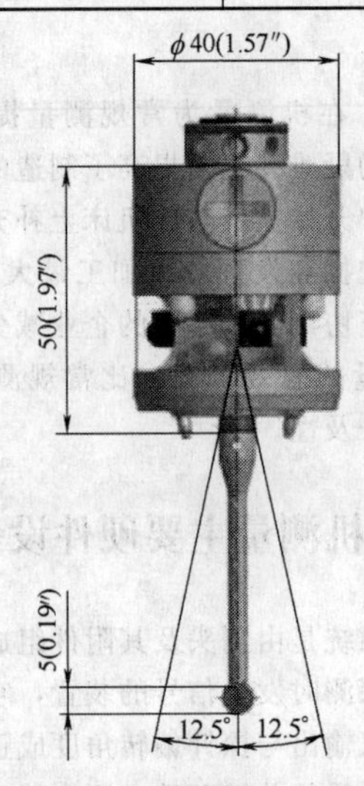

图 7-1-6　红外触发测头 40.00-TX/RX

表 7-1-6　红外触发测头 40.00-TX/RX 技术参数

技术参数	指　标
单项重复性	$2\sigma<1\mu m$
推荐触测速度/(mm/min)	254～2000
触发方向	$\pm X,\pm Y,-Z$
最大过行程	XY:±12.5°,Z:−6mm
触发力(带 50mm 的测针)/N	$XY=0.5\sim0.9, Z=6$
电源	1 节 9V 电池
防护等级	IP68:EN 60529
质量(不计刀柄)/g	390
温度范围/℃	5～50
材质	不锈钢
信号输出	HDR9600 脉冲/秒
传输角度	100°～360°(环轴向)
传输范围/m	1.5～5,可调

(3) 红外触发测头 25.44-HDR

红外触发测头 25.44-HDR 采用触发方式，测量处于加工状态下的工件温度。根据检测出来的温度结果（如图 7-1-7 和图 7-1-8 所示），能够重新调整加工参数，使得加工结果更接近理论值；可以利用工件表面所处温度，对工件几何尺寸的测量结果进行温度补偿，排除高温环境对加工和测量的影响。同时，可实时监控工件在温度范围内加工，避免因超出温度导致的工件物理特性变化。该款测头是获得稳定的高质量加工和可靠过程控制的有效工具之一。

图 7-1-7　红外传输温度

图 7-1-8　配置不同的温度传感器

技术特点如下：

① 几秒之内就能采集到工件温度；

② 采用安全可靠的 HDR 红外信号传输方式，可以应用红外接收器 91.40-RX/TX；

③ 能够自动调整加工参数，进行过程控制。

2. 无线电触发测头

无线电触发测头是接触式触发测头。当测头触及工件表面时，测针偏斜，触发信号会传输到无线电接收器中。无线电接收器实时将无线电波转换成电信号，并将该电信号传递到控制器。该信号能在大距离范围内进行非可视传输，这就是为何无线电触发测头适用在大型机床以及主轴可旋转机床上的原因。此外，对于工件内腔的测量，无线电触发测头是一种十分合适的选择。无线电触发测头如图 7-1-9 所示。无线电触发测头 20.41-MULTI 和 38.10-MINI 参数对比如表 7-1-7 所示。

图 7-1-9　无线电触发测头

表 7-1-7　无线电触发测头参数对比

无线电触发测头	20.41-MULTI	38.10-MINI
无线电接收器 95.40-RX/TX	√	√
测头加长组件的应用	√	√
星形测针的应用	√	√
触测力可调	√	√
机械式激活	√	√
三点式触发系统	√	√
测头直径/mm	ϕ25～63	ϕ40
测头长度/mm	110～410	50

(1) 无线电触发测头 20.41-MULTI

20.41-MULTI 温度测头如图 7-1-10 所示，专为大型加工中心和五轴机床等红外传输不理想的情况而设计，可以全自动地获取加工前和加工中的零件温度，这将会改进生产的过程控制以及加工过程中击穿参数的调整。在加工进入下一个带有公差要求的加工阶段之前，与温度相关的参数均可准确得到确定，可以得到稳定、高质量的测量数据。无线电触发测头 20.41-MULTI 技术参数如表 7-1-8 所示。

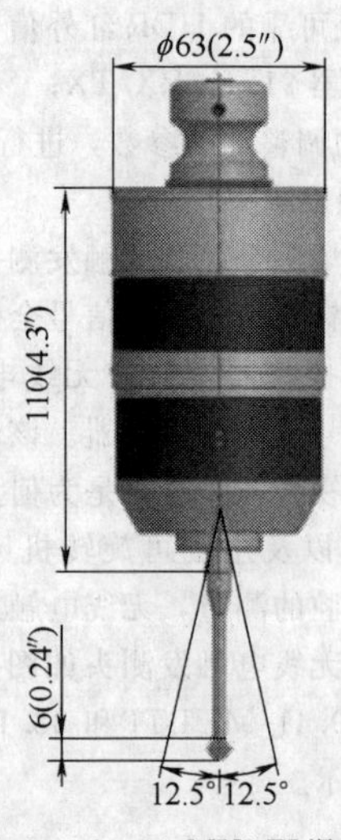

图 7-1-10 20.41-MULTI 温度测头

表 7-1-8 无线电触发测头 20.41-MULTI 技术参数

技术参数	指 标
单项重复性	2σ<1μm
推荐触测速度/(mm/min)	254～2000
触发方向	±X,±Y,－Z
最大过行程	XY:±12.5°,Z:－6mm
触发力(带 50mm 的测针)/N	XY=0.4～1.8,Z=4～12,可调节
电源	1 节 9V 电池
防护等级	IP68:EN 60529
质量(不计刀柄)/g	1300
温度范围/℃	10～50
材质	不锈钢
信号输出/MHz	433.075～434.650
通道数	64
频道间隔/kHz	25
测头加长杆(ϕ25mm)/mm	30,50,100,200

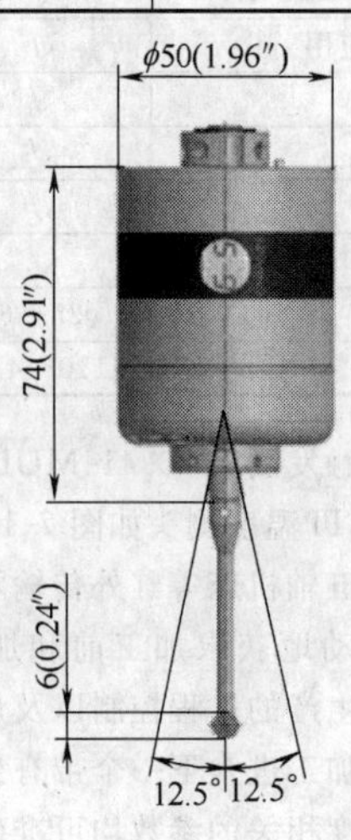

图 7-1-11 无线电触发测头 38.10-MINI

(2) 无线电触发测头 38.10-MINI

具有紧凑结构的无线电触发测头 38.10-MINI 如图 7-1-11 所示，是专为空间有限的机床而设计。它非常适用于刀具直径有上限要求或者 Z 轴行程受限的机床，尤其适用于五轴机床。它也可以通过使用标准加长杆完成复杂的测量任务。无线电触发测头 38.10-MINI 技术参数如表 7-1-9 所示。

表 7-1-9 无线电触发测头 38.10-MINI 技术参数

技术参数	指 标
单项重复性	2σ<1μm
推荐触测速度/(mm/min)	254～2000
触发方向	±X,±Y,－Z
最大过行程	XY:±12.5°,Z:－6mm
触发力(带 50mm 的测针)/N	XY=0.4～1.8,Z=4～12,可调节
电源	6 节 1.5V 的 AAA 电池
防护等级	IP68:EN 60529
质量(不计刀柄)/g	420
温度范围/℃	10～50
材质	不锈钢
信号输出/MHz	433.075～434.650
通道数	64
频道间隔/kHz	25
测头加长杆(ϕ25mm)/mm	30,50,100,200

(3) 无线电触发测头 20.44-MULTI

20.44-MULTI 温度测头如图 7-1-12 所示，专为大型加工中心和五轴机床等红外传输不理想的情况而设计。可以全自动地获取加工前和加工中的零件温度，这将会改进生产的过程控制以及加工过程参数的调整。在工件进入下一个带有公差要求的加工阶段之前，与温度相关的参数均可准确得到确定，可以得到

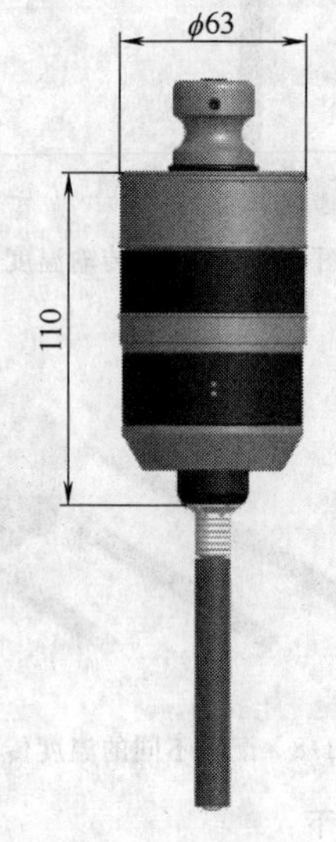

图 7-1-12 20.44-MULTI 温度测头

稳定高质量的测量数据。无线电触发温度测头 20.44-MULTI 技术参数如表 7-1-10 所示。

表 7-1-10　无线电触发温度测头 20.44-MULTI 技术参数

技术参数	指　标
测头方向	$-Z$
最大测针超程/mm	Z：−7.5
测力/N	13
最小刀径/mm	0.5
电池	1 节 9V 电池
材质	不锈钢
质量(不带底座)/g	约 1300
温度范围/℃	5～50
密封等级	IP68：EN 60529(10m)
通道数量	64
运行频率范围/MHz	433.075～434.650
温度精度	±0.5℃模拟数字信号/ ±1.0℃模拟数字信号

1.2.2　无线电接收器

无线电接收器能够与所有的无线电测头相连，其信号接收频率是高穿透传输频率范围内的频率。例如，高穿透传输频率 433MHz。当接收器在启动时，将会检测周围的传送信号干涉，把混杂的频道阻断，留用清晰的频道。无线电传输能够用于变换的外界环境，可自动屏蔽干扰频率、应用范围宽广，可用于大型铣削机床、加工中心、立式车床、车铣中心等，适用于多轴机床尤其是带有旋转主轴头的机床，选择频道操作简易。

1. 无线电接收器 95.10-SCS 技术参数

无线电接收器 95.10-SCS 技术参数如表 7-1-11 所示。

表 7-1-11　无线电接收器 95.10-SCS 技术参数

技术参数	指　标
接收频率/MHz	433.075～434.650
频道数	64
通道间隔/kHz	25
电源	12～36V，最大直流电 100mA
质量/g	500
防护等级	IP68：EN 60529
温度范围/℃	10～50
固定方式	2 个 M4 螺钉
连接电缆	拖链，长 12m、25m 或 35m

2. 无线电接收器 95.40-RX/TX 技术参数

无线电接收器 95.40-RX/TX 技术参数如表 7-1-12 所示。

表 7-1-12　无线电接收器 95.40-RX/TX 技术参数

技术参数	指　标
工作频率/MHz	433.075～434.650
频道数	64
频道频率间隔/kHz	25
电源	12～32V，最大直流电 100mA
质量/g	500
材料	不锈钢
温度范围/℃	10～50
密封等级	IP68：EN 60529(10m)

1.2.3　对刀仪

对刀仪可以在机床上完成刀具几何尺寸的测量。对刀仪精密的机械结构，使得该装置可以为用户提供值得信赖的刀具长度和半径等参数测量工作，可以测量刀刃的单边，检测刀具破损。

在工件的加工过程中，工件装卸、刀具调整等辅助时间占加工周期中相当大的比例，其中刀具的调整既费时费力，又不易准确，最后还需要试切。统计资料表明，一个工件的加工，纯机动时间大约只占总时间的 55%，装夹和对刀等辅助时间占 45%。因此，对刀仪便显示出极大的优越性。对刀仪有三方面的作用：在 $\pm X$、$\pm Z$ 及 Y 轴五个方向上测量和补偿刀偏值；加工过程中刀具磨损或破损的自动监测、报警和补偿；机床热变形引起的刀偏值变动量的补偿。

1. 对刀仪的工作原理

对刀仪的核心部件是由一个高精度的开关（测头），一个高硬度、高耐磨的硬质合金四面体（对刀探针）和一个信号传输接口器组成（其他件略）。四面体探针是用于与刀具进行接触，并通过安装在其下的挠性支撑杆，把力传至高精度开关；开关所发出的通、断信号，通过信号传输接口器传输到数控系统中进行刀具方向识别、运算、补偿、存取等。

2. 对刀仪的对刀精度

根据有关标准查询，对刀仪测头重复精度 1μm；15 英寸以下卡盘，对刀臂旋转重复精度 5μm；18 英寸及其以上大规格卡盘，对刀臂的重复精度能达到 8μm，这一精度可以满足大部分用户的需要而不需试切。

对刀仪的使用，减少了机床的辅助时间，降低了返工和废品率，若配合高精度工件测头一起使用，可显著提高机床效率和加工精度。

3. 几种对刀仪产品对比

(1) 激光对刀仪 35.60-LTS

使用结构设计合理、简单易用的激光对刀仪 35.60-LTS 可以高效率地对刀具进行测量，重复精度更高，且可对普通接触式对刀仪不能够测量的极细刀具进行测量，如图7-1-13所示，技术参数如表7-1-13所示。

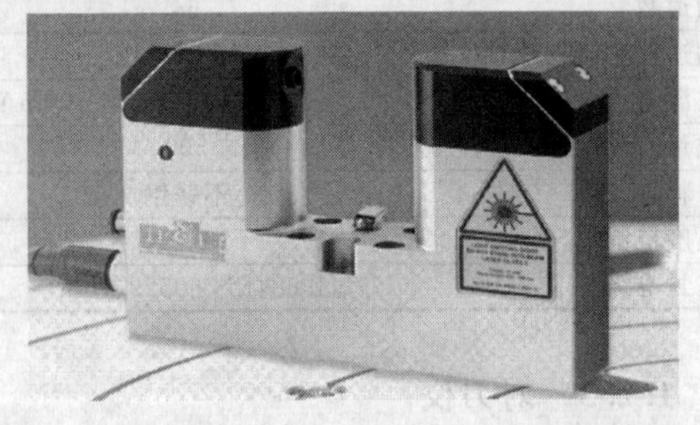

图7-1-13 激光对刀仪35.60-LTS

表7-1-13 激光对刀仪35.60-LTS技术参数

技术参数	指　标
可测量最小刀具直径(35.60-LTS40)/mm	ϕ0.006
可测量最大刀具直径(35.60-LTS40)/mm	ϕ35
重复性/μm	±0.2
电源	24V,最大直流电500mA
激光防护等级	2(IEC825)
材料	不锈钢
质量(35.60-LTS40)/g	1700
温度范围/℃	使用温度:10～50 存储温度:5～70
密封等级	IP68:EN60529(10m)

(2) 无线电对刀仪38.70-RTS

使用紧凑型设计并方便移动的无线电对刀仪38.70-RTS，可以在机床上方便地完成刀长和刀径的测量，如图7-1-14所示。底部巧妙的设计可以使其非常方便地安装于机床工作台的任何一个位置，并由于其带有三点式定位设计，可根据需要非常方便地手动完成重复安装定位和移除。无电缆设计可以使机床获得更大的工作区域。该对刀仪也可以与无线电测头共享使用一个接收器。

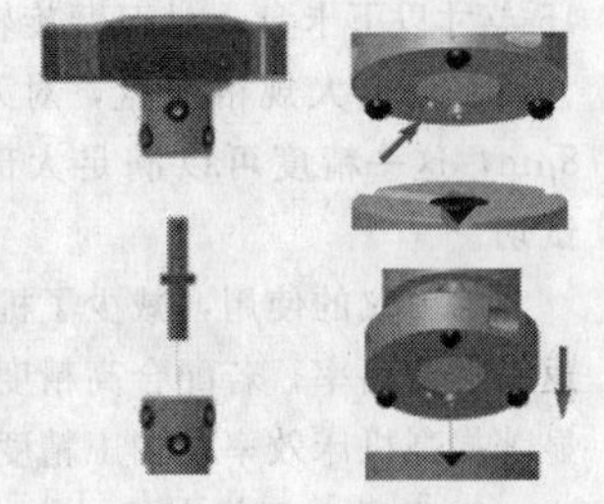

图7-1-14 无线电对刀仪38.70-RTS

无线电对刀仪38.70-RTS的技术优点如下。

1) 紧凑的设计　无线，可移动，不浪费机床空间；简单，迅速及可重复手动定位；可以在不同机床间进行共享使用；可以测量0.5mm的刀具；稳定持久的保护；可靠的高质量制造；可与触发测头共同使用一个接收器来节省成本；可靠的无线电传输技术；超强的信号传输能力；长距离以及芯片控制接受信号数据；使用频率与全球其他网络频率不冲突；高速率无线电传输；简单的操作适合车间使用；超长电池使用寿命；可手动直接放上机床工作台；也可有选择地使用底部基座，如果妨碍加工可以手动移除，简单的测针更换，快速免工具电池更换。

2) 合理可靠的结构设计　无线传输设计；可靠且精确的磁性设计。

3) 简单可靠的机械调整机构　坚固的结构；高性能大功率的传输；使用易损杆来保护测量机械机构；不锈钢制作的机身；系统状态灯光显示；IP68防护等级。无线电对刀仪38.70-RTS如图7-1-15所示，技术参数如表7-1-14所示。

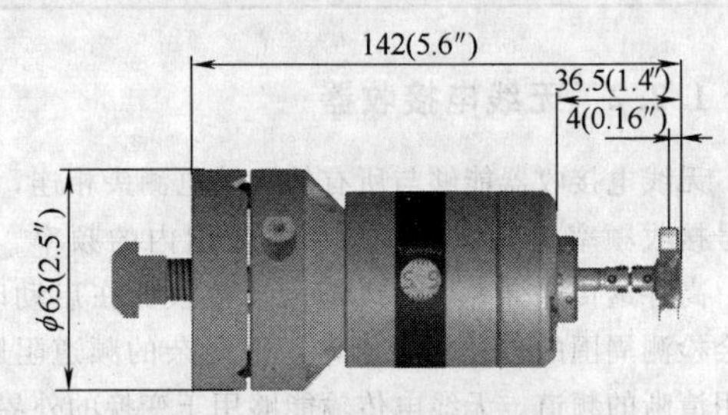

图7-1-15 无线电对刀仪38.70-RTS

表7-1-14 无线电对刀仪38.70-RTS的技术参数

技术参数	指　标
测头方向	$\pm X, \pm Y, -Z$
最大测针超程	XY:±12.5°,Z:−6mm
测力	可调
最小刀径/mm	0.5
电池	6节1.5VAAA的电池
材料	不锈钢
质量(不带底座)/g	约1015
温度范围/℃	使用温度:10～50,存储温度:5～70
密封等级	IP68:EN 60529(10m)
通道数量	64
运行频率范围/MHz	433.075～434.650
测头重复性	$2\sigma \leqslant 1\mu$m(100mm/min)

(3) 35.10-TS型对刀仪

对刀仪的刀具在机测量能够将刀柄的夹持力及机床内的温度条件一并考虑在内，因此能够提供更好的精度和更及时的刀具数据更新。该类对刀仪既可以使用在机测量提供的测量宏程式，也可以使用机床自带的测量宏程式，操作安全，过程可靠，从而可以大大节省工件定位时间和停工时间。35.10-TS型对刀仪如图 7-1-16 所示，技术参数如表 7-1-15 所示。除此之外，对刀仪的刀具在机测量拥有以下明显的优势：

① 将离心力考虑在内，获得更精确的刀具直径；

② 自动传输刀具数据，避免了手动传输刀具数据的人为错误；

③ 机床加工环境下的直接测量保证了最高的精度；

④ 对破损刀具的检测避免了因刀具破损导致的废品产生和生产停工，节省了成本和时间；

⑤ 能够对测量轴的线性膨胀进行补偿。

35.10-TS 型对刀仪具有精密的机械结构，能够测量刀具长度和半径，也可以测量刀刃的单边，检测刀具破损。该对刀仪既可在动态下工作，也可在静态下完成测量工作，主要适用于铣削机床和加工中心等设备。

图 7-1-16　35.10-TS 型对刀仪

表 7-1-15　35.10-TS 型对刀仪的技术参数

技术参数	指　标
单向重复性	$2\sigma \leqslant 1\mu m$
触发方向	轴向，径向
最大过行程/mm	轴向：−6；径向：±12.5
触测力/N	径向=0.5～2.4；轴向=4～12，可调
对刀仪加长杆/mm	30，50，100，200
电源	12～30V 直流电，最大 35mA
防护等级	IP68：EN 60529
温度范围/℃	10～50
材质	不锈钢
质量/g	500

35.10-TS 型对刀仪的技术优势如下：

① 通用型结构设计，能够使用加长杆调整高度，高度范围 105～305mm；

② 最大测量直径 37mm；

③ 触测力可调，适用于轻型、小型的刀具；

④ 触测力可调，能够避免机床振动等造成的误触发；

⑤ 零点位置稳定，确保一次触测即可实现精确测量；

⑥ 使用不锈钢的测头材质，密封等级达到 IP68 标准，稳定安全；

⑦ 操作简易。

（4）拾取式对刀仪 35.40-TS

拾取式对刀仪 35.40-TS 可以在机床上完成刀长和刀径参数的测量。安装基座可以固定在机床工作台的任意位置，并可根据需要手动或自动完成对刀仪的更换。该对刀仪无需电缆，不占用机床的工作区域。且对刀仪可以和触发测头共享一个红外接收器。拾取式对刀仪 35.40-TS 如图 7-1-17 所示，技术参数如表 7-1-16 所示。

图 7-1-17　拾取式对刀仪 35.40-TS

表 7-1-16　拾取式对刀仪 35.40-TS 技术参数

技术参数	指　标
单向重复性	$2\sigma \leqslant 2\mu m$
触发方向	轴向，径向
最大过行程	轴向：−5mm；径向：±12.5°
触测力/N	$X,Y=0.6\sim1.0;Z=6$
对刀仪加长杆	无
电源	1 节 6V 的 PX28A 电池； 或 5 节 1.5V LR44 电池
防护等级	IP68：EN 60529
温度范围/℃	10～50
材质	不锈钢
质量/g	300

拾取式对刀仪 35.40-TS 特点如下。

① 拾取式对刀仪 35.40-TS 可进行刀长、刀径测量，刀具破损检测；

② 使用时自动或手动从刀库中更换出来，不占用正常加工区域，非常适合 5 轴机床；

③ 可和触发测头共享一个红外接收器；

④ 从刀库更换出来后能够自动使用校验工具校验；

⑤ 机械结构保证超高的测量精度，重复性高，单次触测即可保证精度测量，适用于小型刀具测量（最小直径 0.3mm）；

⑥ 安装方式灵活，可以安装在台边缘、台面上，还可水平放置；

⑦ 使用不锈钢的测头材质，密封等级达到 IP68 标准，稳定安全。

将对刀仪 35.10-TS 和拾取式对刀仪 35.40-TS 进行对比，如图 7-1-18 所示。

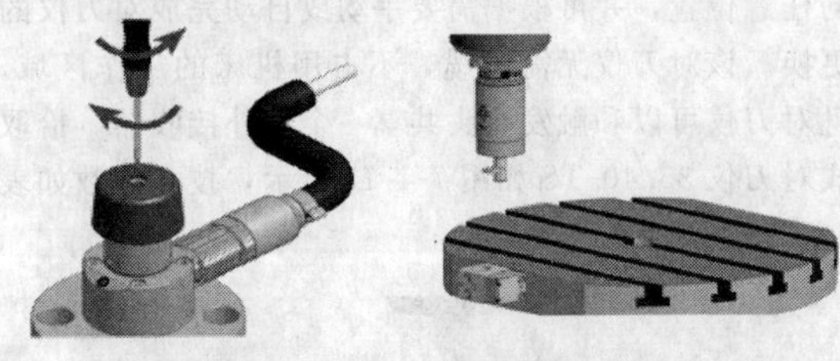

图 7-1-18　对刀仪 35.10-TS 和拾取式对刀仪 35.40-TS

（5）红外对刀仪 35.70-OTS

使用紧凑型设计并方便移动的红外对刀仪 35.70-OTS 如图 7-1-19 所示，技术参数如表 7-1-17 所示。可以在机床上方便地完成刀长和刀径的测量。底部巧妙的设计可以使其非常方便地安装于机床工作台的任何一个位置，并由于其带有三点式定位设计，可根据需要非常方便地手动完成重复安装定位和移除。无电缆设计可以使机床获得更大的工作区域。该对刀仪也可以与红外测头共享使用一个接收器。其具有以下特点：

① 超强的信号传输能力；

② 大接收角度以及芯片控制接收信号数据；

③ 使用频率与全球其他网络频率不冲突；

④ 9600 脉冲/秒的高速率红外传输避免受到机床灯光的影响；

⑤ 可调节的传输功率和大的传输角度；

⑥ 简单的操作适合车间使用；

⑦ 超长电池使用寿命；

⑧ 可手动直接放上机床工作台，也可有选择地使用底部基座，如果妨碍加工可以手动移除；

⑨ 简单的测针更换，快速免工具电池更换。

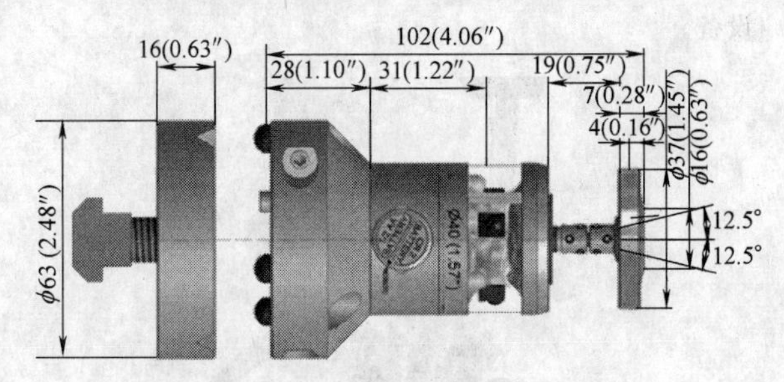

图 7-1-19　红外对刀仪 35.70-OTS

第 7 篇

表 7-1-17　红外对刀仪 35.70-OTS 技术参数

技 术 参 数	指　标
测头方向	$\pm X,\pm Y,-Z$
最大测针超程	XY:±12,5°,Z:−5mm
测力/N	$Z=8,X/Y=2$
最小刀径/mm	ϕ0.5
电池	1 节 3.0V 电池 CR2(IEC)
可选电池	1 节 3.6V 电池 AA(IEC)
材料	不锈钢
质量(不带底座)/g	约 750
温度范围/℃	使用温度 10～50,存储温度:5～70
密封等级	IP68:EN 60529(10m)
测头重复性	2σ≤1μm(100mm/min)
定位精度/μm	±2.5

1.3　在机测量软件

1.3.1　在机测量软件的特征

在机测量软件既具有更专业化的强大测量功能，又能够使用方便、易于操作，而且可满足一些特殊测量任务的需要。在机测量软件的特征如表 7-1-18 所示。

1.3.2　常用商业在机测量软件

常用商业化软件如表 7-1-19 所示。

表 7-1-18　在机测量软件的特征

主要特征	作　用
基于 CAD 的编程	提供了快速程序编制功能，能够自动对工件的关键几何特征进行评价，进行工件找正并计算加工和刀具的偏置。对于这一类在机测量工作，软件允许导入机床和工件的模型，从而在加工空间中模拟出测量工作的场景，并且自动产生零件的检测程序。另外，用户可以在脱机情况下执行编程任务，节省了占用加工中心进行检测程序开发的时间
精确的测头处理方法	许多数控加工中心的探测系统校准程序只能提供单轴的探测系统校准方法，这样就增加了测头的误差，难于在三维状态下进行快速而准确的工件检测。而在机测量软件，利用一个标准球进行测头的校正，能够更精确地完成测量任务。同时，测量软件还能够分度测座，能够在三维空间的任意位置进行测量
参数编程	利用测量软件，用户能够从现有测量程序上编制新的程序。这对于进行成组的工件检测程序编制尤其有效，只需在一个参数表中进行数值的更换就可以了，这样，程序一次写定，可以用最少的精力为类似的工件产生检测程序
整合统计与报告功能	测量软件包能够提供统计和报告功能，功能强大、灵活性强、便于理解和分发。在机测量软件的用户，通过定义获得这些功能。这样，给予用户即时的、具有指导意义的反馈，用来指导生产过程并提供统计分析的工具进行监控并提升制造流程的性能。然后，可以利用这个功能凭借测量结果进行加工程序的调整
数据历史	用户可以利用检测程序进行测量数据的存储。这意味着用户可以利用这些数据进行工件或工件特征的问题分析。例如，如果有重复问题发生，用户可通过历史数据进行查询，而不需要重新测量任何东西。这种历史数据的分析功能能够显著缩短在解决问题上所用的时间
经过验证的算法	测量算法能够保证测量机精确地进行数据采集和分析。从多种数控加工中心上进行数据的采集与分析

表 7-1-19　常用商业化软件

分　类	简 要 介 绍
英国 DELCAM 公司的新版本 Power Inspect	是一款开放的检测软件，不受测量设备的限制，既可以在线检测，也可以脱机检测。它不仅提供在线检测的功能，还能够在检测前针对读取的 CAD 模型进行检测路径的编程工作，并进行检测仿真。仿真完成后把编制好的程序传输给 CNC 检测设备，进行自动检测
雷尼绍公司基于 PC 机的在机检测软件 OMV	该软件专为数控机床配用系统而编写，主要应用于根据原始 CAD 数据检测样件、复杂零件及大型零件，多工序零件以及模具等
HEXAGON 公司的 3DForm Inspect	用户可以直接在加工机床上方便、快速地测量和记录工件上各类几何特征的形状和位置信息。通过“在机”的工作方式，该方案可以极大地节约用户时间，提高生产效率，促进安全生产，改进产品质量
HEXAGON 公司的 PC-DMIS NC	该软件能够显著提升加工的效率，并能实现加工的精确定位。实时提供测量数据，能够减轻超高精密的测量机完成大批量测量任务的负担，从而提升企业的整体效率而不会对零件的品质有所影响

下面对几种商用在机测量软件进行介绍。

1. Power Inspect 测量软件

Power Inspect 是一种高效、专业、通用的检测软件，被广泛应用，它是支持多种类型测量设备、功能强大、易学易用的独立检测软件。广泛支持各种类型测量设备，包括传统三坐标测量机、关节臂测量机、光学测量机、激光扫描测量机等。它集成了强大的 CAD 数据接口，可读入各种 CAD 格式数模。友好简洁的操作界面，不仅集成了多种自动测量策略，还提供了方便的自定义功能，使用户最大效率地完成测量工作。

生成图文并茂的国际标准检测报告，不仅可以输出多种格式文件还可以自定义模板。完善、强大的功能可以满足各个行业的测量要求，为企业提供了高效、专业的产品检测软件系统。

(1) Power Inspect 特点

1) 界面简洁：简洁明快的纯中文界面，操作方式极富人性化。

2) 通用软件：可支持各种三坐标测量机和激光扫描设备。

3) 超级接口：能够读入各种格式的三维 CAD 模型数据。

4) 对齐策略：完整的对齐策略，可快速完成各种复杂的 3D 模型对齐。

5) 编程：集成多种检测路径策略和智能用户自定义策略。

6) 完整的机床环境、测头系统，可视化的检测仿真模拟。

7) 碰撞检验：全方位的碰撞干涉检验，可最大地保证安全检测。

8) 功能全面：包括各种几何特征检测，形位公差检测，自由曲面检测，边缘检测，截面检测。

9) 点云扫描：可脱机或联机状态下对比 CAD 模型分析点云文件。

10) 标准报告：可自动生成图文并茂、清晰易懂的检测报告。

11) 易学易用：对任何无检测经验人员培训，仅2天。

(2) Power Inspect 手动标准版

数据输入：Power Inspect 能够广泛地读取各种主流三维 CAD 模型数据。通过 DELCAM 专用的三维 CAD 数模转换软件 Delcam Exchange，可以高速输入、输出包括 IGES、VDA-FS、STEP、ACIS、Parasolid、Pro/E、CATIA、UG、IDEAS、SolidWorks、SolidEdge、AutoCAD、Rhino 3DM、DelcamDGK 和 DelcamParts 在内的广泛格式的三维 CAD 数学模型，并能很好地保证数据的准确性和完整性。

对齐定位坐标系：Power Inspect 提供了多种对齐定位方法，以满足各种类型零件的检测需要。特别是针对无特征的自由曲面也提供了方便、快捷的对齐定位工具。多坐标系的支持更加完善了零件对齐功能。

对齐定位方式包括：PLP 对齐定位、自由形状对齐定位、几何 PLP 对齐定位、三球对齐定位、通过文件对齐定位、最佳拟合对齐定位、RPS 对齐定位、自由形状体点云对齐等。

形位公差检测：Power Inspect 具有完整 GD&T 检测功能，并通过向导式程序指导使用者进行位置公差测量。可测量的位置公差类型有：垂直度、平行度、倾斜度、同轴度、位置度、对称度、圆跳度、全跳度、曲线轮廓度、直线轮廓度，完整的形位公差功能。

三坐标测量软件一键完成测量项目的定义。包括：几何元素对齐方案；两点距离；平面间距离；孔心距离；圆柱的壁厚；点到面距离，点到线距离；多点圆。

(3) Power Inspect 手动专业版

曲面检测：Power Inspect 提供了多种曲面检测工具，对比理论 CAD 模型数据进行误差评估。可在曲面上测取点，Power Inspect 将测取的点数据和理论的 CAD 数据进行对比，计算出误差，给出误差报告。可实时在零件上的任何地方测取点，也可测取指定的曲面点，Power Inspect 将通过输入点的名义值，在零件上的指定位置测取点。功能强大的最佳拟合功能，可以帮助使用者进一步分析曲面的检测数据，如：分析叶轮叶片曲面质量，分析铸件毛坯余量等。

边缘检测：边缘是 CAD 曲面的消失处，其周围不再有任何相邻的 CAD 曲面。可通过检测切口的边缘情况而检测切口位置的正确性。Power Inspect 将检测的点和相应的理论 CAD 模型边缘进行对比，从而检测它们的精度。

截面检测：通过设置一截面组可检测零件的平面截面，并有多种屏幕报告显示界面的测量结果。

几何元素构造：通过对实体检测的数据构造出平面、直线、槽、长方形、多边形、圆、圆柱、圆锥、球体、环形等，并可以输出为 IGES 格式用于逆向工程等工作。

(4) Power Inspect 点云专业版

Power Inspect 支持多种激光扫描测头，同时具有强大的点云分析处理能力。Power Inspect 的点云对齐功能是非常智能的，用户只需要分别读入 CAD 数模和扫描好的点云文件，软件利用智能拟合计算自动将 CAD 数模和点云文件对齐。

脱机点云分析：Power Inspect 结合了计量检测和逆向工程的要求，提供了对扫描获得的几何特征（如球、柱、锥、圆、槽等）的计量分析能力。同时具有强大的曲面分析能力。用户可以通过过滤来筛选有效点。还可以通过框选局部点云对局部曲面进行分析。

实时扫描测量：Power Inspect 联机扫描设备后

可以实时扫描检测零件，包括曲面检测、几何特征检测、缝隙检测。还可以作为逆向工程的抄数使用。Power Inspect 可以保存点云成多种格式。配合 DelcamCopyCAD 可以快速构造一个 CAD 实体。

总之，Power Inspect 具有强大的屏幕报告和图文报告功能。屏幕报告可以通过五色点、标签、数显等方式直观地显示出测量结果。检测结束后，可以方便地输出文字和图形检测报告。Power Inspect 提供了智能化的功能，使检测报告的输出既方便又可靠。检测报告图文并茂，清晰易懂。输出格式可以是 EXCEL 和 HTML 两种。并且软件提供 HTML 模板修改器，便于用户自定义报告模板。

2. 在机检测软件 OMV

Renishaw 的 OMV（On-Machine Verification）软件专为机床而编写，主要应用于：根据原始 CAD 数据检测样件、复杂零件及大型零件、多工序零件以及模具。直观的鼠标点击方法使检测工作变得非常简单。只需点击模型零件的不同部位，即可自动生成检测路径。通过 Renishaw 的高精度主轴测头，例如全新超小型 OMP400 或者既有的 MP700 测头对表面数据进行采集，然后发送到 PC 机上，并在 PC 机上由功能强大的（CMM 风格）测量算法进行处理。

目前可以高度精确地多点测量圆形、圆柱形、圆锥形、球形和平面等形状轮廓。Renishaw OMV 不仅显示在 CAD 模型上测得的偏差，还用彩色圆点显示误差。这些圆点指出该点是在公差范围内、大于公差范围还是小于公差范围，并可以用来生成零件精度彩图。功能强大的公差检测报告是对零件几何形状的正式记录，还可以与 CAD 模型的视图相结合。

Renishaw OMV 能够将测得的各组数据与模型进行最佳匹配，由于不需对准和找基准，因此减少了偏离和误差。数据可以限于 X、Y 或 Z 轴、二维平面上或仅限于旋转。可以与 Renishaw OMV 配合使用的 CAD 源文件包括：Auto CAD 的 DXF 和 DWG 格式、CATIA、SDRC、UG 和 Pro/E 以及 IGES、Parasolid、STEP 和 STL 的标准格式。用户将会发现，使用 Renishaw OMV 进行检测有诸多好处，因为它们可以及早发现误差，从机床上取下零件之前就能纠正误差。由于能够在制造过程的不同阶段检查零件是否达到规格要求，因而节省了时间，减少了废品，增强了用户的信心。

Renishaw OMV 能够在配备 FANUC、Mazak、Pro/E、Yasnac、Hitachi Seikos、Mitsubishi、Siemens 及 Heidenhain 数控系统的机床上运行。

3. m&h 3D Form Inspect

借助于该软件，用户可以直接在加工机床上方便、快速地测量和记录工件上各类几何特征的形状和位置信息，软件界面如图 7-1-20 所示。通过“在机”的工作方式，该方案可以极大地节约用户时间，提高生产效率，促进安全生产，改进产品质量。

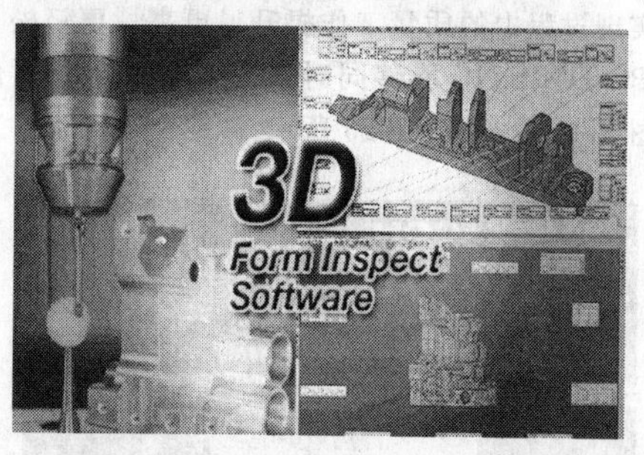

图 7-1-20　3D Form Inspect 界面

1）利用该三维在机测量软件，能够提升产品的竞争力，可以实现下列功能：

① 快速定义工件零点；

② 加工后立即实施结果评价；

③ 避免工件在加工设备和检测设备之间的无效流转；

④ 无需重新装夹工件，立即修模（如需要时）；

⑤ 避免信息传递环节造成的机床停工；

⑥ 文档化的现场加工质量控制；

⑦ 测量结果、报告输出一步完成。

2）该软件操作简单，易于上手，适合车间型工作：

① 带有自说明功能的用户界面；

② 惯例导向的测量功能专为机床操作者设计；

③ 测头碰撞检测，保证安全性；

④ 测量程序和结果自动传输，提高效率。

3）功能强大。

① 支持各种 CAD 数据的导入：IGES，VDA，STL，Parasolid，CATIA，Pro/E，STEP，UG，SolidWorks 等；

② 支持市面上几乎所有的机床控制系统：Andron，FANUC，Fidia，Haas，Heidenhain，Mazatrol，Makino，MillPlus，Mitsubishi，Roders Tec，Selca，Siemens，Zimmer&Kreim；

③ 完全支持各类 4 轴和 5 轴机床；

④ 拥有最佳拟合功能，能够精确定位；

⑤ 可以自定制报告结构的多样化报告（Excel，Word，HTML）；

⑥ 拥有多元化数据传输接口，便于其他分析工具处理数据。

4. PC-DMIS NC

PC-DMIS NC 是目前在机测量业内权威、测量功能全面的软件产品。PC-DMIS NC 为加工现场过程控制与后期质保产品验收呈上了一个"无间"交流平台，一致的经过 PTB 全面认证的计算方法使得加工产品在实现过程中更容易发现问题、解决问题，将产品实现过程中的质量工作提升得更高、更轻松。多机版 PC-DMIS NC 能够同时管理 7 台机床，软件界面如图 7-1-21～图 7-1-23 所示。

图 7-1-21 多机版 PC-DMIS NC 软件界面

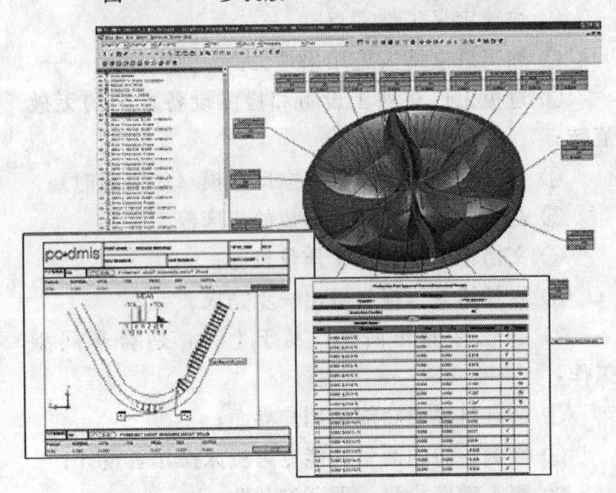

图 7-1-22 专业丰富的报告模板，结构清晰

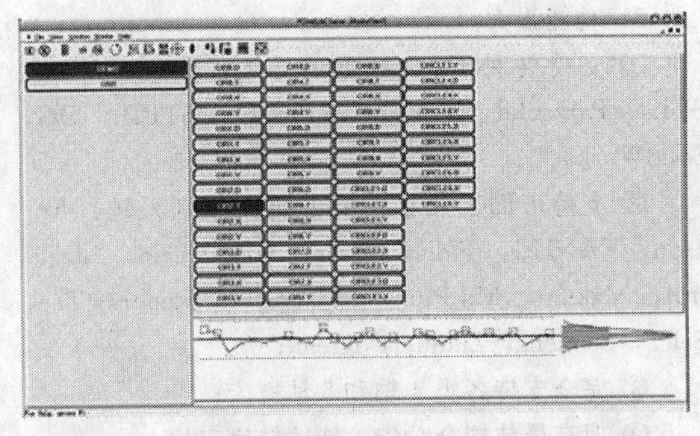

图 7-1-23 内置的统计分析模块，实现专业统计分析功能

PC-DMIS NC 的测量功能具体如下。

① 业界第一次成功加入温度补偿功能，屏蔽加工现场高温环境对测量结果的影响。

② 能够与三坐标测量机上的测量程序通用。

③ 全面的坐标系找正功能——最佳拟合、3-2-1 法、迭代法，灵活解决找正的精度和效率问题。

④ 测头校验功能方便快捷，可以根据实际情况灵活设置测量点数。

⑤ 能够测量处理所有类型的几何特征，包括复杂曲面曲线；能够构造工件上实际不存在的空间特征，以解决后续工序中的对被铣削掉特征的尺寸评价。

⑥ 多达 6 种报告模板，报告结构清晰美观，彰显专业水准的同时，提升数据管理能力，如图 7-1-22 和图 7-1-23 所示。

⑦ 业内较全、较精确的形位公差评价方法，同时兼有通俗易懂的加工尺寸：距离、坐标值、直径、角度、高度等。

⑧ 兼容 13 类 CAD 数据：DXF，IGES，STEP，XYZ，DES，IGES（Alternate），STL，VDAFS，CATIA4，CATIAV5，Parasolid，Pro/E，UG。

⑨ 兼容市面上所有主流的机床测头：Marposs，Renishaw，Blum，Heidenhain。

⑩ 兼容市面上所有主流的机床控制系统：FANUC，Siemens，Acramatic，Haas，Heidenhain，Mazak，Okuma，Tosnuc888。

⑪ 内置统计分析功能，能够记录分析加工状态。

基于控制系统，提供给用户一个简单、易懂的操作界面，用户界面对于所有的系统都是相同的，软件界面如图 7-1-24 所示。通过软件和触摸屏来使用菜单使操作者很快地适应此软件。使用简单操作，可以作出复杂的测量循环并进行测试。在此软件中创建的程序可以被存储到控制系统中且随时可以调用。

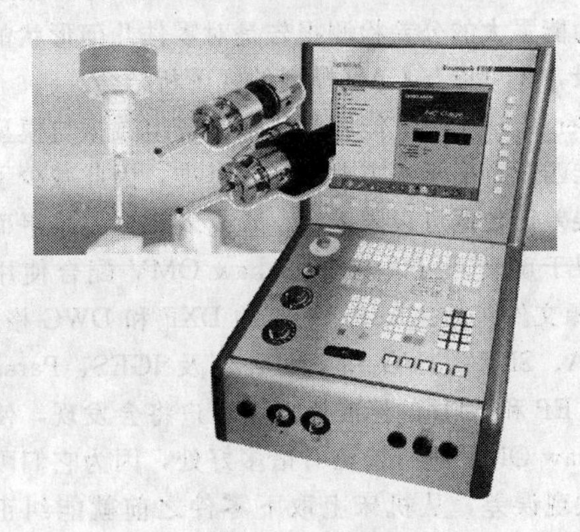

图 7-1-24 PC-DMIS NC Gage 界面

1.4 在机测量方法及步骤

1.4.1 在机测量使用方法及步骤

常用的测量步骤如图 7-1-25 所示。

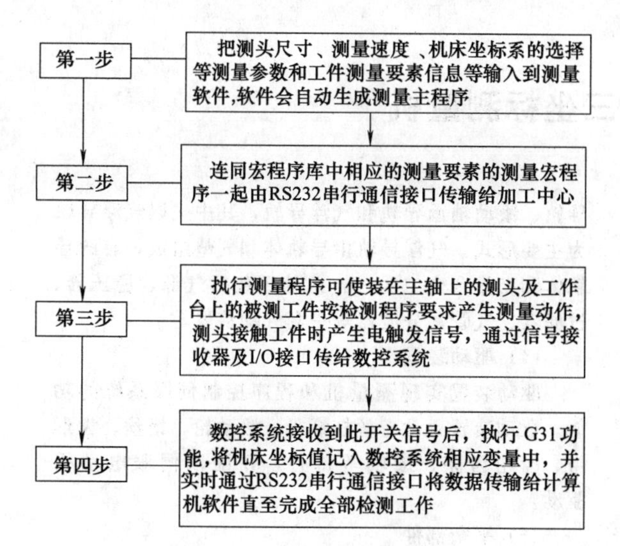

图 7-1-25 在机测量的步骤流程

1. 直接测量方法

直接测量即手动测量，利用键盘由操作员将决定的顺序输入指令，系统逐步执行的操作方式。测量时根据被测零件的形状调用相应的测量指令，以手动或 NC 方式采样，其中 NC 方式是把测头拉到接近测量部位，系统根据给定的点数自动采点。测量机通过接口将测量点坐标值送入计算机进行处理，并将结果输出显示或打印。

2. 程序测量方法

程序测量是将测量一个零件所需要的全部操作，按照其执行顺序编程，以文件形式存入磁盘，测量时运行程序，控制测量机自动测量的方法。适用于成批零件的重复测量。

零件测量程序的结构一般包括以下内容。

① 程序初始化：如指定文件名，存储器置零，对不同于缺省条件的某些条件给出有关选择指令。

② 测头管理和零件管理：如测头定义或再校正，临时零点定义，数学找正，建立永久原点等。

③ 测量的循环。

3. 自学习测量方法

自学习测量方法是操作者对第一个零件执行直接测量方式的正常测量循环中，借助适当命令使系统自动产生相应的零件测量程序，对其余零件测量时重复调用。该方法与手工编程相比，省时且不易出错。但要求操作员熟练掌握直接测量技巧，注意操作的目的是获得零件测量程序，注重操作的正确性。

4. 零件几何元素测量法

点的测量：点是最基本的几何元素，在测量时，测头一次触发完成。测头获得的结果是经过半径补偿后的值。补偿值的大小取决于“测量选项”对话框中设置的测头类型。补偿方法如下：退离方向由系统决定，系统会确定测头在某根轴上的运动方向和补偿方向。

测量平面：平面是一个 3D 几何元素，测量一个平面时最少需要 3 个点，平面是由位置（X，Y，Z）和向量（I，J，K）组成。

测量直线：直线是一个 2D 元素，最少需要两点才能确定一条线，测量一条线需要选择一个工作平面。选择不同的工作平面将产生不同的直线。

测量角度点：角度点是指在成角度的缝合面上的点。在数模行业角度点的测量经常被用到。

1.4.2 在机测量实施步骤

1. 测头校验

测头校验是三坐标测量机进行工件测量的三坐标测量第一步，也是很重要的一步。在测头校验的过程中，要做的是根据工件形状、尺寸选择合适的测头、测针；选择测针的直径及测杆长度，对于薄壁件需选用圆柱形测针；在测量软件中会有匹配。选好后，还要进行校准，以达到测量所要求的精度。

2. 建坐标系

建立工件的坐标系，如果有工件的模型也要建模型坐标系，然后把工件坐标系与模型坐标系拟合。建坐标系的三个要素是：一要确定一个基准平面；二要确定一个平面轴线，即 X 轴或者 Y 轴；三要确定一个点，作为坐标原点。

3. 工件测量

坐标系建好后就可以进行正常的测量了，工件测量大体分为以下步骤。首先，对工件进行分析，对工具的基本元素进行测量，如点、线、面、圆、圆柱、圆锥等。一般地，先测构建元素，再评价形位公差，设定机器测小孔时要注意回退距离，以免发生撞针。如果回退距离过大要改小，最后出报告。然后，根据工件的形状，用基本元素进行形状的公差分析，摆好工件，有夹具的需按照测量方案进行测量。最后，根据要求输出检测报告。

测量典型几何形状时检测路径的步骤如下：

① 确定零件的待测形状特征几何要素；

② 确定零件的待测精度特征；

③ 根据测量的形状特征几何要素和精度特征，确定检测点数及分布；

④ 根据检测点数及分布形式建立数学计算公式；

⑤ 根据检测条件确定检测路径。

第 2 章 三坐标测量机

2.1 三坐标测量机概述

三坐标测量机是目前国内外使用最多的高精度测量设备，测量目标零件多个离散点，有效拟合空间曲线方程，即可求得回转体的实际锥度。

2.1.1 三坐标测量机定义

三坐标测量机是具备较高测量精度的测量设备。在实际生产中，大型复合材料薄壁回转体也主要依赖专用测量设备检测其锥形度误差，避免了传统测量的弊端。其可实现空间坐标点的测量，可方便地测量各种零件的三维轮廓尺寸、位置精度等，测量精确可靠，实用性强。

三坐标测量机（Coordinate Measuring Machine，CMM）是指在一个六面体的空间范围内，能够表现几何形状、长度及圆周分度等测量能力的仪器，又称为三坐标测量仪。它是由三个运动导轨，按笛卡儿坐标系组成的具有测量功能的测量仪器。

三坐标测量机均由主机（含具有标尺的导轨）、测头系统和控制系统三大部分组成。三坐标测量机的主机结构如图 7-2-1 所示。

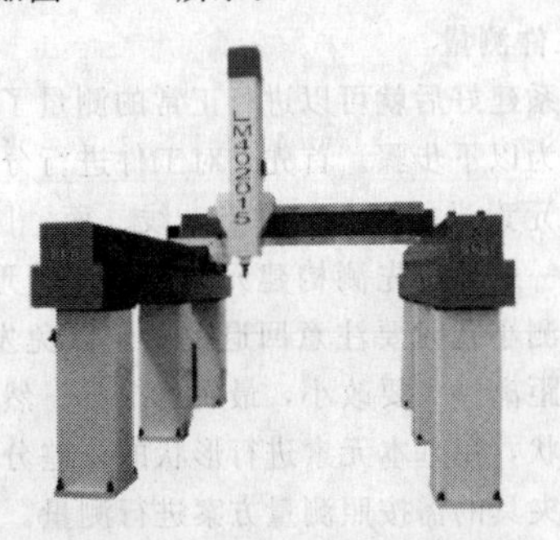

图 7-2-1 三坐标测量机的主机结构

（1）框架结构

框架是指测量机的主体机械结构，是工作台、立柱、桥框、壳体等机械结构的集合体。

（2）标尺系统

它是决定仪器精度的一个重要环节。三坐标测量机所用的标尺有线纹尺、精密丝杠、感应同步器、光栅尺、磁尺等，该系统还包括数显电气装置。

（3）导轨

导轨实现测量机的三维活动，测量机多采用滑动导轨、滚动轴承导轨和气浮导轨，其中又以气浮导轨为主要形式。气浮导轨由导轨体和气垫组成，有的导轨体和工作台合二为一，此外还包括气源、稳压器、过滤器、气管、分流器等一套气动装置。

（4）驱动装置

驱动装置实现测量机和程序控制伺服系统的功能。驱动装置通常有丝杠螺母、滚动轮、钢丝、齿形带、齿轮齿条、滚轴等部件，并配以伺服电动机驱动。

（5）平衡部件

平衡部件主要用于 Z 轴框架结构中，用于平衡 Z 轴的质量，确保 Z 轴上下运动时无偏重干扰，使检测时 Z 向测力稳定。如更换 Z 轴上所装的测头时，应重新调节平衡力的大小，以达到新的平衡。Z 轴平衡装置有重锤、发条或弹簧、气缸活塞等类型。

（6）转台和附件

转台是测量机的重要元件，可使测量机增加一个回转自由度，便于某些种类零件的测量。转台包括分度台、单轴回转台、万能转台（二轴或三轴）和数控转台等。用于三坐标测量机的附件很多，一般有基准平尺、角尺、步距规、标准球体（或立方尺）、测微仪及用于自检的精度检测样板等。

2.1.2 三坐标测量机分类

测量机按自动化程度分为手动（或机动）与 CNC（自动）两大类。

三坐标测量机还有多种分类方法，下面从不同的角度对其进行分类。

1. 按照技术水平的高低分类

（1）数显及打字型（N）

这种类型主要用于几何尺寸测量，采用数字显示，并可打印出测量结果，一般采用手动测量，但多数具有微动机构和机动装置，这类测量机的水平不高。虽然提高了测量效率，解决了数据打印问题，但记录下来的数据仍需进行人工运算。例如测量孔距，测得的是孔上各点的坐标值，需计算处理才能得出结果。

（2）电子计算机数据处理型（NC）

这类测量机测量水平略高，目前应用较多。测量仍为手动或机动，但用计算机处理测量数据，其原理框图如图 7-2-2 所示。该机由三部分组成：数据输入部分、数据处理部分与数据输出部分。有了电子计算机，可进行诸如工件安装倾斜的自动校正计算、坐标变换、孔心距计算及自动补偿等工作。并且可以预先储备一定量的数据，通过计量软件存储所需测量件的数学模型，对曲线表面轮廓进行扫描测量。

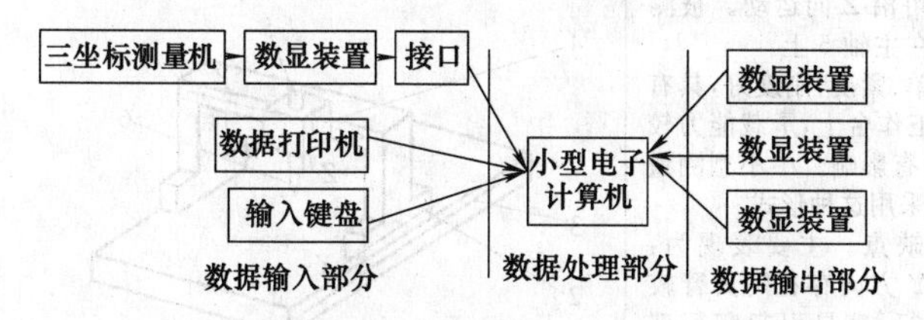

图 7-2-2 带计算机的三坐标测量机工作原理

(3) 计算机数字控制型 (CNC)

这种测量机的水平较高，像数控机床一样，可按照编好的程序进行自动测量，其原理如图 7-2-3 所示。编制好程序的穿孔带或磁卡通过读取装置输入电子计算机和信息处理线路，通过数控伺服机构控制测量机按程序自动测量，并将测量结果输入电子计算机，按程序的要求自动打印数据或以纸带等形式输出。由于数控机床加工用的程序可以和测量机的程序互相通用，因而提高了数控机床的设备利用率。

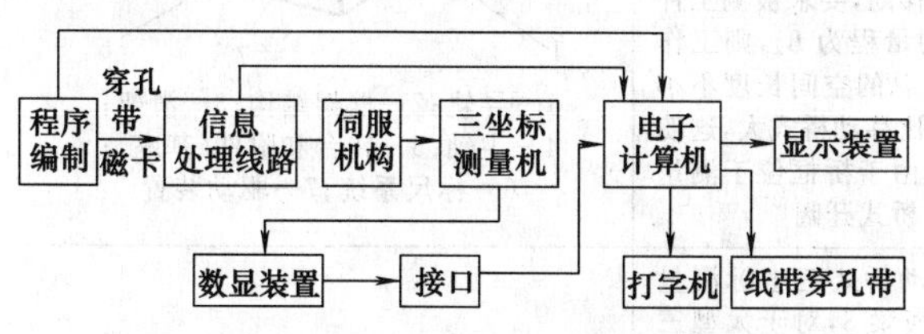

图 7-2-3 CNC 控制三坐标测量机工作原理

2. 按照工作方式分类

按照工作方式分类如表 7-2-1 所示。

表 7-2-1 按照工作方式分类

项目	测量方式	具体介绍
工作方式	点位测量方式	由测量机采集零件表面上一系列有意义的空间点，通过数学处理，求出这些点所组成的特定几何元素的形状和位置
	连续扫描测量方式	对曲线、曲面轮廓进行连续测量，多为大、中型测量机

3. 按照结构形式分类

三坐标测量机一般都具有互成直角的三个测量方向，水平纵向运动为 X 方向（又称 X 轴），水平横向运动为 Y 方向（又称 Y 轴），垂直运动为 Z 方向（又称 Z 轴）。三坐标测量机坐标系的建立如图 7-2-4 所示。图 7-2-5 所示为三坐标测量机常见的结构形式。根据测量机三个方向测量轴的相互配置位置的不同，三坐标测量机的总体布局结构形式分为：悬臂式［见图 7-2-5 (a)、(b)］、桥式［见图 7-2-5 (c)、(d)］、龙门式［见图 7-2-5 (e)、(f)］、立柱式［见图 7-2-5 (g)］、坐标镗床式［见图 7-2-5 (h)］等，每种形式各有特点与适用范围。

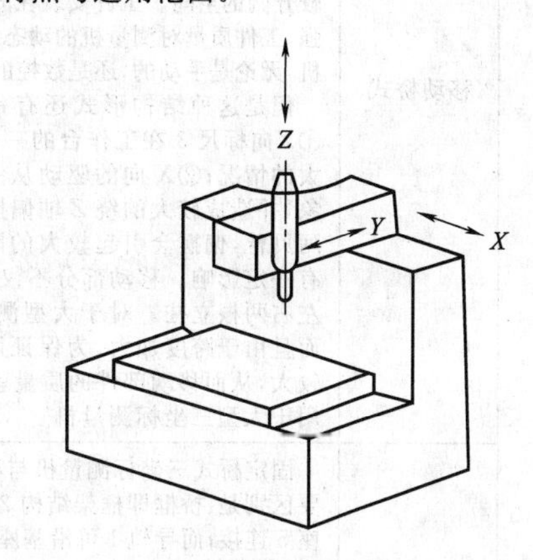

图 7-2-4 三坐标测量机坐标系的建立

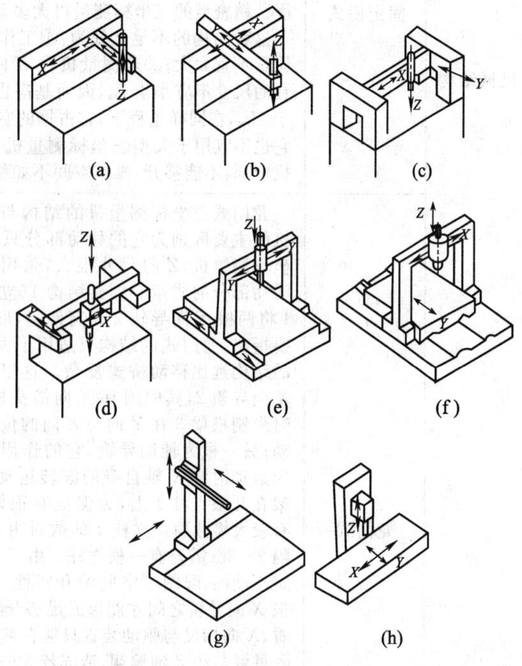

图 7-2-5 三坐标测量机的结构形式

三坐标测量机机械结构形式具体分类如表 7-2-2 所示。

4. 按照测量范围分类

按照测量范围分类如表 7-2-3 所示。

第7篇

表 7-2-2　三坐标测量机机械结构形式分类

项目	方式	具体介绍	图示
机械结构	移动桥式	移动桥式三坐标测量机是目前应用最广泛的一种结构形式 它主要由四部分组成:工作台1是固定不动的,桥框2可沿工作台1上的导轨沿 X 向运动,滑架4可沿桥框2横梁上的导轨沿 Y 向运动,主轴5可沿 Z 向运动。被测工件安放在工作台1上,测头6装在主轴5上 这种形式的三坐标测量机结构简单、紧凑,刚度好,具有较开阔的空间。工件安装在固定的工作台上,承载能力较强,工件质量对测量机的动态性能没有影响。中小型测量机,无论是手动的,还是数控的,多数采用这种形式 但是这种结构形式还有一定的缺点。主要表现为:①X向标尺3在工作台的一侧,在 Y 方向存在阿贝臂较大的情况;②X 向的驱动从一侧进行,容易引起爬行现象,并造成较大的绕 Z 轴偏摆。由于在 Y 向存在较大的阿贝臂,偏摆会引起较大的阿贝误差,对测量机的精度有一定影响。移动部分不仅包括桥框2的横梁,还包括左右两根立柱。对于大型测量机,不仅立柱本身很高,而且由于跨度加大,为保证刚度,横梁与立柱的截面均较大,从而移动部件的质量就很大。因此移动桥式不便用于大型三坐标测量机	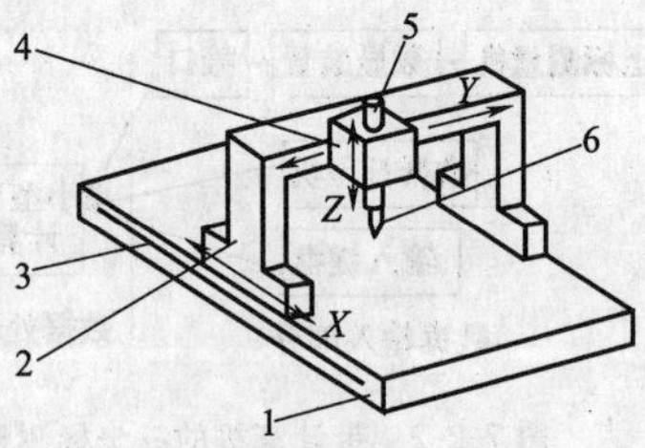 1—工作台;2—桥框;3—标尺; 4—滑架;5—主轴;6—测头
	固定桥式	固定桥式三坐标测量机与移动桥式三坐标测量机的主要区别是:桥框即框架结构2是固定不动的,它直接与基座5连接;而导轨1可沿基座5上的驱动装置7移动。这种结构的主要优点是 X 向的标尺6与驱动机构可以设置在工作台下方中部,Y 向阿贝臂小;从中间驱动,绕 Z 轴偏摆小;整个测量机的结构刚度很好,容易保证较高的精度。精密型的三坐标测量机大多采用这种结构 这种结构的不足之处为:①工作台移动,要求被测工件质量不宜太大;②若测量机在 X 向的量程为 L_x,则工作台的尺寸不应小于 L_x,因而基座占据总的空间长度不小于 $2L_x$,在同样量程下,它占据的空间比移动桥式大,这使它也不宜用于大型三坐标测量机;③由于桥框位于测量机中部,不能移开,操作空间不如移动桥式开阔	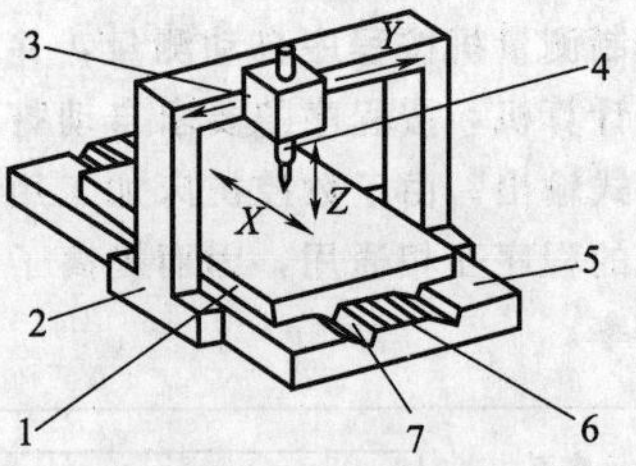 1—导轨;2—框架结构;3—滑架; 4—主轴;5—转台和附件(基座); 6—标尺系统;7—驱动装置
	龙门式	龙门式三坐标测量机的结构与移动桥式三坐标测量机的主要区别为它的移动部分只是横梁3,对于大型三坐标测量机,Z 向尺寸很大,采用这种结构有利于减小活动部分的质量。框架结构1(立柱)是固定的,靠立柱1将两根 X 向导轨2高高架起,形成 Z 向测量空间。需要指出,龙门式的结构只适用于大型三坐标测量机。它的结构远比移动桥式复杂。这里需要两根截面很大的 X 向导轨2,其中画有 X 向箭头的一根是主导轨,它同时限制横梁3在 Y 向与 Z 向的位移,使横梁3沿直线运动;另一根为辅助导轨,它的作用只是限制横梁3沿 X 向运动时绕 X 轴自身的滚转运动。由于这两根导轨是架在几根立柱1上,为保证有很好的刚度,导轨2必须有较大横截面。立柱1的数目由 X 向行程确定,一般每隔2～3m需要有一根立柱。由于立柱1与导轨2均为固定不动的,限制了空间的开阔性。只有大型测量机的两根 X 向导轨之间才能形成足够开阔的空间。从结构形式看,X 向标尺与驱动装置只能在侧面,同样会带来较大的阿贝臂与绕 Z 轴偏摆,造成较大的阿贝误差,驱动也不易平稳。为了改善测量机驱动性能、减小阿贝误差,对于 Y 向行程在2.5m以上的测量机,常采用双驱动与双标尺的方案。靠双标尺反馈回来的信号控制左右两侧同步运动;根据两根标尺的示数,求出测头所在直线上的 X 向位移,还能消除阿贝误差的影响。但需指出,这种双侧同步驱动的方式在技术上是较为复杂的,只有在 Y 向跨距很大、对精度要求较高的测量机上才采用	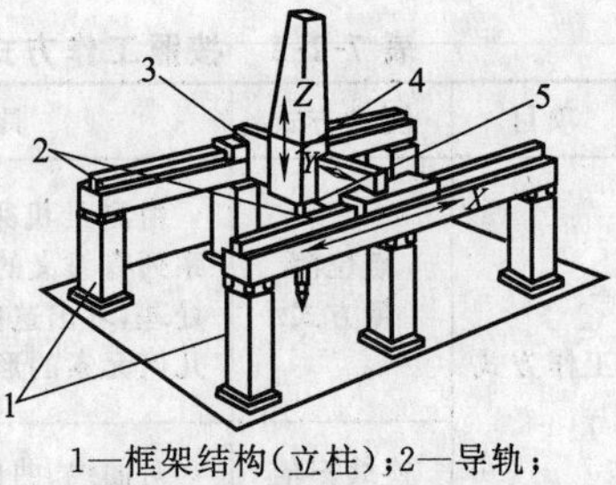 1—框架结构(立柱);2—导轨; 3—标尺系统(横梁);4—驱动装置; 5—转台和附件

续表

项目	方式	具 体 介 绍	图 示
机械结构	悬臂式	悬臂式三坐标测量机，框架结构 2 可沿 X 向运动，悬臂 3 沿 Y 向运动，主轴 4 作 Z 向运动。测头 5 安装在主轴 4 上，被测工件放置在工作台上。在这种结构中，悬臂 3 沿 Y 向运动时使作用在悬臂上力的位置发生变化，而产生不同的变形。这使得这种结构形式只能用于精度要求不太高的小型测量机中。其优点是结构简单、测量空间开阔	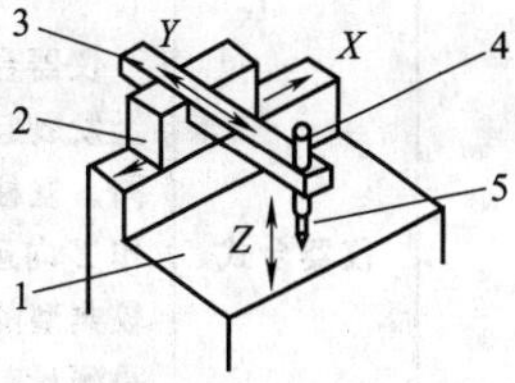 1—转台和附件；2—框架结构；3—悬臂；4—主轴；5—测头
	水平臂式	水平臂式三坐标测量机也是悬臂式的一种，又称地轨式三坐标测量机，在汽车工业中有广泛的应用。滑座 2 可以沿工作台 1 上的导轨 8 作 X 向运动。通常工作台 1 直接与地基相连，工作台 1 上的导轨 8 作 X 向运动。导轨 8 也称地轨。从理论上说导轨 8 可以做得很长，从而 X 向行程很大。例如为了测量汽车整个车身，X 向行程可达 10m。滑架 3 可以沿安装在滑座 2 上的立柱 4 作 Z 向运动。水平臂 6 可沿滑架 3 作 Y 向水平运动。在水平臂 6 的端部可装测头或划线头 7，对工件进行测量或划线。由于这种测量机常划线，故也称为三坐标划线机	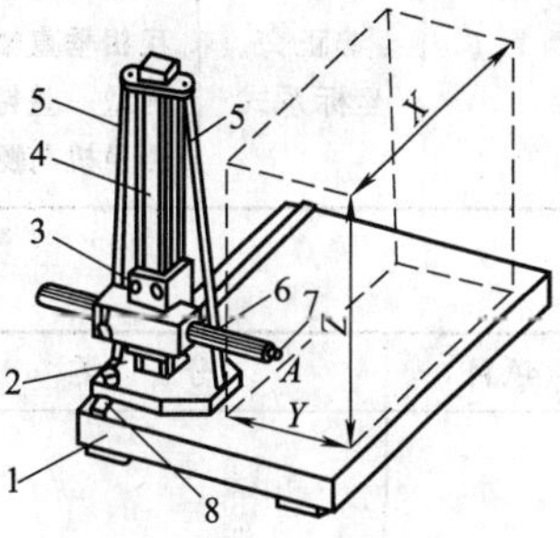 1—工作台；2—滑座；3—滑架；4—立柱；5—标尺系统；6—水平臂；7—测头或划线头；8—导轨
	立柱式	这种形式的测量机是在坐标镗的基础上发展起来的。1 为基座，工作台 2 与 3 分别作 X 与 Y 向移动，主轴 5 可在立柱 4 上作 Z 向运动。这种测量机结构牢靠、精度高，可将加工与检测合为一体。但工件的质量对工作台运动有影响。同时工作台作 X、Y 向运动，两个方向都增大了占地空间，因此只适合于中小型测量机	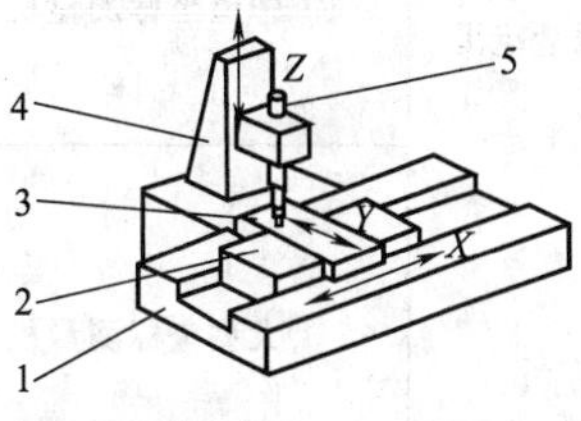 1—基座；2，3—工作台；4—立柱；5—主轴
	卧镗式	由于卧镗式测量机是在卧式镗床基础上发展起来的，所以特别适用于测量卧镗加工类零件，亦适用于在生产线上作自动检测。它也是一种水平臂式三坐标测量机。在这种测量机中，水平轴 Y 向位移较小，多用于中小工件的尺寸、形位测量 右图为卧镗式三坐标测量机。工作台 1 不动，立柱 2 可沿 X 向运动，滑座 3 沿立柱 2 作上下运动，水平轴 4 作 Y 向运动。从运动关系看，它与水平臂式测量机完全相同，只是结构较为牢固、刚度较大、Y 向行程较小，用于测量中小型工件。工作台上如再加上一个精密分度台或数控转台，则成为四坐标测量机，适合于复杂箱体、齿轮及凸轮类零件的测量，多见于生产线上作自动检测	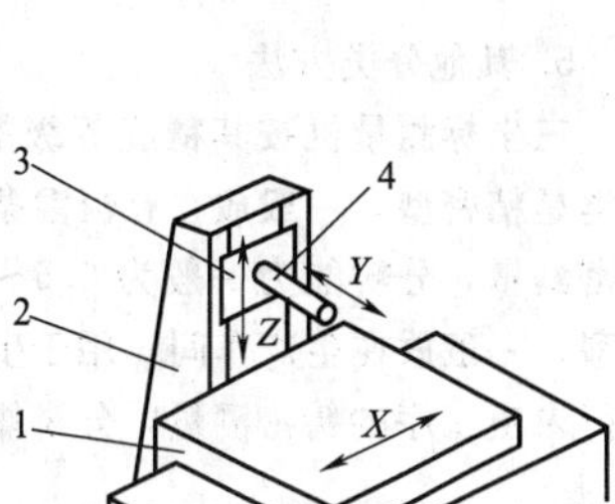 1—工作台；2—立柱；3—滑座；4—水平轴

续表

项目	方式	具体介绍	图示
机械结构	仪器台式	仪器台式三坐标测量机是在工具显微镜的结构基础上发展起来的，其运动的配置形式与万能工具显微镜相同。立柱3在底座1上作Y向运动，主轴4在立柱3上作Z向运动，而工作台2则作X向运动。这是一种比较典型的仪器结构，优点是操作方便、测量精度高；缺点是测量范围较小，多数为小型测量机。这种测量机也常称为三坐标测量仪	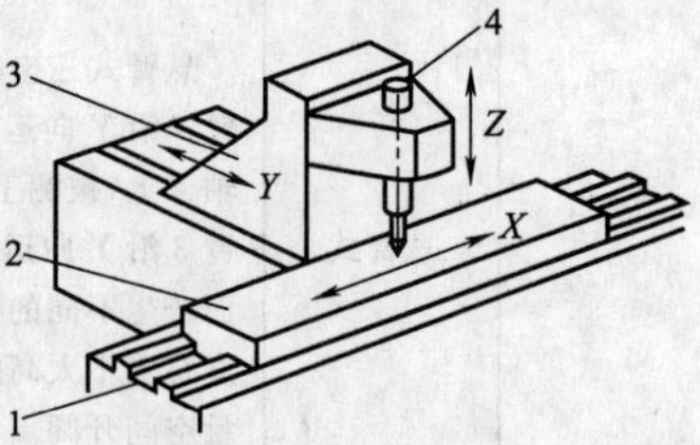 1—底座；2—工作台；3—立柱；4—主轴
	非正交坐标系式	上面介绍的各种三坐标测量机都是建立在具有三根互相垂直轴的正交坐标系基础上的。为了操作灵活与测量一些特大型构件，需要一些非正交坐标系的三坐标测量机与测量技术	

表7-2-3　按照测量范围分类

项目	分　类	具体介绍
测量范围	小型坐标测量机	它主要用于测量小型精密的模具、工具、刀具与集成线路板等。这些零件精度高，因而要求测量机的精度也高。它的测量范围，一般是X轴方向（即最长的一个坐标方向）小于500mm。它可以是手动的，也可以是数控的。常用的结构形式有仪器台式、卧镗式、坐标镗式、悬臂式、移动桥式与极坐标式等
	中型坐标测量机	中型坐标测量机的测量范围在X轴方向为500～2000mm，此类型规格最多，需求量最大，主要用于箱体、模具类零件的测量。操作控制有手动与机动两种，许多测量机还具有CNC自动控制系统。从结构形式上看，几乎包括了所有形式
	大型坐标测量机	大型坐标测量机的测量范围在X轴方向应大于2000mm，主要用于汽车与飞机外壳、发动机与推进器叶片等大型零件的检测。它的自动化程度较高，多为CNC型，但也有手动或者机动的。结构形式多为龙门式（CNC型，中等精度）或水平臂式（手动或机动，低等精度）。此外，还有一些用非正交坐标系的大型测量机

5. 其他分类方法

三坐标测量机按其精度等级的高低可分为两类：一类是精密型，一般放在有恒温条件的计量室，用于精密测量，分辨能力一般为0.5～2μm；另一类为生产型，一般放在生产车间，用于生产过程检测，并可进行末道工序的精密测量，分辨能力为5～10μm。

2.1.3　选用坐标测量机时应该考虑的因素

在精密检测、工艺流程控制、产品质量控制、新品开发、模具制造、提升企业效率和品质手段等方面坐标测量机正发挥着非常重要的作用。三坐标测量机是测量获得零部件尺寸数据的最直接有效的方法之一，它不仅能够代替多种表面测量工具及昂贵的组合量规，而且把复杂的测量任务所需时间缩小了一个数量级。三坐标测量机与所有的手动测量设备的功能最大的区别是能够快速准确地评价尺寸数据，提供关于生产过程状况的有用信息。选用适合的测量系统和测量机，并产生较高的经济价值，应该考虑以下各因素：

①测量机软件的测量性能；
② 测量速度和测量效率；
③ 测量行程范围；
④ 机器结构的配置；
⑤ 测量精度和重复性；
⑥ 测量机软件的CAD性能；
⑦ 测量机软件用户操作界面；

⑧ 探测方法和零件的夹持与固定方法；

⑨ 测量数据输出方式；

⑩ 测量机使用环境要求；

⑪ 培训和技术支持；

⑫ 测量机技术服务；

⑬ 售后长期技术支持和技术服务。

制造业中的质量目标在于将零件的生产与设计要求保持一致。建立和保持制造流程一致性最为有效的方法是准确地测量工件尺寸。选择一台适当的机器的关键在于是否能够满足工厂持久的使用需要。选用三坐标测量机时，应根据检测对象的批量大小、自动化程度、产品特点及使用频率和效率，先确定是要购买哪一种型号的三坐标测量机。根据测量机上测头安置的方位，有三种基本类型：垂直式、水平式和便携式。垂直式三坐标测量机在垂直臂上安装测头。这种测量机的精度比水平式测量机要高，因为桥式结构比较稳固而且移动部件较少，使得它们具有更好的刚性和稳定性。垂直式三坐标测量机包含各种尺寸，获得尺寸信息后，分析和反馈数据到生产过程中，使之成为持续提高产品质量的有效工具，其可以测量从小齿轮到发动机箱体，甚至是商业飞机的机身。水平式测量机把测头安装在水平轴上，它们一般应用于检测大型工件，如汽车的车身，以中等水平的精度检测。以下是选用坐标测量机的考察点。

1. 合理的测量精度及测量范围

（1）首要的是精度指标应满足要求

选用时可根据被测工件要求的检测精度与测量机给定的测量不确定度相对比，在一般测量中，测量不确定度应为被测工件尺寸公差带的1/5～1/3。对于精密测量及复杂的形位测量要求更高，为被测尺寸公差带的1/8～1/5。尤其重要的是重复精度必须满足要求，因为系统误差可以通过一定方法补偿，而重复精度是由测量机本身决定的。高精度的坐标测量系统不仅要精度高，更重要的是精度能够保持稳定。测量复杂零件时，测头角度及测杆的改变会带来微小误差，应当选用精度（包括重复精度）高一些的测量系统，以便能满足企业与研究的发展需要。

（2）测量范围是选择测量机时的基本参数

选择测量范围时，应考虑以下三个方面。首先，工件所需测量的部分，不一定是整个工件。如要测量的部位位于工件的某个局部，除了测量机的测量范围要能覆盖被测部位之外，还要考虑整个工件能否在机台上安置。一般应根据工件大小选择测量机的测量范围。其次，Z轴行程与Z向空间高度的关系。Z轴行程是Z轴的测量范围，而Z向空间高度是工件能放得下的高度，另外要考虑Z轴加装上测头系统后所能测量的空间。最后，测杆变化问题。有的测头上有星形探针，这些探针在测量时往往要超出工件的被测部分。例如，一般工件尺寸为l时，要求测量范围$L=l+2C$，C为探针或所需加长杆的长度。因此测量范围等于工件被测的最大尺寸再加上两倍的探针长度。

2. 测量软件系统

先进的测量系统要求测量软件既具有更专业化的强大测量功能，又能够使用方便、易于操作，而且可满足一些特殊测量任务的需要。测量软件系统的选择应考虑的要素：便于操作和使用；能满足复杂形状零件和复杂的曲面测量；图形化及灵活的测量输出报告功能，同时具备多种数据输出格式；自动特征识别功能；脱机测量/编程功能；虚拟仿真测量，路径规划与防碰撞功能；可视化的图形分析功能和最佳拟合评价能力；CAD的功能，可实现CAD数模的自动测量；完善的形位公差评价能力；未知几何量的扫描功能；扫描三维数据点云动态显示、直观、形象；逆向工程的能力；测头系统的动态配置与可视化操作；智能化的编程能力；支持各种选项装置；特殊应用及支持能力。

3. 合适的测量机类型

测量机按自动化程度分为手动（或机动）与CNC（自动）两大类。选用时，应根据检测对象的批量大小、自动化程度、产品特点及使用频率和效率来权衡。

4. 控制系统

控制系统在坐标测量系统中具有非常重要的中枢控制作用，其好坏决定着整个系统的功能及运动特性。数据的传输也影响到测量系统的效率及稳定性。另外，控制系统是否支持后续功能的扩展也非常重要。

5. 功能齐全的测座系统

测座系统是测量机上重要的测量部件。它不仅直接影响测量精度，也是决定测量机功能和测量效率的重要因素。有自动和手动测座系统，一般根据产品的实际测量要求来确定。

6. 符合要求的测量效率

测量机的运行速度与采样速度既是测量效率的重要指标，同时也是机台性能的重要参考，与自动化生产的要求密切相关。用于生产线或柔性加工线上的测量机，检测效率必须满足生产节拍的要求。在可接受不确定度水平上采集点的数量，确定了测量机的工作效率。一些测量机能够在1min内采集超过100个数据点，而可以达到非常好的测量精度。

总之，测量机能够为现代制造业提供保证，能够取代平面的测量工具、固定的或定制的量规，以及精密的手工测量工具。在为过程控制提供尺寸数据的同时，测量机还可提供入厂产品检验、机床的校验、客户质量认证、量规检验、加工试验以及优化机床设置等附加性能。对于提高企业生产效率、降低成本并将生产纳入了控制，测量机对工厂的质量控制是最好的选择。

2.2 三坐标测量机的结构

三坐标测量机的结构主要包括标尺系统、导轨、驱动机构、直线步进电机、平衡部件、附件以及三坐标测量机测头。下面介绍三坐标测量机结构组成。

2.2.1 标尺系统

标尺系统，也称为测量系统，是坐标测量机的重要组成部分。在设计坐标测量机时，恰当地选择测量系统，对于提高整机精度是十分重要的。这是因为测量系统直接影响坐标测量机的精度、性能和成本。另外，不同的测量系统，对坐标测量机的使用环境也有不同的要求。目前国内外坐标测量机上使用的测量系统种类很多。它们和各种机床与仪器上使用的测量系统大致相同。例如精密丝杠、高精度刻线尺、光栅、感应同步器、磁尺、码尺、激光干涉仪等。根据对目前国内外生产的测量机所用的测量系统的统计分析可知，使用最多的是光栅，其次是感应同步器和光学编码器。对于高精度测量机可采用激光干涉仪测量系统。测量系统分为以下三类。

1）机械式测量系统：精密丝杠加微分鼓轮式测量系统；精密齿条及齿轮式测量系统；滚轮直尺式。

2）光学式测量系统：光学读数刻度尺式测量系统；光电显微镜和金属刻尺式测量系统；光栅测量系统；光学编码器测量系统；激光干涉仪测量系统。

3）电气式测量系统：感应同步器式测量系统；磁栅测量系统。

2.2.2 导轨

在精密的测量仪器中，导轨部件是最重要的部件之一。导轨部件由运动支承和支承导轨（导轨体）组成。导轨部件的功能是不仅能可靠地承受外加载荷，而更主要的是能保证运动件的定位及运动精度，以及与有关部件的相互位置精度，这对于三坐标测量机非常重要。在机床及仪器设计中有各种各样的导轨类型。例如，滑动导轨有双 V 形导轨、V-平面导轨、直角形导轨、燕尾导轨、圆柱导轨等。常用的有气浮导轨及滑动摩擦导轨，而滚动导轨应用较少，这是因为无论是滚珠导轨，还是滚柱导轨，耐磨性都较差，刚度也较滑动导轨的低。

导轨可分为以下三类。

（1）滑动摩擦导轨

普通滑动摩擦导轨的特点是结构简单、制造容易以及接触刚度高。

（2）滚动导轨

在上述滑动导轨中，在滑架与导轨的配合面之间加上滚珠丝杠形成滚动导轨。另一种结构是采用滚动轴承，这是一种应用较多的导轨类型。它的特点是运动灵活，成本低。

（3）气浮导轨

气浮导轨是近年来测量机广泛使用的导轨形式。它有许多优点，如摩擦因数小、工作平稳、运动精度高、磨损小等，因此许多厂家都采用气浮静压导轨。

2.2.3 驱动机构

三坐标测量机中驱动系统是指 X、Y、Z 三向的驱动系统。对驱动系统的主要要求是传动平稳、爬行小、刚度高，同时不会产生较大的振动与噪声。主要有丝杠传动、钢带传动、齿形带传动、齿轮齿条传动以及摩擦轮传动、气压传动、直线电机驱动，应根据具体情况选用合适的驱动方式及电机。

驱动方式有以下几种。

（1）丝杠传动

丝杠传动即螺旋传动，它是精密机械中常用的一种传动形式。其主要作用是将旋转运动变为直线运动，在三坐标测量机中，主要是实现位移的传动。即在计算机指令下，驱动机构能将运动部件准确移到所需位置。

（2）齿轮齿条传动

齿轮齿条传动具有传动比恒定、传动平稳可靠、结构简单紧凑、效率高等优点。齿轮齿条传动中齿条可以接长，从而使它有很大的行程（例如达数米）。在大型三坐标测量机中常采用这种传动形式。

（3）钢带传动

钢带传动依靠张紧的钢带与带轮之间的摩擦进行力和位移的传递。

（4）齿形带传动

齿形带传动综合了钢带传动和齿轮传动的优点，它是一种新型带传动。齿形带是以钢丝绳等为强力层，外面用橡胶或聚氨酯包覆，带的工作面制作出齿形，与齿形带轮作啮合传动。由于钢丝绳的作用，齿形带在承载前后周节不变，故带与带轮之间无相对滑动，因此主动轮与从动轮能够同步转动。

(5) 摩擦轮传动

摩擦轮传动与钢带传动有相似的优点：①结构简单、易于制造；②传动平稳、噪声小；③过载时能自动打滑保护，防止有关部件损坏等。但摩擦轮传动也有缺点，由于打滑和摩擦轮的形状误差，不能保持恒定的传动比，传动精度较低；不适合于传递较大的转矩，摩擦轮表面有磨损等。

(6) 气压传动

气压传动在三坐标测量机中有较广应用。以压缩空气为介质实现传动，不需要另外再增设气源、稳压、过滤等设备。气压传动具有传动平稳、容易控制、有较好阻尼特性等优点。

2.2.4 直线步进电机

步进电机是一种将电脉冲信号变为角位移或线位移的频率-位移转换器。它的转动或直线移动速度随控制脉冲的频率而变化，有很宽的调速范围，有自整步能力。只要维持控制绕组中的电流相位不变，即可使活动部分保持某固定位置，不需要机械制动装置。

步进电机的种类很多，按力矩或力产生的原理可分为反应式、激式和永磁反应式等；按输出力矩的大小可分为伺服式、功率式；按绕组相数有三、四、五、六相等。三坐标测量机中使用的驱动电机主要有步进电机、直流伺服电机与交流伺服电机。

2.2.5 平衡部件

三坐标测量机中，轴处于铅直方向，因此对于轴需要加一与运动部件重量相同的反向平衡力，以避免主轴自行坠落撞坏测头，同时使部件沿导轨上下移动时轻便而平稳，停止时可靠而稳定。因此，平衡机构必须满足无论移动部件在何工作位置时，平衡力的大小和方向应始终保持不变。常用的平衡机构有以下几种。

1. 重锤平衡机构

重锤平衡机构的原理是用一个重锤的重量来平衡主轴与测头的重量。重锤平衡机构的典型结构为：缓冲器里面盛有矿物油，由于油的阻尼作用，可使测量轴缓慢地接触工件；通过改变加在测量轴上端的砝码的重量可以调整到所需平衡状态；为了保持测量轴在导轨中上下运动的导向精度，钢带与测量轴的连接点应通过测量轴系统的重心。由此机构可知，重锤机构结构简单、加工方便，但增加了仪器的重量和体积，使运动部件的惯量增大。

2. 弹簧平衡机构

弹簧平衡机构是用弹簧的拉力代替重锤来平衡铅直运动部件的重力。

3. 气压平衡机构

重锤平衡机构与弹簧平衡机构各有不足之处。重锤平衡机构增大了仪器的体积和惯量，弹簧平衡机构难以保证平衡力恒定，特别是弹簧本身伸长范围有限，难以用于大行程三坐标测量机中。

4. 用传动机构实现平衡

前已述及，由于丝杠传动有自锁性能，在用它作 Z 向驱动时，Z 轴的自重不会带动丝杠转动。只要丝杠停止转动，Z 轴不会在重力作用下自行下落。这时 Z 轴的重力通过传动螺母作用在丝杠上。也可以说，丝杠对螺母的反作用力平衡了 Z 轴的重力。在采用开合螺母时，仍需考虑 Z 轴的平衡。

2.2.6 附件

为了充分发挥三坐标测量机的效能，使它能高效、方便地测量工件，或对三坐标测量机自身进行标定，需要采用各种附件。常用的附件可分为以下几类。

(1) 转台

为了测量各种回转形零件，如分度板、齿轮、蜗轮、蜗杆等；齿轮加工刀具和滚铣刀以及叶片、凸轮等，都需要转台。

(2) 装卡与送料附件

在三坐标测量机上测量工件时，一般情况下，测量力较小（在非接触测量时则无测量力），测量时机器运动平稳，不会产生冲击，也不应有剧烈振动。若被测件重量较大，且有较稳定的安放基面，被测件不加固定安放在工作台上，就可以实现测量。但在有的情况下，如工件没有稳定的安放基面，装在带水平轴的转台上时，就要以一定方式装卡，以使工件在测量时保持位置稳定不变。

(3) 标定及性能检测附件

为了标定测量机及其测头的参数，测试其性能，需要一些附件，其中有不少是测量机制造厂随机提供的。最常用的是标准球与方体。标准球是一个直径经过精确标定、球度误差很小（常为亚微米级）的钢球或陶瓷球；方体的功用与标准球相仿，但制作比标准球困难，使用不如标准球方便，功能不如标准球多，因此应用不如标准球广泛。

2.2.7 三坐标测量机测头

三坐标测量机测头可视为一种传感器，只是其结构、功能较一般传感器更为复杂。三坐标测头的两大基本功能是测微（即测出与给定的标准坐标值的偏差量）和触发瞄准并过零发信。

按结构原理，测头可分为机械式、光学式和电气式等。机械式主要用于手动测量；光学式多用于非接触测量；电气式多用于接触式的自动测量。由于坐标测量机的自动化要求，新型测头主要采用电学与光学原理进行信号转换。

1. 电气测头

三坐标测量机中，使用最多、应用范围最广的是电气测头。电气测头多采用电感、电容、应变片、压电晶体等作为传感器来接收测量信号，可以达到很高的测量精度，所以电气测头在各类三坐标测头中占主要位置。

按照功能，电气测头可分为：①开关测头，它只作瞄准之用；②模拟测头，既可进行瞄准，又具有测微功能。

按能感受的运动维数，电气测头可分为：①单向的（即一坐标）电气测头；②双向的（即二坐标）电气测头；③三向的（即三坐标）电气测头。

2. 光学测头

在多数情况下，光学测头与被测物体没有机械接触。采用非接触光学测头测量工件，有如下突出优点：

① 没有测量力，可以用于测各种柔软的和易变形的物体，也没有摩擦；

② 由于不接触，可以很快的速度对物体进行扫描测量，测量速度与采样频率都较高；

③ 光斑可以做得很小，可以探测一般机械测头难以探测的部位，也不必进行测端半径补偿；

④ 不少光学测头具有大的量程，如 10mm 乃至数十毫米，这是一般接触测头难以达到的；

⑤ 使探测的信息丰富，例如用摄像机可以同时探测得视场内大量二维信息（接触式测头只能一点一点地探测），它还能测得物体的光学特性。

3. 其他测头

三角法测头，激光聚焦测头，光纤式测头，视像测头，形貌测头，接触式光栅测头。

4. 测头附件

为了方便地探测各种零件的各个部分，扩大测头功能，提高测量效率，常需给测头配置各种附件。测头附件是指那些与测头相连接、扩大其功能的零部件。

测头附件还包括：测端，探针，探针加长杆，连接器，星形探针连接器，回转附件，铰接接头，自动更换测头系统。

2.3 三坐标测量机控制系统

控制系统是坐标测量机的关键组成部分之一。其主要功能是：读取空间坐标值，控制测量瞄准系统对测头信号进行实时响应与处理，控制机械系统实现测量所必需的运动，实时监控坐标测量机的状态以保障整个系统的安全性与可靠性，有的还包括对坐标测量机进行几何误差与温度误差补偿以提高坐标测量机的测量精度等。

2.3.1 控制系统的结构

按自动化程度，坐标测量机分为手动型、机动型和 CNC 型。前两类测量只能由操作者直接手动或通过操纵杆完成各个点的采样，然后在主计算机中进行数据处理；而 CNC 型是通过主计算机程序控制坐标测量机自动进给进行数据采样，并在主计算机中完成数据处理的。CNC 型控制系统结构形式多种多样，根据功能、所用计算机系统和测头的不同，CNC 型可以分为集中控制与分布式控制两类。

1. 手动型与机动型控制系统

该类控制系统结构简单，手动型甚至连驱动电机都没有，因而操作简便，价格低廉，在车间中广泛应用。这两类坐标测量机的标尺系统通常为光栅，测头一般采用触发式测头。其工作过程是：每当触发式测头接触工件时，测头发出触发信号，通过测头控制接口向 CPU 发出一个中断信号，CPU 则执行相应的中断服务程序，实时地读出计数接口单元的数值，计算出相应的空间长度，形成采样坐标值 X、Y 和 Z，并将其送入采样数据缓冲区，供后续的数据处理使用。

此类控制系统主要包括坐标测量系统、瞄准系统、状态监测系统以及通信系统。坐标测量系统是将 X、Y、Z 三个方向的光栅信号经预处理后，送入可逆计数器。CPU 通过接口单元读取可逆计数器中的脉冲数，计算出相应的空间位移量。系统的瞄准部分一般使用触发式测头，有时使用硬测头。将触发式测头发出的触发信号，或者是采用硬测头时利用按键或脚踏开关发出的采样开关信号，通过测头的接口电路输入计算机。每当触发式测头接触工件，或采样开关按下时，测头控制接口向 CPU 发出一个中断信号。CPU 在执行中断服务程序时，实时地读出计数接口单元的数值，计算出相应的空间长度，形成采样数值 X、Y、Z，送入采样值缓冲区。CPU 还具有通信功能，完成与主计算机的通信，解释来自主计算机的命令并执行，将控制系统状态与数据回送给主计算机。

2. CNC 型控制系统

CNC 型控制系统的测量进给是由计算机控制的。它不仅可以实现自动测量、学习测量、扫描测量，也可以通过操纵杆进行手工测量。

CNC 控制系统结构可分为集中控制与分布控制两类。集中控制由一个主 CPU 实现监测与坐标值的采样，完成主计算机命令的接收、解释与执行，状态信息及数据的回送与实时显示，控制命令的键盘输入及安全监测等任务，有的还可进行空间误差补偿及坐标修正。

分布式控制是指系统中使用多个 CPU，每个 CPU 完成特定的控制，同时这些 CPU 协调工作，共同完成测量任务，因而速度快，提高了控制系统的实时性。另外，分布式控制的特点是多 CPU 并行处理，由于它是单元式的，故维修方便、便于扩充。如要增加一个转台，只需在系统中再扩充一个单轴控制单元，并定义它在总线上的地址和增加相应的软件就可以了。

2.3.2　空间坐标测量控制

作为测量设备，坐标测量机不仅要有高精度的长度基准，而且还应有空间坐标值的读出与控制系统。一方面，控制系统要对空间坐标值定时读取，以便对坐标测量机的状态进行监测（对于 CNC 型控制系统，该读数值作为整个运动系统的伺服控制的位置反馈值输入伺服控制系统）。另一方面，当瞄准系统发出采样控制信号时，又要实时地将当时的空间坐标值采样读入，作为以后的数据处理的输入参数。因此精确地、实时地读取空间坐标值，是控制系统的一项关键任务。

坐标测量机的长度基准有多种：光栅、感应同步器以及激光干涉仪等。目前三坐标测量机应用最广泛的是光栅。

光栅读数头输出正弦信号，它的一个电周期对应光栅的一个栅距。由于光栅的栅距一般为 20μm 或 10μm，这样的分辨力显然不能满足测量机的要求，因此应对此信号进行细分处理。传统的方法是用移相电阻链将电子细分与辨向电路相结合，得到细分脉冲信号。这是目前应用广泛、细分数高、可靠性好的一种方法。这种细分处理电路在输出细分脉冲信号的同时还进行辨向处理。有的电路输出分别代表正方向与反方向的双时钟脉冲，有的电路输出方向控制信号与单时钟脉冲信号。

2.3.3　测量进给控制

手动型以外的坐标测量机是通过操纵杆或 CNC 程序对伺服电机进行速度控制，再通过机械传动，使测头与测量工作台按设定的轨迹作相对运动，从而实现对工件的测量。

测量进给与数控机床的加工进给基本相同，但有下述特点。

① 精度高。坐标测量机首先要保证空间精度，位置控制精度应达到与空间测量分辨力相当的数量级。用模拟测头进行 CNC 扫描测量时，要求更高。

② 运动平稳。为保证高精度测量，要求测量进给平稳。特别是在低速探测运动时，要求无爬行、无冲击。

③ 响应速度快。测量进给有很多往复运动，要求伺服系统频繁地启动与停止，在正转与反转、高速与低速之间频繁地切换。

④ 调速比宽。目前高速坐标测量机的运动速度可达 300mm/s，而在低速探测时运动速度又很低。CNC 扫描测量时要求速度控制到每秒几微米，这就要求坐标测量机运动速度在 0～300mm/s 之间连续可调。

2.4　探测系统

探测系统是由测头及其附件组成的系统。测头是测量机探测时发送信号的装置，它可以输出开关信号，亦可以输出与探针偏转角度成正比的比例信号，它是测量机的关键部件。测头精度的高低很大程度上决定了测量机的测量重复性以及精度，不同零件要选择不同功能的测头进行测量。

2.4.1　测头

1. 测头的分类

(1) 按测量方法：接触式测头和非接触式测头

接触式测头（Contact Probe）：需与待测表面发生实体接触的探测系统，可分为硬测头和软测头两类。硬测头多为机械式测头，主要用于手动测量，有的也用于数控自动测量，多用于精度不太高的小型测量机中。硬测头包括圆锥测头、圆柱形测头、球形测头、回转式半圆柱测头和回转式四分之一柱面测头、盘形测头、凹圆锥测头、点测头、V 形块测头及直角测头等。在接触式测头中又分机械式测头和电气式测头。此外，生产型测量机还可配有专用测头式切削工具，如专用铣削头和气动钻头等。软测头包括触发式测头和模拟式测头。非接触式测头用于不需与待测表面发生实体接触的探测系统，例如光学探测系统。

(2) 按接触方式：触发测头和扫描测头

触发测头（Trigger Probe）：又称为开关测头，测头的主要任务是探测零件并发出锁存信号，实时地锁存被测表面坐标点的三维坐标值。

扫描测头（Scanning Probe）：又称为比例测头或模拟测头，此类测头不仅能作触发测头使用，更重要的是能输出与探针的偏转成比例的信号，由计算机同时读入探针偏转及测量机的三维坐标信号（作触发测头时则锁存探测表面坐标点的三维坐标值），以保证实时地得到被探测点的三维坐标。

(3) 按功用：用于瞄准的测头和用于测微的测头

用于瞄准的测头：有全部的硬测头，电气测头中的开关测头和光学测头中的光学点位测头等。

用于测微的测头：有电气测头中的电感测头、电容测头，光学测头中的三角法测头、激光聚焦测头、视像测头等。

(4) 硬测头种类

1) 球形测头：能够测定高度、槽宽、孔径和轮廓形状，工作状态如图 7-2-6 所示。

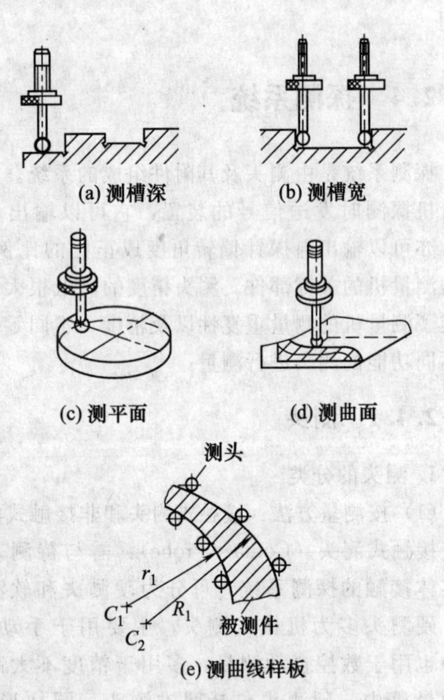

图 7-2-6 球形测头工作状态

2) 圆锥测头：测量孔中心位置和孔中心距时多使用圆锥测头，如图 7-2-7 (a) 所示。在测量大孔时，往往需要加上过渡环。过渡环的结构如图 7-2-7 (b) 所示。

3) 回转式半圆柱与四分之一柱面测头：由于测量表面与夹紧测头的轴线重合，不需要补偿测头半

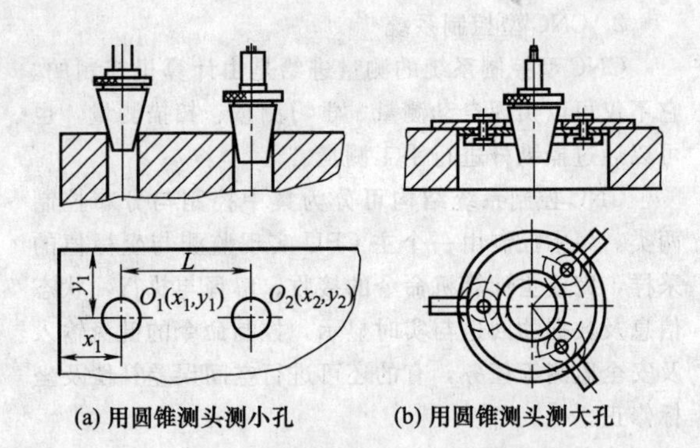

图 7-2-7 圆锥测头工作状态

径，很容易作端面至端面的测量，如图 7-2-8 (a) 所示。回转式半圆柱与四分之一柱面测头由于直角的刀口线与夹紧柱的轴线重合，可用于检验曲线表面，如图 7-2-8 (b) 所示。

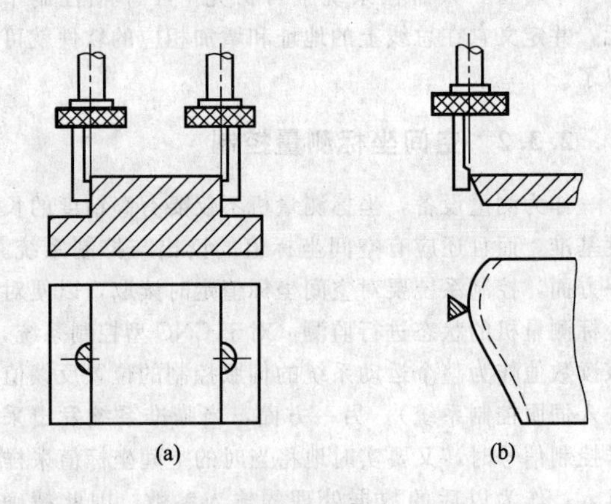

图 7-2-8 回转式半圆柱与四分之一柱面测头工作状态

4) 盘形测头：盘形测头的工作状态如图 7-2-9 所示。它用于测量轴径、高度和槽深等。

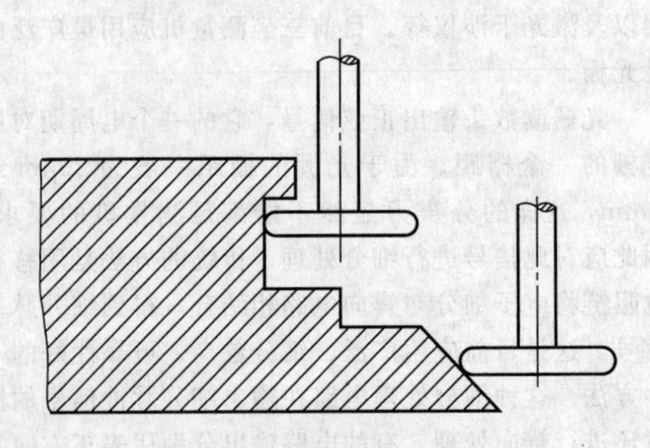

图 7-2-9 盘形测头工作状态

5) 凹圆锥测头：由于这种测头带有直角的凹锥，对测定球体或曲面部分的中心坐标很理想，工作状态如图 7-2-10 所示。

第7篇

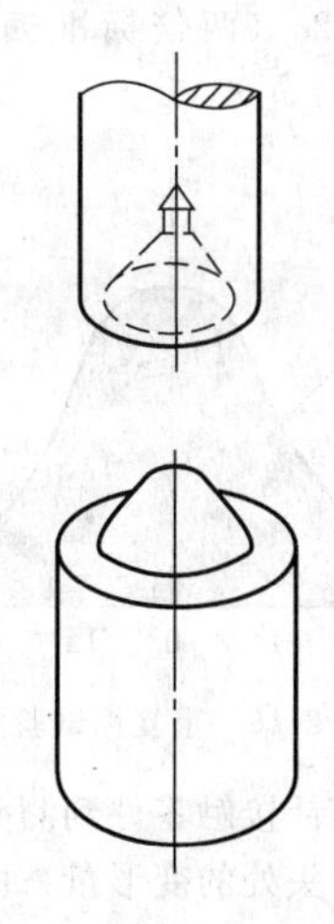

图 7-2-10　凹圆锥测头工作状态

6）V 形测头：可用于测量轴类的轴心位置以及中心距离等，工作状态如图 7 2 11 所示。

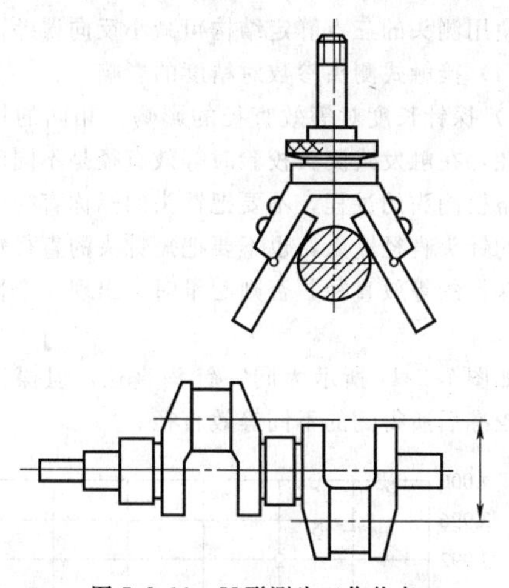

图 7-2-11　V 形测头工作状态

7）直角测头：该测头带有可插入锥测杆的垂直孔，用于测量垂直截面的孔或沟槽。

2. 接触式测头

接触式测头为硬测头，多为机械式测头，有圆锥测头、圆柱形测头、球形测头、回转式半圆测头和回转式半圆柱与四分之一柱面测头、盘形测头、凹圆锥测头、点测头、V 形块测头及直角测头等。在只测尺寸、位置要素的情况下尽量选择接触式触发测头；考虑成本又能满足要求的情况下，尽量选择接触式触发测头。

（1）接触式触发测头的基本结构

以 TP2 为例来说明测头的结构及性能参数。TP2 是接触式三维测头，由测头体、测杆、导线组成。测头体内部结构如图7-2-12所示，这是一个弹簧

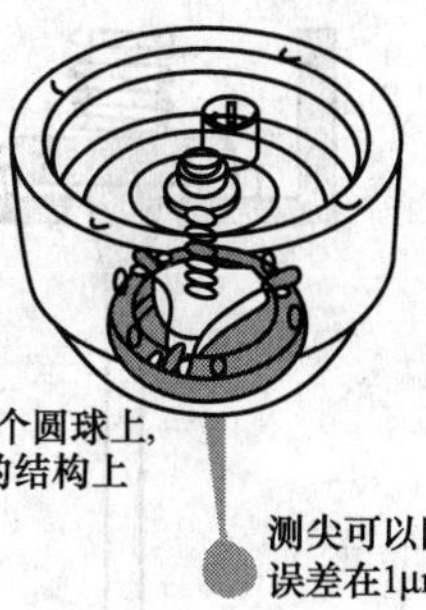

当探针接触零件时，
发出触发信号，
同时测量机停止工作

三个圆柱，每一个支在两个圆球上，
由六点接触在一个静定的结构上

测尖可以回到原来位置，
误差在1μm以内

图 7-2-12　触发测头基本结构

结构，弹力大小即测力。三个小铁棒分别枕放在两个球上，在运动位置上形成 6 点接触。在接触工件后触发信号产生，并用于停止测头运动。在测杆和工件接触之后，再离开时该弹簧把测杆恢复到原始位置。测球回复位置精度可以达到 1mm。所配备的测杆有三个：一个长 25mm，测球直径为 3mm；另一个长 35mm，测球直径为 5mm；另外还有一个星形测杆。TP2 测头的功能是在测尖接触表面的瞬间产生一个触发信号，因此其内部为一微开关电路。测杆和测头体内部为弹簧结构连接，在复位状态（未接触表面）形成一参考位，此时电路导通。一旦测尖接触表面，测杆偏离复位状态，电路截止，形成一个触发信号。在此瞬时可以记录各个坐标的位置，从而实现对工件的测量。

触发式测头在结构上的特点，决定了它在接触表面时，并不能立刻产生触发信号，而是有一定的延时。该延时具有不确定性，但具有统计特性。延时的长短，直接决定着测头的精度。与之对应的行程成为预行程，它是测头的一个重要指标。触发信号的延时还和测量速度有关，但在一定速度范围内，测量速度是基本稳定的。测头速度为 10mm/s 时的触发信号，在允许测量速度 5～30mm/s 范围内，基本上为 200μs。速度较低时，延时稍大。测量速度过大，易损坏测头。

（2）触发测头工作时的基本动作

触发测头工作时的基本动作为测头处于回位状态。探针接触被测物体与物体接触的力通过测头内部的弹簧力平衡，探针产生弯曲；探针绕测头内部支点转动，造成一个或两个接点断开，在断开前测头发出触发信号；然后机器回退，测头复位，如图 7-2-13 所示。

三坐标测量机，其基本原理是基于被测量工件的几何形状在空间的坐标位置（x，y，z）的理论位置（尺寸）与实际位置（尺寸）的直接比较测量出误差。

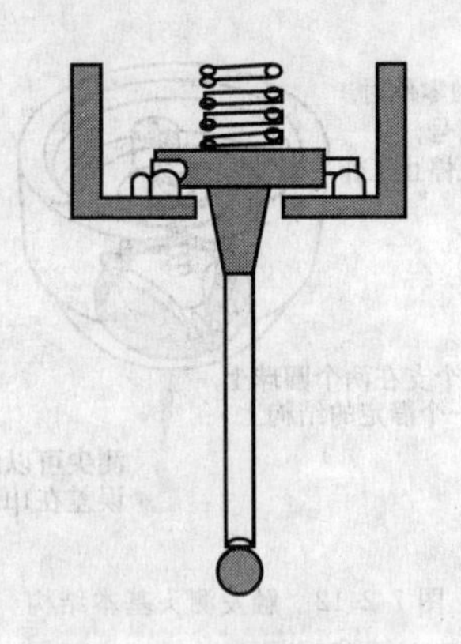

图 7-2-13 触发测头回位状态

一般都采用三个直线光栅尺作测量基准，测量头以电触发测头触发发出测量信号，同时锁定三个坐标的光栅数据，测量出工件的实际位置（尺寸）。控制方面一般都采用伺服电机数控系统控制。

(3) 触发测头工作时的电气原理

触发测头通过触点形成电气回路；当测头与零件接触时测力增加、接触面积减小、电阻增加，当电阻到达阈值时，测头发出触发信号，如图 7-2-14 所示。触发测头电阻-内触点受力如图 7-2-15 所示。

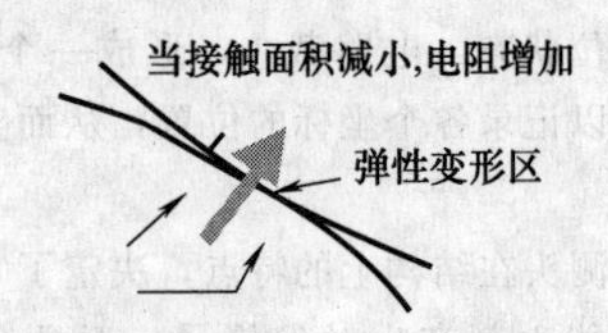

图 7-2-14 触发测头触点放大图

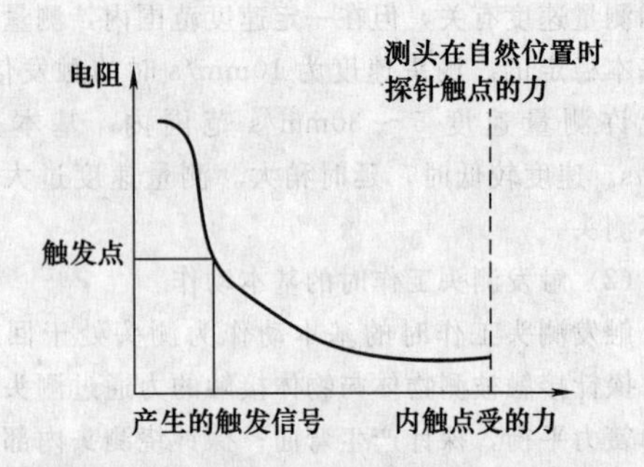

图 7-2-15 触发测头电阻-内触点受力

接触式触发测头的重要性能要素包括：重复性、预行程的变化、反向误差。

重复性：表示测头每次在同一点触发的性能；一般重复性试验曲线为正态分布，如图 7-2-16 所示，取 95%的可信度 2δ（两倍标准偏差）作为重复性指标。

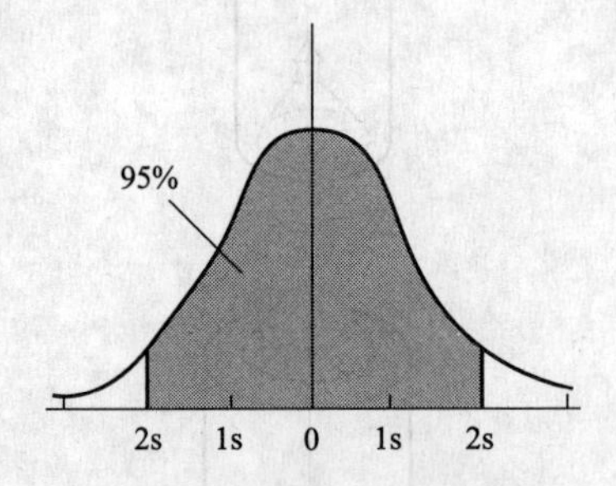

图 7-2-16 重复性试验曲线

预行程：从探针接触零件到测头发出测头信号这段时间，反映在针头处的变形量，由于测头的结构原因，预行程与探测方向、探针长度有关。

反向误差：由于改变了探测方向而产生的误差。最大的反向误差产生在 XY 平面内的相反方向探测时，当探测力加大或探针加长时反向误差正比加大。通过使用测头的三点静定结构可减小反向误差。

(4) 接触式测头参数对精度的影响

1) 探针长度对等效直径的影响　相同的标称针头直径，在触发式测头校验时等效直径是不同的，不要省略校测头的过程，不要把针头的标称直径作为已校准的针头直径输入，也不要把短针头的直径输入作为长探针的等效直径，否则测量时会出现一个恒定的误差。

如图 7-2-17 所示为同一针头直径，但探针长度不同校准后所得到的不同等效直径。

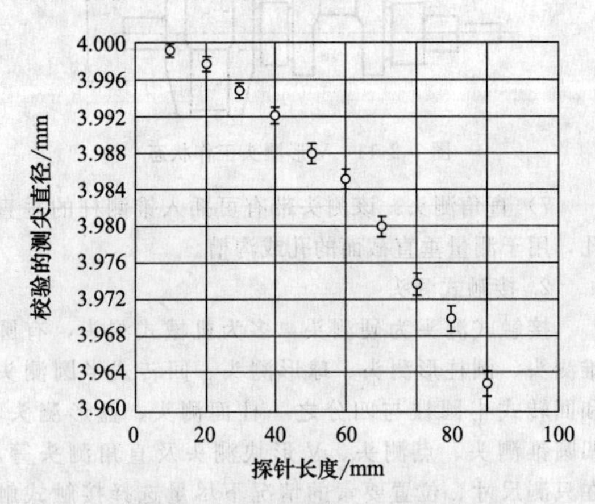

图 7-2-17 探针长度对等效直径的影响

2) 探针长度对检测精度的影响　探针长度对检测精度的影响如图 7-2-18 所示。测头在垂直位置测量时，探针越长其三角形效应越明显。当测头探针水平放置应用时，由于探针重力的影响再加上三角形效应，探测精度可能各向无序排列。TP800 测头在探针长于350mm时精度大大下降，SP600M探针最长长度为107.5mm，SP80探针最长长度为250mm。

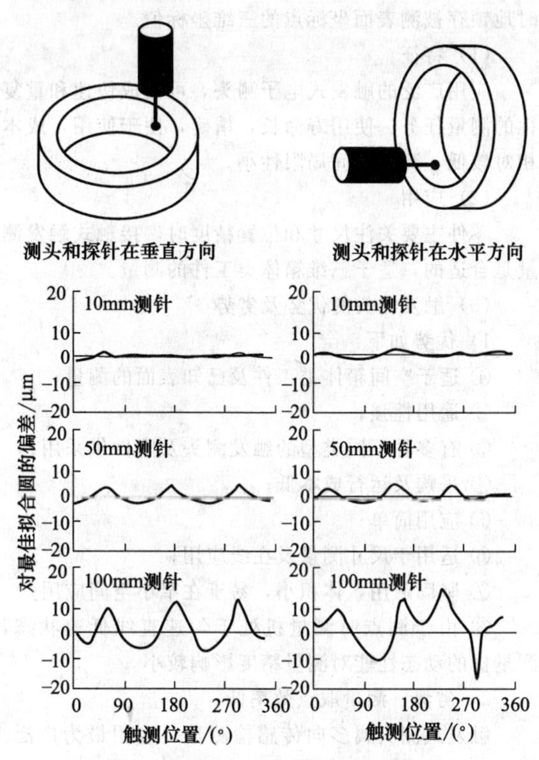

图7-2-18　探针长度对检测精度的影响

3）加长杆对万向探测系统重复性影响　如图7-2-19所示为加长杆长度对PH10M测座重复性的影响。此试验是用一台高精度测量机在恒温间中作出。可以看出加长杆材料不同、长度不同会影响测量的重复性，从100mm开始几乎是线性关系。

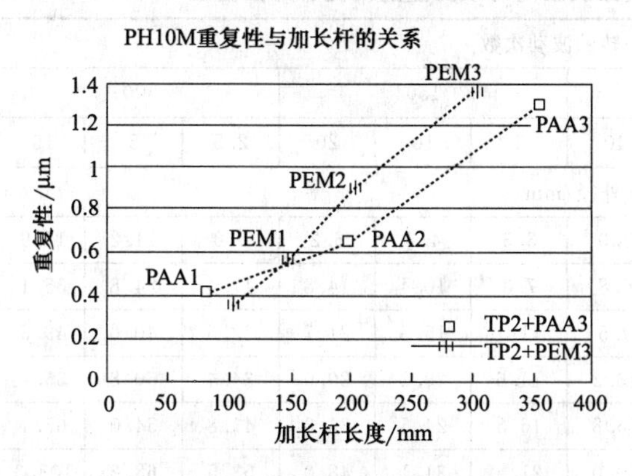

图7-2-19　加长杆长度对万向探测系统重复性影响

4）测头趋近速度对测量精度的影响　测头趋近速度对测量精度的影响如图7-2-20所示。

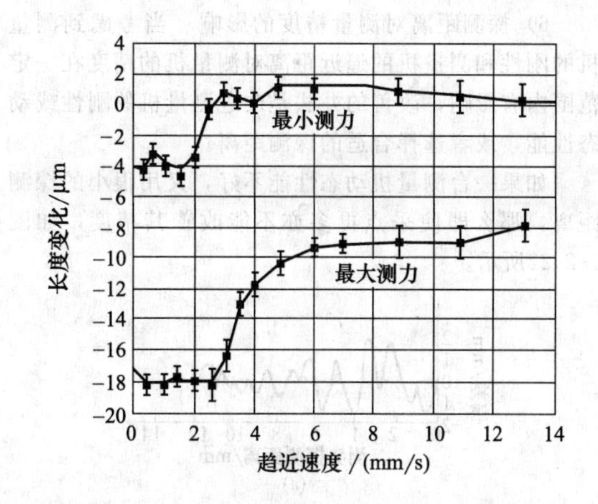

图7-2-20　测头趋近速度对测量精度的影响

从图7-2-20中可以看出，随着测头趋近速度的增加，测头长度变化逐渐减小，达到6mm/s时慢慢达到平稳。

5）多探针或旋转测座测量误差　多探针或旋转测座本身的重复定位精度是TP20测头在探针长于50mm时精度大大下降（最佳长度为10～20mm）、三角形误差及测头偏置矢量误差所造成的，测头的三角形误差又是校验测头时产生偏置矢量误差的主要因素，要减少它的影响的方法是在校验测头时增加测点，以得到较准确的偏置矢量。

如图7-2-21所示为分别用10mm及50mm长的单个固定探针及旋转测座多个位置（8个位置）测球的情况，可以看出长探针可旋转测头测量的误差要大。

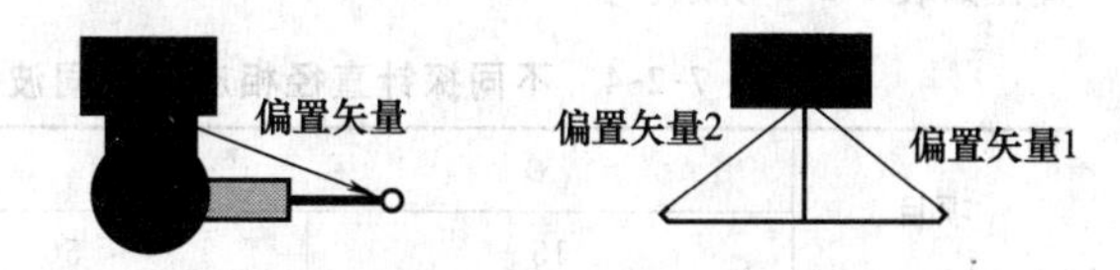

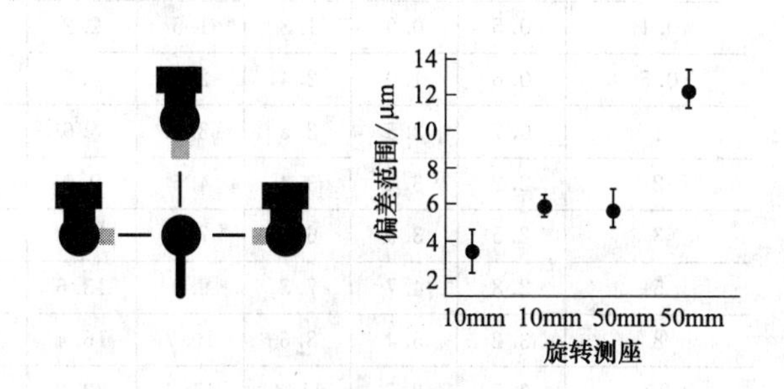

图7-2-21　多探针或旋转测座测量误差

6）探测距离对测量精度的影响　当考虑到测量机的刚性和测量机的逼近距离对测量机的精度在一定范围内有影响，改善的办法是改进测量机的刚性或动态性能，或者选择合适的探测距离。

如果一台测量机动态性能不好，又用很小的探测距离，那么即使采点再多亦不能改善其精度，如图7-2-22所示。

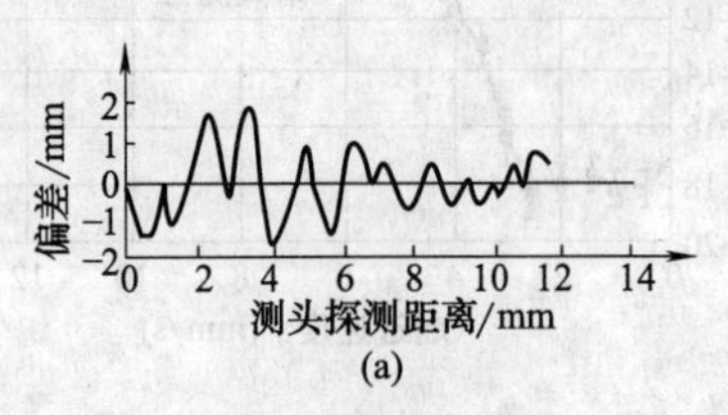

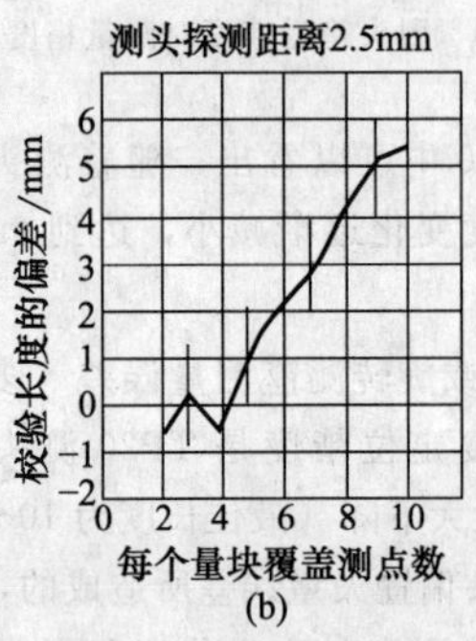

图 7-2-22　探测距离对测量精度影响

可以看出，用小的探测距离测量块的情况，10点后的误差更大；动态性能不好的测量机，在测小孔时应特别加以注意，因为此时探测距离不能很大。

7）探针针头直径对测量精度影响　不同探针直径相应于不同波动次数及波高可以测量的内孔、外圆直径如表7-2-4所示。

2.4.2　触发测头

测头的主要任务是探测零件并发出锁存信号，实时地锁存被测表面坐标点的三维坐标值。

（1）特征

应用广泛的触发式电子测头，可完成快速和重复性的测量任务。使用寿命长，精确，便于使用，成本相对较低，测量空间局限性小。

（2）应用

零件主要关注尺寸和位置精度时，接触式触发测量是合适的，适于三维箱体类工件的测量。

（3）触发测头的优势及劣势

1）优势如下：

① 适于空间箱体类工件及已知表面的测量；
② 通用性强；
③ 有多种不同类型的触发测头及附件供采用；
④ 采购及运行成本低；
⑤ 应用简单；
⑥ 适用于尺寸测量及在线应用；
⑦ 坚固耐用，体积小，易于在窄小空间应用；
⑧ 由于测点时测量机处于匀速直线低速状态，测量机的动态性能对测量精度影响较小。

2）劣势：测量取点效率低。

触发式测头属多向传感检测器，应用最为广泛。对整机系统的配置要求不高，使用方便，测量效率高。触发式测头在接触工件时可给出表征被测点坐标值的信号。触发式测头使用时安装在测头座上。测头座可以是一种分度旋转头，但它要损失较大的测量空间。现在有一种测头更换系统能大大减小损失的测量空间，如图7-2-23所示。

表7-2-4　不同探针直径相应于不同波动次数及波高可以测量的内孔、外圆直径

项目	每一转的波动次数											
	15			50			150			500		
波高/μm	20	40	50	10	20	40	5	10	20	2.5	5	10
针头直径/mm	外径/mm											
0.1	0.5	0.9	1.3	1.5	2.2	3.0	3.3	4.7	6.2	9.0	11.2	15.9
0.5	0.6	1.0	2.4	2.2	4.6	6.8	7.3	10.4	14.8	17.4	24.8	35.1
1	0.7	2.5	2.5	3.8	6.6	9.5	11.1	15.5	21.7	32.5	40.0	49.5
2	2.2	3.4	3.4	4.5	9.0	13.2	14.6	20.2	29.0	34.4	50.8	55.7
3	2.5	3.9	6.6	7.3	10.8	16.8	16.5	24.5	35.3	41.8	54.0	65.1
5	2.8	4.7	7.3	9.0	13.6	20.0	21.5	31.1	48.0	53.5	68.2	103.3
8	3.2	5.4	8.6	10.7	16.4	34.0	26.5	35.5	55.1	80.6	88.0	127.6
20	3.5	8.7	11.4	11.4	22.2	46.0	36.5	67.5	85.4	102.2	140.4	213.0
50	4.2	9.8	14.1	16.3	30.9	50.0	54.1	84.5	157.1	153.3	228.2	329.4

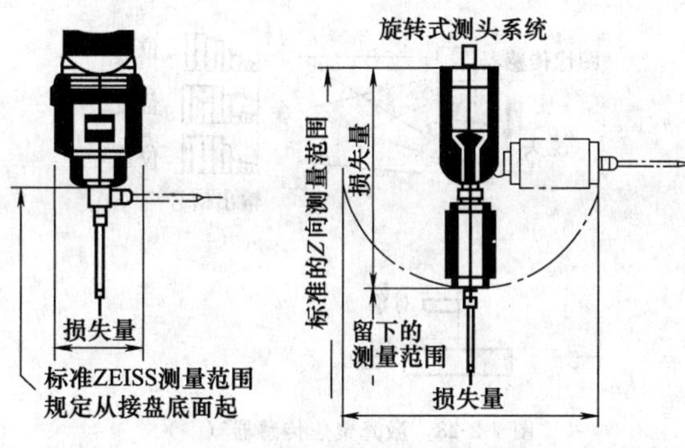

图 7-2-23 测量空间损失量示意

2.4.3 扫描测头

此类测头不仅能作触发测头使用，更重要的是能输出与探针的偏转成比例的信号，由计算机同时读入探针偏转及测量机的三维坐标信号（作触发测头时则锁存探测表面坐标点的三维坐标值），以保证实时地得到被探测点的三维坐标。

（1）特征

高精度快速扫描测头，通过获取大量的数据点，完成对箱体类零件和轮廓曲面的可靠测量。

（2）应用

零件的形状误差成为主要问题时，扫描测头是合适的。用于几何元素、复杂形状和轮廓的测量，对诸如尺寸、位置和形状等几何特征进行完整的描述。

（3）扫描测头的优势及劣势

1）优势如下：

① 适于现状及轮廓测量；

② 高的采样率；

③ 高密度采点保证了良好的重复性、再现性；

④ 更高级的数据处理能力。

2）劣势如下：

① 结构复杂；

② 对离散点的测量比触发测头慢；

③ 高速扫描时由于加速度而引起的动态误差很大，不可忽略，必须补偿；

④ 针尖的磨损必须注意。

三坐标测量机在高速扫描时由于加速度而引起的动态误差很大，不可忽略，必须加以补偿。在扫描过程中，测头总是沿着曲面表面运动，即使速度的大小不变亦存在着运动方向的改变，因而总存在加速度及惯性力，使得测量机发生变形，测头也在变负荷下工作，由此而导致测量的误差，扫描速度越高影响越大，甚至成为扫描测量误差的主要来源。

2.4.4 光学测头

1. 二维光学测头原理

利用判断阴影及反光在光电器件上生成的特性类型（轮廓灰度值），人工对准发出锁存信号，锁存垂直于光轴方向的二维坐标值（测量机标尺给出或光电器件本身坐标给出），如图 7-2-24 所示。

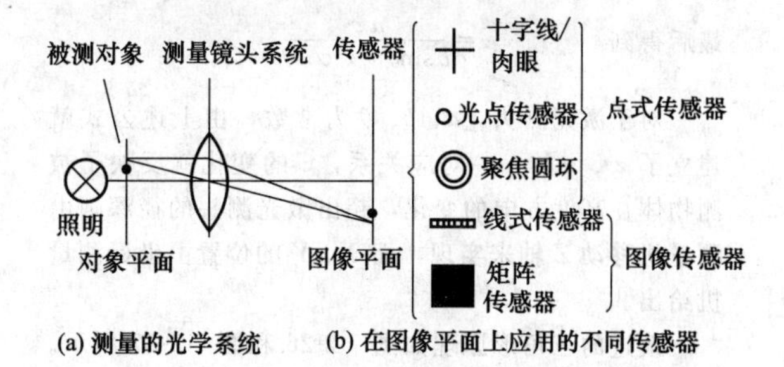

二维测量的光学传感器

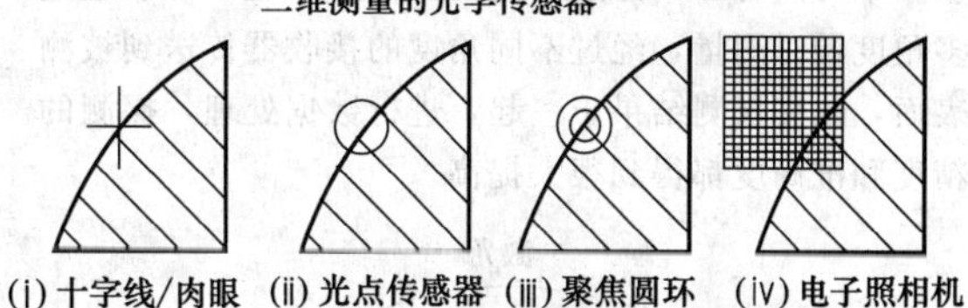

(c) 用光学传感器测量位置点式传感器

图 7-2-24 二维光学测头原理示意

2. 激光三维测头原理

根据光学三角形测量原理，以激光作为光源，其结构模式可以分为光点、单线条、多光条等，将其投射到被测物体表面，并采用光电敏感元件在另一位置接收激光的反射能量，根据光点或光条在物体上成像的偏移，通过被测物体基平面、像点、像距等之间的关系计算物体的深度信息。激光三维测头的三角形原理如图 7-2-25 所示。

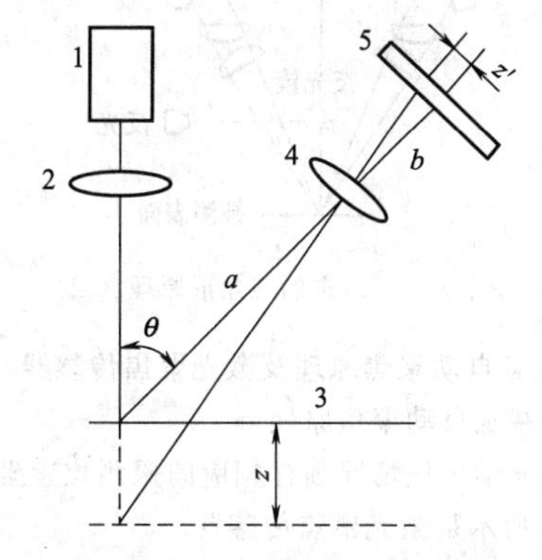

图 7-2-25 激光三维测头的三角形原理

1—激光器；2—透镜；3—被测表面；

4—接收透镜；5—光电探测器

a—激光束光轴和接收透镜光轴的交点到接收透镜前主面的距离；

b—接收透镜后主面到成像面中心点的距离；

θ—激光束光轴和接收透镜光轴之间的夹角

由相似三角形得

$$\frac{z}{a}=\left(\frac{z'}{\sin\theta}\right)\frac{1}{\left(b-\frac{z'}{\tan\theta}\right)}$$

最后得到

$$z=\frac{az'}{b\sin\theta-z'\cos\theta}$$

对于激光测头，a、b、θ 为常数，由上述公式就建立了 z'、z 的一一对应关系，z' 的变化就反映了被测物体在高度方向的变化，超出激光测头的径深则由测量机移动 Z 轴来实现，而 X、Y 的位置由坐标测量机给出。

改进的三角形原理如图 7-2-26 和图 7-2-27 所示。从图中可以看出，经过改进的三角形原理，可以通过多角度同时测量，经过不同角度的接收器传送到被测表面，收集探测结果于一起，进行数据处理，探测的精度和准确度都得到很大提高。

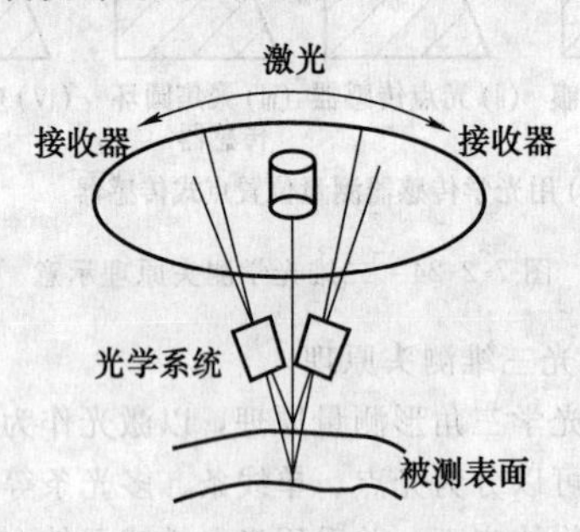

图 7-2-26　改进的三角形原理（一）

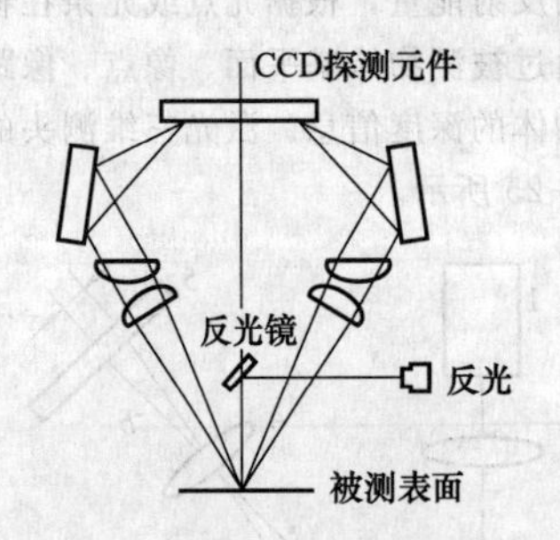

图 7-2-27　改进的三角形原理（二）

3. 视觉自动聚焦原理及激光聚焦传感器

(1) 视觉自动聚焦原理

根据光学聚焦情况锁存相应的探测位置坐标。如图 7-2-28 所示是激光聚焦传感器。

缺点：三角形原理激光，表面明暗的突变、突跳的台阶、倾斜的表面或曲面以及直接反射光都会导致误差；视觉聚焦传感器，表面过于光滑、太亮，倾斜的表面或曲面都会导致误差。

(2) 激光聚焦传感器

根据视觉自动聚焦原理，该探测器用工件反射激光由差动二极管接收，不仅聚焦准确，而且能给出相应触发信号。如图 7-2-29 所示为激光聚焦传感器。

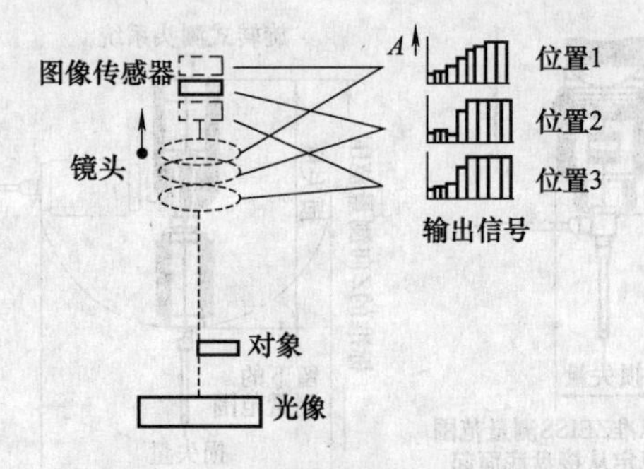

图 7-2-28　激光聚焦传感器（一）

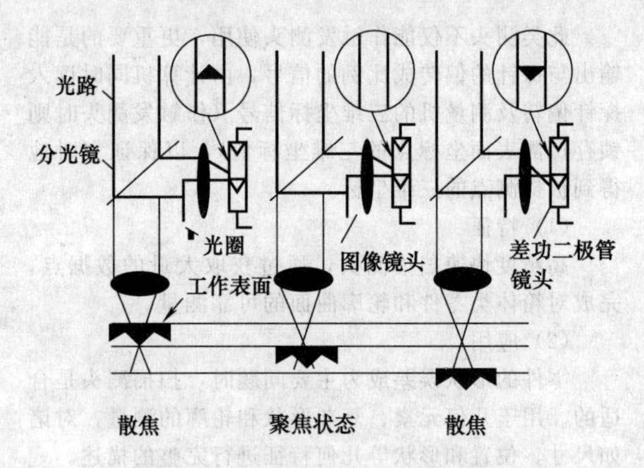

图 7-2-29　激光聚焦传感器（二）

2.4.5　测头附件

为了方便地探测各种零件的各个部分，扩大测头的功能，提高测量的效率，常需给测头配置各种附件。测头附件是指那些与测头相连接、扩大其功能的零部件，如表 7-2-5 所示。

2.4.6　分度测座

分度测座的组成如表 7-2-6 所示。

2.4.7　常用探测系统

三坐标测量机的探测系统包括测头和标准器。通用三坐标测量机以金属光栅为标准器，光学读数头用于测量各坐标轴的位置。三坐标测量机的测头用来实现对工件的测量，是直接影响测量机测量精度、操作的自动化程度和检测效率的重要部件。按测量方法，三坐标测量机的测头可分为接触式和非接触式两类。在接触式测量头中又分机械式测头和电气式测头。此外，生产型测量机还可配有专用测头式切削工具，如专用铣削头和气动钻头等。

表 7-2-5　测头附件的组成

<table>
<tr><td>测端</td><td>最常用的测端为球形测端[图(a)],具有制造简单、便于从各个方向探测、不易磨损、接触变形小等一系列的优点。图(b)是盘形测端,它的形状是大圆球的一部分,盘的直径与厚度可按需要设计,适用于测量狭槽的深度和直径,比星形探针有更高的刚度。图(d)为尖锥形测端,用于测量螺纹外径与薄板。图(e)为半球形测端,其直径较大,常制成中空型以减小质量,它有某些平均和滤波作用,常用于测量粗糙表面。测端的常用材料为红宝石、钢、陶瓷、碳化钨、刚玉
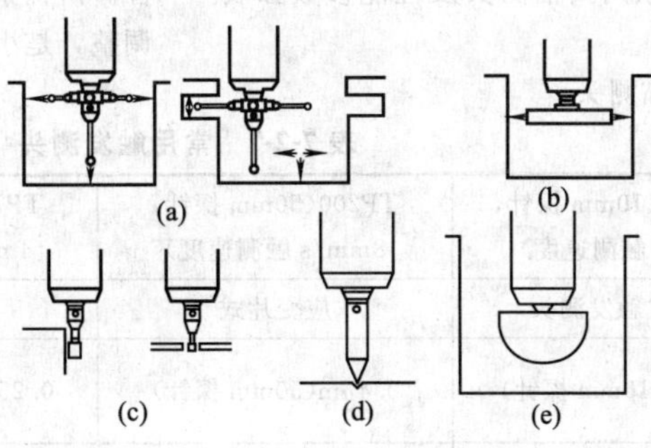
</td></tr>
<tr><td>更换架</td><td>对测量机测座上的测头、加长杆、探针可进行快速、可重复的更换,在统一的测量系统下对不同的工件进行完全自动化的检测</td></tr>
<tr><td>加长杆和探针</td><td>适于大多数检测需要的附件应用:确保测头不受限制地对工件所有特征元素进行测量,且具有测量较深位置特征的能力</td></tr>
<tr><td>连接器</td><td>为了将探针连接到测头上及将测头连接到回转体上或测量机主轴上,常采用各种连接器
星形探针连接器如图(a)所示,靠上端的阳螺纹与测头连接,而其前后、左右和下方各有一个螺孔,可以有 5 个探针和它连接,构成一个星形探针座,如图(b)所示
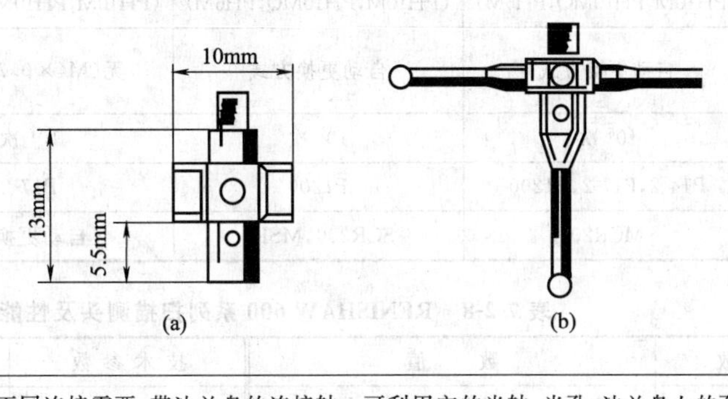
</td></tr>
<tr><td>连接轴</td><td>一些可满足不同连接需要、带法兰盘的连接轴。可利用它的光轴、光孔、法兰盘上的孔实现连接</td></tr>
</table>

表 7-2-6　分度测座的组成

<table>
<tr><th>分类</th><th>说　明</th><th>应用场合</th></tr>
<tr><td>集成测头的手动旋转测座</td><td>经济实用的集成式测头和测座系统,可以手动定位内置测头的方位,从而在空间内完成工件所有特征的测量</td><td rowspan="2">三维箱体类零件的检测</td></tr>
<tr><td>集成测头的手动分度式测座</td><td>两个自由度的集成测头和测座系统,允许以设定的可重复分度在空间内手动定位其内置的测头,提高了手动和机动测量机的灵活性</td></tr>
<tr><td>自动可分度测座</td><td>两个自由度的测座,可在空间内以良好的重复性自动定位测头,能够自动更换测量传感器,旋转后不需重新校准测头,因此针对工件的表面可以选择最适合的角度测量</td><td>多表面箱体类零件的检测</td></tr>
</table>

下面介绍几种常用的测头：触发测头、扫描测头、SP25系列扫描测头、TESASTAR测头。

1. 触发测头

常用触发测头如表7-2-7所示。

2. 扫描测头

（1）RENISHAW 600系列扫描测头

RENISHAW 600系列扫描测头及性能参数如表7-2-8所示。

（2）SP25系列扫描测头

SP25系列扫描测头性能参数如表7-2-9所示。

（3）SP80系列扫描测头

SP80系列扫描测头性能参数如表7-2-10所示。

3. TESASTAR测头

TESASTAR测头的技术规格如表7-2-11所示。关节式测座，可手动旋转无限数量、非重复的角度方位。内置紧凑的触发式测头，其测力可根据需要进行调整，是小型测量机的理想配置。

表7-2-7　常用触发测头

项目	TP20 SF(10mm探针，8mm/s触测速度)	TP200(50mm探针，8mm/s触测速度)	TP7M(10mm探针，4mm/s触测速度)	TP800-2（4～20mm/s触测速度）
工作原理	机械式触发测头	应变片式	应变片式	压电陶瓷式
单项重复性	0.35μm(10mm探针)	0.4μm(50mm探针)	0.25μm(50mm探针)	0.25μm(10mm探针)，1μm(250mm探针)
预行程	0.6～0.8μm(10mm探针)	0.8μm(50mm探针)	0.25μm(50mm探针)	0.5μm(510mm探针)
三角形效应	有	无	无	无
最长探针	50mm	SF/EO:50mm(钢) 100mm(碳纤维) LF:20mm(钢) 50mm(碳纤维)	SF/EO: 150mm(钢) 180mm(碳纤维)	350mm(垂直方向) 200mm(水平方向)
探针螺纹	M2×0.4	M2×0.4	M2×0.7	M2×0.7
与测座连接	M8+PAA# (PH10M,PH10MQ,PH6M)	M8+PAA# (PH10M,PH10MQ,PH6M)	自动更新方式 (PH10M,PH10MQ,PH6M)	与测量机主轴直接连接
与探针模块连接	自动更换方式	自动更换方式	无(M4×0.7螺纹)	自动更换方式
使用寿命	10^6次	10^7次	10^7次	10^6～10^7次
控制盒	P14-2,P17-2,P1200	P1200	P17-2	P1-800-2
自动更新	MCR20	SCR200,MSR1	自动更换架	

表7-2-8　RENISHAW 600系列扫描测头及性能参数

技术参数	数　值	技术参数	数　值
测量范围	用50mm长的探针在所有方向为±1mm	最大探针长度	300mm
分辨力	当用AC1时为1.0μm，当用AC2时为<0.1μm	探针螺纹	M5
弹簧力	1.2N/mm(在所有方向)	最大长度质量比	280mm/20g
阻尼	20%(X,Y,Z)(23℃)	采点率	500点/s(用UCC1)
操作温度环境	10～40℃	寿命	超过50000h
质量	SP600,172g;SP600M,216g;SP600Q,299g	自动更换探针系统	SCR600或SCP+MPS
尺寸	SP600:89mm(长度) SP600M:107.5mm(长度) SP600Q:99mm(长度)	与测座连接	SP600:用柄与主轴连接 SP600M:自动连接 SP600Q:直接嵌入主轴内部安装

表 7-2-9　SP25 系列扫描测头性能参数

技术参数	数　值	技术参数	数　值
功能	扫描及触发两用	质量	100～150g
测量范围	所有方向为±0.5mm	最大探针长度	SM25-1:20～50mm SM25-2:20～75mm SM25-3:20～100mm
分辨力	<0.1μm		
弹簧力	0.2～0.6N/mm		
外径	25mm	与测座连接	自动(PH10M,PH10MQ,PH6M)
与探针连接	M3	自动更新装置	FCR25

表 7-2-10　SP80 系列扫描测头性能参数

技术参数	数　值	技术参数	数　值
测量范围	所有方向为±2.5mm	质量	1140g
分辨力	<0.02μm	最大探针长度	500mm
弹簧力	0.2～0.6N/mm	最大探针质量	500g
与探针连接	M5	自动更新装置	SCP80+MRS

表 7-2-11　TESASTAR 测头技术规格

技术参数	数值
单项重复性	0.75μm
可调触发力	0.1～0.3N
测量方向	±*X*,±*Y*,±*Z*
探针超行程范围	*X*/*Y*:±20°,*Z*:+6mm
推荐探针长度	60mm
质量	267g

4. TESASTAR-i 测头

TESASTAR-i 测头技术规格如表 7-2-12 所示。两方向自由度的可重复分度测座，内置高精度触发式测头。每个轴以 15°为分度旋转，允许在测量空间的 168 个位置进行定位，而不需要重新校准。A 和 B 的位置通过测头上不同的窗口进行清晰指示，这样就可以非常容易地获得角度信息。位置间的分度非常容易，单手就可完成操作；并具备视觉的反馈信号帮助操作者判断测头是否可以进行测量。

5. TESASTAR-m 测座

TESASTAR-m 测座技术规格如表 7-2-13 所示。自动测座，以 5°增量进行分度，－180°～180°进行旋转，90°～115°进行俯仰，可达到 2952 个空间位置，并包括由于分度座不对称而产生的一个“平齐台面”90°水平位置。该测座能够快速分度，相对同类产品速度要快。结构牢固，能够携带超过 300mm 的加长杆。TESASTAR-m 上的运动关节，能够容纳多线式测头；也可以配备 M8 的转接座，同 TESA 触发式测头以及其他品牌的测头配合使用。

6. TESASTAR-p 测头

TESASTAR-p 测头的技术规格如表 7-2-14 所示。它是全系列高精度全方位的触发式测头。

触测力如下：

TESASTAR-p 低触测力：0.055N/10mm。

TESASTAR-p 标准触测力：0.06N/10mm。

TESASTAR-p 中等触测力：0.10N/25mm。

TESASTAR-p 增强触测力：0.10N/50mm。

(1) TESASTAR-r 自动更换架

模块化、可升级的自动更换架，可提供 3、5 或者 9 工位，允许测头/探针组合体和其他测头附件从测座上自动更换，而不需要重新校准。

(2) TESASTAR 加长杆

一系列测头加长杆组合，包括不同的固定连接方式，为测量提供了最佳的功能。标准加长杆的长度包

表 7-2-12　TESASTAR-i 测头技术规格

技术参数	数值
定位重复性	1.5μm
单向重复性	0.35μm
分度角度	15°
分度范围	A=0°～90° B=±180°
测量方向	±X，±Y，±Z
可调触发力	0.1～0.3N
推荐探针长度	60mm
探针适配	M3
质量	267g

表 7-2-13　TESASTAR-m 测座技术规格

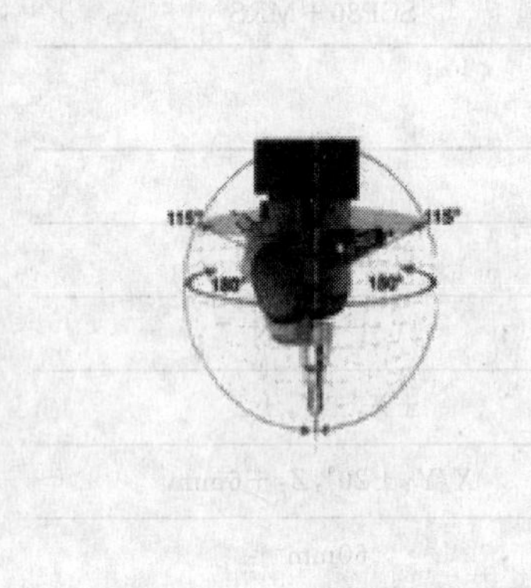

技术参数	数值
分度角度	15°
分度范围	A=0°～90°，B=±180°
总测量位置点	2952
旋转速度	90°/2s
定位重复性	0.5μm
旋转力矩	0.6N·m
最长加长杆	300mm
电子接口控制器	TESASTAR-e/ae
质量	267g

表 7-2-14　TESASTAR-p 测头的技术规格

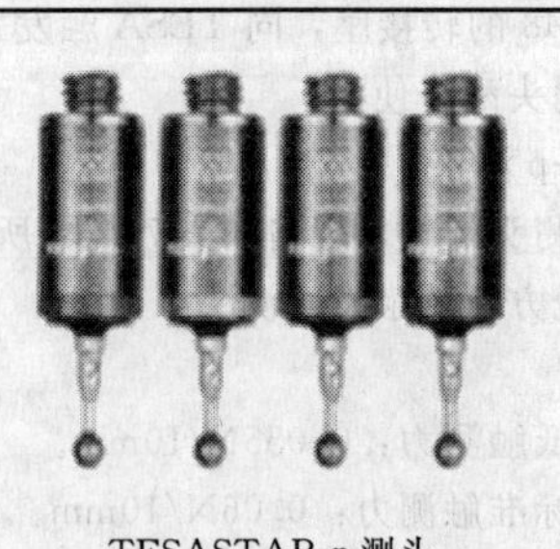
TESASTAR-p 测头

技术参数	数值
预行程变化	<0.8μm
测量方向	5 方向
重复性(标准测力)	0.35μm
安装	M8 螺纹
探针安装	M2 和 M3 螺纹
标准力最大探针长度	50mm
质量	267g

括：50mm，100mm，140mm，200mm 和 300mm。

(3) 探针和附件

提供全系列探针（直型、星形、盘型）、加长杆、转接座、关节及工具，为解决任何的计量应用提供了可能。

(4) TESASTAR-e 和 TESASTAR-ae 测头和更换架的控制器

每个单元的选择可根据机器配置，TESASTAR-e 仅用于测头的管理，而 TESASTAR-ae 用于测头和更换架的管理。

2.5　坐标测量软件

三坐标机测量软件能够使测量机满足对于速度和

精度的潜在需要。当今的测量软件，能够达到这种程度，即使是最复杂的程序也不需要计算机编程的知识。目前的测量软件是菜单驱动的，也就是说，它提醒操作者需要做什么，甚至会推荐最有可能的选项。

软件程序还具有统计过程分析和控制功能。对于薄壁件测量的应用软件简化了包含台阶边缘、通过螺母和螺栓连接的工件的定位与测量。功能完备的轮廓测量使得测量机能够快速、准确地确定复杂的、非几何形状的、没有直边的工件，如涡轮叶片、螺旋压缩器转子、齿轮、活塞、凸轮和曲轴。

对三坐标测量机的主要要求是精度高、功能强、操作方便。三坐标测量机的精度与速度主要取决于机械结构、控制系统和测头，其功能则主要取决于软件和测头，而操作方便与否也与软件有很大关系。

2.5.1　坐标测量软件功能

测量机提供的应用软件如下。

通用程序：用于处理几何数据，按照功能分为测量程序（求点的位置、尺寸、角度等）、系统设定程序（求工件的工作坐标系，包括轴校正、面校正、原点转移程序等）、辅助程序（设定测量的条件，如测头直径的确定、测量数据的修正等）。

公差比较程序：先用编辑程序生成公称数据文件，再与实测数据进行比较，从而确定工件尺寸是否超出公差。监视器将显示超出的偏差大小，打印机打印全部测量结果。

轮廓测量程序：测头沿被测工件轮廓面移动，计算机自动按预定的节距采集若干点的坐标数据进行处理，给出轮廓坐标数据，检测零件各要素的几何特征和形位公差以及相关关系。

坐标测量软件功能如表 7-2-15 所示。

2.5.2　选择测量软件需要考虑的要素

测量机本体只是提取零件表面空间坐标点的工具。测量机精度在很大程度上依赖于软件。选择测量软件应考虑以下影响测量机性能的主要因素：

① 便于使用；
② 非规则形状工件的找正；
③ 复杂曲面的测量问题；
④ 自动特征识别；
⑤ 对未知几何量的扫描；
⑥ 测量编程语言；
⑦ 形位公差评价；
⑧ 与 CAD 接口；
⑨ 脱机编程；
⑩ 报告功能；
⑪ 图形化的测量特征分析；
⑫ 最佳拟合技术。

2.5.3　测量编程的几种模式

编程模式可分为：联机编程、脱机编程和自动编程。

表 7-2-15　坐标测量软件功能

分　类	介　绍
基本测量软件	基本测量软件是坐标测量机必备的最小配置软件。它负责完成整个测量系统的管理，包括探针校正、坐标系的建立与转换、输入输出管理、基本几何要素的尺寸与形位精度测量和元素构成等基本功能
专用测量软件	专用测量软件是针对某种具有特定用途的零部件的测量问题而开发的软件，有时也称之为特殊测量软件。如齿轮、螺纹、凸轮、自由曲线和自由曲面等测量都需要各自的专用测量软件
附加功能软件	为了增强三坐标测量机的功能和用软件补偿的方法提高测量精度，三坐标测量机中还常有各种附加功能软件，如附件驱动软件、统计分析软件、误差检测软件、误差补偿软件等
控制软件	对坐标测量机的 X、Y、Z 三轴运动进行控制的软件为控制软件。它包括速度和加速度控制、数字 PID 调节、三轴联动、各种探测模式（如点位探测、自定中心探测和扫描探测）的测头控制等
数据处理软件	对离散采样的数据点的集合，用一定的数学模型进行计算以获得测量结果的软件称为数据处理软件
基于 CAD 的测量软件	①数模脱机编程：既不需要测量机也不需要实际工件，极大地提高了测量机使用效率 ②图形操作环境：测量元素以三维形式显示，在进行相关计算和分析中选择元素时，可以直观选取图形。另外图形操作环境使用户操作大为方便 ③图形报告：在测量结果上，直接绘制图形，同时将测量数据和理论值及误差等信息直接标注在图形上

(1) 联机编程

又叫“自学习”功能，现代的测量机软件一般都具备“自学习”功能。所谓“自学习”，指的是为了精确测量某一零件或是为了能自动测量相同的一批工件，计算机把操作者手动操作的过程及相关信息记录下来，并储存在文件中的一种功能。重复测量时，只需调用该文件，便可自动完成记录的全部测量过程。联机编程优点是简单易学；缺点是编程时会占用太多的测量机时间。

(2) 脱机编程

脱机编程是在另一台计算机上安装测量软件，根据图纸和测量要求，在测量软件提供的编程平台上进行编程。

(3) 自动编程

自动编程是基于CAD数据文件，自动生成检测规划和测量路径的编程方法，是测量行业追求的目标。

真正实现无人自动测量。其含义是测量机读取CAD文件，自动构筑虚拟工件，并根据虚拟工件自动建立检测规划，自动生成测量路径，自动完成检测，并将实际工件的检测结果反馈给主控计算机。

2.6 测头半径补偿

采用接触式测头测量时，由于测头半径的影响，测量得到的坐标数据并不是测头所触及的表面点的坐标，而是测头中心的坐标，使得测量产生了误差。

要实现测头半径补偿，必须知道被测轮廓或者测量探头与曲面接触点的法矢，因此，进行测头半径补偿的核心问题就是确定被测轮廓各点的法矢。

2.6.1 二维补偿技术

测针接触工件的方向上对测球进行半径补偿：在实际测量时，每测量一个元素，系统都可以自动区分测球半径的补偿方向，计算正确的补偿半径。在采点开始后，测量软件将在沿着测针接触工件的方向上对测球进行半径补偿，但被补偿点并非真正的接触点，而是测头沿着测针接触工件方向的延长线上的一个点。这样就造成了补偿误差常用二维补偿，即在测量时，将测量点和测头半径的关系都处理成二维情况，并将补偿计算编入测量程序中，在测量时自动完成数据的测头补偿。产生误差的大小与测球的半径及该工件被测面与笛卡儿坐标轴的夹角有关，夹角越大，误差越大。如图7-2-30所示，r为测球半径，α为测量

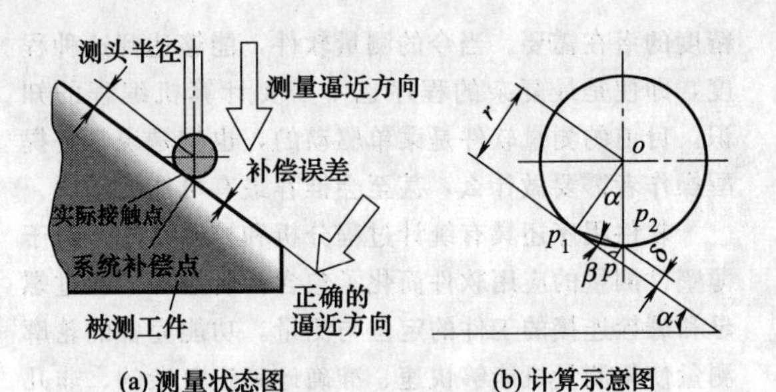

图7-2-30 误差补偿示意

逼近方向和正近方向之间的夹角，δ为补偿误差。由图可知，由公式$\delta=r(1-\cos\alpha)$可计算出补偿。

2.6.2 三维补偿技术

自由曲面一般无法用解析函数表示，因此也难以用解析方法求其包络面。如果在测得大量测球中心轨迹数据后，能用建模的方法得到一个近似的解析表达式逼近它、代替它，也就可以根据这一解析式求出测球中心轨迹面各点的法线方向，从而进行测球半径补偿。根据建模理论，可以用曲面拟合法实现自由曲面测量时测头的三维补偿。

(1) 微平面法

为了确定被测曲面的法向，可以在p点附近测若干个点，如图7-2-31所示。例如测量p_1、p_2、p_3三个点，然后通过这三点作一个平面，该平面的法线即可视作曲面的法线。也可取更多的点，例如4点，作出这四点的最小二乘平面，以此平面的法线作为曲面法线。实际测量中，往往采用网格法。为了确定p点的法向，不是在p点附近再去测量4个点，而是利用与它相邻近的网格点上的4个点p_1、p_2、p_3、p_4，然后用最小二乘法确定它的最佳拟合平面及其法线法向。还要说明的是，在实际测量中得到的不是p与p_1、p_2、p_3、p_4的坐标，而是测头中心o与o_1、o_2、o_3、o_4的坐标，其中o_i是测量p_i点时测头球心的坐标。然后利用o_1、o_2、o_3、o_4四点构造平面，再根据

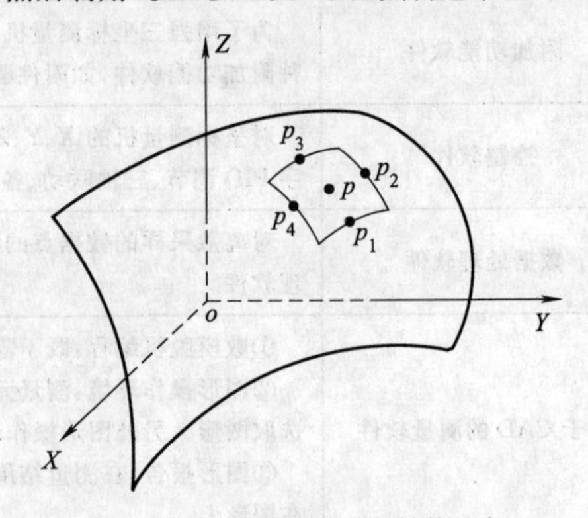

图7-2-31 微平面法测量补偿示意

这些平面的法向进行测头半径补偿。$p_1 \sim p_4$ 等点不能相距太远，相距太远，求得的平面就会偏离被测曲面的切面，不能引入准确的测头半径补偿；$p_1 \sim p_4$ 等点也不能相距太近，因为每一点的测量都伴随误差的，在相同的测量误差情况下，点与点之间的距离越小，求出的法线方向误差越大。相邻点的位置，需要根据被测曲面的曲率半径、测量误差的大小选择。

（2）微球面法

微球面法的基本思想与微平面法十分相似。对点 $p_{i,j}$ 及其相邻的4个网格节点 $p_{i,j+1}$、$p_{i,j-1}$、$p_{i+1,j}$、$p_{i-1,j}$ 用最小二乘法拟合最佳微球面。设其中心为 $a_{i,j}$，半径为 $R_{i,j}$，则在 $a_{i,j}p_{i,j}$ 连线上，与 $a_{i,j}$ 相距 $R_{i,j}-r$（其中 r 为测头半径）即为经测头半径补偿后求得的被测曲面上的点。用微球面法进行半径补偿，同样存在各个 p 点不能相距太远或太近、测量不确定度影响求得法线方向等问题。

（3）曲面拟合法

如果在测得大量测头中心轨迹的数据后，能用建模的方法用一个近似的解析表达式逼近它、代表它，也就可以根据这一解析表达式求出测头中心轨迹面各点的法线法向，从而进行测头半径补偿。曲面拟合法可以避免微平面法的一些不足。但曲面拟合法自身也有两个不足：① 建模的数学运算十分复杂，而在测头半径补偿前后，需对测头中心轨迹和曲面轮廓两次建模；②建模本身带近似性，按拟合的曲面求取法线方向及进行测头半径补偿也必然会带来一些误差。

（4）多次细化测量点法

首先沿测量路径方向进行测量点的插值细化；再对插值细化后整个被测表面上的细化点进行两次插值求导，从而求得每个细化点在 X 和 Y 方向的切向量。在此基础上，对两个方向的切向量进行叉积，求得被测表面上各细化点的法向量。

（5）Delaunay 三角剖分法

Delaunay 三角剖分是将空间数据点投影到平面来实现的二维剖分方法。测量数据 Delaunay 三角剖分后，根据测量点临近的点采用最小二乘法构造一个平面，以此平面的法线作为测量点处的法矢量。

2.6.3 三维补偿的计算

如果采样点 p_{ij} 呈网状分布，即 p_{ij} 是双有序点列，这样过采样点 p_{ij} 可以用双三次B样条曲面拟合出曲面 S^*，用曲面 S^* 来描述测头中心轨迹曲面。三次B样条基函数的矩阵表达式为

$$N_{i,4}=\frac{1}{6}\begin{bmatrix}1 & x & x^2 & x^3\end{bmatrix}\begin{bmatrix}1 & 4 & 1 & 0\\ -3 & 0 & 3 & 0\\ 3 & -6 & 3 & 0\\ -1 & 3 & -3 & 1\end{bmatrix}$$

$$S_{ij}^*(u,v)=\frac{1}{36}UBD_{ij}B^{\mathrm{T}}V,(0\leqslant u<1;0\leqslant v<1)$$

$$U=\begin{bmatrix}1 & u & u^2 & u^3\end{bmatrix},\ V=\begin{bmatrix}1 & v & v^2 & v^3\end{bmatrix}$$

$$B=\begin{bmatrix}1 & 4 & 1 & 0\\ -3 & 0 & 3 & 0\\ 3 & -6 & 3 & 0\\ -1 & 3 & -3 & 1\end{bmatrix}$$

$$D_{ij}=\begin{bmatrix}d_{i-1,j-1} & d_{i-1,j} & d_{i-1,j+1} & d_{i-1,j+2}\\ d_{i,j-1} & d_{i,j} & d_{i,j+1} & d_{i,j+2}\\ d_{i+1,j-1} & d_{i+1,j} & d_{i+1,j+1} & d_{i+1,j+2}\\ d_{i+2,j-1} & d_{i+2,j} & d_{i+2,j+1} & d_{i+2,j+2}\end{bmatrix}$$

随着采样密度的增加，曲面 S^* 能以任意给定的精度逼近测头中心轨迹曲线，而且曲面 S^* 上 Q_{ij} 点的法矢量与被测曲面上对应的测头触点处的法矢量趋于共线。

如果被测曲面是连续光滑的，且当凹型曲面的最大主曲率小于测头半径 r 的倒数，那么测头中心轨迹曲面与被测曲面上各点存在一一对应关系。测头半径补偿就是根据所采集的一系列测头中心坐标点找到被测表面上对应的测头触点。

根据所建立的测头中心曲面轨迹方程，用轨迹曲面 S^* 在采样点 Q_{ij} 处的单位法矢量 $n_{ij}^*(u_i,v_j)$ 代替被测曲面 S 在对应点 P_{ij} 处的法矢量 $n_{ij}^*(u_i,v_j)$，可得测头半径补偿公式

$$P_{i,j}=Q_{i,j}\pm rn_{i,j}^*;n_{ij}^*(u_i,v_j)=\frac{S_u^*(u_i,v_j)\times S_v^*(u_i,v_j)}{|S_u^*(u_i,v_j)\times S_v^*(u_i,v_j)|}$$

当被测曲面位于轨迹面法矢量所指的一侧时，半径补偿公式取“+”号，反之取“−”号。通过求取测头中心轨迹曲面在采样点处关于参数 u，v 的偏导数，对双三次B样条曲面有

$$S_u^*=(D_{i+1}^i-D_{i-1}^i)/2,S_v^*=(D_{j+1}^i-D_{j-1}^i)/2$$

其中 $D_i^j=\frac{1}{6}(d_{i,j-1}+4d_{i,j}+d_{i,j+1})$，$D_j^i=\frac{1}{6}(d_{i-1,j}+4d_{i,j}+d_{i+1,j})$

对于单一类型曲面组成的实物外形，上述B样条曲面补偿方法是一种适宜的方法，但对由组合曲面形成的复杂表面，构建双三次B样条曲面难度较大，必须在数据分割的基础上，分片构建B样条曲面，存在的问题是由于各个曲面片的拼接处的数据存在重叠，因此法矢的估计会产生偏差。

2.7 坐标测量机测量路径规划

测量路径有三大要素，即名义探测点、名义探测

点法矢和避障点。一个元素的测量路径就是由一系列的名义探测点及其法矢和避障点的集合，测量路径的规划问题就是确定测头在测量空间的运动轨迹问题。曲面测量中的路径规划应从测量精度、测量效率、测量安全性这三方面综合分析。测量路径规划是确定测头在测量空间的运动轨迹，即工件上所有测量点及检测顺序。其目的就是使测头能够在尽可能短的路径内，安全而又高效地遍历待测曲面的检测区域，以达到测量目的。

2.7.1 平面形状的规划路径的设计

设计测量路径主要应考虑以下几个方面：首先是安全，即从本测点移到下一个测点的途中，测头与工件不发生干涉；其二是路径短、速度快，即根据三坐标测量机的加减速特性，测头能以最短的时间到达下一测点；其三是走行路线自然。

测量路径优化可分为两种情形：一种是测面的测量顺序优化，以减少测头在测面间移动的路径长度；第二种是同一测面上测点的测量顺序优化，以减少测头在测点间移动的路径长度。测量路径优化问题的数学模型为 $\min L=\sum_{i=1}^{n}(l_i+2m_i)$，$L$ 为测量路径长度；n 为测量点数目；l_i 为测头从当前位置到接近点的距离；m_i 为接近点到工件表面的距离。有时需要旋转一定的角度进行测量，测头要完成从一个方向到另一个方向的旋转。在完成旋转一系列动作中，解锁和锁定占有相当部分的时间，且这段时间在整个检测时间中所占比重也相当可观，所以在生成测头路径时要尽可能地减少测头旋转的次数。这样一来，仅仅生成最短的检测路径并不能达到测量时间最少的要求，因此在测量路径规划中要综合考虑这些因素：$\min P_s=\min L+\sum_{m=1}^{n}s$，$P_s$ 是总体测量规划所需的最少时间，s 即为旋转所需的时间。在实际工作中要根据逆向造型需要和具体工件形状确定测量规划方法，数据测量规划主要分为规则形状产品的数据采集和不规则形状样件的数据采集规划两种。

1. 规则形状产品的数据采集规划

此类测量规划多用于工业产品中。对于规则形状，诸如点、直线、圆弧、平面、圆柱、圆锥、球等，也包含扩展规则形状，如双曲线、螺旋线、齿轮、凸轮等，数据采集多用精度高的接触式测头，依据数学定义这些元素所需的点信息进行数据采集规划。虽然一些产品的形状可归结为特征，但现实产品不可能是理论规则形状；加工、使用、环境的不同，也影响着产品的形状。作为逆向工程的测量规划，就不能仅停留在“特征”的提取上，更应考虑产品的变化趋势，即分析形位误差。在新型的三坐标测量机中，已经固化了一些规则形状工件的自动测量软件，包括针对点、线、面、圆、椭圆、圆柱、圆锥、球等基本几何元素及其形状、位置、相互关系的基本测量软件，还包括对齿轮、螺纹凸轮与凸轮轴等专用的智能化测量软件。在实际的测量过程中，只需输入相应的参数，便可实现工件的自动化测量。

2. 不规则形状样件的路径测量规划原则

① 离散点数据应和自由曲面的特征分布相一致。即在曲面曲率变化大的区域测量点的分布较密，在曲面曲率变化小的区域测量点的分布应较为稀疏。在这种理念下的测量规划方法主要有三角形自适应法，其充分利用了待测曲面的几何特征，使得测点的分布随曲面曲率的大小的变化而变化，减少了冗余数据且测点数据拓扑结构明显，有利于后续的数据处理流程。

② 测点形成的拓扑结构较优，已满足造型的需要。原则上，要描述自由形状的产品，只要记录足够的数据点信息即可，但很难评判数据点是否足够。实际数据采集规划中，多依据工件的整体特征和流向，顺着特征走。法向特征的数据采集规划，对局部变化较大的地方，仍采用这一原则进行分块补充。

2.7.2 自由曲面的测量规划技术

数据采集是逆向工程的第一环节，为获得正确、完整的测量数据，量前必须做好测量规划，做到“测需要测的数据”，避免测量数据不能为造型所用，或为后续工作留下隐患，以下为数据点采集过程中最一般的基本原则。

(1) 建立统一的测量坐标系

可以考虑将复杂样件外形分为规则部分和不规则部分，分别制订方案。一般来讲，实物样件外形可以划分为规则部分和不规则部分。根据其外形特点，可以制订如下的测量规划：对自由曲面部分，利用扫描测量获得密集的扫描数据；对平面部分，可以只扫描测量几条线即可；另外采用柱形测头单点测量方式准确测量产品的内外边界；对小孔部分单独测量，包括孔的位置和直径等参数。

(2) 按照曲面特征分布进行测量区域划分

由于CMM测量范围和角度的限制，往往不能一次性测量完整曲面，经常会有补测、分块测量等多次扫描测量的现象，这就出现了测量区域的划分问题。曲面测量区域的划分是否合理将直接影响测量数据的准确性，从而影响曲面拼接设计的质量和曲面的整体品质。

2.7.3　曲面测量区域划分规则

在逆向CAD建模过程中，一些局部曲线或曲面特征对曲面的形状有关键性的影响。由逆向工程中特征的定义不难看出，曲面特征是逆向CAD建模的关键要素，它对控制具有复杂曲面的形状具有极为重要的作用。在逆向工程曲面建模时嵌入棱线、脊线等特征线，对提高模型的精度、增加数据压缩比具有相当重要的作用。因此测量区域划分应避免边界线跨越特征或与特征线相交，尤其是在过渡圆角处的曲面，最好将过渡面划分至一个测量区域内，以保证数据的完整性，防止同一特征的二次测量数据拼合错误造成特征变异、失真。尽量一次扫描完整张曲面，如果不能一次扫描完，应在同一平面上尽量划分曲面形状特征间隔较为明显的区域，并尽量减少测量分块数目，以减少重复定位和重复建立测量坐标系的误差。

测量区域内特征线的走向应尽可能一致，即尽量使测量区域内拥有一个特征线走向，以保证测量扫描方向与测量区域内所有特征线走向保持近似垂直，以防造成细微特征数据的丢失。如果不能保证同一测量区域内特征线走向一致，就需要减小扫描间距或针对局部曲面进行数据补测，使测量数据能够完整反映所有的曲面特征。为保证数据的完整性，测量区域应该有一定的重叠。

(1) 表面孔域补凸后再进行测量

在逆向CAD建模过程中，复杂曲面上的孔、槽等结构一般采用定义内边界不进行扫描测量，而是利用通用CAD软件的曲面延伸功能对曲面进行切向延伸，然后再用裁剪功能将孔设计出。这种方法降低了测量效率，破坏了曲面数据的完整性，同时，由于复杂曲面延伸时，对跨越切矢非常敏感，因此难以保证延伸曲面的形状和精度。如果将曲面上的孔、槽等结构用石膏或其他材料补上再进行测量，则不需要定义内部边界就可以对曲面进行整体扫描测量。这既提高了测量效率，又保证了曲面数据的整体性。在用这种方法测量获得的数据进行曲面造型时，只需要在曲面造型完成后，去掉填充材料，测量内孔轮廓，再用通用CAD软件的裁剪功能对曲面进行裁剪即可，降低了曲面造型的难度和工作量，同时保证了逆向CAD模型的精度。

(2) 测量曲面复杂三维边界时，测量方向与测点曲面法矢保持一致

由于用CMM对实物进行数据测量时不能完全到达实物的边界，在基于CMM的逆向工程中测量技术的应用中，一般采用柱形测头单点接触测量产品边界，保证测准三维边界一个方向上的数据，然后再沿测头方向投影实测边界曲线到延伸后的曲面，利用投影曲线对曲面进行裁剪获得逆向模型边界。当测量方向与边界点曲面法矢方向一致时，测量误差最小。

(3) 根据实际情况选择采样密度

测量机通过采样获取曲面信息，据采样理论，要完全反映曲面的形状，测量点的密度应该大于曲面形状变化的最大频率的两倍。对于复杂曲面来说，当利用激光扫描等高速采样设备时，这样的样本在技术上是可行的，但将给后续的分析带来设计上的困难，对使用低速测量设备如CMM时，将使测量工作量相当大。而在工程实际中，常利用统计学原理确定采样样本的大小，理论上分布应该是随机的，但是考虑到曲面测量和加工的实际情况，目前在面的测量点分布中，常用的有如下3种情形。

① 均匀分布：测量点均匀分布于曲面上，其优点是测量路径容易生成，测量位置容易确定，缺点是没有考虑到曲面形状的变化，使得局部的本密度与曲面的局部形状变化的频率不相适应，没有考虑到加工难度曲率变化的规律。

② 按曲率大小布置测量点：这种方法克服了均匀分布的缺点，但在曲率较小的地方有可能出现测点过少的问题。

③ 结合上面两种方法，在均匀分布点的基础上再按曲率分布进行数据采集，它结合上面两种方法的优点。

(4) 测头半径小于曲面凹区域的最小曲率半径

对于复杂曲面来说，在应用接触式测量同一张曲面时，采用不同的测头，将使得测头半径得到补偿，为解决半径补偿问题，在一般情况下宜采用同一种规格的测头。为了使曲面上的每点都能测量到，测头的半径应小于曲面中凹区域的最小曲率半径。

(5) 基于拓扑特征的面片划分复杂曲面产品

各个曲面一般是由多面片组合而成，各面片之间通过过渡面片或圆角相互连接。在进行逆设计时，从原型的数字化开始，就应根据零件的造型方案来合理地划面片，充分利用原型提供的几何信息，以确保数据的准确性和针对性。因此，面片划分是否合理对测量效率、重构曲面的精度有很大的影响。

(6) 面片扫描路径规划原则

为保证采集数据的合理有效和安全性，规划曲面扫描路径时，应考虑以下因素：扫描路径须尽量覆盖被测表面，即工件装夹后要使测头能够一次测完所有被测对象；扫描路径应尽量符合重构软件的曲面重构方式；被测实体表面上的凸台、凹陷及夹具固定位置应有利于测量的操作和测头的移动。

结合常用CAD软件中的扫描法、骨架法、过渡法、回转法等曲面构造方式，分析现行三坐标扫描基本功能后将扫描路径分为以下五种形式。

1）组合线路径：它是由多段折线或折线与圆弧组合而成的扫描线条，主要用于曲面边界或曲面关键骨架线的数据采集。

2）平移直线路径：它是由平行于被测模型的某个基准面或基准轴的平面与被测面相交的截线组成，主要用于测量一些边界标准的矩形或菱形曲面。

3）回环路径：它主要由以被测模型的某基准轴线为中心的回转曲线构成，用于回转曲面的数据采集。

4）辐射路径：它是由曲面某中心点的放射状扫描线构成，主要用于测量扇形类自由边界曲面。

5）安全路径：根据机器设备及被测实物的特殊点安插于测量路径之中，由程序识别，主要用于扫描时控制测头的移动，以避开凸起或凹陷表面，保证测量位置的准确及测头的安全。非完整曲面的测量规划在实际的工件测量过程中，如果在空间自由曲面的测量区域内有空洞或者异常凸起，则可能会引起测头与工件发生碰撞或干涉，甚至发生安全事故。

此外，这些部位并不属于被测曲面，即使将其测出，也不便于空间自由曲面的造型，甚至给造型带来一定的困难。因此，这样的区域称为测量障碍区域。具有测量障碍区域的被测空间自由曲面，称为“非完整曲面”。在一张被测的测量区域内，可能有一个甚至多个测量障碍区。每个测量障碍区域，由一条或几条空间自由曲线围合而成。在此种情况下，并不适合采用等间距行测法测量（在测量区域内按设定的测量进给间隔均匀布置相互平行的测量路径），如使用行测法会产生大量的空行程而使测量效率低下。可以使用“P”形点阵块的路径优化方法和基于凹点周边区域特征的简单多边形方法。对于其他形状测量障碍区域也是一样道理。此后，由三坐标测量机对曲面进行测量，可以大大减少空行程和测量时间。基于凹点周边区域特征的多边形测量方法，采用简单多边形精确描述不规则区域形状，对简单多边形的凹点进行判断，针对不同的情况将这些凹点依次转换成多个子多边形的凸点，使被测区域形状特征的简单多边形被剖分为一组可以直接进行等间距行测且没有空行程的凸多边形和单调多边形。然后，分别生成这些子多边形的行测法测量路径，通过依次连接这些测量路径即可完成对整个测量区域的测量。曲面测量中的路径规划应从测量精度、测量效率、测量安全性这三方面综合分析。测量路径规划是确定测头在测量空间的运动轨迹，即工件上所有测量点及检测顺序。其目的就是使测头能够在尽可能短的路径内，安全而又高效地遍历待测曲面的检测区域，以达到测量目的。检测路径规划是确定测头在测量空间的运动轨迹，即工件上所测量点的检测顺序。

目前几乎所有的测量机都是以检测面作为最小的检测单位，这就要求必须测量完一检测面后，才能进行下一检测面的测量。基于上述情况，为了提高检测效率和测量精度，在进行路径规划时就需要考虑下列两个方面的因素：一是在检测过程中测头和测头变换的次数最少；二是测头运动的轨迹应最短。大多数情况下都是在同一测头或同一测头方向下讨论路径规划问题。对路径而言，又包括三个方面内容：检测面内测量点的排序、检测面的测量顺序和检测面之间测量点的连接问题。三个方面又相互关联、相互影响，如果仅单纯考虑检测面内点的排序和检测面的排序，那样检测面之间的连接将破坏整体的最优性；同样，如果先确定检测面之间的测量点的顺序，则为检测面内测量点的排序造成很大影响，不难看出这是一个很复杂的最优化问题

2.7.4　测量路径的生成方法分类

测量路径的生成方法分类如表7-2-16所示。

2.7.5　测量路径规划策略

测量路径的规划问题就是确定测头在测量空间的运动轨迹问题，应从以下几个方面进行路径规划。

（1）被测物的对称性

考虑到客观世界中的许多物体具有对称性，可以使测量在物体对称线的一侧进行，然后通过相关的软件将测量的数据沿着对称线进行镜像拷贝。

表7-2-16　测量路径的生成方法分类

生成方法	说明
键盘输入	可编程式解释型测量软件，一般都带有全屏幕的“测点编辑器”，可以使用该编辑器直接编辑、修改和重组测量路径
自学习	操作者用操作杆驱动测头沿要走的测量路径走一遍，让计算机记忆下来
仿照生成	利用已有测量路径的测量要素通过坐标变换得到新的测量路径
自动生成	使用某些坐标测量软件系统，根据几个指定的参数生成测量路径

(2) 测量的采点数量

总的说来，采集点的数目越多，越能精确反映自由曲线的本来面目，但自由曲线变形的可能性就越大，用此变形很大的曲线去描述曲面，就有可能使曲面发生畸变。随着采点数目的增加，将会使曲线形状难以控制。

(3) 测量自动化程度

采集数据要涉及大量的点位测量工作，全部用手工来实现难度是很大的，所以必须考虑到在一定程度上实现点位测量的自动化。由于自由曲线在空间上的灵活性，在测量路径的规划上要想完全放弃人工干预也是不可能的，否则很容易使测量路径偏离预想的轨迹。对于自由曲线的测量，一定程度的自动化是必需的，而操作人员适当的干预也是必要的。

(4) 测量数量与路径集成

首先操作者针对需要测量的自由曲线，在上面采集少量几个点，通过这几个点来粗略描述测量路径；再在这几个点所描述测量路径的基础上，进行测量路径的自动规划，根据测量的密度要求，进行测量路径的细分。这样既可以使操作者灵活控制测量动作的空间轨迹，又使操作者在少干预的情况下，得到大量的点位信息，不但减轻了操作者的工作强度，也提高了测量的自动化程度和合理性。

(5) 分区测量及边界的确定

在测量规划时，可以将某些边界不规则的区域作为一个整体测量，构成一张大的曲面，再通过裁剪，得到最终的曲面形状。这样，不但测量效率高，更重要的是可以显著提高重建模型质量，容易达到光顺效果。根据被测物的CAD模型是否已知，可将自由曲面的测量分为CAD模型已知的测量和CAD模型未知的测量，这两种测量的目的不同，测量的策略也有所不同。

前者主要是为了检验和保证产品的精度要求，而后者主要是根据测量所获得的零件表面的测点数据，实现曲面重建，以便利用CAD/CAM技术进行模型修改、零件设计、数控加工指令的生成及误差分析等处理。对于模型已知的自由曲面的测量，采用等间距测量是最简单易行的测量方法，但测量效率低，比较难以进行误差评定的难度。一种理想的方法就是使测点分布的疏密随曲面曲率变化而变化，曲率越大，测点越密，反之则越疏，从而较好地反映待测曲面的几何形状信息，实现测点的自适应分布。

2.7.6 常用曲面测量路径规划方法

目前应用的常见方法有：点光源激光测头速度控制仿形测量法、基于有界曲率平面曲线局部有界性的速度圆矢量分解仿形测量法、曲面三角形自适应测量法、等步长测量法、圆弧插值测量法和多项式法等。其中较常用的是曲面三角形自适应测量法、等步长测量法和曲率连续预测法，还有多项式法和三次样条插值法。

曲面三角形自适应测量法：理想的测量路径方法是使测点分布的疏密随曲面曲率的变化而变化，曲率越大，测点越密，反之则越稀疏。这种测量方法充分利用了待测曲面的几何特性，使得测点的分布随曲面曲率的大小的变化而变化，减少了冗余数据，而且测点数据拓扑结构明显，有利于后续的数据处理，但其缺点是对测点的处理比较琐碎，一般需要计算和编程处理，很难实现实时测量。

等步长测量法：测量的时候采取等间距取点，这种采样方法简单易用，但其缺点是当曲面曲率变化范围大时，容易出现在曲面曲率变化大的地方取点少，在曲面曲率变化小的地方反而取点多的现象。

圆弧插值测量法：用一小段已知圆心和半径的圆弧去近似或拟合任意一小段曲线，而且不在同一直线上的3点可确定一个圆，因此可用三坐标测量机手动测量三点的坐标值 P_1、P_2、P_3，然后根据这3点确定拟合圆 O_1。假设第4点的坐标落在拟合圆 O_1 上，显然圆 O_1 的半径 R 体现了曲面和曲线在此处的曲率，因此步长可定为 $R/2$，由此引导测头测量真实的第4点 P_4。同理，由 P_2、P_3、P_4 三点可拟合圆 O_2，预测第5点，问题是如果遇到3点共线时，无法拟合圆，因此，可假设第4点落在这条直线上，且步长为 P_1 到 P_3 距离的一半，如图7-2-32所示。

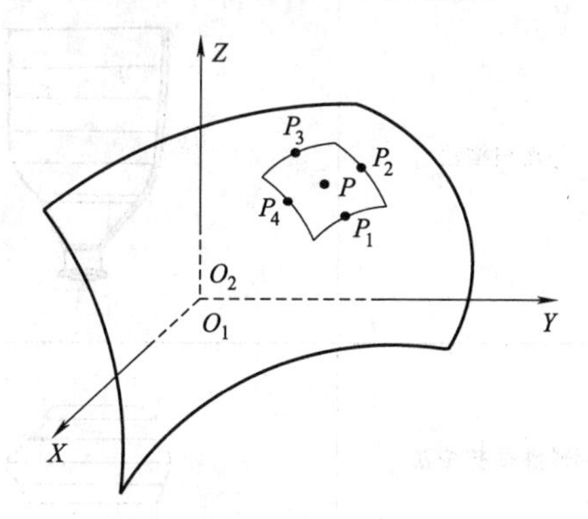

图7-2-32 圆弧插值测量法示意图

这是基于圆弧插值测量法和多项式法的一种方法，可使得采样路径按照曲面曲率大小的变化而呈现所需的疏密变化。

给定一定数量的采样点，就可根据形状函数来规划采样网格，尽可能真实地反映曲面形状，反之，在已知最大曲率条件下（最小曲率半径），也可通过上述基于形状函数的规划方法，进行自由曲面的自适应采样规划，确定合理的采样点数。

如图 7-2-33 所示，曲面上点 p 的法矢为 n，主曲率为 k_1 和 k_2 的方向分别为主方向 τ_1 和 τ_2，假设激光位移传感器的光束沿 z 方向入射到 p 点，其方向矢量为 $-k$，激光束扫描与曲面形成的截交线的切线 t 与主方向 τ_1 夹角为 ϕ，ϕ 随扫描采样方向的变化而变化，不同截交线在点 p 具有不同的曲率，由微分几何定理，切线为 t 的截交线的曲率半径为

$$\rho=\rho_0\cos\phi$$

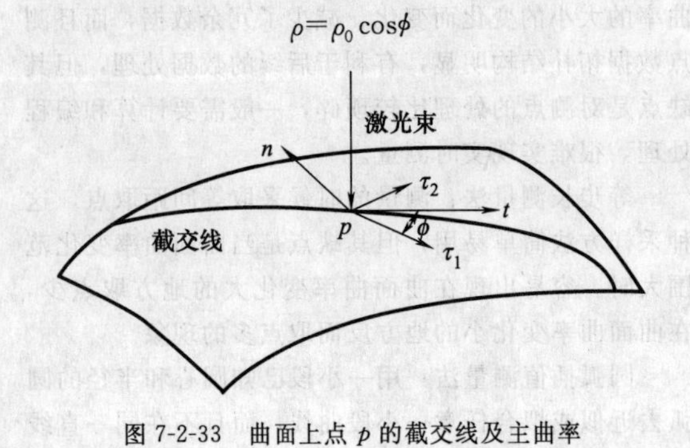

图 7-2-33　曲面上点 p 的截交线及主曲率

式中，ρ 为扫描平面与曲面截交线在点 p 的曲率半径；ρ_0 为切线为 t 的法截线在点 p 的曲率半径；ϕ 为扫描平面与法矢 n 的夹角。算法框图如图 7-2-34 所示。

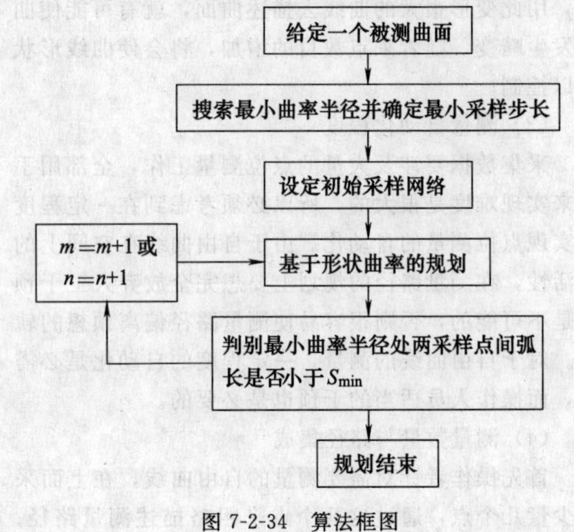

图 7-2-34　算法框图

常用曲面片测量路径规划方法分类如表 7-2-17 所示。

表 7-2-17　常用曲面片测量路径规划方法分类

类　型	图　例	说　明
等半径 R 扫描法		这种方法适合于叶轮类零件曲面扫描
等高扫描法		这种方法适合于叶片类零件测量
回转曲面扫描法		这种扫描方法适合于曲面片边界为多边形或组合曲线
放射路径扫描法		这种扫描方法适合于类扇形的曲面片，它由曲面某中心点的放射状扫描线构成，主要用于测量类扇形或自由边界曲面

2.8 三坐标测量机坐标系的建立

坐标系的建立是后续测量的基础，建立了错误的坐标系将导致测量错误的尺寸，因此建立一个正确的参考方向即坐标系是非常关键和重要的。

2.8.1 坐标系的建立

三坐标测量机一般都具有互成直角的三个测量方向，水平纵向运动为 X 方向（又称 X 轴），水平横向运动为 Y 方向（又称 Y 轴），垂直运动为 Z 方向（又称 Z 轴）。三坐标测量机坐标系的建立如图 7-2-35 所示。

坐标系方法分类如表 7-2-18 所示。

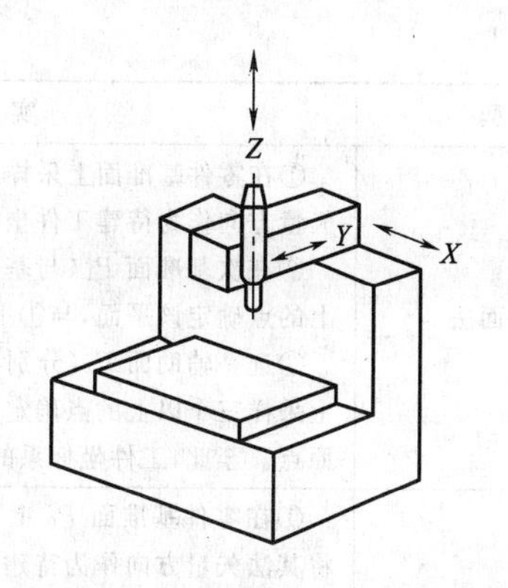

图 7-2-35 三坐标测量机坐标系的建立

2.8.2 建立零件坐标系步骤

建立零件坐标系步骤如下。

① 找正（用任何元素的方向矢量）。找正元素控制了工作平面的方向。

② 旋转坐标轴（用所测量元素的方向矢量）。旋转元素需垂直于已找正的元素，这控制着轴线相对于工作平面的旋转定位。

③ 原点（任意测量元素或将其设为零点的定义了 X、Y、Z 值的元素）。

2.8.3 常用的工件坐标系建立方法

常用的工件坐标系建立方法主要有三二一法、一面两直线法、三平面法、多点拟合法、迭代法、最小二乘法，如表 7-2-19 所示。

表 7-2-18 坐标系方法分类

类　型	定　义	功　用
机器坐标系	三坐标测量机自身的坐标系，它以三坐标回零点作为坐标原点，方向确定符合右手螺旋法则	确定测量机工作时初始测量原点
基准坐标系	基准坐标系又称绝对坐标系，它是以三坐标测量机工作台上一固定不变的点为基准建立的一个参考基准	基准坐标系通常是测量固定在测量机工作台上的一标准
工件坐标系	工件坐标系是在被测工件上建立的坐标系	是为了修正被测工件摆放位置误差而建立起来的坐标系

表 7-2-19 坐标系建立方法分类

类型	实 现 步 骤	特　点
三二一法	①在面上采用三个以上的点确定基准平面的法向，将其作为待建工件坐标系的第一轴方向 ②在基准线上测量两个以上的点，将拟合成的直线方向或直线在基准平面上的投影方向作为待建工件坐标系第二轴的方向 ③在零件上采样一个基准点，将第一轴的方向矢量和第二轴的方向矢量叉乘得到第三轴的方向矢量	此方法应用最广，能够在确定一个基准面之后选择最佳面作为投影，建立坐标系。适应不同的情况下坐标系的建立，运算简便，直接
一面两直线法	①在零件基准平面上采样三个以上的点确定该平面，将其法矢量方向作为待建工件坐标系的第一轴方向 ②在零件基准线上测量两个以上的点，将拟合成的直线方向或直线在基准平面上的投影方向作为待建工件坐标系第二轴的方向 ③采样两个以上的点，将拟合成的直线方向或直线在基准平面上的投影方向作为待建工作坐标系第三轴的方向。至此，工件坐标系的全部信息便完全确定	此种方法，较三二一法多了至少一个控制点，且直线投影的交点为坐标原点，如此则坐标原点的位置不会因为拟合直线选取点的不同而变化。此种方法建立坐标系原点容易控制，无CAD模型显示与操作功能的界面

续表

类型	实现步骤	特点
三平面法	①在零件基准面上采样三个以上的点确定该平面，将其矢量方向作为待建工件坐标系的第一轴方向 ②在次基准面 P_1（与基准平面 P_0 相交）上采样三个以上的点确定该平面，与①平面的交线作为第二轴方向 ③选一辅助面 P_2（分别与基准平面 P_0、P_1 相交），在其上采样三个以上的点确定该平面，三平面的交点作为坐标原点。至此，工件坐标系的全部信息便完全确定	建立工件坐标系，坐标原点位置易于控制，且不会随测点的选择位置而变化，但所选平面的加工精度直接影响了坐标系的建立位置，当待测工件有三个彼此相交的平面，且三平面加工精度都较高时可选用
多点拟合法	①在零件基准面 P_0 上采样三个以上的点确定该平面，将其法矢量方向作为待建工件坐标系的第一轴方向 ②选定一与基准平面垂直的面 P_1 作为次基准平面，在该平面上测量若干点，投影到基准平面 P_0 上，用最小二乘法将这些点拟合成一条坐标系的平移和旋转直线，作为第二轴方向；坐标原点可以通过测量点、线、面来确定	采用该方法建立工件坐标系，理论上拟合直线的点数越多越好，但测点越多测量效率低。当待测工件上有与基准平面垂直的平面时，工件坐标系的建立不仅受次基准平面 P_1 平行度的影响，还受到平面垂直度的影响
迭代法	最新的坐标测量机上都有迭代法建立坐标系的功能，选取最接近理想值（或标称值）的一些点，利用这些点，通过数学计算反复调整或尝试使坐标系逼近标称值	在某种意义上就是利用点进行“最佳拟合”计算。仍是根据三二一法的特点，引入“最佳拟合”条件推算零件的方向，用此方法必须有名义尺寸或CAD信息，特别是必须有矢量信息 迭代法主要应用于零件坐标系不在工件本身或无法直接通过基准元素建立坐标系的工件上，适用于钣金件、叶片、汽车、飞机配件等类型工件
最小二乘法	最小二乘法原理是所有相对应点的偏差平方和最小，通过一些离散测量点与其对应的基准点进行匹配对齐，求得两者之间的坐标变换关系，从而实现整个产品形状对齐的定位和重定位。基准点既可以是理论模型上的点，也可以是已经在某一个坐标系下测得的点	该方法一般用于测量数据与理论数据的对齐调整，弊端是测量数值移动后，并不一定与对应原值相对应，影响测量误差评定结果

2.8.4　柱坐标与直角坐标系的关系

在直角坐标系下，空间任意一点 M 的位置变化用坐标（x，y，z）表示，而在柱坐标系下，空间一点 M 的位置用坐标（r，θ，z）表示，如图7-2-36所示。三个变量的变化范围是：

$0\leqslant r<+\infty$，$0\leqslant\theta\leqslant 2\pi$，$-\infty<z<+\infty$；

柱坐标系与直角坐标系的关系为：

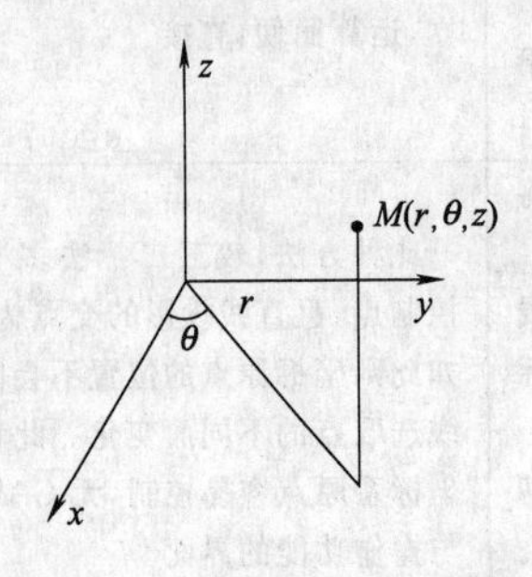

图7-2-36　柱坐标与直角坐标系的关系

$$\begin{cases}x=r\cos\theta\\y=r\sin\theta\\z=z\end{cases}\qquad\begin{cases}r=\sqrt{x^2+y^2}\\z=z\\\tan\theta=\dfrac{y}{x}\end{cases}$$

$$\begin{cases}\vec{e}_r=\cos\theta\,\vec{e}_x+\sin\theta\,\vec{e}_y\\\vec{e}_\theta=-\sin\theta\,\vec{e}_x+\cos\theta\,\vec{e}_y\\\vec{e}_z=\vec{e}_z\end{cases}$$

$$\begin{cases}\dfrac{\partial\vec{e}_r}{\partial\theta}=\vec{e}_\theta,\ \dfrac{\partial\vec{e}_\theta}{\partial\theta}=-\vec{e}_r,\ \dfrac{\partial\vec{e}_z}{\partial\theta}=0\\\dfrac{\partial\vec{e}_r}{\partial r}=\dfrac{\partial\vec{e}_\theta}{\partial r}=\dfrac{\partial\vec{e}_z}{\partial r}=0\\\dfrac{\partial\vec{e}_r}{\partial z}=\dfrac{\partial\vec{e}_\theta}{\partial z}=\dfrac{\partial\vec{e}_z}{\partial z}=0\end{cases}$$

2.8.5　球坐标与直角坐标的关系

球坐标与直角坐标的关系如图7-2-37所示：在直角坐标系下，空间任意一点的位置变化用坐标 $P(x,y,z)$ 表示，而在球坐标下空间一点 P 位置用

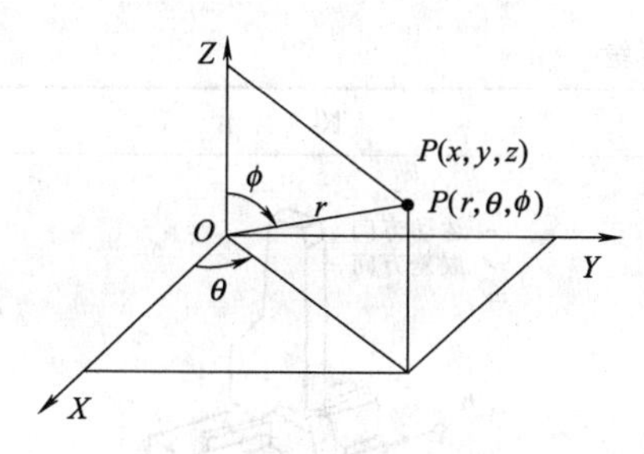

图 7-2-37　球坐标与直角坐标的关系

坐标（r，θ，ϕ）表示，三个变量的变化范围是

$$0\leqslant r<+\infty,\ 0\leqslant\theta\leqslant 2\pi,\ 0\leqslant\phi\leqslant\pi;$$

$$\begin{cases}x=r\sin\theta\cos\phi\\y=r\sin\theta\sin\phi\\z=r\cos\theta\end{cases}\qquad\begin{cases}r=\sqrt{x^2+y^2+z^2}\\\theta=\arccos\dfrac{z}{r}\\\phi=\arctan\dfrac{y}{x}\end{cases}$$

$$\begin{cases}\vec{e}_r=\sin\theta\cos\phi\,\vec{e}_x+\sin\theta\sin\phi\,\vec{e}_y+\cos\theta\,\vec{e}_z\\\vec{e}_\theta=\cos\theta\cos\phi\,\vec{e}_x+\cos\theta\sin\phi\,\vec{e}_y-\sin\theta\,\vec{e}_z\\\vec{e}_\phi=-\sin\phi\,\vec{e}_x+\cos\phi\,\vec{e}_y\end{cases}$$

$$\begin{cases}\dfrac{\partial\vec{e}_r}{\partial\theta}=\vec{e}_\theta,\ \dfrac{\partial\vec{e}_\theta}{\partial\theta}=-\vec{e}_r,\ \dfrac{\partial\vec{e}_\phi}{\partial\theta}=0\\\dfrac{\partial\vec{e}_r}{\partial r}=\dfrac{\partial\vec{e}_\theta}{\partial r}=\dfrac{\partial\vec{e}_z}{\partial r}=0\\\dfrac{\partial\vec{e}_r}{\partial\phi}=\sin\theta\,\vec{e}_\phi,\ \dfrac{\partial\vec{e}_\theta}{\partial\phi}=\cos\theta\,\vec{e}_\phi,\ \dfrac{\partial\vec{e}_\phi}{\partial\phi}=-\sin\theta\,\vec{e}_r-\cos\theta\,\vec{e}_\theta\end{cases}$$

2.9　三坐标测量机误差补偿

误差补偿是将噪声、干扰以及非测信号从测量信息中分离出去，实现误差的补偿。影响测量机准确度（和精度）的因素主要有两个方面，一是测量机本身系统，二是外部环境影响。因此，产生的误差有系统误差和随机性误差两种。误差的补偿方法也分为系统误差补偿法和随机误差补偿法。

ISO 10 360 主要规定了以下三项误差。

① 长度测量最大允许示值误差 *MPEE*（ISO 10 360-2）。在测量空间的任意 7 种不同的方位，测量一组 5 种尺寸的量块，每种量块长度分别测量 3 次。所有测量结果必须在规定的 *MPEE* 值范围内。

② 最大允许探测误差 *MPEP*（ISO 10 360-2）。25 点测量精密标准球，探测点分布均匀。最大允许探测误差 *MPEP* 值为所有测量半径的最大差值。*MPEP* 是测量机的形状公差。如果测量了一个精密环规，所绘制图上的形状公差就是测量机的形状公差＝*MPEP*。

③ 最大允许扫描探测误差 *MPETHP*（ISO 10 360-4）。

2.9.1　三坐标误差补偿分类

根据实际测量的不同应用，三坐标误差补偿分类如表 7-2-20 所示。

表 7-2-20　三坐标误差补偿分类

分类	定　义	应　用
实时误差补偿	在三坐标测量机测量工件的同时，对三坐标测量机本身的误差进行检定，并按检定的结果来修正	能补偿系统误差和随机误差，测量精度高，对机器模型的精确性要求下降。但成本较高
非实时误差补偿	在三坐标测量机工作时，将误差检定保存的结果调出来，将它对测量结果进行修正	由于是对事先检定的结果的修正，使用方便，成本低，三坐标测量机主要采用非实时误差补偿方法。但只能补偿系统误差，不能补偿随机误差，测量精度有限

三坐标测量机误差补偿方法有：误差分离法、180°转位多步测量法、多测量法、闭环法、误差测定法等。

三坐标误差补偿可以分为：实时和非实时误差补偿；硬件误差补偿与软件误差补偿；系统误差补偿和随机误差补偿。系统误差补偿有两种方法：一是通过提高机械制造装配精度对机器环境加以改造，但此方法成本高，且有一定的限度；二是软件补偿方法。软件补偿方法也有很多种，且各有利弊。随机误差补偿方法适合于任何测量环境，但此方法对机型结构有要求，且成本太高，一般很少使用。

三坐标测量机的机械结构设计是不符合阿贝原则的，同时在测量机制造与装配时也会产生误差。因此，在坐标测量时就会产生运动误差，这就会直接影响测量的精确度与稳定性。为了保证测量的准确性，必须对这些误差进行补偿。可以通过利用建立的数学模型对坐标测量的原始数据进行误差补偿的方法，使坐标测量的误差降低 40%～70%。

引起运动误差项的机械几何误差，其在测量机上产生的误差方向如表 7-2-21 所示。误差值可通过直接测量或间接测量方法获得。

2.9.2　误差补偿的步骤

误差补偿的步骤如表 7-2-22 所示。

表 7-2-21 机械几何误差

符 号	定 义	图 示
D_{xx}	x方向定位误差(示值误差)	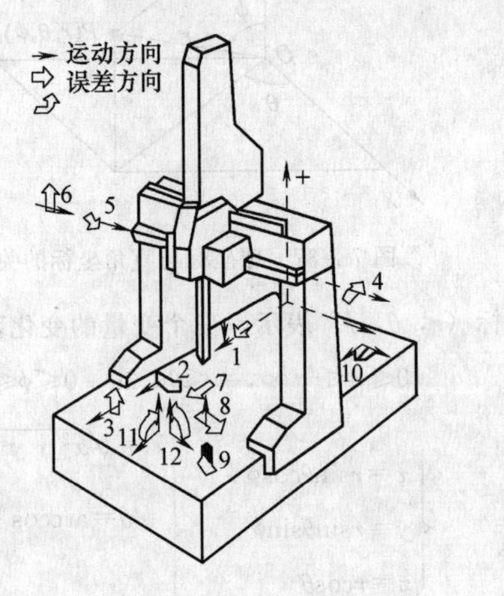
D_{yy}	y方向定位误差(示值误差)	
D_{zz}	z方向定位误差(示值误差)	
D_{xy}	x方向运动,y方向直线度误差	
D_{xz}	x方向运动,z方向直线度误差	
D_{yz}	y方向运动,z方向直线度误差	
D_{yx}	y方向运动,x方向直线度误差	
D_{zx}	z方向运动,x方向直线度误差	
D_{zy}	z方向运动,y方向直线度误差	
Q_{xy}	x方向与y方向垂直度误差	1—D_{xx}+;2—D_{xy}+;3—D_{xz}+;4—D_{yz}+;5—D_{yy}+;6—D_{yx}+;7—D_{xz}+;8—D_{xy};9—D_{zx}+;10—Q_{xy}+;11—Q_{zx}+;12—Q_{zy}+
Q_{zx}	z方向与x方向垂直度误差	
Q_{zy}	z方向与y方向垂直度误差	
d_{xx}	x方向运动,绕x轴的角摆误差	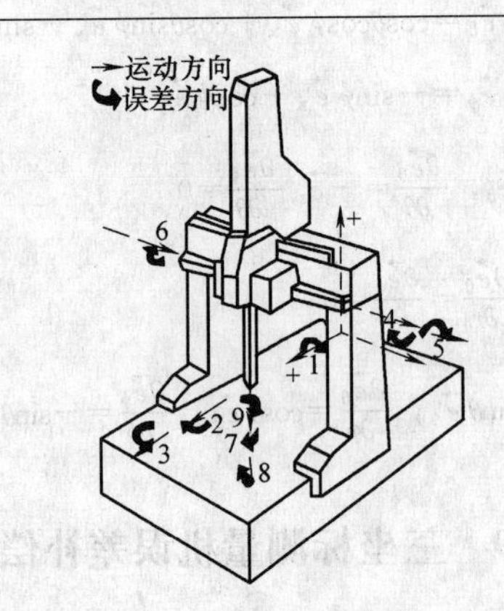
d_{xy}	x方向运动,绕y轴的角摆误差	
d_{xz}	x方向运动,绕z轴的角摆误差	
d_{yy}	y方向运动,绕y轴的角摆误差	
d_{yx}	y方向运动,绕x轴的角摆误差	
d_{yz}	y方向运动,绕z轴的角摆误差	
d_{zx}	z方向运动,绕x轴的角摆误差	
d_{zy}	z方向运动,绕y轴的角摆误差	1—d_{xx}+;2—d_{xy}+;3—d_{xz}+;4—d_{yy}+;5—d_{yx}+;6—d_{yz}+;7—d_{zx}+;8—d_{zy}+;9—d_{zz}+
d_{zz}	z方向运动,绕z轴的角摆误差	

表 7-2-22 误差补偿的步骤

步 骤	技术要求
模型的建立	模型的建立要满足精确简单和实用的要求
误差的检测	对误差检测技术的要求是:精确性、一致性、完整性、误差溯源性、简易性
编制补偿软件和研制补偿机构	①建立绝对坐标系:让测量机X、Y、Z三个方向都自动回到绝对零位 ②输入结构参数:测量机误差数据,测头在绝对坐标系中的坐标X、Y、Z和测头的结构参数值 ③误差数据的存储与补偿量的计算 ④补偿控制指令

1. 模型的建立

① 模型的建立要满足精确简单和实用的要求。

② 准刚体模型下的误差补偿。

③ 检查工作台的平面度变化：一般平面度的变化不超过测量机最大允许误差的1/5。检查角运动的误差变化：运动的角运动误差不应受除运动方向以外

的坐标影响。按补偿效果来检验：通过检测坐标测量机沿 4 条空间对角线运动时的位移误差来修正效果。

2. 误差的检测

对误差检测技术的要求具有精确性、一致性、完整性、误差溯源性、简易性。

① 准确地提取为补偿所需的原始误差，还有其他误差的影响，如温度误差、热变形误差、力变形误差等。

② 误差检测与误差补偿需要有统一的坐标系。

③ 采样点选取。在检定三坐标测量机误差时，理论上要求能测得定位误差、直线度运动误差及角运动误差随位置变化的连续曲线，但在实践中总是在一些离散点上采样。采样点选取原则不会因为采样点的离散造成较大的插值误差，相邻采样点之间误差变化的非线性不致引起较大的误差补偿。

④ 误差检测方法与检具的选取。误差检测方法分为两大类：一类是用激光干涉仪等仪器检测坐标测量机的各个单项原始误差，另一类是用球列、球板等实物基准检测坐标测量机的综合误差，然后分解原始误差。优缺点：直接用激光干涉仪来测量单项的原始误差，精度高，但是价格相对昂贵，对环境和工作人员的技术水准的要求也高。球列、球板等方法对球板的稳定性提出较高的要求，能较好地符合一致性原则，能较好地反映测量机的实际状况，能方便地自动检测，价格较低使用也方便，但是由于该方法是将综合误差分解成单项误差，难免有交叉的现象，不能对各项误差进行连续检测。

3. 补偿软件和机构

① 建立绝对坐标系。

② 输入结构参数、误差数据的存储与补偿量的计算。原始数据的存放方式：表格法和公式法。表格法是对应于一个 x 存一个 $\delta(x)$ 值。公式法是用拟合的方法将 $\delta(x)$ 等误差曲线用一种便于计算的函数形式表示。

4. 误差补偿技术的运用条件

① 具有合适的数学模型。三坐标测量机中最广泛应用的是机构误差的补偿与简单热变形误差的补偿。

② 可补偿误差应占总误差的主要成分。

③ 测量机应具有绝对零位系统。

④ 数据处理系统应有足够的内存容量与响应速度：内存容量一般要求有几千字节至几十千字节即可满足要求。

⑤ 经济上的合理。误差补偿的花费包括检测费用、测试原件、建立绝对零位、补偿软件或机构的费用等。

2.10 三坐标测量机误差的检定

按照性质可将误差分为 4 类，即定位误差、直线度运动误差、角运动误差与垂直度误差。为避免因其精度下降而造成对被测工件的误判，就需要定期对它进行检定。

2.10.1 几何单项误差的评定

坐标测量机尺寸测量的示值误差 E 应不超过坐标测量机尺寸测量的最大允许示值误差 $MPEE$，如表 7-2-23 所示。

表 7-2-23　三坐标测量机误差的检定方法

项　目	采用的检定方法	要　求
定位误差	用激光干涉仪测量定位误差	优点：精度高，量程大，能对定位误差进行连续测量，应用很广泛 类别：单频激光干涉仪，双频激光干涉仪 影响因素：激光频率稳定性；大气折射率；死程误差；余弦误差；脉冲当量误差；细分误差；阿贝误差
	用实物基准测量定位误差（常用量块）	直观方便，能检测到探测误差
直线度运动误差	平尺法	用于小行程的直线度运动误差测量
	光学平尺法	具有很高的测量精度，由于长光学平尺难于制作，一般用于小行程直线度运动误差的测量
	翼形反射镜法	精度高，但该方法不能对大行程的直线度运动误差进行测量
	激光准直仪	精度很高，但该方法不能对大行程的直线度运动误差进行测量

续表

项　目		采用的检定方法	要　求
角运动误差	偏摆和俯仰误差		测量机在沿导轨运动时，除产生直线度运动误差外，还产生绕3根坐标轴回转的角运动误差。绕直线运动方向转动的角运动误差称为滚转误差，绕与主运动方向垂直水平轴转动的称为俯仰误差，绕与主运动方向垂直铅垂轴转动的称为偏摆误差。此类误差共计有9项。一般使用固定在运动部件上的自准直仪测量俯仰和偏摆误差，也可使用电子水平仪对上述两项误差以及滚转误差进行测量
	滚转误差		
垂直度误差		为测量两运动轴之间的垂直度误差，需要有一个垂直度基准	由于测量机在制造、安装、调整过程中都不可能使3根坐标轴相互绝对垂直，因此便带来了轴与轴之间的垂直度误差。为测量两运动轴之间的垂直度误差，需要有一个垂直度基准 方法：检定垂直度误差一般可以使用方箱或直角尺；有条件的可以由光学直角器与激光自准直仪或带翼型反射棱镜的激光干涉仪配合使用来检定该项误差

2.10.2　测头及其附件的误差检测

(1) 测头的测端等效直径和重复性误差的标定

由于坐标测量机的位移量是被测尺寸与测头的测端等效直径的和或差，因此对测端等效直径的标定具有很重要的意义。用测头从尺寸经过标定的标准球或量块的尺寸的差值即为测端等效直径。测头重复性误差分为一维、二维和三维重复性误差。

(2) 测头附件误差的测量

测头附件包括测杆、加长杆、连接头、回转体、测头自动更换装置等。一般不对测头附件本身的误差进行标定，而仅在接入或变换测头附件后，重新使用标准球对测端的等效直径和重复性误差进行校准。

(3) 热、力变形以及动态误差的检测

包括热、力变形、动态误差等的检测以及环境温度的控制等。

(4) 测量机综合误差的检测

使用包含各种已知形状、位置尺寸的元素的三维样件，在应用范围较专一的情况下，可以使用各种形状尺寸已经标定的常用工件；通过对放置在测量范围内不同位置、不同方向上的量块进行检测，测得值与量块检定值之间的差值即为测量机的不确定度。

2.11　测量机的安装与维护

2.11.1　测量机安装地点的一般原则

测量机属于精密仪器，选择安装地点时，要考虑机器类型、外形尺寸、机器重量、结构形式、周围环境，如振动情况、温度条件、适合的吊装、辅助设备及合适的气源、电源的安排等。

1. 空间要求

安装地点必须有适当的空间，这样便于机器就位操作和机器正常工作状态下的各种操作，也有利于室内温度控制。测量机的摆放位置要便于拆装零件和方便维修操作且美观和谐。例如：测量机主机和控制系统之间的最小距离是600mm，尤其应保证测量机和机房的天花板之间预留100mm（或200mm）左右的最小空间。

2. 振动的影响

机房不要建在有强振源、高噪声区域，如附近有冲床、压力机、锻造设备、打桩机等。

3. 环境要求

安装测量机最合适的地方是温度、湿度和振动等都可以被稳定控制的房间，一般不适于有阳光的直射方向，最好朝向为北向或没有窗户，因为阳光对于室内的温度有影响，不利于温度的控制。此外测量机房间必须洁净，没有腐蚀性灰尘和脱落的漆层等。门窗的设计应考虑到机房的保温要求，以及设备、零件进出的需要。窗户要采用双窗并配置窗帘，机房最好设置过渡间，尽量避免布置在有两面相邻外墙的转角处和在附近有强热源的地方。

4. 磁场、电场的影响

不要建在强电场、强磁场附近，如电源断电设备、变压器、电火花加工机床、变频电炉、电弧焊及滚焊机等；以及高粉尘区、腐蚀性气体源附近。对于有害气体车间，必须布置于有害气体车间的上风。

2.11.2　测量机工作温度和工作湿度

1. 温度

室内温度是指机器操作时要保证测量机性能所要

求的温度，除了厂商特别注明，一般来说是20℃±2℃。机房的温度条件中还有一项要求是温度梯度。温度梯度分为时间梯度和空间梯度。时间梯度是指在一定时间段内室内温度的变化，一般要求1℃/h，2℃/天。空间梯度是指在左右、上下各1m的距离温度差，一般要求在1℃/m。

2. 相对湿度

相对湿度是指保证机器达到最佳性能时所需的湿度范围：对于GLOBAL测量机是30%～65%，过低的湿度容易受静电的影响，过高的湿度会产生漏电或电器元件锈蚀，特别是会使钢质标准球锈蚀报废。

3. 措施

为保证上述对温度和湿度的要求，必须使用空调系统进行温度和湿度控制。有条件的企业最好采用中央空调或变频式柜式空调。空调规格型号与机房空间大小有关，可向空调经销商咨询。空调的送风和回风口的设计要根据空气流动的规律，送风口处空气不能直吹向测量机，还要使室内温度均衡，一般应请专业人员进行设计。

为保证测量机的使用寿命和使用效率及保证机房温度稳定，空调系统应保持连续开机，节假日亦应设置在节能状态运行，选择变频式空调既利于节能，又能稳定控制温度、湿度。

2.11.3　测量机供气系统

由于坐标测量机一般采用气浮轴承，因此需要压缩空气。压缩空气的质量直接影响测量机的正常工作和使用寿命。

(1) 压缩空气质量要求

压缩空气质量要求如表7-2-24所示。

表7-2-24　压缩空气质量要求

符合标准要求：	ISO 8573
进入测量机的压缩空气要求：	
气压	大于0.55MPa
耗气量	大于250L/min
品质：	
含水	$<6\mathrm{g/m^3}$
含油	$<6\mathrm{mg/m^3}$
微粒大小	$<15\mu\mathrm{m}$
浓度	$<10\mathrm{mg/m^3}$
供气软管	6mm内径，耐压力要求172MPa

(2) 测量机室内典型供气系统

测量机室内供气系统布置如图7-2-38所示。

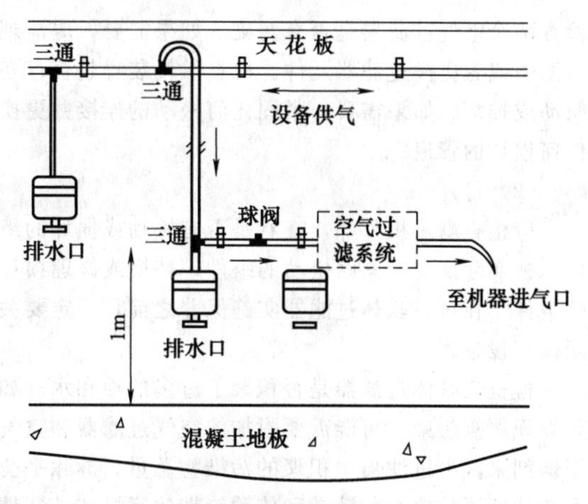

图7-2-38　测量机室内供气系统布置

2.11.4　电气要求

测量机需要专用的受保护电路才能正常工作，使用独立的电源以防线路干扰，采用暗线穿管方式，以避免出现跳闸危险。同时注意必须配备不间断电源，并应远离较强的电冲击源。设备必须有可靠的接地装置。接地电阻应小于4Ω，当大于4Ω时，应补增接地装置长度；每年检查接地电阻，并注意日常维护。采用冷光吸顶照明，照度应为200lx。为防备停电所需，一般应配备应急照明装置。如果从光源到机器设备的距离小于机器的最大外形尺寸，应采用间接照明。

2.11.5　检定验收环境要求

三坐标测量机检定验收前，检定验收环境必须经过恒温，达到正常使用温度后，再经过24h恒温，测量机及控制系统通电预热稳定2h以上，坐标测量机与检定工件的温差不超过0.3℃，然后由制造商的技术服务工程师与用户工程师各一名进行检定验收，由于人体是重要的热源，检定时无关人员不得进入机房。

2.11.6　测量机维护

(1) 每日

在完成保养步骤和纠正所有的偏差之前不要操作测量机。应检查测量机中是否有松动或损坏的外罩，如果需要，应紧好任何松动的外罩，并修理任何损坏的外罩。用酒精和干净、不掉纤维的纱布清洁空气轴承导轨滑动通道的所有裸露表面。在对空气过滤器、调节阀或者供气管道执行任何保养之前，应确保到测量机的供气装置已经关闭，并且系统气压指示为零。

检查两个空气过滤器是否有污染。如果需要，应清理过滤碗或者更换过滤器元件。检查供气装置是否存在松动或损坏。如果需要，紧固任何松动的连接并更换任何损坏的管道。

（2）每月

应检查测量机外部，查看是否有松动或损坏的组件。视实际情况，紧固松动的组件，替换或修理损坏的组件。在对三联体过滤器实施保养之前，一定要关闭供气设备。

检查三联体过滤器是否积聚了过多的油和水。如果发现严重污染，可能需要附加的空气过滤器和空气干燥剂来减少过滤器中积聚的污染物总量。拆除平衡支架的前罩，检查传动带和传动轮带的磨损和破裂情况。必要时替换传动带和传动轮带。

（3）每季度

在完成保养步骤和纠正所有的偏差之前，不要操作测量机。只有经过培训并通过审定的人员才能保养电气组件。在对控制系统和测量机进行下列任何保养之前，一定要关闭电源。检查控制系统内的污染物，松动或毁坏的布线。如果存在故障，必须对机器进行维修。拆除它们的入口外罩，检查气动系统的管道，查看有无收缩和破裂。如果存在故障，必须对机器进行维修。

执行完季度保养清单的内容之后，通过运行简单的测量机精度程序（测试重复性、量块几何尺寸、线性精度等）进行功能性检查。

注意在对供气系统进行任何保养工作之前，必须关闭气源。在打开气源前，过滤器必须牢固连接。

2.12 三坐标测量机的应用实例

三坐标测量机可以测量各种形状工件的几何参数。使用三坐标测量机测量时，通常是将被测对象分解为基本几何元素后，再分别对各几何元素进行测量。几何元素包括点、直线、平面、圆、球、圆柱、圆锥和椭圆。另外还可以测量二维曲线、三维曲线、三维自由曲面。

2.12.1 曲面的测量

曲面测量在机械制造、汽车、航空航天等工业界具有广泛应用。发动机翼片、飞机机翼、各种模具都需要曲面测量。模具在现代工业生产中具有极重要的地位，汽车外壳生产主要靠冲压模具，家电、照相机、玩具生产大量靠注塑模型。还有一类反向工程，先用测绘的手段测出汽车等的外形，或者通过美学造型做出一定模型，然后根据对实物或模型的测量结果形成CAD与CAM软件，控制加工，一个关键也是曲面的测量。

曲面的形状、方程可以是已知的，也可能是未知的，甚至难以用数学式表达，在模具、模型的外表测量中经常遇到这类问题，这类曲面称为自由曲面。

曲面，特别是自由曲面，由于形状复杂、种类繁多，难以用其他仪器测量，三坐标测量机常是最佳乃至唯一的选择。

1. 测量方式

在自由曲面的测量截面上进行，如图7-2-39所示。在每一截面上，曲面与它的交线为一曲线。为了测得曲线的形状，可以采用两种方法。一种是点位测量，如图7-2-39（a）所示。测头由A向B移动，接触工件表面并读取坐标值后退C。然后向前运动到D，进行探测，再退至E，如是往复。这种方法精度较高，但速度较慢。另一种方法是扫描法，如图7-2-39（b）所示。这种方法速度较快，在测端与工件表面间存在摩擦，对测量精度有一定影响。在采用非接触测头情况下不存在摩擦，只需让测头大体上沿被测轮廓的某一等距线运动即可。

如果被测曲面是已知的，可以用编程的方法实现下述测量：①非接触测头的扫描测量；②模拟测头的扫描测量（通常实际轮廓与名义轮廓的偏差较小，只要实现轮廓位置在模拟头的量程之内，就有可能采用这种测量方法）；③触发测头的点到点的测量。

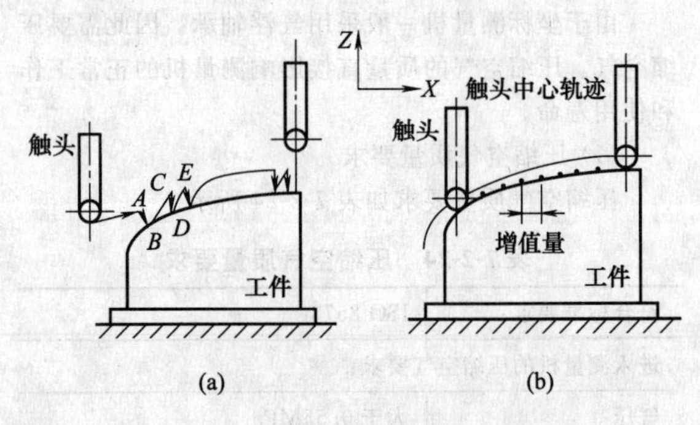

图7-2-39 曲面测量方式

为了测量未知曲面，或者用触发测头实现对已知曲面的扫描测量时，就要利用测头自身感受到的信号去控制测头的运动。例如，在图7-2-39（b）所示情况下，当触发测头发出接触工件的信号，或者在非接触测头感受到与工件表面距离过小时，或者接触式模拟测头感到测杆受到较大压缩情况下，发出信号，让测头向$+Z$向运动。退出一小段距离后，再向$+X$向运动。待再次出现前述情况时，再向$+Z$向运动。如是重复进行。

用模拟测头按扫描方式测量未知曲面，比用点位方式在控制逻辑上更为简单。只要步距选得足够小，使相邻两点的 Z 坐标差不超出模拟测头的量程，即可完成未知曲面的扫描测量。在由一点向相邻点移动时，测头都只作水平向移动（可为 X 或 Y 向）。移到下一点后，根据模拟测头的示值，让测头作 Z 向运动，使模拟测头指示零值。

测量未知曲面还可采用自学习的方法。即先手工操作一遍，测量机的计算机系统即可自动生成测量路径程序。下一次测量同样的曲面时，即可调用已生成的程序实现自动测量。这在测量一批同类曲面或模具的周期检定中甚为有用。

无论采用什么方法，在实测中都有一个采样点离散化的问题。采样点的离散化可用下列方法之一。

① X 向定步长测量：即各采样点的 X 间距相等。这种方法主要适用于曲线斜率变化较慢的情况下。当转向下一截面时，在 Y 向采用定步长。这种方法应用最多。

② 45°自动变节距：当曲线斜率小于 1 时在 X 方向定步长；当曲线斜率大于 1 时在 Z 向定步长。可以从两次采样的 X、Z 坐标差哪个大，判断斜率是否大于 1。

③ 定弦长：此法各相邻点间弦长相等。

④ 等弦高：在曲率半径小处，点取密集些；曲率半径大处，点取稀疏些。

后两种方法，从原理上讲比较合理，但软件较为复杂，所以还是前两种方法应用较多。

2. 测端半径的补偿

利用接触式测头测量曲面，坐标测量机给出的是测端球心的轨迹。由于测端总有一定半径 r，因此它是与被测曲面相距 r 的包络面。在用三坐标测量机测得代表球心轨迹的曲面后，为得到所需测量的表面，应作测端半径补偿，求出与球心轨迹构成的曲面相距 r 的包络面。

如果被测曲面的形状已知，并可以用一定形式的解析函数表示，那么就可以用解析的方法求出曲面各点的法线方向，按照求得的法线方向确定测得的球心轨迹上与之相对应的点，对它进行测端半径补偿。

自由曲面难以用解析函数表示，因此也难以用解析方法求其包络面。必须知道曲面的法线方向。由测得的球心 O 沿着曲面的法线方向向曲面移过距离 r，即可得到测端与被测曲面的接触点 P，这就是测端半径补偿。测端半径补偿需沿三维曲面的法向进行，而不是在被测截面沿该截面上切得的轮廓曲线的法向进行，如图 7-2-40 所示。

自由曲面测量与数据处理流程如图 7-2-41 所示。

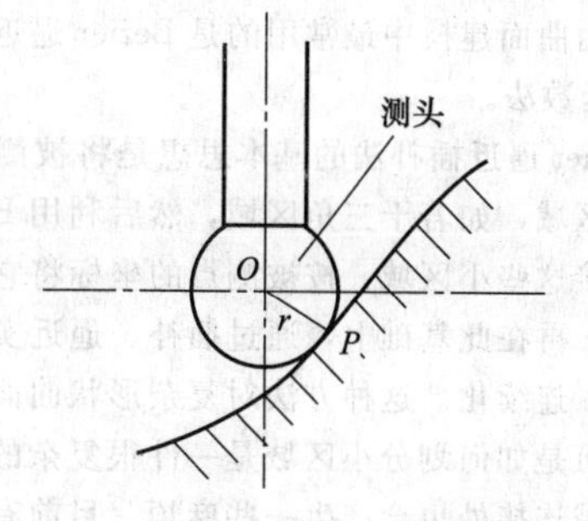

图 7-2-40　轮廓的测头半径补偿

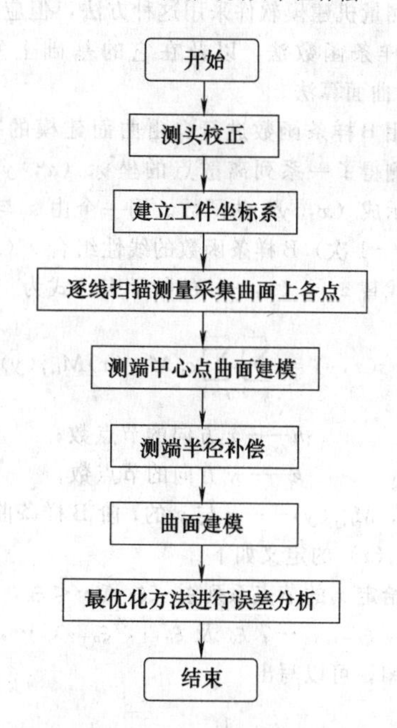

图 7-2-41　自由曲面测量与数据处理流程图

3. 曲面的建模

由测量得到的曲面轮廓是一些离散的数据，希望用一个可以用解析函数表达的光滑的连续曲面代替它，这一过程称为建模。所以对测量数据建模的主要原因是：①在多数情况下被测曲面本来就是光滑的连续曲面；②经建模后，更便于了解曲面的全貌，因为测得的只是一些离散的点，还有许多未测的点；③在反向工程中，可以根据由模型或样件测得的离散数据，通过建模获得曲面的数学方程，形成可以控制加工的 CAD 和 CAM 文件；④在测得的离散数据中包含了测量不确定度，通过建模实现平滑处理，有利于消除测量随机误差等的影响；⑤可用于测端半径补偿。

离散数据建模中包含着十分复杂的数学运算。特别是自由曲面建模，因为自由曲面形状不规则，数学表达式复杂，加之测量数据中还含有测量随机误差。

自由曲面建模中最常用的是 Bezier 逼近插补法与B样条函数法。

Bezier 逼近插补法的基本思想是将被测曲面分成若干小区域，如若干三角区域，然后利用 Bezier 样条函数连接这些小区域，按被测点的坐标将它们连接成多边形。再在此基础上，通过插补、逼近实现曲面的平滑化、连续化。这种方法对复杂形状曲面的适应性很强，可是如何划分小区域是一件很复杂的工作，在各个区域连接处也会产生一些麻烦。目前有一些商品三坐标测量机建模软件采用这种方法，但应用更广泛的是B样条函数法，以及在它的基础上发起来的 NURBS 曲面算法。

利用B样条函数进行自由曲面建模的基本思想是：在测得了一系列离散点的坐标（x，y，z）后，将 z 表示成（x，y）的函数。用一个由 x 与 y 的双 t 阶（双 $t-1$ 次）B样条函数的线性组合 s（x，y）来逼近、代替 z。s（x，y）的数学表达式为

$$s(x,y)=\sum_{i=1}^{h+t}\sum_{j=1}^{k+1}c_{ij}M_{t,i}(x)M_{t,j}(y)$$

式中　h——x 方向的节点数；

k——y 方向的节点数；

$M_{t,i}(x)$，$M_{t,j}(y)$——x 与 y 的 t 阶B样条曲线。

$M_{t,i}(x)$ 的定义如下：

在给定 x 的节点系列 $\xi_1<\xi_2<\cdots<\xi_h$，以及附加点 ξ_{1-m}，ξ_{2-m}，…，ξ_0 及 ξ_{n+1}，ξ_{n+2}，…，ξ_{n+m} 后，对于 $t=1$，可以写出

$$M_{1,i}(x)=\begin{cases}\dfrac{1}{\xi_i-\xi_{i-1}} & (\xi_{i-1}<x\leqslant\xi_i)\\ 0 & (x\leqslant\xi_{i-1},x>\xi_i)\end{cases}$$

对于 $t>1$ 的情况，有

$$M_{t,i}(x)=\frac{(x-\xi_{i-t})M_{t-1,i-1}(x)+(\xi_i-x)M_{t-1,i}(x)}{\xi_i-\xi_{i-t}}$$

由上式看到，$M_{t,i}(x)$ 由 $M_{t-1,i-1}(x)$ 与 $M_{t-1,i}(x)$ 组成，这一递推关系可用塔形结构表示。常取 $t=4$，即四阶B样条函数，或称三次B样条函数，如图 7-2-42所示。

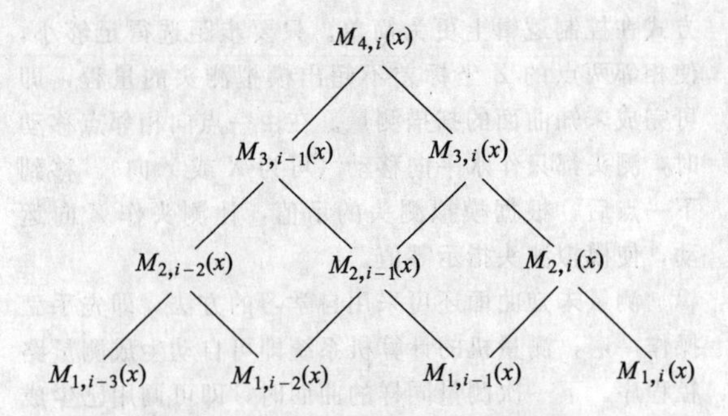

图 7-2-42　B样条函数的构成原理

c 为一阶系数，选择 c_{ij} 应使 $\sum_{i=1}^{h}\sum_{j=1}^{k}[s(x,y)-z]^2$ 为最小。

NURBS算法是建立在B样条函数基础上的一种计算方法。NURBS曲面由

$$s(u,v)=\frac{\sum_{i=1}^{n_u}\sum_{j=1}^{n_v}B_{ui}(u)B_{vj}(v)w_{ij}v_{ij}}{\sum_{i=1}^{n_u}\sum_{j=1}^{n_v}B_{ui}(u)B_{vj}(v)w_{ij}}$$

来定义。这里 u 与 v 是在曲面长度与宽度范围内确定 $s(u,v)$ 点位置的参数。n_u 与 n_v 分别为 u 和 v 向的控制点数目；$v_{ij}=(x_{ij},y_{ij},z_{ij})^{\mathrm{T}}$ 为实测得到 u 向第 i 行、v 向第 j 列点的坐标：w_{ij} 为该控制点权重；$B_{ui}(u)$ 与 $B_{vj}(v)$ 分别为 u 向和 v 向标准B样条函数。$B_{ui}(u)$ 与 $B_{vj}(v)$ 的具体形式与所选用的样条函数阶数及控制点数有关。

阶数越高，控制点数越多，实测数据偏离建模后得到的 NURBS 曲面的标准差越小。但由于测量误差等因素的影响，所得曲面的平滑性会变差。图 7-2-43 为实测数据建模得到的 NURBS 曲面。三个曲面的阶数均为 4，但图 7-2-43（a）、（b）、（c）中 $n_u=n_v$ 分别为 9、12、15。从图中可以看出，当 $n_u=n_v$ 太大时，面的平滑性变差。实测点离 NURBS 曲面的标准差，图 7-2-43（a）最大，图 7-2-43（c）最小。

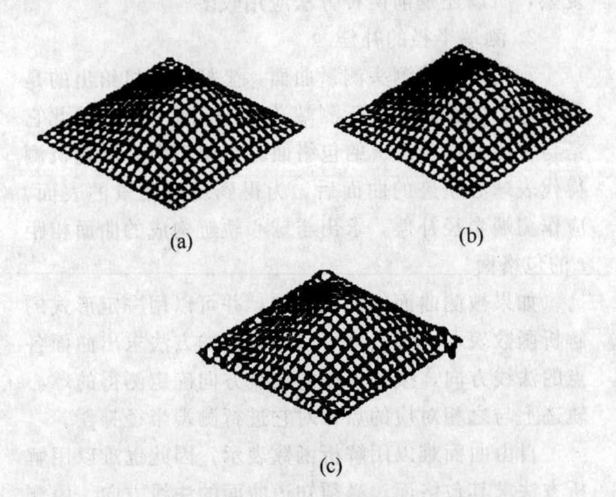

图 7-2-43　控制点数对 NURBS 曲面形状的影响

在完成曲面建模后可以根据实测结果相对于拟合曲面的偏差进分析。偏差可能由于被测表面本身的不规则性造成，也可能由于测量误差造成。为了分清这二者影响，在必要时需进行多次测量。对于已知形状的曲面还可分析测得的实际曲面相对于理想曲面的偏离情况。

2.12.2　齿轮测量

齿轮在机械、汽车、飞机、仪器仪表等行业中均有重要应用。它的精度对传递运动的精度、平稳性、效率等有重要影响，需要检验的参数有齿形（含压力角）、周节、齿向、径向跳动等。

齿轮是一个回转体零件，常将它装在回转工作台上，在柱坐标中进行测量，诚然，在直角坐标系中进行检测也是可能的，这时需有测头回转体配合，采用多根探针，比较麻烦。

图 7-2-44（a）是用回转工作台测量圆柱直齿轮的情形，一般说只需采用一根探针即可完成全部测量。图 7-2-44（b）为测量圆柱斜齿轮的情形，图 7-2-44（c）为测量螺旋锥齿轮的情形。在后两种情况下常需采用多根探针或采用测头回转体。

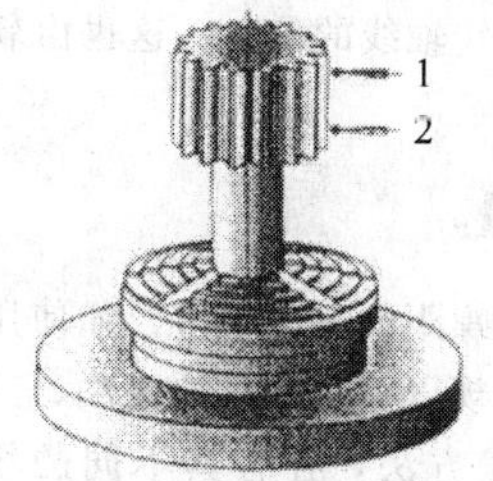

(a) 测量圆柱直齿轮　(b) 测量圆柱斜齿轮

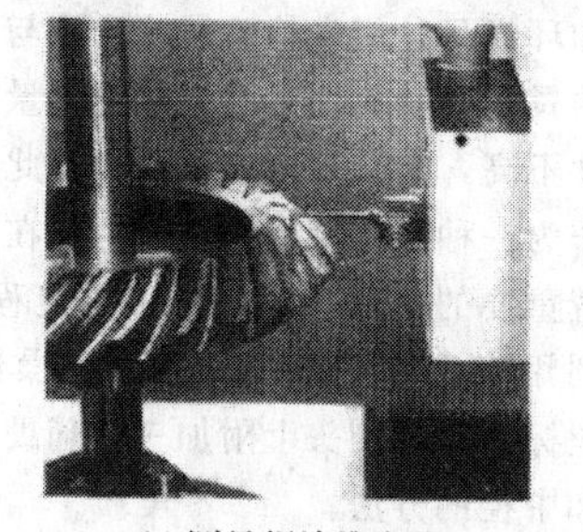

(c) 测量螺旋锥齿轮

图 7-2-44　齿轮的测量

由于齿轮是常用零件，多数三坐标测量机都有齿轮测量软件，特别是圆柱齿轮测量软件。测量齿轮时，主要的输入参数包括齿轮类型、齿数、法向模数、法向压力角、螺旋角与旋向、齿轮宽度、变位系数、内外齿轮等。顶隙系数一般为 0.25。当顶隙系数不为 0.25 时，还需输入顶隙系数。齿形一般为渐开线齿形，对于其他齿形的齿轮需有专门的软件。在不少测量机上，在输入上述参数后，即自动显示分度圆直径、基圆直径、分度圆上的端面压力角等，以供校核，只有在校核无误后方可开始测量。

测量的第一步是建立工件坐标系。对于图 7-2-44（a）所示带轴齿轮，可以在轴的两个不同截面各测 3 个或 3 个以上点以确定工件坐标系轴线（如为 Z 轴）位置。在图 7-2-44（c）中带止口孔的情况，既可以利用轴，也可以利用止口孔建立坐标轴线。在不具备上述两种特征情况下，可以利用齿轮外圆来确定轴线位置。坐标原点常取在齿厚一半处，也可选在底面上。

仅仅有了轴位置与方向、原点位置，工件坐标系还没有完全确定，齿轮还可以绕轴自由回转。为了使工件坐标系完全确定，需要渐开线齿面上某一点 p 的坐标（x_p，y_p，z_p）。知道了 Z 坐标，可以按螺旋线方程算出在 $z=0$ 的平面上，齿面上相应的点（同一条螺旋线上）p_0 的坐标（x_{p_0}，y_{p_0}，0）。知道了矢径 $\sqrt{x_p^2+y_p^2}=\sqrt{x_{p_0}^2+y_{p_0}^2}$ 的值，就可以按渐开线方程算出基圆上相应点的位置。这一点常称为发生点。常取原点与它的连线为工件坐标系的 X 坐标轴。在工件坐标系完全确定后，测量机即能在计算机控制下按编好的（包括用脱机编程方法或自学习方法编写的）程序自动测量。

在具体测量时，又可以有两种测量方法：一种是展成法，另一种为坐标法。采用展成法时，回转工作台连续转动，当工作台转过 φ 角时，测头沿工件坐标系的 Y 轴移过 $r_0\varphi$，其中 r_0 为基圆半径。模拟测头的示值偏差即为齿形误差，如图 7-2-45 用触发测头时，则齿轮每转一个转角，触发测头探测齿面一次。测头触发时，在工件坐标系中，测头的坐标 y 与 $r_0\varphi$ 之差即为齿形误差。同样原理，可用于螺旋线的测量中。

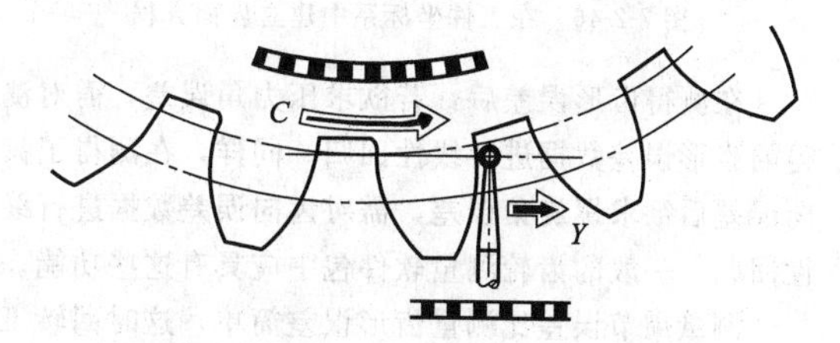

图 7-2-45　用展成法测量渐开线齿形

每测完一个齿，测头退出，回转工作台带动齿轮转过一个分度角，测头再测量下一个齿的齿面。

采用坐标法时，回转工作台只作分度运动。在测量一个齿廓的过程中，回转工作台不作转动。测头瞄准时，同时记录被测点的 x、y、z 坐标值，将实测得到的轮廓表面形状与理论形状相比，即可得到齿廓形状误差，包括齿形误差与齿向误差。

由图 7-2-46 可以看出，对于右旋齿轮的右侧齿面，在工件坐标系中的方程为

$$\begin{cases}\dot{x}=r_b\cos(\delta+\varphi)+r_b\varphi\sin(\delta+\varphi)\\ \dot{y}=r_b\sin(\delta+\varphi)-r_b\varphi\cos(\delta+\varphi)\\ \dot{z}=z\end{cases}$$

第 7 篇

式中 δ——螺旋角参变量。

螺旋角参变量

$$\delta=\frac{2\pi z}{L}$$

式中 L——导程。

P 点的法向矢量方向余弦为

$$\begin{cases}l_{\mathrm{p}}=\cos\beta_{\mathrm{b}}\sin(\delta+\varphi)\\m_{\mathrm{p}}=-\cos\beta_{\mathrm{b}}\cos(\delta+\varphi)\\n_{\mathrm{p}}=\sin\beta_{\mathrm{b}}\end{cases}$$

式中 β_{b}——基圆螺旋角。

对于左旋齿轮与左齿面，只需分别注意螺旋角方向相反、φ 方向相反，即可以类似地导出有关方程。齿面的轮廓误差评定与测端半径补偿都在齿廓的法向进行，知道了齿面的法向，就不难编写相应的计算软件，完成上述运算。

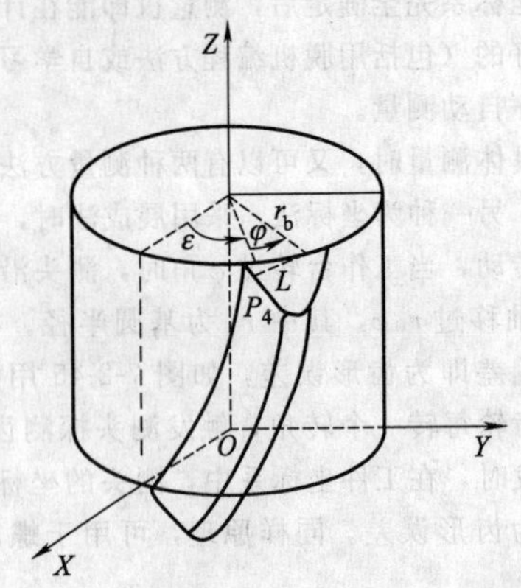

图 7-2-46 在工件坐标系中建立齿面方程

在测得齿形误差后，若欲求压力角误差，需对测得的齿形误差数据进行线性回归。同样，在测得了齿向误差后欲求螺旋角误差，需对齿向误差数据进行线性回归。一般的齿轮测量软件包中应具有这些功能。

测量周节误差比测量齿形误差简单。这时回转工作台转过一个角度，测头探测一次。测头瞄准瞬时，测头坐标位置的变化或模拟测头示值的变化，给出周节误差。

测量齿轮的径向跳动有两种方法。一种是用具有适当直径的测端，采用定中的探测方法，使它同时与左右齿面接触。齿轮由回转工作台带动，每转过一个分度角，测头探测一次。测头瞄准时，测头径向位置的变化或模拟测头示值变化，即给出齿轮的径向跳动。另一种法是利用虚拟测端。选用直径较小的测端先后探测左右齿轮的齿面位置，如图 7-2-47 所示。后根据测得的齿廓位置，用一个虚拟圆与它相切，虚拟圆心中心的径向位置变化即为齿轮的径向跳动。这种测量方法比较简单，一些齿轮测量软件包具有这种功能。

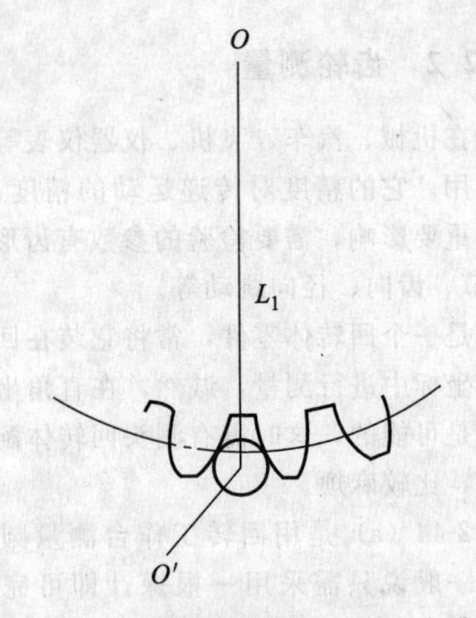

图 7-2-47 用虚拟测端测量齿轮径向跳动

通过对所测得的齿轮径向跳动数据进行回归处理，可以求得齿面相对于回转轴线的偏心。这也由软件包自动完成。

2.12.3 螺纹的测量

目前，测量螺纹中径和螺距的方法较多，如使用螺纹百分尺、螺纹塞规或环规以及工具显微镜法、三针法、两球法等。这些测量方法，各有其不同的场合。例如，螺纹百分尺主要用于测量低精度螺纹的中径，塞规和环规只是用来检验螺纹合格与否，并不能确定螺纹的具体尺寸，用工具显微镜测量螺纹的螺距和中径精度不高，操作也比较繁琐。与此同时，三坐标测量机作为一种高精度的测试设备，在机械加工行业中发挥着重要的作用，也得到了一定程度的普及。以下介绍利用三坐标测量机精度高、操作灵活等特点，在三坐标测量机测头上附加一个辅助测头，测量螺纹螺距和中径的方法。

1. 测量原理

由于一般 CNC 三坐标测量机无法准确确定测头和螺纹面的接触位置，也就无法直接通过测头测量螺纹的参数，为了利用三坐标测量机测量螺纹参数，可以考虑通过辅助装置间接测量。

如图 7-2-48 所示，XOZ 是螺纹的轴截面，螺纹的轴心为 Z 轴，假设存在一个圆柱，使其在 A、B、C 三个位置分别在截面上与螺纹的牙槽侧面相切，圆柱的直径为 d_0，如果能分别测得圆柱在 A、B、C 位置时在 XOZ 截面上的圆心坐标 $A(x_1, z_1)$、$B(x_2, z_2)$、$C(x_3, z_3)$，则可以求出螺纹的中径及其螺距。

(1) 螺距的测量

设 A、B 之间相隔牙型数为 N，螺距为 P，则

$$P=\frac{z_1-z_2}{N}$$

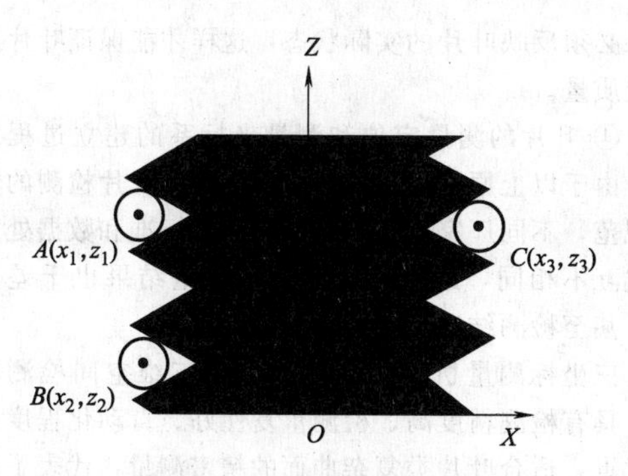

图 7-2-48　螺距的测量

因此，可以通过测量圆柱在 A、B 两个位置的轴心坐标得出螺矩。

(2) 中径的测量

设 $M=x_3-x_1$，则 M 值和被测螺纹的中径 d_2 有如下关系

$$d_2=M-\frac{d_0}{\sin(\alpha/2)}+\frac{P}{2}\cot\frac{\alpha}{2}$$

式中，d_0 为圆柱体直径；P 为螺纹螺距；α 为螺纹牙型角。

由此可测出螺纹的中径。

2. 测量装置

根据上述测量原理，将一个辅助测头固定在三坐标测量机的测杆上，辅助测头上固定一圆柱，以测量图 7-2-48 所示的 A、B、C 三个位置的圆心坐标。该测头需要满足如下要求：

① 圆柱在没有和螺纹牙槽两侧面同时相切前要能够自由地上下移动；

② 圆柱一旦与螺纹的牙槽两侧面相切后，就应该静止不动，但是三坐标测量机测头还是能够继续向它移动，直至接触。

根据这两个要求，设计的辅助测头如图 7-2-49 所示。图中，整个装置通过连接板 2 固定在三坐标测量机测杆 1 上；3 是双片簧，上下各一片，它的功能是可以使右边的圆柱 7 上下移动，确保圆柱能正确地卡在螺纹牙槽内；4 是三坐标测量机测头，三坐标测量机通过它来读取数据；5 是辅助测头套接件，共 2 个，辅助测头两端就套在这两个套接件的圆环里；6 是弹簧片，共 4 片，使三坐标测量机测头和圆柱之间可以产生相对移动，也就是说当圆柱正确卡在牙槽内后，测头可以继续向圆柱靠近，以确保圆柱与螺纹牙槽的两侧接触；7 是高精度的圆柱，可以更换，以适应测量不同尺寸范围的螺纹，它的两端套在辅助测头套接件 5 上的圆柱孔里，然后用螺钉固定。

整个装置安装完毕后，圆柱 7 的轴线就应与三坐标测量机测杆 1 的轴线相垂直。

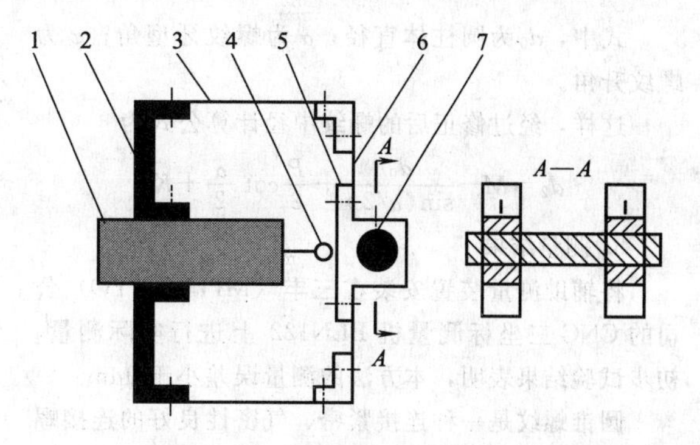

图 7-2-49　辅助测头

1—测杆；2—连接板；3—双片簧；4—测头；5—辅助测头套接件；6—弹簧片；7—高精度的圆柱

3. 测量方法

首先，以螺纹的一端为基准平面，螺纹轴线为坐标系 Z 轴，建立坐标系。测量时，要使测量装置里面的圆柱 7 垂直于 XOZ 平面，这样，圆柱在 XOZ 截面上就是一个圆。在 XOZ 平面上，当圆柱与螺纹牙槽的两侧面相切时，用三坐标测量机测头测量圆柱上的两个点，计算机读取这两个点的坐标值，分别记为 (x', z')、(x'', z'')，把这两组数据代入方程组

$$\begin{cases}(x'-x)^2+(z'-z)^2=\left(\dfrac{d_0}{2}\right)^2\\(x''-x)^2+(z''-z)^2=\left(\dfrac{d_0}{2}\right)^2\end{cases}$$

就可以求出投影圆的圆心坐标值 (x, z)。式中，d_0 为辅助测头直径。

根据上述测量方法，先求出辅助测头在 A 位置时的圆心坐标 (x_1, z_1)，再求出在 B 位置时的圆心坐标 (x_2, z_2)，就可以求得螺纹的螺距；同理，求出 (x_1, z_1) 后，再求出在 C 位置时圆心坐标 (x_3, z_3)，由公式可以求出螺纹中径。

4. 斜位修正

以上的分析都是假设圆柱在被测螺纹的轴向截面内与牙型侧面相切，三坐标测量机测头测量的两个点是圆柱在螺纹轴截面上投影圆的两个点。通过测量圆上的这两个点计算出圆的圆心坐标，再由圆心坐标推导出螺纹的螺距或者中径。这种假设条件只有圆柱为一个极薄的圆片时才能成立。实际上，所用是一个圆柱体、且被测螺纹又有螺纹升角，这就使得圆柱与牙型侧面不是在其轴向截面，而是法向截面上相切。在法向截面相切的结果是使圆柱在牙型槽中的位置稍有升高，这种升高对螺纹螺距测量没有什么影响，测量螺纹的中径时就要加以修正，称之为斜位修正：

$$K=-\frac{d_0}{2}\cos\frac{\alpha}{2}\cot\frac{\alpha}{2}\tan2\varphi$$

第 7 篇

式中，d_0为圆柱体直径；α为螺纹牙型角；φ为螺纹升角。

这样，经过修正后的螺纹中径计算公式为

$$d_2=M-\frac{d_0}{\sin(\alpha/2)}+\frac{P}{2}\cot\frac{\alpha}{2}+K$$

5. 测量结果

将辅助测量装置安装在三丰（MITUTOYO）公司的CNC三坐标测量机BLN122上进行实际测量，初步试验结果表明，本方法的测量误差小于9μm。

圆锥螺纹是一种连接紧密、气密性良好的连接螺纹，且具有装配容易的优点和能够得到过盈配合的特性，因此，在液、气管路系统中有着广泛的应用。制造过程和使用中的圆锥螺纹，通常采用综合测量，用圆锥螺纹塞规检验圆锥内螺纹，用圆锥螺纹环规检验圆锥外螺纹。对圆锥螺纹来说，由于它的不同截面上的中径各不相同，因此，与圆柱螺纹相比，圆锥螺纹中径的测量较难。

圆锥螺纹不同截面上的中径各不相同，它的中径是在基面处标注的。因此，设计给定的圆锥螺纹的中径，为距离塞规端面（大端或小端）一定距离的基面上的中径——基面中径。

2.12.4　叶片测量

现代航空工业的发展对发动机的技术性能要求越来越高，各种新型叶片被设计出来，叶型为复杂自由曲面，叶身具有弯、宽、掠、扭、薄的特点，像APTD一级转子叶片就具有这样的特点。为了保证叶片的质量，叶片制造的不同阶段均需进行测量，其中包括叶片型面测量和物理性能检测，贯穿了从毛料、机械加工到叶片组装的整个阶段。高精度的空间坐标测量不仅是检测叶片是否合格的依据，更成为叶片加工过程质量控制的一个重要环节。如何快速、准确地检测叶片几何精度和保证加工质量成为一个亟须解决的问题。

叶片检测是保证叶片制造质量的重要手段，但一直是航空发动机主机厂中检测部门和生产部门面临的难题之一。这主要是因为叶片的空间尺寸精度要求高，并且定位复杂，这样就给检测带来诸多不利因素。测量的难点一般表现为以下几点。

① 测量精度要求高。叶片型面测量精度直接影响其制造精度，通常测量精度要求达到10μm，甚至1μm。

② 测量效率要求高。叶片是批量生产零件，数量成千上万，所以应该尽可能地提高测量速度和效率。

③ 测量可靠性要求高。叶片测量和数据处理的结果必须反映叶片的实际状态，这样才能保证叶片的制造质量。

④ 叶片的测量定位和测量坐标系的建立过程复杂。由于以上原因，我国目前仍然没有叶片检测的标准规范，不同厂家的检测方式、检测标准和数据处理方式互不相同，最终导致叶片的测量结果也千差万别，甚至检测结论相互矛盾。

三坐标测量机是一种高精度的三维空间检测设备，具有检测精度高、检测重复性好、自动化程度高的优点，适合叶片类复杂曲面的精密测量，代表了航空发动机叶片测量的发展方向。近年来，随着我国航空工业的发展，三坐标测量机在叶片生产厂家已经较为普及。但由于叶片型面和结构复杂、要求精度高，对其实施坐标检测存在很大难度，目前工程应用中大多采用手动测量的方式，且不同厂家的测量方式、测量标准和数据处理方式互不相同，导致叶片的测量结果也千差万别，甚至检测结论相互矛盾。随着工厂数字化制造进程的加快，叶片的三坐标测量机检测不仅仅应用于加工完成后的几何检测，更多的是要用于叶片加工过程的测量工作中以指导和修正叶片的数控加工程序，保证叶片的加工质量。可见，在叶片的数字化制造流程中，三坐标测量机检测是实现叶片集成制造中十分关键的一个环节。

叶片是在航空航天发动机或地面涡轮发电机组（蒸汽或燃气）中用来气流导向用的，目前在航空、造船、发电、风机等行业得到广泛应用，其产品品质的好坏，将直接影响到发动机的品质和能量输出。叶片检测，常见的为单叶片、叶盘、叶轮/涡轮测量，海克斯康具备先进的叶片类零件全面测量解决方案，实现了对叶片各种特征参数的高效、灵活和准确测量。目前大部分单个叶片都是一个个装配到榫槽盘上使用的，而随着目前数控机加工技术的提高，部分整体叶盘已经可以通过精铸或者五轴数控机床一次性加工成形，因此完成整体叶盘测量也成为当前叶片测量的一个新的方向。

为实现各类叶片的测量，海克斯康开发了完善全面的测量和评价系统。其中专业的叶片软件包为各类叶片参数的评价提供了强大支持。

软件包包含Bladerunner、Blade、PC-DMIS（含Scan扫描模块）。这其中，Bladerunner扮演管理者的角色，其功能为开启PC-DMIS并根据实际情况确定待测量叶片、待测截面及测量参数，而后启动PC-DMIS通用测量软件进行叶片实际测量。在PC-DMIS测量完毕后，Bladerunner将会自动将PC-DMIS测量数据传送给Blade进行分析。执行测量软件依然是功能稳定的PC-DMIS软件，而Blade在其中则扮演着分析输出的角色，即将从 PC-DMIS 传递过来的数据进行分析处理，并生成客户确定格式的报告。

海克斯康高精度叶片检测专机，提供了全面的计量解决方案，是集几何计量全面性（各种形位公差测量）和测量专业性（叶片上百个测量参数）一体的高柔性测量系统。可检测成品叶片检测要素：前缘厚度、最大厚度、后缘厚度、指定位置点厚度、前缘位置、前缘/后缘半径、弯曲等。

2.12.5　叶盘测量

随着科学技术的发展，20 世纪 80 年代中期，在航空发动机结构设计中出现了整体叶盘结构。它是将叶片和叶盘做成一体，省去了常规叶盘连接的榫头和榫槽，使结构大大简化。由于整体叶盘具有结构紧凑、体积小、重量轻、推重比大等一系列优点，因而在现代航空发动机中的应用日益广泛。但由于是整体结构，并带有复杂型面的扭曲叶片，使得其叶片型面与单独叶片零件型面相比更加难于检测。

1. 测量路径规划

叶盘测量路径规划可采用等半径路径或流道线路径。

流道线指叶片工作时气流流经叶片型面的近似路线，流道线法其步骤如下。

① 根据叶片理论截面数据对叶片型面进行参数化造型。

② 求取叶片型面等距面，两等距面距离为测头半径。

③ 用叶片内外轮毂对叶片实体进行剪裁，获得最终的叶片造型。

④ 对剪裁过的叶片型面重新进行参数化构造。重新构造的曲面用样条曲面表示为 S_0，沿叶片截面线的方向定义为 u 参数方向，沿叶片径向线的方向定义为 v 参数方向，参数 u、v 在 S_0 内的取值范围均被规范化为 [0，1]。

⑤ 在 S_0 上构造等 u 参数线组 T_i：$\{T_i，i=1\cdots n\}$。

⑥ 分别离散 T_i 为四条曲线：叶背流道线、叶盘流道线、前缘流道线和后缘流道线。

⑦ 根据曲线曲率离散测量点。

2. 测量坐标系建立

三坐标测量机建立测量坐标系时，是以三二一法来建立，即通过三点建立一坐标平面，通过两点连线在坐标平面上投影建立一坐标轴、一个点确定坐标原点。一般要求测量坐标系与图纸给定的设计坐标系相同。

建立整体叶盘测量坐标的步骤如下。

① 整体叶盘由叶片和盘体（盘毂、腹板、盘缘和封闭齿）组成。以盘毂面为测量坐标系的坐标平面，即图 7-2-50 中的 XOY 面。

② 以两个定位孔中心连线确定 X 轴和 Y 轴。

③ 以盘毂内圆中心确定坐标原点。

若无定位孔则在叶片型面上用迭代法建立测量坐标系。

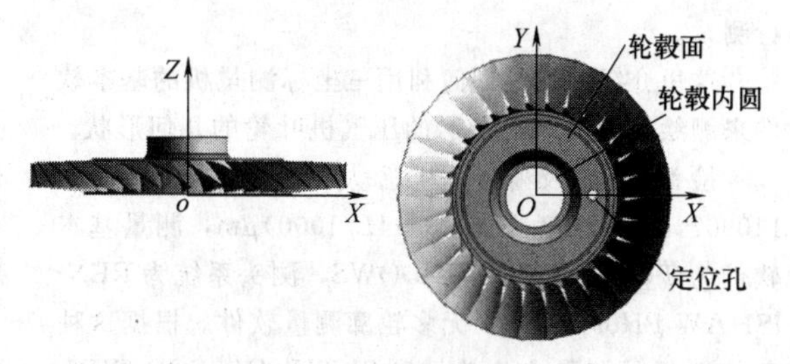

图 7-2-50　整体叶盘测量坐标系

3. 测量点与 CAD 模型配准

采用均方根误差作为目标函数，均方根误差表达式为

$$e_{\mathrm{rms}}=\sqrt{\frac{1}{n}\sum_{i=1}^{n}e_i^{\mathrm{T}}e_i}\ (i=1,2,\cdots,n)$$

其中 e_i 为 i 点的误差，n 为总点数，$\mathrm{T}=\begin{bmatrix}R & M\\0 & 1\end{bmatrix}$ 为转置矩阵，包含旋转矩阵 R 和平移矩阵 M，包含六个变量 m_x、m_y、m_z、α、β、γ，分别为沿 X 轴、Y 轴、Z 轴的平移量和旋转量。误差分析如下。

（1）扭转误差

$$e_\theta=-\gamma$$

（2）位置度误差

$$D=2\sqrt{m_x^2+m_y^2}$$

（3）叶型误差

$$\begin{aligned}e&=\max|d_i-r|-\min|d_i-r|\\&=\max(d_i)-\min(d_i)(i=1,2,\cdots,n)\end{aligned}$$

式中，d_i 为测点距叶片 CAD 模型的距离；r 为测头半径；n 为测量点数量。

假设被测曲面允许误差是 δ，当 $|d-r|<\delta$ 时，该曲面合格，否则被测曲面的误差超出设计要求。另外，当 $d>r$ 时，说明被测曲面相对理论曲面偏厚，从加工的角度来说，该被测曲面还有加工余量；当 $d<r$ 时，说明被测曲面相对理论曲面偏薄，从加工的角度来说，该被测曲面已过切。

4. 压气机叶轮叶型的三坐标测量方法实践

各种压气机、风轮、蜗轮导风扇都是由多个叶片组成的零件，叶片的叶型是一个三维曲面，具有复杂的空间几何形状。叶片的形状是否满足技术要求直接关系到叶轮气动性能的优劣。故对叶型的测量是叶片研究和生产中不可缺少的一部分。目前，各种风轮、蜗轮导风扇的专业制造厂大量生产中一般采用的是根据特定叶片设计的专用测量仪器来测量叶型；而少量生产的制造厂采用三坐标携带的“多轮廓测量”软件或“曲面曲线”软件中的叶片专用软件来完成叶型轮廓测量。对于无叶片专用测量软件的三坐标测量机临时测绘叶片时只能依靠三坐标测量机的基本软件来进行测量。

这里介绍的就是如何利用三坐标测量机的基本软件来测绘如图 7-2-51 所示的压气机叶轮的几何形状。

检测设备及条件为意大利 DEA SCIRCCO 140907，测量精度为 $(3.5+4L/1000)\mu m$，测量基本软件为 TUTOR FOR WINDOWS，测头系统为 RENISHAW PH09＋TP2，无多轮廓测量软件。根据这种条件选择的测量方案为：利用 TUTOR FOR WINDOWS 提供的循环采点语句“for…to…by…”以 1mm 为间隔采点，通过这些相互平行截面上网格状的离散点的空间坐标值来描述叶型空间形状，叶型的测量就是要获得这些点的位置数据。然后采用美国 EDS 公司的 UG 系列软件把这些测量点坐标值读入 CAD 系统，经过一定的编辑处理，如删除一些不合适的点、编辑生成曲线等，再选择截面曲线法来构造曲面，即可生成满足光滑要求及曲面形状特征精度要求的曲面。

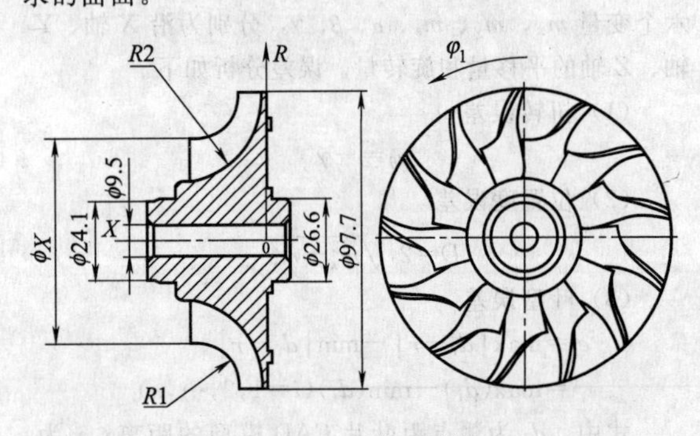

图 7-2-51　压气机叶轮

测量方案确定以后就是实现方案。根据测量方案的要求——测量叶片上空间点的坐标值，这就使得方案的实施变得简单。

1）零件的装夹原则。要使叶片的某一方向与测量机轴线大致平行；一定要方便测量机采集叶片上的绝大多数点。

2）测针标定。根据图纸所示的基准要素及被测叶片的形状、位置，选择测头的测球半径、测杆长度及方向位置进行标定。

3）建立叶片坐标系。一般以中心孔轴线为 X 轴，以某一规则便于测量的径向方向为 Y 轴，以叶片装配端面与 X 轴的交点（X、Y、Z）为 O 即可，特殊情况根据图纸要求建立坐标系，基准要素进行测量，并通过坐标系的平移和旋转，得到叶片坐标系。

4）编辑 CNC 测量程序检测各截面点的坐标值。根据检测要求的截面位置及间隔和采点数量，利用 TUTOR FOR WINDOWS 的循环语句编辑测量程序，输出各点的坐标（X，Y，Z）。在利用循环语句编辑时，一定要分区域进行编辑，因为叶片的复杂形状，一个循环语句是不可能将整个叶面测下来，要将叶型分成若干个区域，每个区域使用不同的测头和不同语句循环进行采点，这样才不至于发生测量干涉和碰撞，保证了测量点的测量精度。另外叶片的叶背和叶盆最好分开编辑测量程序来进行测量。

5）数据的输出很简单，就是输出一系列点的空间坐标值。

将测量报告上测量点的（X，Y，Z）坐标值通过 UG 软件读入 CAD 系统，经过编辑处理，立刻生成叶片光滑的形状曲面图。

第3章 光学测量

光学测量是光电技术与机械测量结合的高科技技术。借用计算机技术，可以实现快速、准确的测量。方便记录、存储、打印、查询等功能。光学测量主要应用于现代工业检测，主要检测产品的形位公差以及数值孔径等是否合格。

光学测量根据光的性质不同可分为：激光、白光、自然光、X光、光纤测量等。

激光测量主要可以分为：激光干涉仪、激光跟踪仪、激光扫描仪、激光雷达、激光测振仪等。

白光测量主要可以分为：摄影测量、白光干涉测量、白光照相式扫描（测量）等。

自然光测量主要可以分为：显微镜、经纬仪、全站仪等。

3.1 激光测量

激光测量是目前测量技术中最精确的一种测量方式，比传统的方法快捷、方便、准确，当然也对测量环境要求较高；在微观方面，最高的精度可以到 $0.01\mu m$，在宏观方面可以测量到几千米。激光测量的意义在于其高精确性，比传统测量具有很大优势，发展激光测量具有重要的意义。

3.1.1 激光干涉仪

激光具有高强度、高度方向性、空间同调性、窄带宽和高度单色性等优点。目前常用来测量长度的干涉仪，主要是以迈克尔逊干涉仪为主，并以稳频氦氖激光为光源，构成一个具有干涉作用的测量系统。激光干涉仪可配合各种折射镜、反射镜等来作线性位置、速度、角度、真平度、真直度、平行度和垂直度等测量工作，并可作为精密工具机或测量仪器的校正工作，如图 7-3-1 所示。

从激光器发出的光束，经扩束准直后由分光镜分为两路，并分别从固定反射镜和可动反射镜反射回来汇合在分光镜上而产生干涉条纹。当可动反射镜移动时，干涉条纹的光强变化由接收器中的光电转换元件和电子线路等转换为电脉冲信号，经整形、放大后输入可逆计数器计算出总脉冲数，再由电子计算机按计算式 $d=n\times\frac{\lambda}{2}$（式中 λ 为激光波长，n 为电脉冲总数），算出可动反射镜的位移量 d。使用单频激光干涉仪时，要求周围大气处于稳定状态，各种空气湍流都会引起直流电平变化而影响测量结果。

图 7-3-1 激光干涉仪

在氦氖激光器上，加上一个约 0.03T 的轴向磁场。由于塞曼分裂效应和频率牵引效应，激光器产生 1 和 2 两个不同频率的左旋和右旋圆偏振光。经 1/4 波片后成为两个互相垂直的线偏振光，再经分光镜分为两路。一路经偏振片 1 后成为含有频率为 f_1-f_2 的参考光束。另一路经偏振分光镜后又分为两路：一路成为仅含有 f_1 的光束，另一路成为仅含有 f_2 的光束。当可动反射镜移动时，含有 f_2 的光束经可动反射镜反射后成为含有 $f_2\pm\Delta f$ 的光束，Δf 是可动反射镜移动时因多普勒效应产生的附加频率，正负号表示移动方向（多普勒效应是奥地利人 C.J. 多普勒提出的，即波的频率在波源或接受器运动时会产生变化）。这路光束和由固定反射镜反射回来仅含有 f_1 的光的光束经偏振片 2 后汇合成为 $f_1-(f_2\pm\Delta f)$ 的测量光束。测量光束和上述参考光束经各自的光电转换元件、放大器、整形器后进入减法器相减，输出成为仅含有 $\pm\Delta f$ 的电脉冲信号。经可逆计数器计数后，由电子计算机进行当量换算（乘 1/2 激光波长）后即可得出可动反射镜的位移量，如图 7-3-2 所示。双频激光干涉仪是应用频率变化来测量位移的，这种位移信息载于 f_1 和 f_2 的频差上，对由光强变化引起的直

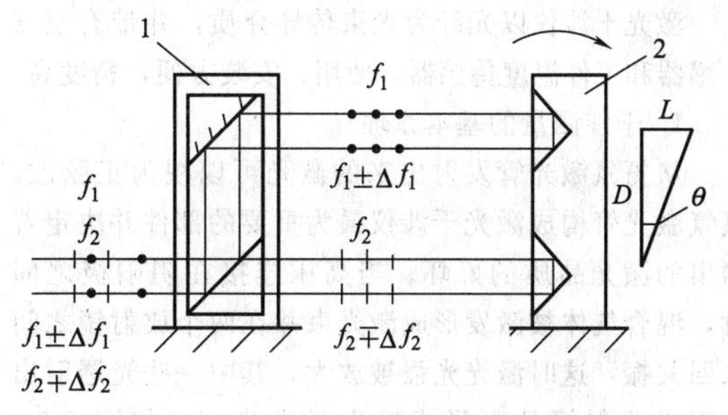

图 7-3-2 激光干涉仪测量示意图

流电平变化不敏感，所以抗干扰能力强。它常用于检定测长机、三坐标测量机、光刻机和加工中心等的坐标精度，也可用作测长机、高精度三坐标测量机等的测量系统。利用相应附件，还可进行高精度直线度测量、平面度测量和小角度测量。

① 几何精度检测。可用于检测直线度、垂直度、俯仰与偏摆、平面度、平行度等。

② 位置精度的检测及其自动补偿。可检测数控机床定位精度、重复定位精度、微量位移精度等。利用雷尼绍 ML10 激光干涉仪不仅能自动测量机器的误差，而且还能通过 RS232 接口自动对其线性误差进行补偿，比通常的补偿方法节省了大量时间，并且避免了手工计算和手动数控键入而引起的误差，同时可最大限度地选用被测轴上的补偿点数，使机床达到最佳精度，另外操作者无需具有机床参数及补偿方法的知识。

目前，可供选择的补偿软件有 Fanuc，Siemens 800 系列，UNM，Mazak，Mitsubishi，Cincinnati Acramatic，Heidenhain，Bosch，Allen-Bradley。

③ 数控转台分度精度的检测及其自动补偿。现在，利用 ML10 激光干涉仪加上 RX10 转台基准还能进行回转轴的自动测量。它可对任意角度位置，以任意角度间隔进行全自动测量，其精度达±1mm。新的国际标准已推荐使用该项新技术。它比传统用自准直仪和多面体的方法不仅节约了大量的测量时间，而且还得到完整的回转轴精度曲线，知晓其精度的每一细节，并给出按相关标准处理的统计结果。

④ 双轴定位精度的检测及其自动补偿。雷尼绍双激光干涉仪系统可同步测量大型龙门移动式数控机床，由双伺服驱动某一轴向运动的定位精度，而且还能通过 RS232 接口，自动对两轴线性误差分别进行补偿。

⑤ 数控机床动态性能检测。利用 RENISHAW 动态特性测量与评估软件，可用激光干涉仪进行机床振动测试与分析（FFT）、滚珠丝杠的动态特性分析、伺服驱动系统的响应特性分析、导轨的动态特性（低速爬行）分析等。

激光干涉仪以光纤为光束传导介质，并带有空气传感器和工件温度传感器，使用、安装方便，精度高。

1. 干涉测量的基本原理

从氦氖激光管发射出来的激光可以视为正弦波。氦氖激光管构成激光干涉仪最为重要的部件并决定着输出的激光品质的好坏。当高压连接在阴阳极之间时，混合气体被激发形成激光束并在两个放射镜之间来回共振，这时激光光强被放大，其中一些光透射出阴阳极反射镜从而形成输出激光光束，如图 7-3-3 所示。

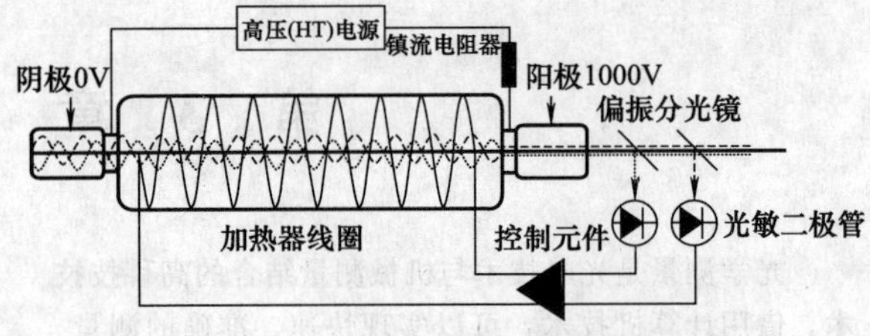

图 7-3-3　氦氖（He-Ne）激光管原理

其具有三大关键特性：其一，波长精确可知，能够实现精确测量；其二，波长很短，能够实现精密测量或者高分辨率测量；其三，所有光波均为同相，能够实现干涉条纹。只有满足以上特性的激光才能够实现测量的功能。而激光干涉仪是一种所谓“增量法”测长的仪器，它的光路图如图 7-3-4 所示。

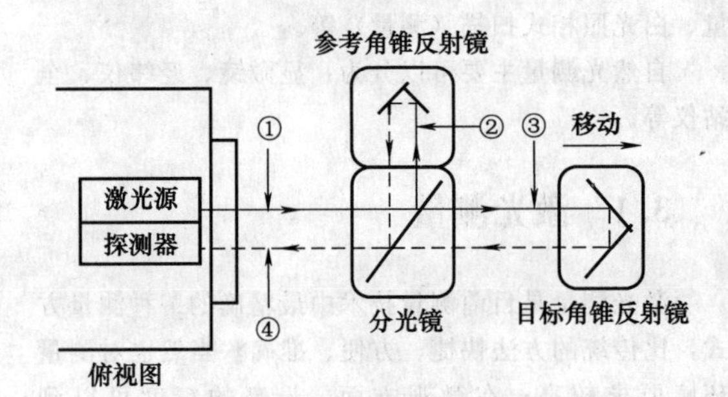

图 7-3-4　激光干涉仪测量光路图

一个参考角锥反射镜紧紧固定在分光镜上，形成固定长度参考光束；另一个目标角锥反射镜相对于分光镜移动，形成变化长度测量光束。

激光干涉的条件：频率相同；相位差初始恒定；振动方向相同（非正交）；小于波列长度。

干涉数学表达式如下。

设两路激光分别为：

$E_1=A\cos\ (\omega t+\phi_1)$；$E_2=B\cos\ (\omega t+\phi_2)$

则合成有：

$$\begin{aligned}E&=E_1+E_2=A\cos(\omega t+\phi_1)+B\cos(\omega t+\phi_2)\\&=A\cos(\omega t+\phi_1)+B\cos(\omega t+\phi_1-\Delta\phi)\\&=A\cos(\omega t+\phi_1)+B\cos(\omega t+\phi_1)\cos\Delta\phi+\\&\quad B\sin(\omega t+\phi_1)\sin\Delta\phi\\&=(A+B\cos\Delta\phi)\cos(\omega t+\phi_1)+B\sin\Delta\phi\sin(\omega t+\phi_1)\end{aligned}$$

$$\Delta\phi=\phi_1-\phi_2$$

$$E^2=A^2+2AB\cos\Delta\phi+B^2$$

合成干涉光的光强是两路激光的相位差 $\Delta\phi$ 的余弦函数，即

$$I=A_2+B_2+2AB\cos\Delta\phi$$

当 $\Delta\phi=2k\pi$（$k=0$，±1，±2，…）时，合成干涉光光强最大，光最亮；

当 $\Delta\phi=(2k+1)\pi$（$k=0$，±1，±2，…）时，合成干涉光光强最小，光最暗。

因两路干涉激光的频率相同相位差恒定，各自的光程固定，所以可基于如下公式通过测量干涉时的光程差实现位移长度测量

$$\Delta=\sum_{i=1}^{N}n_il_i-\sum_{j=1}^{N}n_jl_j$$

式中，n_i、n_j 是两路激光的介质折射率；l_i、l_j 是两路激光的几何路程。

通过测量光强的变化的次数，测量某臂的光程变化，所以激光干涉测量一般是：

① 相对测量；

② 增量式测量；

③ 中间过程不可忽略，要监视整个测量的过程。

2. 测量系统组成

在科学研究过程中，精密的仪器对精度的要求非常苛刻，微小的振动或者是温度、湿度的变化都可能导致结果的错误和数据的偏差。所以，激光测量系统由激光干涉系统、条纹计数系统和处理结果的精密电子机械系统组成，如图 7-3-5 所示。

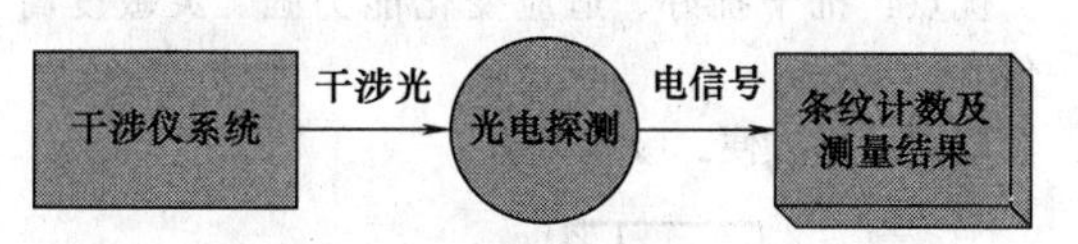

图 7-3-5　激光测量的流程图

干涉仪系统主要包括：光源、分束器、反射器、补偿元器件。

（1）激光干涉仪常用光源

He-Ne 激光器激光的功率和频率稳定性高、连续方式运转、在可见光和红外光区域有谱线。一个参考角锥反射镜紧紧固定在分光镜上，形成固定长度参考光束；另一个目标角锥反射镜相对于分光镜移动，形成变化长度测量光束。

干涉仪常用分束方法如下。

1）分波阵面法　由光源发出的光经准直镜后变成平行光，入射到第一块分束器。分束器像透反射光栅，它将光束分成透射和反射两组波阵面，再分别经过反射镜反射到第二块分束器。原来透过的第一块分束器的光由第二块分束器反射，而原来经第一分束器反射的光透过第二分束器，这样，在第二分束器后，两组波阵面又相邻了，但是它们之间存在一定的光程差。由于存在衍射及入射光的空间相干性，两组波阵面在特定的区域将发生干涉。例如，汇聚在焦平面上可以获得远场干涉条纹。分波阵面法如图 7-3-6 所示。对任何能用于干涉光谱测量的分波阵面干涉仪，它都必须具备以下基本条件：

① 由分束器将波阵面分开，再由分束器将分开的波阵面合并到一起；

② 入射光相干涉宽度至少等于分开后的波面的宽度的两倍或以上；

③ 由于衍射才导致两光束发生干涉；

④ 通过改变两组波阵面的光程差（或相位差），才能获得干涉图。

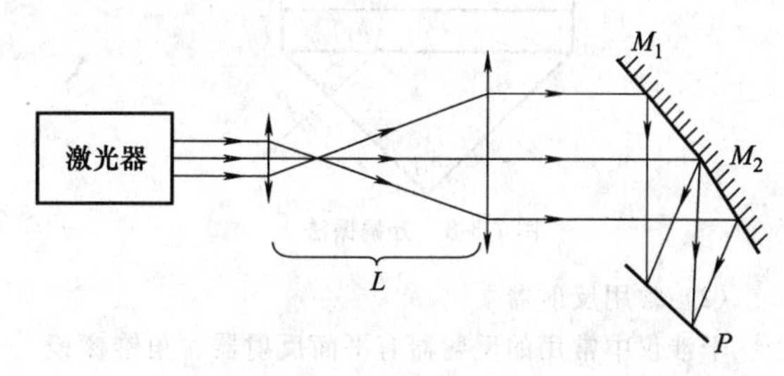

图 7-3-6　分波阵面法

2）分振幅法　将待测光束分解成 4 束，用 4 个光电探测器同时完成对某一瞬时的各个参量的测量。分振幅法是一种既无机械转动又无调制系统的偏振光斯托克斯参量测量方法，通过分束器件的空间偏置，使光路在三维空间中实现坐标转换，完成分振幅的偏振光斯托克斯参量测量。分振幅法如图 7-3-7 所示。

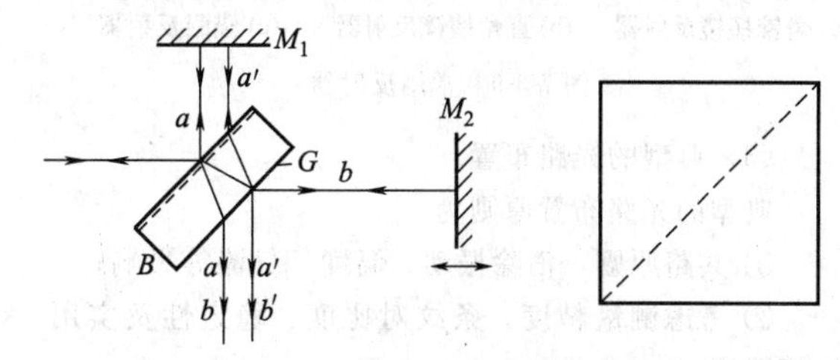

图 7-3-7　分振幅法

3）分偏振法（PBS）　分偏振法测量材料的折射率具有对被测件形状无特殊要求、精度高和易于实现自动测量等优点，它既可测量固体，也可测量液体材料。分偏振法是以一束光入射到被测样品表面，通过分析样品表面反射前、后偏振状态的改变，来测量固体或薄膜表面的光学特性的方法。分偏振法的基本方程为

$$\frac{R_p}{R_s}=\tan\psi e^{i\Delta}$$

其中 R_p 和 R_s 分别为光矢量平行和垂直于入射面分量的反射率，ψ 和 Δ 称为椭偏参数，是与样品表面光学参量有关的量。对于不同的样品数学模型，R_p、R_s 的具体形式和所涉及的参量及其个数是不同的，只要测量得到样品的一组以上的（ψ，Δ），就可通过已知条件求解有关方程组，得到样品的光学参量，如厚度、折射率、消光系数和表面粗糙度等。分偏振法（PBS）如图 7-3-8 所示。

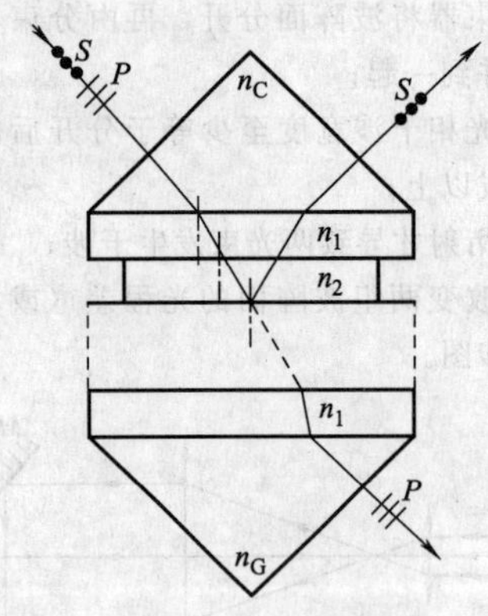

图 7-3-8 分偏振法

(2) 常用反射器

干涉仪中常用的反射器有平面反射器、角锥棱镜反射器［图 7-3-9（a）］、直角棱镜反射器［图 7-3-9（b）］、猫眼反射器［图 7-3-9（c）］。

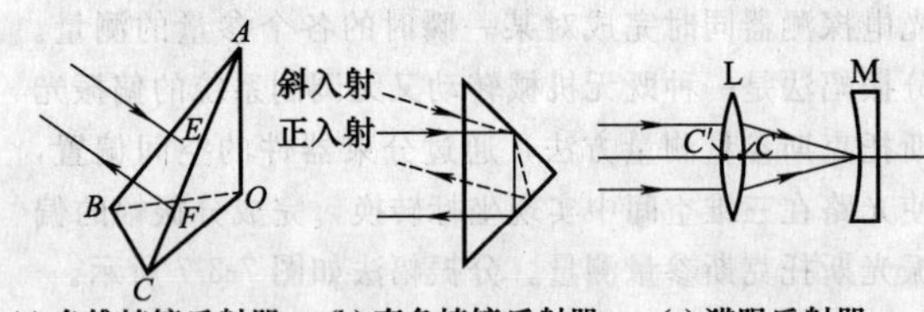

图 7-3-9 常用反射器

(3) 典型的光路布置

典型的光路布置原则为：

① 共路原则，消除振动、温度、气流等影响；

② 考虑测量精度、条纹对比度、稳定性及实用性等因素；

③ 避免光返回激光器。

1) 使用角锥棱镜 使用角锥棱镜的光路，能够保证共路原则，消除振动、温度、气流等影响，测量精度、条纹对比度、稳定性及实用性强，避免光返回激光器，如图 7-3-10～图 7-3-13 所示。

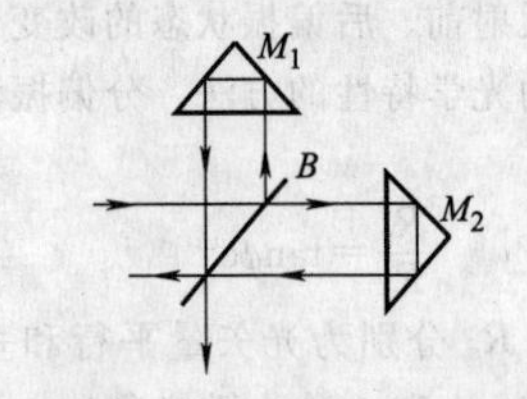

图 7-3-10 双角锥棱镜光路

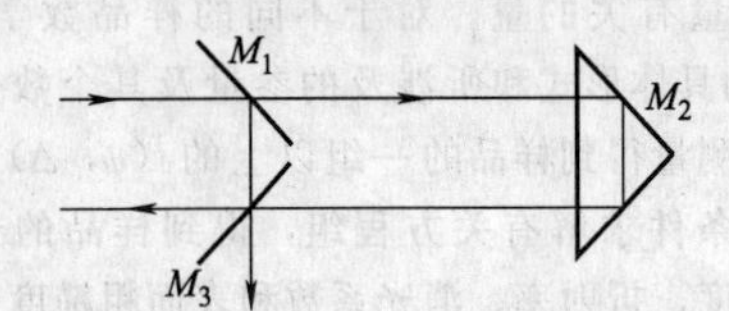

图 7-3-11 单角锥棱镜光路

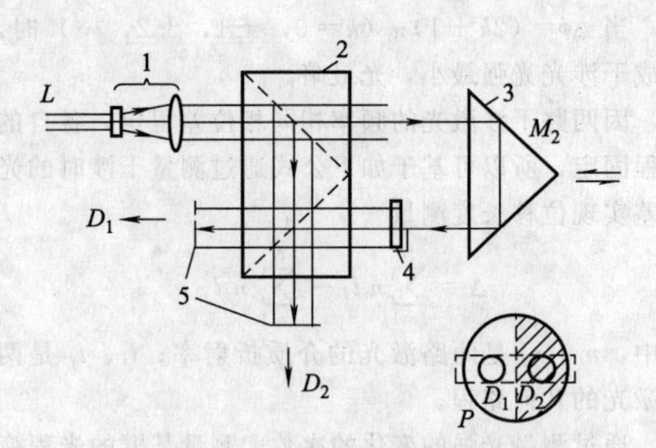

图 7-3-12 两半反半透镜一体化光路

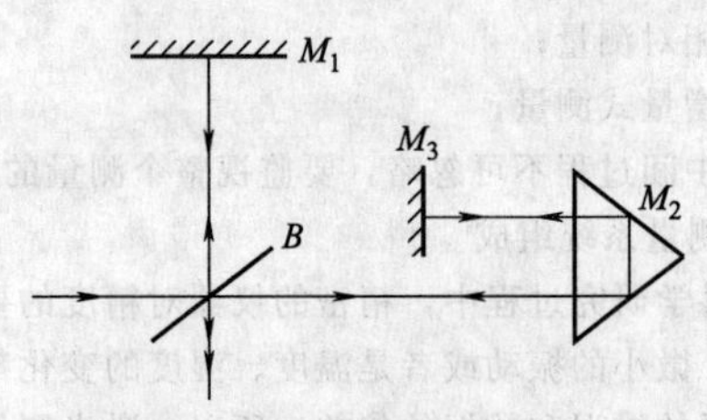

图 7-3-13 双光程光路

2) 整体布局 整体布局如图 7-3-14 所示。

优点：抗干扰好、适应变化能力强、灵敏度高一倍。

缺点：不方便、吸收严重。

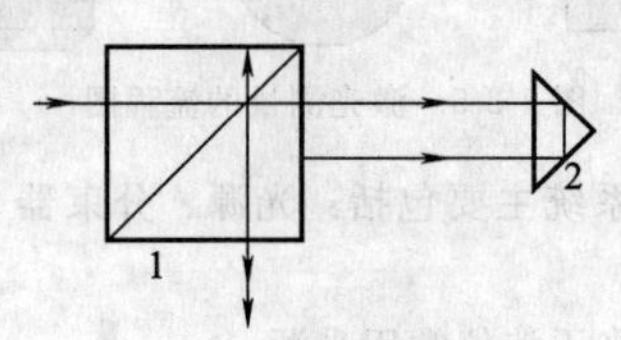

图 7-3-14 整体布局

3) 光学倍频 光学倍频通过光路的反射，有利于保证其稳定性，如图 7-3-15 所示。

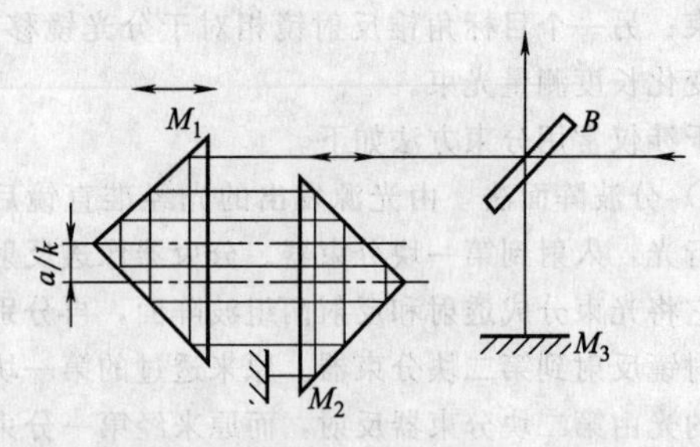

图 7-3-15 光学倍频

4) 零光程差的结构布局 零光程差的结构布局能够消除光程差，如图 7-3-16 所示。

5) 干涉条纹计数与测量结果处理系统 干涉条纹计数的要求：能够判断方向，避免反向、大气、环境振动以及导轨的误差影响，能够细分，提高分辨率。需要相位相差 90°的两个电信号输出，即一个按

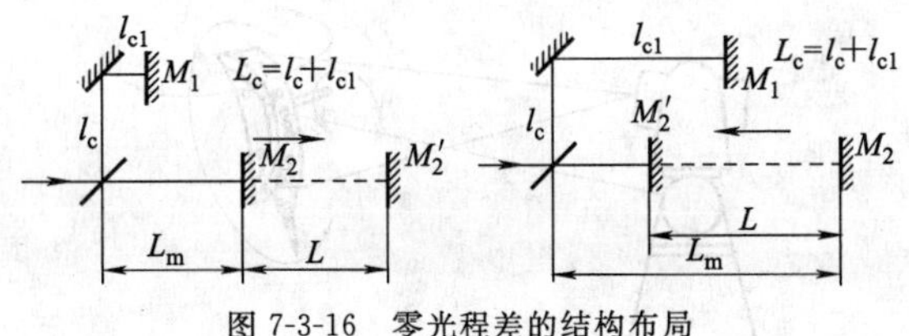

图 7-3-16　零光程差的结构布局

光程正弦变化，一个按光程余弦变化。

6）干涉条纹的计数及判向原理　干涉条纹的判向计数原理如图 7-3-17 所示，干涉条纹的计数及判向原理如图 7-3-18 所示。

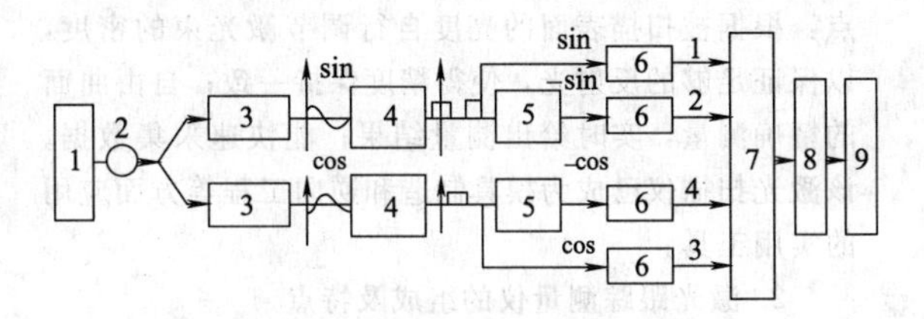

图 7-3-17　判向计数原理

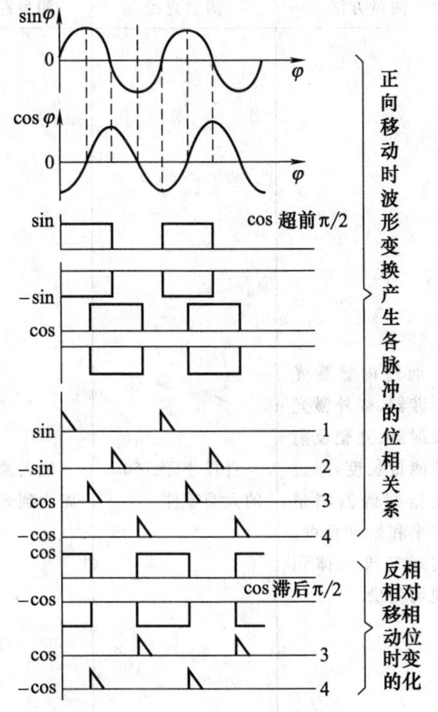

图 7-3-18　干涉条纹的计数及判向原理

当 1、3、2、4 定义为正向，存在反向时在 1 后边出现第二和第四信号的脉冲次序。由于相差为 90°，一个计数对应的是 0.25 个波长，所以 $L=K\lambda/8$，分辨率提高 4 倍，称为四倍频计数。

7）条纹的对比度

定义：明暗变化的比值 $M=\dfrac{I_{\max}-I_{\min}}{I_{\max}+I_{\min}}=\dfrac{2AB}{A^2+B^2}$

① 明暗变化的强度越大，感测出的信号信噪比越好。

② 当两干涉光的光强相等时，对比度越好。

③ 影响干涉条纹对比度的因素：相干性、偏振态、光强、背景光、各种环境因素如振动、热变性等。

3. 主要技术指标

测量分辨率：10nm。测量精度：0.1μm。测量速度：0.4m/s。激光功率：1MW。

4. 应用范围

长度测量、位移测量等。

3.1.2　激光跟踪测量仪

1. 激光跟踪测量仪概述

激光跟踪仪（Laser Tracker）是工业测量系统中一种高精度的大尺寸测量仪器。它集合了激光干涉测距技术、光电探测技术、精密机械技术、计算机及控制技术、现代数值计算理论等各种先进技术，对空间运动目标进行跟踪并实时测量目标的空间三维坐标。激光跟踪仪应用空间极坐标测量原理，给定点的坐标由跟踪头输出的两个角度，即水平角 H 和垂直角 V，及反射镜到跟踪头的距离 S 计算出来。

1991 年，瑞士徕卡公司推出第一台激光跟踪仪，从此以后，激光跟踪测量技术在航空、航天、航海、运输等行业得到广泛的应用。跟踪仪对内部安装有棱镜反射镜的跟踪球，通过每秒几千点的采点速率，进行精确的实时跟踪、数据记录。当跟踪球移动时，跟踪仪会自动追踪反射镜的球心位置，将跟踪球锁定在被测位置上，记录下测量值 M（x，y，z）。

激光跟踪仪经典的应用是在制造业的大型工装的组装和检测方面，激光跟踪仪已经成为标准的检测和生产辅助设备，是企业发展和质量控制的有效手段。但同时也存在着一些问题，在一些复杂工装和部件的检测中，比如在汽车制造业，采用跟踪球测量的局限性就暴露出来，即使采用了隐藏点测量杆等装置，也不能达到测量的目的。因此，全新的驻机定位技术应运而生，并在此技术研发出超轻型手持式测量产品——“T 系列产品”，现在应用于触发测量的有 T-Probe、激光扫描的 T-Scan。传统的激光跟踪仪应用激光跟踪仪的驻机定位技术，成为了现场使用的大型三坐标测量机和扫描仪。“T 系列产品”中“T-CAM”与跟踪仪一起使用，并且在增加跟踪仪的基础上增加用于测量目标姿态的高精度数字照相机。“T-CAM”集中体现了该公司在光机技术上的明显优势。例如，在尺寸确定的情况下，T-CAM具有500mm的变焦能力，并且能始终将视场大小固定并聚焦在"T产品"上，使得即使是长距离测量，精度也没有损失。与T-CAM相匹配，在T-Probe和T-Scan的表面上不仅有一个用于接收激光束的棱镜反射镜，还均布了一个发光二极管（LED）的点阵。激光跟踪仪通过棱镜反射镜跟踪它们的空间位置"x、y、z"，T-CAM通过100Hz的跟踪速率跟踪LED点阵，实时测量它们的姿态——绕x、y、z三轴旋转的参数"i、j、k"，这样就得到了T-Probe或T-Scan的六维参数，就可以精确地得到探测点的坐标值。融合了数字照相测量技术和激光跟踪测量技术（如图7-3-19所示），结合高速坐标位置跟踪和高速空间姿态跟踪完成了跟踪测量技术的一次历史创新。

T-Scan激光扫描仪，被称为"Walk Around Scanner"，是一个超轻型的非接触式手持激光扫描仪。T-Scan具有每秒采集7000点数据的采集能力，

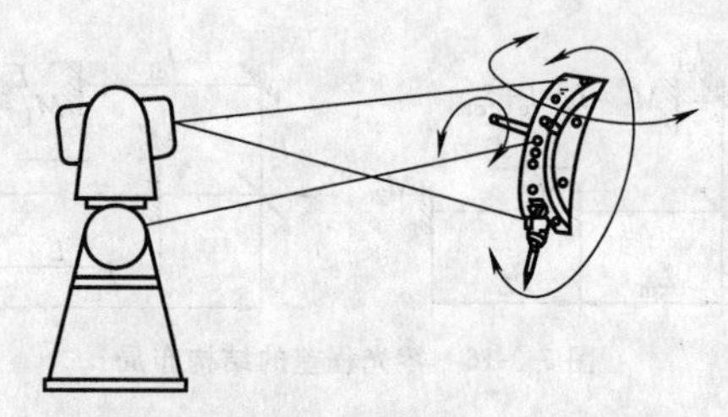

图7-3-19　数字照相测量技术和激光跟踪测量技术的结合

能够在短短几分钟内就可以精确采集数百万个点的坐标数据，而且在30m量程范围内，精度可以达到空间测量误差不超过50μm。T-Scan扫描仪有以下特点：根据被扫描表面的亮度自行调节激光束的密度，以保证足够的反射光，使得精度保持一致；自由曲面的精确测量，实时给出测量结果；能快速采集数据。该激光扫描仪已成为模具制造和逆向工程等方面应用的实用工具。

2．激光跟踪测量仪的组成及特点

激光跟踪测量仪的组成及特点如表7-3-1所示。

表7-3-1　激光跟踪测量仪的组成及特点

结构图	特点	测量方法	测量直径	测量距离
靶标 万向反射镜 干涉仪 激光分离器 光电传感器 激光发射管 接收器 反射镜 角度编码器 电机 电机 角度编码器 位置探测器 分光镜 干涉镜 绝对距离探测器	高精度、高效率、实时跟踪测量、安装快捷、操作简便	通过内置激光干涉器、红外激光发射器、光靶反射球测量长度，通过光栅编码器测量水平和俯仰角度，实现三维大体积现场测量	直径小于160m的大型零件	最大测量距离达到80m

3. 激光跟踪测量仪的基本原理

激光跟踪测量仪是建立在激光技术和自动控制技术基础上的一种新型空间坐标测量系统，它的基本原理是：跟踪头发出的激光对目标反射器进行跟踪，通过仪器的双轴测角系统及激光干涉测距系统（或红外绝对测距）确定目标反射器在球坐标系中的空间坐标，通过仪器自身的校准参数和气象传感器对系统内部的系统误差和大气环境误差进行补偿，从而得到更精确的空间坐标，如表 7-3-2 所示。

表 7-3-2　激光跟踪测量仪的基本原理

<table>
<tr><td>激光跟踪测量仪原理图</td><td>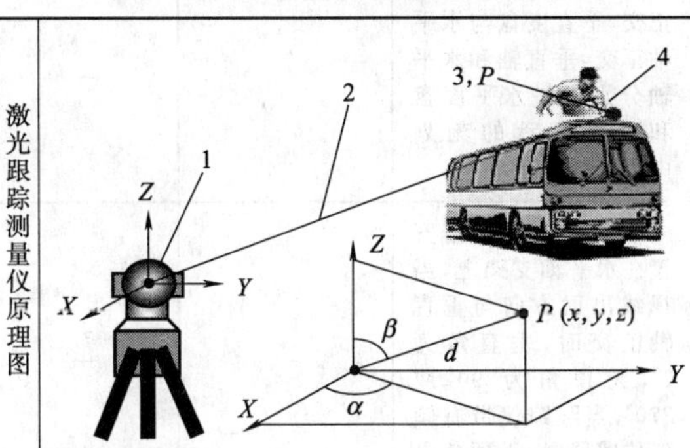
</td></tr>
<tr><td>激光跟踪测量仪原理</td><td>激光跟踪测量仪本质是一种球坐标测量系统，激光跟踪仪 1 投射激光束 2 至跟踪靶镜 3(SMR)，跟踪靶镜 3 将其光束按原路反射回跟踪仪。激光跟踪仪通过激光干涉仪及 2 个角度编码器测得被测工件的空间距离、水平角和垂直角，然后按球坐标测量原理就可以得到空间点的三维坐标 x、y、z。操作人员 4 只需用靶镜(SMR)接触或沿着被测工件表面移动即可获得被测工件上任意点的空间坐标。被测工件上任意点的空间坐标由下式给出
$\begin{cases} x=d\sin\beta\cos\alpha \\ y=d\sin\beta\sin\alpha \\ z=d\cos\beta \end{cases}$
式中，d 为被测空间点的空间距离；α、β 为被测空间点的水平方位角和垂直方位角</td></tr>
</table>

4. 激光跟踪测量仪各部分的基本原理

激光跟踪测量仪各部分的基本原理如下。

(1) 角度测量部分

其工作原理类似于电子经纬仪、电动机驱动式全站仪的角度测量装置，包括水平度盘、垂直度盘、步进电动机及读数系统，由于具有跟踪测量技术，它的动态性能较好。

(2) 距离测量部分

由 IFM（单频激光干涉测距仪）和 ADM（绝对距离测量装置）分别进行相对距离测量和绝对距离测量。IFM 是基于光学干涉法的原理，通过测量干涉条纹的变化来测量距离的变化量，因此只能测量相对距离。ADM 装置的功能就是自动重新初始化 IFM，获取基准距离。当反射器开始移动，IFM 测量出移动的相对距离，再加上 ADM 测出的基准距离，就能计算出跟踪头中心到空间点的绝对距离。

(3) 激光跟踪控制部分

由光电探测器（PSD）来完成。反射器反射回的光经过分光镜，有一部分光直接进入光电探测器，当反射器移动时，这部分光将会在光电探测器上产生一个偏移值，光电探测器根据偏移值会自动控制电动机转动直到偏移值为零，实现跟踪反射器的目的。

5. 激光跟踪测量系统

激光跟踪测量系统如表 7-3-3 所示。

表 7-3-3　激光跟踪测量系统

项目			介绍
激光跟踪测量系统	硬件	传感器头	读取角度和距离测量值
		控制器	包含电源、编码器和干涉仪用计数器、电动机放大器、跟踪处理器和网卡，跟踪处理器将跟踪器内的信号转化成角度和距离观测值，通过局域网卡将数据传送到应用计算机上，同理从计算机中发出的指令也可以通过跟踪处理器进行转换再传送给跟踪器，完成测量操作
		电缆	传感器电缆和电动机电缆分别用来完成传感器和电动机与控制器之间的连接。LAN 电缆则用于跟踪处理器和应用计算机之间的连接
		应用计算机	加载了工业用的专业配套软件，用来发出测量指令和接收测量数据
		反射器（靶标）	采用球形结构，是激光跟踪测量系统的关键部件之一
		气象站	记录空气压力和温度。这些数据在计算激光反射时是必需的，并通过串行接口被传送给联机的计算机应用程序
	软件	仪器控制与坐标测量软件	支持各种型号的机器模型；测量全过程可视化；图形化的报告、SPC 统计图
		系统校准软件	激光跟踪测量系统在出厂之前需要进行相应的校准，以获得仪器内部光学系统、机械结构、伺服系统的相关参数，并对仪器测量精度进行评估
		分析与计算软件	进行数据处理和计算

6. 激光跟踪测量仪的测量方式

激光跟踪测量仪的测量方式包括静态点测量、动态目标跟踪测量、对目标连续采样、格网采样和表面测量等。激光跟踪仪的测量结果可以用坐标方式或图形方式显示。

7. 影响测量精度的因素

影响激光跟踪测量仪坐标测量精度的主要因素有环境因素、仪器精度、仪器校准和实际操作，如表7-3-4所示。

表7-3-4 影响测量精度的因素

环境因素	环境因素包括温度变化、外界振动、大气抖动、被测物的稳定性和强噪声干扰等，都会给坐标测量精度带来影响
仪器精度	激光跟踪仪包括两个度盘及各种反射光路组成的测角系统、激光干涉测距系统及各种复杂的电动机、反馈系统。在影响激光跟踪仪坐标测量精度的诸多因素中，测角误差最为显著，而仪器内部部件几何位置不正确是造成测角误差的重要因素
仪器校准	校准程序主要包括：定点补偿、自补偿、ADM补偿和后视测量
实际操作	在实际测量中除现场测量环境外，靶镜(SMR)操作正确与否将会给坐标测量精度带来较大的影响。经实际测量，靶镜(SMR)可接收角范围为±30°，当入射角在±20°以内时，可获得较好的测量精度，测量误差均在0.01mm以下。但是，当入射角在±20°以外时，测量误差达到0.03～0.05mm，因此，在现场测量时对工作人员的熟练程度要求较高

8. 激光跟踪测量仪几何误差分析

激光跟踪测量仪采用球坐标定位，如图7-3-20所示。目标空间坐标由下式给出

$$x = r\sin\beta\cos\alpha$$

$$y = r\sin\beta\sin\alpha$$

$$z = r\omega\cos\beta$$

由坐标计算公式可知，在激光跟踪测量仪测量精度影响因素中，测角误差最为显著，而跟踪仪部件之间几何位置不正确是测角误差的重要来源，如表7-3-5所示。

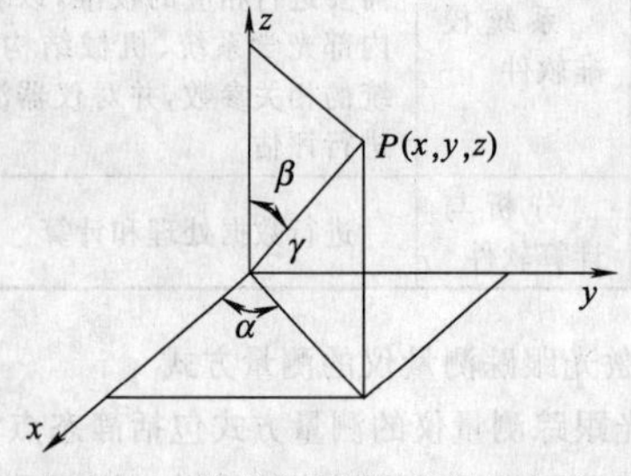

图7-3-20 激光跟踪测量仪测量坐标系

表7-3-5 激光跟踪测量仪几何误差分析

理想中的几何位置	实际	消除方法
水平轴与垂直轴正交。激光视线与水平轴正交且与垂直轴共面。三线交于一点，该点位于跟踪镜镜面上。系跟踪仪坐标系原点	由于加工和装配误差以及运输、温度变化、变形等因素的影响，实际几何位置难以满足理想关系，于是产生几何误差	几何误差属系统误差，可以通过误差修正消除其影响
水平度盘与垂直轴正交，垂直度盘与水平轴正交，垂直轴和水平轴分别通过水平度盘和垂直度盘的刻划中心	—	—
垂直角指示光栅安置在水平轴支架上，当视线出射方向与垂直轴正交时，垂直角为0°，天顶角为90°或270°，当跟踪仪带有倾斜传感器时，天顶角自动归算至铅垂方向	—	—
激光器出射光束应与垂直轴重合	—	—
激光出射孔保护玻璃(为一平板玻璃)应垂直于激光束	—	—

9. 激光跟踪测量仪的应用

激光跟踪仪配备了高精度的水平和垂直角度编码器，实现精确的角度测量；专利的徕卡激光干涉仪实现精确的相对距离测量；高精度的绝对测距仪则实现快速检测。这些特点弥补了对大型构件的传统测量方法——经纬仪法的不足之处，例如人工测量的效率相对较低、观测精度差等缺点。激光跟踪测量系统测量范围大、携带方便、对环境要求不高、适合现场作业等优点，使它的应用领域逐渐扩大。

(1) 重型机械制造业

在零部件生产中，该系统可以快速精确地检验每个成品零部件的尺寸是否与设计尺寸完全一致，同时迅速地数字化零部件的物理模型，得到的数字化文件可以用各种方法处理从而得出测量结果。在机械领域中，逆向工程（Reverse Engineering）是在没有设计图纸或者设计图纸不完整以及没有CAD模型的情况下，按照现有零件的模型（称为零件原形），利用各种数字化技术及CAD技术重新构造原形CAD模型

的过程。CMM（三坐标测量机）是逆向工程中的接触式测量方法，由于激光跟踪测量系统的原理也是基于三维坐标测量的方法，所以这套系统也在逆向工程中应用。激光跟踪测量系统对工件模型进行扫描测量后建立数据模型，由数据模型生成可以被加工中心识别的加工程序，从而加工出模具。

（2）三维管片和模具测量系统

通过跟踪测量已经制成成品的管片各面上的空间点的坐标，经过坐标系转换纠正，将各面上的数据点拟合成平面或曲面，检验管片的尺寸与设计尺寸的偏差，以便判断成品的质量是否合格。比起传统的检测测量方法，此套系统测量速度快，能在短时间内采集大量空间数据点信息，同时可以直接处理数据，给出成果报表，工作效率高，也大大节省了人力物力，一般只需要一个计算机操控人员及一个手持反射器移动的作业人员。该套系统同样也适用于制造管片的模具的测量检测。

（3）汽车工业领域

激光跟踪测量系统常用来在线检测车身、测量汽车外形、汽车工装检具的检测与调整。通过激光跟踪仪采集汽车不同部位的点云数据，再进行拼接得到完整的汽车曲面点云数据，利用三维造型软件得到汽车三维模型，在测量过程中，应调整好激光跟踪仪与汽车的相对位置，尽量减小角向测量长度，提高汽车点云数据精度。如果激光跟踪仪能配合轻便型三坐标测量机等精密测量设备连接测量，则能对汽车轮廓等大型零件表面不易测量的凹槽等部位进行测量，得到较高精度的汽车点云数据，提高汽车车身曲面拟合的精度。

另外，汽车的生产线都需要以最高级别的自动化程度和准确性进行定期检测，以进行重复性和适产性的测试。激光跟踪测量系统这种移动坐标测量设备，适合工业现场使用，在检测工程中使汽车生产的停工期大幅缩短，在生产线上的工装、夹具和检具也能进行精密的现场检测。Leica 的 LTD800 激光跟踪测量系统已经在莱比锡工厂的 BMW 新车试生产阶段运用于生产线工具装备的检测中。

（4）航天航空制造业

飞行器具有外形尺寸及重量大、外部结构特殊、部件之间相互位置关系要求严格等特点。飞行器的装配通常是在各部件分别安装后再进行总体装配，在部装的某些环节和总装的整个过程中都需要进行严格的检测。在飞行器装配过程中的测量误差可能会导致很严重的后果，因此必须要确保航天航空领域测量的精确性。激光跟踪测量系统的现场性和实时性以及它的高精度性都满足了飞机行架的定位安装、飞机外形尺寸的检测、零部件的检测、飞机的维修等工程项目的需要。

测量一架大型飞机的内外形尺寸，首先要确定整架飞机的空间坐标，保证所要测量到的外形尺寸空间点都在一个坐标系中，要求布置足够的测站，这些测站就保证了飞机上、下、左、右、前、后等整个外形都在激光跟踪仪测量范围内。其次要保证飞机处于静止状态，测量过程中不能产生移动。激光跟踪仪在每一个测站测量某一个区域的飞机外形坐标点，将各个测站的飞机外形坐标连接起来就构成整架飞机的外形尺寸坐标，将这些点处理后就形成了飞机外形的数字模型。激光跟踪测量系统扫描范围大，采集数据速度快，数据采集量大，精度高，大大提高了工作效率。

（5）造船工业

激光跟踪测量系统常用于轮船外形尺寸的检测、重要部件安装位置的检测、逆向工程等。激光跟踪测量系统的高精度、激光束射程远，在制造业、机械业、质量控制业领域对于大型部件、机械零件的测量检测能更有效地实现。

（6）科研领域

激光跟踪测量系统已在机器人的制造校准过程使用。机器人在工厂机械安装、电动机驱动安装、夹具重组等整个生产周期过程中如果能维持它的精确度，那么它才是一个成功的工业机器人。机器人的设计尺寸与实际生产尺寸的偏差往往在 8～15mm，主要是由于机械公差和部件安装时所产生的误差所引起的。在校准机器人的实际应用中，有两个相邻的工作测量组，一组负责装配机器人，一组则负责检测校准安装部件，激光跟踪测量系统则安置在这两个测量组之间。操作人员通过计算机控制定位，激光跟踪测量系统可以检测两个工作小组的测量工作。在一组操作人员利用激光跟踪仪检测机器人配件的同时，另一组工作人员则负责装配已经经过检测的工件，装配完后再利用激光跟踪仪进行校准。依此类推，大幅提高了机器人生产安装的工作效率，也节省了人力物力。

10. 莱卡激光跟踪测量仪

Leica 公司在 1990 年生产了第一台激光跟踪仪 SMART310，1993 年又推出了 SMART310 的第二代产品，其后，还推出了 LT/LTD 系列的激光跟踪仪，以满足不同的工业生产需要。LTD 系列的激光跟踪仪采用了 Leica 公司专利的绝对测距仪，测量速度快，精度高，配套的软件则在 Leica 统一的工业测量系统平台 Axyz 下进行开发，包括经纬仪测量模块、全站仪测量模块、激光跟踪仪测量模块和数字摄影测量模块等。2004 年以后，又陆续推出 AT 901 系列激光跟踪仪。莱卡激光跟踪测量仪如表 7-3-6 所示。

表 7-3-6　几种常见激光跟踪测量仪（莱卡）的参数

项目	数值		
Leica 激光跟踪仪	AT 901-B	AT 901-MR	AT 901-L
最大测量范围（直径）	80/160m	50m	80/160m
水平方向	360°	360°	360°
垂直方向	±45°	±45°	±45°
数据采集速度	3000点/s		
数据输出速度	1000点/s		
横向跟踪速度	>4m/s		
径向跟踪速度	>6m/s		
横向加速度	>2g		
径向加速度	无限大		
最大测量距离	1.0～80m	1.0～9m	1.0～80m
工作原理	光偏振		
波长	795nm(红外线)		
应用小反射球激光束直径	2.5mm(0.0984in)		

3.1.3　激光扫描仪

随着激光扫描仪在工程领域的广泛应用，这种技术已经引起了广大科研人员的关注。激光测距原理包括：脉冲激光和相位激光，瞬时测得空间三维坐标值；并同时利用三维激光扫描技术获取的空间点云数据，快速建立结构复杂、不规则的场景的三维可视化模型。但是到目前为止，还没有统一的规范或标准对三维扫描测量进行评价。由于扫描法是以时间为计算基准，故又称为时间法。它是一种十分准确、快速且操作简单的仪器，且可装置于生产在线，形成边生产边检验的仪器。激光扫描仪的基本结构包含激光光源及扫描器、受光感（检）测器、控制单元等部分。激光光源为密闭式，较不易受环境的影响，且容易形成光束，目前常采用低功率的可见光激光，如氦氖激光、半导体激光等，而扫描器为旋转多面棱规或双面镜，当光束射入扫描器后，即快速转动使激光反射成一个扫描光束。光束扫描全程中，若有工件即挡住光线，因此可以测知直径大小。测量前，必须先用两支已知尺寸的量规作校正，然后所有测量尺寸若介于此两量规间，可经电子信号处理后，即可得到待测尺寸。因此，又称为激光测规。

(1) 距离误差测量原理

将标准球安置在移动小车上，调节三维激光扫描仪位置，使其在导轨沿线上。此时可近似忽略扫描仪角度测量误差的影响，只考虑一维线性测距带来的影响。移动小车在距扫描仪 3m 外 P_1 处静止，所选用激光扫描仪最短测量距离为 3m，假设干涉仪置零，扫描仪扫描该处的标准球。驱动小车到 P_2 处，干涉仪记录此处的读数，扫描仪扫描 P_2 处标准球，如图 7-3-21 所示。激光干涉仪测量的移动距离作为参考距离，对不同位置处标准球扫描后计算球心坐标之间的距离作为测量结果。两者之间的差值作为扫描仪的测量误差。

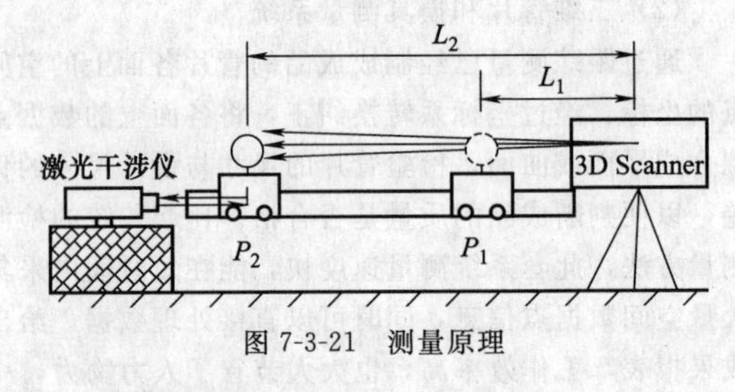

图 7-3-21　测量原理

(2) 常用的激光扫描仪介绍

激光扫描仪，也是通常人们理解的激光抄数机，其应用原理大同小异。智泰激光抄数机是应用扫描技术来测量工件的尺寸及形状等原理来工作，主要应用于逆向工程，负责曲面抄数、工件三维测量。针对现有三维实物（样品或模型）在没有技术文档的情况下，可快速测得物体的轮廓集合数据，并加以建构、编辑、修改生成通用输出格式的曲面数字化模型。LSH 系列三维激光抄数机是激光抄数机的完美演绎，主要型号有 LSH400、LSH600、LSH800。

(3) 激光扫描仪特点

① 零级精度 200mm 厚花岗石平台作机身，稳定不变形，精度持久保持。

② 采用 1μm 光学式电子尺做测量定位，全封闭循环式运动控制，提高抄数机的定位精度。

③ 采用线激光扫描，速度快，每秒 2000～10000 点。

④ 双 CCD 取点，消除扫描死角。

⑤ 开放式扫描设计，可扫描超大对象。

⑥ 配送旋转台可实现工件立体、全方位扫描。

3.2　白光测量

白光测量机特别适用于汽车工业和航天工业领域的众多应用，白光测量技术在逆向工程领域已经被广泛使用，现在开始应用于样机开发和质量保证、模具开发及试模、液压成形及冲压件验证、装配工艺开发、生产阶段制造根源分析、智能逆向工程等领域。白光测量作为测量的基础设备，在进行实际测量之前需要对目标零件进行全局定位以建立坐标系统，该阶段会在零件及其周围位置找到反射目标，然后进行照相或扫描，通过软件的自动转换获取目标的三维数据信息，该测量方式的测量效率高于其他同类产品。

3.2.1 摄影测量

摄影测量（photogrammetry）通过影像研究信息的获取、处理、提取。

（1）传统摄影测量学定义

摄影测量学是利用光学摄影机获取的相片，经过处理以获取被摄物体的形状、大小、位置、特性及其相互关系的一门学科。摄影测量学是测绘学的分支学科，它的主要任务是用于测绘各种比例尺的地形图、建立数字地面模型，为各种地理信息系统和土地信息系统提供基础数据。摄影测量学要解决的两大问题是几何定位和影像解译。几何定位就是确定被摄物体的大小、形状和空间位置。几何定位的基本原理源于测量学的前方交汇方法，它是根据两个已知的摄影站点和两条已知的摄影方向线，交汇出构成这两条摄影光线的待定地面点的三维坐标。影像解译就是确定影像对应地物的性质。

（2）摄影测量学的分类

根据摄影时摄影机所处位置的不同，摄影测量学可分为地面摄影测量、航空摄影测量和航天摄影测量。

根据应用领域的不同，摄影测量学又可分为地形摄影测量与非地形摄影测量两大类。

根据技术处理手段的不同（也是历史阶段的不同），摄影测量学又可分为模拟摄影测量、解析摄影测量和数字摄影测量。

（3）摄影测量的特点

在影像上进行量测和解译，主要工作在室内进行，无需接触物体本身，因而很少受气候、地理等条件的限制；所摄影像是客观物体或目标的真实反映，信息丰富、形象直观，人们可以从中获得所研究物体的大量几何信息和物理信息；可以拍摄动态物体的瞬间影像，完成常规方法难以实现的测量工作；适用于大范围地形测绘，成图快、效率高；产品形式多样，可以生产纸质地形图、数字线划图、数字高程模型、数字正摄影像等。

3.2.2 白光干涉测量

白光干涉法是光学测量中一种非常重要的方法，在光纤传感技术、光纤色散测量、表面形貌非接触测量、膜层厚度测量、干涉定位等方面有着广泛的应用。不同的白光干涉测量的应用，在干涉仪的具体结构上会有一定的差别，但基本上都可以归为一个参考或测量镜在零光程差点附近作扫描的 Michelson 干涉仪。在信号处理方式上，可以采用模拟电路的处理方式，也可以在扫描的过程中对干涉信号采样，通过数字信号处理的方法提高零光程差点的定位精度。在光路结构和扫描机构的精度已经确定的情况下，零光程差点的定位精度与光源的光谱宽度以及干涉信号处理的算法直接相关。在用于表面形貌非接触测量时，白光干涉光源一般选为卤素灯这样功率大、光谱宽的光源。对于光纤型或者对光源准直性有一定要求的干涉仪，白光干涉光源也可以选用超辐射发光二极管（SLD）、发光二极管（LED）或者有一定光谱宽度的半导体激光器（LD）。

干涉仪是一种对光在两个不同表面反射后形成的干涉条纹进行分析的仪器，如图 7-3-22 所示。其基本原理就是通过不同光学元件形成参考光路和检测光路，如图 7-3-23 所示。

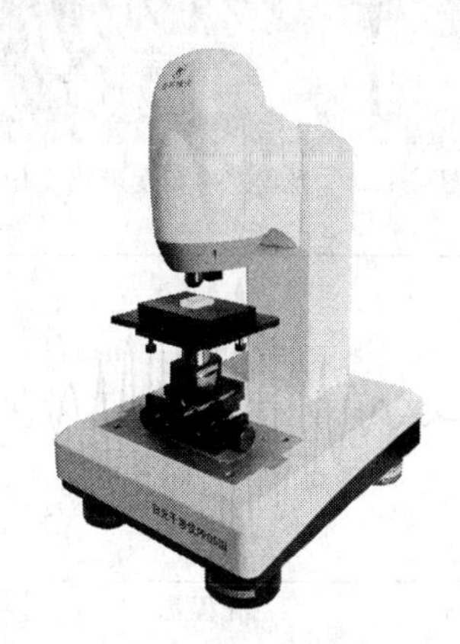

图 7-3-22 白光干涉仪

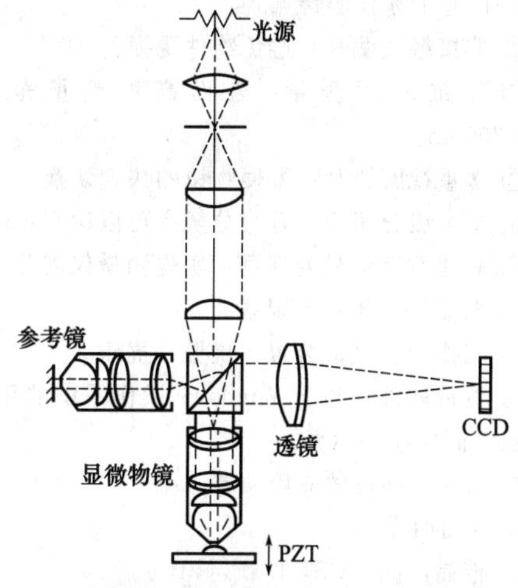

图 7-3-23 白光干涉表面测量形貌

1. 干涉仪工作原理

干涉仪是利用干涉原理测量光程之差从而测定有关物理量的光学仪器。两束相干光间光程差的任何变化会非常灵敏地导致干涉条纹的移动，而某一束相干光的光程变化是由它所通过的几何路程或介质折射率的变化引起，所以通过干涉条纹的移动变化可测量几何长度或折射率的微小改变量，从而测得与此有关的其他物理量。测量精度决定于测量光程差的精度，干涉条纹每移动一个条纹间距，光程差就改变一个波长（7～10μm），如图 7-3-24 和图 7-3-25 所示。所以干涉仪是以光波波长为单位测量光程差的，其测量精度之高是任何其他测量方法所无法比拟的。

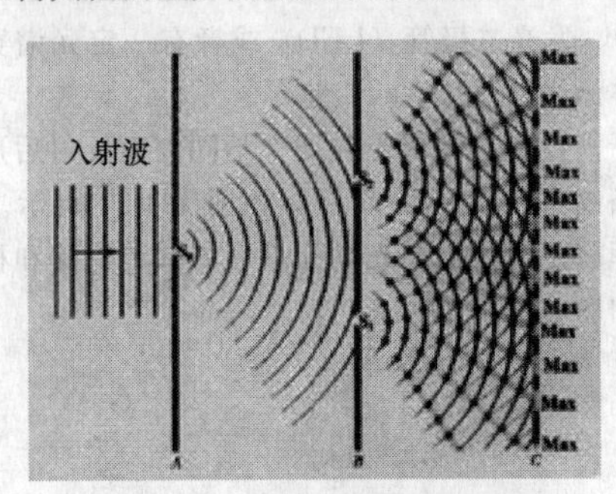

图 7-3-24 光程差对精度影响变化

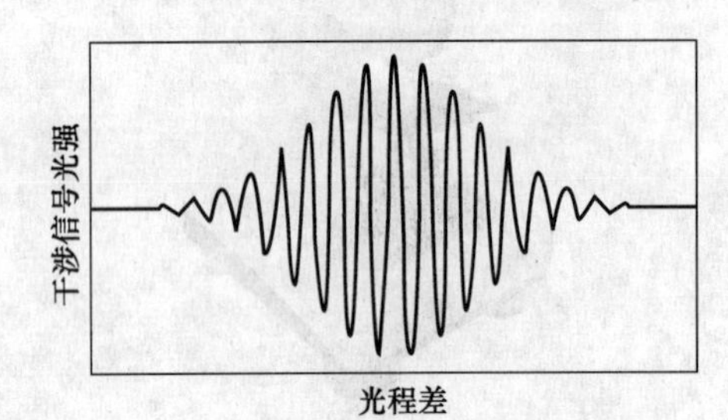

图 7-3-25 白光干涉信号

2. 白光干涉仪的特点

① 非接触式测量：避免物件受损。

② 三维表面测量：表面高度测量范围为 1nm～200μm。

③ 多重视野镜片：方便物镜的快速切换。

④ 纳米级分辨率：垂直分辨率可以达 0.1nm。

⑤ 高速数字信号处理器：实现测量仅需几秒钟。

⑥ 扫描仪：闭环控制系统。

⑦ 工作台：气动装置、抗振、抗压。

⑧ 测量软件：基于 Windows 操作系统的用户界面，强大而快速的运算。

3. 白光干涉仪的应用领域

① 半导体晶片。

② 液晶产品（CS，LGP，BIU）。

③ 微机电系统。

④ 光纤产品。

⑤ 数据存储盘（HDD，DVD，CD）。

⑥ 材料研究。

⑦ 精密加工表面。

⑧ 生物医学工程。

4. 干涉仪的主要故障及检修

（1）转动粗动手轮时拖板不走

1）原因

① 仪器受强烈冲击后，丝杆向尾架方向脱出，造成读数头啮合齿轮错位。

② 传动小齿轮固紧螺母松动，造成传动小齿轮与丝杆打滑。

③ 大齿轮及粗动手轮的压紧螺母松动。

2）检修方法 首先检查粗动手轮压紧螺母，然后检查精密丝杆是否向尾架方向脱出，如已脱出，可松动尾架三只螺钉，一面将丝杆推向读数头，一面慢慢转动粗动手轮，最后旋紧尾架三只螺钉，如果是小齿轮固紧螺母和大齿轮固紧螺母松动，先拆去传动盒盖，再拆下门字架，固紧螺母，重新依次装配即可。

（2）干涉环不圆正

1）原因

① 分光板膜层面反向。

② 两组出射光瞳错位。

③ 分光板、补偿板、移动镜及参考镜有压应力。

2）检修方法 分光板膜层应是入射光的第二面，如装在第一面，则调出的等倾干涉圆环是直的椭圆形干涉环，可旋松分光板的三只宽头螺钉，取出分光板，翻转 180°重新装入金属框内，把三只宽头螺钉旋到原来的压紧力。分光板、补偿板的宽头螺钉，移动镜及参考镜的调节滚花螺钉压紧力过大，会使各镜片逐步变形，产生等倾干涉圆环不规则，适当放松过紧的螺钉即可消除。

（3）转动粗动手轮时，等倾干涉环从中心向外漂移

1）原因 入射的光源不垂直于移动镜。

2）检修方法 此种现象并非仪器故障，主要是入射的光源不垂直于移动镜，因多数易误解为导轨直线性不好所致，故亦在此说明。首先调整干涉仪三只底脚调平螺钉，使仪器基本安放水平，然后调整光源，使扩束激光充满固定镜，将移动镜调至零光程附近，转动粗动手轮调等倾直条纹，说明扩束激光基本垂直于移动镜，此时转动粗动手轮出现的干涉圆环就不会漂移。

（4）读数空位大于 0.03mm

1）原因

① 传动螺母和丝杆的配合间隙大。

② 拖板体下面的顶块间隙偏大。

③ 挡板与导轨配合过松。

2）检修方法 可先调整顶块间隙，拖板体在工作状态下旋松顶块螺钉，左手大拇指将拖板体向读数

头方向轻推，中指压紧顶块，然后固紧顶块螺钉。如果仍未达到要求，调整挡板与导轨的间隙达0.02mm，再调节传动螺母上的两只螺钉（老产品有四只）。

(5) 白光干涉条纹不对称

1) 原因　受运输冲击或使用过程中分光板和补偿板两板平行度已被破坏。

2) 检修方法　调整分光板与补偿板的平行性，在没有自准直仪时，可通过两板同时观察室内目标物。如日光灯，调节两板上的宽头螺钉，使双像基本重合，这时调出的白光彩色条纹可达到基本对称，如仍有不对称现象，可调节补偿板的三只宽头螺钉达到完全对称。

(6) 转动微动手轮时拖板不走

1) 原因

① 传动小齿轮压紧螺母松动，使盆形弹簧片无压紧力，造成蜗轮空转。

② 粗微动有脱开机构的干涉仪，蜗杆压紧弹簧片失灵。

③ 微动手轮压紧螺母松动。

2) 检修方法　先检查微动手轮的压紧螺母。然后打开传动盒盖，取下门字架，旋紧传动小齿轮压紧螺母，使盆形弹簧片压紧蜗轮，此时转动蜗轮应带动精密丝杆，依次装好拆下的另一件。如果是脱开机构，应检查蜗杆拖板是否已被压死。如被压死，可拆下左右压块，清洗、上油（7101油脂）重新装配即可，如蜗杆拖板较松，说明蜗杆拖板的弹簧压力减小，可拆下弹簧改小R（平均半径）增加弹性；调换弹簧片。

(7) 波长测定值偏长

1) 原因

① 拖板体测面的弹簧片压力太紧。

② 挡板与导轨配合过紧。

③ 导轨面润滑油脂太厚。

④ 蜗轮稍有打滑。

⑤ 丝杆尾架压紧力偏小。

2) 检修方法

① 先检查拖板体测面的弹簧片是否太紧，如太紧可用使弹簧变形减少压力的办法解决。

② 取下拖板体，检查开合螺母上的挡板与导轨面的配合是否过紧，如过紧可调整挡板，旋松两只螺钉，提高挡板与导轨接触处垫入0.02mm厚的锡片，放下挡板，固紧螺钉，拿掉锡片。

③ 导轨如加上厚的油脂，会使拖板增加阻尼，或厚的油脂上带有杂质，会使拖板不按导轨直线移动。应清洗后重新上油。

④ 检查尾架内的弹簧，如压紧力偏小，可把滚花螺套旋出，将弹簧拉长即可。如遇蜗轮稍有打滑，检修时必须小心拆装，先拆下传动盒盖，拆下门字架，取下小钢球，旋下小齿轮压紧螺母，用专用夹具取下读数盘、平面轴承、盆形弹簧片、蜗轮等。在汽油中清洗、烘干，重新涂硬性润滑油脂，重新装配时可在平面轴承与读数盘之间加0.2mm的金属垫片，手感摩擦力有所增加后，依次重新装配，再进行测量检查。

5. 干涉仪的维护

① 导轨面丝杆应防止划伤、锈蚀，用毕后，仍保持不失油状态。

② 使用时，各调整部位用力要适当，不要强旋、硬扳。

③ 传动部件应有良好的润滑。特别是导轨、丝杆、螺母与轴孔部分，应用T5精密仪表油润滑。

④ 仪器应妥善地放在干燥、清洁的房间内，防止振动，仪器搬动时，应托住底座，以防导轨变形。

⑤ 光学零件不用时，应存放在清洁的干燥盆内，以防止发霉。反光镜、分光镜一般不允许擦拭，必须要擦拭时，须先用备件毛刷小心掸去灰尘，再用脱脂清洁棉花球滴上酒精和乙醚混合液轻拭。

⑥ 经过精密调整的仪器部件上的螺钉，都涂有红漆，不要擅自转动。

3.2.3　三维白光扫描

三维白光扫描主要用于测量实物表面的三维坐标点集。点云（Point Cloud）是测量到的大量坐标点的集合的总称。我国使用三维白光扫描仪还不是很普遍，只有沿海发达城市的制造企业采用，将白光扫描仪称为抄数机，多用于反求工程和复杂曲面的建模。

1. 扫描测量技术的发展和三维白光扫描仪的分类

扫描测量技术的第一代是接触式测量技术，是用探针对物体表面进行接触式测量。特点是逐点扫描，速度慢，如三坐标测量机CMM。

第二代是线激光扫描技术，其向物体表面投射一条激光线，再用一定偏角的摄像机拍摄，图像中的激光线受物体表面形状的影响而弯曲，由此可计算出三维数据。特点是逐线扫描，速度仍然较慢，如激光线扫描仪。

第三代是结构光扫描技术，其向物体表面投射一组特定的光图案，再用具有一定偏角的摄像机拍摄，并由此计算出三维数据，常用的图案是黑白条纹。该技术是国内主流技术。特点是面扫描，速度非常快，如PTS三维白光扫描仪。

第四代是手持式扫描仪，是用线性激光来获取物体表面点云，用视觉来标记确定扫描仪在工作过程中的空间位置。手持扫描具有灵活、高效、易用的优点，代表今后的发展方向。

按照原理三维光学扫描仪分为：照相式和激光式，两者都是非接触式，在扫描的过程中设备均不需要与被测物体接触。

2. 三维白光扫描仪介绍

三维白光扫描仪是针对工业产品涉及领域的新一代扫描仪，与传统的激光扫描仪和三坐标测量系统相比，其测量速度提高了数十倍。由于有效地控制了整合误差，整体测量精度也大大提高。其采用可见光将特定的光栅条纹投影到测量工作表面，借助两个高分辨率CCD数码相机对光栅干涉条纹进行拍照，利用光学拍照定位技术和光栅测量原理，可在极短时间内获得复杂工作表面的完整点云。其独特的流动式设计和不同视角点云的自动拼合技术使扫描不需要借助于机床的驱动，扫描范围可达12m，而扫描大型工件则变得高效、轻松和容易。其高质量的完美扫描点云可用于汽车制造业中的产品开发、逆向工程、快速成型、质量控制，甚至可实现直接加工。

3. 三维白光扫描仪的主要特点

① 一次测量一个面，扫描速度极快，数秒内可得到100多万点。

② 便携，可搬到现场进行测量。

③ 工件或测量头可随意调节成便于测量的姿势。

④ 大景深（可达300～500mm）。

⑤ 测量范围大。

⑥ 精度高。

⑦ 测量点分布非常规则。

⑧ 大型物体分块测量、自动拼合。

⑨ 非接触扫描：利用照相式原理，进行非接触式光学扫描获得物体表面三维数据。

⑩ 高精度：利用独特的测量技术，可获得非常高的测量精度。

⑪ 操作软件界面友好：高度集成和智能化的设计，使用户无论经验多少都不需过多的培训就可以熟练操作。

⑫ 高密度采样点：高性能测量头可以一次获得极高密度的点云数据。

⑬ 便携式设计：所有部件灵活可靠、方便移动，可根据现场实际情况进行测量。

⑭ 输出数据接口广泛：测量结果输出为asc格式，可以与 surfacer（imageware）、UG、CATIA、Geomagic、Pro/E、MasterCAM等软件交换数据。

⑮ 扫描速度极快：独特的面扫描方式，速度极快（单面扫描时间小于5s）。

⑯ 扫描方式灵活：支持标志点拼接和转台拼接。通过标志点的拼接可以合成多次测量的结果，从而实现超大面积扫描。利用转台拼接可以灵活转动物体，从而最大程度减少测量的死角。

⑰ 对环境条件不敏感：采用高性能的光学和机械部件，可以在大多数的环境下获得高性能的数据。

⑱ 点云噪声处理和修剪：可以对测量产生的噪声点进行修剪、剔除。

⑲ 兼容性好：兼容Windows98/NT/2000/XP平台，简便易学。

4. 三维白光扫描仪的应用领域

1）CAD/CAM/逆向工程（RE）/快速成型（RP）

① 扫描实物，建立CAD数据；或扫描模型，建立用于检测部件表面的三维数据。

② 对于不能使用三维CAD数据的部件，建立数据。

③ 使用由RP创建的真实模型，建立和完善产品设计。

④ 有限元分析的数据捕捉。

2）其他应用：文物、艺术品的录入和电子展示、动画造型、牙齿及畸齿矫正、整容及上颌面手术。

3）科学研究：计算机视觉、计算几何、考古研究。

4）检测（CAT）/CAE：生产线质量控制和曲面零件的形状检测。

3.3 CT测量

工业CT技术是工业计算机断层扫描成像技术的简称。工业CT用计算机层析成像技术是一种绝妙的非侵入式成像技术，能够清晰、准确、直观地展示被检测物体内部的结构、组成、材质及缺损状况，被誉为当今最佳无损检测和无损评估技术。工业CT技术涉及核物理学、微电子学、光电子技术、仪器仪表、精密机械与控制、计算机图像处理与模式识别等多学科领域，是一个技术密集型的高科技产品。目前，该技术已经广泛应用于机械、铁路、航天、航空、国防、军工、材料、地质等诸多重要领域，用于机械产品及重大装备质量判定、产品缺陷检测、复杂设备装配正确性检查和产品组成材质分析、地质结构分析、新产品开发及引进技术消化等。X光断层扫描测量系统与传统接触式探测系统相结合，可以精密测量被测工件的内部结构形状尺寸，而通常情况下测头难以达到这些测量位置。随着工业CT技术的应用，工业测量正在步入一个新的纪元。

3.3.1 工业 CT 原理及组成

1. 工业 CT 原理

工业 CT 机一般由射线源、机械扫描系统、探测器系统、计算机系统和屏蔽设施等部分组成。其结构工作原理如图 7-3-26 所示。

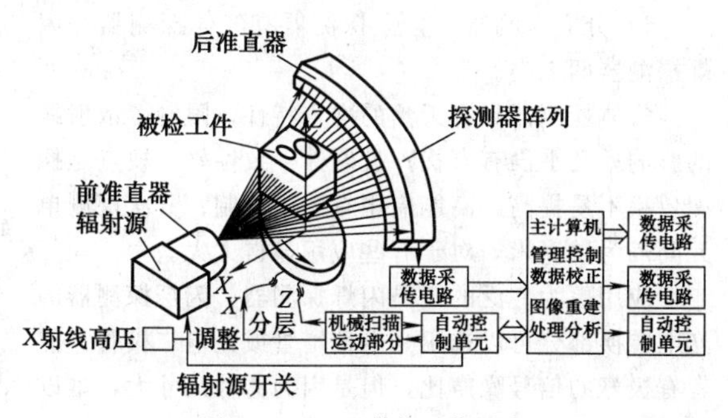

图 7-3-26 CT 结构工作原理

射线源提供 CT 扫描成像的能量线束用以穿透试件，根据射线在试件内的衰减情况实现以各点的衰减系数表征的 CT 图像重建。与射线源紧密相关的前准直器用以将射线源发出的锥形射线束处理成扇形射束。后准直器用以屏蔽散射信号，改进接收数据质量。机械扫描系统实现 CT 扫描时试件的旋转或平移，以及射线源-试件-探测器空间位置的调整，它包括机械实现系统及电器控制系统。探测器系统用来测量穿过试件的射线信号，经放大和模数转换后送入计算机进行图像重建。工业 CT 机一般使用数百到上千个探测器，排列成线状。探测器数量越多，每次采样的点数也就越多，有利于缩短扫描时间、提高图像分辨率。计算机系统用于扫描过程控制、参数调整，完成图像重建、显示及处理等。屏蔽设施用于射线安全防护，一般小型设备自带屏蔽设施，大型设备则需在现场安装屏蔽设施。

工业 CT 是在射线检测的基础上发展起来的，其基本原理是当经过准直且能量为 I_0 的射线束穿过被检测物时，根据各个体积元的衰减系数 μ_i 不同，探测器接受到的投射能量 I 也不同。按照一定的图像重建算法，即可获得被检测工件截面一薄层无影像重叠的断层扫描图像，重复上述过程又可获得一个新的断层图像，当测得足够多的二维断面层图像就可重建出三维图像。

当单能射线束穿过非均匀物质后，其衰减仍能遵从比尔定理

$$I = I_0 \mathrm{e}^{-(\sum_{n=1}^{n} u_n) x}$$

由上式可得

$$\ln\left(\frac{I_0}{I}\right) \Big/ x = (\mu_1 + \mu_2 + \cdots + \mu_i)$$

式中，I、I_0 为已知量，μ_i 为未知量。一幅 $M\times N$ 个像素组成的图像，必须有 $M\times N$ 个独立的方程才能解出衰减系数矩阵内每一点的 μ_i 值，对被检测物的断层实际上是具有一定厚度的薄片体，在射线投射时，将该薄片认为是 $M\times N$ 个体像素组成的物体，每一体素则对应一个衰减系数 μ_i，当射线从各个方向投射被检测物体得到必需的计数和之后，经过计算机按照一定的图像重建算法，即可重建 $M\times N$ 个 μ_i 值组成的二维灰度图像，从而完成 CT 的基本功能。

描述工业 CT 装置性能的主要技术指标如下。

1）图像像素　构成断层图像或有关影像的一个基本单元。

2）断层图像　被测断层对射线衰减特征值的二维分布图。

3）投影时间　由射线源强度、探测器与射线源的距离、准直器窗口尺寸及系统信噪比确定的单次采样时间。

4）密度分辨率　反映工业 CT 机区分被测物断层图像对比度并间接反映被测物密度大小差别的能力；图像再现材料密度变化的能力，通常用图像上可以识别的最小物体对比度定量。

5）空间分辨率　在断层扫描图像中，按规定的信噪比，分辨被测物几何结构细节的能力。它是工业 CT 系统鉴别和区分微小缺陷能力的度量，它定量地表示能分辨两个细节特征的最小间隔，用线对/毫米（lp/mm）表示。

6）图像重建　根据所测断层对射线的衰减数据，获取描述物体断层衰减特征信息分布图像的计算过程。

7）准直器　将射线源发出的射线束限制或处理成所需形状的一种装置，用于减少散射，提高分辨率等。准直器分为前准直器和后准直器。前准直器限制射线源发射的射线方向和射束形状。后准直器将投射过被测物的射线束离散并衰减散射射线对探测器的影响。

8）断层扫描　对被测断层进行辐射测量以获取图像重建所需数据的过程。

9）探测器通道的一致性　由准直器、探测器和信号电源电路组成的探测器通道，在测试空气场时，通道输出信号之间的一致程度。

10）探测器　将包括被测断层对射线衰减信息的辐射转换为电信号的一种换能器。

工业 CT 测量在其他测量方式间具有以下优势：工业 CT 能给出检测工件的断面二维或三维图像，探测目标不受周围细节特征的遮挡，图像容易识别，从图像上可以直接获得目标特征的空间位置、形状及尺寸信息；工业 CT 具有突出的密度分辨能力，高质量

的CT图像密度分辨率甚至可达到0.1%甚至更好，比常规无损检测技术高一个数量级以上；采用高性能探测的工业CT，探测器的动态响应范围可达10^6以上，远高于胶片和图像增强器，且工业CT图像是数字化的结果，图像便于存储、传输、分析和处理。

2. 工业CT组成

工业CT系统包括：射线源、探测器与数据采集系统、机械扫描系统、计算机系统、控制系统、图像输出设备等，如图7-3-27所示。

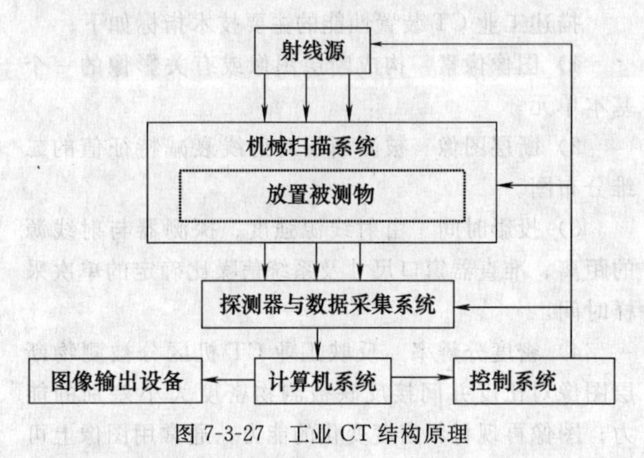

图7-3-27 工业CT结构原理

(1) 射线源的种类

射线源常用X射线机和直线加速器，统称电子辐射发生器。X射线机的峰值射线能量和强度都是可调的，实际应用的峰值射线能量范围从几千电子伏到450keV；直线加速器的峰值射线能量一般不可调，实际应用的峰值射线能量范围从1～16MeV，更高的能量虽可以达到，但主要仅用于实验。电子辐射发生器的共同优点是切断电源以后就不再产生射线，这种内在的安全性对于工业现场使用是非常有益的。电子辐射发生器的焦点尺寸为几微米到几毫米。在高能电子束转换为X射线的过程中，仅有小部分能量转换为X射线，大部分能量都转换成了热，焦点尺寸越小，阳极靶上局部功率密度越大，局部温度也越高。实际应用的功率是以阳极靶可以长期工作所能耐受的功率密度确定的。因此，小焦点乃至微焦点的射线源的使用功率或最大电压都要比大焦点的射线源低。电子辐射发生器的共同缺点是X射线能谱的多色性，这种连续能谱的X射线会引起衰减过程中的能谱硬化，导致各种与硬化相关的伪像。

同位素辐射源的最大优点是它的能谱简单，同时有消耗电能很少，设备体积小且相对简单，而且输出稳定的特点。但是其缺点是辐射源的强度低，为了提高辐射源的强度必须加大辐射源的体积，导致“焦点”尺寸增大，在工业CT中较少实际应用。同步辐射本来是连续能谱，经过单色器选择可以得到定向的几乎单能的高强度X射线，因此可以做成高空间分辨率的CT系统。但是由于射线能量为20～30keV，实际只能用于检测1mm左右的小样品，用于一些特殊的场合。

(2) 探测器

工业CT所用的探测器有两个主要的类型——分立探测器和面探测器。

1) 分立探测器　分立探测器有气体探测器和闪烁探测器两大类。

气体探测器具有天然的准直特性，限制了散射线的影响；几乎没有窜扰；且器件一致性好。缺点是探测效率不易提高，高能应用有一定限制；其次探测单元间隔为数毫米，对于有些应用显得太大。

应用更为广泛的还是闪烁探测器。闪烁探测器的光电转换部分可以选用光电倍增管或光电二极管。前者有极好的信号噪声比，但是因为器件尺寸大，难以达到很高的集成度，造价也高。工业CT中应用最广泛的是闪烁体光电二极管探测器。

应用闪烁体的分立探测器的主要优点是：闪烁体在射线方向上的深度可以不受限制，从而使射入的大部分X光子被俘获，提高探测效率。尤其在高能条件下，可以缩短获取时间；因为闪烁体是独立的，所以几乎没有光学的窜扰；同时闪烁体之间还有钨或其他重金属隔片，降低了X射线的窜扰。分立探测器的读出速度很快，在微秒量级。同时可以用加速器输出脉冲来选通数据采集，最大限度减小信号上叠加的噪声。分立探测器对于辐射损伤也是最不敏感的。分立探测器的主要缺点是像素尺寸不可能做得太小，其相邻间隔（节距）一般大于0.1mm；另外价格也要贵一些。

2) 面探测器　面探测器主要有三种类型：高分辨半导体芯片、平板探测器和图像增强器。半导体芯片又分为CCD和CMOS。CCD对X射线不敏感，表面还要覆盖一层闪烁体将X射线转换成CCD敏感的可见光。

半导体芯片具有最小的像素尺寸和最大的探测单元数，像素尺寸可小到10μm左右，探测单元数量取决于硅单晶的最大尺寸，一般直径在50mm以上。因为探测单元很小，信号幅度也很小，为了增大测量信号可以将若干探测单元合并。为了扩大有效探测器面积可以用透镜或光纤将它们光学耦合到大面积的闪烁体上。用光纤耦合的方法理论上可以把探测器的有效面积在一个方向上延长到任意需要的长度。使用光学耦合的技术还可以使这些半导体器件远离X射线束的直接辐照，避免辐照损伤。

平板探测器通常用表面覆盖数百微米的闪烁晶体（如CsI）的非晶态硅或非晶态硒做成。像素尺寸127μm或200μm，平板尺寸最大约45cm（18in）。读出速度大约每秒3～7.5帧。优点是使用比较简单，没有图像扭曲。图像质量接近于胶片照相，基本上可以作为图像增强器的升级换代产品。主要缺点是表面覆盖的闪烁晶体不能太厚，对高能X射线探测效率低；难以解决散射和窜扰问题，使动态范围减小。在较高能量应用时，必须对电子电路进行射线屏蔽。一般使用在150kV以下的低能效果较好。

图像增强器是一种传统的面探测器，是一种真空器件。名义上的像素尺寸＜100μm，直径152～457mm（6～18in）。读出速度可达每秒15～30帧，是读出速度最快的面探测器。由于图像增强过程中的统计涨落产生的固有噪声，图像质量比较差，一般射线照相灵敏度仅7%～8%，在应用计算机进行数据叠加的情况下，射线照相灵敏度可以提高到2%以上。另外的缺点就是易碎和有图像扭曲。面探测器的基本优点是不言而喻的——它有着比线探测器高得多的射线利用率。面探测器也比较适合用于三维直接成像。所有面探测器由于结构上的原因都有共同的缺点，即射线探测效率低；无法限制散射和窜扰；动态范围小等。高能范围应用效果较差。

（3）机械扫描系统

机械扫描系统的运动自由度和精度应满足扫描测试要求。

（4）探测器通道与数据采集系统

探测器通道的一致性应大于95%。数据采集系统将探测器获得的信号转换、收集、处理，存储在计算机中，供图像重建使用，其中单次采样时间可选。

（5）控制系统

控制系统实现工业CT机对扫描测试过程中机械运动的精确定位和采样时间控制、系统的逻辑控制、时序控制以及测试工作流程的顺序控制和系统各部分的协调，并担负系统的安全联锁控制。

（6）计算机系统

工业CT机必须具有优质的计算机系统资源，满足高速有效的数学运算能力、大容量的图像存储和归档要求，有专用的高分辨率及灰度级的图像显示系统，足够的图像重建、处理、分析、测量等软件。系统扫描重建最大像素矩阵应大于或等于1024×1024。

（7）图像输出设备

工业CT机的图像一般用视频拷贝机或高质量的激光打印机输出。

3.3.2 工业CT检测流程和软件系统

计算机软件无疑是CT的核心技术，当数据采集完成以后，CT图像的质量已经基本确定，不良的计算机软件只能降低CT图像的质量，而良好的计算机软件能充分利用已有信息，得到尽可能好的结果。

CT图像重建通常采用卷尺反投影法，优点是图像质量高，主要由乘法、加法运算组成，易于硬件设计，为专用图像处理机，缺点是只能形成某一断面上的二维灰度信息，不能得到被检测物的整体描述。为了提高缺陷判别的准确性，对工业CT图像的三维重建算法进行了研究，该方法由于采用计算机进行离散量计算，导致得到的图像会有明显的衰减和失真，通过增加窗函数和平滑滤波的方法对该方法进行修正，使失真减小到可以接受的范围，得到了较好的重建图像。

1. 检测前准备

（1）测试空间分辨率

用图7-3-28所示的圆孔测试卡，测试观察图像能清楚分辨出最小孔的直径值，作为工业CT级的空间分辨率。孔卡的厚度大于被测断层厚度的两倍，最小孔的直径应小于0.5mm，孔的行距大于相邻最大孔间距。

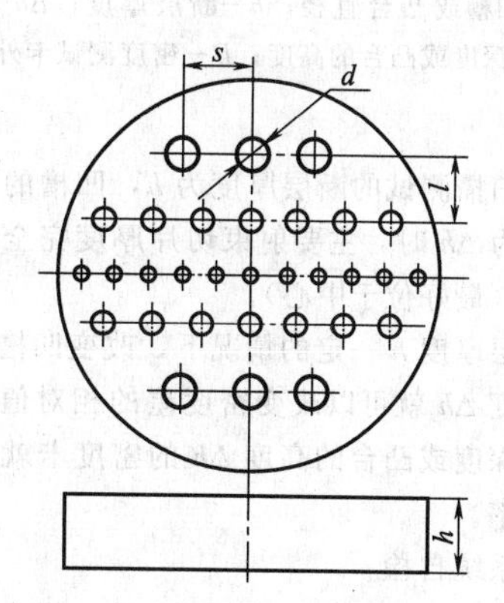

图7-3-28 空间分辨率测试卡（孔卡）
d—直径；s—孔间距（$2d$）；
l—行间距；h—卡厚度

用图7-3-29所示的条形测试卡（简称条卡），测试观察图像能清楚分辨的最小条纹的尺寸，并折算为每毫米的线对数（lp/mm），作为工业CT机的空间分辨率。上述两种测试卡均用高密度材料制作。

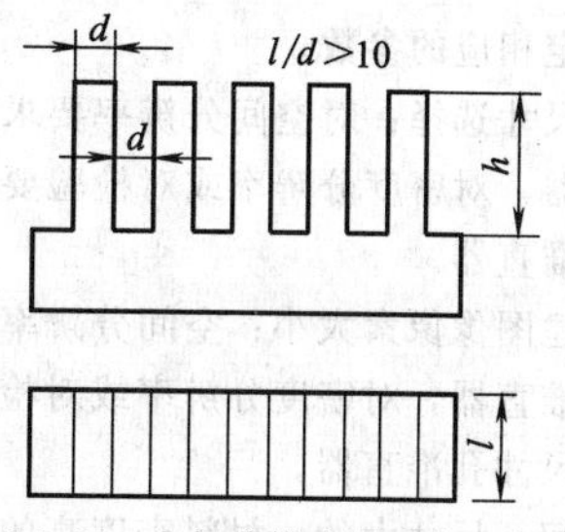

图7-3-29 空间分辨率测试卡（条卡）
l—缝长；d—缝宽及条宽；h—条高度

(2) 测试密度分辨率

按以下方法测试密度分辨率，应达到4%(ϕ3mm)。

如图7-3-30所示的密度测试卡，在断层厚度内，采用一种材料与空气组成的比例差别而形成的平均体密度差别作为密度分辨率测试的依据。这种存在密度差别的区域应有相应的面积要求。这时测试的对比度分辨率正比于密度分辨率。

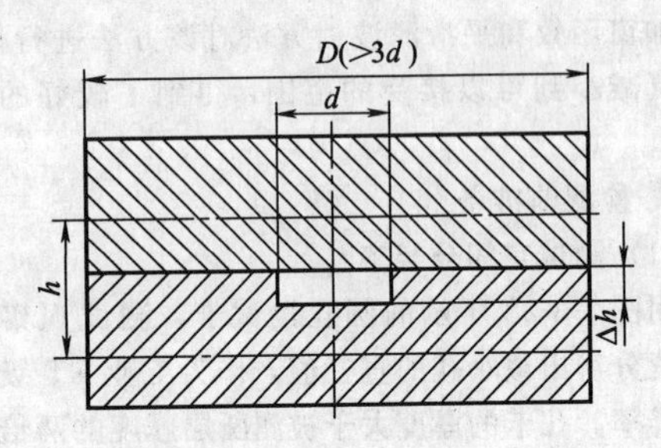

图7-3-30 密度测试卡

d—凹槽或凸台直径；h—断层厚度；Δh—凹槽的深度或凸台的高度；D—密度测试卡外径

每当扫描测试的断层厚度为h，凹槽的深度或凸台的高度为Δh时，主要射束切片厚度完全包容了凹槽或凸台（最好位于中心）。

在断层厚度h一定的情况下，改变凹槽的深度或凸台的高度Δh就可以改变密度差的相对值。采用不同凹槽的深度或凸台的高度Δh的密度卡就可测算出密度分辨率。

(3) 系统自检

工业CT机开机后自动进行自检，操作人员应注意显示的自检结果，并做相应处理。

(4) 测试探测器通道的一致性

以调整探测器通道的灵敏度来调整通道的一致性，通道的一致性应满足大于95%的要求。

2. 检测程序和方法

(1) 参数选择

根据被检测装置大小、材料密度、结构特点及检测要求，确定相应的参数。

准直器尺寸选择：对空间分辨率要求高的选择小尺寸孔准直器，对密度分辨率或对检验要求效率高的选择大尺寸准直器。

扫描重建图像像素大小：空间分辨率要求高的选择小尺寸孔准直器，对密度分辨率或对检验效率要求高的选择大尺寸孔准直器。

投影时间：尺寸大的、材料密度高的、断层厚度小的选用较长的采样时间。

(2) 产品的准备和安装

把待检产品分组，在原始记录上记下待检产品的名称、代号、批次、顺序号；在每组待检产品的首发产品处，用高密度材料制作标识；将一组产品安装在夹具上，再放置于主机的扫描工作台上，根据产品的大小确定产品的水平位置。根据产品检验要求确定测试断层位置，并使其与射线扇平行平面平行，然后调整工作台高度使其与射线扇平面重合。让产品转动一周，观察无异常后，即可记录产品高度位置，操作人员退出主机室，关闭防护门。

(3) 断层扫描测试

输入计算机有关扫描测试参数，重建显示参数、工艺参数及产品特殊信息后，开启射线源，进入自动扫描测试过程，完成断层扫描测试。

(4) 断层扫描数据传输

关闭射线源，开启防护门，取出工件。对舵机系统，将断层扫描测试的原始数据通过通信口从数据采集计算机传送至图像计算机；同时可以进行下一组工件的安装、断层扫描测试。

(5) 图像重建

综合考虑图像质量和重建时间，选择重建算法，完成断层图像重建。

(6) 图像显示、保存、分析与处理

对重建的原始断层图像进行显示，并输入产品代号、批次及每个产品的顺序号，然后保存。如果原始断层图像所反映的被测物需要检验的物理特征不够明显，或图像中存在干扰信息，不便识别，可采用有关的图像处理、分析和测量方法，提高判别能力。若仍然无法判别，应查明原因，重新检验。

(7) 检验中断处理及断层图像保存

在检验过程中，如遇到断电或设备故障等情况，造成检验中断，本次检验应重新做。原始断层图像文件和分析处理后的断层图像文件均应保存。

3. 检验结果评定

以被检测装置技术条件、图样和工艺条件为依据，根据评定区内结构断层图像灰度变化情况，进行装置断层检验结果的判定，并对同批产品在评定区内断层图像的一致性进行整体判断，做出检验结论。必要时，应建立标准试件和典型缺陷试件的断层图像文件，以便于对比和分析。

4. 检验后的处理

(1) 已有产品的处理

将已检产品和待检产品隔离；将不合格品、怀疑有问题的产品与合格产品隔离，分别存放在有明显标志的不同房间或包装箱中，并进行金属封印，技术封印方法按照标准执行。

(2) 检验报告

检验后，应及时写出包括以下内容的检验报告：

检验设备、日期和操作人员；

检验时的工艺参数，即扫描图像像素、采样时间、射线源、断层位置和断层厚度；

检测装置名称、代号、批次、顺序号以及检验要求等；

根据需要附上原始断层图像文件或分析处理后局部（或完整）断层图像文件拷贝；

判定结果及检验结论。

(3) 资料存档

将检验原始记录、检验报告、原始断层图像文件、分析处理后的断层图像文件、标准试件的断层图像文件、典型缺陷试件的断层图像文件等资料存档。

5. VGStudio MAX

VGStudio MAX是世界上用于工业CT数据分析和可视化的先进软件平台。Volume Graphics公司的VGStudio和VGStudio MAX是根据CT、MRI等的voxel数据来生成Volume模型的软件。该软件支持大多数文件的输入/输出格式，使用一般的PC即可对大容量（1.5GB）的数据进行双向处理。利用透明度和明暗度的调节，可以使数据生成各种立体图像，是最适宜的形象视觉化软件工具。

VGStudio MAX是在形象视觉化基础上增加有检测、模型的部分输出等功能，被广泛利用在医疗和工业领域上。另外，如果使用Keyframer软件工具，可由立体数据做成动画。

VGStudio软件的优势如下。

① 高精度。独特的德国技术使精度能够达到亚像素级也就是CT/MRI本身硬件分辨率以下，如骨结构的三维壁厚的测量精度可达到CT/MRT分辨率的1/4～1/3。

② 海量数据处理。64位软件随硬件的提升无限量数据处理功能，在优秀工作站支持下可以处理几十吉字节甚至上百吉字节、太字节级别数据，32位软件最多为3GB数据处理能力。

③ CT与MRI图像融合功能。即对同一物体分别用CT/MRI扫描获得2次数据的融合，从而根据CT/MRI各自的优势来分析同一物体。

④ 强大的多物体-场景功能，即在一个计算场景下，可以导入多个CT/MRI voxel模型甚至同时导入STL三角形模型，从而达到分析需求。

⑤ 强大的几何/智能/灰度。数种分割功能，可按需求将整体模型分割为任意的子模型，比如将大脑分为脑干/灰质/白质/颅骨等。

⑥ 优化的STL抽取能力。可以自行控制STL与原CT/MRI数据间的精度和STL三角形数据本身的光滑度。

⑦ 应有尽有的图像过滤能力，优化初始CT/MRI图像。

⑧ 特有的三维影片制作能力与任意视角观察能力。既可以通过三维模拟内窥镜进入人体内部进行任意视角的观测，更可以制作人体内部三维科学教育影片来制作课件与动画。

3.3.3 射线数字成像系统的类型

1. 基于射线图像增强器的系统

目前应用最多的是采用X射线图像增强器和普通视频摄像机组成的X射线电视系统或再通过图像采集卡由计算机进行处理的数字成像系统。为了降低系统成本，在我国普遍使用汤姆荪和东芝的医用射线图像增强器来进行工业检测，这种系统价格低，能够实时显示（增益大），检测速度快，适合对检测指标要求不很高的、被检测构件厚度比较均匀的、人眼睛容易从屏幕上识别缺陷或问题的快速动态检测，如大口径螺旋焊管焊缝检测，生产流水线上构件检测。这种系统只适用于低能X射线（一般在300kV以下），即对中小型构件检测，且动态范围小、成像质量较差，特别是随着使用时间增加图像质量越来越差，容易使输出屏灼伤、寿命短。目前这种系统随着图像增强器的性能提高、使用CCD相机性能提高、光学系统及图像处理软件的改进，系统指标有所提高，但总体上属于低指标、低价位检测系统。

2. 平板式数字成像系统（FPD）

21世纪初以美国VARIAN公司为代表的平板式数字成像系统（FPD）在我国研究性单位使用，FPD主要由闪烁体、非晶硅像元阵列传感器组成。射线照射闪烁体使其发光，光电二极管产生的电荷在TFT等的控制下进行放大，然后转换为数字信号，是直接输出数字图像的射线成像系统。通常每秒输出1～30帧。其特点（主要和图像增强器系统相比）与应用范围如下。

1）有效监测面积　如Paxscan4030的有效检测面积为40cm×30cm。

2）空间分辨率高　理论上接近4～5lp/mm。

3）动态范围大　动态范围是最大输出时的信噪比。Paxscan系列探测器本身的动态范围约为：2000：1（66dB)。输出图像的数字信号12bit以上。动态范围越大，表示允许被检工件的穿透厚度差越大，对整个系统的实际检测灵敏度有好处。但射线散射、几何不清晰度等已限制了整个系统最高的检测灵敏度，所以也不是成像系统（探测器）动态范围越大，系统检测灵敏度就越大。

4）耐射线直接照射　成像板X射线直接照射不损坏。射线能量可以是低能或不是很高的高能。

5）主要的缺点　价格高，且大部分情况下不能像工业电视一样实时显示（增益不是很高），另外承受高能射线能力差（一般不用在加速器下成像）。

从性能和使用方便的角度看（不考虑价格），平板式系统在低能射线成像器中有很多优越性。目前主要的应用是在低能X射线下，对结构复杂、厚度差别大的工件的高灵敏度检测。

3. 基于光纤耦合CCD的射线成像系统

X射线使光纤闪烁体FOS（Fiber-optic scintillator）面板前端的闪烁体发光，每根光纤将其导入面板表面，形成非常清晰的整合图像，可直接与带光纤面板CCD阵列相结合来摄取图像，FOS/CCD的组合使其光损失很小。其特点是空间分辨率很高，在微焦点X射线情况下，可达到10lp/mm以上，动态范围大，增益大。但成像面积小，直径一般小于50mm，且可接收射线能量范围小，一般X射线管电压为几十千伏，适用于小工件的小裂纹、电路板内部走线等高分辨率检测。

4. 线阵探测器扫描成像系统（LDA）

该系统主要利用X射线闪烁体材料，如单晶的CdWO4或CsI直接与光电二极管相接触制作而成射线线阵探测器。通过工件与探测器的相对运动，并由计算机重建由行扫描所形成的图像。LDA正在向更高的扫描速度、更宽的动态范围和更小的像素尺寸的方向发展，并且在无损检测的应用领域得到广泛的应用。

空间分辨率主要由像素的几何尺寸所决定。像素间距越小，分辨率越高，但X射线吸收也越少，这是互相矛盾的，160kV以下的LDA较多，且分辨率高，高能使用LDA时，像元必须很大，分辨率也小。射线源不同，在线阵设计上也会有显著的差异，X射线的屏蔽和准直也要适合所选的能量范围。二极管阵列可以有多种不同的排列方式，除了普通的直线形外，还有L形、U形或拱形等。由于扫描时将射线严格地准直后扇形出束，故可以有效地抑制射线散射的干扰，可以获取高质量的数字图像，但对扫描系统要求严格，在低能射线下图像质量好。在高能射线下，由于像元大，分辨率低。

3.3.4　典型应用

1. 精密焊接结构件的焊接缺陷工业CT检测

对某外径约85mm、壁厚3.5mm的小球容器赤道电子束焊缝，采用420kV的工业CT系统，检测结果如图7-3-31所示，在图中小至0.1mm的钻孔清晰可辨，0.1mm宽度的裂纹也清晰可辨。对0.1mm作局部扫描的CT图像为图7-3-31的中心部分。对焊接后的试样CT检测结果如图7-3-32所示，由图可见，焊缝中预置的钨丝影像清晰可辨，左下角为焊缝中的钨丝已局部熔化、局部密度高于周围物质密度而形成的影像，右下角凹陷处为焊缝表面肉眼可见的气孔。

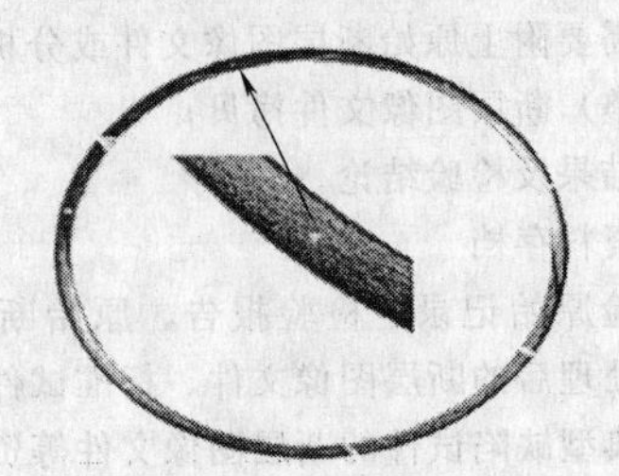

图7-3-31　人工试样工业CT结果

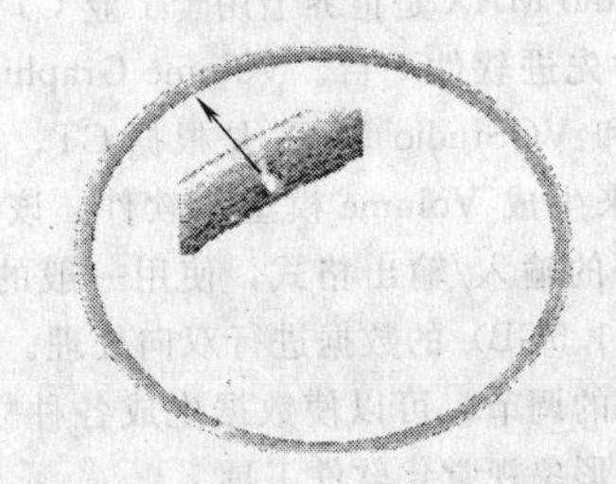

图7-3-32　焊接后试样工业CT结果

2. 密度分布表征

根据弹药试验中的测试需求，针对一些非常规弹药如反坦克导弹、炮射导弹、多用途弹等灵巧弹药大多采用一体化设计，由于其具有结构复杂、信息量大等特点，开展了工业CT技术用于弹药质量检测存在的技术难点和解决途径方面的研究，结果表明：就目前工业CT系统的典型指标为空间分辨率10～25μm，密度分辨率0.1%～0.05%，扫描时间30s～30min，先进CT系统可穿透150mm厚的钢，空间分辨率0.02mm等参数，完全满足弹药质量检测的需求。

针对复合材料检测，微机电（MEMS）器件检测、石油岩芯检测等领域对工业CT技术空间分辨率要求较高，常规CT技术在很多情况下不能满足检测要求的问题，研制了高空间分辨率的显微工业CT技术，该系统采用225kV微焦点射线源，非晶硅光电二极管X射线数字探测器，配以精密扫描装置和专用的图形图像工作站及系统软件包，实现了20～50lp/mm的空间分辨率，是采用微焦点工业CT的典型应用。

3. 内部结构逆向工程及装配情况检测

传统的产品生产过程是从设计图纸到加工、组装成成品的过程，而逆向工程是针对一个结构未知的产品，通过用工业无损检测设备CT对其进行一系列的断层扫描，然后将其补原成生产用图纸或产品的过程。同时对封闭物体进行CT检测，在获得物体内部结构组成的同时，可以得到偏心、变形、间隙等信息，对判断装配质量有重要价值。针对某外部壳体为金属材质，内部有非金属、药剂等各种材料的准旋转体结构火工品，先用工业CT进行结构纵向断层扫描，判断结构的内部装配关系和产品的工作机理，并测量纵向结构尺寸；再根据不同需要选择做结构的横向断层扫描，进一步了解内部结构状况细节，并测量内、外径等横向尺寸；进而做出该结构的测绘图纸，如图7-3-33所示。通过工业CT逆向工程技术的应用，极大地提高火工品研制过程速度，同时也可以提高火工品研制的安全性和可靠性。这项技术把无损检测技术应用研究拓展到了一个新的领域。它为各行各业引进消化吸收创新新技术，研制新产品开辟了新的途径，已经成为我国各行各业都在展开研究的新方向。

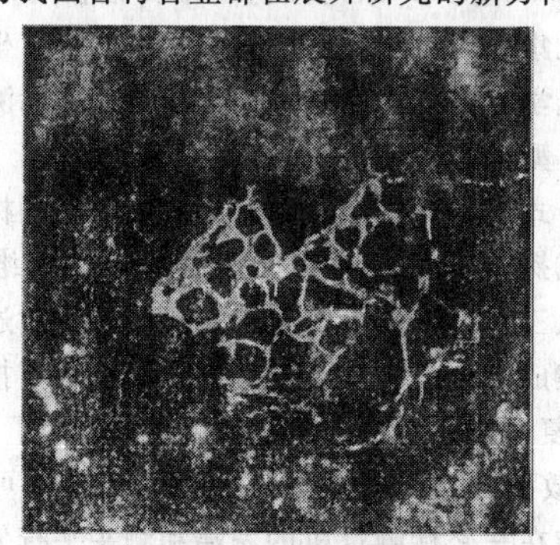

(a) 煤的显微CT图像

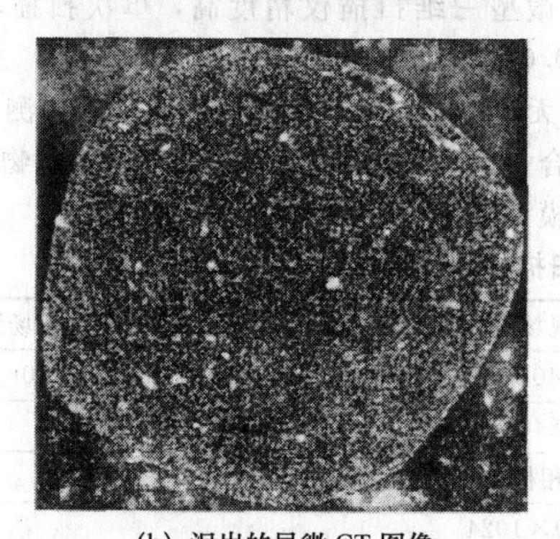

(b) 泥岩的显微CT图像

图7-3-33 微焦点工业CT的典型应用

3.4 典型光学测量产品

3.4.1 3D Camega 产品

1. 手持式光学三维扫描仪CF系列（原3D Camega PCP-300便携式光学三维扫描仪）

该三维数字化系统，可完成众多形体复杂、对现场环境要求高的三维实体、三维模型的扫描。该系统结构轻巧，可手持对物体进行灵活多方位的扫描，扫描速度快（单次扫描时间低于0.15s），是扫描中小型物体的理想选择。

1）主要特点如下。

① 小型轻量，质量小于1.5kg，可以轻松手持使用。

② 无需贴标志点，可与精密数控系统高精度拼接。

③ 单次扫描时间小于0.15s，双条纹投光照相实现高速扫描。

④ 高精度，高密度，高速度，全彩色扫描保证高质量的扫描数据。

⑤ 白光扫描，对人体人眼绝对安全。

⑥ 低压（16V）电源，不需带高压电源电缆，对人体扫描及操作绝对安全。

⑦ 使用时无需现场精度标定，开箱开机即可使用，机体光路采用刚性固化结构，避免扫描运动 机构不稳定和易损性。

⑧ 采用高亮度LED白色冷光源，光源寿命十万小时。

2）应用范围如下。

① 逆向工程、工业检测：工业产品的检测与测量、产品及模具的逆向工程（汽车、航空、家电工业）、零部件形状变形检测、工业在线检测、工业产品造型中的逆向三维重构、工业研究实验的检测工具、模具设计与检测领域。

② 其他应用：数字博物馆、文物现场扫描、人体数字化、三维动画、虚拟现实建模等领域。

3）系列参数如表7-3-7所示。

表7-3-7 系列参数

扫描方式	三维结构光栅式光学测量			
单幅测量范围/mm	200×160	300×240	400×320	1200×960
拍摄范围/mm	250	350	450	1500
测量精度/mm	0.020	0.025	0.030	0.150
深度/mm	−60～60	−90～90	−120～120	−300～300
单次拍摄时间/s	<0.15			
图像分辨率/dpi	1280×1024			
输出文件格式	ASC、OBJ、WRL、STL、TXT、IGS（其他输人格式可以转换）			

2. 流动式三维扫描仪

流动式三维扫描仪也称为三维立体扫描仪、三维数字化仪。

3D Camega 光学三维扫描技术是将光栅条纹投影到物体表面，由摄影机同时摄入条纹和色彩图像，经先进独特的三维图像处理软件对条纹图像进行高速、精密的处理，得出各像素对应点的空间坐标（X、Y、Z）和色彩（R、G、B）数据，生成三维彩色点云数字图像。

1）3D Camega 流动式三维扫描仪主要特点如下。

① 适合中小型物体扫描，无需贴标记点，利用 3D Camega 精密数控转台实现数据自动拼接。

② 测量速度快，单次扫描时间仅为 0.4s。

③ 数据质量高，采用先进的面扫描技术，单次采集数据不少于 130 万个点。

④ 可以同时获得三维彩色点云数据，输出 R、G、B 值。

⑤ 钢化机体，确保高测量精度，无需现场标定，开箱即用。

⑥ 使用 LED 冷光源，可累计工作十万小时以上，维护费用低。

⑦ 多种格式数据输出，如 ASC、OBJ、WRL、STL、TXT、IGS 等，可以和 UG、Pro/E、Geomagic、Imageware 软件接口使用。

2）3D Camega 流动式三维扫描仪应用范围如下。

① 三维彩色数字摄影、三维型面检测。

② 人体数字化、服装 CAD、人体建模、人体数字雕塑、三维面容识别。

③ 医学仿生、医学测量与模拟、整形美容及正畸的模拟与评价。

④ 三维彩色数字化、数字博物馆、有形文物及档案的管理、鉴定与复制。

⑤ 三维动画影片的制作、3D 游戏建模、三维游戏中三维模型的输入与建立。

⑥ 公安刑侦、脚印、工具痕迹、弹痕采集及数字化。

⑦ 工业产品的检测与测量、产品及模具的逆向工程（汽车、航空、家电工业）。

⑧ 零部件形状变形检测、形状测量、研究测量、工业在线检测。

⑨ 工业产品造型中的逆向三维重构。

⑩ 设计的物理模型转换成数字模型。

⑪ 工业品的解析与仿制。

⑫ 工业研究实验的检测工具。

⑬ 模具设计与检测领域。

3）3D Camega 流动式三维扫描仪系列参数如表 7-3-8 所示。

3. 复合式三坐标测量机

3D Camega CF 系列微型三维扫描仪可以和三坐标测量机集成为复合式三坐标测量机，为三坐标测量机增加光学三维扫描功能，大大提升三坐标测量机逆向工程、型面检测的能力。

复合式三坐标测量机具有所有传统三坐标测量机的接触式探头点测功能和非接触式光学三维扫描功能，以及三坐标测量机的精确定位功能，通过对这些功能的集成实现三坐标测量机的精确自动扫描。

1）复合式三坐标测量机主要特点如下。

① 微型三维扫描仪质量不超过 500g，可以很方便地安装在三坐标测量机的先端和测头平行使用。

② 微型三维扫描仪精度高，单次扫描精度为 0.01～0.02mm。

③ 无需标志点，数据全自动拼接；可测量范围大，配合大量程三坐标测量机，可扫描大型物体，如汽车的模型。

表 7-3-8　3D Camega 流动式三维扫描仪系列参数

镜头组	超大现场镜头组	大视场镜头组	中视场镜头组	小视场镜头组	微视场镜头组
单幅测量范围/mm	600×480～300×240	400×320～200×150	300×240～150×120	100×75～50×37.5	50×40～25×20
测量距离/mm	132～840～425				
数据采集传感器	高精密 CCD 工业照相机 1310000(像素)×2				
图像分辨率/dpi	1280×1024				
扫描方式	采用多组条纹投光系统，并可实现快速扫描				
光源	高亮度蓝色 LED 冷光源(寿命大于十万小时)				
测量精度/mm	0.05～0.025～0.01				
测量 XY 分辨率/mm	0.23				
拼接方式	数控转台自动拼接，标志点自动拼接				
单幅扫描时间/s	≤2.0				
深度/mm	90～180				
输出文件格式	ASC、OBJ、WRL、STL、TXT、IGS(其他输入格式可以转换)				

第7篇

④ 复合式三坐标测量机既具有点测功能，又具备面扫描能力。

⑤ 非接触式扫描物体，单次扫描可得到130万个点的数据信息，数据质量高。

⑥ 使用LED冷光源，可累计工作十万小时以上，无需更换光源。

⑦ 多种格式数据输出，可输出ASC、OBJ、WRL、STL、TXT、IGS等多种格式，可以和UG、Pro/E、CATIA、Geomagic、Imageware、MAYA等软件接口。

2）3D Camega CF系列复合式三坐标测量机参数如表7-3-9所示。

表7-3-9　3D Camega CF系列复合式三坐标测量机参数

项　目	CF-100型	CF-200型
单幅测量范围/mm	100×80	200×160
拍摄距离/mm	200	250
测量精度/mm	0.01	0.02
深度/mm	—30～30	—50～50
取点距离/mm	0.078	0.156
壳体外形尺寸/mm	180×125×60	200×125×60
机身质量/g	500	550
快门/s	0.05	—

3D Camega三维光学扫描系统是将光栅条纹投影到物体表面，由CCD将拍摄到的条纹图像输入到计算机中，然后根据条纹按照曲率变化的形状利用相位法和三角法等精确地计算出物体表面每一点的空间坐标（X、Y、Z），生成三维的有色彩信息（R、G、B）的点云数据，产品广泛应用于逆向工程、快速成型、工业设计、人体数字化、文物数字化等领域。

3D Camega五轴全自动光学三维扫描系统，是由小视场、高精度的光学三维扫描系统和高精密数控五轴机械系统组合而成，针对牙模、叶轮、齿轮等小型复杂零件进行三维扫描而研制的高集成度、高自由度的扫描系统，该系统利用精密机械系统精确移动定位实现对物体进行多方位、多角度的拍摄，生成全面、统一的三维型面点云数据，尤其适合于牙齿模型、齿轮、叶轮、子弹头等精度要求高、型面复杂的物体。

3）系统特点如下。

① 超高精度、超高密度、光学照相式三维扫描数字化系统。

② 能完成复杂零部件、模型等的三维型面扫描测量，对某些超小物体细微特征有极强的三维扫描能力。

③ 精度高：只需单幅或多幅图像就能获得高精度的X、Y、Z空间坐标的独特原理算法，对相机和镜头采用独特、先进的校正方法确保得到高精度的检测结果。

④ 速度快：在0.4s内获取130万个数据，完成所测对象每一个像素点空间坐标（X、Y、Z）及灰度信息的摄取。

⑤ 效率高：照相式的检测，一次检测范围是一定的视场范围而不只是一点或一条线，具有非常高的检测效率。

⑥ 安全性：由于不采用对人体有害的激光，只采用通常照明用白光源，具有绝对的安全性，可在普通的生产条件下使用。

⑦ 高自由度：配合精密的五轴机械系统，随意扫描物体的任何部位。

⑧ 良好的操作性：扫描一副牙齿模型的时间为30min。

⑨ 兼备3D Camega三维图像数据处理软件。

4．CloudFrom三维数据处理软件

CloudForm数据处理软件是3D Camega自主开发的中文数据处理软件，拥有三维数据处理软件自主知识产权，该软件开放性好，扩充性极强，可针对用户需求开发特殊功能模块。该软件具有强大的三维（彩色）数据处理功能和人性化的操作界面，其具体功能如下。

① 三维显示，海量三维（彩色）点云数据的各种图形、图像可视化。

② 数据编辑，表面平滑、补\删点、缝合、分割、整合等。

③ 数据整合，手动拼接、多点对应拼接、智能精确拼接、组数据与组数据的拼接。

④ 计算功能，直线\曲线距离、面积、体积、半径、角度、截面线、轮廓线等。

⑤ 三维建模，建立并优化整体三角片模型。

⑥ 数据输出，多种格式数据输出，ASC、OBJ、WRL、STL、TXT、IGS等。

5．3D Camega MCS-100

3D Camega MCS-100技术参数如表7-3-10所示。

表7-3-10　3D Camega MCS-100技术参数

项目	参数
单次拍摄范围/mm	100×80
拍摄距离/mm	250
景深/mm	－20～20
取点间距/mm	0.078
图像分辨率/dpi	1280×1024
测量精度/mm	0.02
直线轴有效行程/mm	500
回转轴有效行程/mm	－180～180
机械系统	5轴（直线三轴、回转两轴） 00级大理石台面，高精密直线
导轨丝杠，光栅尺分辨率/mm	0.001

第7篇

1）特征

① 超高精度、超高密度、光学照相式三维扫描数字化系统。

② 能完成复杂零部件、模型等的三维型面扫描测量，对某些超小物体细微特征有极强的三维扫描能力。

③ 精度高：对相机和镜头采用独特、先进的校正方法确保得到高精度的检测结果。

④ 速度快：在0.4s内获取130万个数据，完成所测对象每一个像素点空间坐标（X、Y、Z）及灰度信息的摄取。

⑤ 效率高：照相式的检测，一次检测范围是一定的视场范围而不只是一点或一条线，具有非常高的检测效率。

⑥ 安全性：由于不采用对人体有害的激光，只采用通常照明用白光源，具有绝对的安全性，可在普通的生产条件下使用。

⑦ 高自由度：配合精密的五轴机械系统，随意扫描物体的任何部位。

⑧ 良好的操作性：扫描一副牙齿模型的时间为30min。

⑨ 兼备3D Camega三维图像数据处理软件。

2）应用场合

适用于叶轮、叶片三维检测、逆向建模、小型精密模具三维扫描及逆向建模、牙齿扫描建模、弹痕识别等诸多领域。

3.4.2 ATOS光学扫描仪

德国GOM公司的ATOS三维扫描仪为工业测量提供一种非接触式的三维光学测量和质量评估的解决方案。ATOS采用立体相机测量技术和先进的电位差相位测量光栅，可在1～2s内获得多达四百万的高精度点云数据，并可满足在任何环境对不同尺寸的复杂零件进行三维测量，更提供完整的误差分析和评估功能，是产品开发和质量检测的必备工具。其独特的流动式设计和不同视角点云的自动拼合技术，使扫描不需要借助于机床的驱动，扫描范围可达20m，可广泛应用于汽车、模具、航空航天、涡轮叶片、精密注塑和压铸、玩具、文物、消费品等行业。

1. 结构光三维扫描测量系统工作原理

ATOS流动式光学扫描仪采用结构光测量技术，可借助高分辨率的CCD数码相机对复杂工件表面进行高速扫描测量。它可利用多组固定参考点，对多次扫描测量摄取的信息数据进行拟合比较，自动拼合成单一的整体立体图，并能输出被测表面相关点（或面）的数字化三维数据，供CAD、CAM和CNC等软件运行进行曲面重建、产品设计甚至直接加工。结构光三维扫描法的测量原理如图7-3-34所示。ATOS扫描头（如图7-3-35所示）上的投影装置将黑白相间的灰度编码结构光栅图像投影到被扫描物体表面，受被测物体表面高度的限制，光栅影线发生变形，利用两台以不同角度安装的CCD数码相机同时摄取图像。规则的光栅图像受到物体表面高度的调制而发生变形，可以通过相移与灰度编码技术的结合，解决两幅图像上空间点的对应问题，并通过两台相机的三角交汇快速获得形体的三维坐标信息。

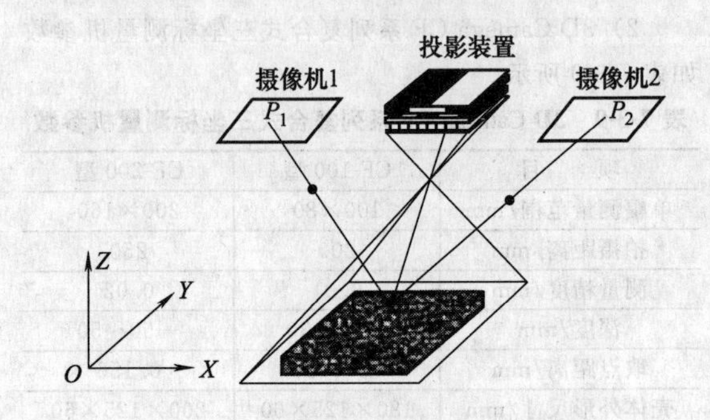

图7-3-34 结构光三维扫描法测量原理

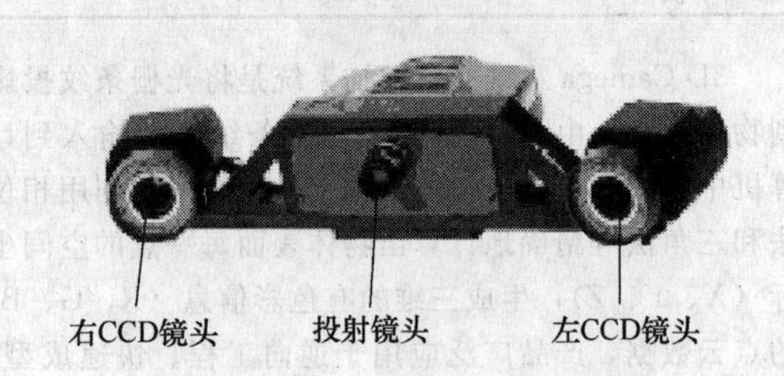

图7-3-35 ATOS扫描头

由于其工作原理的限制，结构光测头通常一次只能沿一个方向测量以获得被测物体的点云数据。为了获得复杂结构物体的完整形状信息，一般需要从多个视角进行测量，并对多视角测得的曲面三维数据进行配准，并将其转换到同一坐标系下。在结构光扫描法中，基准坐标系是通过对相机定标来确定的，一般可选取两个相机坐标系之一，将相机的成像平面定义为XY平面，相机光轴定义为Z轴，并取光轴与XY平面的交点为坐标原点O。

在应用图像测量技术的检测系统中，一般采用图像识别、匹配等算法获得被测物体的位置和尺寸信息。而这些信息对于数字图像而言，只能以像素单位来表示，将像素结果转化为实际距离和长度，则必须借助于相机的标定。因此，相机的定标精度是保证系统测量精度的前提。

2. 光栅式扫描仪Atos

在非接触式测量中，结构光的测量技术在商品化光学测量系统中最为流行，Atos 扫描仪就是其中非常有代表性的一种，它能够快速采集大量实物表面的数据点，并能达到较高的精度，它是由德国 GOM 公司生产的一种光学测量设备，中间是普通光源，两端是 CCD 相机，它采用光栅测量实物，运用数字图像处理技术，获得实物的三维 CAD 数模。

光栅投影式测量的基本原理是：把光栅投影到被测件表面上时，由于受到被测零件表面高度的调制，光栅影线将发生变形；通过解调该变形光栅影线，就可得到被测表面的高度信息。如图 7-3-36 所示，测量前，入射光线 P 照射到参考平面上的 A 点；放上被测物体后，入射光线 P 照射到被测物体上的 D 点。此时从图示方向观察，A 点就移到新的位置 C 点，距离 AC 就携带了高度信息 $z=h(x, y)$，即高度受到了表面形状的调制。目前解调变形光栅影线的方法主要有傅里叶分析法和相移法，而傅里叶分析法比相移法更易于实现自动化，但精度略低。

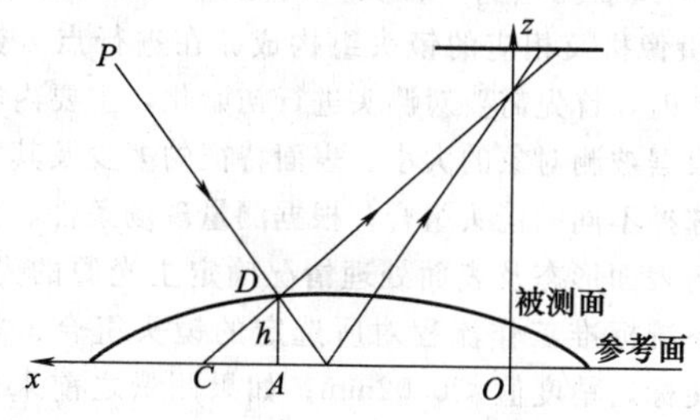

图 7-3-36 光栅式测量原理

3. Atos 的点云采集原理

Atos 三维扫描仪是一种带有两个 CCD 摄像机和一个中央投影单元的光学三维扫描仪。它的中央投影单元部分配备了一个白色的投射灯泡和一个可规则滑动的复杂光栅。Atos 扫描仪的传感器被固定在一个三脚架上，并可很方便地沿四轴方向转动。测量时，投射灯泡将规则变化的光栅投影到被测工件表面产生摩尔条纹，摩尔条纹的变化被 CCD 镜头记录下来并转送到计算机，经过处理以后得到两个 CCD 镜头分别拍摄到的两张三维照片。由于两个 CCD 镜头可以感知高达 440000 个像素，所以每一单幅照片可以采集到 113 万个有效数据，准确地标定出其三维空间坐标值。Atos 扫描仪的工作原理如图 7-3-37 所示。由投影单元产生均匀的平行投射光柱，在投射光与被测物之间以 LCD 产生空间编码图案。投射光柱将空间编码图案依序地投射于被测物体表面，并同时运用取像感测器（CCD）取像，进行空间编码，以确定每一测量点的相对位置不致于混淆。再将测量物件与取像感测器间的坐标关系作适当转换，以获得 CCD 的参数与所取影像的关系。当以适当的影像前处理程序完成所摄取的测量影像的处理后，即可得到被测物的 3D 对应平面（2D）坐标值。据此，由 2D 坐标的每一坐标点与取像镜心所构成的空间虚拟直线与投射编码图案所形成的空间虚拟平面间将产生相对的唯一交点，因此可顺利产生测量物的三维坐标。由于两个摄像机所得的绝对相位函数都进行计算，通过采用一种新的关联算法，由已知标定的探测装置可以计算得出高精度物体坐标。

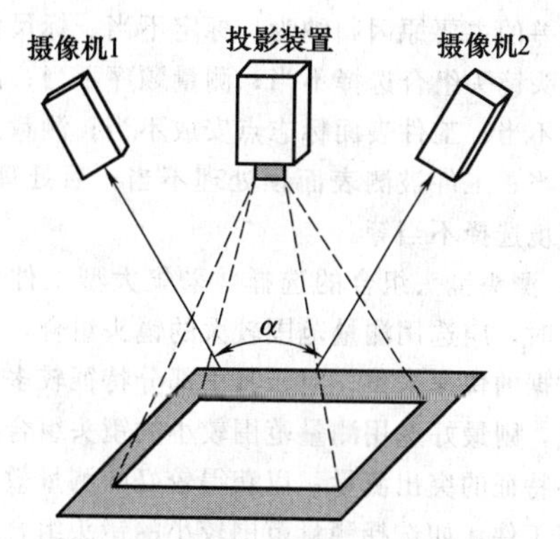

图 7-3-37 Atos 扫描仪的工作原理

4. Atos 的辅助工具——Tritop

Tritop 数码相机系统利用照相机技术来获取某些特征标志点的三坐标位置。这些特征点以两种方式被数码照相机识别。通过这些识别方法，可从每个摄像角度捕获并识别在可见范围内的被测物体上产生的一种圆锥形光线。一旦摄像角度被确定后，那些特征点的三维坐标就被确定下来，并在 Tritop 软件的窗口中用十字叉进行标记。当然，这些复杂的计算都是由软件本身解决的。如前所述，由于误差累积的原因，Atos 在测量大型工件时，其定位精度成为一个问题，而 Tritop 数码照相系统正是解决这一问题的最好方法之一。

Tritop 系统的单幅测量范围远远大于 Atos 系统，可以达到 8m×8m 的范围，同时精度可以达到 0.1mm/1000mm。Tritop 与 Atos 不同的是，Atos 系统测量所得数据是物体表面的点的数据点云，而 Tritop 系统测量所得到的是参考点的坐标。由于 Atos 正是根据参考点来为所测得点云进行定位。因此，有了 Tritop 的辅助，Atos 误差累积的问题就可迎刃而解了。

5. 光学扫描测量精度影响因素

(1) 测量误差主要表现形式

① 采集数据缺失或数据密度达不到要求。用这种不完整的数据进行点云拟合，误差较大，难以达到要求的测量精度。

② 对同一表面的数据采集结果表现为多层点云。这种情况往往出现于被测对象为大型工件或工件为透明物体时。

③ 单幅采集数据不准确，影响整体测量精度。

④ 累积误差过大，使测量结果出现明显偏差。

⑤ 点云拼接错误，导致较大测量误差。

⑥ 测量结果中粗大点（噪声）数据过多。

(2) 误差原因分析及提高精度的对策

结合实际工作经验，通过测试分析，将产生较大测量误差的主要原因归纳为：标定不当、标尺使用不当；测头镜头组合选择不当；测量顺序不当；测量策略选择不当；工件表面标志点安放不当；测量过程中操作不当；工件被测表面预处理不当；后处理不当；测量环境选择不当等。

1）测头镜头组合的选择　采集大型工件表面点云数据时，应选用测量范围较大的镜头组合，以实现总体数据的快速采集；对于其中部分特征较多、较小的区域，则最好选用测量范围较小的镜头组合再进行局部小特征的突出测量，以获得较好的测量效果。对于大型工件，如选择测量范围较小的镜头组合进行测量，则要求工件表面有较多用于点云拼接的标识点，这就会延长工件预处理时间，加大测量时间跨度，因环境温度随时间变化引起的误差就会反映到测量结果中，且会影响整个测量效率。如果用数码相机对整个工件上的标识点进行定位，测量时自动进行拼接，则因标识点数较多、出现标识点之间关系相同的概率变大，容易发生拼接错误；如果不用数码相机对整个工件上的标识点进行定位，相邻单幅点云之间利用共同标识点进行拼接，则由于拼接次数较多，也会产生拼接累积误差过大的现象。反之，对于小型工件，如果选择测量范围较大的镜头组合进行测量，则无法准确反映工件上的小特征，使测量结果达不到要求的精度，需要重新更换合适的镜头组合，重新进行标定和测量。

2）测量顺序的要求　测量顺序是指测量时相邻单幅测量结果间的叠加顺序。以测量一个细长工件为例（见图 7-3-38、图 7-3-39），图中 1、2、3、4、5 所示矩形区域为当前标定测头的测量范围。当按图 7-3-38 所示发射状排列方式测量工件时，首先测量工件中间位置，完成中间第 1 幅的测量后，再测量第 2 幅，然后利用三个共同的标志点将第 2 幅与第 1 幅进行拼合，此时会产生一个拼接误差 D；同样，第 3 幅与第 2 幅之间进行拼合时，也会产生一个拼接误差 D。假设所有的拼接误差大小相同，则如图 7-3-38 所示，1、2、3 之间产生的累积误差为 $2D$，1、4、5 之间产生的累积误差也为 $2D$。测量结果显示，1、2、3 之间的累积误差与 1、4、5 之间的累积误差并不形成叠加关系，因此总的累积误差仍为 $2D$。如按图 7-3-39 所示的顺序排列方式测量工件，则最大累积误差为 $4D$。因此，测量时应尽可能采用“以中心为基准，发射状排列”的测量顺序，以减小累积误差。

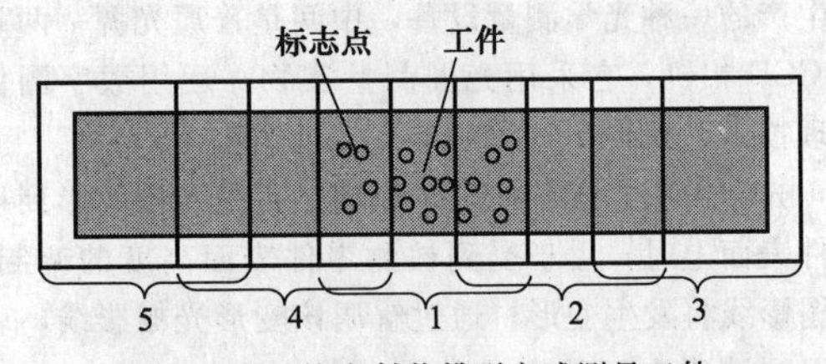

图 7-3-38　按发射状排列方式测量工件

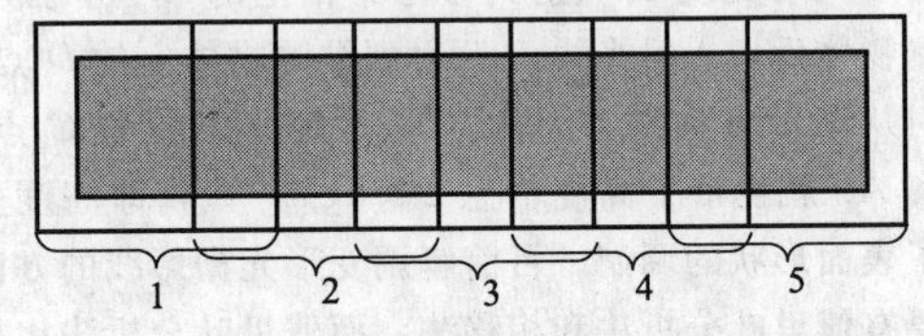

图 7-3-39　按顺序排列方式测量工件

3）扫描测量头（测头）的选择　测头由光源、CCD 摄像机及相应的镜头组构成。在进行点云数据采集之前，首先需要对测头进行初始化，主要内容包括：根据被测对象的大小、表面特征的多少及其复杂程度选择不同的镜头组合；根据测量现场条件、被测对象的表面形态及表面处理情况确定主光源的光强；根据系统标准工作流程对所选定的镜头组合进行标定，使标定精度值<0.02mm；如果测量之前未进行上述工作，而是直接使用以前标定的测头进行测量，则可能因镜头组合、光源光强、标定精度不符合本次测量要求而无法保证测量精度，导致产生较大误差。在测量中，如果因操作失误而使测头受到冲击、碰撞，应及时对测头进行检查，如已发生损坏，要进行修理；如未发生损坏，也必须对测头进行重新标定；即使测量中未发生任何操作失误，但如果测量时间较长，也需定时对测头进行快速标定，检查测头的精度状况。

标尺是对大型工件进行数据采集时利用数码相机对整个工件上的标识点进行定位的必备工具，所使用标尺上的标准尺寸应与实际利用照片进行处理时所显示的尺寸数值一致。

4）工件表面标志点的安放　不管是大型工件还是中、小型工件的测量，都会遇到工件表面标志点的安放问题。点云是一个基准，它应处于整个点云的中心或一个比较重要的位置。大型工件的数据采集一般需要使用标尺和数码相机，测量可分两步进行：第一步，利用大的数码点对用于单幅测量点云拼合的标志点进行整体构造，为保证通过正常运算获得单幅测量用的标志点点云，必须遵循排列规则；第二步，以标志点点云作为参考系，系统会将测得的每个单幅点云中的标志点与已有参考点云中的标志点进行比较，如二者吻合，则自动进行拼合，两个相邻单幅点云之间不必再有重叠部分。也可进行测量，但前提是每个单幅点云都必须包含至少三个标志点，此时需对被测区域适当粘贴标志点，否则会造成测量困难或使测量精度下降。中型工件的标志点粘贴与大型工件有所不同，由于相邻两幅点云的自动（或手工）拼合需要根据相邻单幅点云的共同标志点来完成，因此中型工件的标志点粘贴密度应大于大型工件，否则难以实现相邻两幅点云的拼合。由于小型工件标志点的安放会不同程度地掩盖工件上的特征，因此工件表面应尽量少贴或不贴标志点，以获得较完整的扫描数据。此外，一般应将标志点粘贴在工件上较平整位置，以减小对标志点处点云补缺的难度及相应的测量误差。

5）后处理的要求　在光学扫描测量中，并非测量所得数据即为点云数据，测量的过程实际上是形成工件影像的过程，要获得点云数据，还需利用Atos系统对形成的影像数据进行后处理。对于用单幅点云进行拼合生成的结果，首先需要利用几个共同的标识点将所有的单幅数据对齐，以减少累积误差；然后利用对齐后的点云进行重运算，将影像数据转换为点云数据。此时的点云数据可能还存在密度不均匀、粗大误差点多等问题，可再经过三角网格化处理。

6）工件被测表面预处理的要求　开始测量前，需要对工件表面进行适当的预处理。如果工件形状十分简单，且工件尺寸较小，通过单幅测量即可完成数据采集，则只需使工件表面能在主光源照射下形成漫反射即可。但通常情况下，仅仅通过单幅扫描测量很难完成对一个完整工件的数据采集，且一般的工件表面在主光源照射下也很难形成符合测量要求的漫反射，因此必须在工件表面预设一些参考点，利用共同的参考点对各次测量结果进行拼合，并用着色剂对工件表面进行均匀喷涂处理，使工件表面形成较理想的漫反射。被测工件表面预处理不当主要指：工件表面某些部位反光过强或吸光过多，不能形成适合扫描要求的漫反射，导致无法形成有效的点云，测量结果显示该部位数据缺失；缺乏足够的参考点，导致无法进行拼合，即使能形成点云，也只是分散点云而不是整体点云；工件表面参考点的粘贴一致性太强，缺少特点，使系统无法有效识别单幅点云的拼合位置，从而容易产生拼合错误，难以形成被测工件的整体点云。工件被测表面预处理不当还包括未对工件表面不能正确反映设计意图的部分进行修正、工件表面在测量中被碰伤而未及时修复、工件安放状态不当（如工件受力）等非测量因素。此外，在对工件内腔（如发动机气道）进行硅胶注射以形成模型时，注射量不足或硅胶中气泡过多也会使形成的模型不能正确反映工件内腔实际形状。

7）测量过程中操作的要求　在测量过程中，应注意以下操作要点：调整测头方位，使被测部位同时位于两个测头的测量范围之内；调整主光源的光强，分别调整标识点和工件表面的清晰度，使测量部位的标识点及工件表面达到最清晰程度；测量过程中应尽量避免对测头的冲击或碰撞。如不慎发生这种情况，应及时对测头进行检查和重新标定，以保持后续测量的精度，否则，测量结果会显示测量部件数据缺失，甚至使测量完全无法继续进行。

8）测量策略选择的要求　测量时，应将被测工件按大型工件、中型工件、小尺寸多特征工件、内腔工件等进行分类，对于每类工件应相应采取不同的测量策略。测量大型工件时，可首先用数码相机对标识点进行总体定位，然后选择一个单幅测量范围较大的镜头组合进行测量；如工件尺寸过大，可分两次进行测量，然后利用共同的参考点进行拼合；如大尺寸工件中存在较多的局部小特征，则可在测量基本完成后，再选用一组测量范围较小的镜头组合进行局部测量。为便于小范围测量的自动拼合，对该局部进行预处理时应增加参考点的密度。测量中、小型工件时，应注意采用正确的测量顺序，以减少累积误差。实际上，对中、小型工件也可以采用对大尺寸工件的测量策略，但必须配备用于对参考点进行总体定位的数码相机及相关软件。测量工件内腔表面时，为克服光学扫描测量设备的景深限制，可采取一些技术手段将内腔测量转化为外型测量，如可将硅胶注入工件内腔中，待其凝固后取出，对其外型进行测量。最终获得质量较好的点云数据。

3.4.3 HDI白光三维扫描仪

加拿大3D3 Solutions公司HDI先进的光学三维光学扫描仪如图7-3-40所示，通过光栅干涉原理，利用白光投影法，对工件作高精度非接触式数据采集，把立体及表面转化成点云数据。配合逆向工程及快速成型技术以用于产品开发、逆向工程，或利用扫描数据与CAD模型作公差比较进行检测。

系统由光源投射单元和摄像镜头组成，透过光学原理采集表面数据。并通过分析多张影像中的共同特征，获取工件的整体数据。系统光源和镜头的距离可被设定，以摄取不同大小范围（FOV）的数码影像，

图 7-3-40　HDI 白光三维扫描仪

单张照片范围包括 50mm×50mm、100mm×100mm，甚至 800mm×800mm。其摄像范围灵活，基本上没有对象尺寸限制。选配转台，可作 360°旋转扫描，自动拼接数据。另可安装于三脚架上，随意移动至任何位置，作高速测量。它可摄取 140 万至 500 万像素（单张照片）的高分辨率数码影像，产生高密度的点数据，能采集精细部位数据。

其广泛应用于汽车整车及零部件、工业设计、模具、航空航天、造船、汽轮机、重机以及其他机械加工行业。

① 汽车白车身测量；

② 产品三维坐标测量、叶轮、泵的测量；

③ 铸件、锻件的检测，模具磨损分析；

④ 航空航天部件逆向；

⑤ 汽轮机定子转子测量。

其技术参数如表 7-3-11 所示。

HDI 白光三维扫描仪的各项技术参数如表 7-3-12 所示。

表 7-3-11　HDI 白光三维扫描仪技术参数

技术参数	数值
单幅测量范围/mm	100～2000(对角)
点云密度/mm	0.04
测量距离/mm	400～2000
精度/mm	0.02～0.05
数据获取时间/s	3～6
每张照片获取点的数量	150 万
镜头分辨率/dpi	2048×1536
工作范围/mm	400～5000
输出数据格式	PLY,OBJ,STL,ASC,3D3,3D3F

表 7-3-12　光学扫描仪的各项技术参数

项　目	ATOS Ⅰ/2M	ATOS Ⅱ/4M	ATOS Ⅱe	ATOS Ⅲ
测量点	800000/2000000	1400000/4000000	1400000	4000000
测量时间/s	0.8	1	1	2
单幅测量范围(min)/mm	40×30×30	30×24×13	55×44×30	30×30×13
单幅测量范围(max)/mm	1000×800×800	2000×1600×1600	2000×1600×1600	2000×2000×2000
测量点距/mm	0.04～1	0.015～1.4	0.04～1.4	0.04～1
测量距离/mm	650～1300	280～2000	280～2000	760～2800
球间距 探测误差 平整度误差	0.005＋D/15000 0.003＋D/40000 0.005＋D/25000	0.005＋D/25000 0.003＋D/100000 0.005＋D/50000	0.005＋D/25000 0.003＋D/100000 0.005＋D/50000	0.005＋D/35000 0.003＋D/140000 0.005＋D/70000
TRITOP 测量精度	0.0125mm/m			
投影光栅亮度/lm	400	400	4500	4500
光栅技术	格雷码光栅	电位差法相位光栅	电位差法相位光栅	电位差法相位光栅
扫描头尺寸/mm	440×140×200	490×260×170	490×260×170	490×260×170
扫描头质量/kg	4	5.2	7	7.4
控制器	外置	外置	内置	内置

注：D 为单幅测量范围对角线长度。

3.4.4　海克斯康 Optigo 白光测量系统

(1) Tri-Linear Tensor Technology 三镜头投影技术

为解决透视问题，必须使用已知的平面而不是任意的投影面，这使得三镜头需要固定；为了防止镜头的曲率对所得图像的“失真”选择了工业级的施耐德镜头组；为了对所测的唯一可视面获得最大的范围，所以三个镜头将有共同的视场范围。

(2) 目标标签点的作用

为了使每次测量得到的数据之间能拼合在一起，需要在物体表面做上相对固定的临时目标点（targets)；由于立体几何的公理，即不共线的三点确定唯一平面，所以理论上只要获得3个不共线的目标点即能确定该点云的空间位置。由于白光的初始数据精度在0.68μm，所以会出现重复的三点可能性不存在，尤其是人工手动贴点。

(3) 特征测量

特征来自照片，因为照片的初始精度能达到0.68μm，意味着得到特征的精度更加高。但由于测量的原则中要避免俯视和仰视（同理在特征测量里不同的视角也会对测量造成误差），所以从两个不同角度测量的方法来消除这种测量的误差（一次角度意味着有3个不同角度的镜头捕捉到特征）。

3.4.5　CoreView 系列软件

CoreView Lite 是来自 Hexagon 计量产业集团的一款通用尺寸测量数据浏览工具，采用 CoreView 格式。CoreView Lite 可为用户提供丰富和具有指导意义的数据信息，提升贯穿整个产品设计、工程以及制造过程的产品品质和整体性能。

CoreView 系列软件主要包括：

① CoreView Measure/Teach (Measurement/Teach)。

② CoreView Analysis (Measurement offline)。

③ CoreView Mapping (CogniTens Mapping/V-Star)。

④ CoreView Pro/Lite。

⑤ CoreView STL。

⑥ CoreView Plan (OptiPlan)。

其新功能为：

① 支持截面线以 IGES 格式输出。

② 能直接将圆孔转换为圆柱。

③ 建坐标时圆柱的算法更优化。

④ 定义表面点时允许坐标缺损。

⑤ 后台计算，边拍摄边计算。

⑥ 边界计算能力加强。

⑦ 截面线视图可自定义。

⑧ CAD 树状管理。

⑨ 表面分析支持异公差比例显示。

⑩ 面差间隙分析模块。

⑪ 凸曲线测量。

⑫ 全面支持32位/64位计算机。

3.4.6　Optiv 复合式影像测量系统

Hexagon 计量产业集团实现了对复合式影像测量系统的整合，推出 Optiv 品牌和完善的复合式影像测量仪产品组合。Optiv 复合式影像测量仪包括从台面式紧凑型测量系统一直到高精度顶级性能的复合传感器影像测量系统，并包含纳米领域的测量系统，如图7-3-41所示。

图7-3-41　Optiv 复合式影像测量仪

Optiv 复合式影像测量系统，在一台设备中整合了影像、激光、白光和接触式多种测量技术，可根据工件的三维几何形状、材料、反光性能和精度要求选择最合适的传感器进行检测，从而为多任务检测提供了与众不同的灵活性、精度和效率。Optiv 影像测量仪可提供双 Z 轴设计，将测量传感器分节在两个 Z 轴，简化了测量复杂的三维零部件时传感器的运动，能够缩短测量周期并提高系统的灵活性。

Optiv 分以下四个系列，能满足各类用户需求。

① Optiv Classic：结构紧凑，经济实用，提供了最优化的性价比。

② Optiv Performance：能完成多种测量任务，提供了完整的复合多传感器选择，是在计量室以及生产现场完成各种尺寸测量的第一选择。

③ Optiv Advantage：提供了最广泛的选项，集复合传感器技术和高精度于一身。

④ Optiv Reference：为精度和技术要求提供了优质保障，为具有极为严格公差要求的工件提供了高精

度三维测量方案。

(1) Optiv Classic

Optiv Classic系列影像测量仪是一个集先进的复合传感器测量技术于一体的紧凑合理的主机系统，是小型工件的理想选择，Optiv Classic的“台面式”设计，提供了高可靠性的机械轴承，适合于应用在生产环境。该系列代表了当今最经济有效的复合式影像测量系统。其设计特性如下。

① 机械轴承。

② 台面式设计，配备十字工作台。

③ 复合传感器技术。

④ 1z（一次元测量仪）。

⑤ 测量范围：300mm×200mm×150mm。

(2) Optiv Performance

采用稳固的机构，提供了完整的传感器选择，Optiv Performance系列光学影像测量系统提供了完成各种测量任务的优化选择。Optiv Performance提供了五种尺寸系列，测量范围包括：250mm×200mm×200mm，410mm×410mm×200mm，610mm×610mm×200mm，600mm×600mm×400mm，920mm×800mm×200mm。

1) Optiv Performance 222如图7-3-42所示，其设计特点如下。

① 机械轴承。

② 台面式设计，十字工作台移动。

③ 多传感器技术。

④ 1z。

⑤ 测量范围：250mm×200mm×200mm。

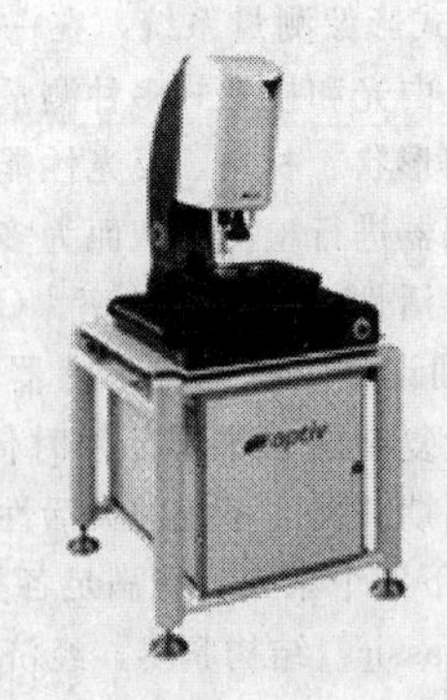

图7-3-42 Optiv Performance 222

2) Optiv Performance 442/662如图7-3-43所示，其设计特点如下。

① 机械轴承。

② 固定桥式设计。

③ 多传感器技术。

④ 1z。

⑤ 测量范围：410mm×410mm×200mm、610mm×610mm×200mm。

图7-3-43 Optiv Performance 442/662

3) Optiv Performance 664如图7-3-44所示，其设计特点如下。

① 机械轴承。

② 固定桥式设计。

③ 多传感器技术。

④ 1z。

⑤ 测量范围：600mm×600mm×400mm。

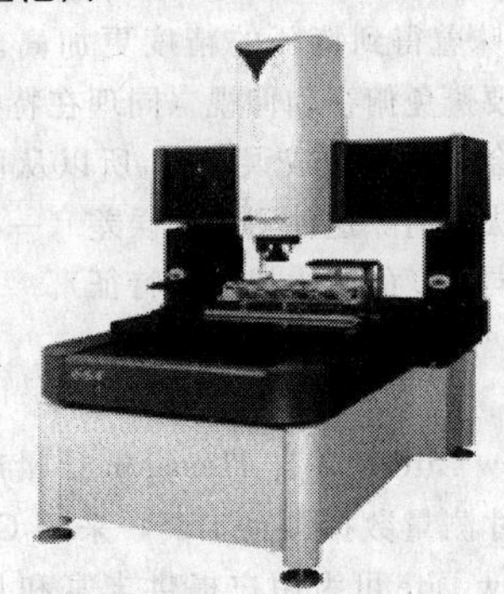

图7-3-44 Optiv Performance 664

4) Optiv Performance 982如图7-3-45所示，其设计特点如下。

① 机械轴承。

② 固定桥式设计。

③ 多传感器技术。

④ 1z。

⑤ 测量范围：920mm×800mm×200mm。

图7-3-45 Optiv Performance 982

(3) Optiv Advantage

在实现高精度、高性能的同时，Optiv Advantage 为影像测量提供了高效率。

提供了最广泛的影像测量产品组合，将高精度与高运行速度结合为一身，提供了更高的测量效率。为在车间现场使用，Advantage 系列桥式空气轴承机型配备温控保护罩。

1）Optiv Advantage 443/663 如图 7-3-46 所示，其技术特点如下。

① 空气轴承。

② 固定桥式设计。

③ 多传感器技术。

④ 1z。

⑤ 测量范围：450mm×400mm×300mm、650mm×600mm×300mm。

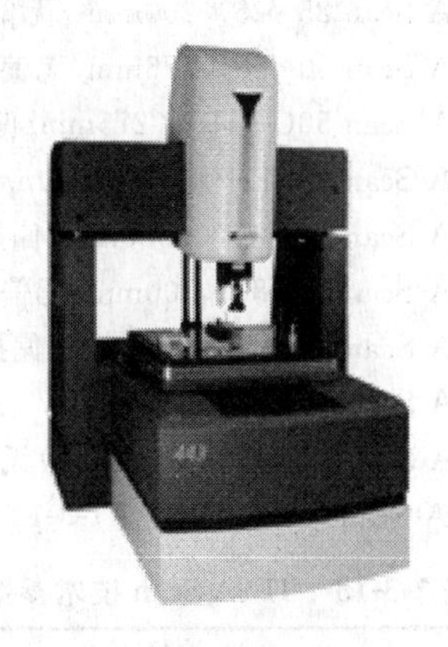

图 7-3-46 Optiv Advantage 443/663

2）Optiv Advantage 2z563/2z764 如图 7-3-47 所示，其技术特点如下。

① 空气轴承。

② 固定桥式设计。

③ 多传感器技术。

④ 2z（二次元测量仪）。

⑤ 测量范围：530mm×600mm×300mm、730mm×600mm×450mm。

图 7-3-47 Optiv Advantage 2z563/2z764

3）Optiv Advantage 10103/10106 如图 7-3-48 所示，其技术特点如下。

① 空气轴承。

② 固定桥式设计。

③ 多传感器技术。

④ 1z。

⑤ 测量范围：1050mm × 1000mm × 300mm、1050mm×1000mm×600mm。

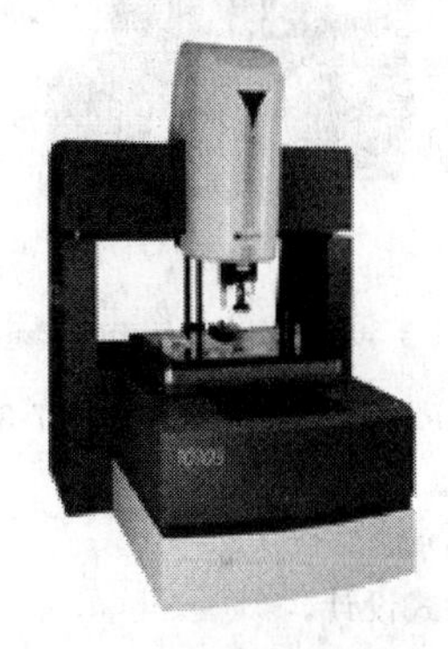

图 7-3-48 Optiv Advantage 10103/10106

4）Optiv Advantage 2z1564 如图 7-3-49 所示，其技术特点如下。

① 空气轴承。

② 固定桥式设计。

③ 多传感器技术。

④ 2z。

⑤ 测量范围：1500mm×600mm×450mm。

图 7-3-49 Optiv Advantage 2z1564

(4) Optiv Reference

为了应对最高精度的测量要求，Optiv Reference 系列影像测量仪为三维精密测量提供了顶级精度。高刚性桥式结构设计，最新的结构材料技术，所有轴分布的空气轴承以及选项的减振器，提供了一个无与伦比的影像测量平台。

1）Optiv Reference 2z543 如图 7-3-50 所示，其技术特点如下。

① 固定桥式设计。

② 空气轴承。

③ 多传感器技术。

④ 2z。

⑤ 测量范围：530mm×400mm×300mm。

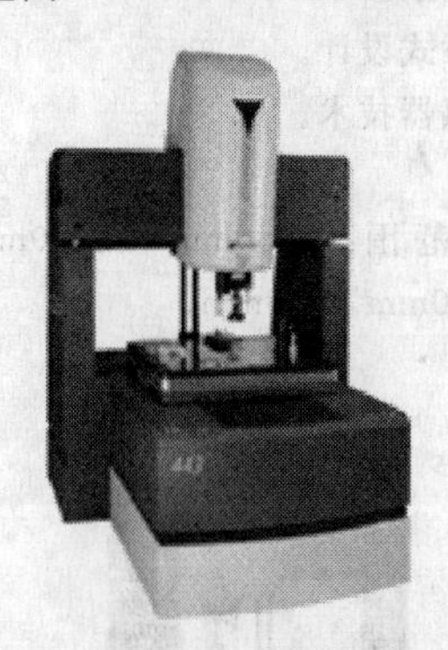

图 7-3-50 Optiv Reference 2z543

2）Optiv Reference 2z763 如图 7-3-51 所示，其技术特点如下。

① 空气轴承。

② 固定桥式设计。

③ 多传感器技术。

④ 2z。

⑤ 测量范围：730mm×600mm×300mm。

图 7-3-51 Optiv Reference 2z763

3.4.7 TESA 轴类零件光学测量仪

TESA SCAN 专门用于回转体零件的非接触测量，集多种光电测量系统功能于一身，提供了对回转体零件更有效的替代传统检测的方法。可以测量回转体的形状和尺寸，直径从 0.3mm 到 130mm，长度可达到 800mm。

1）TESA Scan 系统工作原理如图 7-3-52 所示。

① 水平方向采用线性 CCD，分辨率为 0.2μm（TESA Scan25/80 系列）或 0.3μm（TESA Scan50/130 系列），可以使直径的测量精度达到 1.5～2μm。

② 采点速度每秒 1200 点。

③ 竖直方向采用 0.001mm 的光栅尺。

④ 通过水平方向的旋转电机可以实现跳动、圆度和同轴度等形位误差的快速测量。

⑤ 特有的倾斜 CCD 技术（专利）。

⑥ 特有的投影屏。

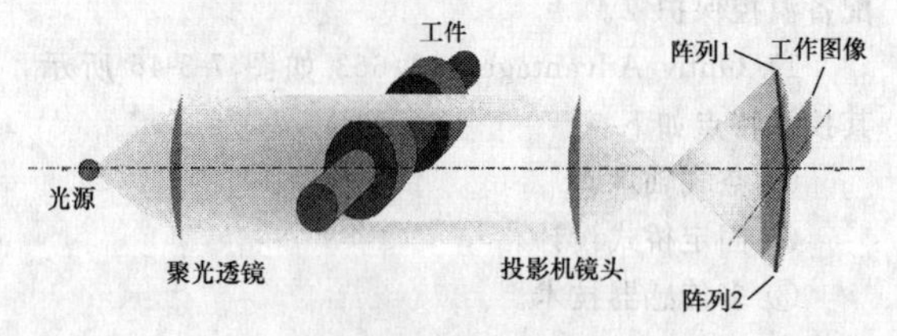

图 7-3-52 测量示意

2）TESA Scan 型号如下。

① TESA Scan 25 ϕ25×200mm /无偏摆。

② TESA Scan 50 ϕ50×275mm/无偏摆。

③ TESA Scan 50C+ϕ50×275mm/偏摆 15°。

④ TESA Scan 50CE+ϕ50×275mm/偏摆 30°。

⑤ TESA Scan 50+ϕ50×500mm/偏摆 15°。

⑥ TESA Scan 80 ϕ80×500mm/无偏摆。

⑦ TESA Scan 80+ϕ80×500mm/偏摆 10°。

⑧ TESA Scan 100 ϕ100×800mm/无偏摆。

⑨ TESA Scan 130 ϕ130×800mm/无偏摆。

3）TESA Scan 技术参数如表 7-3-13 所示。

表 7-3-13 TESA Scan 技术参数

型号	直径精度/μm	长度精度/μm	质量/kg
TESA Scan 25	1.5+0.01*D*	6+0.01*L*	5
TESA Scan 50	2+0.01*D*	7+0.01*L*	4
TESA Scan 50C+	2+0.01*D*	7+0.01*L*	4
TESA Scan 50CE+	2+0.01*D*	7+0.01*L*	4
TESA Scan 50+	2+0.01*D*	7+0.01*L*	6
TESA Scan 80	1.5+0.01*D*（*D*<30mm） 2+0.01*D*（*D*>30mm）	7+0.01*L*（*D*<30mm） 8+0.01*L*（*D*>30mm）	6
TESA Scan 100	2+0.01*D*	8+0.01*L*	30
TESA Scan 130	2+0.01*D*	8+0.01*L*	30

注：*D* 表示直径，单位为 mm。*L* 表示长度，单位为 mm。

第 4 章　测量对象和测量方法

4.1　测量工具

测量的四个基本要素如表 7-4-1 所示。

表 7-4-1　测量的四个基本要素

名称	含义
被测对象	在机械精度的检测中，主要是有关几何精度方面的参数量，基本被测对象是几何量，包括长度、角度、表面粗糙度轮廓、形状和位置误差以及螺纹、齿轮的各几何参数等
计量单位	定量表示同种量的量值而约定采用的特定量。我国规定采用以国际单位制为基础的“法定计量单位”。它由一组选定的基本单位和由定义公式与比例因数确定的导出单位所组成。几何量长度的基本单位为米(m)，长度的常用单位有毫米(mm)和微米(μm)。$1m=10^3mm$，$1mm=10^3\mu m$。超高精度测量中，采用纳米(nm)为单位，$1\mu m=10^3nm$。几何量中平面角度单位为弧度(rad)、毫弧度(mrad)、微弧度(μrad)及度(°)、分(′)、秒(″)，$1rad=10^3mrad=10^6\mu rad$。度、分、秒的关系采用 60 等分制，即 1°＝60′，1′＝60″
测量方法	测量方法是测量时采用的测量原理、计量器具和测量条件的综合，测量时根据被测零件的特点(如材料硬度、外形尺寸、批量大小)和被测对象的定义及精度要求来拟定测量方案、选择计量器具和规定测量条件
测量精度	测量精度是指测量结果与真值相一致的程度。由于测量误差不可避免，测量结果在一定范围内近似于真值，测量误差的大小反映测量精度的高低

游标卡尺的结构和用法如表 7-4-2 所示。

表 7-4-2　游标卡尺的结构和用法

主要结构	使用方法
主尺	是一般常用的毫米刻度尺
游标尺	可以在主尺上左右移动 不同种类的游标尺上的刻度线的条数不同，就是通过游标尺来精确读数的
外测量爪	用来测量无替代长度、孔的外径、孔壁厚度等尺寸 用法是将物体夹在两个外测量爪之间夹紧
内测量爪	用来测量孔内径、槽的内部的宽度等尺寸 用法是将物体卡在两个内测量爪外，把游标卡尺尽量向外拉紧
深度尺	用来测量孔、槽的深度等尺寸 用法是将深度尺插入孔、槽内，直到不能再往里插为止
紧固螺母	固定游标卡尺用，方便读数 用法是测量完物体之后，把它拧紧，把物体从游标卡尺上取下，这样游标尺在主尺上就不会动了

游标卡尺和千分尺的不确定度如表 7-4-3 所示。

表 7-4-3　游标卡尺和千分尺的不确定度　mm

<table>
<tr><td colspan="2" rowspan="2">尺寸范围</td><td colspan="4">计量器具类型</td></tr>
<tr><td>分度值 0.01
外径千分尺</td><td>分度值 0.01
内径千分尺</td><td>分度值 0.02
游标卡尺</td><td>分度值 0.05
游标卡尺</td></tr>
<tr><td>大于</td><td>至</td><td colspan="4">不确定度</td></tr>
<tr><td>0</td><td>50</td><td>0.004</td><td rowspan="3">0.008</td><td rowspan="6">0.020</td><td rowspan="4">0.05</td></tr>
<tr><td>50</td><td>100</td><td>0.005</td></tr>
<tr><td>100</td><td>150</td><td>0.006</td></tr>
<tr><td>150</td><td>200</td><td>0.007</td><td rowspan="3">0.013</td></tr>
<tr><td>200</td><td>250</td><td>0.008</td><td rowspan="2"></td></tr>
<tr><td>250</td><td>300</td><td>0.009</td></tr>
</table>

续表

尺寸范围		计量器具类型			
		分度值 0.01 外径千分尺	分度值 0.01 内径千分尺	分度值 0.02 游标卡尺	分度值 0.05 游标卡尺
大于	至	不确定度			
300	350	0.010	0.020	—	0.100
350	400	0.011			
400	450	0.012			
450	500	0.013	0.025		
500	600	—	0.030		
600	700				0.150
700	1000				

比较仪的不确定度如表 7-4-4 所示。

表 7-4-4　比较仪的不确定度　　mm

尺寸范围		所使用的计量器具			
		分度值为 0.0005（相当于放大倍数 2000 倍）的比较仪	分度值为 0.001（相当于放大倍数 1000 倍）的比较仪	分度值为 0.002（相当于放大倍数 400 倍）的比较仪	分度值为 0.005（相当于放大倍数 250 倍）的比较仪
大于	至	不确定度			
0	25	0.0006	0.0010	0.0017	0.0030
25	40	0.0007		0.0018	
40	65	0.0008	0.0011		
65	90	0.0008			
90	115	0.0009	0.0012	0.0019	0.0035
115	165	0.0010	0.0013		
165	215	0.0012	0.0014	0.0020	
215	265	0.0014	0.0016	0.0021	
265	315	0.0016	0.0017	0.0022	

常用计量器具的分类及结构特征如表 7-4-5 所示。

表 7-4-5　常用计量器具的分类及结构特征

分类		结构特征	常用计量器具举例
量具	单值量具	复现几何量的单个量值的量具	量块、直角尺
	多值量具	复现一定范围内一系列不同量值的量具	线纹尺
量规		没有刻度的专用计量器具，用以检验零件要素几何尺寸和形位误差的综合结果，只能确定被检验要素是否合格	光滑极限量规、螺纹量规、功能量规
计量器具	机械式量仪	用机械方法实现原始信号转换的量仪，结构简单，性能稳定，使用方便	指示表、杠杆比较仪
	光学式量仪	用光学方法实现原始信号转换的量仪，精度高，性能稳定	光学比较仪、测长仪、光学分度头、工具显微镜等
	电动式量仪	将原始信号转换成电量形式测量信号的量仪。这种量仪精度高，测量信号易于与计算机接口，实现测量和数据处理的自动化	电感比较仪、电容比较仪、圆度仪、触针式轮廓测量仪
	气动式量仪	以压缩空气为介质，通过气动系统流量或压力的变化来实现原始信号转换的量仪。这种量仪结构简单、测量精度和效率都高、操作方便，但示值范围小	水柱式气动量仪、浮标式气动量仪
计量装置		确定被测几何量量值所需的计量器具和辅助设备的总体。能够测量同一工件上较多的几何量和形状比较复杂的工件，有助于实现检测自动化	

计量器具常用技术性能指标如表 7-4-6 所示。

表 7-4-6　计量器具常用技术性能指标

名称	含　义
标称值	标注在量具上，用于标明特性或指导其使用原则，如标注在量块上的尺寸，标注在角度量块上的角度等
刻线间距	测量器具标尺或刻度盘上相邻刻线中心间的距离
分度值	测量器具标尺上相邻两刻线所代表的量值之差
示值	由测量器具所指示的被测量值
示值范围	由被测器具所显示或指示的最低值到最高值的范围
测量范围	在允许的不确定度内，测量器具所能测量的被测量值的下限值至上限值的范围
灵敏度	反映被测几何量微小变化的能力
示值误差	测量仪器示值与被测真值之差
回程误差	在相同条件下，被测量值不变，测量器具行程方向不同时，两示值之差的绝对值

4.2　测量方法

4.2.1　常见的测量

常用测量方法的分类及使用场合如表 7-4-7 所示。

表 7-4-7　常用测量方法的分类及使用场合

分类依据	测量方法分类	测量方法说明及特点	测量举例
按实测几何量是否为被测几何量	直接测量	被测几何量的量值直接由计量器具读出，测量方法简单	用游标卡尺、千分尺测量轴径的大小
	间接测量	被测几何量的量值由几个实测几何量的量值按照一定的函数关系计算而获得。常用于受条件所限无法直接测量的场合	用弓高弦长法测量圆弧样板半径 R，测得弓高 h 和弦长 b 的量值，根据公式计算 $R=\frac{b^2}{8h}+\frac{h}{2}$
按示值是否为被测几何量的量值	绝对测量	指计量器具显示或指示的示值就是被测几何量的量值	用游标卡尺、千分尺测量轴径的大小
	相对测量	指计量器具显示或指示出被测几何量相对于已知标准量的偏差值	用机械比较仪测量轴径，测量时先用量块调整量仪示值零位，该比较仪指示出的示值为被测轴径相对于量块尺寸的偏差
按测量时计量器具的测头与被测表面是否接触	接触测量	指测量时计量器具的测头与被测表面接触，并有机械作用的测量力	用千分尺、机械比较仪测量轴径
	非接触测量	指测量时计量器具的测头不与被测表面接触	用光切显微镜测量表面粗糙度轮廓，用气动测量仪测量孔径
按工件上是否有多个被测几何量一起加以测量	单项测量	指分别对工件上的各被测几何量进行独立测量	用工具显微镜测量外螺纹的牙侧角、螺距和中径
	综合测量	指同时测量工件上几个相关几何量的综合效应或综合指标，以判断综合结果是否合格	用螺纹量规检验螺纹单一中径、螺距和牙侧角实际值的综合结果是否合格

续表

分类依据	测量方法分类	测量方法说明及特点	测量举例
其他方式	动态测量	测量过程中，被测表面与测头处于相对运动状态。动态测量效率高，可以测得工件上几何参数连续变化的情况	用触针式轮廓仪测量表面粗糙度轮廓
	主动测量	指在加工过程中，同时对被测几何量进行测量。测量结果可直接用以控制加工过程，及时防止废品发生	常用于生产线上，也称为在线测量

零件尺寸常用测量方法如表7-4-8所示。

表7-4-8　零件尺寸常用测量方法

测量方法	测量方法及测量举例
金属直尺法	直接用金属直尺进行测量，或使用卡钳将工件尺寸和钢尺尺寸进行比较 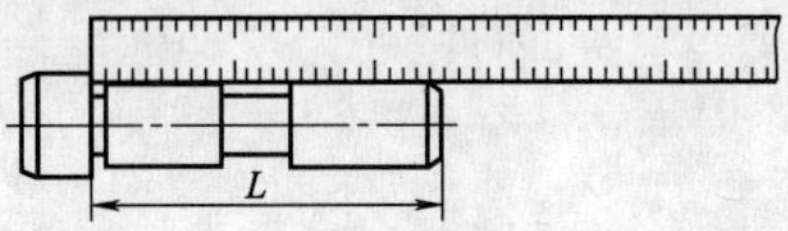 *L*
卡尺法	使用游标卡尺、千分尺、杠杆千分尺等对零件尺寸直接测量 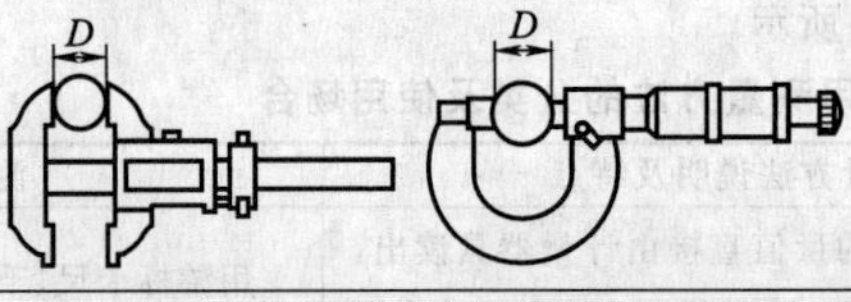 *D*　*D*
测微仪法	用各种测微仪、测微表与量块进行比较测量，常用的有百分表、千分表、电感比较仪等
仪器测量法	用光学计、测长仪、工具显微镜等对零件尺寸进行精密测量。在工具显微镜上分为影像法、轴切法、干涉法、灵敏杠杆法等。在光学计、测长仪上测量可以分为绝对测量和相对测量
量规法	用量规检测零件尺寸，不能得到具体数值，只能检测尺寸合格与否。优点是精度高、检验效率高，在成批生产中广泛使用
刀口光隙法	使用刀口尺和量块组合，在检验平台上测量零件尺寸。如图所示，调整量块组尺寸，当刀口尺与被测线上母线之间看不见间隙时，则认为量块组的尺寸 h 就是轴径 D 的值 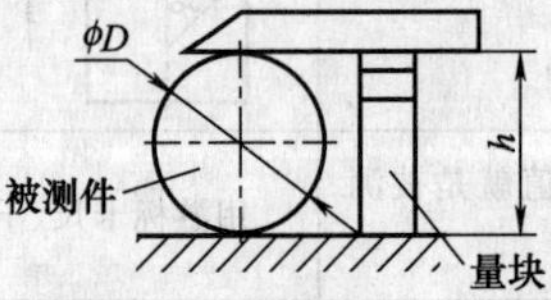 ϕD　h　被测件　量块
平晶干涉法	按零件尺寸的名义尺寸组合量块尺寸，将工件和量块一起放在检验平台上，在其上放一块平面平晶，记下在量块工作面上的干涉条纹数目，计算直径尺寸 $D=h\pm\Delta h$ $\Delta h=nL/b\times\lambda/2$ 式中　n——量块上的干涉条纹数 L——圆心到量块边缘的长度 b——量块短边的长度 λ——光波波长 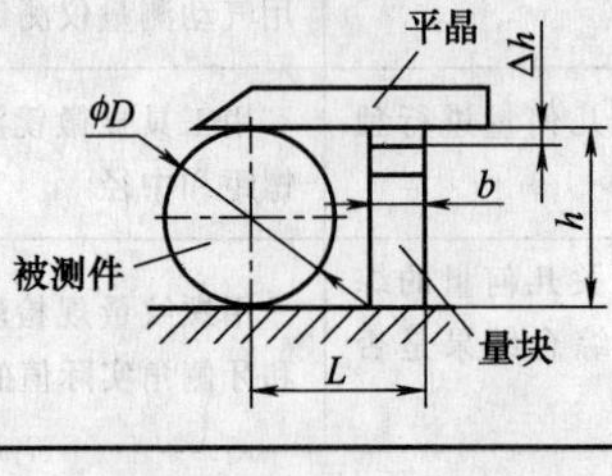 平晶　Δh　ϕD　b　h　被测件　量块　L

大轴径的测量如表 7-4-9 所示。

表 7-4-9　大轴径的测量

<table>
<tr><th colspan="2">测量方法</th><th>说　明</th></tr>
<tr><td colspan="2">直接测量法</td><td>用测量范围较大的通用量具和测量仪器直接测出量值，对于一般精度的大轴径主要用大测量范围的游标卡尺、外径千分尺等通用量具进行测量；对于较高精度的大轴径主要用测长仪、测距仪、激光干涉仪和三坐标测量机等大型测量仪器进行测量</td></tr>
<tr><td rowspan="3">间接测量法</td><td>弓高弦长法</td><td>用于测量大尺寸的轴径、孔径和非整圆的圆弧直径。其基本原理是通过测量弓高 H 和弦长 S 的值，或精确固定 H 和 S 其中的一个值并测出余下的一个值，然后计算出径值，由下图可知
$\Delta D=\sqrt{\left(\frac{S}{2H}\right)^2\times(\Delta S_{\lim})^2+\left(1-\frac{S^2}{4H^2}\right)^2\times(\Delta H_{\lim})^2}$
式中　S——弦长
H——弓高
$\Delta S_{\lim}$——弦长的测量极限误差
$\Delta H_{\lim}$——弓高的测量极限误差 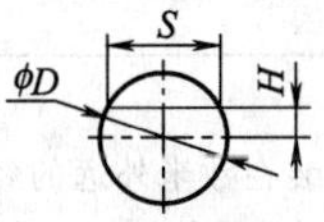
S　H　φD</td></tr>
<tr><td>围绕法</td><td>用卷尺或金属带尺测量工件的圆周长度，再算出其平均直径。金属带尺两端附有角铁，以便拉紧带尺，工件的平均直径 D 可以按下式计算
用卷尺测量
$D=\frac{L}{\pi}-t$
用带尺测量
$D=\frac{l+a}{\pi}$
式中　D——被测工件平均直径
L——用卷尺测得的工件圆周长度
t——卷尺尺带厚度
l——金属带尺的长度
a——带尺两端之间的间隙，可以用成组塞尺测定</td></tr>
<tr><td>滚轮法</td><td>滚轮法是一种测量圆周长度换算直径的方法。它是根据无滑动对滚原理，利用已知直径为 d 的基准圆盘（滚轮）同被测圆柱形工件作无滑动的对滚，当工件转过 N 转时，精确测量出滚轮转数 m，则被测工件的直径
$D=md/N$
式中　D——被测工件直径
d——基准滚轮直径
m,N——滚轮和工件的转数
用滚轮法测量长度或位移时，滚轮相对被测对象滚动前进，被测长度可以由下式计算
$L=\pi dm$
基准滚轮的转数由光栅头给出，滚轮旋转时，带动同轴的光栅盘旋转，光栅盘的转数由读数头测出，光栅头计数的开始与结束，由装有被测工件上的定位控制器控制 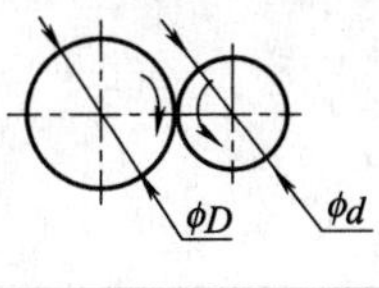
φD　φd</td></tr>
</table>

续表

<table>
<tr><th colspan="2">测量方法</th><th>说明</th></tr>
<tr><td>间接测量法</td><td>辅助基面法</td><td>在没有大量具量仪时，用机床、工件或另一辅助件上的特殊基面作为测量基面，用较小的量具量仪分段测量，然后通过简单的计算求得被测尺寸 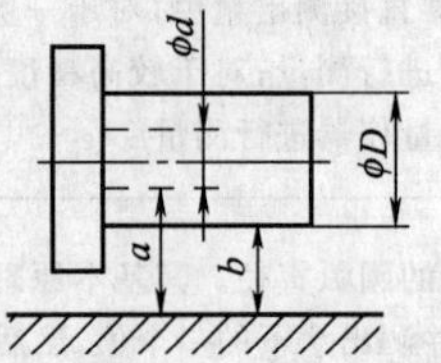
以机床的床面为基准，对大尺寸的外径进行测量。测量前在两顶尖放上专用芯轴，其直径为 d，量出其下表面与基面的距离为 a；然后取下芯轴，放上工件，在测量时只要量出距离 b，即可求出被测工件的直径
$D=2\left(a+\frac{d}{2}-b\right)$
测量安装在机床上的大尺寸工件内径。专用芯轴直径 d 已知，只要测出距离 l，则被测孔径
$D=2l+d$</td></tr>
<tr><td>间接测量法</td><td>用经纬仪作为平台进行测量</td><td>中心标尺法
在被测直径的中心放置长为 $2L$ 的标尺，由安装在数米外远的经纬仪先后瞄准标尺及工件边缘，测出标尺 $2L$ 的包角 2α 及工件包角 2β，瞄准时必须使标尺的中点与其边缘之间的夹角相等，则工件的直径
$D=\frac{2L\sin\beta}{\tan\alpha}$ 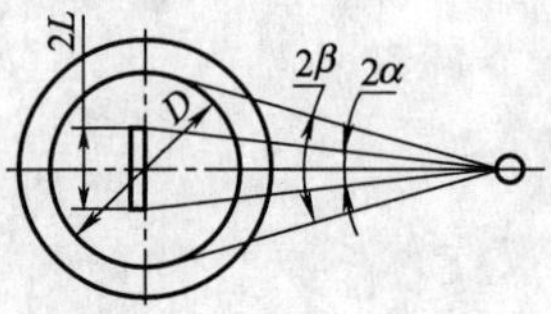

边标尺法
标尺放在与被测件边缘相切的位置上，经纬仪放在 O' 处，分别测出标尺包角 2β 及工件包角 2α，则工件直径
$D=\frac{2L\sin\beta}{\tan\beta(1-\sin\alpha)}$ 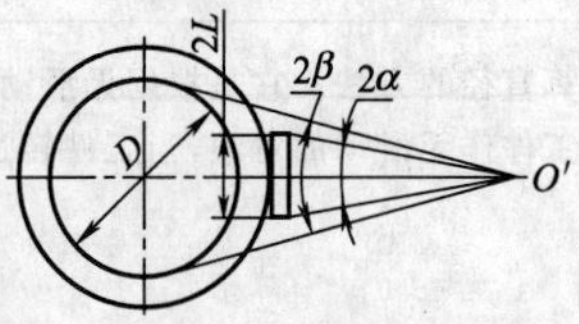

移距法
经纬仪在 O' 处测出工件包角 2α，沿 2α 角平分线的方向移到包角 O'' 点，移距 S 用线纹尺或量块测出，测出工件包角 2β，被测工件的直径
$D=2S\frac{\sin\alpha\times\sin\beta}{\sin\beta-\sin\alpha}$ 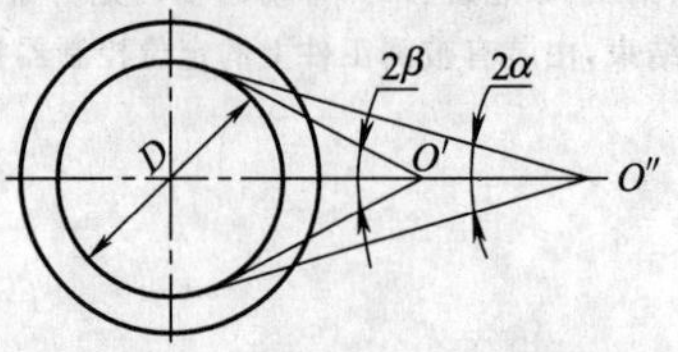</td></tr>
</table>

4.2.2　测量误差

测量误差的来源如表 7-4-10 所示。

表 7-4-10　测量误差的来源

分　类	误差来源	举　例
计量器具的误差	设计计量器具时，为了简化结构而采用近似设计的方法会产生测量误差；设计的计量器具不符合阿贝原则时会产生测量误差	机械杠杆比较仪的结构中测杆的直线位移与指针杠杆的角位移不成比例，而其标尺采用等分刻度，测量时会产生测量误差
	计量器具零件的制造和装配误差会产生测量误差	游标卡尺标尺的刻线距离不准确，指示表的分度盘与指针回转轴的安装有偏心等都会产生测量误差
	计量器具在使用过程中零件的变形、磨损会产生测量误差	
方法误差	测量方法不完善引起的误差，如计算公式不准确。测量方法选择不当，工件安装定位不准确等	在接触测量中，由于测头测量力的影响，使被测零件和测量装置产生变形而产生测量误差
环境误差	测量时环境条件不符合标准的测量条件所引起的误差，它会产生测量误差	环境温度、湿度、气压、照明等不符合标准以及振动、电磁场等的影响都会产生测量误差，温度低影响最为突出
人员误差	测量时测量人员人为的差错，它会产生测量误差	测量人员使用计量器具不正确、测量瞄准不准确、读数或估读错误等都会产生测量误差

测量误差的分类如表 7-4-11 所示。

表 7-4-11　测量误差的分类

分　类	误差来源	举　例
系统误差	定值系统误差：相同测量条件下，多次测取同一量值时，绝对值和符号均保持不变的测量误差	在机械比较仪上用相对法测量零件尺寸时，调整量仪所用量块的误差就会引起定值系统误差
	变值系统误差：相同测量条件下，多次测取同一量值时，绝对值和符号按某一规律变化的测量误差	量仪分度盘与指针回转轴偏心所产生的示值误差会引起变值系统误差
随机误差	指相同测量条件下，多次测取同一量值时，绝对值和符号以不可预定的方式变化着的测量误差。随机误差主要由测量过程中一些偶然性因素或不确定因素引起	量仪传动机构的间隙、摩擦、测量力的不稳定以及温度波动等引起的测量误差，都属于随机误差
粗大误差	指超出在规定测量条件下预计的测量误差，即对测量结果产生明显歪曲的测量误差。含有粗大误差的测量值称为异常值，与正常测得值相比较数值相对较大或相对较小	主观上，测量人员的疏忽造成粗大误差；客观上，外界突然振动造成的读数误差

4.2.3　验收

验收极限的确定方法如表 7-4-12 所示。

表 7-4-12　验收极限的确定方法

确定方法	内　容	尺寸公差带及验收极限
内缩方式	表示一批工件实际尺寸分散极限的测量误差范围用测量不确定度表示。测量工件实际尺寸，应根据孔、轴公差大小规定测量不确定度的允许值，称为安全裕度 A，保证产品质量 以图样上规定的上极限尺寸与下极限尺寸分别向工件尺寸公差带内移动一个安全裕度 A 的距离来确定	L_{min}　L_{max} 尺寸公差带 A　A K_i　K_s 上验收极限：$K_s=L_{max}-A$ 下验收极限：$K_i=L_{min}+A$
不内缩方式	以图样上规定的上极限尺寸和下极限尺寸分别作为上、下验收极限，即安全裕度 $A=0$	L_{min}　L_{max} 尺寸公差带 K_i　K_s 上验收极限：$K_s=L_{max}$ 下验收极限：$K_i=L_{min}$

光滑工件尺寸的验收极限如表 7-4-13 所示。

表 7-4-13　光滑工件尺寸的验收极限

方法	验收极限	说明	适用的场合
方法 1	上验收极限＝最大极限尺寸－安全裕度 A 下验收极限＝最小极限尺寸＋安全裕度 A	由于验收极限向工件的公差之内移动，为了保证验收时合格，在生产时工件不能按原有的极限尺寸加工，应按由验收极限所确定的范围生产，这个范围称为"生产公差"	① 符合包容要求、公差等级高的尺寸验收 ② 呈偏态分布的实际尺寸的验收，对"实际尺寸偏向边"的验收极限采用内缩一个安全裕度作为验收极限 ③符合包容要求且工艺能力指数 $c_p \geqslant 1$ 的尺寸验收
方法 2	上验收极限＝最大极限尺寸 下验收极限＝最小极限尺寸	安全裕度 A 值等于零	① 工艺能力指数≥1 的尺寸验收 ②符合包容要求的尺寸验收。其最小实体尺寸一边的验收极限采用不内缩方式 ③ 非配合尺寸和一般的尺寸验收 ④ 呈偏态分布的实际尺寸验收。对"实际尺寸非偏向边"的验收极限采用不内缩方式

注：工艺能力指数 c_p 值是工件公差值 T 与加工设备工艺能力 $c\sigma$ 之比值。c 为常数，工件尺寸遵循正态分布时 $c=6$；σ 为加工设备的标准偏差，$c_p=T/6\sigma$。

4.2.4　测量数值分析

安全裕度（A）与计量器具的测量不确定允许值（u_1）如表 7-4-14 所示。

表 7-4-14　安全裕度（A）与计量器具的测量不确定允许值（u_1）　　μm

公称等级		IT6					IT7					IT8					IT9				
基本尺寸/mm		T	A	u_1			T	A	u_1			T	A	u_1			T	A	u_1		
大于	至			Ⅰ	Ⅱ	Ⅲ			Ⅰ	Ⅱ	Ⅲ			Ⅰ	Ⅱ	Ⅲ			Ⅰ	Ⅱ	Ⅲ
—	3	6	0.6	0.5	0.9	1.4	10	1.0	0.9	1.5	2.3	14	1.4	1.3	2.1	3.2	25	2.5	2.3	3.8	5.6
3	6	8	0.8	0.7	1.2	1.8	12	1.2	1.1	1.8	2.7	18	1.8	1.6	2.7	4.1	30	3.0	2.7	4.5	6.8
6	10	9	0.9	0.81	1.4	2.0	15	1.5	1.4	2.3	3.4	22	2.2	2.0	3.3	5.0	36	3.6	3.3	5.4	8.1

续表

公称等级		IT6					IT7					IT8					IT9				
基本尺寸/mm		T	A	u_1			T	A	u_1			T	A	u_1			T	A	u_1		
大于	至			Ⅰ	Ⅱ	Ⅲ			Ⅰ	Ⅱ	Ⅲ			Ⅰ	Ⅱ	Ⅲ			Ⅰ	Ⅱ	Ⅲ
10	18	11	1.1	1.0	1.7	2.5	18	1.8	1.7	2.7	4.1	27	2.7	2.4	4.1	6.1	43	4.3	3.9	6.5	9.7
18	30	13	1.3	1.2	2.0	2.9	21	2.1	1.9	3.2	4.7	33	3.3	3.0	5.0	7.4	52	5.2	4.7	7.8	12
30	50	16	1.6	1.4	2.4	3.6	25	2.5	2.3	3.8	5.6	39	3.9	3.5	5.9	8.8	62	6.2	5.6	9.3	14
50	80	19	1.9	1.7	2.9	4.3	30	3.0	2.7	4.5	6.8	46	4.6	4.1	6.9	10	74	7.4	6.7	11	17
80	120	22	2.2	2.0	3.3	5.0	35	3.5	3.2	5.3	7.9	54	5.4	4.9	8.1	12	87	8.7	7.8	13	20
120	180	25	2.5	2.3	3.8	5.6	40	4.0	3.6	6.0	9.0	63	6.3	5.7	9.5	14	100	10	9.0	15	23
180	250	29	2.9	2.6	4.4	6.5	46	4.6	4.1	6.9	10	72	7.2	6.5	11	16	115	12	10	17	26
250	315	32	3.2	2.9	4.8	7.2	52	5.2	4.7	7.8	12	81	8.1	7.3	12	18	130	13	12	19	29
315	400	36	3.6	3.2	5.4	8.1	57	5.7	5.1	8.4	13	89	8.9	8.0	13	20	140	14	13	21	32
400	500	40	4.0	3.6	6.0	9.0	63	6.3	5.7	9.5	14	97	9.7	8.7	15	22	155	16	14	23	35

公称等级		IT10					IT11					IT12				IT13			
基本尺寸/mm		T	A	u_1			T	A	u_1			T	A	u_1		T	A	u_1	
大于	至			Ⅰ	Ⅱ	Ⅲ			Ⅰ	Ⅱ	Ⅲ			Ⅰ	Ⅱ			Ⅰ	Ⅱ
—	3	40	4.0	3.6	6.0	9.0	60	6.0	5.4	9.0	14	100	10	9.0	15	140	14	13	21
3	6	48	4.8	4.3	7.2	11	75	7.5	6.8	11	17	120	12	11	18	180	18	16	27
6	10	58	5.8	5.2	8.7	13	90	9.0	8.1	14	20	150	15	14	23	220	22	20	33
10	18	70	7.0	6.3	11	16	110	11	10	17	25	180	18	16	27	270	27	24	41
18	30	84	8.4	7.6	13	19	130	13	12	20	29	210	21	19	32	330	33	30	50
30	50	100	10	9.0	15	23	160	16	14	24	36	250	25	23	38	390	39	35	59
50	80	120	12	11	18	27	190	19	17	29	43	300	30	27	45	460	46	41	69
80	120	140	14	13	21	32	220	22	20	33	50	350	35	32	53	540	54	49	81
120	180	160	16	15	24	36	250	25	23	38	56	400	40	36	60	630	63	57	95
180	250	185	18	17	28	42	290	29	26	44	65	460	46	41	69	720	72	65	110
250	315	210	21	19	32	47	320	32	29	48	72	520	52	47	78	810	81	73	120
315	400	230	23	21	35	52	360	36	32	54	81	570	57	51	80	890	89	80	130
400	500	250	25	23	38	56	400	40	36	60	90	630	63	57	95	970	97	87	150

4.2.5　测量标准

测量标准类型和名称如表 7-4-15 所示。

表 7-4-15　测量标准类型和名称

类　型	名　称	类　型	名　称
A	深度测量标准	C	空间测量标准
B	针尖的测量标准	D	粗糙度测量标准

公差特征项目的符号如表 7-4-16 所示。

表 7-4-16　公差特征项目的符号

分类	项目	符号	分类		项目	符号
形状公差	直线度	—	位置公差	定向	平行度	//
	平面度	▱			垂直度	⊥
	圆度	○			倾斜度	∠
	圆柱度	⌭		定位	同轴度	◎
	线轮廓度	⌒			对称度	⌯
	面轮廓度	⌓			位置度	⌖
				跳动	圆跳度	↗
					全跳动	⌰

仪器的测量范围和分辨力如表7-4-17所示。

表7-4-17　仪器的测量范围和分辨力

测量仪器	Z向		X-Y向	
	分辨力/nm	范围/mm	分辨力/nm	范围/mm
触针式	＜1	1	250	＞100
自聚焦	＜5	1	1000	＞100
白光干涉仪	0.1	0.1	500	0.4
AFM	＜0.1	0.0005	2	0.1

指示表的不确定度如表7-4-18所示。

格拉布斯准则允许的最大偏离值如表7-4-19所示。

4.2.6　软件的使用

软件测量标准F1型标准数据的文件扩展名为.smd。用于软件量规的文件协议被分成四个独立段或记录。每个记录由若干信息行组成，在每行内有一些用于信息编码的“域”。这个文件格式是7位ASCII字符。

每行以回车（＜cr＞）和换行（＜lf＞）结束。每个记录都由记录尾（＜ASCII 3＞）、回车（＜cr＞）和换行（＜lf＞）结束。

最后一个记录还要由文件尾（＜ASCII 26＞）＝结束。每段的分隔符是至少一个空格。

记录1包括一个固定的头部，它包括以下信息：

—软件量规文件格式的版本号；

—文件标识；

—存储特征的GPS特征类型数字和名称——坐标信息；

—轮廓上数据点的个数；

—采样间隔；

—数据点分辨率。

记录1的第一行基于段的有效选择如表7-4-20所示。

记录1的第二行基于段的有效选择如表7-4-21所示。

记录1的其余行基于段的有效选择如表7-4-22所示。

记录2第二个记录可以包含其他信息。这个信息是由一个关键字开始的。记录2的关键词示例如表7-4-23所示。

表7-4-18　指示表的不确定度

<table>
<tr><td colspan="2" rowspan="2">尺寸范围/mm</td><td colspan="4">所使用的计量器具</td></tr>
<tr><td>分度值为0.01mm的千分表（0级在全程范围内）（1级在0.2mm内）分度值为0.002mm的千分表(在1转范围内)</td><td>分度值为0.001mm、0.002mm、0.005mm的千分表（1级在全程范围内）分度值为0.01mm的百分表(0级在任意1mm内)</td><td>分度值为0.01mm的百分表（0级在全程范围内）（1级在任意1mm内）</td><td>分度值为0.01mm的百分表（1级在全程范围内）</td></tr>
<tr><td>大于</td><td>至</td><td colspan="4">不确定度/mm</td></tr>
<tr><td>—</td><td>25</td><td rowspan="5">0.005</td><td rowspan="9">0.010</td><td rowspan="9">0.018</td><td rowspan="9">0.030</td></tr>
<tr><td>25</td><td>40</td></tr>
<tr><td>40</td><td>65</td></tr>
<tr><td>65</td><td>90</td></tr>
<tr><td>90</td><td>115</td></tr>
<tr><td>115</td><td>165</td><td rowspan="4">0.006</td></tr>
<tr><td>165</td><td>215</td></tr>
<tr><td>215</td><td>265</td></tr>
<tr><td>265</td><td>315</td></tr>
</table>

表 7-4-19　格拉布斯准则允许的最大偏离值

测量次数 N	有 0.95 置信概率的 T 值/μm	测量次数 N	有 0.95 置信概率的 T 值/μm
3	1.15	10	2.29
4	1.48	11	2.36
5	1.71	12	2.41
6	1.89	13	2.46
7	2.02	14	2.51
8	2.13	15	2.55
9	2.21		

表 7-4-20　记录 1 的第一行基于段的有效选择

段名	有效选择/举例	注释
The_ revision_ number（矫正数）	‘GB/T　1-200’	ASCII 字符串
File_identifier（文件标识符）	‘××××××’	ASCII 字符串

表 7-4-21　记录 1 的第二行基于段的有效选择

段名	有效选择/举例	注释
Feature_type（特征类型）	‘PRF’ ‘SUR’	轮廓数据[例：(X,Z)，(R,A)等] 表面数据[例：(X,Y,Z)，(R,A,Z)等]
Feature_number（特征数）	0	无符号整数
Feature_name（特征名）	‘ISO 000’	ASCII 字符串

表 7-4-22　记录 1 的其余行基于段的有效选择

段名	有效选择/举例	注释
Axis_name（坐标名）	‘CX’ ‘CY’ ‘CZ’ ‘PR’ ‘PA’	笛卡儿坐标 X 轴 笛卡儿坐标 Y 轴 笛卡儿坐标 Z 轴 极坐标半径 极坐标角度
Axis_type（坐标类型）	‘A’ ‘I’ ‘R’	绝对数据① 增量数据② 相对数据③
Number_of_points（点数）	4003	采样点数（无符号长整数）
Units（单位）	‘m’ ‘mm’ ‘μm’ ‘nm’ ‘rad’ ‘deg’	米 毫米 微米 纳米 弧度 度
Scale_ factor（比例系数）	1.00E+000	标明单位的比例（双精浮点数）
Axis_data_type（坐标数据类型）	‘I’ ‘L’ ‘F’ ‘D’	整数 长整数 单精浮点数 双精浮点数
Incremental value ④（增量值）	1e-3	增量值（双精浮点数）

①绝对数据：每个数据是沿着这个坐标到原点的距离。

②增量数据：假设数据在这个轴上的距离是相等的，那么，只需要一个增量值。

③相对数据：每个数据是沿着这个坐标到前一个点的距离，第一个值是到坐标原点的距离。

④ 仅限于 I 型坐标。

表 7-4-23 记录 2 关键词示例

关键词	类型	注释
DATE	ASCII 字符串	测量日期
TIME	ASCII 字符串	测量时间
CREATED_BY	ASCII 字符串	执行测量者名字
INSTRUMENT_ID	ASCII 字符串	测量仪器的标识(制造商和型号)
INSTRUMENT_SERIAL	ASCII 字符串	测量仪器的序列号
LAST_ADJUSTMENT	ASCII 字符串	最新调整的日期和时间
PROBING_ SYSTEM	见表 7-4-24	测量时用到的探头系统的详细程序
COMMENT	被/＊和＊/所限定的 ASCII 字符串 (例:/＊some text＊/)	一般注释 (能跨越行,不能被嵌套)
OFFSET_mm	双精浮点数	从原点测量启动偏差(mm)
SPEED	双精浮点数	滑行速度(mm/s)
PROFILE_FILTER	见表 7-4-25	—
PARAMETER_VALUE	见表 7-4-26	—

记录 2 中可选的探头系统的段如表 7-4-24 所示。

表 7-4-24 记录 2 中可选的探头系统的段

段名	有效示例	注释
Keyword	PROBING_ SYSTEM	—
Probing_system_identification	String_ASCII	探头系统型号的标识
Probing_system_type	Contacting Non_contacting	接触式 非接触式
Tip_radius_value ①	Double_precision_float	半径值
Units	‘m’ ‘mm’ ‘μm’ ‘nm’	米 毫米 微米 纳米
Tip_angle①	Double_precision_float	触针球形部分的锥角(度)

① 只对接触型探头系统有效。

记录 2 中可选的滤波器段如表 7-4-25 所示。

记录 2 中可选的参数值段如表 7-4-26 所示。

第三个记录含有数据，记录 1 中定义的每一个坐标（非增量式）都需要相关数据。按照记录 1 中定义的坐标顺序，将记录 3 中的数据写在数据模型中。记录 3 的每一行对应一个数据段：Dala-value。记录 3 基于段的有效选择如表 7-4-27 所示。

表 7-4-25 记录 2 中可选的滤波器段

段名	有效示例	注释
Keyword	FILTER	—
Filter_type	‘Gaussian’ ‘Motif’	符合 GB/T 18777 的高斯滤波器 符合 GB/T 18618 的图形滤波器
Ls_cutoff_value	Ls0. 25e＋ 1	“Ls”和双精度浮点数。切除长度 λ_s 的值(μm)
Lc_cutoff_value	Lc0. 8e＋0	“Lc”和双精度浮点数。切除长度 λ_c 的值(μm)
Lf_cutoff_value	Lf8. 0e＋0	“Lf”和双精度浮点数。切除长度 λ_f 的值(μm)
Motif_A	MA0. 5	“MA”和单精度浮点数 符合 GB/T 18618 的 A 值
Motif_B	MB2. 5	“MB”和单精度浮点数 符合 GB/T 18618 的 B 值

表 7-4-26　记录 2 中可选的参数值段

段名	有效示例	注释
Keyword	PARAMETER_VALUE	—
Paramter_name	String ASCII	参数名称,例如“Wq”
Paramter_value	Double_precision_float	参数值
Units	‘m’ ‘mm’ ‘μm’ ‘nm’	米 毫米 微米 纳米
Uncertainty	Double_precision_float	符合 GUM 的不确定度的计算

表 7-4-27　记录 3 基于段的有效选择

段名	类型	注释
Data_value (数据值)	Integer 整数 Long integer 长的整数 Single precision float 单精浮 Double precision float 双精浮	数据值用在记录 1 中所定义的格式表示: ‘Axis_data_type’

4.3　渗氮层检验

4.3.1　渗氮

工件原始组织在渗氮处理以前进行检验(对大工件可在表面 2mm 深度范围内检查),在显微镜下放大 500 倍,参照原始组织级别图进行评定,一般零件 1～3 级为合格,重要零件 1～2 级为合格。渗氮前原始组织级别按回火索氏体中游离铁素体数量分为 5 级,渗氮前原始组织级别如表 7-4-28 所示。

表 7-4-28　渗氮前原始组织级别

级　别	渗氮前原始组织级别说明
1	均匀细针状索氏体,游离铁素体极少量
2	均匀细针状索氏体,游离铁素体量＜5％
3	针状回火索氏体,游离铁素体量＜15％
4	细针状回火索氏体,游离铁素体量＜ 25％
5	索氏体(正火)＋游离铁素体量＞25％

渗氮层脆性级别如表 7-4-29 所示。

表 7-4-29　渗氮层脆性级别

级　别	渗氮层脆性级别说明
1	压痕边角完整无缺
2	压痕一边或一角碎裂
3	压痕两边或两角碎裂
4	压痕三边或三角碎裂
5	压痕四边或四角碎裂

检验渗氮层脆性,采用维氏硬度计,试验力规定用 98.07N(10kgf),加载必须缓慢(在 5～9 s 内完成),加载后停留 5～10 s,然后去载荷。

如有特殊情况,经有关各方协商,亦可采用 49.03N(5 kgf)或 294.21 N(30kgf)的试验力,但需按表 7-4-30 所示的值换算。

表 7-4-30　试验力压痕级别换算　　级别

试验力/N(kgf)	压痕级别换算				
49.03(5)	1	2	3	4	4
98.07 (10)	1	2	3	4	5
294.21 (30)	2	3	4	5	5

渗氮层疏松级别按表面化合物层内微孔的形状、数量、密集程度分为5级，如表7-4-31所示。

表 7-4-31　渗氮层疏松级别

级　别	渗氮层疏松级别说明
1	化合物层致密，表面无微孔
2	化合物层较致密，表面有少量细点状微孔
3	化合物层微孔密集量点状孔隙，由表及里逐渐减少
4	微孔占化合物层2/3以上厚度，部分微孔聚集分布
5	微孔占化合物层3/4以上厚度，部分呈孔洞密集分布

渗氮层中氮化物级别按扩散层中氮化物的形态、数量和分布情况分为5级，如表7-4-32所示。

表 7-4-32　氮化物级别

级　别	氮化物级别说明
1	扩散层中有极少量呈脉状分布的氮化物
2	扩散层中有少量呈脉状分布的氮化物
3	扩散层中有较多脉状分布的氮化物
4	扩散层中有较严重脉状和少量断续网状分布的氮化物
5	扩散层中有连续网状分布的氮化物

4.3.2　侵蚀剂的选择

推荐的侵蚀剂如表7-4-33所示。

表 7-4-33　推荐的侵蚀剂

序号	名称	配方		使用方法	使用范围
1	硝酸乙醇溶液	HNO_3 C_2H_5OH	2～4 mL 100mL	侵蚀	20(回火态)、20Cr、45(正火)、38CrMoAl、3Cr2W8等钢
2	苦味酸饱和水溶液＋洗涤剂	$C_6H_2(NO_2)_3OH$ 饱和水溶液 $C_{12}H_{25}C_6H_5SO_3Na$	100mL 2～3滴	室温侵蚀	20CrMnTi(正火)、40Cr、38CrMoAl等钢
3	氯化铜＋氯化镁＋硫酸铜＋盐酸＋乙醇溶液	$CuCl_2$ $MgCl_2$ $CuSO_4$ HCl C_2H_5OH	2.5g 10g 1.25g 2mL 100mL	室温侵蚀或擦蚀	20(油冷)、45、40Cr、38C rMoAl等钢
4	三氯化铁＋混合酸水溶液＋洗涤剂	$FeCl_3$ $C_6H_2(NO_2)_3OH$ HCl H_2O $C_{12}H_{25}C_6H_5SO_3Na$	1g 0.5g 5～10mL 100mL 2～3滴	室温侵蚀或擦蚀	38CrMoAl、25Cr2MoV、40Cr、15Cr11MoV等钢
5	硫酸铜＋盐酸＋水或乙醇溶液	$CuSO_4$ HCl H_2O C_2H_5OH	4g 20mL 20mL 100mL	室温侵蚀或擦蚀	45、40Cr、38CrMoV1等钢(白亮层易被腐蚀)
6	三氯酸溶液	$CuCl_2 \cdot 2NH_4Cl \cdot H_2O$ $FeCl_3$ HCl H_2O	0.5g 6g 2.5mL 75mL	室温擦蚀	38CrMoAl、30Cr2MoV、1Cr18Ni9Ti、15Cr11MoV等(白亮层易被腐蚀)

续表

序号	名称	配方	使用方法	使用范围
7	硒酸或亚硒酸乙醇溶液	H_2SeO_4　3mL H_2SeO_3　5g HCl　10mL 或 20mL C_2H_5OH　100mL	侵蚀	40Cr、38CrMoAl 及各种球墨铸铁和灰铸铁等

4.4　黏度测量

玻璃毛细管黏度计测量黏度之前需经校准。下面列出四种可供选用的玻璃毛细管黏度计，它们是平开维奇黏度计（简称平氏黏度计）、坎农-芬斯克黏度计（简称芬氏黏度计）、乌别洛特黏度计（简称乌氏黏度计）、逆流型坎农-芬斯克黏度计（简称逆流黏度计）。

4.4.1　平氏黏度计

平氏黏度计的尺寸及测量范围如表 7-4-34 所示。

表 7-4-34　平氏黏度计的尺寸及测量范围

尺寸号	标称黏度计常数 /(mm^2/s^2)	测量范围 /(mm^2/s)	毛细管 R 内径(±2%) /mm	球体积(±5%)/cm^3	
				上贮器	计时球
0	0.0017	0.6①～1.7	0.40	3.7	3.7
1	0.0085	1.7～8.5	0.60	3.7	3.7
2	0.027	5.4～27	0.80	3.7	3.7
3	0.065	13～65	1.00	3.7	3.7
4	0.14	28～40	1.20	3.7	3.7
5	0.35	70～350	1.50	3.7	3.7
6	1.0	200～1000	2.00	3.7	3.7
7	2.6	520～2600	2.50	3.7	3.7
8	5.3	1060～5300	3.00	3.7	3.7
9	9.9	1980～9900	3.50	3.7	3.7
10	17	3400～17000	4.00	3.7	3.7

① 最短流动时间为 350 s，其他均为 200 s 。

4.4.2　芬氏黏度计

芬氏黏度计的尺寸及测量范围如表 7-4-35 所示。

表 7-4-35　芬氏黏度计的尺寸及测量范围

尺寸号	标称黏度计常数 /(mm^2/s^2)	测量范围 /(mm^2/s)	毛细管 R 内径 /mm(±2%)	管 N、管 E 和管 P 内径/mm	球体积(±5%)/cm^3	
					上贮器	计时球
25	0.002	0.5①～2	0.30	2.6～3.0	3.1	1.6
50	0.004	0.8～4	0.44	2.6～3.0	3.1	3.1
75	0.006	1.6～8	0.54	2.6～3.2	3.1	3.1
100	0.015	3～15	0.53	2.8～3.6	3.1	3.1
150	0.035	7～35	0.78	2.8～3.6	3.1	3.1
200	0.1	20～100	1.01	2.8～3.6	3.1	3.1
300	0.25	50～250	1.27	2.8～3.6	3.1	3.1
350	0.5	100～500	1.52	3.0～3.8	3.1	3.1
400	1.2	240～1200	1.92	3.0～3.8	3.1	3.1
450	2.5	500～2500	2.35	3.5～4.2	3.1	3.1
500	8	1600～8000	3.20	3.7～4.2	3.1	3.1
600	20	4000～20000	4.20	4.4～5.0	4.3	3.1

①最短流动时间为 300s，其他均为 200s 。

4.4.3　乌氏黏度计

乌氏黏度计的尺寸及测量范围如表 7-4-36 所示。

表 7-4-36　乌氏黏度计的尺寸及测量范围

尺寸号	标称黏度计常数/(mm²/s²)	测量范围/(mm²/s)	毛细管R内径(±2%)/mm	球体积(±5%)/cm³	管P内径(±5%)/mm
0	0.001	0.3①～1	0.24	1.0	6.0
0C	0.003	0.6～3	0.36	2.0	6.0
0B	0.005	1～5	0.46	3.0	6.0
1	0.01	2～10	0.58	4.0	6.0
1C	0.03	6～30	0.73	4.0	6.0
1B	0.05	10～50	0.88	4.0	6.0
2	0.1	20～100	1.03	4.0	6.0
2C	0.3	60～300	1.36	4.0	6.0
2B	0.5	100～500	1.55	4.0	6.0
3	1.0	200～1000	1.83	4.0	6.0
3C	3.0	600～3000	2.43	4.0	6.0
3B	5.0	1000～5000	2.75	4.0	6.5
4	10	2000～10000	3.27	4.0	7.0
4C	30	6000～30000	4.32	4.0	8.0
4B	50	10000～50000	5.20	5.0	8.5
5	100	20000～100000	6.25	5.0	10.0

①最短流动时间为 300s，其他均为 200s 。

4.4.4　逆流黏度计

逆流黏度计的尺寸及测量范围如表 7-4-37 所示。

表 7-4-37　逆流黏度计的尺寸及测量范围

尺寸号	标称黏度计常数/(mm²/s²)	测量范围/(mm²/s)	毛细管R内径(±2%)/mm	管N、管E和管P内径(±5%)/mm	球A、球C和球J体积(±5%)/cm³	球D体积(±5%)/cm³
25	0.002	0.4～2	0.31	3.0	1.6	11
50	0.004	0.8～4	0.42	3.0	2.1	11
75	0.008	1.6～8	0.54	3.0	2.1	11
100	0.015	3～15	0.63	3.2	2.1	11
150	0.035	7～35	0.78	3.2	2.1	11
200	0.1	20～200	1.02	3.2	2.1	11
300	0.25	50～100	1.26	3.4	2.1	11
350	0.5	100～500	1.48	3.4	2.1	11
400	1.2	240～1200	1.88	3.4	2.1	11
450	2.5	500～2500	2.20	3.7	2.1	11
500	8	1600～8000	3.10	4.0	2.1	11
600	20	4000～20000	4.00	4.7	2.1	13

注：最短流动时间全部为 200 s 。

4.4.5　动能修正

动能修正如表 7-4-38 所示。

表 7-4-38　动能修正

黏度计类型	毛细管内径/mm	$\varepsilon_E=0.2\%$ 的最短流动时间/s	$\varepsilon_E=0.1\%$ 的最短流动时间/s
平氏	0.40	348(取 350)	438(取 450)
芬氏	0.30	247(取 250)	349(取 350)
	0.44	228(取 250)	287(取 300)

续表

黏度计类型	毛细管内径/mm	$\varepsilon_E=0.2\%$ 的最短流动时间/s	$\varepsilon_E=0.1\%$ 的最短流动时间/s
乌氏	0.24	266(取 300)	335(取 350)
	0.36	203(取 200)	253(取 250)
	0.46	<200(取 200)	233(取 250)
逆流	0.31	<200(取 200)	236(取 250)

4.5　硬度测量

钢球直径、试验力、试验力保持时间应根据试样预期硬度和厚度按表 7-4-39 选择。

表 7-4-39　钢球直径、试验力和试验力保持时间

布氏硬度范围 (HBS)	试样厚度/mm	P 与 D 的相互关系 ($0.102P/D^2$)	钢球直径 D/mm	试验力 P/N	试验力保持时间/s
>130	3～6	30	10.0	29420	30
	2～4		5.0	7355	
	<2		2.5	1839	
36～130	3～9	10	10.0	9807	30
	3～6		5.0	2452	
	<3		2.5	612.9	
8～35	>6	2.5	10.0	2452	60
	3～6		5.0	612.9	
	<3		2.5	153.2	

4.6　直线度误差和平面度误差检测

直线度误差中所用的各符号及其说明如表 7-4-40 所示。

表 7-4-40　直线度误差中所用的各符号及其说明

序号	符号	说明
1		平板、平台(或测量平面)
2		固定支承
3	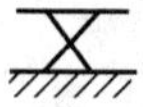	可调支承
4		连续直线移动
5		间断直线移动
6		沿几个方向直线移动
7		连续转动(不超过一周)
8		间断转动(不超过一周)
9		旋转
10		指示计
11	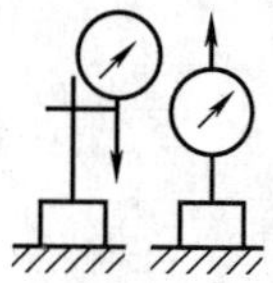	带有指示计的测量架(测量架的符号根据测量设备的用途，可画成其他式样)

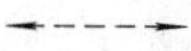

平面度误差中所用的各符号及其说明如表7-4-41所示。

表7-4-41　平面度误差中所用的各符号及其说明

序号	符号	说明	序号	符号	说明
1	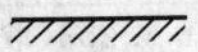	平板、平台（或测量平面）	5		沿几个方向直线移动
2	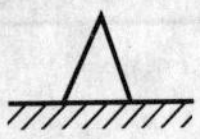	固定支承	6		指示计
3	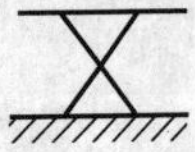	可调支承	7		带有指示计的测量架（测量架的符号根据测量设备的用途，可画成其他式样）
4		连续直线移动			

第 5 章　常用量具量仪

5.1　千分尺

5.1.1　外径千分尺

外径千分尺的测量范围如表 7-5-1 所示。

表 7-5-1　外径千分尺的测量范围　mm

0～25	25～50	50～75	75～100	100～125
125～150	150～175	175～200	200～225	225～250
250～275	275～300	300～325	325～350	350～375
375～400	400～425	425～450	450～475	475～500
500～600	600～700	700～800	800～900	900～1000

外径千分尺测量面与球面接触时的测力及测力变化如表 7-5-2 所示。

表 7-5-2　外径千分尺测量面与球面接触时的测力

测量范围/mm	测力	测力变化
	N	
0～500	5～10	2
＞500～1000	8～12	2

当尺架沿测微螺杆的轴线方向作用 10N 的力时，其弯曲变形量应不大于表 7-5-3 的规定。

表 7-5-3　弯曲变形量

测量范围/mm	最大允许误差	平行度公差	尺架受 10N 力时的变形量
	μm		
0～25,25～50	4	2	2
50～75,75～100	5	3	3
100～125,125～150	6	4	4
150～175,175～200	7	5	5
200～225,225～250	8	6	6
250～275,275～300	9	7	6
300～325,325～350	10	9	8
350～375,375～400	11		
400～425,425～450	12	11	10
450～475,475～500	13		
500～600	14	12	12
600～700	16	14	14
700～800	18	16	16
800～900	20	18	18
900～1000	22	20	20

校对量杆的尺寸偏差如表 7-5-4 所示。

表 7-5-4　校对量杆的尺寸偏差

校对量杆标称尺寸/mm	尺寸偏差/μm
25,50	±2
75,100	±3
125,150	±4
175,200	±5
225,250	±6
275,300	±7
325,350 375,400	±9
425,450 475,500	±11
525,575	±13
625,675	±15
725,775	±17
825,875	±19
925,975	±21

外径千分尺测量面偏位值如表 7-5-5 所示。

表 7-5-5　外径千分尺测量面偏位值　mm

测量范围上限	偏位值	测量范围上限	偏位值
25	0.05	200、225	0.30
50	0.08	250、275、300	0.40
75	0.13	325、350、375	0.45
100	0.15	400、450	0.50
125	0.20	475、500	0.65
150	0.23	600、700	0.80
175	0.25	800、900、1000	1.00

5.1.2　内径千分尺

内径千分尺测微头与接长杆组合尺寸的示值误差如表 7-5-6 所示。

内径千分尺刚性要求如表 7-5-7 所示。

校对用的卡规工作尺寸偏差和两工作面的平行度如表 7-5-8 所示。

检定内径千分尺室内温度及室内平衡温度时间如表 7-5-9 所示。

内径千分尺检定项目和主要检定器具如表 7-5-10 所示。

表 7-5-6　内径千分尺测微头与接长杆组合尺寸的示值误差　mm

尺寸范围	示值误差
50～125	0.006
>125～200	0.008
>200～325	0.010
>325～500	0.012
>500～800	0.016
>800～1250	0.022
>1250～1600	0.027
>1600～2000	0.032
>2000～2500	0.040
>2500～3150	0.050
>3150～4000	0.060
>4000～5000	0.072
>5000～6000	0.082

表 7-5-7　内径千分尺刚性要求　mm

尺寸范围	尺寸变化量
>1250～1600	0.006
>1600～2000	0.010
>2000～2500	0.015
>2500～3150	0.025
>3150～4000	0.040
>4000～5000	0.060
>5000～6000	0.070

表 7-5-8　校对用的卡规工作尺寸偏差和两工作面的平行度　mm

工作尺寸	工作尺寸偏差	平行度
50、75	±0.002	0.002
100	±0.003	0.003
150	±0.004	0.004
250	±0.004	0.004

表 7-5-9　检定内径千分尺室内温度及室内平衡温度时间

内径千分尺的尺寸范围/mm	室内温度对 20℃的允许偏差/℃		平衡温度的时间不少于/h	检定时温度变化/(℃/h)
	内径千分尺	校对用卡规		
50～800	±3	±2	4	0.5
>800～1600	±2	—	4	0.5
>1600～3150	±1	—	6	0.3
>3150～6000	±1	—	8	0.3

表 7-5-10　内径千分尺检定项目和主要检定器具

序号	检定项目	主要检定器具	检定类别		
			首次检定	后续检定	使用中检验
1	外观	—	+	+	+
2	各部分相互作用	—	+	+	+
3	测量头工作面的曲率半径	半径样板偏差：0.020～0.042mm 工具显微镜示值误差：$(1+L/100)\mu m$ 投影仪示值误差：$(4+L/25)\mu m$	+	+	—
4	工作表面粗糙度	表面粗糙度比较样块：Ra 对其标称值的偏离量不应超过$-17\%\sim+12\%$	+	+	—
5	刻线宽度及宽度差	工具显微镜	+	—	—
6	微分筒锥面棱边至固定套筒刻线面的距离	2级塞尺 偏差：不超过($\pm16\mu m$)或工具显微镜	+	—	—
7	微分筒锥面端面与固定套筒管毫米刻线的相对位置	—	+	+	—
8	测量头的示值误差及锁紧装置锁紧和松开时的示值变化	测长机 示值误差：分米刻度尺$(0.5+L/100)\mu m$；毫米刻度尺$(0.6+L/200)\mu m$；微米刻度尺$0.25\mu m$	+	+	+
9	测量头与接长杆的组合尺寸	测长机	+	+	+
10	刚性	测长机	+	—	—
11	校对用卡规工作尺寸及两工作面的平行度	卧式光学计 示值误差：$0.25\mu m$ 四等量块 不确定度允许值：$(0.20+2L)\mu m$	+	+	—

注：表中“+”表示应检定，“-”表示可以不检定。

测微头的受检点如表 7-5-11 所示。

表 7-5-11　测微头的受检点　mm

测微头示值范围	13	25	50	
受检点尺寸	A+2.12	A+5.12	A+5.00	A+30.37
	A+5.25	A+10.25	A+10.12	A+35.00
	A+7.37	A+15.37	A+15.00	A+40.50
	A+10.50	A+20.50	A+20.25	A+45.00
	A+13.00	A+25.00	A+25.00	A+50.00

注：A 表示测量下限。

校对环规或校对卡规上的标注尺寸的不确定度和圆柱度或平行度不应大于表 7-5-12 的规定。

表 7-5-12　校对环规或校对卡规上的标注尺寸的不确定度和圆柱度或平行度　mm

公称直径 D	标注尺寸的不确定度	圆柱度或平行度
1⩽D<10	±0.0013	0.001
10⩽D<50	±0.0015	0.001
50⩽D<100	±0.0015	0.0015
100⩽D<300	±0.002	0.002
200⩽D<300	±0.0025	0.0025

D 型、E 型电子数显内径千分尺的最大允许误差和重复性如表7-5-13所示。

表 7-5-13　D 型、E 型电子数显内径千分尺的最大允许误差和重复性

测量范围/mm	最大允许误差/μm			重复性/μm
	A 型、E 型	C 型、D 型	B 型	D 型、E 型
1～50	±4	±4	±5	4
50～100	±5	±5	±6	4
100～150	±6	±6	±7	5
150～200	±7	±7	±8	5
200～250	±8	±8	±9	6
250～300	±9	±9	±10	6
300～350	±10	—	—	6
350～400	±11	—	—	7
400～450	±12	—	—	7
450～500	±13	—	—	7

注：测量范围跨越分档时，按测量范围的上限查表。例如：测量范围 200～300mm 的 A 型最大允许误差为 9μm。

检验环规的数量如表 7-5-14 所示。

表 7-5-14　检验环规的数量

量程/mm	⩽1	⩽2	⩽5	⩽30	⩽50	⩽100
检验环规数量	3	4	5	6	8	10

测量范围 500～600mm 的电子数显内径千分尺的最大允许误差和重复性如表 7-5-15 所示。

表 7-5-15　测量范围 500～600mm 的电子数显内径千分尺的最大允许误差和重复性

测量范围/mm	最大允许误差/μm		重复性/μm	长度变化允许值
	A 型	E 型	E 型	A 型/μm
500～600	±14	±14	8	—
600～700	±15	±15	8	—
700～800	±16	±16	9	—
800～1000	±18	±19	9	—
1000～1200	±21	—	—	—
1200～1400	±24	—	—	—
1400～1600	±27	—	—	—
1600～2000	±32	—	—	—
2000～2500	±40	—	—	+15 +10
2500～3000	±50	—	—	±25
3000～4000	±62	—	—	±40
4000～5000	±75	—	—	±60
5000～6000	±90	—	—	±80

5.1.3　公法线千分尺

当尺架沿测微螺杆的轴线方向作用 10N 的力时，其弯曲变形量不应大于表 7-5-16 的规定。

表 7-5-16　尺架的弯曲变形量　mm

测量上限 l_{max}	最大允许误差	平行度公差	弯曲变形量
l_{max}⩽50	0.004	0.004	0.002
50<l_{max}⩽100	0.005	0.005	0.003
100<l_{max}⩽150	0.006	0.006	0.004
150<l_{max}⩽200	0.007	0.007	0.005

5.1.4　深度千分尺

深度千分尺基本参数如表 7-5-17 所示。

表 7-5-17　深度千分尺基本参数　mm

底板基准面长度	50、100
测量杆直径	3.5～6
测量范围	0～25、0～50、0～100、0～150、0～200、0～250、0～300

校准后，深度千分尺测量杆的对零误差如表7-5-18所示。

表 7-5-18　深度千分尺测量杆的对零误差

测量范围 l/mm	最大允许误差/μm	对零误差/μm
l⩽25	4.0	±2.0
0<l⩽50	5.0	±2.0
0<l⩽100	6.0	±3.0
0<l⩽150	7.0	±4.0
0<l⩽200	8.0	±5.0
0<l⩽250	9.0	±6.0
0<l⩽300	10.0	±7.0

注：测量杆相互之间的长度差为 25mm，应成套地进行校准。

5.1.5　杠杆千分尺

杠杆千分尺量两测量面间的平行度公差如表7-5-19所示。

表 7-5-19　杠杆千分尺量两测量面间的平行度公差

指示表的分度值/mm	平行度公差/μm	
	用平晶检定	用量块检定
0.001	0.6	1.0
0.002	1.0	1.2

表 7-5-20　指示表的最大允许误差、示值变动性和位置误差

指示表的分度值/mm	指示表的最大允许误差/μm			示值变动性/μm	位置误差/μm
	0至±20分度范围内	±20分度至±30分度范围内	全示值范围		
0.001	±0.5	±1.0	±1.5	0.3	0.2
0.002	±1.0	±2.0	±3.0	0.5	0.4

指示表的最大允许误差、示值变动性和位置误差如表 7-5-20 所示。

杠杆千分尺的最大允许误差如表 7-5-21 所示。

表 7-5-21　杠杆千分尺的最大允许误差

测量上限 l_{max}/mm	最大允许误差/μm
l_{max}≤50	3.0
50<l_{max}≤100	4.0

杠杆千分尺校对量杆的标称尺寸和尺寸偏差如表 7-5-22 所示。

表 7-5-22　杠杆千分尺校对量杆的标称尺寸和尺寸偏差

校对量杆的标称尺寸/mm	校对量杆的尺寸偏差/μm
25	±0.3
50	±0.4
75	±0.5

5.1.6　螺纹千分尺

螺纹千分尺 V 形测头与锥形测头的尺寸如表 7-5-23或表 7-5-24 所示。

表 7-5-23　螺纹千分尺 V 形测头与锥形测头尺寸 1

mm

(a)V形测头

(b)锥形测头

测量螺纹的螺距范围	B	d	Df6	L
0.4～0.5	0.26～0.29	0.14～0.18	3.5、4或5	15或15.5
0.6～0.8	0.41～0.44	0.22～0.28		
1.0～1.25	0.66～0.72	0.34～0.48		
1.5～2.0	1.02～1.10	0.55～0.70		
2.5～3.5	1.77～1.85	1.00～1.20		
4.0～6.0	2.90～2.98	1.70～1.90		

表 7-5-24　螺纹千分尺 V 形测头与锥形测头尺寸 2

mm

测量螺纹的螺距范围	B	d	Df6	L
0.4～0.5	0.25～0.28	0.14～0.18	3.5、4或5	15或15.5
0.6～0.9	0.46～0.50	0.24～0.29		
1.0～1.75	0.88～0.91	0.46～0.52		
2.0～3.0	1.52～1.60	0.80～0.95		
3.5～5.0	2.52～2.60	1.40～1.70		
5.5～7.0	3.50～3.58	1.90～2.70		

V 形测头和锥形测头的牙型半角偏差、V 形测头和锥形测头的测量面相对其柄部轴线的对称度公差不应大于表 7-5-25 的规定。

表 7-5-25　V 形测头和锥形测头的牙型半角偏差、测量面相对其柄部轴线的对称度公差

测量螺纹的螺距范围/mm	牙型半角偏差/(′)		对称度公差/μm	
	V形测头	锥形测头	V形测头	锥形测头
0.4～0.5	±26	±13	15	8
0.6～0.9	±20	±10	15	8
1.0～1.25	±14	±7	20	10
1.5～2.0	±11	±6	20	10
2.0～3.5	±9	±5	30	15
4.0～7.0	±8	±4	30	15

当尺架沿测微螺杆的轴线方向作用 10N 的力时，其弯曲变形量不应大于表 7-5-26 的规定。

表 7-5-26　螺纹千分尺弯曲变形量　mm

测量范围	最大允许误差	测头对示值误差的影响	弯曲变形量
0～25、25～50	0.004	0.008	0.002
50～75、75～100	0.005	0.010	0.003
100～125、125～150	0.006	0.015	0.004
150～175、175～200	0.007	0.015	0.005

测量下限大于 25mm 的螺纹千分尺应提供校对量杆，校对量杆的尺寸和尺寸偏差如表 7-5-27 的规定；

牙型半角偏差不应超过±4′、校对量杆测量面的硬度不应小于760HV（或62HRC）及表面粗糙度 *Ra* 值不应大于0.16μm。

表 7-5-27　螺纹千分尺校对量杆的尺寸和尺寸偏差

mm

校对量杆的尺寸	校对量杆的尺寸偏差
25	±0.0025
50	±0.0030
75	±0.0035
100	±0.0040
125	±0.0045
150	±0.0050
175	±0.0055

5.2　塞尺与方形角尺

5.2.1　塞尺

塞尺的厚度尺寸系列如表 7-5-28 所示。

表 7-5-28　塞尺的厚度尺寸系列

厚度尺寸系列/mm	间隔/mm	数量
0.02,0.03,0.04,…,0.10	0.01	9
0.15,0.20,0.25,…,1.00	0.05	18

成组塞尺的片数、塞尺长度及组装顺序如表7-5-29所示。

表 7-5-29　成组塞尺的片数、塞尺长度及组装顺序

成组塞尺的片数	塞尺的长度/mm	塞尺厚度尺寸及组装顺序/mm
13	100,150,200,300	0.10、0.02、0.02、0.03、0.03、0.04、0.04、0.05、0.05、0.06、0.07、0.08、0.09
14		1.00、0.05、0.06、0.07、0.08、0.09、0.10、0.15、0.20、0.25、0.30、0.40、0.50、0.75
17		0.50、0.02、0.03、0.04、0.05、0.06、0.07、0.08、0.09、0.10、0.15、0.20、0.25、0.30、0.35、0.40、0.45
20		1.00、0.05、0.10、0.15、0.20、0.25、0.30、0.35、0.40、0.45、0.50、0.55、0.60、0.65、0.70、0.75、0.80、0.85、0.90、0.95
21		0.50、0.02、0.02、0.03、0.03、0.04、0.04、0.05、0.05、0.06、0.07、0.08、0.09、0.10、0.15、0.20、0.25、0.30、0.35、0.40、0.45

塞尺工作面的表面粗糙度 *Ra* 的最大值如表7-5-30所示。

表 7-5-30　塞尺工作面的表面粗糙度 *Ra* 的最大值

塞尺厚度尺寸/mm	塞尺工作表面粗糙度 *Ra*/μm
0.02～0.05	0.4
>0.05～1.00	0.8

塞尺的厚度尺寸极限偏差和弯曲度公差如表 7-5-31 所示。

表 7-5-31　塞尺的厚度尺寸极限偏差和弯曲度公差

mm

塞尺厚度尺寸	厚度尺寸极限偏差①		弯曲度公差
	上偏差	下偏差	
0.02～0.10	+0.005	−0.003	—
>0.10～0.30	+0.008	−0.005	0.006
>0.30～0.60	+0.012	−0.007	0.009
>0.60～1.00	+0.016	−0.009	0.012

① 距工作表面边缘 1mm 范围内的厚度尺寸极限偏差不计。

5.2.2　方形角尺

方形角尺的基本参数如表 7-5-32 所示。

表 7-5-32　方形角尺的基本参数　mm

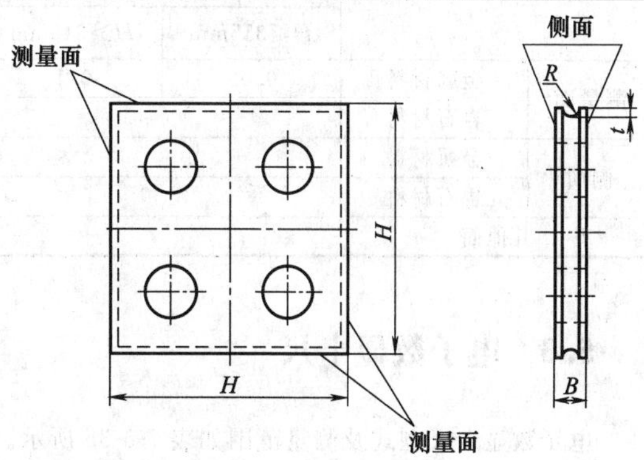

H	*B*	*R*	*t*
100	16	3	2
150	30	4	2
160	30	4	2
200	35	5	3
250	35	6	4
300	40	6	4
315	40	6	4
400	45	8	4
500	55	10	5
630	65	10	5

方形角尺的准确度等级对应的技术指标如表7-5-33所示。

表 7-5-33 方形角尺的准确度等级对应的技术指标

<table>
<tr><th rowspan="3">H/mm</th><th colspan="12">准确度等级</th><th colspan="2" rowspan="2">两侧面间的平行度/μm</th></tr>
<tr><th>00</th><th>0</th><th>1</th><th>00</th><th>0</th><th>1</th><th>00</th><th>0</th><th>1</th><th>00</th><th>0</th><th>1</th></tr>
<tr><th colspan="3">相邻两测量面的垂直度/μm</th><th colspan="3">测量面的平面度或直线度/μm</th><th colspan="3">相对测量面间的平行度/μm</th><th colspan="3">两侧面对测量面的垂直度/μm</th><th>00级</th><th>0级、1级</th></tr>
<tr><td>100</td><td>1.5</td><td>3.0</td><td>6.0</td><td rowspan="4">0.9</td><td rowspan="4">1.8</td><td rowspan="4">3.6</td><td>1.5</td><td>3.0</td><td>6.0</td><td>15</td><td>30</td><td>60</td><td>18</td><td>70</td></tr>
<tr><td>150</td><td rowspan="3">2.0</td><td rowspan="3">4.0</td><td rowspan="3">8.0</td><td rowspan="3">2.0</td><td rowspan="3">4.0</td><td rowspan="3">8.0</td><td rowspan="3">20</td><td rowspan="3">40</td><td rowspan="3">80</td><td rowspan="3">24</td><td rowspan="3">100</td></tr>
<tr><td>160</td></tr>
<tr><td>200</td></tr>
<tr><td>250</td><td>2.2</td><td>4.5</td><td>9.0</td><td>1.0</td><td>2.0</td><td>4.0</td><td>2.2</td><td>4.5</td><td>9.0</td><td>22</td><td>45</td><td>90</td><td>27</td><td>120</td></tr>
<tr><td>300</td><td rowspan="2">2.6</td><td rowspan="2">5.2</td><td rowspan="2">10.0</td><td rowspan="2">1.1</td><td rowspan="2">2.3</td><td rowspan="2">4.5</td><td rowspan="2">2.6</td><td rowspan="2">5.2</td><td rowspan="2">10.0</td><td rowspan="2">26</td><td rowspan="2">50</td><td rowspan="2">100</td><td rowspan="2">31</td><td rowspan="2">130</td></tr>
<tr><td>315</td></tr>
<tr><td>400</td><td>3.0</td><td>6.0</td><td>12.0</td><td>1.3</td><td>2.6</td><td>5.2</td><td>3.0</td><td>6.0</td><td>12.0</td><td>30</td><td>60</td><td>120</td><td>36</td><td>150</td></tr>
<tr><td>500</td><td>3.5</td><td>7.0</td><td>14.0</td><td>1.5</td><td>3.0</td><td>6.0</td><td>3.5</td><td>7.0</td><td>14.0</td><td>35</td><td>70</td><td>140</td><td>42</td><td>170</td></tr>
<tr><td>630</td><td>4.0</td><td>8.0</td><td>16.0</td><td>2.0</td><td>4.0</td><td>7.0</td><td>4.0</td><td>8.0</td><td>16.0</td><td>42</td><td>80</td><td>160</td><td>50</td><td>200</td></tr>
</table>

注：1. 各测量面只允许凹形，不允许凸，在各测量面相交处 3mm 范围内的平面度或直线度不检测。

2. 表中垂直度公差值、平面度公差值、平行度公差值为温度在 20℃时的规定值。

方形角尺的表面粗糙度如表 7-5-34 所示。

表 7-5-34 方形角尺的表面粗糙度 μm

<table>
<tr><th colspan="2" rowspan="3">受检测表面</th><th colspan="6">准确度等级</th></tr>
<tr><th colspan="2">00</th><th colspan="2">0</th><th colspan="2">1</th></tr>
<tr><th>H≤315mm</th><th>H>315mm</th><th>H≤315mm</th><th>H>315mm</th><th>H≤315mm</th><th>H>315mm</th></tr>
<tr><td rowspan="2">测量面</td><td>金属材料</td><td>0.05</td><td>0.1</td><td colspan="2">0.1</td><td colspan="2">0.2</td></tr>
<tr><td>岩石材料</td><td colspan="6">0.63</td></tr>
<tr><td rowspan="2">侧面</td><td>金属材料</td><td colspan="4">0.4</td><td colspan="2">0.8</td></tr>
<tr><td>岩石材料</td><td colspan="6">0.8</td></tr>
<tr><td colspan="2">其他面</td><td colspan="6">6.3</td></tr>
</table>

5.3 电子数显卡尺

电子数显卡尺型式及测量范围如表 7-5-35 所示。

表 7-5-35 电子数显卡尺型式及测量范围 mm

<table>
<tr><th>型 式</th><th colspan="2">测 量 范 围</th><th>型 式</th><th>测 量 范 围</th></tr>
<tr><td>Ⅰ</td><td>0～150</td><td>0～200</td><td>Ⅳ</td><td>0～500</td></tr>
<tr><td>Ⅱ、Ⅲ</td><td>0～200</td><td>0～300</td><td></td><td></td></tr>
</table>

电子数显卡尺结构尺寸如表 7-5-36 所示。

表 7-5-36 电子数显卡尺结构尺寸 mm

<table>
<tr><th rowspan="2">型式</th><th rowspan="2">测量范围</th><th rowspan="2">外测量爪最小伸出长度 L_1</th><th colspan="2">内测量爪最小伸出长度 L_2</th><th rowspan="2">刀口形外测量爪最小伸出长度 L_3</th><th rowspan="2">圆弧形内测量爪合并宽度 b</th></tr>
<tr><th>刀口形</th><th>圆弧形</th></tr>
<tr><td>Ⅰ</td><td>0～150</td><td>30</td><td>12</td><td>—</td><td>—</td><td>—</td></tr>
<tr><td>Ⅰ、Ⅱ、Ⅲ</td><td>0～200</td><td>40</td><td>15</td><td>8</td><td>20</td><td rowspan="2">10</td></tr>
<tr><td>Ⅱ、Ⅲ</td><td>0～300</td><td>50</td><td>18</td><td>10</td><td>30</td></tr>
<tr><td>Ⅳ</td><td>0～500</td><td>60</td><td></td><td>12</td><td>—</td><td>10 或 20</td></tr>
</table>

电子数显卡尺测量面硬度如表 7-5-37 所示。

表 7-5-37 电子数显卡尺测量面硬度

名称	材料	硬度
内外测量爪测量面	碳钢或工具钢	664HV(≈58HRC)
	不锈钢	551HV(≈52.5HRC)
其他测量面	碳钢、工具钢、不锈钢	377HV(≈40HRC)

电子数显卡尺测量面的表面粗糙度 *Ra* 的最大允许值如表 7-5-38 所示。

表 7-5-38 电子数显卡尺测量面的表面粗糙度 *Ra* 的最大允许值 μm

内测量爪测量面	外测量爪测量面	其他测量面
*Ra*0.32	*Ra*0.16	*Ra*0.63

电子数显卡尺外测量爪测量面的平行度公差如表 7-5-39 所示。

表 7-5-39 电子数显卡尺外测量爪测量面的平行度公差 mm

测量范围	外测量爪测量面合并后的最大间隙	在测量范围内任何位置上两测量面间的平行度
0～150 0～200	0.006	0.01
0～300 0～500		0.02

具有刀口形内测量爪的电子数显卡尺，当调整外测量爪测量面间的距离到 10mm 时，其刀口形内测量爪尺寸偏差及平行度公差如表 7-5-40 所示。

表 7-5-40 刀口形内测量爪的尺寸偏差及平行度公差 mm

刀口形内测量爪尺寸偏差	平行度
+0.015 0	0.01

电子数显卡尺外测量示值误差和测量深度及台阶尺寸为 20mm 时的示值误差的最大值如表 7-5-41 所示。

表 7-5-41 电子数显卡尺外测量示值误差和测量深度及台阶尺寸为 20mm 时的示值误差的最大值 mm

测量长度	示值误差
0～200	0.03
>200～300	0.04
>300～500	0.05

电子数显卡尺移动力和移动力变化的最大值如表 7-5-42 所示。

表 7-5-42 电子数显卡尺移动力和移动力变化的最大值

测量范围/mm	移动力/N	移动力变化/N
0～150	2～6	1.5
0～200 0～300	3～8	2
0～500	8～15	3

电子数显卡尺晃动量的最大值如表 7-5-43 所示。

表 7-5-43 电子数显卡尺晃动量的最大值 mm

测量范围	0～150	0～200 0～300	0～500
晃动量	0.2	0.3	0.4

电子数显卡尺加力值如表 7-5-44 所示。

表 7-5-44 电子数显卡尺加力值

测量范围/mm	加力值/N
0～150	2
0～200 0～300	3
0～500	4

电子数显卡尺两测量爪伸出长度差如表 7-5-45 所示。

表 7-5-45 电子数显卡尺两测量爪伸出长度差 mm

外测量爪 l_1、l_3 伸出长度差	内测量爪 l_2 伸出长度差
0.15	0.10

电子数显卡尺的量块尺寸如表 7-5-46 所示。

表 7-5-46 电子数显卡尺的量块尺寸 mm

测量范围	量块尺寸系列
0～150	5,10,15,20,25,30,35,40,45,50,60,70,80,90,100,110,120,130,140,150
0～200	10,20,30,40,50,60,70,80,90,100,110,120,130,140,150,160,170,180,190,200
0～300	15,30,45,60,75,90,105,120,135,150,165,180,195,210,225,240,255,270,285,300
0～500	25,50,75,100,125,150,175,200,225,250,275,300,325,350,375,400,425,450,475,500

5.4 卡尺

5.4.1 游标、带表和数显齿厚卡尺

移动游标齿厚卡尺齿厚尺尺框使两测量面至手感

接触时，游标上的“零”标记和“尾”标记与主标尺相应标记应相互重合，其重合度不超过表7-5-47所示的规定。

表 7-5-47　重合度　　mm

重合度	
“零”标记	“尾”标记
±0.005	±0.010

齿厚尺、齿高尺及齿厚卡尺的最大允许误差如表7-5-48所示。

表 7-5-48　齿厚尺、齿高尺及齿厚卡尺的最大允许误差　　mm

最大允许误差		
齿厚尺	齿高尺	齿厚卡尺
±0.03	±0.03	±0.04

带表齿厚卡尺和数显齿厚卡尺的重复性不应大于表7-5-49所示的规定。

检验前，应将被检齿厚卡尺及量块等检验用设备同时置于铸铁平板或木桌上，其平衡温度时间如表7-5-50所示。

标准圆柱及其公差等级如表7-5-51所示。

表 7-5-49　带表齿厚卡尺和数显齿厚卡尺的重复性　　mm

分辨力/分度值	重复性	
	带表齿厚卡尺	数显齿厚卡尺
0.010	0.005	0.010
0.020	0.010	—

表 7-5-50　平衡温度时间

平衡温度时间/h	
置于铸铁平板上	置于木桌上
1	2

表 7-5-51　标准圆柱及其公差等级

测量模数范围/mm	标准圆柱 d/mm	公差等级/μm
1～16	5,20	IT4
1～26	5,35	
5～32	15,35	
15～55	25,60	

5.4.2　游标、带表和数显卡尺

卡尺的测量范围及基本参数的推荐值见表7-5-52。

表 7-5-52　卡尺的测量范围及基本参数　　mm

测量范围	基本参数(推荐值)							
	$l_1$①	l_1'	l_2	l_2'	$l_3$①	l_3'	l_4	b②
0～70	25	15	10	6	—	—	—	
0～150	40	24	16	10	20	12	6	
0～200	50	30	18	12	28	18	8	10
0～300	65	40	22	14	36	22	10	
0～500	100	60	40	24	54	32	12(15)	10(20)
0～1000	130	80	48	30	64	38	18	
0～1500	150	90						
0～2000	200	120	56	34	74	45	20	20(30)
0～2500	250							
0～3000		150						
0～3500	260		—	—	—	—	35	40
0～4000								

① 当外测量爪的伸出长度 l_1、l_3 大于表中推荐值时，其技术指标由供需双方技术协议确定。
② 当 b＝20mm时，l_4＝15mm。

卡尺一般采用碳钢、工具钢或不锈钢制造，测量面的硬度不应低于表7-5-53的规定。

表7-5-53　测量面的硬度规定

测量面名称	材料	硬度
内、外测量面	碳钢、工具钢	664HV(或58HRC)
	不锈钢	551HV(或52.5HRC)
其他测量面	碳钢、工具钢、不锈钢	377HV(或40HRC)

注：测量面的材料也可采用硬质合金或其他超硬材料。

卡尺测量面的表面粗糙度 Ra 值不应大于表7-5-54的规定。

表7-5-54　卡尺测量面的表面粗糙度　μm

测量面名称	表面粗糙度 Ra
外测量面	0.2
内测量面	0.4
其他测量面	0.8

游标卡尺的主标尺和游标尺的标记宽度及其标记宽度差应符合表7-5-55的规定。

表7-5-55　游标卡尺参数规定　mm

分度值	标记宽度	标记宽度差≤
0.02	0.08～0.18	0.02
0.05		0.03
0.10		0.05

带表卡尺主标尺的标记宽度及其标记宽度差、圆标尺的标记宽度及标尺间距应符合表7-5-56的规定；指针末端的宽度应与圆标尺的标记宽度一致。

表7-5-56　带表卡尺主标尺参数规定　mm

标尺名称	标记宽度	标记宽度差≤	标尺间距≥
主标尺	0.10～0.25	0.05	—
圆标尺	0.10～0.20	—	0.8

游标卡尺的游标尺标记表面棱边至主标尺标记表面的距离不应大于0.30mm；微视差游标卡尺的游标尺标记表面棱边至主标尺标记表面间的距离 h、游标尺标记端面与主标尺标记端面的距离 s 不应超过表7-5-57的规定。

表7-5-57　游标尺标记端面与主标尺标记端面的距离规定　mm

分度值	游标尺标记表面棱边至主标尺标记表面间的距离 h		游标尺标记端面与主标尺标记端面的距离 s
	测量范围上限		
	≤500	＞500	
0.02	±0.06	±0.08	0.08
0.05	±0.08	±0.10	
0.10	±0.10	±0.12	

带表卡尺的指针末端应盖住圆标尺上短标尺标记长度的30%～80%；指针末端与圆标尺标记表面间的间隙不应大于表7-5-58的规定。

表7-5-58　指针末端与圆标尺标记表面间的间隙　mm

分度值	指针末端与圆标尺标记表面间的间隙
0.01、0.02	0.7
0.05	1.0

游标卡尺两外测量面手感接触时，游标尺上的“零”、“尾”标尺标记与主标尺相应标尺标记应相互重合，其重合度不应超过表7-5-59的规定。

表7-5-59　游标卡尺两外测量面重合度规定　mm

分度值	“零”标尺标记重合度		“尾”标尺标记重合度	
	游标尺(可调)	游标尺(不可调)	游标尺(可调)	游标尺(不可调)
0.02	±0.005	±0.010	±0.01	±0.015
0.05			±0.02	±0.025
0.10	±0.010	±0.015	±0.03	±0.035

卡尺两外测量面的平面度不应大于表7-5-60的规定；两外测量面手感接触时的合并间隙（无论尺框紧固与否），在刀口宽量面处不应透光，在刀口窄量面处不应透白光。

表7-5-60　卡尺两外测量面的平面度规定　mm

测量范围上限	外测量面的平面度
≤1000	0.003
＞1000～4000	0.005

注：距外测量面边缘不大于测量面宽度的1/20范围内（但最小为0.2mm），外测量面的平面度不计。

卡尺两外测量面在测量范围内任意位置时的平行度（无论尺框紧固与否）均不应大于表7-5-61的规定。

表7-5-61　卡尺两外测量面在测量范围内任意位置时的平行度　mm

分度值/mm	平行度公差计算公式/μm
0.01、0.02	$12+0.03L$
0.05	$30+0.03L$
0.10	$50+0.03L$

注：1. L 为两外测量面在测量范围内任意位置时的测量长度，单位为mm（$L\neq0$）。

2. 计算结果一律四舍五入至10μm。

带有圆弧内测量爪的卡尺，其圆弧内测量爪的合

并宽度 b 的极限偏差及其圆弧内测量面的平行度不应超过表 7-5-62 的规定。

卡尺外测量的最大允许误差应符合表 7-5-63 的规定。

带有刀口内测量爪的卡尺，当调整外测量面间的距离到尺寸 H 时，其刀口内测量爪的尺寸极限偏差及刀口内测量面的平行度不应超过表 7-5-64 的规定。

表 7-5-62　带有圆弧内测量爪的卡尺参数规定　　mm

分度值/分辨力	合并宽度 b 的极限偏差	圆弧内测量面的平行度	分度值/分辨力	合并宽度 b 的极限偏差	圆弧内测量面的平行度
0.01	±0.01	0.01	0.05	±0.02	0.02
0.02			0.10		

注：圆弧内测量爪合并宽度 b 的极限偏差及其圆弧内测量面的平行度，应按沿平行于尺身平面方向的实际偏差计，在其他方向的实际偏差均不应大于平行于尺身平面方向的实际偏差。

表 7-5-63　卡尺外测量的最大允许误差规定　　mm

测量范围上限	最大允许误差					
	分度值/分辨力					
	0.01;0.02		0.05		0.10	
	最大允许误差计算公式	计算值	最大允许误差计算公式	计算值	最大允许误差计算公式	计算值
70	$\pm(20+0.05L)\mu m$	±0.02	$\pm(40+0.06L)\mu m$	±0.05		±0.10
150		±0.03		±0.05		
200		±0.03		±0.05		
300		±0.04		±0.06		
500		±0.05		±0.07		
1000		±0.07		±0.10	$\pm(50+0.1L)\mu m$	±0.15
1500	$\pm(20+0.06L)\mu m$	±0.11	$\pm(40+0.08L)\mu m$	±0.16		±0.20
2000		±0.14		±0.20		±0.25
2500	$\pm(20+0.08L)\mu m$	±0.22		±0.24		±0.30
3000		±0.26	$\pm(40+0.09L)\mu m$	±0.31		±0.35
3500		±0.30		±0.36		±0.40
4000		±0.34		±0.40		±0.45

注：表中最大允许误差计算公式中的 L 为测量范围上限值，以毫米计。计算结果应四舍五入到 10μm，且其值不能小于数字级差（分辨力）或游标卡尺间隔。

表 7-5-64　带有刀口内测量爪的卡尺参数规定

测量范围上限/mm	H/mm	刀口形内测量爪的尺寸极限偏差/μm		刀口形内测量面的平行度①/μm	
		分度值/分辨力			
		0.01;0.02	0.05;0.10	0.01;0.02	0.05;0.10
≤300	10	$^{+0.020}_{0}$	$^{+0.040}_{0}$	0.010	0.020
>300～1000	30				
>1000～4000	40	$^{+0.030}_{0}$	$^{+0.050}_{0}$	0.015	0.025

① 测量要求：刀口内测量爪的尺寸极限偏差及刀口内测量面的平行度，应按沿平行于尺身平面方向的实际偏差计；在其他方向的实际偏差均不应大于平行于尺身平面方向的实际偏差。

带有深度和台阶测量的卡尺，其深度、台阶测量20mm时的最大允许误差不应超过表7-5-65的规定。

表7-5-65 带有深度和台阶测量的卡尺深度、台阶测量参数 mm

分度值/分辨力	最大允许误差
0.01;0.02	±0.03
0.05;0.10	±0.05

带表卡尺和数显卡尺的重复性不应大于表7-5-66的规定。

表7-5-66 带表卡尺和数显卡尺的重复性规定 mm

分度值/分辨力	重复性	
	带表卡尺	数显卡尺
0.01	0.005	0.010
0.02;0.05	0.010	—

卡尺示值检查点量块尺寸推荐见表7-5-67。

表7-5-67 卡尺示值检查点量块尺寸规定 mm

测量范围	卡尺示值检查点量块尺寸(推荐)	
	游标卡尺、带表卡尺	数显卡尺
0～70	22.5,41.2,63.8	5,14,23,32,41,50,60,70
0～100	31.2,63.8,92.5	11,22,33,44,55,70,85,100
0～150	41.2,92.5,123.8	11,32,53,74,95,110,130,150
0～200	51.2,123.8,192.5	25,54,83,102,131,160,180,200
0～300	101.2,192.5,293.8	35,74,113,152,171,220,260,300
0～500	101.2,180,293.8,340,422.5,500	51,102,153,204,255,300,350,400,450,500
0～1000	161.2,340,500,663.8,822.5,1000	101,202,303,404,505,600,700,800,900,1000
0～1500	251.2,500,822.5,1000,1263.8,1500	101,172,243,314,385,460,535,610,685,760,835,910,985,1060,1135,1210,1285,1360,1430,1500
0～2000	340,663.8,1000,1331.2,1692.5,2000	101,202,303,404,505,600,700,800,900,1000,1100,1200,1300,1400,1500,1600,1700,1800,1900,2000
0～2500	401.2,822.5,1263.8,1660,2080,2500	131,252,373,494,615,740,865,990,1115,1240,1365,1490,1615,1740,1865,1990,2115,2240,2370,2500
0～3000	663.8,1000,1692.5,2000,2531.2,3000	151,302,453,604,755,900,1050,1200,1350,1500,1650,1800,1950,2100,2250,2400,2550,2700,2850,3000
0～3500	663.8,1160,1692.5,2531.2,2900,3500	171,342,513,684,855,1030,1205,1380,1555,1730,1905,2080,2255,2430,2605,2780,2960,3140,3320,3500
0～4000	663.8,1331.2,2000,2622.5,3330,4000	201,402,603,804,1005,1200,1600,1800,2000,2200,2400,2600,2800,3000,3200,3400,3600,3800,4000

注：表中数显卡尺的示值检查点量块尺寸（推荐），是按栅距为5.08mm为例给出的。

5.4.3 游标、带表和数显万能角度尺

万能角度尺的基本参数和尺寸见表7-5-68的规定。

表7-5-68 万能角度尺的基本参数和尺寸规定

形式	测量范围	直尺测量面标称长度	基尺测量面标称长度	附加量尺测量面标称长度
		mm		
Ⅰ型游标万能角度尺	0°～320°	≥150	≥50	—
Ⅱ型游标万能角度尺	0°～360°	150或200或300		≥70
带表万能角度尺				
数显万能角度尺				

万能角度尺一般采用碳素工具钢或不锈钢制造，测量面的硬度不应低于表7-5-69的规定。

表7-5-69 万能角度尺测量面的硬度规定

材料	硬度
碳素工具钢	664HV(或58HRC)
不锈钢	551HV(或52.5HRC)

注：测量面的材料也可采用硬质合金或其他超硬材料制造。

游标万能角度尺的主尺和游标尺的标记宽度、标记宽度差和标尺间距应符合表7-5-70的规定；主尺的短标记长度（可见）和游标尺的短标记长度不应小于2mm。

表 7-5-70　游标万能角度尺参数

分度值	标记宽度	标记宽度差	相邻标记宽度差	标尺间距	
				Ⅰ型	Ⅱ型
mm					
2′	0.08～0.15	≤0.02	≤0.01	≥0.80	≥0.45
5′		≤0.03	≤0.02		

Ⅰ型游标万能角度尺的主尺，使基尺测量面与直尺测量面均匀接触，无论锁紧装置紧固与否，游标尺“零”标记与主尺“零”标记的重合度不应大于分度值的1/4，且两测量面之间的间隙不应大于表7-5-71的规定。

表 7-5-71　Ⅰ型游标万能角度尺参数

分度值	基尺测量面与直尺测量面之间的间隙/mm
2′	0.006
5′	0.010

Ⅱ型游标万能角度尺、带表万能角度尺和数显万能角度尺的直尺测量面的平面度应符合表 7-5-72 的规定。

表 7-5-72　Ⅱ型游标万能角度尺参数　mm

检测长度	直尺测量面的平面度
任意 100	0.003
任意 200	0.004
300	0.005

注：直尺测量面两端 5mm 长度范围内允许有塌边，其平面度可不计。

当Ⅱ型游标万能角度尺、带表万能角度尺或数显万能角度尺在“零”位状态时，直尺测量面对基尺测量面间的平行度应符合表 7-5-73 的规定。

表 7-5-73　Ⅱ型游标万能角度尺、带表万能角度尺或数显万能角度尺在“零”位状态时平行度规定

分度值或分辨力	直尺测量面对基尺测量面间的平行度/mm
2′	0.02
5′	0.04
30″	0.02

注：在直尺测量面位于正上方位置上测量，直尺测量面两端 5mm 长度范围内，其平行度可不计；基尺测量面两端 1mm 长度范围内，其平行度可不计。

无论锁紧装置紧固与否，万能角度尺的最大允许误差不应超过表 7-5-74 的规定。

表 7-5-74　万能角度尺的最大允许误差规定

万能角度尺名称	最大允许误差		
	分度值或分辨力		
	2′	5′	30″
游标万能角度尺	±2′	±5′	—
带表万能角度尺			
数显万能角度尺	—	—	±4′

注：当使用附加量尺测量时，其允许误差在上述值基础上增加±1.5′。

5.5　容栅数显标尺

各种形式的容栅数显标尺基本参数见表 7-5-75 所示。

表 7-5-75　各种形式的容栅数显标尺基本参数

mm

参数名称	参　数　值
分辨力	0.01,0.005
工作范围	100,150,200,300,400,500,600,700,800,1000,1200,1500,2000

容栅数显标尺的最大允许误差不应超过表 7-5-76 所示。

表 7-5-76　容栅数显标尺的最大允许误差

mm

<table>
<tr><th rowspan="3">工作范围</th><th colspan="4">最大允许误差</th></tr>
<tr><th colspan="4">分辨力</th></tr>
<tr><th colspan="2">0.01</th><th colspan="2">0.005</th></tr>
<tr><th></th><th>允许值</th><th>计算公式</th><th>允许值</th><th>计算公式</th></tr>
<tr><td>100</td><td rowspan="3">±0.03</td><td rowspan="13">±(0.02+L/20000)</td><td rowspan="2">±0.020</td><td rowspan="13">±(0.015+L/20000)</td></tr>
<tr><td>150</td></tr>
<tr><td>200</td><td>±0.025</td></tr>
<tr><td>300</td><td rowspan="2">±0.04</td><td>±0.030</td></tr>
<tr><td>400</td><td>±0.035</td></tr>
<tr><td>500</td><td rowspan="2">±0.05</td><td>±0.040</td></tr>
<tr><td>600</td><td>±0.045</td></tr>
<tr><td>700</td><td rowspan="2">±0.06</td><td>±0.050</td></tr>
<tr><td>800</td><td>±0.055</td></tr>
<tr><td>1000</td><td>±0.07</td><td>±0.065</td></tr>
<tr><td>1200</td><td>±0.08</td><td>±0.075</td></tr>
<tr><td>1500</td><td>±0.10</td><td>±0.090</td></tr>
<tr><td>2000</td><td>±0.12</td><td>±0.115</td></tr>
</table>

注：1. 表中最大允许误差计算公式的 L 为标尺工作范围，以毫米计。计算结果应圆整至一个分辨力值。

2. 容栅数显标尺示值的判定适用浮动零位原则，即示值误差的带宽不应超过最大允许误差允许值“±”后面所对应的规定值。

检查前，应将被检容栅数显标尺及量块等检查用设备同时置于铸铁平板或木桌上，其平衡温度时间参见表 7-5-77 所示。

表 7-5-77 容栅数显标尺及量块等平衡温度时间

工作范围/mm	平衡温度时间/h	
	置于铸铁平板上	置于木桌上
300 以下	1	2
>300～500	1.5	3
>500～2000	2	4

容栅数显标尺的尺杆和尺框的移动力可用弹簧测力计定量检查，其最大允许值如表 7-5-78 所示。

表 7-5-78 尺杆和尺框的移动力最大允许值

工作范围/mm	移动力/N
100	5
150	6
200	7
300	8
400	
500	15
600	
700	18
800	
1000	
1200	25
1500	
2000	

注：当工作范围不与表中给定工作范围一致时，可按与其最接近的一档选取。

容栅数显标尺值检查推荐量块尺寸见表 7-5-79。

表 7-5-79 容栅数显标尺值检查推荐量块尺寸

工作范围/mm	容栅数显标尺(以栅距为 5.08mm 的为例)
100	11,22,33,44,55,70,85,100
150	11,32,53,74,95,110,130,150
200	25,54,83,102,131,160,180,200
300	35,74,113,152,171,220,260,300
400	41,85,122,163,204,240,280,320,360,400
500	51,102,153,204,255,300,350,400,450,500
600	61,122,183,244,305,360,420,480,540,600
800	81,163,244,322,405,480,560,640,720,800
1000	101,202,303,405,504,600,700,800,900,1000
1200	61,122,183,244,305,360,420,480,540,600,660,720,780,840,900,960,1020,1080,1140,1200
1500	101,172,243,314,385,460,535,610,685,760,835,910,985,1060,1135,1210,1285,1360,1430,1500
2000	101,202,303,404,505,600,700,800,900,1000,1100,1200,1300,1400,1500,1600,1700,1800,1900,2000

5.6 量规

5.6.1 光滑极限量规

光滑极限量规的代号和使用规则如表 7-5-80 所示。

工作量规的尺寸公差值及其通端位置要素值如表 7-5-81 所示。

表 7-5-80 光滑极限量规的代号和使用规则

名 称	代号	使 用 规 则
通端工作环规	T	通端工作环规应通过轴的全长
“校通-通”塞规	TT	“校通-通”塞规的整个长度都应进入新制的通端工作环规内，而且应在孔的全长上进行检验
“校通-损”塞规	TS	“校通-损”塞规不应进入完全磨损的校对工作环规孔内，如有可能，应在孔的两端进行检验
止端工作环规	Z	沿着和环绕不少于四个位置上进行检验
“校止-通”塞规	ZT	“校止-通”塞规的整个长度都应进入制造的通端工作环规孔中，而且应在孔的全长上进行检验
通端工作塞规	T	通端工作塞规的整个长度都应进入制造的通端工作环孔的全长上进行检验
止端工作塞规	Z	止端工作塞规不能通过孔内，如有可能，应在孔的两端进行检验

表 7-5-81 工作量规的尺寸公差值及其通端位置要素值

工件孔或轴的基本尺寸/mm		工件孔或轴的公差等级								
		IT6			IT7			IT8		
		孔或轴的公差值	T_1	Z_1	孔或轴的公差值	T_1	Z_1	孔或轴的公差值	T_1	Z_1
大于	至	μm								
—	3	6	1.0	1.0	10	1.2	1.6	14	1.6	2.0
3	6	8	1.2	1.4	12	1.4	2.0	18	2.0	2.6
6	10	9	1.4	1.6	15	1.8	2.4	22	2.4	3.2
10	18	11	1.6	2.0	18	2.0	2.8	27	2.8	4.0
18	30	13	2.0	2.4	21	2.4	3.4	33	3.4	5.0
30	50	16	2.4	2.8	25	3.0	4.0	39	4.0	6.0
50	80	19	2.8	3.4	30	3.6	4.6	46	4.6	7.0
80	120	22	3.2	3.8	35	4.2	5.4	54	5.4	8.0
120	180	25	3.8	4.4	40	4.8	6.0	63	6.0	9.0
180	250	29	4.4	5.0	46	5.4	7.0	72	7.0	10.0
250	315	32	4.8	5.6	52	6.0	8.0	81	8.0	11.0
315	400	36	5.4	6.2	57	7.0	9.0	89	9.0	12.0
400	500	40	6.0	7.0	63	8.0	10.0	97	10.0	14.0

工件孔或轴的基本尺寸/mm		工件孔或轴的公差等级								
		IT9			IT10			IT11		
		孔或轴的公差值	T_1	Z_1	孔或轴的公差值	T_1	Z_1	孔或轴的公差值	T_1	Z_1
大于	至	μm								
—	3	25	2.0	3	40	2.4	4	60	3	6
3	6	30	2.4	4	48	3.0	5	75	4	8
6	10	36	2.8	5	58	3.6	6	90	5	9
10	18	43	3.4	6	70	4.0	8	110	6	11
18	30	52	4.0	7	84	5.0	9	130	7	13
30	50	62	5.0	8	100	6.0	11	160	8	16
50	80	74	6.0	9	120	7.0	13	190	9	19
80	120	87	7.0	10	140	8.0	15	220	10	22
120	180	100	8.0	12	160	9.0	18	250	12	25
180	250	115	9.0	14	185	10.0	20	290	14	29
250	315	130	10.0	16	210	12.0	22	320	16	32
315	400	140	11.0	18	230	14.0	25	360	18	36
400	500	155	12.0	20	250	16.0	28	400	20	40

工件孔或轴的基本尺寸/mm		工件孔或轴的公差等级								
		IT12			IT13			IT14		
		孔或轴的公差值	T_1	Z_1	孔或轴的公差值	T_1	Z_1	孔或轴的公差值	T_1	Z_1
大于	至	μm								
—	3	100	4	9	140	6	14	250	9	20
3	6	120	5	11	180	7	16	300	11	25
6	10	150	6	13	220	8	20	360	13	30
10	18	180	7	15	270	10	24	430	15	35
18	30	210	8	18	330	12	28	520	18	40

续表

工件孔或轴的基本尺寸/mm		工件孔或轴的公差等级								
		IT12			IT13			IT14		
		孔或轴的公差值	T_1	Z_1	孔或轴的公差值	T_1	Z_1	孔或轴的公差值	T_1	Z_1
大于	至	μm								
30	50	250	10	22	390	14	34	620	22	50
50	80	300	12	26	460	16	40	740	26	60
80	120	350	14	30	540	20	46	870	30	70
120	180	400	16	35	630	22	52	1000	35	80
180	250	460	18	40	720	26	60	1150	40	90
250	315	520	20	45	810	28	66	1300	45	100
315	400	570	22	50	890	32	74	1400	50	110
400	500	630	24	55	970	36	80	1550	55	120

工件孔或轴的基本尺寸/mm		工件孔或轴的公差等级					
		IT15			IT16		
		孔或轴的公差值	T_1	Z_1	孔或轴的公差值	T_1	Z_1
大于	至	μm					
—	3	400	14	30	600	20	40
3	6	480	16	35	750	25	50
6	10	580	20	40	900	30	60
10	18	700	24	50	1100	35	75
18	30	840	28	60	1300	40	90
30	50	1000	34	75	1600	50	110
50	80	1200	40	90	1900	60	130
80	120	1400	46	100	2200	70	150
120	180	1600	52	120	2500	80	180
180	250	1850	60	130	2900	90	200
250	315	2100	66	150	3200	100	220
315	400	2300	74	170	3600	110	250
400	500	2500	80	190	4000	120	280

注：表中 T_1 表示工作量规尺寸公差；Z_1 表示通端工作量规尺寸公差带的中心线至工件最大实体尺寸之间的距离。

量规测量面的表面粗糙度 Ra 值不应大于表 7-5-82 所示的规定。

表 7-5-82　量规测量面的表面粗糙度 *Ra* 值

工 作 量 规	工作量规的基本尺寸/mm		
	大于或等于 120	大于 120、小于或等于 315	大于 315、小于或等于 500
	工作量规测量面的表面粗糙度 Ra 值/μm		
IT6 级孔用工作塞规	0.05	0.10	0.20
IT7 级～IT9 级孔用工作塞规	0.10	0.20	0.40
IT10 级～IT12 级孔用工作塞规	0.20	0.40	0.80
IT13 级～IT16 级孔用工作塞规	0.40	0.80	
IT6 级～IT9 级轴用工作环规	0.10	0.20	0.40
IT10 级～IT12 级轴用工作环规	0.20	0.40	0.80
IT13 级～IT16 级轴用工作环规	0.40	0.80	

量规的主要检测参数和检测器具如表 7-5-83 所示。

校对塞规测量面的表面粗糙度 Ra 值不大于表 7-5-84 所示的规定。

推荐的量规型式应用尺寸范围如表 7-5-85 所示。

5.6.2 功能量规

功能量规各工作部位的尺寸公差、形位公差、允许磨损量及最小间隙的数值如表 7-5-86 所示。

功能量规检验部位的基本偏差数值如表 7-5-87 所示。

表 7-5-83 量规的主要检测参数和检测器具

主要检测参数	检 测 器 具	主要检测参数	检 测 器 具
表面粗糙度	轮廓仪、表面粗糙度比较样块	卡规测量面的平面度	刀口尺、平晶
全形塞规的圆度、环规的圆度	圆度仪	卡规测量面的平行度	光学计、测长仪
母线直线度	轮廓仪、0 级刀口尺	硬度	洛式硬度计

表 7-5-84 校对塞规测量面的表面粗糙度 Ra 值

校 对 塞 规	校对塞规的基本尺寸/mm		
	大于或等于 120	大于 120、小于或等于 315	大于 315、小于或等于 500
	校对量规测量面的表面粗糙度 Ra 值/μm		
IT6 级～IT9 级轴用工作环规的校对塞规	0.05	0.10	0.20
IT10 级～IT12 级轴用工作环规的校对塞规	0.10	0.20	0.40
IT13 级～IT16 级轴用工作环规的校对塞规	0.20	0.40	

表 7-5-85 推荐的量规型式应用尺寸范围

用　途	推荐顺序	量规的工作尺寸/mm			
		～18	大于 18～100	大于 100～315	大于 315～500
工件孔用的通端量规型式	1	全形塞规		不全形塞规	球端杆规
	2	—	不全形塞规或片形塞规	片形塞规	—
工件孔用的止端量规型式	1	全形塞规	全形或片形塞规		球端杆规
	2	—	不全形塞规		—
工件轴用的通端量规型式	1	环规		卡规	
	2	卡规		—	
工件轴用的止端量规型式	1	卡规			
	2	环规		—	

表 7-5-86 功能量规各工作部位的尺寸公差、形位公差、允许磨损量及最小间隙的数值　　μm

综合公差 T_t	检验部位		定位部位		导向部位			t_l、t_L、t_G	t'_G
	T_l	W_l	T_L	W_L	T_G	W_G	S_{min}		
≤16	1.5				—		—	2	—
>16～25	2							3	
>25～40	2.5							4	
>40～63	3							5	
>63～100	4				2.5		3	6	2
>100～160	5				3			8	2.5

续表

综合公差 T_t	检验部位		定位部位		导向部位			t_l、t_L、t_G	t'_G
	T_l	W_l	T_L	W_L	T_G	W_G	S_{min}		
>160～250	6				4		4	10	3
>250～400	8				5			12	4
>400～630	10				6		5	16	5
>630～1000	12				8			20	6
>1000～1600	16				10		6	25	8
>1600～2500	20				12			32	10

注：1. 综合公差 T_t 等于被测要素或基准要素的尺寸公差（T_D、T_d）及形位公差之和。
2. T_l：功能量规检验部位的尺寸公差。
3. W_l：功能量规检验部位的允许磨损量。
4. T_L：功能量规定位部位的尺寸公差。
5. W_L：功能量规定位部位的允许磨损量。
6. T_G：功能量规导向部位的尺寸公差。
7. W_G：功能量规导向部位的允许磨损。
8. S_{min}：插入型功能量规导向部位的最小间隙。
9. t_l：功能量规检验部位的定向或定位公差。
10. t_L：功能量规定位部位的定向或定位公差。
11. t_G：插入型或活动型功能量规导向部位固定件的定向或定位公差。
12. t'_G：插入型或活动型功能量规导向部位的台阶形插入件的同轴度或对称度公差。

表 7-5-87　功能量规检验部位的基本偏差数值　μm

序号	0	1		2		3		4		5	
基准类型	无基准	无基准(成组被测要素)		一个中心要素		一个平表面和一个中心要素		两个平表面和一个中心要素		一个平表面和两个成组中心要素	
						三个平表面		两个中心要素		两个平表面和一个成组中心要素	
		一个平表面		两个平表面		一个成组中心要素		一个平表面和一个成组中心要素		一个中心要素和一个成组中心要素	
综合误差 T_t	整体型或组合型	整体型或组合型	插入型或活动型	整体型或组合型	插入型或活动型	整体型或组合型	插入型或活动型	整体型或组合型	插入型或活动型	整体型或组合型	插入型或活动型
≤16	3	4	—	5	—	5	—	6	—	7	—
>16～25	4	5	—	6	—	7	—	8	—	9	—
>25～40	5	6	—	8	—	9	—	10	—	11	—
>40～63	6	8	—	10	—	11	—	12	—	14	—
>63～100	8	10	16	12	18	14	20	16	20	18	22
>100～160	10	12	20	16	22	18	25	20	25	22	28
>160～250	12	16	25	20	28	22	32	25	32	28	36
>250～400	16	20	32	25	36	28	40	32	40	36	45
>400～630	20	25	40	32	45	36	50	40	50	45	56
>630～1000	25	32	50	40	56	45	63	50	63	56	71
>1000～1600	32	40	63	50	71	56	80	63	80	71	90
>1600～2500	40	50	80	63	90	71	100	80	100	90	110

5.6.3　圆锥量规

圆锥量规的名称、代号与用途如表7-5-88所示。

用于检验工件圆锥尺寸的圆锥量规或用于检验锥角公差没有特殊要求的工件的圆锥量规，其圆锥锥角公差 AT 由圆锥量规的圆锥直径公差 T_D 来确定，表7-5-89给出圆锥长度 L 为100时，圆锥量规的圆锥直径公差 T_D 所对应的圆锥角公差 AT_a。当圆锥长度 L 大于或小于100mm时，用表7-5-89中对应数值乘以 $100/L$ 计算出相应的圆锥锥角公差 AT_a。

圆锥量规的锥角公差如表7-5-89所示。

锥角公差等级为AT3至AT8的工件，其所用圆锥工作量规的圆锥锥角公差分为1、2和3三个等级，如表7-5-90所示。圆锥工作量规锥角公差用 AT_D 表示时，应标明其可行的测量长度 L_P，并换算出相应的 AT_{DP}，即：$AT_{DP}=AT_D\times L_P/L=AT_a\times L_P\times 10^{-3}$。

表7-5-88　圆锥量规的名称、代号与用途

量规名称	代号	型号	用途
圆锥工件量规	G	外锥或内锥	检验工件的圆锥尺寸和锥角
	GD	外锥或内锥	检验工件的圆锥尺寸
	GR	外锥或内锥	检验工件的圆锥锥角
圆锥塞规	—	外锥	检验工件的内锥
圆锥环规	—	内锥	检验工件的外锥
圆锥校对塞规	J	外锥	检验工作环规的圆锥尺寸和锥角

表7-5-89　圆锥量规的锥角公差

直径尺寸公差等级	圆锥直径/mm												
	≤3	>3～6	>6～10	>10～18	>18～30	>30～50	>50～80	>80～120	>120～180	>180～250	>250～315	>315～400	>400～500
	锥角公差 AT_a/μrad												
IT01	3	4	4	5	6	6	8	10	12	20	25	30	40
IT0	5	6	6	8	10	10	12	15	20	30	40	50	60
IT1	8	10	10	12	15	15	20	25	35	45	60	70	80
IT2	12	15	15	20	25	25	30	40	50	70	80	90	100
IT3	20	25	25	30	40	40	50	60	80	100	120	130	150
IT4	30	40	40	50	60	70	80	100	120	140	160	180	200
IT5	40	50	60	80	90	110	130	150	180	200	230	250	270
IT6	60	80	90	110	130	160	190	220	250	290	320	360	400
IT7	100	120	150	180	210	250	300	350	400	460	520	570	630
IT8	140	180	220	270	330	390	460	540	630	720	810	890	970
IT9	250	300	360	430	520	620	740	870	1000	1150	1300	1400	1550
IT10	400	480	580	700	840	1000	1200	1400	1600	1850	2100	2300	2500
IT11	600	750	900	1100	1300	1600	1900	2200	2500	2900	3200	3600	4000
IT12	1000	1200	1500	1800	2100	2500	3000	3500	4000	4600	5200	5700	6300

表7-5-90　圆锥工作量规的锥角公差等级

圆锥长度 L/mm		圆锥工作量规的锥角公差等级											
		1				2				3			
		AT_a		AT_D		AT_a		AT_D		AT_a		AT_D	
大于	至	μrad	(″)	大于	至	μrad	(″)	大于	至	μrad	(″)	大于	至
6	10	50	10	0.3	0.5	125	26	0.8	1.3	315	65	2.0	3.2
10	16	40	8	0.4	0.6	100	21	1.0	1.6	250	52	2.5	4.0
16	25	31.5	6	0.5	0.8	80	16	1.3	2.0	200	41	3.2	5.0
25	40	25	5	0.6	1.0	63	13	1.6	2.5	160	33	4.0	6.3
40	63	20	4	0.8	1.3	50	10	2.0	3.2	125	26	5.0	8.0

续表

圆锥长度 L/mm		圆锥工作量规的锥角公差等级											
		1				2				3			
		AT_a		AT_D		AT_a		AT_D		AT_a		AT_D	
大于	至	μrad	(″)	大于	至	μrad	(″)	大于	至	μrad	(″)	大于	至
63	100	16	3	1.0	1.6	40	8	2.5	4.0	100	21	6.3	10.0
100	160	12.5	2.5	1.3	2.0	31.5	6	3.2	5.0	80	16	8.0	12.5
160	250	10	2	1.6	2.5	25	5	4.0	6.3	63	13	10.0	16.0
250	400	8.0	1.5	2.0	3.2	20	4	5.0	8.0	50	10	12.5	20.0
400	630	6.3	1	2.5	4.0	16	3	6.3	10.0	40	8	16.0	25.0

圆锥量规的测量面表面的粗糙度值不应大于表7-5-91的规定。

用圆锥校对塞规检验圆锥工作环规时，在研合检验中所采用的涂色层厚度 δ 应不大于及接触率 ψ 应不小于表7-5-92的规定。

莫氏与公制A型圆锥的量规锥角公差AT等级符合GB/T 11852—2003的规定，其锥角极限偏差如表7-5-93、表7-5-94和表7-5-95所示。表中测量长度 L_P 的大小按下式计算，其起止位置见表7-5-93中图所示。

$$L_P = l_3 - a - e_{max}$$

表7-5-91　圆锥量规的测量面表面的粗糙度　　μm

量规类型	圆锥工作量规的锥角公差等级			检验工件圆锥直径的量规	校对塞规
	1	2	3		
圆锥塞规	0.025	0.05	0.1	0.1	0.025
圆锥环规	0.05	0.05	0.1	0.2	—

表7-5-92　涂色层厚度及接触率

工件量规代号	圆锥工作环规等级	圆锥长度 L/mm					接触率 ψ/%
		>6～16	>16～40	>40～100	>100～250	>250～630	
		涂色层厚度 δ/μm					
G和GR	1	—	—	—	0.5	0.5	90
	2	—	0.5	0.5	1.0	1.5	
	3	0.5	1.0	1.5	2.0	3.0	

表7-5-93　圆锥工作塞规的锥角极限偏差

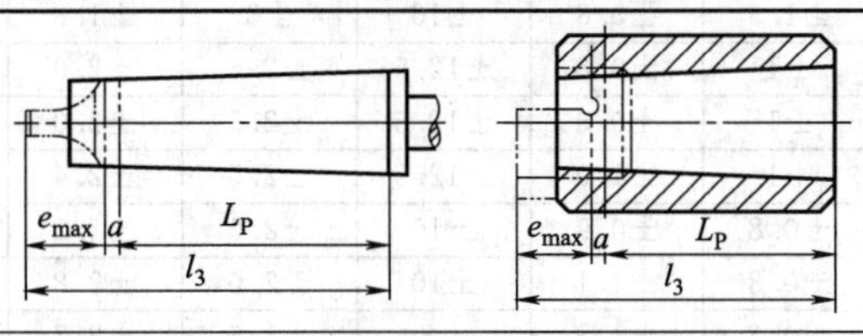

圆锥规格		测量长度 L_P	圆锥工作塞规的锥角公差等级								
			1			2			3		
			圆锥工作塞规的锥角极限偏差								
			AT_a		AT_{DP}	AT_a		AT_{DP}	AT_a		AT_{DP}
		mm	μrad	(″)	μm	μrad	(″)	μm	μrad	(″)	μm
公制圆锥	4	19	—	—	—	±40	±8	±0.8	−200	−41	−4
	6	26	—	—	—	±31.5	±6	±0.8	−160	−33	−4
莫氏圆锥	0	43	±10	±2	±0.5	±25	±5	±1.0	−125	−26	−5
	1	45	±10	±2	±0.5	±25	±5	±1.1	−125	−26	−6

续表

圆锥规格		测量长度 L_P	圆锥工作量规的锥角公差等级								
			1			2			3		
			圆锥工作塞规的锥角极限偏差								
			AT_a		AT_{DP}	AT_a		AT_{DP}	AT_a		AT_{DP}
		mm	μrad	(″)	μm	μrad	(″)	μm	μrad	(″)	μm
莫氏圆锥	2	54	±8	±1.5	±0.5	±20	±4	±1.1	−100	−21	−5
	3	69	±6.3	±1.5	±0.6	±20	±4	±1.4	−100	−21	−7
	4	87	±6.3	±1.3	±0.6	±16	±3	±1.4	−80	−16	−7
	5	114	±6.3	±1.3	±0.8	±16	±3	±1.8	−80	−16	−9
	6	162	±5	±1	±0.8	±12.5	±2.5	±2.0	−63	−13	−10
公制圆锥	80	164	±5	±1	±0.8	±12.5	±2.5	±2.0	−63	−13	−10
	100	192	±5	±1	±1.0	±12.5	±2.5	±2.4	−63	−13	−12
	120	220	±4	±0.8	±0.9	±10	±2.0	±2.2	−50	−10	−11
	160	276	±4	±0.8	±1.1	±10	±2.0	±2.8	−50	−10	−14
	200	332	±3.2	±0.5	±1.1	±8	±1.5	±2.7	−40	−8	−13

圆锥工作环规的锥角极限偏差如表 7-5-94 所示。

表 7-5-94　圆锥工作环规的锥角极限偏差

圆锥规格		测量长度 L_P	圆锥工作量规的锥角公差等级								
			1			2			3		
			圆锥工作环规的锥角极限偏差								
			AT_a		AT_{DP}	AT_a		AT_{DP}	AT_a		AT_{DP}
		mm	μrad	(″)	μm	μrad	(″)	μm	μrad	(″)	μm
公制圆锥	4	19	—	—	—	±40	±8	±0.8	+200	+41	+4
	6	26	—	—	—	±31.5	±6	±0.8	+160	+33	+4
莫氏圆锥	0	43	±10	±2	±0.5	±25	±5	±1.0	+125	+26	+5
	1	45	±10	±2	±0.5	±25	±5	±1.1	+125	+26	+6
	2	54	±8	±1.5	±0.5	±20	±4	±1.1	+100	+21	+5
	3	69	±8	±1.5	±0.6	±20	±4	±1.4	+100	+21	+7
	4	87	±6.3	±1.3	±0.6	±16	±3	±1.4	+80	+16	+7
	5	114	±6.3	±1.3	±0.8	±16	±3	±1.8	+80	+16	+9
	6	162	±5	±1	±0.8	±12.5	±2.5	±2.0	+63	+13	+10
公制圆锥	80	164	±5	±1	±0.8	±12.5	±2.5	±2.0	+63	+13	+10
	100	192	±5	±1	±1.0	±12.5	±2.5	±2.4	+63	+13	+12
	120	220	±4	±0.8	±0.9	±10	±2.0	±2.2	+50	+10	+11
	160	276	±4	±0.8	±1.1	±10	±2.0	±2.8	+50	+10	+14
	200	332	±3.2	±0.5	±1.1	±8	±1.5	±2.7	+40	+8	+13

莫氏与公制 A 型圆锥工作量规的圆锥形状公差 T_F 如表 7-5-95 所示。

表 7-5-95　莫氏与公制 A 型圆锥工作量规的圆锥形状公差

圆规量规公差等级	公制螺纹		莫氏螺纹							公制螺纹				
	4	6	0	1	2	3	4	5	6	80	100	120	160	200
	圆锥形状公差 T_F/μm													
1	—		0.5									1.0		
2	0.5		0.7			0.9		1.3			1.6		1.7	
3	1.3		1.6			2.3		3.0			3.6		4.3	

7/24 工具圆锥量规规定有 A 型和 C 型两种型式，如图 7-5-1 所示。

7/24 工具圆锥塞规的尺寸如表 7-5-96 所示。

7/24 工具圆锥环规的尺寸如表 7-5-97 所示。

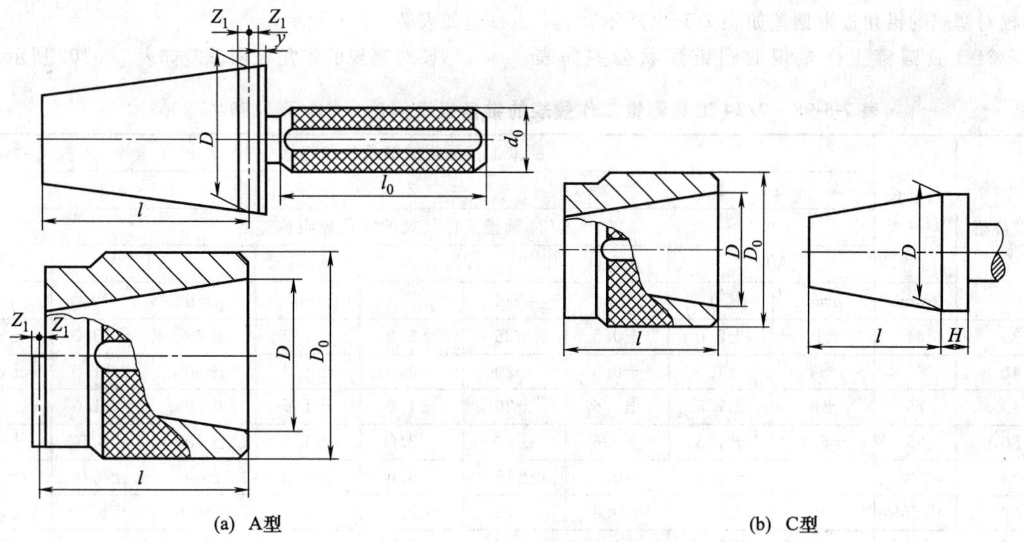

图 7-5-1　7/24 工具圆锥量规

表 7-5-96　7/24 工具圆锥塞规的尺寸

圆锥规格	锥度 C	锥角 α	基本尺寸/mm				参考尺寸/mm		
			$D\pm$ IT5/2	$l\pm$ IT11/2	y	$Z_1\pm$ 0.05	H	d_0	l_0
30	1∶3.428571 =0.291667	16°35′39.4″	31.750	48.4	1.6	0.4	10	25	90
40			44.450	65.4	1.6			32	100
45			57.150	82.8	3.2			32	100
50			69.850	101.8	3.2			35	110
55			88.900	126.8	3.2			40	115
60			107.950	161.8	3.2			40	115
65			133.350	202.0	4			40	115
70			165.100	252.0	4			40	115
75			203.200	307.0	5			45	120
80			254.000	394.0	6			50	120

表 7-5-97　7/24 工具圆锥环规的尺寸

圆锥规格	锥度 C	锥角 α	基本尺寸/mm			参考尺寸/mm
			$D\pm$IT5/2	$l\pm$IT11/2	$Z_1\pm$0.05	D_0
30	1∶3.428571= 0.291667	16°35′39.4″	31.750	48.4	0.4	58
40			44.450	65.4		64
45			57.150	82.8		80
50			69.850	101.8		95
55			88.900	126.8		118
60			107.950	161.8		140
65			133.350	202.0		168
70			165.100	252.0		204
75			203.200	307.0		245
80			254.000	394.0		300

7/24 工具圆锥工作量规的锥角极限偏差如表 7-5-98所示。

校对塞规的锥角极限偏差如表 7-5-99 所示。

7/24 工具圆锥工作量规的圆锥形状公差如表 7-5-100所示。

钻夹圆锥工作量规的锥角极限偏差和圆锥形状公差如表 7-5-101 所示。

校对塞规的锥角极限偏差如表 7-5-102 所示。

表 7-5-98　7/24 工具圆锥工作量规的锥角极限偏差（GB/T 11854—2003）

圆锥规格	测量长度 L_P	圆锥工作量规的锥角公差等级								
		1			2			3		
		7/24 圆锥工作量规的锥角极限偏差								
		AT_a		AT_{DP}	AT_a		AT_{DP}	AT_a		AT_{DP}
	mm	μrad	(″)	μm	μrad	(″)	μm	μrad	(″)	μm
30	44	±10	±2.0	±0.5	±25	±5.0	±1.2	±63	±13.0	±3.0
40	61	±8	±1.5	±0.5	±20	±4.0	±1.3	±50	±11.0	±3.0
45	76	±8	±1.5	±0.6	±20	±4.0	±1.6	±50	±11.0	±4.0
50	95	±6.3	±1.3	±0.6	±16	±3.0	±1.6	±40	±8.0	±4.0
55	120	±6.3	±1.3	±0.8	±16	±3.0	±2.0	±40	±8.0	±5.0
60	155	±5	±1.0	±0.8	±13	±2.5	±2.0	±31.5	±6.5	±5.0
65	193	±5	±1.0	±1.0	±13	±2.5	±2.6	±31.5	±6.5	±6.0
70	243	±4	±0.8	±1.0	±10	±2.0	±2.5	±25	±5.0	±6.0
75	296	±4	±0.8	±1.2	±10	±2.0	±3.0	±25	±5.0	±8.0
80	381	±4	±0.8	±1.5	±10	±2.0	±3.9	±25	±5.0	±10.0

表 7-5-99　校对塞规的锥角极限偏差

圆锥规格	测量长度 L_P	圆锥工作量规的锥角公差等级								
		1			2			3		
		校对塞规的锥角极限偏差								
		AT_a		AT_{DP}	AT_a		AT_{DP}	AT_a		AT_{DP}
	mm	μrad	(″)	μm	μrad	(″)	μm	μrad	(″)	μm
30	44	+10	+2.0	+0.5	+25	+5.0	+1.2	+63	+13.0	+3.0
40	61	+8	+1.5	+0.5	+20	+4.0	+1.3	+50	+11.0	+3.0
45	76	+8	+1.5	+0.6	+20	+4.0	+1.6	+50	+11.0	+4.0
50	95	+6.3	+1.3	+0.6	+16	+3.0	+1.6	+40	+8.0	+4.0
55	120	+6.3	+1.3	+0.8	+16	+3.0	+2.0	+40	+8.0	+5.0
60	155	+5	+1.0	+0.8	+13	+2.5	+2.0	+31.5	+6.5	+5.0
65	193	+5	+1.0	+1.0	+13	+2.5	+2.6	+31.5	+6.5	+6.0
70	243	+4	+0.8	+1.0	+10	+2.0	+2.5	+25	+5.0	+6.0
75	296	+4	+0.8	+1.2	+10	+2.0	+3.0	+25	+5.0	+8.0
80	381	+4	+0.8	+1.5	+10	+2.0	+3.9	+25	+5.0	+10.0

表 7-5-100　7/24 工具圆锥工作量规的圆锥形状公差

圆规工作量规公差等级	圆锥量规规格									
	30	40	45	50	55	60	65	70	75	80
	圆锥形状公差 T_F/μm									
1	0.5		0.5		0.8		1.0		1.2	1.5
2	0.8		1.1		1.3		1.7		2.0	2.6
3	2.0		2.7		3.3		4.0		5.3	6.7

表 7-5-101 钻夹圆锥工作量规的锥角极限偏差和圆锥形状公差

圆锥种类和规格		测量长度 L_P	圆锥量规的锥角公差等级							
			2			3			2	3
			圆锥锥角极限偏差						圆锥形状公差	
			AT_a		AT_{DP}	AT_a		AT_{DP}	T_F	
		mm	μrad	(″)	μm	μrad	(″)	μm	μm	
莫氏短锥	B10	12.5	±50	±10.0	±0.6	±125	±26	±1.6	0.5	1.0
	B12	16.5	±40	±8.0	±0.7	±100	±20	±1.7		
	B16	21	±31.5	±6.5	±0.7	±80	±16	±1.7		
	B18	29	±31.5	±6.5	±0.9	±80	±16	±2.3		
	B22	37.5	±25	±5.0	±0.9	±63	±13	±2.4	1.0	1.5
	B24	47.5	±25	±5.0	±1.2	±63	±13	±3.0		
贾格圆锥	0	8.5	±50	±10.0	±0.4	±125	±26	±1.0	0.5	1.0
	1	13.5	±40	±8.0	±0.5	±100	±20	±1.4		
	2	19	±40	±8.0	±0.8	±100	±20	±1.9		
	33	20.7	±31.5	±6.5	±0.7	±80	±16	±1.7		
	6	20.7	±31.5	±6.5	±0.7	±80	±16	±1.7		
	3	26.3	±31.5	±6.5	±0.8	±80	±16	±2.1		

表 7-5-102 校对塞规的锥角极限偏差

圆锥种类和规格		测量长度 L_P	圆锥工作量规的锥角公差等级					
			2			3		
			校对塞规的锥角极限偏差					
			AT_a		AT_{DP}	AT_a		AT_{DP}
		mm	μrad	(″)	μm	μrad	(″)	μm
莫氏短锥	B10	12.5	+50	+10.0	+0.6	+125	+26	+1.6
	B12	16.5	+40	+8.0	+0.7	+100	+20	+1.7
	B16	21	+31.5	+6.5	+0.7	+80	+16	+1.7
	B18	29	+31.5	+6.5	+0.9	+80	+16	+2.3
	B22	37.5	+25	+5.0	+0.9	+63	+13	2.4
	B24	47.5	+25	+5.0	+1.2	+63	+13	+3.0
贾格圆锥	0	8.5	+50	+10.0	+0.4	+125	+26	+1.0
	1	13.5	+40	+8.0	+0.5	+100	+20	+1.4
	2	19	+40	+8.0	+0.8	+100	+20	+1.9
	33	20.7	+31.5	+6.5	+0.7	+80	+16	+1.7
	6	20.7	+31.5	+6.5	+0.7	+80	+16	+1.7
	3	26.3	+31.5	+6.5	+0.8	+80	+16	+2.1

5.6.4 圆柱直齿渐开线花键量规

量规的种类、代号与功能如表 7-5-103 所示。

表 7-5-103　量规的种类、代号与功能

量规种类	代号	功能	特征
综合通端塞规	T_s	控制工件内花键的作用齿槽宽最小值 E_{Vmin} 和渐开线终止圆直径最小值 D_{Fmin}	键齿数与工件内花键的齿槽数相同
综合通端环规	T_h	控制工件外花键的作用齿厚最大值 S_{Vmax} 和渐开线起始圆直径最大值 D_{Femax}	齿槽数与工件花键的键齿数相同
非全齿止端塞规	Z_{Fs}	控制工件内花键的实际齿槽宽最大值 E_{max}	在相对180°的两个扇形面上有键
非全齿止端环规	Z_{Fh}	控制外花键实际齿厚最小值 S_{min}	在相对180°的两个扇形面上有齿槽
综合止端塞规	Z_s	控制工件内花键的作用齿槽宽最大值 E_{Vmax}	键齿数与工件内花键的齿槽数相同
综合止端环规	Z_h	控制工件外花键的作用齿厚最小值 S_{Vmin}	齿槽数与工件外花键的键齿数相同
综合通端环规用校对塞规	J_t	检验综合通端环规的作用齿槽宽最大值和最小值、磨损极限，以及渐开线终止圆直径最小值	键齿数与综合通端环规的齿槽数相同，键齿侧面沿齿长方向有不小于0.02%的锥度
综合止端环规用校对塞规	J_Z	检验综合止端环规的作用齿槽宽最大值和最小值、磨损极限，以及渐开线终止圆直径最小值	键齿数与综合止端环规的齿槽数相同，键齿侧面沿齿长方向有不小于0.02%的锥度
非全齿止端环规用校对塞规	J_{ZF}	检验非全齿止端环规的实际齿槽宽最小值和最大值、磨损极限，以及渐开线终止圆直径最小值	在相对180°的两个扇形面上有键齿，键齿数与非全齿止端环规齿槽数相同，键齿侧面沿齿长方向有不小于0.02%的锥度

量规的术语与代号如表7-5-104所示。

表 7-5-104　量规的术语与代号

代号	术语	单位
Z	齿数	—
m	模数	mm
α_D	压力角	(°)
D	分度圆直径	mm
D_{Femax}	渐开线起始圆直径最大值	mm
D_{Fimin}	渐开线终止圆直径最小值	mm
D_{Re}	测量塞规用量棒直径	mm
D_{Ri}	测量环规用量棒直径	mm
D_b	基圆直径	mm
D_{eemax}	工件外花键大径最大值	mm
D_{iimax}	工件内花键小径最小值	mm
E	基本齿槽宽	mm
E_{max}	工件内花键实际齿槽宽最小值	mm
E_{min}	工件内花键作用齿槽宽最大值	mm
E_{Vmax}	工件内花键作用齿槽宽最大值	mm
E_{Vmin}	工件内花键作用齿槽宽最小值	mm
F_p	齿距累积公差(分度公差)	μm
f_f	齿形公差	μm
F_β	齿向公差	μm
S	基本齿厚	mm
S_{max}	工件外花键实际齿厚最大值	mm
S_{min}	工件外花键实际齿厚最小值	mm
S_{Vmax}	工件外花键作用齿厚最大值	mm
S_{Vmin}	工件外花键作用齿厚最小值	mm
H	齿槽宽和齿厚的制造公差	μm
W、Z、Y	齿槽宽和齿厚的位置要素	μm

量规检测部分的最小长度见表7-5-105。

表 7-5-105　量规检测部分的最小长度

mm

花键分度圆直径 D	量规测量部分的最小长度			
	通端塞规	止端塞规	通端环规	止端环规
～7	6	4	8	6
>7～12	8	6	10	8
>12～17	12	8	10	8
>17～22	16	10	16	12
>22～30	20	12	16	12
>30～40	25	15	20	15
>40～50	30	18	20	15
>50～70	30	20	25	20
>70～120	35	25	26	20
>120～150	40	25	30	25
>150～180	40	25	30	25

综合通端环规的尺寸参数和公差如表7-5-106所示。

综合通端环规用校对塞规的尺寸参数和公差如表7-5-107所示。

非全齿止端环规的尺寸参数和公差如表7-5-108所示。

非全齿止端环规用校对塞规的尺寸参数和公差如表7-5-109所示。

表 7-5-106　综合通端环规的尺寸参数和公差

量规尺寸参数	计算公式或代号	公差	相配合的锥形校对塞规
齿数	z		
模数	m		
压力角	α_D		
分度圆直径	mz		
基圆直径	$mz\cos\alpha_D$		
大径	$D_{eemax}+0.3m$	min	
渐开线终止圆直径	$D_{eemax}+0.2m$	min	
小径	D_{Femax}	K7	
齿槽宽	$S_{Vmax}-Z$	$\pm H/2$	刻线 A 处齿厚 $S_{Vmax}-Z-H/2$ 刻线 B 处齿厚 $S_{Vmax}-Z+H/2$
齿槽宽磨损极限	$S_{Vmax}+Y$		刻线 C 处齿厚 $S_{Vmax}+Y$

表 7-5-107　综合通端环规用校对塞规的尺寸参数和公差

量规尺寸参数	计算公式或代号	公差
齿数	z	
模数	m	
压力角	α_D	
分度圆直径	mz	
基圆直径	$mz\cos\alpha_D$	
大径	$D_{eemax}+0.2m$	h8
渐开线终止圆直径	$D_{Femax}-0.1m$	max
小径	$D_{Femax}-0.2m$	max
A 刻线处齿厚	$S_{Vmax}-Z-H/2$	
B 刻线处齿厚	$S_{Vmax}-Z+H/2$	
C 刻线处齿厚	$S_{Vmax}+Y$	
齿单侧面锥度	0.02%	min

表 7-5-108　非全齿止端环规的尺寸参数和公差

量规尺寸参数	计算公式或代号	公差	相配合的锥形校对塞规
齿数	z		
模数	m		
压力角	α_D		
分度圆直径	mz		
基圆直径	$mz\cos\alpha_D$		
大径	$D_{eemax}+0.3m$	min	
渐开线终止圆直径	$D_{Femax}+0.2m$	min	
小径	$(D+2D_{Femax})/3$	JS8	
齿槽宽	S_{min}	$\pm H/2$	刻线 A 处齿厚 $S_{min}-H/2$ 刻线 B 处齿厚 $S_{min}+H/2$
齿槽宽磨损极限	$S_{min}+W$		刻线 C 处齿厚 $S_{min}+W$

表 7-5-109　非全齿止端环规用校对塞规的尺寸参数和公差

量规尺寸参数	计算公式或代号	公差
齿数	z	
模数	m	
压力角	α_D	
分度圆直径	mz	
基圆直径	$mz\cos\alpha_D$	
大径	$D_{eemax}+0.2m$	h8
渐开线起始圆直径	$(D+2D_{Femax})/3-0.1m$	max
小径	$(D+2D_{Femax})/3-0.2m$	max
A 刻线处齿厚	$S_{min}-H/2$	
B 刻线处齿厚	$S_{min}+H/2$	
C 刻线处齿厚	$S_{min}+W$	
齿单侧面锥度	0.02%	min

综合止端环规的尺寸参数和公差如表 7-5-110 所示。

表 7-5-110　综合止端环规的尺寸参数和公差

量规尺寸参数	计算公式或代号	公差	相配合的锥形校对塞规
齿数	z		
模数	m		
压力角	α_D		
分度圆直径	mz		
基圆直径	$mz\cos\alpha_D$		
大径	$D_{eemax}+0.3m$	min	
渐开线终止圆直径	$D_{eemax}+0.2m$	min	
小径	$(D+2D_{Femax})/3$	JS8	
齿槽宽	S_{Vmin}	$\pm H/2$	刻线 A 处齿厚 $S_{Vmin}-H/2$ 刻线 B 处齿厚 $S_{min}+H/2$
齿槽宽磨损极限	$S_{Vmin}+W$		刻线 C 处齿厚 $S_{Vmin}+W$

综合止端环规用校对塞规的尺寸参数和公差如表 7-5-111 所示。

综合通端塞规的尺寸参数和公差如表 7-5-112 所示。

非全齿止端塞规的尺寸参数和公差见表 7-5-113。

综合止端塞规的尺寸参数和公差见表 7-5-114。

表 7-5-111　综合止端环规用校对塞规的尺寸参数和公差

量规尺寸参数	计算公式或代号	公差
齿数	z	
模数	m	
压力角	α_D	
分度圆直径	mz	
基圆直径	$mz\cos\alpha_D$	
大径	$D_{eemax}+0.2m$	h8
渐开线起始圆直径	$(D+2D_{Femax})/3-0.1m$	max
小径	$(D+2D_{Femax})/3-0.2m$	max
A刻线处齿厚	$S_{Vmin}-H/2$	
B刻线处齿厚	$S_{Vmin}+H/2$	
C刻线处齿厚	$S_{Vmin}+W$	
齿单侧面锥度	0.02%	min

表 7-5-112　综合通端塞规的尺寸参数和公差

量规尺寸参数	计算公式或代号	公差
齿数	z	
模数	m	
压力角	α_D	
分度圆直径	mz	
基圆直径	$mz\cos\alpha_D$	
大径	D_{Fimin}	k7
渐开线终止圆直径	$D_{iimin}-0.2m$	max
小径	$D_{iimin}-0.3m$	max
齿厚	$E_{Vmin}+Z$	$\pm H/2$
齿槽宽磨损极限	$E_{Vmin}-Y$	

表 7-5-113　非全齿止端塞规的尺寸参数和公差

量规尺寸参数	计算公式或代号	公差
齿数	z	
模数	m	
压力角	α_D	
分度圆直径	mz	
基圆直径	$mz\cos\alpha_D$	
大径	$(D+2D_{Fimin})/3$	js8
渐开线终止圆直径	$D_{iimin}-0.2m$	max
小径	$D_{iimin}-0.3m$	max
齿厚	$E_{max}+Z$	$\pm H/2$
齿槽宽磨损极限	$E_{max}-W$	

表 7-5-114　综合止端塞规的尺寸参数和公差

量规尺寸参数	计算公式或代号	公差
齿数	z	
模数	m	
压力角	α_D	
分度圆直径	mz	
基圆直径	$mz\cos\alpha_D$	
大径	$(D+2D_{Fimin})/3$	js8
渐开线终止圆直径	$D_{iimin}-0.2m$	max
小径	$D_{iimin}-0.3m$	max
齿厚	$E_{Vmax}+Z$	$\pm H/2$
齿槽宽磨损极限	$E_{Vmax}-W$	

非全齿止端量规的齿数见表 7-5-115。

对于公差等级为 4、5、6、7 级花键用的量规，其齿槽宽和齿厚的制造公差 H 和位置要素 W、Z、Y 的数值，分度圆直径>180mm 的量规可按分度圆直径等于 180mm 取值，见表 7-5-116。

对提高公差等级为 4、5 级高精度花键的加工公差，经供需双方商定可适当压缩量规的制造公差。

表 7-5-115　非全齿止端量规齿数

工件花键齿数	≤30	31～44	45～58	59～72	73～86	87～100	>100
非全齿止端量规齿数（每个扇形上）	2	3	4	5	6	7	$0.075\times z$

表 7-5-116　量规的制造公差和位置要素值

分度圆直径 D/mm	公差和位置要素	塞规基本齿厚 S/mm				环规基本齿槽 E/mm			
		～3	>3～6	>6～10	>10～18	～3	>3～6	>6～10	>10～18
～3	H Z Y W	2 4 1 3	—	—	—	2 4 1.5 3	—	—	—

续表

分度圆直径 D/mm	公差和位置要素	塞规基本齿厚 S/mm				环规基本齿槽 E/mm			
		～3	>3～6	>6～10	>10～18	～3	>3～6	>6～10	>10～18
>3～10	H	2.5	—	—	—	2.5	—	—	—
	Z	4				4			
	Y	1.25				2			
	W	3				3			
>10～18	H	3	3	—	—	3	3	—	—
	Z	4	5			4	5		
	Y	1.5	1.5			2.5	2.5		
	W	4	4			4	5		
>18～30	H	4	4	4	—	4	4	4	—
	Z	4	5	5		4	5	6	
	Y	2	2	2		3	3	3	
	W	4	5	6		5	5	6	
>30～50	H	4	4	4	4	4	4	4	4
	Z	4	5	6	8	4	5	6	8
	Y	2	2	2	2	3.5	3.5	3.5	3.5
	W	4	5	5	6	5	5	6	7
>50～80	H	5	5	5	5	5	5	5	5
	Z	4	5	6	8	4	5	6	8
	Y	2.5	2.5	2.5	2.5	4	4	4	4
	W	4	5	6	7	4	6	6	7
>80～120	H	6	6	6	6	6	6	6	6
	Z	4	5	6	8	4	5	6	6
	Y	3	3	3	3	5	5	5	5
	W	5	6	6	7	6	7	7	8
>120～180	H	8	8	8	8	8	8	8	8
	Z	4	5	6	8	4	5	6	8
	Y	4	4	4	4	6	6	6	6
	W	6	7	7	7	7	8	8	9

量规的单项公差见表 7-5-117。

表 7-5-117　量规的单项公差

分度圆直径 D/mm	齿形公差 f_f/μm	分度公差 F_p/μm	齿向公差 F_β	
			量规测量部分长度至 25mm	量规测量部分长度大于 25mm
1～100	5	5	3	5
>100～150	5	8	3	5
>150～180	5	10	—	5

5.6.5　矩形花键量规

通端花键量规小径 d 的形状公差如表 7-5-118 所示。

通端花键量规和非全形止端量规小径 d 的尺寸公差及其位置要素值见表 7-5-119。

通端花键量规和非全形止端量规大径 D 的尺寸公差及其位置要素值见表 7-5-120。

通端花键量规和非全形止端量规键宽/键槽宽 B 的尺寸公差及其位置要素值见表 7-5-121。

表 7-5-118　通端花键量规小径 d 的形状公差

花键小径尺寸 d/mm	通端花键量规小径的形状公差①/μm
10<d≤18	2.0
18<d≤30	2.5
30<d≤50	2.5
50<d≤80	3.0
80<d≤120	4.0

① 通端花键量规小径的形状公差应包括在其尺寸公差内。

表 7-5-119　通端花键量规和非全形止端量规小径 *d* 的尺寸公差及其位置要素值

工件内花键小径公差带代号	小径尺寸 d/mm														
	$10<d\leqslant18$			$18<d\leqslant30$			$30<d\leqslant50$			$50<d\leqslant80$			$80<d\leqslant120$		
	内花键用量规公差值及其位置要素值/μm														
	H	Z	Y	H	Z	Y	H	Z	Y	H	Z	Y	H	Z	Y
H7	3.0	2.5	2.0	4.0	3.0	3.0	4.0	3.5	3.0	5.0	4.0	3.0	6.0	5.0	4.0
H6、H5	2.0	2.0	1.5	2.5	2.0	1.5	2.5	2.5	2.0	3.0	2.5	2.0	4.0	3.0	3.0
工件外花键小径公差带代号	外花键用量规公差值及其位置要素值/μm														
	H_1	Z_1	Y_1	H_1	Z_1	Y_1	H_1	Z_1	Y_1	H_1	Z_1	Y_1	H_1	Z_1	Y_1
h7、h6	3.0	2.5	2.0	4.0	3.0	3.0	4.0	3.5	3.0	5.0	4.0	3.0	6.0	5.0	4.0
h5	2.0	2.0	1.5	2.5	2.0	1.5	2.5	2.5	2.0	3.0	2.5	2.0	4.0	3.0	3.0
g7、g6	3.0	2.5	2.0	4.0	3.0	3.0	4.0	3.5	3.0	5.0	4.0	3.0	6.0	5.0	4.0
g5	2.0	2.0	1.5	2.5	2.0	1.5	2.5	2.5	2.0	3.0	2.5	2.0	4.0	3.0	3.0
f7、f6	3.0	2.5	2.0	4.0	3.0	3.0	4.0	3.5	3.0	5.0	4.0	3.0	6.0	5.0	4.0
f5	2.0	2.0	1.5	2.5	2.0	1.5	2.5	2.5	2.0	3.0	2.5	2.0	4.0	3.0	3.0

注：1. H 值相当于 IT3（H7）和 IT2（H6、H5）的数值。

2. H_1 值相当于 IT3（h7、h6、g7、g6、f7、f6）和 IT2（h5、g5、f5）的数值。

表 7-5-120　通端花键量规和非全形止端量规大径 *D* 的尺寸公差及其位置要素值

花键大径尺寸 D/mm	工件内花键大径公差带代号 H10				工件外花键大径公差带代号 a11			
	内花键用量规公差值及其位置要素值				外花键用量规公差值及其位置要素值			
	μm							
	H	H'	Z	Y	H_1	H_1'	Z_1	Y_1
$10<D\leqslant18$	3.0	11.0	10.5	145	8.0	11.0	10.5	145
$18<D\leqslant30$	4.0	13.0	12.5	150	9.0	13.0	12.5	150
$30<D\leqslant40$		16.0	15.0	155	11.0	16.0	15.0	155
$40<D\leqslant50$				160				160
$50<D\leqslant65$	5.0	19.0	17.5	170	13.0	19.0	17.5	170
$65<D\leqslant80$				180				180
$80<D\leqslant100$	6.0	22.0	21.0	190	15.0	22.0	21.0	190
$100<D\leqslant120$				205				205
$120<D\leqslant125$	8.0	25.0	24.5	230	18.0	25.0	24.5	230

注：1. H 值相当于 IT3 的数值。

2. H' 和 H_1' 值相当于 IT6 的数值。

3. H_1 值相当于 IT5 的数值。

表 7-5-121　通端花键量规和非全形止端量规键宽/键槽宽 *B* 的尺寸公差及其位置要素值

工件内花键键槽宽公差带代号	花键键宽/键槽宽尺寸 B/mm															
	$B<3$				$3<B<6$				$6<B<10$				$10<B<18$			
	内花键用量规公差值及其位置要素值/μm															
	H	H'	Z	Y	H	H'	Z	Y	H	H'	Z	Y	H	H'	Z	Y
H11	4.0	6.0	6.0	10.0	5.0	8.0	8.0	15.0	6.0	9.0	8.5	20.0	8.0	11.0	10.5	25.0
H9、H7	2.0				2.5				2.5				3.0			

续表

工件外花键键宽公差带代号	外花键用量规公差值及其位置要素值/μm															
	H_1	H_1'	Z_1	Y_1	H_1	H_1'	Z_1	Y_1	H_1	H_1'	Z_1	Y_1	H_1	H_1'	Z_1	Y_1
h10、h8				10.0				15.0				20.0				25.0
f9、f7	2.0	6.0	6.0	6.0	2.5	8.0	8.0	10.0	2.5	9.0	8.5	13.0	3.0	11.0	10.5	16.0
d1、d8				10.0				15.0				20.0				25.0

注：1. H 值相当于 IT5（H11）和 IT3（H9、H7）的数值。
2. H' 和 H_1' 值相当于 IT6 的数值。
3. H_1 值相当于 IT3 的数值。

通端花键量规的测量长度至少应符合表 7-5-122 的规定，其数值选自优先数系的 R20 系列。通端花键环规不是在整个长度上都带花键槽，而是有一部分为光滑圆柱面，其直径和公差与量规花键大径 D 的值相同。通端花键塞规在整个长度上带花键齿。

表 7-5-122　通端花键量规的测量长度规定

mm

花键大径尺寸 D	通端花键塞规①	通端花键环规	
	最小测量长度		
	带花键键齿部分的长度	全长	带花键键槽部分的长度
14、16	20	20	10
20、22	25	20	10
25、26、28、30	31.5	25	12.5
32、34	40	28	14
36、38、40、42	45	35.5	18
46、48	50	45	22.4
50、54、58、60、62、65	50	50	25
68、72、78、82	50	56	28
88、92、98、102、108	50	63	31.5
112、120、125	56	71	35.5

① 通端花键塞规允许有一段（或两段）光滑圆柱面，以便量规易于导入被检内花键。

非全形止端量规的测量长度推荐采用表 7-5-123 的规定。

表 7-5-123　非全形止端量规的测量长度

mm

花键大径尺寸 D	测 量 长 度
14、16	10
20、22	12
25、26、28、30	14
32、34、36、38、40	15
42、46、48、50、54、58、60、62、65	18
68、72、78、82、88、92、98、102、108	25
112、120、125	25

5.6.6　55°非密封螺纹量规

55°非密封螺纹量规的符号及说明见表 7-5-124 所示。

表 7-5-124　螺纹量规的符号及说明

符号	说　　明
b_3	内螺纹截短牙型大径处的间隙槽宽度或外螺纹截短牙型小径处的间隙宽度
d、D	工件外、内螺纹的基本大径
d_1、D_1	$=d-1.280654P$，工件外、内螺纹的基本小径
d_2、D_2	$=d-0.640327P$，工件外、内螺纹的基本中径
m	螺纹环规中径公差带 T_R 的中心线与“校通-通”或“校止-通”螺纹塞规中径公差带 T_{CP} 的中心线之间的距离
n	b_3 的公称值
P	螺距
s	截短螺纹牙型间隙槽中心线相对于螺纹牙型中心线的实际偏移量
S	b_3 的偏差
T_{CP}	校对螺纹塞规的中径公差
T_{d2}	工件外螺纹的中径公差
T_{D2}	工件内螺纹的中径公差
T_{PL}	通、止端螺纹塞规的中径公差
T_R	通、止端螺纹环规的中径公差
u	$=0.14784P$，牙顶或牙底圆弧高的两倍
W_{GO}	通端螺纹塞规或通端螺纹环规中径公差带的中心线至其磨损极限之间的距离
W_{NG}	止端螺纹塞规或止端螺纹环规中径公差带的中心线至其磨损极限之间的距离
Z_{PL}	通端螺纹塞规中径公差带 T_{PL} 的中心线至工件内螺纹中径下偏差之间的距离
Z_R	通端螺纹环规中径公差带 T_R 的中心线至工件外螺纹中径上偏差之间的距离

55°非密封螺纹量规技术参数（代号、功能、特征、使用规则和控制）见表 7-5-125 所示。

表 7-5-125　55°非密封螺纹量规技术参数（代号、功能、特征、使用规则和控制）

名　称	代号	功　能	特征	使用规则	控　制
通端螺纹环规	T	检验工件外螺纹的作用中径及小径	完整的内螺纹牙型	应与工件外螺纹旋合通过	采用"校通-通"和"校通-止"螺纹塞规进行检验，允许采用其他方法以确保通端螺纹环规的单一中径最大尺寸不超过规定
"校通-通"螺纹塞规	TT	检验新制的通端螺纹环规作用中径		应与通端螺纹环规旋合通过	
"校通-止"螺纹塞规	TZ	检验新制的通端螺纹环规单一中径	截短的外螺纹牙型	允许与通端螺纹环规两端的螺纹部分旋合，旋合量不应超过一个螺距	—
"校通-损"螺纹塞规	TS	检验使用中的通端螺纹环规单一中径			
止端螺纹环规	Z	检验工件外螺纹的单一中径	截短的内螺纹牙型	允许与工件外螺纹两端的螺纹部分旋合，旋合量不应超过两个螺距（退出环规时测定）。工件外螺纹少于或等于三个螺距，不应完全旋合通过	采用"校止-通"和"校止-止"螺纹塞规进行检验，并定期用"校止-损"螺纹塞规进行控制。若不采用"校止-止"螺纹塞规进行检验，允许采用其他方法以确保止端螺纹环规的单一中径最大尺寸不超过规定
"校止-通"螺纹塞规	ZT	检验新制的止端螺纹环规单一中径		应与止端螺纹环规旋合通过	
"校止-止"螺纹塞规	ZZ		完整的外螺纹牙型	允许与止端螺纹环规两端的螺纹部分旋合，旋合量不应超过一个螺距（退出校对塞规时测定）	—
"校止-损"螺纹塞规	ZS	检验使用中的止端螺纹环规单一中径			
通端螺纹塞规	T	检验工件内螺纹的作用中径及大径		应与工件内螺纹旋合通过	应定期检验其磨损状况，磨损值由测量确定
止端螺纹塞规	Z	检验工件内螺纹的单一中径	截短的外螺纹牙型	允许与工件内螺纹两端的螺纹部分旋合，旋合量不应超过两个螺距。若工件内螺纹少于或等于三个螺距，不应完全旋合通过	应定期检验其磨损状况

1. 用于检验工件外螺纹的量规

用于A级外螺纹的螺纹环规及其校对塞规的中径公差值和有关的位置要素见表 7-5-126 的规定。通端螺纹环规及其校对塞规对B级螺纹也是有效的。

表 7-5-126　A级外螺纹的螺纹环规及其校对塞规参数①　　μm

尺寸代号	T_{d2}	T_R	T_{PL}	T_{CP}	m	Z_R	W_{NG}	W_{GO}
1/16 和 1/8	107	16	10	10	17	2	13	18
1/4 和 3/8	125	16	10	10	17	2	13	18
1/2 和 7/8	142	20	12	10	20	9	17	23
1～2	180	20	12	10	20	9	17	23
2¼～4	217	26	16	14	24	13	21	28
4½～6	217	26	16	14	24	13	21	28

① 对于通端螺纹环规，允许其螺纹牙型的牙顶不带圆弧，其小径尺寸可截至 $(d_1+u+T_R/2)\pm T_R/2$。单位为毫米，$u=0.14784P$。例如：尺寸代号为 1/16 或 1/8（$P=0.907$mm）的通端螺纹环规，允许其小径尺寸为 $(d_1+0.134+0.008)\pm 0.008=(d_1+0.142)\pm 0.008$。

用于 B 级外螺纹的止端螺纹环规及其校对塞规的中径公差值和有关的位置要素见表 7-5-127 的规定。通端螺纹环规及其校对塞规与用于 A 级外螺纹的螺纹环规及其校对塞规相同，其中径公差值和有关的位置要素见表 7-5-126 的规定。

表 7-5-127　B 级外螺纹的螺纹环规及其校对塞规参数

μm

尺寸代号	T_{d2}	T_R	T_{PL}	T_{CP}	m	W_{NG}
1/16 和 1/8	214	26	16	14	24	21
1/4 和 3/8	250	26	16	14	24	21
1/2 和 7/8	284	26	16	14	24	21
1～2	360	34	20	18	30	28
2¼～4	434	34	20	18	30	28
4½～6	434	34	20	18	30	28

与螺距 P 函数相关的其他值见表 7-5-128 的规定。

表 7-5-128　与螺距 P 函数相关的其他值

尺寸代号	P/mm	每 25.4mm 内的螺纹牙数	$b_3$①/mm 公称值 n	$b_3$①/mm 偏差 S	牙侧角偏差/(′) 完整螺纹	牙侧角偏差/(′) 截短螺纹
1/16 和 1/8	0.907	28	0		±15	±16
1/4 和 3/8	1.337	19	0.4	±0.04	±13	±16
1/2～7/8	1.814	14	0.5	±0.05	±11	±14
1～6	2.309	11	0.8	±0.05	±10	±14

① 间隙中心线相对于螺纹牙型中心线允许有一个偏移量 S，当实际偏移量 s 小于允许的偏移量 S 时，则 b_3 的上偏差可以增大，其增大值等于允许偏移量 S 与实际偏移量 s 之差的两倍，即：$2\times(S-s)$。

2. 用于检验工件内螺纹的量规

通、止端螺纹塞规的中径公差值和有关的位置要素见表 7-5-129 的规定。

表 7-5-129　通、止端螺纹塞规的中径公差值和有关的位置要素

μm

尺寸代号	T_{D2}	Z_{PL}	T_{PL}	W_{NG}	W_{GO}
1/16 和 1/8①	107	8	10	10	14
1/4 和 3/8	125	8	10	10	14
1/2 和 7/8	142	13	12	13	19
1～2	180	13	12	13	19
2¼～4	217	18	16	17	23
4½～6	217	18	16	17	23

① 对于 1/16 和 1/8 的通端螺纹塞规，允许其螺纹牙型的牙顶不带圆弧，其大径尺寸可截至 $(D-0.134-T_{PL}/2)\pm T_{PL}/2=(D-0.139)\pm0.005$，单位为 mm。

3. 表面粗糙度

螺纹量规测量面的表面粗糙度 Ra 值不应大于表 7-5-130 的规定。

表 7-5-130　螺纹量规测量面的表面粗糙度 Ra 值

名　称	Ra/μm
螺纹环规小径、螺纹塞规大径和小径、校对螺纹塞规大径	0.8
牙侧	0.4

4. 检验

螺纹塞规各参数的检验采用直接检测法进行检验，其主要检测参数、检测部位和检测器具见表7-5-131。

表 7-5-131　螺纹塞规主要检测参数、检测部位和检测器具

主要检测参数	检测部位	检测器具
中径	工作范围内	测长仪、量针
大径		杠杆比较仪
小径		万能工具显微镜
螺距	螺纹全长范围内	万能工具显微镜、螺距仪
牙型半角	任意牙	万能工具显微镜

螺纹环规应按表 7-5-132 中规定的检测参数进行检测。

表 7-5-132　螺纹环规参数检测规定

检 测 参 数	检 测 器 具
作用中径	螺纹校对塞规
大径	
螺距	
牙侧角	
小径	光滑极限量规

5.6.7　电子塞规

电子塞规规格范围及测头凸出量见表 7-5-133。

表 7-5-133　电子塞规规格范围及测头凸出量

mm

规 格 范 围	测头凸出量①
ϕ6～15	0.15～0.25
>ϕ15～70	0.20～0.50
>ϕ70～130	0.25～0.60

① 测头凸出量所列值为双向值，单向值应为所列值的 1/2。

将塞规体插入被测孔后，在直径方向上，其导套最大尺寸与被测孔下偏差值间的间隙（工作间隙）应符合表 7-5-134 所列范围。

表 7-5-134　塞规体插入被测孔后的规格范围与工作间隙　　mm

规格范围	间隙(工作间隙)
ϕ6～15	0.020～0.050
>ϕ15～70	0.030～0.060
>ϕ70～130	0.040～0.100

电子塞规的测量力见表 7-5-135 所示。

表 7-5-135　电子塞规的测量力

规格范围/mm	测量力/N
ϕ6～15	≤2.0
>ϕ15～130	≤3.0

当被测孔径 $T \geqslant 10$ 时，测头对中误差、测头对称误差、(电子塞规的)线性误差和示值变动性不应大于表 7-5-136 的规定。

表 7-5-136　当被测孔径 $T \geqslant 10$ 时测头误差规定

误 差 名 称	误　差　值
测头对中误差	$T/20$
测头对称误差	$T/20$
线性度误差	$T/10$
示值变动性	$T/10$

当孔径 $T<10$ 时，测头对中误差、测头对称误差、(电子塞规的)线性误差和示值变动性均不应大于 1μm。检验项目、检验方法和检验工具见表 7-5-137。

表 7-5-137　当被测孔径 $T<10$ 时测头误差规定

序号	检 验 项 目	检　验　方　法	检 验 工 具
1	外观、相互作用	目视和手感检验	—
2	测量力	用固定装置固定塞规体，并使其测头处于自由静止状态，然后用测力器分别对各测头缓慢加力，读出指示装置示值通过零位时测力器的读数，取各测头读数的平均值作为该电子塞规的测量力	固定装置、测力器
3	绝缘与耐压	用 500V 的绝缘电阻表(兆欧表)，测量电源插座的一个接线端与机壳间的绝缘电阻。然后在 50Hz 或 60Hz 的 1500V 正弦电压试验器波电压条件下观察 1min，不应该击穿(漏电流不应大于 1mA)	绝缘电阻表、抗电箱或耐压试验器
4	电压波动对示值的影响	将电子塞规体垂直插入标准环规中，输入额定电压，调整调压器、电压表、标准环规装置示值为 0。将电压在额定值的 90%～110%范围内变化，读出示值的最大变化量(指示装置量程开关置于最小分度挡位)	调压器、电压表、标准环规
5	零位平衡	将塞规体垂直插入标准环规中，在指示装置最小分度挡位调整示值为 0，然后依次转换量程开关，观察各挡示值对零位的变化量	标准环规
6	调零范围	在指示装置最大分度值挡位上，将调零旋钮从一端旋到另一端时，读出示值变化的最大差值	—
7	测头对中误差	指示装置量程开关置于最小分度挡位，将塞规体插入最大值标准环规中，并在与塞规测头轴线垂直的方向来回移动塞规体，读出示值的最大变化量，将其作为测头对中误差	标准环规
8	测头对称误差	指示装置量程开关置于最小分度挡位，将塞规体插入最大标准环规值标准环规中，在该塞规测头轴线方向来回移动标准环规，读出示值的最大变化量，将其作为测头对称误差	标准环规
9	线性误差	将塞规体插入零位标准环规，调整零位旋钮使示值为零，然后又分别将塞规体插入最大值和最小值标准环规，并分别读数，其读出值和对应的标准环规标称值的最大差值作为线性误差	标准环规
10	示值变动性	指示装置量程开关置于最小分度挡位，将塞规体按工作状态插入标准环规中，并读取偏差值，重复 10 次测量，以 10 次测量结果极差作为示值变动性	标准环规
11	响应时间	用秒表测定出从塞规体插入标准环规时起，到显示器响应到达，并保持在稳定值时刻之间的时间间隔	标准环规、秒表
12	稳定度	指示装置量程开关置于最小分度挡位，将塞规体插入标准环规中，调整零位旋钮使示值为零，连续观察 4h，读出示值的最大变化量	标准环规、时钟

5.6.8 杠杆卡规

1. 杠杆卡规型式与基本参数

① 杠杆卡规的测量范围及指示机构（指示装置）的示值范围见表7-5-138。

表7-5-138 杠杆卡规的测量范围及指示机构的示值范围

型式	分度值	杠杆卡规的测量范围	指示机构的示值范围
Ⅰ型	0.001	0～25；25～50	±0.06、±0.05
	0.002	0～25；25～50；50～75；75～100；100～125；125～150	±0.08
	0.005	0～25；25～50；50～75；75～100；100～125；125～150；150～175；175～200	±0.15
Ⅱ型	0.001	0～20；20～40；40～60；60～80	±0.05、±0.06
	0.002	0～20；20～40；40～60；60～80；80～130；130～180	±0.08

② Ⅰ型杠杆卡规的活动测头可调测杆的测量面直径为：测量上限小于或等于50mm的宜为ϕ8mm或ϕ10mm，测量上限大于50mm的宜为ϕ12.5mm或ϕ16mm。活动测头的移动量不应小于1mm。

③ Ⅱ型杠杆卡规测量爪的悬伸长度（以测杆轴线计）不应小于15mm。

④ 可调测杆的移动量应大于量程至少1mm。

⑤ 杠杆卡规应具有隔热装置、公差指示器和度盘调零装置。

2. 杠杆卡规要求

1）杠杆卡规不应有影响使用性能和明显影响外观的外部缺陷。

2）旋转调整螺母时，可调测杆应平稳地转动；按动按钮时，活动测头应灵活、平稳地移动，并能使指针旋转到度盘上任意标尺标记位置；指针旋转时，指针不应有跳动、爬行和卡滞现象出现。

3）公差指示器应能调节到刻盘任意刻线位置；表盘调零装置的调整范围不应小于±5个标尺分度。

4）杠杆卡规的尺架应具有足够的刚性，当尺架沿测杆的轴向方向作用10N的力时，其变形量不应大于表7-5-139的规定。

表7-5-139 杠杆卡规的尺架变形量

测量范围上限值 t /mm	尺架受10N力时的变形量 /μm
$0<t\leqslant50$	1.5
$50<t\leqslant100$	2
$100<t\leqslant150$	3
$150<t\leqslant200$	3.5

5）度盘。标尺间距不应小于0.7mm。标尺标记宽度应为0.1～0.2mm。

6）指针。

① 指针尖端宽度应为0.1～0.2mm，指针尖端宽度与标尺标记宽度之差不应小于0.05mm。

② 指针长度应保证指针尖端位于短标尺标记长度的30%～80%之间。

③ 指针长度与度盘表面间的间隙不应大于0.5mm。

④ 自由状态是，指针应位于度盘“负”标尺标记外；压缩按钮时，指针应能超越到“正”标尺标记外。

⑤ 当指针调节到度盘上任意标尺标记位置时，锁紧制动把，指针的变动量：

分度值为0.001mm的杠杆卡规不应大于1个标尺分度。

分度值为0.002mm、0.005mm的杠杆卡规不应大于1/2个标尺分度。

7）测量面。

① 测量面应经过研磨，其边缘应倒钝，其平面度不应大于表7-5-140的规定。

② 在规定的测量力范围内，两测量面间的平行度不应大于表7-5-140的规定。

③ 杠杆卡规两测量面应镶硬质合金，测量面的表面粗糙度Ra的值为0.1μm。

表7-5-140 测量平面技术参数 mm

测量范围上限值 t	型式	测量面的平面度公差①	两测量面间的平行度公差②			
			分度值			
			0.001		0.002、0.005	
			用平晶检查	用量块检查	用平晶检查	用量块检查
$0<t\leqslant50$	Ⅰ型	0.0003	0.0006	0.0010	0.0010	0.0012
	Ⅱ型	0.0006	0.002	0.0025	0.0025	0.003
$50<t\leqslant100$	Ⅰ型	0.0006	0.0012	0.0015	0.0015	0.002
	Ⅱ型		0.003	0.0035	0.0035	0.004
$100<t\leqslant200$	Ⅰ型	0.0006	—	0.0025	—	0.003
	Ⅱ型	0.001	—	0.004	—	0.0045

① 距测量面边缘0.5mm的范围内不计。

② 平行度应在锁紧状态下进行检测。

8）测量力。杠杆卡规的测量力及测量力变化应符合表7-5-141的规定。

9）最大允许误差。

① 杠杆卡规的最大允许误差、重复性及方位误差应符合表7-5-142的规定。

表 7-5-141 杠杆卡规的测量力及测量力变化规定

测量范围上限值 t /mm	测量力	测量力变化
	N	
$0<t\leqslant50$	4～10	1.5
$50<t\leqslant100$	6～12	2.0
$100<t\leqslant200$	8～15	

表 7-5-142 杠杆卡规的最大允许误差、重复性及方位误差规定

型式	分度值 /mm	最大允许误差			重复性	方位误差
		±10 分度内	±10 分度～±30 分度	在±30 分度外		
		μm				
Ⅰ型	0.001	±0.5	±1.0	±1.5	0.3	0.2
	0.002	±1.0	±2.0		0.5	0.5
	0.005	±2.5	±5.0	—	2.5	1.0
Ⅱ型	0.001	±1.0	±2.0	±3.0	0.6	0.3
	0.002	±1.5	±3.5		1.0	0.5

注：最大允许误差、重复性和方位误差值为温度在20℃时的规定值。

② 当校对好零位后，第一次按动按钮时，分度值为0.001mm的杠杆卡规，指针的位移变动量不应大于2/3个标尺分度；分度值为0.002mm、0.005mm的杠杆卡规，指针的位移变动量不应大于一个标尺分度。随后按动按钮时，按重复性指标进行控制。

3. 检查方法

1）尺架变形 将尺架一端固定，用分度值/分辨力为0.001mm的指示表接触另一端测量面，在尺架测杆一端沿测杆轴线作用100N的力，然后分别观察在施力和未施力条件下指示表的读数，将两次读数差值按10N力的比例换算，求出尺架的变形量。

检查工具：量块和球面接长杆。

2）检查方法 调节指针与度盘上任一标尺标记重合，锁紧制动把，由指示表上读取指针偏离标尺标记的距离。

3）检查工具 光学平面平晶或光学平行平晶。

检查方法：将平晶与测量面贴合，读取光波干涉条纹的条数。

4）测量面的平行度

① 检查工具：光学平行平晶或0级量块。

② 检查方法。

用平行平晶检查：将平晶置于两测量面间，锁紧制动把，在测力的作用下，调节至两测量面上干涉条纹数最少，根据白光读取两测量面上光波干涉条纹的条数。

注：观测角应小于30°。每一干涉条纹（或环）代表0.3μm的平行度误差。

用量块检查：将0级量块放置在测量面的位置1上对零位，锁紧制动把，用该量块同一位置依次测试测量面上第2、3、4位置上的示值，在指示装置上读数，并求出示值中的最大值与最小值的差值，即为该位置的平行度误差。此检查应在杠杆卡规测量范围内的三个不同位置上进行，并取其中的最大值为杠杆卡规的平行度误差。

当杠杆卡规可用平行平晶和量块两种方法检查时，若两种检查方法的结论不一致，有争议时，以平行平晶的检查结果为准。

5）测力及测力变化

① 检查工具：感量不大于0.2N的测力计。

② 检查方法：将活动测头按其轴线垂直于水平面安装，再借助于一钢球将测量面测力作用于测力计，读取指针在“正”、“负”极限两个位置上的测力，测力最大值与最小值之差即为测力变化。

6）示值误差

① 检查工具：对于分度值为0.001、0.002、0.005的杠杆卡规，示值误差分别用三等（或1级）、四等（或2级）、五等（或3级）专用量块进行检查。其推荐检点系列见表7-5-143所示。

表 7-5-143 推荐检点系列

杠杆卡规的分度值	推荐检点系列
0.001	0.940；0.950；0.960；0.970；0.980；0.990；0.992；0.994；0.996；0.998；1.000；1.002；1.004；1.006；1.008；1.010；1.020；1.030；1.040；1.050；1.060
0.002	0.920；0.940；0.960；0.980；0.984；0.988；0.992；0.996；1.000；1.004；1.008；1.012；1.016；1.020；1.040；1.060；1.080
0.005	0.850；0.900；0.950；0.960；0.970；0.980；0.990；1.000；1.010；1.020；1.030；1.040；1.050；1.100；1.150

注：在±10分度内，每隔2个分度为一受检点；在±10分度外，每隔10个分度为一受检点。

② 检查方法：在两测量面间夹持适当量块并对准零位，然后依次替换量块，并读取指示装置上各受检点的读数值（应加上量块的修正值），对每一受检点，按动按钮三次，取三次读数的算术平均值为该点的读数值。把该读数值代入下列公式，求得该点的示值误差，示值误差值不应超过规定的最大允许误差。

$$\delta=\Delta\gamma_i-(\Delta L_i-\Delta L_0)\times10^3$$

式中 δ——示值误差，μm；

$\Delta\gamma_i$——指示表的读数值，μm；

ΔL_i——检定示值的量块尺寸，mm；

ΔL_0——对“零”位用的量块尺寸，mm。

7）重复性

① 检查工具：量块或球面测头。

② 检查方法：在两测量面间夹持一量块或球面测头，使指针从“负”方向朝“正”方向旋转到任一位置，锁紧制动把；第一次按动按钮，然后微调度盘，使指针与受检点的标尺标记重合。按动五次按钮，求五次指针偏离受检点的最大值，即为重复性。

注：以零位和“正”、“负”最大示值标尺标记处为受检点；按动按钮时，应使指针旋转到“正”方向的极限位置；每次按动按钮的作用力和快、慢速度应尽量一致。

8）方位误差

① 检查工具：量块或球面测头。

② 检查方法：与7）中②相同。在杠杆卡规尺架平面处与水平和垂直状态两个位置进行重复性检查，其两个位置的重复性之差值即为方位误差。

5.6.9 步距规

步距规工作面的硬度及表面粗糙度 *Ra* 如表7-5-144所示。

表 7-5-144　步距规工作面的硬度及表面粗糙度 *Ra*

工作面	硬度 ≥	表面粗糙度 *Ra* ≤
底座基准面	551HV(或 52.5HRC)	0.20μm
定位座工作面	551HV(或 52.5HRC)	0.40μm

步距规的工作尺寸最大允许误差如表 7-5-145 所示。

表 7-5-145　步距规的工作尺寸最大允许误差

测量范围上限/mm	工作尺寸变动量			工作尺寸最大允许误差		
	μm					
	准确度级别					
	0 级	1 级	2 级	0 级	1 级	2 级
≤100	0.5	1.0	1.2	±1.0	±2.0	±4.0
>100～200	0.5	1.1	1.5	±1.1	±2.2	±4.4
>200～300	0.6	1.3	2.0	±1.3	±2.6	±5.2
>300～400	0.7	1.4	2.5	±1.6	±3.2	±6.4
>400～500	0.8	1.5	3.0	±2.0	±4.0	±8.0
>500～600	1.0	1.6	3.5	±2.5	±5.0	±10.0
>600～800	1.4	2.0	4.0	±3.0	±6.0	±12.0
>800～1000	1.8	2.5	4.5	±4.0	±8.0	±16.0

检验步距规时的室内温度及温度变化如表 7-5-146 所示。

表 7-5-146　检验步距规时的室内温度及温度变化

准确度级别	温度/℃	温度变化/(℃/h)
0 级	20±0.5	<0.2
1 级	20±1.0	<0.5
2 级	20±1.5	<1.0

注：受检步距规级检验工具应置于检验室内，其平衡温度时间不小于 24h。

5.7 针规与量针

5.7.1 针规

针规工作表面的硬度值应不低于表 7-5-147 所示的规定。

表 7-5-147　针规工作表面的硬度值

材料	标称值/mm	硬度(HV)
钢	≤0.2	480
	>0.2	650
硬质合金、陶瓷等	—	800

针规的长度尺寸如表 7-5-148 所示。

表 7-5-148　针规的长度尺寸　mm

(a) 无柄型　(b) 带柄型

标称值 *d*	长度	
	l_1	l_2
0.1～0.3	25	5
>0.3～1		10
>1～3	30	20
>3～10	40	30
>10～25	50	

针规的准确度如表 7-5-149 所示。

表 7-5-149　针规的准确度

标称值 *d* /mm	任意直径的极限偏差/μm			直径变动量及圆度/μm			素线直线度/μm
	0 级	1 级	2 级	0 级	1 级	2 级	0、1、2 级
0.1～1.5	±0.5	±1	±2	0.4	0.8	1.6	—
>1.5～3							5
>3～6							3
>6～10							1.5
>10～25	±0.8	±1.5	±3	0.6	1.2	2.4	1.0

注：表内的数值应为 20℃时的对应值。

5.7.2　螺纹测量用三针量针

Ⅰ型量针的基本参数如表7-5-150所示。

表7-5-150　Ⅰ型量针的基本参数　mm

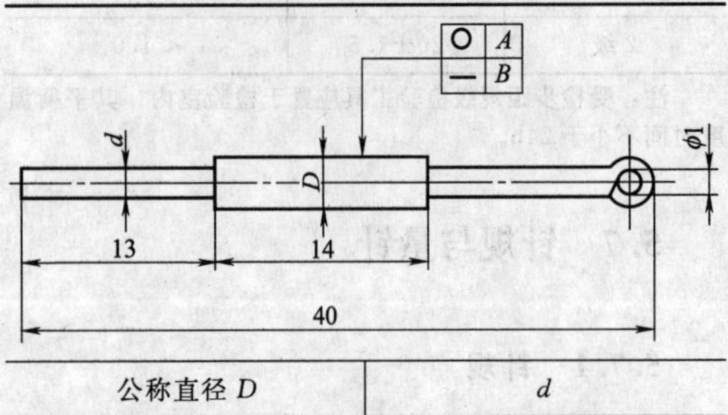

公称直径 D	d
0.118	0.10
0.142	0.12
0.185	0.165
0.250	0.23
0.291	0.26
0.343	0.31
0.433	0.38
0.511	0.46
0.572	0.51

Ⅱ型量针的基本参数如表7-5-151所示。

表7-5-151　Ⅱ型量针的基本参数　mm

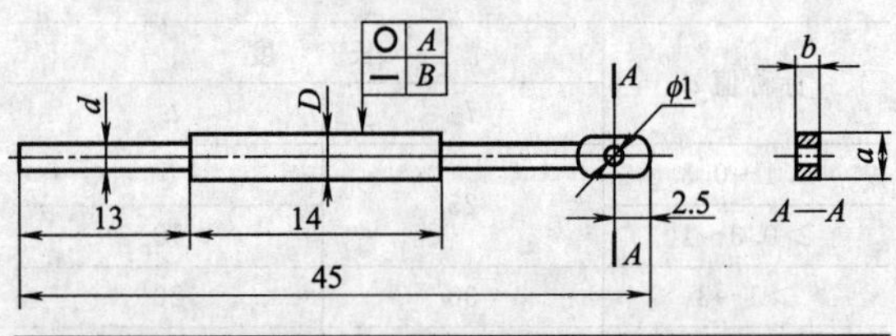

公称直径 D	基本尺寸		
	d	a	b
0.724	0.65	2.0	0.2
0.796	0.72		
0.866	0.79		0.25
1.008	0.93	2.5	
1.157	1.08		0.30
1.302	1.22		0.40
1.441	1.36		0.50
1.553	1.47		0.60

Ⅲ型量针的基本参数如表7-5-152所示。

表7-5-152　Ⅲ型量针的基本参数　mm

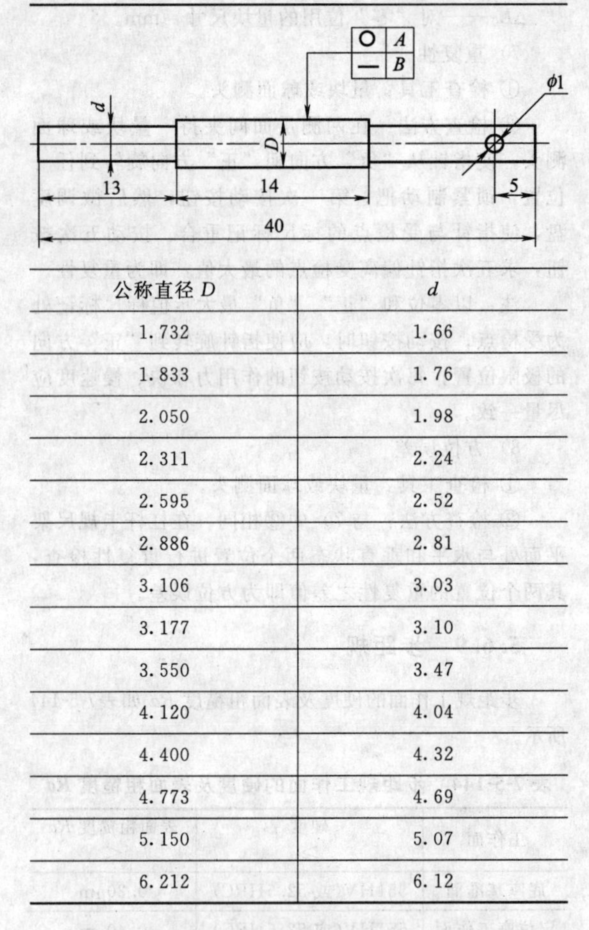

公称直径 D	d
1.732	1.66
1.833	1.76
2.050	1.98
2.311	2.24
2.595	2.52
2.886	2.81
3.106	3.03
3.177	3.10
3.550	3.47
4.120	4.04
4.400	4.32
4.773	4.69
5.150	5.07
6.212	6.12

量针分为0、1两种准确度等级，其公称直径D的尺寸偏差、圆度公差A、锥度公差和母线直线度公差B如表7-5-153所示。

表7-5-153　量针分为0、1两种准确度等级，其公称直径D的尺寸偏差、圆度公差A、锥度公差和母线直线度公差B

准确度等级	公称直径D的尺寸偏差①	圆度公差A②	锥度公差	母线直线度公差B②
	μm			
0	±0.25	0.25	在公称直径D的尺寸偏差范围内	在8mm长度上不应大于1μm
1	±0.50	0.50		

① 公称直径D的尺寸偏差还需满足尺寸最大值与最小值之差不大于0.25μm（0级）和0.5μm（1级）的要求。

② 距测量面边缘1mm范围内，圆度公差、母线直线度公差不计。

测量螺纹中径时，螺纹测量用三针量针的选用如表7-5-154所示。

表 7-5-154　测量螺纹中径时，螺纹测量用三针量针的选用

被测螺纹的螺距				量针公称直径 D/mm	量针型式
公制螺纹(螺距)/mm	英制螺纹(每英寸上的牙数) 55°	英制螺纹(每英寸上的牙数) 60°	梯形螺纹(导程)/mm		
0.2	—	—	—	0.118	Ⅰ型量针
(0.225)					
0.25				0.142	
0.3					
—		80		0.185	
0.35	—	72			
0.4		64		0.250	
0.45		56			
0.5		48		0.291	
0.6		—			
—		44		0.343	
	40	40			
0.7	—	—			
0.75		36		0.433	
0.8	32	32			
—	28	28		0.511	
1.0	—	27			
—	26	26		0.572	
	24	24			
1.25	22、20、19	20		0.724	Ⅱ型量针
—	18	18		0.796	
1.5	16	16		0.866	
1.75	14	14			
—	—	—	2	1.008	
2.0	12	13			
	—	12	—	1.157	
—	11	11½	2*	1.302	
		11	—		
2.5	10	10	—	1.441	
—	9	9	3	1.553	
3.0	—	—	3*	1.732	Ⅲ型量针
—	8	8	—	1.833	
3.5	7	7½	4		
—	—	7	—	2.050	
4.0	6	6	4*	2.311	
4.5	—	5½	5	2.595	
5.0	5	5	5*	2.886	
—	—	—	6	3.106	
5.5	4½	4½	6*	3.177	
6.0	4	4	—	3.550	
—	3½	—	8	4.120	
	3¼		8*	4.400	
	3		—	4.773	
	2⅞、2¾		10	5.150	
	2⅝、2½		12	6.212	

注：1. 选择量针的公称直径测量单头螺纹中径时，除标有“*”符号的螺距外，由于螺纹牙型半角偏差而产生的测量误差甚小可忽略不计。

2. 当用量针测量梯形螺纹中径出现量针表面低于螺纹外径和测量通端梯形螺纹塞规中径时，按带“*”号的相应螺距来选择量针；此时应计入牙型半角偏差对测量结果的影响。

5.7.3　量针

量针的基本参数如表 7-5-155 所示。

量针准确度等级的规定见表 7-5-156。

测量螺纹中径时，建议根据被测螺纹的螺距选用相应公称直径的量针，见表 7-5-157。

表 7-5-155　量针的基本参数　　mm

量针型式	公称直径 D	基本尺寸			量针型式	公称直径 D	基本尺寸		
		d	a	b			d	a	b
Ⅰ型	0.118	0.10	—	—	Ⅲ型	1.732	1.66	—	—
	0.142	0.12				1.833	1.76		
	0.185	0.165				2.050	1.98		
	0.250	0.23				2.311	2.24		
	0.291	0.26				2.595	2.52		
	0.343	0.31				2.886	2.81		
	0.433	0.38				3.106	3.03		
	0.511	0.46				3.177	3.10		
	0.572	0.51				1.550	3.47		
Ⅱ型	0.724	0.65	2.0	0.2		4.120	4.04		
	0.796	0.72				4.400	4.32		
	0.866	0.79		0.25		4.773	4.69		
	1.008	0.93	2.5			5.150	5.07		
	1.157	1.08		0.30		6.212	6.12		
	1.302	1.22		0.40					
	1.441	1.36		0.50					
	1.553	1.47		0.60					

表 7-5-156　量针准确度等级

准确度等级	公称直径 D 的尺寸偏差[①]	圆度公差 A	锥度公差	母线直线度公差 B[②]
	μm			
0	±0.25	0.25	在公称直径 D 的尺寸偏差范围内	在 8mm 长度上不应大于 1μm
1	±0.50	0.50		

① 公称直径 D 的尺寸偏差还需要满足尺寸最大值、最小值之差不大于 0.25μm（0 级）和 0.5μm（1 级）。

② 测量面边缘 1mm 范围内，圆度公差直线度公差不计。

表 7-5-157　被测螺纹的螺距相应公称直径的量针

公制螺纹（螺距）/mm	被测螺纹的螺距 英制螺纹（每英寸上的牙数）		梯形螺纹（导程）/mm	量针公称直径 D/mm	量针型式
	55°	60°			
0.2	—	—	—	0.118	Ⅰ型量针
0.225					
0.25				0.142	
0.3					
—		80		0.185	
0.35		72			
0.4		64		0.250	
0.45		56		0.291	
0.5		48		0.343	
0.6		—			
—		44			
	40	40		0.433	

续表

被测螺纹的螺距				量针公称直径 D/mm	量针型式
公制螺纹(螺距)/mm	英制螺纹(每英寸上的牙数)		梯形螺纹(导程)/mm		
	55°	60°			
0.7	—	—	—	0.433	Ⅰ型量针
0.75		36			
0.8	32	32		0.511	
—	28	28		0.572	
1.0	—	27			
—	26	26			
	24	24		0.724	Ⅱ型量针
1.25	22、20、19	20		0.796	
—	18	18		0.866	
1.5	16	16			
1.75	14	14		1.008	
—	—	—	2		
2.0	12	13			
—	—	12	—	1.157	
	11	11½	2		
	—	11	—	1.302	
2.5	10	10		1.441	
—	9	9	3	1.553	
3.0	—	—	3*	1.732	Ⅲ型量针
—	8	8	—	1.833	
3.5	7	7½	4	2.050	
—	—	7	—		
4.0	6	6	4*	2.311	
4.5	—	5½	5	2.595	
5.0	5	5	5*	2.886	
—	—	—	6	3.106	
5.5	4½	4½	6*	3.177	
6.0	4	4	—	3.550	
—	3½	—	8	4.120	
	3½		8*	4.400	
	3		—	4.773	
	2⅞、2¾		10	5.150	
	2⅝、2½		12	6.212	

注：1. 选择量针直径测量单头螺纹中径时，除标有“*”符号的螺距外，由于螺纹牙型半角偏差而产生的测量误差甚小可忽略不计。

2. 当用量针测量梯形螺纹中出现低于外径和测量通端梯形螺纹塞规中径时，按带“*”号的相应螺距来选测量量针；此时应计入牙型半角偏差对测量结果的影响。

5.7.4 针规、三针校准规范

校准使用的标准器及其他设备如表 7-5-158 所示。

针规的计量特性如表 7-5-159 所示。

三针的计量特性如表 7-5-160 所示。

三针直径与棱形测头对应关系如表 7-5-161 所示。

表 7-5-158 标准器及其他设备

序 号	校 准 项 目	标准器及其他设备
1	圆度	光学计,空心测帽及专用测头,圆度仪
2	直线度	4 等量块,1 级平晶,0 级刀口尺,研磨面平尺,电动轮廓仪
3	直径及直径变动量	测长机,测长仪,激光测径仪,2 等、3 等量块及比较仪

表 7-5-159　针规的计量特性

标称值 d/mm	任意直径的极限偏差/μm			直径变动量及圆度/μm			素线直线度/μm
	0 级	1 级	2 级	0 级	1 级	2 级	0、1、2 级
0.1～1.5	±0.5	±1	±2	0.4	0.8	1.6	—
>1.5～3							5
>3～6							3
>6～10							1.5
>10～25	±0.8	±1.5	±3	0.6	1.2	2.4	1.0

注：表内的数值应为 20℃时的对应值。

表 7-5-160　三针的计量特性

精度等级	公称直径 D/mm	尺寸偏差/μm	圆度公差 A/μm	锥 度 公 差	母线的直线度公差 B
0	0.118～6.212	±0.25	0.25	在直径 D 的偏差范围内	在 8mm 长度上不大于 1μm
1		±0.5	0.5		

注：距测量面边缘 1mm 的范围内，圆度公差、锥度公差、母线直线度公差不计。

表 7-5-161　三针直径与棱形测头对应关系

三针标称直径/mm	测头尺寸（在尾柄上标出）	三针标称直径/mm	测头尺寸（在尾柄上标出）
0.118		2.020	M3～4.5
0.142	专门制造	2.050	
0.170		2.071	T_4
0.185		2.217	
0.201		2.311	M3～4.5
0.232		2.595	M3～4.5 或 T_5
0.250	M0.4～0.5	2.866	M5～6 或 T_5
0.260		2.886	
0.291		3.106	T_6
0.343		3.177	M5～6
0.402	M0.6～0.8	3.287	T_6
0.433		3.310	
0.461		3.468	M5～6
0.511		3.550	
0.572		3.580	
0.724	M1～1.5	3.666	专门制造的
0.796		4.091	
0.866		4.120	
1.008	M1.75～2.5	4.141	T_8
1.047		4.211	
1.157	M1.75～2.5 或 T_2	4.400	专门制造的或 T_8
1.302		4.773	专门制造的
1.441	M1.75～2.5	5.150	
1.553	T_3	5.176	T_{10}
1.591	M3～4.5	5.493	
1.732	M3～4.5 或 T_3	6.212	T_{12}
1.833	M3～4.5	6.585	

针规、三针直径测量结果的不确定度要求如表7-5-162所示。

表7-5-162 针规、三针直径测量结果的不确定度要求

种类	标称值/mm	不确定度/μm		
		0级	1级	2级
三针	0.118～6.585	0.12	0.20	—
针规	0.1～10	0.20	0.3	0.5
	>10～25	0.25	0.5	1.0
标准针规	1～25	0.15		

5.8 测量仪

5.8.1 齿轮齿距测量仪校准规范

齿轮齿距测量仪校准的环境条件如表7-5-163所示。

表7-5-163 齿轮齿距测量仪校准的环境条件

测量齿轮级别	(3～5)级	(6～8)级	9级及以下
温度	(20±2)℃	(20±3)℃	(20±5)℃
温度变化	1℃/h		2℃/h
被校仪器与标准温差	≤1℃		≤2℃

齿轮齿距测量仪校准项目如表7-5-164所示。

表7-5-164 齿轮齿距测量仪校准项目

序号	校准项目	校准用主要标准器
1	下顶尖斜向圆跳动	扭簧式比较仪或测微仪
2	上顶尖对主轴回转中心的同轴度	扭簧式比较仪，芯轴
3	测量滑板定位的变动量	扭簧式比较仪或测微仪，芯轴
4	测微系统的示值误差	3等量块
5	单齿距示值的测量重复性	标准齿轮
6	仪器测量齿距累积总偏差的示值误差	标准齿轮
7	仪器测量齿距累积总偏差的示值变动性	标准齿轮

部分齿轮齿距测量仪计量特性的推荐要求如表7-5-165所示。

表7-5-165 部分齿轮齿距测量仪计量特性的推荐要求 μm

仪器型式	半自动尺距测量仪	自动尺距测量仪
下顶尖斜向圆跳动	2.0	1.5
上顶尖对主轴回转中心的同轴度	5/150mm 10/300mm	5/150mm 10/300mm
测量滑板定位的变动性	1.0	0.5
测微系统的示值误差	1.0%	
单齿距示值的测量重复性	0.2	0.2
齿距累积总偏差的示值误差	3.5～5	3
齿距累积总偏差的示值变动性	2	2

5.8.2 杠杆齿轮比较仪

杠杆齿轮比较仪的示值范围如表7-5-166所示。

表7-5-166 杠杆齿轮比较仪的示值范围 mm

分度值	示值范围	
	轴套直径为ϕ28的比较仪	轴套直径为ϕ8的比较仪
0.0005	±0.015	±0.025
	±0.05	
0.001	±0.03	±0.05
	±0.10	
0.002	±0.06	±0.06
	±0.10	±0.10
	±0.20	±0.20
0.005	±0.15	±0.15
0.01	±0.30	±0.30
	±0.40	±0.40

指针尖端宽度、标尺标记的宽度及宽度差如表7-5-167所示。

表7-5-167 指针尖端宽度、标尺标记的宽度及宽度差 mm

分度值	指针尖端和标尺标记的宽度	标尺标记的宽度值
0.0005、0.001	0.10～0.15	—
0.002、0.005、0.01	0.10～0.20	0.05

比较仪的最大测量力、测量力的变化和测量力落差如表7-5-168所示。

表7-5-168 比较仪的最大测量力、测量力的变化和测量力落差 N

形式	最大测量力	测量力变化	测量力落差
轴套直径为ϕ28的比较仪	2.0	0.6	0.5
轴套直径为ϕ8的比较仪	1.5	0.4	0.4

表 7-5-169　比较仪的最大允许误差、重复性和回程误差

<table>
<tr><th rowspan="2">分度值</th><th rowspan="2">示值范围</th><th colspan="3">最大允许误差</th><th rowspan="2">重复性</th><th rowspan="2">示值变化</th><th rowspan="2">回程误差</th></tr>
<tr><th>≤30 分度</th><th>>30 分度</th><th>全量程</th></tr>
<tr><td colspan="2">mm</td><td colspan="6">(分度)</td></tr>
<tr><td rowspan="3">0.0005</td><td>±0.015</td><td rowspan="12">±0.5</td><td>—</td><td>0.8</td><td rowspan="12">0.3</td><td rowspan="12">0.3</td><td rowspan="12">0.5</td></tr>
<tr><td>±0.025</td><td rowspan="2">±1.0</td><td rowspan="2">1.2</td></tr>
<tr><td>±0.05</td></tr>
<tr><td rowspan="3">0.001</td><td>±0.03</td><td>—</td><td>0.8</td></tr>
<tr><td>±0.10</td><td rowspan="2">±1.0</td><td rowspan="2">1.2</td></tr>
<tr><td>±0.05</td></tr>
<tr><td rowspan="3">0.002</td><td>±0.06</td><td>—</td><td>0.8</td></tr>
<tr><td>±0.10</td><td rowspan="2">±1.0</td><td rowspan="2">1.2</td></tr>
<tr><td>±0.20</td></tr>
<tr><td>0.005</td><td>±0.15</td><td>—</td><td rowspan="2">0.8</td></tr>
<tr><td rowspan="2">0.01</td><td>±0.30</td><td>—</td></tr>
<tr><td>±0.40</td><td>±1.0</td><td>1.2</td></tr>
</table>

注：表中数据均为按标准温度在 20℃、测量杆处于垂直向下状态时给定的。分度值为 0.0005mm 和 0.001mm 的比较仪，若测量杆处于其他状态时，其允许误差、重复性和回程误差值可在表中数值上增大 30%。

比较仪的最大允许误差、重复性和回程误差如表 7-5-169 所示。

回程误差检具的回程误差如表 7-5-170 所示。

表 7-5-170　回程误差检具的回程误差

分度值/mm	检具或仪器的回程误差/μm
0.0005	0.1
0.001、0.002	0.2
0.005、0.01	0.5

5.8.3　齿轮齿距测量仪

齿距测量仪的基本参数及其符号如表 7-5-171 所示。

表 7-5-171　齿距测量仪的基本参数及其符号

mm

基本参数	数　值
可测齿轮的模数	1～20
可测齿轮的最大顶圆直径	600
传感分辨力	≤0.0001

测量齿距累计总偏差的示值重复性如表 7-5-172 所示。

5.8.4　齿轮螺旋线测量仪

螺旋线测量仪的基本参数及数值如表 7-5-173 所示。

测量螺旋线总偏差的示值重复性如表 7-5-174 所示。

5.8.5　双啮仪

双啮仪的基本参数如表 7-5-175 所示。

双啮仪的示值变动性、示值误差如表 7-5-176 所示。

双啮仪的检验型项目、检验方法和检验工具如表 7-5-177 所示。

5.8.6　万能测齿仪

万能测齿仪的基本参数及数值要求如表 7-5-178 所示。

表 7-5-172　测量齿距累积总偏差的示值重复性　　μm

<table>
<tr><th rowspan="2">可测齿轮精度等级</th><th rowspan="2">下顶尖斜向圆跳动</th><th rowspan="2">上下顶尖连线对主轴回转中心的同轴度</th><th colspan="2">测量滑座上下移动对上下顶尖连线的平行度</th><th rowspan="2">测量齿距累积总偏差的示值误差</th><th rowspan="2">齿轮齿距累积总偏差的示值重复性</th></tr>
<tr><th>正面</th><th>侧面</th></tr>
<tr><td>2～3</td><td>1</td><td>2</td><td colspan="2">6</td><td>±2</td><td>1</td></tr>
<tr><td>4～5</td><td>2</td><td>4</td><td colspan="2">8</td><td>±3</td><td>2</td></tr>
<tr><td>6～8</td><td>3</td><td>6</td><td colspan="2">10</td><td>±5</td><td>3</td></tr>
<tr><td>9～12</td><td>5</td><td>8</td><td colspan="2">16</td><td>±8</td><td>4</td></tr>
</table>

表 7-5-173 螺旋线测量仪的基本参数及数值

基本参数	数值	基本参数	数值
可测齿轮的模数	≥0.5mm	螺旋角测量范围	0°～90°
可测齿轮的最大顶圆直径	600mm	传感器分辨力	≤0.0001mm

表 7-5-174 测量螺旋线总偏差的示值重复性 μm

可测齿轮精度等级	下顶尖斜向圆跳动	测量滑座上下移动对上下顶尖连线的平行度		上下顶尖连线对主轴回转中心的同轴度	测量螺旋线总偏差的示值误差	测量螺旋线倾斜偏差的示值误差	测量螺旋线形状偏差的示值误差	测量螺旋线总偏差的示值重复性
		正面	侧面					
2～3	1	1	2	2	±2	±0.5	±0.5	0.5
4～5	2	2	3	3	±3	±1	±1	1
6～8	3	5	6	6	±5	±2	±2	1.5
9～12	5	6	6	8	±8	±4	±3	2

表 7-5-175 双啮仪的基本参数

基本参数		数值/mm
被测量齿轮模数		1～10
测量圆柱齿轮时,两轴中心距离		50～320
测量圆柱轴齿轮	测量齿轮最大外圆直径	200
	被测量齿轮长度	110～300
测量圆锥齿轮	横架锥孔轴线到测量滑架芯轴轴线距离	50～165
	横架端面到测量滑架芯轴轴线距离	25～275
测量蜗轮、蜗杆	蜗杆下端面与测量滑架转动套端面最大距离	135
	横架两顶尖连线与测量滑架芯轴轴线距离	0～223
	被测蜗杆最大直径	100
	被测蜗杆轴长度	120～240
分辨力		0.01
		0.001

表 7-5-176 双啮仪的示值变动性、示值误差 mm

分度值/分辨力	示值变动性	示值误差	分度值/分辨力	示值变动性	示值误差
0.01	0.005	0.010	0.001	0.002	0.005

表 7-5-177 双啮仪的检验项目、检验方法和检验工具

序号	检验项目	检验方法	检验工具
1	外观	目测	
2	相互作用	手感	
3	测量滑架与导轨的横向间隙	将扭簧比较仪侧头沿横向接触于测量滑架上,然后用手轻推或轻拉测量滑架,取扭簧比较仪的最大变化量	扭簧比较仪
4	主滑架运动直线度	先将测量滑架锁死,然后再将准直仪主体固定于测量滑架上,发射镜装在主滑架上,移动主滑架进行检测,分别在水平和垂直两个方向上,取准直仪的示值最大变化量	1″自准直仪
5	主滑架运动的扭摆	将合像水平仪置于主滑架上,水平仪的摆放要与主滑架运动方向垂直,移动主滑架取合像水平仪示值的最大变化量	2″合像水平仪

续表

序号	检验项目	检验方法	检验工具
6	主滑架芯轴轴线和测量滑架芯轴轴线的平行度	纵向： 将指示表或位移传感器装于测量滑架的测量表架上，然后，在沿芯轴轴向相距 50mm 的 a、b 两处(见图 1)，先后在两轴间放入 70mm 量块，取指示表或仪器计算机上读取在 a、b 两处的示值之差 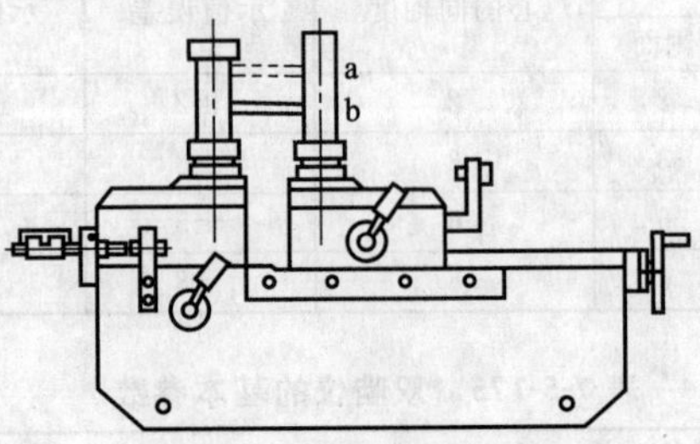 图 1 主滑架芯轴轴线和测量滑架芯轴轴线的平行度(纵向) 横向： 将指示表架置于主滑架上，调整检定平尺与主滑架移动方向平行(见图 2)，然后取下指示表架置于检定平尺上，沿检定平尺移动表架，使指示表侧头先后与两芯轴一端接触，取两示值之差为该处的检验值；在沿芯轴向上移动 50mm 处，重复上述检验，取上下二处检验值之差 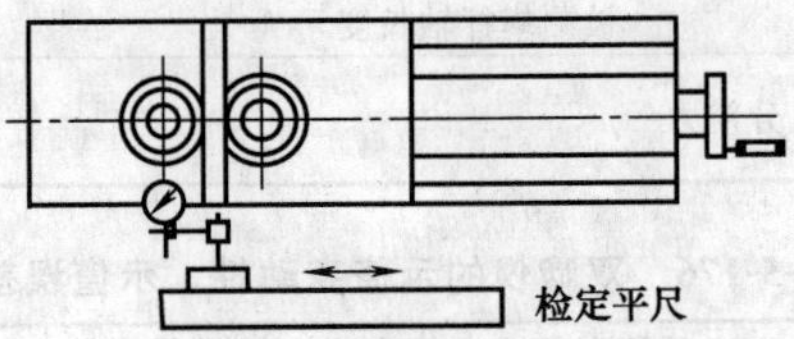 检定平尺 图 2 主滑架芯轴轴线和测量滑架芯轴轴线的平行度(横向)	分度值为 0.001mm 的指示表或位移传感器；1 级量块；检定平尺
7	立柱上下顶尖连线和测量滑架芯轴轴线的平行度	置顶尖立柱于主滑架上，在上下顶尖之间先后装上长 120mm 和 300mm 芯轴，然后按序号 6 所述检验方法检验	分度值为 0.001mm 的指示表；1 级量块；检定平尺
8	横架上下移动方向与测量滑架芯轴轴线的平行度	将扭簧比较仪固定在横架上，使侧头先后与芯轴 a、b 两个方向接触(见图 3)，上下移动横架进行检验，分别读取两个方向上扭簧比较仪示值最大变化量 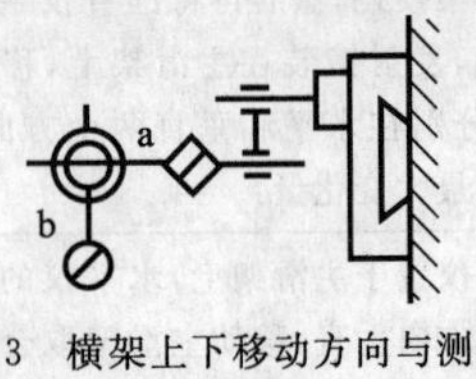 图 3 横架上下移动方向与测量滑架芯轴轴线的平行度	扭簧比较仪；磁力表架

续表

序号	检验项目	检验方法	检验工具
9	转动套径向圆跳动和端面圆跳动	将弹簧比较仪分别与转动套外圆及端面接触，转动转动套，分别读取扭簧比较仪示值最大变化量	扭簧比较仪
10	横架两顶尖连线对转动套端面的平行度	在横架锥孔中插入芯轴，将装有杠杆指示表的磁性表架固定在测量滑架转动套上（见图4），先与芯轴a点接触读取示值，然后旋转转动套180°，再与b点接触，读取示值，取两次示值之差 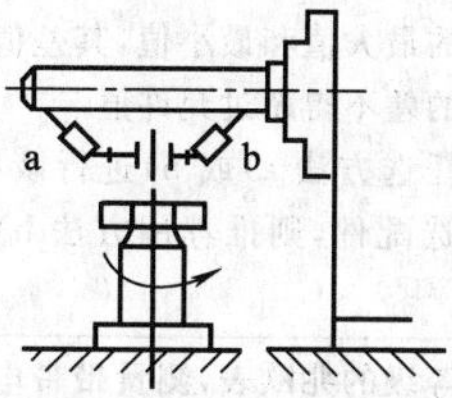 a　b 图4　横架锥孔轴线与测量滑架转动套端面的平行度	杠杆指示表；磁力表架
11	横架两顶尖连线对转动套端面的平行度	在横架两顶尖之间装上长120mm的芯轴，调整横架使芯轴位于测量滑架芯轴的上方，将装有扭簧比较仪的磁性表架固定于转动套上，按序号10所述方法进行检验	扭簧比较仪；磁力表架
12	横架主顶尖斜向圆跳动	将扭簧比较仪侧头与顶尖锥面垂直接触，转动顶尖，取扭簧比较仪的指示最大变化量	扭簧比较仪
13	测量力	当测量滑架处于行程的中间位置时，用测量仪进行检验	测力计
14	示值变动性	a)将指示表或位移传感器装于测量滑架的测量表架上，在测量滑架转动套和主滑架芯轴之间放入10mm量块，在测量滑架转动套和主滑架芯轴接触并使指示表或位移传感器进入测量状态，固紧主滑架，然后转动凸轮手柄多次引入和退出测量滑架，重复进行测量，并从指示表或仪器计算机上读数，取其读数的最大差值。然后置换70mm量块，重复上述检验，取两次检验最大值 b)置顶尖立柱于主滑架上，在上下顶尖之间装上带芯轴的偏心圆盘，转动凸轮手柄，引入测量滑架，并调整主滑架，使偏心圆盘与转动套接触并使指示表或位移传感器进入测量状态，固紧主滑块，转动偏心盘一转以上，从指示表或仪器计算机上读取示值的最大值和最小值，从指示表或仪器计算机上读取示值的最大值和最小值，并取其差值作为该次的检验值，重复进行检验，并取其差值作为该次的检验值，重复进行上述检验，取上述检验值的最大值和最小值之差值	1级量块；分度值为0.001mm的指示表或位移传感器；偏心圆盘

第7篇

续表

序号	检验项目	检验方法	检验工具
15	示值误差	a)将69.90mm、70.10mm量块放入转动套和芯轴之间，转动凸轮手柄，引入测量滑架，从指示表或仪器计算机上读取，取指示之差，再使转动套依次旋转90°、180°、270°，重复上述测量，任意一次不得超过允许值 b)置顶尖立柱于主滑架上，在上下顶尖之间装上带芯轴的偏心圆盘，转动凸轮手柄，引入测量滑架并调整主滑架，使偏心圆盘与转动套接触并使指示表或位移传感器进入测量状态，固紧主滑架，转动偏心盘一转以上，从指示表或仪器计算机上读取示值的最大值和最小值，其差值与偏心盘的实际差值的差不得超过允许值 根据条件可任选方法a)或b)进行该项检验，如有顶尖立柱选配件，则推荐用方法b)进行该项检验	1级量块；分度值为0.001mm的指示表或位移传感器；偏心圆盘
16	绝缘电阻	用相应精度等级的兆欧表，测量带带电极和可接触及金属壳体间的绝缘电阻值	兆欧表
17	接触电阻	用电桥或毫欧表测量	电桥或毫欧表

表7-5-178 万能测齿仪的基本参数及数值要求 mm

基本参数		参数值	基本参数	参数值
被测齿轮模数范围	测量周节	2.5～10	测量台调整高度范围	0～150
	测量齿圈径向跳动	0.5～10	公法线测量最大长度	150
	测量基节和公法线	1～10	测量爪测量最大深度	20
被测齿轮最大顶圆直径		360		
两顶尖间距离		50～330	杠杆齿轮比较仪分度值	0.001

球形测头直径如表7-5-179所示。

检验项目、检验方法和检验工具如表7-5-180所示。

5.8.7 万能齿轮测量仪

万能齿轮测量仪的基本参数及数值如表7-5-181所示。

测头上下移动对上下顶尖连线的平行度公差如表7-5-182所示。

检验项目、检验方法和检验工具如表7-5-183所示。

5.8.8 齿轮螺旋线测量仪

齿轮螺旋线测量仪的基本参数及数值如表7-5-184所示。

表7-5-179 球形测头直径 mm

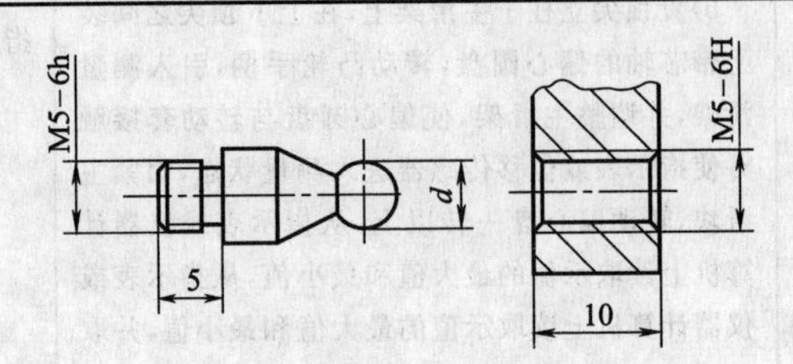

代号	尺寸规格								
d	1	1.5	2	3	4	6	8.5	10	12	15

表 7-5-180　检验项目、检验方法和检验工具

序号	项　目	检验方法	检验工具
1	上下顶尖的同轴度	将长度100mm的检验芯轴顶于两顶尖之间，把百分表级专用表架装置在下顶尖上，转动专用表架，观察在芯轴一端表的示值变化，如图1所示；然后再将百分表及专用表架装置在上顶尖上，检出芯轴在另一端的示值变化，如图2。同样，再将长度200mm的检验芯轴顶于两顶尖之间，重复上述方法检验一次，取以上四种检验情况读数中最大值为同轴度 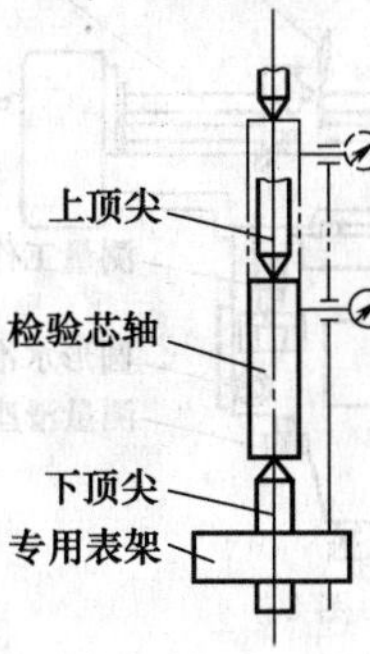 图1 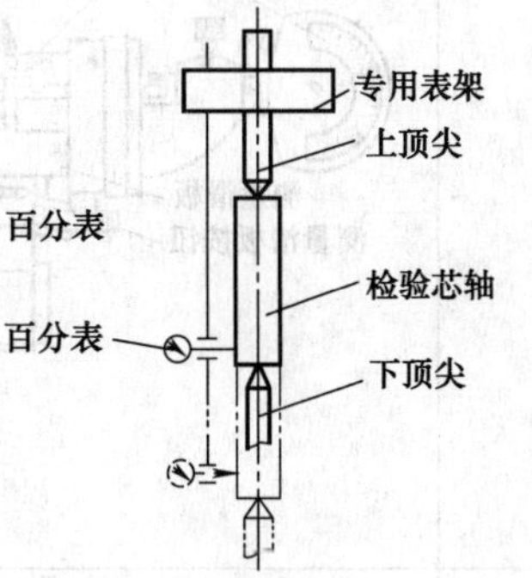 图2	100mm、200mm检验芯轴、百分表、专用表架
2	两顶尖轴心线对测量爪导轴的垂直度	在两顶尖间距为100mm时，将带有表夹子的芯轴顶于顶尖之间，用百分表检出测量爪导轴两端示值之差，见图3；然后转动外弓形架约90°，在此位置再按上述方法检验一次，取两次结果的最大值 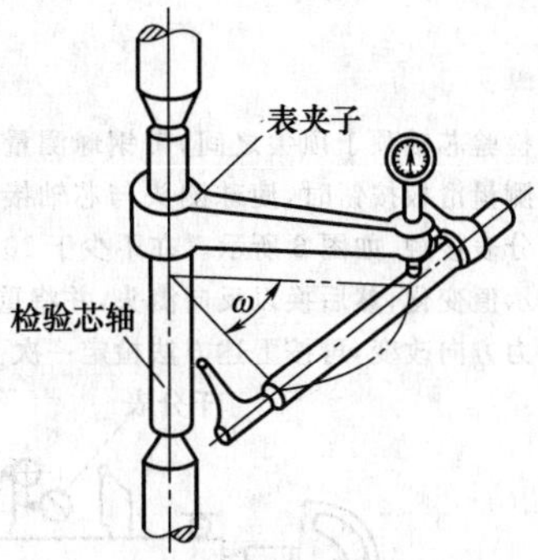 图3	检验芯轴、表夹子、百分表
3	测量爪工作刃的直线度	用4等量块测量面对着测量爪工作刃在全长上不允许有任何色彩的光隙	30mm 4等量块
4	两测量爪工作刃的平行度	将5mm量块夹持在两测量爪工作刃后端，使杠杆齿轮比较仪对零，然后将5mm量块移至测量爪工作刃的前端，由比较仪上读出，如图4，且前端读数为正。用100mm量块按上述方法再检验一次 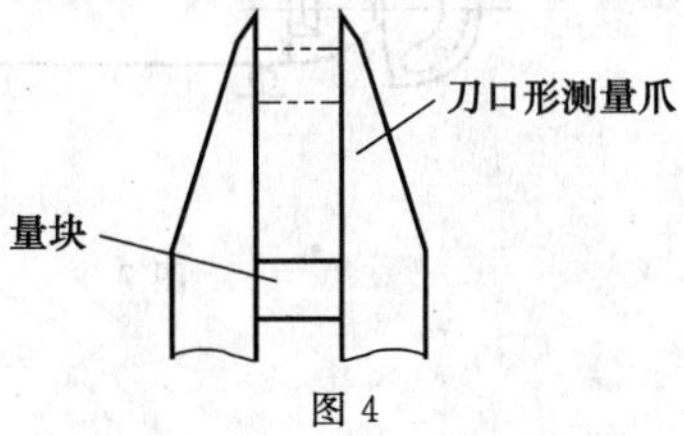 图4	5mm、100mm 4等量块

续表

序号	项 目	检 验 方 法	检 验 工 具
5	测力	见图5,调整定位头使活动夹持器在行程的中间位置,再装上杠杆齿轮比较仪,并使指针指零,松开定位头使活动夹持器处于自由状态;然后用测力计沿活动测头运动方向慢慢加力,读出指针沿正反方向通过零位时的测力计读数,取两次读数的平均值 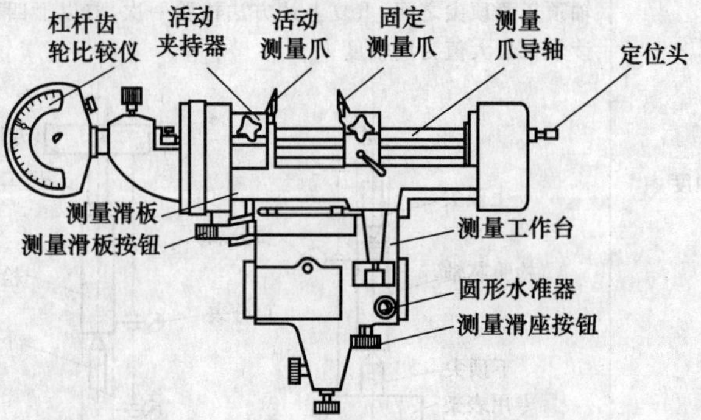 图 5	测力计
6	传送杆-测微系统示值变动性	将检验芯轴顶于顶尖之间,带钢球测量头装于固定夹持器内。球测头与芯轴表面接触,不少于10次地扳动夹持器,观察杠杆齿轮比较仪示值变化	检验芯轴
7	测量滑板滑动的示值变动性	将检验芯轴顶于顶尖之间,带钢球测量头装于固定夹持器内,当压下测量滑板按钮时,使球测头与芯轴接触,同时与置于芯轴同侧的千分表接触,如图6所示。在不少于10次地压下按钮时,观察千分表示值变化;然后换以反向测头,并将重锤绕过中间滑轮,见图7,使测力方向改变,再按上述方法检定一次 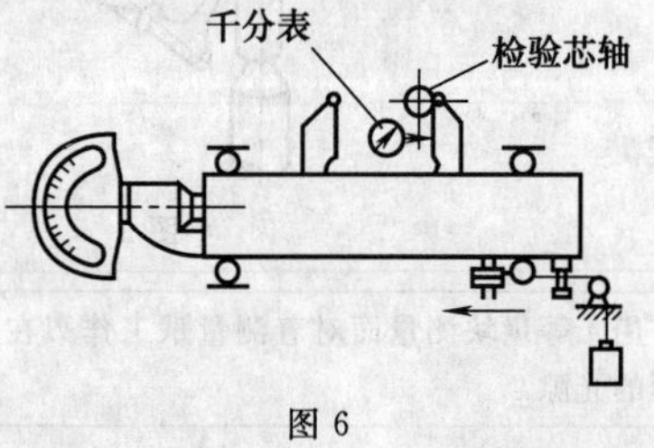 图 6 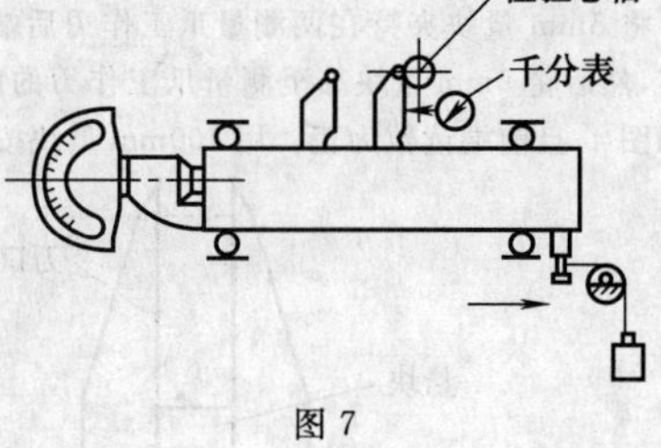 图 7	检验芯轴、0级千分表

续表

序号	项　目	检验方法	检验工具
8	齿圈径向跳动测量系统的示值变动性	将齿圈径向跳动测量装置装在仪器上，同时在顶尖固定一个6级齿轮，使球形测头与任一齿槽于齿高中部双面接触，不少于10次地拉出测量滑座，观察杠杆齿轮比较仪示值变化，如图8所示 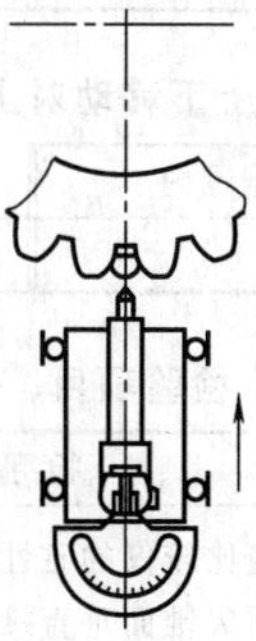 图8	模数m为3mm、齿数z为36、6级直齿圆柱齿轮
9	同一齿距多次测量的重复性	在顶尖之间固定一个6级齿轮，将带钢球的活动测量头和固定测量头调整到齿轮的任意一个齿距上接触，对此齿距进行不少于10次地测量，观察杠杆齿轮比较仪示值如图9所示。重复性用极限误差表示，按下式计算 $\Delta=\pm 3\sigma$ $\sigma=\pm\sqrt{\dfrac{\sum_{i=1}^{n}(x_i-\overline{x})^2}{n-1}}$ 式中　Δ——极限误差 σ——单次示值的标准偏差 x_i——第i个测量结果 $\overline{x}$——n个测量结果的算术平均值 n——测量次数 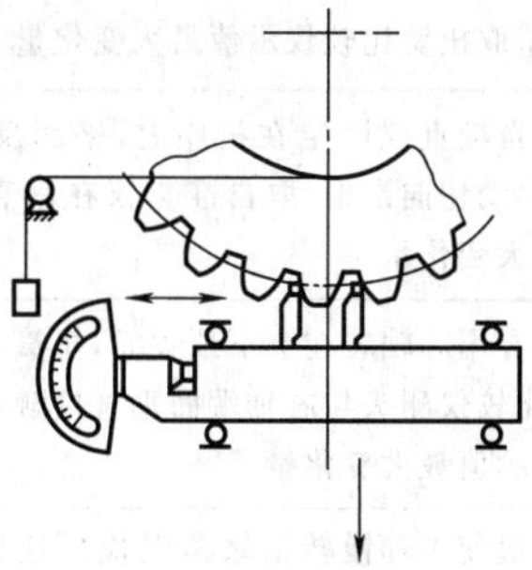 图9	模数m为3mm、齿数z为36、6级直齿圆柱齿轮
10	仪器测量齿轮齿距积累误差时的测量误差	采用相对测量法，两测头按齿距角γ为10°安装，并对称地位于齿轮中心两侧，使它与齿面接触于分度圆的同一圆周上。在齿轮指定截面和起始位置上进行不少于5次的测量，此齿距累积误差的最大值和最小值分别与该齿轮的齿距累积误差实际值之差均不得大于规定值	模数m为3mm、齿数z为36、齿距累积误差的检验精度不大于0.002mm的6级直齿圆柱齿轮

表 7-5-181　万能齿轮测量仪的基本参数及数值　mm

序号	基本参数	数值	序号	基本参数	数值
1	可测齿轮模数	0.5～15	5	记录器垂直放大比/倍	200～2000
2	可测齿轮最大顶圆直径	450	6	记录器水平放大比/(度/格)	5;2;1;0.5
3	芯轴长度	80～450			
4	测头至下顶尖距离	40～240	7	可测齿轮最大质量/kg	85

表 7-5-182　测头上下移动对上下顶尖连线的平行度公差　μm

方向	在100mm行程范围内	全行程范围内	方向	在100mm行程范围内	全行程范围内
前后	3	5	左右	6	10

表 7-5-183　检验项目、检验方法和检验工具

序号	项目	检验方法	检验工具
1	下顶尖斜向圆跳动	将装有扭簧比较仪的磁性表座吸在机座上，使扭簧比较仪测头与下顶尖锥面垂直接触，以中等测量速度转动主轴进行检验，取比较仪的示值最大变化量	1μm扭簧比较仪、磁性表座
2	上顶尖径向圆跳动	在上下顶尖间安装一芯轴，使比较仪测头与芯轴上端外圆接触，在芯轴不转的情况下用手转动上顶尖进行检验，取比较仪示值最大最大变化量	1μm扭簧比较仪、磁性表座、芯轴
3	上下顶尖回转中心线的同轴度	在上下顶尖间分别安装长度为150mm、250mm、420mm的精密芯轴，将装有扭簧比较仪的磁性表座固定在下顶尖上，使比较仪测头垂直于芯轴上端与外圆接触，转动主轴进行检验	1μm扭簧比较仪，磁性表座，150mm、250mm、420mm精密芯轴
4	径向滑板移动的直线度	将自准直仪固定在机座上，平面反射镜置于径向滑板上，移动滑板进行检验，取自准直仪在垂直和水平面上的示值最大变化量	1″自准直仪
5	测头上下移动对上下顶尖连线的平行度	在上下顶尖间分别安装长度为150mm、250mm、420mm的精密芯轴，将装有磁性表座的扭簧比较仪固定在垂直滑架的滑板上，使测头与芯轴垂直接触，移动垂直滑架进行检验，取扭簧比较仪示值最大变化量	1μm扭簧比较仪，磁性表座，150mm、250mm、420mm精密芯轴
6	切向滑板前后移动的直线度	将自准直仪固定在机座上，平面反射镜置于切向滑板上，移动切向滑板，取自准直仪在垂直和水平平面上的示值最大变化量	1″自准直仪
7	切向滑板前后移动对顶尖连线的垂直度	将专用芯轴装在上下顶尖间，扭簧比较仪装在切向滑板上，比较仪测头与芯轴端面垂直接触，移动切向滑板，取比较仪示值最大变化量	专用端面芯轴、1μm扭簧比较仪、磁性表座
8	记录器的垂直放大比在30min内所有各挡的漂移	开机使主轴慢转记录器以最低速比送纸，在放大第10挡上用放大微调旋钮，将记录器垂直放大比调整准确，预热20min后，将记录笔调在记录纸中线±10格范围内任意位置进行检验，取记录笔漂移的最大变化量，然后用同样方法在其余各挡中任意抽查一挡	
9	测量渐开线齿形误差时示值误差	在上下顶尖间安装一渐开线样板，用ϕ5mm测头测量样板的小头和大头齿面，记录器定标为1μm/格，选择低测量速度和第三挡滤波，测量样板的大小头左右齿面，取测得值与样板实际值之差	渐开线样板半径分别为60mm、150mm(其测量不确定度不超过±0.001mm)

续表

序号	项目	检验方法	检验工具
10	测量渐开线齿形误差时示值变动性	在上下顶尖间安装一渐开线样板，用 ϕ5mm 测头测量样板的小头齿面，记录器定标为 1μm/格，选择低测量速度和第三挡滤波测量5次，每条曲线从起始点2°以后取样，每隔5°取样一点，共取7点。把第一点对齐，取其余各对应点的示值最大变化量	渐开线样板半径为60mm
11	测量齿距累积误差时的示值误差	分两种方法，其中方法a)为主要方法，方法b)为代用方法： a)测头与测量齿轮齿面中部接触，记录器定标为1μm/格，选择低测量速度，从标记齿进行8次转位测量，取每转各齿所得的值与测量齿轮的实际值的最大差值 b)测头与测量齿轮齿面中部接触，记录器定标为1μm/格，选择低测量速度，从标记齿进行8次转为测量，取各次齿距累积误差示值的最大差值的二分之一，再加上其中一次转位中重复10次测量时各齿中最大的标准偏差的2倍(2σ) $$\sigma=\pm\sqrt{\frac{\sum_{i=1}^{n}(x_i-\overline{x})^2}{n-1}}$$ 式中 x_i——每次取值 $\overline{x}$——平均值 n——测量次数	测量齿轮：$z\geqslant36$（其测量不确定度不超过±0.001mm)
12	测量齿距累积误差时的示值变动性	测头与测量齿轮齿面中部接触，记录器定标为1μm/格，选择低测量速度，在一次装夹中从标记齿正反各连续测量5转，取各转对应齿的示值的最大差异	测量齿轮：$z\geqslant36$

表 7-5-184 齿轮螺旋线测量仪的基本参数及数值

mm

参数	数值	参数	数值
被测齿轮最小模数	0.5	纵向滑架移动范围	0～200
被测齿轮最大顶圆直径	600	横向滑架移动范围	0～240
被测齿轮螺旋角范围/(°)	±90	顶尖间夹紧力/N	30～100
被测齿轮芯轴长度	30～800	光学分度系统分度值/(″)	2
加内侧附件时被测齿轮最大宽度	50		

齿轮螺旋线测量仪光学分度系统的示值误差如表7-5-185所示。

检验项目、检验方法和检验工具如表7-5-186所示。

5.8.9 万能渐开线检查仪

万能渐开线检查仪的基本参数如表7-5-187所示。

万能渐开线检查仪的示值误差如表7-5-188所示。

检查仪测量左右齿面时的一致性如表7-5-189所示。

检验项目、检验方法和检验工具如表7-5-190所示。

表 7-5-185 齿轮螺旋线测量仪光学分度系统的示值误差

检查范围	−45°～45°	−90°～−45°	45°～90°
示值误差	2.5″	3″	3″

表 7-5-186 检验项目、检验方法和检验工具

序号	项 目	检 验 方 法	检 验 工 具
1	主轴顶尖斜向圆跳动	将装有扭簧比较仪的表座安放在仪座上，使扭簧比较仪测头垂直于顶尖锥面接触，分度系统调至90°位置，转动手轮，使横向滑架带动的主轴旋转，取扭簧比较仪示值的最大变化量	0.5μm 扭簧比较仪、表座
2	纵向滑架运动的直线度	将自准直仪的反射镜固定在纵向滑架上，自准直仪放置在仪身上，分度系统调至0°位置，使纵向滑架移动，在垂直和水平方向分别取单面度检查仪示值的最大变化量	1″自准直仪
3	横向滑架运动的直线度	将自准直仪的反射镜固定在横向滑架上，自准直仪放置在仪座上，分度系统调至90°(或270°)位置，使横向滑架移动，在垂直和水平方向分别取检查仪示值的最大变化量	
4	主轴顶尖和尾座顶尖连线在垂直平面内与纵向滑架运动方向的平行度	将芯轴安装于两顶尖之间，扭簧比较仪装入测量表架的垂直孔内，使测头与芯轴在垂直方向最高处接触。光学分度系统调至0°位置，启动电机，使纵向滑架右行，取扭簧比较仪示值的最大变化量。检定时应使用长度为100mm、300mm、500mm的芯轴分别进行	1μm 扭簧比较仪，100mm、300mm、500mm 精密芯轴
5	主轴顶尖和尾座顶尖连线在水平平面内与纵向滑架运动方向的平行度	将芯轴安装于两顶尖之间，把扭簧比较仪装入测量表架的水平孔内，使测头与芯轴在垂直方向最高处接触。仪器度盘调至0°位置，启动电机，使滑架右行，取扭簧比较仪示值的最大变化量。检定时应使用长度为100mm、300mm、500mm的芯轴分别进行	
6	读数装置放大倍数的正确性	将装有24面体的专用芯轴装在度盘的转轴上，把自准直仪固定在支架上，使自准直仪对准24面体，自准直仪分划板对在零位上，使度盘上一刻线对在最后一对双刻线中间，由自准直仪读取两个读数值的差值，即为读数装置放大倍数的正确性。检验时应在度盘的270°～271°、314°～315°、0°～1°、44°～45°、89°～90°五个范围内进行，取五次读数的最大差值。再把秒度盘在2′及5′处，重复上述步骤	专用芯轴、24面体(角度的极限检定误差应不超过0.5″)、1″自准直仪(1′测量范围内不确定度不小于0.5″)
7	读数装置的示值回零差	度盘由0°开始转至90°，再返回至0°，由自准直仪读出差值，重复一次，再由0°开始转至270°再返回0°重复一次，取四次读数值的差值的最大值	
8	光学分度系统的示值误差	度盘从0°开始每隔15°检一点，测至90°，每点均取三次测量值的平均值作为该点的测量值，同样从0°开始，反方向每隔15°检一点，测至−90°正反向共测12点	
9	分度系统零位的正确性	度盘调至0°位置，将装有扭簧比较仪的表座放在仪座上，使测头与横向滑架端面接触，移动纵向滑架，取扭簧比较仪示值的最大变化量	1μm 扭簧比较仪、表座
10	横向滑架对纵向滑架的垂直度	度盘调至90°位置，摇动手轮使横向滑架移动，将装有扭簧比较仪的磁性表架置于仪座上，扭簧比较仪测头与纵向滑架右端面接触，在横向滑架运动的全程内进行检验，取扭簧比较仪示值的最大变化量	
11	测量仪的示值误差	将样板安置在两顶尖之间，用ϕ5mm测头对样板规定的部位进行测量，在各取样点上取测量值与样板对应点实际值的最大差值	螺旋线样板(左、右旋15°和30°，齿宽100mm，其检定不确定度不超过±0.001mm)
12	仪器示值变动性	同序号11，用同一测头在15°样板任一齿面同一部位上测量五条曲线，取各对应点示值的最大差异	

表 7-5-187 万能渐开线检查仪的基本参数 mm

序号	名 称	要 求	序号	名 称	要 求
1	被测齿轮的模数范围	1～10	6	测头至下顶尖最大距离	≥190
2	被测齿轮的最大基圆直径	400	7	指示表的分度值	0.005、0.002、0.001、0.0005
3	被测齿轮的最大顶圆直径	450	8	记录器放大倍数(倍)	200、500、1000、2000
4	被测齿轮的芯杆长度范围	50～450	9	定基圆读数显微镜的刻度值	0.001
5	测头至下顶尖最小距离	≤60	10	测头的测力范围/N	0.3～0.1

表 7-5-188 万能渐开线检查仪的示值误差 mm

渐开线样板基圆半径	误差项目	检查仪的精度等级		
		1级	2级	3级
≤60	形状误差	≤0.001	≤0.0015	≤0.002
	示值误差	≤0.0015	≤0.002	≤0.003
≤150	形状误差	≤0.0015	≤0.002	≤0.003
	示值误差	≤0.002	≤0.003	≤0.004

表 7-5-189 检查仪测量左右齿面时的一致性 mm

渐开线样板基圆半径	测量左、右齿面时的一致性	渐开线样板基圆半径	测量左、右齿面时的一致性
≤60	≤0.002	≤150	≤0.003

表 7-5-190 检查仪的检验项目、检验方法和检验工具

序号	项 目	检 验 方 法	检 验 工 具
1	玻璃刻度尺对顶基圆滑架运动的平行度	a)水平方向的平行度：在全长范围内移动定基圆滑架，观察读数显微镜内毫米刻度尺“0”及“200”两条刻线的线段与双线分划板某双刻线线段相对伸出长度的变化情况，在该两点不应有明显的位移 b)垂直方向的平行度：调焦使毫米刻度尺的影像清晰后，移动定基圆滑架，观察所有毫米刻线的影像应同样清晰	
2	基圆读数装置的误差	a)检定1mm长度放大倍数误差时，先将微米刻线对零，然后将任意一毫米刻线套在第一条0.1mm的双刻线上，观测另一相邻的毫米刻线是否套在第10条0.1mm的双刻线上，其误差不应大于0.005mm。检定0.1mm长度放大倍数的误差时，先将任意一毫米刻线套在某个0.1mm的双线上，并将微米刻度对零，然后移动微米分划板至100μm。检定时应在双刻线上0、5、9三个位置上进行 b)目测0.1mm刻线与毫米刻线、微米刻线与指标线间的相互位置是否平行，不应有目视可见的倾斜 c)调整焦距使0.1mm和微米刻线清晰，将任意一条毫米刻线套在视场中间部位的0.1mm双刻线上，左右观察两刻线，不应有明显的位移	

续表

序号	项　目	检验方法	检验工具
3	顶尖斜向圆跳动	a)将装有分度值为0.0005mm的扭簧比较仪的表架置于仪器底座上,使扭簧比较仪的测头在距下顶尖3～5mm处与锥面垂直接触,转动下顶尖一周,观察比较仪的示值变化,其最大变化量不应大于0.002mm,仪器所带的三种下顶尖都应进行上述的检定 b)与上述检定相同,但需旋转手轮使圆盘在最大的转角范围内,转动下顶尖在0°、90°、180°、270°的位置上,分别观察比较仪的示值变化,其最大变化量不应大于0.002mm。仪器所带的三个下顶尖也都应进行上述的检定 c)在顶尖间装上一个检定芯杆,使扭簧比较仪测头与芯杆上端接触,在芯杆不能转动的情况下转动上顶尖,观察比较仪的示值变化,其最大变化量不应大于0.002mm	0.0005mm扭簧比较仪、表架、精密芯杆
4	上、下顶尖的同轴度	将专用表架固紧在下顶尖的轴颈上,其上端紧固一分度值为0.001mm的测微表,使测头与短芯杆(150mm)顶部接触,旋转一周,观察测微表的示值变化,然后换上长芯杆(300mm),在其中观察测微表的示值变化,以其最大的变动量(Δ_{max})为同轴度检定结果,不应大于0.01mm。仪器所带的三种下顶尖均应进行上述的检定	0.001mm测微表、专用表架、精密芯杆(150mm及300mm)
5	顶尖连线对测头垂直运动的平行度	a)在顶尖间装上150mm长的精密芯杆,并使专用偏位测头与芯杆正面接触,移动垂直滑架,观察仪器指示表的示值变化,然后再换上400mm杆,观察指示表的变化,其最大变化量不应大于0.005mm(100mm内) b)在顶尖间装上150mm的芯杆,使专用偏位测头与芯杆侧面接触,移动垂直滑架,观察仪器指示表的示值变化,然后再换上400mm芯杆,观察指示表示值变化,其最大变化量不应大于0.004mm(100mm内)	精密芯杆(150mm及300mm)、专用偏位测头
6	定基圆滑架运动的直线度	将分度值为1″的自准直仪置于仪器基座上,反射镜置于测量滑架上,往返移动测量滑架,分别观察自准直仪在全长范围内的水平和垂直方向的示值变化,其最大变化量不应大于4″	1″自准直仪、平面反射镜
7	测量滑架运动的直线度	将分度值为1″的自准直仪置于仪器基座上,反射镜置于测量滑架上,往返移动测量滑架,分别观察自准直仪在全长范围内的水平和垂直方向的示值变化量,其最大变化量不应大于2″	
8	顶尖连线对测量滑架运动的垂直度	将专用端面检具装在两顶尖间,并将装有分度值为0.001mm测微表的表架置于测量滑架上,定基圆调至130mm处,使测微表测头与端面检具的端面垂直接触,在检具不放的情况下,分别在左右两侧各100mm的行程内移动测量滑架,观察测微表的示值变化,其最大变化量不应大于0.005mm	专用端面检具
9	测量滑架往返运动的重复性	将带有螺纹的专用圆柱紧固在测量滑架上表面的螺纹孔内,并把装有分度值为0.0005mm的扭簧比较仪的表架置于仪器基座上,把定基圆滑架调到130mm处,使比较仪的测头与该圆柱面相接触,在全行程范围内正转和反转手轮,观察测力滑架往返移动时扭簧比较仪的示值变化,其不一致性不应大于0.001mm	专用圆柱、0.0005mm扭簧比较仪、表架
10	测量滑架展开长度标尺的零位误差	将测量滑架的指标线调到展开长度标尺的零位上,在全行程范围内移动定基圆滑架,观察测量滑架的零位变化,其最大变化量不应大于0.2mm	

续表

序号	项目	检验方法	检验工具
11	基圆零位误差	将定基圆滑架调至玻璃刻度尺的零位,使测头与零位校准器接触,转动手轮,在全行程范围内观察仪器的指示表变化,其最大变化量不应大于0.0005mm	零位校准器
12	测头对顶尖连线的误差	将精密芯杆置于两顶尖间,使测量滑架位于标尺零位,移动定基圆滑架,使测头与芯杆在最高处接触,检定时用手轻轻地摆动测头,当球形测头与芯杆外圆正好接触时,在读数显微镜内读出数值,这个数值与芯杆及球形测头的半径之和相比,其差值不应大于±0.01mm	球形测头、精密芯杆
13	指示系统的示值误差	a)将分度值为0.0005mm的扭簧比较仪的测头与仪器的测头在同一侧并列地与百分表检定器测杆的测量面相接触,转动检定器微分鼓轮,使扭簧比较仪的位移为0.0005mm,这时读出仪器指示表的位移量,二者的差不应大于0.0005mm b)将零位校准器装在两顶尖间,先在其定位基面上置一任意尺寸的量块(4等)使测头在量块中部接触,并使仪器指示表指针为零,再用量块按满刻度的范围每间隔10个格检定一点,任意两点间的误差不大于0.5格,此时观察记录器各相应10个格的差值,其最大差值不应大于0.5格 仪器各挡均应按上述方法检定	百分表检定器、0.0005mm扭簧比较仪、表架、4等量块
14	仪器的示值误差	将渐开线样板置于两顶尖间,用相应于检定渐开线样板时用的测头($\phi3$或$\phi6$),在相应的起测点和样板的齿面中部,分别对仪器的基圆半径r_0为60mm和150mm的左右齿廓进行检定,其误差均应满足相应的要求。检定时记录器的放大倍数应在1000倍挡进行	渐开线样板(其不确定度不超过±1μm)
15	仪器的示值变动性	在检示值时,对同一齿廓的同一部位进行五次以上的重复测量,其测量结果的最大值与最小值之差应不大于0.0005mm	渐开线样板
16	仪器左右齿面的测量一致性	在仪器示值误差检定时,对同一渐开线齿面,比较左齿面测量与右齿面测量,其最大差值应满足规定要求(以曲线倾斜量计算)	渐开线样板(其不确定度不超过±1μm)

5.8.10 杠杆齿轮比较仪

比较仪的示值范围如表7-5-191所示。

指针尖端宽度、标尺标记的宽度及宽度差见表7-5-192的规定。

比较仪的最大测量力、测量力变化和测量力落差均不应大于表7-5-193的规定。

比较仪的最大允许误差、重复性和回程误差见表7-5-194的规定。

回程误差检具的回程误差不应大于表7-5-195的规定。

5.8.11 扭簧比较仪

扭簧比较仪的示值范围如表7-5-196所示。

扭簧比较仪的测量力范围和测量力变化如表7-5-197所示。

当对扭簧比较仪测量杆轴线的垂直方向施加作用力时,其施加作用力与未施加作用力间的示值变化如表7-5-198所示。

扭簧比较仪在测量头垂直向下时的允许误差和示值变动性如表7-5-199所示。

分度值为1μm的扭簧比较仪的示值误差及判定结果如表7-5-200所示。

5.8.12 机械式比较仪

机械式比较仪装夹套筒的直径如表7-5-201所示。

机械式比较仪指针末端和分度盘刻线宽度如表7-5-202所示。

机械式比较仪工作台的工作面和测帽测量面的表面粗糙度如表7-5-203所示。

机械式比较仪工作台工作面的平面度如表7-5-

204 所示。

机械式比较仪工作台与测帽测量面的平行度如表 7-5-205 所示。

机械式比较仪的测力如表 7-5-206 所示。

机械式比较仪测杆受径向力对示值的影响如表 7-5-207 所示。

机械式比较仪示值误差如表 7-5-208 所示。

机械式比较仪回程误差如表 7-5-209 所示。

机械式比较仪计量器具检定室内温度及平衡时间如表 7-5-210 所示。

机械式比较仪检定项目和主要检定设备如表 7-5-211 所示。

比较仪示值误差检定用量块要求如表 7-5-212 所示。

检定比较仪回程误差的检具或仪器要求如表 7-5-213 所示。

表 7-5-191　比较仪的示值范围　　mm

分度值	示值范围		分度值	示值范围	
	轴套直径为 φ28 的比较仪	轴套直径为 φ8 的比较仪		轴套直径为 φ28 的比较仪	轴套直径为 φ8 的比较仪
0.0005	±0.015	±0.025	0.002	±0.10	±0.10
	±0.05			±0.20	±0.20
0.001	±0.03	±0.05	0.005	±0.15	±0.15
	±0.10		0.01	±0.30	±0.30
0.002	±0.06	±0.06		±0.40	±0.40

表 7-5-192　指针尖端宽度、标尺标记的宽度及宽度差　　mm

分 度 值	指针尖端和标尺标记的宽度	标尺标记的宽度差
0.0005、0.001	0.10～0.15	—
0.002、0.005、0.01	0.10～0.20	0.05

表 7-5-193　比较仪的最大测量力、测量力变化和测量力落差　　N

型　式	最大测量力	测量力变化	测量力误差
轴套直径为 φ28 的比较仪	2.0	0.6	0.5
轴套直径为 φ8 的比较仪	1.5	0.4	0.4

表 7-5-194　比较仪的最大允许误差、重复性和回程误差

分度值	示值范围	最大允许误差			重复性	示值变化	回程误差
	μm	≤30 分度	>30 分度	全量程	(分度)		
0.0005	±0.015	±0.5	—	0.8	0.3	0.3	0.5
	±0.025		±1.0	1.2			
	±0.05						
0.001	±0.03		—	0.8			
	±0.10		±1.0	1.2			
	±0.05						
0.002	±0.06		—	0.8			
	±0.10		±1.0	1.2			
	±0.20						
0.005	±0.15		—	0.8			
0.01	±0.30		—				
	±0.40		±1.0	1.2			

注：表中数值均为按标准温度在 20℃、测量杆处于垂直向下状态时给定的。分度值为 0.0005mm 和 0.001mm 的比较仪，若测量杆处于其他状态时，其允许误差、重复性和回程误差值可在表中数值上增大 30％。

表 7-5-195　回程误差检具的回程误差

分度值/mm	检具或仪器的回程误差/μm	分度值/mm	检具或仪器的回程误差/μm
0.0005	0.1	0.005、0.01	0.5
0.001、0.002	0.2		

表 7-5-196　扭簧比较仪的示值范围

μm

分度值	示值范围			分度值	示值范围		
	±30 标尺分度	±60 标尺分度	±100 标尺分度		±30 标尺分度	±60 标尺分度	±100 标尺分度
0.1	±3	±6	±10	2	±60	—	—
0.2	±6	±12	±20	5	±150		
0.5	±15	±30	±50	10	±300		
1	±30	±60	±100				

表 7-5-197　扭簧比较仪的测量力范围和测量力变化

分度值/μm	测量力范围/N			测量力变化/N	
	±30 标尺分度	±60 标尺分度	±100 标尺分度	±30 标尺分度	±60 标尺分度、±100 标尺分度
0.1	1～2	1～2	1～2.5	0.25	0.45
0.2					
0.5					0.55
1				0.30	0.65
2		—	—	0.50	—
5	1～3			1.00	
10				1.50	

表 7-5-198　施加作用力与未施加作用力间的示值变化

分度值/μm	作用力/N	示值变化(分度值)/μm	分度值/μm	作用力/N	示值变化(分度值)/μm
0.1	0.5	1	2	1.0	1/3
0.2		1/2	5		
0.5			10	1.5	
1	1.0	1/3			

表 7-5-199　扭簧比较仪在测量头垂直向下时的允许误差和示值变动性

分度值/μm	允许误差/μm			示值变动性(分度值)
	0～±30 标尺分度	0～±60 标尺分度	0～±100 标尺分度	
0.1	±0.10	±0.15	±0.20	1/3
0.2	±0.15	±0.20	±0.30	
0.5	±0.25	±0.40	±0.50	
1	±0.40	±0.60	±1.00	1/4
2	±0.80	—	—	
5	±2.00			
10	±3.00			

表 7-5-200　分度值为 1μm 的扭簧比较仪的示值误差及判定结果

示值范围	示值误差/μm							判定结果
	检点(标尺分度)							
	−100	−60	−30	0	+30	+60	+100	
±30 标尺分度	—	—	−0.3	0	+0.2	—	—	合格
	—	—	+0.3	0	−0.5*	—	—	不合格
±60 标尺分度	—	+0.5	−0.4	0	−0.4	−0.6	—	合格
	—	−0.6	−0.4	0	−0.3	+0.7*	—	不合格
±100 标尺分度	−0.8	−0.6	−0.3	0	−0.4	−0.5	−1.0	合格
	+0.9	+0.7*	+0.2	0	−0.35	−0.6	−0.9	不合格

注：带 * 的数值为超出允许误差值。

表 7-5-201　机械式比较仪装夹套筒的直径　　mm

套筒直径	偏　差	套筒直径	偏　差
ϕ8	0 −0.015	ϕ28	0 −0.021

表 7-5-202　机械式比较仪指针末端和分度盘刻线宽度　　mm

分度值	指针末端和刻线宽度	宽度差	分度值	指针末端和刻线宽度	宽度差
≤0.001	0.1～0.15	—	>0.001	0.1～0.2	0.05

表 7-5-203　机械式比较仪工作台的工作面和测帽测量面的表面粗糙度

名　称		表面粗糙度/μm
工作台		Ra0.05
测帽	钢制或人造刚玉	Ra0.05
	硬质合金	Ra0.1

表 7-5-204　机械式比较仪工作台工作面的平面度

工作台类型	工作台尺寸/mm	平面度/μm	工作台类型	工作台尺寸/mm	平面度/μm
圆形	≤ϕ80	1(只许凸)	方形	≤150×150	1(只许凸)

表 7-5-205　机械式比较仪工作台与测帽测量面的平行度

分度值/mm	平行度/分度	分度值/mm	平行度/分度
0.0005	1/2	≥0.005	1/5
0.001,0.002	1/3		

表 7-5-206　机械式比较仪的测力

装夹套筒直径/mm	最大测力/N	单向行程测力变化/N	同点正反向测力差/N
ϕ8	1.5	0.4	0.4
ϕ28	2	0.6	0.5

表 7-5-207　机械式比较仪测杆受径向力对示值的影响

分度值/mm	测杆受径向力对示值的影响/分度	分度值/mm	测杆受径向力对示值的影响/分度
≤0.001	1/3	>0.001	1/4

表 7-5-208 机械式比较仪示值误差

尺寸/mm	首次检定，后续检定/分度	尺寸/mm	首次检定，后续检定/分度
±30内	±0.5	±30外	±1

注：示值误差是比较仪测杆在垂直向下状态时检定的。

表 7-5-209 机械式比较仪回程误差

分度值/mm	回程误差/分度		分度值/mm	回程误差/分度	
	首次检定	后续检定		首次检定	后续检定
<0.01	1/2	1	0.01	1/3	1/2

表 7-5-210 机械式比较仪计量器具检定室内温度及平衡时间

分度值/mm	室温/℃	每小时温度变化不大于/℃	平衡温度时间不小于/h	
			表头	带工作台比较仪
<0.001	20±5	0.5	4	12
≥0.001		1		

表 7-5-211 机械式比较仪检定项目和主要检定设备

序号	检定项目	主要检定设备	首次检定	后续检定	使用中检定
1	外观	—	+	+	+
2	各部分相互作用	—	+	+	+
3	装夹套筒直径	1级千分尺	+	—	—
4	指针与分度盘的相对位置	—	+	—	—
5	指针末端和分度盘刻线宽度	工具显微镜	+	—	—
6	工作台工作面和测帽测量面的表面粗糙度	表面粗糙度比较样块	+	—	—
7	工作台工作面的平面度	2级平晶	+	+	—
8	可调式工作台的可调性	4等量块、平面测帽	+	+	—
9	固定式工作台面与测量轴线的垂直度	1级三针、窄平面测帽	+	—	—
10	测力	分度值不大于0.1N的测力计	+	—	—
11	测杆受径向力对示值的影响	半圆柱侧块(量块附件)	+	—	—
12	重复性	4等量块	+	+	+
13	示值误差	2、3、4、5等量块，三珠工作台	+	+	—
14	回程误差	回程误差检具或仪器	+	+	—

注：表中"+"表示应检项目，"—"表示可不检项目。

表 7-5-212 比较仪示值误差检定用量块要求

分度值/μm	量块等级	分度值/μm	量块等级
0.5	2等	5	5等
1	3等	10	5等
2	4等		

表 7-5-213 检定比较仪回程误差的检具或仪器要求

比较仪分度值/mm	检具或仪器的回程误差/μm	比较仪分度值/mm	检具或仪器的回程误差/μm
0.0005	0.1	0.002	0.3
0.001	0.2	≥0.005	0.5

5.8.13 电感测微仪

电感测微仪的重复性、方向误差、回程误差和最大允许误差如表 7-5-214 所示。

电感测微仪示值随时间变化的稳定性不应大于表 7-5-215 的规定。

电感测微仪传感器的测量力如表 7-5-216 所示。

电感测微仪的检验项目、检验方法和检验器具如表 7-5-217 所示。

表 7-5-214 电感测微仪的重复性、方向误差、回程误差和最大允许误差

分度值/μm	重复性		方向误差	回程误差	最大允许误差①/μm
	轴向式传感器	旁向式传感器			
0.1	1/2 分度值	1 个分度值	1 个分度值	2 个分度值	$\pm(0.2+3L^3)$
1	1/3 分度值	1/2 分度值	1/2 分度值	1 个分度值	$\pm(0.5+3L^3)$

① 最大允许误差的计算公式中 L 为校准零位至检测点的距离，单位为 mm。

表 7-5-215 电感测微仪示值随时间变化的稳定性

分度值/μm	规定时间/h	稳定性	分度值/μm	规定时间/h	稳定性
0.1	0.5	2 个分度值	1	4	1 个分度值

表 7-5-216 电感测微仪传感器的测量力

传感器型式			测量力/N
轴向式传感器	夹持部位直径/mm	ϕ8f7	0.75
		ϕ16f7	1.5
		ϕ28f7	2.5
旁向式传感器			0.25

表 7-5-217 电感测微仪的检验项目、检验方法和检验器具

序号	检验项目	检验方法	检验器具
1	响应时间	在最小分度挡位上，使测头与测量台架工作台上的量块相接触，然后迅速使测头移动，测出从给测头等于 1/2 示值范围的迅速变位起，到指针示值在一个最小分度值之内为止所需的时间	测量台架、量块、秒表
2	调零范围	在最小分度值单位上，将零位调整旋钮从一段旋到另一端时，读出指针移动的范围	测量台架、量块
3	零位平衡	在最小分度值挡位上，使指针对准零位刻度线，依次向各挡转动量程转换开关，观察各挡指针对零位的偏移量	测量台架、量块
4	重复性	在最小分度值挡位上，使测头与测量台架工作台上的量块相接触，将测微仪的指针对准任意一条刻度值，用提升机把测头提起，再使其自由落下，其提升量应稍大于该挡的示值范围，且每次提升量基本一致，重复 10 次取其各次示值中最大值与最小值的差值（见图 1） 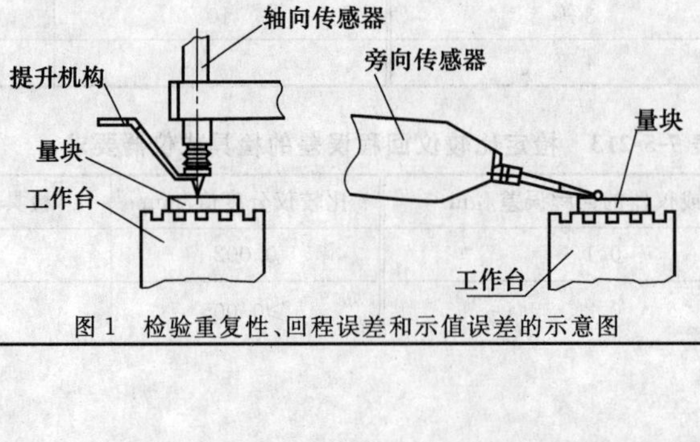 轴向传感器 提升机构 量块 工作台 旁向传感器 量块 工作台 图 1 检验重复性、回程误差和示值误差的示意图	测量台架、量块、提升机构

续表

序号	检验项目	检验方法	检验器具
5	方向误差	使测头的运动方向垂直于测量台台面，并与测量台架上工作台台面上的半圆柱侧块圆柱面顶部相接触(见图 2)，调整测微仪的指针对准任意一个刻度线，以前、后、左、右四个方向推动半圆柱侧块，记下每次半圆柱侧块圆柱面顶部与测头接触时的读数值，计算指示表最大示值与最小示值之差，即为方向误差 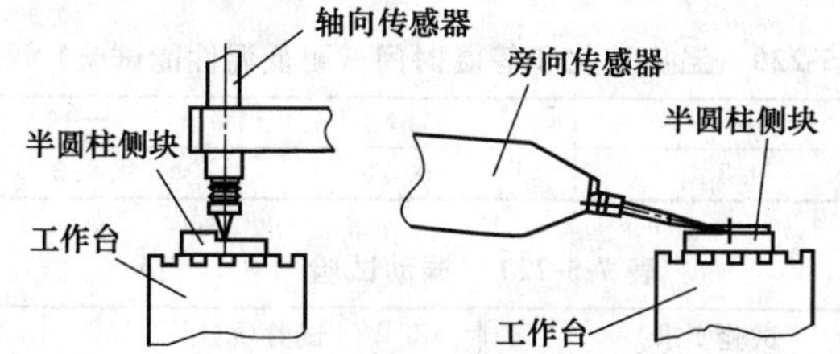 图 2　检验方向误差的示意图	测量台架、半圆柱侧块
6	回程误差	使测头与测量台架上工作台上的量块相接触，给传感器以正方向位移，使指针对准指示表左侧任意一条刻度线后，用提升机构把测头提起，其提升量应稍大于该挡的示值范围，再缓慢放下，求出提升前后指针指示的差值，重复 3 次，取最大值(见图 1)，用同样方法对准指示表右侧任意一条刻度线，再检定一次	测量台架、量块、提升机构
7	示值误差	使测头与测台架工作台上的量块相接触，将测微仪的指针对准零刻度线，然后根据示值范围的四等分(或六等分)置换相应的量块。依次检定出这些受检位置的示值误差，取其最大值(见图 1)	测量台架、量块①
8	稳定性	在最小分度值挡位上，使测头与测量台架工作面相接触，并使指针与满刻度线相邻的刻度线重合，经一定的准备时间后在规定的时间内读出示值的最大变化量(见图 1)	测量台架、测力计
9	测量力	使装在测量台架上的传感器的测头处于自由垂状态，然后用测量力计沿测头运动方向对测头向上加力，读出指针通过零位时的测力计读数，然后使测头向下移动，当指针通过零位时再次在测力计上读数，取两次读数的平均值，作为测量力(见图 3) 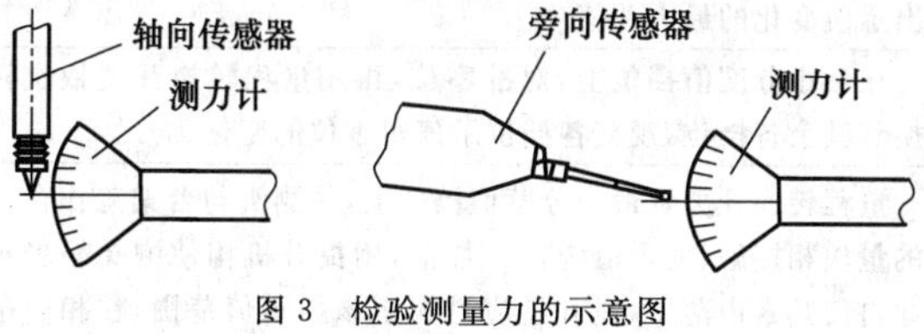 图 3　检验测量力的示意图	测量台架、测量计

① 检验示值误差用的量块规定如下：测量仪分度值为 0.1μm 的选用 2 等量块；测量仪分度值为 1μm 的选用 3 等量块。

5.8.14　电子柱电感测微机

在规定工作条件下，测微仪示值的稳定度不应大于表 7-5-218 的规定。

耐高温性能试验时，测微仪置于温度变化和等温时间符合表 7-5-219 规定的条件试验后，再置于室温条件，恢复正常后检验，性能应正常。

耐低温性能试验时，测微仪置于温度变化和等温时间符合表 7-5-220 规定的条件试验之后，再置于室温条件下，恢复正常后检验，性能应正常。

测微仪置于机械振动台上，按表 7-5-221 要求经过振动试验后检验，性能应正常。

检验项目、检验方法和检验工具如表 7-5-222 所示。

表 7-5-218　稳定度

分度值/μm	规定时间/h	稳定度	分度值/μm	规定时间/h	稳定度
0.1,0.2	1	1个分度值	≥0.5	4	1个分度值

表 7-5-219　温度变化和等温时间（耐高温性能试验）

温度变化/℃	35	45	55
等温时间/h	0.5	0.5	2～4

表 7-5-220　温度变化和等温时间（耐低温性能试验）

温度变化/℃	10	0	−10	−20
等温时间/h	0.5	0.5	0.5	2～4

表 7-5-221　振动试验

试验项目	试验要求	试验项目	试验要求
振动频率	每秒20～30次	一次振动时间	20～40min
单振幅	0.1～0.2mm		

表 7-5-222　检验项目、检验方法和检验工具

序号	检验项目	检验方法	检验工具
1	外观及相互作用	目测、手感	
2	绝缘	用绝缘电阻计加500V电压，测量电源插座的一个接线端与机壳之间的绝缘电阻值	绝缘电阻计
3	耐压	用自动击穿装置在电源插座的一个接线端与机壳之间加～50Hz、100V电压观察1min	自动击穿装置
4	显示质量	使测头与台架工作台上的量块相接触，对准零位，置换量块使示值为满量程，观察整条指示光柱，应排成一条直线，不能有明显歪曲现象，发光亮度应基本一致；然后调整调零电位器使每次只有一只发光单元熄灭，观察发光单元，应无明显的似亮非亮影响精度的现象，发光亮度应基本一致；然后调整到零电位器使每次只有一只发光单元熄灭，观察发光单元，应无明显的似亮非亮影响精度的现象	台架量块
5	调零范围	在最小分度值挡位，将调零电位器从一端旋到另一端时，读出示值变化的最大差值	台架
6	零位平衡	在最小分度值挡位上，对准零位，再用量程转换开关依次转换到其余各挡位，观察各挡位示值对零位的变化	台架
7	示值变动性	量程转换开关置最小分度值挡位上，使测头与台架工作台上的量块相接触，使示值为任一数值，用提升机构使测头轻轻抬起再使其自由落下，提升量应稍大于该挡示值范围，在相同条件下重复10次，取各次示值的最大值与最小值大差值	台架、提升机构、量块
8	径向受力示值变化	量程转换开关置最小分度值挡位上，使测头与台架工作台上的量块相接触，使示值为任一数值，用测力计分别在测头前后左右四个方向对测头施以相当于传感器设计规定测力的20%的力，取各次示值中的最大值最小值的差值	台架、量块、测力计
9	回程误差	量程转换开关置最小分度值挡位上，使测头与台架工作台上的量块相接触，然后慢慢给传感器以正向位移，使示值为任一数值，再用提升机构把测头轻轻提起，其提升量应稍大于该挡的示值范围，然后再轻轻放下，求出提升前后示值的差值，重复三次，取其平均值	台架、提升机构、量块

续表

序号	检验项目	检验方法	检验工具
10	示值误差	使测头与台架工作台上的量块相接触，对准零位，然后根据示值范围的四等分（或六等分）依次置换相应的量块，依次检定出这些受检位置的示值误差，取其最大值	台架、量块
11	电压变动对示值的影响	将量程转换开关置最小分度值挡位上，使测头与台架工作台上的量块相接触，调整示值，使接近于满量程，从电源输入～50Hz、220V交流电，使电压在额定值的90%～110%范围内变化，读出示值的最大变化值	台架、调压器、电压表
12	稳定度	将量程转换开关置最小分度挡位上，使测头与台架工作台面相接触，调整示值，使接近满量程，切断电源，放置12h。接通电源，预热0.5h后读数，在规定时间内，取其示值的最大变化量	台架、时钟
13	测量力	使装在台架上的传感器的测头处于自由悬垂状态，然后用测力计沿测头运动方向对测头向上慢慢加力，读出电子柱显示值在经过零位时的测力计读数，然后在使测头慢慢向下移动，当示值经过零位时再次在测力计上读数，取两次读数的平均值作为测量力	台架、测力计
14	耐高温性能	将测微仪置于高温箱中，使温度变化，然后取出测微仪，稳定16～24h后进行检验	高温箱
15	耐低温性能	将测微仪置于低温箱中，使温度按规定变化，然后取出测微仪，稳定16～24h后进行检验	低温箱
16	耐湿热性能	a. 将测微仪置于试验箱中，使温度为25℃±3℃，湿度为45%～75%，预热0.5h b. 在3h±0.5h内，温度连续升到40℃±2℃，湿度升到95%，保持9h c. 在6h内使温度降到25℃±3℃，湿度为95%，保持6h d. 取出测微仪，稳定16～24h后进行检验	试用箱
17	耐振动性	将包装好的测微仪固定在振动台中心位置，然后进行检验	机械振动台
18	耐颠簸性能	将包装好的测微仪置于2.5t载重卡车上，以40km/h的速度在3级公路上行驶200km，然后进行检验	25t载重卡车

5.8.15 数显电感测微仪

在规定工作条件内，测微仪示值随时间变化的稳定度如表7-5-223所示。

表7-5-223 测微仪示值随时间变化的稳定度

分辨率/μm	规定时间/h	稳定度
0.01	0.5	测量范围的0.5%
0.1	4	

检验项目、检验方法和检验工具如表7-5-224所示。

5.8.16 齿轮单面啮合整体误差测量仪

整体误差测量仪的基本参数如表7-5-225所示。

蜗杆架升降对上、下顶尖连线的平行度如表7-5-226所示。

切向综合偏差精度如表7-5-227所示。

齿廓偏差精度如表7-5-228所示。

测量齿距偏差时，其示值误差不应超过表7-5-229的规定范围。

测量螺旋线偏差时，其示值误差不应超过表7-5-230的规定范围。

整体误差测量仪的检验项目、检验方法和检验工具如表7-5-231所示。

5.8.17 电子数显测高仪

测高仪的测量范围和测量力变化如表7-5-232所示。

表 7-5-224　数显电感测微仪的检验项目、检验方法和检验工具

序号	项目	检验方法	检验工具
1	绝缘与耐压	用绝缘电阻加500V电压，测量电源插座的一个接线端与机壳之间的绝缘电阻值，然后在50Hz或60Hz的1000V正弦波电压条件下观察1min(如数字表有特殊要求，此项目可采取序检)	绝缘电阻计
2	调零范围	把零位调整旋钮从一端旋到另一端时，读出示值变化的最大差值	台架
3	零位平衡	量程转换开关置于0.01μm挡位上，并对好零位，再用量程转换开关依次换到0.1μm、1μm挡位，观察各挡示值对零位的变化	
4	示值变动性	量程转换开关置于0.01μm挡位上，使测头与台架工作台上的量块相接触，使示值为任意一数值，用提升机构把测头轻轻提起再使其自由落下，其提升量应稍大于该挡位的示值范围，且每次提升量应基本一致，重复10次，取其各次示值中的最大值与最小值的差值	台架、提升机构、量块
5	方向误差	量程转换开关置于0.01μm挡位上；使测头与台架工作台上的量块相接触，使示值为任一数值，用测力计分别在测头前后左右四个方向对测头施以相当于传感器设计规定测力的20%的力。取各次示值中的最大值与最小值的差值	台架、量块、测力计
6	回程误差	量块转换开关置于0.01μm挡位上，使测头与台架工作台上的量块相接触，然后慢慢给传感器以正常位移，使示值为任一数值后，再用提升机构把测头轻轻提起，其提升量应稍大于该挡的示值范围，然后再轻轻放下，求出提升机构前后示值的差值。重复三次，取其平均值	台架、量块、提升机构
7	示值误差	使测头与台架工作台上的量块相接触，对好零位，然后根据示值范围的10等分置换相对应的量块，依次检定出这些受检位置的示值误差，取其最大值(在0.01μm挡位上需要专用检具检查)	台架、相应等级的量块、专用检具
8	稳定度	传感器装夹在台架上，量程转换开关分别置于0.01μm、0.1μm挡位；调整示值使接近于满量程，关断电源放置12h；开机预热0.5h后读数，在规定时间内取其示值的最大变化量	台架、时钟
9	电压变动对示值的影响	量程转换开关置于0.01μm挡位上，调整示值使接近于满量程，输入50Hz、220V的交流电，使电压在额定值的90%～110%范围内变化；读出示值的最大变化量	台架、调压器、电压表
10	灵敏阈	传感器装夹在专用检具上，量程转换开关置于0.01μm挡位，使示值为0.05μm，再给0.01μm变位，观察示值的变化量	专用检具
11	测量力	使装在台架上的传感器的测头处于自由悬垂状态，然后用测力计沿测头运动方向对测头向上慢慢加力，读出测微仪示值经过零位时的测力计读数，然后再使测头慢慢向下移动，当测微仪示值经过零位时再次在测力计上读数，取再次读数的平均值，作为测量力	台架、测力计

表 7-5-225　整体误差测量仪的基本参数

可测齿轮						上下顶尖的最大距离/mm
顶圆直径≤	模数 m_n	最大齿宽	最多齿数/个≥	螺旋角/(°)	最大质量/kg≥	
mm						
150	0.2～4	120	255	−40～40	10	200
320	0.5～6	160	255	−38～38	30	250
450	0.5～10	200	255	−43～43	150	400
560	0.5～10	200	255	−43～43	200	400

表 7-5-226　蜗杆架升降对上、下顶尖连线的平行度

检验长度/mm	平行度/μm			
	正侧母线(纵向)		旁侧母线(横向)	
	不可测螺旋线	可测螺旋线	不可测螺旋线	可测螺旋线
100	20	4	20	2.0
160	25	5	25	2.5
200	27	6	25	2.8

表 7-5-227　切向综合偏差精度

分度圆直径 d	法向模数 m_n	齿轮轴系转位误差	示值误差	示值变动量
mm		μm		
$5 \leqslant d \leqslant 125$	$0.2 \leqslant m_n \leqslant 3.5$	1.5	±2.8	1.6
	$3.5 < m_n \leqslant 6.3$	2.0	±3.3	1.8
$125 < d \leqslant 450$	$0.2 \leqslant m_n \leqslant 3.5$	2.0	±3.5	1.8
	$3.5 < m_n \leqslant 10$	3.0	±4.5	2.0
$450 < d \leqslant 560$	$3.5 < m_n \leqslant 6.3$	3.3	±4.8	2.3
	$6.3 < m_n \leqslant 10$	4.8	±6.3	3.5

表 7-5-228　齿廓偏差精度

分度圆直径 d	法向模数 m_n	蜗杆轴系转位误差	示值误差	示值变动量
mm		μm		
$5 \leqslant d \leqslant 125$	$0.2 \leqslant m_n \leqslant 3.5$	1.0	±2.5	1.2
	$3.5 < m_n \leqslant 6.3$	2.0	±3.0	1.4
$125 < d \leqslant 450$	$0.2 \leqslant m_n \leqslant 3.5$	2.0	±3.0	1.4
	$3.5 < m_n \leqslant 10$	2.5	±3.5	1.6
$450 < d \leqslant 560$	$1.75 < m_n \leqslant 4.5$	3.0	±3.5	1.8
	$4.5 < m_n \leqslant 10$	3.5	±4.0	2.0

表 7-5-229　齿距偏差精度

分度圆直径 d/mm	示值误差	示值变动量	分度圆直径 d/mm	示值误差	示值变动量
	μm			μm	
$5 \leqslant d \leqslant 50$	±2.0	1.0	$280 < d \leqslant 450$	±4.5	2.0
$50 < d \leqslant 125$	±2.5	1.2	$450 < d \leqslant 560$	±5.3	2.5
$125 < d \leqslant 280$	±3.5	1.6			

表 7-5-230 螺旋线偏差精度

齿宽 b/mm	示值误差/μm			示值变动量/μm		
	顶圆直径/mm			顶圆直径/mm		
	150	320	450	150	320	450
$5 \leqslant b \leqslant 40$	±1.8	±2.0	±2.0	0.8	0.8	1.0
$40 < b \leqslant 100$	±2.5	±2.8	±3.0	1.1	1.2	1.4
$100 < b \leqslant 200$	±3.0	±3.2	±3.5	1.4	1.4	1.6

表 7-5-231 整体误差测量仪的检验项目、检验方法和检验工具

序号	检验项目	检验方法	检验工具
1	外观	目测	
2	相互作用	手感	
3	纵向标尺的定位偏差	在蜗杆顶尖间和上下顶尖间，分别装上精密芯轴并使两精密芯轴接触，取纵向标尺的读数值与两精密芯轴实际半径值之和的差值作为零位，然后在两芯轴中夹持不同尺寸的量块进行检验	精密芯轴；5等量块
4	蜗杆架升降对上、下顶尖连线的平行度	将装有指示表的磁力表架固定在横梁上，精密芯轴安装于上下顶尖间，使指示表测头分别按仪器纵横两个方向与精密芯轴的母线接触并使在沿其母线移动时，取指示表读数值的最大值与最小值之差 该检验方法应在右立柱位于40mm、80mm、120mm三个位置上进行	分辨力不低于0.001mm的指示表类测量器具；磁力表架；长度分别为100mm、250mm精密芯轴(其母线直线度不大于0.003mm，对可测量螺旋线偏差的整体误差测量仪，芯轴母线直线度不大于0.001mm)
5	圆标尺的零位偏差及定位偏差	将圆标尺调动零位，精密芯轴顶于蜗杆顶尖间，将装有指示表的万能表架置于与导轨平面的平面上，以横向导轨为基准，测量精密芯轴两端高度差；再将圆标尺调到20°±5°和40°±5°的位置，测量精密芯轴两端高度差 量值转换：$\delta = \Delta hL/200$ 式中 δ——对应圆标尺的量值 Δh——实检高差，μm L——测量芯轴长度，mm	精密芯轴(不同截面内的直径相差不大于0.005mm)、分辨力不低于0.001mm的指示表类测量器具、万能表架
6	蜗杆尾顶尖锥面对蜗杆轴线的斜向圆跳动	将精密芯轴顶于上下顶尖间，装有指标表的专用表架固定在回转的下顶尖下，使指示表测头与蜗杆尾顶尖锥面接触，转动专用表架一周，取指示表读数值的最大值与最小值之差	分辨力不低于0.002mm的指示表类测量器具、专用表架
7	上、下顶尖轴线的同轴度误差	将精密芯轴顶于上下顶尖间，装有指示表的专用表架固定在回转的下顶尖上，使指示表测头与靠近上顶尖的精密芯轴外圆接触，专用表架与芯轴同步转动一周，取指示表读数值的最大与最小之差	分辨力不低于0.002mm的指示表类测量器具、专用表架、精密芯轴(长度分别为100mm、200mm，径向跳动不大于0.003mm)
8	下顶尖锥面的斜向圆跳动	将装有指示表的磁力表架固定在导轨上，使指示表的测头与下顶尖锥面接触，并使齿轮轴系连续转动一周，取指示表读数值的最大值与最小值之差	分辨力不低于0.5μm的指示表类检测器具；磁力表架

续表

序号	检验项目	检验方法	检验工具
9	蜗杆轴系的转位误差	将测量蜗杆和被测量齿轮进行单面啮合测量，在测完一条曲线停机后，测量蜗杆相对蜗杆光栅传感器转位90°再测量下一次误差曲线，相继测4次，取其测量曲线中最大值与最小值之差的1/2	不低于5级精度的直齿圆柱测量齿轮；测量蜗杆
10	齿轮轴系的转位误差	使测量蜗杆和被测齿轮单面啮合，测量并分检出切向综合偏差曲线。停机后，使齿轮光栅传感器相对于测量齿轮每45°转位一次，分检出8条切向综合偏差，取其测量曲线中最大值与最小值之差的1/2	不低于5级精度的直齿圆柱测量齿轮；测量蜗杆
11	示值误差	用测量头对已检定齿轮做比较测量，取齿距累积偏差、齿廓偏差、切向综合偏差及螺旋线偏差的测得值与实际值之差	不低于5级精度的圆柱齿轮（其检定不确定度不大于0.001mm）；测量蜗杆（模数 m_n 在0.5～3.5mm内，其啮合线误差不大于0.002mm；模数 m_n 在3.5～6.3mm内，其啮合线误差不大于0.0028mm；模数 m_n 在6.3～10mm内，其啮合线误差不大于0.0035mm）
12	示值变动量	测量齿轮和测量蜗杆在同一次安装下，连续测量，画出5条误差曲线，分别取切向综合偏差、齿距偏差、齿廓偏差及螺旋线偏差的最大差异值	不低于5级精度的直齿圆柱测量齿轮；测量蜗杆
13	外电源电压变化	用调压器调外电压，分别在198V、220V、242V时测得定标曲线（或误差），取其最大变化量	调压器；220V交流电源
14	稳定度	仪器连续开机4h，被测齿轮和测量蜗杆在同一次安装下，每0.5h测量一次切向综合偏差曲线，取其最大差异值	不低于5级精度的直齿圆柱测量齿轮；测量蜗杆

表 7-5-232 测高仪的测量范围和测量力变化

分辨力/μm	测量范围/mm	测量力范围/N	测量力变化/N	正面垂直度误差/μm	最大允许误差/μm	重复性/μm	
						平面	曲面
0.1	≤400	0.5～1.8	0.2	6	±(2+L/300)	1.0	1.5
0.2	≤600			8			
0.5	≤1000			10			
1	≤400	0.5～2.1	0.5	10	±(5+L/300)	2.0	3.0
	≤600			15			
	≤1000			25			
	≤700			25	±8	3.0	5.0

电子数显测高仪推荐检测点如表7-5-233所示。

5.8.18 条式和框式水平仪

条式和框式水平仪的基本参数和尺寸如表7-5-234所示。

水平仪工作面的平面度如表7-5-235所示。

水平仪上工作面、侧平工作面及侧V形工作面的零位误差如表7-5-236所示。

5.8.19 电子水平仪

电子水平仪底座工作面尺寸如表7-5-237所示。

表 7-5-233　电子数显测高仪推荐检测点　　mm

测量范围	推荐检测点(量块尺寸)
≤400	1.02、1.04、1.06、1.08、1.1、1.3、1.5、1.7、1.9、20、60、100、200、300、350、400
≤600	1.02、1.04、1.06、1.08、1.1、1.3、1.5、1.7、1.9、20、60、100、200、300、400、500、600
≤1000	1.02、1.04、1.06、1.08、1.1、1.3、1.5、1.7、1.9、20、60、100、200、300、400、500、600、700、800、900、1000

表 7-5-234　条式和框式水平仪的基本参数和尺寸

规格/mm	分度值/(mm/m)	工作面长度 L	工作面宽度 ω	V形工作面夹角 α
		mm		
100	0.02;0.05;0.10	100	≥30	120°～140°
150		150	≥35	
200		200		
250		250	≥40	
300		300		

表 7-5-235　水平仪工作面的平面度

分度值/(mm/m)	工作面的平面度/mm	分度值/(mm/m)	工作面的平面度/mm
0.02	0.003	0.05、0.10	0.005

注：水平仪工作面的中间部位只允许凹。

表 7-5-236　水平仪上工作面、侧平工作面及侧 V 形工作面的零位误差

分度值/(mm/m)	零位误差/格	分度值/(mm/m)	零位误差/格
0.02	1/2	0.05、0.10	1/4

表 7-5-237　电子水平仪底座工作面尺寸

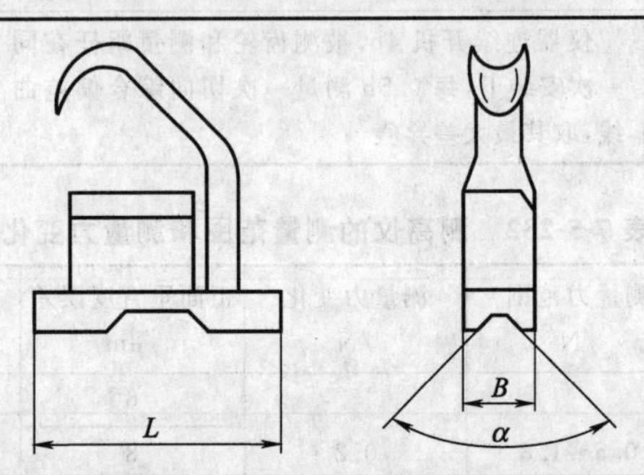

底座工作面长度 L	底座工作面宽度 B	底座 V 形工作面角度 α	底座工作面长度 L	底座工作面宽度 B	底座 V 形工作面角度 α
mm			mm		
100	25～35	120°～150°	250	35～50	120°～150°
150	35～50		300		
200					

电子水平仪的最大允许误差如表 7-5-238 所示。

电子水平仪的读数稳定时间如表 7-5-239 所示。

5.8.20　直角尺检查仪

直角尺检查仪的基本参数如表 7-5-240 所示。

直角尺检查仪工作台面选用的材料及其对应的表面粗糙度和硬度如表 7-5-241 所示。

5.8.21　圆度仪

圆度仪仪器误差与温度变化的关系如表 7-5-242 所示。

圆度仪的技术要求如表 7-5-243 所示。

多功能型圆度仪传感器垂直于工作台升降运动的直线度公差如表 7-5-244 所示。

表 7-5-238　电子水平仪的最大允许误差

项目名称	最大允许误差①	项目名称	最大允许误差①
指针式电子水平仪	±1个分度值	扩展量程装置	±(A×1%)
数字显示式电子水平仪	±(1+|A|×2%)		

① 数字显示式电子水平仪不包括量化误差，其量化误差允许1个分辨力。

注：A是指受检点的标称值。

表 7-5-239　电子水平仪的读数稳定时间

项目名称	指针式电子水平仪	数字显示式电子水平仪		
		分辨力/(mm/m)		
		≥0.005		<0.005
回程误差	1个分度值	1个分辨力		2个分辨力
鉴别力阈	1/5个分度值	1个分辨力		1个分辨力
稳定度	1个分度值	4个分辨力/4h;1个分辨力/h		6个分辨力/4h;3个分辨力/h
重复性	1/5个分度值	±1个分辨力		±1个分辨力
各量程零位一致性	1/2个分度值	±1个分辨力		±1个分辨力
读数稳定时间		>0.005	0.005	<0.005
		3s	5s	10s

注：1. h为小时的单位符号。
2. s为秒的单位符号。

表 7-5-240　直角尺检查仪的基本参数　mm

检查仪的型式	测量范围	夹持比较仪的孔径	比较仪的分度值	比较仪的示值范围
Ⅰ型	0～400	ϕ8H7 或 ϕ28H7	≤0.001	±0.05
Ⅱ型	0～500			
Ⅲ型	0～500			

注：Ⅰ型检查仪采用固定式测量的测量方法；Ⅱ型和Ⅲ型检查仪采用连续式测量的测量方法。

表 7-5-241　直角尺检查仪工作台面选用的材料及其对应的表面粗糙度和硬度

材料名称	表面粗糙度 Ra 值/μm	工作面硬度	材料名称	表面粗糙度 Ra 值/μm	工作面硬度
合金工具钢	≤0.10	≥713HV	花岗岩石	≤0.63	≥70HS
优质灰铸铁	≤0.80	≥180HB			

注：允许选用优于表中性能的材料。

表 7-5-242　圆度仪仪器误差与温度变化的关系

仪器误差类别	A	B	C
每小时温度变化量/℃	0.5	1	1.5

注：仪器安放在温度为20℃±5℃、相对湿度小于65%的室内。

表 7-5-243　圆度仪的技术要求

仪器误差类别	A	B	C
测量系统示值误差	±(满量程的1%+测得值的3%)	±(满量程的1.25%+测得值的3.5%)	±(满量程的1.25%+测得值的4.5%)
测量系统线性误差	满量程的2%	满量程的2.5%	满量程的2.5%
测量系统的灵敏阈	0.02	0.03	0.04
测量系统回程误差	0.03	0.04	0.05
仪器径向误差	0.05	0.10	0.20

注：工作台旋转式圆度仪的仪器径向误差还应增加与被测截面离工作台高度有关的部分。

表7-5-244　多功能型圆度仪传感器垂直于工作台升降运动的直线度公差　　μm

序号	1	2	3	4	5
直线度公差	0.1	0.2	0.3	0.5	1

5.8.22　凸轮轴测量仪

1）凸轮轴测量仪的外观要求如下。

① 凸轮轴测量仪各工作面上不应有锈蚀、碰伤及显著划痕等缺陷。

② 非工作表面不应有镀层脱落、斑点、颜色不均等影响外观质量的其他缺陷。

③ 外露表面不应有毛刺、锐边等，接合处应整齐，无粗糙不平现象。

④ 外表面涂层与镀层应均匀、牢固，不应有剥落、生锈等缺陷。

2）凸轮轴测量仪的技术要求主要有以下几个方面。

① 凸轮轴测量仪的主轴顶尖全跳动不应大于2μm。

② 凸轮轴测量仪的上下顶尖同轴度在轴向测量范围内不应大于10μm。

③ 凸轮轴测量仪的径向测量导轨与垂直测量立柱垂直度不应大于10μm。

④ 凸轮轴测量仪的径向测量滑板运动直线度在垂直面内和水平面内均不应大于2μm。

⑤ 凸轮轴测量仪的垂直立柱与上下顶尖连线平行度在正面（y-O-z 坐标面内）不应大于10μm、侧面（x-O-z 坐标面内）不应大于8μm。

⑥ 凸轮轴测量仪的逐点升程示值最大允许误差为±5μm。

⑦ 凸轮测量仪的相邻凸轮相位差示值最大允许误差为±5′。

⑧ 凸轮轴测量仪的逐点升程示值重复性不应大于3μm。

⑨ 凸轮轴测量仪的最大升程相位角示值重复性不应大于3′。

3）凸轮轴测量仪的检验项目、方法和工具如表7-5-245所示。

表7-5-245　凸轮轴测量仪的检验项目、方法和工具

序号	检验项目	检验方法	检验工具
1	主轴顶尖全跳动	把磁力表架吸附在仪器主机座上，千分表打在主轴顶尖上，控制主轴旋转一周，千分表示值最大变动量即是检验值	0.001mm千分表和磁力表架
2	上下顶尖同轴度	把校验芯棒置于上下顶尖之间，把磁力表架吸附在校验芯棒下端，千分表打在上顶尖上，控制主轴旋转一周，千分表示值最大变动量即是检验值。至少在两个不同长度检验芯棒进行检验	0.001mm千分表、校验芯棒和磁力表架
3	径向测量滑板运动直线度	把自准直仪放在主机座上，反射镜置于径向测量导轨滑板上，控制径向导轨移动60mm，分别在垂直面内和水平面内记录自准直仪的测量值，即是检验值	自准直仪
4	测量立柱与上下顶尖连线平行度	把校验芯棒置于上下顶尖之间，磁力表架吸附在测量立柱导轨滑板上，千分表分别打在校验芯棒的正面和侧面上，控制测量立柱导轨滑板上下移动全程，千分表示值最大变动量即是检验值	0.001mm千分表、校验芯棒和磁力表架
5	径向测量滑板与测量立柱垂直度	把磁力表架吸附在测量立柱导轨滑板上，千分表打在标准方铁垂直面，校正方铁；再把磁力表架吸附在径向测量导轨滑板上，控制径向导轨移动60mm，千分表示值最大变动量即是检验值	0.001mm千分表、磁力表架和标准方铁
6	逐点升程示值重复性	在同一截面上重复测量标准凸轮轴同一凸轮五次，在360°范围内分别取每1°、五次测量的升程值的变动量，取其中最大变动量即是检验值（操作测量程序，仪器自动测量）	标准凸轮轴

续表

序号	检验项目	检验方法	检验工具
7	最大升程点相位角度示值重复性	在同一截面上重复测量标准凸轮轴同一凸轮五次，五次测量中最大升程点对应的相位角度的最大变动量即是检验值（操作测量程序，仪器自动测量）	标准凸轮轴
8	逐点升程示值最大允许误差	测量标准凸轮轴，每10°测量出1点的升程值，共测量出36点的升程值，与标准凸轮升程表逐点比较，取最大偏差即是检验值（操作测量程序，仪器自动测量）	标准凸轮轴
9	相邻凸轮相位差示值最大允许误差	测量标准凸轮轴的两个相邻凸轮，测量出每一凸轮最大升程点对应的相位角度值，这两个角度的差值与标准凸轮轴两个凸轮相位夹角实际值比较，取最大偏差即是检验值（操作测量程序，仪器自动测量）	标准凸轮轴

5.8.23 刀具预调测量仪

刀具预调测量仪（简称“刀调仪”）的基本参数及数值如表7-5-246所示。

不同示值误差等级的刀调仪径向和轴向坐标示值误差的推荐值如表7-5-247所示。

刀调仪主轴锥孔及校验棒锥柄的锥角偏差和形状误差如表7-5-248所示。

刀调仪瞄准装置沿径向运动与主轴的垂直度误差如表7-5-249所示。

刀调仪径向、轴向重复性如表7-5-250所示。

表7-5-246 刀具预调测量仪的基本参数及数值

基本参数	单位	数值	基本参数	单位	数值
径向测量范围的下限值①	mm	≤0	轴向测量范围的下限值②	mm	≤40

① 径向测量值为“0”时，其瞄准装置的瞄准轴线通过主轴回转中心。

② 轴向测量值为“0”时，其瞄准装置的瞄准轴线通过主轴孔大端直径截面。

表7-5-247 不同示值误差等级的刀调仪其径向和轴向坐标示值误差的推荐值

刀调仪的示值误差等级	径向坐标的示值误差	轴向坐标的示值误差
	μm	
精密级	$5+R_x/25$	$10+L_y/25$
普通级	$15+R_x/15$	$30+L_y/15$
简易级	$30+R_x/10$	$60+L_y/10$

注：1. R_x 为刀调仪径向测量的坐标位置，L_y 为刀调仪轴向测量的坐标位置。

2. 检验示值误差时，径向和轴向测量滑架在任意位置上都应符合本表的要求。

3. R_x 和 L_y 的取值单位为mm。

表7-5-248 刀调仪主轴锥孔及校验棒锥柄的锥角偏差和形状误差

刀调仪的示值误差等级	锥角偏差	形状误差
精密级	±AT3/2	AT3(AT_D值)/3
普通级	±AT4/2	AT4(AT_D值)/3
简易级	±AT4/2	AT4(AT_D值)/3

注：AT3、AT4和AT_D见GB/T 11334—2005。

表 7-5-249　刀调仪瞄准装置沿径向运动与主轴的垂直度误差

刀调仪的示值误差等级	轴向窜动误差	径向圆跳动误差	轴向运动与主轴的平行度误差	径向运动与主轴的垂直度误差
	μm			
精密级	3	$1.5+L_y/80$	$L_c/40$	任意150mm行程不大于5μm
普通级	5	$3+L_y/40$	$L_c/20$	任意150mm行程不大于10μm
简易级	10	$6+L_y/20$	$L_c/10$	任意150mm行程不大于20μm

注：1. L_y 为刀调仪轴向测量的坐标位置。当轴向量程≤500mm时，主轴径向圆跳动允许在 $L_y=300$mm处检验；当轴向量程>500mm时，主轴径向圆跳动允许在 $L_y=400$mm处检验；当轴向量程>800mm时，主轴径向圆跳动允许在 $L_y=600$mm处检验。

2. L_c 为刀调仪轴向运动与主轴平行度的检验长度，其选用长度参考本栏“注1”中 L_y 的相应数值。

3. L_c 和 L_y 的取值单位均为mm。

表 7-5-250　刀调仪径向、轴向重复性

刀调仪的示值误差等级	径向的重复性	轴向的重复性	刀调仪的示值误差等级	径向的重复性	轴向的重复性
	μm			μm	
精密级	3	5	简易级	12	20
普通级	6	10			

5.9　测量表

5.9.1　指示表

指示表刻线宽度如表 7-5-251 所示。

表 7-5-251　指示表刻线宽度　mm

分度值	刻线宽度
0.01	0.15～0.25
0.002	0.10～0.20
0.001	

指示表表面粗糙度如表 7-5-252 所示。

表 7-5-252　指示表表面粗糙度　μm

测头材料	钢	硬质合金
测头测量面的表面粗糙度	$Ra0.1$	$Ra0.2$

指针式指示表的行程如表 7-5-253 所示。

表 7-5-253　指针式指示表的行程　mm

分度值	测量范围	超过量不小于
0.01	$S\leqslant3$	0.3
	$3<S\leqslant10$	0.5
0.002	$S\leqslant10$	0.05
0.001	$S\leqslant5$	0.05

指示表的测量力如表 7-5-254 所示。

指示表的重复性和测杆径向受力对示值的影响如表 7-5-255 所示。

指针式指示表的最大允许误差和回程误差如表 7-5-256 所示。

数显式指示表的最大允许误差和回程误差如表 7-5-257 所示。

指示表的检定项目和主要检定器具如表 7-5-258 所示。

表 7-5-254　指示表的测量力

类别/mm		测量范围上限 S/min	最大测量力/N	测量力变化/N	测量力落差/N
分度值	0.01	$S\leqslant10$	1.5	0.5	0.5
	0.002	$S\leqslant10$	2.0	0.6	0.6
	0.001	$S\leqslant5$	2.0	0.5	0.6
分辨力	0.01	$S\leqslant10$	1.5	0.7	0.6
	0.005	$S\leqslant10$	1.5	0.7	0.6
	0.001	$S\leqslant1$	1.5	0.4	0.4
		$1<S\leqslant3$	1.5	0.5	0.4
		$3<S\leqslant10$	1.5	0.5	0.5

表 7-5-255　指示表的重复性和测杆径向受力对示值的影响　mm

类别		测量范围上限 S	重复性	测杆径向受力对示值的影响
分度值	0.01	$S \leqslant 10$	0.003	0.005
	0.002	$S \leqslant 10$	0.0005	0.001
	0.001	$S \leqslant 5$	0.0005	0.005
分辨力	0.01	$S \leqslant 10$	0.01	0.02
	0.005	$S \leqslant 10$	0.005	0.010
	0.001	$S \leqslant 1$	0.001	0.002
		$1 < S \leqslant 10$	0.002	

表 7-5-256　指针式指示表的最大允许误差和回程误差　mm

分度值	测量范围上限 S	最大允许误差					回程误差
		任意 0.05mm	任意 0.1mm	任意 0.2mm	任意 1mm	全量程	
0.01	$S \leqslant 3$	—	0.005	—	0.010	0.014	0.003
	$3 < S \leqslant 5$	—	0.005	—	0.010	0.016	0.003
	$5 < S \leqslant 10$	—	0.005	—	0.010	0.020	0.003
0.002	$S \leqslant 5$	0.003		0.004	—	0.007	0.002
	$1 < S \leqslant 3$	0.003	—	0.004	—	0.009	0.002
	$3 < S \leqslant 5$	0.003	—	0.005	—	0.011	0.002
	$5 < S \leqslant 10$	0.003	—	0.005	—	0.012	0.002
0.001	$S \leqslant 1$	0.002	—	0.003	—	0.005	0.002
	$1 < S \leqslant 2$	0.0025	—	0.003	—	0.006	0.002
	$2 < S \leqslant 3$	0.0025	—	0.0035	—	0.008	0.0025
	$3 < S \leqslant 5$	0.0025	—	0.0035	—	0.009	0.0025

注：1. 任意 0.2mm 段最大示值误差指 0～0.2mm、0.2～0.4mm、…、9.8～10mm 等一系列 0.2mm 测量段。
2. 任意 1mm 段最大示值误差指 0～1mm、1～2mm、…、9～10mm 等一系列 1mm 测量段。

表 7-5-257　数显式指示表的最大允许误差和回程误差　mm

分辨力	测量范围上限 S	最大允许误差			回程误差
		任意 0.02mm	任意 0.2mm	全量程	
0.01	$S \leqslant 10$	—	0.01	0.02	0.01
0.005	$S \leqslant 10$	—	0.010	0.015	0.005
0.001	$S \leqslant 1$	0.002	—	0.003	0.001
	$1 < S \leqslant 3$	0.002	0.003	0.005	0.002
	$3 < S \leqslant 10$	0.002	0.003	0.007	0.002

注：1. 任意 0.2mm 段最大示值误差指 0～0.2mm、0.2～0.4mm、…、9.8～10mm 等一系列 0.2mm 测量段。

表 7-5-258　指示表的检定项目和主要检定器具

序号	检定项目	主要检定器具	首次检定	后续检定	使用中检定
1	外观	—	+	+	+
2	各部分相互作用	—	+	+	+
3	指针与刻度盘的相互位置	工具显微镜	+	—	—
4	指针末端宽度和刻线宽度		+	—	—
5	轴套直径	外径千分尺	+	—	—
6	测头测量面的表面粗糙度	表面粗糙度比较样块 MPE：+12%～+17%	+	—	—

第 7 篇

续表

序号	检定项目	主要检定器具	首次检定	后续检定	使用中检定
7	指示表的行程	—	+	+	+
8	测量力	量具测力仪 MPE:±12%	+	—	—
9	重复值	刚性表架、平面工作台	+	+	—
10	测杆径向受力对示值影响	半圆柱测块,刚性表架和带筋工作台	+	+	—
11	示值误差	数显式指示表检定仪	+	+	—
12	回程误差	千分表检定仪	+	+	—
13	示值漂移	MPE:1.5mm/2mm	+	+	+

注：表中“+”表示应检定，“—”表示不检定。

指针式指示表检定间隔如表7-5-259所示。

数显式指示表检定间隔如表7-5-260所示。

指示表分度值为0.01mm（L=10mm）的不确定度如表7-5-261所示。

指示表分度值为0.001mm（L=1mm）的不确定度如表7-5-262所示。

指示表指针尖端处的标尺间距如表7-5-263所示。

指示表的误差及测量力如表7-5-264所示。

对检验指示表的测量器具的要求如表7-5-265所示。

5.9.2 内径指示表

内径指示表基本参数如表7-5-266所示。

内径指示表的允许误差、相邻误差、定中心误差和重复性误差不应大于表7-5-267的规定。

表7-5-259 指针式指示表检定间隔 mm

分度值	工作行程	检定间隔 t	
		首次检定	后续检定
0.01	0～10	0.1	0.2
0.002	0～10	0.05	0.2
0.001	0～1	0.05	0.05
	1～5		0.1

注：修理后的指示表按首次检定。

表7-5-260 数显式指示表检定间隔 mm

分度值	工作行程	检定间隔 t	
		首次检定	后续检定
0.01	0～10	0.2	0.2
0.005	0～10	0.2	0.2
0.001	0～1	0.02	0.02
	1～3	0.05	0.05
	3～10	0.5	0.5

注：修理后的指示表按首次检定（JJG 34—2008）。

表7-5-261 指示表分度值为0.01mm（L=10mm）的不确定度

标准不确定度 $u(x_i)$	不确定度来源	标准不确定度值 $u(x_i)$	$c_i=\frac{\partial e}{\partial x_i}$	$\lvert c_i\rvert\times u(x_i)/\mu m$
u_1	测量重复性	1.1μm	1	1.1
u_2	检测仪的示值误差	1.7μm	−1	1.7

续表

标准不确定度 $u(x_i)$	不确定度来源	标准不确定度值 $u(x_i)$	$c_i=\frac{\partial e}{\partial x_i}$	$\lvert c_i\rvert \times u(x_i)/\mu m$
u_3	线胀系数	1.15×10^{-6}℃$^{-1}$	$10^5\mu m\cdot$℃	0.12
u_4	指示表和检定仪的温度差	0.58℃	$0.115\mu m\cdot$℃$^{-1}$	0.067
$u_c=2.0\mu m$				

表 7-5-262　指示表分度值为 0.001mm（L=1mm）的不确定度

标准不确定度 $u(x_i)$	不确定度来源	标准不确定度值 $u(x_i)$	$c_i=\frac{\partial e}{\partial x_i}$	$\lvert c_i\rvert \times u(x_i)/\mu m$
u_1	测量重复性	$0.1\mu m$	1	0.1
u_2	检测仪的示值误差	$0.58\mu m$	−1	0.58
u_3	线胀系数	1.15×10^{-6}℃$^{-1}$	$10^4\mu m\cdot$℃	0.012
u_4	指示表和检定仪的温度差	0.58℃	$0.0115\mu m\cdot$℃$^{-1}$	0.0067
$u_c=0.59\mu m$				

表 7-5-263　指示表指针尖端处的标尺间距（GB/T 1219—2008）　mm

分度值	标尺间距	标尺标记宽度
0.01、0.10	≥0.8	0.15～0.25
0.002	≥0.8	0.1～0.2
0.001	≥0.7	

表 7-5-264　指示表的误差及测量力（GB/T 1219—2008）

分度值	量程 S	最大允许误差							回程误差	重复性	测量力	测量力变化	测量力落差
		任意0.05mm	任意0.1mm	任意0.2mm	任意0.5mm	任意1mm	任意2mm	全量程					
mm		μm									N		
0.10	$S\leqslant10$					±25	—	±40	20	10	0.4～2.0	—	1.0
	$10<S\leqslant20$	—	—	—	—	±25	—	±50	20	10	2.0	—	1.0
	$20<S\leqslant30$	—	—	—	—	±25	—	±60	20	10	2.2	—	1.0
	$30<S\leqslant50$	—	—	—	—	±25	—	±80	25	20	2.5	—	1.5
	$50<S\leqslant100$	—	—	—	—	±25	—	±100	30	25	3.2	—	2.2
0.01	$S\leqslant3$	—	±5	—	±8	±10	±12	±14	3	3	0.4～1.5	0.5	0.5
	$3<S\leqslant5$	—	±5	—	±8	±10	±12	±16	3	3	0.4～1.5	0.5	0.5
	$5<S\leqslant10$	—	±5	—	±8	±10	±12	±20	3	3	0.4～1.5	0.5	0.5
	$10<S\leqslant20$	—	—	—	—	±15	—	±25	5	4	2.0	—	1.0
	$20<S\leqslant30$	—	—	—	—	±15	—	±35	7	5	2.2	—	1.0
	$30<S\leqslant50$	—	—	—	—	±15	—	±40	8	5	2.5	—	1.5
	$50<S\leqslant100$	—	—	—	—	±15	—	±50	9	5	3.2	—	2.2
0.001	$S\leqslant1$	±2	—	±3	—	—	—	±5	2	0.3	0.4～2.0	0.5	0.6
	$1<S\leqslant3$	±2.5	—	±3.5	—	±5	±6	±8	2.5	0.5	0.4～2.0	0.5	0.6
	$3<S\leqslant5$	±2.5	—	±3.5	—	±5	±6	±9	2.5	0.5	0.4～2.0	0.5	0.6

续表

分度值	量程 S	最大允许误差							回程误差	重复性	测量力	测量力变化	测量力落差
		任意0.05mm	任意0.1mm	任意0.2mm	任意0.5mm	任意1mm	任意2mm	全量程					
mm		μm									N		
0.002	$S \leqslant 1$	±3	—	±4	—	—	—	±7	2	0.5	0.4～2.0	0.6	0.6
	$1 < S \leqslant 3$	±3	—	±5	—	—	—	±9	2	0.5	0.4～2.0	0.6	0.6
	$3 < S \leqslant 5$	±3	—	±5	—	—	—	±11	2	0.5	0.4～2.0	0.6	0.6
	$5 < S \leqslant 10$	±3	—	±5	—	—	—	±12	2	0.5	0.4～2.0	0.6	0.6

注：1. 表中数值均为按标准温度在20℃给出。

2. 指示表在测杆处于垂直向下或水平状态时的规定，不包括其他状态，如测杆向上。

3. 任意量程示值误差是指在示值误差曲线上，符合测量间隔的任何两点之间所包含的受检点的最大示值误差与最小示值误差之差应满足表中的规定。

4. 采用浮动零位原则判定示值误差时，示值误差的带宽不应超过最大允许误差允许值“±”后面所对应的规定值。

表 7-5-265 对检验指示表的测量器具的要求（GB/T 1219—2008）

指示表分度值	指示表测量范围	测量器具的最大允许误差	回程误差不应大于
mm		μm	
0.10	0～10	2.0	1.0
	0～30	3.0	1.5
	0～100	4.0	2.0
0.01	0～20	2.0	1.0
	0～100	3.5	1.5
0.001	0～1	1.0	0.5
	0～5	1.5	0.5
0.002	0～3	1.5	0.5
	0～10	2.0	1.0

注：指示表和检具平衡温度时间不应少于2h；检测时，指示表测杆处于垂直向下或水平状态。

表 7-5-266 内径指示表基本参数 mm

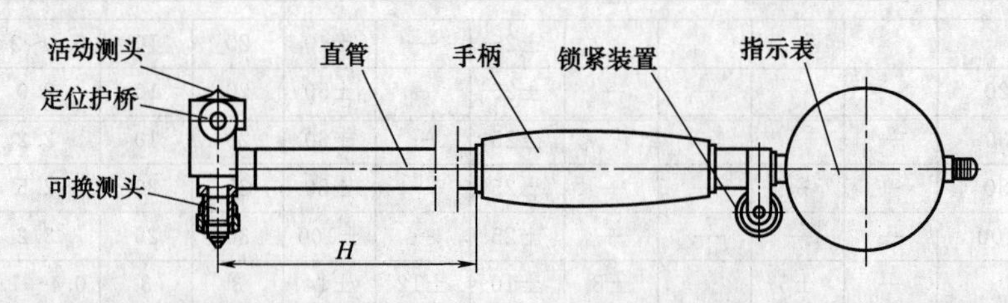

分度值	测量范围	活动测量头的工作行程	活动测量头的预压量	手柄下部长度 H
0.01	6～10	≥0.6	0.1	≥40
	10～18	≥0.8		
	18～35	≥1.0		
	35～50	≥1.2		
	50～100	≥1.6		
	100～160			
	160～250			
	250～450			

续表

分度值	测量范围	活动测量头的工作行程	活动测量头的预压量	手柄下部长度 H
0.001	6～10	≥0.6	0.1	≥40
	10～18	≥0.8	0.05	
	18～35			
	35～50			
	50～100			
	100～160			
	160～250			
	250～450			

表 7-5-267　内径指示表的允许误差、相邻误差、定中心误差和重复性误差

分度值	测量范围 l	最大允许误差	相邻误差	定中心误差	重复性误差
mm		μm			
0.01	6≤l≤10	±12	5	3	3
	10<l≤18				
	18<l≤50	±15			
	50<l≤450	±18	6		
0.001	6≤l≤10	±5	2	2	2
	10<l≤18				
	18<l≤50	±6	3		
	50<l≤450	±7		2.5	

注：1. 允许误差、相邻误差、定中心误差、重复性误差值为温度在20℃时的规定值。

2. 用浮动零位时，示值误差不应大于允许误差“±”符号后面对应的规定值。

内径指示表活动测量头的测量力、定位护桥的接触力不应大于表 7-5-268 的规定，在任何位置时，定位护桥的接触力应大于测量头的测量力。

表 7-5-268　内径指示表活动测量头的测量力、定位护桥的接触力

测量范围 l/mm	活动测量头的测量力/N	定位护桥的接触力/N
6≤l≤35	4	8
35<l≤100	5	10
100<l≤450	6	15

内径指示表在工作行程内的任意位置上进行检测。首先将内径指示表的测量头放进光滑环规（其参数如表 7-5-269 所示），然后在测量头轴线和直管轴线所在平面内往复摆动内径指示表，在光滑环规的轴向平面内找到最小读数（转折点），确定指示表的读数。在光滑环规的同一位置上重复进行 5 次，取其中最大读数值与最小读数值之差，即为内径指示表的重复性误差。

表 7-5-269　光滑环规的参数

环规的内径尺寸 D/mm	环规内径的圆柱度公差值/μm	环规测量面的粗糙度 Ra 值/μm
D≤50	2.0	0.10
50<D≤160	2.5	
160<D≤450	3.0	

5.9.3　深度指示表

深度指示表的基本参数参见表 7-5-270。

表 7-5-270　深度指示表的基本参数 mm

盘形基座尺寸	角形基座尺寸	基座上的安装孔径
ϕ16，ϕ25，ϕ40	63×12，80×15，100×16，160×20	ϕ8H8($^{+0.002}_{0}$)

基座一般采用碳钢、工具钢或不锈钢制造；基座测量面的硬度不应低于表 7-5-271 的规定。

表 7-5-271　基座测量面的硬度

基座材料	基座测量面的硬度
碳钢、工具钢	664HV(或 58HRC)
不锈钢	551HV(或 52.5HRC)

基座测量面的边缘应倒角，其平面度公差不应大于表 7-5-272 的规定。

深度指示表的允许误差不应大于表 7-5-273 的规定。

表 7-5-272　基座测量面的平面度公差

基座测量面的长度或直径尺寸	基座测量面的平面度公差[①]	
	分度值/分辨力	分度值/分辨力
	0.01，0.005	0.001
≤100	0.0025	0.0015
＞100	0.0030	0.0020

① 在距离基座测量面边缘 1mm 范围内的平面度不计。

深度指示表的重复性误差不应大于表 7-5-274 的规定。

表 7-5-273　深度指示表的允许误差　　mm

所配指示表的量程 S	允许误差				
	分度值/分辨力				
	0.01		0.001		0.005
	指针式深度指示表	电子数显深度指示表	指针式深度指示表	电子数显深度指示表	电子数显深度指示表
S≤1			±0.007	±0.004	
1＜S≤3			±0.009	±0.006	
3＜S≤10	±0.020	±0.020	±0.010	±0.008	±0.015
10＜S≤30	±0.030	±0.030	±0.015	±0.012	±0.020
30＜S≤50	±0.040	±0.040	—	—	±0.030
50＜S≤100	±0.050	±0.050			—

注：允许误差不包括可换测量杆的误差。

表 7-5-274　深度指示表的重复性误差　　mm

所配指示表的量程 S	重复性误差				
	分度值/分辨力				
	0.01		0.001		0.005
	指针式深度指示表	电子数显深度指示表	指针式深度指示表	电子数显深度指示表	电子数显深度指示表
S≤10	0.003	0.010	0.0005	0.002	0.005
10＜S≤30	0.005		0.003		
30＜S≤50			—	—	
50＜S≤100					—

注：重复性误差不包括可换测量杆的误差。

表 7-5-275　标准块的尺寸偏差和两测量面的规定平行度公差

标准块的标称尺寸 H 的范围/mm	尺寸偏差	两测量面的平行度公差	标准块的标称尺寸 H 的范围/mm	尺寸偏差	两测量面的平行度公差
	μm			μm	
H≤50	±2	2	150＜H≤200	±5	5
50＜H≤100	±3	3	200＜H≤300	±7	7
100＜H≤150	±4	4			

根据用户需要，深度指示表可附有校准零位的标准块，其数量和标称尺寸 H 应与所配可换测量杆相同。标准块的尺寸偏差和两测量面的规定平行度公差不应超过表 7-5-275 的规定。

用同一尺寸的每两块 3 级或五等量块为一组，平行地置于 1 级研磨平板上，并使深度指示表在 1 级研磨平板上校准零位（或清零）后，将基座测量面与量块工作面接触，测头测量面与平板接触；此时，深度指示表在各点的指示值（显示值）与相应量块尺寸之差即为该点的示值误差，取深度指示表各检定点示值误差中绝对值最大的为深度指示表的示值误差。

5.9.4 杠杆指示表

指针式杠杆指示表的最大允许误差、回程误差、重复性如表 7-5-276 所示。

电子数显杠杆指示表的最大允许误差、回程误差、重复性如表 7-5-277 所示。

5.9.5 厚度指示表

厚度指示表的型式见图 7-5-2～图 7-5-5，厚度指示表的测头测量面组合型式见图 7-5-6。

厚度指示表的测量范围及基本参数见表 7-5-278。

表 7-5-276 指针式杠杆指示表的最大允许误差、回程误差、重复性（GB/T 8123—2007） mm

分度值	量程	最大允许误差					回程误差	重复性
		任意 5 个标尺标记	任意 10 个标尺标记	任意 1/2 量程(单程)	单向量程	双向量程		
0.01	0.8	±0.004	±0.005	±0.008	±0.010	±0.013	0.003	0.003
	1.6			±0.010	±0.020	±0.023		
0.002	0.2	—	±0.002	±0.003	±0.004	±0.006	0.002	0.001
0.001	0.12	—	±0.002	±0.003	±0.003	±0.005		

注：1. 在量程内，任意状态下（任意方位、任意位置）杠杆指示表均应符合表中的规定。

2. 杠杆指示表的示值误差判定，适用浮动零位的原则（即：示值误差的带宽不应超过表中最大允许误差“±”符号后面对应的规定值）。

表 7-5-277 电子数显杠杆指示表的最大允许误差、回程误差、重复性（GB/T 8123—2007） mm

分度值	量程	最大允许误差					回程误差	重复性
		任意 5 个分辨力	任意 10 个分辨力	任意 1/2 量程(单向)	单向量程	双向量程		
0.01	0.5	±0.01	±0.01	—	±0.02	±0.03	0.01	0.01
0.001	0.4	—	±0.004	±0.006	±0.008	±0.010	0.002	0.001

注：1. 在量程内，任意状态下（任意方位、任意位置）的杠杆指示表均应符合表中的规定。

2. 杠杆指示表的示值误差判定，适用浮动零位的原则（即：示值误差的带宽不应超过表中最大允许误差“±”符号后面对应的规定值）。

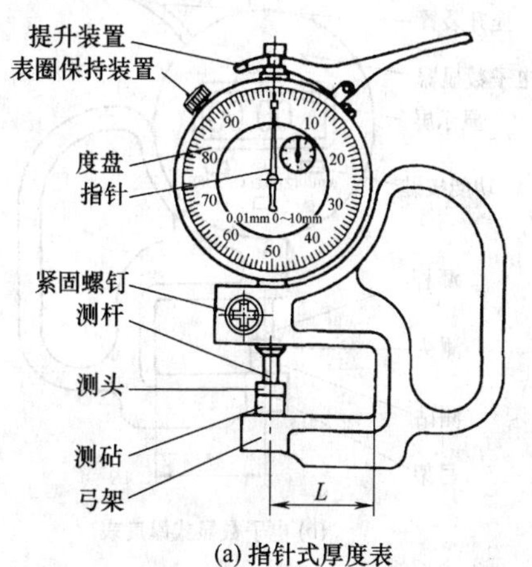

(a) 指针式厚度表

注:本型厚度指示表的指示表部分为可拆卸结构。

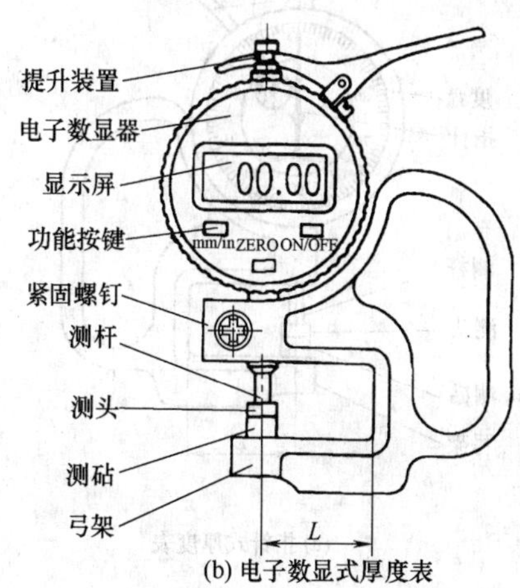

(b) 电子数显式厚度表

图 7-5-2 Ⅰ型厚度指示表

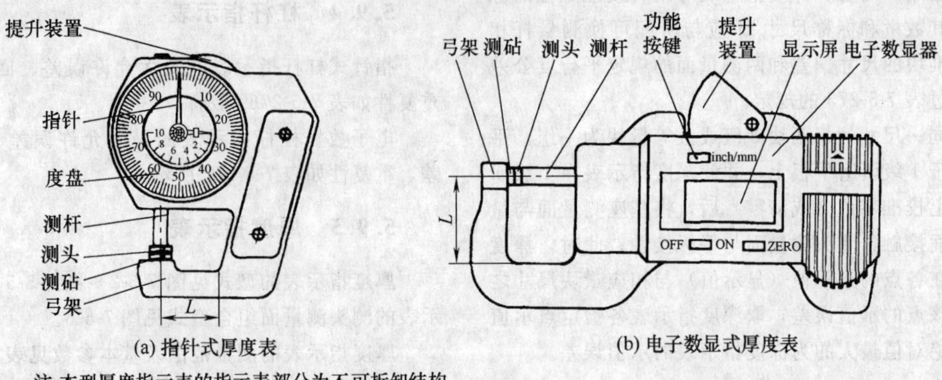

(a) 指针式厚度表　　(b) 电子数显式厚度表

注:本型厚度指示表的指示表部分为不可拆卸结构。

图 7-5-3　Ⅱ型厚度指示表

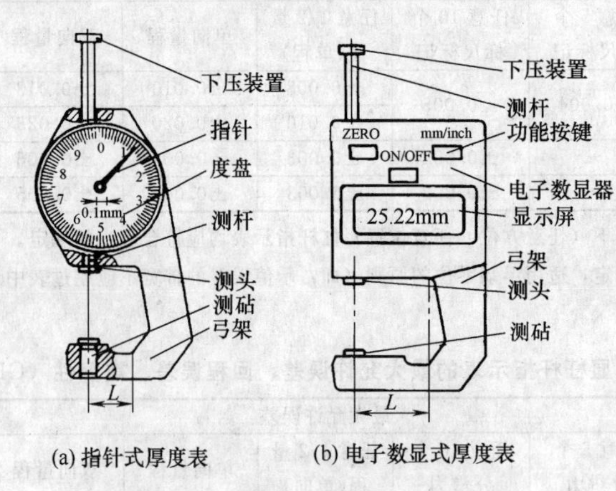

(a) 指针式厚度表　　(b) 电子数显式厚度表

注:1.本型厚度指示表的指示表部分为不可拆卸结构。
2.本型厚度指示表的测量力由下压装置产生。

图 7-5-4　Ⅲ型厚度指示表

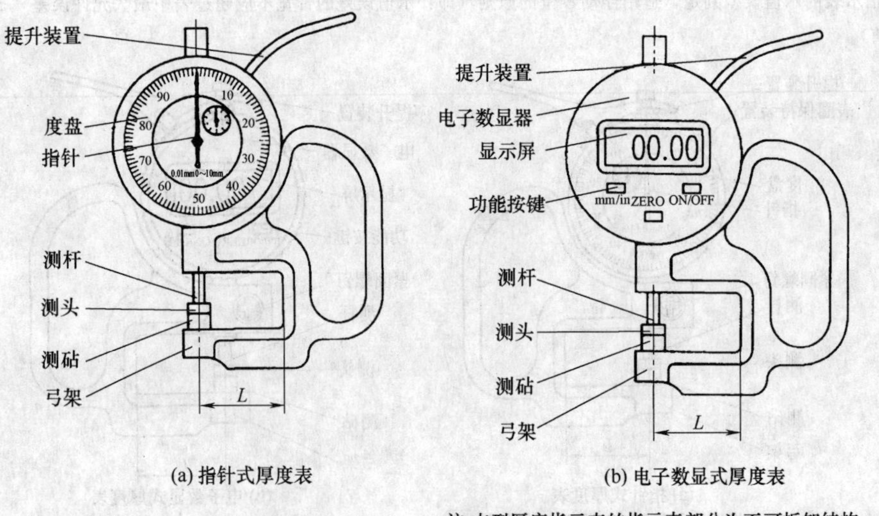

(a) 指针式厚度表　　(b) 电子数显式厚度表

注:本型厚度指示表的指示表部分为不可拆卸结构。

图 7-5-5　Ⅳ型厚度指示表

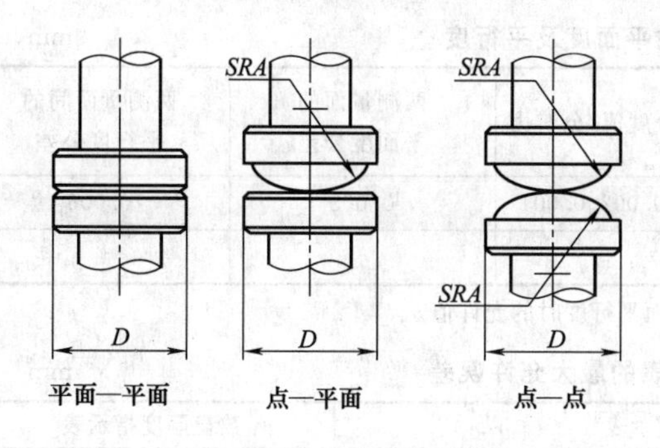

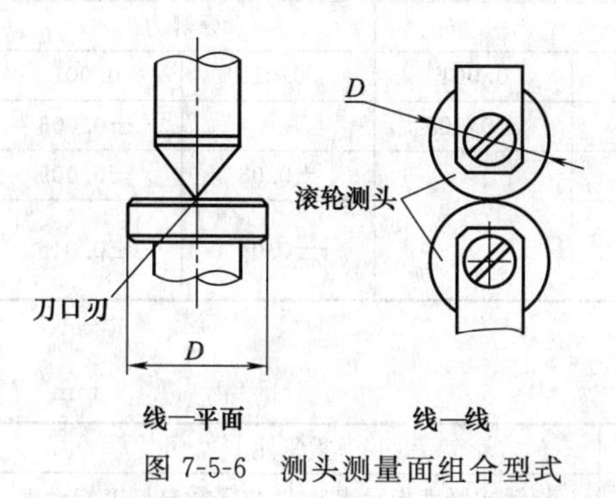

图 7-5-6　测头测量面组合型式

表 7-5-278　厚度指示表的测量范围及基本参数

mm

测量范围	基本参数		
	L	D	A
0～1	10,16,20,25,30,65,120,125,150	ϕ1,ϕ2,ϕ3,ϕ6,ϕ6.35,ϕ8.4,ϕ10,ϕ20,ϕ30	0,5,1,2,2.5,3.5,4,5,6
0～5			
0～10			
0～12.5			
0～20			
0～25			
0～30			

弓架应具有足够的刚性，当弓架沿测杆轴线方向作用 3N 力时，其弯曲变形量不应大于表 7-5-279 的规定。

表 7-5-279　弓架弯曲变形量

L/mm	弓架受 3N 力时的变形量/μm
＜30	3
≥30～120	5
≥120～150	8

测量面一般采用碳钢、工具钢、不锈钢或陶瓷材料制造，其硬度及表面粗糙度 Ra 应符合表 7-5-280 的规定。

表 7-5-280　测量材料硬度及表面粗糙度

测量面材料	测量面硬度	测量面表面粗糙度 Ra	
		分度值/分辨力：0.1mm	分度值/分辨力：0.01mm，0.002mm，0.001mm
碳钢、工具钢	664HV（或 58HRC）	0.4μm	0.2μm
不锈钢	551HV（或 52.5HRC）		
陶瓷	≥1000HV		

注：测量面的材料也可采用硬质合金或其他超硬材料。

当两测量面接触时，指针式厚度指示表的指针指向应与测杆轴线方向相同，且指向正上方 12 点钟方位，其偏差量不应超过表 7-5-281 的规定。

表 7-5-281　两测量面接触时测量偏差量

分度值/mm	指针指向正上方方位的偏差量
0.1,0.01	±1 个标尺分度
0.002,0.001	±2 个标尺分度

测量力（含测量时由下压装置所施加的测量力）不应超过表 7-5-282 的规定。

表 7-5-282　测量力范围

测量范围/mm	测量力/N		
	分度值/分辨力：0.1mm	分度值/分辨力：0.01mm	分度值/分辨力：0.002mm，0.001mm
0～1	—	—	≤2.5
0～5	—	≤2	
0～10	≤2	≤2.5	≤3.5
0～12.5			
0～20	≤2.5	≤3	—
0～25			—
0～30			—

平面测量面的平面度及两测量面间的平行度（点平面组合型及点点组合型除外）均不应大于表 7-5-283 的规定。

厚度指示表的最大允许误差不应超过表 7-5-284 的规定。

厚度指示表重复性不应大于表 7-5-285 的规定。

对于Ⅱ型、Ⅲ型、Ⅳ型厚度指示表，其检定点的布置应符合表 7-5-286 的规定。

表 7-5-283　测量面的平面度及平行度　　mm

分度值/分辨力	两测量面的平面度公差	两测量面间的平行度公差	分度值/分辨力	两测量面的平面度公差	两测量面间的平行度公差
0.10	0.010	0.020	0.002,0.001	0.003	0.006
0.01	0.005	0.010(0.02)			

注：括号内的指标仅为数显厚度指标表在采用量块检查测量面平行度时的允许值。

表 7-5-284　厚度指示表的最大允许误差　　mm

测量范围上限 S	指针式厚度指示表				数显厚度指示表	
	分度值				分辨力	
	0.1	0.01	0.002	0.001	0.01	0.001
$S \leqslant 1$	—	—	—	±0.005	—	±0.006
$1<S \leqslant 10$	±0.05	±0.020	±0.015	—	±0.03	±0.009
$10<S \leqslant 20$	±0.07	±0.030	—		±0.04	±0.015
$20<S \leqslant 30$	±0.10	±0.035				

注：Ⅲ型厚度指示表的最大允许误差在表中允许值上再增加 0.01mm。

表 7-5-285　重复性　　mm

分度值/分辨力	重复性		分度值/分辨力	重复性	
	指针式厚度指示表	电子数显厚度指示表		指针式厚度指示表	电子数显厚度指示表
0.1	0.020	—	0.002	0.001	—
0.01	0.005	0.010	0.001		0.002

表 7-5-286　检定点的布置

测量范围/mm	推荐检定点	
	Ⅰ型厚度指数表	Ⅱ型、Ⅲ型、Ⅳ型厚度指示表
0～1	0.25,0.5,0.75,1	以 0.1mm 间隔为一检定点,直至全量程
0～5	1.25,2.5,3.8,5	① 0～1mm 间,以每隔 0.1mm 为一检定点 ② 从 1mm 起至全量程,以每隔 0.5mm 为一检定点
0～10	2.2,4.5,7.7,10	① 0～1mm 间,以每隔 0.1mm 为一检定点 ② 从 1～10mm 起至全量程,以每隔 0.5mm 为一检定点 ③ 从 10mm 开始,以每隔 1mm 为一检定点,直至全量程
0～12.5	3.2,6.5,9.8,12.0	
0～20	2.2,4.5,11.8,20	
0～25	3.2,6.5,11.8,25	
0～30	2.2,11.8,21.5,30	

注：尺寸为小于 0.5mm 的检定点，可用于尺寸 0 级针规代替量块。

5.9.6　电子数显指示表

电子数显指示表的最大测量力、测量力变化和测量力落差不应大于表 7-5-287 的规定。

电子数显指示表的测量头在任意方位时（不包括测量头向上及斜向上），最大允许误差、回程误差、重复性不应超过表 7-5-288 的规定。

电子数显指示表传感器的结构类型推荐定点及其分布点原则如表 7-5-289 所示。

5.9.7　曲轴量表

曲轴量表的测量范围如表 7-5-290 所示。

曲轴量表测量头的工作行程如表 7-5-291 所示。

曲轴量表测力要求如表 7-5-292 所示。

曲轴量表的误差如表 7-5-293 所示。

5.9.8　指示卡表

指示卡表圆柱形测量面、平面测量面的平面度及其手感接触时的合并间隙如表 7-5-294 所示。

表 7-5-287　电子数显指示表的最大测量力、测量力变化和测量力落差

分辨力	测量范围上限 t	最大测量力	测量力变化	测量力落差
mm		N		
0.01、0.005	$t \leqslant 10$	1.5	0.7	0.6
	$10<t \leqslant 30$	2.2	1.0	1.0
	$30<t \leqslant 50$	2.5	2.0	1.5
	$50<t \leqslant 100$	3.2	2.5	2.2
0.001	$t \leqslant 1$	1.5	0.4	0.4
	$1<t \leqslant 3$		0.5	
	$3<t \leqslant 10$			0.5
	$10<t \leqslant 30$	2.2	0.8	1.0

表 7-5-288　电子数显指示表的最大允许误差、回程误差、重复性　mm

分辨力	测量范围上限 t	最大允许误差[①]					回程误差	重复性
		任意 0.02	任意 0.2	任意 1.0	任意 2.0	全量程		
0.01	$t \leqslant 10$	—	±0.010	—	—	±0.020	0.010	0.010
	$10<t \leqslant 30$			±0.020		±0.030		
	$30<t \leqslant 50$			—	±0.020			
	$50<t \leqslant 100$							
0.005	$t \leqslant 10$	—	±0.010	—	—	±0.015	0.005	0.005
	$10<t \leqslant 30$			±0.010				
	$30<t \leqslant 50$			—	±0.015	±0.020		
0.001	$t \leqslant 1$	±0.002	—	—	—	±0.003	0.001	0.001
	$1<t \leqslant 3$		±0.003			±0.005	0.002	0.002
	$3<t \leqslant 10$			±0.004		±0.007		
	$10<t \leqslant 30$			±0.005		±0.010	0.003	0.003

① 采用浮动零位原则判定示值误差时，示值误差的带宽不应超过最大允许值“±”后面所对应的规定值。

注：任意测量段最大允许误差是指：相应的各个连续测量内的示值误差最大值的极限值。

表 7-5-289　电子数显指示表传感器的结构类型推荐定点及其分布点原则　mm

分辨力	测量范围上限 t	监测点的设定原则
0.01	$t \leqslant 10$	① 以每隔 0.2mm 间隔检一点 ② 连续至全量程
	$10<t \leqslant 30$	① 在 0～10mm 测量段以每隔 0.2mm 间隔检一点 ② 在 10～30mm 测量段以每隔 1mm 间隔检一点 ③ 连续至全量程
	$30<t \leqslant 50$ $50<t \leqslant 100$	① 在 0～10mm 测量段以每隔 0.2mm 间隔检一点 ② 在 10～100mm 测量段以每隔 2mm 间隔检一点 ③ 连续至全量程
0.005	$t \leqslant 10$	① 以每隔 0.2mm 间隔检一点 ② 连续至全量程
	$10<t \leqslant 30$	① 在 0～10mm 测量段以每隔 0.2mm 间隔检一点 ② 在 10～30mm 测量段以每隔 1mm 间隔检一点 ③ 连续至全量程
	$30<t \leqslant 50$	① 在 0～10mm 测量段以每隔 0.2mm 间隔检一点 ② 在 10～50mm 测量段以每隔 2mm 间隔检一点 ③ 连续至全量程

续表

分辨力	测量范围上限 t	监测点的设定原则
0.001	$t\leqslant 1$	① 以每隔 0.2mm 间隔检一点 ② 连续至全量程
	$1<t\leqslant 3$	① 在 0～1mm 测量段以每隔 0.02mm 间隔检一点 ② 在 1～3mm 测量段以每隔 0.05mm 间隔检一点 ③ 连续至全量程
	$3<t\leqslant 10$	① 在 0～1mm 测量段以每隔 0.02mm 间隔检一点 ② 在 1～3mm 测量段以每隔 0.05mm 间隔检一点 ③ 在 3～10mm 测量段以每隔 0.5mm 间隔检一点 ④ 连续至全量程
	$10<t\leqslant 30$	① 在 0～1mm 测量段以每隔 0.02mm 间隔检一点 ② 在 1～3mm 测量段以每隔 0.1mm 间隔检一点 ③ 在 3～30mm 测量段以每隔 1mm 间隔检一点 ④ 连续至全量程

注：1. 设点原则为：在容栅传感器的一个栅距内密布 25～50 个检查点，在全量程内均布适当检查点数以反映主栅刻划误差。

2. 表中推荐的检查点是以直线式容栅传感器数显指示表为例。

3. 分辨力为 0.01mm 的传感器常用栅距为 5.08mm、2.54mm；分辨力为 0.005mm 的传感器常用栅距为 2.54mm、1.016mm；分辨力为 0.001mm 的传感器常用栅距为 1.016mm。

表 7-5-290 曲轴量表的测量范围（JB/T 5214—2006） mm

测量范围	总长 L	表圆外径 D	测量范围	总长 L	表圆外径 D
60～120	$L\leqslant 60$	$D\leqslant 42$	120～500	$60<L\leqslant 120$	$42\leqslant D\leqslant 60$

表 7-5-291 曲轴量表测量头的工作行程（JB/T 5214—2006） mm

测量范围	工作行程	超越行程	测量范围	工作行程	超越行程
60～120	3	不小于工作行程的 10%	120～500	3 或 5	不小于工作行程的 10%

表 7-5-292 曲轴量表测力要求（JB/T 5214—2006）

测量范围/mm	测力/N	任意 1mm 内测力变化/N	测量范围/mm	测力/N	任意 1mm 内测力变化/N
60～120	⩾12	⩽1.5	120～500	⩾20	⩽3

表 7-5-293 曲轴量表的误差（JB/T 5214—2006） mm

活动测量头工作行程	相邻误差	最大允许误差	重复性
3	0.005	±0.014	0.003
5		±0.016	

注：1. 表中数值均按标准温度为 20℃给出。

2. 用浮动零位时，示值误差（带宽）应不大于最大允许误差“±”符号后面所对应的规定值。

表 7-5-294 指示卡表圆柱形测量面、平面测量面的平面度及其手感接触时的合并间隙（JB/T 10866—2008） mm

测量面类型	平面度①	平行度及合并间隙
圆柱形测量面、平面测量面	0.006	0.010
刀口形内测量面	—	0.010

① 距测量面边缘不大于测量面直径（或宽度）的 1/20 范围（但最小为 0.1mm），测量面的平面度不计。

表 7-5-295　指示卡表以平面测量面测量时的最大允许误差（JB/T 10866—2008）　mm

<table>
<tr><th rowspan="3">分度值/分辨力</th><th rowspan="3">测量范围</th><th colspan="4">最大允许误差</th></tr>
<tr><th colspan="2">机械指示卡表</th><th colspan="2">数显指示卡表</th></tr>
<tr><th>任意 1mm</th><th>全量程</th><th>任意 5mm</th><th>全量程</th></tr>
<tr><td rowspan="3">0.1</td><td>0～15</td><td rowspan="3">±0.05</td><td rowspan="2">±0.08</td><td rowspan="3">—</td><td>±0.10</td></tr>
<tr><td>0～20</td><td rowspan="2">±0.20</td></tr>
<tr><td>0～25</td><td>±0.10</td></tr>
<tr><td rowspan="3">0.01</td><td>0～15</td><td rowspan="3">±0.02</td><td rowspan="2">±0.03</td><td rowspan="3">±0.02</td><td rowspan="3">±0.03</td></tr>
<tr><td>0～20</td></tr>
<tr><td>0～25</td><td>±0.04</td></tr>
</table>

注：任意测量段最大允许误差是指：相对应于各个规定的连续测量段内示值误差的最大值极限值。如：任意 1mm 的最大示值误差是指：0～1mm，1～2mm，…，24～25mm 等一系列连续 1mm 测量段内示值误差中的最大值。

表 7-5-296　检验指示卡表示值误差的推荐检定点（JB/T 10866—2008）　mm

<table>
<tr><th rowspan="2">分度值/分辨力</th><th colspan="2">推荐检定点</th></tr>
<tr><th>机械指示卡表</th><th>数显指示卡表</th></tr>
<tr><td>0.10</td><td colspan="2">以 1mm 间隔为一检定点，直至全量程</td></tr>
<tr><td>0.01</td><td>① 头 1～2mm 间，以每隔 0.1mm 为一检定点
② 从 2～10mm 间，以每隔 0.5mm 为一检定点
③ 从 10mm 开始，以每隔 1mm 为一检定点，直至全量程</td><td>1.0、2.0、3.0、4.0、5.0、7.5、10、12.5、15、17.5、20、25</td></tr>
</table>

指示卡表以平面测量面测量时的最大允许误差如表 7-5-295 所示。

检验指示卡表示值误差的推荐检定点如表 7-5-296 所示。

指示卡表刀口内测量爪的尺寸极限偏差如表 7-5-297 所示。

表 7-5-297　指示卡表刀口内测量爪的尺寸极限偏差①（JB/T 10866—2008）　mm

分度值/分辨力	
0.01	0.10
$^{+0.02}_{0}$	$^{+0.04}_{0}$

① 测量要求：刀口内测量爪的尺寸极限偏差，应按沿平行于测量爪平面方向的实际偏差计；在其他方向的实际偏差均不应大于平行于测量爪平面方向测量得的实际偏差。

注：1. 两刀口内测量爪相对平面的间隙不应大于 0.12mm。

2. 表中是调整平面测量面间的距离为 10mm 时，刀口内测量爪的尺寸极限偏差不应超过的值。

5.10　比较样块

5.10.1　表面粗糙度比较样块

表面粗糙度比较样块的分类及对应的表面粗糙度参数公称值如表 7-5-298 所示。

表面粗糙度评定的取样长度如表 7-5-299 所示。

测量读数的平均值对公称值的偏离量应不超过的公称值百分率的范围如表 7-5-300 所示。

表面粗糙度比较样块表面每边的最小长度如表 7-5-301 所示。

5.10.2　电火花、抛（丸）、喷砂、研磨、锉、抛光加工表面粗糙度比较样块

电火花、研磨、锉和抛光表面比较样块的分类及表面粗糙度参数公称值见表 7-5-302 的规定。

抛（喷）丸、喷砂表面比较样块的分类及表面粗糙度参数公称值见表 7-5-303。

在比较样块标准表面均匀分布的 10 个位置上（有纹理方向的应垂直于纹理方向）测取 *Ra* 值数据，以便能求出平均值和标准偏差。当有争议时，测取 25 个数据。根据数据的分散程度，可适当增加或减少测取 *Ra* 数据的个数。

比较样块取样长度的选取见表 7-5-304 的规定。

读数的平均值对公称值的偏差不应大于表 7-5-305 所给出的平均值公差（公称值百分率）的范围。

表 7-5-298　表面粗糙度比较样块的分类及对应的表面粗糙度参数公称值（GB/T 6060.2—2006）

μm

样块加工方法	磨	车、镗	铣	插、刨	样块加工方法	磨	车、镗	铣	插、刨
表面粗糙度参数 Ra 公称值	0.025				表面粗糙度参数 Ra 公称值	1.6	1.6	1.6	1.6
	0.05					3.2	3.2	3.2	3.2
	0.1						6.3	6.3	6.3
	0.2						12.5	12.5	12.5
	0.4	0.4	0.4						25.0
	0.8	0.8	0.8	0.8					

注：表中表面粗糙度参数 Ra 值较小（如 0.025μm、0.05μm 和 0.1μm）的样块主要适用于为设计人员提供较小表面粗糙度差异的概念。

表 7-5-299　表面粗糙度评定的取样长度（GB/T 6060.2—2006）

表面粗糙度参数 Ra 公称值/μm	样块加工方法 磨	车、镗	铣	插、刨	表面粗糙度参数 Ra 公称值/μm	样块加工方法 磨	车、镗	铣	插、刨
	取样长度/mm					取样长度/mm			
0.025	0.25	—	—	—	1.6	0.8	0.8	2.5	0.8
0.05	0.25	—	—	—	3.2	2.5	2.5	2.5	2.5
0.1	0.25	—	—	—	6.3	—	2.5	8.0	2.5
0.2	0.25	—	—	—	12.5	—	2.5	8.0	8.0
0.4	0.8	0.8	0.8	—	25.0	—	—	—	8.0
0.8	0.8	0.8	0.8	0.8					

注：1. 样块表面微观不平度主要间距应不大于给定的取样长度。

2. 对于加工纹理呈现周期变化的样块标准表面，其取样长度应距表中规定值最近的、较大的整周期数的长度。

表 7-5-300　测量读数的平均值对公称值的偏离量应不超过的公称值百分率的范围（GB/T 6060.2—2006）

<table>
<tr><th rowspan="3">样块加工方法</th><th rowspan="3">平均值公差
（公称值百分率）/%</th><th colspan="4">标准偏差（有效值百分率）/%</th></tr>
<tr><th colspan="4">评定长度所包括的取样长度的数目</th></tr>
<tr><th>3 个</th><th>4 个</th><th>5 个</th><th>6 个</th></tr>
<tr><td>磨</td><td rowspan="5">+12
−17</td><td rowspan="2">12</td><td rowspan="2">10</td><td rowspan="2">5</td><td rowspan="2">8</td></tr>
<tr><td>铣</td></tr>
<tr><td>车、镗</td><td rowspan="2">5</td><td rowspan="3"></td><td rowspan="2">4</td><td rowspan="3"></td></tr>
<tr><td>插</td></tr>
<tr><td>刨</td><td>4</td><td>3</td></tr>
</table>

注：表中取样长度数目为 3 个、4 个、6 个的标准偏差时按取样长度数目为 5 个的标准偏差计算。

表 7-5-301　表面粗糙度比较样块表面每边的最小长度（GB/T 6060.2—2006）

表面粗糙度参数 Ra 公称值/μm	0.025～3.2	6.3～12.5	25
最小长度/mm	20	30	50

注：表面粗糙度参数 Ra 公称值为 6.3～12.5μm 的样块，当取样长度为 2.5mm 时，其表面每边的最小长度可为 20mm。

表 7-5-302　电火花、研磨、锉和抛光表面比较样块的分类及表面粗糙度参数公称值

比较样块的分类	研磨	抛光	锉	电火花	比较样块的分类	研磨	抛光	锉	电火花
	金属或非金属					金属或非金属			
表面粗糙度参数 Ra 公称值/μm	0.012	0.012	—	—	表面粗糙度参数 Ra 公称值/μm	0.05	0.05	—	—
	0.025	0.025	—	—		0.1	0.1	—	—

续表

比较样块的分类	研磨	抛光	锉	电火花
	金属或非金属			
表面粗糙度参数 *Ra* 公称值/μm	—	0.2	—	—
	—	0.4	—	0.4
	—	—	0.8	0.8
	—	—	1.6	1.6

比较样块的分类	研磨	抛光	锉	电火花
	金属或非金属			
表面粗糙度参数 *Ra* 公称值/μm	—	—	3.2	3.2
	—	—	6.3	6.3
	—	—	—	12.5

表 7-5-303　抛（喷）丸、喷砂表面比较样块的分类及表面粗糙度参数公称值

表面粗糙度参数 *Ra* 公称值/μm	抛(喷)丸表面比较样块的分类			喷砂表面比较样块的分类			覆盖率
	钢、铁	铜	铝、镁、锌	钢、铁	铜	铝、镁、锌	
0.2	☆	☆	☆	—	—	—	98%
0.4							
0.8	※	※	※	※	※	※	
1.6							
3.2							
6.3							
12.5							
25							
50							
100				—	—	—	

注：1.“☆”表示采取特殊措施方能达到的表面粗糙度。

2.“※”表示采取一般工艺措施可以达到的表面粗糙度。

表 7-5-304　比较样块取样长度的选取

表面粗糙度参数 *Ra* 公称值/μm	取样长度/mm				
	电火花表面	抛(喷)丸、喷砂表面	锉表面	研磨表面	抛光表面
0.012	—	—	—	0.08	0.08
0.025					
0.05				0.25	0.25
0.1					
0.2				—	0.8
0.4	0.8	0.8			
0.8			0.8		
1.6					—
3.2	2.5	2.5	2.5		
6.3					
12.5	8.0	8.0	8.0		
25	—				
50			—		
100		25			

表 7-5-305 读数的平均值对公称值的偏差范围

比较样块	平均值公差 (公称值百分率)	标准偏差(有效值百分率) 评定长度所包括的取样长度数目			
		3 个	4 个	5 个	6 个
电火花表面	(−17%)～(+12%)	15%	13%	12%	11%
抛(喷)丸、喷砂表面					
锉表面					
抛光表面					
研磨表面	(−25%)～(+20%)	12%	10%	9%	8%

纹理特征见表 7-5-306。

表 7-5-306 纹理特征规定

纹理式样	具有代表性的加工方法	比较样块形式
多方向性直纹理	机械抛光	平面、凸圆(圆柱形)
	手研	
	锉	
无方向性	机械研磨	
	电化学抛光	
	化学抛光	

5.11 样板

5.11.1 齿轮渐开线样板

齿轮渐开线样板工作面的表面粗糙度如表 7-5-307 所示。

表 7-5-307 齿轮渐开线样板工作面的表面粗糙度 μm

工作面名称	级别	
	1 级	2 级
齿廓面	⩽0.1	⩽0.2
顶尖孔	⩽0.2	
芯轴外圆	⩽0.4	

齿轮渐开线样板齿廓形状偏差如表 7-5-308 所示。

表 7-5-308 齿轮渐开线样板齿廓形状偏差

基圆半径 r_b/mm	级别	
	1 级	2 级
	μm	
$r_b \leqslant 100$	⩽1.0	⩽1.5
$100 < r_b \leqslant 200$	⩽1.4	⩽2.0
$200 < r_b \leqslant 300$	⩽1.7	⩽2.5
$300 < r_b \leqslant 400$	⩽2.1	⩽3.0

齿轮渐开线样板顶尖孔如表 7-5-309 所示。

表 7-5-309 齿轮渐开线样板顶尖孔

项目	级别	
	1 级	2 级
圆度	⩽0.4μm	⩽0.8μm
芯轴外圆相对顶尖孔全跳动	⩽1.0μm	⩽2.0μm
锥角①	$60°^{0}_{-2'}$	$60°^{0}_{-3'}$

① 参考要求。

5.11.2 齿轮螺旋线样板

齿轮螺旋线样板基本参数如表 7-5-310 所示。

表 7-5-310 齿轮螺旋线样板基本参数 mm

分圆螺旋角	0°	15°	30°	45°
分圆半径	24	24	—	—
	31	31	31	31
	50	50	50	50
	100	100	100	100
	200	200	200	200
齿宽	60～100	60～100	80～150	80～150
轴长	270～300	270～300	270～550	270～550

齿轮螺旋线样板工作面的表面粗糙度 Ra 如表 7-5-311 所示。

表 7-5-311 齿轮螺旋线样板工作面的表面粗糙度

μm

工作面名称	级别	
	1级	2级
渐开螺旋面	≤0.1	≤0.2
顶尖孔	≤0.2	
芯轴外圆	≤0.4	

齿轮螺旋线样板螺旋线形状偏差和齿廓形状偏差如表 7-5-312 所示。

表 7-5-312 齿轮螺旋线样板螺旋线形状偏差和齿廓形状偏差

基圆半径 r_b/mm	级别	
	1级	2级
	μm	
r_b≤100	≤1.2	≤1.5
100<r_b≤200	≤1.5	≤2.0

齿轮螺旋线样板顶尖孔圆度、锥角及芯轴外圆相对顶尖孔的全跳动如表 7-5-313 所示。

5.11.3 螺纹样板

成组螺纹样板的螺距系列尺寸、厚度尺寸及组装顺序如表 7-5-314 所示。

表 7-5-313 齿轮螺旋线样板顶尖孔圆度、锥角及芯轴外圆相对顶尖孔的全跳动

项目	级别	
	1级	2级
圆度	≤0.4μm	≤0.8μm
芯轴外圆相对顶尖孔全跳动	≤1.0μm	≤2.0μm
锥角①	$60°_{-2'}^{0}$	$60°_{-3'}^{0}$

① 参考要求。

表 7-5-314 成组螺纹样板的螺距系列尺寸、厚度尺寸及组装顺序

普通螺纹样板的螺距系列尺寸及组装顺序/mm	统一螺纹样板的螺距系列尺寸及组装顺序螺纹牙数/in	螺纹样板的厚度尺寸/mm
0.40、0.45、0.50、0.60、0.70、0.75、0.80、1.00、1.25、1.50、1.75、2.00、2.50、3.00、3.50、4.00、4.50、5.00、5.50、6.00	28、24、20、18、16、14、13、12、11、10、9、8、7、6、5、4.5、4	0.5

普通螺纹样板的螺纹牙型尺寸如表 7-5-315 所示。

统一螺纹样板的螺纹牙型尺寸如表 7-5-316 所示。

表 7-5-315 普通螺纹样板的螺纹牙型尺寸

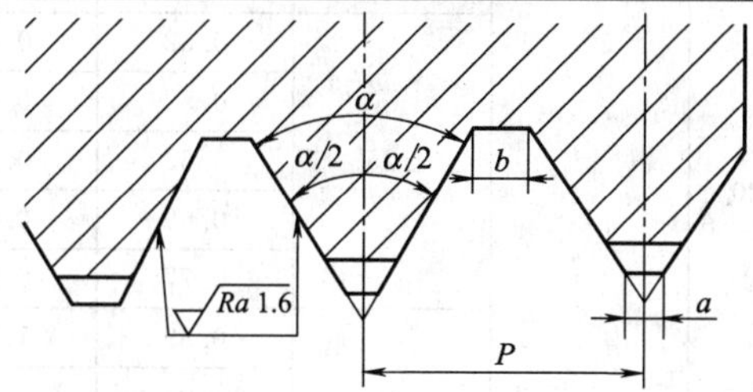

螺距 P/mm		基本牙型角 α	牙型半角 α/2 的极限偏差	牙顶和牙底宽度/mm			螺纹工作部分长度/mm
基本尺寸	极限偏差			a_{min}	a_{max}	b_{max}	
0.40	±0.010	60°	±60′	0.10	0.16	0.05	5
0.45				0.11	0.17	0.06	
0.50			±50′	0.13	0.21	0.06	
0.60				0.15	0.23	0.08	
0.70	±0.015			0.18	0.26	0.09	10
0.75			±40′	0.19	0.27	0.09	
0.80				0.20	0.28	0.10	
1.00				0.25	0.33	0.13	

续表

螺距 P/mm		基本牙型角 α	牙型半角 α/2 的极限偏差	牙顶和牙底宽度/mm			螺纹工作部分长度/mm
基本尺寸	极限偏差			a_{min}	a_{max}	b_{max}	
1.25	±0.015	60°	±35′	0.31	0.43	0.16	10
1.50			±30′	0.38	0.50	0.19	
1.75	±0.020			0.44	0.56	0.22	16
2.00				0.50	0.62	0.25	
2.50			±25′	0.63	0.75	0.31	
3.00				0.75	0.87	0.38	
3.50				0.88	1.03	0.44	
4.00				1.00	1.15	0.50	
4.50			±20′	1.13	1.28	0.56	
5.00				1.25	1.40	0.63	
5.50				1.38	1.53	0.69	
6.00				1.50	1.65	0.75	

表 7-5-316　统一螺纹样板的螺纹牙型尺寸

螺纹牙数 n /in	螺距 P/mm		基本牙型角 α	牙型半角 α/2 的极限偏差	牙顶和牙底宽度/mm			螺纹工作部分长度/mm
	基本尺寸	极限偏差			a_{min}	a_{max}	b_{max}	
28	0.9071	±0.015	55°	±40′	0.22	0.30	0.15	10
24	1.0583				0.27	0.39	0.18	
20	1.2700			±35′	0.29	0.41	0.19	
18	1.4111				0.31	0.43	0.21	
16	1.5875			±30′	0.33	0.45	0.22	
14	1.8143	±0.020			0.35	0.47	0.24	16
13	1.9538				0.39	0.51	0.27	
12	2.1167				0.45	0.57	0.30	
11	2.3091			±25′	0.52	0.64	0.35	
10	2.5400				0.57	0.69	0.38	
9	2.8222				0.62	0.74	0.42	
8	3.1750				0.69	0.81	0.47	
7	3.6286				0.77	0.92	0.53	
6	4.2333			±20′	0.89	1.04	0.60	
5	5.0800				1.04	1.19	0.70	
4½	5.6444				1.24	1.39	0.85	
4	6.3500				1.38	1.53	0.94	

5.12　气动测量头的技术条件

内径测量头、外径测量头与指示器连接后的放大倍数不应小于表 7-5-317 的规定。

内径测量头的示值变动性和位置变差不应大于表 7-5-318 的规定。

外径测量头的示值变动性不应大于表 7-5-319 的规定。

外径测量头两喷嘴中心线高度 H_1、H_2 应低于上限校对柱中心线高度 H_0，其高度差（H_0-H_1）和（H_0-H_2）均不应小于表 7-5-320 的规定。

内径测量头的校对环规的极限偏差和形位公差见表 7-5-321。

表 7-5-317　内径测量头、外径测量头与指示器连接后的放大倍数

基本放大倍数	放大倍数 喷嘴形式及尺寸/mm			基本放大倍数	放大倍数 喷嘴形式及尺寸/mm		
	ϕ2	2×ϕ1、ϕ1.5 和矩形喷嘴	ϕ1.2		ϕ2	2×ϕ1、ϕ1.5 和矩形喷嘴	ϕ1.2
1000	1200	1100	1050	10000	12000	11000	10500
2000	2400	2200	2100				
5000	6000	5500	5250	20000	24000	22000	21000

表 7-5-318　内径测量头的示值变动性和位置变差

基本放大倍数	示值变动性/μm	位置变差/μm	被测工件尺寸公差/μm	基本放大倍数	示值变动性/μm	位置变差/μm	被测工件尺寸公差/μm
1000	3.0	7.5	>120～160	5000	0.7	1.0	>16～30
		6.0	>80～120	10000	0.5	0.5	>8～16
2000	1.5	4.0	>50～80				
		2.0	>30～50	20000	0.2	0.2	≤8

表 7-5-319　外径测量头的示值变动性

基本放大倍数	示值变动性/μm	被测工件尺寸公差/μm	基本放大倍数	示值变动性/μm	被测工件尺寸公差/μm
1000	4.0	>80～160	10000	0.5	>8～16
2000	2.0	>30～80			
5000	1.0	>16～30	20000	0.2	≤8

表 7-5-320　外径测量头两喷嘴中心线高度差　mm

外径测量头的规格	高度差	外径测量头的规格	高度差
ϕ4～12	0.08	>ϕ12～120	0.15

表 7-5-321　内径测量头的校对环规的极限偏差和形位公差

<table>
<tr><th rowspan="4">校对环规的规格/mm</th><th colspan="6">校对环规的极限偏差/μm</th><th colspan="2" rowspan="3">形位公差 /μm</th></tr>
<tr><th colspan="6">上限校对环规与下限校对环规基本尺寸之差/μm</th></tr>
<tr><th colspan="2">6</th><th>12</th><th>25</th><th>75</th><th>154</th></tr>
<tr><th>上限校对环规</th><th>下限校对环规</th><th>上、下限校对环规</th><th>上、下限校对环规</th><th>上、下限校对环规</th><th>上、下限校对环规</th><th>圆度</th><th>素线平行度</th></tr>
<tr><td>ϕ4～10</td><td>+1.0
−0.5</td><td>+0.5
−1.0</td><td>±1.25</td><td>±1.25</td><td>—</td><td rowspan="4">—</td><td rowspan="3">0.5</td><td rowspan="3">1.0</td></tr>
<tr><td>>ϕ10～18</td><td>±1.0</td><td>±1.0</td><td rowspan="2">±1.5</td><td>±1.5</td><td>±1.5</td></tr>
<tr><td>>ϕ18～30</td><td rowspan="5">—</td><td rowspan="5">—</td><td rowspan="2">±2.0</td><td rowspan="2">±2.0</td></tr>
<tr><td>>ϕ30～50</td><td>±2.0</td><td rowspan="2">0.8</td><td rowspan="2">1.5</td></tr>
<tr><td>>ϕ50～80</td><td rowspan="3">—</td><td rowspan="2">±2.5</td><td rowspan="3">±2.5</td><td>±2.5</td></tr>
<tr><td>>ϕ80～120</td><td rowspan="2">±3.0</td><td rowspan="2">1.0</td><td rowspan="2">2.0</td></tr>
<tr><td>>ϕ120～150</td><td>—</td></tr>
</table>

注：在距端面 2mm 边缘范围内不计。

第 7 篇

外径测量头的校对柱的极限偏差和形位公差见表7-5-322。

内径测量头和外径测量头的试验项目、方法和工具见表7-5-323。

校对环规和校对柱的试验项目、方法和工具见表7-5-324。

表 7-5-322 外径测量头的校对柱的极限偏差和形位公差

<table>
<tr><th rowspan="4">校对环规的规格/mm</th><th colspan="6">校对环规的极限偏差/μm</th><th colspan="2" rowspan="3">形位公差 /μm</th></tr>
<tr><th colspan="6">上限校对环规与下限校对环规基本尺寸之差/μm</th></tr>
<tr><th colspan="2">6</th><th>12</th><th>25</th><th>75</th><th>154</th></tr>
<tr><th>上限校对环规</th><th>下限校对环规</th><th>上、下限校对环规</th><th>上、下限校对环规</th><th>上、下限校对环规</th><th>上、下限校对环规</th><th>圆度</th><th>素线平行度</th></tr>
<tr><td>φ4～10</td><td>+1.0
−0.5</td><td>+0.5
−1.0</td><td>±1.25</td><td>±1.25</td><td>—</td><td rowspan="4">—</td><td rowspan="4">0.5</td><td rowspan="4">1.0</td></tr>
<tr><td>>φ10～18</td><td rowspan="2">±1.0</td><td rowspan="2">±1.0</td><td rowspan="2">±1.5</td><td>±1.5</td><td>±1.5</td></tr>
<tr><td>>φ18～30</td><td rowspan="2">±2.0</td><td rowspan="2">±2.0</td></tr>
<tr><td>>φ30～50</td><td rowspan="3">—</td><td rowspan="3">—</td><td rowspan="2">±2.0</td></tr>
<tr><td>>φ50～80</td><td rowspan="2">±2.5</td><td rowspan="2">±2.5</td><td>±2.5</td><td rowspan="2">0.8</td><td rowspan="2">1.5</td></tr>
<tr><td>>φ80～120</td><td>—</td><td>±3.0</td></tr>
</table>

注：在距端面 2mm 边缘范围内不计。

表 7-5-323 内径测量头和外径测量头的试验项目、方法和工具

<table>
<tr><th>序号</th><th>试验项目</th><th>试验方法</th><th>试验工具</th></tr>
<tr><td>1</td><td>内径测量头和外径测量头的放大倍数</td><td>连接内(外)径测量头和气动量仪指示器，将气动量仪放大倍数调至最大，求出用上、下限校对环规(校对柱)时浮标的实际位移量 ΔH，计算出 ΔH 与上、下限校对环规(校对柱)实际尺寸差 ΔD 之比，即为测量头的放大倍数</td><td rowspan="3">相应放大倍数的气动量仪指示器</td></tr>
<tr><td>2</td><td>内径测量头的位置变差</td><td>连接内径测量头和气动量仪指示器，用校对环规把气动量仪调至基本放大倍数，并将浮标调至某一刻度上，使内径测量头在校对环规内做径向平移或倾斜，读出最大示值和最小示值之差即为位置变差</td></tr>
<tr><td>3</td><td>内径测量头和外径测量头的示值变动性</td><td>连接内(外)径测量头和气动量仪指示器，用校对环规(校对柱)把气动量仪调至基本放大倍数，并将浮标调至某一刻度，使测量头离开校对环规(校对柱)，再恢复原位，重复10次，读出每次的示值。其最大值与最小值之差即为示值变动性</td></tr>
<tr><td>4</td><td>外径测量头两喷嘴中心线的相关位置</td><td>以外径测量头的定位块底面为基准放在平板上，把上限校对柱放在定位块的V形槽上，用百分表和量块测出校对柱最高素线高度，计算出校对柱中心线高度 H_0，将芯杆插入两喷嘴，用同样方法测出两喷嘴中心线高度 H_1 和 H_2，再计算出 H_1 与 H_0、H_2 与 H_0 之差
以外径测量头V形槽侧面为基准放在平板上，将芯杆插入两喷嘴，用上述方法测出两喷嘴中心线高 H_3 和 H_4、H_3 和 H_4 之差应符合要求</td><td>一级平板、百分表、表架、喷嘴芯杆、五等量块</td></tr>
</table>

表 7-5-324 校对环规和校对柱的试验项目、方法和工具

序号	试验项目	试验方法	试验工具
1	圆度误差	在圆度仪上用最小区域法（MZC法）检测出校对环规（校对柱）若干圆截面上的圆度误差，取其中最大误差值为检测结果	圆度仪
2	素线平行度误差	按试验工具使用说明书，分别检测出校对环规（校对柱）的若干个轴截面内两条素线平行度，其中最大者为素线平行度误差	电感式测长仪
3	校对环规的内径尺寸、校对柱外径尺寸	在校对环规（校对柱）素线长度的1/2处，检测校对环规（校对柱）指定方向上的内（外）径尺寸	电感式测长仪、四等量块

5.13 岩石平板与铸铁平板

5.13.1 岩石平板

岩石平板整个工作面的平面度公差如表 7-5-325 所示。

平板整个工作面的平面度允差的计算方法如表 7-5-326 所示。

岩石平板的最大集中载荷如表 7-5-327 所示。

5.13.2 铸铁平板

铸铁平板整个工作面的平面度公差如表 7-5-328 所示。

铸铁平板整个工作面的平面度允差的计算方法如表 7-5-329 所示。

铸铁平板的最大集中载荷如表 7-5-330 所示。

表 7-5-325 岩石平板整个工作面的平面度公差（GB/T 20428—2006）

平板尺寸（公称尺寸）	对角线长度（近似值）	边缘区域（宽度）	准确度等级对应的整个工作面平面度公差值①②/μm			
mm			0	1	2	3
长方形						
160×100	188	2	3	6	12	25
250×160	296	3	3.5	7	14	27
400×250	471	5	4	8	16	32
630×400	745	8	5	10	20	39
1000×630	1180	13	6	12	24	49
1600×1000③	1880	20	8	16	33	66
2000×1000③	2236	20	9.5	19	38	75
2500×1600③	2960	20	11.5	23	46	92
4000×2500③	4717	20	17.5	35	70	140
方形						
160×160	226	3	3	6	12	25
250×250	354	5	3.5	7	15	30
400×400	566	8	4.5	9	17	34
630×630	891	13	5	10	21	42
1000×1000③	1414	20	7	14	28	56
1600×1600③	2262	20	9.5	19	38	75

① 公差值的确定依据参见本章中的表 7-5-326 所示的平板整个工作面的平面度允差的计算方法。

② 准确度等级对应的公差值圆整到：0级平板为0.5μm，1级、2级和3级平板为1μm。

③ 这些平板均提供三个以上的支撑脚。一般是通过三个主要的调平螺钉将平板仔细地调平；然后，其余的支撑脚可调整得与平板刚好接触，且不影响已调整好的水平位置，或把其余的支撑脚调整得使平板平面度偏差为最小。此偏差适用于用户和制造商之间以协议方式在安装并调整好得到确认后。这些平板应作周期性检查，以确保调整好的状态一直不变。

表 7-5-326 平板整个工作面的平面度允差的计算方法（GB/T 20428—2006）

计算公式：$t=c_1l+c_2$

式中 t——整个工作面的平面度允差，μm

l——以毫米计的平板对角线的公称长度，向上圆整到 100

c_1，c_2——与平板准确度等级有关的系数

平板准确度等级	c_1	c_2	平板准确度等级	c_1	c_2
0	0.003	2.5	2	0.012	10
1	0.006	5	3	0.024	20

表 7-5-327 岩石平板的最大集中载荷（GB/T 20428—2006）

平板尺寸/mm	准确度等级对应的平板的最大集中载荷质量①/kgf			
	0	1	2	3
长方形				
400×250	40	80	160	320
630×400	50	100	200	390
1000×630	60	120	240	490
1600×1000	80	160	320	500
2000×1000	90	190	380	500
2500×1600	115	230	460	500
4000×2500	175	350	500	500
方形				
400×400	45	90	170	340
630×630	50	100	210	420
1000×1000	70	140	280	500
1600×1600	95	190	380	500

① 集中载荷质量所引起的最大变形量其对应等级平板整个工作面的平面公差的 1/2。

注：1. 对此表应理解为是用来控制加载。相对而言，低等级平板整个工作面的平面度公差范围较宽，会导致极限载荷增大而超过基本载荷；因此，把此表中的最大值定为 500kgf。只要条件许可，最好在有效面积上分散布置载荷。

2. 1kgf＝9.8N。

表 7-5-328 铸铁平板整个工作面的平面度公差（GB/T 22095—2008）

平板尺寸（公称尺寸）	对角线长度（近似值）	边缘区域（宽度）	准确度等级对应的整个工作面平面度公差值①②/μm			
mm			0	1	2	3
长方形						
160×100	188	2	3	6	12	25
250×160	296	3	3.5	7	14	27
400×250	471	5	4	8	16	32
630×400	745	8	5	10	20	39
1000×630	1180	13	6	12	24	49
1600×1000③	1880	20	8	16	33	66
2000×1000③	2236	20	9.5	19	38	75
2500×1600③	2960	20	11.5	23	46	92

续表

平板尺寸（公称尺寸）	对角线长度（近似值）	边缘区域（宽度）	准确度等级对应的整个工作面平面度公差值[1][2]/μm			
	mm		0	1	2	3
方形						
250×250	354	5	3.5	7	15	30
400×400	566	8	4.5	9	17	34
630×630	891	13	5	10	21	42
1000×1000[3]	1414	20	7	14	28	56

① 公差值的确定依据参见表 7-5-329 所示的铸铁平板整个工作面的平面度允差的计算方法。

② 准确度等级对应的公差值圆整到：0 级平板为 0.5μm，1 级、2 级和 3 级平板为 1μm。

③ 这些平板均提供三个以上的支撑脚。一般是通过三个主要的调平螺钉将平板仔细地调平；然后，其余的支撑脚可调整得与平板刚好接触，且不影响已调整好的水平位置，或把其余的支撑脚调整得使平板平面度偏差为最小。此偏差适用于用户和制造商之间以协议方式在安装并调整好得到确认后。这些平板应作周期性检查，以确保调整好的状态一直不变。

表 7-5-329　铸铁平板整个工作面的平面度允差的计算方法（GB/T 20428—2006）

计算公式：

$$t=c_1l+c_2$$

式中　t——整个工作面的平面度允差，μm

l——以毫米计的平板对角线的公称长度，向上圆整到 100

c_1，c_2——与平板准确度等级有关的系数

平板准确度等级	c_1	c_2	平板准确度等级	c_1	c_2
0	0.003	2.5	2	0.012	10
1	0.006	5	3	0.024	20

表 7-5-330　铸铁平板的最大集中载荷（GB/T 22095—2008）

平板尺寸/mm	准确度等级对应的平板的最大集中载荷质量[1]/kgf			
	0	1	2	3
长方形				
400×250	40	80	160	320
630×400	50	100	200	390
1000×630	60	120	240	490
1600×1000	80	160	320	500
2000×1000	90	190	380	500
2500×1600	115	230	460	500
方形				
400×400	45	90	170	340
630×630	50	100	210	420
1000×1000	70	140	280	500

① 集中载荷质量所引起的最大变形量其对应等级平板整个工作面的平面度公差的 1/2。

注：1. 对此表应理解为是用来控制加载。相对而言，低等级平板整个工作面的平面度公差范围较宽，会导致极限载荷增大而超过基本载荷；因此，把此表中的最大值定为 500kgf。只要条件许可，最好在有效面积上分散布置载荷。

2. 1kgf＝9.8N。

5.14　测量台架

测量台架的基本参数如表 7-5-331 所示。

测量台架工作面的表面粗糙度 Ra 值如表 7-5-332 所示。

测量台的工作面平面度和垂直度如表 7-5-333 所示。

测量台架支臂受力时的变化量如表 7-5-334 所示。

测量台架的检查项目、检查方法和检查工具如表 7-5-335 所示。

Ⅰ型和Ⅱ型测量台架配备附件的部分检查项目、检查方法和检查工具如表 7-5-336 所示。

表 7-5-331　测量台架的基本参数（JB/T 10009—2010）

测量台架型式	测量高度范围	支臂悬梁伸长度≥	立柱直径≥	夹持孔直径	工作台面尺寸≥	工作台面特征	供比较仪用的辅助件连接尺寸/mm
	mm						
Ⅰ型	0～100	55	—	ϕ28H8	100×100	带筋	ϕ8H8
	0～150		—		50×100		
Ⅱ型	0～100	75	30	ϕ28H8	80×90	带筋	ϕ8H8 耳夹
	0～200		45		120×120	带筋或光滑平面	
	0～300				100×120		
Ⅲ型	0～100	55	30	ϕ8H8	ϕ50	光滑平面	—
Ⅳ型	0～250	25	40		100×50	光滑平面	耳夹

表 7-5-332　测量台架工作面的表面粗糙度 *Ra* 值（JB/T 10009—2010）

测量台架型式	工作台工作面	夹持孔工作面	立柱工作面	支臂工作面
	μm			
Ⅰ型	0.05	1.0	0.8	0.8
Ⅱ型、Ⅲ型	0.10			
Ⅳ型	0.20			

表 7-5-333　测量台的工作面平面度和垂直度（JB/T 10009—2010）

测量台架型式	平面度①	垂直度②	测量台架型式	平面度①	垂直度②
	μm			μm	
Ⅰ型	0.6	0.2	Ⅲ型	1.0	0.3
Ⅱ型	1.0	0.2	Ⅳ型	4.0	0.3

① 工作台工作面不允许中凹；平面度距工作面边缘 1mm 范围内不计。

② 具有可调工作台的测量台架，垂直度可以不要求。

表 7-5-334　测量台架支臂受力时的变化量（JB/T 10009—2010）

测量台架型式	支臂变化量 δ_1	固定工作台变化量 δ_2	测量台架型式	支臂变化量 δ_1	固定工作台变化量 δ_2
	μm			μm	
Ⅰ型	0.1	0.5	Ⅲ型	0.5	—
Ⅱ型	0.5	1.0	Ⅳ型	4.0	—

注：1. δ_1 指在测量台架的支臂上，沿夹持孔轴线方向施加 2N 的作用力时，支臂在夹持孔轴线方向上尺寸变化量。

2. δ_2 指在测量台架固定工作面上施加 30N 时，工作台面在夹持孔轴线方向上位移变化量。

表 7-5-335　测量台架的检查项目、检查方法和检查工具（JB/T 10009—2010）

检查项目	检查方法	检查工具
外观	目力观察	—
相互作用	目力观察和手感检查	平板:1级
紧固螺钉锁紧时引起的变化量	将比较仪(或比较仪传感元件)装夹到夹持孔中,使比较仪和工作台平面接触。并预紧紧固螺钉(此时支臂在外力作用时有微量位移)。对准比较仪某一刻度,然后拧紧紧固螺钉。观察示值变化量	比较仪
工作面表面粗糙度	用表面粗糙度比较样块目测比较工作面表面粗糙度。如有异议。用表面粗糙度检查仪检查	表面粗糙度比较样块

续表

检查项目	检查方法	检查工具
工作台面平面度	用平面平晶以光波干涉法检验	平面平晶:2级
夹持孔轴线对工作台面的垂直度	将芯轴装夹在夹持孔中,用直角尺在前、后、左、右四个方向进行检查	芯轴:ϕ8mm×130mm ϕ28mm×130mm 直角尺:2级、100mm 塞尺:0.03～0.05mm
支臂变化量 δ_1	把测量台架的支臂夹紧在最大测量高度位置,对Ⅳ型测量台架支臂夹紧在最大跨距位置;然后把比较仪(或比较仪传感元件)夹到夹持孔中,在工作台上研合一相应的砝码。观察比较仪的示值变化量	比较仪量块或试件砝码或测力计
固定工作台变化量 δ_2	把比较仪(或比较仪传感元件)装夹到夹持孔中,对好比较仪的零位,然后把30N的力分别在固定工作台的前、后、左、右四个对称位置上,观察比较仪的示值变化量	比较仪

表 7-5-336 Ⅰ型和Ⅱ型测量台架配备附件的部分检查项目、检查方法和检查工具 (JB/T 10009—2010)

检查项目	检查方法	检查工具
中间带筋工作台高度	用平面平晶以光波干涉法检验	平面平晶:1级 ϕ60mm
工作台可调性	将比较仪装夹到夹持孔中,量块研合在工作台上,把平测帽的1/2和量块相接触,对好比较仪的刻度,然后再次将量块的同一位置相对测帽平面转换四个方位,利用工作台的调整环节反复进行调整。得到四个方位读数,相对两个方位读数数值之差的绝对值为平行度误差	比较仪(带 ϕ8mm 平测帽) 量块:4～5mm
球筋工作台高度	将球筋工作台倒放在平面平晶上(或平面工作台上),比较仪装夹到夹持孔中,调整支臂高度,使传感器接触到球筋工作台的底面边缘。对好比较仪的刻度,然后在其相接触点的相对方向上用手轻轻加力,传感器的示值变化应为规定值的2倍	平面平晶(2级,ϕ60mm)、比较仪
两顶尖轴线的同轴度	在两顶尖间装上专用芯轴,比较仪(或比较仪传感元件)夹到专用检具上。专用检具在顶尖工作台上移动150mm,使比较仪分别在专用芯轴的两端点的上素线和侧素线上检验,两者示值平方和之算术平方根之差的2倍即为同轴度误差	专用芯轴[ϕ30mm×150mm(圆柱度误差≤2μm)]、比较仪、专用检具
两V形面的共面性	将专用芯轴放置在两V形块支承架上,比较仪(或比较仪传感元件)夹到专用检具上,专用检具在工作台上移动,使比较仪分别在专用芯轴的上素线和侧素线上检查。分别记录到两端点的上素线和侧素线的示值,两者平方和的算术平方根即为共面性误差	专用芯轴[ϕ30mm×200mm(圆柱度误差≤2μm)]、比较仪、专用检具

5.15 D型邵氏硬度计

D型邵氏硬度计压针伸出长度与硬度计的指示值如表 7-5-337 所示。

D型邵氏硬度计检定用设备如表 7-5-338 所示。

D型邵氏硬度计检定项目如表 7-5-339 所示。

表 7-5-337 D型邵氏硬度计压针伸出长度与硬度计的指示值 (JJG 1039—2008)

压针伸出长度	硬度计指示值(HD)	压针伸出长度	硬度计指示值(HD)
压针最大伸出长度	0.0±0.5	压针伸出长度为1.25mm时	50.0±1.0
压针伸出长度为2.00mm时	20.0±1.0	压针伸出长度为0mm时	100.0±1.0

表 7-5-338 D型邵氏硬度计检定用设备 (JJG 1039—2008)

序号	检定项目	检定器具	
		名称	技术特性
1	压针伸出长度、测量指示装置和压针耐用性	专用量块 平面钢块	尺寸为$(2.54_{-0.004}^{\ 0})$mm、$(2.46_{\ 0}^{+0.004})$mm和(2.00±0.004)mm、(1.25±0.004)mm中央有一直径为3mm的通孔。(1200～1300)HV1。表面粗糙度 $Ra\leqslant$ 0.2μm、平面度≤2.0μm
2	压针表面状况、直径、锥角	工具显微镜	不低于50倍、长度分度值≤0.001mm、角度分度值≤1′
3	压针顶端球面半径	投影仪	×100或以上
4	压足几何尺寸	游标卡尺	量程150mm,分度值0.02mm
5	试验力	测力仪器	允许误差±50mN

表 7-5-339 D型邵氏硬度计检定项目 (JJG 1039—2008)

检定项目	首次检定	后续检定	使用中检验
外观	+	+	+
压针伸出长度	+	−	−
压针伸出2.00mm时测量指示装置的指示值	+	−	+
压针伸出1.25mm时测量指示装置的指示值	+	+	−
压针伸出0mm时测量指示装置的指示值	+	+	+
压针表面状况	+	+	−
压针几何尺寸	+	+	−
压针耐用性	+	−	−
试验力	+	+	−

注:"+"表示必检项目,"−"表示可不检项目。

5.16 标准努氏硬度块

标准努氏硬度块的硬度均匀度和稳定性要求如表7-5-340所示。

标准努氏硬度块的几何形状如表7-5-341所示。

压痕测量装置的最小分辨力和最大允许误差如表7-5-342所示。

标准努氏硬度块检定项目如表7-5-343所示。

表 7-5-340 标准努氏硬度块的硬度均匀度和稳定性要求 (JJG 1048—2009)

标准块的硬度范围	试验力 F/N	标准块硬度均匀度的最大允许值/%	标准块硬度的稳定性/%
100≤HK≤200	0.09807≤F≤0.9807	16.0	8.0
200<HK≤250		10.0	5.0
250<HK≤650		8.0	4.0
HK>650		6.0	3.0
100≤HK≤250	0.9807<F≤4.903	14.0	7.0
250<HK≤650		8.0	4.0
HK>650		6.0	3.0
100≤HK≤250	4.903<F≤19.614	8.0	4.0
250<HK≤650		6.0	3.0
HK>650		4.0	2.0

表 7-5-341 标准努氏硬度块的几何形状（JJG 1048—2009）

形状	尺寸		表面粗糙度		倒角/mm	工作面与支承面的平面度不大于/mm	工作面与支承面的平行度不大于/mm
	长×宽或直径不小于/mm	厚度不小于/mm	工作面不大于/μm	支承面不大于/μm			
方形	25×25	5	0.1	0.2	0.5×45°	0.003	0.005
圆形	ϕ25						

注：测量表面粗糙度时取样长度为0.8mm。

表 7-5-342 压痕测量装置的最小分辨力和最大允许误差（JJG 1048—2009）

压痕长对角线长度 d/mm	测量装置的最小分辨力	最大允许误差
$d \leqslant 0.040$	0.1μm	±0.2μm
$d > 0.040$	$0.25\%d$	$\pm 0.5\%d$

表 7-5-343 标准努氏硬度块检定项目（JJG 1048—2009）

检定项目	首次检定	后续检定	使用中检定	检定项目	首次检定	后续检定	使用中检定
几何形状	+	—	—	均匀度	+	+	+
其他要求	+	+	+				
硬度值	+	+	+	稳定性	/	+	/

注：表中“+”表示应检项目；“—”表示可检可不检；“/”表示不可检项目。

5.17 科里奥利质量流量计

科里奥利质量流量计准确度等级及对应的允许误差如表7-5-344所示。

表 7-5-344 科里奥利质量流量计准确度等级及对应的允许误差（JJG 1038—2008）

准确度等级	0.15	0.2	0.25	0.3	0.5	1.0	1.5
允许误差/%	±0.15	±0.2	±0.25	±0.3	±0.5	±1.0	±1.5

科里奥利质量流量计检定项目如表7-5-345所示。

表 7-5-345 科里奥利质量流量计检定项目（JJG 1038—2008）

项　目	首次检定	后续检定	使用中检验
随机文件	+	—	—
标识和铭牌	+	+	+
外观	+	+	+
保护功能	+	+	+
密封性	+	+	—
准确度等级	+	+	—
重复性	+	+	—

注：表中“+”表示应检项目；“—”表示可不检项目。

科里奥利质量流量计高温储存试验要求如表7-5-346所示。

表 7-5-346 科里奥利质量流量计高温储存试验要求（JJG 1038—2008）

试验温度	40℃
持续时间	2h
恢复时间	2h

科里奥利质量流量计低温储存试验要求如表7-5-347所示。

表 7-5-347 科里奥利质量流量计低温储存试验要求（JJG 1038—2008）

试验温度	−20℃
持续时间	2h
恢复时间	2h

科里奥利质量流量计恒定湿热试验要求如表7-5-348所示。

表 7-5-348 科里奥利质量流量计恒定湿热试验要求（JJG 1038—2008）

试验温度	40℃
相对湿度	90%
持续时间	2d
恢复时间	2h

科里奥利质量流量计振动（正弦）试验要求如表7-5-349所示。

表 7-5-349　科里奥利质量流量计振动（正弦）试验要求（JJG 1038—2008）

频率范围	20Hz
加速度振动幅值	10m/s²
扫频速度	1个倍频/min
持续时间	10个循环

科里奥利质量流量计静电放电抗扰度试验要求如表 7-5-350 所示。

表 7-5-350　科里奥利质量流量计静电放电抗扰度试验要求（JJG 1038—2008）

放电方式	接触放电	空气放电
试验等级	3级	3级
试验电压	6kV	8kV
试验次数	10次	10次

科里奥利质量流量计电快速瞬变脉冲群抗扰度试验要求如表 7-5-351 所示。

表 7-5-351　科里奥利质量流量计电快速瞬变脉冲群抗扰度试验要求（JJG 1038—2008）

试验方式	供电电源与保护地之间	信号、数据和控制端口
试验等级	3级	3级
峰值电压	2kV	1kV
试验时间	60s	60s
重复性	5kHz	5kHz
极性	正极，负极	正极，负极
脉冲上升时间	5ns	5ns
脉冲持续时间	50ns	50ns

注：若传感器与变送器为一体，则只在供电电源与保护地之间进行试验。

科里奥利质量流量计浪涌（冲击）抗扰度试验要求如表 7-5-352 所示。

表 7-5-352　科里奥利质量流量计浪涌（冲击）抗扰度试验要求（JJG 1038—2008）

试验等级	2级
开路试验电压	1.0kV
浪涌波形	1.2/50～8/20μs
试验方式	线-地，线-线
极性	正极，负极
试验次数	各5次
重复率	1次/min

科里奥利质量流量计电压暂降、短期中断和电压变化试验要求如表 7-5-353 所示。

表 7-5-353　科里奥利质量流量计电压暂降、短期中断和电压变化试验要求（JJG 1038—2008）

试验方式	中　断	暂　降
试验等级	$0\%U_T$	$70\%U_T$
持续时间	1个周期/20ms	50个周期/1s
试验次数	3次	3次
最小间隔	10s	10s

5.18　双金属温度计

温度计的测量范围如表 7-5-354 所示。

表 7-5-354　温度计的测量范围（JB/T 8803—1998）

测量范围/℃	适用范围	
	工业、商业	实验室、小型
−80～40	△	△
−40～80	△	△
0～50	△	△
0～100	△	△
0～150	△	△
0～200	△	△
0～300	△	△
0～400	△	△
0～500	△	—

注：表中"△"表示适用的测量范围，"—"表示不适用的测量范围。

温度计的检测元件直径及安装螺纹如表 7-5-355 所示。

表 7-5-355　温度计的检测元件直径及安装螺纹（JB/T 8803—1998）　mm

标度盘公称直径	检测元件直径	安装螺纹
25,40,(50)	4	—
60,(80)	6	M16×1.5
100,(120),150	8,10	M27×2

电接点温度计的电气参数如表 7-5-356 所示。

表 7-5-356　电接点温度计的电气参数（JB/T 8803—1998）

接点形式	额定功率/V·A	最高工作电压/V	最大允许电流
机械接点式	10	220AC	0.7A
		24DC	
接近开关式	—	24DC	100mA
感应式	—	24DC	50mA

温度计的正常工作大气条件如表 7-5-357 所示。

表 7-5-357　温度计的正常工作大气条件
(JB/T 8803—1998)

工作场所	温度/℃	相对湿度/%
掩蔽场所	−25～55	5～00
户外场所	−40～85	5～100

温度计的基本误差应不超过表 7-5-358 规定的基本误差限。基本误差以温度计量程的百分数表示。

表 7-5-358　基本误差 (JB/T 8803—1998)

精确度等级	1.0	1.5	2.0	2.5	4.0
基本误差限%	±1.0	±1.5	±2.0	±2.5	±4.0

温度计元件检测元件在测量上限保持表 7-5-359 规定的时间后，其基本误差应符合表 7-5-358。

表 7-5-359　测量上限及保持时间
(JB/T 8803—1998)

测量上限/℃	≤300	400	500
保持时间/h	24	12	4

电接点温度计的绝缘电阻如表 7-5-360 所示。

表 7-5-360　电接点温度计的绝缘电阻
(JB/T 8803—1998)

额定电压/V	直流试验电压/V	绝缘电阻/MΩ
24DC	100	7
220AC	500	20

电接点温度计的输出端子与接地端子（外壳）之间及各输出端子之间的绝缘强度应能承受与电源频率相同的如表 7-5-361 规定的正弦交流电的试验电压。

表 7-5-361　与电源频率相同的正弦交流电的试验电压 (JB/T 8803—1998)

额定电压/V	试验电压/kV
24DC	0.5
220AC	1.5

温度计的指针长度如表 7-5-362 所示。

表 7-5-362　温度计的指针长度
(JB/T 8803—1998)　　mm

标度盘公称直径	25	40	(50)	60	(80)	100	(120)	150
指针长度≥	9.5	15	19	23	30	36	46	57

5.19　非金属拉力压力和万能试验机

试验机的分级与技术指标如表 7-5-363 所示。

各级别试验机的鉴别力阈如表 7-5-364 所示。

活动夹具端面间标距相对误差、变形示值相对误差技术指标如表 7-5-365 所示。

各级别引伸计的技术指标如表 7-5-366 所示。

拉力试验机同轴度指标要求如表 7-5-367 所示。

试验机工作噪声声级指标要求如表 7-5-368 所示。

各级别试验机检定用标准器具如表 7-5-369 所示。

试验机检定项目如表 7-5-370 所示。

表 7-5-363　试验机的分级与技术指标 (JJG 157—2008)

试验机级别	最大允许值/%				
	q	b	u	f_0	α
0.5	±0.5	0.5	0.75	±0.05	0.25
1	±1.0	1.0	1.50	±0.10	0.50
2	±2.0	2.0	3.00	±0.20	1.00
说　明	q——示值相对误差 b——示值重复性相对误差 u——示值进回程相对误差 f_0——零点相对误差 α——相对分辨力				

表 7-5-364　各级别试验机的鉴别力阈 (JJG 157—2008)

试验机级别	0.5	1	2
指(显)示装置(%F_N)	0.05	0.1	0.2
说明	F_N——相应量程的测量上限值；对于不分挡的试验机，可将测量下限的 5 倍作为最小量程的测量上限值		

第7篇

表 7-5-365 活动夹具端面间标距相对误差、变形示值相对误差技术指标（JJG 157—2008）

变形测量装置级别	最大允许值/%		
	q_{lb}	q_{ji}	α_{jr}
0.5	±0.5	±0.5	0.1
1	±1.0	±1.0	0.2
2	±2.0	±2.0	0.5
说明	q_{lb}——标距相对误差 q_{ji}——变形示值相对误差 α_{jr}——变形示值相对分辨力		

表 7-5-366 各级别引伸计的技术指标（JJG 157—2008）

引伸计级别	最大允许值/%		
	q_{le}	q_{li}	αl_{lr}
0.2	±0.2	±0.2	0.1
0.5	±0.5	±0.5	0.25
1	±1.0	±1.0	0.50
2	±2.0	±2.0	1.0
说明	q_{le}——引伸计标距相对误差 q_{li}——引伸计变形示值相对误差 α_{lr}——引伸计变形示值相对分辨力		

表 7-5-367 拉力试验机同轴度指标要求（JJG 157—2008）

试验机最大试验力/kN	夹具类型	同轴度测量方法与指标		
		同轴度测量仪/%	百分表及专用检具/mm	锥形重锤/mm
≤5	—	—		ϕ2.0
>5	自动调心夹头	12	0.5	—
	非自动调心夹头	20	0.5	—

表 7-5-368 试验机工作噪声声级指标要求（JJG 157—2008）

试验机最大试验力/N	最大允许噪声/dB(A)	试验机最大试验力/N	最大允许噪声/dB(A)
≤5	60	>5	75

表 7-5-369 各级别试验机检定用标准器具（JJG 157—2008）

序号	标准器具	技术指标		检测项目	备　注
1	标准测力仪	0.1级		试验力	检定0.5级及以下级别试验机，标准测力杠杆结合测力砝码使用
2	标准测力杠杆	0.1级		试验力	
3	标准测力仪	0.3级		试验力	检定1级及以下级别试验机，标准测力杠杆结合测力砝码使用
4	标准测力杠杆	0.3级		试验力	
5	专用砝码	力值允差：±0.1%		试验力、鉴别力阈大变形引伸计附着力	证书上应注明砝码检定地点重力加速度
6	拨针式测力计	5级		大变形引伸计附着力	—
7	千分表	1级		变形	—
8	百分表	1级		①变形 ②同轴度	①结合专用工夹具测量 ②结合专业检具测量
9	高度尺	0～300mm示值误差：±0.04mm	分度值：0.02mm	变形	—
		0～600mm示值误差：±0.07mm			
10	游标卡尺	≥150mm，示值误差：±0.02mm		引伸计标距	—
11	钢直尺	≥600mm，示值误差：±0.2mm		变形	—
12	高精度位移标定仪	0～20mm允差：±3μm >20mm，示值误差：±0.1%		应变式引伸计变形	同等准确度的线变形检测仪及专用工夹具或量棒（块）

第7篇

续表

序号	标准器具	技术指标	检测项目	备　注
13	声级计(A 级计权网络)	2 级	噪声	—
14	同轴度测试仪	2%	同轴度	按照试验机额定试验力的 4%选择检验棒
15	水平仪	分度值 0.02mm/m 分度值误差:20%	安装水平度	—

表 7-5-370　试验机检定项目（JJG 157—2008）

序号	检定项目				首次检定	后续检定	使用中检定
1	铭牌、安装				+	+	—
2	加力系统			拉力同轴度	+	—	—
3	测量系统	试验力测量系统		零点漂移	+	—	—
4				相对分辨力	+	—	—
5				鉴别力阈	+	—	—
6				示值相对误差	+	+	+
7				示值重复性相对误差	+	+	+
8				零点相对误差	+	—	—
9				示值进回程相对误差	示值进回程相对误差根据试验方法的规定或用户需要进行检定		
10		变形测量系统	夹具	变形相对分辨力	+	—	—
11				变形误差	+	—	—
12				标距误差	+	—	—
13			引伸计	相对分辨力	+	—	—
14				标距相对误差	+	根据用户需要进行检定	
15				示值相对误差	+		
16	噪声				+	—	—
17	安全保护装置				+	+	—

注：1. 表中“+”表示必检项目，“—”表示可免检项目。

2. 根据试验机状况和用户需要可以增加检定项目。

5.20　量块

5.20.1　量块

钢制量块各表面的表面粗糙度如表 7-5-371 所示。

标称长度大于 2.5mm 的量块的每一测量面的平均误差 f_d 最大值如表 7-5-372 所示。

量块侧面相对于测量面的垂直度误差如表 7-5-373 所示。

5.20.2　角度量块

角度量块的工作角度公称值如表 7-5-374 和表 7-5-375 所示。

角度量块的工作角度偏差、测量面的平面度公差（a）和测量面相对于基准面（A）的垂直度公差（b）如表 7-5-376 所示。

角度量块按不同的工作角度公称值、型式、块数及精度等级组合配套成四组，具体组合如表 7-5-377～表 7-5-380 的规定。

表 7-5-371 钢制量块各表面的表面粗糙度（GB/T 6093—2001） μm

各表面名称	级别	
	K、0	1、2、3
测量面	Ra0.01 或 Rz0.05	Ra0.016 或 Rz0.08
侧面与测量面之间的倒棱边	Ra0.32	Ra0.3 2
其他表面	Ra0.63	Ra0.63

表 7-5-372 标称长度大于 2.5mm 的量块的每一测量面的平均误差 f_d 最大值（GB/T 6093—2011）

标称长度 l_n/mm	平面度公差 t_r/μm			
	K级	0级	1级	2、3级
$0.5 \leqslant l_n \leqslant 150$	0.05	0.10	0.15	0.25
$150 < l_n \leqslant 500$	0.10	0.15	0.18	0.25
$500 < l_n \leqslant 1000$	0.15	0.18	0.20	0.25

注：1. 距离测量面边缘 0.8mm 范围内不计。

2. 距离测量面边缘 0.8mm 范围内表面不得高于测量面的平面。

表 7-5-373 量块侧面相对于测量面的垂直度误差（GB/T 6093—2001）

标称长度 l_n/mm	垂直度公差/μm	标称长度 l_n/mm	垂直度公差/μm
$10 \leqslant l_n \leqslant 25$	50	$150 < l_n \leqslant 400$	140
$25 < l_n \leqslant 60$	70		
$60 < l_n \leqslant 150$	100	$400 < l_n \leqslant 1000$	180

表 7-5-374 角度量块的工作角度公称值 1

工作角度分度值	工作角度公称值(α)	块数	工作角度分度值	工作角度公称值(α)	块数
1°	10°,11°,12°,…,79°	70	30″	10°0′30″	1
10′	15°10′,15°20′,…,15°50′	5	15″	15°0′15″,15° 0′30″,15°0′45″	3
1′	15°1′,15°2′,…,15°9′	9			

表 7-5-375 角度量块的工作角度公称值 2

工作角度公称值(α、β、γ、δ)	块数
80°—81°—100°—99°,82°—83°—98°—97° 84°—85°—96°—95°,86°—87°—94°—93°,88°—89°—92°—91° 90°—90°—90°—90°	6
89°10′—89°20′—90°50′—90°40′ 89°30′—89°40′—90°30′—90°20′ 89°50′—89°59′30″—90°10′—90°0′30″	3
89° 59′30″—89°59′45″—90°0′30″—90°0′15″	1

表 7-5-376 角度量块的工作角度偏差、测量面的平面度公差（a）和测量面相对于基准面（A）的垂直度公差（b）

精度等级	工作角度偏差/(″)	测量面的平面度公差 a/μm	测量而相对于基准面 A 的垂直度公差 b/(″)
0	±3	0.1	30
1	±10	0.2	90
2	±30	0.3	

注：距测量面短边 3mm 范围内，其平面度公差允许为 0.6μm。

表 7-5-377　第一组（7块）

序号	工作角度公称值	型　式	块　数	精度等级
1	15°10′	Ⅰ	1	1级和2级
2	30°20′		1	
3	45°30′		1	
4	50°		1	
5	60°40′		1	
6	75°50′		1	
7	90°—90°—90°—90°	Ⅱ	1	

表 7-5-378　第二组（36块）

序号	工作角度公称值	型　式	块　数	精度等级
1	10°,11°,…,20°	Ⅰ	11	0级和1级
2	30°,40°,50°,60°,70°	Ⅰ	5	
3	45°	Ⅰ	1	
4	15°10′,15°20′,15°30′,15°40′,15°50′	Ⅰ	5	
5	15°1′,15°2′,…,15°9′	Ⅰ	9	
6	10°0′30″	Ⅰ	1	
7	80°—81°—100°—99° 89°10′—89°20′—90°50′—90°40′ 89°30′—89°40′—90°30′—90°20′ 90°—90°—90°—90°	Ⅱ	4	

表 7-5-379　第三组（94块）

序号	工作角度公称值	型　式	块　数	精度等级
1	10°,11°,…,19° 20°,21°,…,29° 30°,31°,…,39° 40°,41°,…,49° 50°,51°,…,59° 60°,61°,…,69° 70°,71°,…,79°	Ⅰ	70	0级和1级
2	15°10′,15°20′,15°30′,15°40′,15°50′	Ⅰ	5	
3	15°1′,15°2′,…,15°9′	Ⅰ	9	
4	10°0′30″	Ⅰ	1	
5	80°—81°—100°—99° 82°—83°—98°—97° 84°—85°—96°—95° 86°—87°—94°—93° 88°—89°—92°—91° 90°—90°—90°—90°	Ⅱ	6	
6	89°10′,89°20′,90°50′,90°40′ 89°30′,89°40′,90°30′,90°20′ 89°50′,89°59′30″,90°10′,90°0′30″	Ⅱ	3	

表 7-5-380 第四组（7块）

序号	工作角度公称值	型 式	块 数	精度等级
1	15°,15° 0′15″,15°0′30″,15°0′45″,15°1′	Ⅰ	5	0级
2	89°59′ 30″,89° 59′ 45″,90°0′30″,90°0′15″	Ⅱ	1	
3	90° —90° —90° —90°	Ⅱ	1	

5.21 正弦规

正弦规的基本尺寸如图 7-5-7、图 7-5-8 和表 7-5-381 所示。

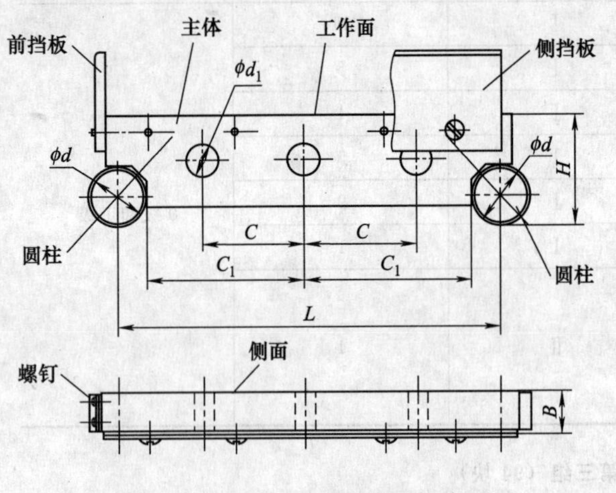

图 7-5-7 Ⅰ型正弦规的型式示意图

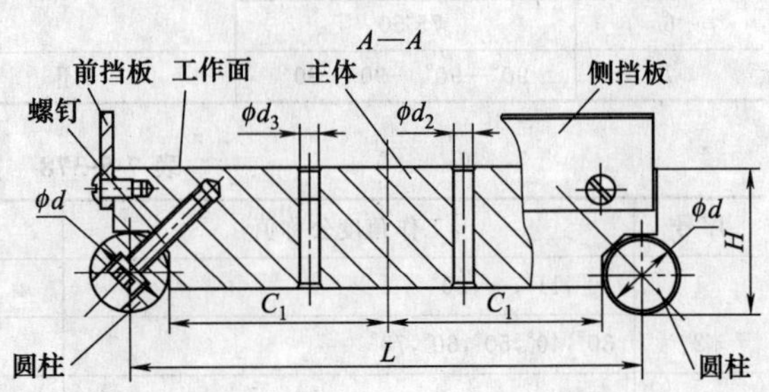

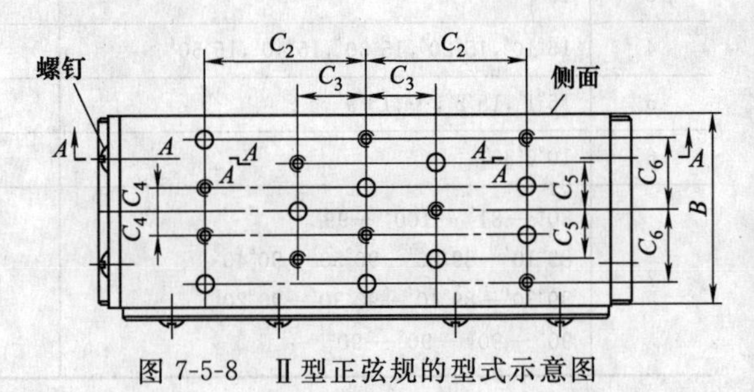

图 7-5-8 Ⅱ型正弦规的型式示意图

正弦规的尺寸偏差、形位公差和综合误差如表 7-5-382 所示。

表 7-5-381 正弦规的基本尺寸 mm

基本参数	Ⅰ型正弦规		Ⅱ型正弦规	
	两圆柱中心距 L			
	100	200	100	200
B	25	40	80	80
d	20	30	20	30
H	30	55	40	55
C	20	40	—	—
C_1	40	85	40	85
C_2	—	—	30	70
C_3			15	30
C_4			10	10
C_5			20	20
C_6			30	30
d_1	12	20	—	—
d_2	—	—	7B12	7B12
d_3			M6	M6

表 7-5-382　正弦规的尺寸偏差、形位公差和综合误差

项　目①		Ⅰ型正弦规				Ⅱ型正弦规			
		两圆柱中心距 L/mm							
		100		200		100		200	
		准确度等级							
		0	1	0	1	0	1	0	1
两圆柱中心距的偏差	μm	±1	±2	±1.5	±3	±2	±3	±2	±4
两圆柱轴线的平行度②	μm	1	1	1.5	2	2	3	2	4
主体工作面上各孔中心线间距离的偏差	μm	—	—	—	—	±150	±200	±150	±200
同一正弦规的两圆柱直径差	μm	1	1.5	1.5	2	1.5	3	2	3
圆柱工作面的圆柱度	μm	1	1.5	1.5	2	1.5	2	1.5	2
正弦规主体工作面平面度③	μm	1	2	1.5	2	1	2	1.5	2
正弦规主体工作面与两圆柱下部母线公切面的平行度	μm	1	2	1.5	3	1	2	1.5	3
侧挡板工作面与圆柱轴线的垂直度②	μm	22	35	30	45	22	35	30	45
前挡板工作面与圆柱轴线的平行度②	μm	5	10	10	20	20	40	30	60
正弦规装置成30°时的综合误差		±5″	±8″	±5″	±8″	±8″	±16″	±8″	±16″

① 表中所有值均按标准温度20℃的条件给定的，且距工作面边缘1mm范围内的均不计。

② 两圆柱轴线的平行度、侧挡板工作面与圆柱轴线的垂直度和前挡板工作面与圆柱轴线的平行度均为在全长上。

③ 工作面应为中凹，不允许凸。

5.22　正多面棱体

棱体的基本参数与尺寸如表 7-5-383 所示。

棱体有 0、1、2、3 四种精度等级，其工作角度的偏差、工作面的平面度公差、工作面对基准面的垂直度公差、上表面与基准面的平行度公差以及基准面与上表面的平面度公差如表 7-5-384 所示。

根据棱体精度等级的不同，可在多齿分度台上检定或在高精度测角仪上考虑度盘修正或以全组合比较法检定，亦允许选用其他检定方法。检定时，均以棱体孔为定位中心并以基准面为定位面。不论采用上述哪一种检定方法，其检定不确定度应不大于表 7-5-385 的规定。

表 7-5-383　棱体的基本参数与尺寸

序号	工作面的面数	标称工作角	工作面尺寸(H×h)	孔径 D
			mm	
1	4	90°	15×15	ϕ25H8
2	6	60°		
3	8	45°		
4	9	40°		
5	10	30°		
6	12	30°		
7	15	24°		
8	16	22°30′		
9	17	21°10′35.3″		
10	18	20°		

第7篇

续表

序号	工作面的面数	标称工作角	工作面尺寸(H×h)	孔径 D
			mm	
11	19	18°56′50.5″	15×15	φ25H8
12	20	18°		
13	23	15°39′7.8″		
14	24	15°		
15	28	12°51′25.7″		
16	32	11°15′		
17	36	10°	12×15*	
18	40	9°		
19	45	8°		φ40H8*
20	72	5°	10×20*	

注：表中带有“*”的工作面尺寸仅供参考。

表 7-5-384 棱体精度等级与公差

精度等级	工作面的面数		工作面对基准面的垂直度公差/(″)	工作面的平面度公差	上表面与基准面的平面度公差	上表面与基准面的平行度公差(每100mm长度上)
	≤24	>24				
	工作角偏差/(″)			μm		
0	±1	±2	5	0.03	1.0	1.5
1	±2	±3	10	0.05	1.5	
2	±5		15			
3	±10		20	0.1		

注：1. 基准面的平面度误差只允许中间向材料内凹下。

2. 工作面的平面度度误差在其边缘0.5mm范围内不计。

表 7-5-385 多面棱体工作角偏差检定不确定度

精度等级	检定不确定度	精度等级	检定不确定度
0	Δα/3	2;3	Δα/5
1	Δα/4		

第 6 章　数控机床精度检验

6.1　数控车床精度检验

6.1.1　单柱和双柱立式车床精度检验（GB/T 23582.1—2009）

1. 工作台几何精度检验

（1）工作台面的平面度检验（如表 7-6-1 所示）

表 7-6-1　工作台面的平面度检验

项目编号	G1
简图	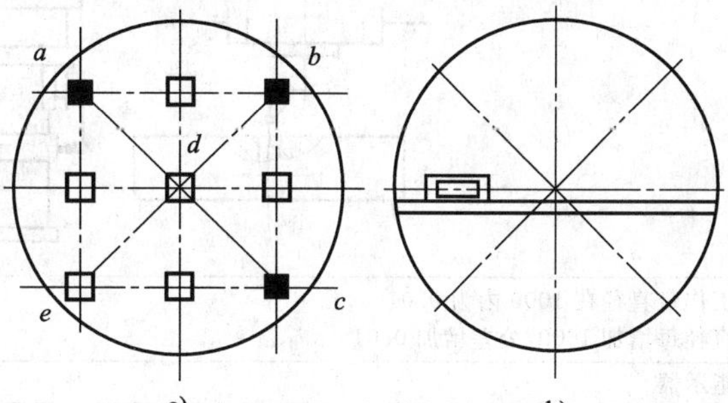 a)　b)
公差/mm	工作台直径在 1000 内为 0.03(平或凹) 直径每增加 1000,公差增加 0.01 局部公差:任意 300 测量长度上为 0.01
检验工具	平尺、量块、桥板、精密水平仪
检验方法	按图 a)规定,在工作台面的 a、b、c 三个基准点上分别放一等高量块(这些等高量块的上表面就是用作与被检平面相比较的基准平面)。将平尺放在 a-c 等高量块上,在 a-c 的中央 d 处放一可调量块,使其与平尺下表面接触,再将平尺放在 b-d 量块上,在 e 点放一可调量块,使其与平尺下表面接触,分别确定 d、e 点的可调量块高度。将平尺放在图 a)规定的各个位置上,用量块测量平尺与工作台面的距离 偏差以工作台面上各点对基准面间距的最大差值计算。局部偏差以任意局部测量长度上相邻两端点对基准面间坐标值的最大差值计 当工作台直径等于或大于 1000mm 时,按图 b)所示用水平仪检验 在工作台面的直径线上放一桥板,桥板上放水平仪,紧靠桥板侧面放一平尺,桥板沿平尺等距离移动进行检验。将水平仪读数依次排列画出误差曲线 偏差以每条误差曲线上各点对其两端点连线间坐标值的最大差值计。局部偏差以任意局部测量长度上相邻两点对其相应曲线的两端点连线间坐标值的最大差值计

（2）工作台面的端面跳动的检验（如表 7-6-2 所示）

表 7-6-2　工作台面的端面跳动的检验

项目编号	G2
简图	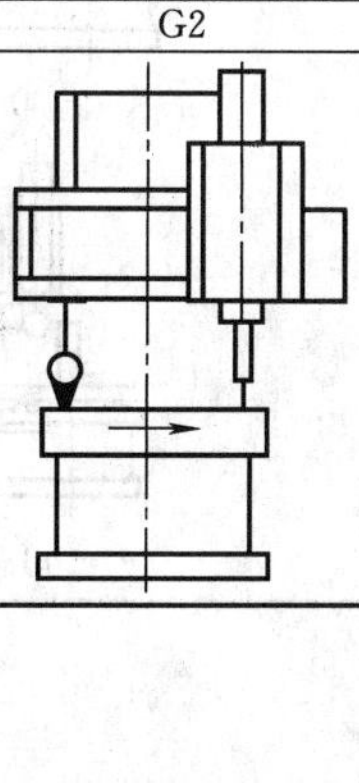

续表

项目编号	G2
公差/mm	工作台直径在1000内为0.01 直径每增加1000,公差增加0.01
检验工具	指示器
检验方法	横梁、垂直刀架和滑座应锁紧 指示器应安装在机床固定部件上,使其测头触及工作台边缘与加工时刀具位置成180°处,旋转工作台检验 偏差以指示器读数的最大差值计

(3) 工作台定心孔的径向跳动或工作台外圆面的径向跳动（当工作台无定心孔时）的检验（如表7-6-3所示）

表7-6-3　工作台定心孔的径向跳动或工作台外圆面的径向跳动（当工作台无定心孔时）的检验

项目编号	G3
简图	
公差/mm	工作台直径在1000内为0.01 直径每增加1000,公差增加0.01
检验工具	指示器
检验方法	横梁、垂直刀架和滑座应锁紧 指示器应装在机床固定部件上,使其测头与加工时刀具位置成180°处,触及工作台定心孔或工作台外圆表面,旋转工作台检验 偏差以指示器读数的最大差值计

2. 横梁几何精度检验

横梁垂直移动对工作台面的垂直度的检验如表7-6-4所示。

横梁垂直移动对工作台面的垂直度的检验一般包括下面两项：

a) 在垂直于横梁的平面内；

b) 在平行于横梁的平面内。

表7-6-4　横梁垂直移动对工作台面的垂直度的检验

项目编号	G4
简图	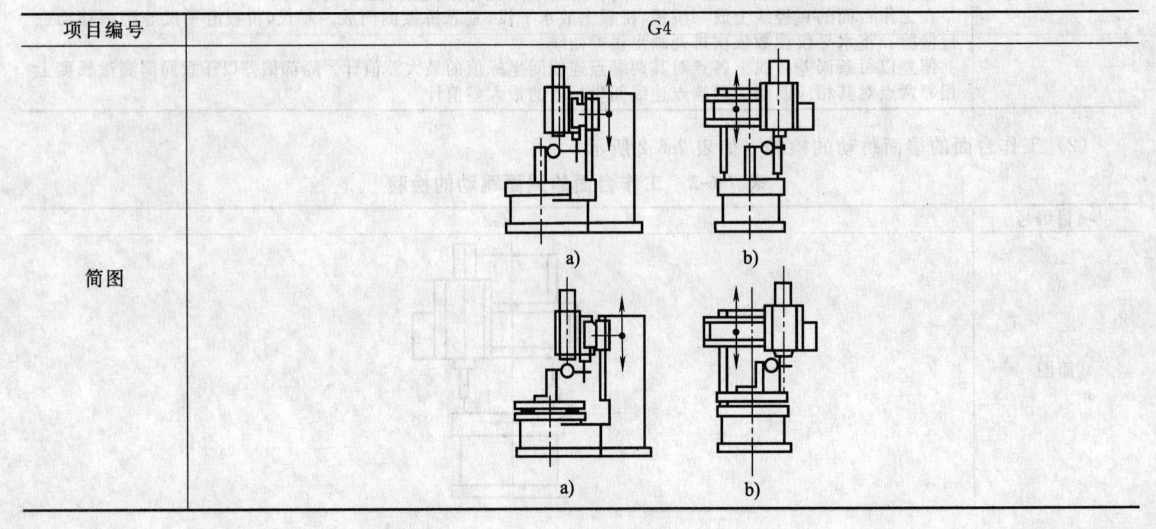

续表

项目编号	G4
公差/mm	a) 在 1000 测量长度上为 0.04 b) 在 1000 测量长度上为 0.025
检验工具	指示器和检验棒或平尺、角尺和等高块
检验方法	垂直刀架和滑座应锁紧 将检验棒放在工作台中心，旋转工作台找正。指示器固定在横梁或刀架上，使其测头触及检验棒表面。或在工作台面上与中心等距离处分别放两个等高块，等高块上放一平尺，平尺上放一角尺。指示器固定在横梁或刀架上，使其测头触及角尺检验面 a) 在垂直于横梁的平面内 b) 在平行于横梁的平面内 测量时横梁应在立柱上锁紧。移动横梁分别在行程的上、中、下部三个位置检验① 锁紧横梁后，记录指示器读数。在 1000mm 测量长度上至少记录 3 个读数 a)、b) 偏差分别计算。偏差以指示器读数的最大差值计

① 大于 3150 规格的机床，按 3150 的检测范围进行检验。

3. 垂直刀架几何精度检验

(1) 垂直刀架移动对工作台面的平行度的检验（如表 7-6-5 所示）

表 7-6-5　垂直刀架移动对工作台面的平行度的检验

项目编号	G5
简图	
公差/mm	在 1000 测量长度上为 0.02
检验工具	平尺、等高块和指示器
检验方法	横梁固定在其行程下部位置锁紧。有双刀架的机床，两个刀架都应检验，检验一个刀架时，另一个刀架应置于立柱前 在工作台面上，离工作台中心等距离处和横梁平行放两个等高块，等高块上放一平尺。指示器固定在垂直刀架上，使其测头触及平尺检验面，移动刀架检验 偏差以指示器读数的最大差值计

(2) 垂直刀架滑枕移动对工作台回转轴线的平行度的检验（如表 7-6-6 所示）

垂直刀架滑枕移动对工作台回转轴线的平行度的检验一般包括以下两项：

a) 在垂直于横梁的平面内；

b) 在平行于横梁的平面内。

4. 转塔头几何精度检验

(1) 工具孔轴线对滑枕移动的平行度的检验（如表 7-6-7 所示）

工具孔轴线对滑枕移动的平行度的检验一般包括以下两项：

a) 在垂直于横梁的平面内；

b) 在平行于横梁的平面内。

(2) 工具孔轴线与工作台旋转轴线的同轴度的检验（如表 7-6-8 所示）

(3) 刀杆定心孔轴线与工作台旋转轴线的同轴度的检验（如表 7-6-9 所示）

(4) 刀杆安装基面与工作台旋转轴线的垂直度的检验（如表 7-6-10 所示）

5. 侧刀架几何精度检验

(1) 侧刀架移动对工作台旋转轴线的平行度或侧刀架移动对工作台面的垂直度的检验（如表 7-6-11 所示）

表7-6-6 垂直刀架滑枕移动对工作台回转轴线的平行度的检验

项目编号	G6
简图	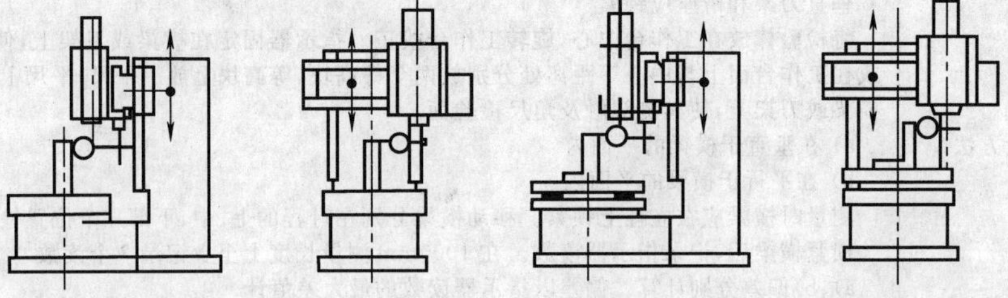 a) b) a) b)
公差/mm	a)在1000测量长度上为0.04 b)在1000测量长度上为0.02
检验工具	指示器和检验棒或平尺、角尺和等高块
检验方法	横梁应锁紧。有双刀架的机床，两个刀架都应检验，检验一个刀架时，另一个刀架应置于立柱前 将检验棒放在工作台中心，旋转工作台找正。指示器固定在垂直刀架滑枕上，使其测头触及检验棒表面；或在工作台面上与中心等距离处，分别放两个等高块，等高块上放一平尺，平尺上放一角尺。指示器固定在垂直刀架滑枕上，使其测头触及角尺检验面 a) 在垂直于横梁的平面内移动滑枕检验 b) 在平行于横梁的平面内移动滑枕检验 a)、b)偏差分别计算。偏差以指示器读数的最大差值计

第7篇

表7-6-7 工具孔轴线对滑枕移动的平行度的检验

项目编号	G7
简图	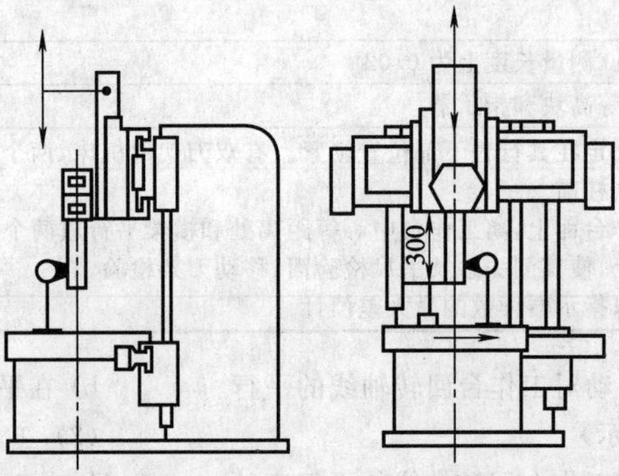 300 a) b)
公差/mm	a)在300测量长度上为0.03 b) 在300测量长度上为0.02
检验工具	指示器和检验棒
检验方法	横梁应锁紧。滑枕与滑座处于齐平位置。每个工具孔均应检验 在工具孔内插入一检验棒。在工作台面上固定指示器，使其测头触及检验棒表面 a) 在垂直于横梁的平面内移动滑枕检验 b) 在平行于横梁的平面内移动滑枕检验 拔出检验棒旋转180°重复上述检验 a)、b)偏差分别计算。偏差以两次测量结果的代数和之半计

表 7-6-8　工具孔轴线与工作台旋转轴线的同轴度的检验

项目编号	G8
简图	300
公差/mm	0.025
检验工具	指示器和检验棒
检验方法	横梁固定在行程的下部位置。每个工具孔均应检验 在工具孔内插入一长度为300mm的检验棒。在工作台面上固定指示器，使其测头触及检验棒表面 旋转工作台，在平行于横梁的平面内使指示器在检验棒两侧读数相等。指示器测头应触及几个不同高度重复检验 偏差以指示器读数的最大差值之半计

表 7-6-9　刀杆定心孔轴线与工作台旋转轴线的同轴度的检验

项目编号	G9
简图	
公差/mm	0.025
检验工具	指示器
检验方法	横梁固定在行程的下部位置。每个刀杆定心孔均应检验 在工作台面上固定指示器，使其测头触及刀杆定心孔表面。旋转工作台检验 偏差以指示器读数的最大差值之半计

表 7-6-10 刀杆安装基面与工作台旋转轴线的垂直度的检验

项目编号	G10
简图	
公差/mm	0.02/300
检验工具	指示器
检验方法	横梁固定在行程的下部位置。每个刀杆安装基面均应检验 在工作台面上固定指示器，使其测头触及刀杆安装基面。旋转工作台检验 偏差以指示器读数的最大差值计

表 7-6-11 侧刀架移动对工作台旋转轴线的平行度或侧刀架移动对工作台面的垂直度的检验

项目编号	G11
简图	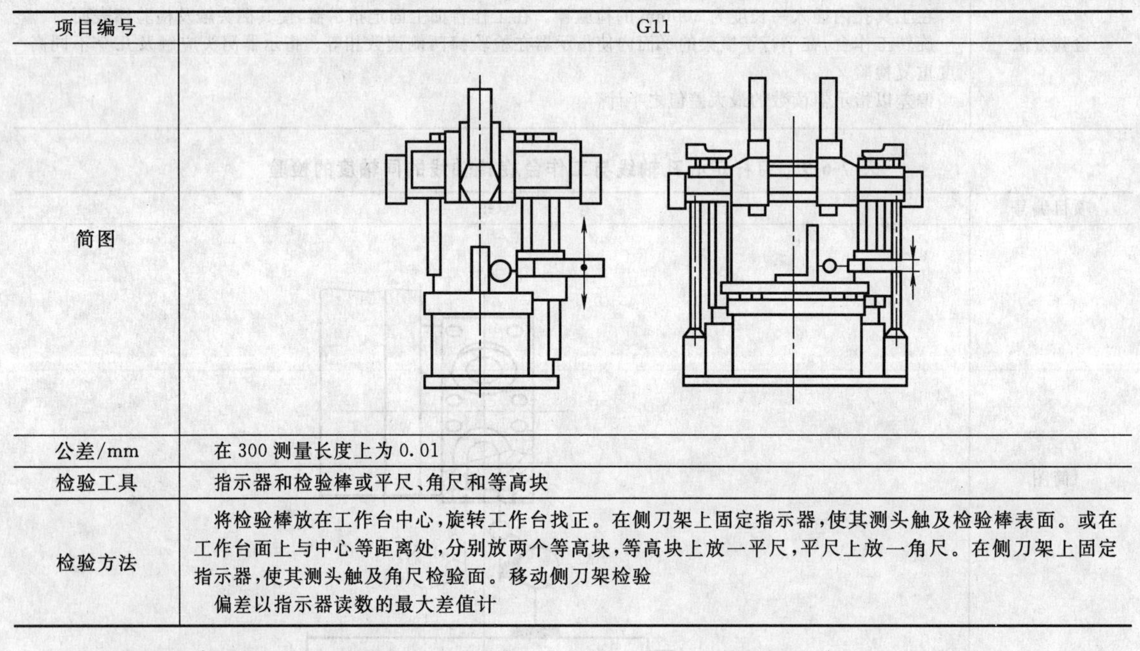
公差/mm	在 300 测量长度上为 0.01
检验工具	指示器和检验棒或平尺、角尺和等高块
检验方法	将检验棒放在工作台中心，旋转工作台找正。在侧刀架上固定指示器，使其测头触及检验棒表面。或在工作台面上与中心等距离处，分别放两个等高块，等高块上放一平尺，平尺上放一角尺。在侧刀架上固定指示器，使其测头触及角尺检验面。移动侧刀架检验 偏差以指示器读数的最大差值计

(2) 侧刀架滑枕移动对工作台面的平行度的检验(如表 7-6-12 所示)

6. 精车圆柱体圆环表面工作精度检验

在圆柱上车削最大长度为 20mm 的环带表面的检验，如表 7-6-13 所示，一般包括以下两项：

a) 刀具安装在垂直刀架上车削圆环表面；

b) 刀具安装在侧刀架上车削圆环表面（仅在滑枕行程内进行）。

7. 精车圆盘端面工作精度检验

用安装在垂直刀架上的刀具在圆盘上车削三个最大宽度为 20mm 的同心环带表面的检验如表 7-6-14 所示。

8. 数控切削工作精度检验

按编程指令对上端面、各台阶面及其圆柱面和圆弧面精加工的检验如表 7-6-15 所示。

表 7-6-12　侧刀架滑枕移动对工作台面的平行度的检验

项目编号	G12
简图	α
公差/mm	在 300 测量长度上为 0.02，$\alpha \geqslant 90°$
检验工具	平尺、等高块和指示器
检验方法	侧刀架应锁紧 在工作台面上与中心等距离处，分别放两个等高块，等高块上放一平尺。在滑枕上固定指示器，使其测头触及平尺检验面。移动滑枕检验 偏差以指示器读数的最大差值计

表 7-6-13　在圆柱上车削最大长度为 20mm 的环带表面的检验

项目编号	M1			
简图	d　300　20　H　工作台直径D_P　H=3/4滑枕行程 (H_{max}=1000mm) $d=H/2$ 材料：铸铁			
序号	检验项目	公差/mm	检验工具	说明
a)	圆度 在纵截面内直径尺寸一致性	$D_P \leqslant 1000$，0.005 $1000 < D_P \leqslant 3000$，0.010 $D_P > 3000$，0.015 在 300 测量长度上为 0.020	千分尺、精密检验工具	
b)	圆度 在纵截面内直径尺寸一致性	$D_P \leqslant 1000$，0.005 $1000 < D_P \leqslant 3000$，0.010 $D_P > 3000$，0.015 在 300 测量长度上为 0.020		

表 7-6-14 用安装在垂直刀架上的刀具在圆盘上车削三个最大宽度为 20mm 的同心环带表面的检验

项目编号	M2
简图	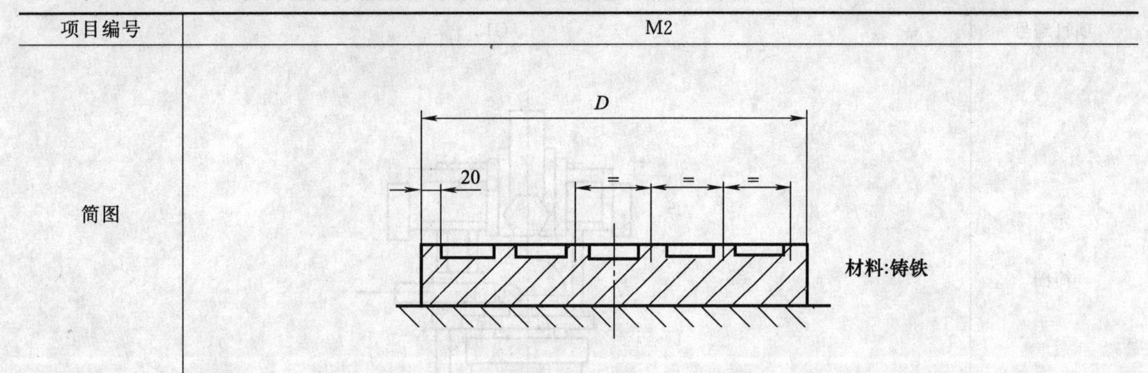

检验项目		公差/mm	检验工具	说明
平面度/mm			平尺和量块或精密指示器	三个同心带的尺寸分布按试料直径 D 使其间距相等
工作台直径 D_P	D			
$D_P \leqslant 1000$	500	0.02		
$1000 < D_P \leqslant 3000$	1000	0.03		
$D_P > 3000$	1500	0.04		

表 7-6-15 按编程指令对上端面、各台阶面及其圆柱面和圆弧面精加工的检验

项目编号	M3
简图	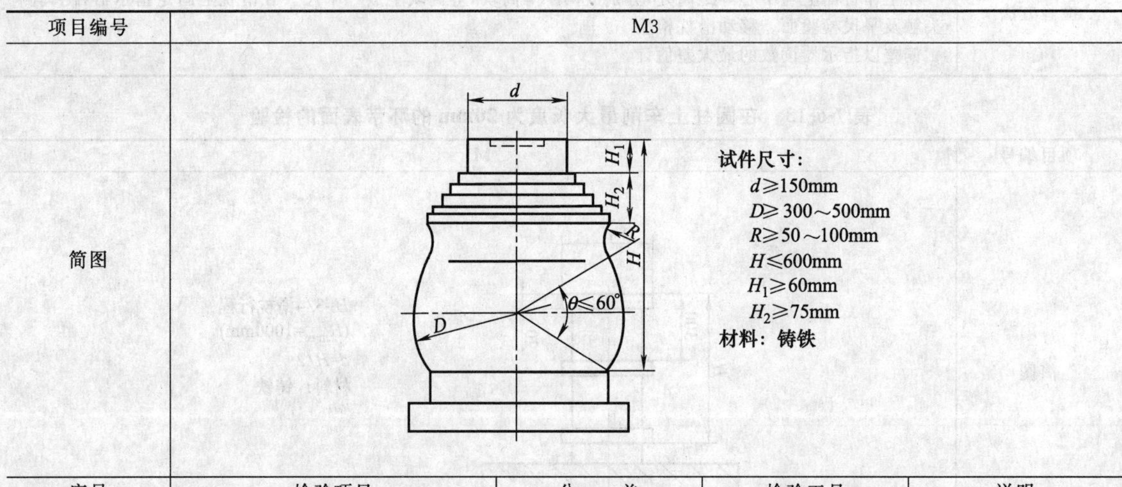

序号	检验项目		公差	检验工具	说明
a)	各圆柱面直径、各台阶面高度与指令值之差		±0.02mm	千分尺、精密检验工具、正弦规、表面粗糙度样板	
b)	表面粗糙度	平面	1.6μm		
		圆柱面			
		圆弧面	3.2μm		

9. 数控定位精度和重复定位精度的检验

(1) 垂直刀架滑座 X 轴线移动的定位精度和重复定位精度的检验（如表 7-6-16 所示）

(2) 垂直刀架滑枕 Z 轴线移动的定位精度和重复定位精度的检验（如表 7-6-17 所示）

6.1.2 数控立式车床精度检验

几何精度检验如表 7-6-18 所示。

工作精度检验如表 7-6-19 所示。

6.1.3 数控立式卡盘车床精度检验

数控立式卡盘车床的预调检验如表 7-6-20 所示。

数控立式卡盘车床的几何精度检验如表 7-6-21 所示。

数控立式卡盘车床的工作精度检验如表 7-6-22 所示。

表 7-6-16　垂直刀架滑座 X 轴线移动的定位精度和重复定位精度的检验

项目编号	P1
简图	Z X
公差/mm	(见下表)
检验工具	线性标尺或激光测量装置
说明	线性标尺或激光测量装置的光束轴线应调整到与移动轴线平行 检验时，应记录起始点

公差	测量长度		
	≤500	≤1000	≤2000
轴线至 2000			
双向定位精度 *A*	0.020	0.025	0.032
单向重复定位精度 *R*↑或 *R*↓	0.008	0.010	0.013
轴线的反向差值 *B*	0.010	0.013	0.016
双向定位系统偏差 *E*	0.016	0.020	0.025
轴线双向平均位置偏差范围 *M*	0.010	0.013	0.016
轴线行程大于 2000			
轴线的反向差值 *B*	0.016＋(测量长度每增加 1000,公差增加 0.003)		
双向定位系统偏差 *E*	0.025＋(测量长度每增加 1000,公差增加 0.005)		
轴线双向平均位置偏差范围 *M*	0.016＋(测量长度每增加 1000,公差增加 0.003)		

表 7-6-17　垂直刀架滑枕 Z 轴线移动的定位精度和重复定位精度的检验

项目编号	P2
简图	Z X

续表

项目编号	P2			
公差/mm	公差	测量长度		
		≤500	≤1000	≤2000
	轴线至2000			
	双向定位精度 A	0.020	0.025	0.032
	单向重复定位精度 $R\uparrow$ 或 $R\downarrow$	0.008	0.010	0.013
	轴线的反向差值 B	0.010	0.013	0.016
	双向定位系统偏差 E	0.016	0.020	0.025
	轴线双向平均位置偏差范围 M	0.010	0.013	0.016
	轴线行程大于2000			
	轴线的反向差值 B	0.016+(测量长度每增加1 000,公差增加0.003)		
	双向定位系统偏差 E	0.025+(测量长度每增加1 000,公差增加0.005)		
	轴线双向平均位置偏差范围 M	0.016+(测量长度每增加1 000,公差增加0.003)		
检验工具	线性标尺或激光测量装置			
说明	线性标尺或激光测量装置的光束轴线应调整到与移动轴线平行 检验时，应记录起始点			

表 7-6-18 几何精度检验

序号	简图	检验项目	允差/mm	检验工具	检验方法
G1	a b d c e a) b)	工作台面的平面度	工作台直径在1000内为0.03,直径每增加1000允差增加0.01(平或凹) 局部公差在任意300测量长度上为0.01	平尺、量块、等高块、可调垫块、桥板、精密水平仪	按图a)规定,在工作台面的 a、b、c 三个基准点上,分别放置等高块(这些等高块的上表面就是用作与被检平面相比较的基准平面)。将平尺放在 a-c 等高块上,在 a-c 的中点 d 处放一可调垫块,使其与平尺下表面接触,再将平尺放在 b-d 垫块上,在 e 点放一可调垫块,使其与平尺下表面接触,分别确定 d、e 点的可调垫块高度。将平尺放在图a)规定的各个位置上,用量块测量平尺与工作台面间的距离 误差以工作台面上各点对基准面间距离的最大差值计。局部误差以任意局部测量长度上相邻两端点对基准面间坐标值的最大差值计。当工作台直径等于或大于1000 mm时,按图b)所示用水平仪检验 在工作台面的直径线上放一桥板,桥板上放水平仪,紧靠桥板侧面放一平尺,桥板沿平尺等距离移动进行检验。将水平仪读数依次排列画出误差曲线 误差以每条误差曲线上各点对其两端点连线间坐标值的最大差值计。局部误差以任意局部测量长度上相邻两点对其相应曲线的两端点连线间坐标值的最大差值计

续表

序号	简图	检验项目	允差/mm	检验工具	检验方法
G2		工作台面的端面跳动	工作台直径在1000内为0.01,直径每增加1000,允差值增加0.01	指示器	固定指示器,使其测头触及工作台边缘与加工时刀具位置成180°处,旋转工作台进行检验。误差以指示器读数的最大代数差值计。检验时,横梁应夹紧
G3		工作台定心孔的径向跳动或工作台的径向跳动	工作台直径在1000内为0.01,直径每增加1000允差值增加0.01	指示器	固定指示器,使其测头触及工作台定心孔面上或工作台外圆柱面上与加工时刀具位置成180°处,旋转工作台进行检验。误差以指示器读数的最大代数值计。检验时,横梁应夹紧
G4	a) b) a) b)	横梁垂直移动对工作台旋转轴线的平行度,或横梁垂直移动对工作台面的垂直度 a)在垂直于横梁的平面内 b)在平行于横梁的平面内	a)在1000测量长度上为0.04 b)在1000测量长度上为0.025 带镗、铣附件的机床。a)项允差在1000测量长度上为0.03	指示器、检验棒或平尺、角尺、等高块	将检验棒放在工作台中心,旋转工作台找正。指示器固定在横梁或刀架上,使其测头触及检验棒表面。或在工作台面上与中心等距离处,分别放两个等高块,等高块上放一平尺,平尺上放一角尺,将指示器固定在横梁或刀架上,使其测头触及角尺检验面 a)在垂直于横梁的平面内;b)在平行于横梁的平面内。移动横梁进行检验。横梁夹紧后,记录指示器读数。在1000 mm测量长度上至少记录三个读数 a)、b)误差分别计算,误差以指示器读数的最大代数差值计
G5		垂直刀架移动对工作台面的平行度	在1000测量长度上为0.02	平尺、等高块、指示器	在工作台面上,离工作台中心等距离处和横梁平行放两个等高块,等高块上放一平尺。指示器固定在垂直刀架上,使其测头触及平尺检验面,移动刀架检验。误差以指示器读数的最大代数差值计。检验时横梁固定在其行程下部位置,横梁应夹紧

续表

序号	简图	检验项目	允差/mm	检验工具	检验方法
G6	a) b) a) b)	垂直刀架滑枕移动对工作台旋转轴线平行度，或垂直刀架滑枕移动对工作台面的垂直度 a)在垂直于横梁的平面内 b)在平行于横梁的平面内	a)在1000测量长度上为0.04 b)在1000测量长度上为0.02 带镗、铣附件的机床，a)项允差在1000测量长度上为0.03	指示器、检验棒或平尺、角尺、等高块	将检验棒放在工作台中心，旋转工作台找正。指示器固定在垂直刀架滑枕上，使其测头触及检验棒表面；或在工作台面上与中心等距处，分别放两个等高块，等高块上放一平尺，平尺上放一角尺，指示器固定在垂直刀架滑枕上，使其测头触及角尺检验面 a)在垂直于横梁的平面内 b)在平行于横梁的平面内。移动滑枕进行检验 a)、b)误差分别计算。误差以指示器读数的最大代数差值计。检验时，横梁应夹紧
G7	位置精度 a)定位精度 A $A=(\overline{X}_j+3S_j)_{\max}-(\overline{X}_j-3S_j)_{\min}$ b)重复定位精度 R $R=6S_j\uparrow_{\max}$(或 $6S_j\downarrow_{\max}$) c)反向偏差 B $B=\lvert\overline{X}_j\uparrow-\overline{X}_j\downarrow\rvert_{\max}$		X轴和Z轴，在任意1000测量长度上 a)0.030 b)0.015 c)0.010	激光干涉仪	X轴(Z轴)长度<1000mm时，每米至少选5个目标位置，全长上不少于5个目标位置。按检验程序，对每个目标位置的正、负运动方向各进行5次阶梯循环测量，测得数据记录在位置精度计算表中，按表逐步计算出各项结果 当X轴(Z轴)长度>1000～2000mm时，全长上不少于10个目标位置 当X轴(Z轴)长度>2000～6000mm时，常用2000mm工作行程内不少于10个目标位置，其余行程每250mm或500mm增设一个目标位置。按上述方法检验。各项结果还应用图线表示出 目标位置间的运行速度为1000mm/min。检验X轴时，横梁位于其行程下部并夹紧。检验Z轴时横梁位于能测量滑枕全部行程的最低位置并夹紧

表 7-6-19　工作精度检验

序号	简图	检验性质	切削条件	检验项目	允差/mm	检验工具
P1	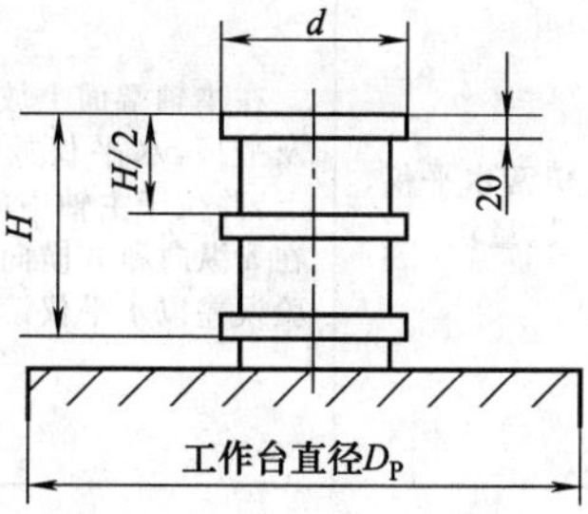工作台直径D_P 试件尺寸： H=3/4 滑枕行程和 $H\leqslant1000$mm $d=H/2$ 材料：铸铁	精车圆柱体圆环表面	刀具安装在垂直刀架上	a)圆度 b)在纵截面内直径尺寸一致性	a)工作台直径 D_P ≤1000 | >1000～3000 | >3000 0.005 | 0.010 | 0.015 b)在 300 测量长度上为 0.02	千分尺、精密检验工具
P2	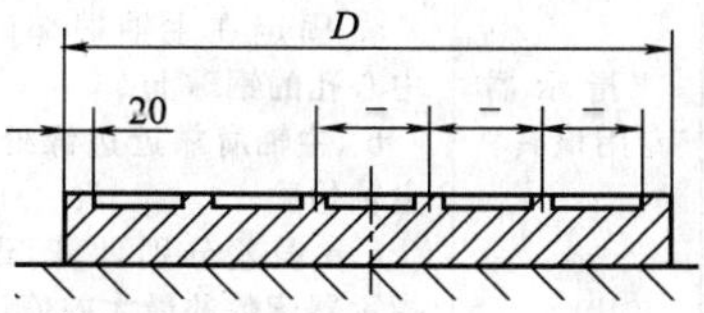试件尺寸/mm 工作台直径 D_P | D ≤1000 | 500 >1000～3000 | 1000 >3000 | 1500 材料：铸铁	精车圆盘端面	刀具安装在直刀架上	平面度	工作台直径 D_P ≤1000 | >1000～3000 | >3000 0.02 | 0.03 | 0.04	平尺、块规或精密指示器
P3	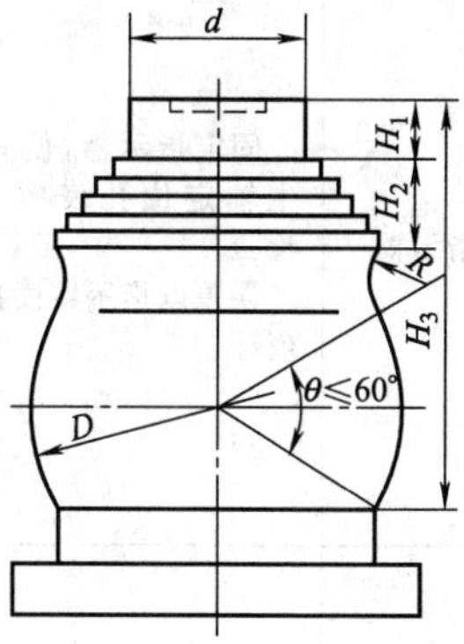试件尺寸： d | H_1 | H_2 | H_3 ≥150 | ≥60 | ≥75 | ≤600 R | D ≥50～100 | ≥300～500 材料：铸铁	按编程指令对上端面、各台阶面及其圆柱面、圆锥面、圆弧面精加工	刀具安装在垂直刀架上，按规定的切削规范编程进行切削	a)各圆柱面直径，各台阶面高度与指令值之差 b)表面粗糙度	a)±0.02mm b) 平面、圆柱面 | 圆弧面 1.6μm | 3.2μm	千分尺、精密检验工具、正弦规、表面粗糙度基准样板

表 7-6-20 预调检验

序号	简图	检验项目	允差/mm	检验工具	检验方法
G0	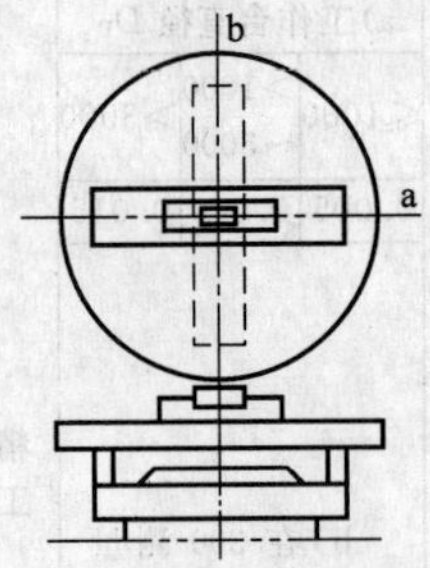	调平： a. 纵向 b. 横向	a 和 b 0.030/1000	精密水平仪、平尺、量块	在主轴端面上放置量块及平尺，水平仪放在平尺上，并位于主轴中间位置，在 a 纵向和 b 横向进行检验误差以水平仪读数计

表 7-6-21 几何精度检验

序号	简图	检验项目	允差/mm	检验工具	检验方法
G1	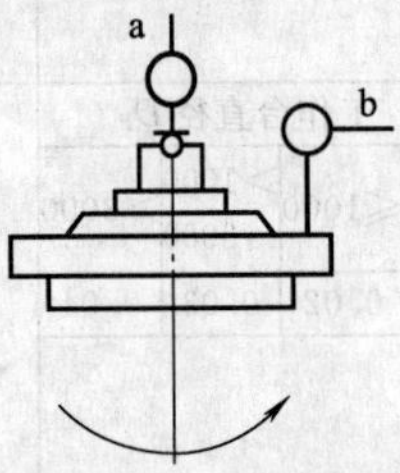	主轴端部的跳动 a. 主轴的轴向窜动 b. 主轴轴肩的跳动	a. 0.010 b. 0.015	指示器 专用检具	固定指示器，使其测头分别触及 a. 固定在主轴端部的检具中心孔的钢球上 b. 主轴肩靠近边缘处，旋转主轴检验 a、b 误差分别计算，误差以指示器读数的最大差值计
G2	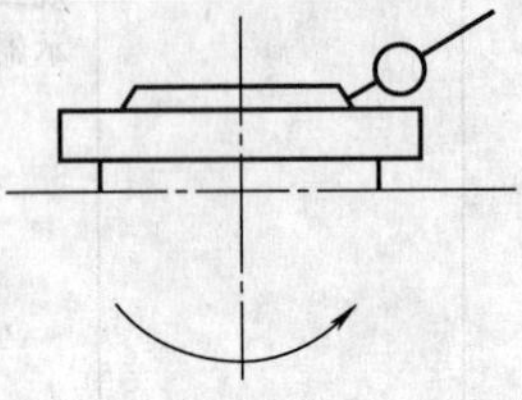	主轴定心轴颈的径向跳动	0.010	指示器 专用检具	固定指示器，使其测头垂直触及主轴定心轴颈上，旋转主轴检验 误差以指示器读数的最大差值计
G3	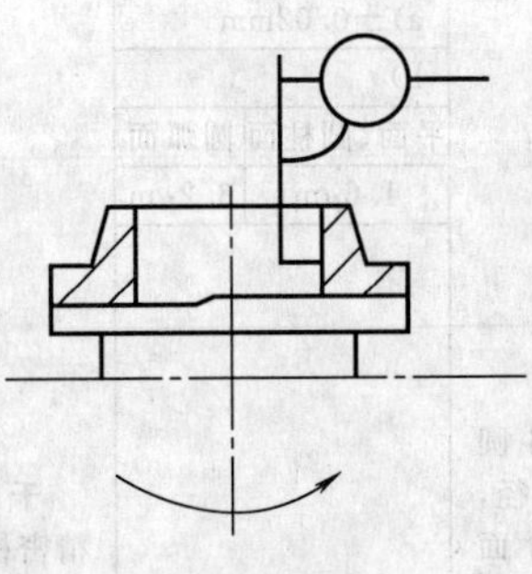	主轴定位孔的径向跳动（只适用于主轴有定位孔的机床）	0.010	指示器	固定指示器，使其测头触及主轴定位孔表面，旋转主轴检验 误差以指示器读数的最大差值计
G4	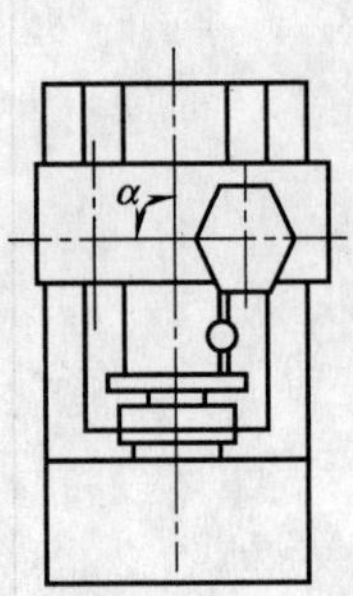	刀架横向移动对主轴轴线的垂直度	0.030/300 $\alpha \geqslant 90°$	指示器 平盘或平尺	调整装在主轴上的平盘或平尺，使其与回转轴线垂直，指示器固定在横滑板上，使其测头触及平盘（或平尺）上，移动横滑板在全工作行程上进行检验 将主轴旋转 180°再同样检验一次，误差以指示器两次测量结果的代数和之半计

续表

序号	简图	检验项目	允差/mm	检验工具	检验方法
G5	L b a	刀架垂直移动对主轴轴线的平行度 a. 在主平面内 b. 在次平面内	a. $L=500$，0.020 b. $L=500$，0.030	指示器 检验棒	将指示器固定在刀架或横梁上，使其测头触及固定在主轴上的检验棒表面：a. 在主平面内；b. 在次平面内，移动刀架检验 将主轴旋转 180°再同样检验一次 a、b 误差分别计算，误差以指示器两次测量结果的代数和之半计
G6		转塔工具孔轴线与主轴轴线的重合度（只适用于转塔有工具孔的机床）	0.030	指示器 专用检具	将指示器固定在主轴端部的专用检具上，使其测头触及转塔工具孔表面，旋转主轴检验。误差以指示器读数最大差值之半计。检验时转塔尽量接近主轴端部。每个工具孔均需检验
G7		转塔附具安装基面对主轴轴线的垂直度	0.025/100	指示器	将指示器固定在主轴端部的专用检具上使其测头触及转塔基面，旋转主轴检验 误差以指示器读数最大代数差值计 检验时转塔尽量接近主轴端部
G8	300	转塔转位的重复定位精度	0.020	指示器、检验棒	检验棒装在转塔上，固定指示器，使其测头沿转塔回转切线方向触及检验棒表面上，记下指示器读数，退回转塔，转位 360°转塔再移动到原始位置，记录读数。检验 7 次。测得位置偏差 X_1、X_2、…、X_7 重复定位精度 $R=2.2(X_{\max}-X_{\min})$ 每个工位正、负方向均需检验

续表

序号	简图	检验项目	允差/mm	检验工具	检验方法
G9	—	轴线的重复定位精度 a. Z 轴 b. X 轴	a. 0.015 b. 0.0075	激光干涉仪	在轴线长度全部行程不少于5个均匀分布的目标位置进行检验 刀架从一个固定基准点按线性循环正向快速进给向目标位置定位，在位置 P_i 处测得5个位置偏差 $X_{ij}\uparrow$。负向在位置 P_i 处又测得5个位置偏差 $X_{ij}\downarrow$。式中，$j=1,\cdots,m$；$i=1,\cdots5$ a)平均位置偏差 $\overline{X}_j\uparrow$、$\overline{X}_j\downarrow$ 按下式公式计算 $\overline{X}_j\uparrow=\frac{1}{5}\sum_{i=1}^{5}X_{ij}\uparrow$ $\overline{X}_j\downarrow=\frac{1}{5}\sum_{i=1}^{5}X_{ij}\downarrow$ b)标准偏差 $S_j\uparrow$、$S_j\downarrow$ 按下列公式计算 $S_j\uparrow=\sqrt{\frac{1}{5-1}\sum_{i=1}^{5}(X_{ij}\uparrow-\overline{X}_j\uparrow)^2}$ $S_j\downarrow=\sqrt{\frac{1}{5-1}\sum_{i=1}^{5}(X_{ij}\downarrow-\overline{X}_j\downarrow)^2}$ c)重复定位精度 $R_j\uparrow$、$R_j\downarrow$ 取 $6S_j\uparrow$ 或 $6S_j\downarrow$ 中的最大值 轴线的重复定位精度 R 取各目标位置上重复定位精度 $R_j\uparrow$ 和 $R_j\downarrow$ 中的最大值
G10	—	轴线的定位精度 a. Z 轴 b. X 轴	a. 0.040 b. 0.035	激光干涉仪	检验方法与G9相同 轴线的定位精度 A 是在轴线上全部长度内双向测量中，任意位置 $(\overline{X}_j+3S_j)$ 最大值与任意位置 $(\overline{X}_j-3S_j)$ 最小值的差值来确定，即 $A=(\overline{X}_j+3S_j)_{\max}-(\overline{X}_j-3S_j)_{\min}$

表 7-6-22　工作精度检验

序号	简图	检验性质切削条件	检验项目	允差/mm	检验工具	说　明
P1	(ϕ120) 10 10 150 10	在转塔刀架一个工位上，装夹单刃车刀精车圆柱形试件	精车外圆的精度 a. 圆度 b. 纵截面直径的一致性(试件同一轴向平面内直径的变化)	a. 0.007 b. 150测量长度上：0.012	圆度仪、千分尺	a. 圆度在试件固定端检验 b. 为试件同一轴向平面内直径的变化 工件材料：45钢 切削速度：100～150 m/min 切削深度：0.1～0.15mm 进给量：0.1 mm/r 机夹可转位车刀刀片材料：YW3涂层

续表

序号	简图	检验性质 切削条件	检验项目	允差/mm	检验工具	说　明
P2	d 20 试件直径：$d=D/2\sim500$ D——卡盘直径	在刀架上装单刃车刀精车试件端面	精车端面的平面度	在500测量直径上0.030(只许凹)	平尺、块规或指示器	工件材料：铸铁 切削速度：100 m/min 切削深度：0.1～0.15 mm 进给量：0.1 mm/r 机夹可转位车刀刀片材料：YW3涂层
P3	d L $L\approx2d$，$L\geqslant75$ d应接近Z轴丝杠直径	刀架上装螺纹车刀，在试件上精车60°螺纹	精车螺纹的螺距累积差	任意60测量长度上0.02	精密量仪	工件材料：45钢 切削速度：60～100m/min 机夹可转位螺纹车刀刀片材料：YW3涂层
P4	ϕ80～100 ϕ45 20 ϕ110		试件尺寸的分散度 a. 直径 b. 长度	a. 0.035 b. 0.052	分尺深度尺或精密量检具	试件7件，材料为45钢，试件可多次使用 切削条件：在转塔刀架上装夹可转位车刀，连续精车7个试件，每车完一个工件转位360° 切削速度：100～150m/min 切削深度：0.1～0.15mm 进给量：0.1mm/r 可转位车刀刀片材料为YW3涂层 评定方法：7个试件测得7个直径偏差$X_1,\cdots,X_7$，7个长度偏差$Z_1,\cdots,Z_7$，按重复定位精度方法进行数据处理： a. 标准偏差 直径尺寸标准偏差S_x 长度尺寸标准偏差S_z b. 尺寸分散度 直径尺寸分散度$R_x=6S_x$ 长度尺寸分散度$R_z=6S_z$

数控立式卡盘车床车削综合试件的检验如表7-6-23所示。

表 7-6-23　车削综合试件的检验

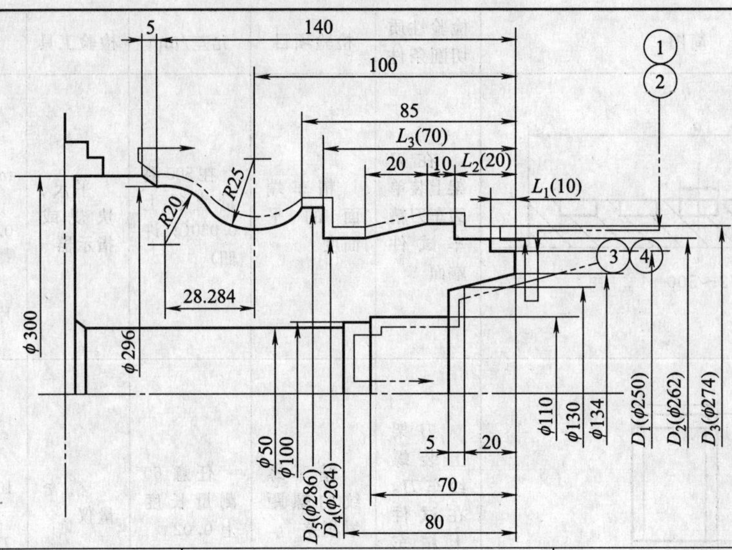

序号	检验项目		允差/mm
1	圆度(直径差)D_3		0.015
2	直径尺寸 D_4		±0.025
3	直径尺寸 D_1、D_2、D_3、D_5		±0.020
4	直径尺寸 $D_2-D_1=12$		±0.015
5	直径尺寸 $D_3-D_2=12$		
6	直径尺寸 $D_3-D_4=10$		±0.020
7	长度尺寸	$L_1=10$	±0.025
		$L_2=20$	
		$L_3=70$	±0.035

注：1. 编程时进给途径可以不同。
2. 试件可以多次使用，尺寸可按比例减小和增加。
3. 尺寸允差为实测尺寸与指令值的差值。
4. 具备丝杠导程补偿装置、间隙补偿装置的机床可在使用这些装置的条件下进行试验。
5. 材料：45钢。
6. 刀具：机夹可转位车刀。
7. 刀片材料：YW3涂层。

6.1.4　数控卧式车床性能试验规范

各系列数控卧式车床试验项目如表 7-6-24 所示。

表 7-6-24　各系列数控卧式车床试验项目

试验项目	数控卧式车床 通用型	数控卧式 卡盘车床	数控卧式排刀 卡盘车床	数控卧式双轴 卡盘车床
功能试验	○	○	○	○
噪声试验	○	○	○	○□
空运转振动试验	○	△	△	△□
温升和热变形试验	○	○	○	○□
静刚度试验	○	○	○	○
传动效率试验	○	○	○	○
动态性能试验	○	○	○	○
位置精度试验	○	○	○	○

续表

试验项目	数控卧式车床通用型	数控卧式卡盘车床	数控卧式排刀卡盘车床	数控卧式双轴卡盘车床
回转精度试验	○	○	○	○
直线运动均匀性试验	○	○	○	○
工作精度试验	○	△	△	△
生产能力试验	○	○	○	○
连续运行试验	○	○	○	○□

注：1. ○为应进行的试验项目。

2. △为因结构影响（如无尾座）需减少相应试验内容项目。

3. □当两轴能同时工作时，试验时两轴需同时运转。

热位移表示方法如表 7-6-25 所示。

表 7-6-25 热位移表示方法

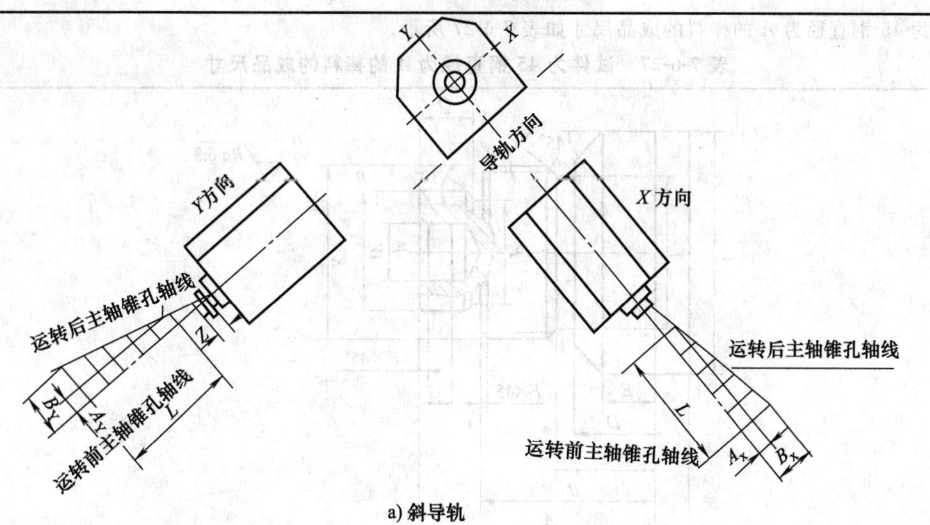

a) 斜导轨

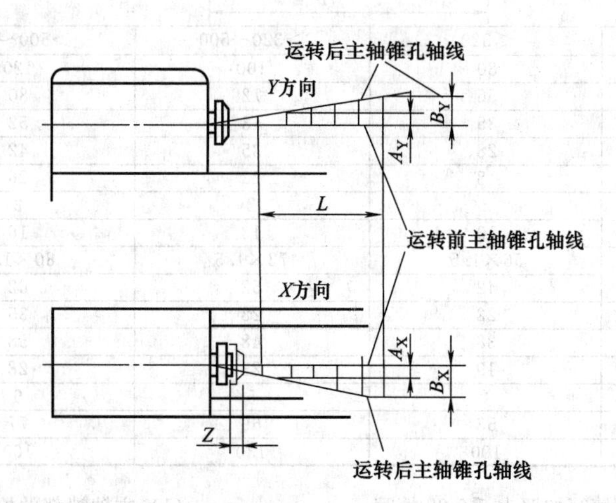

b) 水平导轨

Y 方向	线位移 $\Delta A_Y = A_Y$
	角位移 $\Delta\alpha_Y = \dfrac{B_Y - A_Y}{L}$

续表

X方向	线位移 $\Delta A_X = A_X$
	角位移 $\Delta\alpha_X = \dfrac{B_X - A_X}{L}$
Z方向	轴向位移 $\Delta Z = Z$

加载力如表7-6-26所示。

表7-6-26　加载力

D_a/mm	加载力/N	D_a/mm	加载力/N
200	1600	>400～500	6400
>200～250	2240	>500～630	8960
>250～320	3200	>630～800	12800
>320～400	4480	>800～1000	17920

注：D_a为最大切削直径。

试件为45钢直径为A的棒料的成品尺寸如表7-6-27所示。

表7-6-27　试件为45钢直径为A的棒料的成品尺寸　　mm

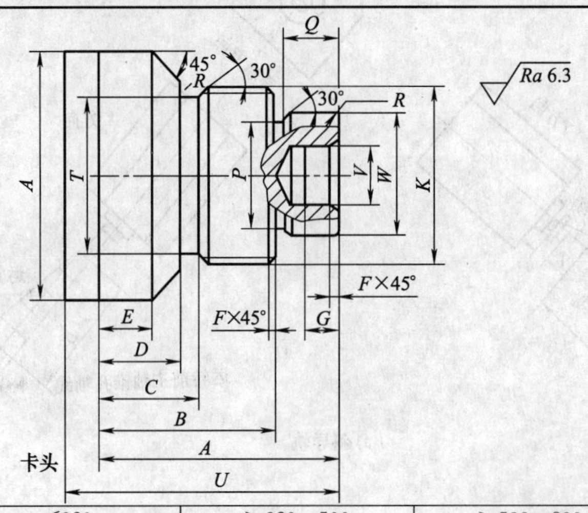

D_a	≤320	>320～500	>500～800	>800
A	80	100	120	150
B	56	72	80	100
C	35	43	52	65
D	28	35	42	53
E	18	22	26	33
F	2	2	2	3
G	10	13	16	20
K	56×1.5	72×1.5	80×1.5	100×2
W(h6)	42	52	62	80
V(H7)	22	28	35	42
P	38	48	58	74
Q	19	23	28	35
R	4	5	6	8
T	53	69	77	96
U	100	130	160	200

W尺寸实测值的填写按照表7-6-28填写。

连续空运转的循环条件如表7-6-29所示。

6.1.5　卧式车床几何精度检验

1. 主轴箱主轴几何精度检验

（1）主轴端部的检验（见表7-6-30）

主轴端部检验一般包括以下三项：

a）定心轴径的颈向跳动；

b）周期性轴向窜动；

c）主轴端面跳动。

表 7-6-28　W 尺寸实测值的填写

工序能力系数							
		$n(i)$	$m(j)$ 1	2	3	4	5
1	X_i $n=5$ $m=5$	1					
		2					
		3					
		4					
		5					
2	$\sum X_i$						
3	$\overline{X}_j=\sum X_i/5$						
4	$R_j=X_{i\max}-X_{i\min}$						
5	总平均数 $\overline{X}=\sum X_j/5$						
6	平均极差 $\overline{R}=\sum R_j/5$						
7	标准偏差 $S'_R=\overline{R}/d_n=\overline{R}/2.326$						
8	加工件数 N						
9	尺寸公差：(h6)上偏差 T_u 下偏差 T_l						
10	偏移系数 $K=\dfrac{\lvert\overline{X}-(T_u+T_l)/2\rvert}{(T_u-T_l)/2}$						
11	工序能力系数 $C_pK=(1-K)\dfrac{T_u-T_l}{6S'R}$						

表 7-6-29　连续空运转的循环条件

工作电压	额定值	额定值+10%	额定值	额定值−10%
时间/h	4	8	4	8

表 7-6-30　主轴端部检验

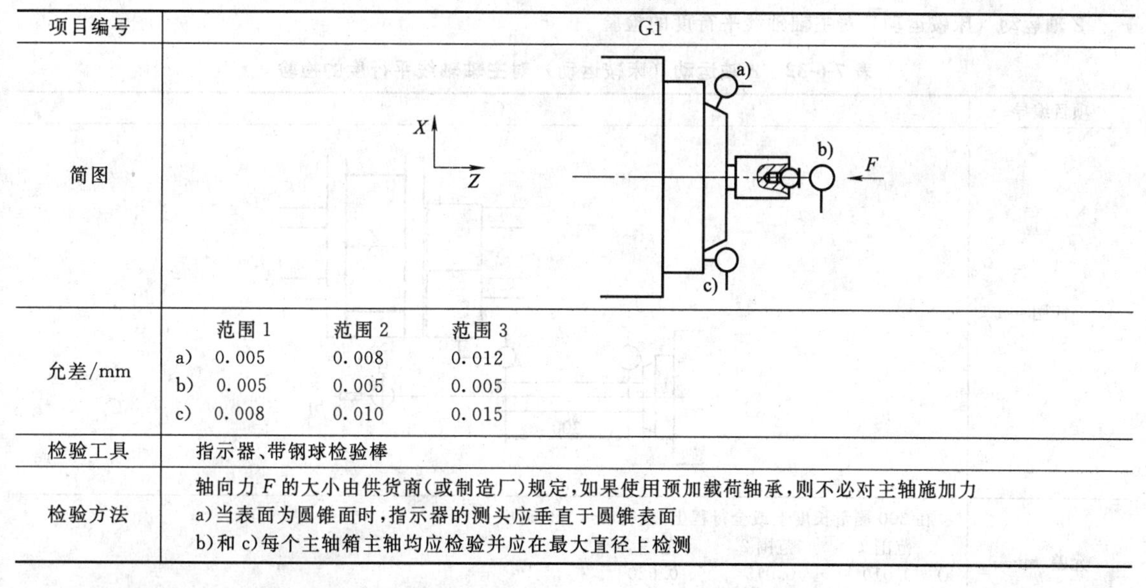

项目编号	G1
简图	
允差/mm	范围 1　范围 2　范围 3 a)　0.005　0.008　0.012 b)　0.005　0.005　0.005 c)　0.008　0.010　0.015
检验工具	指示器、带钢球检验棒
检验方法	轴向力 F 的大小由供货商(或制造厂)规定，如果使用预加载荷轴承，则不必对主轴施加力 a)当表面为圆锥面时，指示器的测头应垂直于圆锥表面 b)和 c)每个主轴箱主轴均应检验并应在最大直径上检测

(2) 主轴孔的径向跳动的检验（见表 7-6-31）

主轴孔的径向跳动的检验一般包括以下几项：

1) 测头直接触及：

a) 前锥孔面，

b) 后定位面。

2) 使用检验棒检验

a) 靠近主轴端面；

b) 距主轴端面 300mm 处。

表 7-6-31　主轴孔的径向跳动的检验

项目编号	G2
简图	
允差/mm	1)　a)和 b)　0.008 2)　在 300 测量长度上或全行程上(全行程≤300 时) 　　范围 1　　范围 2　　范围 3 a)　0.010　0.015　0.020 b)　0.015　0.020　0.025
检验工具	指示器和检验棒
检验方法	对于 2)项检验应在 ZX 和 XZ 平面内进行。检验时将主轴缓慢旋转,在每个检验位置至少转动两转进行检验 拔出检验棒,使其相对主轴旋转 90°重新插入,至少重复检验 4 次,偏差以测量结果的平均值计 测量时,应减少切向力对测头的影响 每个主轴箱主轴均应检验

2. 主轴箱主轴与线性运动轴的关系

(1) Z 轴运动（床鞍运动）对主轴轴线平行度的检验（见表 7-6-32）

Z 轴运动（床鞍运动）对主轴轴线平行度的检验一般包括以下几项：

a) 在 ZX 平面内；

b) 在 YZ 平面内。

表 7-6-32　Z 轴运动（床鞍运动）对主轴轴线平行度的检验

项目编导	G3
简图	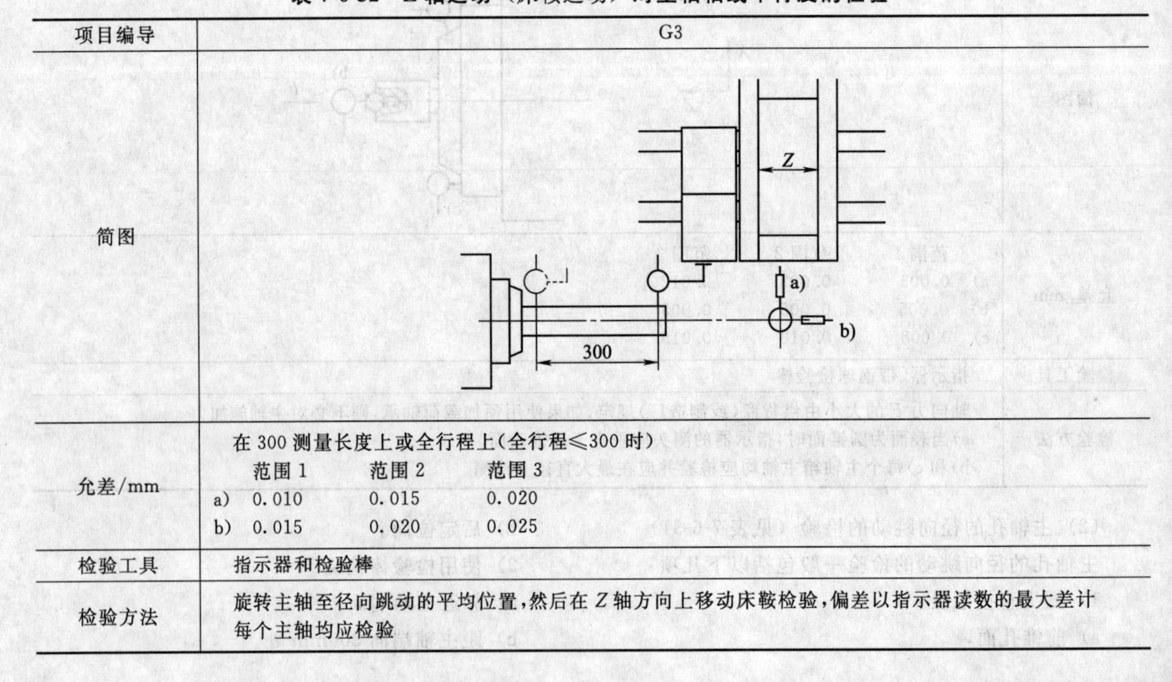
允差/mm	在 300 测量长度上或全行程上(全行程≤300 时) 　　范围 1　　范围 2　　范围 3 a)　0.010　0.015　0.020 b)　0.015　0.020　0.025
检验工具	指示器和检验棒
检验方法	旋转主轴至径向跳动的平均位置,然后在 Z 轴方向上移动床鞍检验,偏差以指示器读数的最大差计 每个主轴均应检验

（2）主轴（C'轴）轴线对的检验（见表 7-6-33）

主轴（C'轴）轴线对的检验一般包括以下几项：

a）X 轴线在 ZX 平面内运动的垂直度；

b）Y 轴线在 YZ 平面内运动的垂直度（当有 Y 轴时）。

（3）Y 轴运动（刀架）对 X 轴运动（刀架滑板）的垂直度的检验（见表 7-6-34）

本项也适用于 X_1 轴线对 Y_2 轴线的垂直度检验。

表 7-6-33　主轴（C'轴）轴线对的检验

项目编号	G4
简图	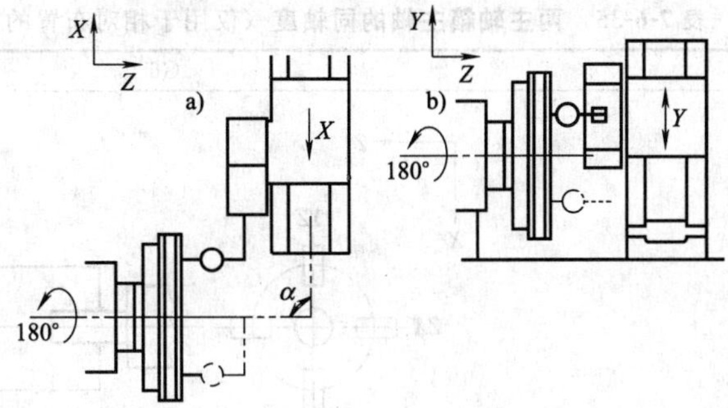 X Z a) X α 180° Y Z b) Y 180°
允差/mm	在 300 测量长度上或全行程上(全行程≤300 时)(α≥90°)： 范围 1　范围 2　范围 3 a)　0.015　0.015　0.025 b)　0.020　0.020　0.020
检验工具	指示器、花盘及平尺
检验方法	将指示器固定在转塔刀架上，并靠近刀具位置 将平尺固定在花盘上，花盘安装在主轴上 旋转主轴，使平尺的端面与主轴(C'轴)旋转平面平行并近似与 $X(Y)$轴轴线平行 应在 $X(Y)$轴线运动的若干位置上进行测量，然后将主轴回转 180°进行第二次测量。偏差以两次测量读数平均值的最大差值计。除非用户与供货方(或制造厂)之间有特殊协议，否则 a)项检验产生的平面只许凹 每个主轴箱主轴均应检验

表 7-6-34　Y 轴运动（刀架）对 X 轴运动（刀架滑板）的垂直度的检验

项目编号	G5
简图	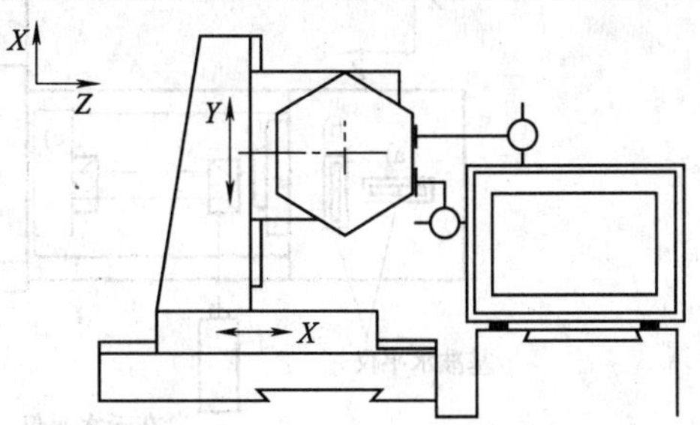 X Z Y X
允差/mm	在 300 测量范围上或全行程上(全行程≤300 时)： 范围 1　范围 2　范围 3 0.020　0.020　0.030
检验工具	指示器、直角尺
检验方法	放置直角尺，使其基准面与 X 轴线运动平行 移动指示器，使其测头触及角尺的垂直面 利用 Y 轴运动在垂直面内进行检验 偏差以测量范围内最大读数差值计

(4) 两主轴箱主轴的同轴度（仅用于相对布置的主轴）的检验（见表7-6-35）

两主轴箱主轴的同轴度（仅用于相对布置的主轴）的检验一般包括以下几项：

a) 在 ZX 平面内；

b) 在 YZ 平面内。

3. 线性轴运动的角度偏差

(1) Z 轴运动（床鞍运动）的角度偏差的检验（见表7-6-36）

Z 轴运动（床鞍运动）的角度偏差的检验一般包括以下几项：

a) 在 YZ 平面内（俯仰）；

b) 在 XY 平面内（倾斜）；

c) 在 ZX 平面内（偏摆）。

表7-6-35　两主轴箱主轴的同轴度（仅用于相对布置的主轴）的检验

项目编号	G6
简图	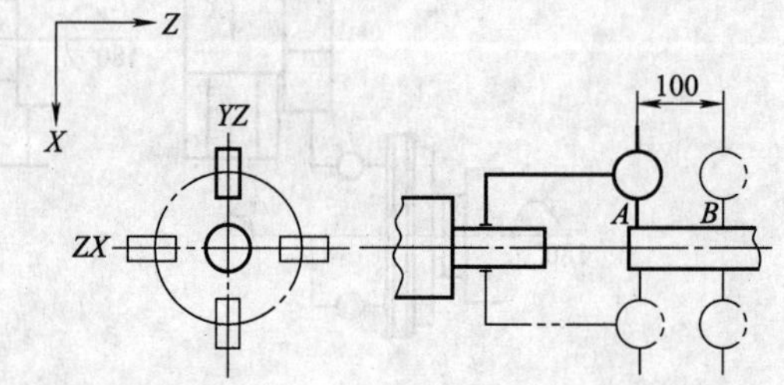 Z　X　YZ　ZX　100　A　B
允差/mm	在100测量范围内： 范围1　范围2　范围3 0.010　0.015　0.015
检验工具	指示器和检验棒
检验方法	将指示器固定在每一个主轴箱主轴上，检验棒插入第二个主轴箱主轴内 a)旋转第一个主轴，使指示器位于 ZX 平面内，并使指示器测头在距离第二主轴端部100mm处(A点位置)触及检验棒。旋转第二根主轴找出径向跳动的平均位置测取读数。然后将第一根主轴旋转180°得到第二个读数，在B点位置重复上述测量 b)在 YZ 平面内重复进行上述检验过程 在 ZX 和 YZ 两个平面内的 A 和 B 位置，同轴度偏差以0°和180°所测取的读数之间的差值的1/2计

表7-6-36　Z 轴运动（床鞍运动）的角度偏差的检验

项目编号	G7
简图	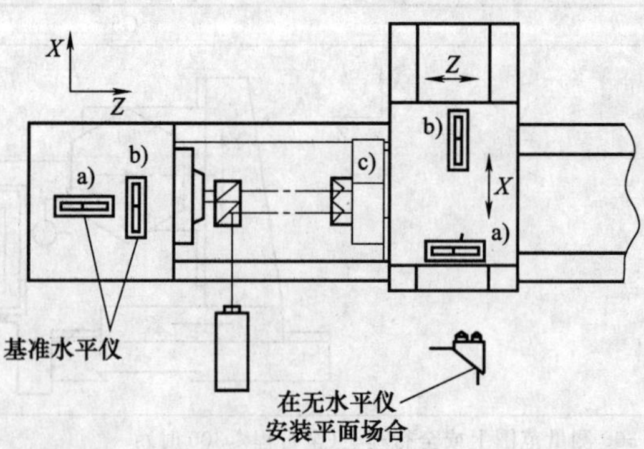 X　Z　a)　b)　c)　基准水平仪　在无水平仪安装平面场合
允差/mm	a)、b)和 c)　$Z\leqslant500$，0.040/1000(或8″) $500<Z\leqslant1000$，0.060/1000(或12″) $1000<Z\leqslant2000$，0.080/1000(或16″)
检验工具	a)精密水平仪，自准直仪和反射器或激光仪器 b)精密水平仪 c)自准直仪和反射器或激光仪器

第7篇

续表

项目编号	G7
检验方法	对于倾斜床身，基准面和水平面有一个角度，当有可能水平放置水平仪时，可以使用一个专用桥板和精密水平仪进行 b)项检验，但建议不用精密水平仪进行 a)项检验，当使用自准直仪时，应调整自准直仪测微目镜使其与基准面垂直或平行 应在往复两个运动方向上沿行程至少 5 个等距位置上进行检验。最大和最小读数之差即为角度偏差 对于数控车床，俯仰和倾斜仪为次要偏差 注：当使用精密水平仪检验时，精密水平仪每移动一个位置时，其读数都应与基准水平仪的读数进行比较，并记录差值。角度偏差以水平仪在 5 个位置读数（每个位置的读数是指精密水平仪与基准水平仪之间的差值）的最大与最小之差计

（2）X 轴运动（刀架滑板运动）的角度偏差的检验（见表 7-6-37）

X 轴运动（刀架滑板运动）的角度偏差的检验一般包括以下几项：

a）在 XY 平面内（俯仰）；

b）在 YZ 平面内（倾斜）；

c）在 ZX 平面内（偏摆）。

（3）Y 轴运动（刀架运动）的角度偏差的检验（见表 7-6-38）

Y 轴运动（刀架运动）的角度偏差的检验一般包括以下几项：

a）在 YZ 平面内（绕 X 轴偏摆），

b）在 ZX 平面内（倾斜）；

c）在 XY 平面内（绕 Z 轴仰俯）。

4. 尾座

（1）尾座 R 轴运动对床鞍 Z 轴运动的平行度的检验（见表 7-6-39）

尾座 R 轴运动对床鞍 Z 轴运动的平行度的检验一般包括以下几项：

a）在 ZX 平面内；

b）在 YZ 平面内。

表 7-6-37　X 轴运动（刀架滑板运动）的角度偏差的检验

项目编号	G8
简图	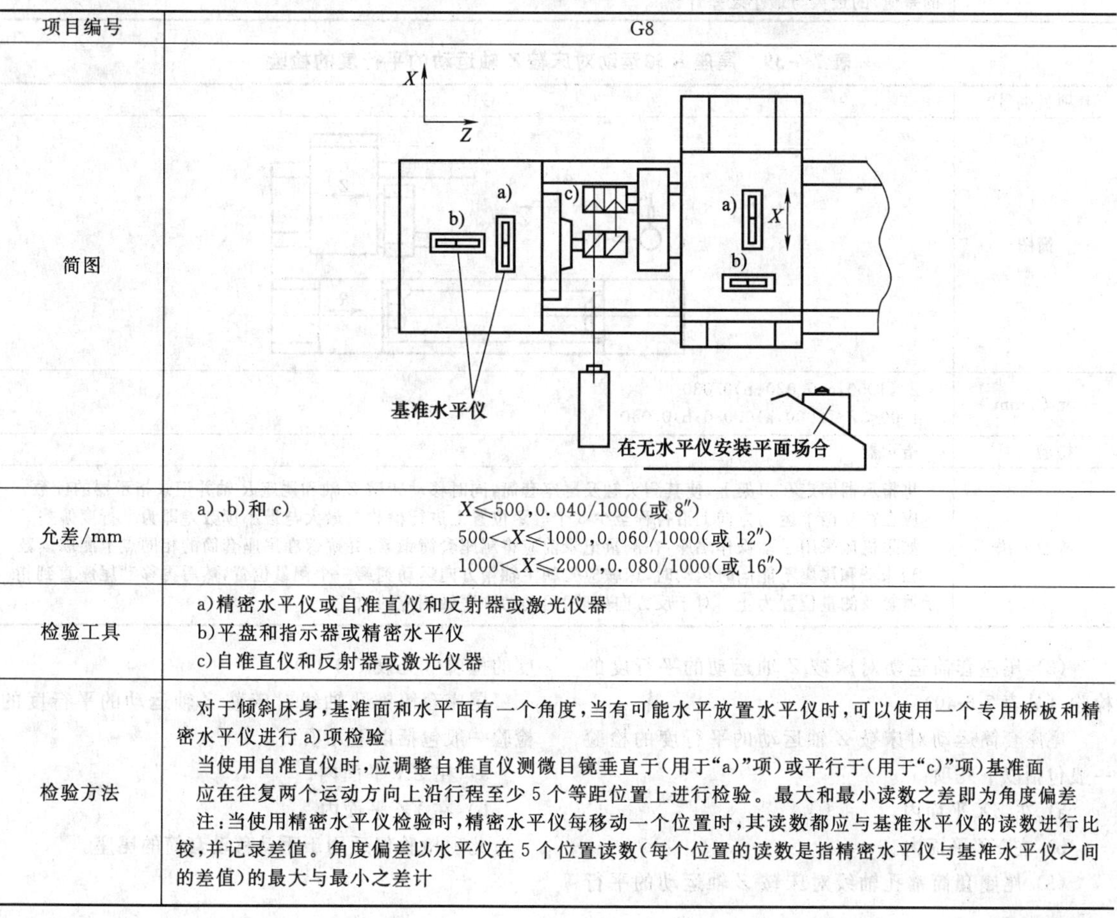
允差/mm	a)、b)和 c)　$X \leqslant 500$，0.040/1000（或 8″） $500 < X \leqslant 1000$，0.060/1000（或 12″） $1000 < X \leqslant 2000$，0.080/1000（或 16″）
检验工具	a)精密水平仪或自准直仪和反射器或激光仪器 b)平盘和指示器或精密水平仪 c)自准直仪和反射器或激光仪器
检验方法	对于倾斜床身，基准面和水平面有一个角度，当有可能水平放置水平仪时，可以使用一个专用桥板和精密水平仪进行 a)项检验 当使用自准直仪时，应调整自准直仪测微目镜垂直于（用于"a)"项）或平行于（用于"c)"项）基准面 应在往复两个运动方向上沿行程至少 5 个等距位置上进行检验。最大和最小读数之差即为角度偏差 注：当使用精密水平仪检验时，精密水平仪每移动一个位置时，其读数都应与基准水平仪的读数进行比较，并记录差值。角度偏差以水平仪在 5 个位置读数（每个位置的读数是指精密水平仪与基准水平仪之间的差值）的最大与最小之差计

表 7-6-38　*Y* 轴运动（刀架运动）的角度偏差的检验

项目编号	G9
简图	a)　b)　c) 基准水平仪　X　Y　Z
允差/mm	a)、b)和 c)　$Y \leqslant 500$，0.040/1000（或 8″）
检验工具	a)精密水平仪或自准直仪和反射器或激光仪器 b)平盘和指示器 c)精密水平仪或自准直仪和反射器或激光仪器
检验方法	建议不在斜床身上用精密水平仪进行 a)和 c)检测 当使用自准直仪时，应调整自准直仪测微目镜垂直于或平行于基准面 应在往复两个运动方向上沿行程至少 5 个等距位置上进行检验。最大和最小读数之差即为角度偏差 注：当使用精密水平仪检验时，精密水平仪每移动一个位置时，其读数都应与基准水平仪的读数进行比较，并记录差值。角度偏差以水平仪在 5 个位置读数（每个位置的读数是指精密水平仪与基准水平仪之间的差值）的最大与最小之差计。

表 7-6-39　尾座 *R* 轴运动对床鞍 *Z* 轴运动的平行度的检验

项目编号	G10
简图	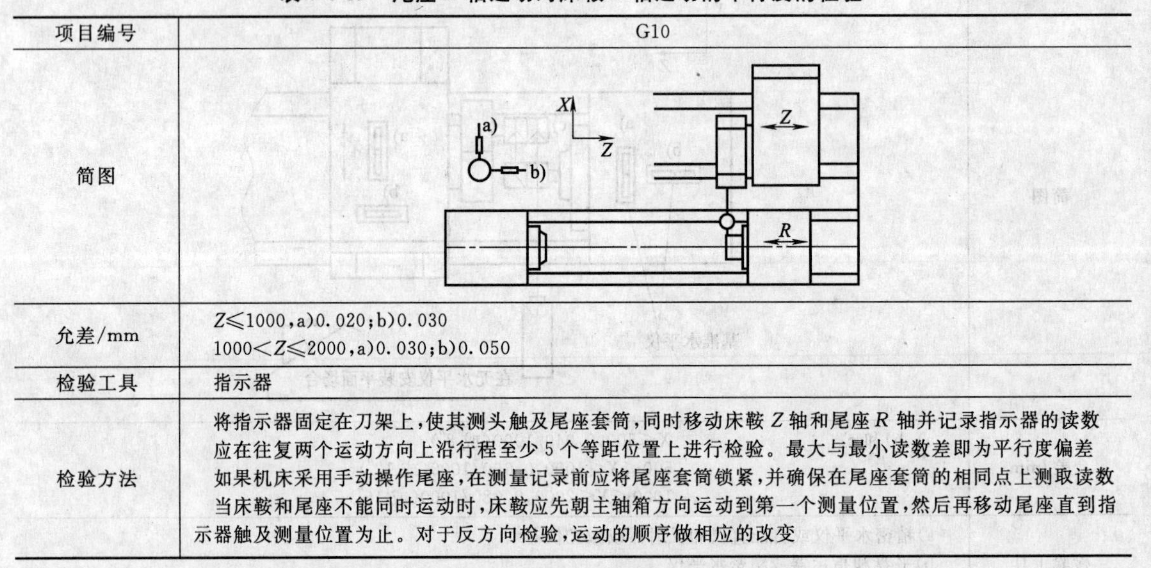
允差/mm	$Z \leqslant 1000$，a)0.020；b)0.030 $1000 < Z \leqslant 2000$，a)0.030；b)0.050
检验工具	指示器
检验方法	将指示器固定在刀架上，使其测头触及尾座套筒，同时移动床鞍 Z 轴和尾座 R 轴并记录指示器的读数 应在往复两个运动方向上沿行程至少 5 个等距位置上进行检验。最大与最小读数差即为平行度偏差 如果机床采用手动操作尾座，在测量记录前应将尾座套筒锁紧，并确保在尾座套筒的相同点上测取读数 当床鞍和尾座不能同时运动时，床鞍应先朝主轴箱方向运动到第一个测量位置，然后再移动尾座直到指示器触及测量位置为止。对于反方向检验，运动的顺序做相应的改变

（2）尾座套筒运动对床鞍 Z 轴运动的平行度的检验（见表 7-6-40）

尾座套筒运动对床鞍 Z 轴运动的平行度的检验一般包括以下几项：

a）在 ZX 平面内；

b）在 YZ 平面内。

（3）尾座套筒锥孔轴线对床鞍 Z 轴运动的平行度的检验（见表 7-6-41）

尾座套筒锥孔轴线对床鞍 Z 轴运动的平行度的检验一般包括以下几项：

a）在 ZX 平面内；

b）在 YZ 平面内。

此项检验仅适用于手动移动套筒的尾座。

表 7-6-40　尾座套筒运动对床鞍 Z 轴运动的平行度的检验

项目编号	G11
简图	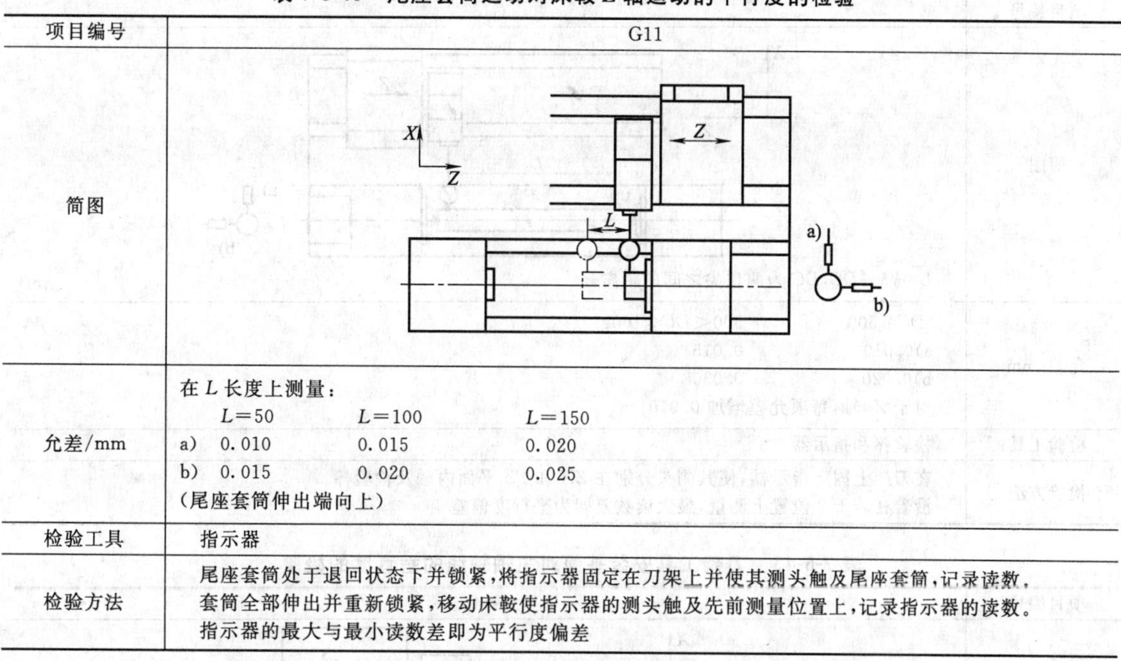
允差/mm	在 L 长度上测量： 　　L=50　　　L=100　　　L=150 a)　0.010　　0.015　　0.020 b)　0.015　　0.020　　0.025 (尾座套筒伸出端向上)
检验工具	指示器
检验方法	尾座套筒处于退回状态下并锁紧，将指示器固定在刀架上并使其测头触及尾座套筒，记录读数，套筒全部伸出并重新锁紧，移动床鞍使指示器的测头触及先前测量位置上，记录指示器的读数。指示器的最大与最小读数差即为平行度偏差

表 7-6-41　尾座套筒锥孔轴线对床鞍 Z 轴运动的平行度的检验

项目编号	G12
简图	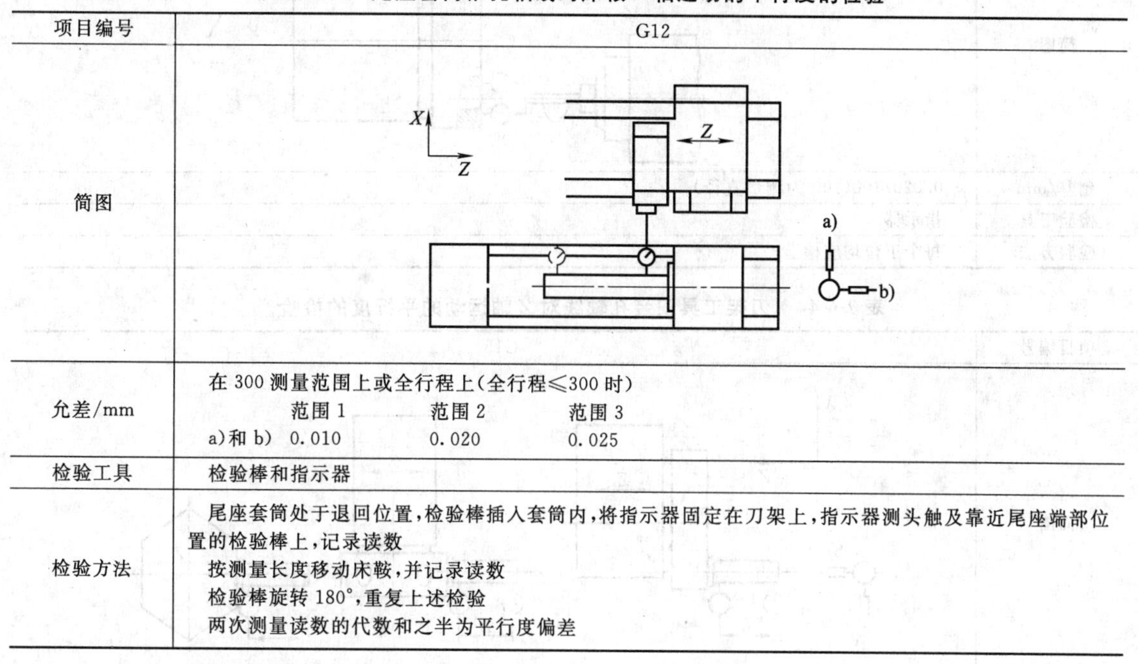
允差/mm	在 300 测量范围上或全行程上(全行程≤300 时) 　　　范围 1　　范围 2　　范围 3 a)和 b)　0.010　　0.020　　0.025
检验工具	检验棒和指示器
检验方法	尾座套筒处于退回位置，检验棒插入套筒内，将指示器固定在刀架上，指示器测头触及靠近尾座端部位置的检验棒上，记录读数 按测量长度移动床鞍，并记录读数 检验棒旋转 180°，重复上述检验 两次测量读数的代数和之半为平行度偏差

(4) Z 轴运动对车削轴线的平行度的检验（见表 7-6-42）

Z 轴运动对车削轴线的平行度的检验一般包括以下几项：

a) 在 ZX 平面内；

b) 在 YZ 平面内。

车削轴线即为两顶尖之间轴线。

5. 刀架和刀具主轴

(1) 固定刀具刀架

1) 刀架工具安装基面对主轴轴线的垂直度的检验（见表 7-6-43）

此项检验适用于工具安装基面与主轴轴线垂直的刀架。

表 7-6-42 Z 轴运动对车削轴线的平行度的检验

项目编号	G13
简图	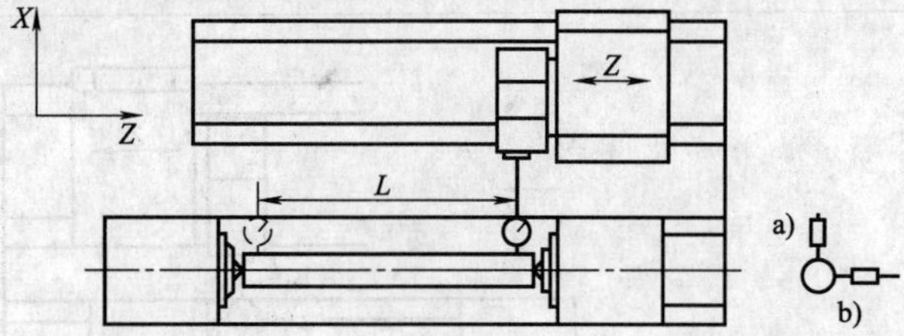 $L=75\%DC$，DC 为两顶尖之间的距离
允差/mm	$DC\leqslant500$　　$500<DC\leqslant1000$ a)0.010　　0.015 b)0.020　　0.030 对于 Z_2 轴，每项允差增加 0.010
检验工具	检验棒和指示器
检验方法	在刀架上固定指示器，使其测头分别在 ZX 和 YZ 平面内触及检验棒 沿着在若干个位置上测量，最大读数差即为平行度偏差

表 7-6-43 刀架工具安装基面对主轴轴线的垂直度的检验

项目编号	G14
简图	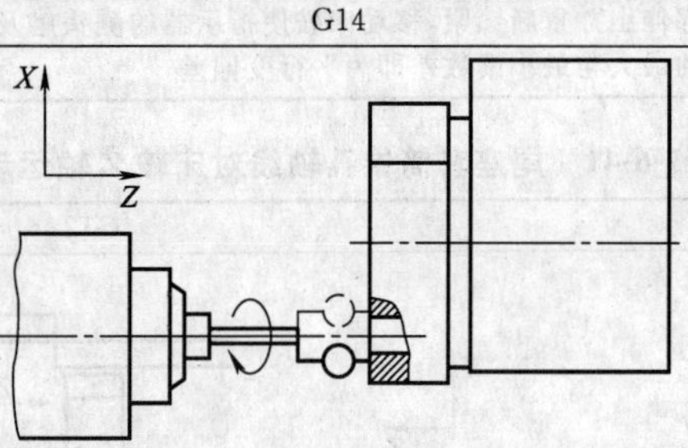
允差/mm	0.020/100(100 为测量直径)
检验工具	指示器
检验方法	每个工位均应检验

表 7-6-44 刀架工具安装孔轴线对 Z 轴运动的平行度的检验

项目编号	G15
简图	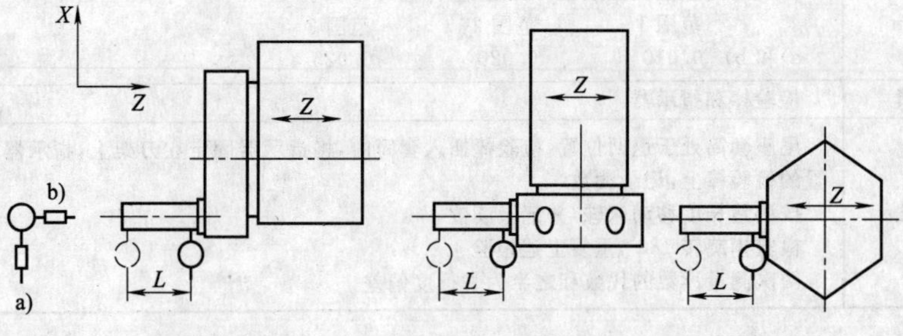
允差/mm	a)和 b)　$L=100$，0.030
检验工具	检验棒和指示器
检验方法	将检验棒固定在刀架(或刀夹)工具安装孔内上，固定指示器使其测头分别在 ZX、YZ 平面内触及检验棒 每个工位均应检验 刀架应处在前部位置或尽可能地接近主轴 如果工具定位方式需要法兰连接的，检验棒应重新设计

2）刀架工具安装孔轴线对 Z 轴运动的平行度的检验（见表 7-6-44）

刀架工具安装孔轴线对 Z 轴运动的平行度的检验一般包括以下几项：

a）在 ZX 平面内；

b）在 YZ 平面内。

此项检验适用于工具安装孔轴线与 Z 轴运动轴线平行的刀架。

3）刀架工具孔轴线对 X（X_2）轴运动的平行度的检验（见表 7-6-45）

刀架工具孔轴线对 X（X_2）轴运动的平行度的检验一般包括以下几项：

a）在 ZX 平面内；

b）在 XY 平面内。

此项检验适用于工具安装孔轴线与主轴轴线垂直的刀架。

4）直排刀架的检验（见表 7-6-46）

直排刀架的检验一般包括以下几项：

① 横向滑板的基准槽或基准侧面对其 X 轴运动的平行度；

② 横向滑板的工具安装面对

a）床鞍 Z 轴运动的平行度；

b）横滑板 X 轴运动的平行度。

此项检验仅适用于 d 型直排刀架。

表 7-6-45　刀架工具孔轴线对 X（X_2）轴运动的平行度的检验

项目编号	G16
简图	
允差/mm	a)和 b)　$L=100$，0.030
检验工具	检验棒和指示器
检验方法	将检验棒固定在刀架(或刀夹)工具安装孔内上，固定指示器使其测头分别在 ZX、YX 平面内触及检验棒 每个工位均需检验 刀架应处在前部位置或尽可能地接近主轴 如果工具定位方式需要法兰连接的，检验棒应重新设计

表 7-6-46　直排刀架的检验

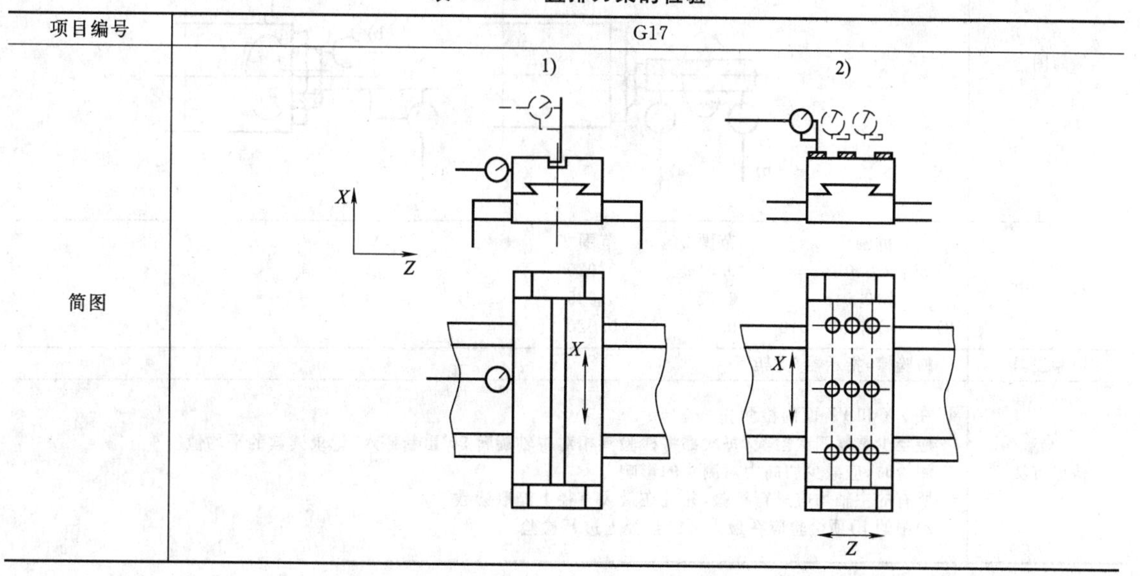

续表

项目编号	G17
允差/mm	在任意300测量长度上或全行程上(全行程≤300时) 1)0.030 2)0.025
检验工具	指示器/支架,滑块
检验方法	1)沿测量长度在若干位置上进行检测,测取读数之间的最大差即为平行度误差 2)在 X 轴和 Z 轴两个方向上,放置3×3个滑块,滑块应跨过槽中心。测量位置应位于横滑板安装面的两端和中间

(2) 动力刀具的刀架和刀具主轴

1) 刀架主轴的径向跳动和端面跳动的检验(见表7-6-47)

刀架主轴的径向跳动和端面跳动的检验一般包括以下几项:

① 内锥孔的径向跳动:

a) 靠近主轴端部;

b) 距主轴端部100处。

② 圆柱孔;

a) 主轴端部的径向跳动;

b) 主轴端部的端面跳动。

2) 刀具主轴轴线对 Z 轴运动的平行度的检验(见表7-6-48)

刀具主轴轴线对 Z 轴运动的平行度的检验一般包括以下几项:

a) 在 ZX 平面内;

b) 在 YZ 平面内。

3) 刀具主轴轴线对 X 轴运动的平行度的检验(见表7-6-49)

刀具主轴轴线对 X 轴运动的平行度的检验一般包括以下几项:

a) 在 XY 平面内;

b) 在 ZX 平面内。

此项检验适用所有动力刀架主轴。

4) 工件主轴轴线与刀具主轴轴线在 Y 方向的位置差的检验(见表7-6-50)

工件主轴轴线与刀具主轴轴线在 Y 方向的位置差的检验一般包括以下几项:

a) 两个主轴相互平行;

b) 两个主轴相互垂直。

此项检验适用所有动力刀架主轴。

表7-6-47　刀架主轴的径向跳动和端面跳动的检验

项目编号	G18
简图	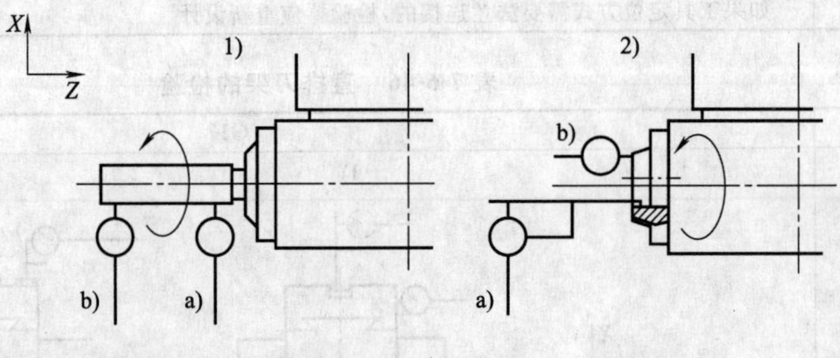 X Z 1) 2) b) a) b) a)
允差/mm	范围1 / 范围2 / 范围3 1) a)0.010 / 0.015 / 0.020 b)0.015 / 0.020 / 0.025 2) a)和b)0.010 / 0.015 / 0.020
检验工具	检验棒,指示器/支架
检验方法	在 ZX 和 YZ 面内检测 应至少重复四次检验,每次都将检验棒相对主轴旋转90°重新插入,记录读数的平均值 测量时,应减少切向力对测头的影响 所有的主轴均应进行检验,并且在最大直径上测取读数 2)中的b)项检验应在最大可能半径上进行检验

表 7-6-48 刀具主轴轴线对 Z 轴运动的平行度的检验

项目编号	G19
简图	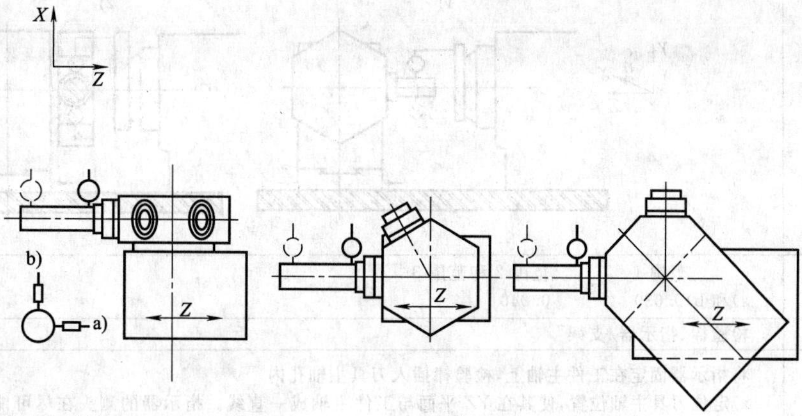 注：Z 可以用 Z_2，X 或 X_2 代替。
允差/mm	a)和 b)在 100 测量长度上为 0.020
检验工具	检验棒和指示器
检验方法	旋转刀具主轴使其处于径向跳动的平均位置，然后在 Z 轴方向移动刀架。测取读数的最大差值或沿检验棒测取读数，将主轴旋转 180°重复上述检验。偏差为两次测量读数的代数和之半计 每个刀具主轴均应检验

表 7-6-49 刀具主轴轴线对 X 轴运动的平行度的检验

项目编号	G20
简图	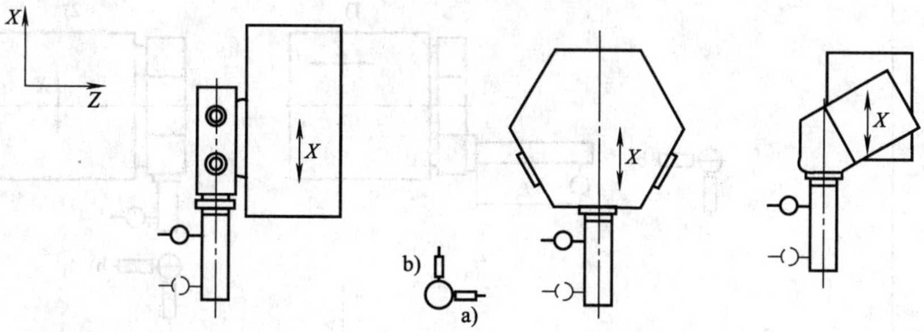 注：X 可以用 X_2 代替。
允差/mm	在 100 测量长度上为 0.020
检验工具	检验棒，指示器/支架
检验方法	a)旋转刀具主轴使其处于径向跳动的平均位置，然后在 X 轴方向移动刀架。测取读数的最大差值或沿检验棒测取读数，将主轴旋转 180°重复上述检验。偏差为两次测量读数的代数和之半计每个刀具主轴均应检验 b)在 ZX 面内重复上述检验

表 7-6-50　工件主轴轴线与刀具主轴轴线在 *Y* 方向的位置差的检验

项目编号	G21
简图	
允差/mm	范围 1　　范围 2 和范围 3 a)和 b) 0.030　　0.040
检验工具	检验棒、指示器/支架
检验方法	将指示器固定在工件主轴上，检验棒插入刀具主轴孔内 a)定位刀具主轴位置，使其在 *YZ* 平面与工件主轴成一直线。指示器的测头在尽可能靠近刀具主轴端部处触及检验棒 旋转工件主轴，在 *YZ* 平面内位于 0°和 180°两个位置测取读数 b)固定指示器位置，使其在 *YZ* 平面内触及检验棒，沿 *Z* 方向移动刀架并在检验棒最高点记录读数。记录 *Z* 位置。移开床鞍使指示器清零。将工件主轴旋转 180°，然后使床鞍在 *Z* 位置重新定位，重复移动溜板，以便找到最低点，并记录最低点的数值 位置差为 0°和 180°测量读数差值之半 每个工位均应检验

(3) 刀架转位的定位精度和重复定位精度

1) 刀架转位的重复定位精度的检验（见表 7-6-51）

刀架转位的重复定位精度的检验一般包括以下几项：

a) 在 *YZ* 平面内；

b) 在 *ZX* 平面内。

表 7-6-51　刀架转位的重复定位精度的检验

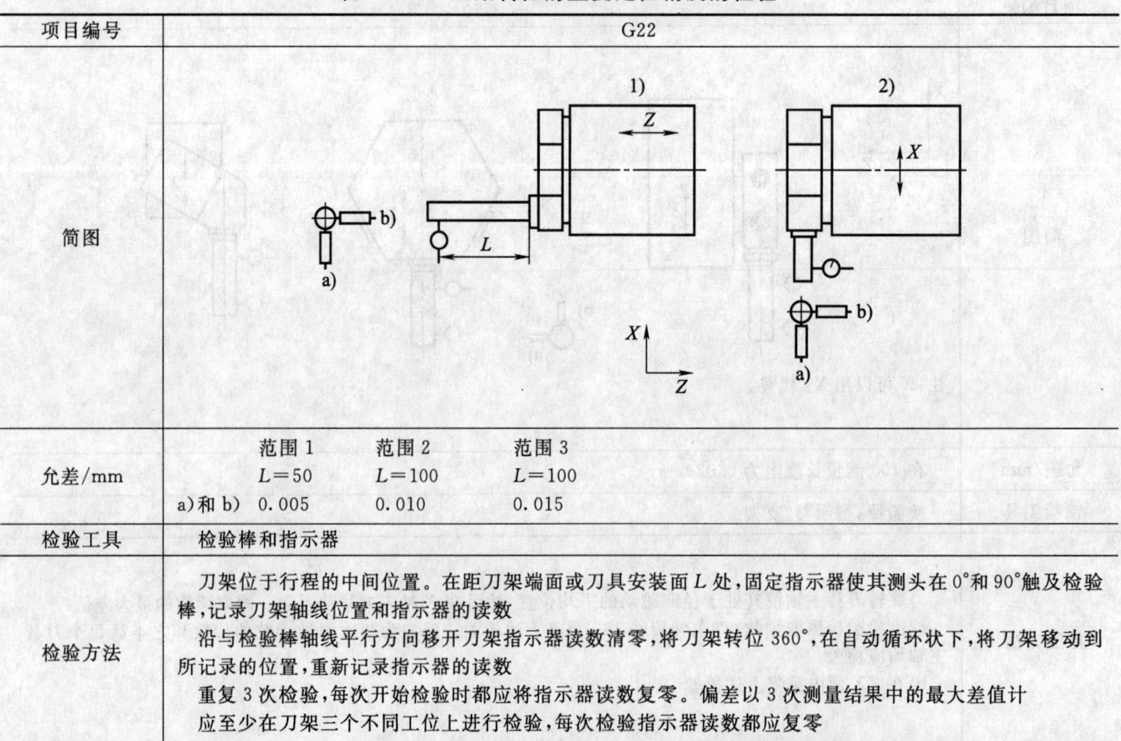

项目编号	G22
简图	
允差/mm	范围 1　　范围 2　　范围 3 *L*＝50　　*L*＝100　　*L*＝100 a)和 b) 0.005　　0.010　　0.015
检验工具	检验棒和指示器
检验方法	刀架位于行程的中间位置。在距刀架端面或刀具安装面 *L* 处，固定指示器使其测头在 0°和 90°触及检验棒，记录刀架轴线位置和指示器的读数 沿与检验棒轴线平行方向移开刀架指示器读数清零，将刀架转位 360°，在自动循环状下，将刀架移动到所记录的位置，重新记录指示器的读数 重复 3 次检验，每次开始检验时都应将指示器读数复零。偏差以 3 次测量结果中的最大差值计 应至少在刀架三个不同工位上进行检验，每次检验指示器读数都应复零

2）刀架转位的定位精度的检验（见表7-6-52）

6. 回转主轴箱或回转刀架

工件主轴轴线（B轴）的回转平面对ZX平面的平行度及刀架轴线（B轴）的回转平面对ZX平面的平行度的检验见表7-6-53。

表7-6-52　刀架转位的定位精度的检验

项目编号	G23
简图	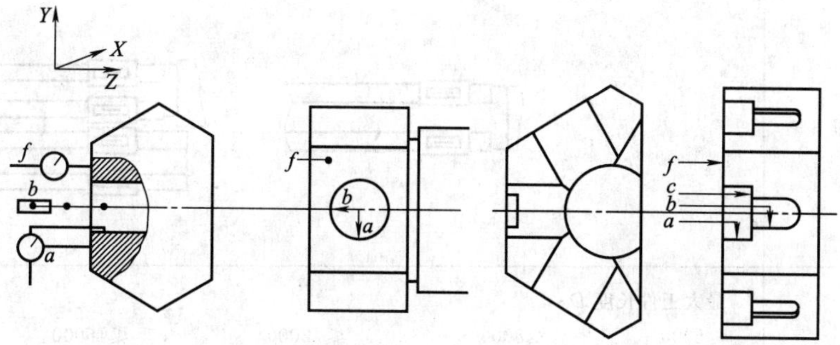 Y X Z f b a c
允差/mm	范围1　0.030 范围2和范围3　0.040
检验工具	指示器
检验方法	将指示器测头分别触及刀架工具孔或槽（a、b、c位置）上，记录刀架轴线位置并记录指示器的读数。移开刀架，指示器读数复零，将刀架转到下一工位，刀架轴线重新复位，记录指示器读数 如果使用刀架工具安装基面，那么指示器测头还应触及f面进行检验 每个工位重复3次检验，所有指示器读数的最大差值即为刀架转位的定位精度 刀架转位的重复定位精度可能影响测量读数

表7-6-53　工件主轴轴线（B轴）的回转平面对ZX平面的平行度及刀架轴线（B轴）的回转平面对ZX平面的平行度的检验

项目编号	G24
简图	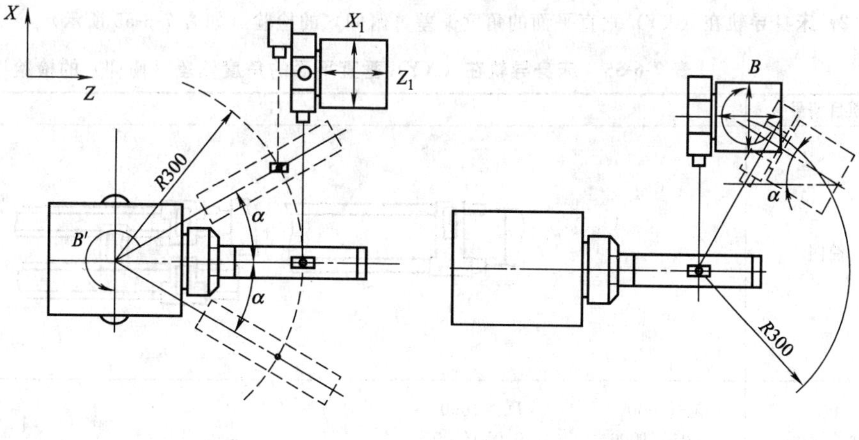 X Z X_1 Z_1 R300 α α B′ a) B α R300 b)
允差/mm	在300半径的转角内：±30°，0.010 ±60°，0.020
检验工具	检验棒和指示器
检验方法	将检验棒插入平行于ZX平面的主轴内 指示器测头在距离B'轴回转轴线大约300mm处触及检验棒，然后转塔头转+30°，在同一位置测头重新触及检验棒。转塔头转−30°，在相同检验位置上测量检验棒的高度 至少重复进行3次检验，最大读数差即为平行度偏差

第7篇

6.1.6 重型卧式车床精度检验（GB/T 23569—2009）

1. 床身导轨调平几何精度检验

（1）床身导轨在（ZY）垂直平面内的直线度的检验（如表7-6-54所示）

表7-6-54　床身导轨在（ZY）垂直平面内的直线度的检验

项目编号	G1
简图	
允差/mm	最大工件长度 D_C ≤5000　≤8000　≤12000　≤16000　≤20000 0.050　0.060　0.080　0.100　0.120 （只许凸） 局部公差：任意500测量长度上为0.020
检验工具	a)精密水平仪和桥板 b)光学测量仪器
检验方法	在床身导轨上沿纵向放一桥板，桥板上沿纵向放一水平仪。移动桥板，每隔500mm记录一次读数，在导轨全长上检验。画出导轨误差曲线。每条导轨均需检验 每条导轨误差曲线上各点对其两端点间连线间坐标值的最大差值不应该超过公差值。局部误差以任意相邻两点对其相应曲线的两端点连线间坐标值的最大差值计 （也可将水平仪放在溜板上，靠近前导轨处，移动溜板检验）

（2）床身导轨在（XY）垂直平面的角度偏差（俯仰）的检验（如表7-6-55所示）

表7-6-55　床身导轨在（XY）垂直平面的角度偏差（俯仰）的检验

项目编号	G2
简图	
允差/mm	D_a≤1600　D_a>1600 0.040/1000　0.050/1000 其中 D_a 表示床身上最大回转直径
检验工具	精密水平仪、平尺或专用检具
检验方法	在床身上放一平尺或者专用检具，检具上沿横向放一水平仪，等距离（约500mm）移动检具，在导轨全长上检验 水平仪最大和最小读数的差值不应超过公差值 （也可将水平仪放在溜板上，移动溜板检验）

(3) 床身导轨在（ZX）水平面内的直线度（本项检验只适合用于拼接床身的机床）的检验（如表 7-6-56 所示）

表 7-6-56　床身导轨在（ZX）水平面内的直线度（本项检验只适合用于拼接床身的机床）的检验

项目编号	G3			
简图				
允差/mm	D_C	≤5000	≤12000	≤20000
	D_a≤1600	0.040	0.050	0.060
	D_a＞1600	0.050	0.060	0.070
	局部公差：任意 500 测量长度上为 0.015 其中 D_C 表示最大工件长度			
检验工具	a)专用检具、钢丝和显微镜 b)光学测量仪器			
检验方法	在刀架床身的两端沿纵向张紧一根钢丝，导轨上放一专用检具，检具上固定显微镜。调整钢丝，使显微镜读数在钢丝两端相等。移动检具，每隔 500mm 记录一次读数，在导轨全长上检验 显微镜最大和最小读数的差值不应超过公差值；局部误差以任意相邻两点读数的最大差值计			

(4) 刀架床身导轨对工件床身导轨在（ZX）水平面内的平行度（本项检验只适用于刀架床身和工件床身分离的机床）的检验（如表 7-6-57）

表 7-6-57　刀架床身导轨对工件床身导轨在（ZX）水平面内的平行度（本项检验只适用于刀架床身和工件床身分离的机床）检验

项目编号	G4		
简图			
允差/mm	最大工件长度 D_C		
	≤5000	≤12000	≤20000
	0.050	0.060	0.070
	局部公差：任意 500 测量长度上为 0.015		
检验工具	专用检具和指示器		
检验方法	在刀架床身上放一专用检具，检具上固定指示器，测头垂直触及工件床身导轨面。移动检具，每隔 500mm 记录一次读数，在全长上检验 指示器最大和最小读数的差值不应超过公差值；局部误差以任意相邻两点指示器读数的最大差值计		

2.　溜板几何精度检验

(1) 溜板移动（Z 轴线）在（ZX）水平面内的直线度的检验（如表 7-6-58 所示）

(2) 尾座移动（R 轴线）对溜板移动（Z 轴线）的平行度的检验（如表 7-6-59 所示）

尾座移动（R 轴线）对溜板移动（Z 轴线）的平行度的检验一般包括以下两个方面：

a) 在（ZX）水平面内；

b) 在（ZY）垂直平面内。

表 7-6-58　溜板移动（Z 轴线）在（ZX）水平面内的直线度的检验

项目编号	G5			
简图	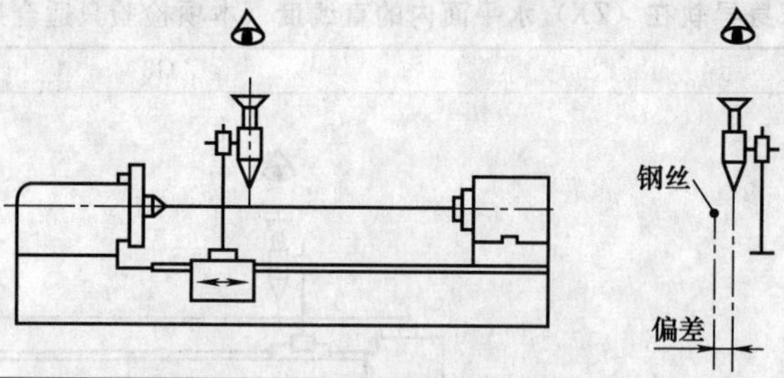 钢丝 偏差			
允差/mm	D_C	≤5000	≤12000	≤20000
	D_a≤1600	0.040	0.050	0.060
	D_a>1600	0.050	0.060	0.070
	局部公差：任意 500 测量长度上为 0.015			
检验工具	a)钢丝和显微镜 b)光学测量仪器			
检验方法	在刀架床身的两端沿纵向张紧一根钢丝，溜板上固定显微镜。调整钢丝，使显微镜读数在钢丝两端相等。移动溜板，每隔 500mm 记录一次读数，在全行程上检验 显微镜最大和最小读数的差值不应超过公差值；局部误差以任意相邻两点读数的最大差值计			

表 7-6-59　尾座移动（R 轴线）对溜板移动（Z 轴线）的平行度的检验

项目编号	G6			
简图	a) b)			
允差/mm	a)和 b)			
	D_c	≤5000	≤8000	>8000
	D_a≤1600	0.040	0.040	0.050
	D_a>1600	0.040	0.050	0.060
	局部公差：任意 500 测量长度上为 0.030			
检验工具	指示器和检验棒			
检验方法	尾座套筒应锁紧。尾座尽可能靠近溜板 在尾座芯轴锥孔内插入一检验棒。溜板上固定指示器，测头分别触及检验棒或尾座套筒的（ZX）水平面和（ZY）垂直平面。溜板和尾座一起移动，每隔 500mm 记录一次读数，在全行程上检验 a)和 b)误差分别计算。指示器最大和最小读数的差值，不应超过公差值；局部误差以任意相邻两点指示器读数的最大差值计			

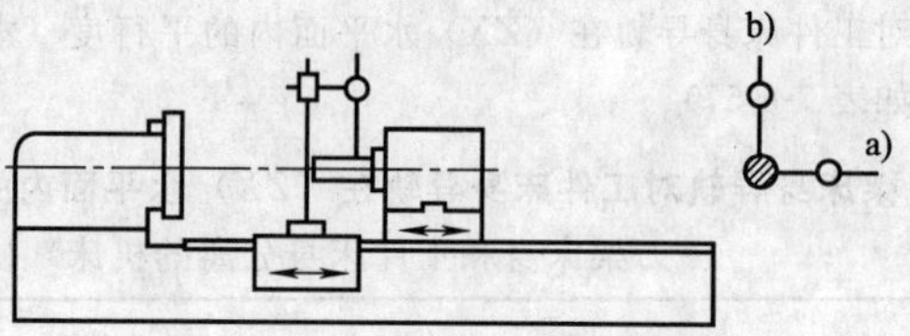

3. 主轴几何精度检验

(1) 主轴的轴向窜动和主轴轴肩支承面的跳动（包括轴向窜动）的检验（如表 7-6-60）

表 7-6-60　主轴的轴向窜动和主轴轴肩支承面的跳动（包括轴向窜动）的检验

项目编号	G7
简图	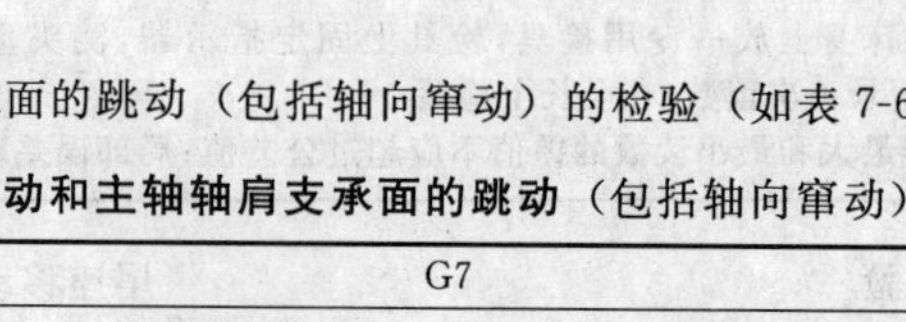 卡盘更换型　b)　a)　F 卡盘固定型　a)　F

续表

项目编号	G7		
允差/mm	D_a≤1600 a)0.012 b)0.020	D_a≤3150 0.016 0.025	D_a>3150 0.020 0.030
检验工具	a)指示器、检验棒和钢球 b)指示器		
检验方法	a)在主轴锥孔内插入一检验棒。固定指示器，测头触及检验棒中心孔内 的钢球表面 b)固定指示器，测头触及轴肩支承面，旋转主轴检验 a)、b)误差分别计算。指示器最大和最小读数的差值不应超过公差值 施加力 F 的数值由制造厂规定。当机床具有消除主轴轴承的轴向游隙机构时，可以不施加力 F		

(2) 主轴轴端的卡盘定位锥面的径向跳动（本项检验只适用于卡盘可更换的机床）的检验（如表 7-6-61 所示）

表 7-6-61　主轴轴端的卡盘定位锥面的径向跳动（本项检验只适用于卡盘可更换的机床）的检验

项目编号	G8		
简图	F		
允差/mm	D_a≤1600 0.015	D_a≤3150 0.020	D_a>3150 0.025
检验工具	指示器		
检验方法	固定指示器，测头垂直触及定位锥面，旋转主轴检验 指示器最大和最小读数的差值除以 cosα 不应超过公差值(α 为锥体的圆锥半角) 施加力 F 的数值有制造厂规定。当机床具有消除主轴轴承的轴向游隙机构时，可以不施加力 F		

(3) 主轴锥孔轴线的径向跳动的检验（如表 7-6-62所示）

主轴锥孔的径向跳动的检验一般包括以下两个方面：

a) 靠近主轴端部；

b) 距主轴端部 500mm 处。

表 7-6-62　主轴锥孔轴线的径向跳动的检验

项目编号	G9		
简图	a)　b)		
允差/mm	D_a≤1600 a) 0.015 b) 0.040	D_a≤3150 0.020 0.050	D_a>3 150 0.025 0.060
检验工具	指示器和检验棒		
检验方法	在主轴锥孔内插入一检验棒。固定指示器，测头分别触及靠近主轴端面处和距主轴端面 500mm 处的检验棒表面，旋转主轴检验。拔出检验棒旋转 90°重新插入，再依次检验三次 a)、b)误差分别计算。以四次测量结果的平均值计算，不应超过公差值 在(ZX)水平面和(ZY)垂直平面内均需检验		

(4) 主轴轴线对溜板移动（Z 轴线）的平行度的检验（如表 7-6-63 所示）

主轴轴线对溜板移动（Z 轴线）的平行度的检验一般包括以下两个方面：

a) 在（ZX）水平面内；

b) 在（ZY）垂直平面内。

表 7-6-63　主轴轴线对溜板移动（Z 轴线）的平行度的检验

项目编号	G10
简图	
允差/mm	在 500 测量长度上　D_a≤1600　D_a≤3150　D_a>3150 a)　0.030　0.030　0.040 b)　0.040　0.050　0.060 a)只许向前倾，b)只许向上倾
检验工具	指示器和检验棒
检验方法	在主轴锥孔内插入一检验棒。溜板上固定指示器，测头分别触及检验棒的(ZX)水平面和(ZY)垂直平面。移动溜板检验。主轴旋转 180°，再依次检验一次 a)、b)误差分别计算。以两次测量读数的最大差值的平均值不应超过公差值

(5) 主轴顶尖的径向跳动的检验（如表 7-6-64 所示）

表 7-6-64　主轴顶尖的径向跳动的检验

项目编号	G11
简图	
允差/mm	D_a≤1600　D_a≤3150　D_a>3150 0.020　0.025　0.030
检验工具	顶尖和指示器
检验方法	在主轴锥孔内插入一顶尖。固定指示器，测头垂直触及顶尖锥面，旋转主轴检验 指示器最大和最小读数的差值除以 cosα 不应超过公差值(α 为顶尖锥体的圆锥半角) 施加力 F 的数值由制造厂规定。当机床具有消除主轴轴承的轴向游隙机构时，可以不施加力 F

4. 尾座的几何精度检验

(1) 尾座芯轴锥孔轴线的径向跳动（本项检验只适用于尾座芯轴可旋转的机床）的检验（如表 7-6-65 所示）

尾座芯轴锥孔轴线的径向跳动的检验一般包括以下两个方面：

a) 靠近芯轴端面处；

b) 距离芯轴端面 500mm 处。

表 7-6-65　尾座芯轴锥孔轴线的径向跳动（本项检验只适用于尾座芯轴可旋转的机床）的检验

项目编号	G12
简图	
允差/mm	D_a≤1600　D_a≤3150　D_a>3150 a) 0.015　0.020　0.025 b) 0.040　0.050　0.060
检验工具	检验棒和指示器

续表

项目编号	G12
检验方法	在尾座芯轴锥孔内插入一检验棒。固定指示器，测头分别触及靠近芯轴端面处和距芯轴端面 500mm 处的检验棒表面，旋转芯轴检验。拔出检验棒旋转 90°重新插入，再依次检验三次 a)、b)误差分别计算。以四次测量结果的平均值计算，不应超过公差值 在(ZX)水平面和(ZY)垂直平面内均需检验

(2) 尾座顶尖的径向跳动（本项检验只适用于尾座芯轴可以旋转的机床）的检验（如表 7-6-66 所示）

表 7-6-66　尾座顶尖的径向跳动（本项检验只适用于尾座芯轴可以旋转的机床）的检验

项目编号	G13		
简图			
允差/mm	$D_a \leqslant 1600$ 0.020	$D_a \leqslant 3150$ 0.025	$D_a > 3150$ 0.030
检验工具	顶尖和指示器		
检验方法	尾座置于距主轴端 2～3 倍溜板长度处并锁紧。尾座套筒缩回并锁紧 在尾座芯轴锥孔内插入一顶尖。固定指示器，测头垂直触及顶尖锥面，旋转芯轴检验 指示器最大和最小读数的差值除以 $\cos\alpha$，不应超过公差值（α 为顶尖锥体的圆锥半角） 施加力 F 的数值由制造厂规定。当机床具有消除主轴轴承的轴向游隙机构时，可以不施加力 F		

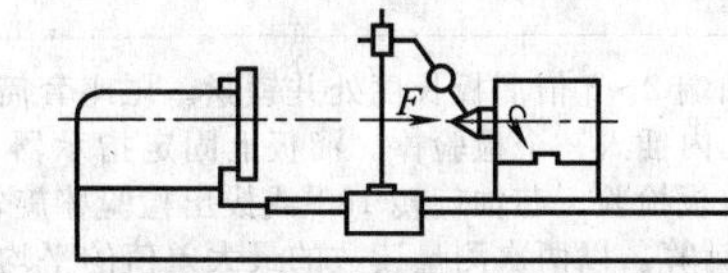

(3) 尾座套筒轴线对溜板移动（Z 轴线）的平行度的检验（如表 7-6-67 所示）

尾座套筒轴线对溜板移动（Z 轴线）的平行度的检验一般包括以下两个方面：

a) 在（ZX）水平面内；

b) 在（ZY）垂直平面内。

当具有两个刀架时，应以右刀架轴线代替 Z 轴线。

表 7-6-67　尾座套筒轴线对溜板移动（Z 轴线）的平行度的检验

项目编号	G14			
简图				
允差/mm		$D_a \leqslant 1600$	$D_a \leqslant 3150$	$D_a > 3150$
	测量长度为	100	200	300
	a)	0.015	0.025	0.030
	b)	0.020	0.050	0.065
	a)只许向前倾，b)只许向上倾			
检验工具	指示器			
检验方法	尾座置于距主轴端 2～3 倍溜板长度处并锁紧。尾座套筒伸出量为最大伸出长度的一半并锁紧 在溜板上固定指示器，测头分别触及尾座套筒的(ZX)水平面和(ZY)垂直平面。移动溜板检验 a)、b)误差分别计算。指示器最大和最小读数的差值不应超过公差值			

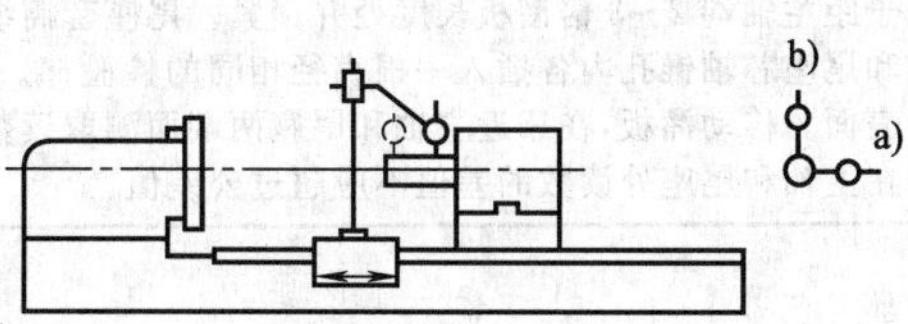

(4) 尾座芯轴轴线对溜板移动（Z 轴线）的平行度的检验（如表 7-6-68 所示）

尾座芯轴轴线对溜板移动（Z 轴线）的平行度的检验一般包括以下两个方面：

a) 在（ZX）水平面内；

b) 在（ZY）垂直平面内。

当具有两个刀架时，应以右刀架轴线代替 Z 轴线。

表 7-6-68 尾座芯轴轴线对溜板移动（Z 轴线）的平行度的检验

项目编号	G15		
简图	b) a)		
允差/mm	在500测量长度上 a)和b) a)只许向前倾，b)只许向上倾	$D_a \leqslant 1600$ 0.050	$D_a \leqslant 3150$ 0.060
			$D_a > 3150$ 0.070
检验工具	指示器和检验棒		
检验方法	尾座置于距主轴端2～3倍溜板长度处并锁紧。尾座套筒缩回并锁紧 在尾座心轴锥孔内插入一个检验棒。溜板上固定指示器，测头分别触及检验棒的（ZX）水平面和（ZY）垂直平面。移动溜板检验。芯轴旋转180°或拔出检验棒旋转180°重新插入，再依次检验一次 a)、b)误差分别计算。以两次测量读数的最大差值的平均值不应超过公差值		

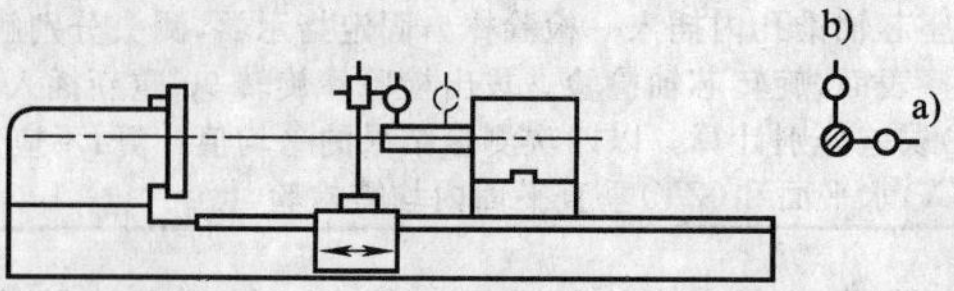

5. 顶尖的几何精度检验

主轴和尾座两顶尖轴线的等高度的检验（如表 7-6-69 所示）。

表 7-6-69 主轴和尾座两顶尖轴线的等高度的检验

项目编号	G16		
简图			
允差/mm	$D_a \leqslant 1600$ 0.060 只许尾座高	$D_a \leqslant 3150$ 0.100	$D_a > 3150$ 0.160
检验工具	指示器和检验棒		
检验方法	尾座置于距主轴端2～3倍溜板长度处并锁紧。尾座套筒缩回并锁紧 在主轴和尾座芯轴锥孔内各插入一根直径相同的检验棒。在溜板上固定指示器，测头在垂直平面内触及检验棒表面。移动溜板，在靠近主轴和尾座两端面测取读数 指示器在主轴和尾座处读数的差值不应超过公差值		

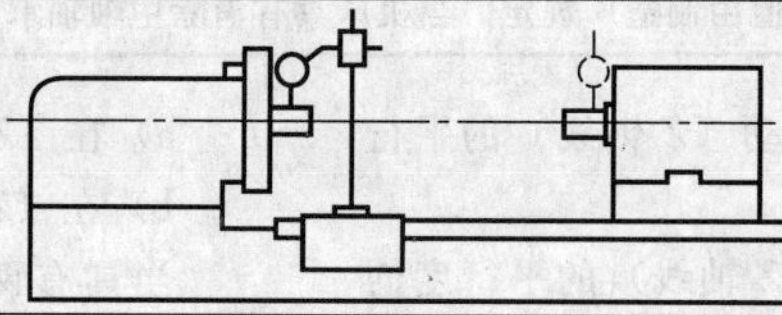

6. 刀架的几何精度检验

（1）刀架纵向移动（Z 轴线）对主轴轴线的平行度（本项检验只适用于刀架具有纵滑板的机床）的检验（如表 7-6-70 所示）

表 7-6-70 刀架纵向移动（Z 轴线）对主轴轴线的平行度（本项检验只适用于刀架具有纵滑板的机床）**的检验**

项目编号	G17
简图	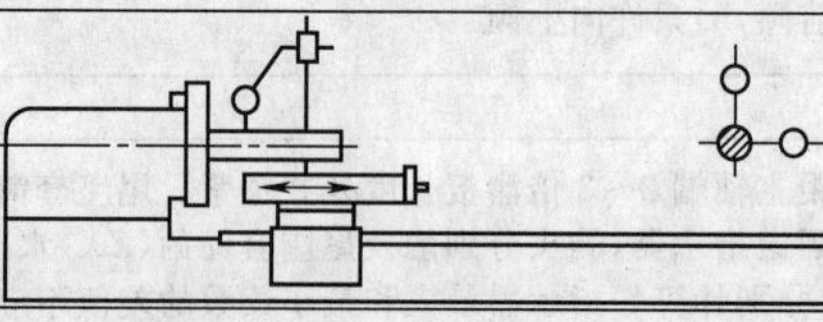
允差/mm	在300测量长度上为0.04
检验工具	指示器和检验棒
检验方法	在主轴锥孔内插入一检验棒。在纵滑板上固定指示器，测头在水平面内触及检验棒表面，调整纵滑板，使指示器在检验棒两端的读数相等。再将指示器测头在垂直表面内触及检验棒表面，移动纵滑板检验。将主轴旋转180°，再依次检验一次 以两次测量读数的最大差值的平均值不应超过公差值

(2) 刀架横向移动（*X* 轴线）对主轴轴线的垂直度的检验（如表 7-6-71 所示）

表 7-6-71　刀架横向移动（*X* 轴线）对主轴轴线的垂直度的检验

项目编号	G18
简图	
允差/mm	$D_a \leqslant 1600$　0.020/300 $D_a \leqslant 3150$　0.030/500 $D_a > 3150$　0.060/1000 $\alpha \geqslant 90°$
检验工具	a)指示器和专用平尺 b)指示器和平尺
检验方法	a)在主轴锥孔内插入带平尺的检验棒。指示器固定在刀架上，测头触及平尺检验面。移动刀架检验。主轴旋转 180°，再依次检验一次 以两次测量读数的最大差值的平均值不应超过公差值 b)在主轴轴线等高处放置平尺，指示器固定在花盘上，测头触及平尺检验面。主轴旋转，调整平尺至指示器在平尺两端读数相等 在刀架上固定指示器，测头触及平尺检验面。移动刀架检验 指示器最大和最小读数的差值不应超过公差值

7. 精车圆柱体圆环表面工作精度检验

用单刃刀具车削圆柱体三个环带表面的检验（如表 7-6-72 所示）一般包括以下两个方面：

a) 圆度；

b) 加工直径的一致性。

表 7-6-72　用单刃刀具车削圆柱体三个环带表面的检验

项目编号	M1
简图	$D \geqslant D_a/8$ $L=500$ 材料：铸铁或钢
允差/mm	测量长度为：$D_a \leqslant 1600$　300；$D_a \leqslant 3150$　400；$D_a > 3150$　500 a)　0.008　0.012　0.020 b)　0.040　0.070　0.080 在同一轴向平面内，相邻环带间的差值不应超过两端环带之间差值的 75%，大端直径应靠近主轴箱
检验工具	a)千分尺 b)指示器和 V 形块
检验方法	加工直径的一致性是指在试件的单个轴向平面内，测取的最大和最小直径差值，不应超过公差值

8. 精车圆盘端面工作精度检验

精车垂直于主轴的圆盘三个或者三个以上同心环带表面试件端面的平面度的检验（如表7-6-73所示）。

表7-6-73 精车垂直于主轴的圆盘三个或者三个以上同心环带表面试件端面的平面度的检验

项目编号	M2
简图	$D\geqslant D_a/2$ $L_{max}=D_a/8$ 材料:铸铁或钢
允差/mm	在测量直径上每300为:0.025 只许凹
检验工具	a)平尺、量块和指示器 b)平尺、量块和塞尺
检验方法	在端面上通过中心平面放一平尺。在平尺上安放指示器,测头触及端面。移动指示器检验。再使平尺在不同的径向位置上,重复检验。允许用塞尺检验 指示器读数的最大差值不应超过公差值

9. 精车圆柱试件螺纹工作精度检验

按规定切削规范或编程指令进行螺纹切削试件的螺距累计公差的检验（如表7-6-74所示）。

表7-6-74 按规定切削规范或编程指令进行螺纹切削试件的螺距累计公差检验

项目编号	M3		
简图	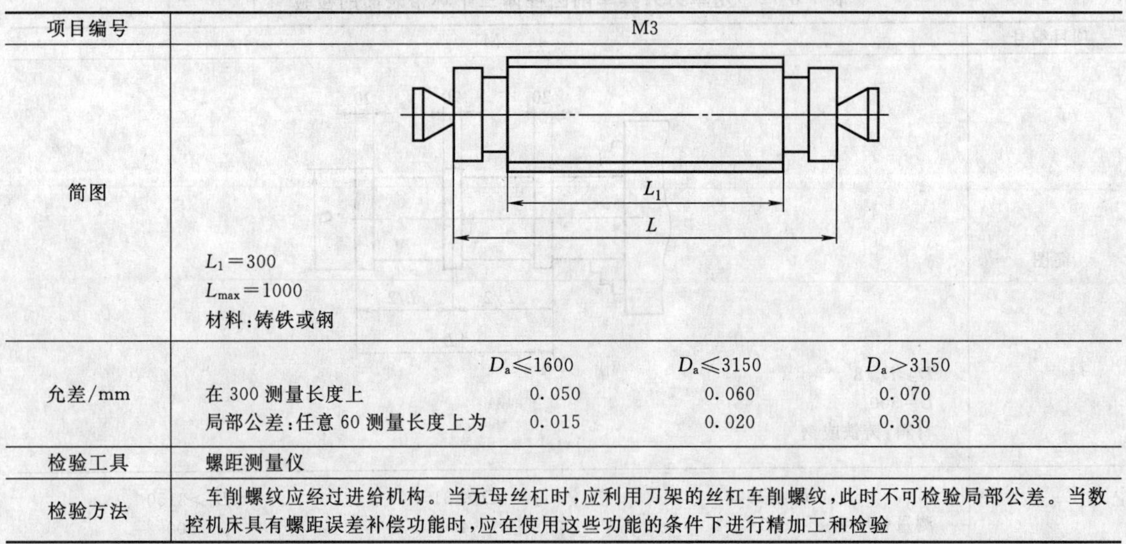 $L_1=300$ $L_{max}=1000$ 材料:铸铁或钢		
允差/mm	$D_a\leqslant1600$	$D_a\leqslant3150$	$D_a>3150$
在300测量长度上	0.050	0.060	0.070
局部公差:任意60测量长度上为	0.015	0.020	0.030
检验工具	螺距测量仪		
检验方法	车削螺纹应经过进给机构。当无母丝杠时,应利用刀架的丝杠车削螺纹,此时不可检验局部公差。当数控机床具有螺距误差补偿功能时,应在使用这些功能的条件下进行精加工和检验		

10. 数控切削工作精度检验

按规定切削规范编程指令对端面、各台阶面、各圆柱面、圆弧面精切加工的检验（如表7-6-75所示）。

按规定切削规范编程指令对端面、各台阶面、各圆柱面、圆弧面精切加工的检验一般包括以下方面：

a) 检验各圆柱面直径与指令值的差值；

b) 检验各台阶面距离与指令值的差值；

c) 各加工面的表面粗糙度。

本项检验只适用于数控机床。

表 7-6-75 按规定切削规范编程指令对端面、各台阶面、各圆柱面、圆弧面精切加工的检验

项目编号	M4
简图	$D_1 \geqslant 150$ $D_2 \leqslant 500$ $L \leqslant 600$ 材料:铸铁
允差	a)和 b) 0.025 c)平面、圆柱面 $Ra1.6\mu m$ 圆锥面、圆弧面 $Ra3.2\mu m$
检验工具	千分尺、精密检验工具、正弦规和表面粗糙度样板
检验方法	a)通过轴线且相互垂直的两个轴向平面内,分别测量各圆柱面直径。实测值与指令值的最大代数差值不应超过公差值 b)沿轴线方向分别测量各台阶面的距离,且至少应测四个读数,实测值与指令值的最大代数差值不应超过公差值 c)用粗糙度样板比较评定

6.1.7 精密车床精度检验

精密车床几何精度检验如表 7-6-76 所示。

表 7-6-76 精密车床几何精度检验

序号	简 图	检验项目	允差/mm	检验工具	检验方法
G1	a) b)	A—床身导轨调平 a. 纵向 导轨在垂直平面内的直线度	$D_C \leqslant 500$ 0.01(凹) $500 < D_C \leqslant 1000$ 0.015(凸) 局部公差 在任意 250 测量长度上为 0.005 $1000 < D_C \leqslant 2000$ 0.02(凸) 局部公差 在任意 250 测量长度上为 0.005	精密水平仪或光学仪器	在溜板上靠近前导轨处,纵向放一水平仪。等距离移动溜板检验 将水平仪的度数依次排列,画出导轨误差曲线。曲线相对其两端点连线的最大坐标值就是导轨全长的直线度误差,曲线上任意局部测量长度的两端点连线的坐标差值,就是导轨的局部误差 也可将水平仪直接放在导轨上进行检验

续表

序号	简图	检验项目	允差/mm	检验工具	检验方法
G1		b. 横向导轨的平行度	0.03/1000	精密水平仪	在溜板上横放一水平仪。等距离移动溜板检验 水平仪在全部测量长度上度数的最大代数差值就是导轨的平行度误差 也可将水平仪放在专用桥板上，在导轨上进行检验
G2		B——溜板 溜板移动在水平面内的直线度 尽可能在两顶尖间轴线和刀尖所确定的平面内检验	$D_C \leqslant 500$ 0.07 $500 < D_C \leqslant 1000$ 0.01 $1000 < D_C \leqslant 2000$ 0.015	指示器和两顶尖的检验棒或平尺或其他方法	将指示器固定在溜板上，使其测头触及主轴和未作的顶尖间的检验棒上，调整尾座，使指示器在检验棒的两端的读数相等。移动溜板在全部行程上检验。指示器度数的最大代数差值就是直线度误差
G3	L=常数	尾座移动对溜板移动的平行度 a. 在垂直平面内 b. 在水平面内	a. 0.025 局部公差 在任意500测量长度上为0.02 b. 0.02 局部公差 任意500测量长度上为0.01	指示器	将指示器固定在溜板上，使其测头触及近尾座体端面的顶尖套上：a. 在垂直平面内；b. 在水平面内。缩紧顶尖套。使尾座与溜板一起移动，在溜板全部行程上检验。a、b的误差分别计算，指示器在任意500mm行程上和全部行程上度数的最大差值就是局部长度和全长上的平行度误差
G4		C——主轴 a. 主轴的轴向窜动 b. 主轴轴肩支承面的跳动	a. 0.005 b. 0.01 (包括轴向窜动)	指示器和专用检具	固定指示器，使其测头触及：a. 插入主轴锥孔的检验棒端部的钢球上；b. 主轴轴肩支承面上 沿主轴轴线加一力F，旋转主轴检验 a、b误差分别计算。指示器的度数最大差值就是轴向窜动误差和轴肩支承面的跳动误差
G5		主轴定心轴颈的径向跳动	0.005	指示器	固定指示器使其测头垂直触及轴颈（包括圆锥轴颈）的表面。沿主轴轴线加一力F，旋转主轴检验。指示器读数的最大差值就是径向跳动误差

续表

序号	简　图	检验项目	允差/mm	检验工具	检验方法
G6	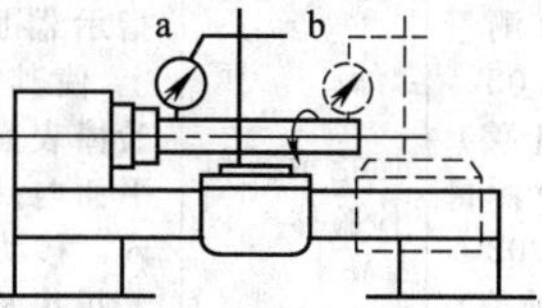	主轴锥孔轴线的径向跳动 a. 靠近主轴端面 b. 距主轴端面 $D_a/2$	a. 0.005 b. 300 测量长度上为 0.015 在 200 测量长度上为 0.01 在 100 测量长度上位 0.005	指示器和检验棒	将检验棒插入主轴锥孔内，固定指示器，使其测头触及检验棒的表面：a. 靠近主轴端面；b. 距主轴端面 $Da/2$ 处。旋转主轴检验 拔出检验棒，相对主轴旋转 90°，重新插入主轴锥孔中依次重复检验三次，a、b 的误差分别计算，四次测量结果的平均值就是径向跳动误差
G7	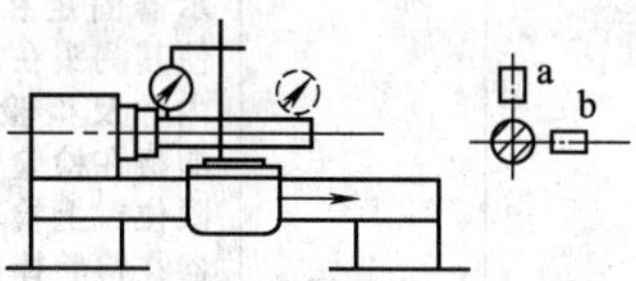	主轴轴线对溜板移动的平行度 a. 在垂直平面内 b. 在水平面内（测量长度为 $D_a/2$）	a. 在 300 测量长度为 0.015（只许向上偏） b. 在 300 测量长度上为 0.01（只许向前偏）	指示器和检验棒	指示器固定在溜板上，使其测头触及检验棒的表面：a 在垂直平面内；b 在水平面内。移动溜板检验。将主轴旋转 180°，再同样检验一次。a、b 误差分别计算，两次测量结果的代数和之半，就是平行度误差
G8	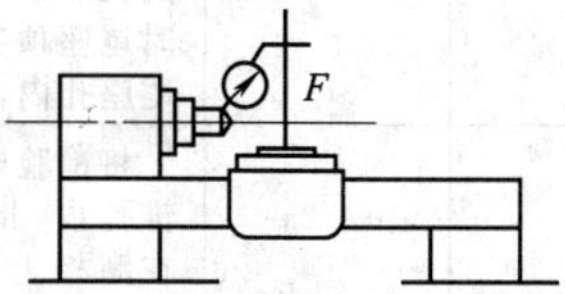	顶尖的跳动	0.01	指示器和专用顶尖	顶尖插入主轴孔内，固定指示器，使其测头垂直触及顶尖锥面上，沿主轴轴向加一力 F，旋转主轴检验，指示器度数除以 $\cos\alpha$（α 为锥体半角）后，就是顶尖跳动误差
G9	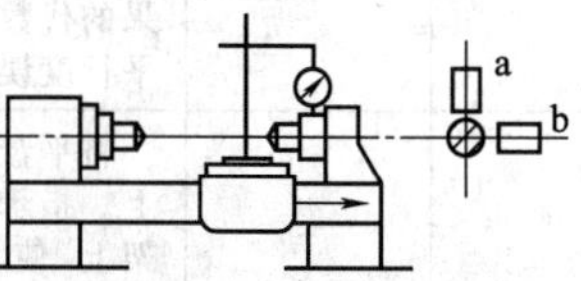	D——尾座 尾座套筒轴线对溜板移动的平行度 a. 在垂直平面内 b. 在水平面内	a. 在 100 测量长度上为 0.015（只许向上偏） b. 在 100 测量长度上为 0.01（只许向前偏）	指示器	尾座的位置同 G11。尾座顶尖套伸出量约为最大伸出长度的一半，并锁紧 将指示器固定在溜板上，使其测头触及尾座套筒的表面：a. 在垂直平面内；b. 在水平面内。移动溜板检验 a、b 误差分别计算。指示器度数的最大代数差值就是平行度误差

续表

序号	简　图	检验项目	允差/mm	检验工具	检验方法
G10	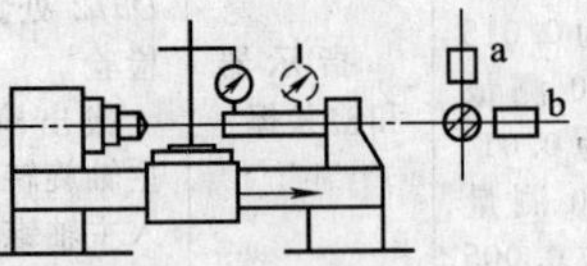	尾座套筒锥孔轴线对溜板移动的平行度 a. 在垂直平面内 b. 在水平面内 (测量长度为 $D_a/2$)	a. 在300测量长度上为0.02 (只许向上偏) b. 在300测量长度上为0.02 (只许向前偏)	指示器和检验棒	尾座的位置同G11,顶尖套筒退入尾座孔内,并锁紧 在尾座套筒锥孔中,插入检验棒。将指示器固定在溜板上,使其测头接触检验棒表面:a. 在垂直平面内;b. 在水平面内。移动溜板检验 拔出检验棒,旋转180°,重新插入尾座顶尖套锥孔中,重复检验一次。a、b误差分别计算,两次测量结果的代数和之半,就是平行度误差
G11	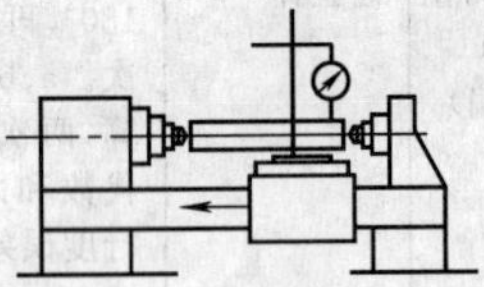	E——两顶尖 床头和尾座两顶尖的等高度	0.02 (只许尾座高)	指示器和检验棒	在主轴与尾座顶尖间装入检验棒,将指示器固定在溜板上,使其测头在垂直平面内触及检验棒,移动溜板在检验棒的两极限位置上检验。指示器在检验棒两端读数的差值,就是等高度误差。当 D_C 小于或等于500mm时,尾座应紧固在床身导轨的末端。当 D_C 大于500mm时,尾座应紧固在 $D_C/2$ 处。检验时尾座顶尖套应退入尾座孔内,并锁紧
G12	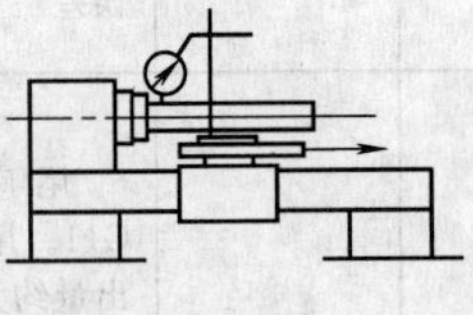	F——小刀架 小刀架移动对主轴线的平行度	在150测量长度上为0.015	指示器和检验棒	将检验棒插入主轴锥孔内,指示器固定在溜板上,使其测头在水平面内触及检验棒。调整小刀架,使指示器在检验棒的两端读数相等。再将指示器测头在垂直平面内触及检验棒,移动小刀架检验。将主轴旋转180°,再同样检验一次。两次测量结果的代数和之半就是平行度误差
G13	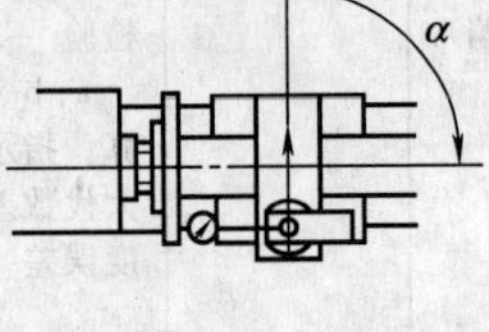	G——横刀架 横刀架横向移动对主轴轴线的垂直度	0.01/300 (偏差方向 $\alpha \geqslant 90°$)	指示器和评判或平尺	将平盘固定在主轴上。指示器固定在横架上,使其测头触及评判,移动横刀架进行检验 将主轴旋转180°,再同样检验一次,两次测量结果的代数和之半,就是垂直度误差

续表

序号	简　图	检验项目	允差/mm	检验工具	检验方法
G14	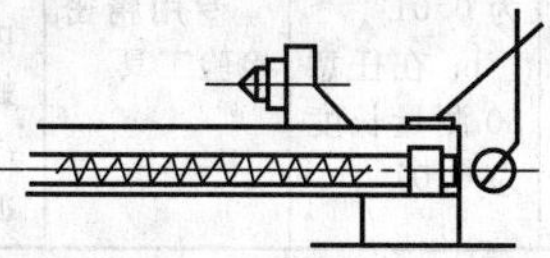	H——丝杠 丝杠的轴向窜动	0.005	指示器和钢球	固定指示器，使其测头触及丝杠顶尖孔内的钢球上。在丝杠的中段处闭合开合螺母，旋转丝杠检验。检验时，有托架的丝杠应在装有托架的状态下检验。指示器读数的最大差值，就是丝杠的轴向窜动误差
G15	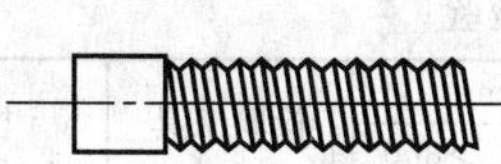	由丝杠所产生的螺距累积误差	a. 在任意300测量长度上为0.03 b. 在任意60测量长度上为0.01	标准丝杠和电传感器	将不小于300mm长标准丝杠装在主轴与尾座的两顶尖间。电传感器固定在刀架上，使其测头触及螺纹的侧面，移动溜板进行检验 电传感器在任意300mm和任意60mm测量长度内读数的差值就是丝杠所产生的螺距累积误差

注：1. D_C 表示最大工件长度。

2. 在导轨两端 $D_C/4$ 测量长度上局部公差可以加倍。

3. F 表示为消除主轴轴向游隙而加的恒定力（其大小由制造厂规定）。

4. D_a 表示最大回转直径。

精密车床工作精度检验如表7-6-77所示。

表7-6-77　精密车床工作精度检验

序号	简图和试件尺寸	检验性质	切削条件	检验项目	允差/mm	检验工具	备注条款
P1	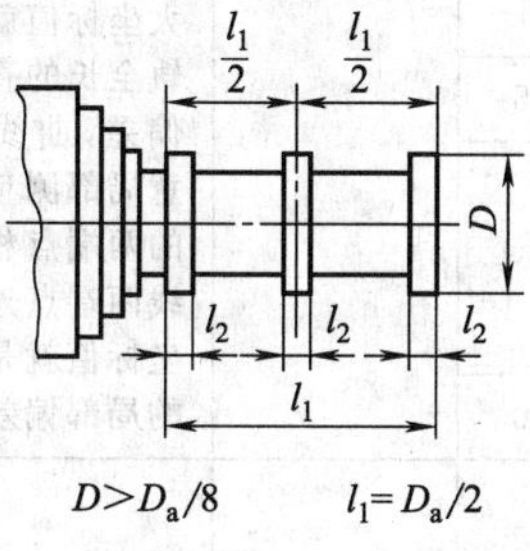 $\frac{l_1}{2}$　$\frac{l_1}{2}$　D　l_2　l_2　l_2　l_1 $D>D_a/8$　$l_1=D_a/2$ $l_{1max}=500mm$　$l_{2max}=20mm$	精车夹在卡盘中的圆柱试件[①]（试件也可插在主轴锥孔中）	在圆柱面上车削三直径，$L_1<50mm$时可车削两段直径	精车外圆的精度 a. 圆度 b. 圆柱度（任何锥度都应大于直径靠近床头端）	a. 0.005 b. 在300测量长度上为0.02两个相邻台的直径差（只有两个台时除外）不应大于最外面两个台直径差值的75%	千分尺或精密检验工具	精车后在两端直径上检验圆度和圆柱度 a. 圆度误差以试件同一横剖面内的最大与最小直径之差计 b. 圆柱度误差以试件任意轴向剖面内最大与最小直径之差计
P2	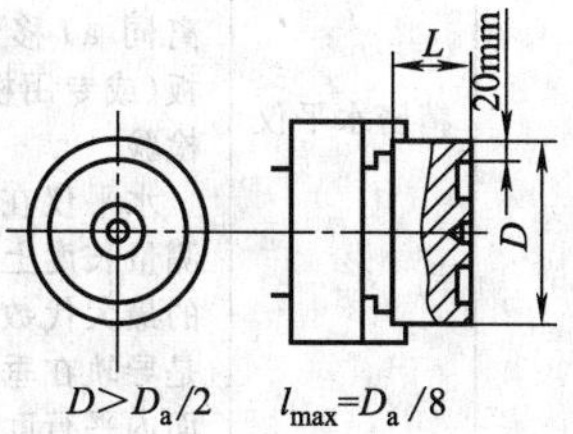 L　20mm　D $D>D_a/2$　$l_{max}=D_a/8$	精车夹在卡盘中的盘型试件[②]	精车垂直于主轴的端面（可车两个20mm宽的平面，其中之一为中心平面）	精车端面的平面度		平尺和块规或指示器	用平尺和块规检验 也可用指示器检验：指示器固定在横刀架上，使其测头触及端面的后部半径上，移动横刀架检验。指示器读数的最大差值之半，就是平面度误差

续表

序号	简图和试件尺寸	检验性质	切削条件	检验项目	允差/mm	检验工具	备注条款
P3	L L=300mm	精车两顶尖间圆柱试件①的60°普通螺纹	试件螺距应与母丝杠螺距相同,直径应尽可能接近母丝杠的直径	精车300mm长螺纹的螺距误差	a. 在300测量长度上为0.01 b. 在任意50测量长度为0.01	专用精密检验工具	精车后在300mm和任意50mm长度内进行检验,螺纹表面应洁净、无洼陷与波纹

① 试件材料为钢材。
② 试件材料为铸铁。

6.1.8 简式数控卧式车床精度检验(GB/T 25659.1—2010)

简式数控卧式车床几何精度检验如表7-6-78所示。

表7-6-78 简式数控卧式车床几何精度检验

序号	简图	检验项目	公差/mm $D_a \leqslant 800$	公差/mm $D_a > 800$	检验工具	检验方法
G1	a)	导轨精度 a)纵向导轨在垂直平面内的直线度	$D_C \leqslant 500$ 0.010(凸) $500 < D_C \leqslant 1000$ 0.020(凸) 局部公差在任意250测量长度上为: 0.0075 $D_C > 1000$ 最大工件长度每增加1000,公差增加: 0.010 局部公差在任意500测量长度上为 0.015	 0.015(凸) 0.025(凸) 0.010 0.015 0.020	精密水平仪、自准直仪或其他光学仪器	在溜板(或专用桥板)上靠近前导轨处,纵向放置一水平仪,等距离(近似等于规定的局部公差测量长度)移动溜板(或专用桥板)检验 将水平仪的读数依次排列,画出导轨偏差曲线,曲线相对其两端点连线的最大坐标值就是导轨全长的直线度偏差,曲线上任意局部测量长度的两端点相对曲线两端点连线的坐标值就是导轨的局部偏差
	b)	b)横向导轨在垂直平面内的平行度	0.04/1000		精密水平仪	在溜板(或专用桥板)上横向放置一水平仪,等距离(移动距离同a)移动溜板(或专用桥板)检验 水平仪在全部测量长度上读数的最大代数差就是导轨在垂直平面内平行度偏差

续表

<table>
<tr><th rowspan="2">序号</th><th rowspan="2">简　图</th><th rowspan="2">检验项目</th><th colspan="2">公差/mm</th><th rowspan="2">检验工具</th><th rowspan="2">检验方法</th></tr>
<tr><th>$D_a \leqslant 800$</th><th>$D_a > 800$</th></tr>
<tr><td rowspan="6">G2</td><td rowspan="6">a)
b)
钢丝
偏差</td><td rowspan="6">溜板移动在 ZX 平面内的直线度(尽可能在两顶尖轴线和刀尖所确定的平面内检验)</td><td colspan="2">$D_C \leqslant 500$</td><td rowspan="6">a)指示器和检验棒或指示器和平尺(仅适用于 $D_C \leqslant 1500$mm;
b)钢丝和显微镜或光学仪器</td><td rowspan="6">a)用指示器和检验棒检验,将指示器固定在溜板上,使其测头触及主轴和尾座顶尖间的检验棒表面上。调整尾座,使指示器在检验棒两端的读数相等。移动溜板在全部行程上检验。指示器读数的最大代数差就是直线度偏差
b)用钢丝和显微镜检验。在机床中心高的位置上绷紧一根钢丝,显微镜固定在溜板上,调整钢丝,使显微镜在钢丝两端的读数相等。等距离(移动距离同 G1)移动溜板,在全部行程上检验
显微镜读数的最大代数差值就是直线度偏差</td></tr>
<tr><td>0.015</td><td>0.020</td></tr>
<tr><td colspan="2">$500 < D_C \leqslant 1000$</td></tr>
<tr><td>0.020</td><td>0.025</td></tr>
<tr><td colspan="2">$D_C > 1000$
最大工件长度每增加 1000,公差增加:
0.005
最大公差</td></tr>
<tr><td>0.030</td><td>0.050</td></tr>
<tr><td rowspan="5">G3</td><td rowspan="5">a)
b)
L=常数</td><td rowspan="5">尾座移动对溜板移动的平行度
a)在 YZ 平面内
b)在 ZX 平面内</td><td colspan="2">$D_C \leqslant 1500$</td><td rowspan="5">指示器</td><td rowspan="5">将指示器固定在溜板上,使其测头触及近尾座体端面顶尖套上
a)在 YZ 平面内
b)在 ZX 平面内
锁紧顶尖套,使尾座与溜板一起移动,在溜板全行程上检验
a)、b)偏差分别计算。指示器在任意 500mm 行程上和全部行程上的最大差值就是局部长度和和全长上的平行度偏差</td></tr>
<tr><td>a)和 b)
0.030</td><td>a)和 b)
0.040</td></tr>
<tr><td colspan="2">局部公差
在任意 500 测量长度上为:
0.020</td></tr>
<tr><td colspan="2">$D_C > 1500$
a)和 b)　0.040</td></tr>
<tr><td colspan="2">局部公差
在任意 500 测量长度上为:
0.030</td></tr>
</table>

续表

序号	简　图	检验项目	公差/mm		检验工具	检验方法
			$D_a \leqslant 800$	$D_a > 800$		
G4	b) a) F	主轴端部的跳动 a)主轴的轴向窜动 b)主轴轴肩支承面的跳动	a)0.010 b)0.020 (包括轴向窜动)	a)0.015 b)0.020 (包括轴向窜动)	指示器和专用检具	固定指示器，使其测头触及 a)插入主轴锥孔的检验棒端部的钢球上 b)主轴轴肩支承面上 沿主轴轴线加一力 F，旋转主轴检验 a)、b)偏差分别计算，指示器读数的最大差值就是轴向窜动偏差和轴肩支承面的跳动偏差
G5	F	主轴定心轴颈的径向跳动	0.010	0.015	指示器	固定指示器使其测头垂直触及定心轴颈(包括圆锥轴颈)的表面，沿主轴轴线加一力 F，旋转主轴检验。指示器读数的最大差就是径向跳动偏差
G6	a) b) L	主轴锥孔轴线的径向跳动 a)靠近主轴端部 b)距主轴端面 L 处	a)0.010 b) 在 L=300 处:0.020	a)0.015 b) 在 L=500 处:0.050	指示器和检验棒	将检验棒插入主轴锥孔内，固定指示器，使其测头触及检验棒表面 a)靠近主轴端面 b)距主轴端面 L 处 旋转主轴检验 拔出检验棒，相对主轴旋转90°，重新插入主轴锥孔中依次重复检验三次 a)、b)偏差分别计算，四次测量结果的平均值就是径向跳动偏差

续表

序号	简图	检验项目	公差/mm		检验工具	检验方法
			$D_a \leqslant 800$	$D_a > 800$		
G7	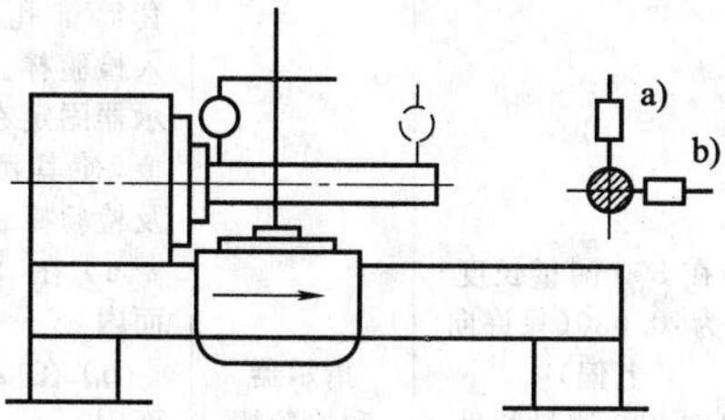	主轴轴线对溜板移动的平行度 a)在 YZ 平面内 b) 在 ZX 平面内	a)在 300 测量长度上为:0.020（只许向上偏） b) 在 300 测量长度上为:0.015（只许偏向刀具）	a)在 500 测量长度上为:0.040（只许向上偏） b) 在 500 测量长度上为:0.030（只许偏向刀具）	指示器和检验棒	指示器固定在溜板上,使其测头触及检验棒表面 a) 在 YZ 平面内 b) 在 ZX 平面内 移动溜板检验 将主轴旋转180°,再同样检验一次 a)、b)偏差分别计算,两次测量结果的代数和之半,就是平行度偏差
G8	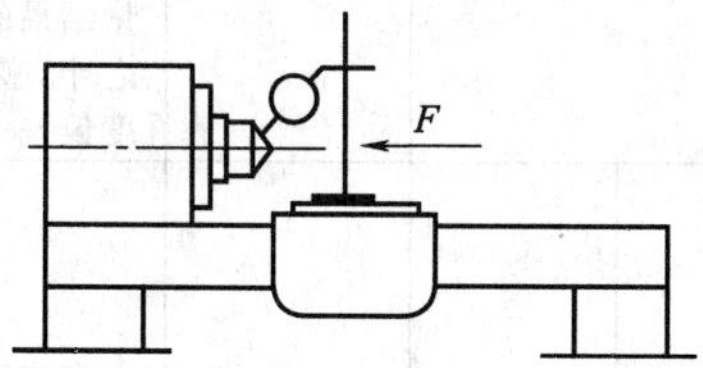	顶尖的跳动	0.015	0.020	指示器和专用顶尖	顶尖插入主轴孔内,固定指示器,使其测头垂直触及顶尖锥面上。沿主轴轴线加一力 F,旋转主轴检验 指示器读数除以 $\cos\alpha$（α 为锥体半角）后,就是顶尖跳动偏差
G9	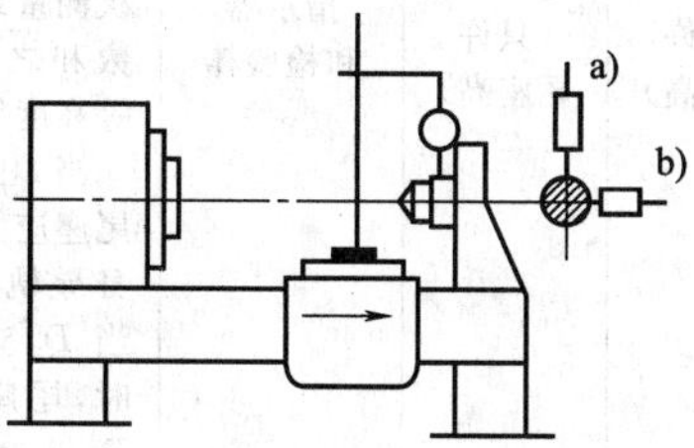	尾座套筒轴线对溜板移动的平行度 a)在 YZ 平面内 b) 在 ZX 平面内	a)在 100 测量长度上为:0.015（只许向上偏） b) 在 100 测量长度上为:0.010（只许偏向刀具）	a)在 100 测量长度上为:0.020（只许向上偏） b)在 100 测量长度上为: 0.015（只许偏向刀具）	指示器	尾座的位置同G11,尾座顶尖套伸出量约为最大伸出长度的一半,并锁紧 将指示器固定在溜板上,使其测头触及尾座套筒的表面 a) 在 YZ 平面内 b) 在 ZX 平面内 移动溜板检验 a)、b)偏差分别计算。指示器读数的最大差值就是平行度偏差

续表

序号	简图	检验项目	公差/mm		检验工具	检验方法
			$D_a\leqslant800$	$D_a>800$		
G10		尾座套筒锥孔轴线对溜板移动的平行度 a)在 YZ 平面内 b)在 ZX 平面内	a)在300测量长度上为:0.030(只许向上偏) b)在300测量长度上为:0.030(只许偏向刀具)		指示器和检验棒	尾座的位置同G11，顶尖套筒退入尾座孔内，并锁紧。在尾座套筒锥孔中，插入检验棒。将指示器固定在溜板上，使其测头触及检验棒表面 a)在 YZ 平面内 b)在 ZX 平面内 移动溜板检验 拔出检验棒，旋转180°，重新插入尾座顶尖套锥孔中，重复检验一次 a)、b)偏差分别计算。两次测量结果的代数和之半，就是平行度偏差
G11		主轴和尾座两顶尖的等高度	0.040(只许尾座高)	0.060(只许尾座高)	指示器和检验棒	在主轴与尾座顶尖间装入检验棒，将指示器固定在溜板上，使其测头在垂直平面内触及检验棒。移动溜板在检验棒的两极限位置上检验。将检验棒旋转180°再检验一次。两次测量结果的代数和之半，就是等高度偏差 当 $D_c\leqslant500$mm，尾座应紧固在床身导轨的末端。当 $D_c>500$mm时，尾座紧固在 $D_c/2$ 处，但最大不大于2000mm。检验时，尾座顶尖套应退入尾座孔内，并锁紧

续表

序号	简　图	检验项目	公差/mm		检验工具	检验方法
			$D_a \leqslant 800$	$D_a > 800$		
G12	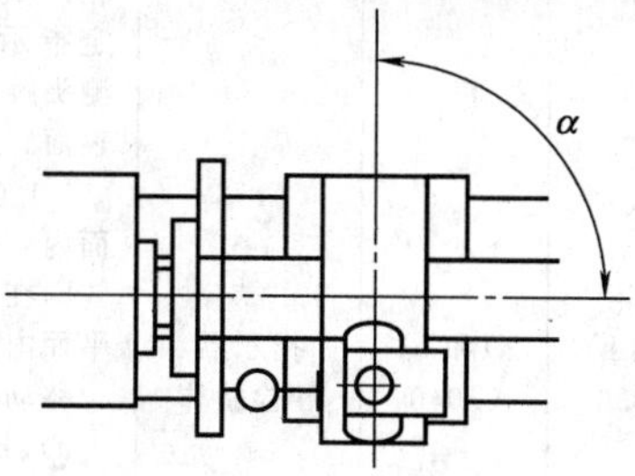 α	横刀架横向移动对主轴轴线的垂直度	0.020/300 $\alpha \geqslant 90°$		指示器和平盘或平尺	将平盘固定在主轴上，指示器固定在横刀架上，使其测头触及平盘，移动横刀架进行检验 将主轴旋转180°再同样检验一次。两次测量结果的代数和之半，就是垂直度偏差
G13	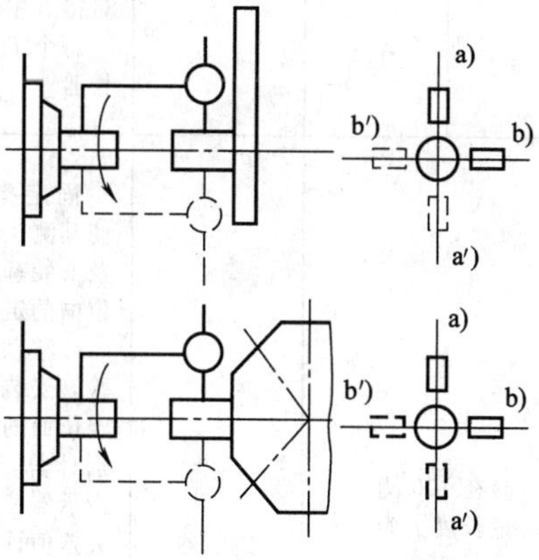 a) b′) b) a′) a) b′) b) a′)	回转刀架工具孔轴线与主轴轴线的重合度 a)在 YZ 平面内 b)在 ZX 平面内 (只适用于刀架有工具孔的车床)	a)和 b) 0.030	a)和 b) 0.040	指示器和检验棒	指示器装在主轴端部的专用检具上，使其测头触及检验棒表面。旋转主轴，分别在 a) YZ 平面内及 b) ZX 平面内检验(刀架依次转位) a)、b)偏差分别计算。偏差以指示器读数最大差值之半计
G14	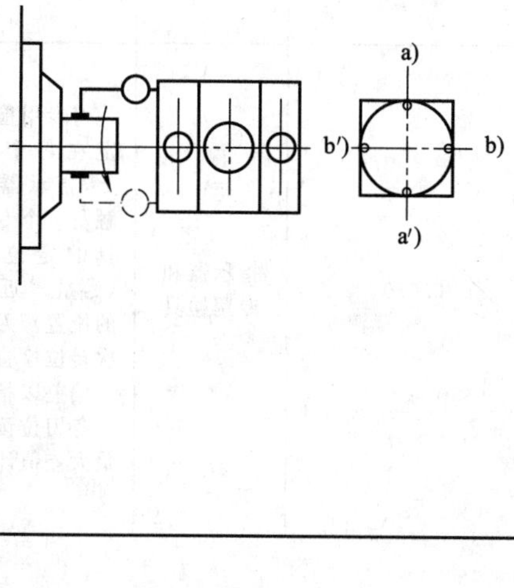 a) b′) b) a′)	回转刀架附具安装基准面对主轴轴线的垂直度： a)在 YZ 平面内 b)在 ZX 平面内 (只适用于刀架有工具孔的车床)	a)和 b) 0.025/100		指示器	将指示器固定在主轴端部的专用检具上，使其测头触及刀架附具安装基准面上 a) 在 YZ 平面内 b) 在 ZX 平面内 旋转主轴检验 a)、b)偏差分别计算。偏差以指示器读数差值计 检验时刀架尽量接近主轴端部 每个工位均需检验

续表

序号	简　图	检验项目	公差/mm		检验工具	检验方法
			$D_a\leqslant800$	$D_a>800$		
G15	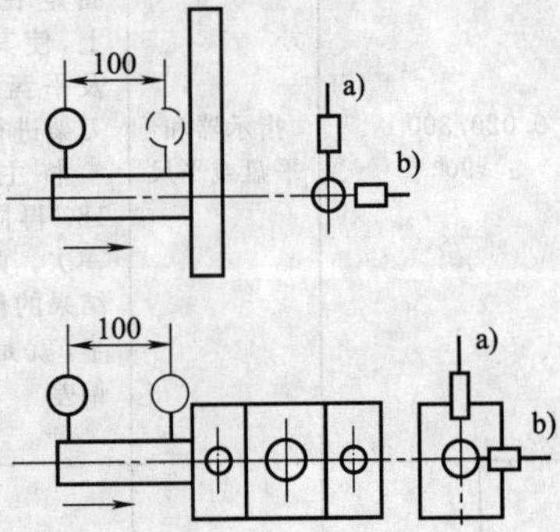 100 a) b) 100 a) b)	回转刀架工具孔轴线对溜板移动的平行度 a)在YZ平面内 b)在ZX平面内 (只适用于刀架有工具孔的车床)	a)和b) 0.030	a)和b) 0.040	指示器和检验棒	检验棒紧密插在工具孔中，固定指示器，使其测头触及检验棒表面 a)在YZ平面内 b)在ZX平面内 移动溜板检验 a)、b)偏差分别计算。偏差以指示器读数差值计 检验时刀架尽量接近主轴端部 每个工位均需检验
G16	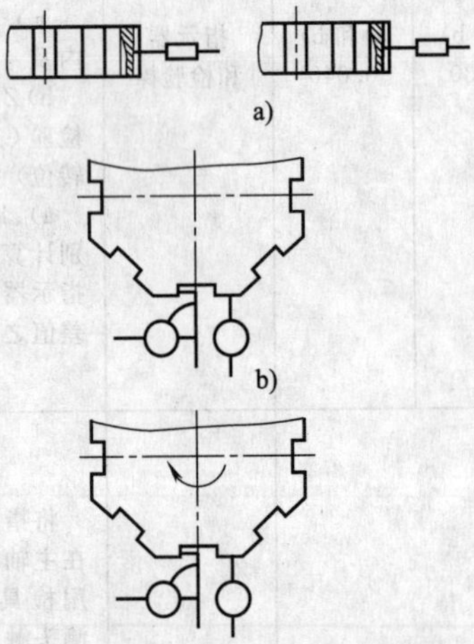 a) b)	安装附具定位面的精度 a)安装基面和定位面对溜板移动的平行度 b)安装基面和定位面的位置同一度	a)在100测量长度上为0.020 b)0.025		指示器	固定指示器，使其测头分别触及安装基面和定位槽的定位面上 a)移动溜板检验。安装基面和定位面的偏差分别计算，偏差以指示器读数的最大差值计 b)刀架转位检验。安装基面和定位面的偏差分别计算，偏差以指示器在各面的同一位置上读数的最大差值计 每个工位均需检验
G17		回转刀架转位的定位精度 (只适用于有刀槽的车床)	0.050		指示器和专用检具	将专用检具固定在每个刀位上，指示器测头触及一个专用检具的定位面上(尽量靠近刀尖的位置)，刀架依次转位检验 偏差以指示器在各刀位读数的最大差值计

第7篇

续表

序号	简图	检验项目	公差/mm		检验工具	检验方法
			$D_a \leqslant 800$	$D_a > 800$		
G18		回转刀架转位的重复定位精度	a)和 b) 0.010		指示器和检验棒或专用检具	检验棒紧密插在工具孔中，指示器测头触及检验棒上，刀架回转 360°检验 a)、b)位置分别进行，每个位置重复检验 7 次 a)、b)偏差分别计算。偏差以每个位置 7 次测量的最大差值计 每个工位均需检验
G19		直排刀架 1)横向滑板的基准槽或基准侧面对其 X 轴移动的平行度 2)横向滑板的工具安装面对 a)床鞍 Z 轴运动的平行度 b)横滑板 X 轴运动的平行度	在任意 300 测量长度上或全行程上(全行程≤300 时) 1)0.030 2)a)和 b) 0.025		指示器和量块	1)沿测量长度在若干位置上进行检测，测取读数之间的最大差即为平行度偏差 2)在 X 轴和 Z 轴两个方向，放置 3×3 个滑块，滑块应跨过槽中心。测量位置应位于横滑板安装面的两端和中间 分别沿 X 轴和 Z 轴滑块表面上进行测量，测取读数之间的最大差即为平行度偏差

注：1. 对于斜床身机床，直线度偏差方向不要求凸。
2. D_a 表示床身上最大回转直径；D_C 表示最大工件长度。
3. 在导轨两端 $D_c/4$ 测量长度上局部公差可以加倍。
4. F 表示为消除主轴的轴向游隙而加的横向力，其大小由制造商规定。

简式数控卧式车床位置精度检验如表 7-6-79 所示。

表 7-6-79　简式数控卧式车床位置精度检验

序号	检验项目	公差/mm					检验工具	检验方法
		测量行程						
	Z 轴和 X 轴的位置精度	≤500	>500～800	>800～1250	>1250～2000	>2000		
P1	a)双向定位精度 A	0.032	0.040	0.045	0.050	—	激光干涉仪或其他检验工具	用激光干涉仪测量，采用线性循环方法。用指示器和量块测量，采用阶梯循环方法 对于测量行程小于等于 2000mm 的轴线，每米选择 5 个目标位置，并且在全行程上也应至少选择 5 个目标位置进行检验，每个目标位置在每个方向上测量 5 次
	b)单项重复定位精度 $R\uparrow$、$R\downarrow$	0.009	0.011	0.014	0.018	—		
	c)反向偏差 B	0.015	0.018	0.020				

续表

序号	检验项目	公差/mm					检验工具	检验方法
P1	d)单项定位系统偏差 $E\uparrow$、$E\downarrow$	0.016	0.019	0.023	0.028	0.028+（测量长度每增加1000，公差增加0.005）		对于测量行程大于2000mm的轴线，除应按上述方法在正常2000mm工作范围检验外，还应在全行程上对每个目标位置在每个方向上进行一次单项趋近，检验轴线的反向差值 B 和单项定位系统偏差 $E\uparrow$ 或 $E\downarrow$ 注：1. 正常2000mm工作范围可由制造商自定或按协议规定 2. 对用其他检验工具检测的结果产生争议时，应用激光干涉仪进行复核检验，并以此检验结果为准

简式数控卧式车床工作精度检验如表7-6-80。

表7-6-80　简式数控卧式车床工作精度检验

序号	简图和试件尺寸	检验性质	切削条件	检验项目	公差/mm		检验工具	检验方法
					$D_a\leqslant800$	$D_a>800$		
M1	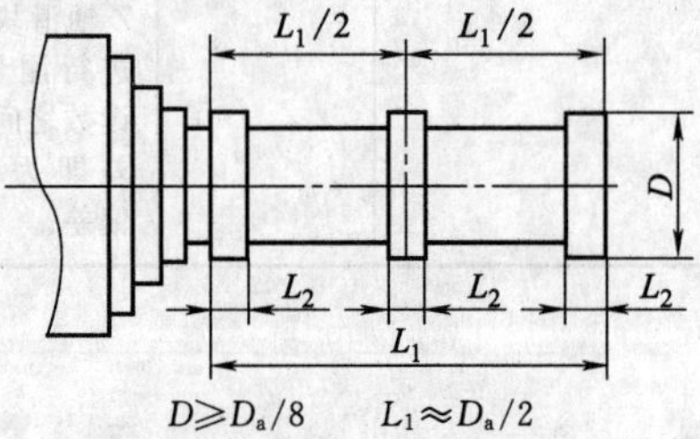 $L_1/2$　$L_1/2$　D　L_2　L_2　L_2　L_1 $D\geqslant D_a/8$　$L_1\approx D_a/2$ $L_{1max}=500$mm　$L_{2max}=20$mm 材料：钢件	精车夹在卡盘中的圆柱试件（试件也可插在主轴锥孔中）	在圆柱面上车削三段直径	精车外圆的精度 a)圆度 b)在纵截面内直径的一致性	a) 0.005 b)在300测量长度上为 0.030 （两个相邻台的直径差，不应大于最外两个台直径差的75%）	 0.010 0.040	千分尺或精密检验工具	精车后在三段直径上检验圆度和圆柱度 a)圆度偏差以试件同一横剖面内的最大与最小半径之差计 b)在纵截面内最大与最小直径差计
M2	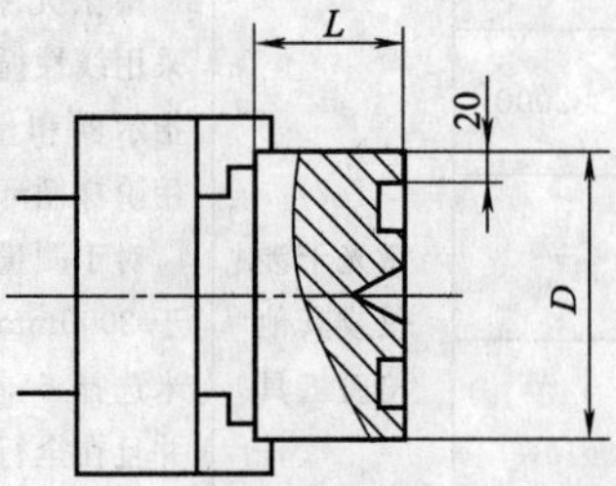 L　20　D $L_{max}=D_a/8$　$D\geqslant D_a/2$ 材料：铸铁件	精车夹在卡盘中的盘形试件	精车垂直于主轴的端面（和车削两个或三个20mm宽的平面，其中之一为中心平面）	精车端面的平面度	300直径上为 0.025 （只许凹）		平尺和块规或指示器	a)用平尺和块规检验 b)用指示器检验，指示器固定在横刀架上使其测头触及端面的后部半径上，移动刀架检验指示器读数的最大差值之半就是平面度偏差

续表

序号	简图和试件尺寸	检验性质	切削条件	检验项目	公差/mm $D_a \leqslant 800$	公差/mm $D_a > 800$	检验工具	检验方法
M3	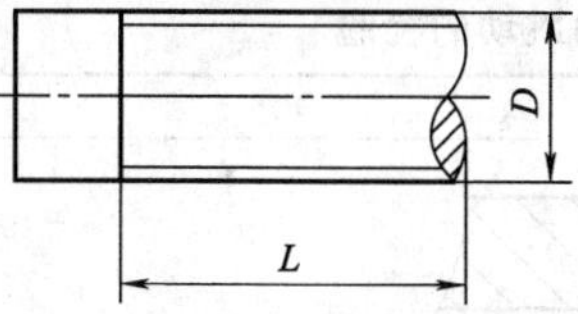 $L_{min}=75$mm；D＝近似于滚珠丝杠直径	精车圆柱试件的60°普通螺纹	试件螺距不超过滚珠丝杠螺距之半，应尽可能接近滚珠丝杠直径	精车螺纹的螺距误差	在任意50测量长度上为：0.025		专用精密检验工具	精车后在任意50mm长度内进行检验，螺纹表面应清洁，无凹陷与波纹
M4	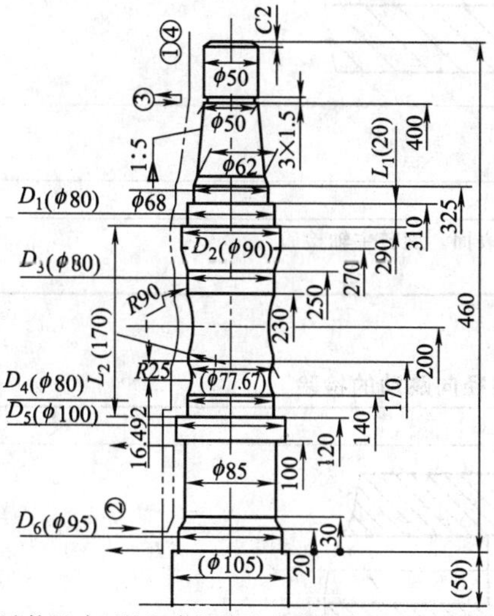 试件尺寸可按机床规格大小做适当放大或缩小 材料：钢材	精车两顶尖间圆柱形试件（适用于有尾座的机床）精车卡盘夹持的盘形试件（适用于无尾座的机床）	按数控程序并用补偿功能进行车削	a）精车轴类综合试件直径尺寸精度	D_1、D_2、D_5为：±0.020 D_3、D_4、D_6为：±0.020		杠杆卡规和测高仪或其他量仪	尺寸精度为实测尺寸与指令值的差值
				直径尺寸差	$D_2-D_1=10$，±0.015 $D_1-D_4=0$，±0.020			
				长度尺寸精度	$L_1=20$，±0.025 $L_2=170$，±0.035			
	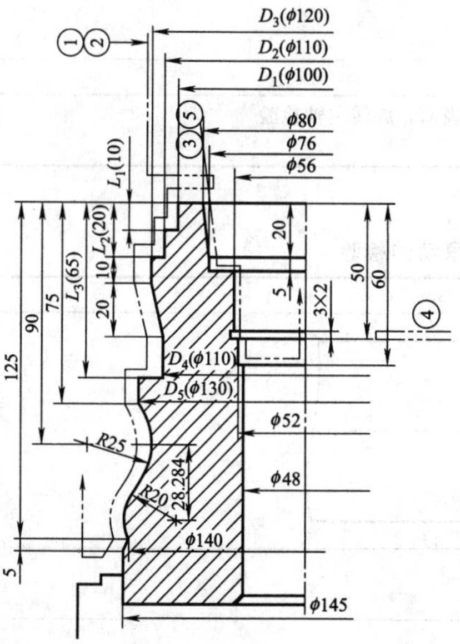 试件尺寸可按机床规格大小做适当放大或缩小 材料：钢材		按数控程序并用补偿功能进行车削	b）精车盘类综合试件	D_1、D_2、D_3、D_5为：±0.020 D_4为：±0.020			
				直径尺寸差	$D_2-D_1=10$，±0.015 $D_3-D_2=10$，±0.015 $D_3-D_4=10$，±0.020			
				长度尺寸精度	$L_1=10$，±0.025 $L_2=20$，±0.025 $L_3=65$，±0.025			

6.1.9 数控小型排刀车床精度检验

1. 几何精度检验

(1) 主轴装夹头定位孔的径向跳动的检验（见表7-6-81）

表7-6-81 主轴装夹头定位孔的径向跳动的检验

项目编号	G1		
简图			
允差	P级 0.0080	M级 0.0040	G级 0.0030
检验工具	指示器		
检验方法	固定指示器，使其测头触及主轴装夹头的定位孔表面。旋转主轴检验误差以指示器读数的最大差值计		

(2) 主轴装夹头锥孔的径向跳动的检验（见表7-6-82）

表7-6-82 主轴装夹头锥孔的径向跳动的检验

项目编号	G2		
简图			
允差	P级 0.0080	M级 0.0040	G级 0.0030
检验工具	指示器		
检验方法	固定指示器，使其测头触及主轴装夹头的定位孔表面。旋转主轴检验误差以指示器读数的最大差值计		

(3) 主轴的轴向窜动的检验（见表7-6-83）

表7-6-83 主轴的轴向窜动的检验

项目编号	G3		
简图			
允差	P级 0.0080	M级 0.0040	G级 0.0030
检验工具	专用检具、钢球		
检验方法	固定指示器，使其测头触及专用检具上钢球表面。旋转主轴检验误差以指示器读数的最大差值计		

(4) 拖板纵向移动对主轴轴线的平行度的检验（见表 7-6-84）

拖板纵向移动对主轴轴线的平行度的检验一般包括以下几项：

a) 在水平面内；

b) 在垂直面内。

表 7-6-84　拖板纵向移动对主轴轴线的平行度的检验

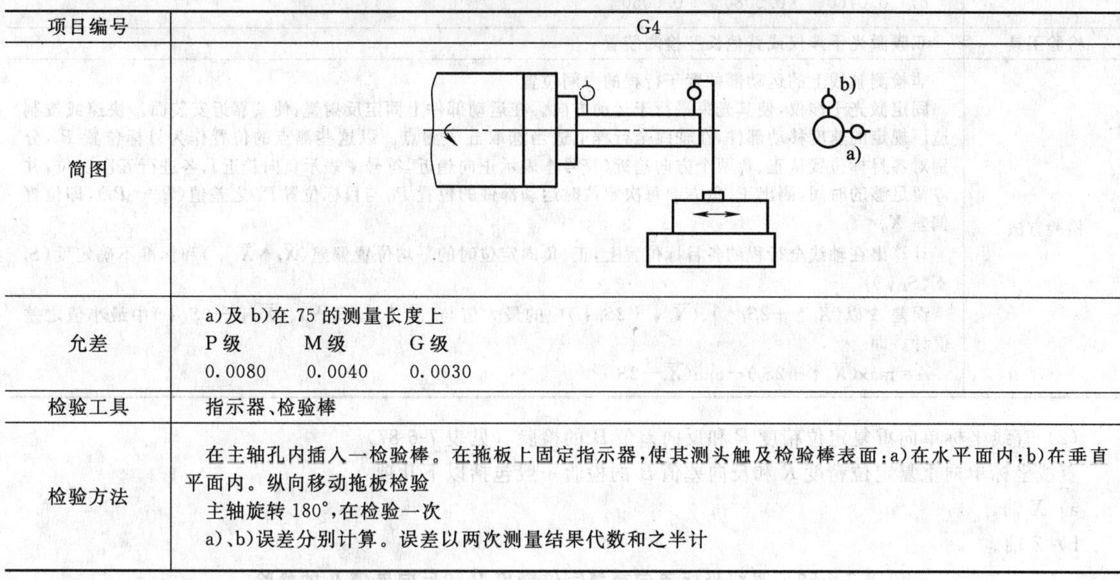

项目编号	G4		
简图			
允差	a)及 b)在 75 的测量长度上		
	P 级	M 级	G 级
	0.0080	0.0040	0.0030
检验工具	指示器、检验棒		
检验方法	在主轴孔内插入一检验棒。在拖板上固定指示器，使其测头触及检验棒表面：a)在水平面内；b)在垂直平面内。纵向移动拖板检验 主轴旋转 180°，在检验一次 a)、b)误差分别计算。误差以两次测量结果代数和之半计		

(5) 拖板横向移动对主轴轴线的垂直度的检验（见表 7-6-85）

表 7-6-85　拖板横向移动对主轴轴线的垂直度的检验

项目编号	G5		
简图			
允差	在 75 的测量长度上		
	P 级	M 级	G 级
	0.0100	0.0050	0.0040
检验工具	指示器、平盘		
检验方法	调整装在主轴上的平盘，使其与轴线垂直。在拖板上固定指示器，使其测头触及平盘表面。横向移动拖板检验 主轴旋转 180°，再检验一次 误差以两次测量结果的代数和之半计 拖板移动时不应偏离主轴箱		

2. 位置精度检验

(1) 直线坐标双向定位精度 A 的检验（见表 7-6-86）

直线坐标双向定位精度 A 的检验一般包括以下几项：

a) X 轴；

b) Z 轴。

表 7-6-86　直线坐标双向定位精度 A 的检验

项目编号	G6
允差	P级　　M级　　G级 a)0.0100　0.0050　0.0030 b)　0.0160　0.0080　0.0050
检验工具	双频激光干涉仪或其他长度检测装置
检验方法	非检测轴线上的运动部件置于行程的中间位置 固定激光干涉仪，使其光束平行于运动方向。在运动部件上固定反射镜，使其靠近安装面。快速或按制造厂规定的速度移动部件，在轴线全行程上适当选取五个测点。以这些测点的位置作为目标位置 P_i，分别对各目标位置从正、负两个方向趋近（符号 ↑ 表示正向趋近，符号 ↓ 表示负向趋近），各进行五次定位，并停留足够的时间，测出正、负方向每次定位时运动部件的位置 P_{ij} 与目标位置 P_i 之差值（$P_{ij}-P_i$），即位置偏差 X_{ij} 计算出在轴线全行程的各目标位置上，正、负向定位时的平均位置偏差（$\overline{X}_i\uparrow\overline{X}_i\downarrow$）和标准不确定度（$S_i\uparrow$、$S_i\downarrow$） 误差 A 以（$\overline{X}_i\uparrow+2S_i\uparrow$）、（$\overline{X}_i\downarrow+2S_i\downarrow$）中的最大值与（$\overline{X}_i\uparrow-2S_i\uparrow$）、（$\overline{X}_i\downarrow-2S_i\downarrow$）中最小值之差值计。即 $A=\max(\overline{X}_i\uparrow+2S_i)-\min(\overline{X}_i-2S_i)$

（2）直线坐标单向重复定位精度 R 和反向差值 B 的检验（见表 7-6-87）

直线坐标单向重复定位精度 R 和反向差值 B 的检验一般包括以下几项：

a）X 轴；

b）Z 轴。

表 7-6-87　直线坐标单向重复定位精度 R 和反向差值 B 的检验

项目编号	G7
允差	P级　　M级　　G级 R：a)　0.0050　0.025　0.015 　b)　0.0080　0.0040　0.0025 B：a)　0.0060　0.0030　0.0018 　b)　0.0100　0.0050　0.0030
检验工具	双频激光干涉仪或其他长度检测装置
检验方法	检验方法同直线坐标双向定位精度 A 计算出在轴线全行程的各目标位置上，正、负向定位时的平均位置偏差（$\overline{X}_i\uparrow$、$\overline{X}_i\downarrow$）和标准不确定度（$S_i\uparrow$、$S_i\downarrow$） 误差 R 以 $4S_i\uparrow$、$4S_i\downarrow$ 中的最大值计 即：$R=\max 4S_i$ 误差 B 以（$\overline{X}_i\uparrow-\overline{X}_i\downarrow$）中的最大绝对值计 即：$B=\max\lvert B_i\rvert$

3. 工作精度检验

（1）在刀座上装夹单刃车刀，精车圆柱形试件（见表 7-6-88）

表 7-6-88　在刀座上装夹单刃车刀，精车圆柱形试件

项目编号	P1
简图	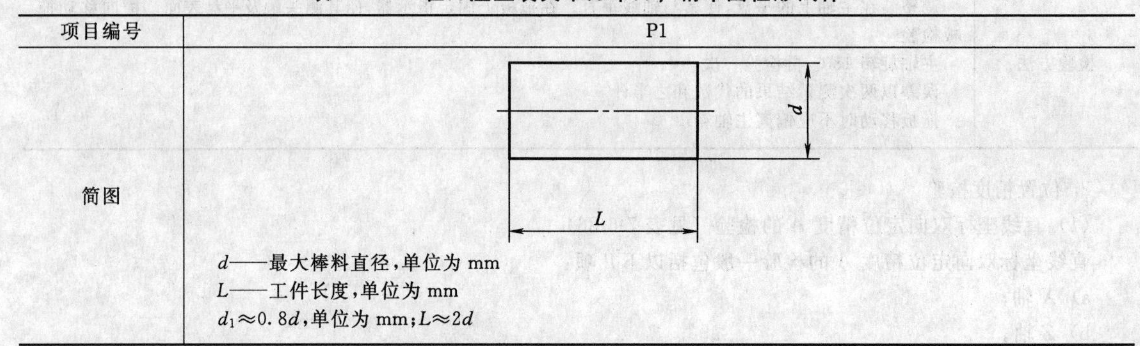 d——最大棒料直径，单位为 mm L——工件长度，单位为 mm $d_1\approx0.8d$，单位为 mm；$L\approx2d$

续表

项目编号	P1					
切削条件	刀具:硬质合金外圆车刀 试件材料:HPb59-1 切削参数:由制造厂规定					
检验项目	项目	允　差			检验工具	说　明
		P 级	M 级	G 级		
	a)圆度 b)直径一致性	a)0.0040 b)0.0100	a)0.0020 b)0.0050	a)0.0012 b)0.0030	圆度仪 测微计	a)圆度取四个平面内半径变化量表示。误差以测量结果的最大差值计 b)直径一致性误差沿着试件在单个轴向平面内测得的在一定间距上加工直径间最大和最小直径之差计

(2) 在刀座上装夹单刃车刀，精车端面的检验（见表 7-6-89）

表 7-6-89　在刀座上装夹单刃车刀，精车端面的检验

项目编号	P2					
简图	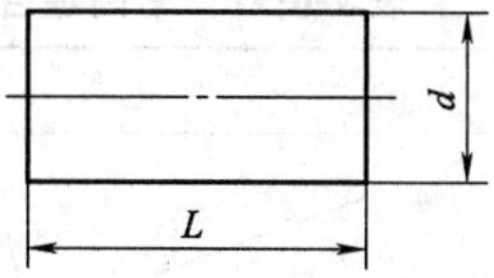 d——最大棒料直径,单位为 mm L——工件长度,单位为 mm $L \approx d$					
切削条件	刀具:硬质合金外圆车刀 试件材料:HPb59-1 切削参数:由制造厂规定					
检验项目	项目	允　差			检验工具	说　明
		P 级	M 级	G 级		
	平面度 (只许凹)	0.0060	0.0030	0.0018	指示器	在刀架上固定指示器,使其测头触及端面的后部半径上。移动刀架检验 误差以指示器读数的最大差值之半计

(3) 精车螺纹的检验（见表 7-6-90）

(4) 车削综合试件的检验（见表 7-6-91）

表 7-6-90　精车螺纹的检验

项目编号	P3				
简图	d——最大棒料直径，单位为 mm L——工件长度，单位为 mm 螺距不大于 1.5mm $d_1 \approx d-2$，单位为 mm $L \approx 1.5d$				
切削条件	刀具：机夹螺纹车刀 试件材料：HPb59-1 切削参数：由制造厂规定				
检验项目	项目	允差		检验工具	说明
	P级	M级	G级		
	螺距累积误差	在 L 测量长度上 0.0300	在 L 测量长度上 0.0150	在 L 测量长度上 0.0100	精密量仪	螺纹表面应无明显的粗糙凹陷及波纹 误差以测量值与公称值之差值计

表 7-6-91　车削综合试件的检验

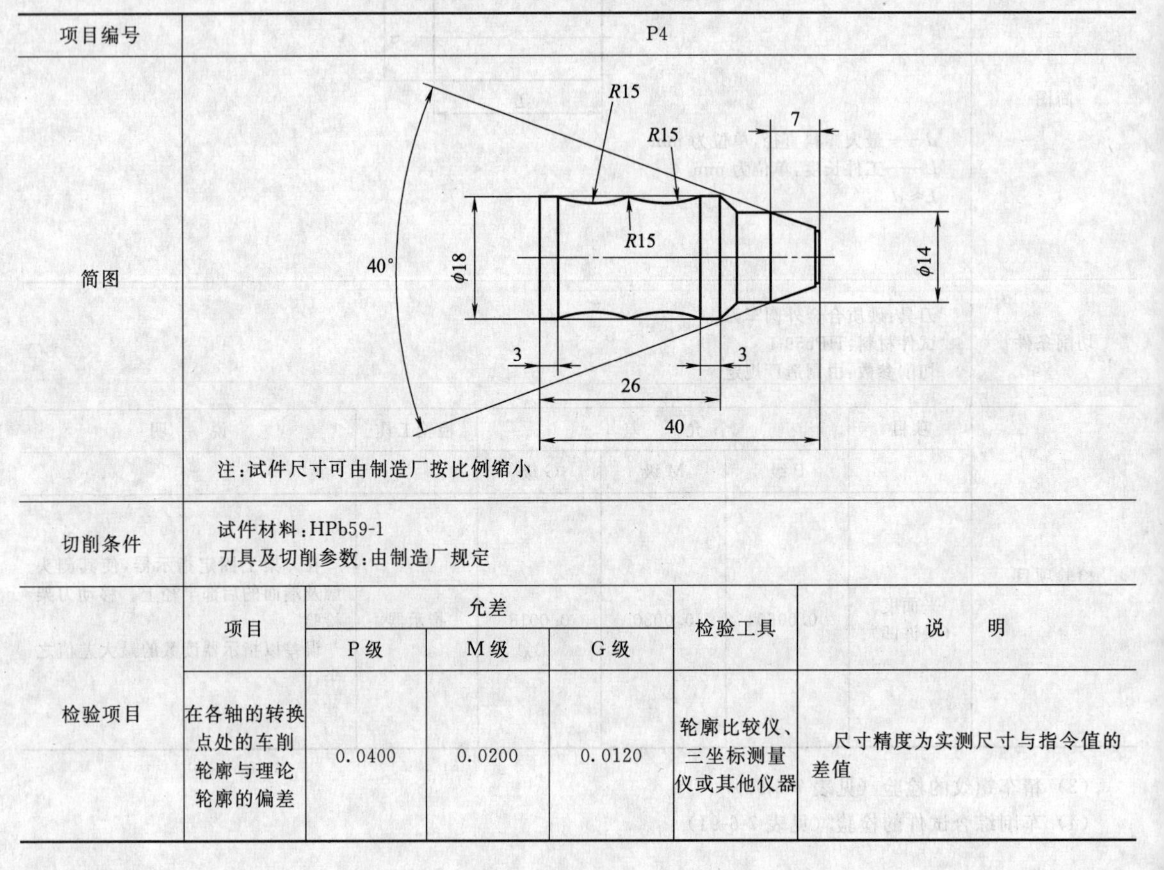

项目编号	P4				
简图	注：试件尺寸可由制造厂按比例缩小				
切削条件	试件材料：HPb59-1 刀具及切削参数：由制造厂规定				
检验项目	项目	允差			检验工具	说明
		P级	M级	G级		
	在各轴的转换点处的车削轮廓与理论轮廓的偏差	0.0400	0.0200	0.0120	轮廓比较仪、三坐标测量仪或其他仪器	尺寸精度为实测尺寸与指令值的差值

6.1.10　数控纵切自动车床精度检验

数控纵切自动车床几何精度检验如表 7-6-92 所示。

表 7-6-92　数控纵切自动车床几何精度检验

序号	简图	检验项目	允差/mm		检验工具	检验方法
			$D^{①}<16$	$D\geqslant16$		
G1	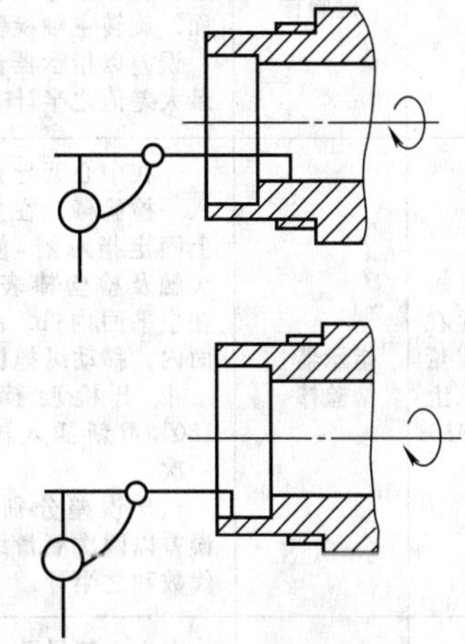	主轴推套的定位孔的径向跳动	0.006	0.010	指示器	固定指示器，使其测头触及主轴装推套的定位孔近口端处。旋转主轴检验 误差以指示器读数的最大差值计 对于主轴推套用双定位面结构的机床，主轴装推套的两定位孔均需检验
G2	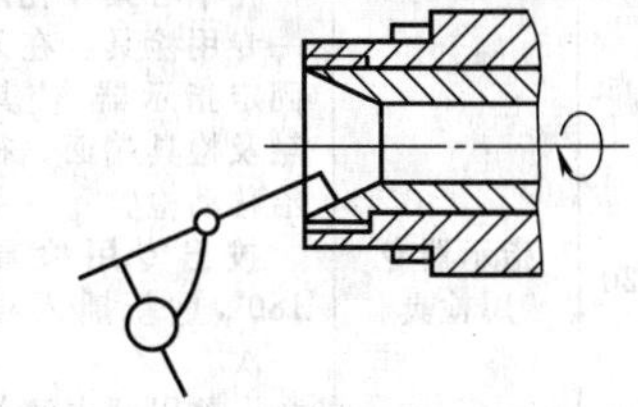	主轴推套锥孔的径向跳动	0.010	0.012	指示器	固定指示器，使其测头触及主轴推套锥孔处。旋转主轴检验 误差以指示器读数的最大差值计
G3	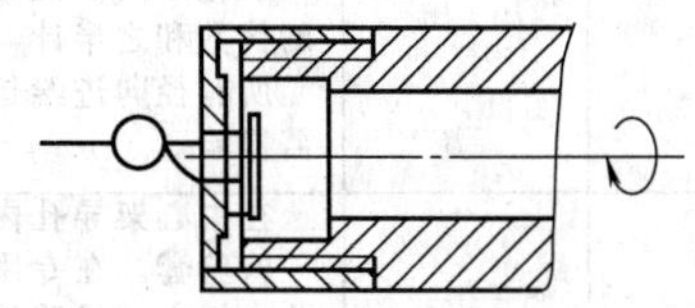	主轴前螺母内端面的跳动	0.010	0.012	指示器	固定指示器，使其测头触及主轴前螺母内端面处。旋转主轴检验 误差以指示器读数的最大差值计
G4	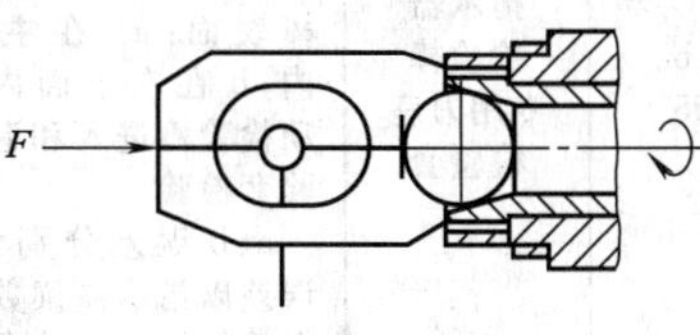 F	主轴的轴向窜动	0.005	0.008	指示器、钢球	固定指示器，使其测头触及主轴孔内钢球表面，指示器测头作用线与主轴轴线重合。旋转主轴检验 误差以指示器读数的最大差值计 检验时应向主轴轴向施加一个由制造厂规定的力 F(对已消除轴向游隙的主轴可不加力)
G5	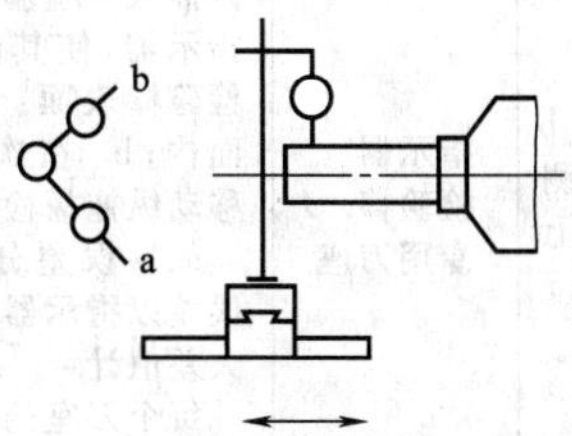 b a	纵拖板移动对主轴轴线的平行度 a. 在主平面内 b. 在次平面内	a 及 b 在 50 测量长度上 0.010	a 及 b 在 75 测量长度上为 0.010	指示器检验棒	在主轴孔内插入一检验棒。在拖板上固定指示器，使其测头触及检验棒表面：a. 在主平面内；b. 在次平面内。移动纵拖板检验 主轴旋转 180°再检验一次 a、b 误差分别计算。误差以两次测量结果的代数和之半计

续表

序号	简图	检验项目	允差/mm		检验工具	检验方法
			D[①]<16	D≥16		
G6	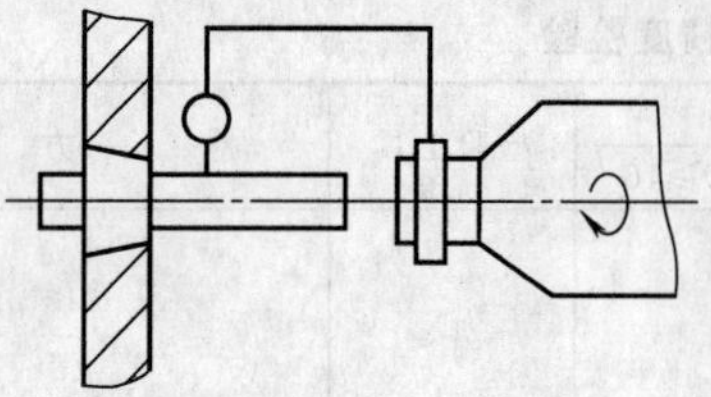	中心架导孔轴线对主轴轴线的重合度	0.010	0.010	指示器 检验棒	在中心架导孔内插入一检验棒。在主轴上固定指示器，使其测头触及检验棒靠近根部表面。旋转主轴检验 误差以指示器读数的最大差值之半计
G7	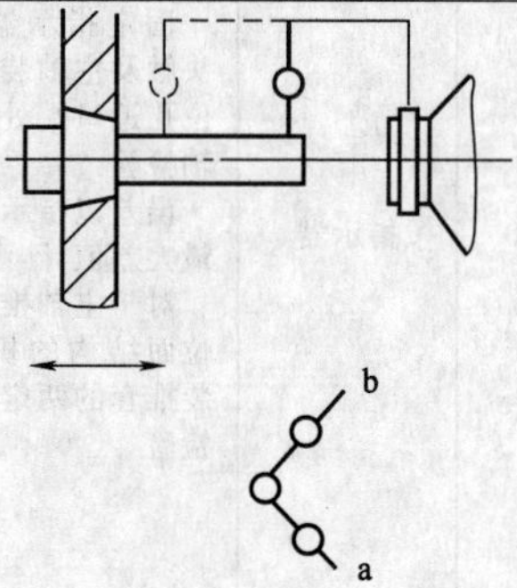	纵拖板移动对中心架导孔轴线的平行度 a. 在主平面内 b. 在次平面内	a及b在50测量长度上为0.010	a及b在75测量长度上为0.010	指示器 检验棒	在中心架导孔内插入一检验棒。在主轴箱上固定指示器，使其测头触及检验棒表面：a. 在主平面内；b. 在次平面内。移动纵拖板检验 拔出检验棒旋转180°，重新插入再检验一次 a、b误差分别计算。误差以两次测量结果的代数和之半计
G8	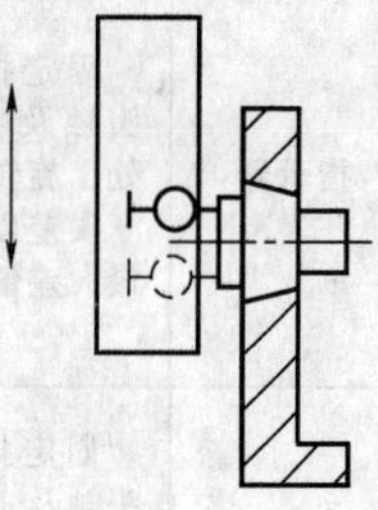	径向进给运动对中心架导孔轴线的垂直度	0.010/10	0.015/20	指示器专用检具	在中心架导孔内插入一专用检具。在刀座上固定指示器，使其测头触及检具端面。径向进给移动检验 拔出专用检具旋转180°，重新插入再检验一次 误差以两次测量结果的代数和之半计 所有径向进给运动均需检验
G9	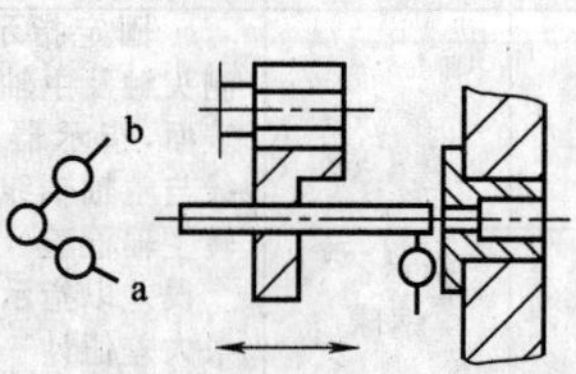	转塔刀座工具孔轴线对中心架导孔轴线的重合度 a. 在主平面内 b. 在次平面内	a有b 0.025	a及b 0.025	指示器 检验棒 专用刀座 检验套	在中心架导孔内装入一检验套。在专用刀座孔内插入一检验棒。在近检验套处固定指示器，使其测头触及检验棒表面：a. 在主平面内；b在次平面内。移动检验棒进入和退离检验套检验 a、b误差分别计算。误差以指示器读数的最大差值加上检验套孔与检验棒间隙之半计
G10	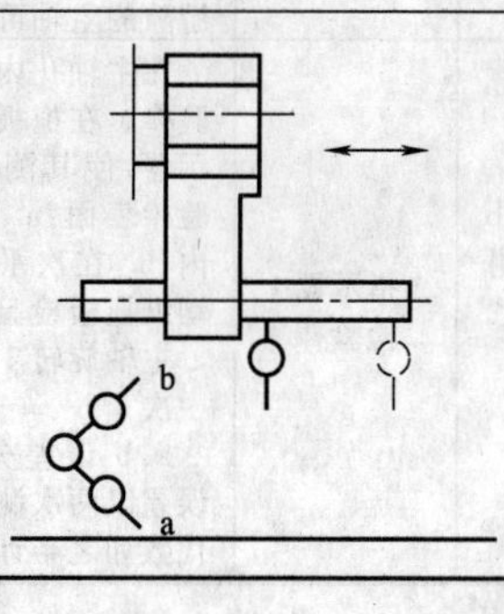	纵拖板移动对转塔刀座工具孔轴线的平行度 a. 在主平面内 b. 在次平面内	a及b在50测量长度上为0.015	a及b在75测量长度上为0.015	指示器 检验棒 专用刀座	在专用刀座的工具孔内插入一检验棒。固定指示器，使其测头触及检验棒表面：a. 在主平面内；b. 在次平面内。移动纵拖板检验 a、b误差分别计算。误差以指示器读数的最大差值计 每个刀座的工具孔均需检验

续表

序号	简图	检验项目	允差/mm		检验工具	检验方法
			D[①]<16	$D\geqslant16$		
G11		转塔刀架的转位重复定位精度	0.012		指示器 检验棒 专用刀座	在专用刀座工具孔内插入一检验棒。固定指示器，使其测头触及检验棒表面，测取第一次读数。用自动循环或手动退回转塔后，转塔转位360°，回复到起始位置重新定位检测，测取新的读数。连续重复检测七次 误差以各工位中指示器读数的最大差值计 转塔每个工位均需检验
G12	i=1 2 3 4 5 j=1 j=1 2 2 3 3 4 4 5 5	直线运动轴线定位精度 a. 反向差值 B b. 单向重复定位精度 $R\uparrow$ 和 $R\downarrow$ c. 定位精度 A	Z 轴 a. 0.008 b. 0.010 c. 0.020 X 轴 a. 0.005 b. 0.007 c. 0.015		长度检测装置	非检测轴线上的运动部件位于行程的中间位置 长度检测装置安装在检测轴线上。在轴线全行程上任意选取五个测点(随机选取)。以这些测点的位置作为目标位置 P_i，以一致的进给速度移动运动部件，分别对各目标位置从正、负两个方向进行五次定位，并停留足够的时间，测出正、负向每次定位时，运动部件实际到达的位置 P_{ji} 与目标位置 P_i 之差值 $(P_{ij}-P_i)$，即位置偏差 X_{ij} 计算出在轴线全行程的各目标位置上，正、负向定位时的平均位置偏差 X_i 和标准不确定度 S_i a. 反向差值 B 以所有正、负向定位时的平均位置偏差 X_i 之差值中的最大绝对值计。即 $B=\lvert\overline{X_i}\uparrow-\overline{X_i}\downarrow\rvert_{\max}$ b. 单向重复定位精度以所有 $4S_i\uparrow$、$4S_i\downarrow$ 中的最大值计 c. 定位精度 A 以 $(\overline{X_i}\uparrow+2S_i\uparrow)$、$(\overline{X_i}\downarrow+2S_i\downarrow)$ 中的最大值与 $(\overline{X_i}\uparrow-2S_i\uparrow)$、$(\overline{X_i}\downarrow-2S_i\downarrow)$ 中的最小值之差值计。即 $A=(\overline{X_i}+2S_i)_{\max}-(\overline{X_i}-2S_i)_{\min}$ 每个运动坐标均需检验

①D 为最大棒料直径

第7篇

数控纵切自动车床工作精度检验如表 7-6-93 所示。

表 7-6-93　数控纵切自动车床工作精度检验

序号	简图	检验性质	检验条件	检验项目	允差/mm $D<16$	允差/mm $D\geqslant16$	检验工具	说明
P1	$\phi=(1/3\sim1/2)D$ $L\leqslant4\phi$ $\phi_1\approx\phi_2\approx\phi-1$ $H_1\approx L/4,H_2\approx3\phi_1$	用中心架车削外圆和轴肩	试件材料为自动机床用高精度磨光易切削钢棒料，尺寸公差不低于h5，棒料应经校直无扭曲。刀具的种类、形状和装夹方式以及进给量、切削速度均由制造厂规定	a. 圆度 b. 直径的一致性 c. 直径的同一度 d. 长度的同一度	a. 0.003 b. 0.005 c. 0.010 d. 0.025	a. 0.004 b. 0.007 c. 0.015 d. 0.032	测量仪	连续精车一批试件(30件) a. 圆度以试件 ϕ_1 同一截面至少取四个方向的半径变化量表示。误差以测量结果的最大差值计 b. 直径的一致性误差以测量试件同一轴向截面上最大和最小直径之差计。应在长度为 H_2 范围内测量 c. 直径的同一度以测量本批试件同一截面的直径(ϕ_1、ϕ_2)的变化量表示。ϕ_1、ϕ_2 分别计算。误差以测量结果的最大差值计 d. 长度的同一度以测量本批试件的同一部位的长度 H_1 的变化量表示。误差以测量结果的最大差值计 a、b 两项误差以抽检本批试件确定，抽检件数不少于 1/4
P2	同序号 P1 简图 试件尺寸可按机床规格大小作适当放大或缩小	用中心架车削综合试件	试件材料为较高级黄铜棒或自动机床用磨光易切削钢料，尺寸公差不低于h7，棒料应经校直无扭曲。刀具的种类、形状和装夹方式以及进给量、切削速度均由制造厂规定	综合试件轮廓尺寸精度	0.03	0.035	工具显微镜指示器	尺寸精度为实测尺寸与指令值的差值

6.1.11　仿形车床几何精度检验（JB/T 3849.2—2011）

（1）导轨精度的检验（如表 7-6-94 所示）

导轨精度的检验一般包括以下两项：

a）仿形刀架用床身导轨在垂直平面内的直线度；

b）仿形刀架用床身导轨在垂直平面内的平行度。

表 7-6-94　导轨精度的检验

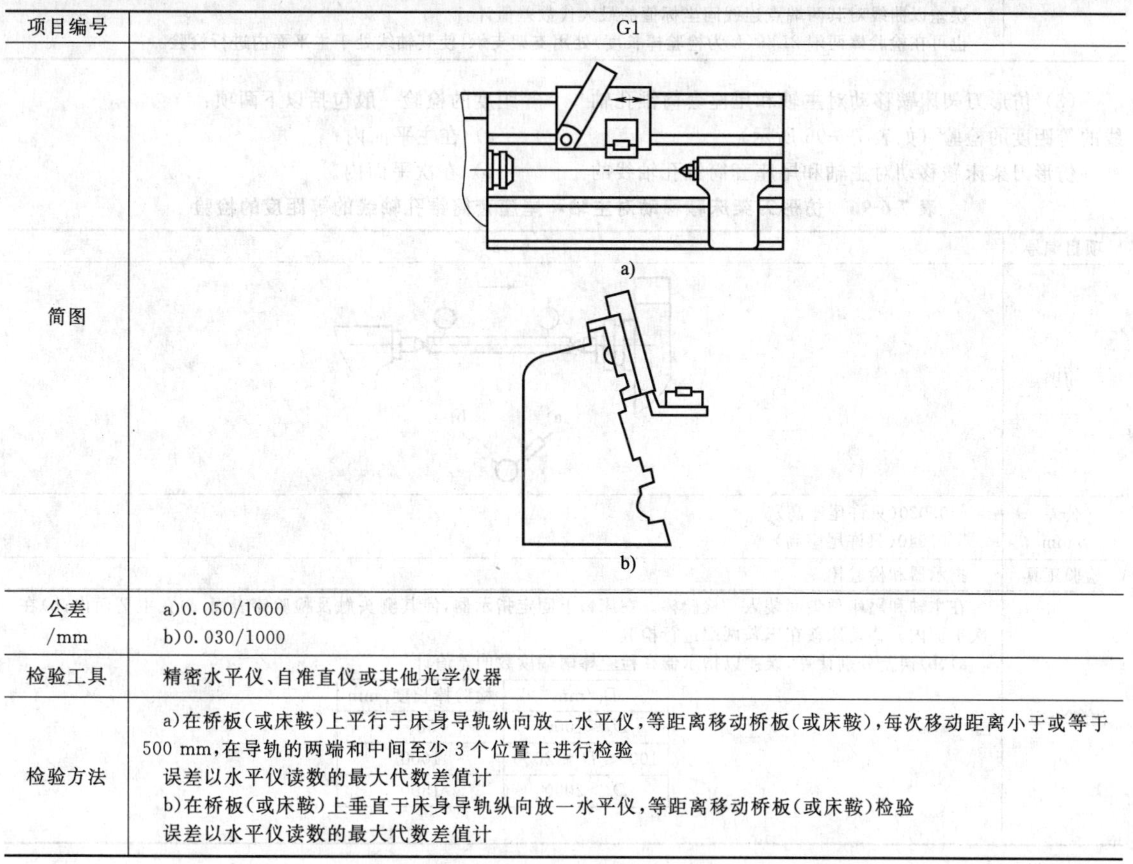

项目编号	G1
简图	a) b)
公差/mm	a)0.050/1000 b)0.030/1000
检验工具	精密水平仪、自准直仪或其他光学仪器
检验方法	a)在桥板(或床鞍)上平行于床身导轨纵向放一水平仪,等距离移动桥板(或床鞍),每次移动距离小于或等于500 mm,在导轨的两端和中间至少 3 个位置上进行检验 误差以水平仪读数的最大代数差值计 b)在桥板(或床鞍)上垂直于床身导轨纵向放一水平仪,等距离移动桥板(或床鞍)检验 误差以水平仪读数的最大代数差值计

（2）仿形刀架床鞍移动在主平面内的直线度的检验（如表 7-6-95 所示）

表 7-6-95　仿形刀架床鞍移动在主平面内的直线度的检验

项目编号	G2
简图	
公差/mm	$D_C \leqslant 500$ 0.015 $500 < D_C \leqslant 1000$ 0.020 $D_C > 1000$ 每增加 1000,公差增加 0.005,最大公差 0.030(D_C——最大加工长度)
检验工具	$D_C \leqslant 1500$mm 指示器、检验棒或平尺 $D_C > 1500$mm 准直望远镜

续表

项目编号	G2
检验方法	在主轴和尾座顶尖间装入一检验棒。在床鞍上固定指示器，使其测头触及检验棒表面，等距离移动床鞍进行检验，每次移动距离小于或等于 250 mm(不少于 5 个位置)，将指示器读数依次排列，画出误差曲线 将检验棒转 180°，再同样检验 1 次 误差以曲线对其两端点连线间坐标值的最大代数差值计 也可在检验棒两端 $2L/9$(L 为检验棒长度)处用支架支承，使其轴线处于主平面内进行检验

(3) 仿形刀架床鞍移动对主轴和尾座套筒锥孔轴线的等距度的检验（如表 7-6-96 所示）

仿形刀架床鞍移动对主轴和尾座套筒锥孔轴线的等距度的检验一般包括以下两项：

a) 在主平面内；

b) 在次平面内。

表 7-6-96 仿形刀架床鞍移动对主轴和尾座套筒锥孔轴线的等距度的检验

<table>
<tr><td>项目编号</td><td colspan="2">G3</td></tr>
<tr><td>简图</td><td colspan="2">a) b)</td></tr>
<tr><td>公差
/mm</td><td colspan="2">a)0.030(只许尾座高)
b)0.040(只许尾座高)</td></tr>
<tr><td>检验工具</td><td colspan="2">指示器和检验棒</td></tr>
<tr><td rowspan="5">检验方法</td><td colspan="2">在主轴和尾座顶尖间装入一检验棒。在床鞍上固定指示器，使其测头触及检验棒表面：a)在主平面内；b)在次平面内。移动床鞍在床鞍两端进行检验
a)、b)误差分别计算，误差以指示器在检验棒两端读数的差值计</td></tr>
<tr><td>D_c/mm</td><td>检验棒长度/mm</td></tr>
<tr><td>$D_c \leqslant 1000$</td><td>500</td></tr>
<tr><td>$1000 \leqslant D_c \leqslant 2000$</td><td>1000</td></tr>
<tr><td>$D_c > 2000$</td><td>1500</td></tr>
</table>

(4) 主轴端部的跳动的检验（如表 7-6-97 所示）

主轴端部的跳动的检验一般包括以下两项：

a) 主轴的轴向窜动；

b) 主轴轴肩的跳动。

表 7-6-97 主轴端部的跳动的检验

<table>
<tr><td>项目编号</td><td colspan="4">G4</td></tr>
<tr><td>简图</td><td colspan="4">a) F b)</td></tr>
<tr><td rowspan="4">公差
/mm</td><td colspan="4">刀架上最大车削直径</td></tr>
<tr><td colspan="2">≤320</td><td colspan="2">>320</td></tr>
<tr><td>a)</td><td>b)</td><td>a)</td><td>b)</td></tr>
<tr><td>0.010</td><td>0.015</td><td>0.015</td><td>0.020</td></tr>
</table>

续表

项目编号	G4
检验工具	指示器和专用检具
检验方法	在主轴锥孔内插入一检验棒。固定指示器，使其测头触及：a)检验棒中心孔内的钢球表面；b)主轴轴肩靠近边缘处。旋转主轴检验 a)、b)误差分别计算，误差以指示器读数的最大差值计 检验时应通过主轴轴线加一由制造商规定的轴向力 F(对已消除轴向游隙的主轴可不加力)

(5) 主轴定心轴颈的径向跳动的检验（如表 7-6-98 所示）

表 7-6-98　主轴定心轴颈的径向跳动的检验

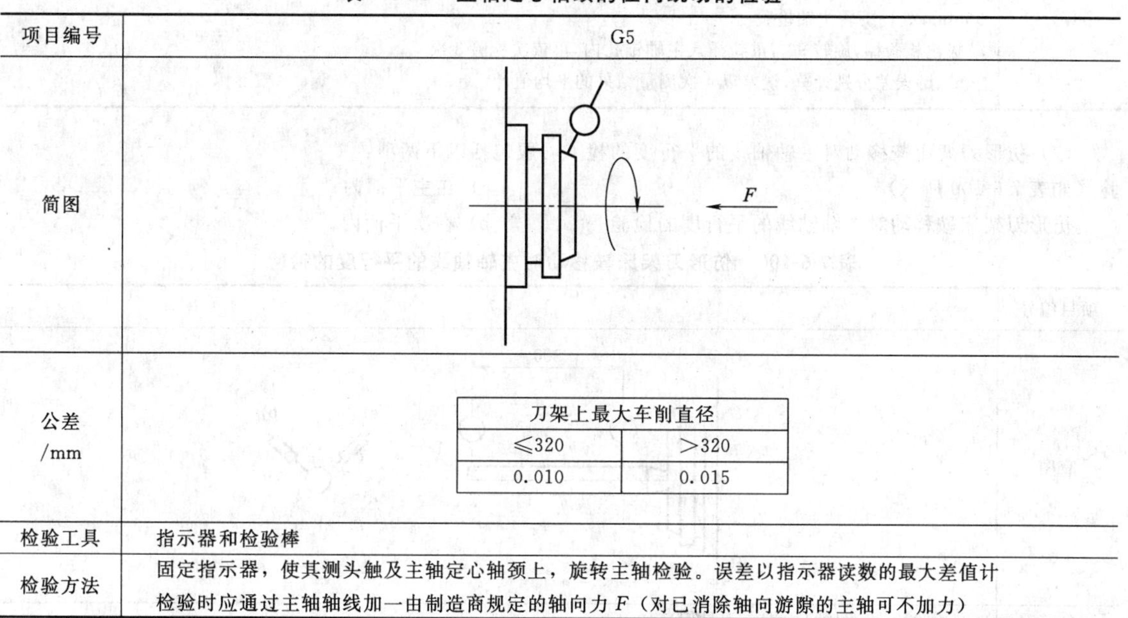

项目编号	G5
简图	
公差/mm	见下表
检验工具	指示器和检验棒
检验方法	固定指示器，使其测头触及主轴定心轴颈上，旋转主轴检验。误差以指示器读数的最大差值计 检验时应通过主轴轴线加一由制造商规定的轴向力 F（对已消除轴向游隙的主轴可不加力）

刀架上最大车削直径	
≤320	＞320
0.010	0.015

(6) 主轴锥孔轴线的径向跳动的检验（如表 7-6-99 所示）

主轴锥孔轴线的径向跳动的检验一般包括以下两项：

a) 靠近主轴端部；

b) 距主轴端部 300 mm 处。

表 7-6-99　主轴锥孔轴线的径向跳动的检验

项目编号	G6
简图	300 a)　b)
公差/mm	见下表
检验工具	指示器和检验棒

刀架上最大车削直径			
≤320		＞320	
a)	b)	a)	b)
0.010	0.020	0.015	0.030

续表

项目编号	G6
检验方法	当圆柱孔或锥孔不能直接用指示器检验时，则可在该孔内装入检验棒。用检验棒伸出的圆柱部分检验。如果仅在检验棒的一个截面上检验，则应规定该测量圆相对于轴的位置。因为检验棒的轴线有可能在测量平面内与旋转轴线相交，所以应在规定间距的 A 和 B 两个截面内检验 例如在靠近检验棒的根部处进行一次检验，另一次则在离根部某规定距离处检验。由于检验棒插入孔内（尤其是锥孔内）可能出现误差，这些检测至少应重复四次。即每次将检验棒相对主轴旋转90°重新插入，取读数的平均值为测量结果 在主轴锥孔内插入一检验棒。固定指示器，使其测头触及检验棒表面：a)靠近主轴端部；b)距主轴端部300mm处。旋转主轴检验 拔出检验棒，旋转90°，重新插入主轴锥孔内，再依次检验3次 a)、b)误差分别计算，误差以4次测量结果的平均值计

(7) 仿形刀架床鞍移动对主轴轴线的平行度的检验（如表7-6-100所示）

仿形刀架床鞍移动对主轴轴线的平行度的检验一般包括以下两项：

a) 在主平面内；

b) 在次平面内。

表7-6-100　仿形刀架床鞍移动对主轴轴线的平行度的检验

项目编号	G7
简图	300　a)　b)
公差/mm	a)0.020(检验棒自由端向刀具偏) b)0.020
检验工具	指示器和检验棒
检验方法	在主轴锥孔内插入一检验棒。在床鞍上固定指示器，使其测头触及检验棒表面：a)在主平面内；b)在次平面内。移动床鞍检验。拔出检验棒旋转180°，重新插入再检验1次 a)、b)误差分别计算，误差以指示器两次测量结果的代数和之半计

(8) 主轴顶尖锥面的跳动的检验（如表7-6-101所示）

表7-6-101　主轴顶尖锥面的跳动的检验

项目编号	G8
简图	F
公差/mm	0.013
检验工具	指示器和专用顶尖
检验方法	固定指示器，使其测头触及顶尖锥面，旋转主轴检验。误差以指示器读数的最大差值计 检验时应通过主轴轴线加一由制造商规定的轴向力 F(对已消除轴向游隙的主轴可不加力)

(9) 尾座顶尖锥面的跳动的检验（如表7-6-102所示）

表 7-6-102　尾座顶尖锥面的跳动的检验

项目编号	G9
简图	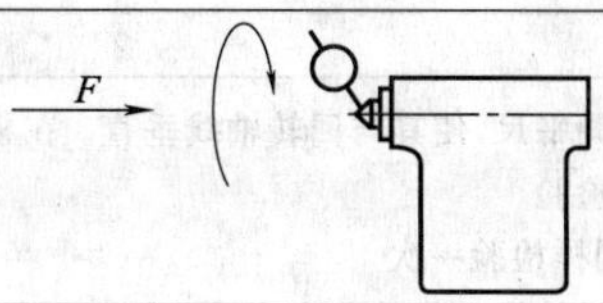 F
公差/mm	0.013
检验工具	指示器和专用顶尖
检验方法	将尾座置于床鞍行程中间位置，固定指示器，使其测头垂直触及顶尖锥面，旋转顶尖检验。误差以指示器读数的最大差值计 检验时应通过主轴轴线加一由制造商规定的轴向力 F(对已消除轴向游隙的主轴可不加力)

(10) 仿形刀架床鞍移动对尾座套筒轴线的平行度的检验（如表 7-6-103 所示）

仿形刀架床鞍移动对尾座套筒轴线的平行度的检验一般包括以下两项：

a) 在主平面内；

b) 在次平面内。

表 7-6-103　仿形刀架床鞍移动对尾座套筒轴线的平行度的检验

项目编号	G10
简图	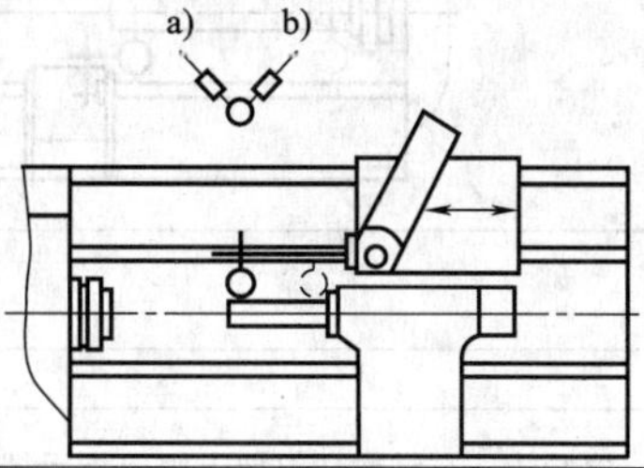 a)　b)
公差/mm	在 100 测量长度上 a)0.015(检验棒自由端向刀具偏) b)0.015
检验工具	指示器
检验方法	将尾座置于床鞍行程中间位置。尾座套筒伸出到最大工作长度并锁紧。在床鞍上固定指示器，使其测头触及套筒表面 a)在主平面内 b)在次平面内。移动床鞍在套筒最大工作长度上检验 a)、b)误差分别计算，误差以指示器读数的最大差值计

(11) 横切刀架及纵横切刀架横向移动对主轴轴线的垂直度的检验（如表 7-6-104 所示）

表 7-6-104　横切刀架及纵横切刀架横向移动对主轴轴线的垂直度的检验

项目编号	G11
简图	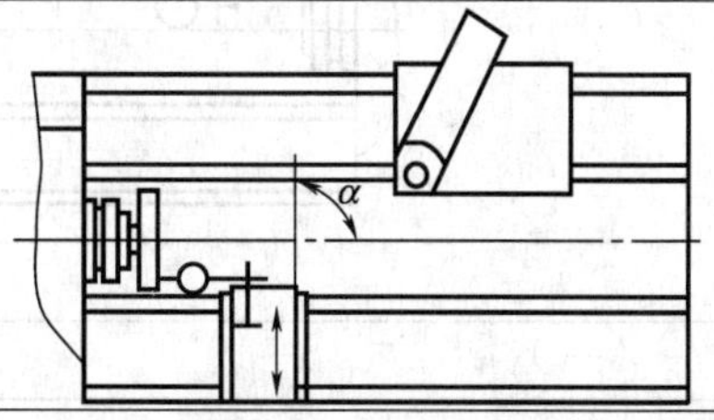 α
公差/mm	横切刀架的横向行程：≤80　0.012；>80～125　0.016；>125～200　0.020；α≥90°

横切刀架的横向行程	
≤80	0.012
>80～125	0.016
>125～200	0.020
α≥90°	

续表

项目编号	G11
检验工具	指示器和可调平尺
检验方法	调整装在主轴上的可调平尺，使其与回转轴线垂直。在横切刀架滑体上固定指示器，使其测头触及平尺，移动滑体在全工作行程上检验 将主轴旋转 180°，在同样检验一次 误差以指示器两次测量结果的代数和之半计

(12) 纵横向刀架纵向移动对主轴轴线的平行度的检验（如表 7-6-105 所示）

纵横向刀架纵向移动对主轴轴线的平行度的检验一般包括以下两项：

a) 在主平面内；

b) 在次平面内。

表 7-6-105 纵横向刀架纵向移动对主轴轴线的平行度的检验

项目编号	G12
简图	
公差/mm	a) 0.030 b) 0.040
检验工具	指示器和检验棒
检验方法	在主轴锥孔内插入一检验棒。在纵横切刀架上固定指示器，使其测头触及检验棒表面：a) 在主平面内；b) 在次平面内。移动纵横切刀架进行检验 拔出检验棒，旋转 180°重新插入，再检验 1 次 a)、b) 误差分别计算，误差以指示器两次测量结果的代数和之半计

(13) 仿形刀架的引刀重复定位精度的检验（如表 7-6-106 所示）

表 7-6-106 仿形刀架的引刀重复定位精度的检验

项目编号	G13
简图	
公差/mm	0.005
检验工具	指示器和挡块
检验方法	在仿形刀架装刀位置夹持一挡块，在床身上固定指示器，使其测量杆与引刀方向平行，测头触及挡块，快速引退刀 5 次，进行定位 误差以指示器读数的最大差值计 分别在仿形刀架滑体行程末端和中间位置上检验

(14) 仿形刀架的静不灵敏区的检验（如表 7-6-107 所示）

表 7-6-107　仿形刀架的静不灵敏区的检验

项目编号	G14
简图	
公差/mm	0.020
检验工具	千分尺、指示器和挡块
检验方法	在仿形刀架装刀位置夹持一挡块，在床身上固定指示器，使其测量杆与引刀方向平行，在床身上固定千分尺，使测量杆顶在触销上，并与引刀方向平行，缓慢地向前和向后旋动千分尺，使指示器读数维持在零时千分尺的总移动量即仿形刀架的静不灵敏区 分别在仿形刀架滑体行程的末端和中间位置上检验

（15）仿形刀架的灵敏度的检验（如表 7-6-108 所示）

表 7-6-108　仿形刀架的灵敏度的检验

项目编号	G15
简图	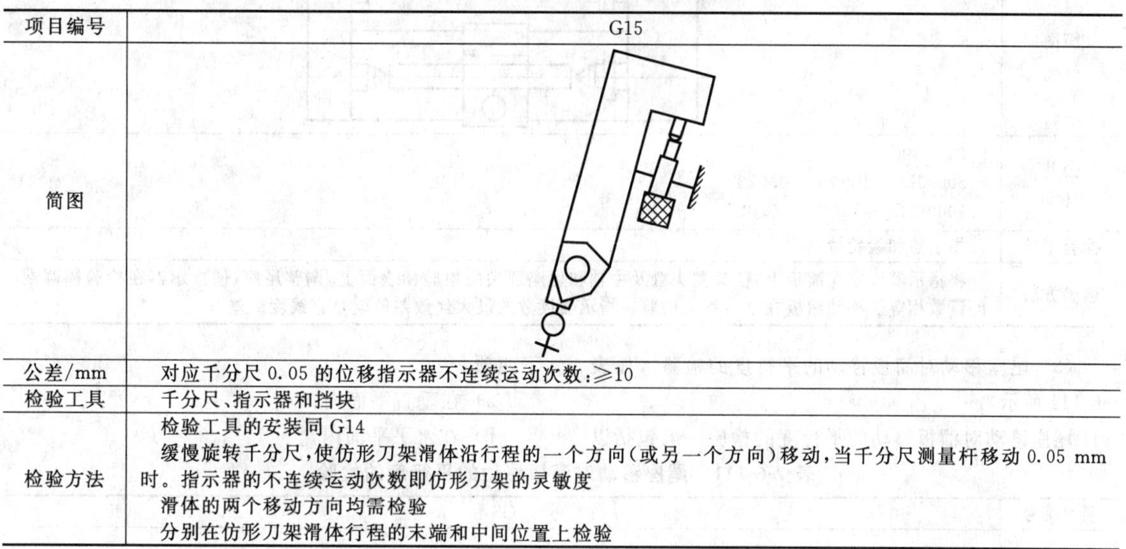
公差/mm	对应千分尺 0.05 的位移指示器不连续运动次数：≥10
检验工具	千分尺、指示器和挡块
检验方法	检验工具的安装同 G14 缓慢旋转千分尺，使仿形刀架滑体沿行程的一个方向（或另一个方向）移动，当千分尺测量杆移动 0.05 mm 时。指示器的不连续运动次数即仿形刀架的灵敏度 滑体的两个移动方向均需检验 分别在仿形刀架滑体行程的末端和中间位置上检验

6.1.12　凸轮轴车床精度检验（JB/T 8769.1—2011）

1. 凸几何精度检验

（1）床身导轨精度的检验（如表 7-6-109 所示）

床身导轨精度的检验一般包括以下两项：

a）纵向：导轨在垂直平面内的直线度。

b）横向：导轨在垂直平面内的平行度。

表 7-6-109　床身导轨精度的检验

项目编号	G1
简图	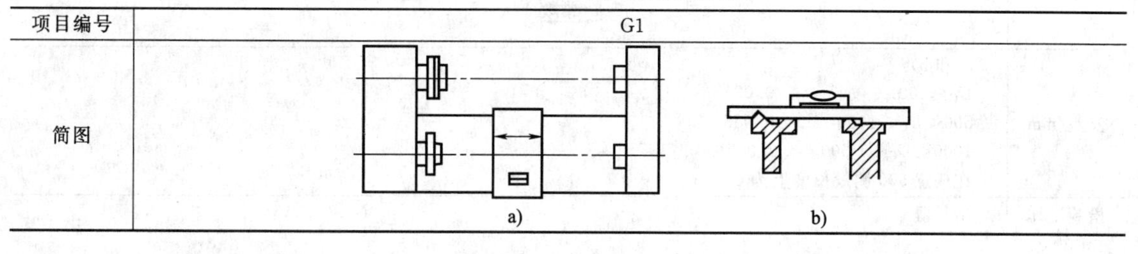

续表

项目编号	G1
公差/mm	a) $D_C \leqslant 500$　0.015(凸) $500 < D_C \leqslant 1000$　0.025(凸) $1000 < D_C \leqslant 1500$　0.035(凸) 在任意250测量长度上为0.010 b) 0.040/1000 注：D_C——最大工件长度
检验工具	精密水平仪
检验方法	a)在溜板上靠近前导轨处，纵向放一水平仪。等距离(近似等于规定的局部误差的测量长度)移动溜板检验 将水平仪的读数依次排列，画出导轨误差曲线。曲线相对其两端点连线的最大坐标值就是导轨全长的直线度误差。曲线上任意局部测量长度的两端点相对曲线两端点连线的坐标差值就是导轨的局部误差 b)在溜板上横向放一水平仪，等距离移动溜板检验[移动距离同a)] 水平仪在全部测量长度上读数的最大代数差值就是导轨的平行度误差

(2) 溜板移动在水平面内的直线度（尽可能在两顶尖间轴线和刀尖所确定的平面内检验）的检验（如表7-6-110所示）

表 7-6-110　溜板移动在水平面内的直线度的检验

项目编号	G2
简图	
公差/mm	$D_C \leqslant 500$　0.015 $500 < D_C \leqslant 1000$　0.020 $1000 < D_C \leqslant 1500$　0.025
检验工具	指示器和检验棒
检验方法	将指示器固定在溜板上，使其测头触及主轴和尾座顶尖的检验棒表面上，调整尾座，使指示器在检验棒两端的读数相等。移动溜板在全行程上检验。指示器读数的最大代数差值就是直线度误差

(3) 尾座移动对溜板移动的平行度的检验（如表7-6-111所示）

尾座移动对溜板移动的平行度的检验一般包括以下两项：

a) 在垂直平面内；

b) 在水平平面内。

表 7-6-111　尾座移动对溜板移动的平行度的检验

项目编号	G3
简图	a)　b)　L=常数
公差/mm	a)和b) $D_C \leqslant 500$　0.025 $500 < D_C \leqslant 1000$　0.035 $1000 < D_C \leqslant 1\,500$　0.045 在任意500测量长度上为0.025
检验工具	指示器

续表

项目编号	G3
检验方法	将指示器固定在溜板上，使其测头触及近尾座体端面的顶尖套上：a)在垂直平面内；b)在水平平面内。锁紧顶尖套，使尾座与溜板一起移动，在溜板全部行程上检验 a)、b)误差分别计算。指示器在任意 500 mm 行程和全部行程上读数的最大差值就是局部和全长上的平行度误差

(4) 主轴的轴向窜动和主轴轴肩支肩面的跳动的检验（如表 7-6-112 所示）

表 7-6-112　主轴的轴向窜动和主轴轴肩支承面的跳动的检验

项目编号	G4
简图	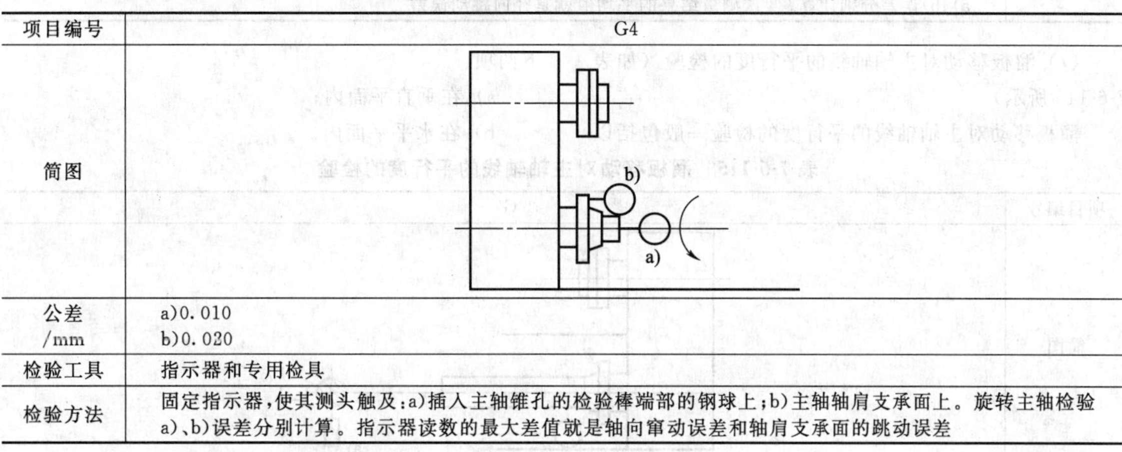
公差/mm	a)0.010 b)0.020
检验工具	指示器和专用检具
检验方法	固定指示器，使其测头触及：a)插入主轴锥孔的检验棒端部的钢球上；b)主轴轴肩支承面上。旋转主轴检验 a)、b)误差分别计算。指示器读数的最大差值就是轴向窜动误差和轴肩支承面的跳动误差

(5) 主轴定心轴颈的径向跳动的检验（如表 7-6-113 所示）

表 7-6-113　主轴定心轴颈的径向跳动的检验

项目编号	G5
简图	
公差/mm	0.010
检验工具	指示器
检验方法	固定指示器，使其测头垂直触及主轴定心轴颈的圆锥表面，旋转主轴检验 指示器读数的最大差值就是径向跳动误差

(6) 主轴锥孔轴线的径向跳动的检验（如表 7-6-114 所示）

主轴锥孔轴线的径向跳动的检验一般包括以下两项：

a) 靠近主轴端面；

b) 距主轴端面 300 处。

表 7-6-114　主轴锥孔轴线的径向跳动的检验

项目编号	G6
简图	a)　b)

续表

项目编号	G6
公差/mm	a)0.010 b)0.030
检验工具	指示器和检验棒
检验方法	将检验棒插入主轴锥孔内,固定指示器,使其测头触及检验棒的表面:a)靠近主轴端面;b)距主轴端面300处。旋转主轴检验 拔出检验棒,相对主轴旋转90°,重新插入主轴锥孔中,依次重复检验3次 a)、b)误差分别计算。4次测量结果的平均值就是径向跳动误差

(7) 溜板移动对主轴轴线的平行度的检验(如表7-6-115所示)

溜板移动对主轴轴线的平行度的检验一般包括以下两项:

a) 在垂直平面内;

b) 在水平平面内。

表7-6-115 溜板移动对主轴轴线的平行度的检验

项目编号	G7
简图	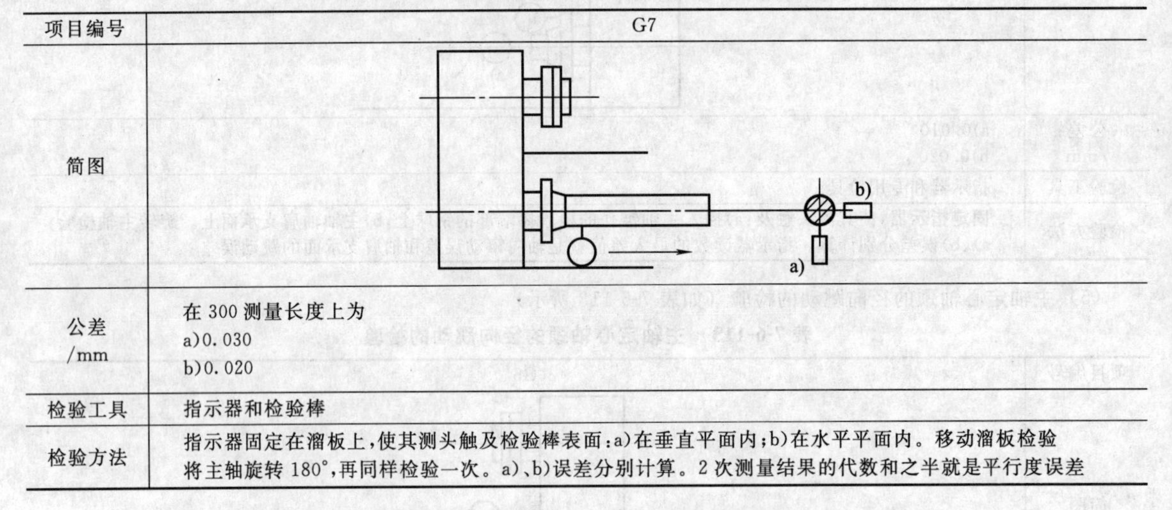
公差/mm	在300测量长度上为 a)0.030 b)0.020
检验工具	指示器和检验棒
检验方法	指示器固定在溜板上,使其测头触及检验棒表面:a)在垂直平面内;b)在水平平面内。移动溜板检验 将主轴旋转180°,再同样检验一次。a)、b)误差分别计算。2次测量结果的代数和之半就是平行度误差

(8) 尾座套筒锥孔轴线对溜板移动的平行度的检验(如表7-6-116所示)

尾座套筒锥孔轴线对溜板移动的平行度的检验一般包括以下两项:

a) 在垂直平面内;

b) 在水平平面内。

表7-6-116 尾座套筒锥孔轴线对溜板移动的平行度的检验

项目编号	G8
简图	b) a)
公差/mm	a)和b) 在200测量长度上为0.025
检验工具	指示器和检验棒
检验方法	将检验棒插入尾座锥孔内,指示器固定在溜板上,使其测头触及检验棒表面:a)在垂直平面内;b)在水平平面内。移动溜板检验。检验时,尾座紧固在床身导轨的末端,并锁紧 拔出检验棒,旋转180°,重新插入尾座顶尖套锥孔中,重复检验1次。a)、b)误差分别计算。2次测量结果的代数和之半就是平行度误差

(9) 主轴和尾座两顶尖的等高度的检验(如表7-6-117所示)

表 7-6-117　主轴和尾座两顶尖的等高度的检验

项目编号	G9
简图	
公差/mm	0.040(只许尾座高)
检验工具	指示器和检验棒
检验方法	在主轴与尾座顶尖间装入检验棒,将指示器固定在溜板上,使其测头在垂直平面内触及检验棒,移动溜板在检验棒的两端极限位置上检验。检验时,尾座紧固在床身导轨的末端,并锁紧 指示器在检验棒两端读数的差值就是等高度误差

(10) 主轴靠模轴锥孔轴线的径向跳动的检验(如表 7-6-118 所示)

主轴靠模轴锥孔轴线的径向跳动的检验一般包括以下两项：

a) 靠近主轴靠模轴端面；

b) 距主轴靠模轴端 200 处。

表 7-6-118　主轴靠模轴锥孔轴线的径向跳动的检验

项目编号	G10
简图	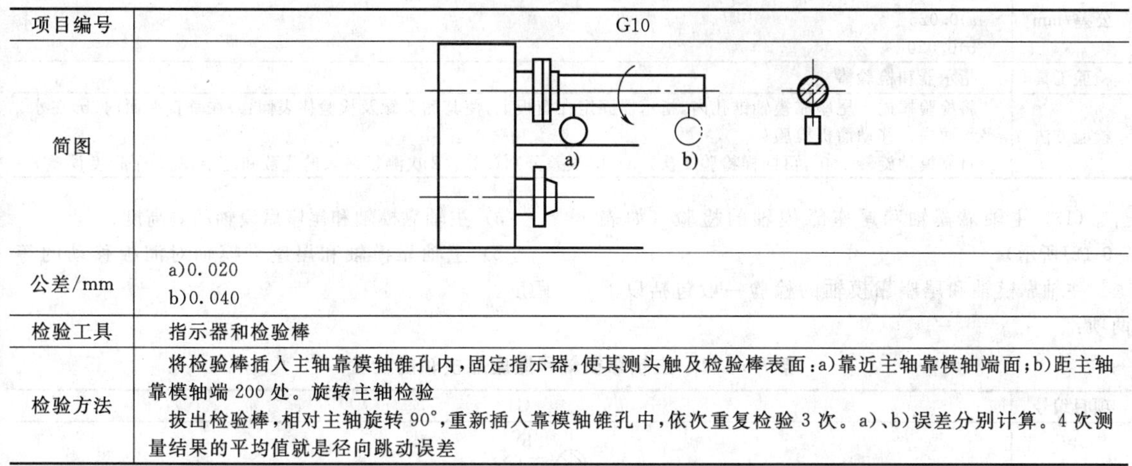
公差/mm	a)0.020 b)0.040
检验工具	指示器和检验棒
检验方法	将检验棒插入主轴靠模轴锥孔内,固定指示器,使其测头触及检验棒表面:a)靠近主轴靠模轴端面;b)距主轴靠模轴端 200 处。旋转主轴检验 拔出检验棒,相对主轴旋转 90°,重新插入靠模轴锥孔中,依次重复检验 3 次。a)、b)误差分别计算。4 次测量结果的平均值就是径向跳动误差

(11) 溜板移动对主轴靠模轴线的平行度的检验(如表 7-6-119 所示)

溜板移动对主轴靠模轴线的平行度的检验一般包括以下两项：

a) 在垂直平面内；

b) 在水平平面内。

表 7-6-119　溜板移动对主轴靠模轴线的平行度的检验

项目编号	G11
简图	
公差/mm	在 200 测量长度上为 a)0.040 b)0.030
检验工具	指示器和检验棒

续表

项目编号	G11
检验方法	指示器固定在溜板上，使其测头触及检验棒表面：a)在垂直平面内；b)在水平平面内。移动溜板检验 将靠模轴旋转180°，再同样检验1次 a)、b)误差分别计算。2次测量结果的代数和之半，就是平行度误差

(12) 溜板移动对尾座靠模轴顶尖套锥孔轴线的平行度的检验（如表7-6-120所示）

溜板移动对尾座靠模轴顶尖套锥孔轴线的平行度的检验一般包括以下两项：

a) 在垂直平面内；

b) 在水平平面内。

表7-6-120　溜板移动对尾座靠模轴顶尖套锥孔轴线的平行度的检验

项目编号	G12
简图	b) a)
公差/mm	在100测量长度上为 a)0.025 b)0.020
检验工具	指示器和检验棒
检验方法	将检验棒插入尾座靠模轴锥孔内，指示器固定在溜板上，使其测头触及检验棒表面：a)在垂直平面内；b)在水平平面内。移动溜板检验 将靠模轴旋转180°，再同样检验1次。a)、b)误差分别计算。2次测量结果的代数和之半，就是平行度误差

(13) 主轴靠模轴和尾座靠模轴的检验（如表7-6-121所示）

主轴靠模轴和尾座靠模轴的检验一般包括以下两项：

a) 主轴靠模轴和尾座靠模轴的等高度；

b) 主轴靠模轴和尾座靠模轴对溜板移动的等距度。

表7-6-121　主轴靠模轴和尾座靠模轴的检验

项目编号	G13
简图	b) a)
公差/mm	a)0.040(只许尾座靠模轴高) b)0.035
检验工具	指示器和检验棒
检验方法	在主轴靠模轴和尾座靠模轴之间装入检验棒，将指示器固定在溜板上，使其测头触及检验棒表面，移动溜板在检验棒的两端极限位置上检验 a)指示器在检验棒两端垂直平面上读数的差值，就是等高度误差 b)指示器在检验棒两端水平平面上读数的差值，就是等距度误差

(14) 靠模轴支架支承孔轴线对靠模轴轴线的重合度的检验（如表7-6-122所示）

表 7-6-122　靠模轴支架支承孔轴线对靠模轴轴线的重合度的检验

项目编号	G14
简图	
公差/mm	0.025
检验工具	指示器和专用检具
检验方法	在主轴靠模轴和尾座靠模轴顶尖间，顶起一根检验棒，指示器固定在检验棒上，使其测头顶在靠模轴支架支承孔径上。旋转主轴检验 重合度误差以指示器读数差值之半计 检验时，靠模轴支架置于 T 形槽中间位置

2. 工作精度检验

车削形面的精度的检验如表 7-6-123 所示一般包括以下四项：

a）凸轮的基圆跳动；

b）凸轮实际形面与理论形面的误差；

c）各凸轮的相位角与理论相位角的差值；

d）凸轮形面的表面粗糙度。

表 7-6-123　车削形面的精度的检验

项目编号	M1
简图	a)　b)　c)　α
检验性质	精车凸轮轴试件（试件由用户提供）
切削条件	采用用户成品工件作靠模轴，按切削规范对凸轮轴形面进行车削
公差/mm	a)0.10 b)+0.20 c)+30′ d)$Ra12.5\mu m$
检验工具	指示器、光学仪器、轮廓仪或样块
检验方法	将指示器的测头触及被检查的旋转表面，当主轴慢慢地旋转时，观测指示器上的读数 在锥面上，测头垂直于母线放置；并且在测量结果上应计算锥度所产生的影响 当主轴旋转时，如果轴线有任何移动，则被检圆的直径就会变化，使产生的径向跳动比实际值大。因此只有当锥面的锥度不很大时才可检验径向跳动。在任何情况下，主轴的轴向窜动都要预先测量，同时根据锥度角来计算它对检验结果可能产生的影响 由于指示器测头上受到侧面的推力。检验结果可能受影响。为了避免误差。测头应严格对准旋转表面的轴线 a)将凸轮轴装在支架的两顶尖间，旋转凸轮轴在基圆上检验。取指示器读数的最大差值，就是凸轮的基圆跳动误差 b)用专用测头，在光学分度头上检验，取形面实际位置与理论位置的差值 c)在光学分度头上检验，取实际相位角与理论相位角的差值 d)用轮廓仪或标准样块检验

6.1.13　数控车床和车削中心检测条件：线性和回转轴线的定位精度及重复定位精度检验

线性轴的位置精度允差如表7-6-124所示。

表7-6-124　线性轴的位置精度允差

轴线行程至2000mm				
检验项目	测量行程/mm			
	≤500	>500 ≤800	>800 ≤1250	>1250 ≤2000
	允差			
双向定位精度　A	0.022	0.025	0.032	0.042
单向重复定位精度　$R\uparrow R\downarrow$	0.006	0.008	0.010	0.013
反向差值　B	0.010	0.010	0.012	0.012
单向系统定位偏差　$E\uparrow E\downarrow$	0.010	0.012	0.015	0.018
轴线行程超过2000mm				
检验项目	允差			
反向偏差　B	0.012+(测量长度每增加1000,允差增加0.003)			
单向系统定位偏差 $E\uparrow E\downarrow$	0.018+(测量长度每增加1000,允差增加0.004)			

行程至2000mm的线性轴的测量结果的表示方法如表7-6-125所示。

表7-6-125　行程至2000mm的线性轴的测量结果的表示方法　mm

结果	轴线名称	轴线行程	偏差
双向定位精度　A			
重复定位精度(正方向)$R\uparrow$			
重复定位精度(负方向)$R\downarrow$			
反向差值　B			
系统定位偏差(正方向)$E\uparrow$			
系统定位偏差(负方向)$E\downarrow$			

行程至360°回转轴线的位置允差如表7-6-126所示。

表7-6-126　行程至360°回转轴线的位置允差

检验项目	允差/(")
双向定位精度　A	63
单向重复定位精度 $R\uparrow R\downarrow$	25
反向差值　B	25
单向系统定位偏差 $E\uparrow E\downarrow$	32

行程至360°回转轴线结果的表示方法如表7-6-127所示。

表7-6-127　行程至360°回转轴线结果的表示方法

检验项目	轴线名称	允差
双向定位精度　A		
重复定位精度(正方向)$R\uparrow$		
重复定位精度(负方向)$R\downarrow$		
反向差值　B		
系统定位偏差(正方向)$E\uparrow$		
系统定位偏差(负方向)$E\downarrow$		

6.1.14　数控车床和车削中心检验条件：热变形的评定

EVTE检验结果表示格式如表7-6-128所示。

表 7-6-128 EVTE 检验结果表示格式

参数	结果		
	范围 1	范围 2	范围 3
时间/min			
ETVEX/mm			
ETVEY/mm			
ETVEZ/mm			
ETVEA/(")			
ETVEB/(")			

主轴旋转的热效应的检验结果格式如表 7-6-129 所示。

表 7-6-129 主轴旋转的热效应的检验结果格式

参数	结果								
	范围 1			范围 2			范围 3		
	在最初60min 内	在主轴运转的整个周期(t)	距离(L)	在最初60min 内	在主轴运转的整个周期(t)	距离(L)	在最初60min 内	在主轴运转的整个周期(t)	距离(L)
$X1$/mm									
$Y1$/mm									
Z/mm									
A/(")									
B/(")									

由线性轴移动引起的热效应检验结果格式如表 7-6-130 所示。

表 7-6-130 由线性轴移动引起的热效应检验结果格式

参数	结果								
	范围 1			范围 2			范围 3		
	X	Y	Z	X	Y	Z	X	Y	Z
$e1+$/mm									
$e2+$/mm									
$e1-$/mm									
$e2-$/mm									

6.2 数控铣床精度检验

6.2.1 平面铣床精度检验（JB/T 3313.2—2011）

1. 几何精度检验

(1) 主轴箱垂直移动对工作台面的垂直度的检验（如表 7-6-131 所示）

主轴箱垂直移动对工作台面的垂直度（仅适用于立式、柱式、滑枕式、圆工作台式平面铣床）的检验一般包括以下两项：

a) 在横向垂直平面内（YZ 平面）；

b) 在纵向垂直平面内（立式：ZX 平面；卧式：XY 平面）。

表 7-6-131 主轴箱垂直移动对工作台面的垂直度的检验

项目编号	G1
简图	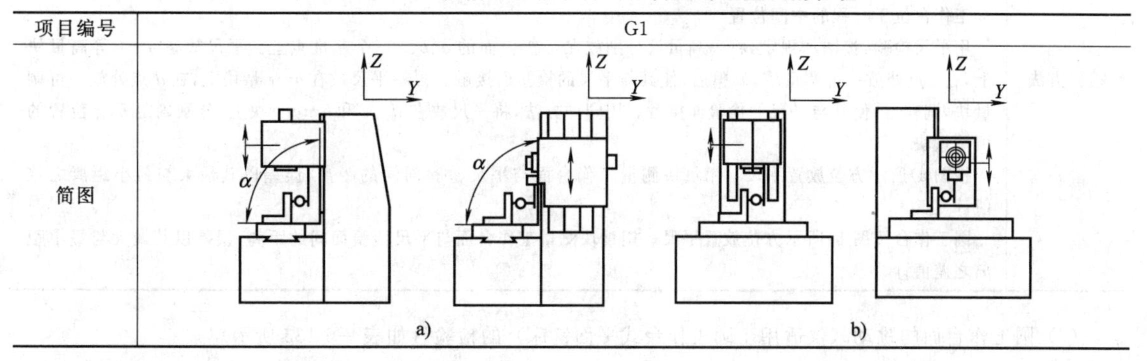

续表

项目编号	G1
公差/mm	a)0.025/300($\alpha \leqslant 90°$) b)0.025/300
检验工具	指示器和角尺
检验方法	将角尺放在平面上，测量工具装在运动部件上，并随运动部件一起按规定的范围移动；测头垂直触及被测面，并沿该平面滑动 如果测头不能直接触及被测面时(例如：狭槽的边)，可任选下列两种方法之一；一是使用带杠杆的辅助装置，二是使用适当形状的附件，在两个垂直方向上测量运动轨迹和角尺悬边间的平行度 工作台位于行程的中间位置 角尺放在工作台面上 a)在横向垂直平面内(YZ 平面)；b)在纵向垂直平面内(立式：ZX 平面；卧式：XY 平面)。固定指示器，使其测头触及角尺检验面。在规定测量长度上移动主轴箱，锁紧检验 a)和 b)误差分别计算。误差以指示器读数的最大差值计

(2) 工作台面的平面度检验（如表 7-6-132 所示）

表 7-6-132　工作台面的平面度检验

项目编号	G2
简图	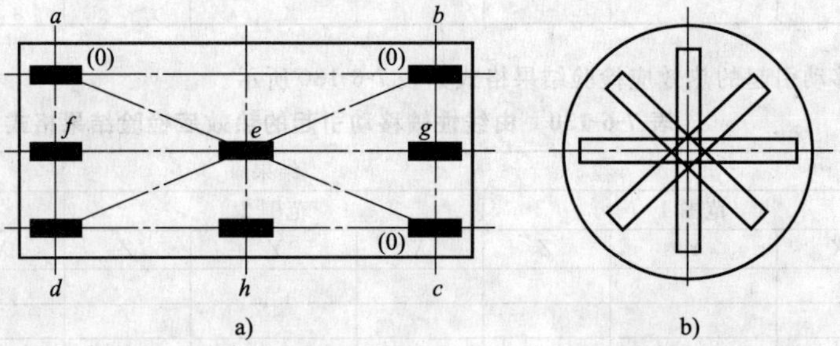 a)　b)
公差/mm	在 1000 测量长度内为 0.040 工作台长度每增加 1000，或直径每增加 200，公差值增加 0.005 最大公差为 0.050 局部公差：在任意 300 测量长度上为 0.020
检验工具	平尺、量块或精密水平仪
检验方法	在这种方法中，测量基准由两根借助于精密水平仪达到平行放置的平尺提供 两根平尺 R_1 和 R_2 放置在 a、b、c、d 四个垫块上，其中的三个是等高的，另一个的高度是可调的，平尺如此安装是为了通过使用精密水平仪使其上表面平行。这样，两条直线 R_1 和 R_2 就在同一平面上。在方格内的任意一条线上面的 R_1 和 R_2 上放一基准平尺 R，用读数计(或通过标准量块)读出偏差 工作台位于行程的中间位置 用平尺检验：按图示规定，将等高量块分别放在工作台面的 a、b、c 三个基准点上。平尺放在 $a-c$ 等高量块上，在 e 点处放一可调量块，调整后，使其与平尺的检验面接触。再将平尺放在 $b-e$ 量块上，在 d 点处放一可调量块，调整后，使其与平尺的检验面接触。用同样方法，将平尺放在 $d-c$ 和 $b-c$ 量块上，分别确定 h、g 位置的可调量块 按图 a)所示方位放置平尺。用量块测量工作台面与平尺检验面间的距离，误差以其最大与最小距离之差值计 圆工作台按图 b)所示方位放置平尺。用量块测量工作台面与平尺检验面间的距离，误差以其最大与最小距离之差值计

(3) 圆工作台面的跳动（仅适用于圆工作台式平面铣床）的检验（如表 7-6-133 所示）

表 7-6-133　圆工作台面的跳动的检验

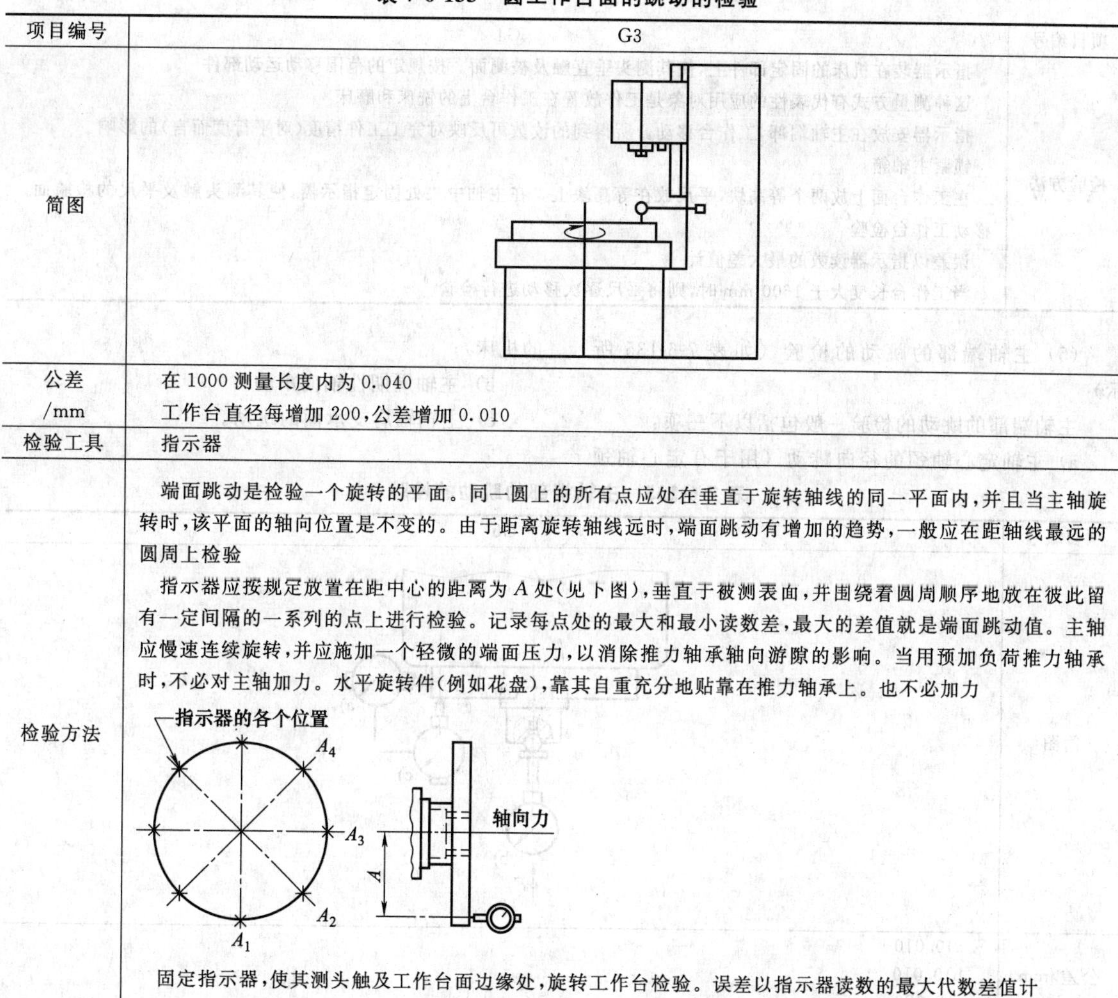

项目编号	G3
简图	
公差/mm	在 1000 测量长度内为 0.040 工作台直径每增加 200，公差增加 0.010
检验工具	指示器
检验方法	端面跳动是检验一个旋转的平面。同一圆上的所有点应处在垂直于旋转轴线的同一平面内，并且当主轴旋转时，该平面的轴向位置是不变的。由于距离旋转轴线远时，端面跳动有增加的趋势，一般应在距轴线最远的圆周上检验 指示器应按规定放置在距中心的距离为 A 处（见下图），垂直于被测表面，并围绕着圆周顺序地放在彼此留有一定间隔的一系列的点上进行检验。记录每点处的最大和最小读数差，最大的差值就是端面跳动值。主轴应慢速连续旋转，并应施加一个轻微的端面压力，以消除推力轴承轴向游隙的影响。当用预加负荷推力轴承时，不必对主轴加力。水平旋转件（例如花盘），靠其自重充分地贴靠在推力轴承上。也不必加力 固定指示器，使其测头触及工作台面边缘处，旋转工作台检验。误差以指示器读数的最大代数差值计

（4）工作台移动对工作台面的平行度（适用于立式、柱式、端面式、滑枕式平面铣床）的检验（如表 7-6-134所示）

表 7-6-134　工作台移动对工作台面的平行度的检验

项目编号	G4
简图	
公差/mm	在任意 300 测量长度上为 0.025 最大公差为 0.050
检验工具	平尺和指示器

第 7 篇

续表

项目编号	G4
检验方法	指示器装在机床的固定部件上，使其测头垂直触及被测面。按规定的范围移动运动部件 这种测量方式有代表性的应用对象是工件放置在工作台上的铣床和磨床 指示器安放在主轴端部，工作台移动。所得到的读数可反映对完工工件精度（对平行度而言）的影响 锁紧主轴箱 在工作台面上放两个等高块，平尺放在等高块上。在主轴中央处固定指示器，使其测头触及平尺的检验面。移动工作台检验 误差以指示器读数的最大差值计 当工作台长度大于1600 mm时，则将平尺逐次移动进行检验

（5）主轴端部的跳动的检验（如表7-6-135所示）

主轴端部的跳动的检验一般包括以下三项：

a）主轴定心轴颈的径向跳动（用于有定心轴颈的机床）；

b）主轴周期性轴向窜动；

c）主轴轴肩支承面的跳动。

表7-6-135　主轴端部的跳动的检验

项目编号	G5
简图	a) b) c) F
公差/mm	a)0.010 b)0.010 c)0.020
检验工具	指示器、专用检验棒
检验方法	将指示器的测头触及被检查的旋转表面，当主轴慢慢地旋转时，观测指示器上的读数 在锥面上，测头垂直于母线放置；并且在测量结果上应计算锥度所产生的影响 当主轴旋转时，如果轴线有任何移动，则被检圆的直径就会变化，使产生的径向跳动比实际值大。因此只有当锥面的锥度不很大时才可检验径向跳动。在任何情况下，主轴的轴向窜动都要预先测量，同时根据锥度角来计算它对检验结果可能产生的影响 由于指示器测头上受到侧面的推力，检验结果可能受影响。为了避免误差。测头应严格对准旋转表面的轴线 为了消除止推轴承游隙的影响，在测量方向上对主轴加一个轻微的压力，指示器的测头触及前端面的中心，在主轴低速连续旋转和在规定方向上保持着压力的情况下测取读数 如果主轴是空心的，则应安装一根带有垂直于轴线的平面的短检验棒。将球形测头触及该平面进行检验，也可用一根带球面的检验棒和平测头进行检验，如果主轴带中心孔，可放入一个钢球，用平测头与其触及进行检验 周期性轴向窜动可用一沿轴线方向加力而指示器安放在同一根轴线上的装置来检验 对于丝杠，可在螺母闭合时用溜板的运动来施加轴向力。对水平旋转的花盘则通过其自重充分地贴靠在推力轴承上。然而，当用预加负荷推力轴承时，不必对主轴加力 如果不便在主轴上安放指示器，则轴向窜动的数值，可用两个指示器测量。可从不同角度位置测取读数。轴向窜动等于最大和最小平均值之差 端面跳动是检验一个旋转的平面。同一圆上的所有点应处在垂直于旋转轴线的同一平面内，并且当主轴旋转时，该平面的轴向位置是不变的。由于距离旋转轴线远时，端面跳动有增加的趋势，一般应在距轴线最远的圆周上检验

续表

项目编号	G5
	指示器应按规定放置在距中心的距离为 A 处(见下图),垂直于被测表面,并围绕着圆周顺序地放在彼此留有一定间隔的一系列的点上进行检验。记录每点处的最大和最小读数差,最大的差值就是端面跳动值。主轴应慢速连续旋转,并应施加一个轻微的端面压力,以消除推力轴承轴向游隙的影响。当用预加负荷推力轴承时,不必对主轴加力。水平旋转件(例如花盘),靠其自重充分地贴靠在推力轴承上。也不必加力 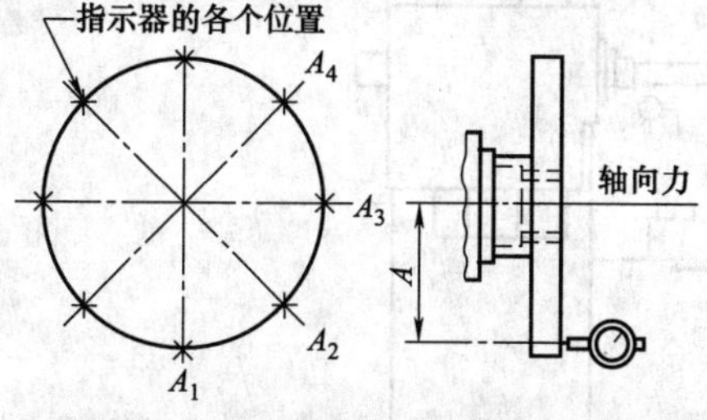 固定指示器,使其测头分别触及:a)主轴定心轴颈表面;b)插入主轴锥孔的专用检验棒的端面中心处;c)主轴轴肩支承面靠近边缘处。旋转主轴检验 a)、b)、c)误差分别计算。误差以指示器读数的最大差值计 b)、c)项检验时,应通过主轴轴线施加一个由制造厂规定的力 F(对已消除轴向游隙的主轴,可不加力)

(6) 主轴锥孔轴线的径向跳动的检验(如表 7-6-136所示)

主轴锥孔轴线的径向跳动的检验一般包括以下两项:

a) 靠近主轴端部;

b) 距主轴端部 300 mm 处。

表 7-6-136 主轴锥孔轴线的径向跳动的检验

项目编号	G6
简图	a) b)
公差/mm	a)0.010 b)0.020
检验工具	指示器和检验棒
检验方法	当圆柱孔或锥孔不能直接用指示器检验时,则可在该孔内装入检验棒,用检验棒伸出的圆柱部分检验。如果仅在检验棒的一个截面上检验,则应规定该测量圆相对于轴的位置。因为检验棒的轴线有可能在测量平面内与旋转轴线相交,所以应在规定间距的 A 和 B 两个截面内检验(见下图) C_1 C_1 C_1 A B C_2 例如在靠近检验棒的根部处进行一次检验,另一次则在离根部某规定距离处检验。由于检验棒插入孔内(尤其是锥孔内)可能出现误差,这些检测至少应重复四次。即每次将检验棒相对主轴旋转 90°重新插入,取读数的平均值为测量结果 在主轴锥孔中插入检验棒。固定指示器,使其测头触及检验棒表面 a)靠近主轴端部;b)距主轴端部 300 mm 处。旋转主轴检验 拔出检验棒,相对主轴旋转 90°重新插入主轴锥孔中,依次重复检验 3 次 a)、b)误差分别计算。误差以 4 次测量结果的算术平均值计

(7) 主轴旋转轴线对工作台面的平行度（适用于柱式、端面式、滑枕式平面铣床）的检验（如表 7-6-137 所示）

表 7-6-137　主轴旋转轴线对工作台面的平行度的检验

项目编号	G7
简图	
公差/mm	在 300 测量长度上为 0.025(检验棒伸出端只许向下)
检验工具	指示器、检验棒
检验方法	工作台、主轴箱、主轴套筒、滑座、滑枕位于行程的中间位置，主轴箱、主轴套筒、滑座、滑枕锁紧 在主轴锥孔中插入检验棒。将带有指示器的支架放在工作台面上，使其测头触及检验棒的表面，移动支架检验 将主轴旋转 180°，重复检验一次 误差以两次测量结果的代数和之半计

(8) 滑枕移动对工作台面的平行度（仅适用于滑枕式平面铣床）的检验（如表 7-6-138 所示）

表 7-6-138　滑枕移动对工作台面的平行度的检验

项目编号	G8
简图	
公差/mm	在 300 测量长度上为 0.025(伸出端只许向下)
检验工具	指示器、平尺、等高块
检验方法	指示器装在机床的固定部件上，使其测头垂直触及被测面。按规定的范围移动运动部件 这种测量方式有代表性的应用对象是工件放置在工作台上的铣床和磨床 指示器安放在主轴端部，工作台移动。所得到的读数可反映对完工工件精度(对平行度而言)的影响 锁紧滑座 在工作台面上放两个等高块，平尺放在等高块上。在主轴中央处固定指示器，使其测头触及平尺的检验面。移动滑枕检验 误差以指示器读数的最大差值计

(9) 主轴旋转轴线对工作台面的垂直度（适用于立式和圆工作台式平面铣床）的检验（如表 7-6-139 所示）

主轴旋转轴线对工作台面的垂直度的检验一般包括以下两项：

a) 在横向垂直平面内（*YZ* 平面）；

b) 在纵向垂直平面内（*ZX* 平面）。

表 7-6-139　主轴旋转轴线对工作台面的垂直度的检验

项目编号	G9
简图	a)　b)
公差/mm	a)0.025/300($\alpha \leqslant 90°$) b)0.025/300
检验工具	指示器、专用检具
检验方法	工作台位于纵向行程的中间位置。锁紧主轴箱和主轴套筒(或滑座和滑枕) 将带有指示器的专用检具固定在主轴锥上,使其测头触及工作台面:a)在横向垂直平面内;b)在纵向垂直平面内。旋转主轴检验 a)、b)误差分别计算。误差以指示器读数的最大差值计

(10) 工作台中央或基准 T 形槽的直线度(适用于立式、柱式、端面式、滑枕式平面铣床)的检验(如表 7-6-140 所示)

表 7-6-140　工作台中央或基准 T 形槽的直线度的检验

项目编号	G10
简图	
公差/mm	在任意 500 测量长度上为 0.010 全长上最大公差为 0.030
检验工具	等高块、平尺、指示器和专用滑块或钢丝和显微镜
检验方法	在工作台面上放两个等高块,平尺放在等高块上。将专用滑块放在工作台上并紧靠 T 形槽一侧,其上固定指示器,使其测头触及平尺检验面。调整平尺,使指示器读数在测量长度的两端相等。移动专用滑块检验。T 形槽两侧均需检验 误差以指示器读数的最大差值计

(11) 主轴旋转轴线与工作台中央或基准 T 形槽的垂直度(适用于柱式、端面式、滑枕式平面铣床)的检验(如表 7-6-141 所示)

表 7-6-141 主轴旋转轴线与工作台中央或基准 T 形槽的直线度的检验

项目编号	G11
简图	
公差/mm	0.02/300(300 为指示器两个测量点之间的距离)
检验工具	指示器、专用检验棒、专用滑板
检验方法	工作台位于纵向行程的中间位置。锁紧主轴箱和主轴套筒(或滑座和滑枕) 将专用滑板放在工作台面上,并紧靠 T 形槽一侧。按测量长度,移动滑板后旋转主轴检验 误差以测量结果的差值计

(12) 工作台移动对中央或基准 T 形槽的平行度(适用于立式、柱式、端面式、滑枕式平面铣床)的检验(如表 7-6-142 所示)

表 7-6-142 工作台移动对中央或基准 T 形槽的平行度的检验

项目编号	G12
简图	
公差 /mm	在任意 300 测量长度上为 0.015 全长上最大公差为 0.040
检验工具	指示器
检验方法	指示器装在机床的固定部件上,使其测头垂直触及被测面。按规定的范围移动运动部件 这种测量方式有代表性的应用对象是工件放置在工作台上的铣床和磨床 指示器安放在主轴端部,工作台移动。所得到的读数可反映对完工工件精度(对平行度而言)的影响 锁紧主轴箱(或滑座) 固定指示器,使其测头触及基准 T 形槽侧面。移动工作台在全行程上检验。基准 T 形槽两侧均需检验 误差以指示器读数的最大差值计

(13) 滑枕横向移动对工作台纵向移动的垂直度(仅适用于滑枕式平面铣床)的检验(如表 7-6-143 所示)

表 7-6-143　滑枕横向移动对工作台纵向移动的垂直度的检验

项目编号	G13
简图	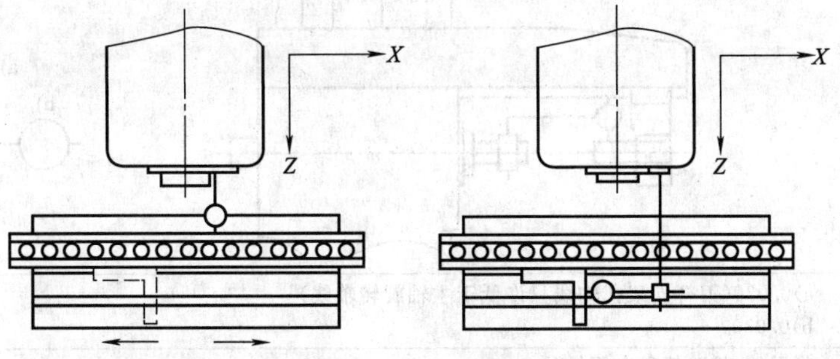
公差/mm	0.02/300
检验工具	指示器、平尺、角尺
检验方法	指示器固定在滑枕上，将平尺放在工作台面上，并使其检验面与工作台纵向移动（X 轴）平行；将角尺紧贴平尺（也可以不用平尺，而使角尺的长端与 X 轴线平行）。移动滑枕检验 误差以指示器读数的最大差值计

（14）悬梁导轨对主轴旋转轴线的平行度（适用于柱式平面铣床）的检验（如表 7-6-144 所示）

悬梁导轨对主轴旋转轴线的平行度的检验一般包括以下两项：

a）在垂直平面内（YZ 平面）；

b）在水平面内（ZX 平面）。

表 7-6-144　悬梁导轨对主轴旋转轴线的平行度的检验

项目编号	G14
简图	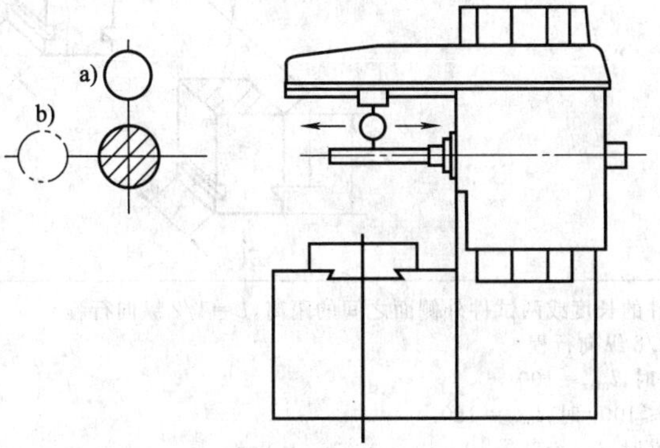
公差/mm	a)在 300 测量长度上为 0.020（悬梁伸出端只许向下） b)在 300 测量长度上为 0.020
检验工具	指示器、检验棒和专用支架
检验方法	锁紧悬梁和主轴套筒 在主轴锥孔中插入检验棒。悬梁导轨上装一个带有指示器的专用支架，使指示器测头触及检验棒的表面：a)在垂直平面内；b)在水平面内。移动支架检验 将主轴旋转 180°，重复检验 1 次 a)、b)误差分别计算。误差以 2 次测量结果的代数和之半计

（15）刀杆支架孔轴线对主轴旋转轴线的同轴度（仅适用于柱式平面铣床）的检验（如表 7-6-145 所示）

刀杆支架孔轴线对主轴旋转轴线的同轴度的检验一般包括以下两项：

a）在垂直平面内（YZ 平面）；

b）在水平面内（ZX 平面）。

表 7-6-145　刀杆支架孔轴线对主轴旋转轴线的同轴度的检验

项目编号	G15
简图	a) b)
公差/mm	a)0.030(刀杆支架孔轴线只许低于主轴旋转轴线) b)0.030
检验工具	指示器、检验棒和专用检具
检验方法	刀杆支架固定在距主轴端面300 mm处,悬梁锁紧 在刀杆支架孔中插入检验棒。指示器装在插入主轴锥孔中的专用检具上,使其测头尽量靠近刀杆支架,触及检验棒的表面:a)垂直平面内;b)水平面内。旋转主轴检验 a)、b)误差分别计算。误差以指示器读数的最大差值之半计

2. 工作精度检验

(1) 用工作台机动进行 A 面的铣削(适用于立式、圆台式平面铣床)的检验(如表7-6-146所示)

表 7-6-146　用工作台机动进行 A 面的铣削的检验

项目编号	M1
简图	A l L l H h l E
试件尺寸/mm	L 为试件的长度或两试件外侧面之间的距离,$L=1/2$ 纵向行程 $l=h=1/8$ 纵向行程 $L\leqslant 500$ 时,$l_{max}=100$ $500<L\leqslant 1000$ 时,$l_{max}=150$ $L>1000$ 时,$l_{max}=200$ $l_{min}=50$ 纵向行程≥400时,切削一个或两个试件,纵向切削应超过两端试件的长度 纵向行程<400时,切削一个试件,纵向切削应超过试件的全长 材料:铸铁
切削条件	用端面铣刀
检验项目	a)每个试件的 A 面的平面度 b)试件的等高度
公差/mm	a)0.020 b)0.030
检验工具	a)平板和指示器;b)千分尺
检验方法	工作精度检验应在标准试件或由用户提供的试件上进行。与实际在机床上加工零件不同,实行工作精度检验不需要多种工序。工作精度检验应采用该机床具有的精加工工序 工件或试件的数目或在一个规定试件上的切削次数,需视情况而定,应使其能得出加工的平均精度,必要时,应考虑刀具的磨损

续表

项目编号	M1
	工作精度检验中试件的检查应按测量类别选择所需精度等级的测量工具 在试切前应确保 E 面平直 切削试件应沿工作台纵向轴线放置，使长度 L 相等地分布在工作台中心的两边 非工作滑动面在切削时均应锁紧 铣刀应装在刀杆上刃磨，安装时应符合下列要求 1)径向跳动：≤0.020 mm 2)端面跳动：≤0.020 mm 3)轴向窜动：≤0.030 mm

(2) 用工作台纵向机动进给进行 A 面的铣削，用工作台纵向机动和主轴箱垂向手动进行 B 面的铣削的检验（如表 7-6-147 所示）。接刀处重叠约 5～10 mm（适用于柱式、滑枕式平面铣床）

表 7-6-147　用工作台纵向机动进给进行 A 面的铣削，用工作台纵向机动和主轴箱垂向手动进行 B 面的铣削的检验

项目编号	M2
简图	l 16 16 A L F l H h B l E
试件尺寸 /mm	L 为试件的长度或两试件外侧面之间的距离，$L=1/2$ 纵向行程 $l=h=1/8$ 纵向行程 $L\leqslant 500$ 时，$l_{max}=100$ $500<L\leqslant 1000$ 时，$l_{max}=150$ $L>1000$ 时，$l_{max}=200$ $l_{min}=50$ 纵向行程≥400 时，切削一个或两个试件，纵向切削应超过两端试件的长度 纵向行程<400 时，切削一个试件，纵向切削应超过试件的全长 材料：铸铁
切削条件	用套式面铣刀进行滚铣。用同一把铣刀进行端铣
检验项目	a)每个试件的 B 面、F 面的平面度 b)试件的等高度 c)B 面、F 面分别对 E 面的垂直度 d)B 面与 F 面的平行度（F 面仅适用于双柱平面铣床）
公差 /mm	a)0.020 b)0.030 c)0.020/100 d)0.030
检验工具	平尺、量块、千分尺、指示器、角尺
检验方法	工作精度检验应在标准试件或由用户提供的试件上进行。与实际在机床上加工零件不同，实行工作精度检验不需要多种工序。工作精度检验应采用该机床具有的精加工工序 工件或试件的数目或在一个规定试件上的切削次数，需视情况而定，应使其能得出加工的平均精度，必要时，应考虑刀具的磨损 工作精度检验中试件的检查应按测量类别选择所需精度等级的测量工具 在试切前应确保 E 面平直

续表

项目编号	M2
	切削试件应沿工作台纵向轴线放置，使长度 L 相等地分布在工作台中心的两边 非工作滑动面在切削时均应锁紧 铣刀应装在刀杆上刃磨，安装时应符合下列要求 1)径向跳动：≤0.020 mm 2)端面跳动：≤0.020 mm 3)轴向窜动：≤0.030 mm

(3) 用工作台纵向机动进给进行 B 面的铣削（适用于端面式平面铣床）的检验（如表 7-6-148 所示）

表 7-6-148 用工作台纵向机动进给进行 B 面的铣削的检验

项目编号	M3
简图	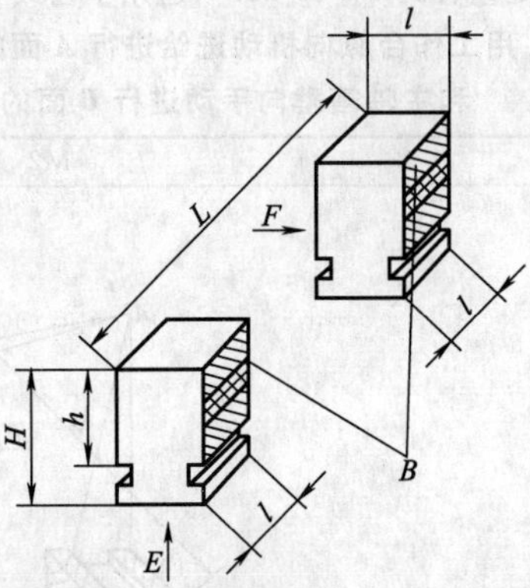 l L F l H h B l E
试件尺寸 /mm	L 为试件的长度或两试件外侧面之间的距离，$L=1/2$ 纵向行程 $l=h=1/8$ 纵向行程 $L\leqslant 500$ 时，$l_{max}=100$ $500<L\leqslant 1000$ 时，$l_{max}=150$ $L>1000$ 时，$l_{max}=200$ $l_{min}=50$。 纵向行程≥400 时，切削一个或两个试件，纵向切削应超过两端试件的长度 纵向行程<400 时，切削一个试件，纵向切削应超过试件的全长 材料：铸铁
切削条件	用端面铣刀
检验项目	a)每个试件的 B 面、F 面的平面度 b)B 面、F 面分别对 E 面的垂直度 c)B 面与 F 面的平行度（F 面仅适用于双端面平面铣床）
公差 /mm	a)0.020 b)0.020/100 c)0.030
检验工具	平尺、量块、指示器、角尺
检验方法	工作精度检验应在标准试件或由用户提供的试件上进行。与实际在机床上加工零件不同，实行工作精度检验不需要多种工序。工作精度检验应采用该机床具有的精加工工序 工件或试件的数目或在一个规定试件上的切削次数，需视情况而定，应使其能得出加工的平均精度，必要时，应考虑刀具的磨损 工作精度检验中试件的检查应按测量类别选择所需精度等级的测量工具 在试切前应确保 E 面平直 切削试件应沿工作台纵向轴线放置，使长度 L 相等地分布在工作台中心的两边 非工作滑动面在切削时均应锁紧 铣刀应装在刀杆上刃磨，安装时应符合下列要求 1)径向跳动：≤0.020 mm 2)端面跳动：≤0.020 mm 3)轴向窜动：≤0.030 mm

6.2.2　数控升降台卧式铣床精度检验(GB/T 21948.1—2008)

1. 运动轴线几何精度检验

(1) 升降台垂直移动的直线度的检验（如表 7-6-149 所示）

升降台垂直移动的直线度有以下两个方面：

a) 在机床的横向垂直平面内（*YZ* 平面）；

b) 在机床的纵向垂直平面内（*XY* 平面）

表 7-6-149　升降台垂直移动的直线度的检验

项目编号	G1
简图	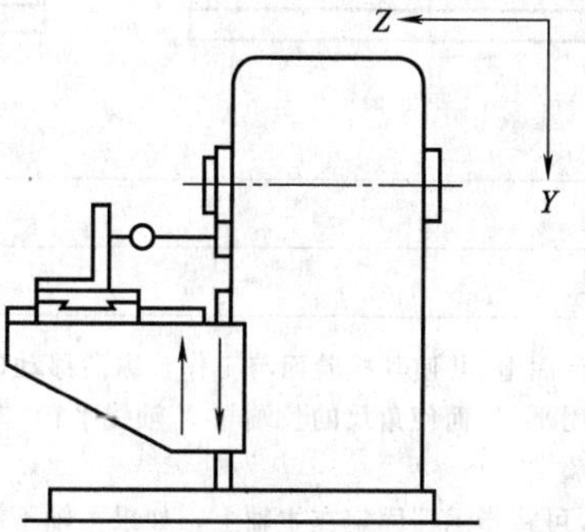 a) 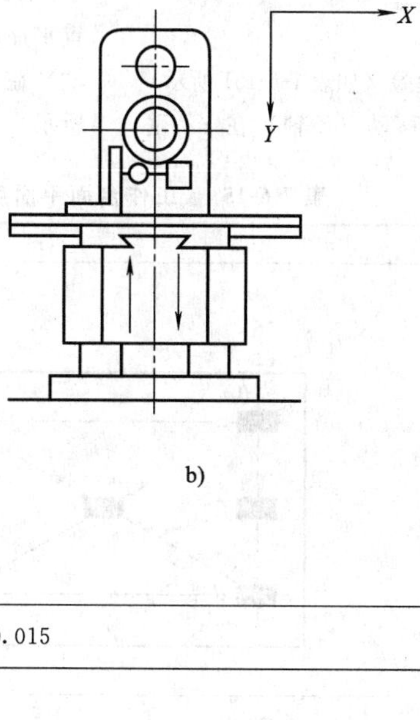b)
允差/mm	a)和 b)在任意 300 测量长度上为 0.015
检验工具	指示器和角尺
检验方法	用角尺的垂直边代替平尺 调整角尺，使其在测量长度两端的读数相等 工作台位于行程的中间位置 如果主轴可以锁紧，可将指示器固定在主轴上。如果主轴不能锁紧，应将指示器装在机床的一个固定部件上 误差以指示器读数的最大差值计

(2) 滑座横向移动（*Z* 轴）对工作台纵向移动（*X* 轴）的垂直度（如表 7-6-150 所示）

表 7-6-150　滑座横向移动（Z 轴）对工作台纵向移动（X 轴）的垂直度

项目编号	G2
简图	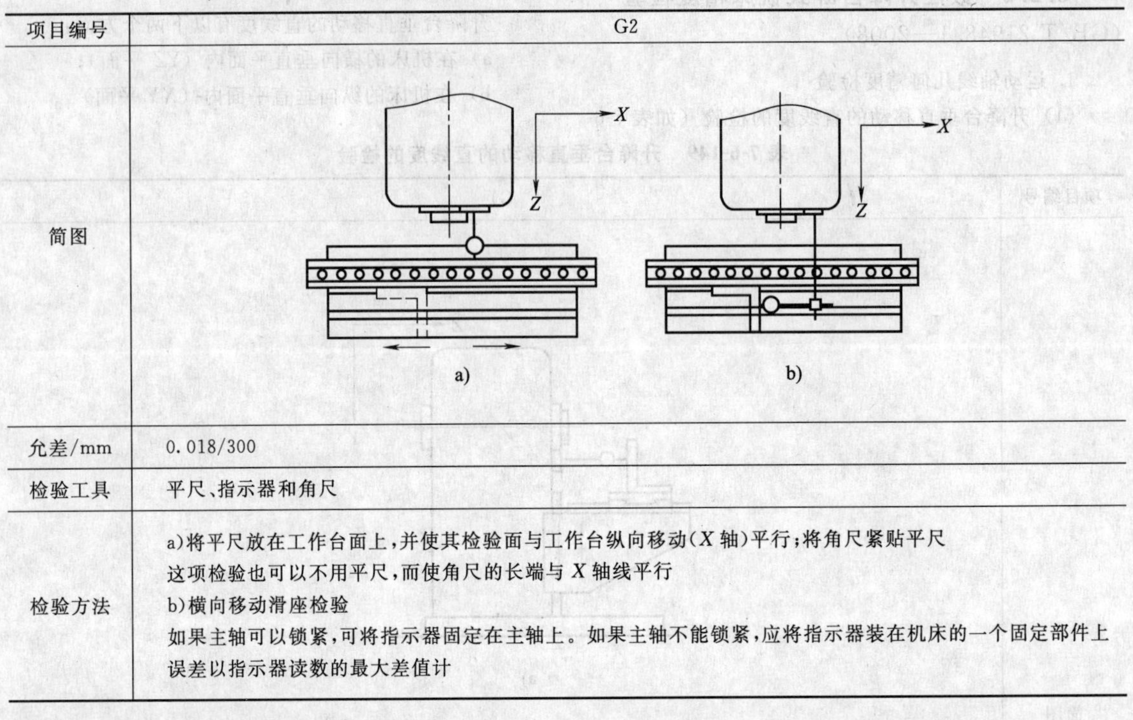 a)　　b)
允差/mm	0.018/300
检验工具	平尺、指示器和角尺
检验方法	a)将平尺放在工作台面上，并使其检验面与工作台纵向移动（X 轴）平行；将角尺紧贴平尺 这项检验也可以不用平尺，而使角尺的长端与 X 轴线平行 b)横向移动滑座检验 如果主轴可以锁紧，可将指示器固定在主轴上。如果主轴不能锁紧，应将指示器装在机床的一个固定部件上 误差以指示器读数的最大差值计

2. 工作台几何精度检验

(1) 工作台面的平面度的检验（如表 7-6-151 所示）

(2) 工作台面与滑座横向移动（Z 轴）在 YZ 垂直平面内的平面度和工作台面与工作台纵向移动（X 轴）在 XY 垂直平面内的平行度的检验（如表7-6-152 所示）

表 7-6-151　工作台面平面度的检验

项目编号	G3
简图	
允差/mm	1000 测量长度内为 0.04(仅允许凹) 工作台长度每增加 1000，允差值增加 0.005 最大允差值为 0.05 局部公差：在任意 300 测量长度上为 0.02
检验工具	精密水平仪或平尺和量块
检验方法	将工作台（X 轴）和横向滑座（Z 轴）置于中间位置 误差以读数的最大差值计

表 7-6-152 工作台面与滑座横向移动（Z 轴）在 YZ 垂直平面内的平面度和工作台面与工作台纵向移动（X 轴）在 XY 垂直平面内的平行度的检验

项目编号	G4
简图	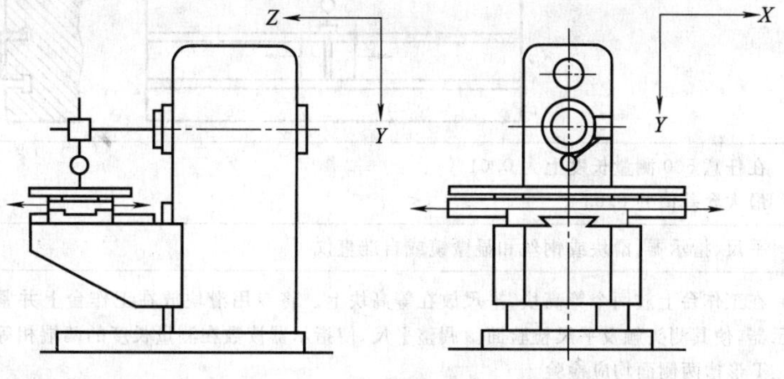 a) b)
允差/mm	a)和b)在任意300测量长度上为0.022;最大允差值为0.045
检验工具	平尺、指示器和量块
检验方法	指示器测头应近似地放在刀具的切削位置上 在与工作台面平行放置的平尺上测量 当工作台长度大于1600mm时,采用逐步移动平尺的方法进行检验 如果主轴可以锁紧,可将指示器固定在主轴上,如果主轴不能锁紧,应将指示器装在机床的一个固定部件上 a)、b)误差分别计算。误差以指示器读数的最大差值计

(3) 工作台面与升降台垂直移动（Y 轴）的垂直度的检验（如表 7-6-153 所示）

工作台面与升降台垂直移动（Y 轴）的垂直度的检验有以下两个方面：

a) 在机床的横向垂直平面内（YZ 平面）；

b) 在机床的纵向垂直平面内（XY 平面）。

(4) 工作台中央或基准 T 形槽的直线度的检验（如表 7-6-154 所示）

表 7-6-153 工作台面与升降台垂直移动（Y 轴）的垂直度的检验

项目编号	G5
简图	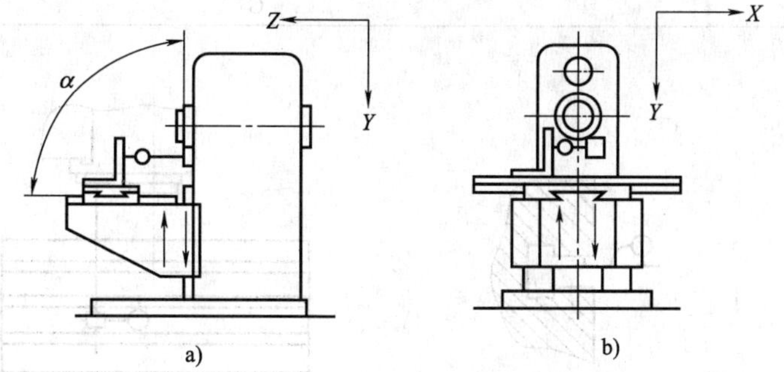 a) b)
允差/mm	a)0.022/300,$\alpha \leqslant 90°$ b)0.022/300
检验工具	指示器和角尺
检验方法	检验时工作台位于行程的中间位置 如果主轴可以锁紧,可将指示器固定在主轴上,如果主轴不能锁紧,应将指示器装在机床的一个固定部件上 a)、b)误差分别计算。误差以指示器读数的最大差值计

表 7-6-154 工作台中央或基准T形槽的直线度的检验

项目编号	G6
简图	
允差/mm	在任意500测量长度上为0.01 最大允差值为0.03
检验工具	平尺、指示器、滑块或钢丝和显微镜或自准直仪
检验方法	在工作台上放两个等高块，平尺放在等高块上。将专用滑块放在工作台上并紧靠T形槽一侧，其上固定指示器，使其测头触及平尺检验面。调整平尺，使指示器读数在测量长度的两端相等。移动专用滑块检验 T形槽两侧面均应检验 误差以指示器读数的最大差值计

(5) 中央或基准T形槽与工作台纵向移动（X轴）的平行度的检验（如表7-6-155所示）

3. 主轴几何精度检验

(1) 主轴定心轴颈的径向跳动的检验（如表7-6-156所示）

主轴定心轴颈的径向跳动的检验有以下三方面：

a) 主轴定心轴颈的径向跳动（用于有定心轴颈的机床）；

b) 周期性轴向窜动；

c) 主轴轴肩支承面的跳动（包括周期性轴向窜动）。

(2) 主轴锥孔轴线的径向跳动的检验（如表7-6-157所示）

主轴锥孔轴线的径向跳动的检验有以下两项：

a) 靠近主轴端部；

b) 距主轴端部300mm处。

(3) 主轴轴线对工作台面的平行度的检验（如表7-6-158所示）

(4) 主轴轴线与工作台横向移动（Z轴）的平行度的检验（如表7-6-159所示）

主轴轴线与工作台横向移动（Z轴）的平行度的检验有以下两个方面：

a) 在YZ垂直平面内；

b) 在ZX水平面内。

表 7-6-155 中央或基准T形槽与工作台纵向移动（X轴）的平行度的检验

项目编号	G7
简图	Z X Z′
允差/mm	在任意300测量长度上为0.015 最大允差值为0.04
检验工具	指示器
检验方法	如果主轴可以锁紧，可将指示器固定在主轴上，如果主轴不能锁紧，应将指示器装在机床的一个固定部件上 T形槽两侧面均应检验 误差以指示器读数的最大差值计

第7篇

表 7-6-156　主轴定心轴颈的径向跳动的检验

项目编号	G8
简图	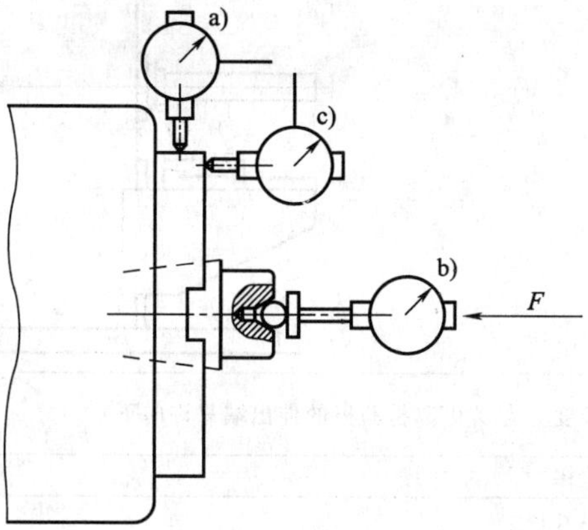 a) c) b) F
允差/mm	a)0.01 b)0.01 c)0.02
检验工具	指示器和专用检验棒
检验方法	固定指示器，使其测头分别触及：a)主轴定心轴颈表面；b)插入主轴锥孔的专用检验棒的端面中心处；c)主轴轴肩支承面靠近边缘处。旋转主轴检验 a)、b)、c)误差分别计算。误差以指示器读数的最大差值计 b)、c)项检验时，对已消除轴向游隙的主轴，可不加力，否则应沿主轴轴线加一个由制造厂规定的力 F

表 7-6-157　主轴锥孔轴线的径向跳动的检验

项目编号	G9
简图	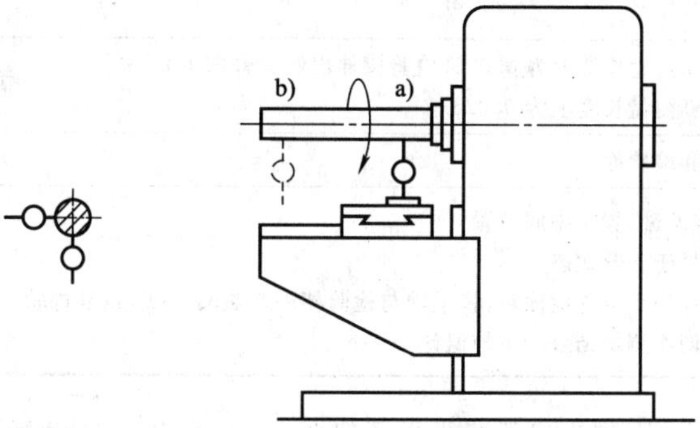 b) a)
允差/mm	a)0.01 b)0.02
检验工具	指示器和检验棒
检验方法	在主轴锥孔中插入检验棒。固定指示器，使其测头触及检验棒表面。旋转主轴检验 拔出检验棒，相对主轴旋转 90°重新插入主轴锥孔中，依次重复检验 3 次 a)、b)误差分别计算。误差以 4 次测量结果的算术平均值计 在 YZ 垂直平面内和 ZX 水平面内均应检验

第 7 篇

表 7-6-158　主轴轴线对工作台面的平行度的检验

项目编号	G10
简图	
允差/mm	在 300 测量长度上为 0.025(检验棒的伸出端只许向下)
检验工具	指示器和检验棒
检验方法	升降台处于上升状态 检验应在一个位置检测后,将主轴与检验棒一起旋转 180°,重复检验一次 误差以两次测量结果的平均值计

表 7-6-159　主轴轴线与工作台横向移动（Z 轴）的平行度的检验

项目编号	G11
简图	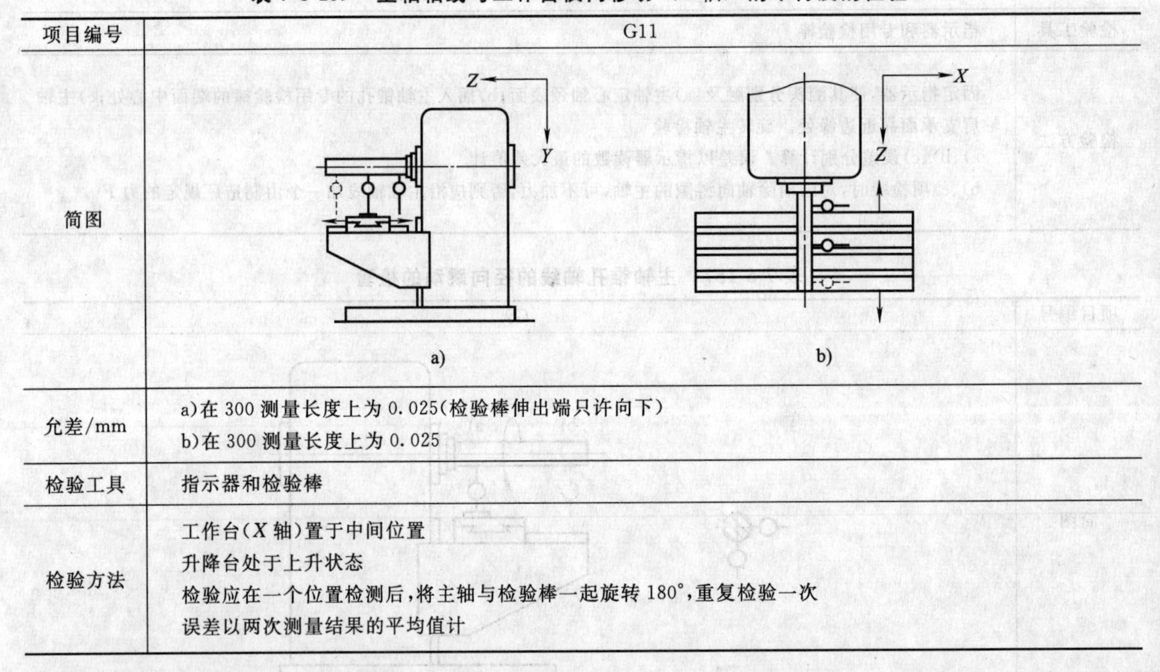 a)　b)
允差/mm	a)在 300 测量长度上为 0.025(检验棒伸出端只许向下) b)在 300 测量长度上为 0.025
检验工具	指示器和检验棒
检验方法	工作台(X 轴)置于中间位置 升降台处于上升状态 检验应在一个位置检测后,将主轴与检验棒一起旋转 180°,重复检验一次 误差以两次测量结果的平均值计

（5）主轴轴线与工作台中央或基准 T 形槽的垂直度的检验（如表 7-6-160 所示）

4. 主轴支架几何精度检验

（1）悬梁导轨对主轴轴线的平行度的检验（如表 7-6-161 所示）

悬梁导轨对主轴轴线的平行度的检验有以下两个方面：

a）在 YZ 垂直平面内；

b）在 ZX 水平面内。

（2）刀杆支架孔轴线与主轴轴线的同轴度的检验（如表 7-6-162 所示）

刀杆支架孔轴线与主轴轴线的同轴度的检验有以下两方面：

a）在 YZ 垂直平面内；

b）在 ZX 水平面内。

5. 定位精度检验

（1）线性轴线的定位精度的检验（如表 7-6-163 所示）

表 7-6-160　主轴轴线与工作台中央或基准 T 形槽的垂直度的检验

项目编号	G12
简图	Z　X　Z′
允差/mm	0.02/300(两个测量点之间的距离为 300)
检验工具	指示器
检验方法	工作台(X 轴)置于中间位置 将专用滑板放在工作台面上并紧靠 T 形槽一侧。按测量长度,移动滑板后旋转主轴检验 检验棒回转 180°后重复检验一次 误差以两次测量结果的代数和之半计

表 7-6-161　悬梁导轨对主轴轴线的平行度的检验

项目编号	G13
简图	Z　Y　X　Y a)　b)
允差/mm	在 300 测量长度上为 0.02(悬梁只许向下) 在 300 测量长度上为 0.02
检验工具	指示器和专用支架
检验方法	锁紧悬梁 在主轴锥孔中插入检验棒。悬梁导轨上装一个带有指示器的专用支架,使指示器测头触及检验棒的表面:a)在垂直平面内;b)在水平面内。移动支架检验 将主轴旋转 180°,重复检验一次 a)、b)误差分别计算,误差以两次测量结果的代数和之半计

表 7-6-162 刀杆支架孔轴线与主轴轴线的同轴度的检验

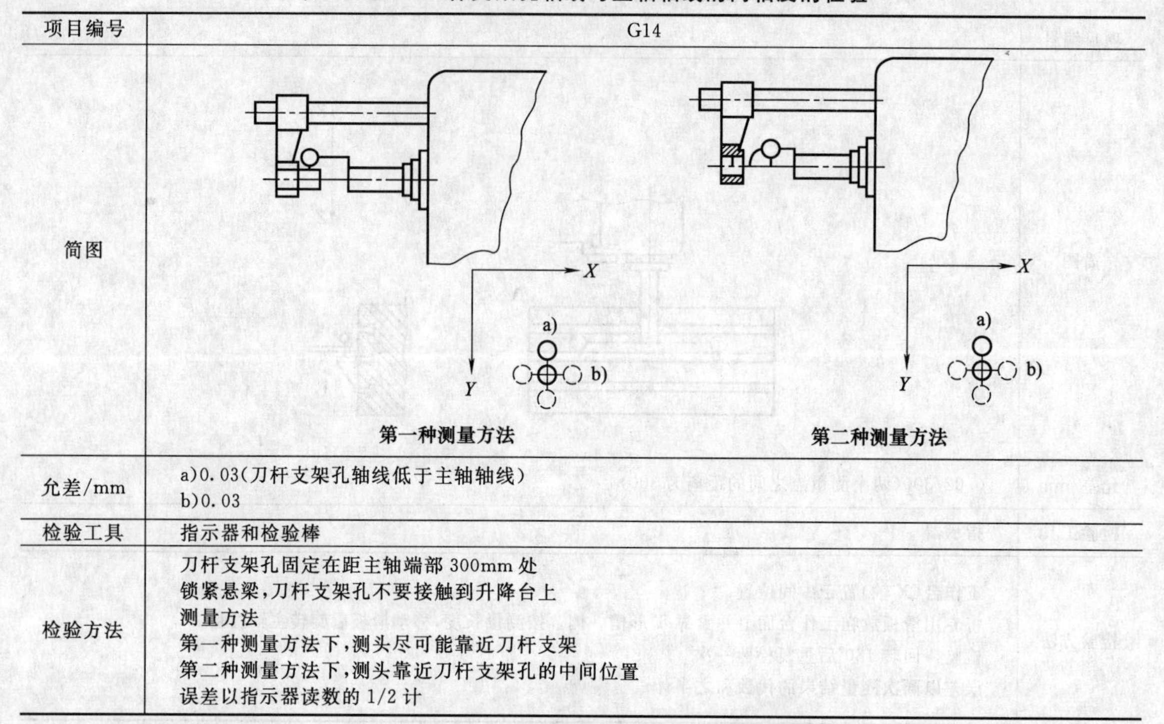

项目编号	G14
简图	第一种测量方法；第二种测量方法
允差/mm	a)0.03(刀杆支架孔轴线低于主轴轴线) b)0.03
检验工具	指示器和检验棒
检验方法	刀杆支架孔固定在距主轴端部300mm处 锁紧悬梁,刀杆支架孔不要接触到升降台上 测量方法 第一种测量方法下,测头尽可能靠近刀杆支架 第二种测量方法下,测头靠近刀杆支架孔的中间位置 误差以指示器读数的1/2计

表 7-6-163 线性轴线的定位精度的检验

项目编号	P1				
简图	$i=1$ $i=2$ $i=m$ $j=1$ $j=2$ n $j=n$				
允差/mm	轴线行程	≤500	>500～800	>800～1250	>1250～2000
	双向定位精度 A	0.025	0.032	0.042	0.055
	双向重复定位精度 R	0.015	0.018	0.020	0.025
	轴线反向差值 B	0.010	0.012	0.012	0.015
	平均双向位置偏差范围 M	0.012	0.015	0.020	0.025
检验工具	激光干涉仪或具有类似精度的其他测量系统				
检验方法	非检测轴线上的运动部件均置于其行程的中间位置。滑动主轴、滑枕等,当它们是辅助轴线时,应保持缩回位置 在轴线的全行程上以300～500mm/min的进给速度移动运动部件 每个线性轴线均需检验				

(2) 回转轴线的定位精度的检验（如表 7-6-164 所示）

6. 工作精度检验

(1) 用工作台纵向机动和升降台垂向手动进给铣削 B 面（接刀处重叠 5～10mm）和用工作台纵向机动和升降台垂向机动及滑座横向手动进给铣削 A、C 和 D 面的检验（如表 7-6-165 所示）

表 7-6-164　回转轴线的定位精度的检验

项目编号	P2	
简图	180° 270°　90° 0°	
允差	双向定位精度 A	28"
	双向重复定位精度 R	16"
	轴线反向差值 B	12"
	平均双向位置偏差范围 M	12"
检验工具	带分度工作台的激光角度干涉仪，带多面体的自准直仪，或具有类似精度的其他测量系统	
检验方法	非检测轴线上的运动部件均置于其行程的中间位置。滑动主轴、滑枕等，当它们是辅助轴线时，应保持缩回位置 每个回转轴线均需检验	

表 7-6-165　用工作台纵向机动和升降台垂向手动进给铣削 B 面和用工作台纵向机动和升降台垂向机动及滑座横向手动进给铣削 A、C 和 D 面的检验

项目编号	M1
简图	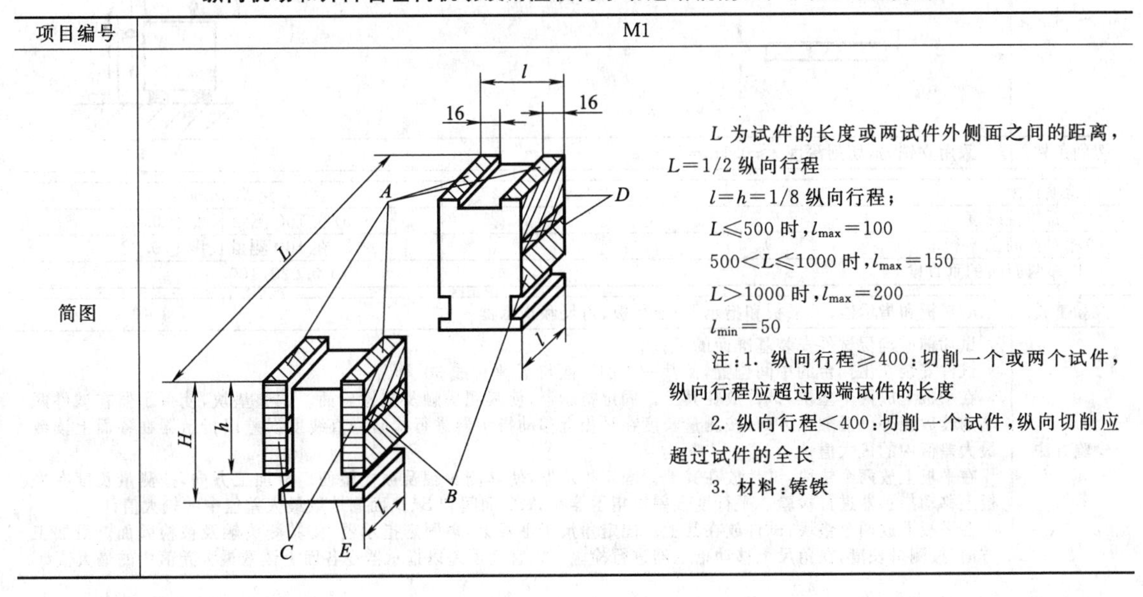 L 为试件的长度或两试件外侧面之间的距离，$L=1/2$ 纵向行程 $l=h=1/8$ 纵向行程； $L \leqslant 500$ 时，$l_{max}=100$ $500 < L \leqslant 1000$ 时，$l_{max}=150$ $L > 1000$ 时，$l_{max}=200$ $l_{min}=50$ 注：1. 纵向行程≥400：切削一个或两个试件，纵向行程应超过两端试件的长度 2. 纵向行程＜400：切削一个试件，纵向切削应超过试件的全长 3. 材料：铸铁

续表

项目编号	M1
切削条件	a)用套式面铣刀；b)用同样的铣刀进行滚铣

检验项目	允差/mm
a)每个试件 *B* 面的平面度	0.02
b_1)*C* 和 *A* 面、*D* 和 *A* 面的相互垂直度及 *A*、*C*、*D* 面分别对 *B* 面的垂直度	0.02/100
b_2)试件的等高度	0.03

检验工具	a)平板和指示器 b_1)角尺和量块 b_2)千分尺
检验方法	试切前应确保 *E* 面平直 切削试件应沿工作台纵向轴线放置，使长度 *L* 相等地分布在工作台中心的两边 注：须经用户与供应商或制造厂协商同意，简图所示的试件方可用具有完整侧面的较简单形状的试件来代替，但至少要与图示试件的检验具有相同的精度 铣刀应装在刀杆上刃磨，安装时应符合下列公差 径向跳动：≤0.02mm 端面跳动：≤0.03mm 切削时所有非工作滑动面均应锁紧

(2) 用 *X*、*Z* 坐标的直线插补，对 *A*、*B*、*C*、*D* 四周面进行精铣的检验（如表 7-6-166 所示）

(3) 用 *X*、*Y* 坐标的圆弧插补，对圆周面进行精铣的检验（如表 7-6-167 所示）

表 7-6-166 用 *X*、*Z* 坐标的直线插补，对 *A*、*B*、*C*、*D* 四周面进行精铣的检验

项目编号	M2
简图	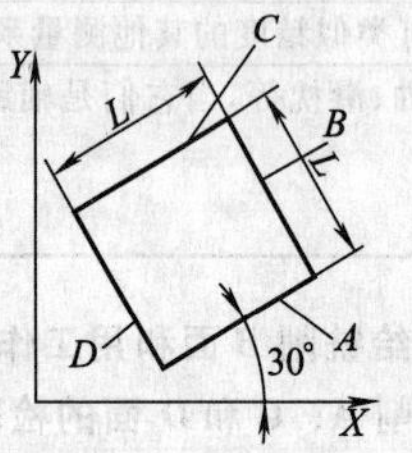 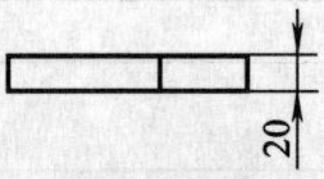 Y C L B L D A 30° X 20 工作台面宽度为 200～320 时，*L* 取 110～120 工作台面宽度＞320～500 时，*L* 取 160～180 试件材料：HT200 直线度和平行度检验 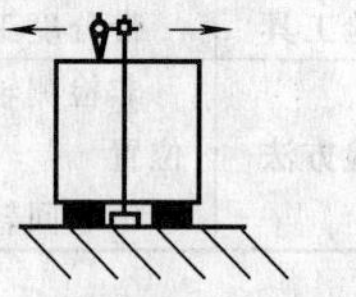 垂直度检验 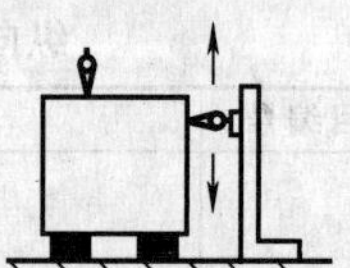
切削条件	采用立铣刀，切削深度 $t≈0.1$mm

检验项目	允差/mm
a)四面的直线度	a)在 100 测量长度上 0.01
b)相对面间的平行度	b)在 100 测量长度上 0.02
c)相邻两面间的垂直度	c) 0.020/100

检验工具	a)平板和指示器；b)平板和指示器；c)平板、角尺和指示器
检验方法	试切前应确保试件安装基准面的平直 试件安装在工作台的中间位置，使其一个加工面与 *X* 坐标成 30°角 在平板上放两个垫块，试件放在其上。固定指示器，使其测头触及被检验面。调整垫块，使指示器在试件两端的读数相等。沿加工方向，按测量长度在平板上移动指示器进行检验。直线度误差以指示器在各面上读数最大差值中的最大值计 在平板上放两个垫块，试件放在其上。固定指示器，使其测头触及被检验面。沿加工方向，按测量长度在平板上移动指示器进行检验。平行度误差以指示器在 *A*、*C* 面间和 *B*、*D* 面间读数最大差值中的较大值计 在平板上放两个垫块，试件放在其上。固定角尺于平板上，再固定指示器，使其测头触及被检验面。沿加工方向，按测量长度，在角尺上移动指示器进行检验。垂直度误差以指示器在各面上读数最大差值中的最大值计

表 7-6-167　用 *X*、*Y* 坐标的圆弧插补，对圆周面进行精铣的检验

项目编号	M3
简图	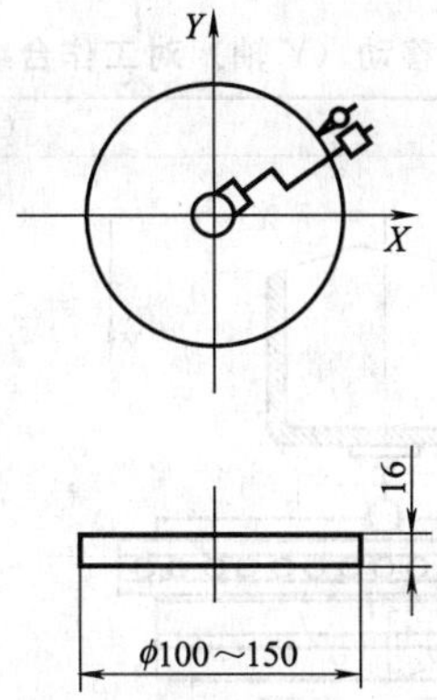 Y X 16 ϕ100～150
切削条件	采用立铣刀，切削深度 $t \approx 0.1$mm

检验项目	允差/mm
圆度	0.035

检验工具	指示器、专用检具或圆度仪
检验方法	试切前应确保试件安装基准面的平直 试件安装在工作台的中间位置 指示器固定在机床或测量仪的主轴上，使其测头触及外圆面。回转主轴，并进行调整，使指示器在任意两个相互垂直直径的两端的读数相等。旋转主轴一周进行检验。误差以指示器读数的最大差值计

6.2.3　数控升降台立式铣床精度检验 (GB/T 21948.2—2008)

1. 运动轴线几何精度检验

(1) 升降台垂直移动的直线度（*W* 轴）的检验（如表 7-6-168 所示）

升降台垂直移动的直线度（*W* 轴）的检验有以下两方面：

a) 在机床的横向垂直平面内（*YZ* 平面）；

b) 在机床的纵向垂直平面内（*ZX* 平面）。

表 7-6-168　升降台垂直移动的直线度（*W* 轴）的检验

项目编号	G1
简图	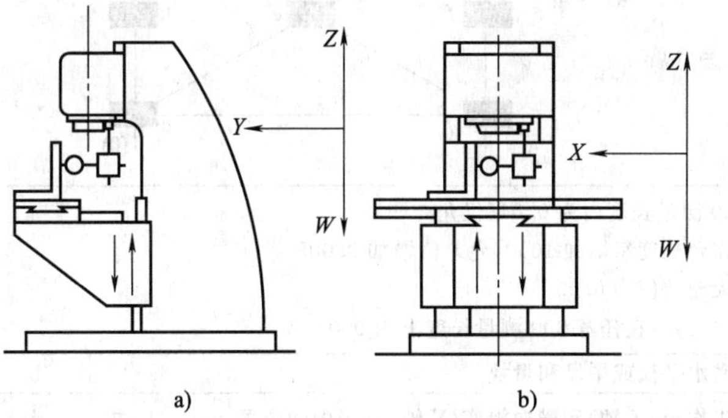 Z Y W　a)　Z X W　b)
允差/mm	a)和 b)在任意 300 测量长度上为 0.015
检验工具	指示器和角尺
检验方法	用角尺的垂直边代替平尺 调整角尺，使其在测量长度两端的读数相等 工作台位于行程的中间位置 如果主轴可以锁紧，可将指示器固定在主轴上。如果主轴不能锁紧，应将指示器装在机床的一个固定部件上 误差以指示器读数的最大差值计

（2）滑座横向移动（Y 轴）对工作台纵向移动（X 轴）的垂直度的检验（如表7-6-169所示）

2. 工作台几何精度检验

（1）工作台面的平面度的检验（如表7-6-170所示）

表7-6-169　滑座横向移动（Y 轴）对工作台纵向移动（X 轴）的垂直度的检验

项目编号	G2
简图	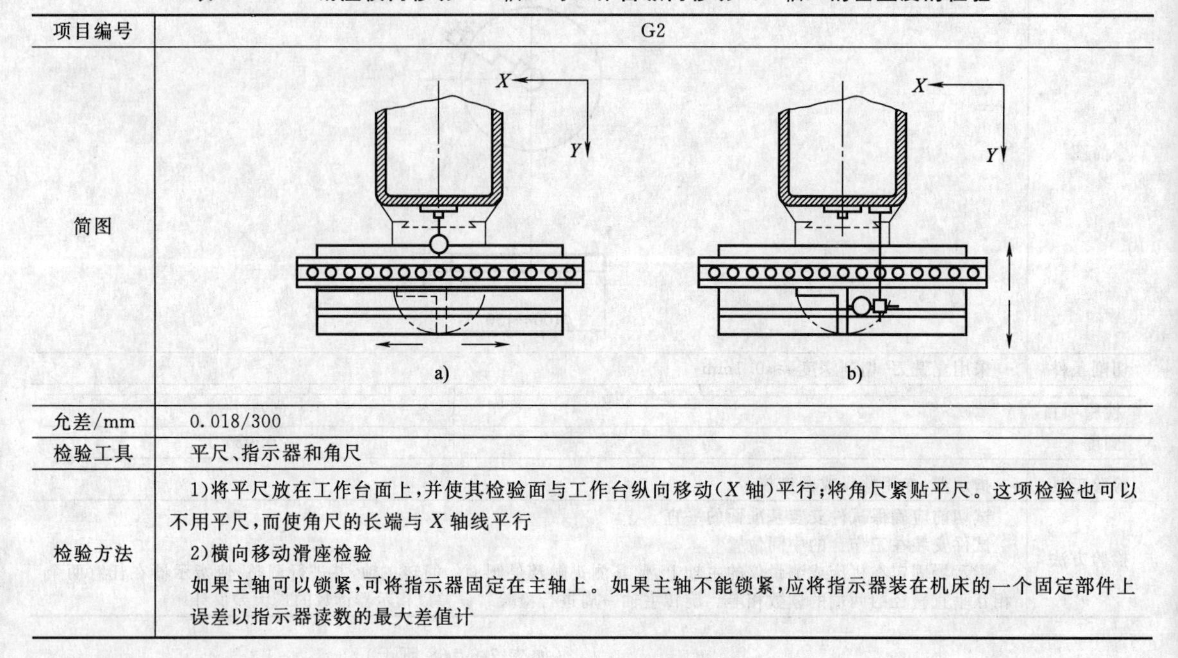a)　　b)
允差/mm	0.018/300
检验工具	平尺、指示器和角尺
检验方法	1)将平尺放在工作台面上，并使其检验面与工作台纵向移动(X 轴)平行；将角尺紧贴平尺。这项检验也可以不用平尺，而使角尺的长端与 X 轴线平行 2)横向移动滑座检验 如果主轴可以锁紧，可将指示器固定在主轴上。如果主轴不能锁紧，应将指示器装在机床的一个固定部件上 误差以指示器读数的最大差值计

表7-6-170　工作台面的平面度的检验

项目编号	G3
简图	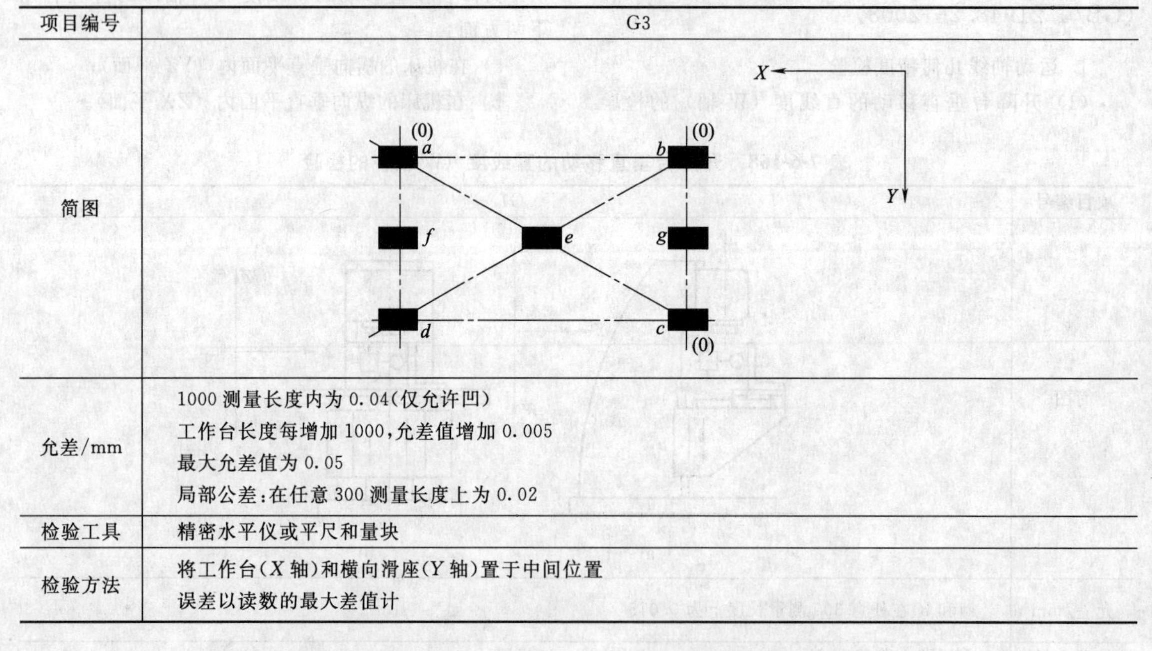
允差/mm	1000测量长度内为0.04(仅允许凹) 工作台长度每增加1000，允差值增加0.005 最大允差值为0.05 局部公差：在任意300测量长度上为0.02
检验工具	精密水平仪或平尺和量块
检验方法	将工作台(X 轴)和横向滑座(Y 轴)置于中间位置 误差以读数的最大差值计

（2）工作台面与滑座横向移动（Y 轴）在 YZ 垂直平面内的平行度和工作台面与工作台纵向移动（X 轴）在 ZX 垂直平面内的平行度的检验（如表7-6-171所示）

（3）工作台面与升降台垂直移动（W 轴）的垂直度的检验（如表7-6-172所示）

工作台面与升降台垂直移动（W 轴）的垂直度的检验有以下两个方面：

a）在机床的横向垂直平面内（YZ 平面）；

b）在机床的纵向垂直平面内（XZ 平面）。

表 7-6-171　工作台面与滑座横向移动（Y 轴）在 YZ 垂直平面内的平行度和工作台面与工作台纵向移动（X 轴）在 ZX 垂直平面内的平行度的检验

项目编号	G4
简图	a)　b)
允差/mm	a)和 b)在任意 300 测量长度上为 0.022；最大允差值为 0.045
检验工具	平尺、指示器和量块
检验方法	指示器测头应近似地放在刀具的切削位置上 在与工作台面平行放置的平尺上测量 当工作台长度大于 1600mm 时，采用逐步移动平尺的方法进行检验 如果主轴可以锁紧，可将指示器固定在主轴上，如果主轴不能锁紧，应将指示器装在机床的一个固定部件上 a）、b)误差分别计算。误差以指示器读数的最大差值计

表 7-6-172　工作台面与升降台垂直移动（W 轴）的垂直度的检验

项目编号	G5
简图	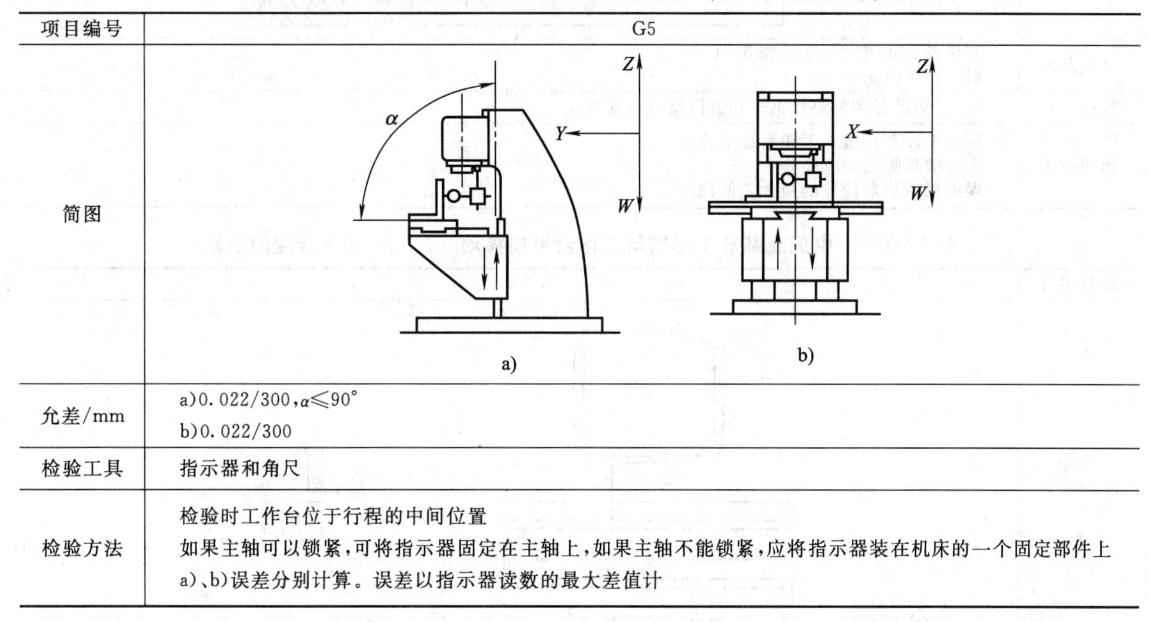
允差/mm	a)0.022/300，$\alpha \leqslant 90°$ b)0.022/300
检验工具	指示器和角尺
检验方法	检验时工作台位于行程的中间位置 如果主轴可以锁紧，可将指示器固定在主轴上，如果主轴不能锁紧，应将指示器装在机床的一个固定部件上 a)、b)误差分别计算。误差以指示器读数的最大差值计

（4）工作台面与主轴箱滑板垂直移动（Z 轴）的垂直度的检验（如表 7-6-173 所示）

数控升降台铣床立式铣床工作台面与主轴箱滑板垂直移动（Z 轴）的垂直度的检验包括以下两项：

a）在机床的横向垂直平面内（YZ 平面）；

b）在机床的纵向垂直平面内（ZX 平面）。

（5）工作台中央或基准 T 形槽的直线度的检验（如表 7-6-174 所示）

（6）中央或基准 T 形槽与工作台纵向移动（X 轴）的平行度的检验（如表 7-6-175 所示）

表 7-6-173　工作台面与主轴箱滑板垂直移动（Z 轴）的垂直度的检验

项目编号	G6
简图	a)　b)
允差/mm	a) 0.020/300，$\alpha \leqslant 90°$ b) 0.020/300
检验工具	指示器和角尺
检验方法	检验时工作台位于行程的中间位置 如果主轴可以锁紧，可将指示器固定在主轴上，如果主轴不能锁紧，应将指示器装在机床的一个固定部件上 a)、b)误差分别计算。误差以指示器读数的最大差值计

表 7-6-174　工作台中央或基准 T 形槽的直线度的检验

项目编号	G7
简图	
允差/mm	在任意 500 测量长度上为 0.01 最大允差值为 0.03
检验工具	平尺、指示器和滑块或钢丝和显微镜或自准直仪
检验方法	可将平尺直接放在工作台面上检验 T 形槽两侧面均应检验 误差以指示器读数的最大差值计

表 7-6-175　中央或基准 T 形槽与工作台纵向移动（X 轴）的平行度的检验

项目编号	G8
简图	
允差/mm	在任意 300 测量长度上为 0.015 最大允差值为 0.04
检验工具	指示器
检验方法	锁紧横向滑座（Y 轴）和升降台（W 轴） 如果主轴可以锁紧，可将指示器固定在主轴上，如果主轴不能锁紧，应将指示器装在机床的一个固定部件上 T 形槽两侧面均应检验 误差以指示器读数的最大差值计

3．主轴几何精度检验

（1）主轴定心轴颈的径向跳动（用于有定心轴颈的机床）；周期性轴向窜动和主轴轴肩支承面的跳动（包括周期性轴向窜动）的检验（如表 7-6-176 所示）

（2）主轴锥孔轴线的径向跳动的检验（如表7-6-177 所示）

主轴锥孔轴线的径向跳动的检验包括以下两个方面：

a）靠近主轴端部；

b）距主轴端部 300mm 处。

表 7-6-176　主轴定心轴颈的径向跳动、周期性轴向窜动和主轴轴肩支承面的跳动的检验

项目编号	G9
简图	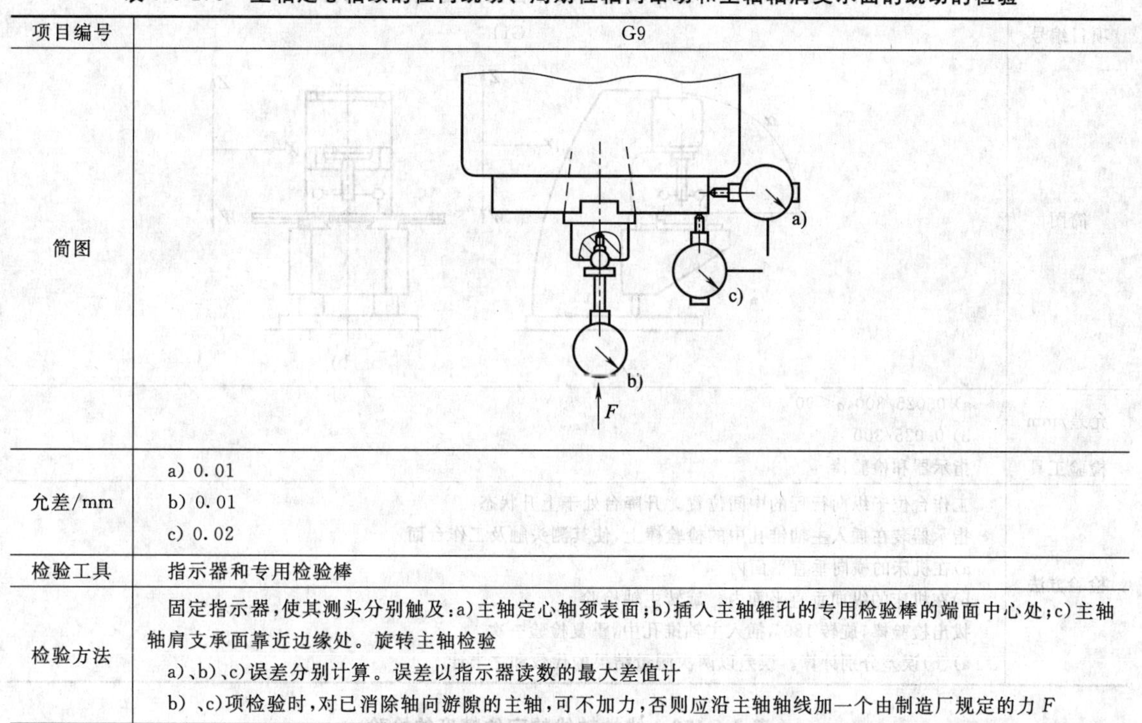
允差/mm	a) 0.01 b) 0.01 c) 0.02
检验工具	指示器和专用检验棒
检验方法	固定指示器，使其测头分别触及：a)主轴定心轴颈表面；b)插入主轴锥孔的专用检验棒的端面中心处；c)主轴轴肩支承面靠近边缘处。旋转主轴检验 a)、b)、c)误差分别计算。误差以指示器读数的最大差值计 b)、c)项检验时，对已消除轴向游隙的主轴，可不加力，否则应沿主轴轴线加一个由制造厂规定的力 F

表 7-6-177　主轴锥孔轴线的径向跳动的检验

项目编号	G10
简图	
允差/mm	a)0.01 b)0.02
检验工具	指示器和检验棒
检验方法	在主轴锥孔中插入检验棒。固定指示器，使其测头触及检验棒表面。旋转主轴检验 拔出检验棒，相对主轴旋转 90°重新插入主轴锥孔中，依次重复检验 3 次 a)、b)误差分别计算。误差以 4 次测量结果的算术平均值计

(3) 主轴轴线对工作台面的垂直度的检验（如表7-6-178所示）

主轴轴线对工作台面的垂直度的检验包括以下两个方面：

a) 在机床的横向垂直平面内（YZ平面）；

b) 在机床的纵向垂直平面内（ZX平面）。

4. 定位精度检验

(1) 线性轴线的定位精度的检验（如图7-6-179所示）

表7-6-178　主轴轴线对工作台面的垂直度的检验

项目编号	G11
简图	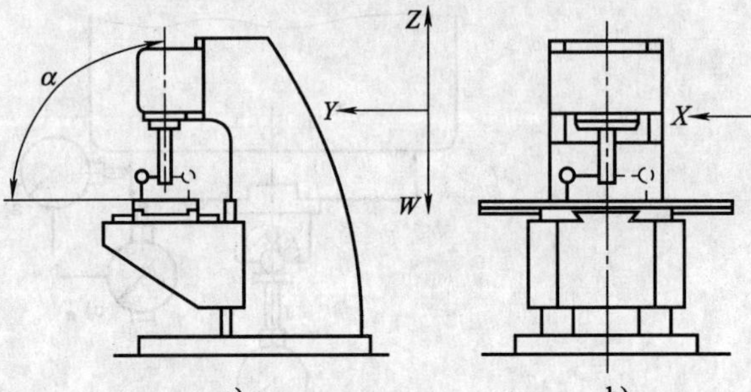 Z α Y W a)　　Z X W b)
允差/mm	a) 0.025/300，$\alpha \leqslant 90^\circ$ b) 0.025/300
检验工具	指示器和检验棒
检验方法	工作台位于纵向行程的中间位置。升降台处于上升状态 指示器装在插入主轴锥孔中的检验棒上，使其测头触及工作台面 a)在机床的横向垂直平面内 b)在机床的纵向垂直平面内。旋转主轴检验 拔出检验棒，旋转180°，插入主轴锥孔中，重复检验一次 a)、b)误差分别计算。误差以两次测量结果的代数和之半计

表7-6-179　线性轴线的定位精度的检验

项目编号	P1
简图	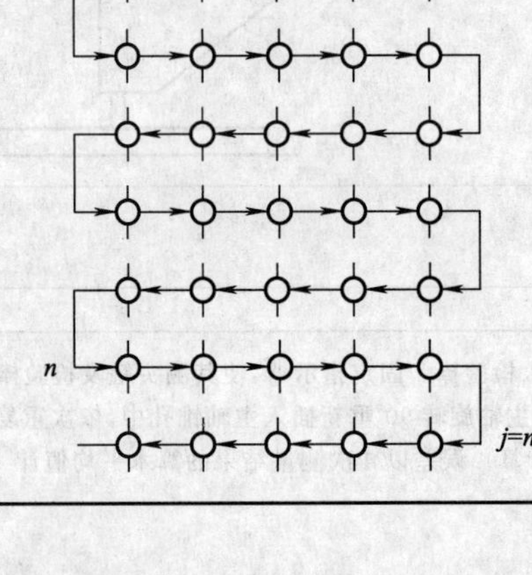 i=1　i=2　i=m　j=1　j=1　j=2　j=2　n　j=n

续表

项目编号	P1				
允差/mm	轴线行程	≤500	>500～800	>800～1250	>1250～2000
	双向定位精度 *A*	0.025	0.032	0.042	0.055
	双向重复定位精度 *R*	0.015	0.018	0.020	0.025
	轴线反向差值 *B*	0.010	0.012	0.012	0.015
	平均双向位置偏差范围 *M*	0.012	0.015	0.020	0.025
检验工具	激光干涉仪或具有类似精度的其他测量系统				
检验方法	非检测轴线上的运动部件均置于其行程的中间位置。滑动主轴、滑枕等，当它们是辅助轴线时，应保持缩回位置 在轴线的全行程上以300～500mm/min的进给速度移动运动部件 每个线性轴线均需检验				

(2) 回转轴线的定位精度的检验（如表7-6-180所示）

5. 工作精度检验

(1) 用工作台纵向机动和滑座横向手动进给铣削*A*面（接刀处重叠5～10mm）和用工作台纵向机动和滑座横向机动及升降台垂直手动进给铣削*B*、*C*和*D*面的检验（如表7-6-181所示）

数控升降台铣床立式铣床工作精度检验有以下两个方面：

a) 用工作台纵向机动和滑座横向手动进给铣削*A*面，接刀处重叠5～10mm；

b) 用工作台纵向机动和滑座横向机动及升降台垂向手动进给铣削*B*、*C*和*D*面。

表7-6-180　回转轴线的定位精度的检验

项目编号	P2	
简图	180° 270°　90° 0°	
允差	双向定位精度 *A*	28"
	双向重复定位精度 *R*	16"
	轴线反向差值 *B*	12"
	平均双向位置偏差范围 *M*	12"
检验工具	带分度工作台的激光角度干涉仪，带多面体的自准直仪，或具有类似精度的其他测量系统	
检验方法	非检测轴线上的运动部件均置于其行程的中间位置。滑动主轴、滑枕等，当它们是辅助轴线时，应保持缩回位置 每个回转轴线均需检验	

表 7-6-181 用工作台纵向机动和滑座横向手动进给铣削 **A** 面和用工作台纵向机动和滑座横向机动及升降台垂向手动进给铣削 **B**、**C** 和 **D** 面的检验

项目编号	M1
简图	
	L 为试件的长度或两试件外侧面之间的距离，$L=1/2$ 纵向行程 $l=h=1/8$ 纵向行程 $L\leqslant500$ 时，$l_{max}=100$ $500<L\leqslant1000$ 时，$l_{max}=150$ $L>1000$ 时，$l_{max}=200$ $l_{min}=50$ 注:1. 纵向行程≥400,切削一个或两个试件,纵向行程应超过两端试件的长度 2. 纵向行程<400,切削一个试件,纵向切削应超过试件的全长 3. 材料:铸铁
切削条件	a)用套式面铣刀;b)用同样的铣刀进行滚铣

检验项目	允差/mm
a_1)每个试件 B 面的平面度	0.02
a_2)试件的等高度	0.03
b)C 和 B 面、D 和 B 面的相互垂直度及 B、C、D 面分别对 A 面的垂直度	0.02/100

检验工具	a_1)平板和指示器 a_2)千分尺 b)角尺和量块
检验方法	试切前应确保 E 面平直 切削试件应沿工作台纵向轴线放置,使长度 L 相等地分布在工作台中心的两边 注:须经用户与供应商或制造厂协商同意,简图所示的试件方可用具有完整侧面的较简单形状的试件来代替,但至少要与图示试件的检验具有相同的精度 铣刀应装在刀杆上刃磨,安装时应符合下列公差 1)径向跳动:≤0.02mm 2)端面跳动:≤0.03mm 切削时所有非工作滑动面均应锁紧

(2) 用 X、Y 坐标的直线插补，对 A、B、C、D 四周面进行精铣的检验（如表 7-6-182 所示）

(3) X、Y 坐标方向定位，按镗孔路线依次对四孔进行精镗的检验（如表 7-6-183 所示）

(4) 用 X、Y 坐标的圆弧插补，对圆周面进行精铣的检验（如表 7-6-184 所示）

6.2.4 数控床身铣床精度检验（JB/T 8329—2008，GB/T 20958.1—2007）

数控床身铣床几何精度检验如表 7-6-185 所示。

表 7-6-182　用 X、Y 坐标的直线插补，对 A、B、C、D 四周面进行精铣的检验

项目编号	M2
简图	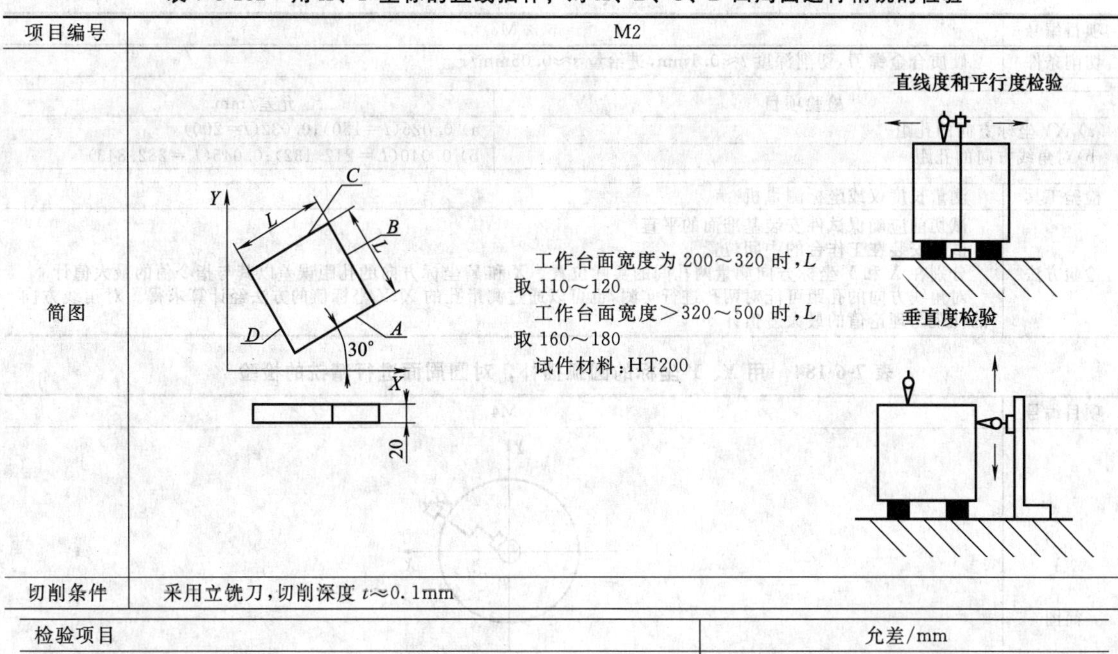 工作台面宽度为 200～320 时，L 取 110～120 工作台面宽度＞320～500 时，L 取 160～180 试件材料：HT200
切削条件	采用立铣刀，切削深度 $t≈0.1$mm

检验项目	允差/mm
a)四面的直线度	a)在 100 测量长度上 0.01
b)相对面间的平行度	b)在 100 测量长度上 0.02
c)相邻两面间的垂直度	c) 0.020/100

检验工具	a)平板和指示器；b)平板和指示器；c)平板、角尺和指示器
检验方法	试切前应确保试件安装基准面的平直 试件安装在工作台的中间位置，使其一个加工面与 X 坐标成 30°角 在平板上放两个垫块，试件放在其上。固定指示器，使其测头触及被检验面。调整垫块，使指示器在试件两端的读数相等。沿加工方向，按测量长度在平板上移动指示器进行检验。直线度误差以指示器在各面上读数最大差值中的最大值计 在平板上放两个垫块，试件放在其上。固定指示器，使其测头触及被检验面。沿加工方向，按测量长度在平板上移动指示器进行检验。平行度误差以指示器在 A、C 面间和 B、D 面间读数最大差值中的较大值计 在平板上放两个垫块，试件放在其上。固定角尺于平板上，再固定指示器，使其测头触及被检验面。沿加工方向，按测量长度在角尺上移动指示器进行检验。垂直度误差以指示器在各面上读数最大差值中的最大值计

表 7-6-183　X、Y 坐标方向定位，按镗孔路线依次对四孔进行精镗的检验

项目编号	M3
简图	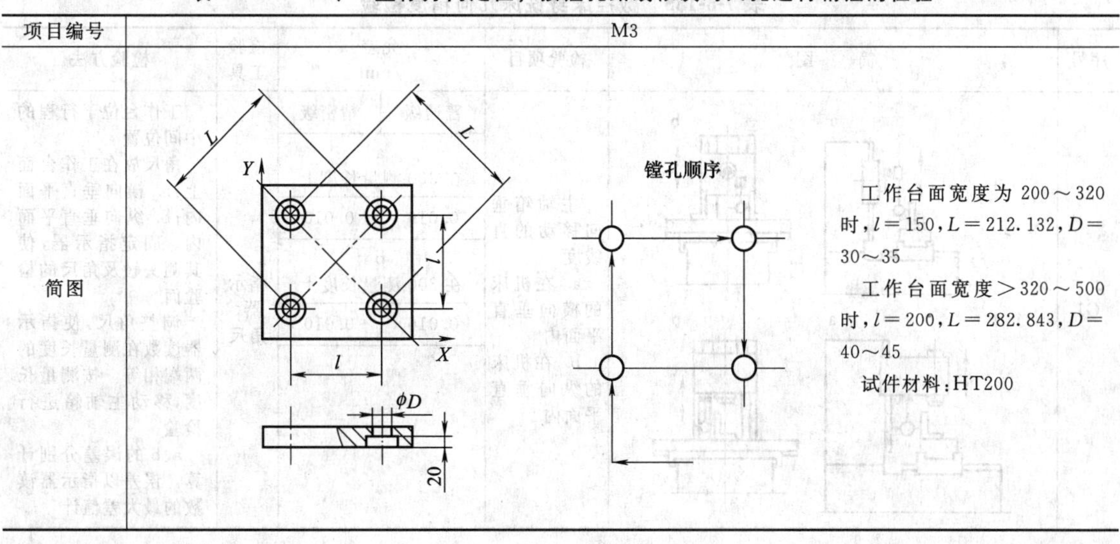 工作台面宽度为 200～320 时，$l=150$，$L=212.132$，$D=30$～35 工作台面宽度＞320～500 时，$l=200$，$L=282.843$，$D=40$～45 试件材料：HT200

续表

项目编号	M3
切削条件	硬质合金镗刀，切削深度 $t\approx0.1$mm，进给量 $s\approx0.05$mm/r

检验项目	允差/mm
a) *XY* 坐标方向的孔距	a) 0.025($l=150$)；0.032($l=200$)
b)对角线方向的孔距	b) 0.040($L=212.132$)；0.045($L=282.843$)

检验工具	测量长度仪或坐标测量机
检验方法	试切前应确保试件安装基准面的平直 试件安装在工作台的中间位置 分别在 *X* 和 *Y* 坐标方向测量两孔间的实际位置。*X* 和 *Y* 坐标方向的孔距误差以其与指令值的最大值计 对角线方向的孔距可能对两孔进行实测，也可以通过测量孔的 *X*、*Y* 坐标值的方法经计算求得。对角线方向的孔距与理论值的最大差值计

表 7-6-184 用 X、Y 坐标的圆弧插补，对圆周面进行精铣的检验

项目编号	M4
简图	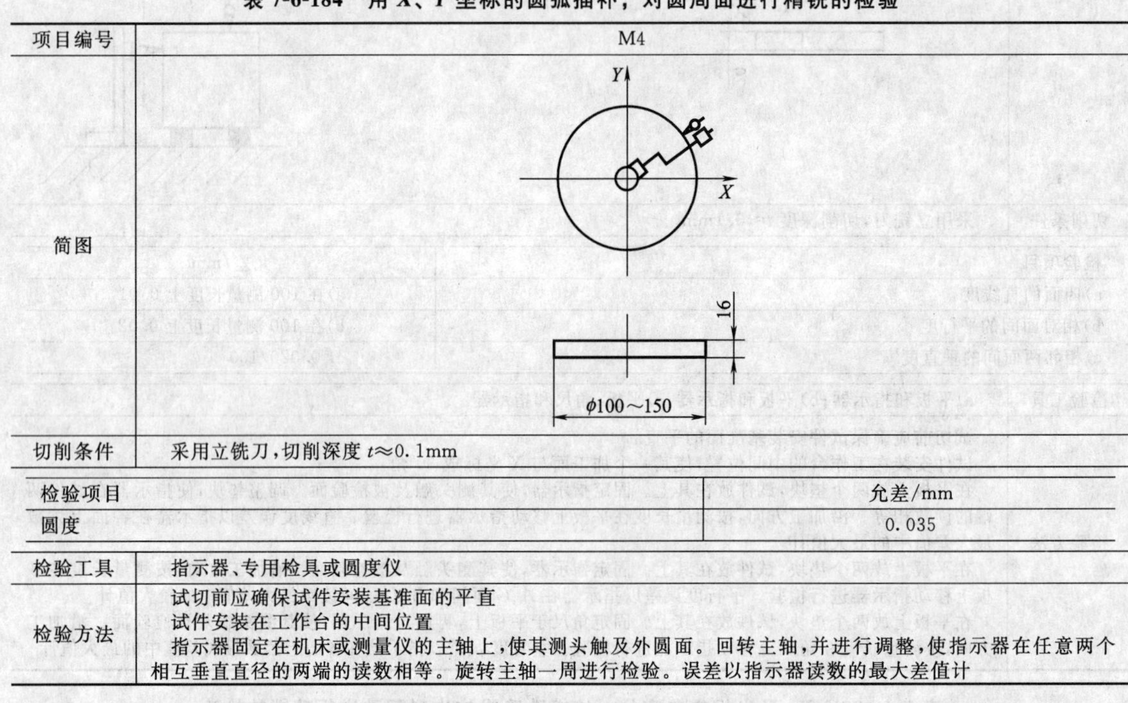
切削条件	采用立铣刀，切削深度 $t\approx0.1$mm

检验项目	允差/mm
圆度	0.035

检验工具	指示器、专用检具或圆度仪
检验方法	试切前应确保试件安装基准面的平直 试件安装在工作台的中间位置 指示器固定在机床或测量仪的主轴上，使其测头触及外圆面。回转主轴，并进行调整，使指示器在任意两个相互垂直直径的两端的读数相等。旋转主轴一周进行检验。误差以指示器读数的最大差值计

表 7-6-185 数控床身铣床几何精度检验

序号	简图	检验项目	允差/mm		检验工具	检验方法
			普通级	精密级		
G1	a b a b	主轴箱垂向移动的直线度 a. 在机床的横向垂直平面内 b. 在机床的纵向垂直平面内	a 在 300 测量长度上 0.016	 0.010	指示器、角尺	工作台位于行程的中间位置 角尺放在工作台面上：a. 横向垂直平面内；b. 纵向垂直平面内。固定指示器，使其测头触及角尺的检验面 调整角尺，使指示器读数在测量长度的两端相等。按测量长度，移动主轴箱进行检验 a、b 的误差分别计算。误差以指示器读数的最大差值计
			b 在 300 测量长度上 0.016	 0.010		

续表

序号	简　图	检验项目	允差/mm 普通级	允差/mm 精密级	检验工具	检验方法
G2	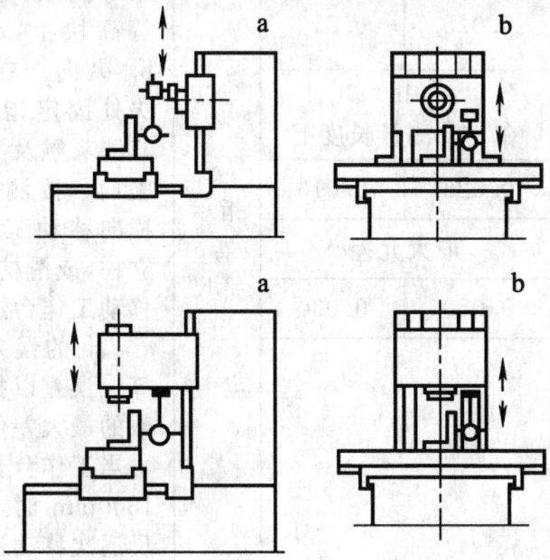 a　b a　b	工作台面对主轴箱垂向移动的垂直度 a. 在机床的横向垂直平面内 b. 在机床的纵向垂直平面内	a 0.016/300 b 0.016/300	 0.010/300 0.010/300	指示器、角尺	工作台位于行程的中间位置 角尺放在工作台面上：a. 横向垂直平面内；b. 纵向垂直平面内。固定指示器，使其测头触及角尺的检验面。移动主轴箱进行检验 a、b 的误差分别计算。误差以指示器读数的最大差值计
G3	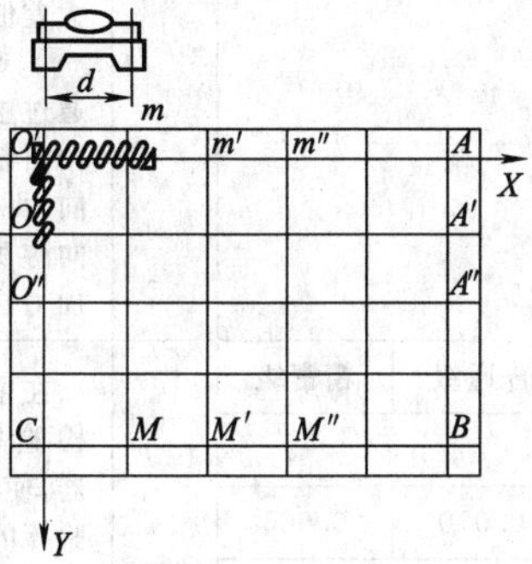 d、d′——每次测量移动距离	工作台面的平面度	在 1000 长度内 0.040 工作台长度每增加 1000，允差值增加 0.005 最大允差值 0.050 局部公差：在任意 300 测量长度上 0.020	 0.025 0.030 0.012	水平仪或平尺、量块	工作台位于行程的中间位置 用水平仪检验：在工作台面上选择由 O、A、C 三点所组成的平面作为基准平面，并使两条直线 OA 和 OC 互相垂直且分别平行于工作台面的轮廓边。将水平仪放在工作台面上，采用两点联锁法，分别沿 OX 和 OY 方向移动，测量台面轮廓 OA、OC 上的各点，然后使水平仪沿 $O'A'$、$O''A''$、…、CB 移动，测量整个台面轮廓上的各点。通过作图或计算，求出各测点相对于基准平面的偏差，误差以其最大与最小偏差的代数差值计 用平尺和量块检验

第 7 篇

续表

序号	简　图	检验项目	允差/mm		检验工具	检验方法
G4	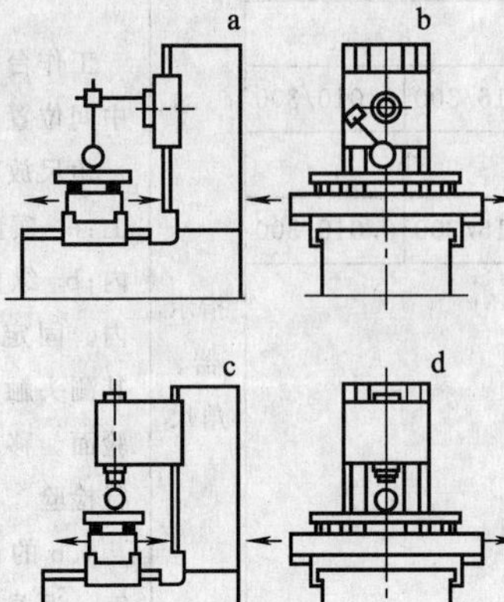	工作台面对工作台(或立柱,或滑枕)移动的平度 a. 横向 b. 纵向	a 在300测量长度上		指示器、平尺	在工作台面上放两个等高块,平尺放在等高块上:a. 横向;b. 纵向。在主轴中央处固定指示器,使其测头触及平尺的检验面。按测量长度,横向移动工作台(或立柱,或滑枕)和纵向移动工作台进行检验 a、b的误差分别计算。误差以指示器读数的最大差值计 当工作台长度大于1600mm时,则将平尺逐次移动进行检验
			0.025	0.016		
			b 在300测量长度上			
			0.025	0.016		
			最大允差			
			0.050	0.030		
G5	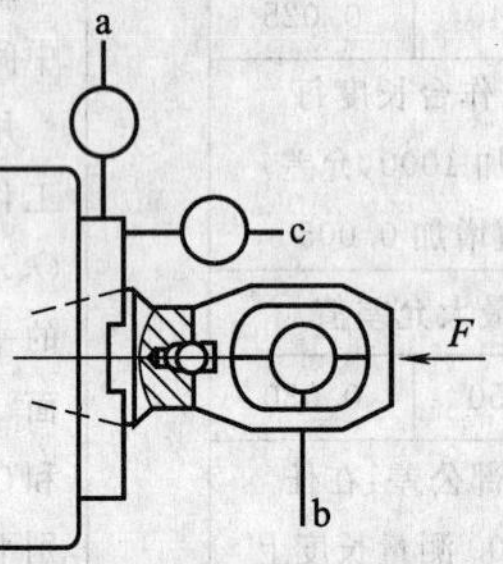	主轴端部的跳动 a. 主轴定心轴颈的径向跳动(用于有定心轴颈的床身铣床) b. 主轴的轴向窜动 c. 主轴轴肩支承面的跳动	普通级	精密级	指示器、专用检验棒	固定指示器,使其测头分别触及 a. 主轴定心轴颈表面;b. 插入主轴锥孔中的专用检验棒端面中心处;c. 主轴轴肩支承面靠近边缘处。旋转主轴进行检验 a、b、c的误差分别计算。跳动或窜动误差以指示器读数的最大差值计 b、c项检验时,应通过主轴中心线加一个由制造厂规定的轴向力 F(对已消除轴向游隙的主轴,可不加力)
			a			
			0.010	0.006		
			b			
			0.010	0.006		
			c			
			0.020	0.012		
G6	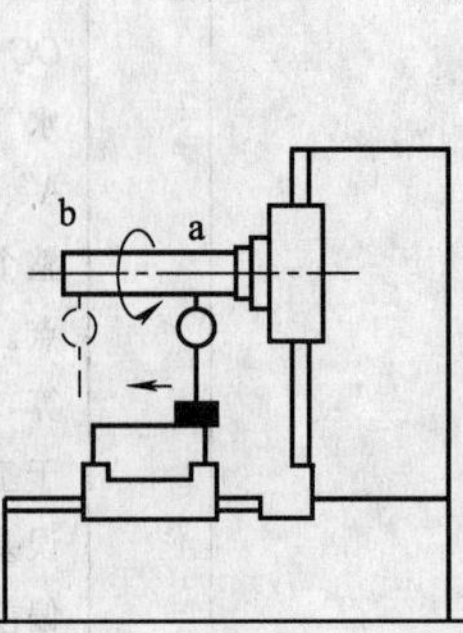	主轴锥孔轴线的径向跳动 a. 靠近主轴端面 b. 距主轴端面300mm	普通级	精密级	指示器、检验棒	在主轴锥孔中插入检验棒。固定指示器,使其测头触及检验棒的表面 a. 靠近主轴端面; b. 距主轴端面300mm处。旋转主轴进行检验 拔出检验棒,相对主轴旋转90°,重新插入主轴锥孔中,依次重复检验三次 a、b的误差分别计算。径向跳动误差以四次测量结果的算术平均值计
			a			
			0.010	0.006		
			b			
			0.020	0.012		

第7篇

续表

序号	简　图	检验项目	允差/mm	检验工具	检验方法
G7	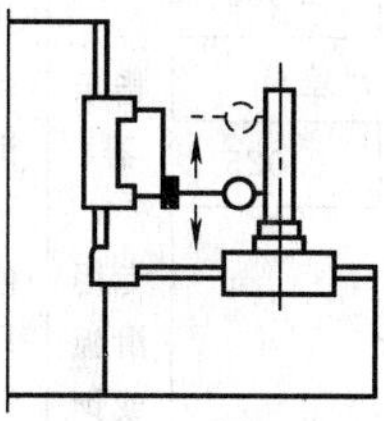	主轴旋转轴线对工台作面的平行度(仅适用于卧式床身铣床)	普通级 | 精密级 在 300 测量长度上 0.016 | 0.010	指示器、检验棒	工作台位于纵向行程的中间位置 在主轴锥孔中插入检验棒。将带有指示器的支架放在工作台面上,使指示器的测头触及检验棒的表面。按测量长度,移动支架进行检验 将主轴旋转 180°,重复检验一次 误差以两次测量结果的代数和之半计
G8	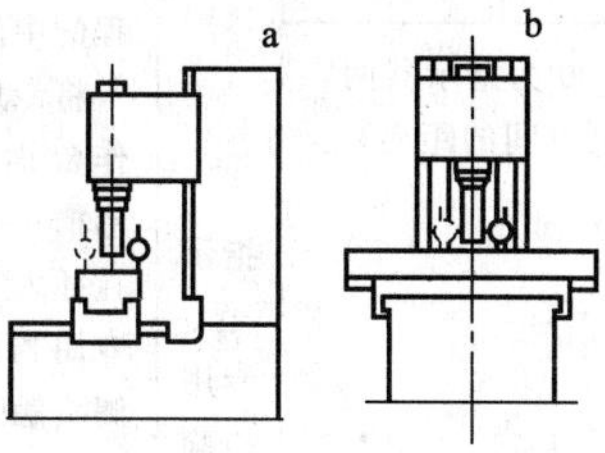	主轴旋转轴线对工作台面的垂直度(仅适用于立式床身铣床) a. 在机床的横向垂直面面内 b. 在机床的纵向垂直平面内	普通级 | 精密级 a 0.016/300 | 0.010/300 b 0.016/300 | 0.010/300	指示器、专用检验棒	工作台位于纵向行程的中间位置 将指示器装在插入主轴锥孔中的专用检验棒上,使其测头触及工作台面 a. 横向垂直平面内;b. 纵向垂直平面内。按测量长度,旋转主轴进行检验。拔出检验棒,旋转 180°插入主轴锥孔中,重复检验一次 a、b 的误差分别计算。误差以两次测量结果的代数和之半计
G9	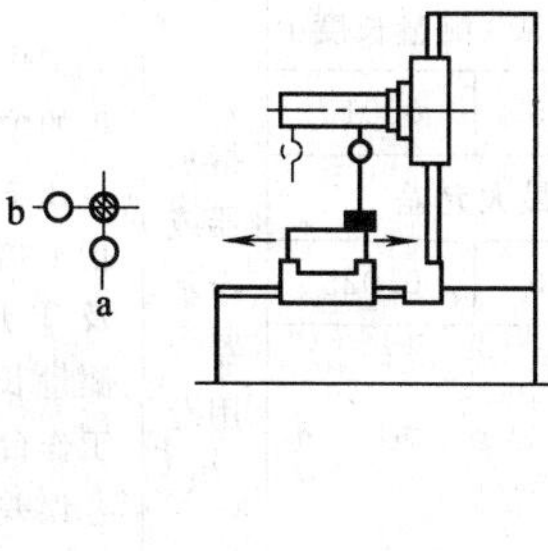	主轴旋转轴线对工作台(或立柱或滑枕)横向移动的平行度 a. 在垂直平面内 b. 在水平面内	普通级 | 精密级 a 在 300 测量长度上 0.016 | 0.010 b 在 300 测量长度上 0.016 | 0.010	指示器、检验棒	工作台位于纵向行程的中间位置 在主轴锥孔中插入检验棒。将指示器固定在工作台面上,使其测头触及检验棒的表面:a. 垂直平面内;b. 水平面内。按测量长度,横向移动工作台(或立柱,或滑枕)进行检验 将主轴旋转 180°,重复检验一次 a、b 的误差分别计算。误差以两次测量结果的代数和之半计

续表

序号	简图	检验项目	允差/mm		检验工具	检验方法
			普通级	精密级		
G10	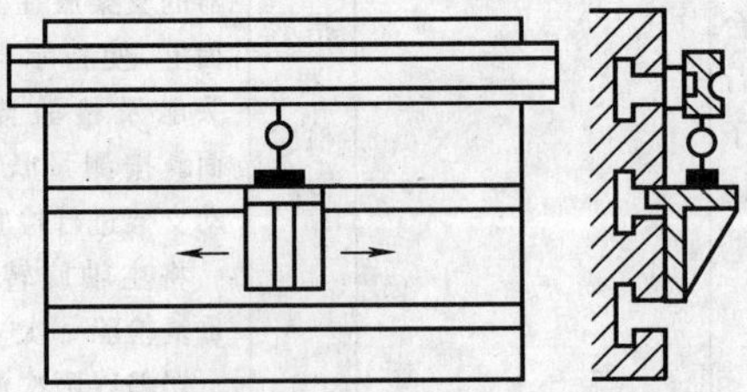	工作台中央或基准T形槽的直线度	在任意500测量长度上 0.010 | 0.008 最大允差 0.030 | 0.025		指示器、平尺、专用滑板或钢丝、显微镜	用平尺检验：在工作台面上放两个等高块，平尺放在其上。将带有指示器的专用滑板放在工作台面上并紧靠T形槽一侧，使指示器测头触及平尺的检验面。调整平尺，使指示器读数在T形槽全长的两端相等。移动专用滑板进行检验 误差以指示器读数的最大差值计
			普通级	精密级		
G11	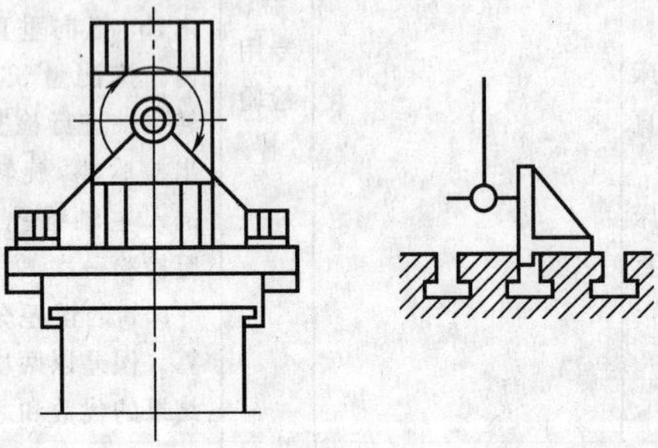	主轴旋转轴线对工作台中央或基准T形槽的垂直度（仅适用于卧式床身铣床）	0.020/300 （300为指示器两测点间的距离）	0.016/300	指示器、专用检验棒、专用滑板	工作台位于纵向行程的中间位置 将专用滑板放在工作台面上并紧靠T形槽一侧，指示器装在插入主轴锥孔中的专用检验棒上，使其测头触及专用滑板的检验面。按测量长度，移动滑板后旋转主轴进行检验 拔出检验棒，旋转180°，插入主轴锥孔中，重复检验一次 误差以两次测量结果的代数和之半计
			普通级	精密级		
G12	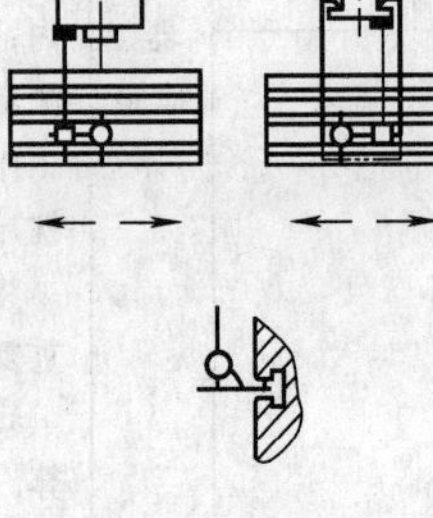	中央或基准T形槽对工作台纵向移动的平行度	在任意300测量长度上 0.015 | 0.010 最大允差 0.040 | 0.025		指示器或指示器专用滑板	工作台位于横向行程的中间位置 在主轴中央处固定指示器，使其测头触及T形槽侧面。按测量长度，纵向移动工作台进行检验 误差以指示器读数的最大差值计

续表

序号	简图	检验项目	允差/mm	检验工具	检验方法
G13	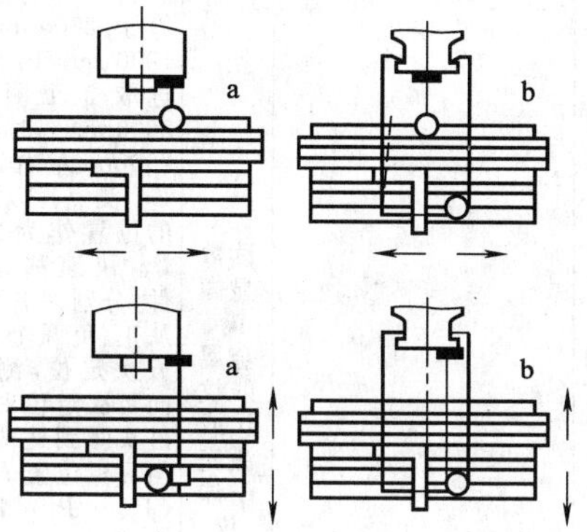	工作台(或立柱,或滑枕)横向移动对工作台纵向移动的垂直度	普通级:0.020/300 精密级:0.012/300	指示器、角尺、平尺	a. 将平尺放在工作台面纵向行程的中间位置。固定指示器,使其测头触及平尺的检验面。调整平尺,使指示器读数在纵向移动长度的两端相等。角尺放在工作台面上,使其一边紧靠调整好的平尺。然后使工作台位于纵向行程的中间位置 b. 固定指示器,使其测头触及角尺的另一边 按测量长度,横向移动工作台(或立柱,或滑枕)进行检验 误差以指示器读数的最大差值计
G14	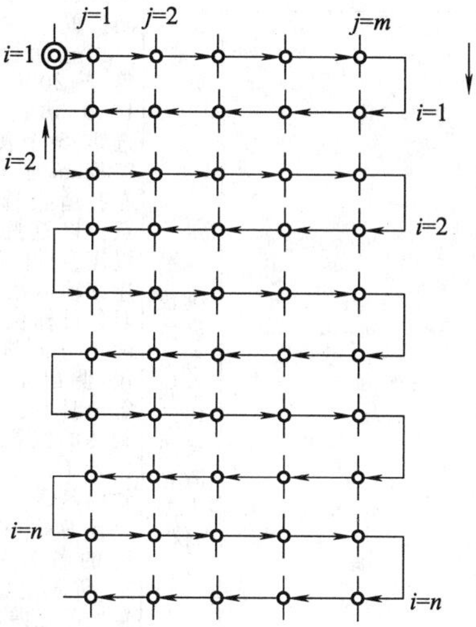	直线运动坐标的定位精度	坐标行程 / 普通级 / 精密级 ≤500:0.040 / 0.025 >500~800:0.050 / 0.030 >800~1250:0.060 / 0.040 >1250~2000:0.070 / 0.050 >2000~3200:0.080 / 0.060	读数显微镜金属线纹尺或激光干涉仪	非检测坐标上的运动部件位于行程的中间位置 当坐标行程小于或等于 2000mm 时,每 1000mm 内至少适当选取 5 个测点;大于 2000mm 时,每隔 250mm 左右适当选取 1 个测点。以这些测点的位置作为目标位置 P_j,快速移动运动部件,分别对各目标位置从正、负两个方向进行 5 次定位,测出正、负向每次定位时,运动部件实际到达的位置 P_j 与目标位置 P_j 之差值 $(P_{ij}-P_j)$,即位置偏差 X_j 计算出在坐标全行程的各目标位置上,正、负向定位时的平均位置偏差 $\overline{X}_j$ 和标准偏差 S_j,误差 A 以所有 $(\overline{X}_j+3S_j)$ 的最大值与所有 $(\overline{X}_j-3S_j)$ 的最小值之差值计,即: $A=(\overline{X}_j+3S_j)_{\max}-(\overline{X}_j-3S_j)_{\min}$ 每个直线运动坐标均须检验

续表

序号	简图	检验项目	允差/mm	检验工具	检验方法
G15		直线运动坐标的复定位精度	普通级 0.020 精密级 0.016	读数显微镜、金属线纹尺或激光干涉仪	非检测坐标上的运动部件位于行程的中间位置 当坐标行程小于或等于 2000 mm 时，每 1000 mm 内至少适当选取 5 个测点；大于 2000mm 时，每隔 250mm 左右适当选取 1 个测点。以这些测点的位置作为目标位置 P_j，快速移动运动部件，分别对各目标位置从正、负两个方向进行五次定位，测出正、负向每次定位时，运动部件实际到达的位置 P_{ji} 与目标位置 P_j 之差值 $(P_{ij}-P_j)$，即位置偏差 X_{ij} 按规定的方法计算出在坐标全行程的各目标位置上，正、负向定位时的平均位置偏差 X_j 和标准偏差 S_j，误差 R 以所有 $6S_j\uparrow$、$6S_j\downarrow$ 的最大值计，即：$R=6S_{j\max}$ 每个直线运动坐标均须检验
G16		直线运动坐标的平均反向值	普通级 0.012 精密级 0.008	读数显微镜、金属线纹尺或激光干涉仪	非检测坐标上的运动部件位于行程的中间位置 当坐标行程小于或等于 2000mm 时，每 1000mm 内至少适当选取 5 个测点；大于 2000mm 时，每隔 250mm 左右适当选取 1 个测点。以这些测点的位置作为目标位置 P_j，快速移动运动部件，分别对各目标位置从正、负两个方向进行五次定位，测出正、负向每次定位时，运动部件实际到达的位置 P_{ij} 与目标位置 P_j 之差值，即位置偏差 X_{ij} 计算出在坐标全行程的各目标位置上，正、负向定位的平均位置偏差之差值 $(X_j\uparrow - X_j\downarrow)$，即反向差值 B_j。各反向值的平均值就是坐标的平均反向值误差 B_j，即 $\overline{B_j}=\frac{1}{m}\sum_{j=1}^{m}=B_j$ 各个直线运动坐标均须检验

工作精度检验如表 7-6-186 所示。

表 7-6-186　工作精度检验

<table>
<tr><th rowspan="2">序号</th><th rowspan="2">简　图</th><th rowspan="2">检验性质</th><th rowspan="2">切削条件</th><th rowspan="2">检验项目</th><th colspan="2">允差
/mm</th><th rowspan="2">检验工具</th><th rowspan="2">说明参照</th></tr>
<tr><th>普通级</th><th>精密级</th></tr>
<tr><td rowspan="7">P1</td><td rowspan="7"><table><tr><td>L(试件长度或两试件外侧间距离)</td><td colspan="3">1/2 纵向行程</td></tr><tr><td></td><td>≤500</td><td>>500~1000</td><td>>1000</td></tr><tr><td>$l=h$</td><td colspan="3">1/8 纵向行程</td></tr><tr><td>l_{max}</td><td>100</td><td>150</td><td>200</td></tr><tr><td>l_{min}</td><td>50</td><td colspan="2">—</td></tr></table>注:1. 纵向行程大于或等于 400mm:可用一个或两个试件,纵向切削应超越两端试件的长度
2. 纵向行程小于 400mm:应只用一个试件,纵向切削应超越试件的全长
3. 试件材料:HT200</td><td rowspan="7">A. 卧式铣床
沿 X 坐标方向,对 B 面进行精铣,接刀处重叠约 5~10mm
分别沿 X、Y 方向对 A、C、D 面进行精铣</td><td rowspan="7">用套式面铣刀用同一把铣刀进行滚铣</td><td rowspan="7">a. 每个试件 B 面的直线度
b. 试件 A 面的等高
c. C 和 A 面,D 和 A 面的相互垂直度及 A、C、D 面分别对 B 面的垂直度</td><td colspan="2">a</td><td rowspan="7">平尺、块规、千分尺、角尺、块规、平板</td><td rowspan="7">试切前应确保 E 面的平直。试件安装在工作台纵向的中间位置。铣刀应安装在刀杆上进行刃磨,安装时应符合下列公差
a. 圆度:≤0.020mm
b. 径向跳动:≤0.020mm
c. 轴向窜动:≤0.030mm</td></tr>
<tr><td>0.020</td><td>0.012</td></tr>
<tr><td colspan="2">b</td></tr>
<tr><td>0.030</td><td>0.020</td></tr>
<tr><td colspan="2">c</td></tr>
<tr><td>0.020/100</td><td>0.012/100</td></tr>
<tr><td></td><td></td></tr>
</table>

续表

序号	简图	检验性质	切削条件	检验项目	允差/mm 普通级	允差/mm 精密级	检验工具	说明参照
		B. 立式铣床沿 X 坐标方向，对 A 面进行精铣，接刀处重叠约 5～10mm 分别沿 X、Y 坐标方向对 B、C、D 面进行精铣	用套式面铣刀用同一把铣刀进行滚铣	a. 每个试件 B 面的直线度 b. 试件 A 面的等高 c. C 和 A 面，D 和 A 面的相互垂直度及 A、C、D 面分别对 B 面的垂直度	a 0.020 b 0.030 c 0.020/100	a 0.012 b 0.020 c 0.012/100	平尺、块规、千分尺、角尺、块规、平板	在卧铣试件的 B 面或立铣试件的 A 面上放两个等高块，平尺放在其上。用块规接触 B 面或 A 面与平尺的检验面进行检验。直线度误差以块规尺寸的最大差值计 用千分尺测量 A、E 面间的距离，等高误差以其最大差值计。 在平板上放一角尺和两个等高块，分别将试件的 A、B、C、D 面放在等高块上。按测量长度，用块规接触试件的被检验面和角尺的检验面进行检难。垂直度误差以块规尺寸的最大差值计
P2	直线度和平行度检验 垂直度检验	用 X、Y 坐标的直线插补，对 A、B、C、D 四周面进行精铣	立铣刀切削深度 $t \approx$ 0.1mm	a. 四面的直线度 b. 相对面间的平行度； c. 相邻两面间的垂直度	a 在300测量长度上 0.020 b 在300测量长度上 0.040 c 0.040/300	a 在300测量长度上 0.012 b 在300测量长度上 0.025 c 0.025/300	指示器、角尺、平板	试切前应确保试件安装基准面的平直 试件安装在工作台的中间位置，使其一个加工面与 X 坐标成30°角 在平板上放两个垫块，试件放在其上。固定指示器，使其测头触及被检验面。调整垫块，使指示器在试件两端的读数相等。沿加工方向，按测量长度，在平板上移动指示器进行检验。直线度误差以指示器在各面上读数最大差值中的最大值计 在平板上放两个等高块，试件放在其上。固定指示器，使其测头触及被检验面。沿加工方向，按测量长度，在平板上移动指示器进行检验。平行度误差以指示器在 A、C 面间和 B、D 面间读数最大差值中的较大值计 在平板上放两个等高块，试件放在其上。固定角尺于平板上，再固定指示器，使其测头触及被检验面。沿加工方向，按测量长度，在角尺上移动指示器进行检验。垂直度误差以指示器在各面上读数最大差值中的最大值计

mm

工作台面宽度或直径	≤630	>630
L	200	350

续表

<table>
<tr><th rowspan="2">序号</th><th rowspan="2">简　　图</th><th rowspan="2">检验性质</th><th rowspan="2">切削条件</th><th rowspan="2">检验项目</th><th colspan="3">允差
/mm</th><th rowspan="2">检验工具</th><th rowspan="2">说明参照</th></tr>
<tr><th>测量长度</th><th>普通级</th><th>精密级</th></tr>
<tr><td rowspan="5">P3</td><td rowspan="5"><table><tr><td>工作台工作面宽度</td><td>l</td><td>L</td><td>D</td></tr><tr><td>≤630</td><td>250</td><td>353.5</td><td>40</td></tr><tr><td>>630</td><td>400</td><td>565.685</td><td>50</td></tr></table>镗孔顺序
试件材料：HT200</td><td rowspan="5">X、Y坐标方向定位，按镗孔路线依次对四孔进行精镗</td><td rowspan="5">硬质合金镗刀切削深度$t\approx0.1$mm；
进给量$s\approx0.05$mm/r</td><td rowspan="5">a. X、Y坐标方向的孔距
b. 对角线方向的孔距</td><td colspan="3">a</td><td rowspan="5">测长仪或坐标测量机</td><td rowspan="5">试切前应确保试件安装基准面的平直
试件安装在工作台的中间位置
分别在X和Y坐标方向测量两孔间的实际距离。X和Y坐标方向的孔距误差以其与指令值的最大差值计
对角线方向的孔距可对两孔进行实测，也可通过测量孔的X、Y坐标值的方法经计算求得。对角线方向的孔距误差以实测或计算的孔距与理论值的最大差值计</td></tr>
<tr><td>250</td><td>0.030</td><td>0.020</td></tr>
<tr><td>400</td><td>0.035</td><td>0.022</td></tr>
<tr><td colspan="3">b</td></tr>
<tr><td>353.5
565.685</td><td>0.040
0.050</td><td>0.025
0.035</td></tr>
<tr><td>P4</td><td>16
φ200～φ250
Y
X</td><td>用X、Y坐标的圆弧插补，对圆周面进行精铣</td><td>立铣刀切削深度$t\approx0.1$ mm</td><td>圆度</td><td colspan="3">普通级　0.040
精密级　0.025</td><td>指示器、专用检具或圆度仪</td><td>试切前应确保试件安装基准面的平直
试件安装在工作台的中间位置
指示器固定在机床或测量仪的主轴上，使其测头触及外圆面。回转主轴，并进行调整，使指示器在任意两个相互垂直直径的两端的读数相等。旋转主轴一周进行检验。误差以指示器读数的最大差值计</td></tr>
</table>

6.2.5 数控立式升降台铣床精度检验（JB/T 9928.1—1999）

几何精度检验如表7-6-187所示。

表7-6-187　几何精度检验

序号	简图	检验项目	允差/mm	检验工具	检验方法
G1	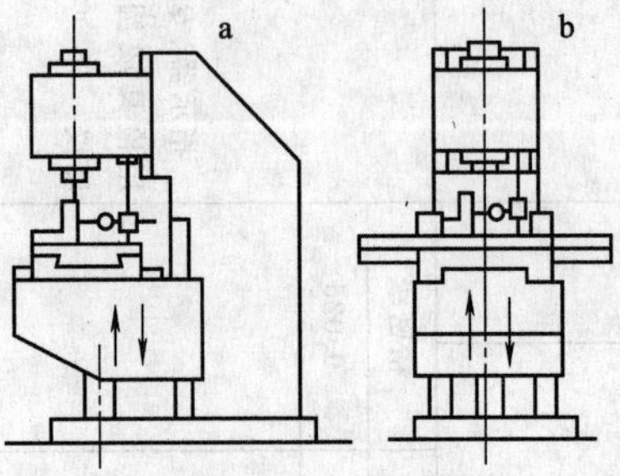 a　b	升降台垂向移动的直线度： a. 在机床的横向垂直平面内 b. 在机床的纵向垂直平面内	a. 在300测量长度上为0.015 b. 在300测量长度上为0.015	指示器、角尺	工作台位于其纵、横向行程的中间位置 角尺放在工作台面上：a. 横向垂直平面内；b. 纵向垂直平面内 固定指示器，使其测头触及角尺检验面。调整角尺，使指示器读数在测量长度的两端相等。移动升降台检验 a、b误差分别计算。误差以指示器读数的最大差值计
G2	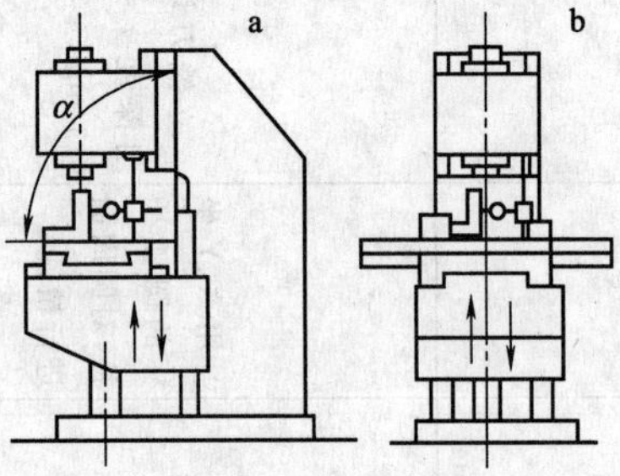 a　b　α	工作台面对立柱垂直导轨面的垂直度 a. 在机床的横向垂直平面内 b. 在机床的纵向垂直平面内	a.　0.025/300 $\alpha\leqslant 90°$ b.　0.025/300	指示器、角尺	工作台位于纵、横向行程的中间位置。角尺放在工作台面上：a. 横向垂直平面内；b. 纵向垂直平面内。固定指示器，使其测头触及角尺检验面。移动升降台，在行程的中间和接近行程极限的三个位置上检验 a、b误差分别计算。误差以指示器读数的最大差值计
G3	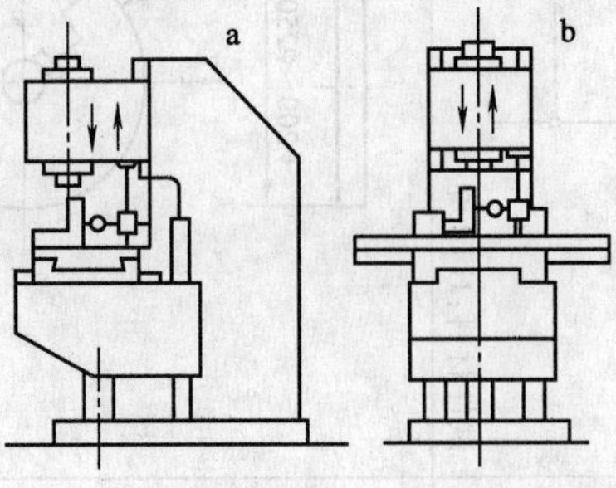 a　b	工作台面对主轴箱（主轴套筒）垂向移动的垂直度 a. 在机床的横向垂直平面内 b. 在机床的纵向垂直平面内	主轴箱： a. 0.02/300 b. 0.02/300 主轴套筒： a. 0.01/100 b. 0.01/100	指示器、角尺	工作台位于纵、横向行程的中间位置 角尺放在工作台面上：a. 横向垂直平面内；b. 纵向垂直平面内。固定指示器，使其测头触及角尺检验面。移动主轴箱（主轴套筒）检验 a、b误差分别计算。误差以指示器读数的最大差值计

续表

序号	简图	检验项目	允差/mm	检验工具	检验方法
G4	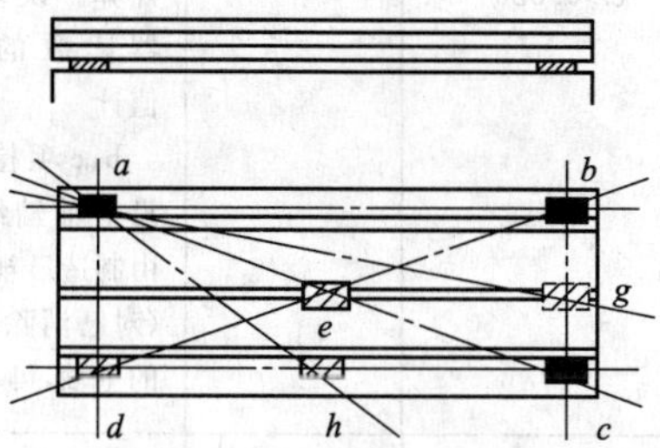 a b e g d h c	工作台面的平面度	在 1000 长度内为 0.040 工作台长度每增加 1000，公差值增加 0.005 最大公差值为 0.050 局部公差：在任意 300 测量长度上为 0.020	平尺、量块、水平仪	工作台位于其纵、横向行程的中间位置。用平尺检验：按图示规定，将等高量块分别放在工作台面的 a、b、c 三个基准点上。平尺放在 $a-c$ 等高量块上，在 e 点放一可调量块，调整后，使其与平尺检验面接触，再将平尺放在 $b-e$ 量块上，在 d 点放一可调量块，调整后，使其与平尺检验面接触。用同样方法，将平尺放在 $d-c$ 和 $b-c$ 量块上，分别确定 h、g 位置的可调量块。按图示方位放置平尺，用量块测量工作台面与平尺检验面间的距离，误差以其最大与最小距离之差值计 用水平仪检验
G5	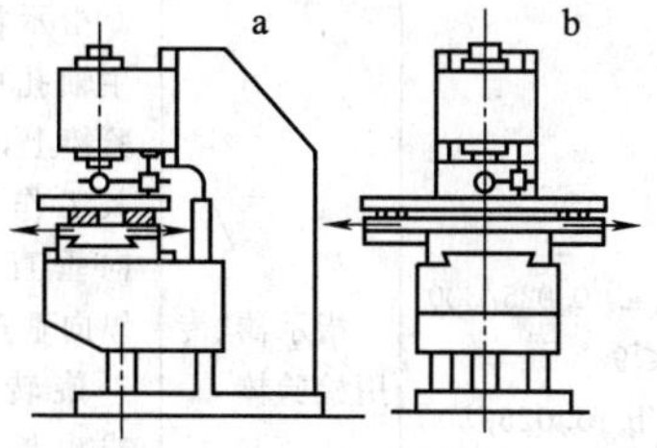 a b	工作台移动对工作台面的平行度 a. 横向 b. 纵向	a. 在任意 300 测量长度上为 0.025 b. 在任意 300 测量长度上为 0.025 最大允差值为 0.050	指示器、平尺、量块	在工作台面上放两个等高块，平尺放在等高块上：a. 横向；b. 纵向 在主轴中央处固定指示器，使其测头触及平尺检验面。移动工作台检验 a、b 误差分别计算。误差以指示器读数的最大差值计 当工作台长度大于 1600 mm 时，则将平尺逐次移动进行检验

续表

序号	简图	检验项目	允差/mm	检验工具	检验方法
G6	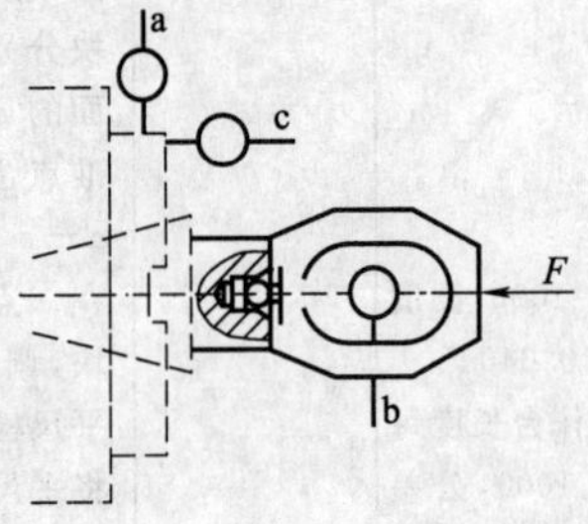	主轴端部的跳动 a. 主轴定心轴颈的径向跳动(用于有定心轴颈的机床) b. 主轴的轴向窜动 c. 主轴轴肩支承面的跳动	a. 0.010 b. 0.010 c. 0.020	指示器、专用检验棒	固定指示器,使其测头分别触及:a. 主轴定心轴颈表面;b. 插入主轴锥孔中的专用检验棒的端面中心处;c. 主轴轴肩支承面靠近边缘处。旋转主轴检验 a、b、c 误差分别计算。误差以指示器读数的最大差值计 b、c 项检验时,应沿主轴轴线加一个由制造厂规定的力 F(对已消除轴向游隙的主轴,可不加力)
G7	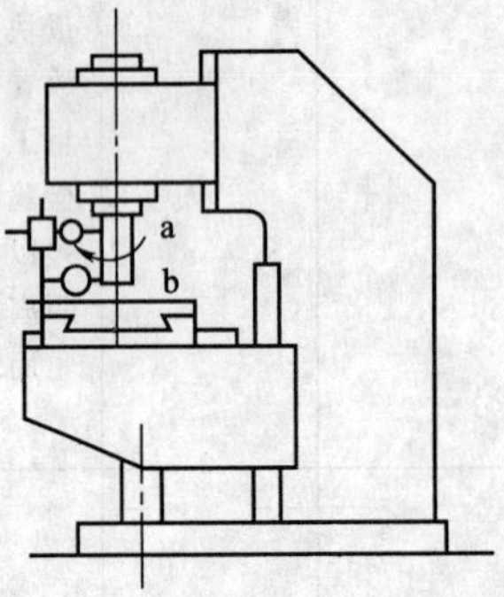	主轴锥孔轴线的径向跳动 a. 靠近主轴端面 b. 距主轴端面 300mm 处	a. 0.010 b. 0.020	指示器、检验棒	在主轴锥孔中插入检验棒。固定指示器,使其测头触及检验棒的表面:a. 靠近主轴端面;b. 距主轴端面 300mm 处。旋转主轴检验 拔出检验棒,相对主轴旋转 90°,重新插入主轴锥孔中,依次重复检验三次 a、b 误差分别计算。误差以四次测量结果的算术平均值计
G8	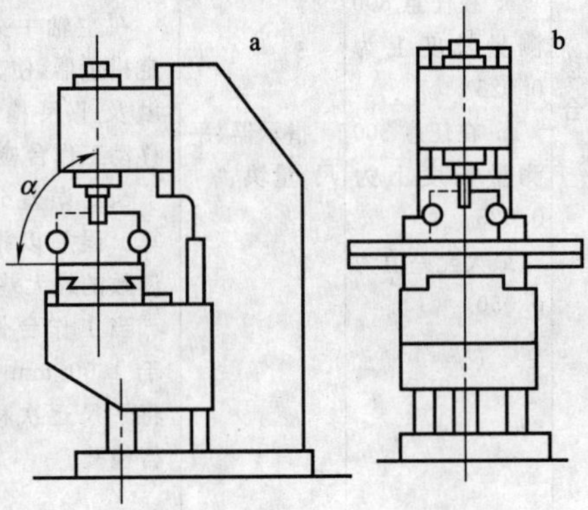	主轴旋转轴线对工作台面的垂直度 a. 在机床的横向垂直平面内 b. 在机床的纵向垂直平面内	a. 0.025/300, $\alpha \leqslant 90°$ b. 0.025/300	指示器、专用检验棒	工作台位于纵向行程的中间位置 指示器装在插入主轴孔中的专用检验棒上,使其测头触及工作台面:a. 横向垂直平面内;b. 纵向垂直平面内 旋转主轴检验。拔出检验棒,旋转 180°,插入主轴锥孔中,重复检验一次 a、b 误差分别计算。误差以两次测量结果的代数和之半计

续表

序号	简图	检验项目	允差/mm	检验工具	检验方法
G9	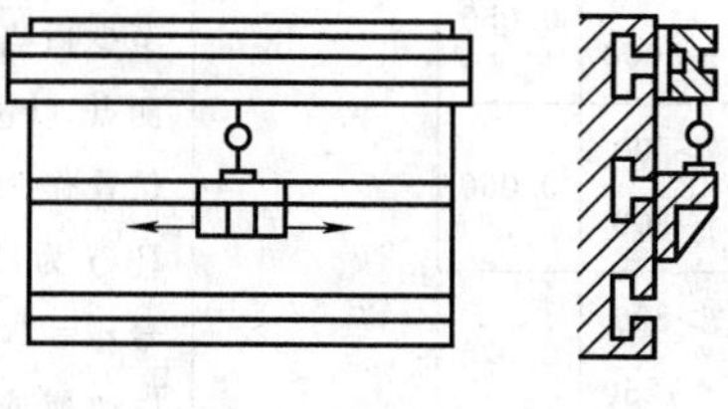	工作台中央或基准T形槽的直线度	在任意500测量长度上为0.010，最大允差值为0.030	指示器、平尺、专用滑板或钢丝显微镜	在工作台面上放两个等高块，平尺放在等高块上。将专用滑板放在工作台上并紧靠T形槽一侧，其上固定指示器，使其测头触及平尺检验面。调整平尺，使指示器读数在测量长度的两端相等。移动专用滑板检验 误差以指示器读数的最大差值计
G10	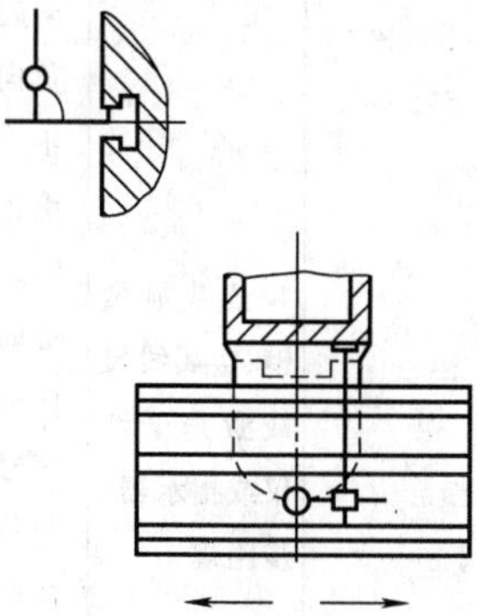	中央或基准T形槽对工作台纵向移动的平行度	在任意300测量长度上为0.015，最大允差值为0.040	指示器	工作台位于横向行程的中间位置 固定指示器，使其测头触及T形槽侧面。移动工作台检验 误差以指示器读数的最大差值计
G11	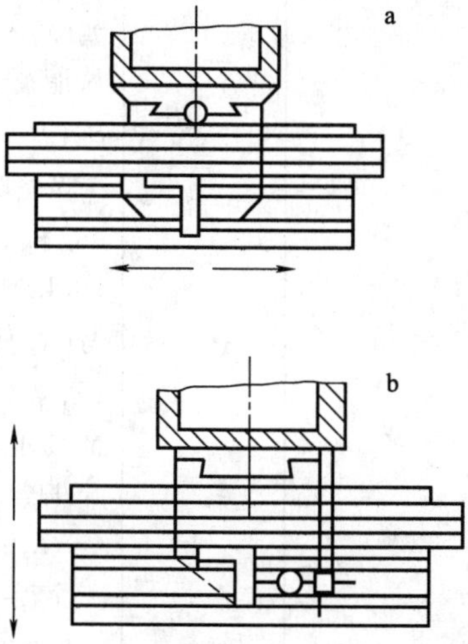 a b	工作台横向移动对工作台纵向移动的垂直度	0.020/300	指示器、角尺、平尺	a. 将平尺放在工作台面上，调整平尺，使其检验面和工作台纵向移动平行。角尺放在工作台面上，使其一边紧靠平尺。然后使工作台位于纵向行程的中间位置 b. 固定指示器，使其测头触及角尺的另一边。横向移动工作台检验 误差以指示器读数的最大差值计

续表

序号	简 图	检验项目	允差/mm	检验工具	检验方法
G12	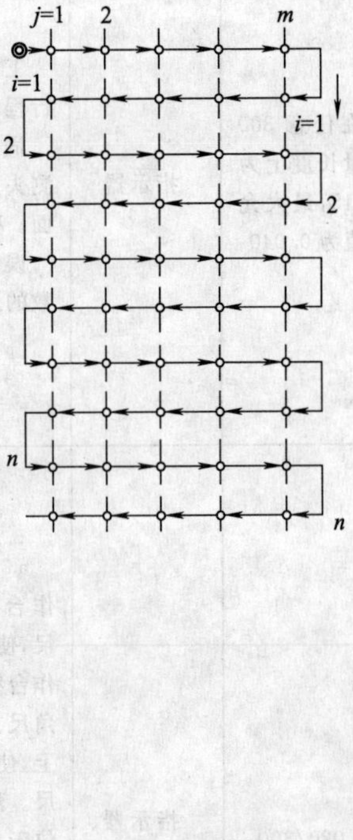	直线运动轴线的定位精度	在轴线方向上行程为 ≤300　0.040 >300~5000　0.050 >500~800　0.060 >800~1250　0.070	读数显微镜、金属线尺或激光干涉仪或指示器、步距规	非检测轴线上的运动部件置于其行程的中间位置 在轴线全行程内至少适当选取5个测点，以这些测点的位置作为目标位置 P_j（j 为目标位置序号，$j=1,2,\cdots,m$），以快速或按制造厂规定的速度移动部件，分别对各目标位置从正、负两个方向趋近（符号↑表示正向趋近，符号↓表示负向趋近），各进行不少于5次定位，测出正、负向每次定位时运动部件实际到达的位置 P_{ij}（i 为正向或负向定位次数序号，$i=1,2,\cdots,n$）与目标位置 P_j 之差值（$P_{ij}-P_j$），即位置偏差 X_{ij} 计算出正、负向定位时的平均位置偏差（$\overline{X}_j\uparrow$，$\overline{X}_j\downarrow$）和标准偏差（$S_j\uparrow$，$S_j\downarrow$） 误差以（$\overline{X}_j\uparrow+3S_j\uparrow$）、（$\overline{X}_j\downarrow+3S_j\downarrow$）中的最大值与（$\overline{X}_j\uparrow-3S_j\uparrow$）（$\overline{X}_j\downarrow-3S_j\downarrow$）中的最小值之差值计，即： $A=(\overline{X}_j+3S_j)\max-(\overline{X}_j-3S_j)\min$ 每个直线运动轴线均应检验

第7篇

续表

序号	简　图	检验项目	允差/mm	检验工具	检验方法
G13	j=1　2　m i=1　i=1 2　2 n　n	直线运动轴线的重复定位精度	0.025	读数显微镜、金属线纹尺或激光干涉仪或指示器步距规	非检测轴线上的运动部件置于其行程的中间位置 在轴线全行程内至少适当选取 5 个测点，以这些测点的位置作为目标位置 P_j（j 为目标位置序号，$j=1,2,\cdots,m$），以快速或按制造厂规定的速度移动部件，分别对各目标位置从正、负两个方向趋近（符号↑表示正向趋近，符号↓表示负向趋近），各进行不少于 5 次定位，测出正、负向每次定位时运动部件实际到达的位置 P_{ij}（i 为正向或负向定位次数序号，$i=1,2,\cdots,n$）与目标位置 P_j 之差值（$P_{ij}-P_j$），即位置偏差 X_{ij} 计算出正、负向定位时的标准偏差（$S_j\uparrow$，$S_j\downarrow$） 误差以 $6S_j\uparrow$、$6S_j\downarrow$ 中的最大值计。即：$R=6S_{j\max}$ 每个直线运动轴线均应检验

续表

序号	简　图	检验项目	允差/mm	检验工具	检验方法
G14	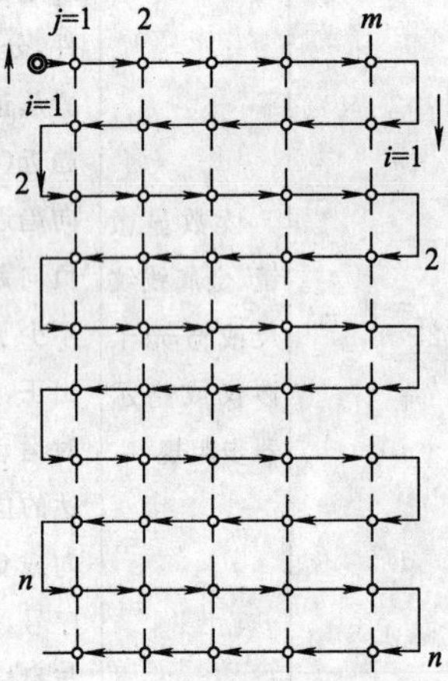 j=1 2 m i=1 i=1 2 2 n n	直线运动轴线的反向差值	0.025	读数显微镜、金属线纹尺或激光干涉仪或指示器、步距规	非检测轴线上的运动部件置于其行程的中间位置 在轴线全行程内至少适当选取5个测点，以这些测点的位置作为目标位置 P_j（j 为目标位置序号，$j=1,2\cdots m$），以快速或按制造厂规定的速度移动部件，分别对各目标位置从正、负两个方向趋近（符号↑表示正向趋近，符号↓表示负向趋近），各进行不少于5次定位，测出正、负向每次定位时运动部件实际到达的位置 P_{ij}（i 为正向或负向定位次数序号，$i=1,2\cdots n$）与目标位置 P_j 之差值（$P_{ij}-P_j$），即位置偏差 X_{ij} 计算出正、负向定位时的平均位置偏差之差值（$\overline{X}_j\uparrow-\overline{X}_j\downarrow$），即反向差值 B_j 误差以所有 B_j 中的最大绝对值计。即：$B=\lvert B_j\rvert_{max}$ 每个直线运动轴线均应检验

工作精度检验如表 7-6-188 所示。

表 7-6-188 工作精度检验

序号	简 图	检验性质	切削条件	检验项目	允差/mm	检验工具	检验方法
P1	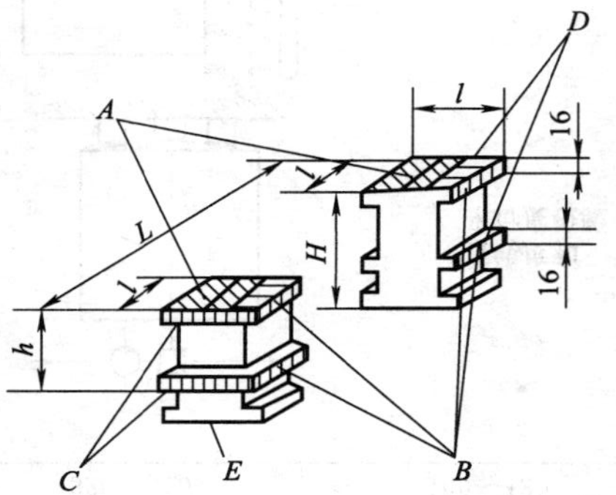 mm	沿 X 坐标方向对 A 面进行精铣，接刀处重叠约 5～10mm 分别沿 X、Y 坐标方向对 B、D、C 面进行精铣	套式面铣刀用同一把铣刀进行滚铣	a. 每个试件 A 面的平面度 b. 试件的等高度 c. C 和 B、D 和 B 面的相互垂直度及 B、C、D 分别对 A 面的垂直度	a. 0.020 b. 0.030 c. 0.020/100	平尺、块规、千分尺、角尺、块规	在试切前应确保 E 面平直 试件应位于工作台纵向的中心线上，使长度 L 相等地分布在工作台中心的两边 铣刀应装在刀杆上刃磨，安装时应符合下列公差 a. 圆度≤0.02mm b. 径向跳动≤0.02mm c. 轴向窜动≤0.03mm

L（试件长度或两试件外侧间距离）	1/2 纵向（X 向）行程		
	≤500	>500～1000	>1000
$l=h$	1/8 纵向（X 向）行程		
l_{max}	100	150	200
l_{min}	50	—	

注：1. X 向行程大于或等于 400mm 时，可用一个或两个试件

2. X 向行程小于 400mm 时，只用一个试件

3. 试件材料：HT200

续表

序号	简图	检验性质	切削条件	检验项目	允差/mm	检验工具	检验方法
P2	Y L C B L A D 30° X 20 mm 工作台面宽度 / L: 200～320 / 110～120 ＞320～500 / 160～180 直线度和平行度检验 垂直度检验 试件材料:HT200	用 X、Y 坐标的直线插补，对 A、B、C、D 四周面进行精铣	立铣刀切削深度：$t\approx0.1$mm	a. 四面的直线度 b. 相对面间的平行度 c. 相邻两面间的垂直度	a. 在 100 测量长度上为 0.010 b. 在 100 测量长度上为 0.020 c. 0.020/100	指示器、平板指示器、平板指示器、角尺、平板	试切前应确保试件安装基准面的平直。试件安装在工作台的中间位置，使其一个加工面与 X 坐标成 30°角 在平板上放两个垫块，试件放在其上，固定指示器，使其测头触及被检验面。调整垫块，使指示器在试件两端的读数相等。沿加工方向，按测量长度，在平板上移动指示器检验。直线度误差以指示器在各面上读数最大差值中的最大值计 在平板上放两个等高块，试件放在其上。固定指示器，使其测头触及被检验面。沿加工方向，按测量长度，在平板上移动指示器检验。平行度误差以指示器在 A、C 面间和 B、D 面间读数最大差值中的较大值计 在平板上放两个等高块，试件放在其上。固定角尺于平板上，再固定指示器。使其测头触及被检验面。沿加工方向，按测量长度，在角尺上移动指示器检验。垂直度误差以指示器在各面上读数最大差值中的最大值计

续表

序号	简　图	检验性质	切削条件	检验项目	允差/mm	检验工具	检验方法
P3	mm 工作台面宽度 | l | L | D 200～320 | 150 | 212.132 | 30～35 ＞320～500 | 200 | 282.843 | 40～45 镗孔顺序 试件材料:HT200	X、Y坐标方向定位，按镗孔顺序依次对四孔进行精镗	硬质合金镗刀切削深度 $t\approx$0.1mm，进给量 $S\approx$0.05mm/r	a. X、Y坐标方向的孔距 b. 对角线方向的孔距	a 150　0.025 200　0.032 b 212.132　0.040 282.843　0.045	测长仪或坐标测量机	试切前应确保试件安装基准面的平直 试件安装在工作台的中间位置 分别在X和Y坐标方向上测量两孔间的实际孔距，X、Y坐标方向的孔距误差以其与指令值的最大差值计 对角线方向的孔距可对两孔进行实测，也可测量实际孔的X、Y坐标值后经计算求得。对角线方向的孔距误差以实测或计算的孔距与理论值的最大差值计
P4	试件材料:HT200	用X、Y坐标的圆弧插补，对圆周面进行精铣	立铣刀切削深度 $t\approx$0.1mm	圆度	0.035	指示器、专用检具或圆度仪	试切前应确保试件安装基准面的平直 试件安装在工作台的中间位置 指示器固定在机床或测量仪的主轴上，使其测头触及外圆面。回转主轴，并进行调整，使指示器在任意两个相互垂直直径的两端的读数相等。旋转主轴一周检验。误差以指示器读数的最大差值计

6.3　数控钻床精度检验

6.3.1　数控立式钻床精度检验（JB/T 8357.1—2008）

数控立式钻床几何精度检验如表7-6-189所示。

表7-6-189　数控立式钻床几何精度检验

序号	简图	检验项目	允差/mm 普通级	允差/mm 精密级	检验工具	检验方法
G1	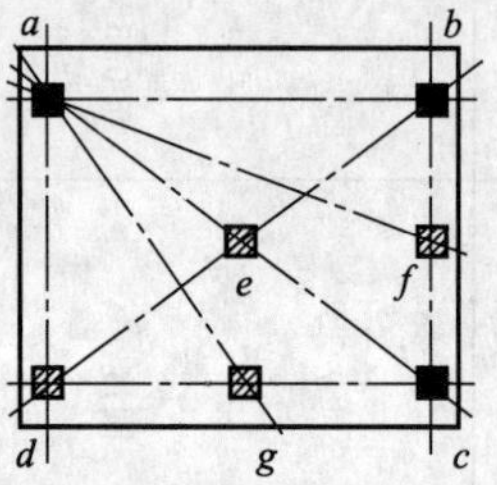	工作台面的平面度	在1000测量长度上为： 0.08 在任意300测量长度上为： 0.03	在1000测量长度上为： 0.05 在任意300测量长度上为： 0.03	指示器、平尺、可调量块、等高块	工作台置于其行程的中间位置 在工作台面的 a，b，c 三个基准点上分别放一等高块。在 a、c 等高块上放一平尺。在 e 点放一可调量块，使其上表面与平尺下表面接触：再接平尺放在 b、e 点处量块上，在 d 点放一可调量块，使其与平尺下表面接触；用同样方法分别确定 f、g 点可调量块高度。按图示方向放置平尺，用指示器测量平尺检验面与工作台面间的距离 误差以指示器读数最大差值计
G2	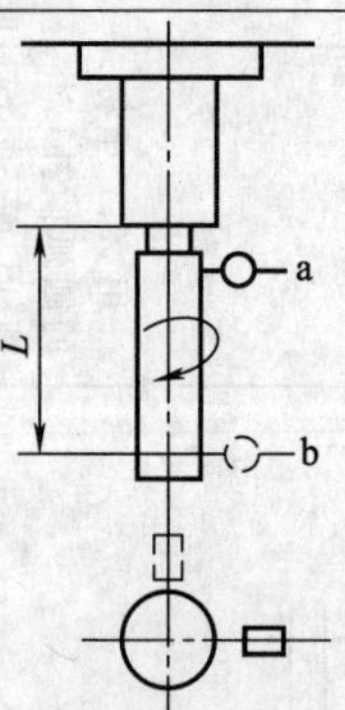	主轴锥孔轴线的径向跳动 a. 靠近主轴端部 b. 距主轴端部 L 处	$L=200$ a. 0.02 b. 0.03 $L=300$ a. 0.02 b. 0.04	$L=200$ a. 0.01 b. 0.02 $L=300$ a. 0.01 b. 0.03	检验棒、指示器	在主轴锥孔内插入一检验棒。固定指示器，使其测头触及检验棒表面：a. 靠近主轴端部；b. 距主轴端部 L 处。旋转主轴检验，拔出检验棒旋转90°重新插入再依次检验三次 a、b 误差分别计算，误差以四次测量结果的算术平均值计 在横向和纵向平面内均需检验
G3	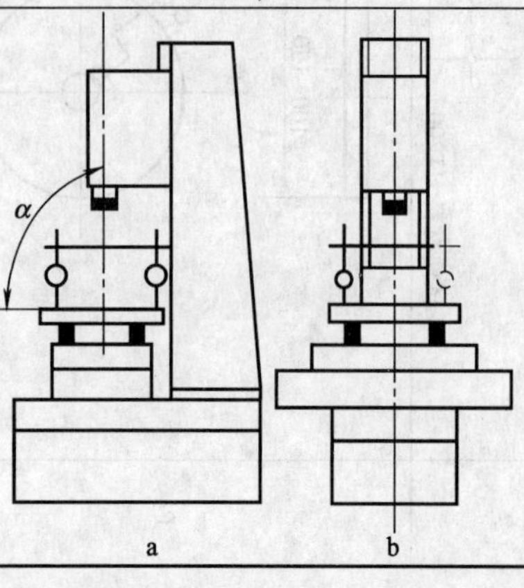	主轴回转轴线对工作台的垂直度 a. 在横向平面内 b. 在纵向平面内	a. 0.04/300 b. 0.04/300	a. 0.025/300 $\alpha\leqslant90°$ b. 0.025/300	等高块、平尺、指示器、专用表架	主轴箱、工作台置于其行程的中间位置，主轴缩回到原始位置 在工作台上放两个等高块，其上放一平尺，在插入主轴锥孔内的专用表架上固定一指示器，使其测头触及平尺检验面；a 在横向平面内；b 在纵向平面内。旋转主轴检验 a、b 误差分别计算。误差以指示器读数的最大差值计

续表

序号	简图	检验项目	允差/mm		检验工具	检验方法
			普通级	精密级		
G4	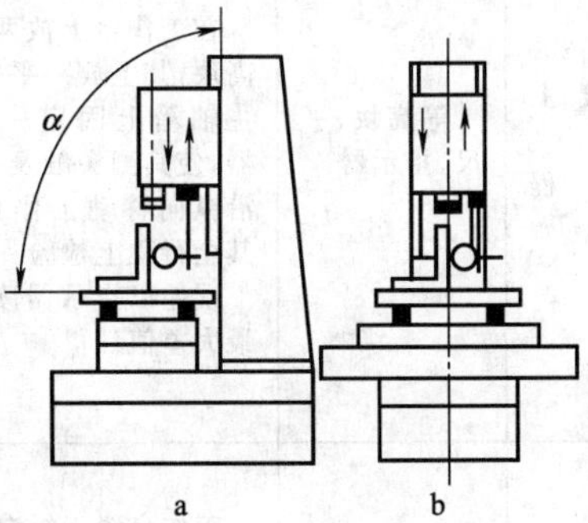	主轴箱垂直移动对工作台面的垂直度（适用于套筒进给式） a. 在横向平面内 b. 在纵向平面内	a. 0.04/300 b. 0.04/300	 0.025/300 $\alpha \leqslant 90°$ 0.025/300	等高块、平尺、角尺、指示器	工作台置于其行程的中间位置 在工作台面上放两个等高块，其上放一平尺，平尺上放一角尺，在主轴箱上固定一指示器，使其测头触及平尺检验面；a. 在横向平面内 b 在纵向平面内。移动主轴箱，在其全行程的上、下两个位置检验，锁紧读数 a、b 误差分别计算。误差以指示器读数的最大差值计
G5	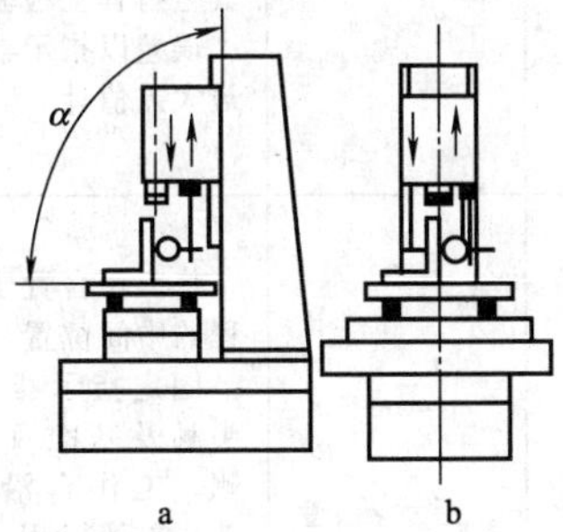	主轴箱垂直移动对工作台面的垂直度（适用于主轴箱进给式） a. 在横向平面内 b. 在纵向平面内	a. 0.04/300 b. 0.04/300	 0.025/300 $\alpha \leqslant 90°$ 0.025/300	等高块、平尺、角尺、指示器	工作台置于其行程的中间位置 在工作台上放两个等高块，其上放一平尺，平尺上放一角尺，在主轴箱上固定一指示器，使其测头触及角尺检验面；a. 在横向平面内；b. 在纵向平面内。移动主轴箱，在其全行程上检验 a、b 误差分别计算。误差以指示器读数的最大差值计
G6	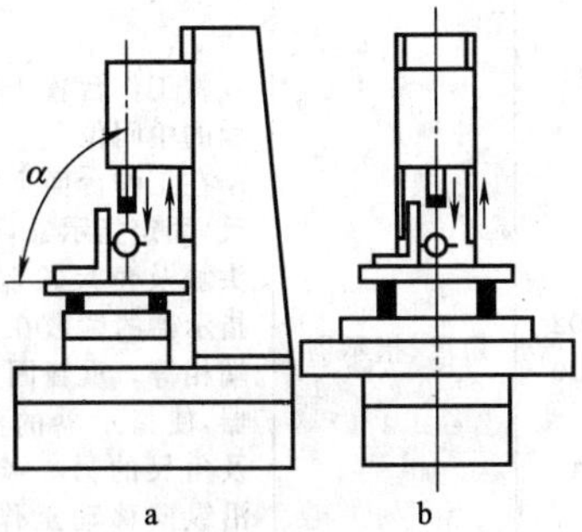	主轴套筒垂直移动对工作台面的垂直度 a. 在横向平面内 b. 在纵向平面内	a. 0.04/300 b. 0.04/300	 0.025/300 $\alpha \leqslant 90°$ 0.025/300	等高块、平尺、角尺、指示器	主轴箱、工作台置于其行程的中间位置 在工作台面上放两个等高块，其上放一平尺，平尺上放一角尺，在主轴上固定一指示器，使其测头触及角尺检验面；a 在横向平面内 b 在纵向平面内。移动主轴箱套筒，在其全行程上检验 a、b 误差分别计算。误差以指示器读数的最大差值计

续表

序号	简　图	检验项目	允差/mm		检验工具	检验方法
			普通级	精密级		
G7		工作台沿纵向移动对工作台面的平行度	在任意300测量长度上为:0.025 全行程上:0.05		等高块、平尺、指示器	工作台置于横向行程的中间位置 在工作台上放两个等高块,其上放一平尺,在主轴箱上固定一指示器,使其测头触及平尺。沿纵向移动工作台,在其全行程上检验 误差以指示器读数的最大差值计
G8		工作台沿横向移动对工作台面的平行度	在任意300测量长度上为:0.025 全行程上:0.05		等高块、平尺、指示器	工作台置于纵向行程的中间位置 在工作台上放两个等高块,其上放一平尺,在主轴箱上固定一指示器,使其测头触及平尺。沿横向移动工作台,在其全行程上检验 误差以指示器读数的最大差值计
G9		工作台沿纵向移动对工作台面基准T形槽的平行度	在500测量长度上为:0.03		指示器、专用表架	将工作台置于横向行程的中间位置 固定指示器,使其测头触及基准T形槽一侧。工作台沿纵向移动,在全行程上测量。以指示器读数的最大差值为测量值。用同样的方法测量T形槽的另一侧误差以最大测量值计
G10		工作台沿纵向移动对工作台横向移动的垂直度	0.03/300	0.02/300	角尺、指示器	将工作台置于横向行程的中间位置 在工作台面上放一角尺,固定指示器,使其测头触及角尺检验面,使指示器的读数在角尺两端相等。重新固定指示器,使指示器的测头触及角尺的另一检验面,沿纵向移动工作台,在全行程上测量误差以指示器读数最大差值计

续表

序号	简图	检验项目	允差/mm		检验工具	检验方法
			普通级	精密级		
G11	$i=1$ $i=2$ $i=5$ $j=1$ $j=2$ $j=n$	直线运动坐标的双向定位精度	0.03/300	0.02/300	激光干涉仪	非检测坐标上的运动部件置于其行程的中间位置 在坐标行程内适当选取五个检测点，以这些测点的位置作为目标位置 P_i，快速移动运动部件，分别对各目标位置从正、负两个方向进行五次定位，测出正、负每次定位时运动部件的位置偏差 X_{ij}，即实际位置 P_{ij} 与目标位置 P_i 之差 $(P_{ij}-P_i)$ 按 GB/T 17421.2—2000 规定的方法，计算出在坐标全行程上的各坐标位置上正、负向定位时的双向平均位置偏差 $\overline{X}_i$ 和标准偏差 S_i，误差 A 以所有 $(\overline{X}_i+2S_i)$ 最大值与所有 $(\overline{X}_i-2S_i)$ 最小值之差计 即：$A=[\overline{X}_i+2S_i]\max-[\overline{X}_i-2S_i]\min$ 每个直线运动坐标均须检验（Z 坐标，由齿轮、齿条传动的不考核）
G12	$i=1$ $i=2$ $i=5$ $j=1$ $j=2$ $j=n$	直线运动坐标的双向重复定位精度	0.03/300	0.02/300	激光干涉仪	非检测坐标上的运动部件置于其行程的中间位置 在坐标行程内适当选取五个检测点，以这些测点的位置作为目标位置 P_j，快速移动运动部件，分别对各目标位置从正、负两个方向进行五次定位，测出正、负每次定位时运动部件的位置偏差 X_{ij}，即实际位置 P_{ij} 与目标位置 P_i 之差 $(P_{ij}-P_i)$ 按 GB/T 17421.2—2000 规定的方法，计算出在坐标全行程上的各坐标位置上正、负向定位时的双向平均位置偏差 $\overline{X}_i$ 和标准偏差 S_i，反向差值 B_i，误差以所有的 $4S_i\uparrow$、$4S_i\downarrow$，$(2S_i\uparrow+2S_i\downarrow+\lvert B_i\rvert)$ 中的最大差值计 即：$R=4S_i\uparrow\max$ $R=4S_i\downarrow\max$ $R=(2S_i\uparrow+2S_i\downarrow+\lvert B_i\rvert)\max$

第7篇

工作精度检验的表 7-6-190 所示。

表 7-6-190 数控立式钻床工作精度检验

序号	简图	检验性质	切削条件	检验项目	允差/mm 普通级	允差/mm 精密级	检验工具	说明
P1	4×d 50 200 50 (282.843) 1 2 3 4 材料：HT200 试件厚度：(1.5～2)d 加工孔径： d=(1/2～2/3)D D——最大钻孔直径 试件上表面粗糙度 Ra3.2μm	工作台沿纵向、横向移动，进行钻、绞孔切削	用中心钻预钻孔后，进行钻和铰孔。 刀具：中心钻、标准麻花钻、铰刀	孔距精度 a. 沿纵向；沿横向 b. 对角线	a. 0.10 b. 0.10	 0.07	块规、指示器	以1号孔为基准，分别测量各孔位置 X 和 Y 的坐标值，以各坐标方向孔距的实测值和指令值之间的最大值作为本项误差

6.3.2 数控龙门移动多主轴钻床精度检验（GB/T 25663—2010）

主轴箱内部固体颗粒污染物质量应不超过表 7-6-191 的规定。

表 7-6-191 主轴箱内部固体颗粒污染物质量

最大钻孔直径/mm	≤50	>50
污染物质量/mg	4500	5000

1. 工作台几何精度检验

数控龙门移动多主轴钻床几何精度检验如表 7-6-192～表 7-6-200 所示。

(1) 龙门架移动（X 轴线）在 XY 水平面内的直线度的检验（如表 7-6-192 所示）

表 7-6-192 龙门架移动（X 轴线）在 XY 水平面内的直线度的检验

项目编号	G1	
简图	Z X　Y X	
公差/mm	普通级 2000 测量长度内为 0.035 测量长度每增加 1000，公差增加 0.015 最大公差：0.200 局部公差：在任意 1000 测量长度上为 0.020	精密级 2000 测量长度内为 0.030 测量长度每增加 1000，公差增加 0.012 最大公差：0.160 局部公差：在任意 1000 测量长度上为 0.015
检验工具	显微镜和钢丝或激光干涉仪等其他光学仪器	
检验方法	将其中一个主轴箱位于龙门架的中间位置，其他平均分布在龙门架上 当用显微镜和钢丝时，显微镜应放置在主轴箱上，钢丝应平行①于龙门架 X 轴线移动方向固定在工作台两端之间 龙门架沿 X 轴线移动，测取读数 当采用其他光学方法时，标靶应放置在主轴端部或主轴箱上靠近主轴的位置 测量仪器放置在工作台上使其光轴平行于 X 轴线移动方向，并同标靶在水平方向成一直线 龙门架沿 X 轴线移动，测取读数	

① 平行是指显微镜在钢丝的两端读数相等。在此情况下检测，显微镜读数的最大差值即为直线度偏差。

（2）龙门架移动（X 轴线）在 XZ 垂直平面内的直线度的检验（如表 7-6-193 所示）

表 7-6-193　龙门架移动（X 轴线）在 XZ 垂直平面内的直线度的检验

项目编号	G2	
简图		
公差/mm	普通级	精密级
	2000 测量长度内为 0.035 测量长度每增加 1000，公差增加 0.015 最大公差：0.200 局部公差：在任意 1000 测量长度上为 0.020	2000 测量长度内为 0.030 测量长度每增加 1000，公差增加 0.012 最大公差：0.160 局部公差：在任意 1000 测量长度上为 0.015
检验工具	平尺、可调量块、指示器或激光干涉仪等其他光学仪器或水平仪	
检验方法	将其中一个主轴箱位于龙门架的中间位置，其他平均分布在龙门架上 平尺平行①于龙门架 X 轴线移动方向放置在工作台上的可调量块上 指示器固定在主轴箱上，其测头应垂直于平尺的基准面 龙门架沿 X 轴线移动，测取读数 当采用其他光学方法时，标靶应放置在主轴端部或主轴箱上靠近主轴的位置 测量仪器放置在工作台上使其光轴平行于 X 轴线移动方向，并同标靶在水平方向成一直线 龙门架沿 X 轴线移动，测取读数	

① 平行是指指示器在平尺两端读数相等。在此情况下检测，指示器读数的最大差值即为直线度偏差。

（3）主轴箱移动（Y 轴线）的直线度的检验（如表 7-6-194 所示）

主轴箱沿 Y 轴线移动的直线度的检验一般包括以下两项：

a）在 XY 水平面内；

b）在 YZ 垂直平面内。

表 7-6-194　主轴箱移动（Y 轴线）的直线度的检验

项目编号	G3	
简图	a)　b)	
公差/mm	普通级	精密级
	a)和 b) 1000 测量长度内为 0.020 测量长度每增加 1000，公差增加 0.015 最大公差：0.120 局部公差：在任意 1000 测量长度上为 0.020	a)和 b) 1000 测量长度内为 0.015 测量长度每增加 1000，公差增加 0.012 最大公差：0.080 局部公差：在任意 1000 测量长度上为 0.015
检验工具	平尺、可调量块、指示器或显微镜和钢丝（仅用于在水平面测量）或激光干涉仪等其他光学仪器	
检验方法	将龙门架置于行程的中间位置 平尺平行①于主轴箱 Y 轴线移动方向放置在工作台面上：a)在水平面内；b)在垂直平面内 指示器固定在主轴箱上，其测头应垂直于平尺的基准面 主轴箱沿 Y 轴线移动，测取读数 当采用其他光学方法时，标靶应放置在主轴端部或主轴箱上靠近主轴的位置 测量仪器放置在工作台上使其光轴平行于 Y 线移动方向，并同标靶在水平方向成一直线 主轴箱沿 Y 轴线移动，测取读数	

① 平行是指指示器在平尺两端读数相等。在此情况下检测，指示器读数的最大差值即为直线度偏差。

(4) 工作台面平行度的检验（如表7-6-195所示）
工作台面对平行度的检验包括以下两项：

a) 龙门架移动（X轴线）的平行度；

b) 主轴箱移动（Y轴线）的平行度。

表7-6-195 工作台面平行度的检验

项目编号	G4	
简图	a)	b)
公差/mm	普通级	精密级
	a)和b) 2000测量长度内为0.20 测量长度每增加1000，公差增加0.07 最大公差：1.20 局部公差：在任意1000测量长度上为0.12	a)和b) 2000测量长度内为0.17 测量长度每增加1000，公差增加0.05 最大公差：0.80 局部公差：在任意1000测量长度上为0.08
检验工具	平尺、指示器、等高量块	
检验方法	a)在工作台面沿X轴线放两个等高量块，其上放一平尺，在主轴上固定指示器，使其测头触及平尺上表面，移动龙门架，在全行程上检验 当工作台较长时，可用等高量块代替平尺 应分别在工作台中间和靠近两侧边缘处检验 b)在工作台面上沿Y轴线放两个等高量块，其上放一平尺，在主轴上固定指示器，使其测头触及平尺上表面，移动主轴箱，在全行程上检验 当工作台较宽时，可用等高量块代替平尺 应分别在工作台中间和靠近两侧边缘处检验 a)、b)误差分别计算。误差以指示器读数的最大差值计 局部误差以任意局部测量长度上指示器读数的最大差值计	

(5) 主轴箱移动（Y轴线）对龙门架移动（X轴线）的垂直度的检验（如表7-6-196所示）

表7-6-196 主轴箱移动（Y轴线）对龙门架移动（X轴线）的垂直度的检验

项目编号	G5	
简图		
公差/mm	普通级	精密级
	1000测量长度内为0.08	1000测量长度内为0.06
检验工具	指示器、直角尺	
检验方法	将龙门架置于行程的中间位置 在工作台面中央位置放一直角尺，在主轴上固定指示器，使其测头触及直角尺的检验面，调整直角尺，使直角尺的检验面与龙门架移动方向(X轴线)平行，交换指示器位置，使其测头触及直角尺一面。沿Y轴线移动主轴箱检验 误差以指示器读数最大差值计	

(6) 主轴锥孔轴线的径向跳动的检验（如表 7-6-197所示）

主轴锥孔轴线的径向跳动包括以下两项：

a) 靠近主轴端部；

b) 距主轴端部 300 处。

(7) 主轴旋转轴线垂直度的检验（如表 7-6-198 所示）

主轴旋转轴线垂直度的检验包括以下两项：

a) 龙门架沿 X 轴线移动的垂直度；

b) 主轴箱沿 Y 轴线移动的垂直度。

表 7-6-197　主轴锥孔轴线的径向跳动的检验

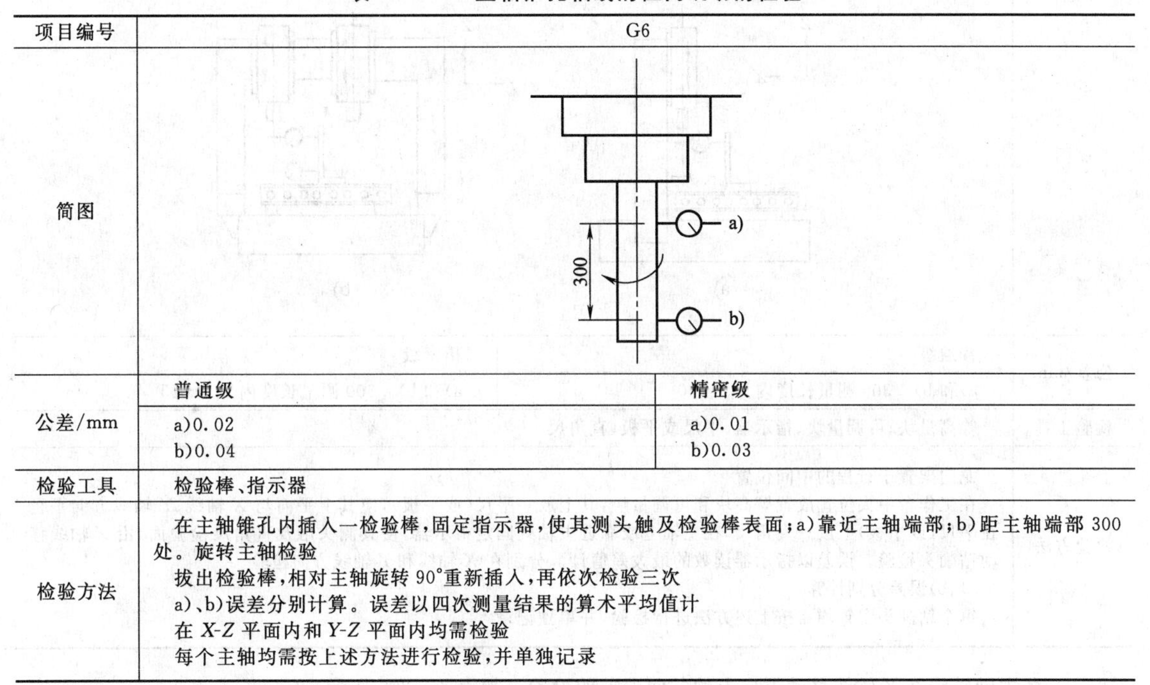

项目编号	G6	
简图	a)　b)　300	
公差/mm	普通级	精密级
	a)0.02 b)0.04	a)0.01 b)0.03
检验工具	检验棒、指示器	
检验方法	在主轴锥孔内插入一检验棒，固定指示器，使其测头触及检验棒表面；a)靠近主轴端部；b)距主轴端部 300 处。旋转主轴检验 拔出检验棒，相对主轴旋转 90°重新插入，再依次检验三次 a)、b)误差分别计算。误差以四次测量结果的算术平均值计 在 X-Z 平面内和 Y-Z 平面内均需检验 每个主轴均需按上述方法进行检验，并单独记录	

表 7-6-198　主轴旋转轴线垂直度的检验

项目编号	G7	
简图	Z X a)　Z Y b)	
公差/mm	普通级	精密级
	a)和 b)　0.040/300①	a)和 b)　0.025/300①
检验工具	等高量块、可调量块、指示器/支架、平尺或平板	
检验方法	主轴箱、龙门架置于行程的中间位置。主轴缩回至原始位置 在工作台中央位置放置等高块和可调量块，其上放一平尺（或平板），使其上平面与 X 轴线、Y 轴线方向平行。在主轴上固定指示器，使其测头触及平尺（或平板）的检验面，测取读数。然后将主轴回转 180°，再次测取读数。误差以两次读数的差值除以两侧点之间的距离计。分别在 X 轴线和 Y 轴线方向检验 a)、b)误差分别计算 每个钻削头主轴均需按上述方法进行检验，并单独记录	

① 两测点间的距离。

(8) 钻削头垂向移动（Z 轴线）垂直度的检验（如表 7-6-199 所示）

钻削头垂向移动沿 Z 轴线对垂直度的检验包括以下两项：

a) 龙门架移动（X 轴线）的垂直度；

b) 主轴箱移动（Y 轴线）的垂直度。

表 7-6-199　钻削头垂向移动（Z 轴线）垂直度的检验

项目编号	G8	
简图	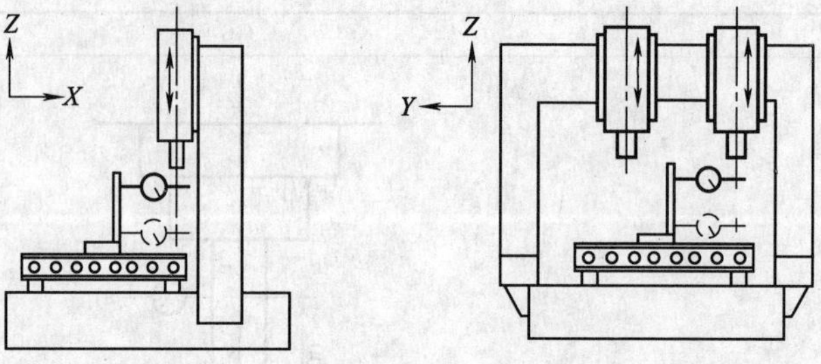 Z X a)　　Z Y b)	
公差/mm	普通级	精密级
	a)和 b)　300 测量长度内为 0.040	a)和 b)　300 测量长度内为 0.025
检验工具	等高量块、可调量块、指示器、平尺或平板、直角尺	
检验方法	龙门架置于行程的中间位置 在工作台中央位置放置等高块和可调量块，其上放一平尺(或平板)，使其上平面与 X 轴线、Y 轴线方向平行在平尺(或平板)上放一直角尺，在主轴上或靠近主轴处固定指示器，使其测头触及直角尺检验面，沿 Z 轴线移动钻削头检验。误差以指示器读数的最大差值计。分别在 X 轴线和 Y 轴线方向检验 a)、b)误差分别计算 每个钻削头主轴均需按上述方法进行检验，并单独记录	

(9) 各主轴轴线在 Y 轴线移动方向上的共面误差的检验（如表 7-6-200 所示）

表 7-6-200　各主轴轴线在 Y 轴线移动方向上的共面误差的检验

项目编号	G9	
简图	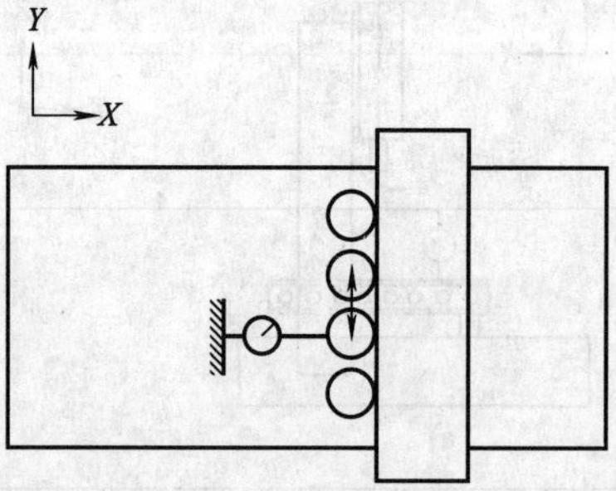 Y X	
公差/mm	普通级	精密级
	0.08	0.05
检验工具	指示器、检验棒	
检验方法	龙门架置于行程的中间位置 在各主轴锥孔中插入检验棒，将指示器固定在工作台上，指示器测头触及检验棒外表面，Z 轴线保持不动，沿 Y 轴线移动主轴箱，分别记下各主轴上检验棒最高点的指示器读数 误差以指示器读数的最大差值计	

第7篇

2. 定位精度和重复定位精度检验

(1) 数控轴线的定位精度和重复定位精度的检验（如表 7-6-201）

数控轴线的定位精度和重复定位精度的检验包括以下两项：

a) 龙门架移动 X 轴线移动的定位精度和重复定位精度；

b) 主轴箱移动 Y 轴线移动的定位精度和重复定位精度。

表 7-6-201　数控轴线的定位精度和重复定位精度的检验

项目编号	P1		
简图	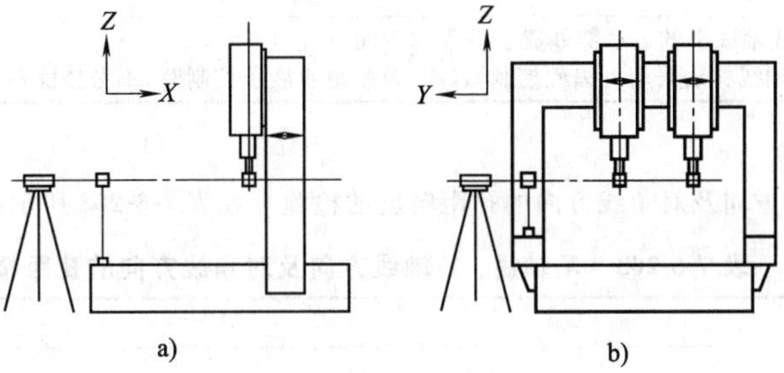		
公差/mm	轴线行程至 2000		
	项目	普通级 a)和 b)	精密级 a)和 b)
	轴线双向定位精度 A	0.050	0.040
	轴线单项重复定位精度 $R\uparrow R\downarrow$	0.030	0.026
	轴线反向差值 B	0.025	0.022
	轴线双向定位系统偏差 E	0.040	0.035
	轴线双向平均位置偏差 M	0.025	0.022
	轴线行程大于 2000		
	项目	普通级 a)和 b)	精密级 a)和 b)
	轴线双向定位系统偏差 E	0.040＋(测量长度每增加 1000，公差增加 0.012)	0.035＋(测量长度每增加 1000，公差增加 0.010)
	轴线双向平均位置偏差 M	0.025＋(测量长度每增加 1000，公差增加 0.008)	0.022＋(测量长度每增加 1000，公差增加 0.006)
	轴线反向差值 B	0.025＋(测量长度每增加 1000，公差增加 0.008)	0.022＋(测量长度每增加 1000，公差增加 0.006)
检验工具	激光干涉仪		
检验方法	非检验轴线上的运动部件置于行程的中间位置 a)、b)误差分别计算		

(2) 钻削头 Z 轴线移动的定位精度和重复定位精度的检验（如表 7-6-202 所示）

表 7-6-202　钻削头 Z 轴线移动的定位精度和重复定位精度的检验

项目编号	P2
简图	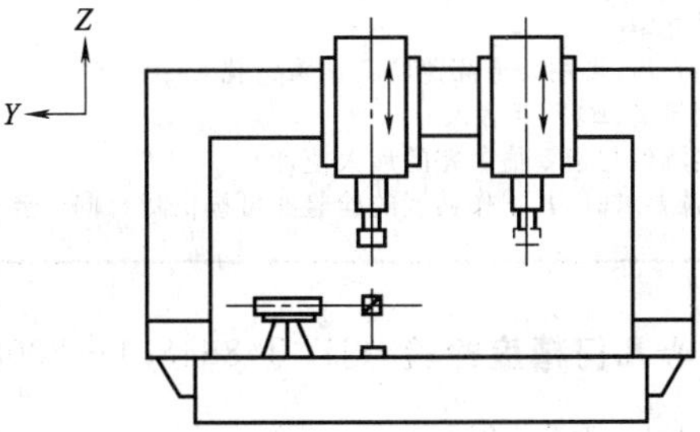

续表

项目编号	P2		
	项目	普通级	精密级
公差/mm	轴线双向定位精度 A	0.050	0.040
	轴线单项重复定位精度 $R\uparrow$ 和 $R\downarrow$	0.030	0.026
	轴线反向差值 B	0.025	0.022
	轴线双向定位系统偏差 E	0.040	0.035
	轴线双向平均位置偏差 M	0.025	0.022
检验工具	激光干涉仪		
检验方法	非检验轴线上的运动部件置于行程的中间位置 当 Z 轴线移动采用可编程控制器(PLC)控制或液压控制时,不考核此项		

3. 工作精度检验

X 轴线、Y 轴线方向及对角线方向的孔距精度的检验(如表 7-6-203 所示)

表 7-6-203 X 轴线、Y 轴线方向及对角线方向的孔距精度的检验

项目编号	M1			
简图	试件材料:Q235A 钢板一件 试件尺寸(长×宽×厚):550×450×30 加工孔径:$d=(1/2\sim2/3)D$ D——机床最大钻孔直径 4×ϕd 500(E) 500(F) 300(B) 450 70 70 400(A) 550			
公差/mm	尺寸代号	编程尺寸	普通级	精密级
	A	400	0.20	0.15
	B	300	0.20	0.15
	E	500	0.30	0.20
	F	500	0.30	0.20
检验工具	游标卡尺			
检验方法	试件装卡在工作台中央位置 按图中所示尺寸编程 用中心钻预钻孔后,再用普通高速麻花钻头钻孔 用游标卡尺测量 A、B、E、F 各尺寸 误差以孔距实测值与指令值之差的最大值计 注:用户有特殊要求时,其工作精度的检验亦可按供货合同的要求进行			

6.3.3 钻削加工中心几何精度检验(JB/T 8648.1—2008)

几何精度检验如表 7-6-204～表 7-6-217 所示。

表 7-6-204　几何精度检验（G1）

检验项目

工作台面的平面度

简图

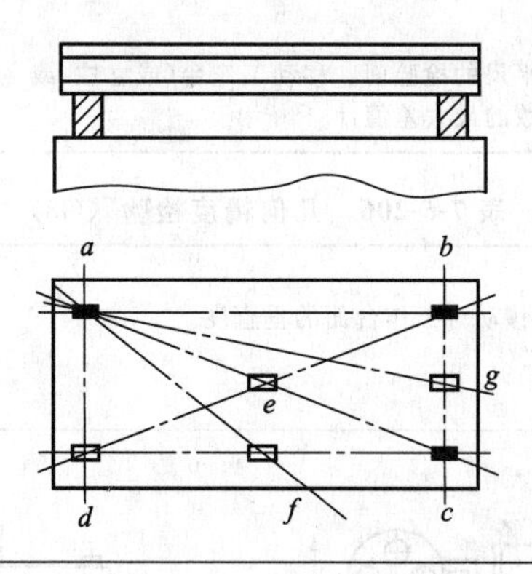

允差/mm

在 1000 长度内 0.030，长度每增加 1000，允差值增加 0.01
最大允差 0.04
局部公差：在任意 300 测量长度上 0.016

检验工具

平尺、量块、指示器

检验方法

将等高量块放在工作台面的 a、b、c 三个基准点上，在 a 和 c 等高量块上放置平尺，调整 e 点处可调量块，使其与平尺检验面接触。再将平尺放在 b 和 e 量块上，调整 d 点处可调量块，使其与平尺检验面接触，用同样方法将平尺放在 d 和 c、b 和 c 量块上，分别调整 f、g 点处的可调量块

按图示位置放置平尺。用指示器测量工作台面与平尺检验面之间的距离

误差以指示器读数的最大差值计

也可用精密水平仪检验

表 7-6-205　几何精度检验（G2）

检验项目

工作台（或立柱、或主轴箱）移动对工作台面的平行度

a）工作台（或立柱、或主轴箱）沿 Z（卧式）或 Y（立式）坐标方向移动

b）工作台（或立柱）沿 X 坐标方向移动

简图

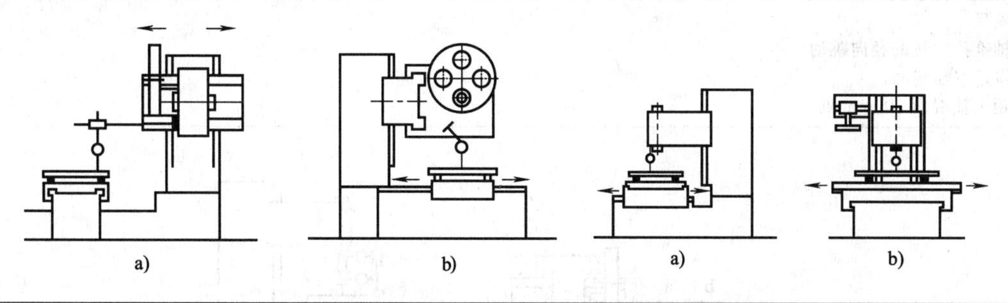

允差/mm

a）及 b）
在任意 300 测量长度上 0.025
最大允差为 0.040

检验工具

指示器、平尺、等高块

续表

检验方法

在工作台面中央对称放置两个等高块，平尺放在其上

a)*Z*(卧式)或*Y*(立式)坐标

b)*X* 坐标

指示器固定在主轴箱上，使其测头触及平尺的检验面。移动工作台(或立柱、或主轴箱)在全行程上检验

a)、b)误差分别计算。误差以指示器读数的最大差值计

表 7-6-206　几何精度检验 (G3)

检验项目

主轴箱沿 *Y*(卧式)或 *Z*(立式)坐标方向移动对工作台面的垂直度

a)在 *Y-Z* 平面内

b)在 *X-Y*(卧式)或 *X-Z*(立式)平面内

简图

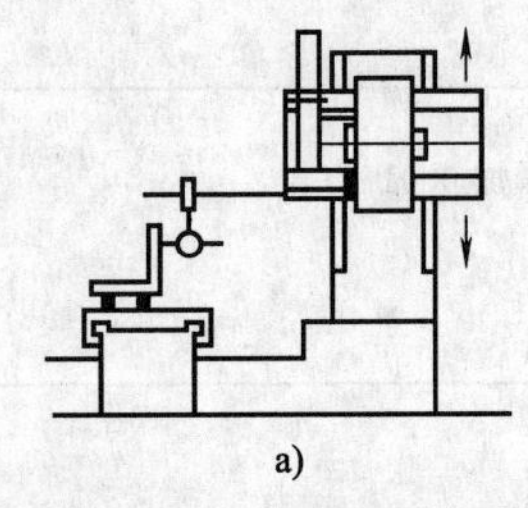

a)

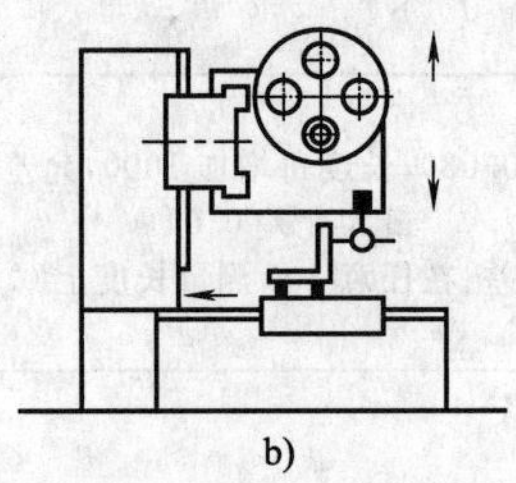

b)

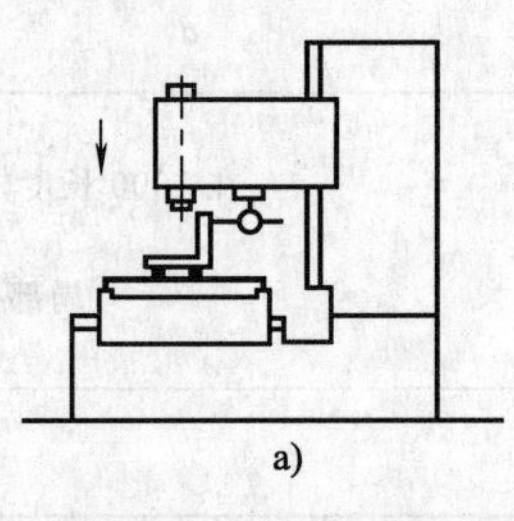

a)

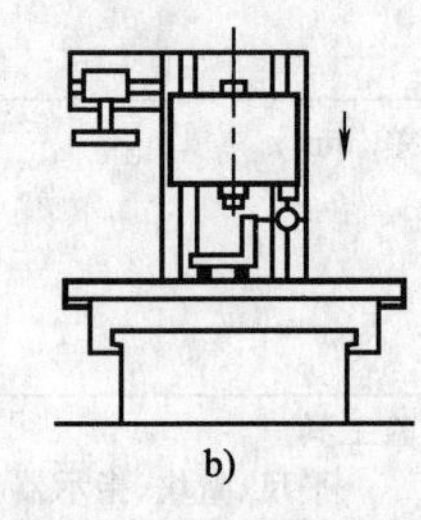

b)

允差/mm

a)及 b)

0.025/300

检验工具

指示器、平尺、等高块

检验方法

在工作台面上放置两个等高块，角尺放在其上

a)*Y-Z* 平面内

b)*X-Y*(卧式)或 *X-Z*(立式)平面内

指示器固定在主轴箱上，使其测头触及角尺的检验面。沿 *Y*(卧式)或 *Z*(立式)坐标方向移动主轴箱在全行程上检验

a)、b)误差分别计算。误差以指示器读数的最大差值计

表 7-6-207　几何精度检验 (G4)

检验项目

主轴锥孔轴线的径向跳动

a)靠近主轴端面

b)距主轴端面 300mm 处

简图

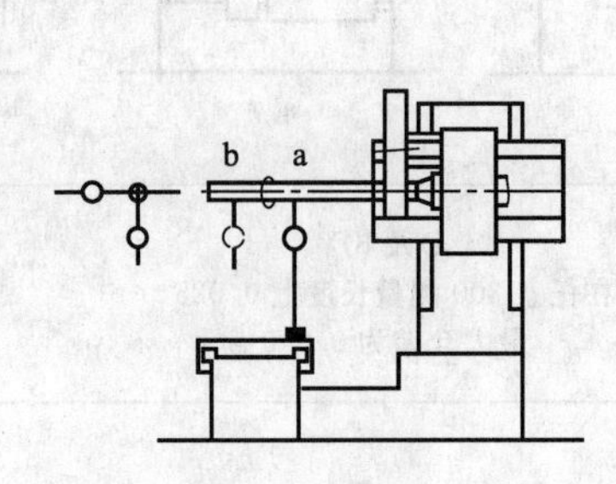

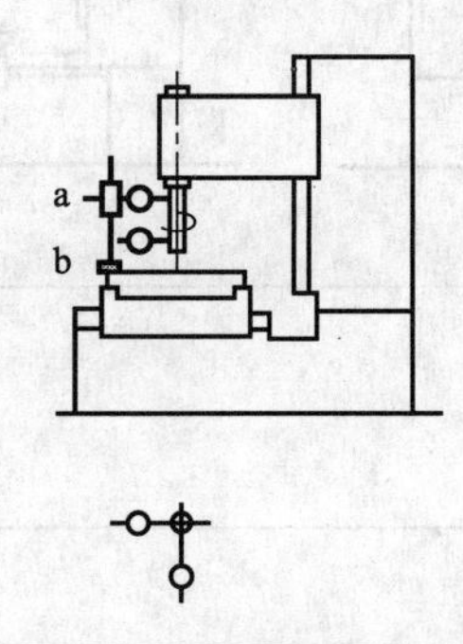

续表

允差/mm

a)0.010

b)0.030

检验工具

指示器、检验棒、平尺

检验方法

在主轴锥孔中插入检验棒，固定指示器，使其测头触及检验棒表面

a)靠近主轴端面

b)距主轴端面300mm处

旋转主轴检验，拔出检验棒，相对主轴旋转90°，重新插入主轴锥孔中，依次重复检验三次

a)、b)误差分别计算。误差以四次测量结果的算术平均值计

在 *Y-Z* 和 *X-Z* 的轴向平面内均须检验

表 7-6-208　几何精度检验（G5）

检验项目

主轴旋转轴线对工作台面的平行度（仅适用于卧式）

简图

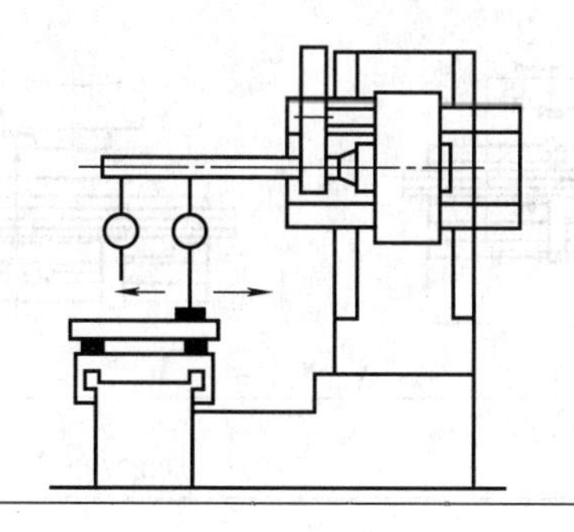

允差/mm

在300测量长度上

0.025

检验工具

指示器、检验棒、平尺

检验方法

在主轴锥孔中插入检验棒。在工作台面上放两个等高块，平尺放在其上。将带有指示器的支架放在平尺上，使其测头触及检验棒的表面。在平尺上移动支架检验

将主轴旋转180°，重复检验一次

误差以两次测量结果的代数和之半计

表 7-6-209　几何精度检验（G6）

检验项目

主轴旋转轴线对工作台面的垂直度（仅适用于立式）

a)在 *Y-Z* 平面内

b)在 *X-Z* 平面内

简图

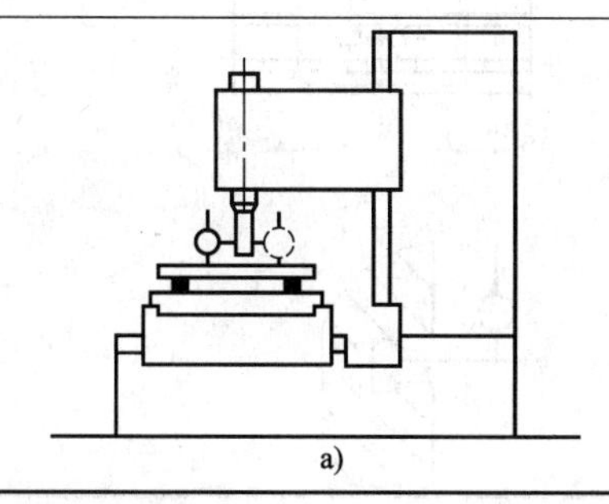

a)

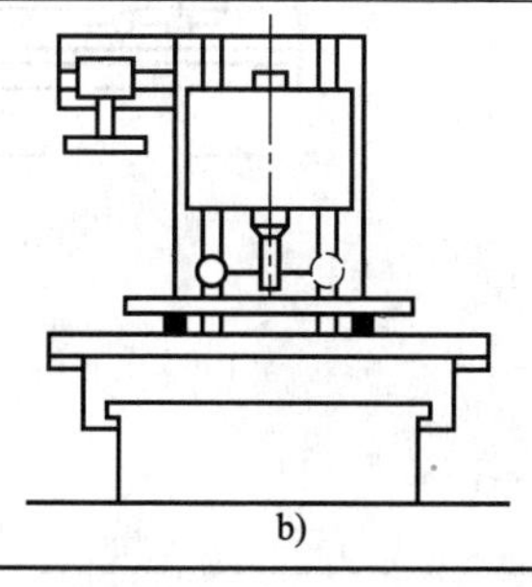

b)

续表

允差/mm a)及 b) 0.025/300①
检验工具 指示器、平尺、专用检验棒
检验方法 在工作台面上放两个等高量块，其上放平尺。将指示器装在插入主轴锥孔中的专用检验棒上，使其测头触及平尺的检验面 a)Y-Z 平面内 b)X-Z 平面内 旋转主轴检验 a)、b)误差分别计算。误差以指示器读数的差值计。

① 为两测点间的距离。

表 7-6-210　几何精度检验（G7）

检验项目

工作台(或立柱、或主轴箱)沿 Z(卧式)或 Y(立式)坐标方向移动对工作台(或立柱)沿 X 坐标方向移动的垂直度

简图

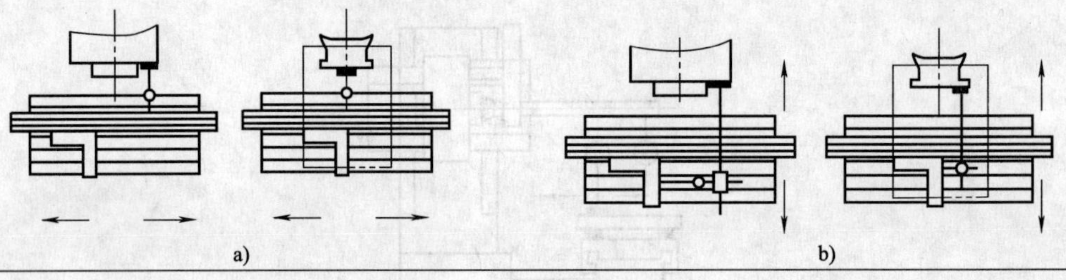

允差/mm

0.020/300

检验工具

指示器、角尺、平尺

检验方法

a)将平尺平行于 X 坐标方向放在工作台面上。固定指示器，使其测头触及平尺的检验面，移动工作台(或立柱)，并调整平尺，使指示器读数在平尺的两端相等。角尺放在工作台面上，使其一边紧靠调整好的平尺，然后使工作台位于 X 坐标方向行程的中间位置

b)固定指示器，使其测头触及角尺的另一边，沿 Z(卧式)或 Y(立式)坐标方向移动工作台(或立柱、或主轴箱)检验

误差以指示器读效的最大差值计

表 7-6-211　几何精度检验（G8）

检验项目

工作台(或立柱)沿 X 坐标方向移动对工作台基准 T 形槽基准侧面的平行度

简图

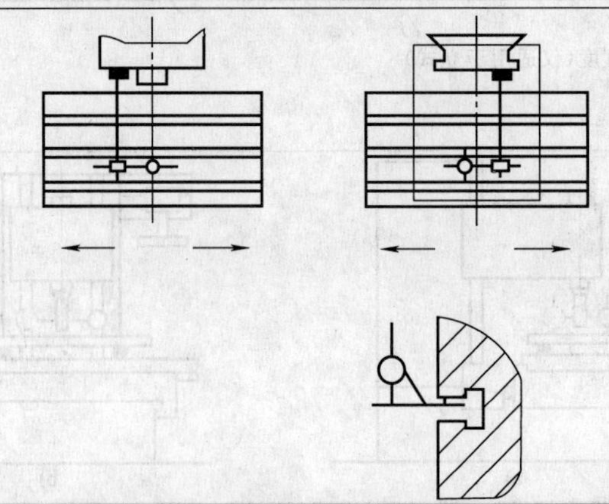

续表

允差/mm

在 300 测量长度上
0.020

检验工具
指示器或专用滑板

检验方法
在主轴箱上固定指示器，使其测头触及 T 形槽侧面，沿 *X* 坐标方向移动工作台（或立柱）检验
误差以指示器读数的最大差值计
允许用专用滑板检验

表 7-6-212　几何精度检验（G9）

检验项目
工作台侧面定位基准面对工作台（或立柱）沿 *X* 坐标方向移动的平行度

简图

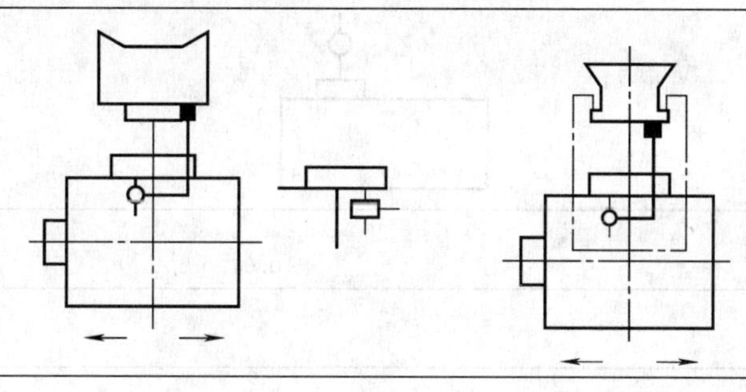

允差/mm

在 300 测量长度上
0.016

检验工具
指示器

检验方法
固定指示器，使其测头触及工作台侧面定位基准面。沿 *X* 坐标方向移动工作台（或立柱）检验
误差以指示读数的最大差值计

表 7-6-213　几何精度检验（G10）

检验项目
交换工作台的重复交换定位精度
a) *X* 坐标方向
b) *Y*（卧式）或 *Z*（立式）坐标方向
c) *Z*（卧式）或 *Y*（立式）坐标方向

简图

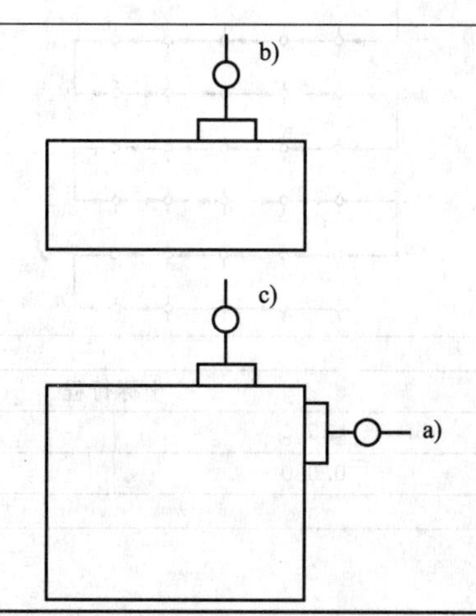

续表

允差/mm

0.030

检验工具

指示器、量块

检验方法

任选一个交换工作台移动到工作台基座上。在 X、Y、Z 三个坐标方向各固定一个指示器，将量块的一面紧靠在交换工作台的定位基准面上，另一面使其与指示器的测头触及。对交换工作台重复交换定位五次，进行检验

各坐标方向的误差分别计算。误差以指示器五次读数的最大差值计

表 7-6-214　几何精度检验（G11）

检验项目

各交换工作台的等高度

简图

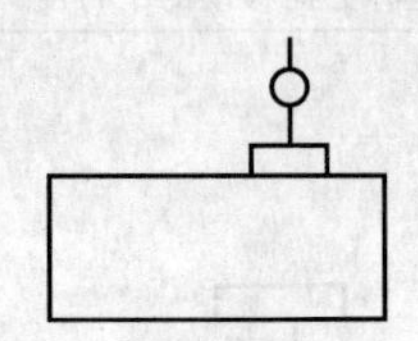

允差/mm

0.04

检验工具

指示器、量块

检验方法

将量块放在交换工作台面上。固定指示器，使其测头触及量块表面，连续交换各交换工作台进行检验

误差以指示器读数的最大差值计

表 7-6-215　几何精度检验（G12）

检验项目

直线运动坐标的双向定位精度

简图

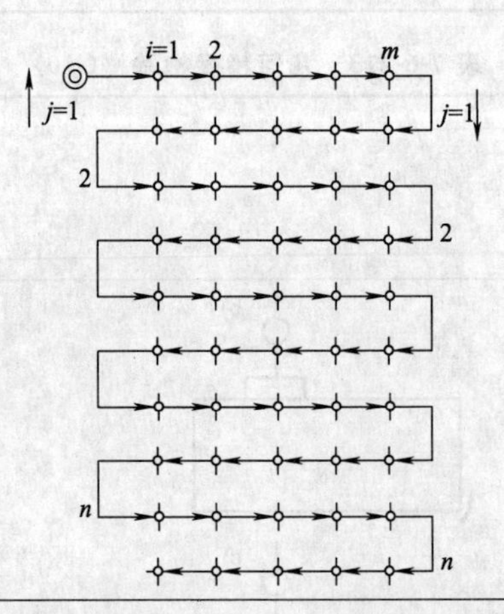

允差/mm

坐标行程	
≤500	＞500～1000
0.030	0.040

检验工具

读数显微镜和金属线纹尺或激光干涉仪

第7篇

续表

检验方法
非检测坐标上的运动部件位于行程的中间位置 在各坐标行程长度上适当选取至少五个测点。以这些测点的位置作为目标位置 P_i，快速移动运动部件，分别对各目标位置从正、负两个方向进行五次定位，测出正、负向每次定位时，运动部件实际到达的位置 P_{ij} 与目标位置 P_i 之差值（$P_{ij}-P_i$），即位置偏差 X_{ij} 按 GB/T 17421.2—2000 的规定，计算出在坐标全行程的双向定位精度 A 每个直线运动坐标均须检验

表 7-6-216　几何精度检验（G13）

检验项目

直线运动坐标的双向定位精度

简图

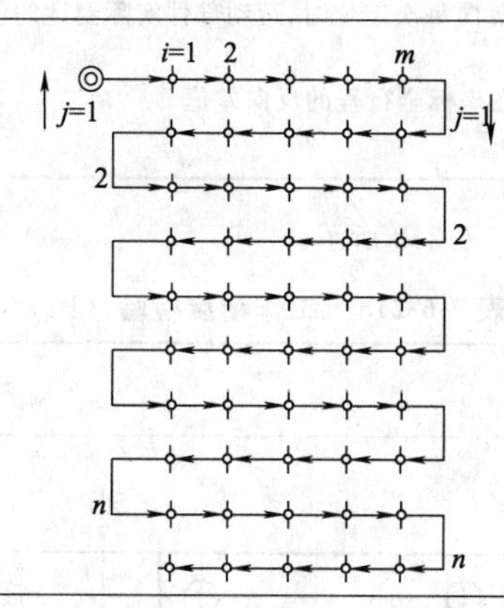

允差/mm

坐标行程	
≤500	>500～1000
0.016	0.023

检验工具

读数显微镜和金属线纹尺或激光干涉仪

检验方法

非检测坐标上的运动部件位于行程的中间位置

在各坐标行程长度上适当选取至少五个测点。以这些测点的位置作为目标位置 P_i，快速移动运动部件，分别对各目标位置从正、负两个方向进行五次定位，测出正、负向每次定位时，运动部件实际到达的位置 P_{ij}。与目标位置 P_i 之差值（$P_{ij}-P_i$），即位置偏差 X_{ij}

按 GB/T 17421.2—2000 的规定，计算出在坐标全行程的双向定位精度 R

每个直线运动坐标均须检验

表 7-6-217　几何精度检验（G14）

检验项目

直线运动坐标的反向差值

简图

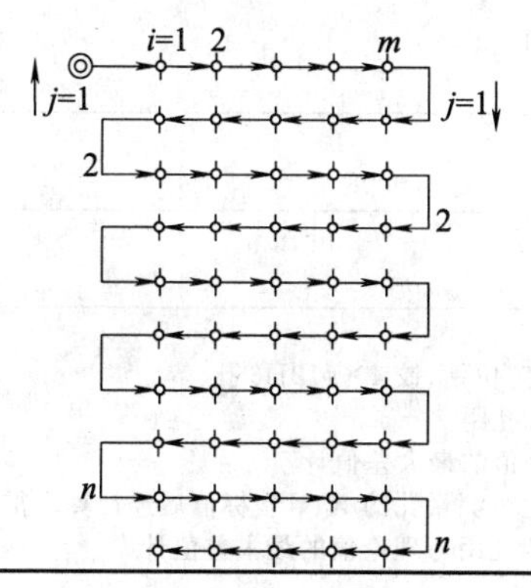

续表

允差/mm	坐标行程：≤500 → 0.014；>500～1000 → 0.016

坐标行程	
≤500	>500～1000
0.014	0.016

检验工具

读数显微镜和金属线纹尺或激光干涉仪

检验方法

非检测坐标上的运动部件位于行程的中间位置

在各坐标行程长度上适当选取至少五个测点。以这些测点的位置作为目标位置 P_i，快速移动运动部件，分别对各目标位置从正、负两个方向进行五次定位，测出正、负向每次定位时，运动部件实际到达的位置 P_{ij} 与目标位置 P_i 之差值($P_{ij}-P_i$)，即位置偏差 X_{ij}

按 GB/T 17421.2—2000 的规定，计算出在坐标全行程的反向差值 B

各个直线运动坐标均须检验

钻削加工中心的工作精度检验如表 7-6-218 所示。

表 7-6-218　工作精度检验（P1）

检验项目

钻、铰孔定位加工精度

简图

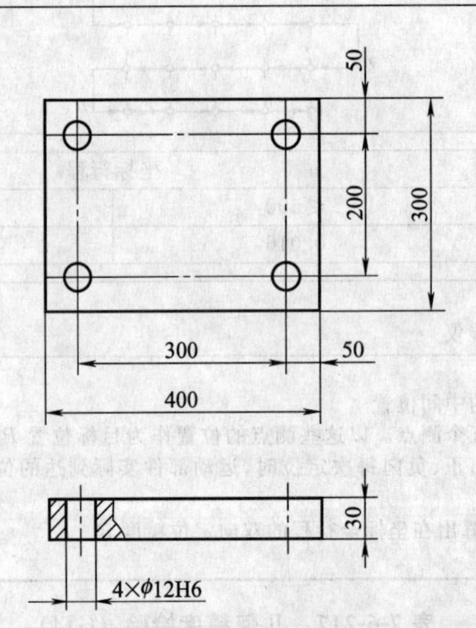

试件材料：HT150

检验项目

定位加工孔距精度

切削条件

切削刀具：中心钻、标准高速麻花钻、铰刀

铰孔余量：≤0.20mm(半径上)

允差/mm

0.08

检验工具

检验棒、千分尺

检验方法

试件装夹在工作台的中间位置。以快速定位钻、铰 4×ϕ12H6 孔

分别在 X、Y 坐标方向上测量孔间的实际孔距

误差以 X、Y 坐标方向的实际孔距与指令值的最大差值计

对角线方向的孔距可对两孔进行实测，也可测量孔的 X、Y 坐标值后经计算求得

对角线方向的孔距误差，以实测或计算的孔距与理论值的最大差值计

6.4 数控镗床精度检验

6.4.1 坐标镗床精度检验（JB/T 2254.1—2011）

1. 几何精度检验

（1）工作台面的平面度的检验（如表7-6-219所示）。

（2）工作台 X 轴线移动的角度偏差的检验（如表7-6-220所示）

工作台 X 轴线移动的角度偏差的检验一般包括以下两项：

a）在平行于移动方向的 ZX 垂直平面内（俯仰）；

b）在垂直于移动方向的 YZ 垂直平面内（倾斜）。

表7-6-219 工作台面的平面度的检验

项目编号	G1
简图	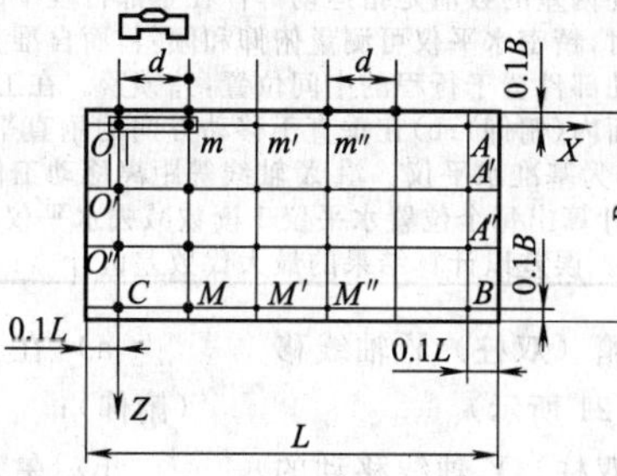 d　d　0.1B　X　O　m　m′　m″　A　A′　O′　B　O″　A″　0.1B　C　M　M′　M″　B　0.1L　0.1L　Z　L
公差/mm	在1000长度内 M级为0.010 P级为0.012 长度每增加1000公差值增加0.008
检验工具	精密水平仪或平尺和指示器或光学方法
检验方法	在这种方法中，测量基准由两根借助于精密水平仪达到平行放置的平尺提供 两根平尺 R_1 和 R_2 放置在 a、b、c、d 四个垫块上，其中的三个是等高的，另一个的高度是可调的，平尺如此安装是为了通过使用精密水平仪使其上表面平行。这样，两条直线 R_1 和 R_2 就在同一平面上。在方格内的任意一条线上面的 R_1 和 R_2 上放一基准平尺 R，用读数计（或通过标准量块）读出偏差 工作台置于行程的中间位置，并锁紧 双柱机床，工作台可置于方便检验的位置，并锁紧 在工作台面上放一桥板，其上放水平仪。分别沿图示方向等距离（每隔桥板长度）移动桥板检验 通过工作台面上的 OAC 建立基准平面，根据水平仪读数求得各测点到基准平面的坐标值 误差以坐标值的最大代数差值计 检验时，检验工具应位于距工作台长度和宽度方向两侧边缘不大于0.1倍的位置上（即0.1L 和0.1B）

表7-6-220 工作台 X 轴线移动的角度偏差的检验

项目编号	G2
简图	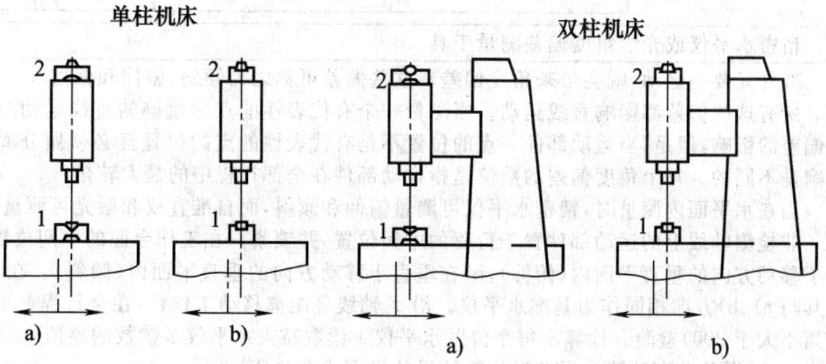 单柱机床　双柱机床　2　1　a)　2　1　b)　2　1　a)　2　1　b)

续表

项目编号	G2
公差	（见下表）
检验工具	精密水平仪或光学角度偏差测量工具
检验方法	部件只要一运动，就会带来角度偏差。这些偏差可称之为倾斜、俯仰和偏摆 所有这些偏差都影响直线运动。当测量一个有代表性的点的轨迹的直线运动时，测量结果包含着全部角度偏差的影响，但是，当运动部件一点的位置不是有代表性的点的位置且必须做分离测量时，这些角度偏差的影响是不同的。每个角度偏差的数值是指运动部件在全部行程中的最大转角 当在水平面内测量时，精密水平仪可测量俯仰和倾斜，而自准直仪和激光可测量俯仰和偏摆 非检测轴线上的运动部件置于行程的中间位置，并锁紧。在工作台面的中间位置放置精密水平仪：a)在平行于移动方向的垂直平面内(俯仰)；b)在垂直于移动方向的垂直平面内(倾斜)。在主轴箱上放置精密水平仪使其与a)、b)方向相同作为基准水平仪。沿X轴线等距离移动工作台，在全行程上不少于五个位置(每次移动距离不大于200)检验。计算出每个位置水平仪1读数减去水平仪2读数的差值 a)、b)误差分别计算。误差以计算结果的最大代数差值计

G2 公差：

X轴线最大行程/mm	M级		P级	
	a)	b)	a)	b)
＜800	3″	2.5″	4″	3″
≥800～1250	4″	3″	5″	4″
＞1250～2000	4″	3″	5″	4″
＞2000	5″	4″	6″	6″

（3）工作台（单柱）或主轴箱（双柱）Y轴线移动的角度偏差的检验（如表7-6-221所示）

工作台（单柱）或主轴箱（双柱）Y轴线移动的角度偏差的检验一般包括以下两项：

a）在平行于移动方向的YZ垂直平面内（俯仰）；

b）在垂直于移动方向的ZX垂直平面内（倾斜）。

表7-6-221　工作台或主轴箱Y轴线移动的角度偏差的检验

项目编号	G3
简图	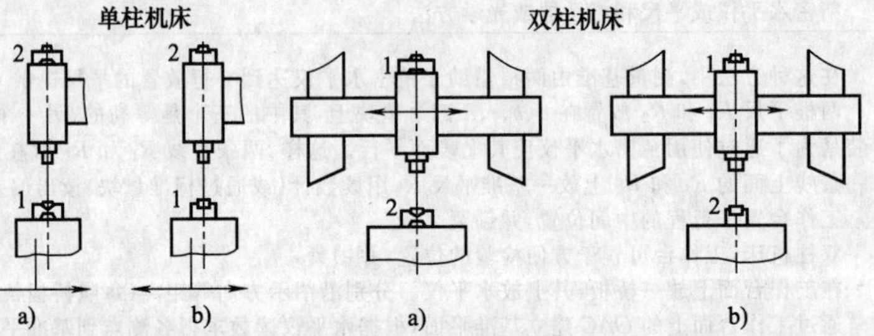 单柱机床：a)、b)（水平仪1、2）；双柱机床：a)（水平仪1、2）
公差	（见下表）
检验工具	精密水平仪或光学角度偏差测量工具
检验方法	部件只要一运动，就会带来角度偏差。这些偏差可称之为倾斜、俯仰和偏摆 所有这些偏差都影响直线运动。当测量一个有代表性的点的轨迹的直线运动时，测量结果包含着全部角度偏差的影响，但是，当运动部件一点的位置不是有代表性的点的位置且必须做分离测量时，这些角度偏差的影响是不同的。每个角度偏差的数值是指运动部件在全部行程中的最大转角 当在水平面内测量时，精密水平仪可测量俯仰和倾斜，而自准直仪和激光可测量俯仰和偏摆 非检测轴线上的运动部件置于行程的中间位置，并锁紧。在工作台面的中间位置放置精密水平仪：a)在平行于移动方向的垂直平面内(俯仰)；b)在垂直于移动方向的垂直平面内(倾斜)。在主轴箱上放置精密水平仪使其与a)、b)方向相同作为基准水平仪。沿Y轴线等距离移动工作台，在全行程上不少于五个位置(每次移动距离不大于200)检验。计算出每个位置水平仪1读数减去水平仪2读数的差值 a)、b)误差分别计算。误差以计算结果的最大代数差值计

G3 公差：

X轴线最大行程/mm	M级		P级	
	a)	b)	a)	b)
＜800	3″	2.5″	4″	3″
≥800～1250	4″	3″	5″	4″
＞1250～2000	5″	3″	5″	4″
＞2000	5″	4″	6″	6″

（4）工作台 X 轴线运动和工作台（单柱）或主轴箱（双柱）Y 轴线运动在水平面内的角度偏差的检验（如表 7-6-222 所示）

（5）工作台（单柱）或主轴箱（双柱）Y 轴线运动对工作台 X 轴线运动在 XY 平面内的垂直度的检验（如表 7-6-223 所示）

表 7-6-222　工作台 X 轴线运动和工作台或主轴箱 Y 轴线运动在水平面内的角度偏差的检验

<table>
<tr><td>项目编号</td><td>G4</td></tr>
<tr><td>简图</td><td>单柱　　双柱</td></tr>
<tr><td>公差</td><td>
<table>
<tr><td>X、Y 轴线最大行程/mm</td><td>M 级</td><td>P 级</td></tr>
<tr><td><800</td><td>2.5″</td><td>3″</td></tr>
<tr><td>≥800～1250</td><td>3″</td><td>4″</td></tr>
<tr><td>>1250～2000</td><td>3.5″</td><td>5″</td></tr>
<tr><td>>2000</td><td>4″</td><td>6″</td></tr>
</table>
</td></tr>
<tr><td>检验工具</td><td>自准直仪、专用检具</td></tr>
<tr><td>检验方法</td><td>在用自准直仪检验的方法中，使用一同轴安装的自准直仪，可动平镜 M 围绕水平轴线的任何转动都会引起焦点平面内十字线成像的垂直移动。这个位移相当于平镜架的角度变化，可用目镜测微计测得
使目镜测微镜转动 90°，就可同样对围绕垂直轴线的可动平镜 M 的转角进行测量，因此自准直仪可用于两个平面内的角度测量
该法特别适用于大长度的检验。因为与准直望远镜相反，它受由于光束双向行程的空气折射率的变化影响小
非检测轴线上的运动部件置于行程的中间位置，并锁紧
在工作台面上（单柱）或主轴箱上（双柱）分别固定自准直仪反射镜。在机床外（或机床不动部件上）固定自准直仪测微计，使其光束与反射镜平行。分别等距离沿 X 轴线移动工作台或沿 Y 轴线移动工作台（单柱）或主轴箱（双柱），在全行程上不少于五个位置（每次移动距离不大于 200）检验
X 轴线、Y 轴线的误差分别计算。误差以自准直仪读数的最大代数差值计</td></tr>
</table>

表 7-6-223　工作台或主轴箱 Y 轴线运动对工作台 X 轴线运动在 XY 平面内的垂直度的检验

项目编号	G5
简图	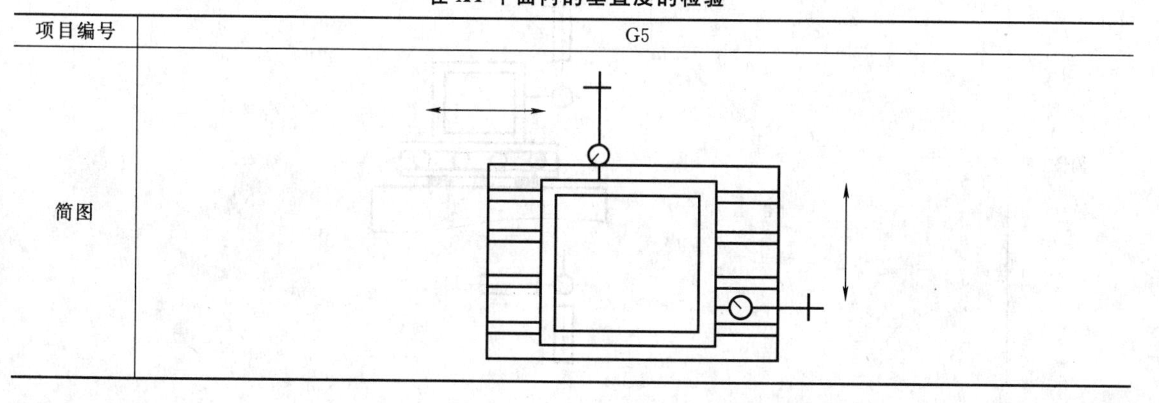

续表

<table>
<tr><td>项目编号</td><td>G5</td></tr>
<tr><td>公差/mm</td><td>
<table>
<tr><th>X 轴线最大行程</th><th>测量长度 L</th><th>M 级</th><th>P 级</th></tr>
<tr><td>≤320</td><td>200</td><td>0.002</td><td>0.003</td></tr>
<tr><td>>320～800</td><td>300</td><td>0.003</td><td>0.005</td></tr>
<tr><td>>800～2000</td><td>400</td><td>0.004</td><td>0.006</td></tr>
<tr><td>>2000</td><td>500</td><td>0.005</td><td>0.008</td></tr>
</table>
</td></tr>
<tr><td>检验工具</td><td>角尺、指示器</td></tr>
<tr><td>检验方法</td><td>用安装在量块和平尺上的角尺来比较该两条轨迹，测量仪器的安装如下图
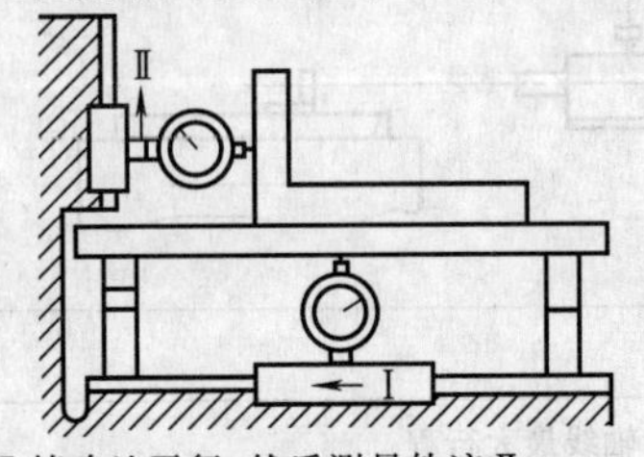

用指示器调整角尺的一边与轨迹Ⅰ精确地平行，然后测量轨迹Ⅱ
角尺的一边也可调整为使轨迹Ⅰ具有大于公差值的斜度，使指示器仅在一个方向工作，以消除它们的滞后。在这种情况下，垂直度的偏差等于同一测量范围内两指示器读数变化的差值
应考虑由于支承的载荷所引起的部件的挠度
非检测轴线上的运动部件置于行程的中间位置，并锁紧
双柱机床的横梁(W 轴线)自下而上移动至行程的 1/3 处，并锁紧
在工作台面的中间位置上放置角尺，调整角尺一检验面使其与工作台(单柱)或主轴箱(双柱)Y 轴线运动方向平行[①]。在主轴箱上固定指示器，使其测头触及角尺另一检验面。沿 X 轴线移动工作台在大于或等于测量长度 L 的 1.1 倍上，不少于 3 个位置检验
误差以指示器读数的最大差值计
可在指示器测头和角尺之间用量块检验</td></tr>
</table>

① 平行是指指示器在角尺两端读数相等。

(6) 主轴箱（单柱）或横梁（双柱）W 轴线运动对工作台 X 轴线或工作台（单柱）或主轴箱（双柱）Y 轴线移动的垂直度的检验（如表 7-6-224 所示）

主轴箱（单柱）或横梁（双柱）W 轴线运动对工作台 X 轴线或工作台（单柱）或主轴箱（双柱）Y 轴线移动的垂直度的检验一般包括以下两项：

a) 在 ZX 平面内；

b) 在 YZ 平面内。

表 7-6-224 主轴箱或横梁 W 轴线运动对工作台 X 轴线或工作台或主轴箱 Y 轴线移动的垂直度的检验

项目编号	G6
简图	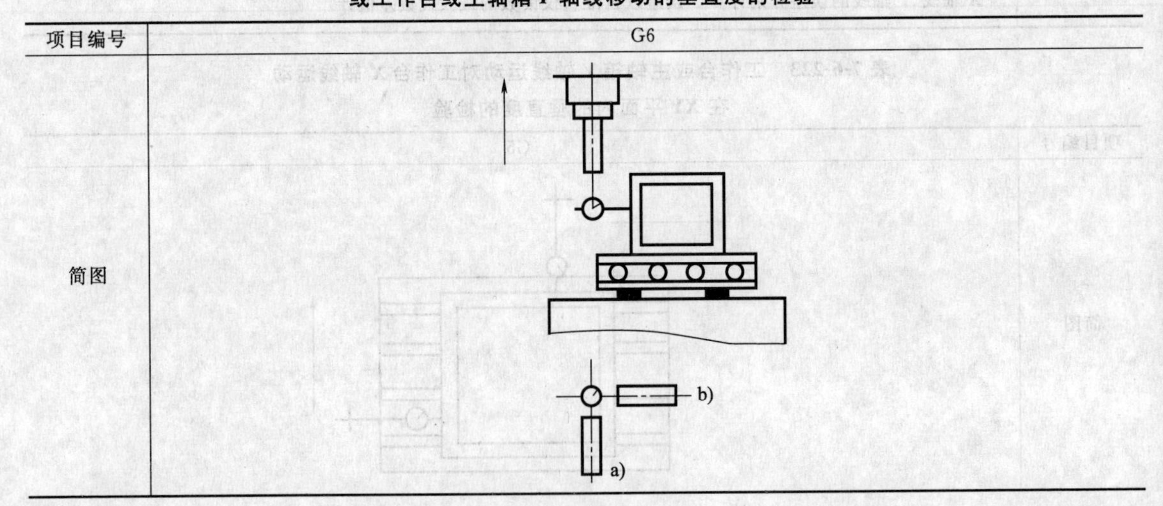

续表

<table>
<tr><td>项目编号</td><td colspan="4">G6</td></tr>
<tr><td rowspan="6">公差/mm</td><td rowspan="2">W 轴线最大行程</td><td rowspan="2">测量长度 L</td><td>M级</td><td>P级</td></tr>
<tr><td>a)和 b)</td><td>a)和 b)</td></tr>
<tr><td>≤320</td><td>200</td><td>0.0025</td><td>0.004</td></tr>
<tr><td>>320～800</td><td>300</td><td>0.0040</td><td>0.006</td></tr>
<tr><td>>800～2000</td><td>400</td><td>0.0050</td><td>0.008</td></tr>
<tr><td>>2000</td><td>500</td><td>0.0060</td><td>0.010</td></tr>
<tr><td>检验工具</td><td colspan="4">平尺、角尺、指示器</td></tr>
<tr><td>检验方法</td><td colspan="4">将角尺放在平面上，测量工具装在运动部件上，并随运动部件一起按规定的范围移动；测头垂直触及被测面，并沿该平面滑动）
如果测头不能直接触及被测面时(例如：狭槽的边)，可任选下列两种方法之一：一是使用带杠杆的辅助装置，二是使用适当形状的附件，在两个垂直方向上测量运动轨迹和角尺悬边间的平行度
非检测轴线上的运动部件置于行程的中间位置，并锁紧
在工作台面上放置两个可调垫块，其上放一平尺。固定指示器使其测头触及平尺检验面：a)在 ZX 平面内；b)在 YZ 平面内。调整平尺，使平尺平行①于部件移动方向。在平尺上放一角尺，指示器固定在主轴箱上，使其测头触及角尺检验面。移动主轴箱(单柱)或横梁(双柱，自下而上移动)在大于或等于测量长度 L 的 1.1 倍上，不少于 3 个位置检验。计算出指示器读数的最大差值
将角尺转动 180°。变换指示器位置，使其测头触及角尺原检验面，重复检验一次
a)、b)误差分别计算，误差以两次测量结果的差值之半计。即
$$误差=\frac{第一次测量结果-第二次测量结果}{2}$$
可在指示器测头和平尺之间用量块检验</td></tr>
</table>

① 平行是指指示器读数在平尺两端相等。

(7) 主轴（或主轴套筒）Z 轴线运动对工作台 X 轴线运动或工作台（单柱）或主轴箱（双柱）Y 轴线运动的垂直度的检验（如表 7-6-225 所示）

主轴（或主轴套筒）Z 轴线运动对工作台 X 轴线运动或工作台（单柱）或主轴箱（双柱）Y 轴线运动的垂直度的检验一般包括以下两项：

a) 在 ZX 平面内；

b) 在 YZ 平面内。

表 7-6-225　主轴（或主轴套筒）Z 轴线运动对工作台 X 轴线运动或工作台（单柱）或主轴箱（双柱）Y 轴线运动的垂直度的检验

<table>
<tr><td>项目编号</td><td colspan="3">G7</td></tr>
<tr><td>简图</td><td colspan="3"> 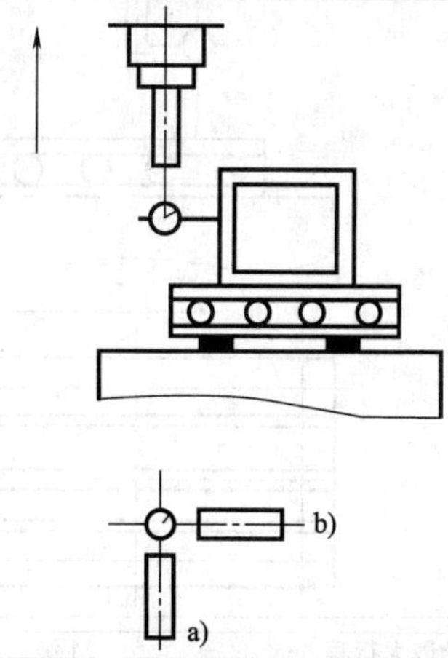b)
a)</td></tr>
<tr><td rowspan="6">公差/mm</td><td rowspan="2">Z 轴线最大行程</td><td>M级</td><td>P级</td></tr>
<tr><td>a)和 b)</td><td>a)和 b)</td></tr>
<tr><td>≤100</td><td>0.003</td><td>0.005</td></tr>
<tr><td>>100～160</td><td>0.004</td><td>0.006</td></tr>
<tr><td>>160～250</td><td>0.005</td><td>0.007</td></tr>
<tr><td>>250</td><td>0.006</td><td>0.008</td></tr>
</table>

第7篇

续表

项目编号	G7
检验工具	平尺、角尺、指示器
检验方法	用安装在量块和平尺上的角尺来比较该两条轨迹，测量仪器的安装如下图 用指示器调整角尺的一边与轨迹Ⅰ精确地平行，然后测量轨迹Ⅱ 角尺的一边也可调整为使轨迹Ⅰ具有大于公差值的斜度，使指示器仅在一个方向工作，以消除它们的滞后。在这种情况下，垂直度的偏差等于同一测量范围内两指示器读数变化的差值。 应考虑由于支承的载荷所引起的部件的挠度 非检测轴线上的运动部件置于行程的中间位置，并锁紧 在工作台面上放置两个可调垫块，其上放一平尺。固定指示器使其测头触及平尺检验面：a)在 ZX 平面内；b)在 YZ 平面内。调整平尺，使平尺平行①于部件移动方向。在平尺上放一角尺，指示器固定在主轴箱上，使其测头触及角尺检验面。移动主轴箱(单柱)或横梁(双杆、自下而上移动)在大于或等于测量长度 L 的 1.1 倍上，不少于 3 个位置检验。计算出指示器读数的最大差值 将角尺转动 180°，变换指示器位置，使其测头触及角尺原检验面，重复检验一次 a)、b)误差分别计算，误差以两次测量结果的差值之半计。即 $误差=\frac{第一次测量结果-第二次测量结果}{2}$ 可在指示器测头和平尺之间用量块检验

① 平行是指指示器读数在平尺两端相等。

(8) 工作台面对工作台沿 X 轴线运动的平行度的检验（如表 7-6-226 所示）

表 7-6-226　工作台面对工作台沿 X 轴线运动的平行度的检验

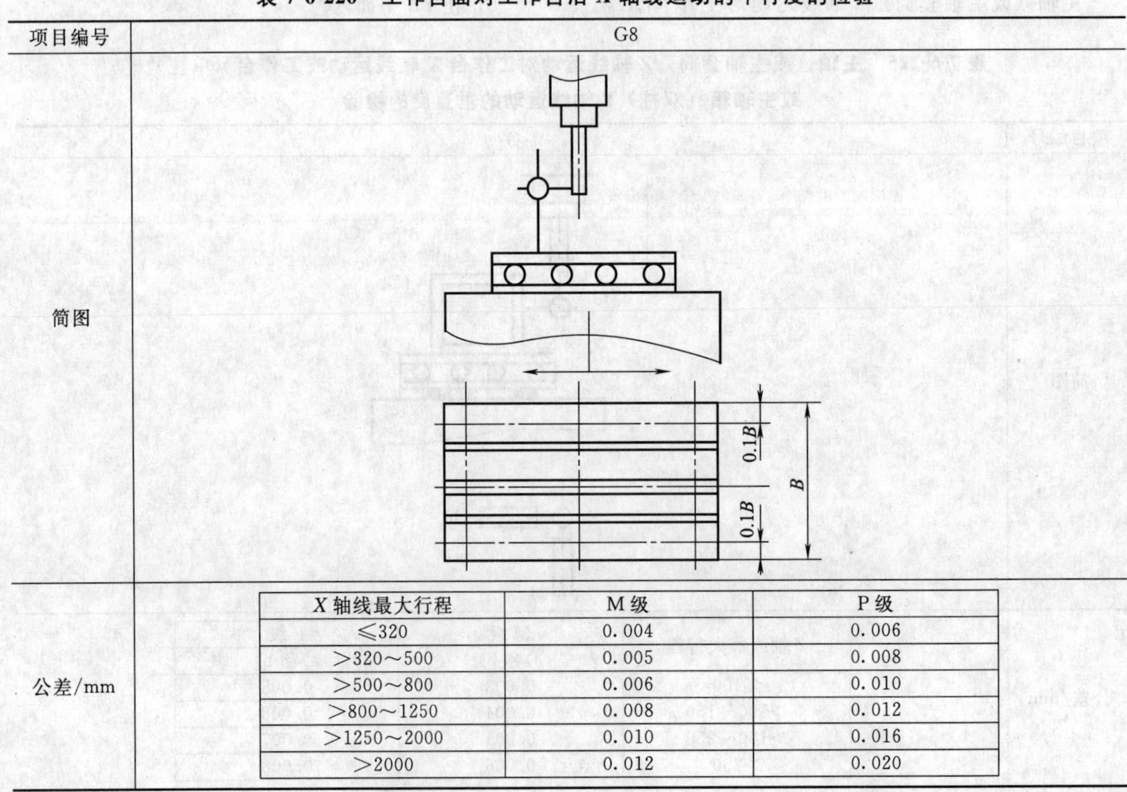

项目编号	G8		
简图			
公差/mm	X 轴线最大行程	M级	P级
	≤320	0.004	0.006
	＞320～500	0.005	0.008
	＞500～800	0.006	0.010
	＞800～1250	0.008	0.012
	＞1250～2000	0.010	0.016
	＞2000	0.012	0.020

续表

项目编号	G8
检验工具	指示器、平尺或等高量块
检验方法	指示器装在机床的固定部件上，使其测头垂直触及被测面。按规定的范围移动运动部件 这种测量方式有代表性的应用对象是工件放置在工作台上的铣床和磨床 指示器安放在主轴端部，工作台移动。所得到的读数可反映对完工工件精度（对平行度而言）的影响 将角尺放在平面上，测量工具装在运动部件上，并随运动部件一起按规定的范围移动；测头垂直触及被测面，并沿该平面滑动 如果测头不能直接触及被测面时（例如：狭槽的边），可任选下列两种方法之一：一是使用带杠杆的辅助装置，二是使用适当形状的附件，在两个垂直方向上测量运动轨迹和角尺悬边间的平行度 非检测轴线上的运动部件置于行程的中间位置或便于检验的位置，并锁紧 在工作台面上沿 X 轴线运动方向放置一平尺。指示器固定在主轴箱上（如果主轴能锁紧，指示器可固定在主轴上），使其测头触及平尺检验面。沿 X 轴线等距离移动工作台，在全行程上不少于 5 个位置（每次移动距离不大于 200）检验 误差以指示器读数的最大代数差值计 检验时，对于单柱机床在前、中、后 3 个位置，对于双柱机床应在左、中、右 3 个位置分别进行检验。前、后及左、右的检验位置均应不大于工作台面宽度的 0.1 倍（即 0.1B） 可在指示器测头和平尺之间用量块检验 检验时，可用等高量块按上述方法进行检验

（9）工作台面对工作台（单柱）或主轴箱（双柱）沿 Y 轴线运动的平行度的检验（如表 7-6-227 所示）

表 7-6-227　工作台面对工作台（单柱）或主轴箱（双柱）沿 Y 轴线运动的平行度的检验

项目编号	G9
简图	

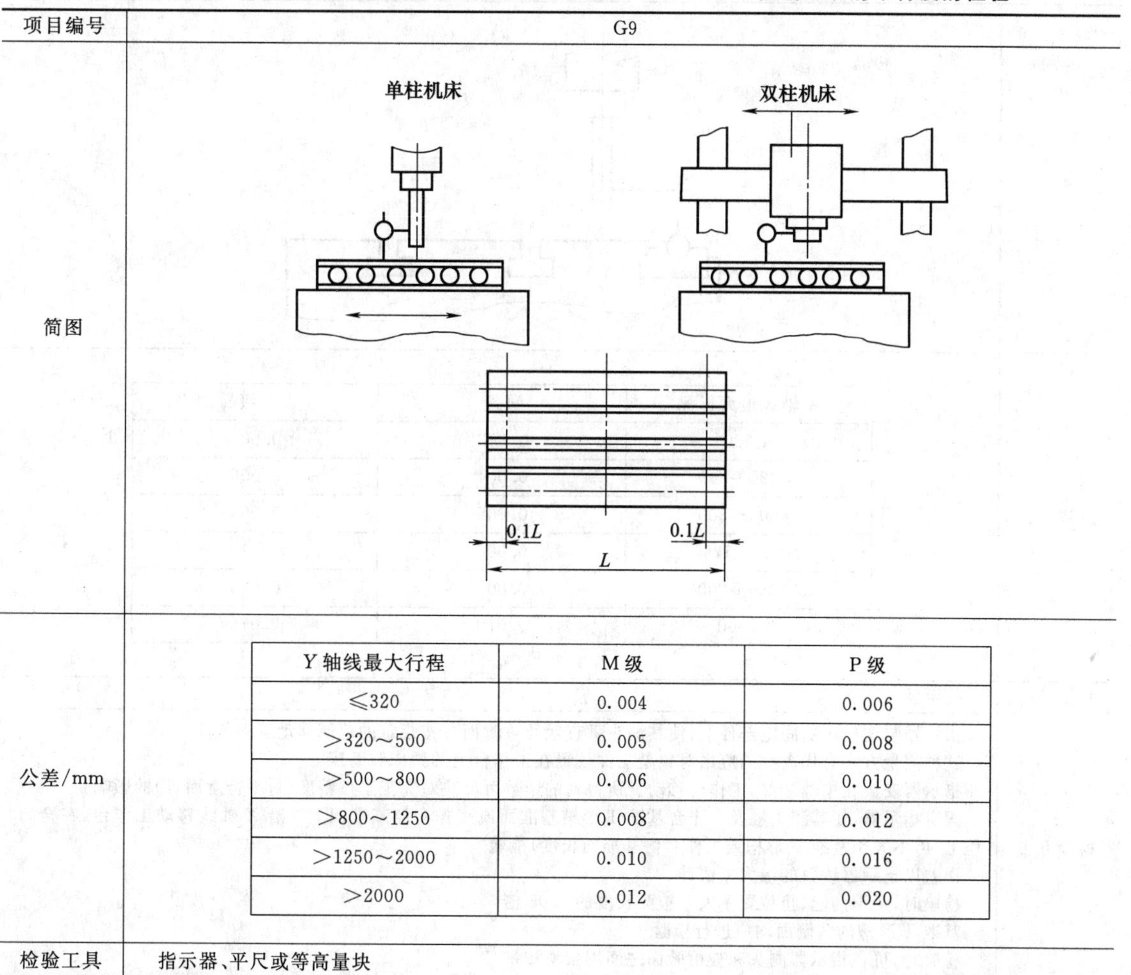

公差/mm

Y 轴线最大行程	M 级	P 级
≤320	0.004	0.006
＞320～500	0.005	0.008
＞500～800	0.006	0.010
＞800～1250	0.008	0.012
＞1250～2000	0.010	0.016
＞2000	0.012	0.020

检验工具	指示器、平尺或等高量块

续表

项目编号	G9
检验方法	指示器装在机床的固定部件上，使其测头垂直触及被测面。按规定的范围移动运动部件 这种测量方式有代表性的应用对象是工件放置在工作台上的铣床和磨床 指示器安放在主轴端部，工作台移动。所得到的读数可反映对完工工件精度（对平行度而言）的影响 将角尺放在平面上，测量工具装在运动部件上，并随运动部件一起按规定的范围移动；测头垂直触及被测面，并沿该平面滑动 如果测头不能直接触及被测面时（例如：狭槽的边），可任选下列两种方法之一：一是使用带杠杆的辅助装置，二是使用适当形状的附件，在两个垂直方向上测量运动轨迹和角尺悬边间的平行度 非检测轴线上的运动部件置于行程的中间位置或便于检验的位置，并锁紧 在工作台面上沿 Y 轴线运动方向放置一平尺。指示器固定在主轴箱上（如果主轴能锁紧，指示器可固定在主轴上），使其测头触及平尺检验面。沿 Y 轴线等距离移动工作台（单柱）或主轴箱（双柱），在全行程上不少于 5 个位置（每次移动距离不大于 200）检验 误差以指示器读数的最大代数差值计 检验时，对于单柱机床应在左、中、右 3 个位置，对于双柱机床应在前、中、后 3 个位置分别进行检验。左、右及前、后的检验位置均应不大于工作台面长度的 0.1 倍（即 $0.1L$） 可在指示器测头和平尺之间用量块检验 检验时，可用等高量块按上述方法进行检验

(10) 工作台基准 T 形槽或侧基准对工作台 X 轴向移动的平行度的检验（如表 7-6-228 所示）

表 7-6-228　工作台基准 T 形槽或侧基准对工作台 X 轴向移动的平行度的检验

项目编号	G10		
简图	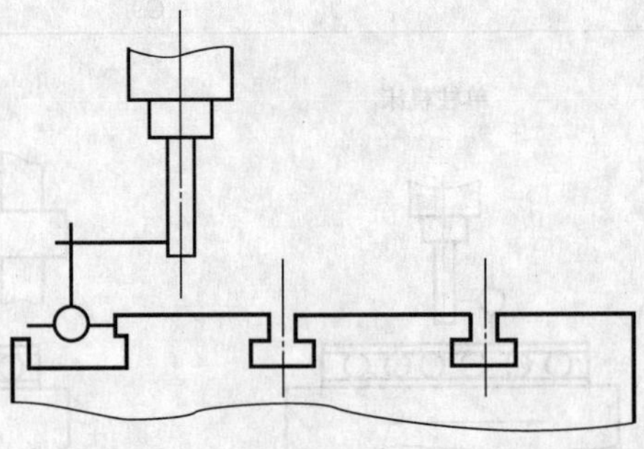		
公差/mm	X 轴线最大行程	M 级	P 级
	≤320	0.003	0.005
	＞320～500	0.004	0.006
	＞500～800	0.005	0.008
	＞800～1250	0.006	0.010
	＞1250～2000	0.008	0.013
	＞2000	0.010	0.016
检验工具	指示器		
检验方法	指示器装在机床的固定部件上，使其测头垂直触及被测面。按规定的范围移动运动部件 这种测量方式有代表性的应用对象是工件放置在工作台上的铣床和磨床 指示器安放在主轴端部，工作台移动。所得到的读数可反映对完工工件精度（对平行度而言）的影响 固定指示器，使其测头触及工作台基准 T 形槽基准面或工作台侧基准面上。沿 X 轴线移动工作台，在全行程上（但不大于基准 T 形槽或工作台侧基准面长度）检验 误差以指示器读数的最大差值计 检验时，两端的起、止位置不大于被测长度的 0.05 倍 基准 T 形槽的两侧面均应进行检验 检验时，可在指示器测头和被检验面之间用量块测量		

（11）主轴锥孔轴线的径向跳动的检验（如表7-6-229所示）。

主轴锥孔轴线的径向跳动的检验一般包括以下两项：

a）靠近主轴端部；

b）距主轴端部 100 处。

表 7-6-229　主轴锥孔轴线的径向跳动的检验

<table>
<tr><td>项目编号</td><td>G11</td></tr>
<tr><td>简图</td><td>a)
100
b)</td></tr>
<tr><td>公差/mm</td><td>
<table>
<tr><td colspan="2">主轴端部</td><td rowspan="2">M 级</td><td rowspan="2">P 级</td></tr>
<tr><td>7∶24 锥度</td><td>莫氏锥度</td></tr>
<tr><td>30</td><td>0,1,2</td><td>a)0.002
b)0.003</td><td>a)0.003
b)0.005</td></tr>
<tr><td>40,45,50</td><td>3</td><td>a)0.003
b)0.004</td><td>a)0.005
b)0.006</td></tr>
</table>
</td></tr>
<tr><td>检验工具</td><td>指示器、检验棒</td></tr>
<tr><td>检验方法</td><td>当圆柱孔或锥孔不能直接用指示器检验时，则可在该孔内装入检验棒。用检验棒伸出的圆柱部分检验。如果仅在检验棒的一个截面上检验，则应规定该测量圆相对于轴的位置。因为检验棒的轴线有可能在测量平面内与旋转轴线相交，所以应在规定间距的 A 和 B 两个截面内检验
例如在靠近检验棒的根部处进行一次检验，另一次则在离根部某规定距离处检验。由于检验棒插入孔内（尤其是锥孔内）可能出现误差，这些检测至少应重复四次。即每次将检验棒相对主轴旋转 90°重新插入，取读数的平均值为测量结果
在主轴锥孔内插入一检验棒，固定指示器，使其测头触及检验棒表面：a)靠近主轴端部；b)距主轴端部 1000 处。旋转主轴至少两圈检验。拔出检验棒旋转 90°重新插入，再依次检验 3 次
a)、b)误差分别计算。误差以 4 次测量结果的平均值计
因结构原因，可将检验棒旋转 180°，重复检验 1 次
a)、b)误差分别计算。误差以两次测量结果的平均值计
在 ZX 平面内和 YZ 平面内均需检验</td></tr>
</table>

（12）主轴的轴向窜动的检验（如表 7-6-230 所示）

表 7-6-230　主轴的轴向窜动的检验

项目编号	G12
简图	

续表

项目编号	G12			
公差/mm	主轴端部		M级	P级
	7∶24锥度	莫氏锥度		
	30	0,1,2	0.0016	0.0025
	40,45,50	3	0.0025	0.0040
检验工具	指示器、检验棒			
检验方法	为了消除止推轴承游隙的影响,在测量方向上对主轴加一个轻微的压力,指示器的测头触及前端面的中心,在主轴低速连续旋转和在规定方向上保持着压力的情况下测取读数 如果主轴是空心的,则应安装一根带有垂直于轴线的平面的短检验棒。将球形测头触及该平面进行检验,也可用一根带球面的检验棒和平测头进行检验,如果主轴带中心孔,可放入一个钢球,用平测头与其触及进行检验 在主轴锥孔内插入一检验棒,固定指示器,使其测头触及检验棒中心孔内的钢球表面,旋转主轴至少两圈检验 误差以指示器读数的最大差值计			

(13) 主轴轴线对工作台 X 轴线和工作台(单柱)或主轴箱(双柱)沿 Y 轴线运动的垂直度的检验(如表7-6-231所示)

主轴轴线对工作台 X 轴线和工作台(单柱)或主轴箱(双柱)沿 Y 轴线运动的垂直度的检验一般包括以下两项:

a) 在 ZX 平面内;

b) 在 YZ 平面内。

表7-6-231 主轴轴线对工作台 X 轴线和工作台(单柱)或主轴箱(双柱)沿 Y 轴线运动的垂直度的检验

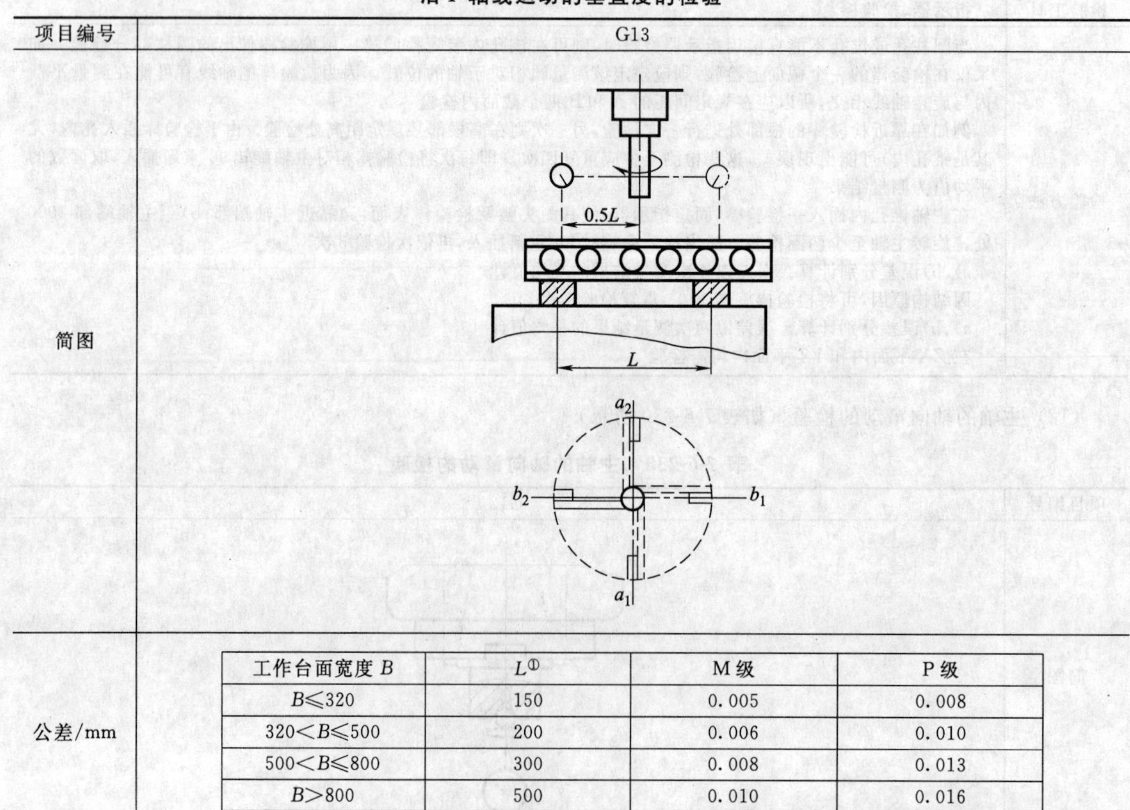

项目编号	G13			
简图				
公差/mm	工作台面宽度 B	L①	M级	P级
	B⩽320	150	0.005	0.008
	320<B⩽500	200	0.006	0.010
	500<B⩽800	300	0.008	0.013
	B>800	500	0.010	0.016

续表

项目编号	G13
检验工具	指示器、平尺、专用检具
检验方法	垂直度测量实际上是平行度测量。一般注意事项如下 对于旋转的轴可以将带有指示器的角形表杆装在主轴上，并将指示器的测头调至平行于旋转轴线。当主轴旋转时，指示器便画出一个圆，其圆平面垂直于旋转轴线，被测平面与圆平面之间的平行度偏差可以通过指示器测头在被测平面上摆动的检查方法测量 非检测轴线上的运动部件置于行程的中间位置，并锁紧 在工作台面的中间位置放置两个可调垫块，其上放一平尺。在插入主轴锥孔中的专用检具上固定指示器，使其测头触及平尺检验面：a)在 ZX 平面内(a_1 和 a_2)；b)在 YZ 平面内(b_1 和 b_2)，分别调整平尺，使其与工作台 X 轴向移动方向或工作台(单柱)或主轴箱(双柱)移动方向平行②(调整时移动长度应大于或等于 L 的 1.25 倍)，旋转主轴检验 拔出专用检具，相对主轴旋转 180°，再检验一次 a)、b)误差分别计算。误差以两次测量结果的代数和之半计 检验时，可在指示器测头和平尺之间用量块检验

① L 为指示器两个测点之间的距离。

② 平行是指指示器读数在平尺两端读数相等。

(14) X、Y 轴线移动的定位精度的检验（如表 7-6-232 所示）

表 7-6-232　X、Y 轴线移动的定位精度的检验

项目编号	G14		
简图			
公差/mm	轴线最大行程	M 级	P 级
	≤320	0.0025	0.004
	>320～500	0.0030	0.005
	>500～800	0.0040	0.006
	>800～1250	0.0050	0.008
	>1250～2000	0.0060	0.010
	>2000	0.0080	0.013
检验工具	标准刻线尺和读数显微镜或激光干涉仪		
检验方法	在工作台中间位置，沿 X、Y 轴线分别放置标准刻线尺，使刻线尺刻线面高度为工作台面至主轴端面的最大距离的 1/3。在主轴上固定读数显微镜。分别沿 X 轴线移动工作台或沿 Y 轴线移动工作台(单柱)或主轴箱(双柱)，在全行程上检验 X,Y 轴线的误差分别计算，误差以任意两刻线间显微镜读数的最大代数差值计 测量间隔应为小于或等于被测轴线全行程的 0.02 倍的整数 对于 X : Y 的比值不大于 1.6 倍时，按较大行程的允差值检验		

2. 工作精度检验

坐标镗床工作精度是指机床在运动状态和切削力作用下的精度。在机床处于热平衡状态下，用机床加工出工件的精度来评定。

(1) 沿 X、Y 轴线坐标方向定位精镗孔工作精度的检验（如表 7-6-233 所示）

表 7-6-233 沿 X、Y 轴线坐标方向定位精镗孔工作精度的检验

项目编号	P1
简图	

试件尺寸 /mm

工作台面宽度	L	L_1	d
≤500	125	80	12～20
>500～1250	160	100	20～30
>1250	200	125	30～40

试件材料	HT200 或 LY12
切削条件和刀具	试件安装在工作台面上，其加工面高度(距离)为工作台面至主轴端面最大距离的 1/3 切削刀具：硬质合金镗刀或高速钢镗刀 切削参数：按制造厂或制造厂与用户协议的规定 当工作台最大移动距离大于或等于 800 时，推荐采用两个试件，沿 X 轴线对称安装在工作台上，两试件中心线的距离等于 X 轴线最大行程的 0.5 倍

检验项目：镗孔的孔距精度

公差 /mm

工作台面宽度	M 级	P 级
≤500	0.004	0.006
>500～1250	0.005	0.008
>1250	0.006	0.010

检验工具：坐标测量机或专用设备

检验方法：

机床检验前，必须将机床安置在适当的基础上，并按照制造厂的说明书调平机床

为了尽可能使润滑和温升在正常工作状态下评定机床精度，在进行几何精度和工作精度检验时，应根据使用条件和制造厂的规定将机床空运转，使机床零部件达到恰当的温度，因为有些零部件(例如主轴)的发热，将会引起位置和形状的变化

工作精度检验应在标准试件或由用户提供的试件上进行。与实际在机床上加工零件不同，实行工作精度检验不需要多种工序。工作精度检验应采用该机床具有的精加工工序

工件或试件的数目或在一个规定试件上的切削次数，需视情况而定，应使其能得出加工的平均精度，必要时，应考虑刀具的磨损

工作精度检验中试件的检查应按测量类别选择所需精度等级的测量工具

将精镗孔后的试件，放在坐标测量机上，测出 L_1 的孔距

误差以各孔距实测值与规定值的最大差值计

当采用专用设备进行测量时，试件可不从机床上卸下，用专用设备测量孔距

两试件的误差分别计算。误差以实测值与规定值的最大差值计

（2）精镗孔工作精度的检验（如表 7-6-234 所示）

表 7-6-234　精镗孔工作精度的检验

项目编号：P2

简图

试件尺寸 /mm

主轴端部		d	L	D	L_1
7∶24 锥度	莫氏锥度				
30	0,1,2	20～40	5～10	≥1.6d	≥1.6d
40,45,50	3	40～120	10～30		

切削条件

试件安装在工作台中间位置
试件材料：HT200 或 LY12
切削刀具：硬质合金镗刀
切削参数：按制造厂或制造厂与用户协议的规定

检验项目

a）圆度
b）直径一致性

公差/mm

主轴端部		M 级		P 级	
7∶24 锥度	莫氏锥度	a)	b)	a)	b)
30	0,1,2	0.002	0.004	0.004	0.006
40,45,50	3	0.003	0.005	0.006	0.008

检验工具：坐标测量机或指示器或圆度仪

检验方法

机床检验前，必须将机床安置在适当的基础上，并按照制造厂的说明书调平机床

为了尽可能使润滑和温升在正常工作状态下评定机床精度，在进行几何精度和工作精度检验时，应根据使使用条件和制造厂的规定将机床空运转，使机床零部件达到恰当的温度，因为有些零部件（例如主轴）的发热，将会引起位置和形状的变化

工作精度检验应在标准试件或由用户提供的试件上进行。与实际在机床上加工零件不同，实行工作精度检验不需要多种工序。工作精度检验应采用该机床具有的精加工工序

工件或试件的数目或在一个规定试件上的切削次数，需视情况而定，应使其能得出加工的平均精度，必要时，应考虑刀具的磨损

工作精度检验中试件的检查应按测量类别选择所需精度等级的测量工具

分别在Ⅰ、Ⅱ两孔同一深度的横截面上，测出相互夹角约为 45°的 4 个直径的最大差值之半

圆度误差以各最大差值之半中的最大值计

分别在相互夹角约为 45°的同一截面上，测出Ⅰ、Ⅱ两孔直径的最大差值

直径一致性误差以各最大差值中的最大值计

6.4.2 卧式铣镗床精度检验（GB/T 5289.3—2006）

卧式铣镗床相关的精度检验如表7-6-235～表7-6-237所示。

表7-6-235 卧式铣镗床的几何精度检验

序号	简图	检验项目	公差/mm	检验工具	检验方法
G1	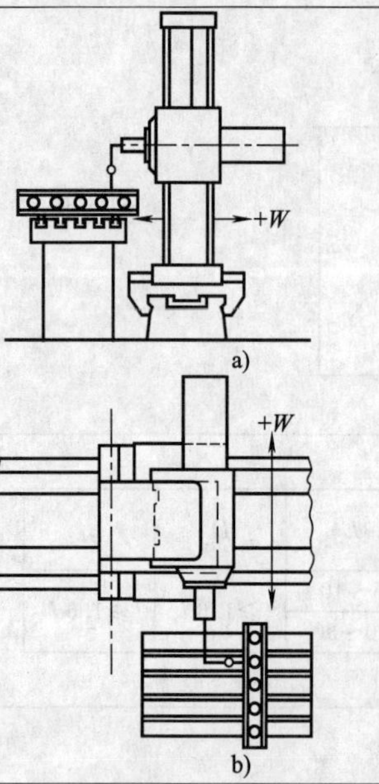 +W a) +W b)	立柱移动（W轴线）的直线度 a)在YZ垂直平面内 b)在ZX水平面内	a)和b) 1000测量长度内为0.02 测量长度超过1000时为0.03 局部公差：任意300测量长度为0.006	平尺、指示器、调整块或光学方法	在工作台台面上平行[①]于立柱的移动方向（W轴线），按a)和b)所定位置放置平尺 如果主轴能锁紧，指示器可固定在主轴上，否则将指示器固定在主轴箱上，指示器的测头应与平尺检测面垂直。沿W轴线方向移动立柱，并记录读数
	①平行指指示器在平尺的两端读数相等，在此情况下检测，指示器读数的最大差值即为直线度偏差				
G2	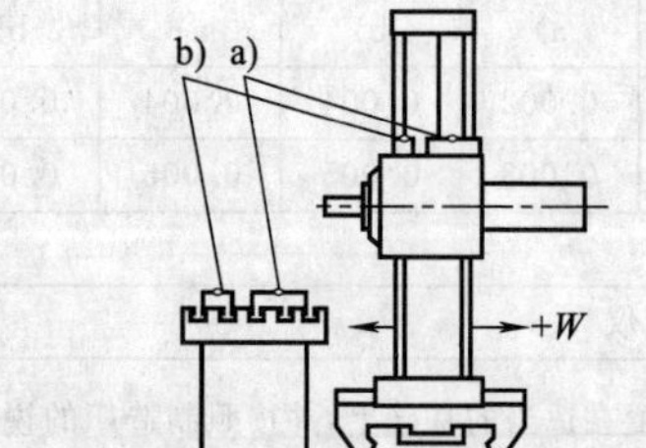 b) a) +W +W 反射镜和自准直仪c)	a)沿YZ平面内（俯仰） b)沿XY平面内（倾斜） c)沿ZX平面内（偏摆）	a)、b)和c) 0.04/1000 局部公差：任意300测量长度上为0.02/1000	a)精密水平仪或光学角度偏差测量工具 b)精密水平仪 c)光学角度偏差测量工具	水平仪或测量装置应置于主轴箱上 a)（俯仰）沿Z轴线方向（垂直放置） b)（倾斜）沿X轴线方向（垂直放置） c)（偏摆）沿Y轴线方向（水平放置） 基准水平仪固定在工件夹持工作台上，主轴箱位于行程的中间位置 当W轴线移动引起主轴箱和工件夹持工作台同时产生角度偏差时，这两种角度偏差应分别测量并给予标明 沿行程至少在五个等距离的位置进行测量，在每个位置的两个运动方向测取读数 最大和最小读数的差值应不超过公差

续表

序号	简 图	检验项目	公差/mm	检验工具	检验方法
G3	钢丝 只用于b) -X 标靶 望远镜 a)和b)	立柱滑座移动（X 轴线）的直线度 a）在 XY 垂直面内 b）在 ZX 水平平面内	a）和 b） 1000 测量长度内为 0.02 测量长度超过 1000 时，每增加1000，公差增加 0.01 最大公差：0.12 局部公差：任意 300 测量长度上为 0.006	光学方法或显微镜和钢丝	a）由于钢丝下垂，所以不推荐使用钢丝。准直望远镜可垂直固定在工件夹持工作台上，使光束平行于立柱滑座的 X 轴线 如果主轴能锁紧，则标靶镜可装在主轴上，否则应装在主轴箱上 沿 X 轴线方向移动立柱滑座，并记录下读数 b）当使用钢丝时，显微镜应安装在主轴或主轴箱上。当使用光学方法时，望远镜应水平放置
G4	+X b) a) b) a) +X c) 自准直仪 反射镜	a）沿 XY 平面内（俯仰） b）沿 YZ 平面内（倾斜） c）沿 ZX 平面内（偏摆）	a）b）和 c） $X \leqslant 4000$：0.04/1000 $X > 4000$：0.06/1000	指示器、等高量块角尺、水平仪或其他光学仪器	水平仪或光学测量装置应置于主轴箱上 a）（俯仰）沿 X 轴线方向（垂直放置） b）（倾斜）沿 Z 轴线方向（垂直放置） c）（偏摆）沿 X 轴线方向（水平放置） 基准水平仪固定在工件夹持工作台上，主轴箱位于行程的中间位置 当 X 轴线移动引起主轴箱和工件夹持工作台同时产生角度偏差时，这两种角度偏差应分别测量并给予标明 沿行程至少在五个等距离的位置进行测量，在每个位置的两个运动方向测取读数 最大和最小读数的差值不应超过公差

续表

序号	简　图	检验项目	公差/mm	检验工具	检验方法
G5	钢丝 +Y 钢丝 +Y	主轴箱移动（Y 轴线）的直线度 a)在 YZ 垂直面（包含主轴线的垂直平面） b）在 XY 垂直平面内（与主轴轴线垂直的垂直平面	a）和 b） 1000 测量长度内 0.02 4000 测量长度内，每增加1000，公差增加 0.01 测量长度超过 4000 时，每增加1000,公差增加 0.02	显微镜和钢丝或光学方法	立柱滑座应锁紧，且立柱在其行程的中间位置锁紧 钢丝应在工件夹持工作台和机床的另一个固定部件之间张紧，并尽可能靠近立柱的垂直滑动导轨 如果主轴能锁紧，显微镜或准直望远镜可固定在主轴上，否则应装在机床的主轴箱上 测量时，主轴箱应锁紧
G6	a)	检查主轴箱移动（Y 轴线）的角度偏差 a）在 YZ 垂直平面内 b）在 ZX 水平平面内	a）和 b） $Y\leqslant4000$：0.04/1000 $Y>4000$：0.06/1000	指示器、检验棒	主轴箱沿上、下两个方向往复移动，沿行程至少在5个等距离的位置进行测量 a）在主轴箱上沿 Z 轴线方向放置一水平仪。基准水平仪沿相同方向放置在工件夹持工作台上 当 Y 轴线运动引起主轴箱和工件夹持工作台同时产生角度偏差时，这两种角度偏差应分别测量并给予说明 最大和最小读数的差值应不超过公差

续表

序号	简　图	检验项目	公差/mm	检验工具	检验方法
G6	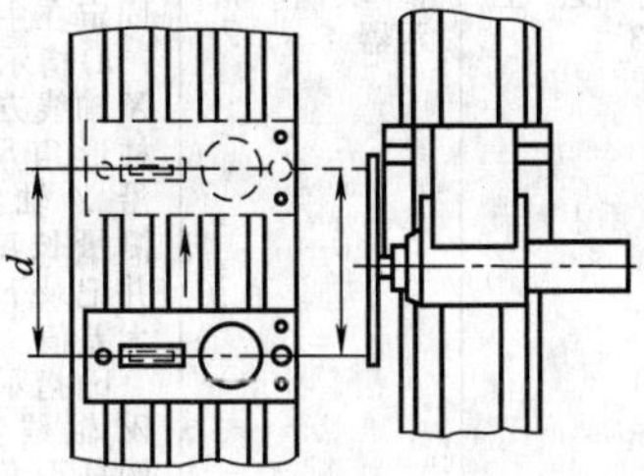 b)	检查主轴箱移动（Y 轴线）的角度偏差 a）在 YZ 垂直平面内 b）在 ZX 水平平面内	a）和 b） $Y \leqslant 4000$：0.04/1000 $Y > 4000$：0.06/1000	指示器、检验棒	b）在工件夹持工作台上放置一平板，并进行调整使之水平。将一圆柱形角尺置于平板上，指示器固定在主轴上，使其测头触及圆柱形角尺。在平板上沿 Z 轴线方向放置一水平仪，主轴箱沿 Y 轴移动，在各测量位置记录读数 平板及圆柱形角尺移动距离 d，调整平板使水平仪，读数与第一个位置相同，并重新调整指示器使其测头触及圆柱形角尺。然后，记录下主轴箱行程的各相同测量位置的读数 对每一个测量位置计算两个读数间的差值。角度偏差为最大与最小读数的差值除以 d
G7	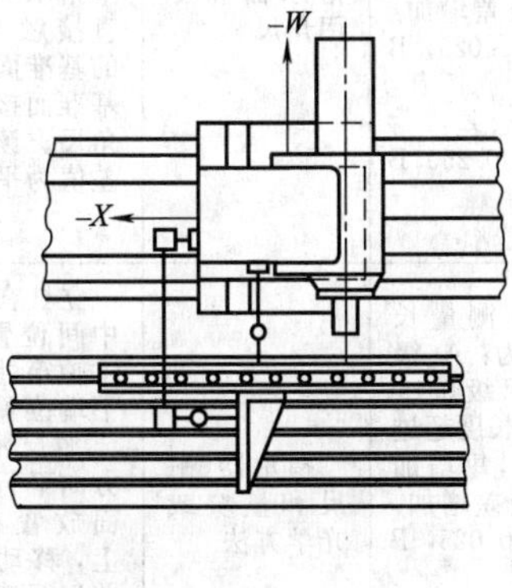	立柱滑座移动（X 轴线）对立柱移动（W 轴线）的垂直度。	任意 1000 测量长度上为 0.03	平尺、角尺和指示器	主轴箱位于行程的中间位置并锁紧。调整平尺使之与 X 轴线方向平行，角尺紧靠平尺放置。立柱滑座位于行程的中间位置并锁紧。如果主轴能锁紧，指示器可固定在主轴上，否则应固定在主轴箱上。指示器的测头垂直触及角尺的检验面。沿 W 轴线方向移动立柱并记录读数

第7篇

续表

序号	简 图	检验项目	公差/mm	检验工具	检验方法
G8	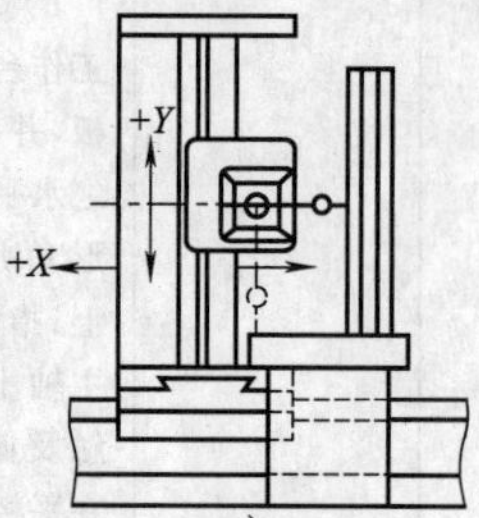 a) 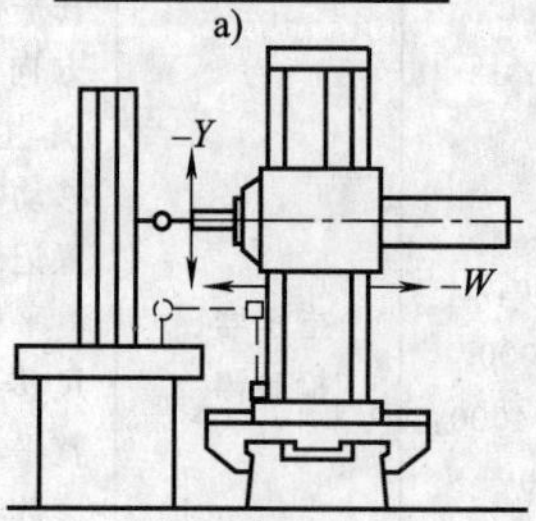 b)	主轴箱移动(Y轴线)对 a)立柱滑座移动(X轴线)的垂直度 b)立柱移动(W轴线)的垂直度(仅适用于具有W轴线运动的机床)	a)和b) 任意1000测量长度上为0.03	圆柱形角尺、平板、调整块和指示器	在工件夹持工作台上尽可能靠近机床放置一平板，调整平板使其表面与立柱滑座(X轴线)和立柱(W轴线)平行。圆柱形角尺放置在平板上 立柱滑座和立柱在其行程的中间位置锁紧 如果主轴能锁紧，指示器可固定在主轴上，否则应固定在主轴箱上 a)指示器测头沿X轴线方向触及圆柱形角尺，主轴箱沿Y轴线方向在测量长度上移动，并记录下读数的最大差值 b)指示器测头沿W轴线方向触及圆柱形角尺，并完成与a)相同的检验步骤
G9	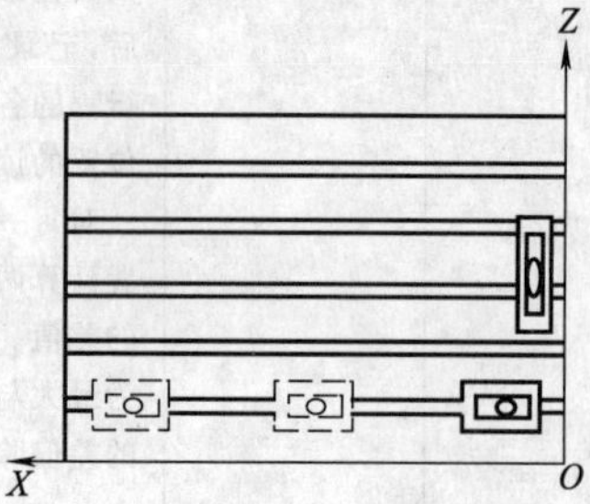	工作台台面的平面度	1000测量长度内为：A级0.05,B级0.08 测量长度超过1000时，每增加1000,公差增加：A级0.02,B级0.03 最大公差： A级0.15,B级0.40	精密水平仪或平尺、量块和指示器或光学仪器或其他仪器	
G10	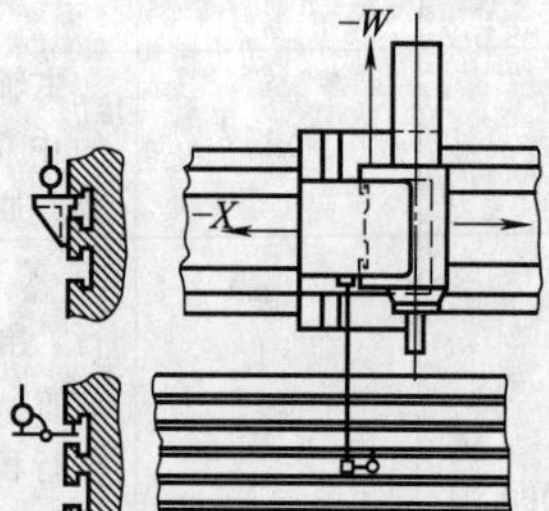	工件夹持固定工作台的中间或基准T形槽或任意其他基准面对立柱滑座移动(X轴线)的平行度。	1000测量长度内为：A级0.090,B级0.10 测量长度超过1000时，每增加1000,公差增加：A级0.025,B级0.04 最大公差： A级0.250,B级0.45	指示器和专用角尺	如果主轴能锁定，指示器可固定在主轴上，否则应固定在主轴箱上 指示器的测头可直接触及T形槽的基准面或触及与基准面接触的专用角尺。读数的最大差值为平行度偏差
G11	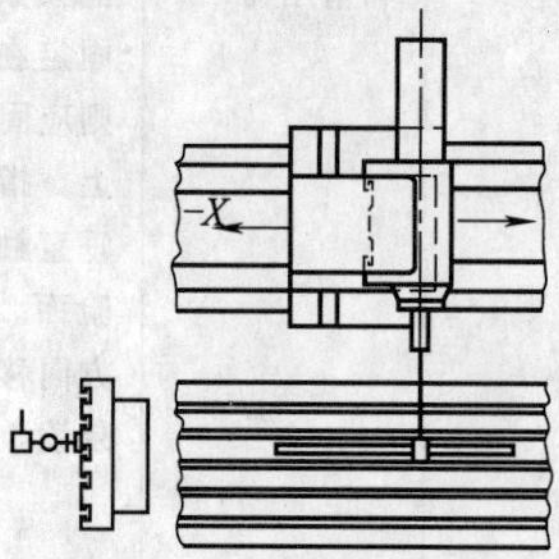	工件夹持固定工作台台面对立柱滑座移动(X轴线)的平行度。	1000测量长度内为：A级0.100,B级0.15 测量长度超过1000时，每增加1000,公差增加：A级0.025,B级0.04 最大公差： A级0.300,B级0.60	指示器、平尺和量块或光学方法	立柱在其行程的中间位置并锁紧。主轴箱处于立柱的下端位置 平尺沿X轴线方向平行于工作台面放置在工作台上，移动立柱滑座并记录读数 如果不用平尺，可使用指示器和量块直接测量

续表

序号	简　图	检验项目	公差/mm	检验工具	检验方法
G12	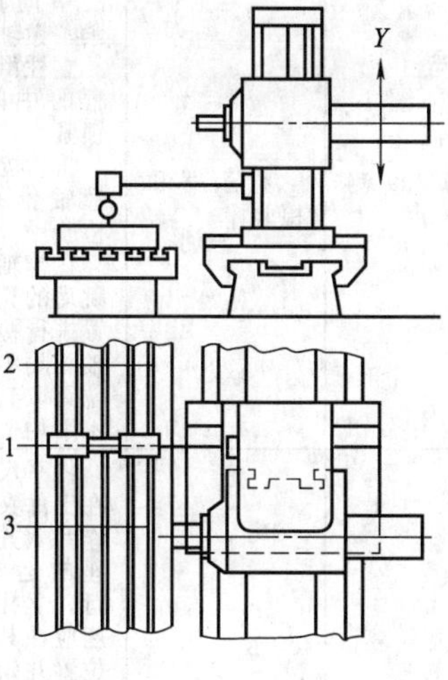 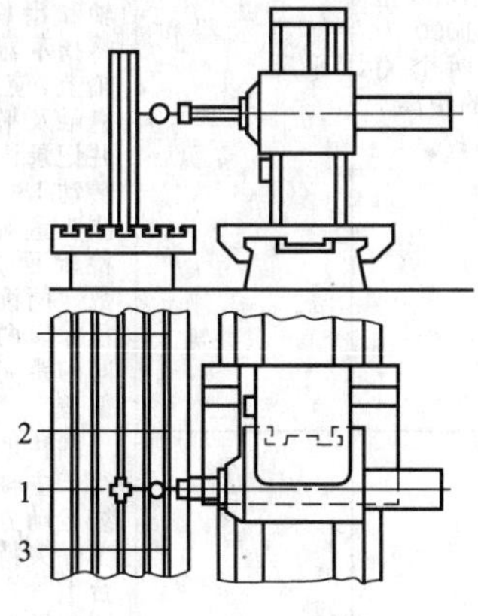 Y 2 1 3 a) 2 1 3 b)	a）工件夹持固定工作台台面对立柱移动(*W* 轴线)的平行度 b）当立柱无 *W* 轴线运动时，检查工件夹持固定工作台台面对主轴箱移动（*Y* 轴线）的垂直度	a）任意 1000 测量长度上为：A 级 0.065，B 级 0.13 b）任意 1000 测量长度上为：A 级 0.100，B 级 0.20	a）指示器、量块和平尺或光学方法 b）圆柱形角尺或精密角尺和指示器或光学方法	检验应在立柱滑座沿床身的三个位置（中间和靠近两端的位置）进行 a）平尺沿 *W* 轴线方向平行于工作台面放置在工件夹持固定工作台上，在测量长度上移动立柱，并记录读数 如果不用平尺，可使用指示器和量块直接测量 b）在工件夹持固定工作台上放置一圆柱形角尺，将一指示器固定在主轴上，使其测头沿主轴轴线的方向触及圆柱形角尺 测量时立柱锁紧。在测量长度上移动主轴箱，并记录读数
G13	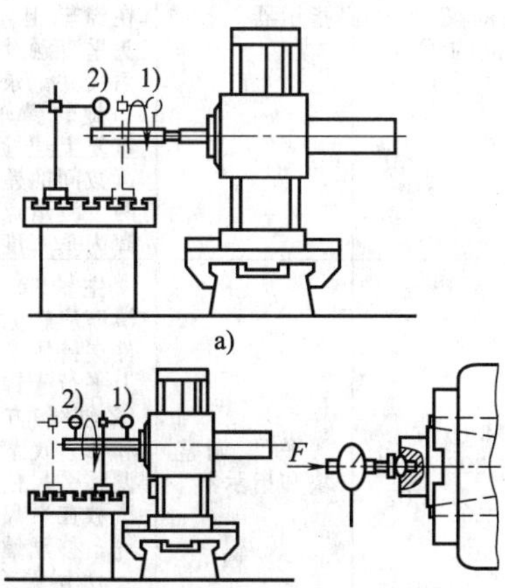 2)　1) a) 2)　1) F b)　c)	镗轴的检查 a）镗轴锥孔的径向跳动（镗轴缩回） 1）在靠近镗轴的端部 2）距镗轴端部 300mm 处 b）镗轴径向跳动 1）镗轴缩回时 2）镗轴伸出 300mm 处 c）镗轴缩回时，周期性轴向窜动	a）和 b） 1）$D\leqslant125$ 0.01 $D>125$ 0.015 2）$D\leqslant125$ 0.02 $D>125$ 0.030 c） $D\leqslant125$ 0.01 $D>125$ 0.015 *D* 为镗轴直径	检验棒和指示器	施加力 *F* 的数值和方向由生产厂家给予规定 当使用预紧的轴承时，不需施加作用力

续表

序号	简　图	检验项目	公差/mm	检验工具	检验方法
G14	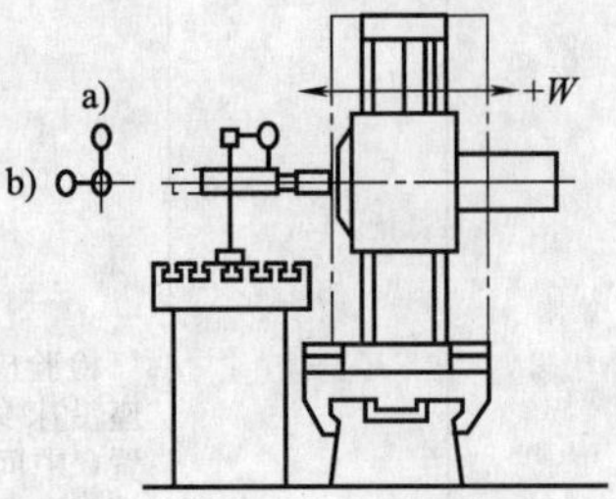 a) b) +W	镗轴轴线对立柱移动(W轴线)的平行度 a)在YZ垂直平面内 b)在ZX水平平面内 (当立柱具有W轴线运动时)	a)和b) 任意300测量长度上为0.02	指示器和检验棒	主轴箱位于行程的中间位置并锁紧。镗轴缩回 立柱滑座位于行程的中间位置并锁紧 将检验棒安装在镗轴锥孔中进行检验 在镗轴回转径向跳动的算术平均位置进行检验或在镗轴相隔180°的两个位置取其测量的算术平均值
G15	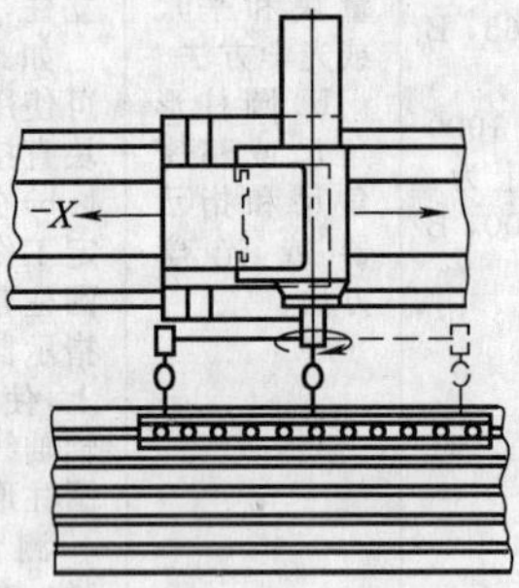 −X	镗轴轴线对立柱滑座移动(X轴线)的垂直度	0.03/1000 其中1000为触及的两个测量点间的距离	指示器和平尺	将平尺水平放置在工件夹持固定工作台上并与立柱滑座的运动方向平行。立柱和立柱滑座应在其行程中间位置并锁紧。主轴箱位于立柱靠近下端位置并锁紧。镗轴和滑枕应缩回。将指示器固定在镗轴上,使其测头垂直触及平尺检验面并记录读数。镗轴转动180°使指示器测头重新触及平尺检验面并记录读数。两读数间的差值除以两个测量点间的距离为垂直度偏差
G16	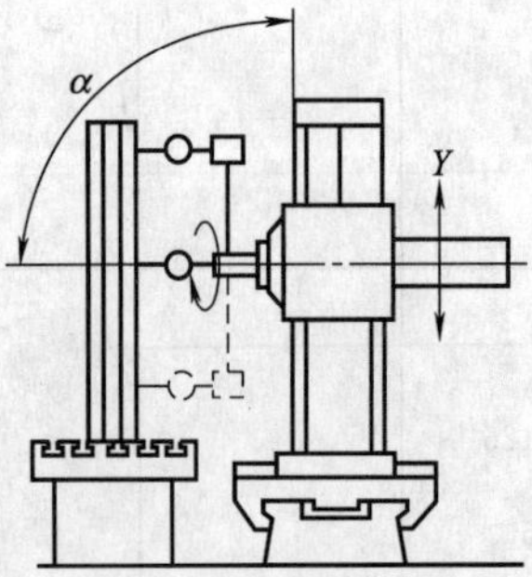 α Y	镗轴轴线对主轴箱移动(Y轴线)的垂直度	0.03/1000 α≤90° 其中1000为触及的两个测量点间的距离	圆柱形角尺、调整块和指示器	圆柱形角尺应平行于主轴箱的Y轴线运动方向放置在工件夹持固定工作台上 主轴箱位于行程的中间位置并锁紧。镗轴和滑枕应缩回。指示器固定在镗轴上,使其测头垂直触及圆柱形角尺并记录读数 旋转镗轴180°,重复上述检验。两读数间的差值除以两个测量点间的距离为垂直度偏差
G17	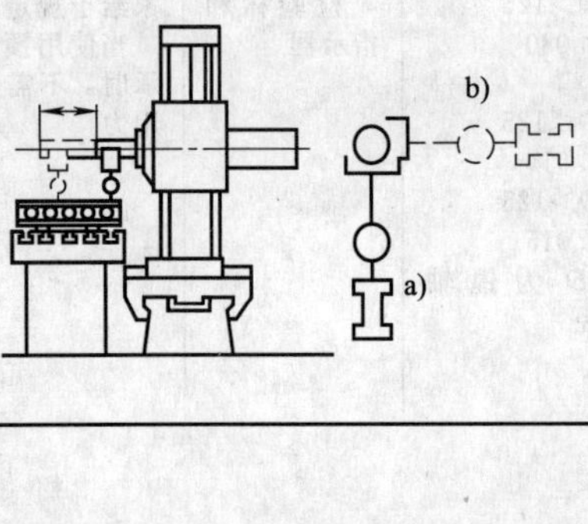 b) a)	镗轴移动(Z轴线)的直线度 a)在YZ垂直平面内 b)在ZX水平平面内	a)和b) 在300测量长度上为0.02	平尺、调整块和指示器	主轴箱、滑枕和滑座应锁紧。在工件夹持固定工作台上平行于镗轴移动(Z轴线)方向按a)和b)放置平尺。调整平尺使指示器读数在平尺两端相等。移动镗轴检验 a)、b)偏差分别计算,指示器读数最大差值为直线度偏差

续表

序号	简图	检验项目	公差/mm	检验工具	检验方法
G18	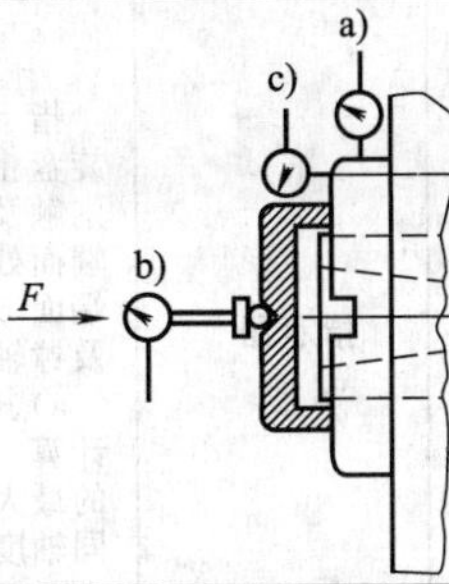	铣轴端部的 a)径向跳动 b)周期性轴向窜动 c)端面跳动(包括周期性轴向窜动)	D≤125 D>125 a) 0.01 0.015 b) 0.01 0.015 c) 0.02 0.03 其中 D 为镗轴直径	指示器	施加力 F 的方向和数值由生产厂家给予规定 主轴轴承有预加载荷时,不需施加力 F 指示器测点至主轴轴线的距离 A 值应尽可能大
G19	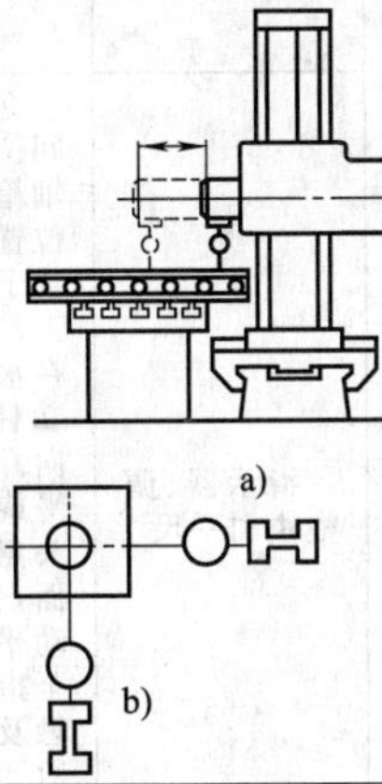	滑枕移动(Z 轴线)对立柱移动(W 轴线)的平行度 a)在 YZ 垂直平面内 b)在 ZX 水平平面内 (当立柱具有 W 轴线运动时)	a)和 b) 500 测量长度上为 0.03	指示器、平尺和调整块	在工件夹持固定工作台上平行于立柱移动方向(W 轴线),分别按 a)和 b)所示位置放置平尺 立柱在其行程的中间位置并锁紧。主轴箱锁紧 用固定在滑枕上的指示器检验滑枕相对平尺的移动
G20	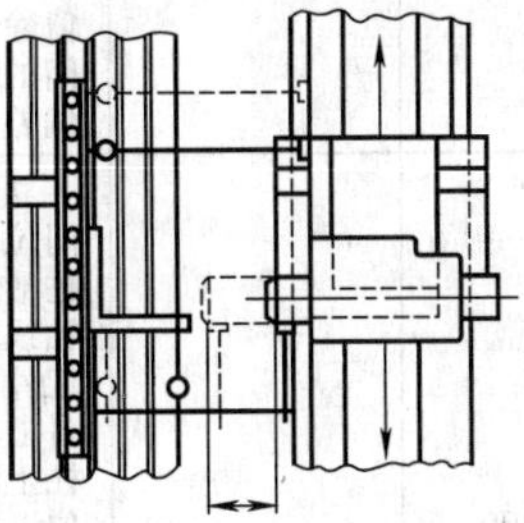	滑枕移动(Z 轴线)对立柱滑座移动(X 轴线)的垂直度	500 测量长度上为 0.03	指示器、平尺和调整块	立柱在行程的中间位置并锁紧 在工件夹持固定工作台上平行于立柱滑座移动方向放置平尺,然后将一角尺紧靠平尺放置 用固定在滑枕上的指示器检验滑枕相对角尺的移动
G21	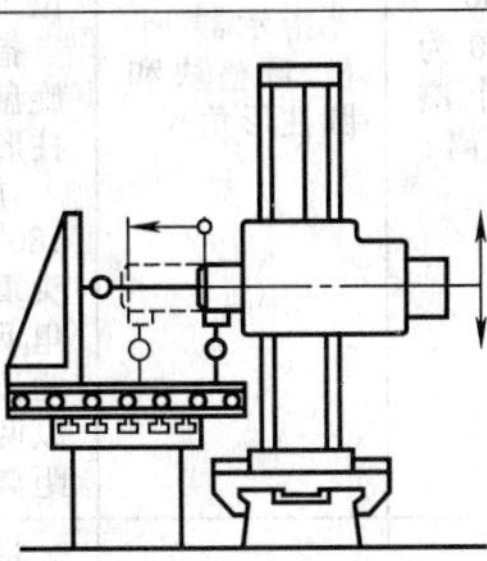	滑枕移动(Z 轴线)对主轴箱移动(Y 轴线)的垂直度	500 测量长度上为 0.03	指示器、平尺、调整块和角尺	立柱在行程的中间位置并锁紧 在工件夹持固定工作台上平行于滑枕移动方向(包含滑枕轴线的垂直平面)放置一平尺,然后将一角尺置于其上 用固定在滑枕上的指示器检验滑枕相对角尺的移动
G22	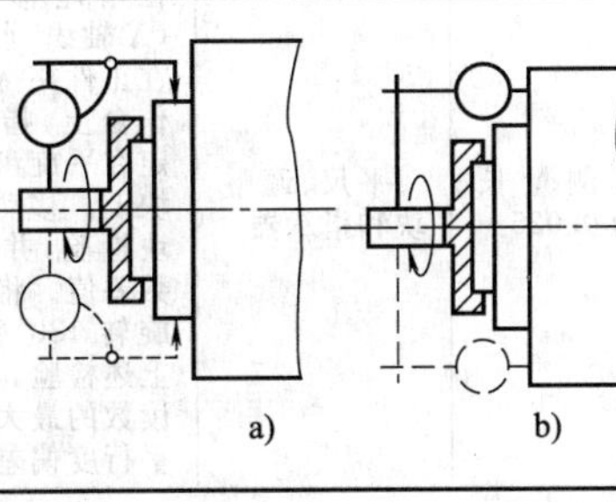	a)铣轴对滑枕上刀具或附件定心轴线的同轴度 b)滑枕上刀具或附件支承面对铣轴回转轴线的垂直度 (本项检验只适用于滑枕上有一个圆形定位表面时)	a)0.02 b)0.02/500	指示器	同轴度偏差以指示器读数的最大差值之半计

续表

序号	简图	检验项目	公差/mm	检验工具	检验方法
G23	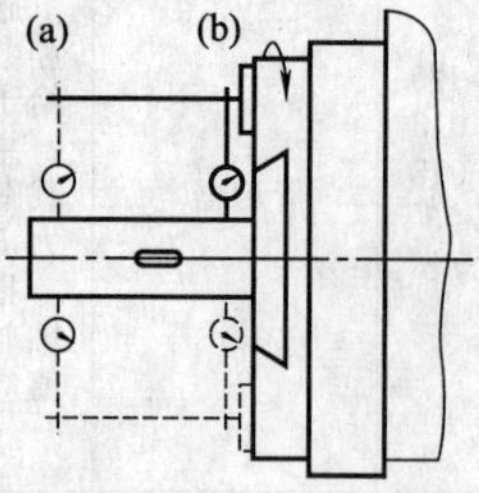 (a) (b)	镗轴回转轴线和平旋盘轴线的同轴度 a)靠近平旋盘端面处 b)距平旋盘端面300mm处 (本检验只适用于平旋盘安装在镗轴轴承之外的轴承上)	$D \leqslant 125$ a)0.02 b)0.03 $D > 125$ a)0.03 b)0.04 其中 D 为镗轴直径	指示器	指示器固定在平旋盘上，其测头分别触及靠近平旋盘端面处和距平旋盘端面 300 mm 处触及镗轴 a)、b)偏差分别计算，指示器读数的最大差值之半为同轴度偏差
G24	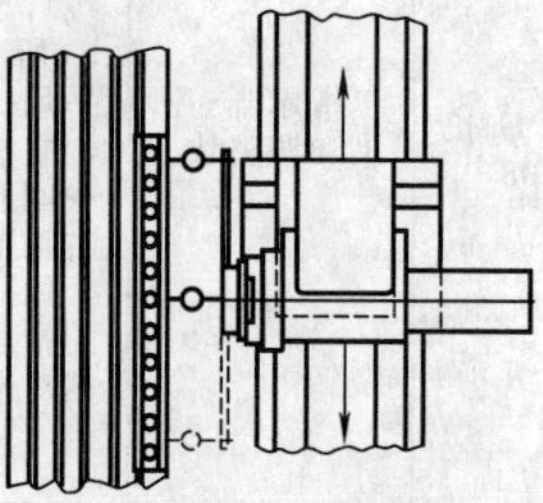	平旋盘回转轴线对立柱滑座移动(*X* 轴线)的垂直度。	0.03/1000 其中 1000 为触及的两个测量点间的距离	指示器、调整块和平尺	立柱在行程的中间位置并锁紧。主轴箱位于立柱下端位置并锁紧。平尺置于工件夹持固定工作台上，并使其在水平面内平行于立柱滑座移动方向。指示器固定在平旋盘上，使其测头触及平尺检验面，记录读数。转动平旋盘 180°，直至指示器测头重新触及平尺，记录读数。两读数间的差值除以两个测量点间的距离为垂直度偏差
G25	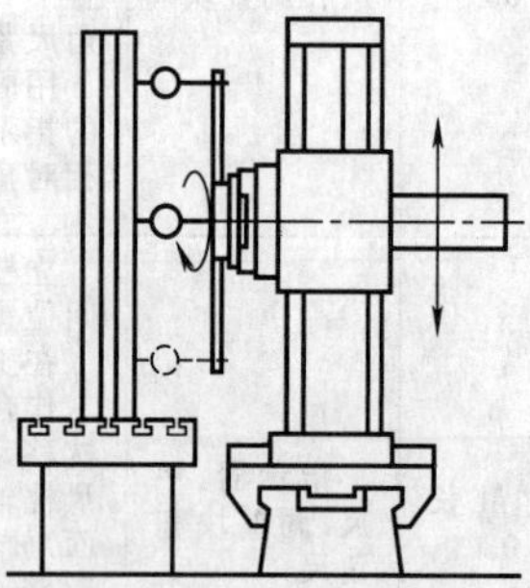	平旋盘回转轴线对主轴箱移动(*Y* 轴线)的垂直度	0.03/1000 其中 1000 为触及的两个测量点间的距离	指示器、平板、调整块和圆柱形角尺	立柱在行程的中间位置并锁紧。圆柱形角尺平行于 *Y* 轴线移动方向置于工件夹持固定工作台上。主轴箱在立柱上的行程 中间位置并锁紧 指示器固定在平旋盘上，测头触及圆柱形角尺，记录读数 旋转平旋盘180°，使指示器测头重新触及圆柱形角尺，记录读数。两读数间的差值除以两个测量点间的距离为垂直度偏差
G26	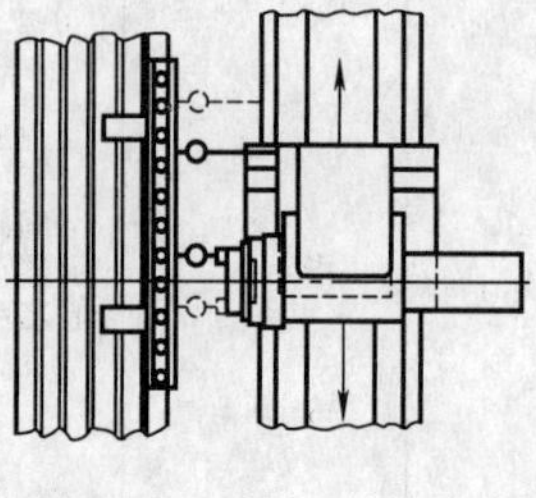	平旋盘滑块在水平面内移动(*U* 轴线)对立柱滑座移动(*X* 轴线)的平行度	300 测量长度上为 0.025	平尺、调整块和指示器	将平尺平行于立柱滑座移动方向(*X* 轴线)水平放置在工件夹持固定工作台上，指示器固定在平旋盘径向滑块上。移动径向滑块检验，并记录读数差值。将平旋盘旋转 180°后，重复上述检验。指示器读数的最大差值为平行度偏差

续表

序号	简　图	检验项目	公差/mm	检验工具	检验方法
G27	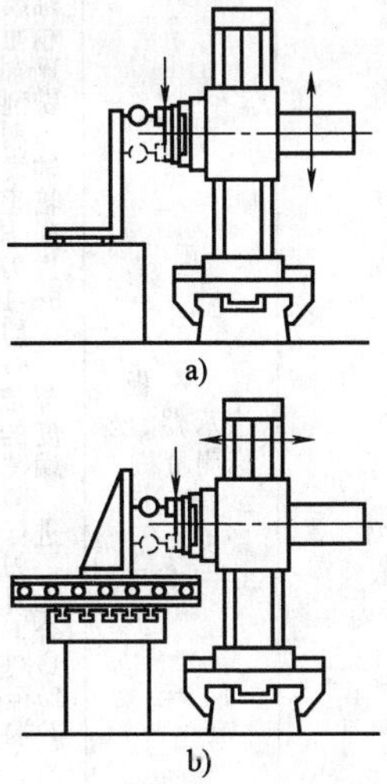 a) b)	a)平旋盘滑块在垂直面内移动对主轴箱移动(Y 轴线)的平行度 b)平旋盘滑块在垂直面内移动对立柱移动(W 轴线)的垂直度	a)和 b) 300 测量长度上为 0.025	平尺、角尺、调整块和指示器	a)将角尺平行于主轴箱移动方向(Y 轴线)垂直放置在工件夹持固定工作台上，指示器固定在平旋盘径向滑块上。移动径向滑块检验，并记录读数差值。将平旋盘旋转 180°，重复上述检验 b)将平尺平行于立柱移动方向(W 轴线)水平放置在工件夹持固定工作台上。并在其上放置一角尺。指示器固定在径向滑块上。其测头触及角尺检验面，垂直移动径向滑块检验，并记录读数差值。平旋盘旋转 180°，重复上述检验

表 7-6-236　卧式铣镗床工作精度检验

序号	简　图	检验项目	公差/mm	检验工具	说明
M1	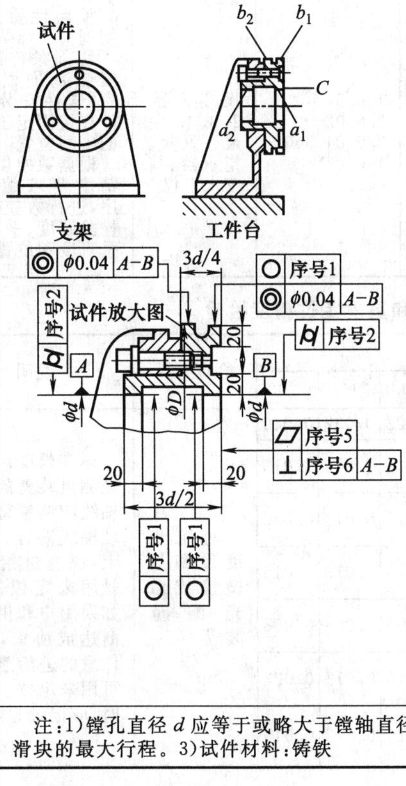 试件 支架 工作台 b_2 b_1 C a_2 a_1 试件放大图 ⊚ ϕ0.04 $A-B$ 序号1 ⊚ ϕ0.04 $A-B$ 序号2 序号2 3d/4　20　20 A　B ϕd　ϕD　ϕd ▱ 序号5 ⊥ 序号6 $A-B$ 20　20　3d/2 ○ 序号1　○ 序号1	1. 内孔 a_1 和 a_2 及外圆 b_1 的圆度 —移动主轴加工 —移动立柱加工 2. 内孔 a_1 和 a_2 的圆柱度 3. 内孔 a_1 和外圆 b_2 的同轴度 4. 外圆 b_1 和 b_2 与内孔 a_1 和 a_2 基准轴线的同轴度 5. 被加工表面的平面度 6. 端面 C 对内孔 a_1 和 a_2 基准轴线的垂直度	1. a_1 和 a_2： $d \leqslant 125$：0.075 $d > 125$：0.01 b_1：$D \leqslant 300$：0.01 $300 < D \leqslant 600$：0.015 直径每增加 300mm，公差增加 0.005mm 2. $d \leqslant 125$：0.01 $d > 125$：0.015 3. 0.025 4. 立柱纵向移动 300 长度上为 0.04 5. 直径 D 为 300 时 0.015 6. 0.025/300	1. 和 2. 孔径量规和千分尺或其他检验工具 3. 和 4. 检验棒和指示器 5. 平尺和量块 6. 检验棒和指示器或水平仪和专用支架	检验性质：加工单个试件，包括 a)镗内孔 a_1 和 a_2 b)车外圆 b_1 和 b_2 c)车端面 C 支架底面应平直，支架端面与支架轴线应垂直 工作精度检验项目 1 和 2 的公差与半径有关，如果要论及到直径，其公差应乘以 2 加工说明： 1)镗和精镗两内孔 a_1 和 a_2，工作台锁紧，镗轴作轴向移动 2)车外圆表面 b_1，用装在平旋盘上的一把短刀杆加工，立柱纵向移动(W 轴线) 3)立柱(W 轴线)或滑枕(Z 轴线)移动 300mm 并车削外圆表面 b_2。利用安装在平旋盘上刀座或适当长度的刀杆上的刀具加工 4)用平旋盘滑块自动进给或用铣削方式加工端面 C
注：1)镗孔直径 d 应等于或略大于镗轴直径。2)车削直径 D 的确定应使$(D-d)/2$ 的值等于或略小于平旋盘径向滑块的最大行程。3)试件材料：铸铁					

第 7 篇

续表

序号	简图	检验项目	公差/mm	检验工具	说明
M2	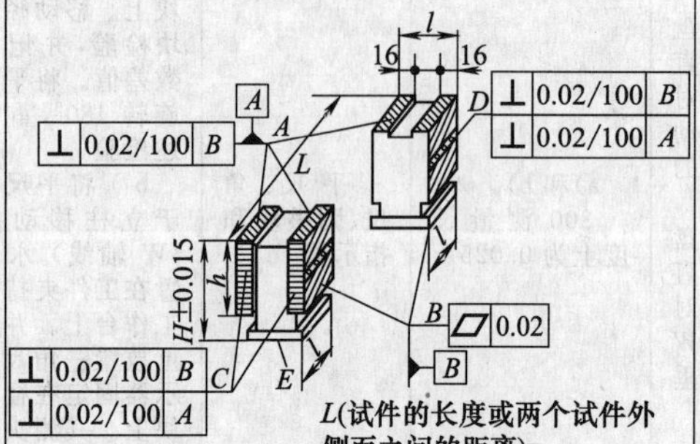 L(试件的长度或两个试件外侧面之间的距离)=1/2立柱滑座 X 轴的行程 L≤1000时,l=h=150 L>1000时,l=h=200 材料:铸铁	1. 每个试件 B 面的平面度 2. C、A 和 D 面的相互垂直度及对 B 面的垂直度 3. 两试件 H 的等高度	1. 0.02 2. 0.02/100 3. 0.03	1. 平板、指示器、坐标测量机 2. 角尺、量块 3. 千分尺	检验性质: a)利用立柱滑座 X 轴线自动移动,主轴箱垂直移动和立柱 W 轴线手动移动,铣削 A、C 和 D 面 b)利用立柱滑座 X 轴线自动移动,主轴箱垂直手动移动铣削 B 面,至少两次进刀,接刀处重叠 5～10mm 切削条件: a)用装在主轴端部带有一把适当长度的刀柄上的套式端铣刀 b)用同一把铣刀进行铣削 刀具应装在刀杆上刃磨,安装时应符合下列公差 1)圆度≤0.01 2)径向跳动≤0.02 3)端面跳动≤0.03 步骤:在检验前应确保 E 面平直。试件应调整成与立柱滑座 X 轴线方向平行,使其长度 L 等分在工件夹持固定工作台中心线的两边。切削时所有非工作的移动件均应锁紧
	注:经用户与制造厂达成协议,图中所示的试件可用具有完整侧面的形状较简单的试件代替,但此时检验应至少和图中所示的检验一样严格				
M3	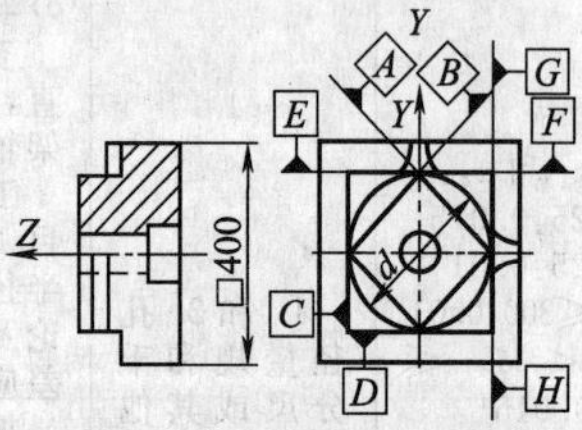 试件材料:HT200	1. 外圆 d 的圆度 2. A、B、C、D 面与其对边的平行度 3. A 对 B,C 对 D 的垂直度 4. E 面对 F 面,G 面对 H 面的位置度	1. 0.04 2. 0.02 3. 0.04/300 4. 0.02	1. 千分尺、指示器 2、3、4. 角尺、平尺、指示器、精密水平仪	检验性质:数控切削 切削条件:试件安装基准面应平直,试件安装在工件夹持固定工作台的中间位置 根据数控切削的精度要求编制程序,进行数控切削,检验圆度、平行度、垂直度和位置度

表 7-6-237　卧式铣镗床数控定位精度和重复定位精度检验

序号	简图	检验项目	公差				检验工具	说明
			测量长度	≤500	≤1000	≤2000		
P1	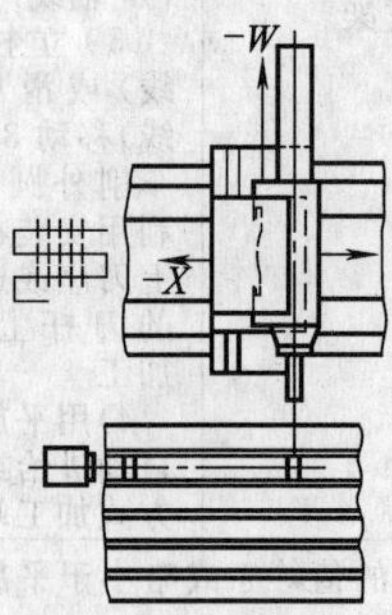	立柱滑座 X 轴线移动的定位精度和重复定位精度	双向定位精度 A	0.022	0.032	0.040	标准长度尺和显微镜或激光测量装置	标准长度尺或激光测量装置的光束轴线应调整得与移动轴线平行。原则上,快速进给速度是用来定位的,但如果用户和供货厂商达成协议,那么任意的进给速度均可用来定位。检验时,应记录起始点
			单项重复定位精度 R↑或 R↓	0.006	0.010	0.013		
			双向重复定位精度 R	0.012	0.018	0.020		
			轴线的反向差值 B	0.010	0.013	0.016		
			轴线的平均反向差值 $\overline{B}$	0.005	0.008	0.008		
			双向定位系统偏差 E	0.015	0.018	0.023		
			轴线的双向平均位置偏差范围 M	0.010	0.012	0.015		

续表

序号	简图	检验项目	公差				检验工具	说明
			测量长度	≤500	≤1000	≤2000		
P2		主轴箱Y轴线移动的定位精度和重复定位精度	双向定位精度 A	0.022	0.032	0.040	标准长度尺和显微镜或激光测量装置	标准长度尺或激光测量装置的光束轴线应调整得与移动轴线平行。原则上，快速进给速度是用来定位的，但如果用户和供货厂商达成协议，那么任意的进给速度均可用来定位。检验时，应记录起始点
			单项重复定位精度 $R\uparrow$ 或 $R\downarrow$	0.006	0.010	0.013		
			双向重复定位精度 R	0.012	0.018	0.020		
			轴线的反向差值 B	0.010	0.013	0.016		
			轴线的平均反向差值 $\overline{B}$	0.005	0.008	0.008		
			双向定位系统偏差 E	0.015	0.018	0.023		
			轴线的双向平均位置偏差范围 M	0.010	0.012	0.015		
P3		立柱W轴线移动的定位精度和重复定位精度	双向定位精度 A	0.022	0.032	0.040	标准长度尺和显微镜或激光测量装置	标准长度尺或激光测量装置的光束轴线应调整得与移动轴线平行。原则上，快速进给速度是用来定位的，但如果用户和供货厂商达成协议，那么任意的进给速度均可用来定位。检验时，应记录起始点
			单项重复定位精度 $R\uparrow$ 或 $R\downarrow$	0.006	0.010	0.013		
			双向重复定位精度 R	0.012	0.018	0.020		
			轴线的反向差值 B	0.010	0.013	0.016		
			轴线的平均反向差值 $\overline{B}$	0.005	0.008	0.008		
			双向定位系统偏差 E	0.015	0.018	0.023		
			轴线的双向平均位置偏差范围 M	0.010	0.012	0.015		

序号	简图	检验项目	公差	测量长度		检验工具	说明
				≤500	≤1000		
P4		镗轴或滑枕移动（Z轴线）的定位精度和重复定位精度	双向定位精度 A	0.022	0.032	标准长度尺和显微镜或激光测量装置	标准长度尺或激光测量装置的光束轴线应调整得与移动轴线平行。原则上，快速进给速度是用来定位的，但如果用户和供货厂商达成协议，那么任意的进给速度均可用来定位。检验时，应记录起始点
			单项重复定位精度 $R\uparrow$ 或 $R\downarrow$	0.006	0.010		
			双向重复定位精度 R	0.012	0.018		
			轴线的反向差值 B	0.010	0.013		
			轴线的平均反向差值 $\overline{B}$	0.005	0.008		
			双向定位系统偏差 E	0.015	0.018		
			轴线的双向平均位置偏差范围 M	0.010	0.012		

序号	简图	检验项目	公差	测量长度 ≤500	检验工具	说明
P5		镗轴或滑枕移动（Z轴线）的定位精度和重复定位精度	双向定位精度 A	0.032	标准长度尺和显微镜或激光测量装置	标准长度尺或激光测量装置的光束轴线应调整得与移动轴线平行。原则上，快速进给速度是用来定位的，但如果用户和供货厂商达成协议，那么任意的进给速度均可用来定位。检验时，应记录起始点
			单项重复定位精度 $R\uparrow$ 或 $R\downarrow$	0.010		
			双向重复定位精度 R	0.018		
			轴线的反向差值 B	0.013		
			轴线的平均反向差值 $\overline{B}$	0.008		
			双向定位系统偏差 E	0.018		
			轴线的双向平均位置偏差范围 M	0.012		

6.4.3 数控仿形定梁龙门镗铣床精度检验（GB/T 25658.1—2010）

1. 几何精度检验

(1) 工作台移动（X 轴线）在 XY 水平面内的直线度检验（如表 7-6-238 所示）

表 7-6-238 工作台移动（X 轴线）在 XY 水平面内的直线度检验

项目编号	G1
简图	
公差/mm	2000 测量长度内为 0.02 测量长度每增加 1000，公差增加 0.01 最大公差：0.10 局部公差：在任意 1000 测量长度上为 0.01
检验工具	显微镜和钢丝、自准直仪或其他光学仪器
检验方法	在工作台两端张紧钢丝。显微镜固定在垂直镗铣头上，调整钢丝使显微镜在钢丝两端的读数相等，沿 X 轴线等距离移动工作台，在全行程上测取读数 误差以显微镜读数的最大差值计 局部误差以任意局部测量长度上显微镜读数的最大差值计

(2) 工作台移动（X 轴线）的角度偏差检验（如表 7-6-239 所示）

工作台移动（X 轴线）的角度偏差精度检验包括以下三项：

a) 在 ZX 垂直平面内（EBX：俯仰）；

b) 在 YZ 垂直平面内（EAX：倾斜）；

c) 在 XY 水平面内（ECX：偏摆）。

表 7-6-239 工作台移动（X 轴线）的角度偏差检验

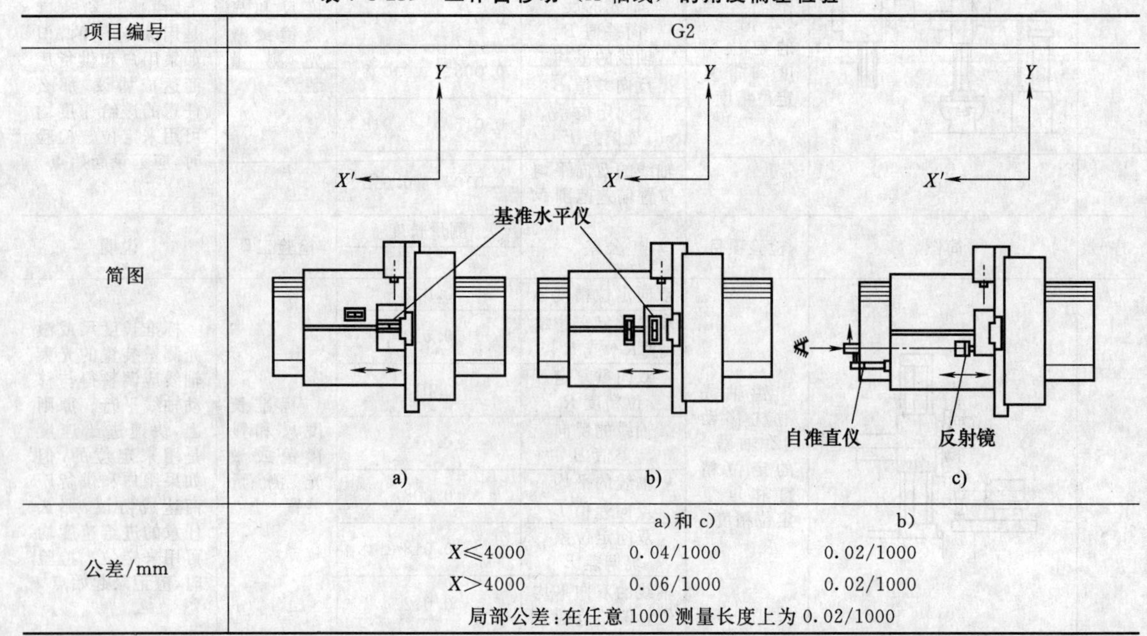

项目编号	G2		
公差/mm		a)和 c)	b)
	X≤4000	0.04/1000	0.02/1000
	X>4000	0.06/1000	0.02/1000
	局部公差：在任意 1000 测量长度上为 0.02/1000		

续表

项目编号	G2
检验工具	a）精密水平仪或光学角度偏差测量装置 b）精密水平仪 c）自准直仪和反射镜
检验方法	水平仪或光学测量装置应放在运动部件上 a）（*EBX*：俯仰）沿 *X* 轴线方向垂直放置 b）（*EAX*：倾斜）沿 *Y* 轴线方向垂直放置 c）（*ECX*：偏摆）沿 *Z* 轴线方向，自准直仪水平放置 当 *X* 轴线运动引起主轴箱和工作台同时产生角度偏差时，这两种角度偏差应分别测量并给予标明 当分别测量时，基准水平仪应放置在主轴箱上，且主轴箱应位于行程的中间位置 应沿行程至少在五个等距离的位置上进行测量，在每个位置的两个运动方向测取读数 最大读数与最小读数的差值应不超过公差 对于 a）和 b）项：检验工具应放在工作台面长度的中间及两端位置，并尽可能放在工作台面宽度的中间位置，移动工作台进行检验

（3）铣头水平移动（*Y* 轴线）的直线度检验（如表 7-6-240 所示）

铣头水平移动（*Y* 轴线）的直线度检验包括以下两项：

a）在 *XY* 水平面内（*EXY*）；

b）在 *YZ* 垂直平面内（*EZY*）。

（4）铣头水平移动（*Y* 轴线）的角度偏差检验（如表 7-6-241 所示）

铣头水平移动（*Y* 轴线）的角度偏差检验包括以下三项：

a）在 *YZ* 垂直平面内（*EAY*：俯仰）；

b）在 *ZX* 垂直平面内（*EBY*：倾斜）；

c）在 *XY* 水平面内（*ECY*：偏摆）。

表 7-6-240　铣头水平移动（*Y* 轴线）的直线度检验

项目编号	G3
简图	Y　X′　a）　　Z　Y　b）
公差/mm	a）和 b） 1000 测量长度内为 0.015 测量长度每增加 1000，公差增加 0.01 最大公差：0.04 局部公差：在任意 500 测量长度上为 0.01
检验工具	平尺、指示器/支架和量块或光学方法或显微镜和钢丝（仅用于在水平面测量）
检验方法	工作台位于行程的中间位置 将平尺平行于 *Y* 轴线移动方向放置在工作台面上：a）在 *XY* 水平面内；b）在 *YZ* 垂直面内 在铣头上固定指示器，使其侧头垂直触及平尺的检验面。调整平尺，使指示器在平尺的两端读数相等。在测量长度范围内沿 *Y* 轴线方向移动铣头，测取读数 a）、b）误差分别计算。误差以指示器读数的最大差值计 局部误差以任意局部测量长度上指示器读数的最大差值计

表 7-6-241　铣头水平移动（Y 轴线）的角度偏差检验

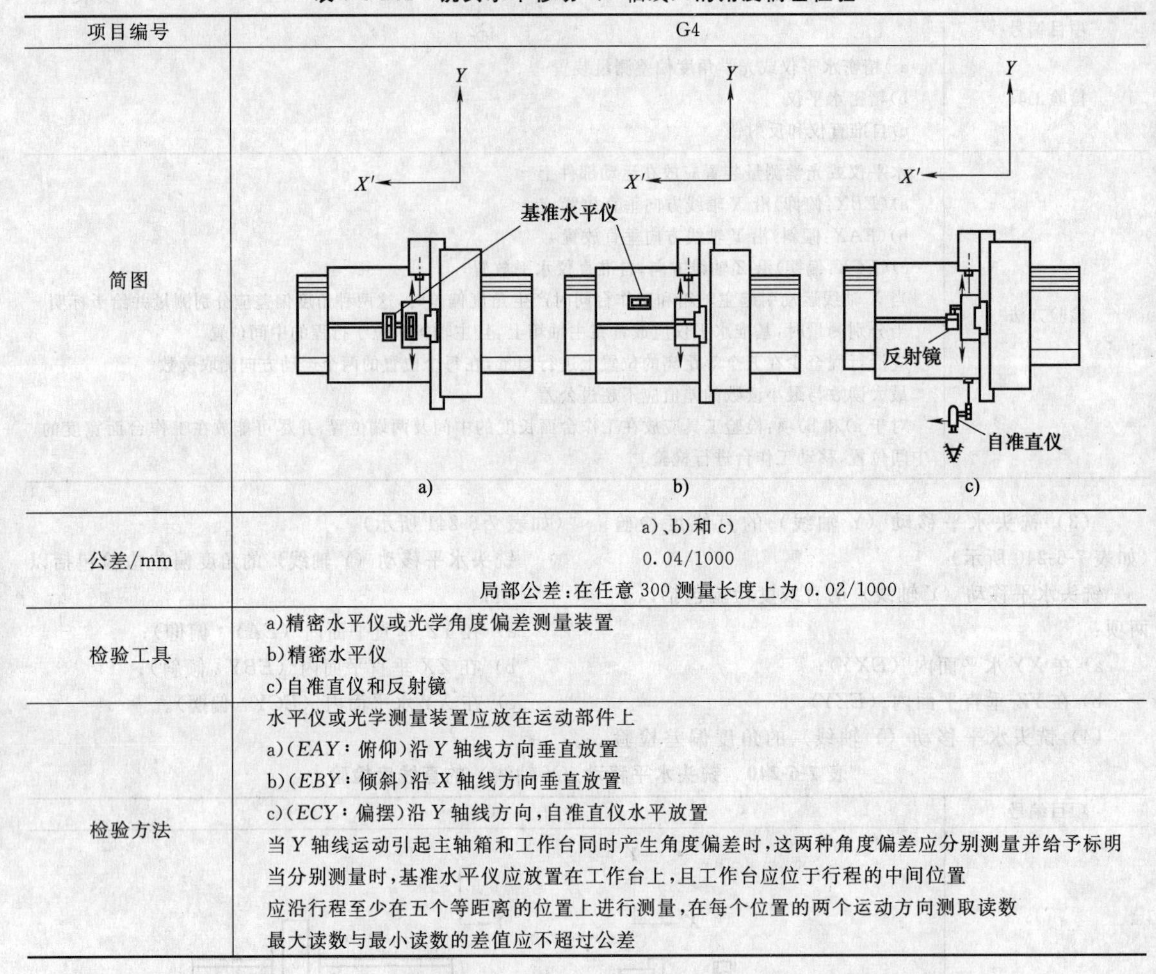

项目编号	G4
简图	a)　b)　c)
公差/mm	a)、b)和 c) 0.04/1000 局部公差：在任意 300 测量长度上为 0.02/1000
检验工具	a)精密水平仪或光学角度偏差测量装置 b)精密水平仪 c)自准直仪和反射镜
检验方法	水平仪或光学测量装置应放在运动部件上 a)（*EAY*：俯仰）沿 *Y* 轴线方向垂直放置 b)（*EBY*：倾斜）沿 *X* 轴线方向垂直放置 c)（*ECY*：偏摆）沿 *Y* 轴线方向，自准直仪水平放置 当 *Y* 轴线运动引起主轴箱和工作台同时产生角度偏差时，这两种角度偏差应分别测量并给予标明 当分别测量时，基准水平仪应放置在工作台上，且工作台应位于行程的中间位置 应沿行程至少在五个等距离的位置上进行测量，在每个位置的两个运动方向测取读数 最大读数与最小读数的差值应不超过公差

（5）铣头水平移动（*Y* 轴线）对工作台移动（*X* 轴线）的垂直度检验（如表 7-6-242 所示）

表 7-6-242　铣头水平移动（Y 轴线）对工作台移动（X 轴线）的垂直度检验

项目编号	G5
简图	Y X′
公差/mm	0.03/1000
检验工具	平尺、角尺和指示器
检验方法	工作台置于行程的中间位置 在工作台面中央位置上放一角尺，在垂直镗铣头上固定指示器，使其测头触及角尺的检验面，调整角尺，使其检验面与工作台移动方向平行，变换指示器位置，使其测头触及平尺的检验面，横向移动垂直镗铣头检验，记录指示器读数的最大差值。将角尺转 180°，再检验一次 误差以两次测量结果的代数和之半计 当工作台台面宽度大于 2000mm 时，分别在工作台面中央和两侧位置上检验

（6）铣头垂向移动（Z 轴线）的垂直度检验（如表 7-6-243 所示）

铣头垂向移动（Z 轴线）垂直度检验包括以下两项：

a）工作台移动（X 轴线）的垂直度；

b）铣头水平移动（Y 轴线）的垂直度。

表 7-6-243　铣头垂向移动（Z 轴线）的垂直度检验

项目编号	G6
简图	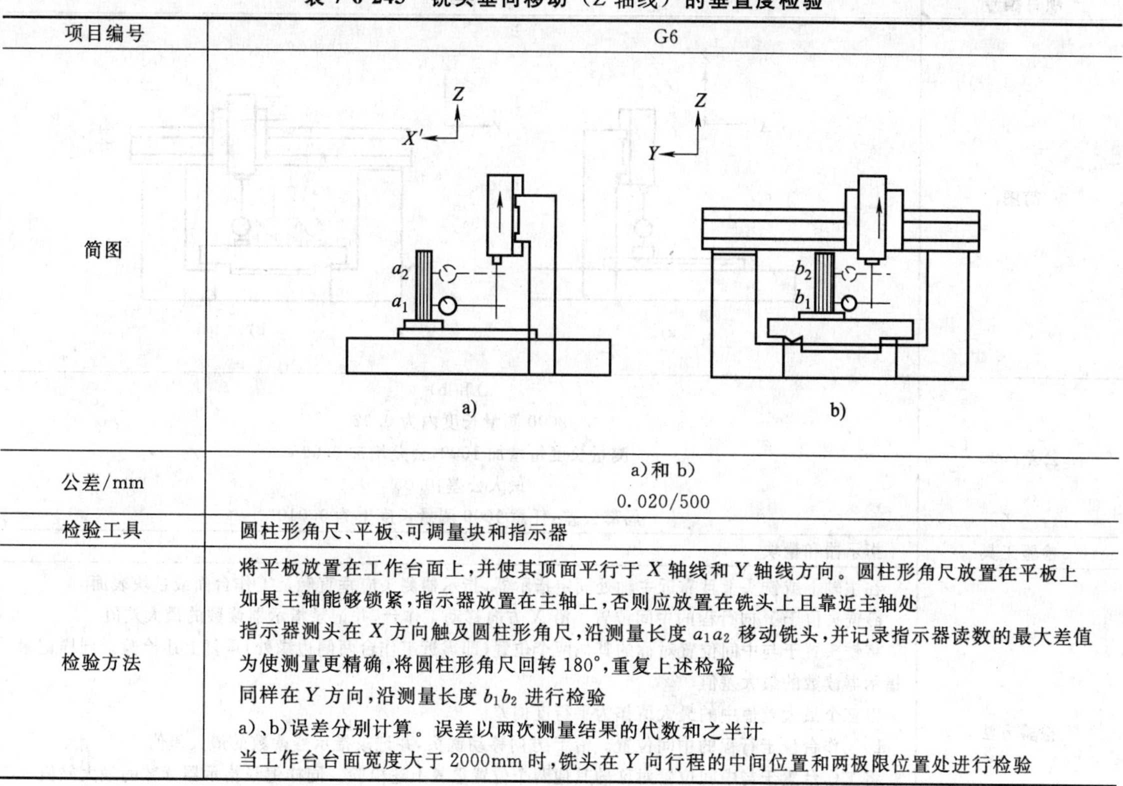
公差/mm	a）和 b） 0.020/500
检验工具	圆柱形角尺、平板、可调量块和指示器
检验方法	将平板放置在工作台面上，并使其顶面平行于 X 轴线和 Y 轴线方向。圆柱形角尺放置在平板上 如果主轴能够锁紧，指示器放置在主轴上，否则应放置在铣头上且靠近主轴处 指示器测头在 X 方向触及圆柱形角尺，沿测量长度 a_1a_2 移动铣头，并记录指示器读数的最大差值 为使测量更精确，将圆柱形角尺回转 180°，重复上述检验 同样在 Y 方向，沿测量长度 b_1b_2 进行检验 a）、b）误差分别计算。误差以两次测量结果的代数和之半计 当工作台台面宽度大于 2000mm 时，铣头在 Y 向行程的中间位置和两极限位置处进行检验

（7）工作台面的平面度检验（如表 7-6-244 所示）

表 7-6-244　工作台面的平面度检验

项目编号	G7
简图	Y O X
公差/mm	1000 测量长度内为 0.02 测量长度每增加 1000，公差增加 0.01 最大公差：0.10 局部公差：任意 1000 测量长度上为 0.02
检验工具	精密水平仪和 500mm 的桥板或光学方法或其他装置
检验方法	工作台位于行程的中间位置 将精密水平仪和桥板放置在工作台上，沿 O-X 和 O-Y 方向，在间距为 500mm 的不同位置处进行测量，并测取数据 也可用 G8 的检验方法进行平面度

(8) 工作台面平行度的检验（如表 7-6-245 所示）

工作台面平行度的检验包括以下两项：

a) 工作台移动（X 轴线）的平行度；

b) 铣头移动（Y 轴线）的平行度。

表 7-6-245　工作台面平行度的检验

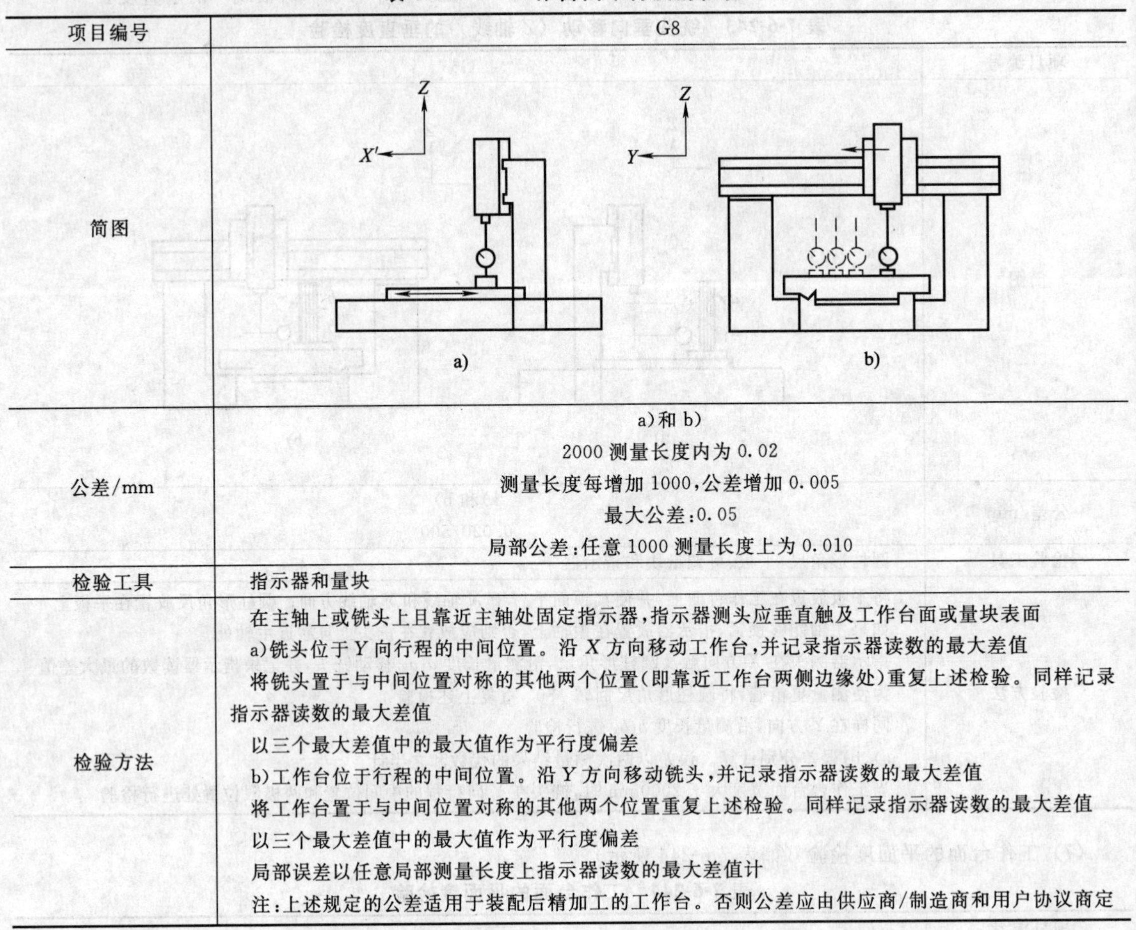

项目编号	G8
简图	a)（见上图） b)（见上图）
公差/mm	a)和 b) 2000 测量长度内为 0.02 测量长度每增加 1000,公差增加 0.005 最大公差:0.05 局部公差:任意 1000 测量长度上为 0.010
检验工具	指示器和量块
检验方法	在主轴上或铣头上且靠近主轴处固定指示器,指示器测头应垂直触及工作台面或量块表面 a)铣头位于 Y 向行程的中间位置。沿 X 方向移动工作台,并记录指示器读数的最大差值 将铣头置于与中间位置对称的其他两个位置(即靠近工作台两侧边缘处)重复上述检验。同样记录指示器读数的最大差值 以三个最大差值中的最大值作为平行度偏差 b)工作台位于行程的中间位置。沿 Y 方向移动铣头,并记录指示器读数的最大差值 将工作台置于与中间位置对称的其他两个位置重复上述检验。同样记录指示器读数的最大差值 以三个最大差值中的最大值作为平行度偏差 局部误差以任意局部测量长度上指示器读数的最大差值计 注:上述规定的公差适用于装配后精加工的工作台。否则公差应由供应商/制造商和用户协议商定

(9) 中央或基准 T 形槽对工作台移动（X 轴线）的平行度检验（如表 7-6-246 所示）

表 7-6-246　中央或基准 T 形槽对工作台移动（X 轴线）的平行度检验

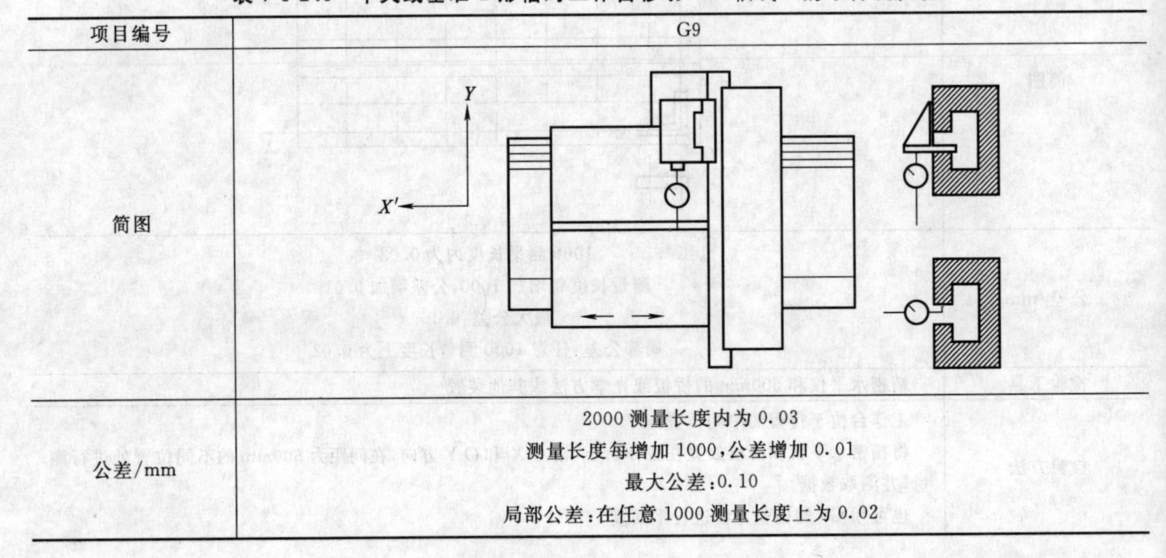

项目编号	G9
简图	（见上图）
公差/mm	2000 测量长度内为 0.03 测量长度每增加 1000,公差增加 0.01 最大公差:0.10 局部公差:在任意 1000 测量长度上为 0.02

续表

项目编号	G9
检验工具	指示器和专用角尺
检验方法	在垂直镗铣头上固定指示器，在基准T形槽上放一专用角尺，使指示器测头触及专用角尺的检验面或基准T形槽测量面。移动工作台，在全行程上检验 基准T形槽的两个侧面均需检验 误差以指示器读数的最大差值计 局部误差以任意局部测量长度上指示器读数的最大差值计

（10）主轴锥孔的径向跳动检验（如表7-6-247所示）

主轴锥孔的径向跳动包括以下两项：

a）靠近主轴端部；

b）距主轴端部300mm处。

表7-6-247　主轴锥孔的径向跳动检验

项目编号	G10
简图	
公差/mm	$D\leqslant200$　a) 0.010　b) 0.020 $D>200$　a) 0.015　b) 0.030 D为定心轴颈的直径
检验工具	指示器和检验棒
检验方法	在主轴锥孔内插入检验棒，在镗铣头上固定指示器，使其测头触及检验棒表面 a)靠近主轴端部 b)距主轴端部300mm处 旋转主轴检验。拔出检验棒旋转90°，重新插入，再依次检验三次 a)、b)误差分别计算。误差以四次测量结果的算术平均值计

（11）跳动误差检验（如表7-6-248所示）

跳动误差检验包括以下三项：

a）定心轴颈的径向跳动；

b）端面跳动（包括周期性轴向窜动）；

c）周期性轴向窜动。

表7-6-248　跳动误差检验

项目编号	G11
简图	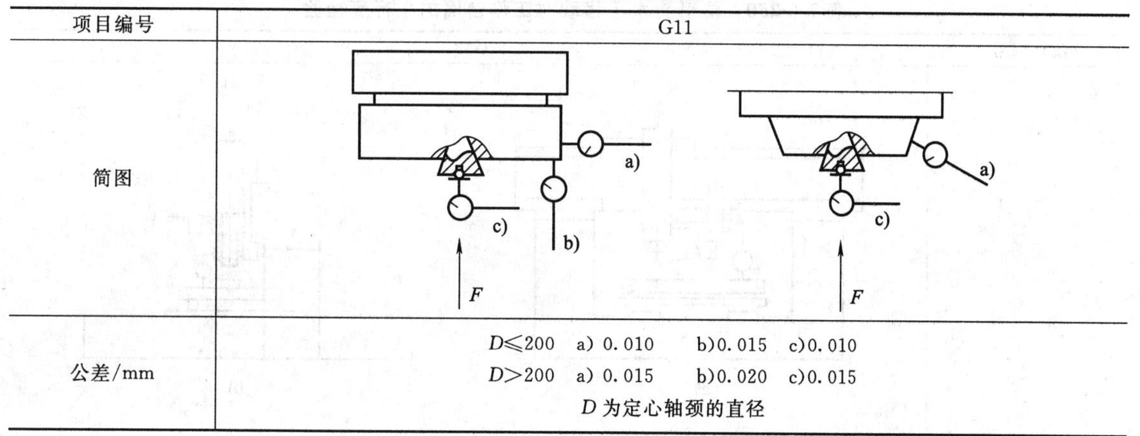
公差/mm	$D\leqslant200$　a) 0.010　b) 0.015　c) 0.010 $D>200$　a) 0.015　b) 0.020　c) 0.015 D为定心轴颈的直径

续表

项目编号	G11
检验工具	指示器、专用检验棒、钢球
检验方法	在铣头上或机床的固定部件上固定指示器，使其测头分别触及：a)主轴定心轴颈表面；b)主轴端面靠近边缘处；c)插入主轴锥孔的专用检验棒的钢球表面。旋转主轴检验 a)、b)、c)误差分别计算。误差以指示器读数的最大差值计 b)、c)项检验时，应通过主轴轴线加一个由制造厂规定的轴向力 F(对已消除轴向游隙的主轴，可不加力)

(12) 垂直铣头对主轴旋转轴线垂直度检验（如表 7-6-249 所示）

垂直铣头对主轴旋转轴线的垂直度检验包括以下两项：

a) 工作台沿 X 轴线移动的垂直度；

b) 铣头沿 Y 轴线移动的垂直度。

表 7-6-249　垂直铣头对主轴旋转轴线垂直度检验

项目编号	G12
简图	a)　　b)
公差/mm	0.04/1000
检验工具	指示器、半径为 500mm 的角形表杆、可调量块、平尺或平板
检验方法	a)在工作台中间位置且在垂直面内平行于 X 轴线移动方向放置一平尺 工作台位于行程的中间位置，铣头位于横梁的中间位置，套筒或滑枕从铣头伸出 1/3 行程 在铣头上固定指示器，使其测头触及平尺检验面，测取数据。然后将主轴回转 180°，再测取数据 b)将平尺平行于 Y 轴线移动方向放置，重复上述检验 a)、b)误差分别计算。误差以指示器读数的最大差值计

(13) 仿形头水平移动对工作台面的平行度检验（如表 7-6-250 所示）

仿形头水平移动对工作台面的平行度包括以下两项：

a) 在 YZ 垂直平面内；

b) 在 ZX 垂直平面内。

表 7-6-250　仿形头水平移动对工作台面的平行度检验

项目编号	G13
简图	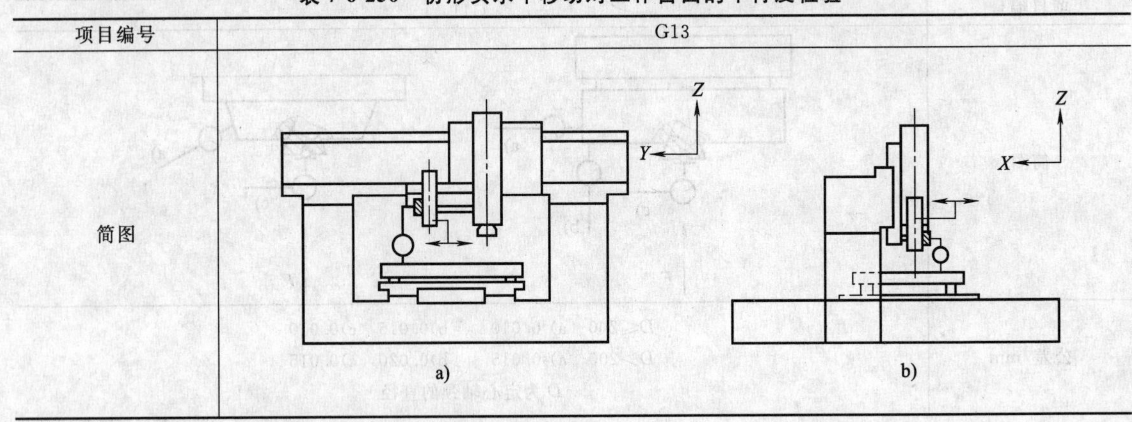a)　　b)

续表

项目编号	G13
公差/mm	a)和 b) 在任意 100 测量长度内为 0.050 最大公差值为 0.080
检验工具	指示器、平尺及等高量块
检验方法	工作台位于行程的中间位置 在工作台面上放两个等高量块，其上放一平尺。在仿形头上固定指示器，使其测头触及平尺检验面。在全行程按测量长度移动仿形头 a)、b)误差分别计算。误差以指示器读数的最大差值计

(14) 仿形头垂向移动对工作台面的垂直度检验（如表 7-6-251 所示）

仿形头垂向移动对工作台面的垂直度检验包括以下两项：

a) 在 YZ 垂直平面内；

b) 在 ZX 垂直平面内。

表 7-6-251 仿形头垂向移动对工作台面的垂直度检验

项目编号	G14
简图	Z Y Z X a) b)
公差/mm	a)和 b) 0.050/100
检验工具	指示器和角尺
检验方法	工作台位于行程的中间位置，仿形头位于其纵、横向行程的中间位置并锁紧 在工作台面上放一角尺；a)在横向平面内；b)在纵向平面内 在仿形头上固定指示器，使其测头触及角尺检验面，在全行程按测量长度垂直移动仿形头锁紧检验 a)、b)误差分别计算。误差以指示器读数的最大差值计

(15) 仿形头水平移动对工作台移动在 XY 水平面内的平行度检验（如表 7-6-252 所示）

表 7-6-252 仿形头水平移动对工作台移动在 XY 水平面内的平行度检验

项目编号	G15
简图	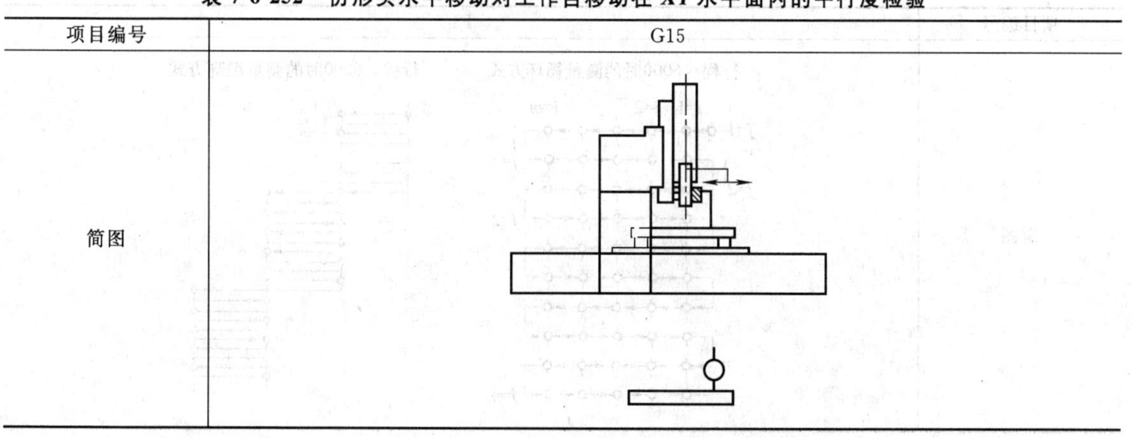

续表

项目编号	G15
公差/mm	在任意100测量长度上为0.050 最大公差值为0.080
检验工具	指示器、平尺及等高量块
检验方法	工作台位于行程的中间位置 在工作台面上放两个等高量块，其上放一平尺。在仿形头上固定指示器，使其测头水平触及平尺检验面。按仿形头全行程长度移动工作台，调整平尺，使指示器在平尺两端读数相等后，按测量长度移动仿形头锁紧检验 误差以指示器读数的最大差值计

(16) 仿形头水平移动对溜板移动在 *XY* 水平面内的平行度检验（如表7-6-253所示）

表7-6-253 仿形头水平移动对溜板移动在 *XY* 水平面内的平行度检验

项目编号	G16
简图	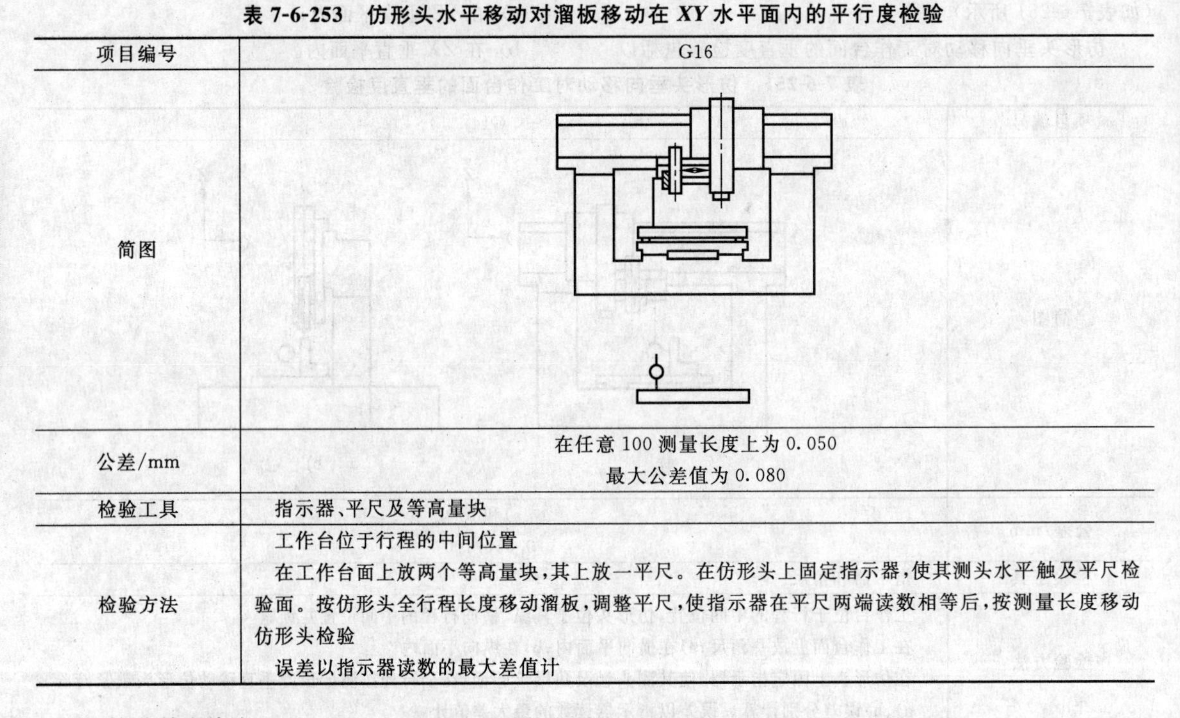
公差/mm	在任意100测量长度上为0.050 最大公差值为0.080
检验工具	指示器、平尺及等高量块
检验方法	工作台位于行程的中间位置 在工作台面上放两个等高量块，其上放一平尺。在仿形头上固定指示器，使其测头水平触及平尺检验面。按仿形头全行程长度移动溜板，调整平尺，使指示器在平尺两端读数相等后，按测量长度移动仿形头检验 误差以指示器读数的最大差值计

2. 定位精度检验

线性轴线的定位精度检验如表7-6-254所示。

表7-6-254 线性轴线的定位精度检验

项目编号	P1
简图	行程≤6000时的测量循环方式 i=1 i=2 i=m j=1 j=1 j=2 j=2 n j=n 行程>6000时的测量循环方式

续表

项目编号	P1			
公差/mm		测　量　长　度		
		≤500	≤1000	≤2000
	轴线行程至 2000mm			
	轴线双向定位精度 A	0.020	0.025	0.032
	轴线单向重复定位精度 $R\uparrow$ 和 $R\downarrow$	0.008	0.010	0.013
	轴线反向差值 B	0.010	0.013	0.016
	轴线双向定位系统偏差 E	0.016	0.020	0.025
	轴线双向平均位置偏差 M	0.010	0.013	0.016
	轴线行程大于 2000mm			
	轴线双向定位系统偏差 E	0.025+(测量长度每增加 1000,公差增加 0.005)		
	轴线双向平均位置偏差 M	0.016+(测量长度每增加 1000,公差增加 0.003)		
	轴线反向差值 B	0.016+(测量长度每增加 1000,公差增加 0.003)		
检验工具	线性标尺或激光测量装置			
检验方法	非检测轴线上的运动部件置于其行程的中间位置 每个线性轴线均应检验			

3. 工作精度检验

(1) 检验性质：沿 X 轴方向，对 B 面进行精铣，接刀处重叠 5～10mm（如表 7-6-255 所示）

表 7-6-255　沿 X 轴方向，对 B 面进行精铣

项目编号	M1
简图	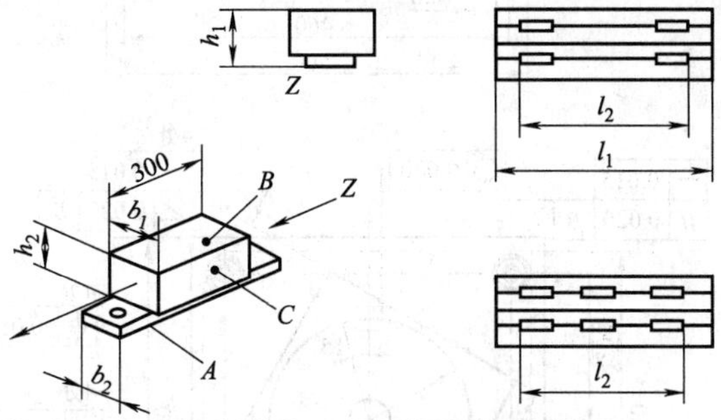 h_1　Z　l_2　l_1　300　B　Z　b_1　h_2　C　A　b_2　l_2 $b_1=h_1=150$mm　l_1——工作台面长度 $b_2=h_2=110$mm　l_2——试件安装总长度 $l_1-l_2=600$mm 工作台长度小于等于 2000mm 时,铣削 4 个试件 当工作台长度大于 2000mm 时,可如简图所示放置 6 个(或 8 个)试件 试件材料:铸铁
检验项目	a)每个试件 B 面的平面度 b)试件高度 h_1 应等高
公差/mm	a)0.02 b)$l_2\leqslant2000$,0.03 $2000<l_2\leqslant5000$,0.05 $5000<l_2\leqslant10000$,0.08
检验工具	平尺和量块或指示器平板和测微计
说明	试切前 ——确保 A 面平直 ——试件平行于工作台移动方向(X 轴线)放置 ——铣刀安装推荐采用下列要求 1)径向跳动≤0.02 2)端面跳动≤0.03
切削条件	使用装在垂直铣头主轴上的端铣刀或镶齿铣刀进行加工 其他切削条件(刀具材质和规格、切削速度和进给率)应由供应商/制造商规定 所有试件应具有相同的硬度

(2) 其他孔或零件定位精度检验（如表 7-6-256 所示）

表 7-6-256　其他孔或零件定位精度检验

项目编号	M2
检验性质	a)通镗位于试件中心直径为 50mm 的孔 b)加工边长为 500mm 的外正方形 c)加工位于正方形之上边长为 300mm 的菱形(倾斜 60°的正方形) d)加工位于菱形之上直径为 280mm 的圆，对具有仿形功能的机床，还应采用仿形随动或录返程序对圆周面进行加工 e)镗削直径为 43mm 的四个孔和直径为 45mm 的四个孔；加工时，直径为 43mm 的孔沿轴线正向趋近，直径为 45mm 的孔沿轴线负向趋近
简图	(轮廓加工试件) 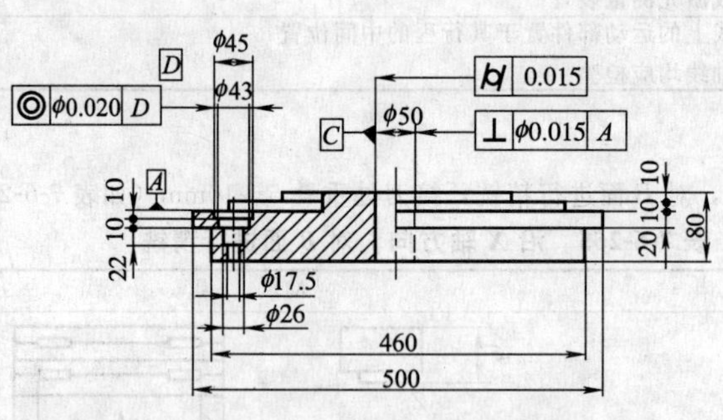 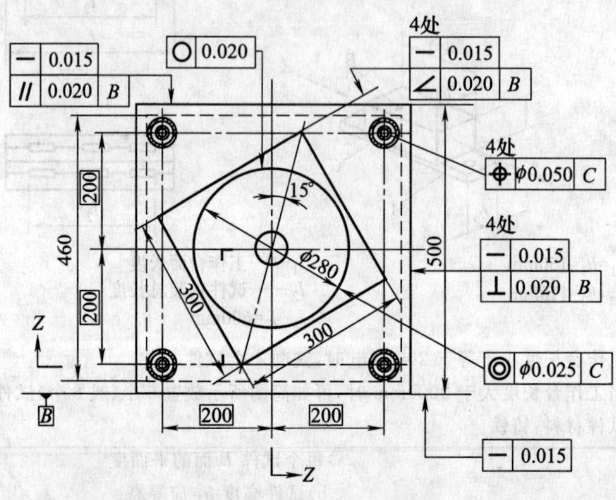 试件材料：铸铁或铸铝 注：试件被重新使用时，其特征尺寸应保持在图中所给出的特征尺寸的±10%以内

检验项目		公差/mm	检验工具	说明	切削条件
中心孔	a)圆柱度 b)孔中心轴线与基面 A 的垂直度	a)0.015 b)ϕ0.015	a)坐标测量机 b)坐标测量机	1)如果条件允许，应将试件放在坐标测量机上进行测量 2)对直边(正四方形、菱形)而言，为获得直线度、垂直度和平行度的偏差，测头至少在 10 点处触及被测表面	切削参数(推荐) 1)刀具直径：用直径为 32mm 的同一把立铣刀加工轮廓加工试件的所有表面 2)刀具材料：硬质合金 3)切削速度：铸铁约为 90m/min,
正四方形	c)侧面的直线度 d)相邻面与基面 B 的垂直度 e)相对面与基面 B 的平行度	c)0.025 d)0.030/300 e)0.030	c)坐标测量机或平尺和指示器 d)坐标测量机或平尺和指示器 e)坐标测量机或高度规或指示器		

续表

检验项目		公差/mm	检验工具	说明	切削条件
菱形	f)侧面的直线度 g)侧面对基面 B 的倾斜度	f)0.020 g)0.025	f)坐标测量机或平尺和指示器 g)坐标测量机或正弦规和指示器	3)对于圆度(或圆柱度)检验,如果测量为非连续性的,则至少检验 15 个点(圆柱度在每个测量平面内) 4)h)项括号中的公差值仅适用于用仿形随动功能或录返程序加工的圆周面	铝件约为 300m/min 4)进给量:约为 0.05/齿～0.10mm/齿 5)切削深度:铣削径向切削深度为 0.2mm
圆	h)圆度 i)外圆和中心孔 C 的同轴度	h)0.030(0.040) i)ϕ0.025	h)坐标测量机或指示器或圆度测量仪 i)坐标测量机或指示器或圆度测量仪		
镗孔	j)内孔对外孔 D 的同心度 k)于中心孔 C 的位置度	j)ϕ0.020 k)ϕ 0.050	j)坐标测量机或圆度测量仪 k)坐标测量机		

(3) 镗孔精度检验(如表 7-6-257 所示)

表 7-6-257　镗孔精度检验

项目编号	M3
简图	$D\geqslant150$；270；40；75；40；(75)；40；Ⅰ；Ⅱ；Ⅲ 试件材料:铸铁
检验项目	a)圆度 b)直径尺寸一致性
公差/mm	a)0.010 b)0.024
检验方法	a) 分别在Ⅰ、Ⅱ、Ⅲ三处同一深度的横截面上,测出相互夹角约为 45°的四个直径值 圆度误差以每个横截面上最大直径差值之半中的最大值计 b) 分别在相互夹角约为 45°的同一轴向横截面上,测出Ⅰ、Ⅱ、Ⅲ三处直径值 直径一致性误差以每个轴向截面上最大直径差值中的最大值计
检验工具	内径千分尺或其他检验仪器
切削条件	切削刀具:硬质合金镗刀 切削深度:t<0.2mm 试件应安装在工作台的中间位置

6.5　齿轮和螺纹加工机床精度检验

6.5.1　数控异型螺杆铣床精度检验(GB/T 21947—2008)

1. 几何精度检验

几何精度检验如表 7-6-258 所示。

表 7-6-258 几何精度检验

序号	简图	检验项目	允差/mm	检验工具	检验方法
G1		床身导轨在垂直平面内的直线度	1000<L≤2000:0.020 2000<L≤3000:0.025 3000<L≤5000:0.030 L> 5000: 每增加 1000 ,允差值增加 0.01(只许凸) 局部允差: L≤3000,在任意 500 测量长度上为 0.012 L>3000,在任意 1000 测量长度上为 0.02 L 为溜板的最大行程长度	水平仪	在溜板上与床身导轨平行放置水平仪,等距离(近似等于规定的局部误差的测量长度)移动溜板检验。在全行程上至少记录三个读数。将水平仪读数依次排列,画出误差曲线 误差以曲线对其两端点连线间坐标值的最大代数差值计;局部误差以任意局部测量长度上两点对曲线两端点连线间坐标值的最大代数差值计
G2		床身导轨的平行度	1000<L≤2000:0.020/1000 2000<L≤3000:0.030/1000 3000<L≤5000:0.040/1000 L>5000: 每增加 1000,允差值增加 0.005/1000 局部允差: 在任意 1000 测量长度上为 0.020/1000 L 为溜板的最大行程长度	水平仪	在溜板上与床身导轨垂直放置水平仪,等距离移动溜板检验(移动距离同 G1) 误差以水平仪读数的最大代数差值计
G3	1)	溜板移动在水平面内的直线度	1000<L≤2000:0.020 2000<L≤3000:0.035 3000<L≤5000:0.045 L>5000: 每增加 1000,允差值增加 0.01 局部允差: L≤3000,在任意 500 测量长度上为 0.012	检验棒、指示器或钢丝、显微镜	1)当 L≤1600mm 时 在床头和尾座顶尖间顶一检验棒。在溜板上固定指示器,使其测头触及检验棒表面。调整尾座,使指示器读数在检验棒两端相等,锁紧尾座。移动溜板在全行程上检验 2)当 L>1600mm 时 在相当于机床中心高的位置上绷紧一根钢丝,在溜板上固定显微镜。调整钢丝,使显微镜在钢丝两端读数相等,等距离移动溜板,在全行程上检验

续表

序号	简图	检验项目	允差/mm	检验工具	检验方法
G3	2)	溜板移动在水平面内的直线度	$L>3000$,在任意 1000 测量长度上为 0.02 L 为溜板的最大行程长度		指示器(或显微镜)在全行程上及任意局部长度上读数的最大代数差值就是全行程及局部长度上的直线度误差
G4	a) b)	工件主轴轴线的径向跳动 a)近主轴端部 b)距主轴端部 300mm 处	a)0.010 b)0.020	检验棒、指示器	在工件主轴锥孔内(或定位套定心锥孔内)插入检验棒,固定指示器,使其测头触及检验棒表面:a)近主轴端部;b)距主轴端部 300 mm 处。旋转主轴检验拔出检验棒,旋转 90°,重新插入,再依次检验 3 次 a)、b)误差分别计算 误差以四次测量结果的平均值计 在垂直平面和水平面内均须检验
G5	F	工件主轴的轴向窜动	0.010	检验棒、指示器、钢球	在工件主轴锥孔内(或定位套定心锥孔内)插入检验棒,固定指示器,使其测头触及检验棒中心孔内的钢球表面。在轴向加力 F,旋转主轴检验 误差以指示器读数的最大差值计 注:F 为消除轴承轴向间隙的力,若主轴轴承有预加载荷可不加力
G6	a) b)	工件主轴定心轴颈的径向跳动 a)在垂直平面内 b)在水平面内	a)及 b) 0.010	指示器	固定指示器,使其测头触及主轴定心轴颈表面:a)在垂直平面内;b)在水平面内。旋转主轴检验 a)、b)误差分别计算 误差以指示器读数的最大差值计

续表

序号	简图	检验项目	允差/mm	检验工具	检验方法
G7	a) F b)	工件主轴轴肩支承面的端面跳动	0.020	指示器	固定指示器，使其测头触及工件主轴端面最大直径处，在轴向加力 F，旋转主轴，分别在相隔 180°的 a)、b)两点检验 误差以 a)、b)两点测量结果中的最大值计 注：F 为消除轴承轴向间隙的力，若主轴轴承有预加载荷可不加力
G8	a) b)	溜板移动对工件主轴轴线的平行度 a）在垂直平面内 b）在水平面内	在 300 测量长度上 a)0.020(只许向上偏) b)0.020(只许向刀具方向偏)	检验棒、指示器	在工件主轴锥孔内(或定位套定心锥孔内)插入检验棒，固定指示器，使其测头触及检验棒表面： a)在垂直平面内；b)在水平面内。移动溜板检验将主轴旋转 180°再检验一次 a)、b)误差分别计算 误差以两次测量结果的代数和之半计
G9	a) b)	尾座移动对溜板移动的平行度 a)在垂直平面内 b）在水平面内	a)及 b) $1000<L\leqslant2000$：0.025 $2000<L\leqslant3000$：0.035 $3000<L\leqslant5000$：0.045 $L>5\ 000$： 每增加 1000，允差值增加 0.01 局部允差： $L\leqslant3000$，在任意 500 测量长度上为 0.012 $L>3000$，在任意 1000 测量长度上为 0.025 L 为溜板的最大行程长度	指示器	尾座套筒缩回并锁紧。在溜板上固定指示器，使其测头触及近尾座体端面的尾座套筒表面：a)在垂直平面内；b)在水平面内。移动溜板（带动尾座一起），在全行程上检验 a)、b)误差分别计算 误差以指示器读数的最大差值计；局部误差以任意局部测量长度上两点指示器读数的最大差值计
G10	a) b)	溜板移动对尾座套筒轴线的平行度 a）在垂直平面内	在 100 测量长度上 a) 0.020(只许向上偏)	指示器	当 $L\leqslant1600$mm 时，将尾座固定于床身导轨末端；当 $L>1600$mm 时，将尾座固定于床身导轨中部。尾座套筒伸出量约为最大伸出长度的三分之二，并锁紧 在溜板上固定指示器，使其测头触及尾座套筒表面：a)在垂直平面内；b)在水平面内。移动溜板检验

续表

序号	简图	检验项目	允差/mm	检验工具	检验方法
G10		b)在水平面内	b)0.010(只许向刀具方向偏)		a)、b)误差分别计算,误差以指示器读数的最大差值计
G11	1) a) b) 2) a) b)	工件主轴轴线和尾座套筒轴线对床身导轨的等距度 a)在垂直平面内 b)在水平面内	a)0.030 (只许尾座高) b)$1000<L\leqslant2\,000$:0.015 $2000<L\leqslant3000$:0.018 $3000<L\leqslant5000$:0.022 $L>5000$: 每增加 1000 允差值增加 0.005 L 为溜板的最大行程长度	检验棒、指示器	1)当 $L\leqslant1600$mm 时,将尾座固定于床身导轨末端。在床头和尾座顶尖间顶一检验棒。在溜板上固定指示器,使其测头触及检验棒表面。移动溜板,在检验棒两极限位置检验 2)当 $L>1600$mm 时,将尾座固定于床身导轨中部。在工件主轴锥孔(或定位套定心锥孔)和尾座套筒锥孔内分别安置等径的短检验棒,移动溜板,在两短检验棒中部检验 误差以指示器读数的最大差值计
G12	b) a)	刀具主轴轴线的径向跳动 a)靠近主轴端部 b)距主轴端部 150mm 处	a) 0.010 b) 0.016	检验棒、指示器	在刀具主轴锥孔内插入检验棒,固定指示器,使其测头触及检验棒表面:a)近主轴端部;b)距主轴端部 150 mm 处。旋转主轴检验 拔出检验棒,旋转 90°,重新插入,依次再检验 3 次 a)、b)误差分别计算 误差以四次测量结果的平均值计 在刀具加工位置及与其成 90°的两处均须检验
G13	F	刀具主轴的轴向窜动	0.010	检验棒、指示器、钢球	在刀具主轴锥孔内插入检验棒,固定指示器,使其测头触及检验棒中心孔内的钢球表面。在轴向施加力 F,旋转主轴检验 误差以指示器读数的最大差值计 注:F 为消除轴承轴向间隙的力,若主轴轴承有预加载荷可不加力

续表

序号	简图	检验项目	允差/mm	检验工具	检验方法
G14	P_1 P_2 P_{i-1} P_i	溜板纵向移动(Z轴)轴线的位置精度 a)单向定位精度 $A\uparrow$ 或 $A\downarrow$ b)单向重复定位精度 $R\uparrow$ 或 $R\downarrow$ c)反向差值 B(仅适用于 $L\leqslant 2000$mm 的数控异型螺杆铣床)	a) L | $A\uparrow$ 或 $A\downarrow$ >1000～2000 | 0.040 b) L | $R\uparrow$ 或 $R\downarrow$ >1000～2000 | 0.020 c) L | B >1000～2000 | 0.012 L 为溜板的最大行程长度	激光干涉仪或具有类似精度的其他测量系统	在溜板纵向移动轴线行程上，按每 1000 mm 至少 5 个，全测量行程不少于 5 个目标位置测量。溜板从一个基准点，快速趋近各目标位置，而后快速返回，经各目标位置回到基准点。如此重复 5 次，测量任意目标位置 P_i 处的位置偏差： $Z_{i1}\uparrow, Z_{i2}\uparrow, \cdots, Z_{i5}\uparrow$ $Z_{i1}\downarrow, Z_{i2}\downarrow, \cdots, Z_{i5}\downarrow$ 平均位置偏差： $\overline{Z}_i\uparrow=(Z_{i1}\uparrow+Z_{i2}\uparrow+\cdots+Z_{i5}\uparrow)/5$ $\overline{Z}_i\downarrow=(Z_{i1}\downarrow+Z_{i2}\downarrow+\cdots+Z_{i5}\downarrow)/5$ 单向标准不确定度的估算值： $S_i\uparrow=\sqrt{\frac{1}{4}\sum_{j=1}^{5}(Z_{ij}\uparrow-\overline{Z}_i\uparrow)^2}$ $S_i\downarrow=\sqrt{\frac{1}{4}\sum_{j=1}^{5}(Z_{ij}\downarrow-\overline{Z}_i\downarrow)^2}$ a)单向定位精度 $A\uparrow$ 或 $A\downarrow$ 以 $A\uparrow=\max[\overline{Z}_i\uparrow+2S_i\uparrow]-\min[\overline{Z}_i\uparrow-2S_i\uparrow]$ 和 $A\downarrow=\max[\overline{Z}_i\downarrow+2S_i\downarrow]-\min[\overline{Z}_i\downarrow-2S_i\downarrow]$ 中的较大值计 b)单向重复定位精度 $R\uparrow$ 或 $R\downarrow$ 以 $R\uparrow=\max[R_i\uparrow]$ 和 $R\downarrow=\max[R_i\downarrow]$ 中的最大值计 c)反向差值 B 以各目标位置反向差值的绝度值 $\|B_i\|$ 中的最大值计，即 $B=\max[\|B_i\|]$ $B_i=\overline{Z}_i\uparrow-\overline{Z}_i\downarrow$

续表

序号	简图	检验项目	允差/mm	检验工具	检验方法
G15	P_1　P_2　P_{i-1}　P_i	溜板纵向移动（Z 轴）轴线的位置精度 a）双向定位系统偏差 E b）双向平均位置偏差范围 M c）反向差值 B（仅适用于 $L>$ 2000 mm 的数控异型螺杆铣床）	a） L / E >2000～3000　0.035 >3000～5000　0.040 >5000　行程每增加1000，允差值增加 0.010 b） L / M >2000～3000　0.025 >3000～5000　0.030 >5000　行程每增加1000，允差值增加 0.005 c） L / B >2000～3000　0.015 >3000～5000　0.020 >5000　行程每增加1000，允差值增加 0.002 L 为溜板的最大行程长度	激光干涉仪或具有类似精度的其他测量系统	在溜板纵向移动轴线的常用工作行程内，平均间距 P 取 250 mm，选取目标位置测量。溜板沿轴线快速移动，在每个方向对各目标位置进行一次单向趋近，测出任意目标位置 P_i 处的位置偏差 $Z_i\uparrow$，$Z_i\downarrow$ 平均位置偏差 $\overline{Z}_i\uparrow=Z_i\downarrow$ $\overline{Z}_i\downarrow=Z_i\uparrow$ a）双向定位系统偏差 E 以任意位置 P_i 上的单向平均位置偏差 $\overline{Z}_i\uparrow$ 和 $\overline{Z}_i\downarrow$ 的最大值与最小值的代数差计。即： $E=\max[\overline{Z}_i\uparrow;\overline{Z}_i\downarrow]-\min[\overline{Z}_i\downarrow;\overline{Z}_i\downarrow]$ b）双向平均位置偏差范围 M 以任意位置 P_i 上的平均位置偏差 $\overline{Z}_i$ 的最大值与最小值的代数差计。即： $M=\max[\overline{Z}_i]-\min[\overline{Z}_i]$ c）反向差值 B 以各目标位置反向差值的绝度值 $\lvert B_i\rvert$ 中的最大值计，即 $B=\max[\lvert B_i\rvert]$ $B_i=\overline{Z}_i\uparrow-\overline{Z}_i\downarrow$
G16	P_1　P_2　P_{i-1}　P_i	铣头径向移动（X 轴）轴线的位置精度 a）单向定位精度 $A\uparrow$ 或 $A\downarrow$	a）0.025； b）0.012；	激光干涉仪或具有类似精度的其他测量系统	在铣头径向移动轴线行程上，按每 1000 mm 至少 5 个，全测量行程不少于 5 个目标位置测量，铣头从一个基准点，快速趋近各目标位置，而后快速返回，经各目标位置回到基准点。如此重复 5 次，测量任意目标位置 P_i 处的位置偏差 $X_{i1}\uparrow,X_{i2}\uparrow,\cdots,X_{i5}\uparrow$ $X_{i1}\downarrow,X_{i2}\downarrow,\cdots,X_{i5}\downarrow$ 平均位置偏差 $\overline{X}_i\uparrow=(X_{i1}\uparrow+X_{i2}\uparrow+\cdots+X_{i5}\uparrow)/5$ $\overline{X}_i\downarrow=(X_{i1}\downarrow+X_{i2}\downarrow+\cdots+X_{i5}\downarrow)/5$

续表

序号	简图	检验项目	允差/mm	检验工具	检验方法
G16		b)单向重复定位精度 $R\uparrow$ 或 $R\downarrow$ c)反向差值 B	c)0.010;		单向标准不确定度的估算值 $S_i\uparrow=\sqrt{\frac{1}{4}\sum_{j=1}^{5}(X_{ij}\uparrow-\overline{X}_i\uparrow)^2}$ $S_i\downarrow=\sqrt{\frac{1}{4}\sum_{j=1}^{5}(X_{ij}\downarrow-\overline{X}_i\downarrow)^2}$ a)单向定位精度 $A\uparrow$ 或 $A\downarrow$ 以 $A\uparrow=\max[\overline{X}_i\uparrow+2S_i\uparrow]-\min[\overline{X}_i\uparrow-2S_i\uparrow]$ 和 $A\downarrow=\max[\overline{X}_i\downarrow+2S_i\downarrow]-\min[\overline{X}_i\downarrow-2S_i\downarrow]$ 中的较大值计 b)单向重复定位精度 $R\uparrow$ 或 $R\downarrow$ 以 $R\uparrow=\max[R_i\uparrow]$ 和 $R\downarrow=\max[R_i\downarrow]$ 中的最大值计。 $R_i\uparrow=4S_i\uparrow$;$R_i\downarrow=4S_i\downarrow$ c)反向差值 B 以各目标位置反向差值的绝度值 $\lvert B_i\rvert$ 中的最大值计,即 $B=\max[\lvert B_i\rvert]$ $B_i=\overline{X}_i\uparrow-\overline{X}_i\downarrow$
G17		工件主轴回转运动(C 轴)轴线的位置精度 a)双向定位系统偏差 E	测量行程 585° a)72	多棱体、自准直仪或带精密多齿分度台的激光角度干涉仪或具有类似精度的其他测量系统	在工件主轴回转运动轴线的常用工作行程内,在每个方向按间隔不超过45°选取目标位置测量。工件主轴回转轴线在每个方向对各目标位置进行一次单向趋近,测出任意目标位置 P_i 处的位置偏差 $C_1\uparrow,C_2\uparrow,\cdots,C_i\uparrow$ $C_1\downarrow,C_2\downarrow,\cdots,C_i\downarrow$ 平均位置偏差 $\overline{C}_i\uparrow=C_i\downarrow$ $\overline{C}_i\downarrow=C_i\uparrow$ a)双向定位系统偏差 E 以任意位置 P_i 上的单向平均位置偏差 $\overline{C}_i\uparrow$ 和 $\overline{C}_i\downarrow$ 的最大值与最小值的代数差计。即 $E=\max[\overline{C}_i\uparrow;\overline{C}_i\downarrow]-\min[\overline{C}_i\downarrow;\overline{C}_i\downarrow]$

续表

序号	简图	检验项目	允差/mm	检验工具	检验方法
G17		b)双向平均位置偏差的范围 M c)反向差值 B	b)56 c)28		b)双向平均位置偏差范围 M 以任意位置 P_i 上的平均位置偏差 $\overline{Z}_i$ 的最大值与最小值的代数差计。即： $M=\max[\overline{C}_i]-\min[\overline{C}_i]$ c)反向差值 B 以各目标位置反向差值的绝度值$\|B_i\|$中的最大值计，即 $B=\max[\|B_i\|]$ $B_i=\overline{C}_i\uparrow-\overline{C}_i\downarrow$

2. 工作精度检验

工作精度检验如表 7-6-259 所示。

表 7-6-259　工作精度检验

序号	简图和试件尺寸	检验性质	切削条件	检验项目	允差/mm	检验工具	检验方法
P1	L_P L_1 L_2 L_3 D_P $D_P\approx D$ $L_P\min=700$mm $L_1=400$mm $T_1=(4\sim6)P$ 其余参数由制造厂确定 材料：45 钢调质 L_1—铣削双线螺纹长度 L_2—铣削渐变底径螺纹长度 L_3—铣削渐变导程螺纹长度 T_1—铣削双线螺纹导程 D—机床纵向丝杠直径 P—机床纵向丝杠螺距	精铣两顶尖间螺杆试件	立铣刀切削用量由制造厂确定（应保证螺纹表面粗糙度满足测量要求）	a)双线螺纹的导程误差 b)双线螺纹的螺距误差 c)渐变底径螺纹的底径变化误差 d)渐变导程螺纹导程变化误差	a)在 300 长度上：0.040 b)0.040 c)0.060 d)0.040	万能工具显微镜	螺纹表面应洁净，无洼陷和明显波纹 a)精铣后在 300 mm 长度内检验，左右面均应检验 b)在 L_1 范围内检验双线螺纹任意两相邻螺距间的螺距误差 c)在渐变底径螺纹段全长范围内检验各导程上螺纹的底径变化误差 d)在渐变导程螺纹段全长范围内检验各导程之间的导程变化误差

6.5.2　数控小型蜗杆铣床精度检验（GB/T 25660.1—2010）

1. 几何精度检验

(1) 工件主轴的径向跳动检验（如表7-6-260所示）

工作主轴的径向跳动检验包括以下两项：

a) 主轴内孔；

b) 主轴内锥。

表7-6-260　工件主轴的径向跳动精度检验

项目编号	G1
简图	b) a)
公差/mm	*D*≤40　a)0.004　b)0.003 *D*>40～80　a)0.005　b)0.004
检验工具	指示器
检验方法	固定指示器，使其测头垂直触及：a)主轴内孔；b)主轴内锥。旋转主轴检验 a)、b)误差分别计算。误差以指示器读数最大值计

(2) 工件主轴的轴向窜动检验（如表7-6-261所示）

(3) 工件主轴轴线径向跳动检验（如表7-6-262所示）

工件主轴径向跳动检验包括以下两项：

a) 靠近主轴端部；

b) 距主轴端部L处。

(4) 铣刀主轴外圆的径向跳动检验（如表7-6-263所示）

铣刀主轴外圆的径向跳动检验包括以下两项：

a) 在垂直平面内；

b) 在水平面内。

(5) 铣刀主轴的端面跳动检验（如表7-6-264所示）

表7-6-261　工件主轴的轴向窜动检验

项目编号	G2
简图	
公差/mm	*D*≤40　0.002 *D*>40～80　0.003
检验工具	指示器、检验棒、钢球
检验方法	固定指示器，使其测头触及固定在主轴孔内检验棒中心孔的钢球上。旋转主轴检验。检验时应通过主轴中心，加一由制造厂规定的轴向力(对已消除轴向游隙的主轴可不加力) 误差以指示器读数最大差值计

表 7-6-262　工件主轴轴线径向跳动检验

项目编号	G3	
简图	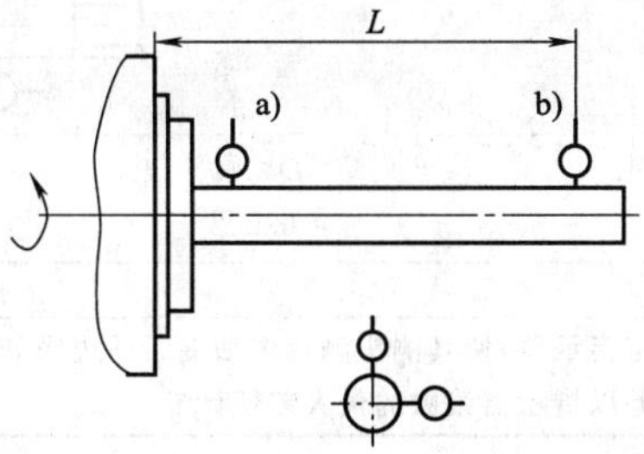 L　a)　b)	
公差/mm	$D\leqslant40$ a)0.003 b)距主轴端部 150 处 0.020	$D>40\sim80$ a)0.004 b)距主轴端部 200 处 0.004
检验工具	指示器、检验棒	
检验方法	在主轴孔内插入一检验棒。固定指示器，使其测头触及检验表面：a)靠近主轴端部；b)距主轴端部 L 处。旋转主轴检验 拔出检验棒旋转 90°，重新插入主轴孔内，依次重复检验三次 a)、b)误差分别计算。误差以四次测量结果的算术平均值计 在垂直面和水平面内均需检验。	

表 7-6-263　铣刀主轴外圆的径向跳动检验

项目编号	G4	
简图	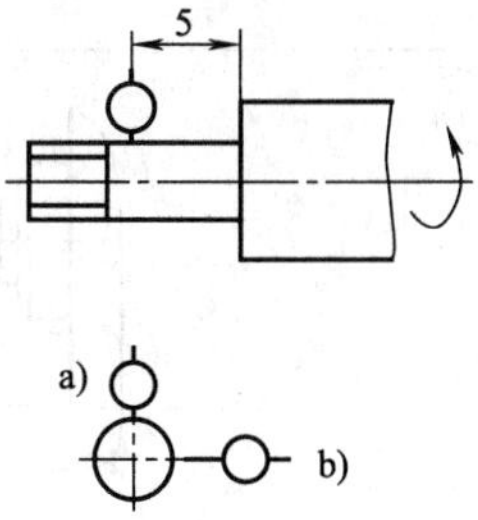 5　a)　b)	
公差/mm	$D\leqslant40$ a)0.002 b)0.002	$D>40\sim80$ a)0.003 b)0.003
检验工具	指示器	
检验方法	固定指示器，使其测头触及主轴外圆表面：a)在垂直平面内；b)在水平面内。旋转主轴检验 a)、b)误差分别计算。误差以指示器读数的最大差值计	

表 7-6-264　铣刀主轴的端面跳动检验

项目编号	G5	
简图		
公差/mm	$D \leqslant 40$ 0.002	$D>40\sim80$ 0.003
检验工具	指示器	
检验方法	固定指示器，使其测头触及主轴端面的边缘处。旋转主轴检验 误差以指示器读数的最大差值计	

(6) 铣刀主轴的轴向窜动检验（如表 7-6-265 所示）

(7) 尾架下移动导轨尾座移动对工件主轴轴线的平行度检验（如表 7-6-266 所示）

尾架下移动导轨尾座移动对工件主轴轴线的平行度检验包括以下两项：

a) 在垂直平面内；

b) 在水平面内。

表 7-6-265　铣刀主轴的轴向窜动检验

项目编号	G6	
简图		
公差/mm	$D \leqslant 40$ 0.002	$D>40\sim80$ 0.003
检验工具	指示器、钢球	
检验方法	固定指示器，使其测头触及固定在主轴中心孔内的钢球上。旋转主轴检验。检验时应通过主轴中心，加一由制造厂规定的轴向力（对已消除轴向游隙的主轴可不加力） 误差以指示器读数的最大差值计	

表 7-6-266　尾架下移动导轨尾座移动对工件主轴轴线的平行度检验

项目编号	G7	
简图	L a) b)	
公差/mm	$D \leqslant 40$ 在 150 测量长度上 a)0.010 b)0.010	$D>40\sim80$ 在 200 测量长度上 a)0.012 b)0.012
检验工具	指示器、检验棒	
检验方法	在主轴孔插入一检验棒。在尾座上固定指示器，使其测头触及检验棒表面：a)在垂直平面内；b)在水平面内。移动尾座检验 将主轴旋转 180°，再检验一次 a)、b)误差分别计算，误差以两次测量结果的代数和之半计	

(8) 尾架上移动导轨滑板移动对工件主轴轴线的平行度检验（如表 7-6-267 所示）

尾架上移动导轨滑板移动对工件主轴轴线的平行度检验包括以下两项：

a) 在垂直平面内；

b) 在水平面内。

表 7-6-267　尾座上移动导轨滑板移动对工件主轴轴线的平行度检验

项目编号	G8	
简图	L a) b)	
公差/mm	$D\leqslant 40$ 在 80 测量长度上 a)0.010 b)0.010	$D>40\sim 80$ 在 100 测量长度上 a)0.012 b)0.012
检验工具	指示器、检验棒	
检验方法	在主轴孔插入一检验棒。在尾架滑板上固定指示器，使其测头触及检验棒表面：a)在垂直平面内；b)在水平面内。移动滑板检验 将主轴旋转 180°，再检验一次 a)、b)误差分别计算，误差以两次测量结果的代数和之半计	

(9) 铣刀架纵向移动对工件主轴轴线的平行度检验（如表 7-6-268 所示）

铣刀架纵向移动对工件主轴轴线的平行度检验包括以下两项：

a) 在垂直平面内；

b) 在水平面内。

表 7-6-268　铣刀架纵向移动对工件主轴轴线的平行度检验

项目编号	G9	
简图	L a) b)	
公差/mm	$D\leqslant 40$ 在 150 测量长度上 a)0.015 b)0.006(只允许偏向铣刀轴)	$D>40\sim 80$ 在 200 测量长度上 a)0.025 b)0.010(只允许偏向铣刀轴)
检验工具	指示器、检验棒	
检验方法	在主轴孔插入一检验棒。将指示器的支架固定在铣刀架上，使其测头触及检验棒表面：a)在垂直平面内；b)在水平面内。移动铣刀架检验 将主轴旋转 180°，重复检验一次 a)、b)误差分别计算，误差以两次测量结果的代数和之半计	

(10) 工件主轴轴线与尾架顶尖轴线的重合度检验（如表7-6-269所示）

工件主轴轴线与尾架顶尖轴线的重合度检验包括以下两项：

a) 尾架顶尖距工件主轴端部50处；

b) 尾架顶尖距工件主轴端部150处。

表7-6-269　工件主轴轴线与尾架顶尖轴线的重合度检验

项目编号	G10	
简图	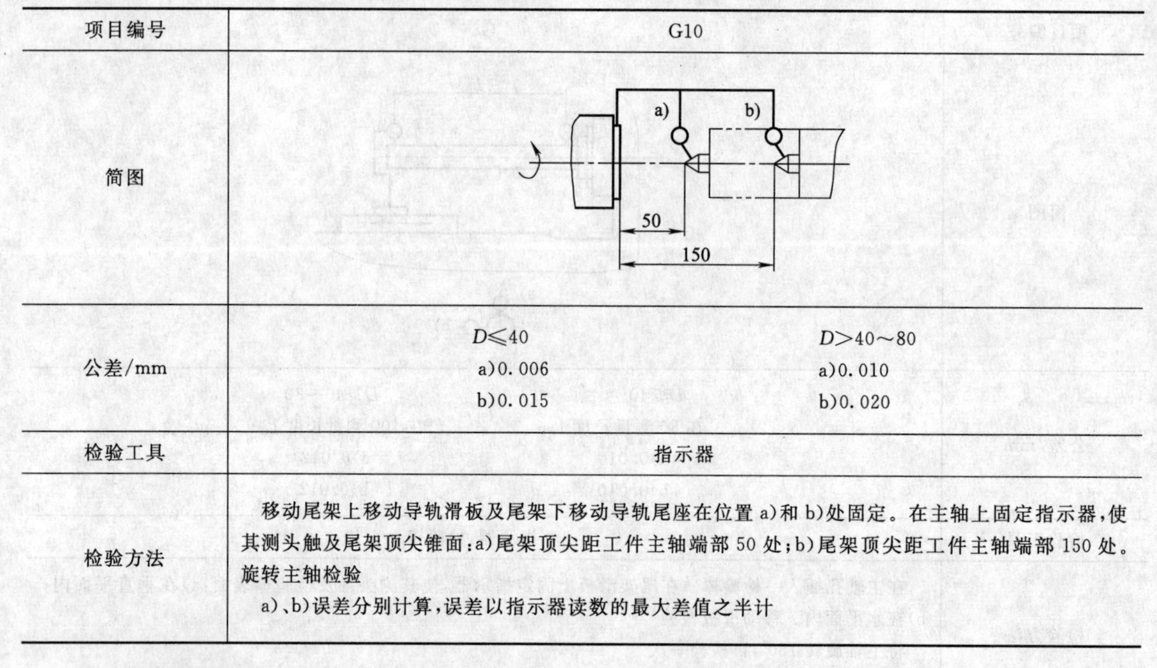	
公差/mm	$D \leqslant 40$ a)0.006 b)0.015	$D>40 \sim 80$ a)0.010 b)0.020
检验工具	指示器	
检验方法	移动尾架上移动导轨滑板及尾架下移动导轨尾座在位置a)和b)处固定。在主轴上固定指示器，使其测头触及尾架顶尖锥面：a)尾架顶尖距工件主轴端部50处；b)尾架顶尖距工件主轴端部150处。旋转主轴检验 a)、b)误差分别计算，误差以指示器读数的最大差值之半计	

2. 位置精度检验

(1) Z轴双向定位精度A的检验（如表7-6-270所示）

(2) 单向重复定位精度R和反向差值B的检验（如表7-6-271所示）

单向重复定位精度R和反向差值B的检验包括以下两项：

a) Z轴；

b) X轴。

表7-6-270　Z轴双向定位精度A的检验

项目编号	P1	
简图	j=1　m　i=1　2　3　4　5	
公差/mm	$D \leqslant 40$ 0.012	$D>40 \sim 80$ 0.015
检验工具	双频激光干涉仪或其他长度检测装置	

续表

项目编号	P1
检验方法	非检测轴线上的运动部件置于行程的中间位置 固定激光干涉仪，使其光束平行于运动方向。在运动部件上固定反射镜，使其靠近安装面。在轴线全行程上至少选取5个测点。以这些测点的位置作为目标位置 P_i，以一致的进给速度分别对各目标位置从正、负两个方向趋近（符号↑表示正向趋近，符号↓表示负向趋近），各进行5次定位，并停留足够的时间，测出正、负方向每次定位时运动部件的位置 P_{ij} 与目标位置 P_i 之差值（$P_{ij}-P_i$），即位置偏差 X_{ij} 计算出在轴线全行程的各目标位置上，正、负定位时的平均位置偏差（$\overline{X}_i\uparrow$，$\overline{X}_i\downarrow$）和标准不确定度（$S_i\uparrow$，$S_i\downarrow$） 误差 A 以（$\overline{X}_i\uparrow+2S_i\uparrow$）、（$\overline{X}_i\downarrow+2S_i\downarrow$）中的最大值与（$\overline{X}_i\uparrow-2S_i\uparrow$）、（$\overline{X}_i\downarrow-2S_i\downarrow$）中最小值之差计。即：$A=\max(\overline{X}_i+2S_i)-\min(\overline{X}_i-2S_i)$

表7-6-271　单向重复定位精度 R 和反向差值 B 的检验

项目编号	P2
简图	j=1　m i=1　i=1 2　2 3　3 4　4 5　5
公差/mm	$D\leqslant40$　　$D>40\sim80$ R：a)0.006　　a)0.008 b)0.006　　b)0.008 B：a)0.008　　a)0.010
检验工具	双频激光干涉仪或其他长度检测装置
检验方法	检验方法同项目P1 计算出在轴线全行程的各目标位置上，正、负定位时的平均位置偏差（$\overline{X}_i\uparrow$，$\overline{X}_i\downarrow$）和标准不确定度（$S_i\uparrow$，$S_i\downarrow$） 误差 R 以 $4S_i\uparrow$、$4S_i\downarrow$ 中的最大值计，即：$R=\max4S_i$ 注：X 轴单向重复定位精度 R 的检查位置在铣刀主轴轴线±5的范围内用指示器检验，误差以指示器读数的最大差值计 误差 B 以（$\overline{X}_i\uparrow-\overline{X}_i\downarrow$）中的最大绝对值计。即：$B=\max\lvert B_i\rvert$

（3）工件主轴双向定位精度 A 的检验（如表7-6-272所示）

（4）工件主轴单向重复定位精度 R 和反向差值 B（连续分度）的检验（如表7-6-273所示）

表 7-6-272　工件主轴双向定位精度 A 的检验

项目编号	P3	
简图	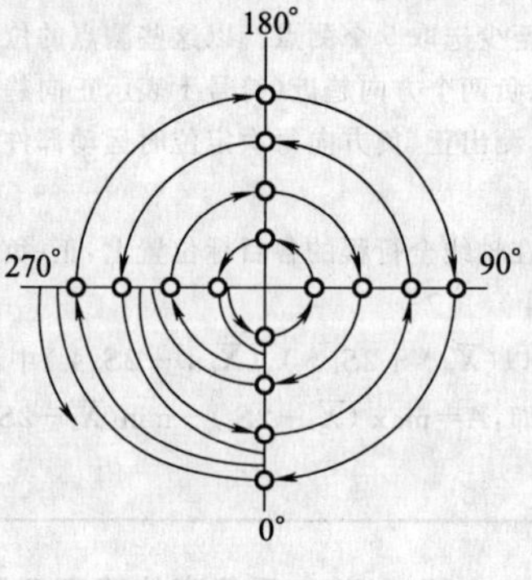 180° 270° 90° 0°	
公差/mm	$D \leqslant 40$ 120″	$D > 40 \sim 80$ 150″
检验工具	多面体、自准直仪	
检验方法	非检测轴线上的运动部件置于行程的中间位置 将多面体置于主轴轴线中心处。固定调整自准直仪，使其与多面体成一直线。在轴线一转范围内至少选取8个测点。以这些测点的位置作为目标位置 P_i，以一致的进给速度分别对各目标位置从正、负两个方向趋近(符号↑表示正向趋近，符号↓表示负向趋近)，各进行5次定位，并停留足够的时间，测出正、负方向每次定位时运动部件的位置 P_{ij} 与目标位置 P_i 之差值 $(P_{ij}-P_i)$，即位置偏差 X_{ij} 计算出在轴线一转范围内的各目标位置上，正、负定位时的平均位置偏差 $(\overline{X}_i\uparrow, \overline{X}_i\downarrow)$ 和标准不确定度 $(S_i\uparrow, S_i\downarrow)$ 误差 A 以 $(\overline{X}_i\uparrow+2S_i\uparrow)$、$(\overline{X}_i\downarrow+2S_i\downarrow)$ 中的最大值与 $(\overline{X}_i\uparrow-2S_i\uparrow)$、$(\overline{X}_i\downarrow-2S_i\downarrow)$ 中最小值之差计。即：$A=\max(\overline{X}_i+2S_i)-\min(\overline{X}_i-2S_i)$	

表 7-6-273　工件主轴单向重复定位精度 R 和反向差值 B 的检验

项目编号	P4	
简图	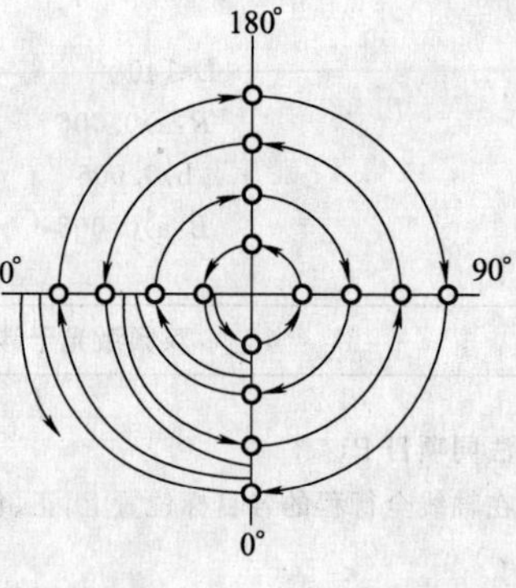 180° 270° 90° 0°	
公差/mm	$D \leqslant 40$ R：40″ B：80″	$D > 40 \sim 80$ R：60″ B：100″
检验工具	多面体、自准直仪	

续表

项目编号	P4
检验方法	检验方法同项目 P3 计算出在轴线一转范围内的各目标位置上，正、负定位时的平均位置偏差（$\overline{X}_i\uparrow$，$\overline{X}_i\downarrow$）和标准不确定度（$S_i\uparrow$，$S_i\downarrow$） 误差 R 以 $4S_i\uparrow$、$4S_i\downarrow$ 中的最大值计，即：$R=\max 4S_i$ 误差 B 以（$\overline{X}_i\uparrow-\overline{X}_i\downarrow$）中的最大绝对值计。即：$B=\max\|B_i\|$

（5）工件主轴双向平均位置偏差 M（连续分度）的检验（如表 7-6-274 所示）

3. 工作精度检验（如表 7-6-275 所示）

工作精度检验包括以下三项：

a）螺旋线误差 fh_L；

b）轴向齿距偏差 fp_x；

c）轴向齿距累计误差 f_{pxL}。

表 7-6-274　工件主轴双向平均位置偏差 M 的检验

项目编号	P5	
简图	180°　270°　90°　0°	
公差/mm	$D\leqslant40$ 40″	$D>40\sim80$ 60″
检验工具	多面体、自准直仪	
检验方法	检验方法同项目 P3 计算出正、负双向定位时的平均位置偏差（$\overline{X}_i\uparrow$，$\overline{X}_i\downarrow$） 误差 M 以双向平均位置偏差的最大值与最小值之差值计，即：$M=\max(\overline{X}_i\uparrow)-\min(\overline{X}_i\downarrow)$	

表 7-6-275　工作精度检验

项目编号	M1	
简图	L　ϕD 蜗杆类型：锥面包络圆柱蜗杆； 试件直径 $D=0.7$ 最大工件直径； 蜗杆头数 $Z\geqslant3$； 试件材料：20Cr	法向模数 $M_n=1/2$ 最大加工模数； 法向齿形角 $n=20°$； 切削长度 $L=1/3$ 最大加工长度；

第7篇

续表

项目编号	M1
切削条件	1)试件安装在心轴上。心轴径向跳动允差0.004;工件外圆径向跳动允差0.005 2)刀具及切削参数按设计规定 3)逆铣或顺铣 4)采用二次方框循环加工 5)连续切削2件
检验工具	三坐标测量机、万能工具显微镜
公差/mm	a)、b)、c)符合6级精度的要求

6.5.3　数控弧齿锥齿轮铣齿机精度检验（GB/T 25662—2010）

几何精度检验如表7-6-276所示。

表7-6-276　几何精度检验

序号	简图	检验项目	允差/mm				检验工具	检验方法
G1		刀具主轴轴颈的径向跳动	最大工件直径	≤200		0.004	指示器	固定指示器，使其测头垂直地触及刀具主轴轴颈表面。旋转主轴检验 误差以指示器读数的最大差值计 每个轴颈表面均应检验
				>200～320		0.005		
				>320～500		0.006		
				>500～800		0.008		
				>800～1250		0.010		
				>1250		0.012		
G2		刀具主轴支承端面的端面跳动	最大工件直径	≤200		0.003	指示器	固定指示器，使其测头触及刀具主轴支承端面靠近最大直径。旋转主轴检验 误差以指示器读数的最大差值计 每个支承端面均应检验
				>200～320		0.004		
				>320～500		0.005		
				>500～800		0.006		
				>800～1250		0.008		
				>1250		0.010		
G3		工件箱主轴的端面跳动	最大工件直径	≤200		0.003	指示器	固定指示器，使其测头触及工件箱主轴端面靠近最大直径。旋转主轴检验 误差以指示器读数的最大差值计
				>200～320		0.004		
				>320～500		0.005		
				>500～800		0.006		
				>800～1250		0.008		
				>1250		0.010		
G4	L_1 b) a)	工件箱主轴锥孔轴线的径向跳动 a)靠近主轴端处	最大工件直径	≤200	a)	0.004	检验棒、指示器	在工件箱主轴锥孔中插入检验棒。固定指示器，使其测头触及检验棒的圆柱面：a)靠近主轴端处；b)距a)点L_1处。旋转主轴检验
					b)	0.006		
					$L_1=150$			
				>200～320	a)	0.005		
					b)	0.008		
					$L_1=150$			
				>320～500	a)	0.006		
					b)	0.010		
					$L_1=150$			

续表

序号	简图	检验项目	允差/mm				检验工具	检验方法
G4		b)距a)点L_1处	最大工件直径	>500～800	a)	0.008	检验棒、指示器	拔出检验棒，并相对主轴旋转90°，重新插入检验棒，依次检验，共四次 a)、b)的误差分别计算。误差以指示器四次测量结果的平均值计
					b)	0.012		
					$L_1=150$			
				>800～1250	a)	0.008		
					b)	0.016		
					$L_1=200$			
				>1250	a)	0.010		
					b)	0.025		
					$L_1=300$			
G5	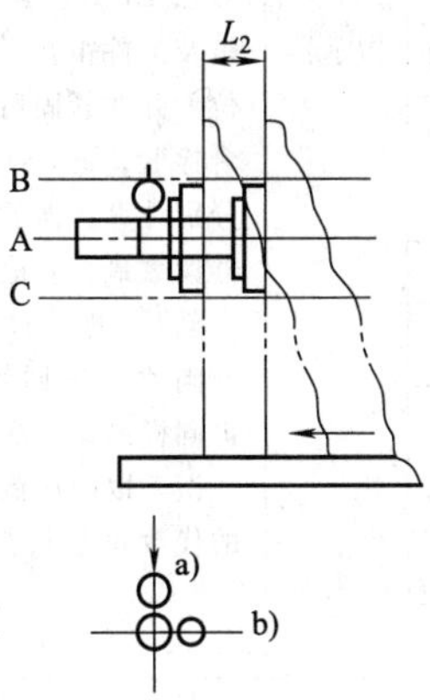	工件箱主轴轴线对工件箱纵向移动的平行度 A. 工件箱位于零位 B. 工件箱位于上极限 C. 工件箱位于下极限	最大工件直径	≤200	A	0.006	检验棒、指示器	紧固回转板，在工件箱主轴锥孔内插入检验棒。固定指示器，使其测头触及检验棒的圆柱面：a)垂直平面；b)水平平面。工件箱沿回转板导轨移动，在规定的测量长度L_2的两端及中间位置紧固螺钉检验 然后，将工件箱主轴连同检验棒回转180°，再同样测量一次 a)、b)的误差分别计算。误差以两次测量结果的代数和之半计 在工件箱位于：A. 零位(中间位置)；B. 上极限；C. 下极限三个高度上(紧固螺钉)分别进行检验
					B及C	0.010		
					$L_2=100$			
				>200～320	A	0.012		
					B及C	0.016		
					$L_2=200$			
				>320～500	A	0.016		
					B及C	0.020		
					$L_2=250$			
				>500～800	A	0.020		
					B及C	0.025		
					$L_2=300$			
				>800～1250	A	0.020		
					B及C	0.030		
					$L_2=300$			
				>1250	A	0.025		
					B及C	0.035		
					$L_2=350$			
G6	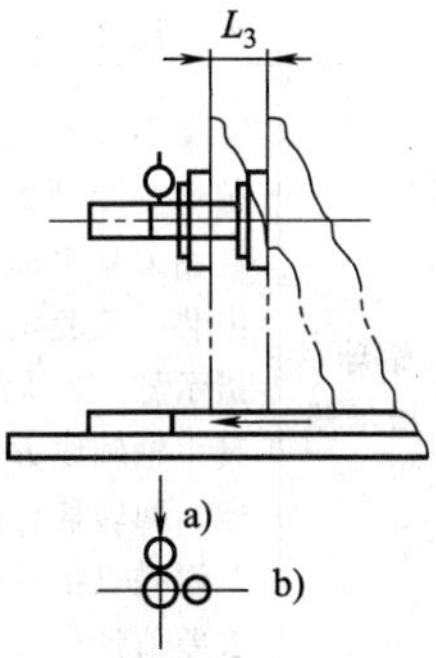	工件箱主轴轴线对床鞍(或摇台座)纵向移动的平行度	最大工件直径	≤200	0.005		检验棒、指示器	在工件箱主轴锥孔内插入检验棒。调整回转板，使检验棒侧母线与床鞍(或摇台座)纵向移动方向平行 固定指示器，使其测头触及检验棒的圆柱面：a)垂直平面；b)水平平面。沿床身导轨移动在规定的测量长度L_3上移动床鞍(或摇台座)进行检验
					$L_3=50$			
				>200～320	0.008			
					$L_3=75$			
				>320～500	0.010			
					$L_3=75$			
				>500～800	0.015			
					$L_3=75$			

第7篇

续表

序号	简图	检验项目	允差/mm			检验工具	检验方法
G6		工件箱主轴轴线对床鞍(或摇台座)纵向移动的平行度	最大工件直径	>800～1250	0.018 $L_3=75$		然后,将工件箱主轴连同检验棒回转180°,再同样测量一次 a)、b)的误差分别计算。误差以两次测量结果的代数和之半计
				>1250	0.030 $L_3=150$		
G7	L_4 a) b)	摇台回转轴线与工件箱主轴轴线的同轴度 a)机床中心处 b)距a)点 L_4 处	最大工件直径	≤200	a) 0.006 b) 0.015 $L_4=75$	检验棒、指示器	回转板置于90°位置,工件箱按立柱的垂直刻度调整于零位,床鞍安置在工作位置 在工件箱主轴锥孔内插入检验棒。在摇台端面上固定指示器,使其测头触及检验棒的圆柱面:a)机床中心处;b)距a)点 L_4 处。调整回转板及工件箱在立柱上的位置并在紧固后回转摇台检验。a)、b)的误差分别计算。误差以指示器读数最大差值之半计 然后,将工件箱主轴连同检验棒回转180°,再同样测量一次 误差以两次测量结果的代数和之半计
				>200～320	a) 0.008 b) 0.030 $L_4=150$		
				>320～500	a) 0.010 b) 0.040 $L_4=150$		
				>500～800	a) 0.012 b) 0.050 $L_4=150$		
				>800～1250	a) 0.015 b) 0.060 $L_4=200$		
				>1250	a) 0.025 b) 0.100 $L_4=300$		
G8		刀具主轴轴线和摇台轴线的同轴度	最大工件直径	≤200	0.025	指示器	偏心鼓轮(或滑板)按游标刻度尺调整于零位 固定指示器,使其测头触及刀具主轴轴颈表面。回转摇台并调整偏心鼓轮进行检验 误差以指示器读数最大差值之半计
				>200～320	0.030		
				>320～500	0.040		
				>500～800	0.050		
				>800～1250	0.065		
				>1250	0.080		
G9		摇台的轴向窜动	最大工件直径	≤200	0.008	钢球、指示器	偏心鼓轮(或滑板)按游标刻度尺调整于零位 在刀具主轴的中心孔中装一检验钢球。固定指示器,使其测头沿刀具主轴轴线方向触及钢球。回转摇台进行检验 误差以指示器读数最大差值计
				>200～320	0.012		
				>320～500	0.015		
				>500～800	0.020		
				>800～1250	0.025		
				>1250	0.030		

续表

序号	简图	检验项目	允差/mm				检验工具	检验方法
G10	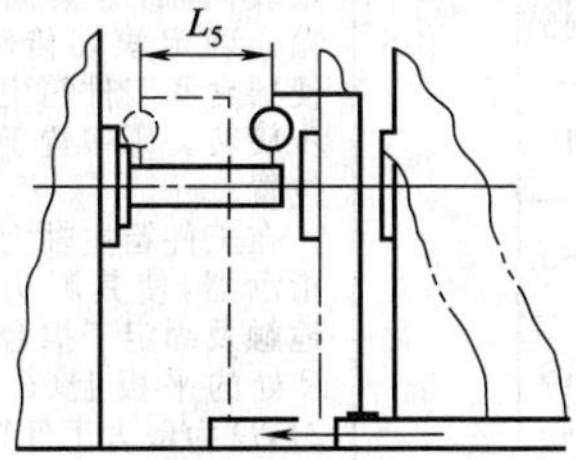 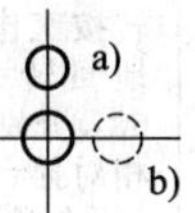	刀具主轴线对床鞍(或摇台座)移动的平行度	最大工件直径	≤200		0.030 $L_5=50$	检验棒、指示器	在刀具主轴支承端面上装一检验棒。使其轴线与刀具主轴轴线重合 在床鞍上固定指示器,使其测头触及检验棒的圆柱面:a)垂直平面;b)水平平面。沿床身导轨移动在规定的测量长度 L_5 上移动床鞍(或摇台座)进行检验 然后,将刀具主轴连同检验棒回转180°,再同样测量一次 a)、b)的误差分别计算。误差以两次测量结果的代数和之半计 偏心鼓轮在三个不同位置测量,误差以各次测得误差中的最大值计
				>200～320		0.045 $L_5=75$		
				>320～500		0.060 $L_5=75$		
				>500～800		0.080 $L_5=75$		
				>800～1250		0.100 $L_5=75$		
				>1250		0.200 $L_5=150$		
G11	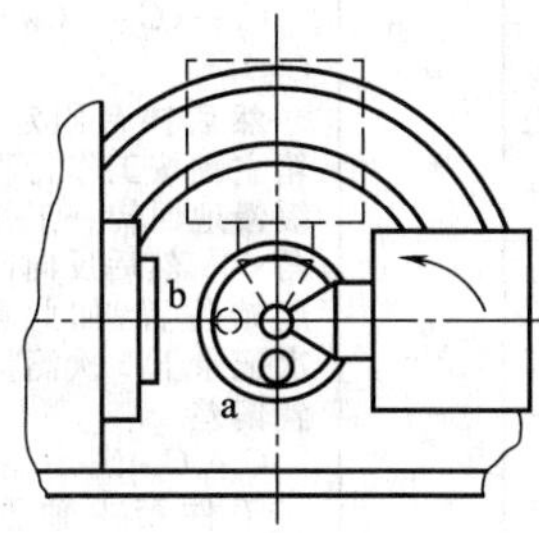 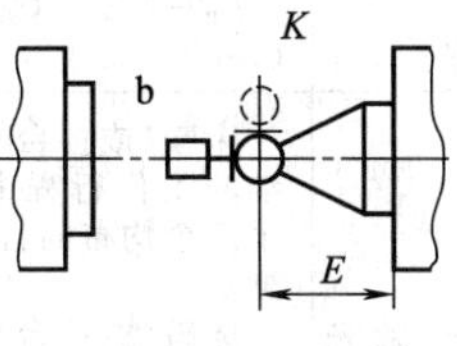	(1)回转板回转轴线与工件箱主轴轴线的相交度 A. 工件箱位于零位 B. 工件箱位于上极限 C. 工件箱位于下极限 (2)工件箱在不同角度安装时,其主轴轴线位置的等高度	最大工件直径	(1)			球形检验棒、指示器	(1)在工件箱主轴锥孔内插入一球形检验棒,使检验棒凸肩的支承面紧贴于主轴端面,检验棒凸肩的支承面距至圆球中心距为 E 工件箱按轴线位置调整为尺寸 E,并用螺钉紧固 固定指示器,使其测头触及检验棒圆球水平截面的最大直径上,分别在相互垂直的a)、b)两位置(如图示)进行测量。紧固床鞍,使回转板沿床鞍的圆形导轨从一极限位置转到另一极限位置,并分别在两极限位置及中间位置紧固回转板进行检验 a)、b)的误差分别计算。误差以指示器读数最大差值计 在工件箱位于:A. 零位(中间位置);B. 上极限;C. 下极限三个高度上(紧固螺钉)分别进行检验(A、B、C位置见G5简图) (2)机床部件的安装和移动与(1)项相同。工件箱按垂直刻度游标安置于零位(紧固螺钉),使指示器平测头触及检验棒圆球最高顶点 K 上 误差以指示器读数最大差值计
				≤200	A	0.020		
					B及C	0.030		
				>200～320	A	0.030		
					B及C	0.050		
				>320～500	A	0.040		
					B及C	0.060		
				>500～800	A	0.050		
					B及C	0.080		
				>800～1250	A	0.060		
					B及C	0.090		
				>1250	A	0.080		
					B及C	0.100		
				(2)				
				≤200		0.020		
				>200～320		0.025		
				>320～500		0.030		
				>500～800		0.040		
				>800～1250		0.050		
				>1250		0.060		

续表

<table>
<tr><th>序号</th><th>简图</th><th>检验项目</th><th colspan="4">允差/mm</th><th>检验工具</th><th>检验方法</th></tr>
<tr><td rowspan="20">G12</td><td rowspan="20">平板
R
摇台
工件箱主轴</td><td rowspan="20">滚切传动精度
(1)同步精度
a)指示器读数的最大差值
b)指示器读数的最大跳动值
(2)重复精度 C</td><td rowspan="20">最大工件直径</td><td colspan="3">(1)</td><td rowspan="20">指示器、平板</td><td rowspan="20">(1)调整机床,使摇台回转轴线与工件箱主轴轴线同轴,并紧固工件箱。确定滚切传动比,使摇台和工件箱主轴同步旋转。床鞍置于工作位置
在工件箱主轴上固定指示器,使其测头垂直地触及固定于摇台半径R处的平板上($R=D/2$),D为最大工件直径
摇台和工件箱同步旋转按工作行程方向缓慢地回转一工作行程角60°,分别在工件箱主轴相对摇台转动三个角度(每个角度60°)时进行检验
三次测得误差分别计算。误差以其最大值计
(2)机床部件和检验工具的安装同(1),工件箱主轴固定不动,摇台按工作行程方向缓慢地回转一工作行程角60°,然后反向回转至起始位置,如此重复5次记录下5次测量的位置偏差:
C_{y1}、C_{y2}、…、C_{y5}
摇台重复精度C_y
$C_y=(C_{y1}+C_{y2}+\cdots+C_{y5})/5$
然后摇台固定,工件箱主轴按工作行程方向缓慢地回转一工作行程角60°,然后反向回转至起始位置,如此重复5次记录下5次测量的位置偏差
C_{g1}、C_{g2}、…、C_{g5}
工件箱主轴重复精度C_g
$C_g=(C_{g1}+C_{g2}+\cdots+C_{g5})/5$</td></tr>
<tr><td rowspan="2">≤200</td><td>a)</td><td>0.045</td></tr>
<tr><td>b)</td><td>0.010</td></tr>
<tr><td rowspan="2">>200~320</td><td>a)</td><td>0.060</td></tr>
<tr><td>b)</td><td>0.015</td></tr>
<tr><td rowspan="2">>320~500</td><td>a)</td><td>0.080</td></tr>
<tr><td>b)</td><td>0.020</td></tr>
<tr><td rowspan="2">>500~800</td><td>a)</td><td>0.100</td></tr>
<tr><td>b)</td><td>0.025</td></tr>
<tr><td rowspan="2">>800~1250</td><td>a)</td><td>0.120</td></tr>
<tr><td>b)</td><td>0.030</td></tr>
<tr><td rowspan="2">>1250</td><td>a)</td><td>0.150</td></tr>
<tr><td>b)</td><td>0.035</td></tr>
<tr><td colspan="3">(2)</td></tr>
<tr><td colspan="2">≤200</td><td>0.012</td></tr>
<tr><td colspan="2">>200~320</td><td>0.014</td></tr>
<tr><td colspan="2">>320~500</td><td>0.017</td></tr>
<tr><td colspan="2">>500~800</td><td>0.020</td></tr>
<tr><td colspan="2">>800~1250</td><td>0.024</td></tr>
<tr><td colspan="2">>1250</td><td>0.028</td></tr>
<tr><td>G13</td><td>P_1 P_2 P_{i-1} P_i</td><td>床鞍(或摇台)纵向移动轴线的定位精度、重复定位精度
a)单向定位精度 $A\uparrow$ 或$A\downarrow$
b)单向重复定位精度 $R\uparrow$或$R\downarrow$</td><td colspan="4">a)$A\uparrow$或$A\downarrow$为0.040
b)$R\uparrow$或$R\downarrow$为0.015</td><td>激光干涉仪或具有类似精度的其他测量系统</td><td>床鞍(或摇台)纵向移动的工作行程上,不少于5个均布的目标位置测量
床鞍(或摇台)从一个基准点,快速趋近各目标位置,而后快速返回,经各目标位置回到距准点。如此重复5次,测量任意目标位置P_i处的位置偏差;
$Y_{i1}\uparrow$,$Y_{i2}\uparrow$,…,$Y_{i5}\uparrow$
$Y_{i1}\downarrow$,$Y_{i2}\downarrow$,…,$Y_{i5}\downarrow$</td></tr>
</table>

续表

序号	简　图	检验项目	允差/mm	检验工具	检 验 方 法
G13		床鞍(或摇台)纵向移动轴线的定位精度、重复定位精度 a)单向定位精度 $A\uparrow$ 或 $A\downarrow$ b)单向重复定位精度 $R\uparrow$ 或 $R\downarrow$	a)$A\uparrow$ 或 $A\downarrow$ 为 0.040 b)$R\uparrow$ 或 $R\downarrow$ 为 0.015	激光干涉仪或具有类似精度的其他测量系统	平均位置偏差： $\overline{Y}_i\uparrow=(Y_{i1}\uparrow+Y_{i2}\uparrow+\cdots+Y_{i5}\uparrow)/5$ $\overline{Y}_i\downarrow=(Y_{i1}\downarrow+Y_{i2}\downarrow+\cdots+Y_{i5}\downarrow)/5$ 单项标准不确定度的估计值： $S_i\uparrow=\sqrt{\frac{1}{4}\sum_{j=1}^{5}(Y_{ij}\uparrow-\overline{Y}_i\uparrow)^2}$ $S_i\downarrow=\sqrt{\frac{1}{4}\sum_{j=1}^{5}(Y_{ij}\downarrow-\overline{Y}_i\downarrow)^2}$ a)单向定位精度 $A\uparrow$ 或 $A\downarrow$ 以各目标位置的 $(\overline{Y}_i\uparrow+2S_i\uparrow)$ 中的最大值与 $(\overline{Y}_i\uparrow-2S_i\uparrow)$ 中的最小值之差或 $(\overline{Y}_i\downarrow+2S_i\downarrow)$ 中的最大值与 $(\overline{Y}_i\downarrow-2S_i\downarrow)$ 中的最小值之差的较大值计 b)单项重复定位精度 $R\uparrow$ 或 $R\downarrow$ 以各目标位置单项重复定位精度 $R_i\uparrow(4S_i\uparrow)$ 或 $R_i\downarrow(4S_i\downarrow)$ 中的最大值计

工作精度检验如表 7-6-277 所示。

表 7-6-277　工作精度检验

序号	试件尺寸	检验性质	切削条件	检验项目	允差/μm	检验工具
P1	(1)试件材料：中碳钢(45 正火) (2)试件直径 d_p； $d_p=(0.5\sim0.75)d$ (3)试件模数 m_p： $m_p=(0.6\sim0.75)m$ (4)试件齿数 Z_p： 不等于分度涡轮的齿数或其倍数 d——机床最大工件直径，mm m——机床最大加工模数，mm	试件装夹方式和加工方式由制造厂确定	精铣	a)齿距累计偏差 F_p b)齿距偏差 f_{pt}	a)$3.15\sqrt{d_p}+6.3$ b)$\pm(0.75m_p+0.25\times0.75\sqrt{d_p}+9.3)$	齿距仪

第 7 篇

6.5.4 数控滚齿机精度检验（GB/T 25380—2010）

1. 几何精度检验

几何精度检验如表7-6-278。

表 7-6-278 几何精度检验

序号	简 图	检验项目	允差/μm	检验工具	检 验 方 法
G1	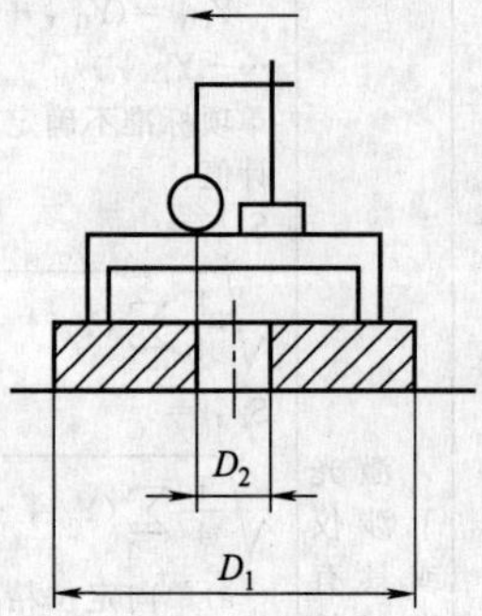 D_2 D_1 D_1—工作台直径 D_2—工作台孔直径	工作台面的径向直线度	$6+0.6\times\sqrt{D_1-D_2}$ 直或凹	桥式平尺指示器或水平仪和其他装置	以桥式平尺作为基准，用精密指示器检查工作台面 工作台直径小于等于500的机床，在两个直径方向检验直线度；工作台直径大于500的机床，在四个直径方向检验直线度 各个方向误差分别计算，误差以指示器读数的最大差值计
G2	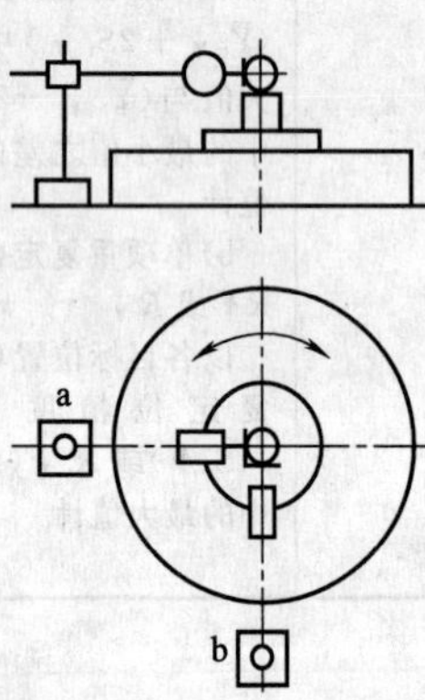 a b	工作台回转轴线的径向跳动	$4+0.1\sqrt{d}$ d—机床最大工件直径	平头指示器、钢球、专用支架检验棒	按图示a和b位置成90°固定两指示器，使其测头垂直于工作台回转轴线触及钢球。调整带钢球的专用支架，使工作台在一转中两指示器读数变化尽可能小 在工作台两个回转方向上与a、b两点进行测量。a、b误差分别计算，误差以指示器读数的最大差值计 也可用检验棒代替钢球和专用支架进行此项检验
G3	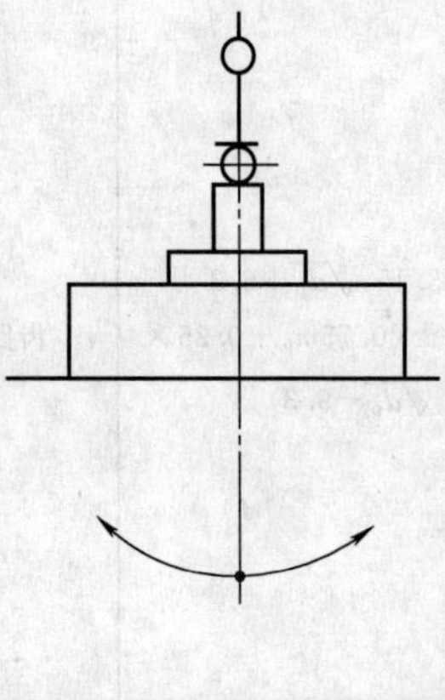	工作台的轴向窜动	$4+0.06\sqrt{d}$ d—机床最大工件直径	平头指示器、钢球、专用支架	指示器测头对准工作台回转轴线触及在G2项中已调整好的钢球 在工作台两个回转方向进行测量 误差以指示器读数的最大差值计

续表

序号	简　图	检验项目	允差/μm	检验工具	检验方法
G4	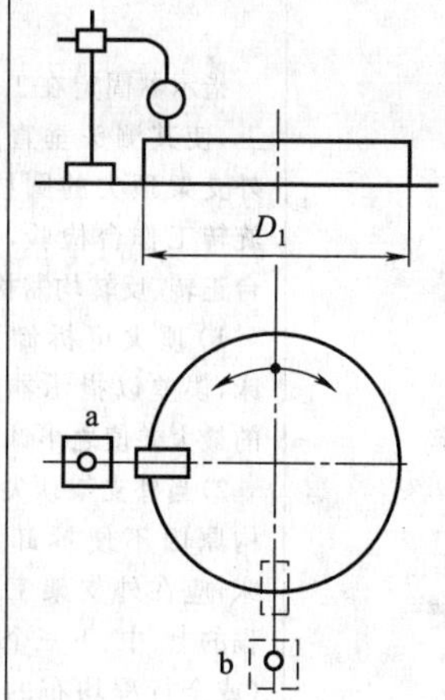 D_1 a b	工作台的端面跳动	$6+0.25\sqrt{D_1}$	球头指示器	使指示器测头触及工作台面靠近最大可能的直径检验处，先后在间隔 90°的 a、b 两点检验(其中一个测量点 a 或 b 正对滚刀) 在工作台两个回转方向进行测量，误差以指示器读数的最大差值计
G5	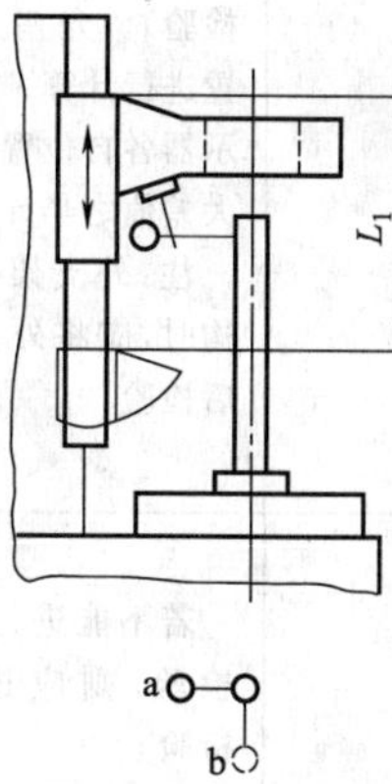 L_1 a b L_1— 外支架最大工作行程	外支架移动对工作台回转轴线的平行度(因结构原因不便拆卸的带顶尖机床本项可不检验)	a)检验棒伸出端偏向滚刀主轴轴线的允差 $8+0.8\sqrt{L_1}$ 在相反方向 $4+0.4\sqrt{L_1}$ b)$6+0.5\sqrt{L_1}$	球头指示器、检验棒	在外支架上靠近支架孔处固定指示器，使其测头在 a、b 两个垂直平面内触及检验棒。调整检验棒至径向跳动平均位置 在外支架全部工作行程上，于 a、b 两个平面内进行检验，若有夹紧机构，则夹紧外支架测取读数。 误差分别以在 a、b 两平面内指示器读数的差值计 也可在工作台回转时用记录仪进行此项测量。测量外支架沿两个方向全行程移动时，工作台每转在 a、b 两平面内指示器读数的平均值。误差分别以在 a、b 两平面内指示器读数平均值的差值计
G6.1	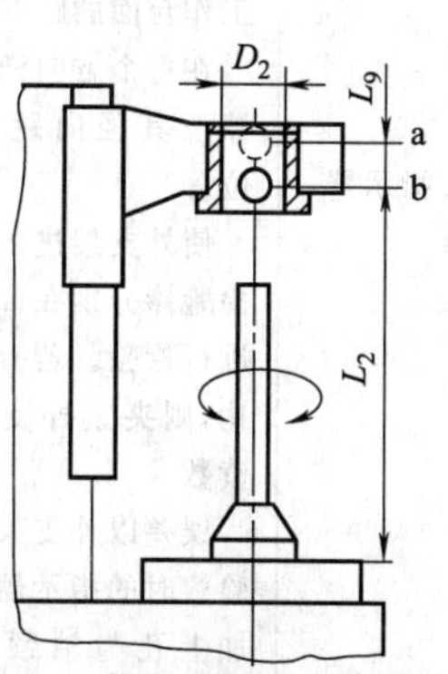 D_2 L_9 a b L_2 L_2—外支作架至工作台面最大工作高度 L_9—两测量面间的距离 D_2—轴套孔径	外支架轴线套孔与工作台回转轴线的重合度	$6+0.6\sqrt{L_2}$	球头指示器及其支架	若此项检验不能进行，则应进行 G6.3 项检验 在工作台上固定指示器及其支架，使其测头触及处于最大工作高度处的外支架轴套孔内侧 靠近外支架轴套孔顶端和下端相距 L_9 的 a、b 两处在工作台两个回转方向进行检验。若有夹紧机构，则夹紧外支架测取读数 误差以指示器读数差(不计形状误差的影响)之半计 注：1. 若 $L_9/D_3<0.5$ 和 $L_9\leqslant 80$，则只需在 $L_2+L_9/2$ 处进行检验 2. 对带可调轴心外支架的机床不作此项检验

续表

序号	简图	检验项目	允差/μm	检验工具	检验方法
G6.2	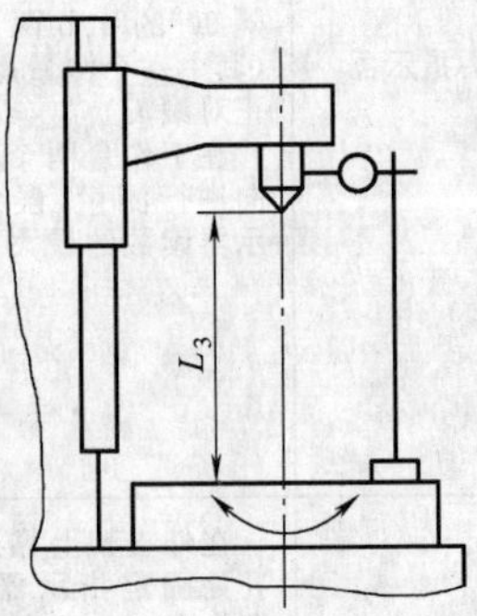 L_3—外支架顶尖位置至工作点台面的距离	外支架顶尖与工作台回转轴线的重合度(仅用于带顶尖的机床)	$6+0.4\sqrt{L_3}$正对滚刀主轴轴线的两个读数差只许偏向滚刀主轴轴线	指示器	指示器固定在工作台上,使其测头垂直触及外支架顶尖的圆柱面,旋转工作台检验,工作台正转、反转均需检验 1)顶尖可拆卸的机床,误差以指示器读数的最大差值之半计 2)当外支架顶尖因结构原因不便拆卸的机床,应在外支架工作行程的上、中、下三个位置(或全行程均布的几个位置)上分别进行检验(这样可不进行G5项检验)。允差按各自位置进行计算。误差以指示器各自位置读数的最大差值之半计 注:外支架有夹紧机构时,应将外支架夹紧后检验
G6.3	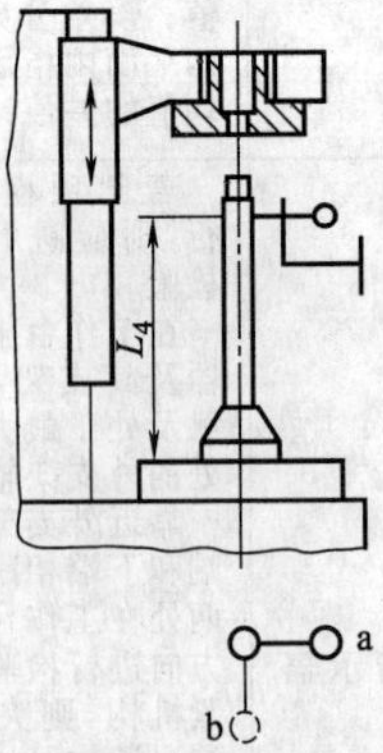 a b L_4—测量点至工作台面的距离	外支架轴套孔与工作台回转轴线的重合度(用于带轴套的机床)	a及b $6+0.4\sqrt{L_4}$ a项允差只许偏向滚刀主轴轴线	球头指示器、检验棒	若不能进行G6.1项检验,则应进行此项检验 在距工作台L_4处固定指示器,使其测头在a、b两处触及经校准的检验棒。L_4为测量点至工作台面的距离 在每个方向调整检验棒至其径向跳动平均位置 使外支架进入和退离检验棒分别在a、b两处进行检验。若有夹紧机构,则夹紧外支架测取读数 误差以外支架进入检验棒时的指示器读数差加上孔与轴颈间隙之半计 也可在工作台回转时进行此项测量

续表

序号	简　图	检验项目	允差/μm	检验工具	检验方法
G7	L_5—刀架滑板最大行程	刀架滑板移动对工作台回转轴线的平行度	a)检验棒伸出端偏向滚刀主轴轴线允差 $8+0.8\sqrt{L_5}$ 在相反方向： $4+0.4\sqrt{L_5}$ b)$6+0.5\sqrt{L_5}$ 在滚刀和工件心轴处任意轴心距时，a、b处测得的偏差均不应超过允差值	球头指示器、检验棒	在刀架滑板上固定指示器，使其测头在a、b两个垂直平面内触及检验棒 调整检验棒至其径向跳动平均位置 在a、b两平面内沿刀架滑板两个方向全行程上进行检验 误差分别以在a、b平面内指示器读数的差值计 也可在工作台回转时用记录仪进行此项测量。测出刀架滑板沿两个方向全行程移动时，工作台每转在a、b两个平面内指示器读数的平均值。误差分别以在a、b平面内指示器读数的平均值的差值计
G8	L_6—滚刀主轴端部至滚刀心轴活动支承中间最大距离之半	滚刀主轴安装孔的径向跳动 a)靠近滚刀主轴端部 b)距滚刀主轴端部L_6处	1)6 2)$6+0.6\sqrt{L_6}$	球头指示器、检验棒	滚刀主轴轴线调至垂直位置，在两个回转方向进行检验 拔出检验棒旋转90°重新插入，再依次检验三次，a、b误差分别计算。误差以四次测量结果的平均值计 注：可根据机床具体结构，将滚刀主轴轴线调至水平位置进行检验，但要消除检验棒扰度的影响
G9		滚刀主轴的轴向窜动	$4+0.6\sqrt{m}$ m—机床最大模数	平头指示器、检验棒、钢球（如果需要带预载装置）	固定指示器，使其测头触及检验棒中心孔内钢球。如果需要可施加力F，以消除轴承内的轴向间隙。施力大小由制造厂规定 在两个回转方向进行检验 误差以指示器读数的最大差值计 注：主轴轴承有轴向预加载荷时不再施加力

续表

序号	简　　图	检验项目	允差/μm	检验工具	检验方法
G10	a　b L_7—滚刀主轴端部至检验棒伸出端测量点的距离	活动支承孔与滚刀主轴轴线的重合度	a及b $6+0.5\sqrt{L_7}$ a项允差只许偏向工件心轴轴线	球头指示器、检验套、检验棒	固定指示器，使其测头依次在a、b两垂直平面内尽可能靠近活动支承处触及检验棒。滚刀主轴轴线调至垂直位置 在每个测量方向调整检验棒至其径向跳动平均位置 在a、b位置，当检验套进入和退出活动支承孔时进行检验 误差以检验套进入时产生的重合度误差加上检验套和检验棒的间隙误差之半计 也可在滚刀主轴回转时进行此项测量 注：可根据机床具体结构，将滚刀主轴轴线调至水平位置进行检验，但要消除检验棒扰度的影响
G11	a　b L_8—刀架切向滑座的最大行程	刀架切向滑座移动对滚刀主轴回转轴线的平行度	a及b $6+0.5\sqrt{L_8}$	球头指示器、检验棒	固定指示器，使其测头a、b垂直平面内触及检验棒。在每个测量方向调整检验棒至其径向跳动平均位置 沿刀架切向滑座两个方向全行程上在a、b两平面内进行检验。滚刀主轴轴线调至垂直位置 若滚切时，刀架切向滑座夹紧，则在夹紧状态下测取读数 误差分别以在a、b平面内指示器读数的差值计 也可在滚刀主轴回转时进行此项测量 注：可根据机床具体结构，将滚刀主轴轴线调至水平位置进行检验，但要消除检验棒扰度的影响

续表

序号	简图	检验项目	允差/μm	检验工具	检验方法
G12	P_i P_1 P_2 P_{i-1}	工作台(或立柱)径向移动轴线的定位精度 a)单向定位精度 $A\uparrow$ 或 $A\downarrow$ b)单向重复定位精度 $R\uparrow$ 或 $R\downarrow$ c)反向差值 B	a)测量行程 <400,$A\uparrow$ 或 $A\downarrow$ 为 0.020; 测量行程≥400,$A\uparrow$ 或 $A\downarrow$ 为 0.022 b)测量行程 <400,$R\uparrow$ 或 $R\downarrow$ 为 0.010; 测量行程≥400,$R\uparrow$ 或 $R\downarrow$ 为 0.012; c)B 为 0.012	激光干涉仪等或具有类似精度的其他测量系统	在工作台(或立柱)水平移动的轴线行程上,按每 1000 至少五个,全测量行程不少于五个均布的目标位置测量 工作台(或立柱)从一个基准点,快速趋近各目标位置,而后快速返回,经各目标位置回到基准点,如此重复五次,测量任意目标位置 P_i 处的位置偏差 $X_{i1}\uparrow, X_{i2}\uparrow, \cdots, X_{i5}\uparrow$ $X_{i1}\downarrow, X_{i2}\downarrow, \cdots, X_{i5}\downarrow$ 平均位置偏差: $\overline{X}_i\uparrow=(X_{i1}\uparrow+X_{i2}\uparrow+\cdots+X_{i5}\uparrow)/5$ $\overline{X}_i\downarrow=(X_{i1}\downarrow+X_{i2}\downarrow+\cdots+X_{i5}\downarrow)/5$ 单向标准不确定度的估算值 $S_i\uparrow=\sqrt{\frac{1}{4}\sum_{j=1}^{5}(X_{ij}\uparrow-\overline{X}_i\uparrow)^2}$ $S_i\downarrow=\sqrt{\frac{1}{4}\sum_{j=1}^{5}(X_{ij}\downarrow-\overline{X}_i\downarrow)^2}$ a)单向重复定位精度 $A\uparrow$ 或 $A\downarrow$:以各目标位置的($\overline{X}_i\uparrow+2S_i\uparrow$)中的最大值与($\overline{X}_i\uparrow-2S_i\uparrow$)中的最小值之差或($\overline{X}_i\downarrow+2S_i\downarrow$)中的最大值与($\overline{X}_i\downarrow-2S_i\downarrow$)中的最小值之差的较大值计 b)单向重复定位精度 $R\uparrow$ 或 $R\downarrow$ 以各自目标位置的单向重复定位精度 $R_i\uparrow$($4S_i\uparrow$)或 $R_i\downarrow$($4S_i\downarrow$)中的最大值计 c)反向差值 B:各目标位置以两个方向趋近某一位置的两单向平均位置偏差之差($\overline{X}_i\uparrow-\overline{X}_i\downarrow$)中的最大绝对值计
	注:径向进给轴线为非数控轴的机床不作此项检验				
G13	P_i P_1 P_2 P_{i-1} P_i	刀架滑板垂直进给轴线的定位精度 a)单向定位精度 $A\uparrow$ 或 $A\downarrow$ b)单向重复定位精度 $R\uparrow$ 或 $R\downarrow$	a)测量行程 <400,$A\uparrow$ 或 $A\downarrow$ 为 0.020 测量行程≥400,$A\uparrow$ 或 $A\downarrow$ 为 0.022 b)测量行程 <400,$R\uparrow$ 或 $R\downarrow$ 为 0.010 测量行程≥400,$R\uparrow$ 或 $R\downarrow$ 为 0.012	激光干涉仪等或具有类似精度的其他测量系统	在刀架滑板垂直进给的轴线行程上,按每 1000 至少五个,全测量行程不少于五个均布的目标位置测量 刀架滑板从一个基准点,快速趋近各目标位置,而后快速返回各目标位置回到基准点,如此重复五次,测量任意目标位置 P_i 处的位置偏差 $Z_{i1}\uparrow, Z_{i2}\uparrow, \cdots, Z_{i5}\uparrow$ $Z_{i1}\downarrow, Z_{i2}\downarrow, \cdots, Z_{i5}\downarrow$ 平均位置偏差 $\overline{Z}_i\uparrow=(Z_{i1}\uparrow+Z_{i2}\uparrow+\cdots+Z_{i5}\uparrow)/5$ $\overline{Z}_i\downarrow=(Z_{i1}\downarrow+Z_{i2}\downarrow+\cdots+Z_{i5}\downarrow)/5$

第7篇

续表

序号	简图	检验项目	允差/μm	检验工具	检验方法
G13		刀架滑板垂直进给轴线的定位精度 a)单向定位精度$A\uparrow$或$A\downarrow$ b)单向重复定位精度$R\uparrow$或$R\downarrow$	a)测量行程＜400,$A\uparrow$或$A\downarrow$为0.020 测量行程≥400,$A\uparrow$或$A\downarrow$为0.022 b)测量行程＜400,$R\uparrow$或$R\downarrow$为0.010 测量行程≥400,$R\uparrow$或$R\downarrow$为0.012	激光干涉仪等或具有类似精度的其他测量系统	单向标准不确定度的估算值 $S_i\uparrow=\sqrt{\frac{1}{4}\sum_{j=1}^{5}(Z_{ij}\uparrow-\overline{Z_i}\uparrow)^2}$ $S_i\downarrow=\sqrt{\frac{1}{4}\sum_{j=1}^{5}(Z_{ij}\downarrow-\overline{Z_i}\downarrow)^2}$ a)单向重复定位精度$A\uparrow$或$A\downarrow$：以各目标位置的$(\overline{Z}_i\uparrow+2S_i\uparrow)$中的最大值与$(\overline{Z}_i\uparrow-2S_i\uparrow)$中的最小值之差或$(\overline{Z}_i\downarrow+2S_i\downarrow)$中的最大值与$(\overline{Z}_i\downarrow-2S_i\downarrow)$中的最小值之差的较大值计 b)单向重复定位精度$R\uparrow$或$R\downarrow$ 以各目标位置的单向重复定位精度$R_i\uparrow(4S_i\uparrow)$或$R_i\downarrow(4S_i\downarrow)$中的最大值计
	注:垂直进给轴线为非数控轴的机床不作此项检验				
G14	P_i P_1 P_2 P_{i-1} P_i	刀架切向滑座切向进给轴线的定位精度 a)单向定位精度$A\uparrow$或$A\downarrow$ b)单向重复定位精度$R\uparrow$或$R\downarrow$(仅作窜刀调整用途的切向滑座Y数控线性轴线不进行本项检验)	a)$A\uparrow$或$A\downarrow$为0.028 b)$R\uparrow$或$R\downarrow$为0.015	激光干涉仪等或具有类似精度的其他测量系统	在刀架切向滑座切向进给轴线的测量行程上,对五个均布的目标位置测量 刀架切向滑座从一个基准点,沿切向进给轴线移动,快速趋近各目标位置,而后快速返回,经各目标位置回到基准点,如此重复五次,测量任意目标位置P_i处的位置偏差 $Y_{i1}\uparrow,Y_{i2}\uparrow,\cdots,Y_{i5}\uparrow$ $Y_{i1}\downarrow,Y_{i2}\downarrow,\cdots,Y_{i5}\downarrow$ 平均位置偏差 $\overline{Y}_i\uparrow=(Y_{i1}\uparrow+Y_{i2}\uparrow+\cdots+Y_{i5}\uparrow)/5$ $\overline{Y}_i\downarrow=(\overline{Y}_{i1}\downarrow+Y_{i2}\downarrow+\cdots+Y_{i5}\downarrow)/5$ 单向标准不确定度的估算值 $S_i\uparrow=\sqrt{\frac{1}{4}\sum_{j=1}^{5}(Y_{ij}\uparrow-\overline{Y}_i\uparrow)^2}$ $S_i\downarrow=\sqrt{\frac{1}{4}\sum_{j=1}^{5}(Y_{ij}\downarrow-\overline{Y}_i\downarrow)^2}$ a)单向重复定位精度$A\uparrow$或$A\downarrow$：以各目标位置的$(\overline{Y}_i\uparrow+2S_i\uparrow)$中的最大值与$(\overline{Y}_i\uparrow-2S_i\uparrow)$中的最小值之差或$(\overline{Y}_i\downarrow+2S_i\downarrow)$中的最大值与$(\overline{Y}_i\downarrow-2S_i\downarrow)$中的最小值之差的较大值计 b)单向重复定位精度$R\uparrow$或$R\downarrow$： 以各目标位置的单向重复定位精度$R_i\uparrow(4S_i\uparrow)$或$R_i\downarrow(4S_i\downarrow)$中的最大值计
	注:切向进给轴线为非数控轴的机床不作此项检验				

2. 传动精度检验

传动精度检验如表 7-6-279 所示。

表 7-6-279　传动精度检验

序号	简　图	检验项目	允差/μm	检验工具	检 验 方 法
K1	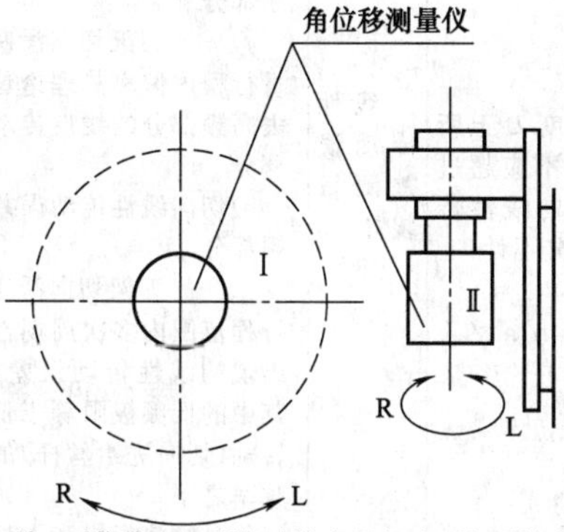 角位移测量仪；Ⅰ；Ⅱ；R；L 注：不能按K1项检验的专用机床，该项精度检验要求按机床实际加工时相当的参考工件分度圆直径 d_a、端面模数 m_t 确定： $f_{dv}=0.6f_{dk}(m_t/m+2d_a/d)$ $f_{du}=1.13\sqrt{d_a}$	工作台回转相对于滚刀主轴回转的传动精度 a）角度传动误差的低频部分 f_{dl} b）角度传动误差的高频部分 f_{dk}	a） $f_{dl}=1.13\sqrt{d_{a1}}$ b） $f_{dk1}=f_{dk2}=$ $f_{dk}=5+1.5\sqrt{m}$	角度传动误差测量装置	在工作台和滚刀主轴上固定角位移测量仪（Ⅰ和Ⅱ）。 按参考工件①和②分别调整机床，滚刀主轴选用工作时的旋转方向，在无负荷条件下分别在两方向连续旋转工作台进行检验 a）角度传动误差的低频部分 f_{dl}——工作台回转一转中，偏离理论位置滤去高频部分的角度误差部分，以参考工件的分度圆弧长计 b）角度传动误差的高频部分 f_{dk}——工作台回转一转中多次周期性重复出现角度误差部分，其中的低频极限等于最低速回转轴（工作台除外）回转频率之半，误差以参考工件分度圆弧长计 若所测得的误差 f_{dk1} 或 f_{dk2} 超过允差的 80%，则使滚刀主轴反向旋转（如机床结构允许）重复检验，这时 f_{dk1} 或 f_{dk2} 不应超过允差值。 参考工件① $d_{a1}=2d/3$；$m_{t1}=m/3$； $z_{v1}=d_{a1}/m_{t1}=2d/m$ 参考工件② $d_{a2}=d/3$；$m_{t2}=m$； $z_{v1}=d_{a2}/m_{t2}=d/3m$ 式中，d_{a1}、m_{t1}、z_{v1}、d_{a2}、m_{t2}、z_{v2} 分别为参考工件①和②的分度圆直径、端面模数、齿数
K2	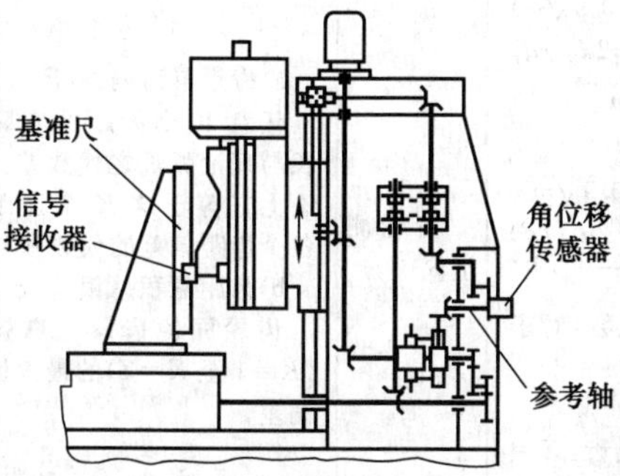 基准尺；信号接收器；角位移传感器；参考轴	刀架滑板移动相对于滑板传动参考轴回转的传动精度 a）轴向线性传动误差的低频部分 f_{al} b）轴向线性传动误差的高频部分 f_{ak}	a） $f_{al}=1.2\sqrt{L}$ $0\leqslant L\leqslant L_1$ 在任意长度 L 上测得误差不得超过允差。切向线性传动误差成分不计 b）$f_{ak}=6+0.6\sqrt{m}$	线性传动误差测量装置	在机床床身或立柱上固定测量装置的基准尺，在刀架滑板上固定拾信头，在参考轴上固定角位移信号装置 在空负荷条件下于正、反两个方向移动刀架滑板检验 a）轴向线性传动误差的低频部分 f_{al}——刀架滑板在测量行程内偏离其理论位置，滤去高频部分的线性传动误差部分 b）轴向线性传动误差的高频部分 f_{ak}——刀架滑板在全行程范围内多次周期性重复出现的线性传动误差部分，其中的低频极限等于低速回转轴（轴向进给丝杆）的回转频率之半 斜进给滚齿机和加工蜗轮的专用滚齿机不要此项检验 可用激光干涉仪代替基准尺和拾信头检验

续表

序号	简图	检验项目	允差/μm	检验工具	检验方法
K3	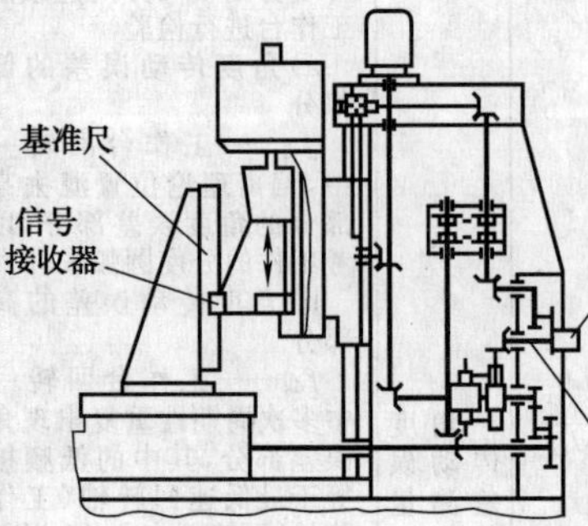 基准尺 信号接收器 角位移传感器 参考轴	刀架切向滑座移动相对于滑座传动参考轴回转的传动精度 a)切向线性传动误差的低频部分 f_{tl} b)切向线性传动误差的高频部分 f_{tk}	a) $f_{tl}=\sqrt{L}$ $0\leqslant L\leqslant L_t$ 任意长度 L 上所测得误差不应超过允差。轴向线性传动误差成分不计 b) $f_{tk}=6+0.6\sqrt{m}$	线性传动误差测量装置	在机床床身或立柱上固定测量装置的基准尺，在切向刀架滑板上固定拾信头，在参考轴上固定角位移信号装置。在空负荷条件下于正、反两个方向移动刀架切向滑板检验 a)切向线性传动误差的低频部分 f_{tl}——刀架切向滑座在测量行程内偏离其理论位置滤去高频部分的线性传动误差部分 b)切向线性传动误差的高频部分 f_{tk}——刀架切向滑座在全行程范围内多次周期性重复出现的线性传动误差部分，其中的低频极限等于低速回转轴（切向进给丝杆）的回转频率之半 斜进给滚齿机和无切向进给的滚齿机不要此项检验 可用激光干涉仪代替基准尺和拾信头

3. 工作精度检验

工作精度检验如表7-6-280所示。

表7-6-280 工作精度检验

序号	试件参数	检验性质	切削条件	检验项目	允差/μm	检验工具	检验方法
P1	试件①直齿轮 $d_{p1}\approx 2d/3$ $Z_{p1}=Z_T-P_1$ $m_{p1}=d_{p1}/Z_{p1}$ b_{p1}由设计确定 材料：铸铁或45钢（正火） 注： d_{p1}——试件①分度圆直径 m_{p1}——试件①法向模数 Z_{p1}——试件①齿数 b_{p1}——试件①齿宽 Z_T——分度蜗轮（或齿轮）齿数 P_1——接近 $Z_T/11$ 的整数 若 $Z_T/11<4$ 时取 $P_1=4$	精滚	滚刀AA级、切削用量由制造厂确定	a)齿距累计偏差 F_{pk} b)齿距累计总偏差 F_p	a) $F_{pk}=(3+0.9\sqrt{m})\times(m_{p1}/m+2d_{p1}/d)+1.6\sqrt{Km_{p1}}$ b) $F_p=(3+0.9\sqrt{m})\times(m_{p1}/m+2d_{p1}/d)+1.13\sqrt{d_{p1}}$ K为齿距数，对于偶数齿 $K=1\sim Z_{p1}/2$； 对于奇数齿：$K=1\sim(Z_{p1}-1)/2$ 一般取 $K=9\sim11$	齿轮测量仪	a)齿距累计偏差（F_{pk}）：任意 K 个齿距的实际弧长与理论弧长之代数差。理论上它等于这 K 个齿距的各个齿距偏差的代数和 b)齿距累积总偏差（F_p） 齿轮同侧齿面任意弧段（$K=1$至$K=Z$）的最大齿距偏差

续表

序号	试件参数	检验性质	切削条件	检验项目	允差/μm	检验工具	检验方法
P2	试件②斜齿轮 $d_{p2} \approx (1/3-1/2)d$ m_{p2}由设计确定 $\beta_{p2}=20°\sim30°$ $b_{p2} \geqslant 10m$（最大不超过 350） Z_{p2}由设计确定 材料：45 钢（正火） 注： d_{p2}——试件②分度圆直径 m_{p2}——试件②法向模数 β_{p2}——试件②螺旋角，(°) Z_{p2}——试件②齿数 b_{p2}——试件②齿宽	精滚	滚刀 AA 级切削用量由制造厂确定	螺旋线倾斜偏差：f_{hp}	$f_{hp}=8+\sqrt{b_{p2}}$	螺旋线倾斜偏差测量仪或齿轮测量仪	螺旋线倾斜偏差（f_{hp}）： 在计值范围 L_p 两端与平均螺旋线连线相交的两条设计螺旋线迹线之间的距离

6.5.5 数控扇形齿轮插齿机精度检验（GB/T 21945—2008）

1. 几何精度检验

几何精度检验如表 7-6-281 所示。

表 7-6-281 几何精度检验

序号	简 图	检验项目	公差/mm	检验工具	检验方法
G1	a) b)	工作台 Y 向移动时的倾斜 a)纵向 b)横向	a)和 b) 0.04/1000	精密水平仪	在工作台中间位置上放置两个水平仪：a)纵向；b)横向。移动工作台，在 Y 向（切向）移动的全行程上检验 a)、b)误差分别计算，误差以水平仪读数的最大代数差值计
G2		工作台面的径向直线度	0.012（直或凹）	平尺、量块、塞尺	在工作台面上，沿简图规定的方向，放置两个等高的量块，量块上放一平尺。用量块和塞尺检验工作台面与平尺检验面间的距离 各方向的误差分别计算。误差以距离的最大代数差值计

续表

序号	简图	检验项目	公差/mm	检验工具	检验方法
G3		工作台的轴向窜动	0.005	平测头指示器、球形检验棒	在机床工作台孔中紧密插入一根球形检验棒(或在工作台上装一调整检验棒及钢球)。固定指示器,使其测头触及检验棒球形表面。旋转工作台检验 在工作台两个回转方向测量,误差以指示器读数的最大差值计
G4	a) b)	工作台面的端面跳动	0.010	指示器	使指示器测头触及工作台面靠近最大可能的直径检验处,先后在间隔90°的a)、b)两点检验,旋转工作台检验 在工作台两个回转方向测量,误差以指示器读数的最大差值计
G5	b) 120 a)	工作台回转轴线的径向跳动 a)靠近工作面 b)距a)120mm处	a)0.006 b)0.008	指示器、检验棒	在机床工作台孔中紧密插入一根检验棒(或在工作台上装一调整检验棒)。固定两指示器,使其测头触及检验棒表面:a)靠近工作台;b)距a)120mm处。旋转工作台检验 在工作台两个回转方向测量,a)、b)误差分别计算,误差以指示其读数的最大差值计 在横向平面内和纵向平面内检验
G6	a) b)	在0°切削角下,刀具滑板往复运动对工作台轴线的倾斜	a)、b)0.010	指示器、检验棒	在机床工作台孔中紧密插入一根检验棒(或在工作台上装一调整检验棒)。在刀具滑板上固定指示器,使其测头触及检验棒表面;a)在纵向平面内;b)在横向平面内,移动滑板在全部行程上检验 将工作台旋转180°,再同样检验一次 a)、b)误差分别计算。误差以指示器两次读数的代数和之半计 注:检验本项时,工作台(或立柱)一般应在径向移动行程的两端和中间三个位置上检验。否则,除使工作台(或立柱)位于加工中等尺寸齿轮的位置检验本项外,还应补充检验G7项

续表

序号	简　　图	检验项目	公差/mm	检验工具	检验方法
G7	b) a)	工作台或立柱X向(径向)移动时的倾斜 a)纵向 b)横向 注：当G6项检验是在工作台(或立柱)径向移动行程的两端和中间位置进行时,可不检验此项	a)和b) 0.4/1000	水平仪	在工作台(或立柱)上放置两个水平仪:a)纵向;b)横向。移动工作台(或立柱),每隔300mm(或小于300mm)记录一次水平仪的读数。在工作台(或立柱)的全部行程上应至少记录三个读数。工作台(或立柱)沿往返两个方向均应检验 a)、b)误差分别计算。误差以水平仪读数的最大代数差值计
G8	刀具安装结构一 a) b) 刀具安装结构二 b) a)	装刀基面对工作台Y向(切向)移动导轨的平行度	a)和b) 0.008	指示器	指示器固定在工作台上,测头分别触及装刀面a)和b),Y向(切向)移动工作台在装刀面的全长上检验 a)、b)误差分别计算。误差以指示器读数的最大差值计

续表

序号	简 图	检验项目	公差/mm	检验工具	检 验 方 法
G9	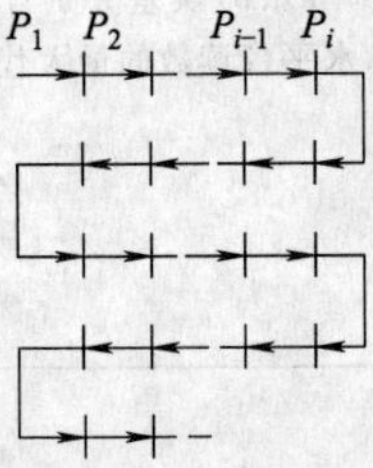 P_1 P_2 P_{i-1} P_i	工作台(或立柱)X向移动轴线的定位精度 a)单向定位精度 $A\uparrow$ 或 $A\downarrow$ b)单向重复定位精度 $R\uparrow$ 或 $R\downarrow$ c)反向差值 B	a) $A\uparrow$ 或 $A\downarrow$ 为 0.020; b) $R\uparrow$ 或 $R\downarrow$ 为 0.012 c) B 为 0.010	激光干涉仪等或具有类似精度的其他测量系统	工作台(或立柱)X向移动的轴线行程上,按每1000mm至少5个,全测量行程不少于5个均布的目标位置测量 工作台(或立柱)从一个基准点,快速趋近各目标位置,而后快速返回,经各目标位置回到基准点,如此重复5次,测量任意目标位置 P_i 处的位置偏差 $X_{i1}\uparrow, X_{i2}\uparrow, \cdots, X_{i5}\uparrow$ $X_{i1}\downarrow, X_{i2}\downarrow, \cdots, X_{i5}\downarrow$ 平均位置偏差 $\overline{X}_i\uparrow=(X_{i1}\uparrow+X_{i2}\uparrow+\cdots+X_{i5}\uparrow)/5$ $\overline{X}_i\downarrow=(X_{i1}\downarrow+X_{i2}\downarrow+\cdots+X_{i5}\downarrow)/5$ 单向标准不确定度的估算值 $S_i\uparrow=\sqrt{\frac{1}{4}\sum_{j=1}^{5}(X_{ij}\uparrow-\overline{X}_i\uparrow)^2}$ $S_i\downarrow=\sqrt{\frac{1}{4}\sum_{j=1}^{5}(X_{ij}\downarrow-\overline{X}_i\downarrow)^2}$ a)单向定位精度 $A\uparrow$ 或 $A\downarrow$ 以各目标位置的($\overline{X}_i\uparrow+2S_i\uparrow$)中的最大值与($\overline{X}_i\uparrow-2S_i\uparrow$)中的最小值之差或($\overline{X}_i\downarrow+2S_i\downarrow$)中的最大值与($\overline{X}_i\downarrow-2S_i\downarrow$)中的最小值之差的较大值计 b)单向重复定位精度 $R\uparrow$ 或 $R\downarrow$ 以各目标位置的单向重复定位精度 $R_i\uparrow$ ($4S_i\uparrow$)或 $R_i\downarrow$ ($4S_i\downarrow$)中的最大值计 c)反向差值 B 各目标位置以两个方向趋近某一位置的两单向平均位置偏差之差($\overline{X}_i\uparrow-\overline{X}_i\downarrow$)中的最大绝对值计
G10	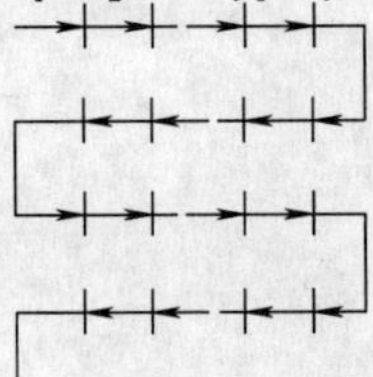 P_1 P_2 P_{i-1} P_i	工作台Y向移动轴线的定位精度 a)单向定位精度 $A\uparrow$ 或 $A\downarrow$ b)单向重复定位精度 $R\uparrow$ 或 $R\downarrow$ c)反向差值 B	a) $A\uparrow$ 或 $A\downarrow$ 为 0.020 b) $R\uparrow$ 或 $R\downarrow$ 为 0.012 c) B 为 0.010	激光干涉仪等或具有类似精度的其他测量系统	在工作台Y向移动的轴线行程上,按每1000mm至少5个,全测量行程不少于5个均布的目标位置测量 工作台从一个基准点,快速趋近各目标位置,而后快速返回,经各目标位置回到基准点,如此重复5次,测量任意目标位置 P_i 处的位置偏差 $Y_{i1}\uparrow, Y_{i2}\uparrow, \cdots, Y_{i5}\uparrow$ $Y_{i1}\downarrow, X_{i2}\downarrow, \cdots, X_{i5}\downarrow$ 平均位置偏差 $\overline{Y}_i\uparrow=(Y_{i1}\uparrow+Y_{i2}\uparrow+\cdots+Y_{i5}\uparrow)/5$ $\overline{Y}_i\downarrow=(Y_{i1}\downarrow+Y_{i2}\downarrow+\cdots+Y_{i5}\downarrow)/5$ 单向标准不确定度的估算值

续表

序号	简 图	检验项目	公差/mm	检验工具	检 验 方 法
G10		工作台Y向移动轴线的定位精度 a)单向定位精度$A\uparrow$或$A\downarrow$ b)单向重复定位精度$R\uparrow$或$R\downarrow$ c)反向差值B	a)$A\uparrow$或$A\downarrow$为0.020 b)$R\uparrow$或$R\downarrow$为0.012 c)B为0.010	激光干涉仪等或具有类似精度的其他测量系统	$S_i\uparrow=\sqrt{\frac{1}{4}\sum_{j=1}^{5}(Y_{ij}\uparrow-\overline{Y}_i\uparrow)^2}$ $S_i\downarrow=\sqrt{\frac{1}{4}\sum_{j=1}^{5}(Y_{ij}\downarrow-\overline{Y}_i\downarrow)^2}$ a)单向定位精度$A\uparrow$或$A\downarrow$ 以各目标位置的$(\overline{Y}_i\uparrow+2S_i\uparrow)$中的最大值与$(\overline{Y}_i\uparrow-2S_i\uparrow)$中的最小值之差或$(\overline{Y}_i\downarrow+2S_i\downarrow)$中的最大值与$(\overline{Y}_i\downarrow-2S_i\downarrow)$中的最小值之差的较大值计 b)单向重复定位精度$R\uparrow$或$R\downarrow$ 以各目标位置的单向重复定位精度$R_i\uparrow(4S_i\uparrow)$或$R_i\downarrow(4S_i\downarrow)$中的最大值计 c)反向差值$B$ 各目标位置以两个方向趋近某一位置的两单向平均位置偏差之差$(\overline{Y}_i\uparrow-\overline{Y}_i\downarrow)$中的最大绝对值计
G11		工作台回转运动轴线的定位精度及重复定位精度 单向定位精度$A\uparrow$或$A\downarrow$ 单向重复定位精度$R\uparrow$或$R\downarrow$	a)$A\uparrow$或$A\downarrow$为28 b)$R\uparrow$或$R\downarrow$为14	多角棱镜(或精密多齿分度台)、自准直仪、激光角度干涉仪(或高级编码器)或具有类似精度的其他测量系统	在工作台回转运动的圆弧(周)上,(测量行程至3600)选取不少于8个目标位置(均匀分布)进行测量 回转运动从一基准点,快速旋转趋近各目标位置,而后又快速旋转返回,经各目标位置回到基准点,如此重复8次,测量任意目标位置P_i处的位置偏差 $C_{i1}\uparrow,C_{i2}\uparrow,\cdots,C_{i8}\uparrow$ $C_{i1}\downarrow,C_{i2}\downarrow,\cdots,C_{i8}\downarrow$ 平均位置偏差 $\overline{C}_i\uparrow=(C_{i1}\uparrow+C_{i2}\uparrow+\cdots+C_{i8}\uparrow)/8$ $\overline{C}_i\downarrow=(C_{i1}\downarrow+C_{i2}\downarrow+\cdots+C_{i8}\downarrow)/8$ 单向标准不确定度的估算值 $S_i\uparrow=\sqrt{\frac{1}{7}\sum_{j=1}^{8}(C_{ij}\uparrow-\overline{C}_i\uparrow)^2}$ $S_i\downarrow=\sqrt{\frac{1}{7}\sum_{j=1}^{8}(C_{ij}\downarrow-\overline{C}_i\downarrow)^2}$

第7篇

续表

序号	简　图	检验项目	公差/mm	检验工具	检验方法
G11		工作台回转运动轴线的定位精度及重复定位精度 单向定位精度 $A\uparrow$ 或 $A\downarrow$ 单向重复定位精度 $R\uparrow$ 或 $R\downarrow$	a) $A\uparrow$ 或 $A\downarrow$ 为 28 b) $R\uparrow$ 或 $R\downarrow$ 为 14	多角棱镜(或精密多齿分度台)、自准直仪、激光角度干涉仪(或高级编码器)或具有类似精度的其他测量系统	a)单向定位精度 $A\uparrow$ 或 $A\downarrow$：以各目标位置的($\overline{C}_i\uparrow+2S_i\uparrow$)中的最大值与($\overline{C}_i\uparrow-2S_i\uparrow$)中的最小值之差或($\overline{C}_i\downarrow+2S_i\downarrow$)中的最大值与($\overline{C}_i\downarrow-2S_i\downarrow$)中的最小值之差的较大值计 b)单向重复定位精度 $R\uparrow$ 或 $R\downarrow$ 以各目标位置的单向重复定位精度 $R_i\uparrow$ ($4S_i\uparrow$)或 $R_i\downarrow$ ($4S_i\downarrow$)中的最大值计

2. 工作精度检验

工作精度检验如表 7-6-282 所示。

表 7-6-282 工作精度检验

序号	试切件尺寸和材料	检验性质	切削条件	检验项目	公差(0.001mm)	检验工具
P1	试件材料:45钢(正火) 试件直径 d: $d=(0.5\sim0.75)D$ 试件模数 $m_n\geqslant 2/3M$ 试件假想齿数 Z: $Z=[2Z_W/(2n+1)]\pm(1\sim2)$ 实际齿扇齿数:5 齿顶高系数:0.8 试件宽度 b: $b\geqslant 0.5B$ 式中 D——机床最大工件直径 M——机床最大加工模数 Z_W——分度蜗轮齿数 n——自然数,1、2、3、4、… B——机床最大加工齿宽	精切	A级梳齿刀 试件装夹方式和切削规范由制造厂确定 试件齿坯按设计规定	大端公法线长度变动公差 F_w 齿槽径向跳动公差 F_r 螺旋线总偏差 F_β(仅在切削角 $\lambda=0°$ 时检验此项) 齿面粗糙度 Ra	a) $1.22\sqrt{d}+19.4$ b) $0.48m_n+2\sqrt{d}+11.2$ c) $0.2\sqrt{d}+1.26\sqrt{b}+8.4$ d) $3.2\mu m$	齿轮测量仪、齿面粗糙度检查仪(或粗糙度样块)

6.5.6　数控剃齿机精度检验（GB/T 21946—2008）

1. 几何精度检验

几何精度检验如表 7-6-283 所示。

表 7-6-283　几何精度检验

序号	简　图	检验项目	公差/mm		检验工具	检验方法
G1	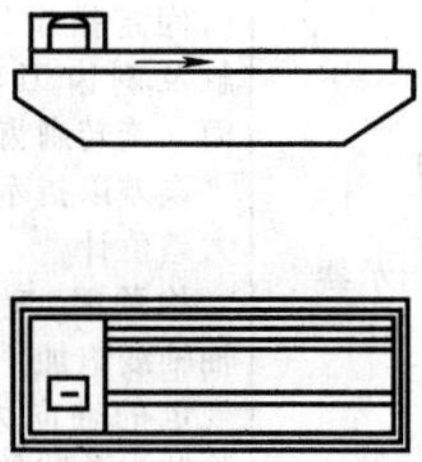	工作台导轨在垂直平面内的直线度(仅适用于工件纵向移动的机床)	最大工件直径		专用桥板、精密水平仪	将工作台置于行程的中间位置 在工作台导轨上放置专用桥板,在桥板上与工作台导轨平行放一水平仪。等距离移动桥板检验 将水平仪的读数依次排列,画出导轨的误差曲线。误差以曲线对其两端点连线间坐标值的最大代数差值计
			<200	≥200～500		
			在全长上为			
			0.015	0.020		
G2	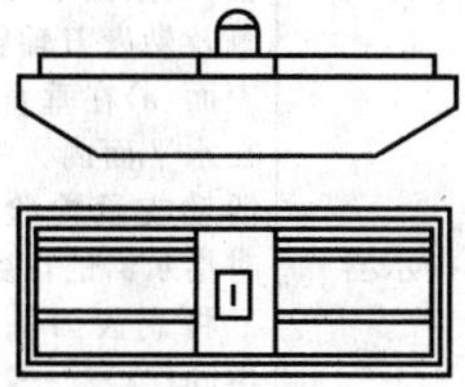	工作台导轨的平行度(仅适用于工件纵向移动的机床)	最大工件直径		专用桥板、精密水平仪	将工作台置于行程的中间位置 在工作台导轨上放置专用桥板,在桥板上与工作台导轨垂直放一水平仪。移动桥板检验。在工作台导轨全长上至少记录 3 个读数 误差以水平仪在全长上读数的最大代数差值计
			<200	≥200～500		
			在全长上为			
			0.03/1000	0.04/1000		
G3	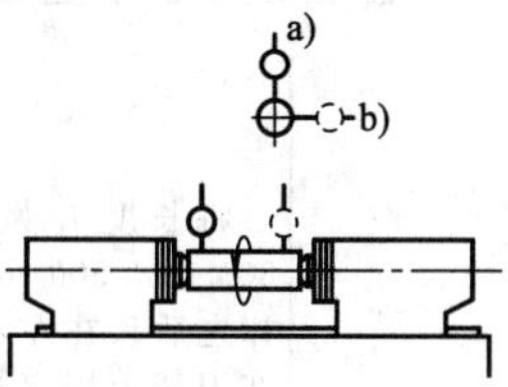 a) b)	左右活动顶尖轴线的径向跳动 a)在垂直平面内 b)在水平面内	最大工件直径		指示器、检验棒	在左右活动顶尖间顶紧一根检验棒。固定指示器,使其测头触及检验棒上两端靠近顶尖的表面:a)在垂直平面内;b)在水平面内。旋转活动顶尖检验 a)、b)误差分别计算 误差以指示器读数的最大差值计
			<200	≥200～500		
			a)及 b)			
			0.004	0.005		
G4	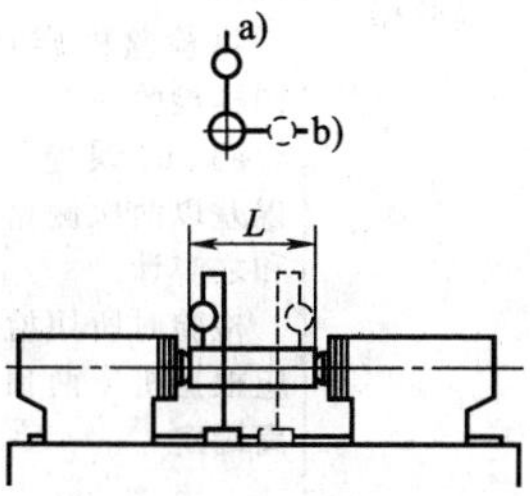 a) b) L	左右活动顶尖轴线对工作台(或床身台面)导轨的等距度 a)在垂直平面内 b)在水平面内	最大工件直径		指示器、检验棒、专用表座	在左右活动顶尖间顶紧一根长度为 L 的检验棒,将专用表座放置在工作台(或床身台面)导轨上。固定指示器,使其测头触及检验棒表面:a)在垂直平面内;b)在水平面内。移动指示座,在检验棒两端检验 将检验棒旋转 180°,再同样检验一次。 a)、b)误差分别计算。误差以两次测量结果代数和之半计
			<200	≥200～500		
			L			
			200	300		
			a)及 b)			
			0.005	0.010		

续表

序号	简图	检验项目	公差/mm		检验工具	检验方法
G5		剥齿刀轴轴颈的径向跳动 a)在垂直平面内 b)在水平面内	最大工件直径		指示器	固定指示器,使其测头触及剥齿刀轴表面:a)在垂直平面内;b)在水平面内。旋转剥齿刀轴检验 a)、b)误差分别计算 误差以指示器读数的最大差值计
			<200	≥200~500		
			a)及b)			
			0.003	0.004		
G6		剥齿刀轴轴肩支承面的跳动	最大工件直径		指示器	固定指示器,使其测头触及剥齿刀轴轴肩支承面。旋转剥齿刀轴检验 误差以指示器读数的最大差值计 检验时,应通过剥齿刀轴轴线施加一个由制造厂规定的轴向力F(对已消除轴向游隙的剥齿刀轴可不加力)
			<200	≥200~500		
			a)及b)			
			0.004	0.005		
G7		剥齿刀轴轴线对支承孔轴线的重合度(仅适用于有外支架结构的机床) a)在垂直平面内 b)在水平面内	最大工件直径		指示器	将活动支承套入剥齿刀轴,固定指示器,使其测头触及剥齿刀轴轴伸出部分表面:a)在垂直平面内;b)在水平面内。锁紧和松开活动支承检验,记录锁紧时指示器的读数差 将剥齿刀轴旋转180°,再同样检验一次 a)、b)误差分别计算。误差以两次测量结果代数和之半加上剥齿刀轴与支承孔间隙之半计
			<200	≥200~500		
			a)及b)			
			0.006	0.008		
G8	图 G8-1 图 G8-2	纵向滑板移动对左右顶尖轴线的平行度 a)在垂直平面内 b)在水平面内 (图G8-1仅适用于工件纵向移动的机床;图G8-2仅适用于刀具纵向移动的机床)	最大工件直径		指示器、检验棒	将长度L为120 mm、300 mm、500 mm的检验棒先后顶在左右顶尖间。在刀架上固定指示器,使其测头处在刀架回转中心位置处,并触及检验棒表面:a)在垂直平面内;b)在水平面内。移动纵向滑板检验 将检验棒旋转180°,再同样检验一次 a)、b)误差分别计算。误差以两次测量结果代数和之半计 检验时所用检验棒根数应根据机床两顶尖最大距离确定
			<200	≥200~500		
			在滑板全行程上a)及b)			
			0.004	0.005		

续表

序号	简　图	检验项目	公差/mm		检验工具	检验方法
G9	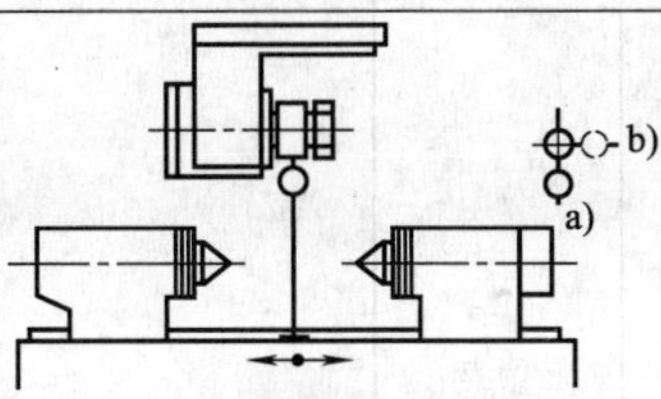 图 G9-1 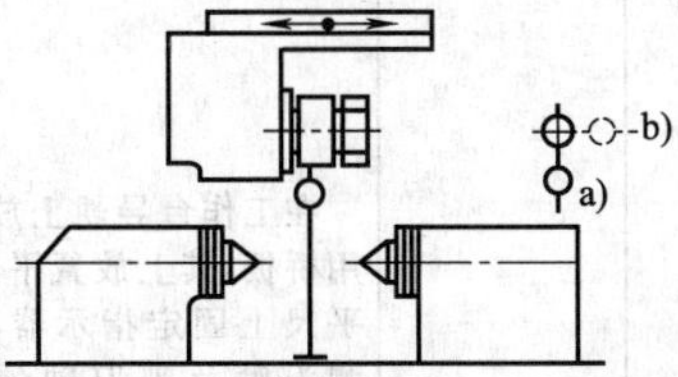 图 G9-2	纵向滑板移动对剃齿刀轴轴线的平行度 a）在垂直平面内 b）在水平面内 （图 G9-1 仅适用于工件纵向移动的机床；图 G9-2 仅适用于刀具纵向移动的机床）	最大工件直径 <200 在刀轴轴颈的全长上 a）及 b） 0.003	 ≥200～500 0.004	指示器 （专用桥板）	固定指示器，使其测头触及剃齿刀轴表面：a）在垂直平面内；b）在水平面内。移动纵向滑板检验（对于径向剃齿机，移动桥板检验） 将剃齿刀轴回转 180°，再同样检验一次 a）、b）误差分别计算。误差以两次测量结果代数和之半计
G10	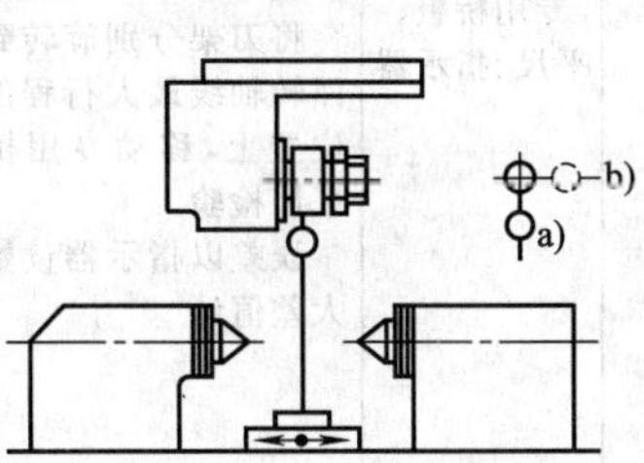	剃齿刀轴轴线对床身台面导轨的平行度（仅适用于数控径向剃齿机） a）在垂直平面内 b）在水平面内	最大工件直径 <200 在刀具轴颈的全长上 a）及 b） 0.003	 ≥200～500 0.004	指示器、专用桥板	在床身台面上放置专用桥板，将指示器固定在桥板上，使其测头触及剃齿刀轴表面：a）在垂直平面内；b）在水平面内。移动桥板检验 将剃齿刀轴回转 180°，再同样检验一次 a）、b）误差分别计算。误差以两次测量结果代数和之半计
G11	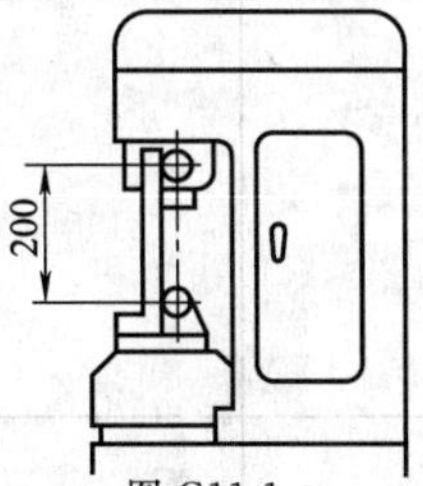 图 G11-1 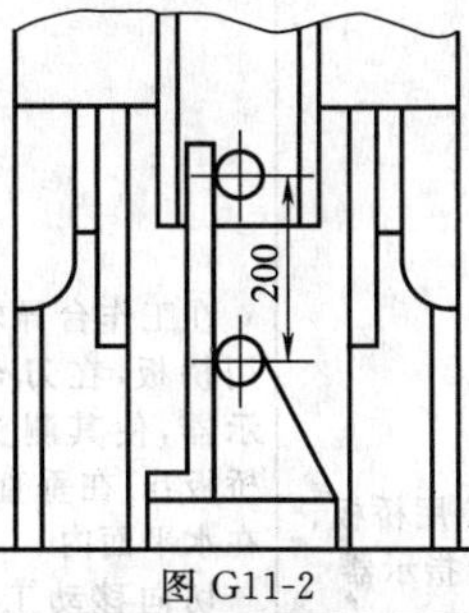 图 G11-2	剃齿刀轴轴线和左右活动顶尖轴线应在同一平面内（图 G11-1 仅适用于立柱正面布置型式的机床；图 G11-2 仅适用于立柱侧面布置型式的机床）	最大工件直径 <200 a）及 b） 0.10	 ≥200～500 0.15	指示器、塞尺、角尺、专用桥板	在左右活动顶尖间顶紧一根直径等于剃齿刀轴轴颈的检验棒。在工作台导轨（或床身台面）上放置专用桥板，桥板上放置角尺，使角尺检验面紧靠在检验棒表面上（或剃齿刀轴轴颈表面上）。用塞尺测量角尺检验面与剃齿刀轴轴颈表面（检验棒面）间的间隙 误差以塞尺测得的数值计
G12	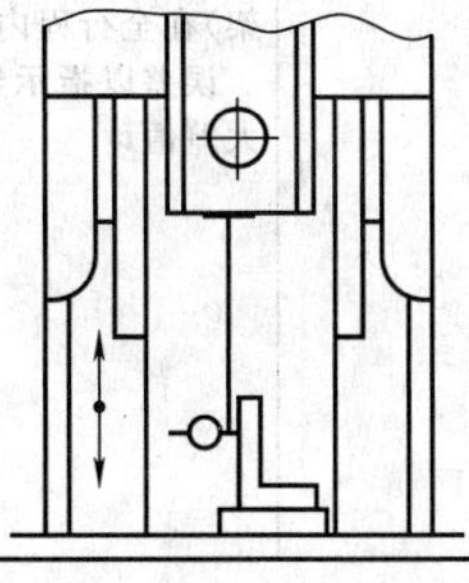	刀架滑板移动对工作台（或床身台面）导轨的垂直度	在 100 长度上为 0.050		指示器、角尺	在工作台（或床身台面）上放置角尺，将指示器固定在滑板上，使其测头垂直触及角尺表面，移动滑板在其工作行程上进行检验 误差以指示器读数的最大差值计

第 7 篇

续表

序号	简图	检验项目	公差/mm	检验工具	检验方法
G13	L 最大回转行程位置 0° 最大回转行程位置 L—刀轴端部至刀架回转中心的距离	剃齿刀架回转后刀轴轴线对工作台面的等距度	当 $L=100$ 时，为0.010	专用桥板、平尺、指示器	在工作台导轨上放置专用桥板，其上放置平尺，在平尺上固定指示器，使其测头触及剃刀轴颈的下母线 将刀架分别旋转到刀架回转轴线最大行程的两个位置上，移动专用桥板和平尺检验 误差以指示器读数的最大差值计
G14	a) b) 图 G14-1 a) b) 图 G14-2	工作台(或刀架)切向移动对剃齿刀架(或工作台)的平行度(仅适用于数控万能剃齿机) a)垂直平面内 b)水平面内 (图 G14-1 仅适用于工作台切向移动的机床；图 G14-2 仅适用于刀架切向移动的机床)	在切向行程上a)及b)0.020	专用桥板、指示器	在工作台导轨上放置专用桥板，在刀架上固定指示器，使其测头触及专用桥板：a)在垂直平面内；b)在水平面内 切向移动工作台(或刀架)在全行程内检验 误差以指示器读数的最大差值计

续表

序号	简　　图	检验项目	公差/mm	检验工具	检 验 方 法
G15	P_1　P_2　P_{i-1}　P_i	纵向滑板移动（X 轴）轴线的定位精度 a）单向定位精度 $A\uparrow$ 或 $A\downarrow$ b）单向重复定位精度 $R\uparrow$ 或 $R\downarrow$	a）测量行程≤400，$A\uparrow$ 或 $A\downarrow$ 为 0.020；测量行程＞400，$A\uparrow$ 或 $A\downarrow$ 为 0.022 b）测量行程≤400，$R\uparrow$ 或 $R\downarrow$ 为 0.010；测量行程＞400，$R\uparrow$ 或 $R\downarrow$ 为 0.012	激光干涉仪等或具有类似精度的其他测量系统	在纵向滑板纵向移动的轴线行程上，按每 1000mm 至少 5 个，全测量行程不少于 5 个均布的目标位置测量 纵向滑板从一个基准点，快速趋近各目标位置，而后快速返回，经各目标位置回到基准点，如此重复 5 次，测量任意目标位置 P_i 处的位置偏差 $X_{i1}\uparrow, X_{i2}\uparrow, \cdots, X_{i5}\uparrow$ $X_{i1}\downarrow, X_{i2}\downarrow, \cdots, X_{i5}\downarrow$ 平均位置偏差 $\overline{X}_i\uparrow=(X_{i1}\uparrow+X_{i2}\uparrow+\cdots+X_{i5}\uparrow)/5$ $\overline{X}_i\downarrow=(X_{i1}\downarrow+X_{i2}\downarrow+\cdots+X_{i5}\downarrow)/5$ 单向标准不确定度的估算值 $S_i\uparrow=\sqrt{\frac{1}{4}\sum_{j=1}^{5}(X_{ij}\uparrow-\overline{X}_i\uparrow)^2}$ $S_i\downarrow=\sqrt{\frac{1}{4}\sum_{j=1}^{5}(X_{ij}\downarrow-\overline{X}_i\downarrow)^2}$ a）单向定位精度 $A\uparrow$ 或 $A\downarrow$ 以各目标位置的（$\overline{X}_i\uparrow+2S_i\uparrow$）中的最大值与（$\overline{X}_i\uparrow-2S_i\uparrow$）中的最小值之差或（$\overline{X}_i\downarrow+2S_i\downarrow$）中的最大值与（$\overline{X}_i\downarrow-2S_i\downarrow$）中的最小值之差的较大值计 b）单向重复定位精度 $R\uparrow$ 或 $R\downarrow$ 以各目标位置的单向重复定位精度 $R_i\uparrow$（$4S_i\uparrow$）或 $R_i\downarrow$（$4S_i\downarrow$）中的最大值计

注：纵向进给轴线为非数控轴的机床不作此项检验

续表

序号	简图	检验项目	公差/mm	检验工具	检验方法
G16	P_1　P_2　P_{i-1}　P_i	垂直滑板径向移动(Z轴)轴线的定位精度 a)单向定位精度$A\uparrow$或$A\downarrow$ b)单向重复定位精度$R\uparrow$或$R\downarrow$	a)测量行程≤400,$A\uparrow$或$A\downarrow$为0.015;测量行程>400,$A\uparrow$或$A\downarrow$为0.020 b)测量行程≤400,$R\uparrow$或$R\downarrow$为0.008;测量行程>400,$R\uparrow$或$R\downarrow$为0.010	激光干涉仪等或具有类似精度的其他测量系统	在垂直滑板径向移动的轴线行程上,按每1000mm至少5个,全测量行程不少于5个均布的目标位置测量 垂直滑板从一个基准点,快速趋近各目标位置,而后快速返回各目标位置回到基准点,如此重复5次,测量任意目标位置Pi处的位置偏差 $Z_{i1}\uparrow,Z_{i2}\uparrow,\cdots,Z_{i5}\uparrow$ $Z_{i1}\downarrow,Z_{i2}\downarrow,\cdots,Z_{i5}\downarrow$ 平均位置偏差 $\overline{Z}_i\uparrow=(Z_{i1}\uparrow+Z_{i2}\uparrow+\cdots Z_{i5}\uparrow)/5$ $\overline{Z}_i\downarrow=(Z_{i1}\downarrow+Z_{i2}\downarrow+\cdots Z_{i5}\downarrow)/5$ 单向标准不确定度的估算值: $S_i\uparrow=\sqrt{\frac{1}{4}\sum_{j=1}^{5}(Z_{ij}\uparrow-\overline{Z}_i\uparrow)^2}$ $S_i\downarrow=\sqrt{\frac{1}{4}\sum_{j=1}^{5}(Z_{ij}\downarrow-\overline{Z}_i\downarrow)^2}$ a)单向定位精度$A\uparrow$或$A\downarrow$ 以各目标位置的$(\overline{Z}_i\uparrow+2S_i\uparrow)$中的最大值与$(\overline{Z}_i\uparrow-2S_i\uparrow)$中的最小值之差或$(\overline{Z}_i\downarrow+2S_i\downarrow)$中的最大值与$(\overline{Z}_i\downarrow-2S_i\downarrow)$中的最小值之差的较大值计 b)单向重复定位精度$R\uparrow$或$R\downarrow$ 以各目标位置的单向重复定位精度$R_i\uparrow(4S_i\uparrow)$或$R_i\downarrow(4S_i\downarrow)$中的最大值计

注:径向进给轴线为非数控轴的机床不作此项检验

续表

序号	简　图	检验项目	公差/mm	检验工具	检验方法
G17	P_1　P_2　P_{i-1}　P_i	切向滑板切向移动(Y轴)轴线的定位精度 a)单向定位精度 $A\uparrow$ 或 $A\downarrow$ b)单向重复定位精度 $R\uparrow$ 或 $R\downarrow$	a) $A\uparrow$ 或 $A\downarrow$ 为0.020 b) $R\uparrow$ 或 $R\downarrow$ 为0.010	激光干涉仪等或具有类似精度的其他测量系统	在切向滑板切向移动轴线的测量行程上，对5个均布的目标位置进行测量 切向滑板从一个基准点，沿切向轴线移动，快速趋近各目标位置，而后快速返回，经各目标位置回到基准点，如此重复5次，测量任意目标位置 Pi 处的位置偏差： $Y_{i1}\uparrow, Y_{i2}\uparrow, \cdots, Y_{i5}\uparrow$ $Y_{i1}\downarrow, Y_{i2}\downarrow, \cdots, Y_{i5}\downarrow$ 平均位置偏差 $\overline{Y}_i\uparrow=(Y_{i1}\uparrow+Y_{i2}\uparrow+\cdots Y_{i5}\uparrow)/5$ $\overline{Y}_i\downarrow=(Y_{i1}\downarrow+Y_{i2}\downarrow+\cdots Y_{i5}\downarrow)/5$ 单向标准不确定度的估算值 $S_i\uparrow=\sqrt{\frac{1}{4}\sum_{j=1}^{5}(Y_{ij}\uparrow-\overline{Y}_i\uparrow)^2}$ $S_i\downarrow=\sqrt{\frac{1}{4}\sum_{j=1}^{5}(Y_{ij}\downarrow-\overline{Y}_i\downarrow)^2}$ a)单向定位精度 $A\uparrow$ 或 $A\downarrow$ 以各目标位置的 $(\overline{Y}_i\uparrow+2S_i\uparrow)$ 中的最大值与 $(\overline{Y}_i\uparrow-2S_i\uparrow)$ 中的最小值之差或 $(\overline{Y}_i\downarrow+2S_i\downarrow)$ 中的最大值与 $(\overline{Y}_i\downarrow-2S_i\downarrow)$ 中的最小值之差的较大值计 b)单向重复定位精度 $R\uparrow$ 或 $R\downarrow$ 以各目标位置的单向重复定位精度 $R_i\uparrow(4S_i\uparrow)$ 或 $R_i\downarrow(4S_i\downarrow)$ 中的最大值计

注：切向进给轴线为非数控轴的机床不作此项检验

续表

序号	简　图	检验项目	公差/mm	检验工具	检验方法
G18	0° P_1 P_2 P_3 $P_{i(i\leqslant 5)}$ 顺时针旋转趋近示意图 $P_{i(i\leqslant 5)}$ P_3 P_2 P_1 0° 逆时针旋转趋近示意图	刀架回转运动轴线的定位精度 a)单向定位精度 $A\uparrow$ 或 $A\downarrow$ b)单向重复定位精度 $R\uparrow$ 或 $R\downarrow$	a)测量范围<±20°,$A\uparrow$ 或 $A\downarrow$ 为26;测量范围≥±20°,$A\uparrow$ 或 $A\downarrow$ 为32 b)测量范围<±20°,$R\uparrow$ 或 $R\downarrow$ 为13;测量范围≥±20°,$R\uparrow$ 或 $R\downarrow$ 为16	多面棱体及自准直仪或精密多齿分度台及激光角度干涉仪(或高级编码器)或具有类似精度的其他测量系统	在刀架回转运动的圆弧(周)上,当测量范围≤±30°或≤±45°时,选取3个目标位置数测量(只有当测量行程>±45°时,才选取5个目标位置数测量) 回转运动从以垂直方向为0°的基准点,分别按顺时针及逆时针方向(共两遍)快速旋转趋近各目标位置,而后又快速旋转返回,经各目标位置回到基准点,如此重复5次,测量任意目标位置 P_i 处的位置偏差; $C_{i1}\uparrow,C_{i2}\uparrow,\cdots,C_{i5}\uparrow$ $C_{i1}\downarrow,C_{i2}\downarrow,\cdots,C_{i5}\downarrow$ 平均位置偏差 $\overline{C}_i\uparrow=(C_{i1}\uparrow+C_{i2}\uparrow+\cdots+C_{i5}\uparrow)/5$ $\overline{C}_i\downarrow=(C_{i1}\downarrow+C_{i2}\downarrow+\cdots+C_{i5}\downarrow)/5$ 单向标准不确定度的估算值 $S_i\uparrow=\sqrt{\frac{1}{4}\sum_{j=1}^{5}(C_{ij}\uparrow-\overline{C}_i\uparrow)^2}$ $S_i\downarrow=\sqrt{\frac{1}{4}\sum_{j=1}^{5}(C_{ij}\downarrow-\overline{C}_i\downarrow)^2}$ a)单向定位精度 $A\uparrow$ 或 $A\downarrow$ 以各目标位置的($\overline{C}_i\uparrow+2S_i\uparrow$)中的最大值与($\overline{C}_i\uparrow-2S_i\uparrow$)中的最小值之差或($\overline{C}_i\downarrow+2S_i\downarrow$)中的最大值与($\overline{C}_i\downarrow-2S_i\downarrow$)中的最小值之差的较大值计 b)单向重复定位精度 $R\uparrow$ 或 $R\downarrow$ 以各目标位置的单向重复定位精度 $R_i\uparrow$ ($4S_i\uparrow$)或 $R_i\downarrow$ ($4S_i\downarrow$)中的最大值计
注:刀架回转运动轴线为非数控轴的机床不作此项检验					

2. 工作精度检验

工作精度检验如表 7-6-284 所示。

表 7-6-284　工作精度检验

序号	试件参数	检验性质	切削条件	检验项目	公差	检验工具	检验方法
P1	在机床上剃削一个 7 级精度(或 7 级以下精度)的直齿圆柱齿轮试件: 材料:中碳钢(正火) $d_P=(0.5\sim1)d$ $m_P=(0.5\sim1)m$ 式中 d——最大工件直径,mm d_P——试件直径,mm m——最大模数,mm m_P——试件模数,mm	精剃	用 A 级剃齿刀精剃直齿圆柱齿轮,切削规范由制造厂确定	a)单个齿距偏差 f_{pt} b)齿面粗糙度 Ra	a) f_{pt} 偏差值应比剃前减少 30% b)Ra 最大允许值为 0.8μm	a)齿轮测量仪 b)齿面粗糙度检查仪(或粗糙度样块)	a)在机床上精剃齿轮后,按 GB/T 10095.1—2001 的规定,用齿轮测量仪进行检验 在端平面上,在接近齿高中部的一个与齿轮轴线同心的圆上,实际齿距与理论齿距的代数差 b)用齿面粗糙度检查仪(或粗糙度样块),对两齿廓面进行检验。检验不应少于 4 个齿,每齿相隔应均匀

6.6　数控磨床精度检验

6.6.1　无心外圆磨床精度检验(GB/T 4681—2007)

1. 几何精度检验

(1) 砂轮修整器的检验(如表 7-6-285 所示)

砂轮修整器移动精度的检验一般包括以下三项:

a) 修整器移动在作用面内的直线度;

b) 修整器移动对砂轮主轴轴线在垂直于作用面内的平行度;

c) 修整器移动对砂轮主轴轴线在作用面内的平行度。

注:c) 项检验只适用于固定式修整器和使用不可调仿形板的机床。

表 7-6-285　砂轮修整器的检验

项目编号	G1
简图	1—仿形指 2—仿形板 (图中标注:+V、1、2、a)、b)、c))
允差/mm	在 300 测量长度上 a)0.003 b)0.05 c)0.03
检验工具	指示器和仿形板
备注	直线运动线性偏差的公差:公差限定了一个作用点或有代表性的点的轨迹的直线运动相对代表线(该轨迹的总方向)的允许偏差,两个线性偏差的公差可以是不同的 测量工具固定在运动部件上,并随运动件一起按规定的范围移动,测头沿代表轴线的柱面或检验棒滑动 除非所有平面都同等重要,否则应尽可能选择在机床实际使用中最重要的两个相互垂直的平面内进行测量 指示器应安装在修整器刀架上,使其测头接触检验棒,检验棒装在砂轮主轴轴线上,位置应在作用面内和垂直于作用面内的平面内 修整滑板应按正常工作进给速度在 W 轴上移动,测量长度等于砂轮的最大宽度,如机床上装有仿形修整装置,则仿形指应以正常工作压力(由制造商提供说明)顶紧仿形板 偏差与金刚石笔尖的位置有关 本测量方法给出了修整装置误差的总和

(2) 导轮修整器的检验（如表 7-6-286 所示）

导轮修整器检验一般包括以下三项：

a) 修整器移动在作用面内的直线度；

b) 修整器移动对导轮主轴轴线在作用面内的平行度；

c) 修整器移动对托架定位面的平行度。

注：1. b) 项检验只适用于固定式修整器和使用不可调仿形板的机床。

2. c) 项检验只适用于垂直面内的非斜面滑板。

(3) 托架的检验（如表 7-6-287 所示）

托架检验一般包括以下两项：

a) 托架定位面对砂轮主轴轴线在垂直面内的平行度；

b) 托架定位面对砂轮主轴轴线和导轮主轴轴线在水平面内的平行度。

注：b) 项检验仅适用于带固定托板、固定修整器和不可调仿形板的机床。

表 7-6-286 导轮修整器的检验

项目编号	G2
简图	+V　1　2　3　c)　a), b) 1—仿形指；2—仿形板；3—另一种适用的机床
允差/mm	在 300 测量长度上 a)0.003 b)0.05 c)0.03
检验工具	指示器、检验棒、仿形板、检验直尺
备注	直线运动线性偏差的公差：公差限定了一个作用点或有代表性的点的轨迹的直线运动相对代表线（该轨迹的总方向）的允许偏差，两个线性偏差的公差可以是不同的 测量工具固定在运动部件上，并随运动件一起按规定的范围移动，测头沿代表轴线的柱面或检验棒滑动 除非所有平面都同等重要，否则应尽可能选择在机床实际使用中最重要的两个相互垂直的平面内进行测量 指示器应安装在修整器刀架上，使其测头接触检验棒，检验棒装在导轮主轴轴线上，位置应在作用面内和垂直于作用面的平面内 修整滑板应按照正常工作进给速度移动，测量长度等于导轮的最大宽度，如机床上装有仿形修整装置，则仿形指应以正常工作压力（由制造商提供说明）顶紧仿形板 偏差与金刚石笔尖的位置有关 本测量方法给出了修整装置误差的总和

表 7-6-287 托架的检验

项目编号	G3
简图	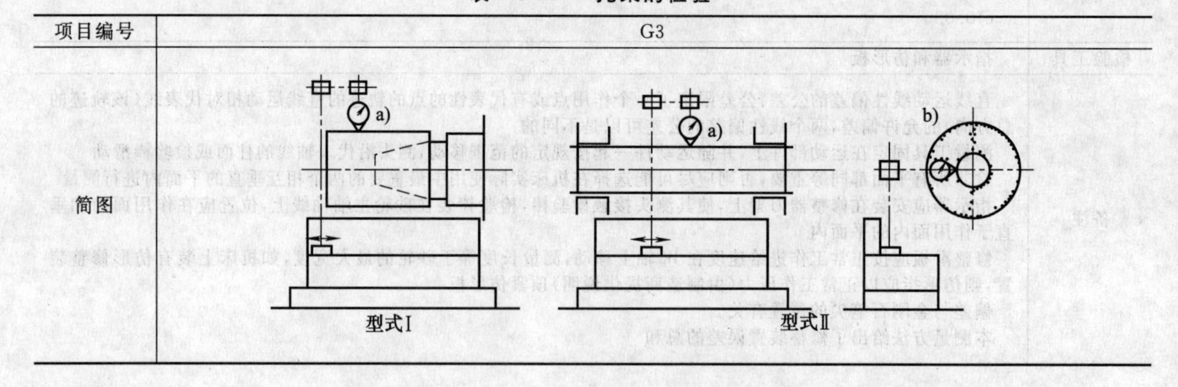

续表

项目编号	G3
允差/mm	在 300 测量长度上 a)0.05 b)0.03
检验工具	指示器、专用套筒、专用检验棒
备注	关于轴线的一般说明：当测量涉及轴线平行度时，轴线本身应由形状精度高、表面光洁和有足够长度的圆柱面来代表，如果主轴的表面不满足这些条件，或如果它是一个内表面，且不允许使用测头时，可采用一个辅助的圆柱面——检验棒 测量工具装在平基面的支架上，并沿该平面按规定的范围移动。测头则沿代表该轴线的圆柱面滑动。在每一个测量点上，通过在垂直于该轴线的方向上慢慢移动测量工具来找到最低点的读数 在轴线位置摆动的情况下，在中间位置和两极限位置测量即可 在砂轮和导轨主轴定心面上安装专用套筒(或在砂轮和导轮架孔内安装专用检验棒)，指示器专用座靠在托架定位面上，使其指示器测头触及专用套筒(或检验棒)表面 a)在垂直平面内 b)在水平面内 沿砂轮最大宽度移动指示器专用座检验 然后将主轴转 180°，重复检验 1 次 a)、b)的误差分别计算。误差以指示器两次测量结果的代数和之半计

(4) 砂轮主轴的检验

1) 砂轮主轴的检验（如表 7-6-288 所示）

砂轮主轴的跳动检验一般包括以下两项：

a) 径向跳动（在砂轮安装直径面/锥面上）；

b) 周期性轴向窜动。

2) 导轮主轴的检验（如表 7-6-289 所示）

导轮主轴的跳动检验一般包括以下两项：

a) 径向跳动（在导轨安装直径上）；

b) 周期性轴向窜动。

表 7-6-288　砂轮主轴的检验

项目编号	G4
简图	a)　b)　F　a)　b)　F
允差/mm	a)0.005(在接触的两点位置上) b)0.008
检验工具	指示器
备注	将指示器的测头触及被检查的旋转表面，当主轴慢慢地旋转时，观测指示器上的读数 为了消除止推轴承游隙的影响，在测量方向上对主轴加一个轻微的压力。指示器的测头触及前端值的中心，在主轴低速连续旋转和在规定方向上保持着压力的情况下测取读数 a)固定指示器测头应放置在垂直于被检验表面的位置 检验跳动应在锥形或圆柱砂轮安装面的两端进行 b)固定指示器，并使指示器测头触及主轴中心孔的钢球表面。转动主轴检验 检验时，应通过主轴轴线施加一个由制造厂规定的轴向力 F(对已消除轴向游隙的主轴可不加力)

表 7-6-289　导轮主轴的检验

项目编号	G5
简图	a) b) F
允差/mm	a)0.005(在接触的两点位置上) b)0.01
检验工具	指示器
备注	将指示器的测头触及被检查的旋转表面，当主轴慢慢地旋转时，观测指示器上的读数 为了消除止推轴承游隙的影响，在测量方向上对主轴加 一个轻微的压力。指示器的测头触及前端值的中心，在主轴低速连续旋转和在规定方向上保持着压力的情况下测取读数 a)固定指示器，测头应放置在垂直于被检验表面的位置 检验跳动应在锥形或圆柱砂轮安装面的两端进行 b)固定指示器，并使指示器测头触及主轴中心孔的钢球表面。转动主轴检验 检验时，应通过主轴轴线施加一个由制造厂规定的轴向力 F(对已消除轴向游隙的主轴可不加力)

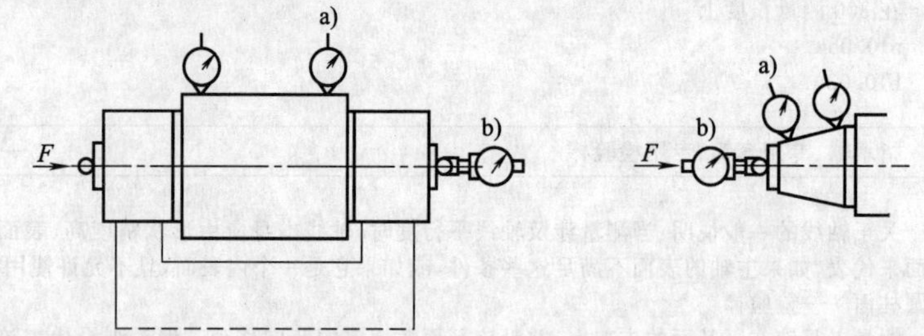

2. 工作精度检验

(1) 切入磨削圆柱体试件的精度的检验（如表 7-6-290 所示）

表 7-6-290　切入磨削圆柱体试件的精度的检验

项目编号	M1
简图	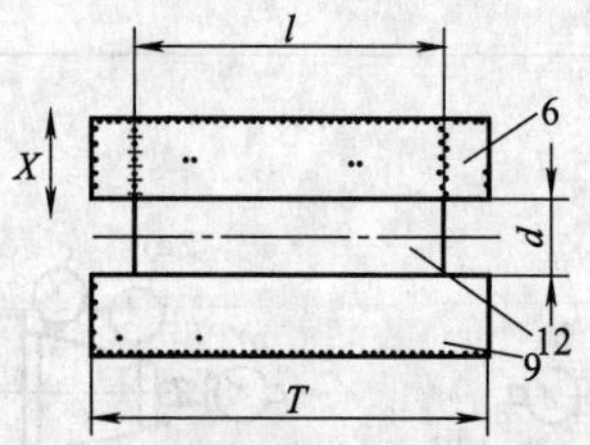 l X 6 d 12 9 T T——砂轮宽度　6——导轮 d——工件直径　9——砂轮 l——工件长度　12——工件
允差/mm	a)0.002 b)$T\leqslant100$,0.002;$100<T\leqslant200$,0.003;$200<T\leqslant300$,0.004;$T>300$,0.005
检验工具	圆度测量仪和千分尺
备注	检验:工作精度检验应在标准试件或由用户提供的试件上进行，与实际在机床上加工零件不同，实行工作精度检验不需要多种工序。工作精度检验应采用该机床具有的精加工工序 工件或试件的数目或在一个规定试件上的切削次数，需视情况而定，应使其能得出加工的平均精度。必要时，应考虑刀具的磨损 除有关标准已有规定外，用于工作精度检验的试件的原始状态应予确定，试件材料、试件尺寸和要达到的精度等级以及切削条件应在制造厂与用户之间达成一致 工作精度检验中试件的检查:工作精度检验中试件的检查应按测量类别选择所需精度等级的测量工具 检验圆度的测试在试件的几个位置上进行，并以测得的最大差值计 直径一致性应在同一轴线平面内检验

T	d	l
$T\leqslant100$	15	$0.6T\leqslant l\leqslant0.9T$
$100<T\leqslant200$	20	
$T>200$	30	

材料:钢

切入磨削圆柱体试件的精度检验一般包括以下两项：

a）圆度

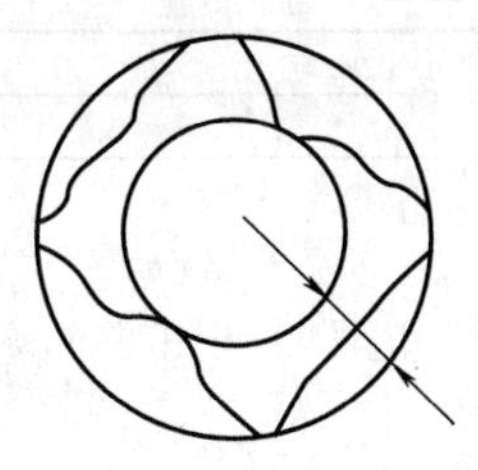

b）直径一致性（在试件两端和中间测直径的变化量）

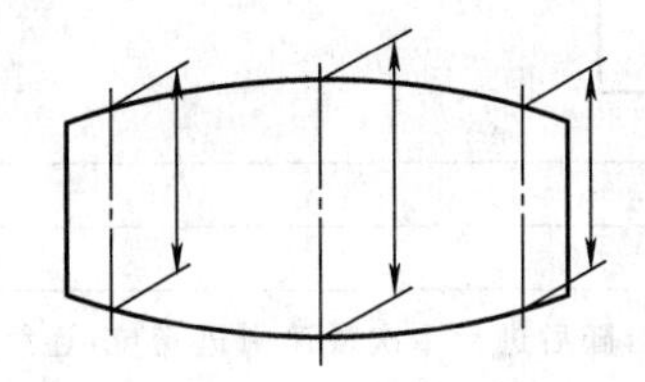

（2）磨削圆柱体试件的精度的检验（如表7-6-291所示）

磨削圆柱体试件的精度一般包括以下两项：

a）圆度

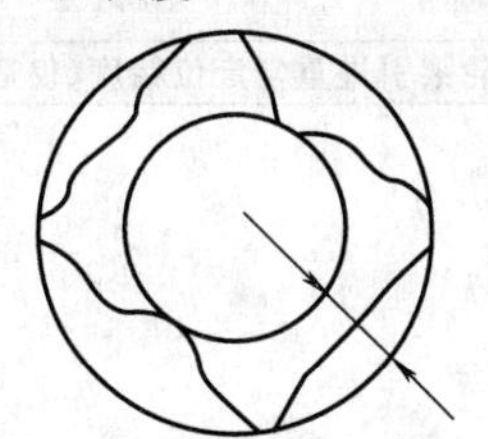

b）直径一致性（在试件两端和中间测直径的变化量）

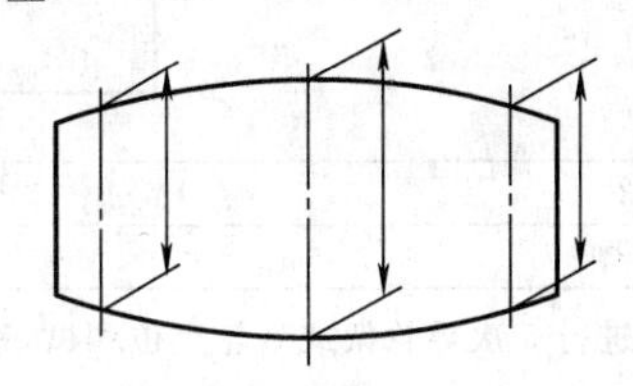

表 7-6-291　磨削圆柱体试件的精度的检验

项目编号	M2
简图	l、X、d、T、6、9、12 T——砂轮宽度　6——导轮 d——工件直径　9——砂轮 l——工件长度　12——工件
允差/mm	a) $T\leqslant200$,0.002 $200<T\leqslant500$,0.003 b) $T\leqslant200$,0.002 $200<T\leqslant500$,0.003
检验工具	圆度测量仪和千分尺
备注	将指示器的测头触及被检查的旋转表面，当主轴慢慢地旋转时，观测指示器上的读数，在锥面上，测头垂直于母线放置；并且在测量结果上应计算锥度所产生的影响 当主轴旋转时，如果轴线有任何移动，则被检圆的直径就会变化，使产生的径向跳动比实际值大。因此只有当锥面的锥度不很大时才可检验径向跳动 由于指示器测头上受到侧面的推力，检验结果可能受影响。为了避免误差，测头应严格对准旋转表面的轴线。检验圆度的测试在试件的几个位置上进行，并以测得的最大差值计 直径一致性应在同一轴线平面内检验

T	d	l
$T\leqslant100$	15	$0.3T\leqslant l\leqslant0.5T$
$100<T\leqslant200$	20	
$T>200$	30	
材料：钢		

3. 定位精度与重复定位精度的检验

（1）手动或自动线性轴线（非数控轴线）的定位精度的检验（如表7-6-292所示）

表7-6-292　手动或自动线性轴线（非数控轴线）的定位精度的检验

项目编号	P1
检验项目	导轮架或砂轮架引进重复定位精度(仅适用于切入式磨削加工型机床)
简图	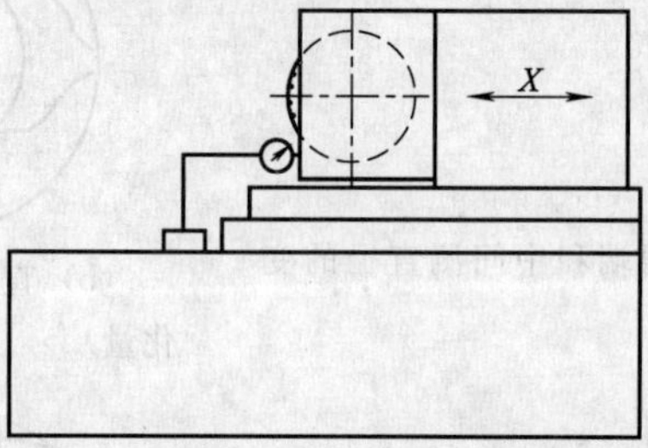 X
允差/mm	0.002
检验工具	指示器
备注	连续进行5次导轮架或砂轮定位测试,移动时应先进行1次快速引进,随后进行1次慢速引进定位,连续5次 误差以指示器读数的最大差值计

（2）数控线性轴线的定位精度的检验（如表7-6-293所示）

表7-6-293　数控线性轴线的定位精度的检验

<table>
<tr><td>项目编号</td><td>P2</td></tr>
<tr><td>检验项目</td><td>导轮架或砂轮架的 X 轴线运动的单向定位进度和重复定位精度</td></tr>
<tr><td>简图</td><td> 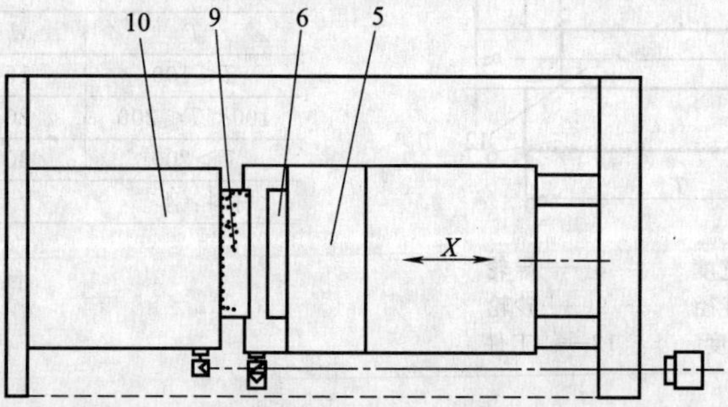10　9　6　5　X
5—导轮架
6—导轮
9—砂轮
10—砂轮架</td></tr>
<tr><td>允差/mm</td><td>
<table>
<tr><td rowspan="2">项　目</td><td>测量长度</td></tr>
<tr><td>≤200</td></tr>
<tr><td>单向定位精度　A↑</td><td>0.016</td></tr>
<tr><td>单向重复定位精度　R↑</td><td>0.006</td></tr>
<tr><td>双向定位系统偏差　E↑</td><td>0.008</td></tr>
</table>
</td></tr>
<tr><td>检验工具</td><td>线性量规、激光测量装置或线性标尺</td></tr>
<tr><td>备注</td><td>在工件位置与刀具位置之间进行相对测量
确定检验条件、检验程序和结果的表达
进刀方向作为轴线的正方向</td></tr>
</table>

（3）砂轮修整器 *W* 轴线、导轮修整器 *R* 轴线定位精度和重复定位精度（如表 7-6-294 所示）

表 7-6-294　砂轮修整器 *W* 轴线、导轮修整器 *R* 轴线定位精度和重复定位精度

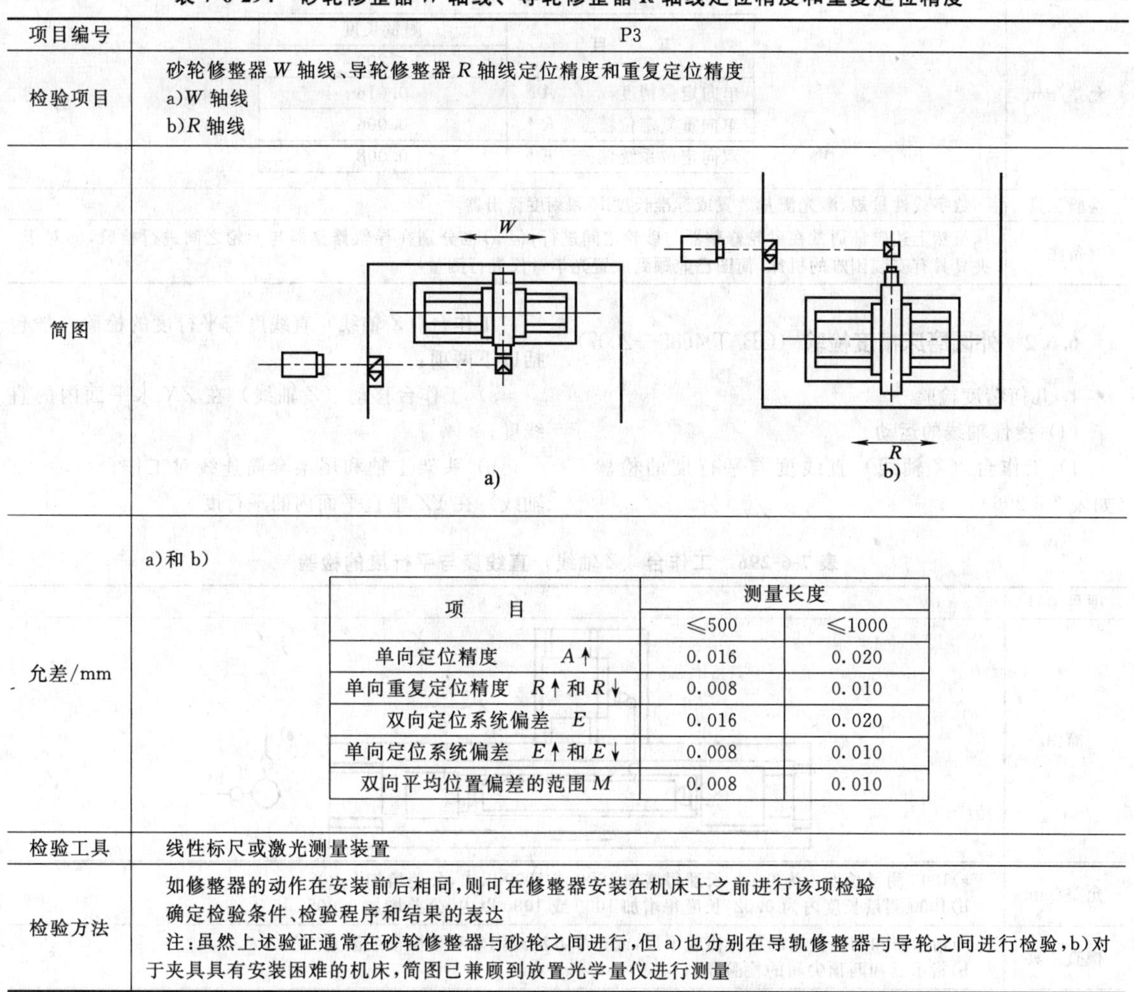

项目编号	P3
检验项目	砂轮修整器 *W* 轴线、导轮修整器 *R* 轴线定位精度和重复定位精度 a) *W* 轴线 b) *R* 轴线
简图	（图 a)、b)）
允差/mm	a)和 b)（见下表）
检验工具	线性标尺或激光测量装置
检验方法	如修整器的动作在安装前后相同，则可在修整器安装在机床上之前进行该项检验 确定检验条件、检验程序和结果的表达 注：虽然上述验证通常在砂轮修整器与砂轮之间进行，但 a)也分别在导轨修整器与导轮之间进行检验，b)对于夹具具有安装困难的机床，简图已兼顾到放置光学量仪进行测量

项　目	测量长度	
	≤500	≤1000
单向定位精度　*A*↑	0.016	0.020
单向重复定位精度　*R*↑和 *R*↓	0.008	0.010
双向定位系统偏差　*E*	0.016	0.020
单向定位系统偏差　*E*↑和 *E*↓	0.008	0.010
双向平均位置偏差的范围 *M*	0.008	0.010

（4）砂轮修整器 *U* 轴和导轮修整器 *V* 轴线定位精度和重复定位精度（如表 7-6-295 所示）

表 7-6-295　砂轮修整器 *U* 轴和导轮修整器 *V* 轴线定位精度和重复定位精度

项目编号	P4
检验项目	砂轮修整器 *U* 轴和导轮修整器 *V* 轴单向定位精度和重复定位精度 a) *U* 轴线 b) *V* 轴线
简图	*U*　*V*　*R* a)　b)

续表

<table>
<tr><td>项目编号</td><td>P4</td></tr>
<tr><td>允差/mm</td><td>
<table>
<tr><td rowspan="2">项　　目</td><td>测量长度</td></tr>
<tr><td>≤200</td></tr>
<tr><td>单向定位精度　　$A\uparrow$</td><td>0.016</td></tr>
<tr><td>单向重复定位精度　$R\uparrow$</td><td>0.006</td></tr>
<tr><td>双向定位系统偏差　$E\uparrow$</td><td>0.008</td></tr>
</table>
</td></tr>
<tr><td>检验工具</td><td>数字线性量规、激光测量装置或标准长度 R 和刻度读出器</td></tr>
<tr><td>备注</td><td>虽然上述验证通常在砂轮修整器与砂轮之间进行，但a)也分别在导轨修整器与导轮之间进行检验，b)对于夹具具有安装困难的机床，简图已兼顾到放置光学量仪进行测量</td></tr>
</table>

6.6.2 外圆磨床精度检验（GB/T 4685—2007）

1. 几何精度检验

(1) 线性轴线的运动

1) 工作台（Z 轴线）直线度与平行度的检验（如表 7-6-296）

工作台（Z 轴线）直线度与平行度的检验一般包括以下两项：

a) 工作台移动（Z 轴线）在 ZX 水平面内的直线度；

b) 头架主轴和尾架套筒连线对工作台移动（Z 轴线）在 YZ 垂直平面内的平行度。

表 7-6-296 工作台（Z 轴线）直线度与平行度的检验

项目编号	G1
简图	
允差/mm	a)1000 测量长度内为 0.01，长度每增加 1000 或 1000 以内，公差增加 0.005 b)1000 测量长度内为 0.02，长度每增加 1000 或 1000 以内，公差增加 0.005
检查工具	a)指示器和两顶尖间的检验棒或平尺，或光学方法或钢丝和显微镜或激光方法 b)指示器和两顶尖间的检验棒。
备注	测量工具固定在运动部件上，并随运动件一起按规定的范围移动，测头沿代表轴线的柱面或检验棒滑动 除非所有平面都同等重要，否则应尽可能选择在机床实际使用中最重要的两个相互垂直的平面内进行测量 使用一个足够长的检验棒作为测量基准 当头架和工作台为回转型时，应将它们置于回转的零位。尾架套筒缩回 移动工作台，在若干等距离位置上检验

2) 砂轮架移动（X 轴线）在 ZX 水平面内的直线度检验（如表 7-6-297 所示）

表 7-6-297 砂轮架移动（X 轴线）在 ZX 水平面内的直线度检验

项目编号	G2
简图	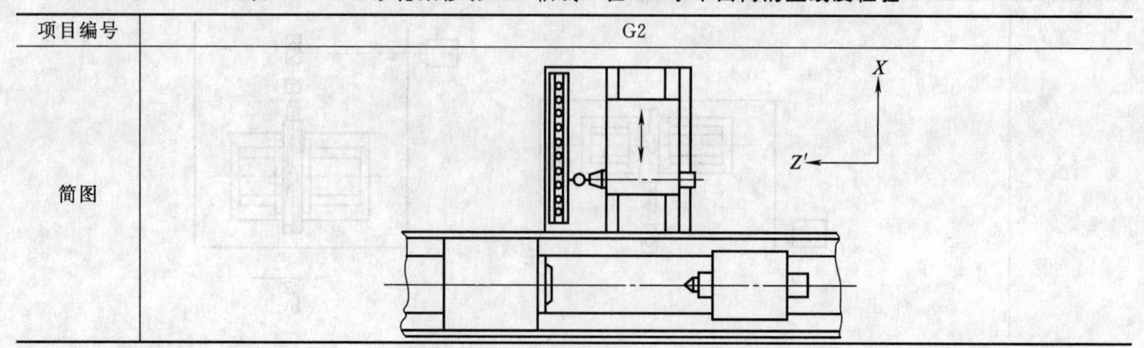

续表

项目编号	G2
允差	全程上为 0.02
检查工具	指示器和平尺或光学方法
备注	通过量块将平尺放置在靠近砂轮主轴端部的固定部件上，使平尺基准面在 ZX 水平面内和 X 轴线运动方向平行① 指示器安放在砂轮架上，并靠近其主轴。测头应触及平尺的基准面 移动砂轮架，在若干等距离位置上检验。以最大读数差值作为直线度偏差

① 平行是指指示器在平尺的两端读数相同。在这种情况下最大读数差值作为直线度偏差。

3）砂轮架移动（X 轴线）对工作台移动（Z 轴线）的垂直度检验（如表 7-6-298 所示）

表 7-6-298　砂轮架移动（X 轴线）对工作台移动（Z 轴线）的垂直度检验

项目编号	G3
简图	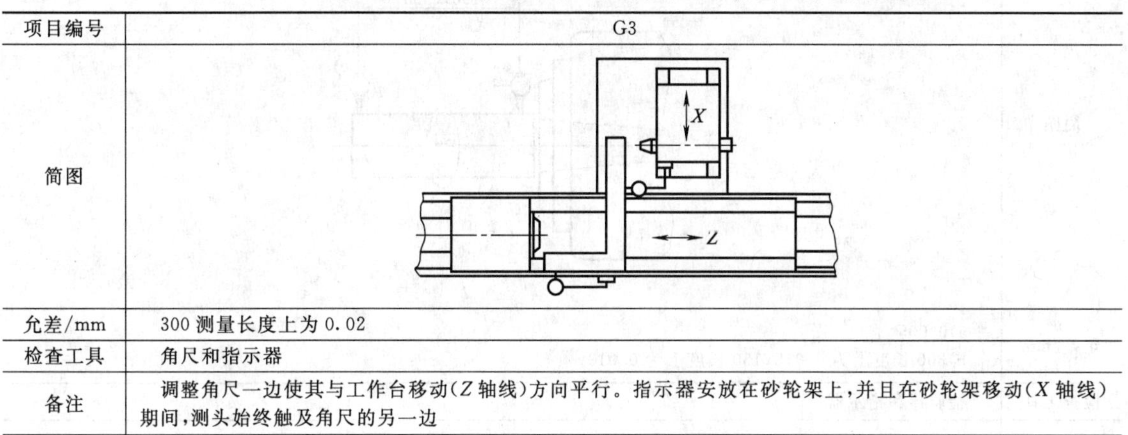
允差/mm	300 测量长度上为 0.02
检查工具	角尺和指示器
备注	调整角尺一边使其与工作台移动（Z 轴线）方向平行。指示器安放在砂轮架上，并且在砂轮架移动（X 轴线）期间，测头始终触及角尺的另一边

（2）头架

1）头架回转主轴的检验（如表 7-6-299 所示）

头架回转主轴的检验一般包括以下三个方面：

a）主轴定心轴颈的径向跳动；

b）周期性轴向窜动；

c）主轴轴肩支撑面的端面跳动（包括周期性轴向窜动）。

表 7-6-299　头架回转主轴的检验

项目编号	G4
简图	
允差/mm	a)0.005 b)0.005 c)0.01
检查工具	指示器
备注	当主轴旋转时，如果轴线有任何移动，则被检圆的直径就会变化，使产生的径向跳动比实际值大。因此只有当锥面的锥度不很大时才可检验径向跳动。在任何情况下，主轴的轴向窜动都要预先测量，同时根据锥度角来计算它对检验结果可能产生的影响。由于指示器测头上受到侧面的推力，检验结果可能受影响。为了避免误差，测头应严格对准旋转表面的轴线 a)如主轴端面是锥体，则指示器测头应垂直于被测表面安置 b)和 c)应按制造商规定的数值和方向施加一个轴向力 F。使用预加负荷轴承时，不需施加力 F

2）头架主轴锥孔的轴向跳动的检验（如表7-6-300所示）

头架主轴锥孔的轴向跳动检验一般包括以下两项：

a）靠近主轴端部；

b）距主轴端部150或300处。

3）头架主轴回转轴线对工作台移动（Z轴线）的平行度的检验（如表7-6-301所示）

头架主轴回转轴线对工作台移动（Z轴线）的平行度检验一般包括以下两项：

a）在ZX水平面内；

b）在YZ垂直平面内。

表7-6-300 头架主轴锥孔的轴向跳动的检验

项目编号	G5
简图	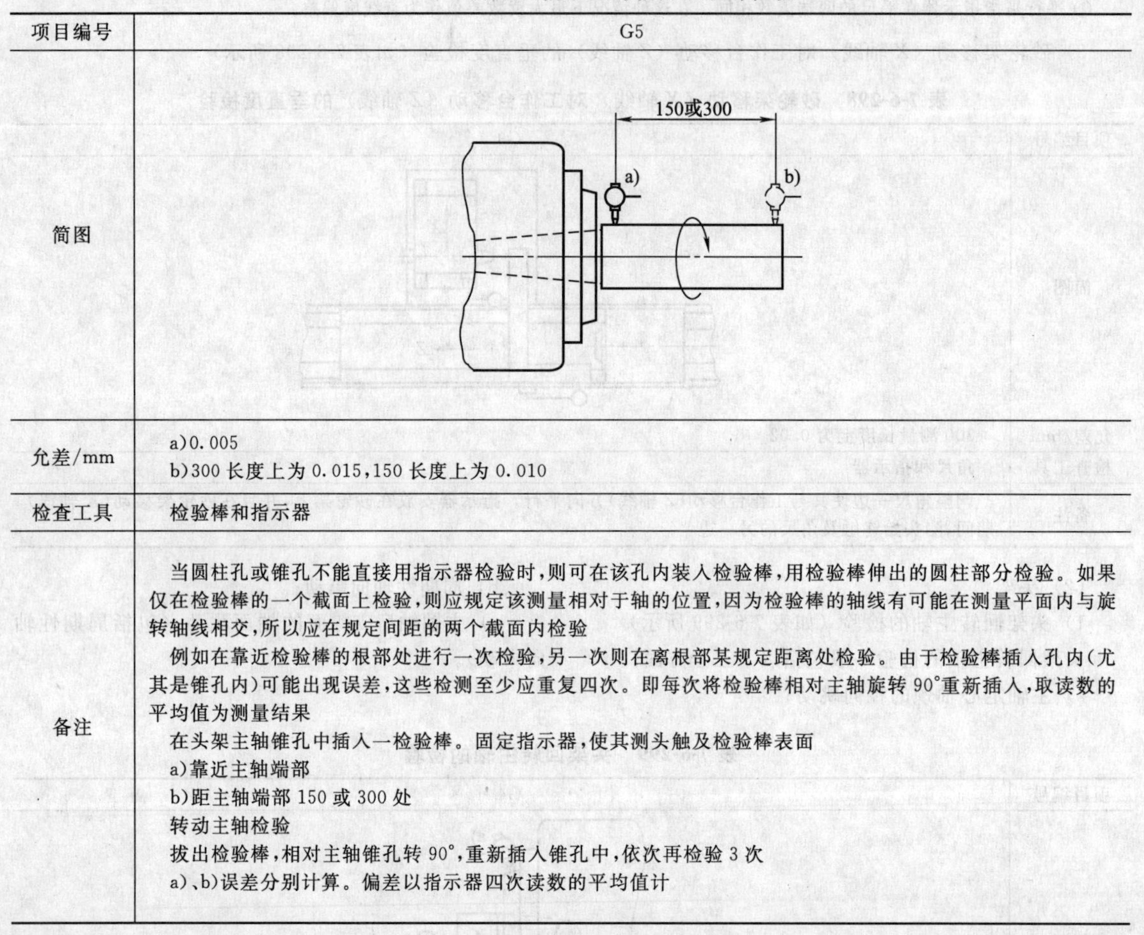
允差/mm	a)0.005 b)300长度上为0.015，150长度上为0.010
检查工具	检验棒和指示器
备注	当圆柱孔或锥孔不能直接用指示器检验时，则可在该孔内装入检验棒，用检验棒伸出的圆柱部分检验。如果仅在检验棒的一个截面上检验，则应规定该测量相对于轴的位置，因为检验棒的轴线有可能在测量平面内与旋转轴线相交，所以应在规定间距的两个截面内检验 例如在靠近检验棒的根部处进行一次检验，另一次则在离根部某规定距离处检验。由于检验棒插入孔内（尤其是锥孔内）可能出现误差，这些检测至少应重复四次。即每次将检验棒相对主轴旋转90°重新插入，取读数的平均值为测量结果 在头架主轴锥孔中插入一检验棒。固定指示器，使其测头触及检验棒表面 a)靠近主轴端部 b)距主轴端部150或300处 转动主轴检验 拔出检验棒，相对主轴锥孔转90°，重新插入锥孔中，依次再检验3次 a)、b)误差分别计算。偏差以指示器四次读数的平均值计

表7-6-301 头架主轴回转轴线对工作台移动（Z轴线）的平行度的检验

项目编号	G6
简图	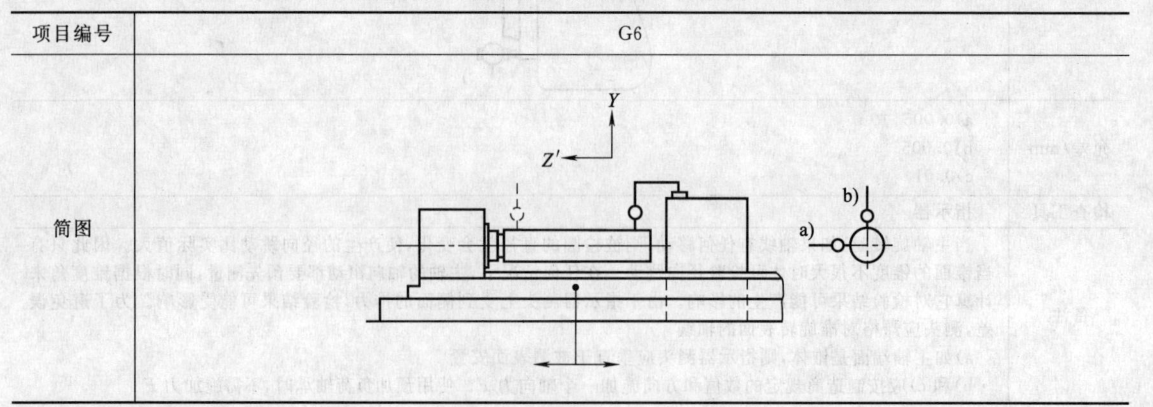

续表

项目编号	G6
允差/mm	a)300 测量长度上为 0.012(检验棒伸出端只许偏向砂轮),150 测量长度上为 0.08(检验棒伸出端只许偏向砂轮) b)300 测量长度上为 0.012(检验棒伸出端只许向上),150 测量长度上为 0.08(检验棒伸出端只许向上)
检查工具	检验棒和指示器
备注	测量工具固定在运动部件上,并随运动件一起按规定的范围移动,测头沿代表轴线的圆柱面或检验棒滑动 在检验 G1 项目时已调整好的工作台,不应再作调整 在头架主轴锥孔中插入一检验棒。固定指示器,使其测头触及检验棒表面 a)在垂直平面内 b)在水平面内 移动工作台检验 拔出检验棒,相对主轴锥孔转 180°,重新插锥孔中(主轴可回转的机床,应转主轴 180°),再检验一次 a)、b)误差分别计算。误差以指示器两次读数的代数和之半计

（3）尾架

1）尾架套筒锥孔轴线对工作台移动（Z 轴线）的平行度的检验（如表 7-6-302 所示）

尾架套筒锥孔轴线对工作台移动（Z 轴线）的平行度的检验一般包括以下两项：

a）在 ZX 水平面内；

b）在 YZ 垂直平面内。

2）尾架在工作台上移动（W 轴线）对工作台移动（Z 轴线）的平行度的检验（如表 7-6-303 所示）

尾架在工作台上移动（W 轴线）对工作台移动（Z 轴线）的平行度的检验一般包括以下两项：

a）在 ZX 水平面内

b）在 YZ 垂直平面内。

表 7-6-302　尾架套筒锥孔轴线对工作台移动（Z 轴线）的平行度的检验

项目编号	G7
简图	Y　Z′　a)　b)
允差/mm	a)300 测量长度上为 0.015(检验棒伸出端只许偏向砂轮),150 测量长度上为 0.01(检验棒伸出端只许偏向砂轮) b)300 测量长度上为 0.015(检验棒伸出端只许向上),150 测量长度上为 0.01(检验棒伸出端只许向上)
检查工具	检验棒和指示器
备注	测量工具固定在运动部件上,并随运动件一起按规定的范围移动,测头沿代表轴线的圆柱面或检验棒滑动 在检验 G1 项目时已调整好的工作台,不应再作调整 尾架套筒缩回① 在尾架套筒锥孔中插入一检验棒,固定指示器,使其测头触及检验棒表面 a)在垂直平面内 b)在水平面内 移动工作台检验 拔出检验棒,相对主轴锥孔转 180°,重新插锥孔中,再检验一次 a)、b)偏差分别计算。偏差以指示器两次读数的代数和之半计

① 对于尾架没有套筒锁紧装置的机床，允许尾架套筒处于自由状态下检验。

表 7-6-303 尾架在工作台上移动（*W* 轴线）对工作台移动（*Z* 轴线）的平行度的检验

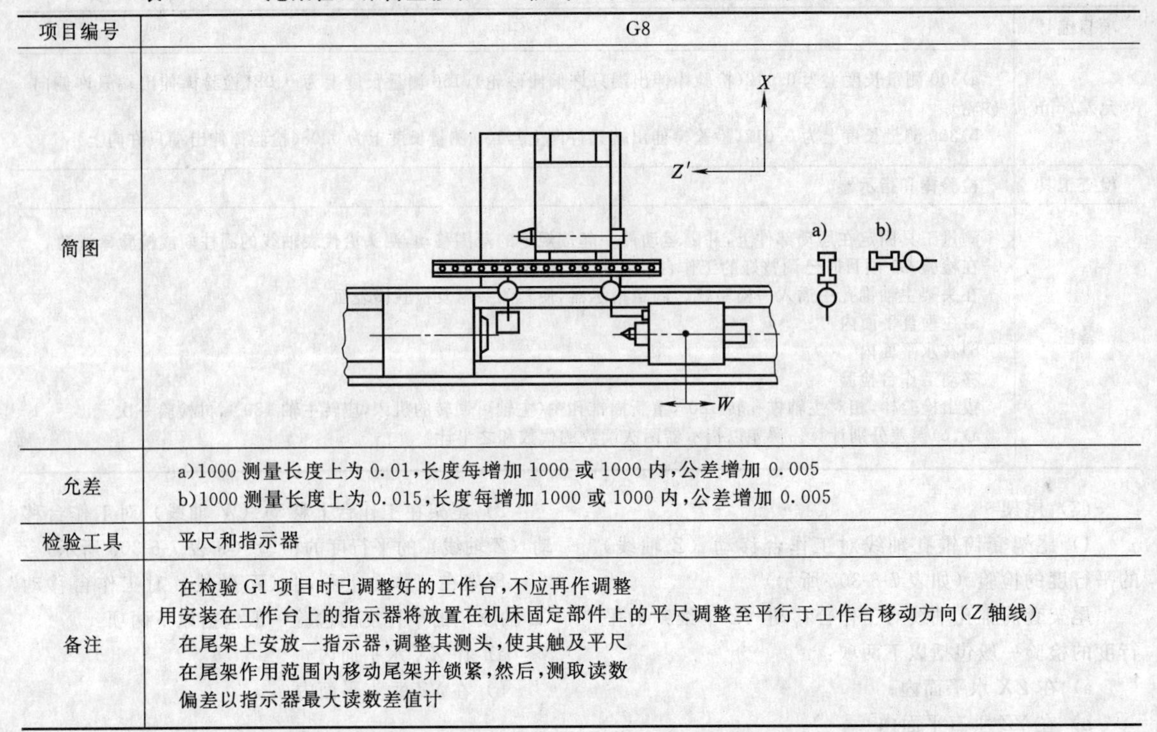

项目编号	G8
简图	X Z′ W a) b)
允差	a)1000 测量长度上为 0.01,长度每增加 1000 或 1000 内,公差增加 0.005 b)1000 测量长度上为 0.015,长度每增加 1000 或 1000 内,公差增加 0.005
检验工具	平尺和指示器
备注	在检验 G1 项目时已调整好的工作台,不应再作调整 用安装在工作台上的指示器将放置在机床固定部件上的平尺调整至平行于工作台移动方向(*Z* 轴线) 在尾架上安放一指示器,调整其测头,使其触及平尺 在尾架作用范围内移动尾架并锁紧,然后,测取读数 偏差以指示器最大读数差值计

3）尾架套筒移动（*R* 轴线）对工作台移动（*Z* 轴线）的平行度的检验（如表 7-6-304 所示）

尾架套筒移动（*R* 轴线）对工作台移动（*Z* 轴线）的平行度的检验一般包括以下两项：

a）在 *ZX* 水平面内；

b）在 *YZ* 垂直平面内。

表 7-6-304 尾架套筒移动（*R* 轴线）对工作台移动（*Z* 轴线）的平行度的检验

项目编号	G9
简图	X Z′ R a) b)
允差/mm	a)和 b) 100 测量长度上为 0.008
检验工具	平尺和指示器
备注	在检验 G1 项目时已调整好的工作台,不应再作调整 与 G8 项检验相同。用安装在工作台上的指示器将放置在机床固定部件上的平尺调整至平行于工作台移动方向(*Z* 轴线) 在尾架上安放一指示器,调整其测头,使其触及平尺 在尾架作用范围内移动尾架并锁紧,然后,测取读数 偏差以指示器最大读数差值计

(4) 砂轮架

1) 砂轮架主轴的检验（如表7-6-305所示）

砂轮架主轴的检验一般包括以下两项：

a) 径向跳动（砂轮安装直径）；

b) 周期性轴向窜动。

2) 砂轮主轴轴线对工作台移动（Z轴线）的平行度的检验（如表7-6-306所示）

砂轮主轴轴线对工作台移动（Z轴线）的平行度的检验一般包括以下两项

a) 在ZX水平平面内；

b) 在YZ垂直平面内。

表7-6-305　砂轮架主轴的检验

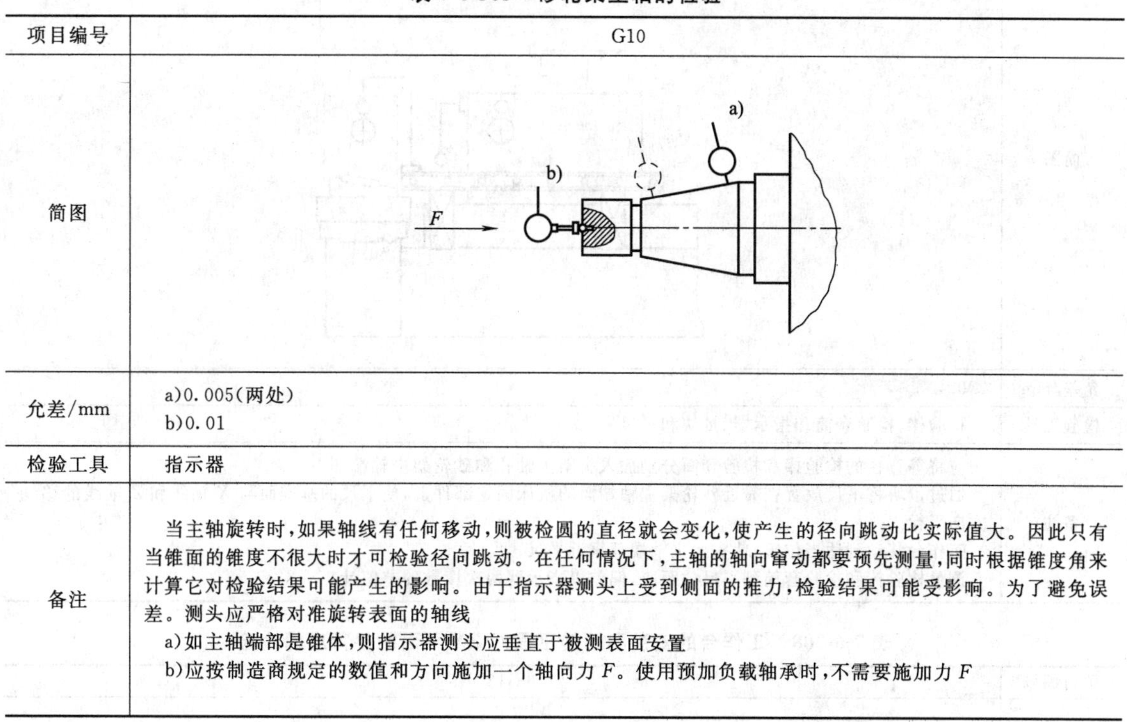

项目编号	G10
简图	
允差/mm	a)0.005(两处) b)0.01
检验工具	指示器
备注	当主轴旋转时，如果轴线有任何移动，则被检圆的直径就会变化，使产生的径向跳动比实际值大。因此只有当锥面的锥度不很大时才可检验径向跳动。在任何情况下，主轴的轴向窜动都要预先测量，同时根据锥度角来计算它对检验结果可能产生的影响。由于指示器测头上受到侧面的推力，检验结果可能受影响。为了避免误差。测头应严格对准旋转表面的轴线 a)如主轴端部是锥体，则指示器测头应垂直于被测表面安置 b)应按制造商规定的数值和方向施加一个轴向力F。使用预加负载轴承时，不需要施加力F

表7-6-306　砂轮主轴轴线对工作台移动（Z轴线）的平行度的检验

项目编号	G11
简图	b)　a)
允差/mm	a)300测量长度上为0.03，150测量长度为0.02 b)300测量长度上为0.03(检验棒伸出端只许向上，砂轮安装在主轴两端的砂轮主轴除外) 150测量长度上为0.03(检验棒伸出端只许向上，砂轮安装在主轴两端的砂轮主轴除外)
检验工具	检验套筒和指示器
备注	在砂轮主轴定心锥面上装一检验套筒。指示器安放在工作台或头架上 对于a)和b)，应分别在主轴回转的平均位置①进行检验

① 主轴回转的平均位置是指在测量平面内使指示器测头与代表旋转轴线的圆柱面接触，在慢慢旋转主轴时观察指示器的读数。当指针指出其行程两端间的平均读数时，即主轴处于回转的平均位置。

3）头架主轴轴线和砂轮主轴轴线至基准平面（由 X 轴线和 Z 轴线移动构成平面）的等距度（等高度）的检验（如表7-6-307所示）

（5）回转运动（仅适用于回转部件）

1）工作台的安装和回转平面对 ZX 平面的平行度的检验（如表7-6-308所示）

表7-6-307　头架主轴轴线和砂轮主轴轴线至基准平面的等距度的检验

项目编号	G12
简图	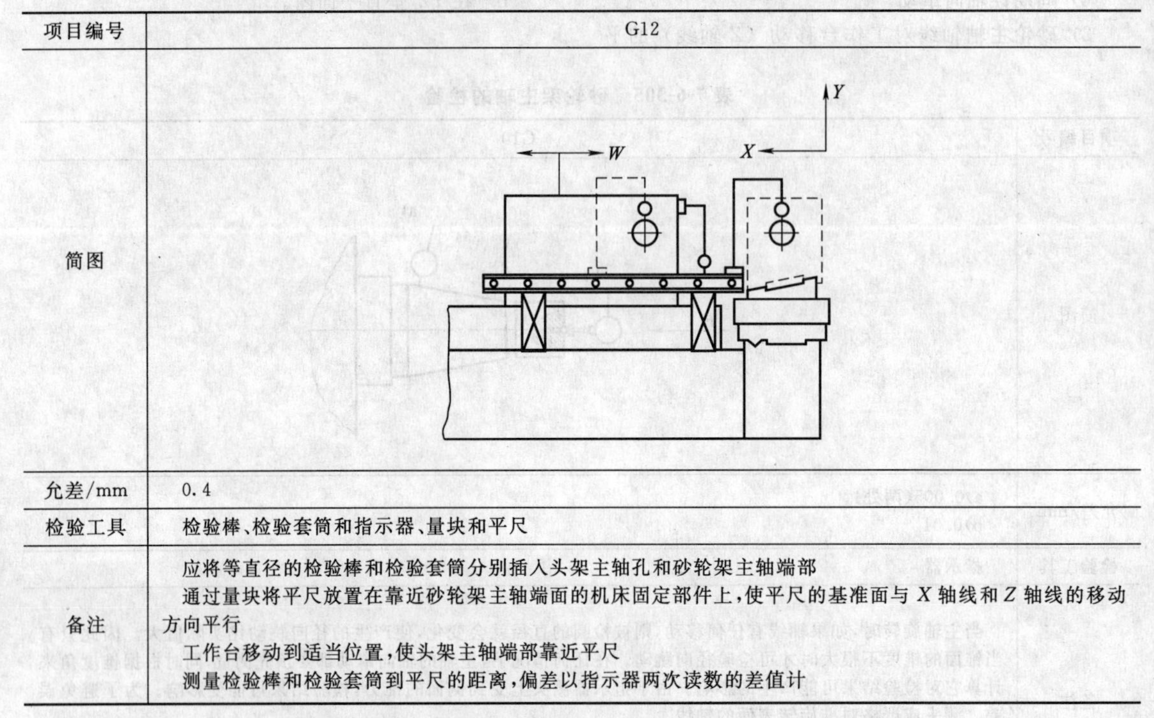
允差/mm	0.4
检验工具	检验棒、检验套筒和指示器、量块和平尺
备注	应将等直径的检验棒和检验套筒分别插入头架主轴孔和砂轮架主轴端部 通过量块将平尺放置在靠近砂轮架主轴端面的机床固定部件上，使平尺的基准面与 X 轴线和 Z 轴线的移动方向平行 工作台移动到适当位置，使头架主轴端部靠近平尺 测量检验棒和检验套筒到平尺的距离，偏差以指示器两次读数的差值计

表7-6-308　工作台的安装和回转平面对 ZX 平面的平行度的检验

项目编号	G13
简图	
允差/mm	全行程内为0.05
检验工具	检验棒和指示器、刚性支架
备注	将检验棒插入头架主轴孔内 用刚性支架将指示器固定在砂轮上。指示器触头应触及检验棒 首先，工作台在中间位置锁紧，测取读数。然后，回转工作台至极限位置。仅移动 X 轴线和 Z 轴线，使其指示器测头触及检验棒的相同点（指示器支架固定在砂轮架顶部，位置应保持不变）。锁紧工作台，测取读数 偏差以两个不同位置上测得的指示器读数的差值计

2）头架的安装和回转平面对 ZX 平面的平行度的检验（如表 7-6-309 所示）

表 7-6-309 头架的安装和回转平面对 ZX 平面的平行度的检验

检验项目	G14
简图	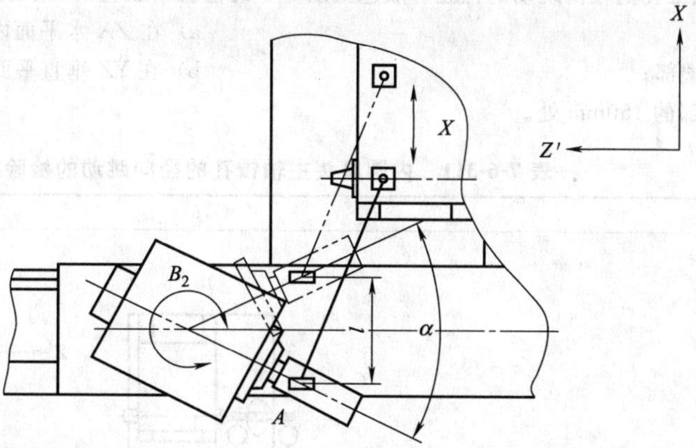
允差/mm	l=200 时为 0.02
检验工具	检验棒和指示器
备注	将检验棒插入头架主轴孔内 用刚性支架将指示器固定在砂轮上 头架从零位回转 $\alpha/2$（α 最大为 45°），指示器测头在 A 位置触及检验棒，测取读数 头架反向回转 α，通过移动砂轮架（X 轴线运动）和工作台（Z 轴线运动）使指示器触及检验棒相同点 A 位置处测取读数（指示器支架固定在砂轮架顶部，位置应保持不变） 偏差以两个不同位置上测得的指示器读数的差值计

3）砂轮架的安装和回转平面对 ZX 平面的平行度的检验（如表 7-6-310 所示）

表 7-6-310 砂轮架的安装和回转平面对 ZX 平面的平行度的检验

项目编号	G15
简图	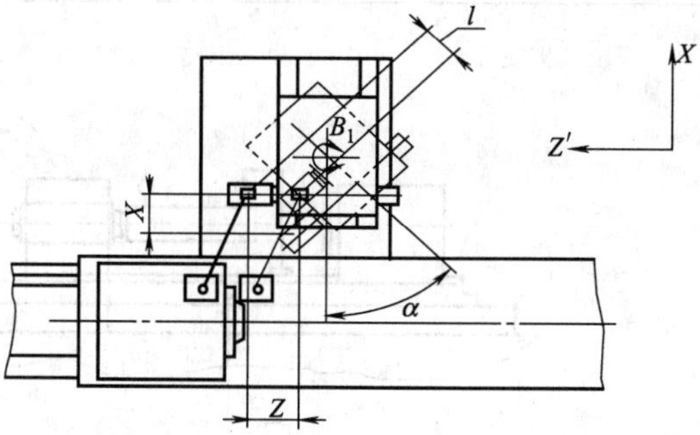
允差/mm	l=200 时为 0.05
检验工具	检验套筒和指示器
备注	将检验套筒安装在砂轮架主轴的定心锥面上 用刚性支架将指示器固定在头架上 砂轮架回转至零位，调整指示器测头，使其触及检验套筒，测取读数 砂轮架回转 α（最大 45°），指示器测头在一位置触及检验套筒，测取读数 通过移动砂轮架（X 轴线）和工作台（Z 轴线），使指示器触及检验棒的相同点（指示器支架固定在头架顶部，位置应保持不变） 偏差以两次测得的指示器读数差值计

第 7 篇

（6）内圆磨头主轴

1）内圆磨头主轴锥孔的径向跳动的检验（如表7-6-311所示）

内圆磨头主轴锥孔的径向跳动的检验一般包括以下两项：

a）靠近主轴端部；

b）距主轴端部的150mm处。

2）内圆磨头主轴轴线对工作台移动（Z轴线）的平行度的检验（如表7-6-312所示）

内磨主轴轴线对工作台移动（Z轴线）的平行度的检验一般包括以下两项：

a）在ZX水平面内；

b）在YZ垂直平面内。

表7-6-311 内圆磨头主轴锥孔的径向跳动的检验

项目编号	G16
简图	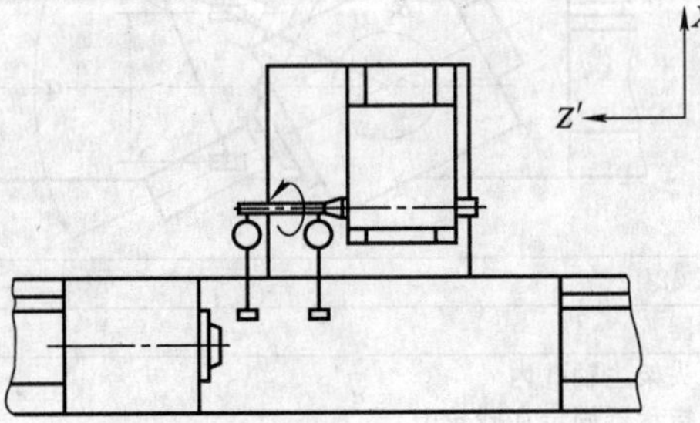 X Z′
允差/mm	a)0.005 b)0.01
检验工具	符合主轴端部形式的检验棒和指示器
备注	对于带内圆柱形定心孔主轴，应使指示器直接触及定心孔进行检验而不用检验棒，在这种情况下将取a)项值作为允差

表7-6-312 内圆磨头主轴轴线对工作台移动（Z轴线）的平行度的检验

项目编号	G17
简图	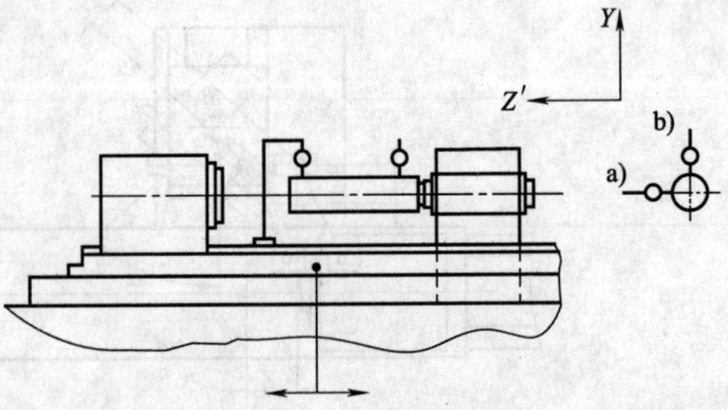 Y Z′ a) b)
允差/mm	a)300测量长度上为0.03，150测量长度上为0.02 b)300测量长度上为0.03(检验棒伸出端只许向上)，150测量长度上为0.02(检验棒伸出端只许向上)
检验工具	检验棒和指示器
备注	测量工具固定在运动部件上，并随运动件一起按规定的范围移动，测头沿代表轴线的圆柱面或检验棒滑动 应分别在水平面内和垂直平面内，内磨主轴回转的平均位置上检验 另外，首先在旋转主轴的一位置上检验，然后主轴回转180°，重复上述检验 取每一测点的平均值评定偏差

第7篇

3）内圆磨头主轴轴线和头架主轴轴线至基准平面（由 X 轴线和 Z 轴线移动构成平面）的等距度的检验（如表 7-6-313 所示）

表 7-6-313　内圆磨头主轴轴线和头架主轴轴线至基准平面的等距度的检验

项目编号	G18
简图	
允差	0.02
检验工具	检验棒和指示器、块规和平尺
备注	应将等直径的两检验棒分别插入头架主轴孔和内磨头主轴孔内 通过量块将平尺放置在靠近砂轮主轴端面的机床固定部位上，使平尺的基准面与 X 轴线和 Z 轴轴线的移动方向平行 工作台移动到适当位置，使头架主轴端部靠近平尺 测量两检验棒到平尺的距离，偏差以指示器两次读数的差值计

2. 工作精度检验

（1）磨削安装在两顶尖间的圆柱形试件，检验的圆度和直径一致性（如表 7-6-314 所示）

磨削安装在两顶尖间的圆柱形试件，检验试件的：

a）圆度；

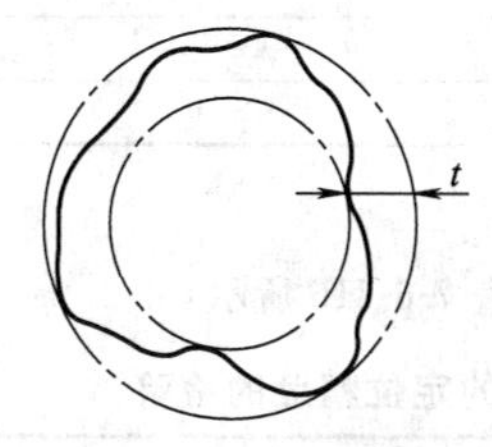

b）直径一致性（在试件两端和中间测直径的变化量）。

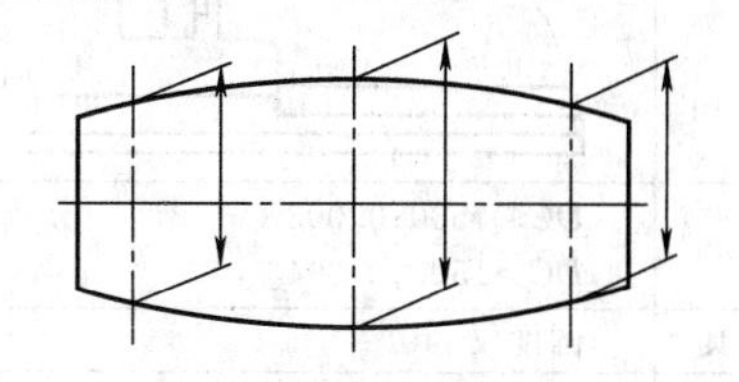

表 7-6-314　磨削安装在两顶尖间的圆柱形试件，检验的圆度和直径一致性

项目编号	M1
简图和试件的尺寸	ϕd　l
切削条件	在试件全长上磨削（不用中心架）
允差/mm	a) $l \leqslant 630$，0.003 $l > 630$，0.005 b) $l = 150$，0.003 $l = 315$，0.005 $l = 630$，0.008 $l = 1000$，0.010 $l = 1500$，0.015

DC①	l	d_{min}
$DC \leqslant 315$	150	16
$315 < DC \leqslant 630$	315	32
$630 < DC \leqslant 1500$	630	63
$1500 < DC \leqslant 3000$	1000	100
$DC > 3000$	1500	150

① DC 为两顶尖间距离

续表

项目编号	M1
检验工具	a)圆度仪 b)千分尺或坐标测量机
备注	应在试件的几个位置上进行圆度检验，以测得的最大偏差值计 直径的一致性应在同一轴向平面内检验 注：任何锥体都应大端直径靠近头架

(2) 磨削安装在卡盘上圆柱试件，检验试件的圆度（如表 7-6-315 所示）

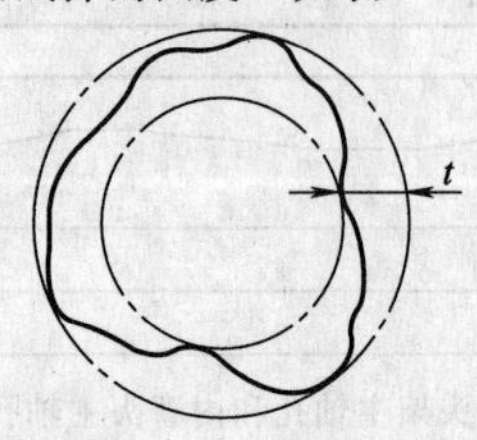

表 7-6-315　磨削安装在卡盘上圆柱试件，检验试件的圆度

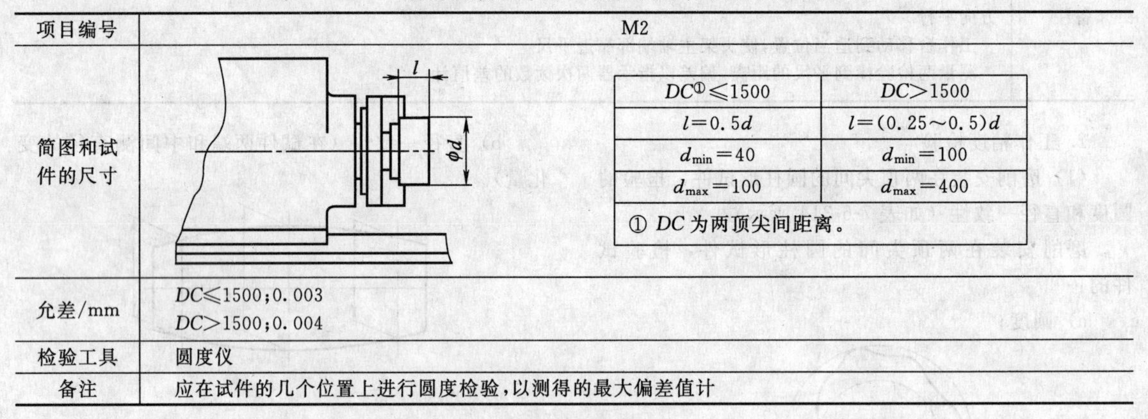

项目编号	M2
简图和试件的尺寸	(简图：l，ϕd)
允差/mm	DC≤1500；0.003 DC>1500；0.004
检验工具	圆度仪
备注	应在试件的几个位置上进行圆度检验，以测得的最大偏差值计

DC[①]≤1500	DC>1500
$l=0.5d$	$l=(0.25\sim0.5)d$
$d_{\min}=40$	$d_{\min}=100$
$d_{\max}=100$	$d_{\max}=400$

① DC 为两顶尖间距离。

3. 定位精度和重复定位精度检验

(1) 手动或自动（非数控）控制的线性轴线的定位精度的检验（如表 7-6-316 所示）

表 7-6-316　手动或自动（非数控）控制的线性轴线的定位精度的检验

项目编号	P1
简图	Y X
允差/mm	D≤500：0.003 D>500：0.005 D 为最大磨削直径
检验工具	指示器
备注	连续作5次砂轮架的定位检验，先快速趋近，最后慢速趋近定位 应测取5次读数，偏差以指示器最大读数差值计

(2) 数控线性轴线的定位精度

1) 数控砂轮架 X 轴线运动的单向定位精度和重复定位精度的检验（如表 7-6-317 所示）

表 7-6-317　数控砂轮架 X 轴线运动的单向定位精度和重复定位精度的检验

项目编号	P2
简图	
允差/mm	见下表
检验工具	线性标尺和激光测量装置
备注	应在刀具和工件之间的相对位置进行测量。当使用线性标尺时，它应安放在工作台上并平行于 X 轴线方向，标尺读数装置应固定在刀具位置上 当使用激光测量装置时，反射器应固定在刀具位置上，干涉仪应固定在工作台或头架上

项目		测量长度	
		≤500	≤1000
单向定位精度	$A\uparrow A\downarrow$	0.016	0.020
单向重复定位精度	$R\uparrow R\downarrow$	0.006	0.008
单向定位系统偏差	$E\uparrow E\downarrow$	0.008	0.013
反向差值	B	0.010	0.013

2）数控工作台 Z 轴线运动的定位精度和重复定位精度的检验（如表 7-6-318 所示）

表 7-6-318　数控工作台 Z 轴线运动的定位精度和重复定位精度的检验

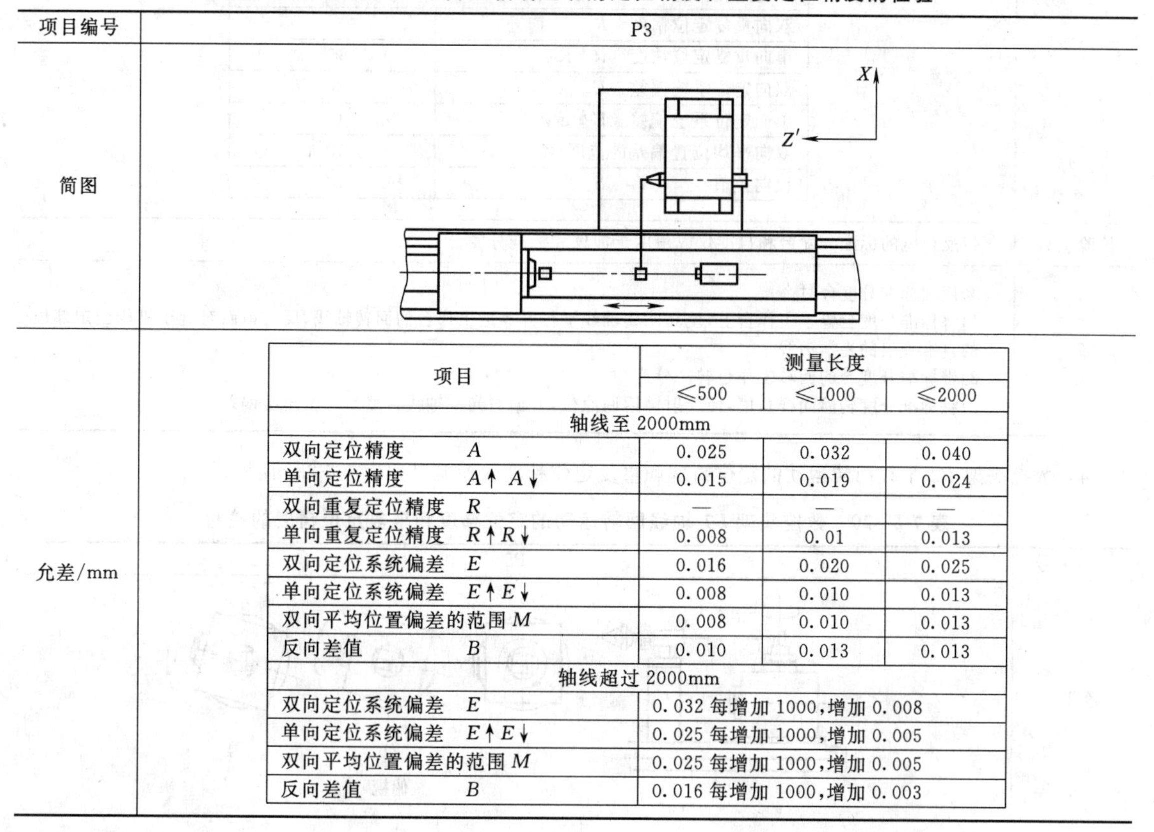

项目编号	P3
简图	
允差/mm	见下表

项目		测量长度		
		≤500	≤1000	≤2000
轴线至 2000mm				
双向定位精度	A	0.025	0.032	0.040
单向定位精度	$A\uparrow A\downarrow$	0.015	0.019	0.024
双向重复定位精度	R	—	—	—
单向重复定位精度	$R\uparrow R\downarrow$	0.008	0.01	0.013
双向定位系统偏差	E	0.016	0.020	0.025
单向定位系统偏差	$E\uparrow E\downarrow$	0.008	0.010	0.013
双向平均位置偏差的范围	M	0.008	0.010	0.013
反向差值	B	0.010	0.013	0.013
轴线超过 2000mm				
双向定位系统偏差	E	0.032 每增加 1000，增加 0.008		
单向定位系统偏差	$E\uparrow E\downarrow$	0.025 每增加 1000，增加 0.005		
双向平均位置偏差的范围	M	0.025 每增加 1000，增加 0.005		
反向差值	B	0.016 每增加 1000，增加 0.003		

续表

项目编号	P3
检验工具	线性标尺和激光测量装置
备注	应在刀具和工件之间的相对位置进行测量。当使用线性标尺时，它应安放在工作台上并平行于 Z 轴线方向，标尺读数装置应固定在刀具位置上 当使用激光测量装置时，反射器应固定在刀具位置上，干涉仪应固定在工作台或头架上

3）数控工作台 $B3'$ 轴线回转运动的定位精度和重复定位精度的检验（如表 7-6-319 所示）

表 7-6-319　数控工作台 $B3'$ 轴线回转运动的定位精度和重复定位精度的检验

项目编号	P4
简图	1)　2)　3)
允差	（见下表）

项目		测量行程 ≤+10°
双向定位精度	A	25″
单向定位精度	$A\uparrow A\downarrow$	20″
双向重复定位精度	R	—
单向重复定位精度	$R\uparrow R\downarrow$	10″
双向定位系统偏差	E	20″
单向定位系统偏差	$E\uparrow E\downarrow$	10″
双向平均位置偏差的范围	M	10″
反向差值	B	13″

检验工具	带反射镜的标准分度台和自准仪或角度干涉仪和标准分度台
备注	当使用标准分度台时 1)将标准分度台置于工作台上，使其回转轴线平行并靠近工作台的回转轴线，反射镜面对置于机床固定部位上的自准直仪的光学轴线 2)带标准分度台的回转工作台转一分度角 3)将标准分度转回同样角度，使反射镜返回原位，并面对光学轴线。然后检验角度偏差

4）数控头架 $B2'$ 轴线回转运动的定位精度和重复定位精度的检验（如表 7-6-320 所示）

表 7-6-320　数控头架 $B2'$ 轴线回转运动的定位精度和重复定位精度的检验

项目编号	P5
简图	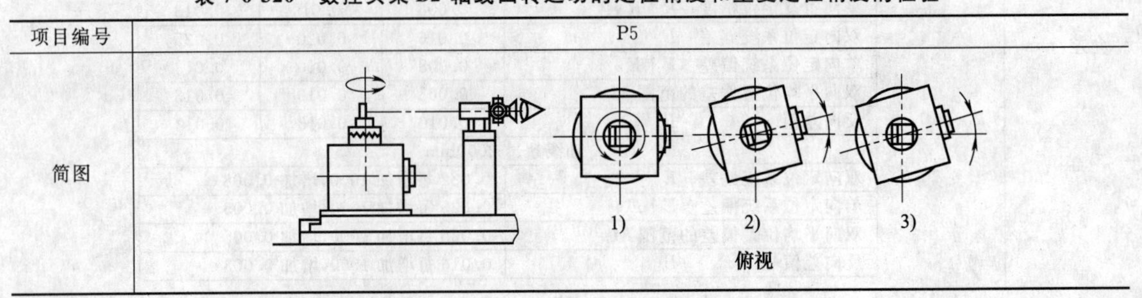

续表

<table>
<tr><td>项目编号</td><td>P5</td></tr>
<tr><td>允差</td><td>
<table>
<tr><th>项目</th><th>测量行程
≤±45°</th></tr>
<tr><td>双向定位精度　A</td><td>25″</td></tr>
<tr><td>单向定位精度　A↑ A↓</td><td>20″</td></tr>
<tr><td>双向重复定位精度　R</td><td>—</td></tr>
<tr><td>单向重复定位精度　R↑R↓</td><td>10″</td></tr>
<tr><td>双向定位系统偏差　E</td><td>20″</td></tr>
<tr><td>单向定位系统偏差　E↑E↓</td><td>10″</td></tr>
<tr><td>双向平均位置偏差的范围 M</td><td>10″</td></tr>
<tr><td>反向差值　B</td><td>13″</td></tr>
</table>
</td></tr>
<tr><td>检验工具</td><td>带反射镜的标准分度台和自准仪或角度干涉仪和标准分度台</td></tr>
<tr><td>备注</td><td>当使用标准分度台时
1)将标准分度台置于工作台上，使其回转轴线平行并靠近工作台的回转轴线，反射镜面对置于机床固定部位上的自准直仪的光学轴线
2)带标准分度台的回转工作台转一分度角
3)将标准分度台转回同样角度，使反射镜返回原位，并面对光学轴线。然后检验角度偏差</td></tr>
</table>

5）数控头架 $B1'$ 轴线回转运动的定位精度和重复定位精度的检验（如表 7-6-321 所示）

表 7-6-321　数控头架 $B1'$ 轴线回转运动的定位精度和重复定位精度的检验

<table>
<tr><td>项目编号</td><td>P6</td></tr>
<tr><td>简图</td><td>1)　2)　3)
俯视</td></tr>
<tr><td>允差</td><td>
<table>
<tr><th>项目</th><th>测量行程
≤±45°</th></tr>
<tr><td>双向定位精度　A</td><td>25″</td></tr>
<tr><td>单向定位精度　A↑ A↓</td><td>20″</td></tr>
<tr><td>双向重复定位精度　R</td><td>—</td></tr>
<tr><td>单向重复定位精度　R↑R↓</td><td>10″</td></tr>
<tr><td>双向定位系统偏差　E</td><td>20″</td></tr>
<tr><td>单向定位系统偏差　E↑E↓</td><td>10″</td></tr>
<tr><td>双向平均位置偏差的范围 M</td><td>10″</td></tr>
<tr><td>反向差值　B</td><td>13″</td></tr>
</table>
</td></tr>
<tr><td>检验工具</td><td>带反射镜的标准分度台和自准仪或角度干涉仪和标准分度台</td></tr>
<tr><td>备注</td><td>当使用标准分度台时
1)将标准分度台置于工作台上，使其回转轴线平行并靠近工作台的回转轴线，反射镜面对置于机床固定部位上的自准直仪的光学轴线
2)带标准分度台的回转工作台转一分度角
3)将标准分度台转回同样角度，使反射镜返回原位，并面对光学轴线。然后检验角度偏差</td></tr>
</table>

6.6.3 内圆磨床精度检验（GB/T 4682—2007）

1. 几何精度检验

（1）轴线运动

1）磨头（或头架）沿 Z 轴线移动的直线度的检验（如表 7-6-322 所示）

磨头（或头架）沿 Z 轴线移动的直线度的检验一般包括以下两项：

a）在垂直平面内；

b）在水平面内。

表 7-6-322 磨头（或头架）沿 Z 轴线移动的直线度的检验

项目编号	G1
简图	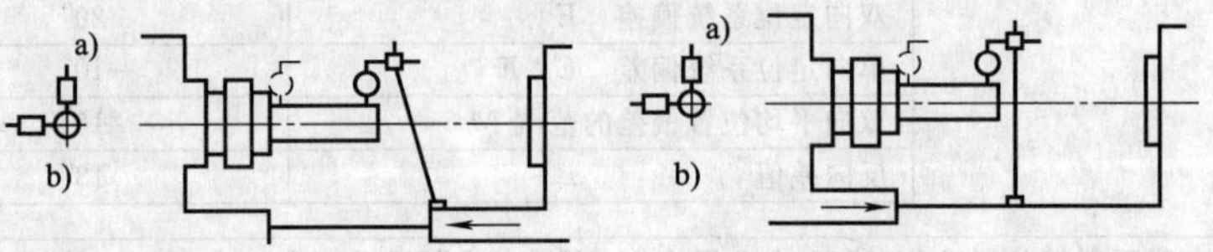
允差/mm	在 300 测量长度上 a)0.015 b)0.008
检验工具	平尺或检验棒和指示器
备注	当使用平尺检验时，指示器支架应装在机床固定部件上。将平尺平行于工作台纵向移动方向放置，使指示器测头触及平尺 当使用检验棒检验时，指示器支架应装在磨头上，检验棒插入头架主轴孔内。头架主轴回转 180°后重复上述检验

2）磨头横向滑座或头架横向滑座（X 轴线）对 Z 轴线移动的垂直度的检验（如表 7-6-323 所示）

（2）头架

1）头架主轴端部的跳动检验（如表 7-6-324 所示）

头架主轴端部的跳动检验一般包括以下三项：

a）径向跳动；

b）轴向窜动；

c）轴肩支承面的端面跳动（包括主轴的轴向窜动）。

表 7-6-323 磨头横向滑座或头架横向滑座（X 轴线）对 Z 轴线移动的垂直度的检验

项目编号	G2
简图	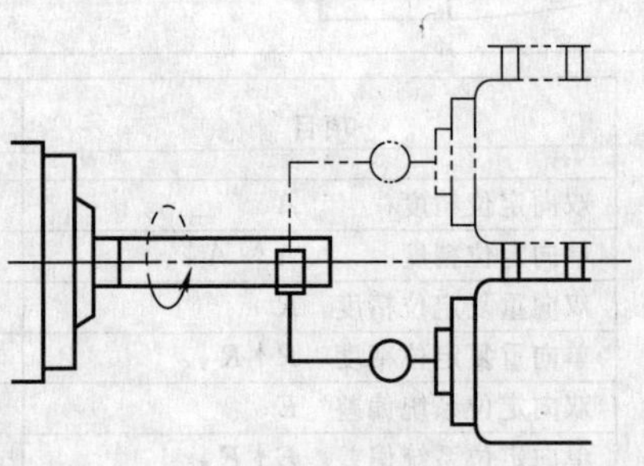
允差/mm	0.02/300(300 为指示器两测点间的距离)
检验工具	检验棒和指示器
备注	检验棒插入头架主轴孔内，调整头架使其主轴轴线平行于 Z 轴线运动方向 将指示器支架固定在检验棒上，使其测头触及砂轮主轴上一点 头架主轴回转 180°，移动 X 轴线，直至指示器测头再次触及同一测点 对应于 300mm 位移处的指示器的读数差值即为垂直度偏差

表 7-6-324　头架主轴端部的跳动检验

项目编号	G3
简图	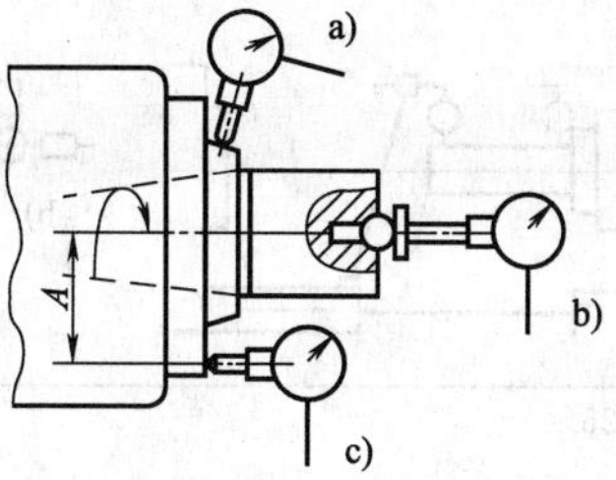 a) b) c) A F
允差/mm	在300测量长度上 a)0.005 b)0.005 c)0.01
检验工具	指示器和专用检具
备注	a)固定指示器，使其测头分别触及主轴定心轴颈表面 如主轴端部是椎体，则指示器测头应垂直于被检验表面安置 b)　插入主轴锥孔中的专用检验棒的端面中心处 c)　指示器距主轴轴线的距离 A 应尽可能大，转动主轴检验 b)、c)项检验时，应通过主轴轴线加一个由制造厂规定的轴和力 F(对已消除轴向游隙的主轴可不加力)

2）头架主轴锥孔（定心孔）的径向跳动检验（如表 7-6-325 所示）

头架主轴锥孔（定心孔）的径向跳动检验一般包括以下两项：

a）靠近主轴端部；

b）距主轴端部 $D_a/2$（最小 100mm，最大 300mm）处（D_a 为工件的最大允许直径）。

3）头架主轴轴线对磨头（或头架）Z 轴线移动的平行度检验（如表 7-6-326 所示）

头架主轴轴线对磨头（或头架）Z 轴线移动的平行度检验一般包括以下两项：

a）在垂直平面内；

b）在水平面内。

表 7-6-325　头架主轴锥孔（定心孔）的径向跳动检验

项目编号	G4
简图	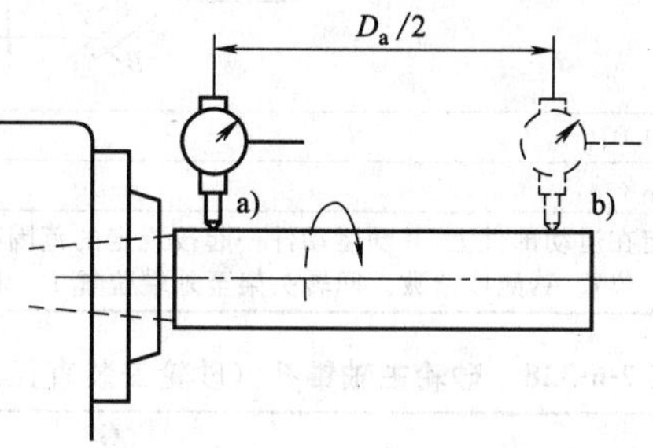 $D_a/2$ a) b)
允差/mm	a)0.005 b)300 测量长度上为 0.015
检验工具	符合主轴端部型式的检验棒和指示器
备注	检验带锥孔的主轴时，应使用检验棒 检验带圆柱形定心孔的主轴时，应使用指示器而不用检验棒。在这种情况下将取 a)值作为允差值。 注：当距离 $D_a/2\neq300$ 时，b)项的允差 T 可按以下公式计算 $T=0.005+\frac{0.01-0.005}{300}\times\frac{D_a}{2}$

表 7-6-326　头架主轴轴线对磨头（或头架）Z 轴线移动的平行度检验

项目编号	G5
简图	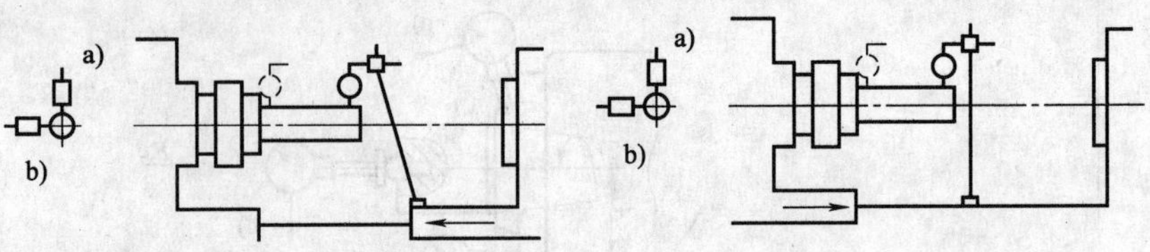 a) b)
允差/mm	a)300 测量长度上为 0.025 b)300 测量长度上为 0.01
检验工具	检验棒和指示器
备注	测量工具固定在运动部件上，并随运动件一起按规定的范围移动，测头沿代表轴线的圆柱面或检验棒滑动 在头架主轴一位置上做第一次检验，然后，头架主轴回转180°重复上述检验。应取每隔测点的平均值作为评定偏差

4）头架回转平面对 ZX 水平面的平行度检验（如表 7-6-327 所示）

（3）砂轮主轴

1）砂轮主轴锥孔（砂轮安装直径）的径向跳动检验（如表 7-6-328 所示）

砂轮主轴锥孔（砂轮安装直径）的径向跳动检验一般包括以下两项：

a）靠近主轴端部；

b）距主轴端部 $D_a/2$（最小 100mm，最大 200mm）处（D_a 为工件的最大允许直径）。

表 7-6-327　头架回转平面对 ZX 水平面的平行度检验

项目编号	G6
简图	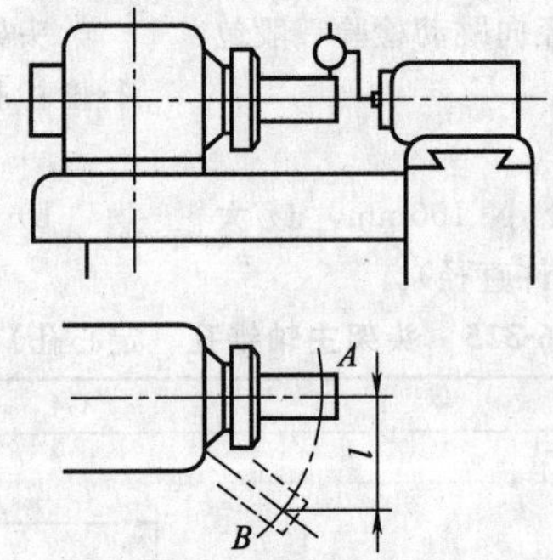 A l B
允差	l=100 时为 0.01
检验工具	检验棒和指示器
备注	测量工具固定在运动部件上，并随运动件一起按规定的范围移动，测头沿代表轴线的圆柱面或检验棒滑动 将头架紧锁于位置 A，测取读数。回转头架至外端位置 B。移动磨头横向滑座，在 B 处测取读数

表 7-6-328　砂轮主轴锥孔（砂轮安装直径）的径向跳动检验

项目编号	G7
简图	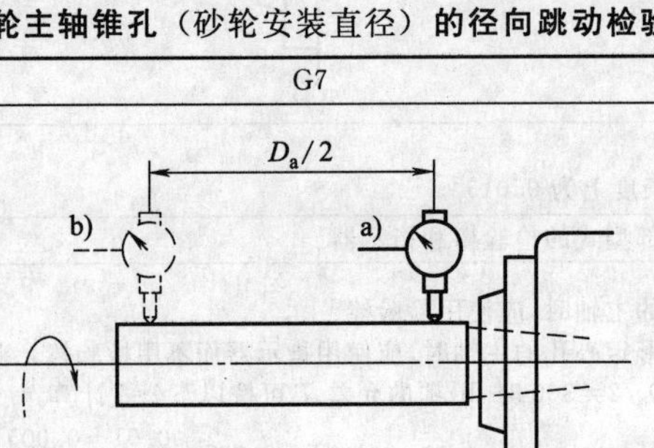 $D_a/2$ b) a)

续表

项目编号	G7
允差/mm	a)0.005 b)200 测量长度上为 0.010
检验工具	符合主轴端部型式的检验棒和指示器
备注	检验带锥孔的主轴时,应使用检验棒 检验带圆柱形定心孔的主轴时,应使用指示器而不用检验棒。在这种情况下将取 a)值作为允差值。 注:当距离 $D_a/2\neq300$ 时,b)项的允差 T 可按以下公式计算 $T=0.005+\frac{0.01-0.005}{200}\times\frac{D_a}{2}$

2) 砂轮主轴轴线对磨头(或头架)Z 轴线移动的平行度检验(如表 7-6-329 所示)

砂轮主轴轴线对磨头(或头架)Z 轴线移动的平行度检验一般包括以下两项:

a) 在垂直平面内;

b) 在水平面内。

3) 头架主轴轴线与砂轮主轴轴线的等高度(高度差)检验(如表 7-6-330 所示)

表 7-6-329 砂轮主轴轴线对磨头(或头架)Z 轴线移动的平行度检验

项目编号	G8
简图	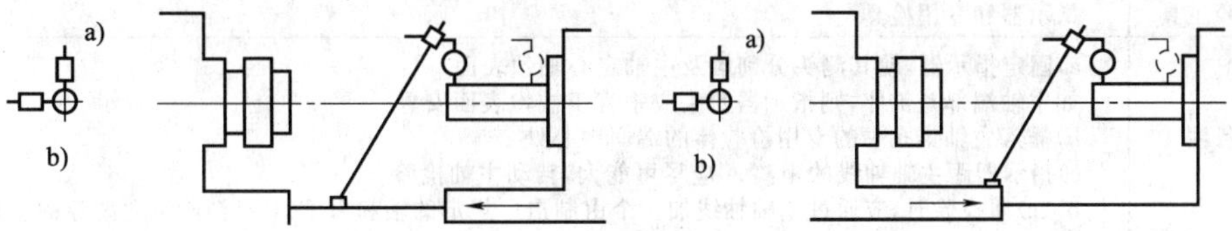 a) b) a) b)
允差/mm	a)300 测量长度上为 0.02 b)300 测量长度上为 0.01
检验工具	检验棒和指示器
备注	测量工具固定在运动部件上,并随运动件一起按规定的范围移动,测头沿代表轴线的圆柱面或检验棒滑动 在砂轮主轴一位置上做第一次检验,然后,头架主轴回转 180°重复上述检验。应取每个测点的平均值作为评定偏差

表 7-6-330 头架主轴轴线与砂轮主轴轴线的等高度(高度差)检验

项目编号	G9
简图	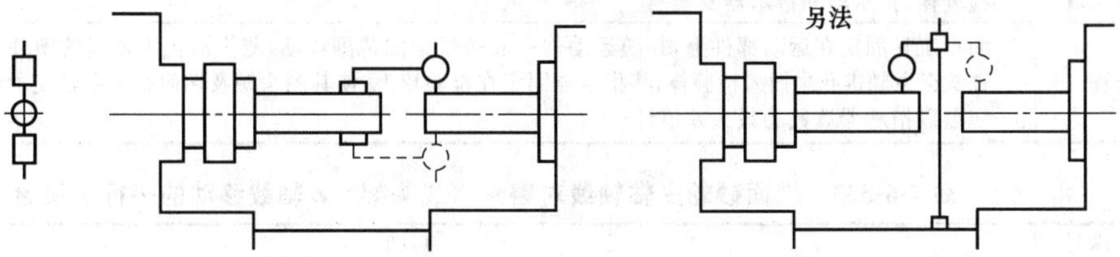 另法
允差/mm	0.025
检验工具	检验棒和指示器支架或专用支架
备注	测量工具固定在运动部件上,并随运动件一起按规定的范围移动,测头沿代表轴线的圆柱面或检验棒滑动 应在水平面内找正后,再在垂直平面内检验 采用另法时,将指示器支架直接装在 ZX 基准平面(由 X 轴线和 Z 轴线运动构成的平面),该平面可为平导轨面

(4) 端面磨头

1) 端面磨头主轴跳动检验（如表7-6-331所示）

端面磨头主轴跳动检验一般包括以下三项：

a) 主轴定心轴颈的径向跳动；

b) 主轴的轴向窜动；

c) 主轴轴肩支承面的端面跳动（包括主轴的轴向窜动）。

2) 端面磨头主轴轴肩支承面对头架主轴线的垂直度检验（如表7-6-332所示）

3) 端面砂轮主轴轴线对磨头（或头架）*Z*轴线移动的平行度检验（如表7-6-333所示）

端面砂轮主轴轴线对磨头（或头架）*Z*轴线移动的平行度检验一般包括以下两项：

a) 在垂直平面内；

b) 在水平面内。

表7-6-331　端面磨头主轴跳动检验

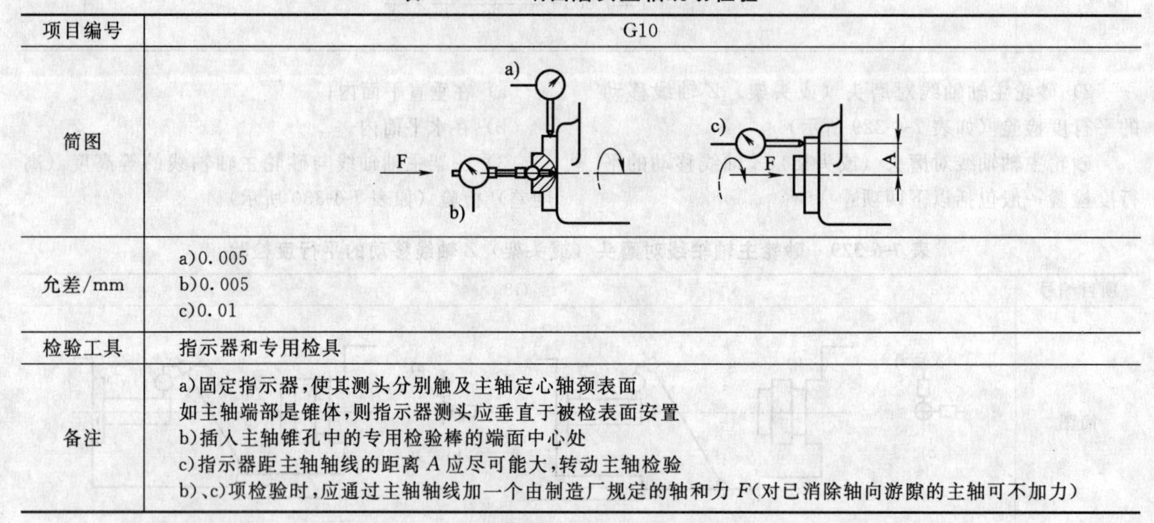

项目编号	G10
简图	
允差/mm	a)0.005 b)0.005 c)0.01
检验工具	指示器和专用检具
备注	a)固定指示器，使其测头分别触及主轴定心轴颈表面 如主轴端部是锥体，则指示器测头应垂直于被检表面安置 b)插入主轴锥孔中的专用检验棒的端面中心处 c)指示器距主轴轴线的距离*A*应尽可能大，转动主轴检验 b)、c)项检验时，应通过主轴轴线加一个由制造厂规定的轴和力*F*(对已消除轴向游隙的主轴可不加力)

表7-6-332　端面磨头主轴轴肩支承面对头架主轴线的垂直度检验

项目编号	G11
简图	
允差/mm	0.02/300(300为指示器两测点间的距离)
检验工具	检验棒、指示器和指示器支架
备注	测量工具固定在运动部件上，并随运动件一起按规定的范围移动，测头沿代表轴线的圆柱面或检验棒滑动 在头架主轴锥孔中插入检验棒，将指示器固定在检验棒上，使其测头触及端面磨头主轴支承面，转动主轴检验 误差以指示器读数的最大差值计

表7-6-333　端面砂轮主轴轴线对磨头（或头架）*Z*轴线移动的平行度检验

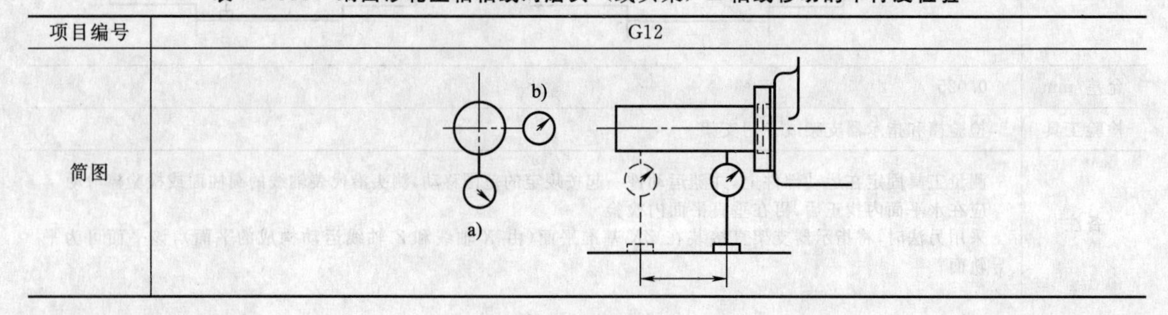

项目编号	G12
简图	

续表

项目编号	G12
允差	a)300 测量长度上为 0.02(检验棒伸出端只许向上) b)300 测量长度上为 0.01
检验工具	检验棒和指示器
备注	在端面磨头主轴一位置上做第一次检验,然后,头架主轴回转 180°重复上述检验。应取每个测点的平均值作为评定偏差

4) 端面磨头回转运动对头架主轴轴线的垂直度检验（如表 7-6-334 所示）

2. 工作精度检验

(1) 装在卡盘上的试件内孔的磨削检验（如表 7-6-335 所示）

装在卡盘上的试件内孔的磨削检验一般包括以下两项：

表 7-6-334　端面磨头回转运动对头架主轴轴线的垂直度检验

项目编号	G13
简图	α
允差/mm	在 300 测量长度上为 0.01,$\alpha \geqslant 90°$
检验工具	平尺或平盘和指示器
备注	测量工具固定在运动部件上,并随运动件一起按规定的范围移动,测头沿代表轴线的圆柱面或检验棒滑动 头架主轴上固定平面圆盘,在端磨架上固定指示器,使其测头触及平面圆盘表面,移动(或摆动)端磨架检验 将头架主轴转 180°,重复检验一次 误差以指示器两次测量结果的代数和之半计

表 7-6-335　装在卡盘上的试件内孔的磨削检验

项目编号	M1
简图	ϕd　l
切削条件	在全长 l 上磨削(不用中心架)
允差/mm	a)0.003　b)l=25, 0.005 l=50, 0.005 l=100,0.010 l=150,0.015
检验工具	内径量规
备注	应在试件的几个位置上进行圆度检验,以测得的最大偏差值计 直径一致性应在同一轴向平面内检验 注:任何锥度都应当最大直径靠近头架

D=最大允许磨削孔径	d	l
$D \leqslant 40$	15	25
$40 < D \leqslant 80$	30	50
$80 < D \leqslant 150$	60	100
$D > 150$	100	150

（2）圆盘的端面磨削检验（$d_1 \leqslant 2D/3$，$l \leqslant d_2/3$）（如表7-6-336所示）

3. 定位精度检验

磨头横向滑座（或头架横向滑座）移动的重复定位精度检验（如表7-6-337所示）。

表7-6-336　圆盘的端面磨削检验（$d_1 \leqslant 2D/3$，$l \leqslant d_2/3$）

项目编号	M2
检验性质	圆盘的端面磨削
简图	ϕD　l　ϕd_1　ϕd_2
切削条件	试件装在花盘或卡盘上 调整头架使其主轴轴线平行于Z轴线移动方向 磨削垂直于头架主轴轴线的平面
检验项目	被磨表面的平面度
允差/mm	$d_1=300$,0.01(只许平或凹)
检验工具	平尺、测平面块规和指示器

表7-6-337　磨头横向滑座（或头架横向滑座）移动的重复定位精度检验

项目编号	P1
简图	
允差/mm	0.002
检验工具	指示器
备注	磨头横向滑座(或头架横向滑座)连续5次定位精度检验,先快速趋近,最后缓冲定位

6.6.4　龙门导轨磨床精度检验（GB/T 5288—2007）

1. 几何精度检验

（1）轴线运动

1）工作台移动（X轴线）的直线度的检验（如表7-6-338所示）

工作台移动（X轴线）的直线度的检验一般包括以下两项：

a）在XY水平面内（EXY）；

b）在ZX垂直平面内（EZX）。

2）工作台移动（X轴线）的角度偏差的检验（如表7-6-339所示）

工作台移动（X轴线）的角度偏差的检验一般包括以下两项：

a）在ZX垂直平面内（EBX：俯仰）；

b）在YZ垂直平面内（EAX：倾斜）。

3）磨头水平移动（Y轴线）的直线度的检验（如表7-6-340所示）

磨头水平移动（Y轴线）的直线度的检验一般包括以下两项：

a）在XY水平面内（EXY）；

b）在YZ垂直平面内（EZY）。

4）磨头水平移动（Y轴线）的角度偏差的检验（如表7-6-341所示）

磨头水平移动（Y轴线）的角度偏差的检验一般包括以下两项：

a）在YZ垂直平面内（EAY：俯仰）；

b）在ZX垂直平面内（EBY：倾斜）。

表 7-6-338　工作台移动（X 轴线）的直线度的检验

项目编号	G1
简图	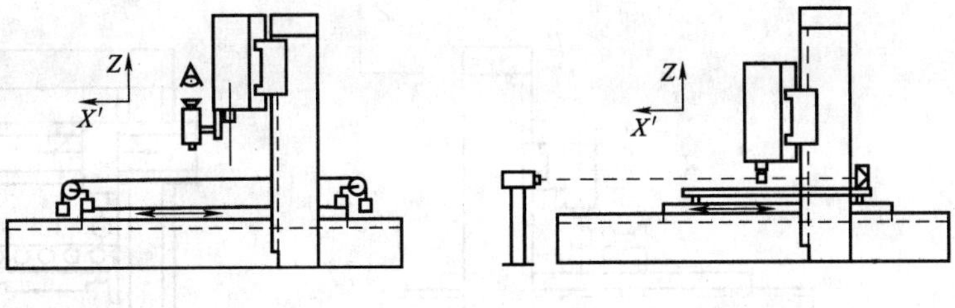 a)　　b)
允差/mm	a)和 b)　在 2000 测量长度内为 0.02,测量长度每增加 1000,公差增加 0.01 最大公差:0.10 局部公差:任意 1000 测量长度上为 0.01
检验工具	光学方法
备注	将光学仪器安装在磨头上,为减少非刚性工作台的影响安装桥式支架,桥式支架的位置应与工件支座的位置相同 安装光学仪器时,应尽可能考虑工作台的挠度

表 7-6-339　工作台移动（X 轴线）的角度偏差的检验

项目编号	G2
简图	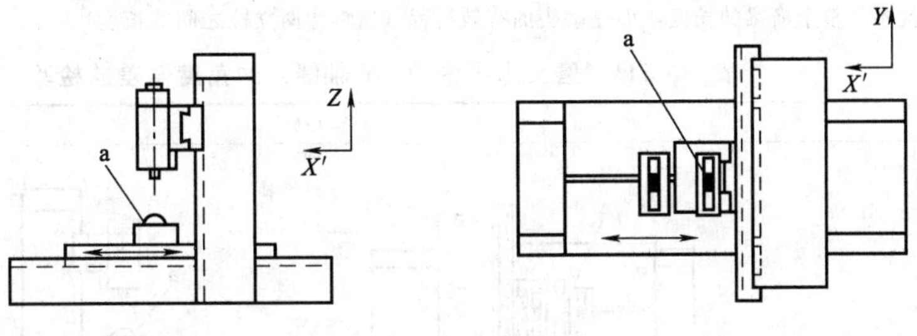 a)　　b) a—水平仪
允差/mm	a)　　b) $X \leqslant 4000$：　0.04/1000　　0.02/1000 $X > 4000$：　0.06/1000　　0.03/1000
检验工具	精密水平仪或光学方法
备注	将水平仪放置在运动部件上 a)（*EBX*:俯仰）,在 *X* 轴线方向 b)（*EAX*:倾斜）,在 *Y* 轴线方向 当工作台沿 *X* 轴线运动和工件紧固在工作台上引起磨头体产生角度偏差时,两种角度偏差应分别测量并给予标明 基准水平仪应放置在磨头体上,且磨头体应位于行程的中间位置,测量水平仪分别放置在工作台两端(距边缘 500 内)及中间位置 按工作台行程等距离移动位置进行测量,至少有五个位置,在每个位置的两个运动方向测取读数 两个方向的最大与最小读数的差值即为偏差

表 7-6-340 磨头水平移动（Y 轴线）的直线度的检验

项目编号	G3
简图	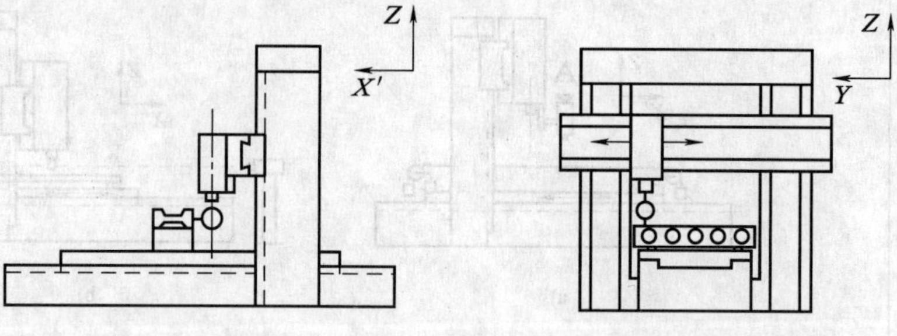 a) b)
允差/mm	a)和 b) 在 1000 测量长度内为 0.02，测量长度每增加 1000，公差增加 0.01 最大公差：0.04 局部公差：任意 500 测量长度上为 0.01
检验工具	平尺、指示器和块规或光学方法
备注	将横梁在行程的中间位置固定，并将工作台移动到行程的中间位置 平尺平行[①]于磨头 Y 轴线移动方向放置在工作台面上：a)在水平面内；b)在垂直平面内 指示器固定在磨头上，其测头应垂直于平尺的基准面 沿 Y 方向和测量长度[②]移动磨头，测取读数 卧轴磨头 a)项不作检验

① 平行指指示器在平尺的两端读数相同，此时，最大读数差值即为直线度偏差。
② 测取长度不是整个横梁的长度，而是磨头的有效行程（通常指两立柱之间的长度）。

表 7-6-341 磨头水平移动（Y 轴线）的角度偏差的检验

项目编号	G4
简图	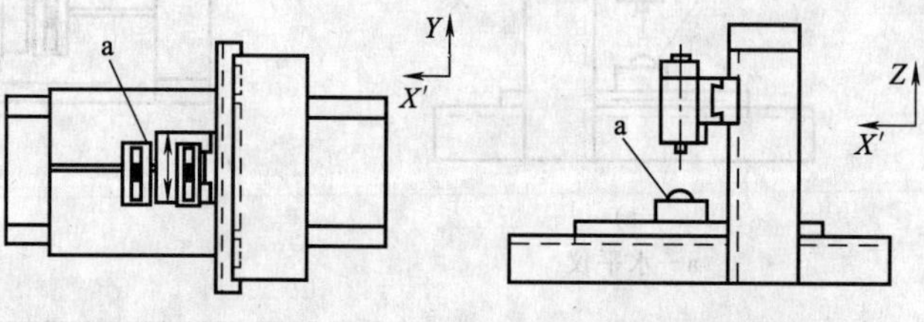 a) b) a—基准水平仪
允差/mm	a)和 b)： 0.04/1000 局部公差：任意 250 测量长度上为 0.02/1000(或 20μ rad 或 4″)
检验工具	精密水平仪或光学方法
备注	将水平仪放置在运动部件上 a)(EAY：俯仰)，在 Y 轴线方向 b)(EBY：倾斜)，在 X 轴线方向 当磨头体沿 Y 轴线运动和工件紧固在工作台上引起磨头体产生角度偏差时，两种角度运动应分别测量并给予标明 基准水平仪应放置在工作台上，且工作台应位于行程的中间位置 按磨头体行程等距离移动位置进行测量，至少有五个位置，在每个位置的两个运动方向测取读数 两个方向的最大与最小读数的差值即为偏差

5）磨头水平移动（Y 轴线）对工作台移动（X 轴线）的垂直度的检验（如表 7-6-342 所示）

6）磨头垂向移动（Z 轴线）的角度偏差的检验（如表 7-6-343 所示）

磨头垂向移动（Z 轴线）的角度偏差的检验一般包括以下两项：

a）在（ZX）垂直平面内（EBZ）；

b）在（YZ）垂直平面内（EAZ）。

表 7-6-342　磨头水平移动（Y 轴线）对工作台移动（X 轴线）的垂直度的检验

项目编号	G5
简图	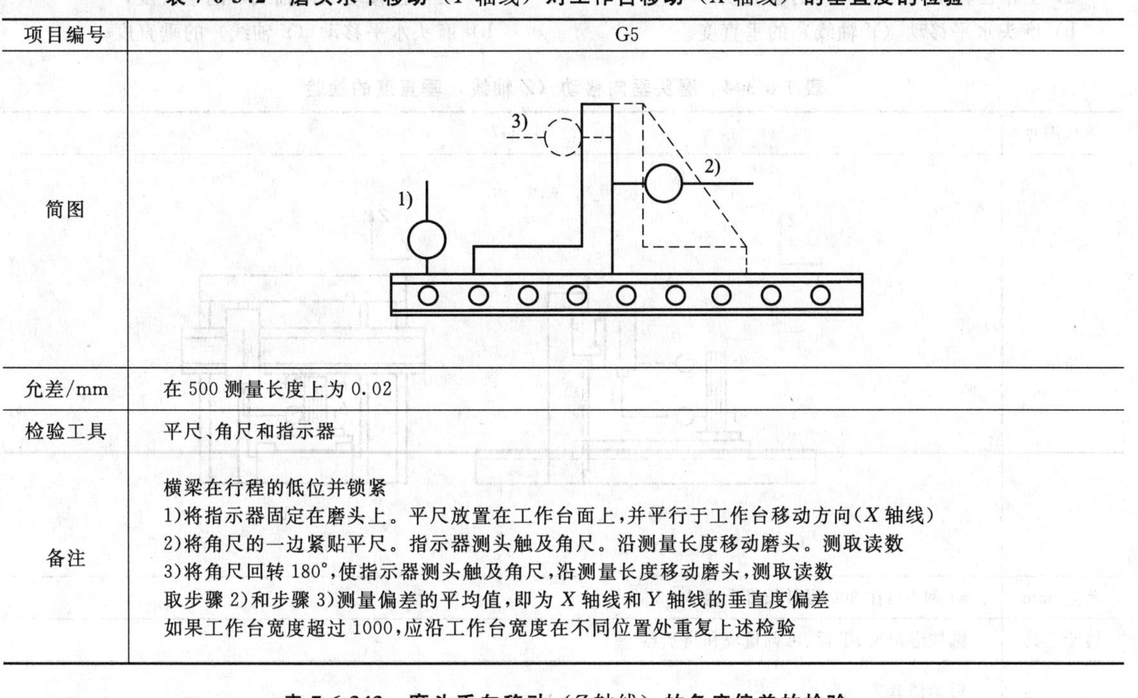
允差/mm	在 500 测量长度上为 0.02
检验工具	平尺、角尺和指示器
备注	横梁在行程的低位并锁紧 1)将指示器固定在磨头上。平尺放置在工作台面上，并平行于工作台移动方向（X 轴线） 2)将角尺的一边紧贴平尺。指示器测头触及角尺。沿测量长度移动磨头。测取读数 3)将角尺回转 180°，使指示器测头触及角尺，沿测量长度移动磨头，测取读数 取步骤 2)和步骤 3)测量偏差的平均值，即为 X 轴线和 Y 轴线的垂直度偏差 如果工作台宽度超过 1000，应沿工作台宽度在不同位置处重复上述检验

表 7-6-343　磨头垂向移动（Z 轴线）的角度偏差的检验

项目编号	G6
简图	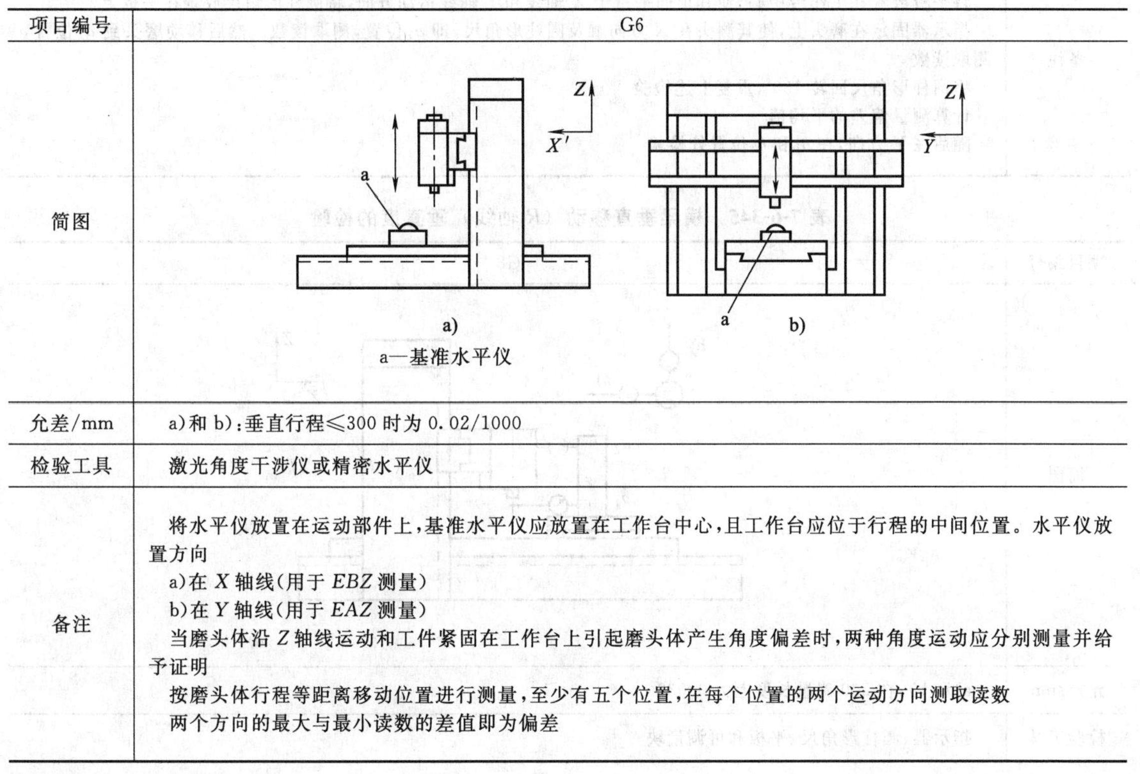 a)　b) a—基准水平仪
允差/mm	a)和 b)：垂直行程≤300 时为 0.02/1000
检验工具	激光角度干涉仪或精密水平仪
备注	将水平仪放置在运动部件上，基准水平仪应放置在工作台中心，且工作台应位于行程的中间位置。水平仪放置方向 a)在 X 轴线(用于 EBZ 测量) b)在 Y 轴线(用于 EAZ 测量) 当磨头体沿 Z 轴线运动和工件紧固在工作台上引起磨头体产生角度偏差时，两种角度运动应分别测量并给予证明 按磨头体行程等距离移动位置进行测量，至少有五个位置，在每个位置的两个运动方向测取读数 两个方向的最大与最小读数的差值即为偏差

7）磨头垂向移动（Z 轴线）垂直度的检验（如表 7-6-344 所示）

磨头垂向移动（Z 轴线）垂直度的检验一般包括以下两项：

a）工作台移动（X 轴线）的垂直度；

b）磨头水平移动（Y 轴线）的垂直度。

8）横梁垂直移动（R 轴线）垂直度的检验（如表 7-6-345 所示）

横梁垂直移动（R 轴线）垂直度的检验一般包括以下两项：

a）工作台移动（X 轴线）的垂直度；

b）磨头水平移动（Y 轴线）的垂直度。

表 7-6-344 磨头垂向移动（Z 轴线）垂直度的检验

项目编号	G7
简图	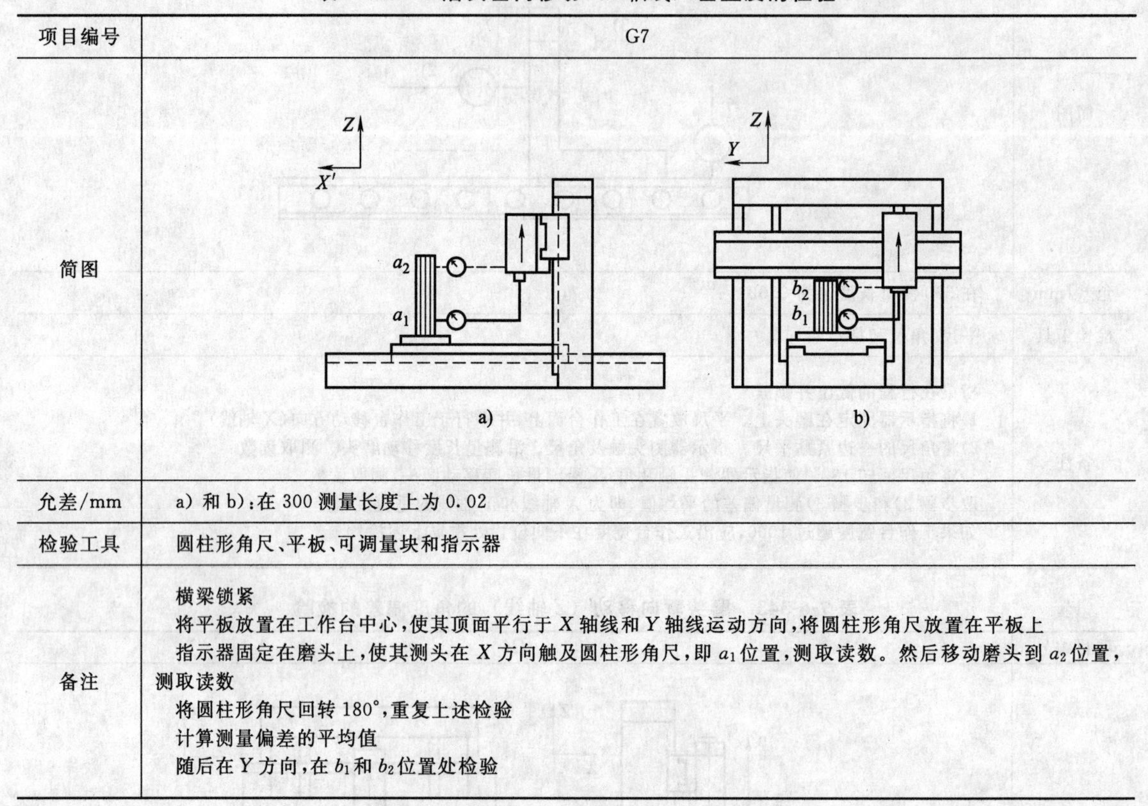 a)　　b)
允差/mm	a）和 b）：在 300 测量长度上为 0.02
检验工具	圆柱形角尺、平板、可调量块和指示器
备注	横梁锁紧 将平板放置在工作台中心，使其顶面平行于 X 轴线和 Y 轴线运动方向，将圆柱形角尺放置在平板上 指示器固定在磨头上，使其测头在 X 方向触及圆柱形角尺，即 a_1 位置，测取读数。然后移动磨头到 a_2 位置，测取读数 将圆柱形角尺回转 180°，重复上述检验 计算测量偏差的平均值 随后在 Y 方向，在 b_1 和 b_2 位置处检验

表 7-6-345 横梁垂直移动（R 轴线）垂直度的检验

项目编号	G8
简图	
允差/mm	a）和 b）：在 500 测量长度上为 0.030
检验工具	指示器、圆柱形角尺、平板和可调量块

续表

项目编号	G8
备注	将平板放置在工作台中心，使其顶面平行于 X 轴线和 Y 轴线运动方向，将圆柱形角尺放置在平板上 指示器固定在磨头上，使其测头在 X 方向触及圆形角尺，即 a_1 位置，测取读数 a_1。然后移动横梁到 a_2 位置测取读数。测量时，磨头锁紧在横梁上 将圆柱形角尺回转 180°，重复上述检验 计算测量偏差的平均值 随后在 Y 方向，在 b_1 和 b_2 位置处检验 当横梁移动不用于砂轮进给时，本项目不作检验

9）横梁在 YZ 垂直平面内的角度变化（R 的角度测量）（EAR）的检验（如表 7-6-346 所示）

横梁在 YZ 垂直平面内的角度变化（R 的角度测量）（EAR）的检验一般包括以下三项：

a）在下部位置；

b）在中间位置；

c）在上部位置。

10）磨头回转平面在 YZ 平面内的平行度（适合于可回转磨头）的检验（如表 7-6-347 所示）

表 7-6-346　横梁在 YZ 垂直平面内的角度变化（R 的角度测量）（EAR）的检验

项目编号	G9
简图	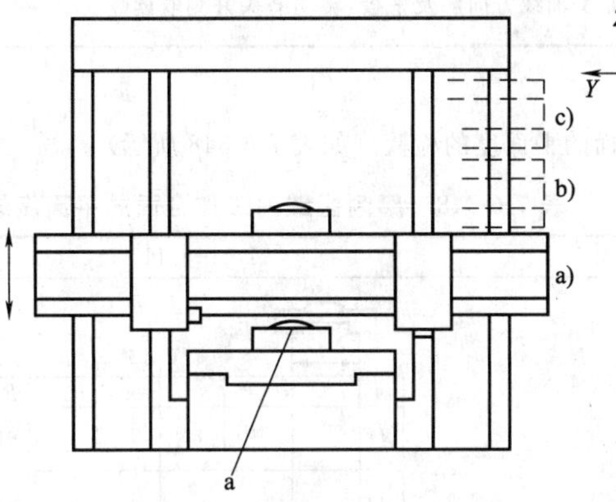 Z Y c) b) a) a a—基准水平仪
允差/mm	垂直行程≤1000 时为 0.02/1000 1000<垂直行程≤2000 时为 0.03/1000
检验工具	精密水平仪
备注	将测量水平仪横向放置在横梁上，基准水平仪应放置在工作台中心，且工作台应位于行程的中间位置 当横梁沿 R 轴线运动和工件紧固在工作台上引起横梁产生角度偏差时，两种角度运动应分别测量，并给予标明 从底部朝顶部移动横梁分别在 a)、b)、c)位置测取角度偏差 磨头产生的负荷应均匀分布。横梁在各个位置锁紧 如具有横梁调平装置，可以使用以减小允差偏差值

表 7-6-347　磨头回转平面在 *YZ* 平面内的平行度（适合于可回转磨头）的检验

项目编号	G10
简图	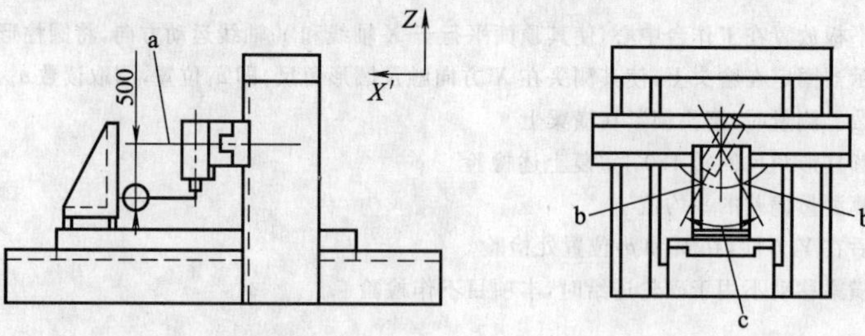 a—回转轴线 b—测点 c—倾斜角 α
允差/mm	指示器距磨头回转轴线500处 $\alpha \leqslant 30°$：0.02 $\alpha > 30°$：0.03
检验工具	角尺、平板、可调量块和指示器
备注	横梁固定在行程的中部，磨头固定在行程的中间位置 将平板垂直放置在工作台上，使其顶面平行于 *Y* 轴线和 *Z* 轴线运动方向 指示器固定在磨头上，使其测头置于距回转轴线500处 指示器测头在 *X* 轴线方向触及平板，转动磨头并测取读数

(2) 工作台

1) 磨削区域内工作台面的平面度的检验（如表7-6-348所示）

表 7-6-348　磨削区域内工作台面的平面度的检验

项目编号	G11
简图	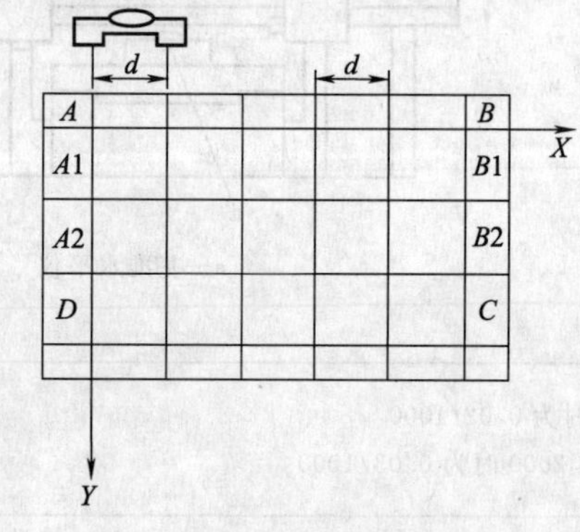
允差/mm	工作台宽度≤1600 测量长度≤2000：0.02 长度>2000：测量长度每增加1000，公差增加0.005，最大公差0.060 工作台宽度>1600 测量长度≤2000：0.02 长度>2000：测量长度每增加1000，公差增加0.008，最大公差0.080
检验工具	平尺和量块、精密水平仪或其他方法
备注	工作台置于行程中间位置（不锁紧），工作台长度两端各向150及宽度两侧各向内50的区域可忽略不计

2）中央或基准 T 形槽对工作台移动（X 轴线）的平行度的检验（如表 7-6-349 所示）

表 7-6-349　中央或基准 T 形槽对工作台移动（X 轴线）的平行度的检验

项目编号	G12
简图	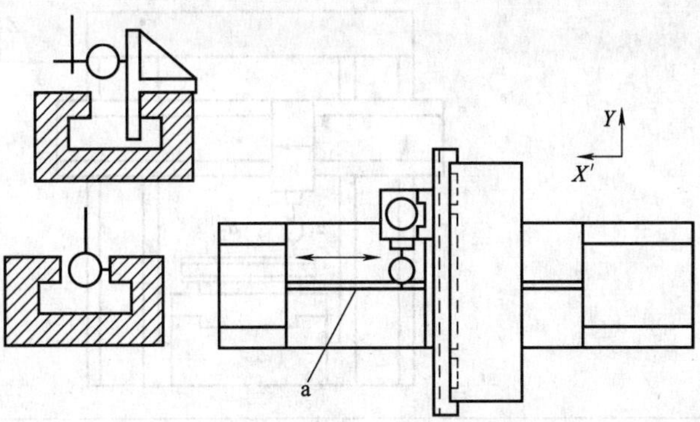 a—基准 T 形槽
允差/mm	测量长度≤5000：0.02 测量长度>5000：0.03 局部公差：任意 1000 测量长度上 0.01
检验工具	指示器和专用量块
备注	如果主轴锁紧，可将指示器固定在主轴上。如果主轴不能锁紧，应将指示器装在靠近主轴处

3）工作台面对工作台移动（X 轴线）的平行度的检验（如表 7-6-350 所示）

表 7-6-350　工作台面对工作台移动（X 轴线）的平行度的检验

项目编号	G13
简图	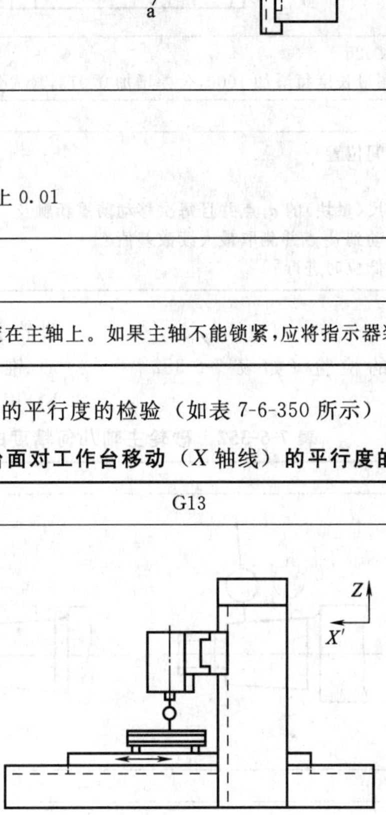
允差/mm	测量长度≤2000：0.025 测量长度>2000：测量长度每增加 1000，公差增加 0.013，最大公差 0.130
检验工具	指示器、平尺和量块
备注	指示器固定在磨头上 指示器测头触及工作台面上的平尺或量块并测取最大读数差值 应在工作台中央和紧靠两侧边缘处进行检验 每次测量前应重新固定指示器

4）工作台面对磨头移动（Y 轴线）的平行度的检验（如表 7-6-351 所示）

表 7-6-351 工作台面对磨头移动（Y 轴线）的平行度的检验

项目编号	G14
简图	Z Y a_1 a_2
允差/mm	测量长度≤1000：0.025 测量长度>1000：测量长度每增加1000，公差增加0.013，最大公差0.050
检验工具	指示器、平尺和量块
备注	工作台位于行程中间位置 指示器固定在磨头上 指示器测头触及平尺（量块）的 a_1 点并且每次移动前重新触及 磨头按测量距离移动到 a_2 点并测取最大读数差值 测量应在横梁处于低位时进行

（3）主轴

1）砂轮主轴几何精度的检验（如表 7-6-352 所示）

砂轮主轴几何精度的检验一般包括以下两项：

a）锥体的径向跳动；

b）周期性轴向窜动。

表 7-6-352 砂轮主轴几何精度的检验

项目编号	G15
简图	F a)　　b)
允差/mm	a）和 b）：0.005
检验工具	指示器
备注	a）指示器测头应垂直触及锥体表面 除按照 GB/T 17421.1 规定外，还应在锥体两端测量 人工或点动电机旋转主轴 b）指示器测头应与主轴轴线同轴 轴向力 F 数值大小和方向由制造商规定。当使用轴向预加负荷轴承时，不需要施加力 F 人工或点动电机旋转主轴 立轴和卧轴均进行检查

2）垂直砂轮主轴轴线的检验（如表 7-6-353 所示）

垂直砂轮主轴轴线的检验一般包括以下两项：

a）工作台移动（X 轴线）的垂直度；

b）磨头在横梁上移动（Y 轴线）的垂直度。

表 7-6-353　垂直砂轮主轴轴线的检验

项目编号	G16
简图	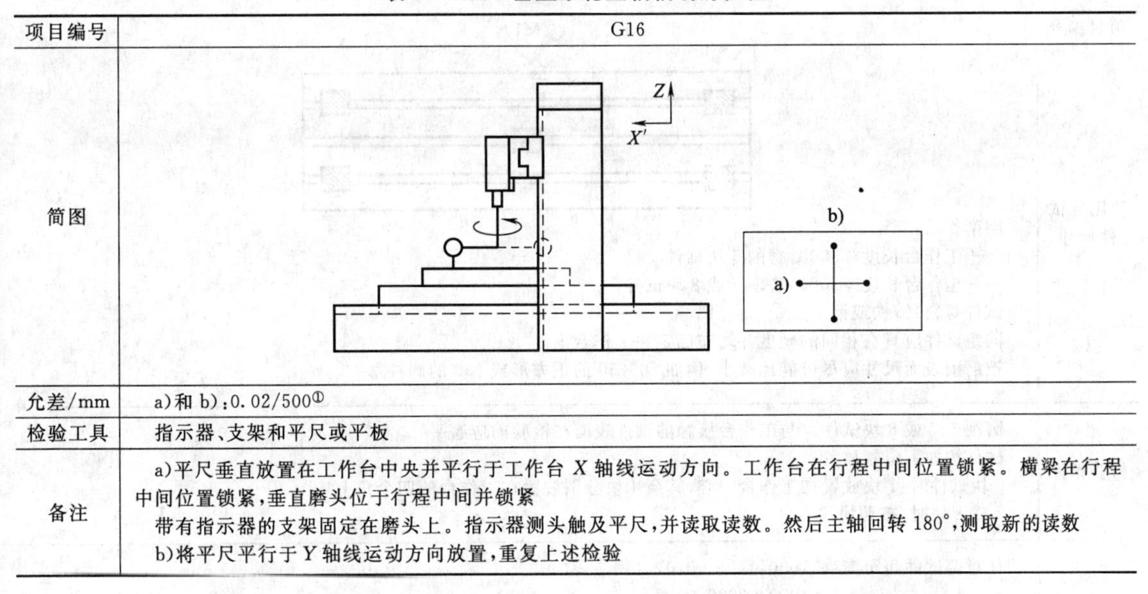
允差/mm	a)和 b)：0.02/500[①]
检验工具	指示器、支架和平尺或平板
备注	a)平尺垂直放置在工作台中央并平行于工作台 X 轴线运动方向。工作台在行程中间位置锁紧。横梁在行程中间位置锁紧，垂直磨头位于行程中间并锁紧 带有指示器的支架固定在磨头上。指示器测头触及平尺，并读取读数。然后主轴回转 180°，测取新的读数 b)将平尺平行于 Y 轴线运动方向放置，重复上述检验

3）水平砂轮主轴轴线的检验（如表 7-6-354 所示）

关于水平砂轮主轴轴线的检验一般包括以下两项：

a）工作台移动（X 轴线）的垂直度；

b）磨头在横梁上移动（Z 轴线）的垂直度。

2. 工作精度检验

（1）平面磨削试件磨削后应具有相等厚度的检验（如表 7-6-355 所示）

（2）导轨磨削工作精度检验（如表 7-6-356 所示）

导轨磨削工作精度检验包括以下两项：

a）纵向的高度变化；

b）厚度的变化。

3. 数控轴线的定位精度和重复定位精度检验

（1）工作台 X 轴线移动的定位精度和重复定位精度的检验（如表 7-6-357 所示）

表 7-6-354　水平砂轮主轴轴线的检验

项目编号	G17
简图	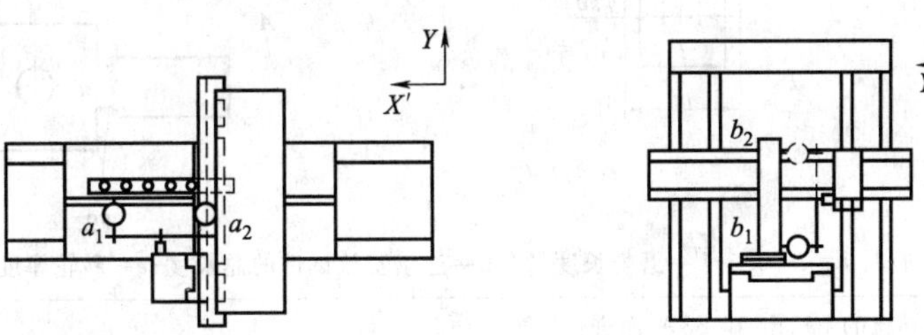 a)　b)
允差/mm	a)和 b)：0.012/300
检验工具	平尺、圆柱形角尺和指示器
备注	a)水平主轴位于行程中间位置 平尺水平放置在工作台上并平行于工作台 X 轴线运动方向 带有指示器的支架固定在磨头上 使指示器测头在 a_1 位置垂直触及平尺基准面，测取读数 回转砂轮主轴使指示器测头触及 a_2 位置 b)　将平尺平行于 Z 轴线运动位置放置，指示器在 b_1 和 b_2 点测取读数

第 7 篇

表 7-6-355　平面磨削试件磨削后应具有相等厚度的检验

项目编号	M1
简图和试件尺寸	磨削要求： ——工作台长度≤5000，磨削 5 块试件 ——工作台长度>5000，磨削 7 或 8 块试件 试件材料：铸铁或钢 同组试件应具有相同的硬度并均布固定在工作台上 被磨削表面尺寸应尽可能地减小，例如 50×50 的正方形或 ϕ50 的圆柱形
检验条件	磨削 5、7 或 8 块试件。与工作台接触的试件表面在检验前应磨平 试件按如下位置放置 5 块试件时：1 块放置在工作台中心，其余 4 块分别放置在工作台的四个角上 7 或 8 块时，按照协议
允差/mm	任意两试件间距离：≤1000：　0.01 >1000～2000：0.02 >2000～3000：0.03 >3000：　0.04
检验工具	平板、精密指示器和支座
备注	已磨好的试件放置在平板上，并用适当的检验工具依次进行测量

表 7-6-356　导轨磨削工作精度检验

项目编号	M2
简图	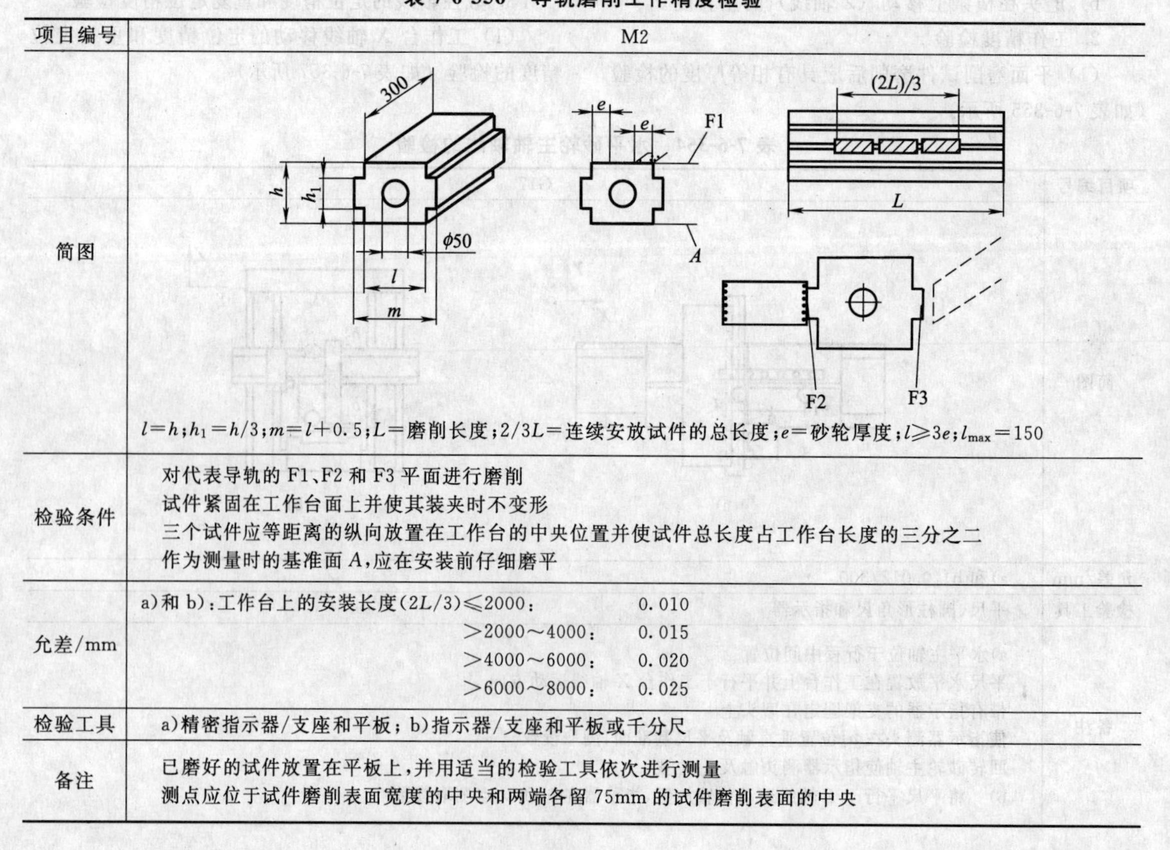 $l=h$；$h_1=h/3$；$m=l+0.5$；L=磨削长度；$2/3L$=连续安放试件的总长度；e=砂轮厚度；$l\geqslant 3e$；$l_{\max}=150$
检验条件	对代表导轨的 F1、F2 和 F3 平面进行磨削 试件紧固在工作台面上并使其装夹时不变形 三个试件应等距离的纵向放置在工作台的中央位置并使试件总长度占工作台长度的三分之二 作为测量时的基准面 A，应在安装前仔细磨平
允差/mm	a)和 b)：工作台上的安装长度($2L/3$)≤2000：　0.010 >2000～4000：　0.015 >4000～6000：　0.020 >6000～8000：　0.025
检验工具	a)精密指示器/支座和平板；b)指示器/支座和平板或千分尺
备注	已磨好的试件放置在平板上，并用适当的检验工具依次进行测量 测点应位于试件磨削表面宽度的中央和两端各留 75mm 的试件磨削表面的中央

表 7-6-357　工作台 X 轴线移动的定位精度和重复定位精度的检验

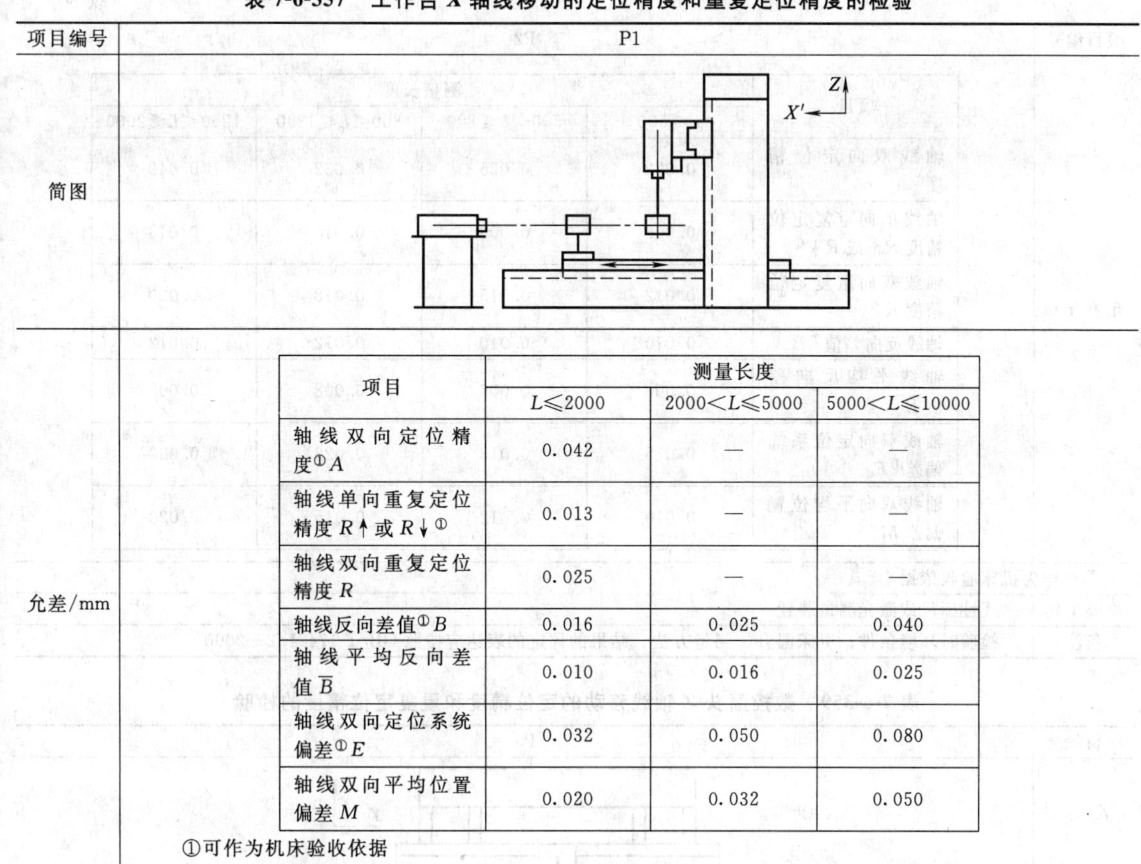

项目编号	P1
简图	（见图）
允差/mm	见下表
检验工具	线性标尺或激光测量装置
备注	检验时环境条件、机床升温、测量方法、结果的评定的表达应参照 GB/T 17421.2—2000

项目	测量长度		
	$L\leqslant2000$	$2000<L\leqslant5000$	$5000<L\leqslant10000$
轴线双向定位精度①A	0.042	—	—
轴线单向重复定位精度 $R\uparrow$ 或 $R\downarrow$①	0.013	—	—
轴线双向重复定位精度 R	0.025	—	—
轴线反向差值①B	0.016	0.025	0.040
轴线平均反向差值 $\overline{B}$	0.010	0.016	0.025
轴线双向定位系统偏差①E	0.032	0.050	0.080
轴线双向平均位置偏差 M	0.020	0.032	0.050

①可作为机床验收依据

(2) 数控磨头 Y 轴线移动的定位精度和重复定位精度的检验（如表 7-6-358 所示）

(3) 数控磨头 Z 轴线移动的定位精度和重复定位精度的检验（如表 7-6-359 所示）

6.6.5　卡规磨床精度检验（JB/T 3870.1—1999）

1. 预调检验

(1) 床身纵向导轨的直线度的检验（如表 7-6-360 所示）

床身纵向导轨的直线度的检验一般包括以下两项：

a. 在垂直平面内；

b. 在水平平面内。

表 7-6-358　数控磨头 Y 轴线移动的定位精度和重复定位精度的检验

项目编号	P2
简图	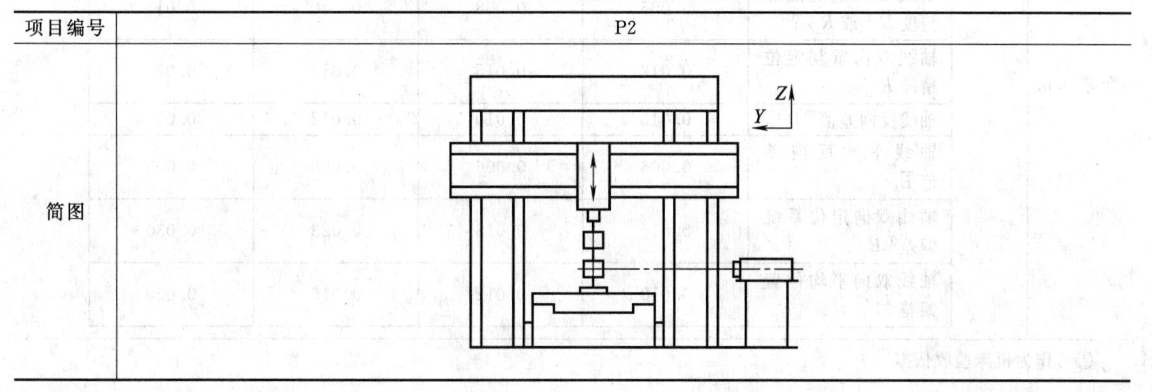

续表

<table>
<tr><td>项目编号</td><td colspan="5">P2</td></tr>
<tr><td rowspan="8">允差/mm</td><td rowspan="2">项目</td><td colspan="4">测量长度</td></tr>
<tr><td>$L \leqslant 500$</td><td>$500 < L \leqslant 800$</td><td>$800 < L \leqslant 1250$</td><td>$1250 < L \leqslant 2000$</td></tr>
<tr><td>轴线双向定位精度①A</td><td>0.022</td><td>0.025</td><td>0.032</td><td>0.042</td></tr>
<tr><td>轴线单向重复定位精度$R\uparrow$或$R\downarrow$①</td><td>0.006</td><td>0.008</td><td>0.010</td><td>0.013</td></tr>
<tr><td>轴线双向重复定位精度R</td><td>0.012</td><td>0.015</td><td>0.018</td><td>0.020</td></tr>
<tr><td>轴线反向差值①B</td><td>0.010</td><td>0.010</td><td>0.012</td><td>0.012</td></tr>
<tr><td>轴线平均反向差值$\overline{B}$</td><td>0.006</td><td>0.006</td><td>0.008</td><td>0.008</td></tr>
<tr><td>轴线双向定位系统偏差①E</td><td>0.015</td><td>0.018</td><td>0.023</td><td>0.030</td></tr>
<tr><td></td><td>轴线双向平均位置偏差M</td><td>0.010</td><td>0.012</td><td>0.015</td><td>0.020</td></tr>
<tr><td colspan="6">①可作为机床验收依据</td></tr>
<tr><td>检验工具</td><td colspan="5">线性标尺或激光测量装置</td></tr>
<tr><td>备注</td><td colspan="5">检验时环境条件、机床温升、测量方法、结果的评定的表达应参照GB/T 17421.2—2000</td></tr>
</table>

表 7-6-359 数控磨头 Z 轴线移动的定位精度和重复定位精度的检验

<table>
<tr><td>项目编号</td><td colspan="5">P3</td></tr>
<tr><td>简图</td><td colspan="5">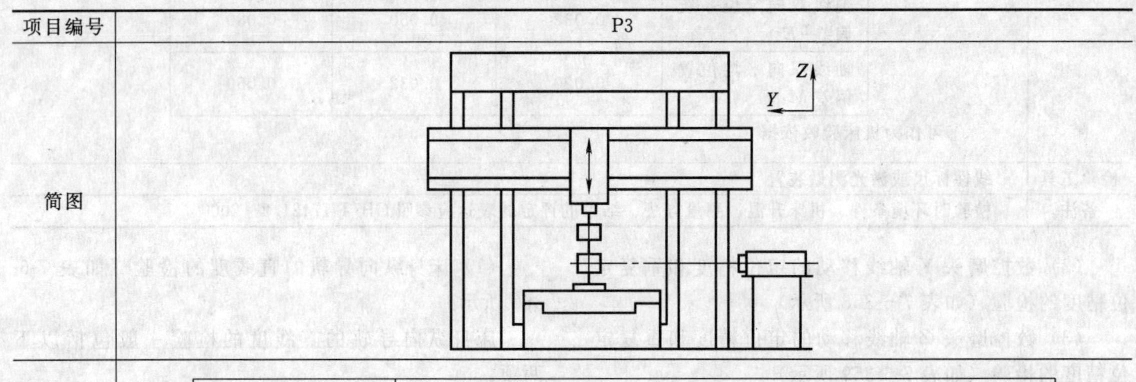
</td></tr>
<tr><td rowspan="9">允差/mm</td><td rowspan="2">项目</td><td colspan="4">测量长度</td></tr>
<tr><td>$L \leqslant 500$</td><td>$500 < L \leqslant 800$</td><td>$800 < L \leqslant 1250$</td><td>$1250 < L \leqslant 2000$</td></tr>
<tr><td>轴线双向定位精度①A</td><td>0.022</td><td>0.025</td><td>0.032</td><td>0.042</td></tr>
<tr><td>轴线单向重复定位精度$R\uparrow$或$R\downarrow$①</td><td>0.006</td><td>0.008</td><td>0.010</td><td>0.013</td></tr>
<tr><td>轴线双向重复定位精度R</td><td>0.012</td><td>0.015</td><td>0.018</td><td>0.020</td></tr>
<tr><td>轴线反向差值①B</td><td>0.010</td><td>0.010</td><td>0.012</td><td>0.012</td></tr>
<tr><td>轴线平均反向差值$\overline{B}$</td><td>0.006</td><td>0.006</td><td>0.008</td><td>0.008</td></tr>
<tr><td>轴线双向定位系统偏差①E</td><td>0.015</td><td>0.018</td><td>0.023</td><td>0.030</td></tr>
<tr><td>轴线双向平均位置偏差M</td><td>0.010</td><td>0.012</td><td>0.015</td><td>0.020</td></tr>
<tr><td colspan="6">①可作为机床验收依据</td></tr>
</table>

续表

项目编号	P3
检验工具	线性标尺或激光测量装置。
备注	检验时环境条件、机床温升、测量方法、结果的评定的表达应参照 GB/T 17421.2—2008

表 7-6-360　床身纵向导轨的直线度的检验

项目编号	G01
简图	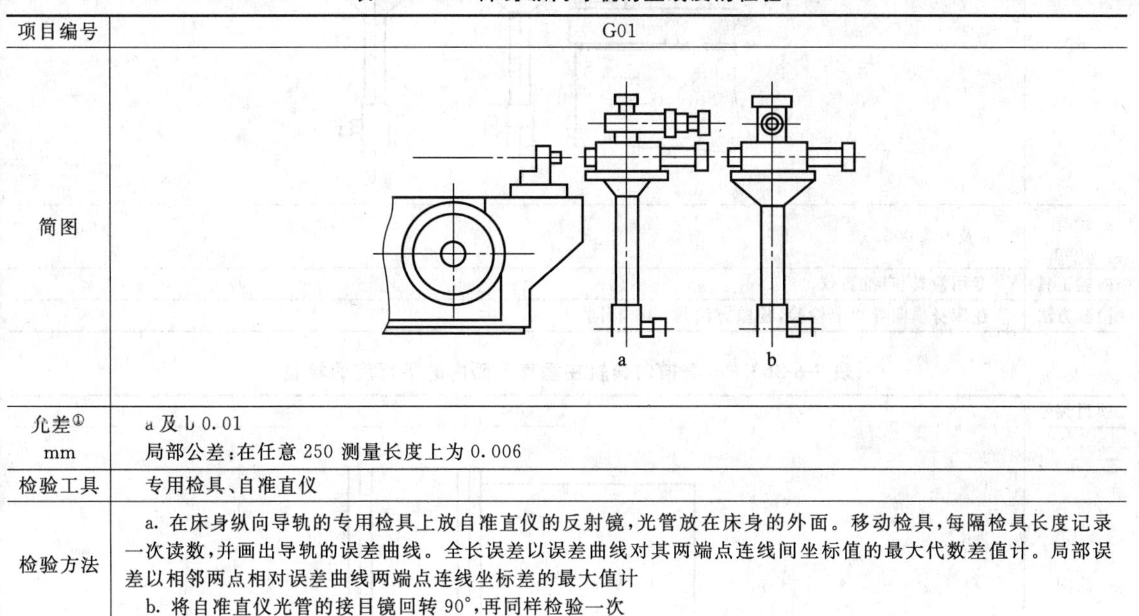
允差[①] mm	a 及 b 0.01 局部公差：在任意 250 测量长度上为 0.006
检验工具	专用检具、自准直仪
检验方法	a. 在床身纵向导轨的专用检具上放自准直仪的反射镜，光管放在床身的外面。移动检具，每隔检具长度记录一次读数，并画出导轨的误差曲线。全长误差以误差曲线对其两端点连线间坐标值的最大代数差值计。局部误差以相邻两点相对误差曲线两端点连线坐标差的最大值计 b. 将自准直仪光管的接目镜回转 90°，再同样检验一次

（2）床身纵向导轨在垂直平面内的平行度的检验（如表 7-6-361 所示）

（3）床身横向导轨的直线度的检验（如表 7-6-362 所示）

床身横向导轨的直线度的检验一般包括以下两项：

a. 在垂直平面内；

b. 在水平平面内。

（4）床身横向导轨在垂直平面内的平行度的检验（如表 7-6-363 所示）

2. 几何精度检验

（1）工作台台面的平面度的检验（如表 7-6-364 所示）

表 7-6-361　床身纵向导轨在垂直平面内的平行度的检验

项目编号	G02	
简图		
允差/mm	普通级	精密级
	0.020/1000	0.015/1000
检验工具	专用检具、水平仪	
检验方法	测量工具的测头触及 V 形块，该 V 形块沿构成第二条交线的两平面滑动，应在相互垂直的两平面内进行测量。在床身纵向导轨的专用检具上与检具移动方向垂直放置水平仪。移动检具检验 误差以水平仪读数的最大代数差值计	

表 7-6-362 床身横向导轨的直线度的检验

项目编号	G03
简图	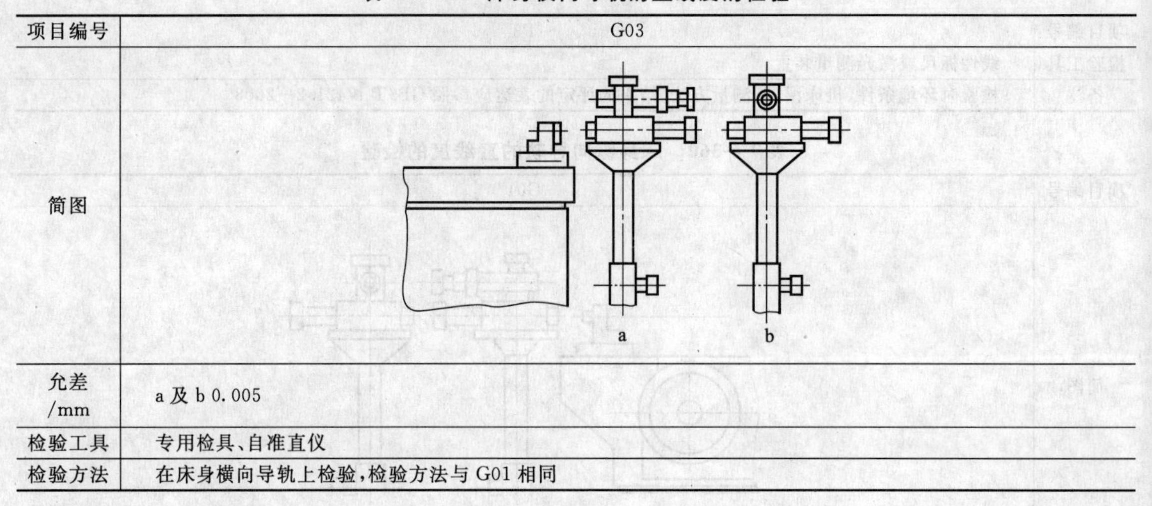
允差/mm	a及b 0.005
检验工具	专用检具、自准直仪
检验方法	在床身横向导轨上检验,检验方法与G01相同

表 7-6-363 床身横向导轨在垂直平面内的平行度的检验

项目编号	G04
简图	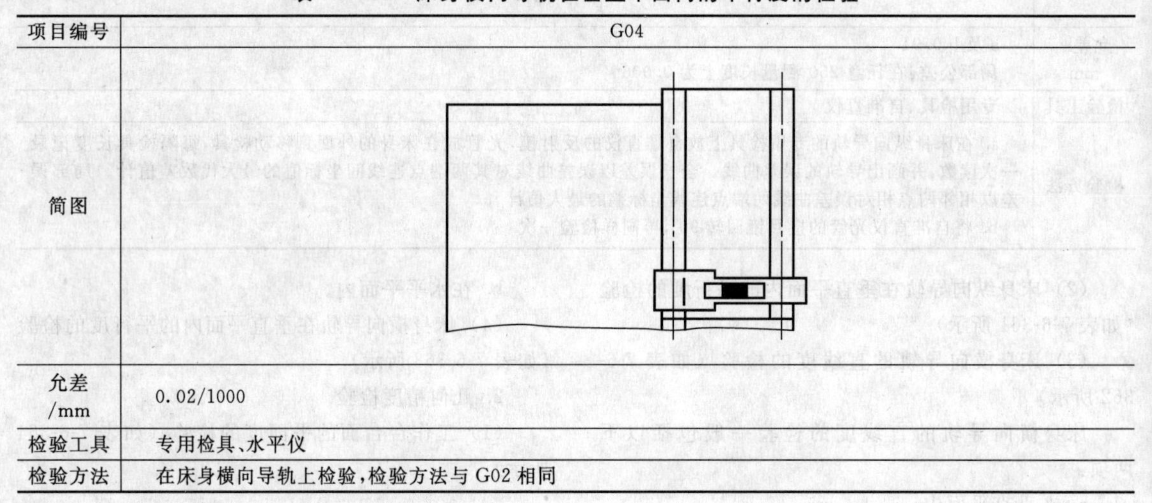
允差/mm	0.02/1000
检验工具	专用检具、水平仪
检验方法	在床身横向导轨上检验,检验方法与G02相同

表 7-6-364 工作台台面的平面度的检验

项目编号	G1	
简图	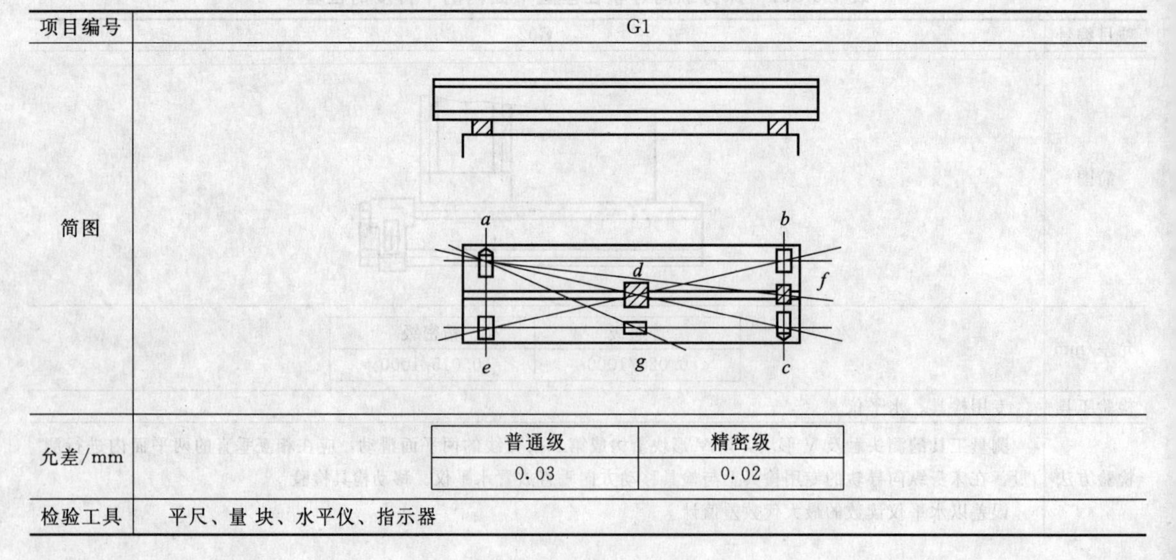	
允差/mm	普通级	精密级
	0.03	0.02
检验工具	平尺、量块、水平仪、指示器	

续表

项目编号	G1
检验方法	工作台应位于行程的中间位置。按图示规定，在工作台台面的 a、b、c 三个基准点上，分别放一等高量块。将平尺放在 a-c 等高量块上，在 d 点处放一可调量块，使其与平尺下表面接触，再将平尺放在 b-d 量块上，在 e 点放一可调量块，使其与平尺下表面接触。用同样方法，即可分别确定在 f、g 点的可调量块高度。将平尺放在图示各位置上，用量具测量平尺检验面与工作台台面间的距离。 误差以其最大代数差值计 本项也可用水平仪检验

(2) 工作台台面对工作台移动的平行度的检验（如表 7-6-365 所示）

表 7-6-365　工作台台面对工作台移动的平行度的检验

项目编号	G2
简图	
允差/mm	在工作台全部行程上为 0.02
检验工具	指示器
检验方法	指示器装在机床的固定部件上，使其测头垂直触及被测面。按规定的范围移动运动部件 这种测量方式有代表性的应用对象是工件放置在工作台上的铣床和磨床 指示器安放在主轴端部，工作台移动。所得到的读数可反映对完工工件精度(对平行度而言)的影响 如果测头不能直接触及被测面时(例如：狭槽的边)，可任选下列两种方法之一；一是使用带杠杆的辅助装置，二是使用适当形状的附件，在两个垂直方向上测量运动轨迹和角尺悬边间的平行度 将指示器固定在磨头上，使其测头触及工作台台面，移动工作台检验 误差以指示器读数的最大代数差值计

(3) 砂轮架移动对工作台台面的平行度的检验（如表 7-6-366 所示）

表 7-6-366　砂轮架移动对工作台台面的平行度的检验

项目编号	G3
简图	
允差/mm	在砂轮架全部行程上为 0.02
检验工具	指示器、平尺
检验方法	在工作台台面的中间位置上，横向放置平尺。指示器固定在砂轮架上，使其测头触及平尺表面，移动砂轮架检验 误差以指示器读数的最大代数差值计

(4) 砂轮主轴轴线对砂轮架移动的垂直度的检验（如表 7-6-367 所示）

(5) 砂轮架主轴端部的跳动的检验（如表 7-6-368 所示）

砂轮架主轴端部的跳动的检验一般包括以下两项：

a. 主轴定心锥面的径向跳动；

b. 主轴的轴向窜动。

(6) 砂轮架主轴轴线对工作台移动的平行度的检验（如表 7-6-369 所示）

砂轮架主轴轴线对工作台移动的平行度的检验一般包括以下两项：

a. 在垂直平面内；

b. 在水平平面内

第7篇

表 7-6-367　砂轮主轴轴线对砂轮架移动的垂直度的检验

项目编号	G4
简图	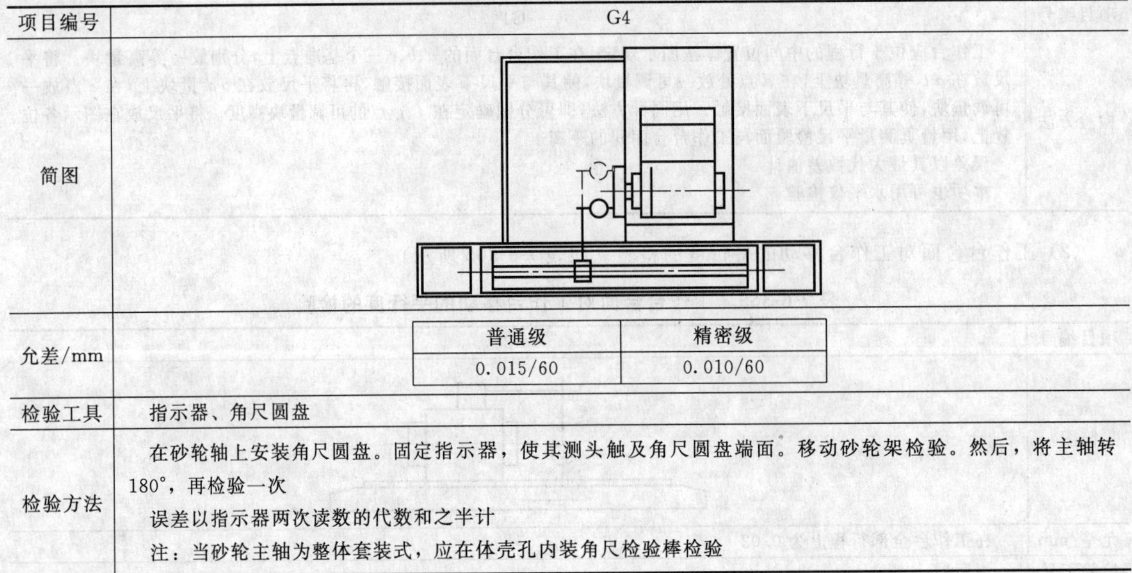
允差/mm	普通级：0.015/60；精密级：0.010/60
检验工具	指示器、角尺圆盘
检验方法	在砂轮轴上安装角尺圆盘。固定指示器，使其测头触及角尺圆盘端面。移动砂轮架检验。然后，将主轴转180°，再检验一次 误差以指示器两次读数的代数和之半计 注：当砂轮主轴为整体套装式，应在体壳孔内装角尺检验棒检验

普通级	精密级
0.015/60	0.010/60

表 7-6-368　砂轮架主轴端部的跳动的检验

项目编号	G5
简图	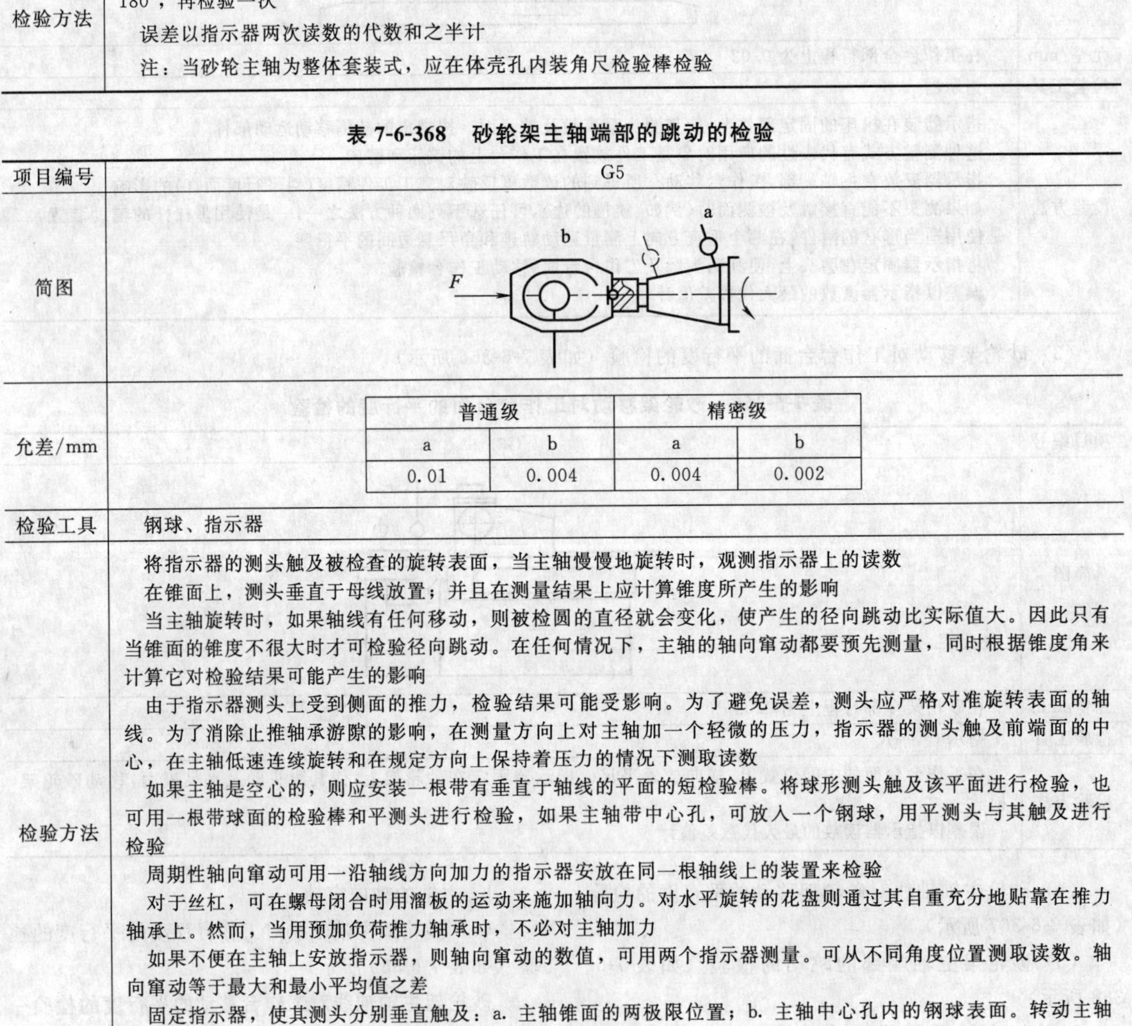
允差/mm	见下表
检验工具	钢球、指示器
检验方法	将指示器的测头触及被检查的旋转表面，当主轴慢慢地旋转时，观测指示器上的读数 在锥面上，测头垂直于母线放置；并且在测量结果上应计算锥度所产生的影响 当主轴旋转时，如果轴线有任何移动，则被检圆的直径就会变化，使产生的径向跳动比实际值大。因此只有当锥面的锥度不很大时才可检验径向跳动。在任何情况下，主轴的轴向窜动都要预先测量，同时根据锥度角来计算它对检验结果可能产生的影响 由于指示器测头上受到侧面的推力，检验结果可能受影响。为了避免误差，测头应严格对准旋转表面的轴线。为了消除止推轴承游隙的影响，在测量方向上对主轴加一个轻微的压力，指示器的测头触及前端面的中心，在主轴低速连续旋转和在规定方向上保持着压力的情况下测取读数 如果主轴是空心的，则应安装一根带有垂直于轴线的平面的短检验棒。将球形测头触及该平面进行检验，也可用一根带球面的检验棒和平测头进行检验，如果主轴带中心孔，可放入一个钢球，用平测头与其触及进行检验 周期性轴向窜动可用一沿轴线方向加力的指示器安放在同一根轴线上的装置来检验 对于丝杠，可在螺母闭合时用溜板的运动来施加轴向力。对水平旋转的花盘则通过其自重充分地贴靠在推力轴承上。然而，当用预加负荷推力轴承时，不必对主轴加力 如果不便在主轴上安放指示器，则轴向窜动的数值，可用两个指示器测量。可从不同角度位置测取读数。轴向窜动等于最大和最小平均值之差 固定指示器，使其测头分别垂直触及：a. 主轴锥面的两极限位置；b. 主轴中心孔内的钢球表面。转动主轴检验 各次测量误差分别计算。误差以指示器读数的最大差值计 检验时应通过主轴轴线加一由制造厂规定的轴向力 F（对已消除轴向游隙的主轴可不加力）

允差/mm：

普通级		精密级	
a	b	a	b
0.01	0.004	0.004	0.002

表 7-6-369　砂轮架主轴轴线对工作台移动的平行度的检验

项目编号	G6
简图	
允差/mm	a 及 b 在 100 测量长度上为 0.01
检验工具	指示器、检验套筒
检验方法	在砂轮架主轴定心锥面上装一检验套筒。固定指示器，使其测头触及套筒表面：a. 在垂直平面内；b. 在水平平面内。移动工作台检验 然后，将主轴旋转 180°，再检验一次 a、b 误差分别计算。误差以指示器两次读数的代数和之半计 注：当砂轮主轴为整体套筒式结构时，应在体壳孔内插入检验棒检验

3. 工作精度检验

磨削试件的两侧面的检验如表 7-6-370 所示。

表 7-6-370　磨削试件的两侧面的检验

<table>
<tr><td>项目编号</td><td colspan="3">P1</td></tr>
<tr><td>简图</td><td colspan="3">mm
<table><tr><td>最大磨削宽度</td><td>L</td><td>l</td></tr><tr><td>≤250</td><td>60～80</td><td>35</td></tr><tr><td>>250</td><td>100～200</td><td>40</td></tr></table>材料：T10A，淬硬，58～62HRC</td></tr>
<tr><td>切削条件</td><td colspan="3">精磨</td></tr>
<tr><td rowspan="3">检验项目</td><td rowspan="3">a. 平面度
b. 平行度</td><td>公差/mm</td><td><table><tr><td colspan="4">最大磨削宽度</td></tr><tr><td colspan="2">≤250</td><td colspan="2">>250</td></tr><tr><td>普通级</td><td>精密级</td><td>普通级</td><td>精密级</td></tr><tr><td colspan="4">a 及 b</td></tr><tr><td>0.0035</td><td>0.0015</td><td>0.004</td><td>0.0016</td></tr></table></td></tr>
<tr><td>检验工具</td><td>精密测量仪、平晶</td></tr>
<tr><td>检验方法</td><td>机床检验前，必须将机床安置在适当的基础上，并按照制造厂的说明书调平机床
为了尽可能使润滑和温升在正常工作状态下评定机床精度，在进行几何精度和工作精度检验时，应根据使用条件和制造厂的规定将机床空运转，使机床零部件达到恰当的温度，因为有些零部件（例如主轴）的发热，将会引起位置和形状的变化
工作精度检验应在标准试件或由用户提供的试件上进行。与实际在机床上加工零件不同，实行工作精度检验不需要多种工序。工作精度检验应采用该机床具有的精加工工序
工件或试件的数目或在一个规定试件上的切削次数，需视情况而定，应使其能得出加工的平均精度，必要时，应考虑刀具的磨损</td></tr>
</table>

6.6.6 万能工具磨床精度检验（JB/T 3875.2—1999）

1. 几何精度检验

几何精度检验如表7-6-371所示。

表7-6-371 几何精度检验

序号	简图	检验项目	允差/mm		检验工具	检验方法
			普通级	高精度等级		
G1	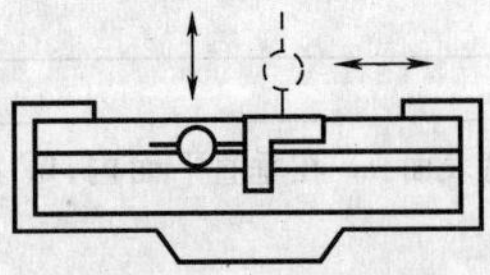	磨头（或下溜板）横向移动对工作台纵向移动的垂直度	0.010/150	0.006/150	指示器、角尺	在工作台上放一角尺，调整角尺的一边，使其与工作台纵向移动的方向平行。在磨头上固定指示器，使其测头触及角尺另一边，移动磨头检验 误差以指示器读数的最大差值计
G2	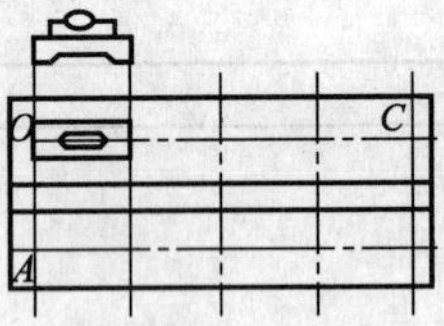	工作台台面的平面度	0.025	0.015	专用检具、水平仪	工作台位于行程的中间位置。在工作台台面的专用检具上放置水平仪，分别沿图示各测量方向移动专用检具，每隔检具长度记录一次水平仪读数 通过工作台台面O、A、C三点建立基准平面。根据水平仪读数求得各测量点到基准平面的坐标值，误差以坐标值的最大代数差值计 检验时，工作台纵向方向两端各25mm长度上不检
G3	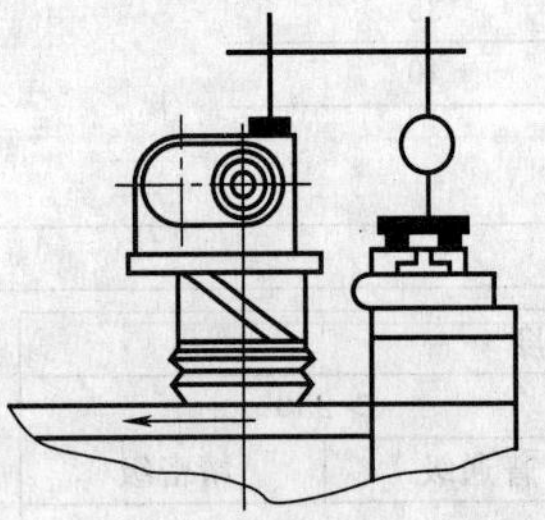	工作台台面对磨头（或下溜板）横向移动的平行度	在任意100长度上为 0.010	在任意100长度上为 0.006	指示器、平尺、块规	平尺放在工作台台面的中间位置，指示器固定在磨头上，使其测头触及平尺表面，横向移动磨头（或下溜板）检验 误差以指示器读数的最大差值计
G4	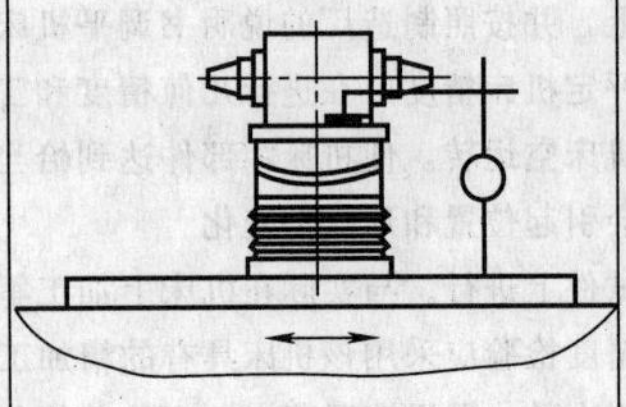	工作台台面对工作台纵向移动的平行度	在任意300长度上为 0.010	在任意300长度上为 0.008	指示器	指示器固定在磨头上，使其测头触及工作台表面，纵向移动工作台检验 误差以指示器读数的最大差值计

续表

序号	简图	检验项目	允差/mm		检验工具	检验方法
			普通级	高精度等级		
G5		工作台T形槽定位侧面对工作台纵向移动的平行度	任意300测量长度上为 0.010	 0.008	指示器	工作台固定在“0”位上，指示器固定在磨头上，使其测头触及T形槽定位侧面，纵向移动工作台检验 误差以指示器读数的最大差值计 检验时，工作台两端各25mm长度上不检验
G6		砂轮轴的轴向窜动	0.005	0.003	指示器、钢球、检验棒	固定指示器，使其测头触及砂轮主轴中心孔内的钢球表面上 转动主轴检验 误差以指示器读数的最大差值计
G7		砂轮轴定心锥面的径向跳动 a. 靠近主轴端部 b. 距主轴端部100mm处	外锥： 0.005 内锥： a 0.008 b 0.012	 0.003 0.005 0.007	指示器、检验棒	在主轴锥孔中插入一检验棒，固定指示器，使其测头触及检验棒表面：a. 靠近主轴端；b. 距主轴端部100mm处。转动主轴检验。拔出检验棒，并相对锥孔转90°，重新插入，依次检验四次 a、b误差分别计算。误差以指示器四次读数的平均值计
G8		磨头垂直移动对工作台面的垂直度 a. 在纵向平面内 b. 在横向平面内	0.02/100	0.012/100	指示器、角尺	角尺放在工作台台面上，指示器固定在磨头上，使其测头触及角尺表面：a. 在纵向平面内；b. 在横向平面内。垂直移动磨头检验 误差以指示器读数的最大差值计

续表

序号	简图	检验项目	允差/mm		检验工具	检验方法
			普通级	高精度等级		
G9	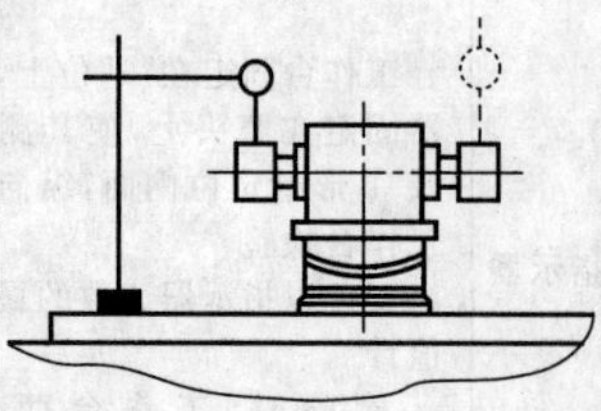	砂轮轴中心线对作台台面的等高度	0.025	0.015	指示器、检验套筒、检验棒	在砂轮轴两端各套上一检验套筒；指示器固定在工作台上，使其测头触及检验套筒表面。移动工作台和下溜板，分别在两端检验；然后，将磨头顺逆旋转90°，再分别检验 误差以指示器读数的最大差值计
G10	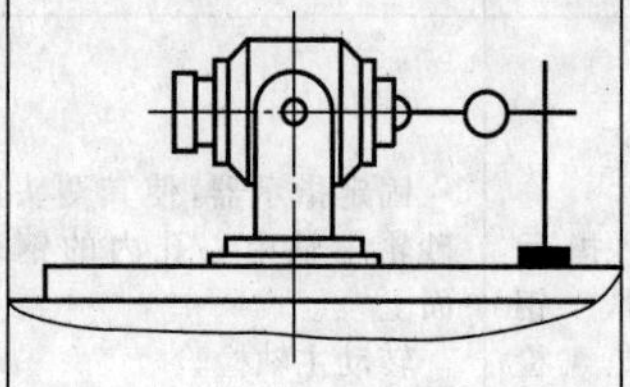	万能夹头主轴的轴向窜动	0.005	0.003	指示器、检验棒、钢球	固定指示器，使其测头触及主轴中心孔内的钢球表面 转动主轴检验 误差以指示器读数的最大差值计
G11	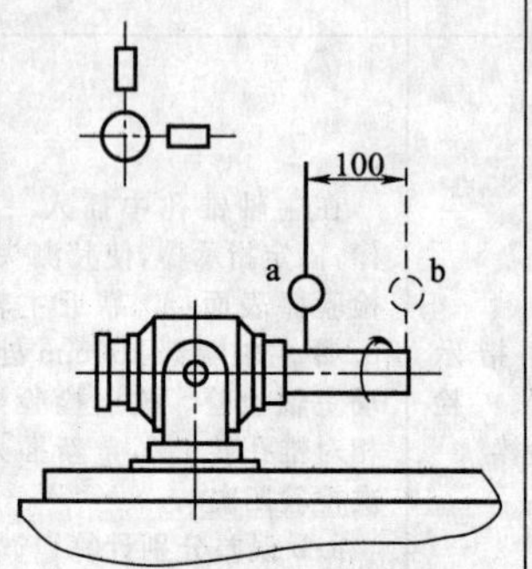	万能夹头主轴锥孔中心线的径向跳动 a. 靠近主轴端部 b. 距主轴端部100mm处	a 0.010 b 0.013	 0.006 0.008	指示器、检验棒	在主轴锥孔中插入一检验棒，固定指示器，使其测头触及检验棒表面，a. 靠近主轴端部；b. 距主轴端100mm处。转动主轴检验 拔出检验棒，并相对锥孔转90°，重新插入，依次检查四次 a、b误差分别计算。误差以指示器四次读数的平均值计
G12	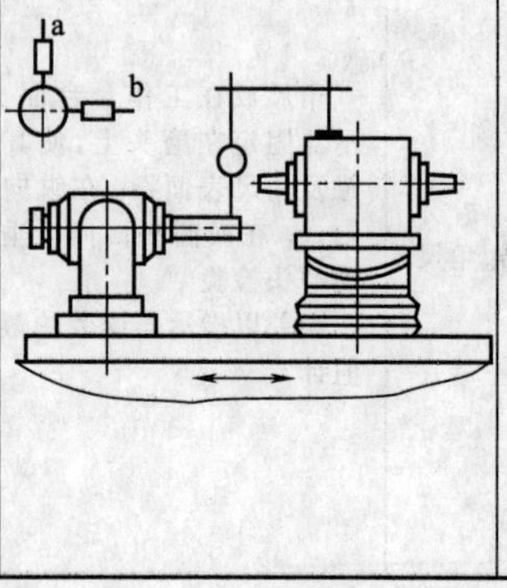	万能夹头轴线对工作台纵向移动的平行度 a. 在垂直平面内 b. 在水平平面内	a、b 在100长度上为 0.010	 0.006	指示器、检验棒	在万能夹头主轴锥孔中插入一检验棒，在磨头上固定指示器，使其测头触及检验棒表面：a. 在垂直平面内；b. 在水平平面内。移动工作台检验。拔出检验棒，相对主轴锥孔转180°，重新插入锥孔中，再检验一次 a、b误差分别计算，误差以指示器两次读数的代数和之半计

续表

序号	简图	检验项目	允差/mm		检验工具	检验方法
			普通级	高精度等级		
G13	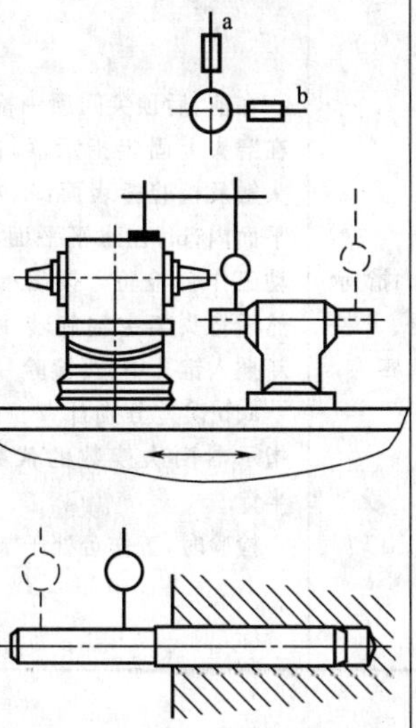	后顶尖座孔(或锥套)中心线对工作台纵向移动平行度 a. 在垂直平面内 b. 在水平平面内	a及b 在100测量长度上为 0.010	 0.008	指示器、检验棒	在后顶尖座孔(或锥套)中插一检验棒。在磨头上固定指示器,使其测头触及检验棒表面:a. 在垂直平面内;b. 在水平平面内。移动工作台检验 拔出检验棒,相对锥孔转180°,重新插入锥孔中,再检验一次 a、b误差分别计算。误差以指示器两次读数的代数和之半计 检验时,后顶尖有锁紧机构的应在锁紧状态检验
G14	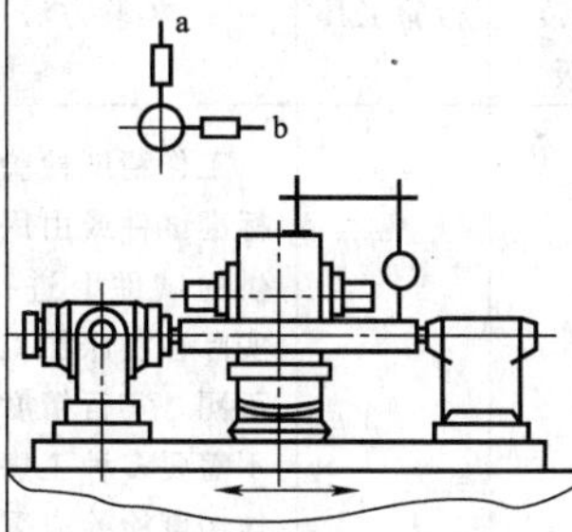	万能夹头与后顶尖中心连线对工作台纵向移动的平行度 a. 在垂直平面内 b. 在水平平面内	a及b 在300测量长度上为 0.015	 0.009	指示器、检验棒	在万能夹头和后顶尖间顶紧一检验棒,在磨头上固定指示器,使其测头触及检验棒表面:a. 在垂直平面内;b. 在水平平面内。移动工作台检验;然后,将万能夹头旋转180°,再检验一次 a、b误差分别计算。误差以两次测量结果的代数和之半计 检验时,工作台处于"0"位上
G15	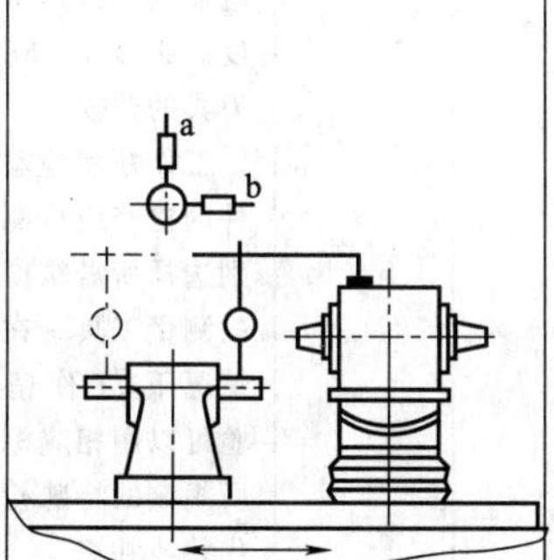	前顶尖座孔中心线对工作台纵向移动的平行度 a. 在垂直平面内 b. 在水平平面内	a及b 在100测量长度上为 0.010	 0.008	指示器、检验棒	在前顶尖座孔中插入一检验棒,在磨头上固定指示器,使其测头触及检验棒表面:a. 在垂直平面内;b. 在水平平面内。移动工作台检验。拔出检验棒,相对锥孔旋转180°,重新插入锥孔中,再检验一次 a、b误差分别计算。误差以指示器两次读数的代数和之半计 检验时,工作台处于"0"位上

续表

序号	简图	检验项目	允差/mm		检验工具	检验方法
			普通级	高精度等级		
G16		前顶尖与后顶尖中心连线对工作台纵向移动的平行度 a. 在垂直平面内 b. 在水平平面内	a及b 在300测量长度上为 0.015	 0.009	指示器、检验棒	在前、后顶尖间顶一检验棒，在磨头上固定指示器，使其测头触及检验棒表面：a. 在垂直平面内；b. 在水平平面内。移动工作台检验。拔出检验棒；然后将头架主轴旋转180°，重新插入锥孔中，再检验一次 a、b误差分别计算。误差以指示器两次读数的代数和之半计 检验时，工作台处于“0”位上

2. 工作精度检验

工作精度检验如表7-6-372所示。

表7-6-372　工作精度检验

序号	简图	检验性质	切削条件	检验项目	允差/mm		检验工具	检验方法
					普通级	高精度等级		
P1	50　15 材料：高速钢 硬度：62～66HRC	夹磨平面	试件装在万能虎钳上，用碗形砂轮磨削试件平面	直线度	0.005	0.003		工作精度检验应在标准试件或由用户提供的试件上进行，与实际在机床加工零件不同。实行精度检验不需要多种工序。工作精度检验应采用该机床具有的精加工序。试件的数目或在各规定试件上的切削次数，需视情况而定，应使其能得出平均精度。必要时，应考虑刀具的磨损 工作精度检验中试件的检查应按测量类别选择所需精度等级的测量工具。在某些情况下，工作精度检验可以用相应标准中所规定的特殊检验来代替或补充 两端各5mm不考核

6.7　组合机床和加工中心精度检验

6.7.1　加工中心检验条件：卧式和带附加主轴头机床的几何精度检验（水平 Z 轴）（JB/T 8771.1—1998）

卧式加工中心结构型式分类如表 7-6-373 所示。

表 7-6-373　卧式加工中心结构型式分类

序号	X	X'	Y	Y'	Z	Z'
01		滑鞍上的工作台	主轴箱			工作台滑鞍
02	立柱		主轴箱			工作台
03		滑鞍上的工作台		升降台		工作台滑鞍
04		工作台滑鞍	主轴箱			滑鞍工作台上的
05	滑鞍上的立柱		主轴箱		立柱滑鞍	
06		升降台		升降台滑鞍	主轴箱	
07		工作台	主轴箱		立柱	
08	立柱滑鞍		主轴箱		滑鞍上的立柱	
09		升降台滑鞍		升降台	主轴箱	
10		工作台	主轴箱滑板		滑板上的主轴箱	
11	立柱		主轴箱滑板		滑板上的主轴箱	
12	主轴箱滑板			升降台	滑板上的主轴箱	

线性运动的直线度的检验如表 7-6-374 所示。

表 7-6-374　线性运动的直线度的检验

序号	简　图	检验项目	允差/mm	检验工具	检验方法
G1	a) b)	X 轴轴线运动的直线度 a) 在 X-Y 垂直平面内 b) 在 Z-X 水平平面内	a) 和 b) $X \leqslant 500$: 0.010 $X > 500 \sim 800$: 0.015 $X > 800 \sim 1250$: 0.020 $X > 1250 \sim 2000$: 0.025 局部公差： 在任意 300 测量长度上为 0.007	a) 平尺和指示器或光学仪器 b) 平尺和指示器或钢丝和显微镜或光学仪器	对所有结构型式的机床，平尺和钢丝或直线度放射器都应置于工作台上。如主轴能锁紧，则指示器或显微镜或干涉仪可装在机床的主轴箱上 测量位置应尽量靠近工作台中央

续表

序号	简图	检验项目	允差/mm	检验工具	检验方法
G2	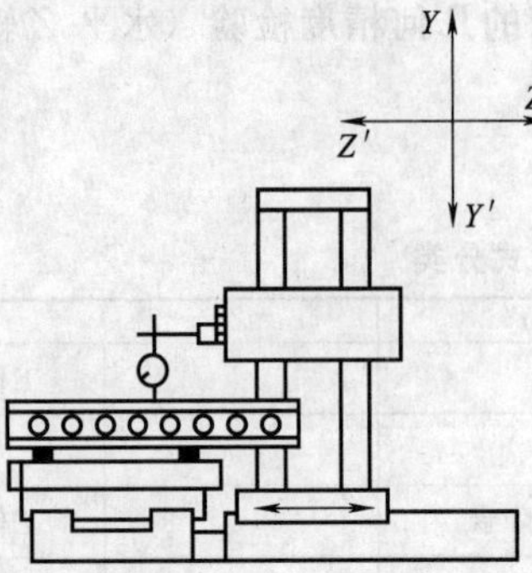 a) 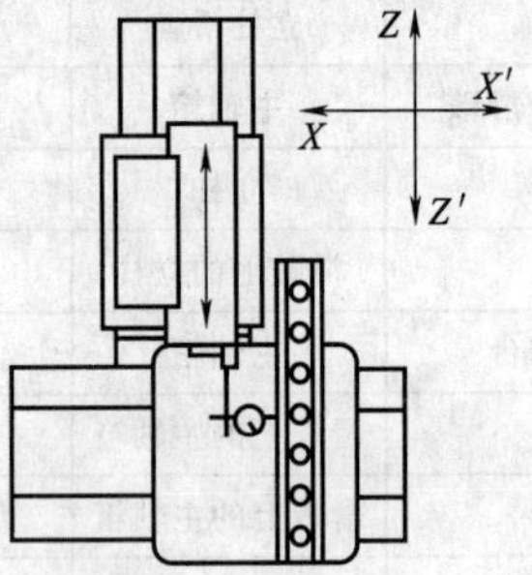 b)	Z轴轴线运动的直线度 a)在Y-Z垂直平面内 b)在Z-X水平平面内	a)和b) $X \leqslant 500$:0.010 $X > 500 \sim 800$:0.015 $X > 800 \sim 1250$:0.020 $X > 1250 \sim 2000$:0.025 局部公差: 在任意300测量长度上为0.007	a)平尺和指示器或光学仪器 b)平尺和指示器或钢丝和显微镜或光学仪器	对所有结构型式的机床，平尺和钢丝或直线度放射器都应置于工作台上。如主轴能锁紧，则指示器或显微镜或干涉仪可装在机床的主轴箱上 测量位置应尽量靠近工作台中央
G3	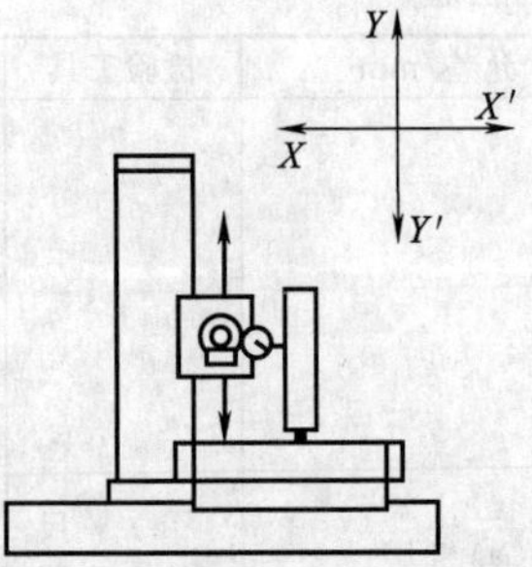 a) 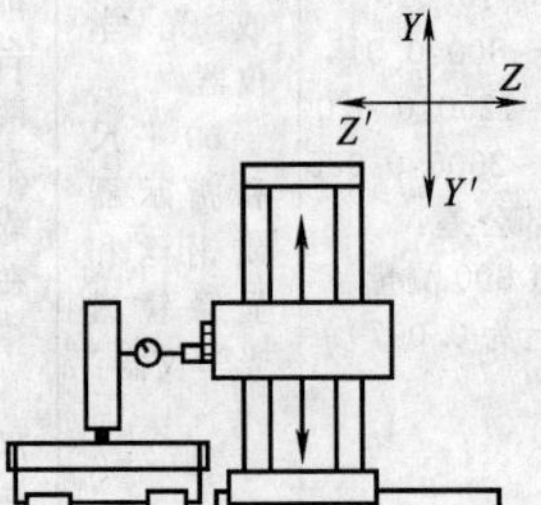 b)	Y轴轴线运动的直线度 a)在垂直于主轴轴线的X-Y垂直平面内 b)在平行于主轴轴线的Y-Z垂直平面内	a)和b) $X \leqslant 500$:0.010 $X > 500 \sim 800$:0.015 $X > 800 \sim 1250$:0.020 $X > 1250 \sim 2000$:0.025 局部公差: 在任意300测量长度上为0.007	a)和b)精密水平仪或角尺和指示灯或钢丝和显微镜或光学仪器	对所有结构型式的机床，角尺和钢丝或直线度放射器都应置于工作台上。如主轴能锁紧，则指示器或显微镜或干涉仪可装在机床的主轴箱上

线性运动的角度偏差的检验如表7-6-375所示。

表 7-6-375 线性运动的角度偏差的检验

序号	简图	检验项目	允差/mm	检验工具	检验方法
G4	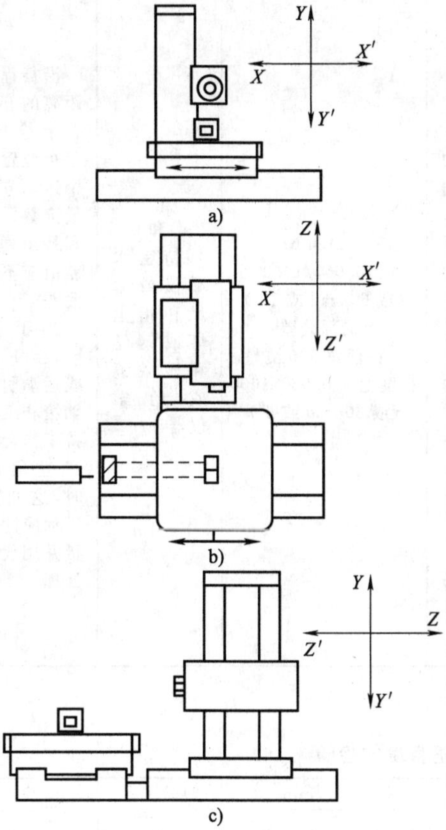 a) b) c)	X轴轴线运动的角度偏差 a)在垂直于主轴轴线的X-Y垂直平面内(俯仰) b)在Z-X水平面内(偏摆) c)在平行于主轴轴线的Y-Z垂直平面内(倾斜)	a)、b)和c) 0.060/1000 (或60μrad或12″) 局部公差: 在任意500测量长度上为0.030/1000 (或30μrad或6″)	a)精密水平仪或光学角度偏差测量工具 b)光学角度偏差测量工具 c)精密水平仪	检验工具应置于运动部件上 a)(俯仰)纵向 b)(偏摆)水平 c)(倾斜)横向 沿行程在等距离的五个位置上检验 应在每个位置的两个运动方向测量读数。最大和最小读数的差值应不超过允差 当X轴轴线运动引起主轴箱和工件夹持工作台同时产生角运动时,这两种角运动应同时测量并用代数式处理
G5	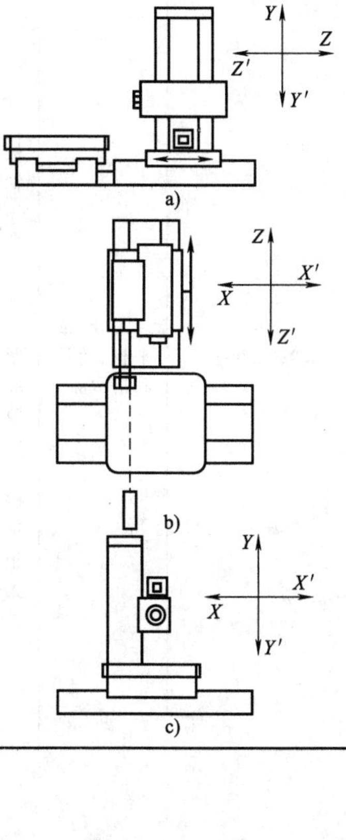 a) b) c)	Z轴轴线运动的角度偏差 a)在平行于主轴轴线的Y-Z垂直平面内(俯仰) b)在Z-X水平面内(偏摆) c)在垂直于主轴轴线的X-Y垂直平面内(倾斜)	a)、b)和c) 0.060/1000 (或60μrad或12″) 局部公差: 在任意500测量长度上为0.030/1000 (或30μrad或6″)	a)精密水平仪或光学角度偏差测量工具 b)光学角度偏差测量工具 c)精密水平仪	检验工具应置于运动部件上 a)(俯仰)纵向 b)(偏摆)水平 c)(倾斜)横向 沿行程在等距离的五个位置上检验 应在每个位置的两个运动方向测量读数。最大和最小读数的差值应不超过允差 当Z轴轴线运动引起主轴箱和工件夹持工作台同时产生角运动时,这两种角运动应同时测量并用代数式处理

续表

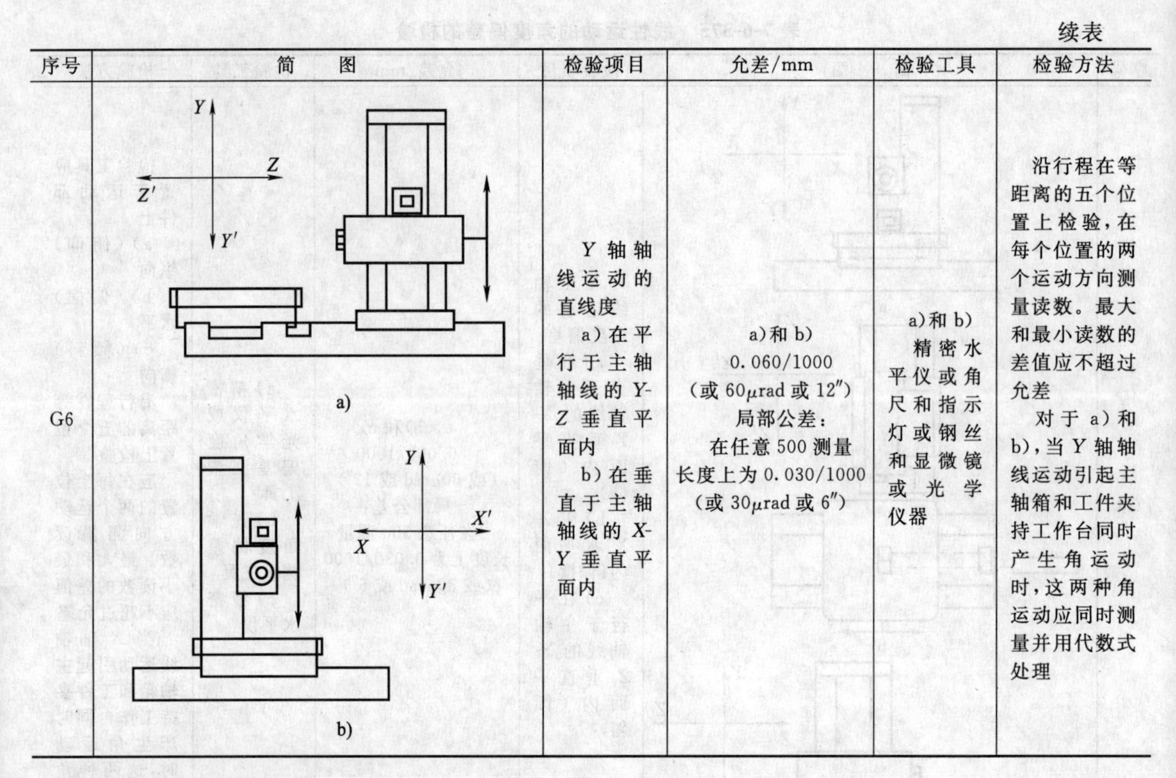

序号	简　图	检验项目	允差/mm	检验工具	检验方法
G6	a) b)	Y 轴轴线运动的直线度 a)在平行于主轴轴线的 Y-Z 垂直平面内 b)在垂直于主轴轴线的 X-Y 垂直平面内	a)和 b) 0.060/1000 (或 60μrad 或 12″) 局部公差： 在任意 500 测量长度上为 0.030/1000 (或 30μrad 或 6″)	a)和 b) 精密水平仪或角尺和指示灯或钢丝和显微镜或光学仪器	沿行程在等距离的五个位置上检验，在每个位置的两个运动方向测量读数。最大和最小读数的差值应不超过允差 对于 a)和 b)，当 Y 轴轴线运动引起主轴箱和工件夹持工作台同时产生角运动时，这两种角运动应同时测量并用代数式处理

线性运动的垂直度的检验如表 7-6-376 所示。

表 7-6-376　线性运动的垂直度的检验

序号	简　图	检验项目	允差/mm	检验工具	检验方法
G7	Y、X′、X、Y′ a) Y、α、α、X′、X、Y′ b)	Y 轴轴线运动和 X 轴轴线运动间的垂直度	0.020/500	平尺或平板、角尺和指示器	a)平尺或平板应平行于 X 轴轴线放置 b)应通过直立在平尺或平板上的角度检验 Y 轴轴线 如主轴能锁紧，则指示器或显微镜或干涉仪可装在机床的主轴箱上 为了参考和修正方便，应记录 α 值是小于、等于还是大于 90°

续表

序号	简　图	检验项目	允差/mm	检验工具	检验方法
G8	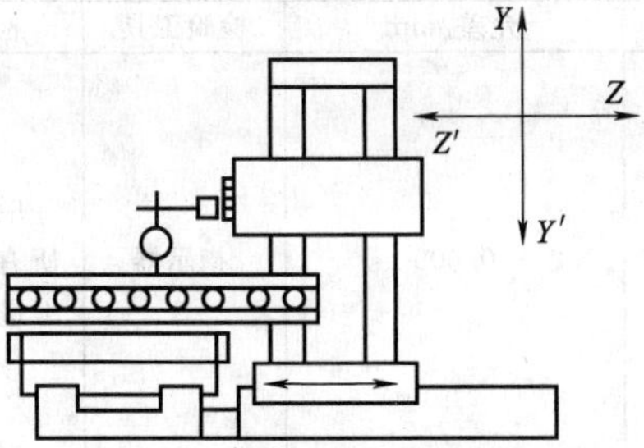 a) 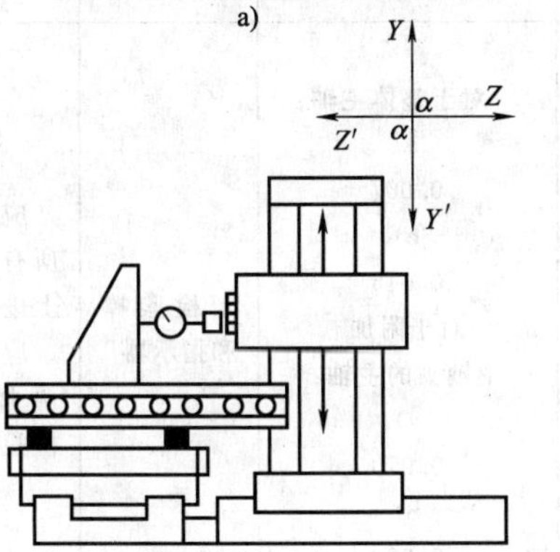 b)	Y轴轴线运动和Z轴轴线运动间的垂直度	0.020/500	平尺或平板、角尺和指示器	a)平尺或平板应平行于Z轴轴线放置 b)应通过直立在平尺或平板上的角度检验Y轴轴线 如主轴能锁紧，则指示器或显微镜或干涉仪可装在机床的主轴箱上 为了参考和修正方便，应记录α值是小于、等于还是大于90°
G9	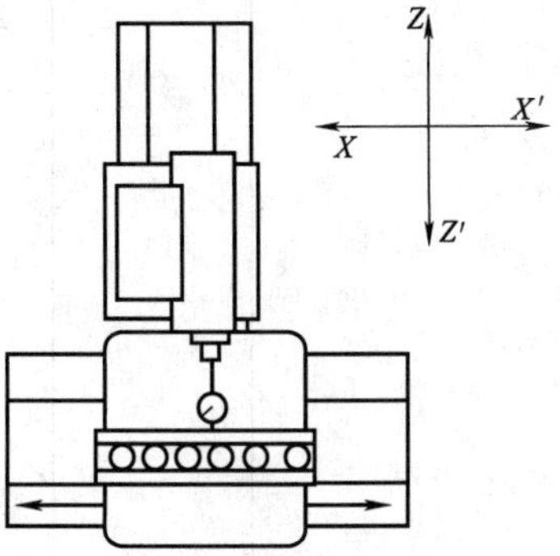 a) 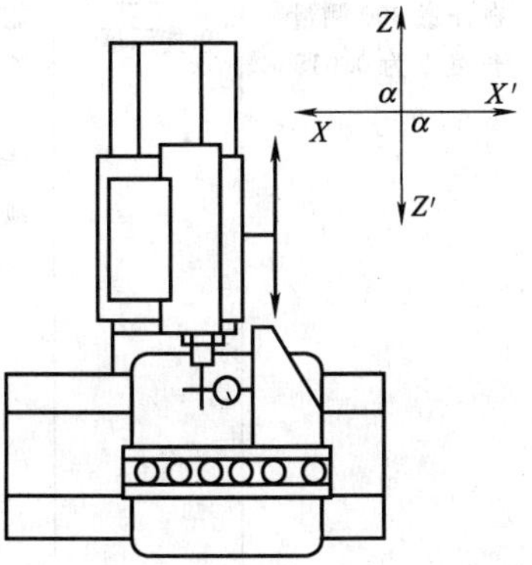 b)	Z轴轴线运动和X轴轴线运动间的垂直度	0.020/500	平尺、角尺和指示器	a)平尺应平行于X轴轴线（或Z轴轴线）放置 b)应通过放置在工作台上并一边紧靠平尺的角尺检验Z轴轴线（或X轴轴线） 本检验也可以不用平尺，而将角尺的一边对准一条轴线，在角尺的另一边上检验第二条轴线 如主轴能锁紧，则指示器或显微镜或干涉仪可装在机床的主轴箱上 为了参考和修正方便，应记录α值是小于、等于还是大于90°

主轴的检验如表7-6-377所示。

表7-6-377 主轴的检验

序号	简图	检验项目	允差/mm	检验工具	检验方法
G10		主轴的周期性轴向窜动	0.005	指示器	应在机床的所有工作主轴上进行检验
G11		主轴锥孔的径向跳动 a）靠近主轴端部 b）距主轴端部300mm处	对于整体主轴： a）0.007 b）0.015 对于附加主轴头的主轴： a）0.010 b）0.020	检验棒和指示器	应在机床的所有工作主轴上进行检验 应至少旋转两整圈进行检验
G12	a) b)	主轴轴线和Z轴轴线运动间的平行度 a）在Y-Z垂直平面内 b）在Z-X水平面内	a)和b) 在任意300测量长度上为0.015	检验棒和指示器	X轴轴线置于行程的中间位置 a）如果可能，Y轴轴线锁紧 b）如果可能，X轴轴线锁紧

续表

序号	简　　图	检验项目	允差/mm	检验工具	检验方法
G13	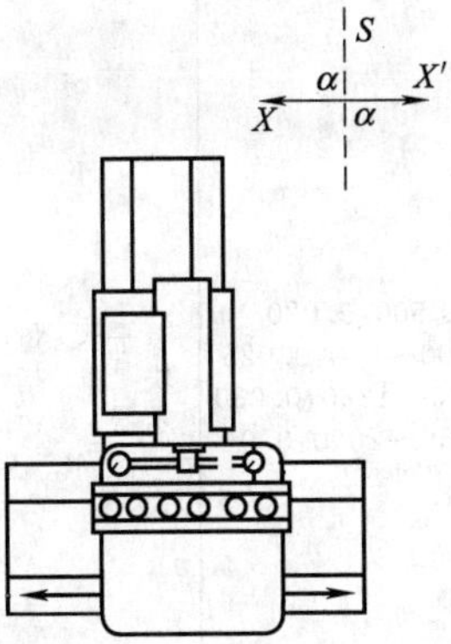 S α X′ X α	主轴轴线和X轴轴线运动间的垂直度	0.015/300	平尺、专用支架和指示器	如果可能，Y轴轴线和Z轴轴线锁紧 平尺应平行于X轴轴线放置 为了参考和修正方便，应记录α值是小于、等于还是大于90°
G14	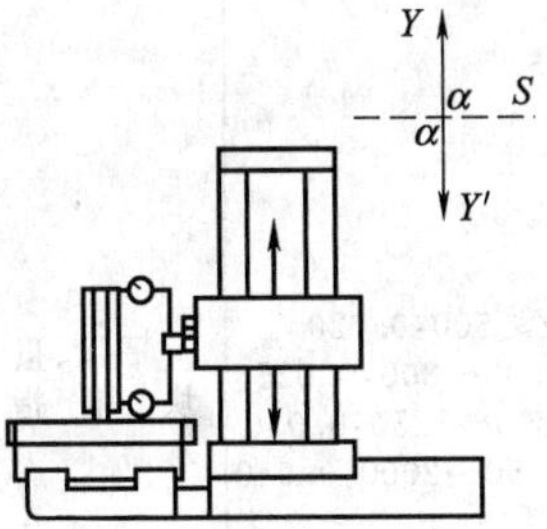 Y α S α Y′	主轴轴线和Y轴轴线运动间的垂直度	0.015/300	角尺、专用支架和指示器	如果可能，Z轴轴线锁紧 角尺测量边应平行于Y轴轴线放置，或在测量中应考虑该平行度偏差 为了参考和修正方便，应记录α值是小于、等于还是大于90°

工作台或托板的检验如表7-6-378所示。

表7-6-378　工作台或托板的检验

序号	简　　图	检验项目	允差/mm	检验工具	检验方法
G15	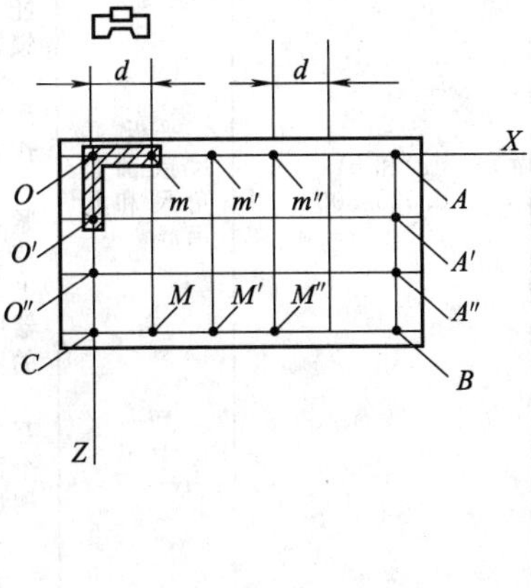 d d X O m m′ m″ A O′ A′ O″ M M′ M″ A″ C B Z	工作台面的平面度 固有的回转工作台或在工作位置锁紧的任意一个托板	L≤500：0.020 L>500～800：0.025 L>800～1250：0.030 L>1250～2000：0.040 局部公差： 在任意300测量长度上为0.012 注：L——工作台托板的较短边的长度	精密水平仪或平尺、量块和指示器或光学仪器	X轴轴线和Z轴轴线置于其行程中间的位置 工作台面的平面度应检测两次，一次回转工作台锁紧，一次不锁紧（如果适用的话）。两次测定的偏差均应符合允差要求

续表

序号	简　　图	检验项目	允差/mm	检验工具	检验方法
G16	Y, X', X, Y'	工作台面和X轴轴线运动间的平行度 固有的回转工作台或在工作位置锁紧的任意一个托板	$X \leqslant 500$:0.020 $X > 500 \sim 800$:0.025 $X > 800 \sim 1250$:0.030 $X > 1250 \sim 2000$:0.040	平尺、量块和指示器	如果可能，Y轴轴线锁紧 指示器测头近似地置于刀具的工作位置：可在平行于工作台面放置的平尺上进行测量 如主轴能锁紧，则指示器可装在主轴上，否则指示器应装在机床的主轴箱上 工作台应在互成90°的四个回转位置处测量
G17	Y, Z, Z', Y'	工作台面和Z轴轴线运动间的平行度 固有的回转工作台或在工作位置锁紧的任意一个托板	$Z \leqslant 500$:0.020 $Z > 500 \sim 800$:0.025 $Z > 800 \sim 1250$:0.030 $Z > 1250 \sim 2000$:0.040	平尺、量块和指示器	如果可能，Y轴轴线锁紧 指示器测头近似地置于刀具的工作位置：可在平行于工作台面放置的平尺上进行测量 如主轴能锁紧，则指示器可装在主轴上，否则指示器应装在机床的主轴箱上 工作台应在互成90°的四个回转位置处测量
G18	Y, X', X, Y' a) Y, Z, Z', Y' b)	工作台面和Y轴轴线运动间的垂直度 a)在垂直于主轴轴线的X-Y垂直平面内 b)在平行于主轴轴线的Y-Z垂直平面内 固有的回转工作台或在工作位置锁紧的任意一个托板	a)和b) 0.020/500	平板、角尺或圆柱角尺和指示器	a)如果可能，X轴轴线锁紧 b)如果可能，Z轴轴线锁紧 角尺或圆柱形角尺置于工作台中央 如主轴能锁紧，则指示器可装在主轴上，否则指示器应装在机床的主轴箱上 工作台应在互成90°的四个回转位置处测量

续表

序号	简　　图	检验项目	允差/mm	检验工具	检验方法
G19	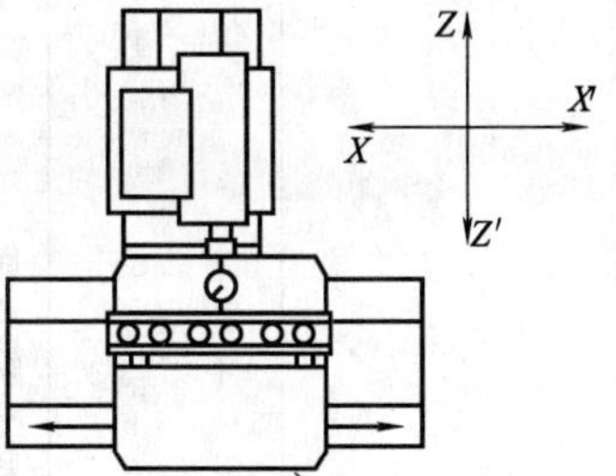 a) 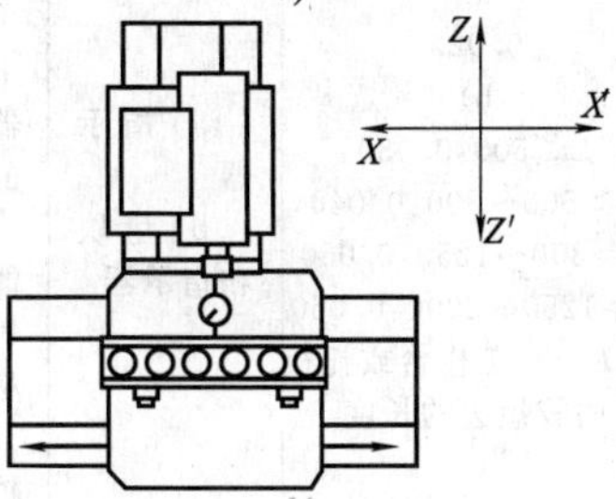 b) 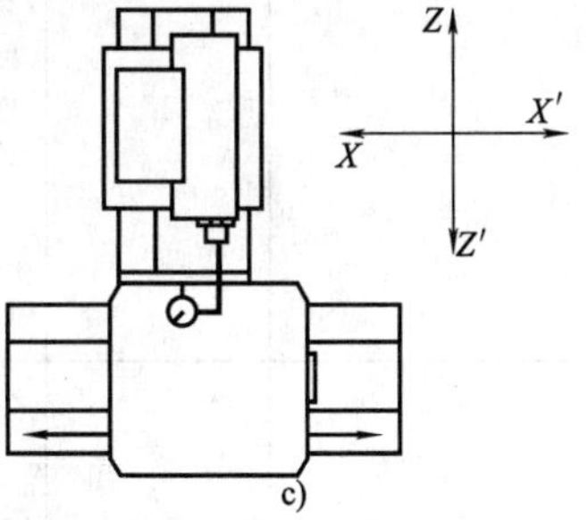 c)	a）工作台纵向中央或基准T形槽和X轴轴线运动间的平行度 b）工作台纵向定位孔的中心线（如果有的话）和X轴轴线运动间的平行度 c）工作台纵向侧面定位器和X轴轴线运动间的平行度 固有的回转工作台或在工作位置锁紧的任意一个托板	a)、b)和 c) 在任意 500 测量长度上为 0.025	指示器、平尺和标准销（如果需要）	工作台处于0°位置 如果可能，Z轴轴线锁紧 如主轴能锁紧，则指示器可装在主轴上，否则指示器应装在机床的主轴箱上 当有定位孔时，应使用两个与该孔配合并具有相同直径突出部分的标准销，平尺应紧靠它们放置
G20	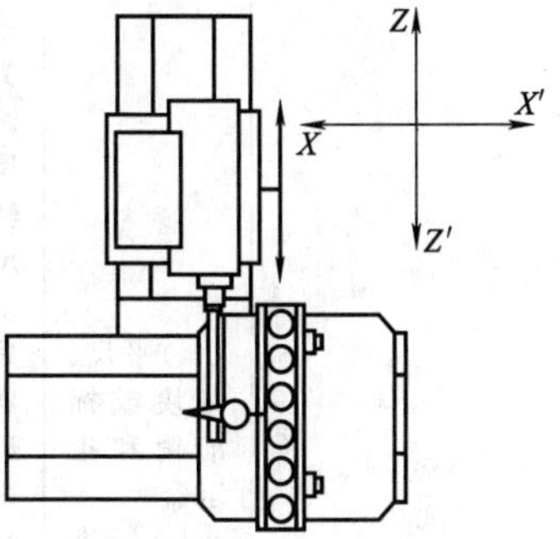 a) 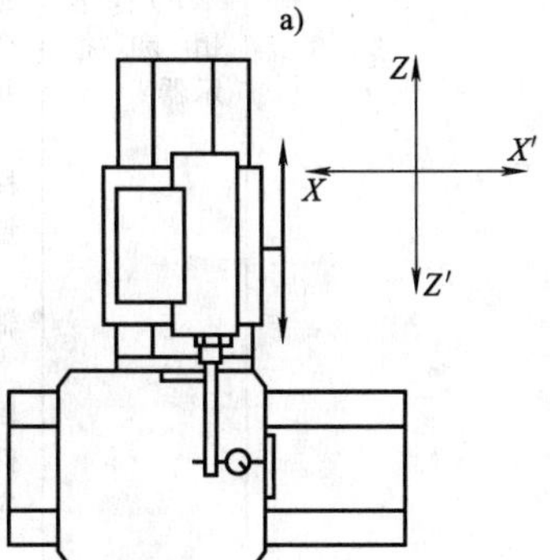 b)	a）工作台横向定位孔的中心线（如果有的话）和Z轴轴线运动间的平行度 b）工作台横向侧面定位器和Z轴轴线运动间的平行度 固有的回转工作台或在工作位置锁紧的任意一个托板	a)和 b) 在任意 500 测量长度上为 0.025	指示器、平尺和标准销（如果需要）	工作台处于0°位置 如果可能，X轴轴线锁紧 如主轴能锁紧，则指示器可装在主轴上，否则指示器应装在机床的主轴箱上 当有定位孔时，应使用两个与该孔配合并具有相同直径突出部分的标准销，平尺应紧靠它们放置

续表

序号	简图	检验项目	允差/mm	检验工具	检验方法
G21	a) K R L b)	a)工作台的径向跳动(当中心孔用于定位目的时) b)工作台工作面的端面跳动 固有的回转工作台或在工作位置锁紧的任意一个托板 对于分度工作台,至少应在互成90°的四个位置检验	a) 0.025 b) $L \leqslant 500$:0.030 $L>500 \sim 800$:0.040 $L>800 \sim 1250$:0.050 $L>1250 \sim 2000$:0.060 注:L——工作台或托板的较短边的长度	a)指示器 b)量块和指示器	a)如果可能,*X*轴轴线和*Z*轴轴线锁紧 如主轴能锁紧,则指示器可装在主轴上,否则指示器应装在机床的固定部位 b)如果可能,*Y*轴轴线锁紧半径*R*应尽可能大 绕相应改变轴线名称的垂直或水平轴线回转的所有工件夹持工作台均应检验
G22	a) b)	a)工作台回转轴线与纵向中央T形槽或两定位孔间或横向榫槽(如果有的话)的中心线的相交度 b)定位孔与工作台回转轴线的等距度 固有的回转工作台或在工作位置锁紧的任意一个托板	a)和b) 0.030	a)平尺、量块或标准销和指示器 b)标准销和指示器	在机床的固定部位固定指示器,使其测头触及平尺并调零。移开平尺,工作台旋转180°。将平尺重新靠近量块或标准销的另一侧,指示器新读数不超过允差 当有定位孔时,应使用两个与该孔配合并具有相同直径突出部分的标准销来代替量块 绕相应改变轴线名称的垂直或水平轴线回转的所有工件夹持工作台应检验

平行于 Z 轴轴线的附件轴线的检验如表 7-6-379 所示。

表 7-6-379　平行于 Z 轴轴线的附件轴线的检验

序号	简　图	检验项目	允差/mm	检验工具	检验方法
G23	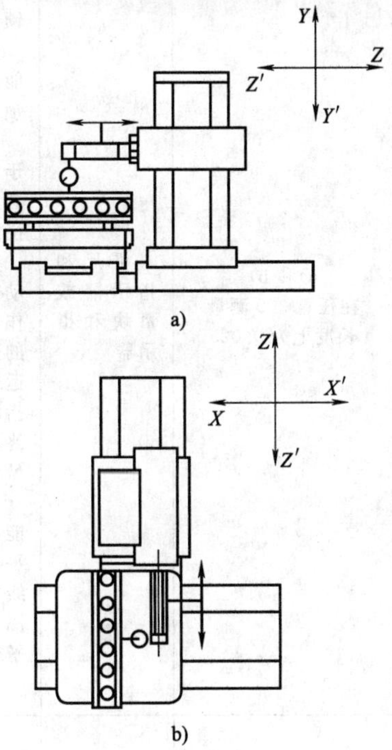 Y Z Z′ Y′ a) Z X′ X Z′ b)	主轴轴向移动的直线度 a）在 Y-Z 垂直平面内 b）在 Z-X 水平平面内	a)和 b) 在任意 300 测量长度上为 0.015	平尺和指示器	a）如果可能，Y 轴轴线锁紧 b）如果可能，X 轴轴线锁紧 应注意：对于 a)，偏差包含主轴的常规挠度
G24	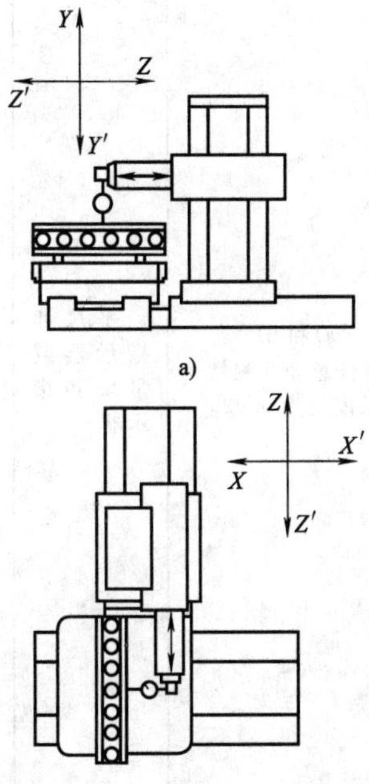 Y Z Z′ Y′ a) Z X′ X Z′ b)	滑枕移动的直线度 a）在 Y-Z 垂直平面内 b）在 Z-X 水平平面内	a)和 b) 在任意 300 测量长度上为 0.015	平尺和指示器	a）如果可能，Y 轴轴线锁紧 b）如果可能，X 轴轴线锁紧

第 7 篇

续表

序号	简图	检验项目	允差/mm	检验工具	检验方法
G25	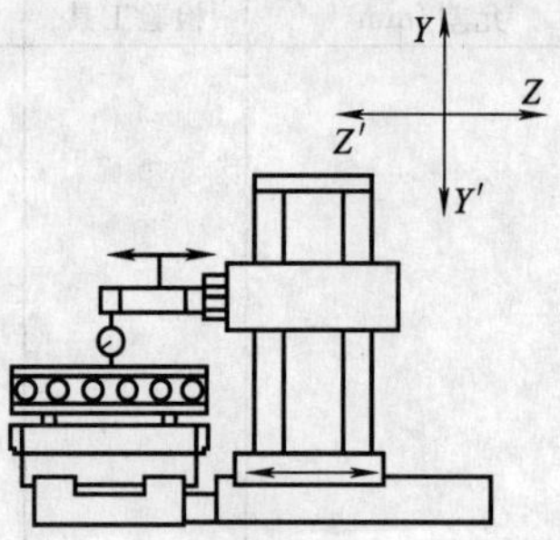 a) 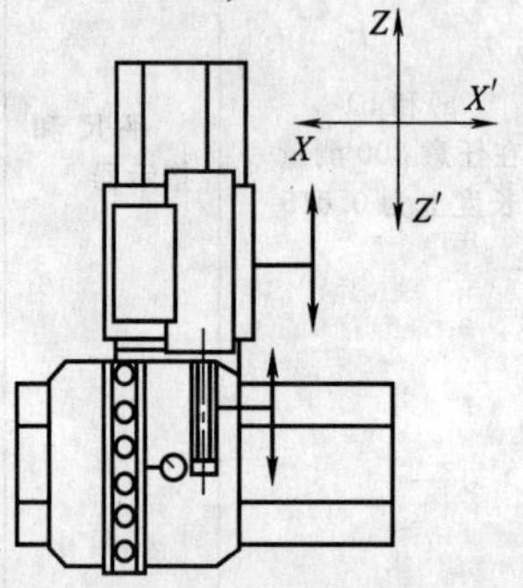 b)	主轴轴向移动和Z轴轴线运动间的平行度 a）在Y-Z垂直平面内 b）在Z-X水平平面内	a)和b) 在任意300测量长度上为0.025	平尺和指示器或量块和指示器	a）如果可能，Y轴轴线锁紧 b）如果可能，X轴轴线锁紧 应注意：对于a)，偏差包含主轴的常规挠度 如果两个运动能同时动作，则用相同的速率移动两运动件，使得指示器测头始终触及平尺或量块的相同点 如果这不可能，则平尺应平行于Z轴轴线放置，或在测量中应考虑平行度偏差
G26	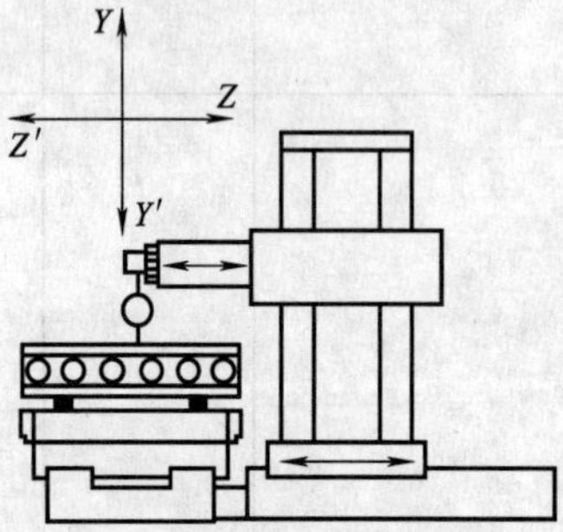 a) 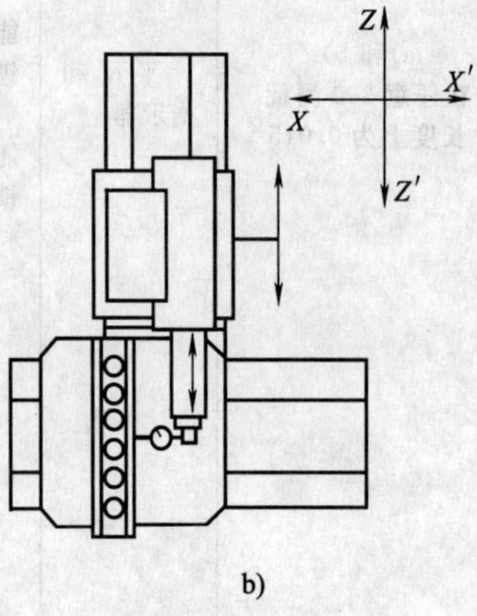 b)	滑枕移动和Z轴轴线运动间的平行度 a）在Y-Z垂直平面内 b）在Z-X水平平面内	a)和b) 在任意300测量长度上为0.025	平尺和指示器或量块和指示器	a）如果可能，Y轴轴线锁紧 b）如果可能，X轴轴线锁紧 如果两个运动能同时动作，则用相同的速率移动两运动件，使得指示器测头始终触及平尺或量块的相同点 如果这不可能，则平尺应平行于Z轴轴线放置，或在测量中应考虑平行度偏差

附加的 45°对分分度主轴头的检验如表 7-6-380 所示。

表 7-6-380　附加的 45°对分分度主轴头的检验

序号	简　图	检验项目	允差/mm	检验工具	检验方法
AG1	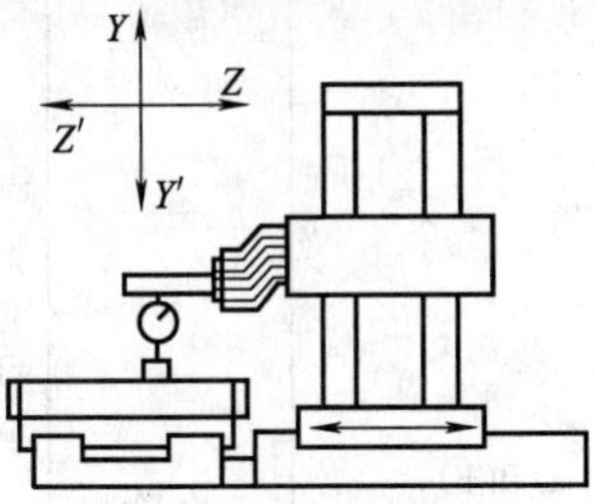 a) 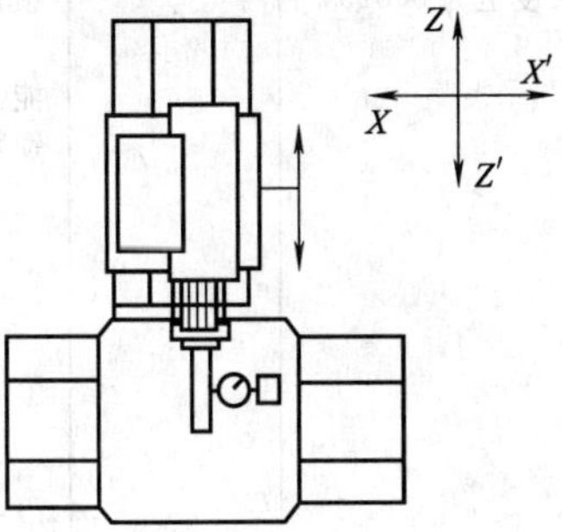 b)	主轴轴线和 Z 轴轴线运动间的平行度 a）在 Y-Z 垂直平面内 b）在 Z-X 水平平面内	a)和 b) 在 300 测量长度上为 0.025	检验棒和指示器	X 轴线位于行程的中间位置 a）如果可能，Y 轴轴线锁紧 b）如果可能，X 轴轴线锁紧
AG2	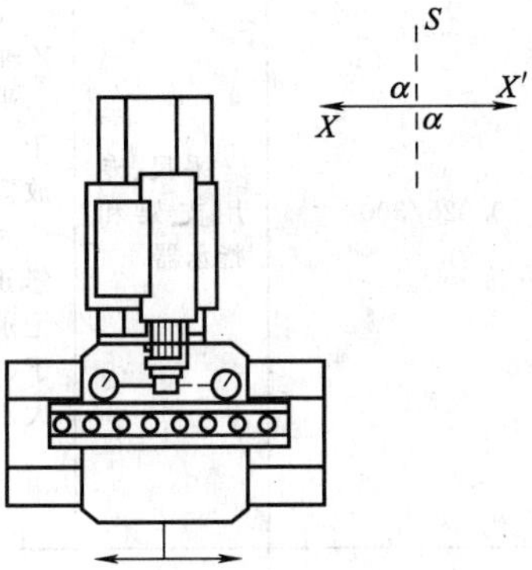	主轴轴线和 X 轴轴线运动间的垂直度	0.025/300	平尺、专用支架和指示器	如果可能，Z 轴轴线锁紧 平尺应平行于 X 轴轴线放置 为了参考和修正方便，应记录 α 值小于、等于还是大于 90°
AG3	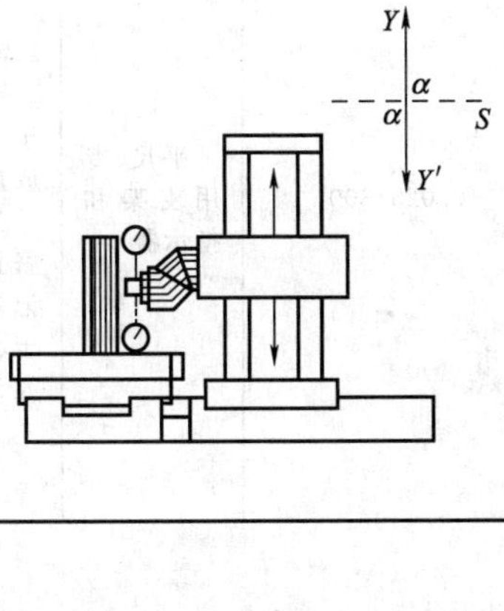	在水平纵向位置的主轴轴线和 Y 轴轴线运动间的垂直度	0.025/300	角尺、专用支架和指示器	如果可能，Z 轴轴线锁紧 角尺的测量边应平行于 Y 轴轴线放置或者在测量中考虑该平行度偏差 为了参考和修正方便，应记录 α 值是小于、等于还是大于 90°

续表

序号	简 图	检验项目	允差/mm	检验工具	检验方法
AG4	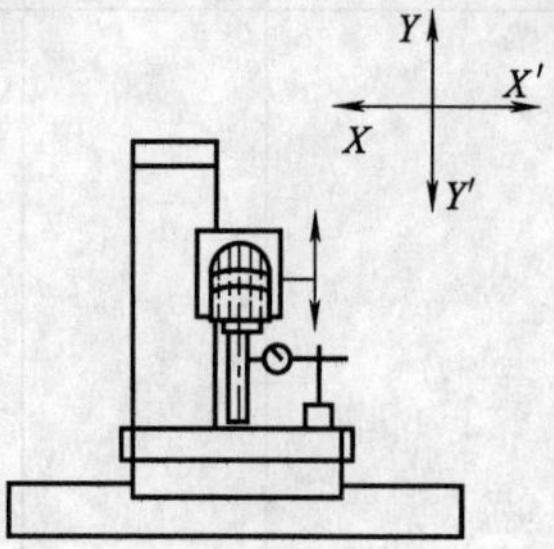 a) 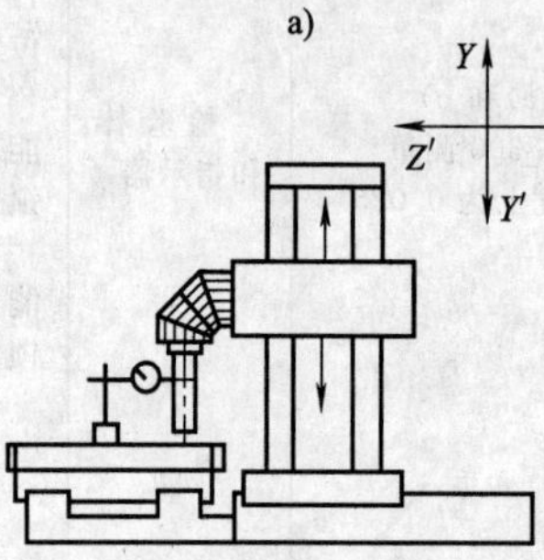 b)	在垂直位置的主轴轴线和Y轴轴线运动间的平行度 a)在X-Y垂直平面内 b)在Y-Z垂直平面内	a)和b) 在300测量长度上为0.025	检验棒和指示器	X轴轴线位于行程的中间位置 a)如果可能,X轴轴线锁紧 b)如果可能,Z轴轴线锁紧
AG5	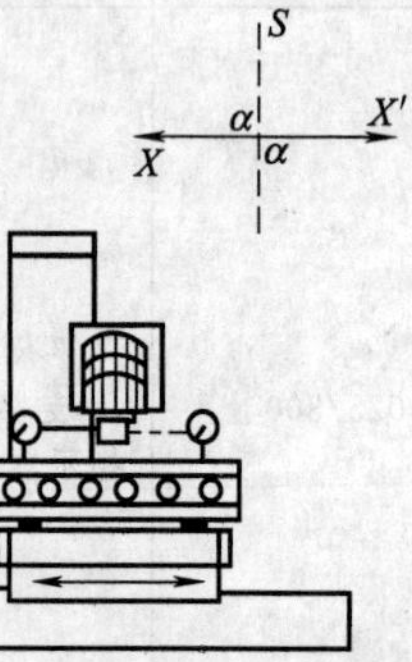	在垂直位置的主轴轴线和X轴轴线运动间的垂直度	0.025/300	平尺、专用支架和指示器	如果可能,Y轴轴线锁紧 平尺应平行于X轴轴线放置 为了参考和修正方便,应记录α值是小于、等于还是大于90°
AG6	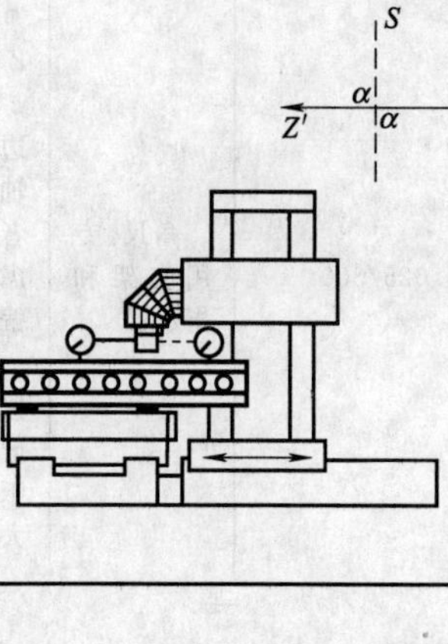	在垂直位置的主轴轴线和Z轴轴线运动间的垂直度	0.025/300	平尺、专用支架和指示器	如果可能,Y轴轴线锁紧 平尺应平行于Z轴轴线放置 为了参考和修正方便,应记录α值是小于、等于还是大于90°

续表

序号	简　图	检验项目	允差/mm	检验工具	检验方法
AG7	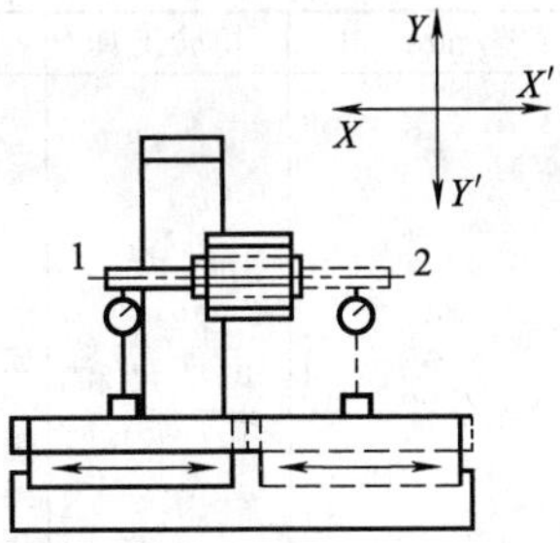 a) 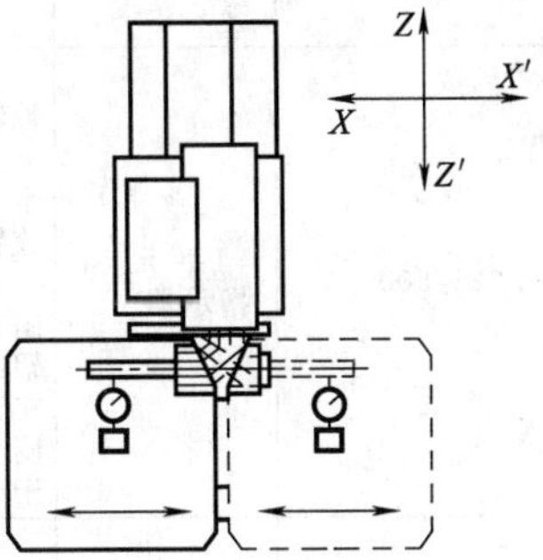 b)	在水平横向位置的主轴轴线和 X 轴轴线运动间的平行度 1. 主轴在左边位置 a)在 X-Y 垂直平面内 b)在 Z-X 水平面内 2. 主轴在右边位置 a)在 X-Y 垂直平面内 b)在 Z-X 水平面内	在300测量长度上为0.025	检验棒和指示器	a)如果可能，Y 轴轴线锁紧 b)如果可能，Z 轴轴线锁紧
AG8	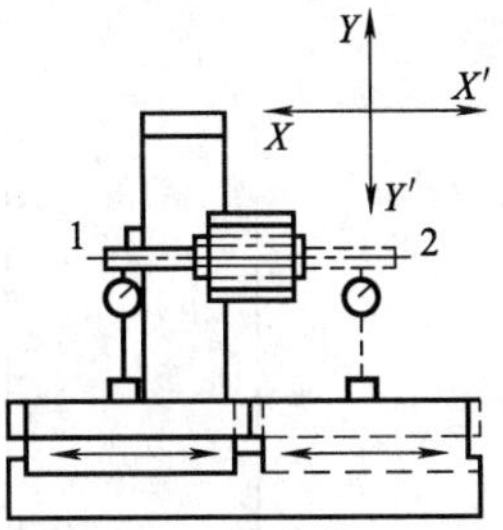	两水平横向位置处主轴的高度差	0.030	检验棒和指示器	为了忽略平行度偏差，仅在靠近主轴端部测取读数
AG9	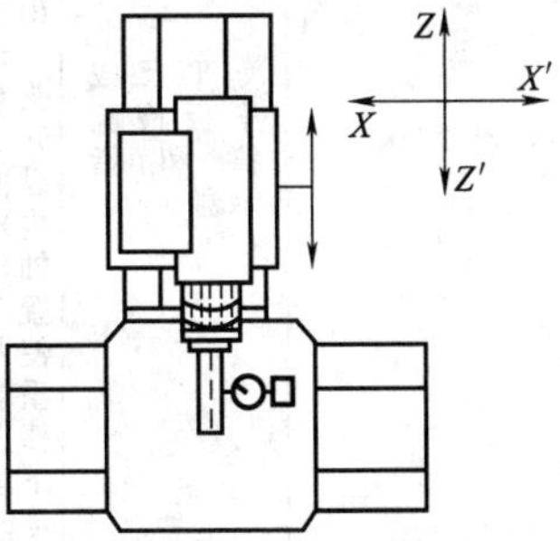 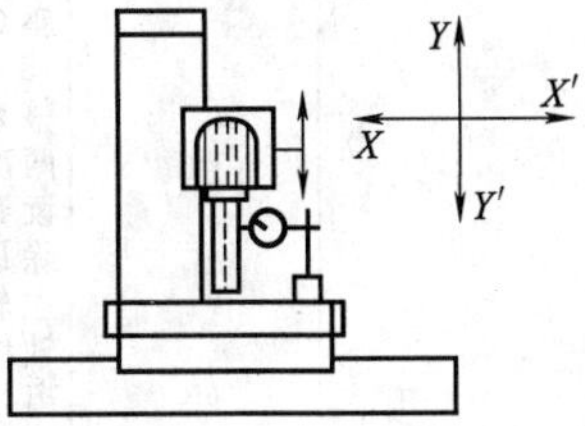	主轴轴线 S 和45°回转轴轴线处在同一平面内	0.020	检验棒和指示器	如果可能，X 轴轴线锁紧 a)将主轴置于水平纵向位置，在工作台上固定指示器，使其测头触及固定在主轴端的检验棒上并调零。 b)为了避免同指示器干涉，仅沿 Y 轴轴线和 Z 轴轴线移动主轴头旋转 D 轴轴线，使主轴轴线置于垂直位置，并再次使检验棒与指示器接触，当完成b)中移动时，指示器读数之半同允差比较

附加的回转主轴头的检验如表 7-6-381 所示。

表 7-6-381　附加的回转主轴头的检验

序号	简图	检验项目	允差/mm	检验工具	检验方法
BG1	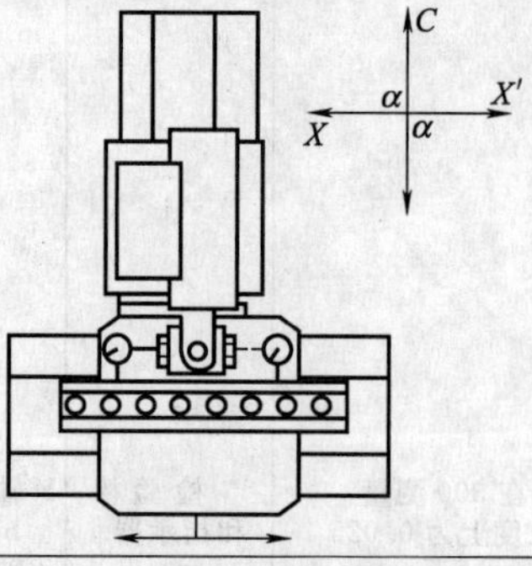 C, X, X′, α	主轴头座旋转轴轴线 C 和 X 轴轴线运动间的垂直度	0.025/500	平尺和指示器	如果可能，Z 轴轴线锁紧 平尺应平行于 X 轴轴线放置 指示器可以固定在专用支架或检验棒上，在这种情况下，调整主轴垂直于 Z 轴轴线
BG2	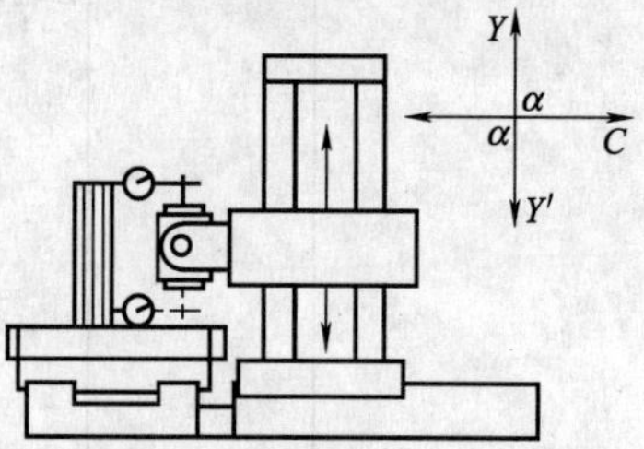 Y, Y′, C, α	主轴头座旋转轴轴线 C 和 Y 轴轴线运动间的垂直度	0.025/500	平尺和指示器	如果可能，Z 轴轴线锁紧 平尺应平行于 Y 轴轴线放置 指示器可以固定在专用支架或检验棒上，在这种情况下，调整主轴垂直于 Z 轴轴线
BG3	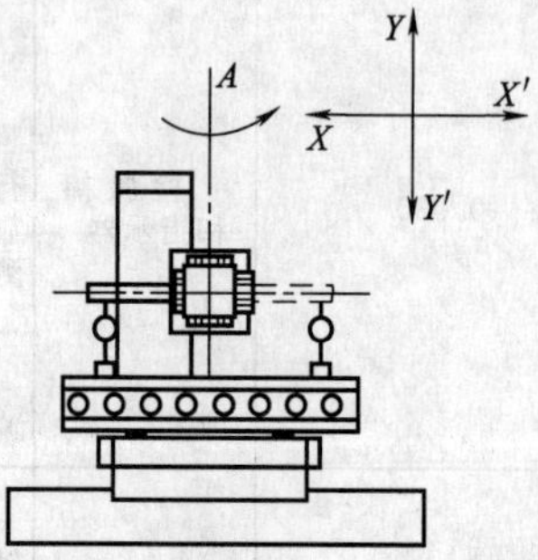 a) 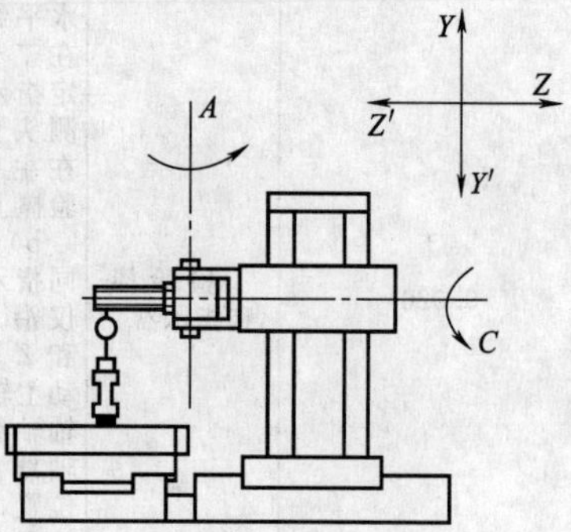 Y, A, X, X′, Y′ b) Y, Z, Z′, A, Y′, C	主轴头旋转轴线 A 和主轴头座旋转轴线 C 间的垂直度	0.035/500	平尺或平板检验棒和指示器	如果可能，Y 轴轴线锁紧 平尺应平行于 X 轴轴线放置 a)调整主轴头座(C 轴轴线)的角度位置，使指示器两个读数在主轴处于左、右位置时相等(A 轴轴线垂直于 X 轴轴线)，然后指示器调零，并在检验棒上接触点处作出标记 b)旋转主轴头(A 轴轴线)90°，使主轴置于纵向(Y-Z 平面内)位置，移动 Z 轴轴线(指示器置于平尺上)，使指示器测头重新触及检验棒上标点处，记下读数 c)旋转主轴头座(C 轴轴线)180°，重复 a)调整和 b)测量。两次 b)测量的读数差值之半除以指示器和主轴头旋转轴线 A 间的距离，其结果同允差比较

续表

序号	简 图	检验项目	允差/mm	检验工具	检验方法
BG4	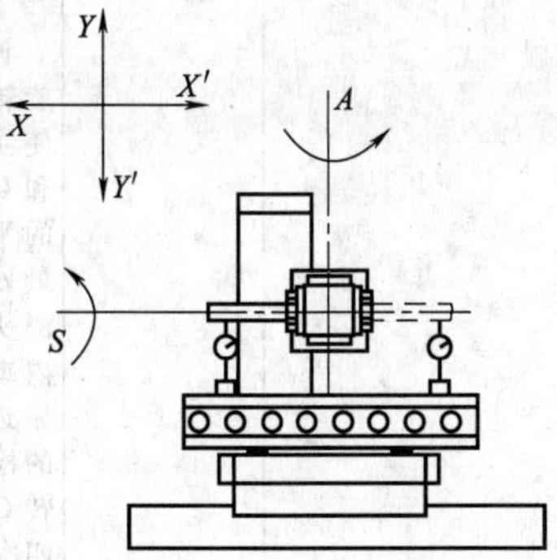 a) 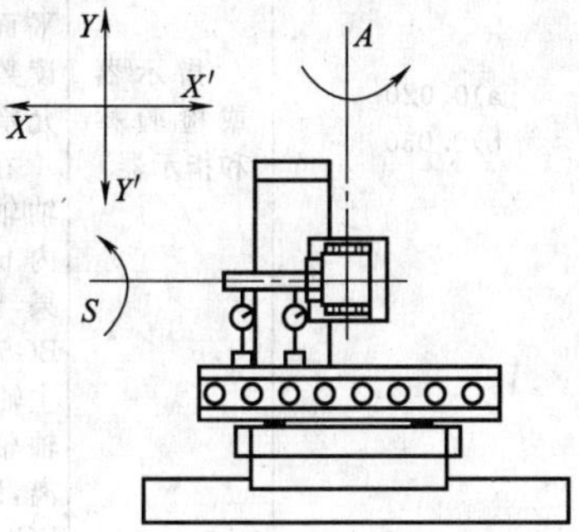 b)	主轴轴线 S 和主轴头旋转轴轴线 A 间的垂直度	0.040/500	平尺或平板检验棒和指示器	如果可能，Y 轴轴线锁紧 平尺应平行于 X 轴轴线放置 用上述检验 BG3 的 a）方法进行调整 在主轴两个横向位置中的任一位置处，测量主轴轴线 S 在 X-Y 垂直平面内的平行度偏差，该偏差等于主轴轴线 S 和 A 轴轴线间的垂直度偏差
BG5	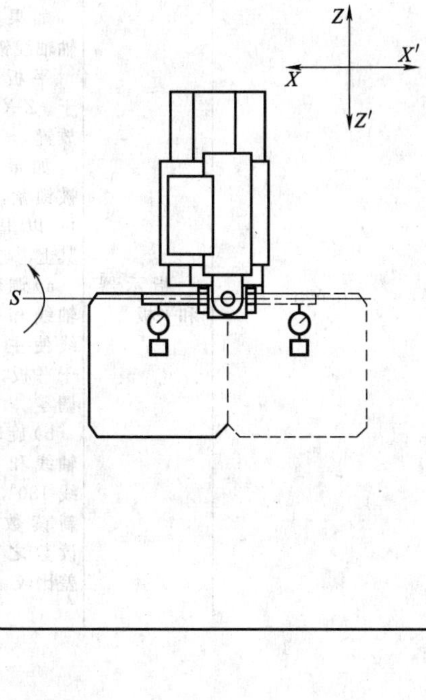	主轴轴线 S 和主轴头旋转轴轴线 A 处在同一平面内	0.020	检验棒和指示器	如果可能，Z 轴轴线锁紧 a）旋转主轴头至一边，调整 A 轴轴线使检验棒在 Z-X 水平平面内平行于 X 轴轴线 b）指示器固定在工作台上并调零 c）仅沿 X 轴轴线和 Y 轴轴线移开主轴头以避免干涉指示器。旋转 A 轴轴线 180°，并使检验棒重新与指示器接触 d）不用重新调整指示器的情况，调整 A 轴线使检验棒在另一边平行于 X 轴轴线，新的读数之半同允差比较

第 7 篇

续表

序号	简图	检验项目	允差/mm	检验工具	检验方法
BG6	Y Z Z' Y' C S a) Y Z Z' Y' C S b)	在纵向位置的主轴轴线 S 和主轴头旋转轴线 C 的重合度 a)在包含 A 轴轴线和 C 轴轴线的 AC 平面内 b)在垂直于 AC 平面的平面内	a)0.020 b)0.030	指示器或检验棒和指示器	调整主轴头旋转轴轴线 A，使主轴轴线 S 和 C 轴轴线间的平行度偏差最小。指示器测头触及主轴内或外表面或靠近主轴端部的检验棒上，旋转 C 轴轴线 90°四次 在a)和b)两平面内测得的读数除以2，同允差进行比较 在垂直于 A 轴轴线的平面内b)的测量结果，包含着检验BG5中检查的主轴轴线 S 和 A 轴轴线间的距离，以及由检验BG7检查的 A 轴轴线和 C 轴轴线之间距离 注：对于本项检验，S 轴轴线和 C 轴轴线平行于 Z 轴轴线
BG7	Y X' X Y' A	主轴头旋转轴轴线 A 和主轴头座旋转轴轴线 C 处于同一平面内	0.020	指示器和平板	如果可能，Y 轴轴线锁紧 平板应平行于 Z-X 平面放置 如果主轴能被锁紧，指示器可以固定在其上 a)调整 A 轴轴线和 C 轴轴线使主轴垂直于平板，指示器调零 b)旋转 A 轴轴线和 C 轴轴线180°，并测得新读数。新的读数之半同允差比较

附加的 45°对分连续分度主轴头的检验如表 7-6-382 所示。

表 7-6-382　附加的 45°对分连续分度主轴头的检验

序号	简　图	检验项目	允差 /mm	检验工具	检验方法
CG1	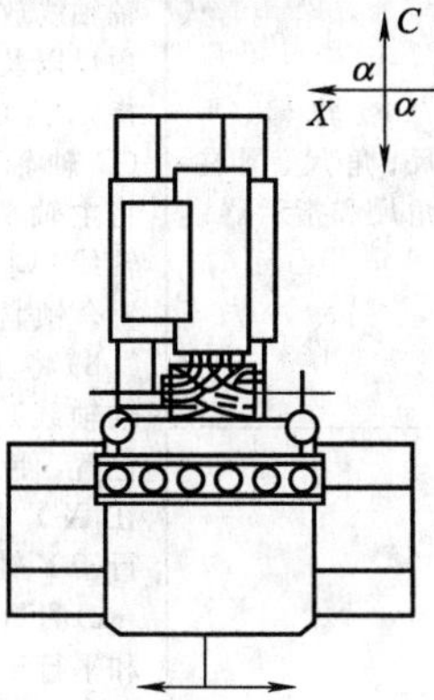 C α X′ X α	主轴头体旋转轴轴线 C 和 X 轴轴线运动间的垂直度	0.035/500	指示器和平尺	如果可能，Z 轴轴线锁紧 平尺应平行于 X 轴轴线 指示器固定在专用架上或检验棒上，调整主轴垂直于 Z 轴轴线 为了参考和修正方便，应记录 α 值是小于、等于还是大于 90°
CG2	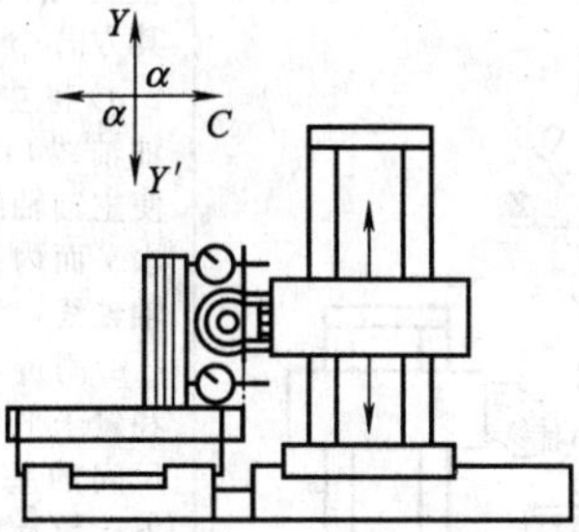 Y α α C Y′	主轴头体旋转轴轴线 C 和 Y 轴轴线运动间的垂直度	0.035/500	指示器和角尺	如果可能，Z 轴轴线锁紧 角尺应平行于 Y 轴轴线 指示器固定在专用架上或检验棒上，调整主轴垂直于 Z 轴轴线 为了参考和修正方便，应记录 α 值是小于、等于还是大于 90°
CG3	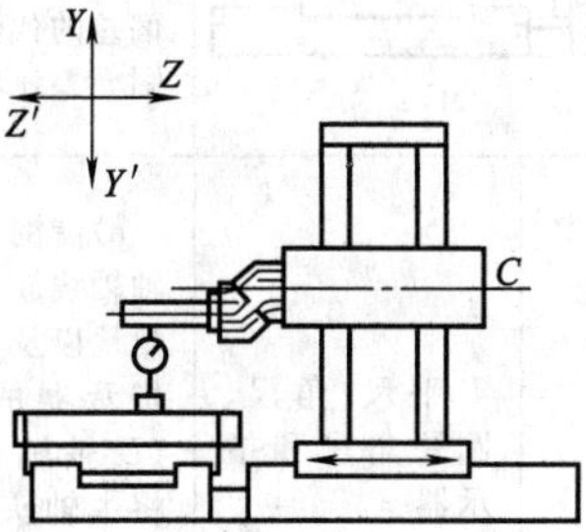 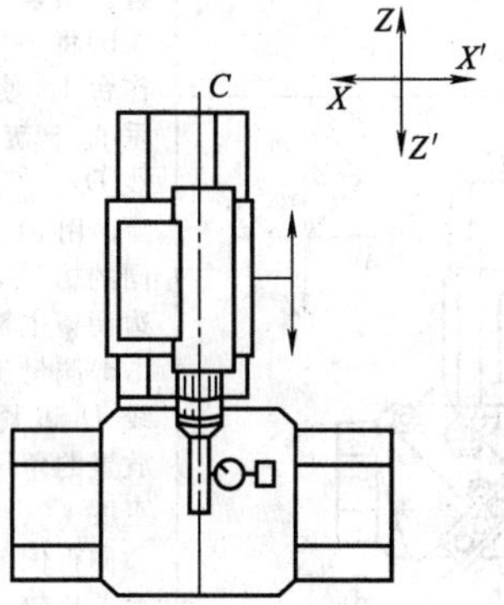 Y Z Z′ Y′ C a) Z X′ X Z′ C b)	主轴头体旋转轴轴线 C 和 Z 轴轴线运动间的平行度 a) 在 Y-Z 垂直平面内 b) 在 Z-X 水平面内	a) 和 b) 在 300 测量长度上为 0.020	检验棒和指示器	只有当 C 轴轴线能至少旋转 180°时，才能进行此项检验 X 轴轴线位于行程中间位置 a) 如果可能，Y 轴轴线锁紧 b) 如果可能，X 轴轴线锁紧 调整主轴至水平纵向位置，并检测主轴在 Y-Z 垂直平面内的和在 Z-X 水平面内与 Z 轴轴线间的平行度 然后旋转主轴头体（C 轴轴线）180°，并再次测量在两个平面内的平行度 在两个平面内，旋转 180°前、后的两次读数偏差的平均值同允差比较

续表

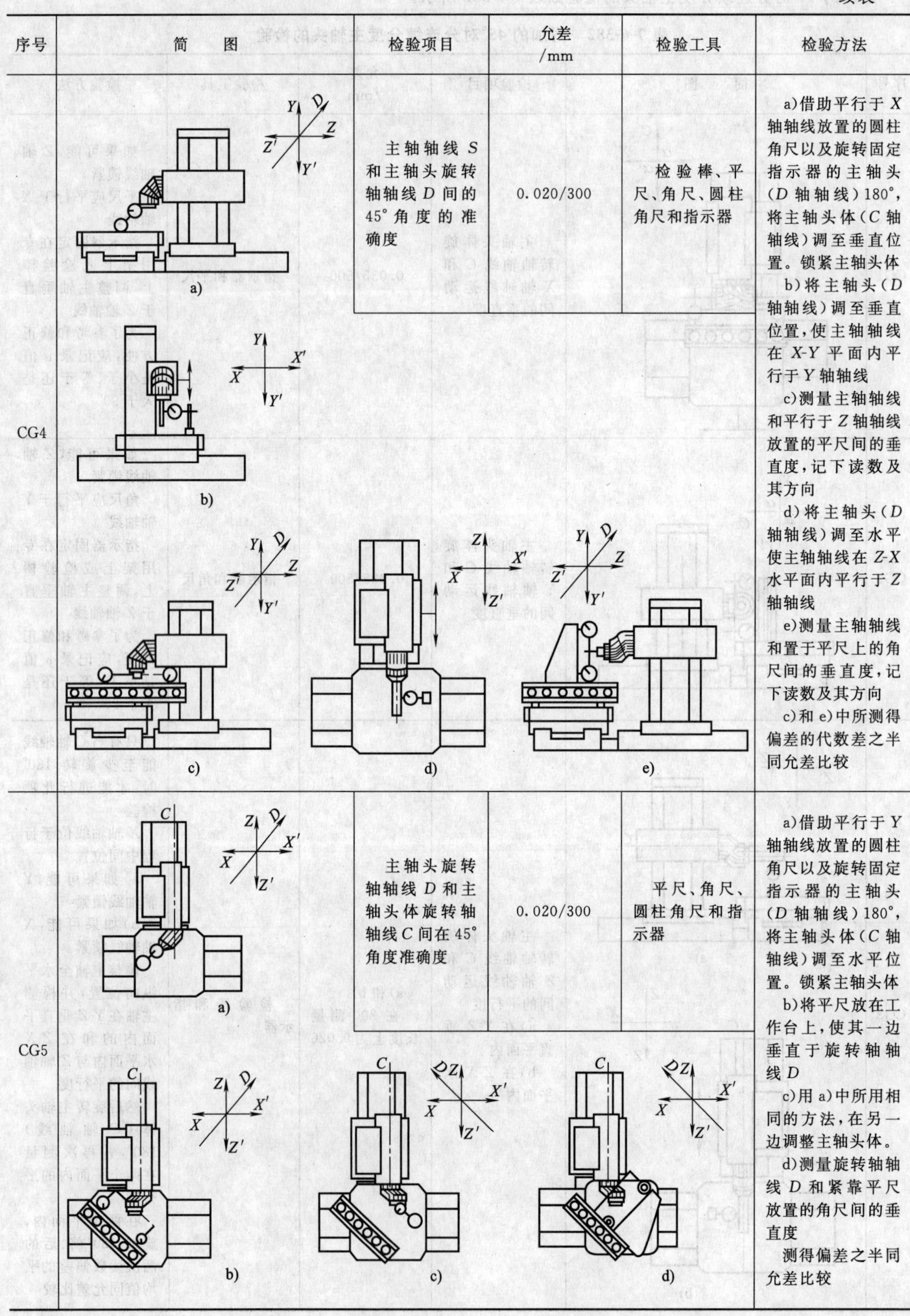

序号	简　图	检验项目	允差/mm	检验工具	检验方法
CG4	a)　b)　c)　d)　e)	主轴轴线 S 和主轴头旋转轴轴线 D 间的 45° 角度的准确度	0.020/300	检验棒、平尺、角尺、圆柱角尺和指示器	a)借助平行于 X 轴轴线放置的圆柱角尺以及旋转固定指示器的主轴头（D 轴轴线）180°，将主轴头体（C 轴轴线）调至垂直位置。锁紧主轴头体 b)将主轴头（D 轴轴线）调至垂直位置，使主轴轴线在 X-Y 平面内平行于 Y 轴轴线 c)测量主轴轴线和平行于 Z 轴轴线放置的平尺间的垂直度，记下读数及其方向 d)将主轴头（D 轴轴线）调至水平使主轴轴线在 Z-X 水平面内平行于 Z 轴轴线 e)测量主轴轴线和置于平尺上的角尺间的垂直度，记下读数及其方向 c)和 e)中所测得偏差的代数差之半同允差比较
CG5	a)　b)　c)　d)	主轴头旋转轴轴线 D 和主轴头体旋转轴轴线 C 间在 45° 角度准确度	0.020/300	平尺、角尺、圆柱角尺和指示器	a)借助平行于 Y 轴轴线放置的圆柱角尺以及旋转固定指示器的主轴头（D 轴轴线）180°，将主轴头体（C 轴轴线）调至水平位置。锁紧主轴头体 b)将平尺放在工作台上，使其一边垂直于旋转轴轴线 D c)用 a)中所用相同的方法，在另一边调整主轴头体。 d)测量旋转轴轴线 D 和紧靠平尺放置的角尺间的垂直度 测得偏差之半同允差比较

续表

序号	简　图	检验项目	允差/mm	检验工具	检验方法
CG6	a) b) c)	主轴轴线 S 和主轴头旋转轴轴线 D 处于同一平面内	0.020	检验棒和指示器	如果可能，X 轴轴线锁紧 a)像检验 CG4a)那样调整主轴头体 b)像检验 CG4b)那样调整主轴头(D 轴轴线)，指示器调零 c)像检验 CG4d)那样调整主轴头(D 轴轴线)，不用重新调指示器，只移动 Y 轴轴线和 Z 轴轴线 在调整 c)结束，指示器读数之半同允差比较
CG7	a) b) c)	主轴头旋转轴轴线 D 和主轴头体旋转轴轴线 C 处于同一平面内	0.020	检验棒和指示器	如果可能，Y 轴轴线锁紧 a)像检验 CG5a)那样调整主轴头体(C 轴轴线) b)调整主轴头(D 轴轴线)使主轴轴线在 X-Y 垂直平面内平行于 X 轴轴线，指示器调零 c)旋转主轴头体(C 轴轴线)180°并调整，使主轴在另一面再次平行于 X 轴轴线，不重新调指示器，只移动 X 轴轴线和 Z 轴轴线 指示器读数之半等于此项偏差和检验 CG6 偏差的代数和

6.7.2 加工中心检验条件：线性和回转轴线的定位精度和重复定位精度检验（GB/T 18400.4—2010）

线性轴线行程至2000mm的定位精度的公差如表7-6-383所示。

表7-6-383 线性轴线行程至2000mm的定位精度的公差 mm

检验项目	轴线的测量行程			
	≤500	>500~800	>800~1250	>1250~2000
	公差			
双向定位精度 A	0.0022	0.025	0.032	0.042
单项定位精度 $A\uparrow$和$A\downarrow$	0.016	0.020	0.025	0.030
双向重复定位精度 R	0.012	0.015	0.018	0.020
单向重复定位精度 $R\uparrow$和$R\downarrow$	0.006	0.008	0.010	0.013
轴线的反向差值 B	0.010	0.010	0.012	0.012
轴线的平均反向差值 $\overline{B}$	0.006	0.006	0.008	0.008
双向定位系统偏差 E	0.015	0.018	0.023	0.030
单向系统定位偏差 $E\uparrow$和$E\downarrow$	0.010	0.012	0.015	0.018
轴线的平均双向位置偏差范围 M	0.010	0.012	0.015	0.020

线性轴线行程至2000mm的检查结果的表格形式如表7-6-384所示。

表7-6-384 线性轴线行程至2000mm的检查结果的表格形式 mm

测量项目名称	轴线名称及测量行程			
双向定位精度 A				
定位精度(正向) $A\uparrow$				
定位精度(负向) $A\downarrow$				
双向重复定位精度 R				
重复定位精度(正向) $R\uparrow$				
重复定位精度(负向) $R\downarrow$				
轴线的反向差值 B				
轴线的平均反向差值 $\overline{B}$				
双向定位系统偏差 E				
系统定位偏差(正向) $E\uparrow$				
系统定位偏差(负向) $E\downarrow$				
轴线的平均双向位置偏差范围 M				

回转轴向行程至360°的定位精度公差如表7-6-385所示。

表7-6-385 回转轴向行程至360°的定位精度公差 (″)

检验项目	公差	检验项目	公差
双向定位精度 A	28	轴线的平均反向差值 $\overline{B}$	8
单向定位精度 $A\uparrow$和$A\downarrow$	22	双向定位系统偏差 E	20
双向重复定位精度 R	16	单向系统定位偏差 $E\uparrow$和$E\downarrow$	14
单向重复定位精度 $R\uparrow$和$R\downarrow$	8	轴线的平均双向位置偏差范围 M	12
轴线的反向差值 B	12		

回转轴线行程至360°的检查结果的表格形式如表7-6-386所示。

表 7-6-386　回转轴线行程至 360°的检查结果的表格形式　　(″)

测量项目名称	轴线名称			
双向定位精度　A				
定位精度(正向)　$A\uparrow$				
定位精度(负向)　$A\downarrow$				
双向重复定位精度　R				
重复定位精度(正向)　$R\uparrow$				
重复定位精度(负向)　$R\downarrow$				
轴线的反向差值　B				
轴线的平均反向差值　$\overline{B}$				
双向定位系统偏差　E				
系统定位偏差(正向)　$E\uparrow$				
系统定位偏差(负向)　$E\downarrow$				
轴线的平均双向位置偏差范围　M				

6.7.3　精密加工中心检验条件：卧式和带附加主轴头机床几何精度检验（水平 Z 轴）(GB/T 20957.1—2007)

1. 线性运动的直线度

(1) X 轴线运动的直线度的检验（如表 7-6-387)

X 轴线运动的直线度的检验一般包括以下两个方面：

a) 在 XY 垂直平面内；

b) 在 ZX 水平平面内。

(2) Z 轴线运动的直线度的检验（如表 7-6-388 所示）

关于 Z 轴线运动的直线度的检验一般包括以下两个方面：

a) 在 YZ 垂直平面内；

b) 在 ZX 水平面内。

表 7-6-387　X 轴线运动的直线度的检验

项目编号	G1
简图	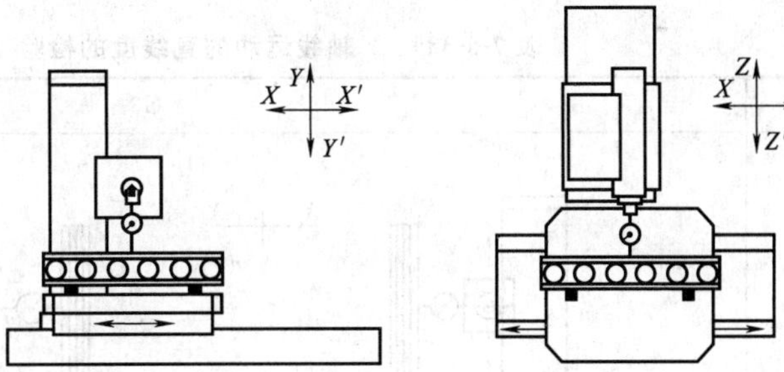 X Y X′ Y′　　Z X X′ Z′ a)　　b)
允差/mm	a)和 b) $X\leqslant500$　0.006 $500<X\leqslant800$　0.010 $800<X\leqslant1250$　0.013 $1250<X\leqslant2000$　0.016 局部公差：在任意 300 测量长度上为 0.005
检验工具	a)平尺、指示器或光学方法 b)平尺、指示器或钢丝和显微镜或光学方法
检验方法	对所有结构型式的机床，平尺或钢丝或直线度反射器都应置于工作台上，如主轴能锁紧，则指示器或显微镜或干涉仪可装在主轴上，否则检验工具应装在机床的主轴箱上 测量线应尽可能靠近工作台的中央

表 7-6-388　Z 轴线运动的直线度的检验

项目编号	G2
简图	a)　b)
允差/mm	a)和 b) $Z\leqslant500$　0.006 $500<Z\leqslant800$　0.010 $800<Z\leqslant1250$　0.013 $1250<Z\leqslant2000$　0.016 局部公差:在任意 300 测量长度上为 0.005
检验工具	a)平尺、指示器或光学方法 b)平尺、指示器或钢丝和显微镜或光学方法
检验方法	对所有结构型式的机床,平尺或钢丝或直线度反射器都应置于工作台上,如主轴能锁紧,则指示器或显微镜或干涉仪可装在主轴上,否则检验工具应装在机床的主轴箱上 测量线应尽可能靠近工作台的中央

(3) Y 轴线运动的直线度的检验（如表 7-6-389 所示）

Y 轴线运动的直线度的检验一般包括以下两个方面：

a）在 XY 垂直平面内；

b）在 YZ 垂直平面内。

表 7-6-389　Y 轴线运动的直线度的检验

项目编号	G3
简图	a)　b)
允差/mm	a)和 b) $Y\leqslant500$　0.006 $500<Y\leqslant800$　0.010 $800<Y\leqslant1250$　0.013 $1250<Y\leqslant2000$　0.016 局部公差:在任意 300 测量长度上为 0.005
检验工具	精密水平仪或角尺和指示器或钢丝和显微镜或光学方法
检验方法	对所有结构型式的机床,角尺或钢丝或直线度反射器都应置于工作台中央,如主轴能锁紧,则指示器或显微镜或干涉仪可装在主轴上,否则检验工具应装在机床的主轴箱上

2. 线性运动的角度偏差

(1) X 轴线运动的角度偏差的检验（如表7-6-390所示）

X 轴线运动的角度偏差的检验一般包括以下三个方面：

a) 在垂直于主轴轴线的 XY 垂直平面内（俯仰）；

b) 在 ZX 水平面内（偏摆）；

c) 在平行于主轴轴线的 YZ 垂直平面内（倾斜）。

(2) Z 轴线运动的角度偏差的检验（如表 7-6-391 所示）

Z 轴线运动的角度偏差的检验一般包括以下三个方面：

a) 在平行于主轴轴线的 YZ 垂直平面内（俯仰）；

b) 在 ZX 水平面内（偏摆）；

c) 在垂直于主轴轴线的 XY 垂直平面内（倾斜）。

表 7-6-390 X 轴线运动的角度偏差的检验

项目编号	G4
简图	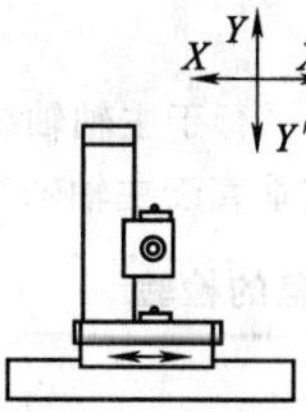 a) 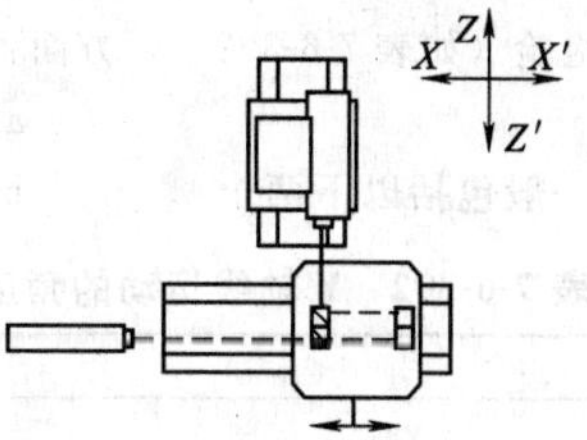 b) 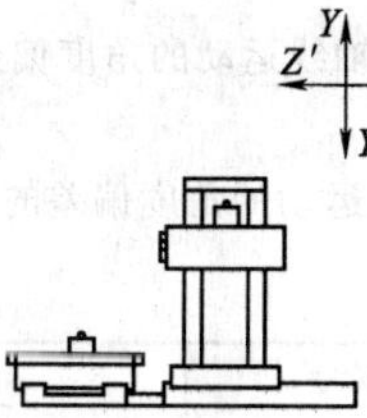 c)
允差/mm	a)、b)和 c) 0.040/1000(或 40 微弧度或 8 弧秒)
检验工具	a)精密水平仪或光学角度偏差测量工具 b)光学角度偏差测量工具 c)精密水平仪
检验方法	检验工具应置于运动部件上： a)(俯仰)纵向；b)(偏摆)水平；c)(倾斜)横向 当 X 轴线运动引起主轴箱和工作夹持工作台同时产生角运动时，这两种角运动应分别测量并给予标明。在这种情况下，当使用水平仪测量时，基准水平仪应置于机床的非运动部件(主轴箱或工件夹持工作台)上 沿行程在等距离的五个位置上检验 应在每个位置的两个运动方向测取读数，最大与最小读数的差值应不超过允差

表 7-6-391 Z 轴线运动的角度偏差的检验

项目编号	G5
简图	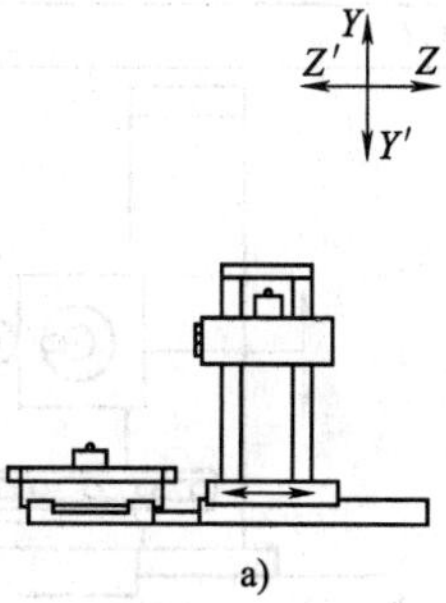 a) 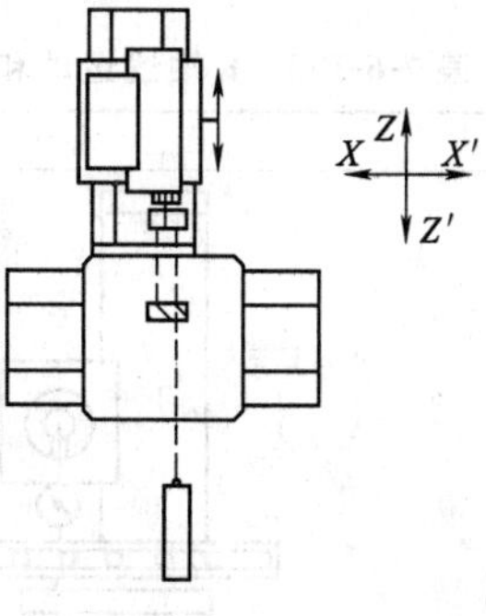 b) 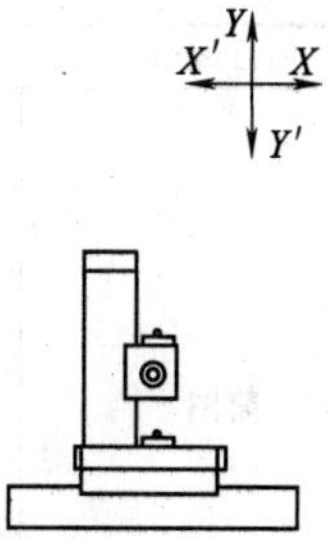 c)

第 7 篇

续表

项目编号	G5
允差/mm	a)、b 和 c) 0.040/1000(或 40 微弧度或 8 弧秒)
检验工具	a)精密水平仪或光学角度偏差测量工具 b)光学角度偏差测量工具 c)精密水平仪
检验方法	检验工具应置于运动部件上： a)(俯仰)纵向；b)(偏摆)水平；c)(倾斜)横向 当 Z 轴线运动引起主轴箱和工作夹持工作台同时产生角运动时，这两种角运动应分别测量并给予标明。在这种情况下，当使用水平仪测量时，基准水平仪应置于机床的非运动部件(主轴箱或工件夹持工作台)上 沿行程在等距离的五个位置上检验 应在每个位置的两个运动方向测取读数，最大与最小读数的差值应不超过允差

(3) Y 轴线运动的角度偏差的检验（如表 7-6-392 所示）

Y 轴线运动的角度偏差的检验一般包括以下两个方面：

a) 在平行于主轴轴线的 YZ 垂直平面内；

b) 在垂直于主轴轴线的 XY 垂直平面内。

表 7-6-392　Y 轴线运动的角度偏差的检验

项目编号	G6
简图	a)　　b)
允差/mm	a)和 b) 0.040/1000(或 40 微弧度或 8 弧秒)
检验工具	精密水平仪或光学角度偏差测量工具
检验方法	沿行程在等距离的五个位置上检验，在每个位置的两个运动方向测取读数，最大与最小读数的差值应不超过允差值 对于 a)和 b)当 Y 轴线运动引起主轴箱和工件夹持工作台同时产生角运动时，这两种角运动应分别测量并给予标明。在这种情况下，当使用水平仪测量时，基准水平仪应置于机床的非运动部件(主轴箱或工件夹持工作台)上

3. 线性运动间的垂直度

(1) Y 轴线运动和 X 轴线运动的垂直度的检验（如表 7-6-393）

表 7-6-393　Y 轴线运动和 X 轴线运动的垂直度的检验

项目编号	G7
简图	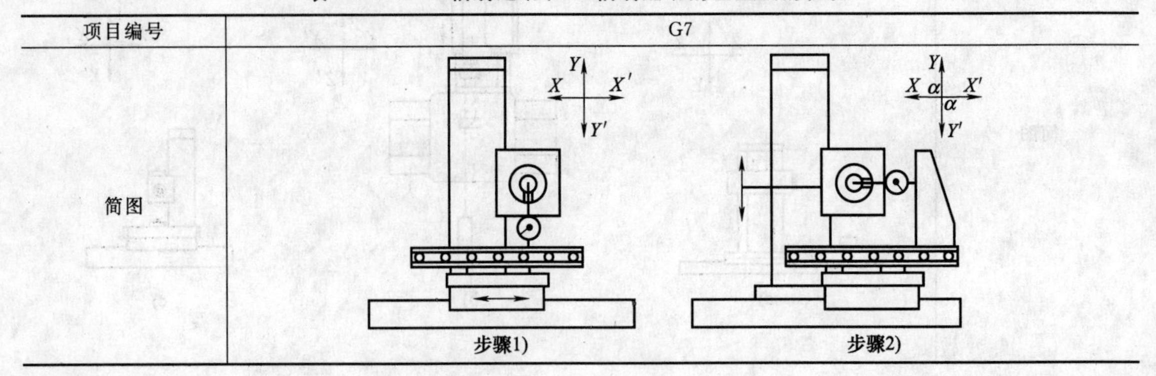步骤1)　　步骤2)

续表

允差/mm	0.012/500
检验工具	平尺或平板、角尺和指示器
检验方法	步骤 1)平尺或平板应平行于 X 轴线放置 步骤 2)应通过直立在平尺或平板上的角尺检查 Y 轴线 如主轴能锁紧，则指示器可装在主轴上，否则指示器应装在机床的主轴箱上 应记录角度 α 的值(小于、等于或大于 90°)，用于参考和可能进行的修正

(2) Y 轴线运动和 Z 轴线运动的垂直度的检验（如表 7-6-394 所示）

表 7-6-394　Y 轴线运动和 Z 轴线运动的垂直度的检验

项目编号	G8
简图	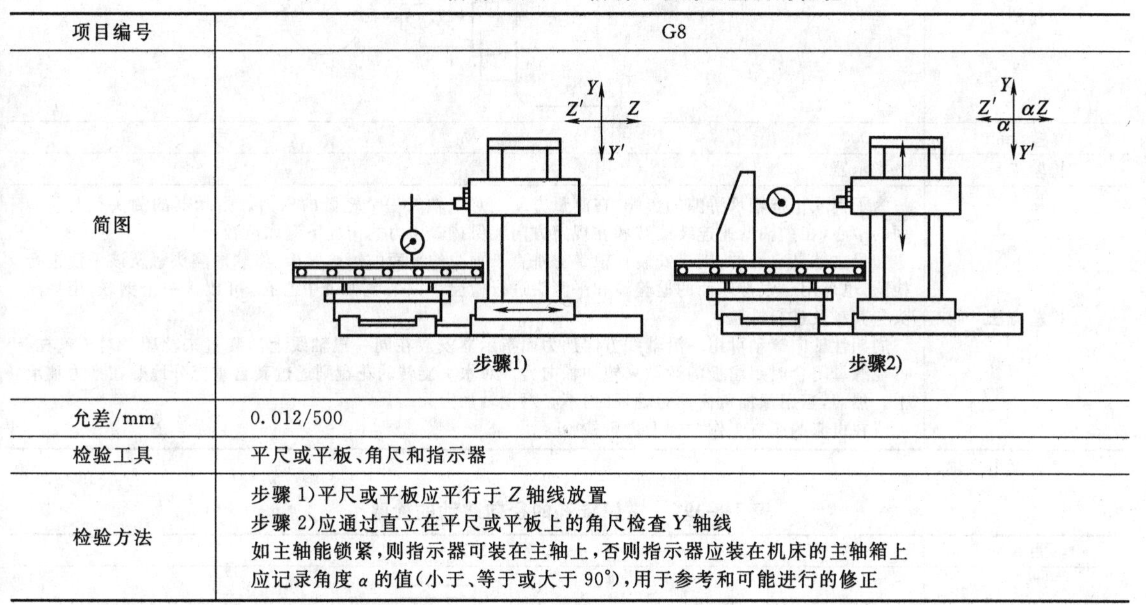 步骤1)　　步骤2)
允差/mm	0.012/500
检验工具	平尺或平板、角尺和指示器
检验方法	步骤 1)平尺或平板应平行于 Z 轴线放置 步骤 2)应通过直立在平尺或平板上的角尺检查 Y 轴线 如主轴能锁紧，则指示器可装在主轴上，否则指示器应装在机床的主轴箱上 应记录角度 α 的值(小于、等于或大于 90°)，用于参考和可能进行的修正

(3) Z 轴线运动和 X 轴线运动的垂直度的检验（如表 7-6-395 所示）

表 7-6-395　Z 轴线运动和 X 轴线运动的垂直度的检验

项目编号	G9
简图	步骤1)　　步骤2)
允差/mm	0.012/500
检验工具	平尺或平板、角尺和指示器
检验方法	步骤 1)平尺或平板应平行于 X 轴线(或 Z 轴线)放置 步骤 2)应通过直立在平尺或平板上的角尺检查 Z 轴线(或 X 轴线) 也可以不用平尺来进行检验，将角尺的一边平行于一条轴线，在角尺的另一条边上检查第二条轴线 如主轴能锁紧，则指示器可装在主轴上，否则指示器应装在机床的主轴箱上 应记录角度 α 的值(小于、等于或大于 90°)，用于参考和可能进行的修正

第7篇

4. 主轴

(1) 主轴的周期性轴向窜动的检验（如表7-6-396所示）

(2) 主轴锥孔的径向跳动的检验（如表7-6-397所示）

主轴锥孔的径向跳动的检验一般包括以下两个方面：

a) 靠近主轴端部；

b) 距主轴端部300mm处。

表7-6-396 主轴的周期性轴向窜动的检验

项目编号	G10
简图	
允差/mm	0.003
检验工具	指示器
检验方法	为了消除止推轴承游隙的影响，在测量方向上对主轴加一个轻微的压力。指示器的测头触及前端面的中心，在主轴低速连续旋转和在规定方向上保持着压力的情况下测取读数 如果主轴是空心的，则应安装一根带有垂直于轴线的平面的短检验棒，将球形测头触及该平面进行检验，也可用一根带球面的检验棒和平测头进行检验。如果主轴带中心孔，可放入一个钢球，用平测头与其触及进行检验 周期性轴向窜动可用一沿轴线方向加力而指示器安放在同一根轴线上的装置来检验。对于丝杠，可在螺母闭合时用溜板的运动来施加轴向力。对水平旋转的花盘则通过其自重充分地贴在推力轴承上。然而，当用预加负荷推力轴承时，不必对主轴加力 应在机床的所有工作主轴上进行检验

注：包括电主轴。

表7-6-397 主轴锥孔的径向跳动的检验

项目编号	G11
简图	b) a)
允差/mm	整体主轴： a)0.004 b)0.010 附加主轴头主轴： a)0.006 b)0.013
检验工具	检验棒和指示器
检验方法	应在机床的所有工作主轴上进行检验 将指示器的测头触及被检查的旋转表面，当主轴慢慢地旋转时，观测指示器上的读数(见图1) 在锥面上，测头垂直于母线放置；并且在测量结果上应计算锥度所产生的影响 当主轴旋转时，如果轴线有任何移动，则被检圆的直径就会变化，使产生的径向跳动比实际值大，因此，只有当锥面的锥度不很大时才可检验径向跳动。在任何情况下，主轴的轴向窜动都要预先测量，同时根据锥度角来计算它对检验结果可能产生的影响 由于指示器测头上受到侧面的推力，检验结果可能受影响。为了避免误差，测头应严格对准旋转表面的轴线

续表

检验方法	当圆柱孔或锥孔不能直接用指示器检验时，则可在该孔内装入检验棒，用检验棒伸出的圆柱部分按上述条文检验。如果仅在检验棒的一个截面上检验，则应规定该测量圆相对于轴的位置。因为检验棒的轴线有可能在测量平面内与旋转轴线相交，所以应在规定间距的 A 和 B 两个截面内检验（见图 2） 例如在靠近检验棒的根部处进行一次检验，另一次则在离根部某规定距离处检验。由于检验棒插入孔内（尤其是锥孔内）可能出现误差，这些检测至少应重复四次。即每次将检验棒相对主轴旋转 90°重新插入、取读数的平均值为测量结果 在每种情况下，均应在垂直的轴向平面内和在水平的轴向平面内检验径向跳动（图 2 中的 C_1、C_2 位置） 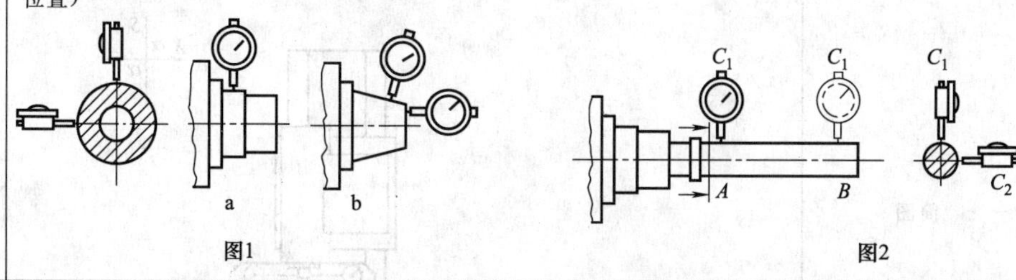图1　　图2

注：包括电主轴。

（3）主轴轴线和 Z 轴线运动间的平行度的检验（如表 7-6-398 所示）

主轴轴线和 Z 轴线运动间的平行度的检验一般包括以下两个方面：

a）在 YZ 垂直平面内；

b）在 ZX 水平面内。

表 7-6-398　主轴轴线和 Z 轴线运动间的平行度的检验

项目编号	G12
简图	a)　　b)
允差/mm	a）在 300 测量长度上为 0.010 b）在 300 测量长度上为 0.010
检验工具	检验棒和指示器
检验方法	X 轴线应置于行程的中间位置 对于 a)：如果可能，Y 轴线锁紧 对于 b)：如果可能，X 轴线锁紧 当测量涉及轴线平行度时，轴线本身应由形状精度高、表面光洁和有足够长度的圆柱面来代表。如果主轴的表面不满足这些条件，或如果它是一个内表面，且不允许使用测头时，可采用一个辅助的圆柱面——检验棒 检验棒的固定和定心应在轴的端部或在为夹持工具或别的附件而设计的圆柱孔或圆锥孔内进行 在主轴上安装检验棒代表旋转轴线时，应考虑到检验棒轴线与旋转轴线不重合这样一个事实。在主轴旋转时，检验棒的轴线描绘出一个双曲面。在此条件下，平行度的测量可以在主轴处于任何位置处进行，但应将主轴旋转 180°后，再重复测量一次，以两次读数的代数和之半表示在规定平面内的平行度误差 测量工具固定在运动部件上，并随运动件一起按规定的范围移动，测头沿代表轴线的圆柱面或检验棒滑动 对于轴线转动的情况，应使其处于平均位置 除非所有平面都同等重要，否则应尽可能选择在机床实际使用中最重要的两个相互垂直的平面内进行测量

(4) 主轴轴线和 X 轴轴线运动间的垂直度的检验（如表 7-6-399 所示）

(5) 主轴轴线和 Y 轴轴线运动间的垂直度的检验（如表 7-6-400 所示）

5. 工作台或托板

(1) 工作台面的平面度的检验（如表 7-6-401 所示）

表 7-6-399　主轴轴线和 X 轴轴线运动间的垂直度的检验

项目编号	G13
简图	X α S X' α
允差/mm	0.010/300[①]
检验工具	平尺、专用支架、指示器
检验方法	如果可能，Y 轴线和 Z 轴线锁紧 平尺应平行于 X 轴线放置 此垂直度偏差也能从检验项目 G9 和 G12b) 推出，其相关偏差之和不超过这里所示的允差 应记录角度 α 的值(小于、等于或大于 90°)，用于参考和可能进行的修正

① 300 为被触及的两个测量点间的距离。

表 7-6-400　主轴轴线和 Y 轴轴线运动间的垂直度的检验

项目编号	G14
简图	Y α S α Y'
允差/mm	0.010/300[①]
检验工具	平尺、专用支架、指示器
检验方法	如果可能，Z 轴线锁紧 角尺测量边应平行于 Y 轴线放置，或在测量中应考虑该平行度偏差 此垂直度偏差也能从检验项目 G8 和 G12a) 推出，其相关偏差之和不超过这里所示的允差 应记录角度 α 的值(小于、等于或大于 90°)，用于参考和可能进行的修正

① 300 为被触及的两个测量点间的距离。

表 7-6-401　工作台[①]面的平面度的检验

项目编号	G15
简图	O　A　d　d　X　m　m′　m″　O′　A′　O″　A″　C　M　M′　M″　B　Y
允差/mm	$L^{②} \leqslant 500$　0.012 $500 < L^{②} \leqslant 800$　0.016 $800 < L^{②} \leqslant 1250$　0.020 $1250 < L^{②} \leqslant 2000$　0.025 局部公差：在任意 300 测量长度上为 0.008（不应中凸）
检验工具	精密水平仪或平尺、量块、指示器或光学方法
检验方法	X 轴线和 Z 轴线置于其行程的中间位置 工作台面的平面度应检查两次，一次回转工作台锁紧，一次不锁紧（如适用的话），两次测定的偏差均应符合允差要求

① 固有的回转工作台或一个在应有位置锁紧的代表性托板。
② L 为工作台或托板的较短边。

（2）在互成 90°的四个回转位置处工作台面和 X 轴线运动间的平行度的检验（如表 7-6-402 所示）

（3）在互成 90°的四个回转位置处工作台面和 Z 轴线运动间的平行度的检验（如表 7-6-403 所示）

表 7-6-402　在互成 90°的四个回转位置处工作台[①]面和 X 轴线运动间的平行度的检验

项目编号	G16
简图	Y　X　X′　Y′
允差/mm	$X \leqslant 500$　0.012 $500 < X \leqslant 800$　0.016 $800 < X \leqslant 1250$　0.020 $1250 < X \leqslant 2000$　0.025

续表

项目编号	G16
检验工具	平尺、量块、指示器
检验方法	如果可能，Y 轴线锁紧 指示器测头近似地置于刀具的工作位置，可在平行于工作台面放置的平尺上进行测量 如主轴能锁紧，则指示器可装在主轴上，否则指示器应装在机床的主轴箱上

① 固有的回转工作台或一个在应有位置锁紧的代表性托板

表 7-6-403 在互成 90°的四个回转位置处工作台① 面和 Z 轴线运动间的平行度的检验

项目编号	G17
简图	Y, Z', Z, Y'
允差/mm	$Z\leqslant500$ 0.012 $500<Z\leqslant800$ 0.016 $800<Z\leqslant1250$ 0.020 $1250<Z\leqslant2000$ 0.025
检验工具	平尺、量块、指示器
检验方法	如果可能，Y 轴线锁紧 指示器测头近似地置于刀具的工作位置，可在平行于工作台面放置的平尺上进行测量 如主轴能锁紧，则指示器可装在主轴上，否则指示器应装在机床的主轴箱上

① 固有的回转工作台或一个在应有位置锁紧的代表性托板。

（4）在互成 90°的四个回转位置处工作台面和 Y 轴线运动间的垂直度的检验（如表 7-6-404 所示）

在互成 90°的四个回转位置处工作台面和 Y 轴线运动间的垂直度的检验一般包括以下两个方面：

a）在垂直于主轴轴线的 XY 垂直平面内；

b）在平行于主轴轴线的 YZ 垂直平面内。

（5）0°位置时工作台的检验（如表 7-6-405 所示）

0°位置时工作台的检验一般包以下三个方面：

a）纵向中央或基准 T 形槽；或

b）纵向定位孔的中心线（如果有）；或

c）纵向侧面定位器；和 X 轴线运动间的平行度。

表 7-6-404 在互成 90°的四个回转位置处工作台① 面和 Y 轴线运动间的垂直度的检验

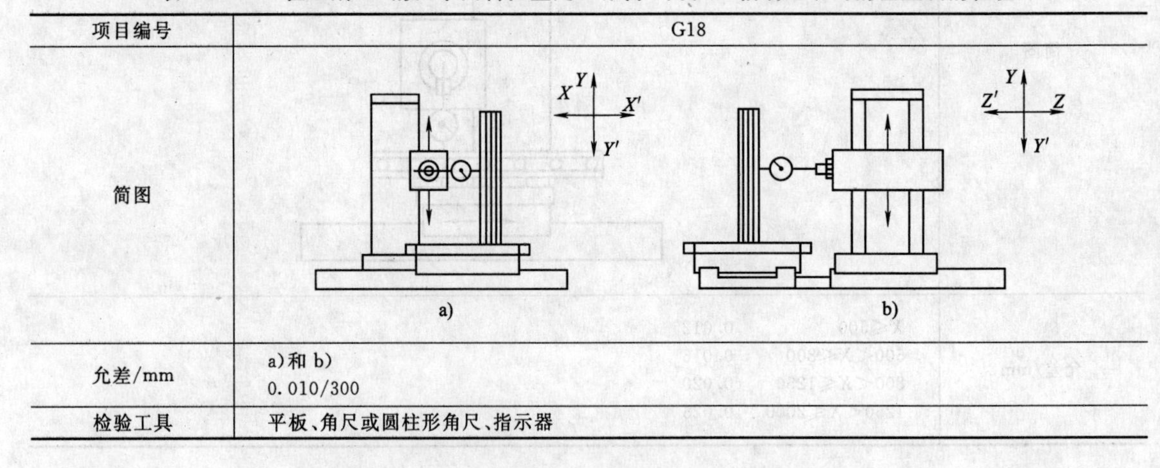

项目编号	G18
简图	a)　b)
允差/mm	a）和 b） 0.010/300
检验工具	平板、角尺或圆柱形角尺、指示器

续表

项目编号	G18
检验方法	a)如果可能,X 轴线锁紧 b)如果可能,Z 轴线锁紧 角尺或圆柱形角尺置于工作台中央 如果主轴能锁紧,则指示器可装在主轴上,否则指示器应装在机床的主轴箱上 对于 a):此垂直度偏差也能从检验项目 G7 和 G16 推出,其相关偏差之和不超过这里所示的允差 对于 b):此垂直度偏差也能从检验项目 G8 和 G17 推出,其相关偏差之和不超过这里所示的允差

① 固有的回转工作台或一个在应有位置锁紧的代表性托板。

表 7-6-405　0°位置时工作台①的检验

项目编号	G19
简图	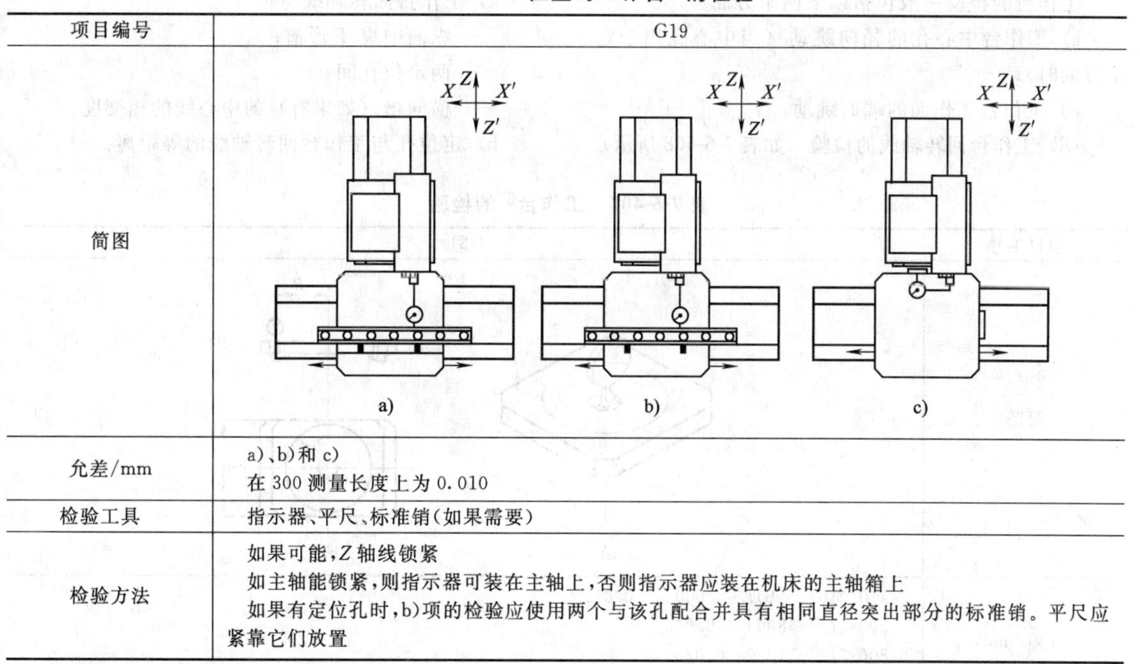
允差/mm	a)、b)和 c) 在 300 测量长度上为 0.010
检验工具	指示器、平尺、标准销(如果需要)
检验方法	如果可能,Z 轴线锁紧 如主轴能锁紧,则指示器可装在主轴上,否则指示器应装在机床的主轴箱上 如果有定位孔时,b)项的检验应使用两个与该孔配合并具有相同直径突出部分的标准销。平尺应紧靠它们放置

① 固有的回转工作台或一个在应有位置锁紧的代表性托板。

(6) 0°位置时工作台的检验（如表 7-6-406 所示）

0°位置时工作台的检验一般包括以下两个方面：

a) 横向定位孔中心线（如果有）；

b) 横向侧面定位器和 Z 轴线运动间的平行度。

表 7-6-406　0°位置时工作台①的检验

项目编号	G20
简图	a)　　b)
允差/mm	a)和 b) 在 300 测量长度上为 0.010

续表

项目编号	G20
检验工具	指示器、平尺、标准销(如有需要)
检验方法	如果可能,X 轴线锁紧 如主轴能锁紧,则指示器可装在主轴上,否则指示器应装在机床的主轴箱上 如果有定位孔时,a)项的检验应使用两个与该孔配合并具有相同直径突出部分的标准销。平尺应紧靠它们放置

① 固有的回转工作台或一个在应有位置锁紧的代表性托板。

(7) 工作台的检验(如表 7-6-407 所示)

工作台的检验一般包括以下两个方面:

a) 工作台中心孔的径向跳动(当中心孔用于定位目的时);

b) 工作台工作面的端面跳动。

(8) 工作台回转轴线的检验(如表 7-6-408 所示)

工作台回转轴线的检验一般包括以下两个方面:

a) 工作台回转轴线与:

——纵向中央 T 形槽;

——两定位孔间;

——横向槽(如果有)的中心线的相交度。

b) 定位孔与工作台回转轴线的等距离。

表 7-6-407 工作台① 的检验

项目编号	G21
简图	a)　　b)
允差/mm	a)0.016　b)L②≤500　0.012 500<L②≤800　0.016 800<L②≤1250　0.020 1250<L②≤2000　0.025
检验工具	a)指示器 b)量块、指示器
检验方法	a)如果可能,X 轴线和 Z 轴线锁紧 如主轴能锁紧,则指示器可装在主轴上,否则指示器应装在机床的固定部位 b)如果可能,Y 轴线锁紧 半径 R 应尽可能大 绕相应改变轴线名称的垂直或水平轴线回转的所有工件夹持工作台均应检验 对于分度工作台,至少应在互成 90°的四个位置检验

① 固有的回转工作台或一个在应有位置锁紧的代表性托板。

② L 为工作台或托板的较短边的长度。

表 7-6-408 工作台① 回转轴线的检验

项目编号	G22
简图	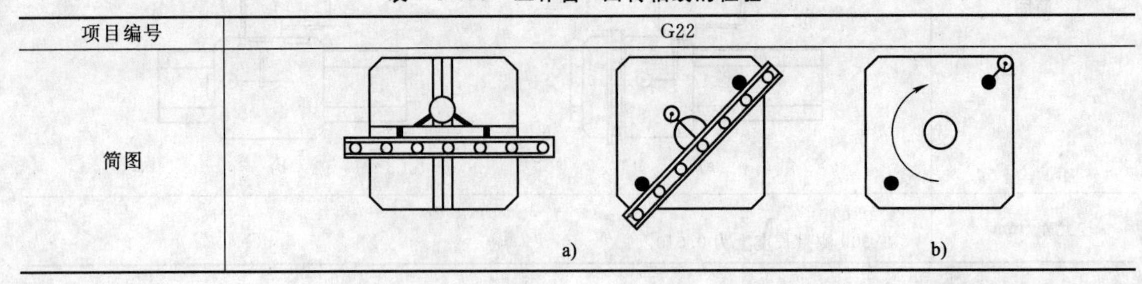 a)　　b)

续表

项目编号	G22
允差/mm	a)和 b) 0.020
检验工具	a)平尺或标准销、指示器 b)标准销、指示器
检验方法	在机床的固定部位固定指示器，使其测头触及平尺并调整零。移开平尺，工作台旋转 180°，将平尺重新靠近量块或标准销的另一侧，指示器新读数应不超过允差 如果有定位孔时，应使用两个与该孔配合并具有相同直径突出部分的标准销来代替量块 绕相应改变轴线名称的垂直或水平轴线回转的所有工件夹持工作台均应检验

① 固有的回转工作台或一个在应有位置锁紧的代表性托板。

6. 平行于 Z 轴的附加轴线

(1) 主轴轴向移动的直线度的检验（如表 7-6-409 所示）

主轴轴向移动的直线度的检验一般包括以下两个方面：

a) 在 YZ 垂直平面内；

b) 在 ZX 水平面内。

(2) 滑枕移动的直线度的检验（如表 7-6-410 所示）

滑枕移动的直线度的检验一般包括以下两个方面：

a) 在 YZ 垂直平面内；

b) 在 ZX 水平面内。

表 7-6-409　主轴轴向移动的直线度的检验

项目编号	G23
简图	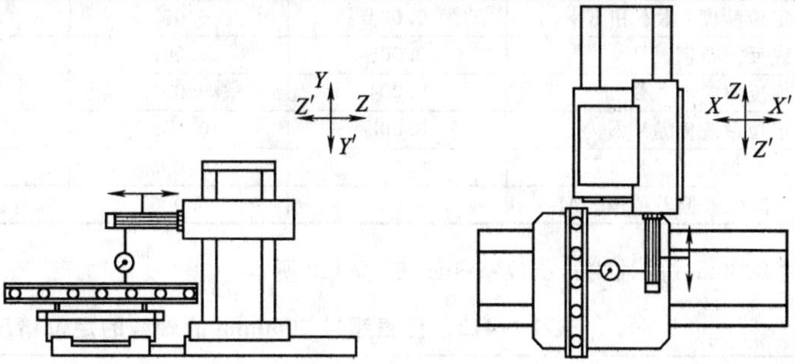 a)　b)
允差/mm	a)和 b) 在 300 测量长度上为 0.010
检验工具	平尺、指示器
检验方法	a)如果可能，Y 轴线锁紧 b)如果可能，X 轴线锁紧 应注意：a)项偏差包含着主轴的常规挠度

表 7-6-410　滑枕移动的直线度的检验

项目编号	G24
简图	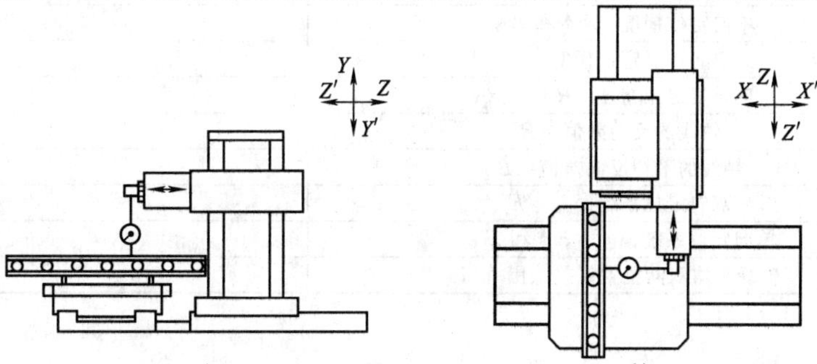 a)　b)

续表

项目编号	G24
允差/mm	a)和b) 在300测量长度上为0.010
检验工具	平尺、指示器
检验方法	a)如果可能,Y轴线锁紧 b)如果可能,X轴线锁紧

6.7.4 精密加工中心检验条件:线性和回转轴线的定位精度和重复定位精度检验(GB/T 20957.4—2007)

行程至2000mm的轴线的定位精度如表7-6-411所示。

表7-6-411 行程至2000mm的轴线的定位精度 mm

检验项目	轴线的测量行程			
	≤500	>500 ~800	>800 ~1250	>1250 ~2000
	允差			
双向定位精度 A	0.010	0.013	0.016	0.020
单向定位精度 $A\uparrow$和$A\downarrow$	0.008	0.010	0.013	0.016
双向重复定位精度 R	0.008	0.010	0.011	0.013
单向重复定位精度 $R\uparrow$和$R\downarrow$	0.004	0.005	0.006	0.008
轴线反向差值 B	0.005	0.005	0.007	0.007
平均反向差值 $\overline{B}$	0.004	0.004	0.005	0.005
双向定位系统偏差 E	0.008	0.009	0.012	0.015
单向定位系统偏差 $E\uparrow$和$E\downarrow$	0.005	0.006	0.008	0.010
轴线平均双向位置偏差范围 M	0.005	0.006	0.008	0.010

行程超过2000mm的轴线的定位精度如表7-6-412所示。

表7-6-412 行程超过2000mm的轴线的定位精度 mm

检验项目	允差
轴线双向定位系统偏差 E	0.015+(测量长度每增加1000,允差增加0.005)
轴线平均双向位置偏差范围 M	0.010+(测量长度每增加1000,允差增加0.003)
轴线反向差值 B	0.007+(测量长度每增加1000,允差增加0.003)

行程至360°的回转轴线的定位精度如表7-6-413所示。

表7-6-413 行程至360°的回转轴线的定位精度

检验项目	允差 /(″)
双向定位精度 A	14
单向定位精度 $A\uparrow$和$A\downarrow$	11
双向重复定位精度 R	8
单向重复定位精度 $R\uparrow$和$R\downarrow$	5
轴线的反向差值 B	6
轴线的平均反向差值 $\overline{B}$	4
双向定位系统偏差 E	10
单向定位系统偏差 $E\uparrow$和$E\downarrow$	7
轴线平均双向位置偏差范围 M	6

第 7 章　齿轮和齿轮副测量

7.1　齿轮精度

齿轮各项公差和极限偏差的分组如表 7-7-1 所示。

表 7-7-1　齿轮各项公差和极限偏差的分组

公差组	公差与极限偏差项目	误差特性	对传动性能的主要影响
Ⅰ	F'_i、F_p、F_{pk} F''_i、F_r、F_w	以齿轮一转为周期的误差	传递运动的准确性
Ⅱ	f_i、f''_i、f_f $\pm f_{pt}$、$\pm f_{pb}$、$f_{f\beta}$	在齿轮一周内，多次周期地重复出现的误差	传动的平稳性、噪声、振动
Ⅲ	F_β、F_b、$\pm F_{px}$	齿向线的误差	载荷分布的均匀性

齿轮精度等级如表 7-7-2 所示。

表 7-7-2　齿轮精度等级

精度等级的规定	GB/T 10095.1—2008 和 GB/T 10095.2—2008 对应验和可采用精度指标的公差(双啮合精度指标的公差 F''_i、f''_i除外)分别规定了 13 个精度等级，分别用阿拉伯数字 0、1、2、3、…、12 表示。其中，0 级是最高的精度等级，12 级是最低的精度等级。对 F''_i和 f''_i分别规定了 9 个精度等级(4、5、6、…、12)。5 级精度是各级精度中的基础级，两相邻精度等级的分级公比等于$\sqrt{2}$
各级精度计算公式	令 m_n、d、b 和 k 分别表示齿轮的法向模数、分度圆直径、齿宽(mm)和测量时的齿距数。应验和可采用精度指标 5 级精度的公差应分别按公式计算确定

小模数渐开线圆柱齿轮各检验项目的公差或极限偏差如表 7-7-3 所示。

表 7-7-3　小模数渐开线圆柱齿轮各检验项目的公差或极限偏差

精度等级	代号	法向模数 m_n /mm	分度圆直径 d/mm								
			≤12	>12~20	>20~32	>32~50	>50~80	>80~125	>125~200	>200~315	>315~400
			μm								
3	F'_i	0.1~0.5	7	7.5	8	8.5	9	10	11	12	13
		>0.5~<1.0	7.5	8	8.5	9	10	11	12	13	14
	F''_i	0.1~0.5	4	5	6	7	8	9	10	11	12
		>0.5~<1.0	5	6	7	8	9	10	11	12	13
	F_p	0.1~<1.0	4	5	5	6	7	8	9	10	11
	F_{pk}	0.1~<1.0	2	3	3	4	4	4	5	6	7
	F_r	0.1~0.5	3	3.5	4	4.5	5	5.5	6	6.5	7
		>0.5~<1.0	4	4.5	4.5	5	5.5	6	6.5	7	8
	f'_i	0.1~0.5	3	3	3	2	2	2	2	2	2
		>0.5~<1.0	4	4	4	3	3	3	3	3	3
	f''_i	0.1~0.5	3								
		>0.5~<1.0	4								
	f_{pt}	0.1~<1.0	2	2	2	2	2	2	2.5	2.5	2.5
	f_i	0.1~0.5	3	3	3	2	2	2	2	2	2
		>0.5~<1.0	4	4	4	3	3	3	3	3	3
	f_{pb}	0.1~0.5	1.5								
		>0.5~<1.0	2								
	F_β	齿宽 b/mm	≤10			>10~20			>20~40		
		公差/μm	5			6			8		

续表

精度等级	代号	法向模数 m_n /mm	分度圆直径 d/mm								
			≤12	>12~20	>20~32	>32~50	>50~80	>80~125	>125~200	>200~315	>315~400
			μm								
4	F_i'	0.1~0.5	11	11.5	12	13	14	15	17	19	21
		>0.5~<1.0	11.5	12	13	14	15	16	18	20	22
	F_i''	0.1~0.5	8	9	10	11	12	13	14	15	16
		>0.5~<1.0	9	10	11	12	13	14	15	16	17
	F_p	0.1~<1.0	7	8	9	10	11	12	13	16	19
	F_{pk}	0.1~<1.0	4	4	5	6	6	7	8	9	11
	F_r	0.1~0.5	5	6	6	7	8	9	10	11	12
		>0.5~<1.0	6	7	7	8	9	10	11	12	13
	f_i'	0.1~0.5	5	5	5	4	4	4	4	4	4
		>0.5~<1.0	6	6	6	5	5	5	5	5	5
	f_i''	0.1~0.5	4								
		>0.5~<1.0	6								
	f_{pt}	0.1~<1.0	3	3	3	3	3	3	3.5	4	4.5
	f_f	0.1~0.5	4	4	4	3	3	3	2	2	2
		>0.5~<1.0	5	5	5	4	4	4	4	4	4
	f_{pb}	0.1~0.5	3								
		>0.5~<1.0	3.5								
	F_β	齿宽 b/mm	≤10			>10~20			>20~40		
		公差/μm	3			4			5		
5	F_i'	0.1~0.5	18	19	20	21	22	25	27	29	32
		>0.5~<1.0	19	20	21	22	24	26	28	30	34
	F_i''	0.1~0.5	15	16	17	18	19	20	22	24	26
		>0.5~<1.0	17	18	19	20	21	22	24	26	28
	F_p	0.1~<1.0	11	12	14	16	18	20	22	26	30
	F_{pk}	0.1~<1.0	6	7	8	9	10	11	13	15	17
	F_w	0.1~<1.0	4	5	6	7	8	10	12	14	16
	F_r	0.1~0.5	8	9	10	11	12	13	14	16	18
		>0.5~<1.0	9	10	11	12	13	14	16	18	20
	f_i'	0.1~0.5	7	7	7	6	6	6	6	6	6
		>0.5~<1.0	8	8	8	7	7	7	7	7	7
	f_i''	0.1~0.5	7								
		>0.5~<1.0	9								
	f_{pt}	0.1~<1.0	3.5	3.5	4	4.5	5	5.5	6	7	7
	f_f	0.1~0.5	6	6	6	5	5	5	4	4	4
		>0.5~<1.0	7	7	7	6	6	6	5	5	5
	f_{pb}	0.1~0.5	4								
		>0.5~<1.0	5								
	F_β	齿宽 b/mm	≤10			>10~20			>20~40		
		公差/μm	5			6			8		

续表

精度等级	代号	法向模数 m_n /mm	分度圆直径 d/mm								
			≤12	>12~20	>20~32	>32~50	>50~80	>80~125	>125~200	>200~315	>315~400
			μm								
6	F_i'	0.1~0.5	24	26	28	30	32	34	38	42	46
		>0.5~<1.0	26	28	30	32	34	37	40	46	50
	F_i''	0.1~0.5	21	22	24	26	28	30	32	34	36
		>0.5~<1.0	24	25	26	28	30	32	34	36	38
	F_p	0.1~<1.0	16	18	20	22	24	28	32	36	42
	P_{pk}	0.1~<1.0	9	10	11	12	14	16	18	20	24
	F_w	0.1~<1.0	6	7	8	10	12	14	16	18	22
	F_r	0.1~0.5	13	14	15	16	18	20	22	26	30
		>0.5~<1.0	15	16	17	18	20	22	24	28	32
	f_i'	0.1~0.5	10	10	10	10	10	10	10	10	10
		>0.5~<1.0	12	12	12	12	12	11	11	11	11
	f_i''	0.1~0.5	10								
		>0.5~<1.0	12								
	f_{pt}	0.1~<1.0	5	5.5	6	6.5	7	8	9	10	11
	f_f	0.1~0.5	8	8	8	7	7	7	6	6	6
		>0.5~<1.0	10	10	10	9	9	8	8	8	8
	f_{pb}	0.1~0.5	7								
		>0.5~<1.0	8								
	F_β	齿宽 b/mm	≤10			>10~20			>20~40		
		公差/μm	6			8			10		
7	F_i'	0.1~0.5	34	36	38	40	44	48	52	58	64
		>0.5~<1.0	36	38	40	42	46	50	54	62	70
	F_i''	0.1~0.5	30	32	34	36	38	40	42	45	48
		>0.5~<1.0	34	36	38	40	42	44	46	48	52
	F_p	0.1~<1.0	23	25	28	32	36	40	46	52	58
	F_{pk}	0.1~<1.0	12	14	16	18	20	24	27	30	33
	F_w	0.1~<1.0	8	10	12	14	16	20	24	28	32
	F_r	0.1~0.5	18	20	22	24	26	28	32	36	40
		>0.5~<1.0	20	22	24	26	28	30	34	38	42
	f_i'	0.1~0.5	15	15	15	13	13	13	13	13	13
		>0.5~<1.0	20	20	20	17	17	15	15	15	15
	f_i''	0.1~0.5	14								
		>0.5~<1.0	18								
	f_{pt}	0.1~<1.0	7	8	9	10	11	12	13	14	15
	f_f	0.1~0.5	11	11	11	10	10	9	9	9	9
		>0.5~<1.0	13	13	13	12	12	11	11	11	11
	f_{pb}	0.1~0.5	10								
		>0.5~<1.0	11								
	F_β	齿宽 b/mm	≤10			>10~20			>20~40		
		公差/μm	9			12			15		

第7篇

续表

精度等级	代号	法向模数 m_n/mm	分度圆直径 d/mm								
			≤12	＞12～20	＞20～32	＞32～50	＞50～80	＞80～125	＞125～200	＞200～315	＞315～400
			μm								
8	F_i''	0.1～0.5	42	44	46	48	50	54	58	62	66
		＞0.5～＜1.0	48	50	52	54	56	60	64	68	72
	F_p	0.1～＜1.0	32	35	40	45	50	55	62	70	80
	F_{pk}	0.1～＜1.0	18	20	22	25	28	32	36	40	46
	F_w	0.1～＜1.0	12	14	17	20	24	28	32	38	44
	F_r	0.1～0.5	26	28	30	32	36	40	44	48	52
		＞0.5～＜1.0	28	30	32	36	40	44	48	52	56
	f_i''	0.1～0.5	20								
		＞0.5～＜1.0	25								
	f_{pt}	0.1～＜1.0	12	13	14	15	16	17	18	19	20
	f_f	0.1～0.5	15	15	15	14	14	13	13	13	13
		＞0.5～＜1.0	18	18	18	16	16	14	14	14	14
	f_{pb}	0.1～0.5	14								
		＞0.5～＜1.0	15								
	F_β	齿宽 b/mm	≤10			＞10～20			＞20～40		
		公差/μm	11			15			19		
9	F_i''	0.1～0.5	54	56	58	60	62	65	70	75	80
		＞0.5～＜1.0	62	64	66	68	70	75	80	85	90
	F_w	0.1～＜1.0	15	18	21	25	30	35	40	47	55
	F_r	0.1～0.5	32	34	37	40	45	50	55	60	65
		＞0.5～＜1.0	35	37	40	45	50	55	60	65	70
	f_i''	0.1～0.5	25								
		＞0.5～＜1.0	30								
	f_{pt}	0.1～＜1.0	16	17	18	19	20	22	25	27	30
	f_f	0.1～0.5	20	20	20	18	18	18	16	16	16
		＞0.5～＜1.0	25	25	25	22	22	22	20	20	20
	F_β	齿宽 b/mm	≤10			＞10～20			＞20～40		
		公差/μm	14			20			24		
10	F_i''	0.1～0.5	60	65	70	75	80	85	90	95	100
		＞0.5～＜1.0	70	75	80	85	90	95	100	105	110
	F_r	0.1～0.5	40	42	45	50	56	62	68	76	85
		＞0.5～＜1.0	44	46	50	56	62	68	74	80	90
	f_i''	0.1～0.5	30								
		＞0.5～＜1.0	35								
	f_f	0.1～0.5	25	25	25	23	23	23	20	20	20
		＞0.5～＜1.0	30	30	30	27	27	27	25	25	25
11	F_r	0.1～0.5	50	55	60	65	70	75	85	95	105
		＞0.5～＜1.0	55	60	65	70	75	80	90	100	110
12	F_r	0.1～0.5	65	70	75	80	85	90	105	115	130
		＞0.5～＜1.0	75	80	85	90	95	100	110	120	135

小模数渐开线圆柱齿轮 3 级精度侧隙指标的极限偏差如表 7-7-4 所示。

表 7-7-4　小模数渐开线圆柱齿轮 3 级精度侧隙指标的极限偏差

分度圆直径 d /mm	法向模数 m_n /mm	双啮中心距 上偏差 E''_{as} 下偏差 E''_{ai}					量柱测量距 上偏差 E_{Ms} 下偏差 E_{Mi}					公法线平均长度 上偏差 E_{wms} 下偏差 E_{wmi}				
		侧隙种类														
		h	g	f	e	d	h	g	f	e	d	h	g	f	e	d
		μm														
≤12	0.1~0.5	0 −6	−4 −10	−6 −12	−10 −17	−15 −22	−3 −8	−9 −14	−12 −17	−19 −26	−27 −34	−1 −3	−3 −5	−5 −7	−8 −11	−11 −14
	>0.5~<1.0	0 −7	−4 −11	−6 −13	−10 −18	−15 −23	−3 −7	−9 −13	−12 −16	−18 −24	−25 −31	−2 −4	−4 −6	−6 −8	−9 −12	−12 −15
>12~20	0.1~0.5	0 −7	−5 −12	−7 −14	−12 −20	−18 −26	−4 −9	−12 −17	−16 −21	−24 −32	−34 −42	−2 −4	−5 −7	−7 −9	−9 −12	−13 −16
	>0.5~<1.0	0 −8	−5 −13	−7 −15	−12 −20	−18 −26	−4 −9	−12 −17	−15 −20	−21 −28	−31 −38	−2 −4	−5 −7	−7 −9	−9 −12	−13 −16
>20~32	0.1~0.5	−1 −9	−7 −15	−10 −18	−15 −23	−23 −31	−6 −12	−17 −23	−23 −29	−30 −39	−45 −54	−2 −4	−6 −8	−8 −10	−11 −14	−17 −20
	>0.5~<1.0	−1 −9	−7 −15	−10 −18	−15 −24	−23 −32	−5 −10	−15 −20	−20 −25	−29 −37	−42 −50	−2 −4	−6 −8	−8 −10	−12 −15	−17 −20
>32~50	0.1~0.5	−1 −9	−8 −16	−12 −20	−17 −26	−27 −36	−6 −12	−19 −25	−27 −33	−35 −45	−54 −64	−2 −4	−7 −9	−10 −12	−13 −17	−20 −24
	>0.5~<1.0	−1 −10	−8 −17	−12 −21	−17 −26	−27 −36	−7 −13	−19 −25	−26 −32	−34 −43	−51 −60	−3 −5	−7 −9	−10 −12	−13 −17	−20 −24
>50~80	0.1~0.5	−1 −10	−9 −18	−14 −23	−21 −30	−31 −40	−7 −14	−22 −29	−32 −39	−43 −54	−63 −74	−3 −5	−8 −10	−11 −13	−15 −19	−22 −26
	>0.5~<1.0	−1 −10	−9 −18	−14 −23	−21 −31	−31 −41	−6 −13	−20 −27	−30 −37	−42 −52	−61 −71	−3 −5	−8 −10	−11 −13	−16 −20	−23 −27
>80~125	0.1~0.5	−2 −12	−12 −22	−17 −27	−26 −36	−38 −48	−10 −18	−29 −37	−39 −47	−54 −66	−78 −90	−3 −6	−10 −13	−13 −16	−19 −23	−27 −31
	>0.5~<1.0	−2 −12	−12 −22	−17 −27	−26 −37	−38 −49	−9 −17	−28 −36	−38 −46	−53 −65	−77 −89	−3 −6	−10 −13	−13 −16	−19 −23	−27 −31
>125~200	0.1~0.5	−2 −13	−14 −25	−19 −30	−30 −41	−46 −57	−10 −19	−34 −43	−44 −53	−63 −76	−95 −108	−4 −7	−12 −15	−15 −18	−22 −27	−33 −38
	>0.5~<1.0	−2 −13	−14 −25	−19 −30	−30 −41	−46 −57	−10 −19	−33 −42	−43 −52	−62 −75	−92 −105	−4 −7	−12 −15	−15 −18	−22 −27	−33 −38
>200~315	0.1~0.5	−3 −15	−17 −29	−23 −35	−37 −49	−55 −67	−13 −22	−40 −49	−53 −62	−77 −92	−113 −128	−5 −8	−14 −17	−18 −21	−27 −32	−39 −44
	>0.5~<1.0	−3 −16	−17 −30	−23 −36	−37 −49	−55 −67	−14 −23	−41 −50	−54 −63	−76 −91	−111 −126	−5 −8	−15 −18	−19 −22	−27 −32	−39 −44
>315~400	0.1~0.5	−4 −17	−21 −34	−28 −41	−44 −57	−64 −77	−15 −26	−49 −60	−62 −73	−92 −108	−131 −147	−6 −10	−17 −21	−22 −26	−32 −38	−45 −51
	>0.5~<1.0	−4 −18	−21 −35	−28 −42	−44 −58	−64 −78	−16 −27	−50 −61	−63 −74	−93 −109	−132 −148	−6 −10	−17 −21	−22 −26	−32 −38	−46 −52

小模数渐开线圆柱齿轮 4 级精度侧隙指标的极限偏差如表 7-7-5 所示。

表 7-7-5 小模数渐开线圆柱齿轮4级精度侧隙指标的极限偏差

分度圆直径 d /mm	法向模数 m_n /mm	双啮中心距 上偏差 E''_{as} 下偏差 E''_{ai}					量柱测量距 上偏差 E_{Ms} 下偏差 E_{Mi}					公法线平均长度 上偏差 E_{wms} 下偏差 E_{wmi}				
		侧隙种类														
		h	g	f	e	d	h	g	f	e	d	h	g	f	e	d
		μm														
≤12	0.1～0.5	0	−4	−6	−10	−15	−5	−11	−15	−20	−28	−2	−4	−6	−8	−12
		−10	−14	−16	−21	−26	−12	−18	−22	−32	−40	−5	−7	−9	−13	−17
	>0.5～<1.0	0	−4	−6	−10	−15	−5	−11	−15	−20	−26	−2	−5	−7	−9	−12
		−11	−15	−17	−22	−27	−12	−18	−21	−30	−37	−5	−8	−10	−14	−17
>12～20	0.1～0.5	0	−5	−7	−12	−18	−5	−14	−18	−25	−35	−2	−5	−7	−10	−14
		−11	−16	−18	−24	−30	−13	−22	−26	−38	−48	−5	−8	−10	−15	−19
	>0.5～<1.0	0	−5	−7	−12	−18	−6	−13	−17	−23	−33	−2	−6	−8	−10	−14
		−12	−17	−19	−25	−31	−14	−21	−25	−35	−45	−5	−9	−11	−15	−19
>20～32	0.1～0.5	0	−6	−9	−14	−22	−6	−17	−23	−30	−45	−2	−6	−9	−11	−17
		−12	−18	−20	−27	−35	−15	−26	−32	−44	−59	−5	−9	−12	−16	−22
	>0.5～<1.0	0	−6	−9	−14	−22	−7	−17	−22	−29	−42	−3	−7	−9	−12	−17
		−13	−19	−22	−28	−36	−16	−26	−31	−42	−55	−6	−10	−12	−17	−22
>32～50	0.1～0.5	0	−7	−11	−16	−26	−7	−20	−28	−35	−54	−3	−7	−10	−13	−19
		−13	−20	−24	−30	−40	−17	−30	−38	−51	−70	−7	−11	−14	−19	−25
	>0.5～<1.0	0	−7	−11	−16	−26	−8	−20	−27	−34	−52	−3	−8	−10	−13	−19
		−14	−21	−25	−31	−41	−17	−29	−36	−43	−67	−7	−12	−14	−19	−25
>50～80	0.1～0.5	0	−8	−13	−20	−30	−8	−23	−33	−44	−63	−3	−8	−12	−16	−22
		−15	−23	−28	−35	−45	−19	−34	−44	−62	−81	−7	−12	−16	−22	−28
	>0.5～<1.0	0	−8	−13	−20	−30	−9	−23	−33	−43	−62	−3	−9	−12	−16	−22
		−16	−24	−29	−36	−46	−20	−34	−44	−60	−73	−7	−13	−16	−22	−28
>80～125	0.1～0.5	0	−10	−15	−24	−36	−9	−28	−38	−53	−76	−3	−10	−13	−19	−27
		−15	−25	−30	−40	−52	−21	−40	−50	−72	−95	−7	−14	−17	−26	−34
	>0.5～<1.0	0	−10	−15	−24	−36	−9	−28	−38	−52	−75	−3	−10	−14	−19	−27
		−16	−26	−31	−41	−53	−21	−40	−50	−71	−94	−7	−14	−18	−26	−34
>125～200	0.1～0.5	−1	−13	−18	−28	−44	−11	−34	−44	−61	−93	−4	−12	−15	−21	−33
		−17	−29	−34	−45	−61	−25	−48	−58	−82	−114	−9	−17	−20	−28	−40
	>0.5～<1.0	−1	−13	−18	−28	−44	−12	−35	−44	−60	−92	−4	−12	−16	−22	−33
		−18	−30	−35	−46	−62	−26	−49	−58	−81	−113	−9	−17	−21	−29	−40
>200～315	0.1～0.5	−2	−16	−22	−35	−53	−13	−41	−53	−76	−111	−5	−14	−18	−26	−39
		−19	−33	−39	−54	−72	−28	−56	−68	−101	−136	−10	−19	−23	−34	−47
	>0.5～<1.0	−2	−16	−22	−35	−53	−14	−41	−53	−75	−110	−5	−14	−19	−26	−39
		−20	−34	−40	−54	−72	−29	−56	−68	−100	−135	−10	−19	−24	−34	−47
>315～400	0.1～0.5	−3	−20	−27	−42	−62	−15	−49	−63	−90	−130	−5	−17	−22	−31	−45
		−21	−38	−45	−62	−82	−33	−67	−81	−116	−156	−11	−23	−28	−40	−54
	>0.5～<1.0	−3	−20	−27	−42	−62	−16	−49	−63	−90	−130	−6	−17	−22	−31	−45
		−22	−39	−46	−63	−83	−34	−67	−81	−116	−156	−12	−23	−28	−40	−54

小模数渐开线圆柱齿轮5级精度侧隙指标的极限偏差如表7-7-6所示。

小模数渐开线圆柱齿轮6级精度侧隙指标的极限偏差如表7-7-7所示。

小模数渐开线圆柱齿轮7级精度侧隙指标的极限偏差如表7-7-8所示。

小模数渐开线圆柱齿轮8、9、10、11、12级精度侧隙指标的极限偏差如表7-7-9～表7-7-13所示。

表 7-7-6　小模数渐开线圆柱齿轮 5 级精度侧隙指标的极限偏差

分度圆直径 d /mm	法向模数 m_n /mm	双啮中心距 上偏差 E''_{as} 下偏差 E''_{ai}					量柱测量距 上偏差 E_{Ms} 下偏差 E_{Mi}					公法线平均长度 上偏差 E_{wms} 下偏差 E_{wmi}				
		侧隙种类														
		h	g	f	e	d	h	g	f	e	d	h	g	f	e	d
		μm														
≤12	0.1～0.5	0 −16	−4 −20	−6 −22	−10 −28	−15 −33	−7 −19	−14 −26	−17 −29	−22 −41	−31 −50	−3 −8	−6 −11	−7 −12	−9 −17	−13 −21
	>0.5～<1.0	0 −18	−4 −22	−6 −24	−10 −30	−15 −35	−8 −19	−14 −25	−17 −28	−22 −39	−29 −46	−4 −9	−6 −11	−9 −14	−10 −18	−13 −21
>12～20	0.1～0.5	0 −18	−5 −23	−7 −25	−12 −32	−18 −38	−9 −22	−18 −31	−21 −34	−28 −49	−38 −59	−4 −9	−7 −12	−8 −13	−11 −19	−15 −23
	>0.5～<1.0	0 −20	−5 −25	−7 −27	−12 −33	−18 −39	−10 −22	−18 −30	−21 −33	−26 −45	−35 −54	−4 −9	−8 −13	−9 −14	−11 −19	−15 −23
>20～32	0.1～0.5	0 −20	−6 −26	−9 −29	−14 −35	−22 −43	−11 −26	−22 −37	−27 −42	−33 −56	−48 −71	−4 −10	−8 −14	−10 −16	−12 −21	−18 −27
	>0.5～<1.0	0 −21	−6 −27	−9 −30	−14 −36	−22 −44	−11 −25	−21 −35	−26 −40	−32 −54	−45 −67	−4 −10	−9 −15	−11 −17	−13 −22	−18 −27
>32～50	0.1～0.5	0 −21	−7 −28	−11 32	−16 −39	−26 −49	−12 −28	−25 −41	−32 −48	−39 −65	−58 −84	−4 −10	−9 −15	−12 −18	−14 −23	−21 −30
	>0.5～<1.0	−0 −22	−7 −29	−11 −33	−16 −40	−26 −50	−12 −27	−24 −39	−31 −46	−38 −62	−55 −79	−5 −11	−9 −15	−12 −18	−14 −23	−21 −30
>50～80	0.1～0.5	0 −22	−8 −30	−13 −35	−20 −44	−30 −54	−12 −30	−28 −46	−37 −55	−47 −75	−66 −94	−4 −10	−9 −15	−13 −19	−17 −27	−24 −34
	>0.5～<1.0	0 −24	−8 −32	−13 −37	−20 −46	−30 −56	−14 −31	−29 −46	−38 −55	−47 −74	−66 −93	−5 −11	−11 −17	−14 −20	−18 −28	−24 −34
>80～125	0.1～0.5	0 −23	−10 −33	−15 −38	−24 −49	−36 −61	−12 −32	−32 −52	−42 −62	−56 −87	−79 −110	−4 −11	−11 −18	−15 −22	−20 −31	−28 −39
	>0.5～<1.0	0 −25	−10 −35	−15 −40	−24 −51	−36 −63	−14 −33	−33 −52	−42 −61	−56 −86	−79 −109	−5 −12	−12 −19	−15 −22	−20 −31	−28 −39
>125～200	0.1～0.5	−1 −25	−13 −37	−18 −42	−28 −55	−44 −71	−15 −37	−38 −60	−48 −70	−65 −99	−96 −130	−5 −13	−13 −21	−17 −25	−22 −34	−33 −45
	>0.5～<1.0	−1 −27	−13 −39	−18 −44	−28 −57	−44 −73	−16 −38	−39 −61	−49 −71	−65 −99	−96 −130	−6 −14	−14 −22	−17 −25	−23 −35	−34 −46
>200～315	0.1～0.5	−2 −23	−16 −42	−22 −48	−35 −65	−53 −80	−18 −40	−46 −68	−57 −79	−79 −118	−115 −154	−6 −14	−16 −24	−20 −28	−27 −41	−40 −54
	>0.5～<1.0	−2 −29	−16 −43	−22 −49	−35 −66	−53 −84	−18 −40	−47 −69	−57 −79	−79 −118	−115 −154	−6 −14	−16 −24	−20 −28	−28 −42	−40 −54
>315～400	0.1～0.5	−3 −31	−20 −48	−27 −55	−42 −74	−62 −94	−20 −49	−53 −81	−67 −95	−94 −135	−134 −175	−7 −17	−18 −28	−23 −33	−33 −47	−46 −60
	>0.5～<1.0	−3 −33	−20 −50	−27 −57	−42 −76	−62 −96	−21 −49	−55 −83	−69 −97	−96 −137	−135 −176	−7 −17	−19 −29	−24 −34	−33 −47	−47 −61

表 7-7-7　小模数渐开线圆柱齿轮 6 级精度侧隙指标的极限偏差

分度圆直径 d /mm	法向模数 m_n /mm	双啮中心距 上偏差 E''_{as} 下偏差 E''_{ai}					量柱测量距 上偏差 E_{Ms} 下偏差 E_{Mi}					公法线平均长度 上偏差 E_{wms} 下偏差 E_{wmi}				
		侧隙种类														
		h	g	f	e	d	h	g	f	e	d	h	g	f	e	d
		μm														
≤12	0.1～0.5	0 −23	−4 −27	−6 −29	−10 −36	−15 −41	−11 −28	−18 −35	−21 −38	−25 −51	−34 −60	−4 −10	−7 −13	−9 −15	−11 −22	−14 −25
	>0.5～<1.0	0 −26	−4 −30	−6 −32	−10 −38	−15 −43	−12 −27	−18 −33	−21 −36	−25 −48	−32 −56	−5 −11	−8 −14	−10 −16	−12 −23	−15 −26

第⑦篇

续表

分度圆直径 d /mm	法向模数 m_n /mm	双啮中心距 上偏差 E''_{as} 下偏差 E''_{ai}					量柱测量距 上偏差 E_{Ms} 下偏差 E_{Mi}					公法线平均长度 上偏差 E_{wms} 下偏差 E_{wmi}				
		侧隙种类														
		h	g	f	e	d	h	g	f	e	d	h	g	f	e	d
		μm														
>12～20	0.1～0.5	0 −25	−5 −30	−7 −32	−12 −40	−18 −46	−12 −31	−21 −40	−25 −44	−30 −60	−41 −71	−5 −12	−8 −15	−10 −17	−12 −24	−16 −28
	>0.5～<1.0	0 −28	−5 −33	−7 −35	−12 −42	−18 −48	−14 −31	−22 −39	−25 −42	−29 −56	−39 −66	−6 −13	−9 −16	−11 −18	−13 −25	−17 −29
>20～32	0.1～0.5	0 −27	−6 −33	−9 −36	−14 −44	−22 −52	−14 −35	−25 −46	−31 −52	−37 −69	−51 −83	−5 −13	−9 −17	−11 −19	−14 −26	−19 −31
	>0.5～<1.0	0 −30	−6 −36	−9 −39	−14 −46	−22 −54	−16 −35	−26 −45	−31 −50	−36 −66	−49 −79	−6 −14	−10 −18	−13 −21	−15 −27	−20 −32
>32～50	0.1～0.5	0 −29	−7 −36	−11 −40	−16 −48	−26 −58	−16 −39	−29 −52	−36 −59	−42 −78	−61 −97	−6 −14	−11 −19	−13 −21	−15 −28	−22 −35
	>0.5～<1.0	0 −31	−7 −38	−11 −42	−16 −50	−26 −60	−17 −38	−29 −50	−36 −57	−42 −76	−59 −93	−6 −14	−11 −19	−14 −22	−16 −29	−23 −36
>50～80	0.1～0.5	0 −30	−8 −38	−13 −43	−20 −54	−30 −64	−19 −44	−35 −60	−44 −64	−51 −90	−70 −110	−6 −15	−12 −21	−16 −25	−18 −32	−25 −39
	>0.5～<1.0	0 −33	−8 −41	−13 −46	−20 −56	−30 −66	−19 −43	−33 −57	−43 −67	−51 −89	−70 −108	−7 −16	−12 −21	−16 −25	−19 −32	−26 −40
>80～125	0.1～0.5	0 −32	−10 −42	−15 −47	−24 −60	−36 −72	−17 −45	−37 −65	−46 −74	−60 −103	−84 −127	−6 −16	−13 −23	−16 −26	−21 −36	−29 −44
	>0.5～<1.0	0 −35	−10 −45	−15 −50	−24 −62	−36 −74	−20 −47	−39 −66	−48 −75	−61 −103	−83 −125	−7 −17	−14 −24	−17 −27	−22 −37	−30 −45
>125～200	0.1～0.5	0 −34	−12 −46	−17 −51	−28 −66	−44 −82	−18 −49	−42 −73	−51 −82	−68 −116	−100 −148	−6 −17	−14 −25	−18 −29	−24 −41	−35 −52
	>0.5～<1.0	0 −36	−12 −48	−17 −53	−28 −68	−44 −84	−20 −51	−43 −74	−52 −83	−69 −116	−100 −147	−7 −18	−15 −26	−19 −30	−25 −42	−35 −52
>200～315	0.1～0.5	0 −36	−14 −50	−20 −56	−34 −76	−52 −94	−19 −53	−46 −80	−58 −92	−81 −136	−117 −172	−6 −18	−16 −28	−20 −32	−28 −47	−40 −59
	>0.5～<1.0	0 −38	−14 −52	−20 −58	−34 −78	−52 −96	−20 −54	−48 −82	−60 −94	−82 −137	−118 −173	−7 −19	−16 −28	−21 −33	−29 −48	−41 −60
>315～400	0.1～0.5	0 −39	−17 −56	−24 −63	−40 −85	−60 −105	−19 −59	−53 −93	−66 −106	−95 −153	−135 −193	−7 −21	−18 −32	−23 −37	−33 −53	−46 −66
	>0.5～<1.0	0 −42	−17 −59	−24 −66	−40 −88	−60 −108	−22 −62	−55 −95	−69 −109	−97 −155	−137 −195	−8 −22	−19 −33	−24 −38	−34 −54	−47 −67

表 7-7-8 小模数渐开线圆柱齿轮 7 级精度侧隙指标的极限偏差

分度圆直径 d /mm	法向模数 m_n /mm	双啮中心距 上偏差 E''_{as} 下偏差 E''_{ai}					量柱测量距 上偏差 E_{Ms} 下偏差 E_{Mi}					公法线平均长度 上偏差 E_{wms} 下偏差 E_{wmi}				
		侧隙种类														
		h	g	f	e	d	h	g	f	e	d	h	g	f	e	d
		μm														
≤12	0.1～0.5	0 −33	−4 −37	−6 −39	−10 −47	−15 −52	−16 −39	−23 −46	−26 −49	−29 −66	−38 −75	−7 −17	−9 −19	−11 −21	−12 −27	−15 −30
	>0.5～<1.0	0 −37	−4 −41	−6 −43	−10 −50	−15 −55	−17 −38	−23 −44	−26 −47	−29 −61	−36 −69	−8 −18	−11 −21	−12 −22	−13 −28	−16 −31

续表

分度圆直径 d /mm	法向模数 m_n /mm	双啮中心距 上偏差 E''_{as} 下偏差 E''_{ai}					量柱测量距 上偏差 E_{Ms} 下偏差 E_{Mi}					公法线平均长度 上偏差 E_{wms} 下偏差 E_{wmi}				
		侧隙种类														
		h	g	f	e	d	h	g	f	e	d	h	g	f	e	d
		μm														
>12～20	0.1～0.5	0	−5	−7	−12	−18	−17	−26	−29	−35	−45	−7	−10	−12	−14	−18
		−35	−40	−42	−52	−58	−43	−52	−55	−77	−87	−17	−20	−22	−30	−34
	>0.5～<1.0	0	−5	−7	−12	−18	−19	−27	−30	−34	−44	−8	−12	−13	−15	−19
		−39	−44	−46	−55	−61	−43	−51	−54	−72	−82	−18	−22	−23	−31	−35
>20～32	0.1～0.5	0	−6	−9	−14	−22	−20	−31	−36	−41	−55	−6	−12	−14	−16	−21
		−38	−44	−47	−56	−64	−49	−60	−65	−86	−100	−17	−23	−25	−33	−38
	>0.5～<1.0	0	−6	−9	−14	−22	−21	−31	−36	−41	−54	−9	−13	−15	−17	−22
		−41	−47	−50	−59	−67	−49	−58	−63	−83	−96	−20	−24	−26	−34	−39
>32～50	0.1～0.5	0	−7	−11	−16	−26	−22	−35	−42	−47	−66	−8	−13	−15	−17	−24
		−40	−47	−51	−61	−71	−54	−67	−74	−98	−117	−20	−25	−27	−35	−42
	>0.5～<1.0	0	−7	−11	−16	−26	−23	−36	−43	−47	−65	−9	−14	−16	−18	−25
		−43	−50	−54	−64	−74	−53	−66	−73	−95	−113	−21	−26	−28	−36	−43
>50～80	0.1～0.5	0	−8	−13	−20	−30	−23	−38	−48	−56	−75	−8	14	−17	−20	−27
		−42	−50	−55	−67	−77	−57	−72	−82	−114	−133	−20	−26	−29	−40	−47
	>0.5～<1.0	0	−8	−13	−20	−30	−26	−41	−49	−57	−76	−10	−15	−18	−21	−28
		−46	−54	−59	−71	−81	−60	−75	−83	−111	−130	−22	−27	−30	−41	−48
>80～125	0.1～0.5	0	−10	−15	−24	−36	−24	−44	−54	−65	−89	−9	−15	−19	−23	−31
		−45	−55	−60	−74	−86	−63	−83	−93	−125	−149	−23	−29	−33	−44	−52
	>0.5～<1.0	0	−10	−15	−24	−36	−27	−46	−55	−66	−89	−10	−16	−20	−24	−32
		−48	−58	−63	−77	−89	−65	−84	−93	−125	−148	−24	−30	−34	−45	−53
>125～200	0.1～0.5	0	−12	−17	−28	−44	−25	−48	−58	−75	−106	−9	−17	−20	−26	−36
		−47	−59	−64	−82	−98	−68	−91	−101	−142	−173	−24	−32	−35	−49	−59
	>0.5～<1.0	0	−12	−17	−28	−44	−27	−50	−60	−76	−107	−10	−18	−21	−29	−38
		−50	−62	−67	−85	−101	−69	−92	−102	−141	−172	−25	−33	−36	−52	−61
>200～315	0.1～0.5	−1	−15	−21	−34	−52	−27	−56	−68	−90	−126	−10	−19	−24	−31	−43
		−52	−66	−72	−74	−112	−74	−103	−115	−163	−199	−26	−35	−40	−56	−68
	>0.5～<1.0	−1	−15	−21	−34	−52	−31	−59	−70	−91	−126	−11	−21	−25	−32	−44
		−55	−69	−75	−96	−114	−77	−105	−116	−163	−198	−27	−37	−41	−57	−69
>315～400	0.1～0.5	−2	−19	−26	−40	−60	−31	−64	−78	−102	−142	−11	−22	−27	−35	−49
		−57	−74	−81	−103	−123	−87	−120	−134	−181	−221	−30	−41	−46	−62	−76
	>0.5～<1.0	−2	−19	−26	−40	−60	−35	−68	−82	−104	−144	−12	−24	−29	−36	−50
		−62	−79	−86	−106	−126	−90	−123	−137	−182	−222	−31	−43	−48	−63	−77

表 7-7-9　小模数渐开线圆柱齿轮 8 级精度侧隙指标的极限偏差

分度圆直径 d /mm	法向模数 m_n /mm	双啮中心距 上偏差 E''_{as} 下偏差 E''_{ai}					量柱测量距 上偏差 E_{Ms} 下偏差 E_{Mi}					公法线平均长度 上偏差 E_{wms} 下偏差 E_{wmi}				
		侧隙种类														
		h	g	f	e	d	h	g	f	e	d	h	g	f	e	d
		μm														
≤12	0.1～0.5	0	−4	−6	−10	−15	−22	−28	−32	−34	−42	−9	12	−13	−14	−18
		−46	−50	−52	−62	−67	−55	−61	−65	−85	−93	−22	−25	−26	−35	−39
	>0.5～<1.0	0	−4	−6	−10	−15	−24	−30	−33	−34	−41	−11	−13	−15	−15	−19
		−51	−55	−56	−66	−71	−53	−59	−62	−80	−87	−24	−26	−28	−36	−40

续表

分度圆直径 d /mm	法向模数 m_n /mm	双啮中心距 上偏差 E''_{as} 下偏差 E''_{ai}					量柱测量距 上偏差 E_{Ms} 下偏差 E_{Mi}					公法线平均长度 上偏差 E_{wms} 下偏差 E_{wmi}				
		侧隙种类														
		h	g	f	e	d	h	g	f	e	d	h	g	f	e	d
		μm														
>12~20	0.1~0.5	0 −49	−5 −54	−7 −56	−12 −67	−18 −73	−24 −60	−33 −69	−36 −72	−39 −97	−50 −108	−10 −24	−13 −27	−14 −28	−16 −39	−20 −43
	>0.5~<1.0	0 −54	−5 −59	−7 −61	−12 −71	−18 −77	−26 −59	−34 −67	−37 −70	−39 −92	−48 −101	−11 −25	−15 −29	−16 −30	−17 −40	−21 −44
>20~32	0.1~0.5	0 −52	−6 −58	−9 −61	−14 −72	−22 −80	−27 −68	−38 −79	−43 −84	−46 −110	−60 −124	−10 −25	−14 −29	−16 −31	−17 −41	−23 −47
	>0.5~<1.0	0 −57	−6 −62	−9 −66	−14 −76	−22 −84	−29 −67	−39 −77	−45 −83	−47 −106	−60 −119	−12 −27	−16 −31	−18 −33	−19 −43	−24 −48
>32~50	0.1~0.5	0 −55	−7 −62	−11 −66	−16 −78	−26 −88	−29 −74	−42 −87	−50 −95	−53 −124	−71 −142	−11 −27	−15 −31	−18 −34	−19 −45	−26 −52
	>0.5~<1.0	0 −60	−7 −67	−11 −71	−16 −81	−26 −91	−32 −74	−45 −87	−52 −94	−53 −120	−70 −137	−12 −28	−17 −33	−20 −36	−20 −46	−27 −53
>50~80	0.1~0.5	0 −58	−8 −66	−13 −71	−20 −88	−30 −96	−31 −80	−47 −96	−56 −105	−63 −141	−82 −160	−11 −28	−17 −34	−20 −37	−22 −50	−29 −57
	>0.5~<1.0	0 −63	−8 −71	−13 −76	−20 −90	−30 −100	−35 −82	−50 −97	−59 −106	−64 −139	−83 −158	−13 −30	−18 −35	−22 −39	−24 −52	−31 −59
>80~125	0.1~0.5	0 −62	−10 −72	−15 −77	−24 −94	−36 −106	−33 −87	−53 −107	−62 −116	−73 −157	−96 −180	−12 −31	−18 −37	−22 −41	−26 −56	−34 −64
	>0.5~<1.0	0 −66	−10 −76	−15 −81	−24 −99	−36 −111	−36 −89	−55 −108	−65 −118	−75 −158	−98 −181	−13 −32	−20 −39	−23 −42	−27 −57	−35 −65
>125~200	0.1~0.5	0 −66	−12 −78	−17 −83	−28 −103	−44 −119	−35 −96	−58 −119	−68 −129	−82 −176	−113 −207	−12 −33	−20 −41	−24 −45	−29 −61	−39 −71
	>0.5~<1.0	0 −70	−12 −82	−17 −87	−28 −108	−44 −124	−38 −98	−61 −121	−71 −131	−85 −177	−116 −208	−13 −34	−22 −43	−25 −46	−30 −62	−41 −73
>200~315	0.1~0.5	0 −70	−14 −84	−20 −90	−34 −114	−52 −132	−36 −102	−64 −130	−76 −142	−95 −197	−130 −232	−12 −35	−22 −45	−26 −49	−32 −67	−42 −77
	>0.5~<1.0	0 −75	−14 −89	−20 −95	−34 −119	−52 −137	−41 −106	−68 −133	−80 −145	−99 −200	−134 −235	−14 −37	−24 −47	−29 −52	−34 −69	−46 −81
>315~400	0.1~0.5	0 −75	−17 −92	−24 −99	−40 −130	−60 −150	−36 −114	−69 −147	−83 −161	−112 −226	−151 −265	−12 −39	−24 −51	−29 −56	−39 −78	−52 −91
	>0.5~<1.0	0 −85	−17 −102	−24 −109	−40 −135	−60 −155	−45 −122	−79 −159	−92 −169	−116 −229	−155 −268	−15 −42	−27 −54	−32 −59	−40 −79	−53 −92

表 7-7-10　小模数渐开线圆柱齿轮9级精度侧隙指标的极限偏差

分度圆直径 d /mm	法向模数 m_n /mm	双啮中心距 上偏差 E''_{as} 下偏差 E''_{ai}					量柱测量距 上偏差 E_{Ms} 下偏差 E_{Mi}					公法线平均长度 上偏差 E_{wms} 下偏差 E_{wmi}				
		侧隙种类														
		h	g	f	e	d	h	g	f	e	d	h	g	f	e	d
		μm														
≤12	0.1~0.5	0 −55	−4 −59	−6 −61	−10 −75	−15 −80	−25 −65	−32 −72	−36 −76	−39 −103	−47 −111	−10 −26	−13 −29	−15 −31	−16 −42	−19 −45
	>0.5~<1.0	0 −65	−4 −69	−6 −71	−10 −80	−15 −85	−30 −66	−36 −72	−39 −75	−37 −94	−46 −103	−13 −29	−16 −32	−18 −34	−18 −44	−21 −47

续表

分度圆直径 d /mm	法向模数 m_n /mm	双啮中心距 上偏差 E''_{as} 下偏差 E''_{ai}					量柱测量距 上偏差 E_{Ms} 下偏差 E_{Mi}					公法线平均长度 上偏差 E_{wms} 下偏差 E_{wmi}				
		侧隙种类														
		h	g	f	e	d	h	g	f	e	d	h	g	f	e	d
		μm														
＞12～20	0.1～0.5	0	−5	−7	−12	−18	−29	−38	−41	−45	−55	−11	−14	−16	−18	−22
		−60	−65	−67	−82	−88	−74	−83	−86	−117	−127	−28	−31	−33	−46	−50
	＞0.5～＜1.0	0	−5	−7	−12	−18	−32	−40	−43	−45	−54	−13	−17	−18	−19	−24
		−67	−72	−74	−87	−93	−73	−81	−84	−114	−123	−30	−34	−35	−47	−52
＞20～32	0.1～0.5	0	−6	−9	−14	−22	−33	−44	−50	−54	−68	−12	−16	−18	−20	−25
		−65	−71	−74	−89	−97	−83	−94	−100	−133	−147	−31	−35	−37	−49	−54
	＞0.5～＜1.0	0	−6	−9	−14	−22	−35	−45	−51	−54	−67	−14	−18	−20	−21	−27
		−70	−76	−79	−94	−102	−82	−92	−98	−127	−140	−33	−37	−39	−50	−56
＞32～50	0.1～0.5	0	−7	−11	−16	−26	−37	−50	−57	−60	−79	−13	−18	−21	−22	−28
		−70	−77	−81	−96	−106	−92	−105	−113	−148	−167	−33	−38	−41	−54	−60
	＞0.5～＜1.0	0	−7	−11	−16	−26	−40	−52	−59	−62	−79	−15	−20	−23	−24	−30
		−75	−82	−86	−101	−111	−92	−104	−111	−146	−163	−35	−40	−43	−56	−62
＞50～80	0.1～0.5	0	−8	−13	−20	−30	−41	−57	−66	−71	90	−14	−20	−23	−25	−32
		−75	−83	−88	−105	−115	−101	−117	−126	−164	−183	−35	−41	−44	−59	−66
	＞0.5～＜1.0	0	−8	−13	−20	−30	−44	−59	−68	−73	−91	−16	−22	−25	−27	−33
		−80	−88	−93	−110	−120	−102	−117	−126	−166	−184	−37	−43	−46	−61	−67
＞80～125	0.1～0.5	0	−10	−15	−24	−36	−43	−63	−72	−81	−104	−15	−22	−25	−28	−36
		−80	−90	−95	−114	−126	−111	−131	−140	−186	−209	−38	−45	−48	−65	−73
	＞0.5～＜1.0	0	−10	−15	−24	−36	−47	−66	−75	−84	−106	−17	−24	−27	−30	−38
		−85	−95	−100	−119	−131	−113	−132	−141	−186	−208	−40	−47	−50	−67	−75
＞125～200	0.1～0.5	0	−12	−17	−28	−44	−45	−69	−79	−89	−121	−16	−24	−27	−31	−42
		−85	−97	−102	−123	−139	−120	−144	−154	−205	−237	−42	−50	−53	−70	−82
	＞0.5～＜1.0	0	−12	−17	−28	−44	−49	−70	−82	−93	−124	−17	−26	−29	−33	−43
		−90	−102	−107	−128	−144	−123	−144	−156	−207	−238	−43	−52	−55	−73	−83
＞200～315	0.1～0.5	0	−14	−20	−34	−52	−47	−75	−87	−103	−139	−16	−25	−30	−35	−51
		−90	−104	−110	−139	−157	−130	−158	−170	−237	−273	−44	−53	−58	−81	−97
	＞0.5～＜1.0	0	−14	−20	−34	−52	−51	−79	−90	−107	−142	−18	−27	−32	−37	−49
		−95	−109	−115	−144	−162	−133	−161	−172	−240	−275	−46	−55	−60	−83	−95
＞315～400	0.1～0.5	0	−17	−24	−40	−60	−45	−79	−87	−117	−157	−15	−27	−30	−40	−54
		−95	−112	−119	−150	−170	−142	−176	−184	−258	−298	−48	−60	−63	−88	−102
	＞0.5～＜1.0	0	−17	−24	−40	−60	−55	−88	−90	−131	−170	−19	−30	−34	−45	−60
		−105	−122	−129	−155	−175	−151	−184	−186	−271	−310	−52	−63	−67	−93	−108

表 7-7-11　小模数渐开线圆柱齿轮 10 级精度侧隙指标的极限偏差

分度圆直径 d /mm	法向模数 m_n /mm	双啮中心距 上偏差 E''_{as} 下偏差 E''_{ai}					量柱测量距 上偏差 E_{Ms} 下偏差 E_{Mi}					公法线平均长度 上偏差 E_{wms} 下偏差 E_{wmi}				
		侧隙种类														
		h	g	f	e	d	h	g	f	e	d	h	g	f	e	d
		μm														
≤12	0.1～0.5	0	−4	−6	−10	−15	−37	−43	−47	−48	−56	−15	−17	−19	−20	−22
		−75	−79	−81	−95	−100	−88	−94	−98	−128	−136	−35	−37	−39	−52	−54
	＞0.5～＜1.0	0	−4	−6	−10	−15	−37	−43	−45	−46	−54	−16	−19	−20	−21	−24
		−80	−84	−86	−100	−105	−82	−88	−90	−119	−126	−36	−39	−40	−53	−56
＞12～20	0.1～0.5	0	−5	−7	−12	−18	−40	−49	−53	−53	−63	−16	−19	−20	−21	−25
		−80	−85	−87	−102	−108	−96	−105	−109	−144	−154	−38	−41	−42	−56	−60

续表

分度圆直径 d /mm	法向模数 m_n /mm	双啮中心距 上偏差 E''_{as} 下偏差 E''_{ai}					量柱测量距 上偏差 E_{Ms} 下偏差 E_{Mi}					公法线平均长度 上偏差 E_{wms} 下偏差 E_{wmi}				
		侧隙种类														
		h	g	f	e	d	h	g	f	e	d	h	g	f	e	d
		μm														
>12～20	>0.5～<1.0	0 −85	−5 −90	−7 −92	−12 −107	−18 −113	−41 −92	−49 −100	−52 −103	−52 −134	−62 −144	−17 −39	−21 −43	−22 −44	−23 −58	−26 −61
>20～32	0.1～0.5	0 −85	−6 −91	−9 −94	−14 −109	−22 −117	−45 −108	−56 −119	−62 −125	−62 −161	−76 −175	−17 −40	−21 −44	−23 −46	−24 −61	−28 −65
	>0.5～<1.0	0 −90	−6 −96	−9 −99	−14 −114	−22 −122	−46 −105	−57 −116	−62 −121	−62 −154	−75 −167	−18 −41	−22 −45	−24 −47	−25 −62	−30 −67
>32～50	0.1～0.5	0 −90	−7 −97	−11 −101	−16 −116	−26 −126	−49 −118	−62 −131	−70 −139	−68 −178	−87 −197	−18 −43	−22 −47	−25 −50	−25 −65	−31 −71
	>0.5～<1.0	0 −95	−7 −102	−11 −106	−16 −121	−26 −131	−51 −117	−63 −129	−71 −137	−69 −174	−87 −192	−19 −44	−24 −49	−27 −52	−27 −67	−33 −73
>50～80	0.1～0.5	0 −95	−8 −103	−13 −108	−20 −125	−30 −135	−53 −128	−68 −143	−76 −151	−78 −199	−97 −218	−19 −45	−24 −50	−27 −53	−28 −71	−34 −77
	>0.5～<1.0	0 −100	−8 −108	−13 −113	−20 −130	−30 −140	−56 −128	−70 −142	−78 −150	−79 −196	−98 −215	−20 −46	−26 −52	−28 −54	−29 −72	−36 −79
>80～125	0.1～0.5	0 −100	−10 −110	−15 −115	−24 −134	−36 −146	−54 −139	−74 −159	−83 −168	−87 −217	−112 −242	−19 −48	−26 −55	−29 −58	−30 −76	−39 −85
	>0.5～<1.0	0 −105	−10 −115	−15 −120	−24 −139	−36 −151	−58 −141	−77 −160	−86 −169	−90 −218	−113 −241	−20 −49	−27 −56	−31 −60	−32 −78	−41 −87
>125～200	0.1～0.5	0 −105	−12 −117	−17 −122	−28 −143	−44 −159	−55 −149	−79 −173	−89 −183	−94 −240	−126 −272	−19 −51	−27 −59	−31 −63	−33 −83	−43 −93
	>0.5～<1.0	0 −110	−12 −122	−17 −127	−28 −148	−44 −164	−59 −151	−82 −174	−92 −184	−98 −241	−129 −273	−21 −53	−29 −61	−32 −64	−34 −84	−45 −95
>200～315	0.1～0.5	0 −110	−14 −124	−20 −130	−34 −154	−52 −172	−56 −159	−84 −187	−96 −199	−101 −168	−137 −305	−19 −54	−29 −64	−33 −68	−35 −93	−47 −105
	>0.5～<1.0	0 −115	−14 −129	−20 −135	−34 −164	−52 −182	−61 −163	−88 −190	−100 −202	−110 −276	−145 −311	−21 −56	−30 −65	−35 −70	−38 −96	−50 −108
>315～400	0.1～0.5	0 −120	−17 −137	−24 −144	−40 −170	−60 −190	−58 −179	−92 −213	−105 −226	−119 −296	−159 −336	−20 −61	−31 −72	−36 −77	−41 −102	−54 −115
	>0.5～<1.0	0 −125	−17 −142	−24 −149	−40 −180	−60 −200	−62 −182	−96 −216	−110 −230	−128 −304	−167 −343	−21 −62	−33 −74	−38 −79	−44 −105	−58 −119

表 7-7-12 小模数渐开线圆柱齿轮 11 级精度侧隙指标的极限偏差

分度圆直径 d /mm	法向模数 m_n /mm	双啮中心距 上偏差 E''_{as} 下偏差 E''_{ai}					量柱测量距 上偏差 E_{Ms} 下偏差 E_{Mi}					公法线平均长度 上偏差 E_{wms} 下偏差 E_{wmi}				
		侧隙种类														
		h	g	f	e	d	h	g	f	e	d	h	g	f	e	d
		μm														
≤12	0.1～0.5	0 −90	−4 −94	−6 −96	−10 −115	−15 −120	−43 −106	−49 −112	−53 −116	−54 −154	−62 −162	−17 −43	−20 −46	−21 −47	−22 −63	−25 −66
	>0.5～<1.0	0 −100	−4 −104	−6 −106	−10 −120	−15 −125	−40 −97	−52 −109	−55 −112	−52 −142	−59 −149	−21 −47	−23 −49	−25 −51	−24 −65	−27 −68
>12～20	0.1～0.5	0 −95	−5 −100	−7 −102	−12 −122	−18 −128	−46 −116	−55 −125	−59 −129	−60 −173	−69 −182	−18 −46	−21 −49	−23 −51	−23 −67	−27 −71
	>0.5～<1.0	0 −105	−5 −110	−7 −112	−12 −127	−18 −133	−50 −114	−58 −122	−61 −125	−57 −160	−67 −170	−21 −49	−25 −53	−26 −54	−25 −69	−29 −72

续表

分度圆直径 d /mm	法向模数 m_n /mm	双啮中心距 上偏差 E''_{as} 下偏差 E''_{ai}					量柱测量距 上偏差 E_{Ms} 下偏差 E_{Mi}					公法线平均长度 上偏差 E_{wms} 下偏差 E_{wmi}				
		侧隙种类														
		h	g	f	e	d	h	g	f	e	d	h	g	f	e	d
		μm														
＞20～32	0.1～0.5	0	−6	−9	−14	−22	−51	−62	−67	−68	−82	−19	−23	−25	−25	−31
		−100	−106	−109	129	−137	−130	−141	−146	−192	−206	−48	−52	−54	−71	−77
	＞0.5～＜1.0	0	−6	−9	−14	−22	−56	−66	−71	−68	−81	−22	−26	−28	−27	−32
		−110	−116	−119	−134	−142	−130	−140	−145	−183	−196	−51	−55	−57	−73	−78
＞32～50	0.1～0.5	0	−7	−11	−16	−26	−54	−68	−75	−74	−92	−20	−24	−27	−27	−33
		−105	−112	−116	−136	−142	−141	−155	−162	−212	−230	−51	−55	−58	−77	−83
	＞0.5～＜1.0	0	−7	−11	−16	−26	−60	−73	−80	−78	−96	−23	−28	−30	−30	−37
		−115	−122	−126	−146	−156	−142	−155	−162	−209	−227	−54	−59	−61	−80	−86
＞50～80	0.1～0.5	0	−8	−12	−20	−30	−58	−73	−81	−82	−101	−20	−26	−29	−29	−36
		−110	−118	−122	−145	−155	−152	−167	−175	−234	−253	−53	−59	−62	−83	−90
	＞0.5～＜1.0	0	−8	−12	−20	−30	−65	−80	−87	−94	−111	−24	−29	−32	−34	−41
		−120	−128	−132	−160	−170	−155	−170	−177	−240	−257	−57	−62	−65	−88	−95
＞80～125	0.1～0.5	0	−10	15	−24	−36	−63	−83	−92	−95	−118	−22	−29	−32	−33	−41
		−120	−130	−135	−159	−171	−169	−189	−198	−259	−282	−59	−66	−69	−90	−98
	＞0.5～＜1.0	0	−10	−15	−24	−36	−71	−90	−99	−107	−130	−25	−32	−36	−38	−46
		−130	−140	−145	−174	−186	−174	−193	−202	−267	−290	−62	−69	−73	−95	−103
＞125～200	0.1～0.5	0	−12	−17	−28	−44	−68	−92	−102	−106	−139	−23	−32	−35	−36	−47
		−130	−142	−147	−173	−189	−186	−210	−220	−288	−321	−64	−73	−76	−99	−110
	＞0.5～＜1.0	0	−12	−17	−28	−44	−77	−100	−110	−118	−149	−27	−35	−38	−42	−53
		−140	−152	−157	−188	−204	−193	−216	−226	−297	−328	−68	−76	−79	−105	−116
＞200～315	0.1～0.5	0	−14	−20	−34	−52	−73	−101	−113	−115	−150	−25	−35	−39	−40	−52
		−140	−154	−160	−189	−207	−202	−230	−242	−325	−360	−69	−79	−83	−112	−124
	＞0.5～＜1.0	0	−14	−20	−34	−52	−82	−109	−121	−128	−163	−28	−38	−42	−44	−57
		−150	−164	−170	−204	−222	−210	−237	−249	−336	−371	−70	−82	−86	−116	−129
＞315～400	0.1～0.5	0	−17	−24	−40	−60	−72	−106	−120	−136	−176	−25	−36	−41	−47	−60
		−150	−167	−174	−210	−230	−223	−257	−271	−258	−398	−77	−88	−93	−123	−136
	＞0.5～＜1.0	0	−17	−24	−40	−60	−82	−115	−129	−145	−184	−28	−40	−44	−50	−64
		−160	−177	−188	−222	−240	−232	−265	−279	−365	−404	−80	−92	−96	−126	−140

表 7-7-13　小模数渐开线圆柱齿轮 12 级精度侧隙指标的极限偏差

分度圆直径 d /mm	法向模数 m_n /mm	双啮中心距 上偏差 E''_{as} 下偏差 E''_{ai}					量柱测量距 上偏差 E_{Ms} 下偏差 E_{Mi}					公法线平均长度 上偏差 E_{wms} 下偏差 E_{wmi}				
		侧隙种类														
		h	g	f	e	d	h	g	f	e	d	h	g	f	e	d
		μm														
≤12	0.1～0.5	0	−4	−6	−10	−15	−56	−62	−66	−62	−70	−22	−25	−27	−26	−29
		−115	−119	−121	−140	−145	−134	−140	−144	−187	−195	−54	−57	−59	−77	−80
	＞0.5～＜1.0	0	−4	−6	−10	−15	−61	−67	−70	−63	−71	−28	−30	−32	−29	−32
		−130	−134	−136	−150	−155	−132	−138	−141	−175	−183	−60	−62	−64	−80	−83
＞12～20	0.1～0.5	0	−5	−7	−12	−18	−59	−68	−71	−66	−77	−23	−26	−28	−26	−30
		−120	−125	−127	−147	−153	−147	−156	−159	−208	−219	−58	−61	−63	−82	−86
	＞0.5～＜1.0	0	−5	−7	−12	−18	−66	−73	−77	−68	−78	−28	−32	−33	−29	−33
		−135	−140	−142	−157	−163	−146	−153	−157	−197	−207	−63	−67	−85	−85	−89

第7篇

续表

分度圆直径 d /mm	法向模数 m_n /mm	双啮中心距 上偏差 E''_{as} 下偏差 E''_{ai}					量柱测量距 上偏差 E_{Ms} 下偏差 E_{Mi}					公法线平均长度 上偏差 E_{wms} 下偏差 E_{wmi}				
		侧隙种类														
		h	g	f	e	d	h	g	f	e	d	h	g	f	e	d
		μm														
>20～32	0.1～0.5	0 −125	−6 −131	−9 −134	−14 −159	−22 −167	−63 −162	−74 −173	−81 −180	−79 −234	−94 −249	−24 −61	−28 −65	−30 −67	−29 −87	−35 −93
	>0.5～<1.0	0 −140	−6 −146	−9 −149	−19 −164	−22 −172	−72 −159	−82 −169	−87 −174	−78 −222	−91 −235	−29 −66	−33 −70	−35 −72	−31 −89	−37 −95
>32～50	0.1～0.5	0 −135	−7 −142	−11 −146	−16 −171	−26 −181	−72 −180	−85 −193	−92 −200	−88 −261	−107 −280	−26 −65	−31 −70	−33 −72	−32 −95	−39 −102
	>0.5～<1.0	0 −145	−7 −152	−11 −156	−16 −176	−26 −186	−77 −180	−89 −192	−96 −199	−88 −252	−106 −270	−29 −68	−34 −73	−37 −76	−34 −97	−40 −103
>50～80	0.1～0.5	0 −145	−8 −153	−13 −158	−20 −185	−30 −195	−80 −197	−95 −212	−104 −221	−101 −291	−120 −310	−28 −70	−34 −76	−37 −79	−36 −103	−43 −110
	>0.5～<1.0	0 −155	−8 −163	−13 −168	−20 −190	−30 −200	−86 −201	−101 −216	−110 −225	−102 −285	−121 −304	−31 −73	−37 −79	−40 −82	−37 −104	−44 −111
>80～125	0.1～0.5	0 −155	−10 −165	−15 −170	−24 −199	−36 −211	−84 −217	−103 −236	−113 −246	−114 −320	−136 −343	−29 −75	−36 −82	−39 −85	−41 −113	−48 −120
	>0.5～<1.0	0 −160	−10 −170	−15 −175	−24 −204	−36 −216	−86 −215	−105 −234	−115 −244	−116 −317	−138 −339	−31 −77	−38 −84	−41 −87	−42 −114	−49 −121
>125～200	0.1～0.5	0 −165	−12 −177	−17 −182	−28 −213	−44 −229	−87 −234	−111 −258	−121 −268	−122 −350	−154 −382	−30 −81	−38 −89	−42 −93	−43 −122	−53 −132
	>0.5～<1.0	0 −170	−12 −182	−17 −187	−28 −218	−44 −234	−91 −236	−114 −259	−124 −269	−125 −349	−156 −380	−32 −83	−40 −91	−44 −95	−44 −123	−55 −134
>200～315	0.1～0.5	0 −175	−14 −189	−20 −195	−34 −234	−52 −252	−91 −253	−119 −281	−131 −293	−133 −396	−168 −431	−31 −87	−43 −99	−45 −101	−46 −137	−58 −149
	>0.5～<1.0	0 −185	−14 −199	−20 −205	−34 −244	−52 −262	−100 −260	−128 −288	−134 −294	−141 −401	−176 −436	−35 −91	−44 −100	−48 −104	−49 −140	−61 −152
>315～400	0.1～0.5	0 −185	−17 −202	−24 −209	−40 −255	−60 −275	−88 −257	−132 −291	−136 −305	−153 −431	−193 −471	−30 −95	−42 −107	−46 −111	−52 −147	−66 −161
	>0.5～<1.0	0 −205	−17 −222	−24 −229	−40 −270	−60 −290	−107 −275	−141 −309	−154 −322	−167 −442	−206 −481	−37 −102	−49 −114	−53 −118	−58 −153	−71 −166

7.2　齿轮精度的选用

齿轮精度等级的选择如表7-7-14所示。

不同机械传动中齿轮采用的精度等级如表7-7-15所示。

齿轮的精度等级和加工方法及使用范围如表7-7-16所示。

在齿轮零件图上应标注齿轮的精度等级和齿厚极限偏差的字母代号如表7-7-17所示。

齿轮精度等级在图样上的标注如表7-7-18所示。

表7-7-14　齿轮精度等级的选择

精度等级的选择	13个精度等级中，0～2级精度齿轮的精度要求非常高，目前我国只有极少数单位能够制造和测量2级精度齿轮，因此0～2级属于有待发展的精度等级；而3～5级为高精度等级，6～9级为中精度等级，10～12为低精度等级 对于同一齿轮的三项精度要求，可以取成相同，也可以以不同的精度等级相组合。设计者应根据所设计的齿轮传动在工作中的具体使用条件，对齿轮的加工精度规定最适合的技术要求 选择精度等级的主要依据是齿轮的用途和工作条件，应考虑齿轮的圆周速度、传递功率、工作持续时间、传递运动准确性的要求、振动和噪声、承载能力、寿命等。选择精度等级的方法有类比法和计算法

表 7-7-15　不同机械传动中齿轮采用的精度等级

应用范围	精度等级	应用范围	精度等级
测量齿轮	2～5	航空发动机	4～7
透平减速器	3～6	拖拉机	6～9
金属切削机床	3～8	通用减速器	6～8
内燃机车	6～7	轧钢机	5～10
电气机车	6～7	矿用绞车	8～10
轻型汽车	5～8	起重机械	6～10
载重汽车	6～9	农业机器	8～10

表 7-7-16　齿轮的精度等级和加工方法及使用范围

精度等级		5 级 (精密级)	6 级 (高精度级)	7 级 (比较高的精度级)	8 级 (中等精度级)	9 级 (低精度级)
加工方法		在周期性误差非常小的精密齿轮机床上范成加工	在高精度的齿轮机床上范成加工	在高精度的齿轮机床上范成加工	用范成法或仿形法加工	用任意的方法加工
齿面最终精加工		精密磨齿。大型齿轮用精密滚齿滚切后，再研磨或剃齿	精密磨齿或剃齿	不淬火的齿轮推荐用高精度的刀具切制。淬火的齿轮需要精加工(磨齿、剃齿、研磨、珩齿)	不磨齿。必要时剃齿或研磨	不需要精加工
齿面粗糙度 $Ra/\mu m$		0.8	0.8～1.6	1.6	1.6～3.2	3.2
齿根粗糙度 $Ra/\mu m$		0.8～3.2	1.6～3.2	3.2	3.2	6.4
使用范围		精密的分度机构用齿轮。用于高速、并对运转平稳性和噪声有比较高的要求的齿轮，高速汽轮机用齿轮，8 级或 9 级齿轮的标准齿轮	用于在高速下平稳地回转，并要求有最高的效率和低噪声的齿轮，分度机构用齿轮，特别重要的飞机齿轮	用于高速、载荷小或反转的齿轮，机床的进给齿轮，需要运动有配合的齿轮，中速减速齿轮，飞机齿轮，人字轮的中速齿轮	对精度没有特别要求的一般机械用齿轮。棚、床齿轮(分度机构除外)，特别不重要的飞机、汽车、拖拉机齿轮，起重机、农业机械、普通减速器用齿轮	用于对精度要求不高，并且在低速下工作的齿轮
圆周速度 /(m/s)	直齿轮	20 以上	到 15	到 10	到 6	到 2
	斜齿轮	40 以上	到 30	到 20	到 12	到 4
效率/%		99(98.5)以上	99(98.5)以上	98(97.5)以上	97(96.5)以上	96(95)以上

表 7-7-17　在齿轮零件图上应标注齿轮的精度等级和齿厚极限偏差的字母代号

a)齿轮三个公差组精度同为 7 级，其齿厚上偏差为 F，下偏差为 L：

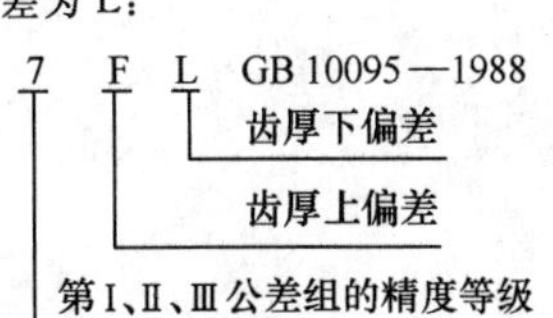

b)第Ⅰ公差组精度为 7 级，第Ⅱ、Ⅲ公差组精度为 6 级，齿厚上偏差为 G，齿厚下偏差为 M：

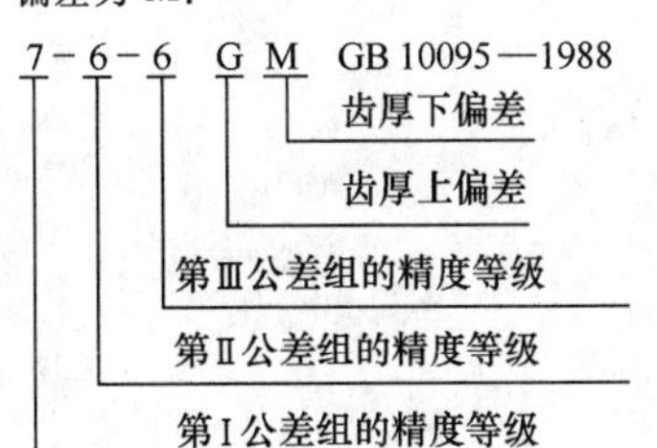

c)齿轮的三个公差组精度同为 4 级，其齿厚上偏差为 $-330\mu m$，下偏差为 $-405\mu m$：

$4\left(\begin{smallmatrix}-0.330\\-0.405\end{smallmatrix}\right)$ GB 10095—1988

齿厚上、下偏差

第Ⅰ、Ⅱ、Ⅲ公差组的精度等级

表 7-7-18　齿轮精度等级在图样上的标注

样式1	当齿轮所有精度指标的公差同为某一精度等级时，图样上可标注该精度等级和标准号。例如同为7级时，可标注为：7GB/T 10095.1—2008
样式2	当齿轮各个精度指标的公差的精度等级不同时，图样上可按齿轮传递运动准确性、齿轮传动平稳性和轮齿载荷分布均匀性的顺序分别标注它们的精度等级及带括号的对应偏差符号和标准号。例如： 8(F_p、f_{pt}、F_α)、7(F_β)GB/T 10095.1—2008
样式3	当齿轮各个精度指标的公差的精度等级不同时，图样上可按齿轮传递运动准确性、齿轮传动平稳性和轮齿载荷分布均匀性的顺序分别标注它们的精度等级和标准号。例如：8-8-7GB/T 10095.1—2008

第 8 章　滚动轴承测量

8.1　向心轴承公差

外形尺寸符号如图 7-8-1 所示。

外形尺寸和旋转精度符号如下。

B——内圈宽度

V_{Bs}——内圈宽度变动量

Δ_{Bs}——内圈单一宽度偏差

C——外圈宽度

C_1——外圈凸缘宽度

V_{Cs}——外圈宽度变动量

V_{C1s}——外圈凸缘宽度变动量

Δ_{Cs}——外圈单一宽度偏差

Δ_{C1s}——外圈凸缘单一宽度偏差

d——内径

d_1——基本圆锥孔在理论大端的直径

V_{dmp}——平均内径变动量（仅适用于基本圆柱孔）

V_{dsp}——单一平面内径变动量

Δ_{dmp}——单一平面平均内径偏差（对于基本圆锥孔，Δ_{dmp}仅指内孔的理论小端）

Δ_{ds}——单一内径偏差

Δ_{d1mp}——基本圆锥孔在理论大端的单一平面平均内径偏差

D——外径

D_1——外圈凸缘外径

V_{Dmp}——平均外径变动量

V_{Dsp}——单一平面外径变动量

Δ_{Dmp}——单一平面平均外径偏差

ΔD_s——单一外径偏差

Δ_{D1s}——外圈凸缘单一外径偏差

K_{ea}——成套轴承外圈径向跳动

K_{ia}——成套轴承内圈径向跳动

S_d——内圈端面对内孔的垂直度

S_D——外圈外表面对端面的垂直度

S_{D1}——外圈外表面对凸缘背面的垂直度

S_{ea}——成套轴承外圈轴向跳动

S_{ea1}——成套轴承外圈凸缘背面轴向跳动

S_{ia}——成套轴承内圈轴向跳动

α——内圈内孔锥角（半锥角）

圆锥滚子轴承附加符号如图 7-8-2 所示。

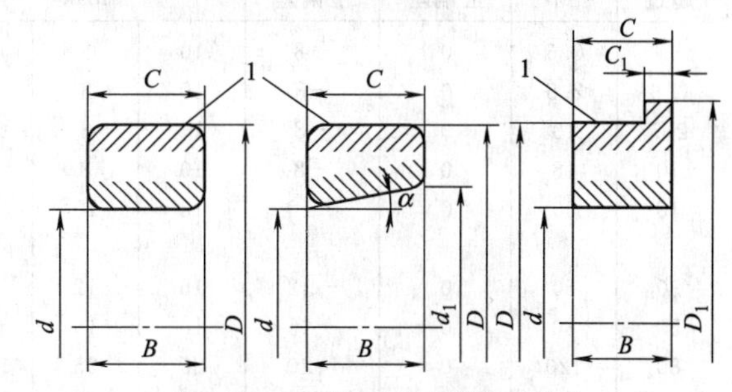

图 7-8-1　外形尺寸和旋转精度符号
1—轴承外表面

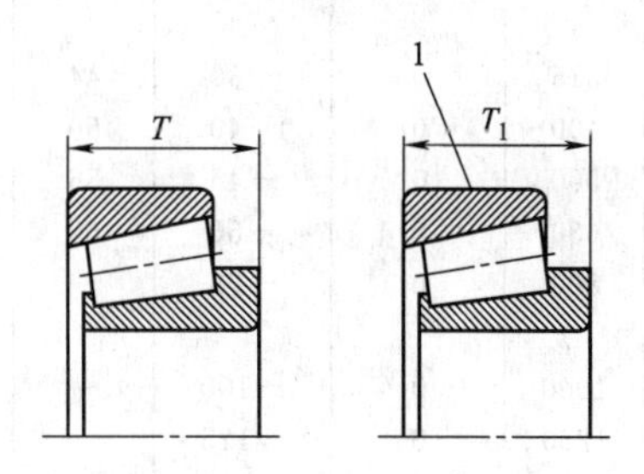

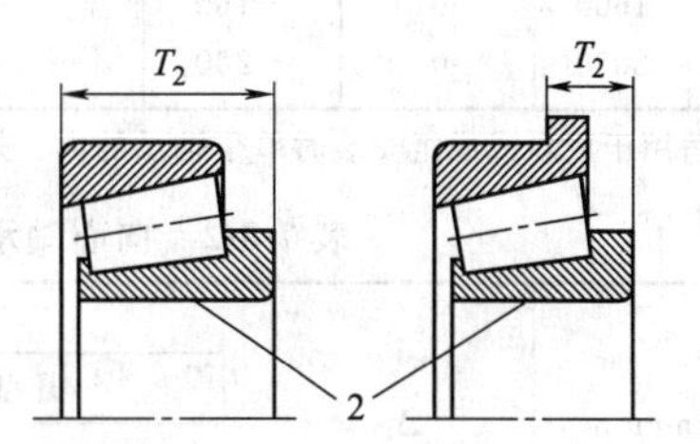

图 7-8-2　圆锥滚子轴承附加符号
1—标准外圈；2—标准内组件

T——成套轴承宽度

T_1——内组件有效宽度

T_2——外圈有效宽度

ΔT_s——成套轴承实际宽度偏差

ΔT_{1s}——内组件实际有效宽度偏差

ΔT_{2s}——外圈实际有效宽度偏差

向心轴承（圆锥滚子轴承除外）0 级公差如表 7-8-1 和表 7-8-2 所示。

向心轴承（圆锥滚子轴承除外）6 级公差见表 7-8-3 和表 7-8-4 所示。

向心轴承（圆锥滚子轴承除外）5 级公差如表 7-8-5 和表 7-8-6 所示。

向心轴承（圆锥滚子轴承除外）4 级公差如表 7-8-7 和表 7-8-8 所示。

表 7-8-1 向心轴承（圆锥滚子轴承除外）0 级公差（内圈） μm

d/mm		Δ_{dmp}		V_{dsp}			V_{dmp}	K_{ia}	Δ_{Bs}			V_{Bs}
				直径系列					全部	正常	修正①	
				9	0，1	2,3,4						
超过	到	上偏差	下偏差	max			max	max	上偏差	下偏差		max
—	0.6	0	−8	10	8	6	6	10	0	−40	—	12
0.6	2.5	0	−8	10	8	6	6	10	0	−40	—	12
2.5	10	0	−8	10	8	6	6	10	0	−120	−250	15
10	18	0	−8	10	8	6	6	10	0	−120	−250	20
18	30	0	−10	13	10	8	8	13	0	−120	−250	20
30	50	0	−12	15	12	9	9	15	0	−120	−250	20
50	80	0	−15	19	19	11	11	20	0	−150	−380	25
80	120	0	−20	25	25	15	15	25	0	−200	−380	25
120	180	0	−25	31	31	19	19	30	0	−250	−500	30
180	250	0	−30	38	38	23	23	40	0	−300	−500	30
250	315	0	−30	44	44	26	26	50	0	−350	−500	35
315	400	0	−40	50	50	30	30	60	0	−400	−630	40
400	500	0	−45	56	56	34	34	65	0	−450	—	50
500	630	0	−50	63	63	38	38	70	0	−500	—	60
630	800	0	−75	—	—	—	—	80	0	−750	—	70
800	1000	0	−100	—	—	—	—	90	0	−1000	—	80
1000	1250	0	−125	—	—	—	—	100	0	−1250	—	100
1250	1600	0	−160	—	—	—	—	120	0	−1600	—	120
1600	2000	0	−200	—	—	—	—	140	0	−2000	—	140

① 适用于成对或成组安装时单个轴承的内、外圈，也适用于 $d\geqslant$50mm 锥孔轴承的内圈。

表 7-8-2 向心轴承（圆锥滚子轴承除外）0 级公差（外圈） μm

D/mm		Δ_{Dmp}		V_{Dsp}①				V_{Dmp}①	K_{ea}	Δ_{Cs} Δ_{C1s}②		V_{Cs} V_{C1s}②
				开型轴承			闭型轴承					
				直径系列								
				9	0,1	2,3,4	2,3,4					
超过	到	上偏差	下偏差	max				max	max	上偏差	下偏差	max
—	2.5	0	−8	10	8	6	10	6	15			
2.5	6	0	−8	10	8	6	10	6	15			
6	18	0	−8	10	8	6	10	6	15			
18	30	0	−9	12	9	7	12	7	15			
30	50	0	−11	14	11	8	16	8	20			
50	80	0	−13	16	13	10	20	10	25			
80	120	0	−15	19	19	11	26	11	35			
120	150	0	−18	23	23	14	30	14	40	与同一轴承内圈的 Δ_{Bs} 及 V_{Bs} 相同		
150	180	0	−25	31	31	19	38	19	45			
180	250	0	−30	38	38	23	—	23	50			
250	315	0	−35	44	44	26	—	26	60			
315	400	0	−40	50	50	30	—	30	70			
400	500	0	−45	56	56	34	—	34	80			
500	630	0	−50	63	63	38	—	38	100			
630	800	0	−75	94	94	55	—	55	120			

续表

D/mm		Δ_{Dmp}		V_{Dsp}①				V_{Dmp}①	K_{ea}	Δ_{Cs} Δ_{C1s}②		V_{Cs} V_{C1s}②
				开型轴承			闭型轴承					
				直径系列								
				9	0,1	2,3,4	2,3,4					
超过	到	上偏差	下偏差	max				max	max	上偏差	下偏差	max
800	1000	0	−100	125	125	75	—	75	140	与同一轴承内圈的 Δ_{Bs} 及 V_{Bs} 相同		
1000	1250	0	−125	—	—	—	—	—	160			
1250	1600	0	−160	—	—	—	—	—	190			
1600	2000	0	−200	—	—	—	—	—	220			
2000	2500	0	−250	—	—	—	—	—	250			

① 适用于内、外止动环安装前或拆卸后。

② 仅适用于沟型球轴承。

注：外圈凸缘外径 D_1 的公差规定在表 7-8-24 中。

表 7-8-3　向心轴承（圆锥滚子轴承除外）6 级公差（内圈）　μm

d/mm		Δ_{dmp}		V_{dsp}			V_{dmp}	K_{ia}	Δ_{Bs}			V_{Bs}
				直径系列					全部	正常	修正①	
				9	0,1	2,3,4						
超过	到	上偏差	下偏差	max			max	max	上偏差	下偏差		max
—	0.6	0	−7	9	7	5	5	5	0	−40	—	12
0.6	2.5	0	−7	9	7	5	5	5	0	−40	—	12
2.5	10	0	−7	9	7	5	5	6	0	−120	−250	15
10	18	0	−7	9	7	5	5	7	0	−120	−250	20
18	30	0	−8	10	8	6	6	8	0	−120	−250	20
30	50	0	−10	13	10	8	8	10	0	−120	−250	20
50	80	0	−12	15	15	9	9	10	0	−150	−380	25
80	120	0	−15	19	19	11	11	13	0	−200	−380	25
120	180	0	−18	23	23	14	14	18	0	−250	−500	30
180	250	0	−22	28	28	17	17	20	0	−300	−500	30
250	315	0	−25	31	31	19	19	25	0	−350	−500	35
315	400	0	−30	38	38	23	23	30	0	−400	−630	40
400	500	0	−35	44	44	26	26	35	0	−450	—	45
500	630	0	−40	50	50	30	30	40	0	−500	—	50

① 适用于成对或成组安装时单个轴承的内、外圈，也适用于 $d \geqslant 50$mm 锥孔轴承的内圈。

表 7-8-4　向心轴承（圆锥滚子轴承除外）6 级公差（外圈）　μm

D/mm		Δ_{Dmp}		V_{Dsp}①				V_{Dmp}①	K_{ea}	Δ_{Cs} Δ_{C1s}②		V_{Cs} V_{C1s}②
				开型轴承			闭型轴承					
				直径系列								
				9	0,1	2,3,4	0,1,2,3,4					
超过	到	上偏差	下偏差	max				max	max	上偏差	下偏差	max
—	2.5	0	−7	9	7	5	9	5	8	与同一轴承内圈的 Δ_{Bs} 及 V_{Bs} 相同		
2.5	6	0	−7	9	7	5	9	5	8			
6	18	0	−7	9	7	5	9	5	8			
18	30	0	−8	10	8	6	10	6	9			
30	50	0	−9	11	9	7	13	7	10			

续表

D/mm		Δ_{Dmp}		V_{Dsp}①				V_{Dmp}①	K_{ea}	Δ_{Cs} Δ_{C1s}②		V_{Cs} V_{C1s}②
				开型轴承			闭型轴承					
				直径系列								
				9	0,1	2,3,4	0,1,2,3,4					
超过	到	上偏差	下偏差	max				max	max	上偏差	下偏差	max
50	80	0	−11	14	11	8	16	8	13			
80	120	0	−13	16	16	10	20	10	18			
120	150	0	−15	19	19	11	25	11	20			
150	180	0	−18	23	23	14	30	14	23			
180	250	0	−20	25	25	15	—	15	25			
250	315	0	−25	31	31	19	—	19	30	与同一轴承内圈的 Δ_{Bs} 及 V_{Bs} 相同		
315	400	0	−28	35	35	21	—	21	35			
400	500	0	−33	41	41	25	—	25	40			
500	630	0	−38	48	48	29	—	29	50			
630	800	0	−45	56	56	34	—	34	60			
800	1000	0	−60	75	75	45	—	45	75			

① 适用于内、外止动环安装前或拆卸后。

② 仅适用于沟型球轴承。

注：外圈凸缘外径 D_1 的公差规定在表 7-8-24 中。

表 7-8-5　向心轴承（圆锥滚子轴承除外）5 级公差（内圈）　　μm

d/mm		Δ_{dmp}		V_{dsp}		V_{dmp}	K_{ia}	S_d	S_{ia}①	Δ_{Bs}			V_{Bs}
				直径系列						全部	正常	修正②	
				9	0，1，2，3，4								
超过	到	上偏差	下偏差	max		max	max	max	max	上偏差	下偏差		max
—	0.6	0	−5	5	4	3	4	7	7	0	−40	−250	5
0.6	2.5	0	−5	5	4	3	4	7	7	0	−40	−250	5
2.5	10	0	−5	5	4	3	4	7	7	0	−40	−250	5
10	18	0	−5	5	4	3	4	7	7	0	−80	−250	5
18	30	0	−6	6	5	3	4	8	8	0	−120	−250	5
30	50	0	−8	8	6	4	5	8	8	0	−120	−250	5
50	80	0	−9	9	7	5	5	8	8	0	−150	−250	6
80	120	0	−10	10	8	5	6	9	9	0	−200	−380	7
120	180	0	−13	13	10	7	8	10	10	0	−250	−380	8
180	250	0	−15	15	12	8	10	11	13	0	−300	−500	10
250	315	0	−18	18	14	9	13	13	15	0	−350	−500	13
315	400	0	−23	23	18	12	15	15	20	0	−400	−630	15

① 仅适用于沟型球轴承。

② 适用于成对或成组安装时单个轴承的内、外圈，也适用于 $d\geqslant50$mm 锥孔轴承的内圈。

表 7-8-6　向心轴承（圆锥滚子轴承除外）5 级公差（外圈）　　μm

D/mm		Δ_{Dmp}		V_{Dsp}		V_{Dmp}	K_{ea}	S_D① S_{D1}②	S_{ea}①,②	S_{ea1}②	Δ_{Cs} Δ_{C1s}②		V_{Cs} V_{C1s}②
				直径系列									
				9	0,1,2,3,4								
超过	到	上偏差	下偏差	max		max	max	max	max	max	上偏差	下偏差	max
—	2.5	0	−5	5	4	3	5	8	8	11			5
2.5	6	0	−5	5	4	3	5	8	8	11	与同一轴承内圈的 Δ_{Bs} 相同		5
6	18	0	−5	5	4	3	5	8	8	11			5
18	30	0	−6	6	5	3	6	8	8	11			5
30	50	0	−7	7	5	4	7	8	8	11			5

续表

D/mm		Δ_{Dmp}		V_{Dsp} 直径系列		V_{Dmp}	K_{ea}	S_D① S_{D1}②	S_{ea}①,②	S_{ea1}②	Δ_{Cs} Δ_{C1s}②		V_{Cs} V_{C1s}②
				9	0,1,2,3,4								
超过	到	上偏差	下偏差	max		max	max	max	max	max	上偏差	下偏差	max
50	80	0	−9	9	7	5	8	8	10	14	与同一轴承内圈的 Δ_{Bs} 相同		6
80	120	0	−10	10	8	5	10	9	11	16			8
120	150	0	−11	11	8	6	11	10	13	18			8
150	180	0	−13	13	10	7	13	10	14	20			8
180	250	0	−15	15	11	8	15	11	15	21			10
250	315	0	−18	18	14	9	18	13	18	25			11
315	400	0	−20	20	15	10	20	13	20	28			13
400	500	0	−23	23	17	12	23	15	23	33			15
500	630	0	−28	28	21	14	25	18	25	35			18
630	800	0	−35	35	26	18	30	20	30	42			20

① 不适用于凸缘外圈轴承。
② 仅适用于沟型球轴承。
注：外圈凸缘外径 D_1 的公差规定在表 7-8-24 中。

表 7-8-7　向心轴承（圆锥滚子轴承除外）4 级公差（内圈）　μm

d/mm		Δ_{dmp} Δ_{ds}①		V_{dsp} 直径系列		V_{dmp}	K_{ia}	S_d	S_{ia}②	Δ_{Bs} 全部	正常	修正③	V_{Bs}
				9	0, 1,2,3,4								
超过	到	上偏差	下偏差	max		max	max	max	max	上偏差	下偏差		max
—	0.6	0	−4	4	3	2	2.5	3	3	0	−40	−250	2.5
0.6	2.5	0	−4	4	3	2	2.5	3	3	0	−40	−250	2.5
2.5	10	0	−4	4	3	2	2.5	3	3	0	−40	−250	2.5
10	18	0	−4	4	3	2	2.5	3	3	0	−80	−250	2.5
18	30	0	−5	5	4	2.5	3	4	4	0	−120	−250	2.5
30	50	0	−6	6	5	3	4	4	4	0	−120	−250	3
50	80	0	−7	7	5	3.5	4	5	5	0	−150	−250	4
80	120	0	−8	8	6	4	5	5	5	0	−200	−380	4
120	180	0	−10	10	8	5	6	6	7	0	−250	−380	5
180	250	0	−12	12	9	6	8	7	8	0	−300	−500	6

① 仅适用于直径系列 0、1、2、3 和 4。
② 仅适用于沟型球轴承。
③ 适用于成对或成组安装时单个轴承的内、外圈。

表 7-8-8　向心轴承（圆锥滚子轴承除外）4 级公差（外圈）　μm

D/mm		Δ_{Dmp} Δ_{Ds}①		V_{Dsp} 直径系列		V_{Dmp}	K_{ea}	S_D② S_{D1}③	S_{ea}②,③	S_{ea1}③	Δ_{Cs} Δ_{C1s}②		V_{Cs} V_{C1s}③
				9	0,1,2,3,4								
超过	到	上偏差	下偏差	max		max	max	max	max	max	上偏差	下偏差	max
—	2.5	0	−4	4	3	2	3	4	5	7	与同一轴承内圈的 Δ_{Bs} 相同		2.5
2.5	6	0	−4	4	3	2	3	4	5	7			2.5
6	18	0	−4	4	3	2	3	4	5	7			2.5
18	30	0	−5	5	4	2.5	4	4	5	7			2.5
30	50	0	−6	6	5	3	5	4	5	7			2.5
50	80	0	−7	7	5	3.5	5	4	5	7			3
80	120	0	−8	8	6	4	6	5	6	8			4

续表

D/mm		Δ_{Dmp} Δ_{Ds}①		V_{Dsp} 直径系列 9	V_{Dsp} 直径系列 0,1,2,3,4	V_{Dmp}	K_{ea}	S_{D}② S_{D1}③	S_{ea}②,③	S_{ea1}③	Δ_{Cs} Δ_{C1s}②		V_{Cs} V_{C1s}③
超过	到	上偏差	下偏差	max		max	max	max	max	max	上偏差	下偏差	max
120	150	0	−9	9	7	5	7	5	7	10	与同一轴承内圈的Δ_{Bs}相同		5
150	180	0	−10	10	8	5	8	5	8	11			5
180	250	0	−11	11	8	6	10	7	10	14			7
250	315	0	−13	13	10	7	11	8	10	14			7
315	400	0	−15	15	11	8	13	10	13	18			8

① 仅适用于直径系列 0、1、2、3 和 4。
② 不适用于凸缘外圈轴承。
③ 仅适用于沟型球轴承。
注：外圈凸缘外径 D_1 的公差规定在表 7-8-24 中。

向心轴承（圆锥滚子轴承除外）2 级公差如表 7-8-9 和表 7-8-10 所示。

表 7-8-9　向心轴承（圆锥滚子轴承除外）2 级公差（内圈）　μm

d/mm		Δ_{dmp} Δ_{ds}①		V_{dsp}①	V_{dmp}	K_{ia}	S_{d}	S_{ia}②	Δ_{Bs} 全部	Δ_{Bs} 正常	Δ_{Bs} 修正③	V_{Bs}
超过	到	上偏差	下偏差	max	max	max	max	max	上偏差	下偏差		max
—	0.6	0	−2.5	2.5	1.5	1.5	1.5	1.5	0	−40	−250	1.5
0.6	2.5	0	−2.5	2.5	1.5	1.5	1.5	1.5	0	−40	−250	1.5
2.5	10	0	−2.5	2.5	1.5	1.5	1.5	1.5	0	−40	−250	1.5
10	18	0	−2.5	2.5	1.5	1.5	1.5	1.5	0	−80	−250	1.5
18	30	0	−2.5	2.5	1.5	2.5	1.5	2.5	0	−120	−250	1.5
30	50	0	−2.5	2.5	1.5	2.5	1.5	2.5	0	−120	−250	1.5
50	80	0	−4	4	2	2.5	1.5	2.5	0	−150	−250	1.5
80	120	0	−5	5	2.5	2.5	2.5	2.5	0	−200	−380	2.5
120	150	0	−7	7	3.5	2.5	2.5	2.5	0	−250	−380	2.5
150	180	0	−7	7	3.5	5	4	5	0	−250	−380	4
180	250	0	−8	8	4	5	5	5	0	−300	−500	5

① 仅适用于直径系列 0、1、2、3 和 4。
② 仅适用于沟型球轴承。
③ 适用于成对或成组安装时单个轴承的内、外圈。

表 7-8-10　向心轴承（圆锥滚子轴承除外）2 级公差（外圈）　μm

D/mm		Δ_{Dmp} Δ_{Ds}①		V_{Dsp}①	V_{Dmp}	K_{ea}	S_{D}② S_{D1}③	S_{ea}②,③	S_{ea1}③	Δ_{Cs} Δ_{C1s}②		V_{Cs} V_{C1s}③
超过	到	上偏差	下偏差	max	max	max	max	max	max	上偏差	下偏差	max
—	2.5	0	−2.5	2.5	1.5	1.5	1.5	1.5	3	与同一轴承内圈的Δ_{Bs}相同		1.5
2.5	6	0	−2.5	2.5	1.5	1.5	1.5	1.5	3			1.5
6	18	0	−2.5	2.5	1.5	1.5	1.5	1.5	3			1.5
18	30	0	−4	4	2	2.5	1.5	2.5	4			1.5
30	50	0	−4	4	2	2.5	1.5	2.5	4			1.5
50	80	0	−4	4	2	4	1.5	4	6			1.5
80	120	0	−5	5	2.5	5	2.5	5	7			2.5
120	150	0	−5	5	2.5	5	2.5	5	7			2.5
150	180	0	−7	7	3.5	5	2.5	5	7			2.5
180	250	0	−8	8	4	7	4	7	10			4
250	315	0	−8	8	4	7	5	7	10			5
315	400	0	−10	10	5	8	7	8	11			7

① 仅适用于直径系列 0、1、2、3 和 4 的开型和闭型轴承。
② 不适用于凸缘外圈轴承。
③ 仅适用于沟型球轴承。
注：外圈凸缘外径 D_1 的公差规定在表 7-8-24 中。

圆锥滚子轴承 0 级公差如表 7-8-11～表 7-8-13 所示。

表 7-8-11　圆锥滚子轴承 0 级公差（内圈）　μm

d/mm		Δ_{dmp}		V_{dsp}	V_{dmp}	K_{ia}
超过	到	上偏差	下偏差	max	max	max
—	10	0	−12	12	9	15
10	18	0	−12	12	9	15
18	30	0	−12	12	9	18
30	50	0	−12	12	9	20
50	80	0	−15	15	11	25
80	120	0	−20	20	15	30
120	180	0	−25	25	19	35
180	250	0	−30	30	23	50
250	315	0	−35	35	26	60
315	400	0	−40	40	30	70
400	500	0	−45	45	34	80
500	630	0	−60	60	40	90
630	800	0	−75	75	45	100
800	1000	0	−100	100	55	115
1000	1250	0	−125	125	65	130
1250	1600	0	−160	160	80	150
1600	2000	0	−200	200	100	170

表 7-8-12　圆锥滚子轴承 0 级公差（外圈）　μm

D/mm		Δ_{Dmp}		V_{Dsp}	V_{Dmp}	K_{ea}
超过	到	上偏差	下偏差	max	max	max
—	18	0	−12	12	9	18
18	30	0	−12	12	9	18
30	50	0	−14	14	11	20
50	80	0	−16	16	12	25
80	120	0	−18	18	14	35
120	150	0	−20	20	15	40
150	180	0	−25	25	19	45
180	250	0	−30	30	23	50
250	315	0	−35	35	26	60
315	400	0	−40	40	30	70
400	500	0	−45	45	34	80
500	630	0	−50	60	38	100
630	800	0	−75	80	55	120
800	1000	0	−100	100	75	140
1000	1250	0	−125	130	90	160
1250	1600	0	−160	170	100	180
1600	2000	0	−200	210	110	200
2000	2500	0	−250	265	120	220

注：外圈凸缘外径 D_1 的公差规定在表 7-8-24 中。

第7篇

表 7-8-13　圆锥滚子轴承 0 级公差（宽度——内、外圈、单列轴承及组件）　μm

d/mm		Δ_{Bs}		Δ_{Cs}		Δ_{Ts}		Δ_{T1s}		Δ_{T2s}	
超过	到	上偏差	下偏差	上偏差	下偏差	上偏差	下偏差	上偏差	下偏差	上偏差	下偏差
—	10	0	−120	0	−120	+200	0	+100	0	+100	0
10	18	0	−120	0	−120	+200	0	+100	0	+100	0
18	30	0	−120	0	−120	+200	0	+100	0	+100	0
30	50	0	−120	0	−120	+200	0	+100	0	+100	0
50	80	0	−150	0	−150	+200	0	+100	0	+100	0
80	120	0	−200	0	−200	+200	−200	+100	−100	+100	−100
120	180	0	−250	0	−250	+350	−250	+150	−150	+200	−100
180	250	0	−300	0	−300	+350	−250	+150	−150	+200	−100
250	315	0	−350	0	−350	+350	−250	+150	−150	+200	−100
315	400	0	−400	0	−400	+400	−400	+200	−200	+200	−200
400	500	0	−450	0	−450	+450	−450	+225	−225	+225	−225
500	630	0	−500	0	−500	+500	−500	—	—	—	—
630	800	0	−750	0	−750	+600	−600	—	—	—	—
800	1000	0	−1000	0	−1000	+750	−750	—	—	—	—
1000	1250	0	−1250	0	−1250	+900	−900	—	—	—	—
1250	1600	0	−1600	0	−1600	+1050	−1050	—	—	—	—
1600	2000	0	−2000	0	−2000	+1200	−1200	—	—	—	—

圆锥滚子轴承 6X 级宽度公差如表 7-8-14 所示。

表 7-8-14　圆锥滚子轴承 6X 级宽度公差（宽度——内、外圈、单列轴承及组件）　μm

d/mm		Δ_{Bs}		Δ_{Cs}		Δ_{Ts}		Δ_{T1s}		Δ_{T2s}	
超过	到	上偏差	下偏差	上偏差	下偏差	上偏差	下偏差	上偏差	下偏差	上偏差	下偏差
—	10	0	−50	0	−100	+100	0	+50	0	+50	0
10	18	0	−50	0	−100	+100	0	+50	0	+50	0
18	30	0	−50	0	−100	+100	0	+50	0	+50	0
30	50	0	−50	0	−100	+100	0	+50	0	+50	0
50	80	0	−50	0	−100	+100	0	+50	0	+50	0
80	120	0	−50	0	−100	+100	0	+50	0	+50	0
120	180	0	−50	0	−100	+100	0	+50	0	+100	0
180	250	0	−50	0	−100	+100	0	+50	0	+100	0
250	315	0	−50	0	−100	+100	0	+100	0	+100	0
315	400	0	−50	0	−100	+100	0	+100	0	+100	0
400	500	0	−50	0	−100	+100	0	+100	0	+100	0

圆锥滚子轴承 5 级公差如表 7-8-15～表 7-8-17 所示。

表 7-8-15　圆锥滚子轴承 5 级公差（内圈）　μm

d/mm		Δ_{dmp}		V_{dsp}	V_{dmp}	K_{ia}	S_d
超过	到	上偏差	下偏差	max	max	max	max
—	10	0	−7	5	5	5	7
10	18	0	−7	5	5	5	7
18	30	0	−8	6	5	5	8
30	50	0	−10	8	5	6	8
50	80	0	−12	9	6	7	8
80	120	0	−15	11	8	8	9
120	180	0	−18	14	9	11	10

续表

d/mm		Δ_{dmp}		V_{dsp}	V_{dmp}	K_{ia}	S_d
超过	到	上偏差	下偏差	max	max	max	max
180	250	0	−22	17	11	13	11
250	315	0	−25	19	13	13	13
315	400	0	−30	23	15	15	15
400	500	0	−35	28	17	20	17
500	630	0	−40	35	20	25	20
630	800	0	−50	45	25	30	25
800	1000	0	−60	60	30	37	30
1000	1250	0	−75	75	37	45	40
1250	1600	0	−90	90	45	55	50

表 7-8-16 圆锥滚子轴承 5 级公差（外圈） μm

D/mm		Δ_{Dmp}		V_{Dsp}	V_{Dmp}	K_{ea}	S_D① S_{D1}
超过	到	上偏差	下偏差	max	max	max	max
—	18	0	−8	6	5	6	8
18	30	0	−8	6	5	6	8
30	50	0	−9	7	5	7	8
50	80	0	−11	8	6	8	8
80	120	0	−13	10	7	10	9
120	150	0	−15	11	8	11	10
150	180	0	−18	14	9	13	10
180	250	0	−20	15	10	15	11
250	315	0	−25	19	13	18	13
315	400	0	−28	22	14	20	13
400	500	0	−33	26	17	24	17
500	630	0	−38	30	20	30	20
630	800	0	−45	38	25	36	25
800	1000	0	−60	50	30	43	30
1000	1250	0	−80	65	38	52	38
1250	1600	0	−100	90	50	62	50
1600	2000	0	−125	120	65	73	65

① 不适用于凸缘外圈轴承。

注：外圈凸缘外径 D_1 的公差规定在表 7-8-24 中。

表 7-8-17 圆锥滚子轴承 5 级公差（宽度——内、外圈、单列轴承及组件） μm

d/mm		Δ_{Bs}		Δ_{Cs}		Δ_{Ts}		Δ_{T1s}		Δ_{T2s}	
超过	到	上偏差	下偏差	上偏差	下偏差	上偏差	下偏差	上偏差	下偏差	上偏差	下偏差
—	10	0	−200	0	−200	+200	−200	+100	−100	+100	−100
10	18	0	−200	0	−200	+200	−200	+100	−100	+100	−100
18	30	0	−200	0	−200	+200	−200	+100	−100	+100	−100
30	50	0	−240	0	−240	+200	−200	+100	−100	+100	−100
50	80	0	−300	0	−300	+200	−200	+100	−100	+100	−100
80	120	0	−400	0	−400	+200	−200	+100	−100	+100	−100
120	180	0	−500	0	−500	+350	−250	+150	−150	+200	−100
180	250	0	−600	0	−600	+350	−250	+150	−150	+200	−100
250	315	0	−700	0	−700	+350	−250	+150	−150	+200	−100
315	400	0	−800	0	−800	+400	−400	+200	−200	+200	−200

续表

d/mm		Δ_{Bs}		Δ_{Cs}		Δ_{Ts}		Δ_{T1s}		Δ_{T2s}	
超过	到	上偏差	下偏差	上偏差	下偏差	上偏差	下偏差	上偏差	下偏差	上偏差	下偏差
400	500	0	−900	0	−900	+450	−450	+225	−225	+225	−225
500	630	0	−1100	0	−1100	+500	−500	—	—	—	—
630	800	0	−1600	0	−1600	+600	−600	—	—	—	—
800	1000	0	−2000	0	−2000	+750	−700	—	—	—	—
1000	1250	0	−2000	0	−2000	+750	−750	—	—	—	—
1250	1600	0	−2000	0	−2000	+900	−900	—	—	—	—

圆锥滚子轴承4级公差如表7-8-18～表7-8-20所示。

表7-8-18　圆锥滚子轴承4级公差（内圈）　　μm

d/mm		Δ_{dmp} Δ_{ds}		V_{dsp}	V_{dmp}	K_{ia}	S_d	S_{ia}
超过	到	上偏差	下偏差	max	max	max	max	max
—	10	0	−5	4	4	3	3	3
10	18	0	−5	4	4	3	3	3
18	30	0	−6	5	4	3	4	4
30	50	0	−8	6	5	4	4	4
50	80	0	−9	7	5	4	5	4
80	120	0	−10	8	5	5	5	5
120	180	0	−13	10	7	6	6	7
180	250	0	−15	11	8	8	7	8
250	315	0	−18	12	9	9	8	9

表7-8-19　圆锥滚子轴承4级公差（外圈）　　μm

D/mm		Δ_{Dmp} Δ_{Ds}		V_{Dsp}	V_{Dmp}	K_{ea}	S_D① S_{D1}	S_{ea}①	S_{ea1}
超过	到	上偏差	下偏差	max	max	max	max	max	max
—	18	0	−6	5	4	4	4	5	7
18	30	0	−6	5	4	4	4	5	7
30	50	0	−7	5	5	5	4	5	7
50	80	0	−9	7	5	5	4	5	7
80	120	0	−10	8	5	6	5	6	8
120	150	0	−11	8	6	7	5	7	10
150	180	0	−13	10	7	8	5	8	11
180	250	0	−15	11	8	10	7	10	14
250	315	0	−18	14	9	11	8	10	14
315	400	0	−20	15	10	13	10	13	18

① 不适用于凸缘外圈轴承。

注：外圈凸缘外径 D_1 的公差规定在表7-8-24中。

表7-8-20　圆锥滚子轴承4级公差（宽度——内、外圈、单列轴承及组件）　　μm

d/mm		Δ_{Bs}		Δ_{Cs}		Δ_{Ts}		Δ_{T1s}		Δ_{T2s}	
超过	到	上偏差	下偏差	上偏差	下偏差	上偏差	下偏差	上偏差	下偏差	上偏差	下偏差
—	10	0	−200	0	−200	+200	−200	+100	−100	+100	−100
10	18	0	−200	0	−200	+200	−200	+100	−100	+100	−100
18	30	0	−200	0	−200	+200	−200	+100	−100	+100	−100
30	50	0	−240	0	−240	+200	−200	+100	−100	+100	−100
50	80	0	−300	0	−300	+200	−200	+100	−100	+100	−100

续表

d/mm		Δ_{Bs}		Δ_{Cs}		Δ_{Ts}		Δ_{T1s}		Δ_{T2s}	
超过	到	上偏差	下偏差	上偏差	下偏差	上偏差	下偏差	上偏差	下偏差	上偏差	下偏差
80	120	0	−400	0	−400	+200	−200	+100	−100	+100	−100
120	180	0	−500	0	−500	+350	−250	+150	−150	+200	−100
180	250	0	−600	0	−600	+350	−250	+150	−150	+200	−100
250	315	0	−700	0	−700	+350	−250	+150	−150	+200	−100

圆锥滚子轴承 2 级公差如表 7-8-21～表 7-8-23 所示。

表 7-8-21　圆锥滚子轴承 2 级公差（内圈）　μm

d/mm		Δ_{dmp} Δ_{ds}		V_{dsp}	V_{dmp}	K_{ia}	S_d	S_{ia}
超过	到	上偏差	下偏差	max	max	max	max	max
—	10	0	−4	2.5	1.5	2	1.5	2
10	18	0	−4	2.5	1.5	2	1.5	2
18	30	0	−4	2.5	1.5	2.5	1.5	2.5
30	50	0	−5	3	2	2.5	2	2.5
50	80	0	−5	4	2	3	2	3
80	120	0	−6	5	2.5	3	2.5	3
120	180	0	−7	7	3.5	4	3.5	4
180	250	0	−8	7	4	5	5	5
250	315	0	−8	8	5	6	5.5	6

表 7-8-22　圆锥滚子轴承 2 级公差（外圈）　μm

D/mm		Δ_{Dmp} Δ_{Ds}		V_{Dsp}	V_{Dmp}	K_{ea}	S_D① S_{D1}	S_{ea}①	S_{ea1}
超过	到	上偏差	下偏差	max	max	max	max	max	max
—	18	0	−5	4	2.5	2.5	1.5	2.5	4
18	30	0	−5	4	2.5	2.5	1.5	2.5	4
30	50	0	−5	4	2.5	2.5	2	2.5	4
50	80	0	−6	4	2.5	4	2.5	4	6
80	120	0	−6	5	3	5	3	5	7
120	150	0	−7	5	3.5	5	3.5	5	7
150	180	0	−7	7	4	5	4	5	7
180	250	0	−8	8	5	7	5	7	10
250	315	0	−9	8	5	7	6	7	10
315	400	0	−10	10	6	8	7	8	11

① 不适用于凸缘外圈轴承。
注：外圈凸缘外径 D_1 的公差规定在表 7-8-24 中。

表 7-8-23　圆锥滚子轴承 2 级公差（宽度——内、外圈、单列轴承及组件）　μm

d/mm		Δ_{Bs}		Δ_{Cs}		Δ_{Ts}		Δ_{T1s}		Δ_{T2s}	
超过	到	上偏差	下偏差	上偏差	下偏差	上偏差	下偏差	上偏差	下偏差	上偏差	下偏差
—	10	0	−200	0	−200	+200	−200	+100	−100	+100	−100
10	18	0	−200	0	−200	+200	−200	+100	−100	+100	−100
18	30	0	−200	0	−200	+200	−200	+100	−100	+100	−100
30	50	0	−240	0	−240	+200	−200	+100	−100	+100	−100
50	80	0	−300	0	−300	+200	−200	+100	−100	+100	−100
80	120	0	−400	0	−400	+200	−200	+100	−100	+100	−100
120	180	0	−500	0	−500	+200	−250	+100	−100	+100	−150
180	250	0	−600	0	−600	+200	−300	+100	−150	+100	−150
250	315	0	−700	0	−700	+200	−300	+100	−150	+100	−150

第 7 篇

适用于向心球轴承和圆锥滚子轴承的凸缘外径公差如表 7-8-24 所示。

表 7-8-24 适用于向心球轴承和圆锥滚子轴承的凸缘外径公差 μm

D_1/mm		Δ_{D1s}			
		定位凸缘		非定位凸缘	
超过	到	上偏差	下偏差	上偏差	下偏差
—	6	0	−36	+220	−36
6	10	0	−36	+220	−36
10	18	0	−43	+270	−43
18	30	0	−52	+330	−52
30	50	0	−62	+390	−62
50	80	0	−74	+460	−74
80	120	0	−87	+540	−87
120	180	0	−100	+630	−100
180	250	0	−115	+720	−115
250	315	0	−130	+810	−130
315	400	0	−140	+890	−140
400	500	0	−155	+970	−155
500	630	0	−175	+1100	−175
630	800	0	−200	+1250	−200
800	1000	0	−230	+1400	−230
1000	1250	0	−260	+1650	−260
1250	1600	0	−310	+1950	−310
1600	2000	0	−370	+2300	−370
2000	2500	0	−440	+2800	−440

圆锥孔 0 级公差如表 7-8-25 和表 7-8-26 所示。

表 7-8-25 圆锥孔（锥度 1∶12）0 级公差 μm

d/mm		Δ_{dmp}		$\Delta_{d1mp}-\Delta_{dmp}$		V_{dsp}①,②
超过	到	上偏差	下偏差	上偏差	下偏差	max
—	10	+22	0	+15	0	9
10	18	+27	0	+18	0	11
18	30	+33	0	+21	0	13
30	50	+39	0	+25	0	16
50	80	+ 46	0	+30	0	19
80	120	+54	0	+35	0	22
120	180	+63	0	+40	0	40
180	250	+72	0	+46	0	46
250	315	+81	0	+52	0	52
315	400	+89	0	+57	0	57
400	500	+97	0	+63	0	63
500	630	+110	0	+70	0	70
630	800	+125	0	+80	0	—
800	1000	+140	0	+90	0	—
1000	1250	+165	0	+105	0	—
1250	1600	+195	0	+125	0	—

① 适用于内孔的任一单一径向平面。
② 不适用于直径系列 7 和 8。

表 7-8-26 圆锥孔（锥度 1∶30）0 级公差 μm

d/mm		Δ_{dmp}		$\Delta_{d1mp}-\Delta_{dmp}$		V_{dsp}①,②
超过	到	上偏差	下偏差	上偏差	下偏差	max
—	50	+15	0	+30	0	19
50	80	+15	0	+30	0	19
80	120	+20	0	+35	0	22
120	180	+25	0	+40	0	40
180	250	+30	0	+46	0	46
250	315	+35	0	+52	0	52
315	400	+ 40	0	+57	0	57
400	500	+45	0	+63	0	63
500	630	+50	0	+70	0	70

① 适用于内孔的任一单一径向平面。
② 不适用于直径系列 7 和 8。

8.2 滚动轴承测量和检验的原则及方法

表 7-8-27 制图符号

符 号	说 明
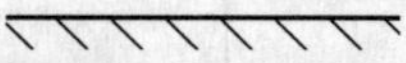	平台（测量平面）
 (主视图) (俯视图或仰视图)	固定支点
	固定测量支点
 (主视图) (俯视图或仰视图)	指示仪或记录仪
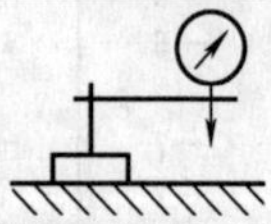	带指示仪或记录仪的测量支架根据所使用的测量设备，测量支架的符号可画成不同型式
	定心的芯轴
	间歇直线往复运动
	依托固定支点转动
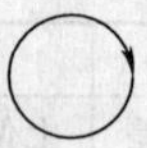	绕中心旋转
	载荷、载荷方向
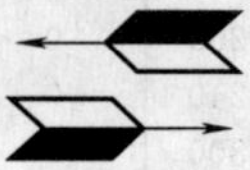	相对方向的交变载荷
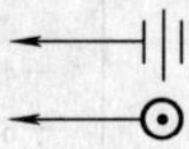 (主视图) (俯视图或仰视图)	垂直于被测表面的活动指示仪的活动支点
	平行于被测表面的活动指示仪的活动支点

除另有说明外，表 7-8-27 图中所示符号（公差除外）和表中示值均表示公称尺寸。滚动轴承测量和检验适用的制图符号如表 7-8-27 所示。

为避免薄壁套圈的过度变形，测量力应尽量减至最小。最大测量力和最小测头半径如表 7-8-28 所示。

表 7-8-28　最大测量力和最小测头半径

轴承部位	公称尺寸范围/mm		测量力[①]/N	测头半径[②]/mm
	超过	到	max	min
内径 d	—	10	2	0.8
	10	30	2	2.5
	30	—	2	2.5
外径 D	—	30	2	2.5
	30	—	2	2.5

① 最大测量力系指在无样品变形的情况下、可给出复验性测量结果的测量力。

② 随着所施加测量力的适当减小，可使用更小的半径。

为保持轴承零件各自处于正常的相对位置，对于某些条款规定的测量方法采用表 7-8-29 和表 7-8-30 规定的中心轴向测量载荷。

表 7-8-29　向心球轴承和接触角≤30°角接触球轴承的中心轴向测量载荷

外径 D/mm		轴承上的中心轴向载荷/N
超过	到	min
—	30	5
30	50	10
50	80	20
80	120	35
120	180	70
180	—	140

表 7-8-30　圆锥滚子轴承、接触角＞30°角接触球轴承和推力轴承的中心轴向测量载荷

外径 D/mm		轴承上的中心轴向载荷/N
超过	到	min
—	30	40
30	50	80
50	80	120
80	120	150
120	—	150

内径或外径偏差极限仅适用于在距套圈端面或凸缘端面大于 a 距离的径向平面内测量。测量区极限如表 7-8-31 所示。

表 7-8-31　测量区极限　mm

r_{smin}		a
超过	到	
—	0.6	$r_{smax}+0.5$
0.6	—	$1.2r_{smax}$

8.3　滚动轴承通用技术规则

轴承配合表面和端面的表面粗糙度值如表 7-8-32 所示。

表 7-8-32　轴承配合表面和端面的表面粗糙度值

μm

表面名称	轴承公差等级	轴承公称直径[①]/mm				
		—	＞30	＞80	＞500	＞1600
		≤30	≤80	≤500	≤1600	≤2500
		Ra				
		max				
内圈内孔表面	0	0.8	0.8	1	1.25	1.6
	6,6X	0.63	0.63	1	1.25	—
	5	0.5	0.5	0.8	1	—
	4	0.25	0.25	0.5	—	—
	2	0.16	0.2	0.4	—	—
外圈外圆柱表面	0	0.63	0.63	1	1.25	1.6
	6,6X	0.32	0.32	0.63	1	—
	5	0 32	0.32	0.63	0.8	—
	4	0.25	0.25	0.5	—	—
	2	0.16	0.2	0.4	—	—
套圈端面	0	0.8	0.8	1	1.25	1.6
	6,6X	0.63	0.63	1	1	—
	5	0.5	0.5	0.8	0.8	—
	4	0.4	0.4	0.63	—	—
	2	0.32	0.32	0.4	—	—

① 内圈内孔及其端面按内孔直径查表，外圈外圆柱表面及其端面按外径查表。单向推力轴承垫圈及其端面按轴圈内孔直径查表，双向推力轴承垫圈（包括中圈）及其端面按座圈化整的内孔直径查表。

8.4　推力轴承公差

除另有说明外，下列符号（公差符号除外）和表 7-8-33～表 7-8-40 中所示数值均表示公称尺寸。

D——座圈外径

d——单向轴承轴圈内径

d_2——双向轴承中轴圈内径

S_e——座圈滚道与背面间的厚度变动量

注：只适用于接触角为 90°的推力球轴承和推力圆柱滚子轴承。

S_i——轴圈滚道与背面间的厚度变动量

注：只适用于接触角为 90°的推力球轴承和推力圆柱滚子轴承。

第 7 篇

T——单向轴承轴承高度

T_1——双向轴承轴承高度

V_{Dsp}——座圈单一平面外径变动量

V_{dsp}——单向轴承轴圈单一平面内径变动量

V_{d2sp}——双向轴承中轴圈单一平面内径变动量

Δ_{Dmp}——座圈单一平面平均外径偏差

Δ_{dmp}——单向轴承轴圈单一平面平均内径偏差

Δ_{d2mp}——双向轴承中轴圈单一平面平均内径偏差

Δ_{Ts}——单向轴承轴承实际高度偏差

Δ_{T1s}——双向轴承轴承实际高度偏差

0级公差如表7-8-33和表7-8-34所示。

表 7-8-33 推力轴承0级公差（轴圈、中轴圈和轴承高度） μm

d和d_2/mm		Δ_{dmp},Δ_{d2mp}		V_{dsp},V_{d2sp}	S_i	Δ_{Ts}		Δ_{T1s}	
>	≤	上极限偏差	下极限偏差	max	max	上极限偏差	下极限偏差	上极限偏差	下极限偏差
—	18	0	−8	6	10	+20	−250	+150	−400
18	30	0	−10	8	10	+20	−250	+150	−400
30	50	0	−12	9	10	+20	−250	+150	−400
50	80	0	−15	11	10	+20	−300	+150	−500
80	120	0	−20	15	15	+25	−300	+200	−500
120	180	0	−25	19	15	+25	−400	+200	−600
180	250	0	−30	23	20	+30	−400	+250	−600
250	315	0	−35	26	25	+40	−400	—	—
315	400	0	−40	30	30	+40	−500	—	—
400	500	0	−45	34	30	+50	−500	—	—
500	630	0	−50	38	35	+60	−600	—	—
630	800	0	−75	55	40	+70	−750	—	—
800	1000	0	−100	75	45	+80	−1000	—	—
1000	1250	0	−125	95	50	+100	−1400	—	—
1250	1600	0	−160	120	60	+120	−1600	—	—
1600	2000	0	−200	150	75	+140	−1900	—	—
2000	2500	0	−250	190	90	+160	−2300	—	—

注：对于双向轴承，公差值只适用于d_2≤190mm的轴承。

表 7-8-34 推力轴承0级公差（座圈） μm

D/mm		Δ_{Dmp}		V_{Dsp}	S_e
>	≤	上极限偏差	下极限偏差	max	max
10	18	0	−11	8	与同一轴承轴圈的S_i值相同
18	30	0	−13	10	
30	50	0	−16	12	
50	80	0	−19	14	
80	120	0	−22	17	
120	180	0	−25	19	
180	250	0	−30	23	
250	315	0	−35	26	
315	400	0	−40	30	
400	500	0	−45	34	
500	630	0	−50	38	
630	800	0	−75	55	
800	1000	0	−100	75	
1000	1250	0	−125	95	
1250	1600	0	−160	120	
1600	2000	0	−200	150	
2000	2500	0	−250	190	
2500	2850	0	−300	225	

注：对于双向轴承，公差值只适用于D≤360mm的轴承。

6 级公差如表 7-8-35 和表 7-8-36 所示。

表 7-8-35　推力轴承 6 级公差（轴圈、中轴圈和轴承高度）　　μm

d 和 d_2/mm		Δ_{dmp},Δ_{d2mp}		V_{dsp},V_{d2sp}	S_i	Δ_{Ts}		Δ_{T1s}	
>	≤	上极限偏差	下极限偏差	max	max	上极限偏差	下极限偏差	上极限偏差	下极限偏差
—	18	0	−8	6	5	+20	−250	+150	−400
18	30	0	−10	8	5	+20	−250	+150	−400
30	50	0	−12	9	6	+20	−250	+150	−400
50	80	0	−15	11	7	+20	−300	+150	−500
80	120	0	−20	15	8	+25	−300	+200	−500
120	180	0	−25	19	9	+25	−400	+200	−600
180	250	0	−30	23	10	+30	−400	+250	−600
250	315	0	−35	26	13	+40	−400	—	—
315	400	0	−40	30	15	+40	−500	—	—
400	500	0	−45	34	18	+50	−500	—	—
500	630	0	−50	38	21	+60	−600	—	—
630	800	0	−75	55	25	+70	−750	—	—
800	1000	0	−100	75	30	+80	−1000	—	—
1000	1250	0	−125	95	35	+100	−1400	—	—
1250	1600	0	−160	120	40	+120	−1600	—	—
1600	2000	0	−200	150	45	+140	−1900	—	—
2000	2500	0	−250	190	50	+160	−2300	—	—

注：对于双向轴承，公差值只适用于 d_2≤190mm 的轴承。

表 7-8-36　推力轴承 6 级公差（座圈）　　μm

D/mm		Δ_{Dmp}		V_{Dsp}	S_e
>	≤	上极限偏差	下极限偏差	max	max
10	18	0	−11	8	与同一轴承轴圈的 S_i 值相同
18	30	0	−13	10	
30	50	0	−16	12	
50	80	0	−19	14	
80	120	0	−22	17	
120	180	0	−25	19	
180	250	0	−30	23	
250	315	0	−35	26	
315	400	0	−40	30	
400	500	0	−45	34	
500	630	0	−50	38	
630	800	0	−75	55	
800	1000	0	−100	75	
1000	1250	0	−125	95	
1250	1600	0	−160	120	
1600	2000	0	−200	150	
2000	2500	0	−250	190	
2500	2850	0	−300	225	

注：对于双向轴承，公差值只适用于 D≤360mm 的轴承。

5 级公差如表 7-8-37 和表 7-8-38 所示。

第 7 篇

表 7-8-37 推力轴承 5 级公差（轴圈、中轴圈和轴承高度） μm

d 和 d_2/mm		Δ_{dmp}, Δ_{d2mp}		V_{dsp}, V_{d2sp}	S_i	Δ_{Ts}		Δ_{T1s}	
>	≤	上极限偏差	下极限偏差	max	max	上极限偏差	下极限偏差	上极限偏差	下极限偏差
—	18	0	−8	6	3	+20	−250	+150	−400
18	30	0	−10	8	3	+20	−250	+150	−400
30	50	0	−12	9	3	+20	−250	+150	−400
50	80	0	−15	11	4	+20	−300	+150	−500
80	120	0	−20	15	4	+25	−300	+200	−500
120	180	0	−25	19	5	+25	−400	+200	−600
180	250	0	−30	23	5	+30	−400	+250	−600
250	315	0	−35	26	7	+40	−400	—	—
315	400	0	−40	30	7	+40	−500	—	—
400	500	0	−45	34	9	+50	−500	—	—
500	630	0	−50	38	11	+60	−600	—	—
630	800	0	−75	55	13	+70	−750	—	—
800	1000	0	−100	75	15	+80	−1000	—	—
1000	1250	0	−125	95	18	+100	−1400	—	—
1250	1600	0	−160	120	25	+120	−1600	—	—
1600	2000	0	−200	150	30	+140	−1900	—	—
2000	2500	0	−250	190	40	+160	−2300	—	—

注：对于双向轴承，公差值只适用于 $d_2 \leqslant 190$mm 的轴承。

表 7-8-38 推力轴承 5 级公差（座圈） μm

D/mm		Δ_{Dmp}		V_{Dsp}	S_e
>	≤	上极限偏差	下极限偏差	max	max
10	18	0	−11	8	与同一轴承轴圈的 S_i 值相同
18	30	0	−13	10	
30	50	0	−16	12	
50	80	0	−19	14	
80	120	0	−22	17	
120	180	0	−25	19	
180	250	0	−30	23	
250	315	0	−35	26	
315	400	0	−40	30	
400	500	0	−45	34	
500	630	0	−50	38	
630	800	0	−75	55	
800	1000	0	−100	75	
1000	1250	0	−125	95	
1250	1600	0	−160	120	
1600	2000	0	−200	150	
2000	2500	0	−250	190	
2500	2850	0	−300	225	

注：对于双向轴承，公差值只适用于 $D \leqslant 360$mm 的轴承。

4 级公差如表 7-8-39 和表 7-8-40 所示。

表 7-8-39　推力轴承 4 级公差（轴圈、中轴圈和轴承高度）　μm

d 和 d_2/mm		Δ_{dmp},Δ_{d2mp}		V_{dsp},V_{d2sp}	S_i	Δ_{Ts}		Δ_{T1s}	
>	≤	上极限偏差	下极限偏差	max	max	上极限偏差	下极限偏差	上极限偏差	下极限偏差
—	18	0	−7	5	2	+20	−250	+150	−400
18	30	0	−8	6	2	+20	−250	+150	−400
30	50	0	−10	8	2	+20	−250	+150	−400
50	80	0	−12	9	3	+20	−300	+150	−500
80	120	0	−15	11	3	+25	−300	+200	−500
120	180	0	−18	14	4	+25	−400	+200	−600
180	250	0	−22	17	4	+30	−400	+250	−600
250	315	0	−25	19	5	+40	−400	—	—
315	400	0	−30	23	5	+40	−500	—	—
400	500	0	−35	26	6	+50	−500	—	—
500	630	0	−40	30	7	+60	−600	—	—
630	800	0	−50	40	8	+70	−750	—	—

注：对于双向轴承，公差值只适用于 d_2≤190mm 的轴承。

表 7-8-40　推力轴承 4 级公差（座圈）　μm

D/mm		Δ_{Dmp}		V_{Dsp}	S_e
>	≤	上极限偏差	下极限偏差	max	max
10	18	0	−7	5	与同一轴承轴圈的 S_i 值相同
18	30	0	−8	6	
30	50	0	−9	7	
50	80	0	−11	8	
80	120	0	−13	10	
120	180	0	−15	11	
180	250	0	−20	15	
250	315	0	−25	19	
315	400	0	−28	21	
400	500	0	−33	25	
500	630	0	−38	29	
630	800	0	−45	34	
800	1000	0	−60	45	

注：对于双向轴承，公差值只适用于 D≤360mm 的轴承。

8.5　仪器用精密轴承：公制系列轴承的外形尺寸、公差和特性

除另有说明外，下列所示符号（公差除外）和表 7-8-41～表 7-8-46 中所示数值均表示公称尺寸。

B——内圈宽度

C——外圈宽度

C_1——外圈凸缘宽度

D——轴承外径

D_1——外圈凸缘外径

d——内径

K_{ea}——成套轴承外圈径向跳动

K_{ia}——成套轴承内圈径向跳动

r——倒角尺寸（r_1 除外）

r_{smina}——r 的最小单一倒角尺寸

r_{smaxa}——r 的最大单一倒角尺寸

r_1——角接触球轴承内圈和外圈前端面的倒角尺寸

r_{1smina}——r_1 的最小单一倒角尺寸

S_D——外圈外表面对端面的垂直度[1]

S_d——内圈端面对内孔的垂直度[1]

S_{dr}——内圈内孔对端面的垂直度[1]

S_{ea}——成套轴承外圈轴向跳动[1]

S_{ea1}——成套轴承外圈凸缘背面轴向跳动[1]

S_{ia}——成套轴承内圈轴向跳动[1]

V_{Bs}——内圈宽度变动量

[1] 角接触球轴承的背面即为基准面。

V_{Cs}——外圈宽度变动量

V_{C1s}——外圈凸缘宽度变动量

V_{Dmp}——平均外径变动量

V_{Dsp}——单一平面外径变动量

V_{dmp}——平均内径变动量

V_{dsp}——单一平面内径变动量

Δ_{Bs}——内圈单一宽度偏差

Δ_{Cs}——外圈单一宽度偏差

Δ_{C1s}——外圈凸缘单一宽度偏差

Δ_{Dmp}——单一平面平均外径偏差

Δ_{Ds}——单一外径偏差

Δ_{D1s}——外圈凸缘单一外径偏差

Δ_{dmp}——单一平面平均内径偏差

Δ_{ds}——单一内径偏差

公制系列仪器用精密轴承的外形尺寸如表7-8-41所示。

表7-8-41 公制系列轴承 mm

d	D	B和C	r_{smin}①	r_{1smin}①	凸缘轴承		适用的轴承类型	尺寸系列②
					D_1	C_1		
0.6	2	0.8	0.05	0.05	—	—	开式	17
1	2.5	1	0.05	0.05	—	—	开式	17
1	3	1	0.05	0.05	3.8	0.3	开式	18
1	3	1.5	0.05	0.05	3.8	0.45	闭式	38
1	4	1.6	0.1	0.05	5	0.6	开式	19
1	4	2.3	0.1	0.05	5	0.6	闭式	39
1.5	3	1	0.05	0.05	—	—	开式	17
1.5	4	1.2	0.05	0.05	5	0.4	开式	18
1.5	4	2	0.05	0.05	5	0.6	闭式	38
1.5	5	2	0.15	0.08	6.5	0.6	开式	19
1.5	5	2.6	0.15	0.08	6.5	0.8	闭式	39
2	4	1.2	0.05	0.06	—	—	开式	17
2	5	1.5	0.08	0.06	6.1	0.5	开式	18
2	5	2.3	0.08	0.05	6.1	0.6	闭式	38
2	6	2.3	0.15	0.08	7.5	0.6	开式,闭式	19
2	6	3	0.15	0.08	7.5	0.8	闭式	39
2.5	5	1.6	0.08	0.05	—		开式	17
2.5	6	1.8	0.08	0.05	7.1	0.6	开式	18
2.5	6	2.6	0.08	0.05	7.1	0.8	闭式	38
2.5	7	2.5	0.15	0.08	8.5	0.7	开式,闭式	19
2.5	7	3.6	0.15	0.08	8.5	0.9	闭式	39
3	6	2	0.08	0.05	—	—	开式	17
3	7	2	0.1	0.05	8.1	0.5	开式	18
3	7	3	0.1	0.05	8.1	0.8	闭式	38
3	8	3	0.15	0.08	9.5	0.7	开式,闭式	19
3	8	4	0.15	0.08	9.5	0.9	闭式	39
3	10	4	0.15	0.08	11.5	1	开式,闭式	02
4	7	2	0.08	0.05	—	—	开式	17
4	9	2.5	0.1	0.05	10.3	0.5	开式	18
4	9	4	0.1	0.05	10.3	1	闭式	38
4	11	4	0.15	0.08	12.5	1	开式,闭式	19
4	13	5	0.2	0.1	15	1	开式,闭式	02
4	16	5	0.3	0.15	—	—	开式,闭式	03
5	8	2	0.08	0.05	—	—	开式	17
5	11	3	0.15	0.08	12.5	0.8	开式	18
5	11	5	0.15	0.08	12.5	1	闭式	38

续表

d	D	B和C	r_{smin}①	r_{1smin}①	凸缘轴承		适用的轴承类型	尺寸系列②
					D_1	C_1		
5	13	4	0.2	0.1	15	1	开式,闭式	10
5	16	5	0.3	0.15	18	1	开式,闭式	02
5	19	6	0.3	0.15	22	1.6	开式,闭式	03
6	10	2.5	0.1	0.05	—	—	开式	17
6	13	3.5	0.15	0.08	16	1	开式	18
6	13	5	0.15	0.08	15	1.1	闭式	28
6	19	6	0.2	0.1	17	1.2	开式,闭式	19
6	19	5	0.3	0.15	22	1.5	开式,闭式	02
7	11	2.5	0.1	0.05	—	—	开式	17
7	14	3.5	0.15	0.08	15	1	开式	18
7	14	5	0.15	0.08	16	1.1	闭式	28
7	17	5	0.3	0.15	15	1.2	开式,闭式	19
7	19	6	0.3	0.15	22	1.5	开式,闭式	10
7	22	7	0.3	0.15			开式,闭式	02
8	13	2.8	0.1	0.05	—	—	开式	17
8	18	4	0.2	0.1	18	1	开式	18
8	16	6	0.2	0.1	18	1.3	闭式	38
8	19	5	0.3	0.15	22	1.5	开式,闭式	19
8	22	7	0.3	0.15			开式,闭式	10
8	24	8	0.3	0.15	—	—	开式	02
9	14	3	0.1	0.05	—	—	开式	17
9	17	4	0.2	0.1	19	1	开式	18
9	17	6	0.2	0.1	19	1.3	闭式	38
9	20	6	0.3	0.15	—	—	开式,闭式	19
9	24	7	0.3	0.15	—	—	开式,闭式	10
9	26	8	0.3	0.15			开式,闭式	02
10	15	3	0.1	0.05	—	—	开式	17
10	19	5	0.3	0.15	21	1	开式	18
10	19	7	0.3	0.15	21	1.5	闭式	38
10	22	6	0.3	0.15	—	—	开式,闭式	19
10	26	8	0.3	0.15	—	—	开式,闭式	10
10	30	9	0.6	0.3			开式,闭式	02

① 最大倒角尺寸规定在 ISO 582 中。
② 无凸缘轴承所应用的尺寸系列规定在 ISO 15 中。

5A 级公差如表 7-8-42 和表 7-8-43 所示。

表 7-8-42　5A 级公差（内圈）　　μm

d/mm		Δ_{dmp}		Δ_{ds}		V_{dsp}	V_{dmp}	Δ_{Bs}②		V_{Bs}	K_{ia}	S_{ea}③	S_{ia}
>	≤	上极限偏差	下极限偏差	上极限偏差	下极限偏差	max	max	上极限偏差	下极限偏差	max	max	max	max
0.6①	10	0	−5	0	−5	3	3	0	−25	5	3.5	7	7

① 包括该尺寸。
② 配对或组配安装的轴承内圈的总宽度公差为 0～200μm 乘以安装的轴承数。
③ 内圈基准端面对内孔垂直度（S_d）为：

$$S_d = S_{dr} d_1/2\ (R-2.4r_{smin})$$

S_{ia}按本表的规定，d_1 为内圈端面平均直径。

表 7-8-43　5A 级公差（外圈）　　μm

D/mm		Δ_{Dmp}		Δ_{Ds}				V_{Dsp}和V_{Dmp}		Δ_{Ca}②		V_{Ca}	K_{ea}	S_D	S_{ea}	S_{ea1}	Δ_{C1s}		V_{C1s}	Δ_{D1s}	
				开式		闭式		开式	闭式												
>	≤	上极限偏差	下极限偏差	上极限偏差	下极限偏差	上极限偏差	下极限偏差	max	max	上极限偏差	下极限偏差	max	max	max	max	max	上极限偏差	下极限偏差	max	上极限偏差	下极限偏差
2①	18	0	−5	0	−5	+1	−6	3	5	0	−25	5	5	8	8	10	0	−50	5	0	−25
18	30	0	−6	0	−6	+1	−7	3	5	0	−25	5	6	8	8	10	0	−50	5	0	−25

① 包括该尺寸。

② 配对或组配安装的轴承内圈的总宽度公差为 0～200μm 乘以安装的轴承数。

4A 级公差如表 7-8-44 和表 7-8-45 所示。

表 7-8-44　4A 级公差（内圈）　　μm

d/mm		Δ_{dmp}		Δ_{ds}		V_{dsp}	V_{dmp}	Δ_{Bs}②		V_{Bs}	K_{ia}	S_{ea}③	S_{ia}
>	≤	上极限偏差	下极限偏差	上极限偏差	下极限偏差	max	max	上极限偏差	下极限偏差	max	max	max	max
0.6①	10	0	−5	0	−5	2.5	2.5	0	−25	2.5	2.5	3	3

① 包括该尺寸。

② 配对或组配安装的轴承内圈的总宽度公差为 0～200μm 乘以安装的轴承数。

③ 内圈基准端面对内孔垂直度（S_d）为：

$$S_d = S_{dr} d_1 / 2\ (R - 2.4 r_{smin})$$

S_{ia}按本表的规定，d_1 为内圈端面平均直径。

表 7-8-45　4A 级公差（外圈）　　μm

D/mm		Δ_{Dmp}		Δ_{Ds}				V_{Dsp}和V_{Dmp}		Δ_{Ca}②		V_{Ca}	K_{ea}	S_D	S_{ea}	S_{ea1}	Δ_{C1s}		V_{C1s}	Δ_{D1s}	
				开式		闭式		开式	闭式												
>	≤	上极限偏差	下极限偏差	上极限偏差	下极限偏差	上极限偏差	下极限偏差	max	max	上极限偏差	下极限偏差	max	max	max	max	max	上极限偏差	下极限偏差	max	上极限偏差	下极限偏差
2①	18	0	−6	0	−5	−1	−6	2.5	5	0	−25	2.5	3.5	4	5	8	0	−50	2.5	0	−25
18	30	0	−6	0	−6	−1	−6	2.5	5	0	−25	2.5	4	4	5	8	0	−50	2.5	0	−25

① 包括该尺寸。

② 配对或组配安装的轴承内圈的总宽度公差为 0～200μm 乘以安装的轴承数。

径向接触沟型球轴承的径向游隙如表 7-8-46 所示。

表 7-8-46　径向接触沟型球轴承的径向游隙　　μm

d/mm		2 组		N 组		3 组	
>	≤	min	max	min	max	min	max
0.6①	10	0	6	4	11	10	20

① 包括该尺寸。

8.6　仪器用精密轴承：英制系列轴承的外形尺寸、公差和特性

除另有说明外，下列所示符号（公差除外）和表 7-8-47～表 7-8-52 中所示数值均表示公称尺寸。

B——内圈宽度

C——外圈宽度

C_1——外圈凸缘宽度

D——轴承外径

D_1——外圈凸缘外径

d——内径

K_{ea}——成套轴承外圈径向跳动

K_{ia}——成套轴承内圈径向跳动

r——倒角尺寸（r_1 除外）

r_{smina}——r 的最小单一倒角尺寸

r_{smaxa}——r 的最大单一倒角尺寸

r_1——角接触球轴承内圈和外圈前端面的倒角尺寸

r_{1smina}——r_1 的最小单一倒角尺寸

S_D——外圈外表面对端面的垂直度❶

S_d——内圈端面对内孔的垂直度❶

S_{dr}——内圈内孔对端面的垂直度❶

S_{ea}——成套轴承外圈轴向跳动❶

S_{ea1}——成套轴承外圈凸缘背面轴向跳动❶

S_{ia}——成套轴承内圈轴向跳动❶

V_{Bs}——内圈宽度变动量

V_{Cs}——外圈宽度变动量

V_{C1s}——外圈凸缘宽度变动量

V_{Dmp}——平均外径变动量

V_{Dsp}——单一平面外径变动量

V_{dmp}——平均内径变动量

V_{dsp}——单一平面内径变动量

Δ_{Bs}——内圈单一宽度偏差

Δ_{Cs}——外圈单一宽度偏差

Δ_{C1s}——外圈凸缘单一宽度偏差

Δ_{Dmp}——单一平面平均外径偏差

Δ_{Ds}——单一外径偏差

Δ_{D1s}——外圈凸缘单一外径偏差

Δ_{dmp}——单一平面平均内径偏差

Δ_{ds}——单一内径偏差

英制系列仪器用精密轴承的外形尺寸如表 7-8-47 所示。

表 7-8-47 英制系列轴承 mm

d	D	B 和 C	r_{smin}①	r_{1smin}①	凸缘轴承		适用的轴承类型
					D_1	C_1	
0.635	2.54	0.792	0.08	0.08	—	—	开式
1.016	3.175	1.191	0.08	0.08	—	—	开式
1.191	3.967	1.588	0.08	0.08	5.16	0.33	开式
1.191	3.967	2.38	0.08	0.08	5.16	0.79	闭式
1.397	4.762	1.984	0.08	0.08	5.94	0.58	开式
1.397	4.762	2.779	0.08	0.08	5.94	0.79	闭式
1.984	6.35	2.38	0.08	0.08	7.52	0.58	开式
1.984	6.35	3.571	0.08	0.08	7.52	0.79	闭式
2.38	4.762	1.588	0.08	0.08	5.94	0.46	开式
2.38	4.762	2.38	0.08	0.08	5.94	0.79	闭式
2.38	7.938	2.779	0.13	0.08	9.12	0.58	开式
2.38	7.938	3.571	0.13	0.08	9.12	0.79	开式
3.175	6.35	2.38	0.08	0.08	7.52	0.58	开式
3.175	6.35	2.779	0.08	0.08	7.52	0.79	闭式
3.175	7.938	2.779	0.08	0.08	9.12	0.58	开式
3.175	7.938	3.571	0.08	0.08	9.12	0.79	闭式
3.175	9.525	2.779	0.13	0.08	10.72	0.58	开式
3.175	9.525	3.571	0.13	0.08	10.72	0.79	闭式
3.175	9.525	3.967	0.3	0.15	11.18	0.76	开式,闭式
3.175	12.7	4.336	0.3	0.15	—		开式,闭式
3.967	7.938	2.779	0.08	0.08	9.12	0.58	开式
3.967	7.938	3.175	0.08	0.08	9.12	0.91	闭式
4.762	7.938	2.779	0.08	0.08	9.12	0.58	开式
4.762	7.938	3.175	0.08	0.08	9.12	0.91	闭式
4.762	9.525	3.175	0.08	0.08	10.72	0.58	开式
4.762	9.525	3.175	0.08	0.08	10.72	0.79	闭式
4.762	12.7	3.967	0.3	0.15	—	—	开式
4.762	12.7	4.978	0.3	0.15	14.35	1.07	开式②,闭式
5.555	7.938	2.779	0.08	0.08	—	—	开式
6.35	9.525	3.175	0.08	0.08	10.72	0.58	开式
6.35	9.525	3.175	0.08	0.08	10.72	0.91	闭式
6.35	12.7	3.175	0.13	0.08	13.89	0.58	开式
6.35	12.7	4.762	0.13	0.08	13.89	1.14	闭式
6.35	15.875	4.978	0.3	0.15	17.53	1.07	开式,闭式
6.35	19.05	5.558	0.41	0.2	—		开式

❶ 角接触球轴承的背面即为基准面。

续表

d	D	B 和 C	r_{smin}①	r_{1smin}①	凸缘轴承		适用的轴承类型
					D_1	C_1	
6.35	19.05	7.142	0.41	0.2	—	—	闭式
7.938	12.7	3.967	0.13	0.08	13.89	0.79	开式，闭式
9.525	15.875	3.967	0.25	0.13	17.53	1.07	开式
9.525	15.875	4.978	0.25	0.13	17.53	1.07	闭式
9.525	22.225	5.558	0.41	0.2	—	—	开式
9.525	22.225	7.142	0.41	0.2	24.61	1.57	开式②，闭式

① 最大倒角尺寸见表 7-8-52。
② 仅适用于带凸缘的开式轴承。

5A 级公差如表 7-8-48 和表 7-8-49 所示。

表 7-8-48 5A 级公差（内圈） μm

d/mm		Δ_{dmp}		Δ_{ds}		V_{dsp}	V_{dmp}	Δ_{Bs}②		V_{Bs}	K_{ia}	S_{ea}③	S_{ia}
>	≤	上极限偏差	下极限偏差	上极限偏差	下极限偏差	max	max	上极限偏差	下极限偏差	max	max	max	max
0.6①	10	0	−5	0	−5	3	3	0	−25	5	3.5	7	7

① 包括该尺寸。
② 配对或组配安装的轴承内圈的总宽度公差为 0～200μm 乘以安装的轴承数。
③ 内圈基准端面对内孔垂直度（S_d）为

$$S_d = S_{dr} d_1 / 2(R - 2.4 r_{smin})$$

S_{ia}按本表的规定，d_1 为内圈端面平均直径。

表 7-8-49 5A 级公差（外圈） μm

D/mm		Δ_{Dmp}		Δ_{Ds}				V_{Dsp} 和 V_{Dmp}		Δ_{Ca}②		V_{Ca}	K_{ea}	S_D	S_{ea}	S_{ea1}	Δ_{C1s}		V_{C1s}	Δ_{D1s}	
				开式		闭式		开式	闭式												
>	≤	上极限偏差	下极限偏差	上极限偏差	下极限偏差	上极限偏差	下极限偏差	max	max	上极限偏差	下极限偏差	max	max	max	max	max	上极限偏差	下极限偏差	max	上极限偏差	下极限偏差
2①	18	0	−5	0	−5	+1	−6	3	5	0	−25	5	5	8	8	10	0	−50	5	0	−25
18	30	0	−6	0	−6	+1	−7	3	5	0	−25	5	6	8	8	10	0	−50	5	0	−25

① 包括该尺寸。
② 配对或组配安装的轴承内圈的总宽度公差为 0～200μm 乘以安装的轴承数。

4A 级公差如表 7-8-50 和表 7-8-51 所示。

表 7-8-50 4A 级公差（内圈） μm

d/mm		Δ_{dmp}		Δ_{ds}		V_{dsp}	V_{dmp}	Δ_{Bs}②		V_{Bs}	K_{ia}	S_{ea}③	S_{ia}
>	≤	上极限偏差	下极限偏差	上极限偏差	下极限偏差	max	max	上极限偏差	下极限偏差	max	max	max	max
0.6①	10	0	−5	0	−5	2.5	2.5	0	−25	2.5	2.5	3	3

① 包括该尺寸。
② 配对或组配安装的轴承内圈的总宽度公差为 0～200μm 乘以安装的轴承数。
③ 内圈基准端面对内孔垂直度（S_d）为

$$S_d = S_{dr} d_1 / 2(R - 2.4 r_{smin})$$

S_{ia}按本表的规定，d_1 为内圈端面平均直径。

表 7-8-47 中的最小倒角尺寸所对应的最大倒角尺寸如表 7-8-52 所示。

径向接触沟型球轴承的径向游隙如表 7-8-53 所示。

表 7-8-54～表 7-8-60 给出了本节规范性要素所对应的英制单位（非国际单位）的信息。

表 7-8-51　4A 级公差（外圈）　μm

D/mm		Δ_{Dmp}		Δ_{Ds}				V_{Dsp}和V_{Dmp}		Δ_{Ca}②		V_{Ca}	K_{ea}	S_D	S_{ea}	S_{ea1}	Δ_{C1s}		V_{C1s}	Δ_{D1s}	
				开式		闭式		开式	闭式												
>	≤	上极限偏差	下极限偏差	上极限偏差	下极限偏差	上极限偏差	下极限偏差	max	max	上极限偏差	下极限偏差	max	max	max	max	max	上极限偏差	下极限偏差	max	上极限偏差	下极限偏差
2①	18	0	−6	0	−5	−1	−6	2.5	5	0	−25	2.5	3.5	4	5	8	0	−50	2.5	0	−25
18	30	0	−6	0	−6	−1	−6	2.5	5	0	−25	2.5	4	4	5	8	0	−50	2.5	0	−25

① 包括该尺寸。

② 配对或组配安装的轴承内圈的总宽度公差为 0～200μm 乘以安装的轴承数。

表 7-8-52　最大倒角尺寸　mm

d	D	B和C	$r_{s\,min}$		$r_{1s\,min}$	
			径向	轴向	径向	轴向
0.635	2.54	0.792	0.18	0.18	0.18	0.18
1.016	3.175	1.191	0.18	0.18	0.18	0.18
1.191	3.967	1.588	0.23	0.23	0.18	0.18
1.191	3.967	2.38	0.23	0.3	0.23	0.3
1.397	4.762	1.984	0.23	0.23	0.23	0.23
1.397	4.762	2.779	0.23	0.3	0.23	0.3
1.984	6.35	2.38	0.23	0.3	0.23	0.3
1.984	6.35	3.571	0.23	0.3	0.23	0.3
2.38	4.762	1.588	0.2	0.2	0.2	0.2
2.38	4.762	2.38	0.2	0.3	0.2	0.3
2.38	7.938	2.779	0.3	0.61	0.25	0.25
2.38	7.938	3.571	0.3	0.61	0.25	0.25
3.175	6.35	2.38	0.23	0.3	0.23	0.3
3.175	6.35	2.779	0.23	0.3	0.23	0.3
3.175	7.938	2.779	0.25	0.46	0.25	0.46
3.175	7.938	3.571	0.25	0.46	0.25	0.46
3.175	9.525	2.779	0.3	0.61	0.25	0.25
3.175	9.525	3.571	0.3	0.61	0.25	0.25
3.175	9.525	3.967	0.56	0.99	0.3	0.3
3.175	12.7	4.336	0.56	0.99	0.3	0.3
3.967	7.938	2.779	0.23	0.3	0.23	0.3
3.967	7.938	3.175	0.23	0.3	0.23	0.3
4.762	7.938	2.779	0.23	0.3	0.23	0.3
4.762	7.938	3.175	0.23	0.3	0.23	0.3
4.762	9.525	3.175	0.25	0.46	0.25	0.45
4.762	9.525	3.175	0.25	0.46	0.25	0.45
4.762	12.7	3.967	0.56	0.99	0.3	0.3
4.762	12.7	4.978	0.56	0.99	0.3	0.3
5.555	7.938	2.779	0.23	0.3	0.23	0.3
6.35	9.525	3.175	0.2	0.3	0.2	0.3
6.35	9.525	3.175	0.2	0.3	0.2	0.3
6.35	12.7	3.175	0.3	0.61	0.25	0.25
6.35	12.7	4.762	0.3	0.61	0.25	0.25
6.35	15.875	4.978	0.56	0.99	0.3	0.3
6.35	19.05	5.558	0.71	0.99	0.51	0.51
6.35	19.05	7.142	0.71	0.99	0.51	0.51
7.938	12.7	3.967	0.3	0.61	0.25	0.25
9.525	15.875	3.967	0.51	0.79	0.3	0.3
9.525	15.875	4.978	0.51	0.79	0.3	0.3
9.525	22.225	5.558	0.71	0.99	0.51	0.51
9.525	22.225	7.142	0.71	0.99	0.51	0.51

表 7-8-53 径向接触沟型球轴承的径向游隙 μm

d/mm		2组		N组		3组	
>	≤	min	max	min	max	min	max
0.6①	10	0	6	4	11	10	20

① 包括该尺寸。

表 7-8-54 英制系列轴承外形尺寸 in

d	D	B和C	r_{smin}①	r_{1smin}①	凸缘轴承		适用的轴承类型
					D_1	C_1	
0.025	0.1	0.0312	0.003	0.003	—	—	开式
0.04	0.125	0.0459	0.003	0.003	—	—	开式
0.0469	0.1562	0.0625	0.003	0.003	0.203	0.013	开式
0.0469	0.1562	0.0937	0.003	0.003	0.203	0.031	闭式
0.055	0.1875	0.0781	0.003	0.003	0.234	0.023	开式
0.055	0.1875	0.1094	0.003	0.003	0.234	0.031	闭式
0.0781	0.25	0.0937	0.003	0.003	0.296	0.023	开式
0.0781	0.25	0.1406	0.003	0.003	0.296	0.031	闭式
0.0937	0.1875	0.0625	0.003	0.003	0.234	0.018	开式
0.0937	0.1875	0.0937	0.003	0.003	0.234	0.031	闭式
0.0937	0.3125	0.1094	0.003	0.003	0.359	0.023	开式
0.0937	0.3125	0.1406	0.003	0.003	0.359	0.031	开式
0.125	0.25	0.0937	0.003	0.003	0.296	0.023	开式
0.125	0.25	0.1094	0.003	0.003	0.296	0.031	闭式
0.125	0.3125	0.1094	0.003	0.003	0.359	0.023	开式
0.125	0.3125	0.1406	0.003	0.003	0.359	0.031	闭式
0.125	0.375	0.1094	0.005	0.003	0.422	0.023	开式
0.125	0.375	0.1406	0.005	0.003	0.422	0.031	闭式
0.125	0.375	0.1562	0.012	0.006	0.44	0.03	开式,闭式
0.125	0.5	0.1719	0.012	0.006	—	—	开式,闭式
0.1562	0.3125	0.1094	0.003	0.003	0.359	0.023	开式
0.1562	0.3125	0.125	0.003	0.003	0.359	0.036	闭式
0.1875	0.3125	0.1094	0.003	0.003	0.359	0.023	开式
0.1875	0.3125	0.125	0.003	0.003	0.359	0.036	闭式
0.1875	0.375	0.125	0.003	0.003	0.422	0.023	开式
0.1875	0.375	0.125	0.003	0.003	0.422	0.031	闭式
0.1875	0.5	0.1562	0.012	0.006	—	—	开式
0.1875	0.5	0.196	0.012	0.006	0.565	0.042	开式②,闭式
0.2187	0.3125	0.1094	0.003	0.003	—	—	开式
0.25	0.375	0.125	0.003	0.003	0.422	0.023	开式
0.25	0.375	0.125	0.003	0.003	0.422	0.036	闭式
0.25	0.5	0.125	0.005	0.003	0.547	0.023	开式
0.25	0.5	0.1875	0.005	0.003	0.547	0.045	闭式
0.25	0.625	0.196	0.012	0.006	0.69	0.042	开式,闭式
0.25	0.75	0.2188	0.016	0.008	—	—	开式
0.25	0.75	0.2812	0.016	0.008	—	—	闭式
0.3125	0.5	0.1562	0.005	0.003	0.547	0.031	开式,闭式
0.375	0.625	0.1562	0.01	0.005	0.69	0.042	开式
0.375	0.625	0.196	0.01	0.005	0.69	0.042	闭式
0.375	0.875	0.2188	0.016	0.008	—	—	开式
0.375	0.875	0.2812	0.016	0.008	0.969	0.062	开式②,闭式

① 最大倒角尺寸见表 7-8-60。

② 仅适用于带凸缘的开式轴承。

表 7-8-55　5A 级公差（内圈）（英制单位）　　0.0001in

d/in		Δ_{dmp}		Δ_{ds}		V_{dsp}	V_{dmp}	Δ_{Bs}②		V_{Bs}	K_{ia}	S_{ea}③	S_{ia}
>	≤	上极限偏差	下极限偏差	上极限偏差	下极限偏差	max	max	上极限偏差	下极限偏差	max	max	max	max
0.024①	0.394	0	−2	0	−2	1.2	1.2	0	−10	2	1.5	3	3

① 包括该尺寸。

② 配对或组配安装的轴承内圈的总宽度公差为 0～0.0079in 乘以安装的轴承数。

③ 内圈基准端面对内孔垂直度（S_d）为

$$S_d=S_{dr}d_1/2(R-2.4r_{smin})$$

S_{ia}按本表的规定，d_1 为内圈端面平均直径。

表 7-8-56　5A 级公差（外圈）（英制单位）　　0.0001in

D/in		Δ_{Dmp}		Δ_{Ds}				V_{Dsp}和V_{Dmp}		Δ_{Ca}②		V_{Ca}	K_{ea}	S_D	S_{ea}	S_{ea1}	Δ_{C1s}		V_{C1s}	Δ_{D1s}	
				开式		闭式		开式	闭式												
>	≤	上极限偏差	下极限偏差	上极限偏差	下极限偏差	上极限偏差	下极限偏差	max	max	上极限偏差	下极限偏差	max	max	max	max	max	上极限偏差	下极限偏差	max	上极限偏差	下极限偏差
0.079①	0.709	0	−2	0	−2	+0.4	−2.4	1.2	2	0	−10	2	2	3.1	3.1	4	0	−20	2	0	−10
0.709	1.181	0	−2.4	0	−2.4	+0.4	−3	1.2	2	0	−10	2	2.4	3.1	3.1	4	0	−20	2	0	−10

① 包括该尺寸。

② 配对或组配安装的轴承内圈的总宽度公差为 0～0.0079in 乘以安装的轴承数。

表 7-8-57　4A 级公差（内圈）（英制单位）　　0.0001in

d/in		Δ_{dmp}		Δ_{ds}		V_{dsp}	V_{dmp}	Δ_{Bs}②		V_{Bs}	K_{ia}	S_{ea}③	S_{ia}
>	≤	上极限偏差	下极限偏差	上极限偏差	下极限偏差	max	max	上极限偏差	下极限偏差	max	max	max	max
0.024①	0.394	0	−2	0	−2	1	1	0	−10	1	1	1.2	1.2

① 包括该尺寸。

② 配对或组配安装的轴承内圈的总宽度公差为 0～0.0079in 乘以安装的轴承数。

③ 内圈基准端面对内孔垂直度（S_d）为

$$S_d=S_{dr}d_1/2(R-2.4r_{smin})$$

S_{ia}按本表的规定，d_1 为内圈端面平均直径。

表 7-8-58　4A 级公差（外圈）（英制单位）　　0.0001in

D/in		Δ_{Dmp}		Δ_{Ds}				V_{Dsp}和V_{Dmp}		Δ_{Ca}②		V_{Ca}	K_{ea}	S_D	S_{ea}	S_{ea1}	Δ_{C1s}		V_{C1s}	Δ_{D1s}	
				开式		闭式		开式	闭式												
>	≤	上极限偏差	下极限偏差	上极限偏差	下极限偏差	上极限偏差	下极限偏差	max	max	上极限偏差	下极限偏差	max	max	max	max	max	上极限偏差	下极限偏差	max	上极限偏差	下极限偏差
0.079①	0.709	0	−2	0	−5	+0.4	−2.4	1	2	0	−10	1	1.4	1.6	2	3.1	0	−20	2	0	−10
0.709	1.181	0	−2	0	−2	+0.4	−2.4	1	2	0	−10	1	1.6	1.5	2	3.1	0	−20	2	0	−10

① 包括该尺寸。

② 配对或组配安装的轴承内圈的总宽度公差为 0～0.0079in 乘以安装的轴承数。

表 7-8-59　最大倒角尺寸（英制单位）　　in

d	D	B和C	$r_{s\,min}$		$r_{1s\,min}$	
			径向	轴向	径向	轴向
0.025	0.1	0.0312	0.007	0.007	0.007	0.007
0.04	0.125	0.0459	0.007	0.007	0.007	0.007
0.0469	0.1562	0.0625	0.009	0.009	0.007	0.007
0.0469	0.1562	0.0937	0.009	0.012	0.009	0.012
0.055	0.1875	0.0781	0.009	0.009	0.009	0.009

续表

d	D	B和C	$r_{s\,min}$		$r_{1s\,min}$	
			径向	轴向	径向	轴向
0.055	0.1875	0.1094	0.009	0.012	0.009	0.012
0.0781	0.25	0.0937	0.009	0.012	0.009	0.012
0.0781	0.25	0.1406	0.009	0.012	0.009	0.012
0.0937	0.1875	0.0625	0.008	0.008	0.008	0.008
0.0937	0.1875	0.0937	0.008	0.012	0.008	0.012
0.0937	0.3125	0.1094	0.012	0.024	0.01	0.01
0.0937	0.3125	0.1406	0.012	0.024	0.01	0.01
0.125	0.25	0.0937	0.009	0.012	0.009	0.012
0.125	0.25	0.1094	0.009	0.012	0.009	0.012
0.125	0.3125	0.1094	0.01	0.018	0.01	0.018
0.125	0.3125	0.1406	0.01	0.018	0.01	0.018
0.125	0.375	0.1094	0.012	0.024	0.01	0.01
0.125	0.375	0.1406	0.012	0.024	0.01	0.01
0.125	0.375	0.1562	0.022	0.039	0.012	0.012
0.125	0.5	0.1719	0.022	0.039	0.012	0.012
0.1562	0.3125	0.1094	0.009	0.012	0.009	0.012
0.1562	0.3125	0.125	0.009	0.012	0.009	0.012
0.1875	0.3125	0.1094	0.009	0.012	0.009	0.012
0.1875	0.3125	0.125	0.009	0.012	0.009	0.012
0.1875	0.375	0.125	0.01	0.018	0.01	0.018
0.1875	0.375	0.125	0.01	0.018	0.01	0.018
0.1875	0.5	0.1562	0.022	0.039	0.012	0.018
0.1875	0.5	0.196	0.022	0.039	0.012	0.012
0.2187	0.3125	0.1094	0.009	0.012	0.009	0.012
0.25	0.375	0.125	0.008	0.012	0.008	0.012
0.25	0.375	0.125	0.008	0.012	0.008	0.012
0.25	0.5	0.125	0.012	0.024	0.01	0.01
0.25	0.5	0.1875	0.012	0.024	0.01	0.01
0.25	0.625	0.196	0.022	0.039	0.012	0.012
0.25	0.75	0.2188	0.028	0.039	0.02	0.02
0.25	0.75	0.2812	0.028	0.039	0.02	0.02
0.3125	0.5	0.1562	0.012	0.024	0.01	0.01
0.375	0.625	0.1562	0.02	0.031	0.012	0.012
0.375	0.625	0.196	0.02	0.031	0.012	0.012
0.375	0.875	0.2188	0.028	0.039	0.02	0.02
0.375	0.875	0.2812	0.028	0.039	0.02	0.02

表 7-8-60 径向游隙（英制单位） 0.0001in

d/in		2组		N组		3组	
>	≤	min	max	min	max	min	max
0.024[①]	0.394	0	2.5	1.5	4.5	4	8

① 包括该尺寸。

8.7　滚轮滚针轴承外形尺寸和公差

除另有说明外，下列符号（公差符号除外）和表 7-8-61～表 7-8-68 中示值均表示公称尺寸。

B——挡圈型轴承内圈和挡圈的总宽度；

B_1——螺栓型轴承螺栓端面至挡圈端面的距离；

B_2——螺栓杆长度；

B_3——挡圈端面至径向润滑油孔中心的距离；

C——外圈宽度；

C_1——外圈端面至挡圈端面的距离；

D——外圈外径；

d——轴承内径；

d_1——螺栓直径；

G——螺栓螺纹代号；

K_{ea}——成套轴承外圈径向跳动；

l_G——螺栓螺纹长度；

M——螺栓两端轴向油孔直径；

M_1——螺栓杆上径向油孔直径；

r——外圈径向和轴向倒角尺寸；

$r_{s\,min}$——外圈最小单一倒角尺寸；

r_1——内圈径向和轴向倒角尺寸；

$r_{1s\,min}$——内圈最小单一倒角尺寸；

Δ_{Bs}——内圈和挡圈单一总宽度偏差；

Δ_{B2s}——螺栓杆单一长度偏差；

Δ_{Cs}——外圈单一宽度偏差；

Δ_{Dmp}——单一平面平均外径偏差；

Δ_{dmp}——单一平面平均内径偏差；

Δ_{d1s}——螺栓单一直径偏差。

挡圈型滚轮滚针轴承外形尺寸如表 7-8-61 和表 7-8-62 所示。

表 7-8-61　挡圈型——轻系列　mm

轴承型号		d	D	C	B	$r_{s\,min}$ ①	$r_{1s\,min}$ ①,②
NATR 型	NATV 型						
NATR5	NATV5	5	16	11	12	0.15	0.15
NATR6	NATV6	6	19	11	12	0.15	0.15
NATR8	NATV8	8	24	14	15	0.3	0.3
NATR10	NATV10	10	30	14	15	0.6	0.3
NATR12	NATV12	12	32	14	15	0.6	0.3
NATR15	NATV15	15	35	18	19	0.6	0.3
NATR17	NATV17	17	40	20	21	1	0.3
NATR20	NATV20	20	47	24	25	1	0.3
NATR25	NATV25	25	52	24	25	1	0.3
NATR30	NATV30	30	62	28	29	1	0.3
NATR35	NATV35	35	72	28	29	1	0.6
NATR40	NATV40	40	80	30	32	1	0.6
NATR45	NATV45	45	85	30	32	1	0.6
NATR50	NATV50	50	90	30	32	1	0.6
NATR55	NATV55	55	100	34	36	1.5	0.6
NATR60	NATV60	60	110	34	36	1.5	0.6
NATR65	NATV65	65	120	40	42	1.5	0.6
NATR70	NATV70	70	125	40	42	1.5	0.6
NATR75	NATV75	75	130	40	42	1.5	0.6
NATR80	NATV80	80	140	46	48	2	1
NATR85	NATV85	85	150	46	48	2	1
NATR90	NATV90	90	160	52	54	2	1
NATR95	NATV95	95	170	52	54	2	1
NATR100	NATV100	100	180	63	65	2	1.5
NATR110	NATV110	110	200	63	65	2	1.5
NATR120	NATV120	120	215	63	65	2	1.5

① r 和 r_1 的最大值未规定。

② 内圈上的倒角可用圆周锥口孔替代。

第 7 篇

表 7-8-62 挡圈型——重系列

mm

轴承型号		d	D	C	B	$r_{s\ min}$①	$r_{1s\ min}$①,②
NATR型	NATV型						
NATR10 32	NATV10 32	10	32	17	18	0.6	0.3
NATR12 37	NATV12 37	12	37	20	21	1	0.3
NATR15 42	NATV15 42	15	42	22	24	1	0.3
NATR17 47	NATV17 47	17	47	25	27	1	0.3
NATR20 58	NATV20 58	20	58	32	34	1	0.3
NATR25 72	NATV25 72	25	72	38	40	1	0.3
NATR30 85	NATV30 85	30	85	46	48	1.5	0.3
NATR35 100	NATV35 100	35	100	54	56	1.5	0.6
NATR40 110	NATV40 110	40	110	61	63	2	0.6
NATR45 125	NATV45 125	45	125	69	71	2	0.6
NATR50 140	NATV50 140	50	140	76	80	2.5	0.6
NATR60 160	NATV60 160	60	160	86	90	2.5	0.6
NATR70 190	NATV70 190	70	190	99	103	2.5	0.6
NATR80 210	NATV80 210	80	210	111	115	2.5	1
NATR90 240	NATV90 240	90	240	128	132	3	1

① r 和 r_1 的最大值未规定。

② 内圈上的倒角可用圆周锥口孔替代。

螺栓型滚轮滚针轴承外形尺寸如表 7-8-63 和表 7-8-64 所示。

表 7-8-63 螺栓型——轻系列

mm

轴承型号		D	d_1	C	B_1 max	B_2	B_3	G	l_G	M	M_1	C_1	$r_{1s\ min}$①
KR型	KRV型												
KR13	KRV13	13	5	9	10	13	—	M5×0.8	7	4②	—	0.5	0.15
KR16	KRV16	16	6	11	12.2	16	—	M6×1	8	4②	—	0.6	0.15
KR19	KRV19	19	8	11	12.2	20	—	M8×1.25	10	4②	—	0.6	0.15
KR22	KRV22	22	10	12	13.2	23	—	M10×1③	12	4②	—	0.6	0.3
KR26	KRV26	26	10	12	13.2	23	—	M10×1③	12	4②	—	0.6	0.3
KR30	KRV30	30	12	14	15.2	25	6	M12×1.5	13	6	3	0.6	0.6
KR32	KRV32	32	12	14	15.2	25	6	M12×1.5	13	6	3	0.6	0.6
KR35	KRV35	35	16	18	19.6	32.5	8	M16×1.5	17	6	3	0.8	0.6
KR40	KRV40	40	18	20	21.6	36.5	8	M18×1.5	19	6	3	0.8	1
KR47	KRV47	47	20	24	25.6	40.5	9	M20×1.5	21	8	4	0.8	1
KR52	KRV52	57	20	24	25.6	40.5	9	M20×1.5	21	8	4	0.8	1
KR62	KRV62	62	24	29	30.6	49.5	11	M24×1.5	25	8	4	0.8	1
KR72	KRV72	72	24	29	30.6	49.5	11	M24×1.5	25	8	4	0.8	1
KR80	KRV80	80	30	35	37	63	15	M30×1.5	32	8	4	1	1
KR85	KRV85	85	30	35	37	63	15	M30×1.5	32	8	4	1	1
KR90	KRV90	90	30	35	37	63	15	M30×1.5	32	8	4	1	1

① r 和 r_1 的最大值未规定。

② 油孔仅在螺栓挡边端端面上。

③ 也可按 M10×1.25 制造。

表 7-8-64　螺栓型——重系列　　mm

轴承型号		D	d_1	C	B_1 max	B_2	B_3	G	l_G	C_1	$r_{1s\ min}$①
KR 型	KRV 型										
KR13 6	KRV13 6	13	6	9	10	15	—	M6×1	8	0.5	0.3
KR16 8	KRV16 8	16	8	11	12	19	—	M8×1.25	10	0.5	0.3
KR19 10	KRV19 10	19	10	11	12	22	—	M10×1②	12	0.5	0.3
KR24 12	KRV24 12	24	12	14	15	26	—	M12×1.5	14	0.5	0.3
KR32 14	KRV32 14	32	14	17	18	30	7	M14×1.5	16	0.5	0.6
KR37 16	KRV37 16	37	16	20	21	35	8	M16×1.5	18	0.5	1
KR42 20	KRV42 20	42	20	22	24	41	10	M20×1.5	21	1	1
KR47 24	KRV47 24	47	24	25	27	48	11	M24×1.5	25	1	1
KR58 30	KRV58 30	58	30	32	34	59	14	M30×1.5	30	1	1
KR72 36	KRV72 36	72	36	38	40	76	17	M36×3	41	1	1
KR85 42	KRV85 42	85	42	46	48	87	20	M42×3	46	1	1.5
KR100 48	KRV100 48	100	48	54	56	100	23	M48×3	53	1	1.5
KR110 56	KRV110 56	110	56	61	63	115	—	M56×4	61	1	2
KR125 64	KRV125 64	125	64	69	71	129	—	M64×4	68	1	2
KR140 72	KRV140 72	140	72	76	79	143	—	M72×4	73	2	2.5
KR160 80	KRV160 80	160	80	86	89	157	—	M80×4	80	2	2.5
KR190 80	KRV190 80	190	80	99	102	160	—	M80×4	80	2	2.5
KR210 90	KRV210 90	210	90	111	114	178	—	M90×4	88	2	2.5
KR240 100	KRV240 100	240	100	128	131	197	—	M100×4	96	2	3

① r 的最大值未规定。

注：重系列螺栓型轴承的孔尺寸 M 及 M_1 应符合制造厂设计图样的规定。

挡圈型滚轮滚针轴承的外、内圈公差如表 7-8-65 和表 7-8-66 所示。

表 7-8-65　挡圈型滚轮滚针轴承——外圈　　μm

D/mm		Δ_{Dmp}				Δ_{Cs}		K_{ea}
		圆柱形		凸面形				
超过	到	上偏差	下偏差	上偏差	下偏差	上偏差	下偏差	max
10	18	0	−18	0	−50	0	−120	15
18	30	0	−21	0	−50	0	−120	15
30	50	0	−25	0	−50	0	−120	20
50	80	0	−30	0	−50	0	−120	25
80	120	0	−35	0	−50	0	−120	35
120	150	0	−40	0	−50	0	−120	40
150	180	0	−40	0	−50	0	−150	45
180	240	0	−46	0	−50	0	−200	50

表 7-8-66　挡圈型滚轮滚针轴承——内圈　　μm

d/mm		Δ_{dmp}		Δ_{Bs}	
		圆柱形			
超过	到	上偏差	下偏差	上偏差	下偏差
2.5	10	0	−8	0	−270
10	18	0	−8	0	−330
18	30	0	−10	0	−390
30	50	0	−12	0	−460
50	80	0	−15	0	−540
80	120	0	−20	0	−630

螺栓型滚轮滚针轴承螺栓直径公差如表7-8-67所示，螺栓长度公差如表7-8-68所示。

表7-8-67 螺栓型滚轮滚针轴承螺栓直径公差

μm

d_1/mm		Δ_{d1s}	
上偏差	下偏差	上偏差	下偏差
3	6	0	−12
6	10	0	−15
10	18	0	−18
18	30	0	−21
30	50	0	−25
50	80	0	−30
80	120	0	−35

表7-8-68 螺栓型滚轮滚针轴承螺栓长度公差

mm

B_2	Δ_{B2s}	
	上偏差	下偏差
所有长度	+0.5	−1

8.8 振动测量方法：具有圆柱孔和圆柱外表面的向心球轴承

应对轴承施加轴向载荷，轴承轴向载荷的设定值如表7-8-69所示。

在一个或多个频带内用于测量速度信号所设定的频率范围如表7-8-70所示。

表7-8-69 轴承轴向载荷的设定值

轴承外径 D		单列和双列深沟和调心向心球轴承		单列和双列角接触向心球轴承			
				接触角 10°<α≤23°		接触角 23°<α≤45°	
超过	到	轴向载荷的设定值					
		min	max	min	max	min	max
mm		N		N		N	
10	25	18	22	27	33	36	44
25	50	63	77	90	110	126	154
50	100	135	165	203	247	270	330
100	140	360	440	540	660	720	880
140	170	585	715	878	1072	1170	1430
170	200	810	990	1215	1485	1620	1980

表7-8-70 设定的频率范围

转速		低频带(L)①		中频带(M)①		高频带(H)①	
min	max	设定的频率					
		f_L	f_H	f_L	f_H	f_L	f_H
r/min		Hz		Hz		Hz	
1764	1818	50	300	300	1800	1800	10000

① 除公称转速1800r/min之外，频率范围应根据转速比例进行调整。除非制造厂与用户协商一致，一般情况下，不应采用低于50Hz或高于10000Hz的频率。

注：如果某一特定的频率范围对轴承获得良好运转极为重要时，经制造厂和用户协商也可采用其他的频率范围。

载荷轴线相对于轴承内圈旋转轴线的偏差值如表7-8-71所示。

表7-8-71 载荷轴线相对于轴承内圈旋转轴线的偏差值

轴承外径 D		与轴承内圈旋转轴线间的径向偏差 H	与轴承内圈旋转轴线间的角度偏差 β
超过	到	max	max
mm		mm	(°)
10	25	0.2	0.5
25	50	0.4	
50	100	0.8	
100	140	1.6	
140	170	2.0	
170	200	2.5	

8.9　振动测量方法：具有圆柱孔和圆柱外表面的调心滚子轴承和圆锥滚子轴承

应对轴承施加轴向载荷，轴承轴向载荷的设定值如表 7-8-72 所示。

表 7-8-72　轴承轴向载荷的设定值

轴承外径 D		双列调心滚子轴承		单列和双列圆锥滚子轴承			
				$\alpha \leqslant 23°$		$23° < \alpha \leqslant 45°$	
		轴向载荷的设定值					
超过	到	min	max	min	max	min	max
mm		N		N		N	
30	50	45	55	90	110	180	220
50	70	90	110	180	220	360	440
70	100	180	220	360	440	720	880
100	140	360	440	720	880	1080	1320
140	170	540	660	1080	1320	1440	1760
170	200	720	880	1440	1760	1800	2200

在一个或多个频带内用于测量速度信号所设定的频率范围如表 7-8-73 所示。

表 7-8-73　设定的频率范围

转速		低频带(L)①		中频带(M)①		高频带(H)①	
min	max	设定的频率					
		f_L	f_H	f_L	f_H	f_L	f_H
r/min		Hz		Hz		Hz	
882	909	50	150	150	900	900	5000

① 除公称转速 900r/min 之外，频率范围应根据转速比例进行调整。除非制造厂与用户协商一致，一般情况下，不应采用低于 50Hz 或高于 10000Hz 的频率。

注：如果某一特定的频率范围对轴承的获得良好运转极为重要时，经制造厂与用户协商，也可以采用其他频率范围。

载荷轴线相对于轴承内圈旋转轴线的偏差值如表 7-8-74 所示。

表 7-8-74　载荷轴线相对于轴承内圈旋转轴线的偏差值

轴承外径 D		与轴承内圈旋转轴线间的径向偏差 H	与轴承内圈旋转轴线间的角度偏差 β
超过	到	max	max
mm		mm	(°)
30	50	0.4	0.5
50	100	0.8	
100	140	1.6	
140	170	2.0	
170	200	2.5	

8.10　振动测量方法：具有圆柱孔和圆柱外表面的圆柱滚子轴承

应对轴承施加径向载荷，轴承径向载荷的设定值如表 7-8-75 所示。

表 7-8-75　轴承径向载荷的设定值

轴承外径 D		单列向心圆柱滚子轴承		双列向心圆柱滚子轴承	
超过	到	轴承径向载荷的设定值			
		min	max	min	max
mm		N		N	
30	50	135	165	165	195
50	70	165	195	225	275
70	100	225	275	315	385
100	140	315	385	430	520
140	170	430	520	565	685
170	200	565	685	720	880

在一个或多个频带内用于测量速度信号所设定的频率范围如表 7-8-76 所示。

径向载荷的加载方向和轴向位置的偏差值如表 7-8-77 所示。

轴向载荷轴线与轴承内圈旋转轴线的偏差值如表 7-8-78 所示。

表 7-8-76　设定的频率范围

转速		低频带(L)①		中频带(M)①		高频带(H)①	
min	max	设定的频率					
		f_L	f_H	f_L	f_H	f_L	f_H
r/min		Hz		Hz		Hz	
882	909	50	150	150	900	900	5000
1764	1818	50	300	300	1800	1800	10000

① 除公称转速 900r/min 或 1800r/min 之外，频率范围应根据转速比例进行调整。除非制造厂与用户协商一致，一般情况下，不应采用低于 50Hz 或高于 10000Hz 的频率。

注：如果某一特定的频率范围对轴承的获得良好运转极为重要，经制造厂与用户协商，也可以采用其他频率范围。

表 7-8-77　径向载荷的加载方向和轴向位置的偏差值

轴承外圈宽度 C		与轴承内圈旋转轴线间的径向偏差 H_2	与轴承内圈旋转轴线间的角度偏差 β_2
超过	到	max	max
mm		mm	(°)
10	20	0.3	1
20	40	0.5	
40	70	1.0	

表 7-8-78　轴向载荷轴线与轴承内圈旋转轴线的偏差值

轴承外径 D		与轴承内圈旋转轴线间的径向偏差 H	与轴承内圈旋转轴线间的角度偏差 β
超过	到	max	max
mm		mm	(°)
30	50	0.4	0.5
50	70	0.6	
70	100	0.8	
100	140	1.6	
140	170	2.0	
170	200	2.5	

8.11　径向游隙的测量方法

轴承径向游隙的测量是固定一套圈，在不固定的套圈上施加能得到稳定测值的测量载荷，并在直径方向上作往复运动，进行测量。

径向测量载荷如表 7-8-79 所示。

表 7-8-79　径向测量载荷

公称直径/mm		测量载荷①/N	
超过	到	球轴承	滚子轴承
—	30	25	50
30	50	30	60
50	80	35	70
80	120	40	80
120	200	50	100

① 载荷不应该超过 $0.005C_{0r}$，C_{0r}按 GB/T 4662—2003 的规定。

8.12　向心轴承定位槽尺寸和公差

除另有说明外，下列符号（公差除外）和表 7-8-80～表 7-8-85 中所示数值均表示公称尺寸。

b—定位槽宽度

D—外圈外径

h—定位槽深度

r_0—定位槽底圆角半径

t—定位槽对称度公差

Δ_{bs}—定位槽单一宽度偏差

Δ_{hs}—定位槽单一深度偏差

单列角接触球轴承和四点接触球轴承直径系列见表 7-8-80。

表 7-8-80　直径系列 0、2、3、4　　mm

D	直径系列											
	0			2			3			4		
	h	b	r_0 max	h	b	r_0 max	h	b	r_0 max	h	b	r_0 max
40	—	—	—	2.5	3.5	0.5	—	—	—	—	—	—
47	2.5	3.5	0.5	3	4.5	0.5	3.5	4.5	0.5	—	—	—
50	—	—	—	3	4.5	0.5	—	—	—	—	—	—
52	3	3.5	0.5	3	4.5	0.5	3.5	4.5	0.5	3.5	4.5	0.5
55	3	3.5	0.5	—	—	—	—	—	—	—	—	—
56	—	—	—	—	—	—		4.5	0.5	—		—
58	3	3.5	0.5	3	4.5	0.5	3.5	—	—	—	—	—
62	3.5①	4.5①	—	3.5	4.5	0.5	—	4.5	0.5	3.5	4.5	0.5
65	—	—	0.5	3.5	4.5	0.5	3.5	—	—	—	—	—
68	3.5	4.5	0.5	—	—	—	—	4.5	0.5	—	—	—

续表

D	直径系列											
	0			2			3			4		
	h	b	r_0 max	h	b	r_0 max	h	b	r_0 max	h	b	r_0 max
72	—	—	—	3.5	4.5	0.5	3.5	4.5	0.5	3.5	4.5	0.5
75	4①	5.5①	0.5	—	—	—	4	5.5	0.5	—	—	—
80	4①	5.5①	—	4	5.5	0.5	4	5.5	0.5	4	5.5	0.5
85	—	—	0.5	4	5.5	0.5	—	—	—	—	—	—
90	4	5.5	0.5	4	5.5	0.5	4	5.5	0.5	4	5.5	0.5
95	4	5.5	0.5	—	—	—	—	—	—	—	—	—
100	5①	6.5①	0.5	5	6.5	0.5	5	6.5	0.5	5	6.5	0.5
110	5	6.5	0.5	5	6.5	0.5	5	6.5	0.5	5	6.5	0.5
115	5	6.5	0.5	—	—	—	—	—	—	—	—	—
120	—	—	—	6.5	6.5	0.5	8.1	6.5	1	8.1	6.5	1
125	5	6.5	0.5	6.5	6.5	0.5	—	—	—	—	—	—
130	5	6.5	0.5	6.5	6.5	0.5	8.1	6.5	1	8.1	6.5	1
140	5	6.5	0.5	8.1①	6.5	1①	8.1	6.5	1	8.1	6.5	1
145	5	6.5	0.5	—	—	—	—	—	—	—	—	—
150	6.5	6.5	0.5	8.1	6.5	1	10.1	8.5	2	10.1	8.5	2
160	6.5	6.5	0.5	8.1	6.5	1	10.1	8.5	2	10.1	8.5	2
170	6.5	6.5	0.5	8.1	6.5	1	10.1	8.5	2	—	—	—
180	6.5	6.5	0.5	10.1	8.5	2	11.7	10.5	2	11.7	10.5	2
190	—	—	—	10.1	8.5	2	11.7	10.5	2	11.7	10.5	2
200	8.1	6.5	1	10.1	8.5	2	11.7	10.5	2	11.7	10.5	2
210	8.1	6.5	1	—	—	—	—	—	—	—	10.5	2
215	—	—	—	11.7	10.5	2	11.7	10.5	2	11.7	—	—
225	8.1	6.5	1	—	—	—	11.7	10.5	2	—	10.5	2
230	—	—	—	11.7	10.5	2	—	—	—	11.7	—	—
240	10.1	8.5	2	—	—	—	11.7	10.5	2	—	10.5	2
250	—	—	—	11.7	10.5	2	—	—	—	11.7	10.5	2
260	11.7	10.5	2	—	—	—	11.7	10.5	2	11.7	10.5	2
270	—	—	—	11.7	10.5	2	—	—	—	—	—	—
280	11.7	10.5	2	—	—	—	12.7	10.5	2	12.7	10.5	2
290	11.7	10.5	2	12.7	10.5	2	—	—	—	—	—	—
300	—	—	—	—	—	—	12.7	10.5	2	—	—	—
310	12.7	10.5	2	12.7	10.5	2	—	—	—	12.7	10.5	2
320	—	—	—	12.7	10.5	2	12.7	10.5	2	—	—	—
340	12.7	10.5	2	12.7	10.5	2	12.7	10.5	2	12.7	10.5	2
360	12.7	10.5	2	12.7	10.5	2	12.7	10.5	2	12.7	10.5	2
380	—	—	—	—	—	—	12.7	10.5	2	12.7	10.5	2
400	12.7	10.5	2	12.7	10.5	2	12.7	10.5	2	12.7	10.5	2
420	15	12.5	2.5	—	—	—	15	12.5	2.5	15	12.5	2.5
440	—	—	—	15	12.5	2.5	—	—	—	15	12.5	2.5
460	15	12.5	2.5	—	—	—	15	12.5	2.5	15	12.5	2.5
480	15	12.5	2.5	15	12.5	2.5	—	—	—	15	12.5	2.5
500	—	—	—	15	12.5	2.5	15	12.5	2.5	—	—	—

① 这些数值不适用于接触角小于35°的单列角接触轴承。

圆柱滚子轴承见表7-8-81。

表 7-8-81 尺寸系列 10、02E、22E、03E、23E、04

mm

D	尺寸系列											
	10			02E、22E			03E、23E			04		
	h	b	r_0 max	h	b	r_0 max	h	b	r_0 max	h	b	r_0 max
42	—	—	—	2.5	3.5	0.5	—	—	—	—	—	—
52	—	—	—	2.5	3.5	0.5	2.5	3.5	0.5	—	—	—
62	2.5	3.5	0.5	3	4.5	0.5	3	4.5	0.5	—	—	—
68	2.5	3.5	0.5	—	—	—	—	—	—	—	—	—
72	—	—	—	3.5	4.5	0.5	4	5.5	0.5	5	6.5	0.5
75	3	4.5	0.5	—	—	—	—	—	—	—	—	—
80	3	4.5	0.5	4	5.5	0.5	4	5.5	0.5	5	6.5	0.5
85	—	—	—	4	5.5	0.5	—	—	—	—	—	—
90	4	5.5	0.5	4	5.5	0.5	5	6.5	0.5	5	6.5	0.5
95	4	5.5	0.5	—	—	—	—	—	—	—	—	—
100	4	5.5	0.5	4	5.5	0.5	5	6.5	0.5	6.5	6.5	0.5
110	4	5.5	0.5	5	6.5	0.5	6.5	6.5	0.5	6.5	6.5	0.5
115	4	5.5	0.5	—	—	—	—	—	—	—	—	—
120	—	—	—	5	6.5	0.5	6.5	6.5	0.5	6.5	6.5	0.5
125	5	6.5	0.5	5	6.5	0.5	—	—	—	—	—	—
130	5	6.5	0.5	5	6.5	0.5	8.1	6.5	1	6.5	6.5	0.5
140	6.5	6.5	0.5	6.5	6.5	0.5	8.1	6.5	1	8.1	6.5	—
145	6.5	6.5	0.5	—	—	—	—	—	—	—	—	1
150	6.5	6.5	0.5	6.5	6.5	0.5	8.1	6.5	1	8.1	6.5	1
160	6.5	6.5	0.5	6.5	6.5	0.5	8.1	6.5	1	8.1	6.5	1
170	6.5	6.5	0.5	8.1	6.5	1	8.1	6.5	1	—	—	—
180	6.5	6.5	0.5	8.1	6.5	1	10.1	8.5	2	10.1	8.5	2
190	—	—	—	8.1	6.5	1	10.1	8.5	2	10.1	8.5	2
200	8.1	6.5	1	8.1	6.5	1	11.7	10.5	2	11.7	10.5	2
210	8.1	6.5	1	—	—	—	—	—	—	12.7	10.5	2
215	—	—	—	10.1	8.5	2	11.7	10.5	2	—	—	—
225	10.1	8.5	2	—	—	—	11.7	10.5	2	12.7	10.5	2
230	—	—	—	10.1	8.5	2	—	—	—	—	—	—
240	10.1	8.5	2	—	—	—	11.7	10.5	2	12.7	10.5	2
250	—	—	—	11.7	10.5	2	—	—	—	12.7	10.5	2
260	11.7	10.5	2	—	—	—	11.7	10.5	2	12.7	10.5	2
270	—	—	—	11.7	10.5	2	—	—	—	—	—	—
280	11.7	10.5	2	—	—	—	12.7	10.5	2	15	12.5	2.5
290	11.7	10.5	2	12.7	10.5	2	—	—	—	—	—	—
300	—	—	—	—	—	—	15	12.5	2.5	—	—	—
310	12.7	10.5	2	12.7	10.5	2	—	—	—	15	12.5	2.5
320	—	—	—	12.7	10.5	2	15	12.5	2.5	—	—	—
340	12.7	10.5	2	12.7	10.5	2	15	12.5	2.5	15	12.5	2.5
360	12.7	10.5	2	12.7	10.5	2	—	—	—	15	12.5	2.5
380	—	—	—	—	—	—	—	—	—	20	15.5	3
400	—	—	—	—	—	—	—	—	—	20	15.5	3
420	—	—	—	—	—	—	—	—	—	20	15.5	3
440	—	—	—	—	—	—	—	—	—	20	15.5	3
460	—	—	—	—	—	—	—	—	—	20	15.5	3
480	—	—	—	—	—	—	—	—	—	20	15.5	3

直径系列 0、2、3、4 的单列角接触轴承，四点接触球轴承和尺寸系列 10、02E、22E、03E、23E、04 的圆柱滚子轴承定位槽的公差分别如表 7-8-82～表 7-8-85 所示。

表 7-8-82　单列角接触球轴承和四点接触球轴承定位槽深度　mm

h	直径系列			
	0		2、3、4	
	Δ_{hs}		Δ_{hs}	
	上极限偏差	下极限偏差	上极限偏差	下极限偏差
2.5 3 3.5 4 5 6.5 8.1 10.1 11.7	+0.5	0	+1	0
12.7 15	+1.4	0	+1.4	0

表 7-8-83　圆柱滚子轴承定位槽深度　mm

h	尺寸系列			
	10		10、02E、22E、03E、23E、04	
	Δ_{hs}		Δ_{hs}	
	上极限偏差	下极限偏差	上极限偏差	下极限偏差
2.5 3 3.5 4 5 6.5 8.1 10.1 11.7	+0.5	0	+1	0
12.7 15	+1.4	0	+1.4	0
20	+2	0	+2	0

表 7-8-84　定位槽宽度　mm

b	Δ_{Bs}	
	上极限偏差	下极限偏差
3.5 4.5 5.5	+0.2	0
6.5 8.5 10.5	+0.4	0
12.5 15.5	+0.6	0

表 7-8-85　定位槽对称度　mm

D		t
超过	到	max
—	290	0.2
290	—	0.4

8.13　滚动轴承振动（速度）测量方法

在 50～10000Hz 频率范围内，轴承振动（速度）的三个测量频带见表 7-8-86。

表 7-8-86　轴承振动（速度）频带　Hz

频带	低频带	中频带	高频带
频率范围	50～300	300～1800	1800～10000

启动驱动主轴，将传感器测头压下，使其处于与测试状态相同的条件下，此时各频带基础振动如表 7-8-87 所示。

表 7-8-87　基础振动　μm/s

轴承公称内径/mm		各频带振动值 max		
超过	到	50～300Hz	300～1800Hz	1800～10000Hz
3①	12	10	7	4
12	60	12	10	5
60	120	15	15	7

① 包括 3mm。

轴承在测试过程中，内圈的实际转速 n 如表 7-8-88 所示。

表 7-8-88　内圈的实际转速

轴承公称内径/mm		内圈实际转速 n/(r/min)
超过	到	
3①	60	1764～1818
60	120	882～909

① 包括 3mm。

芯轴硬度为 61～64HRC。芯轴与轴承内孔配合的公差见表 7-8-89。

表 7-8-89　芯轴与轴承内孔配合的公差　μm

芯轴承公称尺寸/mm		芯轴公差	
超过	到	上偏差	下偏差
3①	18	−9	−15
18	30	−12	−18
30	50	−14	−21
50	80	−17	−25
80	120	−23	−32

① 包括 3mm。

在测试过程中，深沟球轴承、角接触球轴承和圆锥滚子轴承的轴向载荷见表 7-8-90。

表 7-8-90　轴向载荷　　N

轴承公称内径/mm		轴向载荷				径向载荷
		深沟球轴承	角接触球轴承		圆锥滚子轴承	圆柱滚子轴承
超过	到		α≤25°	α>25°		
3①	6	20	—	—	—	—
6	9	30	—	—	—	—
9	20	40	60	100	60	150
20	30	80	110	160	110	
30	40					300
40	60	120	160	235	160	
60	80	180	235	350	235	600
80	120	225	340	440	340	

① 包括 3mm。

8.14　滚动轴承振动（加速度）测量方法

芯轴硬度为 62～66HRC，与轴承内孔配合芯轴的极限偏差见表 7-8-91。

合成径向载荷值如表 7-8-92 所示。

表 7-8-91　芯轴与轴承内孔配合芯轴的极限偏差

芯轴承公称尺寸/mm		芯轴极限偏差/μm	
超过	到	上偏差	下偏差
3①	18	−9	−15
18	30	−12	−18
30	50	−14	−21
50	80	−17	−25
80	120	−23	−32

① 包括 3mm。

表 7-8-92　合成径向载荷

轴承公称内径 d/mm		合成中心轴向载荷/N				合成径向载荷/N
		深沟球轴承	角接触球轴承		圆锥滚子轴承	圆柱滚子轴承
超过	到		α≤25°	α>25°		
3	6	20	—	—	—	—
6	9	30	—	—	—	—
9	20	40	60	100	—	150
20①	30	80	130	160	49	150
30	40	80	130	160	88	300
40	60	120	160	235	88	300
60	80	180	235	350	—	600
80	120	225	340	440	—	600

① 圆锥滚子轴承自 15mm 起。

在不同环境温度下使用的润滑油牌号见表 7-8-93。

表 7-8-93　在不同环境温度下使用的润滑油牌号

环境温度/℃		润滑油牌号	
超过	到	新	旧
10	20	L-AN32	N32
20	30	L-AN46	N46

8.15　滚动轴承零件表面粗糙度测量和评定方法

球体取样长度 l_r 见表 7-8-94。

表 7-8-94　球体取样长度 l_r　　mm

被测球体公称直径 D_w		取样长度 l_r
超过	到	
1	2	0.08
2	6	0.25
6	18	0.8
18	—	2.5

其他零件取样长度 l_r 如表 7-8-95 所示。

表 7-8-95　其他零件取样长度 l_r

Ra /μm	取样长度 l_r /mm	Rz /μm	取样长度 l_r /mm
$(0.006)<Ra\leqslant 0.02$	0.08	$(0.025)<Rz\leqslant 0.1$	0.08
$0.02<Ra\leqslant 0.1$	0.25	$0.1<Rz\leqslant 0.5$	0.25
$0.1<Ra\leqslant 2$	0.8	$0.5<Rz\leqslant 10$	0.8
$2<Ra\leqslant 10$	2.5	$10<Rz\leqslant 50$	2.5
$10<Ra\leqslant 80$	8	$50<Rz\leqslant 200$	8

参考文献

[1] GB/T 11107—1989. 大外径千分尺（测量范围为1000～3000mm）[S].

[2] GB/T 2363—1990. 小模数渐开线圆柱齿轮精度 [S].

[3] FZ/T 90032—1992. 纺织机械渐开线圆柱齿轮精度 [S].

[4] GB/T 11854—2003. 工具圆锥量规 [S].

[5] GB/T 11855—2003. 钻夹圆锥量规 [S].

[6] GB/T 1216—2004. 外径千分尺 [S].

[7] GB/T 1218—2004. 深度千分尺 [S].

[8] GB/T 16455—2008. 条式和框式水平仪 [S].

[9] GB/T 16462. 4—2007. 数控车床和车削中心检验条件 第4部分：线性和回转轴线的定位精度和重复定位精度 [S].

[10] GB/T 16857. 1—2002. 产品几何量技术规范（GPS）坐标测量机的验收检测和复检检测 第1部分：词汇 [S].

[11] GB/T 16857. 2—2006. 产品几何技术规范（GPS）坐标测量机的验收检测和复检检测 第2部分：用于测量尺寸的坐标测量 [S].

[12] GB/T 16857. 3—2003. 产品几何技术规范（GPS）坐标测量机的验收检测和复检检测 第3部分：旋转工作台的轴线为第四轴的坐标测量机 [S].

[13] GB/T 18761—2007. 电子数显指示表 [S].

[14] GB/T 2206—2008. 刀具预调测量仪 [S].

[15] GB/T 22091. 1—2008. 55°非密封管螺纹量规 [S].

[16] GB/T 22093—2008. 电子数显内径千分尺 [S].

[17] GB/T 22097—2008. 齿轮测量中心 [S].

[18] GB/T 22522—2008. 螺纹测量用三针 [S].

[19] GB/T 22523—2008. 塞尺 [S].

[20] GB/T 24610. 3—2009. 滚动轴承 振动测量方法 第3部分：具有圆柱孔和圆柱外表面的向心调心滚子轴承和圆锥滚子轴承 [S].

[21] GB/T 24610. 4—2009. 滚动轴承 振动测量方法 第4部分：具有圆柱孔和圆柱外表面的圆柱滚子球轴承 [S].

[22] GB/T 26090—2010. 齿轮齿距测量仪 [S].

[23] GB/T 26092—2010. 齿轮螺旋测量仪 [S].

[24] GB/T 26095—2010. 电子柱电感测微仪 [S].

[25] GB/T 26096—2010. 峰值电感测微仪 [S].

[26] GB/T 26097—2010. 数显电感测微仪 [S].

[27] GB/T 307. 1—2005. 滚动轴承 向心轴承 公差 [S].

[28] GB/T 307. 4—2012. 滚动轴承 公差 第4部分：推力轴承公差 [S].

[29] GB/T 5800. 1—2012. 滚动轴承 仪器用精密轴承 第1部分：公制系列轴承的外形尺寸、公差和特性 [S].

[30] GB/T 6060. 2—2006. 表面粗糙度比较样块 磨、车、镗、铣、插及刨加工表面 [S].

[31] GB/T 6093—2001. 几何量技术规范（GPS）长度标准 量块 [S].

[32] GB/T 18779. 3—2009. 产品几何技术规范（GPS）工件与测量设备的测量检验 第3部分：关于对测量不确定度的表述达成共识的指南 [S].

[33] GB/T 25968—2010. 分光光度计测量材料的太阳透射比和太阳吸收比试验方法 [S].

[34] GB/T 4681—2007. 无心外圆磨床 精度检验 [S].

[35] JB/T 10012—1999. 万能测齿仪 [S].

[36] JB/T 10018—1999. 正多面棱体 [S].

[37] JB/T 10020—1999. 万能齿轮测量仪 [S].
[38] JB/T 10027—2010. 方形角尺 [S].
[39] JB/T 10631—2006. 针规 [S].
[40] JB/T 10632—2006. 凸轮轴测量仪 [S].
[41] JB/T 10633—2006. 专用检测设备评定方法指南 [S].
[42] JB/T 10866—2008. 指示卡表 [S].
[43] JB/T 2254.1—2011. 坐标镗床 第1部分：精度检验 [S].
[44] JB/T 3849.2—2011. 仿形车床 第2部分：精度检验 [S].
[45] JB/T 3870.1—1999. 卡规磨床 精度检验 [S].
[46] JB/T 5214—2006. 曲轴量表 [S].
[47] JJG 22—2003. 内径千分尺检定规程 [S].
[48] JJG 475—2008. 电子式万能试验机 [S].
[49] JJG 998—2005. 激光小角度测量仪 [S].
[50] JJG（化工）15—1989. 差压变送器检定规程 [S].
[51] GB 11335—1989. 未注公差角度的极限偏差 [S].
[52] GB 1216—1985. 外径千分尺 [S].
[53] GB 1217—1986. 公法线千分尺 [S].
[54] GB 8060—87. 塞尺 [S].
[55] GB/T 16857.5—2004. 产品几何量技术规范（GPS）坐标测量机的验收检测和复检检测 第5部分：使用多探针探测系统的坐标测量机 [S].
[56] GB/T 27556—2011. 滚动轴承 向心轴承定位槽 尺寸和公差 [S].
[57] GB/T 10064—2006. 测定固体绝缘材料绝缘电阻的试验方法 [S].
[58] GB/T 10247—2008. 粘度测量方法 [S].
[59] GB/T 10919—2006. 矩形花键量规 [S].
[60] GB/T 10922—2006. 55°非密封管螺纹量规 [S].
[61] GB/T 10932—2004. 螺纹千分尺 [S].
[62] GB/T 10988—2009. 光学系统杂（散）光测量方法 [S].
[63] GB/T 11108—1989. 硬质合金热扩散率的测定方法 [S].
[64] GB/T 11354—1989. 钢铁零件 渗氮层深度测定和金相组织检验 [S].
[65] GB/T 11365—1989. 锥齿轮和准双曲面齿轮精度 [S].
[66] GB/T 11852—2003. 圆锥量规公差与技术条件 [S].
[67] GB/T 11853—2003. 莫氏与公制圆锥量规 [S].
[68] GB/T 11854—2003. 7∶24工具圆锥量规 [S].
[69] GB/T 11855—2003. 钻夹圆锥量规 [S].
[70] GB/T 12085.5—2010. 光学和光学仪器 环境试验方法 第5部分：低温、低气压综合试验 [S].
[71] GB/T 1217—2004. 公法线千分尺 [S].
[72] GB/T 1219—2008. 指示表 [S].
[73] GB/T 16857.4—2006. 产品几何量技术规范（GPS）坐标测量机的验收检测和复检检测 第4部分：在扫描测量模式下使用的坐标测量机 [S].
[74] GB/T 16857.6—2006. 产品几何技术规范（GPS）坐标测量机的验收检测和复检检测 第6部分：计算高斯拟合要素的误差的评定 [S].
[75] GB/T 18400.4—2010. 加工中心检验条件 第4部分：线性和回转轴线的定位精度和重复定位精度检验 [S].
[76] GB/T 1957—2006. 光滑极限量规 技术条件 [S].
[77] GB/T 20427—2006. 可调高度测微仪及其垫高块 [S].
[78] GB/T 20428—2006. 岩石平板 [S].

[79] GB/T 20920—2007. 电子水平仪 [S].
[80] GB/T 20957.1—2007. 精密加工中心检验条件　第1部分：卧式和带附加主轴头机床几何精度检验（水平Z轴）[S].
[81] GB/T 20957.4—2007. 精密加工中心检验条件　第4部分：线性和回转轴线的定位精度和重复定位精度检验 [S].
[82] GB/T 22094—2008. 电子数显测高仪 [S].
[83] GB/T 22095—2008. 铸铁平板 [S].
[84] GB/T 22097—2008. 齿轮测量中心 [S].
[85] GB/T 22518—2008. 容栅数显标尺 [S].
[86] GB/T 22520—2008. 厚度指示表 [S].
[87] GB/T 22522—2008. 螺纹测量用三针 [S].
[88] GB/T 23698—2009. 三维扫描人体测量方法的一般要求 [S].
[89] GB/T 24610.1—2009. 滚动轴承　振动测量方法　第1部分：基础 [S].
[90] GB/T 24610.2—2009. 滚动轴承　振动测量方法　第2部分：具有圆柱孔和圆柱外表面的向心球轴承 [S].
[91] GB/T 25769—2010. 滚动轴承　径向游隙的测量方法 [S].
[92] GB/T 26091—2010. 齿轮单面啮合整体误差测量仪 [S].
[93] GB/T 26094—2010. 电感测微仪 [S].
[94] GB/T 26098—2010. 圆度测量仪 [S].
[95] GB/T 307.2—2005. 滚动轴承　测量和检验的原则及方法 [S].
[96] GB/T 307.3—2005. 滚动轴承　通用技术规则 [S].
[97] GB/T 4755—2004. 扭簧比较仪 [S].
[98] GB/T 5288—2007. 龙门导轨磨床精度检验 [S].
[99] GB/T 5800.2—2012. 滚动轴承　仪器用精密轴承　第2部分：英制系列轴承的外形尺寸、公差和特性 [S].
[100] GB/T 6060.3—2008. 表面粗糙度比较样块 [S].
[101] GB/T 6316—2008. 游标、带表和数显齿厚卡尺 [S].
[102] GB/T 6320—2008. 杠杆齿轮比较仪 [S].
[103] GB/T 6445—2007. 滚动轴承　滚轮滚针轴承　外形尺寸和公差 [S].
[104] GB/T 6467—2010. 齿轮渐开线样板 [S].
[105] GB/T 6468—2010. 齿轮螺旋线样板 [S].
[106] GB/T 8061—2004. 杠杆千分尺 [S].
[107] GB/T 8069—1998. 功能量块 [S].
[108] GB/T 8122—2004. 内径指示表 [S].
[109] GB/T 8123—2007. 杠杆指示表 [S].
[110] GB/T 8124—2004. 梯形螺纹量规技术条件 [S].
[111] GB/T 8177—2004. 两点内径千分尺 [S].
[112] GB/Z 20308—2006. 产品几何技术规范（GPS）总体规划 [S].
[113] GB/T 10129—1988. 电工钢片（带）中频磁性能测量方法 [S].
[114] GB/T 10421—2002. 烧结金属摩擦材料　密度的测定 [S].
[115] GB/T 10425—2002. 烧结金属摩擦材料　表观硬度的测量 [S].
[116] GB/T 10653—1989. 高聚物多孔弹性材料压缩永久变形的测定 [S].
[117] GB/T 10654—1989. 高聚物多孔弹性材料拉伸强度和扯断伸长率的测定 [S].
[118] GB/T 11336—2004. 直线度误差检测 [S].
[119] GB/T 11337—2004. 平面度误差检测 [S].
[120] GB/T 11374—1989. 热喷涂涂层厚度的无损测量方法 [S].

[121] GB/T 11378—2005. 金属覆盖层 覆盖层厚度测量 轮廓仪法 [S].
[122] GB/T 11450.1—1989. 空心金属波导 第1部分：一般要求和测量方法 [S].
[123] GB/T 1218—2004. 深度千分尺 [S].
[124] GB/T 14495—2009. 产品几何技术规范 (GPS) 表面结构 轮廓法 木制件表面粗糙度比较样块 [S].
[125] GB/T 16747—2009. 产品几何技术规范 (GPS) 表面结构 轮廓法 表面波纹度词汇 [S].
[126] GB/T 18491.2—2010. 信息技术 软件测量 功能规模测量 第2部分：软件规模测量方法与 GB/T 18491.1—2001 的符合性评价 [S].
[127] GB/T 19067.1—2003. 产品几何量技术规范 (GPS) 表面结构 轮廓法 测量标准 第1部分：实物测量标准 [S].
[128] GB/T 19067.2—2004. 产品几何量技术规范 (GPS) 表面结构 轮廓法 测量标准 第2部分：软件测量标准 [S].
[129] GB/T 24759—2009. 柱坐标测量机 [S].
[130] JJF 1209—2008. 齿轮齿距测量仪校准规范 [S].
[131] GB/T 3612—2008. 量规、量具用硬质合金毛坯 [S].
[132] GB/T 4682—2007. 内圆磨床 精度检验 [S].
[133] GB/T 4685—2007. 外圆磨床 精度检验 [S].
[134] GB/T 14899—94. 电子数显卡尺 [S].
[135] GB/Z 175—2006. γ射线工业 CT 放射卫生防护标准 [S].
[136] HG 5-757-1978. 钢制框式搅拌器 [S].
[137] JB/T 10009—2010. 测量台架 [S].
[138] JB/T 10014—1999. 数显电感测微仪 [S].
[139] JB/T 10015—2010. 直角尺检查仪 [S].
[140] JB/T 10021—1999. 齿轮螺旋线测量仪 [S].
[141] JB/T 10028—1999. 圆度仪 [S].
[142] JB/T 10231. 23—2006. 刀具产品检验方法 第23部分：滚丝轮 [S].
[143] JB/T 10977—2010. 步距规 [S].
[144] JB/T 3051—1999. 数控机床坐标和运动方向的命名 [S].
[145] JB/T 3313.2—2011. 平面铣床 第2部分：精度检验 [S].
[146] JB/T 3325—1999. 角度量块及其附件 [S].
[147] JB/T 5313—2001. 滚动轴承 振动 (速度) 测量方法 [S].
[148] JB/T 5314—2002. 滚动轴承 振动 (加速度) 测量方法 [S].
[149] JB/T 7051—2006. 滚动轴承零件 表面粗糙度测量和评定方法 [S].
[150] JB/T 7981—2010. 螺旋样板 [S].
[151] JB/T 7982—1999. 刀具预调测量仪精度检验 [S].
[152] JB/T 8499—1996. 电子柱电感测微机 [S].
[153] JB/T 8769.1—2011. 凸轮轴车床 第1部分：精度检验 [S].
[154] JB/T 10007—1999. 大外径千分尺 (测量范围为 1000mm～3000mm) [S].
[155] JB/T 10016—1999. 测厚规 [S].
[156] JB/T 10026—1999. 带表万能角度尺 [S].
[157] JB/T 10035—1999. 厚度表 [S].
[158] JB/T 10219—2001. 防爆梁式起重机 [S].
[159] JB/T 10445—2004. YR 系列 10kV 绕线转子三相异步电动机技术条件 (机座号 450～630) [S].
[160] JB/T 10588—2006. 米制锥螺纹量规 [S].
[161] JB/T 3044—2011. 组合机床 夹具 精度检验 [S].
[162] JB/T 3325—1999. 角度量块及其附件 [S].

第7篇

[163] JB/T 3875.2—1999. 万能工具磨床精度检验 [S].
[164] JB/T 4166—1999. 带计数器千分尺 [S].
[165] JB/T 5608—1991. 电子数显深度卡尺 [S].
[166] JB/T 5609—1991. 电子数显高度卡尺 [S].
[167] JB/T 6079—1992. 电子数显外径千分尺 [S].
[168] JB/T 7342—1994. 推杆减速器 [S].
[169] JB/T 7973—1999. 正弦规 [S].
[170] JB/T 7980—1999. 半径样板 [S].
[171] JB/T 8370—1996. 游标类卡尺 游标卡尺（测量范围 0～1500mm，0～2000mm）[S].
[172] JB/T 8648.1—2008. 钻削加工中心 第1部分：精度检验 [S].
[173] JB/T 8788—1998. 塞尺 [S].
[174] JB/T 8789—1998. 1∶24（UG）圆锥量规 [S].
[175] JB/T 8790—1998. 钢球式内径百分表 [S].
[176] JB/T 8791—1998. 涨簧式内径百分表 [S].
[177] JB/T 8803—1998. 双金属温度计 [S].
[178] JIS C8152—2007. 一般照明用白光放射二极管的测量方法 [S].
[179] JJF 1064—2010. 坐标测量机校准规范 [S].
[180] JJF 1207—2008. 针规、三针校准规范 [S].
[181] JJF 1251—2010. 坐标定位测量系统校准规范 [S].
[182] JJF 1242—2010. 激光跟踪三维坐标测量系统校准规范 [S].
[183] JJG 1038—2008. 科里奥利质量流量计 [S].
[184] JJG 1039—2008. D型邵氏硬度计 [S].
[185] JJG 1042—2008. 动态可移动心电图机检定规程 [S].
[186] JJG 1048—2009. 标准努氏硬度块 [S].
[187] JJG 157—2008. 非金属拉力、压力和万能试验机检定规程 [S].
[188] JJG 34—2008. 指示表（百分表和千分表）[S].
[189] JJG 39—2004. 机械式比较仪检定规程 [S].
[190] JJG（化工）28—1989. 差压变送器检定规程 [S].
[191] QJ 3102—1999. 航天火工装置Y射线工业CT检验方法 [S].
[192] 海克斯康测量技术（青岛）有限公司. 实用坐标测量技术 [M]. 北京：化学工业出版社，2007.
[193] 王静. 周丹，吴仲伟. 机械制图与公差测量实用手册 [M]. 北京：机械工业出版社，2011.
[194] 数字化手册编委会. 量具量仪手册（软件版）2009 [M]. 北京：化学工业出版社，2009.

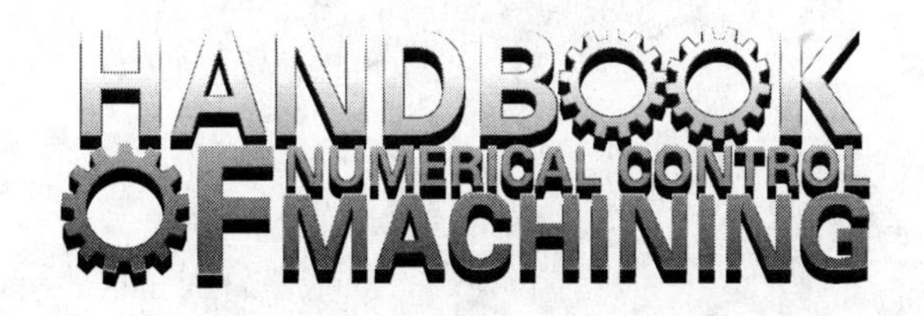

第 8 篇

常用数控系统

主　编　孙　波　刘　峥

副主编　房亚东　刘宝龙

主　审　赵钟菊

第 1 章　机械电气设备数控系统

1.1　开放式数控系统

本节介绍了开放式数控系统（Open Numerical Control system，简称 ONC 系统）的功能及特征、基本体系结构及通信接口，描述了 ONC 系统的模块化拓扑结构及标准化通信接口等方面的基本要求，可实现应用程序在不同厂商生产的数控系统间进行移植。能使本地或远程数控系统中的应用程序实现互操作。

1.1.1　术语和定义

1. 开放式数控系统相关术语和定义

开放式数控系统的术语及其相关定义如表 8-1-1 所示。

表 8-1-1　开放式数控系统的术语及其相关定义

术　语	定　义
开放式数控系统	指应用软件构筑于遵循公开性、可扩展性、兼容性原则的系统平台之上的数控系统，使应用软件具备可移植性、互操作作和人机界面的一致性
基本体系结构	基本体系结构是从功能参考模型引申出来的功能层次逻辑结构。包括应用软件和系统平台
系统平台	由硬件平台和软件平台组成的用于运行数控应用软件对运动部件实施控制的基础部件，与数控系统其他部件一起，实现对机械的操作控制
硬件平台	是软件平台和应用软件运行的基础部件，处于基本体系结构的最底层
软件平台	是应用软件运行的基础部件，处于基本体系结构的硬件平台和应用软件之间
应用软件	为解决专门领域内的、非计算机本身问题的软件
NC 核心软件	是指数控系统中应用软件中的基础软件，包括运动控制、轴控制和运动控制管理等
人机控制	为完成人对机械设备的操作、管理和获取其工作信息实现人机交互而设置的功能
功能单元	能够完成特定任务的硬件实体，或软件实体，或硬件实体和软件实体
开放式数控系统应用编程接口	ONC 系统应用软件与系统软件平台之间的及与 ONC 系统应用软件之间的接口
配置系统	配置系统指的是按各种不同的要求，集成所需的软件模块，以配置成一致性的完整的应用系统
可移植性	软件不加改动地从一种运行环境转移到另一种运行环境下运行的能力
可伸缩性	是指 ONC 系统应用软件在不改变系统平台的情况下具有缩放功能的能力
互操作性	两个或多个系统交换信息相互使用已交换的信息的能力 两个或两个以上系统可互相操作的能力
兼容性	两个或两个以上系统运行同一软件可得到同样结果的能力 两个或两个以上系统处理同样的数据文件可得到同样结果的能力

2. ONC 系统的特征及功能

(1) ONC 系统的开放程度

ONC 系统的开放程度可分为三个层次，如表 8-1-2所示。

(2) ONC 系统第一层开放的基本特征和功能

ONC 系统第一层开放的基本特征和功能如表 8-1-3所示。

表 8-1-2　ONC 系统的开放程度

第一层	具有可配置功能、开放的人机界面的通信接口及协议
第二层	控制装置在明确固定的拓扑结构下允许替换、增加 NC 核心中的特定模块以满足用户的特殊要求
第三层	拓扑结构完全可变的“全开放”的控制装置

表 8-1-3　ONC 系统第一层开放的基本特征和功能

基本特征	功　能
ONC系统的功能配置	ONC系统经过配置形成应用系统，并可以根据用户的特定需求按照制造商提供的软件功能表经过配置系统给予满足
开放式人机界面	用户可根据需要设置操作按键的功能及与之对应的显示方式和设定显示画面的结构和内容
	操作指令、数据及系统工作状态的显示符合有关国家标准和/或国际标准的规定
	ONC系统采用汉字显示的所用文字与符号符合有关国家标准的规定
伺服驱动单元的运动控制接口	伺服驱动单元的运动控制接口符合有关国家标准和/或国际标准技术要求
	伺服驱动单元运动控制接口具备保证对各运动轴之间实现同步控制的机制
	可根据伺服驱动单元自描述信息，自动取得对伺服的控制权(即插即用)
	可对伺服驱动单元命名和设置伺服工作方式，如：工作模式(位置、速度，转矩、同步)、控制(采样)、周期等
	可设置伺服各种控制和限制性参数
	可向伺服驱动单元输出控制命令和数据
	可从伺服驱动单元获取信息，并在显示器上显示
数控装置与逻辑控制单元之间的数据与命令接口	如果逻辑控制单元与数控装置采用分体结构(PLC外置)，则其接口符合国家标准或国际标准
	可接受逻辑控制单元的自描述信息，如：制造商、性能参数、配置参数
	可接受逻辑控制单元当前工作状态信息，如：等待(工作准备好)、忙、复位、错误、故障等
	可接受其他设备(包括操作开关、刀具系统、执行机构、传感器等)通过逻辑控制单元传送其工作状态的信息，如这些设备的开关量信息，M、S、T状态等
	可接受操作命令，如：复位、启动、进给暂停等
	可接受数据信息
	数控装置可输出当前工作状态的信息，如：复位、自动、手动、进给暂停、原路径返回、参考点返回等
	数控装置向逻辑控制单元发出的命令，如：复位、调试、运行、M、S、T等命令
	数控装置可输出当前运行数据信息，如：主轴转速值、零位置、主轴工作信息、测头信息等

(3) ONC系统第二层开放的基本特征和功能

ONC系统第二层开放的基本特征和功能如表8-1-4所示。

表 8-1-4　ONC 系统第二层开放的基本特征和功能

基本功能	特　征
开放性	开放软件体系结构、拓扑结构和应用软件接口
操作性	保证用户和第三方(特指数控装置制造商和用户之外的程序供应者)应用软件能在系统中安装运行并实现互操作性
置换和扩展性	使用这一开放层次的ONC系统，用户可在不改变制造商设计的拓扑结构中对软件进行置换和扩展
接口	提供符合国家标准或国际标准的接口，接入如：数据采集单元、动力(液压、气动)或能量(激光、放电电源、等离子源)控制装置、测量单元及其他与数控机械相关的设备

3. ONC系统基本体系结构

(1) ONC系统基本体系结构

ONC系统的基本体系结构框图，如图8-1-1所示。

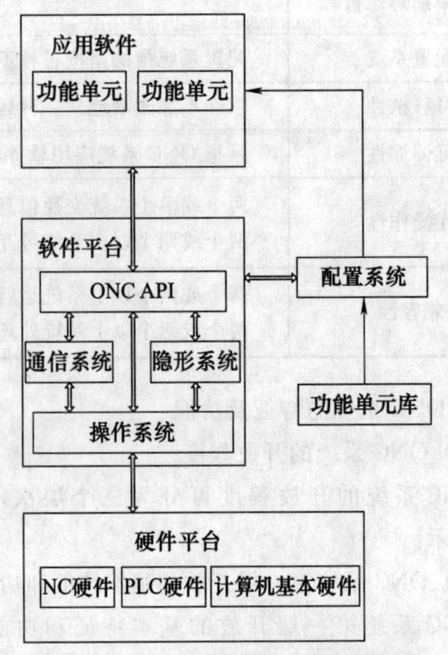

图 8-1-1　ONC 系统基本体系结构框图

第8篇

(2) ONC系统基本体系结构组成

ONC系统基本体系结构组成如表8-1-5所示。

表8-1-5 ONC系统基本体系结构组成

体系结构	结构组成
硬件平台	ONC系统的硬件平台建立在NC硬件、PLC硬件、计算机硬件体系结构基础之上，支持软件运行的平台部件
软件平台	是由操作系统、通信系统、图形系统及ONC应用编程接口等软件组成的支持应用软件运行的平台，是开放式数控系统基本体系结构的核心，硬件平台和应用软件之间的桥梁
ONC应用软件	ONC应用软件是以模块化的结构，实现专门领域的功能要求的软件。应用软件通过应用编程接口可运行在不同的平台上
配置系统	ONC配置系统是存在于ONC系统中的软件。它应提供工具、方法、集成所需的功能模块，以配置成一致性的，完整的应用软件
通信系统	ONC通信系统包括内部通信和外部通信。内部通信完成ONC内部软件功能模块之间的信息交换；外部通信完成软件功能模块与外部设备或远程功能单元之间的信息交换

1.1.2 ONC系统体系结构应用示例

1. 数控系统基本体系结构

开放式的数控系统是全模块化的系统结构，模块组件具有互换性、伸缩性、互操作性和可移植性。

数控系统的基本体系结构分为系统平台和应用软件两大部分。

系统平台由系统硬件和系统软件组成。系统软件包括实时操作系统、通信系统、设备驱动程序以及其他可供选择的系统程序，如数据库系统和图形系统。系统软件通过标准的应用程序接口（即API）向应用软件提供服务。系统硬件包括组成系统的各种物理实体。系统硬件对外部的表象和接口可以是一致的，也可以通过设备驱动程序使之与操作系统分隔。

应用软件分为应用平台模块库、系统开发集成环境和用户应用软件三种。模块库提供标准模块，其中不同厂家生产的相同功能的模块具有相同的API或兼容的API。模块库将至少包含如下模块：运动控制、传感器控制、离散I/O点控制、系统数据库、网络接口。系统开发集成环境提供用户动态构造系统的编程环境，系统的配置、拓扑结构的修改、参数的管理以及底层系统的校验和检测均可在此完成，同时提供用户系统配置文件、参数管理信息和系统分析结果。用户应用软件可以通过用户根据协议自行开发，或由系统软件提供的软件实现人机交互。

基本体系结构主要解决如下问题。

1）基本体系结构从功能可分为哪些标准组件。

2）各标准组件提供的服务及各标准组件的接口协议。

3）硬件体系结构。

硬件平台是实现系统功能的物理实体，包括微处理器系统、信息存储介质、电源系统、I/O驱动、各类功能板和其他外设。系统硬件在操作系统、支撑软件和设备驱动程序的支持下，实施或执行独立的任务功能，协调运行。

平台的体系结构分为集中式和分布式两类，其分类及功能如表8-1-6所示。

表8-1-6 平台的体系结构分类及功能

结构分类	功能
集中式PC数控体系结构	集中式体系结构如图8-1-2所示，是传统的单机系统，根据位置控制模块所实现的功能（或者说位置控制模块上是否有实现运动控制的微处理器）
分布式（现场总线式）体系结构	分布式体系结构如图8-1-3所示。系统内部功能部件之间及系统与外部连接都可采用网络连接，系统硬件各部分通过信息管理网络和开放设备级网络互连，传递命令和数据信息

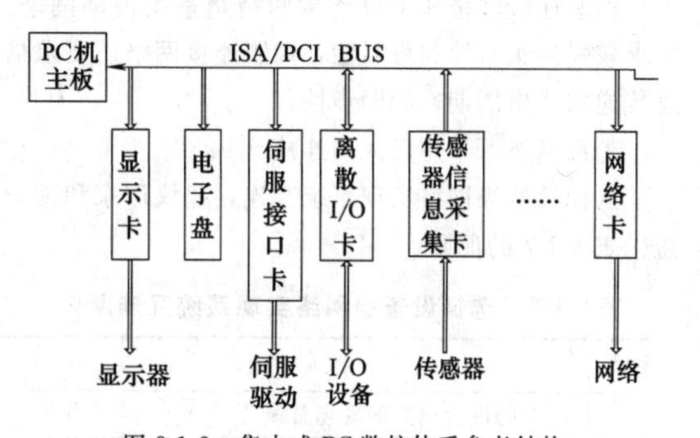

图8-1-2 集中式PC数控体系参考结构

由于通用PC机的硬件已形成一系列较为完善、成熟的设计、加工及信号接口标准，并具有ISA、EISA、PCI扩展插槽，有丰富的软硬件产品可供选择，且可靠性高，建议首选PC机为开放式数控系统的硬件平台，但也不限其他多种不同的实现方案。

集中式PC数控体系结构又可以有两种形式。

① PC直接数控（无DSP运动控制卡）。伺服接口卡上没有实现运动控制的微处理器，模块接受微处理器系统通过内部总线传送的位置、速度或电流指令，用模拟接口或数字接口传送到执行机构的驱动单元。

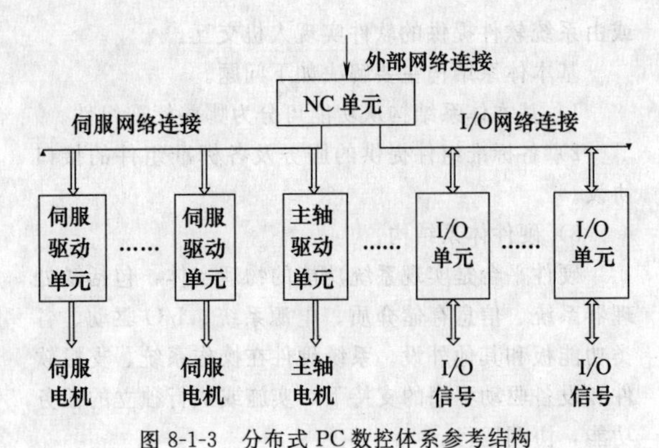

图 8-1-3 分布式 PC 数控体系参考结构

② PC 嵌入式数控（带 DSP 运动控制卡）。位置控制模块上配备有实现运动控制的微处理器，模块接受微处理器系统送来的译码解释数据，完成运动控制算法，进行位置调节或速度调节，将位置、速度或电流指令，用模拟接口或数字接口传送到执行机构的驱动单元。

分布式数控系统一般有三种类型网络。

① 控制器与伺服装置连接网络，简称伺服连接网络。

② 控制器与 I/O 单元连接网络，简称 I/O 连接网络。

③ 控制器外部连接网络。

伺服连接网络和 I/O 连接网络是系统内部网络，要求较强的实时性和可靠性，伺服连接网络还要求信息传递的严格周期性和同步性。

外部网络可采用以太网连接。

选择设备级网络实现系统互连，建议厂家和用户遵循表 8-1-7 的原则。

表 8-1-7 选择设备级网络实现系统互连原则

序号	原 则
1	选用性价比高的现场总线
2	厂家生产的具有总线接口的产品应符合有关规约或规约子集，使用户能选择不同厂商的产品组建应用系统
3	用户应首选具有通用总线接口的设备组建系统硬件平台
4	使用网络设备驱动程序，使得软件平台适用于不同的网络连接

4）软件体系结构。

如图 8-1-4 所示，系统软件将提供实时多任务 API、文件系统、通用网络 API、各类设备驱动程序 API 等接口。应用平台除了包含离散点 I/O 控制 API、传感器 API、位置控制器 API 等接口外，还可集成用户根据系统软件平台提供的 API 自定义的功能组件接口。应用程序这一层含有过程控制、人机界面及系统集成与配置支撑环境三部分。过程控制包含 G 代码解释器、DNC 组件及 PLC 组件。人机界面部分包含状态显示、文本编辑器、MDI 组件、自诊断组件、网络通信组件、数据库操作、通用菜单等组件。系统集成与配置支撑环境将给用户提供一个方便易用的数控系统配置与安装环境。

软件组件的实现采用 C/C＋＋语言。

在数控软件组件开发过程中把对软件组件及其全部开发文档的检索做成通用 HTML 超文本可视 HELP 系统。

软件体系结构是具有特定形式的体系结构元素或设计元素的集合，即：

软件体系结构＝{元素・形式・推理}

软件体系结构的元素包括三类：处理元素、数据元素和连接元素。

处理元素指能对数据元素进行转换的部件；数据元素指包含使用和转换信息的元素；连接元素是将软件体系结构的不同碎片黏在一起的黏合剂，如过程调用，共享数据和共享信息都是起“黏合”体系结构元素作用的连接元素的实例。

软件体系结构的描述有三个重要视图（简称软件三视图），即：过程视图、数据视图和连接视图。处理过程视图的重点放在数据流上；数据视图的重点放在过程流上。数据视图对连接元素不像过程视图那样重视。

软件平台中数据视图的描述如图 8-1-5 所示。其输入数据为 G 代码指令，如本地的 G 代码文件、工厂网络或全球网络上的 G 代码文件、DNC 输入的文件、MDI 数据等。其输出的数据为位置速度控制指令，并直接或通过 D/A 转换送给伺服驱动单元。输入 G 代码将经过 G 代码解释器、运动控制器等组件的处理变换成相应的位置速度电流指令，输出到各相应的伺服驱动单元。

软件平台中过程视图描述如图 8-1-6 所示。软件平台文件系统、文本编辑器等组件提供的本地 G 代码文件与网络系统提供的网络 G 代码文件及 DNC 和 MDI 等过程组件提供的 G 代码经 G 代码解释器处理后变换成相应的插补数据，经过运动控制器处理变换成相应的位置速度控制指令直接或通过 D/A 转换送给伺服驱动单元，实现对各运动坐标轴的控制。

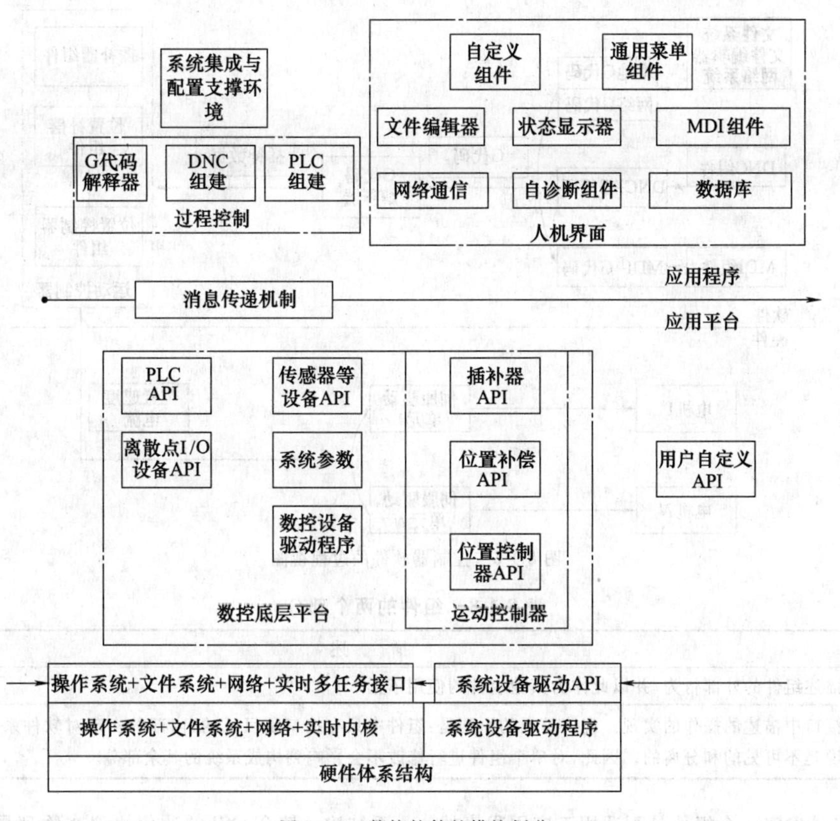

图 8-1-4　数控软件的模块划分

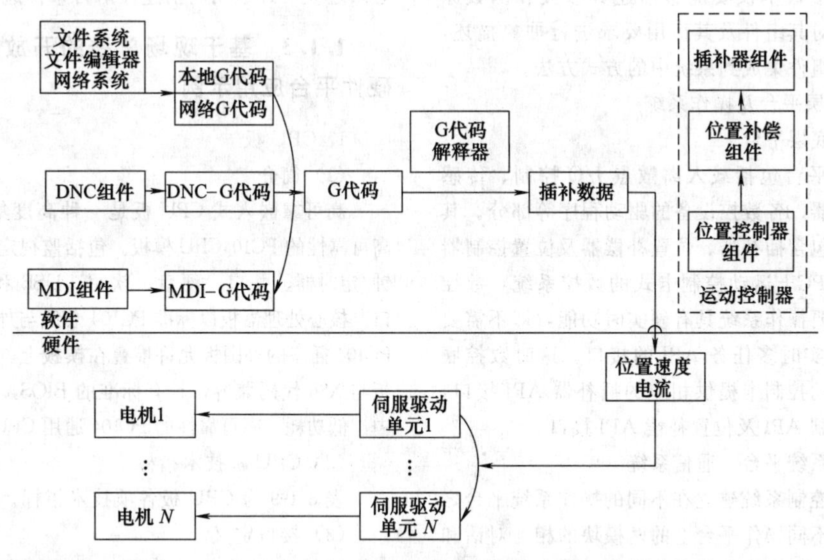

图 8-1-5　控制器软件的数据视图

2. 接口和接口操作协议

开放式数控系统包含逻辑上相对独立的组件集合，组件之间、组件和平台之间的接口应明确规定，使不同厂商的模块能有效组合，互相作用形成完整功能的控制系统。采用面向对象的方法，借鉴组件对象模型技术，编写详尽的组件接口定义及接口操作协议。

组件具有自己的状态并提供了一组操作来读出和写入这些状态。每个组件可分成两个部分，如表8-1-8所示。

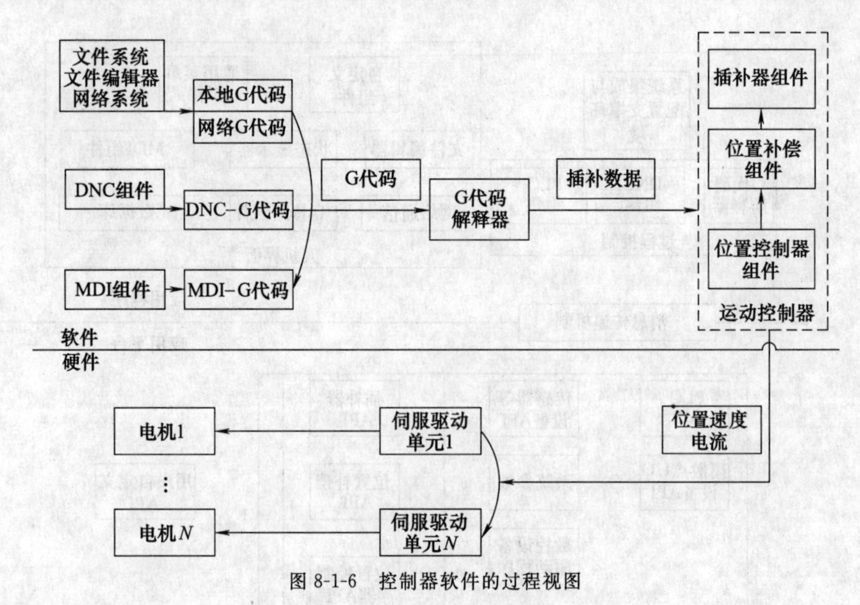

图 8-1-6　控制器软件的过程视图

表 8-1-8　组件的两个部分

状　态	描　述
接口	描述组件的外部行为,并以此作为其他组件的使用依据
实现	接口中描述的操作的实现。应该遵循的原则是:组件中只有接口是可见的,内部的实现对软件系统的其他部分来说是不可见的和分离的。因此,对单个组件进行修改不会影响到构成系统的其余部分

因为接口是确定一个组件是否适用于应用程序的唯一信息源，接口不仅要能够描述其参数和函数原型，更应该能对其组件及其应用要求进行抽象描述，同时表达将该组件集成到系统中的方式方法。

3. 数控底层平台及操作系统

(1) 数控底层平台

数控底层平台包括载入离散点 I/O 控制、传感器、运动控制器、各数控设备的驱动程序等部分。其中运动控制器包含插补器、位置补偿器及位置控制器等部分。对于 PC＋运动控制卡式的数控系统，数控底层将不再需要操作系统具有硬实时功能，即不需要操作系统提供实时多任务 API 的接口。这时数控底层将只要求运动控制卡提供相应的插补器 API 接口，不需要位置控制 API 及位置补偿 API 接口。

(2) 操作系统平台、通信系统

允许应用控制系统建立在不同的操作系统平台之上，并能实现不同操作平台上的两模块的相互对话和互操作。平台应建立完备的通信机制，建立在不同操作系统平台上的应用示例应具有平台所推荐的基本体系结构，符合 OSI 的通信协议在物理层上保持一致，必须建立一种通用的描述性语言来传递信息。

1.1.3　基于现场总线的开放式数控系统硬件平台应用示例

1. CPU 板

(1) 简介

高可靠嵌入式 CPU 板是一种高度集中、低功耗、高可靠性的 PC104CPU 模板。包括监视定时器、硬件时钟/定时器、并口、硬盘、软驱、USB 和 RS-232 串行口。核心处理器板以标准 PC104 总线与外部连接，具有 PC104 插座的外围板允许堆叠在模板上。该核心处理器板与 X86 代码兼容，具有标准的 BIOS，是一种高度集中、低功耗、高可靠性的 PC104 通用 CPU 模板。

(2) CPU 板技术指标

表 8-1-9 为 CPU 板各项技术指标。

(3) 接口定义

1) PC104 接口　PC104 接口如表 8-1-10 所示，由 J11、J13 组成。

表 8-1-9　CPU 板技术项目及指标

技术项目	技　术　指　标
处理器	高性能 32 位嵌入式低功耗 586 处理器,主频 133MHz、100MHz、66MHz 和 33MHz 可选
存储器	8KB 高速缓冲存储器

续表

技术项目	技术指标
运算	支持浮点数运算
控制器	AT兼容的DMA控制器,中断处理器,定时器和计数器,AT键盘控制器和实时时钟控制器
SDRAM	板载16MB32位SDRAM
接口	2个RS-232接口,2个USB接口
键盘及鼠标	支持AT键盘和PS/2鼠标
支持的设备	支持EIDE设备,支持软盘驱动器
操作性	2~72MB DOC即插即用,2MB板载FLASH
总线	PC104兼容的总线
PCBIOS	Phoenix嵌入式PCBIOS
软件兼容性	Linux,DOS,Windows9X/NT、多数RTOS
监视性	监视定时器("看门狗"即监视定时器);2级
电源	电源单一+5V供电
CPU尺寸	92mm×96mm

表8-1-10 PC104总线接口定义

端子号	信号代号	端子号	信号代号	端子号	信号代号
A1	-IOCHCK	B4	IRQ9	C7	LA19
A2	SD7	B5	-5V	C8	LA18
A3	SD6	B6	DRQ2	C9	LA17
A4	SD5	B7	-12V	C10	-MEMR
A5	SD4	B8	-0WS	C11	-MEMW
A6	SD3	B9	+12V	C12	SD8
A7	SD2	B10	GND	C13	SD9
A8	SD1	B11	-SMEMW	C14	SD10
A9	SD0	B12	-SMEMR	C15	SD11
A10	IOCHRDY	B13	-IOW	C16	SD12
A11	AEN	B14	-IOR	C17	SD13
A12	SA19	B15	空	C18	SD14
A13	SA18	B16	空	C19	SD15
A14	SA17	B17	-DACK1	C20	GND
A15	SA16	B18	-DRQ1	D1	GND
A16	SA15	B19	-REFRESH	D2	-MEMCS16
A17	SA14	B20	SYSCLK	D3	-IOCS16
A18	SA13	B21	IRQ7	D4	IRQ10
A19	SA12	B22	IRQ6	D5	IRQ11
A20	SA11	B23	IRQ5	D6	IRQ12
A21	SA10	B24	IRQ4	D7	IRQ15
A22	SA9	B25	IRQ3	D8	IRQ14
A23	SA8	B26	空	D9	-DACK0
A24	SA7	B27	T/C	D10	-DRQ0
A25	SA6	B28	BALE	D11	-DACK5
A26	SA5	B29	+5V	D12	-DRQ5
A27	SA4	B30	OSC	D13	空
A28	SA3	B31	GND	D14	空
A29	SA2	B32	GND	D15	空
A30	SA1	C1	GND	D16	空
A31	SA0	C2	-SBHE	D17	+5V
A32	GND	C3	LA23	D18	-MASTER
B1	GND	C4	LA22	D19	GND
B2	RSTDRY	C5	LA21	D20	GND
B3	+5V	C6	LA20		

2）串口　串口形式如表8-1-11及表8-1-12所示。

表8-1-11　COM1

DB-9	J3	信号定义	DB-9	J3	信号定义
1	1	DCD1	6	2	DSR1
2	3	RXD1	7	4	RTS1
3	5	TXD1	8	6	CTS1
4	7	STR1	9	8	R11
5	9	GND		10	NC

表8-1-12　COM2

DB-9	J4	信号定义	DB9	J4	信号定义
1	1	DCD2	6	2	DSR2
2	3	RXD2	7	4	RTS2
3	5	TXD2	8	6	CTS2
4	7	STR2	9	8	R12
5	9	GND		10	NC

3）J5 USB接口　接口形式如表8-1-13所示。

表8-1-13　USB

PIN	信号定义	PIN	信号定义
1	USBVCC1	5	USBVCC2
2	USBD1F－	6	USBD2F－
3	USBD1F＋	7	USBD2F＋
4	USBGND1	8	USBGND2

4）J2键盘鼠标接口　J2键盘鼠标接口如表8-1-14所示。

表8-1-14　键盘鼠标

PIN	信号定义	PIN	信号定义
1	KDDATA	5	MDATA
2	GND	6	GND
3	KBPWR	7	MPWR
4	KBCLK	8	MCLK

5）J12电源接口　J12电源接口如表8-1-15所示。

表8-1-15　电源

PIN	信号定义	PIN	信号定义
1	VCC5V	3	－VCC12V(可选)
2	＋VCC12V(可选)	4	GND

6）J9软盘接口　J9软盘接口如表8-1-16所示。

表8-1-16　软盘

PIN	信号定义	PIN	信号定义
1,33	GND	2～6	NC
8	INDEX	10	MTRXD
12	NC	14	DRX0
16	NC	18	DIRX
20	STEPX	22	WDATAX
24	WGATEX	26	TRKR0
28	WPX	30	RDATAX
32	HDSEL	34	DSKCHG

7）J1 IDE接口　IDE接口如表8-1-17所示。

表8-1-17　IDE

PIN	信号名称	信号说明	PIN	信号名称	信号说明
1	/RESET	Reset	15	DD1	Data1
2	GND	Ground	16	DD14	Data14
3	DD7	Data7	17	DD0	Data0
4	DD8	Data8	18	DD15	Data15
5	DD6	Data6	19	GND	Ground
6	DD9	Data9	20	KEY	Key
7	DD5	Data5	21	n/c	Not connected
8	DD10	Data10	22	GND	Ground
9	DD4	Data4	23	/IOW	Write Strobe
10	DD11	Data11	24	GND	Ground
11	DD3	Data3	25	/IOR	Read Strobe
12	DD12	Data12	26	GND	Ground
13	DD2	Data2	27	IO_CH_RDY	
14	DD13	Data13	28	ALE	Address Latch Enable

续表

PIN	信号名称	信号说明	PIN	信号名称	信号说明
29	n/c	Not connected	35	DA0	Address0
30	GND	Ground	36	DA2	Address2
31	IRQR	Interrupt Request	37	/IDE_CS0	(1F0～1F7)
32	/IOCS16	IO ChipSelect16	38	/IDE_CS1	(3F6～3F7)
33	DA1	Address1	39	/ACTIVE	Led driver
34	n/c	Not connected	40	GND	Ground

8）J6 RESET

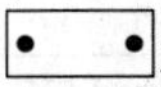

不跨接：表示 CPU 正常工作。

跨接：表示复位 CPU。

9）J7 WDT

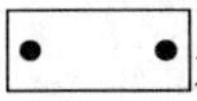

不跨接：DISABLE WDT。

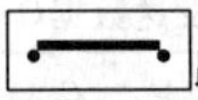

跨接：ENABLE WDT。

10）JP2 FLASH 片选信号选择

2-4，3-5 跨接，CPU 的 MEMCS0 接到 FLASH0（U6），CPU 的 MEMCS1 接到 FLASH1（U13），此方式 U6 应插入带 BIOS 的 FLASHAT29C020，CPU 由此芯片启动。此方式可以向 U13 写入程序。

1-2，5-6 跨接，CPU 的 MEMCS0 接到 FLASH1（U13），CPU 的 MEMCS1 接到 FLASH0（U6），此方式 U13 应带 BIOS，CPU 由此芯片启动。U6 可插 DOC 或者 FLASH。

11）JP3 监视定时器

2-3 跨接，内部监视定时器输入；1-2 跨接，外部监视定时器输入。

12）JP4

跨接，U6 支持 512KBFLASH；不跨接，U6 支持 DOC 或者 256KBFLASH。

13）JP1 CMOS 掉电保护

2-3 跨接，正常；1-2 跨接，清 CMOS 设置。

14）S1 设置　S1 设置如表 8-1-18 所示。

15）U6 DOC 设置　如果在 U6 中使用 DOC，需确认 JP2、JP4 正确设置。在 CMOS 中的设置按表 8-1-19 的步骤。

表 8-1-18　S1 设置

PIN	功　　能
1	BUR/BOOT ROM 选择，ON：BUR；OFF：BOOT ROM
2	时钟倍频选择：
3	1 倍频 33MHz：2—ON；3—ON 2 倍频 66MHz：2—ON；3—OFF 3 倍频 99MHz：2—OFF；3—OFF（出厂设置） 4 倍频 133MHz：2—OFF；3—ON
4	保留

表 8-1-19　CMOS 中的设置步骤

步骤	内　　容
1	开机，在启动系统盘之前，按 F2 进入 CMOS 环境
2	选择 Main，进入 Advanced，选择 Advanced Chipset Control，Set onboard RFD to Disabled
3	从 Advanced Chipset Control，选择 ISA Memory chip select setup 设置 Memory Window_Mem_CS1： Window Size：1 Window Base：D4 Window Page：F2C Window Data Width：8bit
4	Save setup & exit
5	重新启动计算机

2. PROFIBUS-DP 通信卡

（1）概述

1）DP 主站卡功能　DP 主站接口卡是一块智能 DP 协议卡，能完成 PROFIBUS 协议链路层和物理层功能，减轻主站 CPU 的负担。主站可通过下装、上装等较简单的操作，完成数据采集和控制输出功能。

DP 主站接口卡的主要功能是：由高性能微控制器通过软件实现 PROFIBUS-DP 规定，准确、及时地实现主站和从站间数据交换。

2）HSFB121 DP 主站接口卡的构成　HSFB121 DP 主站接口卡的构成如表 8-1-20 所示。

表 8-1-20　HSFB121 DP 主站接口卡的构成

构　成	功 能 介 绍
系统总线	主站卡侧采用 ISA 总线结构
中断	主站卡侧中断由跳线器选择。共提供了八个中断源：3，4，5，7，10，11，12，15
微控制器	采用 TI 公司的数字信号处理（DSP）芯片。可快速处理主站和从站间传输的数据流，用软件解释 PROFIBUS-DP 规约
双口 RAM	采用双口 RAM，保证主站和接口卡的数据交换
串行异步通信控制器	发送和接收 FIFO

3）技术指标　外围通信接口如下。

① 通信协议：PROFIBUS-DP 协议。

② 通信接口类型：EIA RS-485。

③ 通信速率：最大 1.5Mbit/s。

④ 通信口隔离电压：500VAC。

⑤ 传输介质：线芯直径≥0.64mm 的屏蔽导线。

⑥ 负载能力：一个接口卡最多能接 32 个从站。

⑦ 电源损耗：+5V，650mA（最大）。

⑧ 工作温度：0～+45℃。

(2) 原理及接口

1）原理简介　DP 主站接口卡介于从站和主站之间，是连接主站和从站的桥梁。由于 PROFIBUS 协议比较复杂，且没有采用专用的通信控制器 ASPC2，因而所有的 PROFIBUS 协议均由软件实现，也即需要解释链路层的 DP 协议。为了保证通信速度，快速完成巨量数据的处理工作，微控制器采用 TI 公司的数字信号处理（DSP）芯片 TMS320 系列的定点型 F206。主站和接口卡之间通过双口 RAM 交换数据。数据通信物理层采用 EIA RS-485 方式，板级使用了可靠的光电隔离电路。

2）接口信号

① RS-485 传输 D 型 9 针连接器引脚定义见表 8-1-21 所示。

表 8-1-21　传输 D 型 9 针连接器的引脚定义

引脚号	信　　号	说　　明
1	屏蔽	屏蔽/保护地
2	M24	24V 输出电压的地
3	RXD/TXD P*	接收数据/发送数据(+)
4	CNTR-P	对中继器的控制信号（直接控制）
5	DGND*	数据传输地（地对 5V）
6	VP*	终端电阻供电电源 P(P=5V)
7	P24	输出电源 24V+
8	RXD/TXD-N*	接收数据/发送数据(-)
9	CNTR-N	对中继器的控制信号（直接控制）

注：* 必要的信号由用户支持。

一般在线路中，只需要连接带 * 的信号，DP 主站接口卡线路中，除了连接带 * 的信号，还使用了引脚 1 屏蔽信号。另外，为保证传输的安全性和可靠性，在 DP 主站接口卡中使用了终端电路。如图8-1-7 所示。

② ISA 总线接口信号引脚分配如表 8-1-22 所示。

(3) 配置与使用说明

1）I/O 地址分配　DP 主站接口卡中，ISA 总线侧没有使用 I/O 端口。主站卡侧 I/O 地址分配如下。

① 通信芯片 XR16C850CJ 的地址为：1000H～10FFH。

② 自由定时器预装写入地址为：1600H～16FFH。

③ 自由定时器读出地址为：1500H～15FFH。

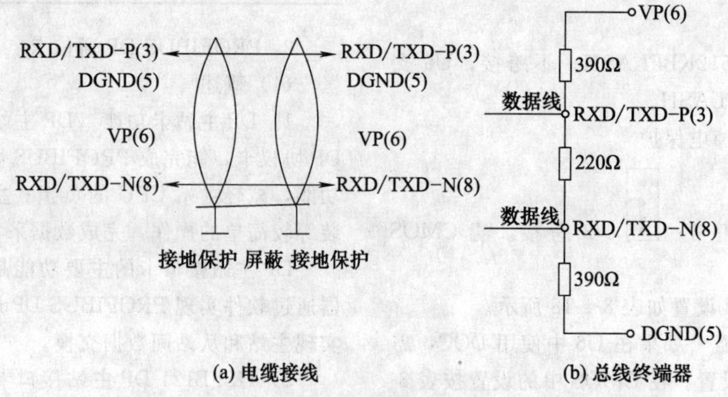

图 8-1-7　PROFIBUS-DP 的电缆接线和总线终端器

表 8-1-22　ISA 总线接口信号引脚分配表

序号	信号	I/O	序号	信号	I/O
A1	－IOCHCK	I	B19	－REFRESH	I/O
A2	SD7	I/O	B20	CLOCK	O
A3	SD6	I/O	B21	IRQ7	I
A4	SD5	I/O	B22	IRQ6	I
A5	SD4	I/O	B23	IRQ5	I
A6	SD3	I/O	B24	IRQ4	I
A7	SD2	I/O	B25	IRQ3	I
A8	SD1	I/O	B26	－DACK2	O
A9	SD0	I/O	B27	T/C	O
A10	－IOCHRDY	I	B28	BALE	O
A11	AEN	O	B29	＋5V	
A12	SA19	I/O	B30	OSC	O
A13	SA18	I/O	B31	GND	
A14	SA17	I/O	C1	SBHE	O
A15	SA16	I/O	C2	LA23	I
A16	SA15	I/O	C3	LA22	I
A17	SA14	I/O	C4	LA21	I
A18	SA13	I/O	C5	LA20	I
A19	SA12	I/O	C6	LA19	I
A20	SA11	I/O	C7	LA18	I
A21	SA10	I/O	C8	LA17	I
A22	SA9	I/O	C9	MEMR*	O
A23	SA8	I/O	C10	MEMW*	O
A24	SA7	I/O	C11	SD08	I/O
A25	SA6	I/O	C12	SD09	I/O
A26	SA5	I/O	C13	SD10	I/O
A27	SA4	I/O	C14	SD11	I/O
A28	SA3	I/O	C15	SD12	I/O
A29	SA2	I/O	C16	SD13	I/O
A30	SA1	I/O	C17	SD14	I/O
A31	SA0	I/O	C18	SD15	I/O
B1	GND		D1	MEMCS16*	I
B2	RESET	O	D2	IOCS16*	I
B3	＋5V		D3	IRQ10	I
B4	IRQ2/9	I	D4	IRQ11	I
B5	－5V		D5	IRQ12	I
B6	DRQ2	I	D6	IRQ13	I
B7	－12V		D7	IRQ14	I
B8	0WS		D8	DACK0*	O
B9	＋12V		D9	DRQ0	I
B10	GND		D10	DACK5*	O
B11	－SMEMW	O	D11	DRQ5	I
B12	－SMEMR	O	D12	DACK6*	O
B13	－IOW	O	D13	DRQ6	I
B14	－IOR	O	D14	DACK7*	O
B15	－DACK3	O	D15	DRQ7	I
B16	DRQ3	I	D16	＋5V	O
B17	－DACK1	O	D17	MASTER*	I
B18	DRQ1	I	D18	GND	

注：一般在线路中，只需要连接带＊的信号。

第 8 篇

2）跳线器的配置　DP 主站接口卡上跳线器的位置如图 8-1-8 所示。

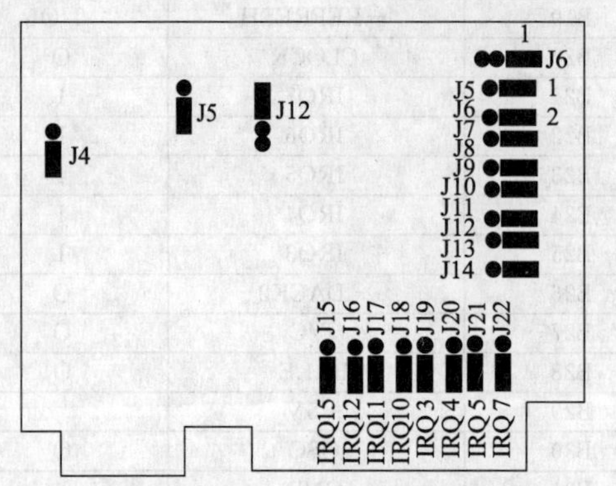

图 8-1-8　跳线器在 DP 主站接口卡上位置示意图

① ISA 总线中断源的设置。单排两针跨接器 J15～J22 用于设置 ISA 总线中断源，跨接表示选中，反之为断开。八个中断源只能选中一个（出厂设置是中断 5，即跨接 J21）。跨接器所对应的中断源在接口卡上已经标出。如图 8-1-9 所示。

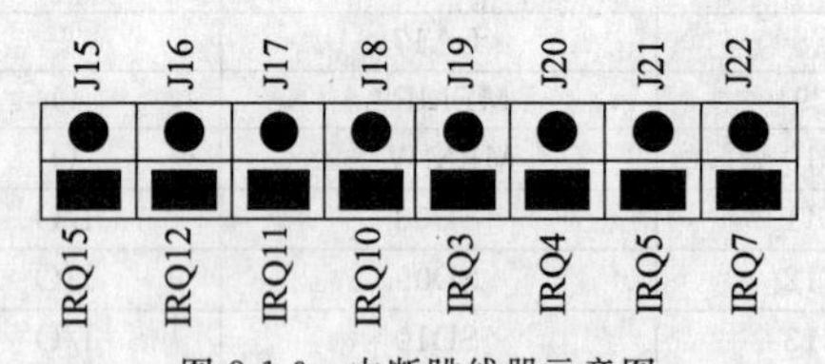

图 8-1-9　中断跳线器示意图

② ISA 总线内存地址的设置。单排两针跨接器 J7～J14 用于设置 ISA 总线内存地址，跨接为 0，表示低电平；不跨接为 1，表示高电平。八个跨接器表示了总线内存地址的高八位。排列顺序是从高到低，J14 表示最高位，J7 表示最低位，如图 8-1-10 所示。出厂设置值为 11010000，表示内存地址为 D0，所以需跨接 J7、J8、J9、J10、J12。

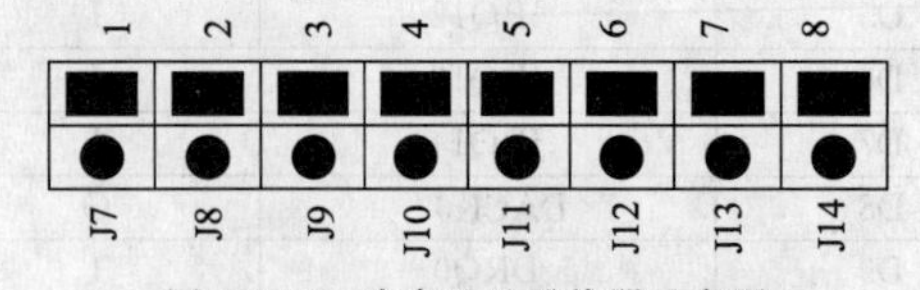

图 8-1-10　内存地址跳线器示意图

③ 电源监控与监视定时器复位电路的跳线器设置。单排两针跨接器 J4、J5 分别用于电源监控和硬件监视定时器复位。J4 跨接表示允许外部程序 SRAM 的掉电保护，否则掉电后外部程序 SRAM 中的数据将会丢失；J5 跨接表示允许监视定时器复位，否则禁止监视定时器复位。出厂设置为 J4、J5 均跨接。

④ J2 的设置。单排三针跨接器 J2 用于设置 DSP 芯片选择内部 FLASH 作为程序区，还是选择外部 SRAM 作为程序区。定义如下：跨接 1、2 针时，选择内部 FLASH 作为程序区：跨接 2、3 针时，选择外部 SRAM 作为程序区。出厂设置为跨接 1、2 针。

⑤ J6 的设置。单排三针跨接器 J6 保留。出厂设置为跨接 2、3 针。

3. Sercos 通信卡

（1）概述

Sercos 通信板卡主要完成主卡与从卡的通信功能。

1）技术指标

① 系统总线采用 16 位数据宽度的 ISA 总线结构。

② 共提供了九个中断源：2，3，4，5，7，10，11，12，15。

③ 双口 RAM 为 1KB×16，实现数据交换。

④ 实现的通信协议是 Sercos 协议。

⑤ 通信速率达到循环发送状态数据时 2Mbps。

⑥ 连接方式为光纤连接。

2）工作环境

① 工作电压：+5V。

② 工作方式：PC 机 ISA 槽。

③ 温度：工作温度 0～+45℃。

④ 湿度：相对湿度 5%～95%，不凝结。

（2）原理及接口

1）原理简介　Sercos 主卡主要完成主卡与从卡的通信功能。由 ISA 接口电路、译码电路、Sercos 处理器、光纤编码接口几个部分组成。ISA 接口电路完成与 ISA 总线的接口及驱动，译码电路完成译码及存储器地址的映射、中断设置，Sercos 处理器提供双口 RAM 及定时报文处理功能。光纤编码接口完成光纤输出编码及转化输入编码。

2）ISA PC/AT 总线的接口信号　FB521 通信卡按 ISA PC/AT 总线结构设计，表 8-1-22 给出了 ISA（工业标准结构）的总线接口信号引脚分配。

3）连接器的引脚定义　如表 8-1-23 及表 8-1-24 所示。

表 8-1-23　J1～J18 引脚定义——中断

连接器引脚	信号定义	连接器引脚	信号定义
J1	INT0 中断 2	J10	INT1 中断 2
J2	INT0 中断 3	J11	INT1 中断 3
J3	INT0 中断 4	J12	INT1 中断 4
J4	INT0 中断 5	J13	INT1 中断 5
J5	INT0 中断 7	J14	INT1 中断 7
J6	INT0 中断 10	J15	INT1 中断 10
J7	INT0 中断 11	J16	INT1 中断 11
J8	INT0 中断 12	J17	INT1 中断 12
J9	INT0 中断 15	J18	INT1 中断 15

表 8-1-24　J32～J38 引脚定义——基地址

连接器引脚	信号定义	连接器引脚	信号定义
J32	A18	J36	A14
J33	A17	J37	A13
J34	A16	J38	A12
J35	A15		

A18～A12 为 Sercos 卡的基地址的跳线器，具体跳线请参考以下的配置使用说明。

(3) 配置使用说明

基地址的设置如下。

基地址选择：0X0A00

双口 RAM 范围：0X0000～0X0800

寄存器范围：0X0800～0X0850

保留：0X0850～0X2000

具体选择地址对应的跳线器如表 8-1-25 所示（1 为跳线，0 为不跳线）。

表 8-1-25　具体选择地址对应的跳线器

序号	J32 (A18)	J33 (A17)	J34 (A16)	J35 (A15)	J36 (A14)	对应地址
1	1	0	0	0	0	C000
2	1	0	0	0	1	C400
3	1	0	0	1	0	C800
4	1	0	0	1	1	CC00
5	1	0	1	0	0	D000
6	1	0	1	0	1	D400
7	1	0	1	1	0	D800
8	1	0	1	1	1	DC00
9	1	1	0	0	0	E000
10	1	1	0	0	1	E400
11	1	1	0	1	0	E800
12	1	1	0	1	1	EC00

1.1.4 可用于 ONC 的实时多任务操作系统——Linux

1. 可用于数控实时多任务 Linux 操作系统体系结构

可用于数控实时多任务 Linux 操作系统体系结构如图 8-1-11 所示。

(1) 核心

数控实时多任务 Linux 操作系统核心由实时核心和 Linux 常规核心组成。实时核心：支持抢占式优先级调度策略。Linux 常规核心：具有通用 Linux 核心的功能，如进程管理、内存管理、设备管理、文件系统管理、TCP/IP 网络功能等。

(2) 基本库和扩展库

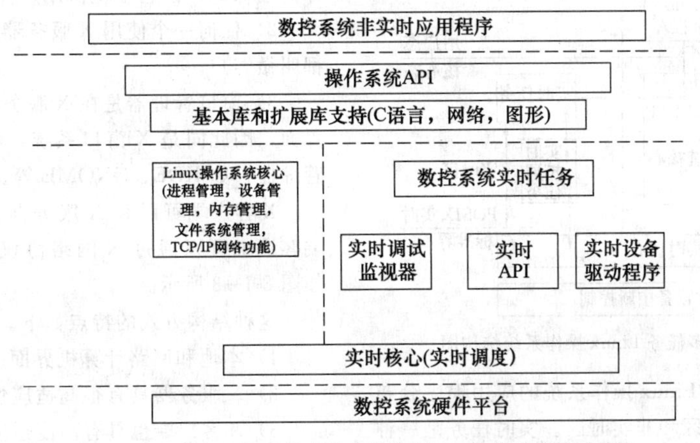

图 8-1-11　可用于 ONC 的实时多任务 Linux 操作系统体系结构

数控实时多任务 Linux 操作系统提供 C 语言、图形、线程等库。

(3) API

数控实时多任务 Linux 操作系统提供系统调用接口、实时 API 和库函数。

2. 可用于数控实时多任务 Linux 操作系统的工作原理

数控实时多任务 Linux 操作系统的工作原理是保留常规 Linux 内核而重新设计一个新的实时内核。用最小的代价提供强实时性，避免了大规模结构改造，保留了常规 Linux 操作系统提供的功能，如中文图形环境（X-Window)、TCP/IP 网络、丰富的编程资源等功能。新的实时内核和常规 Linux 内核使用相同的文件系统和存储管理机制。

新的实时内核采用虚拟中断方案，将系统中断划分为两组。一组由常规 Linux 内核控制，另一组则由实时内核控制，同时设置 8259 芯片相应中断级的屏蔽位，使中断请求首先重定向到实时内核中并加以过滤。如果该中断是实时内核中断则由实时中断处理例程继续执行。如果是常规 Linux 内核中断则设置标志位等待处理，仅当没有实时中断处理被执行时才转向常规 Linux 中断处理例程。通过这种方法，使实时内核可以随时中断常规 Linux 操作系统以执行关键实时任务。此时常规 Linux 内核作为实时内核的一个最低优先级任务予以管理，当有任何更高优先级的实时任务请求处理时，就剥夺常规 Linux 操作系统的运行权而转入相应的实时任务处理程序。在极端情况下，可以切断实时内核与常规 Linux 操作系统的联系而优先保证系统的强实时性。

数控实时多任务 Linux 操作系统的结构如图 8-1-12所示。

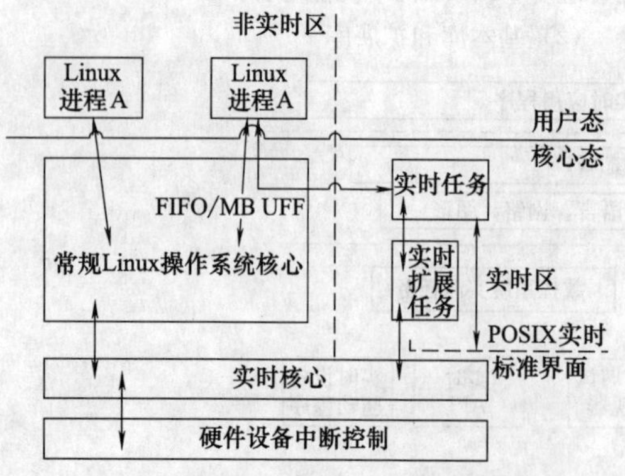

图 8-1-12 实时多任务 Linux 操作系统结构图

数控实时多任务 Linux 操作系统的应用程序分布在两个区域——实时区和非实时区。实时任务是一种可由多个线程构成的内核任务，工作在操作系统核心态的实时区，调用实时核心提供 POSIX 实时标准界面函数以及扩展接口服务来得到所需的实时性能。由于实时任务能利用的系统资源有限，且要求工作速度快，往往进行一些简单的实时处理，而位于非实时区的用户进程可利用常规 Linux 操作系统提供的大量资源，如进行 TCP/IP 网络通信、开发需要中文支持的图形用户界面程序等。实时区和非实时区共享同一控制台。

数控实时多任务 Linux 操作系统对外部事件在微秒级作出响应，提供优先级抢先式调度算法（缺省的 POSIXRR，FIFO)、精确实时时钟控制（十亿分之一秒)、实时硬中断和实时软中断的灵活定制、实时任务和实时线程的并发操作和同步机制，同时拥有实时浮点计算能力以及很高的 I/O 处理能力，并支持对称多处理器环境。

系统的实时性可根据应用环境的实际需要而作出具体策略上的优化，可以通过实时核心提供的编程接口来改进缺省的优先级抢先式调度算法，以达到用户提出的实时性要求。

3. 图形系统

数控实时多任务 Linux 操作系统具有 X-Window System（X 窗口系统，简称 X)。

X 窗口系统是一个工业标准软件，由几个部分组成：X 网络协议、Xlib 图形子系统库、X 工具箱 (XToolkit)，X 是一种基于网络、与设备无关的图形用户接口系统。

X 窗口系统提供了两个独立运行的 X 服务器 (XServer) 和 X 客户端 (XClient)，以及窗口管理器 (Window Manager)，这三个既分离又联系的部件构成了 Linux 的图形界面。

1) Linux 的 X 服务器用于负责全部的输入和输出设备，管理如何显示图形界面，如何响应键盘和鼠标的输入等，但它不提供用户界面。

2) 任何一个使用 X 服务器提供设施的应用程序都叫做客户。

3) 窗口管理器是在 X 服务器的基础上提供用户界面，因此同是 X 窗口系统，可以选择不同的窗口管理器，如 KDE、GNOME 等。

X 客户端可以和 X 服务器一起运行在本地，远端客户也可以通过 X 网络协议与服务器进行通信，如图 8-1-13 所示。

这种结构方式的特点如下。

1) 本地和网路计算机界面一致。

2) X 服务器具有很高适应性，可支持多种语言。

3) X 客户端也具有高度适应性。

4) 应用程序性能损失小。

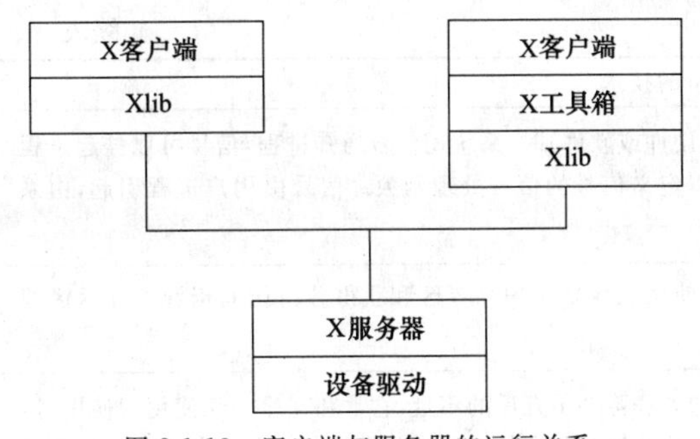

图 8-1-13　客户端与服务器的运行关系

4. 中文环境

数控实时多任务 Linux 操作系统的中文环境分为控制台虚拟终端下的中文环境和 X 窗口下的中文环境，具有中文的显示输入和打印功能。

数控实时多任务 Linux 操作系统的中文化是通过国际化（Internationalization，I18N）和本地化（Localization，L10N）来实现。

国际化，即 I18N 解决的问题是如何透明地处理各种语言文字，在不需要对应用程序做改动的前提下，能够显示、输入、处理各种语言。目前，I18N 是解决世界上各种语言的处理的最好方式。

本地化，即 L10N 要解决的问题是如何将系统中的其他语言的信息转变为本地的文字。对于 Linux 而言，就是要让应用程序的界面、提示信息变成中文。

(1) I18N 在 Linux 上的实现

1) C 库中支持 I18N，提供国际化函数。通过 glibc 中提供的 local 机制，应用程序能够实现 I18N，并且在 glibc 中，已经有了 GB 18030 的 locale 以及处理程序，应用程序可以正确识别并处理 GB 18030 编码。

2) XWindow 支持 I18N，XWindow 采用了 Xlocale 机制为应用程序提供 I18N 支持。

3) 应用程序如 Java、Mozilla 支持 I18N。Java，Mozilla 等跨平台应用时提供自己的 I18N 支持。

(2) 数控实时多任务 Linux 操作系统的中文环境功能特点

1) 遵循 GB 2312、GB 18030 等国家标准。

2) 提供统一的中文输入法接口，支持全拼、双拼、智能拼音、五笔输入、中英文手写输入等，可方便实现其他中文输入法和输入方式（如语音输入）的挂接。

3) 中文部分整体设计，各个模块相对独立，可以根据系统需求自由替换。

4) 提供完整的中文打印体系，完全使用中文 TrueType 字库。

5. 通信机制

数控实时多任务 Linux 操作系统提供多种通信机制，包括网络通信、进程间通信、实时任务和非实时任务通信等。

数控实时多任务 Linux 操作系统支持 TCP/IP 网络通信协议族。实时和非实时任务使用相同网络通信机制。

数控实时多任务 Linux 操作系统提供的通信和同步机制，其通信类别及支持的技术如表 8-1-26 所示。

6. 可应用于数控系统的实时多任务 Linux 操作系统配置

数控实时多任务 Linux 操作系统配置包括核心配置、用户配置和系统功能配置，这些配置活动都在系统非实时区进行，如表 8-1-27 所示。

表 8-1-26　通信和同步机制的通信类别及支持的技术

通信类别	支持的技术
管道	管道是系统的特殊设备文件，是一种单向的通信通道。对于管道的操作就像对本地文件操作一样，管道的传输方式为 FIFO。数控实时多任务 Linux 操作系统的管道有两种。普通管道(有名管道和无名管道)：由非实时任务创建，可以用于非实时进程间通信。实时管道：由实时任务线程创建，用于实时任务和非实时任务间数据传输
消息队列	消息队列和管道很相似，但可以给消息附加特定的消息类型。消息的接收者可以请求下一个可用消息而忽略消息类型，也可以请求下一个特定消息类型。消息队列用于进程间通信，任何进程只要有访问权限并知道关键字即可访问消息队列。队列中的某条消息被读后即从队列中删除。消息队列的访问具备锁机制处理，即一个进程在访问时另一个进程不能访问。在权限允许时，消息队列的信息传递是双向的
共享内存	使用共享内存是运行在同一计算机上的进程进行进程间通信的最快方法。其中的一个进程创建一块共享内存区，其他的进程对其进行访问。共享内存的访问同数组的访问方式相同，共享内存中的数据不会因数据被进程读取后消失。共享内存的访问不具备锁机制处理，即多个进程可能同时访问同一个共享内存的同一个数据单元。在权限允许时，共享内存的信息传递是双向的 共享内存也可以用在实时任务和非实时任务间进行数据传输

续表

通信类别	支持的技术
信号	信号是一种软件中断。当用户进程执行异常操作(硬件或软件)时,系统用信号通知进程,信号可以挂起进程的执行,甚至杀死进程,信号由系统定义。但用户可以定义信号的信号处理函数。信号由用户进程引起,由系统发送给进程和线程
互斥	互斥和互斥锁是最简单有效的线程同步机制,程序使用互斥来保护临界区和获得独占访问资源。互斥区两种状态为 locked、unlocked
条件变量	条件变量通过允许线程阻塞和等待线程发送信号的方法弥补了互斥的不足,它常和互斥一起使用。使用时,条件变量被用来阻塞一个线程,当条件不满足时,线程往往解开相应的互斥锁并等待条件发生变化。一旦其他某一线程改变了条件变量,它将通知相应条件变量唤醒一个和多个正被此条件变量阻塞的线程。这些线程重新锁定互斥并重新测试条件是否满足
信号量	信号量本身是一个非负的整数计数器,它被用来控制对公共资源的访问。当线程需要某一特别的资源时,它将与此资源相对应的信号量减1;当某一线程释放资源时,它将对应的信号量加1。通常将计数信号量初始化为可用资源数
套接字	套接字(socket)是使用文件描述符(file descriptor)和其他程序通信的方式,socket 是文件系统中的一种特殊文件,就像是双向的管道,数据通过 socket 接口进行传输,用法类似于普通文件的调用。可以使用 socket 进行进程间通信和网络通信

表 8-1-27 数控实时多任务 Linux 操作系统配置

核心配置	数控实时多任务 Linux 操作系统可使用交互方式、菜单方式、图形方式对构造核心进行配置,选择实现核心中各种功能,如网络支持、块设备字符设备支持、IPC 支持,以及各种核心模块,如设备驱动模块
用户配置	数控实时多任务 Linux 操作系统提供机制,可以根据用户需要,生成用户库并集成到系统中
系统功能配置	数控实时多任务 Linux 操作系统提供多种用于系统功能配置的工具,如 linuxconf,可以对系统信息、用户、网络、启动等各方面进行配置

7. 可应用于数控系统的实时多任务 Linux 操作系统的应用编程接口 (API)

数控实时多任务 Linux 操作系统向应用程序提供的编程界面由两大部分组成:通用的 Linux 系统界面和实时 Linux 的界面。

(1) 通用 Linux 编程界面

1) 系统调用 数控实时多任务 Linux 操作系统具有针对各个子系统的系统调用。

文件系统子系统如表 8-1-28 所示。

虚拟内存子系统如表 8-1-29 所示。

网络子系统如表 8-1-30 所示。

进程控制子系统如表 8-1-31 所示。

进程间通信子系统如表 8-1-32 所示。

其他调用如表 8-1-33 所示。

表 8-1-28 文件系统子系统

access	chdir	fchdir	chmod	fchmod	chown	fchown	chroot
close	creat	open	dup	dup2	fcntl	fstat	stat
lstat	fstatfs	startfs	fsync	ftruncate	truncat	ioctl	link
lseek	mkdir	mknod	mount	umount	pipe	read	readdir
readlink	Rename	rmdir	select	symlink	sync	unmast	unlhink
utime	write						

表 8-1-29 虚拟内存子系统

brk	getpagesize	mmap	munmap

表 8-1-30　网络子系统

accept	bind	connect	getdomainname	setdomainname	gethostid
sethostname	getpeername	getsockname	getsockopt	gethostname	listen
recv	recvfrom	recvmsg	send	sendmsg	sendto
socketpair	sethostid	shutdown	socket		

表 8-1-31　进程控制子系统

exit	execve	template	getegid	getgid	geteuid
getuid	getpgrp	setpgid	setpgrp	getppid	getpnortty
setpriority	nice	setgid	setregid	setreuid	setuid
vm86	wait4				

表 8-1-32　进程间通信子系统

ipc	msgctl	msgget	msgrcv	msgsnd	semctl
semget	semop	shmat	shmdt	shmctl	shmget

表 8-1-33　其他调用

acct	alarm	getgroups	setgroups	getitimer	setitimer
getrlimit	getrusage	setrlimit	gettimeofday	settimeofday	idle
ioperm	iopl	kill	killpg	pause	ptrace
reboot	setup	sigaction	signal	sgetmask	ssetmask
sigsuspend	sigpending	sigprocmask	sigreturn	stime	swapoff
swapon	sysinfo	time	times	uname	uselib
vhangup	template				

2）库函数

① C 库函数——libc。

② libpthread 的接口。

③ C 语言国际化函数。

④ 图形用户界面——libX11。

（2）实时函数接口

数控实时多任务 Linux 操作系统特有的实时操作扩展函数接口。

1）实时时钟函数接口　实时时钟函数接口为 clock _gethrtime gethrtime。

2）实时线程扩展函数接口　如表 8-1-34 所示。

3）实时通信函数接口　如表 8-1-35 所示。

4）中断和调度函数接口　如表 8-1-36 所示。

表 8-1-34　实时线程扩展函数接口

pthread_sttr_setcpu_np	pthread_sttr_getcpu_np	pthread_delete_np
pthread_make_periodic_np	pthread_setfp_np	pthread_suspend_np
pthread_wait_np	pthread_wakeup_np	

表 8-1-35　实时通信函数接口

fifo create_r	fifo_destroy_r	fifo_create_handler_r
fifo_get_r	fifo_put_r	

表 8-1-36　中断和调度函数接口

free_irq_r	get_soft_irq_r	free_soft_irq_r	getcpuid r
getschedclock_r	global_pend_irq_r	hard_enable_ir_r	hard_disable_irq_r
no_interrupts_r	restore_interrupts_r	stop_interrupts_r	allow_interrupts_r
Setclockmode_r	rtl_request_irq_r		

1.1.5 基于虚拟机原理的 ONC 系统的解决方案

1. 基于虚拟机原理的组件化开放软件模型

虚拟机（Virtual Machine）是对操作系统功能的抽象和模拟，为应用程序提供统一的编程环境和系统功能调用接口。系统采用基于虚拟机原理的组件技术作为应用软件模型的技术基础。

(1) 组件技术的优越性

组件技术提供了构建可定制的应用程序框架的规范。在需要对应用程序进行局部功能的升级或修改时仅需要将相应的组件替换即可，如图 8-1-14 所示。

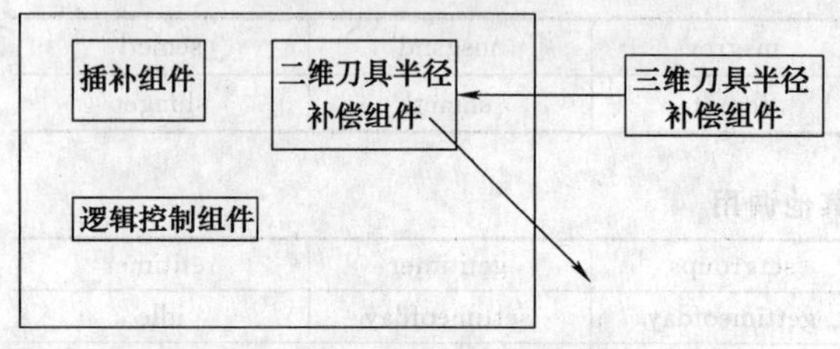

图 8-1-14　在组件技术的支持下将二维刀具半径补偿替换成三维刀具半径补偿

在组件技术支持下，应用软件供应商可以通过构建组件库，加快对用户的响应，更快更好地完成用户的需求，如图 8-1-15 所示。

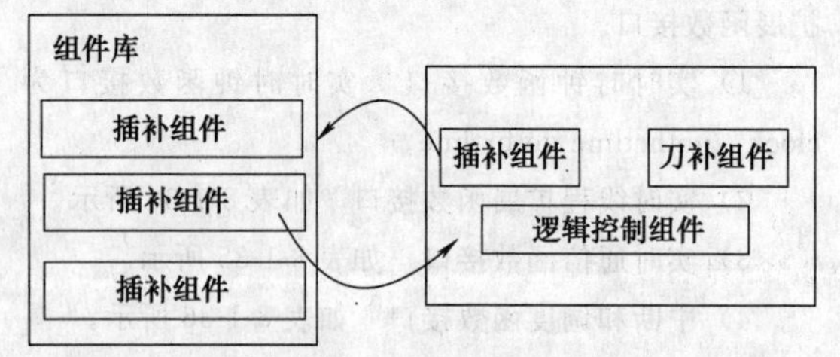

图 8-1-15　从控制组件库中挑选组件构成控制应用程序

组件技术可简化应用软件的远程应用。应用软件被划分为可以位于远程的功能组件，例如某些用于数控装置诊断和监控的专家系统组件。如图 8-1-16 所示。远程专家系统被放到网络上远地机器上。数控装置上专家系统被替换成专门负责同远程组件通信的组件。在面向网络的操作系统中，远程通信的组件甚至可以是操作系统自动生成的“中间件”[中间件(Middleware) 是指系统为运行组件而自动生成的软件模块，实现组件间的链接和通信]。数控装置上的软件与远程组件实现了“透明的”、“无缝的”连接。在未来宽带网络技术成熟的条件下，数控装置软件可以某种租赁的方式将服务器上的组件提供给远程的客户使用，可以真正实现用户随时根据需要从服务商处定制所需的软件。

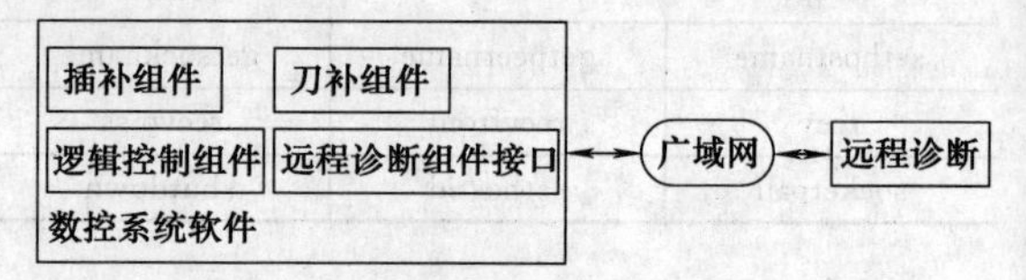

图 8-1-16　远程提供的诊断组件服务

组件最大限度地对功能进行了封装。组件的开发者可以独立地进行编译、链接，生成二进制代码放入运行系统中。每个组件与其他组件功能的实现机制无关。在组件技术的支持下，数控装置软件的开发可以实现虚拟的软件开发的联合体，使软件生产上升到“软件工厂”的层次。

(2) 开放式应用软件的编程模型——“服务器—中间件—用户”

中间件是操作系统根据元数据生成的组件，因特网技术都是围绕中间件发展的。语言、虚拟机、组件库三位一体形成了软件编程的主流。虚拟机实际上是一种特殊的操作系统。

面向中间件编程模型中的中间件也可以想象成组件的代理组件，中间件在系统管理员控制下由操作系统生成。如图 8-1-17 所示为中间件的运行环境示意图。中间件可以为空，这时用户程序与服务组件运行于同一地址空间，用户直接访问组件，充分发挥计算机的效率。

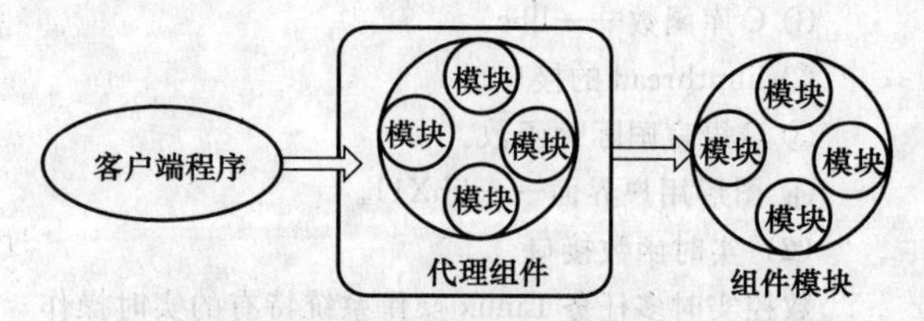

图 8-1-17　中间件的运行环境示意图

它隔离了对组件的直接访问，因此可以提供机制，实现动态组合所需的组。

中间件技术作为编程模型，它的应用不限于应用服务器。中间件技术为程序模块、组件库、软件工厂提供了连接“管道”、“连线”和“集成电路板”。元数据可以抽象描述组件功能和接口，从而组件的发布、版本升级都省去了对头文件（.hfiles）和库文件（.libfiles）的依赖。

用者即客户，被调用者是服务的提供者即服务器。一个服务器可以同时为多个客户提供服务。

(3) 基于虚拟机的应用软件跨平台技术

ONC 应用软件采用基于虚拟机技术的跨平台方案，如图 8-1-18 所示。

第8篇

ezCOM 组件技术可实现在 Zyco、Windows 2000、Linux 上的虚拟机。虚拟机完成对操作系统的模拟和数控专有设备的驱动。虚拟机将完成表 8-1-37 的各项任务。

由于 Zyco、Windows 2000、Linux 支持 X86、ARM 等体系结构的 CPU，从而本方案可以解决硬件跨平台问题。

(4) 基于虚拟机的 ONC 系统软件模型

在图 8-1-19 所示的层次结构中，数控装置的底层由通用计算机结构组成，包括通用计算机硬件平台和 NC 硬件，如伺服装置接口、PLC 数控装置接口等。这些数控设备虽然具有一定的特殊性，但仍然没有超过通用计算机字符设备和块数据设备的 I/O 管理范畴。其上是操作系统及专有硬件的设备驱动。ONC 系统将尽可能地利用通用计算机平台上的通信技术实现数控装置间的网络通信，充分利用通用计算机平台的显示系统和存储资源管理。

虚拟机有如表 8-1-38 所示功能。

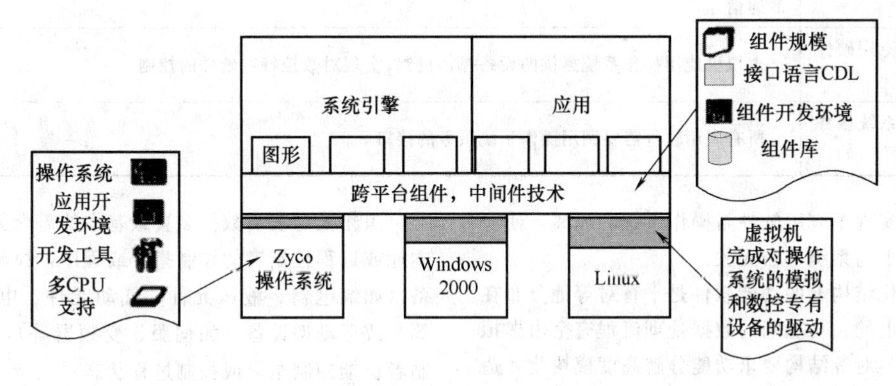

图 8-1-18　基于虚拟机技术的跨平台方案

表 8-1-37　虚拟机完成任务

任　务	任务的功能
提供一组创建组件客户应用程序和服务器应用程序的基本 API 函数	对客户程序提供一套基本的组件对象创建函数，为服务器模块提供注册组件对象的基本 API 函数
服务器定位与创建	通过服务器定位功能，从类标识符确定提供该类服务的二进制组件以及服务器所在位置，用户通过服务器注册系统间接创建服务器组件，这种间接支持使得客户的组件可以独立包装，独立升级
远程通信服务程序	组件所存在的运行环境对用户透明，运行环境包括用户的线程环境、进程环境、跨进程环境及远程环境
元数据的建立和维护	提供对解释程序语言的支持，用户与接口间的通信也可由组件提供的元数据自动完成。此外，组件运行环境还提供组件之间共享的内存管理、错误及状态报告、动态加载组件

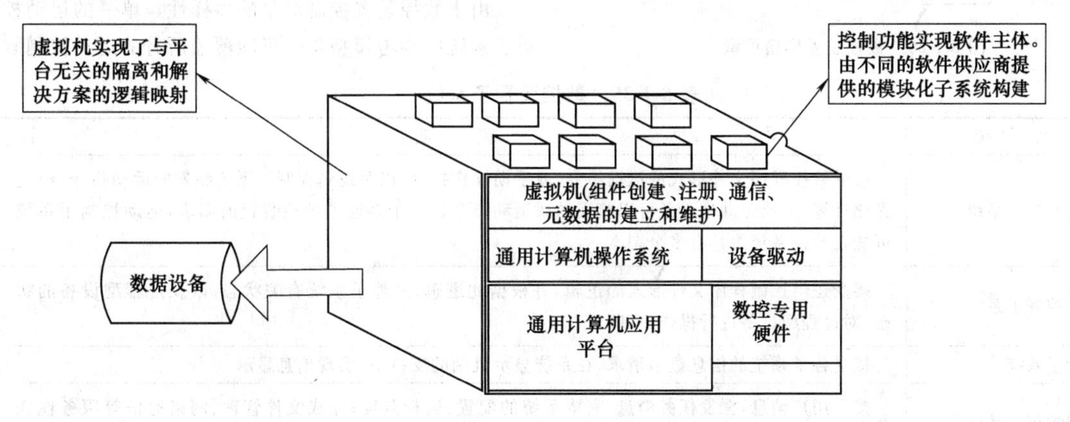

图 8-1-19　ONC 系统层次化模型

第 8 篇

表 8-1-38 虚拟机功能

功 能	功 能 简 介
配置应用软件	虚拟机中构建了控制对象(如机床)的模型。该模型包括机械运动关系以及这些关系实现的设备工艺、逻辑控制模型等。根据这一模型,配置系统确定轴的联动关系、逻辑控制关系以及运动控制与逻辑控制的协调关系(同步和互锁等)。通过配置系统实现软件拓扑结构的静态重构
应用软件中各模块运行时序动态调度	根据设计者对应用软件工作流的认知和描述,虚拟机可以在操作系统调度机制的支持下调度各功能模块的运行时序。操作系统多任务调度机制仅仅为虚拟机调度提供机制上的保证,并不能解决调度规律和准则问题
应用软件各模块的通信	虚拟机将系统内部通信和外部通信区别对待,在操作系统的通信机制的支持下,实现数控系统内的通信
数控系统专用硬件设备驱动	虚拟机使用操作系统提供的设备操作机制,实现对数控特定硬件的控制
调用操作系统服务的接口	所有应用软件需要调用操作系统服务的接口

虚拟机实现了应用软件与操作系统的隔离，使应用软件基本上与系统平台无关。

在层次化结构上的功能软件是平行对等地分布在虚拟机层之上的。功能间的数据处理流程完全由虚拟机配置确定。对等结构要求功能分解高度模块化，边界定义清晰。

2. ONC 系统参考模型

ONC 系统参考模型仅对制造装备数控装置提出常规解决方案。参考模型将决定软件模块（组件）的基本拓扑结构和模块间的信息流。

(1) ONC 系统的黑箱模型及其子系统

数控装置黑箱模型仅描述数控装置与外部可能的信息交互，如图 8-1-20 所示。

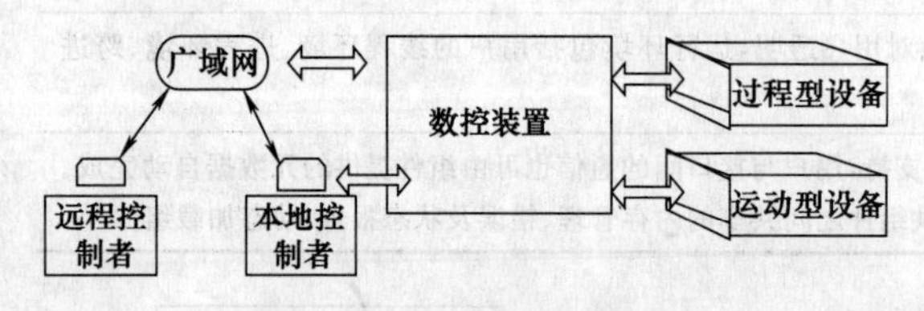

图 8-1-20 数控装置黑箱模型

黑箱模型表明数控装置最基本的需求关系。接受本地或远程控制者的控制指令或程序，控制过程型设备（如继电器、液压元件、气动元件、电加工电源等）或运动型设备（如伺服、变频器等），同时给控制者反馈控制结果或控制过程状态。

基于上述基本需求，数控装置可以分为表 8-1-39 所示子系统。

各子系统对等地位于应用软件中。根据操作系统和解决方案的不同，子系统可以进程或线程的形式存在，还可以函数、子程序、中断服务程序的形式存在于子系统中。

各子系统与其他子系统均为客户/服务器关系。每个子系统具有一个接受其他子系统服务请求的接口（邮箱）。每个子系统还有一个信息窗接口，接受子系统外部的信息查询请求，向系统公布自己内部有关信息，如图 8-1-21 所示。

(2) 运动控制子系统参考模型

由于数控装置控制对象的多样性，单一的运动控制子系统的参考模型是不可能覆盖所有的运动控制解

表 8-1-39 数控装置子系统

系 统	说 明
运动控制子系统	接受数控程序文件形式的运动指令,或手动操作指令,以及逻辑控制子系统触发的运动指令,经过密化计算,生成运动型设备可以接受的微运动指令。由于多通道数控装置的需求,运动控制子系统可能在数控系统中具有多个副本
逻辑控制子系统	接受逻辑控制程序文件形式的逻辑,并根据此逻辑、其他子系统有关状态,以及过程型设备的状态,对过程型设备进行操作控制
显示子系统	接受各子系统的信息显示请求,在系统显示机制的支持下,实现信息显示
管理控制子系统	接受用户消息,派发任务消息;完成系统的配置、运行调度;完成文件管理、网络通信等服务性任务;加载第三方工具软件

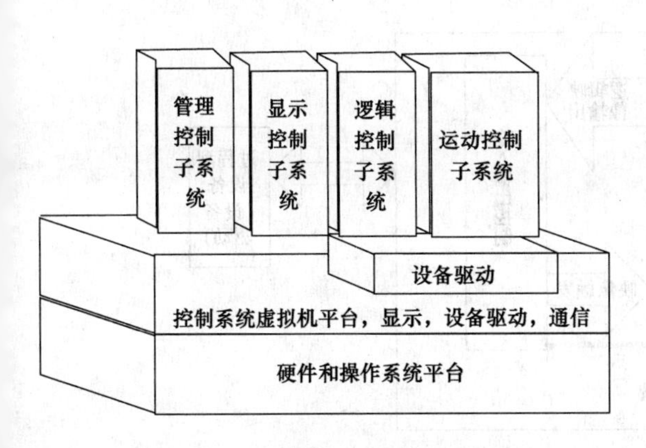

图 8-1-21　子系统在基于虚拟机原理的组件化开放数控装置中

决方案。本方案仅以典型的金属切削加工设备为例，给出其参考模型。

为了实现运动控制子系统的基本功能（接受数控程序文件形式的运动指令或手动操作指令，以及逻辑控制子系统触发的运动指令，经过插补密化计算，生成运动型设备可以接受的微运动指令），运动控制子系统包含以下模块（组件）：运动任务邮箱、信息窗邮箱、代码解释、刀具半径补偿、插补计算、输出控制和补偿。模块（组件）划分的基本准则为可以独立完成一个数据处理过程，能够方便地被相同功能的模块（组件）替换。运动控制子系统中各模块（组件）的信息流如图 8-1-22 所示。

运动控制子系统中各模块（组件）及其功能简介如表 8-1-40 所示。

（3）逻辑控制子系统参考模型

逻辑控制子系统包含以下模块（组件）：逻辑任务邮箱、信息窗邮箱、逻辑程序编译、逻辑程序执行、输入输出控制。

逻辑控制子系统中各模块（组件）的信息流如图 8-1-23 所示。

逻辑控制子系统中各模块（组件）及其功能简介如表 8-1-41 所示。

3. ONC 系统参考模型软件建模方法

构建 ONC 系统参考模型是一个结构复杂的工程，为了能够详尽准确地描述参考模型的技术细节，有必要对建模方法进行规范和标准化。本部分借鉴软件工程中有限状态图的思想，规范 ONC 系统参考模型的建模方法。

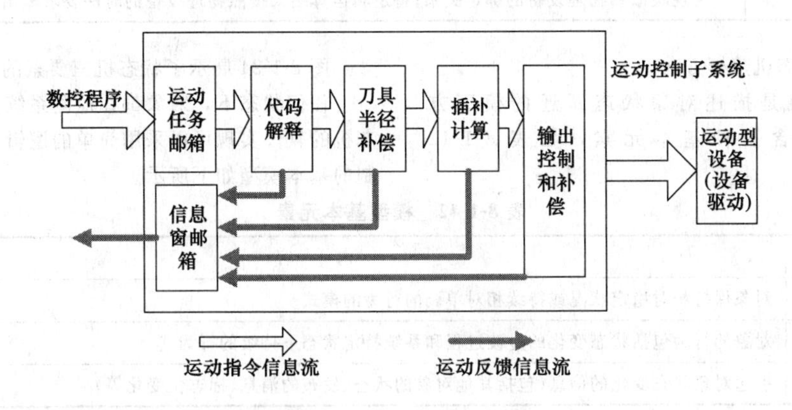

图 8-1-22　运动控制子系统中各模块（组件）的信息流

表 8-1-40　运动控制子系统中各模块（组件）及其功能

组　件	功　能
运动任务邮箱	接受文件形式的运动指令和来自于手动方式的运动指令
信息窗邮箱	收集子系统内部信息，接受子系统外部的信息查询请求；接受其他子系统的同步请求
代码解释	将输入的 G 代码以及用户宏处理为系统内部的数据结构，完成有关数据的变换
刀具半径补偿	将原始运动指令处理为针对刀具系统中基准点（刀具中心）的运动指令
插补计算	将运动指令密化为运动型设备可以接受的微指令
输出控制和补偿	实现输出逻辑设备和物理设备的绑定；将插补计算结果依据运动型设备的指令时序输出；在某些系统中还要完成位置环计算；完成精度补偿计算，计算结果与插补计算结果融合输出

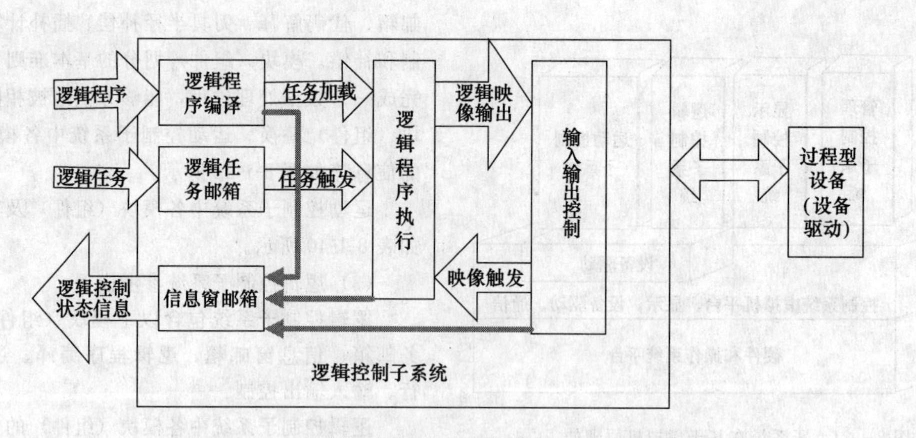

图 8-1-23　逻辑控制子系统中各模块（组件）的信息流

表 8-1-41　逻辑控制子系统中各模块（组件）及其功能

组　件	功　能
逻辑任务邮箱	接受其他子系统的过程型设备控制请求，例如，运动控制子系统的 M 指令；向逻辑程序执行模块发送触发消息
信息窗邮箱	收集子系统内部信息，发送逻辑控制状态信息
逻辑程序编译	接受文件形式的逻辑控制程序，将其编译为系统能够高速执行的内部记录格式
逻辑程序执行	根据加载的逻辑、外部设备映像以及各种触发消息进行逻辑运算，决策逻辑控制行为
输入输出控制	实现映像和物理设备的绑定关系；将逻辑运算结果按照物理设备的时序要求输出

（1）有限状态机建模方法

有限状态机是描述对象状态跃迁的模型方法。该模型包含三种基本元素，如表 8-1-42 所示。

图 8-1-24 展示了状态机三要素的关系。

任何状态下，对象都在监测系统关心的事件。状态机的软件实现可以采用简单的逻辑判断。状态机控制的基本模型如下所示。

表 8-1-42　模型基本元素

基本元素	内　容
状态	对象保持相对稳定状况或持续相对单调的行为的模式
处理过程	对象的行为包括状态变化的过渡过程和系统特定状态下持续的行为
事件	引起对象状态变化的信息(包括其他对象的状态、发布的消息、标志位变化等)

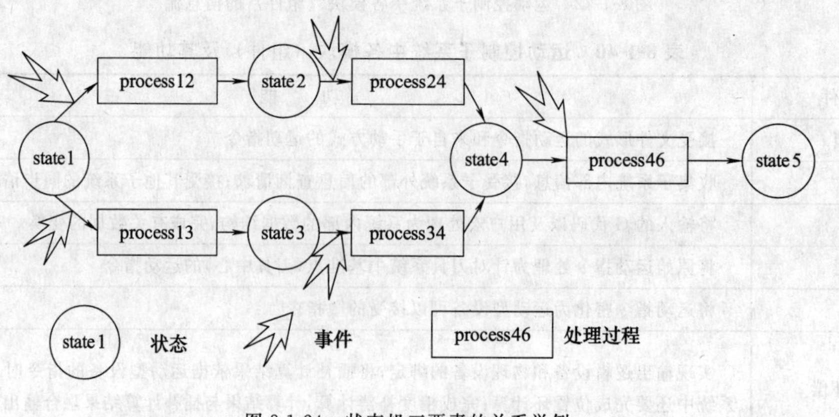

图 8-1-24　状态机三要素的关系举例

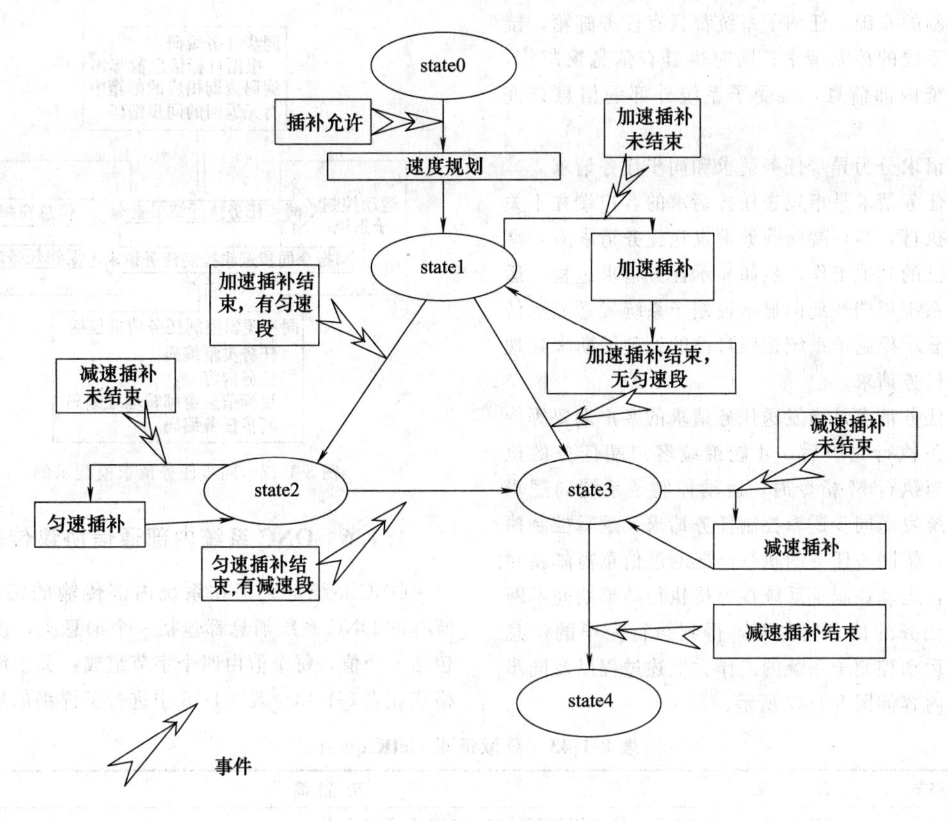

图 8-1-25　某种插补计算对象的状态机举例

If(state==1&&&event12==1){process12();state=2;}

Else If(state==1&&event13==1){process13();state=3;}

Else If (state == 2&&event24 == 1){process24();state=4;}

Else If(stare==3&&event34==1){process34();state=4;}

Else If(state=4&&event46==1){process46();state=5;}

Else…

图 8-1-25 以直线插补为例，简单展示了状态机的应用。

状态机模型从逻辑上分层次可以嵌套。因此该模型可以描述行为复杂的对象。

(2) 主动运行模型和被动运行模型

在 ONC 系统的参考模型中，将对象模型分为被动运行模型和主动运行模型。

被动运行模型是传统的，以调用执行为基本方式的运行模型。这种对象的执行依赖于外部调用，被调用者与调用者的关系是服务器与客户的关系。此模型对于大多数应用程序是有效的。但数控装置软件与普通应用程序不同。应用软件的计算模型逻辑上是串行的，实际上是宏观并行的计算模型，如图 8-1-26 所示。简单的被动运行的软件模型显然不能满足实际要求。

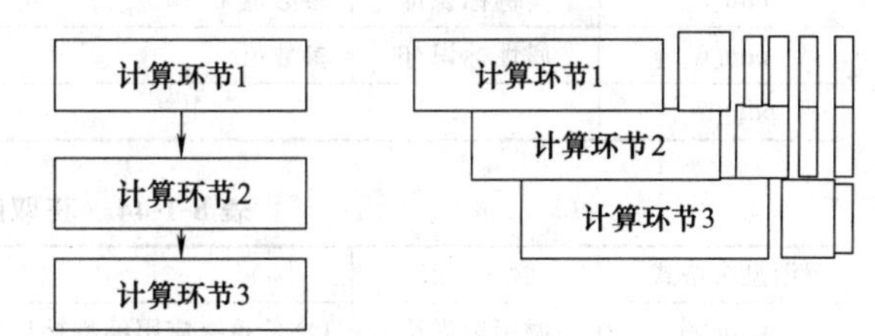

图 8-1-26　应用软件的逻辑计算模型和实际计算模型

根据应用软件宏观并行计算的特点在本方案构建的 ONC 系统模型中采用主动运行模型。

主动运行模型的核心是主状态机。主状态机描述了模型主要状态间的跃迁过程。主状态机的需要能被周期性地激活。主状态机可以多种方式实现周期性激活：周期性中断服务程序；进程、线程服务程序；单线程模型中循环执行程序体等。

(3) 系统同步机制

在 ONC 系统软件系统中，采用邮箱机制作为系统同步机制的基础。任何子系统都具有任务邮箱，接受其他子系统的控制请求；同时也具有信息窗邮箱，收集子系统内部信息，接受子系统外部的信息查询请求。

任务请求分为异步任务请求和同步任务请求。

异步任务请求是指发送任务请求的客户端并不关心任务的执行，客户端向服务端发送任务请求后，继续执行自己的其他工作。例如显示任务请求过程，运动控制子系统周期性地向显示控制子系统发送显示任务请求，显示控制子系统按照自己的处理周期来处理这些显示任务请求。

同步任务请求是指发送任务请求的客户端要等待服务端任务执行完毕后，才能继续客户端任务的执行。例如当执行M指令时，运动控制子系统向逻辑控制子系统发送同步逻辑控制任务请求，逻辑控制执行完毕后，将同步任务的执行情况通过信息窗邮箱对系统公布，运动控制子系统在等待执行结果期间不断查询逻辑任务的信息窗邮箱，得到执行完毕的信息后，继续运动控制子系统的工作。上述过程以及同步任务请求内容如图8-1-27所示。

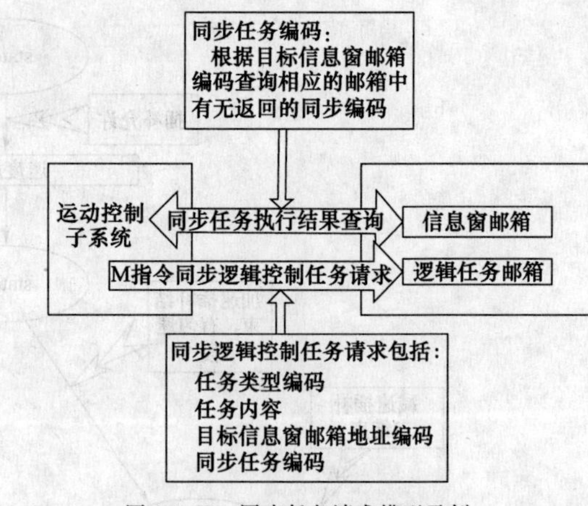

图8-1-27　同步任务请求模型示例

1.1.6　ONC系统内部通信协议传输格式

ONC系统定义了在系统内部传输的消息格式，所有的ONC系统消息都包括一个消息头，该消息头包括七个值，每个值由四个字节组成。关于消息头的格式在表8-1-43～表8-1-58中进行了详细的描述。

表8-1-43　获取请求 GetRequest

消息头格式	含　义	功能简介
pdu[0]	调用标识符	ONC系统应用编程接口(ONC API)内部值
pdu[1]	服务标识符	PduGet|PduConfRequest (0×11)
pdu[2]	连接标识符	结构对象连接标识符
pdu[3]	序列长度	0
pdu[4]	类标识符	参数值
pdu[5]	实例标识符	参数值
pdu[6]	属性标识符	参数值
pdu[…]	属性值	

表8-1-44　获取响应 GetResponse

消息头格式	含　义	功能简介
pdu[0]	调用标识符	ONC系统应用编程接口(ONC API)内部值
pdu[1]	服务标识符	PduGet|PduResponse(0×21)
pdu[2]	连接标识符	结构对象连接标识符
pdu[3]	序列长度	属性值长度
pdu[4]	类标识符	参数值
pdu[5]	实例标识符	参数值
pdu[6]	属性标识符	参数值
pdu[…]	属性值	

表8-1-45　设置请求 SetRequest

消息头格式	含　义	功能简介
pdu[0]	调用标识符	ONC系统应用编程接口(ONC API)内部值

续表

消息头格式	含　义	功能简介
pdu[1]	服务标识符	PduSet|PduConfRequest(0×12)或 PduSet|PduUconfRequest(0×32)
pdu[2]	连接标识符	结构对象连接标识符
pdu[3]	序列长度	属性值长度
pdu[4]	类标识符	参数值
pdu[5]	实例标识符	参数值
pdu[6]	属性标识符	参数值
pdu[…]	属性值	

表 8-1-46　设置响应 SetResponse

消息头格式	含　义	功能简介
pdu[0]	调用标识符	ONC 系统应用编程接口(ONC API)内部值
pdu[1]	服务标识符	PduSet|PduResponse(0×22)
pdu[2]	连接标识符	结构对象连接标识符
pdu[3]	序列长度	0
pdu[4]	类标识符	参数值
pdu[5]	实例标识符	参数值
pdu[6]	属性标识符	参数值

表 8-1-47　动作请求 ActionRequest

消息头格式	含　义	功能简介
pdu[0]	调用标识符	ONC 系统应用编程接口(ONC API)内部值
pdu[1]	服务标识符	PduAction|PduConfRequest (0×13)或者 PduAction | PduUconfRequest(0×33)
pdu[2]	连接标识符	结构对象连接标识符
pdu[3]	序列长度	动作信息长度
pdu[4]	类标识符	参数值
pdu[5]	实例标识符	参数值
pdu[6]	属性标识符	参数值
pdu[…]	动作信息	

表 8-1-48　动作响应 ActionResponse

消息头格式	含　义	功能简介
pdu[0]	调用标识符	ONC 系统应用编程接口(ONC API)内部值
pdu[1]	服务标识符	PduAction|PduResponse(0×23)
pdu[2]	连接标识符	结构对象连接标识符
pdu[3]	序列长度	动作应答长度
pdu[4]	类标识符	参数值
pdu[5]	实例标识符	参数值
pdu[6]	属性标识符	参数值
pdu[…]	动作应答	

表 8-1-49　通报请求 ReportRequest

消息头格式	含　义	功能简介
pdu[0]	调用标识符	ONC 系统应用编程接口(ONC API)内部值

续表

消息头格式	含　义	功能简介
pdu[1]	服务标识符	PduReport|PduUconfRequest(0×34)
pdu[2]	连接标识符	结构对象连接标识符
pdu[3]	序列长度	事件信息长度
pdu[4]	类标识符	参数值
pdu[5]	实例标识符	参数值
pdu[6]	属性标识符	参数值
pdu[…]	事件信息	

表 8-1-50　删除请求 DeleteRequest

消息头格式	含　义	功能简介
pdu[0]	调用标识符	ONC 系统应用编程接口(ONC API)内部值
pdu[1]	服务标识符	Pdudelete|PduConfRequest (0×15)
pdu[2]	连接标识符	结构对象连接标识符
pdu[3]	序列长度	0
pdu[4]	类标识符	参数值
pdu[5]	实例标识符	参数值
pdu[6]	属性标识符	0

表 8-1-51　删除响应 DeleteResponse

消息头格式	含　义	功能简介
pdu[0]	调用标识符	ONC 系统应用编程接口(ONC API)内部值
pdu[1]	服务标识符	Pdudelete|PduResponse(0×18)
pdu[2]	连接标识符	结构对象连接标识符
pdu[3]	序列长度	0
pdu[4]	类标识符	参数值
pdu[5]	实例标识符	参数值
pdu[6]	属性标识符	0

表 8-1-52　创建请求 CreateRequest

消息头格式	含　义	功能简介
pdu[0]	调用标识符	ONC 系统应用编程接口(ONC API)内部值
pdu[1]	服务标识符	PduCreate|PduConfRequest (0×18)
pdu[2]	连接标识符	结构对象连接标识符
pdu[3]	序列长度	属性信息长度
pdu[4]	类标识符	参数值
pdu[5]	实例标识符	参数值
pdu[6]	属性标识符	参数值
pdu[…]	属性信息	

表 8-1-53　创建响应 CreateResponse

消息头格式	含　义	功能简介
pdu[0]	调用标识符	ONC 系统应用编程接口(ONC API)内部值
pdu[1]	服务标识符	PduCreate|PduResponse (0×28)

续表

消息头格式	含　义	功能简介
pdu[2]	连接标识符	结构对象连接标识符
pdu[3]	序列长度	0
pdu[4]	类标识符	参数值
pdu[5]	实例标识符	参数值
pdu[6]	属性标识符	参数值

表 8-1-54 错误响应 ErrorResponse

消息头格式	含　义	功能简介
pdu[0]	调用标识符	ONC 系统应用编程接口(ONC API)内部值
pdu[1]	服务标识符	PduError(0×40)
pdu[2]	连接标识符	结构对象连接标识符
pdu[3]	序列长度	0
pdu[4]	类标识符	参数值
pdu[5]	实例标识符	参数值
pdu[6]	属性标识符	(Uns32)errorType

表 8-1-55 连接请求 ConnectRequest

消息头格式	含　义	功能简介
pdu[0]	请求连接标识符	请求者结构对象连接标识符
pdu[1]	服务标识符	PduConnect|PduConfRequest (0×16)
pdu[2]	不使用	
pdu[3]	序列长度	结构对象名字长度
pdu[4]	迅速连接	
pdu[5]	转换模式	二进制转换模式(Uns08)
pdu[6]	不使用	
pdu[…]	远程结构对象名字	
pdu[…]	本地结构对象名字	

表 8-1-56 连接响应 ConnectResponse

消息头格式	含　义	功能简介
pdu[0]	请求连接标识符	请求者结构对象连接标识符
pdu[1]	服务标识符	PduConnect|PduResponsec(0×26)
pdu[2]	不使用	
pdu[3]	序列长度	0
pdu[4]	响应连接标识符	结构对象连接标识符
pdu[5]	不使用	
pdu[6]	不使用	

表 8-1-57 连接错误 ConnectError

消息头格式	含　义	功能简介
pdu[0]	请求连接标识符	请求者结构对象连接标识符
pdu[1]	服务标识符	PduConnect|PduError(0×46)
pdu[2]	不使用	

续表

消息头格式	含　义	功能简介
pdu[3]	序列长度	0
pdu[4]	错误代码	(Uns32)连接错误原因
pdu[5]	不使用	
pdu[6]	不使用	

表 8-1-58　断开请求 DisconnectRequest

消息头格式	含　义	功能简介
pdu[0]	不使用	
pdu[1]	服务标识符	PduDisconnect|PduUconfRequest (0×37)
pdu[2]	连接标识符	结构对象连接标识符
pdu[3]	序列长度	0
pdu[4]	不使用	
pdu[5]	不使用	
pdu[6]	不使用	

1.2　总线接口与通信协议

本节介绍了机械电气设备开放式数控系统中总线接口和通信协议规范，便于实现机械电气设备开放式数控系统中数控装置、传感器、驱动、I/O 等装置之间传输命令和应答，以支持装置间的互操作。

1.2.1　术语和定义

1. 相关术语与定义

总线接口和通信协议规范中的术语和定义如表 8-1-59 所示。

表 8-1-59　相关术语与定义

相关术语	英文符号	定　义
应用协议数据单元	application protocol data unit	在应用层协议中规定的数据单元，由控制信息与用户数据负载组成
状态机	state machine	表示有限个状态以及在这些状态之间的转移和动作等行为的数学模型
客体标识符	object identifier	与无歧义地标识它的客体相关的全局唯一值
类型	type	已命名的值集合
应用进程	application process	在开放式系统中，为具体应用执行信息处理的元素
帧	frame	包括目的地址、源地址、长度字段、数据、填充和帧检验序列
网络	network	开放式数控系统中由数控装置、驱动装置、I/O 装置、检测装置等构成的互连系统
服务	service	由本层向上一层用户提供的能力和特性
目的地址	destination address	数据帧准备发往的站点
源地址	source address	发送数据帧的站点
开放式数控系统	open numerical control system	指应用软件构筑于遵循公开性、可扩展性、兼容性原则的系统平台之上的数控系统，使应用软件具备可移植性、互操作性和人机界面的一致性
开放式数控系统应用编程接口	open numerical control system application programming interface	开放式数控系统应用软件与系统软件平台之间的及与开放式数控系统应用软件之间的接口
互操作性	interoperability	两个或多个系统交换信息并相互使用已交换的信息的能力 两个或两个以上系统可互相操作的能力

续表

相关术语	英文符号	定义
装置/设备	device	开放式数控系统中具有控制或检测功能(特定功能行为)的单元或单元集合,如数控装置、驱动装置、I/O装置、检测装置
总线	fieldbus	连接开放式数控系统中装置间的数字式、双向、多点的通信系统
站点	station	总线中具有唯一地址标识的通信节点,一个装置至少包含一个站点
主站	master station	总线中控制、管理其他站点的站点
从站	slave station	总线中受主站监视和控制的站点
协议	protocol	总线中控制数据通信的一组规则,具有语法、语义、同步三要素
总线体系结构	fieldbus architecture	总线中各层及其协议的集合,由物理层、数据链路层、应用层、用户层行规组成
物理层	physical layer	接口和通信媒体的机械和电气规范
数据链路层	date link layer	控制对通信媒体的访问,执行差错检测,由抽象数据链路子层和实数据链路子层组成
抽象数据链路子层	abstract date link sublayer	提供应用层与实数据链路子层协议数据的转换
实数据链路子层	real date link sublayer	制造商和用户选定的符合现有国际标准或国家标准的总线数据链路通信规范
应用层	application layer	为用户程序提供访问总线通信环境的规则,定义允许装置间相互通信的协议
用户层行规	user layer profile	以格式化的数据结构形式给出的与行业有关的装置的特征、功能特性及行为的规范
命令	command	一组能够被站点识别以完成特定功能的代码
应答	response	站点针对已接受命令而产生的反馈信息
封装	encapsulating	将抽象数据链路子层数据帧直接装入实数据链路子层数据帧中,作为后者的数据部分
映射	mapping	根据实数据链路子层数据帧结构规范,将抽象数据链路子层数据帧分解并构成前者的数据部分
周期通信	periodic communication	站点间以固定时间间隔进行的数据交换
非周期通信	aperiodic communication	站点间以非固定时间间隔进行的数据交换
通信周期	communication period	周期通信的时间间隔
实时通信	real-time communication	可预见的具有特定时效的通信
传输	transportation	应用层间的数据交换
连接	connection	站点间的数据传输通路,以支持站点间命令与应答的传输
同步传输	synchronous transportation	确保站点间时间状态行为一致性的传输
抖动	jitter	信号或行为的实际发生时间与理想时间的偏差
循环冗余校验	cyclic redundancy check	利用线性编码理论,将比特模式表示为一个多项式的差错检验方法
总线安全	fieldbus safety	防止系统资源与系统运行受到损坏和非正常停止而采用的安全措施

2. 符号及缩略语

总线接口和通信协议规范中的相关符号及缩略语如表8-1-60所示。

表8-1-60　相关符号及缩略语

相关术语	英文符号	缩略语
抽象数据链路子层	Abstract Data Link subLayer	ADLL
应用层	Application Layer	AL

续表

相关术语	英文符号	缩略语
应用层协议	Application Layer Protocol	ALP
应用协议	Application Protocol	AP
应用协议数据单元	Application Protocol Data Unit	APDU
应用编程接口	Application Programming Interface	API
循环冗余校验	Cyclic Redundancy Check	CRC
数据链路层	Data Link Layer	DLL
国际电工委员会	International Electrotechnical Commission	IEC
国际电气与电子工程师协会	Institute of Electrical&Electronic Engineers	IEEE
国际标准化组织	International Standardization Organization	ISO
对象字典	Objects Dictionary	OD
开放式数控系统	Open Numerical Control system	ONC
开放系统互连	Open System Interconnection	OSI
协议数据单元	Protocol Data Unit	PDU
物理层	Physical layer	PHY
实数据链路子层	Real Data Link sublayer	RDLL

1.2.2 基本要求

1. 概述

开放式数控系统总线是用于连接系统装置间的数字式、双向、多点的通信系统。为了满足系统对周期性、实时性、同步、可靠性、安全及开放的要求，为了兼顾现有的国际、国家标准或事实标准，满足数控系统的开放要求，本节对应用层和用户层行规的定义进行了介绍，并通过将链路层划分为抽象数据链路子层与实数据链路子层，以便用户选用现有标准协议或引入新的标准。本节以 ISO/OSI 开放系统互连参考模型为基础，并对其加以改造。

2. 总线结构

开放式数控系统由数控装置、伺服驱动装置、主轴驱动装置、传感器装置、I/O 装置等组成，装置间需通过总线等通信设备来支持装置间的互操作。总线由站点、通信介质与设备组成，如图 8-1-28 所示。

站点为装置的数据发送与接收设备，其基本功能是将装置产生的命令与应答经编码，变换为便于传送的信号形式，以送往通信介质。产生命令的站点为主站，产生应答的站点为从站。

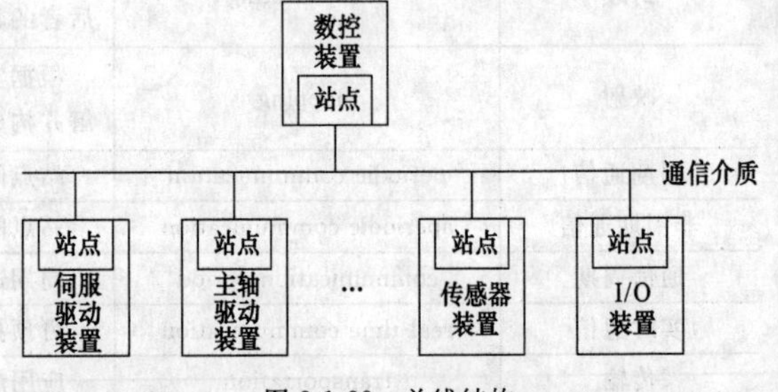

图 8-1-28 总线结构

通信介质为站点间信号传递所经的媒介。

通信设备为确保信号可靠传递的插头、插座及中继器等设备。

为了实现开放式数控系统控制、检测、参数调整、故障诊断等功能，装置的站点间需建立连接，并生成相关功能所需的命令与应答。

3. 总线要求

针对开放式数控系统的控制要求，总线接口与通信协议应满足如表 8-1-61 所示要求。

4. 总线模型

为了满足开放式数控系统总线的要求，模型由物理层、数据链路层、应用层与用户层行规组成，如图

8-1-29 所示。

表 8-1-61　总线接口与通信协议应满足的要求

总线接口与通信协议	应满足的要求
周期通信	为满足装置的转矩、速度与位置等控制的采样周期要求，总线应支持周期通信方式。通信周期应根据装置的控制要求进行调整
实时通信	为满足装置的转矩、速度与位置等控制的响应时间，总线通信应支持实时通信
同步/异步传输	为满足开放式数控系统的多轴联动插补与快移等功能要求，总线应支持同步/异步传输
可靠通信	针对工业现场不可避免的干扰，总线应具有差错处理机制，以支持可靠通信
安全通信	为防止总线与装置的运行受到损坏和非正常停运，总线应支持安全通信
开放	为确保不同厂家装置间的互操作，并适应控制技术与通信技术的不断发展，总线应具有开放性，以便引入新的技术与产品

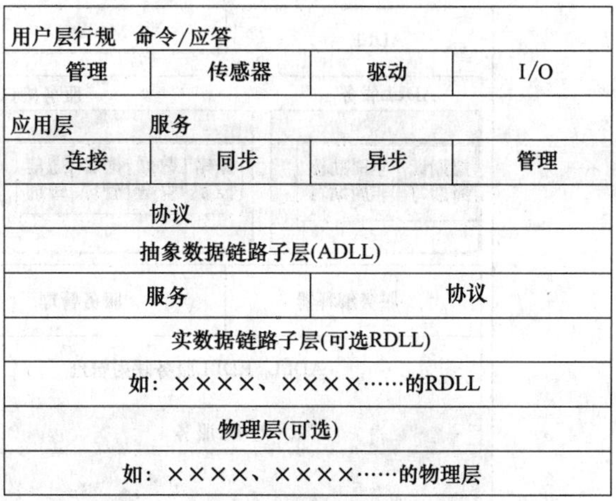

用户层行规　命令/应答			
管理	传感器	驱动	I/O
应用层　服务			
连接	同步	异步	管理
协议			
抽象数据链路子层(ADLL)			
服务		协议	
实数据链路子层(可选RDLL)			
如：××××、××××……的RDLL			
物理层(可选)			
如：××××、××××……的物理层			

图 8-1-29　总线模型

总线模型分组及其作用如表 8-1-62 所示。

1.2.3　物理层

有关物理层的描述、组成及安全如表 8-1-63 所示。

表 8-1-62　总线模型分组及其作用

总线模型分组	作　用
用户层行规	装置特征、功能特性和行为的规范。用户层行规以格式化数据结构形式定义，包括管理、传感器、驱动与 I/O 四种类别的数据定义，以确保装置间的互操作，支持面向应用的实现
应用层	应用层维护站点间的安全、可靠的数据传输通路，并为用户层行规的命令与应答提供传输服务。应用层服务由连接管理、同步传输、异步传输和传输管理等服务组成
数据链路层	数据链路层为应用层提供周期、实时、无差错的数据链路。为了便于用户针对不同系统的性能要求而选用不同通信技术，数据链路层划分为抽象数据链路子层（ADLL）和实数据链路子层（RDLL）。抽象数据链路子层规定了数据链路层的服务与协议，为应用层提供通信服务并实现与实数据链路子层的数据交换。实数据链路子层允许用户自定义或选用现有国际或国家标准，在本部分中不作规定
物理层	为了便于用户引入新的通信技术，本部分对物理层不做具体规定，只给出选用时的一般要求

表 8-1-63　物理层描述、组成及安全

描述、组成及安全	简　介
描述	物理层协议总线在物理媒体中传送比特流所需的各种功能，定义总线接插件和传输媒体的机械和电气规约，以及为发生传输所必须完成的过程和功能
机械接口	机械接口要求总线插座/插头采用符合国际或国家标准的接插单元
电气接口协议	用户所采用的总线的物理层应遵循符合国际或国家标准的电气接口协议规范
总线拓扑	总线拓扑方式可采用树状、链式或环状
电磁兼容测试项目及指标	总线通信电缆电磁兼容测试应符合国家标准
安全	物理层安全要求详见本章 1.2.7

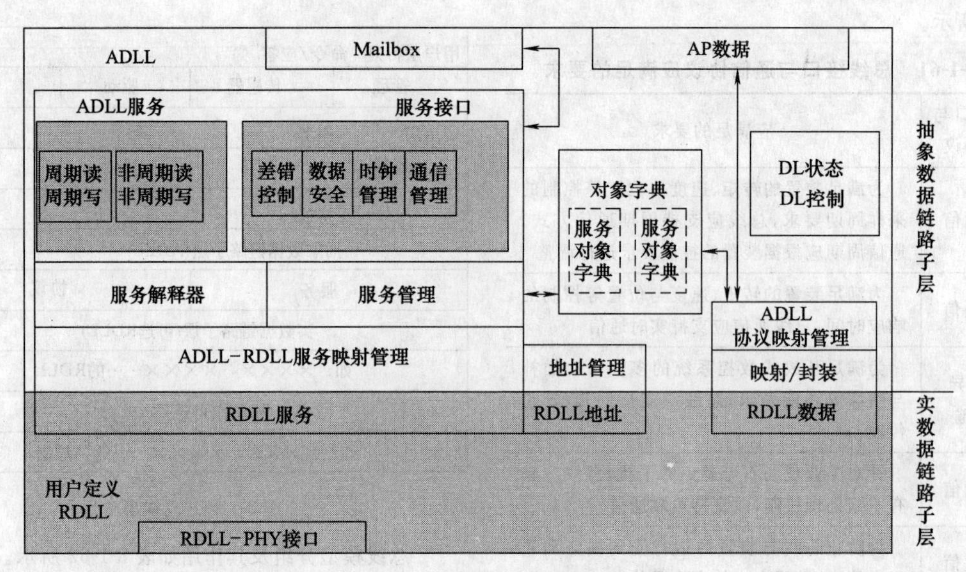

图 8-1-30　数据链路层模型

1.2.4　数据链路层

1. 概述

数据链路层实现应用层与物理层之间数据交互，完成应用层 APDU 到物理层传输的数据帧之间的转换及对各个站点的寻址和地址管理，实现点到点的可靠数据传输。

2. 数据链路层模型

数据链路层模型如图 8-1-30 所示。

(1) 实数据链路子层

实数据链路子层中包括 ADLL 规定的数据链路层通信服务的具体实现，以及用于实际数据通信的数据帧的封装。在本子层中所使用的数据帧与 ADLL 中所使用的数据帧，通过 ADLL 与 RDLL 之间的数据封装及数据映射服务实现交换。

RDLL 在实现上，允许用户自定义或选用现有国际或国家标准，所选标准应满足开放式数控系统在周期性通信、实时通信、差错控制、安全、抖动等方面的要求。

(2) 抽象数据链路子层

ADLL 主要包括 ADLL 服务（ADLL Service），ADLL 数据管理（ADLL Data Management，ADLL-DM），ADLL 对象字典（Objects Dictionary，OD）以及抽象数据链路子层地址管理（ADLL Address Management，Addr Management），用以实现应用层 APDU 到 RDLL 之间的协议转换。

ADLL 服务处理模型如图 8-1-31 所示。

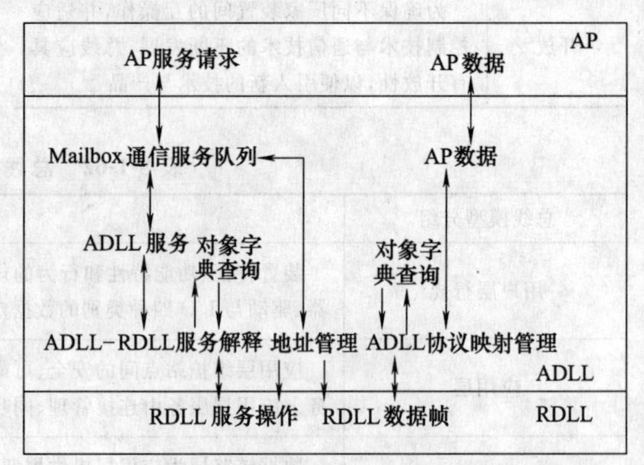

图 8-1-31　ADLL 服务处理模型

3. ADLL 服务

ADLL 服务向应用层提供标准的服务访问接口，包括通信服务（Communication Service，Com-Service）接口以及管理服务（Management Service）接口，如表 8-1-64 所示。ADLL 所提供的服务通过 ADLL-RDLL 服务映射管理（ADLL-RDLL Service Mapping Management，ADLL-RDLL SMM）转换成 RDLL 能够使用的实数据链路子层服务。

4. ADLL 对象字典

ADLL 对象字典包括服务对象字典（Service Objects Dictionary，SOD）以及协议对象字典（Protocol Objects Dictionary，POD）。对象字典为 ADLL 服务以及 ADLL 数据管理提供对应的 RDLL 通信服务以及协议数据结构的解释和定义。ADLL 通过查询对象字典，完成应用层所发出的数据通信请求到实数据链路子层数据通信之间的解释和操作。

5. ADLL 地址管理

抽象数据链路子层地址管理实现抽象数据链路子层所使用的站点地址到实数据链路子层地址空间之间的管理和转换，如图 8-1-32 所示。

表 8-1-64 通信服务接口及管理服务接口说明

通信服务接口及管理服务接口	功能描述
周期通信服务	通信服务主要提供周期性的通信服务，以实现开放式数控系统装置之间的通信。此外，也提供非周期性通信，非周期性通信服务主要完成装置的配置以及总线通信管理、维护等工作 提供周期性通信服务，是本章节数据链路层提供的最基本的数据通信服务之一，该服务确保站点间传送的数据均能够实时到达。基本服务命令接口如下 (1)周期读(Periodic Read,PRD) 从指定站点读取指定标识的数据信息 基本输入参数：站点标识，〈数据长度〉，〈数据标识〉 基本返回参数：站点标识，状态，数据长度，数据，〈数据标识〉 注："〈〉"表示该参数为可选参数 (2)周期写(Periodic Write,PWR) 将指定标识的数据传输给指定站点 基本输入参数：站点标识，数据长度，数据，〈数据标识〉 基本返回参数：站点标识，状态，〈数据标识〉，〈数据长度〉
非周期通信服务	提供非周期性通信服务 基本性能要求：非周期通信服务在进行通信时，应不影响周期通信服务。基本服务命令接口如下 (1)非周期读(Aperiodic Read,APR) 从指定站点读取指定标识的数据信息 基本输入参数：站点标识，〈数据长度〉，〈数据标识〉 基本返回参数：站点标识，状态，数据，〈数据长度〉，〈数据标识〉 (2)非周期写(Aperiodic Write,APW) 将指定标识的数据传输给指定站点 基本输入参数：站点标识，数据长度，数据，〈数据标识〉 基本返回参数：站点标识，状态，〈数据长度〉，〈数据标识〉
差错控制服务(Fault Control Service,FCS)	识别接收到的帧数据是否正确 根据用户使用的数据链路层协议规范的不同，可使用 CRC 或奇偶校验等方式进行数据差错检验或自动修复
数据安全服务(Data Safe and Security,DSS)	提供数据链路层通信安全及可靠性保证。包括：通过重传等机制实现数据帧的可靠送达，对网络连接状态实时监测，当发生通信故障时发出报警并对系统实现保护操作
时钟管理服务(Distributed Clock Management,DCM)	提供以 IEC 61588 等协议为基础的时间同步服务，维护各个站点之间的时钟同步
通信管理服务(Communication Management,COM)	对周期通信和非周期通信的管理
扩充服务	本部分允许用户添加自定义的服务，以支持特定应用

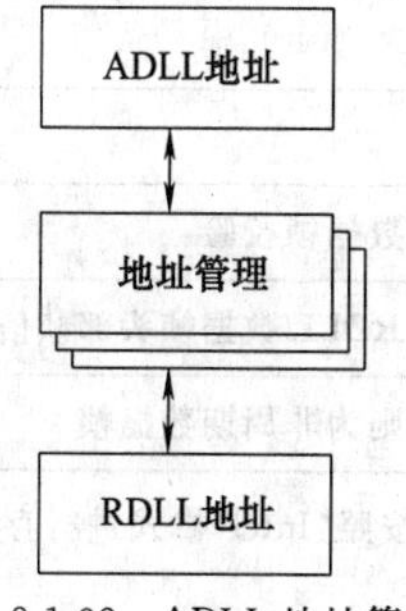

图 8-1-32 ADLL 地址管理

6. ADLL 数据管理

ADLL 数据管理向应用层提供标准的数据访问接口，并通过抽象链路层协议映射管理（Abstracted-Data Link Sublayer Protocol Mapping Management，ADLL PMM）提供的 ADLL 与 RDLL 之间的数据封装、数据映射服务实现 ADLL 与 RDLL 之间的数据帧的交换。

封装将指定的 ADLL 数据帧结构直接放在 RDLL 数据帧结构的数据区，如图 8-1-33 所示。

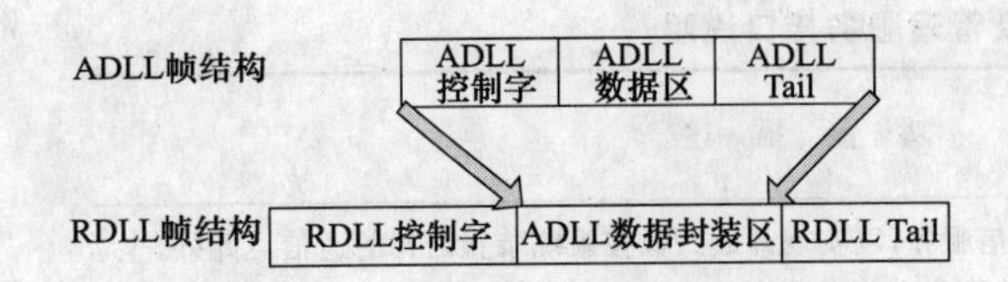

图 8-1-33 封装

映射根据 RDLL 帧结构规定将指定的 ADLL 帧结构数据分解，分解后的各个数据元素内容放置到 RDLL 帧对应的规定位置，如图 8-1-34 所示。

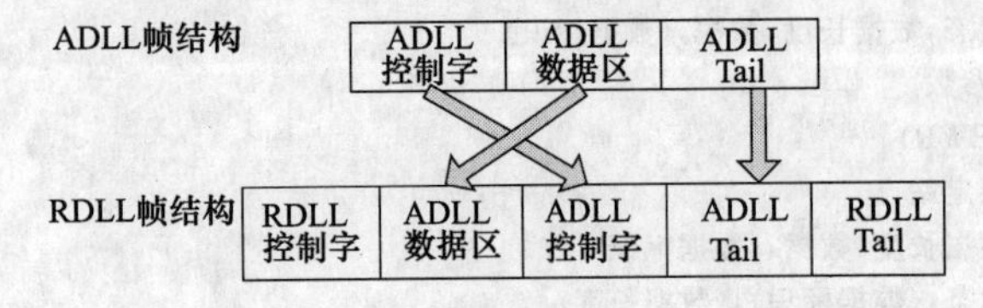

图 8-1-34 映射

7. ADLL 协议规范

(1) ADLL 站点地址域

ADLL 协议中，规定地址域范围为 0～255。

(2) ADLL 帧数据结构

抽象数据链路子层接收应用层消息，并组建成 ADLL 帧，包括两部分：ADLL 用户数据以及 ADLL 控制信息。

ADLL 用户数据存放的是 RDLL 所需要的数据区数据内容。

ADLL 控制信息数据结构的伪代码描述如下。其代码解释如表 8-1-65 所示。

```
ADLL_ Hdr
{
  D-addr;
  S-addr;
  Data-Length;
  RDLL-Type;
  Data-Check;
  Head-Check;
  SN;
  Send_ DateTime;
  Rcv_ DateTime;
  Union CTRL
  {
    DCheck_ EN;
    HCheck_ EN;
    Synbit;
    StoreTypebit;
  };
};
```

表 8-1-65 代码解释

代　码	代码解释
D-addr	目的地址
S-addr	源地址
Data-Length	表示 ADLL 用户数据帧的长度
RDLL-Type	RDLL 使用的协议类型
Data-Check	RDLL 数据帧的校验值
Head-Check	RDLL 数据帧头部信息校验值
SN	数据帧序号,该序号按照构造的 RDLL 数据帧顺序递增,是数据帧的唯一标识
Send_DateTime	RDLL 数据帧发送时间戳
Rcv_DateTime	RDLL 数据帧接收时间戳
CTRL	控制字
DCheck_EN	RDLL 数据帧校验使能位,该位为“1”时,表示进行 RDLL 数据帧校验
HCheck_EN	RDLL 数据帧头部帧校验使能位,该位为“1”时,表示进行 RDLL 数据帧头部帧信息的校验
Synbit	周期性帧标记,该位为“1”表示本数据帧为周期数据帧,否则为非周期数据帧
StoreTypebit	数据存储格式,该位为“1”表示数据在内存中的存储格式按照“Intel”格式进行存储,该位为“0”表示数据在内存中按照“MAC”格式进行存储

(3) ADLL 帧定界符

由于 ADLL 数据帧不直接交付至物理层，因而在 ADLL 中不定义起始定界符 BOF 以及结束定界符 EOF。定界符规则由具体的 RDLL 定义。

1.2.5　应用层

1. 概述

应用层（Application Layer，AL）为用户层行规提供传输服务及数据安全支持，并实现用户层与数据链路层之间的数据交互。

2. 应用层模型

应用层是由传输服务、APDU、状态机组成，应用层结构模型如图 8-1-35 所示。传输服务为用户层行规提供连接服务、异步传输服务、传输管理服务等，状态机管理应用层的运行状态并控制传输，应用层以 APDU 形式实现与链路层数据交换。

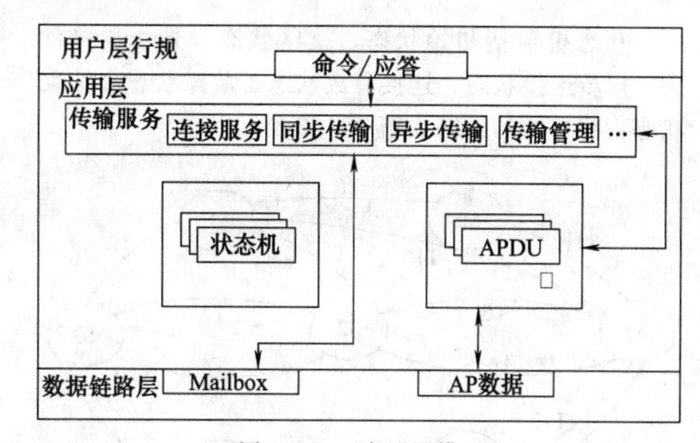

图 8-1-35　应用层模型

3. 传输服务

传输服务类别及功能说明如表 8-1-66 所示。

4. 状态机

应用层可处于不同的运行状态，应用层的操作可触发状态间的转换，在不同的状态下可提供不同的服务及操作。

表 8-1-66　传输服务类别及功能说明

传输服务类别	功　能　说　明
连接服务	连接服务实现站点间连接的建立与释放 (1)建立连接 传输服务为连接型服务，必须建立站点间的连接后才能处理响应的命令与应答 基本参数：站点标识，连接类型。连接类型包括同步连接与异步连接，连接建立的状态通过传输管理服务查询 (2)释放连接 当传输结束后，必须释放连接 基本参数：站点标识，连接释放的状态通过传输管理服务查询
同步传输服务	同步传输服务为用户层行规中的插补等同步命令提供传输服务 基本参数：站点标识，命令标识，WDOG 数据在同步传输过程中，站点间共同维护一组 WDOG 数据(包括 Watchdog Data/Response WatchdogData，WDOG/R_WDOG)，用于检测同步错误。当站点间的 WDOG 数据不一致时，产生同步错误 同步传输的状态通过传输管理服务查询
异步传输服务	异步传输服务为用户行规中的非同步命令提供传输服务 基本参数：站点标识，命令标识，异步数据 在异步传输中通过超时机制(Timeout)保证数据的时效性
传输管理服务	传输管理服务对应用层的传输状态进行管理，包括初始化、同步/异步转换、状态查询及安全等服务 (1)初始化服务 初始化服务完成对应用层传输服务的状态及传输参数(如周期、超时、WDOG/R_WDOG 等)的初始设置 (2)同步/异步转换服务 同步/异步转换服务实现同步传输与异步传输间的转换 基本参数：站点标识，传输方式 返回状态通过状态查询服务查询 (3)状态查询服务 状态查询服务提供应用层运行、出错状态，包括：运行状态，连接状态，服务执行状态，错误及错误类型等 运行状态包括应用层状态机的各种状态 连接状态包括已连接、未连接 服务执行状态包括进行中、已完成 应用层所定义的错误包括初始化错误、传输错误、WDOG 数据错误、命令超时错误及同步命令错误等 (4)安全服务 安全服务可通过权限控制、数据保护等确保应用层数据操作与传输的安全性

状态机包括初始状态、就绪状态、异步连接状态、同步连接状态、连接释放状态、故障状态和结束状态，状态间的转换如图 8-1-36 所示。

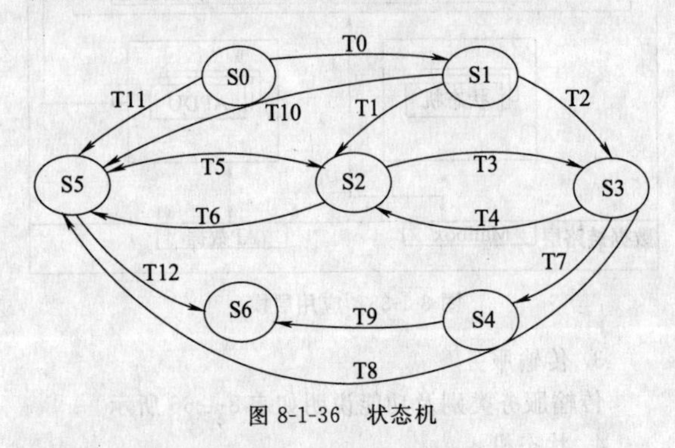

图 8-1-36 状态机

状态说明如表 8-1-67 所示。

表 8-1-67 状态说明

状态号	状态名	状 态 说 明
S0	初始状态	装置上电后站点的应用层初始状态
S1	就绪状态	站点初始化成功后等待建立连接的状态
S2	异步连接状态	在该状态下可提供异步传输服务
S3	同步连接状态	在该状态下既可提供同步传输服务也可提供异步传输服务
S4	连接释放状态	数据传输结束后进入的状态
S5	错误状态	在该状态下不能提供传输服务
S6	结束状态	服务关闭等待装置下电的状态

应用层的操作说明如表 8-1-68 所示。

表 8-1-68 操作说明

操作编号	操 作 说 明
T0	执行初始化服务(无异常)
T1	执行异步连接服务(无异常)
T2	执行同步连接服务(无异常)
T3	执行同步/异步转换服务(无异常)
T4	发生同步错误
T5	执行恢复操作
T6	发生异步传输故障
T7	执行释放连接服务(无异常)
T8	执行释放连接服务(异常)
T9	执行结束处理
T10	执行连接服务(异常)
T11	执行初始化服务(异常)
T12	执行故障处理

5. 应用层协议规范

(1) APDU 结构

APDU 由控制信息与用户数据负载组成，控制信息描述 APDU 的属性，用户数据负载存储用户层行规数据。

(2) 控制信息

控制信息数据结构如图 8-1-37 所示。

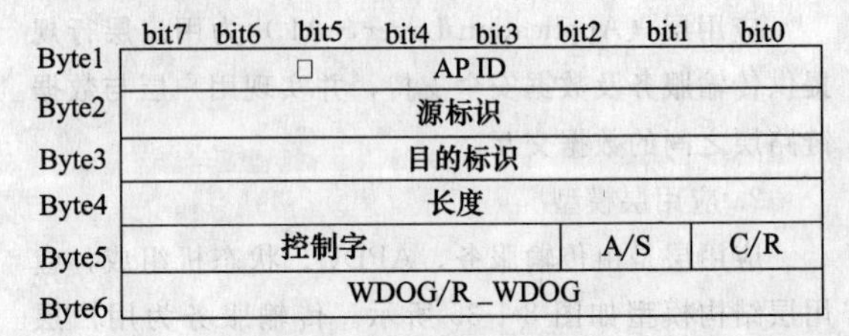

图 8-1-37 控制信息数据结构

相关术语及其解释如表 8-1-69 所示。

表 8-1-69 术语及其解释

术 语	术语解释
AP ID	APDU 的标识号
源标识	发送站点标识
目的标识	接收站点标识
长度	用户数据负载长度
控制字	bit0(C/R)用于标识命令或应答，bit1(A/S)用于标识同步命令(A/S=1)、异步命令(A/S=0)，其余位用于表示数据安全
WDOG/R_WDOG	同步计数器，用于检测同步错误，在 A/S=1 时有效

(3) 用户数据负载

用户数据负载存储命令与应答，标志位"C/R=1"表示命令，"C/R=0"表示应答。

1.2.6 用户层行规

1. 概述

用户层行规通过定义命令与应答的数据结构，确保装置间的互操作，支持面向应用的实现。根据开放式数控系统中装置的参数与行为特性，用户层行规包括管理、传感器控制、驱动控制与 I/O 控制 4 部分。

2. 数据类型

用户层行规使用的数据类型见 1.2.8 的数据类型定义。

3. 数据结构

数据结构包括命令数据结构与应答数据结构，其中命令格式由命令号及命令参数两部分组成，具体数据结构如图8-1-38所示。

2Byte		2～N Byte(可变长)
命令号		命令参数
bit15～bit12(高4位)	bit11～bit0(低12位)	
命令分组号	组内命令号	

图8-1-38 命令数据结构

应答数据格式由命令号、告警/故障号、应答状态及应答数据组成，其中命令号表示针对某一命令的应答，告警/故障号为命令执行所产生的告警，应答状态为命令的返回状态，具体数据结构如图8-1-39所示。

Byte0～Byte1	Byte2	Byte3～Byte4	Byte5～ByteN(可变长)
命令号	告警/故障号	应答状态/R_Status	应答数据

图8-1-39 应答数据结构

告警号与具体装置相关，由用户定义。

应答状态的数据结构如图8-1-40所示。

bit7～bit3	bit2	bit1	bit0
与装置类型相关	就绪位	告警位	故障位
bit15～bit8			
与装置类型相关			

图8-1-40 应答状态数据结构

应答状态说明如表8-1-70所示。

表8-1-70 应答状态说明

状态号	状态名	状态说明
bit0	故障位	1:发生故障,0:未发生故障
bit1	告警位	1:发生告警,0:未发生告警
bit2	就绪位	1:可接受命令,0:不能接受命令

4. 用户层行规命令

根据命令功能和所属装置的种类，可对用户层行规命令分组。最多可支持16个分组，其中每组可支持4096个命令。下面定义如下4个分组（用户可按需求扩展），如表8-1-71所示。

表8-1-71 用户层行规命令分组

分组名称	作 用
管理命令组	用于执行站点间的连接、释放、同步建立、参数管理等
传感器命令组	用于打开、关闭传感器等
驱动命令组	用于伺服使能、定位、插补、停止等
I/O命令组	用于I/O数据的读写等

命令分组号的定义如表8-1-72所示。

表8-1-72 命令分组号的定义

分组名称	命令分组号
管理	0H
传感器	1H
驱动	2H
I/O	3H
其他命令组	XH

具体的命令分组与命令如表8-1-73～表8-1-76所示。其中同步命令只能在建立同步操作后运行。

表8-1-73 管理命令组

命令号	命令名称	命令类型	说 明
0000H	NOP_SET	异步命令	空操作
0001H	CONN_SET	异步命令	建立连接
0002H	CONN_REL	异步命令	释放连接
0003H	PARM_RD	异步命令	读参数
0004H	PARM_WR	异步命令	写临时参数
0005H	SPARM_WR	异步命令	写永久参数
0006H	ID_RD	异步命令	读产品信息
0007H	UNIT_CFG	异步命令	站点配置
0008H	ALM_RD	异步命令	读告警信息
0009H	ALM_CLR	异步命令	清除告警信息
000AH	SYN_SET	异步命令	同步切换

表 8-1-74 传感器命令组

命令号	命令名称	命令类型	说 明
1000H	SENS_ON	异步命令	打开传感器
1001H	SENS_OFF	异步命令	关闭传感器

表 8-1-75 驱动命令组

命令号	命令名称	命令类型	说 明
2000H	SERV_ON	异步命令	打开伺服
2001H	SERV_OFF	异步命令	关闭伺服
2002H	CORD_SET	异步命令	设置坐标
2003H	BRAK_ON	异步命令	打开制动器
2004H	BRAK_OFF	异步命令	关闭制动器
2005H	MOT_HOLD	异步命令	进给保持
2006H	MON_SET	异步命令	监视伺服状态
2007H	RAPOS_CTR	异步命令	定位
2008H	INTPO_CTR	同步命令	插补
2009H	FD_CTR	异步命令	恒速进给
200AH	ZR_RET	异步命令	回零
200BH	LAT_INTPO	同步命令	带位置检测功能的插补
200CH	EX_POS	异步命令	外部输入定位
200DH	VEL_CTR	异步命令	速度控制
200EH	TRQ_CTR	异步命令	转矩控制
200FH	SPIND_CTR	异步命令	主轴控制

表 8-1-76 I/O 命令组

命令号	命令名称	命令类型	说 明
3000H	DATA_RW_ASYN	异步命令	数据异步读写
3001H	DATA_RW_SYN	同步命令	数据同步读写

5. 管理命令

管理命令相关的操作名称、格式、参数、描述及应答等如表 8-1-77 所示。

6. 传感器命令

传感器命令相关的操作名称、格式、参数、描述及应答等如表 8-1-78 所示。

7. 驱动命令

驱动命令相关的操作名称、格式、参数、描述及应答等如表 8-1-79 所示。

表 8-1-77 管理命令操作名称、格式、参数、描述及应答

操作名称	操作格式	参数		描 述	应 答
		参数名称	参数描述		
空操作(NOP_SET:0000H)	NOP_SET()	无		报告当前装置的应答状态	命令的执行情况在应答状态字中表示如图 8-1-40 所示,无应答数据

续表

操作名称	操作格式	参数		描述	应答
		参数名称	参数描述		
建立连接(CONN_SET:0001H)	CONN_SET(SET_COM_MD, SET_COM_CYC)	SET_COM_MD	同步或异步模式设定 Boolean型 0:进行异步传输。不可使用同步命令 1:进行同步传输。可以使用同步或异步命令	建立连接后方可对站点进行控制	命令的执行情况在应答状态字中表示如图8-1-40所示,应答数据域为连接参数
		SET_COM_CYC	设定周期 Int型		
释放连接(CONN_REL:0002H)	CONN_REL()	无		释放连接后将无法对站点进行控制	命令的执行情况在应答状态字中表示如图8-1-40所示,无应答数据
读参数(PARM_RD:0003H)	PARM_RD(PARM_NO, PARM_SIZE)	PARM_NO	参数编号 Int型	读出站点装置的设置参数	命令的执行情况在应答状态字中的表示如图8-1-40所示,应答数据域为所读参数
		PARM_SIZE	参数数据长度 Int型		
写临时参数(PARM_WR:0004H)	PRAM_WR(PARM_NO, PARM_SIZE, PARAMETER)	PARM_NO	参数编号 Int型	向站点装置写入临时参数	命令的执行情况在应答状态字中的表示如图8-1-40所示,应答数据域为所写参数
		PARM_SIZE	参数数据长度 Int型		
		PARAMETER	参数内容 Int型		
写永久参数(SPARM_WR:0005H)	SPARM_WR(PARM_NO, PARM_SIZE, PARAMETER)	PARM_NO	参数编号 Int型	向站点装置写入参数并保存	命令的执行情况在应答状态字中表示如图8-1-40所示,应答数据域为所写参数
		PARM_SIZE	参数数据长度 Int型		
		PARAMETER	参数内容 Int型		
读产品信息(ID_RD:0006H)	ID_RD(DEVICE_ID, DEVICE_OFFSET, DEVICE_SIZE)	DEVICE_ID	ID数据标识 Int型	读出装置的产品信息	命令的执行情况在应答状态字中表示如图8-1-40所示,应答数据域为读出的产品信息
		DEVICE_OFFSET	ID偏置 Int型		
		DEVICE_SIZE	数据长度 Int型		
站点配置(UNIT_CFG:0007H)	UNIT_CFG(CFG_MD)	CFG_MD	设置模式 Boolean型 0:设置无效 1:设置有效	使站点装置的设置参数生效	命令的执行情况在应答状态字中表示如图8-1-40所示,无应答数据

续表

操作名称	操作格式	参数		描述	应答
		参数名称	参数描述		
读告警信息(ALM_RD:0008H)	ALM_RD(ALM_RD_MD)	ALM_RD_MD	调用模式(告警或故障)Int型	读出告警号或故障号	命令的执行情况在应答状态字中的表示如图8-1-40所示,应答数据域为告警及故障信息
清除告警信息(ALM_CLR:0009H)	ALM_CLR(ALM_CLR_MD)	ALM_CLR_MD	告警模式Int型	清除告警信息与告警状态	命令的执行情况在应答状态字中表示如图8-1-40所示,无应答数据
同步切换(SYN_SET:000AH)	SYN_SET()	无		由异步状态切转到同步状态	命令的执行情况在应答状态字中表示如图8-1-40所示,无应答数据

表8-1-78　传感器命令操作名称、格式、参数、描述及应答

操作名称	操作格式	参数		描述	应答
		参数名称	参数描述		
打开传感器(SENS_ON:1000H)	SENS_ON()	无		传感器使能命令	命令的执行情况在应答状态字中表示如图8-1-40所示,无应答数据
关闭传感器(SENS_OFF:1001H)	SENS_OFF()	无		传感器禁用命令	命令的执行情况在应答状态字中表示如图8-1-40所示,无应答数据

表8-1-79　驱动命令操作名称、格式、参数、描述及应答

操作名称	操作格式	参数		描述	应答(伺服)
		参数名称	参数描述		
打开伺服(SERV_ON:2000H)	SERV_ON(MONITOR)	MONITOR	选择监视信号Int类型	伺服使能命令	命令的执行情况在应答状态字中的表示如图8-1-41所示,应答数据域为MONITOR指定的数据。伺服状态数据说明见表8-1-80
关闭伺服(SERV_OFF:2001H)	SERV_OFF(MONITOR)	MONITOR	选择监视信号Int类型	伺服禁用命令	命令的执行情况在应答状态字中的表示如图8-1-41所示,应答数据域为MONITOR指定的数据
设置坐标(CORD.SET:2002H)	CORD_SET(CORD_SET_MD, CORD_DATA)	CORD_SET_MD	坐标设定模式Int类型	设定站点装置的坐标	命令的执行情况在应答状态字中的表示如图8-1-41所示,应答数据域为所设置的坐标值
		CORD_DATA	坐标设定值Int类型		
打开制动器(BRAK_ON:2003H)	BRAK_ON()	无		打开制动器	命令的执行情况在应答状态字中的表示如图8-1-41所示,应答数据域为MONITOR指定的数据

续表

操作名称	操作格式	参数		描　述	应　答
		参数名称	参数描述		
关闭制动器（BRAK_OFF：2004H）	BRAK_OFF()	无		关闭制动器	命令的执行情况在应答状态字中的表示如图 8-1-41 所示，应答数据域为 MONITOR 指定的数据
进给保持（MOT_HOLD：2005H）	MOT_HOLD（MOT_HOLD_MD）	MOT_HOLD_MD	停止方式设置 Int 类型	伺服停止运动，并保持在当前位置	命令的执行情况在应答状态字中的表示如图 8-1-41 所示，应答数据域为 MONITOR 指定的数据
监视伺服状态（MON_SET：2006H）	MON_SET（MONITOR）	MONITOR	监视器设置 Int 类型	用于监视伺服的数据。监视器指定需要监视的位置、速度、转矩等的信息	命令的执行情况在应答状态字中的表示如图 8-1-41 所示，应答数据域为 MONITOR 指定的数据
定位(RAPOS_CTR：2007H)	RAPOS_CTR（DEST_POSITION，VELOCITY，MONITOR）	DEST_POSITION	定位位置 Int 类型	根据指定位置进行定位操作	命令的执行情况在应答状态字中的表示如图 8-1-41 所示，应答数据域为 MONITOR 指定的数据
		VELOCITY	定位速度 Int 类型		
		MONITOR	监视器设置 Int 类型		
插补(INTPO_CTR：2008H)	INTPO_CTR（INTPO_POSITION，FWD_VELOCITY，MONITOR）	INTPO_POSITION	插补位置 Int 类型	插补命令通过给定每个周期的插补位置来实现，周期是通过 CONN_SET 命令设置的	命令的执行情况在应答状态字中的表示如图 8-1-41 所示，应答数据域为 MONITOR 指定的数据
		FWD_VELOCITY	速度前馈 Int 类型		
		MONITOR	监视器设置 Int 类型		
恒速进给(FD_CTR：2009H)	FD_CTR（FD_VELOCITY，MONITOR）	FD_VELOCITY	进给速度 Int 类型	根据指定的速度恒速进给	命令的执行情况在应答状态字中的表示如图 8-1-41 所示，应答数据域为 MONITOR 指定的数据
		MONITOR	监视器设置 Int 类型		
回零（ZR_RET：200AH）	ZR_RET（LAT_SIGNAL，FD_VELOCITY，MONITOR）	LAT_SIGNAL	闩锁信号 Int 类型	根据给定速度与位置闩锁信号进行回零操作	命令的执行情况在应答状态字中的表示如图 8-1-41 所示，应答数据域为 MONITOR 指定的数据
		FD_VELOCITY	进给速度 Int 类型		
		MOMTOR	监视器设置 Int 类型		

续表

操作名称	操作格式	参数名称	参数描述	描述	应答
带位置检测功能的插补（LAT_INTPO:200BH）	LAT_INTPO（LAT_SIGNAL，INTPO_POSITION，FWD_VELOCITY，MONITOR）	LAT_SIGNAL	闩锁信号 Int类型	进行插补，并根据执行指定的闩锁信号进行位置检测	命令的执行情况在应答状态字中的表示如图8-1-41所示，应答数据域为MONITOR指定的数据
		INTPO_POSITION	插补设置 Int类型		
		FWD_VELOCITY	速度前馈 Int类型		
		MONITOR	监视器设置 Int类型		
外部输入定位（EX_POS:200CH）	EX_POS（LAT_SIGNAL，DEST_POSITION，VELOCITY，MONITOR）	LAT_SIGNAL	闩锁信号 Int类型	通过外部信号来进行定位操作	命令的执行情况在应答状态字中的表示如图8-1-41所示，应答数据域为MONITOR指定的数据
		DEST_POSITION	定位目标位置 Int类型		
		VELOCITY	进给速度 Int类型		
		MONITOR	监视器设置 Int类型		
速度控制（VEL_CTR:200DH）	VEL_CTR（VREF，MONITOR）	VREF	速度大小 Int类型	执行速度控制	命令的执行情况在应答状态字中的表示如图8-1-41所示，应答数据域为MONITOR指定的数据
		MONITOR	监视器设置 Int类型		
转矩控制（TRQ_CTR:200EH）	TRQ_CTR（TQREF，MONITOR）	TQREF	转矩大小 Int类型	执行转矩控制	命令的执行情况在应答状态字中的表示如图8-1-41所示，应答数据域为MONITOR指定的数据
		MONITOR	监视器设置 Int类型		
主轴控制（SPIND_CTR:200FH）	SPIND_CTR（VREF，DIRECTION）	VREF	速度大小 Int类型	设置主轴速度及方向	命令的执行情况在应答状态字中的表示如图8-1-41所示，应答数据域为MONITOR指定的数据
		DIRECTION	旋转方向 Int类型		

bit7	bit6	bit5	bit4	bit3	bit2	bit1	bit0
命令结束	定位结束	原点位置	主电源打开	伺服打开	就绪	告警位	故障位
bit15	bit14	bit13	bit12	bit11	bit10	bit9	bit8
预留			反向软限	正向软限	定位附近	位置闩锁	转矩限制

图8-1-41　伺服状态数据结构

表8-1-80　伺服状态数据说明

bit3	伺服打开	1：伺服打开状态，0：伺服关闭状态
bit4	主电源打开	1：主电源打开状态，0：主电源关闭状态
bit5	原点位置	1：在原点位置，0：未在原点位置
bit6	定位结束	1：在定位目标位置，0：未在定位目标位置

续表

bit7	命令结束	1:已结束,0:进行中
bit8	转矩限制	1:限制,0:未限制
bit9	位置闩锁	1:闩锁结束,0:闩锁未结束
bit10	定位附近	1:反馈位置与定位目标位置的差在定位附近范围内,0:未在范围内
bit11	正向软限	1:反馈超出正向软限制值,0:未超出正向软限制值
bit12	反向软限	1:反馈超出反向软限制值,0:未超出反向软限制值

表 8-1-81　I/O 控制命令操作名称、格式、参数、描述及应答

操作名称	操作格式	参数		描述	应答
		参数名称	参数描述		
数据异步读写(DATA_RW_ASYN:3000H)	DATA_RW_ASYN(OUTP_DATA)	OUTP_DATA	输出数据 Int 类型	对 I/O 数据进行异步读写操作	命令的执行情况在应答状态字中的表示如图 8-1-41 所示,应答数据为 I/O 设备的数据
数据同步读写(DATA_RW_SYN:3001H)	DATA_RW_ASYN(OUTP_DATA)	OUTP_DATA	输出数据 Int 类型	对 I/O 数据进行同步读写操作	命令的执行情况在应答状态字中的表示如图 8-1-41 所示,应答数据为 I/O 设备的数据

8. I/O 控制命令

I/O 控制命令相关的操作名称、格式、参数、描述及应答等如表 8-1-81 所示。

1.2.7　总线安全导则

1. 概述

总线安全包括通信安全与设备安全，可参照 IEC 62061 和 GB 5226.1。

2. 通信安全

通信安全应确保物理层、数据链路层以及应用层对安全通信的要求。

(1) 物理层的安全要求

为保证物理层对比特序列可靠传送，应采取如下的措施。

1) 导线介质选用抗干扰性能强的传输媒体和线路码。

2) 支持信息传输通路的冗余。

3) 发送电路和接收电路规范有较强的抗干扰特性。

4) 发送电路具有闭环自检功能。

5) 采用有效的隔离和屏蔽等措施减弱传输介质的外界干扰。

6) 支持本质安全。

7) 物理层要对通信线路的状态进行监督，并提供故障状态的报告。

(2) 数据链路层的安全要求

链路安全服务应提供基本的数据链路层通信安全及可靠性保证。这些安全性保证包括数据报文的可靠送达，网络发生连接错误时，对网络出错情况、网络错误位置的基本监测，对发生的网络错误进行自动修复，当网络出错并且不可修复时，向用户发出报警并且自动对系统执行待机、停机等保护操作。

(3) 应用层的安全要求

应用层安全应包括用户授权、密码管理、数据保护等措施。

用户授权应对用户的合法性进行鉴别，合理规范用户访问权限，避免未授权用户访问系统。

密码管理应建立密码管理程序，包括使用密码的强度要求，密码更换时间间隔要求，对非活动状态用户密码的回收机制等。

数据保护应避免数据在传输过程中可能遇到的传输误差、重复、删除、重新排序、破坏、延迟和伪装等问题，可基于“黑通道”模型，在应用层 APDU 上增加安全控制机制，用以保护数据传输的安全性。

3. 设备安全

对总线设备出现的故障，设备安全体系应能及时检测、报警并采取相应的处理方案。具体应做到如下。

1) 对驱动设备与电源系统应提供过压、过流、

第8篇

过载、过温等故障的检测与报警。

2）对控制刀库/刀架系统的I/O设备应提供定位、液压系统油压、行程开关、超程、垂直轴制动器失效等监督与报警。

3）为避免设备的误操作，应提供对越权操作、违规操作、误操作、参数的选定错误与删除、更改程序等的避免机制。

1.2.8　数据类型定义

各类数据、变量规定如表8-1-82所示。

表8-1-82　数据、变量规定

位元 bit	最小的内存存储单位，取值包括“0”和“1”两种 约定：以“b”为位元单位的缩写，即1b表示1个位元(1bit)
字节 Byte	每8个bit构成1字节Byte 约定：以“B”为字节单位的缩写，即1B表示1个字节(1Byte)
八位位组 Oct	每8个bit构成1个八位位组 约定：以“1oct”或者“1Oct”表示1个八位位组
布尔变量 Boolean	规定布尔变量取值为0以及非0，存储空间可以是任意长度，其中“0”表示假逻辑，非0数据表示真逻辑
整数变量 Int	带有符号的整型数。可以使用8bit、16bit、32bit、64bit等多种方式进行存储。其中最高位为符号位 整数取值范围： 8bit　−128～127 16bit　−32768～32767 32bit　$-2^{31}\sim2^{31}-1$ 64bit　$-2^{63}\sim2^{63}-1$ 编码方式，规定最高存储位MSB为符号位，所记录数据为负数时，符号位为1，数据以补码形式表示；所记录数据为0或正数时，符号位为0，数据以原码形式表示 约定：以8bit、16bit、32bit、64bit存储的有符号整型数在本部分中以Int××表示： 8bit整型数Int8 16bit整型数Int16 32bit整型数Int32 64bit整型数Int64
无符号整数变量	不带有符号的整型数。可以使用8bit、16bit、32bit、64bit等多种方式进行存储 整数取值范围： 8bit　0～255 16bit　0～65535 32bit　$0\sim2^{32}-1$ 64bit　$0\sim2^{64}-1$ 约定：以8bit、16bit、32bit、64bit存储的无符号整型数在本部分中以Unsigned××表示： 8bit整型数Unsigned8 16bit整型数Unsigned16 32bit整型数Unsigned32 64bit整型数Unsigned64
浮点数变量	浮点数标准遵从IEEE 754标准的实数表示方法 约定：本部分中，以float或者Float表示浮点数
串	串是由一组同类、固定长度的基本数据类型或结构数据类型元素组成。字符串标准遵从ISO 2375以及ISO 646
位元串	规定在本部分中，支持高位优先以及低位优先位元串结构

续表

日期时间	由两部分结构体元素组成,分别用来表示日历的日期和时间 时间部分结构体包括:毫秒 ms,秒 s,分钟 min,小时 h,时区,夏令时标识 日历日期部分结构体包括:日期 day,月 month,年份 year 取值范围: 毫秒(ms):0～999 秒(s):0～59 分钟(min):0～59 小时(h):0～23 时区:－12～＋12 夏令时标识:0、1 日期(day):1～31 月(month):1～12 年(year):0～9999
时差	包括两部分结构体数据,分别表示毫秒和日。用来表示两个时间的差值 取值范围: 毫秒:$0\sim2^{31}-1$ 日:$0\sim2^{16}-1$
空	空数据类型长度为零 约定:以 NULL 表示
数组	数组 Array 是由一个同类元素的有序集合组成。本部分对数组元素的数据类型没有约束但每个元素需要来自同一个类型。数组一旦被定义了,数组中元素的数量不能改变
结构体	结构 Structure 是由一组相同或不同数据类型元素构成。本部分不限制字段的数据类型。一个结构可以包含基本数据元素、更多其他结构元素或用户定义的数据元素 约定:一个数据结构由:结构体名称{元素类型元素名称;//注释}构成

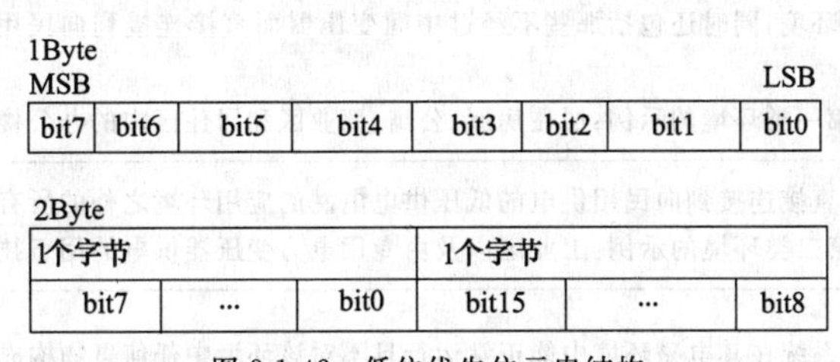

图 8-1-42　低位优先位元串结构

1Byte
MSB　LSB

bit7	bit6	bit5	bit4	bit3	bit2	bit1	bit0

2Byte

1个字节			1个字节		
bit15	…	bit8	bit7	…	bit0

图 8-1-43　高位优先位元串结构

低位优先位元串结构如图 8-1-42 所示。

高位优先位元串结构如图 8-1-43 所示。

1.3　通用技术条件

本节介绍了机床数控系统研发、设计、制造、验收及应用的基本要求，包括技术要求、试验方法、检验规定及包装储运等。适用于各种类型的机床数控系统，包括金属切削机床、锻压机床、木工机床及特种加工机床等的数控系统。

1.3.1　术语和定义

数控系统的术语和定义如表 8-1-83 所示。数控系统的典型组成与端口/接口如图 8-1-44 所示。

表 8-1-83 术语和定义

术语	定义
数控系统	使用数值数据的控制系统，在运行过程中不断地引入数值数据，从而实现机床加工过程的自动控制 数控系统的基本组成包括数控装置和驱动装置两部分。其中驱动装置又包括完整驱动单元和电机两部分
数控装置	数控装置为数控系统的控制部分，一般由微处理器、存储器、位置控制器、输入/输出、显示器、键盘、操作开关等硬件电路和相关的控制软件所组成
驱动装置	数控系统的驱动装置是由完整的驱动单元加上相应的电机而组成
电柜、机箱与内置型机箱	电柜和机箱是用来安装数控系统的电路和部件，用以防止外部影响及操作人员触电的壳体。通常机柜体积较大，开有柜门；机箱较小，开有盖。内置型机箱是指安装在电柜或其他机箱内部的机箱
端口	数控系统各装置和单元上，能够提供和接受电磁能量或信号，且这些电磁能量或信号能够被测量到的特定边界(见图 8-1-44) 注：端口一般是指数控系统对外部的边界，而接口一般是指数控系统内部各装置或单元的边界
机箱端口	数控系统的物理边界，电磁场可以通过这个边界辐射或侵入
电源端口	连接数控系统各装置和单元与供电电源的端口。电源端口中通常包含保护接地端口 注：驱动单元连接电机的电源输出端口为电机电源接口
控制与测量信号接口	连接数控系统各装置和单元之间的控制与测量信号的接口。接口之间通过相应的信号线或信号电缆相连接从而完成指定的功能
计算机信号端口	数控系统各装置与计算机之间的信号端口，通常包括 RS-232/485、USB、键盘、网络等信号端口
第一类环境	民用环境，同时还包括那些不经过中间变压器而直接连接到向民用供电的低压供电电网的应用环境 注：第一类环境的示例：居住房屋、公寓、商业区和居住区内的办公楼
第二环境	除了直接连接到向民用供电的低压供电电网的应用环境之外的所有环境 注：第二类环境的示例：工业区以及由专用电力变压器供电的用于技术服务区的建筑物
电磁兼容性 EMC	数控系统在其电磁环境中能正常运行且不对该环境中任何事物构成不能承受的电磁骚扰的能力
(对骚扰的)抗扰度	数控系统及其各装置或单元面临电磁骚扰不降低运行性能的能力
静电放电	具有不同静电电位的物体相互靠近或直接接触引起的电荷转移
脉冲群	一串数量有限的清晰脉冲或一个持续时间有限的振荡
浪涌(冲击)	沿线路或电路传播的瞬态电压波。其特征是电压快速上升后缓慢下降
电压暂降	电气系统某一点的电压突然下降，经历几周到数秒的短暂持续期后又恢复正常
辐射骚扰	以电磁波的形式通过空间传播能量的电磁骚扰
传导骚扰	通过一个或多个导体传递能量的电磁骚扰
工频磁场骚扰	由工频磁场所引起的电磁骚扰
可靠性	数控系统在规定的条件下和规定的时间内，实现规定功能特性的能力
平均无故障工作时间	数控系统无故障工作时间的平均值

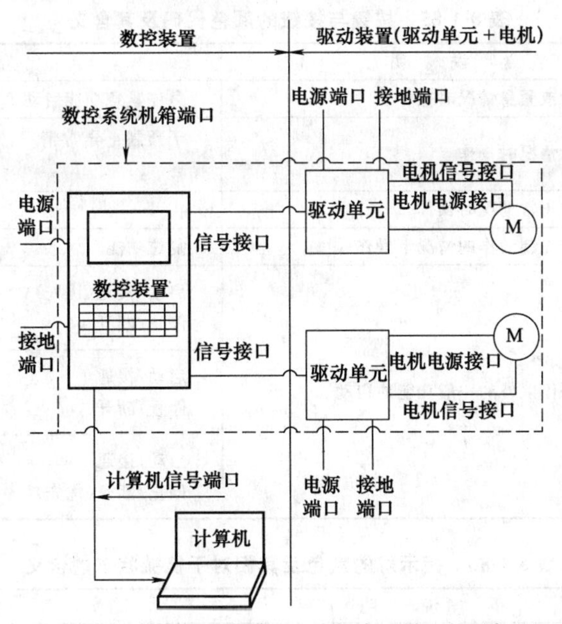

图 8-1-44　数控系统的典型组成与端口/接口的示意图

1.3.2　技术要求

1. 数控系统的基本设计要求

(1) 数控系统的功能要求

数控系统按其功能用途可以分为金属切削机床、锻压机床、成型加工机床、木工机床、特殊加工机床和专用机械等数控机床用的数控系统。同时数控系统的坐标轴与运动方向、准备功能与辅助功能代码、数据格式、数控系统的控制功能等，不同的数控系统将有不同的要求，但都应符合国家标准要求。其中对于数控系统的控制功能，当有性能较高的数控系统或特种数控系统时，还应具有和数控机床要求相适应的更多的功能。

(2) 结构与外观

数控系统的电柜、机箱以及零部件表面应平整匀称，不应有明显的凹痕、划伤、裂缝或变形，表面涂、镀层不应有气泡、龟裂、脱落或锈蚀等缺陷，其外形及尺寸应符合设计要求。

电柜、机箱及操作面板的结构与布局应合理、美观、协调并符合人类工效学原则，同时应具有使用及维护的方便性。

(3) 标志

数控系统的电柜、机箱、操作面板上的开关、按键、按钮、旋钮、指示灯、保险丝及控制单元（如手摇脉冲发生器）等都应有表示其功能的标志并可以采用形象化标志；电源端口、保护接地端口及信号连接端口/接口等应有表示其作用或相应端子定义的标志；表示数控系统的技术要求或性能也可以使用相应的标志。

所有这些标志应牢固、清晰、美观、经久耐用及易于观察，并且不会因为系统安装或连线时被破坏或永久遮盖。

(4) 相关元件或零部件颜色

1) 连接导线　连接导线可用颜色代码作为标记，可采用黑、棕、红、橙、黄、绿、蓝（包括浅蓝）、紫、灰、白、粉红、青绿等颜色。保护导线的颜色为黄/绿双色线且是绝对专用的。

导线颜色代码及其含义如表 8-1-84 所示。

表 8-1-84　导线颜色代码及其含义

颜　色	含　　义
黑色	交流和直流动力电路
红色	交流控制电路
蓝色	直流控制电路
橙色	由外部电源供电的联锁控制电路

2) 操作控制元件　操作控制元件（按键与按钮）的颜色代码及其含义如表 8-1-85 所示。

3) 指示元件　指示元件（指示灯、光标按钮、闪烁灯）的颜色及其含义如表 8-1-86 所示。

(5) 导线与连接

插头与插座组合的形式应使得无论何时，即使在连接器插入或拔出时，都能够防止人与带电部分意外接触（保安特低电压电路除外），从而避免危险隐患。

表 8-1-85　按键与按钮的颜色代码及其含义

颜色	含义	说明	应用示例
红	紧急	危险或紧急情况时操作	急停紧急功能启动
黄	异常	异常情况时操作	干预制止异常情况，干预重新启动中断了的自动循环
绿	正常	启动正常情况时操作	
蓝	强制性的	要求强制动作的情况下操作	复位功能
白	未赋予特定含义	除急停以外的一般功能的启动	启动/接通(优先) 停止/断开
灰			启动/接通 停止/断开
黑			启动/接通 停止/断开(优先)

表 8-1-86　指示灯的颜色及其相对于机械状态的含义

颜色	含义	说明	操作者的动作
红	紧急	危险情况	立即动作去处理危险情况(如操作急停)
黄	异常	异常情况、紧急临界情况	监视和(或)干预(如重建需要的功能)
绿	正常	正常情况	任选
蓝	强制性	指示操作者需要动作	强制性动作
白	无确定性质	其他情况，可用于红、黄、绿、蓝色的应用有疑问时	监视

(6) 防护

1) 防护等级要求　防护等级通常用 IP 表示，其分类及定义如表 8-1-87 所示。

数控系统电柜和机箱的防护等级要求如下。

① 电柜和机箱：IP54。

② 内置型机箱：IP54～IP00。

对控制装置的内置型机箱，其操作面板部分防护等级要求为 IP54，其他部分可以降低：防止人员触电的最低要求为 IP20，PELV 电路即保安特低电压电路防护等级可以为 IP00。

2) 防护等级的设计　为了保证电柜和机箱达到 IP54 等级要求，在设计时应保证它的密封性能，使其不仅防尘并且防潮。如可将电柜或机箱的门边框采用密封条或密封圈，其材料应能经受侵蚀性液体、油、雾或气体的化学影响。机箱的所有通孔应密封住，电缆线进口在现场应容易打开等。

3) 防护的其他要求　如果工作、存放和运输环境有超量污染物（如灰尘、酸类物、腐蚀性气体或盐类物）和辐射时，供方与需方可能有必要达成专门协议。

(7) 操作与维修性

在设计数控系统时应考虑电柜、机箱的操作和维修性。

2. 数控系统的接口信号要求

数控系统的接口信号及要求如表 8-1-88 所示。

3. 数控系统的环境要求

(1) 气候环境适应性要求

数控系统需要在不同气候环境条件下正常运行、储存和运输，具体要求如表 8-1-89 所示。

(2) 机械环境适应性要求

数控系统需要承受一定的振动与冲击，其条件如表 8-1-90 所示。试验后，其外观和装配质量不应改变，系统仍然能正常工作。

表 8-1-87　防护等级分类及定义

等级	定义
IP54	防尘，不能完全防止尘埃进入，但进入的灰尘量不得影响设备的正常运行，不得影响安全；防溅水，向外壳各方向溅水无有害影响
IP20	防止人用手指接近危险部件；防止直径不小于 12.5mm 的固体异物进入外壳内；无防水
IP00	无防护

表 8-1-88 数控系统的接口信号及要求

信　号	要　求
模拟接口信号	数控系统的各个装置或单元之间的控制信号可以使用模拟接口信号，其要求如下 输入信号为：±10V或0～10V，输入阻抗≥10kΩ 输出信号为：±10V或0～10V，负载阻抗≥1kΩ
数字脉冲接口信号	数字脉冲接口信号在数控系统的各个装置或单元之间可以有多种类型：控制用电平接口信号、进给用脉冲接口信号、测量用脉冲反馈接口信号、通信用接口信号（如RS232/485，USB、键盘接口）等。数控系统的生产厂商应在其产品说明书或使用手册上具体说明。对于脉冲和电平接口信号，还应说明脉冲信号的种类、电平、速率、信号电流等
现场控制总线接口信号	高性能的数控系统往往采用现场控制总线来作为数控系统的装置或单元之间的接口。现场总线种类很多，各个数控系统生产厂商应根据自己使用的技术，在产品说明书或使用手册上说明
其他控制信号	数控系统的驱动装置与控制装置之间应具备基本交换信号 准备就绪（驱动装置输出） 允许/封锁工作（驱动装置输入） 故障报警（驱动装置输出） 其他控制信号也应在使用说明书或使用手册中说明

表 8-1-89 数控系统对温度、相对湿度与大气压强的要求

项　目	运行气候条件	储存/运输气候条件	注意事项
环境温度范围（适用于采用电柜和机箱的数控系统或装置）	0～40℃	长期储运：－25～55℃ 短期储运（24h）：－40～70℃	（1）对于采用内置型机箱的驱动单元，当环境温度为40～55℃时，允许其输出功率降低，并应在产品说明书或产品应用手册中说明 （2）对于带有LCD显示器或磁盘驱动器等温度敏感器件的内置型数控系统的控制装置，允许其上限工作温度为45～55℃，并应在产品说明书或产品应用手册中说明 （3）当运输的数控系统带有温度敏感器件，如带有LCD显示器或磁盘驱动器的控制装置，其储运时的温度范围可以为－20～55℃，并应在产品说明书或产品应用手册中说明 （4）对于大气压强低于92kPa（海拔高度超过1000m）时，考虑到空气冷却效果的减弱，驱动装置的输出功率可能降低。为此应在其产品说明书或产品使用手册中说明，或者用户可与制造厂商达成协议并按协议设计和使用
环境温度范围（适用于采用内置型机箱的数控系统的装置或单元）	0～55℃		
相对湿度范围	10%～95%（无凝露）	≤95%（40℃）	
大气压强范围	92～106kPa （海拔1000～0m）	70～106kPa （海拔3000～0m）	

表 8-1-90 数控系统的振动与冲击试验的技术要求

振动（正弦）试验（数控系统处在运行状态）		冲击试验（数控系统处在不运行状态）	
频率范围	10～55Hz	冲击加速度	300m/s²
扫描速率	1oct/min	冲击波形	半正弦波
振幅峰值	0.15mm	持续时间	18ms
振动方向	X、Y、Z	方向	垂直于底面
扫描循环数	10次/轴	冲击次数	3

表 8-1-91　运输冲击极限试验的技术要求

质量(包含外包装)/kg	跌落高度/m	质量(包含外包装)/kg	跌落高度/m
质量＜20	0.25	100≤质量	0.1
20≤质量＜100	0.25		

表 8-1-92　交流输入电源环境、额定电压与额定频率

项　目	要　求	注意事项
数控系统的交流供电接地系统	TN-S 系统(3 相 5 线供电系统)：推荐采用 TN-C 系统(3 相 4 线供电系统)、TN-C-S 系统(3 相 4 线/5 线混合供电系统) TT 系统(接地保护端独立接大地且与电源系统不连通)：需另加隔离变压器	(1)对于电源电压变化范围，有的产品当电源电压降低到额定电压－10%～－15%时，其驱动装置的输出性能允许有所下降，并应在产品说明书或应用手册中说明 (2)特殊供电电压和频率应在合同中另行明确规定
交流输入电源额定电压	三相 380V 或单相 220V	
交流输入电源额定频率	50Hz	
电源电压变化范围	额定输入电压的－15%～10%	
电源频率变化范围	49～51Hz	

表 8-1-93　TN 系统的子系统

子系统	内　容
TN-S 系统	整个系统的中性导体 N 和保护导体 PE 是分开的(即 3 相 5 线制供电系统)
TN-C 系统	整个系统的中性导体 N 和保护导体 PE 是合一的为 PEN 线(即 3 相 4 线制供电系统)
TN-C-S 系统	系统中一部分线路的中性导体 N 和保护导体 PE 是合一的(即 3 相 4 线/5 线混合供电系统)

数控系统各装置应能够用供货者的标准包装箱进行运输，并应能够承受一定的运输冲击，其要求如表 8-1-91 所示。

(3) 交流输入电源环境要求

数控系统交流输入电源的要求如表 8-1-92 所示。

我国的交流供电接地系统为 TN 系统。TN 系统的供电电源端有一点直接接地，电气装置的外露可导电部分通过保护中性导体 N 或保护导体 PE 连接到此接地点。根据中性导体 N 和保护导体 PE 的组合情况，TN 系统的子系统有三种，如表 8-1-93 所示。

当用户连接不当时供电接地系统则可能变为 TT 系统。TT 系统的电源端有一点直接接地，电气装置的外露可导电部分直接接地，此接地点在电气上独立于电源端的接地点（独立接地系统）。

对于数控机床和数控系统的用户，有条件的应尽可能采用 TN-S 系统供电，因为它的 PE 线与 N 线完全分离，正常工作时 PE 线没有负载电流且引入的电磁骚扰小，很有利于提高复杂的数控系统的稳定性和可靠性。

对于一些数控系统的用户，他们将数控机床或数控系统的保护接地线 PE 单独接大地（例如通过独立的电极打入大地）并且不与供电系统相连接，则使供电接地系统变成 TT 系统。这些数控系统应配用专用的隔离变压器，否则一旦发生故障时不能触发数控系统的保护电路，给系统运行带来很大的安全隐患。

数控系统如使用中线时应在技术文件（如安装图和电路图）上标示清楚并应对中线提供标有 N 的单用绝缘端子。任何情况下在数控机床和数控系统内部，PE 线与 N 线是不允许相连接的，也不应使用 PEN 端子。

对于采用三相线电压为 200～220V AC 供电的数控系统或电机驱动装置，则需配用专用的三相电源变压器供电。专用的三相电源变压器还兼有隔离和抑止电网中电磁骚扰的作用。其参数应由数控系统生产厂商在说明书或使用手册中给出。

为了减少电机驱动装置对公共电网造成电磁污染并提高本身的稳定性，建议在其电源输入端配用专门的电源滤波器和电抗器，为此数控系统厂商应在产品说明书或应用手册上具体说明。

(4) 噪声环境要求

数控系统运行时（有主轴驱动装置时，亦应包括在内），其发出的噪声最大不超过 78dB (A)。不同的产品由制造厂在技术要求中确定。

4. 数控系统的抗扰度要求

（1）数控系统电磁兼容的基本要求

数控系统的电磁兼容（EMC）性能分为抗扰度性能和对外界的发射骚扰性能。

对于抗扰度性能，包括静电放电抗扰度、脉冲群抗扰度、浪涌抗扰度、电源电压暂降/短时中断抗扰度、射频电磁场辐射抗扰度、射频场感应的传导抗扰度和工频电磁场抗扰度七项试验及要求。其中射频电磁场辐射抗扰度、射频场感应的传导抗扰度和工频电磁场抗扰度，是对普及型及高性能数控系统和带 CRT 显示器的数控系统的要求。

对于在欧盟市场上销售的数控系统，CE 指令对于发射骚扰性能的要求是强制性的。数控系统按其使用环境主要应用于第二环境（工业环境），对于那些直接将数控系统用于第一环境（民用环境）的用户，将有可能对第一环境下运行的其他电子电气装置造成骚扰，故不应提倡。

（2）抗扰度的验收准则

应使用 IEC 的有关 EMC 标准中所采用的验收准则来检验数控系统的抗扰度性能。下面给出了数控系统按给定骚扰的影响分 A、B、C 三种验收（性能）准则，其中每一个准则都定义一个特定的性能等级。在进行抗扰度试验时，应根据表 8-1-94 中的规定，结合各项抗扰度的要求来判定该项试验是否通过。

（3）数控系统抗扰度性能的基本要求

对用于第二环境的数控系统，基本的抗扰度要求为：静电放电抗扰度，脉冲群抗扰度，浪涌抗扰度和电源电压暂降/短时中断抗扰度。这些要求对于简易数控系统是必要的，同时也是满足的。

对于使用 CRT 作为显示器的数控系统，工频电磁场抗扰度的要求是必要的。

对于普及型数控系统和高性能数控系统，由于系统复杂性不断提高，所面临的电磁骚扰种类亦愈加复杂，射频电磁场辐射抗扰度和射频场感应传导抗扰度的要求是必要的。

表 8-1-95～表 8-1-97 以列表的方式详细列举了数控系统的各个抗扰度试验的要求。包括测试端口、测试现象、测试方法的基本标准、抗扰度等级和验收准则。

表 8-1-94　检验数控系统抗电磁骚扰的验收准则

项　目	验收(性能)准则		
	A	B	C
数控系统的一般工作性能	系统的工作特性未有明显变化 系统在规定的允差之内正常工作	系统工作特性有明显的(可见的或可听的)变化 能自行恢复	系统关机,工作特性变化 保护器件触发 不能自行恢复
数控系统的特定工作性能 驱动装置的特殊转矩特性	转矩偏差在规定的允差内	动态转矩偏差超出规定的允差 能自行恢复	转矩失控 不能自行恢复
子部件性能 驱动装置的电力电子电路和驱动电路的运行	电力半导体器件没有故障	暂时性故障,不会引起驱动装置关机	关机 保护器件触发 不能自行恢复 不丢失保存的程序 不丢失用户的程序 不丢失系统或装置的设置
子部件性能 信息处理和检测功能	与外部装置的通信和交换数据不受骚扰	暂时通信受骚扰,不会发出可能引起外部或内部装置关机的错误报告	通信错误,数据或信息丢失 不能自行恢复 不丢失保存的程序 不丢失用户的程序 不丢失系统或装置的设置
子部件性能 显示和控制面板的运行	屏幕显示信息无变化,只是亮度略有波动或字符稍有变动	信息有可能暂时变化,屏幕亮度不理想	关机,信息丢失或非正常工作方式,显示的信息明显错误 不丢失保存的程序 不丢失用户的程序 不丢失系统或装置的设置

表 8-1-95　第二环境（工业环境）下的数控系统抗扰度的基本要求（机箱端口）

端口	现象	测试方法的基本标准	抗扰度等级	验收准则	表中注释
机箱端口	静电放电(接触式放电或空气式放电)	GB/T 17626.2—2006	±4kV 接触放电 ±8kV 空气放电 (若接触放电不可能时才使用空气放电)	B	① 普及型及高性能数控系统适用 ② 带 CRT 显示器或含有对工频电磁场敏感的零部件的数控系统适用 ③ 对带有 CRT 显示器/监视器的数控系统测试时，CRT 部分的磁场强度应为 3A/m
	射频电磁场辐射①	GB/T 17626.3—2006	80～1000MHz 10V/m 80%AM(1kHz)	A	
	工频电磁场②	GB/T 17626.8—2006	50Hz 30A/m 3A/m③	A	

表 8-1-96　第二环境（工业环境）下的数控系统抗扰度的基本要求（电源端口）

端口	现象	测试方法的基本标准	抗扰度等级	验收准则	表中注释
交流电源端口(交流输入电源线、保护接地线)	脉冲群(使用电源耦合网络)	GB/T 17626.4—2008	2kV/5kHz①	B	① 电流额定值＜100A 时，使用电源耦合网络直接耦合；电流额定值≥100A 时可以直接耦合或使用不带耦合网络的电容耦合夹。如果使用了电容耦合夹，测试等级应为 4kV/2.5kHz ② 仅用于工作电流＜63A 时的轻负载的测试条件 ③ 线对线耦合 ④ 线对地耦合 ⑤ 普及型及高性能的数控系统适用 ⑥ 仅用于那些带电缆的端口或接口，其应用时根据产品说明书或使用手册，电缆的总长度允许超过 3m
	浪涌② 1.2/50μs, 8/20μs	GB/T 17626.5—2008	1kV③ 2kV④	B	
	射频场感应传导⑤⑥	GB/T 17626.6—2008	0.15～80MHz 10V 80%AM(1kHz)	A	
	电压短时中断	GB/T 17626.11—2008	中断 3ms，间隔 10s	A	
	电压暂降	GB/T 17626.11—2008	跌到额定电压的 70%，持续时间 500ms	A	
			跌到额定电压的 40%，持续时间 200ms	C	
电机电源接口(驱动单元的电机电源线)	脉冲群(使用电容耦合夹)⑤⑥	GB/T 17626.4—2008	2kV/5kHz	B	
直流电源端口(直流电源输入线、保护接地线)	脉冲群(使用电源耦合网络)⑥	GB/T 17626.4—2008	2kV/5kHz	B	

表 8-1-97　第二环境（工业环境）下的数控系统抗扰度的基本要求（信号接口）

端　口	现　象	测试方法的基本标准	抗扰度等级	验收准则	表中注释
控制与测量信号接口(控制信号、进给信号、测量信号等信号线,包括电平信号、脉冲信号、模拟信号等)	脉冲群(使用电容耦合夹)①	GB/T 17626.4—2008	2kV/5kHz	B	① 仅用于那些带电缆的端口或接口,其应用时根据产品说明书或使用手册,电缆的总长度允许超过 3m ② 仅用于那些带电缆的端口或接口,其应用时根据产品说明书或使用手册,电缆的总长度允许超过 30m。如使用的为带屏蔽的电缆,应直接耦合到屏蔽层;对于现场总线或其他由于技术原因不适合用浪涌保护器件的信号接口不作要求。该项试验要求对于耦合/解耦网络的影响会造成数控装置正常功能不能实现时不作要求 ③ 普及型及高性能的数控系统适用 ④ 线对地耦合
	浪涌②③ 1.2/50μs 8/20μs	GB/T 17626.5—2008	1kV④	B	
	射频场感应传导①③	GB/T 17626.6—2008	0.15～80MHz 10V 80%AM(1kHz)	A	
计算机信号端口/接口(RS232/485、USB、键盘线、现场总线等信号线)	脉冲群(使用电容耦合夹)①	GB/T 17626.4—2008	1kV/5kHz	B	

5. 数控系统的保护和安全要求

(1) 电击防护

数控系统应具有保护人员免受电击的能力，其方法如下。

1) 用电柜或机箱等壳体作为保护并将它们通过保护接地端口 PE 接到大地，人体直接接触的最低防护等级为 IP20。

2) 对于外壳不接大地的设备如手持设备，采用加强绝缘或双重绝缘的方法。

3) 采用 PELV 电路即保安特低电压电路，其最大额定电压不超过 25V AC 或 60V DC。

4) 对于在电源切断后带有残余电压的可导电部分，应在切断电源 5s 之内放电到 60V 或以下，否则需有警告标志，以免对维护人员造成危害。带有残余电压的元器件的储存电荷≤60μC 时可以不予考虑。

5) 在电柜和机箱外表的适当位置，设警告标志，即黑边、黄底、黑色闪电符号。

(2) 电柜的安全防护

电柜门要有专门的锁紧装置，打开电柜门应使用钥匙或专用工具。当打开电柜门时要有切断电源的联锁开关。联锁开关仍不能断开的带电部分在其护壳外应有符合 GB 5226.1—2008 中 17.2 规定的警示标志。电柜内带电部件用以防止直接触电的防护等级应不低于 IP20。电源的偶尔中断与恢复不应导致安全事故。其安全防护应符合 GB 15760—2004 中 5.4 和 5.5 的规定。

(3) 保护接地与保护接地连接线

数控系统的保护接地电路包括：PE 端子、可导电结构部件、保护接地连线，表 8-1-98 给出了连接 PE 端子的外部保护铜导线的最小截面积要求。若外部保护导线不为铜线，则 PE 端子的尺寸应再适当选择。

表 8-1-98　外部保护铜导线的最小截面积

电源供电相线的截面积 S/mm^2	外部保护导线的最小截面积 S_P/mm^2
$S\leqslant16$	S
$16<S\leqslant35$	16
$S>35$	$S/2$

数控系统每一个装置的电源引入端口处，连接外部保护导线的端子应使用字母标志 PE 来指明，连接到机械元件或部件的保护接地电路的其他接地端子，则应使用图形符号来表示。保护接地连线应保证接地电路的连续性，即任何情况下保证系统的接地部分能够可靠连通。

6. 绝缘电阻

数控系统在各种工作气候环境下，在连接到外部电源的电路与保护接地电路之间施加 500V DC 时测得的绝缘电阻应大于 1MΩ。

7. 耐电压强度

数控系统的电源输入电路与保护接地电路之间，

应能承受30s的耐电压试验，试验的电压为两倍的电源额定电压或1000V AC/50Hz，取其中较大者。试验电压应由不小于500V·A的变压器供电。

试验中应无绝缘击穿或飞弧，其漏电流有效值应不大于5mA。对于不适宜经受该项试验的元件应在试验期间断开。

8. 数控系统的安全要求

1）满足预期的操作条件和环境影响。

2）设置访问口令或钥匙开关，防止程序被有意或无意改动。

3）有关安全的软件未经授权不允许改变。

9. 数控系统的可靠性要求

数控系统的可靠性可以用平均无故障时间(MTBF)来评定，定型生产的数控系统其MTBF定为简易数控系统5000h以上和普及数控系统与高性能数控系统10000h以上两个等级，数控系统生产厂商可以对其不同产品的要求在其企业标准中规定。

10. 数控系统的文件要求

数控系统的文件要求如表8-1-99所示。

表8-1-99 数控系统的文件要求

文件	要求
技术文件	(1)数控系统的制造厂商应向用户提供随行技术文件，内容包括产品规格、安装、连接、操作、编程等在内的使用说明书或使用手册，用户需要时还可提供维修手册 (2)供国内用户使用的数控系统必须提供中文说明书并应采用国务院正式公布、实施的简体汉字
保证文件	(1)数控系统的制造厂商应向用户提供产品合格证书和保修单等文件，当用户需要时还应提供质量检验报告 (2)数控系统的制造厂商应向用户提供数控系统产品的装箱单，内容包括：包装箱数量、产品型号、名称、数量；随机附件的名称、型号、数量；随行技术文件的名称、数量等

1.3.3 试验方法

1. 数控系统的试验条件

数控系统的试验除对专门的项目有专门的要求外，其他试验应符合表8-1-100的条件。当确定产品基本性能及技术参数的准确度，或做仲裁试验时，应采用表8-1-101的基准大气条件进行。

2. 数控系统的功能测试

数控系统的功能测试，应按1.3.2节中1.的要求进行。不同产品应根据其具体的功能测试项目来进行逐条测试。

表8-1-100 一般试验的大气条件

项目	试验条件
环境温度	15～35℃
相对湿度	25%～75%
大气压强	92～106kPa(海拔高度1000m以下)

表8-1-101 仲裁试验的大气条件

项目	试验条件
基准温度	23℃±1℃
相对湿度	48%～52%
大气压强	92～106kPa(海拔高度1000m以下)

3. 数控系统的基本设计要求检验

数控系统的基本设计要求检验项目及说明如表8-1-102所示。

表8-1-102 数控系统的基本设计要求检验项目及说明

要求检验项目	检验说明
基本设计要求检验	采用目测法及其他必要的手段对数控系统各个装置或单元进行基本设计要求检验，内容包括：结构与外观、标志、颜色、导线与连接、防护、操作与维修性等。其各项检验条款应符合1.3.2中1.的规定
电柜和机箱的防护等级试验	数控系统的电柜和机箱应进行防护等级试验并应符合本章1.3.2中1.(6)“防护”中规定的防护等级要求

4. 数控系统的环境试验

(1) 气候环境适应性试验

1）一般要求

① 试验开始时除标准另有规定，数控系统不应有包装且系统各装置之间应正常连接且连接有正常工作时的附件，系统处于准备使用状态。

② 对于需通电运行的试验，供电电源电压应在其额定值±10%之内。

③ 数控系统的气候环境适应性试验均在空载条件下进行并可以将数控系统的电机置于温度控制箱之外。

④ 每个试验之前及试验之后应对被测数控系统进行目视检验和运行功能测试，以确定试验对系统的影响，并最终确定被测数控系统是否通过试验。

2）运行温度下限试验

① 试验目的：通过试验确定数控系统对下限运

行温度的适应性。

② 试验温度：0℃±2℃。

③ 试验箱内的湿度：绝对湿度不超过 20g/m³ 水汽（相当于 35℃时 50%的相对湿度）。当试验温度低于 35℃时，相对湿度不应超过 50%。

④ 试验持续时间：(16±1)h，从温度箱内温度达到稳定后对试验样品通电开始计算。对于仅仅为了解数控系统在下限运行温度时能否正常工作，使温度箱温度降到下限运行温度且稳定后通电确定即可。

⑤ 试验用温度箱：对于有强迫空气循环的温度箱，循环风速度应尽可能低（若可能不要大于 0.5m/s）；对于无强迫空气循环的温度箱，则其容积与数控系统体积之比大于 5∶1。

试验步骤如表 8-1-103 所示。

3）运行温度上限试验

① 试验目的：通过试验确定数控系统对上限运行温度的适应性。

② 试验温度。

a. 电柜和机箱：40℃±2℃。

b. 内置型机箱：55℃±2℃。

③ 试验箱内的湿度：绝对湿度不超过 20g/m³ 水汽（相当于 35℃时 50%的相对湿度）。当试验温度低于 35℃时，相对湿度不应超过 50%。

④ 试验持续时间：(16±1)h，从温度箱内温度达到稳定后对试验样品通电开始计算。

⑤ 试验用温度箱：对于有强迫空气循环的温度箱，循环风速度应尽可能低（若可能不要大于 0.5m/s）。

试验步骤如表 8-1-104 所示。

4）运行温度变化试验

① 试验目的：通过试验确定数控系统在环境温度变化期间运行的适应性。

② 试验温度：低温为 5℃±2℃，高温为运行温度的上限温度±2℃。数控装置与驱动装置的运行上限温度不一致时以小者为准。

③ 试验循环次数：2。

④ 试验箱内的湿度：绝对湿度不超过 20g/m³ 水汽。

⑤ 试验用温度箱：温度箱应能保持试验所要求的低温和高温，并能按试验要求的温度变化率进行。箱内空气应能充分流通，被测样品周围的空气流速不小于 2m/s。

试验步骤如表 8-1-105 所示。

表 8-1-103 运行温度下限试验步骤

试验步骤	试验内容
1	将数控系统在室温下放入同处于室温的温度箱内并处于准备通电状态
2	将温度箱温度逐步降至 0℃±2℃。注意箱内温度变化率不超过 1℃/min(不超过 5min 的平均值)并没有凝露产生
3	当箱内温度达到稳定后(至少 30min)，数控系统开始连续(16±1)h 的通电运行检查程序且应运行正常
4	运行时间满后将数控系统断电，将温度箱内温度逐步升至室温，箱内温度变化率不超过 1℃/min(不超过 5min 时间的平均值)
5	温度箱内温度的恢复要有足够长的时间(1h 以上)，期间对可能产生的冷凝水应通过通风除湿等处理。当温度稳定后，对数控系统目测和通电运行并进行功能测试以确定系统应运行正常
6	单独进行的运行温度下限试验后应紧接着做 1.3.3 中 6.(5)的耐电压强度试验(见 P8-64 中)

表 8-1-104 运行温度上限试验步骤

试验步骤	试验内容
1	将数控系统在室温下放入同处于室温的温度箱内并处于准备通电状态
2	将温度箱温度逐步升至试验温度
3	当温度箱内温度达到稳定后(至少 30min)，数控系统开始连续(16±1)h 的通电运行检查程序且应运行正常
4	运行时间满后将数控系统断电，将温度箱内温度逐步降至室温，箱内温度变化率不超过 1℃/min(不超过 5min 时间的平均值)
5	温度箱内温度的恢复要有足够长的时间(1h 以上)，期间对可能产生的冷凝水应通过通风除湿等处理。当温度稳定后，对数控系统目测和通电运行并进行功能测试以确定系统应运行正常
6	单独进行的运行温度上限试验后应紧接着做 1.3.3 中 6.(5)的耐电压强度试验(见 P8-64 中)

表 8-1-105 运行温度变化试验步骤

试验步骤	试 验 内 容
1	将数控系统在室温下放入同处于室温的温度箱内，通电使数控系统运行检查程序并保持到试验结束
2	将温度箱温度逐步降至5℃±2℃，注意箱内温度变化率不超过1℃/min
3	保持低温3h±1%，然后将温度箱温度逐步升至高温，注意箱内温度变化率不超过1℃/min
4	保持高温3h±1%，然后将试验箱温度逐步降至室温，注意箱内温度变化率不超过1℃/min，到此第一循环结束
5	进行试验的第二个循环，即重复步骤2～4
6	最后对数控系统进行目测和功能测试以确定系统工作正常

5）储运温度下限试验

① 试验目的：通过试验确定数控系统在低温下的存储和运输的适应性。

② 试验温度：－40℃±3℃。

③ 试验持续时间：(16±1)h，以试验箱内温度达到稳定后开始计算。

④ 试验用温度箱：可以采用有强迫空气循环的温度箱以保持温度均匀。

试验步骤如表 8-1-106 所示。

6）储运温度上限试验

① 试验目的：通过试验确定数控系统在高温下的存储和运输的适应性。

② 试验温度：70℃±2℃。

③ 试验持续时间：(16±1)h，从试验样品的温度达到稳定后开始计算。

④ 试验箱内的湿度：绝对湿度不超过20g/m³水汽（相当于35℃时50%的相对湿度）。当试验温度低于35℃时，相对湿度不应超过50%。

⑤ 试验用温度箱：可以采用有强迫空气循环的温度箱以保持温度均匀。

试验步骤如表 8-1-107 所示。

7）恒定湿热试验

① 试验目的：通过试验确定数控系统在高湿度的条件下储存和运输的适应性。

② 试验温度与湿度：40℃±2℃，相对湿度93%±3%。

③ 试验持续时间：(48±1)h不通电存放，从试验样品的温度湿度达到稳定后开始计算。

④ 试验用温度箱：试验箱内湿度用水的电阻率应保持不小于500Ω·m，排出的凝结水未经纯化处理前不得再作湿源水用。具体要求应符合GB/T 2423.3—2006中第4章的要求。

试验步骤如表 8-1-108 所示。

表 8-1-106 储运温度下限试验步骤

试验步骤	试 验 内 容
1	将数控系统在室温下放入同处于室温的温度箱内且不通电
2	将温度箱温度逐步降至下限试验温度，注意箱内温度变化率不超过1℃/min(不超过5min时间的平均值)
3	当温度箱内温度达到稳定后(至少30min)，将数控系统存放(16±1)h
4	将温度箱温度逐步升至室温，箱内温度变化率不超过1℃/min(不超过5min时间的平均值)。温度箱内温度的恢复要有足够长的时间(1h以上)，当温度稳定后，应检查并去除任何冷凝水(如果有的话)，然后再对数控系统目测和通电运行并进行功能测试以确定系统工作正常

表 8-1-107 储运温度上限试验步骤

试验步骤	试 验 内 容
1	将数控系统在室温下放入同处于室温的温度箱内且不通电
2	将温度箱温度逐步升至试验的上限温度，注意箱内温度变化率不超过1℃/min(不超过5min时间的平均值)
3	当温度箱内温度达到稳定后(至少30min)，将被测系统存放(16±1)h
4	将温度箱内温度逐步降至室温，箱内温度变化率不超过1℃/min(不超过5min时间的平均值)。温度箱内温度的恢复要有足够长的时间(1h以上)，当温度稳定后，应检查并去除任何冷凝水(如果有的话)，然后再对数控系统目测和通电运行并进行功能测试以确定系统工作正常

表 8-1-108　恒定湿热试验步骤

试验步骤	试验内容
1	将数控系统在室温下放入同处于室温的试验箱内
2	调节温度箱使其逐步达到规定的温度与湿度。注意温度变化率不超过 1℃/min(不超过 5min 时间的平均值)且不应产生凝露
3	在这一过程中,可以先通过升温而不提高箱内的绝对湿度来避免发生冷凝。再在 2h 之内,通过调节箱内湿度达到规定的温度与湿度
4	当温度与湿度稳定后,开始计算时间。总共在温度箱内存放(48±1)h
5	存放时间满后,使试验箱内温度湿度逐步降至正常大气条件,应在 1～2h 内将相对湿度降至 25%～75%,将温度降到试验室的温度。注意温度变化率不超过 1℃/min,不应产生凝露,如果有的话应将凝露全部去除
6	试验结束后应立即在 30min 内进行 1.3.3 中 6.(4)和 1.3.3 中 6.(5)规定的绝缘电阻和耐电压强度试验,结果应符合规定的要求
7	对数控系统目测和通电运行并进行功能测试以确定系统工作正常,且不应有锈蚀、漆皮脱落现象

(2) 机械环境适应性试验

1) 振动试验

① 试验目的:通过试验确定数控系统在运行状态下对振动的适应性。

② 试验条件。

a. 频率范围:10～55Hz。

b. 扫频速度:1oct/min±10%。

c. 振幅峰值:0.15mm。

d. 扫频循环次数:10 次/轴(一次循环为 10～55～10Hz)。

③ 试验设备:振动试验台及夹具,能满足试验条件且满足以下要求。

a. 基本运动:时间的正弦函数。

b. 运动轴向:X、Y、Z 三轴各方向。

试验步骤如表 8-1-109 所示。

2) 冲击试验

① 试验目的:通过试验确定数控系统在使用和运输期间对非重复性冲击的适应性。

② 试验条件。

a. 冲击加速度:300 (1±10%)m/s^2。

b. 冲击波形:半正弦波。

c. 持续时间:18ms±1ms。

d. 方向:垂直于底面。

e. 冲击次数:3 次。

③ 试验设备:冲击试验台及夹具符合 GB/T 2423.5—2006 中第 4 章的要求。

试验步骤如表 8-1-110 所示。

3) 自由跌落试验

① 试验目的:通过试验确定带包装的数控系统在运输期间对冲击的适应性。

② 试验条件。

a. 质量<100kg(带包装):自由跌落高度 0.25m。

b. 质量≥100kg(带包装):自由跌落高度 0.1m。

c. 自由跌落次数:2 次,仅对产品包装的底部做跌落试验。

③ 试验表面:混凝土或钢制的坚硬的刚性表面。

试验步骤如表 8-1-111 所示。

表 8-1-109　振动试验步骤

试验步骤	试验内容
1	将没有包装的数控系统固定在试验台上,经目测和功能测试正常后,振动试验应在通电空载的状态下进行
2	数控系统的各个装置或单元可以分别进行振动试验
3	分别对被测装置的每个轴按试验条件的规定进行扫频耐久试验,试验期间数控系统应正常工作
4	试验结束后应对数控系统的结构、外观进行检查,不应有机械上的损坏、变形、零部件脱落或紧固部位松动的现象。最后对数控系统进行功能测试应正常

表 8-1-110　冲击试验步骤

试验步骤	试验内容
1	将经过目测和功能测试正常的数控系统按照其正常工作时的工作位置固定在试验台上,没有包装且不通电运行。允许数控系统的各个装置或单元分别做试验

续表

试验步骤	试验内容
2	按照试验条件的要求对数控系统进行测试
3	试验结束后应对数控系统的结构、外观进行检查，不应有机械上的损坏、变形、零部件脱落或紧固部位松动的现象。最后对数控系统进行功能测试应正常

表 8-1-111　自由跌落试验步骤

试验步骤	试验内容
1	带包装的数控系统在试验之前应外观无损且功能正常
2	跌落高度指跌落试验的样品在跌落前悬挂着的时候，试验表面与离它最近的样品部位之间的高度
3	应使试验样品从悬挂着的位置自由跌落。释放时要使干扰最小
4	试验结束后应对数控系统的结构、外观进行检查，不应有机械上的损坏、变形、零部件脱落或紧固部位松动的现象。最后对数控系统进行功能测试应正常

(3) 电源环境适应性试验

1) 试验目的：通过试验确定数控系统对交流输入电源的电压和频率波动的适应性。

2) 试验设备：变频电源，要求其输出电压可调和输出频率可调，电源容量应大于被测试数控系统的容量。

3) 试验方法：按表 8-1-112 规定的组合对运行状态下的数控系统进行拉偏试验。试验时数控系统空载运行，试验过程中数控系统应运行正常。

表 8-1-112　电源环境适应性的试验条件

电源电压 220V AC		电源电压 380V AC	
电压/V	频率/Hz	电压/V	频率/Hz
187	49	323	49
	51		51
242	49	418	49
	51		51

4) 试验时间：每种组合条件下试验持续时间至少 15min，期间检查程序至少完整运行一遍。

(4) 噪声环境试验

1) 试验目的：通过试验确定数控系统在运行时所能产生的最大噪声不超过最大规定。

2) 试验设备：精密声级计 dB(A)，工作频率范围 20～12500Hz，精度±0.5dB。

试验步骤如表 8-1-113 所示。

试验数据处理：在各种状态下，测量各个测试点的噪声值。数控系统的噪声实测值应大于背景噪声 3dB，否则无效；若相差 3～10dB，则应按表 8-1-114 加以修正。

表 8-1-113　噪声环境试验步骤

试验步骤	试验内容
1	测试数控系统的噪声时，应尽可能选择噪声小的环境。将数控系统按图 8-1-45 位置置放
2	试验时，应让数控系统通电运行，并使电机在空载和额定转速范围内进行测试，取最大值
3	数控系统边缘与置放场地的墙距离不得小于 2000mm，周围不应有其他物品和障碍物
4	将电机并列摆放在紧靠数控系统的电柜或机箱的台架上。全部电机(有主轴电机时亦应包括)与电柜/机箱的距离为 500mm，台架高度为 900mm(台式机箱应与电机一起摆放在台架上)
5	测试前首先测量当时环境的本底噪声
6	试验时，声级计测头应面向数控系统并与地面平行，距离和高度为 1m，在机箱四周各取一个测量点，并应避免与风机同轴

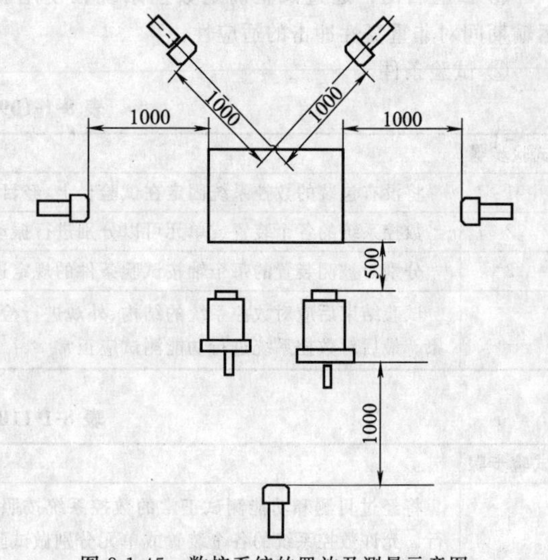

图 8-1-45　数控系统的置放及测量示意图

表 8-1-114 噪声测量值修正表

实测值与背景噪声之差 L_1-L_2	修正值 ΔL
3	3
4～5	2
5～9	1

5. 数控系统的抗扰度试验

(1) 静电放电抗扰度试验

1) 试验目的：通过试验确定数控系统对静电放电抗扰度的性能。

2) 试验电压：接触放电 ± 4kV，空气放电 ±8kV。

3) 试验室的相对湿度：30%～60%。

4) 验收准则：B 级。

5) 试验设备：静电放电发生器。

试验实施内容如下。

① 将经过初始检验，连接正确的数控系统放在测试台上并通电在空载条件下运行正常。台式系统置于木制支架上高于地参考平面 800mm，柜式（落地）系统置于木制支架上高于地参考平面 100mm。

② 静电放电的施加点：在电柜、机箱和操作面板的表面、键盘、按钮、开关、连接器等操作人员和维修服务人员的手能触摸到的地方。

③ 对于露有金属部分的连接器外壳，应采用接触放电且作用于外壳的金属部分；对于采用绝缘材料的连接器外壳，则应采用空气放电且作用于绝缘外壳；注意以上两种放电均不应作用于连接器的触点。

④ 首选接触式放电，非绝缘漆不算绝缘材料应使用接触放电头刺破漆膜放电。若被测表面为绝缘材料则应采用空气放电。

⑤ 先用每秒 20 次的频率进行放电以寻找静电放电的敏感点，再在敏感点上进行单次放电，每点每极性放电至少 10 次并且每两次之间的间隔应不小于 1s。

⑥ 试验应符合 B 级验收准则。

(2) 快速瞬变脉冲群抗扰度试验

1) 试验目的：通过试验确定数控系统对快速瞬变脉冲群抗扰度的性能。

2) 试验电压/频率。

① 电源端口/接口（交流/直流电源线、保护接地线、电机电源线）：2kV/5kHz。

② 控制与测量信号接口（电平、脉冲、模拟等信号线）：2kV/5kHz。

③ 计算机信号端口/接口（RS232/485、USB、键盘线、现场总线等）：1kV/5kHz。对直流电源线、电机电源线和各种信号线仅当在使用时总长度允许超过 3m 时才需要测试（根据产品使用手册）。对电机电源线的试验仅对普及型和高性能数控系统适用。

3) 验收准则：B 级。

4) 试验设备：快速瞬变脉冲群发生器和电容耦合夹等。

试验实施内容如下。

① 被测数控系统与其他导电物体（例如屏蔽室的导电墙体）之间的最小距离应大于 0.5m。电容耦合夹与其他导电物体（例如屏蔽室的导电墙体）之间的最小距离应大于 0.5m（地参考平面除外）。接地电缆和其他电缆与地参考平面之间应保持 10cm 距离。

② 对数控系统各个装置和单元的各种电源线和各种信号线应分别进行测试。

③ 对于单相或三相电源上的各条线包括 PE 线应分别施加干扰，单相电源还应对 L、N、PE 线同时施加干扰。

④ 对于交流电源线、直流电源线与保护接地线，使用电源耦合网络，电源线长度不超过 1m。若超过 1m 且又不能拆下时，则应把电源线弯成直径 400mm 的平坦环路，按 100mm 的高度与参考地平面平行放置。

⑤ 对于测量与控制信号线、计算机信号线，使用电容耦合夹，注意调整耦合夹与数控装置之间的信号线长度并符合 GB/T 17626.4—2008 中的规定。

⑥ 对于电机电源线，使用电容耦合夹，将脉冲群分别耦合到没有屏蔽层的电机单根电源线上。

⑦ 每一个试验应分别施加正/负极性的骚扰，每次骚扰的持续时间应至少 1min。

⑧ 试验应符合 B 级验收准则。

(3) 浪涌抗扰度试验

1) 试验目的：通过试验确定数控系统对浪涌抗扰度的性能。

2) 试验电压。

① 电源端口（交流电源线、保护接地线 PE）：1kV（线-线耦合），2kV（线-地耦合）。

② 控制与测量信号接口（电平、脉冲、模拟等信号线）：1kV（线-地耦合）。

注：1. 仅当在使用时该信号线的总长度允许超过 30m 时才需要进行该项测试（根据产品使用手册）。

2. 信号线如使用的为带屏蔽的电缆，应直接耦合到屏蔽层；对于现场总线或其他由于技术原因不适合用浪涌保护器件的信号接口不作要求。该项试验要求对于耦合/解耦网络的影响会造成数控装置正常功能不能实现时不作要求。

3. 信号端口的浪涌试验仅对普及型和高性能数控系统适用。

3) 验收准则：B 级。

4）试验设备：浪涌发生器。

试验实施内容如下。

① 对于交流电源端口的电源线，浪涌应施加在电压波形的0°、90°和270°相角位置上。试验电压施加方式为线-线之间为1kV；线-PE之间为2kV；线-中线之间为2kV。试验时应不加外部浪涌保护器件和外部电源滤波器（除非被测试的数控装置有特殊保护要求）。电源耦合网络与被测系统之间的连线长度应不超过2m。

② 每个测试电压等级为正/负极性各5次，每两次时间间隔至少1min。

③ 试验应按从低到高分电压等级进行。例如对于2kV的试验要求，应按500V、1kV、2kV顺序逐级升压测试，每一级测试电压都应施加正/负极性各5次，且每一个电压等级试验都应符合B级验收准则的规定。

④ 试验应符合B级验收准则。

⑤ 由于浪涌试验具有危险性，操作人员应遵循仪器操作的安全指令。同时浪涌试验有可能损坏数控系统，一般应放在各项试验的最后进行。

(4) 电压暂降和短时中断抗扰度试验

1）试验目的：通过试验确定数控系统对交流电源电压暂降和短时中断抗扰度的性能。

2）试验等级及验收准则：如表8-1-115所示。

表8-1-115　电压暂降和短时中断试验等级

试验等级 /%U_T	电压暂降、短时中断 /%U_T	持续时间 /ms	验收准则
0	100	3	A
40	60	200	C
70	30	500	A

注：U_T 为数控系统的额定交流电源电压。

3）试验设备：电压暂降和暂时中断发生器。

试验实施内容如下。

① 该试验应作用于所有外部交流电源输入端口。额定电压 U_T 应为数控系统的额定交流电源电压。

② 在进行电压暂降和短时中断抗扰度试验时，应使数控系统的输出负载为额定值，如没有可能时则应在试验报告里说明试验时的负载状态（例如伺服电机空载）。

③ 数控系统的电源线长度应为适合被测数控系统的最短可能的线长。

④ 试验时，监测试验的电源电压应使其在2%的准确度之内，发生器的过零控制应有10%的准确度。

⑤ 电压暂降和短时中断抗扰度试验的初始试验电压应为 U_T 的标称值，发生器的输出电压误差应为±5%，其电压输出随负载的变化的误差应符合GB/T 17626.11—2008中第6章的要求。

⑥ 试验等级0%U_T 相当于电压短时中断，试验时的初始相角应为0°、90°和270°。对三相电源系统，应以其中某一相的初始相角为基准分别逐相进行电压中断测试和对三相电压同时进行中断测试。每个测试应至少测三次，并且每两次之间间隔应至少为10s。

⑦ 试验等级40%U_T 与70%U_T 为电压暂降试验，试验时的初始相角应为任意。两种试验等级可以任意选做其中一种并且通过即可。对三相电源系统，应分别进行逐相电压暂降测试，每个测试应至少测三次，并且每两次之间间隔应至少为10s。

根据C级验收标准，当被测系统出现关机、系统保护和故障后，允许数控系统能够在人工操作下按照预定的启动程序重新启动系统。

(5) 射频辐射抗扰度试验

1）试验目的：通过试验确定数控系统对射频辐射抗扰度的性能。

2）试验参数：频率范围80MHz～1000MHz，场强10V/m，信号调幅80%，幅度调制AM（1kHz）。

3）试验实施：试验作用于数控系统或装置的封闭的电柜或机箱。该试验仅对普及型及高性能的数控系统作要求，对简易数控系统不作要求。

(6) 射频场传导抗扰度试验

1）试验目的：通过试验确定数控系统对射频场传导抗扰度性能。

2）试验参数：频率范围0.15MHz～80MHz，射频电压10V，信号调幅80%，幅度调制AM（1kHz）。该试验仅对普及型及高性能的数控系统作要求，对简易数控系统不作要求。此项测试仅当在使用时电源线或信号线总长度允许超过3m时才需要测试。

试验内容如下。

① 试验作用于交流电源端口的电源线、控制与测量接口的信号线。

② 数控系统的各个装置应各自通过10cm绝缘木块同时置于地参考平面上，测试的装置与导电体（例如导电墙）之间的距离至少为0.5m。试验时使其中某一个装置或单元作为被测装置，其余则为使数控系统正常工作的功能装置，然后轮换以使各装置或单元都被测试到。

③ 各装置或单元之间的连接电缆应高于地参考平面3～5cm；小于或等于1m的电缆则应高于地参考平面10cm。

④ 根据被测电缆的类型选择直接耦合（电源线）或耦合夹耦合（控制与测量信号线）。

⑤ 采用 10V 射频电压对 150kHz～80MHz 的频率范围进行扫描，并用 1kHz 正弦波进行 80% 幅度调制骚扰信号，需要时可暂停下来，以调节射频信号电平或操作耦合装置。扫描速度应不超过 1.5×10^{-3} 十倍频/s。在扫描频率增加时扫描步长不超过起始频率的 1%，此后不超过前一个频率值的 1%。每一个扫描频率下的停留时间应大于被测试装置或单元的响应时间。

⑥ 试验应符合 A 级验收准则。

(7) 工频电磁场抗扰度试验

1) 试验目的：通过试验确定数控系统对工频电磁场抗扰度的性能。

2) 试验参数：频率 50Hz，磁场强度 30A/m。该试验仅对带有对工频电磁场敏感的零部件的数控系统或装置才进行测试，例如带有 CRT 的数控系统的控制装置。对带有 CRT 显示器/监视器的数控系统测试时，对 CRT 部分的磁场强度应为 3A/m。

3) 验收准则：A 级。

4) 试验设备：工频电磁场发生器、感应线圈、地参考平面等。

试验内容如下。

① 被测装置应置于地参考平面之上 100mm（通过绝缘木块）并且外壳接地参考平面。

② 实验室的电磁条件应能保证正确操作被测装置而不致影响试验结果，否则试验应在法拉第笼中进行。

③ 对于 CRT 显示器/监视器，可接受的图像抖动取决于字符的大小，并按以下公式对 1A/m 的试验电平进行计算：$J=(3C+1)/40$，式中抖动 J 和字符尺寸 C 的单位为 mm。因为抖动正比于磁场强度，因此可以用其他的试验值进行试验，再恰当地外推到最大的抖动值上。

④ 试验应符合 A 级验收准则，对于 CRT 显示器/监视器，所显示的信息不应改变并且信息应可以辨认。

6. 数控系统的保护和安全试验

(1) 电击防护试验

试验目的：检验以确保操作人员或维护人员不会受到电击的伤害。

试验步骤：如表 8-1-116 所示。

(2) 电柜安全性检验

用目测法对数控系统的电柜进行检验，并接通电源对电柜门和电源开关做安全性检查。

(3) 保护接地与保护接地电路连续性试验

试验目的：检验数控系统的保护接地与保护接地电路的连续性和可靠性。

表 8-1-116 电击防护试验步骤

试验步骤	试验内容
1	对数控系统的电柜和机箱，根据产品的技术设计要求进行目测检验并应符合 1.3.2 中 1.(6)“防护”（见 P8-50）中的要求
2	对于有防护等级要求的电柜和机箱，应结合 1.3.3 中 3.“数控系统的基本设计要求检验”（见 P8-56）中的防护等级试验一并进行
3	对带有残余电压的电路，应使用示波器或其他仪器测试其在关机时的电压波形或数值。如不能保证残余电压在 5s 内降到 60V 之下，则应检查是否已在机箱外标有耐久性警示标志

注：元器件的储存电荷≤60μC 时可以不予考虑。

试验步骤：如表 8-1-117 所示。

表 8-1-117 保护接地与保护接地电路连续性试验

试验步骤	试验内容
1	采用目测法检查保护接地端口 PE 的连接、保护导线的颜色、标记、线径等并应符合 1.3.2 中 5.(3)“保护接地与保护接地连接线”（见 P8-55）中的要求
2	保护接地电路的连续性试验采用符合 PELV 要求的低电压电源，电流至少为 10A，测试时间至少为 10s
3	试验在 PE 端子与保护接地电路的有关点间进行。其实测电压降不应超过表 8-1-118 中的规定值

保护接地电路连续性的检验如表 8-1-118 所示。

表 8-1-118 保护接地电路连续性的检验

被测保护导线支路最小有效截面积/mm²	最大实测电压降（测试电流为 10A 时）/V
1.0	3.3
1.5	2.6
2.5	1.9
4.0	1.4
>6.0	1.0

(4) 绝缘电阻试验

1) 试验目的：检验数控系统电源输入线与保护接地线之间的绝缘性能。

2) 试验设备：精度为 1.0 级的 500V 兆欧表或等效的其他仪器。

3) 试验步骤：如表 8-1-119 所示。

表 8-1-119 绝缘电阻试验步骤

试验步骤	试验内容
1	数控系统不接入电源,但打开系统上的电源开关且装置内接触器处于接通位置
2	用兆欧表在电源端口的交流供电电路输入端与PE端之间施加1min测试电压,测得绝缘电阻应大于1MΩ
3	数控系统的各个装置或单元的交流电源输入端口应分别进行测试
4	试验时应保证触点接触可靠,测试引线间的绝缘电阻应足够大,以保证读数正确
5	若数控装置交流电源输入端口有浪涌保护器件并且在测试时可能动作,或者有其他不宜承受高电压的器件,则应暂时断开该器件
6	试验结束后应使用导线对试验品进行安全放电

表 8-1-120 耐电压强度试验

试验步骤	试验内容
1	数控系统不接入电源,但打开系统上的电源开关且装置内接触器处于接通位置
2	被测数控系统和测试仪器均应放在绝缘工作台或绝缘材料板上(耐电压强度超过3000V)
3	测试电压应从低于500V(AC)的某一电压开始逐步升压至1000V(AC)并保持30s,而后再逐步下降至零。升降时间各应为5~10s,漏电流不应超过5mA(AC)。试验时不应产生击穿或放电现象
4	测试电压应加于数控系统的电源输入线与保护接地电路之间,各个装置或单元的电源输入端口应分别进行测试
5	若数控装置电源输入端口有浪涌保护器件并且在测试时可能动作,或者有其他不宜承受高电压的器件,则应在试验期间暂时断开该器件
6	出厂检验时,可以将耐压试验时间缩短为5s

(5) 耐电压强度试验

1) 试验目的:检验数控系统电源输入线与保护接地电路之间的耐电压性能。

2) 试验电压:1000V(AC)/50Hz,漏电流不大于5mA(AC)。

注:数控系统的供电电源电压≤50V(AC)或≤71V(DC)时,其试验电压为500V(DC),漏电流不大于10mA(DC)。

3) 试验设备:0~3000V/50Hz的可调电压源,其容量应≥500V·A,也可以使用专门的高压测试仪器;数控系统的供电电压≤50V(AC)或≤71V(DC)时可以使用500V(DC)电压源测试,其容量应≥500V·A。

4) 试验步骤:如表8-1-120所示。

1.3.4 检验规定

1. 检验分类

数控系统的检验分为定型检验、出厂检验和型式检验三种。数控系统的厂商应在产品定型和生产中按照规定进行检验。

2. 定型检验

数控系统在设计和生产定型时应通过定型检验。定型检验中出现任一故障时应查明原因,排除故障后重新检验。定型检验的受试样品应至少为三台。检验结束后检验部门应提交检验报告。

3. 出厂检验

已经定型生产的数控系统产品,每台出厂前应通过质量检验部门的出厂检验并且合格后才能出厂。出厂检验中出现任一故障时应查明原因,排除故障后重新检验并且合格后才能允许出厂。数控系统经检验合格后,检验部门应提交检验报告和合格证书。

4. 型式检验

批量生产的产品应定期进行型式检验,当更改重要设计和工艺时也应进行型式检验,型式检验的项目如表8-1-121所示。

型式检验的样品应在出厂检验合格的产品中随机抽取,数量应不少于3台。

型式检验中出现任一故障时应查明原因,排除故障后重新检验。并由检验部门提交检验报告。

1.3.5 包装与储运

包装与储运要求如表8-1-122所示。

1.3.6 产品质量判定规则与检验项目

1. 产品质量判定规则

在产品质量判定规则中,有产品质量特性重要度(以下简称重要度)概念和分级原则。所谓重要度是指影响产品适用性的重要程度。在此将重要度分为Ⅰ、Ⅱ两等级。

Ⅰ级重要度:将直接影响性能、抗扰度或直接危及人身安全的关键项目列为Ⅰ级重要度。对列入Ⅰ级重要度的检验项目，即使出现轻微缺陷亦判为不合格。

Ⅱ级重要度：将对产品使用无直接影响或影响不大，且在质量指标中有独立特征的有关检验项目列入Ⅱ级重要度。

两个Ⅱ级相当于一个Ⅰ级重要度的检验项目。若出现两个或两个以上的轻微缺陷亦判定为不合格。

2. 检验项目

检验项目如表 8-1-123 所示。

表 8-1-121　定型检验/出厂检验/型式检验的项目及要求

检验项目	技术要求	定型检验	出厂检验	型式检验
功能	参看 1.3.2 中 1.	O	O	O
基本设计	参看 1.3.2 中 1.	O	O	O
环境适应性	参看 1.3.2 中 3.	O	—	O
抗扰度	参看 1.3.2 中 4.	O	—	O
保护和安全	参看 1.3.2 中 5.	O	O	O
可靠性	参看 1.3.2 中 9.	O	—	*
随机文件完整性	参看 1.3.2 中 10.	O	O	O
包装	参看 1.3.5	O	O	O

注：O 为要检验；—为不检验；* 为可选择。出厂检验中的高温连续运行试验（老化试验）的要求及试验方法应由各生产厂家根据自己的产品状况来决定。

表 8-1-122　包装与储运要求

包装与储运过程	包装与储运的要求
包装	包装箱一般采用瓦楞纸箱，包装箱应牢固可靠，有防潮湿、防振、防碰撞的措施。包装箱上应有"小心轻放、向上、怕雨、堆码层数极限"等图形标志，所有标志均应清楚、明显、牢固。包装箱箱面应印有或注明"产品型号、名称、出厂编号、数量、发货单位、收货单位、发站、到站、重量和尺寸"等信息
储存	数控产品应放置在通风干燥的库房内，避免有害物质影响。由于某些电子元器件的影响如电池、电解电容器等有必要对数控系统定期通电。存放期超过一年的产品，应重新做出厂检验，合格后才能出厂
运输	包装好的产品应能适应公路、铁路、航运、航空等运输方式。产品不应在露天环境中运输，运输中应注意防雨雪、防尘和机械损伤

表 8-1-123　检验项目及重要度

检验项目	检验内容及技术要求	重要度
功能	按 1.3.2 中 1.	Ⅱ
基本设计要求		
结构与外观	按 1.3.2 中 1.	Ⅱ
标志	按 1.3.2 中 1.	Ⅱ
颜色	按 1.3.2 中 1.	Ⅱ
导线与连接	按 1.3.2 中 1.	Ⅱ
防护	按 1.3.2 中 1.	Ⅰ
操作与维护性	按 1.3.2 中 1.	Ⅱ
气候环境适应性		
运行温度下限	按 1.3.2 中 3.	Ⅱ
运行温度上限		Ⅱ
运行温度变化		Ⅱ
储运温度下限		Ⅱ
储运温度上限		Ⅱ
恒定湿热		Ⅱ

续表

机械环境适应性		
振动	按 1.3.2 中 3.	Ⅱ
冲击		Ⅱ
跌落		Ⅱ
电源环境适应性		Ⅰ
噪声		Ⅱ
抗扰度		
静电放电	按 1.3.2 中 4.	Ⅰ
脉冲群		Ⅰ
浪涌		Ⅰ
电压暂降和短时中断		Ⅰ
射频辐射		Ⅱ
射频场传导		Ⅱ
工频电磁场		Ⅱ
保护和安全		
电击防护	按 1.3.2 中 5.	Ⅰ
电柜安全性		Ⅰ
保护接地电路的连续性		Ⅰ
绝缘电阻	按 1.3.2 中 6.	Ⅰ
耐电压强度	按 1.3.2 中 7.	Ⅰ
可靠性	按 1.3.2 中 9.	Ⅱ
随机文件的完整性	按 1.3.2 中 10.	Ⅱ
包装	按 1.3.5	Ⅱ

1.3.7 故障判断和计入原则

1. 故障定义

数控系统在试验中丧失产品标准规定的任一项功能时即为故障。

2. 故障分类

故障类型可分为关联性故障和非关联性故障，如表 8-1-124 所示。

表 8-1-124 故障类型

故障分类	定义
关联性故障	由数控系统本身条件引起的故障，在评价检验结果和可靠性特征时应计入
非关联性故障	不是数控系统本身条件引起的，而是试验要求之外的因素所造成的故障。在评价检验结果和可靠性特征时不计入，但应做记录以便于分析和判断

3. 关联性故障的判断和计入原则

数控系统在检验过程中如出现以下情况，均应视为关联性故障并计入。

1）必须更换元器件、机械结构或附属设备才能排除的故障。

2）需要对接插件、电缆、印刷电路板等进行修整，以消除断路、短路和接触不良，方可排除的故障。

3）数控系统在检验过程中，出现测试、操作上的不安全或造成数控系统和设备损坏而必须立即中止检验的故障。出现此类故障时，应立即做出停止整个试验或拒收的评定。

4）运行检查程序检验时，出现偶尔停止或运行失常现象，但经再次启动就能恢复正常运行，这种偶尔事件如果累计达两次，应计为一次关联性故障；不足两次则可视为非关联性故障处理。

5）非同一因素引起而同时发生两个以上的关联性故障，则应如数计入；若是同一因素引起的，则只计一次。

4. 非关联性故障

非关联性故障如表 8-1-125 所示。

1.3.8 可靠性试验

1. 可靠性试验类型

表 8-1-125 非关联性故障

故障分类	内容
从属性故障	由于试验设备故障而直接引起的数控系统的故障，或者由于试验条件变化已超出规定的范围而造成的故障
误用性故障	由操作人员过失而造成的故障
诱发性故障	维修期间，确因维修人员的过失而造成的故障

可靠性试验类型如表 8-1-126 所示。

表 8-1-126 可靠性试验类型

可靠性试验类型	目的
可靠性鉴定试验	试验目的在于验证产品的设计、工艺等能否保证产品可靠性要求
可靠性验收试验	试验的目的在于检验生产定型及批量生产的产品能否满足可靠性要求

2. 可靠性试验方案的选择原则

可靠性试验方案的选择原则如表 8-1-127 所示。

表 8-1-127 可靠性试验方案的选择原则

可靠性实验方案	选择原则
定时(定数)截尾试验方案	当要求通过试验对产品的平均无故障工作时间(MTBF)的真值作出估计和验证时，使用定时(定数)截尾试验方案 对于可靠性鉴定试验推荐选用定时(定数)截尾试验方案
截尾序贯试验方案	当仅需要以预定的判决风险率(α、β)和鉴别比(Dm)对产品的平均无故障工作时间(MTBF)作接受或拒收的判决，并且不需要试验前确定总试验时间时，使用截尾序贯试验方案

3. 试验时间的计算

(1) 试验时间

整个试验过程中应运行检查程序。试验时间累积计算延续到能做出合格与否的判决为止。多台数控系统试验时，每台数控系统的试验时间不得少于所有数控系统的平均试验时间的一半。

(2) 试验时间计算

试验期间发生第 k 次失效时，累计时间 T_k 计算公式：

$$T_k = \sum_{j=1}^{n} t_{k,j} \tag{8-1-1}$$

式中 n——数控系统的总台数，台；

$t_{k,j}$——第 k 次失效时，数控系统中第 j 台的相应试验时间，h。

试验到判定点没有发生任何一次故障的相应累计时间 T 计算公式：

$$T = nt \tag{8-1-2}$$

式中 n——数控系统的总台数，台；

t——到判定点时数控系统的相应试验时间，h。

4. 试验条件

该验收方法规定的可靠性试验的目的是为了确定产品在不同应用场合的正常使用条件下的可靠性水平。其试验环境、电源环境应符合 1.3.2 中 4. 的规定。

5. 故障判定依据

故障的判定依据和计入方法按 1.3.7 的规定并只统计关联故障数。

1.3.9 数控系统功能型分类及定义

数控系统功能型分类及定义如表 8-1-128 所示。

表 8-1-128 数控系统功能型分类及定义

数控系统分类	定义
简易数控系统	一般指开环控制的数控系统，具有结构简单、造价低、维修调试方便、运行维护费用低等优点
高性能数控系统	一般指闭环控制的数控系统，具有多通道(两个或两个以上)，5 轴或 5 轴以上的插补联动功能，具有圆弧和线性螺距补偿功能，刀具半径补偿和温度补偿，采用高分辨率编码器，前馈控制，加减速控制，进给率控制，可靠性 MTBF≥10000h，融合网络通信的数控系统
普及型数控系统	除去简易数控系统和高性能数控系统之外的其他数控系统

1.4 NCUC-Bus 现场总线应用层协议

1.4.1 概述

1. 数控系统现场总线数据链路层概述

机床数控系统 NCUC-Bus 现场总线是一种数字化、串行网络的数据总线，用于机床数控系统各组成部分互连通信。本部分中所讲述的 NCUC-Bus 应用层是在物理层和链路层之上，用户任务之下的部分。NCUC-Bus 的应用层协议规范通过使用数据链路层或其他相邻的更低层提供的服务来提供应用服务。机床数控系统现场总线应用层服务、协议和系统管理之间的关系如图 8-1-46 所示。

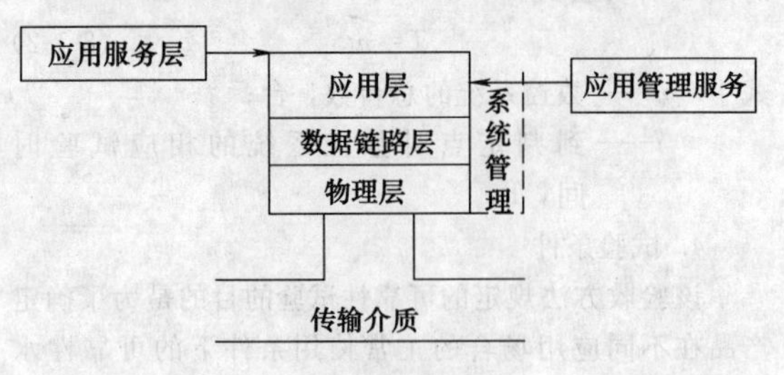

图 8-1-46 应用层与其他数控系统各层之间的关系

数控系统现场总线协议的主要目的是连接数控装置与驱动装置（伺服、主轴）、I/O 装置的全数字、串行、同步、双向、多站点的现场通信网络，用来完成数控装置对于驱动装置、I/O 装置等现场装备的控制、参数调整、状态监控和诊断等功能。

用户任务采用 NCUC-Bus 协议规范应用层服务来实现与其他用户进程交换信息，这些服务定义了用户进程与应用层之间的抽象接口。

2. 基本术语

机床数控系统 NCUC-Bus 应用层协议规范基本术语如表 8-1-129 所示。

表 8-1-129 基本术语

基本术语	术语解释
协议 protocol	对通信系统数据交换中的数据格式、时序关系和纠错方法的约定
总线 bus	指通过分时复用的方式，将信息以一个或多个源部件传送到一个或多个目的部件的一组传输线。是通信系统中传输数据的公共通道
物理层 physical layer	处于 ISO/OSI 通信参考模型的最底层，是整个通信系统的基础。物理层为设备之间的数据通信提供传输媒体及互连设备，为数据传输提供可靠的环境，包括媒体（光纤、双绞线、同轴电缆等）、连接器（插头/插座）、接收器、发送器、中继器等。物理层为数据端设备提供传送数据的通路，保证数据能在其上以一定的速率正确通过
数据链路层 data link layer	数据链路可以理解为基于物理层的数据通道。物理层要为终端设备间的数据通信提供传输媒体及其连接。媒体是长期的，连接是有生存期的。在连接生存期内，收发两端可以进行不等的一次或多次数据通信。每次通信都要经过建立通信联络和拆除通信联络两过程。这种建立起来的数据收发关系就叫作数据链路。而在物理媒体上传输的数据难免受到各种不可靠因素的影响而产生差错，为了弥补物理层上的不足，为上层提供无差错的数据传输，就要能对数据进行检错和纠错。数据链路的建立、拆除、对数据的检错、纠错是数据链路层的基本任务
应用层 application layer	指 NCUC-Bus 协议规范所定义的物理层和链路层之上，用户任务之下的所有部分，在 NCUC-Bus 协议规范数据链路层之上为用户进程提供接口和服务
广播 broadcast	在网络中多点通信的最普遍的形式，发送者向每一个目的站投递一个分组的拷贝。它可以通过多个单次分组的投递完成，也可以通过单独的连接传递分组的拷贝，直到每个接收方均收到一个拷贝为止
单地址传输 single address transmission	单地址传输是针对网络中传输的两端设备间的关系而言的。单地址传输指的是发送端把数据传给网络中指定的设备
集总帧传输 packed frame transmission	发送端将需要向网络中各从设备传输的数据依次打成一个数据包，然后从发送端的一个端口发出，依次通过各从设备，然后回到主站的另一个端口或同一个端口。从设备在数据包经过时，依据数据包中的地址信息，下载主站传输给本从设备的数据，同时将需要反馈的数据上载到数据包中
拓扑结构 topology structure	网络的拓扑结构是引用拓扑学中研究与大小、形状无关的点、线关系的方法，把网络中的通信设备抽象为一个点，把传输介质抽象为一条线，由点和线组成的几何图形就是网络的拓扑结构。网络的拓扑结构反映出网中各实体的结构关系，是建设计算机网络的第一步，是实现各种网络协议的基础。主要有星形结构、环形结构、总线结构、分布式结构、树形结构、网状结构、蜂窝状结构等
线形结构 linear structure	一种网络拓扑结构，各结点通过通信线路依次连接的路由方法

续表

基本术语	术语解释
环形结构 ring structure	一种网络拓扑结构，各结点通过通信线路组成闭合回路的路由方法，环中数据只能单向传输
周期通信 cycle communication	内容具有严格时效性的信息交换行为，在特定时间长度内，通信系统每隔这段时间进行一次通信
周期数据 cycle date	具有严格时效性的数据
非周期通信 noncycle communication	内容不具有严格时效性的信息交换行为
总线状态 bus status	指总线稳定地保持特定的工作模式
状态机 status machine	描述状态以及状态间转化过程的信息模型
枚举 boot strap	指通信系统自设备加电到可以进行正常通信的过程
设备 device	指接入通信网络中，具有特定功能行为的物理实体，例如接入 NCUC-Bus 网络的驱动单元或 I/O 站点
主设备 master device	网络中发起通信的设备。NCUC-Bus 协议约定在一个 NCUC-Bus 环路中只能有一个主设备 注：主设备又称为主站
从设备 slave device	网络中除主设备之外，其他接入 NCUC-Bus 网络的设备 注：从设备又称为从站
指令 instruction	指 NCUC-Bus 网络中传递的一组能够被设备识别的，表示设备需完成特定行为的代码
反馈 feedback	指 NCUC-Bus 网络中从设备发出的被主站接收的包含从设备信息的代码
ISO/OSI 参考模型 reference model of ISO/OSI	用于指导定义通信协议的网络层次体系结构
带宽 bandwidth	带宽又叫频宽，是指在固定的时间可传输的资料数量，亦即在传输管道中可以传递数据的能力。在数字设备中，频宽通常以 bit/s 表示，即每秒可传输的位数
帧 frame	数据链路层的协议数据单元，也是数据链路层发起一次通信的基本信息单位。由若干个字节组成，通常由特定的字符表示信息的起始
报文 telegram	网络中交换与传输的数据单元。报文包含了将要发送的完整数据信息，可以被分割为若干帧，在接收端进行信息的组合
结点 node	网络中的主机和路由器称为结点
点到点 point to point	在相邻结点间的一条链路上的通信称为点到点通信
端到端 end to end	把从源结点到目的结点的通信称为端到端通信
逻辑链路控制 logic line control(LLC)	LLC 子层的主要功能是控制对传输介质的访问，LLC 子层负责向其上层提供服务；LLC 负责识别数据链路层的上层协议，然后对它们进行封装
介质访问控制 media access control(MAC)	MAC 子层的主要功能包括数据帧的封装/卸装，帧的寻址和识别，帧的接收与发送，链路管理帧的差错控制等。MAC 子层的存在屏蔽了不同物理链路种类的差异性，是提供连接服务类型，其中，面向连接的服务能提供可靠的通信
应用层协议 application layer protocol	指 NCUC-Bus 所定义的主从站之间对等应用层实体之间的规范
应用层服务 application layer service	指 NCUC-Bus 所定义的应用层为用户任务提供服务的规范
时钟同步 time synchronization	使各从设备时钟与主设备时钟保持一致
制造商标识符 manufacturer ID	识别每一个产品制造商的唯一号码

续表

基本术语	术语解释
应用实体 application entity	应用层中能够收发信息和处理信息的任何软硬件
应用协议数据单元 application protocol data unit	应用层对等实体之间通过协议传送的信息报文
用户任务 consumer process	数控系统和操作系统任务
目的地址 destination address	指令发往的站点地址
源地址 source address	指令发出的站点地址
数据格式 data format	数据的封装规范
应用编程接口 application programming interface	应用层提供的函数功能模块
差错控制 error control	在数据通信过程中能发现或纠正差错，把差错限制在尽可能小的允许范围内的技术和方法
IEEE 1394 Institute of Electrical and Electronics Engineers 1394	IEEE 1394是为了增强外部多媒体设备与电脑连接性能而设计的高速串行总线，传输速率可以达到400Mbit/s。IEEE 1394的前身于1986年由苹果公司所草拟，苹果公司称之为FireWire，Sony公司则称之为i. Link，Texa Instruments公司称之为Lynx，所有的商标名称都是指同一种技术——IEEE 1394。IEEE 1394具有两种数据传输模式——同步（synchronous）传输与非同步（asynchronous）传输，同步传输模式会确保某一连线的频宽。IEEE 1394使用的线缆包括六根铜制导线，其中2条用于设备供电，提供8～30V的电压，以及最大1.5A的供电，另外4条用于数据信号传输。NCUC-Bus网络采用IEEE 1394标准的网络插头和插座作为连接元件
超5类线 enhanced gategory 5 cable	ANSI/EIA/TIA-568B.1和ISO 5类/D级标准中用于运行快速以太网的非屏蔽双绞线电缆，传输频率为100MHz，传输速度可达到100Mbit/s
100BASE-TX	运行在两对5类双绞线上的快速以太网 注：ISO/IEC 8802-3标准定义的快速以太网制定的三种有关传输介质的标准之一，使用两对抗阻为100Ω的5类非屏蔽双绞线，最大传输距离是100m。其中一对用于发送数据，另一对用于接收数据。100BASE-TX实际传输速率125Mbit/s，采用的是4B/5B编码方式，即把每4位数据用5位的编码组来表示，该编码方式的码元利用率＝(4/5)×100％＝80％，实际有效传输速率100Mbit/s。然后将4B/5B编码成NRZI进行传输。当100Mbit/s端口工作在全双工模式下时，100BASE-TX可以同时存在流进端口和流出端口的数据，而且双向的数据流都可以享受100Mbit/s的带宽，其工作在全双工模式下的端口带宽是200Mbit/s
CRC-16 Cycle Redundancy Check 16	一种循环冗余码校验算法 注：CRC校验的基本思想是利用线性编码理论，在发送端根据要传送的k位二进制码序列，以一定的规则产生一个校验用的监督码（即CRC码）r位，并附在信息后边，构成一个新的二进制码序列数，共$(k+r)$位，最后发送出去。在接收端，则根据信息码和CRC码之间所遵循的规则进行检验，以确定传送中是否出错

3. 体系结构

NCUC-Bus应用层的结构模型如图8-1-47所示。对应用层而言，向上通过提供通信服务的形式实现与用户进程的交互，向下通过应用层接口的方式实现与下层数据链路层的交互，其中应用层与链路层交换的是封装好的应用层数据单元。主从站应用层之间的规范为应用层协议，包括数据类型规范和服务状态机以及与协议的映射和封装、安全性和差错控制等。

1.4.2 协议规范

主从站之间对应应用层实体之间的通信规范的集合，包括所传输数据的格式、差错控制方式以及在计

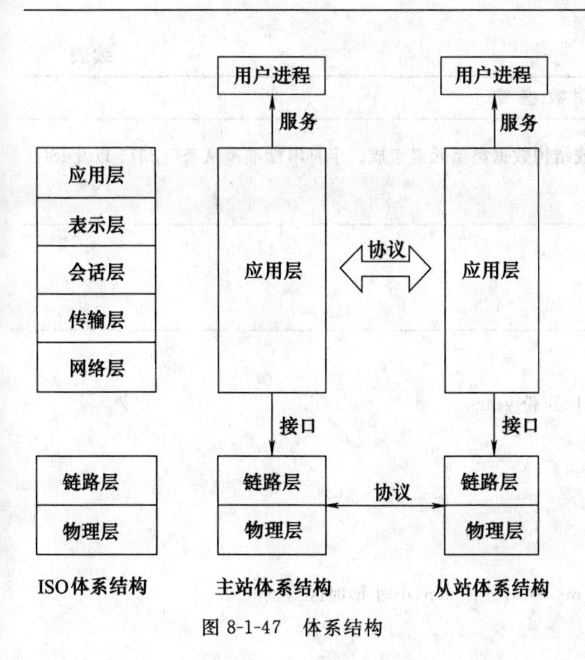

图 8-1-47 体系结构

时与时序上的有关约定等。

1. 数据类型

机床数控系统 NCUC-Bus 应用层协议规范数据类型如表 8-1-130 所示。

2. 通信模式

机床数控系统 NCUC-Bus 应用层协议规范通信模式如表 8-1-131 所示。

3. 通信状态机

(1) 通信状态机概述

总线通信状态包括：初始态、等待态、运行态、停止态。

建立状态机机制，NCUC-Bus 在不同的状态执行相应权限的总线功能，从而保证 NCUC-Bus 总线运行的有序性、安全性和健壮性。

(2) 通信状态机切换图

总线状态机状态和状态切换关系如图 8-1-48 所示。

表 8-1-130 数据类型

数据类型	数据简介
位	最小的内存存储单位，取值包括“0”和“1”两种 约定：以“b”为位单位的缩写，即 1b 表示 1 个位(1bit)
字节	每 8 个 bit 构成 1 个 Byte，称为 1 个字节 约定：以“B”为字节单位的缩写，即 1B 表示 1 个字节(1Byte)
布尔	规定布尔变量取值为 0 及非 0，其中“0”表示假逻辑，非零数据表示真逻辑
浮点	浮点数标准遵从 IEEE 754 标准的实数表示方法 约定：以 float 或者 Float 表示浮点数
整型	带有符号的整型数。可以使用 8bit、16bit、32bit、64bit 等多种方式进行存储。其中最高位为符号位。 整数取值范围： 8bit －128～127； 16bit －32768～32767； 32bit －2147483648～2147483647 编码方式，规定最高存储位 MSB 为符号位，所记录数据为负数时，符号位为 1，数据以补码形式表示；所记录数据为 0 或正数时，符号位为 0，数据以原码形式表示 约定：以 8bit、16bit、32bit 存储的有符号整型数以 Int ×× 表示： 8bit 整型数 Int8； 16bit 整型数 Int16； 32bit 整型数 Int32
无符号整型	不带有符号的整型数。可以使用 8bit、16bit、32bit 等多种方式进行存储 整数取值范围： 8bit 0～255； 16bit 0～65535； 32bit 0～4294967295 约定：以 8bit、16bit、32bit 存储的无符号整型数以 Unsigned ×× 表示： 8bit 整型数 Unsigned8； 16bit 整型数 Unsigned16； 32bit 整型数 Unsigned32

续表

数据类型	数据简介
串	串是由一组同类、固定长度的基本数据类型或结构数据类型元素组成。字符串标准遵从ISO 2375以及ISO 646
空	空数据类型长度为零 约定:以NULL表示
日期和时间	(1)日期格式 日历日期部分结构体包括:日期day,月month,年份year 取值范围分别如下 日期(day):1~31; 月(month):1~12; 年(year):0000~9999 (2)时间格式 时间部分结构体包括:纳秒ns,微秒μs,毫秒ms,秒s,分钟min,小时h,时区 取值范围分别如下 纳秒(ns):0~999; 微秒(μs):0~999; 毫秒(ms):0~999; 秒(s):0~59; 分钟(min):0~59; 小时(h):0~23; 时区:-12~+12 (3)时间戳格式 时间部分结构体包括:纳秒ns,微秒μs毫秒ms 取值范围分别如下 纳秒(ns):0~999; 微秒(μs):0~999; 毫秒(ms):0~999 (4)时差格式 包括两部分结构体数据,分别表示毫秒和日。用来表示两个时间的差值 取值范围分别如下 毫秒(ms):0~4294967295; 日(day):0~65535
数组	数组Array是由一个同类元素的有序集合组成。对数组元素的数据类型没有约束但每个元素需要来自同一个类型。数组一旦被定义了,数组中元素的数量不能改变
结构体	结构体Structure是由一组相同或不同数据类型元素构成。不限制字段的数据类型,一个结构可以包含基本数据元素、更多其他结构元素或用户定义的数据元素
列表	列表是指由一组对象索引值组成的变量。对列表变量本身的访问根据调用服务的不同,可以对列表变量的成员(即对象索引值)进行访问,也可以对列表的实例化数据进行访问
对象	具有一组确定属性的可操作的集合体

表 8-1-131　通信模式

通信模式	术语解释
广播通信	主站通过广播报文的形式将数据发送给所有的从站，从站不上传数据，报文返回主站
单地址通信	主站通过单地址的形式将数据报文发送给特定的从站，报文返回主站，从站既可以上传数据，也可以不上传数据
双向通信	主站通过报文的形式将数据发送给所有的从站，各从站将需要上传的数据替换传送给本站的数据，报文返回主站。双向通信包括周期报文通信及非周期报文通信

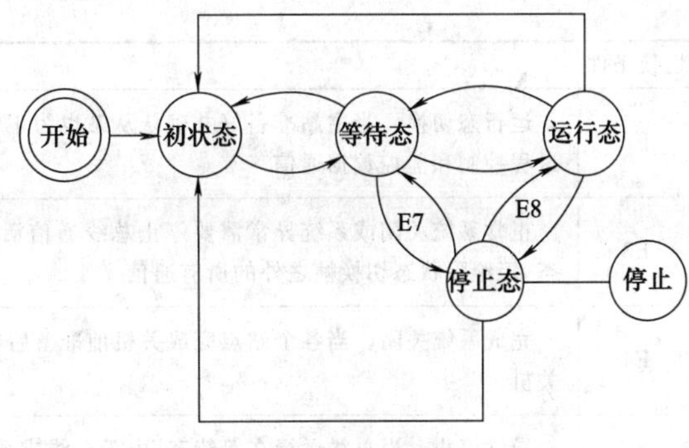

图 8-1-48　通信状态机说明

(3) 通信状态

通信状态说明如表 8-1-132 所示。

(4) 状态机状态切换条件

机床数控系统 NCUC-Bus 应用层协议规范切换条件如表 8-1-133 所示。

表 8-1-132　通信状态

通信状态	术语解释
初始态	主站在初始态下主要完成对总线的初始化任务。系统上电后，主站进入初始态，通过通信初始化状态切换命令通知从站进入初始态；待确认从站进入初始态后，对总线进行初始化操作。初始化操作首先是总线环路拓扑结构的判别，主站分别从端口 1 和端口 2 发送总线拓扑结构判别命令进行拓扑结构的判断，确认总线的拓扑结构为环形、线形Ⅰ、线形Ⅱ或是双线形连接方式。确认总线的拓扑方式后，主站通过从站地址编号命令对从站进行地址编号，地址编号后主站可以对某个固定的地址访问固定从站。随后主站根据需求利用简单同步延时测量命令或 PTP 同步延时测量命令对从站延时测量。然后主站通过写参数对从站进行通信参数设置。从站在初始态下主要是配合主站完成总线的初始化操作。从站通过接收复位命令或初始态转换命令后进入初始态，在初始态下，从站通过接收拓扑结构的判别命令完成主站的拓扑结构判别，通过接收从站地址编号命令对本站的地址进行编号，通过接收延时测量命令对本站延时时间进行计算和设置
等待态	网络出现空闲或故障时，主站通过相关命令，使网络中各设备处于等待态。在等待态下网络链路中无数据传输
运行态	主站通过报文的形式将数据发送给所有的从站，各从站将需要上传的数据替换传送给本站的数据，报文返回主站。双向通信包括周期报文通信及非周期报文通信。主站在运行态可以通过参数写命令对从站进行参数设置，包括通信参数和运行前的设备参数设置和不允许在运行中修改的参数进行修改以及通过读参数命令进行从站的校验。通信参数设置包括通信周期、CRC16 使能、周期数据位置、周期数据长度等通信参数的设置；设备参数的设置和修改根据设备的使用和属性等进行操作，运行前设备参数和运行时不允许修改的参数都在该状态下进行设置和修改。主站通过读参数命令对从站的参数进行校验，判断参数的正确性作为总线是否进入运行态的依据。也可以利用集总帧命令对从站进行过程控制和监控以及利用读写参数命令对部分运行期间可以修改的参数进行修改监控
停止态	在系统准备正常关闭或系统异常时，主站将通过发送停止切换命令，配置系统进入停止态，停止除状态切换之外的所有总线活动

表 8-1-133　切换条件

切换条件	条件解释
E0	各个站点完成上电初始化。当连接在总线上的站点完成自身上电初始化后，将进入初始态
E1	总线初始化成功。当主站成功完成对总线初始化操作后主站确认总线拓扑结构，各个从站 MAC 分配完成以及对从站设备延时测量结束后，主站利用等待切换命令命令主站和从站都进入等待态，等待态应用层主站完成对从站通信相关参数配置和其他参数配置

续表

切换条件	条件解释
E2	运行态切换。当主站准备好并确认从站也为正常工作准备好后，主站利用运行态切换命令进入运行态，即启动过程控制和监控数据通信
E3	正常系统关闭或系统异常需要停止总线通信活动。主站将通过停止态切换命令通知从站，各个站点进入停止态，拒绝除状态切换帧之外的所有通信
E4	完成系统关闭。当各个站点完成关机前准备后，主站将通过结束态切换命令通知从站进入结束通信状态，执行关机
E5	异常停止。当总线运行在等待态，由于总线或系统异常要求总线停止工作，主站将通过停止态切换命令通知从站执行停止操作
E6	重新初始化。当总线处于停止态，需要复位并重新初始化总线设备，主站将通过初始态切换命令通知从站执行初始化操作
E7	恢复等待态。当总线处于停止态，需要重新配置设备参数等，主站将通过等待态切换命令通知从站进入等待态，进行设备参数配置
E8	恢复运行态。当总线由于异常等原因进入停止态，而异常原因排除，系统要求继续运行，主站将通过运行态切换命令通知从站进入运行态继续进行控制和监控数据通信
E9	返回等待态。在处于运行态的系统运行过程中，需要变更总线设备参数等，为保证安全，防止过程中影响周期性通信运行，要求回到等待态，主站通过等待态切换命令通知从站进入等待态进行设备参数的修改变更
E10	运行态重新初始化总线设备。主站通过初始态命令通知从站进入初始态，重新对总线进行初始化操作
E11	等待态重新初始化总线设备。主站通过初始态命令通知从站进入初始态，重新对总线进行初始化操作

1.4.3 数据链路层报文格式和服务类型

1. 数据帧定义与封装

(1) 概述

NCUC-Bus数据帧对原始数据进行数据封装，形成数据传输过程中的数据帧。在封装的数据帧信息中，包含实际要传输的数据、用来表示数据帧的类型、控制字、状态字和地址等信息。标准的NCUC-Bus数据帧包含以下几个部分，如表8-1-134及图8-1-49所示。

表 8-1-134 NCUC-Bus数据帧组成及组成结构

数据帧组成	组成结构
Head	以太网数据标准头
LN	帧长度(包括CM_ID、Ts、Td和数据区的字节数)
CM-ID	指令字CM-ID
Ts	主站命令发送时间戳，16bit，以ns为单位
Td	从站执行命令时间戳(相对于Ts时间增量)，16bit，以ns为单位
数据区	包含一个或多个数据
CRC检验	采用CRC32校验

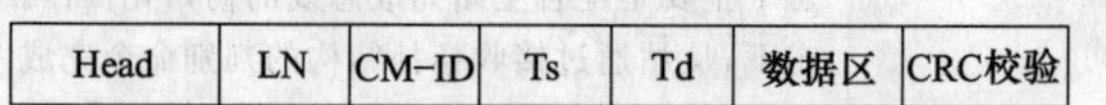

图 8-1-49 NCUC-Bus数据帧组成示意图

(2) 以太网数据标准头

NCUC-Bus数据帧采用的是以太网数据标准头。其帧头结构示意如图8-1-50所示。

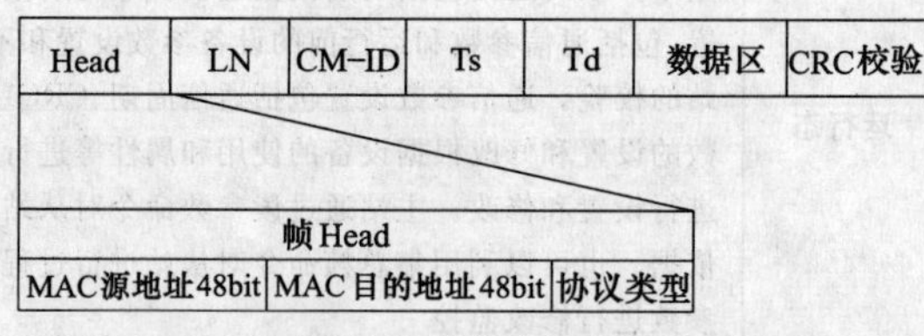

图 8-1-50 NCUC-Bus数据帧标准头的组成示意图

NCUC-Bus协议采用主从通信模式。对于主站广播通信，源MAC为主站MAC，目的MAC（主站MAC）为FFFFFFFFFFFF；对于主站对特定从设备通信，源MAC为主站MAC，目的MAC为从设备MAC。协议类型暂用作数据帧长度。

(3) NCUC-Bus数据帧指令字CM-ID格式

NCUC-Bus数据帧中的指令字CM-ID为NCUC-Bus数据帧中标识通信帧行为的16位字段，该字段紧随以太网数据标准头后的长度 LN 字段，如图 8-1-51所示。

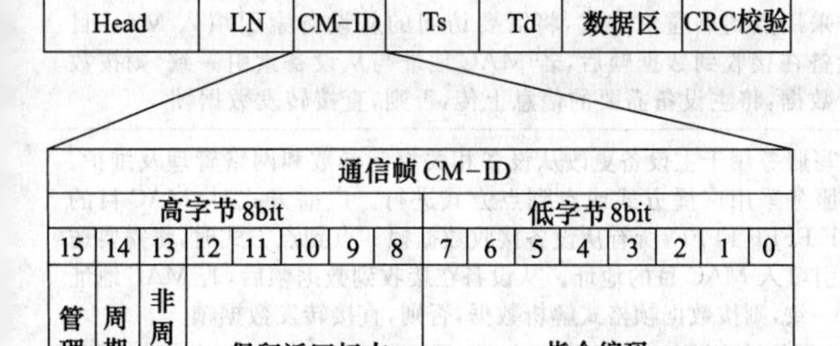

图 8-1-51　NCUC-Bus 数据帧指令字 CM-ID 的组成示意图

1）管理指令：标识数据帧为总线管理数据帧。

2）数据类型：标识数据帧为集总帧还是单地址帧；1：集总帧；0：单地址帧。

3）指令编码：为周期数据帧时用作帧计数，在非周期报文中用作指令编码。

（4）NCUC-Bus 通信帧数据区格式

NCUC-Bus 通信帧包括三种类型：广播帧（报文）、单地址帧（报文）和集总帧（报文）。其数据区均由控制/状态字和数据区组成。

① 广播报文。通过此报文，可实现主设备对网络链路中的所有从设备实现同一数据传输或呼叫。广播报文通信帧的数据区包含以下几个部分，如图 8-1-52所示。

a. 控制/状态字；

b. 索引；

c. 数据区。

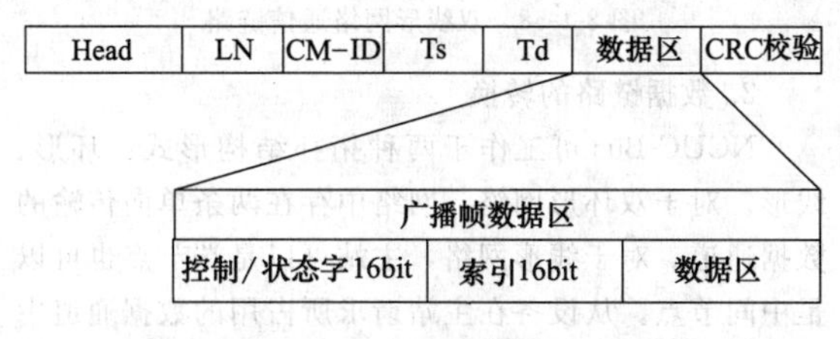

图 8-1-52　广播帧数据区格式

② 单地址报文。通过此报文，可实现主设备对网络链路中的某一从设备实现数据传输或呼叫，单地址报文通信帧的数据区包含以下几个部分，如图 8-1-53所示。

a. 控制/状态字；

b. 索引；

c. 数据区。

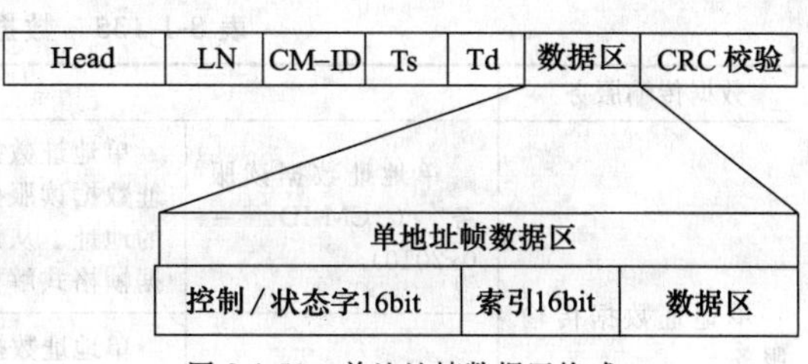

图 8-1-53　单地址帧数据区格式

③ 集总帧报文。通过此报文，可实现主设备对网络链路中的所有从设备实现数据传输或呼叫。

集总帧报文的数据区内包含字节长度可配置的所有从设备数据信息，而每个从设备数据区又包括以下几个部分，如图 8-1-54 所示。

a. 控制/状态字；

b. 有效数据区；

c. 校验码（可选，可配置不同校验模式）。

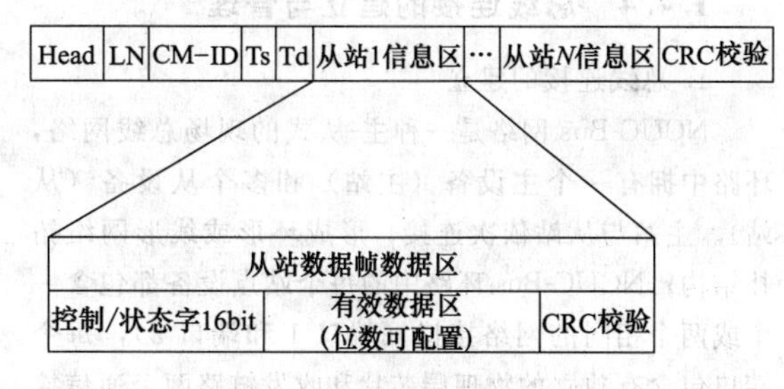

图 8-1-54　集总帧数据区格式

对于集总帧数据传输，数据链路层将各个从设备的数据信息依次封装，组成一个数据帧；各从设备根据本站数据的起始地址和有效信息长度就可以从集总帧数据的数据帧中获得自己站点有效数据的内容。从而实现数据的帧寻址和识别，如图 8-1-55 所示。

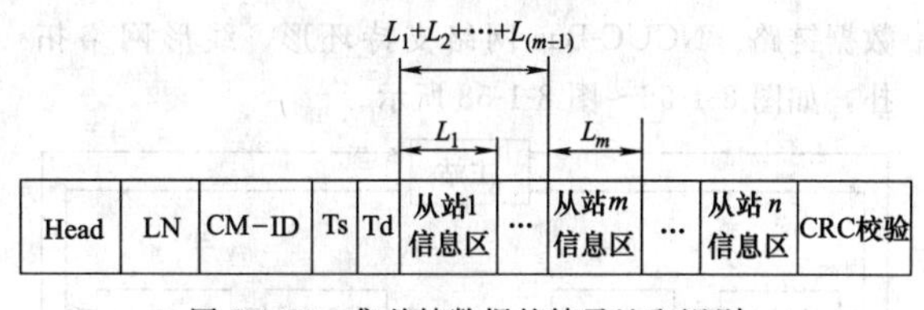

图 8-1-55　集总帧数据的帧寻址和识别

2. 数据通信服务类型

NCUC-Bus 网络中，主设备通过服务与从设备交换数据信息。NCUC-Bus 应用层提供以下 3 种数据传输服务。

1）数据报文封装服务。

2）数据报文解封服务。

3）数据报文传输服务。

其中数据传输服务类型及说明如表 8-1-135 所示。

表 8-1-135 数据传输服务类型及说明

数据传输服务		服务类型解释
单地址数据传输服务	单地址数据读服务（CM-ID＝0x2010）	单地址数据读服务用于主设备获取从设备相关控制参数及状态参数。单地址数据读服务采用点到点通信方式，将需要访问的从设备索引填入 MAC 目的地址。从设备在接收到数据帧后，若 MAC 地址与从设备索引一致，则按数据帧格式解析数据，将主设备需要的信息上传，否则，直接转发数据帧
	单地址数据/广播写服务（CM-ID＝0x2020）	单地址数据写服务用于主设备更改从设备相关控制参数和网络管理及维护。单地址数据写服务采用广播方式或点到点方式进行。广播方式时，MAC 目的地址为 0xFFFF FFFF FFFF，所有从设备接收数据帧。点到点方式时，将需要访问的从设备索引填入 MAC 目的地址。从设备在接收到数据帧后，若 MAC 地址与从设备索引一致，则按数据帧格式解析数据，否则，直接转发数据帧
集总帧数据服务（CM-ID＝0xC00-）		集总帧数据服务用于主设备向各个从设备发送控制指令，并同时上传从设备实时状态信息的反馈，集总帧数据一般在设定的通信周期内至少执行一次。对于集总帧数据服务的数据报文，数据应用层将各个从设备的数据信息依次封装，组成一个数据集总报文；各个设备根据数据流向各个站点的有效数据信息的长度，以及站点的有效信息长度就可以从集总帧中获得自己站点有效数据的内容，从而实现数据报文的识别和交换

1.4.4 总线连接的建立与管理

1. 总线连接的建立

NCUC-Bus 网络是一种主-从式的现场总线网络，环路中拥有一个主设备（主站）和多个从设备（从站）。主站与从站依次连接，形成环形或线形网络拓扑结构；NCUC-Bus 环路中的每个站点设备都包含一个或两个相同的网络接口（端口 1 和端口 2），每个端口包含有独立的物理层芯片和收发链路两个通信接口，NCUC-Bus 主站与从站依次连接，形成 NCUC-Bus 通信链路；通信由 NCUC-Bus 主站发起，由从站依次进行通信数据再加工，转发相邻从站，最终回到主站。NCUC-Bus 在总线枚举过程中，将对网络拓扑结构进行扫描，当网络连接的拓扑确定后，NCUC-Bus 主站通过拓扑结构识别，也就确定了网络传输的数据链路。NCUC-Bus 网络支持环形、线形网络拓扑，如图 8-1-56～图 8-1-58 所示。

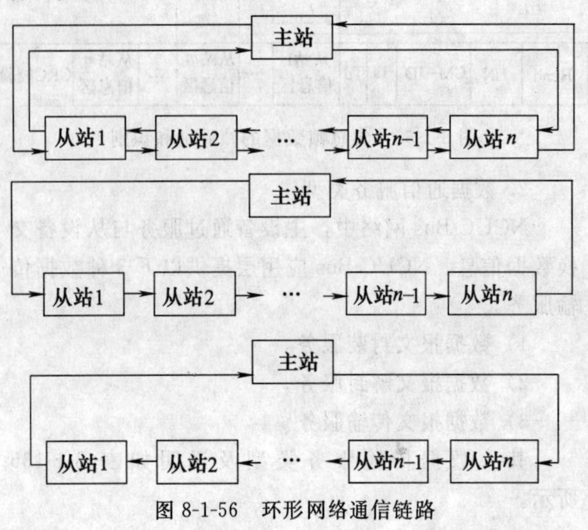

图 8-1-56 环形网络通信链路

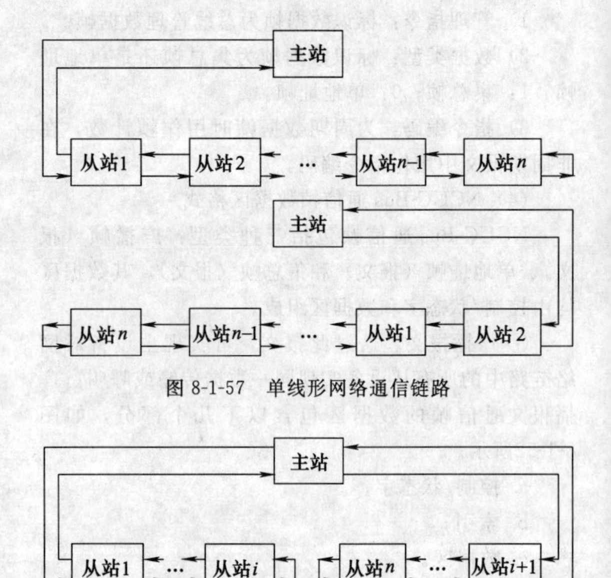

图 8-1-57 单线形网络通信链路

图 8-1-58 双线形网络通信链路

2. 数据链路的转换

NCUC-Bus 可工作于两种拓扑结构形式：环形、线形。对于双环形网络，网络中存在两条单向传输的数据通道。对于线形网络，主站可以是端节点也可以是中间节点。从设备在主站请求所占用的数据通道中与主站进行通信。若双环形链路中有一数据节点出现故障，NCUC-Bus 的双环形拓扑结构可以转换为线形拓扑，网络可以根据网络配置自动转换成线性的路由；继续通信，如图 8-1-59、图 8-1-60 所示。同时也可以根据网络报警设置，选择是否报警。若有两处以上的数据链路故障，则网络不可用，系统报警，停止工作。

3. 数据故障

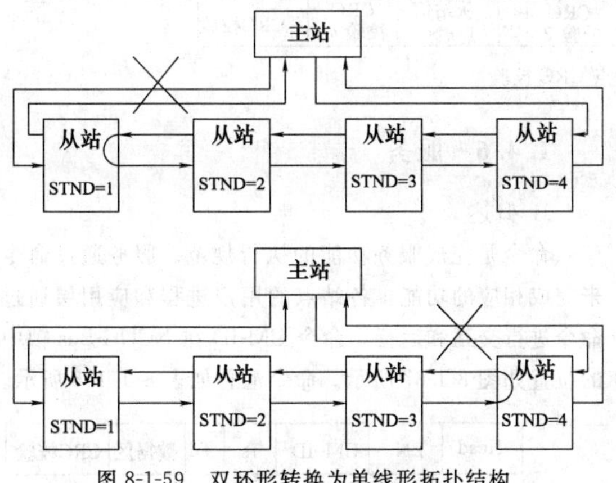

图 8-1-59　双环形转换为单线形拓扑结构

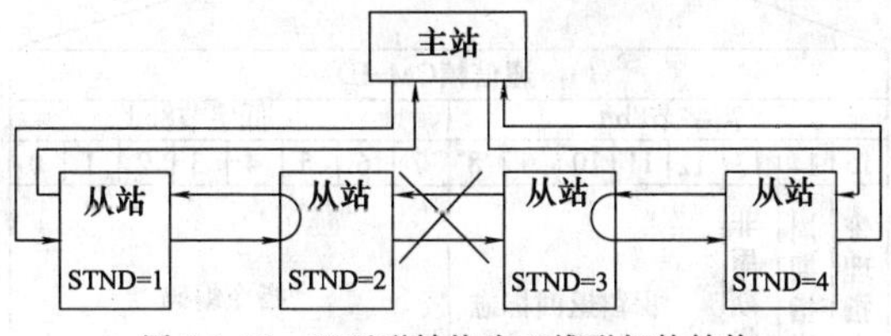

图 8-1-60　双环形转换为双线形拓扑结构

若 NCUC-Bus 工作在线形或单环形结构，网络连接线出现任何故障，网络都将报警，系统停止工作，如图 8-1-61 所示。或者 NCUC-Bus 工作在双环形拓扑结构，若出现两处以上的断线，系统报警，停止工作，如图 8-1-62 所示。

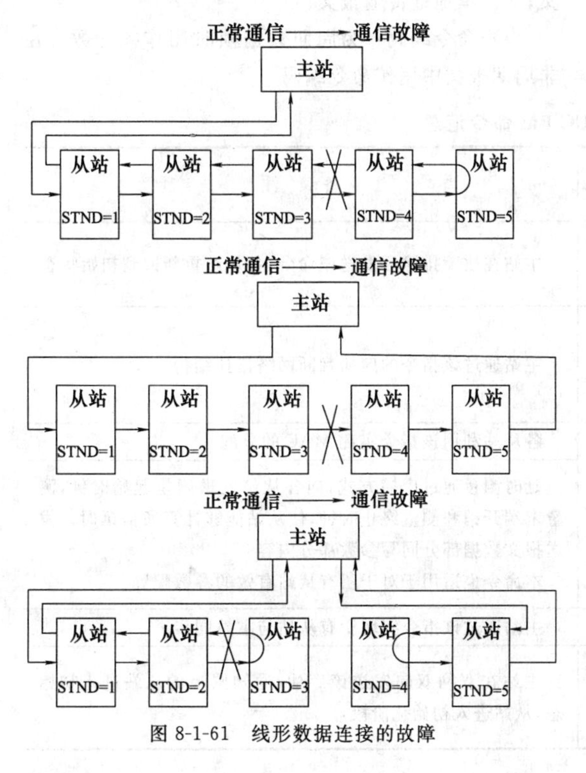

图 8-1-61　线形数据连接的故障

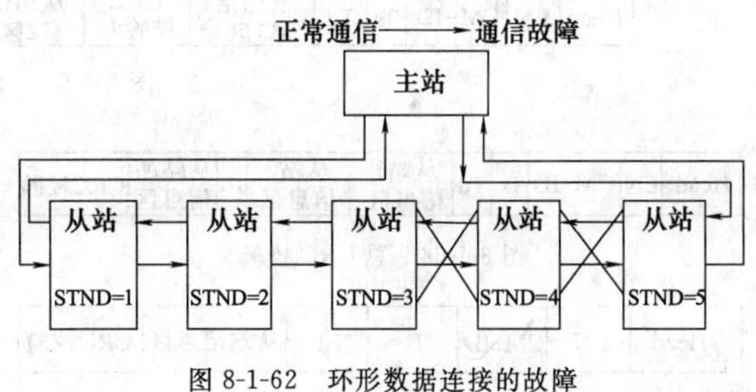

图 8-1-62　环形数据连接的故障

1.4.5　差错检测和恢复

1. 差错检测

差错检测和差错控制是 NCUC-Bus 数据链路层的基本功能之一。

差错检测机制是对所传输的数据实施抗干扰编码，并以此来检测数据传输中的错误。NCUC-Bus 采用循环冗余校验 CRC（Cycle Redundancy Check）码作为检验码。NCUC-Bus 协议的 CRC 校验方式可以设置，即可以通过配置选择单节点分段 CRC 或总 CRC 校验方式，NCUC-Bus 协议根据配置选择对应的 CRC 校验方法。当选择单节点分段 CRC 时，从设备对隶属于自己的数据进行上载后，修改对应区域的 CRC，如图 8-1-63 所示。

当选择总 CRC 校验时，从设备对隶属于自己的数据进行上载后，修改数据报文最后的 CRC，如图 8-1-64 所示。

对于广播和单地址传输通信，仅在通信帧尾部加入校验信息，如图 8-1-65 所示。

2. 差错纠正

发现传输出错后必须予以纠正。在 NCUC-Bus 总线的通信规程中，采用重发纠错法来纠正传输差错。在重发纠错法中，主要采用了下列机制实现差错纠正。

（1）正确接收

当主站对接收到的数据帧校验正确无误后，表示已经正确接收了该帧，主站可以继续发送下一个数据帧。

（2）CRC 校验错误重发

主站对返回的数据帧进行 CRC 校验，如果出现错误，主站将重新传送该帧。

（3）超时重发

主站在发出一个数据帧后开始计时，如果在规定的时间内没有收到该帧的返回帧，则认为该帧出错或丢失，并重新发送该帧。

Head	LN	CM-ID	Ts	Td	从站信息1区	CRC□校验1	从站信息2区	CRC校验2	…	从站信息n区	CRC校验n	总CRC校验

图 8-1-63　单节点 CRC 校验

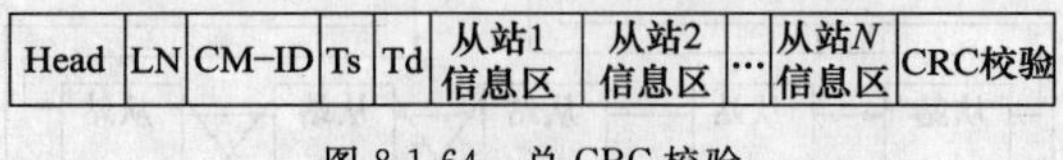

图 8-1-64　总 CRC 校验

Head	LN	CM-ID	Ts	Td	从站信息区	CRC校验

图 8-1-65　广播和单地址传输通信 CRC 校验

（4）帧编号

在 NCUC-Bus 总线中，每一个从站在正确接收到一个数据帧后，进行对应的数据操作，将数据帧转发到下一个从站节点，如果数据帧在传输过程中发生丢失、CRC 校验出错或主站超时后会重新发送该帧。在 NCUC-Bus 总线中集总帧数据中的命令字就带有帧编号信息，可以实现数据帧的唯一性。图8-1-66表示数据帧的编号信息。

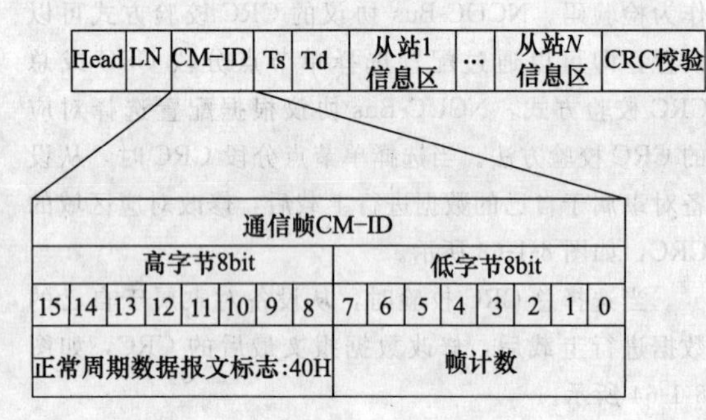

图 8-1-66　集总帧编号

1.4.6　服务

1. 概述

命令是完成服务功能的执行规范。服务通过命令来完成相应的功能，各站点的用户进程和应用层通过命令进行交互和运行。命令 CM-ID 在 NCUC-Bus 帧中的位置如图 8-1-67 所示。命令汇总如表 8-1-136 所示。

Head	LN	CM-ID	Ts	Td	数据区	CRC校验

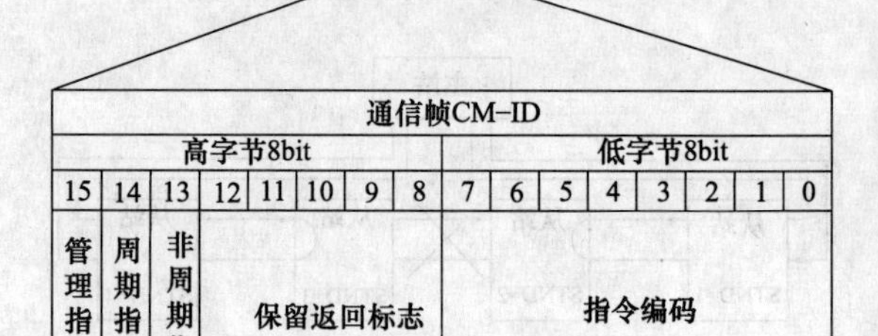

图 8-1-67　NCUC-Bus 数据帧命令 CM-ID 的组成示意图

1）管理命令：标识数据帧为总线管理数据帧；

2）数据类型：标识数据报文类型；1：集总帧报文；0：单地址传输报文。

3）命令编码：为周期数据帧时用作帧计数，在非周期报文中用作命令编码。

表 8-1-136　NCUC-Bus 命令汇总

命令分类	命令编号（16 进制）	命令名称（4 字符助记字）	备　注
总线管理命令	8010	网络复位	主站在故障排除后发送该命令，各从站重新回到初始状态
	8020	环路检测拓扑结构判别命令 反向环路检测拓扑结构判别命令	主站通过该指令的广播判断网络拓扑结构
	8030	从站地址编号	各从站利用该指令实现 MAC 的分配
	8040	延时测量	延时测量通过广播方式，向各从站发送测量起始时钟，测量末端开销和测量终止时钟，使从站能够计算通信延时。发送报文数据部分同写参数部分内容 本命令也适用于对于所有从站有效的参数配置
	8050	同步控制	主站通过该指令实现所有从站与主站同步
	8060	通信初始态切换	主站在双网双向发送该广播，通知网上的从站进入初始态，从站进入初始化阶段

第8篇

续表

命令分类	命令编号（16 进制）	命令名称（4 字符助记字）	备　注
总线管理命令	8070	通信等待态切换	主站在双网双向发送该广播，通知网上的从站进入等待态
	8080	通信运行态切换	主站在双网双向发送该广播，通知网上的从站进入运行态
	8090	通信停止态切换	主站在双网双向发送该广播，通知网上的从站进入停止态
	80A0	通信结束切换	主站在双网双向发送该广播，通知网上的从站进入结束态
参数读写	2010	读参数 Synchro Read Para (SRDP)	主站读取从站数据参数
	2020	写参数 Write Para (WTPA)	主站向从站写参数
集总帧数据通信指令	40XX	周期数据通信 Cycle Data Communication (CDC)	通过周期性广播集总帧进行实时通信

2. 总线管理

总线管理命令是进行现场总线网络通信控制管理的命令，每个命令具有命令 CM-ID、总线管理命令以 80XXH 编号。

总线管理帧类型格式如图 8-1-68 所示。

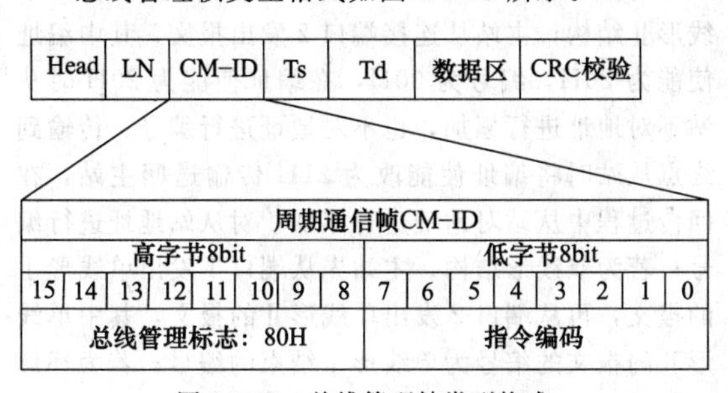

图 8-1-68　总线管理帧类型格式

总线管理帧格式如图 8-1-69 所示。

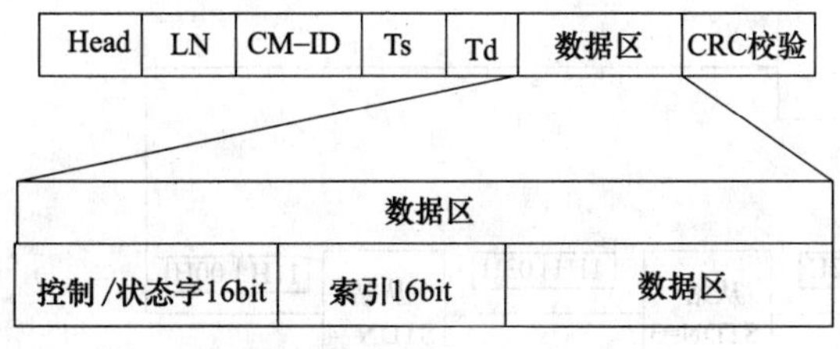

图 8-1-69　总线管理帧格式

总线管理帧控制字的格式如图 8-1-70 所示。

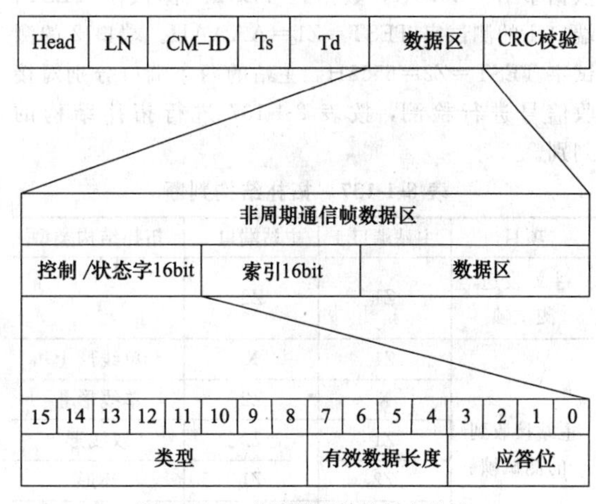

图 8-1-70　总线管理帧控制字格式

（1）网络复位

命令编号 8010H。

调用此命令进行网络复位，从站通过此命令进入总线枚举状态，主站通过广播单网络复位命令帧（CM-ID＝8010H）网络复位。网络复位命令帧格式如图 8-1-71 所示。

其中：帧类型＝8010H，数据控制字＝0000H，数据索引＝0000H。

（2）环路检测拓扑结构判别

命令编号 8020H。

第 8 篇

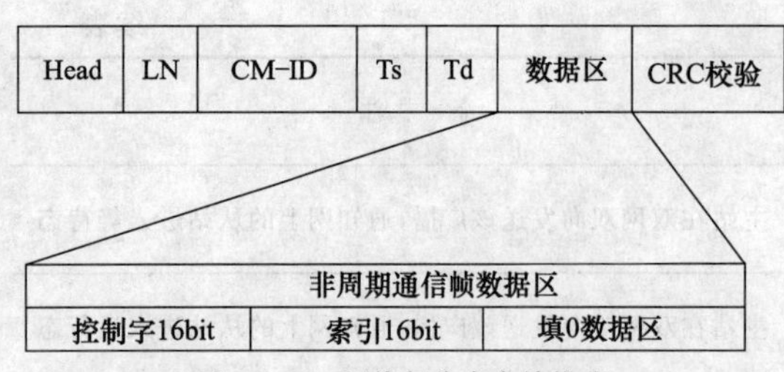

图 8-1-71 网络复位命令帧格式

调用此命令进行从站环路检测，网络拓扑结构判别，通过广播单地址帧（CM-ID＝8020H）进行环路检查和拓扑结构判别，如图 8-1-72 所示。

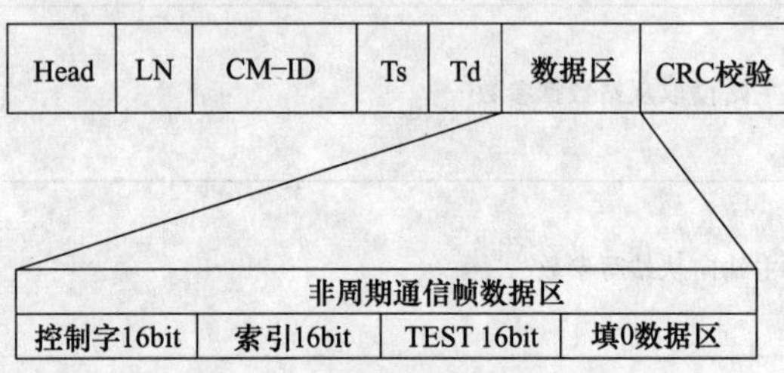

图 8-1-72 环路检测拓扑结构报文

主站分别从端口 1 和端口 2 发送初始化帧。

其中：帧类型＝8020H，数据控制字＝0020H，数据索引＝0000H，数据区 TEST＝测试字 TEST；端口 1 的测试字 TEST＝Z1＝AAAAH。端口 2 的测试字 TEST＝Z2＝5555H。主站的两个端口分别对接收信号进行检测，按表 8-1-137 进行拓扑结构的判别。

表 8-1-137 拓扑结构判断

项目	主站端口 1	主站端口 2	拓扑结构类型
主站发送测试帧	Z1	Z2	
主站接收到的测试帧	Z1	X	单线形Ⅰ
	X	Z2	单线形Ⅱ
	Z1	Z2	双线形
	Z2	Z1	环形
	X	X	网络故障

注：X 为没有收到信号。

(3) 从设备地址编号

命令编号 8030H。

主站按照已经确认的拓扑结构，进行从站地址的自动编号。若为单线形或单环形结构，主站从连接端口发出报文；若为双线形结构，主站分别从端口 1 和端口 2 发出报文，若为环形结构，主站按照单线形的方式发出报文。主站通过广播单地址帧（CM-ID＝8030H）发出的从站地址自动编号报文，如图8-1-74所示中，包含有 1 个字节的编址使能标识和有 1 个字节数值的从站地址编码域如图 8-1-73 所示。

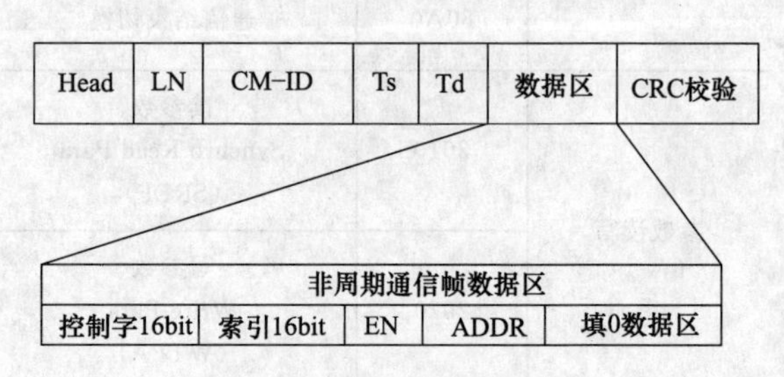

图 8-1-73 从站地址自动编号

其中：帧类型＝8030H，数据控制字＝0020H，数据索引＝0000H，数据区中 EN 和 ADDR 分别是 8 位编址使能和 8 位地址编号。主站按照已经确认的拓扑结构，进行从站地址的自动编号。若为单线形Ⅰ结构，主站从连接端口 1 发出报文，其中编址使能为 11H，编号为 00H，传输到最后一个从站时将编址使能改为 10H 往回传输送回主站，在回传过程中从站不再对地址进行累加，也不对地址进行编号；若为单线形Ⅱ结构，主站从连接端口 2 发出报文，其中编址使能为 20H，编号为 00H，在编址使能为 20H 时从站不对地址进行累加，也不对地址进行编号，传输到终点从站时将编址使能改为 21H 传输送回主站，在回传过程中从站对地址进行累加，对从站地址进行编号；若为双线形结构，主站先从端口 1 发出单线形Ⅰ的报文，再从端口 2 发出单线形Ⅱ的报文，其中单线形Ⅱ的报文的编号为单线形Ⅰ结束的编号；若为环形结构，主站按照单线形Ⅰ的方式发出报文，如图 8-1-74～图 8-1-77 所示。

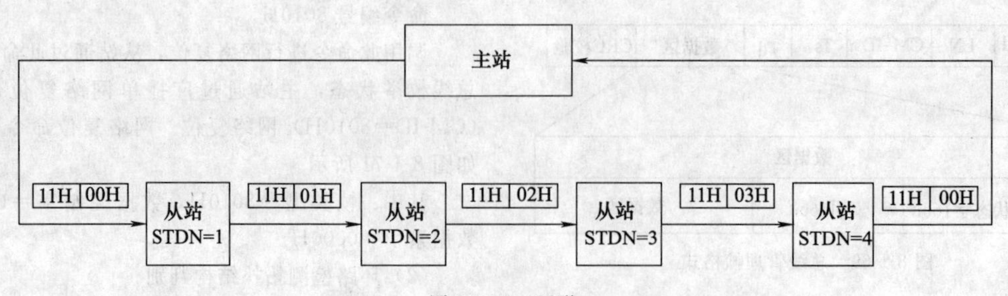

图 8-1-74 环形

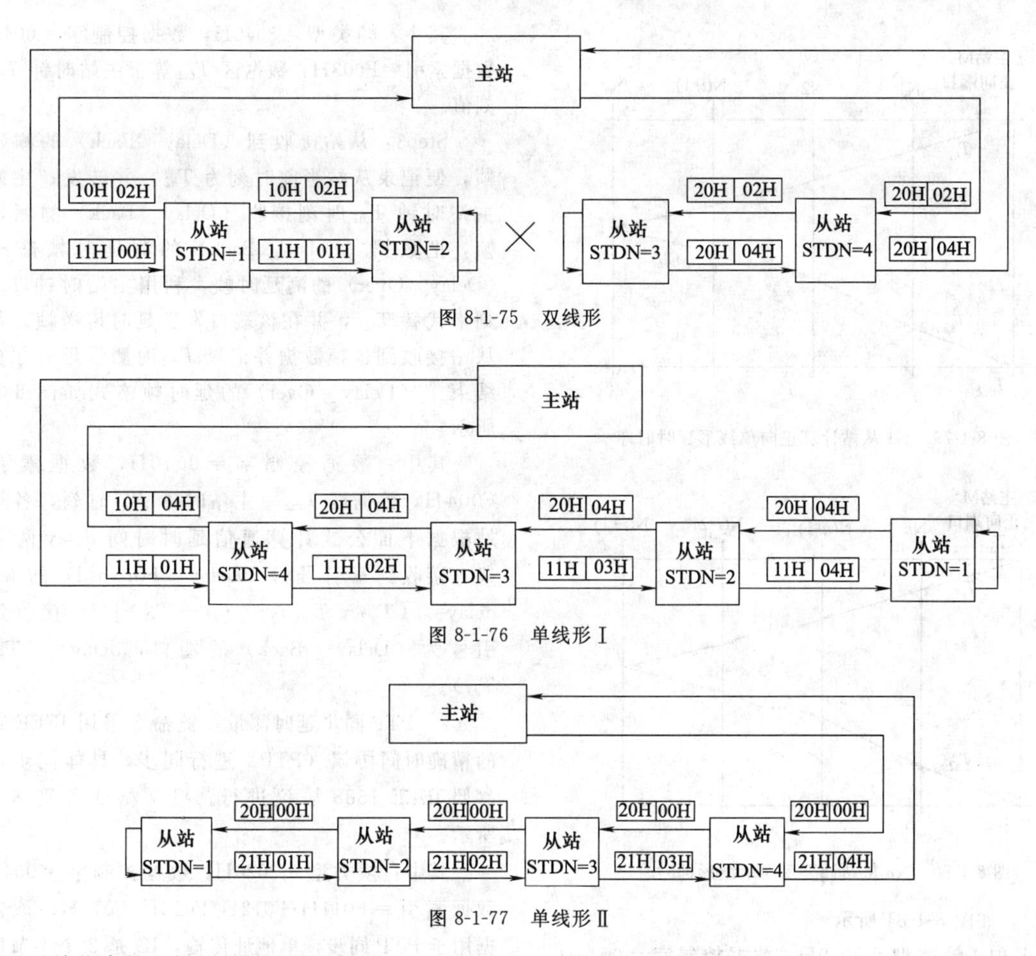

图 8-1-75　双线形

图 8-1-76　单线形 Ⅰ

图 8-1-77　单线形 Ⅱ

通过该指令的运行，达到以下目的。

1）各从设备依次接入，自动实现网络地址分配，为建立完整的数据链路提供地址信息。

2）主设备获取了网络中接入设备的总数，为遍历设备提供了数量上的信息。

（4）延时测量

命令编号 8040H。

此命令用于网络延时测量，测量主站到任一从站的传输延迟。主站通过延时测量报文（CM-ID=8040H）对网络延时进行测量。测量延时过程中，每个从站有两个端口，对每个端口都有对应的延时时间，所以一个从站有两个延时值。测量过程原理如图 8-1-78～图 8-1-80 所示。

1）简单同步延时测量

环形测量原理：

正向端口延时=[$(T_{m2}-T_{m1})-(T_{s2}-T_{s1})$]/2

反向端口延时=$(T_{s2}-T_{s1})/2$

正向单线形测量原理：

正向端口延时=[$(T_{m2}-T_{m1})-(T_{s2}-T_{s1})$]/2

没有反向端口延时，也不会接收到该端口的同步

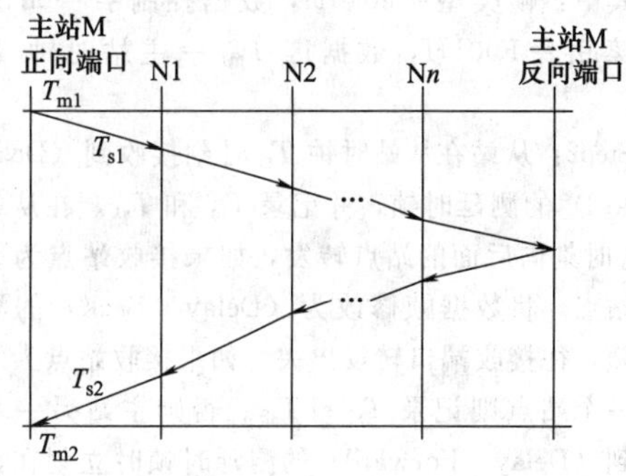

图 8-1-78　N1 从站计算环形延时时序

数据帧。

反向单线形测量原理：

反向端口延时=[$(T_{m2}-T_{m1})-(T_{s2}-T_{s1})$]/2

没有正向端口延时，也不会接收到该端口的同步数据帧。

双线形测量原理：正向单线形和反向单线形分别计算。其过程分为以下三个步骤。

Step1：主站在主站时钟 T_{m1} 时刻向从站发送一帧数据索引为 F001H 包含 T_{m1} 的报文（Delay _ For-

第 8 篇

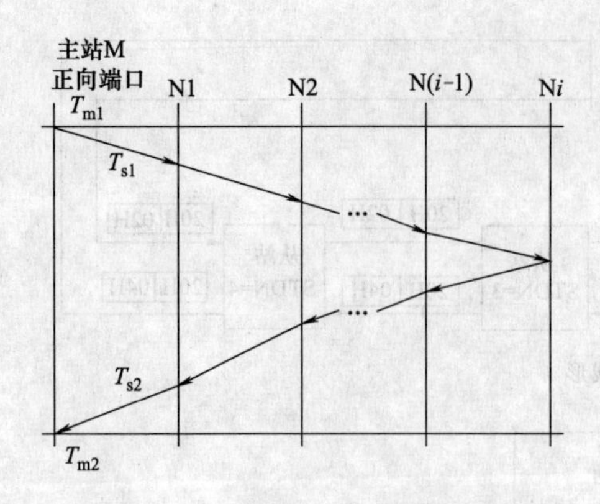

图 8-1-79 N1从站计算正向单线形延时时序

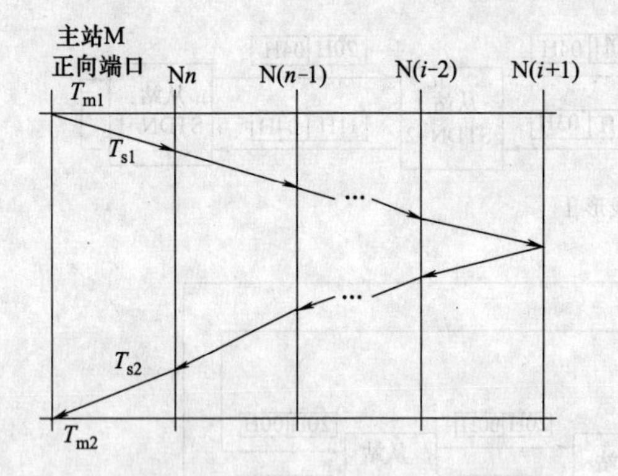

图 8-1-80 Nn从站计算反向单线形延时时序

ward)，如图 8-1-81 所示。

其中：帧类型＝8040H，数据控制字＝0040H，数据索引＝F001H，数据区 T_{m1} ＝主站时钟 T 时刻值。

Step2：从站在从站时钟 T_{s1} 时刻接收到（Delay _ Forward）的测延时帧，并记录 T_{m1} 和 T_{s1}，在从站时钟 T_{s1} 时刻向后面的站点转发，如果接收站点为线形终点站点，将数据帧修改为（Delay _ Back）的测试延时帧，往接收端口转发出去，如果接收站点为线形最后一个站点则记录 $T_{s1}=T_{s2}$。否则主站另一端口接收到（Delay _ Forward）的测延时帧时立刻在该端口发送（Delay _ Back）的测延时帧。(Delay _ Back）的测试延时帧格式如图 8-1-82 所示。

其中：帧类型＝8040H，数据控制字＝0040H，数据索引＝F003H，数据区 T_{m1} 等于主站时钟 T_{m1} 时刻值。

Step3：从站接收到（Delay _ Back）的测延时帧，便记录从站当前时刻为 T_{s2}，并转发；主站在主站时钟 T_{m2} 时刻接收（Delay _ Back）的测延时帧，把数据（Delay _ Back）的测延时帧修改为（Delay _ Over）的测延时帧，利用主站时钟 T_{m2} 时刻来代替 T_{m1}，并在该端口发送延时传送帧，每个从站接收到这帧数据并记录 T_{m2} 时测量延时才算是结束，（Delay _ Over）的延时帧格式如图 8-1-83 所示。

其中：数据控制字＝0040H，数据索引＝F004H，数据区 T_{m2} ＝主站时钟 T_{m2} 时刻，各个从站根据下面公式计算通信延时时间 delay 两个端口：接收到索引号为（Delay _ Forward）的端口，delay＝$[(T_{m2}-T_{m1})-(T_{s2}-T_{s1})]/2$；接收到索引号为（Delay _ Back）的端口，delay＝$(T_{s2}-T_{s1})$。

2）PTP 同步延时测量　此命令采用 IEEE 1588 的精确时间协议（PTP）进行同步，具体同步过程参照 IEEE 1588 协议进行。报文格式如图 8-1-84 所示。

其中：帧类型＝2020H，数据控制字＝0040H，数据索引＝F011H/F012H/F013H/F014H；该帧数据用于 PTP 同步，单地址传输，ID 是 2 个字节的从站编号，后面跟着的是 32 位的时间戳；同步报文 Sync（数据索引＝F005H）；跟随报文 Follow Up（数据索引＝F006H）；延时请求报文 Delay _ request（数据索引＝F007H）；延时应答报文 Delay _ response（数据索引＝F008H）。PTP 协议有两种类型的时钟源，一类是参考时钟，称为主时钟；另一类是客户时钟，称为从时钟。

PTP 协议的偏差测量原理如图 8-1-85 所示。

从站的两个端口分别进行同步，同步过程分为五个步骤。PTP 协议的偏差测量步骤如表 8-1-138 所示。

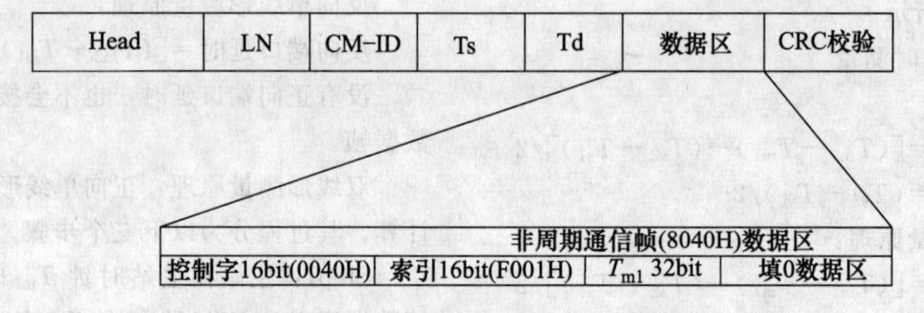

图 8-1-81 （Delay _ Forward）延时测试开始帧

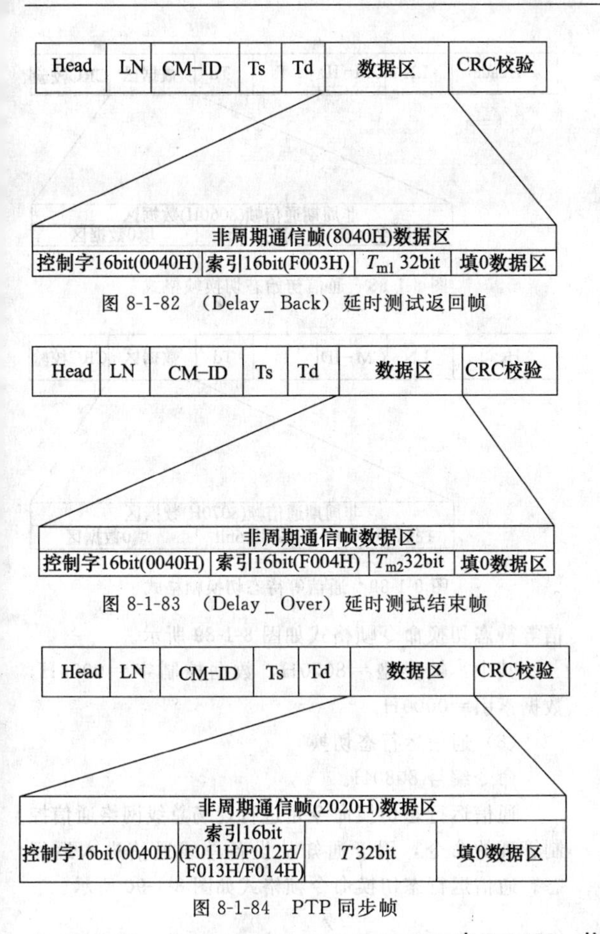

图 8-1-82　(Delay _ Back) 延时测试返回帧

图 8-1-83　(Delay _ Over) 延时测试结束帧

图 8-1-84　PTP 同步帧

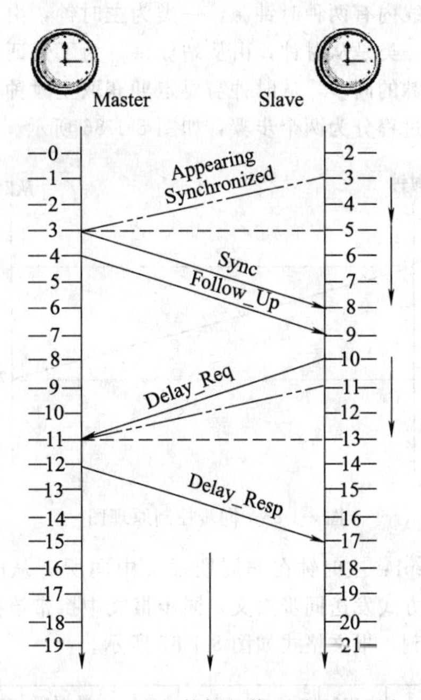

图 8-1-85　PTP 协议的偏差测量原理图

(5) 同步控制

命令编号 8050H。

同步控制命令是进行现场总线网络通信控制管理的命令，根据同步控制协议不同控制不同的同步机理。

表 8-1-138　偏差测量步骤

步骤	步骤解释
Step1	Master 的 PTP 协议应用层发起 Sync 消息给 Slave，Sync 中的 T 包含该消息离开本节点的估算时间 t_i，Master 同时记录 Sync 消息离开本 PTP 端口的精确时间 t_i 值
Step2	Slave 端记录 Sync 消息到达时刻值 t_2，并把 t_2 存入寄存器，同时报告给 Slave 的 PTP 协议应用层
Step3	在 Step 2 模式中，Master 的 PTP 协议应用层发起 Follow_Up 消息，Follow_Up 中的 T 消息包含前一个 Sync 消息离开 Master 时的精确时间 t_1，Slave 收到 Follow_Up 消息之后记下 t_1，此时 Slave 知道 Sync 消息的发送时刻 $t_1(t_1')$ 和接收时刻 t_2
Step4	Slave 的 PTP 协议应用层发起 Delay_Req 消息给 Master，Slave 中的 T 记录 Delay_Req 离开 Slave 端口的时刻值 t_3
Step5	Master 记录 Delay_Req 消息到达时刻值 t_4，并通过 Delay_Rep 中的 T 消息把 t_4 发给 Slave，此时 Slave 知道 Delay_Req 消息的真正发送时刻 t_3 和接收时刻 t_4 及消息的发送与接收时间 t_1、t_2；经过上述时间戳消息应答过程之后，可得到如下的计算公式： 主从之间时间差 $A=\text{Offset}+\text{MS\_Delay}=t_2-t_1$ 从主之间时间差 $B=\text{SM\_Delay}-\text{Offset}=t_4-t_3$ 假设主从之间链路时延 MS_Delay 等于从主之间链路时延 SM_Delay，则在 Slave 端可以得出： $\text{Offset}=(A-B)/2$ $\text{MS\_Delay}=(A+B)/2$ 注：该帧数据由线形终点从设备进行统一应答，对已经应答的 PTP 同步延时测试帧只转发不作任何解析处理

第8篇

总线内有两种时钟源，一类为主时钟，由主站提供，另一类是从时钟，由从站提供。为了保证从时钟对主时钟的同步，从时钟需要定期获取主时钟。总线的同步过程分为两个步骤，如图 8-1-86 所示。

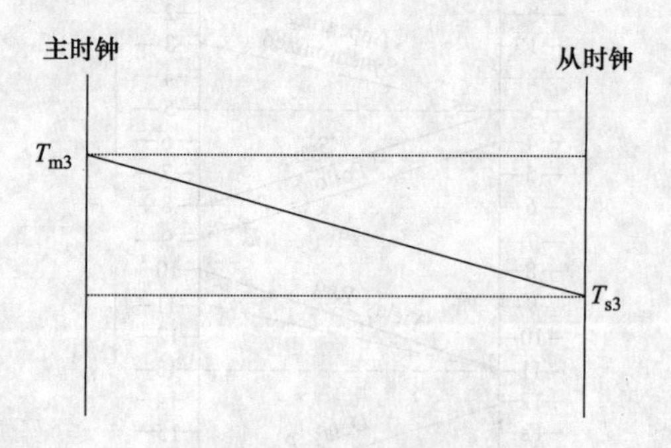

图 8-1-86 同步控制原理图

Step1：主时钟在非周期报文中向所有从时钟以广播的方式发送同步报文，同步报文中携带该报文发送的时刻，报文格式如图 8-1-87 所示。

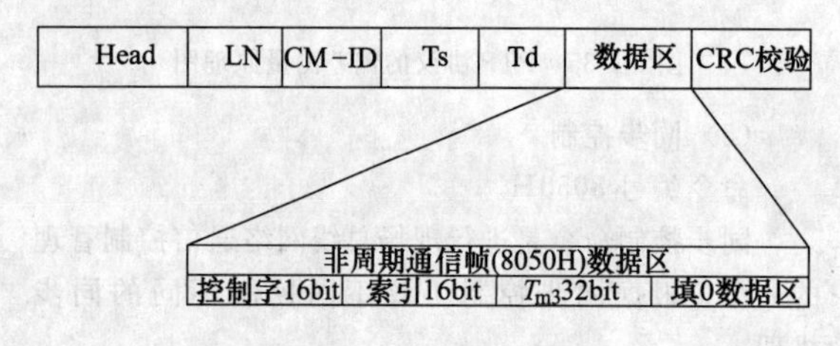

图 8-1-87 简单同步帧

其中：帧类型＝8050H，数据控制字＝0040H，数据索引＝F009H，数据区 T_{m3}＝主站时钟发送时刻值。

Step2：从时钟在 T_{s3} 时刻接收到主站发来的主站时钟 T_{m3} 并且应答位为 0。则延时测量得到的延时值 delay 将从时钟校正为：$T_{s3}=T_{m3}+\text{delay}$

从站将 T_{s3} 作为新的从时钟，从而实现了和主时钟的同步。

注：该帧数据由线形终点的从设备进行统一应答，对已经应答的同步帧只转发不作任何解析处理。

(6) 通信初始态切换

命令编号 8060H。

通信初始态切换命令是进行现场总线网络通信控制管理的命令，用于通知从设备总线进入初始态。通信初始态切换命令帧格式如图 8-1-88 所示。

其中：帧类型＝8060H，数据控制字＝0000H，数据索引＝0000H。

(7) 通信等待态切换

命令编号 8070H。

通信等待态切换命令是进行现场总线网络通信控制管理的命令，用于通知从设备总线进入等待态。通信等待态切换命令帧格式如图 8-1-89 所示。

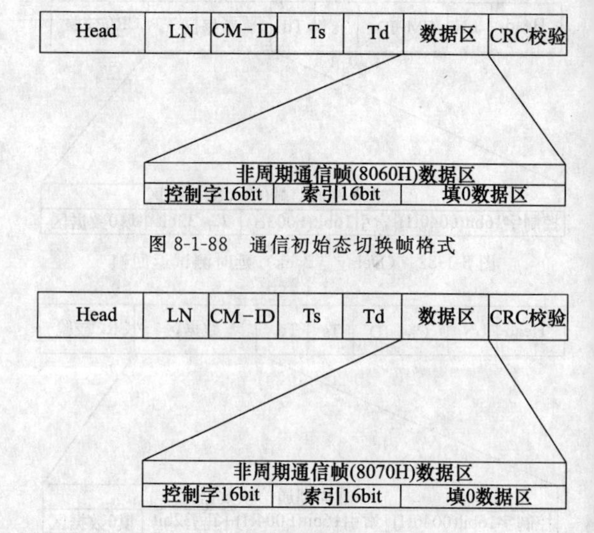

图 8-1-88 通信初始态切换帧格式

图 8-1-89 通信等待态切换帧格式

其中：帧类型＝8070H，数据控制字＝0000H，数据索引＝0000H。

(8) 通信运行态切换

命令编号 8080H。

通信运行态切换命令是进行现场总线网络通信控制管理的命令，用于通知从设备总线通信进入运行态。通信运行态切换命令帧格式如图 8-1-90 所示。

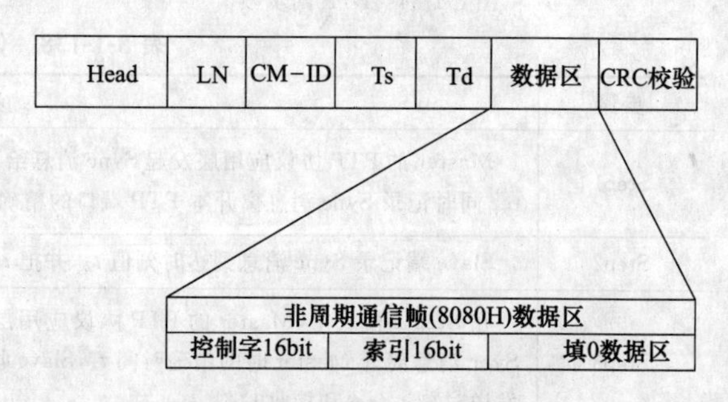

图 8-1-90 通信运行态切换帧格式

其中：帧类型＝8080H，数据控制字＝0000H，数据索引＝0000H。

(9) 通信停止态切换

命令编号 8090H。

通信停止态切换命令是进行现场总线网络通信控制管理的命令，用于通知从设备总线通信进入停止态。通信停止态切换命令帧格式如图 8-1-91 所示。

其中：帧类型＝8090H，数据控制字＝0000H，数据索引＝0000H。

(10) 通信结束态切换

命令编号 80A0H。

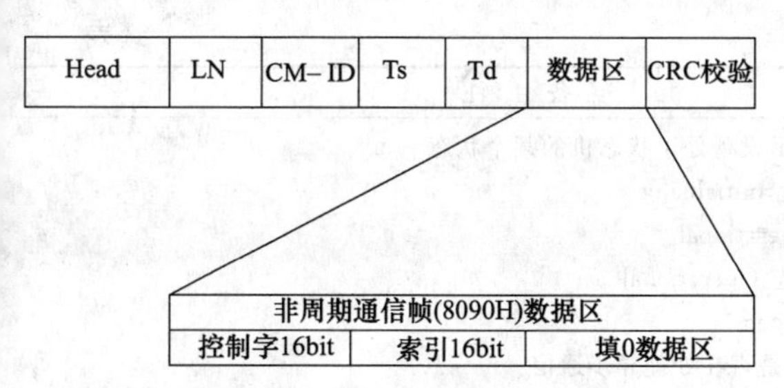

图 8-1-91　通信停止态切换帧格式

通信结束态切换命令是进行现场总线网络通信控制管理的命令，用于通知从设备总线通信进入结束态。通信结束态切换命令帧格式如图 8-1-92 所示。

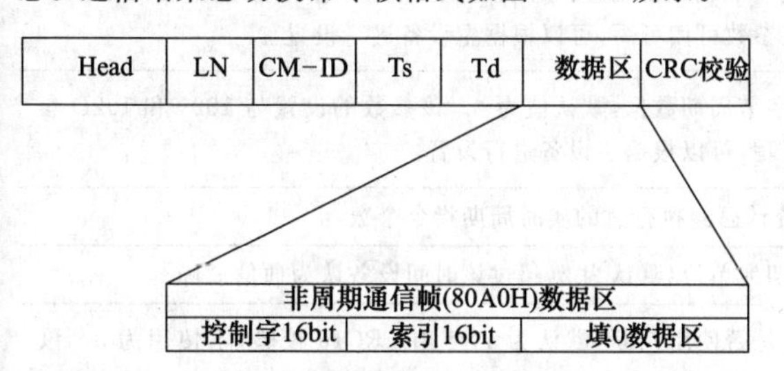

图 8-1-92　通信结束态切换帧格式

3. 参数读写

命令编号 20XXH。

NCUC-Bus 设备参数采用设备数据字典模型描述。主站对从站的参数读写服务通过参数读写服务命令实现。

(1) 设备数据字典模型

NCUC-Bus 的数据字典是设备数据索引与数据存储的集合体。

(2) 参数读写命令

读参数命令编号为 2010H，写参数命令编号为 2020H。

1.4.7　设备数据字典和标准设备模型

NCUC-Bus 的数据字典是设备数据索引与数据存储的集合体。设备通过约定的数据索引（数据地址）访问设备数据。NCUC-Bus 数据字典分区见表8-1-139。

1. 设备通信参数数据区

NCUC-Bus 设备通信协议参数见表 8-1-140。

表 8-1-139　NCUC-Bus 将相关设备数据的索引分区

设备数据索引	设备数据分区
0000～0FFF	协议保留
1000～101F	设备信息:设备类型,设备厂商,设备 ID……
1020～10FF	设备通信协议参数:设备站号,设备通信服务属性,通信周期,周期数据索引…… 设备当前状态,设备故障记录
1100～12FF	标准类型设备 16 位数据
1300～17FF	协议保留
1800～5FFF	制造商设备 16 位数据
6000～7FFF	协议保留
8000～90FF	协议保留
9100～92FF	标准类型设备 32 位数据
9300～97FF	协议保留
9800～DFFF	制造商设备 32 位数据
E000～EFFF	协议保留
F000～F0FF	通信延时值及延时计算数据
F100～FFFF	协议保留

表 8-1-140　NCUC-Bus 设备通信协议参数

设备数据索引	数据含义	备　注
1020	通信参数保存	只要向该单元写任何内容,有关设备通信的参数将被保存
1021	STND_L	设备保存的上次启动的环网唯一标识符
1022	STND	设备在环网中唯一标识符,根据此 ID 自动生成 MAC

续表

设备数据索引	数据含义	备　注
1023	设备状态寄存器组	bit15、bit14 表示设备处于状态机的某个状态 00 自举/初始化 Initialising 01 待命 Pre-Operational 10(周期)运行态 Operational 11 故障态 Stopped bit13 表示设备是否在处理异步通信 bit0 表示设备有无故障
1024	设备 MAC	1024,1026,1028,共48位
1029	周期参数在数据帧的位置	从集总帧的第几个字节开始,默认值为4(ID−1),其中ID为从设备的逻辑地址编号,默认是按照编号排列,每个从设备占有2个字节的数据和2个字节的CRC校验。该参数可读可写,可以根据主设备进行设置
102A	周期数据长度	该站占多少个字节周期数据,默认值为4。该参数的设置与1029和102D参数相关联,可读可写,可以根据主设备进行设置
102B	实时通信基数	16位计数器,统计已经执行过的实时周期指令个数
102C	实时通信故障时间域	以实时通信周期为单位,默认为2,超过该时间设备认为通信故障
102D	集总帧 CRC16 模式	集总帧 CRC16 是否使用判断,默认为1,使用 CRC16 校验,不使用为0。该参数的设置与1029和102A相关联,可以根据主设备进行设置
102E		
1030	DN 控制域号	1030,1032,1034,1036,用于存储本设备支持的控制域号,最多支持4个
1038	DN 控制域号同步方式字	bit0 存储于1030的控制域号同步方式 bit1 存储于1032的控制域号同步方式 bit2 存储于1034的控制域号同步方式 bit3 存储于1036的控制域号同步方式 0 为缺省值,表示延时同步机制 1 表示1588机制同步,对于未经过延时测量的主站发送的DN,按延时同步策略处理
1040	控制域号1指令报文索引	控制域号1的值存储于1030,1040,1042,1044,1046,1048,104A,104C,104E中 分别保存控制域号1指令报文索引1～8;设备控制域号支持16个字节;一旦该数据索引被填充,从站将依次将报文对应的内容填写到该索引指向的位置。对于合法性检查,属于从站负责。NCUC-Bus 规定所有报文索引出厂设定均为 FFFF
1041～104F		
1050	控制域号1反馈报文索引	控制域号1的值存储于1030,1050,1052,1054,1056,1058,105A,105C,105E中 分别保存控制域号1反馈报文索引1～8;设备控制域号支持16个字节;一旦该数据索引被填充,从站将依次将该索引指向的数据填充到报文对应位置。对于合法性检查,属于从站负责。NCUC-Bus 规定所有报文索引出厂设定均为 FFFF
1051～105F		
1060	控制域号2指令报文索引	控制域号2的值存储于1032,1060,1062,1064,1066,1068,106A,106C,106E中 分别保存控制域号2指令报文索引1～8;参见1040
1061～106F		

续表

设备数据索引	数据含义	备　注
1070	控制域号2反馈报文索引	控制域号2的值存储于1032,1070,1072,1074,1076,1078,107A,107C,107E中 分别保存控制域号2反馈报文索引1～8;参见1050备注说明
1071～107F		
1080	控制域号3指令报文索引	控制域号3的值存储于1034,1080,1082,1084,1086,1088,108A,108C,108E中 分别保存控制域号3指令报文索引1～8;参见1040备注说明
1081～108F		
1090	控制域号3反馈报文索引	控制域号3的值存储于1034,1090,1092,1094,1096,1098,109A,109C,109E中 分别保存控制域号3反馈报文索引1～8;参见1050备注说明
1091～109F		
10A0	控制域号4指令报文索引	控制域号4的值存储于1036,10A0,10A2,10A4,10A6,10A8,10AA,10AC,10AE中 分别保存控制域号4指令报文索引1～8;参见1040备注说明
10A1～10AF		
10F6	当前激活的数据流端口	主设备通过向该索引写入端口号,打开端口;写入不成功,该索引值为FFFF
10F7		
10FE	清除故障记录	向该单元写入任何数据将清除故障FIFO
10FF	ERR	设备以FIFO的形式保存故障代码,0000表示FIFO为空 此处的故障代码仅包括通信故障,并不包括设备故障。具体故障代码见表8-1-141。故障代码最高位为1表示严重错误,应该终止系统
F000	实时通信周期	以10ns为单位,默认100000 可读可写,用于设置总线通信周期
F001	简单同步的T_{s1}	以10ns为单位,默认0。用于记录接收到测试延时帧(Delay_Forward)的从站时刻值。并用于计算从站延时用。参见1.4.6中2.(4)"延时测量"简单延时测量。该参数可读,只能在延时测试时写
F002	简单同步的T_{m1}	以10ns为单位,默认0。用于记录接收到测试延时帧(Delay_Forward)的主站发送该帧的时刻值。并用于计算从站延时用。参见1.4.6中2.(4)"延时测量"简单延时测量。该参数可读,只能在延时测试时写
F003	简单同步的T_{s2}	以10ns为单位,默认0。用于记录接收到测试延时帧(Delay_Back)的从站时刻值。并用于计算从站延时用。参见1.4.6中2.(4)"延时测量"简单延时测量。该参数可读,只能在延时测试时写
F004	简单同步的T_{m2}	以10ns为单位,默认0。用于记录接收到测试延时帧(Delay_Back)的主站发送该帧的时刻值。并用于计算从站延时用。参见1.4.6中2.(4)"延时测量"简单延时测量。该参数可读,只能在延时测试时写
F005	简单同步端口1延时值T_{d1}	以10ns为单位,默认0。根据F001～F004计算出来的端口1延时值。参见1.4.6中2.(4)"延时测量"延时测量。该参数可读,只能在延时测试时写

续表

设备数据索引	数据含义	备注
F006	简单同步端口2值 T_{d2}	以10ns为单位，默认0。根据F001～F004计算出来的端口2值。参见1.4.6中2.(4)“延时测量”延时测量。该参数可读，只能在延时测试时写
F007～F010	保留	
F011	端口1PTP的 t_1	以10ns为单位，默认0。从站接收到PTP测试跟随报文(Follow)时记录主设备发送同步报文(Sync)的时刻值。参见1.4.6中2.(4)“延时测量”PTP测量。该参数可读，只能在延时测试时写
F012	端口1PTP的 t_2	以10ns为单位，默认0。记录从站接收到同步报文(Sync)的从设备时刻值。参见1.4.6中2.(4)“延时测量”PTP测量。该参数可读，只能在延时测试时写
F013	端口1PTP的 t_3	以10ns为单位，默认0。记录从站发送延时请求报文(Delay_request)的从设备时刻值。参见1.4.6中2.(4)“延时测量”PTP测量。该参数可读，只能在延时测试时写
F014	端口1PTP的 t_4	以10ns为单位，默认0。记录接收延时应答报文
F015	端口1PTP的延时值 t_{d1}	以10ns为单位，默认0。根据F011～F014计算出来的端口1值。参见1.4.6中2.(4)“延时测量”PTP测量。该参数可读，只能在延时测试时写
F016	端口2PTP的 t_1	以10ns为单位，默认0。从站接收到PTP测试跟随报文(Follow)时记录主设备发送同步报文(Sync)的时刻值。参见1.4.6中2.(4)“延时测量”PTP测量。该参数可读，只能在延时测试时写
F017	端口2PTP的 t_2	以10ns为单位，默认0。记录从站接收到同步报文(Sync)的从站时刻值。参见1.4.6中2.(4)“延时测量”PTP测量。该参数可读，只能在延时测试时写
F018	端口2PTP的 t_3	以10ns为单位，默认0。记录从站发送延时请求报文(Delay_request)的从站时刻值。参见1.4.6中2.(4)“延时测量”PTP测量。该参数可读，只能在延时测试时写
F019	端口2PTP的 t_4	以10ns为单位，默认0。记录接收延时应答报文(Delay_response)中的主站接收延时请求报文(Delay_request)的主站时刻值。参见1.4.6中2.(4)“延时测量”PTP延时测量。该参数可读，只能在延时测试时写
F01A	端口2PTP的延时值 t_{d2}	以10ns为单位，默认0。根据F016～F019计算出来的端口2值。参见1.4.6中2.(4)“延时测量”PTP测量。该参数可读，只能在延时测试时写

通信故障代码见表8-1-141。

表8-1-141 故障代码

故障代码	故障
0001	一般性错误
0002	异步通信超时
0003	实时周期通信CRC错
0004	非实时周期通信CRC错
0005	指令不能识别
0006	指令CRC错
0007	被访问数据未定义
0008	试图更改只读数据
0009	写入数据长度不匹配
000A	数据保存失败
000B	出厂数据丢失
8001	设备硬件错误

2. 标志设备数据

标准设备数据仅定义NCUC-Bus约定的通用设备的数据格式包括索引（1100～12FF）的16位数据和索引位置（9100～92FF）的32位数据，其他设备专有数据属于制造商设备数据。

1.4.8 服务

1. 基本服务

(1) 概述

应用层给用户进程提供的接口，它通过一系列命令、数据、参数和信息来实现服务。服务原语说明如表8-1-142所示。

某些登录项还需由括号内的项目进一步加以限定，这些限定可能是：“(=)”指示此参数语义上等同于该表中紧邻其左侧的那个服务原语的参数。

表 8-1-142　服务原语

服务原语	语句说明
.req	请求原语
.ind	指示原语
.rsp	响应原语
.cnf	证实原语
M	对于此原语，参数是必备的
U	参数是一个用户选项，是否提供此参数取决于服务用户的动态使用。当不提供时，采用此参数的缺省值
C	参数是有条件的，依赖于其他参数或服务用户的环境——(空白)此参数从不出现
S	参数是一个选择项

另有某些参数特定的限制适用于此登录项，如，指示某些注（释）适用于此登录项：

"(n)" 指示以下的第 "n" 条注包含适合于此参数及其使用的附加信息。

(2) 对象读

对象读服务用来读取变量的具体数值。它是一个证实服务。对象读服务的参数如表 8-1-143 所示。

表 8-1-143　对象读服务的参数

参数名	.req	.ind	.rsp	.cnf
Argument	M	M(=)		
Serve ID(11H)	M	M(=)		
SourceID	M	M(=)		
DestinationID	M	M(=)		
ParameterID	M	M(=)		
MessageID	M	M(=)		
Data	M	M(=)		
Result(+)			S	S(=)
MessageID			M	M(=)
DestinationID			M	M(=)
Result(-)			S	S(=)
MessageID			M	M(=)
DestinationID			M	M(=)
ErrorType			M	M(=)

对象读服务的参数说明如表 8-1-144 所示。

(3) 对象写

对象写服务用来设置变量的具体数值。它是一个证实服务。

对象写服务的参数如表 8-1-145 所示。

对象写服务的参数说明如表 8-1-146 所示。

表 8-1-144　对象读服务的参数说明

参数名	参数说明
Argument	表示服务的参数
ServeID	服务标识号，对象读编号 11H
SourceID	该参数用来表示服务源的标识符
DestinationID	该参数用来表示服务目的的标识符
ParameterID	服务调用参数标识
MessageID	服务发出信息标识
Data	该参数包含了相关的数据
Result(+)	该参数表示服务请求被正确执行，返回的正响应
Result(-)	表示服务请求执行失败
ErrorType	该参数提供执行失败的原因

表 8-1-145　对象写服务的参数

参数名	.req	.ind	.rsp	.cnf
Argument	M	M(=)		
Serve ID(12H)	M	M(=)		
SourceID	M	M(=)		
DestinationID	M	M(=)		
ParameterID	M	M(=)		
MessageID	M	M(=)		
Data	M	M(=)		
Result(+)			S	S(=)
MessageID			M	M(=)
DestinationID			M	M(=)
Result(-)			S	S(=)
MessageID			M	M(=)
DestinationID			M	M(=)
ErrorType			M	M(=)

表 8-1-146　对象写服务的参数说明

参数名	参 数 说 明
Argument	表示服务的参数
ServeID	服务标识号，对象写编号 12H
SourceID	该参数用来表示服务源的标识符
DestinationID	该参数用来表示服务目的的标识符
ParameterID	服务调用参数标识
MessageID	服务发出信息标识
Data	该参数包含了相关的数据
Result(+)	该参数表示服务请求被正确执行，返回的正响应
Result(-)	表示服务请求执行失败
ErrorType	该参数提供执行失败的原因

(4) 调度服务

调度服务用于传输通信模式的改变。这是一个无证实服务。

调度服务的参数如表8-1-147所示。

表8-1-147 调度服务的参数

参数名	.req	.ind	.rsp	.cnf
Argument	M	M(=)		
ServeID(13H)	M	M(=)		
SourceID	M	M(=)		
DestinationID	M	M(=)		
CommandID	M	M(=)		
ParameterID	M	M(=)		
MessageID	M	M(=)		
Data	M	M(=)		

调度服务的参数说明如表8-1-148所示。

表8-1-148 调度服务的参数说明

参数名	参数说明
Argument	表示服务的参数
ServeID	服务标识号，调度服务编号13H
SourceID	该参数用来表示服务源的标识符
DestinationID	该参数用来表示服务目的的标识符
ParameterID	服务调用参数标识
MessageID	服务发出信息标识
Data	该参数包含了相关的数据
CommandID	服务调用命令标识

2. 通信准备服务

(1) 概述

通信准备服务提供给用户进程用来进行通信准备，它包含枚举、初始化、时间同步等子服务。它是一个证实服务。通信准备服务的参数如表8-1-149所示。

表8-1-149 通信准备服务的参数

参数名	.req	.ind	.rsp	.cnf
Argument	M	M(=)		
Serve ID(2XH)	M	M(=)		
SourceID	M	M(=)		
DestinationID	M	M(=)		
ParameterID	M	M(=)		
MessageID	M	M(=)		
Data	M	M(=)		
Result(+)			S	S(=)
MessageID			M	M(=)
DestinationID			M	M(=)
Result(−)			S	S(=)
MessageID			M	M(=)
DestinationID			M	M(=)
ErrorType			M	M(=)

通信准备服务的参数说明如表8-1-150所示。

表8-1-150 通信准备服务的参数说明

参数名	参数说明
Argument	表示服务的参数
ServeID	服务标识号，通信准备编号2XH
SourceID	该参数用来表示服务源的标识符
DestinationID	该参数用来表示服务目的的标识符
SubIndex	该参数用来表示子服务索引
MessageID	服务发出信息标识
Result(+)	该参数表示服务请求被正确执行，返回的正响应
Result(−)	表示服务请求执行失败
ErrorType	该参数提供执行失败的原因

(2) 枚举

用户进程发出枚举服务请求，应用层调用链路层接口实现总线枚举过程，进行环路检测、拓扑结构判别和从站地址识别，组建起完整的网络拓扑和连接。枚举服务的参数如表8-1-151所示。

表8-1-151 枚举服务的参数

参数名	req	ind	.rsp	.cnf
Argument	M	M(=)		
ServeID(21H)	M	M(=)		
CommandID	M	M(=)		
ParameterID	M	M(=)		
MessageID	M	M(=)		
Data	M	M(=)		
Result(+)			S	S(=)
MessageID			M	M(=)
Result(−)			S	S(=)
MessageID			M	M(=)
ErrorType			M	M(=)

枚举服务的参数说明如表8-1-152所示。

(3) 初始化

系统通过枚举组建起完整网络拓扑和连接后，主站依次对主从站设置参数列表进行检测，各从站返回设置参数信息。如果参数不满足要求，则主站告知各从站修改设置参数信息，并返回修改确认，主站收到确认后重新检测。如果参数满足要求，则主站保存主站设置参数，并告知各从站保存自己设置的参数信息。主站在收到各从站确认消息后完成初始化工作。初始化服务为通信准备子服务。初始化服务的参数如表8-1-153所示。

表 8-1-152　枚举服务的参数说明

参数名	参 数 说 明
Argument	表示服务的参数
ServeID	子服务标识号,枚举服务编号 21H
CommandID	服务调用命令标识
ParameterID	服务调用参数标识
MessageID	服务发出信息标识
Data	该参数包含了相关的数据
Result(+)	该参数表示服务请求被正确执行,返回的正响应
Result(−)	表示服务请求执行失败
ErrorType	该参数提供执行失败的原因

表 8-1-153　初始化服务的参数

参数名	.req	.ind	.rsp	.cnf
Argument	M	M(=)		
ServeID(22H)	M	M(=)		
CommandID	M	M(=)		
ParameterID	M	M(=)		
MessageID	M	M(=)		
Data	M	M(=)		
Result(+)			S	S(=)
MessageID			M	M(=)
Result(−)			S	S(=)
MessageID			M	M(=)
ErrorType			M	M(=)

初始化服务的参数说明如表 8-1-154 所示。

表 8-1-154　初始化服务的参数说明

参数名	参 数 说 明
Argument	表示服务的参数
ServeID	子服务标识号,初始化服务编号 22H
CommandID	服务调用命令标识
ParameterID	服务调用参数标识
MessageID	服务发出信息标识
Data	该参数包含了相关的数据
Result(+)	该参数表示服务请求被正确执行,返回的正响应
Result(−)	表示服务请求执行失败
ErrorType	该参数提供执行失败的原因

(4) 时间同步

时间同步服务由主站发出时间同步请求，通知从站采用 IEEE 1588 协议或简单同步协议同步，从站设备收到时间同步请求后，在这一阶段测量线路延时，并与主站设备同步。时间同步服务提供时间延时测量和时钟校正服务功能。时间同步服务为通信准备子服务。时间同步服务的参数如表8-1-155所示。

表 8-1-155　时间同步服务的参数

参数名	.req	.ind	.rsp	.cnf
Argument	M	M(=)		
ServeID(23H)	M	M(=)		
CommandID	M	M(=)		
ParameterID	M	M(=)		
MessageID	M	M(=)		
Data	M	M(=)		
		M(=)		
Result(+)			S	S(=)
MessageID			M	M(=)
Result(−)			S	S(=)
MessageID			M	M(=)
ErrorType			M	M(=)

时间同步服务的参数说明表 8-1-156 所示。

表 8-1-156　时间同步服务的参数说明

参数名	参 数 说 明
Argument	表示服务的参数
ServeID	子服务标识号,时间同步服务编号 23H
CommandID	服务调用命令标识
ParameterID	服务调用参数标识
MessageID	服务发出信息标识
Data	该参数包含了相关的数据
Result(+)	该参数表示服务请求被正确执行,返回的正响应
Result(−)	表示服务请求执行失败
ErrorType	该参数提供执行失败的原因

3. 控制运行服务

(1) 概述

控制运行服务提供给用户进程用来进行正常的控制运行，它包含周期报文传输、非周期报文传输等子服务。它是一个证实服务。

控制运行服务的参数如表 8-1-157 所示。

表 8-1-157 控制运行服务的参数

参数名	.req	.ind	.rsp	.cnf
Argument	M	M(=)		
ServeID(3XH)	M	M(=)		
SourceID	M	M(=)		
DestinationID	M	M(=)		
SubIndex	M	M(=)		
MessageID	M	M(=)		
Result(+)			S	S(=)
MessageID			M	M(=)
DestinationID			M	M(=)
Result(−)			S	S(=)
MessageID			M	M(=)
DestinationID			M	M(=)
ErrorType			M	M(=)

控制运行服务的参数说明如表 8-1-158 所示。

表 8-1-158 控制运行服务的参数说明

参数名	参数说明
Argument	表示服务的参数
ServeID	子服务标识号,控制运行服务编号 3XH
DestinationID	该参数用来表示服务目的的标识符
SubIndex	表示子服务索引
MessageID	表示该服务被调用的序号,该服务被调用一次,序号增加 1
MessageID	服务发出信息标识
Result(+)	该参数表示服务请求被正确执行,返回的正响应
Result(−)	表示服务请求执行失败
ErrorType	该参数提供执行失败的原因

(2) 周期报文传输

周期报文传输服务用于发送对各站点的控制命令,每一个周期定时发送周期性报文,属实时数据。

周期报文传输服务的参数如表 8-1-159 所示。

周期报文传输服务的参数说明如表 8-1-160 所示。

4. 故障处理服务

(1) 概述

故障处理服务提供给用户进程用来进行故障处理,它包含通信故障处理和设备故障处理等子服务。它是一个证实服务。

故障服务的参数如表 8-1-161 所示。

表 8-1-159 周期报文传输服务的参数

参数名	.req	.ind	.rsp	.cnf
Argument	M	M(=)		
ServeID(31H)	M	M(=)		
CommandID	M	M(=)		
ParameterID	M	M(=)		
MessageID	M	M(=)		
Data	M	M(=)		
Result(+)			S	S(=)
MessageID			M	M(=)
Result(−)			S	S(=)
MessageID			M	M(=)
ErrorType			M	M(=)

表 8-1-160 周期报文传输服务的参数说明

参数名	参数说明
Argument	表示服务的参数
ServeID	子服务标识号,周期报文传输服务编号 31H
CommandID	服务调用命令标识
ParameterID	服务调用参数标识
MessageID	服务发出信息标识
Data	该参数包含了相关的数据
Result(+)	该参数表示服务请求被正确执行,返回的正响应
Result(−)	表示服务请求执行失败
ErrorType	该参数提供执行失败的原因

表 8-1-161 故障服务的参数

参数名	.req	.ind	.rsp	.cnf
Argument	M	M(=)		
ServeID(4XH)	M	M(=)		
SourceID	M	M(=)		
DestinationID	M	M(=)		
SubIndex	M	M(=)		
MessageID	M	M(=)		
Result(+)			S	S(=)
MessageID			M	M(=)
DestinationID			M	M(=)
Result(−)			S	S(=)
MessageID			M	M(=)
DestinationID			M	M(=)
ErrorType			M	M(=)

故障服务的参数说明如表 8-1-162 所示。

表 8-1-162　故障服务的参数说明

参数名	参 数 说 明
Argument	表示服务的参数
ServeID	子服务标识号,故障服务编号 4XH
SourceID	该参数用来表示服务源的标识符
DestinationID	该参数用来表示服务目的的标识符
SubIndex	表示子服务索引
MessageID	表示该服务被调用的序号,该服务被调用一次,序号增加 1
MessageID	该参数包含了相关的数据
Result(+)	该参数表示服务请求被正确执行,返回的正响应
Result(−)	表示服务请求执行失败
ErrorType	该参数提供执行失败的原因

(2) 通信故障处理

通信故障处理服务提供对通信故障的处理服务。比如如果发生 CRC 校验错误，从站设备将报警信息直接向主站传递，由主站处理（包括决定是否重发、发送下一个周期报文、还是命令总线进入故障态）。又如通信故障是通信链路中断，主站通过对站点的逐一扫描判断断路故障位置，根据故障状态确定停机报警或网络拓扑重构。

通信故障处理服务的参数如表 8-1-163 所示。

表 8-1-163　通信故障处理服务的参数

参数名	.req	.ind	.rsp	.cnf
Argument	M	M(=)		
ServeID(41H)	M	M(=)		
CommandID	M	M(=)		
ParameterID	M	M(=)		
MessageID	M	M(=)		
Data	M	M(=)		
Result(+)			S	S(=)
MessageID			M	M(=)
Result(−)			S	S(=)
MessageID			M	M(=)
ErrorType			M	M(=)

通信故障处理服务的参数说明如表 8-1-164 所示。

(3) 设备故障处理

设备故障可分为主站设备故障和从站设备故障。对于从站设备故障，主站设备可利用周期性报文的控制字或非周期报文向从站传输控制指令，进行故障恢复，不能恢复的可将从站停机，或将其透明化。对于

表 8-1-164　通信故障处理服务参数说明

参数名	参 数 说 明
Argument	表示服务的参数
ServeID	子服务标识号,故障处理服务编号 41H
CommandID	服务调用命令标识
ParameterID	服务调用参数标识
MessageID	服务发出信息标识
Data	该参数包含了相关的数据
Result(+)	这个参数表示服务请求被正确执行,返回的正响应
Result(−)	表示服务请求执行失败
ErrorType	这个参数提供了失败的原因

导致整个系统故障的，要停止系统运行。对于主站故障可将故障信息及时发送到从站进行系统恢复或紧急停机。

设备故障处理服务的参数如表 8-1-165 所示。

表 8-1-165　设备故障处理服务的参数

参数名	.req	.ind	.rsp	.cnf
Argument	M	M(=)		
ServeID(42H)	M	M(=)		
CommandID	M	M(=)		
ParameterID	M	M(=)		
MessageID	M	M(=)		
Data	M	M(=)		
Result(+)			S	S(=)
MessageID			M	M(=)
Result(−)			S	S(=)
MessageID			M	M(=)
ErrorType			M	M(=)

设备故障处理服务的参数说明如表 8-1-166 所示。

表 8-1-166　设备故障处理服务的参数说明

参数名	参 数 说 明
Argument	表示服务的参数
ServeID	子服务标识号,设备故障处理服务编号 42H
CommandID	服务调用命令标识
ParameterID	服务调用参数标识
MessageID	服务发出信息标识
Data	该参数包含了相关的数据
Result(+)	该参数表示服务请求被正确执行,返回的正响应
Result(−)	表示服务请求执行失败
ErrorType	该参数提供执行失败的原因

1.5　对客户服务基本要求

本节介绍了机床数控系统的用户服务指南，主要包括对用户服务的基本原则、服务内容及产品随行文件的要求。

1.5.1　概述

1. 用户及服务

机床数控系统的厂商应当根据用户对产品、产品技术性能及产品服务等需求，建立良好的用户服务关系，确定影响并保持用户满意的关键因素。

厂商应对自己产品的服务、服务手段及服务提供过程进行创新，力求做好产品的售前、售中及售后服务工作，建立适应市场变化快速反应能力的机制。

2. 用户关系及用户满意度

厂商应当建立和完善用户关系，以赢得和保持用户，测量用户满意度，提高用户满意度。厂商与用户关系的主要内容如表8-1-167所示。

1.5.2　基本原则及内容

机床数控系统对客户服务的基本原则及内容如下。

1）厂商对合格出厂的机床数控系统及其产品随行附件，应按有关标准制订相应的售后（包括售前及售中）服务规范或技术文件，作为指导与满足用户选用产品及服务活动的基本技术依据。

2）厂商应承诺，在符合产品运输、储存、安装、调试、维修及遵守正常使用规定的条件下，使用机床数控系统的产品用户自收货之日起一年内，因设计、制造或包装质量等原因造成产品损坏或不能正常使用时，制造厂（含销售商）应负责包修、包换、包退。

3）厂商应具有负责产品服务的组织并明确其职责。

4）厂商应具有适应产品服务要求的资源、手段和条件，尤其是创新并提供与技术发展相适应的技术手段及服务措施，如在厂商所提供的数控装置中扩展其“帮助”的信息内容，在条件具备时扩展系统的智能安全报警功能及故障记录显示，利用互联网提供在线技术服务支持等。

5）厂商应向用户提供正常使用产品所需的随行技术文件，即包括机床数控系统的使用手册（使用说明书）在内的随行文件，使用手册（使用说明书）应符合GB/T 25636—2010中的有关规定。同时，这些技术文件应适合于用户的语言表述。当设计有改进或变更时，应及时修改有关技术文件（和/或技术资料）。

表8-1-167　厂商与用户关系的主要内容

关　系	主　要　内　容
厂商可建立与用户的良好关系	建立良好的用户关系，满足并超越其期望，以赢得用户，提高其满意度，增加重复购买的频次及获得积极的推荐
	明确用户查询信息、交易和投诉的主要接触方式，例如：直接拜访、订货会、电子商务、电话、传真等。同时，应确定和重视关键用户对接触方式的要求，并将这些要求告知有关人员
	厂商宜根据产品的系列、性能及使用特点等，编制产品选型指南和/或产品样本提供给用户使用。同时，厂商应指导帮助用户根据产品性能及特点正确、合理地选用产品，满足用户需求
	明确厂商的投诉管理以及相关职责，确保投诉能够得到及时有效地解决，例如，向用户承诺处理的时限和内容，并履行承诺
	厂商应当收集、整合和分析投诉信息，将其用于组织的改进，并关注处理投诉和进行改进的过程接口，如负责投诉处理和利用投诉进行改进的部门和过程的沟通、协调等
	厂商应当定期评价建立用户关系的方法，并对这些方法的适用性、有效性进行分析和改进，使之适合组织的战略规划与发展方向
厂商可测量用户的满意度	应当测量用户满意度，其测量方法应当因用户群（如直接用户或间接用户）不同而异，确保测量能够获得可用的信息。可用信息包括行业标杆等的满意信息，并将用户满意的信息用于改进活动
	应当对用户进行产品、服务质量跟踪，以及获得可用的反馈信息。例如产品开箱合格率、故障率、返修率等
	应当制订定期评价测量用户满意度的方法，并对这些方法的适用性、有效性进行分析和改进，使之适合组织的战略规划与发展方向

6）厂商在交付机床数控系统产品时应提供产品质量保证文件。产品质量保证文件应符合有关标准的规定。

7）厂商应具有足够的后勤保障，包括技术咨询、备用品、配件的供应及维修服务。

8）厂商应根据用户的需要或双方的协议对用户及有关人员进行技术培训，通过对用户的产品安装、调试、安全操作与正常使用、维护保养等知识进行系统培训，以使用户了解产品的性能和结构特点、熟悉和掌握安全操作与正常使用机床数控系统的有关内容，并能安全操作与正常使用该产品。

9）厂商应向用户提供产品的零配件，一般应包括如下内容。

① 厂商按规定向用户提供产品必要的配套零件、部件。

② 使用单位要求紧急订货时，厂商应及时提供。

10）厂商应依据合同约定向用户提供现场技术服务，一般应包括的内容如下。

① 承担安装、调试和指导用户正常使用、维护产品。

② 进行有关技术咨询。

③ 协助解决因保管、储存、使用、维护不当所造成的问题。

④ 根据用户需要参与产品的定期检查。

11）厂商应向用户提供产品的售后维修服务，一般应包括如下内容。

① 在一般情况下，根据产品特点和使用需要提供维修服务。产品维修服务应符合有关规定。

② 在特殊情况下，可根据用户的紧急需要提供产品的紧急维修服务。

12）厂商应对产品使用中的质量问题及时处理，一般包括如下内容。

① 厂商在得到产品出现质量问题的信息后，应及时查明情况、迅速处理，并通知用户。

② 在规定的储存期、保证期内，发生设计、制造质量问题时，由厂商进行修复或更换。

③ 在规定的储存期、保证期外，产品因非正常使用或保管不当造成故障、损伤时，厂商应根据用户的要求给予有偿服务。

④ 产品发生事故，用户要求厂商参与调查时，厂商应当参加。

13）厂商应及时掌握产品（尤其是新产品）的故障、缺陷情况，应建立早期报警系统，以保证及时进行产品的服务。

14）厂商应建立产品使用功能情况的反馈系统，以监控产品在其寿命期内的质量特性，该系统应能连续分析产品满足用户对质量、安全性和可靠性要求的程度。

15）厂商应根据需要建立产品售后服务档案。

1.5.3 产品服务

产品服务（包括产品售前、售中、售后服务等）和产品服务项目如表 8-1-168 所示。

表 8-1-168 产品服务项目及服务要求

服务项目			服务要求
产品服务的要求	厂商服务的基本要求	厂商在产品销售前期，应满足的要求	厂商应指导和帮助用户根据产品性能及特点正确与合理选用产品，最大程度地满足用户需求
			厂商宜根据产品的系列、性能及使用特点等，编制产品选型指南和/或产品样本提供给用户使用
		厂商在产品销售时，应满足的要求	厂商在产品销售时，应根据我国有关法律、法规的规定或商业惯例，向用户开具有效发票、购货凭证或单据，以作为用户要求维修的凭据
			厂商向用户提供的产品及其质量应与其产品标准（或其包装上注明的产品标准）相符合，应与其广告、产品使用手册（使用说明书）或其他正式营销技术资料表明的产品质量、性能等相符合
			根据用户需要，进行开箱检验或安装、调试
			向用户提供厂商的产品维修部门的名称、地址、邮政编码、联系电话等
		厂商在进行产品售后服务时，应满足的要求	厂商应根据协议承担对机床数控系统的产品安装、调试以及指导正确使用、维护产品等的服务，进行有关技术咨询，协助解决因保管、储存、使用、维护不当所造成的问题
			厂商向用户提供的售后服务质量应与其售后服务标准或其他售后服务规定相符合，以此作为进行售后服务中有关维修活动的依据
			厂商应负责对维修人员的技术培训，保证维修质量，并向其提供专门的维修用的包括产品使用手册（使用说明书）在内的技术资料、修理配件、维修备件等
			厂商应规定维修服务部门（单位）在接到用户维修要求后在约定期限内完成维修服务，并对其实施监督

续表

<table>
<tr><th>服务项目</th><th colspan="3">服 务 要 求</th></tr>
<tr><td rowspan="7">产品服务的要求</td><td rowspan="7">维修人员维修产品的基本要求</td><td rowspan="7">维修人员在维修产品时，应满足的要求</td><td>维修人员在维修产品时，应向用户索看与该产品相应的有效发票、维修凭证（保修证）和/或用户档案卡等</td></tr>
<tr><td>维修人员应依据维修文件的规定，查明产品质量（故障）问题的情况，并填写维修记录单</td></tr>
<tr><td>维修人员在维修中所使用的元器件、零配件等维修备件应符合相应产品标准的要求</td></tr>
<tr><td>维修人员应记录维修中使用的元器件和零配件的名称、数量和价格</td></tr>
<tr><td>维修人员在接受待修产品时，应在收据上注明交货日期</td></tr>
<tr><td>维修人员应按厂商的要求，填写有关产品质量方面的表格及时向厂商反馈信息</td></tr>
<tr><td>保修期不包含维修所占用的时间，当维修占用时，保修期应顺延</td></tr>
<tr><td>维修服务程序</td><td colspan="3">(1)产品在使用中出现故障或质量问题需要维修时，应到制造厂（含经销商）指定的维修服务部门（单位）进行维修，也可用电话或函件形式与之进行联系，待维修服务部门（单位）进行登记后，进行上门维修服务
(2)产品维修完毕，应填写维修记录单，注明维修的故障内容，维修的项目、内容；维修时更换了零配件的还应填写更换零配件名称、数量、价格等。维修记录单应由维修人员和用户签字</td></tr>
</table>

1.5.4 随行文件的要求

产品随行文件包括产品随行技术文件、产品质量保证文件及产品包装文件。

1. 产品随行技术文件

机床数控系统应具有为产品用户提供包括规格参数、编程操作、连接安装等在内的使用手册（使用说明书）。当用户需要时，还应提供专门的维修手册、备件手册等技术文件。

2. 技术文件的编写

(1) 基本要求

机床数控系统产品的随行技术文件应满足最基本的要求，使用手册（使用说明书）是交付产品的组成部分。其所需条款及基本要求如表 8-1-169 所示。

表 8-1-169 技术文件所需条款及基本要求

技术文件条款	基 本 要 求
用途及范围	使用手册（使用说明书）应明确给出产品用途及适用范围，并根据产品的特点及需要给出主要结构、性能、型式、规格和正确运输、安装、调试、维修、保养、储存与正确操作使用方法，以及保护操作者和产品的安全措施
工作条件	使用手册（使用说明书）应明确规定产品的工作条件。在使用手册（使用说明书）中要明确告知用户，只有当用户在制造厂商所规定的产品工作条件下使用产品，系统才能正常运行，完成产品规定的所有功能，达到其性能参数指标，实现产品预期的使用寿命。工作条件包括电源条件、气候条件、电磁兼容（EMC）条件、产品运行实地环境以及具有资格的产品操作者正确使用与操作等。当用户需要产品在特殊条件下使用时，用户应与厂商签订协议，由制造厂商提供满足用户能在特殊条件下使用的产品
风险及安全	把风险减到最小。使用手册（使用说明书）是机床数控系统安全理念不可缺少的部分，它们应给用户提供避免不能承受的风险、损坏产品以及错误动作或低效工作的信息，但不能用来弥补设计缺陷。它们应直接帮助避免可能带来伤害的可预知的误用，因此，应提及可合理遇见的误用和产品的风险并应适当地给出警告
环保和节能	对涉及环境和能源的产品，使用手册（使用说明书）应规定必要的保护环境和节约能源方面的内容
规定程序	当产品结构、性能等改动时，使用手册（使用说明书）的有关内容应按规定程序，及时作相应修改，生产厂应向用户提供和产品相应的使用手册（使用说明书）
型号编制	使用手册（使用说明书）可按产品型号编制，也可按产品系列、成套产品编制，按系列、成套产品编制时，其内容和参数不同的部分应明显区分
生产日期	对安全限制有要求或存在有效年限的产品应提供产品的生产日期和有效期、储存期
出版日期	应标明使用手册（使用说明书）的出版日期及版本
相关内容的一致性	使用手册（使用说明书）应与生产、制造者印发的有关同种产品的资料，例如广告或包装上的内容一致
对用户的要求	应在使用手册（使用说明书）和/或包装的显著位置注明："安装、使用产品前，请仔细阅读使用手册"

(2) 标识与规范

因产品类型不同，规范表应通过信息向使用者提供产品标识以及要求，如表 8-1-170 所示。

(3) 文字、语言

随行技术文件的文字、语言应符合的要求如表 8-1-171 所示。

(4) 表述的原则

使用手册（使用说明书）内容的表述要科学、合理、符合标准用语及操作程序，易于用户快速理解掌握。使用手册（使用说明书）的表述如表 8-1-172 所示，语句表述如表 8-1-173 所示。

表 8-1-170　规范表向使用者提供的产品标识项目及要求

标识项目	要　求
代码标识	采用参照代号、序号、名称、模式和/或型号的产品标识
地址标识	产品制造厂商的名称或商标，还应包括电话、传真号及电子邮件地址
标识位置	在产品上应有标识部位
用户类型	用户类型的说明（例如，仅限于具有资格人员使用）
产品用途说明	产品的预计用途、主要功能和应用范围
产品尺寸说明	外形尺寸（总尺寸）、质量、容量及性能数据等
产品防护说明	能源消耗条件、电击防护等级和外壳防护 IP 等级代码
产品噪声说明	产品噪声
产品电磁兼容性说明	电磁兼容性（EMC）

表 8-1-171　随行技术文件的文字、语言符合的要求

技术文件使用场合	文字、语言符合的要求
国内用户	供国内用户使用的产品应提供汉语使用手册（使用说明书）。根据需要也可提供汉语和其他语言对照的使用手册（使用说明书），此时汉语说明位置要醒目、突出
出口产品	供出口的产品应提供销售地区官方语言编写的使用手册（使用说明书）。当需要提供一种以上语言的使用手册时，各种语言之间应明显区分
我国港澳台地区用户	使用手册应采用国务院正式公布、实施的简化汉字。销往我国香港、澳门、台湾地区产品的使用手册（使用说明书），如用户要求可使用繁体字
翻译技术文件	当使用手册（使用说明书）从一种语言翻译成其他语言时，应由有权威的语言专家和技术专家完成翻译的全过程，包括标准化审核
安全内容表达	使用手册（使用说明书）有关安全内容的文字表示规定见表 8-1-176

表 8-1-172　使用手册（使用说明书）所表示的内容及原则

使用手册（使用说明书）所表述的内容	使用手册（使用说明书）的表述原则
标准交流原则	需遵循的标准交流原则，即负责设计和编制使用手册（使用说明书）的人员应当把交流原则“先读，后动作”作为产品使用的顺序
安全警告	使用手册（使用说明书）应在首页给出安全警告，在其他部分涉及安全的内容也应详细表述
标准化	应采用标准化用语、术语和/或安全图形符号来传达警告一类的重要信息
操作程序的编写	对于复杂的操作程序，使用手册（使用说明书）应多采用图示、图表和操作程序图进行说明，以帮助用户顺利掌握
功能介绍	具有几种不同和独立功能的产品使用手册（使用说明书），应介绍产品的基本功能和通常的功能，然后再介绍其他方面的功能

续表

使用手册(使用说明书)所表述的内容	使用手册(使用说明书)的表述原则
问题及解决方法	使用手册(使用说明书)应尽可能设想用户可能遇到的问题。如产品在不同季节、地点、环境条件下可能遇到的问题,并提供预防和解决的办法
标题与标注	应使用简明的标题和标注,以帮助用户快速查到所需内容
语句表述	语句表述应只包含一个要求,或最多几个紧密相关的要求;最好使用主动语态,不用被动语态;最好使用行为动词,不用抽象名词;表述应直截了当,而不委婉要求;应果断有力,而不软弱

表 8-1-173 语句表述要求

语句表述	正确表达	不正确表达
使用主动态	断开电源	使电源被中断
果断有力	不允许拆卸连接片	你不应拆卸连接片
使用行为动词	避免事故	事故的避免
直截了当	拉操作杆	使用从机器拉回操作杆

(5) 图、表、符号、术语

技术文件中的图、表、符号、术语应符合表 8-1-174 中所示的要求。

(6) 目录、印制及文本

目录、印制及文本应符合表 8-1-175 所示要求。

(7) 安全警告

安全警告应符合表 8-1-176 所示要求。

表 8-1-174 图、表、符号、术语的要求

序号	图、表、符号、术语的要求
1	使用手册(使用说明书)中的图、表和正文印在一起,图、表应按顺序标出序号
2	引用前文中图、表时,需标图号、表号,并注明其第一次出现时所在页码
3	使用手册(使用说明书)中的符号、代号、术语应符合有关标准的规定,计量单位应严格使用“中华人民共和国法定计量单位”,并保持前后一致,需要解释的术语应给出定义
4	图示、符号、缩略语在使用说明书中第一次出现时应有注释
5	使用手册书中的图、表、公式、数值的表示方法应符合有关规定

表 8-1-175 目录、印制及文本的要求

序号	目录、印制及文本的要求
1	当使用手册超过一页时,每页都应有页码,使用手册章条较多时,应编写目录
2	按功能单元、整机组成的复杂产品或成套设备的使用手册应有总目录。各功能单元、整机的使用手册(使用说明书)应有详细的目次
3	使用手册(使用说明书)的印制材料应结实耐用,能保证使用说明书在产品寿命期内的可用性
4	批量生产的定型产品其使用手册(使用说明书)一般应采用胶印或铅印印制
5	使用手册(使用说明书)的文字、符号、图、表、照片等应清晰、整齐;双面印制者,不得因透背等原因而影响阅读
6	使用手册(使用说明书)的封面应有能准确识别产品类型的名称(如产品型号、牌号、系列等)、产品名称和“使用手册(使用说明书)”字样,并应有生产或制造企业的名称(厂名)。出口产品的使用手册(使用说明书),应在企业名称前加“中华人民共和国”字样
7	使用手册(使用说明书)在封底或封里应有生产企业的详细地址、邮政编码和电话号码
8	允许在封面上印有照片、图形和经认可的标记(如注册商标、厂标等)
9	使用手册(使用说明书)的开本幅面,可采用 A4 或其他幅面尺寸
10	图、表等允许横向加长,必要时也可纵向加长;数量多的大幅面的图、表可以分装
11	多页的使用手册(使用说明书)应装订成册

表 8-1-176　安全警告的要求

序号	安全警告的要求	
1	使用手册(使用说明书)应对涉及安全方面的内容给出安全警告	
2	安全警告的内容应用较大的字号或不同的字体表示,或用特殊符号或颜色来强调	
3	为达到最佳效果,有关安全的论述和安全警告的编写应考虑的几点	内容和图解要简明扼要
		安全警告的位置、内容和形式要醒目
		确保用户在正常使用产品时,能从使用位置看到存在危险和警告
		解释伤害的性质(如果需要,解释伤害的原因)
		对于如何正常使用操作,给予明确的指导
		对于如何避免危险,给予明确的指导
		使用的语言、图形符号和图解说明要清楚、准确
		如同时要对安全、健康说明时,应优先对安全作说明
		切记频繁重复警告和错误警告会削弱必要的警告效力
4	使用手册(使用说明书)应按右示等级和警告用语提醒用户	"危险"表示对高度危险要警惕
		"警告"表示对中度危险要警惕
		"注意"表示对轻度危险要关注
5	产品中具有高、中度危险的,应将安全警告标志永久地固定在产品显著位置,以便用户在产品的寿命期内都能清楚看到。使用手册(使用说明书)应指出安全警告的位置,引起使用者的注意	
6	为了传达危险警告之类的重要信息,应在适当位置使用标准化的用语和/或安全标志或图形符号。这些用语和标志及其位置要求,应在使用手册(使用说明书)中规定	
7	对视、听警告的位置、警告装置、安全防护用品和设备的管理、维修等内容,使用手册(使用说明书)应做出规定	

1.5.5　产品质量保证文件

1. 基本要求

产品质量保证文件的种类及基本要求如下。

1）产品质量保证文件的种类。

① 产品合格证明书。

② 产品保修单。

③ 产品质量保证书。

④ 其他文件（如产品出厂检验报告、产品型式试验报告）。

2）产品制造厂可根据有关法规、标准的规定、产品情况及合同协议中的要求提供上述某几种产品质量保证文件。

3）产品质量保证文件的表述内容应与所提供的产品相符。

2. 基本内容

产品质量保证文件的基本内容如表 8-1-177 所示。

表 8-1-177　产品质量保证文件的基本内容及基本要求

基本内容	基　本　要　求
产品合格证明书	执行产品标准号
	成批交付的产品还应有:批量、批号、抽样受检件的件号等
	检验结论
	产品的检验日期、出厂日期、检验员签名或盖章(可用检验员代号表示)
产品保修单	保修条件及保修期内产品免费保修规定
	保修期(根据产品情况按月或年计算,并应与维修点约定的保修期同步)
	超出保修条件及保修期的产品收费修理规定
	产品服务中心及维修点一览表
	修理记录(修理日期、修理内容及修理结果,修理人签字)
	修理回执(对修理状况是否满意的评价及用户代表或消费者的签字、日期)
	产品售出日期、出厂编号

第 8 篇

续表

基本内容	基本要求
产品质量保证书	执行产品标准号
	产品适用范围及使用条件
	产品主要性能和技术参数
	产品特点
	对产品质量及服务所负的责任
	产品获得质量认证及经质量检验部门检测证明的情况
其他文件	可增加其他内容

3. 编制要求

产品质量保证文件的编制要求如表 8-1-178 所示。

4. 产品包装文件

应向用户提供机床数控系统产品的装箱单，内容包括：箱数、产品型号、名称、数量；随行附件的名称、型号、数量；随行文件的名称、数量等。

1.6 电火花加工机床数控系统可靠性

本节主要介绍了电火花加工机床数控系统可靠性测定试验的一般要求和试验方法。

1.6.1 定义及术语

电火花加工机床数控系统可靠性相关术语及定义如表 8-1-179 所示。

1.6.2 故障

1. 故障模式

电火花加工机床数控系统故障模式如表 8-1-180 所示。

2. 故障判别

电火花加工机床数控系统故障类别及判别如表 8-1-181 所示。

表 8-1-178　产品质量保证文件的编制要求

序号	产品质量保证文件的编制要求
1	产品质量保证文件可按产品型号编制，也可按产品系列、成套性编制。按系列、成套性编制时，其型号、名称和内容不同的部分应明显区分
2	产品质量保证文件一般应采用铅印。在特殊情况下可采用复印、晒印、打印等方式
3	产品质量保证文件的文字、符号、图示、表格、照片等应清晰、整齐。双面印刷的产品保证文件，不应因透背等原因而影响阅视
4	产品质量保证文件根据内容多少可为单页、折页和多页。多页应装订成册
5	产品质量保证文件应有汉字文本，不允许只供给外文文本或少数民族文字文本
6	产品质量保证文件所使用的汉字应为国家正式公布的规范简体字。供给我国港、澳、台地区用户的汉字文本，如用户有要求时可为繁体字
7	产品质量保证文件不允许随意涂改
8	产品质量保证文件可留有一定的空白位置，以备产品经销者填写名称和地址。必要时还可以填写用户名称、产品编号、付款凭证(发票)号码等内容

表 8-1-179　电火花加工机床数控系统可靠性相关术语及定义

术语名称	术语定义
累积相关试验时间 T^* (accumulated respective test time)	指与受试产品相关失效数有关的用来验证可靠性要求，或用来计算可靠性特征值的时间总和。该时间不包括受试产品预热时间、维修时间和停机时间
平均无故障工作时间 (mean time between failures, MTBF)	功能部件在规定的寿命期限内，在规定条件下相邻失效间的持续时间平均值

续表

术语名称	术语定义
平均无故障工作时间的观测值(点估计)$\hat{m}$ (observed mean time between failures)	对可修复产品是指一个或多个产品在它的使用寿命期内的某个观察期间累积工作时间与故障次数之比，亦称平均寿命的观测值
平均无故障工作时间的真值 m (true value of mean time between failures)	平均无故障工作时间本身所具有的真实量值
平均无故障工作时间的单边置信下限 m_L (single confidence lower limit of true value of mean time between failures)	平均无故障工作时间的单边置信下限。期望使真值以指定的概率落在测量平均值附近的一个界限之内，这个界限称为置信界限，其下限称为置信下限
当量故障数 r (equivalent number of failures)	经过加权平均得到的故障总数
当量故障系数 ε (equivalent failures coefficient)	计算当量故障数时根据故障的重要程度所加的系数，即加权值
$x_p^2(v)$	自由度为 v 的 x^2 分布的 p 分位数理论值

表 8-1-180　电火花加工机床数控系统故障模式

故障元件	故障模式
显示	数码管或 CRT 显示异常或不显示
指示灯	面板指示灯不亮，或忽明忽暗(非规定)
仪表	面板仪表指示值超过规定值范围
按键	键盘按键卡住
输入元件	键盘输入、光电输入、纸带输入出错
可调节器件	可调节器件开关、按钮、电位器等调节作用丧失或损坏
接插件	接插件松动绷开
元器件	由于虚焊、短路、接触不良或元器件时好时坏等引起的失灵或损坏
计算机	计算机丧失自检功能
控制功能	控制功能达到规定的要求
运行失常	程序偶然停运或运行失常，且不需做任何维修和调整，再经启动就能恢复正常
进给电位器	调节进给电位器，变频信号不变
输出元件	输出缺相或某相常吸
电源	停电记忆功能丧失
控制系统	控制系统电源无输出
伺服电动机	伺服电动机驱动电源输出不稳定
	伺服电动机驱动电源无输出
箱体	箱体表面带电
箱体温度	箱体表面温度超过规定要求

表 8-1-181　电火花加工机床数控系统故障类别及判别

故障类别	故障判别
样品故障	样品故障的判定以故障模式及故障分类规定为依据
一般及轻微故障	一般故障和轻微故障以发生该类故障模式的项数计为该类故障的次数
违反操作规程故障	因操作者违反操作规程、试验条件定的范围等造成的故障属于非关联故障

表 8-1-182 故障分类

故障类别	分类原则	当量故障系数ε
致命故障	危及使用安全，导致人身伤亡，引起产品报废，造成重大经济损失	10
严重故障	主要零件和元器件损坏，丧失产品性能	1
一般故障	一般零件和元器件损坏，产品性能衰退	0.2
轻微故障	与产品的性能无关或影响较小	0.1

3. 故障分类

根据故障的性质和危害程度，将其分为四类，如表 8-1-182 所示。

1.6.3 试验样品及抽样

1. 试验适用产品类型

试验适用于下列类型的产品：

1）试生产批。

2）批量生产。

2. 试验样品抽样

1）试验样品从检验合格品中随机抽取，抽样数量应满足表 8-1-183 中的规定。

表 8-1-183 抽样方案

批量数	抽取样品数
3～5	全部
6～16	5～10
17～50	1～20
＞50	2～30

2）抽出的样品应进行封存，不应再进行任何质量方面的处理。

1.6.4 试验方案

电火花加工机床数控系统可靠性试验方案要求及其规定如表 8-1-184 所示。

1.6.5 试验条件

1. 工作条件

电火花加工机床数控系统可靠性试验条件如表 8-1-185 所示。

2. 环境条件

电火花加工机床数控系统可靠性试验环境条件如表 8-1-186 所示。

1.6.6 试验观测

1. 受试样品的监测内容

电火花加工机床数控系统可靠性试验受试样品的监测项目及内容如表 8-1-187 所示。

表 8-1-184 试验方案要求规定

方案要求	要求规定
一般要求	电火花加工机床的数控系统恒定失效率以指数分布描述
	平均无故障工作时间的试验方案应按可靠性试验方案技术要求的规定
可靠性试验方案技术要求	可采用有替换定时截尾方案或无替换定时截尾方案
	置信水平为 60%
	累积相关试验时间一般应大于或等于 8000h
	每台试验时间不得少于所有试验台数的平均试验时间的一半

表 8-1-185 试验条件

名称	内容
试验周期	24h 为一个试验周期
功能模式	根据产品的技术条件或使用说明书所规定的全部功能确定工作模式，功能转换可以由操作者直接控制，也可以靠程序信号自动控制
输入信号	根据该产品技术条件或使用说明书确定加工典型零件的程序。程序应体现产品所规定的功能，输入信号为典型零件的加工程序
负载条件	按实际工作情况进行，最后输出到电气执行元件为止。电气执行元件也可采用模拟负载
运行	连续运行七个周期后，每台试验样品均需做间断试验，停机时间不得少于 8h，停机 4～8 次

续表

名　称		内　容
供电电源	交流	电压变化范围为额定值的±10%
		频率变化范围为额定值的±2%
	直流	直流电压标称值变化为±15%

表 8-1-186　环境条件

名　称	条件内容
环境温度	周围温度通常应在16～33℃之间，极值温度不高于51℃和不低于4℃
相对湿度	相对湿度通常应在19%～70%之间，极值相对湿度不低于5%和不高于85%

表 8-1-187　受试样品的监测项目及内容

监测项目	监测内容
控制功能	各项控制功能检查，每周期开始进行一次
面板显示信息	面板显示信息（包括指示灯、指示仪表、数码管、显示器等）
输出信号	数控系统输出到电气执行元件的信号
工作状态	施加干扰信号情况下的工作状态

2. 干扰情况下的监测

电火花加工机床数控系统可靠性试验干扰情况下的监测如表8-1-188所示。

3. 监测间隔和记录

一般情况下，监测间隔为2～4h一次，每次均需记录。监测项目还应包括环境温度、相对湿度、电源电压。

试验中发现关联的致命故障，应立即终止试验。

1.6.7　故障检修及试验记录

1. 故障检修

电火花加工机床数控系统可靠性试验的故障状态及故障检修见表8-1-189。

2. 试验记录

凡是与试验有关的事件均应记录。试验人员应填写电火花加工机床数控系统可靠性试验记录表（参见1.6.10“试验记录表格参考样式”）。

1.6.8　数据处理

电火花加工机床数控系统可靠性试验数据处理项目及方法见表8-1-190。

1.6.9　试验报告

试验结束后应根据试验所得的全部数据，整理并编制可靠性试验报告如表8-1-191所示。

表 8-1-188　干扰名称及监测方式

干扰名称	监测方式
干扰时间	第1周期～第7周期（每周期开始运行1h后）
干扰间隔	1次/24h
干扰方式	电压中断10ms，50次；电压降不超过电源额定电压的10%，时间不大于0.5s，50次

表 8-1-189　故障状态及故障检修

故障状态	故障检修
试验期间	在试验期间允许修复或更换部件、零件和元件
受试样品发生故障	记录受试样品故障情况
	确定故障部位，进行必要的分析
	初步估计故障属于的类别
	对可能产生的从属故障做出估计，以便跟踪
	根据受试样品的监测的结果，确定必须修复的范围
	修复出现故障的受试样品。不可修复的单元、零件（元器件）等应按原样妥善保管，以便进行故障分析和改进
	修复后的受试样品应立即恢复试验

表 8-1-190 数据处理项目及方法

处理项目	处理方法
一般要求	应对记录的试验数据加以整理，为最后的判定和结论做准备
当量故障数	按所记录的关联故障及相关规定，累计当量故障数的计算 $$r=\sum_{j=1}^{4} r_j \varepsilon_j$$ 式中 r_j——试验期内受试样品第 j 类故障数； ε_j——试验期内受试样品第 j 类当量故障系数
点估计	平均无故障时间的点估计的计算 $$\hat{m}=\frac{T^*}{r}$$ 如果到结尾没有观察到故障，平均无故障时间的点估计的计算按推荐式 $$\hat{m}=3T^*$$
置信区间，下限	置信水平为60%的单边置信区间、下限的计算 $$m>\frac{2T^*}{x_{0.6}^2(2r+2)}$$ $$m_L=\frac{2T^*}{x_{0.6}^2(2r+2)}$$ 式中 x^2——分布分位数，参见表 8-1-202

表 8-1-191 试验报告项目及内容

报告的项目	报告内容
试验目的	描述可靠性试验所需达到的目的
试验对象	包括产品的型号、规格、名称与制造单位等
试验条件	包括工作和环境条件
试验依据	试验所需的原始数据
试验过程	试验的过程与步骤
试验结果	包括故障次数、故障类别、故障现象及原因、计算出的平均无故障时间的单边置信下限、必要的图、表、照片等

1.6.10 试验记录表格参考样式

1. 试验评定原始记录封面格式

编号：

电火花加工机床数控系统可靠性试验评定原始记录

数控系统名称：

型号规格：

制造单位：

试验评定类别：

试验评定依据：

试验评定人员：

校核人员：

企业代表：

试验日期：

试验地点：

整理存档日期：　　年　月　日

2. 抽样登记表

电火花加工机床数控系统可靠性试验抽样登记表如表 8-1-192 所示。

表 8-1-192 电火花加工机床数控系统可靠性试验抽样登记表

日期：年　月　日

机床名称		型　号	
制造单位		出厂日期	
抽样日期		抽样地点	
试验批批量/台		样本容量/台	
抽样依据			
样本序号	样本出厂编号	样本序号	样本出厂编号
1		4	
2		5	
3		6	
备注			
试验者(签字)：		受检者(签字)：	

3. 使用仪器、仪表及设备一览表

电火花加工机床数控系统可靠性试验使用仪器、仪表及设备一览表如表8-1-193所示。

4. 现场工况条件监测记录表

电火花加工机床数控系统可靠性试验现场工况条件监测记录表如表8-1-194所示。

5. 现场监测记录表

电火花加工机床数控系统可靠性试验现场监测记录表如表8-1-195所示。

6. 现场故障记录表

电火花加工机床数控系统可靠性试验现场故障记录表如表8-1-196所示。

7. 干扰试验监测记录表

电火花加工机床数控系统可靠性试验干扰试验监测记录表如表8-1-197所示。

8. 维修记录表

电火花加工机床数控系统可靠性试验维修记录表如表8-1-198所示。

9. 故障记录表

电火花加工机床数控系统可靠性试验故障记录表如表8-1-199所示。

10. 故障分析报告

电火花加工机床数控系统可靠性试验故障分析报告如表8-1-200所示。

表8-1-193　电火花加工机床数控系统可靠性试验使用仪器、仪表及设备一览表

日期：　年　月　日

序号	名称	制造单位	型号规格	精度等级	检定有效日期	用途	备注

试验者(签字)：

表8-1-194　电火花加工机床数控系统可靠性试验现场工况条件监测记录表

日期：　年　月　日　　共　页　第　页

现场工况条件	记录时间												备注	填表人
	时分	时分	时分	时分	时分	时分	时分	时分	时分	时分	时分	时分		
温度/℃														
相对湿度/%														
电网电压/V														
温度/℃														
相对湿度/%														
电网电压/V														

试验者(签字)：

表 8-1-195　电火花加工机床数控系统可靠性试验现场监测记录表

年　月　日　样本序号：　　　　　　　　　　　　　　　　　　　　　共　页　第　页

时间	控制功能(最大锥度)					输出方式			备　注	填表人
	程序输入	键盘输入	全功能	其他	显示器	步进电动机 $(x-y)$	步进电动机 $(u-v)$	其他		

试验者(签字)：

注："正常"以"√"表示；"异常情况"以"※"表示。

表 8-1-196　电火花加工机床数控系统可靠性试验现场故障记录表

年　月　日　　样本序号：　　　　　　　　　　　　　　　　　　　　　共　页　第　页

序号	故障发生时间	样本序号	现场工况条件	故障现象	故障原因	采取措施	修复时间	故障分类建议	备注	填表人

试验者(签字)：

表 8-1-197　电火花加工机床数控系统可靠性试验干扰试验监测记录表

年　月　日　　　　　　　　　　　　　　　　　　　　　　　　　　　共　页　第　页

样本序号	时间	现场工况条件	项目	实施干扰内容			测试人
				变压：－10％	变压：＋10％	间断	
	日时分 ～	温度/℃ 相对湿度/％ 电网电压/V	运行				
	日时分 ～	温度/℃ 相对湿度/％ 电网电压/V	运行				
	日时分 ～	温度/℃ 相对湿度/％ 电网电压/V	运行				
	日时分 ～	温度/℃ 相对湿度/％ 电网电压/V	运行				

实验者(签字)：

注：干扰内容条件：变压—重复周期 2s，预置次数 50，间宽时间 500μs；间断—重复周期 2s，预置次数 50，间宽时间 10μs。

表 8-1-198　电火花加工机床数控系统可靠性试验维修记录表

日期：　　年　月　日

样本序号			故障发生时间		
故障现象					
故障原因					
维修采取措施					
失效器件	机中部位		更换器件	机中部位	
	名称			名称	
	型号			型号	
	厂家			厂家	
故障分类建议					
建议改进措施					
维修日期			修复时间		
维修人(签字)：			试验者(签字)：		

表 8-1-199　电火花加工机床数控系统可靠性试验故障记录表

机床名称		机床型号		机床规格		出厂日期	
制造单位		使用单位		出厂编号		使用日期	
试验日期	年　月　日　时至 年　月　日　时			现场工况条件			

序号	(相关)故障发生时间	故障现象	故障原因	采取措施	修复时间	备注
序号	元器件失效发生时间	失效元器件型号、规格	失效元器件生产厂	失效元器件出厂日期	每台用该元器件数	备注
累计工作时间/h		累计故障数		累计修复时间/h		
试验者(签字)：						

注：每台机床填写一份表格，表中空格可按需要续页。

表 8-1-200　电火花加工机床数控系统可靠性试验故障分析报告

机床名称		型号		规格		编号	
发现机床故障时间		累计工作时间		故障序号			
故障现象(发现经过)							
原因分析及依据							
故障元器件型号		规格		数量			
维修方式							
维修时间		重新使用时间					
故障判定分析(计数或不计数及其原因)							
杜绝故障应采取的措施							
填表人(签字)：							

表 8-1-201 电火花加工机床数控系统可靠性试验数据审核表

送试单位		产品名称 型号规格		生产日期		试验地点	
试验日期		批量 生产数		抽样数量		投试数量	
试验(或现场工况)条件		温度：		相对湿度：		电网电压：	
评定目的		试验评定规范名称、编号			主要故障判据(故障类别) 致命故障 一般故障 严重故障 轻微故障		
可靠性指标值							
试前检查情况							

序号	故障产品	(相关)故障 发生时间/h	故障现象	故障原因	采取措施
1					
2					
3					

序号	元器件失效 发生时间	失效元器件 型号、规格	失效元器件 生产厂	失效元器件 出厂日期	每台产品使用该 元器件数量	本批该元器件 失效率
1						
2						
3						

累计试验(评定) 时间/h	累计故障数	累计当量故障数	累计修理时间
指标区间估计			
试验结论			
试验评定结论和 建议采取的措施			
对配套件的评定意见			
试验者(签字)：			

11. 数据审核表

电火花加工机床数控系统可靠性试验数据审核表如表 8-1-201 所示。

1.6.11 x^2 分布分位数表

x^2 分布分位数表如表 8-1-202 所示。

表 8-1-202 x^2 分布分位数表

v	$x^2_{0.2}$	$x^2_{0.5}$	$x^2_{0.6}$	$x^2_{0.65}$	$x^2_{0.7}$	$x^2_{0.75}$	$x^2_{0.8}$
1	0.06418	0.45494	0.70833	0.87346	1.07419	1.32330	1.64237
2	0.44629	1.38629	1.83258	2.09964	2.40795	2.77259	3.21888
3	1.00517	2.36597	2.94617	3.28311	3.66487	4.10834	4.64163
4	1.64878	3.35669	4.04463	4.43769	4.87843	5.38527	5.98862
5	2.34253	4.35146	5.13187	5.57307	6.06443	6.62568	7.28928
6	3.07009	5.34812	6.21076	6.69476	7.23114	7.84080	8.55806
7	3.82232	6.34581	7.28321	7.80612	8.38343	9.03715	9.80325

续表

v	$x^2_{0.2}$	$x^2_{0.5}$	$x^2_{0.6}$	$x^2_{0.65}$	$x^2_{0.7}$	$x^2_{0.75}$	$x^2_{0.8}$
8	4.59357	7.34412	8.35053	8.90936	9.52446	10.21885	11.03009
9	5.38005	8.34283	9.41364	10.00600	10.65637	11.38875	12.24215
10	6.17908	9.34182	10.47324	11.09714	11.78072	12.54886	13.44196
11	6.98867	10.34100	11.52983	12.18363	12.89867	13.70069	14.63142
12	7.80733	11.34032	12.58384	13.26610	14.01110	14.84540	15.81199
13	8.63386	12.33976	13.63557	14.34506	15.11872	15.98391	16.98480
14	9.46733	13.33927	14.68529	15.42092	16.22210	17.11693	18.15077
15	10.30696	14.33886	15.73322	16.49041	17.32169	18.24509	19.31066
16	11.15212	15.33850	16.77951	17.56463	18.41789	19.36886	20.46508

第2章　Siemens数控系统

2.1　Sinumerik 840D数控系统

2.1.1　Sinumerik 840D数控系统性能

Sinumerik 840D数控系统是西门子公司20世纪90年代推出的高性能数控系统。它保持了西门子前两代系统Sinumerik 880和840C的三CPU结构，即人机通信CPU（MMC-CPU）、数字控制CPU（NC-CPU）和可编程逻辑控制器CPU（PLC-CPU）。三部分在功能上既互相分工，又互为支持。

在物理结构上，NC-CPU和PLC-CPU合为一体，合成在NCU（Numerical Control Unit）中，但在逻辑功能上相互独立。相对前几代系统，Sinumerik 840D的特点如表8-2-1所示。

表8-2-1　Sinumerik 840D特点

系统性能	性能简介
数字化驱动	在Sinumerik 840D中，数控和驱动的接口信号是数字量，通过驱动总线接口，挂接各轴驱动模块
轴控规模大	最多可以配31个轴，其中可配10个主轴
可以实现五轴联动	Sinumerik 840D可以实现X、Y、Z、A、B五轴的联动加工，任何三维空间曲面都能加工
操作系统视窗化	Sinumerik 840D采用Windows 95作为操作平台，使操作简单、灵活、易掌握
软件内容功能强大	Sinumerik 840D可以实现加工、参数设置、服务、诊断及安装启动等几大软件功能
具有远程诊断功能	现场用PC适配器、MODEM卡，通过电话线实现Sinumerik 840D与异域PC机通信，完成修改PLC程序和监控机床状态等远程诊断功能
保护功能健全	Sinumerik 840D系统软件分为西门子服务级、机床制造厂价级、最终用户级等7个软件保护等级，使系统更加安全可靠
硬件高度集成化	Sinumerik 840D数控系统采用了大量超大规模集成电路，提高了硬件系统的可靠性
模块化设计	Sinumerik 840D的软硬件系统根据功能和作用划分为不同的功能模块，使系统连接更加简单
内装大容量的PLC系统	Sinumerik 840D数控系统内装PLC最大可以配2048输出，而且采用了Profibus现场总线和MPI多点接口通信协议，大大减少了现场布线
PC化	Sinumerik 840D数控系统是一个基于PC的数控系统

2.1.2　Sinumerik 840D数控系统硬件结构

Sinumerik 840D的数控系统主要硬件如图8-2-1所示，其功能如表8-2-2所示。

图8-2-1　Sinumerik 840D的数控系统主要硬件

2.1.3　Sinumerik 840D数控系统的软件结构

Sinumerik 840D的数控系统软件结构功能如表8-2-3所示。

2.1.4　Sinumerik 840D数控系统操作面板

Sinumerik 840D操作面板主要分为OP 010、OP 010S、OP 010C、OP 012和OP 015五类。

1. 操作面板

（1）操作面板OP 010

Sinumerik 840D OP 010操作面板可分为8个区域，即A、B、1、2、3、4、5、6等几个区域，面板的布局如图8-2-2所示。

（2）操作面板OP 010S

Sinumerik 840D OP 010S操作面板可分为7个区域，即A、1、2、3、4、5、6等几个区域，面板的布局如图8-2-3所示。

（3）操作面板OP 010C

Sinumerik 840D OP 010C操作面板可分为8个区域，即A、B、1、2、3、4、5、6等几个区域，面板的布局如图8-2-4所示。

表 8-2-2　Sinumerik 840D 硬件结构功能

主要功能部件	部件功能简介
数字控制单元 NCU	NCU 是 Sinumerik 840D 数控系统的控制中心和信息处理中心，数控系统的直线插补、圆弧插补等轨迹运算和控制、PLC 系统的算术运算和逻辑运算都是 NCU 完成的。在 Sinumerik 840D 中，NC-CPU 和 PLC-CPU 采用硬件一体化结构，合成在 NCU 中
人机通信中央处理单元 MMC-CPU	MMC-CPU 的主要作用是完成机床与外界及与 PLC-CPU、NC-CPU 之间的通信，内带硬盘，用以存储系统程序、参数等
操作面板 OP 031	操作面板 OP 031 的作用是：显示数据及图形，提供人机显示界面，编辑、修改程序及参数，实现软功能操作。在 Sinumerik 840D 中有 OP 031、OP 032、OP 032S、OP 030 以及 PHG 5 种操作面板。其中 OP 031 是常使用的操作面板
机床操作面板 MCP	操作模式键区。可选择的操作模式有 JOG、MD、TEACH 和 AUTO 4 种操作模式
	轴选择键区。实现轴选择，完成轴的点动进给、回参考点和增量进给
	自定义键区。供用户使用，通过 PLC 的数据块实现与系统的联系，完成机床生产厂所要求的特殊功能
	主轴操作区。主轴倍率开关，实现主轴转速 0～150％倍率修调。主轴启停按钮实现主轴驱动系统的启停，一般控制主轴驱动系统的脉冲使能和驱动使能
	进给轴操作区。进给轴倍率开关，实现主轴转速 0～200％倍率修调。进给轴启停按钮实现进给轴驱动系统的启停，一般控制进给轴驱动系统的脉冲使能和驱动使能
	急停按钮。实现机床的紧急停车，切断进给轴和主轴的脉冲使能和驱动使能
I/RF 主电源模块	主电源模块的主要功能是实现整流和电源提升
驱动系统	包括主轴驱动系统和进给驱动系统两部分

表 8-2-3　Sinumerik 840D 软件结构功能

软件系统	软件功能简介
MMC 软件系统	在 MMC 102/103 以上系统均带有 5GB 或 10GB 的硬盘，内装有基本输入、输出系统(BIOS)，DR-DOS 内核操作系统、Windows 95 操作系统，以及串口、并口、鼠标和键盘接口等驱动程序，支撑 Sinumerik 与外界 MMC-CPU、PLC-CPU、NC-CPU 之间的相互通信及任务协调
NC 软件系统	NCK 数控核初始引导软件。该软件固化在 EPROM 中
	NCK 数控系统数字控制软件系统。它包括机床数据和标准的循环子系统，是西门子公司为提高系统的使用性能，而开发的一些常用的车削、铣削、钻削和镗削功能等软件，用户必须理解每个循环程序的参数含义才能进行调用
	Sinumerik 611D 驱动数据。它是指 Sinumerik 840D 数控系统所配套使用的 SIMODRIVE 611D 数字式驱动系统的相关参数
	PCMCIA 卡软件系统。在 NCU 上设置有一个 PCMCIA 插槽，用于安装 PCMCIA 个人计算机存储卡，卡内预装有 NCK 驱动软件和驱动通信软件等
PLC 软件	PLC 系统支持软件。它支持 Sinumerik 840D 数控系统内装的 CPU 315-2D 型可编程逻辑控制器的正常工作，该程序固化在 NCU 内
	PLC 程序。它包含基本 PLC 程序和用户 PLC 程序两部分
通信及驱动接口软件	它主要用于协调 PLC-CPU、NC-CPU 和 MMC-CPU 三者之间的通信

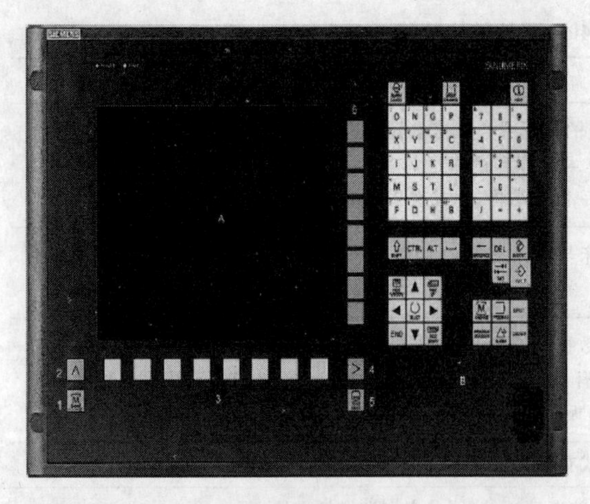

图 8-2-2 操作面板 OP 010

A—显示器；B—字母/数字区，修正/光标键；1—机床区按键；2—回调（跳回）；3—软键条（水平）；4—其他按键（菜单扩展）；5—操作区切换键；6—软键条（垂直）

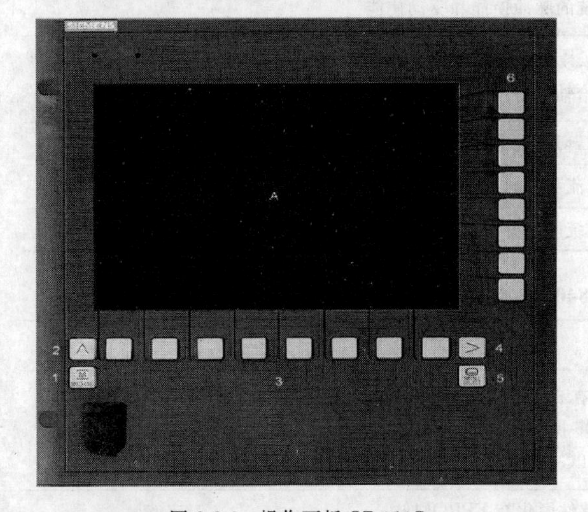

图 8-2-3 操作面板 OP 010S

A—显示器；1—机床区按键；2—回调（跳回）；3—软键条（水平）；4—其他按键（菜单扩展）；5—操作区切换键；6—软键条（垂直）

（4）操作面板 OP 012

Sinumerik 840D OP 012 操作面板可分为 9 个区域，即 A、B、C、1、2、3、4、5、6 等几个区域，面板的布局如图 8-2-5 所示。

（5）操作面板 OP 015

Sinumerik 840D OP 015 操作面板可分为 7 个区域，即 A、1、2、3、4、5、6 等几个区域，面板的布局如图 8-2-6 所示。

2. 操作面板按键

Sinumerik 840D 各类操作面板按键的详细功能如表 8-2-4 所示。

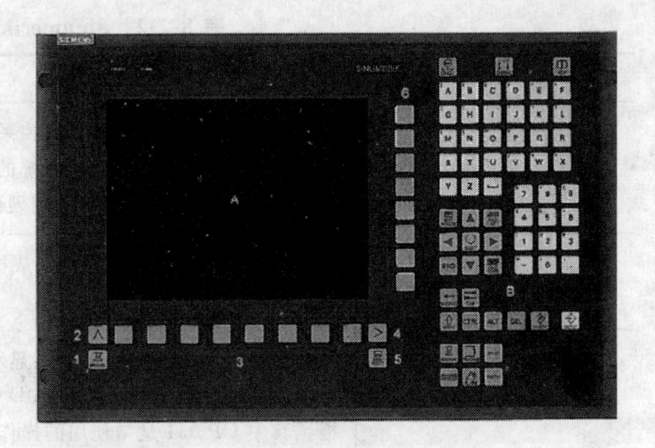

图 8-2-4 操作面板 OP 010C

A—显示器；B—字母/数字区，修正/光标键；1—机床区按键；2—回调（跳回）；3—软键条（水平）；4—其他按键（菜单扩展）；5—操作区切换键；6—软键条（垂直）

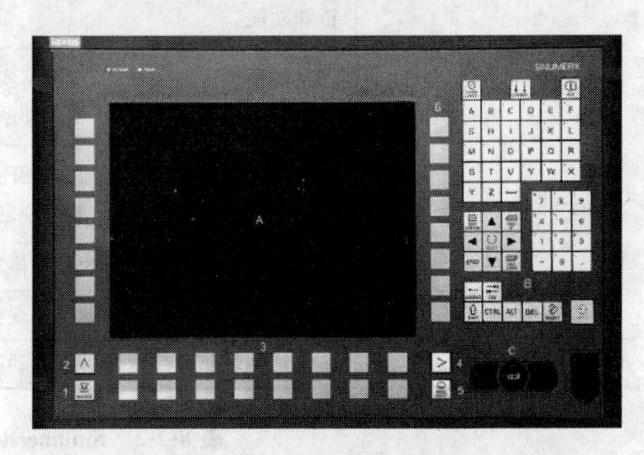

图 8-2-5 操作面板 OP 012

A—显示器；B—字母/数字区，修正/光标键；C—鼠标和鼠标键；1—机床区按键；2—回调（跳回）；3—软键条（水平）；4—其他按键（菜单扩展）；5—操作区切换键；6—软键条（垂直）

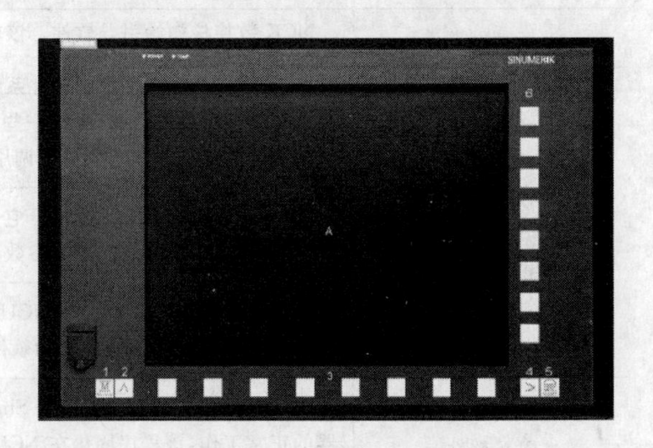

图 8-2-6 操作面板 OP 015

A—显示器；1—机床区按键；2—回调（跳回）；3—软键条（水平）；4—其他按键（菜单扩展）；5—操作区切换键；6—软键条（垂直）

表 8-2-4　各类操作面板中按键的详细功能

按键名称	功　能
软键按键	通过水平布置的软键可以在各操作区中达到下一层的菜单界面。每个水平布置的菜单项都有一个附属的垂直菜单条/软键占用
	垂直布置的软键具有当前所选软键的功能。通过按下垂直布置的软键调用该功能，当该功能下可以选择其他子功能时，可以重新切换垂直布置的软键条
软键(水平或垂直)	必须选择某个操作区或某个菜单项或者已执行某些功能，以执行所描述的功能
机床区按键	直接跳转到“机床”操作区
回调按键	回调到上一层菜单。可通过回调按键关闭一个窗口
其他按键	同一层菜单中扩展水平布置的软键条
操作区切换按键	根据各操作区和操作情况，可以通过该按键显示基本菜单。两次按下该按键可以从当前操作区切换到上一个操作区，或者从上一个操作区返回到当前操作区。标准菜单分布在操作区中
按键 Shift	切换按键(双用)
切换通道	对于多个通道，可以进行通道切换(从通道 1 一直切换到通道 n)。对于已设计的“通道菜单”，所有存在通过通道与其他 NCU 的通信连接都在软件上显示
报警确认键	通过按下该键确认带有删除标记的报警
信息按键	通过按下该键可以调用当前操作状态的说明和信息(例如用于编程、诊断、PLC、报警的帮助信息)。在诊断行中显示“i”提示这种可能性
窗口选择按键	如果屏幕上显示多个窗口，则可以通过焦点窗口切换按键(可以通过窗口边界加强识别)从一个窗口切换到另一个窗口。按键输入仅对于带有焦点的窗口有效
向前翻页	向前翻页到一个显示窗口。在零件程序中可以向前(至程序末端)或者向后(至程序开始)翻页。通过翻页键可滚动可见/显示窗口区域，在窗口区域上显示焦点(目标区)。移动滑块指示已选择哪些程序、文件……
删除按键(Backspace)	向右删除符号
选择按键 Toggle 键	选择按键用于输入栏或选择列表中规定的值，它通过这个按键符号标记激活或者退出激活某个栏。多选按钮可以选择多个栏或者不选任何栏，单选按钮/选项，只能选择一个栏
编辑按键/取消按键	在编辑模式下，在表格和输入栏中切换(这种情况下输入栏处于插入模式) UNOD 功能用于表格和输入栏(在离开某个栏时用编辑按键不接受该值，而是复位以前的值＝UNOD)
行末尾按键	通过该按键可以在编辑器中将光标移到打开页的行末尾 在一个输入栏的附属组中快速定位光标 通用功能如同 Tab 键
向后翻页(PAGE UP)	向后翻页到一个显示窗口
删除按键	删除参数栏的值，参数栏置空
程序	参见硬键“PROGRAM”
Tool Offset	直接跳转到刀具补偿
程序管理程序概述	程序可以通过文本编辑器打开
警报	直接跳转到报警画面
客户按键	由客户设计

续表

<table>
<tr><th>按键名称</th><th colspan="2">功能</th></tr>
<tr><td>提示键</td><td colspan="2">用*标记的按键也有一个功能与 ShopMill/ShopTurn 相连</td></tr>
<tr><td rowspan="3">硬键“PROGRAM”</td><td rowspan="3">按下该硬键，可以再次打开最近在程序区中编辑的零件程序或者文件并使之显示</td><td>在程序操作区中打开编辑器时显示最近编辑器中编辑的程序</td></tr>
<tr><td>从另一个操作区跳转到程序中打开的编辑器上并显示编辑器状态，即离开编辑器前已存在的状态</td></tr>
<tr><td>处于另一个操作应用程序中，接着跳转到程序区上并打开编辑器和最近编辑的程序。对于该功能，必须至少找到一个最近编辑的且具有足够读取权限的程序。此处既不允许同时打开一个仿真器，也不允许同时打开程序的另一个应用。此外，如装载、复制、选择等这些措施或者在 NC 中处理零件程序也不被允许。这些情况下通过报警 1203xx 拒绝该措施</td></tr>
</table>

2.1.5 Sinumerik 840D 数控系统屏幕划分

Sinumerik 840D 数控系统屏幕划分如图 8-2-7 所示。

1. 屏幕各键功能

图 8-2-7 中屏幕各个模块键的详细功能如表 8-2-5 所示。

2. 机床状态显示

Sinumerik 840D 机床状态显示的各键功能如表 8-2-6 所示。

3. 机床操作区上垂直软键的分布

Sinumerik 840D 机床工作方式如表 8-2-7 所示。

2.1.6 Sinumerik 840D 数控系统开机步骤

1. 开机与启动

第一次启动后，NCU 状态显示（一个七段显示器及一个复位按钮 S1，两列状态显示灯及两个启动开关 S3 和 S4）。

在确定 S3 和 S4 均设定为“0”，则此时就可以开机启动了，经过大约几十秒，当七段显示器上显示“6”时，表明 NCK 上电正常；此时，“+5V”和“SF”灯亮，表明系统正常；但驱动尚未使能，而 PLC 状态“PR”灯亮，表明 PLC 运行正常。

(1) MMC

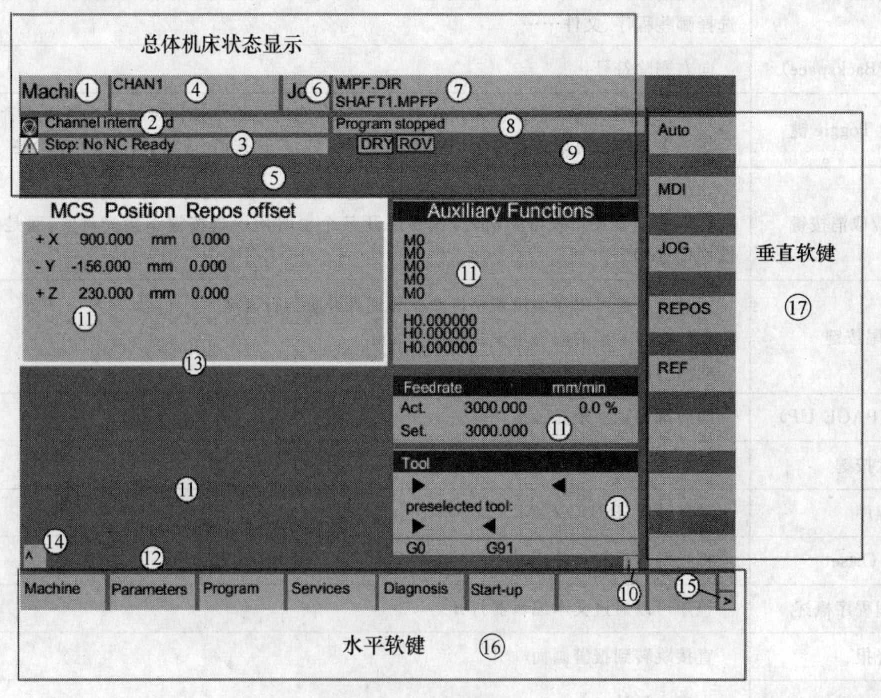

图 8-2-7 屏幕划分

第8篇

表 8-2-5　屏幕分配各模块

模块号	功　能
①	操作区
②	通道状态
③	通道运行信息
④	通道名称
⑤	报警和信息行
⑥	工作方式、子工作方式(增量,如果相关)
⑦	所选择程序的程序名称
⑧	程序状态
⑨	程序影响
⑩	可调用的附加注释(帮助)： 通过 i 键可以显示信息 ∧回调:回跳到上一层菜单 ＞及其他:同一层菜单中水平布置的软键条扩展
⑪	工作窗口,NC显示。此处显示所选的操作区中可提供的工作窗口(程序编辑器)和NC显示(进给,刀具)。从软件版本SW 6.2起,当轴为当前计划轴且已设置刀具坐标系时,工作窗口中的位置数据表示单元前的直径符号 ϕ。当用DIAMOF取消直径编程时,该单元前符号消失
⑫	带有操作员提示的对话框行。对于所选择的功能,此处显示操作员提示(如果可提供)
⑬	焦点。所选择的窗口通过一个自身的边框标记。窗口标题行显示相反,此时,操作面板输入有效
⑭	回调功能,即∧键有效
⑮	其他功能,即＞键有效
⑯	水平软键
⑰	垂直软键 所选择的操作区可提供的软键功能以水平软键条或垂直软键条形式显示(相当于标准键盘的F1～F8)

表 8-2-6　机床状态显示的各键功能

名　称	功　能
操作区	显示当前所选择的操作区(机床、参数、程序、通信、诊断、开机调试)
通道状态	显示当前的通道状态:通道复位、通道已中断、通道激活
通道运行信息	从软件SW 6.2起,显示带有符号的通道运行信息
通道名称	通道名称,在通道中运行程序
报警和信息行	报警和提示信息 在零件程序中的提示用MSG编程(如果没有可用的报警)
工作方式显示	显示(自动)当前选择的工作方式JOG、MDI或Auto。从SW 6.2起,激活的子工作方式显示在工作方式旁边。此外,其下显示一个激活的增量。例如: JOG Repos(重新定位) 1000
程序名称	该程序可以通过NC启动处理。从SW 6.2起,输出栏"程序名称"可设计用于JOG和MDI
程序状态	给出当前处理中的零件程序状态:程序已中断、程序已运行、程序已停止 从SW 6.2起,可设计输出"程序状态"栏。例如通过"带有符号的通道叠加状态显示"这个功能获得机床通道状态、进给状态、主轴状态和可能的机床状态并且是仅带有符号的机床状态
程序影响显示	该功能在激活状态下可通过程序影响设置

表 8-2-7　机床工作方式

名　称	功　能
JOG	用于手动运行模式以及机床调试。用于调试的功能有参考点运行、复位、手轮或以规定的步进尺寸运行和重新定义控制装置定位(预设定)
MDI	半自动运行。可以以程序段方式建立和处理零件程序,以便将已测试的程序段保存在零件程序中,用示教(teach In)功能可以将运行过程通过运行和位置保存接受在MDI程序中
Auto	自动方式用于零件程序的全自动处理。这里可以对零件程序进行选择、启动、修正、控制选择(例如单程序段)和执行
REPOS	重新定位
REF	参考点向带有控制装置零点的机床坐标系运行

MMC 的启动是通过 OP 显示来确认的，如果是 MMC100.2，在启动的最后，在屏幕的下面会显示一行信息“Wait For NCU Connection：XX Seconds”。如 MMC 与 NCU 通信成功，则 Sinumerik 840D 的基本显示会出现在屏幕上，一般是“机床”操作区。而 MMC103，由于它是可以带硬盘的，所以在它的背后也有一个七段显示器，如 MMC103 启动完成后它会显示一个“8”字。

(2) MCP

在 PLC 启动过程中，MCP 上的所有灯是不停闪烁的，一旦 PLC 成功启动，且基本程序状态只有在 OB1 中调用 FC19 或 FC25，那么 MCP 上的灯不再闪烁，此时 MCP 即可以使用。

(3) DRIVE SYSTEM

只有 NC、PLC 和 MMC 都正常启动后，才考虑驱动系统。首先必须完成驱动的配置，对于 MMC100.2，需借助于“SIMODRIVE 611D” Start-up Tool 软件，而 MMC103 可直接在 OP 031 上做，然后用 PLC 处理相应信号即可。

这样，系统再启动后，SF 灯应灭掉。

2. 数据备份

在进行调试时，为了提高效率不做重复性工作，需要对所调试数据适时地进行备份。在机床出厂前，为该机床所有数据留档，也需要对数据进行备份。Sinumerik 840D 的数据分为三种，分别为 NCK 数据、PLC 数据和 MMC 数据。

数据备份的步骤如下。

1) 在主菜单中选择“Service”操作区。

2) 按扩展键“}”→“Series Start-up”，选择存档内容 NC、PLC、MMC，并定义存档文件名。

3) 从垂直菜单中选择一个位置存储目标。

4) 若选择备份数据到硬盘，则选择“Archive”(垂直菜单)、“Start”。

3. 数据恢复

MMC103 的操作步骤（从硬盘上回复数据）：

1) 在主菜单中选择“Service”操作区。

2) 按扩展键“}”。

3) 选择“Series Start-up”。

4) 在“Read Start-up Archive”（垂直菜单）找到存档文件，并选中“OK”。

5) 选择“Start”(垂直菜单)。

无论是数据备份还是数据恢复，都是在进行数据的传送，传送的原则是：①准备接收数据的一方先准备好，处于接受状态；②两端参数设定为一致。

2.1.7 Sinumerik 840D 铣削编程

1. 回参考点

(1) 功能

使控制装置和机床在接通后同步。在回参考点之前必须位于某位置（如有必要通过轴按键/手轮运行到该位置），从该位置起可以无碰撞地返回机床参考点。如果回参考点由零件程序调用，则所有轴可以同时返回。

参考点只能用于机床加工轴。接通后实际值显示与轴的实际位置不一致。

注：① 如果轴不在安全位置，必须在工作方式“JOG”或“MDI”中将轴定位到相应位置。

② 此时务必注意直接在机床上的轴运动。

③ 只要轴不回参考点运行，就不可显示实际值。

④ 软件限位开关无效。

(2) 回参考点操作步骤

1) 在操作区“机床”中选择工作方式“MDI”或者“JOG”。

2) 选择用于返回参考点的通道。

3) 选择机床功能“参考”。

车床：按下“轴按键”。

铣床：选择要运行的轴并接着按下按键“－”或“＋”。

(3) 机床出厂的原始状态

1) 选择的轴回到参考点。方向和顺序通过机床 PLC 程序确定。

2) 如果按下错误的方向键，则无法进行操作，不实现运动。

3) 机床显示参考点值。

4) 与参考点无关的轴不显示符号。

○符号：标识出必须作为基准的轴。

◐符号：如果到达参考点，则该符号显示在轴旁。

5) 在到达参考点之前可以停止已启动的轴。

车床：按下“轴按键”。

铣床：选择要运行的轴接着按下按键“－”或者“＋”。选择的轴回到参考点。

注：① 在到达参考点之后机床同步化。在参考点值上设置实际值显示。显示机床零点和溜板参考点之间的差值。从该时间点起行程限制（例如软件结束开关）有效。

② 可以通过选择一个其他的工作方式（“JOG”，“MDI”或“Auto”）结束功能。

③ 可以同时将 BAG 的所有轴返回参考点（取决于机床原始的 PLC 程序）。

④ 进给倍率有效。

(4) 其他说明

必须作为基准轴的顺序可以由机床制造商规定。只有所有轴以定义的参考点到达参考点时，NC 启动才可以以自动方式运行。

2. 刀具补偿

(1) 功能和基本图

刀具补偿数据由数据组成，数据中包括几何尺寸、磨损值、识别号、刀具类型和参数号码的分配。显示刀具尺寸单位系统。刀具补偿窗口如图 8-2-8 所示。

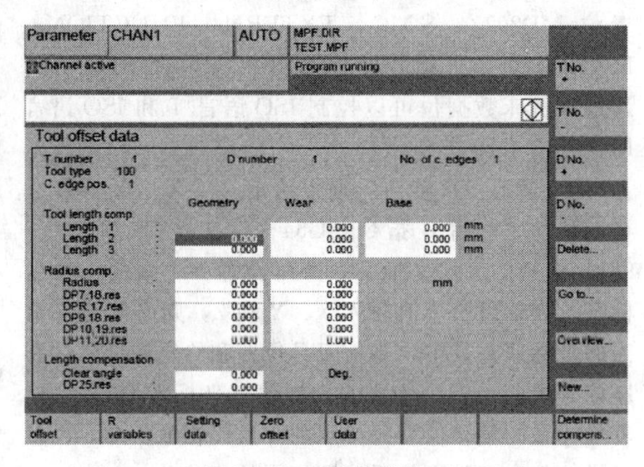

图 8-2-8　刀具补偿窗口

注：① 每个补偿号码根据刀具类型最多包含 25 个参数。

② 窗口中提供的参数数目与附属的刀具类型相符。

③ 最大补偿参数数目（T 和 D 号码）可通过机床数据调节。

(2) 刀具磨损

如果有权限，则在机床数据 MD 9202 中输入：USER_CLASS_TOA_WEAR，便可增量改变刀具精确补偿的值。旧值和新值之间的差值不允许大于 MD 9450 中的值：WRITE_TOA_FINE_LIMIT 限值。

(3) 水平软键

用水平软键可选择不同的数据类型如表 8-2-8 所示。

表 8-2-8　刀具补偿水平软键

按键符号	名称	功　能
Tool offset	刀具补偿	选择菜单“刀具补偿”
R variables	R 参数	选择菜单“R 参数”
Setting data	设置数据	选择菜单“设置数据”
Zero offset	零点偏移	选择菜单“零点偏移”
User data	用户数据	选择菜单“用户数据”
Determine compens...	确定补偿	支持确定刀具补偿。当存在刀具管理时不需要该软键

(4) 垂直软键

垂直软键支持的数据输入如表 8-2-9 所示。

表 8-2-9　刀具补偿垂直软键

按键符号	名称	功　能
T No. +	T 号码＋	选择下一个刀具
T No. −	T 号码－	选择前一个刀具
D No. +	D 号码＋	选择下一个较高的补偿号码（刀沿）
D No. −	D 号码－	选择下一个较低的补偿号码（刀沿）
Delete...	删除...	删除一个刀具或一个刀沿
GO to...	转到...	搜索一个任意的或激活的刀具
Overview...	一览...	列出所有存在的刀具
New...	新建...	设立一个新的刀沿或新的刀具

3. 坐标系

(1) 机床坐标系（G53）

使用机床零点可以确定机床坐标系。所有其他参考点都以机床零点为基准。机床零点是机床上的固定点，所有测量系统都以此点为出发点。它不需要使用绝对测量系统。

指令格式如下：

(G90) G53X... Y... Z... ;

X、Y、Z：为绝对值指令。

G53 以程序段方式抑制可编程和可设定的零点偏移。如果需要使刀具运行到某个机床特定位置，则始终以 G53 为基础在机床坐标系中写入轴运行。

取消补偿时应注意：

1) 如果 MD10760 $MN_G53_TOOLCORR＝0，G53 程序段中有效的刀具长度补偿和刀具半径补偿保持生效；

2) 如果 MD10760 $MN_G53_TOOLCORR＝1，G53 程序段中有效的刀具长度补偿和刀具半径补偿被抑制。

借助 MD24004 $MC_CHBFRAME_POWERON_MASK，位 0 可以确定是否在上电时复位通道专用的基本框架。偏移和旋转设为 0，缩放设为 1。取消镜像时应注意：当值＝0 时，在上电时保留基本框架；当值＝1 时，在上电时复位基本框架。

(2) 工件坐标系（G92）

在开始加工前应为工件创建坐标系，即工件坐标系。

可以通过以下两种方法设置工件坐标系。

1）通过零件程序中的G92。

2）通过HMI操作面板手动选择。

指令格式：

(G90) G92 X... Y... Z...；

输出绝对值指令时，基本点运行到给定的位置。刀尖和基准点之间的差值由刀具长度补偿功能补偿；通过这种方式刀尖仍能运行到目标位置。

(3) 复位刀具坐标系（G92.1）

通过G92.1 X... 可以将已经偏移的坐标系复位到偏移前的状态。从而可以使工件坐标系恢复为有效，可设定零点偏移（G54～G59）定义的坐标系。如果没有有效的可设定零点偏移，则工件坐标系被设为参考位置。G92.1是由G92或G52执行的偏移复位。但只有编写该功能的轴才被复位。

(4) 选择工件坐标系

用户可以从已经设置的工件坐标系中选出一个坐标系，可通过下面两种方式来实现。

1）G92　只有当此前选择了一个工件坐标系时，工件坐标系中的绝对值指令才生效。

2）通过HMI操作界面从给定的工件坐标系中选择一个工件坐标系　输入G54～G59和G54 P{1…100}范围内的G功能选择一个工件坐标系。开机回参考点后工件坐标系建立。该坐标系的启用设置为G54。

(5) 写入零点偏移/刀具补偿（G10）

可以通过两种方法修改由G54～G59或G54 P{1…93}定义的工件坐标系。

1）通过HMI操作面板输入数据。

2）通过程序指令G10或G92（设置实际值、主轴转速限制）。

指令格式如下。

① 通过G10修改

G10 L2 Pp X... Y... Z...；

p=0：外部工件零点偏移。

p=1～6：工件零点偏移值和工件坐标系G54～G59对应（1=G54～6=G59）。

X、Y、Z：绝对值输入（G90）时该值是每个轴的工件零点偏移；增量值输入（G91）时，该值必须和每个轴预定义的工件零点偏移相加。

G10 L20 Pp X... Y... Z...；

p=1～93：工件零点偏移值和工件坐标系G54 P1～P93对应。可以通过MD18601 $MN _ MM _ NUM _ GLOBAL _ USER _ FRAMES或MD28080 $MC _ MM _ NUM _ USER _ FRAMES设定零点偏移的数量（1～93）。

X、Y、Z：绝对值输入（G90）时该值是每个轴的工件零点偏移；增量值输入（G91）时，该值必须和每个轴预定义的工件零点偏移相加。

② 通过G92修改

G92 X... Y... Z...；

指令说明如下。

a）通过G10修改　通过G10可以单独修改每个工件坐标系。如果首次通过G10写入零点偏移，在机床上执行G10程序段（主运行程序段）时，必须置位MD20734 $MC _ EXTERN _ FUNCTION _ MASK，位13。然后通过G10执行内部STOPRE。通过该机床数据位可以控制ISO语言T和ISO语言M的所有G10指令。

b）通过G92修改　通过给定G92 X... Y... Z... 可以移动之前由G指令（G54～G59或G54 P{1…93}）选择的工件坐标系，并可设置一个新的工件坐标系。如果以增量值写入X、Y和Z，则必须定义恰当的坐标系；其中，当前刀具位置和给定增量值之和应该等于前一刀具位置的坐标值（坐标系偏移）。接着坐标系的偏移值和每个工件零点偏移值相加。也就是说：整个工件坐标系按照相同的值移动。

(6) 局部坐标系（G52）

为简化在工件坐标系中的程序创建，可以建立一个工件子坐标系。子坐标系也称为局部坐标系。

指令格式：

G52 X... Y... Z...；设定局部坐标系

G52 X0 Y0 Z0；取消选择局部坐标系

X、Y、Z：为局部坐标系原点。

指令说明：

使用G52可以给定所有轨迹轴和定位轴在各个定义方向的零点偏移。通过该功能可以使用不断变换的零点进行加工，如：可用于不同工件位置上的重复加工过程。G52 X... Y... Z... 是给定轴方向上写入的零点偏移值。最后给出的可设定零点偏移（G54～G59，G54 P1～P93）作为基准生效。

(7) 选择平面（G17，G18，G19）

通过给定G功能可以选择平面，在该平面内可进行圆弧插补、工具半径补偿和坐标系旋转。G17：用于*X-Y*平面的选择，对应的功能组为02；G18：用于*Z-X*平面的选择，对应的功能组为02；G19：用于*Y-Z*平面的选择，对应的功能组为02。

按照以下说明的方法确定平面。

1）接通控制系统后预先选择平面*X-Y*（G17）。

2）各轴运行指令的给定不受由G17、G18或G19选择的平面的影响。因此，例如可以通过给定

"G17 Z..."运行 Z 轴。

3）通过给定 G17、G18 或 G19 可以定义执行刀具半径补偿 G41 或 G42 的平面。

（8）平行轴（G17，G18，G19）

通过功能 G17（G18，G19）〈轴名称〉可以激活与坐标系中某个主要轴（X、Y、Z 轴中的一个）平行的轴。如指令 G17 U0 Y0 替代平面 G17 的 X，可以激活平行轴 U。

说明：

1）可以通过机床数据 $MC_EXTERN_PARALLEL_GEOAX [ ] 为每个几何轴定义相应的平行轴。

2）只能替代由 G17、G18、G19 定义的某个平面中的几何轴。

3）替换几何轴时，通常会删除所有偏移（框架），除了手轮偏移、外部偏移、工作区域限制和保护区。应设置以下机床数据，避免上述值被删除。

偏移（框架）

$MN_FRAME_GEOAX_CHANGE_MODE

保护区

$MC_PROTAREA_GEOAX_CHANGE_MODE

工作区域限制

$MN_WALIM_GEOAX_CHANGE_MODE

4）详细信息参见机床数据说明。

5）如果使用一个选择平面的指令写入一个主要轴和相应的平行轴，则输出报警"平行轴选择平面错误"。

（9）坐标系旋转（G68，G69）

G68 和 G69 是 G 功能组 16 中模态生效的 G 功能。启动控制系统并进行 NC 复位后，G69 自动置位。在 G68 和 G69 程序段中不允许包含其他 G 功能。G68 用于调用坐标系的旋转，而 G69 用于取消坐标系的旋转。

指令格式：

G68 X_ Y_ R_；

X_、Y_：旋转中心的绝对坐标值。如果省略该值，则采用实际位置作为旋转中心。

R_：旋转角是由 G90/G91 决定的绝对值或增量值。如果没有给定 R，则采用设定数据 42150 $SC_DEFAULT_ROT_FACTOR_R 中的通道专用设定，将它用作旋转角。

说明：

1）必须在 MD28081 $MC_MM_NUM_BASE_FRAMES 中设置≥3 的值，才可以旋转坐标系。

2）如果省略了"X"和"Y"，则采用当前位置作为坐标系旋转的中心。

3）在已发生旋转的坐标系中预设适用于坐标系旋转的位置。

4）如果在编程了旋转之后编程了平面更换（G17～G19），则写入的相应轴的旋转角保持生效，并且也适用于新的加工平面。因此建议在平面更换之前取消旋转。

（10）3D 旋转 G68/G69

G 代码 G68 可扩展用于 3D 旋转。

指令格式：

G68 X... Y... Z... I... J... K... R...

X... Y... Z...：旋转点的坐标，参考当前工件零点。如果没有写入任何坐标，则旋转点为工件零点。该值始终被视为绝对值。旋转点的坐标功能如同零点偏移。程序段中的 G90/G91 不会影响 G68 指令。

I... J... K...：旋转点的矢量。坐标系围绕该矢量旋转角度 R。

R...：旋转角。旋转角始终为绝对值。如果没有写入任何角度，则设定数据 MD42150 $SA_DEFAULT_ROT_FACTOR_R 中的角度生效。G68 必须位于单独的程序段中。

只有通过矢量 I、J、K 的编程才可以区分 2D 旋转或 3D 旋转。如果程序段中没有矢量，则选择 G68 2DRot。如果程序段中具备矢量，则选择 G68 3DRot。如果写入了长度为 0（I0，Y0，K0）的一个矢量，则输出报警 12560"写入的值超出允许极限"。通过 G68 可以依次激活 2 次旋转。如果在包含 G68 的程序段中 G68 还未生效，则旋转被写入通道专用的基本框架 2。如果 G68 已经生效，则旋转被写入通道专用的基本框架 3。因此，两个旋转可依次生效。通过 G69 可结束 3D 旋转。如果两个旋转都生效，G69 会同时取消这两个旋转。G69 无须位于单独的程序段中。

4. 插补指令

（1）快速移动（G00）

快速移动可以用于刀具的快速定位、工件的绕行或者移动到换刀位置。

表 8-2-10 所列的 G 功能可以用于调用定位。

表 8-2-10　定位的 G 功能

G 代码	功　能	G 功能组
G00	快速移动	01
G01	直线运行	01
G02	顺时针圆弧/螺线	01
G02.2	顺时针渐开线	01
G03	逆时针圆弧/螺线	01
G03.2	逆时针渐开线	01

1）指令格式

G00 X... Y... Z... ;

2）说明　写入G00的刀具运行将以可能的最大速度（快速移动）执行。在机床数据中单独定义每个轴的快速移动速度。如果同时在多个轴上执行快速移动，则快速移动速度由参与轨迹运行时间最长的轴决定。G00程序段中没有写入的轴也不会运行。定位时每个轴以各自预设的快速移动速度单独运行。机床的精确速度参见机床制造商的说明资料。

（2）线性插补（G01）

借助G01刀具以平行于轴的、倾斜或空间内的任意直线运行。可以用线性插补功能加工3D平面、槽等。

1）指令格式

G01 X... Y... Z... F... ;

G01执行带轨迹进给率的线性插补。G01程序段中没有写入的轴也不会运行。

进给速度由地址F给定。取决于机床数据中的默认设置，G指令确定的尺寸单位（G93，G94，G95）为毫米或英寸。每个NC程序段允许写入一个F值。通过其中一个G指令确定进给速度的单位。进给率F只对轨迹轴生效；在写入新的进给值后失效。地址F后允许出现分隔符。

2）说明　如果在G01程序段中或之前的程序段中没有写入任何进给率，在执行G01程序段时会触发报警。可以通过绝对值或增量值给定终点。

（3）圆弧插补（G02，G03）

执行表8-2-11所列出的指令，启动圆弧插补。

表8-2-11　执行圆弧插补的指令

元素	指　令	说　明
平面名称	G17	*X-Y*平面中的圆弧
	G18	*Z-X*平面中的圆弧
	G19	*Y-Z*平面中的圆弧
旋转方向	G02	顺时针方向
	G03	逆时针方向
终点位置	*X*、*Y*或*Z*中的两个轴	终点位置，工件坐标系
起点到中间点的距离	*X*、*Y*或*Z*中的两个轴	起点到终点的距离，带正负号
	I、*J*或*K*中的两个轴	起点到圆心的距离，带正负号
圆弧半径	R	圆弧半径
进给率	F	沿着圆弧的速度

通过下文给出的指令，刀具在平面*X-Y*、*Z-X*或*Y-Z*中沿着给定的圆弧运行，以保持“F”定义的圆弧上的进给率。

指令格式如下。

*X-Y*平面中：G17 G02（或G03）X... Y... R...（或I... J...）F... ;

*Z-X*平面中：G18 G02（或G03）Z... X... R...（或K... I...）F... ;

*Y-Z*平面中：G19 G02（或G03）Y... Z... R...（或J... K...）F... ;

在写入圆弧（G02、G03）前，必须首先通过G17、G18或G19选择所需的插补平面。只有当第4轴和第5轴是线性轴时，才可以进行圆弧插补。通过平面选择也可以选择执行刀具半径补偿（G41/G42）的平面。也可以创建所选加工平面之外的圆弧。此时，轴地址（圆弧终点的位置）定义圆弧平面。

如果选择了第5线性轴，除了平面*X-Y*、*Y-Z*和*Z-X*第5轴还可进行平面*X-β*、*Z-β*或*Y-β*内的圆弧插补（*β*=*U*、*V*或*W*）。

指令格式如下。

平面*X-β*内的圆弧插补：G17 G02（或G03）X... β... R...（或I... J...）F... ;

平面*Z-β*内的圆弧插补：G18 G02（或G03）Z... β... R...（或K... I...）F... ;

平面*Y-β*内的圆弧插补：G19 G02（或G03）Y... β... R...（或J... K...）F... ;

如果省略了第4轴或第5轴的地址符，正如指令“G17 G02 X... R...（或I... J...）F... ;”，则自动选择平面*X-Y*作为插补平面。当第4轴和第5轴这两个附加轴为旋转轴时，不可以进行圆弧插补。

可以按照G90或G91的定义、以绝对值或增量值定义终点（不是在G代码系统）。如果定义的终点不在圆弧上，则输出报警14040“圆弧终点错误”。可以完全按照线性插补中给定进给率的方式来定义圆弧插补中的进给率。

控制系统提供两种写入圆弧运行的方法。圆弧运动通过以下几点来定义。

1）圆弧中心和终点，绝对值或增量值（缺省设置）。

2）圆弧半径和终点，直角坐标系。

对于张角≤180°的圆弧插补，应写入“R＞0”（正值）。

对于张角＞180°的圆弧插补，应写入“R＜0”（负值）。

（4）轮廓段编程和插入倒角或倒圆

在每个位移程序段后、线性轮廓和圆弧轮廓之间可以插入倒角或倒圆。例如：用于倒去工件边缘锋利的毛刺，可以在以下轮廓组合中插入倒角或倒圆：

1）两条直线之间。

2）两段圆弧之间。

3）一段圆弧和一条直线之间。

4）一条直线和一段圆弧之间。

指令格式如下：

，C...　　；倒角

，R...　；倒圆

说明：

1）在 ISO 原始语言中，地址 C 不仅可以用作轴名称，也可以用作轮廓倒角的名称。

地址 R 不仅可以是一个循环参数，也可能是轮廓倒圆的标识符。为加以区分，写入轮廓段时必须在地址“R”或“C”前加上逗号“，”。

2）在西门子模式下可通过机床数据确定倒角和倒圆的标识符。从而可以避免标识符的混淆。在倒圆或倒角的标识符前不允许有逗号。使用以下机床数据（MD）。

用于倒圆的 MD：$MN_RADIUS_NAME

用于倒角的 MD：$MN_CHAMFER_NAME

3）只有在由平面选择（G17，G18 或 G19）给定的平面中才可以进行倒角或倒圆。该功能不能用于平行轴。在下列情况下不能插入倒角或倒圆。

① 平面中没有直线或圆弧。

② 轴的运动超出平面。

③ 切换平面或超出机床数据中确定的、不包含运动指令的程序段数量（例如，仅有指令输出）。

4）包含修改坐标系指令（G92 或 G52～G59）或回参考点指令（G28～G30）的程序段之后的程序段不允许包含倒圆或倒角的指令。

5）在攻螺纹程序段中不允许写入倒圆。

（5）螺旋线插补（G02，G03）

在螺旋线插补中，两个运动是叠加的并且同时执行。

说明：

G02 和 G03 模态有效。圆弧运动在工作平面确定的轴上进行。

（6）渐开线插补（G02.2，G03.2）

圆弧的渐开线是一条被拉紧、绕圆滚动的线的终点形成的曲线。渐开线插补使得轨迹曲线沿渐开线运动。它在定义了基圆的平面上执行。如果起点和终点不在这个平面上，那么在空间中会产生曲线叠加，类似于圆弧的螺旋线插补。

如果另外给定了和当前平面垂直的轨迹位移，渐开线就可以在空间中运行。

指令格式：

G02.2 X...Y...Z...I...J...K...R

G03.2 X...Y...Z...I...J...K...R

G02.2：沿渐开线顺时针方向运行。

G03.2：沿渐开线逆时针方向运行。

参数说明：

X、Y、Z：直角坐标的终点。

I、J、K：直角坐标中基准圆的圆心。

R：基准圆的半径。

起点和终点都必须在渐开线的基圆区域以外（半径为 R，通过 I、J、K 来确定圆心的圆弧）。如果不能满足这些条件，那么会发出报警并且中断程序。

（7）柱面插补（G07.1）

借助功能 G07.1（柱面插补）可以在圆柱体上铣削任意形状的键槽。在展开的、平坦的圆柱外表面基础上写入槽的形状。

指令格式：

G07.1 A（B，C）r　　；激活柱面插补运行

G07.1 A（B，C）0　　；取消柱面插补运行

参数说明：

A、B、C：回转轴的地址。

r：圆柱半径。

包含 G07.1 的程序段中不应包含其他指令。指令 G07.1 模态有效。如果给定了一次 G07.1，则柱面插补持续生效，直至取消 G07.1 A（B，C）。在启用设置中或 NC RESET 后，柱面插补取消激活。G07.1 基于西门子选件 TRACYL。

在柱面插补中只允许使用以下 G 功能：G00，G01，G02，G03，G04，G40，G41，G42，G65，G66，G67，G90，G91 和 G07.1。在 G00 运行中，只允许使用不在柱面上的轴。

下列轴不可以作为定位轴或摆动轴使用。

1）几何轴，沿圆柱表面（*Y* 轴）的圆周方向。

2）附加的线性轴，槽壁补偿时（*Z* 轴）。

取消柱面插补运行后，调用柱面插补运行之前选中的插补平面生效。需要执行刀具长度补偿时，应在给定指令 G07.1 前写入刀具长度补偿的指令。同样，也应在给定指令 G07.1 前写入零点偏移（G54～G59）。

下面列举的功能不允许应用在柱面插补运行中。

1）镜像。

2）缩放（G50，G51）。

3）坐标系旋转（G68）。

4）基准坐标系设置。

5. S、T、M 和 B 功能

（1）主轴功能（S功能）

通过地址S可以给定主轴转速，单位为转每分钟（r/min）。通过M3和M4可以选择主轴旋转方向。M3＝主轴右旋；M4＝主轴左旋；M5＝主轴停止。

说明：

1）S指令模态生效，即写入该指令后指令保持生效，直至下一个S指令。如果通过M05停止主轴，S指令仍保留。如果随后写入M03或M04而没有给定S指令，则主轴以初始写入的转速启动。

2）如果修改了主轴转速，应注意主轴当前设定的变速级。详细信息参见机床制造商的说明资料。

3）S指令的下限（S0或接近S0的S指令）受驱动电机和主轴的驱动系统的影响；不同的机床上转速下限也不同。不允许为S给定负值。详细信息参见机床制造商的说明资料。

（2）刀具功能

刀具功能具备多种指令给定方式。详细信息参见机床制造商的说明资料。

（3）附加功能（M功能）

使用M功能可以在机床上控制一些开关操作，比如“冷却液开/关”和其他的机床功能。一些M功能已经由控制系统制造商作为固定功能占用。M... 允许值：0～99999999（最大整数值）。所有空的M功能编号都可以由机床制造商预设，例如用于控制夹紧装置或用来启用/关闭其他机床功能的开关功能。参见机床制造商的说明。

下面对NC专用的M功能进行说明。

用于停止操作的M功能：M00，M01，M02，M30。

借助该M功能可以释放程序停止、中断或结束加工。此时主轴是否也停止取决于机床制造商的设置。详细信息参见机床制造商的说明资料。

① M00（程序停止）。程序段中带M00时加工停止，可以进行排屑、再次测量等，并向PLC传送一个信号，通过NC启动可以继续程序。

② M01（可选停止）。M01可以通过HMI/对话框“程序控制”或VDI接口设置。只有当VDI接口相应的信号置位或在HMI/对话框中选择了“程序控制”时，NC程序处理才被M01停止。

③ M30或M02（程序结束）。通过M30或M02结束程序。

说明：

通过M00、M01、M02或M30向PLC发送信号。关于是否通过指令M00、M01、M02或M30停止主轴或中断冷却液流入的说明参见机床制造商的资料。

（4）用于控制主轴的M功能

M19、M29用于实现控制主轴的功能。其中M19用于定位主轴功能，M29用于切换轴/控制运行中的主轴功能。

借助M19主轴运行到设定数据43240 $SA_M19_SPOS［主轴号］定义的主轴位置上。定位模式保存在$SA_M19_SPOS中。

切换主轴运行（M29）的M功能号也可以通过机床数据设定。使用MD20095 $MC_EXTERN_RIGID_TAPPING_N_NR预设M功能号。但只能预设非标准M功能的M功能号。如不允许预设M0、M5、M30、M98、M99等。

（5）用于调用子程序的M功能

M98、M99用于实现调用子程序的M功能。其中M98用于实现调用子程序，M99用于结束子程序。在ISO模式中，主轴通过M29进入轴运行模式。

（6）通过M功能调用宏

通过M号调用子程序（宏）的方式和G65类似。

通过机床数据10814 $MN_EXTERN_M_NO_MAC_CYCLE和机床数据10815 $MN_EXTERN_M_NO_MAC_CYCLE_NAME可以最多设计10个M功能替换。

编程方式和G65相同。通过地址L可以写入重复。

（7）M功能

1）通用M功能 非专用的M功能由机床制造商确定。详细信息参见机床制造商的说明资料。如果在同一个程序段中同时写入M指令和轴运行指令，视机床制造商的机床数据设置而定，M功能会在程序段段首执行或在段尾达到轴位置后执行。详细信息参见机床制造商的说明资料。

在一个程序段中可以最多写入五个M功能。M功能的组合和限制参见机床制造商的资料。

2）附加辅助功能（B功能） B不用作轴标识符时可用作附加的辅助功能。B功能作为辅助功能传送给PLC（H功能的地址扩展为H1＝）。示例：B1234作为H1＝1234输出。

6. 进给率的控制

（1）自动拐角倍率G62

在刀具半径补偿生效的内角上通常需要降低进给率。G62只在带有效刀具半径补偿的内角上和连续路径加工生效时发挥功能。其中只考虑内角小于MD42526 $SC_CORNER_SLOWDOWN_CRIT定义的拐角。内角由轮廓中的弯曲部分组成。进给率按照设定数据 42524 $SC _ CORNER _ SLOWDOWN _ OVR 中的系数下降，计算方法：

运行进给率＝F×$SC _ CORNER _ SLOWDOWN _ OVR×进给倍率。

进给倍率由机床控制面板上设定的进给倍率和同步动作的倍率相乘得出。进给率下降过程的起点位于拐角之前，它和拐角的间距在设定数据 42520 $SC _ CORNER _ SLOWDOWN _ START 中给定。进给率下降的终点位于拐角之后，它和拐角的间距在设定数据 42522 $SC _ CORNER _ SLOWDOWN _ END 中设定。在弯曲的轮廓上使用相应的轨迹位移。

借助下列设定数据给定倍率值。

42520：$SC _ CORNER _ SLOWDOWN _ START
42522：$SC _ CORNER _ SLOWDOWN _ END
42524：$SC _ CORNER _ SLOWDOWN _ OVR
42526：$SC _ CORNER _ SLOWDOWN _ CRIT

这些设定数据的缺省设置为 0。

说明：

1）$SC _ CORNER _ SLOWDOWN _ CRIT＝0 时，拐角减速功能只在换向点上生效。

2）$SC _ CORNER _ SLOWDOWN _ START 和 $SC _ CORNER _ SLOWDOWN _ END 等于 0 时，进给减速以允许的动态属性运行。

3）$SC _ CORNER _ SLOWDOWN _ OVR＝0 时，插入短时停止。

4）$SC _ CORNER _ SLOWDOWN _ CRIT 在 G62 中以几何轴为基准。它定义了当前加工平面内的最大内角，低于该内角即可使用拐角减速。G62 在快速移动时失效。

5）G62 可激活该功能。通过相应的零件程序指令或者 MD20150 $MC _ GCODE _ RESET _ VALUES［56］的缺省设置可以激活 G 代码。

（2）ISO 语言模式中的压缩程序

指令 COMPON、COMPCURV 和 COMPCAD 是西门子语言中的指令，它们可以激活压缩功能，将多个线性程序段综合成一个加工程序段。如果在西门子模式下激活了该功能，也可以在 ISO 语言模式下使用它来压缩线性程序段。程序段最多由下列指令组成。

1）程序段号码。

2）G01，模态或程序段方式生效。

3）轴分配。

4）进给率。

5）注释。

如果程序段中包含其他指令，例如：辅助功能或其他 G 代码等，不执行压缩功能，允许通过 $x 对 G、轴和进给率进行赋值，同样也适用于功能 Skip。

（3）准停（G09，G61）、连续路径加工（G64）、攻螺纹（G63）

表 8-2-12 列出了轨迹进给率的控制方法。

表 8-2-12 轨迹进给率的控制方法

名称	G 功能	G 功能的作用	说　明
准停	G09	只在写入了相应 G 功能的程序段中生效	过渡到下一程序段前在程序段段尾停止运行和定位控制
准停	G61	模态生效的 G 功能；保持生效，直至被 G62、G63 或 G64 取消	过渡到下一程序段前在程序段段尾停止运行和定位控制
连续路径加工	G64	模态生效的 G 功能；保持生效，直至被 G61、G62 或 G63 取消	过渡到下一程序段前不在程序段段尾停止运行
攻螺纹	G63	模态生效的 G 功能；保持生效，直至被 G61、G62 或 G64 取消	过渡到下一程序段前不在程序段段尾停止运行，进给倍率失效

指令格式：

```
G09 X... Y... Z...    ；精准停，非模态
G61                   ；自动准停
G64                   ；连续路径加工
G63                   ；攻螺纹
```

2.2 Sinumerik 810D 数控系统

2.2.1 Sinumerik 810D 数控系统性能

Sinumerik 810D 是一种具有免维护性能的操作面板控制系统，是西门子公司针对中国市场进行性价比优化的产品。其核心部件 CCU（数控驱动单元）将 MMC、OP 以及 I/O 模块集于一体，具有无电池、无风扇、免维护等特点。该系统具备中文界面的高质量显示面板，易于操作和编程。它可通过生产现场总线 PROFIBUS 将驱动器、输入输出模块连接起来，控制六个数字进给轴和一个数字或模拟主轴。驱动系统的模块化结构为各种应用提供了最大灵活性，并且易

于安装，可靠性高，布线费用低。该系统是用于控制各类车床和铣床的理想控制系统，非常适合于车间级加工应用。

此外，Sinumerik 810D数控系统采用了当今先进的控制概念，适用于钻削、铣削以及车削和磨削机床加工的控制。其能力涵盖了目前绝大多数大型、特殊、高速、高精度加工机床的要求。

Sinumerik 810D数控系统建立在综合的系统平台上，通过系统设定功能而适用于几乎所有的控制系统，810D与SIMODRIVE611数字驱动系统和SIMATIC S7可编程序控制器一起，构成了一个全数字控制系统，用于各种复杂零件加工任务，并优于其他系统的动态品质和控制精度。Sinumerik 810D数控系统采用开放式系统理念，可以在数控核心部分使用标准开发工具而实现用户指定的系统循环和编制用户所需特殊的界面。Sinumerik 810D数控系统性能如表8-2-13所示。

表8-2-13　Sinumerik 810D数控系统性能

系统性能	性能简介
免维护性	核心部件CCU(数控驱动单元)将MMC、OP以及I/O模块集于一体，具有无电池、无风扇、免维护等特点
高质量显示面板	该系统具备中文界面的高质量显示面板，易于操作和编程
驱动系统的模块化	驱动系统的模块化结构为各种应用提供了极大的灵活性，并且易于安装，可靠性高，布线费用低
开放式系统理念	Sinumerik 810D数控系统采用开放式系统理念，可以在数控核心部分使用标准开发工具而实现用户指定的系统循环和编制用户所需的特殊界面
丰富多样的工艺循环	Sinumerik 810D系统中还含有丰富多样的工艺循环，以铣床为例，除了常用的钻孔、镗孔、铰孔、攻螺纹循环以外，还包含对线性排列孔和圆周排列孔进行钻、镗、铰、攻螺纹的循环；端面铣削循环；轮廓铣削循环；圆形和矩形型腔铣削循环；长孔铣削循环；圆周槽和圆弧槽铣削循环；螺纹铣削循环等多种铣削循环的功能

2.2.2　Sinumerik 810D数控系统硬件结构

Sinumerik 810D数控系统的硬件及功能如表8-2-14所示。

表8-2-14　Sinumerik 810D数控系统硬件及其功能

硬件	功能简介
数控驱动单元CCU	CCU系统集成了MMC、PLC、OP和通信等模块功能，及其接口和系统操作显示单元。它承担了系统启动、操作显示、与外设通信、数据存储、逻辑控制等重要任务，是整个控制系统的核心
机床控制面板及手持单元	通过专用数据线与CCU相连，通过该面板，可选择CCU系统三种工作状态，即手动、自动、示教。并具有轴选择、倍率、快速倍率、点动、回参考点、断点返回、进给、进给保持，主轴启、停，系统启动、停止、复位及多个自定义键供用户根据机床自己定义用途
电气控制系统	电气控制系统通过I/O接口面板与PLC相连，完成机床操作指令的输入并根据PLC发出的指令实现机床各种动作
SIMODRIVE611	SIMODRIVE611是一种模块化晶体管脉冲变频器，可以实现多轴以及组合驱动解决方案。使用SIMODRIVE611可以提供根据驱动任务而量身定做的灵活而经济的驱动解决方案
SIMATIC S7可编程序控制器	810D系统内置了SIMATIC S7-300型PLC，采用STEP7编程语言，I/O外设可扩展到768个数字I/O点，具有高速的指令处理能力，0.6～0.1ms的指令处理时间，在中等到较低的性能要求范围内开辟了全新的应用领域

2.3　Sinumerik 802D solution line数控系统

2.3.1　Sinumerik 802D solution line数控系统性能

Sinumerik 802D sl是一种将数控系统（CNC、PLC、HMI）与驱动控制系统集成在一起的控制系统，可与全数控键盘（垂直型或水平型）直接连接，通过PROFIBUS总线与PLC I/O连接通信。该设计可确保以最小的布线，实现最简便、可靠的安装。系统通过Drive-CliQ总线与SINAMICS S120驱动实现简便、可靠、高速的连接通信。Sinumerik 802D sl系统适用于标准机床应用：车削，铣削，磨削，冲压。

Sinumerik 802D sl系统内置了多项标准功能、刀具寿命监控功能、*C*轴加工（TRANSMIT-端面加工以及TRACYL-柱面加工）、用于模具加工的程序预读、前馈、加速度过冲限制、程序压缩器等，同时系统集成了大容量预读缓冲区。带图形支持的固定循环非常灵活地用于车削、铣削和钻削加工，支持轮廓元素和ISO语言编程，极大地方便了最终用户的加工编程。

Sinumerik 802D sl系统具有“Value”、“Plus”、“Pro”三个版本。系统的性能可参考表8-2-15所示内容。

表8-2-15 Sinumerik 802D sl数控系统性能及性能简介

系统性能	性能简介
先进的编程功能	可使用DIN或ISO标准编程，易于操作使用
显示屏	配置10.4寸TFT彩色液晶显示屏
快速程序执行和数据读写	支持CF卡与USB接口，实现快速程序执行和数据读写功能
更宽的电源容差	具备更宽的电源容差（－15%～＋20%）为持续稳定工作提供充分保障
高度的集成性能	将数控系统（CNC、PLC、HMI）等各种部件集成在一个模块中
电机识别	便捷的智能化系统连接与电机自动识别功能
网络通信	内置以太网与高速输入输出接口
梯形图显示	支持PLC程序的梯形图显示，可进行在线系统调试与诊断
免维护性	无需硬盘、电池及风扇，采用长寿显示屏光源，降低日常维护量
控制轴数	Value：控制轴数4个，实现3轴联动插补 Plus、Pro：控制轴数6个（4个进给轴、1个主轴和1个PLC轴）

2.3.2 Sinumerik 802D solution line数控系统硬件结构

Sinumerik 802D sl数控系统的硬件及功能如表8-2-16所示。

表8-2-16 Sinumerik 802D sl数控系统硬件及功能

硬件	功能简介
数字驱动控制器	802D sl Plus/Pro内置6轴数字驱动控制器 802D sl Value内置4轴数字驱动控制器
面板控制单元PCU	PCU210.3将CNC、PLC、HMI以及通信功能集成在一起通过PROFIBUS DP总线以及PLC外设总线来实现系统的通信功能，通过Drive-CliQ实现数控单元与驱动部件之间的通信
机床控制面板MCP	Sinumerik 802D sl支持通过MCPA模块连接的机床控制面板，或通过PP72/48的I/O模块连接机床控制面板，通过MCPA模块连接的机床控制面板其背面有两个40芯的D-SUB接口X1201和X1202，分别用于连接MCPA模块的X1、X2接口
外设模块PP72/48	提供72个数字量输入和48个数字量输出，每个模块有3个独立的50芯插槽，每个插槽包含24位数字量输入和16位数字量输出，输出的驱动能力为0.25A，Sinumerik 802D sl最多可配置3块PP72/48模块
SINAMICS S120驱动	是西门子推出的新一代主动态伺服驱动系统，采用了最先进的软硬件技术以及通信技术，能够提供给用户更高的控制精度和动态控制特性，以及更高的可靠性。与Sinumerik 802D sl配套使用的SINAMICS S120产品包括书本型驱动器和用于单轴的AC/AC模块式驱动器
SIMATIC S7可编程序控制器	802D系统内置了SIMATIC S7-200型PLC，S7-200系列是一种可编程序逻辑控制器(Micro PLC)。它能够控制各种设备以满足自动化控制需求。具有高速的指令处理能力、强劲的通信能力、丰富的指令集、较高的可靠性。S7-200系列PLC可提供4个不同的基本型号的8种CPU

2.3.3 Sinumerik 802D solution line数控系统编程

1. G代码介绍

(1) G500取消可设定零点偏置功能

当G500生效后，编程的基础零点（绝对值方式编程）就以机床参考点为基础，直到同一功能组中其他的功能有效，基础框架才会随之改变。

(2) G54～G59可设定零点偏置功能

系统提供了六个可设定的零点偏置功能。通过将计算的零点偏移数据输入至G54～G59零点偏置功能中，当零点偏移功能生效后，机床参考点即偏移至需要的零点位置。

(3) G90绝对值编程格式

绝对值编程，是以机床参考点为基本框架，编程人员可以通过框架偏移（如G54等零点偏移指令），将零点设置在需要的位置。一般在数控加工中，都是以绝对值方式编程。

（4）G91 增量值编程格式

增量值只以前一位置作为基准零点。

（5）G00 快速定位

格式：G00X _ Z _

快速定位的速度是由系统参数设定的，编程中不需要编写移动速度。西门子系统提供了一个ROV功能，即快速移动时手动进给倍率对快速移动也有效，当此功能生效后，G00的速度变化是随着手动倍率的百分比变化的，此功能失效时，只要进给倍率不是0%，G00的速度就是系统设定的快速移动速度。

（6）G01 直线插补

指令格式：G01 X _ Z _ F _

直线插补的速度是由程序段中F代码后的数值设定的，F后的数值可通过代码G94或G95定义进给量的单位。当G94生效时，单位为mm/min，G95生效时，单位为mm/r。当G95指令生效前，主轴必须先旋转，并且主轴必须有速度反馈机构，即系统带有主轴编码器。西门子系统提供了一个DRY功能，即空运行功能，当此功能生效后，G01的速度变化不是设定的10mm，而是系统参数设定的空运行速度，此功能失效时，G01的速度就是F代码设定的速度。速度可通过手动倍率调节旋钮调节。

（7）G02 顺时针圆弧插补、G03 逆时针圆弧插补

G02、G03圆弧插补的方向同所定义的加工平面、旋转轴的指向有关。

圆弧插补的加工方式有多种，但在加工中主要使用以下两种方式编程。终点半径：主要用于加工小于180°的圆弧；终点圆心坐标、主要用于加工大于180°的圆弧。

（8）暂停指令 G04 F _或 G04 S _

非模态代码，即单段有效，功能后跟随F值，为暂停时间，单位为s。功能后跟随S值，为暂停转速，单位为r/min，此暂停不是主轴停止旋转，而是当指定每转进给加工时，进给暂停的转数。

（9）G33 恒螺距螺纹切削

使用G33螺纹切削功能可以加工直螺纹、锥螺纹、单头螺纹、多头螺纹、多段连续螺纹等。螺纹的旋向同功能代码无关，只同主轴的旋转方向有关。

（10）径向直螺纹：G33X _ I _

其中，X为螺纹切削段终点坐标，I为螺距。

（11）轴向直螺纹：G33Z _ K _

其中，Z为螺纹切削段终点坐标，K为螺距。

（12）锥螺纹

锥螺纹的螺距按照两个轴中位移量大的轴定义螺距。其指令格式为：G33 X _ Z _ I _或G33 X _ Z _ K _。

多头螺纹可通过在指令段后增加SF偏移指令，使主轴编码器零点标志偏移，以达到多头螺纹的功能。其指令格式为：G33 Z _ K _ SF= _或G33 X _ I _ SF= _

螺纹加工中，根据螺距的大小不同，采用的螺纹加工方式也不一样，一般数控车床在加工螺纹时都是以直进法方式进刀。由于螺纹加工中要分多次进行螺纹的切削，程序编译起来很烦琐，可以使用螺纹切削循环进行加工。

在螺纹切削前，建议将主轴转速调整并固定，不推荐在螺纹加工期间进行转速的改变，因为主轴转速的不同，会造成主轴编码器零点读取时间的变化，而影响螺纹加工的起始点，造成螺纹加工误差。

在螺纹切削期间，进给倍率调节是无效的。因为进给的速度是按主轴转速同螺距的乘积决定的，保证主轴每转一转进给轴移动一个螺距。

在螺纹切削段期间，进给或程序暂停功能无效，当按压了进给或程序暂停按键后，系统会在螺纹切削的下一程序段暂停。

在螺纹加工段按压了复位键，螺纹切削将被强制中断，并出现系统报警。

2. 高级编程及循环功能

（1）子程序功能

通过使用子程序功能，可以简单地在加工程序中实现如重复进行加工的功能。子程序的结构同主程序一致，子程序的结束语句为M17。

子程序中可以继续调用子程序，称之为嵌套，嵌套的深度最大可达8层。

（2）车削循环

1）CYCLE95 毛坯切削循环

程序调用格式：

CYCLE95（NPP，MID，FALZ，FALX，FAL，FF1，FF2，FF3，VARI，DT，DAM，_VRT）

参数说明：

NPP——定义工件外形轮廓的子程序名称。

MID——每次切削的切削深度。

FALZ——沿 Z 轴方向的精加工余量。

FALX——沿 X 轴方向的精加工余量。

FAL——沿整个加工轮廓的精加工余量。

FF1——无下切时的切削进给量。

FF2——有下切时的切削进给量。

FF3——精加工的切削进给量。

VARI——加工方式，共12种加工方式。

DT——粗加工过程中，用于断削的停顿时间。

DAM——粗加工过程中，用于断削的切削长度。

VRT——粗加工时从工件轮廓返回时的退刀距离。

2）CYCLE97螺纹切削循环

程序调用格式：

CYCLE97（PIT，MPIT，SPL，FPL，DM1，DM2，APP，ROP，TDEP，FAL，IANG，NSP，NRC，NID，VARI，NUMT）

变量定义说明：

PIT、MPIT——螺距数值或螺纹尺寸。PIT用于定义螺距的数值，无符号输入。如需要定义公制圆柱螺纹，可通过MPIT来定义标准柱螺纹数据，数值范围为M3～M60。两种定义方式只能选用其中一种，如果同时定义了两种数据，执行循环时将产生报警61001螺距无效。

SPL——螺纹起始点。

FPL——螺纹终点。

DM1、DM2——螺纹加工的起点、终点零件直径值，用来定义螺纹的类型，如是直螺纹，那么起点、终点直径值一致，如是锥螺纹，两者则不同。

APP——螺纹倒入段。

ROP——退刀段。

由螺纹起始点和终点定义螺纹加工的有效距离，用FPL定义螺纹的空行程倒入段，用ROP来定义螺纹倒出段，四段数据的总行程即为螺纹加工的总行程。

TDEP——螺纹深度。

FAL——精加工余量。

IANG——螺纹切入角。

NSP——起始点偏移角度，用来定义螺纹的加工起始角度。

NRC——粗加工次数。

NID——空刀次数。

根据螺纹的螺距大小的不同，要求总的切削次数也不一致，可通过NID来定义粗加工时切削次数，并可通过NID来定义空刀次数。

VARI——加工类型，用于定义螺纹的加工类型，恒定切削深度或恒定切削截面积。

NUMT——多头螺纹数，用于定义多头螺纹的螺纹数量。

2.4 Sinumerik 802C数控系统

2.4.1 Sinumerik 802C数控系统性能

西门子公司开发的新一代西门子Sinumerik 802S/C系统是一种专门为中国市场开发的经济型数控系统，具有低档的价格、中高档的性能，性价比比较高。西门子Sinumerik 802S与802C的区别在于，Sinumerik 802S系统可控制2～3个步进电机进给轴和一个伺服主轴（或变频器），步进电机的控制信号为脉冲、方向、使能，步距角为0.36°（即每转一千步）；而Sinumerik 802C系统可控制2～3个IFTS伺服电机进给轴和一个伺服主轴（或变频器），其他的与Sinumerik 802S相同。Sinumerik 802系统采用32位微处理器，集成式PLC，分离式小尺寸操作面板和机床控制面板；具有启动次数少、安装调试方便、快捷，中英文菜单，操作编程简单方便，可靠性高、稳定性强的特点；是一种先进的经济性CNC数控系统；利用计算机可进行软件的升级和加工程序的传输。

输入输出部分主要包括快速输入接口以及数控系统的PLC模块，快速输入接口可输入接近开关以及NCRDY信号。NCRDY信号是用作NC使能的接触器急停信号。PLC模块I/O包括高压启动停止，换刀启动停止，冷却开关，润滑开关等。通过增加扩展模块，可具有输入输出（I/O）64点能力，能接受多路信号和控制多路负载；西门子Sinumerik 802C为工程技术人员提供了丰富的二次开发功能，并可以通过S7语言进行PLC编程来完成机床的逻辑控制。通过参数设置，可以使机床运行达到最佳效果，适应不同配置的需要。Sinumerik 802C数控系统性能如表8-2-17所示。

2.4.2 Sinumerik 802C数控系统硬件结构

Sinumerik 802C数控系统的硬件及功能如表8-2-18所示。

2.4.3 Sinumerik 802C数控系统编程

1. NC编程基本原理

（1）程序结构

NC程序由各个程序段组成。每一个程序段执行一个加工步骤。程序段由若干个字组成。最后一个程序段包含程序结束符：M2。

表 8-2-17 Sinumerik 802C 数控系统性能及性能简介

系统性能	性能简介
先进的编程功能	采用 DIN 66 025 编程，快捷简便
	简单的碰触对刀方式
	利用轮廓线辅助编程
	可使用工艺循环加工复杂工件
车削加工	凹槽切削
	退刀槽切削
	毛坯加工
	螺纹切削
	钻孔，镗孔
	深孔钻加工
	攻螺纹（使用或不使用补偿卡头）
	通孔
铣削加工	深孔铣削
	螺纹切削（使用或不使用补偿卡头）
	排孔加工——指排孔，圆排孔
	锥形扩孔
	各种槽和圆形槽的铣削加工
外部处理	通过 RS-232C(V.24)接口处理大的加工程序
示教功能（选件）	使用手轮或方向键进行编程输入
结构紧凑	可在较小的空间内进行零件更换
高速加工	即便采用较高的编码率仍可保证加工的高速性
高灵敏度	得益于紧凑的结构设计
强大的 PLC 功能	广泛适于机床应用

表 8-2-18 Sinumerik 802C 数控系统硬件及功能

硬件	功能简介	
输入/输出	48 个 24V 的直流输入和 16 个 24V 的直流输出。输出点的同时工作系数为 0.5，单个输出点的负载能力可达 0.5A。为了方便安装，输入输出采用可移动的螺钉夹紧端子，该端子可用普通的旋具来紧固	
操作面板	提供了完成所有数控操作编程的按键以及 8 英寸 LCD 显示器，同时还提供 12 个带有 LED 的用户自定义键。工作方式选择，进给速度修调，主轴速度修调，数控启动与数控停止，系统复位均采用按键形式进行操作。可以选配西门子机床操作扩展面板	
驱动系统	Sinumerik 802C base line 基本配置的驱动系统为 SIMODRIVE 611U 伺服驱动系统和带单极对旋转变压器的 1FK 7 伺服电机	
RS-232 C 串行接口	Sinumerik 802C 具有 RS-232 通信接口，数据通信采用标准的 RS-232C 串行接口，用于接收用户程序或与计算机进行通信，其采用 9 芯 D 型插座	RXD——数据接收
		TXD——数据发送
		RTS——发送请求
		CTS——发送使能
		DTR——数据传输设备就绪
		DSR——数据终端就绪
		M——信号地

每个程序均有一个程序名。

说明：

1）在编制程序时可以按以下规则确定程序名；

2）开始的两个符号必须是字母；

3）其后的符号可以是字母、数字或下划线；

4）最多为 8 个字符；

5）不得使用分隔符。

（2）字结构及地址

1）扩展地址 字是组成程序段的元素，由字构成控制器的指令。

字由以下两部分组成。

地址符：一般是一个字母。

数值：是一个数字串，它可以带正负号和小数点。正号可以省略不写。

2）字结构 一个字可以包含多个字母，数值与字母之间用符号“＝”隔开。

（3）程序段结构

一个程序段中含有执行一个工序所需的全部数据。程序段由若干个字和段结束符“IF”组成。在程序编写过程中进行换行时或按输入键时可以自动产生段结束符。

程序段中有很多指令时建议按如下顺序：N... G... X... Y... Z... F... S... T... D... M...

（4）字符集

在编程中可以使用以下字符，它们按一定的规则进行编译。

1）字母 A，B，C，D，E，F，G，H，I，J，K，L，M，N，O，P，Q，R，S，T，U，V，W，X，Y，Z，大写字母和小写字母没有区别。

2）数字 0，1，2，3，4，5，6，7，8，9。

3）可打印的特殊字符

(圆括号开；

) 圆括号闭；

[方括号开；

] 方括号闭；

< 小于；

> 大于；

: 主程序，标识符结束；

= 赋值，相等部分；

/ 除号，跳跃符；

* 乘号；

+ 加号，正号；

- 减号，负号；

“ 引号；

_ 字母下划线；

. 小数点；

第8篇

, 逗号，分隔符；

; 注释标识符；

% 预定，没用；

& 预定，没用；

' 预定，没用；

$ 预定，没用；

? 预定，没用；

! 预定，没用。

4）不可打印的特殊字符

L 程序段结束符；

空格 字之间的分隔符，空白字；

制表键 预定，没用。

（5）指令表

Sinumerik 802C 指令表如表 8-2-19 所示。

表 8-2-19 Sinumerik 802C 指令表

地址	含 义	赋 值	说 明
D	刀具刀补号	0～9 整数，不带符号	用于某个刀具 T... 的补偿参数，D0 表示补偿值为 0，一个刀具最有 9 个 D 号
F	进给率（与 G4 一起可以编制停留时间）	0.001～99999.999	刀具/工件的进给速度，对应 G94 或 G95，单位分别为 mm/min 或 mm/r
G	G 功能（准备功能字）	已事先规定	G 功能按 G 功能组划分，一个程序段中只能有一个 G 功能组中的一个 G 功能指令。G 功能按模态有效（直到被同组中其他功能替代），或者以程序段方式有效
G0	快速移动		运动指令（插补方式）模态有效
G1*	直线插补		
G2	顺时针圆弧插补		
G3	逆时针圆弧插补		
G5	中间点圆弧插补		
G33	恒螺距的螺纹切削		
G331	不带补偿夹具切削内螺纹		
G332	不带补偿夹具切削内螺纹，退刀		
G4	暂停时间		特殊运行，非模态
G63	带补偿夹具切削内螺纹		
G74	回参考点		
G75	回固定点		
G158	可编程的偏置		写存储器，非模态
G258	可编程的旋转		
G259	附加可编程旋转		
G25	主轴转速下限		
G26	主轴转速上限		
G17*	X/Y 平面		平面选择，模态有效
G18	Z/X 平面		
G19	Y/Z 平面		
G40*	刀尖半径补偿方式的取消		刀尖半径补偿模态有效
G41	调用刀尖半径补偿，刀具在轮廓左侧移动		
G42	调用刀尖半径补偿，刀具在轮廓右侧移动		

续表

地址	含　义	赋　值	说　明
G500	取消可设定零点偏置		可设定零点偏置模态有效
G54	第一可设定零点偏置		
G55	第二可设定零点偏置		
G56	第三可设定零点偏置		
G57	第四可设定零点偏置		
G53	按程序段方式取消可设定零点偏置		取消可设定零点偏置方式有效
G60*	准确定位		定位性能模态有效
G64	连续路径方式		
G601*	在G60、G9方式下准确定位,精		准停窗口模态有效
G602	在G60、G9方式下准确定位,粗		
G70	英制尺寸		英制/公制尺寸模态有效
G71*	公制尺寸		
G9	准确定位,单程序段有效		程序段方式、准停段方式有效
G90*	绝对尺寸		绝对尺寸/增量尺寸模态有效
G91	增量尺寸		
G94*	进给率F,单位为mm/min		进给/主轴模态有效
G95	主轴进给率F,单位为mm/r		
G901	在圆弧段进给补偿“开”		进给补偿模态有效
G900	进给补偿“关”		
G450	圆弧过渡		刀尖半径补偿时拐角特性模态有效
G451	等距线的交点		

注:带*的功能在程序启动时生效(如果没有编程新的内容,指用于“铣削”时的系统变量)

地址	含　义	赋　值	说　明
I	插补参数	±0.001～99999.999 螺纹:0.001～20000.000	X轴尺寸,在G2和G3中为圆心坐标;在G33、G331、G332中则表示螺距大小
J	插补参数	±0.001～99999.999 螺纹:0.001～20000.000	Y轴尺寸,在G2和G3中为圆心坐标;在G33、G331、G332中则表示螺距大小
K	插补参数	±0.001～99999.999 螺纹:0.001～20000.000	Z轴尺寸,在G2和G3中为圆心坐标;在G33、G331、G332中则表示螺距大小
L	子程序名及子程序调用	7位十进制整数,无符号	可以选择L1～L9999999;子程序调用需要一个独立的程序段。注意:L0001不等于L1
M	辅助功能	0～99整数,无符号	用于进行开关操作,如“打开”冷却液,一个程序段中最多有5个M功能
M0	程序停止		用M0停止程序的执行,按“启动”键加工继续执行
M1	程序有条件停止		与M0一样,但仅在“条件停(M1)有效”功能被软键或接口信号触发后才生效
M2	程序结束		在程序的最后一段被写入
M30			预定,没用
M17			预定,没用
M3	主轴顺时针旋转		
M4	主轴逆时针旋转		
M5	主轴停		

续表

地址	含 义	赋 值	说 明
M6	更换刀具		在机床数据有效时用 M6 更换刀具,其他情况下直接用 T 指令进行
M40	自动变换齿轮级		
M41～M45	齿轮级 1～5		
M70			预定,没用
M...	其他的 M 功能		这些 M 功能没有定义,可由机床生产厂家自由设定
N	副程序段	0～99999999 整数,无符号	与程序段段号一起标识程序段,N 位于程序段开始
:	主程序段	0～99999999 整数,无符号	指明主程序段,用字符“:”取代副程序段的地址符“N”。主程序段中必须包含其加工所需的全部指令
P	子程序调用次数	1～9999 整数,无符号	在同一程序段中多次调用子程序,比如:N10L871 P3;调用三次
R0～R249	计算参数	±(0.0000001～99999999)(8位)或带指数±(10^{-300}～10^{+300})	R0～R99 可以自由使用,R100～R249 作为加工循环中传送参数
计算功能,除了+－*/四则运算外还有以下 6 种计算功能			
SIN( )	正弦	单位为度	
COS( )	余弦	单位为度	
TAN( )	正切	单位为度	
SQRT( )	平方根		
ABS( )	绝对值		
TRUNC( )	取整		
RET	子程序结束		代替 M2 使用,保证路径连续运行
S	主轴转速,在 G4 中表示暂停时间	0.001～99999.999	主轴转速单位为 r/min,在 G4 中作为暂停时间
T	刀具号	1～32000 整数,无符号	可以用 T 指令直接更换刀具,可由 M6 进行。这可由机床数据设定
X	坐标轴	±(0.001～99999.999)	位移信息
Y	坐标轴	±(0.001～99999.999)	位移信息
Z	坐标轴	±(0.001～99999.999)	位移信息
AR	圆弧插补张角	0.00001～359.99999	单位为度,用于在 G2/G3 中确定圆弧大小
CHF	倒角	0.001～99999.999	在两个轮廓之间插入给定长度的倒角
CR	圆弧插补半径	0.001～99999.999 大于半圆的圆弧带负号	在 G2/G3 中确定圆弧
GOTOB	向后跳转指令		与跳转标志符一起,表示跳转到所标志的程序段,跳转方向向前
GOTOF	向前跳转指令		与跳转标志符一起,表示跳转到所标志的程序段,跳转方向向后
IF	跳转条件		有条件跳转,指符合条件后进行跳转比较符:==等于,＜＞不等于,＞大于,＜小于,＞=大于等于,＜=小于等于
IX	中间点坐标	±(0.001～99999.999)	*X* 轴尺寸,用于中间点圆弧插补 G5

续表

地址	含　义	赋　值	说　明
JY	中间点坐标	±(0.001～99999.999)	Y轴尺寸，用于中间点圆弧插补G5
KZ	中间点坐标	±(0.001～99999.999)	Z轴尺寸，用于中间点圆弧插补G5
LCYC...	调用标准循环	事先规定的值	传送参数：用一个独立的程序段调用标准循环，传送参数必须已经赋值
LCYC82	钻削，端面锪孔		R101：退回平面（绝对） R102：安全距离 R103：参考平面（绝对） R104：最后钻深（绝对） R105：在此钻削深度停留时间
LCYC83	深孔钻削		R101：退回平面（绝对） R102：安全距离 R103：参考平面（绝对） R104：最后钻深（绝对） R105：在此钻削深度停留时间 R107：钻削进给率 R108：首钻进给率 R109：在起始点和排屑时停留时间 R110：首钻深度（绝对） R111：递减量 R127：设定加工方式，断屑=0，退刀排屑=1
LCYC840	带补偿夹具切削内螺纹		R101：退回平面（绝对） R102：安全距离 R103：参考平面（绝对） R104：最后钻深（绝对） R106：螺纹导程值 R126：攻螺纹时主轴旋转方向
LCYC84	不带补偿夹具切削内螺纹		R101：退回平面（绝对） R102：安全距离 R103：参考平面（绝对） R104：最后钻深（绝对） R105：在螺纹终点处的停留时间 R106：螺纹导程值 R112：攻螺纹速度 R113：退刀速度
LCYC85	镗孔_1		R101：退回平面（绝对） R102：安全距离 R103：参考平面（绝对） R104：最后钻深（绝对） R105：在此钻削深度处的停留时间 R107：钻削进给率 R108：退刀时进给率

续表

地址	含义	赋值	说明
LCYC60	线性孔排列		R115:钻孔或攻螺纹循环号值为82,83,84,840,85(相应于LCYC_) R116:横坐标参考点 R117:纵坐标参考点 R118:第一孔到参考点的距离 R119:孔数 R120:平面中孔排列直线的角度 R121:孔间距离
LCYC61	圆弧孔排列		R115:钻孔或攻螺纹循环号值为82,83,84,840,85(相应于LCYC...) R116:圆弧圆心横坐标(绝对) R117:圆弧圆心纵坐标(绝对) R118:圆弧半径 R119:孔数 R120:起始角(−180°<R120<180°) R121:角增量
LCYC75	铣凹槽和键槽		R101:退回平面(绝对) R102:安全距离 R103:参考平面(绝对) R104:凹槽深度(绝对) R116:凹槽圆心横坐标 R117:凹槽圆心纵坐标 R118:凹槽长度 R119:凹槽宽度 R120:拐角半径 R121:最大进刀深度 R122:深度进刀进给率 R123:表面加工的进给率 R124:平面加工的精加工余量 R125:深度加工的精加工余量 R126:设定铣削方向值,2用于G2,3用于G3 R127:给定铣削类型值,1用于粗加工,2用于精加工
RND	倒圆	0.010～999.999	在两个轮廓之间以给定的半径插入过渡圆弧
RPL	在G258和G259时的旋转角	±(0.00001～359.9999)	单位为度,表示在当前平面G17～G19中可编程旋转的角度
SF	G33中螺纹加工切入点	0.001～359.999	G33中螺纹切入角度偏移量
SPOS	主轴定位	0.0000～359.9999	单位为度,主轴在给定位置停止(主轴必须做相应的设计)
STOPRE	停止解码		特殊功能,只有在STOPRE之前STOPRE程序段结束以后才译码下一个程序段
$P_TOOL	有效刀具切削沿	只读	整数,D0～D9
$P_TOOLNO	有效刀具号	只读	整数,T0～T32000
$P_TOOLp	最后编程的刀具号	只读	整数,T0～T32000

2. 尺寸系统

(1) 平面选择 G17～G19

在计算刀具长度补偿和刀具半径补偿时首先必须确定一个平面，即确定一个两坐标轴的坐标平面，在此平面中可以进行刀具半径补偿。另外根据不同的刀具类型（铣刀、钻头、车刀……）进行相应的刀具长度补偿。

对于钻头和铣刀，长度补偿的坐标轴为所选平面的垂直坐标轴。

平面选择的作用在相应的部分进行了描述。同样，平面选择的不同也影响圆弧插补时圆弧方向的定义：顺时针和逆时针。在圆弧插补的平面中规定横坐标和纵坐标，由此也就确定了顺时针和逆时针旋转方向。也可以在非当前平面 G17～G19 的平面中运行圆弧插补。

(2) 绝对和增量位置数据 G90、G91

G90 和 G91 指令分别对应着绝对位置数据输入和增量位置数据输入。其中 G90 表示坐标系中目标点的坐标尺寸，G91 表示待运行的位移量。G90/G91 适用于所有坐标轴。这两个指令不决定到达终点位置的轨迹，轨迹由 G 功能组中的其他 G 功能指令决定。

1) G90：绝对尺寸 在绝对位置数据输入中尺寸取决于当前坐标系（工件坐标系或机床坐标系）的零点位置。零点偏置有以下几种情况：可编程零点偏置，可设定零点偏置或没有零点偏置。

程序启动后 G90 适用于所有坐标轴，并且一直有效，直到在后面的程序段中由 G91（增量位置数据输入）替代为止（模态有效）。

2) G91：增量尺寸 G91 适用于所有坐标轴，并且可以在后面的程序段中由 G90（绝对位置数据输入）替换。

(3) 公制尺寸/英制尺寸 G71、G70

即使工件所标注尺寸的尺寸系统不同于系统设定状态的尺寸系统（英制或公制），这些尺寸仍可以直接输入到程序中，系统会完成尺寸的转换工作。

系统根据所设定的状态把所有的几何值转换为公制尺寸或英制尺寸（这里刀具补偿值和可设定零点偏置值也作为几何尺寸）。同样，进给率 F 的单位分别为毫米/分（mm/min）或英寸/分（in/min）。

基本状态可以通过机床数据设定。本书中所给出的例子均以基本状态为公制尺寸作为前提条件。用 G70 或 G71 编程所有与工件直接相关的几何数据。

(4) 可编程的零点偏置和坐标轴旋转 G158、G258、G259

G158：零点偏移。

G258：坐标旋转。

如果工件上在不同的位置有重复出现的形状或结构，或者选用了一个新的参考点，在这种情况下就需要使用可编程零点偏置。由此就产生一个当前工件坐标系，新输入的尺寸均是在该坐标系中的数据尺寸。

可以在所有坐标轴上进行零点偏移。在当前的坐标平面 G17 或 G18 或 G19 中进行坐标轴旋转。

G158 X _ Y _ Z _；可编程的偏置，取消以前的偏置和旋转

G258 RPL＝_；可编程的旋转，取消以前的偏置和旋转

G259 RPL＝_；附加的可编程旋转

G158、G258、G259 指令各自要求一个独立的程序段。

用 G158 指令可以对所有的坐标轴编程零点偏移。后面的 G158 指令取代所有以前的可编程零点偏移指令和坐标轴旋转指令；也就是说编制一个新的 G158 指令后所有旧的指令均清除。

用 G258 指令可以在当前平面（G17～G19）中编制一个坐标轴旋转。新的 G158 指令取代所有以前的可编程零点偏移指令和坐标轴旋转指令；也就是说编制一个新的 G258 指令后所有旧的指令均清除。

(5) 工件装夹——可设定的零点偏置 G54～G57，G500，G53

可设定的零点偏置给出工件零点在机床坐标系中的位置（工件零点以机床零点为基准偏移）。当工件装夹到机床上后求出偏移量，并通过操作面板输入到规定的数据区。程序可以通过选择相应的 G 功能 G54～G57 激活此值。

G54：第一可设定零点偏置。

G55：第二可设定零点偏置。

G56：第三可设定零点偏置。

G57：第四可设定零点偏置。

G500：取消可设定零点偏置——模态有效。

G53：取消可设定零点偏置——程序段方式有效，可编程的零点偏置也一起取消。

3. 坐标轴运动

(1) 快速线性移动 G0

轴快速移动 G0 用于快速定位刀具，没有对工件进行加工。可以在几个轴上同时执行快速移动，由此产生一个线性轨迹。

机床数据中规定每个坐标轴快速移动速度的最大值，一个坐标轴运行时就以此速度快速移动。如果快速移动同时在两个轴上执行，则移动速度为两个轴可能的最大速度。

用 G0 快速移动时在地址 F 下编制的进给率无效。

（2）带进给率的线性插补 G1

刀具以直线从起始点移动到目标位置，按地址 F 下编制的进给速度运行。所有的坐标轴可以同时运行。

G1 一直有效，直到被 G 功能组中其他的指令（G0，G2，G3，…）取代为止。

（3）圆弧插补 G2、G3

刀具以圆弧轨迹从起始点移动到终点，方向由 G 指令确定。

G2：顺时针方向。

G3：逆时针方向。

在地址 F 下编制的进给率决定圆弧插补速度。圆弧可以按下述不同的方式表示。

1）圆心坐标和终点坐标。

2）半径和终点坐标。

3）圆心和张角。

4）张角和终点坐标。

G2 和 G3 一直有效，直到被 G 功能组中其他的指令（G0，G1，…）取代为止。

（4）通过中间点进行圆弧插补 G5

如果不知道圆弧的圆心、半径或张角，但已知圆弧轮廓上三个点的坐标，则可以使用 G5 功能。

通过起始点和终点之间的中间点位置确定圆弧的方向。

G5 一直有效，直到被 G 功能组中其他的指令（G0，G1，G2，…）取代为止。

（5）恒螺距螺纹切削 G33

前提条件是主轴必须具有位移测量系统。

用 G33 功能可以加工恒螺距螺纹。在使用特定的刀具时可以进行带补偿夹具的攻螺纹。

在此补偿夹具承受一定范围内所出现的距离差。

钻孔深度通过 X、Y、Z 中的一个轴给定，螺距通过所属的 I、J 或 K 规定。

G33 一直有效，直到被 G 功能组中其他的指令（G0，G1，G2，G3，…）取代为止。

右旋螺纹或左旋螺纹在 Z 轴由右向左运动时，右旋和左旋螺纹由主轴旋转方向 M3 和 M4 确定。在地址 S 下编制主轴转速，此转速可以调整。

G33 中在加工螺纹时坐标轴速度由主轴转速和螺距确定，而与进给率 F 则没有关系，进给率 F 处于存储状态。在此，不允许超过机床数据中规定的最大轴速度（快速移动速度）。

注意：

1）主轴转速补偿开关（主轴速度修调开关）在加工螺纹时保持不变；

2）进给速度修调开关在此时无效。

（6）带补偿夹具螺纹切削 G63

用 G63 进行带补偿夹具内螺纹切削。编程的进给率 F 必须与主轴转速 S（编程的或设定的主轴速度）和攻螺纹螺距具有如下关系：F(mm/min)＝S(r/min)×螺距（mm/r）

在此，补偿夹具接受在一定范围内所出现的位移差。

退刀时同样使用 G63，仅是主轴方向相反。

G63 以程序段方式有效。G63 结束以后，以前的“插补方式”（G0，G1，G2，…）组 G 指令恢复有效。

右旋螺纹或左旋螺纹用主轴方向确定。

（7）螺纹插补 G331、G332

前提条件是主轴必须具有位移测量系统。

如果主轴和坐标轴的动态性能许可，可以用 G331/G332 进行不带补偿夹具的螺纹切削。

如果在这种情况下还是使用了补偿夹具，则由补偿夹具接受的位移差会减少，从而可以进行高速主轴攻螺纹。

用 G331 加工螺纹，用 G332 退刀。

攻螺纹深度由一个 X、Y 或 Z 指令给定，螺距则由 I、J 或 K 指令规定。在 G332 中编制的螺距与在 G331 中编制的螺距一样，主轴自动反向。主轴转速用 S 编程，不带 M3/M4。

在攻螺纹之前，必须用 SPOS=_指令使主轴处于位置控制运行状态。右旋螺纹或左旋螺纹螺距的符号确定主轴方向，其中，正为右旋（同 M3），负为左旋（同 M4）。

（8）返回固定点 G75

用 G75 可以返回到机床中某个固定点，比如换刀点。固定点位置固定地存储在机床数据中，它不会产生偏移。

每个轴的返回速度就是其快速移动速度。

G75 需要一个独立的程序段，并按程序段方式有效。

在 G75 之后的程序段中原先的“插补方式”组的 G 指令（G0，G1，G02，…）将再次生效。

（9）回参考点 G74

用 G74 指令实现 NC 程序中回参考点功能，每个轴的方向和速度存储在机床数据中。

G74 需要一个独立程序段，并按程序段方式有效。

在 G74 之后的程序段中原先“插补方式”组的 G 指令（G0，G1，G02，…）将再次生效。

（10）进给率 F

进给率 F 是刀具轨迹速度，它是所有移动坐标轴速度的矢量和。坐标轴速度是刀具轨迹速度在坐标轴上的分量。进给率 F 在 G1、G2、G3、G5 插补方式中生效，并且一直有效，直到被一个新的地址 F 取代为止。

地址 F 的单位由 G 功能确定：

1）G94 直线进给率（mm/min）

2）G95 旋转进给率（mm/r，只有主轴旋转才有意义）。

（11）圆弧进给补偿 G900、G901。

在有刀具半径补偿（G41/G42）和圆弧编程功能的情况下，如果要求圆弧轮廓处的进给率值就是所编制的进给率 F 值，则必须修改铣刀圆心的进给率大小。

在对进给率进行修改补偿时，将会自动考虑到圆弧的内加工和外加工以及所用刀具的刀具半径。

在线性加工时不要求进行补偿，因为铣刀圆心的轨迹速度和编程轮廓处的轨迹速度相同。

（12）准确定位/连续路径加工 G9、G60、G64

针对程序段转换时不同的性能要求，802S 系统提供了一组 G 功能用于进行最佳匹配的选择。比如，有时要求坐标轴快速定位；有时要求按轮廓编程对几个程序段进行连续路径加工。

G60：准确定位——模态有效。

G64：连续路径加工。

G601：精准确定位窗口。

G602：粗准确定位窗口。

准确定位 G60、G9 功能生效时，当到达定位精度后，移动轴的进给速度减小到零。如果一个程序段的轴位移结束并开始执行下一个程序段，则可以设定下一个模态有效的 G 功能。

1）G601 精准确定位窗口 当所有的坐标轴都到达“精准确定位窗口”（机床数据中设定值）后，开始进行程序段转换。

2）G602 粗准确定位窗口 在执行多次定位过程时，“准确定位窗口”如何选择将对加工运行总时间影响很大。精确调整需要较多时间。

连续路径加工方式的目的就是在一个程序段到下一个程序段转换过程中避免进给停顿，并使其尽可能以相同的轨迹速度（切线过渡）转换到下一个程序段，并以可预见的速度过渡执行下一个程序段的功能。

在由拐角的轨迹过渡时（非切线过渡）有时必须降低速度，从而保证程序段转换时不发生大于最大加速度的速度转变。

在此轮廓拐角处会发生过切，其程度与速度的大小有关。

（13）暂停 G4

通过在两个程序段之间插入一个 G4 程序段，可以使加工中断给定的时间，比如自由切削。

G4 程序段（含地址 F 或 S）只对自身程序段有效，并暂停所给定的时间。在此之前编制的进给量 F 和主轴转速 S 保持存储状态。

4. 主轴运动

（1）主轴转速 S，旋转方向

当机床具有受控主轴时，主轴的转速可以编制在地址 S 下，单位为 r/min。

方向和主轴运动起始点和终点通过 M 指令规定。

M3：主轴右转。

M4：主轴左转。

M5：主轴停。

注意：在 S 值取整情况下可以去除小数点后面的数据，比如 S270。

如果在程序段中不仅有 M3 或 M4 指令，而且还写有坐标轴运行指令，则 M 指令在坐标轴运行之前生效。

缺省设定：只有当主轴转动完成之后，坐标轴才开始运动（M3、M4）。M5 也在坐标轴运动之前输出。但是，坐标轴并不等到主轴完全停止之后才开始运动，而是在之前就已经进行。主轴以程序结束或 Reset 停止。

（2）主轴转速极限 G25、G26

通过在程序中写入 G25 或 G26 指令和地址 S 下的转速，可以限制特定情况下主轴的极限值范围。与此同时原来设定数据中的数据被覆盖。

G25 或 G26 指令均要求为独立的程序段。原先编制的转速 S 保持存储状态。

G25 S：主轴转速下限。

G26 S：主轴转速上限。

主轴转速的最高极限值在机床数据中设定。通过面板操作可以激活用于其他极限情况的设定参数。

（3）主轴定位 SPOS

前提条件：主轴必须设计成可以进行位置控制运行。

利用功能 SPOS 可以把主轴定位到一个确定的转角位置，然后主轴通过位置控制保持在这一位置。

定位运行速度在机床数据中规定。

从主轴旋转状态（顺时针旋转/逆时针旋转）进行定位时运行方向保持不变；从静止状态进行定位时定位运行按最短位移进行，方向从起始点位置到终点位置。

例外的情况是：主轴首次运行，也就是说测量系统还没有进行同步。此种情况下在机床数据中规定定位运行方向。

主轴定位运行可以与同一程序段中的坐标轴同时发生。当两种运行都结束以后，此程序段才结束。

5. 倒圆，倒角

在一个轮廓拐角处可以插入倒角或倒圆，指令 CHF=... 或者 RND=... 与加工拐角的轴运动指令一起写入到程序段中。

CHF=...：插入倒角，数值为倒角长度。

RND=...：插入倒圆，数值为倒圆半径。

倒角 CHF=，直线轮廓之间、圆弧轮廓之间以及直线轮廓和圆弧轮廓之间切入一直线并倒去棱角。

倒圆 RND=，直线轮廓之间、圆弧轮廓之间以及直线轮廓和圆弧轮廓之间切入一圆弧，圆弧与轮廓进行切线过渡。

6. 刀具和刀具补偿

(1) 一般说明

在对工件的加工进行编程时，无需考虑刀具长度或刀具半径，可以直接根据图纸对工件尺寸进行编程。

刀具参数单独输入到一专门的数据区。在程序中只要调用所需的刀具号及其补偿参数，打开刀具半径补偿，控制器利用这些参数执行所要求的轨迹补偿，从而加工出所要求的工件。

(2) 刀具 T 指令

使用 T 指令可以选择刀具。在此，是用 T 指令直接更换刀具还是仅仅进行刀具的预选，这必须要在机床数据中确定。

1) 用 T 指令直接更换刀具（刀具调用）。

2) 仅用 T 指令预选刀具，另外还要用 M6 指令才可进行刀具的更换。

注意：

① 在选用一个刀具后，程序运行结束以及系统关机/开机对此均没有影响，该刀具一直保持有效。

② 如果手动更换一刀具，则更换情况必须要输入到系统中，从而使系统可以正确地识别刀具。比如，可以在 MDA 方式下启动一个新的 T 指令程序段。

(3) 刀具补偿号

一个刀具可以匹配 1～9 几个不同补偿的数据组(用于多个切削刃)。另外可以用 D 及其对应的序号变成一个专门的切削刃。

如果变成 D0，则刀具补偿值无效。

系统中最多可以同时存储 30 个刀具补偿数组(D 号)。

刀具调用后，刀具长度补偿立即生效；如果没有变成 D 号，则 D1 值自动生效。先编程的长度补偿先执行，对应的坐标轴也先运行。注意有效平面 G17～G19。刀具半径补偿必须与 G41/G42 一起执行。

(4) 刀尖半径补偿 G41、G42

系统在所选择的平面 G17～G19 中以刀具半径补偿的方式进行加工。

刀具必须有相应的刀补号才能有效。自动计算出当前刀具运行所产生的与编程轮廓等距离的刀具轨迹。

(5) 拐角特性 G450、G451

在 G41/G42 有效的情况下，一段轮廓到另一段轮廓以不平滑的拐角过渡时可以通过 G450 和 G451 功能调节拐角特性。

控制器自动识别内角和外角。对于内角必须要回到轨迹等距线交点。

1) 圆弧过渡 G450，刀具中心轨迹为一个圆弧，其起点为前一曲线的终点，终点为后一曲线的起点，半径等于刀具半径。

圆弧过渡在运行下一个、带运行指令的程序段时才有效，比如有关进给值。

2) 交点 G451，是回刀具中心点轨迹交点，以刀具半径为距离的等距线交点（圆弧或直线），在中心点轨迹交点构成锐角时，根据刀具半径大小的不同，有可能在很远处才能相交。

此锐角如果达到机床数据中所设定的角度值时，系统会自动转换到圆弧过渡。

(6) 取消刀尖半径补偿 G40

用 G40 取消刀尖半径补偿，此状态也是编程开始时所处的状态。

G40 指令之前的程序段，刀具以正常方式结束(结束时补偿矢量垂直于轨迹终点处切线)，与起始角无关。

在运行 G40 程序段之后，刀具中心到达编程终点。

在选择 G40 程序段编制终点时要始终确保刀具运行不会发生碰撞。

(7) 刀尖半径补偿中的几个特殊情况

1) 变换补偿方向　补偿方向指令 G41 和 G42 可以相互变换，无需在其中再写入 G40 指令。原补偿方向的程序段在其轨迹终点处按补偿矢量的正常状态结束，然后在新的补偿方向开始进行补偿（在起点按正常状态）。

2) G41，G41 或 G42，G42　重复执行相同的补偿方式时可以直接进行新的编程而无需在其中写入 G40 指令。

3）重复执行 原补偿的程序段在其轨迹终点处按补偿矢量的正常状态结束，然后开始新的补偿（性能与“变换补偿方向”一样）。

4）变换刀补号D 可以在补偿运行过程中变换刀补号D。刀补号变换后，在新刀补号程序段起始处新刀具半径就已经生效，但起始值的变化在程序段结束时才生效。这些修改值在整个程序段连续执行；圆弧插补时情形也一样。

5）通过M2结束补偿 如果通过M2（程序结束），而不是用G40指令结束补偿运行，则最后的程序段以补偿矢量正常位置坐标结束。不进行补偿移动，程序在此刀具位结束。

6）临界加工情况 在编程时要特别注意下列情况：在两个相连内角处轮廓位移小于刀具半径。

检查多个程序段，使在轮廓中不要含有“瓶颈”。

在进行测试或空运行时，试用供选择的最大刀具半径的刀具。

7. 辅助功能M

利用辅助功能M可以设定一些开关操作，如“打开/关闭冷却液”等。

在一个程序段中最多可以有5个M功能。

除少数M功能被数控系统生产厂家固定地设定了某些功能之外，其余部分均可供机床生产厂家自由设定。

M功能在坐标轴运行程序段中的作用如下。

1）如果M0、M1、M2功能位于一个有坐标轴运行指令的程序段中，则只有在坐标轴运行之后这些功能才会有效。

2）对于M3、M4、M5功能，则在坐标轴运行之前信号就传送到内部的接口控制器中。只有当受控主轴按M3或M4启动之后，才开始坐标轴运行。在执行M5指令时并不等待主轴停止，坐标轴已经在主轴停止之前开始运动。

3）其他M功能信号与坐标轴运行信号一起输出到内部接口控制器上。如果有意在坐标轴运行之前或之后编程一个M功能，则须插入一个独立的M功能程序段。

8. 计算参数R

要使一个NC程序不仅仅适用于特定数值下的一次加工，或者必须要计算出数，这两种情况均可以使用计算参数。可以在程序运行时由控制器计算或设定所需要的数值；也可以通过操作面板设定参数数值。如果参数已经赋值，则它们可以在程序中对由变量确定的地址进行赋值。

（1）给其他的地址赋值

通过给其他的NC地址分配计算参数或参数表达式，可以增加NC程序的通用性。可以用数值、算术表达式或R参数对任意NC地址赋值，但对地址N、G和L例外。

赋值时在地址符之后写入符号“=”。赋值语句也可以赋值一负号。给坐标轴地址（运行指令）赋值时，要求有一独立的程序段。

（2）参数的计算

在计算参数时也遵循通常的数学运算规则。圆括号内的运算优先进行。另外，乘法和除法运算优先于加法和减法运算。

角度计算单位为度。

9. 程序跳转

（1）标记符——程序跳转目标

标记符用于标记程序中所跳转的目标程序段，用跳转功能可以实现程序运行分支。

标记符可以自由选取，但必须由2～8个字母或数字组成，其中开始两个符号必须是字母或下划线。

跳转目标程序段中标记符后面必须为冒号。标记符位于程序段段首。如果程序段有段号，则标记符紧跟着段号。

在一个程序中，标记符不能含有其他意义。

（2）绝对跳转

NC程序在运行时以写入时的顺序执行程序段。程序在运行时可以通过插入程序跳转指令改变执行顺序。跳转目标只能是有标记符的程序段。此程序段必须位于该程序之内。

绝对跳转指令必须占用一个独立的程序段。

（3）有条件跳转

用IF条件语句表示有条件跳转，如果满足跳转条件（也就是值不等于零），则进行跳转。

跳转目标只能是有标记符的程序段，该程序段必须在此程序之内。

有条件跳转指令要求一个独立的程序段。在一个程序段中可以有许多个条件跳转指令。

使用条件跳转后，有时会使程序得到明显的简化。

10. 子程序

（1）应用

原则上讲主程序和子程序之间没有区别。

用子程序编写经常重复进行的加工，比如某一确定的轮廓形状。子程序位于主程序中适当的地方，在需要时进行调用、运行。

（2）结构

加工循环是子程序的一种形式，加工循环包含一般通用的加工工序，比如钻削、攻螺纹、铣槽等。通过规定的计算参数赋值就可以实现各种具体的加工。

第8篇

子程序的结构与主程序的结构一样，在子程序中也是在最后一个程序段中用M2结束程序运行。子程序结束后返回主程序。

(3) 程序结束

除了用M2指令外，还可以用RET指令结束子程序。RET要求结束子程序、返回主程序时不会中断G64连续路径运行方式。

用M2指令则会中断G64运行方式，并进入停止状态。

(4) 子程序程序名

为了方便地选择某一个子程序，必须给子程序取一个子程序名。程序名可以自由选取，但必须符合以下规定：开始两个符号必须是字母，其他符号为字母、数字或下划线，最多8个字符，没有分隔符。

注意：地址字L之后的每个零均有意义，不可省略。

(5) 子程序调用

在一个程序中（主程序或子程序）可以直接用程序名调用子程序。

子程序调用要求占用一个独立的程序段。

(6) 程序重复调用次数P

如果要求多次连续执行某一子程序，则在编程时必须在所调用子程序的程序名后的地址P下写入调用次数，最大次数可以为9999（P1～P9999）。

(7) 嵌套深度

子程序不仅可以从主程序中调用，也可以从其他子程序中调用，这个过程为子程序的嵌套。子程序的嵌套深度可以为三层，也就是四级程序界面（包括主程序界面）。

注意：

在使用加工循环进行加工时，要注意加工循环程序也同样属于四级程序界面中的一级。

这同样适用于计算参数（R）。注意确保在上级程序中所适用的计算参数没有改变下级程序中的设定。

2.5 Sinumerik 802C base line 数控系统

2.5.1 Sinumerik 802C base line 数控系统性能

Sinumerik 802C base line 数控系统主要性能如表8-2-20所示。

Sinumerik 802C base line 数控系统接口信号如表8-2-21所示。

表8-2-20 Sinumerik 802C base line 数控系统主要性能简介

内容	性能简介
进给轴/主轴监控	具有运行监控、编码器监控、限位开关监控、步进电机旋转监控
连续路径加工，准确停方式	CNC在执行零件程序时以程序段的形式进行轨迹控制连续加工。使用准确停方式，就必须在程序段转换时降低轨迹轴速度，这就意味着延长了程序段的转换时间。使用连续加工方式可以在程序段交界处避免降低轨迹轴速度，尽可能以相同轨迹速度转换到下一程序段
速度、设定值、闭环控制	速度：最大的加工路径、轴进给速度和主轴转速受机床性能和驱动动态特性及实际值极限频率的影响。设定值输出：对每个进给轴/主轴可输出一个设定值，到执行机构的设定值输出可以是数字的或是带有多向/双向的模拟主轴。闭环控制：包括驱动的电流和速度控制回路以及NC中的高级位置控制回路
手动操作及手轮运行	不管数控机床有多先进，进给轴也应该可以由操作人员进行手动操作。特别在安装一个新的加工程序时，往往要求操作人员使用机床控制面板上的方向键或电子手轮，执行进给轴的运动
程序运行	程序运行是指在自动方式AUTOMATIC或MDA方式下执行零件程序或程序段。在程序运行期间可以通过PLC接口信号影响程序运行
补偿	在对工件进行加工时，由于测量系统和力的传递过程中会产生差错，使得加工轮廓偏离理想的几何曲线。在加工大型的工件时，由于温差和机械力的影响使加工精度的损失更为严重。部分偏差可以在调试机床时进行测量，从而在运行时加以补偿
端面轴	车床中 X 轴用作端面坐标轴，因此具备一些特殊功能：半径/直径数据尺寸——G22/G23；恒定切削速度——G96功能
回参考点运行	为了使系统在开机以后能够立即精确地识别机床零点，必须使系统与进给轴或主轴的位置测量系统进行同步，该过程就是所谓的回参考点过程
主轴	由NC控制的模拟量主轴根据不同的机床类型有不同的功能
输出给PLC的辅助功能	在机床加工工件时，CNC利用零件程序可以设置一些对机床附属设备进行控制的辅助功能，比如滑枕向前、夹持器张开、卡盘夹紧等。辅助功能M、刀具号T可以输出到PLC

续表

内 容	性 能 简 介
进给率	刀具在加工一个编程的工件轮廓(轨迹)时按照进给率运行
刀具补偿	Siemens 802S/C base line 控制系统具有刀具补偿计算功能。有长度补偿和半径补偿
急停	根据机床 EU 标准有关急停时对基本安全保障的要求,机床必须配备急停装置。对于不使用 EU 标准的国家,应遵守该国有关急停安全要求的相应标准 下列情况不需要安装急停装置:使用急停装置并不能减小危险性的机床;如果按动急停开关不能使机床立即制动到停止,或者不具备相应的减小危险的措施,在此情况下就无需安装急停装置;便携式机床和手动操作机床
各种接口信号的相应标准	在 PLC 用户程序和 NCK(数控核心)、MMC(显示部件)和 MCP(机床控制面板)之间通过不同的数据区进行信号和数据的交换

表 8-2-21 Sinumerik 802C base line 接口信号

接口信号		名 称
普通信号 (PLC _>NCK)	V26000000.1	急停
	V26000000.2	急停响应
	V26000000.4～V26000000.7	保护级 4～7
	V26000001.1	请求轴实际值
	V26000002.2	请求轴剩余行程
普通信号 (NCK _>PLC)	V27000000.1	急停有效
	V27000002.6	驱动准备
	V27000003.0	出现 NCK 警报
	V27000003.6	空气温度警报
运行方式信号 (PLC _>NCK)	V30000000.0	自动方式
	V30000000.1	MDA 方式
	V30000000.2	JOG 方式
	V30000000.4	禁止方式变换
	V30000000.7	复位
	V30000001.0	机床功能:示教
	V30000001.2	机床功能:回参考点
运行方式信号 (NCK _>PLC)	V31000000.0	自动方式有效
	V31000000.1	MDA 方式有效
	V31000000.2	JOG 方式有效
	V31000000.3	准备好
	V31000001.0	机床功能:示教有效
	V31000001.2	机床功能:回参考点有效

2.5.2 Sinumerik 802C base line 数控系统操作面板

Sinumerik 802C base line 数控系统的操作面板如图 8-2-9 所示。

1. 操作面板键盘区(左侧)

操作面板键盘区中各图标的名称见表 8-2-22。

2. 操作面板区域(右侧)

操作面板区域中各图标的名称见表 8-2-23。

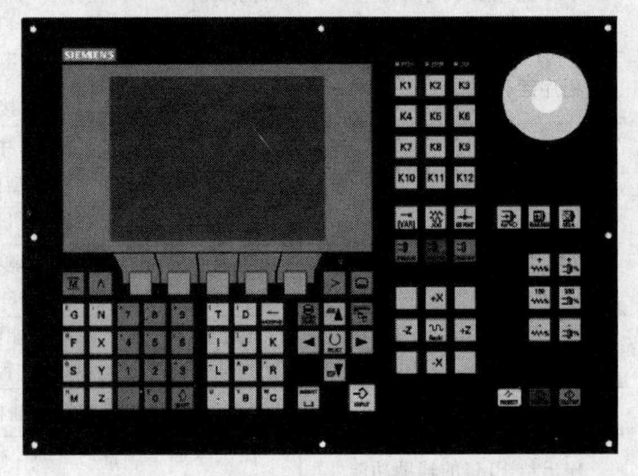

图 8-2-9 操作面板

2.5.3 Sinumerik 802C base line 数控系统模拟

操作步骤如下所示。

第8篇

表 8-2-22　操作面板键盘区中各图标名称

图　标	名　称
	软键
	垂直菜单键
M	加工显示键
ALARM CANCEL	报警应答键
∧	返回键
SELECT	选择/转换键
>	菜单控制键
INPUT	回车/输入键
	区域转换键
SHIFT	上档键
	光标向上键 上档:向上翻页键
	光标向下键 上档:向下翻页键
◄	光标向左键
►	光标向右键(退格键)
BACKSPACE	删除键
INSERT	空格键(插入键)
0　9	数字键,上档键转换对应字符
U -　Z	字母键,上档键转换对应字符

表 8-2-23　操作面板键盘区中各图标名称

图　标	名　称
RESET	复位键
	主轴反转
	主轴进给负,带 LED
	程序停止键
	主轴停
	程序启动键
Rapid	快速运行叠加
	用户定义键,不带 LED
K1 … K12	用户定义键,带 LED
+X　-X	*X* 轴点动
+Y　-Y	*Y* 轴点动
+Z　-Z	*Z* 轴点动
[VAR]	增量选择键
JOG	点动键
	轴进给正,带 LED
	回参考点键
100	轴进给 100%,不带 LED
AUTO	自动方式键
	轴进给负,带 LED
	单段运行键
	主轴进给正,带 LED
MDA	手动数据键
100	主轴进给 100%,不带 LED
	主轴正转

第 8 篇

1）系统切换至自动运行方式并开始执行待加工的程序。

2）屏幕显示初始状态，如图 8-2-10 所示。

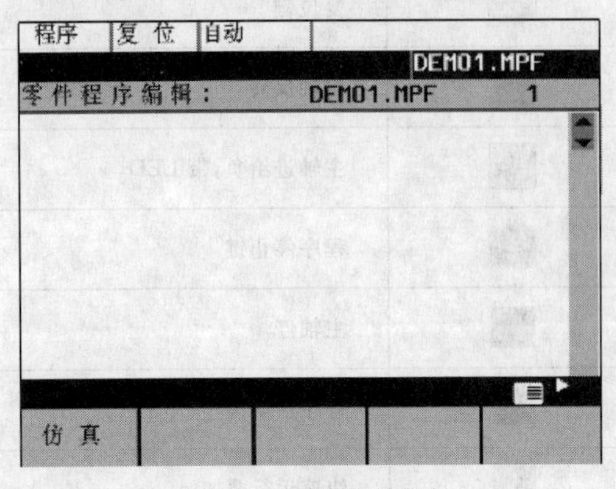

图 8-2-10 模拟初始状态

3）按菜单扩展键，进入程序模拟状态，如图 8-2-11 所示。

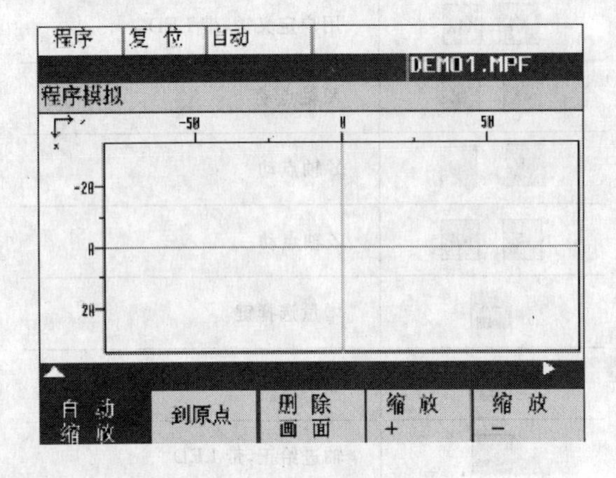

图 8-2-11 程序模拟状态

4）按程序启动键开始模拟所选择的零件程序。如图 8-2-12 所示。

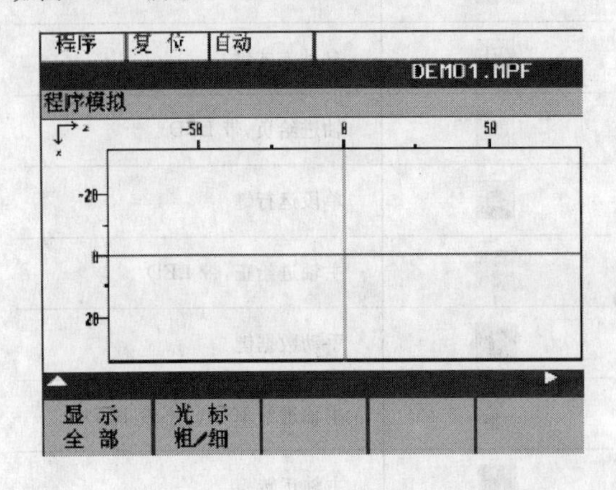

图 8-2-12 程序模拟

模拟界面中各个软键的功能如表 8-2-24 所示。

表 8-2-24 各软键名称及功能

名称	功能
自动缩放	操作此键可以自动缩放所记录的刀具轨迹
到原点	按此键，可以恢复到图形的基准设定
缩放＋	按此键，可以放大显示图形
缩放－	按此键，可以缩小显示图形
删除画面	按此键，可以擦除显示的图形
显示全部	按此键，可以显示整个工件
光标粗/细	按此键，可以调整光标的大小

2.5.4 Sinumerik 802C base line 编程实例

1．车床编程实例

Sinumerik 802C base line 车床编程的刀具半径补偿例子如图 8-2-13 所示。

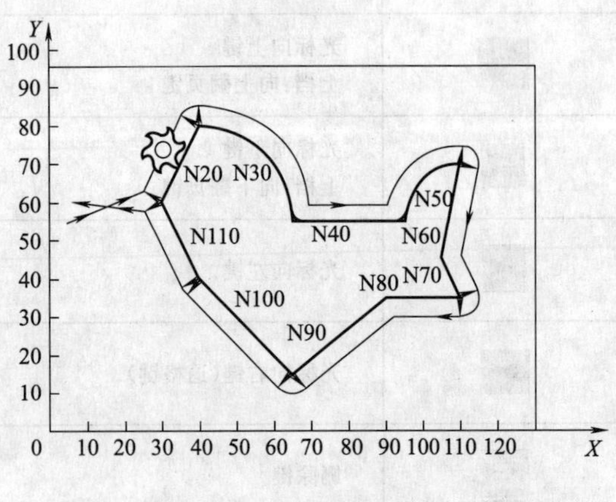

图 8-2-13 刀具半径补偿举例

刀具半径补偿的功能是系统在所选择的平面 G17～G19 中以刀具半径补偿的方式进行加工。此时刀具必须有相应的刀补号才能有效。刀具半径补偿是通过 G41/G42 生效。控制器将会自动计算出刀具运行所产生的、与编程轮廓等距离的刀具轨迹。

```
N1  T1                                       ;刀具 1 刀补号 D1
N5  G0  G17  G90  X5  Y55  Z50               ;回到始点
N6  G1  Z0  F200  S80  M3
N10  G41  G450  X30  Y60  F400               ;工件轮廓左边补偿,圆弧过渡
N20  X40  Y80
N30  G2  X65  Y55  I0  J-25
N40  G1  X95
N50  G2  X110  Y70  I15  J0
N60  G1  X105  Y45
N70  X110  Y35
N80  X90
N90  X65  Y15
N100  X40  Y40
N110  X30  Y60
N120  G40  X5  Y60                           ;结束刀具补偿运行
N130  G0  Z50  M2
```

2. 铣床编程实例

Sinumerik 802C base line 铣床编程的刀具半径补偿例子如图 8-2-14 所示。

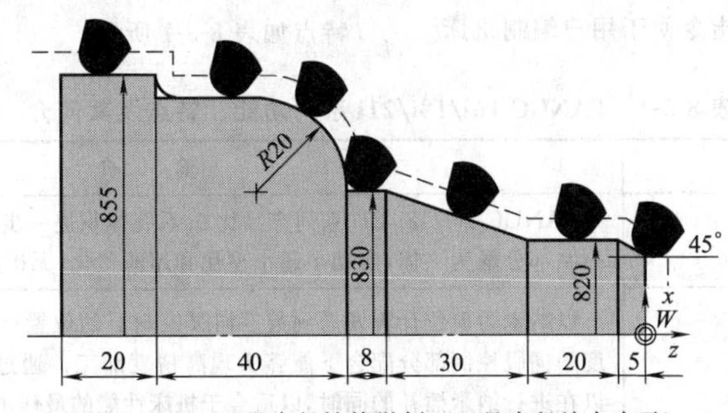

图 8-2-14 刀具半径补偿举例(刀具半径放大表示)

```
N1                                           ;轮廓切削
  N2  T1                                     ;刀具 1 补偿号 D1
  N10  G22  F...S...M...                     ;半径尺寸,工艺参数
  N15  G54  G0  G90  X100  Z15
  N20  X0  Z6
  N30  G1  G42  G451  X0  Z0                 ;开始补偿运行
  N40  G91  X20  CHF=(5*1.41)                ;倒角
  N50  Z-25
  N60  X10  Z-30
  N70  Z-8
  N80  G3  X20  Z-20  CR=20
  N90  G1  Z-20
  N95  X5
  N100  Z-25
  N110  G40  G0  G90  X100                   ;结束补偿运行
  N120  M2
```

第3章 FANUC数控系统

FANUC数控系统以其高质量、低成本、高性能、较全面的功能，适用于各种机床，在市场的占有率较高，主要体现在以下几个方面。

1）系统在设计中大量采用模块化结构。这种结构易于拆装，各个控制板高度集成，使可靠性有很大提高，而且便于维修、更换。

2）具有很强的抵抗恶劣环境影响的能力。其工作环境温度为0～45℃，相对湿度为75%。

3）有较完善的保护措施。FANUC对自身的系统采用了比较好的保护电路。

4）FANUC系统所配置的系统软件具有比较齐全的功能，如选项功能。就机床来说，其基本功能完全能满足使用要求。

5）提供大量丰富的PMC信号和PMC功能指令，这些丰富的信号和编程指令便于用户编制机床PMC控制程序，而且增加了编程的灵活性。

6）具有很强的DNC功能，系统提供串行RS-232C传输接口，使PC和机床之间的数据传输能够可靠完成，从而实现高速度的DNC操作。

7）提供丰富的维修报警和诊断功能。FANUC维修手册为用户提供了大量的报警信息，并且以不同的类别进行分类。

3.1 FANUC 16i/18i/21i系列数控系统

3.1.1 功能及特点

FANUC 16i/18i/21i系列数控系统的主要功能及特点如表8-3-1所示。

表8-3-1 FANUC 16i/18i/21i系列功能、特点及其简介

功能及特点	简　介
超小型、超薄型	FANUC 16i/18i/21i系列产品比0i系统体积进一步缩小，将液晶显示器与CNC控制部分融为一体，实现了超小型化和超薄型化(无扩展槽时厚度只有60mm)
纳米插补	以纳米为单位计算发送到数字伺服控制器的位置指令，极为稳定，在高速、高精度的伺服控制部分配合下能够实现高精度加工。通过使用高速RISC处理器，可以在进行纳米插补的同时，以适合于机床性能的最佳进给速度进行加工
超高速串行通信	利用光导纤维将CNC控制单元和多个伺服放大器连接起来的高速串行总线，可以实现高速度的数据通信并减少连接电缆
伺服HRV(High Response Vector高响应向量)控制	通过组合借助于纳米CNC的稳定指令和高响应伺服HRV控制的高增益伺服系统以及高分辨率的脉冲编码器实现高速、高精度加工
丰富的网络功能	FANUC l6i/18i/21i系统具有内嵌式以太网控制板，可以与多台电脑同时进行高速数据传输，适合于构建在加工线和工厂主机之间进行交换的生产系统。并配以集中管理软件包，以一台电脑控制多台机床，便于进行监控、运转作业和NC程序传送的管理
远程诊断	通过因特网对数控系统进行远程诊断，将维护信息发送到服务中心
操作与维护	可以通过触摸画面上所显示的按键进行操作。可以利用存储卡进行各类数据的输入/输出。可以以对话方式诊断发生报警的原因，显示出报警的详细内容和处置办法。显示出随附在机床上的易损件的剩余寿命。存储机床维护时所需的信息。通过波形方式显示伺服的各类数据，便于进行伺服的调节。可以存储报警履历和操作人员的操作履历，便于发生故障时查找原因
控制个性化	通过C语言编程，实现画面显示和操作的个性化。用宏语言编程，实现CNC功能的高度定制。通过C语言编程，可以构建与由梯形图控制的机器处理密切相关的应用功能

续表

功能及特点	简　介
高性能的开放式 CNC	FANUC 16i/18i/21i 是与 Windows 对应的高性能开放式 CNC。可以使用市面上出售的多种软件，不仅支持机床制造商的机床个性化和智能化，而且还可以与终端用户自身的个性化相对应
软件环境	为了与 CNC/PMC 进行数据交换，提供可以从 C 语言或 BASIC 语言调用的 FOCAS1 驱动器和库函数。提供 CNC 基本操作软件包，它是在电脑进行 CNC/PMC 的显示、输入、维护的应用软件。通过用户界面向操作人员提供"状态显示、位置显示、程序编辑、数据设定"等操作画面。CNC 画面显示功能软件，是在电脑上显示出与标准的 i 系列 CNC 相同画面的应用软件。DNC 运转管理软件包，可以完成从电脑上的硬盘高速地向 CNC 传输 NC 程序并加以运转的工作

3.1.2　基本构成及连接

FANUC 16i/18i/21i 系统由液晶显示器一体型 CNC、机床操作面板、伺服放大器、强电盘用 I/O 模块、I/O Link β 放大器、便携式机床操作面板及适配器、αi 系列 AC 伺服电动机、αi 系列 AC 主轴电动机、应用软件包等部分组成。连接如图 8-3-1 所示。

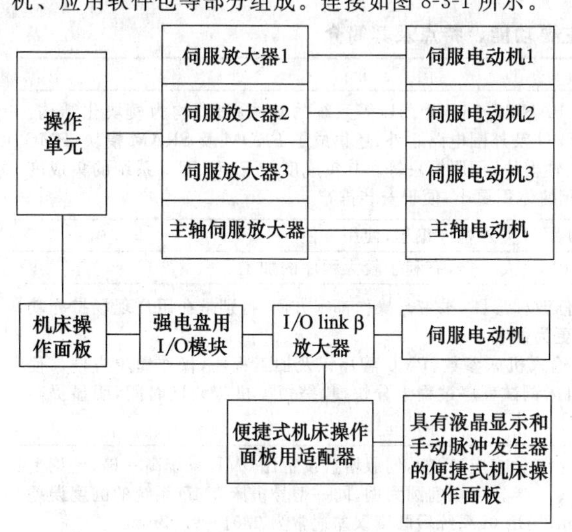

图 8-3-1　FANUC 16i/18i/21i 连接示意图

3.1.3　进给与主轴控制

1. 进给控制

进给控制方框图如图 8-3-2 所示，为实现高速度、高精度、高效率加工，控制系统以纳米为插补计算单位。因此，发送到数字伺服控制器的指令极为稳定，由此来提高表面加工精度。由于采用高响应向量 HRV 控制的高增益伺服系统，可以实现高速加工；为避免机械谐振，系统增加了 HRV 滤波器，实现稳定的高增益伺服控制；为实现高速、稳定进给，系统采用高性能 αi 系列 AC 伺服电动机、高精度的电流检测和高分辨率的脉冲编码器以及高响应的伺服控制。

2. 主轴控制

主轴控制方框图如图 8-3-3 所示，主轴控制通过采用高速 DSP（Digital Signal Processing），改善控制软件算法（主轴 HRV 控制），设法提高电路的响应性和稳定性。通过控制回路运算周期的缩短和高分辨率检测回路的有机结合，实现高响应和高精度的主轴控制。

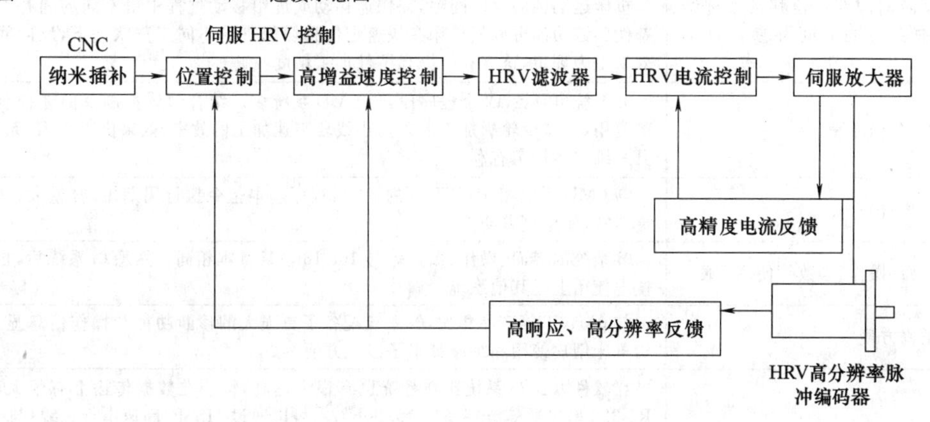

图 8-3-2　FANUC 16i/18i/21i 进给控制方框图

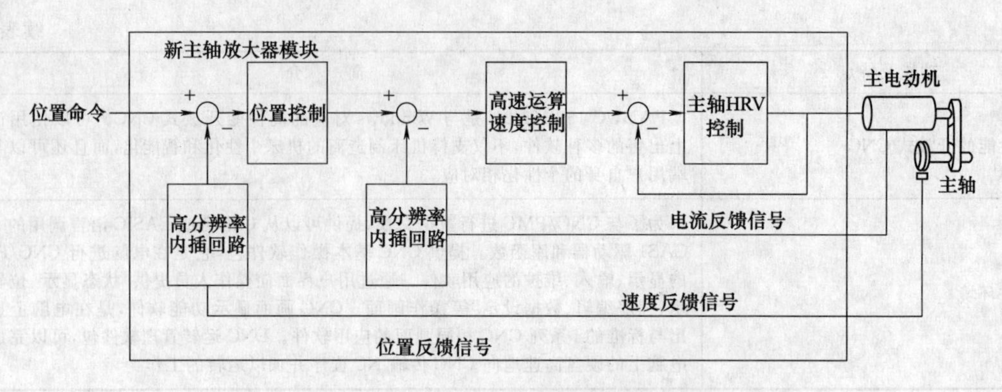

图 8-3-3　FANUC 16i/18i/21i 主轴控制方框图

3.2　FANUC 0i 系列数控系统

3.2.1　主要功能及特点

FANUC 0i 系列主要功能及特点如表 8-3-2 所示。

3.2.2　基本构成

FANUC 0i 系统由主板和 I/O 两个模块构成。主板模块包括主 CPU、内存、PMC 控制、I/O Link 控制、伺服控制、主轴控制、内存卡 I/F、LED 显示等。I/O 模块包括电源、I/O 接口、通信接口、MDI

表 8-3-2　FANUC 0i 系列主要功能、特点及其简介

功能及特点	简　介
模块化结构	FANUC 0i 系统与 FANUC 16i/18i/21i 等系统的结构相似，均为模块化结构。主 CPU 板上除了主 CPU 及外围电路之外，还集成了 FROM 及 SRAM 模块、PMC 控制模块、存储器和主轴模块、伺服模块等。其集成度较 FANUC 0 系统的集成度更高，因此 0i 控制单元的体积更小，便于安装排布
使用方便	采用全字符键盘，可用 B 类宏程序编程，使用方便
有利于大程序加工	用户程序区容量比 0MD 大一倍，有利于较大程序的加工
携带与操作方便	使用编辑卡编写或修改梯形图，携带与操作都很方便，特别是在用户现场扩充功能或实施技术改造时更为便利 使用存储卡存储或输入机床参数、PMC 程序以及加工程序，操作简单方便。使复制参数、梯形图和机床调试程序过程十分快捷，缩短了机床调试时间，明显提高了数控机床的生产效率
具有 HRV(高速矢量响应)功能	系统具有 HRV(高速矢量响应)功能，伺服增益设定比 0MD 系统高一倍，理论上可使轮廓加工误差减少一半。以切削圆为例，同一型号机床 0MD 系统的圆度误差通常为 0.02～0.03mm，换用 0i 系统后圆度误差通常为 0.01～0.02mm
运动轴反向间隙在快速移动或进给移动过程中由不同的间补参数自动补偿	机床运动轴的反向间隙，在快速移动或进给移动过程中由不同的间补参数自动补偿。该功能可以使机床在快速定位和切削进给不同工作状态下，反向间隙补偿效果更为理想，这有利于提高零件加工精度
可预读 12 个程序段	0i 系统可预读 12 个程序段，比 0MD 系统多。结合预读控制及前馈控制等功能的应用，可减少轮廓加工误差。小线段高速加工的效率、效果优于 0MD 系统，对模具三维立体加工有利
功能指令丰富	与 0MD 系统相比，0i 系统的 PMC 程序基本指令执行周期短，容量大，功能指令更丰富，使用更方便
系统的界面、操作、参数等使用方便	0i 系统的界面、操作、参数等与 16i、18i、21i 基本相同。熟悉 0i 系统后，自然会方便地使用上述其他系统
使用和维修方便	与 0M、0T 等产品相比，0i 系统配备了更强大的诊断功能和操作信息显示功能，给机床用户使用和维修带来了极大方便
软件特点	在软件方面 0i 系统比 0 系统也有很大提高，特别在数据传输上有很大改进，如 RS-232 串口通信波特率达 19200bit/s，可以通过 HSSB(高速串行总线)与 PC 机相连，使用存储卡实现数据的输入/输出

控制、显示控制、手摇脉冲发生器控制和高速串行总线等。FANUC 0i系统控制单元如图8-3-4所示。

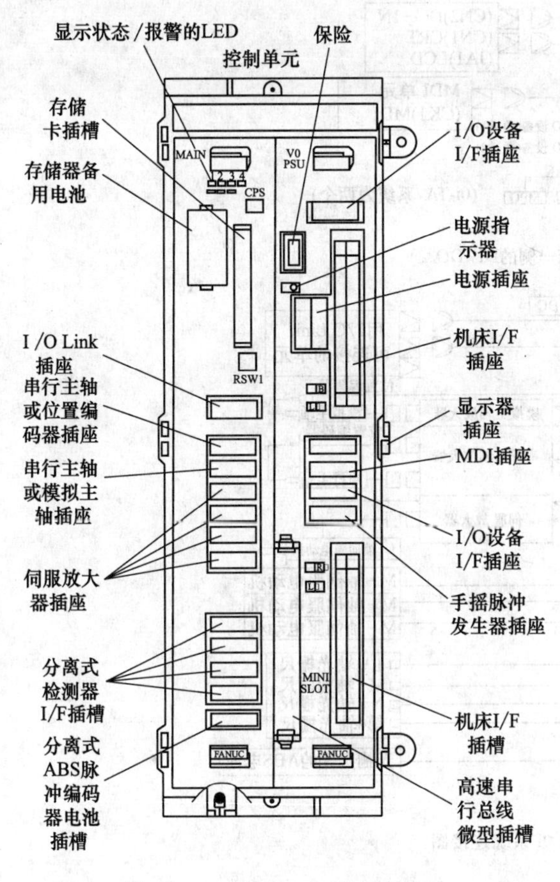

图8-3-4 FANUC 0i系统控制单元

3.2.3 部件的连接

FANUC 0i系统连接图如图8-3-5所示。在图8-3-5中，系统输入电压为24V DC，电流约7A。伺服和主轴电动机为200V AC（不是220V，其他系统如0系统，系统电源和伺服电源均为200V AC）输入。这两个电源的通电及断电顺序是有要求的，不满足要求会报警或损坏驱动放大器。原则是要保证通电和断电都在CNC的控制之下。具体操作如表8-3-3所示。

伺服的连接分A型和B型，由伺服放大器上的一个短接棒控制。A型连接是将位置反馈线接到CNC系统，B型连接是将其接到伺服放大器。0i和其他开发的系统用B型。0系统大多数用A型。两种接法不能任意使用，与伺服软件有关。连接时最后的放大器JX1B需插上FANUC提供的短接插头，如果遗忘会出现#401报警。另外，若选用一个伺服放大器控制两个电动机，应将大电动机电枢接在M端子上，小电动机电枢接在L端子上，否则电动机运行时会听到不正常的嗡嗡声。

表8-3-3 FANUC 0i系统接通和断开电源顺序的操作

接通及断开状态	操 作
电源接通顺序	(1)机床电源(200V AC)
	(2)从I/O设备通过FANUC I/O Link连接,电源为24V DC
	(3)控制单元和CRT单元的电源(24V DC)
电源关断顺序	(1)从I/O设备通过FANUC I/O Link连接,电源为24V DC
	(2)控制单元和CRT单元的电源(24V DC)
	(3)机床电源(200V AC)

FANUC系统的伺服控制可任意使用半闭环或全闭环，只需设定闭环形式的参数和改变接线，非常简单。主轴电动机的控制有两种接口：模拟（0～10V DC）和数字（串行传输）输出。模拟口需用其他公司的变频器及电动机。用FANUC主轴电动机时，主轴上的位置编码器（一般是1024线）信号应接到主轴电动机的驱动器上（JY4口）。驱动器上的JY2是速度反馈接口，两者不能接错。

为了使机床运行可靠，应注意强电和弱电信号线的走线、屏蔽及系统和机床的接地。电平4.5V以下的信号线必须屏蔽，屏蔽线要接地。连接说明书中把地线分成信号地、机壳地和大地。另外，FANUC系统、伺服和主轴控制单元及电动机的外壳都要求接大地。为了防止电网干扰，交流的输入端必须接浪涌吸收器。如果不处理这些问题，机床工作时会出现#910、#930报警或是不明原因的误动作。

3.2.4 机床参数

机床参数决定了数控机床的功能、控制精度、正确执行用户编写的指令以及解释连接在其上的不同部件等，CNC必须知道机床的特定数据。例如，连接轴的数量和名称、进给率、加速度、反馈、跟随误差、比例增益、自动换刀装置等。只有正确、合理地设置这些参数，数控机床才能正常工作。数控机床在出厂前，已将所采用的CNC系统设置了许多初始参数来配合、适应相配套的每台数控机床的具体情况，部分参数还要经过调试来确定。在数控维修中，有时要利用机床某些参数调整机床，有些参数要根据机床的运行状态进行必要的修正。

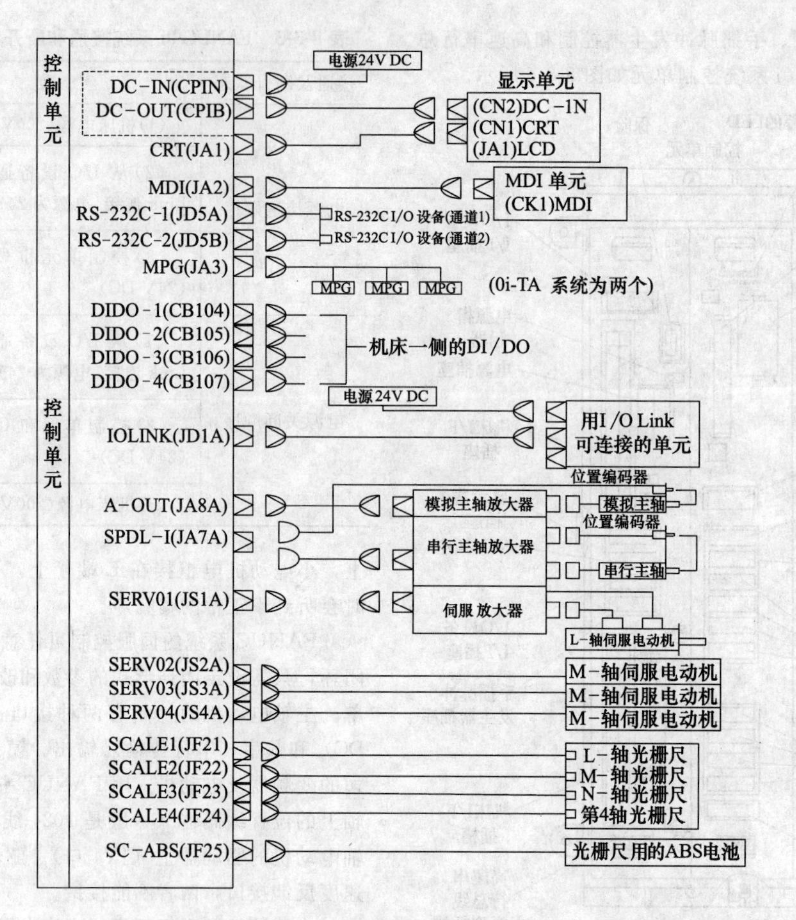

图 8-3-5 FANUC 0i 系统连接图

FANUC 0i 系列（0i-TA、0i-MA）包括坐标系、加减速度控制、伺服驱动、主轴控制、固定循环、自动刀具补偿、基本功能等 43 个大类的机床参数。这些参数的数据形式如表 8-3-4 所示。对于位型和位轴型参数，每个数据号由 8 位组成，每一位有不同的意义。轴型参数允许分别设定给每个控制轴。

表 8-3-4 机床参数的数据形式

数据形式	数据范围	说 明
位型 位轴型	0 或 1	
字节型	−128～127	有些参数中不适用符号
字节轴型	0～255	
字型	−32768～32767	
字轴型	0～65535	
双字型 双字轴型	−99999999～99999999	

3.2.5 FANUC 0i 编程

1. 准备功能 G 功能

准备功能中跟在地址 G 后面的数字决定了该程序段的指令的意义。G 代码分为两类。如表 8-3-5 所示。

表 8-3-5 G 代码分类

类 型	意 义
非模态 G 代码	G 代码只在指令它的程序段中有效
模态 G 代码	在指令同组其他 G 代码前该 G 代码一直有效

例如：

G01 和 G00 是 01 组中的模态 G 代码。

G01X _ ；
Z；
X；
G00Z _ ；

（以上 G01 有效）

使用时注意以下内容。

1）如果设定参数 No. 3402 的第 6 位 CLR 使电源接通或复位时 CNC 进入清除状态，此时的模态 G 代码如下。

① 当电源接通或复位而使系统为清除状态时原来的 G20 或 G21 保持有效。

② 用参数 No. 3402＃7（G23）设置电源接通时是 G22 或 G23，另外将 CNC 复位为清除状态时 G22 和 G23 保持不变。

③ 设定参数 No. 3402＃0 G01 可以选择 G00 或 G01。

④ 设定参数 No. 3402＃3 G91 可以选择 G90 或 G91。

⑤ 设定参数 No. 3402 的＃1 G18 和＃2 G19 可以选择 G17、G18 或者 G19。

2）除了 G10 和 G11 以外的 00 组 G 代码都是非模态 G 代码。

3）当指令了 G 代码表中未列的 G 代码时，输出 P/S 报警 No. 010。

4）不同组的 G 代码在同一程序段中可以指令多个，如果在同一程序段中指令了多个同组的 G 代码仅执行最后指令的 G 代码。

5）如果在固定循环中指令了 01 组的 G 代码则固定循环被取消，与指令 G80 相同，注意 01 组 G 代码不受固定循环 G 代码的影响。

6）G 代码按组号显示。

7）根据参数 No. 5431 ＃0 MDL 设定 G60 的组别可以转换，当 MDL＝0 时 G60 为 00 组 G 代码，当 MDL＝1 时为 01 组 G 代码。

2. 插补功能

（1）定位（G00）

G00 指令，刀具以快速移动速度移动到用绝对值指令或增量值指令指定的工件坐标系中的位置。

以绝对值指令编程时，编制终点的坐标值。

以增量值指令编程时，编制刀具移动的距离。

指令格式：

G00 IP _；

IP _：绝对值指令时，是终点的坐标值；增量值指令时，是刀具移动的距离。

说明：

用参数 No. 1401 的第 1 位（LRP），可以选择下面两种刀具轨迹之一。

1）非直线插补定位。刀具分别以每轴的快速移动速度定位，刀具轨迹一般不是直线。

2）直线插补定位。刀具轨迹与直线插补（G01）相同。刀具以不超过每轴的快速移动速度，在最短的时间内定位。如图 8-3-6 所示。

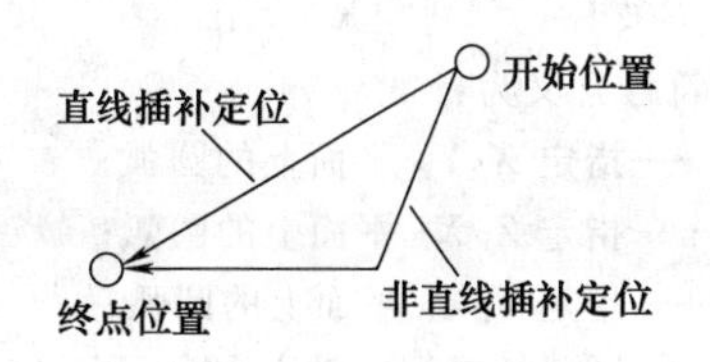

图 8-3-6　插补定位

G00 指令中的快速移动速度由机床制造厂对每个轴单独设定到参数 No. 1420 中。由 G00 指令的定位方式，在程序段的开始刀具加速到预定的速度，而在程序的终点减速。在确认到位之后，执行下个程序段。

“到位”是指进给电机将工作台拖至了指定的位置范围内。这个范围由机床制造厂决定，并设置到参数 No. 1826 中。根据参数 No. 1601＃5（NCI）的设定，对各程序段的到位检查可以不进行。

（2）直线插补

直线插补（G01）刀具沿直线移动。

指令格式：

G60 IP _ F _；

IP _：绝对值指令时，是终点的坐标值，增量值指令时，是刀具移动的距离。

F _：刀具的进给速度（进给量）。

说明：

刀具以 F 指定的进给速度沿直线移动到指定的位置。F 指定的进给速度直到新的值被指定之前，一直有效。因此，无需对每个程序段都指定 F。用 F 代码指令的进给速度是沿着直线轨迹测量的，如果 F 代码不指令进给速度被当作零。旋转轴的进给速度，以（°）/min 为指令单位（单位是小数点的位置）。当直线轴（例如 *X*、*Y* 或 *Z*）和旋转轴（例如 *A*、*B* 或 *C*）进行直线插补时，由 F(mm/min) 指令的速度是直线轴和旋转轴直角坐标系中的切线进给速度。旋转轴进给速度的获得首先使用公式计算分配需要的时间，然后进给速度单位变换为（°）/min。

（3）圆弧插补

圆弧插补（G02、G03）使刀具沿圆弧运动。

指令格式：

在 $X_P Y_P$ 平面上的圆弧

$$G17\begin{Bmatrix}G02\\G03\end{Bmatrix}\ X_{P}\_\ Y_{P}\_\begin{Bmatrix}I\_\ J\_\\R\_\end{Bmatrix}F\_;$$

在 $Z_P X_P$ 平面上的圆弧

$$G18\begin{Bmatrix}G02\\G03\end{Bmatrix}\ X_{P}\_\ Z_{P}\_\begin{Bmatrix}I\_\ K\_\\R\_\end{Bmatrix}F\_;$$

在 $Y_P Z_P$ 平面上的圆弧

第8篇

$$G19\begin{Bmatrix}G02\\G03\end{Bmatrix}\quad Y_{P\_}Z_{P\_}\begin{Bmatrix}J\_\ K\_\\R\_\end{Bmatrix}F\_;$$

其中符号含义为：

G17——指定 X_PY_P 平面上的圆弧；

G18——指定 Z_PX_P 平面上的圆弧；

G19——指定 Y_PZ_P 平面上的圆弧；

G02——圆弧插补顺时针方向（CW）；

G03——圆弧插补逆时针方向（CCW）；

$X_{P\_}$——X 轴或它的平行轴的指令值；

$Y_{P\_}$——Y 轴或它的平行轴的指令值；

$Z_{P\_}$——Z 轴或它的平行轴的指令值；

I _——X_P 轴从起点到圆弧圆心的距离（带符号）；

J _——Y_P 轴从起点到圆弧圆心的距离（带符号）；

K _——Z_P 轴从起点到圆弧圆心的距离（带符号）；

R _——圆弧半径（带符号）；

F _——沿圆弧的进给速度。

使用时应注意以下内容。

1）圆弧插补的方向　在直角坐标系中，当从 Z_P 轴（Y_P 轴或 X_P 轴）的正到负的方向看 X_PY_P 平面时，决定 X_PY_P 平面（Z_PX_P 平面或 Y_PZ_P 平面）的“顺时针”（G02）和“逆时针”（G03）。如图 8-3-7 所示。

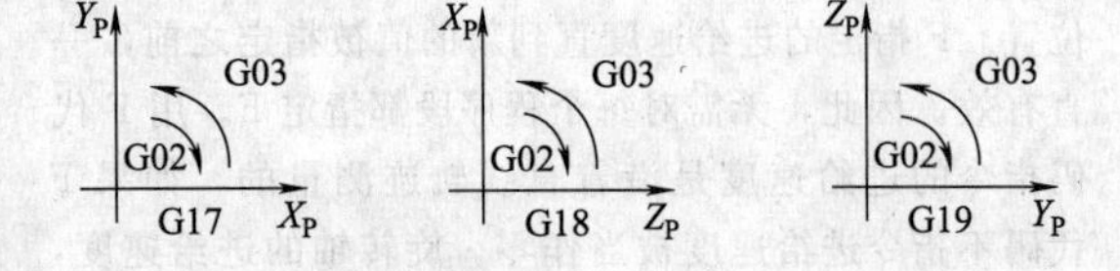

图 8-3-7　圆弧插补的方向

2）圆弧上的移动距离　用地址 X_P、Y_P 或 Z_P 指定圆弧的终点，并且根据 G90 或 G91 用绝对值或增量值表示。若为增量值指定，则为从圆弧起点向终点看的距离。

3）从起点到圆弧中心的距离　用地址 I，J 和 K 指令 X_P，Y_P 和 Z_P 轴向的圆弧中心位置。I，J 或 K 后的数值是从起点向圆弧中心看的矢量分量，并且不管是 G90 还是 G91 总是增量值。I，J 和 K 必须根据方向指定其符号（正或负）。I0，J0 和 K0 可以省略，当 X_P，Y_P 和 Z_P 省略（终点与起点相同），并且中心用 I，J 和 K 指定时是 360°的圆弧（整圆）。G02 I _；指令一个整圆。

4）圆弧半径　在圆弧和包含该圆弧的圆的中心之间的距离能用圆的半径 R 指定，以代替 I，J 和 K。在这种情况下可以认为一个圆弧小于 180°，另一个大于 180°，当指定超过 180°的圆弧时，半径必须用负值指定。如果 X_P，Y_P 和 Z_P 全都省略，即终点和起点位于相同位置，并且用 R 指定时，编程一个 0 的圆弧。如图 8-3-8 所示。

圆弧①(小于180°)
G91 G02 X_P60.0 Y_P20.0 R50.0 F300.0;
圆弧②(大于180°)
G91 G02 X_P60.0 Y_P20.0 R−50.0 F300.0;

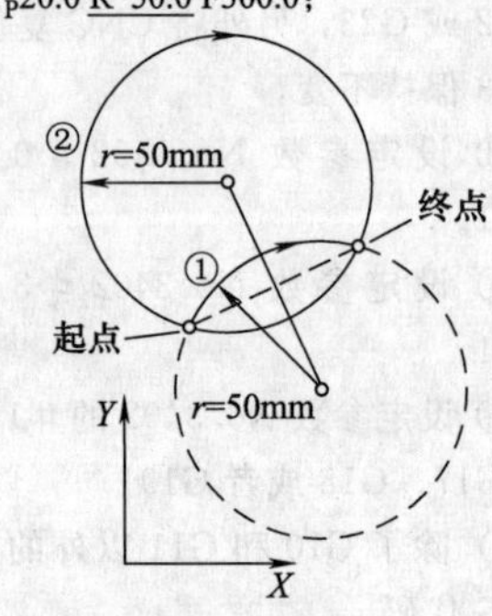

图 8-3-8　圆弧半径

5）进给速度　圆弧插补的进给速度等于 F 代码指定的进给速度，并且沿圆弧的进给速度（圆弧的切向进给速度）被控制为指定的进给速度。指定的进给速度和实际刀具的进给速度之间的误差在 2%以内。但是这个进给速度是加上刀具半径补偿之后沿圆弧的进给速度。

6）使用时限制内容　如果同时指定地址 I，J，K 和 R 的话，用地址 R 指定的圆弧优先，其他被忽略。如果指令了不在指定平面的轴时，显示报警。例如，在指定 XY 平面时，如果指定 U 轴为 X 轴的平行轴，显示报警（No. 028），当指定接近 180°中心角的圆弧时，计算中心坐标可能包含误差。在这种情况下用 I，J 和 K 指定圆弧的中心。

3. 进给功能

（1）快速移动

指令格式：

G00 IP _；

G00：定位（快速移动）的 G 代码（01 组）。

IP _：终点的尺寸字。

使用时注意以下内容。

定位指令（G00）以快速移动定位刀具。在快速移动中，当指定的速度变为 0，并且伺服机到达由机床制造厂设定的一定范围（到位检查宽度）以后，执行下个程序段。各轴的快速移动速度由参数 No. 1420 设置。所以快速移动速度不需要编程。用机床操作面板上的开关，快速移动速度可以施加倍率，倍率值为：F0，25%，50%，100%。F0 由参数 No. 1421 对每个轴设置固定速度。

(2) 切削进给

在切削进给中程序段连续执行，所以进给速度的变化为最小进给速度。可用 3 种方式指定。

1) 每分进给 (G94)　在 F 之后指定每分钟的刀具进给量。

2) 每转进给 (G95)　在 F 之后指定主轴每转的刀具进给量。

3) F1 位数进给　在 F 之后指定要求的一位数值由 CNC 用参数设置与各数值对应的进给速度。

指令格式如下。

每分钟进给：

G94；每分钟进给的 G 代码 (05 组)

F _；进给速度指令 (mm/min 或 in/min)

每转进给：

G95；每转进给的 G 代码 (05 组)

F _；进给速度指令 (mm/rev 或 in/rev)

F1 位数进给：

FN；

N：从 1～9 的数值。

使用时注意以下内容。

1) 切线速度恒定控制　加工中 CNC 对切削速度进行控制，使得与工件轮廓相切的速度一直保持为指令的进给速度。

2) 每分钟进给速度 (G94)　在指定 G94 (每分钟进给方式) 以后，刀具每分钟的进给量由 F 之后的数值直接指定。G94 是模态代码。一旦 G94 被指定，在 G95 (每转进给) 指定前一直有效。在电源接通时，设置为每分钟进给方式。用机床操作面板上的开关可以设置每分钟进给应用倍率，倍率值为 0～254% (间隔 1%)，更详细的情况见机床制造厂的相关说明书。

3) 每转进给 (G95)　在指定 G95 (每转进给) 之后，在 F 之后的数值直接指定主轴每转刀具的进给量。G95 是模态代码。一旦指定 G95，直到 G94 (每分钟进给) 指定之前一直有效。

4) 一位数 F 代码进给　当在 F 之后指定数值为 1～9 的 1 位数时，使用参数 (No. 1451～No. 1459) 中设置的进给速度。F0 为快速移动速度。旋转机床操作面板上的 F1 位数进给速度的开关可以增加或减少现在选择的进给速度。

手摇脉冲发生器的每刻度进给速度的增加/减少量 ΔF 表示如下：

$$\Delta F=\frac{F_{\min}}{100X}$$

$F_{\min}$：由参数 No. 1460 设定 F1～F4 的进给速度上限，由参数 No. 1461 设定 F5～F9 的进给速度上限。

X：由参数 No. 1461 设置 1～127 的任意值。

即使在电源断开时设定的或改变的进给速度也被保持。当前的进给速度显示在 CRT 屏幕上。

5) 切削进给速度的钳制　用参数 No. 1422 设置各轴的切削进给速度的公共上限。如果实际的切削进给速度 (使用倍率后) 超过指定的上限的话，就被钳制在上限。参数 No. 1430 设定直线插补和圆弧插补的各轴最大切削进给速度。当沿插补后切削进给速度超过该轴的最大进给速度时，切削进给速度钳制到最大进给速度。

(3) 暂停

指令格式：

暂停 G04 X _；或 G04 P _；

X _：指定时间 (可用十进制小数点)。

P _：指定时间 (不能用十进制小数点)。

使用时注意以下内容。

G04 指定暂停，按指定的时间延迟执行下个程序段。另外，在切削方式 (G64 方式) 中，为进行准确停止检查，可以指定暂停。当 P 或 X 都不指定时，执行准确停止。参数 No. 3405 #1 (DWL) 可对每转进给方式 (G95) 的每转指定暂停。

用 X 指令时暂停时间的指令值范围如表 8-3-6 所示。用 P 指令时暂停时间的指令值范围如表 8-3-7 所示。

表 8-3-6　暂停时间的指令值范围 (用 X 指令)

增量系	指令值范围	暂停时间单位
IS-B	0.001～99999.999	s 或 rev
IS-C	0.0001～9999.9999	

表 8-3-7　暂停时间的指令值范围 (用 P 指令)

增量系	指令值范围	暂停时间单位
IS-B	1～99999999	0.001s 或 rev
IS-C	1～99999999	0.0001s 或 rev

4. 返回参考点

(1) 概述

1) 参考点　参考点是机床上的一个固定点，用参考点返回功能刀具可以容易地移动到该位置。例如，参考点用作刀具自动交换的位置。用参数 (No. 1240～No. 1243) 可在机床坐标系中设定 4 个参考点。如图 8-3-9 所示。

2) 返回参考点和从参考点返回　刀具经过中间点沿着指定轴自动地移动到参考点。或者，刀具从参

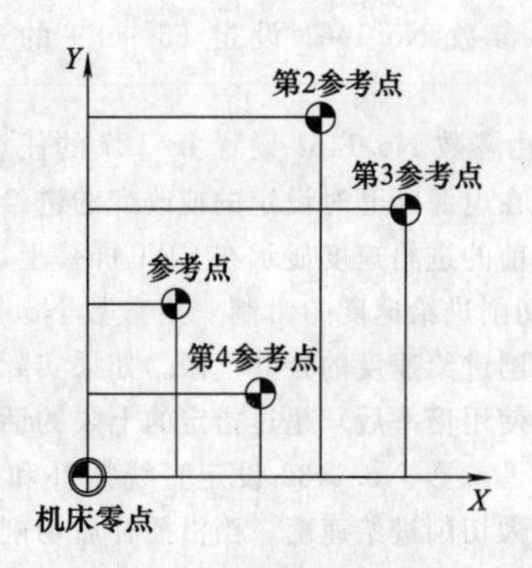

图 8-3-9　机床零点和参考点

考点经过中间点沿着指定轴自动地移动到指定点。当返回参考点完成时，表示返回完成的指示灯亮。如图 8-3-10 所示。

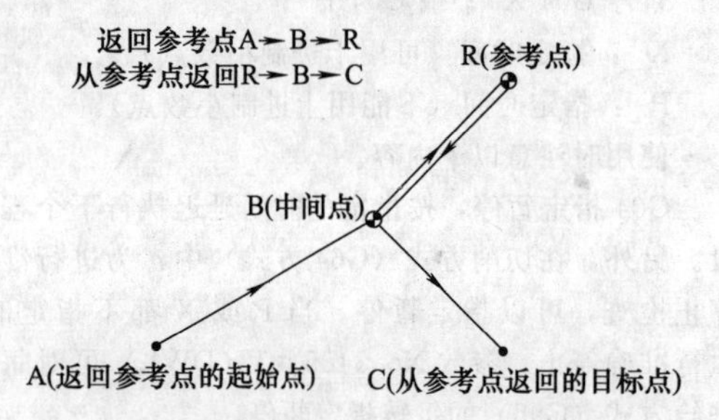

图 8-3-10　返回参考点和从参考点返回

3）返回参考点检查　返回参考点检查（G27）是检查刀具是否已经正确地返回到程序中指定的参考点的功能。如果刀具已经正确地沿着指定轴返回到参考点，该轴的指示灯亮。

（2）指令格式

1）返回参考点

G28 IP _；返回参考点

G30 P2 IP _；返回第 2 参考点（P2 可以省略）

G30 P3 IP _；返回第 3 参考点

G30 P4 IP _；返回第 4 参考点

IP：指定中间位置的指令（绝对值/增量值指令）。

2）从参考点返回

G29 IP _；

IP：指定从参考点返回到目标点的指令（绝对值/增量值指令）。

3）返回参考点检查

G27 IP _；

IP：指定参考点的指令（绝对值/增量值指令）。

（3）使用时注意以下内容

1）返回参考点（G28）　各轴以快速移动速度执行中间点或参考点的定位。因此，为了安全，在执行该指令之前，应该清除刀具半径补偿和刀具长度补偿。中间点的坐标储存在 CNC 中，每次只存储 G28 程序段中指令轴的坐标值。对其他轴，用以前指令过的坐标值。

例N1 G28 X40.0；中间点（X40.0）

N2 G28 Y60.0；中间点（X40.0，Y60.0）

2）返回第 2、3、4 参考点（G30）　在没有绝对位置检测器的系统中，只有在执行过自动返回参考点（G28）或手动返回参考点之后，方可使用返回第 2、3、4 参考点功能。通常，当刀具自动交换（ATC）位置与第 1 参考点不同时，使用 G30 指令。

3）返回参考点检测（G27）　G27 指令，刀具以快速移动速度定位。如果刀具到达参考点的话，返回参考点指示灯亮。但是如果刀具到达的位置不是参考点的话，则显示报警（No. 092）。

4）返回参考点进给速度的设定　通电后，用返回第 1 参考点建立机床坐标系之前，手动和自动返回参考点的速度与自动快速移动速度相同，由参数 No. 1428 设定。即使在返回参考点完成建立机床坐标系之后，手动返回参考点的速度也与参数的设定值相符。

（4）限制

1）机床锁住接通状态　在机床锁住接通时，即使刀具已经自动地返回到参考点，返回完成指示灯也不亮，在这种情况下，即使指定 G27 指令，也不检测刀具是否已经返回到参考点。

2）通电后的第一次回参考点（无绝对位置编码器）　电源接通后，尚未执行手动返回参考点时若指定了 G28 指令，则从中间点的移动与手动回参考点一样。在这种情况下，刀具以参数 No. 1006＃5 中指定的参考点返回方向移动。因此，指定的中间点必须是能够返回参考点的点。

3）在偏置方式的返回参考点检查　在偏置方式中，用 G27 指令刀具到达的位置是加上偏置位获得的位置。因此，如果加上偏置值的位置不是参考位置，则指示灯不亮，而显示报警。通常，在指令 G27 之前，应清除刀具偏置。

4）当编程位置与参考位置不符时，点亮指示灯

当机床系统是英制系统而用公制输入时，即使编程位置偏离了最小设定单位的基准位置，返回参考点指示灯也亮。这是因为机床系统的最小输入增量单位小于最小指令单位。

5. 坐标系

坐标系让 CNC 知道要求的刀具位置，刀具可以移动到这个位置。刀具位置由刀具在坐标系中的坐标值表示。坐标值由编程轴指定。当 3 个编程轴为 X、

*Y*和*Z*轴时，坐标值指定如下：

X _ Y _ Z _

该指令称为尺寸字。如图8-3-11所示。

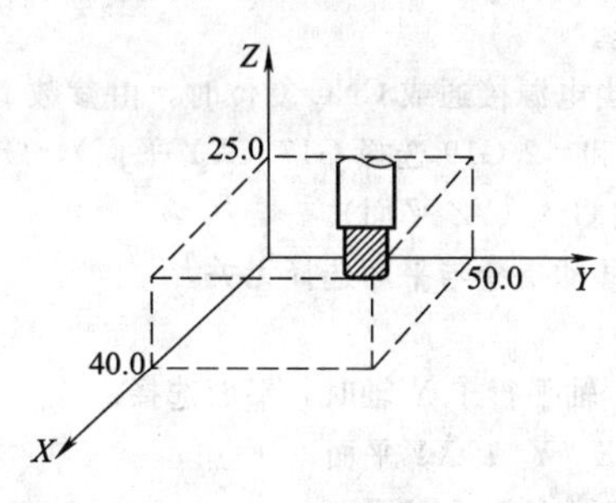

图8-3-11 由X40.0 Y50.0 Z25.0指定的刀具位置

在下面的三个坐标系之一中指定坐标值：

1）机床坐标系；

2）工件坐标系；

3）局部坐标系。

不同的机床坐标系的轴是不一样的，本章中尺寸字表示为IP _。

（1）机床坐标系

机床上的一个用作为加工基准的特定点称为机床零点。机床制造厂对每台机床设置机床零点。用机床零点作为原点设置的坐标系称为机床坐标系。在通电之后，执行手动返回参考点设置机床坐标系。机床坐标系一旦设定，就保持不变，直到电源关掉为止。

指令格式：

G90 G53 IP _；

IP _：绝对尺寸字。

1）说明　选择机床坐标系（G53）：当指令机床坐标系上的位置时，刀具快速移动到该位置。用于选择机床坐标系的G53是非模态G代码；即，它仅在指令机床坐标系的程序段有效。对G53应指定绝对值（G90）。当指定增量值指令（G91）时，G53指令被忽略。当指令刀具移动到机床的特殊位置时，例如换刀位置，应该用G53编制在机床坐标系的移动程序。

2）限制

① 补偿功能的取消。当指定G53指令时，就清除了刀具半径补偿、刀具长度偏置和刀具偏置。

② 电源接通后立即指定G53。在G53指令指定之前，必须设置机床坐标系，因此通电后必须进行手动返回参考点或由G28指令的自动返回参考点。当采用绝对位置编码器时，就不需要该操作。

3）参考　使CNC系统通电，然后手动回参考点，可以立即建立一个加工坐标系，其坐标值为（α，β），由参数No.1240设定。

（2）工件坐标系

工件加工时使用的坐标系称作工件坐标系。工件坐标系由CNC预先设置（设置工件坐标系）。一个加工程序设置一个工件坐标系（选择一个工件坐标系）。设置的工件坐标系可以用移动它的原点来改变（改变工件坐标系）。

1）设置工件坐标系　使用三种方法之一设置工件坐标系。

① 用G92法。在程序中，在G92之后指定一个值来设定工件坐标系。

② 自动设置。当执行手动返回参考点时，自动设定工件坐标系。

③ 用G54～G59法。使用CRT/MDI面板可以设置6个工件坐标系。用绝对值指令时，必须用上述方法建立工件坐标系。

指令格式：（G90）G92 IP _

说明：设定工件坐标系，使刀具上的点，例如刀尖，在指定的坐标值位置。如果在刀具长度偏置期间用G92设定坐标系则G92用无偏置的坐标值设定坐标系。刀具半径补偿被G92临时删除。

2）选择工件坐标系　用户可以从设定的工件坐标系中任意选择，如下所述。

① G92或自动设定工件坐标系方法设定了工件坐标系后，工件坐标系用绝对指令工作。

② MDI面板可设定6个工件坐标系G54～G59。指定其中一个G代码，可以选择6个中的一个。

G54：工件坐标系1；

G55：工件坐标系2；

G56：工件坐标系3；

G57：工件坐标系4；

G58：工件坐标系5；

G59：工件坐标系6。

在电源接通并返回参考点之后，建立工件坐标系1～6。当电源接通时，自动选择G54坐标系。

（3）局部坐标系

当在工件坐标系中编制程序时，为容易编程，可以设定工件坐标系的子坐标系。子坐标系称为局部坐标系。

指令格式：

G52 IP _；设定局部坐标系

...

G52 IP0；取消局部坐标系

IP _：局部坐标系的原点

说明：用指令G52 IP _；可以在工件坐标系（G54～G59）中设定局部坐标系。局部坐标系的原点设定在工件坐标系中以IP _指定的位置。当局部坐标系设定时，后面的以绝对值方式（G90）指令的移动是在局部坐标系中的坐标值。用G52指定新的零点，可以改变局部坐标系的位置。

为了取消局部坐标系并在工件坐标系中指定坐标值，应使局部坐标系零点与工件坐标系零点一致。如图8-3-12所示。

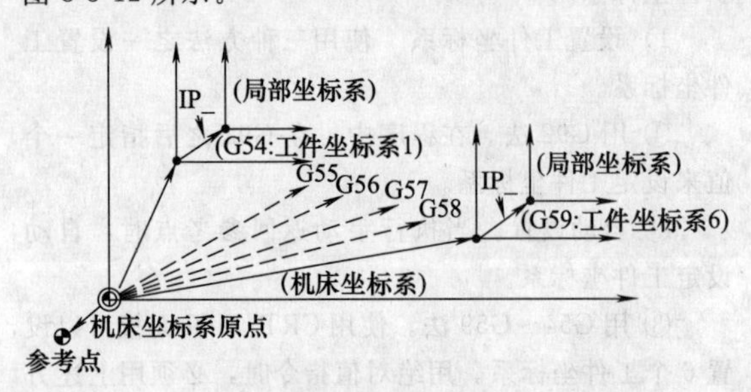

图8-3-12　设定局部坐标系

注意事项如下。

1）当轴用手动返回参考点功能返回参考点时，该轴的局部坐标系零点与工件坐标系的零点一致。与发出下面指令的结果是一样的：

G52 α0；

α：返回参考点的轴。

2）局部坐标系设定不改变工件坐标系和机床坐标系。

3）复位时是否清除局部坐标系，取决于参数的设定。当参数No.3402＃6（CLR）或参数No.1202＃3（RLC）之中的一个设置为1时，局部坐标系被取消。

4）当用G92指令设定工件坐标系时，如果不是指令所有轴的坐标值，未指定坐标值的轴的局部坐标系不取消，保持不变。

5）G52暂时清除刀具半径补偿中的偏置。

6）在G52程序段以后，以绝对值方式立即指定运动指令。

（4）平面选择

对圆弧插补、刀具半径补偿和用G代码的钻孔，需要选择平面。表8-3-8列出了选择平面的G代码。

表8-3-8　由G代码选择的平面

G代码	选择的平面	X_P	Y_P	Z_P
G17	X_PY_P 平面	X轴或它的平行轴	Y轴或它的平行轴	Z轴或它的平行轴
G18	Z_PX_P 平面			
G19	Y_PZ_P 平面			

注意事项：

1）由G17、G18或G19指令的程序段中出现的轴地址，决定X_P、Y_P、Z_P。

2）当在G17、G18或G19程序段中省略轴地址时，认为是基本3轴地址被省略。

3）参数No.1022用于设定基本3轴X、Y和Z的平行轴。

4）在G17、G18、G19不指令的程序段中，平面维持不变。

5）当电源接通或CNC复位时，由参数No.3402＃1 G18和＃2 G19选择G17（XY平面），G18（ZX平面）或G19（YZ平面）。

6）移动指令与平面选择无关。

例：

当U轴平行于X轴时，平面选择。

G17X _ Y _；XY平面

G17U _ Y _；UY平面

G18 X _ Z _；ZX平面

　X _ Y _；平面不改变（ZX平面）

G17；XY平面

G18；ZX平面

G17U _；UY平面

G18Y _；ZX平面Y轴移动与平面没有任何关系。

6. 刀具功能

FANUC 0i有两种刀具功能，一个是刀具选择功能，另一个是刀具寿命管理功能。

（1）刀具选择功能

在地址T后指定数值（最多8位）用以选择机床上的刀具。在一个程序段中只能指定一个T代码。当移动指令和T代码在同一程序段中指定时指令的执行有下面两种方法。

1）移动指令和T功能指令同时执行。

2）移动指令执行完后执行T功能指令。

（2）刀具寿命管理功能

刀具被分成许多组，对每组指定刀具寿命（使用的时间和次数），累计每组刀具使用的刀具寿命、在同组中以预定的顺序选择和使用下一把刀具的功能称为刀具寿命管理。

1）刀具寿命管理数据　刀具寿命管理数据包括刀具组数，刀具号，指定刀具补偿值的代码和刀具寿命值。

2）刀具数组　能储存的最大组数和每组的刀具数，由参数［No.6800＃0，＃1（GS1，GS2）］设定。如表8-3-9所示。

表8-3-9　可储存的最大组数和刀具数

GS1(No.6800＃0)	GS2(No.6800＃1)	组数	刀具数
0	0	16	16
0	1	32	8
1	0	64	4
1	1	128	2

注意事项：当改变参数No.6800的0位或1位的GS1或GS2时，用G10L3指令（原有数据全部清除）重新存储刀具寿命管理数据。否则，不能设置新数据。

3）刀具号 在T之后指定4位数据。

4）指定刀具补偿值代码 指定刀具偏置值的代码分为H代码（刀具长度偏置）和D代码（刀具半径补偿）。能储存的刀具补偿值代码的最大号是255。

注：当指定刀具偏置值的代码不用时，偏置值不能存储。

（3）刀具寿命管理数据的存储、修改、清除

用程序输入的刀具寿命管理数据存储在CNC装置中，存储的刀具寿命管理数据能被改变或清除。

1）说明

① 清除所有组原有数据后存储新数据。在全部储存的刀具寿命管理数据清除以后储存编程的刀具寿命管理新数据。

② 刀具寿命管理数据的增加和修改。程序输入的刀具寿命管理数据可以增加或修改。

③ 刀具寿命管理数据的删除。程序输入的刀具寿命管理数据可被删除。

④ 刀具寿命计算方式的存储。各刀具组的寿命计算方式、时间、次数可被存储。

⑤ 寿命值。刀具寿命是用时间（分钟）还是用次数表示由参数LTM（No.6800＃2）设定。

刀具寿命的最大值如下。

用分的情况：4300（分）。

用次数的情况：9999（次）。

2）指令格式

① 用清除原有数据存储

指令格式：

G10L3

P_L_；

T_H_D_；

T_H_D_；

⋮

P_L_；

T_H_D_；

T_H_D_；

⋮

G11；

M02（M30）；

指令定义：

G10L3：用清除所有组原来的数据存储；

P_：组号；

L_：寿命值；

T_：刀号；

H_：指定刀具偏置值代码（H代码）；

D_：指定刀具偏置值代码（D代码）；

G11：存储结束。

② 刀具寿命管理数据的增加和修改

指令格式：

G10L3P1；

P_L_；

T_H_D_；

T_H_D_；

⋮

P_L_；

T_H_D_；

T_H_D_；

⋮

G11；

M02（M30）；

指令定义：

G10L3P1：组的增加和修改；

P_：组号；

M_：寿命值；

G11：组的增加和修改结束。

③ 刀具寿命管理数据清除

指令格式：

G10L3P2；

P_；

P_；

P_；

P_；

⋮

G11；

M02（M30）；

指令定义：

G10L3P2：组的清除；

P_：组号；

G11：组的清除结束。

④ 设定刀组的刀具寿命计算方式

指令格式：

G10L3或G10L3P1

P_L_Q_；

T_H_D_；

T_H_D_；

⋮

P_L_Q_；

T_H_D_；

T_H_D_；

第8篇

⋮

G11;

M02 (M30);

指令的含义:

Q_:寿命计算方式1次数2时间。

注:

1) 当Q指令省略时,在参数No.6800#7 (LTM) 中的设定值用作寿命计算类型。

2) 仅当扩展的刀具寿命管理功能有效时,才能指定G10L3P1和G10L3P2。

7. 程序的结构

程序结构有两种程序形式,主程序和子程序。一般情况下,CNC根据主程序运行。但是,当主程序中遇到调子程序的指令时,控制转到子程序。当子程序中遇到返回到主程序的指令时,控制返回到主程序。

CNC最多能存储200个主程序和子程序。可从存储的主程序中选出程序运行机床。

(1) 程序区以外的程序组成部分

1) 纸带开始　纸带开始表示包含NC程序的文件的开始。当程序使用SYSTEM P或个人计算机送入时,不需要标记。标记不在屏幕上显示。但是,如果文件输出,标记自动地输出在文件的开头。

2) 引导区　文件中在程序之前进入的数据构成引导部分。当加工开始时标记跳过状态通常由电源接通或复位系统来设定。在标记跳过状态中,直到读到第1个程序段结束代码之前,所有信息均被忽略。当文件从I/O设备读进CNC装置时,引导部分被标记跳过功能。跳过引导部分通常包括信息,例如文件头。当引导部分被跳过时,TV校验也不进行,所以,引导部分除EOB代码以外,可以包含任何代码。

3) 程序开始　程序开始代码在引导部分之后即程序部分之前输入这个代码指示程序的开始,并且总是要求取消标记跳过功能。用SYSTEM P或普通计算机,按回车键可以输入这个代码。

注:如果一个文件包括多个程序的话标记跳过用的EOB代码在第2或以后的程序号之前不必出现。

4) 注释区　用控制跳出和控制进入代码包括起来的任何信息当作注释。在注释部分用户可以书写程序头、注释,对操作者的指导等信息。

在存储器运行方式,当读入程序的注释部分(如果有的话)时,注释不被忽略,也被读进存储器。当存储器中的数据输出到外部I/O设备时,注释部分也被输出。当程序在屏幕上显示时,注释部分也显示。但是,在读进存储器时被忽略的代码不输出也不显示。在存储器运行或DNC运行期间,所有的注释部分均被忽略。根据参数CTV (No.0100#1) 的设定TV校验功能可以用于注释部分。

注意:如果在程序部分出现较长的注释时由于注释的处理坐标轴的移动可能被长时间中断,所以,注释部分应该放在运动暂停或不包含移动的地方。

5) 纸带结束　纸带结束被放置在NC程序的文件的末尾。如果程序用自动编程系统输入的话,标记不需要输入。标记在屏幕上不显示。但是,当文件输出时,标记自动地输出在文件的末尾。

(2) 程序部分的构成

1) 程序号　程序号由地址O和后面的4位数字组成。程序号用来识别存储的程序。在程序的开头指定程序号。在ISO代码中,可以使用冒号(:)代替O。当程序的开始没有指定程序号时,则程序开始的顺序号(N...)被当作它的程序号。如果使用5位数顺序号,低4位数字用作存储程序号。如果低4位数字全是0的话,程序在存储之前加1作为程序号,但是N0不能用为程序号。如果在程序的开始没有程序号也没有顺序号的话,当程序存储时,必须使用MDI面板指定程序号。

注:程序号8000～9999由机床制造厂使用。用户不能使用这些号。

2) 顺序号和程序段　程序是由一系列指令组成的。一个指令单位称为一个程序段。用程序段结束代码EOB分开。

程序由地址N和后面的5位数字(1～99999)组成顺序号。顺序号放在程序段的开头。顺序号可以按任意顺序指定,并且任何号都可以跳过。可以对全部程序段指定顺序号。也可以仅对程序要求的程序段指定顺序号。但是,一般情况下,为方便起见,是按加工步骤的顺序指定顺序号(例如:当刀具交换后用新刀具和用工作台分度加工新表面)。

注:N0不用,是因为与其他CNC系统文件兼容性的理由。程序号0不能使用。作为程序号的顺序号不能用0。

3) TV校验(纸带的垂直奇偶检查)　TV奇偶检验是在输入纸带上垂直地对一个程序段进行校验。如果在一个程序段中(两个EOB之间的代码)的字符数是奇数的话,发出P/S报警(No.002)。由标记跳过功能跳过的程序段不进行TV校验。在TV校验期间,参数No.0100#1 (CTV) 用于指定在括号中封住的注释是否按字符计算。TV校验功能,可用MDI单元在"SETTING"画面上的设定使其有效或无效。

4) 程序段的组成(字和地址)　一个程序段是由1个以上的字组成的。字是由地址和数值组成。正号(+)或负号(-)可以放在数值的前面。

字＝地址＋数值

字母 A～Z之一被用为地址；地址指定跟在地址后面的数字的意义。表 8-3-10 表示可用的地址和它们的意义。相同地址可以有不同的意义，取决于指定的准备功能。

表 8-3-10 主要功能和地址

功能	地址	意义
程序号	O	程序号
顺序号	N	顺序号
准备功能	G	指定移动方式(直线、圆弧等)
尺寸字	X,Y,Z,U,V,W,A,B,C	坐标轴移动指令
	I,J,K	圆弧中心的坐标
	R	圆弧半径
进给功能	F	每分钟进给速度、每转进给速度
主轴速度功能	S	主轴速度
刀具功能	T	刀号
辅助功能	M	机床上的开/关控制
	B	工作台分度等
偏置号	D,H	偏置号
暂停	P,X	暂停时间
程序号指定	P	子程序号
重复次数	P	子程序重复次数
参数	P,Q	固定循环参数

5）主要地址和指令范围　主要地址和地址指定值的范围如表 8-3-11 所示。这些数据是在 CNC 的限制，完全不同于机床的限制。例如，CNC 允许刀具沿 *X* 轴移动可达 100m（以毫米输入）。但是，对于一台机床，沿 *X* 轴的实际行程可能限制为 2m。同样 CNC 可能控制切削进给速度到 240m/min，而机床不允许大于 3m/min。

6）跳过任选程序段　程序段的开头有“/”的字符和数字 $n(n=1\sim9)$，并且在机床操作面板上的跳过任选程序段开关 *n* 接通时，则在 DNC 运行和存储器运行中，与指定的开关号 *n* 相应的程序段的信息无效。当跳过任选程序段开关 *n* 断开时，/*n* 指定的程序段的信息有效。这意味着操作者可以决定是否跳过包含/*n* 的程序段。/1 的数 1 可以省略。但是，当两个以上跳过任选程序段开关用于一个程序段时，/1 的数 1 不能省略。

例　（不正确）　（正确）

//3 G00X10.0；/1/3 G00X10.0；

当程序输入存储器时，这个功能被忽略。包含/*n* 的程序段也储存在存储器中，而不管跳过任选程序段开关怎样设定。在存储器中存储的程序可以输出，而不管跳过任选程序段开关怎样设定。即使在顺序号查找运行期间，跳过任选程序段也是有效的。不同的机床，使用的选跳开关数量不一样。

表 8-3-11 主要地址和指令值范围

功能		地址	mm 输入	in 输入
程序号		O	1～9999	1～9999
顺序号		N	1～99999	1～99999
准备功能		G	0～99	0～99
尺寸字	增量单位 IS-B	X,Y,Z,U,V,W,A,B,C,I,J,K,R	±99999.999mm	±9999.9999in
	增量单位 IS-C		±9999.9999mm	±999.99999in
每分钟进给	增量单位 IS-B	F	1～240000mm/min	0.01～9600.00in/min
	增量单位 IS-C		1～100000mm/min	0.001～4000.00in/min
每转进给		F	0.001～500.00mm/r	0.0001～9.9999in/r
主轴速度功能		S	0～20000r/min	0～20000r/min
刀具功能		T	0～999999999	0～99999999
辅助功能		M	0～999999999	0～99999999
		B	0～999999999	0～99999999
偏置号		H,D	0～400	0～400
暂停	增量单位 IS-B	X,P	0～99999.999s	0～99999.999s
	增量单位 IS-C		0～9999.9999s	0～9999.9999s
程序号指定		P	1～9999	1～9999
子程序重复次数		P	1～999	1～999

注意事项如下。

① 斜杠的位置。斜杠（/）必须指定在程序段的开头。如果斜杠放在其他位置，从斜杠到 EOB 代码之前的信息被忽略。

② 跳过任选程序段开关的无效。当程序段从存储器或纸带读进缓存区时，跳过任选程序段操作被处理。在程序段读进缓存区以后，即使开关被设到接通位置，已经读过的程序段也不忽略。

当跳过任选程序段开关接通时，与任选跳过开关关闭时一样对被跳过的程序段进行 TH 和 TV 检查。

7）程序结束　程序结束用程序结束处编写的代码之一来表示。如表 8-3-12 所示。

表 8-3-12　程序结束代码

代　码	意　义
M02	主程序结束
M30	
M99	子程序结束

如果在程序执行中执行了程序结束代码，则 CNC 结束程序的执行并置于复位状态。当子程序结束代码被执行时，控制返回到呼调子程序的主程序。

如果在机床操作面板上的跳过任选程序段开关接通的话，包含跳过任选程序代码的程序段，例如，/M02；，/M30；，或/M99；不认为程序结束。

8. 辅助功能

辅助功能有两种类型。辅助功能（M 代码）用于指定主轴启动，主轴停止，程序结束等。第二辅助功能（B 代码），用于指定分度工作台定位。当运动指令和辅助功能在同一程序段指定时，指令以下面的两种方法之一执行。

1）移动指令和辅助功能指令同时执行。

2）移动指令执行完成后，执行辅助功能指令。两者顺序的选择，取决于机床制造厂的设定。

（1）辅助功能（M 功能）

当地址 M 之后指定数值时，代码信号和选通信号被送到机床。机床使用这些信号去接通或断开它的各种功能。通常，在一个程序段中仅能指定一个 M 代码。在某些情况下，可以最多指定三个 M 代码。哪个代码对应哪个机床功能由机床制造厂决定。除了 M98、M99、M198 或调用子程序（由参数 No. 6080～No. 6089 设定）的 M 代码外，其他 M 代码由机床厂处理，见机床制造厂的说明书。

说明：

1）M02、M03（程序结束）　它们表示主程序的结束，自动运行停止，并且 CNC 装置复位。在指定程序结束的程序段执行之后，控制返回到程序的开头。参数 No. 3402＃5（M02）或 No. 3404＃4（M30）用于取消用 M02、M30 使控制返回到程序的开头的操作。

2）M00（程序停止）　在包含 M00 的程序段执行之后，自动运行停止。当程序停止时，所有存在的模态信息保持不变。用循环启动使自动运行重新开始。这随机床制造厂而不同。

3）M01（选择停止）　与 M00 类似在包含 M01 的程序段执行以后，自动运行停止。只是当机床操作面板上的任选停机的开关置 1 时，这个代码才有效。

4）M98（子程序调用）　这个代码用于调用子程序。代码和选通信号不送出。

5）M99（子程序结束）　这个代码表示子程序结束。执行 M99 使控制返回到主程序，代码和选通信号不送出。

6）M198（调用子程序）　这个代码用于在外部输入/输出功能中调用文件的子程序。

（2）一个程序段中有多个 M 指令

一般情况下，在一个程序段中仅能指定一个 M 代码，但是，设定参数 No. 3404＃7（M3B）＝1 时，在一个程序段中一次最多可以指定三个 M 代码。在一个程序段中指定的三个代码同时输出到机床。这意味着与一个程序段中指令一个 M 代码的方法相比较，在加工中这种方法可以实现较短的循环时间。

CNC 允许在一个程序段中最多指定三个 M 代码，但是，由于机械操作的限制，某些 M 代码不能同时指定。M00、M01、M02、M30、M98、M99 和 M198 不得与其他 M 代码一起指定。某些 M00、M01、M02、M30、M98、M99 和 M198 以外的 M 代码也不能与其他 M 代码一起指定，这些 M 代码必须在单独的程序段中指定，包括使 CNC 将 M 代码本身送往机床，同时还使 CNC 执行内部操作的代码。比如，调用程序号为 9001～9009 程序的代码和使程序段预读功能无效的 M 代码。另外，只让 CNC 将 M 代码本身送往机床（不执行内部操作）的 M 代码，可在同一程序段内指定。

（3）第二辅助功能（B 代码）

用地址 B 和后面的 8 位数字指令工作台的分度。不同的机床厂，B 代码表示的分度值是不一样的。

说明：

1）有效数据范围　0～99999999。

2）规定

① 为能使用小数点，设置参数 No. 3450＃0（AUP）＝1。

指令	输出值
B10	10000
B10	10

② 使用参数 No. 3401＃0（DPI）指定省略小数点时B的放大倍数是×1000还是×1。

	指令	输出值
DPI＝1	B1	10000
DPI＝0	B1	1000

3）使用参数 No. 3405＃0（AUX）指定英制设定单位输入且省略小数点时，B输出的放大倍数是×1000还是×10000（仅当DPI＝1时）。

	指令	输出值
AUX＝1	B1	10000
AUX＝0	B1	1000

限制：使用这个功能时，用B地址指定坐标轴的移动无效。

3.3　FANUC 0系列数控系统

3.3.1　主要功能及特点

FANUC 0系列主要功能及特点如表8-3-13所示。

表8-3-13　FANUC 0系列主要功能、特点及其简介

功能及特点	简　介
采用高速的微处理器芯片	FANUC的0系列产品使用Intel 80386芯片，1988年以后的产品改成使用Intel 80486nx2
采用高可靠性的硬件设计及全自动化生产制造	产品采用高品质的元器件，并且大量采用了专用VLSI(Very Large Scale Integration，超大规模集成电路)芯片，在一定程度上提高了数控系统的可靠性和系统的集成度。使用表面安装元件(SMD)，进一步提高了数控系统的集成度，使数控系统的体积大幅度减小
丰富的系统控制功能	在系统的功能上具有刀具寿命管理、极坐标插补、圆柱插补、多边形加工、简易同步控制、Cf轴控制(主轴回转由进给伺服电动机实现，回转位置可与其他进给轴一起参与插补)和Cs轴控制(主轴电动机不是进给伺服电动机，而是FANUC主轴电动机，由装在主轴上的编码器检测主轴位置，可与其他进给轴一起参与插补)、串行和模拟的主轴控制、主轴刚性攻螺纹、多主轴控制功能、主轴同步控制功能、PLC梯形图显示和PLC梯形图编辑功能(需要编程卡)、PLC轴控制功能等 该系统除了通用的宏程序功能以外，还增加了定制型用户宏程序，这样为用户提供了更大的个性化设计的空间。用户可以通过编程对显示屏幕、处理过程控制等进行编辑，以实现个性化机床的设计
高速高精度的控制	FANUC 0-C数控系统采用了多CPU方式进行分散处理，实现了高速连续的切削。为了实现在切削路径中的高速、高精度，在系统功能中增加了自动拐角倍率，伺服前馈控制等。大大地减少了伺服系统的误差 对PLC的接口增加了高速M、S、T接口功能，进一步缩短了执行时间，提高了系统的运行速度 为了提高系统处理外部数据的速度，FANUC 0-C系统在硬件上增加了远程缓冲控制，系统可以实现高速的DNC操作
全数字伺服控制结构	FANUC 0-C系统采用全数字伺服控制结构，实现伺服控制的数字化，大大地提高了伺服运行的可靠性和自适应性，改善了伺服的性能。由于实现了全数字的伺服控制，可以实现高速、高精度的伺服控制功能。可以实现伺服波形(位置、偏差、电流)的CRT显示，用于伺服系统的诊断调试
全数字的主轴控制	FANUC 0-C系统除了模拟主轴接口以外，还提供了串行主轴控制(仅限于使用FANUC的主轴放大器)。主轴控制信号通过光缆与主轴放大器连接，连接方便、简洁、可靠。可以实现主轴的刚性攻螺纹、定位、双主轴的速度、相位同步以及主轴的Cs轮廓控制

3.3.2 基本构成

FANUC 0 系统由数控单元本体、主轴和进给伺服单元以及相应的主轴电动机和进给电动机、CRT 显示器、系统操作面板、机床操作面板、附加的输入/输出接口板（B2）、电池盒、手摇脉冲发生器等部件组成。

FANUC 0 系统的 CNC 单元为大板结构。基本配置有主印刷电路板（PCB）、存储器板、图形显示板、可编程机床控制器板（PMC-M）、伺服轴控制板、输入/输出接口板、子 CPU（中央处理器）板、扩展轴控制板、数控单元电源和 DNC 控制板。各板插在主印制电路板上，与 CPU 的总线相连。图 8-3-13 所示为 FANUC 0 系统数控单元结构图，各部件的功能如表 8-3-14 所示。

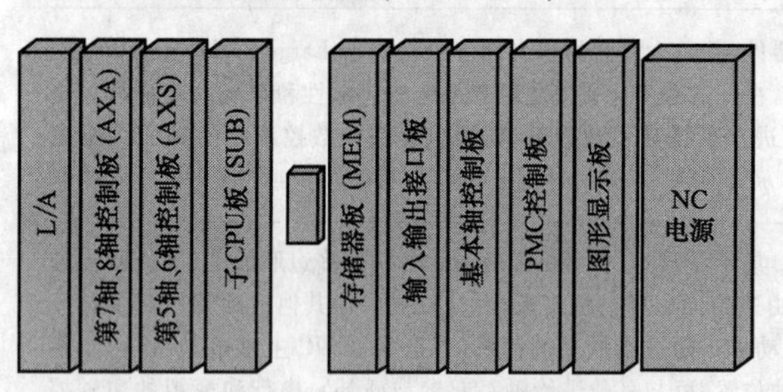

图 8-3-13 FANUC 0 系统数控单元结构

3.3.3 控制单元的连接

图 8-3-14 所示为 FANUC 0 系统基本轴控制板（AXE）与伺服放大器、伺服电动机和编码器连接图。M184～M189、M194～M199 为轴控制板上的插座编号，其中 M184、M187、M194、M197 为控制器指令输出端；M185、M188、M195、M198 是内装型脉冲编码器输入端，在半闭环伺服系统中为速度/位置反馈，在全闭环伺服系统中作为速度反馈。M186、M189、M196、M199 只作为在全闭环伺服系统中的位置反馈，可以接分离型脉冲编码器或光栅尺。H20 表示 20 针 HONDA 插头，M 表示“针”，F 表示“孔”。如果选用绝对编码器，CPA9 端接相应电池盒。

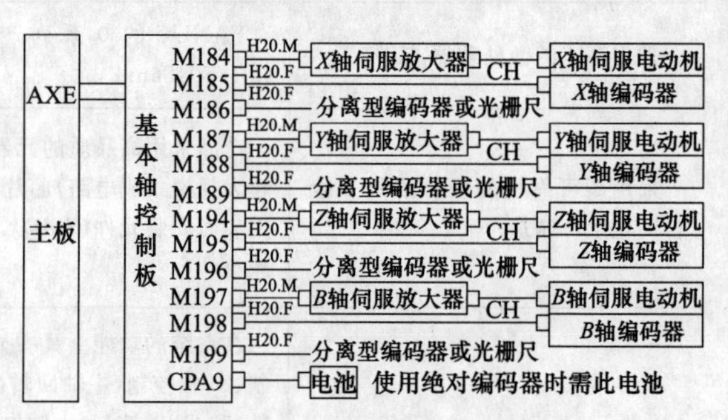

图 8-3-14 FANUC 0 系统基本轴控制板（AXE）与伺服放大器、伺服电动机和编码器连接图

表 8-3-14 FANUC 0 系统数控单元各部件功能

单元部件	功能简介
主印刷电路板(PCB)	连接各功能板、故障报警等。主 CPU 在该板上,用于系统主控
数控单元电源	主要提供＋5V、＋15V、－15V、＋24V、－24V 直流电源,用于各板的供电,24V 直流电源,用于单元内继电器控制
图形显示板	提供图形显示功能,第 2、3 手摇脉冲发生器接口等
PC 板(PMC-M)	PMC-M 型可编程机床控制器,提供扩展的输入/输出板的接口
基本轴控制板(AXE)	提供 X、Y、Z 轴和第 4 轴的进给指令,接收从 X、Y、Z 轴和第 4 轴位置编码器反馈的位置信号
输入/输出接口	通过插座 M1、M18 和 M20 提供输入点,通过插座 M2、M19 和 M20 提供输出点,为 PMC 提供输入/输出信号
存储器板	接收系统操作面板的键盘输入信号,提供串行数据传送接口,第 1 手摇脉冲发生器接口,主轴模拟量和位置编码器接口,存储系统参数,刀具参数和零件加工程序等
子 CPU 板	用于管理第 5 轴、6 轴、7 轴、8 轴的数据分配,提供 RS-232C 和 RS-422 串行数据接口等
扩展轴控制板(AXS)	提供第 5 轴、6 轴的进给指令,接收从第 5 轴、6 轴位置编码器反馈的位置信号
扩展轴控制板(AXA)	提供第 7 轴、8 轴的进给指令,接收从第 7 轴、8 轴位置编码器反馈的位置信号
扩展的输入/输出接口	通过插座 M61、M78 和 M80 提供插入点,通过插座 M62、M79 和 M80 提供给出点,为 PMC 提供输入/输出信号
通信板(DNC2)	提供数据通信接口

存储器板存放着工件程序、偏移量和系统参数，系统断电后由电池单元供电保存，同时连接着显示器、MDI单元、第 1 手摇脉冲发生器、串行通信接口、主轴控制器和主轴位置编码器、电池等单元。如图 8-3-15 所示。

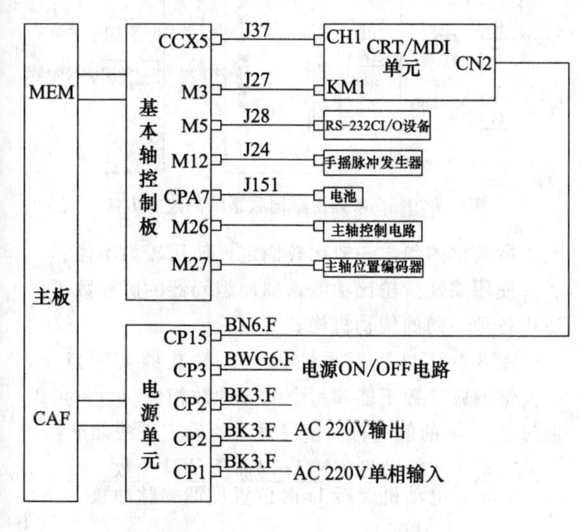

图 8-3-15 FANUC 0 系统存储器板、电源单元连接

在电源单元中，CP15 为 DC 24V 输出端，供显示单元使用，BN6. F 为 6 针棕色插头；CP1 是单相 AC 220V 输入端，BK3. F 为 3 针黑色插头；CP3 接电源开关电路；CP2 为 AC 220V 输出端，可以接冷却风扇或其他需要 AC 220V 的设备。

图 8-3-16 所示为内置 I/O 接口连接图，其中 M1、M18 为 I/O 输出插座，共计 80 个 I/O 输入点。M2、M19 为 I/O 输出插座，共计 56 个 I/O 输出点。M20 包括 24 个 I/O 输入点和 16 个 I/O 输出点。这些 I/O 点可以用于强电柜中的中间继电器控制，机床控制面板的按钮和指示灯、行程开关等开关量控制。

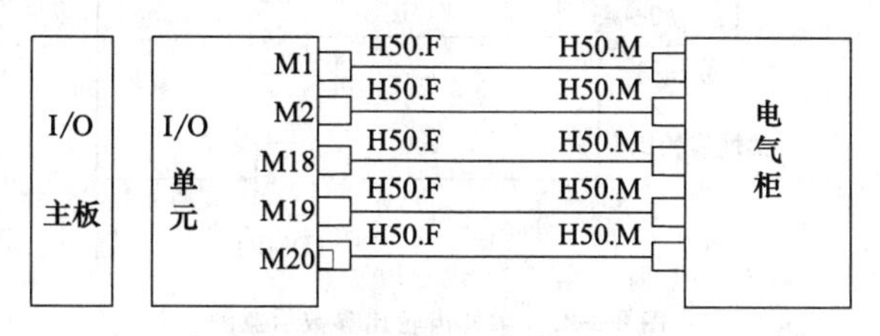

图 8-3-16 FANUC 0 系统 I/O 板连接

3. 3. 4 伺服系统的基本配置

1. 进给伺服系统的基本配置

常用的 S 系列交流伺服放大器分 1 轴型、2 轴型和 3 轴型 3 种。其电源电压为 200V/230V，由专用的伺服变压器供给，AC 100V 制动电源由 NC 电源变压器供给。

图 8-3-17、图 8-3-18 所示为 1 轴型和 2 轴型伺服单元的基本配置和连接方法。图中电缆 K1 为 NC 到伺服单元的指令电缆，K3 为 AC 230V/200V 电源输入线，K4 为伺服电动机的动力线电缆，K5 为伺服单元的 AC 100V 制动电源电缆，K6 为伺服单元到放电单元的电缆，K7 为伺服单元到放电单元和伺服变压器的温度接点电缆。QF 和 MCC 分别为伺服单元的电源输入断路器和主接触器，用于控制伺服单元电源的通和断。

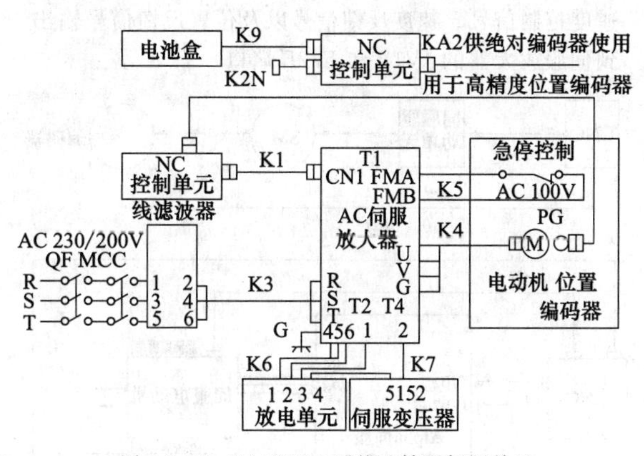

图 8-3-17 FANUC 0 系统 1 轴型伺服单元

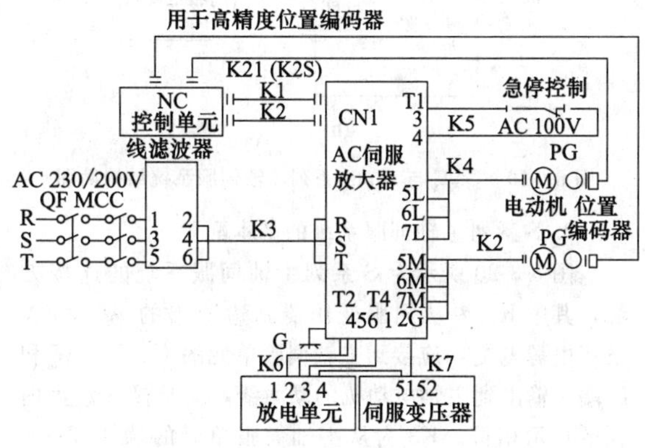

图 8-3-18 FANUC 0 系统 2 轴型伺服单元

伺服单元的连接端 T2-4 和 T2-5 之间有一个短路片，如果使用外接型放电单元，则应将它取下，并将伺服单元印制电路板上的短路棒 S2 设置到 H 位置，反之则设置到 L 位置。

伺服单元的连接端 T4-1 和 T4-2 为放电单元和伺服变压器的温度接点串联后的输入点，上述两个接点断开时将产生过热报警。如果使用这对接点，应将伺服单元印制电路板上的短路棒 S1 设置到 L 位置。

在 2 轴型伺服单元中，插座 CN1L、CN1M、CN1N 可分别用电缆 K1 和数控系统的轴控制板上的指令信号插座相连，而伺服单元中的动力线端子 T1-5L、T1-6L、T1-7L 和 T1-5M、T1-6M、T1-7M 以及 T1-5N、T1-6N、T1-7N 则应分别接到相应的伺服电动机上，从伺服电动机的脉冲编码器返回的电缆也应一一对应地接到数控系统的轴控制板上的反馈信号插座上（即 L、M、N 分别表示同一个轴）。

图 8-3-19 所示为 FANUC 的 CNC 与 Alpha 系列 2 轴交流驱动单元组成的伺服系统结构简图，图（a）中伺服电动机上的脉冲编码器作为位置检测元件也作为速度检测元件，它将检测信号反馈到 CNC 中，由 CNC 完成位置处理和速度处理。图（b）的 CNC 将速度控制信号、速度反馈信号以及位置反馈信号输出到伺服放大器的 JV1B 和 JV2B 端口。

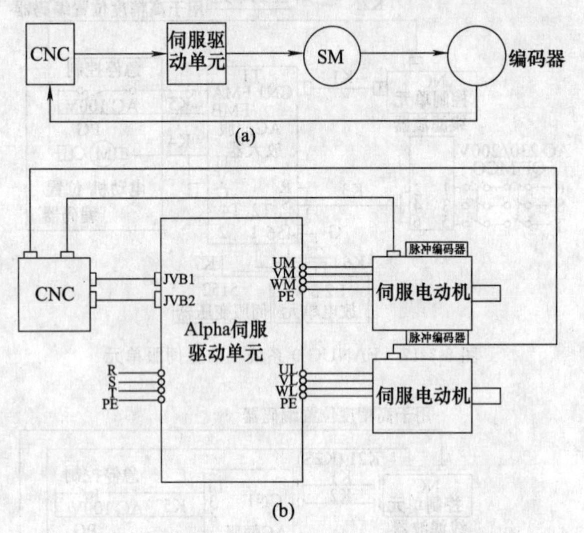

图 8-3-19　CNC 与 Alpha 系列 2 轴伺服系统结构简图

2. S 系列主轴伺服系统的基本配置

图 8-3-20 所示为 S 系列主轴伺服系统的连接方法，其中 K1 为从伺服变压器副边输出的 AC 200V 三相电源电缆，应接到主轴伺服单元的 U、V、W 和 G 端，输出到主轴电动机的动力线，应与接线盒盖内面的指示相符。K3 为从主轴伺服单元的端子 T1 上的 R0、S0 和 T0 输出到主轴风扇电动机的动力线，应使风扇向外排风。K4 为主轴电动机的编码器反馈电缆，其中 PA、PB、RA 和 RB 用做速度反馈信号，0H1 和 0H2 为电动机温度接点，SS 为屏蔽线。K5 为从 NC 和 PMC 输出到主轴伺服单元的控制信号电缆，接到主轴伺服单元的 50 芯插座 CN1。

3.3.5　数字伺服有关参数的设定

1. 柔性齿轮比的设定

在以往的伺服参数中，丝杠的螺距和传动机构丝杠与电动机轴之间的减速比确定后，才可以确定脉冲

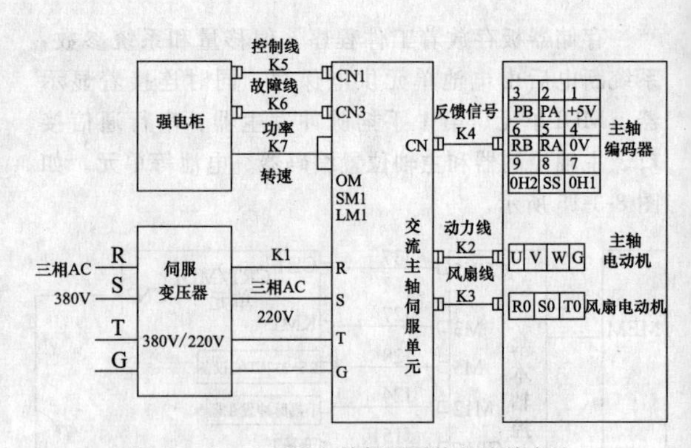

图 8-3-20　S 系列主轴伺服系统的连接方法

数。所调整的参数一般比较固定，使用较为不便。

使用柔性齿轮比功能，脉冲编码器的脉冲数可以适应各种不同的传动机构。

图 8-3-21 描述了柔性齿轮比参数的实际意义，当反馈的脉冲数不能和指令的脉冲数相同时，就可以通过该 n/m 的值进行调整，具体的设定方法如下：

$$\frac{n}{m}=\frac{\text{电动机旋转 1r 时希望的脉冲数}}{\text{电动机旋转 1r 时位置反馈的脉冲数}}$$

$$=\frac{10000}{10000\times 4}=\frac{1}{4}$$

当电动机为 Alpha 系列电动机，伺服为半闭环系统时，不管使用何种串行位置编码器，电动机旋转时的位置反馈的脉冲数的值取 1000000 脉冲/r。当不需要柔性齿轮比功能时，可以将该轴的 n/m 值设定为 0。

参数 PRM37＃0～＃3 用于选择是否使用分离型的反馈系统，当设定为 1 时，伺服的位置反馈由分离型的接口输入。

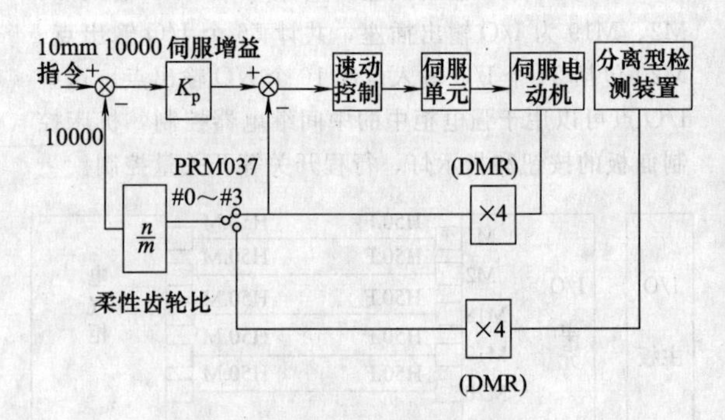

图 8-3-21　柔性齿轮比参数示意图

2. 伺服电动机代码和自动设定以及伺服的优化

在数字伺服的软件中，包括了所有电动机（非负载情况下）的最佳的伺服控制参数，该参数在机床调试时将被设定。具体方法可以通过伺服设定画面，该画面集中了各个控制轴主要参数，见图 8-3-22。表 8-

3-15 为主要参数简介。

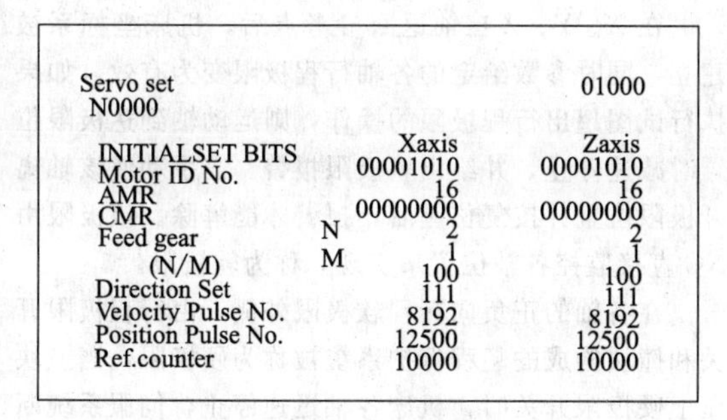

图 8-3-22 伺服设定画面参数示意图

表 8-3-15 主要参数简介

参数名称	参数简介
初始设定位(INITIAL SET BITS)	#1 位为 0 时进行参数自动设定。设定完成后变为 1
电动机代码(Motor ID No.)	电动机的代码(0～99)
AMR	当使用 Alpha 系列电动机时,该值为 0
CMR	指令倍乘比
柔性齿轮比(N/M)	根据上述介绍的公式设定
方向设定(Direction Set)	用于设定正确的电动机方向
速度脉冲数(Velocity Pulse No.)	使用 Alpha 系列电动机时为 8192/8192
位置脉冲数(Position Pulse No.)	当系统为半闭环时,Alpha 系列电动机为 12500/12500。当系统使用全闭环时,取决于反馈脉冲数/r
参考计数器(Ref. counter)	用于参考点回零的计数器

在上述的参数设定完成以后，当初始设定位的#1 位为 0 时，该轴的伺服参数会进行自动参数设定。设定如果正常完成后，该位变为 1。一般以上参数都是由机床厂家在机床调试时进行设定的。由于自动设定的参数是 FANUC 公司在系统设计时非负载情况下调试出来的最佳参数，实际上该参数不能够满足各种不同负载和机械条件下的最佳参数，所以一般要根据实际的机床情况进行参数的优化。

3.4 FANUC 0 系列 NC 操作系统

3.4.1 自动执行程序的操作

1. CRT/MDI 操作面板

操作面板由 NC 系统生产厂商 FANUC 公司提供，其中 CRT 是阴极射线管显示器的英文缩写 (Cathode Radiation Tube)，而 MDI 是手动数据输入的英文缩写 (Manual Date Input)，选用的是单色 CRT 全键式的操作面板或标准键盘的操作面板，面板的键盘组成部分如表 8-3-16 所示。

表 8-3-16 CRT/MDI 操作面板组成部分

名　称	功　能
软件键	该部分位于 CRT 显示屏的下方,除了左右两个箭头键外键面上没有任何标志。这是因为各键的功能都被显示在 CRT 显示屏的下方的对应位置,并随着 CRT 显示的页面不同而有着不同的功能,这就是该部分被称为软件键的原因
系统操作键	这部分共三个键,分别为右上角的 RESET 键,左下角的 OUTPUT/START 和 INPUT 键,其中 RESET 为复位键,OUTPUT/START 为向外输出的指令键或执行 MDI 指令的指令键,INPUT 为输入键
数据输入键	该部分包括了机床能够使用的所有字符和数字。除了“4TH”键外,其余的字符键都具有两个功能,较大的字符为该键的第一功能,按下该键可以直接输入该字符,较小的字符为该键的第二功能,要输入该字符必须先按 SHIFT 键,然后再按该键
光标移动键	在 MDI 面板的左方,标有“CURSOR”的上下箭头键为光标前后移动键,标有“PAGE”的上下箭头键为换页键
编辑键和输入键	该部分共有三个键:ALTER、INSERT 和 DELETE,位于 MDI 面板的右上方,这三个键为编辑键,用于编辑加工程序
NC 功能键	该部分有六个键(标准键盘)或八个键(全键式),用于切换 NC 显示的页面以实现不同的功能
电源开关按钮	机床的电源开关按钮位于 CRT/MDI 面板的左侧,红色、标有“OFF”(全键式)或标有“断”(标准键盘)的按钮为 NC 电源开断,绿色、标有“ON”(全键式)或标有“通”(标准键盘)的按钮为 NC 电源接通

2. MDI方式下执行可编程指令

可以从CRT/MDI面板上直接输入并执行单个程序段，被输入并执行的程序段不被存入程序存储器，例如在MDI方式下输入并执行程序段X－17.5 Y26.7；操作步骤如下。

1）将方式选择开关置为MDI。

2）按PROGRAM键使CRT显示屏显示程序页面。

3）依次按X、－1、7、.5键。

4）按INPUT键输入。

5）按Y、2、6、.7键。

6）按INPUT键输入。

7）按循环启动按钮使该指令执行。

在MDI方式下输入指令只能一个词一个词地输入，如果需要删除一个地址后面的数据，只需输入该地址，然后按CAN键，再按INPUT键。

3. 自动运行方式下执行加工程序

(1) 启动运行程序

首先将方式选择开关置“自动运行”位，然后选择需要运行的加工程序，完成上述操作后按循环启动按钮。

(2) 停止运行程序

当NC执行完一个M00指令时，会立即停止，但所有的模态指令都保持不变，并点亮主操作面板上的M00/M01指示灯，此时按循环启动按钮可以使程序继续执行。当M01开关置有效位时，M01会起到同M00一样的作用。

M02和M30是程序结束指令，NC执行到该指令时，停止程序的运行并发出复位信号。如果是M30，则程序还会返回程序头。

按进给保持按钮也可以停止程序的运行，在程序运行中，按下进给保持按钮使循环启动灯灭，进给保持的红色指示灯点亮，各轴进给运动立即停止，如果正在执行可编程暂停，则暂停计时也停止，如果有辅助功能正在执行的话，辅助功能将继续执行完毕。此时按循环启动按钮程序继续执行。按RESET键可以使程序执行停止并使NC复位。

3.4.2 系统试运行和安全功能实现

1. 程序试运行

使用该功能，可以在不上刀具和不夹工件的情况下直观地看到机床的运行情况。

2. 安全功能

(1) 紧急停止

参考机床使用说明书中关于急停开关的内容，建议除非发生紧急情况，一般不要使用该按钮。

(2) 超程检查

在X、Y、Z三轴返回参考点后，机床坐标系被建立，同时参数给定的各轴行程极限变为有效，如果执行试图超出行程极限的操作，则运动轴到达极限位置时减速停止，并给出软极限报警。需手动使该轴离开极限位置并按复位键后，报警才能解除。该极限由NC直接监控各轴位置来实现，称为软极限。

在各轴的正负向行程软极限外侧，由行程极限开关和撞块构成的超程保护系统被称为硬极限，当撞块压上硬极限开关时，机床各轴迅速停止，伺服系统断开，NC给出硬极限报警。此时需在手动方式下按住超程解除按钮，使伺服系统通电，然后按住超程接触按钮并手动使超程轴离开极限位置。

3.4.3 零件程序的输入、编辑和存储

1. 新程序的注册

向NC的程序存储器中加入一个新的程序号的操作称为程序注册，其操作步骤如下。

1）方式选择开关置“程序编辑”位。

2）程序保护钥匙开关置“解除”位。

3）按PROGRAM键。

4）键入地址O（按O键）。

5）键入程序号（数字）。

6）按INSERT键。

2. 搜索并调出程序

FANUC 0系列数控系统搜索并调出程序有两种方法。其第一种操作步骤如下。

1）方式选择开关置“程序编辑”或“程序自动运行”位。

2）按PROGRAM键。

3）键入地址O（按O键）。

4）键入程序号（数字）。

5）按向下光标键（标有CURSOR的↓键）。

6）搜索完毕后，被搜索程序的程序号会出现在屏幕的右上角。如果没有找到指定的程序号，会出现报警。

第二种操作步骤如下。

1）方式选择开关置“程序编辑”位。

2）按PROGRAM键。

3）键入地址O（按O键）。

4）按向下光标键，所有注册的程序会依次被显示在屏幕上。

3. 插入一段程序

该功能用于输入或编辑程序，方法如下。

1）用一些方法调出需要编辑或输入的程序。

2）使用翻页键和上下光标键，将光标移动到插

入位置的前一个词下。

3）键入需要插入的内容。此时键入的内容会出现在屏幕下方，该位置被称为输入缓存区。

4）按INSERT键，输入缓存区的内容被插入到光标所在的词的后面，光标则移动到被插入的词下。

当输入的内容在输入缓存区时，使用CAN键可以从光标所在位置起一个一个地向前删除字符。程序结束符“;”使用EOB键输入。

4. 删除一段程序

1）调出需要编辑或输入的程序。

2）使用翻页键和上下光标键，将光标移动到需要删除内容的第一个词下。

3）键入需要删除内容的最后一个词。

4）按DELETE键，从光标所在位置开始到被键入的词为止的内容全部被删除。

不键入任何内容直接按DELETE键将删除光标所在位置的内容。如果被键入的词在程序中不止一个，被删除的内容到距离光标最近的一个词为止。如果键入的是一个顺序号，则从当前光标所在位置开始到指定顺序号的程序段都被删除。键入一个程序号后按DELETE键的话，指定程序号的程序将被删除。

5. 修改一个词

1）调出需要编辑或输入的程序。

2）使用翻页键和上下光标键将光标移动到需要被修改的词下。键入替换该词的内容，可以是一个词，也可以是几个词甚至几个程序段（只要输入缓存区容纳得下的话）。

3）按ALTER键，光标所在位置的词将被输入缓存区的内容替代。

6. 搜索一个词

1）方式选择开关置“程序编辑”或“自动运行”位。

2）调出需要搜索的程序。

3）键入需要搜索的词。

4）按向下光标键向后搜索或按向上光标键向前搜索。遇到第一个与搜索内容完全相同的词后，停止搜索并使光标停在该词下方。

3.4.4　数据的显示和设定

1. 刀具偏置值的显示和输入

1）按OFFSET键，显示出刀具偏置页面（如果显示的不是刀具偏置可以再按软件键补偿）。

2）使用翻页键和上下光标键将光标移动到需要修改或需要输入的刀具偏置号前面。

3）键入刀具偏置值。

4）按INPUT键，偏置值被输入。

5）按F/NO.键后键入刀具偏置号，再按INPUT键，可以直接将光标移动到指定的刀具偏置号前。

2. G54～G59工件坐标系的显示和输入

1）按OFFSET键，显示出工件坐标系页面（如果显示的不是工件坐标系可以再按软件键“坐标”）。

2）使用翻页键和上下光标键将光标移动到需要修改或需要输入的位置。

3）键入设定值。

4）按INPUT键，设定值被输入。

3. NC参数的显示和设定

NC参数的第一、二页为设置参数，没有参数号。其内容如表8-3-17所示。

表8-3-17　NC参数的含义

参　数	含　义
REVX、REVY	分别设定 X、Y 轴的镜像状态。设0为镜像OFF,设1为镜像ON
TVON	设置程序和参数输入、输出是否进行TV校验。1为校验,0为不校验
ISO	设定程序和参数输入、输出采用的编码。0为EIA码,1为ISO码
INCH	设定单位制。设1使用英制,设0使用公制
ABS	设定MDI方式下所使用的指令方式。0为增量值指令,1为绝对值指令
SEQ	设定程序编辑状态下是否自动插入顺序号。0为不插入,1为插入

显示和设定参数的方法如下。

1）方式选择开关置MDI位。

2）按PARAM键，此时如果显示的不是参数页，可以按软件键“参数”，显示屏上将显示第一页设置参数。

3）将光标移动到需要修改的参数号前。

4）键入设定值，按INPUT键。

对于第一、二页的设置参数，可以使用光标上下键选择需要修改的参数然后直接输入设定值即可。而对于其他参数来说，必须首先将设置参数PWE改为1，PWE改为1后，NC会给出P/S100号报警，提示参数被修改。PWE置1后，使用PARAM键返回参数页面，按NO.键并键入参数号再按INPUT键可将光标移动到需要修改的参数号前，这时就可以键入参数值再按INPUT键完成参数修改，对于有些参数来说，修改后还会出现P/S000号报警，这说明必须断电后，重新上电才能使参数生效。将所有需要修改的参数修改完毕后按软件键“参数”使页面回到设置参数的第一页，将PWE改为0，再按RESET键可以使P/S100号报警消除，如果还有P/S000号报警的话，则必须断电后再重新上电才能够解除报警。

4. 刀具表的修改

1）方式选择开关置MDI位。

2）按PARAM键。再按软件键“诊断”，显示屏上将显示PMC状态/参数页。

3）按NO.键，然后键入刀具所在的参数号如420（依据机床型号不同而定），再按INPUT键，这时就可以看到PMC参数中的刀具表部分。如果此时已经将PWE置为1的话，就可以直接修改刀具表了。刀具表一定要设定正确，如果与实际不符，将可能严重损坏机床、刀具、夹具或工件，并造成不可预计的后果。

3.5 FANUC 0系列NC编程系统

3.5.1 参考点和坐标系

1. 机械坐标系

为了确定机床的运动方向和移动的距离，就要在机床上建立坐标系，即机械坐标系，亦叫机床坐标系。该坐标系的原点就是“机床原点”，它是由机床制造商规定的，通常不允许用户改变，机床原点是工件坐标系、机床参考点的基准点。数控车床的机床原点一般设在卡盘前端面或卡盘后端面的中心。数控铣床的机床原点，各厂家不一致，有的设在机床工作台的中心，有的设在进给行程的终点。机床参考点是机床坐标系中一个固定不变的点，是用于对机床工作台、滑板与刀具相对运动的测量系统进行标定和控制的点。机床参考点通常设置在机床各轴靠近正向极限的位置上，通过减速行程开关粗定位，由零位点脉冲精确定位。机床参考点对机床原点的坐标是一个已知定值，也就是说，可以根据机床参考点在机床坐标系中的坐标值间接确定机床原点的位置。机床接通电源后，操作返回参考点即可建立坐标系。一次建立坐标系后，只要不切断电源，那么，复位、设定工件坐标系（G92）、设定局部坐标系（G52）等操作均无变化。机床坐标系在机械中是固定的，它通过操作手动返回参考点，以参考点为原点设定机械坐标系。

2. 工件坐标系

工件坐标系是编程人员在编程时设定的坐标系，也称为编程坐标系。FANUC系统确定工件坐标系的方法如下。

1）通过对刀将刀具偏置值写入参数而获得工件坐标系。这种方法操作简单，可靠性好，它通过刀偏与机械坐标系紧密联系在一起，只要不断电，不改变刀偏值，工件坐标系就会存在且不会变，即使断电，重启后回参考点，工件坐标系还在原来的位置。

2）用G50设定坐标系，对刀后将刀移动到G50设定的位置才能加工，对刀时先对准基准刀，其他刀的刀偏都是相对于基准刀的。

3）MDI参数，运用G54～G59可以设定六个坐标系，这种坐标系相对于参考点是不变的，与刀具无关。这种方法适用于批量生产且工件在卡盘上有固定装夹位置的加工。

3. 局部坐标系

在工件坐标系中编程时，在工件坐标系内设有子坐标系，这样比较便于编程。把这个子坐标系称为局部坐标系。根据G52指令，在所有的坐标系内（G54～G59），可以设定子坐标系，即局部坐标系。各坐标系的原点变为各工件坐标系中的位置。一旦坐标系被设定，以后指令的绝对值方式（G90）的移动指令，变为局部坐标系中的坐标值。要变更局部坐标系时，同样可用G52在工件坐标系中指令新的局部坐标系原点的位置实现。局部坐标系的设定不改变工件和机床坐标系。当用G50定义工件坐标时，如果没有为局部坐标系中的任何轴指定坐标值，则局部坐标系被取消。

4. 参考点

参考点是机床上的一个固定的点，它的位置由各轴的参考点开关和撞块位置以及各轴伺服电动机的零点位置来确定。关于参考点的指令（G27、G28、G29及G30）如表8-3-18所示。

3.5.2 插补功能

1. 插补分类

插补主要有三大类，其详细内容如表8-3-19所示。

2. 快速定位（G00）

G00这条指令所作的就是使刀具以快速的速率移动到IP _指定的位置，被指令的各轴之间的运动是互不相关的，也就是说刀具移动的轨迹不一定是一条直线。G00指令下，快速倍率为100%时，各*X*、*Y*、*Z*轴运动的速度均为15m/min，该速度不受当前F值的控制。当各运动轴到达运动终点并发出位置到达信号后，CNC认为该程序段已经结束，并转向执行下一程序段。

位置到达信号：当运动轴到达的位置与指令位置之间的距离小于参数指定的到位宽度时，CNC认为该轴已到达指令位置，并发出一个相应信号即该轴的位置到达信号。

G00编程举例：

起始点位置为X－50，Y－75；指令G00 X150，Y25；将使刀具走出如图8-3-23所示轨迹。

表 8-3-18　参考点的指令

指　　令	格　式	含　　义
自动返回参考点 （G28）	G28IP _	该指令使指令轴以快速定位进给速度经由 IP 指定的中间点返回机床参考点，中间点的指定既可以是绝对值方式的也可以是增量方式的，这取决于当前的模态。一般地，该指令用于整个加工程序结束后使工件移出加工区，以方便卸下加工完毕的工件和装夹待加工的工件。为了安全起见，在执行该命令以前应取消刀具半径补偿和长度补偿。执行手动返回参考点以前执行 G28 指令时，各轴从中间点开始的运动与手动返回参考点的运动是一样的，从中间点开始的运动方向为正向 G28 指令中的坐标值将被 NC 作为中间点存储，另一方面，如果一个轴没有被包含在 G28 指令中，NC 存储的该轴的中间点坐标值将使用以前的 G28 指令中所给定的值。例如： N1　X20.0　Y54.0； N2　G28 X－40.0　Y－25.0；中间点坐标值(－40.0，－25.0) N3　G28 Z31.0；　　　　中间点坐标值(－40.0，－25.0，31.0)
从参考点自动返回 （G29）	G29IP _	该命令使被指令轴以快速定位进给速度从参考点经由中间点运动到指令位置，中间点的位置由以前的 G28 或 G30 指令确定。一般该指令用在 G28 或 G30 之后，被指令轴位于参考点或第二参考点的时候 在增量值方式模态下，指令值为中间点到终点（指令位置）的距离
参考点返回检查 （G27）	G27IP _	该命令使被指令轴以快速定位进给速度运动到 IP 指令的位置，然后检查该点是否为参考点，如果是，则发出该轴参考点返回的完成信号（点亮该轴的参考点到达指示灯）；如果不是，则发出一个报警，并中断程序运行 在刀具偏置的模态下，刀具偏置对 G27 指令同样有效，所以一般来说执行 G27 指令以前应该取消刀具偏置（半径偏置和长度偏置）。在机床闭锁开关置上位时，NC 不执行 G27 指令
返回第二参考点 （G30）	G30IP _	该指令的使用和执行都和 G28 非常相似，唯一不同的就是 G28 使指令轴返回机床参考点，而 G30 使指令轴返回第二参考点 第二参考点也是机床上的固定点，它和机床参考点之间的距离由参数给定，第二参考点指令一般在机床中主要用于刀具变换，因为机床的 *Z* 轴的换刀点为 *Z* 轴的第二参考点，也就是说，刀具变换之前必须先执行 G30 指令。用户的零件加工程序中，在自动换刀前必须编写 G30，否则执行 M06 指令会产生报警。被指令轴返回到第二参考点完成后，该轴的参考点指示灯即闪烁，以指示返回第二参考点的完成，机床 *X* 和 *Y* 轴的第二参考点出厂时的设定值与机床参考点重合，如有特殊需要可以设定 735、736 号参数

表 8-3-19　插补的分类

名　　称	格　式	简　　介
快速定位 （G00）	G00 IP _；	IP_代表任意不超过三个进给轴地址的组合，一般机床有三个或四个进给轴，即 X、Y、Z、A，所以 IP_可代表如 X12、Y119、Z－37 或 X287.3、Z73.5、A45 等内容，G00 这条指令所作的就是使刀具快速移动到 IP_指定的位置，被指令的各轴之间的运动是互不相关的，也就是说刀具移动的轨迹不一定是一条直线
直线插补（G01）	G01 IP _ F _；	G01 指令使当前的插补模态成为直线插补模态，刀具从当前位置移动到 IP 指定的位置，其轨迹是一条直线。F_指定了刀具沿直线运动的速度，单位是 mm/min（*X*、*Y*、*Z* 轴）。该指令是当前最常用的指令之一
圆弧插补 （G02/G03）	在 *XY* 平面 G17{G02/G03}X _ Y _{(I _ J _)/R _}F _； 在 *XZ* 平面 G18{G02/G03}X _ Z _{(I _ K _)/R _}F _； 在 *YZ* 平面 G19{G02/G03}Y _ Z _{(J _ K _)/R _}F _；	可以使用刀具沿圆弧轨迹运动

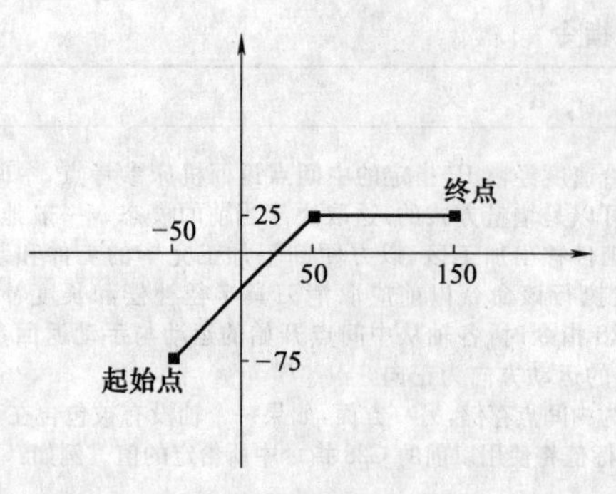

图 8-3-23　刀具快速定位轨迹

3. 直线插补（G01）

G01 指令使当前的插补模态成为直线插补模态，刀具从当前位置移动到 IP 指定的位置，其轨迹是一条直线，F_指定了刀具沿直线运动的速度，单位为 mm/min（*X*、*Y*、*Z* 轴）。

假设当前刀具所在点为 X−50，Y−75，则如下程序段：

N1 G01 X150 Y25 F100；

N2 X50 Y75；

使刀具走出如图 8-3-24 所示的轨迹。

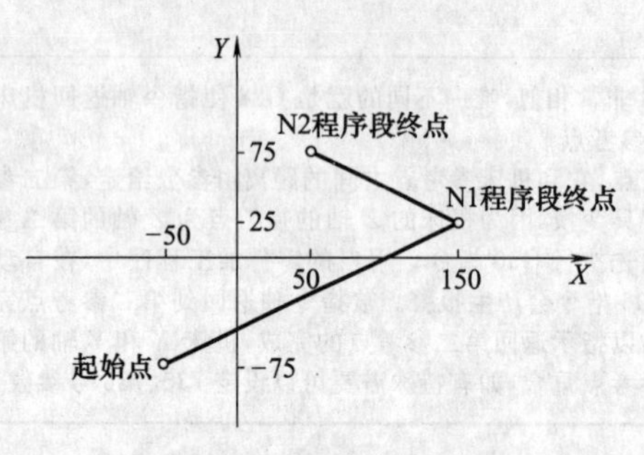

图 8-3-24　刀具直线插补轨迹

可以看到，程序段 N2 并没有指令 G01，由于 G01 指令为模态指令，所以 N1 程序段中所指令的 G01 在 N2 程序段中继续有效，同样地，指令 F100 在 N2 段也继续有效，即刀具沿两端直线的运动速度都是 100mm/min。

4. 圆弧插补（G02/G03）

下面所列的指令可以使刀具沿圆弧轨迹运动。各个指令的含义如表 8-3-20 所示。

在 *XY* 平面

G17{G02/G03}X_Y_{(I_J_)/R}F_；

在 *XZ* 平面

G18{G02/G03}X_Z_{(I_K_)/R}F_；

在 *YZ* 平面

G19{G02/G03}Y_Z_{(J_K_)/R}F_；

关于圆弧的方向，对于 *XY* 平面来说，是由 *Z* 轴的正向往 *Z* 轴负向看 *XY* 平面所看到的圆弧方向，同样，对于 *XZ* 平面或 *YZ* 平面来说，观测的方向则应该是从 *Y* 轴或 *X* 轴的正向到 *Y* 轴或 *X* 轴的负向。适用于右手坐标系如图 8-3-25 所示。

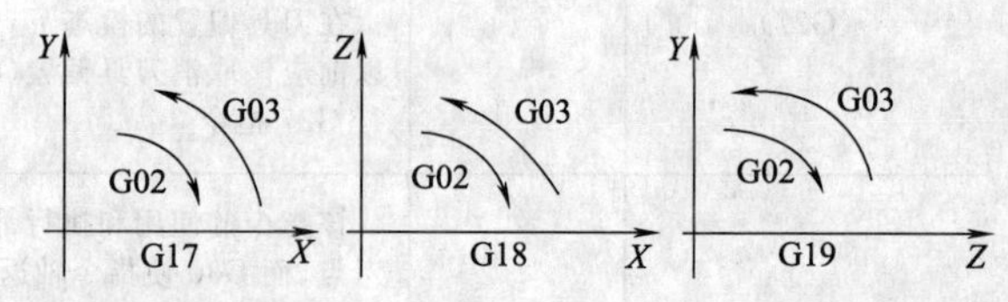

图 8-3-25　不同平面右手坐标系的选择

圆弧的终点由地址 X、Y 和 Z 来确定。在 G90 模态，即绝对值模态下，地址 X、Y、Z 给出了圆弧终点在当前坐标系中的坐标值；在 G91 模态，即增量值模态下，地址 X、Y、Z 给出的则是在各坐标轴方向上当前刀具所在点到终点的距离。

表 8-3-20　指令含义

数据内容		指令	含义
平面选择		G17	指定 *XY* 平面上的圆弧插补
		G18	指定 *XZ* 平面上的圆弧插补
		G19	指定 *YZ* 平面上的圆弧插补
圆弧方向		G02	顺时针方向的圆弧插补
		G03	逆时针方向的圆弧插补
终点位置	G90 模态	X、Y、Z 中的两轴指令	当前工件坐标系中终点位置的坐标值
	G91 模态	X、Y、Z 中的两轴指令	从起点到终点的距离(有方向的)
起点到圆心的距离		I、J、K 中的两轴指令	从起点到圆心的距离(有方向的)
圆弧半径		R	圆弧半径
进给率		F	沿圆弧运动的速度

在X方向，地址I给定了当前刀具所在点到圆心的距离，在Y和Z方向，当前刀具所在点到圆心的距离分别由地址J和K来给定，I、J、K的值的符号由它们的方向来确定。

对一段圆弧进行编程除了用给定终点位置和圆心位置的方法外，还可以用给定半径和终点位置的方法对一段圆弧进行编程，用地址R来给定半径值，替代给定圆心位置的地址。R的值有正负之分，一个正的R值用来编程一段小于180°的圆弧，一段负的R值用来编程一段大于180°的圆弧。编写一个整圆程序只能使用给定圆心的方法。

3.5.3 进给功能

1. 进给速度

数控机床的进给一般可以分为两类：快速定位进给和切削进给。

1）快速定位进给在指令G00、手动快速移动以及固定循环时的快速进给和点位运动时出现。快速定位进给的速度是由机床参数给定的，并由快速倍率开关加上100%、50%、25%即F0的倍率。

2）切削进给出现在G01、G02、G03以及固定循环中加工进给的情况下，切削进给的速度由地址F给定。在加工程序中，F是一个模态的值，即在给定一个新的F值之前，原来编程的F值一直有效。切削进给的速度还可以由操作面板上的进给倍率开关来控制，实际的切削进给速度应该为F的给定值与倍率开关给定倍率的乘积。

2. 自动加减速控制

自动加减速控制作用于各轴运动的启动和停止的过程中，以减小冲击并使得启动和停止的过程平稳，为了同样的目的，自动加减速控制也作用于进给速度变换的过程中。对于不同的进给方式，NC使用了不同的加减速控制方式。

1）快速定位进给：使用线性加减速控制，各轴的加减速时间常数由参数控制（522～525号参数）。

2）快速定位进给：用指数加减速控制，加减速时间常数由530号参数控制。

3）手动进给：使用指数加减速控制，各轴的加减速时间常数也由参数控制，参数号为601～604。

3. 切削方式（G64）

一般，为了有一个好的切削条件，通常希望刀具在加工工件时要保持线速度的恒定。在切削方式G64模态下，两个切削进给程序段之间的过渡是这样的：在前一个运动接近指令位置并开始减速时，后一个运动开始加速，这样就可以在两个插补程序段之间保持恒定的线速度。可以看出在G64模态下，切削进给时，NC并不检查每个程序段执行时各轴的位置到达信号，并且在两个切削进给程序段的衔接处使刀具走出一个小小的圆角。

4. 精确停止（G09）及精确停止方式（G61）

如果在一个切削进给的程序段中有G09的指令给出，则刀具接近指令位置时会减速，NC检测到位置到达信号后才会继续执行下一程序段。这样，在两个程序段之间的衔接处，刀具将会走出一个很尖锐的角。要加工这个角时可以使用这条指令。使用G61可以实现同样的功能，G61与G09的区别就是G09是一条非模态的指令，而G61是模态指令，即G09只能在它所在的程序段中起作用，不影响模态的变化，而G61可以在以后的程序段中一直起作用，直到程序中出现G64或G63为止。

5. 暂停（G04）

作用：在两个程序段之间产生一段时间的暂停。

格式：G04 P_；或G04 X_；

地址P或X给定暂停的时间，以s为单位，范围是0.001～9999.999s。如果没有P或X，G04在程序中的作用与G09相同。

3.5.4 辅助功能

1. M代码

在机床中，M代码分为两类：一类由NC直接执行，用来控制程序的执行；另一类由PMC来执行，控制主轴、ATC装置、冷却系统。M代码及其功能如表8-3-21所示。一般情况下，一个程序段中，M代码最多可以有一个。

表8-3-21 M代码及其功能

M代码	功　能
M00	程序停止
M01	条件程序停止
M02	程序结束
M03	主轴正转
M04	主轴反转
M05	主轴停止
M06	刀具交换
M08	冷却开
M09	冷却关
M18	主轴定向接触
M19	主轴定向
M29	刚性攻螺纹
M30	程序结束并返回程序头
M98	调用子程序
M99	子程序结束返回/重复执行

表 8-3-22 程序组成及含义

程序组成	含义
纸带程序起始符(Tape Start)	该部分在纸带上用来标识一个程序的开始，符号是“%”。在机床操作面板上直接输入程序时，该符号由NC自动产生
前导(Leader Section)	第一个换行(LF)(ISO代码的情况下)或回车(CR)(ELA代码的情况下)前的内容被称为前导部分，该部分与程序执行无关
程序起始符(Program Start)	该符号标识程序正文部分的开始，ISO代码为LF，ELA代码为CR，在机床操作面板上直接输入程序时，该符号由NC自动产生
程序正文(Program Section)	位于程序起始符和程序结束符之间的部分为程序正文，在机床操作面板上直接输入程序时，输入和编辑的就是该部分。程序正文的结构参考下面的内容
注释(Comment Section)	在任何地方，一对圆括号之间的内容为注释部分，NC对这部分内容只显示，在执行时不予理会
程序结束符(Program End)	用来标识程序正文的结束
纸带程序结束符(Tape End)	用来标识纸带程序的结束，符号为“%”。在机床操作面板上直接输入程序时，该符号由NC自动产生

2. T代码

机床刀具库使用任意选刀方式，即由两位的T代码TXX指定刀具号而不必管这把刀在哪一个刀套中，地址T的取值范围可以是1～99之间的任意整数。在M06之前必须有一个T代码，如果T指令和M06出现在同一程序段中，则T代码也要写在M06之前。

3. 主轴转速指令（S代码）

一般机床主轴转速范围是20～6000r/min。主轴的转速指令由S代码给出，S代码是模态的，即转速值给定后始终有效，直到另一个S代码改变模态值。主轴的旋转指令则由M03或M04实现。

4. 刚性攻螺纹指令（M29）

指令M29XXX，机床进入刚性攻螺纹模态，在刚性攻螺纹模态下，Z轴的进给和主轴的转速建立起严格的位置关系，这样，使螺纹孔的加工可以非常方便地进行。

3.5.5 程序结构

1. 程序结构

早期的NC加工程序，是以纸带为介质存储的，为了保持与以前系统的兼容性，所用的NC系统也可以使用纸带作为存储的介质，所以一个完整的程序还应包括由纸带输入输出程序所必需的一些信息。程序组成及含义如表8-3-22所示。

表 8-3-23 代码列表

ISO代码	EIA代码	含义
M02LF	M02CR	程序结束
M30LF	M30CR	程序结束，返回程序头
M99LF	M99CR	子程序结束

2. 程序正文结构

(1) 地址和词

在加工程序的正文中，一个英文字母被称为一个地址，一个地址后面跟着一个数字就组成了一个词。每个地址有不同的意义，它们后面所跟的数字也因此具有不同的格式和取值范围，如表8-3-24所示。

(2) 程序段结构

程序段是构成加工程序的基本单位，一个加工程序由许多程序段构成。程序段由一个或更多的词构成并以程序段结束符（EOB、ISO代码为LF，EIA代码为CR，屏幕显示为“;”）作为结尾。另外，一个程序段的开头可以有一个可选的顺序号NXXXX用来标识该程序段，一般顺序号有两个作用：一是运行程序时便于监控程序运行的情况，因为任何时候，程序号和顺序号总是显示在CRT的右上角；二是在分段跳转时，必须使用顺序号来标识调用或跳转位置。

(3) 主程序和子程序

加工程序分为主程序和子程序，一般，NC执行主程序的指令，但当执行到一条子程序调用指令时，NC转向子程序，在子程序中执行到返回指令时，再回到主程序。

当加工程序需要多次运行一段同样的轨迹时，可以将这段轨迹编成子程序存储在机床的程序存储器中，每次在程序中需要执行这段轨迹时便可以调用该子程序。

当一个主程序调用一个子程序时，该子程序可以调用另一个子程序，这样的情况，称为程序的两重嵌套。一般机床可以允许最多达四重的子程序嵌套。在调用子程序指令中，可以指令重复执行所调用的子程序，可以指令重复最多达999次。

表 8-3-24　地址及词的格式、取值范围及含义

功　能	地　址	取值范围	含　义
程序号	O	1～9999	程序号
顺序号	N	1～9999	顺序号
准备功能	G	00～99	指定数控功能
尺寸定义	X,Y,Z	−99999.999～+99999.999mm	坐标位置值
	R		圆弧半径,圆角半径
	I,J,K	−9999.999～+9999.999mm	圆心坐标位置值
进给速率	F	1～100.000mm/min	进给速率
主轴转速	S	1～4000r/min	主轴转速值
选刀	T	1～99	刀具号
辅助功能	M	0～99	辅助功能 M 代码号
刀具偏置号	H,D	1～200	指定刀具偏置号
暂停时间	P,X	0～99999.999s	暂停时间
指定程序号	P	1～9999	调用子程序用
重复次数	P,L	1～999	调用子程序用
参数	P,Q	P 为 0～99999.999 Q 为−99999.999～+99999.999mm	固定循环参数

一个子程序应该具有如下格式：

OXXXX；　子程序号

…………；

…………；　子程序内容

…………；

…………；

M99；　　返回子程序

在程序的开始，应该有一个由地址 O 指定的子程序号。在程序的结尾，返回主程序的指令 M99 是必需的。M99 可以不必出现在一个单独的程序段中，作为子程序的结尾，这样的程序段也是可以的：

G90 G00 X0 Y100，M99；

在主程序中，调用子程序的程序段应包含如下内容：

M98 PXXXXXXX；

在这里，地址 P 后面所跟的数字中，后面的四位用于指定被调用的子程序的程序号，前面的三位用于指定调用的重复次数。

M98 P51002；调用 1002 号子程序，重复 5 次

M98 P11002；调用 1002 号子程序，重复 1 次

M98 P50004；调用 4 号子程序，重复 5 次

子程序调用指令可以和运动指令出现在同一程序段中：

G90 G00 X−75，Y50，Z53，M98，P40035。

该程序段指令 X、Y、Z 三轴以快速定位进给速度运动到指令位置，然后调用执行 4 次 35 号子程序。

包含子程序调用的主程序，程序执行顺序如图 8-3-26 所示。

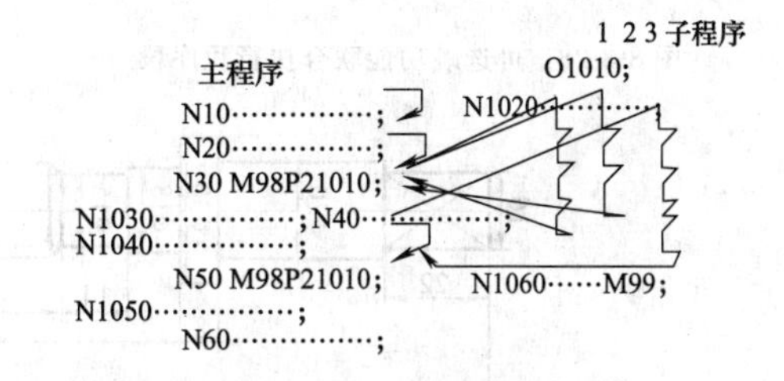

图 8-3-26　程序执行顺序

和其他 M 代码不同，M98 和 M99 执行时，不向机床侧发送信号。当 NC 找不到地址 P 指定的程序号时，发出 P/S078 报警。

子程序调用指令 M98 不能在 MDI 方式下执行，如果需要单独执行一个子程序，可以在程序编辑方式下编辑如下程序，并在自定运行方式下执行。

X XXX；

M98 PXXXX；

M02（或 M30）；

在 M99 返回主程序指令中，可以用地址 P 来指定一个顺序号。当这样的一个 M99 指令在子程序中被执行时，返回主程序后并不是执行紧接着调用子程序的程序段后的那个程序段，而是转向执行具有地址

P指定的顺序号的那个程序段。如图8-3-27所示。

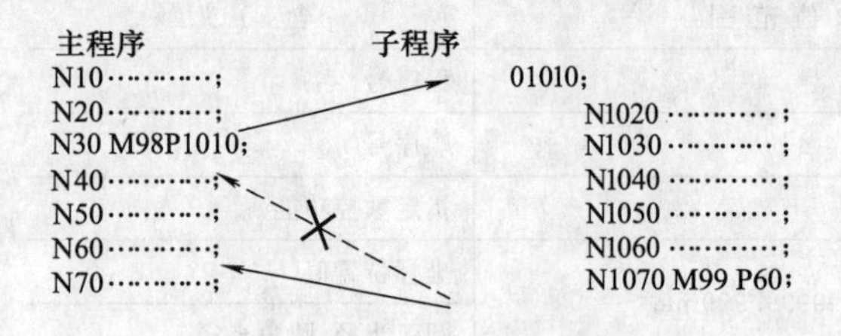

图 8-3-27 转向指定顺序号的程序段

这种主-子程序的执行方式只有在程序存储器中的程序能够使用。

如果M99指令出现在主程序中，执行到M99指令时，将返回程序头，重复执行该程序。该情况下，如果M99指令中出现地址P，则执行该指令时，跳转到顺序号为地址P指定的顺序号的程序段。大部分的情况下，将该功能与可选跳功能联合使用。如图8-3-28所示。

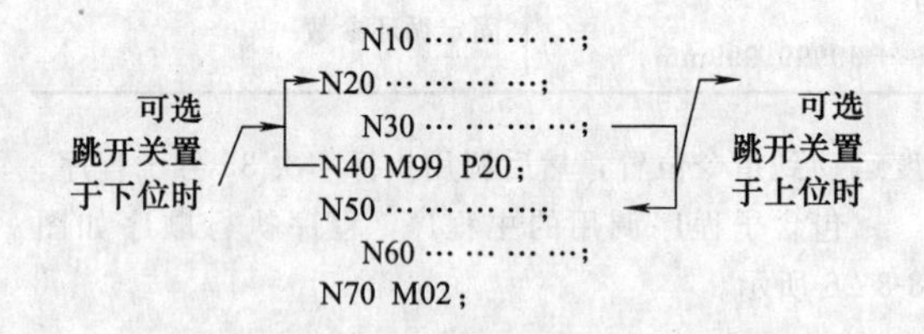

图 8-3-28 可选跳功能联合执行程序段

当可选跳段开关置于下位时，跳段标识符不起作用，M99P20被执行，跳转到N20程序段，重复执行N20及N30（如果M99指令中没有P20，则跳转到程序头，即N10程序段），当可选跳段开关置于上位时，标识符起作用，该程序段被跳过，N30程序段执行完毕后执行N50程序段，直到N70 M02；结束程序的执行，注意一点，如果包含M02、M30或M99的程序段前面有跳转标识符“/”，则该程序段不被认为是程序的结束。

3.6 FANUC数控系统数控编程

3.6.1 数控车床编程实例

梯形螺纹编程加工实例如下。

如图8-3-29所示，工件材料为45钢，为100mm平口虎钳的丝杠。利用FANUC 0i系统配备的CK6132数控车床加工Tr20×4-7h的梯形螺纹，长度为130mm。工艺分析：①采用一夹一顶方式进行装夹，用铜皮包住ϕ20的台阶，夹持该部分，并且用ϕ30抵住卡盘；②选用高速钢车刀，采用斜进法进行低速车削加工。主轴转速100～120r/min，梯形螺纹刀安装在1号刀位。选用G32螺纹加工指令用宏程序进行编程。

该程序是一个综合程序，可以加工丝杠、蜗杆、螺纹切削循环（内螺纹、外螺纹）等。

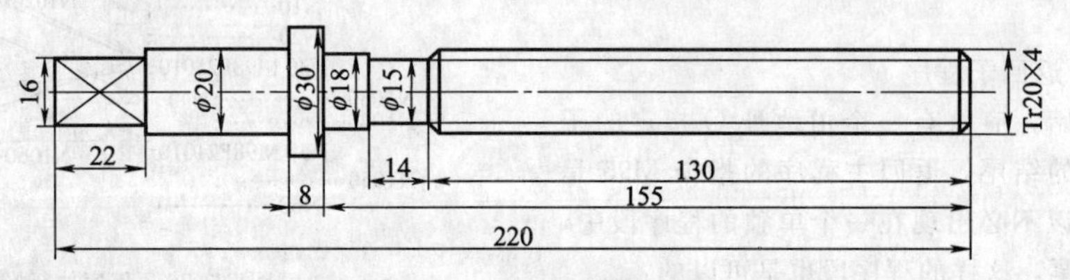

图 8-3-29 梯形螺纹示意图

00001	程序号
N10＃500＝0	外螺纹＝0,内螺纹＝1
N20＃501＝1	螺纹头数
N30＃502＝15	α＝15°
N40＃503＝15	β＝15°
N50＃504＝0.5	每层第一刀X方向切深(半径值)
N60＃505＝0.15	每刀X方向切深(半径值)
N70＃506＝18	节圆(分度圆或螺纹中径)直径
N80＃507＝12	蜗杆模数(此丝杠不用该参数)
N90＃508＝20	螺纹公径
N100＃509＝2.25	齿高(半径值)
N110＃510＝4	导程

```
N120＃511=20                                  起刀点 Z 坐标
N130＃512=-135                                退刀点 Z 坐标
N140＃513=2.6                                 X 方向每层切深(半径值)
N150＃514=0.3                                 Z 方向每刀切深
N160＃515=3                                   刀尖宽
N170＃516=＃508+10
N180 IF[＃500EQ1]T HEN ＃516=＃508-1
N190 ＃517=TAN[＃502]+TAN[＃503]
N200 ＃518=[＃510/＃501+ABS[＃508-＃506]*＃517]/2   齿顶槽宽
N210 ＃519=0                                  左、右螺旋判断(0 为右、1 为左)
N220 ＃520=0                                  0 加工第一侧面和底面;1 只加工第一侧面
N230 ＃521=0                                  精加工第二侧面判断( 0 为否、1 为是)
N240 ＃522=＃513                              当前层的层底深度( 半径值)
N250 ＃523=＃504                              当前加工深度( 半径值)
N260 ＃524=0                                  当前 Z 方向窜刀量
N270 T0101
N280 M07
N290 M08
N300 M03 S100
N310 IF[＃522GT ＃509]THEN ＃522=＃509
N320 IF[＃523GT ＃522]THEN ＃523=＃522
N330 ＃525=＃518-＃523*＃517-＃515
N340 IF[＃521EQ1]THEN＃524=＃525
N350 IF[＃524GT ＃525]THEN ＃524=＃525
N360 ＃526=＃511-＃523*TAN[＃502]-＃524
N370 IF[＃519EQ1]THEN ＃526=＃511+＃523*TAN[＃503]+＃524
N380 ＃527=＃508-2*＃523
N390 IF[＃500EQ1]THEN ＃527=＃508+2*＃523
N400 ＃528=0
N410 IF[＃528GE＃501]GOTO490
N420 ＃529=360000*＃528/ ＃501
N430 G00 Z＃526
N440 X＃527
N450 G32 Z＃512 F＃510 Q＃529
N460 G00 X＃516
N470 ＃528=＃528+1
N480 GOTO410
N490 IF[＃523NE＃522]GOTO550
N500 IF[＃520EQ1]GOTO550
N510 IF[＃521EQ1]GOTO550
N520 IF[＃524EQ＃525]GOTO580
N530 ＃524=＃524+＃514
N540 GOTO350
N550 IF[＃523EQ＃522]GOTO580
N560 ＃523=＃523+＃505
N570 GOTO320
N580 IF[＃522EQ＃509]GOTO630
```

第 8 篇

```
N590 #524=0
N600 #522=#522+#513
N610 #523=#523+#504
N620 GOTO310
N630 G00 Z#511
N640 M09
N650 M30
```

程序说明：

1）加工前，用单步试运行程序，检查机床参数中各值与实际加工所需参数是否相等。如不等，则需修改程序中的参数值。

2）该程序是一个综合程序，加工丝杠或螺纹时#508、#509、#510需计算后直接输入。

3）当#519=0时，起刀点在工件右端时，该程序加工右旋螺纹，槽的右侧面为第一面；当#519=1时，起刀点在工件的左端时，该程序加工左旋螺纹，槽的左侧为第一面。

4）当#513=#509、#505=#504=刀刃长时，该程序精加工槽的第一侧面；当#521=1时，加前述条件时，该程序精加工槽的第二侧面。

5）中断加工后，继续加工前，需将程序中#522、#523、#524的值改为机床中对应参数值。

6）加工时可根据加工状况，随时更改机床参数中#504、#505、#509、#513、#514、#522、#523的值（更改时要注意：#523要小于或等于当前#522的值，#522要小于或等于当前#509的值）。

注：当α、β不等时，内螺纹与外螺纹的α、β不在同一位置上，应相互交换。

精度控制方法：

1）首先把梯形螺纹粗车出，然后通过样板、螺纹规、三针测量检验，如果精度还没达到实际值，通过磨耗的修改控制其精度。

2）把刀宽宽度#515参数设置改小，从而螺纹的槽加大。

3）如果X轴向到达深度，可以把#505设置为0，再设置Z轴的磨耗，在单段方式下控制其精度。

3.6.2 数控铣床及加工中心编程实例

1. 数控铣床编程实例

(1) 零件图分析

如图8-3-30所示，编制一个宏程序加工椭圆形零件的内腔。毛坯为100mm×100mm×25mm，材料为45钢。已知椭圆的长半轴长40mm，短半轴长32mm，椭圆长半轴与X轴成45°夹角，深度为15mm。零件图如图8-3-31所示。

图8-3-30　椭圆形零件的内腔编程

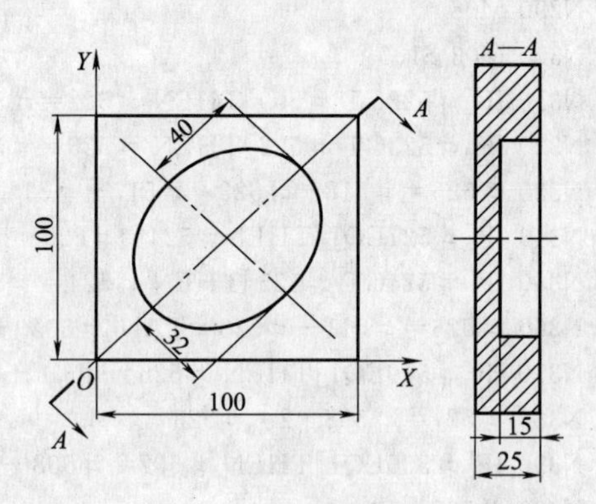

图8-3-31　零件图分析

(2) 工艺分析

1）程序原点及工艺路线　采用平口钳装夹，工件坐标系原点设定在工件表面中心处。

本例为椭圆形零件的内腔加工，在工程上虽然常见，但本例的难点在于椭圆的长轴与X轴成45°夹角，为使程序简洁，在编制宏程序时采用旋转坐标系指令G68。

加工方式为：使用平面立铣刀，每次从中心下刀，向X正方向走一段距离，逆时针走椭圆，采用顺铣方式。为避免最后一刀垂直进刀产生刀痕，最后一刀加工采用四分之一圆弧切入、切出的方式，切出后返回中心，进给到下一层，直至达到预定深度。

2）变量设定

#1=(A)　　*椭圆长半轴长

#2=(B)　　*椭圆短半轴长

#3=(C)　　*椭圆内腔深度

#4=(I)　　*椭圆长半轴与X轴夹角

#7=(D) *平底立铣刀半径
#9=(F) *进给速度
#11=(H) *Z方向自变量赋初值
#17=(Q) *每次加工深度
#24=(X) *椭圆中心X坐标值
#25=(Y) *椭圆中心Y坐标值

3）刀具选择 ϕ20平底立铣刀

(3）参考程序

1）主程序

```
O0532;
G91 G28 Z0.;
G17 G40 G49 G80;
G54 G90 G00 X0. Y0.;
G43 H01 Z30.;
S1200 M03;
G65 P1532 X50. Y50. A40. B32. C15. I45. D10. H0. Q1.5. F200;
M05;
M30;
```

2）子程序

```
O1532;
G52 X#24 Y#25;                       *在椭圆中心建立局部坐标系
G68 X0. Y0. R#4;                     *坐标系旋转#4
G00 X0. Y0.;                         *快速移动到局部坐标系零点
Z[#11+2.];                           *快速移动到#11+2.面
#8=1.6*#17;                          *跨度设为刀具半径的1.6倍
WHILE[#11GT#3]D01;                   *当#11>#3时,循环1继续
#11=#11-#17;                         *#11递减#17
G01 Z#11 F[0.2*#9];                  *直线插补当前加工平面
#5=#1-#7;                            *刀具中心在内腔中X方向移动最大距离
#10=#2-#7;                           *刀具中心在内腔中Y方向移动最大距离
#20=FIX[#12GE1.]D02;                 *当#12≥1.时,循环2继续
#21=#5-#12*#8;                       *每圈需移动的椭圆的长半轴目标值
#22=#10-#12*#8;                      *每圈需移动的椭圆的短半轴目标值
G01 Y#22 F[0.88#9];                  *直线插补到当前位置
#13=90.;                             *#13赋值90.
WHILE[#13LE450.]D03;                 *#13≤450.时,循环3继续
#27=#21*COS[#13];                    *椭圆上一点的X坐标值
#28=#22*SIN[#13];                    *椭圆上一点的Y坐标值
G01 x#27 Y#28 F#9;                   *以G01逼近加工椭圆
#13=#13+0.5;                         *#13递增0.5
END3;                                *循环3结束
#12=#12-1.;                          *#12递减1.
END2;                                *循环2结束
G01 X0. Y0. F[3*#9];                 *回局部坐标系零点
G41 X#2 D01;                         *加入刀具半径补偿
G03 X0. Y#2 R#2 F#9;                 *四分之一圆弧切入
#14=90.;                             *#14赋值90.
N10 #29=#5*COS[#14];                 *最后一刀椭圆上一点的X坐标值
#30=#10*SIN[#14];                    *最后一刀椭圆上一点的Y坐标值
```

```
G01 X#29 Y#30 F[0.8*#9];              *以G01逼近加工椭圆每层的最后一刀
#14=#14+0.5;                          *#14递增0.5
IF[#14LE450.]G0T010;                  *如果#14≤450.,跳转至N10
G03 X-#2 Y0.R#2 F[3*#9];              *四分之一圆弧切出
G01 G40 X0. Y0.;                      *取消刀补
END1;                                 *循环1结束
G00 Z30.;                             *快速提刀到初始平面
G69;                                  *取消坐标系旋转
G52 X0. Y0.;                          *取消局部坐标系
M99;                                  *程序结束并返回
```

2. 加工中心编程实例

如图8-3-32所示的工件，毛坯为ϕ25mm×65mm棒材，材料为45钢。

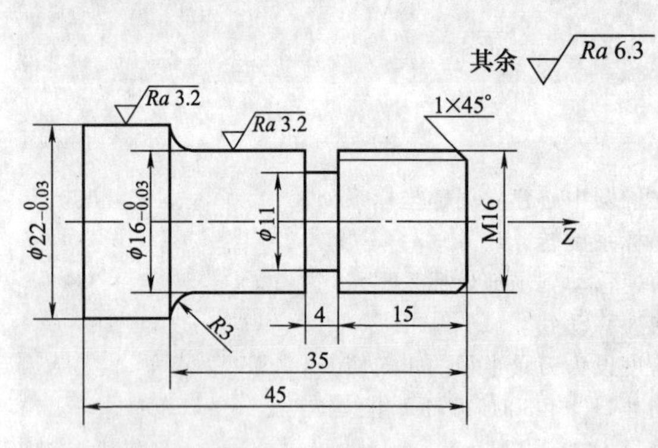

图8-3-32 轴零件示意图

工艺分析如下。

1）根据零件图样要求、毛坯情况，确定工艺方案及加工路线。

2）对短轴类零件，轴心线为工艺标准，用三爪自定心卡盘夹持ϕ25mm外圆，一次装夹完成粗精加工。

粗车外圆，基本采用阶梯切削路线，为编程时数值计算方便，圆弧部分可用同心圆车圆弧法，分三刀切完。

自右向左精车右端面及各外圆面：车右端面→倒角→切削螺纹外圆→车ϕ16mm外圆→车R3mm外圆→车ϕ22mm外圆，切槽，切螺纹，切断。

3）选择机床设备。根据零件图样要求，选用经济型数控车床即可达到要求。故选用CJK6136D型数控卧式车床。

4）选择刀具。根据加工要求，选用四把刀具。T01为粗加工刀，选90°外圆车刀；T02为精加工刀，选尖头车刀；T03为切槽刀，刀宽为4mm；T04为60°螺纹刀。同时把四把刀在四工位自动换刀刀架上安装好，且都对好刀，把它们的刀偏值输入相应的刀具参数中。

5）确定切削用量。切削用量的具体数值应根据机床性能、相关的手册并结合实际经验确定。

6）确定工具坐标系、对刀点和换刀点。确定以工件右端面与轴心线的交点O为工件原点，建立XOZ工件坐标系。采用手动试切对刀方法，把点O作为对刀点。换刀点设置在工件坐标系下X150、Z150处。

7）编写程序

```
N0010  G00  Z2  S500  T01.01  M03          ;粗车外圆φ22mm
N0020  X11
N0030  G01  Z-50  F100
N0040  X15
N0050  G00  Z2
N0060  X9.5                                ;粗车外圆的φ19mm
N0070  G01  Z-32  F100
N0080  G91  G02  X1.5  Z-1.5  I1.5  K0     ;粗车圆弧一刀得R1.5mm
N0090  G90  G00  X15
N0100  Z2
N0110  X8.5                                ;粗车外圆得φ17mm
N0120  G01  Z-32  F100
```

```
N0130  G91  G02  X2.5  Z-2.5  I2.5  K0               ;粗车圆弧两刀得 R3mm
N0140  G90  G00  X15  Z150
N0150  T02.02                                        ;精车刀,调整车刀刀偏值
N0160  X0  Z2
N0170  G01  Z0  F50  S800                            ;精加工
N0180  X7
N0190  X8  Z-1
N0200  Z-32
N0210  G91  G02  X3  Z-3  I3  K0
N0220  G90  G01  X11  Z-50
N0230  G00  X15
N0240  Z150
N0250  T03.03                                        ;换切槽刀,调切槽刀刀偏值
N0260  G00  X10  Z-19  S250  M03                     ;割槽
N0270  G01  X5.5  F80
N0280  X10
N0290  G00  X15   Z150
N0300  T04.04                                        ;换螺纹刀,调螺纹刀刀偏值
N0310  G00  X8  Z5  S200  M03                        ;至螺纹循环加工起始点
N0320  G86  Z-17  K2  I6  R1.08  P9  N1              ;车螺纹循环
N0330  G00  X15  Z150
N0340  T03.03                                        ;换切槽刀,调切槽刀刀偏值
N0350  G00  X150  Z-49  S200  M03                    ;切断
N0360  G01  X0  F50
N0370  G00  X150  Z150
N0380  M02
```

第  章 FAGOR 数控系统

4.1 FAGOR 8070 数控系统

4.1.1 FAGOR 8070 数控系统参数

数控系统都有大量的参数，一套 CNC 系统配置的数控机床有许多重要参数要设定。这些参数设置正确与否直接影响数控机床的使用和其性能的发挥。特别是用户能充分掌握和熟悉这些参数，将会使一台数控机床的使用和性能发挥上升到一个新的水平。实践证明，充分地了解参数的含义会给数控机床的故障诊断和维修带来很大的方便，会大大减少故障诊断的时间，提高机床的利用率。同时，一台数控机床的参数设置还是了解 CNC 系统软件设计指导思想的窗口，也是衡量机床品质的参考数据。在条件允许的情况下，参数的修改还可以开发 CNC 系统某些在数控机床订购时没有表现出来的功能，对二次开发会有一定的帮助。因此，无论是哪一型号的 CNC 系统，了解和掌握参数的含义都是非常重要的。

为了机床能正确地执行编写的指令并理解连接在它上面的各个部件，CNC 必须“知道”机床的特定数据，例如：轴数、进给率、加速度、反馈、刀库类型以及换刀装置等。这些数据由机床制造商设置并以机床参数形式输入。这些参数可按下面几种形式进行分类。

通用机床参数：设置机床轴和主轴，上电条件以及与子程序相关的特定功能等。这些参数中的某些参数必须首先定义，因为它们要配置轴的参数表，例如，轴和主轴的名字和数目等。

轴和主轴的机床参数：这些参数指定轴的类型（线性轴、旋转轴和主轴），行程极限，运动条件，相关的手轮，探针，补偿等。每根轴有四个工作区，必须设置：进给率和增益、原点搜索、加速度等参数。

工作台的机床参数：这些参数指定每个运动的类型和特性。

刀库的机床参数：这些参数指定刀库的数目和刀库中的刀位数目等。

1. 通用机床参数

通道配置参数见表 8-4-1。

表 8-4-1 通道配置参数

参　数	说　明
NCHANNEL	通道数 可取值 1～4 缺省值为 1 关联变量:(V.)MPG. NCHANNEL

系统轴的配置参数见表 8-4-2。

表 8-4-2 系统轴的配置参数

参　数	说　明
NAXIS	CNC 所控制轴的数目 机床参数 通用机床参数 可取值 1～28,缺省值为 3,关联变量:(V.)MPG. NAXIS 系统不包括主轴的数目,必须将所有轴都考虑进去,不论它是否是伺服控制轴 轴的数目不取决于通道数目。通道可以有一根、几根或没有轴与其相连
AXISNAME	系统轴列表 该参数显示定义轴名的列表。参数 NAXIS 设置系统轴的数目 在定义轴时,记住定义轴的顺序决定它们的逻辑号
AXISNAME	轴名 可取值 X、X1～X9、C、C1～C9 等,缺省值从 AXISNAME1 开始,X、Y、Z 关联变量:(V.)MPG. AXISNAME 轴名用 1 个或 2 个字符定义。第一个字符必须是字母 X、Y、Z、U、V、W、A、B、C 之一;第二个字符是可选项,且必须是 1～9 之间的数字。这样一来,轴名就可以是“X,X1…X9…C,C1…C9”范围内的任意一个。例如 X,X1,Y3,Z9,W,W7,C

续表

参　数	说　明
TANDEM	级联轴表 该参数给出的表格用来定义系统的级联轴。每根级联轴可用下列参数来配置： TMASTERAXIS TSLAVEAXIS TORQDIST PRELOAD PRELFITI TPROGAIN TINTIME TCOMPLIM 级联轴的要求 每个轴对(主动轴和从动轴)必须满足下列要求： • 每根主动轴允许一根从动轴作为级联轴 • 该轴在速度上必须是 Sercos 连接 • 在 2 个电机之间可以加预载荷 • 每个电机可以有不同的额定转矩 • 每个电机的旋转方向可以与其他电机的旋转方向不同 • 转矩在电机上的分配比率可以不是 1∶1。例如，电机的额定转矩可以不同
TMASTERAXIS	级联轴的主动轴 关联变量：(V.)MPG. TMASTERAXIS[i]
TSLAVEAXIS	级联轴的从动轴 关联变量：(V.)MPG. TSLAVEAXIS[i] 在任何情况下，可以用参数 AXISNAME 定义轴
TORQDIST	级联轴转矩分配 可取值：0～100％(包括 0 和 100％)；缺省值：50％；关联变量：(V.)MPG. TORQDIST[i] 该参数设置要获得必需的总转矩时，每个电机需提供的转矩百分比 该参数指的是主动轴转矩的百分比。其定义是从主动轴获得的总转矩的百分数。用 100％减去该参数得到的差值，是施加在从动轴上的转矩的百分数 如果电动机一样，它们将输出相同的转矩，那么，该参数应该设置为 50％
PRELOAD	级联轴，2 个电动机之间的预载 该参数设置主动轴和从动轴上预载荷的差值。设置该参数的目的是为了消除轴在静止平衡位置时的背隙 该参数指的是主动轴的百分比。它定义为主动轴需要作为预载荷加载的额定转矩的百分数 为了使 2 根轴施加反向转矩，所需预载值必须大于任意时间内所需的最大转矩值，包括加速需要的转矩
PRELFITI	级联轴，施加预载的滤波时间 该参数表示逐渐施加预载荷的时间。它用来消除在设置预载荷时级联轴补偿器输入的转矩台阶。从而可以避免主动轴和从动轴速度指令的台阶 可取值：0～65535ms 设置为 0 表示不使用滤波器 缺省值：1000ms 关联变量：(V.)MPG. PRELFITI[i]
TPROGAIN	级联轴，级联轴的比例增益(K_p) 比例控制器在 2 台电动机之间产生与转矩误差成比例的增益系数 可取值：0～100％ 缺省值：0(没有施加比例增益) 关联变量：(V.)MPG. TPROGAIN[i]
TINTIME	级联轴，级联轴的积分增益(K_p) 积分控制器在 2 台电动机之间产生与转矩误差的积分成比例的输出增益系数 可取值：0～65535ms 缺省值：0(没有施加积分增益) 关联变量：(V.)MPG. TINTIME[i]
TCOMPLIM	级联轴，补偿极限 该参数给出级联轴施加最大补偿的极限值。该极限也施加在积分环节 该参数针对主动轴。用来定义主动轴最大速度的百分比。如果编写为“0”，那么级联轴的控制输出将是零，也就是使级联轴失效 可取值：0～100％ 缺省值：0(级联轴失效) 关联变量：(V.)MPG. TCOMPLIM[i]

续表

参　　数	说　　明
GANTRY	龙门轴 该参数将显示定义系统龙门轴的表格。每根龙门轴需要用下列参数进行配置： MASTERAXIS SLAVEAXIS WARNCOUPE MAXCOUPE DIFFCOMP 龙门轴的要求 每个轴对(主动轴和从动轴)必须满足下列要求： •必须先定义主动轴，然后再定义从动轴 •2根轴必须属于同一通道。通道中的前三根轴不能作为从动轴 •轴与驱动的类型必须相同(两根轴的 AXISTYPE 和 DRIVETYPE 参数相同) •不论是整角度轴还是旋转轴，只能单方向旋转时(参数 SHIRTH＝NO 和 UNIDIR＝NO)，不能作为龙门轴使用 •轴与驱动必须有相同的软件限位(两根轴的 LIMIT＋和 LIMIT－参数相同) •无论是非距离编码还是距离编码(增加或减少)，2根轴的 I/O 类型(I0TYPE)必须相同 •当不使用距离编码参考标志(I0)时，2根轴或主动轴可以有原点开关(参数 DECINPUT) •不使用绝对反馈时(参数 ABSFEEDBACK)，参数 REFSHIFT 必须设置为 0
MASTERAXIS	龙门轴的主动轴 关联变量：(V.)MPG. MASTERAXIS[i]
SLAVEAXIS	龙门轴的从动轴 在任何情况下，可以用参数 AXISNAME 定义轴 关联变量：(V.)MPG. SLAVEAXIS[i]
WARNCOUPE	龙门轴，发出警告前允许的最大差值 2根轴在发出警告前允许的最大跟随误差的差值。这就允许用户在发生错误前操作机床 它的值必须小于参数 MAXCOUPE 的值 可取值：0～99999.9999mm 或 deg 　　　　0～3937.00787in 缺省值：0.5000mm 或 deg 　　　　0.01969in 关联变量：(V.)MPG. WARNCOUPE[i]
MAXCOUPE	龙门轴，允许的最大误差 2根轴跟随误差的最大许可差值 可取值：0～99999.9999mm 或 deg 　　　　0～3937.00787in 缺省值：1.0000mm 或 deg 　　　　0.03937in 关联变量：(V.)MPG. MAXCOUPE[i]
DIFFCOMP	龙门轴，G74 后的坐标(位置)差补偿 该参数用于在机床回原点后修正主动轴和从动轴之间的位置差。从动轴将以参数 REFEED2 设置的进给率运动，直到到达主动轴的位置 只有 RESET 可以中止该过程。使用 DIFFCOMP(轴)标志时开始应用补偿 可取值：是/否 缺省值：是 关联变量：(V.)MPG. DIFFCOMP[i]

系统主轴的配置参数见表 8-4-3。

表 8-4-3　系统主轴的配置参数

参　　数	说　　明
NSPDL	CNC 控制的主轴数 系统的主轴数，必须将所有的主轴计算在内，不论是伺服控制轴还是其他主轴 记住：主轴的数目不取决于通道数目，一个通道可以有一根、几根或没有主轴和它相连 可取值：0～4 缺省值：1 关联变量：(V.)MPG. NSPDL

第8篇

续表

参　数	说　明
SPDLNAME	系统主轴列表 显示定义主轴名的表。参数 NSPDL 设置系统主轴的数目
SPDLNAME n	主轴名 轴名由 1～2 个字符定义。第一个字符必须是字母 S;第二个字符是可选项,必须是 1～9 之间的数字。这样一来,轴名就可以是“S,S1～S9”范围内的任意一个 可取值:S,S1～S9 缺省值:从 SPDLNAME1:S,S1… 开始 关联变量:(V.)MPG. SPDLNAMEn
LOOPTIME	CNC 循环时间 该参数设置 CNC 的循环时间。循环时间的大小很大程度上取决于输入、输出数和总线上的模拟轴数 使用下列数值: 4ms,最多 8 根模拟轴 5ms,最多 12 根模拟轴 6ms,最多 16 根模拟轴 8ms,最多 20 根模拟轴 10ms,最多 24 根模拟轴 可取值:1～20ms 缺省值:4ms 关联变量:(V.)MPG. LOOPTIME
PRGFREQ	PLC 的 PRG 模块的频率(在循环中) 该参数指定 PLC 程序执行时进行全扫描的频率(多少个 CNC 循环扫描一次)。该参数也设置模拟输入及数字输入和输出的刷新频率 因此,当采样周期 LOOPTIME=4ms 且频率 PRGFREQ=2 时,PLC 程序将隔 4×2=8ms 执行一次 可取值:1～100 缺省值:2 关联变量:(V.)MPG. PRGFREQ

Sercos 总线的配置参数见表 8-4-4。

表 8-4-4　Sercos 总线的配置参数

参　数	说　明
SERBRATE	Sercos 传输速率 该参数指定与驱动器通信时的 Sercos 传输速率。设置其值为驱动器使用的值 速度 8Mbit/s 和 16Mbit/s,要求 Sercos 板可以工作在这些速度,否则这个速度将被限制在 2Mbit/s 和 4Mbit/s 可取值:2/4/8/16Mbit/s 缺省值:4Mbit/s 关联变量:(V.)MPG. SERBRATE
SERPOWSE	Sercos 光纤功率 定义 Sercos 功率或通过光纤的光强度。它的值取决于所用光缆的总长度。设置其值为驱动器使用的值 使用下列近似值。如果采用其他值,例如 3m 长的电缆如果使用 6,将会由于光纤信号的失真而引起通信错误 推荐值(“Sercos Ⅰ”板): 2,小于 7m 的电缆 4,7～15m 的电缆 6,超过 15m 的电缆 推荐值(“Sercos Ⅱ”板): 1～4,小于 15m 的电缆 5～6,15～30m 的电缆 7,30～45m 的电缆 8,超过 45m 的电缆 可取值:1～6(Sercos Ⅰ板) 1～8(Sercos Ⅱ板) 缺省值:4(Sercos Ⅰ板) 2(Sercos Ⅱ板) 关联变量:(V.)MPG. SERPOWSE

CAN 总线的配置情况见表 8-4-5。

表 8-4-5 CAN 总线的配置

<table>
<tr><th>参数</th><th>说明</th></tr>
<tr><td>CANMODE</td><td>(1)CAN 总线类型
可取值:CANfagor/CANopen
缺省值:CANfagor
关联变量:(V.)[n].CANMODE
(2)CANfagor 总线类型
使用 CANfagor 型总线要求用参数 CANLENGTH 定义需要的总线最大长度
(3)CANopen 总线类型
使用 CANopen 型总线时,在每个节点定义工作速度,所有节点的工作速度必须相同。总线的工作速度取决于总线的总长度,其对应关系如下所示
<table>
<tr><td>长度/m</td><td>20</td><td>40</td><td>100</td><td>500</td></tr>
<tr><td>速度/kHz</td><td>1000</td><td>800</td><td>500</td><td>250</td></tr>
</table></td></tr>
<tr><td>CANLENGTH</td><td>CANfagor 总线电缆长度
可取值:从 20、30、40、50、60、70、80、90、100 到大于 100m
缺省值:20m
关联变量:(V.)MPG.CANLENGTH
总线的工作速度取决于总线的总长度,如下所示
<table>
<tr><td>长度/m</td><td>20</td><td>30</td><td>40</td><td>50</td><td>60</td><td>70</td><td>80</td><td>90</td><td>100</td></tr>
<tr><td>速度/kHz</td><td>1000</td><td>888</td><td>800</td><td>727</td><td>666</td><td>615</td><td>571</td><td>533</td><td>500</td></tr>
</table></td></tr>
</table>

缺省状态参数见表 8-4-6。

表 8-4-6 缺省状态参数

参数	说明
INCHES	表示 CNC 在通电或执行 M02、M30 或 RESET(复位)后的状态 缺省工作单位(mm、in) 表示在 CNC 默认状态下的工作单位,运用 G70 或 G71 功能来修改工件加工程序中的工作单位 可取值:mm、in 缺省值:mm 关联变量:(V.)MPG.INCHES

算术参数见表 8-4-7。

表 8-4-7 算术参数

参数	说明
MAXLOCP MINLOCP	MAXLOCP 为最大局部算术参数 MINLOCP 为最小局部算术参数 定义可供使用的局部算术参数组,只能从编写局部参数的程序或子程序中获得局部参数。每个通道中都有七组局部参数 可取值:0～99 缺省值:MAXLOCP=25、MINLOCP=0 关联变量:(V.)MPG.MAXLOCP (V.)MPG.MINLOCP
MAXGLBP MINGLBP	MAXGLBP 为最大全局算术参数 MINGLBP 为最小全局算术参数 定义可供使用的全局算术参数组,可以从通道所要求的任意程序或子程序中获得全局参数,每个通道中都有一组全局参数 可取值:100～9999 缺省值:MAXGLBP=299、MINGLBP=100 关联变量:(V.)MPG.MAXGLBP (V.)MPG.MINGLBP

续表

参　数	说　明
ROPARMAX ROPARMIN	ROPARMAX为最大全局只读算术参数 ROPARMIN为最小全局只读算术参数 它用来保护一组全局算术参数,不可修改 可取值:100～9999 缺省值:ROPARMAX=0、ROPARMIN=0(无保护) 关联变量:(V.)MPG. ROPARMAX (V.)MPG. ROPARMIN
MAXCOMP MINCOMP	MAXCOMP为所有通道通用的最大算术参数 MINCOMP为所有通道通用的最小算术参数 定义适于所有通道使用的局部算术参数组,可以从任一通道中获得通用参数,所有通道都共享这些参数值 可取值:10000～19999 缺省值:MAXCOMP=10025、MINCOMP=10000 关联变量:(V.)MPG. MAXCOMP (V.)MPG. MINCOMP
CROSSCOMP	交叉补偿表 显示交叉补偿表。由于另一根轴的运动导致某轴位置变化时,使用交叉补偿 CNC根据定义轴的数量来显示可能的表格,每个表格都有下述用以配置的机床参数 MOVAXIS COMPAXIS NPCROS BIDIR REFNEED TYPCROSS 以测量时使用的顺序来定义该表,否则,结果将会不同。CNC计算应用到每根轴上的补偿,要考虑定义表格的顺序
MOVAXIS COMPAXIS	MOVAXIS为该轴的运动影响其他的轴(主控轴) COMPAXIS为该轴受到其他轴运动的影响(被补偿轴) 任意情况下,由参数AXISNAME定义轴 关联变量:(V.)MPG. MOVAXIS[m] (V.)MPG. COMPAXIS[m]
NPCROSS	补偿点数 交叉补偿表的点可多达1000个 可取值:0～1000 缺省值:0(没有任何表格) 关联变量:(V.)MPG. NPCROSS[m]
TYPCROSS	补偿类型 确定交叉补偿是否应用到理论或实际坐标点上 可取值:实际、理论 缺省值:实际 关联变量:(V.)MPG. TYPCROSS[m]
BIDIR	双向补偿 表示补偿是否是双向的;也就是说,如果每个方向上的补偿不一样,即补偿不是双向的,则在两个方向上使用相同的补偿 可取值:是、否 缺省值:否 关联变量:(V.)MPG. BIDIR[m]
REFNEED	强制原点搜索 表示在应用补偿前是否需要进行机床原点搜索 可取值:是、否 缺省值:否 关联变量:(V.)MPG. REFNEED[m]
DATA	定义各点补偿的表 显示补偿点及其补偿值的清单。点的数量由参数NPCROSS设置 必须在每个点设置参数POSITION、POSERROR和NEGERROR的值。只有在定义表为双向补偿时才设置参数NEGERROR(BIDIR=是)

续表

参数	说明
POSITION	主轴位置 关联变量:(V.)MPG. POSITION[m][i]
POSERROR NEGERROR	POSERROR 为正方向误差 NEGERROR 为负方向误差 在定义不同的轮廓点时,必须符合下列要求: •表格中点的顺序必须符合它们在轴上的位置,并且表格必须是从负方向最小点(或正方向最小点)开始补偿 •对于在范围以外的轴的位置,CNC 将应用距端点位置最近的补偿 •机床参考点的误差必须为"0" 可取值:在±99999.9999mm 或 deg 之内 在±3937.00787in 之内 缺省值:0 关联变量:(V.)MPG. POSERROR[m][i] (V.)MPG. NEGERROR[m][i]

执行时间参数见表 8-4-8。

表 8-4-8　执行时间参数

参数	说明
MINAENDW	信号 AUXEND 的最小时间周期 该参数的值必须等于或大于 PLC 的输入频率(LOOPTIME×PRGFREQ)。这个参数有下列含义: •它可设置使信号 AUXEND 必须保持在激活状态,以便 CNC 将该信号确定为有效信号的时间 •对于 M 功能(不需要同步),它指定了信号 MSTROBE 的持续时间 •对于 H 功能(不需要同步),它指定了信号 HSTROBE 的持续时间 AUXEND 是一个同步信号,PLC 将其发送给 CNC,表示 M、S、T 功能正在执行 可取值:0～65535ms 缺省值:10ms 关联变量:(V.)MPG. MINAENDW
REFTIME HTIME DTIME TTIME	REFTIME 为估计机床原点的搜索时间 HTIME 为执行 H 功能的预计时间 DTIME 为执行 D 功能的预计时间 TTIME 为执行 T 功能的预计时间 在编辑-模拟模式下,可通过一个选项来计算其加工条件已经确定的工件所需的加工时间。要精确计算,可以定义给定执行特殊功能所需时间的参数 对于任何 H、D、T 或轴每次回原点时,这些值是通用的 主轴机床参数 SPDLTIME 定义执行 S 功能的预计时间 机床参数 MTIME 定义执行 M 功能的预计时间 可取值:0～1000000ms 缺省值:0ms 关联变量:(V.)MPG. REFTIME (V.)MPG. HTIME (V.)MPG. DTIME (V.)MPG. TTIME

数字输入输出编号参数见表 8-4-9。

表 8-4-9　数字输入输出编号参数

参数	说明
NDIMOD	数字输入模块总数 表示连接在同一条 CAN 总线上的模块数量。定义该值之后,就可以设置与每个模块对应的数字模块编号 如果没有定义该值,CNC 将按照总线上模块的顺序给数字输入模块编号 可取值:0～64 缺省值:0(无定义编号) 关联变量:(V.)MPG. NDIMOD

续表

参　数	说　明
DIMODADDR	数字输入模块表格 它显示连接在同一条总线 CAN 上的数字输入模块的清单 当插入新的模块时，前面的模块将被赋予表中的编号，后面的模块将被赋予下一个有效的基础编号，一直到最高编号被分配出去为止
DIMOD 1..64	数字输入模块的基础索引 开始对模块数字输入进行编号的基础索引 基础索引的值必须为“16n+1”(例如 1,17,33,等)。如果输入无效的基础索引，系统默认为距输入值前面最近的有效值。基础索引可以是任何顺序，且不必连续 可取值：0～1009，仅仅是符合公式 16n+1 的值(1,17,33,49…) 缺省值：第一个有效值 关联变量：(V.)MPG. DIMODADDR[n]
NDOMOD	数字输出模块总数 表示连接在同一条 CAN 总线上的输出模块数量。定义该值之后，就可以设置与每个模块对应的数字输出模块编号 如果没有定义该值，CNC 将按照总线上模块的顺序给数字输出模块编号 可取值：0～64 缺省值：0(无定义编号) 关联变量：(V.)MPG. NDOMOD
DOMODADDR	数字输出模块表 它显示连接在同一条总线上的数字输出模块的列表 当插入新的模块时，前面的模块将被赋予表中的编号，后面的模块将被赋予下一个有效的基础编号，一直到最高编号被分配出去为止
DOMOD 1..64	数字输出模块的基础索引 可取值：0～1009，仅仅是符合公式 16n+1 的值(1,17,33,49…) 缺省值：第一个有效值 关联变量：(V.)MPG. DOMODADDR[n]

探针设置参数如表 8-4-10 所示。

表 8-4-10　探针设置参数

参　数	说　明
PROBE	使用探针 表示机床上是否存在探针 可取值：是、否 缺省值：否 关联变量：(V.)MPG. PROBE
PROBEDATA	探针参数 设置探针所需要的参数如下： PRBDI1 PRBPULSE1 PRBDI2 PRBPULSE2 当使用表面探针时，不但需要设置以上参数，还有必要定义探针的位置
PRBDI1 PRBDI2	PRBDI1 为与探针 1 相关的数字输入 PRBDI2 为与探针 2 相关的数字输入 表示与每个探针相关的数字输入的编号 可取值：1～1024 缺省值：0(没有与探针相关的数字输入) 关联变量：(V.)MPG. PRBDI1 (V.)MPG. PRBDI2

续表

参　数	说　明
PRBPULSE1 PRBPULSE2	PRBPULSE1为探针1的脉冲类型 PRBPULSE2为探针2的脉冲类型 表示CNC的探针功能对探针信号的上升沿(正脉冲24V或5V)还是下降沿(负脉冲或0V)作出反应 任何情形下,CNC判断探针脉冲是否有效至少需要20ms 可取值:正/负 缺省值:正 关联变量:(V.)MPG. PRBPULSE1 (V.)MPG. PRBPULSE2

通道配置参数见表8-4-11。

表8-4-11 通道配置参数

参　数	说　明
GROUPID	通道属性分组 具有下列特征的两个或多个通道构成一组: •所有的通道都在相同的工作模式下(手动或自动) •在组中重新设置任何通道都会影响到全部通道 •组中任何一个通道的任何错误都会中断所有通道的执行 可取值:0～2 缺省值:0(不属于任何组) 关联变量:(V.)[n]. MPG. GROUPID
CHTYPE	通道类型 CNC、PLC或二者共同控制通道 由PLC控制的通道以自动、慢进给和编辑/模拟模式显示。可以访问该表格 如果一定要在安装过程中显示该类通道,必须定义为由CNC和PLC共同控制的通道 安装过程一结束,马上将其定义为PLC通道 可取值:CNC/PLC/CNC+PLC 缺省值:CNC 关联变量:(V.)[n]. MPG. CHTYPE
HIDDENCH	隐藏通道 不能显示和选择隐藏通道 隐藏通道不受复位的影响。要使其复位,可将其与另外的通道分到一组,或用PLC标记RESETIN重新进行设置 可取值:是/否 缺省值:否 关联变量:(V.)[n]. MPG. HIDDENCH

配置通道轴参数见表8-4-12。

表8-4-12 配置通道轴参数

参　数	说　明
CHNAXIS	通道轴的数量 不包括主轴在内的通道轴的数量。不论其是否伺服控制,所有的轴都必须考虑在内 通道可能有最初的一根、几根或没有与之相关的初始轴。不管怎样,通道轴的数量不能大于系统中轴的数量,可由参数NAXIS定义该数量 可以使用指令#SET AX,#FREE AX和#CALL AX,通过工件加工程序改变通道轴的配置(通过增加或移除轴,定义新的配置) 可取值:0～28 缺省值:3 关联变量:(V.)[n]. MPG. CHNAXIS
CHAXISNAME	通道轴列表 显示定义通道轴名的表格。参数CHNAXIS设置通道轴的数量

续表

参　　数	说　　明
CHAXISNAME n	通道轴名称 由参数 AXISNAME 定义的轴可能属于该通道 缺省值：以轴名(CHAXISNAME1)开始：X，Y，Z… 关联变量：(V.)[n]. MPG. CHAXISNAMEn
GEOCONFIG	通道轴几何结构 在车床原型上，它表示机床的轴配置：平面或三维 可取值：平面/三维 缺省值：三维 关联变量：(V.)[n]. MPG. GEOCONFIG X　Z　Y　　　　X　Z 三维　　　　平面 "三维"类型轴的配置 如同在铣床上，三根轴形成了一个笛卡尔 *XYZ* 类型的三维空间。除去形成三维空间的那些轴，还可能有更多的轴 此配置除去常用的工作平面 G18(如果它已经那样配置了)，其他平面的工作方式与在铣床上一样 "平面"类型轴的配置通常由两根轴构成一个平面。也可能有更多的轴，但是它们不能够为三维体的一部分，它们一定是辅助轴或旋转轴等 此配置中，通道中定义的前两根轴将构成工作平面。如果定义 *X* 轴(第一)及 *Z* 轴(第二)，则工作平面将为 *ZX* 平面(*Z* 轴为横坐标，*X* 轴为纵坐标) 工作平面总是 G18；机床参数 IPLANE 不起作用，且不能通过工件加工程序来改变平面。下列功能有如下作用： G17 不改变平面且显示相关警告 G18 不起作用 G19 不改变平面且显示相关警告 G20 如果不改变主平面，那么它是可以的；比如：它仅仅能用于改变纵轴 不显示与工作平面相关的 G 功能，因为它总是相同平面 "平面"类型轴的配置：纵轴。在此配置下，定义通道的第二根轴为纵轴。如果已经定义了 *X* 轴(第一)和 *Z* 轴(第二)，则工作平面将是 *ZX* 平面，而 *Z* 轴为纵轴。当使用铣刀时，在该纵轴上应用刀具长度补偿。对于车刀而言，刀具的长度补偿应用在那些定义了刀具偏置的轴上 在车床上使用铣刀时，依靠 #TOOL AX 功能或 G20 功能，可以改变纵向补偿轴 "平面"类型轴的配置：轴交换。可以交换轴，但是必须记住：前面所介绍的，对于通道中交换后的第一和第二根轴仍然有效

配置主轴通道参数见表 8-4-13。

表 8-4-13　配置主轴通道参数

参　　数	说　　明
CHNSPDL	通道主轴数量 不论其是否伺服控制，所有的主轴都必须考虑在内 通道可能有一根、几根或没有与之相关的初始轴。不管怎样，通道轴的数量不能大于系统中轴的数量，可由参数 NSPDL 定义该数量 可以运用指令 #SET SP，#FREE SP 和 #CALL SP，通过工件加工程序改变通道主轴的配置(通过增加或移除主轴，定义新的配置) 可取值：0～4 缺省值：1 关联变量：(V.)[n]. MPG. CHNSPDL

第 8 篇

续表

参　数	说　明
CHSPDLNAME	通道主轴列表 显示定义通道主轴名的表格。参数CHNSPDL设置通道主轴的数量
CHSPDLNAME n	通道主轴名称 由参数SPDLNAME定义的轴可能属于该通道 缺省值:以通道主轴名(CHSPDLNAME1)开始:S,S1… 关联变量:(V.)[n].MPG.CHSPDLNAMEn

*C*轴配置参数见表8-4-14。

表8-4-14　*C*轴配置参数

参　数	说　明
CAXNAME	*C*轴的缺省名称 它必须定义何时有"*C*"轴。任何轴或主轴都可能以"*C*"轴开始工作 当设置多根*C*轴时,运用程序指令#CAX来定义活动的那根轴。每个通道中只能有一根活动*C*轴 可取值:已设置*C*轴的任何通道轴或主轴 缺省值:C 关联变量:(V.)[n].MPG.CAXNAME
ALIGNC	径向加工的"*C*"轴调整 表示刀具是否能够通过单次运行(ALIGNC=否)沿径向加工整个表面或必须调整"*C*"轴(ALIGNC=是) 可取值:是、否 缺省值:是 关联变量:(V.)[n].MPG.ALIGNC

时间设置(通道)参数见表8-4-15。

表8-4-15　时间设置(通道)参数

参　数	说　明
PREPFREQ	每个循环准备的模块数量 使用其他值之前,应咨询服务部门 可取值:1～8 缺省值:1 关联变量:(V.)[n].MPG.PREPFREQ
ANTIME	期望时间 它应用于以偏心凸轮为冲压系统的冲压机上。表示在轴到位之前的多长时间激活通道的期望逻辑信号ADVINPOS 在轴到位之前,该信号用于启动冲压机的运动。这样可以节省时间,从而增加每分钟冲压的次数 如果总运动的时间低于参数值,则期望信号ADVINPOS将马上激活 如果设置为零,则期望信号ADVINPOS将一直处于激活状态 可取值:0～10000000ms 缺省值:0 关联变量:(V.)[n].MPG.ANTIME

通道的缺省状态参数见表8-4-16。

表 8-4-16 通道的缺省状态

<table>
<tr><th>参 数</th><th>说 明</th></tr>
<tr><td>KINID</td><td>缺省的运动数量
表示缺省状态下的有效运动数量(不是种类)。CNC 拥有多达 6 种不同的运动
用指令＃KIN ID 从加工程序中选择其他运动
可取值:0～6
缺省值:0
关联变量:(V.)[n]. MPG. KINID</td></tr>
<tr><td>SLOPETYPE</td><td>缺省的加速度类型
表示在机械运动中使用的缺省加速度类型。有三种加速度类型:线性、梯形和方形正弦(钟形)。建议使用方形正弦加速度
当处于手动工作模式(JOG)时,CNC 总是使用线性加速度
可取值:线性、梯形、方形正弦(钟形)
缺省值:方形正弦(钟形)
关联变量:(V.)[n]. MPG. SLOPETYPE
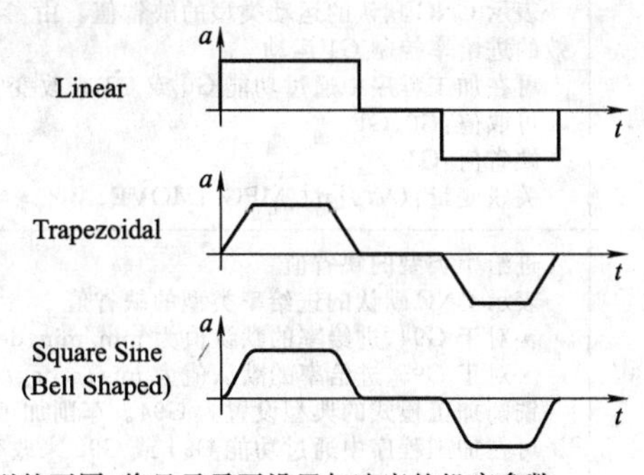

根据选择加速度类型的不同,将显示需要设置加速度的机床参数
对于自动模式,在加工程序中通过指令＃SLOPE 来选择不同的加速度
加速度类型说明:
方形正弦加速度为系统提供最好的响应。运动更加平滑,轴的机械性能不会受到更多的冲击。线性加速度提供给系统的响应最差
但是,较平滑的系统响应其运动却比较慢。线性加速度可以提供最快的运动,而方形正弦加速度可提供的运动是最慢的
下图所示为每种情况下速度(v)、加速度(a)和加速度变化率(j)的曲线图
加速度反映了单位时间内速度的变化,而加速度的变化率反映了单位时间内加速度的变化
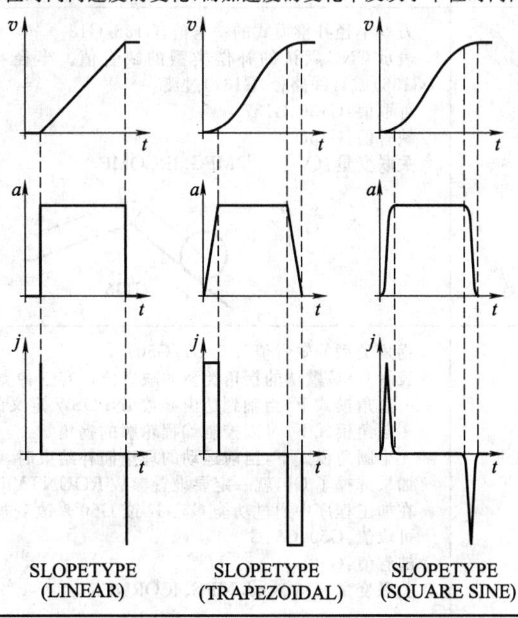
</td></tr>
</table>

续表

参　数	说　明
IPLANE	主平面的缺省值(G17/G18) 表示CNC默认的主工作平面的缺省值。由机床参数CHAXISNAME确定构成工作平面的轴 可取值:G17、G18 缺省值:G17 关联变量:(V.)[n].MPG.IPLANE
ISYSTEM	加工类型的缺省值(G90/G91) 表示CNC默认的坐标类型的缺省值。点的坐标可以是与工件零点相关的绝对坐标(G90),或是与当前位置相关的增量坐标(G91) 可在加工程序中通过功能G90或G91来改变坐标的类型 可取值:G90、G91 缺省值:G90 关联变量:(V.)[n].MPG.ISYSTEM
IMOVE	运动类型的缺省值(G0/G1) 表示CNC默认的运动类型的缺省值。由参数G00FEED设置快速执行G0运动。由CNC有效的进给率控制G1运动 可在加工程序中通过功能G0或G1来改变它们 可取值:G0、G1 缺省值:G1 关联变量:(V.)[n].MPG.IMOVE
IFEED	进给率类型的缺省值 表示CNC默认的进给率类型的缺省值 •对于G94,进给率的默认值为mm/min、deg/min或in/min •对于G95,进给率的默认值为mm/r、deg/r或in/r 铣削加工模式的典型设置为G94。车削加工模式的典型设置为G95 可在加工程序中通过功能G94或G95来改变进给率的类型 可取值:G94、G95 缺省值:G94 关联变量:(V.)[n].MPG.IFEED
FPRMAN	手动模式下G95功能的有效性 表示在手动模式下G95功能(进给率默认值mm/r或in/r)是否有效 可取值:是、否 缺省值:否 关联变量:(V.)[n].MPG.FPRMAN
IRCOMP	刀具半径补偿模式的缺省值(G136/G137) 表示CNC默认的补偿类型的缺省值。半径补偿有效时,补偿轨迹之间可通过圆弧路径(G136)或直线路径(G137)过渡 可取值:G136、G137 缺省值:G136 关联变量:(V.)[n].MPG.IRCOMP G136　G137
CORNER	拐角类型的缺省值(G5/G7/G50) 表示CNC默认的拐角类型的缺省值。有三种类型的拐角:直角(G7)、圆角(G5)、半圆角(G50) •直角模式下,当轴到达由参数INPOSW定义的指定区域时,CNC开始执行下一个运动 •圆角模式下,可以控制编程轮廓的拐角 •半圆角模式下,当前运动的理论插补结束时,CNC就马上执行下一个运动 如果选择了G5,就一定要设置参数ROUNTYPE 在加工程序中通过功能G5、G7或G50来改变拐角的类型 可取值:G50、G5、G7 缺省值:G50 关联变量:(V.)[n].MPG.ICORNER

续表

参数	说明
ROUNDTYPE	G5 舍入类型(缺省值) 表示圆角模式下应用舍入类型的缺省值。在编程时通过功能 #ROUNDPAR 来改变舍入的类型 可通过限制弦误差或进给率来执行舍入运算。弦误差(#ROUNDPAR [1])定义编程点与合成轮廓之间的最大许可偏差。进给率(#ROUNDPAR [2])定义用于加工的有效进给率的百分率 根据选择的选项来决定设置参数 MAXROUND 或 ROUNDFEED 可取值:弦误差/%进给率 缺省值:弦误差 关联变量:(V.)[n].MPG.ROUNDTYPE
MAXROUND	G5 最大舍入误差 设置编程点与通过圆整拐角的合成轮廓之间的最大许可偏差 CNC 考虑了 ROUNDTYPE=弦误差的情形 可取值:0~99999.9999mm 或 deg 0~3937.00787in 缺省值:1.0000mm 或 deg 0.03937in 关联变量:(V.)[n].MPG.MAXROUND
ROUNDFEED	G5 进给率的百分率 设置用于加工的有效进给率的百分率 CNC 考虑了 ROUNDTYPE=%进给率的情形 可取值:0~100 缺省值:100 关联变量:(V.)[n].MPG.ROUNDFEED

弧中心校正参数见表 8-4-17。

表 8-4-17 弧中心校正参数

参数	说明
CIRINERR	绝对半径误差 可取值:0~99999.9999mm 或 deg 0~3937.00787in 缺省值:0.0100mm 或 deg 0.00039in 关联变量:(V.)[n].MPG.CIRINERR 设置校正圆弧插补中心位置的条件。对于圆弧插补,CNC 计算出刀具路径起始点和终止点的半径。理论上讲,它们应该相同;但是该参数可以用于设置两个半径之间所允许的最大差值
CIRINFACT	百分率半径误差 可取值:0~100.0% 缺省值:0.1% 关联变量:(V.)[n].MPG.CIRINFACT 参数 CIRINERR 定义所允许的最大绝对误差。参数 CIRINFACT 定义所允许的最大相对误差(半径的百分率) 两个参数都应考虑在内。当它们之间的差大于 CIRINERR 和(CIRINFACT×半径)时,CNC 将显示相关错误信息

进给率和进给率倍率的特性如表 8-4-18 所示。

表 8-4-18 进给率和进给率倍率的特性

参 数	说 明
MAXOVR	最大的轴倍率(%) 表示应用于编程轴进给率(进给率倍率)的最大百分率 可以通过程序、PLC或面板开关设置应用于编程进给率的百分率。程序设置的百分率具有最高优先级,而开关设置的百分率具有最低优先级 通过PLC和程序可以为每根轴设置不同的值。由开关选择的那个值是通用的 可取值:0~255 缺省值:200 关联变量:(V.)[n].MPG.MAXOVR
RAPIDOVR	G00工作方式的倍率(从0~100%) 表示工作在G0方式时,是否可以修改进给率(0和100%)。如果不允许,百分率将固定在100% 不管赋予此参数的值是多少,该倍率通常停留在0的位置,从不超过100%。在手动模式下运动时,可随时更改进给率% 可取值:是、否 缺省值:是 关联变量:(V.)[n].MPG.RAPIDOVR
FEEDND	应用于所有通道轴的编程进给率 表示编程进给率是应用于所有的通道轴,还是仅仅应用于主轴 FEEDND=YES 编程进给率将是所有通道轴合成运动的结果 FEEDND=NO 如果已经为任意主轴编写了运动程序,编程进给率将仅仅是合成这些轴运动的结果。同时其余的轴按照它们相应的进给率结束它们的运动 只有当某根轴可能超过它的最大进给率(MAXFEED)时,编程进给率才受限制。如果没有编制任何主轴程序,只能在以运动最远的轴上达到编程进给率,只有这样,其他轴才能到达它们的目的地 可取值:是、否 缺省值:否 关联变量:(V.)[n].MPG.FEEDND

独立轴的运动参数见表 8-4-19。

表 8-4-19 独立轴的运动参数

参 数	说 明
IMOVEMACH	相对于机床坐标的独立轴的运动 表示在坐标转换之前,独立轴运动是相对于机床坐标(IMOVEMACH=YES)还是工件坐标(IMOVEMACH=NO) 可取值:是、否 缺省值:否

子程序的定义参数见表 8-4-20。

表 8-4-20 子程序的定义参数

参 数	说 明
SUBTABLE	OEM子程序表 OEM子程序与T、G74和G180~G189功能有关。这些子程序必须放在"C:\CNC8070\MTB\SUB"文件夹中,否则CNC将给出错误信息
TOOLSUB	与"T"相关的子程序 每次执行T功能(刀具选择)时,都会自动执行该子程序 可取值:任何拥有多达64个字符的文本 关联变量:(V.)[n].MPG.TOOLSUB

续表

参　　数	说　　明
REFPSUB(G74)	与 G74 相关的子程序 有两个方法编写 G74 功能(机床原点搜索)程序:指定轴和它们回机床零点的次序,或独立编写 G74 程序(没有轴) 当执行仅包含 G74 功能(没有轴)的一段程序时,它调用在该参数中指定的子程序。该子程序必须包括轴及回机床零点的次序(序列) 在 JOG 模式下,当轴回机床零点时,不进行轴的选择,也会调用该子程序 可取值:任何拥有多达 64 个字符的文本 关联变量:(V.)[n].MPG.REFPSUB
OEMSUB(G18x)	通过 G189 与 G180 相关的子程序 表示通过 G189 与 G180 相关的子程序的数量。每运行一次这些功能中的一个,就会调用与之相关的子程序 可取值:任何拥有多达 64 个字符的文本 关联变量:(V.)[n].MPG.OEMSUB1…10
SUBPATH	编写子程序的路径 表示包含用户子程序目录的缺省值 用户子程序与零件加工程序有关。子程序可以存在于任何地方。在没有指示路径,而调用子程序时(指令 #PCALL,#CALL 等),将依次在下面的目录中寻找子程序 ①指令 #PATH 选择的文件夹 ②执行中的程序文件夹 ③机床参数 SUBPATH 中指定的文件夹 若调用指令显示了完整路径,它只在指定的文件夹中寻找子程序 关联变量:(V.)[n].MPG.SUBPATH

台式探针位置参数见表 8-4-21。

表 8-4-21　台式探针位置参数

参　　数	说　　明
PROBEDATA	通道相关的探针参数 定义台式探针位置所需要的参数: PRB1MAX　PRB1MIN　PRB2MAX　PRB2MIN　PRB3MAX　PRB3MIN 除了那些参数,还有必要设置探针信号
PRB1MAX PRB1MIN PRB2MAX PRB2MIN PRB3MAX PRB3MIN	PRB1MAX 为探针的最大坐标(横坐标轴) PRB1MIN 为探针的最小坐标(横坐标轴) PRB2MAX 为探针的最大坐标(纵坐标轴) PRB2MIN 为探针的最小坐标(纵坐标轴) PRB3MAX 为探针的最大坐标(垂直于平面的轴) PRB3MIN 为探针的最小坐标(垂直于平面的轴) 指定用于刀具校准的台式探针的位置。这些位置值必须是绝对值,是相对于机床参考零点的 如果是车床,这些值必须是半径值 可取值:在±99999.9999mm 之内 　　　　在±3937.00787in 之内 缺省值:0 关联变量:(V.)[n].MPG.PRB1MAX/(V.)[n].MPG.PRB1MIN 　　　　　(V.)[n].MPG.PRB2MAX/(V.)[n].MPG.PRB2MIN 　　　　　(V.)[n].MPG.PRB3MAX/(V.)[n].MPG.PRB4MIN Y　PRB2MAX　PRB2MIN　X　PRB1MAX　PRB1MIN　Z　PRB3MAX　PRB3MIN　X　Z　Y　X

2. 轴的机械参数

CNC仅显示所选择的轴和驱动类型的参数。这就是它显示一些与每个参数相近的特性的原因，这些参数用来指示轴和驱动相关的类型。

L、R、S：线性轴（L）、旋转轴（R）、主轴（S）。

A、S、X：模拟量（A）、Sercos（S）、仿真（X）。

通道属性见表8-4-22。

表8-4-22　通道属性

参　　数	说　　明
AXISEXCH	通道转换许可(L R S)(A S X) 它定义在加工程序中是否有可能转换轴或主轴的通道。如果能，那么此转换是暂时的还是永久的。换句话说，在执行完M02、M30或复位操作后，是否还维持该转换 可取值：否、暂时的、永久的 缺省值：否 关联变量：(V.)[n]. MPA. AXISEXCH. Xn

轴和驱动器类型参数见表8-4-23。

表8-4-23　轴和驱动器的类型参数

参　　数	说　　明
AXISTYPE	轴的类型(L R S)(A S X) 这里定义的轴是具有龙门轴和级联轴的配置 可取值：线性轴、旋转轴、主轴 缺省值：线性 关联变量：(V.)[n]. MPA. AXISTYPE. Xn
DRIVETYPE	驱动器类型(L R S)(A S X) 只有在实体轴不存在时，才可以使用模拟轴选项。CNC模拟所有的运动，它如同实际中的一样假定理论坐标，但是不输出速度指令 模拟轴对于确认代码是无效的。在模拟轴和实体轴总的数量没有超过所允许的轴的最大数量的时候(参数NAXIS的最大值)，可以使用尽可能多的模拟轴 可取值：模拟量/Sercos/仿真 缺省值：仿真 关联变量：(V.)[n]. MPA. DRIVETYPE. Xn
SERCOSDATA	Sercos驱动器数据(L R S)(S) 显示用来定义与Sercos驱动器传递信息的表格。有如下机床参数需要设定： DRIVEID OPMODEP FBACKSRC
DRIVEID	Sercos驱动地址(L R S)(S) 包括在SERCOSDATA表格中的参数 表示Sercos线路中驱动所占据的位置(节点) 可取值：1～16 缺省值：1 关联变量：(V.)[n]. MPA. DRIVEID. Xn
OPMODEP	Sercos驱动的主要操作模式(L R S)(S) 包括在SERCOSDATA表格中的参数 可取值：位置、速度 缺省值：位置 关联变量：(V.)[n]. MPA. OPMODEP. Xn 表示Sercos驱动的操作模式，速度或反馈指令 轴(除去级联轴)应该工作在位置-Sercos模式，主轴应该工作在速度-Sercos模式。然而，级联轴有必要也必须工作在速度-Sercos模式 (1)Sercos速度驱动操作 速度命令将电动机转速(r/min)的千分之十发送给驱动器。当需要使用PLC的SANALOG时，也将以电动机转速(r/min)的千分之十为其赋值 CNC以千分之十毫米或千分之一度(与Sercos位置模式相同)的方式接受驱动器的反馈作为绝对坐标

续表

参 数	说 明
OPMODEP	CNC控制机床原点的搜索。如果在主轴旋转时，不需要停止主轴就可以执行机床原点的搜索。如果主轴以 M03 或 M04 命令旋转时，程序中编写了一个 M19 命令，则主轴缓慢降至 REFEED1，并开始机床原点的搜索 CNC 应用前馈和交流-前馈的误差和背隙补偿是由 CNC 计算出来的 当主轴在开环中旋转时使用模拟坐标 (2)Sercos 位置驱动操作 命令以千分之十毫米（线性轴）或千分之一度（旋转轴）的绝对坐标的方式输出到驱动器。当需要使用 PLC 的 SANALOG 时，也将以千分之十毫米或千分之一度为其赋值 CNC 以千分之十毫米或千分之一度的方式接受驱动器的反馈作为绝对坐标 CNC 控制机床原点的搜索。在开始机床原点搜索之前，如果主轴在旋转，必须先将其停止 驱动器应用前馈和交流-前馈误差（滞后）由驱动器计算
FBACKSRC	反馈的类型(L R S)(S) 包含在 SERCOSDATA 表格中的参数 反馈的类型以往常常用于关闭位置回路。当使用内部反馈时，位置值是从电机的反馈中采取的；相反当使用外部反馈时，该值从直接反馈中采取 可取值：内部的/外部的 缺省值：内部的 关联变量：(V.)[n].MPA.FBACKSRC.Xn

Hirth 轴的参数见表 8-4-24。

表 8-4-24 Hirth 轴参数

参 数	说 明
HIRTH	Hirth 轴(L R)(A S X) Hirth 轴是只能定位于给定值整数倍位置处的轴 可取值：是、否 缺省值：否 关联变量：(V.)[n].MPA.HIRTH.Xn
HPITCH	Hirth 轴节距(L R)(A S X) 可取值：0～99999.9999mm 或 deg 0～3937.00787in 缺省值：0 关联变量：(V.)[n].MPA.HPITCH.Xn

车削类机床轴的配置参数见表 8-4-25。

表 8-4-25 车削类机床轴的配置参数

参 数	说 明
FACEAXIS LONGAXIS	FACEAXIS 为端面轴（车床）(L)(A S X) LONGAXIS 为纵轴（车床）(L)(A S X) 在车床上，必须指定纵轴和横轴 可取值：是、否 缺省值：否 关联变量：(V.)[n].MPA.FACEAXIS.Xn (V.)[n].MPA.LONGAXIS.Xn 典型的车床设置： *X* 轴 FACEAXIS＝是 LONGAXIS＝否 *Z* 轴 FACEAXIS＝否 LONGAXIS＝是 其他轴 FACEAXIS＝否 LONGAXIS＝否 典型的铣床设置： 所有轴 FACEAXIS＝否 LONGAXIS＝否

轴和主轴的同步参数见表8-4-26。

表8-4-26　轴和主轴的同步参数

参　数	说　明
SYNCSET	同步参数设置(R S)(A S X) 同步时，轴和主轴的默认参数设置 从动轴和主轴自动选择设置 如果第一主轴和从动轴处于相同通道，设置也会自动改变。如果第一主轴不在相同通道，必须提前选择参数设置；否则，将给出出错信息 可取值：1～4 缺省值：1 关联变量：(V.)[n]. MPA. SYNCSET. Xn
DSYNCVELW	速度同步窗口(L R S)(A S X) 此参数用来定义同步的从动部件，指定同步所允许的速度极限 当主轴速度同步时，从动主轴的转速与第一主轴相同(考虑比率)。如果此参数定义的值超出了范围，SYNSPEED信号就会降低；运动不会停止，CNC不会发出错误信息 轴同步时，从动轴就会以与主轴相同的进给率运动(考虑比率)。如果计算得到的从动轴的同步速度与其实际(真实的)速度之间的差超出了该参数设置的值，CNC就开始参数校正 可取值：0～200000.0000mm/min(7874.01575in/min) 0～36000000.0000deg/min 0～100000r/min 缺省值：100mm/min(3.937in/min)或3600deg/min 10r/min 关联变量：(V.)[n]. MPA. DSYNCVELW. Xn
DSYNCPOSW	位置同步窗口(L R S)(A S X) 此参数用来定义同步的从动部件，指定同步所允许的位置极限 当主轴位置同步时，从动主轴就会保持编程偏移量跟随第一主轴运动(考虑比率) 如果此参数定义的值超出了范围，SYNCPOSI信号就会降低；运动不会停止，CNC不会发出错误信息 轴同步时，从动轴就会保持偏移量跟随着主轴运动(考虑比率)。如果计算得到的从动轴的同步位置与其实际(真实的)位置之间的差超出该参数设置的值，CNC就开始参数校正 可取值：0～99999.9999mm/min(3937.00787in/min) 0～99999.9999deg/min 缺省值：0.0100mm/min(0.00039in/min)或deg/min 关联变量：(V.)[n]. MPA. DSYNCPOSW. Xn

旋转轴的配置参数见表8-4-27。

表8-4-27　旋转轴的配置参数

参　数	说　明
AXISMODE	旋转轴的操作模式(R)(A S X) 表示旋转轴是如何相对于显示的转数和位置进行运转的 可取值：线性相似、模块 缺省值：模块 关联变量：(V.)[n]. MPA. AXISMODE. Xn (1)AXISMODE＝模块时的运转情况 它如同旋转轴一样运转，可编写G0/G1和G90/G91运动 •对于G90指令下的运动，在模块外可以编写一个以上的转动或值；但是整个行程一定要小于一整转。如果轴既不是SHORTESTWAY(最短路径)也不是UNIDIR(单向)，编程正负号表示旋转方向；但是，坐标的绝对值表示目标位置

续表

参　　数	说　　明
AXISMODE	SHORTESTWAY=NO UNIDIR=NO 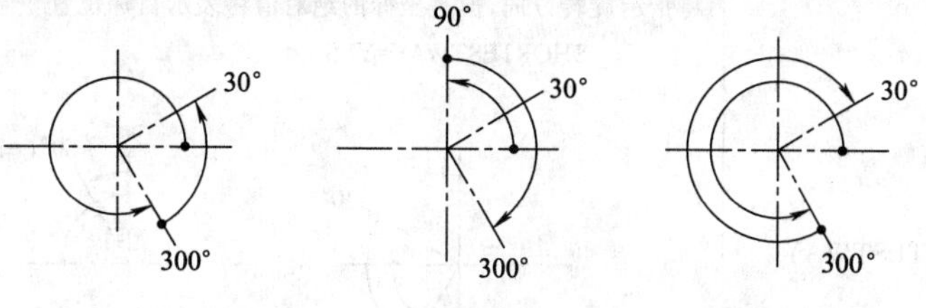 90° 30° 300° 30° 300° 30° 300° B300 B30　　B90 B-300　　B300 B-30 ·对于 G91 指令下的运动，编程正负号表示旋转方向；但是，坐标的绝对值表示运动距离 模块极限(旋转轴的行程极限)由齿轮参数 MODUPLIM 和 MODLOWLIM 设置。模块的极限必须为正值或零，比如：0°～360°，0°～400°或 95°～230°；不能是：－100°～－230°或－200°～200° 显示的坐标始终在模块的极限之内，缺省值为 0°和 360° 必须设置参数 SHORTESWAY 和 UNIDIR。参数 LIMIT＋和 LIMIT－没有任何意义 (2)AXISMODE＝线性相似时的运转情况 它如同线性轴一样运转。可编写 G0/G1 和 G90/G91 运动 读数是自由的，以度为单位(不受 mm/in 的影响)。由参数 LIMIT＋和 LIMIT－设置行程极限 没有使用 SHORTESWAY、UNIDIR 和那些用来设置 MODUPLIM 和 MODLOWLIM 的参数
UNIDIR	单向旋转(R)(A S X) CNC 考虑 AXISMODE＝模块/SHORTESTWAY＝否的情况 表示在 G90 方式中旋转轴的运动(G00/G01)是两个方向中任意一个，还是必须总是在相同的方向上旋转(正或负)。如果轴不是 UNIDIR，编程符号将指示旋转的方向，但是坐标的绝对值将表示目标位置 UNIDIR=Positive 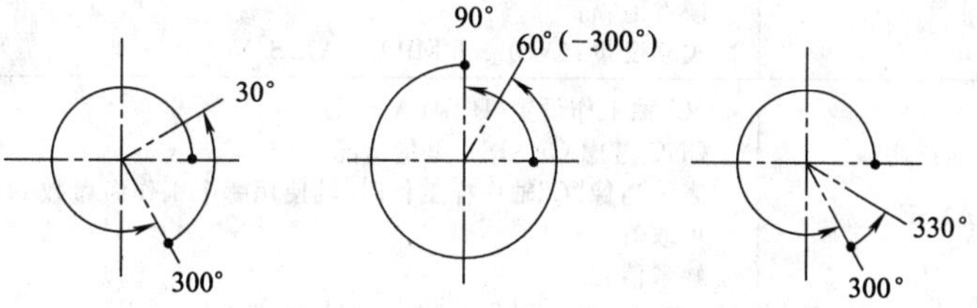 30° 300°　　90° 60°(－300°)　　330° 300° B300 B30　　B90 B-300　　B300 B-30 在编制的程序方向上执行 G91 运动。如果轴是 UNIDIR，编制程序的方向一定要与为轴事先调整的方向一致。否则，CNC 将发布相应的错误信息，因为轴在相反的方向上是不能够转动的。同样地，当在这些轴上设计一个镜像时，错误也将同样发生 可取值：否(双向)、正、负 缺省值：否(双向) 关联变量：(V.)[n]. MPA. UNIDIR. Xn

第8篇

续表

参　数	说　明
SHORTESTWAY	通过最短的路径(R)(A S X) CNC考虑AXISMODE＝模块/UNIDIR＝否的情况 表示在旋转轴的G90方式下是否通过最短的路径执行线性轴G00/G01运动。另外，编程符号将指示旋转方向，但是坐标的绝对值将表示目标位置 SHORTESTWAY=YES 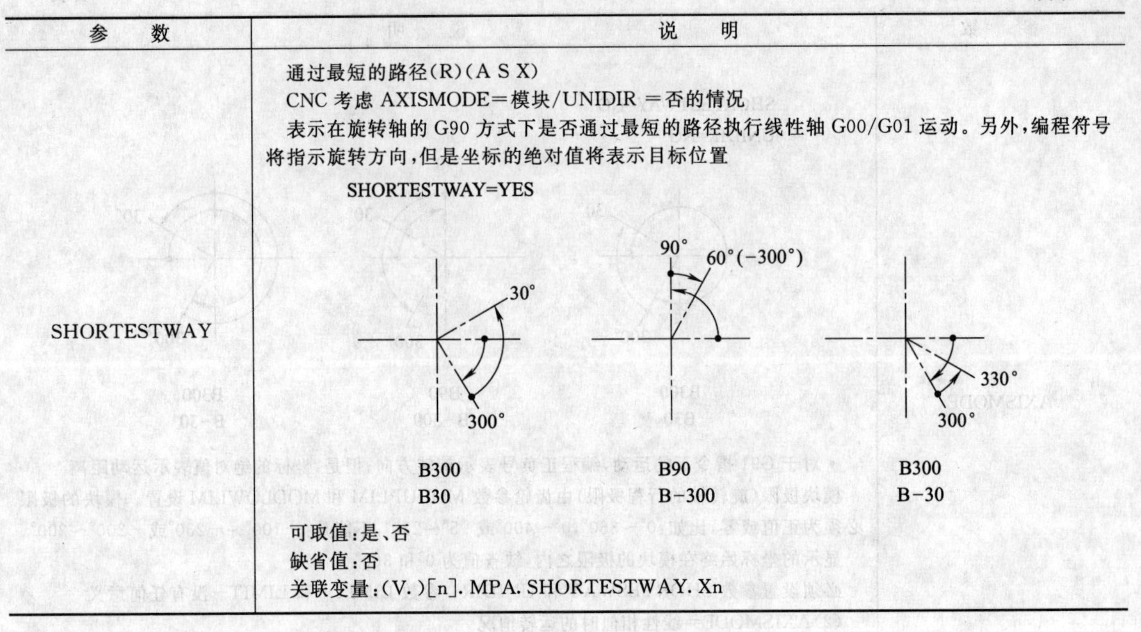 可取值：是、否 缺省值：否 关联变量：(V.)[n]. MPA. SHORTESTWAY. Xn

旋转轴和主轴的配置参数见表8-4-28。

表8-4-28　旋转轴和主轴的配置参数

参　数	说　明
MODCOMP	模块补偿(R S)(A S X) CNC考虑AXISMODE＝模块的情况 当轴的分辨率不是很精确时，必须激活该参数。为了得到精确的读数，应为参数MODNROT和MODERR设置补偿 可取值：是、否 缺省值：否(无补偿) 关联变量：(V.)[n]. MPA. MODCOMP. Xn
CAXIS	如同"C"轴工作(R S)(A S X) 表示轴或主轴是否能如同C轴一样工作 可取值：是、否 缺省值：否 关联变量：(V.)[n]. MPA. CAXIS. Xn
CAXSET	"C"轴工作设置(R S)(A S X) CNC考虑CAXIS＝是的情况 表示当像"C"轴一样工作时，轴使用哪个工作组参数NPARSETS 可取值：1～4 缺省值：1 关联变量：(V.)[n]. MPA. CAXSET. Xn

主轴的配置参数见表8-4-29。

表8-4-29　主轴的配置参数

参　数	说　明
AUTOGEAR	自动变速(S)(A S X) 表示当编制速度程序时，变速是否通过激活(如果有必要)辅助功能M41、M42、M43和M44而自动发生 可取值：是、否 缺省值：否 关联变量：(V.)[n]. MPA. AUTOGEAR. Xn

续表

参数	说明
LOSPDLIM UPSPDLIM	LOSPDLIM 为转速较低的百分率 OK(S)(A S X) UPSPDLIM 为转速较高的百分率 OK(S)(A S X) 当以 M3 和 M4 功能工作时，设置 REVOK 信号为高电平(＝1)，此时主轴的实际转速处在那些可设置的百分率之间 REVOK 信号可以用于操控 Feedhold 信号，避免以低于或高于编程的转速进行加工 可取值：0～255 缺省值：UPSPDLIM＝150 LOSPDLIM＝50 关联变量：(V.)[n]. MPA. LOSPDLIM. Xn (V.)[n]. MPA. UPSPDLIM. Xn
SPDLTIME	S 功能的估计时间(S)(A S X) 编辑-模拟模式下存在一个选项，该选项可计算在程序中已经确定加工条件时，加工工件所需要的时间 要精确计算，必须定义该参数，以得出执行 S 功能的预计时间 为其赋予不为“0”的值时，CNC 认为 S 的值必须用信号 SSTROBE ＋ SFUN1 传送给 PLC 可取值：0～1000000ms 缺省值：0ms 关联变量：(V.)[n]. MPA. SPDLTIME. Xn
SPDLSTOP	M2、M30 和复位(Reset)停止主轴(S)(A S X) 表示执行功能 M2、M30 或复位是否停止主轴。否则，必须在程序中编写功能 M5 可取值：是、否 缺省值：是 关联变量：(V.)[n]. MPA. SPDLSTOP. Xn
SREVM05	G84，逆转停止主轴(S)(A S X) 表示在攻螺纹循环中倒转主轴时，主轴是否必须停止(用 M5) 可取值：是、否 缺省值：否 关联变量：(V.)[n]. MPA. SREVM05. Xn
STEPOVR MINOVR MAXOVR	STEPOVR 为主轴倍率步幅(S)(A S X) MINOVR 为最小主轴倍率(S)(A S X) MAXOVR 为最大主轴倍率(S)(A S X) 它用于设置增长步幅，该步幅用于修调从操作面板上主轴倍率键设定的主轴转速。它也用来设置主轴倍率的最大和最小值 可取值：0～255 缺省值：STEPOVR＝5 MINOVR＝50 MAXOVR＝150 关联变量：(V.)[n]. MPA. STEPOVR. Xn (V.)[n]. MPA. MINOVR. Xn (V.)[n]. MPA. MAXOVR. Xn

软件轴限位参数见表 8-4-30。

表 8-4-30 软件轴限位参数

参数	说明
LIMIT＋ LIMIT－	LIMIT＋为正向软件极限(L R)(A S X) LIMIT－为负向软件极限(L R)(A S X) 对于旋转轴，只考虑 AXISMODE＝线性相似的情况 对于线性旋转轴，要设置轴的行程极限 如果极限两端都设置为“0”，则极限将不起作用，轴可能在两个方向任一方向上做不确定地移动 可取值：±99999.9999mm 或 deg 之内 ±3937.00787in 之内 缺省值：最大值 关联变量：(V.)[n]. MPA. LIMIT＋. Xn (V.)[n]. MPA. LIMIT－. Xn

第 8 篇

续表

参数	说明
SWLIMITTOL	软件极限公差(L R)(A S X) 表示轴所允许的在极限范围内的最大的变化或摆动 可取值:0～99999.9999mm 或 deg 0～3937.00787in 缺省值:0.1000mm 或 deg(0.00394in) 关联变量:(V.)[n].MPA.SWLIMITTOL.Xn

失控保护参数见表 8-4-31。

表 8-4-31 失控保护参数

参数	说明
TENDENCY	趋向检测激活(L R S)(A S) 检测由于正向反馈引起的轴失控。在进行加工时它应该被激活 可取值:是、否 缺省值:否 关联变量:(V.)[n].MPA.TENDENCY.Xn

PLC 偏置参数见表 8-4-32。

表 8-4-32 PLC 偏置参数

参数	说明
PLCOINC	每个周期 PLC 的偏置增量(L R S)(A S X) CNC 总是应用由 PLC 设置的偏置。一个典型的应用就是校正由于温度而引起的轴膨胀 此参数表示假定的 PLC 的偏置变化是瞬时的还是渐次进行的 可取值:从 0～99999.9999mm 或 deg 在 0～3937.00787in 缺省值:0(瞬时假定) 关联变量:(V.)[n].MPA.PLCOINC.Xn 例如: 设置 PLCOINC=0.001mm(每一 CNC 周期 1μm) 如果 PLC 偏置初始值为 0.25mm,而新的值为 0.30mm,则 PLC 偏置每个周期应用的值将为 0.250、0.251、0.252、0.253、…、0.297、0.298、0.299、0.300

静轴暂停参数见表 8-4-33。

表 8-4-33 静轴暂停参数

参数	说明
DWELL	静轴暂停(L R S)(A S X) 当某轴制动时,仅仅是在其运动时控制它。当其由 CNC 控制时(运动状态),认为它是有效的;当其不运动时(制动状态),认为它是“静”的 释放制动,关闭位置回路带给它“生命”,这些操作所需要的时间必须由参数 DWELL 来定义 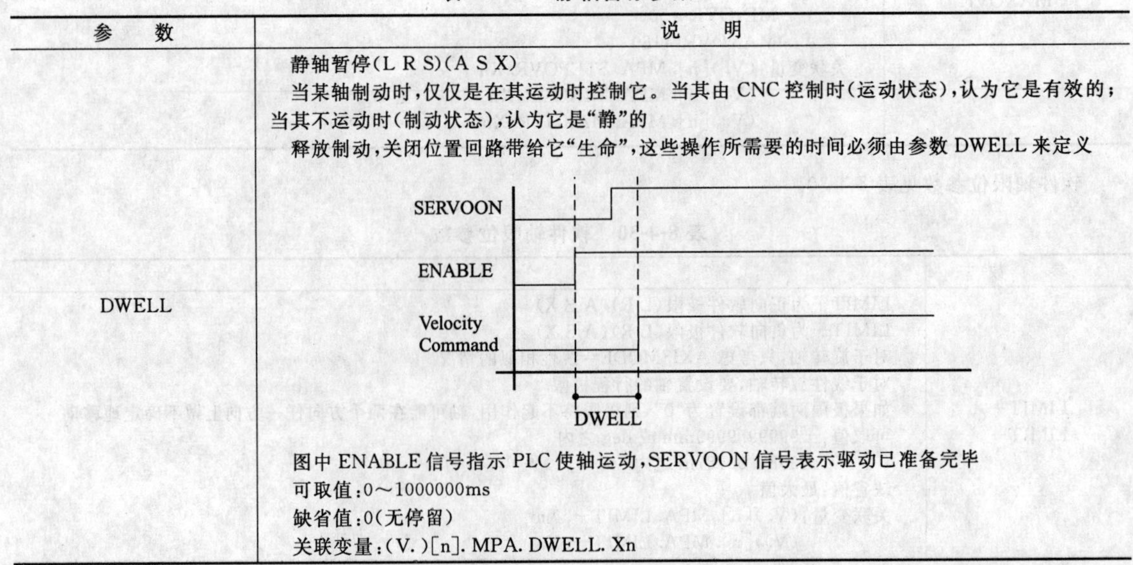 图中 ENABLE 信号指示 PLC 使轴运动,SERVOON 信号表示驱动已准备完毕 可取值:0～1000000ms 缺省值:0(无停留) 关联变量:(V.)[n].MPA.DWELL.Xn

半径/直径情况参数见表 8-4-34 所示。

表 8-4-34 半径/直径参数

参　　数	说　　明
DIAMPROG	直径编程(L)(A S X) 当 FACEAXIS=是时,CNC 将考虑轴的直径编程 对于车床,可使用半径或直径方式编制横轴坐标。在程序中,运用功能 G151 或 G152 来改变坐标类型 可取值:是、否 缺省值:否 关联变量:(V.)[n]. MPA. DIAMPROG. Xn

机床原点搜索参数见表 8-4-35。

表 8-4-35 机床原点搜索参数

参　　数	说　　明
REFDIREC	搜索方向(L R S)(A S X) 可取值:负、正 缺省值:正 关联变量:(V.)[n]. MPA. REFDIREC. Xn
DECINPUT	原点开关的有效性(L R S)(A S) 可取值:是、否 缺省值:是 关联变量:(V.)[n]. MPA. DECINPUT. Xn

探测运动配置参数见表 8-4-36。

表 8-4-36 探测运动配置参数

参　　数	说　　明
PROBEAXIS	探测轴(L R)(A S X) 表示在探测运动中是否包括轴(G100) 可取值:是、否 缺省值:否 关联变量:(V.)[n]. MPA. PROBEAXIS. Xn
PROBERANGE	最大制动距离(L R)(A S X) 在进行避免破坏探针(陶瓷等)的探测之后,为探针设置最大的制动距离。如果超过此距离,CNC 会给出出错信息 可取值:0～99999.9999mm 或 deg 0～3937.00787in 缺省值:1.0000mm 或 deg(0.03937in) 关联变量:(V.)[n]. MPA. PROBERANGE. Xn
PROBEFEED	最大探测进给率(L R)(A S X) 它必须小于由参数 PROBERANGE 设置的距离之内制动所需要的进给率,用轴的加速度和加速度的变化率设置参数 PROBERANGE。另外,它在确认可能达到表示轴的最大进给率的参数时发出警告 可取值:0～36000000.0000mm/min 或 deg/min 0～1417322.83465in/min 缺省值:100.0000mm/min 或 deg/min 3.93701in/min 关联变量:(V.)[n]. MPA. PROBEFEED. Xn
PROBEDELAY	探针 1 信号延迟(L R)(A S X)

续表

参 数	说 明
PROBEDELAY2	探针2信号延迟(L R)(A S X) 参数PROBEDELAY与由PRBID1和PROBEDELAY2设置的探针保持一致，与由PRBID2设置的探针保持一致 对于某些种类的探针，从探测瞬时到CNC实际接收到信号(红外线通信等)，有几毫秒的短暂延迟，在这些情况下，必须给出从探测发生到CNC接收到信号的时间间隔 探测校准循环#PROBE 2可以用来设置该参数。在执行它之后，循环返回，在算术参数P298和P299的值中，为横坐标和纵坐标轴的参数PROBEDELAY赋予最好的值 可取值:0～65535ms 缺省值:0(无延迟) 关联变量:(V.)[n].MPA.PROBEDELAY.Xn (V.)[n].MPA.PROBEDELAY2.Xn

刀具检测中轴的重定位参数见表8-4-37。

表8-4-37 刀具检测中轴的重定位参数

参 数	说 明
REPOSFEED	最大重定位进给率(L R)(A S X) 在刀具检测后定义重定位进给率。如果没有定义，CNC认为重定位进给率等于JOG模式(JOGFEED)定义的进给率 参数REPOSFEED的值必须始终小于G00FEED、MAXMANFEED和JOGRAPFEED 可取值:0～200000.0000mm/min或deg/min 0～7873.992in/min 缺省值:0 关联变量:(V.)[n].MPA.REPOSFEED.Xn

独立轴的配置参数见表8-4-38。

表8-4-38 独立轴的配置参数

参 数	说 明
POSFEED	定位进给率(L R S)(A S X) 独立轴的定位进给率 可取值:0～36000000.0000mm/min或deg/min 0～1417322.83465in/min 缺省值:1000 关联变量:(V.)[n].MPA.POSFEED.Xn

手动操作模式参数见表8-4-39。

表8-4-39 手动操作模式参数

参 数	说 明
MANUAL	手动(JOG)操作模式参数(L R)(A S X) 显示手动操作模式的参数 它仅仅适用于轴，不适用于主轴
MANPOSSW MANNEGSW	MANPOSSW为G201功能的最大正行程(L R)(A S X) MANNEGSW为G201功能的最大负行程(L R)(A S X) 当使用功能G201时，手动模式替代自动模式，表示轴在两个方向上可能运动的距离 可取值:在±99999.9999mm或deg之内 在±3937.00787in之内 缺省值:对于MANPOSSW，为最大正值 对于MANNEGSW，为最大负值 关联变量:(V.)[n].MPA.MANPOSSW.Xn (V.)[n].MPA.MANNEGSW.Xn

续表

参　数	说　明
JOGFEED	连续 JOG 模式进给率(L R)(A S X) 可取值:0～200000.0000mm/min 或 deg/min 0～7873.992in/min 缺省值:1000.0000mm/min 或 deg/min 39.37008in/min 关联变量:(V.)[n].MPA.JOGFEED.Xn
JOGRAPFEED MAXMANFEED	JOGRAPFEED 为连续快速 JOG 模式进给率(L R)(A S X) MAXMANFEED 为连续最大 JOG 模式进给率(L R)(A S X) 可取值:0～200000.0000mm/min 或 deg/min 0～7873.992in/min 缺省值:10000.0000mm/min 或 deg/min 393.70079in/min 关联变量:(V.)[n].MPA.JOGRAPFEED.Xn (V.)[n].MPA.MAXMANFEED.Xn
MAXMANACC	JOG 模式下最大加速度(L R)(A S X) 可取值:1.0000～1000000.0000mm/s² 或 deg/s² 0.03937～39370.07874in/s² 缺省值:1000.0000mm/s² 或 deg/s² 39.37008in/s² 关联变量:(V.)[n].MPA.MAXMANACC.Xn
MANFEEDP IPOFEEDP MANACCP IPOACCP	MANFEEDP 为 G201 微动进给率的最大百分率值(L R)(A S X) IPOFEEDP 为 G201 执行进给率的最大百分率值(L R)(A S X) MANACCP 为 G201 微动加速度的最大百分率值(L R)(A S X) IPOACCP 为 G201 执行加速度的最大百分率值(L R)(A S X) 当使用 G201 功能时,手动模式代替自动模式,表示应用在每个模式中的最大进给率和加速度 MANFEEDP　MAXMANFEED%作为微动进给率的极限 IPOFEEDP　G00FEED%作为执行进给率的极限 MANACCP　MAXMANACC%作为微动加速度的极限 IPOACCP　ACCEL%作为执行加速度的极限 正常情况下两者之和不应超过 100,同样不能超过在特定条件下机械的动态极限。必须记住:如果在轴运动时应用 G201,IPOFEEDP 和 IPOACCP 设置的值为进给率和加速度瞬时默认值 可取值:0～100 缺省值:20(手动)和 80(执行) 关联变量:(V.)[n].MPA.MANFEEDP.Xn/(V.)[n].MPA.IPOFEEDP.Xn (V.)[n].MPA.MANACCP.Xn/(V.)[n].MPA.IPOACCP.Xn

手动操作模式-手轮的参数设置见表 8-4-40。

表 8-4-40　手动操作模式-手轮的参数设置

参　数	说　明
MPGRESOL	手轮分辨率表格(L R)(A S X) 它显示了 3 个参数,分布对应操作面板的一个位置。这些参数表示对于每个手轮脉冲,轴在每个开关位置(1,10,100)必须运动多远 MPGRESOL1 对应开关位置 1 MPGRESOL2 对应开关位置 10 MPGRESOL3 对应开关位置 100
MPGRESOL n	每个开关位置的手轮分辨率(L R)(A S X) 可取值:0.0001～99999.9999mm 或 deg 0.00001～3937.00787in 关联变量:(V.)[n].MPA.MPGRESOL[i].Xn 最典型的值是设置的缺省值 对于 MPGRESOL1:0.0010mm 或 deg 对于 MPGRESOL2:0.0100mm 或 deg 对于 MPGRESOL3:0.1000mm 或 deg

续表

参　数	说　明
MPGFILTER	手轮的滤波时间(L R)(A S X) 它可以平滑手轮运动,消除突然的变化。表示使用的CNC循环数为手轮脉冲数 可取值:1～1000 缺省值:10 关联变量:(V.)[n]. MPA. MPGFILTER. Xn

手动操作模式-增量JOG设置参数见表8-4-41。

表8-4-41　手动操作模式-增量JOG设置参数

参　数	说　明
INCJOGDIST	增量-微动-距离表(L R)(A S X) 它显示5个参数,每个对应操作面板上的一个位置。这些参数定义轴在每个开关位置(1,10,100,1000,10000)所移动的距离 INCJOGDIST1 对应开关位置 1 INCJOGDIST2 对应开关位置 10 INCJOGDIST3 对应开关位置 100 INCJOGDIST4 对应开关位置 1000 INCJOGDIST5 对应开关位置 10000
INCJOGDIST	增量微动距离(L R)(A S X) 可取值:0.0001～99999.9999mm 或 deg;0.00001～3937.00787in 关联变量:(V.)[n]. MPA. INCJOGDIST[i]. Xn 最典型的值为设置的缺省值 对于 INCJOGDIST1:0.0010mm 或 deg 对于 INCJOGDIST2:0.0100mm 或 deg 对于 INCJOGDIST3:0.1000mm 或 deg 对于 INCJOGDIST4:1.0000mm 或 deg 对于 INCJOGDIST5:10.0000mm 或 deg
INCJOGFEED	增量-微动-进给率表(L R)(A S X) 它显示5个参数,每个对应操作面板上的一个位置。这些参数定义轴在每个开关位置(1,10,100,1000,10000)的进给率 INCJOGFEED1 对应开关位置 1 INCJOGFEED2 对应开关位置 10 INCJOGFEED3 对应开关位置 100 INCJOGFEED4 对应开关位置 1000 INCJOGFEED5 对应开关位置 10000
INCJOGFEED n	增量微动进给率(L R)(A S X) 可取值:0～200000.0000mm/min 或 deg/min 　　0～7873.992in/min 缺省值:1000.0000mm/min 或 deg/min 　　39.37008in/min 关联变量:(V.)[n]. MPA. INCJOGFEED[i]. Xn

丝杠误差补偿参数见表8-4-42。

表8-4-42　丝杠误差补偿参数

参　数	说　明
LSCRWCOMP	丝杠误差补偿(L R S)(A S X) 表示轴是否使用丝杠误差补偿 可取值:是、否 缺省值:否 关联变量:(V.)[n]. MPA. LSCRWCOMP. Xn

续表

参　数	说　明
LSCRWDATA	丝杠补偿表(L R S)(A S X) 显示定义丝杠误差补偿的表。表格中显示用来设置它的如下机床参数： NPOINTS TYPLSCRW BIDIR REFNEED DATA
NPOINTS	表格点的数量(L R S)(A S X) 丝杠误差补偿表的点可多达1000个 可取值：0～1000 缺省值：0(无表格) 关联变量：(V.)[n].MPA.NPOINTS.Xn
TYPLSCRW	补偿类型(L R S)(A S X) 确定丝杠误差补偿将应用到理论还是实际坐标系中 可取值：实际的、理论的 缺省值：实际的 关联变量：(V.)[n].MPA.TYPLSCRW.Xn
BIDIR	双向补偿(L R S)(A S X) 表示补偿是否是双向的。例如：如果补偿在每个方向上是不同的，如果补偿不是双向的，那么它将在两个方向上应用相同的补偿 可取值：是、否 缺省值：否 关联变量：(V.)[n].MPA.BIDIR.Xn
REFNEED	强制机床原点搜索(L R S)(A S X) 表示在应用补偿前是否必须搜索机床原点 可取值：是、否 缺省值：否 关联变量：(V.)[n].MPA.REFNEED.Xn
DATA	各点的丝杠误差补偿(L R S)(A S X) 显示补偿点及其补偿值的列表，由参数NPCROSS设置点的数量 在每一点(LSCRWDATA)，一定要设置参数POSITION、POSERROR和NEGERROR。参数NEGERROR仅仅是在已经定义表格为双向补偿时才设置(BIDIR＝是)
POSITION POSERROR NEGERROR	POSITION为各点的位置(L R S)(A S X) POSERROR为正向误差(L R S)(A S X) NEGERROR为负向误差(L R S)(A S X) 表格中的每个参数代表着被补偿的一个轮廓点。占据轮廓点的位置均相对于机床原点。在表格中定义不同的轮廓点时，一定会遇到以下必要条件： •表格中的点必须按照它们在轴上的位置排序，必须从表格中负值最小点(或正值最小点)进行补偿 •对于在此位置范围之外的轴，CNC将应用离其最近的端点所定义的补偿 •机床参考点必须为“0”误差 可取值：±99999.9999mm或deg之内 　　　　±3937.00787in之内 缺省值：0 关联变量：(V.)[n].MPA.POSITION[i].Xn 　　　　(V.)[n].MPA.POSERROR[i].Xn 　　　　(V.)[n].MPA.NEGERROR[i].Xn

消除共振频率的滤波器参数见表 8-4-43。

表 8-4-43　消除共振频率的滤波器参数

参　　数	说　　明
FILTER	滤波器表(L R S)(A S X) 显示频率滤波器配置表格。对于每根轴或主轴可能要定义多达 3 种不同的滤波器 使用 3 种不同的滤波器可以消除一个以上的共振频率 频率滤波器可能使用在轴和主轴上，主轴定义的滤波器将仅仅适用于主轴作为“C”轴工作时的情况，或者在主轴进行刚性攻螺纹时的情况 有两种类型的滤波器，即“低通”和“反共振”。虽然它们经常是单独使用，但是当共振频率处在“低通”滤波器的带宽之内时，两种滤波器也可以用于同一轴或主轴 为了获得很好的工件光洁度，推荐设置所有互相插补的轴为相同的滤波器类型及相同的频率
FILTER n	滤波器配置(L R S)(A S X) 每个表格都需要设置如下机床参数： ORDER　TYPE　FREQUENCY 定义“反共振”类型滤波器时，必须定义参数 NORBWIDTH 和 SHARE
ORDER	滤波器次序(L R S)(A S X) 可取值：0～10 缺省值：0(没有应用滤波器) 关联变量：(V.)[n]. MPA. ORDER[i]. Xn 下降坡度被消除，数字越大下降越大 当应用滤波器时，推荐使用 3 进行定义。在赋另外的值之前，应与 Fagor 自动控制服务部门保持沟通
TYPE	滤波器类型(L R S)(A S X) 可取值：低通、反共振(陷波滤波器) 缺省值：低通 关联变量：(V.)[n]. MPA. TYPE[i]. Xn 有两种类型的滤波器，即“低通”和“反共振”(带阻滤波器，陷波滤波器) (1)“低通”滤波器 虽然使用“低通”滤波器来消除光整运动冲击，但是它有轻微的使拐角变圆的缺点 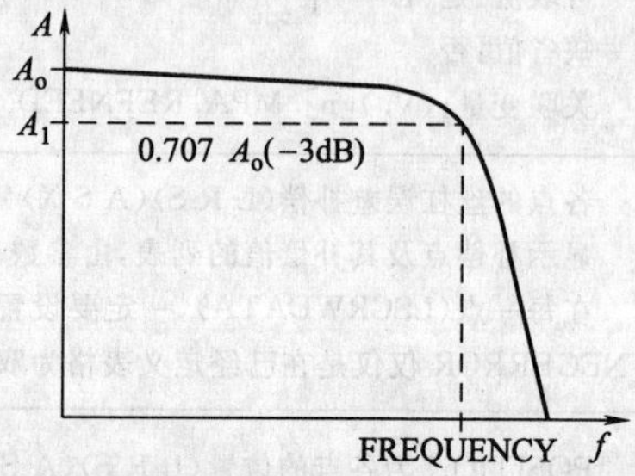 (2)反共振滤波器(带阻滤波器，陷波滤波器) 当机床需要消除共振频率时，一定要使用带阻滤波器(陷波滤波器) 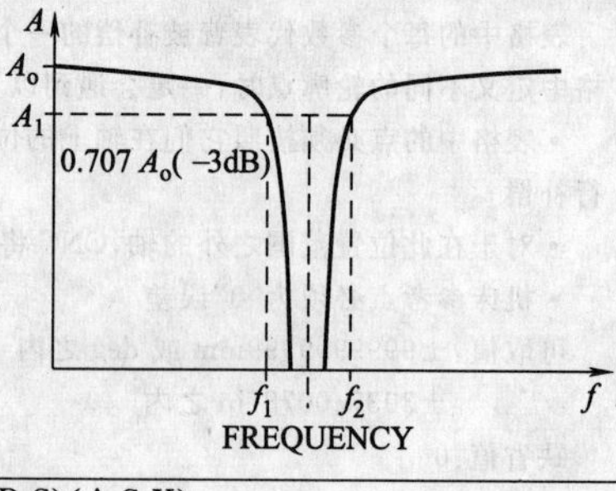
FREQUENCY	拐点频率和中间频率(L R S)(A S X) 对于“低通”滤波器，表示拐点频率或振幅下降了 3dB 处的频率，或其达到额定振幅的 70％处的频率 $-3dB=20lg(A_1/A_o) \rightarrow A_1=0.707A_o$

续表

参　　数	说　　明
FREQUENCY	对于带阻滤波器(陷波滤波器),表示中心频率或共振达到最大值处的频率 可取值:0～500.0 缺省值:30.0 关联变量:(V.)[n]. MPA. FREQUENCY[i]. Xn
NORBWIDTH	标准带宽(L R S)(A S X) CNC 考虑 TYPE=反共振(陷波滤波器)的情况 它由下面的公式计算。f_1 和 f_2 的值对应振幅下降 3dB 处的拐点频率,或其达到额定振幅的 70% 处的频率 $A_1=0.707A_o$ 可取值:0～100.0 缺省值:1.0 关联变量:(V.)[n]. MPA. NORBWIDTH[i]. Xn
SHARE	通过滤波器的信号的百分率(L R S)(A S X) 可取值:0～100 缺省值:100 关联变量:(V.)[n]. MPA. SHARE[i]. Xn CNC 考虑 TYPE =反共振(陷波滤波器)的情况 表示通过滤波器的信号的百分率。这个值一定要与共振过调百分比相等,因为它必须对其进行补偿 机床特定响应的计算举例 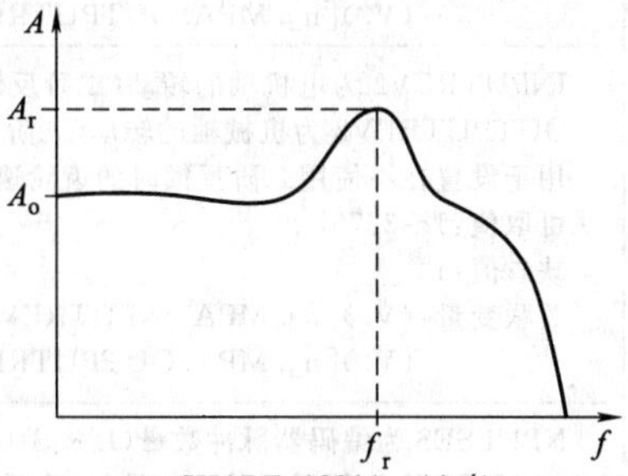 A　A_r　A_o　f_r　f $SHARE=100(A_r-A_o)/A_r$

工作设置参数见表 8-4-44。

表 8-4-44　工作设置参数

参　　数	说　　明
NPARSETS	参数设置的数量(L R S)(A S X) 可以定义 4 种不同的范围,表示在任一范围中轴的动力(进给率、增益、加速度等) 可取值:1～4 缺省值:1 关联变量:(V.)[n]. MPA. NPARSETS. Xn
DEFAULTSET	默认的工作设置(L R S)(A S X) 表示在通电状态下,CNC 执行 M02、M30 或复位操作后的默认设置 当以"0"值定义时,设置总是保持不变 在加工程序中,通过功能 G112 来选择设置 对于主轴来说,功能 G112 选择参数设置,但是它不能执行调速。通过 M41～M44 功能选择设置并调速 可取值:0～4 缺省值:1 关联变量:(V.)[n]. MPA. DEFAULTSET. Xn
SET n	工作设置(L R S)(A S X) 显示机床参数的设置表格

反馈分辨率参数见表8-4-45。

表8-4-45 反馈分辨率参数

参数	说明
PITCH PITCH2	PITCH为丝杠节距(L R S)(A S X) PITCH2为丝杠节距(二阶反馈)(L R S)(S) 根据反馈的类型,该参数有如下意义: •对于拥有旋转编码器和丝杠的线性轴而言,用其定义丝杠的节距 •对于拥有线性编码器(比例尺)的线性轴而言,用其定义比例尺的节距 •对于旋转轴而言,用其设置编码器每转的度数 可取值:0～99999.9999mm或deg 0～3937.00787in 缺省值:5mm或deg(0.19685in) 关联变量:(V.)[n].MPA.PITCH[g].Xn (V.)[n].MPA.PITCH2[g].Xn
INPUTREV OUTPUTREV	INPUTREV为电机轴的转动(L R S)(A S X) OUTPUTREV为机床轴的转动(L R S)(A S X) 用于设置电机轴和带动机床运动的最后的轴之间的齿轮速比 存在于电机和编码器之间的可能的齿轮速比可以通过参数PITCH直接输入。在这种情况下,参数INPUTREV和OUTPUTREV必须设置为1 可取值:1～32767 缺省值:1 关联变量:(V.)[n].MPA.INPUTREV[g].Xn (V.)[n].MPA.OUTPUTREV[g].Xn
INPUTREV2 OUTPUTREV2	INPUTREV2为电机轴的转动(二阶反馈)(L R S)(S) OUTPUTREV2为机械轴的转动(二阶反馈)(L R S)(S) 用于设置在不使用二阶反馈时的齿轮速比 可取值:1～32767 缺省值:1 关联变量:(V.)[n].MPA.INPUTREV2[g].Xn (V.)[n].MPA.OUTPUTREV2[g].Xn
NPULSES NPULSES2	NPULSES为编码器脉冲数量(L R S)(A S X) NPULSES2为编码器脉冲数量(二阶反馈)(L R S)(A S X) 编码器每转的脉冲数量。对于线性编码器(比例尺)设置NPULSES=0和NPULSES2=0 当在轴上使用齿轮减速时,在定义每转脉冲数量时必须考虑整个机组 可取值:0～65535 缺省值:1250 关联变量:(V.)[n].MPA.NPULSES[g].Xn (V.)[n].MPA.NPULSES2[g].Xn
SINMAGNI	正弦曲线倍增因子(L R S)(A X) 表示应用于轴的正弦波反馈的倍增因子 对于方波反馈信号,设置SINMAGNI=0,且CNC使用×4因子 可取值:0～255 缺省值:0 关联变量:(V.)[n].MPA.SINMAGNI[g].Xn
ABSFEEDBACK	绝对反馈系统(L R S)(A S X) 可取值:是、否 缺省值:否 关联变量:(V.)[n].MPA.ABSFEEDBACK[g].Xn
FBACKAL	反馈警报器激活(L R S)(A) 可取值:是、否 缺省值:否 关联变量:(V.)[n].MPA.FBACKAL[g].Xn

回路设置参数见表 8-4-46。

表 8-4-46　回路设置参数

参　　数	说　　明
LOOPCH AXISCH	LOOPCH 为模拟电压信号转变(L R S)(A S X) AXISCH 为反馈信号转变(L R S)(A S X) 如果轴跑飞,CNC 将发出跟随误差消息。如果它没有跑飞,将改变参数 LOOPCH 的值,但是计数方向就不是预期的那个了,改变两个参数 AXISCH 和 LOOPCH 的值 可取值:是、否 缺省值:否 关联变量:(V.)[n]. MPA. LOOPCH[g]. Xn (V.)[n]. MPA. AXISCH[g]. Xn
INPOSW	适当位置区域(L R S)(A S X) 用来定义在编程位置之前或之后认为轴处于适当位置的区域。参数 INPOSW 定义两个区域的宽度 可取值:0.0001～99999.9999mm 或 deg 0.00000～3937.00787in 缺省值:0.0100mm 或 deg(0.00039in) 关联变量:(V.)[n]. MPA. INPOSW[g]. Xn

反向运动中的背隙补偿参数见表 8-4-47。

表 8-4-47　反向运动中的背隙补偿参数

参　　数	说　　明
BACKLASH	反向间隙(L R S)(A S X) 采用线性编码器(比例尺)时,设置参数 BACKLASH＝0 当轴有背隙而调转它的运动方向,从电机开始旋转的瞬间到轴确实运动时有一定的延迟。这些经常发生在那些使用编码器的轴和丝杠组件有缺陷的陈旧设备上(磨损) 用刻度盘指示器来测量此背隙。让轴在一个方向上运动,将刻度盘指示器设置为 0 以递增的方式让轴在相反的方向上运动,直到检测到轴运动为止。背隙值就是指令中的距离与其实际运动的距离之间的差值 可取值:±3.2768mm 或 deg(±0.12901 in)之内 缺省值:0 关联变量:(V.)[n]. MPA. BACKLASH[g]. Xn

用附加指令脉冲在运动换向中进行背隙补偿的参数见表 8-4-48。

表 8-4-48　用附加指令脉冲在运动换向中进行背隙补偿的参数

<table>
<tr><th>参　　数</th><th>说　　明</th></tr>
<tr><td>BAKANOUT</td><td>附加指令脉冲(L R S)(A S)
反向运动时,附加的速度指令脉冲可以补偿可能存在的丝杠背隙。每次轴改变方向时,CNC 将施加给该轴对应于运动的速度指令及附加在此参数中设置的速度指令脉冲
附加指令施加的时间周期由参数 BAKTIME 设置
对于模拟驱动,附加的速度指令是由 D/A 转换器的单位给出,其值为 0～32767 之间的整数。32767 对应于 10V 的模拟电压
<table>
<tr><td>BAKANOUT</td><td>1</td><td>3277</td><td>32767</td></tr>
<tr><td>模拟电压</td><td>0.3mV</td><td>1V</td><td>10V</td></tr>
</table>
当设置附加指令脉冲时,也必须设置参数 BAKTIME 和 ACTBAKAN
可取值:对于模拟驱动,在 0～32767 之间
对于 Sercos 驱动,在±1000r/min 之内
缺省值:0(无应用)
关联变量:(V.)[n]. MPA. BAKANOUT[g]. Xn</td></tr>
<tr><td>BAKTIME</td><td>附加指令脉冲持续时间(L R S)(A S)
表示为补偿反向运动背隙施加的附加速度指令脉冲的持续时间
可取值:0～65535
缺省值:0
关联变量:(V.)[n]. MPA. BAKTIME[g]. Xn</td></tr>
</table>

续表

参　数	说　明
ACTBAKAN	附加指令脉冲的应用(L R S)(A S) 它用于确定施加到补偿背隙峰值上的附加指令脉冲的时间 可取值:始终、G2/G3 缺省值:始终 关联变量:(V.)[n]. MPA. ACTBAKAN[g]. Xn

进给率设置参数见表 8-4-49。

表 8-4-49　进给率设置参数

参　数	说　明
G00FEED	G00 的进给率(L R S)(A S X) 总是以可以达到的最快速度执行快速定位(横向,G00)。它由 G00FEED 设置 可取值:0～200000.0000mm/min,deg/min 0～7873.992in/min 0～100000.0000r/min 缺省值:10000.0000mm/min,deg/min 或 r/min 393.70079in/min 0～3000.0000r/min 关联变量:(V.)[n]. MPA. G00FEED[g]. Xn
MAXVOLT	达到 G00FEED 的模拟电压(L R S)(A S) 要让轴达到最大快速运动进给率 G00FEED,CNC 必须输出的模拟电压 可取值:0～10000.0000mV 缺省值:9500mV(9.5V) 关联变量:(V.)[n]. MPA. MAXVOLT[g]. Xn

增益设置参数见表 8-4-50。

表 8-4-50　增益设置参数

参　数	说　明
PROGAIN	比例增益(L R S)(A S X) 为特定进给率设置跟随误差“ε”(理论瞬时位置和实际真实轴的位置之间的差值) 可取值:0.0～100.0 缺省值:1 关联变量:(V.)[n]. MPA. PROGAIN[g]. Xn
FFWTYPE	预控制类型(L R S)(A S X) 可取值:OFF 前馈 AC- 前馈 前馈＋ AC-前馈 缺省值:OFF 关联变量:(V.)[n]. MPA. FFWTYPE[g]. Xn
FFGAIN	自动前馈百分率(L R S)(A S X) 当工作在前馈状态时,CNC 考虑该参数。如果为模拟或仿真驱动器,则参数为 FFWTYPE;如果为 Sercos 驱动器,则参数为 OPMODEP 前馈增益改善位置控制环,从而使跟随误差“ε”最小。只有在非线性加速度和减速工作状态下才能使用 它设置与编程进给率成比例的模拟输出部分。其余的将与跟随误差“ε”成比例 可取值:0～120% 缺省值:0 关联变量:(V.)[n]. MPA. FFGAIN[g]. Xn

续表

参　数	说　明
MANFFGAIN	手动模式下的前馈百分率(L R S)(A X) 可取值:0～120% 缺省值:0 关联变量:(V.)[n]. MPA. MANFFGAIN[g]. Xn 当工作在前馈状态时,CNC考虑该参数。如果它是模拟或仿真驱动器,则参数为FFWTYPE;如果它是Sercos驱动器,则参数为OPMODEP 虽然有三种加速度类型,仅仅只有线性加速度用于JOG模式。有时,为自动模式选择的前馈可能对于JOG模式就太高了 在上述情况下,该参数允许调整JOG模式的前馈
ACFWFACTOR	加速度时间常数(L R S)(A S X) 可取值:0.001～1000000.0000ms 缺省值:1000.0000ms 关联变量:(V.)[n]. MPA. ACFWFACTOR[g]. Xn 当处于AC-前馈工作状态时,CNC考虑该参数。如果它是模拟或仿真驱动器,则参数为FFW-TYPE;如果它是Sercos驱动器,则参数为OPMODEP 推荐赋予该参数系统响应时间次序值。因为系统响应时间常常是未知值,其大小取决于机器的惯性和驱动器的调节,推荐试用几个值 在没有颠倒峰值的情况下,尽可能最小化跟随误差可以达到最好的调节效果
ACFGAIN MANACFGAIN	ACFGAIN为自动模式下AC-前馈的百分率(L R S)(A S X) MANACFGAIN为JOG模式下AC-前馈的百分率(L R S)(A X) 可取值:0～120% 缺省值:0 关联变量:(V.)[n]. MPA. ACFGAIN[g]. Xn (V.)[n]. MPA. MANACFGAIN[g]. Xn 当处于AC-前馈工作状态时,CNC考虑该参数。参数ACFWFACTOR的可取值、缺省值、关联变量等,它们与参数FFGAIN和MANFFGAIN相似;但是它们影响AC-前馈。它们改善系统对加速度变化的响应。它们在启动、制动及换向过程中将跟随误差"ε"的数量减到最小

线性加速度参数见表8-4-51。

表8-4-51　线性加速度参数

参　数	说　明
LACC1 LACC2	LACC1为第一部分加速度(L R S)(A S X) LACC2为第二部分加速度(L R S)(A S X) 可取值:1.0000～1000000.0000mm/s^2或deg/s^2 0.03937～39370.07874in/s^2 缺省值:1000.0000mm/s^2或deg/s^2 39.37008in/s^2 关联变量:(V.)[n]. MPA. LACC1[g]. Xn (V.)[n]. MPA. LACC2[g]. Xn
LFEED	改变速度(L R S)(A S X) 加速的时候,达到参数中设置的进给率时,它将加速度从LACC1变为LACC2。减速的时候,达到参数中设置的进给率时,它将加速度从LACC2变为LACC1

续表

参　数	说　明
LFEED	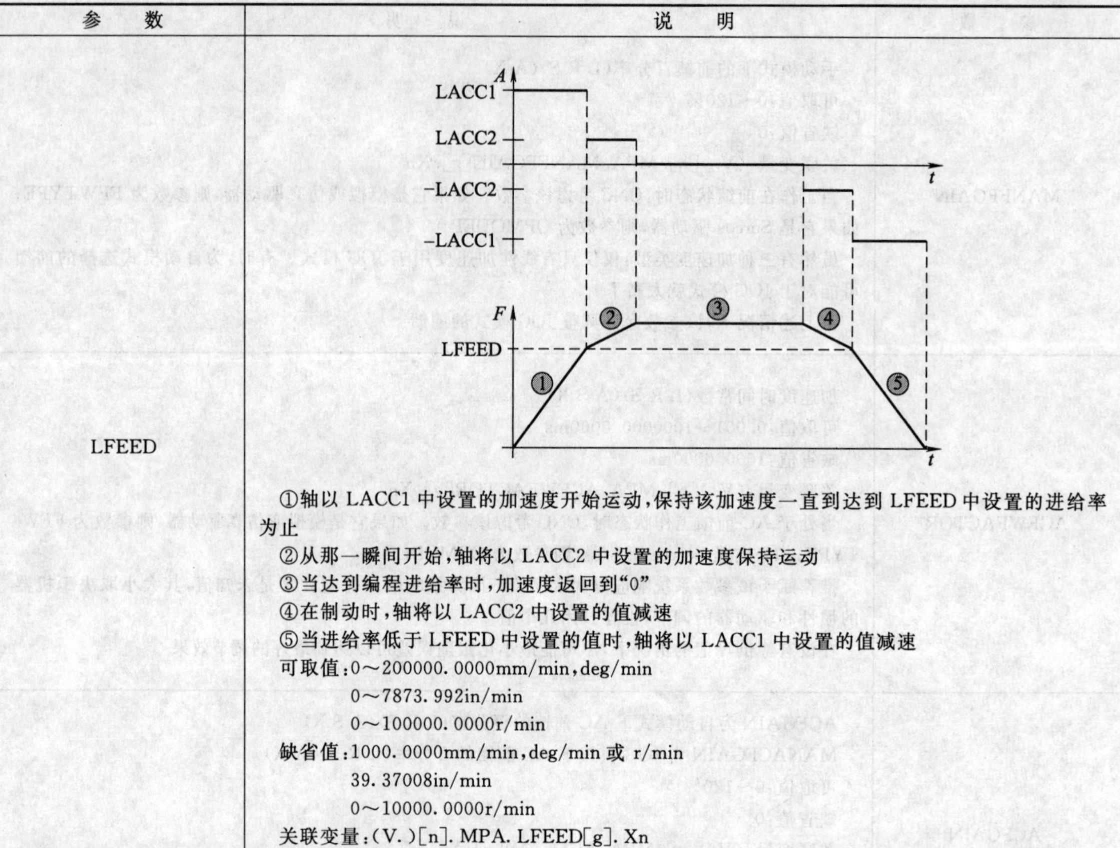 ①轴以 LACC1 中设置的加速度开始运动，保持该加速度一直到达到 LFEED 中设置的进给率为止 ②从那一瞬间开始，轴将以 LACC2 中设置的加速度保持运动 ③当达到编程进给率时，加速度返回到“0” ④在制动时，轴将以 LACC2 中设置的值减速 ⑤当进给率低于 LFEED 中设置的值时，轴将以 LACC1 中设置的值减速 可取值：0～200000.0000mm/min，deg/min 0～7873.992in/min 0～100000.0000r/min 缺省值：1000.0000mm/min，deg/min 或 r/min 39.37008in/min 0～10000.0000r/min 关联变量：(V.)[n].MPA.LFEED[g].Xn

梯形及方波-正弦波加速度参数见表 8-4-52。

表 8-4-52　梯形及方波-正弦波加速度参数

参　数	说　明
ACCEL DECEL	ACCEL 为加速度(L R S)(A S X) DECEL 为减速度(L R S)(A S X) 可取值：1.0000～1000000.0000mm/s^2 或 deg/s^2 0.03937～39370.07874in/s^2 缺省值：1000.0000mm/s^2 或 deg/s^2 39.37008in/s^2 关联变量：(V.)[n].MPA.ACCEL[g].Xn (V.)[n].MPA.DECEL[g].Xn
ACCJERK DECJERK	ACCJERK 为加加速度(L R S)(A S X) DECJERK 为减减速度(L R S)(A S X) 可取值：1.0000～1000000000.0000mm/s^3 或 deg/s^3 0.03937～39370.078.74010in/s^3 缺省值：10000.000mm/s^3 或 deg/s^3 393.70087in/s^3 关联变量：(V.)[n].MPA.ACCJERK[g].Xn (V.)[n].MPA.DECJERK[g].Xn

机床原点搜索参数见表8-4-53。

表8-4-53　机床原点搜索参数

参　数	说　明
I0TYPE	参考标记的类型(I0)(L R S)(A S X) 带增量距离编码I0的Fagor线性编码器:MOVX,MOVY,MOVP,FOX,FOP 带递减距离编码I0的Fagor线性编码器:COVX,COVP 可取值:增量(不带距离编码) 增量距离编码 递减距离编码 缺省值:增量(不带距离编码) 关联变量:(V.)[n].MPA.I0TYPE[g].Xn
REFVALUE	参考点的位置(L R S)(A S X) 在下列情况下必须定义机床参考点: • 不带距离编码标记(I0)反馈系统 • 带距离编码标记(I0)反馈系统,且丝杠误差补偿也应用在该轴上 相对于机床参考零点设置原点位置 可取值:±99999.9999mm或deg之内 ±3937.00787in之内 缺省值:0 关联变量:(V.)[n].MPA.REFVALUE[g].Xn
REFSHIFT	参考点偏置(L R S)(A S X) 有时在重新调整机床时,有必要拆下反馈装置,这样在重新装回去时,新的机床原点可能与原先的那个就不一致了 因为机床原点必须始终保持一致,所以必须将存在于新点和旧点之间的差值赋予参数REFSHIFT 可取值:±99999.9999mm或deg之内 ±3937.00787in之内 缺省值:0 关联变量:(V.)[n].MPA.REFSHIFT[g].Xn
REFFEED1 REFFEED2	REFFEED1为快速原点搜索进给率(L R S)(A S X) REFFEED2为慢速原点搜索进给率(L R S)(A S X) 对没有带距离编码参考标记(I0)的反馈系统,CNC以参数"REFEED1"中定义的进给率执行机床原点搜索,直到碰到原点开关。然后,它将调转运动方向,以参数"REFEED2"设置的进给率往回运动,它将保持运动直到CNC从反馈装置处检测到参考标志脉冲 可取值:0～200000.0000mm/min,deg/min 0～7873.992in/min 0～100000.0000r/min 缺省值:REFFEED1为1000.0000mm/min或deg/min(39.37001 in/min)、100.0000r/min REFFEED2为100.0000mm/min或deg/min(3.93700in/min)、10.0000r/min 关联变量:(V.)[n].MPA.REFFEED1[g].Xn (V.)[n].MPA.REFFEED2[g].Xn

第8篇

续表

参　数	说　明
REFPULSE	I0 脉冲的类型(L R S)(A S X) 表示用于机床原点搜索的 I0 信号沿的类型 可取值:正、负 缺省值:负 关联变量:(V.)[n]. MPA. REFPULSE[g]. Xn
ABSOFF	相对于距离编码 I0 的偏置(L R S)(A S X) CNC 考虑 I0TYPE =距离编码的情况 对于带距离编码(I0)参考标记的线性编码器来说,通过简单地将轴运动 20mm 或 100mm,就可以知道机床的位置。在读出两个连续的距离编码(I0)参考标记之后(彼此相距 20mm 或 100mm),就可以知道轴相对于刻度尺零点(C)的位置 CNC 为了显示相对于机床零点(M)的位置,必须将相对于刻度尺零点(C)的机床零点(M)的位置赋予该参数 刻度尺零点(距离编码的开始)可能位于也可能超出刻度尺的测量长度 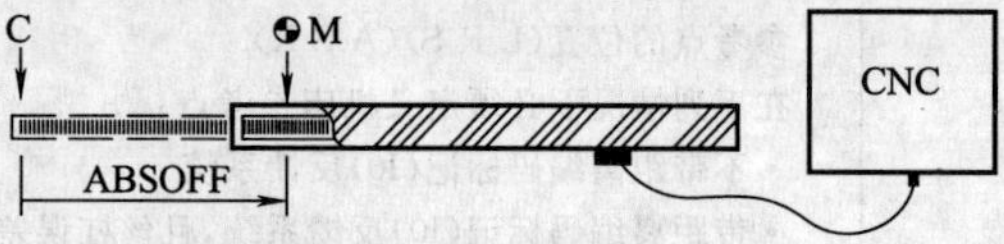 C—刻度尺的零点位置 M—机床参考零点位置 可取值:±99999.9999mm 或 deg 之内 ±3937.00787in 之内 缺省值:0 关联变量:(V.)[n]. MPA. ABSOFF[g]. Xn
EXTMULT	距离编码标记的外部因素(L R S)(A X) CNC 考虑 I0TYPE=距离编码的情况 表示应用于 CNC 的机械周期(刻度尺上的刻度)和电子周期(反馈信号)之间的关系 可取值:0～256 缺省值:0 关联变量:(V.)[n]. MPA. EXTMULT[g]. Xn
I0CODDI1 I0CODDI2	I0CODDI1 为两种固定距离编码 I0 的间隙(L R S)(A S X) I0CODDI2 为两种可变距离编码 I0 的间隙(L R S)(A S X) CNC 考虑 I0TYPE=距离编码的情况 可取值:0～65535 缺省值:I0CODDI1=1000 I0CODDI2=1001 关联变量:(V.)[n]. MPA. I0CODDI1[g]. Xn (V.)[n]. MPA. I0CODDI2[g]. Xn

跟随误差参数见表 8-4-54。

表 8-4-54　跟随误差参数

参　数	说　明
FLWEMONITOR	监控类型(L R S)(A S X) 该参数决定跟随误差将如何被监控。如果其设置为"关",则跟随误差就不受监控,从而就不发布任何错误消息 "标准"监控始终监控跟随误差,当其超出参数 MAXFLWE 和 MINFLWE 设置的值时,CNC 将提示出错 线性监控为动态监控,它允许一定百分比的跟随误差。该百分比由参数 FEDYNFACT 设置 可取值:关、标准、线性 缺省值:关(无监控) 关联变量:(V.)[n]. MPA. FLWEMONITOR[g]. Xn

续表

参　数	说　明
MINFLWE	停止时最大的跟随误差(L R S)(A S) CNC 考虑除了"关"之外的 FLWEMONITOR 的情况 表示当轴停止时所允许的最大跟随误差。参数 MINFLWE 值不能大于轴的总行程(LIMIT-POS-LIMITNEG)的 1/4 可取值:0～99999.9999mm 或 deg 0～3937.00787in 缺省值:1.0000mm 或 deg(0.03937in) 关联变量:(V.)[n].MPA.MINFLWE[g].Xn
MAXFLWE	运动中的最大跟随误差(L R S)(A S) CNC 考虑除了"关"以外 FLWEMONITOR 的情况 • FLWEMONITOR=标准,表示当轴运动时所允许的最大跟随误差 • FLWEMONITOR=线性,表示起始于动态监控的跟随误差的值 可取值:0～99999.9999mm 或 deg 0～3937.00787in 缺省值:1.0000mm 或 deg(0.03937in) 关联变量:(V.)[n].MPA.MAXFLWE[g].Xn
FEDYNAC	跟随误差偏差的%(L R S)(A S) CNC 考虑 FLWEMONITOR=线性的情况。表示相对于理论跟随误差的最大实际跟随误差偏差百分率 CNC 始终依靠进给率(F)计算最大和最小跟随误差(Fe)。如果不在允许的区域内(图形中的阴影部分),CNC 将提示出错 (Fe) ERROR %(FEDYNAC) MAXFLWE F_{max} (F) 可取值:0～100% 缺省值:50% 关联变量:(V.)[n].MPA.FEDYNAC[g].Xn
ESTDELAY	跟随误差延迟(L R S)(A S) 估算跟随误差时,该参数用于定义施加的延迟。从而使理论值(1)更接近实际值(2),进而避免出现不期望的跟随误差消息 Actual Feed Theoretical Following Error (1) ESTDELAY Real Following Error (2) t 可取值:0～1000000ms 缺省值:0 关联变量:(V.)[n].MPA.ESTDELAY[g].Xn
INPOMAX INPOTIME	INPOMAX 为到达指定位置的时间(L R S)(A S X) INPOTIME 为到达指定位置时间的最小值(L R S)(A S X) 参数 INPOMAX 限制轴到达指定位置所需要的时间(最大时间) 参数 INPOTIME 设置轴必须在适当位置区域停留的时间,以便让 CNC 认为其已经到达位置"in position" 它们确保当死轴工作时(仅仅在运动时才受控制的轴),它们到达位置时运动将完成 可取值:0～1000000ms 缺省值:0 关联变量:(V.)[n].MPA.INPOMAX[g].Xn (V.)[n].MPA.INPOTIME[g].Xn

轴润滑如表 8-4-55 所示。

表 8-4-55 轴润滑

参 数	说 明
DISTLUBRI	润滑脉冲的距离(L R S)(A S X) 在运动了该参数中指定的距离后,润滑信号被激活 PLC 以 mm 为单位读取该参数的值,而不是以微米的十分之一(0.0001mm)读取 CNC 逻辑输入和输出:为了 PLC 润滑轴和齿轮,必须按顺序使用 LUBR(轴),LUBRENA(轴)和 LUBROK(轴) ①LUBRENA(轴)标志表示该功能是否被使用 ②当轴已经运动了参数 DISTLUBRI 中设置的距离,LUBR(轴)标志设置为"1","告诉"PLC 轴需要润滑了 ③在润滑完轴之后,PLC 设置 LUBROK(轴)标志为高电平(=1),让 CNC 知道轴已经润滑了 ④CNC 设置 LUBR(轴)标志为低电平(=0)且重新将其值设置为"0" 可取值:0～2000000000mm 或 deg 0～78739920in 缺省值:0(无润滑) 关联变量:(V.)[n]. MPA. DISTLUBRI[g]. Xn

旋转轴和主轴的模块定义如表 8-4-56 所示。

表 8-4-56 旋转轴和主轴的模块定义

参 数	说 明
MODUPLIM MODLOWLIM	MODUPLIM 为模块的上限(R S)(A S X) MODLOWLIM 为模块的下限(R S)(A S X) CNC 考虑 AXISMODE =模块的情况 对于在±180°之内的读数,设置 MODUPLIM=180°和 MODLOWLIM=－180° 可取值:±99999.9999°之内 缺省值:MODUPLIM=360° 和 MODLOWLIM=0° 关联变量:(V.)[n]. MPA. MODUPLIM[g]. Xn (V.)[n]. MPA. MODLOWLIM[g]. Xn
MODNROT	转动模块误差(R S)(A S X) 可取值:1～32767 转 缺省值:1 关联变量:(V.)[n]. MPA. MODNROT[g]. Xn
MODERR	增量模块误差(R S)(A S X) CNC 考虑参数 AXISMODE =模块和 MODCOMP =是的情况 可取值:±32767 之内 缺省值:0 关联变量:(V.)[n]. MPA. MODERR[g]. Xn

主轴参数见表 8-4-57。

表 8-4-57 主轴参数

参 数	说 明
SZERO	被认为"0r/min"的速度(S)(A X) 表示主轴被认为处于停止状态的最高转速值 可取值:0～100000r/min 缺省值:0 关联变量:(V.)[n]. MPA. SZERO[g]. Xn
POLARM3	M3 模拟电压符号(S)(A S X)

续表

参　数	说　明
POLARM4	M4 模拟电压符号(S)(A S X) 可取值:正、负 缺省值:POLARM3 =正 　　　　POLARM4 =负 关联变量:(V.)[n]. MPA. POLARM3[g]. Xn 　　　　　(V.)[n]. MPA. POLARM4[g]. Xn

命令配置如表 8-4-58 所示。

表 8-4-58　命令配置

<table>
<tr><th>参　数</th><th>说　明</th></tr>
<tr><td>SERVOOFF</td><td>偏置补偿(L R S)(A)
驱动的模拟电压偏置值
可取值:在±32767 之内
缺省值:0
关联变量:(V.)[n]. MPA. SERVOOFF[g]. Xn
它以 D/A 转换器单位给出,其值可为±32767 之间的所有整数。±32767 的值对应±10V 的模拟电压
<table>
<tr><td>SERVOOFF</td><td>1</td><td>3277</td><td>32767</td></tr>
<tr><td>偏置</td><td>0.3mV</td><td>1V</td><td>10V</td></tr>
</table></td></tr>
<tr><td>MINANOUT</td><td>最小模拟输出(L R S)(A)
可取值:0～32767
缺省值:0
关联变量:(V.)[n]. MPA. MINANOUT[g]. Xn
它以 D/A 转换器单位给出,其值可为 0～32767 之间的所有整数。32767 的值对应 10V 的模拟电压
<table>
<tr><td>MINANOUT</td><td>1</td><td>3277</td><td>32767</td></tr>
<tr><td>模拟电压</td><td>0.3mV</td><td>1V</td><td>10V</td></tr>
</table></td></tr>
</table>

模拟输出/反馈输入参数见表 8-4-59。

表 8-4-59　模拟输出/反馈输入参数

参　数	说　明
ANAOUTID COUNTERID	ANAOUTID 为轴的模拟输出(L R S)(A) COUNTERID 为轴的反馈输入(L R S)(A) 它们以远程组(电力供给元件的旋转开关)的顺序编号 如果在每组中有若干个计数模块,那么它们的顺序为从上到下和从左到右 可取值:0～16 缺省值:0 关联变量:(V.)[n]. MPA. ANAOUTID[g]. Xn 　　　　　(V.)[n]. MPA. COUNTERID[g]. Xn

3. JOG 模式的机床参数

手轮配置参数见表 8-4-60。

表 8-4-60　手轮配置参数

参　数	说　明
NMPG	手轮的数量 与 CNC 连接的手轮的总数:单独手轮加上通用手轮 可取值:0～3 缺省值:0(不存在手轮) 关联变量:(V.)MPMAN. NMPG

续表

参　数	说　明
MANPG	手轮表格 显示手轮设置表格
MANPG n	手轮配置 专为每个手轮创建的包括所有参数 COUNTERID 和 MPGAXIS 的表格
COUNTERID	手轮的反馈输入 手轮可以通过键盘(每键盘三个)及远程组计数器模块(每模块四个)连接到 CNC 通过键盘连接的手轮从－1～－8 进行编号。键盘上的顺序就是 CAN 总线上的顺序 • 第一个键盘－1,－2,－3 • 第二个键盘－4,－5,－6 • 第三个键盘－7,－8 连接到远程组(值为 1～16)上的手轮根据远程组的顺序(电力供给模块的旋转开关)进行编号。如果在每组中有若干个计数器模块,其编号顺序为从上到下,从左到右 可取值:对于连接到键盘上的手轮,取值从－1～－8 对于连接到反馈计数器(阅读器)模块上的手轮,取值从 1～16 缺省值:0 关联变量:(V.)MPMAN. COUNTERID[i]
MPGAXIS	与手轮相关联的轴 轴的命名与跟它相关联的手轮有关。在定义与所有的不单独拥有手轮的轴相关联的通用手轮时,将此参数空着 关联变量:(V.)MPMAN. MPGAXIS[i]

JOG 键的配置参数见表 8-4-61。

表 8-4-61　JOG 键的配置参数

参　数	说　明
JOGKEYDEF	轴和运动方向 有 15 个参数来定义每个 JOG 键的功能。第一个参数对应着左上方的按键,其余的参数将按照从左到右、从上到下的顺序计数 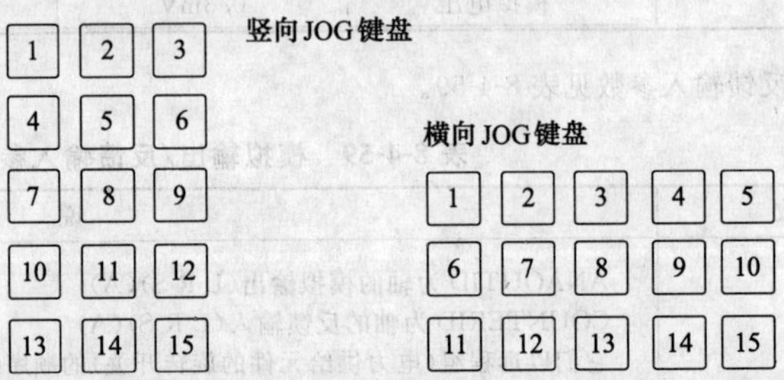 竖向JOG键盘 1 2 3 4 5 6 7 8 9 10 11 12 13 14 15 横向JOG键盘 1 2 3 4 5 6 7 8 9 10 11 12 13 14 15 JOG 键区由下列类型的键组成 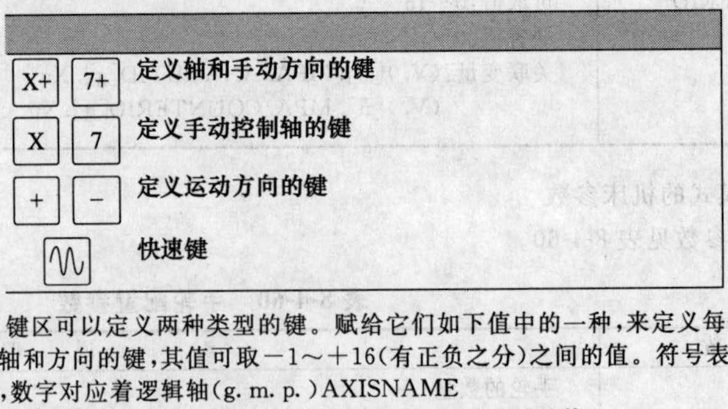 X+ 7+ 定义轴和手动方向的键 X 7 定义手动控制轴的键 + − 定义运动方向的键 快速键 在同一 JOG 键区可以定义两种类型的键。赋给它们如下值中的一种,来定义每个键的性能: • 对于定义轴和方向的键,其值可取－1～＋16(有正负之分)之间的值。符号表示正方向(＋)或负方向(－),数字对应着逻辑轴(g. m. p.)AXISNAME • 对于只用来定义轴的键,其值可取 1～16(无正负之分)之间的值 • 对于只用来定义运动方向的键,用"＋"和"－"值来定义 • 对于快速键用"R"值来定义 关联变量:(V.)MPMAN. JOGKEYDEF[i]

续表

参　数	说　明
JOGTYPE	JOG 类型 在手动键盘由不同的键来选择轴和手动方向时使用该参数。这样的情况下，手动控制一根轴需要激活轴键和运动方向键 根据手动控制键盘配置的方式有两个选项： •对于“加压轴”选项，当轴键和方向键同时按下时，轴将运动 •对于“保持轴”选项，按下轴键就可以选择它。当方向键保持被压状态时，轴将运动。按[ESC] 或[STOP]取消选定 可取值：加压轴、保持轴 缺省值：加压轴 关联变量：(V.)MPMAN. JOGTYPE

4. M 功能表的机械参数

M 功能表的机械参数见表 8-4-62。

表 8-4-62　M 功能表的机械参数

参　数	说　明
MTABLESIZE	表格元素的数量 定义了多达 200 个辅助 M 功能。分配给每种功能一个子程序且定义为同步类型 必须记住，除了该表格中显示的那些辅助功能之外，有些辅助功能用于 CNC 程序中时有着特殊的含义。这些功能是 M00，M01，M02，M03，M04，M05，M06，M08，M09，M19，M30，M41，M42，M43 和 M44 可取值：0～200 缺省值：50 关联变量：(V.)MPM. MTABLESIZE
DATA n	M 功能表 这些参数中的每一个都代表着一个 M 功能。所有的都必须定义 MNUM，SYNCHTYPE，MTIME 和 MPROGNAME 参数
MNUM	M 功能号 可取值：0～65535 关联变量：(V.)MPM. MNUM[i]
SYNCHTYPE	同步类型 由于 M 功能可与轴的运动同时编写在同一个程序段中，所以必须指出何时将功能发给 PLC，何时检测其是否已经执行完毕(同步) 在运动之前或之后发送和/或同步： •如果 M 功能用于打开一盏灯，将在不同步的状态下设置它，因为没有必要检测这盏灯是否打开了 •功能 M03 和 M04 用于启动主轴，在运动之前必须同步执行它们 •功能 M5 用于停止主轴，在运动之后应该同步执行它 可取值：M 不同步 先发送-先同步 先发送-后同步 后发送-后同步 缺省值：先发送-先同步 关联变量：(V.)MPM. SYNCHTYPE[i]
MTIME	M 功能的估计时间 在编辑-模拟模式下，有个选项允许计算在程序中给定的加工条件下，执行一部分程序所需要的时间 设置该参数可微调计算 可取值：0～1000000ms 缺省值：0ms 关联变量：(V.)MPM. MTIME[i]

续表

参　　数	说　　明
MPROGNAME	与M功能相关联的子程序名 必须将与M功能关联的子程序存放于"C:\CNC8070\MTB\SUB"文件夹中。为了将M功能发送给PLC,必须在子程序中编写它 可取值:任何少于或等于64个字符的文字 关联变量:(V.)MPM. MPROGNAME[i]

5. 动力机械参数

运动配置参数见表8-4-63。

表8-4-63　运动配置参数

参　　数	说　　明
NKIN	不同运动的数量 可取值:0～6 缺省值:0 关联变量:(V.)MPK. NKIN
KINEMATIC	运动表格 显示运动配置的表格。对于每种动力都必须定义以下参数: TYPE运动类型 DATA1～DATA42每种运动所需要的数据
TYPE	运动类型 1=直角或球形主轴头 *YX* 2=直角或球形主轴头 *ZX* 3=直角或球形主轴头 *XY* 4=直角或球形主轴头 *ZY* 5=角度主轴头 *XZ* 6=角度主轴头 *YZ* 7=角度主轴头 *ZX* 8=角度主轴头 *ZY* 9=旋转工作台 *AB* 10=旋转工作台 *AC* 11=旋转工作台 *BA* 12=旋转工作台 *BC* 13=主轴－*AB*工作台 14=主轴－*AC*工作台 15=主轴－*BA*工作台 16=主轴－*BC*工作台 41=*C*轴。当ALIGNC=YES时加工工件表面 42=*C*轴。当ALIGNC=NO时加工工件表面 43=*C*轴。加工工件的旋转侧面

主轴运动学定义参数见表8-4-64。

表8-4-64　主轴运动学定义参数

参　　数	说　　明
DATA1～DATA7	主轴尺寸 不需要对它们下定义,下面列出了为每个模型定义的参数及其含义 可以用正值或负值来定义它们。(＋)号表示假定那个方向为正 DATA1表示主轴的前端与沿 *Z* 轴的第二旋转轴之间的距离 DATA2表示第二旋转轴与沿 *X* 轴的主轴之间的距离 DATA3表示第二旋转轴与沿 *Y* 轴的主轴之间的距离 DATA4表示第二旋转轴与沿 *Z* 轴的主轴之间的距离 DATA5表示刀具轴与沿 *X* 轴的第二旋转轴之间的距离 DATA6表示刀具轴与沿 *Y* 轴的第二旋转轴之间的距离 DATA7表示主旋转轴和第二旋转轴之间(主要是旋转主轴的头部)角度

续表

参　数	说　明
DATA8	主旋转轴的其他位置
DATA9	第二旋转轴的其他位置 主轴的其他位置是指当刀具垂直于工作平面(平行于纵轴)时的位置 可取值:±99999.9999°之内 缺省值:0
DATA10	主旋转轴的旋转方向
DATA11	第二旋转轴的旋转方向 依照 DIN 66217 标准用右手准则很容易记住 X、Y、Z 轴的方向 对于旋转轴,旋转的方向已确定,当环绕相关联的线性轴,弯曲手指(闭合手掌)时,拇指指向线性轴的正方向 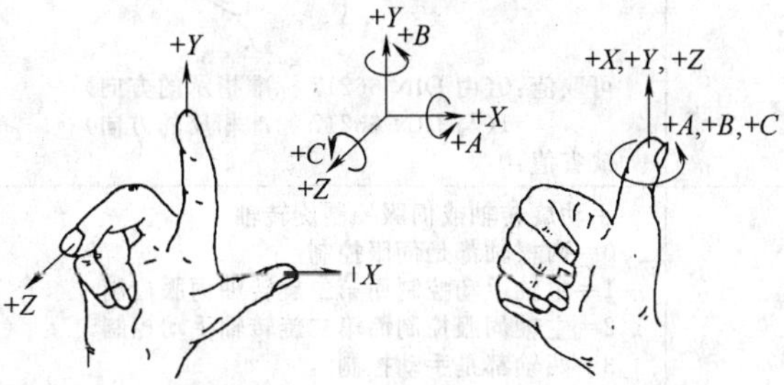 可取值:0(由 DIN 66217 标准指示的方向) 1(与 DIN 66217 标准相反的方向) 缺省值:0
DATA12	手动旋转轴或伺服控制旋转轴 0=两个轴都是伺服控制 1=主轴手动控制而第二旋转轴伺服控制 2=主轴伺服控制而第二旋转轴手动控制 3=两轴都是手动控制

工作台的运动学定义参数见表 8-4-65。

表 8-4-65　工作台的运动学定义参数

参　数	说　明
DATA1	(现在还没有用)
DATA2~DATA5	工作台尺寸 可以用正值或负值来定义它们。(+)号表示假定那个方向为正 DATA2 表示第二旋转轴或与沿 X 轴的主轴交叉点的位置 DATA3 表示第二旋转轴或与沿 Y 轴的主轴交叉点的位置 DATA4 表示第二旋转轴或与沿 Z 轴的主轴交叉点的位置 DATA5 表示第二旋转轴和主旋转工作台之间的距离
DATA6~DATA7	(现在还没有用)
DATA8	主旋转轴的其他位置
DATA9	第二旋转轴的其他位置 主轴的其他位置是指当刀具垂直于工作平面(平行于纵轴)时的位置 可取值:±99999.9999°之内 缺省值:0
DATA10	主旋转轴的旋转方向

续表

参　数	说　明
DATA11	第二旋转轴的旋转方向 依照 DIN 66217 标准用右手准则很容易记住 X、Y、Z 轴的方向 对于旋转轴，旋转的方向已确定，环绕相关联的线性轴，弯曲手指（闭合手掌）时，拇指指向线性轴的正方向 可取值：0（由 DIN 66217 标准指示的方向） 1（与 DIN 66217 标准相反的方向） 缺省值：0
DATA12	手动旋转轴或伺服控制旋转轴 0＝两根轴都是伺服控制 1＝主轴手动控制而第二旋转轴伺服控制 2＝主轴伺服控制而第二旋转轴手动控制 3＝两轴都是手动控制
DATA13～DATA42	（现在还没有用）

主轴-工作台运动学定义参数见表 8-4-66。

表 8-4-66　主轴-工作台运动学定义参数

参　数	说　明
DATA1～DATA6	主轴尺寸和工作台布置 不需要对它们下定义，下面列出了为每个模型定义的参数及其含义 可能用正值或负值来定义它们。（＋）号表示假定那个方向为正 DATA1 表示套管轴的前端与沿 Z 轴的主轴旋转轴之间的距离 DATA2 表示工具轴与沿 X 轴的主轴旋转轴之间的距离 DATA3 表示工具轴与沿 Y 轴的主轴旋转轴之间的距离 DATA4 表示沿 X 轴的工作台旋转轴的位置 DATA5 表示沿 Y 轴的工作台旋转轴的位置 DATA6 表示沿 Z 轴的工作台旋转轴的位置
DATA8	主旋转轴的其他位置
DATA9	第二旋转轴的其他位置 主轴的其他位置是指当刀具垂直于工作平面（平行于纵轴）的位置 可取值：±99999.9999°之内 缺省值：0
DATA10	主旋转轴的旋转方向
DATA11	第二旋转轴的旋转方向 依照 DIN 66217 标准用右手准则很容易记住 X、Y、Z 轴的方向 对于旋转轴，旋转的方向已确定，环绕相关联的线性轴，弯曲手指（闭合手掌）时，拇指指向线性轴的正方向

续表

参数	说明
DATA11	可取值:0(由DIN 66217标准指示的方向) 1(与DIN 66217标准相反的方向) 缺省值:0
DATA12	手动旋转轴或伺服控制旋转轴 0＝两根轴都是伺服控制 1＝主轴手动控制而第二旋转轴伺服控制 2＝主轴伺服控制而第二旋转轴手动控制 3＝两轴都是手动控制
DATA 13～DATA15	主轴的布置 DATA13定义沿X轴的旋转轴与主轴位置的距离 DATA14定义沿Y轴的旋转轴与主轴位置的距离 DATA15定义沿Z轴的旋转轴与主轴位置的距离
DATA16～DATA42	(现在还没有用)

C轴运动学的定义参数见表8-4-67。

表8-4-67 C轴运动学的定义参数

参数	说明
DATA2	旋转轴的位置 表示从旋转轴到线性轴的展开距离。当用0值来定义时,默认旋转轴与线性轴一致(例如:车床的主轴) 可以用正值或负值来定义它们 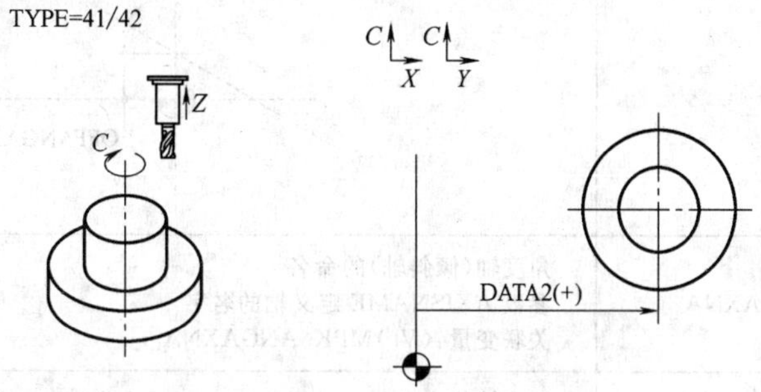 TYPE=41/42 C X C Y Z C DATA2(+) 图表中的(＋)号表示假定那个方向为正
DATA5	旋转轴的位置 可取值:0(旋转轴处于工件零点) 1(由参数DATA2指定旋转轴的位置) 缺省值:0
DATA10	旋转轴的旋转方向 对于旋转轴,旋转的方向已确定,环绕相关联的线性轴,弯曲手指(闭合手掌)时,拇指指向线性轴的正方向 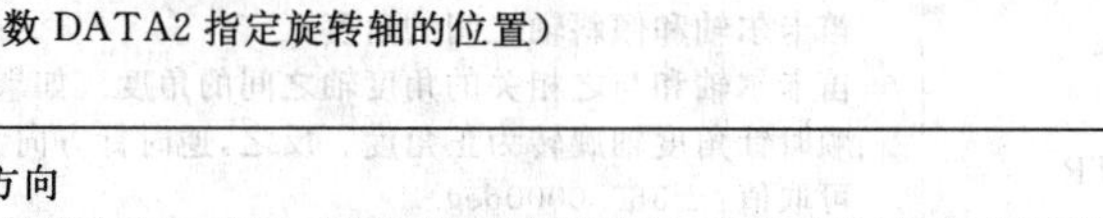 +Y +Y +B +X +A +C +Z +X,+Y,+Z +A,+B,+C +Z +X

续表

参　　数	说　　明
DATA10	这种类型的运动中,必须定义与线性轴相关的旋转轴的实际位置。如果定义了这些运动,就可以认为旋转轴与线性轴是一致的(例如:车床的主轴) 运用功能#CYL通过加工程序来选择运动。如果在没有选择此运动的情况下执行该功能时,CNC从表格中定义的第一种运动类型43得到该值 可取值:0(由DIN 66217标准指示的方向) 　　　　1(与DIN 66217标准相反的方向) 缺省值:0

角度变换配置参数见表8-4-68。

表8-4-68　角度变换配置参数

参　　数	说　　明
NANG	角度变换的数量 可取值:0～14 缺省值:0 关联变量:(V.)MPK. NANG
ANGTR	角度变换的数量 显示角度变换配置的表格。对于每个动力而言必须定义下面的参数: ANGAXNA　ORTAXNA　ANGANTR　OFFANGAX 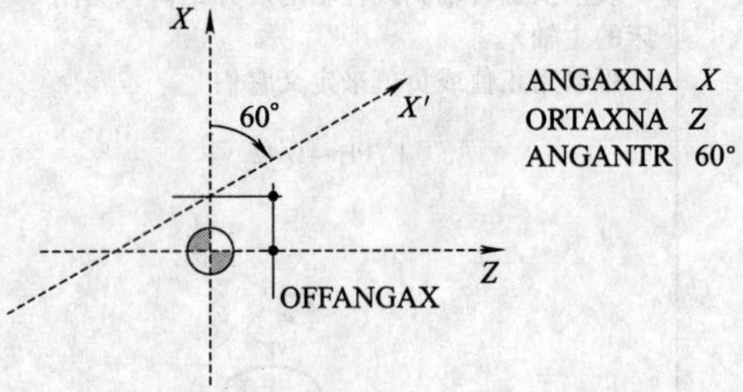 X　X′　60°　Z　OFFANGAX ANGAXNA　X ORTAXNA　Z ANGANTR　60°
ANGAXNA	角度轴(倾斜轴)的命名 参数AXISNAME定义轴的名字 关联变量:(V.)MPK. ANGAXNA[i]
ORTAXNA	正交轴的命名 用于角度变换,垂直于笛卡尔轴的轴的命名 参数AXISNAME定义轴的名字 关联变量:(V.)MPK. ORTAXNA[i]
ANGANTR	笛卡尔轴和倾斜轴之间的角度 笛卡尔轴和与之相关的角度轴之间的角度。如果它的值是0°,表示不需要进行任何角度变换 顺时针角度轴旋转为正角度。反之,逆时针方向为负角度 可取值:±360.0000deg 缺省值:30 关联变量:(V.)MPK. ANGANTR[i]
OFFANGAX	角度变换原点偏置 机床零点和倾斜轴坐标系统原点之间的距离 可取值:±99999.9999mm之内 　　　　±3937.00787in之内 缺省值:0 关联变量:(V.)MPK. OFFANGAX[i]

6. 刀库机械参数

刀库的配置参数见表8-4-69。

表 8-4-69　刀库的配置参数

参　数	说　明
NTOOLMZ	刀库数量 系统刀库的数量 虽然每个通道都有属于它们自己的刀库，但是刀库并不是与所有具体的通道相关联，它们也不与所有具体的主轴相关联 可取值：0～4 缺省值：1 关联变量：(V.)TM. NTOOLMZ
GROUND	允许使用磨削刀具(手动操作) 它们没有安装在刀库中。当编程用到它们时，CNC 需要操作者将它们插入到主轴里 可取值：是、否 缺省值：否 关联变量：(V.)TM. MZGROUND[z]
MAGAZINE	刀库表格 显示输入刀库数据的表格。每个刀库有一个表格 每个表格都有如下的机床参数需要设置： STORAGE MANAGEMENT

存储数据参数见表 8-4-70。

表 8-4-70　存储数据参数

参　数	说　明
STORAGE	与存储相关的参数 必须设置参数 SIZE 和 RANDOM
SIZE	刀库的容量(刀位的数量) 可取值：0～1000 缺省值：20 关联变量：(V.)TM. MZSIZE[z]
RANDOM	随机刀库 表示刀具是否必须始终占据同一位置(不随机)或可以占据任意位置(随机) 可取值：是、否 缺省值：否 关联变量：(V.)TM. MZRANDOM[z]

刀库管理参数见表 8-4-71。

表 8-4-71　刀库管理参数

参　数	说　明
MANAGEMENT	管理的相关参数 显示设置刀库管理的参数 TYPE CYCLIC GROUND OPTIMIZE M6ALONE
TYPE	刀库的类型 CNC 可以管理不同类型的刀库 可取值：异步刀库 同步刀库 转塔刀库 同步刀库＋2 机械臂 同步刀库＋1 机械臂 缺省值：同步刀库 关联变量：(V.)TM. MZTYPE[z]

续表

参数	说明
CYCLIC	循环换刀架 在搜索到刀具之后和搜索下一把刀具之前,"循环换刀架"需要使用换刀指令(M06) 对于非循环的换刀,在一列中可能搜索数把刀具,而没有必要进行实际的换刀操作(M06功能) 可取值:是、否 缺省值:是 关联变量:(V.)TM. MZCYCLIC[z]
OPTIMIZE	刀具管理 在没有M06指令的情况下,在一行中编写几把刀具的程序,表示是否所有的编程刀具都被选择(OPTIMIZE=否)或仅仅选择包括在刀具转换中的那些刀具(OPTIMIZE=是) 只有在执行程序时才进行优化操作。在MDI模式下,不考虑该参数,执行所有的程序 可取值:是、否 缺省值:是 关联变量:(V.)TM. MZOPTIMIZE[z] T2 如果OPTIMIZE=否,选择它 T3 M6总是处于被选择状态,M6表示换刀 T5 M6总是处于被选择状态,M6跟在它后面
M6ALONE	在没有选择刀具的情况下执行M6的结果 M06功能表示换刀。该参数表示在没有选择刀具的情况下执行M6的结果 可取值:无 显示警告 显示错误 缺省值:显示错误 关联变量:(V.)TM. MZM6ALONE[z]

刀库类型见表8-4-72。

表8-4-72 刀库类型

刀库类型	说明
转塔刀库	它是数控车床最典型的一种刀库,在工件加工时不可以换刀
无机械臂同步刀库	对于无机械手臂的同步刀库,刀库必须靠近主轴来换刀,在工件加工时不可以换刀 换刀按如下步骤执行: ①停止轴的运动 ②刀库靠近主轴来抓住刀具 ③选择新刀具,将其安装在主轴上 ④刀库返回原位置
拥有1或2个刀杆柄机械臂的同步刀库	拥有换刀臂的同步刀库(1个或2个刀杆柄),其刀库很接近主轴。在加工工件时不能换刀,因为手臂可能发生碰撞 换刀按照如下步骤执行(以拥有2个刀杆柄的刀库为例): ①在刀库中选好新的刀具 ②停止轴的运动 ③机械臂抓住两个刀具夹持器上的刀具(刀库上和主轴上),交换它们 ④机械臂退回原位 ⑤CNC恢复程序执行
异步刀库	异步刀库安置在远离主轴的地方。在加工工件时,可以执行很多运动,因此缩短了加工时间 换刀按如下步骤执行: ①在执行加工操作时,在刀库中选好新的刀具,换刀臂选中它,将其带到离主轴很近的位置 ②停止轴的运动 ③另一个刀杆柄夹持住安装在主轴上的刀具,进行换刀 ④程序恢复执行,换刀臂离开刀具返回刀库

7. HMI 机械参数（接口）

定制屏幕参数见表 8-4-73。

表 8-4-73　定制屏幕参数

参　数	说　明
WINDOW	主窗口的尺寸 必须设置如下的参数:POSX,POSY,WIDTH 和 HEIGHT
POSX	左上角 X 轴坐标
POSY	左上角 Y 轴坐标
WIDTH	窗口的宽度
HEIGHT	窗口的高度 用像素来定义它们,它们仅用于 PC 模拟器版本,在 CNC 中不可以更改
VMENU	竖向软键菜单位置 竖向软键 F8～F12 出现在屏幕的左侧还是右侧取决于硬件 可取值:左、右 缺省值:右
LANGUAGE	操作语言 在下列可用的语言中选择一种语言: ENGLISH　SPANISH　ITALIAN　GERMAN　FRENCH　BASQUE　PORTUGUESE
USERKEY	定制用户键 使用户键与一项功能相关联 一定要设置 FUNCTION 参数。设置参数 COMPONENT 还是 APPLICATION 取决于选择的选项
FUNCTION	用户键的功能 执行下面的哪个任务取决于选择的功能 ·最小化 CNC,显示 Windows 窗口 ·不使用 CNC 热键获取组件(操作模式) ·执行外部应用软件,例如 FGUIM ·取消键的功能 可取值:Windows、组件、应用软件、无 缺省值:无
COMPONENT	不使用热键获取一个组件 除了这些组件,它还将显示由刀具 FGUIM 创建的组件 可取值:诊断模式 PLC 机械参数 DDSSETUP TUNING 刀具校准
APPLICATION	执行 PC 应用软件 必须指定完整的应用软件路径
CHANGEKEY	定制切换键 使切换键与一项功能相关联 必须设置 FUNCTION 参数

续表

参　数	说　明
FUNCTION	切换键的功能 可以选择显示激活的操作模式的下一专栏，转变到下一个通道或显示系统菜单 如果显示菜单，必须用软件键菜单显示的选项来设置参数 MENU 可取值：下一专栏、下一通道、菜单 缺省值：下一专栏
MENU	创建系统菜单 按下切换键时，显示创建软件键菜单的参数表格
SYSMENUMODE	系统菜单的特性 它确定系统菜单何时不起作用 • 如果定义为"可变的"，在选择菜单选项或转换激活组件时，它不起作用 • 如果定义为"固定的"，直到再按一次切换键，软件键菜单才会改变 可取值：可变的/固定的 缺省值：可变的
SYSHMENU	横向系统菜单
SYSVMENU	竖向系统菜单 设置将出现在每个软件键菜单中的选项 • 菜单不起作用 • 菜单显示激活操作模式的各种专栏或屏幕 • 菜单显示各种通道 • 菜单显示 CNC 的组件或操作模式 可取值：不起作用 屏幕 通道 组件 缺省值：不起作用
ESCAPEKEY	定制 ESCAPE 键 使 ESCAPE 与一项功能相结合 必须设置参数 FUNCTION。由于选择的选项，必须设置参数 NPREVIOUS
FUNCTION	ESCAPE 的功能 可以选择显示先前的软件键菜单，先前的操作模式或两者都选。如果选择"两者"，在每次按该键时，它将显示先前的软件键菜单直到主菜单。从那时起，操作模式就换了 可取值：Pr. 菜单 Pr. 组件 Pr. 菜单/组件 缺省值：Pr. 菜单
NPREVIOUS	先前组件存储的最大数量 可取值：1～5 缺省值：1
SIMJOGPANEL	模拟 JOG 面板 该参数表示是否可用模拟面板。按[CTRL]＋[J]选择或取消选择 模拟 JOG 面板是覆盖 CNC 屏幕的一个窗口。它用于模拟 JOG 键和访问键的操作模式 当工作在远距离诊断(CNC 的远程控制)状态时，必须使用它 可取值：是、否 缺省值：否
WINEXIT	在关闭 CNC 时退出窗口 表示当使用[ALT] ＋ [F4]退出 CNC 时，窗口是否关闭 可取值：是、否 缺省值：否(窗口不关闭)

续表

参　数	说　明
GRAPHTYPE	通道图形的列表 对于车床，它显示定义每个通道图形结构的表格
GRAPHTYPECH n	通道图形的类型 对于车床，它设置通道图形的结构 可取值：横向车床有 X+Z+、X−Z+、X+Z−、X−Z− 竖向车床有 X+Z+、X−Z+、X+Z−、X−Z− 缺省值：横向 X+Z+
DIAGPSW	保留

8. OEM 机械参数

读取驱动变量如表 8-4-74 所示。

表 8-4-74　读取驱动变量

参　数	说　明
DRIVEVAR	驱动变量表 配置从 CNC 通向驱动变量的通道 由参数 SIZE 和 DATAto 来定义它
SIZE	驱动器上参考变量的数量 可取值：0～99 缺省值：0 关联变量：(V.)DRV. SIZE
DATA	驱动变量列表 显示驱动器上参考变量的表格 对于每个变量必须设置下面的参数： MNEMONIC　AXIS　ID　TYPE　MODE
MNEMONIC	驱动器变量的命名 在 CNC 上用于变量的记忆存储器。从 CNC 通向变量的通道如下： (V.)DRV. {mnemonic}. {axis} (V.)DRV. {mnemonic}. {spindle}
AXIS	变量从属的轴或主轴 该变量可能与特殊的轴或主轴相关联或对它们都有益。当定义“*”符号时，表示所有的轴或主轴 可取值 AXISNAME 中定义的轴或主轴 “*”符号表示所有的轴或主轴
ID	驱动器变量识别符 识别驱动器变量的 Sercos ID 识别符
TYPE	通道的类型 变量的访问可以是同步或异步 通过循环通道控制同步变量通道，通过服务通道控制异步变量通道 用同步通道不可以定义所有的变量，只有那些驱动器允许的变量才可以
MODE	通道模式 变量的访问可以是只读或读写的

通用 OEM 参数见表 8-4-75。

表 8-4-75　通用 OEM 参数

参　数	说　明
MTBPAR	OEM 参数表 它们是 OEM 可以设置为机械参数的普通参数 用参数 SIZE 和 DATAto 来定义它
SIZE	OEM 参数的数量 可取值：0～1000 缺省值：0 关联变量：(V.)MTB.SIZE
DATA	OEM 参数 可使用下述变量访问这些参数： (V.)MTB.P[n]

凸轮编辑器参数见表 8-4-76。

表 8-4-76　凸轮编辑器参数

参　数	说　明
CAMTABLE	电子凸轮表格 用参数 SIZE 和 DATAto 来定义它
SIZE	电子凸轮数量 可取值：0～16 缺省值：0
DATA	凸轮数据 显示可利用的凸轮
CAM1...16	电子凸轮编辑器 拥有通过速度、加速度和加加速度输入的图形辅助数据来分析凸轮特性的友好辅助凸轮编辑器

4.1.2　FAGOR 8070 数控系统硬件结构

1. 键盘与操作面板（OP-Panel-H/E）设置

设置集成了操作面板的 QWERTY 字母数字键盘，如图 8-4-1 所示。操作面板上有急停按钮（E-停）或手轮。

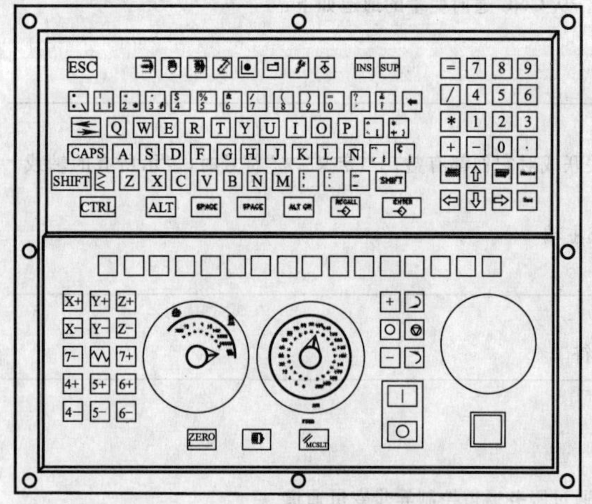

图 8-4-1　键盘与操作面板

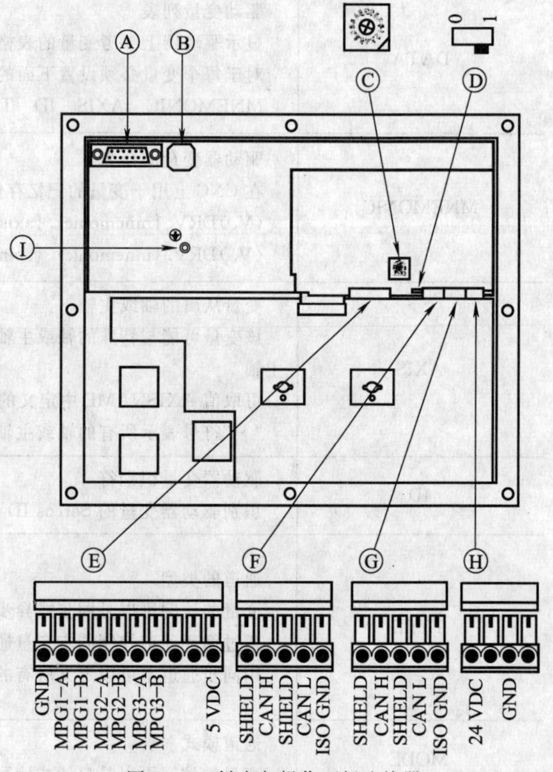

图 8-4-2　键盘与操作面板连接器

说明：

1）使用电源为 24V 直流普通电源；

2）通过 CAN 总线连接到中央处理单元；

3）电子手轮，可以连接多达三个带 A 和 B 信号的手轮（5V 直流 TTL）。

连接器位于背部如图 8-4-2 所示，表 8-4-77 对键盘与操作面板连接器各接口进行了说明。

表 8-4-77　键盘与操作面板连接器各接口说明

编号	说　明
Ⓐ	连接中央处理单元的键。最大电缆长度为 1m
Ⓑ	蜂鸣器
Ⓒ	CAN 总线上的键盘地址选择器
Ⓓ	CAN 总线的直线端子拨动开关
Ⓔ	手轮连接。可连接多达 3 个带直流 5V A 和 B TTL 信号的手轮(MPG1、MPG2 和 MPG3)
Ⓕ	CAN 总线连接器
Ⓖ	CAN 总线连接器
Ⓗ	为键盘供 24V 直流电源的连接器
Ⓘ	接地

2. 键盘

键盘和键盘连接器如图 8-4-3、图 8-4-4 所示，表 8-4-78 所示为键盘连接器各接口说明。

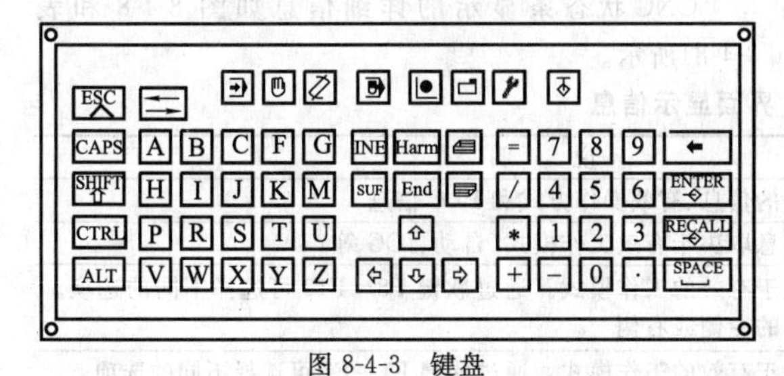

图 8-4-3　键盘

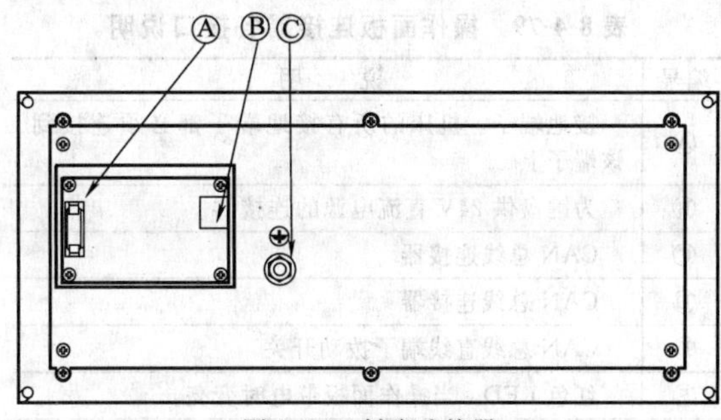

图 8-4-4　键盘连接器

表 8-4-78　键盘连接器各接口说明

编号	说　明
Ⓐ	连接中央处理单元的键。最大电缆长度为 1m
Ⓑ	PS-2 连接器，将键盘连接到中央处理单元
Ⓒ	接地端子。机床的所有接地端子都必须连接到该端子

3. 操作面板

如图 8-4-5、图 8-4-6 所示为操作面板及其连接器，表 8-4-79 所示为操作面板连接器各接口说明。

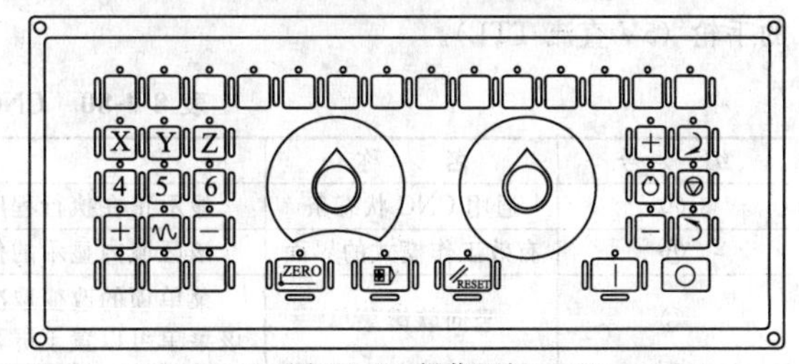

图 8-4-5　操作面板

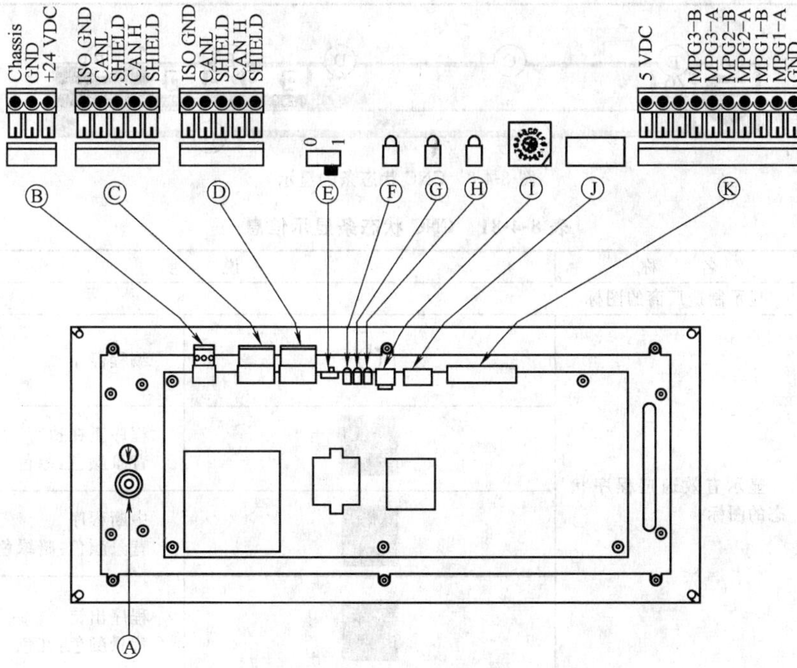

图 8-4-6　操作面板连接器

表 8-4-79 操作面板连接器各接口说明

编号	说明
Ⓐ	接地端子。机床的所有接地端子都必须连接到该端子上
Ⓑ	为键盘供24V直流电源的连接器
Ⓒ	CAN总线连接器
Ⓓ	CAN总线连接器
Ⓔ	CAN总线直线端子拨动开关
Ⓕ	红色LED。当操作面板带电时变亮
Ⓖ	红色LED。CAN总线出错时变亮
Ⓗ	绿色LED。CAN总线工作正常时变亮
Ⓘ	CAN总线的操作面板地址选择器
Ⓙ	CAN总线配置
Ⓚ	手轮连接器。可连接多达3个带直流5V A和B TTL信号的手轮(MPG1、MPG2和MPG3)

说明：

1）使用的电源为24V普通直流电源；

2）通过CAN总线连接到中央处理单元；

3）电子手轮，可以连接多达3个带A和B信号的手轮（5V直流TTL）。

4.1.3 FAGOR 8070数控系统操作方法

1. 工作模式屏幕简介

CNC界面显示如图8-4-7所示，表8-4-80对各显示信息进行了说明。

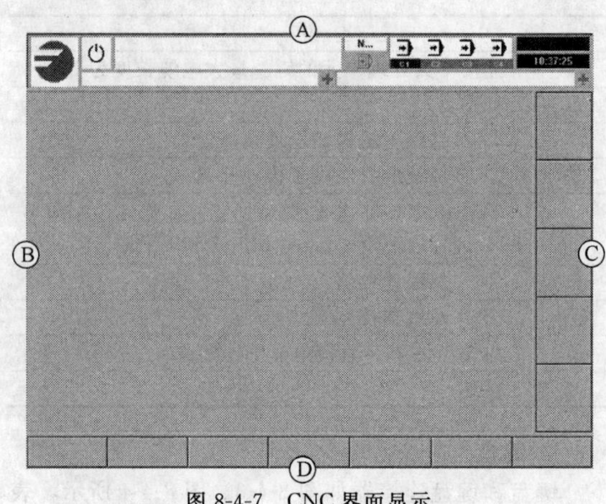

图8-4-7 CNC界面显示

CNC状态条显示的详细信息如图8-4-8和表8-4-81所示。

表 8-4-80 CNC界面显示信息

编号	名称	说明
Ⓐ	通用CNC状态条	显示正在执行程序的信息、有效操作方式和PLC信息
Ⓑ	有效工作模式的界面	该区域内显示的信息取决于有效工作模式(自动、JOG等)
Ⓒ	竖向软键菜单	菜单项的改变取决于有效的工作模式。通过软键F8～F12可选择不同的选项。该菜单可以置于屏幕的左侧或右侧
Ⓓ	水平软键菜单	菜单项的改变取决于有效的工作模式。通过软键F1～F7可选择不同的选项

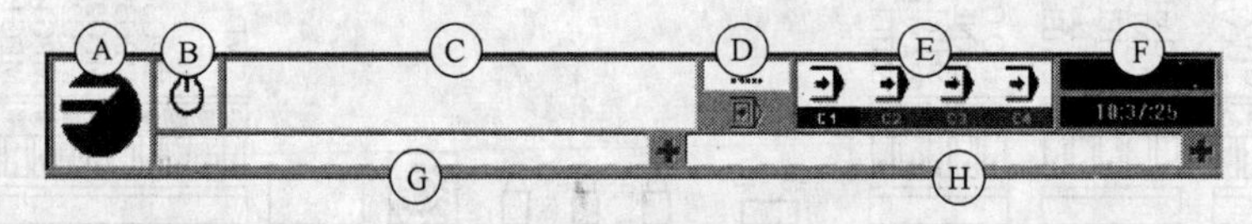

图8-4-8 CNC状态条的显示

表 8-4-81 CNC状态条显示信息

编号	名称	说明	
Ⓐ	显示制造厂商的图标		
Ⓑ	显示有效通道程序状态的图标		编程停止
			程序正在执行 背景颜色：绿色
			中断程序 背景颜色：暗绿色
			程序出错 背景颜色：红色

续表

编号	名称	说明	
Ⓒ	在有效通道中选择执行的程序	背景色将根据程序状态的不同而变化	
Ⓓ	执行的程序段号	底部的图标表示单一程序段执行模式被激活	
Ⓔ	通道信息。可用通道和有效通道的数量(蓝色表示)。图标显示每个通道所处的工作模式		执行模式
			JOG 模式
			MDI 模式
Ⓕ	有效工作模式(自动、手动等)选择界面数以及可用界面总数		
Ⓖ	有效 CNC 信息	对于每一个通道,它显示由正在运行的程序激活的上一条信息。窗口显示有效通道的上一条信息。如果其他通道中有信息,它将高亮显示与消息窗口相邻的"+"符号。要显示有效信息清单,可按组合键[CTRL]+[O] 信息清单中,在靠近每条信息的地方显示激活该信息的通道	
Ⓗ	PLC 信息	如果 PLC 激活两条或更多的信息,CNC 将显示具有最高优先权的消息,并且它将显示"+"号,表示有更多的信息被 PLC 激活。按住组合键[CTRL]+[M]可显示有效信息的清单 信息清单中,靠近每条信息的地方,有符号显示是否该信息有与之相关的附加信息文件。要显示信息,可使用指针并按 [ENTER] 来选择它。如果该信息有附加信息文件,将显示在屏幕上	

2. 按键说明

各类按键说明见表 8-4-82。

表 8-4-82　按键说明

类别	图标	说明	类别	图标	说明
工作模式		自动模式[CTRL]+[F6]	界面操作		上一个窗口[CTRL]+[F1]
		手动模式[CTRL]+[F7]			窗口切换[CTRL]+[F2]
		MDI 模式[CTRL]+[F8]			自定义键,用户可使用机床参数设置[CTRL]+[F3]
		编辑-模拟模式[CTRL]+[F9]	帮助	HELP	链接 CNC 系统帮助文件
		用户表[CTRL]+[F10]	执行键		循环启动键 [START]、[CTRL]+[S]
		刀具和刀库表[CTRL]+[F11]			循环结束键 [STOP]、[CTRL]+[P]
		工具模式[CTRL]+[F12]		RESET	重置键[CTRL]+[R]
		配置模式。用户可使用机床参数"USERKEY"设置该功能显示所有模式窗口[CTRL]+[A]			"单段执行"键[CTRL]+[B]

第 8 篇

续表

类别	图标	说明
执行键	ZERO	回零搜索
键盘	←	删除字母(该键删除光标左侧的字母)
	SUP	删除字母
	INS	插入/覆盖
		Tab
	ESC	Escape 键
	ENTER	回车键
	RECALL	[RECALL]键[CTRL]+[F5]
进给选择		微动方式选择
		进给率倍率%选择
用户操作界面	[CTRL]+[W]	最小化/最大化 CNC 系统
	[CTRL]+[J]	显示/隐藏虚拟操作面板
	[CTRL]+[M]	显示/隐藏 PLC 消息列表
	[CTRL]+[O]	显示/隐藏 CNC 消息列表
	[CTRL]+[K]	显示/隐藏 CNC 消息列表计算器
	[ALT]+[S]	显示/隐藏 CNC 通道同步窗口
程序编辑器	[CTRL]+[TAB]	编辑器和错误窗口切换
	[CTRL]+[C]	将选定文档复制到剪贴板
	[CTRL]+[X]	剪切选定文档
	[CTRL]+[V]	粘贴已复制或剪切文档
	[CTRL]+[Z]	撤销最后一次命令
	[CTRL]+[G]	保存程序/覆盖原有程序
	[CTRL]+[HOME]	将光标移动到程序起始位置
	[CTRL]+[END]	将光标移动到程序末端

3. 进入操作模式

可以通过键盘或由组合键［CTRL］＋［A］弹出的任务窗口进入 CNC 操作模式。

每种操作模式可以由几个界面或专栏组成。可通过相关操作模式的访问键来在不同的界面之间切换。每按一次，将显示下一个界面。界面选择按该方法循环，在最后一个界面按下此键时，将显示第一个界面。

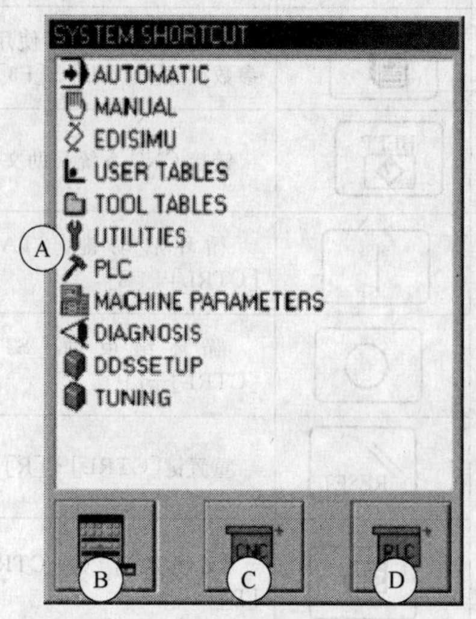

图 8-4-9 任务窗口

所有的 CNC 操作模式都可以从任务窗口进行访问。使用组合键［CTRL］＋［A］打开任务窗口。如果在未进行选择的情况下退出，按［ESC］键。任务窗口如图 8-4-9 所示，各按键作用见表 8-4-83。

表 8-4-83 任务窗口各部分功能

编号	功能
Ⓐ	可用的操作模式
Ⓑ	显示或隐藏有效的 JOG 面板 类似于同时按下[CTRL]+[J]键
Ⓒ	扩展有效的 CNC 信息清单 类似于同时按下[CTRL]+[O]键
Ⓓ	扩展有效的 PLC 信息清单 类似于同时按下[CTRL]+[M]键

各种操作模式的介绍见表 8-4-84。

4. 自动模式

在自动模式下，可以进行以下操作。

1）选择和执行零件加工程序。执行可以在自动模式或单一程序段模式下被完成。

2）在执行程序前，设置程序执行的条件（第一和最后的程序段）。

3）搜寻程序段。重新获得处理特殊程序段的程序历史记录，然后从那个程序段恢复程序执行。

表 8-4-84　操作模式说明

模　式	说　明
自动模式	适用于在自动或单程序段模式中执行零件加工程序 当执行零件加工程序时，可以在不中断程序执行的情况下访问其他的任何工作模式（除了"MANUAL"和"MDI"）。这样，可以在一个程序执行时编辑另一个程序（后台编辑）。正在执行的程序不能被编辑
手动(JOG)模式	通过使用操作面板上的键来控制机床运动、执行机床零点搜索以及设置工件原点等
编辑-仿真模式	用于在运行另一个零件加工程序时编辑和仿真工件加工程序
MDI 模式	用于用 ISO 代码或高级语言编辑和执行程序段
用户表格	用于操作关于零件程序的 CNC 表格（零点偏置、夹具和算术参数）
刀具和刀库表格	用于编辑关于刀具和刀库的 CNC 表格
效用模式	用于处理 CNC 零件程序（拷贝、删除、重新命名等） 可以在访问不同的操作模式时设置密码 可对磁盘中的特定部分进行备份或修复
PLC	用于操作 PLC（编辑程序、监控、改变变量状态等）
机床参数表格	用于设置机床参数，使 CNC 适应于机床操作
调整模式、辅助装备	使机床设置变得快速和便捷 该模式提供轴调整向导、循环检测、示波镜及伯德图

4）显示与轴位置相关的各种数据（命令、与工件零点或机床零点相关的位置、跟随误差等）。

5）显示被执行程序的图形。

6）在执行程序时执行刀具检测。

当自动模式被激活时，将在通用状态栏的右上方显示。该模式允许分屏显示。当前屏幕和可使用的屏幕的总数将显示在通用状态栏的右上方。通过按自动模式访问键可以在不同屏幕之间切换。屏幕的选择将按如此方式循环：当在最后屏幕上按下该键时，显示操作模式的第一个屏幕。

自动模式的显示屏幕由数据屏幕和图像屏幕组成，分别如图 8-4-10、图 8-4-11 所示。

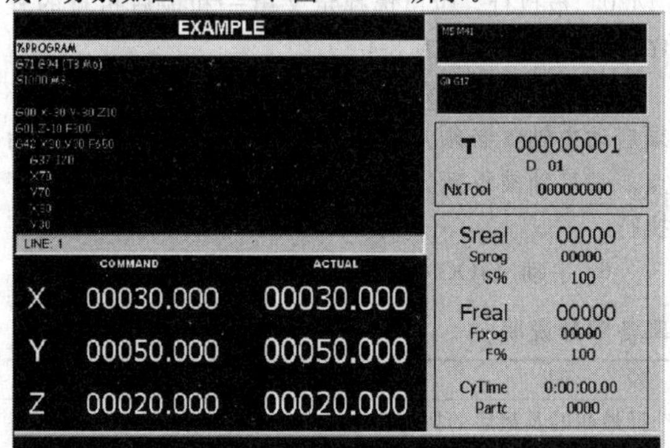

程序执行的信息

图 8-4-10　数据屏幕

数据屏幕显示与程序执行相关的数据：轴位置、"M"和"G"功能历史记录、有效刀具和刀具偏置、主轴转速和轴的进给率。当该屏幕显示被选择的执行程序的窗口时，将有可能选择执行的开始和结束的条件，也可以恢复处理特殊程序段的程序历史记录。

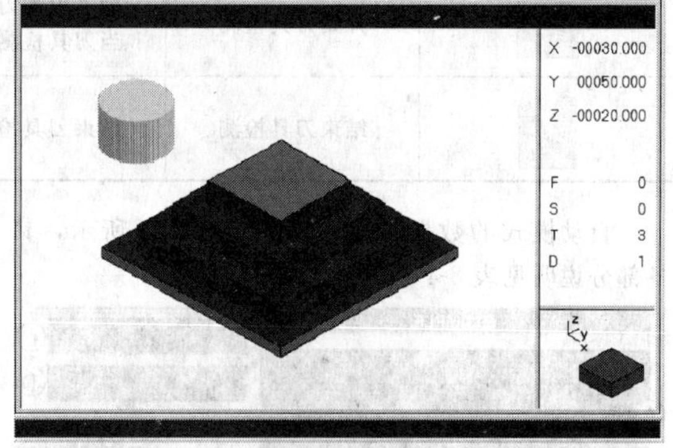

程序执行的图形显示

图 8-4-11　图像屏幕

图像屏幕显示在执行期间程序的图形。它允许在图形上测量尺寸。

常规状态栏显示与自动模式相关的信息如图 8-4-12和表 8-4-85 所示。

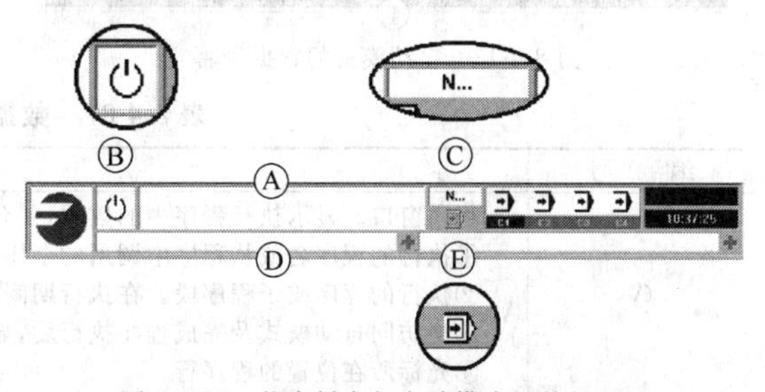

图 8-4-12　状态栏中与自动模式相关的显示

图标菜单（竖向软键）提供了所有与自动模式（不考虑被激活的屏幕）相关联的图标，见表 8-4-86。使用与图标键相关联的键来激活图标。

第 8 篇

表 8-4-85　自动模式下状态栏各部分图标的说明

编　号	说　明
Ⓐ	在激活通道中选择的执行程序 窗口的背景颜色将根据程序状态的不同而不同
Ⓑ	激活通道中显示程序状态的图标 背景颜色将根据程序状态的不同而不同
Ⓒ	执行的程序段号
Ⓓ	CNC 活动信息 对于每一个通道,它显示由正在运行的程序激活的上一条信息。窗口显示有效通道的上一条信息。如果其他通道中有信息,它将高亮显示与消息窗口相邻的"+"符号。要显示有效信息清单,可按组合键[CTRL]+[O] 信息清单中,在靠近每条信息的地方显示激活该信息的通道
Ⓔ	表示"单一程序段"执行模式的图标被激活。可以从操作面板上选择该执行模式

表 8-4-86　图标菜单说明

图标	功能	说　明
	选择程序	选择执行的程序
	开始刀具检测	为了检测刀具位置而进行刀具检测 当刀具检测被激活时,可以微调轴及启动或停止主轴
	结束刀具检测	结束刀具检测

自动模式的数据屏幕显示如图 8-4-13 所示，其各部分说明见表 8-4-87。

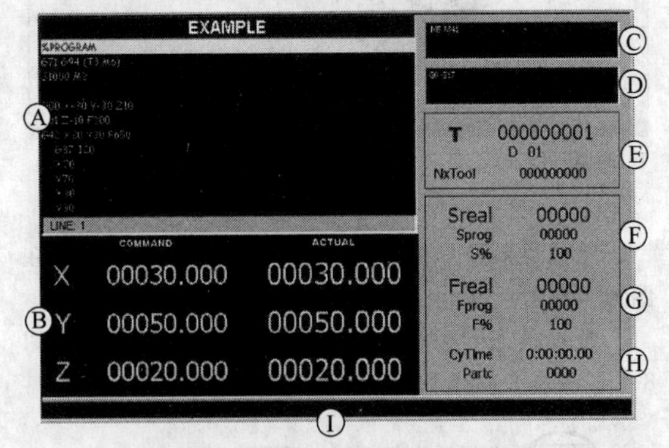

图 8-4-13　自动模式的数据屏幕

当在软键菜单上选择程序屏幕时，将显示与该窗口相关的选项，在软键菜单中可使用的选项见表8-4-88。

5. 自动模式下程序的选择和执行

如果没有指定其他条件，程序的执行将开始于程序的第一程序段，至结束程序功能"M02"或"M30"被执行。也可选择定义第一和最后执行的程序段，具体操作见表 8-4-89。

一旦刀具检测完成，在恢复程序的执行之前，必须启动主轴，必须重新将轴定位于刀具检测的开始点。一旦轴被重新定位，按［START］键恢复程序执行。

6. 手动（JOG）模式

表 8-4-87　数据屏幕各部分说明

编　号	说　明
Ⓐ	程序窗口。显示执行程序中的数据,并允许选择最初的及最后的执行程序。显示的数据如下: ①执行的程序名或从程序中调用的全体子程序名 ②执行的程序或子程序段。在执行期间,光标显示正在执行的程序 ③当访问自动模式及完成程序执行后,显示部分主程序,即使在程序中定义了局部子程序 ④光标所在位置的程序行
Ⓑ	与轴位置相关的信息。在 Fagor 公司提供的屏幕配置中,数据显示在每个屏幕上将有所不同。最典型的显示信息如下所示: ①编程坐标,也就是目标位置 ②以与刀尖或刀具底部相关位置作为工件零点或机床参考零点的轴的当前位置 ③跟随误差(轴滞后)

续表

编　号	说　明
Ⓒ	有效"M"功能
Ⓓ	有效"G"功能和高级指令
Ⓔ	与刀具相关的信息 当前选择的刀具"T"、与刀具相关的当前被激活的刀具偏置"D"及加载在主轴上的下一把刀具"Nextool"数量
Ⓕ	与主轴转速"S"相关的信息 Sreal:实际主轴转速 Sprog:编程转速 S%:施加到编程值上的速度倍率的百分率 依靠被激活的屏幕,还将显示主轴位置"SPOS"和它的跟随误差"SFWE"
Ⓖ	与轴进给率"F"相关的信息 Freal:轴的实际进给率 Fprog:编程进给率 F%:施加到编程值上的进给率倍率的百分率
Ⓗ	程序的执行(循环)时间"CyTime"和已加工零件的数量"Partc"
Ⓘ	CNC信息

表 8-4-88　软键菜单选项

选　项	说　明
第一程序段	它设置当前使用指针选择的程序段作为第一个被执行的程序段。如果没有设置起始程序段,程序将从第一个程序段开始执行 定义的第一程序段保持有效,直到取消(使用[ESC]键)或程序被执行;那样,程序的第一程序段将变为执行的第一程序段
停止条件	用于在程序或子程序中设立中断程序仿真的程序段。在执行那个程序段之后,使用[开始]图标恢复执行或使用[复位]图标来取消执行 如果没有建立最后程序段,程序的执行将在执行完程序结束指令"M02"或"M30"后结束
程序段搜寻	使用该功能可在程序或子程序中设置最后程序段,以恢复程序的历史记录,而且可以像从头执行程序一样,在相同的条件下从该点继续执行程序 当恢复程序记录时,CNC一直读取到给定程序段,并沿途激活"G"和"M"功能。同样,它在程序中设置进给率和速度条件,计算轴应当处于的位置
查询文本	在全部程序中查寻文本或字符串 当选择该选项时,CNC显示请求查询文本的对话框。也可能要选择查询是否从程序的开头或指针位置开始 按[ENTER]键开始查询,指针将停留在查询到的文本上。通过再次按[ENTER]键,CNC将查询下一个匹配等 按[ESC]结束查询。指针将停留在包含搜寻文本的程序段上
定位到行	将指针定位于程序的特定行 当选择该选项时,CNC请求要到达的行号。输入期望的数字,按[ENTER]键,指针将到达该行

表 8-4-89　自动模式下程序的选择和执行

程序的选择	在每个通道中可以选择和执行不同的程序。程序将在它被选择的通道中执行。一旦程序已经被选择,它的名字将出现在常规状态栏中。对于每个通道,它显示在该通道中选择的程序名	
程序执行	开始执行	按操作面板上的[START]键来开始程序的执行 可以在单一程序段或自动模式下执行程序,该模式可以在程序执行时被选择。当单一程序段模式被激活,屏幕将在常规状态栏上显示相关的符号 如果单一程序段模式被激活,将在结束每个程序段时中断程序执行。[START]键必须被再次按下才可以执行下一个程序段。如果自动模式被激活,程序将始终执行到最后或执行到结束执行的程序段处

续表

程序执行	中断执行	按[STOP]键中断程序的执行。再次按[START]键来从程序中断处恢复程序执行 可以在任何时候中断执行，除了车螺纹加工。如果那样，它将在车螺纹操作的结束后中断
	停止执行	按[RESET]键取消程序的执行并将CNC恢复至其初始条件
刀具检测	刚性攻螺纹和刀具检测模式	当中断刚性攻螺纹而访问刀具检测模式时，可以微调与攻螺纹相关的轴（仅JOG模式）。当移动轴时，以内插值替换的主轴也将运动，主轴通常为攻螺纹。如果刚性攻螺纹包含几根轴，当移动它们中的一根时，包含在攻螺纹中的所有的其他轴也将运动 每当在按重新定位软键之前，允许将轴移入或移出螺纹。轴以编程进给率运动，除了当轴或主轴超出了允许的最大进给率（参数MAXMANFEED）时，在该情况下，进给率将被限制在最大值 在刀具检测期间主轴微调键将不能使用。它仅可能通过微调包含在刚性攻螺纹中的一根轴脱离螺纹。功能M3、M4、M5和M9不能够编写在主轴上，它们被忽略
	轴的重新定位	轴可以依次或同时进行重新定位。使用相关的软键选择轴并按[START]键来实现它们的重新定位。轴使用由OEM定义的进给率重新定位 使用JOG键或手轮可以实现轴的重新定位。换句话讲，重新定位可能中断（使用[STOP]键）选择其他的轴。一旦轴已经达到了它的位置，将不可再使用
	恢复主轴旋转方向	主轴的旋转方向可以与轴一同或单独恢复。这样，在靠近重新定位的轴处将显示主轴先前的状态（M3、M4或M19）。选择软键并按[START]键来恢复旋转方向
程序段搜寻和程序执行	程序段搜寻（手动）	恢复至由操作者设置的特定程序段的程序历史记录
	程序段搜寻（自动）	恢复至取消执行的程序段的历史记录。CNC存储取消中断的程序段，因此不必设置停止程序段
	恢复程序历史记录方法	①按“自动搜寻”键来执行自动搜寻，例如从程序中断处恢复程序历史记录。搜寻的起点可以选择第一程序段 ②对于手动搜寻，使用停止程序段来设置最后点，选择子程序（可选择的）及次数（可选择的）。通过选择第一程序段来选择搜寻起点 ③按[START]键来恢复程序的历史记录 CNC将设置程序的进给率和速度条件，将以设置的方向启动主轴（“M3”或“M4”）。它也将激活程序中定义的“M”和“G”功能 ④将轴重新置位来恢复执行 ⑤按[START]键开始执行程序
	轴的重新定位（手动）	使用手轮或JOG键微调轴。该运动被重新定位终点及相应的软件界限限制
	轴的重新定位（自动）	使用相关的键选择轴并按[START]键。重新定位可能会中断（使用[STOP]键）选择其他的轴

手动（JOG）模式可以从其他的操作模式访问，除了在程序执行时，按与其相关的键来访问该模式。在同一通道中，当程序正在运行或程序段在MDI模式下执行时，不能访问JOG模式。JOG模式可以在其余的通道中被访问。如果程序中断执行，CNC将取消程序执行并进入JOG模式。当按下［STOP］键或处于单一程序段模式等待时，程序被中断。当从自动模式访问JOG模式时，CNC将保持在最后模式所选择的加工状态。

在手动模式下可以进行如下操作。

1）显示与轴位置相关的各种数据（与工件零点或机床零点或跟随误差等相关的位置）。

2）轴回机床零点（机床参考零点搜寻）。

3）使用操作面板上的键或电子凸轮来微调轴。

4）将轴移动至先前选好的目标位置。

5）预置坐标。

6）使用操作面板上的键手动开始和停止主轴。

7）转换刀具。

8）使用操作面板上部旁边的键来激活多达16个外部设备。与每个键相关的外部装置必须被机床制造厂家来定义。

9）在JOG模式、半自动模式（使用桌面探针时）或使用刀具校准循环（使用桌面探针时）来校准刀具（没有探针）。

手动（JOG）模式可以分屏显示。当前屏幕和可使用屏幕的总数将显示在通用状态栏的右手边的上部。按 JOG 模式访问键可以实现在不同屏幕之间切换。屏幕的选择将按如此方式循环：当在最后屏幕上按下该键时，显示操作模式的第一个屏幕。图 8-4-14 为该模式的典型屏幕，屏幕各部分说明见表 8-4-90。

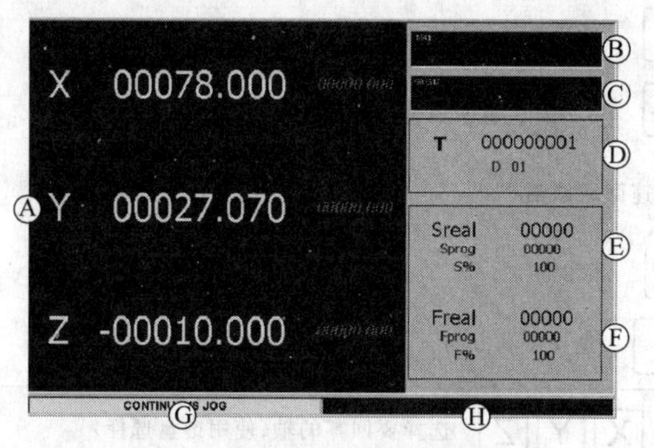

图 8-4-14　自动模式典型屏幕

表 8-4-90　自动模式典型屏幕说明

编　号	说　明
Ⓐ	与轴位置相关的信息。在 Fagor 公司提供的屏幕配置中，每个屏幕上显示的数据将不同 最常见的就是以大号字符显示轴相对于工件零点的当前位置，以小号字符显示跟随误差(轴滞后)的值 另外还将显示刀尖坐标和刀具基准坐标，二者都是以工件零点和机床零点为参考点
Ⓑ	有效“M”功能
Ⓒ	有效“G”功能和高级指令
Ⓓ	相关的刀具信息 当前选择的刀具编号“T”和与刀具相关联的有效刀具补偿“D”
Ⓔ	与主轴转速“S”相关的信息 Sreal：实际主轴转速 Sprog：编程速度 S%：施加到编程值上的速度倍率的百分比 依据有效屏幕，还将显示主轴的位置“SPOS”和它的跟随误差“SFWE”
Ⓕ	与轴的进给率“F”相关的信息 Freal：轴的实际进给率 Fprog：编程进给率 F%：施加到编程值上的进给率倍率的百分比
Ⓖ	在操作面板上的 JOG 选择器开关上选择的运动模式
Ⓗ	保留

竖向软键菜单说明见表 8-4-91。

表 8-4-91　竖向软键菜单说明

图　标	说　明
	显示单位(mm/in) 用于改变显示线性轴位置(坐标)和进给率数据的单位。转换这些单位不会影响总是以“度”为显示单位的旋转轴 图标将高亮显示当前选择的单位(mm 或 in) 必须记住，只能改变数据显示的单位。程序默认的单位为使用有效功能“G70”或“G71”定义的单位，或当在程序中没有编辑单位时，单位是由机床制造厂家来设置
	加载零点偏置或夹具偏置表格 在零点偏置或夹具偏置表格中用于保存有效零点偏置
	刀具校准 用于访问刀具校准界面

手动模式的各种操作见表 8-4-92。

表 8-4-92 手动模式操作说明

<table>
<tr><th>项 目</th><th colspan="2">说 明</th></tr>
<tr><td>微动键</td><td colspan="2">[X+] [7+] 向正方向微动该轴
[X−] [7−] 向负方向微动该轴
[∿] 快速微动该轴
[X] [7] 选择轴
[+] [−] 选择微动方向</td></tr>
<tr><td rowspan="2">回零搜索</td><td>手动方式</td><td>[X] [Y] [Z] 选择要回零的轴(使用键盘选择)
[ZERO] 按回零搜索键
[|] [ESC] 按[START]键执行回零搜索;按[ESC]键取消操作</td></tr>
<tr><td>自动方式</td><td>[ZERO] 按回零搜索键
[|] [ESC] 按[START]键执行回零搜索;按[ESC]键取消操作</td></tr>
<tr><td>设置坐标</td><td colspan="2">[X] [Y] [Z] 选择要设置的轴(使用键盘选择),已经被选择的轴高亮显示;使用[↑][↓]键移动光标至期望的位置
[ENTER] [ESC] 按[ENTER]键设置输入的值;按[ESC]键取消操作</td></tr>
<tr><td rowspan="2">轴的运动</td><td>使用微动进行手动操作</td><td>连续微动(轴响应面板操作进行运动)
将操作面板上的微动类型选择开关扳到表盘上的连续微动位置上
增量微动(操作者每操作一次面板,指定轴移动一定的距离)
将操作面板上的微动类型选择开关扳到表盘上某个增量进给位置上,然后使用键盘上的 JOG 面板微动需要移动的轴</td></tr>
<tr><td>使用手轮微动轴</td><td>电子手轮可用于对轴的运动进行操作
将操作面板上的微动类型选择开关扳到表盘上某个手轮位置上进行,设置后,根据使用的手轮类型(通用的或是独立的),操作过程如下
①通用手轮(可用于微动机床的任意一根轴):在 JOG 面板上,使用键选择要微动的轴。如果同时选定多根轴,则同时微动。CNC 系统根据选择开关的设置和手轮的旋转方向使选定各轴产生运动
②独立手轮(与特定的轴相关联):CNC 系统根据选择开关的设置和手轮的旋转方向使对应的某根轴产生运动</td></tr>
</table>

续表

项 目	说 明
坐标系的定义	S F 按[S]键选择主轴转速;按[F]键选择进给率;输入所需的主轴转速或进给率 I ESC 按[START]键继续输入数据;按[ESC]键取消操作
主轴控制	建议在选择主轴旋转方向前先设置主轴转速(在MDI方式下) 以设定的速度启动主轴顺时针旋转 以设定的速度启动主轴逆时针旋转 主轴停转 + - 主轴倍率(可用于改变主轴旋转方向) 主轴定位(用于主轴定位)
刀具选择与换刀	T 按下[T]键和要使用的刀具的数字编号 I ESC 按[START]键执行换刀;按[ESC]键取消操作
刀具标定	该操作通过界面软键“刀具标定”访问 使用界面转换按钮选择标定模式(有探针模式/无探针模式) ESC 按[ESC]键退出所选模式
自动装载零点偏置和夹具偏置表	CNC列出可用的零点偏置和夹具偏置;选择要保存的零点偏置或夹具偏置 ENTER 按[ENTER]键将偏置值输入参数表 ESC 按[ESC]键取消操作

7. MDI模式

在MDI工作模式下，可进行如下操作，具体操作见表8-4-93。

1）编辑和执行单段程序。

2）将已执行的程序段储存为独立的程序。

8. 编辑-仿真模式

该模式下的操作见表8-4-94。

9. 工艺功能

表8-4-93 MDI窗口编辑

编辑	可在编辑行直接编制程序段,也可从程序历史中恢复程序段 ⇧ ⇩ 访问历史和选择程序段 ENTER 确认选择并显示编辑行的程序段 ESC 取消选择并退出MDI模式
执行	I 按[START]键执行当前显示在编辑行的程序 ○ 按[STOP]键中断程序执行;按[START]键继续执行 RESET 按[RESET]键取消程序执行,并重置CNC系统使其回复到初始状态

第8篇

表 8-4-94 编辑-仿真模式下的操作

<table>
<tr><td>打开待编辑程序</td><td colspan="2">在仿真模式下选择要打开的程序。这个程序可以是新建程序，也可以是已有程序。每个通道可编辑和执行不同的程序
在列表中选择程序的方法如下
选择包含所需程序的文件夹，如果选择一个新程序，它将被存储于该文件夹
在列表中选择程序或在底部窗口中键入程序名。要编辑一个新程序，需在底部窗口中键入程序名
ENTER ESC 按[ENTER]键接受选择并打开程序；按[ESC]键取消选取并关闭程序列表</td></tr>
<tr><td rowspan="7">程序仿真</td><td colspan="2">图形窗口在其底部中央位置显示出编辑在窗口中选中的程序名
程序仿真过程如下：
选择图形表示类型、维数和视点
在界面菜单中激活所需的仿真选项
在界面上按软键按钮[START]启动仿真；在界面上按软键按钮[STOP]中断仿真；在界面上按软键按钮[RESET]取消仿真</td></tr>
<tr><td rowspan="2">“单段执行”仿真模式</td><td>在界面上选择单段执行模式(可在仿真前或正在进行仿真时选择)</td></tr>
<tr><td>在该模式下，程序在每个程序段末中断；在界面上按[START]键继续</td></tr>
<tr><td rowspan="4">仿真选项
注：使用界面软键菜单访问仿真选项，点击按钮会在界面上显示右边选项</td><td>刀具半径补偿</td></tr>
<tr><td>M01 仿真过程中条件停止</td></tr>
<tr><td>软限位</td></tr>
<tr><td>忽略程序段</td></tr>
</table>

FAGOR 8070 数控系统工艺功能见表 8-4-95。

10. 铣削固定循环

FAGOR 8070 数控系统铣削固定循环见表 8-4-96。

11. 车削固定循环

FAGOR 8070 数控系统车削固定循环见表 8-4-97。

12. 多重加工（铣削）

FAGOR 8070 数控系统铣削多重加工见表 8-4-98。

13. 工具

FAGOR 8070 数控系统常用工具的图标说明见表8-4-99。

表 8-4-95 工艺功能

<table>
<tr><td>加工进给率(F)</td><td>使用“F”指令可指定加工进给率，它持续有效直至另一条指令修改它
其单位决定于有效的加工模式(G93、G94 或 G95)和轴的运动类型(直线或旋转)</td></tr>
<tr><td>主轴转速(S)</td><td>编程时主轴转速由主轴名和后跟所需的速度值决定
通道内所有主轴的速度可以在同一程序段内实现
指定速度值后，该值持续有效，直至指定另外一个值
除非另行指定，编程单位均为 r/min
如果 G96 有效，则编程单位为 m/min</td></tr>
<tr><td>刀具号(T)</td><td>“T”指令用于指定选定的刀具
刀具可能在 CNC 系统管理的刀库中，也可能在手动操作刀库中(又称 ground tools)</td></tr>
<tr><td>刀具偏置号(D)</td><td>刀具偏置包含了刀具尺寸信息
每把刀可能有多个与之相关的刀具偏置
激活刀具偏置前，必须事先定义。为实现此功能，CNC 系统提供了刀具表，对各种偏置值进行定义</td></tr>
</table>

表 8-4-96　铣削固定循环

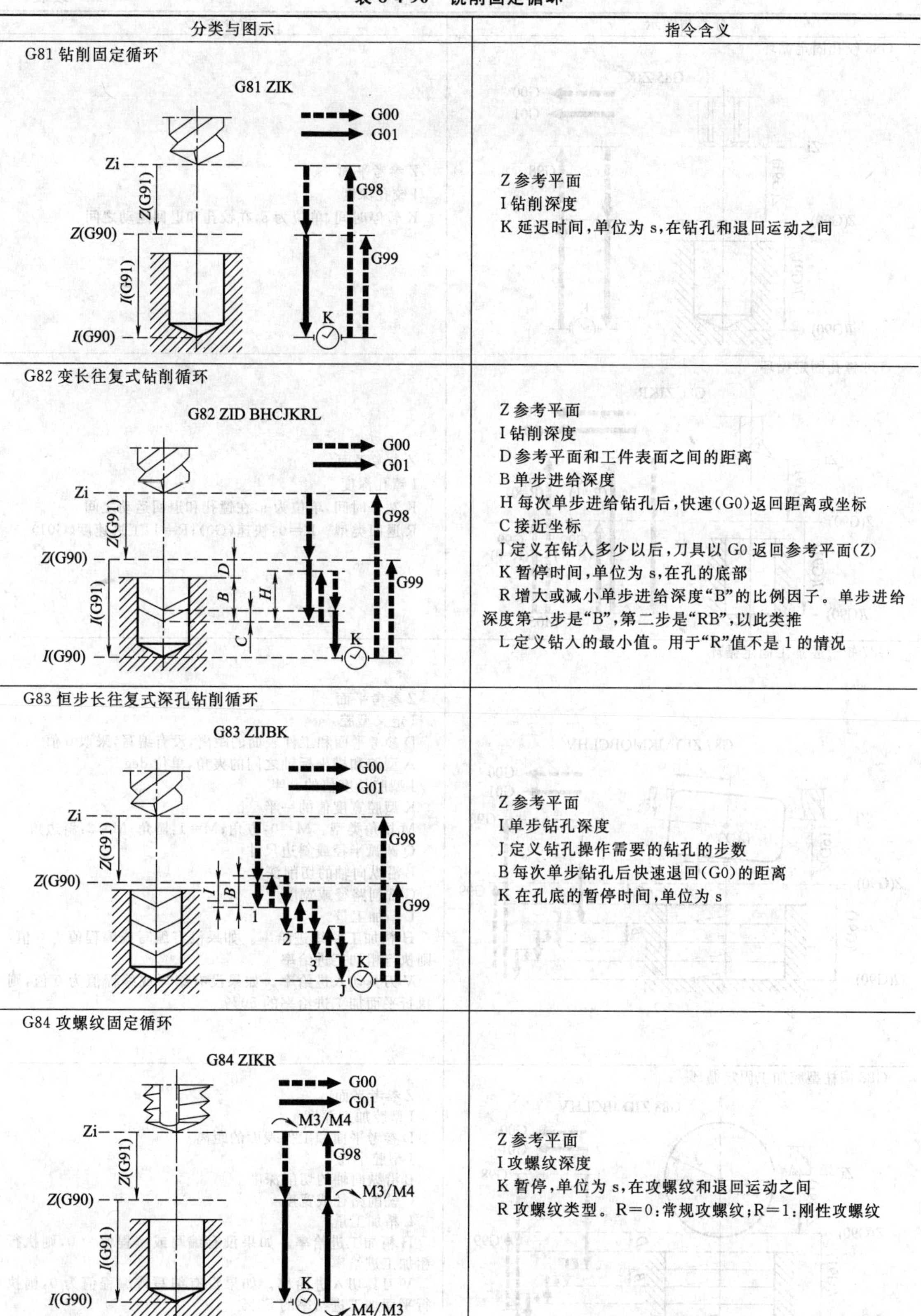

分类与图示	指令含义
G81 钻削固定循环	Z 参考平面 I 钻削深度 K 延迟时间，单位为 s，在钻孔和退回运动之间
G82 变长往复式钻削循环	Z 参考平面 I 钻削深度 D 参考平面和工件表面之间的距离 B 单步进给深度 H 每次单步进给钻孔后，快速(G0)返回距离或坐标 C 接近坐标 J 定义在钻入多少以后，刀具以 G0 返回参考平面(Z) K 暂停时间，单位为 s，在孔的底部 R 增大或减小单步进给深度“B”的比例因子。单步进给深度第一步是“B”，第二步是“RB”，以此类推 L 定义钻入的最小值。用于“R”值不是 1 的情况
G83 恒步长往复式深孔钻削循环	Z 参考平面 I 单步钻孔深度 J 定义钻孔操作需要的钻孔的步数 B 每次单步钻孔后快速退回(G0)的距离 K 在孔底的暂停时间，单位为 s
G84 攻螺纹固定循环	Z 参考平面 I 攻螺纹深度 K 暂停，单位为 s，在攻螺纹和退回运动之间 R 攻螺纹类型。R=0：常规攻螺纹；R=1：刚性攻螺纹

续表

分类与图示	指令含义
G85 铰孔固定循环 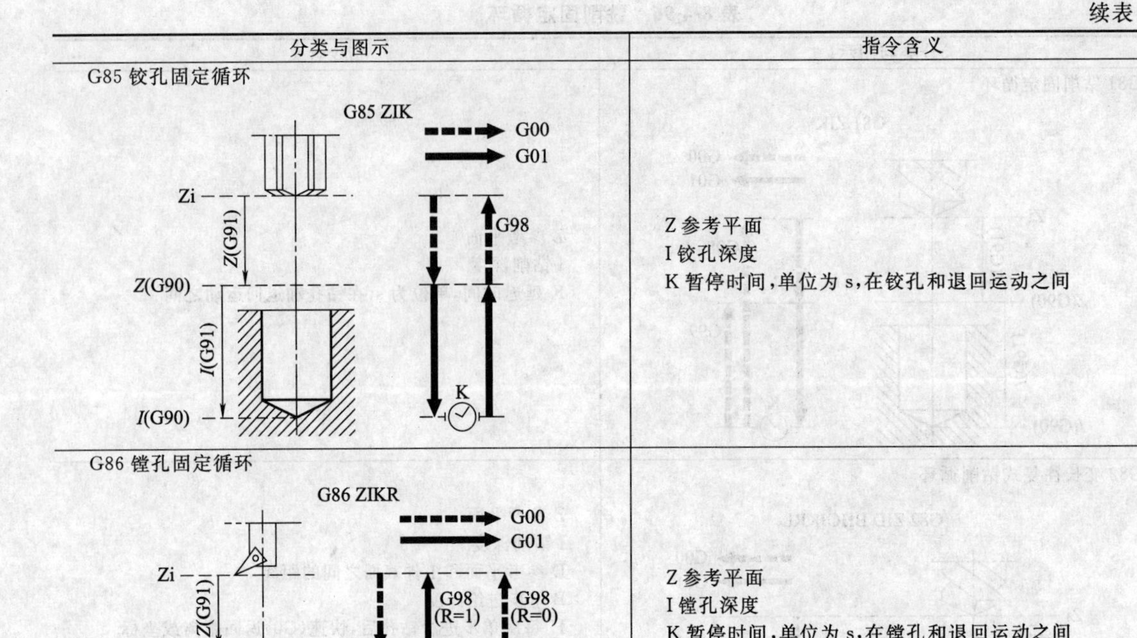	Z参考平面 I铰孔深度 K暂停时间,单位为s,在铰孔和退回运动之间
G86 镗孔固定循环	Z参考平面 I镗孔深度 K暂停时间,单位为s,在镗孔和退回运动之间 R退回类型。R=0:快速(G0);R=1:工进速度(G01)
G87 矩形腔加工固定循环 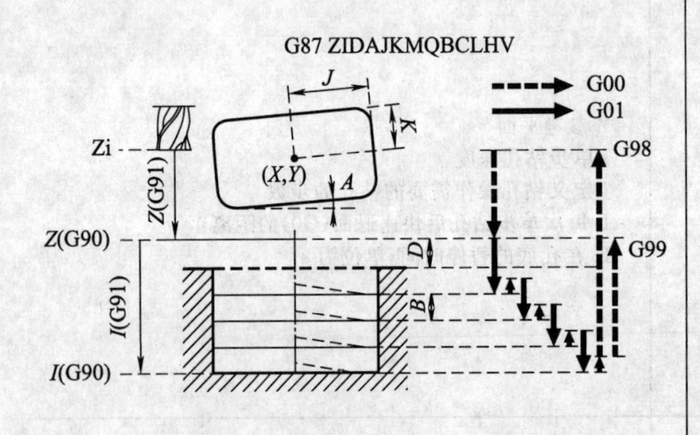	Z参考平面 I定义型腔 D参考平面和工件表面的距离,没有编写,采取0值 A型腔和横坐标轴之间的夹角,单位deg J型腔长度值的一半 K型腔宽度值的一半 M拐角类型。M=0:方角;M=1:圆角;M=2:斜边角 Q圆弧半径或斜边尺寸 B沿纵向轴的切削深度 C铣削路径或宽度 L精加工量 H精加工路线进给率。如果没有编写或编程值为0值,则执行粗加工进给率 V刀具切入进给率。如果没有编写或编程值为0值,则执行平面加工进给率的50%
G88 圆柱型腔加工固定循环 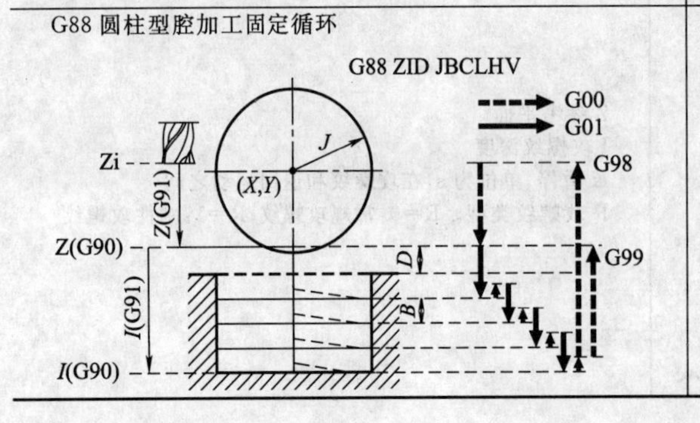	Z参考平面 I型腔加工深度 D参考平面和工件表面的距离 J型腔半径 B沿纵向轴的切削深度 C铣削路径或宽度 L精加工量 H精加工进给率。如果没有编写或编程值为0,则执行粗加工进给率 V刀具切入进给率。如果没有编写或编程值为0,则执行平面加工进给率的50%

表 8-4-97　车削固定循环

分类与图示	指令含义
G66 轮廓重复固定循环 G66 X Z I C A L M H S E P 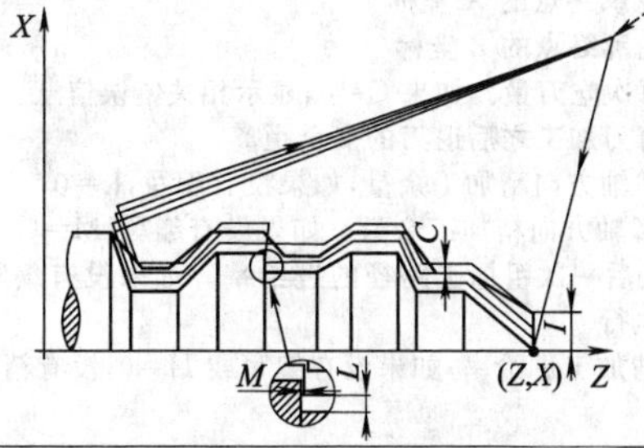	X 轮廓起点的 X 坐标 Z 轮廓起点的 Z 坐标 I 加工余量 C 每次吃刀量。如果 C=0，显示相关错误信息 A 定义主加工轴。A=0：Z 轴是主加工轴；A=1：X 轴是主加工轴 L X 轴方向精加工余量。如果没有编程，L=0 M Z 轴方向精加工余量。如果没有编程，M=L H 精加工进给率。如果没有编写或 H=0，不执行精加工 S 描述几何轮廓程序段的第一段的标号 E 描述几何轮廓程序段的最后段的标号 P 轮廓子程序的号
G68 沿 X 轴方向的余量去除固定循环 G68 X Z C D L M K F H S E P 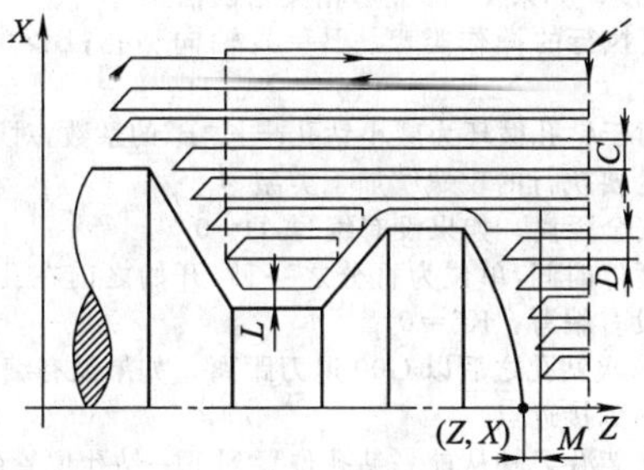	X 轮廓起点的 X 坐标 Z 轮廓起点的 Z 坐标 C 每次吃刀切削量。如果 C=0，显示相关错误信息 D 每刀加工之后退刀的安全距离 L X 轴方向精加工余量。如果没有编写，L=0 M Z 轴方向精加工余量。如果没有编写，M=L K 根(谷)切入进给率。如果没有编写或 K=0，采用加工进给率 F 最后一次粗加工路径的进给率。如果没有编写或 F=0，不执行 H 精加工进给率。如果没有编写或 H=0，没有精加工 S 描述几何轮廓程序段的第一段的标号 E 描述几何轮廓程序段的最后段的标号 P 轮廓子程序的号
G69 沿 Z 轴方向的余量去除固定循环 G69 X Z C D L M K F H S E P 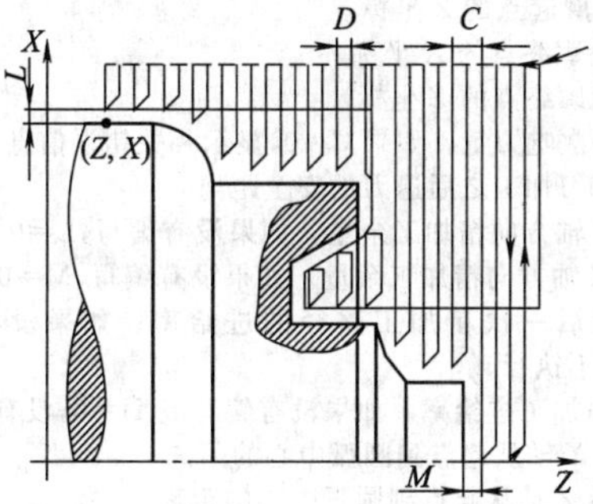	X 轮廓起点的 X 坐标 Z 轮廓起点的 Z 坐标 C 每次吃刀量。如果 C=0，显示相关错误信息 D 每刀加工之后退刀的安全距离 L X 轴方向精加工余量。如果没有编写，L=0 M Z 轴方向精加工余量。如果没有编写，M=L K 根(谷)切入进给率。如果没有编写或 K=0，采取加工进给率 F 最后一次粗加工路径的进给率。如果没有编写或 F=0，不执行 H 精加工进给率，如果没有编写或 H=0，没有精加工 S 描述几何轮廓程序段的第一段的标号 E 描述几何轮廓程序段的最后段的标号 P 轮廓子程序的号
G81 外径车削固定循环 G81 X Z Q R C D L M F H 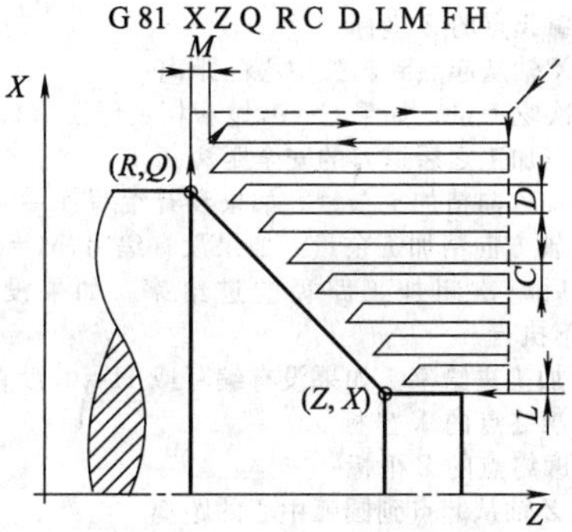	X 轮廓起点的 X 坐标 Z 轮廓起点的 Z 坐标 Q 轮廓终点的 X 坐标 R 轮廓终点的 Z 坐标 C 每次吃刀量。如果 C=0，显示相关错误信息 D 每刀加工之后退刀的安全距离 L X 轴方向精加工余量。如果没有编写，L=0 M Z 轴方向精加工余量。如果没有编写，M=0 F 最后一次粗加工路径的进给率。如果没有编写或 F=0，不执行 H 精加工进给率。如果没有编写或 H=0，没有精加工

续表

分类与图示	指令含义
G82 端面车削固定循环 G 82 XZQ RC D LM FH 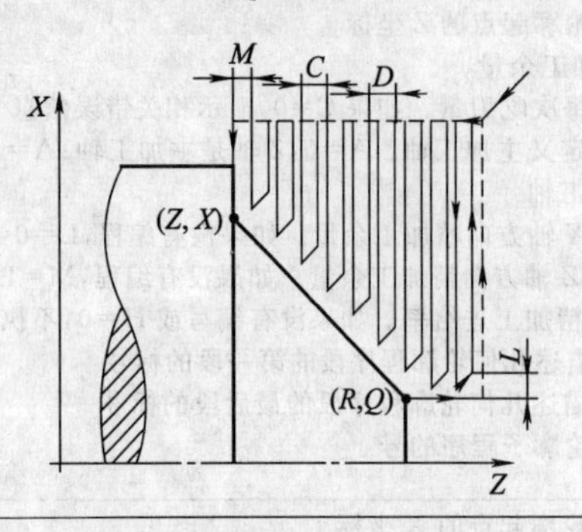	X 轮廓起点的 X 坐标 Z 轮廓起点的 Z 坐标 Q 轮廓终点的 X 坐标 R 轮廓终点的 Z 坐标 C 每次吃刀量。如果 C=0,显示相关错误信息 D 每刀加工之后退刀的安全距离 L X 轴方向精加工余量,如果没有编写,L=0 M Z 轴方向精加工余量。如果没有编写,M=0 F 最后一次粗加工路径的进给率。如果没有编写或F=0,不执行 H 精加工进给率,如果没有编写或 H=0,没有精加工
G83 轴向钻孔和攻螺纹固定循环 轴向钻削:G83 X Z I B D K H C R 轴向攻螺纹:G83 X Z I B0 D K R 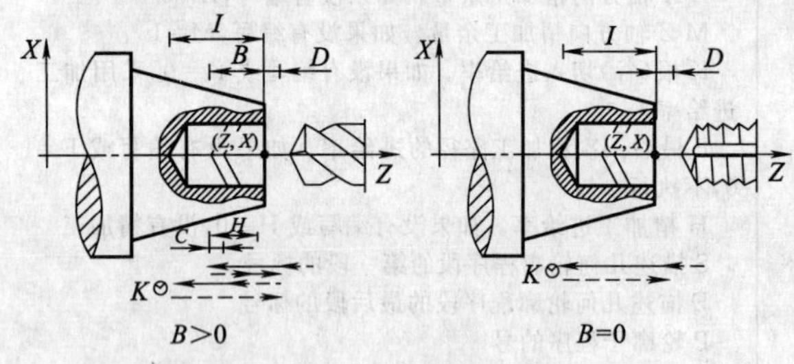	X 轮廓起点的 X 坐标 Z 轮廓起点的 Z 坐标 I 深度。如果 I=0,显示相关错误信息 B 要执行的操作类型。B=0:轴向钻孔;B>0:轴向攻螺纹 R 对于钻孔循环为减小钻孔步长"B"的系数;对于攻螺纹循环为要执行的攻螺纹加工类型 D 安全距离。如果没有编写,D=0 K 暂停时间,单位为百分之一秒,开始之前在孔的底部。如果没有编写,"K"=0 H 每次钻孔之后以 G00 退刀距离。如果没有编写或H=0,返回到接近点 C 定义沿 Z 轴从前一钻孔位置到下一钻孔位置的接近距离(以 G00 方式)
G84 圆弧车削固定循环 G 84 XZQ RCDL MFHIK 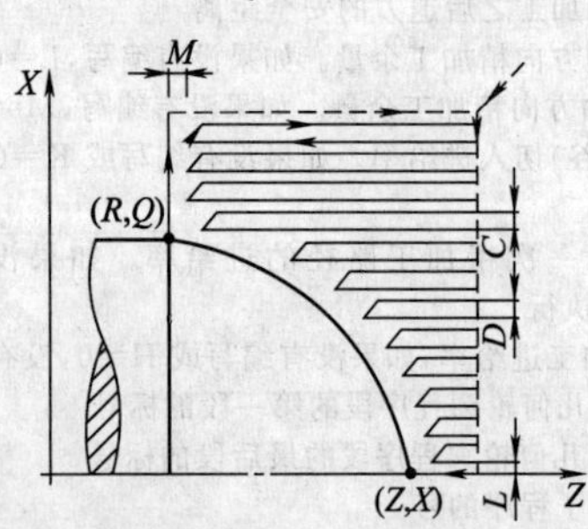	X 轮廓起点的 X 坐标 Z 轮廓起点的 Z 坐标 Q 轮廓终点的 X 坐标 R 轮廓终点的 Z 坐标 C 每次吃刀量。如果 C=0,显示相关错误信息 D 每刀加工之后退刀的安全距离 L X 轴方向精加工余量。如果没有编写,L=0 M Z 轴方向精加工余量。如果没有编写,M=0 F 最后一次粗加工路径的进给率。如果没有编写或F=0,不执行 H 精加工进给率。如果没有编写或 H=0,没有精加工 I 沿 X 轴从起点到圆弧中心的距离 K 沿 Z 轴从起点到圆弧中心的距离
G85 圆弧端面固定循环 G 85 XZQ RCDL M FHIK 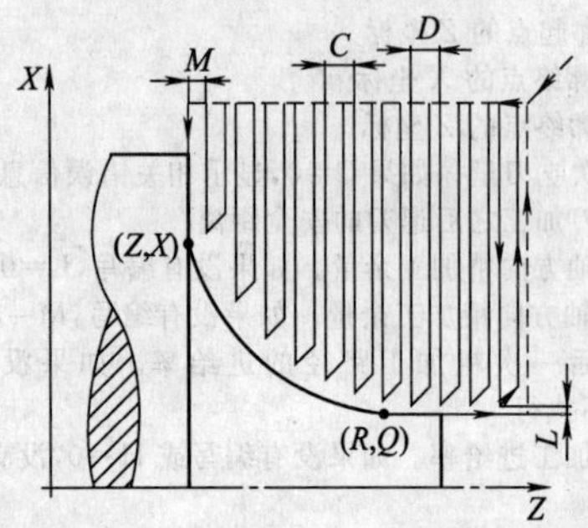	X 轮廓起点的 X 坐标 Z 轮廓起点的 Z 坐标 I 沿 X 轴从起点到圆弧中心的距离 C 每次吃刀量。如果 C=0,显示相关错误信息 D 每刀加工之后退刀的安全距离 L X 轴方向精加工余量。如果没有编写,L=0 M Z 轴方向精加工余量。如果没有编写,M=0 F 最后一次粗加工路径的进给率。如果没有编写或F=0,不执行 H 精加工进给率。如果没有编写或 H=0,没有精加工 Q 轮廓终点的 X 坐标 R 轮廓终点的 Z 坐标 K 沿 Z 轴从起点到圆弧中心的距离

续表

<table>
<tr><th>分类与图示</th><th>指令含义</th></tr>
<tr><td>
G86 纵向车螺纹固定循环

G86 X Z Q R K I B E D L C J A W

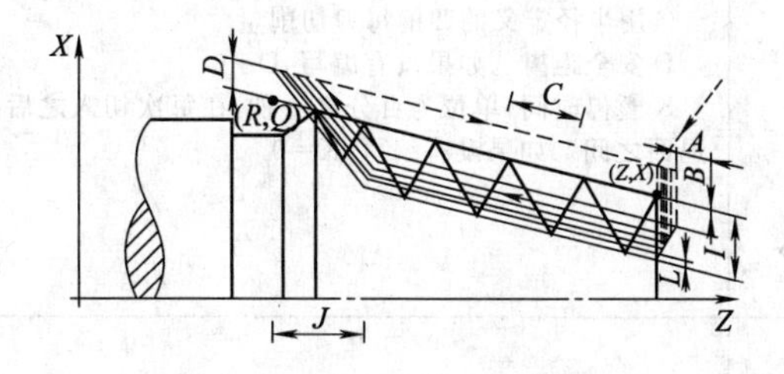

</td><td>
X 螺纹起点的 X 坐标
Z 螺纹起点的 Z 坐标
Q 螺纹终点的 X 坐标
R 螺纹终点的 Z 坐标
K 螺纹被测量点的 Z 坐标。可选参数(适合于螺纹校正)
I 螺纹深度。如果“I”=0,显示相关错误信息
B 螺纹每次吃刀深度。B>0:沿 X 轴吃刀量;B<0:沿 X 轴吃刀量;B=0:显示相关错误信息
E 当 B>0 时进刀能达到的最小值。如果没有编写,E=0
D X 轴方向的安全距离,表示接近运动从刀具定位点到螺纹起点的距离
L 精加工余量
C 螺距。如果 C=0,显示相关错误信息
J 螺纹切出长度
A 相对于 X 轴刀具穿透角
W 可选参数。取决于 K
</td></tr>
<tr><td>
G87 端面螺纹固定循环

G87 XZQ RKIBEDLCJAW

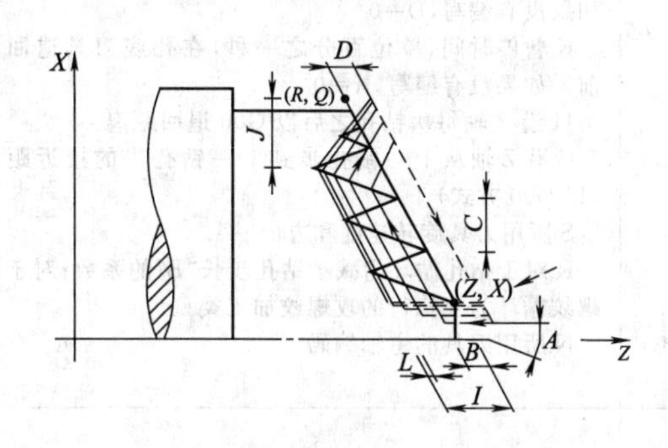

</td><td>
X 螺纹起点的 X 坐标
Z 螺纹起点的 Z 坐标
Q 螺纹终点的 X 坐标
R 螺纹终点的 Z 坐标
K 螺纹被测量的点的 X 坐标,为可选参数(适合于螺纹校正)
B 螺纹每次吃刀深度。B>0:沿 Z 轴吃刀量;B<0:沿 Z 轴吃刀量;B=0:显示相关错误信息
E 当 B>0 时进刀能达到的最小值。如果没有编写,E=0
D 安全距离,为刀具在 Z 轴方向的接近运动离螺纹起点的距离
L 精加工余量
C 螺距。如果 C=0,显示相关错误信息
J 螺纹切出长度
A 相对于 X 轴的刀具穿透角
W 可选参数。取决于 K
I 螺纹深度。如果 I=0,显示相关错误信息
</td></tr>
<tr><td>
G88 沿 X 轴方向的凹槽固定循环

G88 XZQRC DK

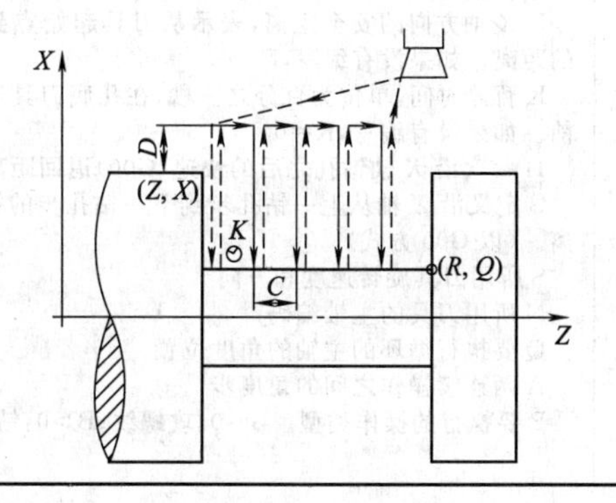

</td><td>
X 凹槽起点 X 坐标
Z 凹槽起点 Z 坐标
Q 凹槽终点 X 坐标
R 凹槽终点 Z 坐标
C 凹槽每刀切削量
D 安全距离
K 暂停时间,单位为百分之一秒,在每次切入之后和退回之间。如果没有编写,K=0
</td></tr>
</table>

第 8 篇

续表

分类与图示	指令含义
G89 沿 *Z* 轴方向的凹槽固定循环 G89　X Z Q R C D K 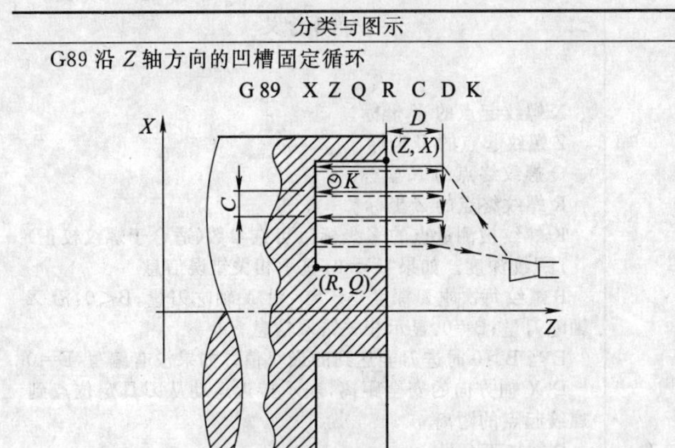	X 凹槽起点 *X* 坐标 Z 凹槽起点 *Z* 坐标 Q 凹槽终点 *X* 坐标 R 凹槽终点 *Z* 坐标 C 用半径定义的凹槽每刀切削量 D 安全距离。如果没有编写，D=0 K 暂停时间，单位为百分之一秒，在每次切入之后和退回之间。如果没有编写，K=0
G160 零件端面钻孔/攻螺纹固定循环 钻孔：G160 X Z I B Q A J D K H C S R N 攻螺纹：G160 X Z I B0 Q A J D S R N 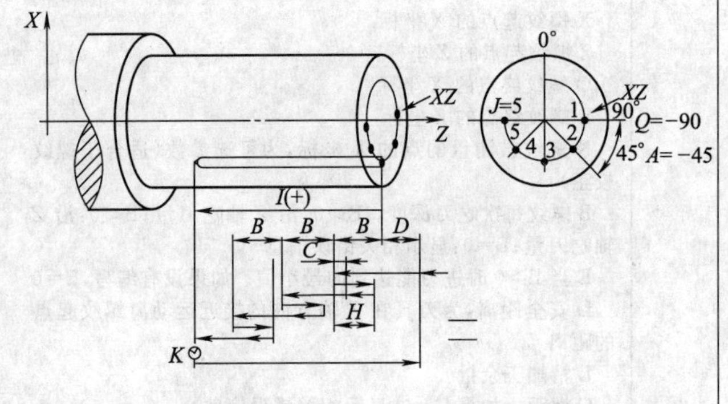	X 要执行循环位置的 *X* 坐标 Z 要执行循环位置的 *Z* 坐标 I 相对起点的深度 B 要执行的操作类型。B=0：攻螺纹；B>0：钻孔 Q 要执行循环的主轴的角度位置 A 两连续操作之间的角度步 J 要钻削或攻螺纹的孔的编码。如果 J=0，显示相关错误信息 D Z 轴方向的安全距离，为起始点离工件的距离。如果没有编写，D=0 K 暂停时间，单位百分之一秒，在孔底刀具退回之前。如果没有编写，K=0 H 沿 *Z* 轴每次钻孔之后以 G00 退回距离 C 沿 Z 轴从上一钻孔步到下一钻孔步的接近距离（以 G00 方式） S 所用刀具旋转速度和方向 R 对于钻孔循环为减小钻孔步长"B"的系数；对于攻螺纹循环为要执行的攻螺纹加工类型 N 所用刀具的主轴编码
G161 工件表面钻孔/攻螺纹固定循环 钻孔 G161 X Z I B Q A J D K H C S R N 攻螺纹 G161 X Z I B0 Q A J D S R N 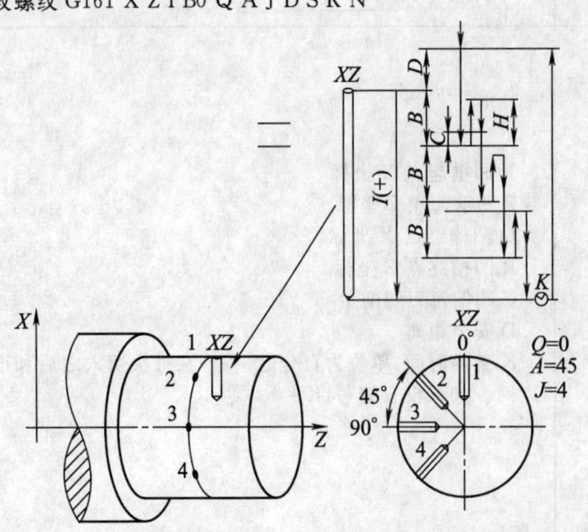	R 对于钻孔循环为减小钻孔步长"B"的系数；对于攻螺纹循环为要执行的攻螺纹加工类型 X 要执行循环位置的 *X* 坐标 Z 要执行循环位置的 *Z* 坐标 I 相对起点的深度 J 要钻削或攻螺纹的孔的编码。如果 J=0，显示相关错误信息 D *X* 轴方向的安全距离，表示从刀具起始点到工件的距离。如果没有编写，D=0 K 暂停时间，单位为百分之一秒，在孔底刀具退回之前。如果没有编写，K=0 H 每次沿 *X* 轴钻孔之后的快速(G00)退回距离 C 定义沿 *X* 轴从上一钻孔步到下一钻孔步的接近距离。（以 G00 方式） S 所用刀具旋转速度和方向 N 所用刀具的主轴编码 Q 要执行循环的主轴的角度位置 A 两连续操作之间的角度步 B 要执行的操作类型。B=0：攻螺纹；B>0：钻孔

续表

分类与图示	指令含义
G162 纵向窄槽铣削固定循环 G 162 X Z L I Q A J D F S N 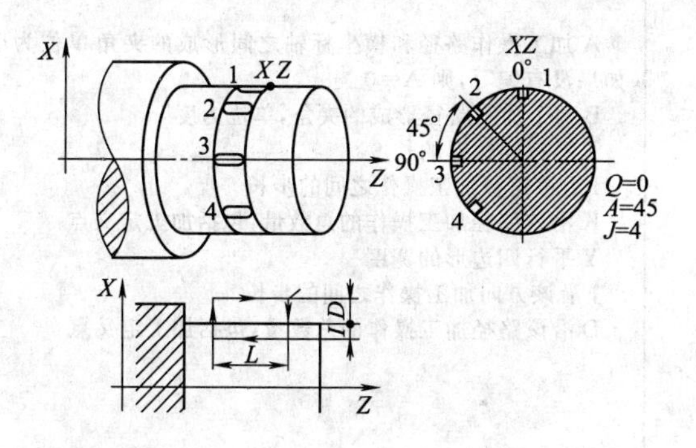	X 要执行循环位置的 X 坐标 Z 要执行循环位置的 Z 坐标 L 相对起点窄槽的长度 I 相对起点的窄槽深度。如果 I=0，显示相关错误信息 Q 要执行循环的主轴的角度位置 A 两连续操作之间的角度步 J 要铣削的窄槽编码。如果 J=0，显示相关错误信息 D X 轴方向的安全距离，为刀具起始点到工件的距离。如果没有编写，D=0 F 窄槽铣削进给率 S 所用刀具旋转速度和方向 N 所用刀具的主轴编码
G163 径向窄槽铣削固定循环（工件端面） G163 X Z L I Q A J D F S N 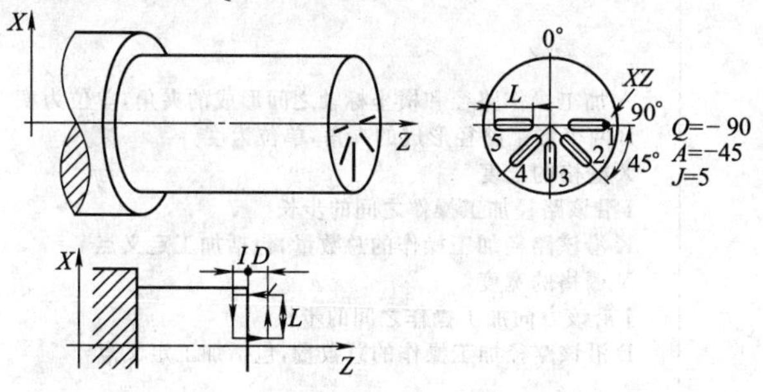	X 要执行循环位置的 X 坐标 I 相对起点的窄槽深度。如果 I−0，显示相关错误信息 Z 要执行循环位置的 Z 坐标 L 相对起点窄槽的长度 Q 要执行循环的主轴的角度位置 A 两连续操作之间的角度步 J 要铣削的窄槽编码。如果 J=0，显示相关错误信息 D X 轴方向的安全距离，表示刀具起始点到工件的距离。如果没有编写，D=0 F 窄槽铣削进给率 S 所用刀具旋转速度和方向 N 所用刀具的主轴编码

表 8-4-98 多重加工（铣削）

分类与图示	指令含义
G160 在直线模式中的多重加工 G160 A | XI | P Q R S T U V 　　　 | XK | 　　　 | IK | 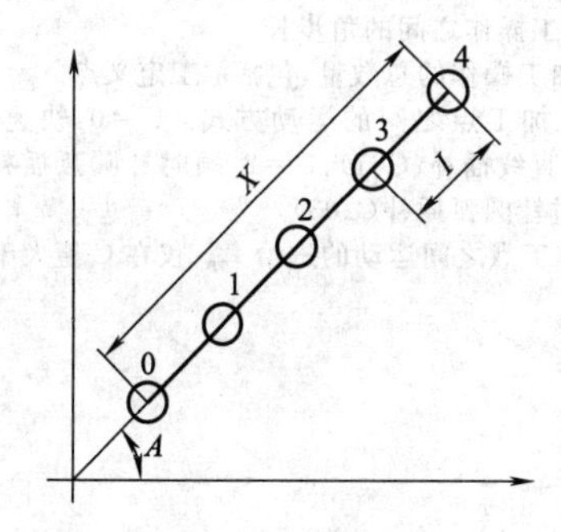	A 加工操作路径和横坐标之间的夹角，单位为度 X 加工路径的长度 I 加工操作之间的步长 K 在这部分总的加工操作的数量，包括加工定义点 参数 P、Q、R、S、T、U、V 是可以用在任何类型的多重加工定位的可选参数。这些参数说明在哪些点执行加工，哪些点不执行加工

续表

<table>
<tr><th>分类与图示</th><th>指令含义</th></tr>
<tr><td>G161 在平行四边形模式中的多重加工
G161 A B XI/XK/IK YJ/YD/JD PQRSTUV
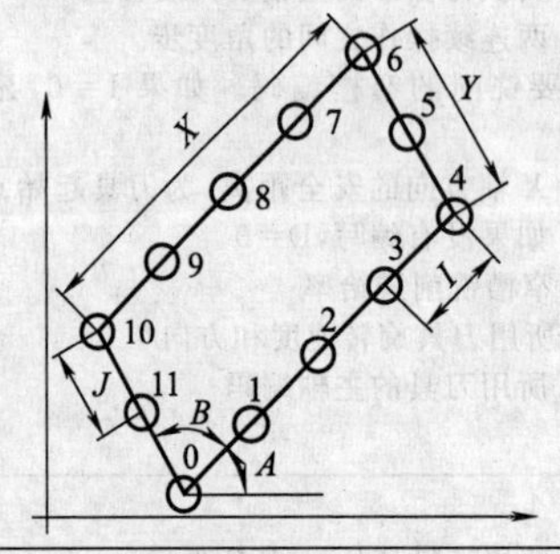
</td><td>A 加工操作路径和横坐标轴之间形成的夹角单位为度。如果没有编写，则 A=0
B 两个加工路径形成的夹角，单位为度
X 平行四边形的长度
I 沿该路径加工操作之间的步长
K 沿该路径加工操作的总数量，包括加工定义点
Y 平行四边形的宽度
J 沿该方向加工操作之间的步长
D 沿该路径加工操作的总数量，包括加工定义点</td></tr>
<tr><td>G162 在栅格模式中的多重加工
G162 A B XI/XK/IK YJ/YD/JD PQRSTUV
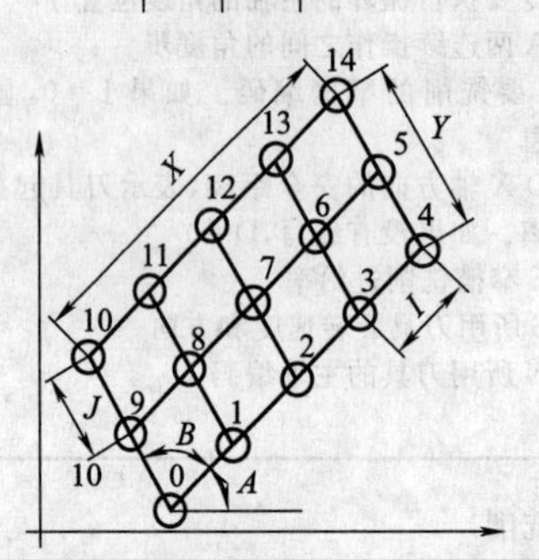
</td><td>A 加工操作路径和横坐标轴之间形成的夹角，单位为度
B 两个加工路径形成的夹角，单位为度
X 栅格的长度
I 沿该路径加工操作之间的步长
K 沿该路径加工操作的总数量，包括加工定义点
Y 栅格的宽度
J 沿该方向加工操作之间的步长
D 沿该路径加工操作的总数量，包括加工定义点</td></tr>
<tr><td>G163 在整圆模式中的多重加工
G163 X Y I/K C F PQRSTUV
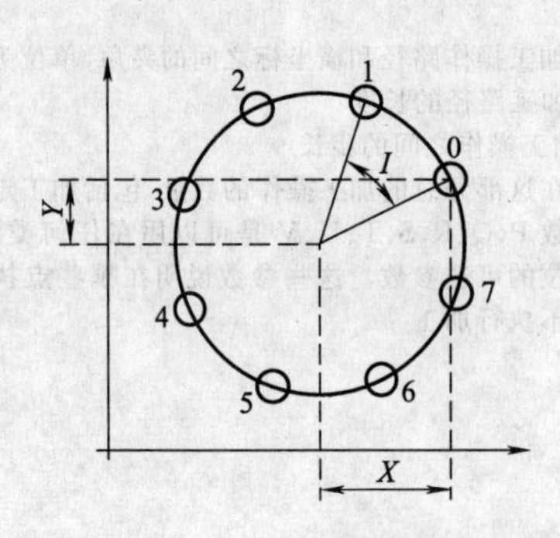
</td><td>X 沿横坐标从起点到圆心的距离
Y 沿纵坐标从起点到圆心的距离
I 加工操作之间的角步长
K 加工操作的总数量，包括加工定义点
C 在加工点之间的运动方式。C=0：快速定位(G00)；C=1：直线插补(G01)；C=2：顺时针圆弧插补(G02)；C=3：逆时针圆弧插补(G03)
F 加工点之间运动的进给率。仅在 C 值大于零时有效</td></tr>
</table>

续表

分类与图示	指令含义
G164 在圆弧模式中的多重加工 G164　X Y B | I | C F　P Q R S T U V 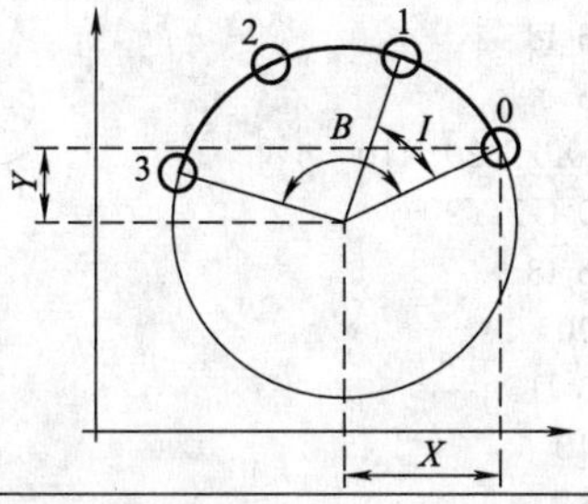 　　　　　　　　| K |	X 沿横坐标从起点到圆心的距离 Y 沿纵坐标从起点到圆心的距离 B 加工路径的角距离 I 加工操作之间的角步长 K 加工操作的总数量，包括加工定义点 C 在加工点之间的运动方式。C＝0：快速定位(G00)；C＝1：直线插补(G01)；C＝2：顺时针圆弧插补(G02)；C＝3：逆时针圆弧插补(G03) F 加工点之间运动的进给率。仅在 C 值大于零时有效
G165 在弦模式中的多重加工 G165　X Y | A | C F 　　　　　| I | 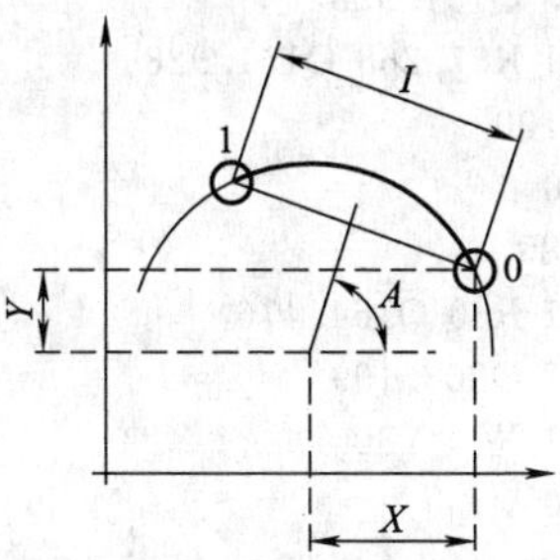	X 沿横坐标从起点到圆心的距离 Y 沿纵坐标从起点到圆心的距离 A 弦的垂直平分线和横坐标轴形成的角度，单位为 deg I 弦的长度 C 在加工点之间的运动方式。C＝0：快速定位(G00)；C＝1：直线插补(G01)；C＝2：顺时针圆弧插补(G02)；C＝3：逆时针圆弧插补(G03) F 加工点之间运动的进给率。仅在“C”值大于零时有效

表 8-4-99　常用工具

图　标	说　明
剪切	复制选择的文件至剪贴板，然后粘贴剪贴板中的内容后，从文件夹删除文件
复制	在剪贴板上复制选择的文件
粘贴	从剪贴板粘贴文件到选择的文件夹。如果文件是用“剪切”选项移动的，文件将从初始位置删除
a|e 重命名	用于改变当前所选的文件夹或文件的名称 如果当重命名文件夹时，已经有另一个文件夹使用同样的名称，不执行该重命名 如果当重命名文件时，在同一文件夹内已经有文件使用相同的名称，新文件覆盖原有文件
M 可更改文件	用于改变所选文件的“只读”属性。该属性允许保护文件，在编辑模式时不能被修改
H 隐藏文件	用于改变所选文件的“隐藏”属性。该属性允许保护程序，当选择待编辑或执行的程序时不显示该文件
删除文件	用于删除选择的文件夹或文件 删除文件，CNC 显示对话框请求确认命令，但是空文件夹将会不需确认请求直接删除 文件夹仅在空时能删除

4.1.4 FAGOR 8070 数控系统编程实例

1. 实例一

实例一零件模型如图 8-4-15，零件尺寸图 8-4-16 所示。在该实例中，由于指定 *X* 和 *Y* 轴方向上必需点的数据缺失，必须通过输入极坐标来加工轮廓。极坐标编程需要定义一个中心、半径和角度（加工直线）或者只需要定义角度（圆弧）。该中心称为极心，使用 G30 功能进行定义。该实例需要加工一个深 12mm 的外部轮廓。该尺寸包括内部半径为 8mm 的圆角，因此不能使用较大直径的刀具，选用立铣刀 ϕ8T4D1。

图 8-4-15 实例一零件模型

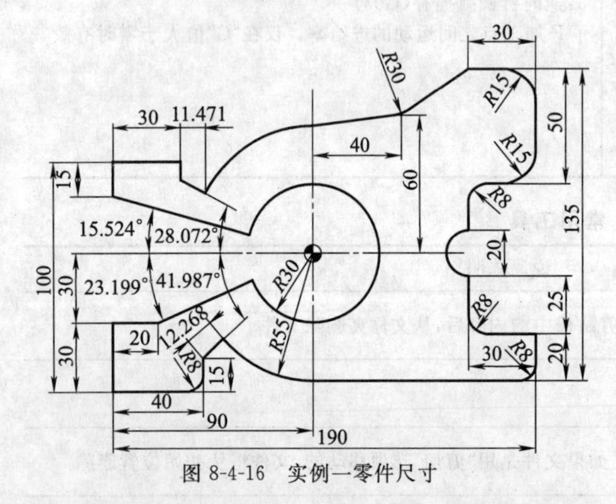

图 8-4-16 实例一零件尺寸

```
G0 Z100；安全定位
T4D1
S1000 M3
X－30 Y－30
Z0
N1:；定位标签 Nr 1
G91 G1 Z－2 F100
G90 G42 X0 Y0 F1000
G37 I10
X40
G36 I8
G1 Y15
G30 I90 J60
G1 R55 Q221.987 F1000
G3 Q270
G1 X190
G36 I8
G91 Y20
X－30
G36 I8
Y25
G2 X0 Y20 R10
G90 G1 Y90
G36 I8
X190
G36 I15
Y140
G36 I15
G91 X－30
G90 G1 X130 Y120
G36 I30
X90 Y115
G3 Q151.928
G1 R67.268 Q151.928
Y100
X0
Y85
G1 R30 Q164.476
G2 Q203.199
G1 X20 Y30
X0
Y0
G38 I10
X－30 Y－30
N2:;定位标签 Nr 2
#RPT [N1,N2,5];重复循环
M30
```

2. 实例二

如图 8-4-17 所示，为此实例需要加工出的零件外部轮廓。

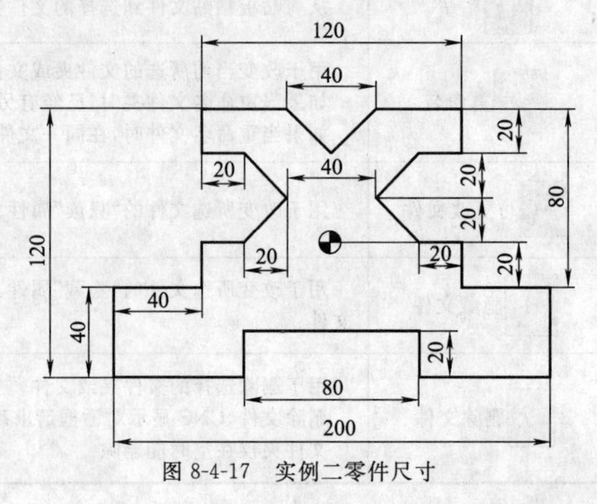

图 8-4-17 实例二零件尺寸

程序头：

```
G0 Z100
T4D1
M6
S1000 M3
X−130 Y−90
Z0
N1：
G1 G91 Z−5 F120
G90 G42 X−100 Y−60 F1000
```

几何尺寸：

```
G37 I10
X−40
Y−40
X40
Y−60
X100
Y−20
X60
Y0
X40
X20 Y20
X40 Y40
X60
Y60
X20
X0 Y40
X−20 Y60
X−60
Y40
X−40
X−20 Y20
X−40 Y0
X−60
Y−20
X−100
Y−60
```

结束部分：

```
G38 I10
G40 X−130 Y−90
N2：
#RPT [N1,N2,4]
G0 Z100
M30
```

3. 实例三

实例三零件模型如图 8-4-18，零件尺寸图 8-4-19 所示，该实例主要利用圆弧插补加工出如图所示的轮廓。

图 8-4-18　实例三零件模型

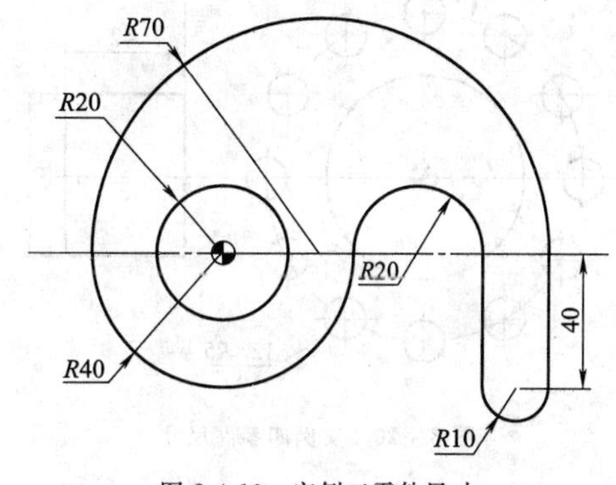

图 8-4-19　实例三零件尺寸

使用 G2/3 X_ Y_ R_格式完成该实例。

```
G0 Z100
T4D1
M6
S1000 M3
X−70 Y0
Z0
N1：
G1 G91 Z−5 F100
G90 G42 X−40 Y0 F1000
G37 I10
G3 X40 Y0 R40
G2 X80 Y0 R20
G1 Y−40
G3 X100 Y−40 R10
G1 Y0
G3 X−40 Y0 R70
G1 Z20
G1 X−20 Y0
G1 Z−20
G3 X−20 Y0 I20 J0
G1 Z20
G38 I10
```

```
G1 G40 X－70 Y0
G1 Z－20
N2:
#RPT [N1,N2,3]
G0 Z100
M30
```

4. 实例四

该实例零件尺寸如图 8-4-20 所示，此实例是通过固定循环完成轮廓的加工。

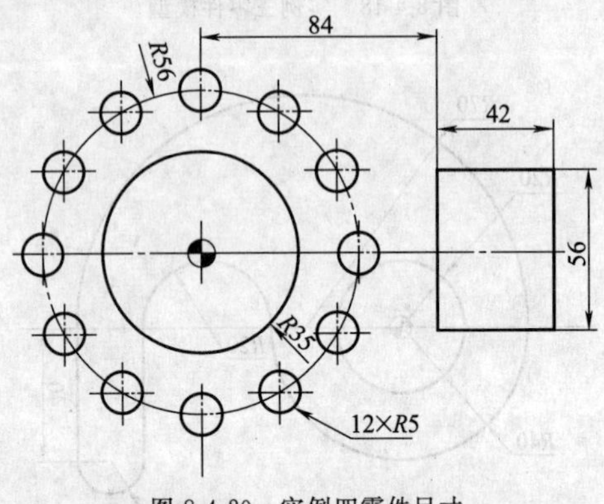

图 8-4-20 实例四零件尺寸

循环编程通常包括以下几个步骤：

1) 预先定位(开始平面)。
2) 定义退刀类型(G98/G99)与 X、Y 坐标位置。
3) 定义循环。
4) 取消循环(G90)并退刀。

```
程序代码如下：
G0 Z100
T4 D1
M6
S1000 M3
G99 X0 Y0 F1000
G88 Z2 I－10 D2 J35 B3 L0.5 H500 V50;圆形型腔固定循环
G0 G80 Z100
X105 Y0
G87 Z2 I－10 D2 J21 K28 B3 L1 H480 V30;矩形型腔固定循环
G0 G80 Z100
T11 D1
M6
X0 Y56 G81 Z2 I－10;直接钻孔
N1:
G91 Q30;角度增量
N2:
#RPT[N1,N2,10];角循环
G90 G0 G80 Z100
M30
```

5. 实例五(参数化编程实例)

如图 8-4-21 所示为参数化编程实例。参数化编程主要包括为特定参数赋值(标识符为“P”)，以在同一工件上执行必需的操作。

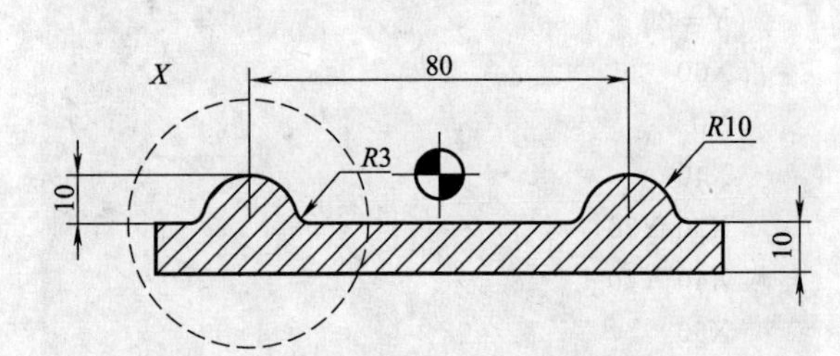

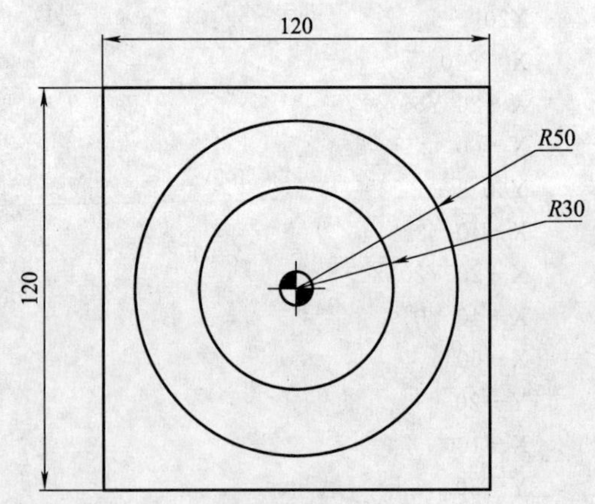

图 8-4-21 实例五零件模型与尺寸

参数化程序大体上由以下三部分组成。

1) 赋值。
2) 操作。
3) 比较。

参数赋值：

P100＝－90
P101＝90
P102＝1

```
P103=10
P104=3
P105=-P103
P106=40
P120=P103+P104
```

编程：

```
G0 Z100
T12D1
M6
S1000 M3
X0 Y0
N1:G18
G30 IP105 JP106
G1 RP120 QP100 F1000
G17
G30 I0 J0
G3 Q360
N2:
P100=P100+P102
比较：
$IF P100<P101 $GOTO N1
P100=P101
#RPT [N1,N2]
G0 Z100
M30
```

6. 实例六

如图8-4-22所示，该实例主要利用镜像功能完成零件轮廓的加工。

```
N1:
G0 Z100
T4D1
M6
S1000 M3
X100 Y20
Z0
G1 Z-5 F100
G42 X100 Y50 F1000
X110
G3 X110 Y70 R10
G1 X80
Y100
G3 X60 Y100 R10
G1 Y70
X30
G3 X30 Y50 R10
G1 X60
Y20
G3 X80 Y20 R10
G1 Y50
X100
G40 Y20
G0 Z100
N2:
G11;X轴方向的镜像功能
#RPT[N1,N2]
G10
G12;Y轴方向的镜像功能
#RPT[N1,N2]
G10;取消镜像功能
G11 G12
#RPT[N1,N2]
G10
M30
```

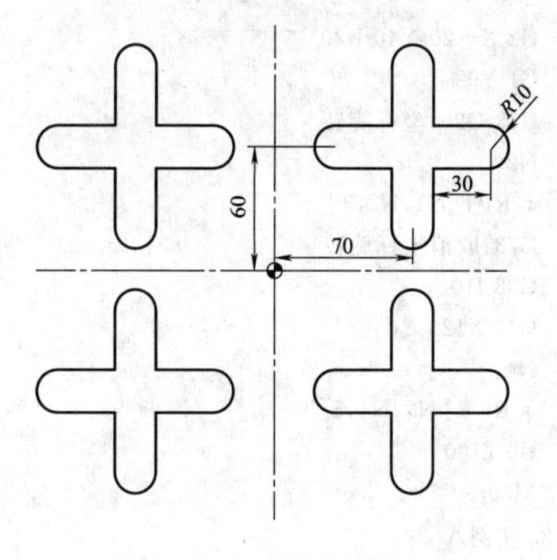

图8-4-22 实例六零件模型与尺寸

7. 实例七

如图8-4-23所示，该实例主要利用坐标旋转的方法完成零件轮廓的加工。

第8篇

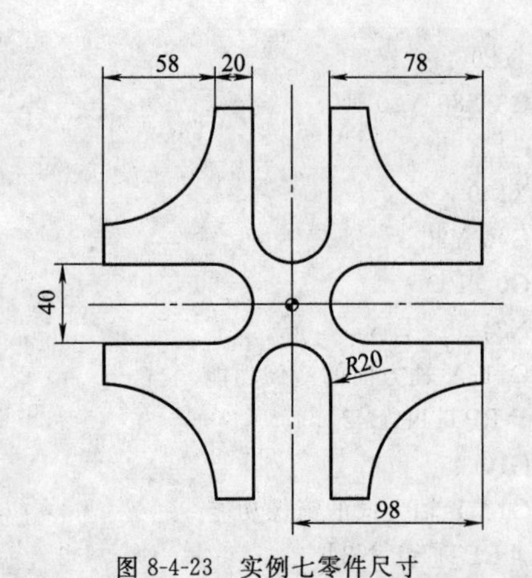

图 8-4-23 实例七零件尺寸

```
G0 Z100
T4D1
M6
S1000 M3
X120 Y0
Z0
N3:
G1 G91 Z-5 F100
G90 G42 X98 Y20 F1000
G37 I10
N1:
Y40
G2 X40 Y98 R58
G1 X20
Y40
G2 X-20 Y40 R20
G1 Y98
G73 Q90;坐标旋转
N2:
#RPT[N1,N2,3]
G73;取消坐标旋转
G38 I10
G40 X120 Y0
N4:
#RPT [N3,N4,5]
G0 Z100
M30
```

8. 实例八

如图 8-4-24 所示，该实例主要利用极坐标旋转的方法来完成零件轮廓的加工。

```
G0 Z100
T4D1
M6
S1000 M3
R60 Q120
Z0
N3:
G1 G91 Z-5 F100
G90 G42 R30 Q120 F1000
G37 I10
N1:
G3 Q160.53
G30 I-80 J0
G1 R20 Q30
G3 Q-30
G30 I0 J0
G1 R30 Q-160.53
G3 Q-120
G73 Q120
N2:
#RPT[N1,N2,2]
G73
G38 I10
G30 I0 J0
G40 G1 R60 Q120
N4:
#RPT [N3,N4,5]
G0 Z100
G99 X0 Y0
G88 Z2 I-30 D2 J20 B3
G0 G80 Z100
G99 R80 Q180
G88 Z2 I-30 D2 J10 B3
G91 Q120
G90 G0 G80 Z100
M30
```

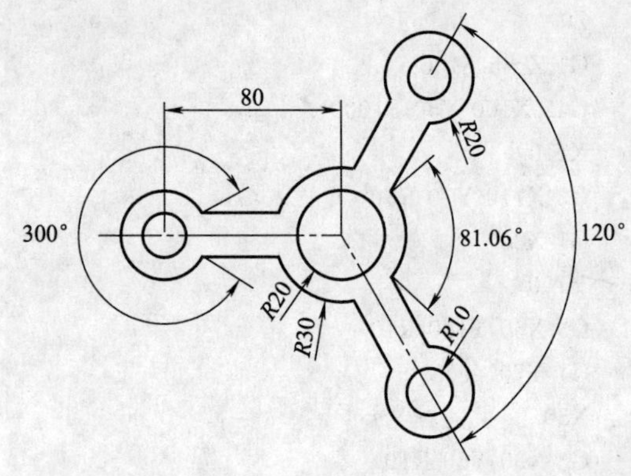

图 8-4-24 实例八零件尺寸

第 8 篇

9. 实例九

如图 8-4-25 所示，该实例主要利用参数化编程的方法完成烟灰缸的轮廓加工。

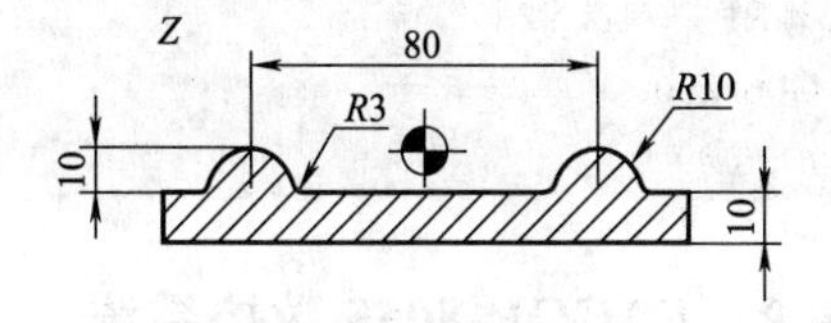

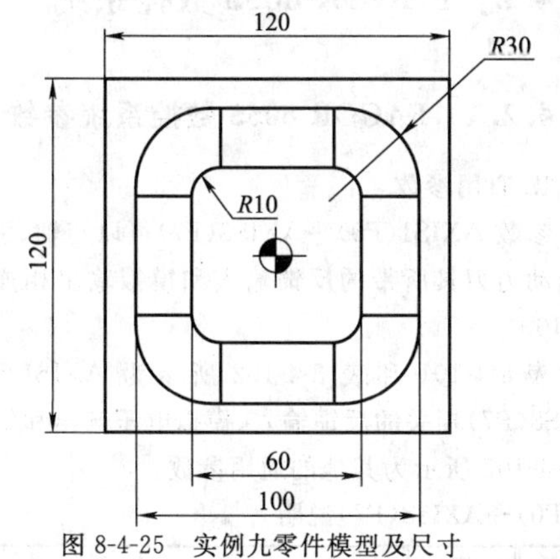

图 8-4-25　实例九零件模型及尺寸

参数赋值：

P100＝－90
P101＝90
P102＝1
P103＝10
P104＝3
P105＝－P103
P106＝40
P120＝P103＋P104

编程：

```
G0 Z100
T12D1
M6
S1000 M3
X0 Y0
N1:G18
G30 IP105 JP106
G1 RP120 QP100 F1000
G17
G1 Y20
G6 G3 Q90 I20 J20
G1 X－20
G6 G3 Q180 I－20 J20
G1 Y－20
G6 G3 Q－90 I－20 J－20
G1 X20
G6 G3 Q0 I20 J－20
G1 Y0
N2:
P100＝P100＋P102
比较:
$IF P100<P101 $GOTO N1
P100＝P101
#RPT [N1,N2]
G0 Z100
M30
```

10. 实例十

如图 8-4-26 所示为复杂侧面及型腔。

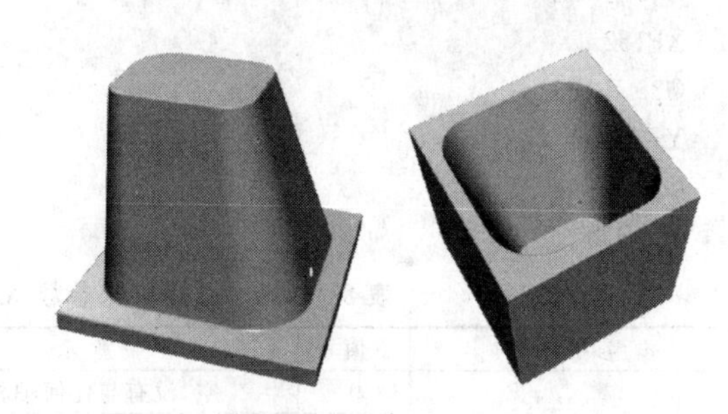

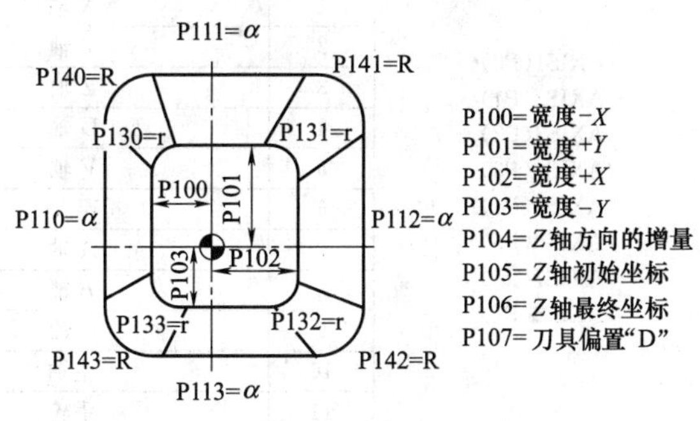

图 8-4-26　实例十零件模型及尺寸

参数赋值：

P102＝50 P103＝40;外侧
P107＝5;刀具半径
P125＝80 P126＝60 P127＝50 P128＝70;角度
P130＝5 P131＝7 P132＝4 P133＝8;小半径
P140＝10 P141＝12 P142＝15 P143＝17;大半径

```
P120=0 P121=1 P122=30
P150=P122-P120 P151=P150/P121 P152=FUP[P151]
P160=P140-P130 P161=P141-P131 P162=P142-P132 P163=P143-P133
P140=P140+P107 P141=P141+P107 P142=P142+P107 P143=P143+P107
P164=P160/P152 P165=P161/P152 P166=P162/P152 P167=P163/P152
G0 Z100
T4 D1
M6
N1：P170=P120/TAN[P125] P171=P120/TAN[P126] P172=P120/TAN[P127] P173=P120/TAN[P128]
P180=P100-P170 P181=P101-P171 P182=P102-P172 P183=P103-P173
```

编程：

```
G01 X-P180 Y0 Z-P120 F2000
YP181
G36 IP140
XP182
G36 IP141
Y-P183
G36 IP142
X-P180
G36 IP143
Y0
N2：
P120=P120+P121
P140=P140-P164 P141=P141-P165 P142=P142-P166 P143=P143-P167
比较：
$IF P120<P122 $GOTO N1
P120=P122
P140=P130+P107 P141=P131+P107 P142=P132+P107 P143=P133+P107
#RPT[N1,N2]
G00 Z50
M30
```

4.2　FAGOR 8055数控系统

4.2.1　FAGOR 8055数控系统参数

1. 通用参数

参数AXIS1(P0)～AXIS8(P7)可以与轴、手轮、主轴或动力刀具所带的反馈输入和模拟输出相连，见表8-4-100。

表8-4-101和表8-4-102所示为AXIS1(P0)～AXIS8(P7)相关的反馈输入、模拟电压输出和缺省值。表8-4-103所示为其他的通用参数。

表8-4-100　通用机床参数AXIS1(P0)～AXIS8(P7)说明

参数	值	意义	值	意义
AXIS1(P0) AXIS2(P1) AXIS3(P2) AXIS4(P3) AXIS5(P4) AXIS6(P5) AXIS7(P6) AXIS8(P7)	0	空，没有与任何轴相连	12	带轴选择旋钮的手轮
	1	*X*轴	13	辅助主轴/动力刀具
	2	*Y*轴	14	第二主轴
	3	*Z*轴	21	*X*轴的手轮
	4	*U*轴	22	*Y*轴的手轮
	5	*V*轴	23	*Z*轴的手轮
	6	*W*轴	24	*U*轴的手轮
	7	*A*轴	25	*V*轴的手轮
	8	*B*轴	26	*W*轴的手轮
	9	*C*轴	27	*A*轴的手轮
	10	主轴	28	*B*轴的手轮
	11	手轮	29	*C*轴的手轮

表8-4-101　AXIS1 (P0)～AXIS8 (P7) 相关的反馈输入、模拟电压输出和缺省值 (8055 CNC)

参数	反馈(连接器)	模拟量输出(连接器X8)	缺省值	
			M	T
AXIS1(P0)	X1	O1，引脚1	1(*X*轴)	1(*X*轴)
AXIS2(P1)	X2	O2，引脚2	2(*Y*轴)	3(*Z*轴)
AXIS3(P2)	X3	O3，引脚3	3(*Z*轴)	10(主轴)
AXIS4(P3)	X4	O4，引脚4	4(*U*轴)	11(手轮)

续表

参数	反馈(连接器)	模拟量输出(连接器X8)	缺省值	
			M	T
AXIS5(P4)	X5(1～6)	O5,引脚5	5(*V*轴)	0(空)
AXIS6(P5)	X5(9～14)	O6,引脚6	10(主轴)	0(空)
AXIS7(P6)	X6(1～6)	O7,引脚7	11(手轮)	0(空)
AXIS8(P7)	X6(9～14)	O8,引脚8	0(空)	0(空)

表8-4-102　AXIS1（P0）～AXIS8（P7）相关的反馈输入、模拟电压输出和缺省值（8055i CNC）

参数		反馈(连接器)	模拟量输出(连接器X8)	缺省值	
				M	T
AXIS1(P0)	第一根轴	X10	X8,引脚2	1(*X*轴)	1(*X*轴)
AXIS2(P1)	第二根轴	X11	X8,引脚3	2(*Y*轴)	3(*Z*轴)
AXIS3(P2)	第三根轴	X12	X8,引脚4	3(*Z*轴)	0(空)
AXIS4(P3)	第四根轴	X13	X8,引脚5	4(*U*轴)	0(空)
AXIS5(P4)	主轴	X4	X4	10(主轴)	10(主轴)
AXIS6(P5)	第一个手轮	X5	—	11(手轮)	11(手轮)
AXIS7(P6)	第二个手轮	X5	—	0(空)	0(空)
AXIS8(P7)	目前没有使用		—	0(空)	0(空)

表8-4-103　通用机床其他参数说明

参　数	说　明
INCHES(P8)	它定义CNC在通电或执行M02、M30、EMERGENCY(急停)或RESET(复位)后,CNC为机床参数、参数表和编程所采用的度量单位 0　mm(G71) 1　in(G70)
IMOVE(P9)	它指定CNC在通电或执行M02、M30、EMERGENCY(急停)或RESET(复位)后,机床采用的运动功能是G00(快速移动)还是G01(直线插补) 0　G00(快速移动) 1　G01(直线插补)
ICORNER(P10)	它指定CNC在通电或执行M02、M30、EMERGENCY(急停)或RESET(复位)后,机床采用的功能是G05(圆角)还是G07(方角) 0　G07(方角) 1　G05(圆角)
IPLANE(P11)	它指定CNC在通电或执行M02、M30、EMERGENCY(急停)或RESET(复位)后,机床采用的功能是G17(*XY*平面)还是G18(*ZX*平面) 0　G17(*XY*平面) 1　G18(*ZX*平面)
ILCOMP(P12)	只用在M型CNC,它指定CNC在通电或执行M02、M30、EMERGENCY(急停)或RESET(复位)后,机床采用的功能是G43(刀具长度补偿)还是G44(取消刀具长度补偿) 0　G44(取消刀具长度补偿) 1　G43(刀具长度补偿)
ISYSTEM(P13)	它指定CNC在通电或执行M02、M30、EMERGENCY(急停)或RESET(复位)后,机床采用的功能是G90(绝对值编程)还是G91(增量值编程) 0　G90(绝对值编程) 1　G91(增量值编程)
IFEED(P14)	它指定CNC在通电或执行M02、M30、EMERGENCY(急停)或RESET(复位)后,机床采用的功能是G94(进给率用mm/min或in/min)还是G95(进给率用mm/rev或in/rev) 0　G94(mm/min或in/min) 1　G95(mm/rev或in/rev)

续表

参 数	说 明
THEODPLY(P15)	指定CNC显示理论或实际位置值 0 实际位置值 1 理论位置值
GRAPHICS(P16)	对T、TC和TCO型，该参数用来指定用于图形显示的坐标轴系统，也可以在点动键盘定义*X*-*Z*轴键的排列方式；立式车床时，*X*轴和*Z*轴的键互换，反之亦然 有效值：整数0,1,2,3
RAPIDOVR(P17)	表示工作在G00方式时，可否在0～100%之间变换倍率 YES 允许变换 NO 不允许变换，固定在100% 进给率倍率%可以通过操作面板上的旋钮调节，或通过PLC、DNC以及程序进行改变，在JOG方式，进给率倍率%始终是可以变换的
MAXFOVR(P18)	指定施加在程序编写的进给率上的最大进给率倍率% 有效值：整数0～255 通过操作面板上的旋钮，该参数可以在0～120%之间变化，通过PLC、DNC或程序，该参数可以在0～255%之间变化
CIRINLIM(P19)	指定圆弧插补的最大角进给率 这个限制是为了防止当圆弧半径太小时，插补出来的结果是多边形而不是圆弧。CNC将调整角进给率使其不超过所选择的最大角进给率 有效值：整数0～65535
CIRINERR(P20)	表示当计算圆弧的端点时允许的最大误差 从程序编写的路径中，CNC将计算出圆弧的起点和终点。虽然它们两个都应该一样“精确”，但该参数通过建立这两个半径之间的最大差值，允许出现一定的计算误差 有效值：0.0001～99999.9999mm 0.00001～3937.00787in
PORGMOVE(P21)	表示CNC是否采用最后编写的G02或G03的圆心点作为极坐标的原点 YES 采用 NO 极坐标的原点不受G02和G03的影响
BLOCKDLY(P22)	表示在执行G7(方角)运动时，程序段之间的延迟或停顿 这个停顿对于在每个程序段执行后激活一些设备很有用 有效值：整数0～65535ms
NTOOL(P23)	指定刀库中的刀具数。另一方面，CNC将调整刀具表中该数值的长度 有效值：整数0～255
NPOCKET(P24)	指定刀库中的刀位数。另一方面，CNC将调整刀库表中该数值的长度 有效值：整数0～255
RANDOMTC(P25)	表示刀具库是否是随机换刀刀库 对于随机刀库，刀具可以占据任何刀位。如果该参数被设置为随机刀库，则通用机床参数TOFFM06(P28)必须设置为加工中心 对于非随机刀库，刀具始终占据自己的位置。刀库的刀位号和刀具号一样 YES 随机刀库 NO 非随机刀库 在非随机刀库中，刀具必须放在预先建立顺序的刀库表中(P1 T1,P2 T2,P3 T3等)。参数TOOLMATY(P164)可以为每个刀位分配几个不同的刀具
TOOLMONI(P26)	选择刀具实际和名义寿命的显示单位 0 min 1 操作次数
NTOFFSET(P27)	表示在刀具偏置表中能提供的刀具偏置的数目。另一方面，CNC将调整刀具偏置表中该数值的长度 有效值：整数0～255

续表

<table>
<tr><th>参　数</th><th>说　明</th></tr>
<tr><td>TOFFM06(P28)</td><td>表示该机床是否是加工中心
如果是加工中心，CNC 在执行"T"功能，在刀具库选择了指定的刀具后，为了实现换刀，有必要继续执行 M06
YES　是加工中心
NO　不是加工中心</td></tr>
<tr><td>NMISCFUN(P29)</td><td>指定在 M 功能表中提供的 M 功能的数目
有效值：整数 0～255</td></tr>
<tr><td>MINAENDW(P30)</td><td>表示 AUX END 信号必须保持激活状态，以便 CNC 将该信号确定为有效信号的最小时间周期。AUX END 是一个 PLC 信号，它指示 CNC 被执行的 M、S 或 T 功能
如果在 M 功能表中设置了相应的 M 功能不用等待 AUX END 信号，指定给该参数的时间周期将是 MSTROBE 信号的持续时间
有效值：整数 0～65535ms</td></tr>
<tr><td>NPCROSS(P31)</td><td>指定在第一个交叉补偿表中的点数
该补偿用于某一根轴的移动将引起另一根轴的位置发生变化的情况。CNC 提供了一个表格，用户可以在表中输入另一根轴在特定位置时，该轴的位置变化
有效值：整数 0～255</td></tr>
<tr><td>MOVAXIS(P32)</td><td>用于第一个交叉补偿表，它表示在其他轴引起位置变化的轴。定义代码如下
<table>
<tr><th>值</th><th>意义</th><th>值</th><th>意义</th><th>值</th><th>意义</th></tr>
<tr><td>0</td><td>没有使用</td><td>4</td><td>U 轴</td><td>8</td><td>B 轴</td></tr>
<tr><td>1</td><td>X 轴</td><td>5</td><td>V 轴</td><td>9</td><td>C 轴</td></tr>
<tr><td>2</td><td>Y 轴</td><td>6</td><td>W 轴</td><td></td><td></td></tr>
<tr><td>3</td><td>Z 轴</td><td>7</td><td>A 轴</td><td></td><td></td></tr>
</table></td></tr>
<tr><td>COMPAXIS(P33)</td><td>用于第一个交叉补偿表，它表示由其他轴引起该轴位置的变化，补偿施加在该轴上。定义代码如下
<table>
<tr><th>值</th><th>意义</th><th>值</th><th>意义</th><th>值</th><th>意义</th></tr>
<tr><td>0</td><td>没有使用</td><td>4</td><td>U 轴</td><td>8</td><td>B 轴</td></tr>
<tr><td>1</td><td>X 轴</td><td>5</td><td>V 轴</td><td>9</td><td>C 轴</td></tr>
<tr><td>2</td><td>Y 轴</td><td>6</td><td>W 轴</td><td></td><td></td></tr>
<tr><td>3</td><td>Z 轴</td><td>7</td><td>A 轴</td><td></td><td></td></tr>
</table></td></tr>
<tr><td>REFPSUB(P34)</td><td>指定与功能 G74(机床参考零点或原点搜索)相关的子程序号
有效值：整数 0～9999</td></tr>
<tr><td>INT1SUB(P35)
INT2SUB(P36)
INT3SUB(P37)
INT4SUB(P38)</td><td>它们分别表示与通用逻辑输入"INT1"(M5024)，"INT2"(M5025)，"INT3"(M5026)，"INT4"(M5027)对应的子程序
当这些输入的某一路被激活时，当前正在被执行的程序将中断，CNC 跳转，去执行对应参数指定的相应子程序
这些中断的子程序不改变局部参数的嵌套层，因此它们只能使用全局参数
一旦 CNC 完成对子程序的执行，它将继续执行原来的程序
有效值：整数 0～9999</td></tr>
<tr><td>PRBPULSE(P39)</td><td>表示 CNC 的探针功能对探针信号的上升沿还是下降沿作出反应。该探针连接在轴模块的连接器 X7 上
+号　正脉冲(24V 或 5V)
-号　负脉冲(0V)</td></tr>
<tr><td>PRBXMIN(P40)
PRBXMAX(P41)
PRBYMIN(P42)
PRBYMAX(P43)
PRBZMIN(P44)
PRBZMAX(P45)</td><td>指定用于刀具校准的台式探针的位置
这些位置值必须是绝对数值，是相对于机床参考零点(原点)的。如果是车床，这些值必须是半径
PRBXMIN 为探针的最小 X 坐标；PRBXMAX 为探针的最大 X 坐标；PRBYMIN 为探针的最小 Y 坐标；PRBYMAX 为探针的最大 Y 坐标；PRBZMIN 为探针的最小 Z 坐标；PRBZMAX 为探针的最大 Z 坐标
有效值：±99999.9999mm 或±3937.00787in</td></tr>
<tr><td>PRBMOVE(P46)</td><td>指定在 JOG 模式用探针标定刀具时，刀具移动的最大距离
有效值：0.0001～99999.9999mm
　　　　0.00001～3937.00787in</td></tr>
</table>

续表

<table>
<tr><th>参　数</th><th>说　明</th></tr>
<tr><td>USERDPLY(P47)</td><td>指定与 EXECUTE(执行)模式 USER(用户)通道相连的程序号。该程序在执行模式按用户软键时,在用户通道执行
有效值:整数 0～65535</td></tr>
<tr><td>USEREDIT(P48)</td><td>指定与编辑模式用户通道相连的程序号。该程序在编辑模式按用户软键时,在用户通道执行
有效值:整数 0～65535</td></tr>
<tr><td>USERMAN(P49)</td><td>指定与 JOG 模式用户通道相连的程序号。该程序在 JOG 模式按用户软键时,在用户通道执行
有效值:整数 0～65535</td></tr>
<tr><td>USERDIAG(P50)</td><td>指定与诊断模式用户通道相连的程序号。该程序在诊断模式按用户软键时,在用户通道执行
有效值:整数 0～65535</td></tr>
<tr><td>ROPARMIN(P51)
ROPARMAX(P52)</td><td>指定要写保护的全局算术参数组(P100～P299)、用户算术参数组(P1000～P1255)、OEM 算术参数组(P2000～P2255)的上限 OPORMAX 和下限 OPORMIN。这些参数没有读保护
有效值:整数 0～9999
(全局参数 100～299)
(用户参数 1000～1225)
(OEM 参数 2000～2225)
这些 CNC 写保护的参数,可以通过 PLC 编程进行修改</td></tr>
<tr><td>PAGESMEM(P53)</td><td>目前没有使用</td></tr>
<tr><td>NPCROSS2(P54)</td><td>指定在第二个交叉补偿表中提供的点数
该补偿用于因某一根轴的移动而引起另一根轴的位置发生变化的情况。CNC 提供了一个表格,用户可以在表中输入在另一根轴在特定位置时,该轴的位置变化
有效值:整数 0～255</td></tr>
<tr><td>MOVAXIS2(P55)</td><td>用于第二个交叉补偿表,它表示由其他轴引起该轴位置的变化。定义代码如下
<table>
<tr><th>值</th><th>意义</th><th>值</th><th>意义</th><th>值</th><th>意义</th></tr>
<tr><td>0</td><td>没有使用</td><td>4</td><td>U 轴</td><td>8</td><td>B 轴</td></tr>
<tr><td>1</td><td>X 轴</td><td>5</td><td>V 轴</td><td>9</td><td>C 轴</td></tr>
<tr><td>2</td><td>Y 轴</td><td>6</td><td>W 轴</td><td></td><td></td></tr>
<tr><td>3</td><td>Z 轴</td><td>7</td><td>A 轴</td><td></td><td></td></tr>
</table></td></tr>
<tr><td>COMPAXIS2(P56)</td><td>用于第二个交叉补偿表,它表示由其他轴引起该轴位置的变化,补偿施加在该轴上,定义代码与 MOVAXIS2(P55)相同</td></tr>
<tr><td>NPCROSS3(P57)</td><td>指定在第三个交叉补偿表中提供的点数
该补偿用于因某一根轴的移动而引起另一根轴的位置发生变化的情况。CNC 提供了一个表格,用户可以在表中输入在另一根轴在特定位置时,某轴的位置变化
有效值:整数 0～255</td></tr>
<tr><td>MOVAXIS3(P58)</td><td>用于第三个交叉补偿表,它表示在其他轴引起位置变化的轴
定义代码与 MOVAXIS2(P55)相同</td></tr>
<tr><td>COMAXIS3(P59)</td><td>用于第三个交叉补偿表,它表示由其他轴引起这根轴位置的变化,补偿施加在该轴上
定义代码与 MOVAXIS2(P55)相同</td></tr>
<tr><td>TOOLSUB(P60)</td><td>表示与换刀相连的子程序的号,该子程序在每次执行 T 功能时自动执行
有效值:整数 0～9999</td></tr>
<tr><td>CYCATC(P61)</td><td>当机床是加工中心时,必须使用该参数。此时,通用机床参数 TOFFM06(P28)＝YES
表示是否使用轮转式自动换刀装置
“轮转式自动换刀装置”是一种自动换刀装置,它需要在搜索完一把刀具,搜索另一把刀具前执行 M06 指令(换刀)
非轮转式自动换刀装置不需要编写 M06,在同一行可以完成几把刀具的搜索
YES　轮转式自动换刀装置
NO　非轮转式自动换刀装置</td></tr>
<tr><td>TRMULT(P62)</td><td>目前没有使用</td></tr>
<tr><td>TRPROG(P63)</td><td>指定用于仿形扫描的比例增益
有效值:整数 0～9999
(数值 1000 对应于单位因子)</td></tr>
</table>

续表

参 数	说 明
TRDERG(P64)	指定用于仿形扫描的微分增益 有效值:整数 0～9999 (数值 1000 对应于单位因子)
MAXDEFLE(P65)	指定仿形扫描允许的最大探针偏差 在每次到达该探针设置的数值时,CNC 将修正探针的位置 有效值:0～99999.9999mm 0～3937.00787in 赋予该参数的数值必须小于或等于探针的测量范围
MINDEFLE(P66)	指定仿形扫描所使用探针的最小偏差 有效值:0～99999.9999mm 0～3937.00787in 赋予该参数的数值必须小于赋予通用机床参数 MAXDEFLE(P65)的数值
TRFBAKAL(P67)	指定仿形扫描探针的反馈报警是否激活 OFF 不激活 ON 激活
TIPDPLY(P68)	指定工作在刀具长度补偿方式时,CNC 显示刀尖位置还是刀座的位置 0 显示刀座位置 1 显示刀尖位置 对于铣床模块,要进行刀具长度补偿必须执行 G43 功能,当不采用刀具长度补偿时(G44),CNC 显示刀座的位置 对于车床模块,它总是工作在刀具长度补偿方式,因此,在缺省时,CNC 显示刀尖的位置
ANTIME(P69)	用在有偏心凸轮的冲压机上,作为冲压系统 它指定在轴到达指定位置前通用逻辑输出 ADVINPOS(M5537)被激活的时间提前量 这样可以减少设备的空闲时间,提高每分钟的冲压次数 有效值:整数 0～65535ms 如果整个运动持续的时间小于该参数(ANTIME)的数值,预先信号(ADVINPOS)立即被激活 如果 ANTIME 被设置为"0",ADVINPOS 信号将永远不会被激活
PERCAX(P70)	用于车床 CNC 模块,指定 C 轴是否被与主轴相关的 M 功能(M03、M04、M05 等)关闭 YES 只被与主轴相关的 M 功能关闭 NO 所有的
TAFTERS(P71)	通用机床参数 TOOLSUB(P60)指定与换刀相连的子程序 参数 TAFTERS 决定在执行子程序前或后是否完成刀具选择 YES 在执行子程序后选择刀具 NO 在执行子程序前选择刀具
LOOPTIME(P72)	设置 CNC 的采样周期,因此,它影响程序段的处理时间 0 4ms 周期(标准) 1～6 毫秒的周期
IPOTIME(P73)	它设置 CNC 的插补周期,因此,它的数值影响程序段的处理时间 例如,2ms 的采样和插补时间,对 3 轴没有刀具补偿的直线插补,其程序段的处理时间为 4.5ms 0 IPOTIME = LOOPTIME 1 IPOTIME = 2* LOOPTIME
COMPTYPE(P74)	设置如何施加刀具半径补偿。该参数有 3 位 个位表示由 CNC 施加的刀具半径补偿的开始/结束的类型 xx0 沿圆角接近起点 xx1 直接到达该点的垂直位置(没有圆角) 十位表示附加补偿程序段是在当前程序段结束时还是在下一补偿程序段开始时执行 x00 在当前程序段结束时执行 x10 在下一补偿程序段开始时执行 百位表示是否在第一个运动程序段激活补偿,即使与平面轴无关的运动,取消补偿时也是同样处理 0xx 在平面轴运动的第一个运动程序段激活补偿 1xx 无论有没有与平面轴相关的运动,均在第一个运动程序段激活补偿

续表

<table>
<tr><th>参数</th><th>说明</th></tr>
<tr><td>FPRMAN(P75)</td><td>它只用于车床模块的CNC,表示是否允许使用转进给率
YES 允许
NO 不允许</td></tr>
<tr><td>MPGAXIS(P76)</td><td>它只用于车床模块的CNC,指定手轮连接的轴,定义代码如下
<table>
<tr><th>值</th><th>意义</th><th>值</th><th>意义</th><th>值</th><th>意义</th></tr>
<tr><td>0</td><td>共享</td><td>4</td><td>U轴</td><td>8</td><td>B轴</td></tr>
<tr><td>1</td><td>X轴</td><td>5</td><td>V轴</td><td>9</td><td>C轴</td></tr>
<tr><td>2</td><td>Y轴</td><td>6</td><td>W轴</td><td></td><td></td></tr>
<tr><td>3</td><td>Z轴</td><td>7</td><td>A轴</td><td></td><td></td></tr>
</table></td></tr>
<tr><td>DIRESET(P77)</td><td>它只用于车床模块的CNC,表示在循环停止前是否接受复位
YES CNC在任何时候都接受复位
NO 只有在满足停止条件时,CNC接受复位
如果DIRESET=YES,CNC第一次完成内部循环停止,中断程序的执行,然后进行复位
显然,如果是进行螺纹加工或类似的操作,将不允许循环停止,将在中断程序前等待操作结束</td></tr>
<tr><td>PLACOMP(P78)</td><td>它只用于车床模块,表示是在所有的平面进行刀具补偿还是只在ZX平面进行补偿
0 只在ZX平面
1 在所有平面</td></tr>
<tr><td>MACELOOK(P79)</td><td>当操作者使用“预览”时,设置的通过功能G51施加在“预览”功能上的加速度的百分比
利用通用机床参数MACELOOK(P79),OEM可以限制用户设置G51的最大加速度百分比
有效值:整数0～255</td></tr>
<tr><td rowspan="4">MPGCHG(P80)
MPGRES(P81)
MPGNPUL(P82)</td><td>当利用电子手轮移动轴时,必须使用这些参数</td></tr>
<tr><td>MPGCHG(P80)
参数MPGCHG(P80)表示电子手轮的转动方向。如果正确,保持不变,否则,将原来的YES改为NO,或将NO改为YES
有效值:NO、YES</td></tr>
<tr><td>MPGRES(P81)
参数MPGRES(P81)根据相应轴机床参数DFORMAT(P1)选择的显示格式,指定电子手轮的记数分辨率
有效值:0、1和2</td></tr>
<tr><td>MPGNPUL(P82)
参数MPGNPUL(P82)表示电子手轮每转的脉冲数
有效值:整数0～65535</td></tr>
<tr><td>MPG1CHG(P83)
MPG1RES(P84)
MPG1NPUL(P85)
MPG2CHG(P86)
MPG2RES(P87)
MPG2NPUL(P88)
MPG3CHG(P89)
MPG3RES(P90)
MPG3NPUL(P91)</td><td>当机床有几个电子手轮时,必须使用这些参数,每轴一个,最多3个手轮
按下列数值设置用于电子手轮反馈输入的轴机床参数AXIS1(P0)～AXIS7(P6)
<table>
<tr><th>值</th><th>意义</th><th>值</th><th>意义</th><th>值</th><th>意义</th></tr>
<tr><td>21</td><td>用于X轴的手轮</td><td>24</td><td>用于U轴的手轮</td><td>27</td><td>用于A轴的手轮</td></tr>
<tr><td>22</td><td>用于Y轴的手轮</td><td>25</td><td>用于V轴的手轮</td><td>28</td><td>用于B轴的手轮</td></tr>
<tr><td>23</td><td>用于Z轴的手轮</td><td>26</td><td>用于W轴的手轮</td><td>29</td><td>用于C轴的手轮</td></tr>
</table>
参数“MPG1***”对应于第一个手轮,“MPG2***”对应于第二个手轮,“MPG3***”对应于第三个手轮
CNC使用下列顺序辨识哪个是第一个、第二个和第三个手轮:X,Y,Z,U,V,W,A,B,C
参数MPG*CHG,MPG*RES和MPG*NPUL的含义与参数MPGCHG(P80),MPGRES(P81)和MPGNPUL(P82)相同</td></tr>
<tr><td>CUSTOMTY(P92)</td><td>表示所用的配置</td></tr>
<tr><td>XFORM(P93)</td><td>指定运动学主轴的类型
0—无运动学主轴
1—保留
2—45°主轴头,球形空间主轴和摆动型主轴
3—角度主轴头
4—转台</td></tr>
</table>

续表

参　数	说　明
XFORM1(P94)	设置运动学的轴和它们的顺序,标明哪个是主轴和哪个是第二轴或拖动轴 0—B 轴是主轴,A 轴是第二轴 1—C 轴是主轴,A 轴是第二轴 2—A 轴是主轴,B 轴是第二轴 3—C 轴是主轴,B 轴是第二轴 旋转主轴根据它们各自所绕的转动轴 *X*、*Y* 或 *Z* 被称做 *A*、*B* 和 *C* 轴。轴的旋转方向可以用参数“XFORM2”修改
XFORM2(P95)	定义旋转轴的转动方向 0—根据 DIN 66217 标准定义 1—改变主要轴的旋转方向 2—改变第二轴的旋转方向 3—改变上述两根轴的旋转方向(主要轴和第二轴)
XDATA0(P96) XDATA1(P97) XDATA2(P98) XDATA3(P99) XDATA4(P100) XDATA5(P101) XDATA6(P102) XDATA7(P103) XDATA8(P104) XDATA9(P105)	这些参数用于定义主轴的尺寸。并非要定义所有这些参数 下面将描述每个主轴要设置的参数和它们的含义 (1)摆动主轴 XDATA1　当套筒轴缩回时,套筒轴端部到旋转轴沿刀具轴测量的距离(W) XDATA2　刀具轴和第二旋转轴之间的距离。没有第二轴,该值设定为 0 XDATA3　两个旋转轴之间的距离。没有第二轴,该值设定为 0 XDATA4　刀具轴到主旋转轴之间的距离 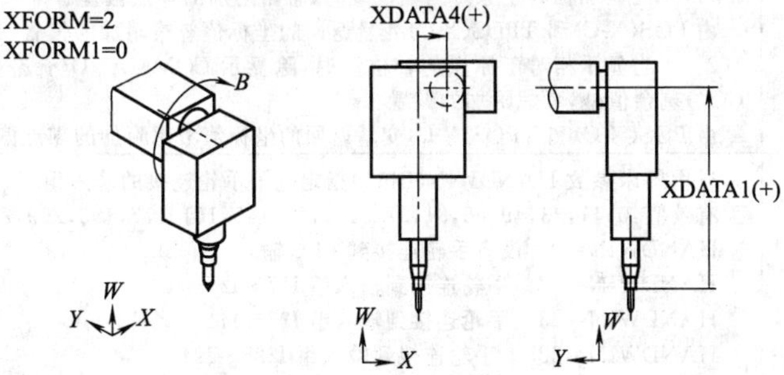 XFORM=2 XFORM1=0 B　XDATA4(+)　XDATA1(+) W Y X　W X　W Y (2)双旋转主轴头 XDATA1　主轴前端到第二旋转轴之间的距离 XDATA2　刀具轴和第二旋转轴之间的距离 XDATA3　两个旋转轴之间的距离 XDATA4　刀具轴到主旋转轴之间的距离。该距离必须沿第二主轴方向测量
PRODEL(P106)	CNC 在进行探测中,G75、G76、探测及数字化循环中考虑该参数 当数字探针通过红外线与 CNC 通信时,在探针接触零件和 CNC 接收信号之间有一个很小的延迟(ms) 探针将保持移动,直到 CNC 接收到探针信号 参数 PRODEL 指定前面提到的延迟量,单位为 ms 有效值:整数 0～255
MAINOFFS(P107)	表示 CNC 在通电、急停或复位后是否保持原来的刀具偏置号 0　不保持,它总是采用 D0 1　保持
ACTGAIN2(P108)	轴和主轴可以有两个增益和加速度范围。缺省时,它总是采用由轴机床参数和主轴机床参数 ACCTIME(P18)、PROGAIN(P23)、DERGAIN(P24)和 FFGAIN(P25)设置的数值 参数 ACTGAIN2 表示何时采用由轴参数 ACCTIME2(P59),PROGAIN2(P60),DERGAIN2(P61)和 FFGAIN2(P62)(见 P8-279 中)及主轴参数 ACCTIME2(P47),PROGAIN2(P48),DERGAIN2(P49)和 FFGAIN2(P50)(见 P8-288 中)设置的增益和加速度 参数 ACTGAIN2 从右到左有 16 位 每位都有赋予它的功能或操作模式。缺省时,所有的位都是 0,把相应的位设为 1,激活相应的功能

续表

<table>
<tr><th>参　数</th><th>说　明</th></tr>
<tr><td>ACTGAIN2(P108)</td><td>
<table>
<tr><th>位</th><th>意义</th><th>位</th><th>意义</th><th>位</th><th>意义</th></tr>
<tr><td>0</td><td></td><td>6</td><td>G95</td><td>12</td><td>G47</td></tr>
<tr><td>1</td><td></td><td>7</td><td>G75/G76</td><td>13</td><td>G33</td></tr>
<tr><td>2</td><td></td><td>8</td><td>G51</td><td>14</td><td>G01</td></tr>
<tr><td>3</td><td></td><td>9</td><td>G50</td><td>15</td><td>G00</td></tr>
<tr><td>4</td><td>JOG</td><td>10</td><td>G49</td><td></td><td></td></tr>
<tr><td>5</td><td>刚性攻螺纹</td><td>11</td><td>G48</td><td></td><td></td></tr>
</table>
每次当这些功能和操作模式被激活时，CNC检查对应位的设置，并按下列方式进行工作：
bit=0——施加第一范围ACCTIME，PROGAIN
bit=1——施加第二范围ACCTIME2，PROGAIN2
当这些功能和操作模式被关闭后，CNC施加第一范围ACCTIME、PROGAIN</td></tr>
<tr><td>TRASTA(P109)</td><td>仿形扫描算法已考虑了侧向偏差并用特定的方法做了改进
然而，为了保持与以前版本的兼容性，该参数用来指定采用新算法还是用老算法
0　老算法
1　新算法</td></tr>
<tr><td>DIPLCOF(P110)</td><td>参数表示CNC在屏幕上显示轴坐标时及在访问POS(X-C)和TPOS(X-C)变量时，是否考虑该数值
0　当显示相对于机床参考零点的轴位置时，只考虑附加零点偏置
由POS(X-C)和TPOS(X-C)变量返回的坐标值考虑附加的偏置
1　当显示相对于原点的轴位置时，忽略附加的零点偏置
由POS(X-C)和TPOS(X-C)变量返回的坐标值忽略附加的偏置
2　当显示相对于原点的轴位置时，除显示COMMAND(命令值)、ACTUAL(实际值)TO GO()剩余值外，考虑附加的偏置
由POS(X-C)和TPOS(X-C)变量返回的坐标值考虑附加的零点偏置</td></tr>
<tr><td>HANDWIN(P111)</td><td>通用机床参数HANDWIN(P111)指定电子手轮连接的输入组
有效值：0，17，33，49，65，81，97，113，129，145，161，177，193，209，225等
HANDWIN=0　没有手轮连接到PLC输入
HANDWIN=17　手轮连接到输入组I17～I25
HANDWIN=33　手轮连接到输入组I33～I41
HANDWIN=225　手轮连接到输入组I225～I240
HANDWIN=241　手轮连接到输入组I241～I256</td></tr>
<tr><td>HANDWHE1(P112)
HANDWHE2(P113)
HANDWHE3(P114)
HANDWHE4(P115)</td><td>使用下列通用机床参数定义手轮的类型和所连接的轴：
HANDWHE1(P112)用于第一个手轮
HANDWHE2(P113)用于第二个手轮
HANDWHE3(P114)用于第三个手轮
HANDWHE4(P115)用于第四个手轮
赋予这些参数如下数值
<table>
<tr><th>值</th><th>意义</th><th>值</th><th>意义</th><th>值</th><th>意义</th></tr>
<tr><td>11</td><td>手轮</td><td>23</td><td>与Z轴相连的手轮</td><td>27</td><td>与A轴相连的手轮</td></tr>
<tr><td>12</td><td>带轴选择旋钮的手轮</td><td>24</td><td>与U轴相连的手轮</td><td>28</td><td>与B轴相连的手轮</td></tr>
<tr><td>21</td><td>与X轴相连的手轮</td><td>25</td><td>与V轴相连的手轮</td><td>29</td><td>与C轴相连的手轮</td></tr>
<tr><td>22</td><td>与Y轴相连的手轮</td><td>26</td><td>与W轴相连的手轮</td><td></td><td></td></tr>
</table>
可以使用任何一个通用手轮(11或12)或3个与这些轴相连的手轮。换句话说，不可能使用2个通用手轮或通用手轮和与轴相连的其他手轮的组合</td></tr>
<tr><td>STOPTAP(P116)</td><td>表示通用输出/STOP(M5001)、/FEEDHOL(M5002)和/XFERINH(M5003)在执行功能G84普通攻螺纹或刚性攻螺纹时是(P116=YES)否(P116=NO)被使能</td></tr>
<tr><td>INSFEED(P117)</td><td>设置刀具检查时的进给率
在进行刀具检查时，CNC采用该进给率作为新进给率，在刀具检查结束后，它将恢复前面程序的进给率(程序中所用的进给率或在刀具检查时通过MDI设置的进给率)
有效值：0.0001～199999.9999deg/min或mm/min
0.00001～7874.01574in/min
如果设置为“0”(缺省值)，刀具检查时将采用当前加工用的进给率</td></tr>
</table>

续表

<table>
<tr><th>参　数</th><th>说　明</th></tr>
<tr><td>DISTYPE(P118)</td><td>供 Fagor 公司的技术人员使用</td></tr>
<tr><td>PROBERR(P119)</td><td>表示 CNC 在执行功能 G75 或 G76 时，在轴到达编程的位置但没有接收到探针信号时，CNC 是否要发出错误信息
YES　发出错误信息
NO　不发送错误信息</td></tr>
<tr><td>SERSPEED(P120)</td><td>设置 Sercos 通信的速度(波特率)。不管如何设定波特率，传输速度总会受 SERPOWSE 推荐的速度影响。各取值的含义如下所示
0　4Mbit/s
1　2Mbit/s
8　8Mbit/s
16　16 Mbit/s
80　Sercos 测试。连续信号模式
81　Sercos 测试。以 2Mbit/s 零比特流模式
91　Sercos 测试。以 4Mbit/s 零比特流模式
速度 8Mbit/s 和 16Mbit/s 只在使用 Sercos816 板时有效。以前的板只能使用 2Mbit/s 和 4Mbit/s；如果设置一个高于 4Mbit/s 的值，速度只能限制在 4Mbit/s</td></tr>
<tr><td>SERPOWSE(P121)</td><td>设置 Sercos 功率或光通过光纤的强度。这个值是用光缆的长度来表示。驱动侧需要设定为相同的值
(1)有效值(Scrcos 板)
<table>
<tr><th>值</th><th>光缆长度</th></tr>
<tr><td>2</td><td>小于 7m</td></tr>
<tr><td>4</td><td>7～15m</td></tr>
<tr><td>6</td><td>大于 15m</td></tr>
</table>
如果赋予其他数值，例如，设定值 4 对应 3m，将会发出由于信号失真引起的错误
(2)有效值(Sercos816 板)
<table>
<tr><th>值</th><th>意义</th><th>推荐光缆类型</th></tr>
<tr><td>1,2,3,4</td><td>小于 15m</td><td>SFO/SFO-FLEX</td></tr>
<tr><td>5,6</td><td>15～30m</td><td>SFO-FLEX</td></tr>
<tr><td>7</td><td>30～40m</td><td>SFO-FLEX</td></tr>
<tr><td>8</td><td>40m 以上</td><td>SFO-V-FLEX</td></tr>
</table></td></tr>
<tr><td>LANGUAGE(P122)</td><td>定义系统语言，各值代表的语言如下
<table>
<tr><th>值</th><th>代表的语言</th><th>值</th><th>代表的语言</th><th>值</th><th>代表的语言</th></tr>
<tr><td>0</td><td>英语</td><td>4</td><td>德语</td><td>8</td><td>波兰语</td></tr>
<tr><td>1</td><td>西班牙语</td><td>5</td><td>荷兰语</td><td>9</td><td>简体中文</td></tr>
<tr><td>2</td><td>法语</td><td>6</td><td>葡萄牙语</td><td>10</td><td>巴斯克语</td></tr>
<tr><td>3</td><td>意大利语</td><td>7</td><td>捷克语</td><td>11</td><td>俄语</td></tr>
</table></td></tr>
<tr><td>GEOMTYPE(P123)</td><td>表示刀具几何形状与刀具(T)还是与刀具偏置(D)相关
T 功能，刀具号，表示刀具在刀具库中的位置
D 功能，偏置，表示刀具的尺寸
0　与刀具相关
1　与刀具偏置相关
当使用转塔式刀台时，相同的转塔位置可能使用几把刀具。在这种情况下，功能 T 指转塔的位置，功能 D 指该刀位刀具的尺寸和几何形状，因此“GEOMTYPE=1”</td></tr>
<tr><td>SPOSTYPE(P124)</td><td>指定主轴在固定循环中用 M19 功能还是用 C 轴定向
0　主轴采用 M19 功能定向
1　主轴采用 C 轴定向
当机床采用 C 轴时，建议始终采用 C 轴定向，因为这种方法能达到的精度比较高</td></tr>
<tr><td>AUXSTYPE(P125)</td><td>指定动力刀头采用 M45 功能处理还是像第二主轴一样处理(G28 功能)
0　采用 M45 功能处理
1　像第二主轴(G28 功能)一样处理</td></tr>
<tr><td>FOVRG75(P126)</td><td>指定功能 G75 是否忽略前操作面板上对进给率倍率旋钮的设置
NO　忽略进给率倍率旋钮的设置，始终保持在 100%
YES　受进给率倍率旋钮设置的影响</td></tr>
<tr><td>CFGFILE(P127)</td><td>定制窗口的文件号</td></tr>
</table>

续表

<table>
<tr><th>参　数</th><th>说　明</th></tr>
<tr><td>STEODISP(P128)</td><td>指定CNC显示主轴的实际转速还是理论转速(受倍率%的影响)
0　显示实际转速
1　显示理论转速
当没有主轴编码器时(NPULSES=0),建议设置P128=1以便显示理论值</td></tr>
<tr><td>HDIFFBAC(P129)</td><td>该参数从右到左数共16位
每位对应一个功能或工作模式。缺省值,所有的位都是0,为相应的位赋值1,激活相应的功能
位0　第一个手轮
位1　第二个手轮
位2　第三个手轮
位3　第四个手轮
位15　限制运动</td></tr>
<tr><td>RAPIDEN(P130)</td><td>表示快移键是如何执行操作的。EXRAPID标志控制该键如何操作
0　无效
1　激活标志时,无需按快移键,执行快移
2　激活标志且按下快移键时,执行快移
在执行模式和模拟模式下,快移键按照如下方式处理
快移键按下时,按照快移速度(G00)移动
车螺纹时忽略快移键,预览或仿形扫描时可以使用该键
如是G95方式,按下快移键切换到G94方式。松开快移键,回到G95方式
只在主通道有效,PLC通道无效</td></tr>
<tr><td>MSGFILE(P131)</td><td>包含多种语言的OEM文本的程序号</td></tr>
<tr><td>FLWEDIFA(P132)</td><td>目前没有使用</td></tr>
<tr><td>RETRACAC(P133)</td><td>表示是否允许回扫执行
0　不允许
1　允许。M功能停止回扫
2　允许。M功能不停止回扫
如果RETRACAC=2,只可以执行M0;其他的M功能不能传送到PLC,也不能执行,也不能中断回扫。执行M0后,必须按下[CYCLE START]键继续执行
使用RETRACE(M5051)信号激活或关闭回扫功能
如果在执行程序时,PLC将该信号设置为高电平,CNC将中断程序的执行,开始反向执行目前已执行的程序
当PLC把反向执行信号重新设置为低电平时,反向执行被取消。CNC将开始正向执行反向执行时执行的部分并继续零件没有加工部分的加工</td></tr>
<tr><td>G15SUB(P134)</td><td>用在车床模块的CNC。它指定与G15相连的子程序的号
有效值:整数0～9999</td></tr>
<tr><td>TYPCROSS(P135)</td><td>表示交叉补偿如何完成。该参数有两位
个位表示交叉补偿用理论还是实际坐标完成
x0　实际坐标
x1　理论坐标
十位表示交叉带同步轴补偿是作用于主动轴还是两个轴
0x　主动轴
1x　两个轴</td></tr>
<tr><td>AXIS9(P136)
PAXIS9(P137)
AXIS10(P138)
PAXIS10(P139)
AXIS11(P140)
PAXIS11(P141)
AXIS12(P142)
PAXIS12(P143)</td><td>CNC配置的任何反馈输入空余(因为驱动是无须连接器连接到CNC的数字轴或主轴),空余连接器可以配置为电子或机械手轮
AXIS9～AXIS12定义手轮类型。参数值如下:
<table>
<tr><th>值</th><th>意义</th><th>值</th><th>意义</th><th>值</th><th>意义</th></tr>
<tr><td>11</td><td>通用手轮</td><td>27</td><td>与A轴相连的手轮</td><td>24</td><td>与U轴相连的手轮</td></tr>
<tr><td>21</td><td>与X轴相连的手轮</td><td>29</td><td>与C轴相连的手轮</td><td>26</td><td>与W轴相连的手轮</td></tr>
<tr><td>23</td><td>与Z轴相连的手轮</td><td>12</td><td>带轴选择按钮的手轮</td><td>28</td><td>与B轴相连的手轮</td></tr>
<tr><td>25</td><td>与V轴相连的手轮</td><td>22</td><td>与Y轴相连的手轮</td><td></td><td></td></tr>
</table>
PAXIS9～PAXIS12用于定义连接器与手轮的连接。按照手轮连接的连接器,必须为参数赋值(1～8)
上电检测到不兼容的情况时,CNC会发出信息“反馈被占用”或“反馈无效”</td></tr>
</table>

续表

参　数	说　明
ACTBACKL(P144)	与轴参数BACKLASH(P14)(见P8-274中)有关,由于改变方向要进行的丝杠间隙补偿 该参数从右到左数共16位。每位对应一个功能或工作模式。所有位的缺省值都是0,为相应的位赋值1,即可激活相应的功能 位13　在圆弧G2/G3时反向间隙补偿
ACTBAKAN(P145)	与轴机床参数BAKANOUT(P29)和BAKTIME(P30)相关,在反向运动时,附加模拟脉冲补偿丝杠间隙 该参数从右到左数共16位 每位对应一个功能或工作模式。所有位的缺省值都是0,为相应的位赋值1,即可激活相应的功能 位0　指数补偿间隙 位1　改变象限时,最小的内陷间隙 位13　G2/G3时施加附加脉冲
CODISET(P147)	该参数与MC工作模式相关。该参数从右到左数共16位 每位对应一个功能或工作模式。所有位的缺省值都是0,为相应的位赋值1,即可激活相应的功能 位0　循环中有辅助M功能 位1　从辅助屏幕访问循环或程序 位2　CNC配置为两个半轴 位3～15　没有使用
COCYF1(P148) COCYF2(P149) COCYF3(P150) COCYF4(P151) COCYF5(P152) COCYF6(P153) COCYF7(P154) COCYZ(P155) COCYPOS(P156) COCYPROF(P157) COCYGROO(P158) COCYZPOS(P159)	在TC和MC工作模式,可以隐藏不用的操作和循环 每个参数对应一个功能或循环并且这些参数的每一位对应每个有效的层 该参数从右到左数共16位 所有位的缺省值都是0(选项有效),为相应的位赋值1,即可隐藏相应循环的对应层
JERKACT(P160)	单位时间的加速度 该参数从右到左数共16位 所有位的缺省值都是0(选项有效),为相应的位赋值1,即可激活相应的功能 位0　预览模式施加单位时间的加速度控制 位1～15　没有使用
TLOOK(P161)	预览时实际程序段的处理时间 有效值:整数0～65535ms 如果采用比真实时间小的值,机床会振动,如果采用比真实时间大的值,机床移动速度会慢下来。这个参数的值可以按照如下方法计算: ①执行以G91和G51 E0.1组成的大量小线段(至少1000段);例如:X0.1　Y0.1　Z0.1 ②测量机床不振动时程序的执行时间。这个时间除以执行的程序段数量,把得到的值(ms)赋予该参数 ③为了优化参数,应该减小该值,运行相同的程序直到机床出现振动。为了避免损坏机床,推荐把进给倍率开关切换到较低位置开始执行程序,逐渐增大进给倍率 ④推荐使用示波器功能并且使内部变量VLOOKR为一常量,这意味着机床没有振动。在示波器上可以改变参数TLOOK的值,但是新的参数只在G51时才能生效
MAINTASF(P162)	这个参数与MC和TC模式相关 该参数表示CNC上电时,F、S和Smax是保持最后的值,还是初始化为0 0　初始化,F=0、S=0和Smax=0 1　F、S、Smax保持最后一次操作的状态 如果该参数设定为0(保持最后的值),上电后,CNC将按如下方式工作 CNC按照参数IFEED的设定采用G94/G95进给率方式,但是将恢复最后一次编程的F值mm/min(G94)或mm/rev(G95) 保持最后一次使用的进给率类型G96/G97,但是将要恢复S值rev/min(G97)或m/min(G96)

续表

<table>
<tr><th>参数</th><th>说明</th></tr>
<tr><td>CAXGAIN(P163)</td><td>表示在 XC 和 ZC 平面加工时，是否取消比例增益和微分增益。缺省值，为了平滑加工这些增益自动取消
0　取消增益
1　不取消增益</td></tr>
<tr><td>TOOLMATY(P164)</td><td>该参数表示使用非随机刀库(例如转塔)时，刀库每个位置可以分配多少把刀
当使用非随机刀库，设定该参数为0时，刀具必须按预先制定的顺序安装在刀具表(P1 T1,P2 T2,P3 T3 等)中
0　一把刀占用一个位置
1　几把刀占用一个位置</td></tr>
<tr><td>MAXOFFI(P165)</td><td>刀具磨损补偿可以在刀具检查模式修改。该参数表示"I"(以 mm 或 in 编写)能够补偿的最大值。在车床模式按照直径补偿
缺省值:0.5</td></tr>
<tr><td>MAXOFFK(P166)</td><td>刀具磨损补偿可以在刀具检查模式修改。该参数表示"K"(以 mm 或 in 编写)能够补偿的最大值
缺省值:0.5</td></tr>
<tr><td>TOOLTYPE(P167)</td><td>该参数表示刀具或刀具偏置的工作形式
该参数从右到左数共16位
所有位的缺省值都是0(选项有效)，为相应的位赋值1，即可激活相应的功能
位0～12　没有使用
位13　执行T功能后，总是执行STOP信号
位14　改变刀具偏置时，以圆角方式加工
位15　执行一个新的T功能时，停止程序段准备功能</td></tr>
<tr><td>PROBEDEF(P168)</td><td>定义探针的工作形式
该参数从右到左数共16位
所有位的缺省值都是0(选项有效)，为相应的位赋值1，即可激活相应的功能
位0　探针平滑停止
位1～15　没有使用</td></tr>
<tr><td>CANSPEED(P169)</td><td>数字驱动 CAN 总线的传送速度
传送速度与电缆的长度和整个 CAN 总线的长度有关
0　1Mbit/s，小于 20m
1　800Kbit/s，小于 45m
2　500Kbit/s，小于 95m</td></tr>
<tr><td>FEEDTYPE(P170)</td><td>编写 F0 时，进给率的工作形式
0　最大进给率
1　不能编写
如果设定为0，F0 可以编写，并且程序段以最大进给率运动
如果设定为1，不可以编写 F0，或不能以 F0 的进给率执行运动程序段</td></tr>
<tr><td>ANGAXNA(P171)</td><td>与倾斜轴相关的笛卡尔坐标系统轴
<table>
<tr><th>值</th><th>意义</th><th>值</th><th>意义</th><th>值</th><th>意义</th></tr>
<tr><td>0</td><td>没有</td><td>4</td><td>U 轴</td><td>8</td><td>B 轴</td></tr>
<tr><td>1</td><td>X 轴</td><td>5</td><td>V 轴</td><td>9</td><td>C 轴</td></tr>
<tr><td>2</td><td>Y 轴</td><td>6</td><td>W 轴</td><td></td><td></td></tr>
<tr><td>3</td><td>Z 轴</td><td>7</td><td>A 轴</td><td></td><td></td></tr>
</table></td></tr>
<tr><td>ORTAXNA(P172)</td><td>该参数表示与倾斜平面相关的轴，该轴必须垂直于笛卡尔坐标系统轴
<table>
<tr><th>值</th><th>意义</th><th>值</th><th>意义</th><th>值</th><th>意义</th></tr>
<tr><td>0</td><td>没有</td><td>4</td><td>U 轴</td><td>8</td><td>B 轴</td></tr>
<tr><td>1</td><td>X 轴</td><td>5</td><td>V 轴</td><td>9</td><td>C 轴</td></tr>
<tr><td>2</td><td>Y 轴</td><td>6</td><td>W 轴</td><td></td><td></td></tr>
<tr><td>3</td><td>Z 轴</td><td>7</td><td>A 轴</td><td></td><td></td></tr>
</table></td></tr>
</table>

续表

参　数	说　明
ANGANTR(P173)	与倾斜轴相连的笛卡尔坐标系轴之间的角度。如果该参数设定为0，就无须角度变换 如果倾斜轴顺时针旋转该参数为正值，逆时针为负值 有效值：±90°之间
OFFANGAX(P174)	机床零点和倾斜轴坐标系原点之间的距离 有效值：±99999.9999mm之间 ±3937.00787in之间
COMPMODE(P175)	该参数表示如何施加刀具半径补偿 0　路径间夹角小于300°，路径交点处是直角过渡。其他情况时，路径交点处是圆弧过渡 1　路径交点处是圆弧过渡 2　路径间夹角小于300°时，计算交叉点。其他情况，与COMPMODE=0一样
ADIMPG(P176)	该参数能干预附加手轮的插入 该功能允许程序执行时点动轴。轴移动采用另一个零点偏置 该参数从右到左数共16位 所有位的缺省值都是0(选项有效)，为相应的位赋值1，即可激活相应的功能 位0～10　没有使用 位11　选择附加手轮作为与轴相连的手轮 位12　通过参数ADIMPRES设定手轮的分辨率 位13　预览时使能手动插入 位14　M02、M30、急停或复位后取消附加零点偏置 位15　手轮插入使能
ADIMPRES(P177)	附加手轮的分辨率 0　0.001mm或0.0001in 1　0.01mm或0.001in 2　0.1mm或0.01in 只有参数ADIMPG的位12设定为1时，施加该分辨率
SERCDEL1(P178)	可以设定Sercos工作在8MHz或16MHz的传送延时。缺省值是400μs，可以设定为600μs 0　400μs 400　400μs 600　600μs 设定一个较长的延时，总线上快速通道可以增加传送的数据。例如，当有许多定义快速通道使用PLC参数(SRR700～SRR739)或从示波器访问几个驱动器的变量时，设定该参数是必需的 任何情况下，CNC检测到总线容量不足时，将发出信息，建议提高该参数值 从0(400μs)～600改变参数值时，建议观察零点跟随误差微调，推荐略微增大DERGAIN参数值(ACFGAIN=YES)，补偿增加200μs的延时
SERCDEL2(P179)	没有使用
EXPLORER(P180)	该参数设定如何访问探测器 0　执行，模拟或编辑模式，用工具软件中的“探测器”键访问 1　从工具软件、执行、模拟或编辑模式直接访问
REPOSTY(P181)：	用于选择重定位模式 0　激活基本的重定位模式 1　激活扩大的重定位模式
DISSIMUL(P184)	该参数用于执行模式选择程序段时，可以取消模拟模式和程序段查找功能。把相应的位赋值1，取消切移除相应的软键

第8篇

2. 轴参数

轴参数如表8-4-104所示。

表8-4-104 轴参数

<table>
<tr><th>参数</th><th>说明</th></tr>
<tr><td>AXISTYPE(P0)</td><td>定义轴的类型及其控制命令来自CNC还是PLC,各取值的意义如下
0 标准线性轴
1 快速定位的线性轴(G00)
2 标准旋转轴
3 快速定位的旋转轴(G00)
4 带HIRTH齿的旋转轴(整角度定位)
5 从PLC控制的标准线性轴
6 从PLC控制的快速定位的线性轴(G00)
7 从PLC控制的标准旋转轴
8 从PLC控制的快速定位的旋转轴(G00)
9 从PLC控制的带HIRTH齿的旋转轴(整角度定位)
缺省值:0
缺省时,旋转轴是在0°～359.9999°之间循环显示的。如果不期望这种循环显示方式,将轴机床参数设置为sROLLOVER(P55)＝NO。轴的位置将按角度显示
只进行定位的轴和/或整角度轴在用G90方式编程时,通过最短的路径。换句话说,如果它目前在10°的位置,它的目标位置是350°,该轴将经过10°,9°,…,352°,351°,350°</td></tr>
<tr><td>DFORMAT(P1)</td><td>指定轴的工作单位(半径或直径)和显示格式
<table>
<tr><th rowspan="2">值</th><th rowspan="2">工作单位</th><th colspan="3">显示格式</th></tr>
<tr><th>deg</th><th>mm</th><th>in</th></tr>
<tr><td>0</td><td>半径</td><td>5.3</td><td>5.3</td><td>4.4</td></tr>
<tr><td>1</td><td>半径</td><td>4.4</td><td>4.4</td><td>3.5</td></tr>
<tr><td>2</td><td>半径</td><td>5.2</td><td>5.2</td><td>5.3</td></tr>
<tr><td>3</td><td>半径</td><td colspan="3">不显示</td></tr>
<tr><td>4</td><td>直径</td><td>5.3</td><td>5.3</td><td>4.4</td></tr>
<tr><td>5</td><td>直径</td><td>4.4</td><td>4.4</td><td>3.5</td></tr>
<tr><td>6</td><td>直径</td><td>5.2</td><td>5.2</td><td>5.3</td></tr>
</table></td></tr>
<tr><td>GANTRY(P2)</td><td>表示该轴是否是固定同步轴,如果是,该固定同步轴与哪根轴相连。该参数只设置在从动轴上,各取值的意义如下
0 不是固定同步轴
1 与X轴相连
2 与Y轴相连
3 与Z轴相连
4 与U轴相连
5 与V轴相连
6 与W轴相连
7 与A轴相连
8 与B轴相连
9 与C轴相连
允许出现多对同步固定轴。除非机床参数“DFORMAT(P1)＝3”,固定同步轴显示的位置紧挨与其相连的轴</td></tr>
<tr><td>SYNCHRO(P3)</td><td>可以使用CNC的逻辑输入SYNCHRO1～SYNCHRO6,通过PLC对轴进行同步连接或解除同步
每根轴可以通过它的机床参数SYNCHRO指定其要同步的轴。所指定的轴在PLC要求时将与该轴同步
0 无同步轴
1 与X轴相连</td></tr>
</table>

续表

参　　数	说　　明
SYNCHRO(P3)	2　与 Y 轴相连 3　与 Z 轴相连 4　与 U 轴相连 5　与 V 轴相连 6　与 W 轴相连 7　与 A 轴相连 8　与 B 轴相连 9　与 C 轴相连 缺省值:0
DROAXIS(P4)	表示该轴为标准轴还是数显轴 NO　标准轴 YES　数显轴 缺省值:NO
LIMIT+(P5) LIMIT-(P6)	指定轴的软限位(正方向和负方向)。必须指定从机床参考零点到限位的距离 对线性轴,如果这两个参数都设定为"0",表示忽略软限位 对旋转轴,当这两个参数均被设置为"0"时,轴可能从任何不确定的方向转动(旋转台,分度头等)。使用定位轴和整角度轴时,尽量使用增量编程避免这种情况。例如,对 C 轴,参数设置为P5=0,P6=720,轴定位在700(屏幕显示340),如果编写了G90C10,该轴将试图经过最短路径(701,702,…),但会出现错误,因为它超出了限位 对于定位轴和整角度轴,转动范围限制在一周内,它们不能通过最短路径运动 当转动范围限制在一周内时,可以显示期望的正负位置值。例如,对参数P5=-120,P6=120,可以编写G90带正或负数值 有效值:±99999.9999deg或mm之间 ±3937.00787in之间 缺省值:P5=8000mm P6=-8000mm
PITCH(P7)	定义滚珠丝杠的节距或所用线性反馈装置的分辨率 反馈通过CNC连接器连接模拟伺服或数字伺服时,必须设定参数DRIBUSLE=0 参数PITCH由使用的轴和编码器类型决定 对于带旋转编码器的线性轴,设定为编码器每转对应的丝杠节距 对于带线性编码器的线性轴,设定为编码器的分辨率 对于旋转轴,设定为编码器每转对应的旋转轴的角度 这种类型的伺服系统,参数PITCHB(P86)没有意义 有效值:0.0001～99999.9999deg或mm 0.00001～3937.00787in 缺省值:5mm
NPULSES(P8)	指定编码器每转的脉冲数。当使用线性编码器时,该参数设置为0 驱动速度命令是模拟量时,必须设定该参数,该参数通过Sercos(DRIBUSLE=0)或CAN(DRIBUSLE=0or1)传递 使用减速装置时,设定参数PITCH或NPULSES必须考虑整个减速装置 有效值:整数0～65535 缺省值:1250
DIFFBACK(P9)	表示编码器是否采用微分信号(双端) 带VPP轴模块的8055CNC,前4个连接器可以接受微分TT信号和VPP信号。这4个轴将忽略该参数。该连接器可以使用FAGOR信号适配器SA-TTL-TTLD(从"非微分TTL"到"微分TTL")连接非微分信号 NO　不采用微分信号 YES　采用微分信号 缺省值:YES

续表

参数	说明
SINMAGNI(P10)	指定 CNC 施加在该轴的正弦反馈信号上的乘数因子(×1,×4,×20 等) 当使用方波信号时,将该参数设置为“0”,CNC 将施加×4 的放大因子 有效值:整数 0～255 缺省值:0
FBACKAL(P11)	该参数只在反馈信号是正弦信号或微分信号(双端)时使用 表示该轴的反馈报警是 ON 或 OFF OFF　取消 ON　报警 缺省值:ON
FBALTIME(P12)	表示给予 CNC 响应该轴模拟电压输出的最大时间周期 CNC 根据相应的模拟电压输出计算它在每个采样周期必须接收的脉冲数 在 CNC 计算时间的 50%～200%完成反馈脉冲的接收是合理的 任何时候,反馈脉冲不是在这个范围内接收的,CNC 将一直检查该参数指定的时间周期返回到正常状态(50%～200%)。如果在此期间没有发生返回正常状态的情况,CNC 将发送相应的错误信息 有效值:整数 0～65535ms 缺省值:0(不检查)
AXISCHG(P13)	表示计数方向。如果正确,保留不变;如果不正确,将它从 YES 改为 NO,或者从 NO 改为 YES。如果该参数被改变,轴机床参数 LOOPCHG(P26)也必须改变 有效值:NO、YES 缺省值:NO
BACKLASH(P14)	表示间隙量。采用线性编码器时输入 0 有效值:±99999.9999deg 或 mm 之间 　　　　±3937.00787in 之间 缺省值:0
LSCRWCOM(P15)	表示 CNC 是否施加丝杠误差补偿 OFF　不施加 ON　施加丝杠误差补偿 缺省值:OFF
NPOINTS(P16)	表示表格中能提供的误差补偿点的数目。如果轴机床参数 LSCRWCOM(P15)为 ON,将施加该表格中的数值 有效值:整数 0～255 缺省值:30
DWELL(P17)	表示从 ENABLE 信号被激活到发送出模拟信号的停留时间 有效值:整数 0～65535ms 缺省值:0(不停留)
ACCTIME(P18)	表示轴到达轴参数 GOFFED(P38)定义的最大进给率所需要的时间(加速阶段),该数值也表示减速时间 有效值:整数 0～65535ms 缺省值:0(不提供)
INPOSW(P19)	表示 CNC 认为达到 IN POSITION 区域(死区)的宽度 有效值:0～99999.9999deg 或 mm 　　　　0～3937.00787in 缺省值:0.01mm
INPOTIME(P20)	表示为了认为该轴到达了 IN POSITION 位置,轴必须在该位置保持的时间周期 只适用在插补或定位(死轴)时,为了防止轴停止前 CNC 已经认为达到位置,使轴超出该区域 有效值:整数 0～65535ms 缺省值:0

续表

参　数	说　明
MAXFLWE1(P21)	指定该轴运动时允许的最大跟随误差 有效值:0～99999.9999deg 或 mm 0～3937.00787in 缺省值:30mm
MAXFLWE2(P22)	指定该轴静止时允许的最大跟随误差 有效值:0～99999.9999deg 或 mm 0～3937.00787in 缺省值:0.1mm
PROGAIN(P23)	指定比例增益的数值。它表示对应于 1mm 跟随误差的模拟电压值,单位为 mV 有效值:整数 0～65535mV/mm 缺省值:1000mV/mm 模拟电压(mV)＝跟随误差(mm)×比例增益
DERGAIN(P24)	指定微分增益的数值。它的数值表示在 10ms 内 1mm 的跟随误差变化对应的模拟电压 该模拟电压将加到所计算出的比例增益上 有效值:整数 0～65535 缺省值:0(不施加微分增益)
FFGAIN(P25)	它设置与编程进给率成比例的模拟输出部分。比例增益和微分增益将均施加在该跟随误差上 Progammed Feedrate　FFGAIN　PROGAIN　DERGAIN　Analog output　Feedback $$模拟电压 = \xi \cdot PROGAIN + \frac{\xi \cdot DERGAIN}{10 \cdot t} + \frac{FFGAIN \times Fprog \times MAXVOLT}{100 \cdot G00FEED}$$ 前馈增益改善位置控制环使跟随误差最小 通常,根据机床的类型和它们的特性赋予该参数 40%～80%之间的数值 有效值:0～100.99r/min(2 位小数) 缺省值:0(不施加前馈增益)
LOOPCHG(P26)	表示模拟输出的符号。如果正确,保留不变,如果不正确,将它从 YES 改为 NO,或者从 NO 改为 YES 有效值:NO、YES 缺省值:NO
MINANOUT(P27)	指定该轴的最小模拟输出 有效值:它以 D/A 转换器单位给出,允许 0～32767 之间的整数,32767 对应于 10V 的模拟电压 缺省值:0
SERVOFF(P28)	指定驱动的模拟电压偏置值 有效值:它以 D/A 转换器单位给出,允许为 0～32767 之间的整数,32767 对应于 10V 的模拟电压 缺省值:0(不施加)
BAKANOUT(P29)	当改变运动方向时,附加的补偿间隙的模拟脉冲 有效值:它以 D/A 转换器单位给出,允许为 0～32767 之间的整数,32767 对应于 10V 的模拟电压 缺省值:0(不施加)

续表

参数	说明
BAKTIME(P30)	指定补偿反向间隙施加的附加脉冲的持续时间 有效值:整数 0～65535ms 缺省值:0
DECINPUT(P31)	表示该轴是否有用于机床参考点搜索的原点开关 NO 没有原点开关 YES 有原点开关 缺省值:YES
REFPULSE(P32)	表示用于原点搜索的标志脉冲沿的类型 +号 上升沿(从0V改变到5V) −号 下降沿(从5V改变到0V) 缺省值:+号
REFDIREC(P33)	表示在该轴进行原点搜索的方向 +号 正方向 −号 负方向 缺省值:+号
REFEED1(P34)	表示在进行原点搜索时,碰到原点开关前的进给率 有效值:0.0001～99999.9999 deg/min 或 mm/min 0.00001～3937.00787in/min 缺省值:1000mm/min
REFEED2(P35)	表示机床参考点(标志脉冲的物理位置)相对于机床参考零点的位置值 有效值:0.0001～99999.9999deg/min 或 mm/min 0.00001～3937.00787in/min 缺省值:100mm/min
REFVALUE(P36)	表示机床参考点(标志脉冲的物理位置)相对于机床参考零点的位置值 机床参考点与坐标系统一样均由机床制造商设定,机床基于该点确定轴的位置,而不是将其移动到机床零点 当机床采用半绝对式光栅尺(带有编码的标志脉冲)时,机床可以在它行程范围内的任何一点设置参考点。因此,只有在使用丝杠误差补偿时必须使用该参数。赋予该点的丝杠误差量为“0” Sercos 连接,使用绝对反馈时,使用驱动参数 Sercos PP177 代替参数 REFVALUE 有效值:±99999.9999deg 或 mm 之间 ±3937.00787in 之间 缺省值:0
MAXVOLT(P37)	表示对应于由轴参数 G00FEED(P38)指定的该轴最大进给率的最大模拟电压 有效值:整数 0～9999mV 缺省值:9500(9.5V)
G00FEED(P38)	表示该轴的最大进给率 G00(快速移动) 有效值:0.0001～199999.9999deg/min 或 mm/min 0.00001～7874.01574in/min 缺省值:10000mm/min
UNIDIR(P39)	表示 G00 移动时,单向趋近的方向 +号 正方向 −号 负方向 缺省值:+号
OVERRUN(P40)	表示在接近点和编程点之间要保持的距离。如果是车床模块,该距离必须用半径方向表示 有效值:0.0001～99999.9999deg/min 或 mm/min 0.00001～3937.00787in/min 缺省值:0(没有单向接近)

续表

参　数	说　明
UNIFEED(P41)	表示从接近点到编程点之间采用的进给率 有效值：0.0001～99999.9999deg/min或mm/min 　　　　0.00001～3937.00787in/min 缺省值：0
MAXFEED(P42)	表示最大可编程进给率(F0) 有效值：0.0001～199999.9999deg/min或mm/min 　　　　0.00001～7874.01574in/min 缺省值：5000mm/min
JOGFEED(P43)	表示在没有激活进给率的情况下，在JOG模式采用的进给率 有效值：0.0001～199999.9999deg/min或mm/min 　　　　0.00001～7874.01574in/min 缺省值：1000mm/min
PRBFEED(P44)	表示在JOG模式校准刀具时的探测进给率 有效值：0.0001～99999.9999deg/min或mm/min 　　　　0.00001～3937.00787in/min 缺省值：100mm/min
MAXCOUPE(P45)	表示电子耦合(用程序、PLC或固定同步轴)轴之间允许的最大跟随误差差值 该值只赋予从动轴 有效值：0.0001～99999.9999deg或mm 　　　　0.00001～3937.00787in 缺省值：1mm
ACFGAIN(P46)	表示赋予轴机床参数DERGAIN(P24)是否施加在程序编写的进给率的变化上 NO　施加在跟随误差(微分增益)的变化上 YES　施加在由加/减速引起的编程进给率的变化上(AC-forward) 缺省值：YES ACFGAIN=NO 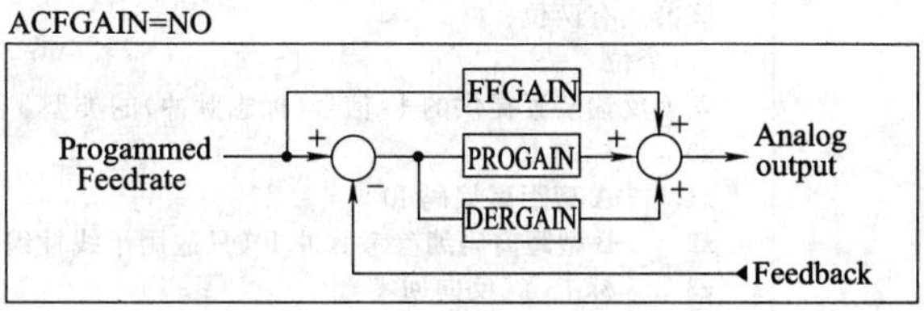 ACFGAIN=YES 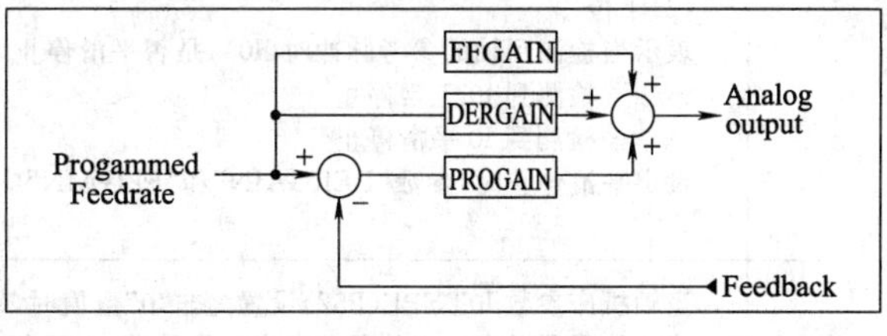
REFSHIFT(P47)	该参数在机床全部调试完毕，需要重新安装反馈系统，并且新的机床参考点(原点)和以前的机床参考点在物理位置上不重合时使用 它表示两个参考点之间的差值(以前的参考点和当前的参考点) 如果该参数被设置为非零的数值，在进行零点搜索时，轴在发现新的标志脉冲后将移动这个附加距离["REFSHIFT(P47)"的数值]。这样一来，机床参考点(原点)将仍然是一样的 这个移动以轴机床参数REFEED2(P35)的进给率完成 有效值：±99999.9999deg或mm之间 　　　　±3937.00787in之间 缺省值：0

续表

参　数	说　明
STOPTIME(P48) STOPMOVE(P49)	这些参数被用来使轴机床参数"STOPAOUT(P50)"和功能G52(移动到硬停止)发生联系 (1)STOPTIME(P48) 当轴已开始停止移动并经过一定的时间周期后,CNC认为已经到达硬停止。该时间周期以千分之一秒为单位,由参数STOPTIME(P48)给出 有效值:整数0～65535ms 缺省值:0 (2)STOPMOVE(P49) 当在由参数STOPTIME(P48)设置的时间周期内,轴的移动不超过由参数STOPMOVE(P49)设置的数值时,CNC就认为轴已经停止 有效值:0.0001～99999.9999mm 0.00001～3937.00787in 缺省值:0
STOPAOUT(P50)	该参数与功能G52(移动到硬停止)一起使用,它表示检测到接触压力时,CNC提供的剩余模拟电压 有效值:它以D/A转换器单位给出,允许为0～32767之间的整数,32767对应于10V的模拟电压 缺省值:0
INPOSW2(P51)	当功能G50(控制圆角)被激活时,使用该参数 它在程序坐标前定义CNC认为已经到达位置的区域,以便执行下一段程序 该参数应将赋予INPOSW参数10倍的数值 有效值:0.0001～99999.9999deg或mm 0.00001～3937.00787in 缺省值:0.01mm
I0TYPE(P52)	该参数有两位 (1)个位 表示反馈装置提供的I0信号(标志脉冲)的类型 x0　标准I0 x1　A型距离编码I0 x2　B型距离码编参考脉冲I0(只适用于线性编码器COVS) x3　标准I0(反向回零) 当使用带距离编码参考脉冲(I0)的线性编码器时,设置轴机床参数I0CODI1(P68)和I0CODI2(P68) (2)十位 表示当检测到轴的参考脉冲时(I0),是否平滑停止 0x　检测到I0正常停止 1x　检测到I0平滑停止 设定平滑停止时,参数"DERGAIN"和"FFGAIN"应该设定为0
ABSOFF(P53)	当轴机床参数I0TYPE(P52)设置为非"0"数值时,CNC考虑该参数 线性编码器具有距离编码的参考标志脉冲,表示相对于线性编码器"零点"的机床位置 有效值:±99999.9999mm之间 ±3937.00787in之间 缺省值:0
MINMOVE(P54)	该参数与轴逻辑输入"ANT1"～"ANT6"一起使用 如果轴移动的距离小于轴参数MINMOVE(P54)指定的数值,相应的轴逻辑输出"ANT1"～"ANT6"变为高电平 有效值:±99999.9999deg或mm之间 ±3937.00787in之间 缺省值:0

续表

参 数	说 明
ROLLOVER(P55)	当轴被设置为旋转轴"AXISTYPE(P0)=2 或 3"时，CNC 考虑该机床参数。它表示旋转轴是否采用循环翻转显示方式 NO 不是 YES 是 缺省值:YES
DRIBUSID(P56)	指定与该轴相关的数字驱动的地址(Sercos 或 CAN)。这个值与驱动旋转开关(设备选择地址)的值一致 推荐(不是必须的)各轴和主轴的地址从"1"开始按顺序排列，也就是，如果有三根 Sercos 轴和一根 Sercos 主轴，该参数的数值应为 1,2,3,4 0 模拟轴 1～8 数字驱动地址 缺省值:0
EXTMULT(P57)	当使用距离编码反馈系统时使用该参数。它指定机械节距或电子节距的玻璃刻度或钢带刻度与 CNC 提供的反馈信号周期之间的关系 有效值:EXTMULT(P57)－玻璃刻度节距(机械节距)/反馈信号周期(电子节距) 缺省值:0
SMOTIME(P58)	有时轴对特定的运动不能像期望的那样作出反应。如当使用手轮、仿形扫描零件或当 CNC 进行内部坐标变换(*C* 轴，RTCP 等)时，轴的反应可以通过使用对速度变化的过滤进行平滑处理 该过滤器通过参数 SMOTIME 定义，该参数表示用 ms 给出的过滤时间，依次由通用机床参数 LOOPTIME(P72)设置 为了获得比较好的响应，所有插补轴的 SMOTIME 参数应设置为相同的数值 有效值:0～64 倍于通用机床参数 LOOPTIME(P72)(见 P8-263 中)给出的数值 如果 LOOPTIME=0(4ms)，赋予 SMOTIME 的最大值=64×4=256ms 缺省值:0
ACCTIME2(P59) PROGAIN2(P60) DERGAIN2(P61) FFGAIN2(P62)	这些参数用来定义增益和加速度的第二范围。必须像定义第一范围一样设置这些参数 第一范围包括以下 4 个参数 ACCTIME PROGAIN DERGAIN FFGAIN 第二范围包括以下 4 个参数 ACCTIME2 PROGAIN2 DERGAIN2 FFGAIN2 为了选择增益和加速度的第二范围，必须合理地设置通用机床参数 ACTGAIN2(P108)，或必须激活通用 CNC 输入 ACTGAIN2(M5013)
DRIBUSLE(P63)	使用数字伺服(Sercos 或 CAN)，轴参数 DRIBUSID(P56)为非零值时，CNC 考虑该参数 即使当 CNC 和驱动之间的数据交换是通过数字总线 Sercos(CAN)完成的，必须定义反馈是否也通过总线处理还是通过相应的轴或主轴连接器 0 通过连接器处理反馈 1 通过数字总线(Sercos 或 CAN)处理反馈，第一反馈(电机反馈) 2 通过数字总线(Sercos 或 CAN)处理反馈，第二反馈(直接反馈)

续表

参　数	说　明
POSINREF(P64)	通常，当使用Sercos反馈时，电机-驱动系统拥有绝对编码器。由于这个原因，系统在电机旋转的一转内的任何时候都知道轴的位置 在这些情况下，在进行轴的原点搜索时，只要原点开关被按动，CNC就知道了轴的位置。因此，没有必要移动到机床参考点(或标志脉冲) 参数POSINREF表示在碰到原点开关后，轴是否移动到标志脉冲 当距离编码参考脉冲由驱动第二反馈处理时，推荐设定参数POSINREF为“NO”。否则，轴移动到REFVALUE设定的位置 移动到参考点的运动以轴机床参数REFVALUE(P36)指定的进给率完成。如果P36=0，它以F0移动 NO　不移动 YES　移动 缺省值：NO
SWITCHAX(P65)	当利用单个伺服驱动控制两根轴时，第二根轴的机床参数SWITCHAX指定哪一根轴是它关联的主轴 当希望在两个轴间附加耦合时，DRO轴参数表示哪个是主要轴。附加耦合的典型应用是铣床，*Z*轴和手动控制的第二轴*W*轴耦合 0　无 1　*X*轴 2　*Y*轴 3　*Z*轴 4　*U*轴 5　*V*轴 6　*W*轴 7　*A*轴 8　*B*轴 9　*C*轴 10　主轴 缺省值：0 当有单个伺服控制两个轴或有附加耦合时，必须设定该参数
SWINBACK(P66)	当利用单个伺服驱动控制两根轴时，第二根轴的机床参数SWINBACK指定它是否有自己的反馈装置或使用与自己关联的主要轴的反馈装置 0　使用主要轴的反馈装置 1　有自己的反馈装置 2　使用主要轴的反馈装置，但是有自己的速度命令 10　附加耦合 缺省值：0
JERKLIM(P67)	定义加速度的导数。它可以限制加速度的变化，以小进给率增加或减小且FFGAIN的数值接近100%时，机床的运动平滑 当使用电子手轮移动机床、预览、切螺纹循环和刚性攻螺纹时，CNC忽略该参数 JERKLIM的数值越小，机床的响应越平稳，但这将增加加/减速的时间 当增加JERKLIM的数值时，减小加/减速的时间，但机床的响应变差 推荐的数值： mm　JERKLIM=82*G00FEED/ACCTIME**2 in　JERKLIM=2082*G00FEED/ACCTIME**2 调整第二组增益时，使用参数ACCTIME2 如果机床振动受上面提到的数值的影响，JERKLIM的值应该降低到该数值的一半 有效值：0～99999.9999m/s³ 缺省值：0

续表

参　数	说　明
I0CODD1(P68) I0CODD2(P69)	当轴参数 I0TYPE(P52)(见 P8-278 中)被设置为非零数值时,CNC 考虑该参数。参数 I0CODD1(P68)表示两个距离编码的固定参考标志之间的间隙,参数 I0CODD2(P69)表示两个距离编码的可变参考标志之间的间隙 用波的数目定义 有效值:0～65535 波 缺省值:I0CODD1(P68)＝1000 I0CODD2(P69)＝1001
ORDER(P70)	滤波器的顺序。消除下降坡度,数值越大下降越明显 有效值:0～4 缺省值:0(没有施加滤波器)
TYPE(P71)	滤波器类型。使用两种类型的滤波器——低通滤波器或阶式滤波器。为了获得较好的机床特性,所有插补的轴和主轴应该定义成同一示波器类型和相同的滤波频率 0　低通滤波器 1　阶式滤波器 缺省值:0 当定义阶式滤波器时,必须设定参数 NORBWID 和 SHARE 低通滤波器 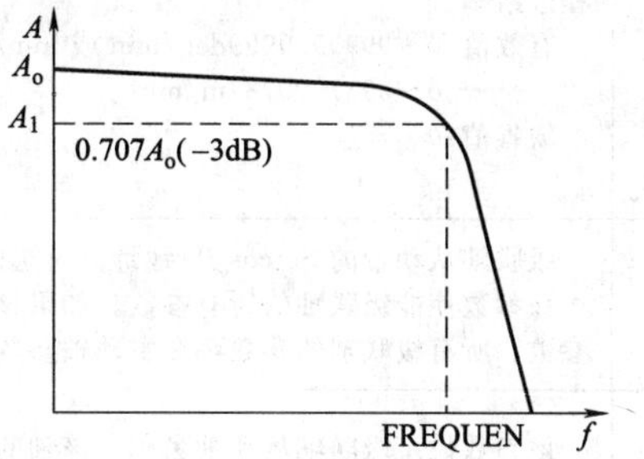 A　A_o　A_1　$0.707A_o$(-3dB)　FREQUEN　f 阶式滤波器 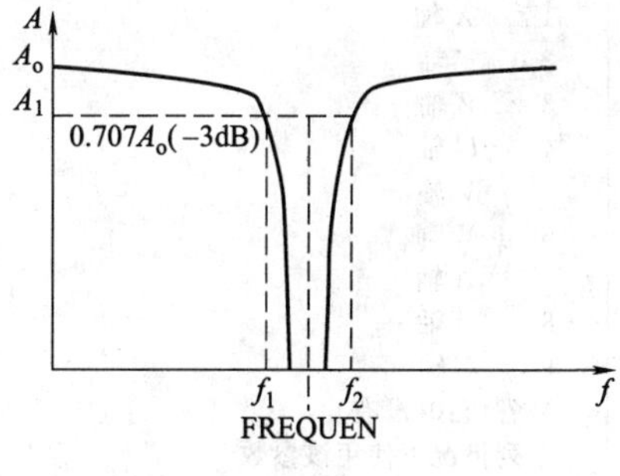 A　A_o　A_1　$0.707A_o$(-3dB)　f_1　f_2　FREQUEN　f
FREQUEN(P72)	该参数的意义由使用什么类型的滤波器决定 对于低通滤波器,该参数表示拐点频率或振幅下降了 3dB 或共振达到最大值的 70%频率 $-3dB=20\lg(A_1/A_o)\rightarrow A_1=0.707A_o$ 对于阶式滤波器,该参数表示中心频率或共振达到最大值的频率 有效值:0～500.0Hz 缺省值:30
NORBWID(P73)	标准带宽 使用阶式滤波器时,CNC 考虑该参数 有效值:0～100.0 缺省值:1

第 8 篇

续表

参数	说明
SHARE(P74)	通过滤波器的信号的百分率。该值一定要与共振过调的百分比相等，因为必须对其进行补偿 使用阶式滤波器时，CNC考虑该参数 有效值：0～100 缺省值：100 机床特定响应的计算举例 A A_r A_o f_r f $SHARE=100(A_r-A_o)/A_o$
FLIMIT(P75)	轴的最大安全进给率。该限位从PLC激活，并且适用于所有工作模式，包括PLC通道模式 使用标志FLIMITAC(M5058)可以激活所有轴的最大进给率限制。取消限制后，CNC采用编程进给率 有效值：0～99999.9999deg/min或mm/min 0～3937.00787in/min 缺省值：0
TANSLAID(P76)	级联轴从动轴的Sercos ID地址。所选的主动轴参数产生从动轴的速度命令 该参数使能级联轴的所有参数。如果该参数设定为0，将没有级联轴并忽略其他级联轴控制参数。所有级联轴的参数都在主动轴参数中设定
TANSLANA(P77)	该参数设定级联轴从动轴名称。该轴的参数表和主动轴一样 0 没有 1 X轴 2 Y轴 3 Z轴 4 U轴 5 V轴 6 W轴 7 A轴 8 B轴 9 C轴 缺省值：0(没有) 下列情况下使用该参数 ①使用从动轴标志DRENA、SPENA、DRSTAF和DRSTAS时，访问这些标志推荐使用轴的名字做索引(DRENAX、SPENAZ等)。数字索引(DRENA1、SPENA2等)遵循不同的标准；和其他的非从动轴一样 ②使用级联轴从动轴的CNC错误时 ③使用级联轴从动轴驱动的参数表时
TORQDIST(P78)	转矩分配。该参数表示级联轴要获得的总转矩，每个电机需要提供的百分比 该参数定义主动轴提供总转矩的百分比。该参数值和100%之间的差值，就是从动轴提供的转矩百分比 如果电机一样，它们将输出相同的转矩，该参数应该设定为50% 有效值：0～100%(包括0和100%) 缺省值：50

续表

参　数	说　明
PRELOAD(P79)	两个电机之间的预载。该参数设置主动轴和从动轴上预载荷的差值。设置该参数的目的是为了消除在平衡位置时的间隙 该参数定义主动轴需要作为预载荷加载的额定转矩的百分比 为了对两根轴施加反向转矩，所需要的预载荷必须大于任意时间内所需要的最大转矩值，包括加速度所需要的转矩 有效值：－100%～100% 缺省值：0(预载失效)
PRELFITI(P80)	施加预载荷的滤波器。该参数表示施加预载荷的滤波时间。设置为0表示不使用滤波器 该参数用来消除在设置预载荷时，级联轴补偿器输入的转矩台阶。从而可以避免从动轴和主动轴的速度指令台阶 有效值：整数0～65535ms 缺省值：1000
TPROGAIN(P81)	级联轴的比例增益。比例控制器在两台电机之间产生与转矩误差成比例的增益系数 有效值：0～100% 缺省值：0(没有施加比例增益)
TINTTIME(P82)	级联轴的积分增益。积分控制器在两个电机之间产生与转矩误差的积分成比例的输出增益 有效值：整数0～65535ms 缺省值：0(没有施加积分增益)
TCOMPLIM(P83)	级联轴的补偿极限。该极限也施加在积分环节 该参数针对主动轴。用来定义主动轴最大速度的百分比。如果编写为0，那么级联轴的控制输出将是0，也就是级联轴失效 有效值：0～100% 缺省值：0(级联轴失效)
ADIFEED(P84)	附加手轮允许的最大进给率 有效值：0～99999.9999deg/min或mm/min 　　　　0～3937.00787in/min 缺省值：1000
FRAPIDEN(P85)	该参数表示在执行或模拟模式激活EXRAPID标志并且按下快移键时，最大的进给率 如果设置为0，将采用参数G00FEED设定的进给率。如果设定了一个比G00FEED大的值，进给率将会限制在G00FEED值 有效值：0～199999.9999deg/min或mm/min 　　　　0～7874.01574in/min 缺省值：0
PITCHB(P86)	丝杠螺距 该参数只在CAN伺服系统中使用，如不使用CAN伺服系统，丝杠螺距使用参数PITCH(P7)定义 当使用减速装置时，设置参数PITCHB或NPULSES必须考虑整个减速装置
HPITCH(P89)	在Hirth轴上，以deg表示螺距。当该参数设定为0时，将采用1deg的螺距 该参数允许设置为非1的值，并且可以设置为小数值。当设置HPITCH为小数时，CNC屏幕会以小数显示坐标 停止或连续点动移动将以HPITCH的设定显示轴的坐标。增量点动移动和以1deg的螺距移动相似 使用增量拨码开关1、10、100或1000时，机床将会移动一步 使用增量拨码开关10000时，机床将会多次以接近10deg的移动(小于10deg)，如果螺距值大于10deg，机床将会移动一步 即使Hirth轴移动的位置与螺距不相符，任何轴可以自动或手动移动到有效的位置。如果移动的位置与螺距不相符，将会产生一个错误信息。在任何情况下，都可以自动或手动移动任何轴 有效值：0～99999.9999deg，(360/HPITCH的余数必须是0) 缺省值：1

续表

参数	说明
AXISDEF(P90)	允许定制轴的移动 该参数从右到左数共16位 每位都有对应的功能或工作模式。缺省值，所有的位都是0(选项有效)。为相应的位赋值1，激活相应的功能 位0～14 没有使用 位15 旋转轴。在G53方式以最短路径移动 所有位的缺省值:0

3. 主轴参数

主轴和第二主轴参数如表8-4-105所示。

表8-4-105 主轴和第二主轴参数

参数	说明
SPDLTYPE(P0)	指定所使用主轴的输出类型 0 ±10V模拟输出 1 2路BCD码S输出 2 8路BCD码S输出 缺省值:0
DFORMAT(P1)	指定主轴的显示格式，不用于第二主轴 0 用4位数字 1 用5位数字 2 用4.3格式 3 用5.3格式 4 不显示 缺省值:0
MAXGEAR1(P2) MAXGEAR2(P3) MAXGEAR3(P4) MAXGEAR4(P5)	表示赋予每个速度范围的最大主轴速度。采用自动换挡时，这些参数用来激活换挡 MAXGEAR1 1挡(M41) MAXGEAR2 2挡(M42) MAXGEAR3 3挡(M43) MAXGEAR4 4挡(M44) 有效值:整数0～65535r/min 缺省值:MAXGEAR1(P2)=1000r/min MAXGEAR2(P3)=2000r/min MAXGEAR3(P4)=3000r/min MAXGEAR4(P5)=4000r/min
AUTOGEAR(P6)	指定速度范围的改变是自动进行还是由CNC激活M功能M41、M42、M43和M44 NO 不是自动的 YES 是自动的 缺省值:NO
POLARM3(P7) POLARM4(P8)	指定主轴M03和M04模拟信号的符号 如果给2个参数赋予了相同的数值，CNC将输出指定的单极信号(0～10V) +号 正模拟电压 -号 负模拟电压 缺省值:POLARM3(P7)=+号 POLARM4(P8)=-号

续表

参 数	说 明
SREVM05(P9)	该参数用于铣床模块的 CNC,不用于第二主轴 表示在攻螺纹固定循环(G84)中,当改变转动方向时,是否要停止主轴(M05) NO 不需要停止主轴 YES 要停止主轴 缺省值:YES
MINSOVR(P10) MAXSOVR(P11)	表示施加在编程的主轴速度上的最大和最小倍率%。不用于第二主轴 最终的合成速度将受主轴机床参数 MAXVOLT1(P37),MAXVOLT2(P38),MAXVOLT3(P39)或 MAXVOLT4(P40)所选择主轴速度范围的限制 有效值:整数 0～255 缺省值:MINSOVR(P10)=50 MAXSOVR(P11)=150
SOVRSTEP(P12)	表示在每次按动操作面板上的倍率按钮时,主轴速度增加的步长。不用于第二主轴 有效值:整数 0～255 缺省值:5
NPULSES(P13)	表示每转由主轴编码器提供的脉冲数。0 意味着没有主轴编码器 驱动的速度指令是模拟量时必须设置该参数;可以通 Sercos(DRIBUSLE=0)或通过 CAN(DRIBUSLE=0 或 1)传递速度指令 当主轴没有编码器时(NPULSES=0),CNC 显示理论转速 有效值:整数 0～65535 缺省值:1000
DIFFBACK(P14)	表示主轴编码器是否采用微分信号(双端) NO 不采用微分信号 YES 采用微分信号 缺省值:YES
FBACKAL(P15)	表示反馈报警是取消还是打开 OFF 取消报警 ON 打开报警 缺省值:ON
AXISCHG(P16)	表示计数方向。如果正确,保留不变,如果不正确,将它从 YES 变为 NO,或者从 NO 变为 YES。如果该参数被改变,轴机床参数 LOOPCHG(P26)也必须改变,以便主轴不失控 有效值:NO、YES 缺省值:NO
DWELL(P17)	表示从 ENABLE 信号被激活到发送出模拟信号的停留时间 有效值:整数 0～65535ms 缺省值:0(没有停留)
ACCTIME(P18)	当主轴工作在闭环时使用该参数,它表示达到由主轴参数 MAXVOLT1(P37)～MAXVOLT4(P40)设置的每个范围的最大速度需要的加速度时间。该数值也表示减速度的时间 有效值:整数 0～65535ms 缺省值:0(没有控制)
INPOSW(P19)	表示工作在闭环方式(M19)时,CNC 认为主轴到达位置 IN POSITION 的区域宽度 有效值:0～99999.9999deg 缺省值:0.01deg
INPOTIME(P20)	表示为了认为主轴到达了 IN POSITION 位置,主轴必须在该位置保持的时间周期 这是为了防止主轴只是经过该区域,而被 CNC 认为已经到达位置而去执行下一个程序 有效值:整数 0～65535ms 缺省值:0

续表

参　　数	说　　明
MAXFLWE1(P21)	表示主轴工作在闭环(M19)时，主轴运动时允许的最大跟随误差 有效值：0～99999.9999deg 缺省值：30deg
MAXFLWE2(P22)	表示主轴工作在闭环(M19)时，主轴静止时允许的最大跟随误差 有效值：0～99999.9999deg 缺省值：0.1deg
PROGAIN(P23)	主轴工作在闭环方式(M19)时，CNC考虑该参数 它被用来设置比例增益的数值。它的数值表示对应于1deg跟随误差的模拟电压值 模拟电压(mV)＝跟随误差(deg)×PROGAIN 有效值：整数0～65535mV/deg 缺省值：1000mV/deg
DERGAIN(P24)	主轴工作在闭环方式(M19)时，CNC考虑该参数 指定微分增益的数值。它的数值表示在10ms内1mm(0.03937in)的跟随误差变化对应的模拟电压 该模拟电压将加到所计算出的比例增益上 有效值：整数0～65535 缺省值：0(没有施加微分增益)
FFGAIN(P25)	主轴工作在闭环方式(M19)时，CNC考虑该参数 指定对编程进给率模拟电压的百分比。其余的取决于跟随误差。比例增益和微分增益将均施加在该跟随误差上 有效值：整数0～100 缺省值：0(没有施加前馈增益)
LOOPCHG(P26)	表示模拟输出的符号 有效值：NO、YES 缺省值：NO
LOOPCHG(P27)	指定主轴的最小模拟输出 有效值：它以D/A转换器单位给出，允许为0～32767之间的整数，32767对应于10V的模拟电压 缺省值：0
SERVOFF(P28)	指定主轴驱动的模拟电压偏置值 有效值：它以D/A转换器单位给出，允许为0～32767之间的整数，32767对应于10V的模拟电压 缺省值：0(没有施加)
LOSPDLIM(P29) UPSPDLIM(P30)	表示主轴实际速度的上下限，以便CNC“通知”PLC(用REVOK信号)实际速度与编程速度相同 有效值：整数0～255 缺省值：LOSPDLIM(P29)＝50％ 　　　　UPSPDLIM(P30)＝150％
DECINPUT(P31)	表示工作在M19方式时，主轴是否有用于同步的回零开关 NO　　没有 YES　　有 缺省值：YES
REFPULSE(P32)	表示工作在M19方式时，主轴同步所使用的标志脉冲I0的类型 ＋号　　正脉冲(5V) －号　　负脉冲(0V) 缺省值：＋号
REFDIREC(P33)	表示工作在M19方式时，主轴同步的旋转方向 ＋号　　正向 －号　　负向 缺省值：＋号

续表

参　数	说　　明
REFEED1(P34)	表示工作在M19方式时，主轴的定位速度和直到发现原点开关的同步速度 有效值：0.0001～99999.9999deg/min 缺省值：9000deg/min
REFEED2(P35)	表示主轴碰到原点开关和直到发现标志脉冲的主轴同步速度 有效值：0.0001～99999.9999deg/min 缺省值：360deg/min
REFVALUE(P36)	表示赋予主轴参考点(原点或标志脉冲)的位置值 有效值：±99999.9999deg之间 缺省值：0
MAXVOLT1(P37) MAXVOLT 2(P38) MAXVOLT 3(P39) MAXVOLT 4(P40)	表示速度范围1、2、3和4的最大速度对应的模拟电压 有效值：整数0～9999mV 缺省值：9500(9.5V)
GAINUNIT(P41)	当主轴工作在闭环(M19)方式时，CNC考虑该参数 定义主轴参数PROGAIN(P23)和DERGAIN(P24)的单位 当主轴工作在闭环方式时使用该参数 当对应于1deg跟随误差的模拟电压的数值很小时，赋予该参数数值1。这样主轴参数PROGAIN(P23)和DERGAIN(P24)的调节灵敏度将更大 0　mV/deg 1　mV/0.01deg 缺省值：0(mV/deg)
ACFGAIN(P42)	当主轴工作在闭环(M19)方式时，CNC考虑该参数 表示赋予轴参数DERGAIN(P24)是否施加在程序编写的进给率的变化上 NO　施加在跟随误差的变化上(微分增益) YES　施加在编程速度的加减速度的变化上(AC-前向增益) 缺省值：YES ACFGAIN=NO 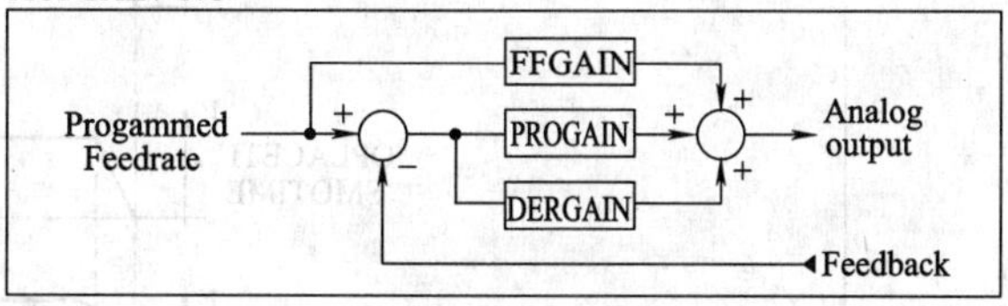 Progammed Feedrate　FFGAIN　PROGAIN　DERGAIN　Analog output　Feedback ACFGAIN=YES Progammed Feedrate　FFGAIN　DERGAIN　PROGAIN　Analog output　Feedback 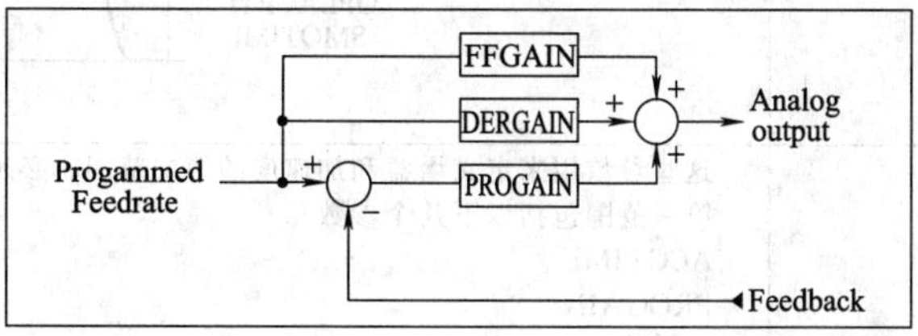
M19TYPE(P43)	该参数设置可供使用的主轴定向(M19)方式 它表示在主轴从开环工作方式转换到闭环工作方式时，主轴必须回原点，还是只要上电时回原点就足够了 0　每次从开环转换到闭环时主轴必须回原点 1　上电时主轴回一次原点就足够了 缺省值：0

第8篇

续表

参　　数	说　　明
DRIBUSID(P44)	表示与主轴相关的 Sercos 或 CAN 地址。这个值与驱动旋转开关(设备选择地址)的值一致 0　　　模拟主轴 1～8　　数字驱动地址 缺省值:0
OPLACETI(P45)	当主轴工作在开环(M3,M4)方式时,主轴速度的变化是阶跃式还是斜坡式 该参数表示对最大"S",以 ms 为单位的斜坡持续加速时间。如果 OPLACETI＝0,将采用阶跃上升方式 有效值:整数 0～65535ms 缺省值:0(阶跃式) 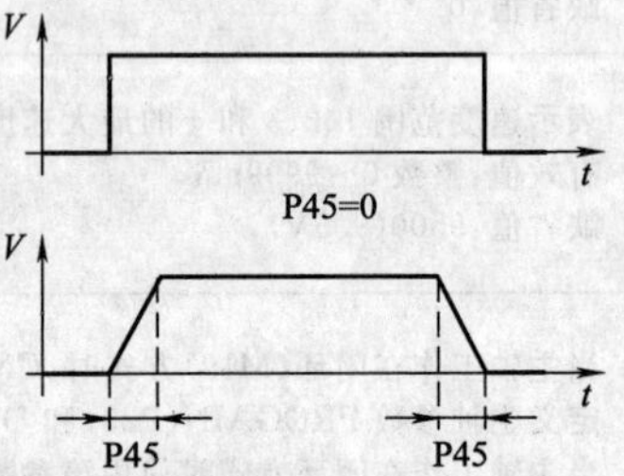 P45=0 P45　P45
SMOTIME(P46)	有时主轴对特定的运动不能像期望的那样作出反应。如当使用手轮、仿形扫描零件或当 CNC 进行内部坐标变换(*C* 轴,RTCP 等)时,轴的反应可以通过使用对速度变化的过滤进行平滑处理 该过滤器通过参数 SMOTIME 定义,该参数表示用 ms 给出的过滤时间,依次由通用机床参数 LOOPTIME(P72)设置 为了获得比较好的响应,所有插补轴的 SMOTIME 参数应设置为相同的数值 当主轴工作在开环方式(M3,M4)时,也可以对主轴的响应进行平滑处理。这种情况下,必须采用主轴机床参数 OPLACETI(P45)和 SOMTIME(P46) 有效值:0～64 倍于通用机床参数 LOOPTIME(P72)给出的数值 如果 LOOPTIME＝0(4ms),赋予 SMOTIME 的最大值为:64×4＝256ms 缺省值:0(没有施加) 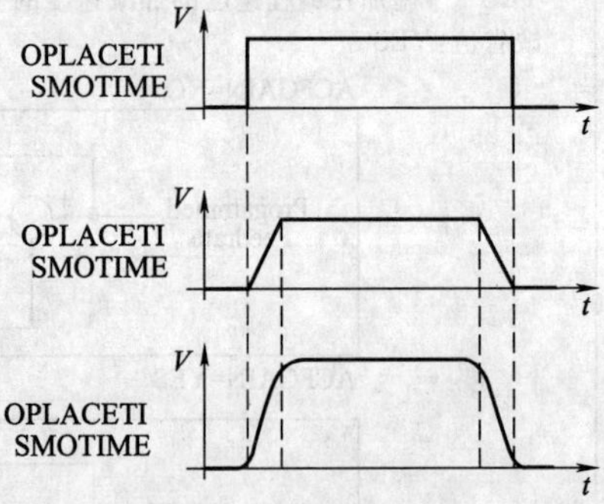 OPLACETI SMOTIME OPLACETI SMOTIME OPLACETI SMOTIME
ACCTIME2(P47) PROGAIN2(P48) DERGAIN2(P49) FFGAIN2(P50)	这些参数用来定义增益和加速度的第二范围。必须像定义第一范围一样设置这些参数 第一范围包括以下几个参数 ACCTIME PROGAIN DERGAIN FFGAIN 第二范围包括以下几个参数 ACCTIME2 PROGAIN2 DERGAIN2 FFGAIN2 为了选择增益和加速度的第二范围,必须合理地设置通用机床参数 ACTGAIN2(P108),或必须激活通用 CNC 输入 ACTGAIN2(M5013)

第 8 篇

续表

参　数	说　明
DRIBUSLE(P51)	使用数字伺服(Sercos或CAN),轴机床参数DRIBUSID(P56)为非零值时,CNC考虑该参数 即使当CNC和驱动之间的数据交换是通过数字总线(Sercos或CAN)完成的,必须定义反馈是否也通过总线处理,还是通过相应的轴或主轴连接器 0　通过连接器处理反馈 1　通过数字总线(Sercos或CAN)处理反馈。第一反馈(电机反馈) 2　通过数字总线(Sercos或CAN)处理反馈。第二反馈(直接反馈)
MSPIND0(P52)	表示在主轴进行加/减速时,功能M3、M4、M5何时送出 MSPIND0=NO M3　M3 M5　M3 M4 MSPIND0=YES M3　M3 M5　M3 M4
SYNPOSOF(P53)	当两根主轴进行位置同步时,第二主轴必须与主轴保持由功能G30设置的偏置量 该主轴参数设置允许的最大误差。如果超出了该数值允许的范围,并不显示错误信息,也不停止主轴的运动。它只将通用输出SYNCPOSI(M5559)设置为低电平 有效值:0～99999.9999deg 缺省值:2deg
SYNSPEOF(P54)	当两根主轴进行速度同步时,第二主轴必须与主轴的速度保持相同 该主轴参数设置允许的最大误差。如果超出了该数值允许的范围,并不显示错误信息,也不停止主轴的运动。它只将通用输出SYNSPEED(M5560)设置为低电平 有效值:整数0～65535r/min 缺省值:1r/min
ACCTIME3(P55) PROGAIN3(P56) DERGAIN3(P57) FFGAIN3(P58)	这些参数用于定义增益和加速度的第三范围。CNC使用同步主轴(G77)时使用该参数 它们的定义方式与定义第一范围一样 第一范围包括以下几个参数 ACCTIME PROGAIN DERGAIN FFGAIN 第二范围包括以下几个参数 ACCTIME2 PROGAIN2 DERGAIN2 FFGAIN2 第三范围包括以下几个参数 ACCTIME3 PROGAIN3 DERGAIN3 FFGAIN3 有效值:和第一范围一样 缺省值:ACCTIME3(P55)=4000ms PROGAIN3(P56)=50mV/deg DERGAIN3(P57)=0 FFGAIN3(P58)=100

续表

参 数	说 明
ACCTIME4(P59) SECACESP(P60)	为了补偿某些主轴线性响应的缺陷，可以采用两个加速度，ACCTIME3 用于低速阶段的加速[最大到参数 SECACESP(P60)设置的数值]，ACCTIME4 用于其余的高速阶段 一旦主轴同步，CNC 对两根轴均采用对主轴定义的加速度 (1)ACCTIME4(P59) ACCTIME4 的设置与 ACCTIME3 一样 有效值：整数 0～65535ms 缺省值：8000 (2)SECACESP(P60) 参数 SECACESP(P60)指定改变加速度的速度值，如果 P60＝0，那么 CNC 始终施加 ACCTIME3指定的加速度 有效值：整数 0～65535ms 缺省值：700
SYNCPOLA(P61)	它定义第二主轴。它表示 CNC 对同步的轴采用同方向转动还是反方向转动(反方向转动用 M3 或 M4) NO 同向转动 YES 反向转动 缺省值：NO
CONCLOOP(P62)	它表示主轴是否在位置闭环方式(像轴一样)操作 为了在位置闭环操作，主轴必须拥有编码器并在所有的速度范围内有好的伺服系统 当利用 M19 工作时，不管赋予该参数何值，均采用最前面的两个增益和加速度范围 当工作在闭环位置控制方式(M3，M4，M5)时，使用增益和加速度的第三范围：ACCTIME3，PROGAIN3，DERGAIN3 和 FFGAIN3 当工作在同步主轴(G77)方式时，使用增益和加速度的第三范围。因此，表示主轴同步的参数 CONCLOOP 应设置为"YES" NO 开环操作 YES 闭环操作(像轴一样) 缺省值：NO
SYNMAXSP(P63)	在主要主轴上设置，表示主轴同步(G77)时的最大转速 有效值：整数 0～65535r/min(设置为 0，表示没有速度限制) 缺省值：1000r/min
M3M4SIM(P64)	在 TC 模式，它指定用于表示转动方向的各个键对应的主轴转向
SINMAGNI(P65)	指定 CNC 施加在该轴的正弦反馈信号上的乘数因子(×1，×4，×20 等) 当使用方波信号时，将该参数设置为"0"，CNC 将施加×4 的放大因子 有效值：整数 0～255 缺省值：0
SLIMIT(P66)	该参数表示主轴速度最大限制。该限制可以从 PLC 激活并且在任何工作模式都有效，包括 PLC 通道。主轴通过 PLC 控制也就是 PLCCNTL 标志控制时，将忽略该限位 该限制使用 SLIMITAC(M5059)标志激活。取消限制时，CNC 使用编程的速度 该限位允许开门时临时从 PLC 清除主轴速度 有效值：0～65535r/min 缺省值：0
ORDER(P67)	滤波器的顺序。消除下降坡度，数值越大下降明显 有效值：0～4 缺省值：0

续表

参　　数	说　　明
TYPE(P68)	定义滤波器类型。有两种类型的滤波器:低通滤波器或阶式滤波器。为了获得较好的机床特性,所有插补的轴和主轴应该定义成同一示波器类型和相同的滤波频率。对于主轴,只在M19和刚性攻螺纹(主轴和Z轴插补)时施加滤波器 0　低通滤波器 1　阶式滤波器 缺省值:0 当定义阶式滤波器时,必须设定参数NORBWID和SHARE 低通滤波器 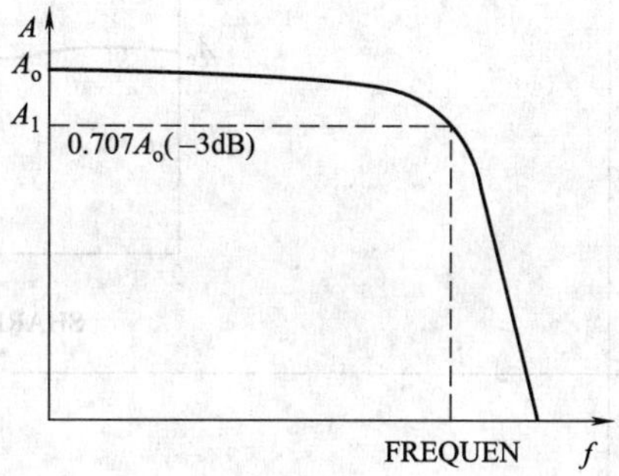 A; A_o; A_1; $0.707A_o(-3dB)$; FREQUEN; f 阶式滤波器 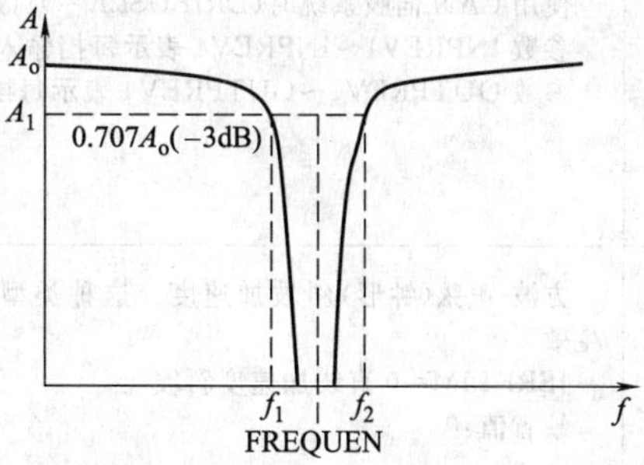 A; A_o; A_1; $0.707A_o(-3dB)$; f_1; f_2; FREQUEN; f
FREQUEN(P69)	该参数的意义由使用什么类型的滤波器决定 对于低通滤波器,该参数表示拐点频率或振幅下降了3dB或共振达到最大值的70%频率 $-3dB=20\lg(A_1/A_o)\rightarrow A_1=0.707A_o$ 对于阶式滤波器,该参数表示中心频率或共振达到最大值的频率 有效值:0～500.0Hz 缺省值:30
NORBWID(P70)	定义标准带宽 使用阶式滤波器时,CNC考虑该参数 有效值:0～100.0 缺省值:1 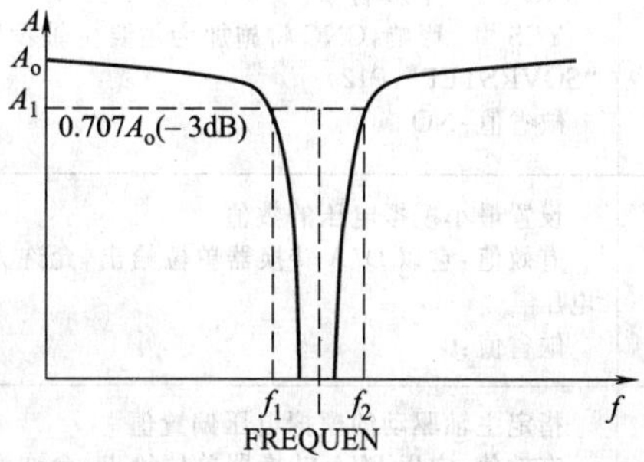 A; A_o; A_1; $0.707A_o(-3dB)$; f_1; f_2; FREQUEN; f 它由下面公式计算 点f_1和f_2的值对应拐点频率或振幅下降了3dB或共振达到最大值的70%频率 NORBWID=FREQUEN/(f_1-f_2)

第8篇

续表

参　数	说　明
SHARE(P71)	通过滤波器的信号的百分率。该值一定要与共振过调的百分比相等，因为必须对其进行补偿 使用阶式滤波器时，CNC考虑该参数 有效值：0～100 缺省值：100 机床特定响应的计算举例 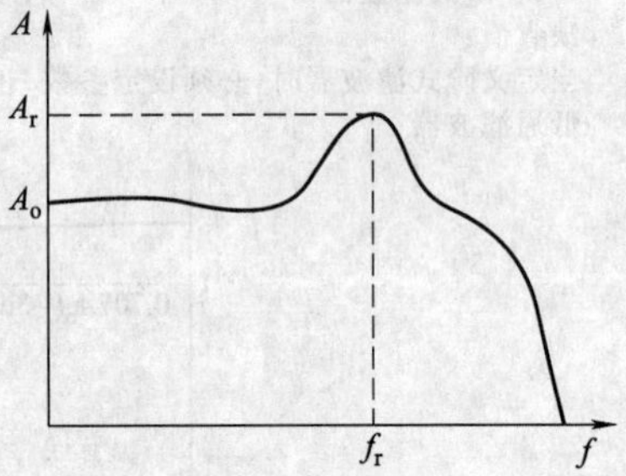 $SHARE=100(A_r-A_o)/A_o$
INPREV1(P72) OUTPREV1(P73) INPREV2(P74) OUTPREV2(P75) INPREV3(P76) OUTPREV3(P77) INPREV4(P78) OUTPREV4(P79)	使用CAN伺服系统时(DRIBUSLE＝0)，这些参数设置每挡的齿数比 参数INPREV1～INPREV4表示每挡输入的速度 参数OUTPREV1～OUTPREV4表示每挡输出的速度
JERKLIM(P80)	方波-正弦(钟形)斜坡加速度。这种类型的斜坡加速度用于平滑加速。该主轴参数复位后生效 JERKLIM＝0 直线加速度斜坡 缺省值：0

辅助主轴参数见表8-4-106。

表8-4-106　辅助主轴参数

参　数	说　明
MAXSPEED(P0)	指定辅助主轴的最大速度 有效值：整数0～65535r/min 缺省值：1000r/min
SPDLOVR(P1)	表示在辅助主轴被激活的情况下，操作面板上的倍率旋钮是否影响主轴的速度 NO　不影响 YES　影响，CNC将施加为主要主轴设置的参数"MINSOVR"(P10)，"MAXOVR"(P11)和"SOVRSTEP"(P12) 缺省值：NO
MINANOUT(P2)	设置最小模拟电压的数值 有效值：它以D/A转换器单位给出，允许为0～32767之间的整数，32767对应于10V的模拟电压 缺省值：0
SERVOFF(P3)	指定主轴驱动的模拟电压偏置值 有效值：它以D/A转换器单位给出，允许为0～＋32767之间的整数，＋32767对应于＋10V的模拟电压 缺省值：0

续表

参　　数	说　　明
MAXVOLT(P4)	表示对应主轴机床参数 MAXSPEED(P0)定义的最大速度的模拟电压 有效值：整数 0～9999mV 缺省值：9500(9.5V)
DRIBUSID(P5)	表示与辅助主轴相关的 Sercos 或 CAN 地址，这个值与驱动旋转开关(设备选择地址)的值一致 0　　模拟轴 1～8　　数字驱动地址 缺省值：0

4. 串口参数

串口参数见表 8-4-107。

表 8-4-107　串口参数

参　　数	说　　明
BAUDRATE(P0)	表示 CNC 与外设之间的通信速度，以波特为单位 按下面代码选择 0　110 波特 1　150 波特 2　300 波特 3　600 波特 4　1200 波特 5　2400 波特 6　4800 波特 7　9600 波特 8　19200 波特 9　38400 波特 10　57600 波特 11　115200 波特 12　保留 缺省值：11(115200 波特)
NBITSCHR(P1)	表示被传送字符的数据位数 0　使用 8 位字符的 7 位最低有效位。在传送 ASCII 字符(标准)时使用 1　使用被传送字符的所有 8 位字符。当传送代码大于 127 的特殊字符时使用 缺省值：1
PARITY(P2)	指定使用奇偶校验的类型 0　无奇偶校验 1　奇校验 2　偶校验 缺省值：0
STOPBITS(P3)	表示每个被传送字符的停止位数 0　1 停止位 1　2 停止位 缺省值：0
PROTOCOL(P4)	表示所使用通信协议的类型 0　通用设备的通信协议 1　DNC 协议 2　FAGOR 软盘单元的通信协议 缺省值：1(DNC)

续表

参 数	说 明
PWONDNC(P5)	指定在上电时是否激活 DNC 功能 NO 上电时不激活 YES 上电时激活 缺省值:NO
DNCDEBUG(P6)	指定是否激活 DNC 通信的调试功能 建议在所有的 DNC 通信中使用该安全功能,该功能可以在调试过程中关闭 NO 调试不被激活,通信中止 YES 调试被激活,通信不中止 缺省值:NO
ABORTCHR(P7)	表示用来中断与通用外设通信的字符 0 CAN 1 EOT 缺省值:0
EOLCHR(P8)	指定与通用外设通信时表示行结束的字符 0 LF 1 CR 2 LF-CR 3 CR-LF 缺省值:0
EOFCHR(P9)	指定与通用外设通信时表示文本结束的字符 0 EOT 1 ESC 2 SUB 3 ETX 缺省值:0
XONXOFF(P10)	指定操作通用外设时,是否激活 XON-XOFF 通信协议 ON 激活 OFF 不激活 缺省值:ON

5. 以太网参数

以太网参数见表 8-4-108。

表 8-4-108 以太网参数

参 数	说 明
HDDIR(P0)	目前没有使用
CNMODE(P1) CNID(P2) CNGROUP(P3) CNDOMAIN(P4)	这些参数将 CNC 配置为计算机网络中的一个节点 CNMODE 用于指定所使用的计算机网络的类型,可取 0 或 1 0 工作组类型 1 域名类型 CNID 用于指定赋予该网络节点的名称,最多可以用 15 个字符 缺省值:FAGORCNC CNGROUP 用于指定属于网络的节点组名,最多可以用 15 个字符

续表

参 数	说 明
CNMODE(P1) CNID(P2) CNGROUP(P3) CNDOMAIN(P4)	例如:PRODUCTION CNDOMAIN 用于指定属于网络的节点的域名,最多可以用 15 个字符 例如:FAGOR
EXTNAME1(P5) CNHDDIR1(P6) CNHDPAS1(P7)	该参数允许与计算机网络的其他设备共享硬盘(HD) CNHDDIR1 用于指定共享的硬盘目录,最多可以用 22 个字符 (整个 HD 必须被共享,因为不能生成目录 P6=\CNC\USER) EXTNAME1 用于指定共享硬盘的名称,最多可以用 12 个字符 CNHDPAS1 定义从计算机网络访问硬盘的口令,最多可以用 14 个字符
EXTNAME2(P8)…	目前没有使用

4.2.2 FAGOR 8055 数控系统硬件结构

1. 屏幕显示信息和键盘布局

CNC8055 屏幕显示布局如图 8-4-27 和表 8-4-109 所示。

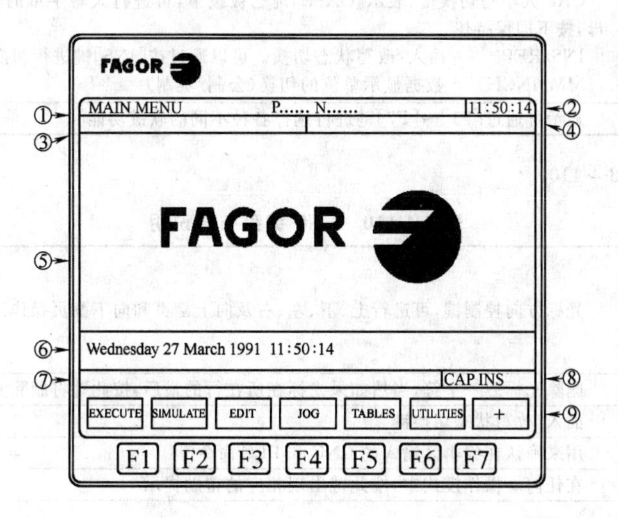

图 8-4-27 CNC8055 屏幕显示布局

表 8-4-109 CNC8055 屏幕显示说明

编 号	说 明
①	此窗口显示当前所处的操作模式,当前正在执行的程序名及程序段号,程序执行状态(执行或中断),以及显示 DNC 是否被激活
②	指示当前时间,格式"时:分:秒"
③	此窗口显示来自零件程序或 DNC 的消息提示 CNC 只对最后一次收到的消息进行显示,不管是来自 CNC 还是来自 DNC

续表

编　号	说　明
④	此窗口显示来自PLC的相应信息 如果PLC激活了两个或更多的消息，CNC只显示优先权最高的一个；PLC消息的优先权排列是按消息号来进行，MSG1高于MSG2，依次类推MSG128最低 当不止一个PLC信息被激活时，在此窗口的左边将显示十号，但是只有一个可见；要分别显示它们，可进入PLC模式，按[激活信息]软键 当在此窗口显示有*（星号）时，表示有被激活的用户自定义屏幕 要一个一个显示被激活的用户自定义屏幕，可进入PLC模式，按[激活页]软键
⑤	主窗口 取决于操作模式的不同，此窗口显示不同的内容 当发生了一个来自于CNC或PLC的错误时，在此窗口的中间会出现一个红色的水平窗口，显示当前发生的错误号及内容 当CNC产生了不止一个错误时，在相应的错误后会出现一个向下箭头，表示按此键可查下一个错误；随后在错误号后会出现一个向上箭头，表示按此键可查看上一个错误
⑥	编辑区窗口 在一些操作模式中，主窗口中的最后四行用来作为编辑区
⑦	CNC状态栏（当进行了一些误操作时，在此会出现一些相应的提示）
⑧	此窗口可显示如下一些信息 SHF指示[SHIFT]键已被按下，可进行相应键的上档位功能输入 例如，如果按下了[SHIFT]并出现SHF后，此时按下数字[9]键，将产生"$"字符而不是数字9，只能保持一次 CAP大小写切换键，表示[CAPS]键已被按下，可进行大写字母的输入，否则输入的是小写字母，按下即保持住 INS/REP　　插入/改写状态切换。可以通过按[INS]键进行切换 MM/INCH　　数据显示单位的切换（公制/英制）
⑨	显示可通过[F1]～[F7]键进行选择各种不同的软键功能

CNC键盘布局见表8-4-110。

表8-4-110　CNC键盘布局说明

	光标方向控制键，可进行上、下、左、右及向上翻页和向下翻页操作
[CL][CLEAR]	删除光标后一字符，当然如果光标在所在行的最后，按此键将删除光标前字符
[INS]	插入/改写状态切换键
[ENTER]	用来确认在编辑区输入的CNC和PLC命令
[HELP]	在任何一操作模式中，按此键出现相应的帮助提示
[RESET]	复位键 按此键各种参数恢复到设定状态，程序恢复到初始状态；要进入此键，先中断程序的执行，程序执行中按此键无效
[ESC]	返回上一级菜单
[MAIN MENU]	进入CNC的主菜单窗口
[RECALL]	在对话模式，按此键可将轴当前的坐标值调入到相应的显示区
[PPROG]	在对话模式，按此键可进入存储程序的列表形态显示
[F1]～[F7]	可进入到不同操作模式下各种不同的软键功能
[SHIFT]+[RESET]	CNC热启动键，在对某些参数进行修改时，需要按此组合键以便CNC认定
[SHIFT]+[CL]	按此组合键，关闭当前显示屏显示，按任何键可恢复显示 如果发生了一个错误或PLC/CNC消息，也会恢复屏幕的显示
[SHIFT]+[向下翻页键]	当按此组合键时，在屏幕的右窗口将显示当前各机床轴的位置及当前程序的运行状态 它可应用于任何操作模式 再次按此组合键时，将恢复以前的显示窗口

对M和T模式，新键盘布局有编辑、模拟、执行三个键，可快速进入编辑、模拟、执行模式，各键的说明见表8-4-111。在MC、TC和TCO模式，只有按“P. PROG”、“GRAPHICS”才能进入编辑和模拟模式。

表 8-4-111 编辑、模拟和执行键说明

<table>
<tr><td>“编辑”键</td><td>当在编辑或模拟模式中按此键，将对最后模拟或执行过的程序进行编辑。当相应的程序正在被执行或模拟，将对最后编辑过的程序进行编辑
当在其他模式按此键，将对最后编辑过的程序进行编辑
如果以前没有对任何程序进行编辑、模拟或执行，按此键时将要求输入新程序号
按此键进入哪一程序(最后执行的/最后编辑的/最后模拟的)，可以通过变量 NEXEDI 的不同取值进行设定限制：
NEXEDI=0　没有限制，它打开最后执行/模拟或编辑的程序
NEXEDI=1　总是打开最后编辑的程序
NEXEDI=2　总是打开最后模拟的程序
NEXEDI=3　总是打开最后执行的程序
如果相应的程序正在被执行或模拟，将产生一警告提示，如果以前没有对任何程序进行以上处理，按此键将要求输入新的程序号</td></tr>
<tr><td>“模拟”键</td><td>按下此键时，将对最后一次被执行、模拟或编辑的程序进行模拟操作；如果以前没有对任何程序进行执行、模拟或编辑等操作，按下此键时，将要求输入被模拟的程序号
当按此键时，模拟或执行模式正运行，将仍会保持当前模式不变，不会选择任何程序
按此键进入哪一程序(最后执行的/最后编辑的/最后模拟的)，可以通过变量 NEXSIM 的不同取值进行设定限制
NEXSIM=0　没有限制，它打开最后执行/模拟或编辑的程序
NEXSIM=1　总是打开最后编辑的程序
NEXSIM=2　总是打开最后模拟的程序
NEXSIM=3　总是打开最后执行的程序
如果相应的程序正在被执行或模拟，将产生一警告提示，如果以前没有对任何程序进行以上处理，按此键将要求输入新的程序号</td></tr>
<tr><td>“执行”键</td><td>按此键可直接对最后一次编辑的程序进行执行操作，如果以前没有编辑过程序，按此键时，将要求指定新的要执行的程序名
当按此键时，模拟或执行模式正运行，将仍会保持当前模式不变，不会选择任何程序
按此键进入哪一程序(最后执行的/最后编辑的/最后模拟的)，可以通过变量 NEXEXE 的不同取值进行设定限制
NEXEXE=0　没有限制，它打开最后执行/模拟或编辑的程序
NEXEXE=1　总是打开最后编辑的程序
NEXEXE=2　总是打开最后模拟的程序
NEXEXE=3　总是打开最后执行的程序
如果相应的程序正在被执行或模拟，将产生一警告提示。如果以前没有对任何程序进行以上处理，按此键将要求输入新的程序号</td></tr>
</table>

2. 操作面板布局

CNC8055 的操作面板如图 8-4-28 和表 8-4-112 所示。

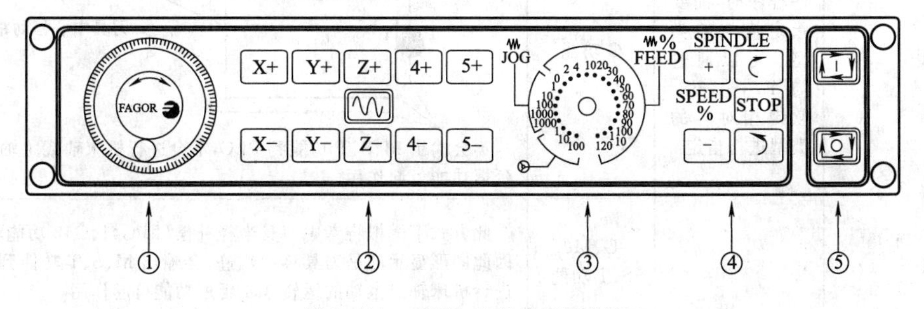

图 8-4-28 CNC8055 操作面板布局

表 8-4-112 CNC8055 操作面板说明

编号	说明
①	急停按钮或手轮位置
②	轴手动方向键
③	进给方式选择旋钮： 选择手轮进给率倍率(1、10 或 100) 选择手动增量进给方式下的增量进给量 连续进给率倍率选择，0～120％
④	主轴控制键，包括主轴停止及主轴正反方向转动控制键，通过机床参数“MINSOVR”和“MAXOVR”确定最小及最大程序转速倍率，通过机床参数“SOVRSTEP”确定转速倍率增减量(按“＋”键或“－”键时的增减量)
⑤	循环启动及循环停止键

4.2.3 FAGOR 8055 数控系统操作方法

1. 执行/模拟

EXECUTE 执行操作模式可自动或单段执行零件程序；SIMULATE 模拟操作模式也可自动或单段模拟零件程序，只不过是在模拟方式。当模拟一零件程序时，可选择模拟操作的方式。

当选择执行或模拟一零件程序时，必须指定该零件程序的存储位置，当然零件程序的位置可以在 CNC 内存、外部卡 A 中，通过串口与计算机相连的 PC 机中或者在 CNC 的硬盘中（CNC 需有硬盘 HD 配置）。当按下了执行或模拟键时，此时会进入相应的程序目录结构，可以通过如下方式，选择要执行或模拟的程序。

1）输入相应的程序名，然后按回车键［ENTER］。

2）用上下光标键定位在需要执行或模拟的程序相应位置上，然后按回车键［ENTER］。

可以在执行或模拟程序前进行加工条件的定义（如进给率倍率，图形类型，开始要执行或模拟的程序段位置等），见表 8-4-113。当中断正在执行或模拟的程序时，也可进行这些条件的定义或修改。

表 8-4-113 加工条件

进给率倍率选择	程序运行时轴的进给率是在程序中通过 F 值定义的，当然可以通过操作面板上的进给率倍率开关 0～120％的相应位置来对当前实际进给率进行修调。另外当进行带轴运动的模拟方式时，也可通过此开关来控制实际进给率 操作面板上的快速进给键对程序执行或模拟的进给率有无影响，取决于机床参数的设置，当使能此键时，对程序执行或模拟时的轴进给率影响如下 • 当此键按下时，轴全部以快速进给 G00 方式运动 • 当进行攻螺纹、预览或执行回退功能时，忽略此键的影响 • 如果当前处于 G95 模式，按住此键将切换到 G94 模式，放开此键又返回到 G95 模式 • 此键仅会对主通道有影响，不会影响到 PLC 通道的执行		
模拟类型	当模拟一零件程序时，需要指定模拟的类型。可以通过与［F1］～［F7］软键相对应的类型进行指定	理论路径	此方式下模拟将忽略刀具半径补偿功能(即功能 G41、G42 将不起作用)，因此图形显示的是理论编程路径，不会输出 M、S、T 功能到 PLC，不会进行机床轴或主轴的运转，G4 延迟功能可起作用
		G 功能	此方式下模拟将考虑刀具半径补偿(即 G41、G42 功能将起作用)，因此图形显示的是刀具移动轨迹 编程路径 刀具中心移动路径 T 不会输出 M、S、T 功能到 PLC，不会进行机床轴或主轴的运转，G4 延迟功能可起作用
		G、M、S、T 功能	此方式下模拟将考虑刀具半径补偿(即 G41、G42 功能将起作用)，因此图形显示的是刀具移动轨迹，会输出 M、S、T 功能到 PLC，不会进行机床轴或主轴的运转，G4 延迟功能可起作用

续表

模拟类型	当模拟一零件程序时，需要指定模拟的类型。可以通过与[F1]～[F7]软键相对应的类型进行指定	主平面	它仅仅执行来自于主平面的轴。此方式下模拟将考虑刀具半径补偿(即G41、G42功能将起作用)，因此图形显示的是刀具移动轨迹，会输出M、S、T功能到PLC 如果程序中有主轴启动，它会启动主轴。不管是F0还是程序中定义了相应的F值，轴都会以最大进给率运动，当然可以通过进给率倍率开关进行修调。忽略G4延迟功能
		快速	此方式下模拟将考虑刀具半径补偿(即G41、G42功能将起作用)，因此图形显示的是刀具移动轨迹，会输出M、S、T功能到PLC 如果程序中有主轴启动，它会启动主轴。不管是F0还是程序中定义了相应的F值，轴都会以最大进给率运动，当然可以通过进给率倍率开关进行修调。忽略G4延迟功能
		快速[S=0]	此方式下模拟将考虑刀具半径补偿(即G41、G42功能将起作用)，因此图形显示的是刀具移动轨迹，仅仅输出部分M、S、T功能到PLC当主轴工作在开环时，不会输出M3、M4、M5、M41、M42、M43和M44到PLC；当主轴工作在闭环方式时，会输出M19功能到PLC 不会启动主轴，不管是F0还是程序中定义了相应的F值，轴都会以最大进给率运动，当然可以通过进给率倍率开关进行修调。忽略G4延迟功能
执行和模拟条件	程序段选择		可以选择从哪一段开始执行或模拟操作，不一定非要从第一程序段开始
	停止条件		可以选择在哪一段结束执行或模拟操作，不一定非要在最后一段结束
	显示		可以选择执行或模拟操作时显示的方式，例如位置或跟随误差显示方式
	MDI		此方式下可执行任何程序段指令(ISO代码或高级语言)，还可获得一些相应的辅助功能软键，便于输入相应的指令 当相应的程序段指令输入完后，此时按下[START]键就会开始此段的执行，并且会保持MDI方式不变，要退出MDI方式可按[ESC]键
	刀具检查		当一个程序执行被临时中断时，将会出现[刀具检查]软键，此时可按所需进行相应的控制(例如手动移动轴，执行MDI，停止主轴等)而不会改变当前的程序运行状态；要想恢复程序的执行，可先进行重定位让机床返回到执行刀具检查前的状态，然后按[START]键开始当前程序的再执行
	图形		当进行程序执行或模拟时，可进行相应的图形显示功能(利用此功能可选择图形类型，显示区，视点及图形参数等)
	单段		可以选择在单段方式下进行执行或模拟操作

当一个程序正在执行时，若按下“中断-复位”键、按下急停按钮、发生了一个来自于PLC或CNC的错误、突然断电等，以前要想开始此程序的执行只能从头开始，现在利用此功能可以从中断点恢复程序的执行。CNC会记住以上中断点发生时所处的程序段位置。

此种搜索方法可以将程序在模拟方式恢复到中断点所在的程序段位置，然后可按［循环启动］键继续程序的执行，就好像程序从头开始执行一样。要进行程序段选择功能，在执行模式按［程序段选择］软键。相关操作和说明见表8-4-114。

表8-4-114　程序段中断点搜索-模拟切换到执行模式

操作模式	第一段程序	第一行	按此软键，光标将定位到当前程序中的第一行位置
		最后一行	按此软键，光标将定位到当前程序中的最后一行位置
		文本	通过此软键可以从当前光标位置开始对某一特定的文本或字符串进行查找并定位到其所在的程序段行 此[文本]软键被按下时，CNC要求键入相应的字符串，键入后按[结束文本]软键，光标将定位到从当前位置开始往下找到的第一个该字符串所在的程序段行 此搜索会从当前光标所在的行往下进行查找，找到后会对此文本进行高亮显示，此时可选择继续搜索还是结束搜索

续表

<table>
<tr><td rowspan="4">操作模式</td><td rowspan="2">第一段程序</td><td>文本</td><td>当往下搜索到第一个字符串后，此时按[ENTER]键可以继续往下进行再搜索直到程序结束；搜索到的文本会高亮显示
此搜索可进行无数次，直到找到所要求的位置；当搜索到程序的最后一段时，再按下[ENTER]键，又会从程序的开始位置往下进行搜索
按[结束搜索]软键或[ESC]键可退出搜索方式；当退出搜索方式时，光标将定位在最后找到的文本所在的行位置</td></tr>
<tr><td>行号</td><td>按下此软键，CNC将要求输入所定位的行号，输入后按下[ENTER]键，光标就会定位到要求的位置</td></tr>
<tr><td>搜索执行G代码</td><td colspan="2">当利用此功能恢复程序执行时，CNC将以模拟方式搜索到设定的段，并且删除G功能代码的执行，而且此设定段前的所有进给率以及主轴速度等加工条件将会被恢复，自动计算出此设定段轴应该在的位置
搜索期间M、T和S等功能不会输出到PLC，但搜索结束后CNC会记住相应的M、S、T功能，并以列表形式显示，等待执行
一旦此模拟操作已结束，用户可以按以下步骤恢复相应的M、S、T功能
①在此情况下用户可按[MST代码执行期间]软键对MST代码进行模拟显示，然后按[CYCLE START]软键执行
②按[刀具检查]软键，然后按[MST代码输入期间]软键和[MDI]软键，此时用户可按所需在MDI方式下执行任何想要的程序段指令
屏幕以行方式显示模拟生成的各种MST代码，但以下方面必须考虑
①当显示了相应的M代码时，必须注意M代码间的取代性
②如果拥有第二主轴，并且相应的M代码(M3，M4，M5，M19，M41～M44)指向此第二主轴，不会影响第一主轴M代码功能，并且在恢复此M功能时，首先对G28或G29功能进行恢复，以便知道当前是控制哪一主轴
③当程序中有用户自定义M功能并且有多个此M功能时，模拟搜索只会显示最先搜索到的一个
④显示最后执行的T及S功能</td></tr>
<tr><td>搜索执行GMST代码</td><td colspan="2">当利用此功能恢复程序执行时，CNC将以模拟方式搜索到设定的段，并且删除G功能代码的执行，而且此设定段前的所有进给率以及主轴速度等加工条件将会被恢复，自动计算出此设定段轴应该在的位置
此种搜索时，相应的MST功能会被执行并输出到PLC</td></tr>
<tr><td>自动搜索</td><td colspan="3">它可以用来将程序恢复到中断点的地方继续执行，CNC对中断发生所在的程序段会有记忆，因此没有必要手动设置停止程序段
如果程序在一个内部循环中发生中断，将按如下动作
①如果是固定循环(G66，G67，G68，G87，G88)或多重加工循环(G60，G61，G62，G63，G64)，当进行模拟搜索时，将把程序段恢复到以上内部循环的最后一子程序段上
②在其他的固定循环(G69，G81，G82，G84，G85，G86)中，模拟搜索到固定循环开始段，即调用段
要进入自动搜索模式，先按[程序段选择]软键，然后按[搜索执行G代码]或[搜索执行GMST代码]软键，此时就会出现[自动搜索]软键
[自动搜索]软键一旦按下，就将进行程序段模拟搜索，并且将光标定位到搜索到的程序段上
一旦中断点程序段被搜索到，CNC将在屏幕下方显示STOP＝HD:PxxxLxxx信息，指示发生中断所在的程序行及存储位置；此时按[循环启动]键，CNC将去搜索中断点程序段并以模拟方式执行到此段，当到此段后，相应的提示信息将消失
CNC在屏幕的下方将出现相应的软键功能。轴名软键用来选择要定位的轴，如果用的是搜索G功能方法，并且程序中有相应的MST功能，按[显示MST代码执行期间]软键将会显示要执行的MST功能代码，选择相应的功能并按[CYCLE START]循环启动键即可执行
按[刀具检查]软键，进入刀具检查模式
①按[MST代码执行期间]软键，将显示模拟搜索到MST代码功能，等待恢复执行
②按[MDI]软键进入MDI模式，执行所需的程序段</td></tr>
</table>

续表

手动程序段选择	程序选择	当最后执行或模拟的程序属于另外一个程序或正在调用来自于另外一个程序中的子程序，此时可用此种方法 按[程序选择]软键，此时打开一个浏览器窗口，可手动从 CARD A、DNC2、DNCE、硬盘或内存中选择程序
	次数	表示当执行或模拟到"停止程序段"几次时，必须停止程序的执行 当选择此功能时，CNC 将要求指定被执行或模拟的次数 如果被选择的程序段有一被重复执行的号，则只有当所有的重复操作都执行完后程序才会停止
	第一程序段	用来设置从哪段开始进行程序段搜索，按此软键后可通过上下光标键或相应软键来进行选择，按[ENTER]键确认选择；当没有对第一程序段进行设置时，搜索将从当前程序的第一段开始往下进行 可以通过上下光标键/上下翻页键或相应的软键功能来选择第一程序段
	停止程序段	按此软键后，将光标定位到某一段后按[ENTER]键。当 CNC 执行此段后的程序时，将马上从此段开始执行 停止程序段可通过上下光标键、上下翻页键或相应的软键进行选择 一旦此停止程序段被指定，CNC 将在屏幕下方显示如下文本：STOP＝HD：Pxxx-Lxxx，表示此停止段所在程序的程序号及程序段行号和存储位置。此时按循环启动键[CYCLE START]，CNC 将开始搜索此段并以模拟方式执行到此段，然后显示的文本将消失 CNC 在屏幕的下方将出现相应的软键功能：轴名软键用来选择要定位的轴；如果手动选择用的是搜索 G 功能方法，并且程序中有相应的 MST 功能，按[显示 MST 代码执行期间]软键将会显示要执行的 MST 功能代码，选择相应的功能并按[CYCLE START]循环启动键即可执行
	刀具检测	按[刀具检查]软键，将进入到刀具检查模式 ①按[MST 代码输入期间]软键，此时会将模拟搜索到的 MST 代码一行一行显示在当前窗口，并等待执行 ②按[MDI]软键，此时可手动输入以上找到的 MST 代码，并按循环启动键在 MDI 方式执行
程序段搜索限制特殊情况	在以下几种特定情况，程序段搜索将有所限制 ①如果在程序中有一个特定的缩放因子被激活，程序段手动或自动搜索时，当此缩放激活后会停止 ②如果程序中有 G77 轴同步操作或 PLC SYNCRO 标志，则在程序段手动或自动搜索时，将会限制到它后面的程序段，此限制同样适用于主轴同步情况 ③如果程序执行时通过 PLC 激活了 MIRROR 标志，则在程序段手动或自动搜索时，将会限制到它后面的程序段 ④如果程序中包含(G74)回零功能程序段，则在程序段手动或自动搜索时，将会限制到它后面的程序段	
取消程序模拟或搜索方式	程序模拟或搜索方式可通过通用机床参数 DISSIMUL(P184)进行取消	

手动程序选择方法可以将程序恢复到用户指定的程序段进行执行。

① 如果此程序段为一模式程序段，恢复时将模拟搜索到此段停止。

② 如果此程序段为一跳转指令段（GOTO，RPT，CALL，EXEC），恢复时将模拟搜索到此段，但不会执行跳转。

③ 如果此段为一调用固定循环或模态子程序的定位段，模拟搜索到此定位段结束点，并且退出此固定循环或模态子程序的加工，以便重定位。

④ 在使用带岛屿的不规则型腔加工固定循环，或跟踪、数字化循环以及探针循环的情况下，模拟搜索到调用程序段，但不会对循环进行任何加工操作。

要进入手动程序段选择方式，按［程序段选择］软键，然后按［搜索执行 G 代码］软键或［搜索执行 GMST 代码］软键。

2. CNC8055M 的显示

通过显示选择，可在任何时间（包括程序在运行过程当中）选择一种最好的显示界面。通过相应的［F1］～［F7］软键可以指定的显示模式有如下几种，各种显示模式说明如表 8-4-115 所示。

① 标准显示模式。

② 位置显示模式。

③ 程序显示模式。

④ 子程序显示模式。

⑤ 跟随误差显示模式。

⑥ 用户显示模式。

⑦ 执行时间显示模式。

处于这些显示模式时，在屏幕的下方都会显示当前机床的加工条件，如表 8-4-116 所示。

表 8-4-115 显示模式说明

<table>
<tr><td colspan="2">标准显示模式</td></tr>
<tr><td>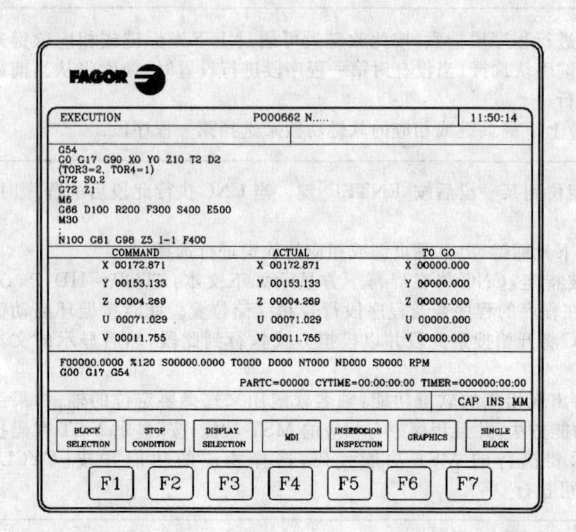
</td><td>CNC 将在每一次开机或者按下[SHIFT]+[RESET]键后显示此模式界面
①最上窗口显示的是一组程序段，其中第一段显示的为当前正在执行的程序段
②机床轴当前位置值
位置值的显示格式(小数点前后各几位)，理论或实际值显示，这些取决于机床参数的设定。通用机床参数"THEODPLY"用来设定是否为理论值显示，轴参数"DFORMAT"用来设定值的显示格式
每根轴有如下区域显示
①命令值显示的是轴要到达的位置，即程序坐标
②实际值显示的是各轴的当前位置
③剩余移动量显示的是程序坐标还有多少量要走</td></tr>
<tr><td colspan="2">位置显示模式</td></tr>
<tr><td>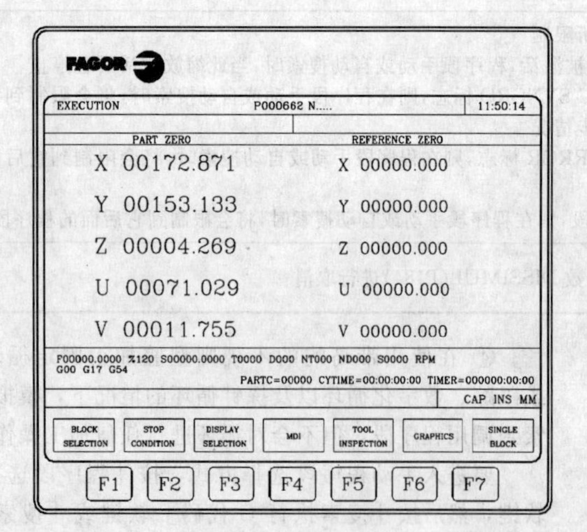
</td><td>此模式用来显示各机床轴当前位置值
位置值的显示格式(小数点前后各几位)、理论或实际值显示，这些取决于机床参数的设定。通用机床参数"THEODPLY"用来设定是否为理论值显示，轴参数"DFORMAT"用来设定值的显示格式
每根轴有如下区域显示
①工件零点显示轴相对于工件零点的位置值
②参考零点显示轴相对于机床参考点的位置值</td></tr>
<tr><td colspan="2">程序显示模式：显示当前执行的程序内容，其中正在被执行的段将高亮显示</td></tr>
<tr><td colspan="2">子程序显示模式</td></tr>
</table>

续表

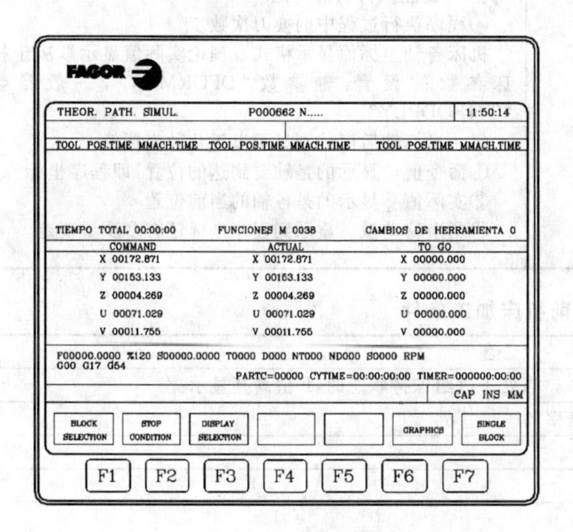

此显示模式显示以下相关命令信息

① RPT N10，N20　　重复执行 N10 到 N20 段间的程序段

② CALL 25　　调用执行子程序 25

③ G87 … G87　　固定循环指令

④ PCALL 30　　调用执行子程序 30，用的是局部参数嵌套层

当选择此模式时，必须考虑以下因素

①CNC 允许定义和使用子程序，被调用的子程序可以属于当前的主程序或另外一个程序；可以在主程序内调用子程序，也可从子程序中调用另外一个子程序，此子程序还可再调用下一个子程序，依次类推最多可以有 15 层嵌套调用

②每次将相应参数分配给子程序时，CNC 产生一新的局部参数嵌套层；最多可到 6 个局部参数嵌套层

③当加工固定循环：G66，G68，G69，G81，G82，G83，G84，G85，G86，G87，G88 和 G89 等有效时，使用局部参数的第六嵌套层

④当前子程序相关信息：NS，表示该子程序占据的嵌套层；NP，表示正在执行的子程序所用的局部参数层；子程序，表示调用一个新嵌套层子程序的程序段类型

例如：(RPT N10，N20)(CALL 25)(PCALL 30)G87

RPT 表示剩余要执行的次数

例如，如果(RPT N10，N20)N4 被第一次执行时，此参数将显示值 4；依次类推第二次被执行时，此值将为 3

M 如果显示了星号(*)，表示在此嵌套层调用了一个模态子程序，此子程序在每次相应的运动程序段后均被执行

PROG 指示当前被调用的子程序所在的程序号

⑤各机床轴位置值

机床各轴坐标值的显示格式，以及是显示理论值还是实际值取决于轴参数“DFORMAT”和一般参数“THEODPLY”的设置。

每根机床轴都有如下数据显示

命令值　显示的是轴要到达的位置，即程序坐标

实际值　显示的是各轴的当前位置

剩余移动量　显示到程序坐标还有多少量要走

跟随误差显示模式

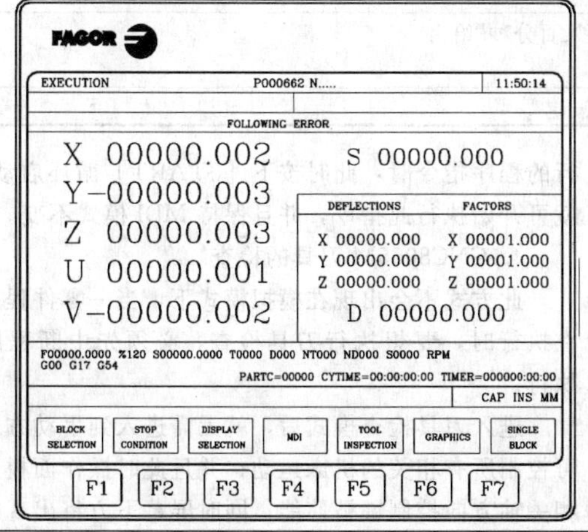

此模式显示轴及主轴的跟随误差，即各轴实际和理论位置值间的差值

另外，当机床配有仿形扫描选项时，在屏幕的右侧将出现一窗口，用来显示仿形探测器的相关位置值

轴坐标的显示格式取决于轴参数“DFORMAT”的设置

探测器的修正因子不取决于机床的当前工作单位

探测器在每轴(X，Y，Z)上的偏差及总偏差“D”的显示格式取决于轴参数“DFORMAT”的设置

用户显示模式：当通用机床参数“USERDPLY”值规定相应的子程序号后，按此[用户]软键将在用户通道执行相应的子程序，退出此用户子程序的执行并返回到上一级菜单，按[ESC]键

续表

执行时间显示模式

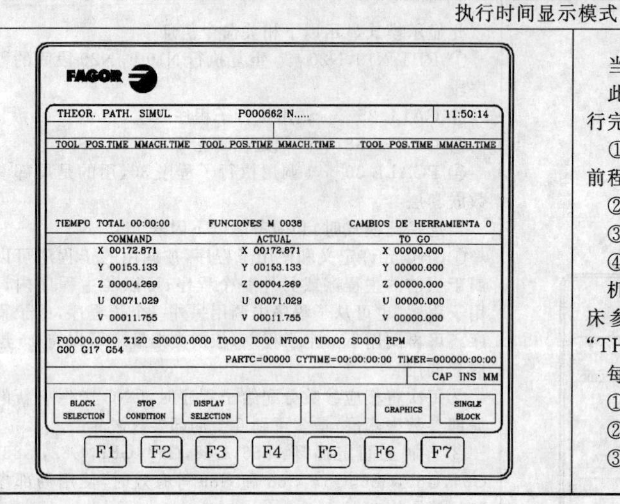

当对零件程序进行模拟时，会有此显示模式

此窗口显示在 100%程序进给率倍率情况下，显示执行完程序所需要的大概时间，包括以下几部分

①每把刀具(TOOL)定位所需时间(POS. TIME)，当前程序机床轴加工移动所需时间(MACH. TIME)

②执行程序总时间

③M 功能执行所需时间

④程序执行过程中的换刀次数

机床各轴坐标值显示格式及理论实际值显示取决于机床参数的设置：轴参数“DFORMAT”，一般参数“THEODPLY”

每一坐标轴后可分别显示以下几种坐标值

①命令值　显示的是轴要到达的位置，即程序坐标

②实际值　显示的是各轴的当前位置

③剩余移动量　显示到程序坐标还有多少量要走

表 8-4-116　当前机床加工条件

参　数	含　义
F　and　%	编程进给率(F)和当前进给率倍率%。当处于进给保持状态时，F 值高亮显示
S　and　%	编程主轴转速(S)和主轴转速当前倍率%
T	当前刀具号
D	当前刀偏号
NT	下一刀具号 当机床配置为加工中心时，才会显示 NT，它表示下一把将要选择的刀具，等待 M06 指令的执行并激活，成为当前刀具
ND	下一刀具的刀偏号 此也只有机床配置为加工中心时才会显示，它表示下一把将要激活的刀具的刀偏号
S　RPM	主轴实际转速，单位为 r/min 当工作在 M19 主轴定位时，单位为度
G	显示所有被激活运行的 G 功能
M	显示所有被激活运行的 M 功能
PARTC	工件计数器，它用来指示被同一零件程序加工过的工件数目 当选择一新的零件程序时，此位置会被设置为“0” 变量“PARTC”可从 PLC、DNC 或零件程序中进行修改
CYTIME	指示当前程序运行的时间，用“时:分:秒:百分秒”给出 每次零件程序开始执行时，此值为 0
TIMER	指示当前系统时间，用“时:分:秒”格式

3. CNC8055M 的 MDI 模式

此 MDI 模式不会出现在模拟方式下，只出现在执行或手动方式下。另外当一程序正在运行时，不会出现 MDI，要想执行 MDI 方式，必须中断当前程序的执行。

通过 MDI 方式可以执行任何一个程序段（ISO 代码或高级语言程序段），当按下［MDI］软键时，在屏幕下方会相应地出现一些软键功能，便于输入程序段代码指令。

当按下［MDI］软键并在光标编辑区输入要求执行的程序指令时，此时按下［START］循环启动键，就可开始执行此指令，并且保持 MDI 模式不变。

4. CNC8055M 刀具的检查

此方式不会出现在模拟模式下，当一零件程序正在执行时，要想执行刀具检查，必须先中断程序的执行。

进入刀具检查模式后，就无需进入到手动方式即可控制所有相关的机床运动；并且此时操作面板上的相关轴方向控制键被使能；同时屏幕下方将出现对应于刀具检查模式的一些相关软键（如表、MDI 及重

定位等），利用 MDI 可以执行一相关程序段指令，重定位功能用来在刀具检查结束后将相关轴退回到执行刀具检查前的坐标位置。

可按如下方式进行刀具交换。

1）将刀具移到换刀点位置。此移动可通过操作面板上的手动键或 MDI 方式进行，也可通过手轮进行移动。

2）为了以相似的特征寻找另一把刀具，访问 CNC 表（刀具、刀具偏置等）。

3）在 MDI 方式下选择新的刀具。

4）进行刀具交换。该操作的完成取决于当前机床换刀架的类型，可在 MDI 方式下完成此操作。

5）将轴退回到执行刀具检查前的位置（重定位）。

6）按［START］键恢复程序的执行。

注意：如果在刀具检查期间，主轴是停止的，CNC 重定位时将按它以前的转向（M3 或 M4）重新启动。

在刀具检查模式，CNC 可提供相应的软键，见表 8-4-117。

表 8-4-117　刀具检查模式下 CNC 软键

<table>
<tr><td>“MDI”软键</td><td colspan="3">MDI 方式可以允许任何一个程序段(ISO 代码或高级语言程序段)，当按下[MDI]软键时，在屏幕下方会相应地出现一些软键，便于输入程序段代码指令
当按下[MDI]软键并在光标编辑区输入完要求执行的程序指令时，此时按下[START]循环启动键，就可开始执行此指令，并且保持 MDI 模式不变</td></tr>
<tr><td>“表”软键</td><td colspan="3">可以进入各种不同的表格数据中(包括零点偏置、刀具偏置、刀具、刀具库、参数)
当进入了相应的表格数据中，就可进行修改等操作
按[ESC]键可返回上一级菜单</td></tr>
<tr><td rowspan="2">“重定位”软键</td><td rowspan="2">在执行完刀具检查后，用户可执行重定位，将刀具退回到刀具检查前的位置。重定位方式可以通过通用机床参数 REPOSTY(P181)进行定义</td><td>基本重定位方式</td><td>会将轴定位到刀具检查前的位置
当按此软键时，CNC 将显示可被重定位的轴，并且询问以什么样的轴顺序进行轴重定位移动
[平面]软键用来对主平面中的所有轴进行重定位，其他软键则用来重定位非主平面轴
重定位轴的移动顺序取决于轴选择顺序
选择相应的轴，按[START]循环启动键开始执行重定位，可单轴或多轴同时进行重定位</td></tr>
<tr><td>扩展重定位方式</td><td>当参数设置为扩展重定位方式，此时按下[重定位]软键，将会出现一些软键来执行以下一些相应的功能
①如果在刀具检查期间，执行了相应的主轴功能(M3，M4，M5，M19)等，那么在重定位时将显示相应的主轴功能键，以便将主轴恢复到刀具检查前的状态，选择此软键，然后按[循环启动]键，CNC 将恢复主轴到刀具检查前的状态。如果刀具检查前，主轴工作在 M19 闭环状态，那么在重定位时也将显示相应的 M19 软键功能
②当选择相应的轴软键并按[循环启动]键时，轴将定位到刀具检查前的位置。可以同时选择多轴进行重定位，但不能同时对轴和主轴进行重定位
③单轴或多轴在进行重定位的过程中，随时可中断并再次进入到刀具检查模式进行操作，然后再进行重定位；此操作可进行任意次
④进入刀具检查模式后，可通过手动方向控制键或电子手轮对机床各轴进行连续或增量方式移动；机床各轴的移动被重定位终点和各轴的软限位限制。如果使用电子手轮，则移动时不受重定位点限制
⑤当轴移动到重定位终点时，就不能被手动移动了；要想移动，必须再次进入刀具检查模式
⑥[结束重置]软键可用来退出重定位，然后按循环启动键[CYCLE START]开始程序的执行。如果退出重定位模式时，各轴没有被正确重定位，CNC 会将机床各轴从当前点移动到重定位点
⑦按[刀具检查]软键可进入刀具检查模式，此时可通过手动键或电子手轮以连续或增量方式移动机床各轴，此种情况下，轴的运动仅仅受限于软限位
除此之外，还可在刀具检查模式按[MDI]软键进入到 MDI 方式来执行一些程序段指令</td></tr>
</table>

续表

“修改偏置”软键	按此软键后，在屏幕上将出现帮助图形，相应的数据区可以进行编辑，数据区可以通过[⬆][⬇][⬅][➡]或下方的软键进行选择 也可对非当前刀具进行相应的设置，只要在T区输入刀具号后按[ENTER]键就可以了 对当前刀具只能对I和K区值进行修改 要想对D值进行修改，可以在T区选择其他的刀具，也就是说可以对非当前刀具进行I-K-D值修改 I-K区值为增量值，且I为直径值；输入确定后此值将增加到刀具偏置表中对应的I和K区 可以输入的I或K最大值由机床参数MAXOFFI和MAXOFFK进行限制，当输入的值大于此设定值时，将会有相应的消息提示

5. CNC8055M图形显示

只有程序在中断或没有被执行的情况下才可进入图形显示模式；如果有程序正在被进行，必须将其中断才可进入图形显示模式。一旦选定了图形显示类型及图形参数，即使程序在执行状态，也可对图形显示类型及图形参数进行改变。

当按下［图形］软键时，在屏幕下方会相应显示如下软键：图形类型、显示区、放大、视点、图形参数、清屏、取消图形。

图形显示时的常用操作方法如下。

① 定义显示区。显示区的大小取决于工件的大小，且显示区的坐标参考当前被激活的工件零点。

② 选择进行图形显示的图形类型。

③ 进行视点定义。视点功能只有在图形类型为3D或SOLID时才可获得。

④ 通过图形参数对图形显示的路径颜色等进行设置。

当零件程序正在执行或模拟时，可以将其中断来选择其他的图形类型进行显示，或通过缩放功能来改变显示区的大小。

CNC有两种图形显示模式，平面图形显示模式和实体图形显示模式；两者彼此独立，在其中一种模式下显示时，不会影响另外一显示模式下的图形状态。可通过相应的CNC软键来对图形类型进行选择。

通常被选择的图形类型会一直保持有效，除非通过［取消图形］软键关闭图形显示，或将CNC关闭，或者选择另外一种图形显示类型。每次选择图形类型后，所有上次使用的相关图形显示条件（缩放、图形参数和显示区等）将保持有效，这些条件在将CNC关闭并重启后仍然有效。

当选择一种图形显示类型后，所选择的图形类型和下列信息将出现在屏幕的右边，如图8-4-29所示。

① 轴当前实际位置。刀具位置表示刀尖的位置。

② 进给率（F）和当前主轴速度（S）。

③ 当前刀具（T）及其所用偏置（D）。

④ 用于图形显示的视点，它由X、Y、Z三轴定义。视点方向可通过［视点］软键功能进行修改。

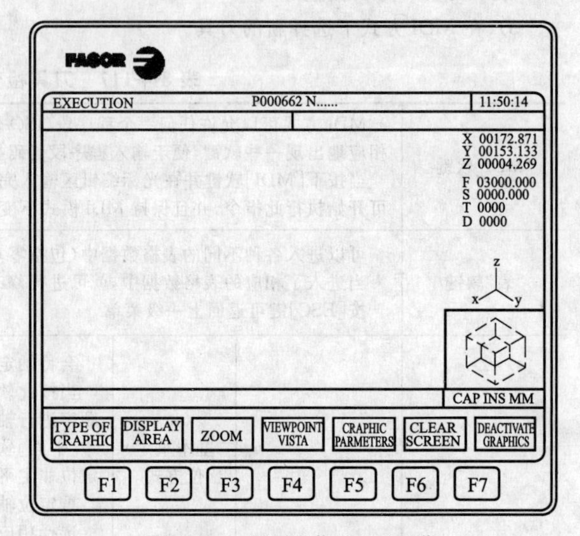

图8-4-29 图形及信息显示屏幕

⑤ 两个立方体或两个长方体，取决于所选择的视点。

平面图形显示模式利用多色线绘制所选择平面（XY，XZ，YZ）的刀具路径。可以获得以下几种图形：

① 3D三维视图；

② XY、XZ、YZ平面视图；

③ 组合视图，此种图形显示方式将当前屏幕划分为四个象限，分别显示平面视图XY、XZ、YZ及三维视图。

图形显示在出现下列情况时将消失：

① 按［清屏］软键；

② 按［取消图形］软键；

③ 改变图形类型（顶视图或实体）。

实体图形可用两种不同的方式提供相同的信息：可以是三维实体（SOLID）或零件的局部视图（SECTION VIEW）。

当在这些模式执行或模拟程序时，可以在两者中的任一种中显示图形。

模拟程序时，通常局部视图速度快于实体图形显示，因此建议在局部视图中完成程序的模拟，然后在实体图形中完成程序的执行，两者最终的显示效果是一样的。

模拟或执行程序后产生的图形将在下列情况下消失：

① 按［清屏］软键；

② 按［取消图形］软键；

③ 改变图形类型（3D，*XY*，*XZ*，*YZ*，组合视图等）。

要进行显示区的定义，必须将程序模拟或执行方式中断。如果在执行或模拟当中是不能进行显示区的定义的，通过该选项，可以重新定义各轴的最大及最小值，从而改变显示区的大小；此值参考工件坐标系。为了方便定义显示区大小，CNC 在屏幕的右上角提供了几个窗口用来指示当前显示区。

通过上下光标键在窗口选择要修改的项，然后键入需要的值。一旦此窗口各项值定义好，需按［ENTER］键确认。

按［ESC］键可退出显示区定义而不进行任何改变。

在平面图形显示中（3D，*XY*，*XZ*，*YZ*，组合视图），提供一软键功能［最佳区域］，利用此软键可以很方便地改变当前显示区的大小，从而包含所有平面及已加工的刀具路径。

每次改变显示区后，CNC 将重新生成加工路径到加工当前点，如果需生成的点数超过了 CNC 当前内存空间，将只会生成加工当前点，而以前点将消失。在实体图形显示中，仅当 CNC 有 PowerPC 集成电路板时，才会重新生成加工路径。

在某些机床应用中（例如冲床），仅仅有 *XY* 平面；因此建议将 *Z* 轴最小设为 $Z=0$，*Z* 轴最大设为 $Z=0.0001$，那么在局部视图中将仅仅显示 *XY* 平面图形（不会对 *XZ* 和 *YZ* 平面进行显示）。

为了使用图形放大功能，必须没有程序在执行或模拟中，如果有，需先将其中断。通过此选项，可对当前显示区进行放大或缩小显示操作；此放大功能不适用于组合视图及局部视图 TOP VIEW 中。当选择该选项时，CNC 将在当前图形上显示一个双边窗口，并在屏幕的右下角重画一个窗口；这个新窗口表示所选择的新显示区。可以通过屏幕下方的软键［缩放+］、［缩放-］或［+］、［-］键来对新的显示区进行放大或缩小操作，也可通过上、下、左、右光标键［⬆］、［⬇］、［⬅］、［➡］对当前锁定的显示区窗口进行移动。

使用软键［初始值］，可以通过显示区设置值；CNC 显示该数值，但不退出该缩放模式，一旦显示区放大操作定义完毕，需按［ENTER］键确认。退出此方式而不进行任何改变按［ESC］键。

要想使用“视点”功能，必须没有程序在执行或模拟当中；如果程序在执行或模拟中，必须先将其中断，才能使用此功能。在任意三维图形显示时（3D，组合视图或 SOLID 实体），都可利用视点功能来改变图形显示角度。可通过上、下、左、右光标键来相应移动 *X*、*Y* 和 *Z* 轴的位置来改变视点角度。当选择视点选项时，CNC 将在屏幕的右边醒目显示当前的视点。通过左右光标键［⬅］、［➡］，可将 *XY* 平面绕 *Z* 轴旋转 360°；通过上下光标键［⬆］、［⬇］可将 *Z* 轴最多倾斜 90°。选择了新的视点角度后按［ENTER］键确认。

而在选择了 3D 或 COMBINED VIEW 组合视图时，CNC 将保持当前的图形显示，只有执行下一程序加工时才采用新的视点定义角度；这些程序段将在已有的图形上进行绘制。然而为了重新绘制未加工的零件可以用［清屏］软键对当前屏幕图形进行先清除。

图形参数可在图形显示方式的任何时候进行修改，即使零件程序在执行或模拟当中。利用该功能可对模拟速度和刀具移动轨迹颜色进行修改。参数修改后将被 CNC 立即采用，即使程序在执行或模拟中也是这样。按［图形参数］软键后，对应将出现模拟速度和路径颜色两个软键。

利用“模拟速度”选项可修改在模拟方式下执行零件程序时所用的速度百分率。此值将一直有效直到选择了另一个值或 CNC 进行了复位操作。CNC 将在屏幕的右上角显示一窗口表示当前选择的模拟速度百分率。此值可通过左、右光标键［⬅］、［➡］进行改变，一旦值确定需按［ENTER］键确认，如果按下了［ESC］键将不会作任何修改，也可在缩放重画时改变模拟的速度，这可对某一特定加工操作进行检查。

利用“路径颜色”选项可以在执行或模拟方式修改用于绘制各种刀具路径的颜色。仅可用在平面视图中（3D，*XY*，*XZ*，*YZ* 和组合视图）。有以下路径颜色参数：

① 快速移动路径颜色。

② 理论路径颜色。

③ 带刀具补偿的路径颜色。

④ 螺纹加工路径颜色。

⑤ 固定循环加工路径颜色。

在屏幕的右侧提供有各种可选择的路径颜色，用户可自行定义。如果选择的是黑色或透明色，在显示加工图形路径时，此两种颜色将显示不出来。通过［⬆］、［⬇］键来选择要修改的项，然后通过［⬅］、

[➡] 键进行值的改变。一旦选定了某种颜色，要按 [ENTER] 键进行确认；如果选定了某种颜色而按下了 [ESC] 键，将不会进行颜色的改变；进入此模式后按 [ESC] 键可退出此模式而不进行任何修改。

利用“SOLID”选项，可改变绘制实体的颜色，且此选项只用于实体图形显示模式；可以获得以下参数：

① X 侧面外颜色。

② Y 侧面外颜色。

③ Z 侧面外颜色。

④ X 侧面内颜色，已加工的侧面。

⑤ Y 侧面内颜色，已加工的侧面。

⑥ Z 侧面内颜色，已加工的侧面。

如果当前零件程序正在执行，是不能对图形显示进行清屏的。要想清屏，必须中断当前程序的执行。清屏功能用来清除当前屏幕工件加工图形显示。

“取消图形”功能可以在任何时候执行，即使当前程序正在进行加工或模拟，按下此软键，将关闭图形显示功能。要想激活图形显示功能，必须重新按 [图形] 软键，而当程序正在执行或模拟时，[图形] 软键是不会出现的。所以必须在程序没有被执行或模拟，或者程序在被中断的情况下，此时才会出现 [图形] 软键，从而可以打开图形显示功能。另外当取消图形显示时，系统将恢复到最后使用过的相关图形显示条件（图形类型、缩放、图形参数和显示区）等。

要使用“测量”功能，必须选择平面 XY、XZ 或 YZ 并且零件程序不能在执行或模拟当中。如果零件程序正在执行或模拟，必须中断。一旦选择此功能，CNC 屏幕将显示如图 8-4-30 所示。

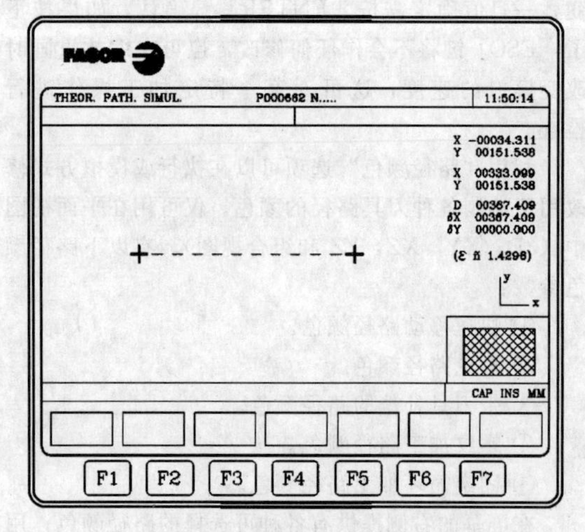

图 8-4-30　测量功能下屏幕显示

被测量的部分将以点线和两个光标显示在 CRT 的中心，同时，屏幕的右边将显示以下信息：

① 两光标相对于工件零点的坐标位置；

② 光标间的距离“D”，沿 X 及 Z 轴的距离“δX”和“δY”；

③ 光标步长“ε”对应于所选择的显示区，以 mm 或 in 工作单位给出。

CNC 将以红色显示被选择的光标及其坐标值。可以通过 [+] 或 [−] 键选定另外一光标，一旦被选择，光标及其坐标值将以红色显示。可通过 [⬆]、[⬇]、[⬅]、[➡] 光标方向键移动两光标，改变其位置。

另外，可通过按键序列 [SHIFT]+[⬆]、[SHIFT]+[⬇]、[SHIFT]+[⬅]、[SHIFT]+[➡] 将光标移动到相应轴的极限位置，要退出此命令返回到图形主界面，可按 [ESC] 键。

同样，如果期间 [START] 键被按下，CNC 也将退出此模式而返回到图形主界面。

6. CNC8055M 单段执行模式

当按下 [单段] 软键时，CNC 保持当前运行模式并处于单段执行方式；可以在执行程序的过程当中按 [单段] 软键或在运行程序前按 [单段] 软键都可以。

如果选择了单段执行方式，在 CNC 的上屏幕将显示单段两字，当然如果没有选择将什么也不显示。

如果选择了单段方式，CNC 将仅执行程序中的一段，然后保持运行模式，想要执行下一段按 [START] 键。

7. CNC8055M 编辑操作模式

编辑操作模式用来对存储在内存中的零件程序进行编辑、修改或预览。

编辑新零件程序时，必须首先指定程序号（最多 6 位数字），然后按 [ENTER] 键。要想对已有程序进行修改，必须首先在程序目录结构中通过上下光标键 [⬆]、[⬇] 或上、下翻页键选择要修改的程序号，然后按 [ENTER] 键。一旦指定了相应的程序号，并按 [ENTER] 键，此时将进入到编辑主窗口，编辑模式下的软键说明如表 8-4-118 所示。软键详细说明见表 8-4-119。

8. CNC8055M 手动模式

一旦选择该操作模式，CNC 将允许通过操作面板上的手动键或电子手轮（如果可用）移动机床。同样，CNC 也允许使用操作面板上的键来控制主轴的运动。

利用 MDI 选项可以修改切削条件（包括移动类型、进给率等），并且当 CNC 切换到“执行”或“模拟”模式时，也保留已修改的条件。表 8-4-120 列出了在手动模式下的软键说明。

手动模式下，手动轴的移动可分为连续手动、增量手动、路径-手动操作，见表 8-4-121。

表 8-4-118 编辑模式下的软键说明

软 键	说 明
编辑	在选择的程序中添加一新的程序段行
修改	在选择的程序中对已存在的行进行修改
查找	在程序中对某一字符串进行查找
替换	将程序中某一特定的字符串用另外一个代替
删除程序段	通过此功能可以对程序中某一段或多个相连的程序段进行删除操作
移动程序段	通过此功能可以在一当前程序中将一段或多个相连的程序段移动到另外一个位置
拷贝程序段	通过此功能可以在一当前程序中将一段或多个相连的程序段拷贝到另外一个位置
拷贝到程序	用来将当前程序中的一段或多个相连的段拷贝到另外一个程序当中
包括程序	用来将另外一个程序当中的全部段含入到当前程序中指定的位置
编辑器参数	进行自动编号(如自动编号的开与关、自动编号的步长及初始号的定义),另外还可进行示教轴的定义

表 8-4-119 编辑模式下的软键说明

软 键	详 细 说 明
编辑	要想添加一新程序段,首先要通过光标指定该新段将要放置的位置;该新段将添加到当前光标所在行的下一行。此时按下[编辑]软键,对应于[F1]~[F6]将会出现以下几种软键,它们分别对应于几种不同的编程方式 ①CNC语言 此种方式可以通过ISO代码或高级语言进行编程 ②示教 在此种编辑模式下,轴可以通过手动或手轮方式移动到所需的位置,然后可以通过示教方式直接采用当前各轴坐标位置作为程序坐标(而无需手动键入相应值) ③交互 可以通过CNC提问,操作者作答方式进行编程,提供交互式页面 ④轮廓 用来编辑新轮廓。当一新轮廓的有关图形数据全部定义完后,CNC可以自动生成对应于此图形轮廓的相关ISO代码程序 ⑤轮廓选择 用来对一已存在的图形轮廓进行修改。此时CNC要求操作者提供此图形轮廓的第一(start)和最后(end)程序段代码,确定后CNC就会显示此轮廓图形 ⑥用户 当为通用机床参数"USEDIT"定义了相应的程序号后,此时会在编辑主界面生成一[用户]软键,按下此软键,CNC就可在用户通道执行相对应的子程序
修改	在按下[修改]软键前,先将光标定位在要修改的程序段上 按下[修改]软键时,光标所在行程序段将出现在屏幕下方当前编辑区,并且[F1]~[F7]相应的软键将对应改变且以白色背景显示,此时按[ESC]键,编辑区中的程序段将为空,可以重新对此段进行输入;如果只需对该段当中的一部分而不是全部进行修改,可以通过左右光标键移动到相应位置,然后进行相应修改,一旦该段修改完毕,按[ENTER]键,编辑区中修改过的程序段将代替前面选定的程序段 要退出修改模式,可以通过不断地按[CLEAR]键将当前编辑区清空或按[ESC]键将当前编辑区清空,然后再次按下[ESC]键,那么选定的程序段将不会被修改 在编辑过程中可以通过按[HELP]键获得相应帮助,按[ESC]键可退出当前帮助状态;再次按下[HELP]键也可退出帮助状态
查找	当按下[查找]软键时,在屏幕下方将会出现如下软键 ①开始 按下[开始]软键时,光标将定位到当前程序的首段上,且退出当前查找模式 ②结束 按下[结束]软键时,光标将定位到当前程序的最后一段上,且退出当前查找模式 ③文本 通过此软键可以从当前光标位置开始对某一文本进行查找 按下[文本]软键时,CNC要求输入要寻找的文本,键入后按[结束文本]软键,此时光标将定位到从当前光标位置开始找到的第一个该文本上,且高亮显示,此时按[ENTER]键,可以在当前程序中继续进行该文本的查找,一直到程序结束。每次找到后都会高亮显示该文本 ④行号 按下[行号]软键时,CNC将要求输入要查找的行号,输入后按[ENTER]键,光标将定位到要查找的行号所在的程序段上,且退出查找模式
替换	当按下[替换]软键时,CNC首先要求指定程序中将被替换的字符串,当指定好后,按下[用]软键,此时CNC又要求指定用什么字符串替换刚才指定好的字符串,当指定好后,按下[文本结束]软键,此时光标将定位在程序中第一个找到的要替换的文本上 替换文本的查找是从当前光标所在的行开始的,找到的文本将高亮显示,且此时会相应地出现以下软键 ①替换 按下[替换]软键时,该高亮显示的文本将会被替换,且光标会自动定位到下一处找到的同一文本上且高亮显示 ②不替换 按下[不替换]软键时,CNC将不会对当前找到的高亮显示的文本进行替换,且CNC会自动定位到下一文本位置 ③到终点 按下[到终点]软键时,CNC会对整个程序中找到的文本全部进行替换 ④中止 按下[中止]软键时,CNC将不会对当前找到的高亮显示文本进行替换,且退出替换模式

续表

软　键		详　细　说　明
删除程序段		如果仅仅删除一段，那么只要将光标定位在所在段行，然后按[ENTER]键就可以了 如果要进行多段删除，需要指定多段的第一段和最后一段 为此，需要按下列操作进行 ①将光标定位在需要删除的第一段，然后按下"开始程序段"软键 ②将光标定位在需要删除的结束段，然后按下"结束程序段"软键，如果需要删除的结束段正好是所在程序中的最后一段，可以按"到结尾"软键进行快速定位，而不必通过不断地移动光标到最后一行来定位 ③一旦开始和结束段被选择，CNC将高亮显示它们，并等待命令的执行而进行删除操作
移动程序段		利用该功能，可以将程序中的一段或多个相连的段移到另外一个位置，当然在移动多段时，需要指定多段的第一段和最后一段 具体可按下列步骤进行 ①将光标定位在所需移动程序段的第一段，然后按"开始程序段"软键 ②将光标定位在所需移动程序段的结束段，然后按"结束程序段"软键，如果结束段为程序中的最后一段，可以按"到结尾"软键，而不必将光标一直移动到最后一段，这样简便了方法，可以快速选择，如果仅仅移动一段到程序中的另外一个位置，那么"开始程序段"和"结束程序段"将在同一个位置，一旦所需移动的开始和结束段被指定，CNC将高亮显示它们 ③当然在移动前，需要先指定目的位置，可以通过移动光标确定，此时按"开始操作"软键，即可将所选程序段移动到当前光标所在行的下一行
拷贝程序段		利用该功能，可以将程序中的一段或多个相连的段拷贝到另外一个位置，当然在拷贝多段时，需要指定多段的第一段和最后一段，拷贝相当于复制，和移动程序段是不一样的，移动是改变位置，而拷贝是将一份变成两份 具体可按下列步骤进行 ①将光标定位在所需拷贝程序段的第一段，然后按"开始程序段"软键 ②将光标定位在所需拷贝程序段的结束段，然后按"结束程序段"软键，如果结束段为程序中的最后一段，可以按"到结尾"软键，而不必将光标一直移动到最后一段，这样简便了方法，可以快速选择，如果仅仅拷贝一段到程序中的另外一个位置，那么"开始程序段"和"结束程序段"将在同一个位置，一旦所需拷贝的开始和结束段被指定，CNC将高亮显示它们 ③在拷贝前，需要先指定目的位置，可以通过移动光标确定 此时按"开始操作"软键，即可将所选程序段拷贝到当前光标所在行的下一行
拷贝到程序		当选择"拷贝到程序"软键时，CNC将要求指定目的地程序号，输入此程序号，然后，按[ENTER]键确认，接下来需要做的就是指定需要拷贝的首段和结束程序段位置 为此，可以按下列步骤进行 ①将光标定位在需要拷贝的第一程序段位置，然后按"开始程序段"软键 ②将光标定位在需要拷贝的结束程序段位置，然后按"结束程序段"软键 如果结束段为程序中的最后一段，可以按"到结尾"软键，而不必将光标一直移动到最后一段，这样简便了方法，可以快速选择。如果仅仅拷贝一段到另外一个程序当中，那么"开始程序段"和"结束程序段"将在同一个位置，一旦所需拷贝的开始和结束段被指定，CNC将高亮显示它们，等待执行，如果目的地程序已经存在于内存当中，屏幕上将显示下列选项 ①覆盖程序：如果选择此选项，所有目的地程序将被删除，且被拷贝过来的程序段代替 ②添加到程序：如果选择此选项，拷贝过来的程序段将添加到目的地程序中的最后 ③放弃操作：选择此选项，将会取消当前操作
包括程序		按下[包括程序]软键时，CNC将要求输入所需含入的程序号，输入完后，按[ENTER]键确认。然后，用光标键对此程序的插入位置进行设定，被含入程序将会插入到光标所在行的下一行位置 按[开始操作]软键，开始包括程序
编辑器参数	自动编号	利用此功能设置好后，CNC将对下一个要编辑的程序段进行自动编号；但此设置不会对已存在的程序段有影响 当按下[自动编号]软键，对应于[F1]和[F2]就会产生两个新的软键：[开]、[关]，用来对自动编号功能加以使能或取消 当选择[开]软键时，又会重新产生以下两个新的软键[初始号]、[步长] 初始号　按下此软键，然后输入下一要编辑的程序段所需的段号，缺省值为0 步长　按下此软键，CNC将要求输入两个相连的程序段之间的段号差值；例如前一段段号为N10，且设定步长为10，在N10段输入完后按[ENTER]键确认，编辑区就会自动产生一新的程序段号N20，等待输入新的程序段

续表

软　键		详　细　说　明
编辑器参数	示教编辑轴选择	当在示教编辑模式，且当前编辑区为空时，此时按下[ENTER]键，在主编辑窗口就会添加一段包括机床所在轴在内且为当前位置坐标值的程序段行 当要求按[ENTER]键时，只产生所需编的轴位置程序段时，此时就需要在编辑器[轴示教]中对不需要的轴进行暂时屏蔽 方法参考如下描述 ①按下[轴示教]键，在屏幕下方对应于[F1]～[F7]键会显示当前机床所拥有的所有轴 ②每次对应的轴软键被按下，此轴将不会被显示 ③按[ENTER]键结束定义 此时当进入示教编辑模式，且当前编辑区为空时，按[ENTER]键上面所屏蔽的轴将不会出现在所生成的程序段中；要想改变设置，进入到编辑器参数中，对示教轴重新加以定义

表 8-4-120　手动模式下的软键说明

软　键	说　明
"回参考点"软键	使用该选项可以为需要回参考点的单根或多根轴执行回参考点操作。一旦选择该选项，软键上将显示出对应于每根轴的轴名以及"所有轴"软键 CNC 提供了以下两种回参考点的方式 ①选择"所有轴"软键，通过执行附加在 G74 上的子程序回参考点。子程序名由通用参数的"REFSUB(P34)"定义 ②通过软键选择需要回参考点的单根或多根轴 如果选择"所有轴"软键，CNC 将突出显示（不同与背景颜色）所有轴的轴名，并等待循环启动键[START]的信号，来执行附加在 G74 上的子程序 当需要单根或多根轴同时回参考点（不执行附加子程序）时，可以使用相应软键来选择需要回参考点的轴，CNC 将突出显示所选轴。如果有不需要的轴被选择，按[ESC]键取消选择，并返回上一级菜单来选择"回参考点"
"预置"软键	使用该功能可以预先设置一个期望的轴位置。一旦选择该操作，CNC 的软键将显示所有轴的轴名 使用软键选择相应的轴后，CNC 将要求输入一个期望的预置值 输入完成后，按[ENTER]键确认，CNC 将采纳新的位置值
"刀具标定"软键	该功能可以利用已知尺寸的工件，来标定当前刀具的长度。执行该操作之前，必须先选择需要标定的刀具 刀具标定是在由 G15 选择的纵向轴（默认轴：Z 轴）进行标定 不带探针的刀具标定步骤如下 ①通过软键选择需要标定的轴向 ②CNC 将要求输入已知工件接触点的位置值。一旦该值输入完成，按[ENTER]键确认，CNC 将采纳该位置值 ③使用手动键移动刀具，直到碰到工件 ④按"加载"软键 CNC 执行必要的计算后，将新值赋予已选的刀具长度偏置 带探针的刀具标定，首先必须要正确设置如下参数："PRBXMIN"，"PRBXMAX"，"PRBYMIN"，"PRBYMAX"，"PRBZMIN"，"PRBZMAX"和"PRBMOVE"。操作方法如下 ①使用软键，选择沿纵向轴的标定方向 ②CNC 按照参数"PRBFEED"所设进给速度移动刀具，直到碰到探针。刀具的最大可移动距离由机床参数"PRBMOVE"设置 ③当刀具碰到探针时，CNC 停止轴的移动，在相关计算完成后，将新的刀具长度赋予相应的刀具偏置
"MDI"软键	该功能可以编辑和执行一段程序段（ISO 或高级语言），并且软键还提供一些必要信息 一旦程序段编辑完成，按[START]键，CNC 就会在不用切换操作模式的情况下，执行该程序段

续表

软　键	说　明
“用户”软键	选择该操作时，CNC将在用户通道执行由通用参数“USERMAN”设定的程序 按[ESC]键，退出并返回上一级菜单
“显示选择”软键	可能使用到的显示模式如下 ①实际　显示当前各轴在工件坐标系中的实际位置 ②跟随误差　显示各轴(包括主轴)实际位置与理论位置之间的差值 ③实际和跟随误差　显示各轴的实际位置以及它们的跟随误差 ④PLC　进入PLC的监视模式 ⑤位置　显示在工件坐标系和机床坐标系(参考坐标系)下各轴的实际位置
“MM/INCHES”软键	该软键用于切换直线轴的显示单位(mm/in) 屏幕的右下角显示当前的显示单位(mm/in) 注意，该选项不影响以度为计数单位的旋转轴

表 8-4-121　手动轴的移动

分　类	说　明
连续手动	在使用操作面板上的波段开关，选择了手动进给速度(轴参数“JOGFEED”设置)的%倍率后，按相应的手动方向键(与期望轴和方向相对应) 通常情况下，手动一次只能移动一次轴。如果需要以其他方式移动轴的话，则取决于通用逻辑输入“LATCHM”的状态： ①如果PLC设置该标志为低，只有手动键被按着时，相应轴才移动 ②如果PLC设置该标志为高，轴在按动相应键后一直移动，直到按动[STOP]键或其他手动键。在这种情况下，移动将转移到新选择的轴上 如果手动移动轴的同时按着快速键，该轴将以机床参数“G00FEED”所设置的进给速度移动。当释放该键时，它将恢复手动进给速度(轴参数“JOGFEED”设置)以及倍率(0～120%)
增量手动	该功能允许所选轴向所选方向移动一个增量的距离(通过操作面板上的波段开关选择)。移动的速度由轴参数“JOGFEED”设置 可供选择的波段开关位置有：1，10，100，1000和10000。具体的步距当量由当前显示单位决定 无论当前的显示格式是什么，最大允许的步距当量都是10mm或1in。例如：公制5.2或英制4.3的格式，当波段开关位于1000和10000的位置时，步距当量同样是最大允许当量10mm 选择了期望的移动当量后，按一下手动反向键，相应的轴将向所选方向移动一个选择的距离
手动路径	当方式选择开关在连续或增量方式下，可以激活“手动路径”。该功能用于通过手动移动一根轴，使平面上的另一根轴与之进行插补来倒角(选择直线)或倒圆角(选择圆弧)。CNC设定X向的手动键，作为“手动路径”主键 定义路径参数的变量如下 ①直线：由变量MASLAN确定角度(直线路径与第一平面轴间的夹角) ②圆弧：由变量MASCFI、MASCSE(主平面的第一/第二轴)确定圆心坐标 X　G18　MASLAN　MASCSE　MASCFI　Z 变量MASLAN、MASCFI和MASCSE是CNC、DNC、PLC的可读写变量

“手动路径”模式中必须有X轴。当按住X轴方向键时，CNC的动作如表8-4-122所示。

表 8-4-122　“手动路径”模式中CNC的动作

方式开关位置	手动路径	移　动　方　式
连续手动	OFF	只有该轴按照指定的方向移动
	ON	两根轴按照指定的反向，沿着相应路径移动
手动增量	OFF	只有该轴按照指定的方向，移动一个选择的距离
	ON	两根轴按照指定的方向，沿着指定的路径，移动一个选择的距离
手轮		该功能无效

用手轮移动轴，根据不同的配置，有不同类型的手轮，见表 8-4-123。

表 8-4-123　手轮的类型

分　类	说　明
通用手轮	该类型手轮可以依次移动任意轴 选择目标轴后，转动手轮移动 需要移动轴时，先将方式旋钮开关转到手轮的位置。位置 1、10、100 表示除了为手轮反馈提供的×4 倍频外，CNC 还为它提供的三个乘数因子
独立手轮	该类型的手轮类似于传统的机械手轮(普通机床上用于进给的手摇轮)。它只能移动跟它相关的轴，最多可以使用 3 个独立手轮(每根轴一个) 机床可以配置一个通用手轮和 3 个与各轴相关的独立手轮。在这个情况下，独立手轮优先于通用手轮，也就是说当独立手轮移动时通用手轮无效 各根轴根据方式开关的位置以及相关手轮的转动速度和转动方向移动
路径手轮	该类型手轮可以用于倒角和圆角。通过摇动一个手轮，两根轴沿着所选择的路径(倒角或圆角)移动 CNC 设定通用手轮作为路径手轮。如果没有配置通用手轮时，则使用与 X 轴相关的手轮作为路径手轮 该功能必须由 PLC 管理 当选择路径手轮模式时，CNC 操作如下 ①如果有通用手轮，该手轮就作为路径手轮，独立手轮还是保持与各自轴相关 ②如果没有通用手轮，与 X 轴相关的独立手轮则作为路径手轮 按[STOP]键或者将方式开关转到连续和增量位置，可以中断路径手轮的移动
进给手轮模式	该类型的手轮可以用于控制机床进给速度 该功能必须由 PLC 管理
“叠加手轮”模式	该类型手轮可以用于在当程序运行过程中手动移动轴 该功能必须由 PLC 管理 使用手动干涉或叠加手轮，可以在程序执行过程中手动移动轴。一旦该功能被激活，手轮移动的量，叠加在自动执行的结果上，也就相当于叠加了另一个零点偏置(类似于临时 PLC 偏置) 通常，通用手轮是叠加手轮。当没有通用手轮时，则使用与该轴相应的独立手轮作为它的叠加手轮。一次只能激活一个“叠加手轮”，先激活的手轮有效 使用叠加手轮的干涉，只有在自动模式下有效，即使程序被中断也同样有效，但不包括刀具检查模式 由叠加手轮产生的坐标偏移，在手轮取消后一直有效。在回参考点后清除，但在 M02、M30 或急停后是否保留，由机床参数“ADIMPG”设定

在不需要执行 M03、M04 或 M05 的情况下，可以通过操作面板上定义的按键来手动控制主轴，见表8-4-124。

表 8-4-124　手动控制主轴

按　键	说　明
	类似于 M03 功能，启动主轴顺时针旋转，同时在机床状态栏显示 M03 功能
	类似于 M04 功能，启动主轴顺时针旋转，同时在机床状态栏显示 M04 功能
	类似于 M05 功能，停止主轴旋转
%+　%−	改变已编辑的主轴速度的百分比。变化范围由参数“MINSOVR”、“MAXSOVR”设置，每次变化的增量步距由参数“SOVRSTEP”设置

4.2.4　FAGOR 8055 数控系统编程实例

1. 实例一：图像镜像

下列图像镜像功能有效。

G10：取消图像镜像。

G11：相对于 X 轴的图像镜像。

G12：相对于 Y 轴的图像镜像。

G13：相对于 Z 轴的图像镜像。

G14：相对于任何轴的图像镜像或同时几个轴。

例如：

G14 W

G14 X Z A B

当 CNC 工作在镜像模式时，它在执行镜像选择的轴的运动时，符号发生变化。

图像镜像实例如图 8-4-31 所示。

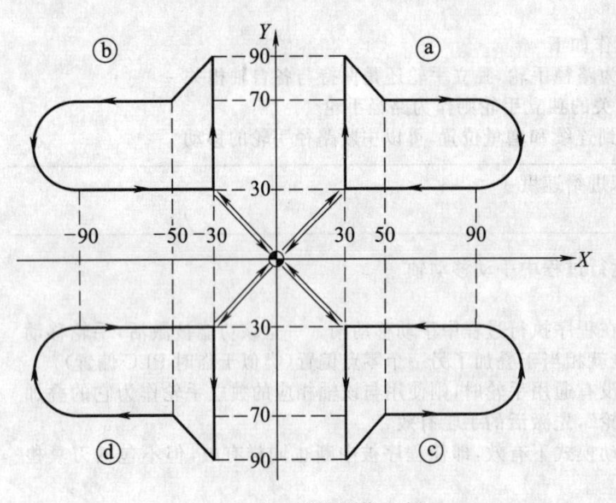

图 8-4-31　图像镜像实例

下面的子程序定义了工件“a”的加工。

```
G91 G01 X30 Y30 F100
Y60
X20 Y－20
X40
G02 X0 Y－40 I0 J－20
G01 X－60
X－30 Y－30
```

整个工件的程序如下。

```
执行子程序  ；加工“a”
G11         ；相对于 X 轴的图像镜像
执行子程序  ；加工“b”
G10 G12     ；相对于 Y 轴的图像镜像
执行子程序  ；加工“c”
G11         ；相对于 X 和 Y 轴的图像镜像
执行子程序  ；加工“d”
M30         ；程序结束
```

2. 实例二：比例缩放

比例缩放实例如图 8-4-32 所示。该编程实例中，缩放比例因子被应用到所有的轴。

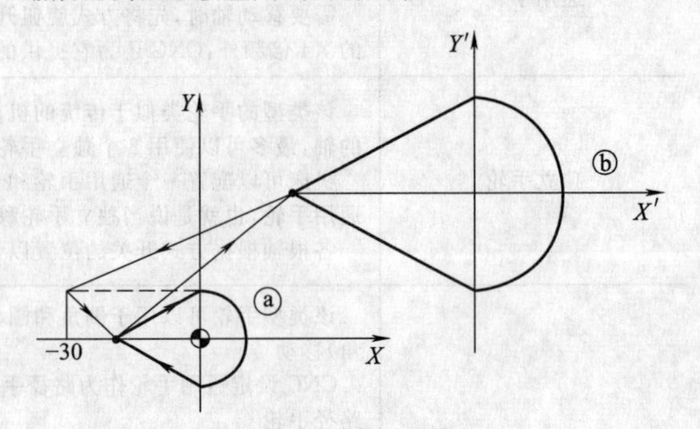

图 8-4-32　比例缩放实例

下面的子程序定义了工件的加工。

```
G90 X－19 Y0
G01 X0 Y10 F150
G02 X0 Y－10 I0 J－10
G01 X－19 Y0
```

工件程序如下。

```
执行子程序加工“a”
G92 X－79 Y－30；        坐标预置
                         （零点偏置）
G72 S2；应用缩放比例因子 2
执行子程序加工“b”
G72 S1；取消缩放比例因子
M30；结束程序
```

3. 实例三：矩形型腔固定循环

其基本操作步骤如下。

1）如果之前主轴是旋转的，它将保持之前的旋转方向。如果之前没有旋转，它将顺时针启动（M03）。

2）纵向轴快速（G0）从初始平面移动到参考平面。

3）第一次切入操作。纵向轴以“V”指定的进给率移动编写的增量深度“B＋D”。

4）以定义的工作进给率用“C”定义的步长铣削型腔的表面到离型腔壁为距离“L”（精加工走刀）。

5）以“H”定义的工作进给率铣削精加工走刀“L”。

6）一旦完成了精加工走刀，刀具以快速（G00）退回到型腔中心，纵向轴离开加工表面 1mm。

7）新的铣削表面加工直到到达型腔的总深度。

以“V”指定的进给率移动纵向轴，到离上次的表面距离为“B”。按步骤 4)、5) 和 6) 铣削新的表面。

8) 根据编写的是 G98 还是 G99，纵向轴以快速进给率（G00）退回到初始或参考平面。

矩形型腔固定循环实例如图 8-4-33 所示。该编程实例中，假定工作平面由 X 和 Y 轴形成，纵向轴为 Z 轴，起点为 X0 Y0 Z0。

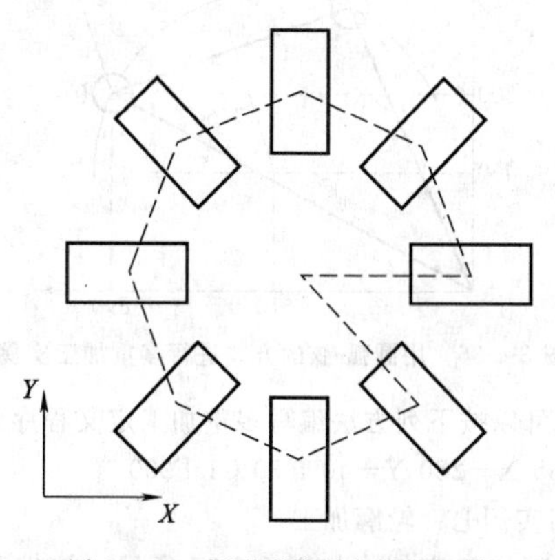

图 8-4-33　矩形型腔固定循环实例

```
；选择刀具
(TOR1=6,TOI1=0)
T1 D1
M6
；起点
G0 G90 X0 Y0 Z0
；工作平面
G18
；定义固定循环
N10 G87 G98 X200 Y-48 Z0 I-90 J52.5
K37.5 B12 C10 D2 H100 L5
V50 F300
；坐标旋转
N20 G73 Q45
；重复选择的程序段 7 次
(RPT N10，N20) N7
；取消固定循环
G80
；定位
G90 X0 Y0
；程序结束
M30
```

4. 实例四：沿矩形模式的多重加工

其基本操作步骤如下。

1) 多重加工计算那些被编写想要加工的下一个点。

2) 快速移动（G00）到这个点。

3) 在移动后多重加工将执行所选择的固定循环或模态子程序。

4) CNC 将重复前 3 步直到完成编写的路径。

沿矩形模式的多重加工实例如图 8-4-34 所示。该编程实例中，假定工作平面由 X 和 Y 轴形成，Z 轴为纵向轴且起始点为 X0 Y0 Z0。

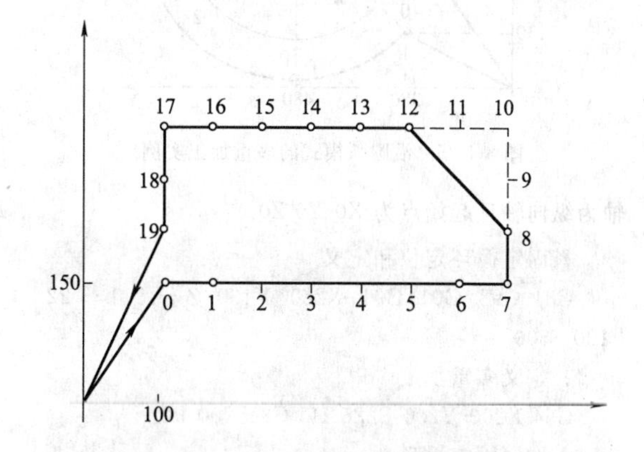

图 8-4-34　沿矩形模式的多重加工实例

```
；固定循环定位和定义
G81 G98 G00 G91 X100 Y150 Z-8 I-2 F100
S500
；定义多重加工
G61 X700 I100 Y180 J60 P2.005 Q9.011
；取消固定循环
G80
；定位
G90 X0 Y0
；程序结束
M30
```

也可以按下列方法编写多重加工定义程序段：

```
G61 X700 K8 J60 D4 P2.005 Q9.011
G61 I100 K8 Y180 D4 P2.005 Q9.011
```

5. 实例五：沿圆弧模式的多重加工

其基本操作步骤如下。

1) 多重加工计算那些被编写想要加工的下一个点。

2) 根据 C（G00、G01、G02 或 G03）定义的运动类型以编程的进给率运动到该点。

3) 在移动后多重加工将执行所选择的固定循环或模态子程序。

4) CNC 将重复前 3 步直到完成编写的路径。

沿圆弧模式的多重加工实例如图 8-4-35 所示。该编程实例中，假定工作平面由 X 和 Y 轴形成，Z

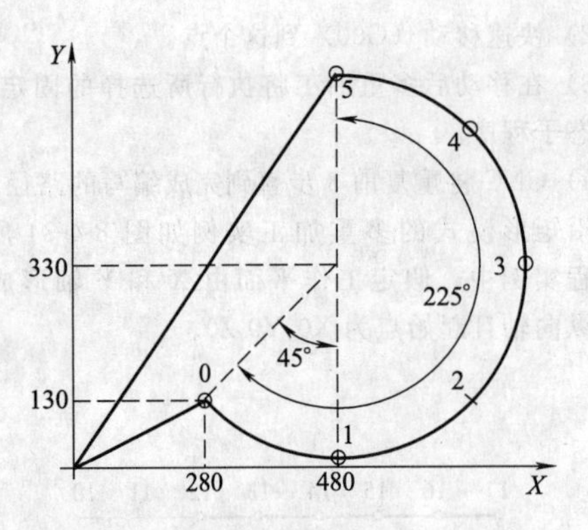

图 8-4-35 沿圆弧模式的多重加工实例

轴为纵向轴且起始点为 X0 Y0 Z0。

```
；固定循环定位和定义
G81 G98 G01 G91 X280 Y130 Z－8 I－22
F100 S500
；定义多重加工
G64 X200 Y200 B225 I45 C3 F200 P2
；取消固定循环
G80
；定位
G90 X0 Y0
；程序结束
M30
```

也可以按下列方法编写多重加工定义程序：

```
G64 X200 Y200 B225 K6 C3 F200 P2
```

6. 实例六：用圆弧-弦模式的多重加工

其基本操作步骤如下。

1）多重加工计算那些被编写想要加工的下一个点。

2）根据 C（G00，G01，G02 或 G03）定义的运动类型以编程的进给率运动到该点。

3）在移动后多重加工将执行所选择的固定循环或模态子程序。

4）CNC 将重复前 3 步直到完成编写的路径。

用圆弧-弦模式的多重加工实例如图 8-4-36 所示。该编程实例中，假定工作平面由 *X* 和 *Y* 轴形成，*Z* 轴为纵向轴且起始点为 X0 Y0 Z0。

```
；固定循环定位和定义
G81 G98 G01 G91 X890 Y500 Z－8 I－22
F100 S500
；定义多重加工
G65 X－280 Y－40 A60 C1 F200
；取消固定循环
G80
；定位
G90 X0 Y0
；程序结束
M30
```

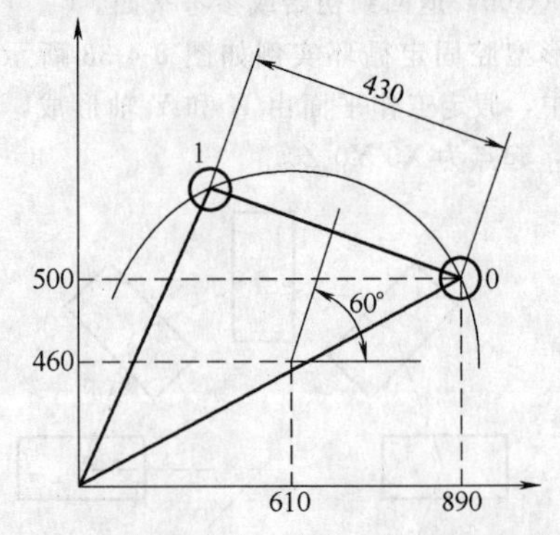

图 8-4-36 用圆弧-弦的方式进行多重加工实例

也可以按下列方法编写多重加工定义程序：

```
G65 X－280 Y－40 I430 C1 F200
```

7. 实例七：轮廓加工

轮廓加工实例一如图 8-4-37 所示。该编程实例中，不带自动换刀装置。

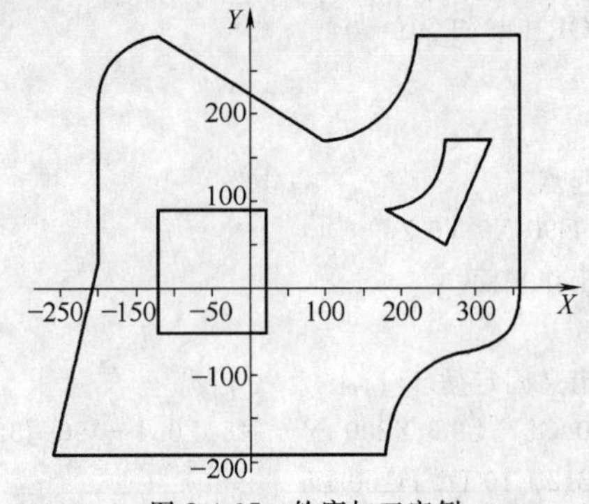

图 8-4-37 轮廓加工实例一

```
；刀具尺寸
(TOR1=5,TOI1=0,TOL1=25,TOK1=0)
(TOR2=3,TOI2=0,TOL2=20,TOK2=0)
(TOR3=5,TOI3=0,TOL3=25,TOK3=0)
；初始定位和带有岛屿型腔的编程
G0 G17 G43 G90 X0 Y0 Z25 S800
G66 D100 R200 F300 S400 E500
M30
；定义钻削操作
N100 G81 Z5 I－40 T3 D3 M6
；定义粗加工操作
N200 G67 B20 C8 I－40 R5 K0 V100 F500 T1
D1 M6
；定义精加工操作
```

第8篇

```
N300 G68 B0 L0.5 Q0 V100 F300 T2 D2 M6
；定义型腔轮廓
N400 G0 G90 X－260 Y－190 Z0
；外轮廓
G1 X－200 Y30
X－200 Y210
G2 G6 X－120 Y290 I－120 J210
G1 X100 Y170
G3 G6 X220 Y290 I100 J290
G1 X360 Y290
G1 X360 Y－10
G2 G6 X300 Y－70 I300 J－10
G3 G6 X180 Y－190 I300 J－190
G1 X－260 Y－190
；第一岛屿的轮廓
G0 X230 Y170
G1 X290 Y170
G1 X230 Y50
G1 X150 Y90
G3 G6 X230 Y170 I150 J170
；第二岛屿的轮廓
G0 X－120 Y90
G1 X20 Y90
G1 X20 Y－50
G1 X－120 Y－50
；轮廓定义结束
N500 G1 X－120 Y90
```

8. 实例八：轮廓加工

轮廓加工实例二如图 8-4-38 所示。该编程实例中，带有自动换刀装置，图形中的“×”表示每个轮廓的起点。

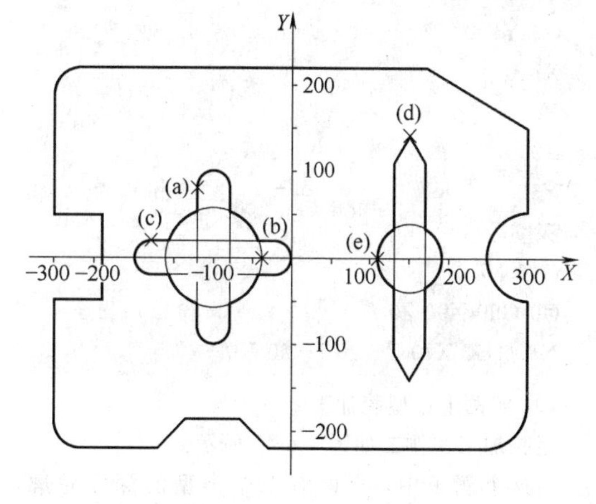

图 8-4-38　轮廓加工实例二

```
；刀具尺寸
(TOR1＝9，TOI1＝0，TOL1＝25，TOK1＝0)
(TOR2＝3.6，TOI2＝0，TOL2＝20，TOK2＝0)
(TOR3＝9，TOI3＝0，TOL3＝25，TOK3＝0)
；初始定位和带有岛屿型腔的编程
G0 G17 G43 G90 X0 Y0 Z25 S800
G66 D100 R200 F300 S400 E500
M30
；定义钻削操作
N100 G81 Z5 I－40 T3 D3 M6
；定义粗加工操作
N200 G67 B10 C5 I－40 R5 K1 V100 F500 T1 D1 M6
；定义精加工操作
N300 G68 Q1 L0.5 Q0 V100 F300 T2 D2 M6
；定义型腔轮廓
N400 G0 G90 X－300 Y50 Z3
；外轮廓
G1 Y190
G2 G6 X－270 Y220 I－270 J190
G1 X170
X300 Y150
Y50
G3 G6 X300 Y－50 I300 J0
G1 G36 R50 Y－220
X－30
G39 R50 X－100 Y－150
X－170 Y－220
X－270
G2 G6 X－300 Y－190 I－270 J－190
G1 Y－50
X－240
Y50
X－300
；第一岛屿的轮廓
G0 X－120 Y80
G2 G6 X－80 Y80 I－100 J80；轮廓 a
G1 Y－80
G2 G6 X－120 Y－80 I－100 J－80
G1 Y80
G0 X－40 Y0；轮廓 b
G2 G6 X－40 Y0 I－100 J0
G0 X－180 Y20；轮廓 c
G1 X－20
G2 G6 X－20 Y－20 I－20 J0
G1 X－180
```

```
G2 G6 X－180 Y20 I－180 J0
；第二岛屿的轮廓
G0 X150 Y140
G1 X170 Y110；轮廓 d
Y－110
X150 Y－140
X130 Y－110
Y110
X150 Y140
G0 X110 Y0；轮廓 e
；轮廓定义结束
N500 G2 G6 X110 Y0 I150 J0
```

9. 实例九：型腔加工

型腔加工实例一如图 8-4-39 所示。

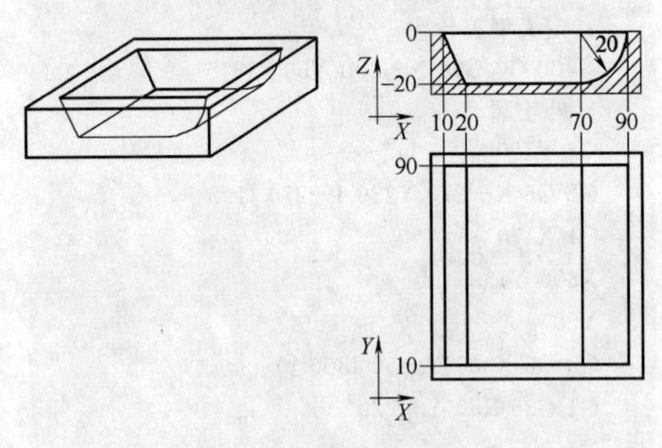

图 8-4-39 型腔加工实例一

在这个例子中，岛屿有 3 个类型的深度轮廓：A，B 和 C。3 个轮廓被用于定义岛屿：A-型轮廓，B-型轮廓，C-型轮廓，如图 8-4-40 所示。

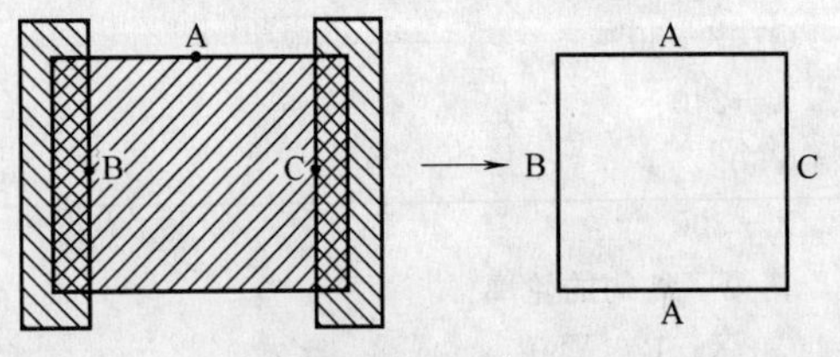

图 8-4-40 岛屿 1

```
；刀具尺寸
(TOR1＝2.5,TOL1＝20,TOI1＝0,TOK1＝0)
；初始定位和定义 3D 型腔
G17 G0 G43 G90 Z50 S1000 M4
G5
G66 R200 C250 F300 S400 E500
M30
；定义粗加工操作
N200 G67 B5 C4 I-20 R5 V100 F400 T1D1 M6
；定义半精加工操作
N250 G67 B2 I-20 R5 V100 F550 T2D1 M6
；定义精加工操作
N300 G68 B1.5 L0.75 Q0 I-20 R5 V80 F275 T3
D1 M6
；定义型腔几何，程序段 N400～N500
N400 G17
；定义 A-型轮廓，平面轮廓
G0 G90 X50 Y90 Z0
G1 X0
Y10
X100
Y90
X50
；深度轮廓
G16 YZ
G0 G90 Y90 Z0
G1 Z－20
；定义 B-型轮廓，平面轮廓
G17
G0 G90 X10 Y50
G1 Y100
X－10
Y0
X10
Y50
；深度轮廓
G16 XZ
G0 G90 X10 Z0
G1 X20 Z－20
；定义 C-型轮廓，平面轮廓
G17
G0 G90 X90 Y50
G1 Y100
X110
Y0
X90
Y50
深度轮廓
G16 XZ
G0 G90 X90 Z0
N500 G2 X70 Z－20 I－20 K0
```

10. 实例十：型腔加工

型腔加工实例二如图 8-4-41 所示。

在这个例子中，岛屿有 3 个类型的深度轮廓，A、B 和 C。3 个轮廓被用于定义岛屿：A-型轮廓，

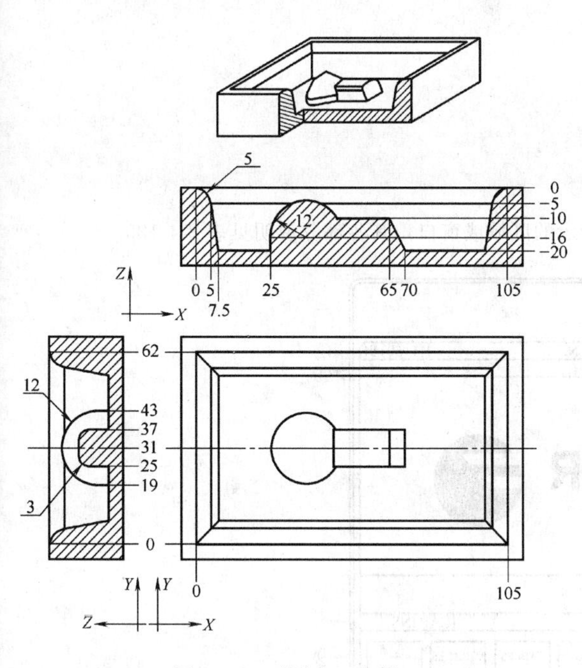

图 8-4-41　型腔加工实例二

B-型轮廓，C-型轮廓，如图 8-4-42 所示。

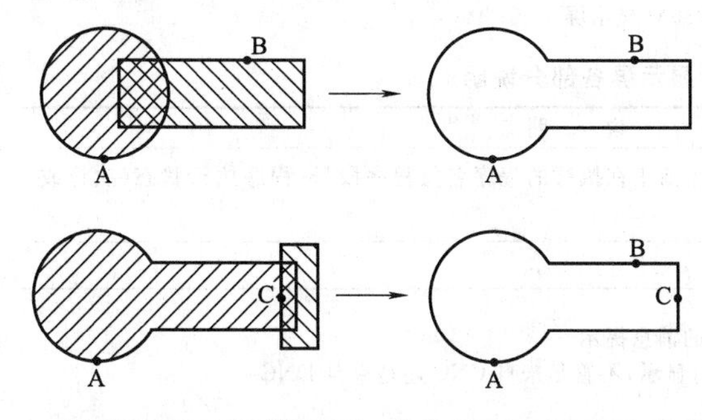

图 8-4-42　岛屿 2

```
；刀具尺寸
(TOR1=4,TOI1=0,TOR2=2.5,TOI2=0)
；初始定位和定义 3D 型腔
G17 G0 G43 G90 Z25 S1000 M3
G66 R200 C250 F300 S400 E500
M30
；定义粗加工操作
N200 G67 B5 C4 I-20 R5 V100 F700 T1 D1 M6
；定义半精加工操作
N250 G67 B2 I-20 R5 V100 F850 T1 D1 M6
；定义精加工操作
N300 G68 B1.5 L0.25 Q0 I-20 R5 V100 F500
T2 D2 M6
；定义型腔几何，程序段 N400～N500
N400 G17
；定义外轮廓，平面轮廓
G0 G90 X0 Y0 Z0
G1 X105
Y62
X0
Y0
；深度轮廓
G16 XZ
G0 X0 Z0
G2 X5 Z-5 I0 K-5
G1 X7.5 Z-20
；定义 A-型轮廓，平面轮廓
G17
G90 G0 X37 Y19
G2 I0 J12
；深度轮廓
G16 YZ
G0 Y19 Z-20
G1 Z-16
G2 Y31 Z-4 R12
；定义 B-型轮廓，平面轮廓
G17
G90 G0 X60 Y37
G1 X75
Y25
X40
Y37
；深度轮廓
G16 YZ
G0 Y37 Z-20
G1 Z-13
G3 Y34 Z-10 J-3 K0
；定义 C-型轮廓，平面轮廓
G17
G0 X70 Y31
G1 Y40
X80
Y20
X70
Y31
；深度轮廓
G16 XZ
G0 X70 Z-20
N500 G1 X65 Z-10
```

4.3　FAGOR 8035 数控系统

4.3.1　FAGOR 8035 数控系统硬件结构

1. CNC8035M 屏幕显示、键盘及操作面板布局

CNC8035M 屏幕当前显示区可以划分为图 8-4-43 所示的区域或窗口，其各部分说明见表 8-4-125。

图 8-4-43　CNC8035M 显示屏

表 8-4-125　CNC8035M 显示屏各部分说明

编　号	说　明
①	此窗口显示当前所处的操作模式,当前正在执行的程序名及程序段号,程序执行状态(执行或中断),以及显示 DNC 是否被激活
②	指示当前时间,格式"时:分:秒"
③	此窗口显示来自零件程序或 DNC 的消息提示 CNC 只对最后一次收到的消息进行显示,不管是来自 CNC 还是来自 DNC
④	此窗口显示来自 PLC 的相应信息 如果 PLC 激活了两个或更多的消息,CNC 只显示优先权最高的一个;PLC 消息的优先权排列是按消息号来进行的,MSG1 高于 MSG2,依次类推 MSG128 最低 当不止一个 PLC 信息被激活时,在此窗口的左边将显示+号,但是只有一个可见;要分别显示它们,可进入 PLC 模式,按[激活信息]软键 当在此窗口显示有 *(星号)时,表示有被激活的用户自定义屏幕 要一个一个显示被激活的用户自定义屏幕,可进入 PLC 模式,按[激活页]软键
⑤	主窗口 取决于操作模式的不同,此窗口显示不同的内容 当发生了一个来自于 CNC 或 PLC 的错误时,在此窗口的中间会出现一个红色的水平窗口,显示当前发生的错误号及内容 当 CNC 产生了不止一个错误时,在相应的错误后会出现一个向下箭头,表示按此键可查下一个错误;随后在错误号后会出现一个"向上箭头",表示按此键可查看上一个错误
⑥	编辑区窗口 在一些操作模式中,主窗口中的最后四行用来作为编辑区
⑦	CNC 状态栏(当进行了一些误操作时,在此会出现一些相应的提示)

续表

编　号	说　明
⑧	此窗口可显示如下一些信息： SHF　指示[SHIFT]键已被按下，可进行相应键的上档位功能输入，例如，如果按下了[SHIFT]并出现 SHF 后，此时按下数字[9]键，将产生“$”字符而不是数字 9，只能保持一次 CAP　大小写切换键，表示[CAPS]键已被按下，相应可进行大写字母的输入，否则输入的是小写字母，按下即保持住 INS/REP　插入/改写状态切换，可以通过按[INS]键进行切换 MM/INCH　数据显示单位的切换（公制/英制）
⑨	显示可通过[F1]～[F7]键进行选择各种不同的软键功能

CNC8035M 键盘上各键的说明见表 8-4-126。

表 8-4-126　CNC8035M 键盘说明

键	说　明
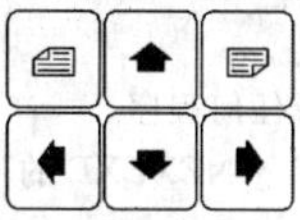	光标方向控制键，可进行上、下、左、右及向上翻页和向下翻页操作
[INS]	插入/改写状态切换键
[CL]或[CLEAR]	删除光标后一字符，当然如果光标在所在行的最后，按此键将删除光标前字符
[F1] ～ [F7]	可进入到不同操作模式下各种不同的软键功能
[HELP]	在任何一操作模式中，按此键出现相应的帮助提示
[MAIN MENU]	进入 CNC 的主菜单窗口
[ESC]	返回上一级菜单
[RECALL]	在对话模式，按此键可将轴当前的坐标值调入到相应的显示区
[ENTER]	用来确认在编辑区输入的 CNC 和 PLC 命令
[RESET]	复位键。按此键各种参数恢复到设定状态，程序恢复到初始状态；要进入此键，先中断程序的执行，程序执行中按此键无效
[SHIFT]+[RESET]	CNC 热启动键，在对某些参数进行修改时，需要按此组合键以便 CNC 认定
[SHIFT]+[CL]	按此组合键，关闭当前显示屏显示，按任何键可恢复显示 如果发生了一个错误或 PLC/CNC 消息，也会恢复屏幕的显示
[SHIFT]+[向下翻页键]	当按此组合键时，在屏幕的右窗口将显示当前各机床轴的位置及当前程序的运行状态 它可应用于任何操作模式 再次按此组合键时，将恢复以前的显示窗口
“编辑”	当在编辑或模拟模式中按此键，将对最后模拟或执行过的程序进行编辑。当相应的程序正在被执行或模拟，将对最后编辑过的程序进行编辑 当在其他模式按此键，将对最后编辑过的程序进行编辑 如果以前没有对任何程序进行编辑、模拟或执行，按此键时将要求输入新程序号 按此键进入哪一程序（最后执行的/最后编辑的/最后模拟的），可以通过变量 NEXEDI 的不同取值进行设定限制： NEXEDI＝0　没有限制，它打开最后执行、模拟或编辑的程序 NEXEDI＝1　总是打开最后编辑的程序 NEXEDI＝2　总是打开最后模拟的程序 NEXEDI＝3　总是打开最后执行的程序 如果相应的程序正在被执行或模拟，将产生一警告提示。如果以前没有对任何程序进行以上处理，按此键将要求输入新的程序号

续表

键	说 明
“模拟”	按下此键时，将对最后一次被执行、模拟或编辑的程序进行模拟操作；如果以前没有对任何程序进行执行、模拟或编辑等操作，按下此键时，将要求输入被模拟的程序号 当按此键时，模拟或执行模式正运行，将仍会保持当前模式不变，不会选择任何程序 按此键进入哪一程序(最后执行的/最后编辑的/最后模拟的)，可以通过变量 NEXSIM 的不同取值进行设定限制： NEXSIM＝0 没有限制，它打开最后执行、模拟或编辑的程序 NEXSIM＝1 总是打开最后编辑的程序 NEXSIM＝2 总是打开最后模拟的程序 NEXSIM＝3 总是打开最后执行的程序 如果相应的程序正在被执行或模拟，将产生一警告提示。如果以前没有对任何程序进行以上处理，按此键将要求输入新的程序号
“执行”	按此键可直接对最后一次编辑的程序进行执行操作，如果以前没有编辑过程序，按此键时，将要求指定新的要执行的程序名 当按此键时，模拟或执行模式正运行，将仍会保持当前模式不变，不会选择任何程序 按此键进入哪一程序(最后执行的/最后编辑的/最后模拟的)，可以通过变量 NEXEXE 的不同取值进行设定限制： NEXEXE＝0 没有限制，它打开最后执行、模拟或编辑的程序 NEXEXE＝1 总是打开最后编辑的程序 NEXEXE＝2 总是打开最后模拟的程序 NEXEXE＝3 总是打开最后执行的程序 如果相应的程序正在被执行或模拟，将产生一警告提示。如果以前没有对任何程序进行以上处理，按此键将要求输入新的程序号

CNC 通用操作面板布局如图 8-4-44 及表 8-4-127 所示。

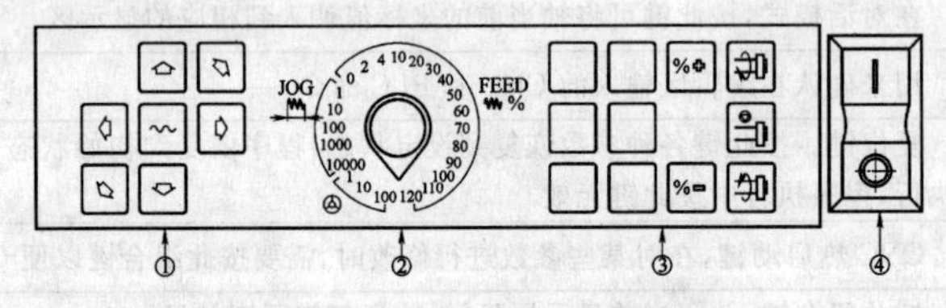

图 8-4-44 CNC 通用操作面板

表 8-4-127 CNC 通用操作面板说明

编 号	说 明
①	轴手动方向键
②	进给方式选择旋钮 选择手轮进给率倍率(1、10 或 100) 选择手动增量进给方式下的增量进给量 连续进给率倍率选择，0～120％
③	主轴控制键，包括主轴停止及主轴正反方向转动控制键，通过机床参数“MINSOVR”和“MAXSOVR”确定最小及最大程序转速倍率，通过机床参数“SOVRSTEP”确定的转速倍率增减量(按＋或－时的增减量)
④	循环启动及循环停止键

2. CNC8035TC 键盘及 TC 模式的屏幕

CNC8035TC 键盘的布局如图 8-4-45 所示，该键盘设有数字键盘和命令键、TC 模式的特定键以及手动键，见表 8-4-128。

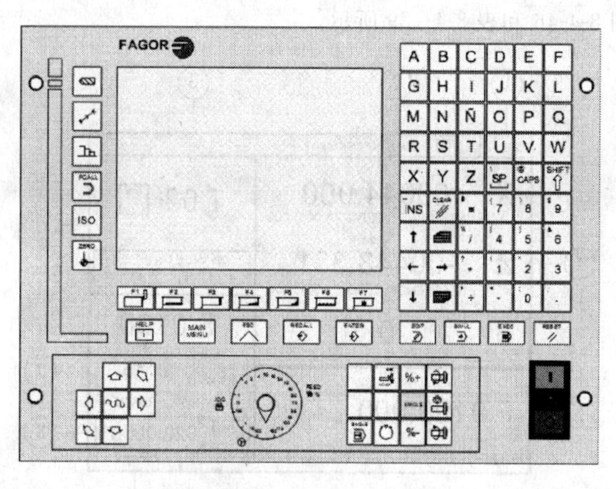

图 8-4-45　CNC8035TC 键盘

表 8-4-128　CNC8035TC 键盘说明

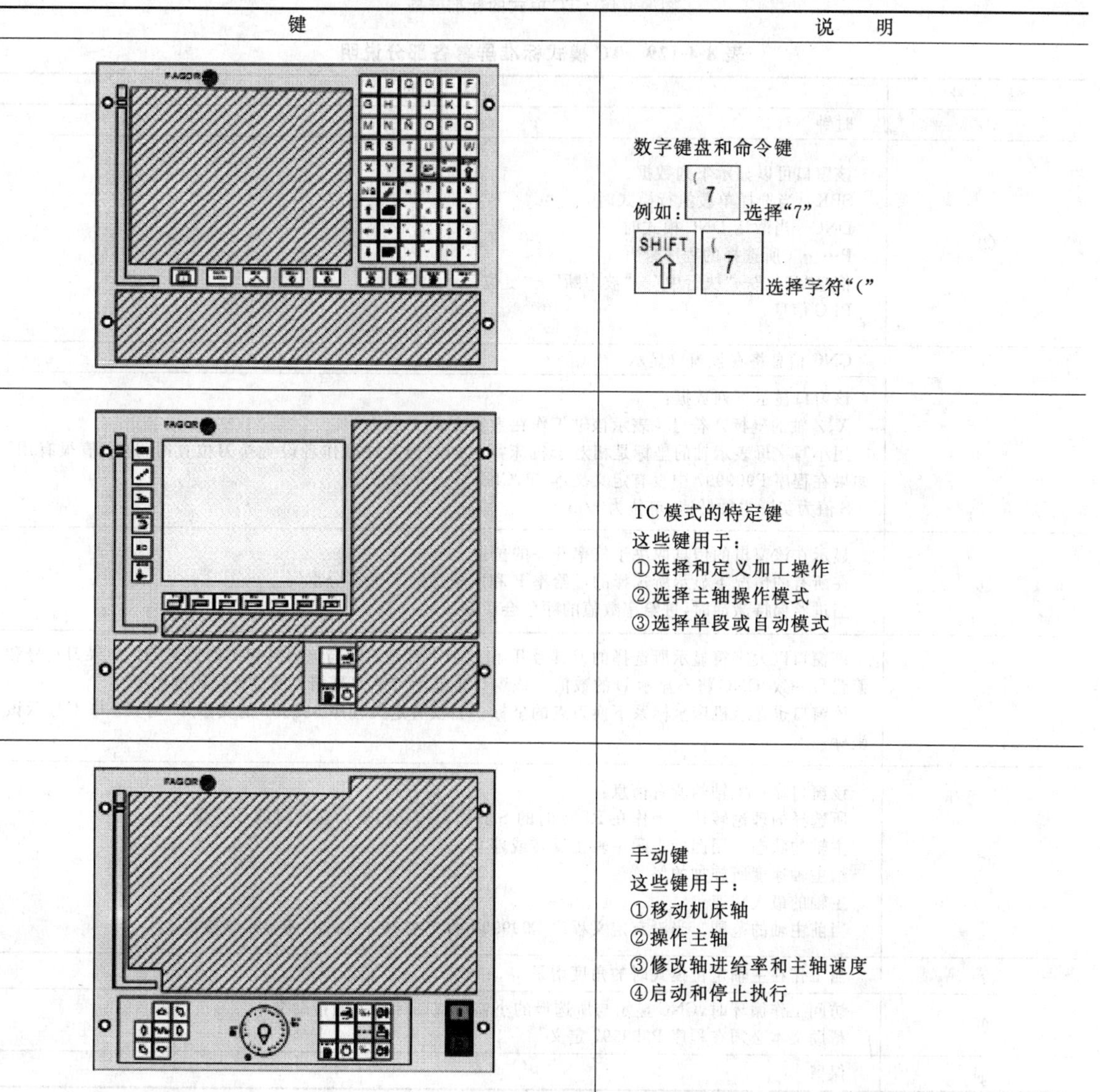

键	说　明
	数字键盘和命令键 例如：7 选择“7” SHIFT (7 选择字符“(”
	TC 模式的特定键 这些键用于： ①选择和定义加工操作 ②选择主轴操作模式 ③选择单段或自动模式
	手动键 这些键用于： ①移动机床轴 ②操作主轴 ③修改轴进给率和主轴速度 ④启动和停止执行

TC 模式的标准屏幕见图 8-4-46 和表 8-4-129 所示。

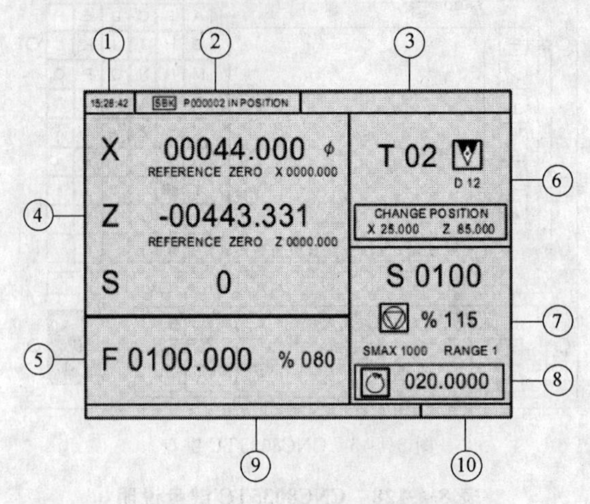

图 8-4-46　TC 模式的标准屏幕

表 8-4-129　TC 模式标准屏幕各部分说明

编　号	说　明
①	时钟
②	该窗口可以显示下列数据： SBK　当选择单段执行模式时 DNC　当激活 DNC 模式时 P……　所选择的程序号 信息“到位”—“执行中”—“被中断”—“复位” PLC 信息
③	CNC 信息将在该窗口显示
④	该窗口显示下列数据： X、Z 轴的坐标。符号 ϕ 表示该轴工作在直径方式下 用小写字母表示轴的坐标是相对于机床零点的。当允许操作者设置换刀位置时，这个值很有用。如果在程序 P999997 中没有定义文本 33，CNC 不显示该数据 S 值为实际主轴转速，单位为 r/min
⑤	显示在该窗口的信息取决于倍率开关的位置 在所有的情况下显示所选择的进给率 F 和所施加的 F 的百分率％ 当进给保持激活时，进给率数值的颜色会改变
⑥	该窗口以大字符显示所选择的刀具号 T 和以小字符显示的与该刀具相关的偏置 D。如果刀具号和偏置号一致，CNC 将不显示 D 的数值。该窗口也显示与该刀具相关的位置代码的图标 该窗口也显示机床坐标系下换刀点的坐标。当没有定义程序 999997 的文本 47 时，CNC 不显示该坐标
⑦	该窗口显示主轴的所有信息： 所选择的理论转速。工作在 RPM 时的 S 值和工作在恒表面速度时的 CSS 值 主轴的状态。用图标表示主轴正反转或停止 给主轴速度所施加的％ 主轴的最大转速 当前主轴的范围。当没有定义程序 P999997 的文本 28 时，CNC 不显示该数据
⑧	当工作在主轴定位模式时的角度增量
⑨	访问工作循环时，CNC 显示与所选择的小窗口或图标相关的帮助文本 帮助文本必须在程序 P999997 定义
⑩	保留

TC 模式特殊屏幕如图 8-4-47 和表 8-4-130 所示。

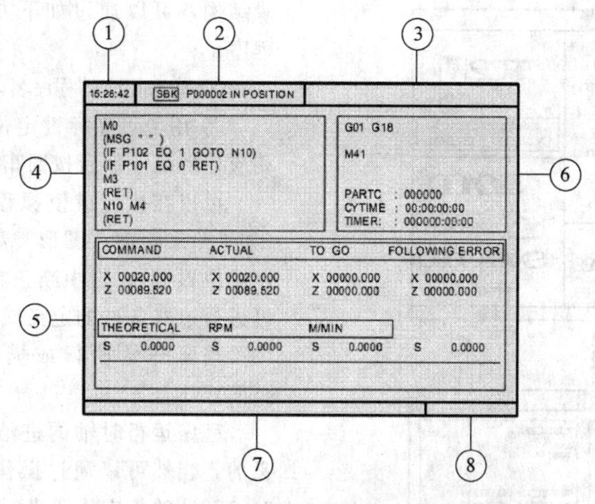

图 8-4-47　TC 模式的特殊屏幕

表 8-4-130　TC 模式特殊屏幕各部分说明

编号	说　明
①	时钟
②	该窗口可以显示下列数据： SBK　当选择单段执行模式时 DNC　当激活 DNC 模式时 P……　所选择的程序号 信息"到位"—"执行中"—"被中断"—"复位" PLC 信息
③	CNC 信息将在该窗口显示
④	选中的程序行在该窗口显示
⑤	X、Z 和主轴数据在下列区域中显示： COMMAND(命令)表示程序编写的位置。即轴要到达的位置 ACTUAL(实际)表示实际坐标或轴的实际位置 TO GO(剩余)表示轴要到达程序编写的位置所剩余的距离 FOLLOWING ERROR(跟随误差)位置的实际与理论值的差 THEORETICAL(理论)编写的理论 S 值 RPM 以 r/min 表示的速度 M/MIN 以 m/min 表示的速度 FOLLOWING ERROR(跟随误差)它表示主轴定向(M19)时理论和实际角度差值
⑥	该窗口显示被激活的 G 功能和 M 功能的状态。它也显示变量的值 PARTC 表示用同一程序连续加工的零件数 无论何时，当选择新的加工程序时，该变量采用值 0 CYTIME 表示加工零件所花费的时间。它用下列格式表示：小时，分钟，秒，百分之一秒 无论何时，当开始执行程序，甚至是重复执行，该变量采用值 0 TIMER 表示由 PLC 使能的时钟的读数。它的表示格式为：小时，分钟，秒
⑦	保留
⑧	保留

当选择了工件程序或把操作存为工件程序用于模拟或执行时，CNC 会在屏幕顶部中央高亮度显示的工件程序号旁显示绿色启动图标，如图 8-4-48 所示。当屏幕顶部中央显示的工件程序号旁显示绿色启动图标时，CNC 会如下动作：

如果［START］键被按下，CNC 会执行被选中的工件程序。

如果［CLEAR］键被按下，CNC 会取消选中的工件程序并删除屏幕顶部中央显示的工件程序号。

4.3.2　FAGOR 8035 数控系统操作方法

1. CNC8035M 执行/模拟

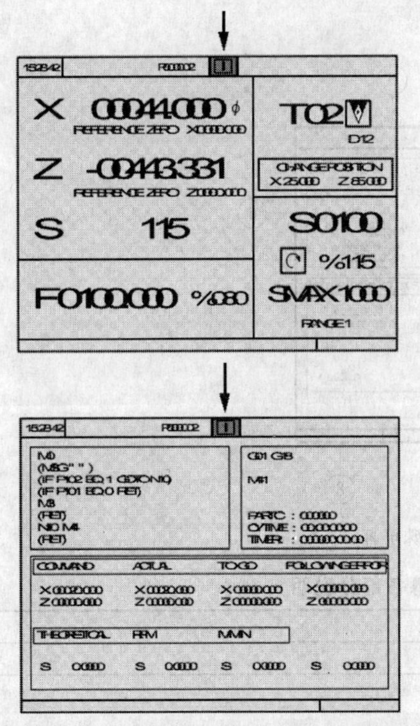

图 8-4-48 选择工件程序模拟执行时的屏幕

EXECUTE 执行操作模式可自动或单段执行零件程序。

SIMULATE 模拟操作模式也可自动或单段模拟零件程序，只不过是在模拟方式。当模拟一零件程序时，可选择模拟操作的方式。

当选择执行或模拟一零件程序时，必须指定该零件程序的存储位置。当然零件程序的位置可以在 CNC 内存，外部卡 A 中，通过串口与计算机相连的 PC 机中或者在 CNC 的硬盘中（CNC 需有硬盘 HD 配置）。

当按下了执行或模拟键时，此时会进入相应的程序目录结构，可以通过如下方式，选择要执行或模拟的程序：

① 输入相应的程序名，然后按回车键［ENTER］；

② 用上下光标键定位在需要执行或模拟的程序相应位置上，然后按回车键［ENTER］。

可以在执行或模拟程序前进行加工条件的定义（如进给率倍率，图形类型，开始要执行或模拟的程序段位置等）。当中断正在执行或模拟的程序时，也可进行这些条件的定义或修改。

当要开始执行或模拟程序时，按循环启动键［START］。

程序运行时轴的进给率是在程序中通过 F 值定义的，当然可以通过操作面板上的进给率倍率开关 0～120%的相应位置来对当前实际进给率进行修调。另外，当进行带轴运动的模拟方式时，也可通过此开关来控制实际进给率。

操作面板上的快速进给键对程序执行或模拟的进给率有无影响，取决于机床参数的设置，当使用此键时，对程序执行或模拟时的轴进给率影响如下：

① 当此键按下时，轴全部以快速进给 G00 方式运动；

② 当进行攻螺纹、预览或执行回退功能时，忽略此键的影响；

③ 如果当前处于 G95 模式，按住此键将切换到 G94 模式，放开此键又返回到 G95 模式；

④ 此键仅会对主通道有影响，不会影响到 PLC 通道的执行。

当模拟一零件程序时，需要指定模拟的类型，具体类型见表 8-4-131，表 8-4-132 是对各类型的说明。

表 8-4-131 模拟类型

类 型	刀具轨迹	轴运动	主轴控制	将 M、S、T 功能发送到 PLC	将 M3、M4、M5、M41、M42、M43、M44 发送到 PLC
理论路径	编程路径	NO	NO	NO	NO
G 功能	刀具中心	NO	NO	NO	NO
G、M、S、T 功能	刀具中心	NO	NO	YES	YES
主平面	刀具中心	YES	YES	YES	YES
快速	刀具中心	YES	YES	YES	YES
快速[S=0]	刀具中心	YES	NO	YES	NO

表 8-4-132 模拟类型说明（1）

类 型	说 明
理论路径	此方式下模拟将忽略刀具半径补偿功能（即功能 G41、G42 将不起作用），因此图形显示的是理论编程路径 不会输出 M、S、T 功能到 PLC 不会进行机床轴或者主轴的运转 G4 延迟功能可起作用

续表

类型	说明
G功能	此方式下模拟将考虑刀具半径补偿(即G41、G42功能将起作用),因此图形显示的是刀具移动轨迹 不会输出M、S、T功能到PLC 不会进行机床轴或主轴的运转 G4延迟功能可起作用
G、M、S、T功能	此方式下模拟将考虑刀具半径补偿(即G41、G42功能将起作用),因此图形显示的是刀具移动轨迹 会输出M、S、T功能到PLC 不会进行机床轴或主轴的运转 G4延迟功能可起作用
主平面	它仅仅执行来自于主平面的轴 此方式下模拟将考虑刀具半径补偿(即G41、G42功能将起作用),因此图形显示的是刀具移动轨迹 会输出M、S、T功能到PLC 如果程序中有主轴启动,它会启动主轴 不管是F0还是程序中定义了相应的F值,轴都会以最大进给率运动,当然可以通过进给率倍率开关进行修调 忽略G4延迟功能
快速	此方式下模拟将考虑刀具半径补偿(即G41、G42功能将起作用),因此图形显示的是刀具移动轨迹 会输出M、S、T功能到PLC 如果程序中有主轴启动,它会启动主轴 不管是F0还是程序中定义了相应的F值,轴都会以最大进给率运动,当然可以通过进给率倍率开关进行修调 忽略G4延迟功能
快速[S=0]	此方式下模拟将考虑刀具半径补偿(即G41、G42功能将起作用),因此图形显示的是刀具移动轨迹 仅仅输出部分M、S、T功能到PLC,例外在下表述: 当主轴工作在开环时,不会输出M3、M4、M5、M41、M42、M43和M44到PLC 当主轴工作于闭环方式时,会输出M19功能到PLC 不会启动主轴 不管是F0还是程序中定义了相应的F值,轴都会以最大进给率运动,当然可以通过进给率倍率开关进行修调 忽略G4延迟功能

在程序进行执行或模拟前,可以对一些运行条件进行预设,例如:初始段选择、图形类型等,见表8-4-133。

表8-4-133 模拟类型说明(2)

执行和模拟条件	说明
程序段选择	可以选择从哪一段开始执行或模拟操作,不一定非要从第一程序段开始
停止条件	可以选择在哪一段结束执行或模拟操作,不一定非要在最后一段结束
显示	可以选择执行或模拟操作时显示的方式,例如位置或跟随误差显示方式
MDI	此方式下可执行任何程序段指令(ISO代码或高级语言),还可获得一些相应的辅助功能软键,便于输入相应的指令 当相应的程序段指令输入完后,此时按下[START]键就会开始此段的执行,并且会保持MDI方式不变,要退出MDI方式可按[ESC]键
刀具检查	当一个程序执行被临时中断时,将会出现[刀具检查]软键,此时可按所需进行相应的控制(例如手动移动轴,执行MDI,停止主轴等)而不会改变当前的程序运行状态;要想恢复程序的执行,可先进行重定位让机床返回到执行刀具检查前的状态,然后按[START]键开始当前程序的再执行
图形	当进行程序执行或模拟时,可进行相应的图形显示功能(利用此功能可选择图形类型、显示区、视点及图形参数等)
单段	可以选择在单段方式下进行执行或模拟操作

当一个程序正在执行过程当中,此时按下“中断-复位”键、按下急停钮、发生了一个来自于PLC或CNC的错误、突然断电等,以前要想开始此程序的执行只能从头开始,利用此功能可以从中断点恢复程序的执行。

CNC会记住以上中断点发生时所处的程序段

位置。

此种搜索方法可以将程序在模拟方式恢复到中断点所在的程序段位置，然后可按［循环启动］键继续程序的执行，就好像程序从头开始执行一样。要进行程序段选择功能，在执行模式按［程序段选择］软键。相关操作和说明见表 8-4-134。

表 8-4-134 程序段中断点搜索-模拟切换到执行模式

操作模式	第一段程序	第一行	按此软键,光标将定位到当前程序中的第一行位置
		最后一行	按此软键,光标将定位到当前程序中的最后一行位置
		文本	通过此软键可以从当前光标位置开始对某一特定的文本或字符串进行查找并定位到其所在的程序段行 此[文本]软键被按下时,CNC 要求键入相应的字符串,键入后按[结束文本]软键,光标将定位到从当前位置开始往下找到的第一个该字符串所在的程序段行 此搜索会从当前光标所在的行往下进行查找,找到后会对此文本进行高亮显示,此时可选择继续搜索还是结束搜索 当往下搜索到第一个字符串后,此时按[ENTER]键可以继续往下进行再搜索直到程序结束;搜索到的文本会高亮显示 此搜索可进行无数次,直到找到所要求的位置;当搜索到程序的最后一段时,再按下[ENTER]键,又会从程序的开始位置往下进行搜索 按[结束搜索]软键或[ESC]键可退出搜索方式;当退出搜索方式时,光标将定位在最后找到的文本所在的行位置
		行号	按下此软键,CNC 将要求输入所定位的行号,输入后按下[ENTER]键,光标就会定位到要求的位置
	搜索执行 G 代码	当利用此功能恢复程序执行时,CNC 将以模拟方式搜索到设定的段,并且删除 G 功能代码的执行,而且此设定段前的所有进给率以及主轴速度等加工条件将会被恢复,自动计算出此设定段轴应该在的位置 搜索期间 M、T 和 S 等功能不会输出到 PLC,但搜索结束后 CNC 会记住相应的 MST 功能,并以列表形式显示,等待执行 一旦此模拟操作已结束,用户可以按以下步骤恢复相应的 MST 功能: ①在此情况下用户可按[MST 代码执行期间]对 MST 代码进行模拟显示,然后按[CYCLE START]软键执行 ②按[刀具检查]软键,然后按[MST 代码输入期间]软键和[MDI]软键,此时用户可按所需在 MDI 方式下执行任何想要的程序段指令 屏幕以行方式显示模拟生成的各种 MST 代码,但以下方面必须考虑: ①当显示了相应的 M 代码时,必须注意 M 代码间的取代性 ②如果拥有第二主轴,并且相应的 M 代码(M3,M4,M5,M19,M41～M44)指向此第二主轴,不会影响第一主轴 M 代码功能,并且在恢复此 M 功能时,首先对 G28 或 G29 功能进行恢复,以便知道当前是控制哪一主轴 ③当程序中有用户自定义 M 功能并且有多个此 M 功能时,模拟搜索只会显示最先搜索到的一个 ④显示最后执行的 T 及 S 功能	
	搜索执行 GMST 代码	当利用此功能恢复程序执行时,CNC 将以模拟方式搜索到设定的段,并且删除 G 功能代码的执行,而且此设定段前的所有进给率以及主轴速度等加工条件将会被恢复,自动计算出此设定段轴应该在的位置 此种搜索时,相应的 MST 功能会被执行并输出到 PLC	
自动搜索	它可以用来将程序恢复到中断点的地方继续执行,CNC 对中断发生所在的程序段会有记忆,因此没有必要手动设置停止程序段 如果程序在一个内部循环中发生中断,将按如下动作 ①如果是固定循环(G66,G67,G68,G87,G88)或多重加工循环(G60,G61,G62,G63,G64),当进行模拟搜索时,将把程序段恢复到以上内部循环的最后一子程序段上 ②在其他的固定循环(G69,G81,G82,G84,G85,G86)中,模拟搜索到固定循环开始段,即调用段 要进入自动搜索模式,先按[程序段选择]软键,然后按[搜索执行 G 代码]或[搜索执行 GMST 代码]软键,此时就会出现[自动搜索]软键 [自动搜索]软键一旦按下,就将进行程序段模拟搜索,并且将光标定位到搜索到的程序段上 一旦中断点程序段被搜索到,CNC 将在屏幕下方显示 STOP＝HD:PxxxLxxx 信息,指示发生中断所在的程序行及存储位置;此时按[循环启动]键,CNC 将去搜索中断点程序段并以模拟方式执行到此段,当到此段后,相应的提示信息将消失 CNC 在屏幕的下方将出现相应的软键功能。轴名软键用来选择要定位的轴,如果用的是搜索 G 功能方法,并且程序中有相应的 MST 功能,按[显示 MST 代码执行期间]软键将会显示要执行的 MST 功能代码,选择相应的功能并按[CYCLE START]循环启动键即可执行		

续表

自动搜索	按[刀具检查]软键,进入刀具检查模式: ①按[MST 代码执行期间]软键,将显示模拟搜索到的 MST 代码功能,等待恢复执行 ②按[MDI]软键进入 MDI 模式,执行所需的程序段	
手动程序段选择	程序选择	当最后执行或模拟的程序属于另外一个程序或正在调用来自于另外一个程序中的子程序,此时可用此种方法 按[程序选择]软键,此时打开一个浏览器窗口,可手动从 CARD A、DNC2、DNCE、硬盘或内存中选择程序
	次数	表示当执行或模拟到"停止程序段"几次时,必须停止程序的执行 当选择此功能时,CNC 将要求指定被执行或模拟的次数 如果被选择的程序段有一被重复执行的号,则只有当所有的重复操作都执行完后程序才会停止
	第一程序段	用来设置从哪段开始进行程序段搜索,按此软键后可通过上下光标键或相应软键来进行选择,按[ENTER]键确认选择;当没有对第一程序段进行设置时,搜索将从当前程序的第一段开始往下进行 可以通过上下光标键/上下翻页键或相应的软键功能来选择第一程序段
	停止程序段	按此软键后,将光标定位到某一段后按[ENTER]键。当 CNC 执行此段后的程序时,将马上从此段开始执行 停止程序段可通过上下光标键、上下翻页键或相应的软键进行选择 一旦此停止程序段被指定,CNC 将在屏幕下方显示如下文本:STOP=HD:Pxxx-Lxxx,表示此停止段所在程序的程序号及程序段行号和存储位置。此时按循环启动键[CYCLE START],CNC 将开始搜索此段并以模拟方式执行到此段,然后显示的文本将消失 CNC 在屏幕的下方将出现相应的软键功能:轴名软键用来选择要定位的轴;如果手动选择用的是搜索 G 功能方法,并且程序中有相应的 MST 功能,按[显示 MST 代码执行期间]软键将会显示要执行的 MST 功能代码,选择相应的功能并按[CYCLE START]循环启动键即可执行
	刀具检测	按[刀具检查]软键,将进入到刀具检查模式 ①按[MST 代码输入期间]软键,此时会将模拟搜索到的 MST 代码一行一行显示在当前窗口,并等待执行 ②按[MDI]软键,此时可手动输入以上找到的 MST 代码,并按循环启动键在 MDI 方式执行
程序段搜索限制特殊情况	在以下几种特定情况,程序段搜索将有所限制 ①如果在程序中有一个特定的缩放因子被激活,程序段手动或自动搜索时,当此缩放激活后会停止 ②如果程序中有 G77 轴同步操作,或 PLC SYNCRO 标志,程序段手动或自动搜索时,限制到它后面的程序段 此限制同样适用于主轴同步情况 ①如果程序执行时通过 PLC 激活了 MIRROR 标志,程序段手动或自动搜索时,限制到它后面的程序段 ②如果程序中包含(G74)回零功能程序段,程序段手动或自动搜索时,限制到它后面的程序段	
取消程序模拟或搜索方式	程序模拟或搜索方式可通过通用机床参数 DISSIMUL(P184)进行取消	

手动程序选择方法可以将程序恢复到用户指定的程序段进行执行:

① 如果此程序段为一模式程序段,恢复时将模拟搜索到此段停止;

② 如果此程序段为一跳转指令段(GOTO, RPT, CALL, EXEC),恢复时将模拟搜索到此段,但不会执行跳转;

③ 如果此段为一调用固定循环或模态子程序的定位段,模拟搜索到此定位段结束点,并且退出此固定循环或模态子程序的加工,以便重定位;

④ 在使用带岛屿的不规则型腔加工固定循环,或跟踪,数字化循环以及探针循环的情况下,模拟搜索到调用程序段,但不会对循环进行任何加工操作。要进入手动程序段选择方式,按[程序段选择]软键,然后按[搜索执行 G 代码]或[搜索执行 GMST 代码]软键。

2. CNC8035M 的显示

通过显示选择，可在任何时间（包括程序在运行过程当中）选择一种最好的显示界面。并且可以通过相应的［F1］到［F7］软键可以指定的显示模式有如下几种：

① 标准显示模式；

② 位置显示模式；

③ 程序显示模式；

④ 子程序显示模式；

⑤ 跟随误差显示模式；

⑥ 用户显示模式；

⑦ 执行时间显示模式。

处于这些显示模式时，在屏幕的下方都会显示当前机床的加工条件，如表 8-4-135 和表 8-4-136 所示。

表 8-4-135　显示模式说明

标准显示模式	
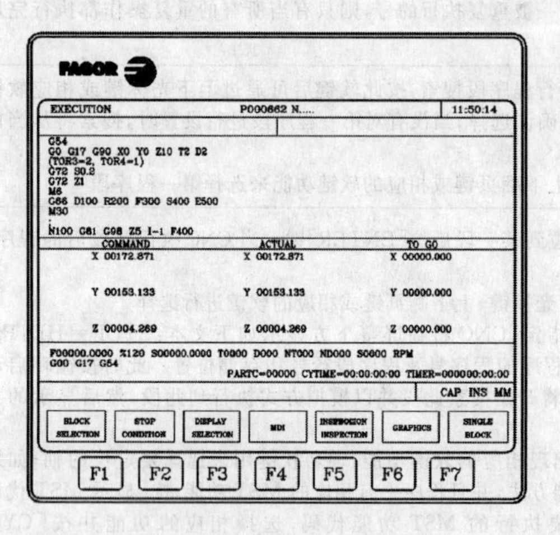	CNC 将在每一次开机或按下［SHIFT］+［RESET］键后显示此模式界面 最上窗口显示的是一组程序段，其中第一段显示的为当前正在执行的程序段 机床轴当前位置值 位置值的显示格式（小数点前后各几位），理论或实际值显示，这些取决于机床参数的设定。通用机床参数“THEODPLY”用来设定是否为理论值显示，轴参数“DFORMAT”用来设定值的显示格式 每根轴有如下区域显示 ①命令值显示的是轴要到达的位置，即程序坐标 ②实际值显示的是各轴的当前位置 ③剩余移动量显示的是程序坐标还有多少量要走
位置显示模式	
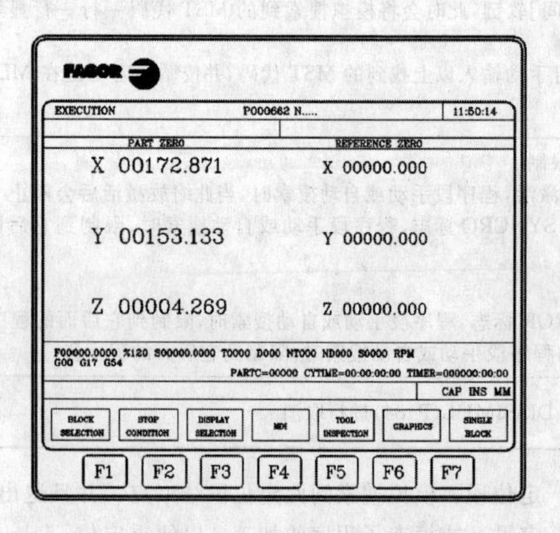	此模式用来显示各机床轴当前位置值 位置值的显示格式（小数点前后各几位）、理论或实际值显示，这些取决于机床参数的设定。通用机床参数“THEODPLY”用来设定是否为理论值显示，轴参数“DFORMAT”用来设定值的显示格式 每根轴有如下区域显示 ①工件零点显示轴相对于工件零点的位置值 ②参考零点显示轴相对于机床参考点的位置值
程序显示模式	
显示当前执行的程序内容 其中正在被执行的段将高亮显示	
子程序显示模式	

续表

当选择此模式时，必须考虑以下因素

①CNC 允许定义和使用子程序，被调用的子程序可以属于当前的主程序或另外一个程序；可以在主程序内调用子程序，也可从子程序中调用另外一个子程序，此子程序还可再调用下一个子程序，依次类推最多可以有 15 层嵌套调用

②每次将相应参数分配给子程序时，CNC 产生一新的局部参数嵌套层；最多可到 6 个局部参数嵌套层

③当加工固定循环：G66、G68、G69、G81、G82、G83、G84、G85、G86、G87、G88 和 G89 等有效时，使用局部参数的第六嵌套层

④当前子程序相关信息

NS 表示该子程序占据的嵌套层

NP 表示正在执行的子程序所用的局部参数层

子程序表示调用一个新嵌套层子程序的程序段类型

例如：(RPT N10，N20)(CALL 25)(PCALL 30)G87

RPT 表示剩余要执行的次数

例如，如果(RPT N10，N20)N4 被第一次执行时，此参数将显示值 4；依次类推第二次被执行时，此值将为 3

M 如果显示了星号(*)，表示在此嵌套层调用了一个模态子程序，此子程序在每次相应的运动程序段后均被执行

PROG 指示当前被调用的子程序所在的程序号

⑤各机床轴位置值

机床各轴坐标值的显示格式，以及是显示理论值还是实际值取决于轴参数“DFORMAT”和一般参数“THEODPLY”的设置

每根机床轴都有如下数据显示

命令值　显示的是轴要到达的位置，即程序坐标

实际值　显示的是各轴的当前位置

剩余移动量　显示到程序坐标还有多少量要走

此显示模式显示以下相关命令信息：

(RPT N10，N20)此功能重复执行 N10 到 N20 段间的程序段

(CALL 25)此功能调用执行子程序 25

G87 … G87 为固定循环指令

(PCALL 30)此功能调用执行子程序 30，用的是局部参数嵌套层

跟随误差显示模式

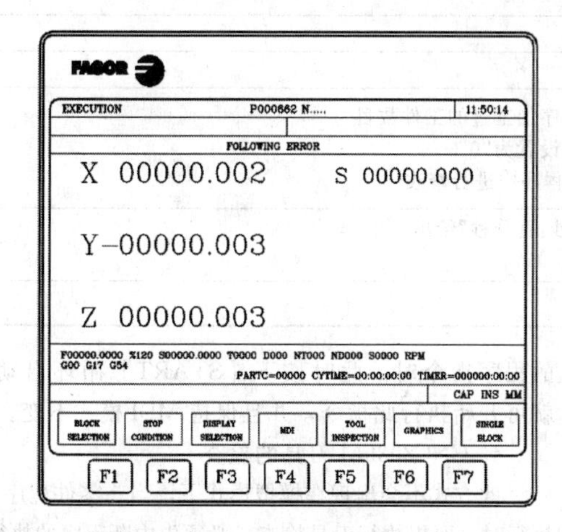

此模式显示轴及主轴的跟随误差，即各轴实际和理论位置值间的差值

轴坐标的显示格式取决于轴参数“DFORMAT”的设置

用户显示模式

当通用机床参数“USERDPLY”值规定相应的子程序号后，按此[用户]软键将在用户通道执行相应的子程序

退出此用户子程序的执行并返回到上一级菜单，按[ESC]键

第 8 篇

续表

执行时间显示模式

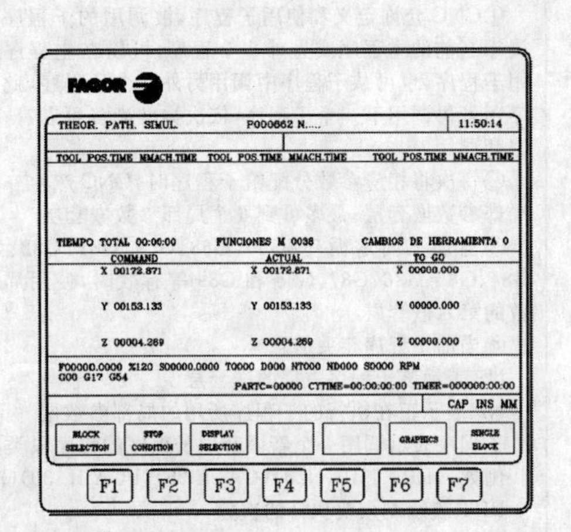

当对零件程序进行模拟时，会有此显示模式

此窗口显示在100%程序进给率倍率情况下，显示执行完程序所需大概时间，包括以下几部分

①每把刀具(TOOL)定位所需时间(POS. TIME)，当前程序机床轴加工移动所需时间(MACH. TIME)

②执行程序总时间

③M功能执行所需时间

④程序执行过程中的换刀次数

机床各轴坐标值显示格式及理论实际值显示取决于机床参数的设置：轴参数“DFORMAT”，一般参数“THEODPLY”

每一坐标轴后可分别显示以下几种坐标值

①命令值　显示的是轴要到达的位置，即程序坐标

②实际值　显示的是各轴的当前位置

③剩余移动量　显示到程序坐标还有多少量要走

表 8-4-136　当前机床加工条件

参数	含　义
F　and　%	编程进给率(F)和当前进给率倍率%。当处于进给保持状态时，F值高亮显示
S　and　%	编程主轴转速(S)和主轴转速当前倍率%
T	当前刀具号
D	当前刀偏号
NT	下一刀具号 当机床配置为加工中心时，才会显示NT，它表示下一把将要选择的刀具，等待M06指令的执行并激活，成为当前刀具
ND	下一刀具的刀偏号 只有机床配置为加工中心时才会显示，它表示下一把将要激活的刀具的刀偏号
S　RPM	主轴实际转速，单位为r/min 当工作在M19主轴定位时，单位为度
G	显示所有被激活运行的G功能
M	显示所有被激活运行的M功能
PARTC	工件计数器，它用来指示被同一零件程序加工过的工件数目 当选择一新的零件程序时，此位置会被设置为“0” 变量“PARTC”可从PLC. DNC或零件程序中进行修改
CYTIME	指示当前程序运行的时间，用“时:分:秒:百分秒”给出 每次零件程序开始执行时，此值为0
TIMER	指示当前系统时间，用“时:分:秒”格式

3. CNC8035M的MDI模式

此MDI模式不会出现在模拟方式下，只出现在执行或手动方式下。另外当一程序正在运行时，不会出现MDI，要想执行MDI方式，必须中断当前程序的执行。

通过MDI方式可以执行任何一个程序段（ISO代码或高级语言程序段），当按下［MDI］软键时，在屏幕下方相应会出现一些软键功能，便于输入程序段代码指令。

当按下［MDI］并在光标编辑区输入完要求执行的程序指令时，此时按下［START］循环启动键，就可开始执行此指令，并且保持MDI模式不变。

4. CNC8035M刀具的检查

此方式不会出现在模拟模式下，当一零件程序正在执行时，要想执行刀具检查，必须先中断程序的执行。

当进入刀具检查模式中时，此时无需进入到手动方式就可控制所有相关的机床运动；并且此时操作面板上的相关轴方向控制键被使能；同时屏幕下方将出现对应于刀具检查模式的一些相关软键（如表、MDI

及重定位等），利用 MDI 可以执行一相关程序段指令，重定位功能用来在刀具检查结束后将相关轴退回到执行刀具检查前的坐标位置。

可按如下方式进行刀具交换：

1）将刀具移到换刀点位置。

此移动可通过操作面板上的手动键或 MDI 方式进行，也可通过手轮进行移动。

2）为了以相似的特征寻找另一把刀具，访问 CNC 表（刀具、刀具偏置等）。

3）在 MDI 方式下选择新的刀具。

4）进行刀具交换。

该操作的完成取决于当前机床换刀架的类型，可在 MDI 方式下完成此操作。

5）将轴退回到执行刀具检查前的位置（重定位）。

6）按［START］键恢复程序的执行。

注意：如果在刀具检查期间，主轴是停止的，CNC 重定位时将按它以前的转向（M3 或 M4）重新启动。

在刀具检查模式，CNC 可提供相应的软键，见表 8-4-137。

表 8-4-137　刀具检查模式下 CNC 软键

<table>
<tr><td>“MDI”软键</td><td colspan="3">MDI 方式可以允许任何一个程序段(ISO 代码或高级语言程序段)，当按下[MDI]软键时，在屏幕下方相应会出现一些软键功能，便于输入程序段代码指令
当按下[MDI]并在光标编辑区输入完要求执行的程序指令时，此时按下[START]循环启动键，就可开始执行此指令，并且保持 MDI 模式不变</td></tr>
<tr><td>“表”软键</td><td colspan="3">可以进入各种不同的表格数据中(包括零点偏置、刀具偏置、刀具、刀具库、参数)
当进入了相应的表格数据中时，就可进行修改等操作
按[ESC]键可返回上一级菜单</td></tr>
<tr><td rowspan="2">“重定位”软键</td><td rowspan="2">在执行完刀具检查后，用户可执行重定位，将刀具退回到刀具检查前的位置。重定位方式可以通过通用机床参数 REPOSTY(P181)进行定义</td><td>基本重定位方式</td><td>会将轴定位到刀具检查前的位置
当按此软键时，CNC 将显示可被重定位的轴，并且询问以什么样的轴顺序进行轴重定位移动
[平面]软键用来对主平面中的所有轴进行重定位，其他软键则用来重定位非主平面轴
重定位轴的移动顺序取决于轴选择顺序
选择相应的轴，按[START]循环启动键开始执行重定位，可单轴或多轴同时进行重定位</td></tr>
<tr><td>扩展重定位方式</td><td>当参数设置为扩展重定位方式，此时按下[重定位]软键，将会出现一些软键来执行以下一些相应的功能
①如果在刀具检查期间，执行了相应的主轴功能(M3，M4，M5，M19 等)，那么在重定位时将显示相应的主轴功能键，以便将主轴恢复到刀具检查前的状态，选择此软键，然后按[循环启动]键，CNC 将恢复主轴到刀具检查前的状态。如果刀具检查前，主轴工作在 M19 闭环状态，那么在重定位时也将显示相应的 M19 软键功能
②当选择相应的轴软键并按[循环启动]键时，轴将定位到刀具检查前的位置。可以同时选择多轴进行重定位，但不能同时对轴和主轴进行重定位
③单轴或多轴在进行重定位的过程中，随时可中断并再次进入到刀具检查模式进行操作，然后再进行重定位；此操作可进行任意次
④进入刀具检查模式后，可通过手动方向控制键或电子手轮对机床各轴进行连续或增量方式移动；机床各轴的移动被重定位终点和各轴的软限位限制。如果使用电子手轮，则移动时不受重定位点限制
⑤当轴移动到重定位终点时，就不能被手动移动了；要想移动，必须再次进入刀具检查模式
⑥[结束重置]软键可用来退出重定位，然后按循环启动键[CYCLE START]开始程序的执行。如果退出重定位模式时，各轴没有被正确重定位，CNC 会将机床各轴从当前点移动到重定位点
⑦按[刀具检查]软键可进入刀具检查模式，此时可通过手动键或电子手轮以连续或增量方式移动机床各轴，此种情况下，轴的运动仅仅受限于软限位
除此之外，还可在刀具检查模式按[MDI]软键进入到 MDI 方式来执行一些程序段指令</td></tr>
</table>

续表

“修改偏置”软键	按此软键后，在屏幕上将出现帮助图形，相应的数据区可以进行编辑，数据区可以通过[⬆][⬇][⬅][➡]或下方的软键进行选择 也可对非当前刀具进行相应的设置，只要在T区输入刀具号后按[ENTER]键就可以了 对当前刀具只能对I和K区值进行修改 要想对D值进行修改，可以在T区选择其他的刀具，也就是说可以对非当前刀具进行I-K-D值修改 I-K区值为增量值，且I为直径值；输入确定后此值将增加到刀具偏置表中对应的I和K区 可以输入的I或K最大值由机床参数MAXOFFI和MAXOFFK进行限制，当输入的值大于此设定值时，将会有相应的消息提示

5. CNC8035M图形显示

只有程序在中断或没有被执行的情况下才可进入图形显示模式；如果有程序正在被进行，必须将其中断才可进入图形显示模式。一旦选定了图形显示类型及图形参数，即使程序在执行状态，也可对图形显示类型及图形参数进行改变。

当按下［图形］软键时，在屏幕下方会相应的显示如下各软键：

- 图形类型
- 显示区
- 放大
- 视点
- 图形参数
- 清屏
- 取消图形

图形显示时的常用操作方法如下。

1）定义显示区。显示区的大小取决于工件的大小，且显示区的坐标参考当前被激活的工件零点。

2）选择进行图形显示的图形类型。

3）进行视点定义，视点功能只有在图形类型为3D或SOLID时才可获得。

4）通过图形参数对图形显示的路径颜色等进行设置。

当零件程序正在执行或模拟时，可以将其中断来选择其他的图形类型进行显示，或通过缩放功能来改变显示区的大小。

CNC有两种图形显示模式，平面图形显示模式和实体图形显示模式；两者彼此独立，在其中一种模式下显示时，不会影响另外一显示模式下的图形状态。可通过相应的CNC软键来对图形类型进行选择。

通常被选择的图形类型会一直保持有效，除非通过［取消图形］软键关闭图形显示，或将CNC关闭，或者选择另外一种图形显示类型。每次选择图形类型后，所有上次使用的相关图形显示条件（缩放，图形参数和显示区等）将保持有效，这些条件在将CNC关闭并重启后仍然有效。

当选择一种图形显示类型后，所选择的图形类型和下列信息将出现在屏幕的右边（图8-4-49）。

1）轴当前实际位置。刀具位置表示刀尖的位置。

2）进给率（F）和当前主轴速度（S）。

3）当前刀具（T）及其所用偏置（D）。

4）用于图形显示的视点，它由X、Y、Z三轴定义。视点方向可通过［视点］软键功能进行修改。

5）两个立方体或两个长方体，取决于所选择的视点。

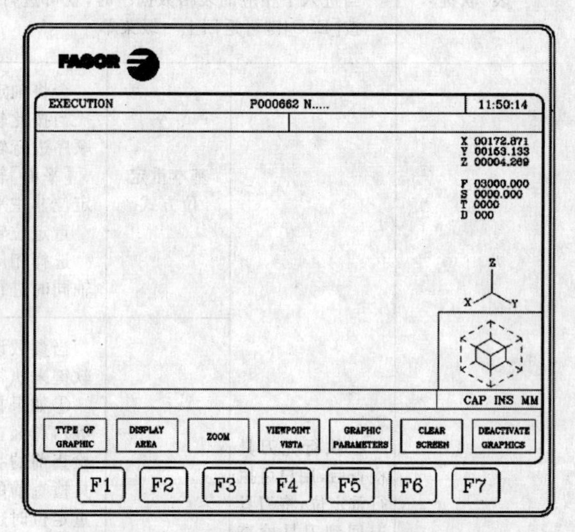

图8-4-49 图形及信息显示屏幕

平面图形显示模式利用多色线绘制所选择平面（XY，XZ，YZ）的刀具路径，可以获得以下几种图形：

1）3D三维视图；

2）XY、XZ、YZ平面视图；

3）组合视图，此种图形显示方式将当前屏幕划分为四个象限，分别显示平面视图XY、XZ、YZ及三维视图。

图形显示在出现下列情况时将消失：

1）按［清屏］软键；

2）按［取消图形］软键；

3）改变图形类型（顶视图或实体）。

要进行显示区的定义，必须将程序模拟或执行方式中断，如果在执行或模拟当中是不能进行显示区的定义的。通过该选项，可以重新定义各轴的最大及最小值，从而改变显示区的大小；此值参考工件坐标系。为了方便定义显示区大小，CNC在屏幕的右上角提供了几个窗口用来指示当前显示区。

通过上下光标键在窗口选择要修改的项，然后键入需要的值。一旦此窗口各项值定义好，需按［ENTER］键确认。

按［ESC］键可退出显示区定义而不进行任何改变。

在平面图形显示中（3D，XY，XZ，YZ，组合视图），提供一软键功能［最佳区域］，利用此软键可以很方便地改变当前显示区的大小，从而包含所有平面及已加工的刀具路径。

每次改变显示区后，CNC将重新生成加工路径到加工当前点，如果需生成的点数超过了CNC当前内存空间，将只会生成加工当前点，而以前点将消失。在实体图形显示中，仅当CNC有PowerPC集成电路板时，才会重新生成加工路径。

在某些机床应用中（例如冲床），仅仅有XY平面；因此建议将Z轴最小设为$Z=0$，Z轴最大设为$Z=0.0001$，那么在局部视图中将仅仅显示XY平面图形（不会对XZ和YZ平面进行显示）。

为了使用图形放大功能，必须没有程序在执行或模拟中，如果有，需先将其中断。通过此选项，可对当前显示区进行放大或缩小显示操作；此放大功能不适用于组合视图及局部视图TOP VIEW中。当选择该选项时，CNC将在当前图形上显示一个双边窗口，并在屏幕的右下角重画一个窗口；这个新窗口表示所选择的新显示区。可以通过屏幕下方的软键［缩放+］、［缩放-］或［+］、［-］键来对新的显示区进行放大或缩小操作，也可通过上下左右光标键［⬆］［⬇］［⬅］［➡］对当前锁定的显示区窗口进行移动。

使用软键［初始值］，可以通过显示区设置的值；CNC显示该数值，但不退出该缩放模式，一旦显示区放大操作定义完毕，需按［ENTER］键确认。退出此方式而不进行任何改变按［ESC］键。

要想使用“视点”功能，必须没有程序在执行或模拟当中；如果程序在执行或模拟中，必须先将其中断，才能使用此功能。在任意三维图形显示时（3D，组合视图或SOLID实体），都可利用视点功能来改变图形显示角度。可通过上下左右光标键来相应移动X、Y和Z轴的位置来改变视点角度。当选择该选项时，CNC将在屏幕的右边醒目显示当前的视点。通过左右光标键［⬅］［➡］，可将XY平面绕Z轴旋转360°；通过上下光标键［⬆］［⬇］可将Z轴最多倾斜90°。一旦选择了新的视点角度按［ENTER］键确认。

而在选择了3D或COMBINED VIEW组合视图时，CNC将保持当前的图形显示，只有执行下一程序加工时才采用新的视点定义角度；这些程序段将在已有的图形上进行绘制。然而为了重新绘制未加工的零件可以用［清屏］软键对当前屏幕图形进行先清除。

图形参数可在图形显示方式的任何时候进行修改，即使零件程序在执行或模拟当中。利用该功能可对模拟速度和刀具移动轨迹颜色进行修改。参数修改后将被CNC立即采用，即使程序在执行或模拟中也是这样。按［图形参数］软键后，对应将出现模拟速度和路径颜色两个软键。

利用“模拟速度”选项可修改在模拟方式下执行零件程序时所用的速度百分率。此值将一直有效直到选择了另一个值或CNC进行了复位操作。CNC将在屏幕的右上角显示一窗口表示当前选择的模拟速度百分率。此值可通过左右光标键［⬅］［➡］进行改变，一旦值确定需按［ENTER］键确认，如果按下了［ESC］键将不会作任何修改，也可在缩放重画时改变模拟的速度，这可对某一特定加工操作进行检查。

利用“路径颜色”选项可以在执行或模拟方式修改用于绘制各种刀具路径的颜色。仅可用在平面视图中（3D，XY，XZ，YZ和组合视图）。有以下参数：

- 快速移动路径颜色。
- 理论路径颜色。
- 带刀具补偿的路径颜色。
- 螺纹加工路径颜色。
- 固定循环加工路径颜色。

在屏幕的右侧提供有各种可选择的路径颜色，用户可自行定义。如果选择的是黑色或透明色，在显示加工图形路径时，此两种颜色将显示不出来。通过［⬆］［⬇］键来选择要修改的项，然后通过［⬅］［➡］键进行值的改变。一旦选定了某种颜色，要按［ENTER］键进行确认；如果选定了某种颜色而按下了［ESC］键，将不会进行颜色的改变；进入此模式后按［ESC］键可退出此模式而不进行任何修改。

如果当前零件程序正在执行，是不能对图形显示进行清屏的。要想清屏，必须中断当前程序的执行。清屏功能用来清除当前屏幕工件加工图形显示。

“取消图形”功能可以在任何时候执行，即使当前程序正在进行加工或模拟，按下此软键，将关闭图形显示功能。要想激活图形显示功能，必须重新按［图形］软键，而当程序正在执行或模拟时，［图形］

软键是不会出现的。所以必须在程序没有被执行或模拟，或者程序在被中断的情况下，此时才会出现［图形］软键，从而可以打开图形显示功能。另外当取消图形显示时，系统将恢复到最后使用过的相关图形显示条件（图形类型，缩放，图形参数和显示区）等。

要使用“测量”功能，必须选择平面 *XY*、*XZ* 或 *YZ* 并且零件程序不能在执行或模拟当中。如果零件程序正在执行或模拟，必须中断。一旦选择此功能，CNC 屏幕将显示如图 8-4-50 所示。

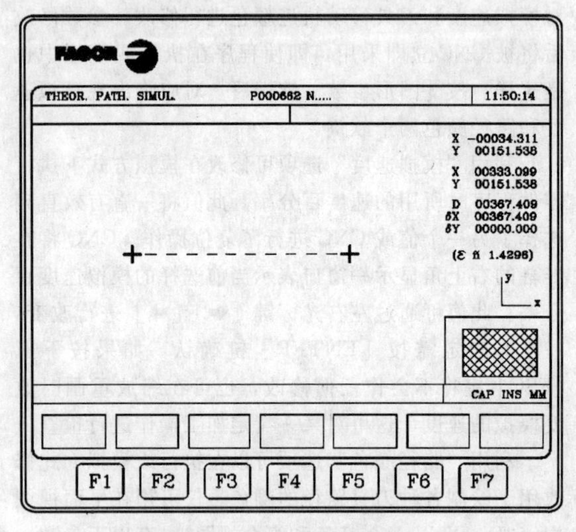

图 8-4-50　测量功能下屏幕显示

被测量的部分将以点线和两个光标显示在 CRT 的中心，同时，屏幕的右边将显示以下信息：

① 两光标相对于工件零点的坐标位置；

② 光标间的距离“D”，沿 *X* 及 *Z* 轴的距离“δX”和“δY”；

• 光标步长“ε”对应于所选择的显示区，以 mm 或 in 工作单位给出。

CNC 将以红色显示被选择的光标及其坐标值。可以通过［+］或［-］键选定另外一光标，一旦被选择，光标及其坐标值将以红色显示。可通过［⬆］［⬇］［⬅］［➡］光标方向键移动两光标，改变其位置。

另外，可通过按键序列［SHIFT］+［⬆］，［SHIFT］+［⬇］，［SHIFT］+［⬅］，［SHIFT］+［➡］将光标移动到相应轴的极限位置，要退出此命令返回到图形主界面，可按［ESC］键。

同样，如果期间［START］键被按下，CNC 也将退出此模式而返回到图形主界面。

6. CNC8035M 单段执行模式

当按下［单段］软键时，CNC 保持当前运行模式并处于单段执行方式；可以在执行程序的过程当中按［单段］或在运行程序前按［单段］都可以。

如果选择了单段执行方式，在 CNC 的上屏幕将显示单段两字，当然如果没有选择将什么也不显示。

如果选择了单段方式，CNC 将仅执行程序中的一段，然后保持运行模式，想要执行下一段按［START］键。

7. CNC8035M 编辑操作模式

编辑操作模式用来对存储在内存中的零件程序进行编辑、修改或预览。

编辑新零件程序时，必须首先指定程序号（最多 6 位数字），然后按［ENTER］。要想对已有程序进行修改，必须首先在程序目录结构中通过上下光标键［⬆］［⬇］或上下翻页键选择要修改的程序号，然后按［ENTER］。一旦指定了相应的程序号，并按［ENTER］键，此时将进入到编辑主窗口，编辑模式下的软键说明如表 8-4-138 所示。软键详细功能及操作方法见表 8-4-139。

表 8-4-138　编辑模式下的软键说明

软　键	说　明
编辑	在选择的程序中添加一新的程序段行
修改	在选择的程序中对已存在的行进行修改
查找	在程序中对某一字符串进行查找
替换	将程序中某一特定的字符串用另外一个代替
删除程序段	通过此功能可以对程序中某一段或多个相连的程序段进行删除操作
移动程序段	通过此功能可以在一当前程序中将一段或多个相连的程序段移动到另外一个位置
拷贝程序段	通过此功能可以在一当前程序中将一段或多个相连的程序段拷贝到另外一个位置
拷贝到程序	用来将当前程序中的一段或多个相连的段拷贝到另外一个程序当中
包括程序	用来将另外一个程序当中的全部段含入到当前程序中指定的位置
编辑器参数	进行自动编号(如自动编号的开与关、自动编号的步长及初始号的定义)，另外还可进行示教轴的定义

表 8-4-139 编辑模式下的软键说明

软键	详细说明
编辑	要想添加一新程序段，首先要通过光标指定该新段将要放置的位置；该新段将添加到当前光标所在行的下一行。此时按下[编辑]软键，将会出现以下几种软键，它们分别对应于几种不同的编程方式 CNC语言　此种方式可以通过ISO代码或高级语言进行编程 示教　在此种编辑模式下，轴可以通过手动或手轮方式移动到所需的位置，然后可以通过示教方式直接采用当前各轴坐标位置作为程序坐标（而无需手动键入相应值） 交互　可以通过CNC提问，操作者作答方式进行编程，提供交互式页面 用户　当为通用机床参数"USEDIT"定义了相应的程序号后，此时会在编辑主界面生成一[用户]软键，按下此软键，CNC就可在用户通道执行相对应的子程序
修改	在按下[修改]软键前，先将光标定位在要修改的程序段上 按下[修改]软键时，光标所在行程序段将出现在屏幕下方当前编辑区，并且[F1]到[F7]相应的软键将对应改变且以白色背景显示。此时按[ESC]，编辑区中的程序段将为空，可以重新对此段进行输入；如果只需对该段当中的一部分而不是全部进行修改，可以通过左右光标键移动到相应位置，然后进行相应修改。一旦该段修改完毕，按[ENTER]，编辑区中修改过的程序段将代替前面选定的程序段 要退出修改模式，可以通过不断地按[CLEAR]键将当前编辑区清空或按[ESC]键将当前编辑区清空，然后再次按下[ESC]键，那么选定的程序段将不会被修改 在编辑过程中可以通过按[HELP]获得相应帮助，按[ESC]可退出当前帮助状态；再次按下[HELP]也可退出帮助状态
查找	当按下[查找]软键时，在屏幕下方将会出现如下软键： 开始　按下[开始]软键时，光标将定位到当前程序的首段上，且退出当前查找模式 结束　按下[结束]软键时，光标将定位到当前程序的最后一段上，且退出当前查找模式 文本　通过此功能可以从当前光标位置开始对某一文本进行查找 按下[文本]软键时，CNC要求输入要寻找的文本，键入后按[结束文本]软键，此时光标将定位到从当前光标位置开始找到的第一个该文本上，且高亮显示。此时按[ENTER]，可以在当前程序中继续进行该文本的查找，一直到程序结束。每次找到后都会高亮显示该文本 行号　按下[行号]软键时，CNC将要求输入要查找的行号，输入后按[ENTER]，光标将定位到要查找的行号所在的程序段上，且退出查找模式
替换	当按下[替换]软键时，CNC首先要求指定程序中将被替换的字符串，当指定好后，按下[用]软键，此时CNC又要求指定用什么字符串替换刚才指定好的字符串，当指定好后，按下[文本结束]软键，此时光标将定位在程序中第一个找到的要替换的文本上 当然该要替换文本的查找是从当前光标所在的行开始的。找到的文本将高亮显示，且此时会相应出现以下软键： 替换　按下[替换]软键时，该高亮显示的文本将会被替换，且光标会自动定位到下一找到的同一文本上且高亮显示 不替换　按下[不替换]时，CNC将不会对当前找到的高亮显示的文本进行替换，且CNC会自动定位到下一文本位置 到终点　按下[到终点]软键时，CNC会对整个程序中找到的文本全部进行替换 中止　按下[中止]时，CNC将不会对当前找到的高亮显示文本进行替换，且退出替换模式
删除程序段	如果仅仅删除一段，那么只要将光标定位在所在段行，然后按[ENTER]就可以了 如果要进行多段删除，需要指定多段的第一段和最后一段 为此，需要按下列操作进行： ①将光标定位在需要删除的第一段，然后按下[开始程序段]软键 ②将光标定位在需要删除的结束段，然后按下[结束程序段]软键。如果需要删除的结束段正好是所在程序中的最后一段，可以按[到结尾]软键进行快速定位，而不必要通过不断地移动光标将最后一行来定位 ③一旦开始和结束段被选择，CNC将高亮显示它们，并等待命令的执行而进行删除操作
移动程序段	利用该功能，可以将程序中的一段或者多个相连的段移到另外一个位置。当然在移动多段时，需要指定多段的第一段和最后一段 具体可按下列步骤进行： ①将光标定位在所需移动程序段的第一段，然后按软键[开始程序段] ②将光标定位在所需移动程序段的结束段，然后按软键[结束程序段]。如果结束段为程序中的最后一段，可以按软键[到结尾]。而不必要将光标一直移动到最后一段，这样简便了方法，可以快速选择。如果仅仅移动一段到程序中的另外一个位置，那么"开始程序段"和"结束程序段"将在同一个位置。一旦所需移动的开始和结束段被指定，CNC将高亮显示它们 ③当然在移动前，需要先指定目的位置，可以通过移动光标确定。此时按[开始操作]软键，即可将所选程序段移动到当前光标所在行的下一行

续表

<table>
<tr><th colspan="2">软　键</th><th>详 细 说 明</th></tr>
<tr><td colspan="2">拷贝程序段</td><td>利用该功能,可以将程序中的一段或者多个相连的段拷贝到另外一个位置。当然在拷贝多段时,需要指定多段的第一段和最后一段。拷贝相当于复制,和移动程序段是不一样的,移动是改变位置,而拷贝是将一份变成两份
具体可按下列步骤进行:
①将光标定位在所需拷贝程序段的第一段,然后按软键[开始程序段]
②将光标定位在所需拷贝程序段的结束段,然后按软键[结束程序段]。如果结束段为程序中的最后一段,可以按软键[到结尾]。而不必要将光标一直移动到最后一段,这样简便了方法,可以快速选择。如果仅仅拷贝一段到程序中的另外一个位置,那么“开始程序段”和“结束程序段”将在同一个位置。一旦所需拷贝的开始和结束段被指定,CNC将高亮显示它们
③当然在拷贝前,需要先指定目的位置,可以通过移动光标确定
此时按[开始操作]软键,即可将所选程序段拷贝到当前光标所在行的下一行</td></tr>
<tr><td colspan="2">拷贝到程序</td><td>当选择[拷贝到程序]软键时,CNC将要求指定目的地程序号,输入此程序号,然后,按[ENTER]键确认.接下来需要做的就是指定需要拷贝的首段和结束程序段位置
为此,可以按下列步骤进行:
①将光标定位在需要拷贝的第一程序段位置,然后按[开始程序段]软键
②将光标定位在需要拷贝的结束程序段位置,然后按[结束程序段]软键
如果结束段为程序中的最后一段,可以按软键[到结尾]。而不必要将光标一直移动到最后一段,这样简便了方法,可以快速选择。如果仅仅拷贝一段到另外一个程序当中,那么“开始程序段”和“结束程序段”将在同一个位置。一旦所需拷贝的开始和结束段被指定,CNC将高亮显示它们,等待执行。如果目的地程序已经存在于内存当中,屏幕上将显示下列选项:
覆盖程序:如果选择此选项,所有目的地程序将被删除,且被拷贝过来的程序段代替
添加到程序:如果选择此选项,拷贝过来的程序段将添加到目的地程序中的最后
放弃操作:选择此选项,将会取消当前操作</td></tr>
<tr><td colspan="2">包括程序</td><td>按下[包括程序]软键时,CNC将要求输入所需含入的程序号,输入完后,按[ENTER]键确认。然后,用光标键对此程序的插入位置进行设定。被含入程序将会插入到光标所在行的下一行位置
按[开始操作]软键,开始包括程序</td></tr>
<tr><td rowspan="2">编辑器参数</td><td>自动编号</td><td>利用此功能设置好后,CNC将对下一个要编辑的程序段进行自动编号;但此设置不会对已存在的程序段有影响
当按下[自动编号]软键,对应于[F1]和[F2]就会产生两个新的软键:[开]、[关],用来对自动编号功能加以使能或取消
当选择[开]时,又会重新产生以下两个新的软键[初始号]、[步长]
初始号　按下此软键,然后输入下一要编辑的程序段所需的段号,缺省值为0
步长　按下此软键,CNC将要求输入两个相连的程序段之间的段号差值;例如前一段段号为N10,且设定步长为10,在N10段输入完并回车确认后,编辑区就会自动产生一新的程序段号N20等待输入新的程序段</td></tr>
<tr><td>示教编辑轴选择</td><td>当在示教编辑模式,且当前编辑区为空时,此时按下[ENTER]键,在主编辑窗口就会添加一段包括机床所在轴在内且为当前位置坐标值的程序段行
当要求按[ENTER]时,只产生所需编的轴位置程序段时,此时就需要在编辑器数[轴示教]中对不需要的轴进行暂时屏蔽
方法参考如下描述:
①按下[轴示教]键,在屏幕下方对应于[F1]到[F7]键会显示当前机床所拥有的所有轴
②每次对应的轴软键被按下,此轴将不会被显示
③按[ENTER]结束定义
此时当进入示教编辑模式,且当前编辑区为空时,按[ENTER]键,上面所屏蔽的轴将不会出现在所生成的程序段中;要想改变设置,进入到编辑器参数中,对示教轴重新加以定义</td></tr>
</table>

8. CNC8035M手动模式

一旦选择该操作模式,CNC将允许通过操作面板上的手动键或电子手轮(如果可用)移动机床。同样,CNC也允许使用操作面板上的键来控制主轴的运动。

利用MDI选项可以修改切削条件(包括移动类型、进给率等),并且,当CNC切换到“执行”或“模拟”模式时,也保留已修改的条件。表8-4-140列出了在该操作方式下的软键。

表 8-4-140　手动模式下的软键说明

软键	详 细 说 明
"回参考点"软键	使用该选项可以为需要回参考点的单根或多根轴执行回参考点，一旦选择该选项，软键上将显示出对应于每根轴的轴名以及"所有轴"软键 CNC 提供两种回参考点的方式： •选择"所有轴"软键，通过执行附加在 G74 上的子程序回参考点，子程序名由通用参数的"REFSUB(P34)"定义 •通过软键选择需要回参考点的单根或多根轴 如果选择"所有轴"软键，CNC 将突出显示（不同与背景颜色）所有轴的轴名，并等待循环启动[START]信号，来执行附加在 G74 上的子程序 当需要单根或多根轴同时回参考点（不执行附加子程序）时，可以使用相应软键来选择需要回参考点的轴，CNC 将突出显示所选轴，如果有不需要的轴被选择，按[ESC]键取消选择，并返回上一级菜单来选择"回参考点"
"预置"软键	使用该功能可以预先设置一个期望的轴位置，一旦选择该操作，CNC 的软键将显示所有轴的轴名 使用软键选择相应的轴后，CNC 将要求输入一个期望的预置值 输入完成后，按[ENTER]键确认，CNC 将采纳新的位置值
"刀具标定"软键	该功能可以利用已知尺寸的工件，来标定当前刀具的长度 执行该操作之前，必须先选择需要标定刀具 刀具标定是在由 G15 选择的纵向轴（默认轴：Z 轴）上进行标定 步骤如下： ①通过软键选择需要标定的轴向 ②CNC 将要求输入已知工件接触点的位置值．一旦该值输入完成，按[ENTER]键确认，CNC 将采纳该位置值 ③使用手动键移动刀具，直到碰到工件 ④按"加载"软键 CNC 执行必要的计算后，将新值赋予已选的刀具长度偏置
"MDI"软键	该功能可以编辑和执行一段程序段（ISO 或高级语言），并且软键还提供一些必要信息 一旦程序段编辑完成，按[START]键，CNC 就会在不用切换操作模式的情况下，执行该程序段
"用户"软键	选择该操作时，CNC 将在用户通道执行由通用参数"USERMAN"设定的程序 按[ESC]键，退出并返回上一级菜单
"显示选择"软键	可能使用到的显示模式如下： 实际　显示当前各轴在工件坐标系中的实际位置 跟随误差　显示各轴（包括主轴）实际位置与理论位置之间的差值 实际和跟随误差　显示各轴的实际位置以及它们的跟随误差 PLC　进入 PLC 的监视模式 位置　显示在工件坐标系和机床坐标系（参考坐标系）下各轴的实际位置
"MM/INCHES"软键	该软键用于切换直线轴的显示单位（MM/INCH） 屏幕的右下角显示当前的显示单位（MM/INCH） 注意，该选项不影响以度为计数单位的旋转轴

手动模式下，手动轴的移动可分为连续手动、增量手动、路径-手动操作，见表 8-4-141。

表 8-4-141　手动轴的移动

连续手动	在使用操作面板上的波段开关，选择了手动进给速度（轴参数"JOGFEED"设置）的%倍率后，按相应的手动方向键（与期望轴和方向相对应） 通常情况下，手动一次只能移动一次轴。如果需要以其他方式移动轴的话，则取决于通用逻辑输入"LATCHM"的状态： •如果 PLC 设置该标志为低。只有手动键被按着时，相应轴才移动 •如果 PLC 设置该标志为高。轴在按动相应键后一直移动，直到按动[STOP]键或其他手动键。在这种情况下，移动将转移到新选择的轴上 如果手动移动轴的同时按着快速键，该轴将以机床参数"G00FEED"所设置的进给速度移动。当释放该键时，它将恢复手动进给速度（轴参数"JOGFEED"设置）以及倍率（0～120%）

续表

增量手动	该功能允许所选轴向所选方向移动一个增量的距离(通过操作面板上的波段开关选择)。移动的速度由轴参数"JOGFEED"设置 可供选择的波段开关位置有:1,0,100,1000 和 10000。具体的步距当量由当前显示单位决定 无论当前的显示格式是什么,最大允许的步距当量都是 10mm 或 1in。例如:公制 5.2 或英制 4.3 的格式,当波段开关位于 1000 和 10000 的位置时,步距当量同样是最大允许当量 10mm 选择了期望的移动当量后,按一下手动反向键,相应的轴将向所选方向移动一个选择的距离
路径-手动	当方式选择开关在连续或增量方式下,可以激活"手动路径"。该功能用于通过手动移动一根轴,使平面上的另一根轴与之进行插补来倒角(选择直线)或倒圆角(选择圆弧)。CNC 设定 X 向的手动键,作为"手动路径"主键 定义路径参数的变量如下 •直线:由变量 MASLAN 确定角度(直线路径与第一平面轴间的夹角) •圆弧:由变量 MASCFI,MASCSE(主平面的第一/第二轴)确定圆心坐标 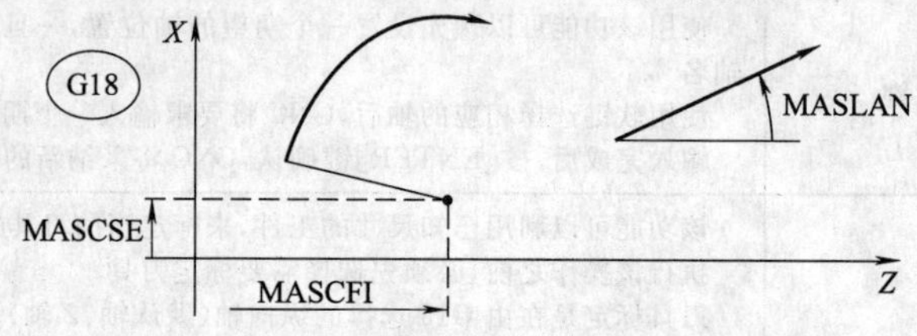 变量 MASLAN、MASCFI 和 MASCSE 是 CNC、DNC、PLC 的可读写变量

"手动路径"模式中必须有 X 轴。当按住 X 轴方向键时,CNC 的动作如表 8-4-142 所示。

表 8-4-142 "手动路径"模式中 CNC 的动作

方式开关位置	手动路径	移动方式
连续手动	OFF	只有该轴按照指定的方向移动
	ON	两根轴按照指定的反向,沿着相应路径移动
手动增量	OFF	只有该轴按照指定的方向,移动一个选择的距离
	ON	两根轴按照指定的方向,沿着指定的路径,移动一个选择的距离
手轮		该功能无效

用电子手轮移动轴,根据不同的配置,有不同类型的手轮,见表 8-4-143。

表 8-4-143 手轮的类型

通用手轮	该类型手轮可以依次移动任意轴 选择目标轴后,转动手轮移动 需要移动轴时,先将方式旋钮开关转到手轮的位置。位置 1、10、100 表示除了为手轮反馈提供的×4 倍频外,CNC 还为它提供的三个乘数因子
独立手轮	该类型的手轮类似于传统的机械手轮(普通机床上用于进给的手摇轮)。它只能移动跟它相关的轴,最多可以使用 3 个独立手轮(每根轴一个) 机床可以配置一个通用手轮和 3 个与各轴相关的独立手轮。在这个情况下,独立手轮优先于通用手轮。也就是说当独立手轮移动时通用手轮无效 各根轴根据方式开关的位置以及相关手轮的转动速度和转动方向移动
路径手轮	该类型手轮可以用于倒角和圆角。通过摇动一个手轮,两根轴沿着所选择的路径(倒角或圆角)移动 CNC 设定通用手轮作为路径手轮。如果没有配置通用手轮时,则使用与 X 轴相关的手轮作为路径手轮 该功能必须由 PLC 管理 当选择路径手轮模式时,CNC 操作如下: •如果有通用手轮,该手轮就作为路径手轮。独立手轮还是保持与各自轴相关 •如果没有通用手轮,与 X 轴相关的独立手轮则作为路径手轮 按[STOP]键或者将方式开关转到连续和增量位置,可以中断路径手轮的移动

续表

进给手轮模式	该类型的手轮可以用于控制机床进给速度 该功能必须由 PLC 管理
"叠加手轮"模式	该类型手轮可以用于在当程序运行过程中手动移动轴 该功能必须由 PLC 管理 使用手动干涉或叠加手轮,可以在程序执行过程中手动移动轴。一旦该功能被激活,手轮移动的量,叠加在自动执行的结果上,也就相当于叠加了另一个零点偏置(类似于临时 PLC 偏置) 通常,通用手轮是叠加手轮。当没有通用手轮时,则使用与该轴相应的独立手轮作为它的叠加手轮。一次只能激活一个"叠加手轮",先激活的手轮有效 使用叠加手轮的干涉,只有在自动模式下有效,即使程序被中断也同样有效。但不包括刀具检查模式 由叠加手轮产生的坐标偏移,在手轮取消后一直有效。在回参考点后清除。但在 M02、M30 或急停后是否保留,由机床参数 ADIMPG 设定

在不需要执行 M03、M04 或 M05 的情况下，可以通过操作面板上定义的按键来手动控制主轴，见表8-4-144。

表 8-4-144　手动控制主轴

按　键	说　明
	类似于 M03 功能,启动主轴顺时针旋转,同时在机床状态栏显示 M03 功能
	类似于 M04 功能,启动主轴顺时针旋转,同时在机床状态栏显示 M04 功能
	类似于 M05 功能,停止主轴旋转
%+　%−	改变已编辑的主轴速度的百分比。变化范围由参数"MINSOVR"、"MAXSOVR 设置,每次变化的增量步距由参数"SOVRSTEP"设置

9．8035TC 基本操作

8035TC 的上电、用 TC 键盘在 T 模式操作、视频关闭等操作方法见表 8-4-145。

表 8-4-145　8035TC 基本操作

上电	CNC 上电或顺序按动[SHIFT]、[RESET]键后,如果机床制造商定义了页 0,CNC 将显示页 0。如果没有页 0,CNC 将显示标准屏幕以便选择工作模式
用 TC 键盘在 T 模式工作	8035TC 有 2 种工作模式:TC 模式和 T 模式。顺序按[SHIFT] [ESC]键在 2 种模式间切换。 TC 键盘也可用于 T 模式,可用数字键盘和 F1～F7 软键
视频关闭	顺序按[SHIFT] [CLEAR]键 CRT 的屏幕会空白。要恢复视频信号,只要按动任意键 当接到任何信息时,CNC 也恢复显示
循环启动键的处理	为了避免键入了 TC 模式不支持的键引起误操作,CNC 会使启动图标由绿色变为灰色并显示信息提示这是个无效操作 例如,如果当选中一个工件程序并键入"M3 Start"(TC 模式不支持)时,CNC 会显示报警并在检测到启动键时阻止工件程序的运行

10．8035TC 手动模式的操作

轴的控制如表 8-4-146 所示。

表 8-4-146 8035TC 轴的控制

工作单位	访问TC工作模式时CNC所采用的工作单位，mm或in，半径或直径，mm/min或mm/r等由机床参数选择 要修改这些值，必须访问“T”模式，修改相关的机床参数
坐标预置	坐标预置必须一根轴一根轴进行，步骤如下： ①按希望轴的键，[X]或[Z] CNC将高亮度显示该轴的位置，表示该轴是选中的轴 ②输入预置轴所要求的值。要退出坐标预置按[ESC] ③按[ENTER]以便CNC采用上述值作为该点的新坐标值 CNC要求确认该命令。按[ENTER]确认或按[ESC]退出预置
轴进给率(F)的处理	要指定轴的进给率，按下列步骤进行： ①按[F]键 CNC高亮度显示现在的进给率值 ②输入新的进给率值 要退出预置按[ESC] ③按启动键使CNC采用上述值作为该轴的进给率

机床零点搜索。机床零点搜索可以用2种方式完成（见表8-4-147）。为机床的所有轴进行零点搜索，为机床的某根轴进行零点搜索。

表 8-4-147 机床零点搜索

为机床的所有轴进行零点搜索	要完成对机床所有轴的零点搜索，按[ZERO]键，CNC将要求确认该命令
为机床的某根轴进行零点搜索	要完成对机床一根轴的参考零点的搜索，必须按所要求的轴对应的键及机床参考点搜索的键。 不论在何种情况下，CNC将要求确认该命令 [X] [ZERO] [I] 完成对 X 轴的零点搜索 [Z] [ZERO] [I] 完成对 Z 轴的零点搜索

零点偏置表。可以在TC模式修改零点偏置表。表中的数值与普通模式中的相同。按［ZERO］键进入零点偏置表。

零点偏置表可用如下方法进入。

① 在标准屏幕，同时没有轴被选中，按［ZERO］键进行入零点偏置表，CNC将要求确认该命令。

② 在ISO模式，当“零点偏置和预置”循环被选中按［ZERO］键进行入零点偏置表。

零点偏置表外形如图8-4-51所示，它显示每个轴的偏置值包括PLC偏置。当在表中滚动光标时，会有不同颜色，各颜色说明见表8-4-148。

	X	Z
PLC	0.0000	0.0000
G54	0.0000	0.0000
G55	0.0000	0.0000
G56	0.0000	0.0000
G57	0.0000	0.0000
ΔG58	0.0000	0.0000
ΔG59	0.0000	0.0000

图 8-4-51 零点偏置表

手动移动轴见表8-4-149。当手动移动轴时，无论是JOG还是手轮方式，被移动的轴将被反白显示。对于同步轴，只有主动轴被反白显示。对于路径手轮，没有轴被反白显示，但处于路径手动方式。

刀具控制。当需要选择其他的刀具时，按下列步骤进行：

1）按［T］键，CNC将框定刀具号。

2）输入所选择的刀具号。要退出按［ESC］键。

3）按［START］键CNC选择新的刀具，在选择新的刀具后，CNC更新与新刀具相关的位置代码的图标。

刀具定义见表8-4-150。

表 8-4-148 零点偏置表颜色说明

颜色	说明
绿色背景,白色文字	系统中的实际值与屏幕的显示值相同
红色背景,白色文字	系统中的实际值与屏幕的显示值不同 表中的值已被改变,但还未生效,按[ENTER]键使其生效
蓝色背景	零点偏置已激活 同时可能有2个激活的零点偏置,绝对偏置(G54~G57)和增量偏置(G58~G59)

表 8-4-149 手动移动轴

移动轴到特定位置(坐标)	每次移动1根轴到特定位置的操作如下: [X]目标坐标[START] [Z]目标坐标[START]
增量移动	转动旋钮开关到增量移动的位置 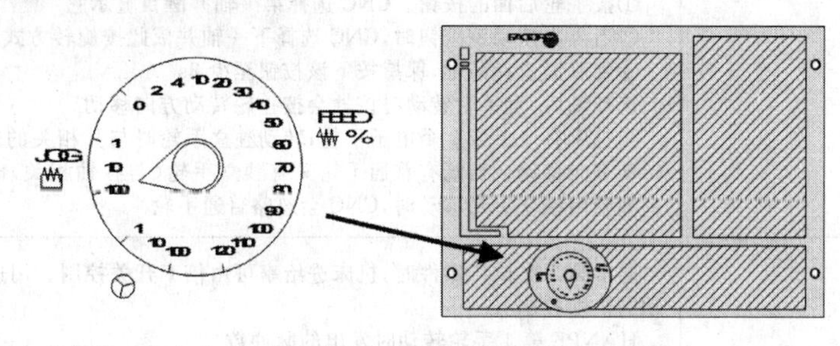 增量方式每次只能移动1根轴。按JOG键使轴向期望的方向移动 每次JOG键按下,轴按JOG开关指定的不同增量值移动。此移动按当前进给率进行
连续移动	将旋钮开关置于连续移动位置,并选择进给率倍率(0~120%)。 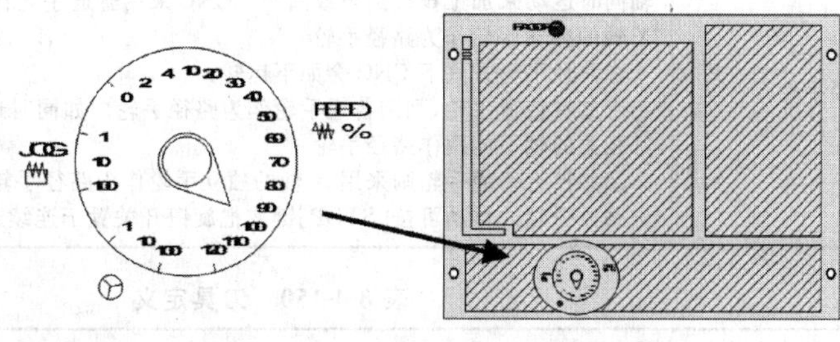 连续移动每次只能移动1根轴。按JOG键使轴向期望的方向移动 轴以选择的进给率F的百分率移动(0~120%) 如果在轴移动时,按动了快速键,将采用轴机床参数G00FEED设定的最大的进给率 该进给率在上述键按下时一直有效,当释放该键时,恢复前面的进给率 根据通用逻辑输入LATCHM的状态,移动将按下列方式进行: ①如果PLC将该标志设置为低电平,轴只有在相关的JOG键被按下时才移动 ②如果PLC将该标志设置为高电平,当JOG键按动时轴开始移动,直到上述JOG键被再次按动或者其他JOG键被按动才停止,此时,移动切换到后按动的JOG键指定的轴上 当下列情况发生时,进给率"F"可采用mm/r: ①主轴在运转 ②主轴停止,但主轴转速S被指定 ③主轴停止,但主轴转速S未被指定
路径手动	旋钮开关处于连续或增量位置时可激活路径手动方式。此特性可用于按1个JOG键使平面上的2个轴同时运动来加工直线倒角或圆角。CNC采用*X*轴的JOG键实现路径手动

续表

用电子手轮移动轴	在此方式可用电子手轮移动轴。为此要把旋钮开关置于手轮位置 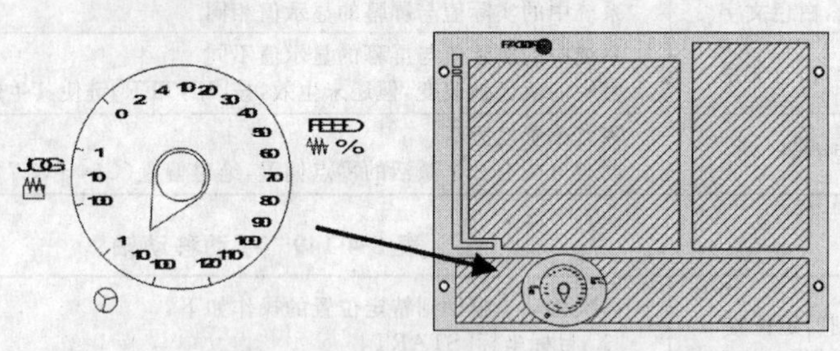 当机床有1个电子手轮，手轮倍率开关置于期望位置后，按JOG键会选中相应的轴。屏幕底部会以小字符显示选中的轴并在旁边显示手轮图标 使用带有轴选择按钮的FAGOR手轮时，可以按下列步骤选择轴： ①按手轮后面的按钮。CNC选择第一轴并醒目显示它 ②当再次按动该按钮时，CNC选择下一轴并依此按旋转方式转换 ③要取消选择某轴，保持按下该按钮至少2s 选择轴后，当手轮转动时该轴会按手轮转动方向移动 当机床有2个或3个电子手轮，转动独立手轮时与其相关的轴会根据倍率开关的位置和手轮转动方向移动。当既有普通手轮又有独立手轮（与各轴相关）时，独立手轮具有更高的优先权。例如当用独立手轮移动时，CNC会忽略普通手轮
进给手轮	通常第1次试切零件时，机床进给率可由倍率开关控制。用这种方法，进给率的大小由手轮转动的快慢控制 HANPF 第1手轮转动时发出的脉冲数 HANPS 第2手轮转动时发出的脉冲数 HANPT 第3手轮转动时发出的脉冲数 HANPFO 第4手轮转动时发出的脉冲数
路径手轮	旋钮开关处于手轮位置时可激活路径手轮方式。此特性可通过转动1个手轮使平面上的2个轴同时运动来加工直线倒角或圆角。CNC采用普通手轮作为路径手轮，如没有普通手轮则采用*X*轴的独立手轮作为路径手轮 在路径手轮方式下CNC会如下运转： ①如有普通手轮，则用普通手轮作为路径手轮。如同时还有独立手轮，则独立手轮只能操作与其相关的轴不能用作路径手轮 ②如没有普通手轮则采用*X*轴的独立手轮作为路径手轮 路径手轮的移动可按[STOP]键或把旋钮开关置于连续或增量位置来停止

表 8-4-150　刀具定义

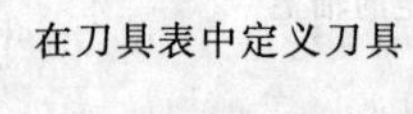 在刀具表中定义刀具	进入此页时，CNC将显示下列信息： 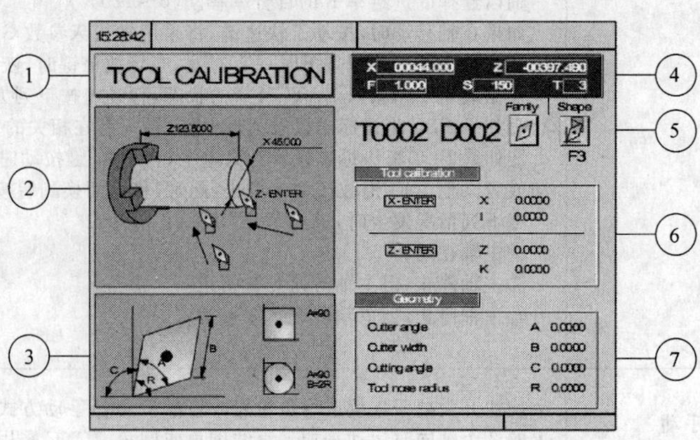

续表

在刀具表中定义刀具	① 指示工作模式:"刀具标定" ②刀具标定的帮助图形 ③刀具几何形状的帮助图形 ④机床的当前状态:实际 X、Z 坐标,实际进给率 F,实际主轴速度 S 和当前选择的刀具 T ⑤刀号,偏置号,系列和位置代码(形状) ⑥为该刀具定义的长度值 ⑦刀具几何形状值 要标定刀具,按下列步骤进行: 1)选择要定义的刀具 ①按[T]键选中"T"域 ②键入期望的刀号并按[RECALL]键 如果它已被定义,将显示存储在刀具表中的数值。如果没有定义,CNC 采用与刀号相同的刀偏号并将所有的数据设置为"0" 2)选择与刀具相关的刀具偏置 ①选中"D"域。如还未选中,按[D]键或[→]键 ②键入期望的刀具偏置号并按[ENTER] 3)定义刀具尺寸。刀具尺寸有下列数据: ①X 刀具 X 轴方向的尺寸(半径值) ②Z 刀具 Z 轴方向的尺寸 ③I 刀具 X 轴方向的磨损偏置(直径值) ④K 刀具 Z 轴方向的磨损偏置 4)定义刀具的类型 把光标定位在刀具类型图标上并按[一]键。可用的刀具类型如下: 5)定义刀具的位置代码 把光标定位在刀具类型图标上并按[一]键 6)定义其他与刀具相关的数据
手动刀具标定	刀具标定有 2 种方式: ①当有刀具设定表(已知刀具尺寸)时 使用刀具尺寸窗口,定义其中的 X、Z 尺寸和 I、K 磨损值 ②当没有测量设备(刀具尺寸未知)时 用 CNC 来进行测量。使用刀具标定窗口

主轴控制见表 8-4-151。

表 8-4-151　主轴控制

主轴用 RPM	CNC 显示下列信息: 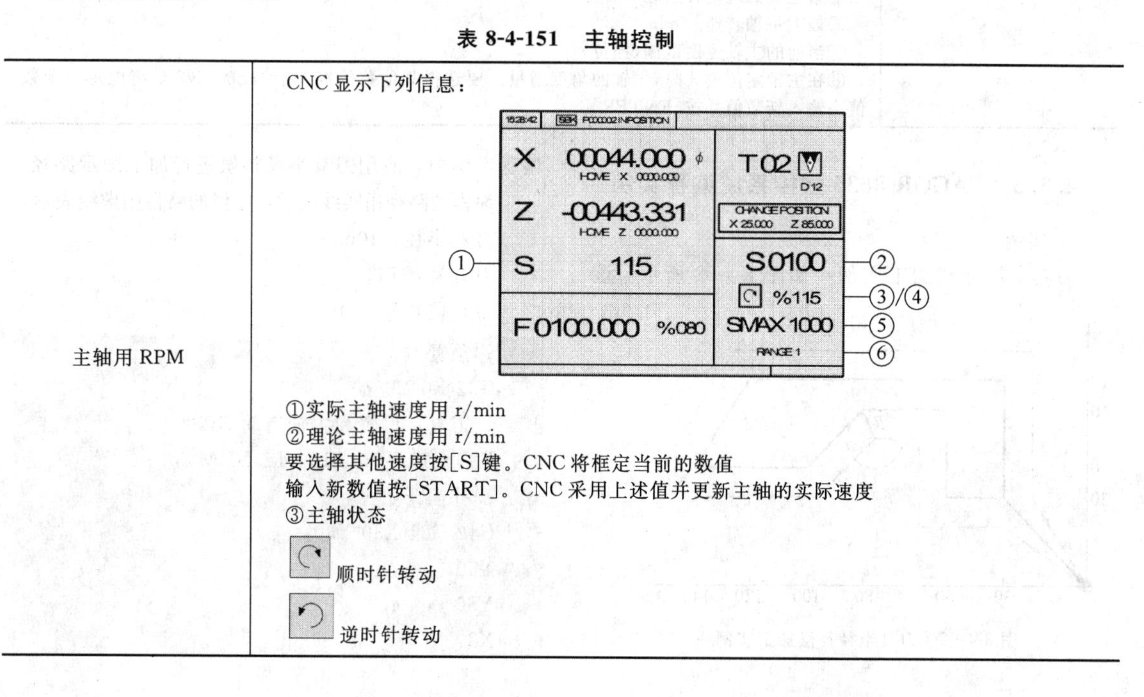 ①实际主轴速度用 r/min ②理论主轴速度用 r/min 要选择其他速度按[S]键。CNC 将框定当前的数值 输入新数值按[START]。CNC 采用上述值并更新主轴的实际速度 ③主轴状态 顺时针转动 逆时针转动

第 8 篇

续表

主轴用 RPM	停止 要修改主轴的状态按下列键： ④给主轴的理论转速施加百分率％ ⑤最大主轴转速 r/min 要选择其他速度按[S]两次。CNC 将框定当前数值。输入新数值并按[ENTER]。CNC 采用上述值且不允许主轴的速度超出这个转速值 ⑥当前的主轴速度范围(挡位) 当拥有自动换挡装置时，该数值不能修改 当没有自动换挡装置时，按[S]键再按[→]键框定当前数值。输入所选择的范围值并按[ENTER]或[START]键
主轴工作在恒表面速度方式	在恒表面速度模式，刀尖和工件之间必须一直保持用户设置的恒定的切向速度 因此主轴的旋转速度取决于刀尖相对于转动轴的位置。如果刀尖离工件远，主轴转速将降低，如果刀尖靠近工件，主轴转速将上升
主轴定位	在主轴定位时，CNC 将显示下列信息： 15:28:42　SBK　P000002 IN POSITION X　00044.000 φ　HOME X 0000.000　T02　D12 Z　-00443.331　HOME Z 0000.000　CHANGE POSITION X 25.000 Z 85.000 ①　S　115　S0100　③ ②　Spos　80.000　%115　④/⑤ F0100.000 %080　SMAX 1000 RANGE 1　⑥/⑦ 020.0000　⑧ ①以 r/min 为单位的实际主轴速度 ②以度为单位的主轴角向位置 ③以 r/min 为单位的理论主轴速度 ④主轴状态 ⑤给主轴的理论转速施加百分率％ ⑥最大主轴转速 r/min ⑦当前的主轴速度范围(挡位) ⑧在主轴定位模式时，主轴的角度增量。要选择其他数值按[S]键三次。CNC 将框定当前数值。输入新数值并按[ENTER]

4.3.3　FAGOR 8035 数控系统编程实例

1. 实例一

刀具半径补偿加工实例一如图 8-4-52 所示。该编程实例中，应用刀具半径补偿进行加工图示路径。编程的路径用实线表示，补偿的路径用虚线表示。

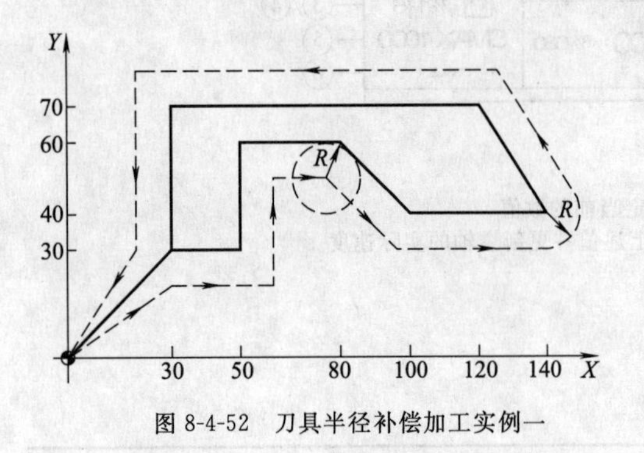

图 8-4-52　刀具半径补偿加工实例一

刀具半径：10mm。

刀具号：T1。

刀具偏置号：D1。

```
；预置
G92 X0 Y0 Z0
；刀具，偏置和主轴启动 S100
G90 G17 F150 S100 T1 D1 M03
；补偿开始
G42 G01 X30 Y30
X50
Y60
X80
```

```
X100 Y40
X140
X120 Y70
X30
Y30
；取消补偿
G40 G00 X0 Y0
M30
```

2. 实例二

刀具半径补偿加工实例二如图8-4-53所示。该编程实例中，应用刀具半径补偿进行加工图示路径。

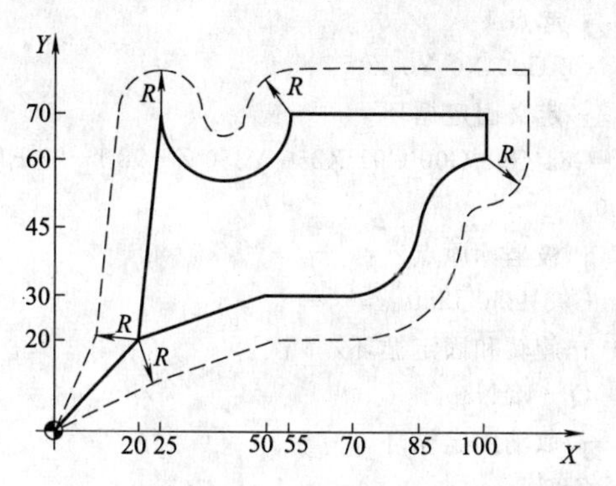

图8-4-53 刀具半径补偿加工实例二

编程的路径用实线表示，补偿的路径用虚线表示。

刀具半径：10mm。

刀具号：T1。

刀具偏置号：D1。

```
；预置
G92 X0 Y0 Z0
；刀具，偏置和主轴启动 S100
G90 G17 F150 S100 T1 D1 M03
；开始补偿
G42 G01 X20 Y20
X50 Y30
X70
G03 X85 Y45 I0 J15
G02 X100 Y60 I15 J0
G01 Y70
X55
G02 X25 Y70 I-15 J0
G01 X20 Y20
；取消补偿
G40 G00 X0 Y0 M5
M30
```

3. 实例三

刀具长度补偿加工实例如图8-4-54所示。该编程实例中，应用刀具长度补偿方法补偿编程的刀具长度和实际使用的刀具长度之间的差值。

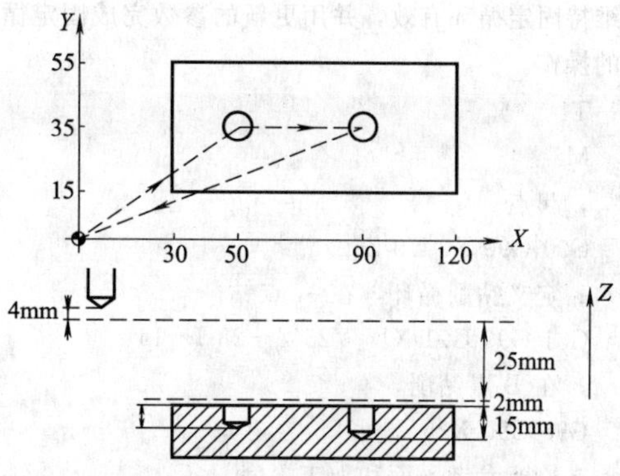

图8-4-54 刀具长度补偿加工实例

假定被使用的刀具是4mm，比编程的短。

刀具长度：4mm。

刀具号：T1。

刀具偏置号：D1。

```
；预置
G92 X0 Y0 Z0
；刀具，偏置 …
G91 G00 G05 X50 Y35 S500 M03
；开始补偿
G43 Z-25 T1 D1
G01 G07 Z-12 F100
G00 Z12
X40
G01 Z-17
；取消补偿
G00 G05 G44 Z42 M5
G90 G07 X0 Y0
M30
```

4. 实例四

固定循环的参数修改如图8-4-55所示。该编程

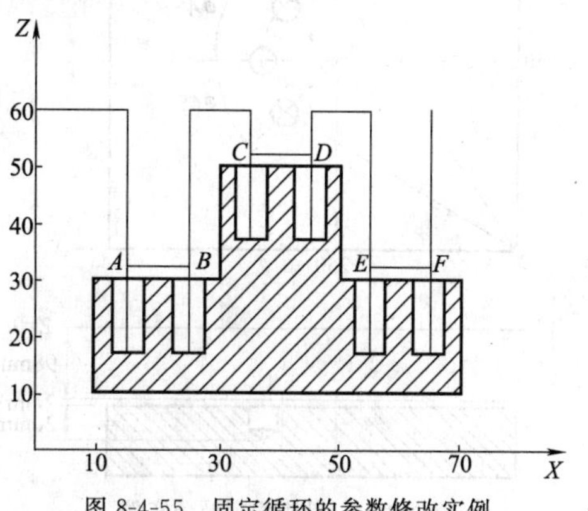

图8-4-55 固定循环的参数修改实例

第8篇

实例中，CNC允许用功能G79修改当前固定循环的一个或几个参数，并不需要重新定义固定循环。CNC将维持固定循环有效，并用更新的参数完成固定循环下的操作。

```
T1
M6
；起点
G00 G90 X0 Y0 Z60
；定义钻削循环，在A点钻削
G81 G99 G91 X15 Y25 Z-28 I-14
；在B点钻削
G98 G90 X25
；修改参考平面和加工深度
G79 Z52
；在C点钻削
G99 X35
；在D点钻削
G98 X45
；修改参考平面和加工深度
G79 Z32
；在E点钻削
G99 X55
；在F点钻削
G98 X65
M30
```

5. 实例五

钻削固定循环实例如图8-4-56所示。该编程实例中，该循环完成连续的钻削加工直到达到最终的编程坐标。

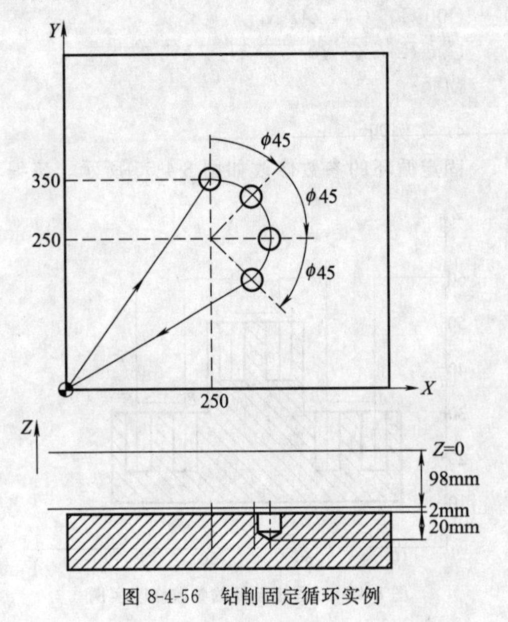

图8-4-56 钻削固定循环实例

1）如果主轴之前是旋转的，它将保持旋转的方向，如果之前它没有旋转，它将顺时针启动（M03）。

2）纵向轴快速从初始平面移动到参考平面。

3）钻削孔，纵向轴以工作进给率移动到编写的加工深度“I”。

4）停顿K，如果编写了以百分之一秒为单位。

5）根据编写了G98或G99，纵向轴以快速（G00）退回到初始平面或参考平面。

```
；选择刀具
T1
M6
；起点
G0 G90 X0 Y0 Z0
；定义固定循环
G81 G98 G00 G91 X250 Y350 Z-98 I-22 F100
S500
；极坐标原点
G93 I250 J250
；旋转和固定循环，3次
Q-45 N3
；取消固定循环
G80
；定位
G90 X0 Y0
；结束程序
M30
```

6. 实例六

攻螺纹固定循环如图8-4-57所示。

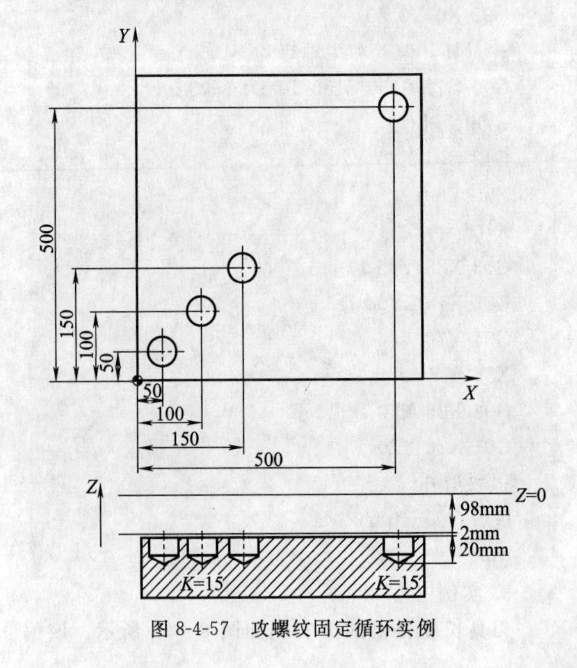

图8-4-57 攻螺纹固定循环实例

```
；选择刀具
T1
M6
；起点
G0 G90 X0 Y0 Z0
；定义固定循环，三个加工操作被执行
G84 G99 G91 X50 Y50 Z－98 I－22 K150 F350
S500 N3
；定位和固定循环
G98 G90 G00 X500 Y500
；取消固定循环
G80
；定位
G90 X0 Y0
；结束程序
M30
```

7. 实例七

矩形型腔固定循环如图 8-4-58 所示。

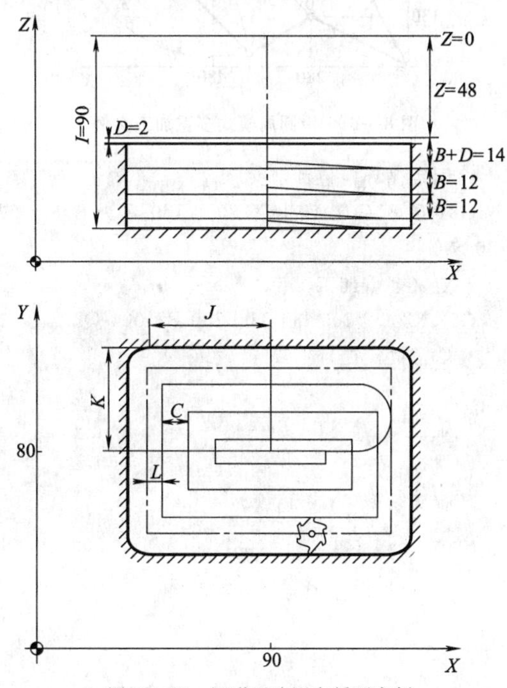

图 8-4-58　矩形型腔固定循环实例

```
；选择刀具
(TOR1＝6,TOI1＝0)
T1 D1
M6
；起点
G0 G90 X0 Y0 Z0
；定义固定循环
G87 G98 X90 Y60 Z－48 I－90 J52.5 K37.5
B12 C10 D2 H100 L5 V100
F300 S1000 M03
；取消固定循环
G80
；定位
G90 X0 Y0
；程序结束
M30
```

8. 实例八

圆形型腔固定循环如图 8-4-59 所示。

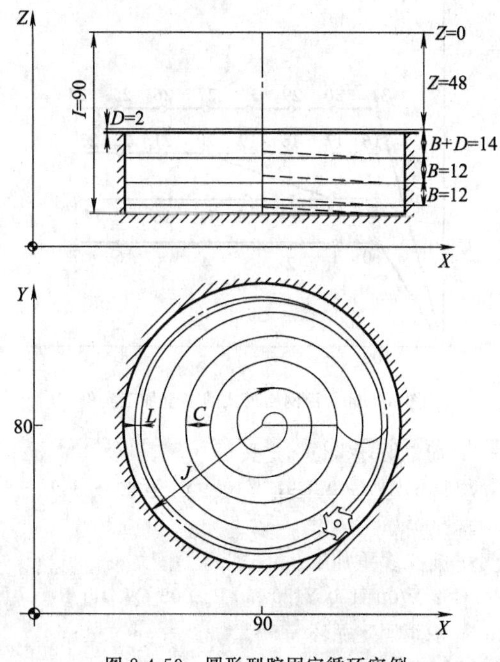

图 8-4-59　圆形型腔固定循环实例

```
；选择刀具
(TOR1＝6,TOI1＝0)
T1 D1
M6
；起点
G0 G90 X0 Y0 Z0
；定义固定循环
G88 G98 G00 G90 X90 Y80 Z－48 I－90 J70 B12
C10 D2 H100 L5 V100
F300 S1000 M03
；取消固定循环
G80
；定位
G90 X0 Y0
；结束程序
```

M30

9. 实例九

基本操作如下。

1）多重加工计算那些被编写想要加工的下一个点。

2）快速移动（G00）到这个点。

3）在移动后多重加工将执行所选择的固定循环或模态子程序。

4）CNC将重复步骤前3步直到完成编写的路径。

沿网格模式的多重加工如图8-4-60所示。

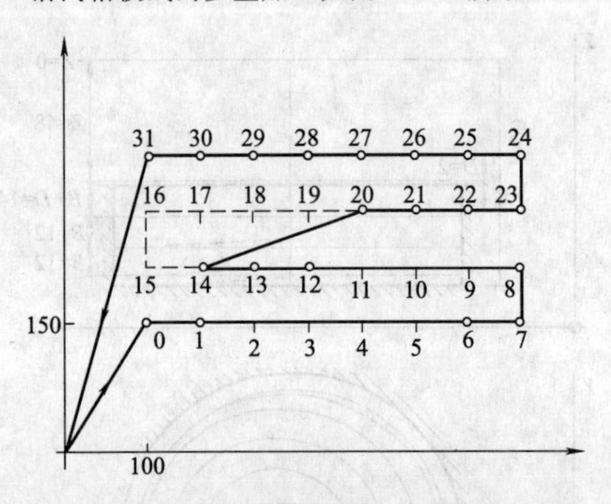

图8-4-60 沿网格模式的多重加工实例

；固定循环定位和定义

G81 G98 G00 G91 X100 Y150 Z－8 I－22 F100 S500

；定义多重加工

G62 X700 I100 Y180 J60 P2.005 Q9.011 R15.019

；取消固定循环

G80

；定位

G90 X0 Y0

；程序结束

M30

10. 实例十

基本操作如下。

1）多重加工计算那些被编写想要加工的下一个点。

2）根据C（G00，G01，G02或G03）定义的运动类型以编程的进给率运动到该点。

3）在移动后多重加工将执行所选择的固定循环或模态子程序。

4）CNC将重复步骤前3步直到完成编写的路径。

沿圆周模式多重加工如图8-4-61所示。

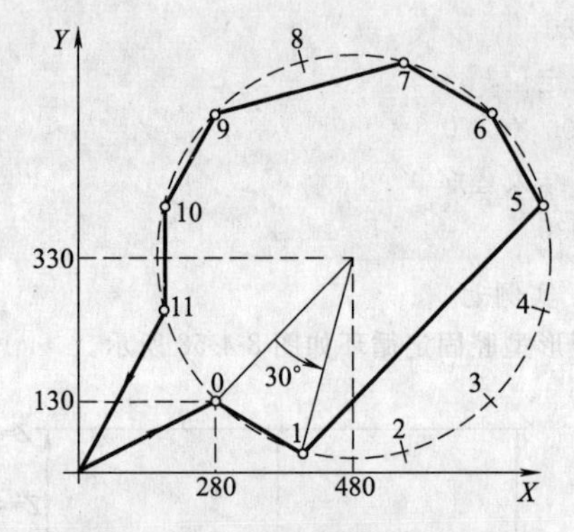

图8-4-61 沿圆周模式多重加工实例

；固定循环定位和定义

G81 G98 G01 G91 X280 Y130 Z－8 I－22 F100 S500

；定义多重加工

G63 X200 Y200 I30 C1 F200 P2.004 Q8

；取消固定循环

G80

；定位

G90 X0 Y0

；程序结束

M30

第5章　广州数控系统

5.1　钻、铣床数控系统

5.1.1　GSK 980MDc钻铣数控系统

GSK 980MDc是基于GSK 980MDa升级软硬件推出的新产品，具有横式和竖式两种结构。采用8.4in彩色LCD，可控制5个进给轴（含Cs轴）、2个模拟主轴，最小指令单位0.1μm。新增软功能按键、图形化界面设计、对话框式操作，人机界面友好。PLC梯形图在线显示、实时监控。作为GSK 980MDa的升级产品，GSK 980MDc是数控钻铣床技术升级更好的选择。

1. 产品特点

GSK 980MDc钻铣数控系统的技术特点如表8-5-1所示。

表8-5-1　GSK 980MDc钻铣数控系统技术特点

序号	技术特点
1	X、Y、Z、4th、5th五轴控制，4th、5th轴的轴名、轴型可定义
2	2ms插补周期，控制精度1μm、0.1μm可选
3	最高速度60m/min（0.1μm时最高速度24m/min）
4	功能齐全，可实现钻孔/镗孔，圆凹槽/矩形凹槽粗铣，全圆/矩形精铣，直线/矩形/弧形连续钻孔等循环加工
5	支持螺旋线插补、圆柱插补，支持极坐标指令
6	适配伺服主轴可实现主轴连续定位、刚性攻螺纹功能
7	内置式PLC程序，PLC程序可编辑、上传、下载，支持多梯形图功能 PLC梯形图在线显示、实时监控
8	40MB共10000个零件程序的海量储存空间 支持语句式宏指令编程，支持带参数的宏程序调用 支持公制/英制编程，具有比例缩放、可编程镜像、自动倒角功能
9	8.4in彩色LCD，支持中文、英文、西班牙文、俄文、葡萄牙文显示，由参数选择 支持多次限时停机功能
10	具备USB接口，支持U盘文件加工、系统配置和软件升级
11	高速DNC，实现零件程序实时传输加工
12	2路0～10V模拟电压输出 1路电子手轮输入，支持手持式电子手轮
13	可控制圆盘式刀库和斗笠式刀库
14	面板尺寸、安装孔位、指令系统与GSK 980MDa兼容，开孔尺寸略有差异

2. 功能参数

GSK 980MDc钻铣数控系统的控制轴数如表8-5-2所示。其数控系统进给轴最小输入/输出单位如表8-5-3所示，位置指令范围如表8-5-4所示，快速移动速度如表8-5-5所示，进给速度如表8-5-6所示，功能及参数如表8-5-7所示，G代码表如表8-5-8所示。

表8-5-2　GSK 980MDc钻铣数控系统控制轴名称及轴数

控制轴名称	轴　　数
控制轴数	5轴（X、Z、Y、4th、5th）
插补轴数	X、Y、Z、4th、5th轴直线插补；X、Y、Z三轴螺旋线插补、任意二轴圆弧插补
PLC控制轴数	5轴

第8篇

表 8-5-3　GSK 980MDc 钻铣数控系统进给轴最小输入/输出单位

项　目		μ级(IS-B)		0.1μ级(IS-C)	
		最小输入单位	最小输出单位	最小输入单位	最小输出单位
公制机床	公制输入(G21)	0.001mm	0.001mm	0.0001mm	0.0001mm
		0.001deg	0.001deg	0.0001deg	0.0001deg
	英制输入(G20)	0.0001in	0.001mm	0.0001in	0.0001mm
		0.001deg	0.001deg	0.0001deg	0.0001deg
英制机床	公制输入(G21)	0.001mm	0.0001in	0.0001mm	0.00001in
		0.001deg	0.001deg	0.0001deg	0.0001deg
	英制输入(G20)	0.0001in	0.0001in	0.00001in	0.00001in
		0.001deg	0.001deg	0.0001deg	0.0001deg

表 8-5-4　GSK 980MDc 钻铣数控系统位置指令范围

项　目		位置指令范围
μ级(IS-B)	公制输入(G21)	−99999.999～99999.999mm −99999.999～99999.999deg
	英制输入(G20)	−9999.9999～9999.9999in −99999.999～99999.999deg
0.1μ级(IS-C)	公制输入(G21)	−9999.9999～9999.9999mm −9999.9999～9999.9999deg
	英制输入(G20)	−999.99999～999.99999in −999.9999～999.9999deg

表 8-5-5　GSK 980MDc 钻铣数控系统快速移动速度

项　目	μ级(IS-B)	0.1μ级(IS-C)
公制机床	0～60000mm/min	0～24000mm/min
英制机床	0～6000in/min	0～2400in/min
快速倍率:F0、25%、50%、100%共四级实时修调		

表 8-5-6　GSK 980MDc 钻铣数控系统进给速度

项　目		μ级(IS-B)	0.1μ级(IS-C)
公制机床	分进给(G94)	0～30000mm/min	0～24000mm/min
	转进给(G95)	0.001～500mm/r	0.0001～500mm/r
英制机床	分进给(G94)	0～1200in/min	0～1200in/min
	转进给(G95)	0.0001～50in/r	0.00001～50mm/r
进给倍率:0～150%共十六级实时修调			

表 8-5-7　GSK 980MDc 钻铣数控系统功能及参数

功　能	功能参数
插补方式	直线插补、圆弧插补、螺旋线插补、圆柱插补
加减速功能	切削进给:指数型 快速移动:直线型 攻螺纹功能:指数型或直线型 加减速的起始速度、终止速度和加减速时间由参数设定
主轴功能	2路0～10V模拟电压 1路主轴编码器反馈,主轴编码器线数可设定(0或100～5000p/r) 编码器与主轴的传动比:(1～255):(1～255) 主轴转速:可由S代码或PLC信号给定,转速范围0～9999r/min 主轴倍率:50%～120%共8级实时修调 攻螺纹循环/刚性攻螺纹

续表

功　　能	功 能 参 数
刀具功能	刀具长度补偿:32 组 刀具半径补偿(C 型):32 组 刀具磨损补偿:32 组
精度补偿	反向间隙补偿:反向间隙补偿方式、频率由参数设定,补偿范围(0～2mm)或(0～0.2in) 记忆型螺距误差补偿:共 1024 个补偿点,各轴补偿点数由参数设定
PLC 功能	两级 PLC 程序,最多 5000 步,第 1 级程序刷新周期 8ms PLC 梯形图在线显示,实时监控 PLC 程序通信下载 支持 PLC 警告和 PLC 报警 通用 I/O:41 输入/36 输出
人机界面	8.4in 彩色 LCD 中文、英文、西班牙、俄文、葡萄牙文等多种语言显示 加工轨迹显示,加工轨迹实时放大、缩小、平移、视角切换 实时时钟 支持软功能键操作
操作管理	操作方式:编辑、自动、录入、机械回零、手脉/单步、手动、DNC 多级操作权限管理 多次限时停机 报警日志
程序编辑	程序容量:40MB、10000 个程序(含子程序、宏程序) 编辑功能:程序/程序段/字检索、修改、删除 程序格式:ISO 代码,支持语句式宏指令编程 程序调用:支持带参数的宏程序调用,4 级子程序嵌套
通信功能	RS-232:零件程序、参数等文件双向传输,DNC 实时加工,支持 PLC 程序、系统软件串口升级 USB:U 盘文件操作、U 盘文件直接加工,支持 PLC 程序、系统软件 U 盘升级
安全功能	紧急停止 硬件行程限位 软件行程检查 数据备份与恢复

表 8-5-8　GSK 980MDc 钻铣数控系统 G 代码表

代　码	功　能	代　码	功　能
G00	定位(快速移动)	G30	返回 2、3、4 参考点
G01	直线插补(切削进给)	G31	跳转功能
G02	顺时针圆弧/螺旋线插补	G40	刀具半径补偿取消
G03	逆时针圆弧/螺旋线插补	G41	左侧刀具半径补偿
G07.1	圆柱插补	G42	右侧刀具半径补偿
G04	暂停、准停	G43	正方向刀具长度补偿
G10	可编程数据输入	G44	负方向刀具长度补偿
G15	极坐标指令取消	G49	刀具长度补偿取消
G16	极坐标指令开始	G50	比例缩放取消
G17	*XY* 平面选择	G51	比例缩放开始
G18	*ZX* 平面选择	G50.1	取消可编程镜像
G19	*YZ* 平面选择	G51.1	设置可编程镜像
G20	英制数据输入	G52	局部坐标系设定
G21	公制数据输入	G53	选择机床坐标系
G28	返回参考点	G54	选择工件坐标系 1
G29	从参考点返回	G54.1	附加工件坐标系

续表

代码	功能	代码	功能
G55	选择工件坐标系 2	G91	增量值编程
G56	选择工件坐标系 3	G92	坐标系设定
G57	选择工件坐标系 4	G94	每分进给
G58	选择工件坐标系 5	G95	每转进给
G59	选择工件坐标系 6	G98	在固定循环中返回初始平面
G65	宏程序指令	G99	在固定循环中返回到 R 点
G68	坐标系旋转	G110	逆时针圆内凹槽粗铣
G69	坐标系旋转取消	G111	顺时针圆内凹槽粗铣
G73	高速深孔加工循环	G112	逆时针方向全圆内精铣
G74	左旋攻螺纹循环	G113	顺时针方向全圆内精铣
G76	精镗循环	G114	逆时针外圆精铣
G80	固定循环取消	G115	顺时针外圆精铣
G81	钻孔循环(点钻循环)	G134	逆时针矩形内凹槽粗铣
G82	钻孔循环(镗阶梯孔循环)	G135	顺时针矩形内凹槽粗铣
G83	深孔钻循环	G136	逆时针矩形内凹槽精铣
G84	攻螺纹循环	G137	顺时针矩形内凹槽精铣
G85	镗孔循环	G138	逆时针矩形外精铣
G86	钻孔循环	G139	顺时针矩形外精铣
G87	背镗孔循环	G140	顺时针矩形连续钻孔
G88	镗孔循环	G141	逆时针矩形连续钻孔
G89	镗孔循环	G142	顺时针弧形连续钻孔
G90	绝对值编程	G143	逆时针弧形连续钻孔

5.1.2 GSK 990MA 铣床数控系统

GSK 990MA 为广州数控自主研发的普及型铣床数控系统，适配加工中心及数控铣床，采用 32 位高性能的 CPU 和超大规模可编程器件 FPGA，实时控制和硬件插补技术保证了系统 μm 级精度下的高效率，可编辑的 PLC 使逻辑控制功能更加灵活强大。

1. 产品特点

GSK 990MA 铣床数控系统的技术特点如表 8-5-9 所示。

2. 功能参数

GSK 990MA 铣床数控系统的功能参数如表 8-5-10 所示。

3. 指令表

GSK 990MA 铣床数控系统的 G 代码如表 8-5-11 所示。

表 8-5-9 GSK 990MA 铣床数控系统技术特点

序号	技术特点
1	支持 GSK-Link、NCUC-Bus 两种工业以太网接口，可扩展至 64 轴(选配)
2	内置 PLC，配有专用 PC 梯形图编辑软件，通过 RS-232 或 USB 上传、下载；I/O 口可扩展(选配)
3	直线型、指数型和 S 型多种加减速方式可选择
4	刚性攻螺纹和柔性攻螺纹可由参数设定
5	具有旋转、缩放、极坐标、固定循环和多种铣槽复合循环功能
6	支持断电记忆和程序再启动功能
7	具有历史报警及操作履历功能，方便用户操作和维护
8	提供多级密码保护功能，方便设备管理
9	功能灵活，扩展性强，可根据客户不同生产要求，进行专机改造
10	支持标准 RS-232 及 USB 接口，可实现数据通信传输、串口 DNC 加工和 USB 在线加工功能

表 8-5-10　GSK 990MA 铣床数控系统功能参数

功能	功能参数
运动控制	控制轴及联动轴：最多4个进给轴加1个主轴控制，标准配置为四轴三联动，旋转轴可由参数设定；可选配四轴四联动
	插补方式：定位（G00）、直线（G01）、圆弧（G02、G03）、螺旋插补
	位置指令范围：公制：±9999.9999mm，最小指令单位：0.0001mm 英制：±999.9999in，最小指令单位：0.0001in
	电子齿轮：指令倍频系数1～65535，指令分频系数1～65535
	快速移动速度：最高30m/min 快速倍率：F0、25%、50%、100%四级实时调节
	切削进给速度：最高15m/min（G94）或500.00mm/r（G95） 进给倍率：0～150%十六级实时调节
	手动进给倍率：0～150%十六级实时调节
	手脉进给：0.001mm、0.01mm、0.1mm三挡
	单步进给：0.001mm、0.01mm、0.1mm、1mm四挡
加减速	加减速可选择前加减速或后加减速，前加减速可选择直线型或S型加减速，后加减速可选择直线型或指数型加减速 手动方式、手脉方式为后加减速控制，其中手脉方式可选择即停方式或完全运行方式 快速定位（G00），切削进给（G01，G02，G03）可选择前、后加减速，其中快速定位可选择直线或折线定位 系统可选择直线插补或Hermite样条插补。具有前瞻功能，最多可预读15段NC程序，使小线段插补高速平滑，适于零件加工和模具加工
辅助功能	用地址M和2位数指定，M功能可以自定义
	特殊M代码（不可重定义）：程序结束M02、M30；程序停止M00；选择停止M01；子程序调用M98；子程序结束M99
	标准PLC已定义的M代码：M03、M04、M05、M08、M09、M10、M11、M16、M17、M18、M19、M21、M22、M23、M24、M26、M27、M28、M29、M35、M36、M44、M45、M50、M51、M55
刀具功能	T和2位数选择刀具，256组刀具偏置值设置，刀具长度补偿，刀具半径补偿C
主轴转速控制	S和2位数（I/O挡位输入输出）/S5位数（模拟输出） 最高主轴速度限制，恒线速度功能
	主轴编码器：编码器线数可设定（100～5000p/r）
	编码器与主轴的传动比：（1～255）：（1～255）
自动补偿	存储型螺距单、双向误差补偿：补偿点数、补偿间隔、补偿原点可设定
	反向间隙补偿：可设定以固定频率或升降速方式补偿机床的反向间隙量
	刀具长度补偿：可由参数选择A或B型长度补偿功能
	刀具半径补偿，C型刀补功能，最大补偿值是±999.999mm或±99.9999in
可靠性及安全	紧急停止，超程，存储行程极限，NC准备好信号，伺服准备好信号，MST功能完成信号，自动运转启动灯信号，自动运转中信号，进给保持灯信号
	自诊断功能：检测系统异常，位置控制部分异常，伺服系统异常，RS-232通信异常，PC端数据传送异常
	NC报警：程序错误和操作错误，超程错误，伺服系统错误，连接错误、PLC错误，存储器（ROM和RAM）错误
操作功能	空运行，互锁，单程序段，跳过任选程序段，辅助功能锁住，机床锁住，进给保持，循环启动，紧急停止，外部复位信号，外部电源ON/OFF，手动连续进给，单步进给，手摇脉冲发生器，顺序号检索，程序号检索，程序再启，手脉中断，单步中断，手动干预
显示	7in 480×240点阵彩色液晶显示器，中文、英文界面可由参数选择
	位置信息，用户程序，当前工作方式，系统参数，诊断号，报警号，宏变量值，刀偏设定，MDI命令，MST
	实际进给速度，主轴转速，加工轨迹图形显示
	系统运行时间等各种NC指令和状态信息
程序编辑	程序容量：56MB，最多可存储400个程序，支持用户宏程序调用、子程序四重嵌套
	支持后台编辑功能；支持绝对坐标、相对坐标编程

续表

功能	功 能 参 数
PLC功能	控制方式：循环运转；处理速度：3μs/每步基本指令；最多4700步容量
	I/O单元输入/输出：48/48，可扩展
	编程方法：梯形图
	指令数：45个：其中基本指令10个，功能指令35个
通信功能	具有标准RS-232及USB接口功能
	CNC与PC机间双向传送加工程序、参数及梯形图
	支持串口DNC加工功能和USB在线加工功能
适配驱动	DA98系列全数字交流伺服驱动单元及该公司GSK SJT系列交流伺服电动机等或DY3系列步进驱动单元

表8-5-11　GSK 990MA铣床数控系统G代码

代　码	功　能	代　码	功　能
G00	定位(快速移动)	G38	顺时针矩形外精铣循环
G01	直线插补(切削进给)	G39	拐角偏置圆弧插补
G02	圆弧插补CW(顺时针)	G40	刀具半径补偿取消
G03	圆弧插补CCW(逆时针)	G41	左侧刀具半径补偿
G04	暂停、准停	G42	右侧刀具半径补偿
G10	可编程数据输入	G43	正方向刀具长度补偿
G11	可编程数据输入方式取消	G44	负方向刀具长度补偿
G12	存储行程检测功能接通	G49	刀具长度补偿取消
G13	存储行程检测功能断开	G50	比例缩放取消
G15	极坐标指令取消	G51	比例缩放
G16	极坐标指令	G53	选择机床坐标系
G17	*XY*平面选择	G54	选择工件坐标系1
G18	*ZX*平面选择	G55	选择工件坐标系2
G19	*YZ*平面选择	G56	选择工件坐标系3
G20	英制数据输入	G57	选择工件坐标系4
G21	公制数据输入	G58	选择工件坐标系5
G22	逆时针圆内凹槽粗铣	G59	选择工件坐标系6
G23	顺时针圆内凹槽粗铣	G54.1～G54.50	选择附加工件坐标系
G24	逆时针方向全圆内精铣循环	G60	单方向定位
G25	顺时针方向全圆内精铣循环	G61	准停方式
G26	逆时针外圆精铣循环	G62	自动拐角倍率
G27	返回参考点检测	G63	攻螺纹方式
G28	返回参考点	G64	切削方式
G29	从参考点返回	G65	宏程序指令
G30	返回2、3、4参考点	G68	坐标系旋转
G31	跳转功能	G69	坐标系旋转取消
G32	顺时针外圆精铣循环	G73	高速深孔加工循环
G33	逆时针矩形凹槽粗铣	G74	左旋攻螺纹循环
G34	顺时针矩形凹槽粗铣	G76	精镗循环
G35	逆时针矩形凹槽内精铣循环	G80	固定循环取消
G36	顺时针矩形凹槽内精铣循环	G81	钻孔循环(点钻循环)
G37	逆时针矩形外精铣循环	G82	钻孔循环(锪镗循环)

第8篇

续表

代　码	功　能	代　码	功　能
G83	排屑钻孔循环	G91	增量值编程
G84	右旋攻螺纹循环	G92	浮动坐标系设定
G85	镗孔循环	G94	每分进给
G86	镗孔循环	G95	每转进给
G87	背镗孔循环	G96	恒线速控制(切削速度)
G88	镗孔循环	G97	恒线控制取消(切削速度)
G89	镗孔循环	G98	在固定循环中返回初始平面
G90	绝对值编程	G99	在固定循环中返回到R点

4. 配置软件

GSK Comm串口通信软件用于PC机与CNC双向传输加工程序、参数、PLC程序及软件升级等；梯形图编辑软件用于对梯形图进行编辑、修改、编译、查错等。GSK Comm串口通信软件与梯形图编辑软件可在Win98、Win2000、WinXP及WinMe环境下运行。

5.1.3 GSK 980MDa钻铣床数控系统

GSK 980MDa钻铣床CNC数控系统是基于GSK 980MD的软硬件升级而推出的新产品。该系统可控制5个进给轴（含C轴）、2个模拟主轴，2ms高速插补，0.1μm控制精度，零件加工的效率、精度和表面质量得到了显著提高。同时，新增了USB接口，支持U盘文件操作和程序运行，提供刚性攻螺纹、钻、镗、铣等26条循环指令，支持语句式宏指令和带参数的宏程序调用，指令功能强大，编程方便、灵活。作为GSK 980MD的升级产品，GSK 980MDa是数控钻床、数控铣床技术升级的最佳选择。

1. 产品特点

GSK 980MDa钻铣床数控系统的技术特点如表8-5-12所示。

2. 功能参数

1）控制轴数：与GSK 980MD相同。

2）进给轴功能：与GSK 980MD相同。

3）GSK 980MDa钻铣床数控系统的功能及参数如表8-5-13所示。

表8-5-12　GSK 980MDa钻铣床数控系统技术特点

序　号	技术特点
1	X、Z、Y、4th、5th五轴控制，任意三轴联动，4th、5th轴的轴名、轴型可定义
2	2ms插补周期，控制精度1μm、0.1μm可选
3	2ms插补周期，控制精度1μm、0.1μm可选
4	最高速度60m/min(0.1μm时最高速度24m/min)
5	功能齐全，可实现钻孔/镗孔，圆凹槽/矩形凹槽粗铣，全圆/矩形精铣，直线/矩形/弧形连续钻孔等循环加工
6	适配伺服主轴可实现主轴连续定位、刚性攻螺纹功能
7	内置多PLC程序，当前运行的PLC程序可选择
8	40MB共10000个零件程序的海量储存空间
9	支持语句式宏指令编程，支持带参数的宏程序调用
10	支持公制/英制编程，具有自动倒角、刀具寿命管理功能
11	支持中文、英文、西班牙文、俄文显示，由参数选择
12	具备USB接口，支持U盘文件加工、系统配置和软件升级
13	高速DNC，实现零件程序实时传输加工
14	2路0～10V模拟电压输出，支持双主轴控制
15	1路手脉(手轮)输入，支持手持式手脉
16	40点通用输入/32点通用输出
17	外形安装尺寸、指令系统与GSK 980MD完全兼容

表 8-5-13　GSK 980MDa 钻铣床数控系统功能及参数

功　能	功能参数
插补方式	直线插补,圆弧插补,螺旋线插补,圆柱插补,刚性攻螺纹
加减速功能	切削进给:直线式/指数式、前/后加减速可选 快速移动:直线式/指数式、前/后加减速可选 攻螺纹功能:直线式/指数式、前/后加减速可选 加减速的起始速度、终止速度和加减速时间由参数设定
主轴功能	2路0～10V模拟电压,支持双主轴控制 1路主轴编码器反馈,主轴编码器线数可设定(0或100～5000p/r) 编码器与主轴的传动比:(1～255):(1～255) 主轴转速:可由S代码或PLC信号给定,转速范围0～9999r/min 主轴倍率:50%～120%共8级实时修调 攻螺纹循环/刚性攻螺纹
刀具功能	刀具长度补偿,刀具半径补偿(C型),刀具磨损补偿
精度补偿	反向间隙补偿:反向间隙补偿方式、频率由参数设定,补偿范围0～2mm或0～0.2in,记忆型螺距误差补偿:共1024个补偿点,各轴补偿点数由参数设定
PLC功能	两级PLC程序,最多5000步,第1级程序刷新周期8ms PLC梯形图在线显示 PLC程序通信下载 支持PLC警告和PLC报警 通用I/O:41输入/36输出
人机界面	7in彩色LCD中文、英文、西班牙、俄文、葡萄牙文等多种语言显示,加工轨迹显示,加工轨迹实时放大,缩小,平移,视角切换,实时时钟
操作管理	操作方式:编辑,自动,录入,机械回零,手脉/单步,手动,DNC多级操作权限管理,报警日志
程序编辑	程序容量:40MB、10000个程序(含子程序、宏程序) 编辑功能:程序/程序段/字检索,修改,删除 程序格式:ISO代码,支持语句式宏指令编程 程序调用:支持带参数的宏程序调用,4级子程序嵌套
通信功能	RS-232:零件程序、参数等文件双向传输,DNC实时加工,支持PLC程序、系统软件串口升级 USB:U盘文件操作,U盘文件直接加工,支持PLC程序、系统软件U盘升级
安全功能	紧急停止,硬件行程限位,软件行程检查,数据备份与恢复

3. 指令表

GSK 980Mda 钻铣床数控系统的G代码如表 8-5-14 所示。

表 8-5-14　GSK 980MDa 钻铣床数控系统 G 代码

代码	功　能	代码	功　能	代码	功　能
G00	定位(快速移动)	G29	从参考点返回	G57	工件坐标系4
G01	直线插补(切削进给)	G30	返回第2,3,4参考点	G58	工件坐标系5
G02	顺时针圆弧/螺旋线插补	G31	跳跃功能	G59	工件坐标系6
G03	逆时针圆弧/螺旋线插补	G40	取消刀具半径补偿	G65	宏指令
G04	暂停,准停	G41	刀具半径左补偿	G73	高速深孔加工循环
G10	补偿值设定	G42	刀具半径右补偿	G74	左旋攻螺纹循环
G17	*XY*平面选择	G43	刀具长度正向补偿	G80	取消固定循环
G18	*ZX*平面选择	G44	刀具长度负向补偿	G81	钻孔循环(点钻循环)
G19	*YZ*平面选择	G49	取消刀具长度补偿	G82	钻孔循环(镗阶梯孔循环)
G20	英制输入	G54	工件坐标系1	G83	深孔钻循环
G21	公制输入	G55	工件坐标系2	G84	攻螺纹循环
G28	返回参考点	G56	工件坐标系3	G85	镗孔循环

续表

代码	功能	代码	功能	代码	功能
G86	钻孔循环	G99	在固定循环中返回R点平面	G136	逆时针矩形凹槽内精铣
G88	镗孔循环	G110	逆时针圆凹槽内粗铣	G137	顺时针矩形凹槽内精铣
G89	镗孔循环	G111	顺时针圆凹槽内粗铣	G138	逆时针矩形外精铣
G90	绝对值编程	G112	逆时针全圆内精铣	G139	顺时针矩形外精铣
G91	增量值编程	G113	顺时针全圆内精铣	G140	顺时针矩形连续钻孔
G92	坐标系设定	G114	逆时针外圆精铣	G141	逆时针矩形连续钻孔
G94	每分钟进给	G115	顺时针外圆精铣	G142	顺时针弧形连续钻孔
G95	每转进给	G134	逆时针矩形凹槽粗铣	G143	逆时针弧形连续钻孔
G98	在固定循环中返回初始平面	G135	顺时针矩形凹槽粗铣		

4. 配置软件

GSK 980MDa使用与GSK 980MD相同的配置软件GSK Comm和梯形图编辑软件GSK Ladder，GSK Comm和GSK Ladder都运行在Win98/2000/XP环境下。GSK Comm供用户在PC机上编辑零件程序，完成PC机与CNC之间零件程序、参数、刀补、螺补的双向传输及DNC实时加工。GSK Ladder供机床厂家在PC机上编辑梯形图，完成PC机与CNC间PLC程序的上传和下载。

5.2 加工中心数控系统

5.2.1 GSK 983一体化系列数控系统

GSK 983一体化数控系统是原GSK 983M系列数控产品跨越式发展的成果。集成一体化的结构设计，安装尺寸和M-H兼容，新型非易失器件的应用（无需电池），USB接口的增加，Wince操作系统的应用，译码、插补速度的提高，EtherCat（国际通用工控以太网总线）接口，多级密码保护功能，软件的U盘升级，用户梯形图用U盘导入导出，多语种支持等各种改进设计，从可用性、可靠性、产品性能等各方面对983进行全面改进和提升，使其性价比达到了全新的水平。

1. 产品特点

GSK 983一体化数控系统技术特点如表8-5-15所示。

2. GSK 983一体化数控系统新增和改进功能

GSK 983一体化数控系统的新增和改进功能如表8-5-16所示。

表8-5-15 GSK 983一体化数控系统技术特点

项目	技术特点
高精度加工	高性能的位置闭环控制芯片以及高精度的位置检测元件，实现了高精度、高响应的位置控制，滚珠丝杠的螺距误差等传动链中的机械误差，可通过记忆型螺距误差补偿予以补正。加工拐角轮廓时，进给速度倍率可以自动调整
高速加工	系统分辨率达1μm，最高快移速度可达60000mm/min，进给速度达30000mm/min，适用于铣床、加工中心的控制。由于采用了多个高速CPU分散处理，从而实现了对小程序段的连续高速加工。每秒高达500个程序段处理能力
丰富的控制功能	最大5个进给轴+1个主轴控制，比例缩放、镜像、坐标系旋转、复合型固定循环、后台编辑、图形显示以及B类用户宏程序，因而能容易地实现一些特殊的机械加工
超小、超薄型集成一体化CNC	将主机单元集成到MDI单元中成为NC单元，提高系统的集成度和可靠性，使连接更加简单方便
模块化I/O单元	最大64/40个I/O点。I/O单元通过高速串行通信接口与CNC连接，输入信号可实现高低电平选择，输出信号可直接驱动继电器等负载，使电路设计更加简单、减少所占空间、节省配线、查找故障方便快捷
机床操作面板	最大56个按键和2个波段开关，每个按键均带有LED指示灯且均可由PLC程序编程定义。另可外接外置手脉。采用了分离型结构，通过高速串行通信接口与CNC连接。用户无需另配操作面板，大大节省成本
Wince操作系统	应用Wince操作系统极大地提升了系统的IT能力，如U盘功能、FAT32文件系统、多语种支持、窗口式用户界面、各种显示功能等

续表

项　目	技术特点
工业以太网总线控制(983Me具备)	工业以太网总线控制采用100Mbps带宽高速传输、全数字式闭环控制方式,使位置环响应灵敏性高、系统跟随误差小及更高的动/静态特性,避免了DA/AD转换失真,大大提高位置控制的稳定性 工业以太网采用FPGA硬件设计,具有高速可靠的特性,可连接30个从站,主站从发送数据到接收所有数据的延时只有50μs,具有CRC校验。采用绝对式位置传输协议,使系统具有纠错能力;CNC集成驱动参数使系统调整更加方便;极大简化了CNC与伺服驱动的连接,使系统安装连接更加方便可靠

表 8-5-16　GSK 983 一体化数控系统的新增和改进功能

序　号	新增和改进功能
1	全新设计用户界面,颜色更丰富,操作更简单
2	全新设计PLC梯形图的动态诊断显示页面
3	U盘功能:参数、PLC参数、加工程序的导入导出,软件和梯形图的升级
4	增加DNC存储区,存储容量达160MB

3. 功能参数

GSK 983 一体化数控系统的新增和改进NC功能如表8-5-17所示。

4. 指令表

GSK 983 一体化数控系统的指令如表8-5-18所示。

表 8-5-17　GSK 983 一体化数控系统的NC功能及参数

功　能	NC功能参数		
轴控制	控制轴数:最大5个进给轴和一个联动轴。标准配置(以下简称"标配")3轴3联动,选择配置(以下简称"选配"):根据订货要求可选4轴3联动,4轴4联动,5轴3联动,5轴4联动		
	插补方式:直线(G01),圆弧(G02,G03),正弦(G07)		
	最大指令值:公制±99999.999mm;英制:9999.9999in		
	设定单位	最小输入单位:公制:0.001mm;英制:0.0001in	
		最小移动单位:*X*轴:0.001mm(公制);0.0001in(英制) *Y*轴:0.001mm(公制);0.0001in(英制) *Z*轴:0.001mm(公制);0.0001in(英制) 4th轴:0.001°(deg,旋转轴)0.001mm/0.0001in(直线轴) 5th轴:0.001°(deg,旋转轴)0.0001mm/0.0001in(直线轴)	
	快速进给速度	60000mm/min或2400in/min	
	切削进给速度	G94:30000mm/min或1200.00in/min	
		G95:500.00mm/rev或50.0000in/rev	
	自动加减速:快速进给时不论是手动还是自动,自动地进行线性加减速,可缩短定位时间		
	切削进给的自动加减速:切削进给或手动连续进给有指数型的自动加/减速功能,由参数设定时间,从2～4000ms		
	柔性攻螺纹功能;刚性攻螺纹功能,刚性攻螺纹加减速时间调节;提高刚性攻螺纹稳定性		
	缓冲寄存器:提前读入后两个程序的指令,以消除由于指令的读取而造成NC指令的中断,以提高工效,工业以太网总线控制技术:简化CNC与伺服驱动器的连接,增加系统可靠性(983Nc具备)		
B功能 MST	刀具功能:T2位数/T4位数;200组刀具偏置;刀具位置偏置;刀具长度补偿;刀具半径补偿B/C;刀偏置的通信输入;刀具长度测量		
	主轴功能:S2位数;S4位数A(12位BCD输出/模拟输出);S4位数B(12位BCD输出/模拟输出)(四级齿轮输入);最高主轴速度限制;主轴转速实时显示;高低齿轮两挡自动换挡		
	辅助功能:用地址M后续2位数指定,程序结束:M02、M30,程序停止:M00,选择停止:M01,子程序调用M98,子程序结束:M99,其他M功能可利用系统自带PLC自行定义		
	第二辅助功能:用地址B后续三位指定,该三位数的BCD码信号被送往机床侧,该功能可用于分度工作台的定位		

续表

功　能	NC功能参数
精度补偿	存储型螺距误差补偿:可以对机床位置引起的误差(如进给丝杠的螺距误差)进行补偿,以提高加工精度,补偿的数据作为参数被存储在存储器中
	反向间隙补偿:补偿机床的失动量
	刀具长度补偿和刀具半径补偿:由指定G代码可进行刀具长度补偿(G43,G44,G49)和刀具半径补偿(G40,G41,G42),每把刀具的补偿值被存入存储器
	最大补偿值是±999.999mm或±99.9999in
可靠性及安全	紧急停止;超程;存储行程极限;NC准备好信号;伺服准备好信号;MST功能完成信号;自动运转启动灯信号;自动运转中信号;进给保持灯信号;门互锁
	NC报警:程序错误和操作错误;超程错误;伺服系统错误;IO通信错误;PLC错误;存储器(ROM和RAM)错误 五大类近1000个报警号,为系统可靠工作及迅速排除系统故障提供有力保障
	自诊断机能。能进行下列各种检查:检测系统异常;位置控制部分异常;伺服系统异常;CPU不正常;ROM异常;RAM异常;与IO单元及机床操作面板的连接异常;RS-232的读入不正常;PLC的数据传输不正常等
操作功能	空运行,互锁,单程序段,跳过任选程序段,手动绝对值开/关,辅助功能锁住,机床锁住,进给保持,循环启动,超调取消,紧急停止,外部复位信号,外部电源ON/OFF,手动连续进给,增量进给,手摇脉冲发生器,跳过机能,附加选择程序段跳过,快速进给超调,手动插入功能,顺序号检索,程序号检索,外部工件号检索,外部数据输入,顺序号比较停止,程序再启动,菜单开关,图形显示,外部位置显示,工件坐标系测量,1/2坐标,坐标清零
显示	模式安装H/竖式安装V:8.4in/10.4in 800×600彩色LCD屏,无需调节对比度,机床坐标系、绝对坐标系、相对坐标系,用户程序,当前工作方式,系统参数、诊断号、报警号、宏变量值、刀偏设定、MDI命令、MST状态,实际进给速度、主轴转速,加工轨迹图形显示,系统运行时间等各种NC指令和状态信息。各种帮助信息:NC参数、PC参数、诊断信息、NC报警信息等,当前时间显示
PLC功能	控制方式:循环运转;处理速度:15μs/每步基本指令;输入/输出:最大192/128;容量5000步(具备中英文外部报警信息和用户操作信息显示功能)
	开发方法:梯形图;用户梯形图;用U盘在系统直接编程;用户梯形图可在系统上动态显示;用户梯形图可在系统直接编辑调试(开发中)
	指令数:36个;基本指令12个;功能指令24个(新增DISP信息显示和DISPB中英文信息显示功能指令)
DNC功能	第一种方法(推荐):用U盘将待加工程序拷贝到系统的DNC卷中,加工时选中DNC卷中的相应NC文件,并按循环启动按钮启动加工,DNC卷容量160MB,可放任意多个文件 第二种方法:(传统):通过RS-232口将PC机传过来的文件进行DNC加工,传输波特率:38.4Kbps
U盘功能	参数、PLC参数、加工程序的导入导出,软件和梯图的升级

表8-5-18　GSK 983一体化数控系统指令

G代码	组　别	功　能	G代码	组　别	功　能
G00	01	定位	G22	04	存储行程限位开
G01		直线插补	G23		存储行程限位关
G02		圆弧插补(顺时针)	G27	00	返回参考点检查
G03		圆弧插补(逆时针)	G28		返回到参考点
G04	00	暂停	G29		由参考点返回
G07		正弦曲线插补(指定假想轴)	G30		返回到第二、三和四参考点
G09	00	准确定位校验	G31		跳过切削
G10		偏置量,工件原点偏置量设定	G33	01	螺纹切削
G17	02	*XY*平面选择	G40	07	刀具半径补偿注销
G18		*ZX*平面选择	G41		刀具半径补偿左侧
G19		*YZ*平面选择	G42		刀具半径补偿右侧
G20	06	英寸输入	G43	08	刀具长度正向补偿
G21		毫米输入	G44		工具长度负向补偿

续表

G代码	组别	功能	G代码	组别	功能
G49	08	刀具长度补偿取消	G50	11	缩放关
G45	00	刀具位置偏移伸长	G51		缩放开
G46		刀具位置偏移缩短	G54	12	工件坐标系1选择
G47		刀具位置偏移成倍增加	G55		工件坐标系2选择
G48		刀具位置偏移成倍减小			

5.2.2 GSK 218M 加工中心数控系统

GSK 218M加工中心数控为广州数控自主研发的普及型数控系统，采用32位高性能的CPU和超大规模可编程器件FPGA。该系统实时控制和硬件插补技术保证了系统μm级精度下的高效率，PLC在线编辑使逻辑控制功能更加灵活强大。该系统适用于各种铣削类机床、加工中心以及其他自动化领域机械的数控化应用。

1. 产品特点

GSK 218M加工中心数控系统产品特点如表8-5-19所示。

表 8-5-19 GSK 218M 加工中心数控系统产品特点

序号	产品特点
1	支持标准RS-232及USB接口,可实现数据通信传输、串口DNC加工和USB在线加工
2	支持GSK-Link、NCUC-Bus两种工业以太网接口,可扩展至64轴(选配)
3	直线型、指数型和S型多种加减速方式可选择
4	刚性攻螺纹和柔性攻螺纹可由参数设定
5	具有旋转、缩放、极坐标,固定循环和多种铣槽复合循环功能
6	支持断电记忆和程序再启功能
7	具有历史报警及操作履历功能,方便用户操作和维护
8	提供多级密码保护功能,方便设备管理
9	功能灵活,扩展性强,可根据客户不同生产要求,进行专机改造
10	帮助功能
11	该系统具有强大的帮助功能,详细介绍了在各个界面下的各种操作步骤和方法;提供了加、减、乘、除、正弦、余弦、开方的计算器工具
12	内置PLC
13	内置PLC,梯形图可在线编辑、下载(也可使用专用PC梯形图编辑软件编辑);可保存、编辑16个梯形图程序,由参数选择;I/O口可扩展(选配功能);可通过对采样条件设定,实时监控PLC各地址的触发时序,对PLC程序进行检测;信号诊断显示便于对PLC所使用的寄存器和各种信号进行监测和设定
14	自定义M功能。该系统标准配置100个M代码,且M代码可以自定义,代码注释可用文本格式自行编写,方便实现机床功能扩展,具有较强的灵活性。M代码可扩展至300个(选配功能)
15	图形功能。支持三维线框图形显示、图形参数设置、视图平面切换等功能,可以实时显示加工轨迹,避免刀路错误导致工件损坏
16	自定义报警。系统具有248个用户自定义报警功能,方便机床功能扩展和PLC功能修改,提高机床的安全性
17	配置软件。GSK Comm串口通信软件用于PC机与CNC双向传输加工程序、参数、PLC程序及软件升级等;梯形图编辑软件用于对梯形图进行编辑、修改、编译、查错等。GSK Comm串口通信软件与梯形图编辑软件可在Win98、Win2000、WinXP及WinMe环境下运行

2. 功能参数

GSK 218M加工中心数控系统参数如表8-5-20所示。

3. 指令表

(1) G代码

GSK 218M加工中心数控系统G代码如表8-5-21所示。

(2) 宏指令代码

GSK 218M加工中心数控系统宏指令代码如表8-5-22所示。

表 8-5-20 GSK 218M 加工中心数控系统功能及参数

功 能	参 数
运动控制	控制轴及联动轴:最多4个进给轴加1个主轴控制,标准配置为四轴三联动,旋转轴可由参数设定;可选配四轴四联动
	插补方式:定位(G00),直线(G01),圆弧(G02、G03),螺旋插补
	位置指令范围:公制:9999.999mm,最小代码单位:0.0001mm。英制:999.9999in,最小代码单位:0.0001in
	电子齿轮:指令倍频系数1～255,指令分频系数1～255
	快速移动速度:最高30m/min。快速倍率:F0、25%、50%、100%四级实时调节
	切削进给速度:最高15m/min(G94)或500.00mm/r(G95)。进给倍率:0～150%十六级实时调节
	手动进给倍率:0～150%十六级实时调节
	手轮进给:0.001mm、0.01mm、0.1mm三挡
	单步进给:0.001mm、0.01mm、0.1mm、1mm四挡
加减速	加减速可选择前加减速或后加减速,前加减速可选择直线型或S型加减速,后加减速可选择直线型或指数型加减速,加减速时间常数可设定。手动方式、手脉方式为后加减速控制,其中手脉方式可选择即停方式或完全运行方式。快速定位(G00)、切削进给(G01、G02、G03)可选择前、后加减速,其中快速定位可选择直线或折线定位。系统可选择直线插补或Hermitc样条插补,具有前瞻功能,最多可预读15段NC程序,使小线段插补高速平滑,适于零件加工和模具加工
辅助功能	用地址M和2位数指定,M功能代码可以自定义和在线注册
M指令	特殊M代码(不可重定义):程序结束M02、M30;程序停止M00;选择停止M01;子程序调用M98;子程序结束M99
	标准PLC已定义的M代码:M03、M04、M05、M08、M09、M10、M11、M12、M13、M16、M17、M19、M21、M22、M32、M33
刀具功能	T和2位数选择刀具,256组刀具偏置设置,刀具长度补偿,刀具半径补偿C
主轴转速控制	S和2位数(I/O挡位输入输出)/S5位数(模拟输出),最高主轴速度限制,恒线速度功能
	主轴编码器:编码器线数可设定(100～5000p/r)
	编码器与主轴的传动比:(1～255):(1～255)
自动补偿	存储型螺距单、双向误差补偿:补偿点数、补偿间隙、补偿原点可设定
	反向间隙补偿:可设定以固定频率或升降速方式补偿机床的反向间隙量
	刀具长度补偿:可由参数选择A或B型长度补偿功能
	刀具半径补偿:C型刀补功能,最大补偿值是999.999mm或99.9999in
可靠性及安全	紧急停止、超程、存储行程极限、NC准备好信号、伺服准备好信号、MST功能完成信号、自动运转启动灯信号、自动运转中信号、进给保持灯信号
	自诊断功能:监测系统异常、位置控制部分异常、伺服系统异常、RS-232通信异常、PC端数据传送异常
	NC报警:程序错误和操作错误,超程错误,伺服系统错误,连接错误、PLC错误,存储器(ROM和RAM)错误
操作功能	空运行,互锁,单程序段,跳过任选程序段,辅助功能锁住,机床锁住,进给保持,循环启动,紧急停止,外部复位信号,外部电源ON/OFF,手动连续进给,单步进给,手摇脉冲发生器,顺序号检索,程序号检索,程序再启,手脉中断,单步中断,手动干预
显示	10.4in彩色液晶显示器,中、英文界面可由参数选择
	位置信息,用户程序,当前工作方式,系统参数,诊断号,报警号,宏变量值,刀偏设定,MDI命令,MST
	实际进给速度,主轴转速,加工轨迹图形显示,实时波形诊断
	系统运行时间等各种NC指令和状态信息
程序编辑	程序容量:56MB,最多可存储400个程序,支持用户宏程序调用,子程序四重嵌套
	支持后台编辑功能,支持绝对坐标、相对坐标编程
PLC功能	控制方式:循环运转,处理速度:3μs/每步基本指令,最多5000步容量
	I/O单元输入/输出:48/48,可扩展
	编程方法:梯形图
	指令数:41个,其中基本指令10个,功能指令31个

续表

功　能	参　数
通信功能	具有标准 RS-232 及 USB 接口功能
	CNC 与 PC 机间双向传送加工程序、参数及梯形图
	支持串口 DNC 加工功能和 USB 在线加工功能
适配驱动	DA98 系列数字式交流伺服或 DY3 系列步进驱动单元

表 8-5-21　GSK 218M 加工中心数控系统 G 代码

代　码	功　能	代　码	功　能
G00	定位(快速移动)	G50	比例缩放取消
G01	直线插补(切削进给)	G51	比例缩放
G02	圆弧插补 CW(顺时针)	G53	选择机床坐标系
G03	圆弧插补 CCW(逆时针)	G54	选择工件坐标系 1
G04	暂停、准停	G55	选择工件坐标系 2
G10	可编程数据输入	G56	选择工件坐标系 3
G11	可编程数据输入方式取消	G57	选择工件坐标系 4
G12	存储行程检测功能接通	G58	选择工件坐标系 5
G13	存储行程检测功能断开	G59	选择工件坐标系 6
G15	极坐标指令取消	G54.1～G54.50	选择附加工件坐标系
G16	极坐标指令	G60	单方向定位
G17	*XY* 平面选择	G61	准停方式
G18	*ZX* 平面选择	G62	自动拐角倍率
G19	*YZ* 平面选择	G63	攻螺纹方式
G20	英制数据输入	G64	切削方式
G21	公制数据输入	G65	宏程序指令
G22	逆时针圆内凹槽粗铣	G68	坐标系旋转
G23	顺时针圆内凹槽粗铣	G69	坐标系旋转取消
G24	逆时针方向全圆内精铣循环	G73	高速深孔加工循环
G25	顺时针方向全圆内精铣循环	G74	左旋攻螺纹循环
G26	逆时针外圆精铣循环	G76	精镗循环
G27	返回参考点检测	G80	固定循环取消
G28	返回参考点	G81	钻孔循环(点钻循环)
G29	从参考点返回	G82	钻孔循环(锪镗循环)
G30	返回 2、3、4 参考点	G83	排屑钻孔循环
G31	跳转功能	G84	右旋攻螺纹循环
G32	顺时针外圆精铣循环	G85	镗孔循环
G33	逆时针矩形凹槽粗铣	G86	镗孔循环
G34	顺时针矩形凹槽粗铣	G87	背镗孔循环
G35	逆时针矩形凹槽内精铣循环	G88	镗孔循环
G36	顺时针矩形凹槽内精铣循环	G89	镗孔循环
G37	逆时针矩形外精铣循环	G90	绝对值编程
G38	顺时针矩形外精铣循环	G91	增量值编程
G39	拐角偏置圆弧插补	G92	浮动坐标系设定
G40	刀具半径补偿取消	G94	每分进给
G41	左侧刀具半径补偿	G95	每转进给
G42	右侧刀具半径补偿	G96	恒线速控制(切削速度)
G43	正方向刀具长度补偿	G97	恒线速控制取消(切削速度)
G44	负方向刀具长度补偿	G98	在固定循环中返回初始平面
G49	刀具长度补偿取消	G99	在固定循环中返回到 R 点

表 8-5-22　GSK 218M 加工中心数控系统宏指令代码

功　能	G65 宏指令格式	语句式宏指令格式
赋值	G65 H01 P#i Q#j;	#i=#j;
十进制加法运算	G65 H02 P#i Q#j R#K;	#i=#j+#K;
十进制减法运算	G65 H03 P#i Q#j R#K;	#i=#j−#K;
十进制乘法运算	G65 H04 P#i Q#j R#K;	#i=#j*#K;
十进制除法运算	G65 H04 P#i Q#j R#K;	#i=#j/#K;
二进制加法(或运算)	G65 H11 P#i Q#j R#K;	#i=#j OR #K;
二进制乘法(与运算)	G65 H12 P#i Q#j R#K;	#i=#j AND #K;
二进制异或	G65 H13 P#i Q#j R#K;	#i=#j XOR #K;
十进制开平方	G65 H21 P#i Q#j;	#i=SQRT(#j);
十进制取绝对值	G65 H22 P#i Q#j;	#i=ABS(#j);
十进制取余数	G65 H23 P#i Q#j R#K;	#i=#j−TRUNC(#j/#K)#K;
复合十进制乘除运算	G65 H26 P#i Q#j R#K;	#i=(#i#j)#K;
复合平方根	G65 H27 P#i Q#j R#K;	#i= $\sqrt{\#j^{2}+\#K^{2}}$
正弦	G65 H31 P#i Q#j R#K;	#i=SIN(#j);
余弦	G65 H32 P#i Q#j R#K;	#i=COS(#j);
正切	G65 H33 P#i Q#j R#K;	#i=TAN(#j);
反正切	G65 H34 P#i Q#j R#K;	#i=ATAN(#i)/(#j);
无条件转移	G65 H80 Pn;	GOTO n;
条件转移 1	G65 H81 Pn Q#j R#K;	IF(#j==#K)GOTO n;或 IF(#j EQ #K)GOTO n;
条件转移 2	G65 H82 Pn Q#j R#K;	IF(#j＜＞#K)GOTO n;或 IF(#j NE #K)GOTO n;
条件转移 3	G65 H83 Pn Q#j R#K;	IF(#j＞#K)GOTO n;或 IF(#j GT #K)GOTO n;
条件转移 4	G65 H84 Pn Q#j R#K;	IF(#j＜ #K)GOTO n;或 IF(#j LT #K)GOTO n;
条件转移 5	G65 H85 Pn Q#j R#K;	IF(#j ＞= #K)GOTO n;或 IF(#j GE #K)GOTO n;
条件转移 6	G65 H86 Pn Q#j R#K;	IF(#j ＜= #K)GOTO n;或 IF(#j LE #K)GOTO n;

(3) PLC 指令代码

GSK 218M 加工中心数控系统 PLC 指令代码如表 8-5-23 所示。

表 8-5-23　GSK 218M 加工中心数控系统 PLC 指令代码

指令	功　能	指令	功　能	指令	功　能
RD	读常开触点	SPE	子程序结束	DIFU	上升沿检测
RD. NOT	读常闭触点	SET	置位	DIFD	下降沿检测
WRT	输出线圈	RST	复位	COMP	二进制数比较
WRT. NOT	输出线圈取反	JMPB	标号跳转	COIN	一致性比较
AND	常开触点串联	LBL	标号	MOVN	数据传送
AND. NOT	常闭触点串联	TMR	定时器	MOVB	一个字节的传送
OR	常开触点并联	TMRB	固定定时器	MOVW	二个字节的传送
OR. NOT	常闭触点并联	TMRC	任意地址定时器	XMOV	二进制变址数据传送
OR. STK	电路块的并联	CTR	二进制计数器	DSCH	二进制数据搜索
AND. STK	电路块的串联	DEC	二进制译码	ADD	二进制加法
END1	第一级顺序程序结束	COD	二进制代码转换	SUB	二进制减法
END2	第二季顺序程序结束	COM	公共线控制	ANDF	逻辑与
CALL	调用子程序	COME	公共线控制结束	ORF	逻辑或
CALLU	无条件调用子程序	ROT	二进制旋转控制	NOT	逻辑非
SP	子程序	SFT	寄存器移位	EOR	异或

4. 软件配置

GSK Comm 串口通信软件用于 PC 机与 CNC 双向传输加工程序、参数、PLC 程序及软件升级等；梯形图编辑软件用于对梯形图进行编辑、修改、编译、查错等。GSK Comm 串口通信软件与梯形图编辑软件可在 Win98、Win2000、WinXP 及 WinMe 环境下运行。

5.2.3 GSK 218MC 系列加工中心数控系统

GSK218MC-H/V 是 GSK218M 的升级产品，采用高速样条插补算法，控制精度和动态性能得到大幅提升；安装结构分为横式和竖式两种，分别采用 8.4/10.4in 彩色 LCD；人机界面更加友好美观，操作更加简单易用。适用于铣床、雕铣机、加工中心、磨床、滚齿机及其他自动化领域机械的数控化应用。

GSK 218MC 系列加工中心数控系统产品特点如表 8-5-24 所示。

5.2.4 GSK 25i 铣床加工中心数控系统

GSK 25i 系统是广州数控自主研发的多轴联动的功能齐全的高档数控系统，并且配置自主研发的最新 DAH 系列 17 位绝对式编码器的高速高精伺服驱动单元，实现全闭环控制功能，在国内处于领先水平。25i 系统基于 Linux 的开放式系统，提供远程监控、远程诊断、远程维护、网络 DNC 功能及 G 代码运行三维仿真功能，有丰富的通信接口：具有 RS-232、USB 接口、SD 卡接口、基于 TCP/IP 的高速以太网接口。I/O 单元可以灵活扩展，开放式的 PLC，支持 PLC 在线编辑、诊断、信号跟踪。25i 系统与 DAH 系列驱动器之间采用基于 100M 工业以太网总线作为数据通信方式，实现伺服参数在线上传与下行、伺服诊断信息反馈以及伺服报警监测等功能，使安装调试维护方便、控制精度高、抗干扰能力强。

1. 产品特点

GSK 25i 铣床加工中心数控系统产品特点如表 8-5-25 所示。

2. 创新点

GSK 25i 铣床加工中心数控系统创新点如表 8-5-26 所示。

表 8-5-24 GSK 218MC 系列加工中心数控系统产品特点

序号	产品特点
1	出色的高速插补功能，面向复杂曲面加工，有效加工速度 8m/min，最佳加工速度 4m/min，插补预处理段数高达 1000 段，使得加工精度和工件表面粗糙度更低
2	最高定位速度 30m/min（可扩展至 60m/min），最高进给速度 15m/min，显示器分辨率 800×600，界面更加美观细腻
3	支持 RS-232 及 USB 接口，实现数据传输、DNC 加工和 USB 在线加工功能
4	支持双通道功能，一个通道支持两个主轴，共支持四个主轴，两个工序可以同时加工
5	支持以太网功能，可实现全闭环控制；连接方便，可扩充性强；I/O 点可任意扩充
6	可扩展（最多可支持 32 个轴）；支持 13 万线绝对式编码器，精度更高，零点可灵活设置
7	功能灵活，扩展性强，可以根据客户不同的生产要求，进行专机改造

表 8-5-25 GSK 25i 铣床加工中心数控系统产品特点

序号	特点
1	8 轴联动，5 轴 RTCP（刀具中心点控制）、倾斜面加工、同步轴、PLC 轴控制功能
2	高达 2000 段的前瞻及轨迹平滑处理能力，2ms 插补周期，0.1μm 级位置精度，可进行微小线段程序高速高精加工
3	采用 PID 位置闭环控制，配置 DAH 系列总线式高速高精伺服单元、17 位绝对式编码器的伺服电机，支持绝对式光栅全闭环控制
4	采用基于 GSK-link 工业以太网连接伺服、I/O 作为数据控制通道的实时控制，安装调试维护方便，控制精度高，自诊断及抗干扰能力强
5	中英文显示可配置，用户可自定义图形化操作界面，功能强大，操作简便快捷，直观友好的帮助功能使初学者更易掌握
6	开放式 PLC：支持 PLC 在线编辑、诊断、信号跟踪，配置灵活的 I/O 可满足用户的二次开发要求
7	丰富的通信接口：具有 RS-232、USB 接口、基于 TCP/IP 的以太网接口。多 CPU 开放式体系结构，64 位硬浮点数运算能力；6 层线路板设计，集成度高，整机工艺结构合理，抗干扰能力强，可靠性高
8	屏幕采用高亮度、高分辨率 800×600 彩色 10.4in 液晶显示器，美观大方
9	功能丰富强大的上位 PC 机软件提供远程监控、远程诊断、远程维护、网络 DNC 功能及 G 代码运行三维仿真功能

表 8-5-26 GSK 25i 铣床加工中心数控系统创新点

序号	特点
1	总线式系统实现5轴联动加工，拥有5轴RTCP、倾斜面加工、5轴手动进给、同步轴和PLC轴控制功能，在国内处于领先水平
2	基于嵌入式Linux的开放体系，多CPU架构满足中高档数控系统要求
3	高分辨率图形化操作界面，PLC在线编辑诊断功能，操作界面友好
4	使用实时工业以太网作为数据控制通信通道，安装使用及维护方便
5	上位PC机软件实现远程监控、远程诊断、远程维护、G代码运行三维仿真及网络DNC功能
6	接口开放，可进行二次开发，能拓展到其他领域应用

3. 功能参数

GSK 25i 铣床加工中心数控系统功能参数如表 8-5-27 所示。

4. 指令表

GSK 25i 铣床加工中心数控系统指令如表 8-5-28 所示。

表 8-5-27 GSK 25i 铣床加工中心数控系统功能参数

名 称	系统指标
控制轴数	最大8轴，5轴联动，最大4轴通步轴，最大4个PLC轴
位控方式	PID位置闭环，速度前馈控制，2ms插补周期
最小指令单位	0.0001mm或0.0001°
最小检测单位	0.0001mm或0.0001°
最高进给单位	最高进给速度200m/min
最大编程尺寸	±999999.9999mm
G功能	共100多种指令，包括12种常用固定循环，22种特殊固定循环和复合循环、面铣、坐标系旋转、比例缩放、镜像、刀具中心点控制、倾斜面加工指令，子程序调用级数为5级，B类用户宏程序
刀具补偿	400组刀具长度补偿与刀具半径C补偿
预读前瞻处理	高速小线段前瞻，轨迹平滑处理，前瞻和预读高达2000段
加减速方式	加减速控制、快速S曲线加减速、加减速时间常数可调，通过前后加减速和平滑预处理，可实现加减速高达1.5g的平稳加工
插补方法	直线、圆弧、螺旋线、极坐标、圆柱面、样条曲线插补
反向间隙补偿	快速移动和切削进给反向间隙分开补偿
螺距误差补偿	插补型单向、双向螺距误差补偿
PLC功能	标准输入/输出:64/48点，最大可扩展到1024/1024点，PLC高达12000步处理能力，指令处理速度0.5μs/步；PLC在线编辑、信号诊断、跟踪；具有高速I/O功能、PLC轴控制功能、窗口读写功能
主轴功能	挡位控制，16位D/A，模拟或数字控制，刚性及柔性攻螺纹
通信接口	RS-232通信接口、以太网、USB口，具备网络NC功能
程序容量	系统具有32MB的程序储量；支持8GB的外存U盘
通信功能	基于GSK-link的实时工业以太网作为数据控制通信通道，严格参照国内外相关的总线通信标准，兼容性好，抗干扰强，安装方便
仿真功能	三视角任意切换及图形上、下、左、右移动，可旋转缩放仿真画面；自定义速度和加速度曲线仿真
辅助功能	支持3位M代码、5位S代码、3位T代码
辅助软件	通过基于TCP/IP的以太网接口可以实现对CNC系统的远程监控、远程诊断、远程维护、网络DNC功能、PLC在线编辑、G代码运行三维仿真、系统操作教学仿真功能及软件升级功能
操作界面及系统帮助	10.4in 800×600高分频率彩色液晶显示器，全屏幕编辑，参数实时在线提示，具有系统报警与诊断功能，中英文界面显示与颜色显示用户自配置

表 8-5-28 GSK 25i 铣床加工中心数控系统指令

G代码	功能	G代码	功能
G00	定位	G60	单向定位
G01	直线插补	G61	准确停止方式
G02	圆弧插补/螺旋线插补 CW	G62	自动拐角倍率
G03	圆弧插补/螺旋线插补 CCW	G63	攻螺纹方式
G04	暂停	G64	切削方式
G05	高速高精轮廓控制	G65	宏程序单一调用
G06.2	NURBS 插补	G66	宏程序模态调用
G07.1	圆柱插补	G67	宏程序模态调用取消
G09	准确停止	G68	坐标系旋转
G10	可编程数据输入	G68.2	特征坐标系选择
G11	可编程数据输入方式取消	G69	坐标系旋转取消
G15	极坐标指令取消	G73	高速深孔钻孔循环
G16	极坐标指令	G74	左旋攻螺纹循环
G17	选择 X_pY_p 平面	G76	精镗循环
G18	选择 Z_pX_p 平面	G80	固定循环取消
G19	选择 Y_pZ_p 平面	G81	钻孔循环、锪镗循环
G20	英寸输入	G82	钻孔循环或反镗循环
G21	毫米输入	G83	深孔钻孔循环
G22	存储行程检测功能 ON	G84	右旋攻螺纹循环
G23	存储行程检测功能 OFF	G85	镗孔循环
G27	返回参考点检测	G86	镗孔循环
G28	返回参考点	G87	反镗循环
G29	从参考点返回	G88	镗孔循环
G30	返回第2、3、4参考点	G89	镗孔循环
G31	跳转功能	G90	绝对值编程
G37	刀具长度自动测量	G91	增量值编程
G40	刀具半径补偿取消	G92	设定工件坐标系
G41	左侧刀具半径补偿	G94	每分进给
G42	右侧刀具半径补偿	G95	每转进给
G43	正向刀具长度补偿	G98	固定循环返回到初始点
G43.4	刀具中心点控制	G99	固定循环返回到 R 点
G44	负向刀具长度补偿	G110	逆时针圆内凹槽粗铣
G45	刀具偏置值增加	G111	顺时针圆内凹槽粗铣
G46	刀具偏置值减小	G112	逆时针全圆内精铣循环
G47	2倍刀具偏置值	G113	顺时针全圆内精铣循环
G48	1/2倍刀具偏置值	G116	逆时针外圆精铣循环
G49	刀具长度补偿取消	G117	顺时针外圆精铣循环
G50	比例缩放取消	G130	逆时针矩形凹槽粗铣
G51	比例缩放有效	G131	顺时针矩形凹槽粗铣
G50.1	可编程镜像取消	G132	逆时针矩形凹槽内精铣循环
G51.1	可编程镜像有效	G133	顺时针矩形凹槽内精铣循环
G52	局部坐标系设定	G136	逆时针矩形凹槽外精铣循环
G53	选择机床坐标系	G137	顺时针矩形凹槽外精铣循环
G54	选择工件坐标系 1	G120	圆周孔循环
G54.1	选择附加工件坐标系	G121	角度直线孔循环
G55	选择工件坐标系 2	G122	圆弧孔循环
G56	选择工件坐标系 3	G123	棋盘孔循环
G57	选择工件坐标系 4	G124	矩形顺时孔方向钻孔
G58	选择工件坐标系 5	G125	矩形逆时孔方向钻孔
G59	选择工件坐标系 6	G126	往返面铣
G127	单方向面铣		

5.3　车床数控系统

5.3.1　GSK 928TEⅡ车床数控系统

GSK 928TEⅡ车床数控系统是广州数控设备有限公司在GSK 928TE车床数控系统的基础上推出的一款新的成熟产品。该系统功能更加强大，性能更加稳定，与该公司生产的交流伺服驱动单元、交流伺服电动机等匹配，构成了一款性能高的普及型数控系统。该系统也可按客户要求配置其他驱动装置。

1. 产品特点

GSK 928TEⅡ车床数控系统产品特点如表8-5-29所示。

表8-5-29　GSK 928TEⅡ车床数控系统产品特点

序号	产品特点
1	CPLD硬件插补，μm级精度，最高速度15m/min，加减速特性、辅助功能逻辑可由用户设置
2	公制、英制单头/多头螺纹加工，刚性攻螺纹功能
3	480×234TFT彩色显示，刀具轨迹图形仿真
4	中文/英文操作界面，ISO标准代码全屏幕编辑
5	配以交流伺服驱动单元及电动机构成高性价比的数控系统，可配套中档数控车床

2. 功能参数

GSK 928TEⅡ车床数控系统功能及参数如表8-5-30所示。

3. 指令表

GSK 928TEⅡ车床数控系统指令如表8-5-31所示。

表8-5-30　GSK 928TEⅡ车床数控系统功能及参数

功能	参数	
运动控制功能	控制轴：X、Z两轴	最小指令单位：0.001mm
	插补方式：X、Z二轴直线、圆弧插补	
	位置指令范围：±8000.000mm	最高移动速度：15000mm/min
	最高进给速度：直线6000mm/min、圆弧3000mm/min	
	进给倍率：0～150％十六级实时调节	
	快速倍率：25％、50％、75％、100％四级（手动方式/自动方式有效）	
	加减速特性：自动加减速，时间可调	
	手脉（手轮）功能：×1、×10、×100	
显示界面	显示器类型：480×234FTF彩色显示	
	显示方式：中文/英文菜单	
G代码	共26种G代码，包括固定/复合循环加工、Z轴钻孔攻螺纹等代码	
螺纹功能	公制/英制单头多头螺纹、锥螺纹、螺纹高速退尾、退尾长度可设定	
	螺纹螺距：0.250～100.00mm（公制）100.000～0.250牙/英寸（英制）	
	具有刚性攻螺纹功能	
	主轴编码器：1024p/r或1200p/r增量式编码器（与主轴1∶1转动）	
补偿功能	反向间隙补偿：（X、Z轴）0～10.00mm	
	刀具补偿：8组刀具长度补偿	
刀具功能	对刀方式：定点对刀、试切对刀	适配刀架：四工位～八工位电动刀架、排刀
	刀位信号输入方式：1～4号刀位信号直接输入，5～8号刀位信号编码输入	
	换刀方式：T代码绝对换刀或手动相对换刀，正转选刀、刀位反转锁紧	
	刀补执行方式：移动刀具/修改坐标，两种方式，可参数选择	
主轴功能	控制方式：可设置挡位控制或模拟控制	
	挡位控制：S1、S2、S3、S4直接输出或BCD编码输出S0～S15，人工换挡	
	模拟控制：可设置三挡主轴，输出0～10V控制主轴转速	
	横线切削功能：有（选择主轴模拟控制方式下功能有效）	

续表

功能	参数	
程序编辑	程序容量:62KB、100个程序	格式:ISO代码、相对/绝对混合编辑
	子程序:可编辑	用户程序、参数断电保护
通信	RS-232通信接口为标准配置;可选配通信功能,提供通信软件及通信电缆	
	与PC机双向传送程序;可以在两台CNC间进行程序传送	
适配部件	开关电源;GSK PC(配套提供,已安装连接)	
	驱动装置:DA98交流伺服驱动单元及GSK交流伺服电动机	
	刀架控制器:GSK Tc(可配4～8工位电动刀架,仅供改造用户)	
面板尺寸	铝合金面板420mm×260mm	
重量	净重:5kg	毛重:7.35kg

表8-5-31　GSK 928TEⅡ车床数控系统指令

指令	功能	指令	功能
G00	快速定位	G22	局部循环开始
G01	直线插补	G80	局部循环结束
G02	顺圆插补	G50	设置工件绝对坐标系
G03	逆圆插补	G26	X、Z轴回参考点
G33	螺纹切削	G27	X轴回参考点
G32	攻螺纹循环	G29	Z轴回参考点
G90	外圆内圆柱面循环	G04	定时延时
G92	螺纹切削循环	G96	恒线速控制
G94	外圆内圆锥面循环	G97	取消恒线速
G74	端面钻孔循环	G93	系统偏量
G75	外圆内圆切槽循环	G98	每分进给
G71	外圆粗车循环	G99	每转进给
G72	端面粗车循环	G31	跳转

5.3.2　GSK 980TB2车床数控系统

GSK 980TB2车床数控系统是GSK 980系列的更新产品之一。该数控系统采用了32位嵌入式CPU和超大规模可编程器件FPGA，运用实时多任务控制技术和硬件插补技术，实现了μm级精度的运动控制，确保高速、高效率加工。在保持GSK 980系列外形尺寸及接口一致的前提下，采用了7in彩色宽屏LCD及更友好的显示界面，加工轨迹能实时跟踪显示，增加了系统时钟及报警日志。在操作编程方面，采用ISO国际标准数控G代码，同时兼容日本FANUC数控系统。国内主流的编程方式，方便操作者更快、更容易使用本系统。

1. 产品特点

(1) 程序预读功能实现了切削速度最佳的加/减速控制

系统预测控制可预读多个加工程序段，实现了切削速度最佳的加/减速控制，从而有效地减少了工件形状的转角处或小半径圆弧的伺服跟踪误差，并有效地提高加工速度和加工精度。

(2) 彩色宽屏LCD有更大的视觉范围，更丰富的显示内容

车载视频彩色LCD的采用，使显示界面更丰富、更友好，视觉范围更大，在较强光线的环境下仍能清晰地看到系统显示的内容。

(3) 倒角/倒圆角

在程序中直接指令倒角长度或倒圆角的半径等尺寸，简化了部件加工程序的编制。

(4) 加工轨迹图形显示功能

反映工件坐标和刀具补偿的刀尖轨迹，进行跟踪显示。

(5) 超大容量存储器

超大容量存储器，32MB的存储空间，最大500个加工程序，满足多品种、多规格产品的加工需求。

2. 功能参数

(1) 功能参数

GSK 980TB2车床数控系统的功能及参数如表8-5-32所示。

表 8-5-32　GSK 980TB2 车床数控系统的功能及参数

功能	参　数	
运动控制功能	控制轴：二轴（X、Z）	
	插补方式：X、Z 二轴直线、圆弧插补	
	位置代码范围：±9999.999mm，最小代码范围：0.001mm	
	最高进给速度：直线 6000mm/min，进给倍率：0～150％十六级实时调节	
	最高快移速度：6000mm/min，快速倍率：F0、25％、50％、100％四级	
	手动进给速度：0～1260mm/min 十六级实时调节	
	每转进给：0.01～500mm/r（需安装 1024p/r 或 1200p/r 主轴编码器）	
	加减速方式：高速直线型后加减速	
	电子齿轮比：倍频 1～65535，分频 1～65535	
	电子手脉功能：0.001mm、0.01mm、0.1mm 三挡	
显示界面	显示器类型：480×234TFT 彩色液晶	时钟显示功能：有
	显示方式：中文/英文界面	图形显示功能：有
G 功能	共 33 种 G 代码，包括 3 种单一固定循环代码和 6 种复合循环代码，27 种用户宏指令代码，可读/写最多 16 点输入/16 点输出，四重子程序调用，用户宏程序调用	
螺纹功能	公制/英制单头/多头直螺纹、锥螺纹及端面螺纹，螺纹退尾长度可由程序指定或参数设定	
	螺纹螺距：0.001～500mm（公制），0.06～25400 牙/英寸（英制）	
	主轴编码器：1024p/r 或 1200p/r 增量式编码器	
补偿功能	反向间隙补偿：（X、Z 轴）0～65.535mm	
	螺距误差补偿：X、Z 轴各 255 个补偿点，每点补偿量±0.007×补偿倍率	
	刀具补偿：64 组刀具长度补偿，刀尖半径补偿	
	刀补执行方式：刀具移动/坐标偏移（可通过参数设定）	
刀具功能	适配刀架：最大设定为 8 工位电动刀架（可配就近换刀刀架）	
	刀位信号输入方式：直接输入	
	换刀方式：MDI/自动绝对换刀或手动相对换刀，正转选刀、反转锁紧	
	对刀方式：定点对刀，试切对刀	
主轴功能	控制方式：可设置为挡位控制或模拟控制	
	挡位控制：S1、S2、S3、S4 直接输出	
	主轴点动：在自动方式下，可主轴点动控制	
	模拟控制：可设置四挡主轴自动换挡，输出 0～10V 控制主轴转速	
	横线速切削功能：有（选择主轴模拟控制方式下功能有效）	
辅助功能	手动/MDI/自动控制主轴正转、反转、停止；冷却液启停；润滑启停；MDI/自动方式控制卡盘夹紧/松开，控制尾座进/退	
程序编辑	程序容量：32KB、500 个程序	格式：相对/绝对混合编程
	子程序：可编辑，支持四重子程序嵌套	
通信	USB 通信和 RS-232 通信接口为标准配置；可选配通信功能，提供通信软件及通信电缆，与 PC 机双向传送程序	
适配部件	开关电源：GSSK Pb2（配套提供，已安装连接）	
	驱动单元：DF3、DY3 系列步进驱动单元	
	刀架控制器：GSK TB	
装配形式	标准面板、大面板（选配附加面板）、箱式一体化装配	

（2）G 代码

GSK 980TB2 车床数控系统的 G 代码如表 8-5-33 所示。

（3）宏程序指令代码

GSK 980TB2 车床数控系统的 G 代码如表 8-5-34 所示。

表 8-5-33 GSK 980TB2 车床数控系统的 G 代码

G 代码	功 能	G 代码	功 能
G00	定位(快速移动)	G31	跳段功能
G01	直线插补(切削进给)	G32	等螺距螺纹切削
G02	顺时针圆弧插补(后刀座)	G33	攻螺纹方式
G03	逆时针圆弧插补(后刀座)	G34	变螺距螺纹切削
G04	暂停、准停	G40	取消刀尖半径补偿
G10	程序指定参数	G41	刀尖半径左补偿(后刀座)
G20	英制单位选择	G42	刀尖半径右补偿(后刀座)
G21	公制单位选择	G50	坐标系设定
G28	返回机械零点(机床零点)		

表 8-5-34 GSK 980TB2 车床数控系统的宏程序指令代码

G 代码	H 代码	功 能	定 义
G65	H01	赋值	＃i＝＃j
G65	H02	加算	＃i＝＃j＋＃K
G65	H03	减算	＃i＝＃j－＃K
G65	H04	乘算	＃i＝＃j×＃K
G65	H05	除算	＃i＝＃j÷＃K
G65	H11	逻辑加(或)	＃i＝＃j OR ＃K
G65	H12	逻辑乘(与)	＃i＝＃j AND ＃K
G65	H13	异或	＃i＝＃j XOR ＃K
G65	H21	平方根	＃i＝＃j
G65	H22	绝对值	＃i＝|＃j|
G65	H23	取余数	＃i＝＃j－trunk(＃j)×＃K
G65	H24	十进制变为二进制	＃i＝BIN(＃j)
G65	H25	二进制变为十进制	＃i＝BCD(＃j)
G65	H26	复合乘除运算	＃i＝＃i×＃j÷＃K
G65	H27	复合平方根	＃i＝＃j^2＋＃K^2
G65	H31	正弦	＃i＝＃j×SIN(＃K)
G65	H32	余弦	＃i＝＃j×COS(＃K)
G65	H33	正切	＃i＝＃j×TAN(＃K)
G65	H34	反正切	＃i＝ATAN(＃j/K)
G65	H80	无条件转移	转向 N
G65	H81	条件转移 1	IF ＃j＝＃K,GOTON
G65	H82	条件转移 2	IF ＃j≠＃K,GOTON
G65	H83	条件转移 3	IF ＃j□＃K,GOTON
G65	H84	条件转移 4	IF ＃j□＃K,GOTON
G65	H85	条件转移 5	IF ＃j≥＃K,GOTON
G65	H86	条件转移 6	IF ＃j≤＃K,GOTON
G65	H99	产生 P/S 报警	产生 400＋N 号 P/S 报警

5.3.3 GSK 980TA2 车床数控系统

GSK 980TA2 车床数控系统是 GSK 980 系列的更新产品之一。该数控系统采用了 32 位嵌入式 CPU 和超大规模可编程器件 FPGA，运用实时多任务控制技术和硬件插补技术，实现了 μm 级精度的运动控制，确保高速、高效率加工。在保持 GSK 980 系列外形尺寸及接口一致的前提下，采用了 7in 彩色宽屏 LCD 及更友好的显示界面，加工轨迹能实时跟踪显示，增加了系统钟及报警日志。

在操作编程方面，采用 ISO 国际标准数控 G 代码时，同时兼容日本 FANUC 数控系统。国内主流的编程方式，方便操作者更快、更容易使用该系统。

1. 产品特点

GSK 980TA2 车床数控系统产品技术特点如表 8-5-35 所示。

2. 产品的功能参数

GSK 980TA2 车床数控系统功能参数如表 8-5-36 所示。

表 8-5-35　GSK 980TA2 车床数控系统产品特点

序号	特　点
1	程序预读功能实现了切削速度最佳的加/减速控制。系统预测控制可预读多个加工程序段，实现了切削速度最佳的加/减速控制，从而有效地减少了工件形状的转角处或小半径圆弧的伺服跟踪误差，并有效地提高加工速度和加工精度
2	彩色宽屏 LCD 有更大的视觉范围，更丰富的显示内容。车载视频彩色 LCD 的采用，使显示界面更丰富、更友好，视觉范围更大，在较强光线的环境下仍能清晰地看到系统显示的内容
3	倒角/倒圆角。在程序中直接指令倒角长度或倒圆角的半径等尺寸，简化了部件加工程序的编制
4	加工轨迹图形显示功能。反映工件坐标和刀具补偿的刀尖轨迹，进行跟踪显示
5	超大容量存储器。超大容量存储器，32MB 的存储空间，最大 500 个加工程序，满足多品种、多规格产品的加工需求

表 8-5-36　GSK 980TA2 车床数控系统功能参数

功能	参　数	
运动控制功能	控制轴：三轴（X、Z 、Y）	
	插补方式：X、Z、Y 三轴直线，X、Z 圆弧插补	
	位置代码范围：±9999.999mm	最小代码范围：0.001mm
	最高进给速度：直线 8000mm/min 进给倍率：0～150%十六级实时调节	
	最高快速速度：15000mm/min 快速倍率：F0、25%、50%、100%四级	
	手动进给速度：0～1260mm/min 十六级实时调节	
	每转进给：0.01～500mm/r（需安装 1024p/r 或 1200p/r 主轴编码器）	
	加减速方式：高速直线型后加减速	
	电子齿轮比：倍频 1～65535，分频 1～65535	
	电子手脉功能：0.001mm、0.01mm、0.1mm 三挡	
显示界面	显示器类型：480×234TFT 彩色液晶	时钟显示功能：有
	显示方式：中文/英文界面	图形显示功能：有
G 功能	共 33 种 G 代码，包括 3 种单一固定循环代码和 6 种复合循环代码，27 种用户宏指令代码，可读/写最多 32 点输入/32 点输出，四重子程序调用，用户宏程序调用	
螺纹功能	公制/英制单头/多头直螺纹、锥螺纹及端面螺纹，螺纹退尾长度可由程序指定或参数设定	
	螺纹螺距：0.001～500mm（公制），0.06～25400 牙/英寸（英制），主轴编码器：1024p/r 或 1200p/r 增量式编码器	
补偿功能	反向间隙补偿：（X、Y、Z 轴）0～65.535mm	
	螺距误差补偿：X、Z、Y 轴各 255 个补偿点，每点补偿量	
	刀具补偿：64 组刀具长度补偿，刀尖半径补偿	
	刀补执行方式：刀具移动/坐标偏移（可通过参数设定）	
刀具功能	适配刀架：最大设定为 8 工位电动刀架（可配就近换刀刀架）	
	刀位信号输入方式：直接输入	
	换刀方式：MDI/自动绝对换刀或手动相对换刀，正转旋刀、反转锁紧	
	对刀方式：定点对刀，试切对刀	

续表

功能	参数	
主轴功能	控制方式:可设置为挡位控制或模拟控制	
	挡位控制:S1、S2、S3、S4直接输出	
	主轴点动:在自动方式下,可主轴点动控制	
	模拟控制:可设置四挡主轴自动换挡,输出0～10V控制主轴转速	
	恒线速切削功能:有(选择主轴模拟控制方式下功能有效)	
辅助功能	手动/MDI/自动方式控制主轴正转、反转、停止;冷却液启停;润滑启停;MDI/自动方式控制卡盘夹紧/松开,控制尾座进/退	
程序编辑	程序容量:32MB、500个程序	格式:相对/绝对混合编程
	子程序:可编程,支持四重子程序嵌套	
通信	USB通信和RS-232通信接口为标准配置;可选配通信功能,提供通信软件及通信电缆,与PC机双向传送程序	
适配部件	开关电源:GSK PB2(配套提供,已安装连接)	
	驱动单元:脉冲+方向信号输入的DA98系列数字式交流伺服或DY3系列步进驱动装置	
	刀架控制器:GSK TB	
装配形式	标准面板、大面板(选配附加面板)、箱式一体化装配	

3. 指令表

GSK 980TA2车床数控系统G代码如表8-5-37所示。表8-5-38为GSK 980TA2车床数控系统宏指令代码。

表8-5-37 GSK 980TA2车床数控系统G代码

G代码	功能	G代码	功能
G00	定位(快速移动)	G51	坐标偏移
G01	直线插补(切削进给)	G65	宏程序
G02	顺时针圆弧插补(后刀座)	G70	精加工循环
G03	逆时针圆弧插补(后刀座)	G71	内外圆粗车复合循环
G04	暂停、准停	G72	端面粗车复合循环
G10	程序指定参数	G73	封闭切削复合循环
G20	英制单位选择	G74	端面深孔加工复合循环
G21	公制单位选择	G75	外圆内圆切槽循环
G28	返回机械零点(机床零点)	G76	复合型螺纹切削循环
G31	跳段功能	G90	外圆、内圆车削循环
G32	等螺距螺纹切削	G92	螺纹切削循环
G33	攻螺纹循环	G94	端面切削循环
G34	变螺距螺纹切削	G96	恒线速控制
G40	取消刀尖半径补偿	G97	恒转速控制
G41	刀尖半径左补偿(后刀座)	G98	每分进给
G42	刀尖半径右补偿(后刀座)	G99	每转进给
G50	坐标系设定		

表8-5-38 GSK 980TA2车床数控系统宏指令代码

G代码	H代码	功能	定义
G65	H01	赋值	#i=#j
G65	H02	加算	#i=#j+#k
G65	H03	减算	#i=#j-#k

续表

G代码	H代码	功　能	定　义
G65	H04	乘算	#i=#j×#K
G65	H05	除算	#i=#j÷#K
G65	H11	逻辑加(或)	#i=#j OR #K
G65	H12	逻辑乘(与)	#i=#j AND #K
G65	H13	异或	#i=#j XOR #K
G65	H21	平方根	#i= $\sqrt{\#j}$
G65	H22	绝对值	#i=|#j|
G65	H23	取余数	#i=#j−trunK(#j÷#K)×#K
G65	H24	十进制变为二进制	#i=BIN(#j)
G65	H25	二进制变为十进制	#i=BCD(#j)
G65	H26	复合乘除运算	#i=#i×#j÷#K
G65	H27	复合平方根	#i= $\sqrt{\#J^2+\#K^2}$
G65	H31	正弦	#i=#j×SIN(#K)
G65	H32	余弦	#i=#j×COS(#K)
G65	H33	正切	#i=#j×TAN(#K)
G65	H34	反正切	#i=#j×ATAN(#j/#K)
G65	H80	无条件转移	转向N
G65	H81	条件转移1	IF #j=#K,GOTON
G65	H82	条件转移2	IF #j≠#K,GOTON
G65	H83	条件转移3	IF #j□#K,GOTON
G65	H84	条件转移4	IF #j□#K,GOTON
G65	H85	条件转移5	IF #j≥#K,GOTON
G65	H86	条件转移6	IF #j≤#K,GOTON
G65	H99	产生P/S报警	产生400+N号P/S报警

5.3.4　GSK 928TEa车床数控系统

GSK 928TEa车床数控系统，采用32位高性能工业级CPU构成控制核心，实现μm级精度运动控制，系统功能强，性能稳定，界面显示直观简明、操作方便。

该系统在操作、安全、加工精度及加工效率方面具有突出特点，可与广州数控设备有限公司自主开发制造的交流伺服驱动装置（驱动单元、伺服电机）匹配使用，也可按客户需求配置其他的驱动装置。

1. 产品特点

GSK 928TEa车床数控系统产品特点如表8-5-39所示。

2. 功能参数

GSK 928TEa车床数控系统功能及参数如表8-5-40所示。

表8-5-39　GSK 928TEa车床数控系统产品特点

序号	产品特点
1	*Z*、*X*、*Y*三轴控制，两轴联动，可控*Y*轴或伺服主轴，0.001mm(即μm级)插补精度，系统切削速度可达15000mm/min;定位最高快速速度输出可达30000mm/min
2	I/O接口总数:输入23点/输出18点;辅助功能包括:16工位以下刀架、主轴、冷却、卡盘、尾座、送料、三色灯、自动润滑、外挂手脉、防护门、压力低检测;各种装置可通过I/O接口任意定义不受限制、选满为止;未用的I/O引脚可自由编写M代码指令控制其他附件
3	圆弧加工的最大半径可达1000m
4	加工性能好:系统输出脉冲平稳、均匀，加工后工件表面波纹均匀细腻、衔接处无顿痕
5	高效加工与灵活的实时检测并行执行处理机制;程序段间过渡不占时间;辅助指令与定位指令可以同步执行;灵活应用系统的语句编程功能，能有效提升综合效率和安全性

续表

序号	产品特点
6	最大限度的安全措施:提供了多种有关安全方面的参数选项,确保安全使用;具有双重软限位保护功能(机床坐标软限位＋刀尖坐标软限位)
7	具有手工攻螺纹、螺纹修复功能
8	具有反向间隙补偿、刀具长度补偿、C型刀具半径补偿、螺距误差补偿功能
9	具有电子齿轮功能,电子齿轮比(1～99999)/(1～99999)
10	具有自动倒角功能
11	具有灵活多样的帮助功能
12	具有圆弧的辅助计算功能
13	具有短直线高速平滑插补功能:CNC采取前瞻控制的方式实现高速衔接过渡,最大预读程序段数可达80段
14	手脉具有多种功能:手动方式中坐标轴移动、编辑方式中可快速浏览程序、自动方式中可控制程序执行
15	手动对刀可记忆对刀点
16	编辑状态下,可模拟绘制运动轨迹、局部的运动轨迹可放大/缩小
17	自动状态时,可浏览整个加工程序、可查看信息窗、M、T功能报警时可再次重复执行
18	在执行换刀等辅助功能时,能够观察到信号的变化过程
19	语句式宏指令:实现椭圆、抛物线等复杂的编程加工;可进行显示界面构建;可将语句打包成M代码指令;能实现I/O控制(类似于PLC功能)及过程监控
20	具有USB及RS-232接口:支持刀补、参数及加工程序通信;支持系统软件及系统整体内存升级
21	为方便设备管理:提供多级参数密码功能;具有参数锁、程序锁、自动加工总时间锁功能;具有参数固化、程序固化功能
22	支持伺服主轴的速度/位置控制方式切换
23	全屏幕编辑零件程序、提前查错,程序总容量4400KB,可储存255个零件程序
24	LCD屏亮度可调节;界面可中文/英文转换
25	多个指令同步执行:传统数控系统的指令是按顺序执行的,就算将多个指令写在同一程序段内,其实还是按一定的规则顺序执行的,称为"顺序流程"。在实际加工工件时,有的辅助功能执行起来比较耗费时间,而多个没有顺序关系的辅助功能则可以同时执行,从而提高效率。928TEa系统能够自动分析各指令间的逻辑关系,自动将互不关联的各指令同时执行,从而大大提高效率,称为"同步流程"
26	输出脉冲平顺均匀:在加工工件时,伺服电机运行在低频状态,数控系统输出的低频脉冲是否均匀至关重要,因为它直接影响到加工锥面、圆弧的精度和表面粗糙度。928TEa系统着重于改善切削状态下输出脉冲的均匀性,均匀程度达到了微秒级;从而明显地改善了精切的精度和工件表面纹路问题。经过对球形端面的加工比较对照,加工面更加细腻

表8-5-40　GSK 928TEa车床数控系统功能及参数

功能	参数
运动控制	控制轴:X轴、Z轴、Y轴;同时控制轴(插补轴):2轴(X、Z)
	插补功能:X、Z二轴直线、圆弧、螺纹插补,Z/Y或X/Y二轴直线插补
	位置指令范围:－9999.999～9999.999mm;最小指令单位:0.001mm
	电子齿轮:指令倍乘系数1～99999,指令分频系数1～99999
	快速移动速度:最高30000mm/min;快速倍率:25%、50%、75%、100%四级实时调节
	切削进给速度:最高15000mm/min;进给倍率:0～150%十六级实时调节
	手动进给速度:0～1260mm/min十六级实时调节,或可及时自定义进给速度
	手脉进给:0.001mm、0.01mm、0.1mm三挡
	加减速:切削进给可选用指数型加减速或线性加减速
G代码	34种G代码:G00、G01、G02、G03、G04、G05、G06、G0681、G0683、G07、G08、G09、G20、G21、(G22/G80)、G26、G28、G30、G31、G32、G33、G34、G35、G38、G40、G41、G42、G50、G51、G52、G66、G67、G71、G72、G73、G74、G75、G76、G81、G83、G90、G92、G94、G96、G97、G98、G99

续表

功能	参　数
螺纹加工	可加工单头/多头公英制直螺纹、锥螺纹、端面螺纹；变螺距螺纹；螺纹退尾长度、角度和速度特性可设定，高速退尾处理；螺纹螺距：0.001～500mm或0.06～25400牙/英寸；可加工连续螺纹；具有攻螺纹功能
	主轴编码器：编码器线数可设定范围：100～5000p/r；编码器与主轴的传动比：1∶1
精度补偿	反向间隙补偿：0～10.000mm
	螺距误差补偿：每轴300个补偿点；可采用等间距描述法或拐点描述法建立数据；系统进行精细的线性补偿
	刀具补偿：16刀位、64组对刀长度补偿、刀具半径补偿(补偿方式C) 对刀方式：试切对刀、定点对刀；刀补执行方式：修改坐标执行刀补、移动刀具执行刀补
M代码	M00、M02、M20、M30、M03、M04、M05、M08、M09、M10、M11、M12、M32、M33、M41、M42、M43、M44、M47、M48、M78、M79、M80、M96、M97、M98、M99、M91、M92、M93、M94、M21、M22、M23、M24；由用户自定义的M代码指令：M60～M74实现特殊功能控制
T代码	最多16个刀位，设定刀架类型参数来选择换刀的控制过程，使用排刀时，刀架类型设为0
主轴转速控制	转速开关量控制模式：S指令4挡直接控制输出范围为S01～S04；或16挡BCD编码输出范围为S00～S15
	转速模拟电压控制模式：S指令代码给定主轴每分钟转速或切削线速度(恒线速控制)，输出0～10V电压给主轴变频器，主轴无级变速，支持4挡主轴机械挡位M41～M44
I/O功能	I/O功能诊断显示
	I/O口：23点输入/18点输出
显示界面	显示器：480×234点阵、真彩色液晶显示器(LCD)，LED或CCFL背光
	显示方式：中文或英文显示界面由参数设置；可实时显示加工轨迹图形
程序编辑	程序容量：最多255个程序，程序总容量4400KB
	编辑方式：全屏幕编辑，支持相对/绝对坐标混合编程，支持程序调用，支持子程序多重嵌套
通信	具有USB接口
	支持发送或接收LST文本文件格式的程序及参数、刀补数据
适配驱动	脉冲＋方向信号输入的DA98系列数字式交流伺服或DY3系列步进驱动装置

5.3.5　GSK 98T车床数控系统

GSK 98T是在GSK 980TB1基础上精简设计的新产品。该数控系统采用了32位嵌入式CPU和超大规模可编程器件FPGA，运用实时多任务控制技术和硬件插补技术，实现了μm级精度的运动控制，确保高速、高效率加工。在保持GSK 980TB1接口一致的前提下，采用了7in彩色宽屏LCD及更友好的显示界面，加工轨迹能实时跟踪显示，增加了系统时钟及报警日志。

在操作编程方面，采用ISO国际标准数控G代码，同时兼容日本FANUC数控系统。国内主流的编程方式，方便操作者更快、更容易使用本系统。

1. 产品特点

GSK 98T数控系统产品特点如表8-5-41所示。

2. 指令表

GSK 98T数控系统G代码如表8-5-42所示。

表8-5-41　GSK 98T车床数控系统产品特点

序号	特　点
1	程序预读功能实现了切削速度最佳的加/减速控制。系统预测控制可预读多个加工程序段，实现了切削速度最佳的加/减速控制，从而有效地减少了工件形状的转角处或小半径圆弧的伺服跟踪误差，并有效地提高加工速度和加工精度
2	彩色宽屏LCD有更大的视觉范围，更丰富的显示内容。车载视频彩色LCD的采用，使显示界面更丰富、更友好，视觉范围更大，在较强光线的环境下仍能清晰地看到系统显示的内容
3	加工轨迹图形显示功能。反映工件坐标和刀具补偿的刀尖轨迹，进行跟踪显示
4	超大容量存储器。超大容量存储器，32MB的存储空间，最大500个加工程序，满足多品种、多规格产品的加工需求

表 8-5-42 GSK 98T数控系统G代码

G代码	功能	G代码	功能
G00	定位(快速移动)	G70	精加工循环
G01	直线插补(切削进给)	G71	内外圆粗车复合循环
G02	顺时针圆弧插补(后刀座)	G72	端面粗车复合循环
G03	逆时针圆弧插补(后刀座)	G73	封闭切削复合循环
G04	暂停、准停	G74	端面深孔加工复合循环
G10	程序指定参数	G75	外圆内圆切槽循环
G20	英制单位选择	G76	复合型螺纹切削循环
G21	公制单位选择	G90	外圆,内圆车削循环
G28	返回机械零点(机床零点)	G92	螺纹切削循环
G31	跳段功能	G94	端面切削循环
G32	等螺距螺纹切削	G96	恒线速控制
G33	攻丝循环	G97	取消恒线速控制
G34	变螺距螺纹切削	G98	每分进给
G50	坐标系设定	G99	每转进给
G51	坐标偏移		

5.3.6 GSK 988T车床数控系统

GSK 988T是针对斜床身数控车床和车削中心而开发的CNC新产品，具有竖式和横式两种结构。采用400MHz高性能微处理器，可控制5个进给轴（含Cs轴）、2个模拟主轴，通过GSKLink串行总线与伺服单元实时通信，配套的伺服电机采用高分辨率绝对式编码器，实现0.1μm级位置精度，可满足高精度车铣复合加工的要求。GSK 988T具备网络接口，支持远程监视和文件传输，可满足网络化教学和车间管理的要求。GSK 988T是斜床身数控车床和车削中心的最佳选择。

1. 产品特点

GSK 988T车床数控系统产品特点如表8-5-43所示。

2. 功能参数

(1) 控制轴数

1）最大控制轴数为5轴（含Cs轴）。

2）最大联动轴数为3轴。

3）PLC控制轴数为5轴。

(2) 进给轴功能

1）最小输入/输出单位，如表8-5-44所示。

2）位置指令范围：±99999999×最小指令单位。

3）快速移动速度。如表8-5-45所示。

4）快速倍率：F0、25%、50%、100%共四级实时修调。

5）切削进给速度。如表8-5-46所示。

6）进给倍率：0～150%共十六级实时修调。

表 8-5-43 GSK 988T车床数控系统产品特点

序号	特点
1	5个进给轴(含Cs轴),任意3轴联动,2个模拟主轴,支持车铣复合加工
2	指令单位1μm和0.1μm可选,最高速度60m/min(0.1μm时最高速度24m/min)
3	适配具有GSK-CAN的伺服单元,可实现伺服参数读写和伺服单元实时监视
4	可扩展GSK-CAN串行进给轴和主轴
5	内置多PLC程序,PLC梯形图在线编辑、实时监控
6	零件程序后台编辑
7	多次限时停机
8	具备网络接口,支持远程监控和文件传输
9	具备USB接口,支持U盘文件操作、系统配置和软件升级
10	8.4in真彩LCD,支持二维运动轨迹、实体图形显示

第8篇

表 8-5-44　GSK 988T 车床数控系统最小指令单位

项目		μ级(IS-B)		0.1μ级(IS-C)	
		最小输入单位	最小输出单位	最小输入单位	最小输出单位
公制机床	公制输入(G21)	0.001(mm)	0.001(mm)	0.0001(mm)	0.0001(mm)
		0.001(deg)	0.001(deg)	0.0001(deg)	0.0001(deg)
	英制输入(G20)	0.0001(in)	0.001(mm)	0.00001(in)	0.0001(mm)
		0.001(deg)	0.001(deg)	0.0001(deg)	0.0001(deg)
英制机床	公制输入(G21)	0.001(mm)	0.0001(in)	0.0001(mm)	0.00001(in)
		0.001(deg)	0.001(deg)	0.0001(deg)	0.0001(deg)
	英制输入(G20)	0.0001(in)	0.0001(in)	0.00001(in)	0.00001(in)
		0.001(deg)	0.001(deg)	0.0001(deg)	0.0001(deg)

表 8-5-45　GSK 988T 车床数控系统快速移动速度

项目	μ级(IS-B)	0.1μ级(IS-C)
公制机床	30～60000mm/min	6～24000mm/min
英制机床	30～24000in/min	6～9600in/min

表 8-5-46　GSK 988T 车床数控系统切削进给速度

项目		μ级(IS-B)	0.1μ级(IS-C)
公制机床	分进给(G98)	1～60000mm/min	1～24000mm/min
	转进给(G99)	0.01～500mm/r	0.01～500mm/r
英制机床	分进给(G98)	0.01～2400in/min	0.01～960in/min
	转进给(G99)	0.01～9.99in/r	0.01～9.99in/r

7）插补方式：直线插补、圆弧插补、螺纹插补、极坐标插补和刚性攻螺纹。

（3）螺纹功能

螺纹功能如表 8-5-47 所示。

（4）加减速功能

加减速功能如表 8-5-48 所示。

（5）主轴功能

主轴参数及功能如表 8-5-49 所示。

（6）刀具功能

刀具参数及功能如表 8-5-50 所示。

（7）精度补偿

精度补偿如表 8-5-51 所示。

（8）PLC 功能

PLC 功能如表 8-5-52 所示。

（9）I/O 单元

I/O 单元如表 8-5-53 所示。

表 8-5-47　GSK 988T 车床数控系统螺纹信息及功能

螺纹信息	螺纹功能
螺纹类型	等螺距直螺纹/锥螺纹/端面螺纹，变螺距直螺纹/锥螺纹/端面螺纹
螺纹头数	1～99 头
螺纹螺距	0.01～500mm(公制螺纹)或 0.01～9.99in(英制螺纹)
螺纹退尾	退尾长度、角度和速度特性可设定

表 8-5-48　GSK 988T 车床数控系统加减速类型及功能

类型	功能	类型	功能
切削进给	直线型	刚性攻螺纹	S 型
快速移动	S 型、直线型	手动	直线型
螺纹切削	直线型、指数型可选	速度及时间	加减速的起始速度、终止速度和加减速时间由参数设定

表 8-5-49 GSK 988T 车床数控系统主轴参数及功能

主轴参数	功能
电压及编码器	2路0～10V模拟电压输出,2路主轴编码器反馈,双主轴控制
主轴转速	可由S代码或PLC信号给定,转速范围0～20000r/min
主轴倍率	50%～120%共8级实时修调
控制	主轴恒线速控制
攻螺纹	刚性攻螺纹

表 8-5-50 GSK 988T 车床数控系统刀具参数及功能

刀具参数	功能
刀具长度补偿(刀具偏置)	99组
刀具磨损补偿	99组刀具磨损补偿数据
补偿	刀尖半径补偿(C型)
对刀方式	定点对刀、试切对刀、回参考点对刀
刀偏执行方式	修改坐标方式、刀具移动方式
刀具寿命管理	刀具可按时间或次数进行寿命管理

表 8-5-51 GSK 988T 车床数控系统补偿类型及精度

补偿类型	精度
反向间隙补偿	补偿范围(－9999～9999)×检测单位
记忆型螺距误差补偿	共1024个补偿点,各轴补偿点数由参数设定,每点补偿范围(－700～700)×检测单位

表 8-5-52 GSK 988T 车床数控系统 PLC 功能类型及功能

类型	功能
指令	13种基本指令,30种功能指令
编辑及监控	PLC梯形图在线编辑、实时监控
程序	两级PLC程序,最多5000步,第1级程序刷新周期8ms
选择	支持多PLC程序(最多16个),当前运行的PLC程序可选择

表 8-5-53 GSK 988T 车床数控系统 I/O 单元及参数

单元	参数
基本 I/O	40输入/32输出
操作面板 I/O	96输入/96输出

(10) 人机界面

人机界面如表 8-5-54 所示。

表 8-5-54 GSK 988T 车床数控系统人机界面特性

序号	界面特性
1	支持中文、英文等多种语言显示
2	支持二维刀具轨迹、实体图形显示
3	伺服状态监视
4	伺服参数在线配置
5	模拟机床操作面板
6	多套系统参数选择
7	实时时钟
8	在线帮助

(11) 操作管理

操作管理如表 8-5-55 所示。

表 8-5-55 GSK 988T 车床数控系统操作管理类型及管理方式

管理类型	管理方式
操作方式	自动、手动、编辑、录入、DNC、手轮、回参考点
权限	多级操作权限管理
日志	报警日志
停机	多次限时停机

(12) 程序编辑

程序编辑如表 8-5-56 所示。

(13) 通信功能

通信功能如表 8-5-57 所示。

(14) 安全功能

安全功能如表 8-5-58 所示。

3. 指令表

GSK 988T 车床数控系统指令如表 8-5-59 所示。

表 8-5-56　GSK 988T 车床数控系统程序编辑内容及性能

编辑内容	性能
程序容量	36MB、10000 个程序(含子程序、宏程序)
编辑方式	全屏幕编辑,支持零件程序后台编辑
编辑功能	程序/程序段/字检索、修改、删除,块复制/块删除
程序格式	ISO 代码,支持指令字间无空格,支持相对坐标、绝对坐标混合编程
宏指令	支持语句式宏指令编程
程序调用	支持带参数的宏程序调用,支持 12 级子程序嵌套
语法检查	程序编辑后可以对程序进行快速语法检查(不需运行程序)

表 8-5-57　GSK 988T 车床数控系统通信类型及功能

通信类型	功能
RS-232	零件程序、PLC 程序、系统参数、伺服配置参数等文件传输,及 DNC 加工
USB	U 盘文件操作、U 盘文件直接加工,支持 PLC 程序、系统软件 U 盘升级
LAN	远程监控,网络 DNC 加工,支持零件程序、PLC 程序、系统参数、伺服配置参数等文件传输

表 8-5-58　GSK 988T 车床数控系统安全功能

序号	安全功能	序号	安全功能
1	紧急停止	3	多种存储式行程检查
2	硬件行程限位	4	数据备份与恢复

表 8-5-59　GSK 988T 车床数控系统指令

代码	功能	代码	功能
G00	快速定位	G36	自动刀具补偿测量 X
G01	直线插补	G37	自动刀具补偿测量 Z
G02	顺时针圆弧插补	G40	取消刀尖半径补偿
G03	逆时针圆弧插补	G41	刀尖半径左补偿
G04	暂停、准停	G42	刀尖半径右补偿
G05	三点圆弧插补	G50	设置工件坐标系
G06.2	顺时针椭圆插补	G52	局部坐标系
G06.3	逆时针椭圆插补	G54～G59	工件坐标系
G07.1	圆柱插补	G65	宏指令非模态调用
G07.2	顺时针抛物线插补	G66	宏指令模态调用
G07.3	逆时针抛物线插补	G67	取消宏指令模态调用
G10	数据输入方式有效	G70	精加工循环
G11	取消数据输入方式	G71	轴向粗车循环(支持凹槽循环)
G12.1	启动极坐标插补方式	G72	径向粗车循环
G13.1	取消极坐标插补方式	G73	封闭切削循环
G15	取消极坐标指令方式	G74	轴向切槽循环
G16	极坐标指令方式开始	G75	径向切槽循环
G17	*XY* 平面选择	G76	多重螺纹切削循环
G18	*ZX* 平面选择	G80	刚性攻螺纹状态取消
G19	*YZ* 平面选择	G84	轴向刚性攻螺纹
G20	英制输入选择	G88	径向刚性攻螺纹
G21	公制输入选择	G90	轴向切削循环
G28	自动返回机械零点	G92	螺纹切削循环
G30	回机床第 2、3、4 参考点	G94	径向切削循环
G31	跳跃机能	G96	恒线速控制
G32	等螺距螺纹切削	G97	取消恒线速控制
G32.1	刚性螺纹切削	G98	每分进给
G33	*Z* 轴攻螺纹循环	G99	每转进给
G34	变螺距螺纹切削		

5.3.7　GSK 980TDb 车床数控系统

GSK 980TDb 是基于 GSK 980TDa 升级软硬件推出的新产品，可控制 5 个进给轴（含 C 轴）、2 个模拟主轴，2ms 高速插补，0.1μm 控制精度，显著提高了零件加工的效率、精度和表面质量。新增 USB 接口，支持 U 盘文件操作和程序运行。作为 GSK 980TDa 的升级产品，GSK 980TDb 是经济型数控车床技术升级的最佳选择。

1. 产品特点

GSK 980TDb 车床数控系统产品特点如表 8-5-60 所示。

表 8-5-60　GSK 980TDb 车床数控系统产品特点

序　号	特　点
1	X、Z、Y、4th、5th五轴控制，Y、4th、5th轴的轴名、轴型可定义
2	2ms 插补周期，控制精度 1μm、0.1μm 可选
3	最高速度 60m/min(0.1μm 时最高速度 24m/min)
4	适配伺服主轴可实现主轴连续定位、刚性攻螺纹、刚性螺纹加工
5	内置多 PLC 程序，当前运行的 PLC 程序可选择
6	G71 指令支持凹槽外形轮廓的循环切削
7	支持语句式宏指令编程，支持带参数的宏程序调用
8	支持公制/英制编程，具有自动对刀、自动倒角、刀具寿命管理功能
9	支持中文、英文、西班牙文、俄文显示，由参数选择
10	具备 USB 接口，支持 U 盘文件操作、系统配置和软件升级
11	2 路 0～10V 模拟电压输出，支持双主轴控制
12	1 路电子手轮输入，支持手持式电子手轮
13	40 点通用输入/32 点通用输出
14	GSK980TDb(GSK980TDb-V)外形安装尺寸、指令系统与 GSK980TDa(GSK980TDa-V)完全兼容

2. 功能参数

(1) 控制轴数

控制轴数如表 8-5-61 所示。

表 8-5-61　GSK 980TDb 车床数控系统控制轴数

控制轴类型	轴　数
控制轴数	5 轴(X、Z、Y、4th、5th)
联动轴数	3 轴
PLC 控制轴数	4 轴

(2) 进给轴功能

进给轴功能如表 8-5-62 所示。

(3) 螺纹功能

螺纹功能如表 8-5-63 所示。

(4) 加减速功能

加减速功能如表 8-5-64 所示。

(5) 主轴功能

主轴功能如表 8-5-65 所示。

(6) 刀具功能

刀具功能如表 8-5-66 所示。

(7) 精度补偿

精度补偿如表 8-5-67 所示。

(8) PLC 功能

表 8-5-62　GSK 980TDb 车床数控系统进给轴功能及参数

进给轴功能	进给轴参数
最小指令单位	0.001mm 和 0.0001mm 可选
位置指令范围	±99999999×最小指令单位
快速移动速度	0.001mm 指令单位时最高 60m/min，0.0001mm 指令单位时最高 24m/min
快速倍率	F0、25%、50%、100%共四级实时修调
进给倍率	0～150%共十六级实时修调
插补方式	直线插补、圆弧插补（支持三点圆弧插补）、螺纹插补、椭圆插补、抛物线插补和刚性攻螺纹
倒角功能	自动倒角功能

PLC 功能如表 8-5-68 所示。

(9) 人机界面

人机界面如表 8-5-69 所示。

(10) 操作管理

操作管理如表 8-5-70 所示。

(11) 程序编辑

程序编辑如表 8-5-71 所示。

(12) 通信功能

通信功能如表 8-5-72 所示。

表 8-5-63 GSK 980TDb 车床数控系统螺纹功能

序号	螺纹功能
1	普通螺纹(跟随主轴)/刚性螺纹
2	单头/多头公英制直螺纹、锥螺纹和端面螺纹，等螺距螺纹和变螺距螺纹
3	螺纹退尾长度、角度和速度特性可设定
4	螺纹螺距：0.01～500mm 或 0.06～25400 牙/英寸

表 8-5-64 GSK 980TDb 车床数控系统加减速类型及功能

类型	功能
切削进给	直线式、指数式可选
快速移动	直线式、S型
螺纹切削	直线式、指数式可选
速度及时间	加减速的起始速度、终止速度和加减速时间由参数设定

表 8-5-65 GSK 980TDb 车床数控系统主轴参数及功能

主轴参数	主轴功能
电压	2路0～10V 模拟电压输出，支持双主轴控制
编码器	1路主轴编码器反馈，主轴编码器线数可设定(100～5000p/r)
编码器与主轴的传动比	(1～255)∶(1～255)
主轴转速	可由S代码或PLC信号给定，转速范围0～9999r/min
主轴倍率	50%～120%共8级实时修调
控制	主轴恒线速控制
攻螺纹	刚性攻螺纹

表 8-5-66 GSK 980TDb 车床数控系统刀具参数及功能

刀具参数	功能
刀具长度补偿(刀具偏置)	32组
补偿	刀尖半径补偿(C型)
刀具磨损补偿	32组
刀具寿命管理	32组(8种/组)
对刀方式	定点对刀、试切对刀、回参考点对刀、自动对刀
刀偏执行方式	修改坐标方式、刀具移动方式

(13) 安全功能

安全功能如表 8-5-73 所示。

表 8-5-67 GSK 980TDb 车床数控系统补偿类型及精度

补偿类型	精度
反向间隙补偿	反向间隙补偿方式、频率由参数设定，补偿范围(0～2000)×最小输出当量
记忆型螺距误差补偿	每轴256个补偿点，每点补偿范围(−127～127)×最小输出当量

表 8-5-68 GSK 980TDb 车床数控系统 PLC 功能类型及功能

类型	功能
程序	两级PLC程序，最多5000步，第1级程序刷新周期8ms
通信	PLC程序通信下载
警告和报警	支持PLC警告和PLC报警
选择	支持多PLC程序(最多16个)，当前运行的PLC程序可选择
基本I/O	41输入/36输出

表 8-5-69 GSK 980TDb 车床数控系统人机界面特性

序号	界面特性
1	7.4in 宽屏 LCD，分辨率为 234×480
2	中文、英文、西班牙、俄文等多种语言显示
3	二维刀具轨迹显示
4	实时时钟

表 8-5-70 GSK 980TDb 车床数控系统操作管理

管理类型	管理方式
操作方式	编辑、自动、录入、机床回零、手脉/单步、手动、程序回零
权限	多级操作权限管理
日志	报警日志

表 8-5-71 GSK 980TDb 车床数控系统程序编辑内容及性能

编辑内容	性能
程序容量	40MB、10000个程序(含子程序、宏程序)
编辑功能	程序/程序段/字检索、修改、删除
程序格式	ISO代码，支持语句式宏指令编程，支持相对坐标、绝对坐标和混合坐标编程
程序调用	支持带参数的宏程序调用，4级子程序嵌套

3. 指令表

指令表如表 8-5-74 所示。

表 8-5-72 GSK 980TDb 车床数控系统通信类型及功能

通信类型	功能
RS232	零件程序、参数等文件双向传输，支持PLC程序、系统软件串口升级
USB	U盘文件操作、U盘文件直接加工，支持PLC程序、系统软件U盘升级

表 8-5-73 GSK 980TDb 车床数控系统安全功能

序号	安全功能
1	紧急停止
2	硬件行程限位
3	软件行程检查
4	数据备份与恢复

表 8-5-74 GSK 980TDb 车床数控系统指令

代码	功能	代码	功能
G00	快速定位	G05	三点圆弧插补
G01	直线插补	G06.2	顺时针椭圆插补
G02	顺时针圆弧插补	G06.3	逆时针椭圆插补
G03	逆时针圆弧插补	G07.1	圆柱插补
G04	暂停、准停	G07.2	顺时针抛物线插补
G07.3	逆时针抛物线插补	G50	设置工件坐标系
G10	数据输入方式有效	G65	宏指令非模态调用
G11	取消数据输入方式	G66	宏程序模态调用
G12.1	启动极坐标插补方式	G67	取消宏程序模态调用
G13.1	取消极坐标插补方式	G70	精加工循环
G17	*XY* 平面选择	G71	轴向粗车循环(支持凹槽循环)
G18	*ZX* 平面选择	G72	径向粗车循环
G19	*YZ* 平面选择	G73	封闭切削循环
G20	英制单位选择	G74	轴向切槽循环
G21	公制单位选择	G75	径向切槽循环
G28	自动返回机械零点	G76	多重螺纹切削循环
G30	回机床第2、3、4参考点	G80	刚性攻螺纹状态取消
G31	跳跃机能	G84	轴向刚性攻螺纹
G32	等螺距螺纹切削	G88	径向刚性攻螺纹
G32.1	刚性螺纹切削	G90	轴向切削循环
G33	*Z* 轴攻螺纹循环	G92	螺纹切削循环
G34	变螺距螺纹切削	G94	径向切削循环
G36	自动刀具补偿测量 *X*	G96	恒线速控制
G37	自动刀具补偿测量 *Z*	G97	取消恒线速控制
G40	取消刀尖半径补偿	G98	每分进给
G41	刀尖半径左补偿	G99	每转进给
G42	刀尖半径右补偿		

5.3.8 GSK 980TDc 车床数控系统

GSK 980TDc是基于GSK 980TDb升级软硬件推出的新产品，具有横式和竖式两种结构。采用8.4in彩色LCD，可控制5个进给轴（含Cs轴）、2个模拟主轴，最小指令单位0.1μm。新增软功能按键、图形化界面设计、对话框式操作，人机界面友好。PLC梯形图在线显示、实时监控，具有手脉试切和多次限时停机功能。作为GSK 980TDb的升级产品GSK 980TDc是数控车床技术升级的更好选择。

1. 产品特点

GSK 980TDc车床数控系统产品特点如表8-5-75所示。

表 8-5-75 GSK 980TDc 车床数控系统产品特点

序号	特 点
1	X、Z、Y、4th、5^{th}五轴控制，各伺服轴号可设定，Y 轴、4^{th}轴、5^{th}轴的轴名、轴型可定义
2	2ms 插补周期，控制精度 1μm、0.1μm 可选
3	最高速度 60m/min(0.1μm 时最高速度 24m/min)
4	适配伺服主轴可实现主轴连续定位、刚性攻螺纹
5	内置多 PLC 程序，当前运行的 PLC 程序可选择
6	PLC 梯形图在线显示、实时监控
7	手脉试切功能
8	刀具偏置测量值直接输入功能
9	多次限时停机功能
10	G71 指令支持凹槽外形轮廓的循环切削
11	支持语句式宏指令编程，支持带参数的宏程序调用
12	具有三点圆弧插补、圆柱插补、极坐标插补功能
13	支持公制/英制编程，具有自动对刀、自动倒角、刀具寿命管理功能。支持中文、英文、西班牙文、俄文、葡萄牙文显示，由参数选择
14	具备 USB 接口，支持 U 盘文件操作、系统配置和软件升级
15	2 路 0～10V 模拟电压输出，支持双主轴控制
16	1 路电子手轮输入，支持手持式电子手轮
17	41 点通用输入/36 点通用输出
18	面板尺寸、安装孔位、指令系统与 GSK980TDb 兼容，开孔尺寸略有差异

(1) 控制轴数

控制轴数如表 8-5-76 所示。

表 8-5-76 GSK 980TDc 车床数控系统控制轴数

序号	轴 数
1	控制轴数：5 轴(X、Z、Y、4th、5th)
2	联动轴数：3 轴
3	PLC 控制轴数：5 轴

(2) 进给轴功能

1) 最小输入/输出单位 如表 8-5-77 所示。

2) 位置指令范围 如表 8-5-78 所示。

3) 快速移动速度 如表 8-5-79 所示。

4) 快速倍率 F0、25%、50%、100%共四级实时修调。

5) 进给速度 如表 8-5-80 所示。

6) 进给倍率 0～150%共十六级实时修调。

7) 插补方式 直线插补、圆弧插补（支持三点圆弧插补）、螺纹插补、椭圆插补、抛物线插补和刚性攻螺纹。

8) 自动倒角功能。

9) 手轮试切功能。

(3) 螺纹功能

表 8-5-77 GSK 980TDc 车床数控系统最小输入/输出单位

项 目		μ级(IS-B)		0.1μ级(IS-C)	
		最小输入单位	最小输出单位	最小输入单位	最小输出单位
公制机床	公制输入(G21)	0.001(mm)	0.001(mm)	0.0001(mm)	0.0001(mm)
		0.001(deg)	0.001(deg)	0.0001(deg)	0.0001(deg)
	英制输入(G20)	0.0001(in)	0.001(mm)	0.00001(in)	0.0001(mm)
		0.001(deg)	0.001(deg)	0.0001(deg)	0.0001(deg)
英制机床	公制输入(G21)	0.001(mm)	0.0001(in)	0.0001(mm)	0.00001(in)
		0.001(deg)	0.001(deg)	0.0001(deg)	0.0001(deg)
	英制输入(G20)	0.0001(in)	0.0001(in)	0.00001(in)	0.00001(in)
		0.001(deg)	0.001(deg)	0.0001(deg)	0.0001(deg)

表 8-5-78 GSK 980TDc 车床数控系统位置指令范围

项目		位置指令范围
μ级(IS-B)	公制输入(G21)	−99999.999～99999.999(mm) −99999.999～99999.999(deg)
	英制输入(G20)	−9999.9999～9999.9999(in) −9999.999～9999.999(deg)
0.1μ级(IS-C)	公制输入(G21)	−9999.9999～9999.9999(mm) −9999.9999～9999.9999(deg)
	英制输入(G20)	−999.99999～999.99999(in) −999.9999～999.9999(deg)

表 8-5-79 GSK 980TDc 车床数控系统快速移动速度

项目	μ级(IS-B)	0.1μ级(IS-C)	项目	μ级(IS-B)	0.1μ级(IS-C)
公制机床	0～60000mm/min	0～24000mm/min	英制机床	0～6000in/min	0～2400in/min

表 8-5-80 GSK 980TDc 车床数控系统进给速度

项目		μ级(IS-B)	0.1μ级(IS-C)
公制机床	分进给(G98)	0～15000mm/min	0～15000mm/min
	转进给(G99)	0.001～500mm/r	0.0001～500mm/r
英制机床	分进给(G98)	0～5800in/min	0～5800in/min
	转进给(G99)	0.0001～50in/r	0.00001～50in/r

螺纹功能如表 8-5-81 所示。

表 8-5-81 GSK 980TDc 车床数控系统螺纹信息及功能

螺纹信息	螺纹功能
螺纹类型	等螺距直螺纹/锥螺纹/端面螺纹，变螺距直螺纹/锥螺纹/端面螺纹
螺纹头数	1～99头
螺纹制式	单头/多头公英制直螺纹、锥螺纹和端面螺纹，等螺距螺纹和变螺距螺纹
退尾长度等	螺纹退尾长度、角度和速度特性可设定
螺纹螺距	0.01～500mm 或 0.06～2540 牙/英寸

(4) 加减速功能

加减速功能如表 8-5-82 所示。

表 8-5-82 GSK 980TDc 车床数控系统加减速类型及功能

类型	功能
切削进给	直线型
快速移动	S型、直线型
螺纹切削	直线型、指数型可选
刚性攻螺纹	S型
手动	直线型
速度及时间	加减速的起始速度、终止速度和加减速时间由参数设定

(5) 主轴功能

主轴功能如表 8-5-83 所示。

表 8-5-83 GSK 980TDc 车床数控系统主轴参数及功能

主轴参数	主轴功能
输出	2路0～10V模拟电压输出，支持双主轴控制
编码器	1路主轴编码器反馈，主轴编码器线数可设定(100～5000p/r)
编码器与主轴的传动比	(1～255)∶(1～255)
主轴转速	可由S代码或PLC信号给定，转速范围0～9999r/min
主轴倍率	50%～120%共8级实时修调
控制	主轴恒线速控制
攻螺纹	刚性攻螺纹

(6) 刀具功能

刀具功能如表 8-5-84 所示。

(7) 精度补偿

精度补偿如表 8-5-85 所示。

(8) 人机界面

人机界面如表 8-5-86 所示。

(9) 操作管理

操作管理如表 8-5-87 所示。

表 8-5-84 GSK 980TDc 车床数控系统刀具参数及功能

刀具参数	功能
刀具长度补偿(刀具偏置)	32组
补偿	刀尖半径补偿(C型)
刀具磨损补偿	32组
刀具寿命管理	32组(8种/组)
对刀方式	定点对刀、试切对刀、回参考点对刀、自动对刀
刀偏执行方式	修改坐标方式、刀具移动方式
偏执测量	刀具偏置测量值直接输入功能

表 8-5-85 GSK 980TDc 车床数控系统补偿类型及精度

补偿类型	精度
反向间隙补偿	反向间隙补偿方式的频率由参数设定,补偿范围(0～2mm)或(0～0.2in)
记忆型螺距误差补偿	共1024个补偿点,各轴补偿点数参数设定PLC功能
程序	两级PLC程序,最多5000步,第1级程序刷新周期为8ms
通信下载	PLC程序通信下载
监控	PLC程序在线显示、实时监控
警告及报警	支持PLC警告和PLC报警
选择性	支持多PLC程序(最多16个),当前运行的PLC程序可选择
基本I/O	41输入/36输出

表 8-5-86 GSK 980TDc 车床数控系统人机界面

序号	界面特性
1	8.4in彩色LCD
2	中文、英文、西班牙、俄文、葡萄牙文等多种语言显示
3	支持软功能键操作
4	二维刀具轨迹显示
5	实时时钟
6	计算器功能

表 8-5-87 GSK 980TDc 车床数控系统操作管理类型及方式

管理类型	管理方式
操作方式	编辑、自动、录入、机械回零、手轮/单步、手动、程序回零、手脉试切
停机	多次限时停机
权限	多级操作权限管理
日志	报警日志

(10) 程序编辑

程序编辑如表 8-5-88 所示。

表 8-5-88 GSK 980TDc 车床数控系统程序编辑内容及性能

编辑内容	性能
程序容量	40MB、384个程序(含子程序、宏程序)
编辑功能	程序/程序段/字检索、修改、删除
程序格式	ISO代码,支持语句式宏指令编程,支持相对坐标、绝对坐标和混合坐标编程
程序调用	支持带参数的宏程序调用,4级子程序嵌套

(11) 通信功能

通信功能如表 8-5-89 所示。

表 8-5-89 GSK 980TDc 车床数控系统通信类型及功能

通信类型	功能
RS232	零件程序、参数等文件双向传输,支持PLC程序、系统软件串口升级
USB	U盘文件操作、U盘文件直接加工,支持PLC程序、系统软件U盘升级

(12) 安全功能

安全功能如表 8-5-90 所示。

表 8-5-90 GSK 980TDc 车床数控系统安全功能

序号	性能
1	紧急停止
2	硬件行程限位
3	软件行程检查
4	数据备份与恢复

2. 指令表

GSK 980TDc 车床数控系统指令如表 8-5-91 所示。

5.3.9 GSK 981T 车床数控系统

GSK981T 车床数控系统，采用32位高性能工业级CPU构成控制核心，实现μm级精度运动控制，系统功能强，性能稳定，界面显示直观简明、操作方便。

该系统在操作、安全、加工精度及加工效率方面具有突出特点，可与广州数控设备有限公司自主开发制造的交流伺服驱动装置（驱动单元、伺服电机）匹配使用，也可按客户需求配置其他的驱动装置。

1. 产品特点

GSK 981T 车床数控系统产品技术特点如表 8-5-92 所示。

表 8-5-91　GSK 980TDc 车床数控系统指令

代　码	功　能	代　码	功　能
G00	快速定位	G36	自动刀具测量 X
G01	直线插补	G37	自动刀具测量 Z
G02	顺时针圆弧插补	G40	取消刀尖半径补偿
G03	逆时针圆弧插补	G41	刀尖半径左补偿
G04	暂停、准停	G42	刀尖半径右补偿
G05	三点圆弧插补	G50	设置工件坐标系
G06.2	顺时针椭圆插补	G52	局部坐标系
G06.3	逆时针椭圆插补	G54～G59	工件坐标系
G07.1	圆柱插补	G65	宏指令非模态调用
G07.2	顺时针抛物线插补	G66	宏指令模态调用
G07.3	逆时针抛物线插补	G67	取消宏程序模态调用
G10	数据输入方式有效	G70	精加工循环
G11	取消数据输入方式	G71	轴向粗车循环(支持凹槽循环)
G12.1	启动极坐标插补方式	G72	径向粗车循环
G13.1	取消极坐标插补方式	G73	封闭切削循环
G15	取消极坐标指令方式	G74	轴向切槽循环
G16	极坐标指令方式开始	G75	径向切槽循环
G17	XY 平面选择	G76	多重螺纹切削循环
G18	ZX 平面选择	G80	刚性攻螺纹状态取消
G19	YZ 平面选择	G84	轴向刚性攻螺纹
G20	英制输入选择	G88	径向刚性攻螺纹
G21	公制输入选择	G90	轴向切削循环
G28	自动返回机械零点	G92	螺纹切削循环
G30	回机床第 2、3、4 参考点	G94	径向切削循环
G31	跳跃机能	G96	恒线速控制
G32	等螺距螺纹切削	G97	取消恒线速控制
G32.1	刚性螺纹切削	G98	每分进给
G33	Z 轴攻螺纹循环	G99	每转进给
G34	变螺距螺纹切削		

表 8-5-92　GSK 981T 车床数控系统产品技术特点

序号	特　点
1	Z、X、Y 三轴控制，两轴联动，可控 Y 轴或伺服主轴，0.001mm(即 μm 级)插补精度，系统切削速度可达 15000mm/min；定位最高快移速度输出可达 30000mm/min
2	I/O 接口总数：输入 23 点/输出 18 点；辅助功能包括：16 工位以下刀架、主轴、冷却、卡盘、尾座、送料、三色灯、自动润滑、外挂手脉、防护门、压力低检测；各种装置可通过 I/O 接口任意定义不受限制，选满为止；未用的 I/O 引脚可自由编写 M 代码指令控制其他附件
3	圆弧加工的最大半径可达 1000m
4	加工性能好：系统输出脉冲平稳、均匀，加工后工件表面波纹均匀细腻，衔接处无顿痕
5	高效加工与灵活的实时检测并行执行处理机制；程序段间过渡不占时间；辅助指令与定位指令可以同步执行；灵活应用系统的语句编程功能，能有效提升综合效率和安全性
6	最大限度的安全措施：提供了多种有关安全方面的参数选项，确保安全使用；具有双重软限位保护功能(机床坐标软限位＋刀尖坐标软限位)
7	具有手工攻螺纹、螺纹修复功能

续表

序号	特　点
8	具有反向间隙补偿、刀具长度补偿、C型刀具半径补偿、螺距误差补偿功能
9	具有电子齿轮功能，电子齿轮比(1～99999)/(1～99999)
10	具有自动倒角功能
11	具有灵活多样的帮助功能
12	具有圆弧的辅助计算功能
13	具有短直线高速平滑插补功能：CNC采取前瞻控制的方式实现高速衔接过渡，最大预读程序段数可达80段
14	手脉具有多种功能：手动方式中坐标轴移动、编辑方式中可快速浏览程序、自动方式中可控制程序执行
15	手动对刀可记忆对刀点
16	在编辑状态下，可模拟绘制运动轨迹，局部的运动轨迹可放大/缩小
17	自动状态时，可浏览整个加工程序、可查看"信息窗"、M、T功能报警时可再次重复执行
18	在执行换刀等辅助功能时，能够观察到信号的变化过程
19	语句式宏指令：实现椭圆、抛物线等复杂的编程加工；可进行显示界面构建；可将语句打包成M代码指令；能实现I/O控制(类似于PLC功能)及过程监控
20	具有USB及RS-232接口：支持刀补、参数及加工程序通信；支持系统软件及系统整体内存升级
21	为方便设备管理，提供多级参数密码功能；具有参数锁、程序锁、自动加工总时间锁功能；具有参数固化、程序固化功能
22	支持伺服主轴的速度/位置控制方式切换
23	全屏幕编辑零件程序，提前查错，程序总容量4400KB，可储存255个零件程序
24	LCD屏亮度可调节；界面可中文/英文转换
25	多个指令同步执行：传统数控系统的指令是按顺序执行的，就算将多个指令写在同一程序段内，其实还是按一定的规则顺序执行的，称为"顺序流程"。在实际加工工件时，有的辅助功能执行起来比较耗时，而多个没有顺序关系的辅助功能则可以同时执行，从而提高效率。981T系统能够自动分析各指令之间的逻辑关系，自动将互不关联的各种辅助指令同时执行，从而大大提高效率，称为"同步流程"
26	输出脉冲平顺均匀：在加工工件时，伺服电机运行在低频状态，数控系统输出的低频脉冲是否均匀至关重要，因为它直接影响到加工锥面、圆弧的精度和表面粗糙度。981T系统着重于改善切削状态下输出脉冲的均匀性，均匀程度达到了微秒级；从而明显地改善了精切的精度和工件表面纹路问题。经过对球形端面的加工比较对照，加工面更加细腻

2. 功能参数

GSK 981T车床数控系统功能及参数如表8-5-93所示。

表8-5-93　GSK 981T车床数控系统功能及参数

功　能	参　数
运动控制	控制轴：X轴、Z轴、Y轴；同时控制轴(插补轴)：2轴(X、Z)
	插补功能：X、Z二轴直线、圆弧、螺纹插补，Z/Y或X/Y二轴直线插补
	位置指令范围：－9999.999～9999.999mm；最小指令单位：0.001mm
	电子齿轮：指令倍乘系数1～99999，指令分频系数1～99999
	快速移动速度：最高30000mm/min；快速倍率：F0、25％、50％、100％四级实时调节
	切削进给速度：最高15000mm/min；进给倍率：0～150％十六级实时调节
	手动进给速度：0～1260mm/min十六级实时调节，或可即时自定义进给速度
	手脉进给：0.001mm、0.01mm、0.1mm三挡
	加减速：切削进给可选用指数型加减速或线性加减速
G代码	34种G代码：G00、G01、G02、G03、G04、G05、(G22/G80)、G26、G28、G30、G31、G32、G33、G34、G40、G41、G42、G50、G51、G52、G71、G72、G73、G74、G75、G76、G90、G92、G94、G96、G97、G98、G99

续表

功　能	参　数
螺纹加工	可加工单头/多头公英制直螺纹、锥螺纹、端面螺纹；变螺距螺纹；螺纹退尾长度、角度和速度特性可设定，高速退尾处理；螺纹螺距：0.001～500mm 或 0.06～25400 牙/英寸；可加工连续螺纹；具有攻螺纹功能
	主轴编码器：编码器线数可设定范围：100～5000p/r；编码器与主轴的传动比：1∶1
螺纹加工	反向间隙补偿：0～10.000mm
	螺距误差补偿：每轴各 300 个补偿点；可采用等间距描述法或拐点描述法建立数据；系统进行精细的线性补偿
	刀具补偿：16 刀位、64 组刀具长度补偿、刀具半径补偿（补偿方式 C）。对刀方式：试切对刀、定点对刀；刀补执行方式：修改坐标执行刀补、移动刀具执行刀补
M 代码	M00、M02、M20、M30、M03、M04、M05、M08、M09、M10、M11、M12、M32、M33、M41、M42、M43、M44、M47、M48、M78、M79、M80、M96、M97、M98、M99、M91、M92、M93、M94、M21、M22、M23、M24；由用户自定义的 M 代码指令：M60～M74 实现特殊功能控制
T 代码	最多 16 个刀位，设定刀架类型参数来选择换刀的控制过程。使用排刀时，刀架类型设为 0
主轴转速控制	转速开关量控制模式：S 指令 4 挡直接控制输出范围为 S01～S04；或 16 挡 BCD 编码输出范围为 S00～S15
	转速模拟电压控制模式：S 指令代码给定主轴每分钟转速或切削线速度（恒线速控制），输出 0～10V 电压给主轴变频器，主轴无级变速，支持 4 挡主轴机械挡位 M41～M44
	支持 DAP03 伺服主轴的速度/位置控制方式切换，可实现主轴与 Z 或 X 轴联动的功能
I/O 功能	I/O 功能诊断显示
	I/O 口：23 点输入/18 点输出
宏指令编程	语句式宏指令：赋值语句：完成赋值、多种算术、逻辑运算
	条件语句：完成条件判断、跳转
显示界面	显示器：480×234 点阵、真彩色液晶显示器（LCD），LED 或 CCFL 背光
	显示方式：中文或英文显示界面由参数设置；可实时显示加工轨迹图形
程序编辑	程序容量：最多 255 个程序，程序总容量 4400KB
	编辑方式：全屏幕编辑，支持相对/绝对坐标混合编程，支持程序调用，支持子程序多重嵌套
	程序检查：程序模拟绘图检查
通信	具有 USB、RS-232 接口；支持发送或接收 LST 文本文件格式的程序、参数、刀补、系统软件、系统内存数据
适配驱动	脉冲＋方向信号输入的广州数控 DA98 系列全数字式交流伺服或 DY3 系列步进驱动装置

5.3.10 GSK 928TCa 车床数控系统

GSK 928TCa 采用 32 位高性能 CPU 和超大规模可编程器件 CPLD 构成控制核心，实现 μm 级精度运动控制。在操作上沿袭了 GSK 928TE 方便、简明、直观的界面风格，具有较强的功能及稳定的性能。在系统操作、安全、加工精度及加工效率方面具有突出特点。可与该公司生产的交流伺服驱动装置相匹配，也可根据客户的要求配置其他驱动装置。

1. 产品特点

GSK 928TCa 车床数控系统产品特点如表 8-5-94 所示。

表 8-5-94 GSK 928TCa 车床数控系统产品特点

序号	特　点
1	X、Z 两轴联动，0.001mm 插补精度、最高快速速度 15m/min
2	最小指令单位 0.001mm，指令电子齿轮比（1～99999）/（1～99999）
3	接口总数：输入 23 点/输出 18 点；辅助功能包括：16 工位以下刀架
4	主轴、冷却、卡盘、尾座、送料、三色灯、自动润滑、外挂手脉、防护门、压力低检测；各种装置可通过 I/O 接口任意定义不受限制、选满为止
5	圆弧加工的最大半径可达 11m

续表

序号	特　点
6	加工性能高，系统输出脉冲平稳、均匀，工件表面纹路均匀细腻、衔接处无顿痕
7	高效加工及灵活的实时检测并行执行处理机制；程序段间过渡不占时间；辅助指令与定位指令可以同步执行
8	最大限度的安全措施：提供了多种有关安全方面的参数选项，确保安全使用；具有双重软限位保护功能（机床坐标软限位＋刀尖坐标软限位）
9	具有反向间隙补偿、刀具长度补偿功能
10	具有电子齿轮功能，电子齿轮比(1～99999)/(1～99999)
11	具有灵活多样的帮助功能
12	具有圆弧的辅助计算功能
13	具有短直线高速平滑插补功能：CNC采取前瞻控制的方式实现高速衔接过渡，最大预读程序段数可达80段
14	手脉具有多种功能：手动方式中坐标轴移动、编辑方式中可快速浏览程序、自动方式中可控制程序执行
15	手动对刀可记忆对刀点
16	在自动状态时，可浏览整个加工程序，可查看"信息窗"，M、T功能报警时可再次重复执行
17	在执行换刀等辅助功能时，能够观察到信号的变化过程
18	具有USB接口：支持刀补、参数及加工程序通信；支持系统软件及系统整体内存升级
19	为方便设备管理：提供多级参数密码功能；具有参数锁、程序锁、自动加工总时间锁功能；具有参数固化、程序固化功能
20	全屏幕编辑零件程序，提前查错，程序总容量4400KB，可储存255个零件程序
21	LCD屏亮度可调节；界面可中/英文转换
22	多个指令同步执行：传统数控系统的指令是按顺序执行的，就算将多个指令写在同一程序段内，其实还是按一定的规则顺序执行的，称为"顺序流程"。在实际加工工件时，有的辅助功能执行起来比较耗时，而多个没有顺序关系的辅助功能则可以同时执行，从而提高效率。928TCa系统能够自动分析各指令之间的逻辑关系，自动将互不关联的各种辅助指令同时执行，从而大大提高效率，称为"同步流程"
23	输出脉冲平顺均匀：在加工工件时，伺服电机运行在低频状态，数控系统输出的低频脉冲是否均匀至关重要，因为它直接影响到加工锥面、圆弧的精度和表面粗糙度。928TCa系统着重于改善切削状态下输出脉冲的均匀性，均匀程度达到了微秒级；从而明显地改善了精切的精度和工件表面纹路问题。经过对球形端面的加工比较对照，加工面更加细腻

2. 功能参数

GSK 928TCa车床数控系统功能及参数如表8-5-95所示。

表8-5-95　GSK 928TCa车床数控系统功能及参数

功能	参　数
运动控制	控制轴：X轴、Z轴
	插补功能：X、Z二轴直线、圆弧、螺纹插补
	位置指令范围：－9999.999～9999.999mm；最小指令单位：0.001mm
	电子齿轮：指令倍乘系数1～99999，指令分频系数：1～99999
	快速移动速度：最高15000mm/min；快速倍率：25%、50%、75%、100%四级实时调节
	切削进给速度：最高4000mm/min；进给倍率：0～150%十六级实时调节
	手动进给速度：0～1260mm/min十六级实时调节，或可即时自定义进给速度
	手脉进给：0.001mm、0.01mm、0.1mm三挡
	加减速：切削进给可选用指数型或线性加减速
G代码	30种G代码：G00、G01、G03、G04、G05、G20、G21(G22/G80)、G26、G28、G30、G31、G32、G33、G50、G51、G52、G71、G72、G73、G74、G00、G75、G76、G90、G92、G94、G96、G97、G98、G99
螺纹加工	可加工单头/多头公英制直螺纹、锥螺纹、端面螺纹；螺纹退尾长度、角度和速度特性可设定，高速退尾处理；螺纹螺距：0.001～500mm或0.06～25400牙/英寸；可加工连续螺纹；具有攻螺纹功能
	主轴编码器：编码器线数可设定范围：100～5000p/r；编码器与主轴的传动比1:1
	反向间隙补偿：0～2.000mm

续表

功能	参数
精度补偿	刀具补偿：16刀位、64组刀具长度补偿 对刀方式：试切对刀、定点对刀；刀补方式：修改坐标执行刀补，移动刀具执行刀补
M代码	M00、M02、M20、M30、M03、M04、M05、M30、M08、M09、M10、M11、M12、M32、M33、M41、M42、M43、M44、M78、M79、M80、M96、M97、M98、M99、M91、M92、M93、M94、M21、M22、M23、M24
T代码	最多16个刀位，设定刀架类型参数来选择换刀的控制过程，使用排刀时，刀架类型设为0
主轴转速控制	转速开关量控制模式：S指令4挡直接控制输出范围S01～S04；或16挡BCD编码输出范围为S00～S15
	转速模拟电压控制模式；S指令代码给定主轴每分钟转速或切削线速度(恒线速控制)，输出0～10V电压给主轴变频器，主轴无级变速，支持4挡主轴机械挡位M41～M44
I/O功能	I/O功能诊断显示
	I/O口：23点输入/18点输出
显示界面	显示器：480×234点阵，真彩色液晶显示器(LCD)，LED或CCFL背光
	显示方式：中文或英文显示界面由参数设置；可实时显示加工轨迹图形
程序编辑	程序容量：最多255个程序，程序总容量4400KB
	编辑方式：全屏幕编辑，支持相对/绝对坐标混合编辑，支持程序调用，支持子程序多重嵌套
通信	具有USB接口
	支持发送或接收LST文本文件格式的程序及参数
适配驱动	脉冲十方向信号输入的DA98系列数字式交流伺服或DY3系列步进驱动装置

5.3.11 GSK 980TA1车床数控系统

GSK 980TA1是GSK980系列的最新产品之一，采用了32位嵌入式CPU和超大规模可编程器件FPGA，运用实时多任务控制技术和硬件插补技术，实现μm级精度的运动控制，确保高速、高效率加工。在保持980系列外形尺寸及接口不变的前提下，采用7in彩色宽屏LCD及更友好的显示界面，加工轨迹实时跟踪显示，增加了系统时钟及报警日志。

在操作编程方面，采用ISO国际标准数控G代码，同时兼容日本FANUC数控系统，国内主流的编程方式，方便操作者更快、更容易使用本系统。

GSK 980TA1以最高的集成度、简易的操作、简单的编程命令，实现高速、高精度及高可靠性，可匹配手脉（电子手轮）及手持单元、伺服主轴、六鑫刀架（带就近换刀）等，具有中高性能数控系统的性能和经济型数控系统的价格，是经济型数控车床的最佳选择。

1. 产品特点

GSK 980TA1车床数控系统产品技术特点如表8-5-96所示。

表8-5-96 GSK 980TA1车床数控系统产品特点

序号	特点
1	程序预读功能实现了切削速度最佳的加/减速控制。系统预测控制可预读多个加工程序段，实现了切削速度最佳的加/减速控制，从而有效地减少了工件形状的转角处或小半径圆弧的伺服跟踪误差，并有效地提高加工速度和加工精度
2	彩色宽屏LCD有更大的视觉范围，更丰富的显示内容。车载视频彩色LCD的采用，使显示界面更丰富、更友好，视觉范围更大，在较强光线的环境下仍能清晰地看到系统显示的内容
3	倒角/倒圆角。在程序中直接指令倒角长度或倒圆角的半径等尺寸，简化了部件加工程序的编制
4	具有辅助轴功能，可控制伺服电机进行定位。匹配伺服主轴GSK DAP03时通过速度或位置模式的转换，可实现主轴的高速旋转及对主轴的精确定位与分度
5	加工轨迹图形显示功能。反映工件坐标和刀具补偿的刀尖轨迹，进行跟踪显示
6	超大容量存储器，26MB的存储空间，最大500个加工程序，满足多品种、多规格产品的加工需求(一般数控系统的存储空间≤100KB，程序数量≤100个)

2. 功能参数

GSK 980TA1车床数控系统功能及参数如表8-5-97所示。

3. 指令表

GSK 980TA1车床数控系统G代码如表8-5-98所示。

表8-5-97　GSK 980TA1 车床数控系统功能及参数

功能	参　数	
运动控制功能	控制轴：两轴（X、Z），可选配Y轴，Y轴可通过参数设定为直线或旋转轴	
	插补方式：X、Z二轴直线、圆弧插补	
	位置代码范围：±9999.999mm	最小代码单位：0.001mm
	最高进给速度：直线8000mm/min 进给倍率：0～150%十六级实时调节	
	最高快移速度：30000mm/min 快速倍率：F0、25%、50%、75%、100%五级	
	手动进给速度：0～1260mm/min十六级实时调节	
	每转进给：0.01～500mm/r（需安装1024p/r或1200p/r主轴编码器）	
	加减速方式：直线型后加减速	
	电子齿轮比：倍频1～65535，分频1～65535	
	手脉（电子手轮）功能：0.001mm、0.01mm、0.1mm三挡	
显示界面	显示器类型：480×234TFT彩色液晶	时钟显示功能：有
	显示方式：中/英文界面	图形显示功能：有
G功能	共33种G代码，包括3种单一固定循环代码和6种复合循环代码，27种用户宏指令代码。可读/写，最多32点输入/32点输出，四重子程序调用，用户宏程序调用	
螺纹功能	公/英制单头/多头直螺纹、锥螺纹及端面螺纹，螺纹退尾长度可由程序指定或参数设定	
	螺纹螺距：0.001～500mm（公制），0.06～25400牙/英寸（英制）	
	主轴编码器：1024p/r或1200p/r增量式编码器	
补偿功能	反向间隙补偿：（X、Z轴）0～65.535mm	
	螺距误差补偿：X、Z轴各255个补偿点，每点补偿量±0.007×补偿倍率	
	刀具补偿：64组刀具长度补偿，刀尖半径补偿	
	刀补执行方式：刀具移动/坐标偏移（可通过参数设定）	
刀具功能	适配刀架：最大设定为8工位电动刀架（可配就近换刀刀架）	
	刀位信号输入方式：直接输入	
	换刀方式：MDI/自动绝对换刀或手动相对换刀，正转选刀、反转锁紧	
	对刀方式：定点对刀、试切对刀	
主轴功能	控制方式：可设置为挡位控制或模拟控制	
	挡位控制：S1、S2、S3、S4直接输出	
	主轴点动：在自动方式下，可主轴点动控制	
	模拟控制：可设置四挡主轴自动换挡，输出0～10V控制主轴转速	
	恒线速切削功能：有（选择主轴模拟控制方式下功能有效）	
安全防护	多级密码保护功能，系统硬限位、软限位保护，压力检测、卡盘到位检测、防护门检测功能	
辅助功能	手动/MDI/自动方式控制主轴正转、反转、停止；冷却液启停；润滑启停；MDI/自动方式控制卡盘夹紧/松开，控制尾座进/退	
程序编辑	程序容量：24544KB、500个程序	格式：相对/绝对混合编程
	子程序：可编辑，支持四重子程序嵌套	
通信	RS-232通信接口为标准配置；可选配通信功能，提供通信软件及通信电缆，与PC机双向传送程序	
适配部件	开关电源：GSK PC（配套提供，已安装连接）	
	驱动单元：DA98系列交流伺服驱动单元	
	刀架控制器：GSK TB	
装配形式	标准面板、大面板（选配附加面板）	

表 8-5-98　GSK 980TA1 车床数控系统 G 代码

代　码	功　能	代　码	功　能
G00	定位(快速移动)	G51	坐标偏移
G01	直线插补(切削进给)	G65	宏程序
G02	顺时针圆弧插补(后刀座)	G70	精加工循环
G03	逆时针圆弧插补(后刀座)	G71	内外圆粗车复合循环
G04	暂停、准停	G72	端面粗车复合循环
G10	程序指定参数	G73	封闭切削复合循环
G20	英制单位选择	G74	端面深孔加工复合循环
G21	公制单位选择	G75	外圆内圆切槽循环
G28	返回机械零点(机床零点)	G76	复合型螺纹切削循环
G31	跳段功能	G90	外圆,内圆车削循环
G32	等螺距螺纹切削	G92	螺纹切削循环
G33	攻螺纹循环	G94	端面切削循环
G34	变螺距螺纹切削	G96	恒线速控制
G40	取消刀尖半径补偿	G97	恒转速控制
G41	刀尖半径左补偿(后刀座)	G98	每分进给
G42	刀尖半径右补偿(后刀座)	G99	每转进给
G50	坐标系设定		

GSK 980TA1 车床数控系统宏程序指令代码如表 8-5-99 所示。

表 8-5-99　GSK 980TA1 车床数控系统宏程序指令代码

G 代码	H 代码	功　能	定　义
G65	H01	赋值	＃i＝＃j
G65	H02	加算	＃i＝＃j＋＃k
G65	H03	减算	＃i＝＃j－＃k
G65	H04	乘算	＃i＝＃j×＃k
G65	H05	除算	＃i＝＃j÷＃k
G65	H11	逻辑加(或)	＃i＝＃j OR ＃k
G65	H12	逻辑乘(与)	＃i＝＃j AND ＃k
G65	H13	异或	＃i＝＃jXOR ＃k
G65	H21	平方根	$\#i=\sqrt{\#j}$
G65	H22	绝对值	＃i＝|＃j|
G65	H23	取余数	＃i＝＃j－trunc(＃j÷＃k)×＃k
G65	H24	十进制变为二进制	＃i＝BIN(＃j)
G65	H25	二进制变为十进制	＃i＝BCD(＃j)
G65	H26	复合乘除运算	＃i＝＃i×＃j÷＃k
G65	H27	复合平方根	$\#i=\sqrt{\#J^2+\#K^2}$
G65	H31	正弦	＃i＝＃j×SIN(＃k)
G65	H32	余弦	＃i＝＃j×COS(＃k)
G65	H33	正切	＃i＝＃j×TAN(＃k)
G65	H34	反正切	＃i＝ATAN(＃j/＃k)
G65	H80	无条件转移	转向 N
G65	H81	条件转移 1	IF＃j＝＃k,GOTON

续表

G代码	H代码	功 能	定 义
G65	H82	条件转移2	IF#j≠#k,GOTON
G65	H83	条件转移3	IF#j>#k,GOTON
G65	H84	条件转移4	IF#j<#k,GOTON
G65	H85	条件转移5	IF#j≥#k,GOTON
G65	H86	条件转移6	IF#j≤#k,GOTON
G65	H99	产生P/S报警	产生400+N号P/S报警

5.3.12 GSK 928TC-2 车床数控系统

GSK 928TC-2 车床数控系统为经济型 μm 级车床数控系统，采用国际标准 ISO 代码，24 种 G 指令，可满足多种加工需要；加减速时间参数可调，可适配步进驱动系统、交流伺服系统构成不同档次车床数控系统，具有更高性能价格比。

1. 产品特点

GSK 928TC-2 车床数控系统产品技术特点如表 8-5-100 所示。

2. 功能参数

GSK 928TC-2 车床数控系统功能及参数如表 8-5-101 所示。

表 8-5-100 GSK 928TC-2 车床数控系统产品技术特点

序 号	特 点
1	CPLD硬件插补、μm级精度
2	国际标准ISO代码,24种G代码,可满足多种加工需要
3	主轴编码器可选1024p/r或1200p/r增量式编码器
4	加减速时间参数可调,可适配步进驱动、交流伺服构成不同档次车床数控系统,具有更高性能价格比
5	192×64点阵LCD显示,中文菜单,全屏幕编辑
6	操作更直观、简单、方便

表 8-5-101 GSK 928TC-2 车床数控系统功能及参数

功 能	参 数	
控制轴	X、Z两轴,最小指令单位:0.001mm	
插补方式	X、Z二轴直线、圆弧插补	
位置指令范围	±8000.000mm	
最高移动速度	15000mm/min	
最高进给速度	直线6000mm/min、圆弧3000mm/min	
进给倍率	0~150%十六级实时调节	每转进给:有
快速倍率	25%、50%、75%、100%四级(手动方式/自动方式有效)	
加减速特性	直线加减速处理,参数可调	
电子齿轮比	无	
电子手轮功能	×1、×10、×100	
显示界面	显示器类型:192×64点阵图形式LCD	
	显示方式:中文菜单操作图形显示功能:无	
G代码	共24种G代码,包括固定/复合循环加工、Z轴钻孔攻螺纹等代码	
螺纹功能	公制/英制单头多头直螺纹、锥螺纹,螺纹退尾长度可设定	
	螺纹螺距:0.250~100.000mm(公制),100.000~0.250牙/英寸(英制)	
	具有刚性攻螺纹功能	
补偿功能	主轴编码器:1024p/r或1200p/r增量式编码器(与主轴1:1传动)	
	反向间隙补偿:(X、Z轴)0~10.0mm	
	刀具补偿:8组刀具长度补偿	

续表

功能	参数	
刀具功能	适配刀架:4工位~8工位电动刀架、排刀	
	刀位信号输入方式:1号~4号刀位信号直接输入,5号~8号刀位编码输入	
	换刀方式:T代码绝对换刀或手动相对换刀,正转选刀、到位反转锁紧	
	对刀方式:定点对刀、试切对刀	
	刀补执行方式:移动刀具/修改坐标、参数选定	
主轴功能	控制方式:可设置挡位控制或模拟控制	
	挡位控制:S1、S2、S3、S4直接输出或BCD编码输出S0~S15	
	模拟控制:可设置三挡主轴,输出0~10V控制主轴转速	
	恒线速切削功能:有(选择主轴模拟控制方式下功能有效)	
辅助功能	主轴正转、反转、停止、制动;冷却启停;润滑启停;卡盘夹紧放松;进给保持2点用户输入、2点用户输出	
程序编辑	程序容量:62KB、100个程序	格式:ISO代码、相对/绝对混合编程
	子程序:可编辑	用户程序、参数断电保护
通信	RS-232通信接口为标准配置;可选配通信功能,提供通信软件及通信电缆,与PC机双向传送程序	
	开关电源:GSK PC(配套提供,已安装连接)	
适配部件	驱动装置:DF3A三相反应式、DY3B三相混合式、DA98交流伺服	
	刀架控制器:GSKTC(可配4工位~8工位电动刀架,仅供改造用户)	
装配形式	标准面板、箱式	
	一体化(配DF3A或DY3B驱动装置)下出线、一体化后出线	
程度格式	标准ISO代码、小数点编程、相对/绝对混合编程、圆弧可用R或I、K	
外形尺寸	320mm×200mm×115mm	
质量	3kg	

5.3.13 GSK 928TC 车床数控系统

GSK 928TC 车床数控系统为经济型 μm 级车床数控系统,采用大规模门阵列进行硬件插补,真正实现高速 μm 级控制。中文菜单及刀具轨迹图形显示,升降速时间可调,可适配反应式步进驱动器,混合式步进驱动器或交流伺服驱动器。

1. 产品特点

GSK 928TC 车床数控系统产品技术特点如表 8-5-102 所示。

2. 功能参数

GSK 928TC 车床数控系统功能及参数如表 8-5-103 所示。

5.3.14 GSK 928TB 车床数控系统

GSK 928TB 车床数控系统为经济型车床控制系统,采用液晶画面,中/英文菜单显示,双 CPU 构成控制核心,单头、多头螺纹、单面进刀自动切深等自动循环加工指令,内外圆柱面、端面、锥面、球面、切槽等粗加工循环指令。

1. 产品特点

GSK 928TB 车床数控系统产品技术特点如表 8-5-104 所示。

2. 功能参数

GSK 928TB 车床数控系统功能参数如表 8-5-105 所示。

表 8-5-102 GSK 928TC 车床数控系统产品技术特点

序号	特点
1	应用高速CPU、超大规模可编程门阵列(CPLD)构成控制核心,真正实现了高速 μm 级精度控制
2	国际标准ISO代码,23种G代码,可满足多种加工需要
3	主轴编码器可选1024p/r或1200p/r增量式编码器
4	加减速时间参数可调,可适配步进驱动、交流伺服构成不同档次车床数控系统,具有更高性能价格比
5	320×240点阵LCD显示,中文、英文(选配)菜单,全屏幕编辑
6	刀具轨迹图形显示,操作更直观、简单、方便

表 8-5-103　GSK 928TC 车床数控系统功能及参数

功　能	参　数
控制轴	X、Z 两轴
最小指令单位	0.001mm
插补方式	X、Z 二轴直线、圆弧插补
位置指令范围	±8000.000mm
最高移动速度	15000mm/min
最高进给速度	直线 6000mm/min、圆弧 3000mm/min
进给倍率:0～150%十六级实时调节	每转进给:无
快速倍率	25%、50%、75%、100%四级(手动方式/自动方式有效)
加减速特性	直线加减速处理,参数可调
电子齿轮比:无	电子手轮功能:有
显示界面	显示器类型:320×240 点阵图形 LCD,CCFL 背光
	显示方式:中文菜单(选配英文菜单)　图形显示功能:有
G 代码	共 23 种 G 指令,包括固定/复合循环加工、Z 轴钻孔攻螺纹等代码
螺纹功能	公/英制单头多头直螺纹、锥螺纹,螺纹退尾长度可设定
	螺纹螺距:0.250～100.000mm(公制)100.000～0.250 牙/英寸(英制)
	具有刚性攻螺纹功能
	主轴编码器:1024p/r 或 1200p/r 增量式编码器(与主轴 1:1 传动)
补偿功能	反向间隙补偿:(X、Z 轴)0～65.535mm
	刀具补偿:9 组刀具长度补偿
刀具功能	适配刀架:4 工位～8 工位电动刀架、排刀
	刀位信号输入方式:1 号～4 号刀位信号直接输入,5 号～8 号刀位编码输入
	换刀方式:T 代码绝对换刀或手动相对换刀,正转选刀、到位反转锁紧
	对刀方式:定点对刀、试切对刀
	刀补执行方式:移动刀具/修改坐标、参数选定
主轴功能	控制方式:可设置挡位控制或模拟控制
	挡位控制:S1、S2、S3、S4 直接输出或 BCD 编码输出 S0～S15
	模拟控制:可设置二挡主轴,输出 0～10V 控制主轴转速
	恒线速切削功能:有(选择主轴模拟控制方式下功能有效)
辅助功能	主轴正转、反转、停止、制动;冷却启停;润滑启停;2 点用户输入、2 点用户输出
程序编辑	程序容量:24KB、100 个程序　格式:ISO 代码、相对/绝对混合编程
	子程序:可编辑
通信	RS-232 通信接口为标准配置;可选配通信功能,提供通信软件及通信电缆,与 PC 机双向传送程序
抗干扰能力	EMC 达到 IEC60001 的要求
适配部件	开关电源:GSK PC(配套提供,已安装连接)
	驱动装置:DF3A 三相反应式、DY3B 三相混合式、DA98 交流伺服
	刀架控制器:GSK TC(可配 4 工位～8 工位电动刀架,仅供改造用户)
装配形式	标准面板、箱式
	一体化(配 DF3A 或 DY3B 驱动装置)下出线、一体化后出线
程序格式	标准 ISO 代码、小数点编程、相对/绝对混合编程、圆弧可用 R 或 I、K
外形尺寸	375mm×200mm×118mm/420mm×260mm×123.5mm(小/大)
质量	3.8kg

表 8-5-104 GSK 928TB 车床数控系统产品特点

序号	特点
1	6bit、8bit 双 CPU 构成控制核心
2	160×128 点阵 LCD 显示
3	中/英文菜单操作方式
4	自动升降速控制
5	丰富循环加工指令:单头、多头螺纹、单面进刀自动切深等自动循环,内外圆柱面、端面、锥面、球面、切槽等粗加工循环
6	中/英制螺纹加工:公制 0.01～12.00mm 螺距、英制 2.20～200.00 牙/英寸
7	十五级手动速度,七级可修改手动增量

表 8-5-105 GSK 928TB 车床数控系统功能参数

项目	参数	
控制轴:X、Z 两轴		最小指令单位:0.01mm
插补方式	X、Z 二轴直线、圆弧插补	
位置指令范围:±9999.99mm		最高快速速度:18000mm/min
最高进给速度	直线 4500mm/min、圆弧 3000mm/min	
每转进给	0.01～2mm/r(需安装 1200p/r 主轴编码器)	
进给倍率	0～150%十六级实时调节	
快速倍率	25%、50%、75%、100%四级(手动方式有效自动方式无效)	
加减速特性	起始速度,升降速时间,参数可调	
电子齿轮比:无		电子手轮功能:无
显示界面	显示器类型:160×128 点阵式绿底液晶(LCD),LED 背光	
	显示方式:可设置为中文或英文菜单	图形显示功能:无
G 功能	共 28 种 G 指令,包括固定/复合循环加工等指令,可进行参数编程	
螺纹功能	公/英制单头多头直螺纹、锥螺纹及公/英制端面螺纹,螺纹退尾长度可设定	
	螺纹螺距:0.01～12mm(公制)2.2～100 牙/英寸(英制)	
	最高主轴转速:1600r/min	最高切削速度:1800mm/min
	主轴编码器:1200p/r 增量式编码器(与主轴 1:1 传动)	
补偿功能	反向间隙补偿:(X、Z 轴)0.01～2.55mm	
	刀具补偿:9 组刀具长度补偿	
刀具功能	适配刀架:4～8 工位自动刀架控制、排刀	
	刀位信号输入方式:1～4 号刀位信号直接输入,5～8 号刀位编码输入	
	换刀方式:T 代码绝对换刀或手动相对换刀,正转选刀、到位反转锁紧	
	对刀方式:定点对刀、试切对刀	
	刀补执行方式:使用电动刀架时移动刀具,使用排刀时修改坐标	
主轴功能	控制方式:可设置为挡位控制或模拟控制	
	档位控制:S1、S2、直接输出或 BCD 编码输出	
	模拟控制:可设置两挡主轴、自动或人工换挡,输出 0～10V 控制主轴转速	
	恒线速切削功能:有(选择主轴模拟控制方式下功能有效)	
辅助功能	主轴正转、反转、停止、制动;冷却启停;润滑启停;用户输入 2 路、用户输出 2 路	
程序编辑	程序容量:28KB、100 个程序	格式:增量/绝对坐标混合编程
	子程序:可编辑,最多 3 级嵌套	
通信	无	
适配部件	开关电源:GSK PC(配套提供,已安装连接)	
	驱动装置:DF3 三相反应式	
	刀架控制器:GSK TC(可配 4～8 工位电动刀架,仅供改造用户)	
装配形式	标准面板、箱式	
	一体化(配 DF3C,DF3A,DY3A)	

5.4　磨床数控系统

5.4.1　GSK 928GE外/内圆磨床数控系统

GSK 928GE外/内圆磨床数控系统是广州数控设备有限公司开发用于磨床控制的新型闭环数控系统。该系统采用蓝屏LCD液晶显示器及国际标准数控ISO代码编写零件程序，具有标准G、M代码的规格，内置软件PLC，可与多种伺服驱动单元配套使用，μm级精度控制与显示。

该系统采用全屏幕编辑及中文操作界面，具有操作简单直观，维护方便的特点，是平面磨床数控化的理想选择。

1. 产品特点

GSK 928GE外/内圆磨床数控系统产品特点如表8-5-106所示。

2. 功能参数

GSK 928GE外/内圆磨床数控系统功能及参数如表8-5-107所示。

表8-5-106　GSK 928GE外/内圆磨床数控系统产品特点

序号	特点
1	产品适用于数控外圆磨床、数控内圆磨床、数控工具磨床、数控螺纹磨床、数控滚刀磨床、数控齿轮磨床
2	嵌入式双CPU控制内核(MCU+DSP),实时高速μm级精度控制
3	控制器可控轴数:标准配置为2轴,可扩展3轴
4	S曲线自动加减速,交流伺服电机闭环控制
5	滚珠丝杠的螺距误差等传动链中的机械误差,可通过记忆型螺距误差补偿予以纠正
6	手脉(电子手轮)功能、可选配外部扩展多功能手脉
7	磨床制造商定制的自动砂轮修整与磨削尺寸修正补偿功能
8	特别适用于磨削加工的缓进给及速度平滑设计
9	内置与PC机通信的RS-232C接口
10	外接量具控制功能
11	磨床专用斜轴功能(斜轴角度:0°～45°可调)
12	位置超差保护,软件/硬件超程保护,驱动控制单元报警检测
13	磨床急退保护功能
14	系统参数、PLC用户程序自动备份、读取功能
15	可选用伺服主轴控制、模拟主轴、旋转轴分度定位功能
16	可选中英文对照显示

表8-5-107　GSK 928GE外/内圆磨床数控系统功能及参数

功能	参数	
运动控制功能	控制轴:X、Z、C轴	最小指令单位:0.001mm
	位置指令范围:±8000mm	最高快移速度:8000mm/min
	最高进给速度:8000mm/min	
	最小移动单位:X轴:0.001mm,Z轴:0.001mm,C轴:0.001mm	
	最小显示单位:X轴:0.001mm,Z轴:0.001mm,C轴:0.001mm	
	进给倍率:0～150%之间151级调整	
	快速倍率:1%～100%之间100级调整	
	加减速特性:S曲线自动加减速,时间常数可调	
	手脉进给:0.001mm、0.01mm、0.1mm、1.0mm四挡	
	手动单步进给:0.001mm、0.01mm、0.1mm、1.0mm、10.0mm、50.0mm六挡	
	电子齿轮比:有	手脉功能:有
显示界面	显示器类型:320×240点阵式图形液晶显示器	
	显示方式:中文菜单	

续表

功　能	参　数
G功能	通用G代码，二重子程序调用
PLC功能	内嵌式软件PLC。输入32点/输出24点，内部继电器64点，计数器8个，定时器8个
	12种基本指令代码，4种功能指令代码，最多500步，每步处理时间3～4μs
修整功能	砂轮自动定位、修整，尺寸自动补偿
量仪功能	0°～45°斜角，用户可调
补偿功能	径向量仪和端面量仪在线测量控制指令，最多8个监测点
辅助功能	反向间隙补偿：0～10.000mm
	螺距误差补偿：提供距离和脉冲两种可选方式，范围为－8000～8000个单位，均为256个补偿点
	主轴砂轮、冷却液、液压电机、头架的开/关，多个用户自定义输入输出
程序功能	程序容量：100个程序
备份功能	加工程序格式：ISO代码，相对/绝对编程，专用M代码
	宏变量、宏指令编程，实现多种逻辑关系
	PLC程序格式：功能指令表，磨床专用X、Y、G、F输入/输出地址
	系统参数、用户PLC自定义备份读取
保护功能	速度范围设定保护，磨床专用急退保护
通信接口	标准RS-232接口，可与PC机双向传输加工程序和PLC程序
适配部件	开关电源：IQ-60F(已装配)
外形安装尺寸	电源滤波器：永星HB9203-21(已装配)
	驱动单元：±10V模拟电压输入输出接口的交流伺服驱动单元
	420mm×260mm×50mm(长×宽×高)

3. 指令表

GSK 928GE外/内圆磨床数控系统指令如表8-5-108所示。

表8-5-108　GSK 928GE外/内圆磨床数控系统指令

G代码			
G90	绝对值坐标输入	G91	相对坐标输入
G00	快速定位	G01	直线插补
G02	顺圆插补	G03	逆圆插补
G04	暂停	G27	砂轮返回修整位置
G28	返回X轴参考点	G29	返回Z轴参考点
G30	进给补偿	G37	返回C轴参考点
G31	插补跳转	G33	螺旋轨迹
G39	宏变量赋值	G71	磨削复合循环
G94	每分钟进给	G95	每转进给
M代码			
M00	程序暂停运行	M02	程序结束
M30	程序结束、关冷却液和主轴	M05	砂轮主轴停止
M03	砂轮主轴转动	M09	冷却液关
M08	冷却液开	M11	尾架退控制2
M10	尾架退控制1	M13	头架停止
M12	头架转动	M15	液压关
M14	液压开		

续表

M18	开停阀控制1	M19	开停阀控制2
M33	主轴转动	M35	主轴停止
M40	激活 X 轴手轮	M41	激活 Z 轴手轮
M50	斜轴联动	M51	取消斜轴联动
M97	无条件转移	M98	调用子程序
M99	子程序返回		
M70	量仪控制(径向)进	M75	量仪控制(径向)退
M78	量仪控制(轴向)进	M79	量仪控制(轴向)退
M16	用户输出1有效	M17	用户输出1无效
M20	用户输出2有效	M21	用户输出2无效
M22	用户输出3有效	M23	用户输出3无效
M24	用户输出4有效	M25	用户输出4无效
M26	用户输出5有效	M27	用户输出5无效
M28	用户输出6有效	M29	用户输出6无效
M46	用户输出7有效	M47	用户输出7无效
M48	用户输出8有效	M49	用户输出8无效
M81	用户输入1有效等待	M82	用户输出1无效等待
M83	用户输入2有效等待	M84	用户输出2无效等待
M85	用户输入3有效等待	M86	用户输出3无效等待
M87	用户输入4有效等待	M88	用户输出4无效等待

5.4.2 GSK 928GA 平面磨床数控系统

GSK 928GA 平面磨床数控系统是广州数控设备有限公司开发用于磨床控制的新型闭环数控系统。该系统采用蓝屏 LCD 液晶显示器及国际标准数控 ISO 代码编写零件程序，具有标准 G、M 代码的规格，内置软件 PLC，可与多种伺服驱动单元配套使用，为 μm 级精度控制与显示。

该系统采用全屏幕编辑及中文操作界面，具有操作简单直观，维护方便的特点，是平面磨床数控化的理想选择。

1. 产品特点

GSK 928GA 平面磨床数控系统产品特点如表 8-5-109 所示。

表 8-5-109 GSK 928GA 平面磨床数控系统产品特点

序 号	特 点
1	产品适用于数控卧轴矩台平面磨床、数控卧轴矩台龙门式平面磨床及数控卧轴圆台平面磨床等
2	嵌入式双 CPU 控制内核(MCU＋DSP),实时高速 μm 级精度控制
3	可控轴数:标准配置为2轴,可扩展3轴
4	S曲线自动加减速,交流伺服电机闭环控制
5	滚珠丝杠的螺距误差等传动链中的机械误差,可通过记忆型螺距误差补偿予以纠正
6	手脉(电子手轮)功能、可选配外部扩展多功能手脉
7	磨床制造商定制的自动砂轮修整与磨削尺寸修正补偿功能
8	特别适用于磨削加工的缓进给及速度平滑设计
9	内置与 PC 机通信的 RS-232C 接口
10	外接量具控制功能
11	位置超差保护,软件/硬件超程保护,驱动控制单元报警检测
12	磨床急退保护功能
13	系统参数、PLC 用户程序自动备份、读取功能
14	可选用伺服主轴控制、模拟主轴、旋转轴分度定位功能
15	可选中英文对照显示

2. 功能参数

GSK 928GA平面磨床数控系统功能及参数如表8-5-110所示。

3. 指令表

GSK 928GA平面磨床数控系统指令如表8-5-111所示。

表8-5-110 GSK 928GA平面磨床数控系统功能及参数

功 能	参 数	
运动控制功能	位置控制轴:*Y*、*Z*轴	*C*轴或液压控制轴:*X*轴
	最小指令单位:0.001mm	
	位置指令范围:±8000mm	最高快移速度:8000mm/min
	最高进给速度:8000mm/min	
	最小移动单位:*Y*轴:0.001mm,*Z*轴:0.0001mm	
	最小显示单位:*Y*轴:0.001mm,*Z*轴:0.0001mm	
	进给倍率:0～150%之间151级调整	
	快速倍率:1%～100%之间100级调整	
	加减速特性:S曲线自动加减速,时间参数可调	
	手轮进给:0.001mm、0.01mm、0.1mm、1.0mm四挡	
	手动单步进给:0.001mm、0.01mm、0.1mm、1.0mm、10.0mm、50.0mm六挡	
	电子齿轮比:有	手脉功能:有
显示界面	显示器类型:320×234点阵式图形液晶显示器	
	显示方式:中/英文菜单	
G功能	通用G代码,二重子程序调用	
PLC功能	内嵌式软件PLC。输入32点/输出24点,内部继电器64点,计数器8个,定时器8个	
	12种基本指令代码,4种功能指令代码,最多500步,每步处理时间3～4μs	
修整功能	砂轮自动定位、修整,尺寸自动补偿	
量仪功能	径向量仪和端面量仪在线测量控制指令,最多8个监测点	
辅助功能	螺距误差补偿:提供距离和脉冲两种可选方式,范围为-8000～8000个单位,均为256个补偿点	
	主轴砂轮、冷却液、液压电机、吸盘的开/关,多个用户自定义输入输出	
程序功能	程序容量:100个程序	
备份功能	加工程序格式:ISO代码,相对/绝对编程,专用M代码	
	宏变量。宏程序编程,实现多种逻辑关系	
	PLC程序格式:功能指令表,磨床专用X、Y、G、F输入/输出地址	
	系统参数、用户PLC自定义备份读取	
保护功能	速度设定范围保护,磨床专用急退保护	
通信接口	标准RS-232接口,可与PC机双向传输加工程序和PLC程序	
适配部件	开关电源:IQ-60F(已装配)	
外形安装尺寸	电滤波器:永星HB9203-21(已装配)	
	驱动单元:±10V模拟电压输入接口的交流伺服驱动单元	
	420mm×260mm×50mm(长×宽×高)	

表8-5-111 GSK 928GA平面磨床数控系统指令

G代码			
G90	绝对编程	G91	相对编程
G00	快速定位	G01	直线插补
G02	顺圆插补	G03	逆圆插补
G04	延时	G27	返回砂轮修整点
G31	量仪控制	G39	宏变量赋值

续表

M 代码			
M00	程序暂停运行	M02	程序结束
M30	程序结束,关主轴、冷却液		
M03	主轴转	M05	主轴停
M08	冷却液开	M09	冷却液关
M12	电磁吸盘开吸磁	M13	电磁吸盘关吸磁
M14	开液压电机	M15	关液压电机
M16	用户输出 1 有效	M17	用户输出 1 无效
M19	用户输出 2 有效	M20	用户输出 2 无效
M21	用户输出 3 有效	M22	用户输出 3 无效
M23	用户输出 4 有效	M24	用户输出 4 无效
M70	径向量仪进	M75	径向量仪退
M78	端面量仪进	M79	端面量仪退
M81	用户输出 1 有效等待	M82	用户输入 1 无效等待
M83	用户输出 2 有效等待	M84	用户输入 2 无效等待
M97	无条件转移		
M98	调用子程序	M99	子程序返回
M61	砂轮返回修整位置	M62	工作台返回修整位置

第6章 华中世纪星数控系统

6.1 华中世纪星数控系统概述

6.1.1 华中世纪星数控系统简介

开放式、网络化已成为当今数控系统发展的主要趋势。如图8-6-1所示，华中世纪星系列数控系统包括世纪星 HNC-18、HNC-19、HNC-21 和 HNC-22 四个系列产品，均采用工业微机（IPC）作为硬件平台的开放式体系结构的创新技术路线，充分利用 PC 软、硬件的丰富资源，通过软件技术的创新，实现数控技术的突破，通过工业 PC 的先进技术和低成本保证数控系统的高性价比和可靠性。

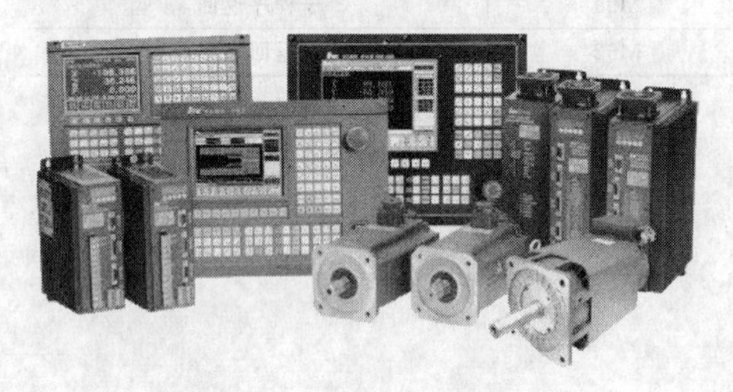

图 8-6-1 华中世纪星系列数控系统

6.1.2 华中数控系统的功能特点

1）编程语言采用国际通用的 G 代码编程，具有直线、圆弧、螺旋线插补功能，支持程序的旋转、缩放、镜像、刀具补偿、宏程序、子程序调用、多种坐标系设定等功能，支持 MasterCAM、UG、Pro/ENGINEER 等 CAD/CAM 系统生成的数控加工程序。

2）支持公制/英制输入，绝对值/增量值编程，每分钟/每转进给和直径、半径编程功能。

3）提供多种固定循环和复合循环，车床内（外）径粗车复合循环支持凹槽加工功能，固定循环和复合循环的使用可以用一个程序段来完成一个加工循环，使编程大大简化。

4）车床支持倒角（直角、圆角）、螺纹切削，螺纹切削具有多头螺纹加工功能，并可加工变螺距螺纹。铣床既支持柔性攻螺纹也支持刚性攻螺纹，刚性攻螺纹的使用提高了加工效率，保证螺纹精度。

5）支持恒线速度切削功能，根据刀尖的位置自动变化主轴速度，使切削线速度保持恒定，以满足工件加工的工艺要求，大大提高精加工面粗糙度，延长刀具的使用寿命。

6）具有小线段连续高速加工功能（G64）和准确定位功能（G61），加减速控制采用 S 曲线加减速。G64 支持程序超前预处理，超前预读程序，将小线段按连续轨迹高速进给，根据拐角大小，自适应控制进给速度，保证拐点处的误差小于跟踪误差的允差设定，特别适合加工 CAD/CAM 生成的复杂模具加工程序。

7）多重子程序调用，宏程序支持逻辑运算符（AND，OR，NOT）、函数（SIN，COS，TAN，ATAN，ATAN2，ABS，INT，SQRT，EXP）、条件判别语句（IF，ELSE，ENDIF）和循环语句（WHILE，ENDW），可实现复杂的运算，功能强大。用户可使用变量进行算术、逻辑和函数的混合运算，可编制各种复杂的零件加工程序，减少甚至免除繁琐计算，大大精简程序量。

8）支持单、双向螺距补偿和反向间隙补偿，螺距补偿数据最多可达256点，具有跟踪误差允差设定与报警功能，数控系统实时监控机床实际坐标，对机床的非正常运行状态进行报警。

9）具有断点保存与恢复功能，大零件程序加工可分时段加工，系统记忆上次中断加工时的状态，为用户提供极大的方便。

10）三维图形实时显示刀具轨迹和零件形状，界面实时加工参数显示，包括坐标位置（机床、工件、相对）、跟踪误差、剩余进给、M、S、T 和进给速度、倍率等，显示内容丰富。

11）空运行和图形化程序校验功能，方便加工代码的编制和检验，具有后台编程功能。

12）进给修调、快速修调和主轴转速修调三种控制功能，修调范围达到10%～150%。

13）系统采用汉字用户界面，提供完善的在线帮助功能（程序代码和帮助图例），操作简便，易于掌握和使用。

14）支持自动换刀，刀具长度补偿和刀尖半径补偿。车床系统支持多种对刀方式（相对刀偏和绝对刀偏），刀补具有圆弧半径补偿，满足高精度加工的要求。

15）支持指定程序行加工，任意程序行加工和程序跳段功能，加工代码的控制更加方便、灵活。

16）提供二次开发接口，可按用户要求定制控制系统的功能，适合专用机床控制系统的开发。

6.1.3　华中数控系统的开放性

现代的数控系统不但要满足制造业对通用加工的使用要求，同时也要满足制造业日益多样的专业使用需求，在这点上，世纪星系列系统可以说具有更大的优势，该系统提供专用的二次开发应用接口，可针对用户的需求进行专用加工设备的开发。系统提供从PLC、运动控制到用户人机界面（HMI）全方位的开放，图 8-6-2 和图 8-6-3 所示是应用世纪星系统二次开发接口开发的专用系统。

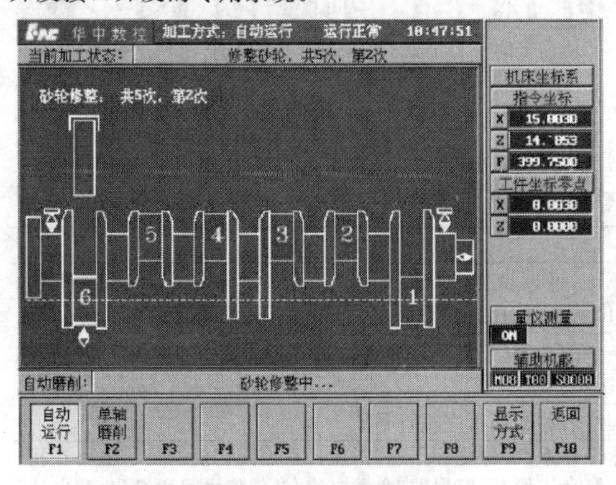

图 8-6-2　曲轴磨床数控系统

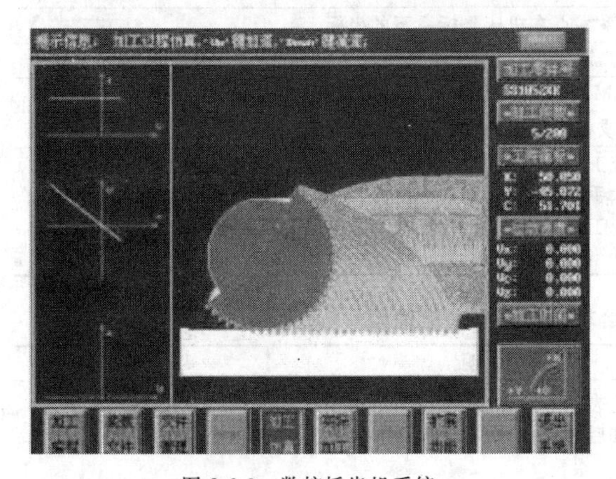

图 8-6-3　数控插齿机系统

6.2　世纪星 HNC-21/22T 车床数控系统

6.2.1　操作面板介绍

图 8-6-4 为 HNC-21T 世纪星车床操作面板，其结构美观，体积小巧，操作方便。

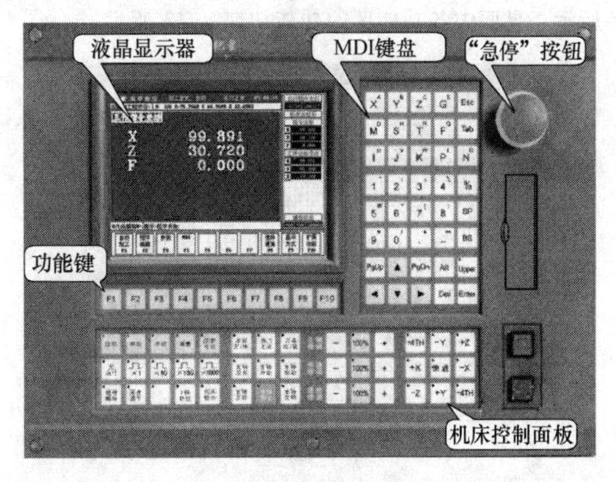

图 8-6-4　HNC-21T 世纪星车床操作面板

1）显示器　操作台的左上部为 7.5in 彩色液晶显示器（分辨率为 640×480），用于汉字菜单、系统状态、故障报警的显示和加工轨迹的图形仿真。

2）键盘　键盘用于零件程序的编制、参数输入、MDI 及系统管理操作等。它包括精简型 MDI 键盘和 F1～F10 这 10 个功能键。

标准化的字母数字式 MDI 键盘介于显示器和“急停”按钮之间，其中的大部分键具有上挡键功能。当“Upper”键有效时（指示灯亮），输入的是上挡键。F1～F10 这 10 个功能键位于显示器的正下方。

3）机床控制面板　机床控制面板用于直接控制机床的动作或加工过程。标准机床控制面板的大部分按键（除“急停”按钮外）位于操作台下部。“急停”按钮位于操作台的右上角。

4）手持单元　手持单元由手摇脉冲发生器、坐标轴选择开关组成，用于手摇方式增量进给坐标轴。

手持单元的结构如图 8-6-5 所示。

图 8-6-5　手持单元

第8篇

HNC-21T 世纪星车床的软件操作界面如图 8-6-6 所示，界面中各功能区的功能如表 8-6-1 所示。

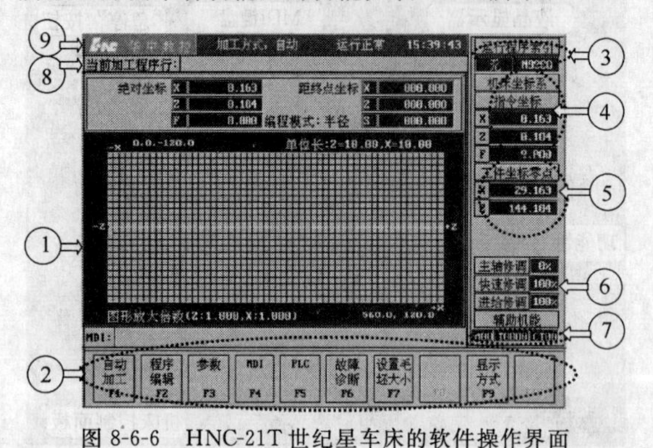

图 8-6-6　HNC-21T 世纪星车床的软件操作界面

6.2.2　主轴功能、进给功能和刀具功能

主轴功能、进给功能和刀具功能说明如表 8-6-2 所示。

6.2.3　手动操作

数控机床手动操作主要由手持单元和机床控制面板共同完成，机床控制面板如图 8-6-7 所示。主要包括以下一些内容：手动移动机床坐标轴点动增量手摇、手动控制主轴启停点动、机床锁住刀位转换卡盘松紧冷却液启停和手动数据输入运行等。手动操作具体方法和步骤如表 8-6-3 所示。

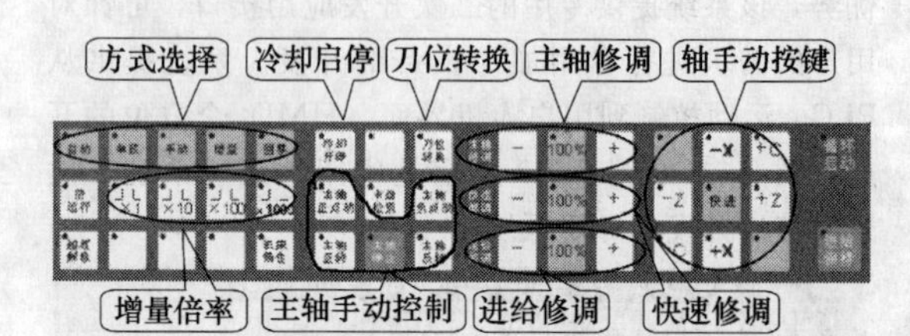

图 8-6-7　机床控制面板

表 8-6-1　HNC-21T 世纪星车床的软件操作界面各功能区的功能

功能区编号	功能区显示内容	功能区功能
①	图形显示窗口	在显示方式菜单下，可以设置显示模式、显示值、显示坐标系、图形放大倍数、夹具中心绝对位置、内孔直径和毛坯大小
②	菜单命令条	通过菜单命令条中的功能键 F1～F10 来完成自动加工、程序编辑、参数设定、故障诊断等系统功能的操作
③	运行程序索引	自动加工中的程序名和当前程序段行号
④	选定坐标系下的坐标值	坐标系可在机床坐标系/工件坐标系/相对坐标系之间切换。显示值可在指令位置/实际位置/剩余进给/跟踪误差/负载电流/补偿值之间切换（负载电流只对Ⅱ型伺服有效）
⑤	工件坐标零点	显示工件坐标系零点在机床坐标系下的坐标
⑥	倍率修调	显示当前主轴修调倍率、当前进给修调倍率、当前快进修调倍率
⑦	辅助机能	自动加工中的 M、S、T 代码
⑧	当前加工程序行	显示当前正在或将要加工的程序段
⑨	当前加工方式、系统运行状态及当前时间	工作方式：系统工作方式根据机床控制面板上相应按键的状态可在自动（运行）、单段（运行）、手动（运行）、增量（运行）、回零、急停、复位等之间切换 运行状态：系统工作状态在“运行正常”和“出错”间切换 系统时间：显示当前系统时间

表 8-6-2　主轴功能、进给功能和刀具功能说明

功　能	功 能 说 明
主轴功能	主轴功能 S 控制主轴转速，其后的数值表示主轴速度，单位为 r/min 恒线速度功能时 S 指定切削线速度，其后的数值单位为 m/min（G96 恒线速度有效、G97 取消恒线速度，G46 极限转速限定） S 是模态指令，S 功能只有在主轴速度可调节时有效 S 所编程的主轴转速可以借助机床控制面板上的主轴倍率开关进行修调
进给功能	F 指令表示工件被加工时刀具相对于工件的合成进给速度，F 的单位取决于 G94（每分钟进给量 mm/min）或 G95（主轴每转一转刀具的进给量 mm/r） 使用下式可以实现每转进给量与每分钟进给量的转化 $f_m = f_r S$ 式中　f_m——每分钟的进给量，mm/min； f_r——每转进给量，mm/r； S——主轴转数，r/min

续表

功　能	功能说明
进给功能	当工作在G01、G02或G03方式下，编制的F一直有效，直到被新的F值所取代，而工作在G00方式下，快速定位的速度与所编F无关 借助机床控制面板上的倍率按键，F可在一定范围内进行倍率修调。当执行攻螺纹循环G76、G82，螺纹切削G32时，倍率开关失效，进给倍率固定在100％ 注：1. 使用每转进给量方式时，必须在主轴上安装一个位置编码器 2. 直径编程时，X轴方向的进给速度为：半径的变化量/分、半径的变化量/转
刀具功能	T代码用于选刀和换刀，其后的4位数字分别表示选择的刀具号和刀具补偿号。4位数字中前两位数字表示为刀具号，后两位数字表示为刀具补偿号。T代码与刀具的关系是由机床制造厂规定的，请参考机床厂家的说明书 例如：T0102 其中：01表示刀具号，02表示刀具补偿号 同一把刀可以对应多个刀具补偿，比如说T0101、T0102、T0103 也可以多把刀对应一个刀具补偿，比如说T0101、T0201、T0301 执行T指令，转动转塔刀架，选用指定的刀具。同时调入刀补寄存器中的补偿值(刀具的几何补偿值即偏置补偿与磨损补偿之和)。执行T指令时并不立即产生刀具移动动作，而是当后面有移动指令时一并执行 当一个程序段同时包含T代码与刀具移动指令时，先执行T代码指令，而后执行刀具移动指令

表8-6-3　手动操作方法和步骤

操作项目	操作内容	操作步骤
坐标轴移动	点动进给	按一下“手动”按键指示灯亮，系统处于点动运行方式，可点动移动机床坐标轴 ① 按压“＋X”或“－X”按键(指示灯亮)，X轴将产生正向或负向连续移动 ② 松开“＋X”或“－X”按键(指示灯灭)，X轴即减速停止 ③ 用同样的操作方法，使用“＋Z”或“－Z”按键可使Z轴产生正向或负向连续移动。在点动运行方式下，同时按压X、Z方向的轴手动按键，能同时手动连续移动X、Z坐标轴
	点动快速移动	在点动进给时，若同时按压“快进”按键，则产生相应轴的正向或负向快速运动
	点动进给速度选择	在点动进给时，进给速率为系统参数“最高快移速度”的1/3乘以进给修调选择的进给倍率。点动快速移动的速率为系统参数“最高快移速度”乘以快速修调选择的快移倍率 按压进给修调或快速修调右侧的“100％”按键(指示灯亮)，进给或快速修调倍率被置为100％。按一下“＋”按键，修调倍率递增5％；按一下“－”按键，修调倍率递减5％
	增量进给	当手持单元的坐标轴选择波段开关置于“OFF”挡时，按一下控制面板上的“增量”按键(指示灯亮)，系统处于增量进给方式 ① 按一下“＋X”或“－X”按键(指示灯亮)，X轴将向正向或负向移动一个增量值 ② 再按一下“＋X”或“－X”按键(指示灯灭)，X轴将向正向或负向继续移动一个增量值 ③ 用同样的操作方法，使用“＋Z”或“－Z”按键，可使Z轴向正向或负向移动一个增量值，同时按一下X、Z方向的轴手动按键，能同时增量进给X、Z坐标轴
	增量值选择	增量进给的增量值由“×1”、“×10”、“×100”、“×1000”4个增量倍率按键控制。增量倍率按键和增量值的对应关系如表8-6-4所示，注意这几个按键互锁，即按下其中一个(指示灯亮)，其余几个会失效(指示灯灭)
	手摇进给	当手持单元的坐标轴选择波段开关置于“X”、“Y”、“Z”、“4TH”挡(对车床而言，只有“X”、“Z”有效)时，按一下控制面板上的“增量”按键(指示灯亮)，系统处于手摇进给方式，可手摇进给机床坐标轴，手摇进给方式每次只能增量进给1个坐标轴
	手摇倍率选择	手摇进给的增量值(手摇脉冲发生器每转一格的移动量)由手持单元的增量倍率波段开关“×1”、“×10”、“×100”(单位0.001)控制。增量倍率波段开关的位置和增量值的对应关系如表8-6-5所示
主轴控制	主轴正转	在手动方式下，按一下“主轴正转”按键(指示灯亮)，主电动机以机床参数设定的转速正转，直到按压“主轴停止”或“主轴反转”按键
	主轴反转	在手动方式下，按一下“主轴反转”按键(指示灯亮)，主电动机以机床参数设定的转速反转，直到按压“主轴停止”或“主轴正转”按键
	主轴停止	在手动方式下，按一下“主轴停止”按键(指示灯亮)，主电动机停止运转。值得注意的是：“主轴正转”、“主轴反转”、“主轴停止”这几个按键互锁，即按一下其中一个(指示灯亮)，其余两个会失效(指示灯灭)

续表

操作项目	操作内容	操作步骤
主轴控制	主轴点动	在手动方式下，可用"主轴正点动"或"主轴负点动"按键，点动转动主轴旋转 ① 按压"主轴正点动"或"主轴负点动"按键（指示灯亮），主轴将产生正向或负向连续转动 ② 松开"主轴正点动"或"主轴负点动"按键（指示灯灭），主轴即减速停止
	主轴速度修调	主轴正转及反转的速度可通过主轴修调调节，按压主轴修调右侧的"100%"按键（指示灯亮），主轴修调倍率被置为100%；按一下"+"按键，主轴修调倍率递增5%；按一下"—"按键，主轴修调倍率递减5%。机械齿轮换挡时，主轴速度不能修调
	机床锁住	在手动运行方式下，按一下"机床锁住"按键（指示灯亮），再进行手动操作，系统继续执行，显示屏上的坐标轴位置信息变化，但不输出伺服轴的移动指令，所以机床停止不动
	刀位转换	在手动方式下，按一下"刀位转换"按键，转塔刀架转动一个刀位
	冷却启动与停止	在手动方式下，按一下"冷却开停"按键，冷却液开（默认值为冷却液关），再按一下又为冷却液关，如此循环
	卡盘松紧	在手动方式下，按一下"卡盘松紧"按键，松开工件（默认值为夹紧），可以进行更换工件操作；再按一下又为夹紧工件，可以进行加工工件操作，如此循环

表 8-6-4 增量倍率按键和增量值的对应关系

增量倍率按键	×1	×10	×100	×1000
增量值/mm	0.001	0.01	0.1	1

表 8-6-5 增量倍率波段开关的位置和增量值的对应关系

位置	×1	×10	×100
增量值/mm	0.001	0.01	0.1

6.2.4 数据的设置

机床的手动数据输入（MDI）操作主要包括坐标系数据设置、刀库数据设置、刀具数据设置等，如图8-6-8～图8-6-10所示为其设置界面。表8-6-6所示分别为坐标系数据设置、刀库参数设置、刀具补偿数据设置及操作步骤。

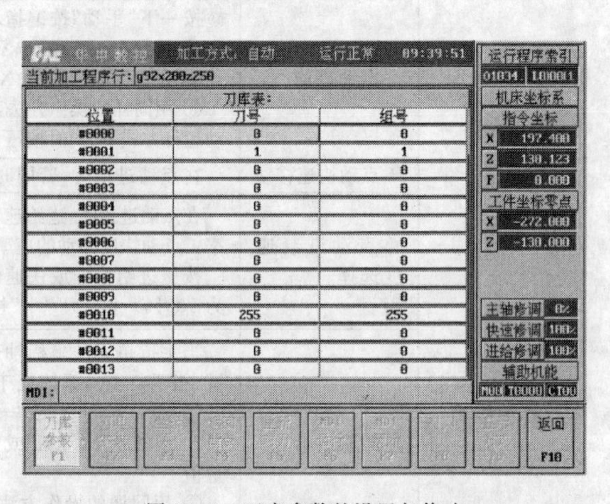

图 8-6-9 刀库参数的设置与修改

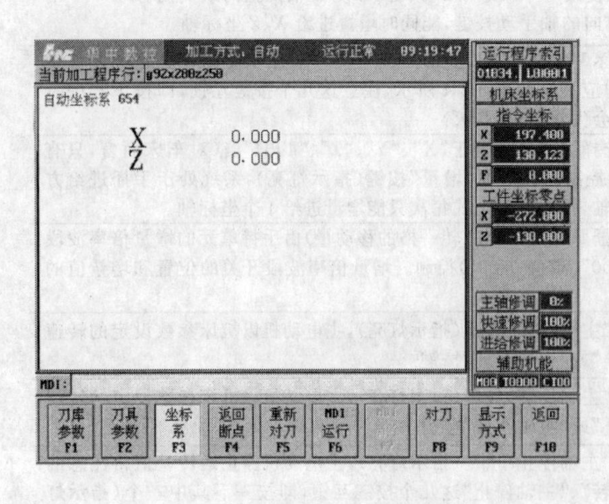

图 8-6-8 坐标系数据设置界面

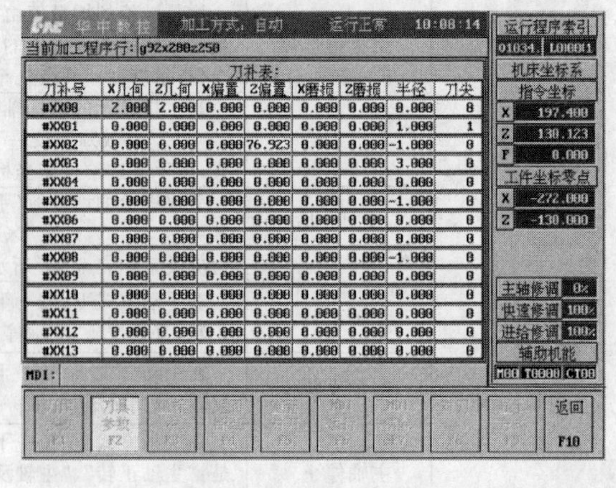

图 8-6-10 刀具补偿数据的输入与修改

表 8-6-6 数据的设置及操作步骤

数据设置	操作步骤
坐标数据设置	MDI手动输入坐标系数据的操作步骤如下： ①在MDI功能子菜单下按F3键进入坐标系手动数据输入方式，图形显示窗口首先显示G54坐标系数据设置界面 ②按PgDn或PgUp键，选择要输入的数据类型：G54/G55/G56/G57/G58/G59坐标系/当前工件坐标系等的偏置值（坐标系零点相对于机床零点的值），或当前相对值零点 ③在命令行输入所需数据，输入“X0、Z0”，并按Enter键，将设置G54坐标系的X及Z偏置分别为0、0 ④若输入正确，图形显示窗口相应位置将显示修改过的值，否则原值不变 注：在编辑过程中，按Enter键之前，按Esc键可退出编辑，此时输入的数据将丢失，系统将保持原值不变
刀库参数设置	MDI输入刀库数据的操作步骤如下： ①在MDI功能子菜单下按F1键，进行刀具库设置，图形显示窗口将出现刀库数据设置界面 ②用▲、▼、▶、◀、PgUp、PgDn键移动蓝色亮条选择要编辑的选项 ③按Enter键，蓝色亮条所指刀具库数据的颜色和背景都发生变化，同时有一光标在闪烁 ④用▶、◀、BS、Del键进行编辑修改 ⑤修改完毕按Enter键确认 ⑥若输入正确，图形显示窗口相应位置将显示修改过的值，否则原值不变
刀具补偿参数设置	MDI手动输入刀具数据的操作步骤如下： ①在MDI功能子菜单下按F2键，进行刀具设置，图形显示窗口将出现刀具补偿数据设置界面 ②用▲、▼、▶、◀、PgUp、PgDn键移动蓝色亮条选择要编辑的选项 ③按Enter键，蓝色亮条所指刀具数据的颜色和背景都发生变化，同时有一光标在闪烁 ④用▶、◀、BS、Del键进行编辑修改 ⑤修改完毕按Enter键确认

6.2.5 程序编辑、管理、运行

在软件操作界面下，按F2键进入编辑功能子菜单。命令行与菜单条的显示如图8-6-11所示。

图 8-6-11 编辑功能子菜单

在编辑功能子菜单下，可以对零件程序进行编辑、存储与传递以及对文件进行管理。在编辑功能子菜单下，按F2键将弹出如图8-6-12所示的选择编辑程序菜单，按Enter键，弹出如图8-6-13所示对话框。

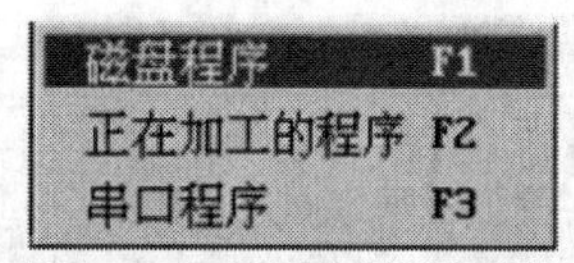

图 8-6-12 选择编辑程序菜单

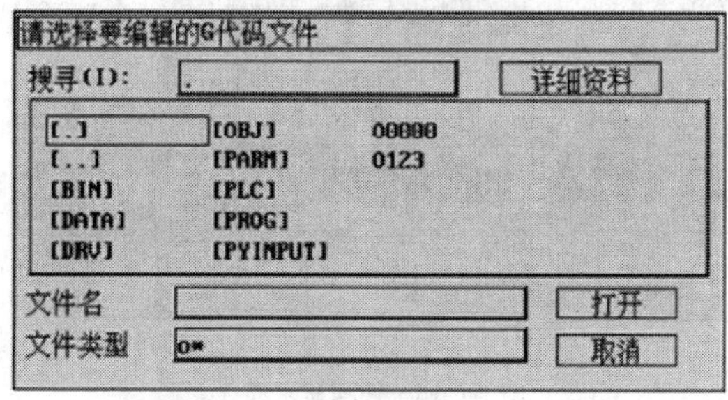

图 8-6-13 选择要编辑的零件程序

注意问题：

1）数控零件程序文件名一般是由字母“O”开头，后跟4个（或多个）数字组成，HNC-21T继承了这一传统，默认为零件程序名是由“O”开头的；

2）HNC-21T扩展了标识零件程序文件的方法，可以使用任意DOS文件名（即8＋3文件名：1～8个字母或数字后加点，再加0～3个字母或数字组成，如MyPart.001O1234等）标识零件程序。

在HNC-21T世纪星车床的软件操作界面下，按F1键进入程序运行子菜单。命令行与菜单条的显示如图8-6-14所示。

图 8-6-14 程序运行子菜单

在程序运行子菜单下，可以装入、检验并自动运行一个零件程序，如表8-6-7所示。

6.2.6 图形的显示

在一般情况下（除编辑功能子菜单外），按F9键，将弹出如图8-6-15所示的显示方式菜单。在显示方式菜单下，可以设置显示模式、显示值、显示坐标系、图形放大倍数、夹具中心绝对位置、内孔直径、毛坯大小等，具体操作如表8-6-8所示。图8-6-16

表 8-6-7 程序的运行操作步骤

操作步骤	操作内容
选择运行程序	在程序运行子菜单下按 F1 键，将弹出“选择运行程序”子菜单(按 Esc 键可取消该菜单)，其中可以选择磁盘程序(保存在电子盘、硬盘、软盘或网络上的文件)、正在编辑的程序(编辑器已经选择存放在编辑缓冲区的一个零件程序)或 DNC 程序(通过 RS-232 串口传送的程序)3 种类型的程序进行自动运行
DNC 加工	DNC 加工(加工串口程序)的操作步骤如下： ①在“选择运行程序”菜单中用▲、▼选中“DNC 程序”选项 ②按 Enter 键，系统命令行提示“正在和发送串口数据的计算机联络” ③在上位计算机上执行 DNC 程序，弹出 DNC 程序主菜单 ④按 ALT＋C 组合键，在“设置”子菜单下设置好传输参数 ⑤按 ALT＋F 组合键，在“文件”子菜单下选择“发送 DNC 程序”命令 ⑥按 Enter 键，弹出“请选择要发送的 G 代码文件”对话框 ⑦选择要发送的 G 代码文件 ⑧按 Enter 键，弹出对话框，提示“正在和接收数据的 NC 装置联络” ⑨联络成功后，开始传输文件，上位计算机上有进度条显示传输文件的进度，并提示“请稍等，正在通过串口发送文件，要退出请按 Alt＋E”；HNC-21T 的命令行提示“正在接收串口文件”，并将调入串口程序到运行缓冲区 ⑩传输完毕，上位计算机上弹出对话框，提示文件发送完毕，HNC-21T 的命令行提示“DNC 加工完毕”
程序校验	程序校验用于对调入加工缓冲区的零件程序进行校验，并提示可能的错误。以前未在机床上运行的新程序，在调入后最好先进行校验运行，正确无误后，再启动自动运行。程序校验运行的操作步骤如下： ①调入要校验的加工程序 ②按机床控制面板上的“自动”按键进入程序运行方式 ③在程序运行子菜单下，按 F3 键，此时软件操作界面的工作方式显示为“校验运行” ④按机床控制面板上的“循环启动”按键，程序校验开始 ⑤若程序正确，校验完后，光标将返回到程序头，且软件操作界面的工作方式显示为“自动”，若程序有错，命令行将提示程序的哪一行有错 需要注意的是：校验运行时机床不动作；为确保加工程序正确无误，应选择不同的图形显示方式来观察校验运行的结果
空运行	在自动方式下，按一下机床控制面板上的“空运行”按键(指示灯亮)，CNC 处于空运行状态。程序中编制的进给速率被忽略，坐标轴以最大快移速度移动，空运行不做实际切削，目的在于确认切削路径及程序。在实际切削时，应关闭此功能，否则可能会造成危险。此功能对螺纹切削无效
单段运行	按一下机床控制面板上的“单段”按键(指示灯亮)，系统处于单段自动运行方式，程序控制将逐段执行

为选择显示模式界面，图 8-6-17 为程序正文显示，图 8-6-18 为夹具中心绝对位置输入对话框，图 8-6-19 所示为 *ZX* 平面刀具轨迹。

在 HNC-21T 车床的主显示窗口共有 3 种显示模式可供选择。

正文：当前加工的 G 代码程序。

大字符：由显示值菜单所选显示值的大字符。

ZX 平面图形：在 *ZX* 平面上的刀具轨迹。

显示模式 F1
显示值 F2
坐标系 F3
图形放大倍数 F4
夹具中心绝对位置 F5
内孔直径 F6
毛坯尺寸 F7
机床坐标系设定 F8

图 8-6-15 显示方式菜单

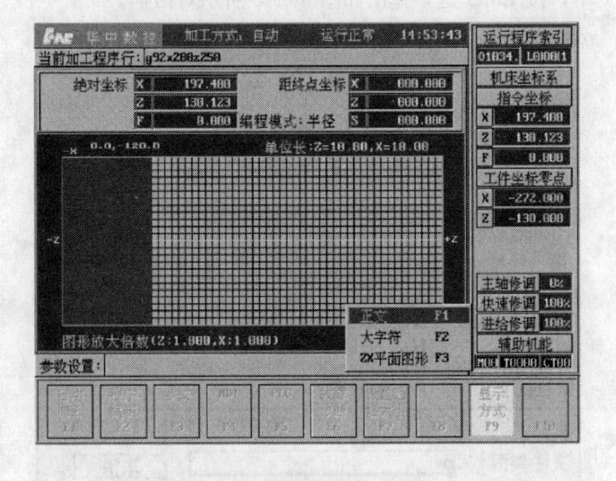

图 8-6-16 选择显示模式

表 8-6-8 显示界面及操作步骤

<table>
<tr><th>显示界面</th><th colspan="3">操作步骤</th></tr>
<tr><td>正文显示</td><td colspan="3">①在"显示方式"菜单中用▲、▼键选中显示模式选项
②按 Enter 键，弹出选择显示模式界面
③用▲、▼键选择"正文"选项
④按 Enter 键，显示窗口将显示当前加工程序的正文</td></tr>
<tr><td rowspan="3">当前位置显示</td><td rowspan="3">当前位置显示包括下述几种位置值的显示
①指令位置：CNC 输出的理论位置
②实际位置：反馈元件采样的位置
③剩余进给：当前程序段的终点与实际位置之差
④跟踪误差：指令位置与实际位置之差
⑤负载电流</td><td>坐标系选择</td><td>由于指令位置与实际位置依赖于当前坐标系的选择，要显示当前指令位置与实际位置，首先要选择坐标系，操作步骤如下：
①在"显示方式"菜单中用▲、▼键选中"坐标系"选项
②按 Enter 键，弹出坐标系菜单
③用▲、▼键选择所需的坐标系选项
④按 Enter 键，即可选中相应的坐标系</td></tr>
<tr><td>位置值类型选择</td><td>选好坐标系后，再选择位置值类型：
①在"显示方式"菜单中用▲、▼键选中"显示值"选项
②按 Enter 键，弹出显示值菜单
③用▲、▼键选择所需的显示值选项
④按 Enter 键，即可选中相应的显示值</td></tr>
<tr><td>当前位置值显示</td><td>选好坐标系和位置值类型后，再选择当前位置值显示模式：
①在"显示方式"菜单中用▲、▼键选中"显示模式"选项
②按 Enter 键，弹出显示模式菜单
③用▲、▼键选择"大字符"选项
④按 Enter 键，显示窗口将显示当前位置值</td></tr>
<tr><td rowspan="5">图形显示</td><td rowspan="5">要显示 ZX 平面图形，首先应设置好以下图形显示参数：夹具中心绝对位置、内孔直径、毛坯大小等</td><td>设置夹具中心绝对位置</td><td>设置夹具中心绝对位置的操作步骤如下：
①在"显示方式"菜单中用▲、▼键选中"夹具中心绝对位置"选项
②按 Enter 键，弹出夹具中心绝对位置输入对话框
③输入夹具中心在机床坐标系下的绝对位置
④按 Enter 键，完成图形夹具中心绝对位置的输入</td></tr>
<tr><td>设置毛坯大小</td><td>设置毛坯大小的操作步骤如下：
① 在"显示方式"菜单中用▲、▼键选中"毛坯大小"选项
② 按 Enter 键，弹出毛坯尺寸对话框
③ 依次输入毛坯的外径和长度
④ 按 Enter 键，完成毛坯大小的输入</td></tr>
<tr><td>设置内孔直径</td><td>如果内孔加工，还需设置毛坯的内孔直径，操作步骤如下：
① 在"显示方式"菜单中用▲、▼键选中"内孔直径"选项
② 按 Enter 键，弹出毛坯内孔直径对话框
③ 输入毛坯的内孔直径
④ 按 Enter 键，完成毛坯内孔直径的输入</td></tr>
<tr><td>设置显示坐标系</td><td>设置显示坐标系的操作步骤如下：
① 在"显示方式"菜单中用▲、▼键选中"显示坐标系设定"选项
② 按 Enter 键，弹出机床坐标系设定对话框
③ 输入 0 则显示坐标系形式 X 轴正向朝下，输入 1 则显示坐标系形式 X 轴正向朝上
④ 按 Enter 键，完成显示坐标系的设置</td></tr>
<tr><td>设置图形显示模式</td><td>设置图形显示模式的操作步骤如下：
① 在显示方式菜单中，用▲、▼键选中"显示模式"选项
② 按 Enter 键，弹出显示模式菜单
③ 用▲、▼键选择"ZX 平面图形"选项
④ 按 Enter 键，显示窗口将显示 ZX 平面的刀具轨迹</td></tr>
<tr><td>图形放大倍数</td><td colspan="3">设置图形放大倍数的操作步骤如下：
① 在显示方式菜单中，用▲、▼键选中"图形放大倍数"选项
② 按 Enter 键，弹出输入对话框
③ 输入 X、Z 轴图形放大倍数
④ 按 Enter 键，完成图形放大倍数的输入</td></tr>
</table>

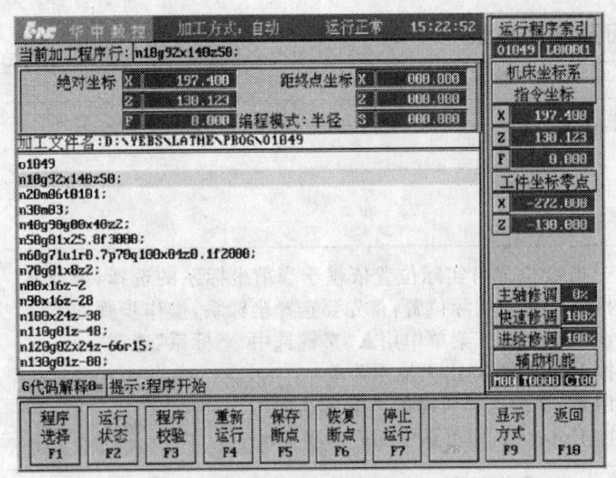

图 8-6-17　正文显示

图 8-6-18　输入夹具中心绝对位置

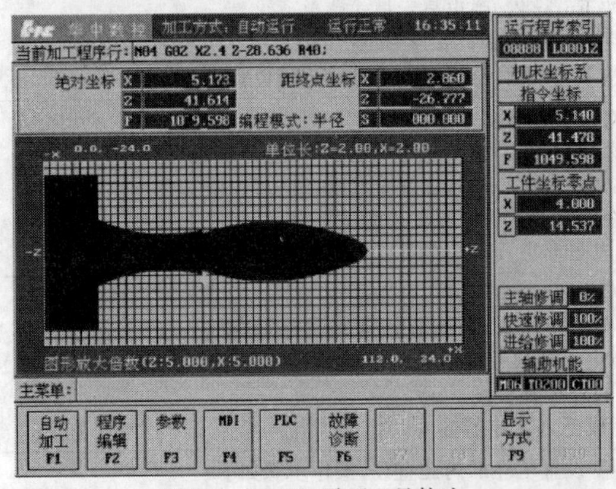

图 8-6-19　ZX 平面刀具轨迹

值得注意的是，在加工过程中可随时切换显示模式，不过系统并不保存刀具的移动轨迹，因而在切换显示模式时，系统不会重画以前的刀具轨迹。

6.2.7　简单循环、复合循环

1. 简单循环

切削循环通常是用一个含 G 代码的程序段完成用多个程序段指令的加工操作，使程序得以简化，如表 8-6-9 所示。其中表 8-6-9 和表 8-6-10 中 U、W 表示程序段中 X、Z 字符的相对值；X、Z 表示坐标值；R 表示快速移动；F 表示以指定速度 F 移动。

2. 复合循环

有四类复合循环，分别如下。

G71：内（外）径粗车复合循环。

G72：端面粗车复合循环。

G73：封闭轮廓复合循环。

G76：螺纹切削复合循环。

运用这组复合循环指令，只需指定精加工路线和粗加工的吃刀量，系统会自动计算粗加工路线和走刀次数，如表 8-6-10 所示。

6.2.8　加工实例

编制图 8-6-20 所示零件的加工程序。工艺条件：工件材质为 45＃钢或铝；毛坯为直径 ϕ54mm、长 200mm 的棒料；刀具选用：1 号端面刀加工工件端面，2 号端面外圆刀粗加工工件轮廓，3 号端面外圆刀精加工工件轮廓，4 号外圆螺纹刀加工导程为 3mm、螺距为 1mm 的三头螺纹。

表 8-6-9　简单循环类型、指令格式及动作轨迹

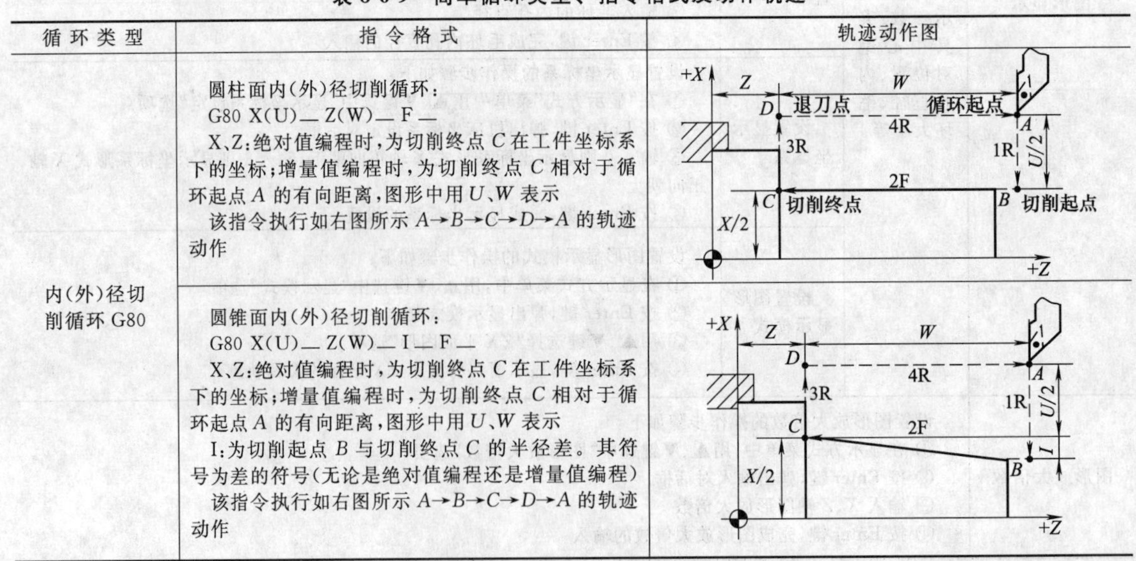

循环类型	指令格式	轨迹动作图
内(外)径切削循环 G80	圆柱面内(外)径切削循环： G80 X(U)__ Z(W)__ F__ X、Z：绝对值编程时，为切削终点 C 在工件坐标系下的坐标；增量值编程时，为切削终点 C 相对于循环起点 A 的有向距离，图形中用 U、W 表示 该指令执行如右图所示 $A\to B\to C\to D\to A$ 的轨迹动作	
	圆锥面内(外)径切削循环： G80 X(U)__ Z(W)__ I__ F__ X、Z：绝对值编程时，为切削终点 C 在工件坐标系下的坐标；增量值编程时，为切削终点 C 相对于循环起点 A 的有向距离，图形中用 U、W 表示 I：为切削起点 B 与切削终点 C 的半径差。其符号为差的符号（无论是绝对值编程还是增量值编程） 该指令执行如右图所示 $A\to B\to C\to D\to A$ 的轨迹动作	

续表

循环类型	指令格式	轨迹动作图
端面切削循环 G81	端平面切削循环 G81 X(U)__ Z(W)__ F__; X、Z:绝对值编程时,为切削终点 C 在工件坐标系下的坐标;增量值编程时,为切削终点 C 相对于循环起点 A 的有向距离,图形中用 U、W 表示 该指令执行如右图所示 $A \to B \to C \to D \to A$ 的轨迹动作	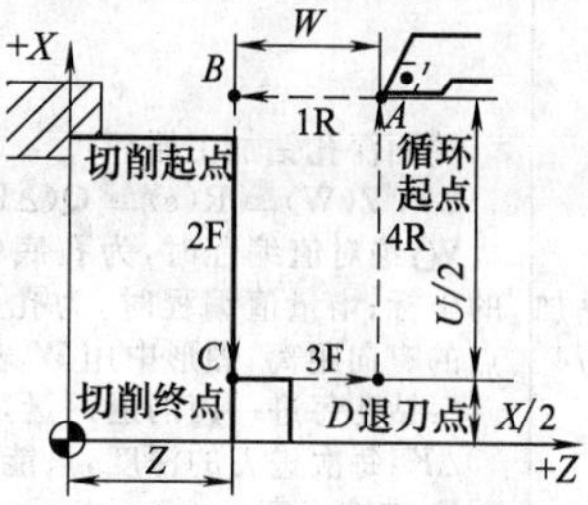
	圆锥端面切削循环: G81 X(U)__ Z(W)__ K__ F__ X、Z:绝对值编程时,为切削终点 C 在工件坐标系下的坐标;增量值编程时,为切削终点 C 相对于循环起点 A 的有向距离,图形中用 U、W 表示 K:为切削起点 B 相对于切削终点 C 的 Z 向有向距离 该指令执行如右图所示 $A \to B \to C \to D \to A$ 的轨迹动作	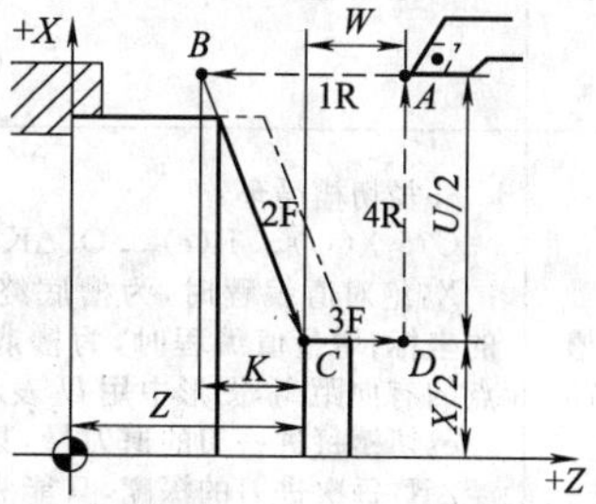
螺纹切削循环 G82	直螺纹切削循环: G82 X(U)__ Z(W)__ R__ E__ C__ P__ F/J__ X、Z:绝对值编程时,为螺纹终点 C 在工件坐标系下的坐标;增量值编程时,为螺纹终点 C 相对于循环起点 A 的有向距离,图形中用 U、W 表示,其符号由轨迹 1 和 2 的方向确定 R、E:螺纹切削的退尾量,R、E 均为向量,R 为 Z 向回退量;E 为 X 向回退量,R、E 可以省略,表示不用回退功能 C:螺纹头数,为 0 或 1 时切削单头螺纹 P:单头螺纹切削时,为主轴基准脉冲处距离切削起始点的主轴转角(缺省值为 0);多头螺纹切削时,为相邻螺纹头的切削起始点之间对应的主轴转角 F:螺纹导程 J:英制螺纹导程 G82 指令在 HNC-21 系列的 7.11 版以及 HNC-18 系列系统的 4.03 版以后的车床系统都将加入 Q 参数格式:G82X(U)_Z(W)_R_E_C_P_F/J_Q_。说明如下: ①Q:为螺纹切削退尾时的加减速常数,当该值为 0 时加速度最大,该数值越大加减速时间越长,退尾时的拖尾痕迹将越长。Q 必须大于等于 0 ②不写 Q 值时,系统将以各进给轴设定的加减速常数来退尾 ③若需要用回退功能,R、E 必须同时指定 ④短轴退尾量与长轴退尾量的比值不能大于 20 ⑤Q 值为模态值 该指令执行如右图所示 $A \to B \to C \to D \to E \to A$ 的轨迹动作	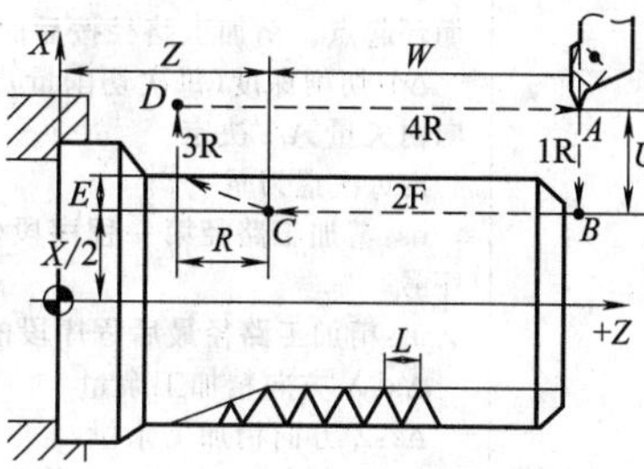
	锥螺纹切削循环 G82 X(U)__ Z(W)__ I__ R__ E__ C__ P__ F(J)__ 其说明同直螺纹切削循环	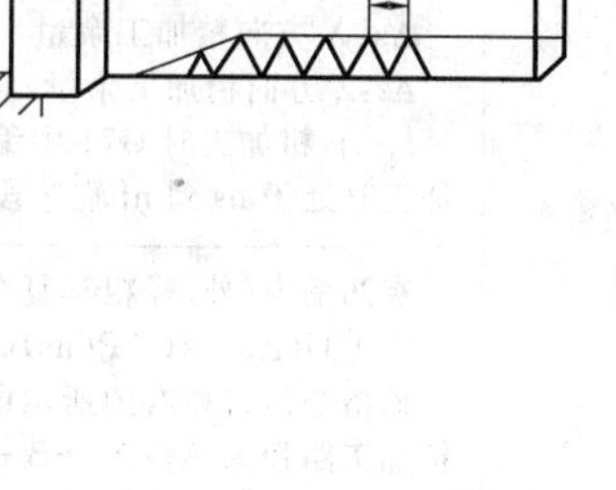

第8篇

续表

循环类型	指令格式	轨迹动作图
端面深孔钻加工循环 G74	端面深孔钻加工循环： G74 Z(W)— R(e)— Q(ΔK)— F — Z： W：绝对值编程时，为孔底终点在工件坐标系下的坐标；增量值编程时，为孔底终点相对于循环起点的有向距离，图形中用 W 表示 e：钻孔每进一刀的退刀量，只能为正值 ΔK：每次进刀的深度，只能为正值 F：进给速度	
外径切槽循环 G75	外径切槽循环： G75 X(U)— R(e)— Q(ΔK)— F — X：绝对值编程时，为槽底终点在工件坐标系下的坐标；增量值编程时，为槽底终点相对于循环起点的有向距离，图形中用 U 表示 e：切槽每进一刀的退刀量，只能为正值 ΔK：每次进刀的深度，只能为正值 F：进给速度	

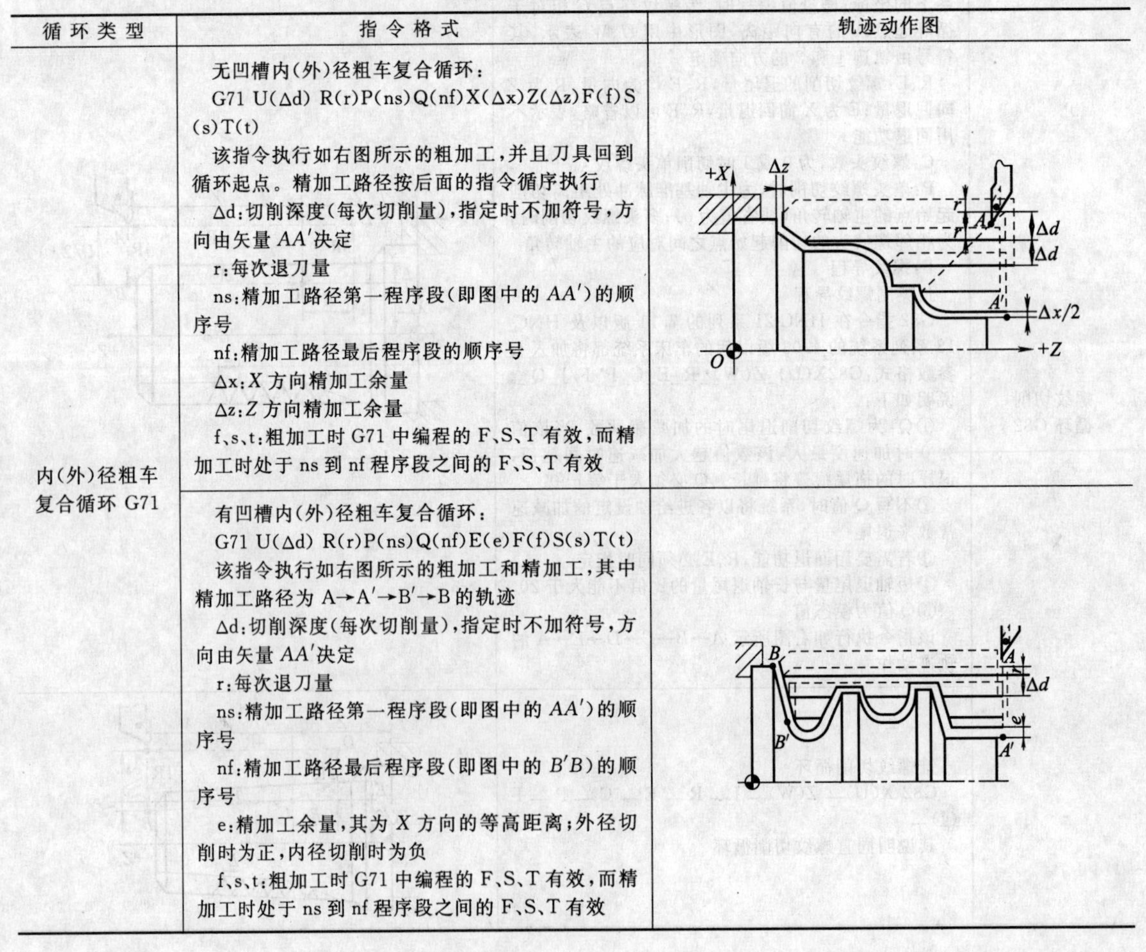

表 8-6-10 复合循环类型、指令格式及动作轨迹

循环类型	指令格式	轨迹动作图
内(外)径粗车复合循环 G71	无凹槽内(外)径粗车复合循环： G71 U(Δd) R(r)P(ns)Q(nf)X(Δx)Z(Δz)F(f)S(s)T(t) 该指令执行如右图所示的粗加工，并且刀具回到循环起点。精加工路径按后面的指令循序执行 Δd：切削深度(每次切削量)，指定时不加符号，方向由矢量 AA' 决定 r：每次退刀量 ns：精加工路径第一程序段(即图中的 AA')的顺序号 nf：精加工路径最后程序段的顺序号 Δx：X 方向精加工余量 Δz：Z 方向精加工余量 f、s、t：粗加工时 G71 中编程的 F、S、T 有效，而精加工时处于 ns 到 nf 程序段之间的 F、S、T 有效	
	有凹槽内(外)径粗车复合循环： G71 U(Δd) R(r)P(ns)Q(nf)E(e)F(f)S(s)T(t) 该指令执行如右图所示的粗加工和精加工，其中精加工路径为 A→A'→B'→B 的轨迹 Δd：切削深度(每次切削量)，指定时不加符号，方向由矢量 AA' 决定 r：每次退刀量 ns：精加工路径第一程序段(即图中的 AA')的顺序号 nf：精加工路径最后程序段(即图中的 $B'B$)的顺序号 e：精加工余量，其为 X 方向的等高距离；外径切削时为正，内径切削时为负 f、s、t：粗加工时 G71 中编程的 F、S、T 有效，而精加工时处于 ns 到 nf 程序段之间的 F、S、T 有效	

续表

循环类型	指令格式	轨迹动作图
端面粗车复合循环 G72	端面粗车复合循环： G71 W(Δd) R(r)P(ns)Q(nf)X(Δx)Z(Δz)F(f)S(s)T(t) 该循环与G71的区别仅在于切削方向平行于 X 轴。该指令执行如右图所示的粗加工和精加工。 其中： Δd:切削深度(每次切削量),指定时不加符号,方向由矢量AA′决定 r:每次退刀量 ns:精加工路径第一程序段的顺序号 nf:精加工路径最后程序段的顺序号 Δx:X 方向精加工余量 Δz:Z 方向精加工余量 f、s、t:粗加工时G71中编程的F、S、T有效,而精加工时处于ns到nf程序段之间的F、S、T有效	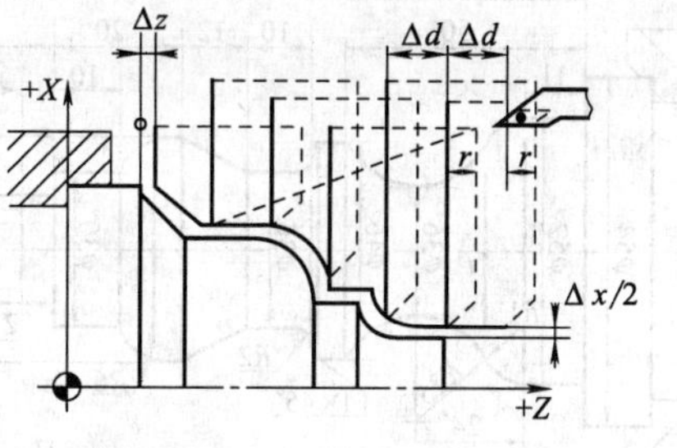
闭环车削复合循环 G73	闭环车削复合循环： G73 U(ΔI) W(ΔK)R(r)P(ns)Q(nf)E(e) F(f)S(s)T(t) 该功能在切削工件时刀具轨迹为如右图所示的封闭回路,刀具逐渐进给,使封闭切削回路逐渐向零件最终形状靠近,最终切削成工件的形状。 这种指令能对铸造,锻造等粗加工中已初步成形的工件,进行高效率切削 ΔI:X 轴方向的粗加工总余量 ΔK:Z 轴方向的粗加工总余量 r:粗切削次数 ns:精加工路径第一程序段的顺序号 nf:精加工路径最后程序段的顺序号 e:精加工余量 Δx:X 方向精加工余量 Δz:Z 方向精加工余量 f、s、t:粗加工时G73中编程的F、S、T有效,而精加工时处于ns到nf程序段之间的F、S、T有效 注意： ΔI和ΔK表示粗加工时总的切削量,粗加工次数为r,则每次X、Z方向的切削量为ΔI/r、ΔK/r 按G73段中的P和Q指令值实现循环加工,要注意Δx和Δz、ΔI和ΔK的正负号	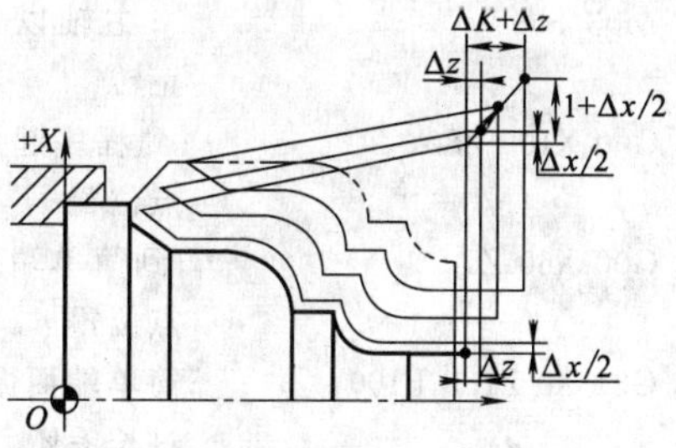
螺纹切削复合循环 G76	螺纹切削复合循环： G76C(c)R(r)E(e)A(a)X(x)Z(z)I(i)K(k)U(d)V(Δdmin)Q(Δd)P(p)F(L) c:精整次数(1～99),为模态值 r:螺纹 Z 向退尾长度,为模态值 e:螺纹 X 向退尾长度,为模态值 a:刀尖角度(二位数字),为模态值;取值要大于10°、小于80° x、z:绝对值编程时,为有效螺纹终点 C 的坐标 增量值编程时,为有效螺纹终点 C 相对于循环起点 A 的有向距离(用G91指令定义为增量编程,使用后用G90定义为绝对编程) i:螺纹两端的半径差; 如i=0,为直螺纹(圆柱螺纹)切削方式 k:螺纹高度 该值由 X 轴方向上的半径值指定 Δdmin:最小切削深度(半径值) 当第 n 次切削深度($\Delta d\sqrt{n}-\Delta d\sqrt{n-1}$),小于Δdmin时,则切削深度设定为Δdmin d:精加工余量(半径值) Δd:第一次切削深度(半径值); p:主轴基准脉冲处距离切削起始点的主轴转角 L:螺纹导程(同G32) 螺纹切削固定循环C76执行如右图所示的加工轨迹	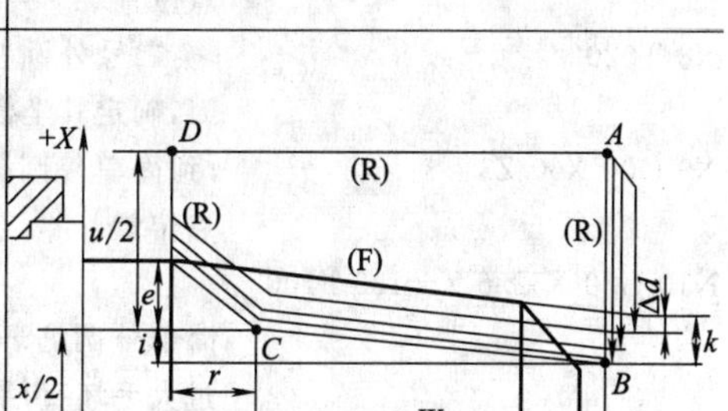 其单边切削及参数如下图所示 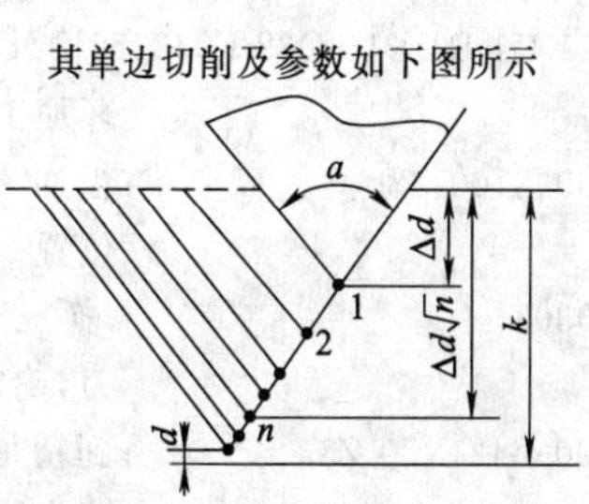

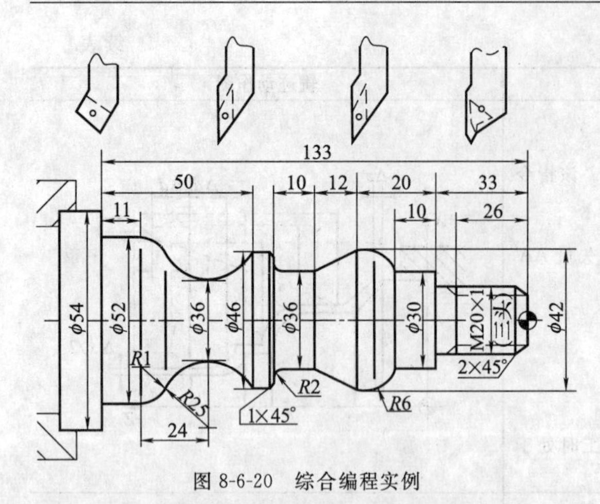

图 8-6-20 综合编程实例

```
%3365
N1 T0101                        ;换一号端面刀,确定其坐标系
N2 M03 S500                     ;主轴以500r/min正转
N3 G00 X100 Z80                 ;到程序起点或换刀点位置
N4 G00 X60 Z5                   ;到简单端面循环起点位置
N5 G81 X0 Z1.5 F100             ;简单端面循环,加工过长毛坯
N6 G81 X0 Z0                    ;简单端面循环,加工过长毛坯
N7 G00 X100 Z80                 ;到程序起点或换刀点位置
N8 T0202                        ;换二号外圆粗加工刀,确定其坐标系
N9 G00 X60 Z3                   ;到简单外圆循环起点位置
N10 G80 X52.6 Z-133 F100
                                ;简单外圆循环,加工过大毛坯直径
N11 G01 X54                     ;到复合循环起点位置
N12 G71 U1 R1 P16 Q32 E0.3;凹槽外径粗切复合循环加工
N13 G00 X100 Z80                ;粗加工后,到换刀点位置
N14 T0303                       ;换三号外圆精加工刀,确定其坐标系
N15 G00 G42 X70 Z3              ;到精加工始点,加入刀尖圆弧半径补偿
N16 G01 X10 F100                ;精加工轮廓开始,到倒角延长线处
N17 X19.95 Z-2                  ;精加工倒角2×45°
N18 Z-33                        ;精加工螺纹外径
N19 G01 X30                     ;精加工Z33处端面
N20 Z-43                        ;精加工ϕ30外圆
N21 G03 X42 Z-49 R6             ;精加工R6圆弧
N22 G01 Z-53                    ;精加工ϕ42外圆
N23 X36 Z-65                    ;精加工下切锥面
N24 Z-73                        ;精加工ϕ36槽径
N25 G02 X40 Z-75 R2             ;精加工R2过渡圆弧
N26 G01 X44                     ;精加工Z75处端面
N27 X46 Z-76                    ;精加工倒角1×45°
N28 Z-84                        ;精加工ϕ46槽径
N29 G02 Z-113 R25               ;精加工R25圆弧凹槽
N30 G03 X52 Z-122 R15           ;精加工R15圆弧
N31 G01 Z-133                   ;精加工ϕ52外圆
N32 G01 X54                     ;退出已加工表面,精加工轮廓结束
N33 G00 G40 X100 Z80            ;取消半径补偿,返回换刀点位置
N34 M05                         ;主轴停
N35 T0404                       ;换四号螺纹刀,确定其坐标系
N36 M03 S200                    ;主轴以200r/min正转
N37 G00 X30 Z5                  ;到简单螺纹循环起点位置
N38-G82X19.3Z-26R-3E1C2P120F3
                                ;加工两头螺纹,吃刀深0.7
N39-G82X18.9Z-26R-3E1C2P120F3
                                ;加工两头螺纹,吃刀深0.4
N40-G82X18.7Z-26R-3E1C2P120F3
                                ;加工两头螺纹,吃刀深0.2
N41-G82X18.7Z-26R-3E1C2P120F3
                                ;光整加工螺纹
N42-G76C2R-3E1A60X18.7Z-26 K0.65U0.1V0.1
Q0.6P240F3
N43 G00 X100 Z80                ;返回程序起点位置
N44 M30                         ;主轴停,主程序结束并复位
```

6.3　世纪星 HNC-21/22M 铣床（加工中心）数控系统

6.3.1　操作面板介绍

华中 HNC-21M 数控系统适合于数控铣及加工中心机床的控制，其操作面板主要由显示器、NC 键盘、机床控制面板、功能键、手持单元盒等组成，如图 8-6-21、图 8-6-22 所示。

手持单元由手摇脉冲发生器、坐标轴选择开关等组成，用于手摇方式增量进给坐标轴。

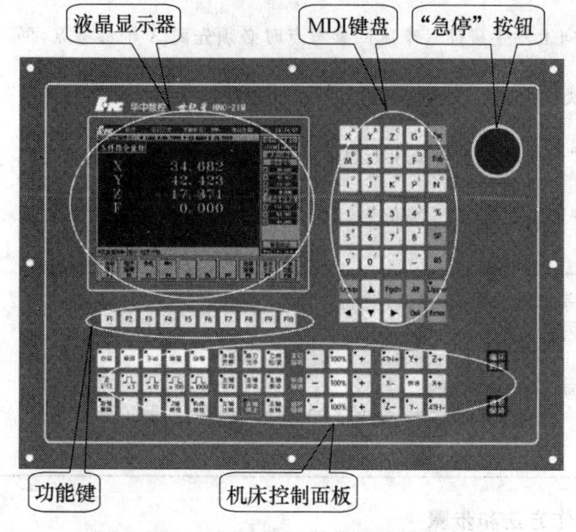

图 8-6-21　HNC-21M 数控系统操作面板

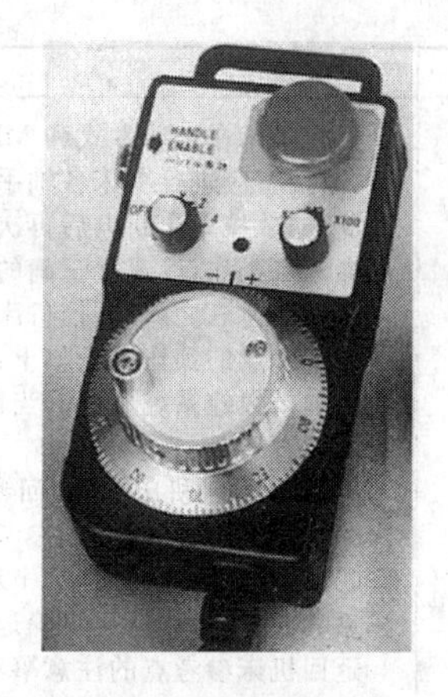

图 8-6-22　手摇脉冲发生器

6.3.2　开机、关机、急停、复位、回机床参考点、超程解除

HNC-21/22M 铣床的开机、关机、急停、复位、回机床参考点、超程解除操作方法及步骤如表 8-6-11 所示（HNC-21/22T 与此相同）。

6.3.3　手动操作

机床的手动操作主要包括手动移动机床坐标轴（点动方式、增量方式、手摇）、手动控制主轴（制动、启停、定向）、机床锁住、Z 轴锁住、刀具松紧、冷却液启停及手动数据输入（MDI）运行等。如表 8-6-12 所示为手动操作方法。

表 8-6-11　开关机等各操作项目及操作步骤

各操作项目	操作步骤
开机	①检查机床状态是否正常 ②检查电源电压是否符合要求，接线是否正确 ③按下控制面板上的“急停”按键（此步不是必须的，但建议依此操作） ④打开外部电源开关，启动机床电源 ⑤接通数控系统电源 ⑥检查风扇、电机的运转是否正常 ⑦检查面板上的指示灯是否正常 若开机成功，则 HNC-21M 自动运行系统软件。此时，液晶显示器显示软件操作界面，工作方式为“急停”
关机	①按下控制面板上的“急停”按键断开伺服电源 ②断开数控电源 ③断开机床电源
急停	在机床运行过程中，若遇危险或紧急情况，则应按下“急停”按键，使 CNC 进入急停状态。这时，伺服进给及主轴运转立即停止工作（控制柜内的进给驱动电源被切断）；当故障排除后，可松开“急停”按键（右旋此按键即自动跳起），使 CNC 进入复位状态 紧急停止解除后应重新执行回参考点操作，以确保坐标位置的正确性
复位	若在开机过程中按下了“急停”按键，则系统上电进入软件操作界面时，系统初始模式显示为“急停”，为使数控系统运行，需顺时针旋转 MCP 右上角的“急停”按键使其松开，使系统复位，并接通伺服电源。系统依方式选择按键的状态而进入相应的工作方式，软件操作界面上方显示相应的工作方式 然后，机床操作者可按软件操作界面的菜单提示，运用 NC 键盘上的功能键、MDI 键和控制面板的操作按键，进行后续的手动回参考点、点动进给、增量（步进）进给、手摇进给、自动运行、手动机床动作控制等操作

续表

各操作项目	操作步骤
返回机床参考点	数控机床在自动方式和MDI方式下正确运行的前提是建立机床坐标系，为此当数控系统接通电源、复位后，紧接着应进行车床各轴手动回参考点的操作 此外，数控车床断电后再次接通数控系统电源，超程报警解除及急停按键解除以后，一般也需要进行再次回参考点操作，以建立正确的机床坐标系 未回参考点之前，数控机床只能手动操作 回参考点的操作方法如下： ①如果数控系统显示的当前工作方式不是回零方式，则按控制面板上的“回零”按键，以确保数控系统处于“回零”方式 ②根据 X 轴机床参数“回参考点方向”，按“＋X”（“回参考点方向”为“＋”时）或“－X”（“回参考点方向”为“－”时）按键。X 轴回到参考点后，“＋X”或“－X”按键内的指示灯亮 ③用同样的方法，使用“＋Z”、“－Z”按键，可以使 Z 轴回参考点。当所有轴回参考点后，即建立了机床坐标系。此时，操作者可正确地控制车床自动或MDI运行 返回机床参考点的注意事项如下： ①回参考点时应确保安全，以免在车床运行方向上发生碰撞。车床回参考点时必须先回 X 轴参考点，再回 Z 轴参考点，否则刀架可能与尾座发生碰撞 ②使用多个相容（“＋X”与“－X”不相容，其余类同）的轴向选择按键，可一次性地使多个坐标轴同时返回参考点，但建议各坐标轴逐一返回参考点 ③在回参考点前，应确保回零轴位于参考点的“回参考点方向”的相反侧，否则应手动移动该轴直到满足此条件 ④在回参考点过程中，若出现超程，可按住控制面板上的“超程解除”按键，采用手动方式向相反方向移动该轴使其退出超程状态
超程解除	当某轴出现超程报警时，自动进入急停状态。要退出超程状态，必须按如下方法操作： ①松开“急停”按键，置工作方式为“手动”或“手摇”方式 ②一直按压着“超程解除”按键 ③在手动（手摇）方式下，使该轴向相反方向移动，退出超程状态 ④松开“超程解除”按键，若显示屏上运行状态栏中的“运行正常”取代了“出错”，则表示已退出超程状态，数控系统恢复正常状况

表 8-6-12 手动操作方法和步骤

操作项目	操作内容	操作步骤
坐标轴移动	点动进给	按一下手动按键指示灯亮，系统处于点动运行方式，可点动移动机床坐标轴，下面以点动移动 X 轴为例说明 ①按压“＋X”或“－X”按键，指示灯亮，X 轴将产生正向或负向连续移动 ②松开“＋X”或“－X”按键，指示灯灭，X 轴即减速停止。用同样的操作方法可以使Y、Z、4TH轴产生正向和负向连续移动 同时按压多个方向的轴手动按键，每次能手动连续移动多个坐标轴
	点动快速移动	在点动进给时，若同时按压“快进”按键，则产生相应轴的正向或负向快速运动
	增量进给	当手持单元的坐标轴选择波段开关置于“OFF”挡时，按一下控制面板上的“增量”按键，相应的指示灯亮，系统处于增量进给方式，可增量移动机床坐标轴。下面以增量进给 X 轴为例加以说明 ①按一下“＋X”或“－X”按键，相应指示灯亮，X 轴将向正向或负向移动一个增量值 ②再按一下“＋X”或“－X”按键，X 轴将向正向或负向继续移动一个增量值。用同样的操作方法操作其他轴 同时按一下多个方向的轴手动按键，每次能增量进给多个坐标轴
	手摇进给	当手持单元的坐标轴选择波段开关置于 X、Y、Z、4TH 任一挡时，按一下控制面板上的增量按键，相应指示灯亮，系统处于手摇进给方式，可手摇进给机床坐标轴。下面以手摇进给 X 轴为例加以说明 ① 手持单元的坐标轴选择波段开关置于X挡 ② 旋转手摇脉冲发生器可控制 X 轴正负向运动 ③ 顺时针/逆时针旋转手摇脉冲发生器一格，X 轴将向正向或负向移动一个增量值 手摇进给方式每次只能增量进给一个坐标轴。手摇进给的增量值即手摇脉冲发生器每转一格的移动量，由手持单元的增量倍率波段开关“×1”、“×10”、“×100”控制

第8篇

续表

操作项目	操作内容	操作步骤
主轴控制	主轴制动	在手动方式下，主轴处于停止状态时按一下“主轴制动”按键，相应指示灯亮，主电机被锁定在当前位置
	主轴正、反转及停止	在手动方式下当主轴制动无效时（指示灯灭）按一下“主轴正转”按键，相应指示灯亮，主电机以机床参数设定的转速正转；按一下“主轴反转”按键，相应指示灯亮，主电机以机床参数设定的转速反转；按一下主轴停止按键指示灯亮，主电机停止运转
	主轴定向	如果机床上有换刀机构，通常就需要主轴定向功能，这是因为换刀时，主轴上的刀具必须完成定位，否则会损坏刀具或刀爪。在手动方式下，当“主轴制动”无效时，按一下“主轴定向”按键，主轴立即执行主轴定向功能，定向完成后，按键内指示灯亮，主轴准确停止在某一固定位置
	主轴速度修调	主轴正转及反转的速度可通过主轴修调调节，按压主轴修调右侧的100%按键，主轴修调倍率被置为100%，按一下“+”按键，主轴修调倍率递增5%，按一下“-”按键，主轴修调倍率递减5%，机械齿轮换挡时主轴速度不能修调
机床锁住与Z轴锁住	机床锁住	在手动运行方式下，按一下“机床锁住”按键，相应指示灯亮，再进行手动操作，系统继续执行，显示屏上的坐标轴位置信息变化，但不输出伺服轴的移动指令，所以机床停止不动
	Z轴锁住	在手动运行开始前按一下“Z轴锁住”按键，相应指示灯亮，再手动移动Z轴，Z轴坐标位置信息变化，但Z轴不运动
手动数据输入（MDI）运行	在主操作界面下，按F4键进入MDI功能。子菜单命令行与菜单条将显示MDI状态子菜单。在MDI功能子菜单下，按F6进入MDI运行方式，命令行的底色变成了白色，并且有光标在闪烁。这时可以从NC键盘输入并执行一个G代码指令段，即MDI运行 ①输入MDI指令段。MDI输入的最小单位是一个有效指令字，因此输入一个MDI运行指令段可以有两种方法：一次输入和多次输入 ②运行MDI指令段。在输入完一个MDI指令段后，按一下操作面板上的“循环启动”键，系统即开始运行所输入的MDI指令	

机床手动操作主要由手持脉冲发生器和机床控制面板（见图8-6-23）共同完成，图8-6-24和图8-6-25所示为MDI状态子菜单和MDI运行界面。

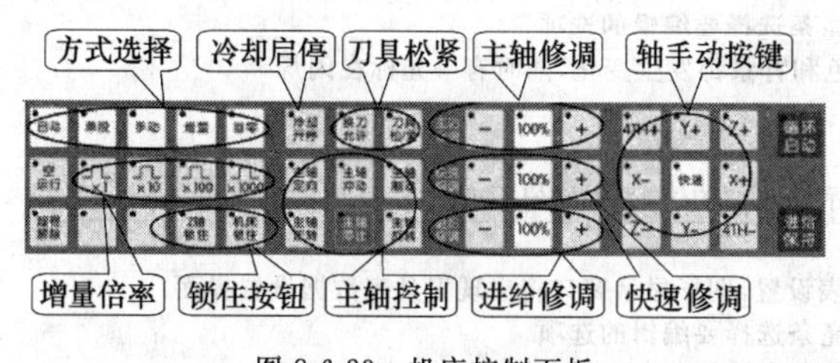

图8-6-23 机床控制面板

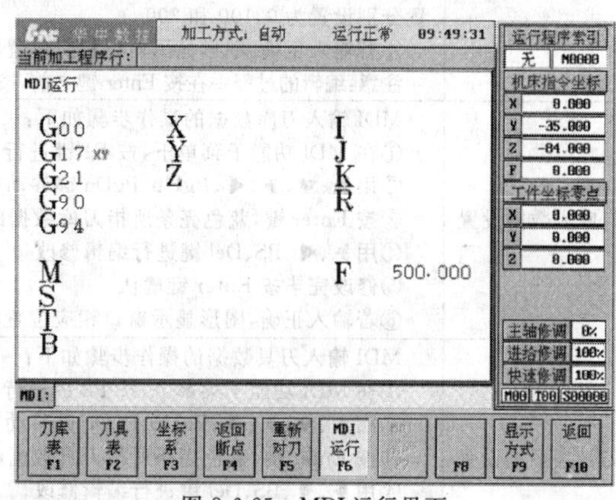

图8-6-25 MDI运行界面

MDI状态子菜单截图：

图8-6-24 MDI状态子菜单

6.3.4 数据的设置

手动数据输入（MDI）操作主要包括：坐标系数据设置（见图8-6-26）、刀库表数据设置（见图8-6-27）及刀具表数据设置（见图8-6-28）。在软件操作界面下按F4键进入MDI功能子菜单，在MDI功能子菜单下可以输入刀具坐标系等数据，操作步骤如表8-6-13所示。

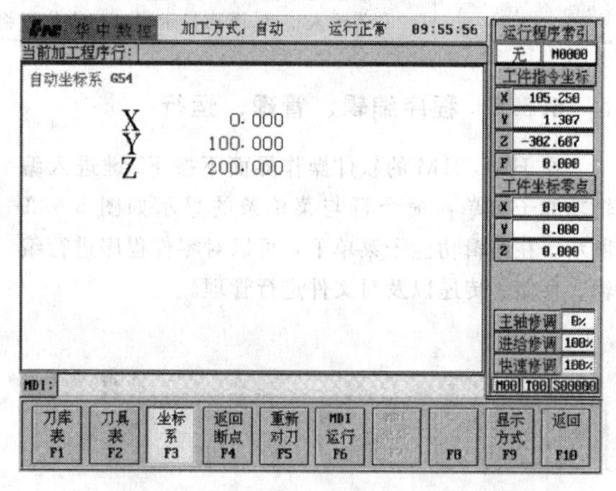

图8-6-26 MDI方式下的坐标系设置

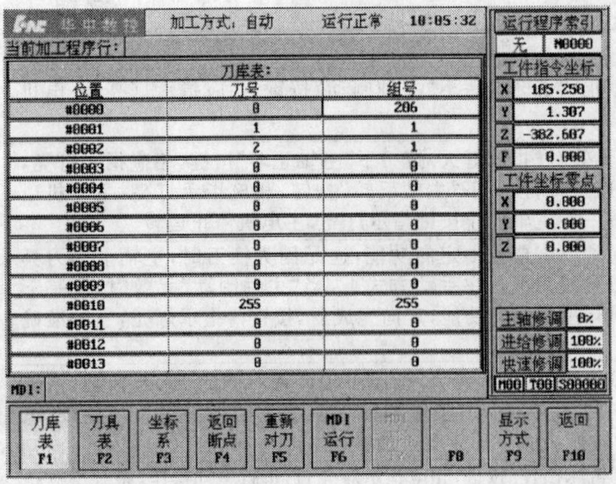

图 8-6-27　刀库表数据设置

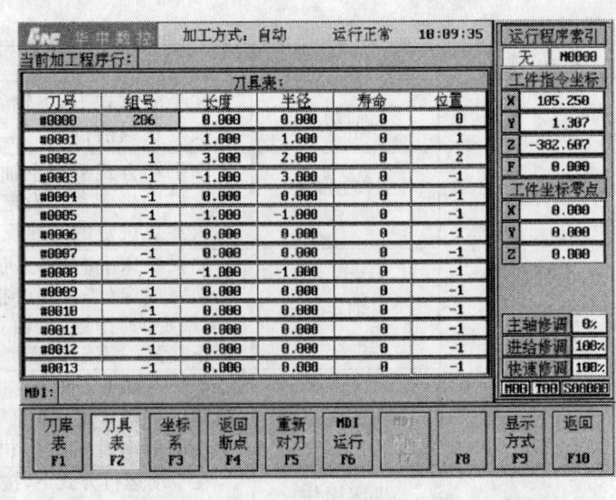

图 8-6-28　刀具表数据设置

表 8-6-13　数据的设置及操作步骤

数据设置	操作步骤
坐标系数据设置	MDI 输入坐标系数据的操作步骤如下： ①在 MDI 功能子菜单下按 F3 键进入坐标系手动数据输入方式，图形显示窗口首先显示 G54 坐标系数据 ②按 PgDn 或 PgUp 键选择要输入的数据类型：G55、G56、G57、G58、G59 坐标系，当前工件坐标系的偏置值（坐标系零点相对于机床零点的值）或当前相对值零点 ③在命令行输入所需数据，例如输入“X0 Y100 Z200”并按 Enter 键，将设置 G54 坐标系的 X、Y 及 Z 偏置分别设置为 0、100 和 200 ④若输入正确，图形显示窗口相应位置将显示修改过的值，否则原值不变 注意：编辑的过程中在按 Enter 键之前，按 Esc 键可退出编辑，但输入的数据将丢失，系统将保持原值不变
刀库表数据设置	MDI 输入刀库数据的操作步骤如下： ①在 MDI 功能子菜单下，按 F1 键进行刀库表设置，图形显示窗口将出现刀库表数据设置界面 ②用▲、▼、▶、◀、PgUp、PgDn 键移动蓝色亮条选择要编辑的选项 ③按 Enter 键，蓝色亮条所指刀库数据的颜色和背景都发生变化，同时有一光标在闪烁 ④用▶、◀、BS、Del 键进行编辑修改 ⑤修改完毕按 Enter 键确认 ⑥若输入正确，图形显示窗口相应位置将显示修改过的值，否则原值不变
刀具表数据设置	MDI 输入刀具数据的操作步骤如下： ①在 MDI 功能子菜单下，按 F2 键进行刀具表设置，图形显示窗口将出现刀具表数据设置界面 ②用▲、▼、▶、◀、PgUp、PgDn 键移动蓝色亮条选择要编辑的选项 ③按 Enter 键，蓝色亮条所指刀具数据的颜色和背景都发生变化，同时有一光标在闪烁 ④用▶、◀、BS、Del 键进行编辑修改 ⑤修改完毕按 Enter 键确认 ⑥若输入正确，图形显示窗口相应位置将显示修改过的值，否则原值不变

6.3.5　程序编辑、管理、运行

在 HNC-21M 的软件操作界面下按 F2 键进入编辑功能子菜单，命令行与菜单条的显示如图 8-6-29 所示。在编辑功能子菜单下，可以对零件程序进行编辑、存储、传递以及对文件进行管理。

图 8-6-29　编辑功能子菜单

1. 选择编辑程序

在编辑功能子菜单下按 F2 键，将弹出如图 8-6-30 所示的“选择编辑程序”菜单。其中：“磁盘程序”指的是保存在硬盘、软盘或网络路径上的文件，“正在加工的程序”指的是当前已经选择存放在加工缓冲区的一个加工程序。

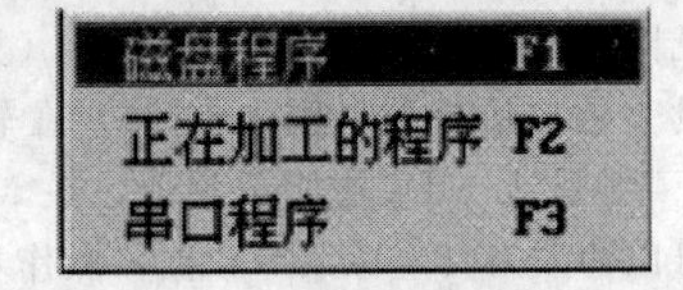

图 8-6-30　“选择编辑程序”菜单

（1）选择磁盘程序

选择磁盘程序的操作步骤如下。

① 在“选择编辑程序”菜单中，用▲、▼键选中磁盘程序选项或直接按快捷键 F1；

② 按 Enter 键弹出如图 8-6-31 所示对话框；

③ 连续按 Tab 键将蓝色亮条移到“搜寻”栏；

④ 按▼键弹出系统的分区表，用▲、▼键选择分区，如［D:］；

⑤ 按 Enter 键，文件列表框中显示被选分区的目录和文件；

⑥ 按 Tab 键，进入文件列表框；

⑦ 用▲、▼、Enter 键，选中想要编辑的磁盘程序的路径和名称；

⑧ 按 Enter 键，直接调入文件到编辑缓冲区（图形显示窗口）进行编辑，如图 8-6-32 所示。

注：数控零件程序文件名一般是由字母 O 开头，后跟 4 个数字组成，HNC-21M 继承了这一传统，默认零件程序名是由 O 开头的。

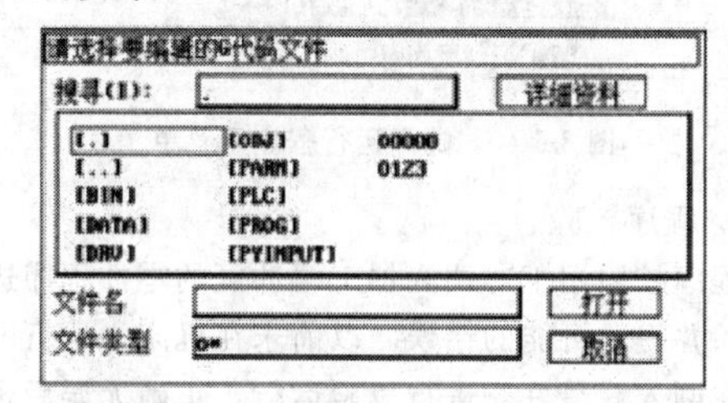

图 8-6-31　选择要编辑的零件程序对话框

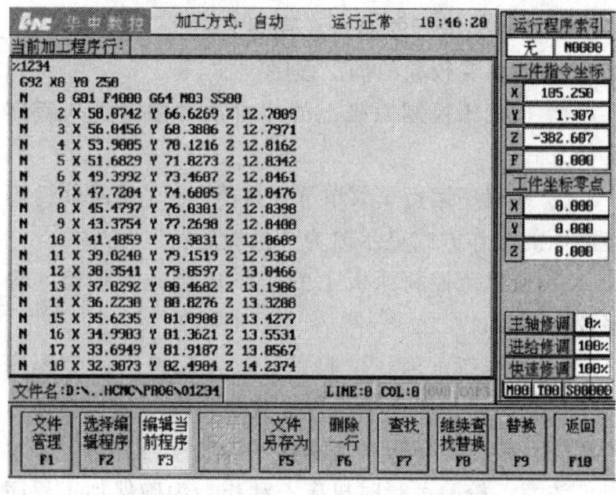

图 8-6-32　调入文件到编辑缓冲区

（2）读入串口程序

读入串口程序编辑的操作步骤如下。

① 在“选择编辑程序”菜单中，用▲、▼键选中“串口程序”命令；

② 按 Enter 键，系统提示“正在和发送串口数据的计算机联络”；

③ 在上位计算机上执行 DNC 程序，弹出如图 8-6-33 所示的 DNC 程序主菜单；

④ 按 ALT＋F 组合键，弹出如图 8-6-34 所示文件子菜单；

⑤ 用▲、▼键选择发送 DNC 程序选项；

⑥ 按 Enter 键，弹出如图 8-6-35 所示对话框；

⑦ 选择要发送的 G 代码文件，按 Enter 键，弹出如图 8-6-36 所示提示对话框，提示“正在和接收数据的 NC 装置联络…”。

联络成功后，开始传输文件，上位计算机上有进度条显示传输文件的进度并提示“请稍等”，正在通过串口发送文件，要退出按“Alt＋E”，HNC-21M 的命令行提示“正在接收串口文件”；传输完毕，上位计算机上弹出对话框，提示文件发送完毕，HNC-21M 的命令行提示“接收串口文件完毕”，编辑器将调入串口程序到编辑缓冲区。

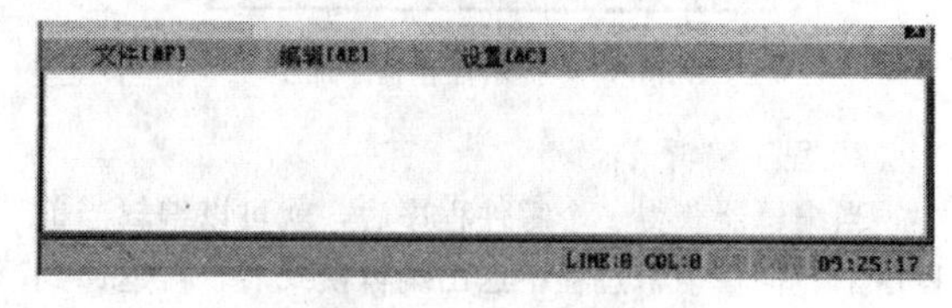

图 8-6-33　DNC 程序主菜单

图 8-6-34　文件子菜单

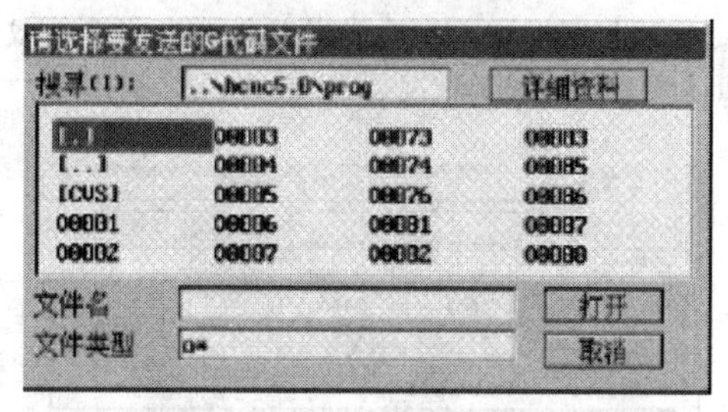

图 8-6-35　在上位计算机选择要发送的文件

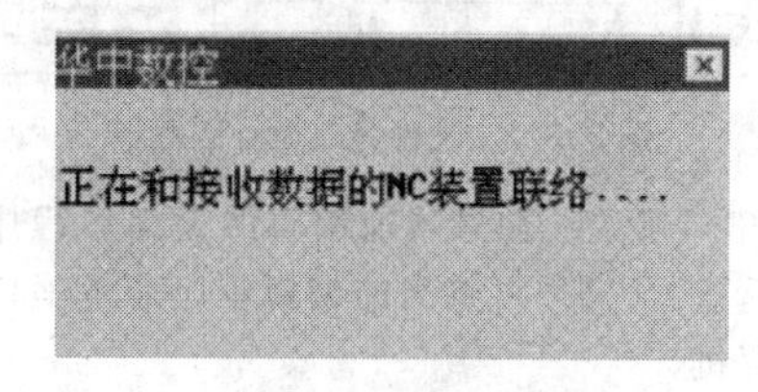

图 8-6-36　提示对话框

（3）选择当前正在加工的程序

选择当前正在加工的程序操作步骤如下。

① 在“选择编辑程序”菜单中，用▲、▼键选中“正在加工的程序”命令；

② 按 Enter 键，编辑器将调入正在加工的程序到编辑缓冲区；

③ 如果该程序处于正在加工状态，编辑器会用红色亮条标记当前正在加工的程序行，此时若进行编辑，将弹出如图 8-6-37 所示提示停止程序加工对话框；停止该程序的加工，就可以进行编辑了。

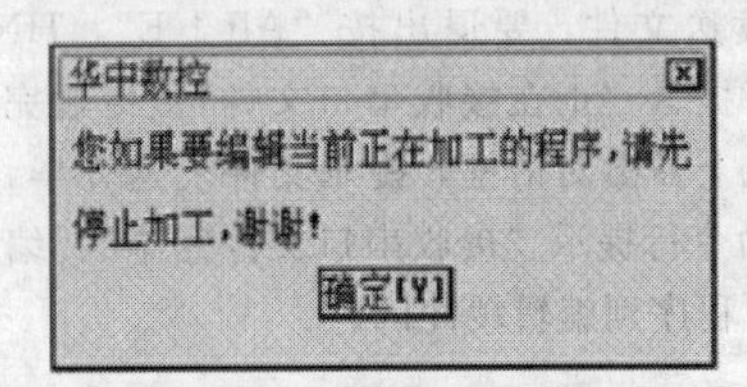

图 8-6-37　提示停止程序加工

2. 程序编辑

当编辑器获得一个零件程序后，就可以编辑当前程序了。但在编辑过程中退出编辑模式后，再返回到编辑模式时，如果零件程序不处于编辑状态，可在编辑功能子菜单下按 F3 键，进入编辑状态。

3. 程序存储与传递

① 保存程序　在编辑状态下，按 F4 键可对当前编辑程序进行存盘，如果存盘操作不成功，系统会弹出提示信息“只读文件”，此时只能用“文件另存为”功能，将当前编辑的零件程序另存为其他文件。

② 文件另存为功能　在编辑状态下，按 F5 键可将当前编辑程序另存为其他文件。在“编辑功能子菜单”下，按 F5 键弹出如图 8-6-38 所示的文件另存为对话框，选择另存文件的路径，输入文件名，按 Enter 键完成另存操作。此功能用于备份当前文件或被编辑的文件是只读的情况。

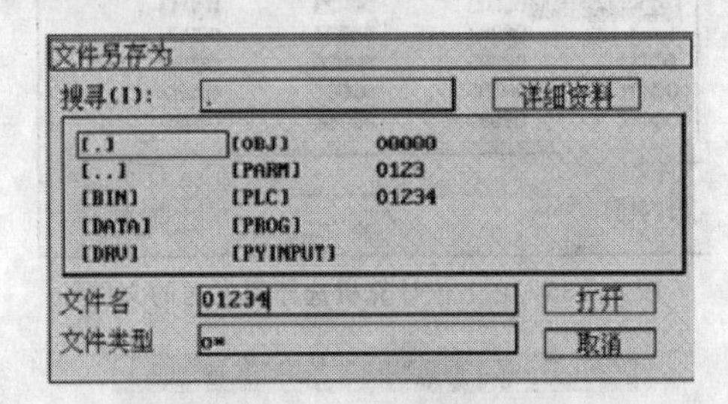

图 8-6-38　文件另存为对话框

③ 串口发送　如果当前编辑的是串口程序，编辑完成后按 F4 键，可将当前编辑程序通过串口回送上位计算机。

4. 选择运行程序

在软件操作界面下按 F1 键，进入自动加工子菜单，命令行与菜单条的显示如 8-6-39 所示。在自动加工子菜单下可以装入、检验并自动运行一个零件程序。

图 8-6-39　自动加工子菜单

在自动加工子菜单下按 F1 键，将弹出如图 8-6-40 所示的选择运行程序子菜单。其中，“磁盘程序”为保存在电子盘、硬盘、软盘或网络上的文件；“正在编辑的程序”为编辑器已经选择存放在编辑缓冲区的一个零件程序；“DNC 程序”是通过 RS-232 串口传送的程序。

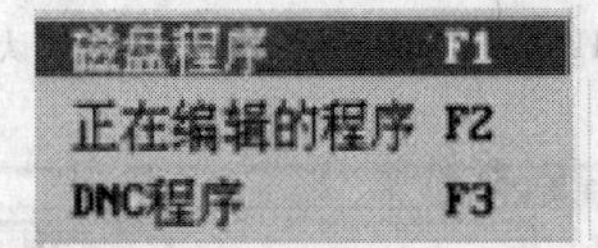

图 8-6-40　选择运行程序子菜单

5. 程序校验

程序校验用于对调入加工缓冲区的零件程序进行校验，并提示可能的错误。以前未在机床上运行的新程序在调入后最好先进行校验运行，正确无误后再启动自动运行。

程序校验运行的操作步骤如下。

① 调入要校验的加工程序。

② 按机床控制面板上的“自动”按键进入程序运行方式。

③ 在程序运行子菜单下，按 F3 键，此时软件操作界面的工作方式显示改为“校验运行”。

④ 按机床控制面板上的“循环启动”按键，程序校验开始。

⑤ 若程序正确，校验完后，光标将返回到程序头，且软件操作界面的工作方式显示改回为“自动”，若程序有错，命令行将提示程序的哪一行有错。

注意：校验运行时机床不动作，为确保加工程序正确无误，可选择不同的图形显示方式。

6. 启动与中止

① 启动自动运行。系统调入零件加工程序，经校验无误后，可正式启动运行：按一下机床控制面板上的“自动”按键，相应指示灯亮，进入程序运行方式；按一下机床控制面板上的“循环启动”按键，相应指示灯亮，机床开始自动运行调入的零件加工程序。

② 暂停/中止运行。在程序运行的过程中需要暂停运行，可按下述步骤操作：在程序运行子菜单下按 F7 键，弹出对话框，按“N”键，则暂停程序运行并保留当前运行程序的模态信息，暂停运行后还可从暂停处重新启动运行；若按“Y”键，则中止程序运行，并卸载当前运行程序的模态信息，中止运行后若再运行该程序，则只能从程序头重新启动运行。

7. 空运行与单段运行

在自动方式下，按一下机床控制面板上的“空运行”按键，相应指示灯亮，CNC 处于空运行状态，程序中编制的进给速率被忽略，坐标轴以最大快移速度移动，空运行不做实际切削，目的在于确认切削路径及程序，在实际切削时应关闭此功能，否则可能会造成危险。此功能对螺纹切削无效。

按一下机床控制面板上的“单段”按键，相应指示灯亮，系统处于单段自动运行方式，程序控制将逐段执行，即按一下“循环启动”按键，运行一程序段，机床运动轴减速停止，刀具主轴电机停止运行，再按一下循环启动按键，又执行下一程序段，执行完后又再次停止。

6.3.6　模拟显示

在一般情况下（除编辑功能子菜单外）按 F9 键，将弹出如图 8-6-41 所示的显示方式菜单，在显示方式菜单下，可以选择显示模式、显示值、显示坐标系、图形显示参数、相对值零点。HNC-21M 的主显示窗口如图 8-6-42 所示。

显示模式　F6
显示值　F7
坐标系　F8
图形显示参数　F9
相对值零点　F10

图 8-6-41　显示方式菜单

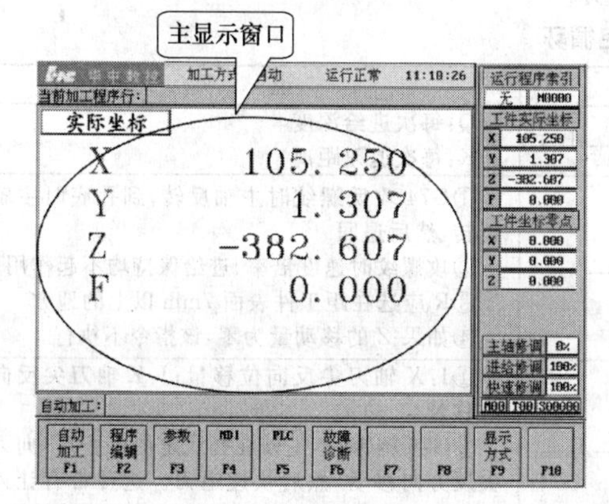

图 8-6-42　主显示窗口

1. 显示模式

HNC-21M 的主显示窗口共有 8 种显示模式可供选择，如图 8-6-43 所示。

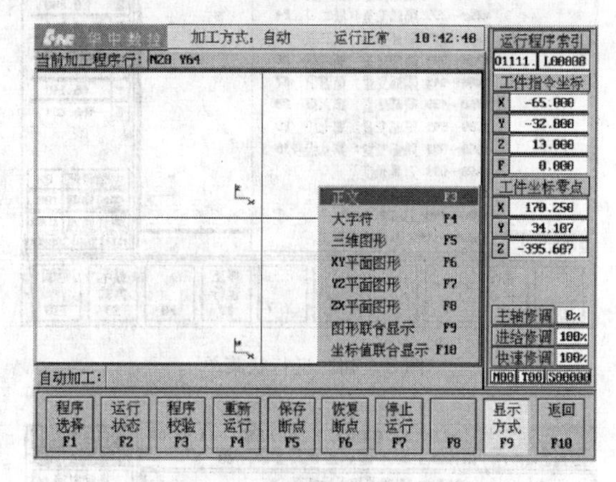

图 8-6-43　选择显示模式

① 正文：当前加工的 G 代码程序。

② 大字符：由显示值菜单所选显示值的大字符。

③ 三维图形：当前刀具轨迹的三维图形。

④ *XY* 平面图形：刀具轨迹在 *XY* 平面上的投影（主视图）。

⑤ *YZ* 平面图形：刀具轨迹在 *YZ* 平面上的投影（正视图）。

⑥ *ZX* 平面图形：刀具轨迹在 *ZX* 平面上的投影（侧视图）。

⑦ 图形联合显示：刀具轨迹的所有视图。

⑧ 坐标值联合显示：指令坐标、实际坐标剩余进给。

2. 运行状态显示

在自动运行过程中，可以查看刀具的有关参数或程序运行中变量的状态，操作步骤如下。

在自动加工子菜单下，按 F2 键，弹出如图 8-6-44 所示的运行状态菜单；用▲、▼键选中其中某一选项，如系统运行模态；按 Enter 键弹出如图 8-6-45 所示的系统运行模态，用▲、▼、PgUp、PgDn 键可以查看每一子项的值；按 Esc 键则取消查看。

6.3.7　固定循环

数控加工中，某些加工动作循环已经典型化。例如，钻孔、镗孔的动作是孔位平面定位、快速引进、工作进给、快速退回等，这样一系列典型的加工动作已经预先编好程序，存储在内存中，可用称为固定循环的一个 G 代码程序段调用，从而简化编程工作。

孔加工固定循环指令有 G73，G74，G76，G81～G89，通常由下述 6 个动作构成，如图 8-6-46 所示。

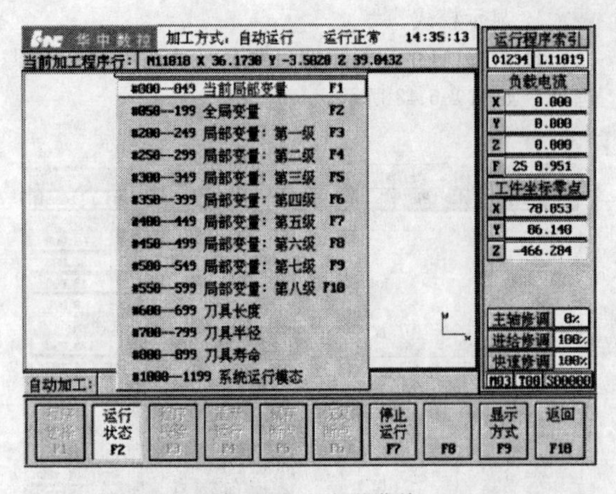

图 8-6-44 运行状菜单

华中数控 加工方式：自动运行 运行正常 14:49:09

当前加工程序行： M11549 X-32.4716 Y 15.0231 Z 27.4768

#1000—1199 系统运行模态

索引号	值
#1000 当前机床位置X	34.236
#1001 当前机床位置Y	-15.032
#1002 当前机床位置Z	24.097
#1003 当前机床位置A	
#1004 当前机床位置B	
#1005 当前机床位置C	
#1006 当前机床位置U	
#1007 当前机床位置V	
#1008 当前机床位置W	
#1009 保留	
#1010 当前运行终点X	34.223
#1011 当前运行终点Y	-13.559
#1012 当前运行终点Z	25.225
#1013 当前运行终点A	

图 8-6-45 系统运行模态

① X、Y 轴定位；

② 定位到 R 点（定位方式取决于上次是 G00 还是 G01）；

③ 孔加工；

④ 在孔底的动作；

⑤ 退回到 R 点（参考点）；

⑥ 快速返回到初始点。

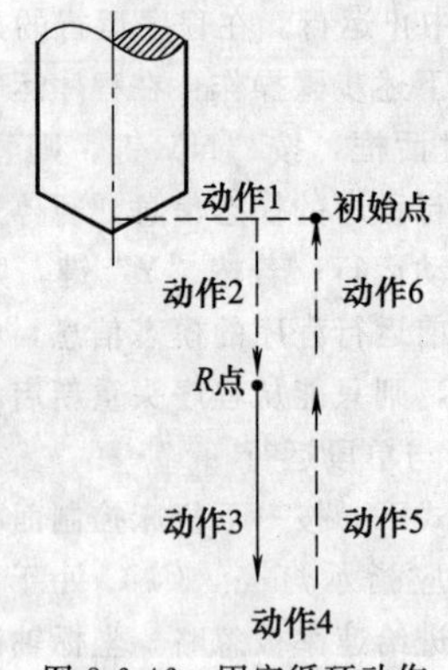

图 8-6-46 固定循环动作

固定循环的数据表达形式可以用绝对坐标（G90）和相对坐标（G91）表示，如图 8-6-47 所示，其中图（a）是采用 G90 的表示，图（b）是采用 G91 的表示。

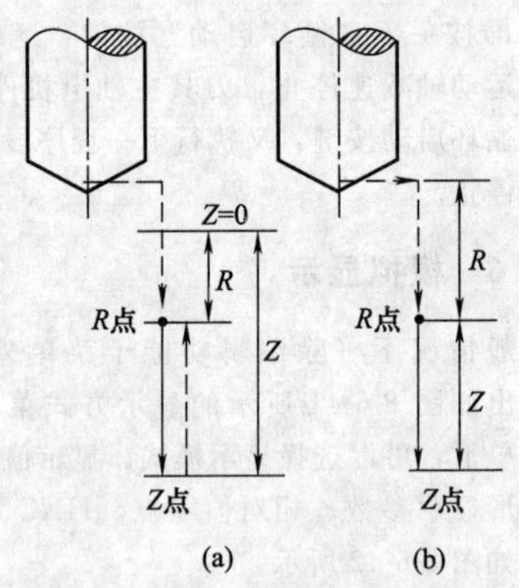

图 8-6-47 固定循环的数据形式

固定循环的程序格式包括数据形式、返回点平面、孔加工方式、孔位置数据、孔加工数据和循环次数。数据形式（G90 或 G91）在程序开始时就已指定，因此，在固定循环程序格式中可不注出。表 8-6-14 列出了 HNC-21/22M 铣床的固定循环格式和说明。

表 8-6-14 固定循环

名 称	格 式	说 明
G73 高速深孔加工循环	{G98/G99} G73X_Y_Z_R_Q_P_K_F_L_	Q:每次进给深度 K:每次退刀距离
G74 反攻螺纹循环	{G98/G99} G74X_Y_Z_R_P_F_L_	①G74 攻反螺纹时主轴反转，到孔底时主轴正转，然后退回 ②攻螺纹时速度倍率、进给保持均不起作用 ③R 应选在距工件表面 7mm 以上的地方 ④如果 Z 的移动量为零，该指令不执行
G76 精镗循环	{G98/G99} G76X_Y_Z_R_P_I_J_F_L_	①I：X 轴刀尖反向位移量；J：Y 轴刀尖反向位移量 ②G76 精镗时，主轴在孔底定向停止后，向刀尖反方向移动，然后快速退刀。这种带有让刀的退刀不会划伤已加工平面，保证了镗孔精度

续表

名称	格式	说明
G81 钻孔循环（中心钻）	{G98/G99} G81X — Y — Z — R — F — L —	G81 钻孔动作循环，包括 XY 坐标定位、快进、工进和快速返回等动作
G82 带停顿的钻孔循环	{G98/G99} G82X — Y — Z — R — P — F — L —	①G82 指令除了要在孔底暂停外，其他动作与 G81 相同。暂停时间由地址 P 给出 ②G82 指令主要用于加工盲孔，以提高孔深精度 ③如果 Z 的移动量为零该指令不执行
G83 深孔加工循环	{G98/G99} G83X — Y — Z — R — Q — P — K — R — F — L —	Q：每次进给深度 K：每次退刀后，再次进给时，由快速进给转换为切削进给时距上次加工面的距离
G84 攻螺纹循环	{G98/G99} G84X — Y — Z — R — P — F — L —	G84 攻螺纹时从 R 点到 Z 点主轴正转，在孔底暂停后，主轴反转，然后返回
G85 镗孔循环	与 G84 指令相同	在孔底时主轴不反转
G86 镗孔循环	与 G81 指令相同	①在孔底时主轴停止然后快速退回 ②如果 Z 的移动位置为零该指令不执行 ③调用此指令之后主轴将保持正转
G87 反镗循环	{G98/G99} G87X — Y — Z — R — P — I — J — F — L —	I：X 轴刀尖反向位移量 J：Y 轴刀尖反向位移量
G88 镗孔循环	{G98/G99} G88X — Y — Z — R — P — F — L —	如果 Z 的移动量为零，该指令不执行
G89 镗孔循环	与 G86 指令相同	在孔底有暂停
G80 取消固定循环		该指令能取消固定循环，同时 R 点和 Z 点也被取消

固定循环的程序格式如下：

{G98/G99} G — X — Y — Z — R — Q — P — I — J — K — F — L —

说明：

G98：返回初始平面；

G99：返回 R 点平面；

G —：固定循环代码 G73、G74、G76 和 G81～G89 之一；

X、Y：加工起点到孔位的距离（G91）或孔位坐标（G90）；

R：初始点到 R 点的距离（G91）或 R 点的坐标（G90）；

Z：R 点到孔底的距离（G91）或孔底坐标（G90）；

Q：每次进给深度（G73/G83）；

I、J：刀具在轴反向位移增量（G76/G87）；

P：刀具在孔底的暂停时间；

F：切削进给速度；

L：固定循环的次数。

G73、G74、G76 和 G81～G89、Z、R、P、F、Q、I、J、K 是模态指令。G80、G01～G03 等代码可以取消固定循环。

使用固定循环时应注意以下几点。

1）在固定循环指令前应使用 M03 或 M04 指令使主轴回转。

2）在固定循环程序段中 X、Y、Z、R 数据应至少指令一个才能进行孔加工。

3）在使用控制主轴回转的固定循环（G74、G84、G86）中，如果连续加工一些孔间距比较小，或者初始平面到 R 点平面的距离比较短的孔时，会出现在进入孔的切削动作前时，主轴还没有达到正常转速的情况，遇到这种情况时，应在各孔的加工动作之间插入 G04 指令，以获得时间。

4）当用 G00～G03 指令注销固定循环时，若 G00～G03 指令和固定循环出现在同一程序段，按后出现的指令运行。

5）在固定循环程序段中，如果指定了 M 则在最初定位时送出 M 信号，等待 M 信号完成，才能进行孔加工循环。

6.3.8 加工实例

如图 8-6-48 所示的工件，对零件上 4 个孔进行加工。

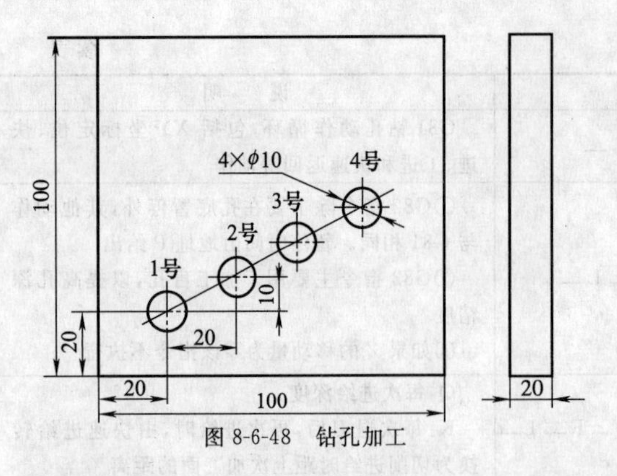

图 8-6-48　钻孔加工

先用 ϕ10mm 的中心钻定位各个孔，定义为 T01，然后用 ϕ10mm 的钻头（T02）钻此 4 个孔。加工程序如下。

```
O0007
N10   G92X400.0Y300.0Z320.0
N20   M06T01M07          ;换 ϕ10mm 的中心钻
N30   G90X0Y0
N40   Z0
N50   M03S800F50
N60   G99G81R5.0Z-2.0
N70   G91G00X20.0Y20.0
N80   X20.0Y10.0
N90   X20.0Y10.0
N90   M05
N100  G28Z0
N110  M06T02             ;换 ϕ10 mm 的钻头
N120  M03G90G00
N130  G99G81R5.0Z-22.0
N140  G91X-20.0Y-10.0
N150  X-20.0Y-10.0
N160  M05G282320.0
N170  M30
```

6.4　世纪星 HNC-18i/18xp/19xp 系列数控系统

HNC-18i/18xp/19xp 数控系统是武汉华中数控新一代高性价比产品，采用先进的开放式体系结构，内置嵌入式工业 PC，配置液晶显示屏和通用工程面板，集成进给轴接口、主轴接口、手持单元接口、内嵌式 PLC 接口于一体，采用电子盘程序存储方式以及 CF 卡、DNC、以太网等程序交换功能、具有低价格、高性能、结构紧凑、易于使用、可靠性高的特点。

6.4.1　系统功能描述

表 8-6-15 列出了 HNC-18i/18xp/19xp 系列数控系统的功能及参数。

表 8-6-15　HNC-18i/18xp/19xp 系列数控系统功能及参数

功　能	参　数
系统配置	程序缓冲区:32MB 零件程序和断点保护区:16MB,可扩展至 2GB(选件) 进给轴接口类型:HSV-16 系列脉冲接口 开关量输入输出接口:32 输入/24 输出
CNC 功能	最大控制轴数:3 进给轴+1 主轴 联动轴数:3 轴(铣)/2 轴(车) 最小分辨率:1μm 最大移动速度:16m/min(与驱动单元、机床相关) 直线、圆弧、螺纹功能 自动加减速控制(直线/抛物线) 参考点返回 坐标系设定 MDI 功能 M、S、T 功能 加工过程图形静态仿真和实时跟踪 内部二级电子齿轮 简单车削循环(车) 复合车削循环(车) 固定铣削循环(铣)
CNC 编程	编程最小单位:0.001mm,(°) 最大编程尺寸:99999.999mm 最大编程行数:20 亿行 公/英制编程 绝对/相对指令编程 宏指令编程 子程序调用 工件坐标系设定 直径/半径编程(车)

续表

功　能	参　数
CNC编程	自动控制倒角(圆角、直角)(车) 恒线速切削功能(车) 平面选择(铣) 坐标旋转、缩放、镜像(铣)
编辑	后台编辑(选件) 字符查找与替换 文件删除及拷贝
显示	中文菜单功能 图形显示 状态显示 当前位置显示 程序显示 程序错误显示 操作错误显示 报警显示 坐标轴设置显示 主轴速度及修调 进给速度及修调 快速进给及修调 自诊断功能
刀具补偿	刀具长度补偿 刀尖半径补偿
参考点功能	参考点位置设定 参考点开关偏差设定 回参考点快移速度设定 回参考点定位速度设定
数据交换	RS-232 以太网(选件) CF卡(选件)
操作方式	自动 单段 MDI 点动 步进增量进给 手摇增量进给 手动/自动回参考点 进给保持 重新对刀 空运行 保存断点/返回断点
坐标轴监视	机床坐标系显示 工件坐标系显示 跟踪误差显示 剩余进给显示 进给速度显示 主轴速度显示 指令位置显示 实际位置显示 工件坐标系原点显示 运动轨迹显示
进给轴功能	无限制旋转轴功能 最高设定速度16000mm/min 进给修调0～150％ 快移修调0～150％ 每分钟进给/每转进给 多种回参考点功能:单向、双向 快移、进给加减速设定 最大跟踪误差设定

续表

功　能	参　数
辅助功能	主轴正反转 自动换刀 冷却开/停
主轴功能	主轴速度:可通过 PLC 编程控制(最大 99999r/min) 主轴修调:从 0～150% 主轴速度和修调显示 变速比和变速比级数可通过 PLC 编程控制 编码器接口 螺纹功能 主轴定向
PLC 功能	内嵌式 PLC PLC 状态显示
安全功能	坐标轴软极限保护 断电保护区 加工断点保存/断点恢复 参数备份与恢复 参数权限保护 加工统计

6.4.2　HNC-18iT/18xpT/19xpT 车削系统

1. 操作台结构

华中世纪星 HNC-18i/18xpT/19xpT 数控系统操作台为标准固定结构，图 8-6-49 和图 8-6-50 分别为 HNC-18iT 和 HNC-18xpT/19xpT 数控系统操作台。

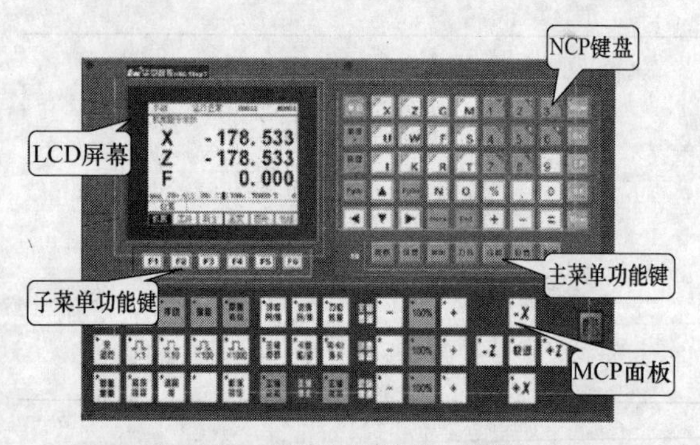

图 8-6-49　HNC-18iT 数控系统操作台

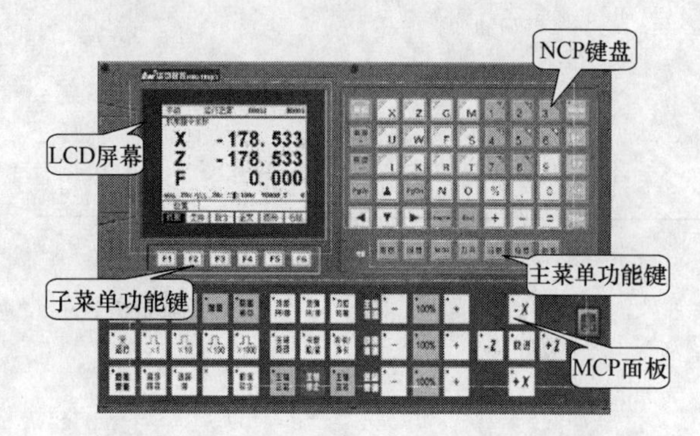

图 8-6-50　HNC-18xpT/19xpT 数控系统操作台

华中世纪星 HNC-18iT/18xpT/19xpT 操作面板可分为如下几个功能区：机床操作面板（MCP 面板）、NCP 键盘按键、主菜单功能键（七个）、子菜单功能键（F1～F6）、显示器（LCD）。

2. 显示器

HNC-18iT/18xpT/19xpT 操作台左上部为 5.7 英寸液晶显示器（分辨率 320×240），用于汉字菜单、系统状态、故障报警的显示和加工轨迹的图形显示等。

3. 机床操作面板

数控系统通过工作方式键，对操作机床的动作进行分类。图 8-6-51 和图 8-6-52 分别为 HNC-18iT 和 HNC-18xpT/19xpT 机床操作面板。

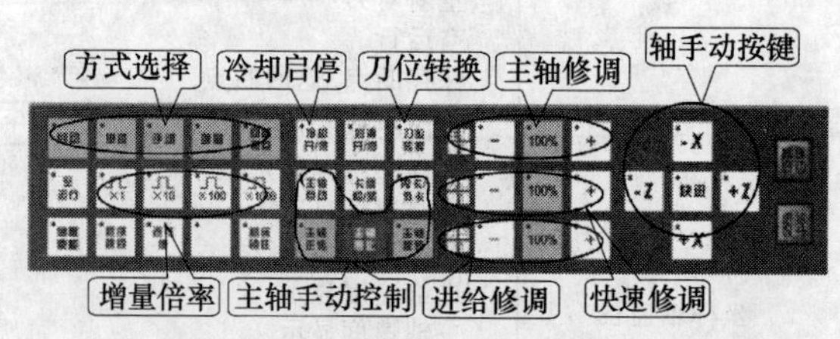

图 8-6-51　HNC-18iT 机床操作面板

图 8-6-52　HNC-18xpT/19xpT 机床操作面板

在选定的工作方式下，只能做相应的操作。例如在“手动”工作方式下，只能做手动移动机床轴、手动换刀等工作，不可能连续自动地加工工件。同样，在“自动”工作方式下，只能连续自动加工工件或模拟加工工件，不可能做手动移动机床轴、手动换刀等工作。

几种工作方式的工作范围如下。

① 自动：自动连续加工工件；模拟校验工件程序；在MDI模式下运行指令。

② 手动：通过机床操作键可手动换刀、移动机床各轴，手动松紧卡爪，伸缩尾座，主轴正反转，冷却开停，润滑开停等。

③ 增量：定量移动机床坐标轴，移动距离由倍率调整（当倍率为“×1”时，定量移动距离为1μm，可控制机床精度定位，但不连续）。

④ 单段：按下循环启动，程序走一个程序段就停下来，再按下循环启动，可控制程序再走一个程序段。

⑤ 回参考点：可手动返回参考点，建立机床坐标系（机床开机后应首先进行回参考点操作）。

4. 机床操作按键

机床操作按键说明如表8-6-16所示。

5. NCP键盘

NCP键盘包括45个按键，标准化的字母、数字键、编辑操作键和亮度调节键如图8-6-53所示。其中大部分按键具有上挡键功能，当Upper键有效时（指示灯亮），有效的是上挡键功能。NCP键盘用于零件程序的编制、参数输入、MDI及系统管理操作等。

图8-6-53 HNC-18iT/18xpT/19xpT机床操作面板

表8-6-17列出了部分按键的功能。

表8-6-16 HNC-18iT/18xpT/19xpT系列机床操作按键说明

按 键	按键说明
循环启动	“自动”、“单段”工作方式下有效。按下该键后，机床可进行自动加工或模拟加工，注意自动加工前应对刀正确
进给保持	加工过程中，按下该键后，刀具相对于工件的进给运动停止，再按下“循环启动”键后，继续运行下面的进给运动
主轴正转	手动/手摇/单步方式下，按下此键，主轴电机以机床参数设定的速度正向转动启动，但在反转的过程中，该键无效
主轴反转	手动/手摇/单步方式下，按下此键，主轴电机以机床参数设定的速度反向转动启动，但在正转的过程中，该键无效
主轴停止	手动/手摇/单步方式下，按下此键，主轴停止转动，机床正在做进给运动时，该键无效
程序跳段	如程序中使用了跳段符号“/”，当按下该键后，程序运行到有该符号标定的程序段，即跳过不执行该段程序；解除该键，则跳段功能无效
刀位转换	按下该键，系统将所选刀具，换到工作位上。“手动”、“增量”、“手摇”工作方式下该键有效
伺服使能	使伺服系统是否有效
选择停	如果程序中使用了M01辅助指令，当按下该键后，程序运行到该指令即停止，再按“循环启动”键，继续运动，解除该键，则M01功能无效
卡盘松紧	在手动方式下，按下此键，松开工件（默认为夹紧），可进行更换工件操作，再按下此键，夹紧工件，如此循环
空运行	在“自动”方式下，按下该键后，机床以系统最大快移速度运行程序
冷却开停	手动/手摇/单步方式下，按下此键，打开冷却开关，同带自锁的按钮，进行开-关-开切换（默认值为关）
润滑开停	手动/手摇/单步方式下，按下此键，打开润滑开关，同带自锁的按钮，进行开-关-开切换（默认值为关）
+X、+Z、-X、-Z	手动、增量和回零工作方式下有效，确定机床移动的轴和方向。通过该类按键，可手动控制刀具或工作台移动。移动速度由系统最大加工速度和进给速度修调按键确定
快进	同时按下轴方向键和“快进”键时，以系统设定的最大移动速度移动

表8-6-17 NCP键盘部分键的功能

按 键	名 称	功 能
复位	复位键	使所有轴停止运动，所有辅助功能输出无效，机床停止运动，系统呈初始上电状态，清除系统报警信息，加工程序复位
亮度	亮度调节键	调节显示屏的亮度

第8篇

续表

按键	名称	功能
Upper	上挡键	按下此键,输入的地址或数字为该键右上角的地址或数字
Del	删除键	编程时用于删除已输入的字及删除在CNC中的程序
SP	空格键	光标向后移并空一格
BS	回退键	光标向前移并删除前面字符
PgDn、PgUp	页面变换键	用于屏幕选择不同的页面,PgUp:返回上一级页面,PgDn:进入下一级页面
Enter	回车确认键	确认当前的操作

6. 设置刀偏数据

华中世纪星 HNC-18iT 采用试切法来设置刀具偏置补偿数据。试切法指的是通过试切，由试切直径和试切长度来计算刀具偏置值的方法。此方法要求每一把刀具独立建立自己的补偿偏置值，如图 8-6-54 中数值将会反映到工件坐标系上。

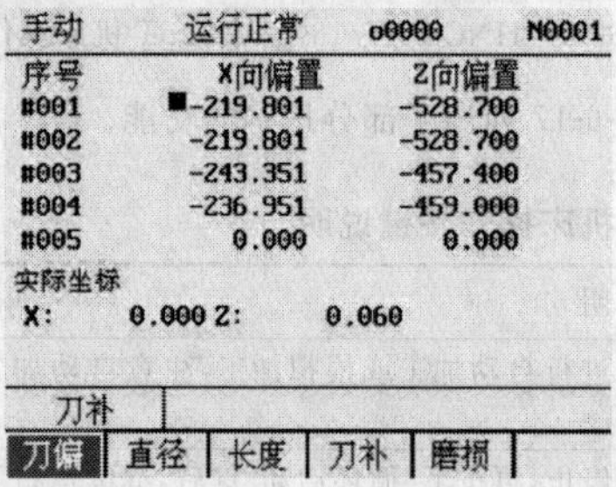

手动	运行正常	o0000	N0001
序号	X向偏置	Z向偏置	
#001	-219.801	-528.700	
#002	-219.801	-528.700	
#003	-243.351	-457.400	
#004	-236.951	-459.000	
#005	0.000	0.000	

实际坐标
X: 0.000 Z: 0.060

刀补

刀偏 直径 长度 刀补 磨损

图 8-6-54 HNC-18iT/18xpT/19xpT 刀偏表编辑

具体操作步骤如下。

① 移动▲、▼、PgDn、PgUp 键，将光标定位到要选择刀具的行；

② 用刀具试切工件的外径，然后沿 Z 轴方向退刀（注意在此过程中不要移动 X 轴）；

③ 测量试切后的工件外径，按下主菜单下的“刀补”（如图 8-6-55 所示），再按下子菜单的 F2（试切直径），填入图 8-6-55 中所示 X 向偏置数据值，按 Enter 键确认。这样 X 向偏置就设置好了；

④ 用刀具试切工件的端面，然后沿 X 轴方向退刀；

⑤ 计算试切工件端面到该刀具要建立的工件坐标系的零点位置的有向距离，进入图 8-6-55，按下 F3（试切长度），填入计算的有向距离，按 Enter 键确认。这样就把刀的 Z 向偏置设置好了。如果要设置其他的刀具，可重复以上步骤。

注意：

① 对刀前，机床必须先回机械零点；

② 试切工件端面刀具要建立的工件坐标系的零点位置的有向距离也就是试切工件端面在要建立的工件坐标系中的 Z 轴坐标值；

③ 设置的工件坐标系 X 轴零点偏置＝机床坐标系 X 轴坐标－试切直径，试切工件外径后，不得移动 X 轴；

④ 设置的工件坐标系 Z 轴零点偏置＝机床坐标系 Z 轴坐标－试切长度，试切工件端面后，不得移动 Z 轴。

7. 设置刀具补偿值

按下主菜单下的“刀补”，再按下子菜单下的 F4（刀补），屏幕显示如图 8-6-55 所示，移动▲、▼、PgDn、PgUp 键，选择刀具号，移动▶、◀键选择“圆角半径”或“刀尖方位”，按下 Enter 键，进入编辑状态，输入新的数值，按 Enter 键确认。

手动	运行正常	O00	N0001
序号	圆角半径	刀尖方位	
#001	10.000	3	
#002	10.000	3	
#003	0.000	3	
#004	0.000	3	
#005	0.000	3	

实际坐标
X: 4.027 Z: -279.687

刀补 圆角半径: 22

刀偏 刀补 磨损

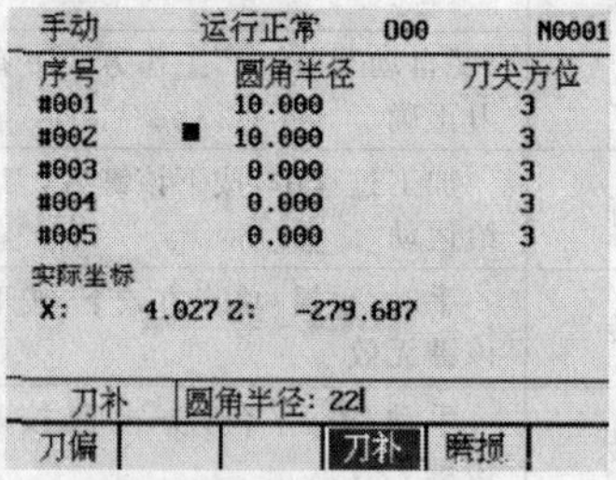

图 8-6-55 设置刀具补偿值

8. 设定磨损补偿值

按下主菜单下的“刀补”，按下子菜单下的 F5（磨损设定），移动▲、▼、PgDn、PgUp 键，选择刀具号，移动▶、◀键选择“X”或“Z”向磨损，按下 Enter 键，进入编辑状态，输入新的磨损补偿值，屏幕显示如图 8-6-56 所示，按 Enter 键确认。

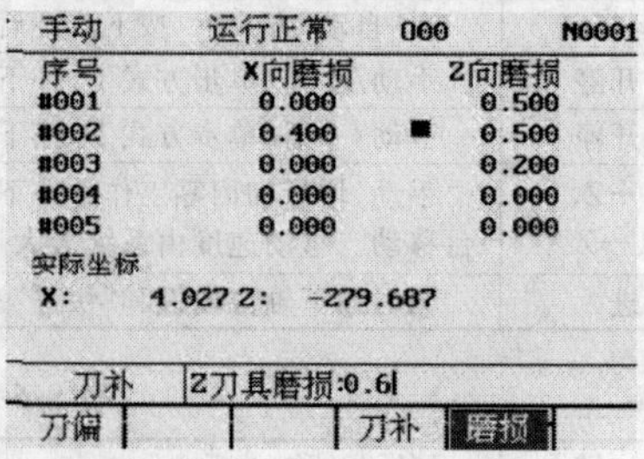

手动	运行正常	O00	N0001
序号	X向磨损	Z向磨损	
#001	0.000	0.500	
#002	0.400	0.500	
#003	0.000	0.200	
#004	0.000	0.000	
#005	0.000	0.000	

实际坐标
X: 1.027 Z: -279.687

刀补 Z刀具磨损:0.6

刀偏 刀补 磨损

图 8-6-56 设定磨损补偿值

9. 浮动零点的设置

华中世纪星 HNC-18iT/18xpT/19xpT 数控系统

根据机床是否安装机械回零开关，其机床坐标系原点的设置有两种方法。

没有安装机械回零开关的（PMC用户参数0017号参数，机床是否安装回零挡块，系统默认为0），可设置浮动的机床零点，操作方法是：在手动方式下，移动刀具到不撞工件及其他部件且适宜回零的位置后，确认此位置为机床零点，即此点的机床实际坐标值为0；按下主菜单下的“设置”，按下子菜单下的F3“浮动零”，系统默认提示输入 *X* 轴零点值，即机床当前位置在新的机床坐标系中的坐标值，屏幕显示如图8-6-57所示，如果此点为机床零点，按下Enter键即可，再按下F3“Z零点”，按下Enter键，刀具停靠点便被设置为机床的浮动机械零点。

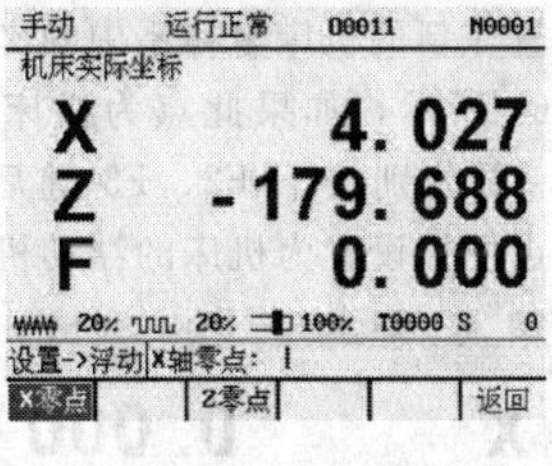

图8-6-57　设置浮动零点

安装机械回零开关的（PMC用户参数0017号参数，机床是否安装回零挡块，改为1，保存后重新上电），机床坐标系零点的位置是由机械回零开关的位置决定的，机械回零开关的安装位置，一般靠近 *X* 轴、*Z* 轴正方向的最大行程，机械回零开关的位置是固定的，其机床坐标系零点的位置也是固定的。只要机械回零开关没有松动，每次开机回零时，刀具都可回到同一个位置点。

10. 坐标系的设置

该步骤常用来在试切对刀时，分别对 *X*、*Z* 轴建立工件坐标系。按下“设置”主菜单，再按下子菜单功能键F1，可以设置自动坐标系G54～G59，输入格式如下：“X10　Z10”或“Z10 X10”，两者功能相同，均为把 *X* 轴坐标值设为10，*Z* 轴坐标值设为10，系统显示如图8-6-58所示，按下PgDn键，还可以设置“当前工件坐标系”和“当前相对值零点”，输入方法相同。

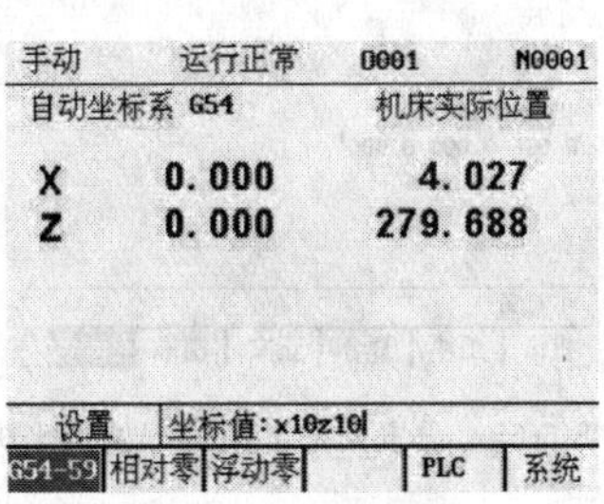

图8-6-58　坐标系的设置

输入后，按Enter键确认，新的坐标值立刻生效，并显示出来。在按Enter键之前，若发现输入错误，可用Del、BS、▶、◀键进行编辑。

其他坐标系的设置请参考以上操作方法。

11. 工件毛坯尺寸的设置

在“位置”主菜单下，按F6（毛坯），屏幕显示毛坯外径、内径、长度、内端面的参数，按下BS键，删除原来的值，输入毛坯尺寸对应的值，参数值的顺序要一一对应，并且参数之间要用空格分开，如毛坯为直径80mm、长130mm棒料，则应输入“80　0　130－130”，如图8-6-59所示，按下Enter键确认，设置的毛坯尺寸生效。其中内端面是定义的图形模拟显示的左端面相对程序零点的距离。

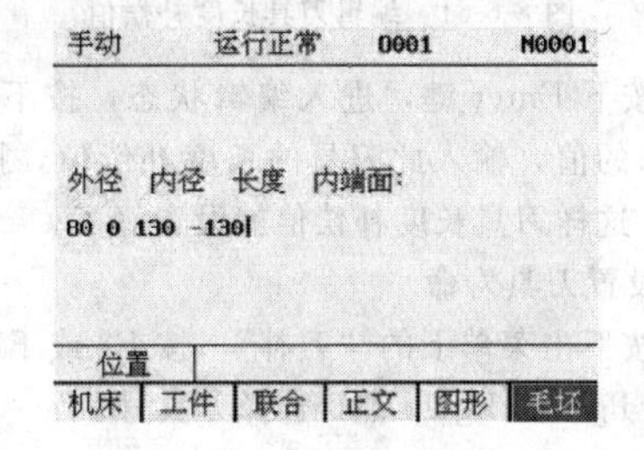

图8-6-59　毛坯尺寸的设置

12. 相对坐标系下坐标值的清零

华中世纪星HNC-18iT相对坐标系下坐标值清零的操作方法如下。

① 按下“设置”主菜单，再按下F2（相对零）键；如图8-6-60所示；

② 按下F1键，将相对坐标系下 *X* 轴的值设置为零；

③ 按下F3键，将相对坐标系下 *Z* 轴的值设置为零。

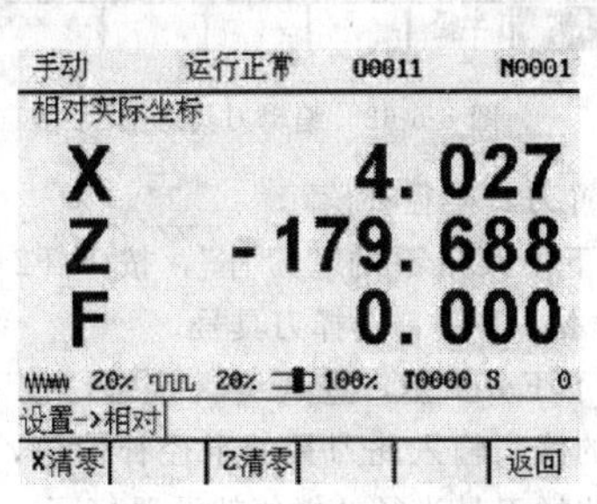

图8-6-60　相对坐标系清零

6.4.3　HNC-18xpM/19xpM铣削系统

HNC-18xpM/19xpM铣削系统的操作面板与HNC-18iT/18xpT/19xpT相似，按键功能基本相同，故不重复介绍，此处仅对该系统的数据设置操作进行介绍。

1. 设置刀具长度补偿值

① 按下主菜单下的“刀补”，如图 8-6-61 所示。按 F1（长度补偿），移动▲、▼、PgDn、PgUp 键，选择刀具号。

自动　运行正常　O1111　N0001
序号　刀具长度　刀具寿命
#001　■ 219.250　0
#002　125.260　0
#003　33.250　0
#004　78.521　0
#005　325.150　0
机床实际位置：
X:　0.000 Y:　0.000 Z:　0.000
刀补
长度　半径

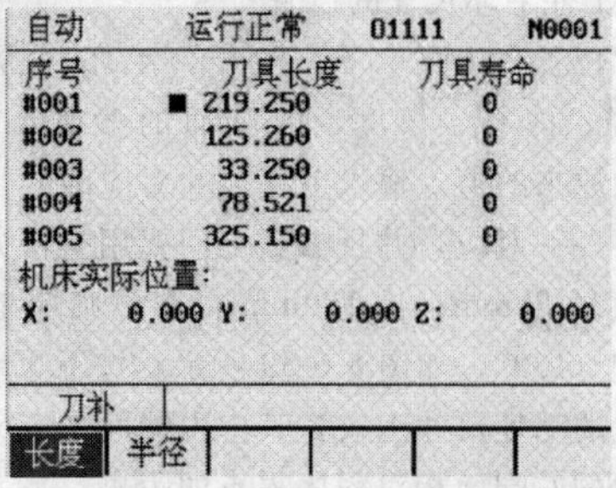

图 8-6-61　编辑刀具长度补偿值

② 按下 Enter 键，进入编辑状态，按下 BS 键，删除原来的值，输入此刀具的长度补偿值，按 Enter 键确认。这样刀具长度补偿值就设置好了。

2. 设置刀具寿命

① 按下主菜单下的“刀补”，按 F2 或 F1，移动▲、▼、PgDn、PgUp 键，选择刀具号。

② 按▶键，选择刀具寿命，按下 Enter 键，进入编辑状态，按下 BS 键，删除原来的，输入此刀具的预计寿命值，按 Enter 键确认，如图 8-6-62 所示。

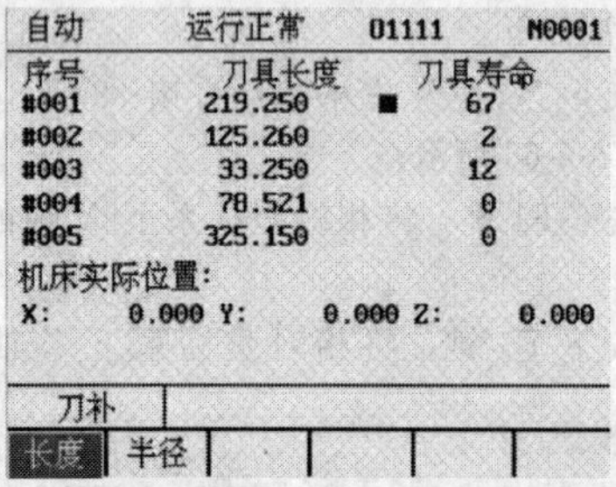

自动　运行正常　O1111　N0001
序号　刀具长度　刀具寿命
#001　219.250　■　67
#002　125.260　2
#003　33.250　12
#004　78.521　0
#005　325.150　0
机床实际位置：
X:　0.000 Y:　0.000 Z:　0.000
刀补
长度　半径

图 8-6-62　编辑刀具寿命

3. 设置刀具半径补偿

① 按下主菜单下的“刀补”，按下 F2（半径补偿），移动▲、▼键，选择刀具号。

② 按下 Enter 键，进入编辑状态，按下 BS 键，删除原来的值，输入此刀具的半径补偿值，按 Enter 键确认。这样刀具半径补偿值就设置好了，如图 8-6-63 所示。

4. 浮动零点的设置

华中世纪星 HNC-18xpM/19xpM 数控系统根据机床是否安装机械回零开关，其机床坐标系原点的设置有两种方法。

没有安装机械回零开关的（PMC 用户参数 0017 号参数，机床是否安装回零挡块，系统默认为 0），

自动　运行正常　O1111　N0001
序号　刀具半径　刀具寿命
#001　■ 22.000　67
#002　42.000　2
#003　20.000　12
#004　10.000　0
#005　32.000　0
机床实际位置：
X:　0.000 Y:　0.000 Z:　0.000
刀补
长度　半径

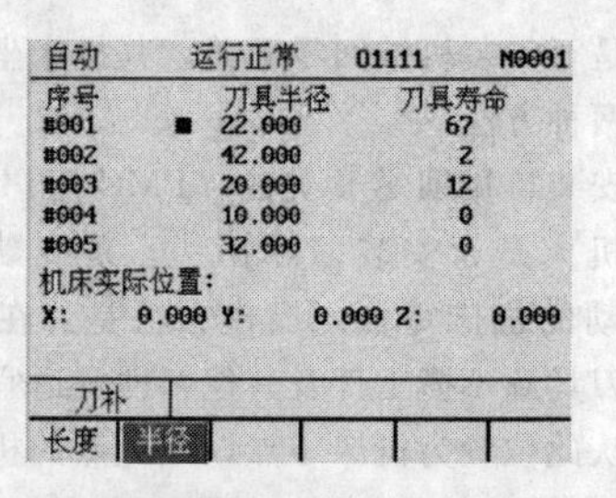

图 8-6-63　编辑刀具半径补偿值

可设置浮动的机床零点，操作方法是：在手动方式下，移动刀具到不撞工件及其他部件且适宜回零的位置后，确认此位置为机床零点，即此点的机床实际坐标值为 0；按下主菜单中的“设置”，再按下子菜单中的 F3（浮动零），系统默认提示输入 *X* 轴零点值，即机床当前位置在新的机床坐标系中的坐标值，屏幕显示如图 8-6-64 所示，如果此点为机床零点，按下 Enter 键即可，再分别按下 F2、F3 键后按下 Enter 键，刀具停靠点便被设置为机床的浮动机械零点。

自动　运行正常　O1111　N0001
机床实际坐标
X　0.000
Y　0.000
Z　0.000
设置->浮动　X轴零点：
X零点　Y零点　Z零点　返回

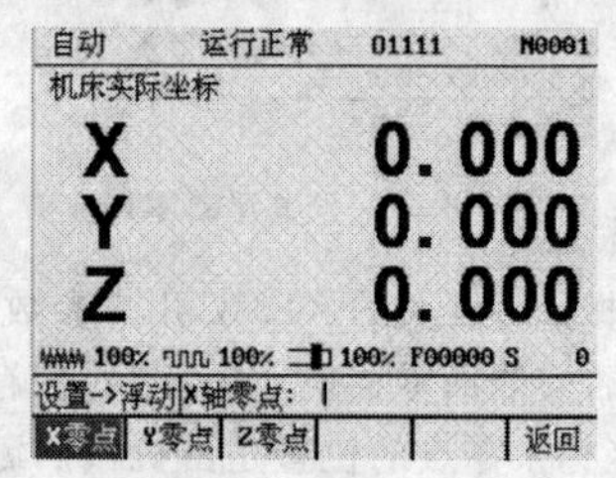

图 8-6-64　设置浮动零点

安装机械回零开关的（PMC 用户参数 0017 号参数，机床是否安装回零挡块，改为 1，保存后重新上电），机床坐标系零点的位置是由机械回零开关的位置决定的，机械回零开关安装在 *X* 轴、*Z* 轴正方向的最大行程处，机械回零开关的位置是固定的，其机床坐标系零点的位置也是固定的。只要机械回零开关没有松动，每次开机回零时，刀具都可回到同一个位置点。

5. 图形参数的设置

在“位置”主菜单下，按 F6（图参数），屏幕显示如图 8-6-65 所示。

自动　运行正常　O1111　N0001
坐标(X Y Z):
0.000 0.000 0.000
位置
机床　工件　联合　正文　图形　图参数

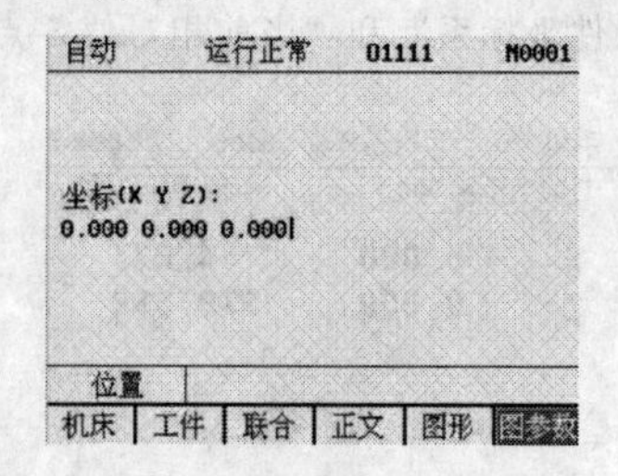

图 8-6-65　设置图形参数的起始点坐标

① 按下 BS 键或▶、◀键，删除旧值，输入图形

起始点坐标对应的值，参数值的顺序要一一对应，并且参数之间要用空格分开，如“10　0　10”，按下 Enter 键确认，设置的坐标生效，即将图形显示的起点坐标的 X 值设为 10，Y 值设为 0，Z 值设为 10。

② 设置图形的放大系数：按下 BS 键或▶、◀键，删除旧值，输入图形 X、Y、Z 方向的放大值，参数值的顺序要一一对应，并且参数之间要用空格分开，如“0.8　0.8　0.8”，按下 Enter 键确认。

③ 设置图形的视角：按下 BS 键或▶、◀键，删除旧值，输入图形 X、Y、Z 方向的视角值，参数值的顺序要一一对应，并且参数之间要用空格分开，按下 Enter 键确认。

6. 程序的输入与文件管理

程序的输入、编辑、校验、运行等相关操作如表 8-6-18 所示。

7. 运行控制

运行控制主要包括启动、暂停、终止程序运行，对程序文件进行指定行运行、保存和恢复断点及程序运行时的干预等操作，具体操作方法及步骤如表 8-6-19 所示。

表 8-6-18　程序的输入与操作步骤

输入程序		操作步骤
选择程序运行		按下主菜单功能键“程序”，按下子菜单功能键 F1(选择)，系统显示存储器上零件程序，其中各选项含义如下。 ①CF 卡(可选)：外接 CF 卡上的 G 代码文件 ②用户区：电子盘上的 G 代码文件 ③U 盘(可选，FAT16 格式)：U 盘上的 G 代码文件 ④网络盘：(网络选件)远程网络的 FTP 服务器上的 G 代码文件 如不选择，系统显示上次存放在加工缓冲区的一个加工程序 按下◀键，选择存放文件的磁盘，按下 Enter 键，再按▲、▼、PgDn、PgUp 键，选择要运行的程序，按 Enter 键确认。在自动或单段方式下，按下“循环启动”按钮，如果程序没有错误，则程序开始运行；否则屏幕上方报警不停闪烁，提示系统报警信息，按下“诊断”主菜单功能键，查看出错信息
编辑程序	编辑程序	如果程序出错，或对现有程序进行修改，按下主菜单功能键“程序”(首先应选择要编辑的程序)，按下子菜单功能键 F2(编辑)，如果机床参数的 0005 号参数“是否保护程序编辑”为 1，需要先输入保护密码，输入完成后，按下 Enter 键确认，密码正确即进入程序编辑状态：否则提示口令错误，不能编辑当前程序。按下 NCP 面板上的编辑键，对程序进行修改
	修改编辑程序的密码	如果机床参数的 0005 号参数“是否保护程序编辑”为 1，编辑程序时需要输入保护码。修改密码的方法是：按下“程序”子菜单功能键 F2(编辑)，输入口令正确后，按下 F3(改密码)，提示“输入旧口令”，输入后按下 Enter 键，口令正确后提示“输入新口令”，输入新口令，按 Enter 键确认，再次提示“请核对口令”，再次输入新口令并按 Enter 键确认，如果两次密码一致，系统提示密码修改成功；否则提示密码错误，修改失败
	保存程序	要保存修改后的程序或新建的程序，可按下子菜单功能键 F2(保存)，系统提示默认的文件名；按 Enter 键，将以默认的文件名保存当前程序文件。也可将默认的文件名修改为其他名字后，按 Enter 键，系统将以修改后的文件名保存当前文件，建议修改的文件名不与已有的文件重名 如果存盘操作不成功，系统会给出提示保存文件失败，此时该文件可能是只读文件，不能更改保存，只能改为其他名字保存；或没有存储空间，删除无用文件后，重新保存
	新建程序	按下主菜单功能键“程序”，按下子菜单功能键 F2(编辑)，再按下子菜单功能键 F1(新建)，系统提示输入新建的文件名(默认为 O001)，输入文件名后，按 Enter 键确认后，即可使用 NCP 面板上的字母键和编辑键来编辑新建文件了
	删除程序	当空间不足或无用文件太多，可按下主菜单功能键(程序)，按下子菜单功能键 F1“选择”，按下 NCP 面板上的◀键，再按下▼或▲键，选择需要删除文件的磁盘，按下 Enter 键，则文件列表框显示选中磁盘目录下的 G 代码文件，按下▲、▼、PgDn、PgUp 键，选择要删除的程序文件，按 Del 键则删除该程序
程序校验		程序校验用于对选择的程序文件进行自动检查，并提示可能的错误。以前从未在机床上运行的新程序在调入后应首先进行程序校验运行，正确无误后再启动自动运行。操作方法如下：先选择要运行的加工程序，按下“程序”子菜单下的 F3(运行)，再按下 F1(校验)，选择程序校验方式，然后按下机床操作面板上的“自动”或“单段”按键进入程序运行方式，按下机床控制面板上的“机床锁住”键和“循环启动”键，程序校验开始 若程序正确，校验完毕后，光标将返回到程序头；若程序有错，屏幕则闪烁显示“报警”，按下“诊断”主菜单功能键，查看出错信息 注意：①校验运行时，机床不动作 ②为确保加工程序正确无误，请选择不同的图形显示方式来观察校验运行的结果
程序重新运行		在当前加工程序中止自动运行后，希望从程序头重新开始运行时，可按下“程序”子菜单下的 F3(运行)，再按下 F2(重运行)，在单段或自动方式下，按下“循环启动”键，从程序首行开始重新运行当前加工程序

表 8-6-19　程序运行控制的相关操作

运行控制		操作步骤
启动自动运行		系统调入零件加工程序，经检验无误后，可正式启动运行： ①按一下机床控制面板上的“自动”键(指示灯亮)，进入程序自动运行方式 ②按一下机床控制面板上的“循环启动”键(指示灯亮)，机床自动运行调入的零件加工程序
暂停运行		在程序运行的过程中，需要暂停运行，可按下述步骤操作： ①在程序运行的任何时刻、任何位置，按一下机床控制面板上的“进给保持”键(指示灯亮)，系统处于进给保持状态 ②再按一下机床控制面板上的“循环启动”键(指示灯亮)，机床又开始运行调入的零件加工程序
终止程序运行		在程序运行的过程中，需要终止运行，可按下述步骤操作： ①在程序运行的任何位置，按一下机床控制面板上的“进给保持”键(指示灯亮)，系统处于进给保持状态 ②按下机床控制面板上的“手动”键，将机床的 M、S 功能关掉 ③此时如要退出系统，可按下手持盒上的“急停”键，终止程序的运行 ④此时如果要中止当前程序的运行，又不退出系统，可按下主菜单中的“程序”键，再按下 F2(编辑)，再按下 F4(运行停)，按下“Y”或 Enter 键，即可终止程序
从任意行执行		先按下机床控制面板上的“进给保持”键(指示灯亮)，选择程序后，在“程序”子菜单下按 F3(运行)，再按下 F3(任意行)，系统提示输入要开始运行的行号，输入行号后，按下“循环启动”键，系统从当前程序输入行开始运行
空运行		在自动或单段方式下，按下机床控制面板上的“空运行”键(指示灯亮)，CNC 处于空运行状态。程序中编制的进给速率被忽略，坐标轴以最大快速移动速度移动。空运行不做实际切削，目的在于确认切削路径及程序。在实际切削时，应关闭此功能，否则可能会造成危险
单段运行		按下机床控制面板上的“单段”键(指示灯亮)，系统处于单段运行方式，程序控制将逐段执行： ①按一下机床控制面板上的“循环启动”键，运行一程序段，机床运动轴减速停止，刀具、主轴电机停止运行 ②再按一下“循环启动”键，又执行下一程序段，执行完后又再次停止
加工断点的保存与恢复	保存加工断点	保存加工断点的操作步骤如下： ①按下机床控制面板上的“进给保持”键(指示灯亮)，系统处于进给保持状态(进行此操作应在程序自动运行状态，然后才可进行断点的保存) ②在“程序”子菜单下，按下 F4(断点)，再按下 F1(保存)，系统提示保存断点的文件名 ③按 Enter 键，系统自动建立一个名为当前加工程序名，后缀为 BP1 的断点文件，用户也可将该文件名改为其他名字，此时不用输入后缀名
	恢复加工断点	恢复加工断点的操作步骤如下： ①如果保存断点后，关闭了系统电源，则上电后首先应进行回参考点操作，否则可以直接进入步骤② ②在“程序”子菜单下，按下 F4(断点)，系统给出保存的所有断点文件 ③移动▲、▼、PgDn、PgUp 键，选择系统用户区里要恢复的断点文件 ④按下 Enter 键，系统会根据断点文件中的信息，恢复中断程序运行时的状态，此时就可以在 MDI 功能下返回断点了(按 Del 键可删除断点文件)
	定位至加工断点	在保存断点后，如果某些坐标轴还进行过移动操作，那么在从断点处继续加工之前，必须先重新定位至加工断点。具体操作如下： ①先恢复加工断点 ②手动移动坐标轴到断点位置附近，并确保在机床自动返回断点时不发生碰撞 ③在“子程序”子菜单下，按下 F4(断点)，再按下 F3(回断点)，系统自动将断点数据输入 MDI 运行程序段 ④也可手动输入数据，按下 Enter 键确认 ⑤在单段或自动方式下，按下“循环启动”键，程序从断点处重新开始运行
	重新对刀	在保存断点后，如果工件发生过偏移需重新对刀，可使用本功能，重新对刀后继续从断点处加工 ①先恢复加工断点 ②手动将刀具移动到加工断点处 ③在“程序”子菜单下，按下 F4(断点)，再按下 F4(对刀)，自动将断点处的工作坐标输入 MDI 运行程序段 ④在单段或自动方式下，按下“循环启动”键，系统将修改当前工件坐标系原点，完成对刀操作
运行时干预	进给速度修调	在自动或单段方式下，当 F 代码编程的进给速度偏高或偏低时，可旋转进给修调波段开关，修调程序中编制的进给速度。修调范围为 0～120%

续表

运行控制		操作步骤
运行时干预	快移速度修调	在自动或单段方式下，可用快速修调按钮，修调G00快速移动时系统参数“最高快移速度”设置的速度 快速修调倍率共有四个挡位，分别是0、25%、50%、100%
	主轴修调	在自动或单段方式下，当S代码编程的主轴速度偏高或偏低时，可旋转主轴修调波段开关修调程序中编制的主轴速度（攻螺纹指令除外）。修调范围为50%～120%

第 7 章 三菱数控系统

7.1 三菱数控系统概述

7.1.1 三菱数控系统简介

三菱数控系统从较早的 M3/M50/M500 系列到现在主流的 M60S/E60/E68 系列，经历了数代产品更替和不断技术革新及提升。M3/L3 数控系统是三菱公司 20 世纪 80 年代中期开发，适用于数控铣床、加工中心（3M）与数控车床（3L）控制的全功能型数控系统产品。之后三菱公司于 20 世纪 90 年代中期又开发了 MELDAS50 系列数控系统。其中 MELDAS50 系列中，根据不同用途又分为钻床控制用 50D、铣床/加工中心控制用 50M、车床控制用 50L、磨床控制用 50G 等多个产品规格。2008 年为完善市场对三菱数控系统的需求，三菱推出了一体化的 M70 系列产品，相对高端的 M700 系列而言，其性价比更优。M70 系列目前拥有搭载高速 PLC 引擎的智能（70A）和标准型（70B）两种产品。

目前工业中常用的三菱数控系统有：M700V 系列；M70V 系列；M70 系列；M60S 系列；E68 系列；E60 系列；C6 系列；C64 系列；C70 系列等。

7.1.2 三菱数控系统的功能特点

1. M700V 系列的主要功能

① 控制单元配备最新 RISC 64 位 CPU 和高速图形芯片，通过一体化设计实现完全纳米级控制、超一流的加工能力和高品质的画面显示。

② 系统所搭配的 MDS-D/DH-V1/V2/V3/SP、MDS-D-SVJ3/SPJ3 系列驱动可通过高速光纤网络连接，达到最高功效的通信响应。

③ 采用超高速 PLC 引擎，缩短循环时间。

④ 配备前置式 IC 卡接口。

⑤ 配备 USB 通信接口。

⑥ 配备 10/100M 以太网接口。

⑦ 真正个性化界面设计（通过 NCDesigner 或 C 语言实现），支持多层菜单显示。

⑧ 智能化向导功能，支持机床厂家自创的 html、jpg 等格式文件。

⑨ 产品加工时间估算。

⑩ 多语言支持（8 种语言支持、可扩展至 15 种语言）。

⑪ 完全纳米控制系统，高精度高品位加工。

⑫ 支持 5 轴联动，可加工复杂表面形状的工件。

⑬ 多样的键盘规格（横向、纵向）支持。

⑭ 支持触摸屏，提高操作便捷性和用户体验。

⑮ 支持向导界面（报警向导、参数向导、操作向导、G 代码向导等），改进用户使用体验。

⑯ 标准提供在线简易编程支援功能（NaviMill、NaviLathe），简化加工程序编写。

⑰ NC Designer 自定义画面开发对应，个性化界面操作，提高机床厂商知名度。

⑱ 标准搭载以太网接口（10BASE-T/100BASE-T），提升数据传输速率和可靠性。

⑲ PC 平台伺服自动调整软件 MS Configurator，简化伺服优化手段。

⑳ 支持高速同期攻螺纹 OMR-DD 功能，缩短攻螺纹循环时间，最小化同期攻螺纹误差。

㉑ 全面采用高速光纤通信，提升数据传输速度和可靠性。

2. M70V 系列的主要功能

① 针对客户不同的应用需求和功能细分，可选配 M70V Type A：11 轴和 Type B：9 轴。

② M70VA 铣床标准支持双系统。

③ M70V 系列最小指令单位 0.1μm，内部控制单位提升至 1nm。

④ 最大程序容量提升到 2560μm（选配），增大自定义画面存储容量（需要外接板卡）。

⑤ M70V 系列拥有与 M700V 系列相当的 PLC 处理性能。

⑥ 画面色彩由 8bit 提升至 16bit，效果更加鲜艳。支持向导界面（报警向导、参数向导、操作向导、G 代码向导等），改进用户使用体验。

⑦ 标准提供在线简易编程支援功能（NaviMill、NaviLathe），简化加工程序编写。

⑧ NC Designer 自定义画面开发对应，个性化界面操作，提高机床厂商知名度。

⑨ 标准搭载以太网接口（10BASE-T/100BASE-T），提升数据传输速率和可靠性。

⑩ PC 平台伺服自动调整软件 MS Configurator，简化伺服优化手段。

⑪ 支持高速同期攻螺纹 OMR-DD 功能，缩短攻

螺纹循环时间，最小化同期攻螺纹误差。

⑫ 全面采用高速光纤通信，提升数据传输速度和可靠性。

3. M70系列的主要功能

① 针对客户不同的应用需求和功能细分，可选配 M70 Type A：11轴和 Type B：9轴。

② 内部控制单位（插补单位）10nm，最小指令单位0.1μm，实现高精度加工。

③ 支持向导界面（报警向导、参数向导、操作向导、G代码向导等），改进用户使用体验。

④ 标准提供在线简易编程支援功能（NaviMill、NaviLathe），简化加工程序编写。

⑤ NC Designer自定义画面开发对应，个性化界面操作，提高机床厂商知名度。

⑥ 标准搭载以太网接口（10BASE-T/100BASE-T），提升数据传输速率和可靠性。

⑦ PC平台伺服自动调整软件 MS Configurator，简化伺服优化手段。

⑧ 支持高速同期攻螺纹 OMR-DD 功能，缩短攻螺纹循环时间，最小化同期攻螺纹误差。

⑨ 全面采用高速光纤通信，提升数据传输速度和可靠性。

4. M60S系列的主要功能

① 所有 M60S系列控制器都标准配备了 RISC64位 CPU，具备目前世界上最高水准的硬件性能（与 M64 相比，整体性能提高了1.5倍）。

② 高速高精度机能对应，尤为适合模具加工。(M64SM-G05P3：16.8m/min以上，G05.1Q1：计划中）标准内藏对应全世界主要通用的12种多国语言操作界面。

③ 语言操作界面（包括繁体/简体中文）。

④ 可对应内含以太网络和IC卡界面（M64SM-高速程序伺服器：计划中）。

⑤ 坐标显示值转换可自由切换（程序值显示或手动插入量显示切换）。

⑥ 标准内藏波形显示功能，工件位置坐标及中心点测量功能。

⑦ 缓冲区修正机能扩展：可对应IC卡/计算机链接B/DNC/记忆/MDI等模式。

⑧ 编辑画面中的编辑模式，可自行切换成整页编辑或整句编辑。

⑨ 图形显示机能改进：可含有道具路径资料，以充分显示工件坐标及道具补偿的实际位置。

⑩ 简易式对话程序软件（使用 APLC 所开发的 Magicpro-NAVIMILL 对话程序）。

⑪ 可对应 Windows95/98/2000/NT4.0/Me 的 PLC开发软件。

⑫ 特殊G代码和固定循环程序，如 G12/13、G34/35/36、G37.1等。

5. E68系列的主要功能

① 内含64位 CPU 的高性能数控系统，采用控制器与显示器一体化设计，实现了超小型化。

② 伺服系统采用薄型伺服电机和高分辨率编码器（131072脉冲/转），增量/绝对式对应。

③ 标准4种文字操作界面：简体/繁体中文，日文/英文。

④ 由参数选择车床或铣床的控制软件，简化维修与库存。

⑤ 全部软件功能为标准配置，无可选项，功能与 M50系列相当。

⑥ 标准具备1点模拟输出接口，用以控制变频器主轴。

⑦ 可使用三菱电机 MELSEC 开发软件 GX-Developer，简化 PLC 梯形图的开发。

⑧ 可采用新型2轴一体的伺服驱动器 MDS-R 系列，减少安装空间。

⑨ 开发伺服自动调整软件，节省调试时间及技术支援的人力。

6. E60系列的主要功能

① 内含64位 CPU 的高性能数控系统，采用控制器与显示器一体化设计，实现了超小型化。

② 伺服系统采用薄型伺服电机和高分辨率编码器（131072脉冲/转），增量/绝对式对应。

③ 标准4种文字操作界面：简体/繁体中文，日文/英文。

④ 由参数选择车床或铣床的控制软件，简化维修与库存。

⑤ 全部软件功能为标准配置，无可选项，功能与 M50系列相当。

⑥ 标准具备1点模拟输出接口，用以控制变频器主轴。

⑦ 可使用三菱电机 MELSEC 开发软件 GX-Developer，简化 PLC 梯形图的开发。

⑧ 可采用新型2轴一体的伺服驱动器 MDS-R 系列，减少安装空间。

⑨ 开发伺服自动调整软件，节省调试时间及技术支援的人力。

7. C6系列的主要功能

① 满足生产线（汽车发动机等）加工要求，提高可靠性，缩短故障时间。

② 对应多种三菱 FA 网络：MELSECNET/10、以太网和 CC-LINK，实现了以10M/100Mbps的速度

进行高速、大容量的数据通信，进一步提高生产线的加工效率。

③ NC内藏PLC机能强化：GX-Developer对应；指令种类充实；多个PLC程序同时运行；运行中PLC程序修改；多系统PLC接口信号配置等。

④ 专机用PLC指令扩充：增加了ATC、ROT、TSRH、DDBA、DDBS指令，简化了PLC程序设计。

⑤ 数控功能强化、多轴、多系统对应。

8. C64系列的主要功能

① 满足生产线（汽车发动机等）加工要求，提高可靠性，缩短故障时间。

② 对应多种三菱FA网络：MELSECNET/10、以太网和CC-LINK，实现了以10M/100Mbps的速度进行高速、大容量的数据通信，进一步提高生产线的加工效率。

③ NC内藏PLC机能强化：GX-Developer对应；指令种类充实；多个PLC程序同时运行；运行中PLC程序修改；多系统PLC接口信号配置等。

④ 专机用PLC指令扩充：增加了ATC、ROT、TSRH、DDBA、DDBS指令，简化了PLC程序设计。

⑤ 数控功能强化、多轴、多系统对应。

9. C70系列的主要功能

① 满足生产线部件（汽车发动机等）加工要求，提高可靠性，缩短故障时间。

② 一块基板上同时最大可连接2个NC控制器。

③ 强化了数控功能（单个NC控制器内支持最大系统数7，最大支持6主轴）。

④ 标准采用彩色触摸屏显示器，可用GT Designer自定义操作界面。

⑤ PC平台伺服自动调整软件MS Configurator，简化伺服优化手段。

⑥ 全面采用高速光纤通信，提升数据传输速率和可靠性。

7.1.3 三菱数控系统的技术特点

三菱数控系统的技术特点如表8-7-1所示。

表8-7-1 控制器及其技术特点

控制器	技术特点
M64A/M64SM CNC控制器	标准配备了RISC 64位CPU(与M64相比,整体性能提高了1.5倍)
	高速高精度机能对应,尤为适合模具加工
	内藏对应全世界主要通用的12种多国语言操作界面
	可对应内含以太网络和IC卡界面
	内藏波形显示功能,工件位置坐标及中心点测量功能
	缓冲区修正机能扩展:可对应IC卡/计算机链接B/DNC/记忆/MDI等模式;简易式对话程序软件(使用APLC所开发的Magicpro-NAVI MILL对话程序)
	可对应Windows95/98/2000/NT4.0/Me的PLC开发软件
	特殊G代码和固定循环程序,如G12/13、G34/35/36、G37.1等
EZMotion-NC E60	内含64位CPU的高性能数控系统,采用控制器与显示器一体化设计,实现了超小型化
	伺服系统采用薄型伺服电机和高分辨率编码器(131072脉冲/转),增量/绝对式对应
	由参数选择车床或铣床的控制软件,简化维修与库存
	全部软件功能为标准配置
	标准具备1点模拟输出接口,用以控制变频器主轴
	可使用三菱电机MELSEC开发软件GX-Developer,简化PLC梯形图的开发
	可采用新型2轴一体的伺服驱动器MDS-R系列,减少安装空间
	开发伺服自动调整软件,节省调试时间及技术支援的人力
MELDAS C6	满足生产线部件加工要求,提高了可靠性,缩短了故障时间
	对应多种三菱FA网络:MELSECNET/10、以太网和CC-LINK,实现了以10M/100Mbps的速度进行高速、大容量的数据通信,进一步提高生产线的加工效率
	NC内藏PLC机能强化:GX-Developer对应
	指令种类充实
	多个PLC程序同时运行
	运行中PLC程序修改
	多系统PLC接口信号配置等
	专机用PLC指令扩充:增加了ATC、ROT、TSRH、DDBA、DDBS指令,简化了PLC程序设计
	数控功能强化、多轴、多系统对应

7.2　M700V/M70V 系列（L 系）数控系统

7.2.1　操作面板介绍

显示装置由显示单元和键盘单元构成。显示单元包含各菜单键。可通过键盘与菜单键进行画面切换、数据设定等操作。图 8-7-1 为显示单元与键盘单元横向配置时的示例。也可纵向配置。

按键及其含义如表 8-7-2 所示。

7.2.2　最小指令单位

1. 输入设定单位

输入设定单位是刀具补偿量或工件坐标偏置等数据的单位。程序指令单位是程序移动量的单位。显示单位是 mm、in、(°)。通过参数可从表 8-7-3 类型中选择各轴的程序指令单位及轴通用的输入设定单位。

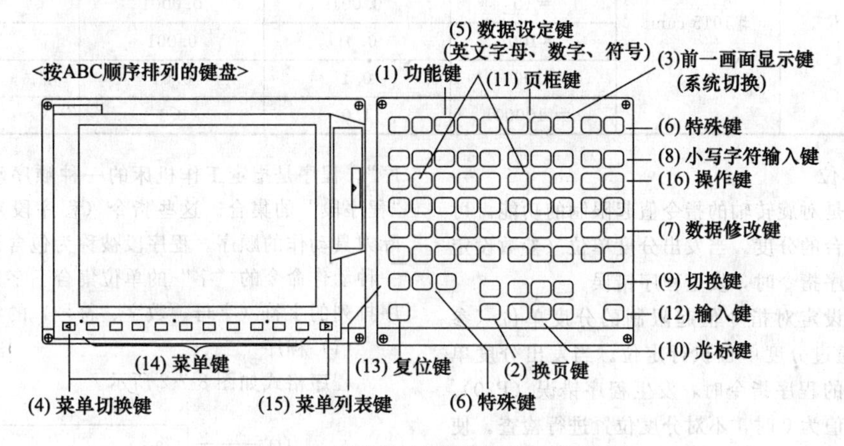

图 8-7-1　显示单元与键盘单元横向配置

表 8-7-2　按键及其含义

按键序号	键名称	含义及功能
(1)	功能键	功能选择键。主要完成"运行"、"设定"、"编辑"、"诊断"、"维护"等画面的选择
(2)	换页键	切换上一页键或下一页键
(3)	前一画面显示键	系统切换键
(4)	菜单切换键	向前切换为将当前显示画面的操作菜单切换到与当前画面对应的画面选择菜单。也可用于取消当前显示画面的菜单操作。向后切换为在无法一次显示所有菜单时，按此键显示当前未显示的菜单
(5)	数据设定键	用于设定字母、数字、运算符号等
(6)	特殊键	显示与当前操作相对应的操作向导、参数向导与报警向导
(7)	数据修改键	完成数据插入、数据删除、取消等
(8)	小写输入键	切换大写、小写字母输入
(9)	切换键	启用各数据设定键的下一级含义
(10)	光标键	在画面显示项目上选择数据时，左右移动光标
(11)	页框键	切换选项卡
(12)	输入键	用于确定数据设定区域的数据，并将其写入到内部数据。输入后光标移动到下一位置
(13)	复位键	复位 NC
(14)	菜单键	用于切换画面并显示数据
(15)	菜单列表键	用于列表显示各画面的菜单结构
(16)	操作键	替代键、控制键、空格键

表 8-7-3 各轴程序指令单位及轴通用输入设定单位

单位	参数		直线轴		旋转轴/(°)
			公制	英制	
输入设定单位	#1003 iunit	=B	0.001	0.0001	0.001
		=C	0.0001	0.00001	0.0001
		=D	0.00001	0.000001	0.00001
		=E	0.000001	0.0000001	0.000001
程序指令单位	#1015 cunit	=0	由#1003 iunit决定		
		=1	0.0001	0.00001	0.0001
		=10	0.001	0.0001	0.001
		=100	0.01	0.001	0.01
		=1000	0.1	0.01	0.1
		=10000	1.0	0.1	1.0

2. 分度单位

分度单位是对旋转轴的指令值起限制的功能。可用于旋转工作台的分度。当发出分度单位（参数设定值）以外的程序指令时，发生程序错误。

在旋转轴设定对指令值起限制的分度单位（参数），则仅可通过分度单位执行定位。当发出分度单位设定值以外的程序指令时，发生程序错误（P20）。当参数的设定值为0时，不对分度位置进行检查。使用表 8-7-4 中轴的规格参数。

表 8-7-4 轴的规格参数

#	项目		内容	设定范围/(°)
2106	Index unit	分度单位	设定可对旋转轴进行定位的分度单位	0～360

7.2.3 程序结构

1. 程序格式

为使机床动作，赋予 NC 指令的集合称为“程序”。程序是指定工作机床的一种顺序动作，被称为“程序段”的集合。这些指令（程序段）用于叙述实际刀具动作的顺序。程序段被称为包含让机床执行某一种动作命令的“字”的单位集合。字是按照一定顺序排列的字符（字母、数字、符号）的集合。

(1) 程序

程序格式如图 8-7-2 所示。

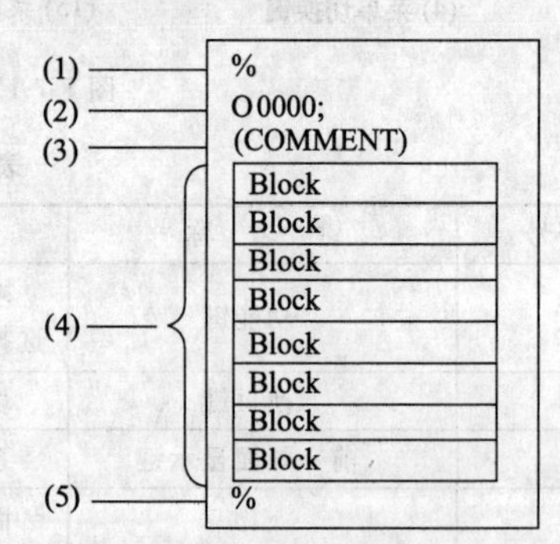

图 8-7-2 程序格式示意图

各部分含义及详细说明如表 8-7-5 所示。

表 8-7-5 程序各部分含义详细说明

语句编号	功能	详细说明
(1)	程序启动	在程序的开头输入记录结束代码(EOR、%)。通过NC创建程序时，自动被附加。通过外部设备创建程序时，必须在程序的开头输入
(2)	程序号	程序号分为主程序号、子程序号。可由地址“O”与其后续的最多8位数字指定。程序号必须在程序开头。并且可禁止编辑程序号为O8000与O9000的(编辑锁定)程序
(3)	注释	忽略控制脱开“(”、控制接入“)”包围的部分及其信息。可输入程序名、注释等信息
(4)	程序部	由多个程序段组成
(5)	程序结束	在程序的最后输入记录结束代码(EOR、%)。通过NC创建程序时，自动被附加

（2）程序段与字

程序段是由字构成指令的最小单位，如图8-7-3所示。包含让机床执行某一特定动作所需信息，以程序段单位构成完整的指令。程序段的结尾输入表示程序段结束的结束程序段（EOB、为了方便由“；”表示）。

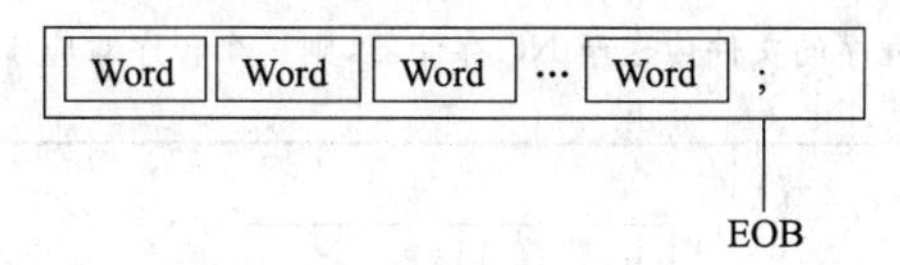

图8-7-3　程序段示意图

字由被称为地址的字母与数字（数值信息）构成，如图8-7-4所示。数值信息的意义与有效位数因地址而异。

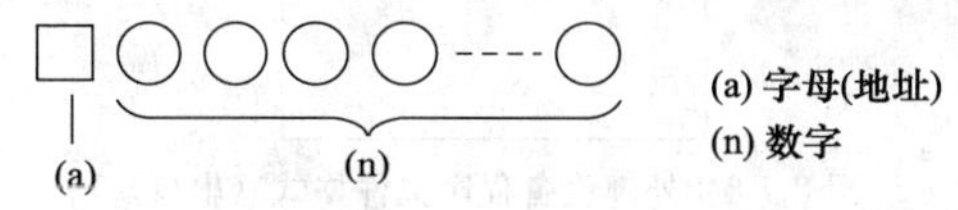

图8-7-4　字的构成

主要字的内容如图8-7-5所示，含义如表8-7-6所示。

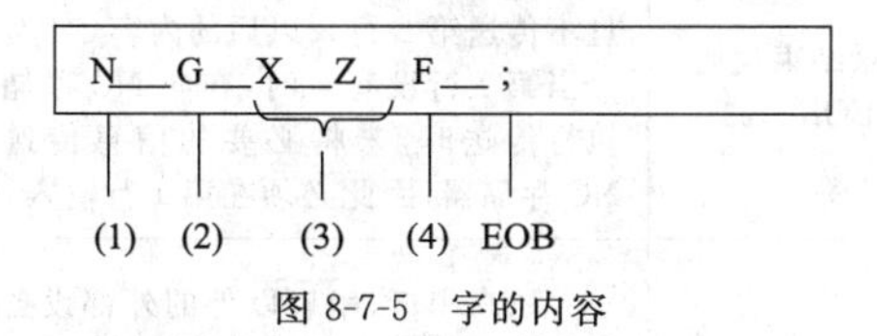

图8-7-5　字的内容

表8-7-6　图8-7-5中数字所指含义

编号	所表示的名称	含　义
（1）	顺序编号	“顺序编号”由地址N与其后续的6位（通常为3位或是4位）数字构成。在程序中用于搜索必要的程序（跳跃程序段等）。不影响工作机床的动作
（2）	准备功能（G代码、G功能）	“准备功能（G代码、G功能）”由地址G与其后续的2位或3位（包含小数点以下1位时）数字构成。G代码主要用于指定轴移动、坐标系设定等功能。例如G00指定定位、G01指定直线插补。G代码分为G代码系列2，3，4，5，6，7等6个系列
（3）	坐标语	“坐标语”用于指定工作机床各轴的坐标位置、移动量。表示工作机床各轴的地址与其后续的数值信息（正负符号及数字）构成。地址使用X，Y，Z，U，V，W，A，B，C等字母。通过数值指定坐标位置、移动量的方法有“绝对值指令”与“增量值指令”2种
（4）	进给功能（F功能）	“进给功能（F功能）”指定对工件的刀具相对速度。由地址F与其后续的数字构成

（3）主程序与子程序

将某种固定顺序动作、反复使用的参数放置在开头作为子程序保存至存储器，需要时可通过主程序呼叫使用。在执行主程序过程中，存在呼叫子程序的指令，则执行子程序。子程序执行结束，则返回至主程序。主程序及子程序关系如图8-7-6所示。

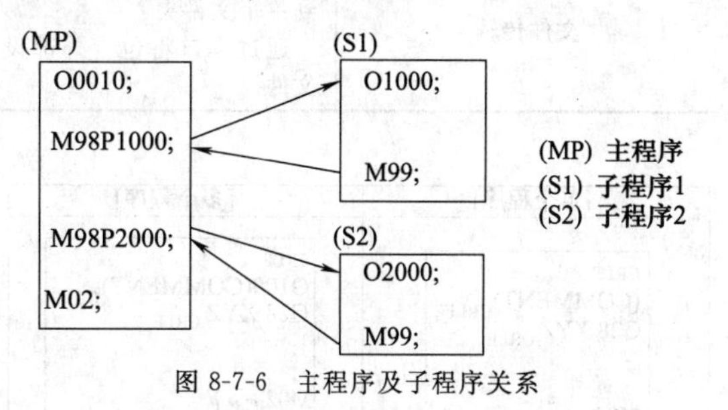

图8-7-6　主程序及子程序关系

2．文件格式

数控程序可通过NC的编辑画面或PC等工具创建程序文件。在NC存储器与外部输入输出设备之间，可输入输出程序文件。也可将NC装置内置的硬盘作为外部输入输出设备使用。程序文件格式因创建程序的设备而异。

（1）可执行输入输出的设备

可执行输入输出的设备如表8-7-7所示。

表8-7-7　可执行程序文件输入输出的设备

外部输入输出设备	M700VW	M700VS	M70V
NC存储器	O	O	O
HD（内置硬盘）	O	—	—
串口	O	O	O
存储卡（前置式IC卡）	O	O	O
DS（NC控制器侧微型存储卡）	O	—	—
FD	O	—	—
USB存储器	—	O	—
以太网	O	O	O
安心网络服务器	O	O	O

注：O表示可执行的输入设备。

（2）程序的文件格式

各外部输入输出设备的文件格式如下。

1）NC存储器（通过NC创建程序）如表8-7-8所示（COMMENT）。

G28XYZ；

⋮

M02；

%

2）外部设备（存储卡、DS、FD、USB存储器等串口以外）文件格式如图8-7-7及表8-7-9所示。

3）外部设备（串口）文件格式如图8-7-8及表8-7-10所示。

表 8-7-8　NC 存储器创建程序说明

项　目	详 细 说 明
记录结束代码(EOR、%)	自动附加记录结束代码(EOR、%) 无需输入
程序号(O号)	不是必需的
文件传输	通过串口将 NC 存储器内的多个程序传送至外部设备，则外部设备侧将接收的文件汇集到一个文件夹 通过串口将包含外部设备侧多个程序的文件传送至 NC 存储器，则一个程序对应 1 个文件

[单个程序]	[多个程序]
CRLF (COMMENT)$_{CRLF}$ G28 XYZ$_{CRLF}$: : M02 $_{CRLF}$ %$_{\wedge Z}$	CRLF O100(COMMENT)$_{CRLF}$ G28 XYZ$_{CRLF}$: : M02$_{CRLF}$ O101(COMMENT1)$_{CRLF}$: M02$_{CRLF}$ %$_{\wedge Z}$

图 8-7-7　外部设备程序文件格式（存储卡、DS、FD、USB 存储器等串口以外）

表 8-7-9　外部设备程序文件格式（存储卡、DS、FD、USB 存储器等串口以外）说明

项目	详 细 说 明
记录结束代码(EOR、%)	跳跃第 1 行(从%至 LF 或 CRLF)。且不传送第 2 行%以后的内容 当第 1 行没有%时，在向 NC 存储器执行传送时，未将必要的信息传送至 NC 存储器。因此必须要在第 1 行输入%
程序号(O 号)	忽略(COMMENT)之前的 O 号，文件名优先
文件传输	无法执行串口、串口以外的外部设备之间的多个程序的传送/检查 通过串口将包含外部设备侧多个程序的文件传送至 NC 存储器，则一个程序对应 1 个文件 串口以外的外部设备(多个程序)将每个程序传送至 NC 存储器时，仅在通过装置 B 的文件名栏指定传送前的文件名时，可省略如"(COMMENT)"的开头程序名
程序名	可在字母、数字共计 32 个字符(多系统程序为 29 个字符)内指定程序名
结束程序段(EOB;)	将输入输出参数"CR 输出"设为"1"，则 EOB 变为 CRLF

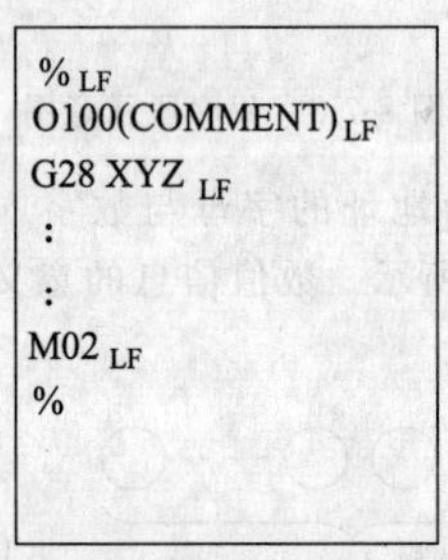

图 8-7-8　外部设备程序文件格式（串口）

表 8-7-10　外部设备程序文件格式（串口）说明

项　目	详 细 说 明
记录结束代码(EOR、%)	跳跃第 1 行(从%至 LF 或 CRLF)。且不传送第 2 行%以后的内容 当第 1 行没有%时，在向 NC 存储器执行传送时，未将必要的信息传送至 NC 存储器，因此必须在第 1 行输入%
文件传输	无法在串口、串口以外的外部设备之间执行多个程序的传送/检查 通过串口传送时，仅在通过装置 B 的文件名栏指定传送前的文件名时，可省略如　"(COMMENT)"的开头程序名
程序名	可在字母、数字共计 32 个字符(多系统程序为 29 个字符)内指定程序名
结束程序段(EOB;)	将输入输出参数"CR 输出"设为"1"，则 EOB 变为 CRLF

3. 可选程序段跳跃

(1) 可选程序段跳跃/

在"/"（反斜杠）代码开头的加工程序中，选择性跳跃特定程序段。当开启可选程序段跳跃开关时，忽略程序段开头带有"/"（反斜杠）代码的程序段；当关闭可选程序段跳跃开关时，执行程序段开头带有"/"（反斜杠）代码的程序段。此时，不受可选程序段跳跃开关的（开启后关闭）影响，奇偶检查均有效。

(2) 追加可选程序段跳跃/n

在自动运行中及搜索过程中，选择是否执行带有"/n（n：1～9）"（反斜杠）的程序段。通过创建带有

“/n”代码的加工程序，1个程序可以加工两个不同的工件。在程序段开头输入“/n”（反斜杠）代码，打开可选程序段跳跃n信号，执行运行，则运行时跳跃带有“/n”的程序段。且“/n”代码在程序段中间而不是程序段开头时，根据参数“＃1226 aux10/bit1”的设定值执行运行。关闭可选程序段跳跃n信号时，执行带有“/n”的程序段。

4. G代码

(1) 模态、非模态

G代码是规定程序内各程序段动作模式的指令。

G代码分为模态指令与非模态指令。

模态指令在组内的G代码中，通常将1个G代码指定为1个NC动作模式。取消指令或重新指定相同组内其他G代码前，保持该动作模式。

仅在指定非模态指令时，为NC动作模式指令。对下一程序段无效。

(2) G代码系列一览表

G代码系列一览表如表8-7-11所示。

表8-7-11 G代码系列一览表

G代码系列						组	功能名称
标准		特殊					
2	3	4	5	6	7		
△G00	△G00	△G00	△G00	△G00	△G00	01	定位
△G01	△G01	△G01	△G01	△G01	△G01	01	直线插补
G02	G02	G02	G02	G02	G02	01	圆弧插补CW/螺旋插补CW
G03	G03	G03	G03	G03	G03	01	圆弧插补CCW/螺旋插补CCW
G02.3	G02.3	G02.3	G02.3	G02.3	G02.3	01	指数函数插补CW
G03.3	G03.3	G03.3	G03.3	G03.3	G03.3	01	指数函数插补CCW
G04	G04	G04	G04	G04	G04	00	暂停
				G07.1 G107	G07.1 G107	19	圆筒插补
G09	G09	G09	G09	G09	G09	00	准确定位检查
G10	G10	G10	G10	G10	G10	00	可编程参数/补偿输入/寿命管理数据登录
G11	G11	G11	G11	G11	G11	00	可编程参数输入/寿命管理数据登录取消
				G12.1 G112	G12.1 G112	19	极坐标插补打开
				G13.1 G113	G13.1 G113	19	极坐标插补取消
G12.1	G12.1	G12.1	G12.1			19	铣削插补打开
*G13.1	*G13.1	*G13.1	*G13.1			19	铣削插补取消
*G14	*G14	*G14	*G14			18	●平衡切削关闭
G15	G15	G15	G15			18	●平衡切削打开
G16	G16	G16	G16			02	铣削插补平面选择*Y-Z*圆筒平面
△G17	△G17	△G17	△G17	△G17	△G17	02	平面选择*X-Y*
△G18	△G18	△G18	△G18	△G18	△G18	02	平面选择*Z-X*
△G19	△G19	△G19	△G19	△G19	△G19	02	平面选择*Y-Z*
△G20	△G20	△G20	△G20	△G20	△G20	06	英制指令
△G21	△G21	△G21	△G21	△G21	△G21	06	公制指令
G22	G22	G22	G22			04	禁区检查打开
*G23	*G23	*G23	*G23			04	禁区检查关闭
				G22	G22	00	软极限打开
				G23	G23	00	软极限关闭
G27	G27	G27	G27	G27	G27	00	参考点检查
G28	G28	G28	G28	G28	G28	00	自动参考点返回
G29	G29	G29	G29	G29	G29	00	起点返回
G30	G30	G30	G30	G30	G30	00	第2、3、4参考点返回
G30.1	G30.1	G30.1	G30.1	G30.1	G30.1	00	换刀位置返回1
G30.2	G30.2	G30.2	G30.2	G30.2	G30.2	00	换刀位置返回2

续表

G代码系列						组	功能名称
标准		特殊					
2	3	4	5	6	7		
G30.3	G30.3	G30.3	G30.3			00	换刀位置返回3
G30.4	G30.4	G30.4	G30.4			00	换刀位置返回4
G30.5	G30.5	G30.5	G30.5			00	换刀位置返回5
G31	G31	G31	G31	G31	G31	00	跳跃/多段跳跃2
G31.1	G31.1	G31.1	G31.1	G31.1	G31.1	00	多段跳跃1-1
G31.2	G31.2	G31.2	G31.2	G31.2	G31.2	00	多段跳跃1-2
G31.3	G31.3	G31.3	G31.3	G31.3	G31.3	00	多段跳跃1-3
G32	G33	G32	G33	G32	G33	01	螺纹切削
G34	G34	G34	G34	G34	G34	01	可变导程螺纹切削
G35	G35	G35	G35	G35	G35	01	圆弧螺纹切削CW
G36	G36	G36	G36	G36	G36	01	圆弧螺纹切削CCW
G37	G37	G36/ G37	G36/ G37	G36/G37 G37.1 G37.2	G36/G37 G37.1 G37.2	00	自动刀长测定
*G40	*G40	*G40	*G40	*G40	*G40	07	刀尖R补偿取消
G41	G41	G41	G41	G41	G41	07	刀尖R补偿左
G42	G42	G42	G42	G42	G42	07	刀尖R补偿右
G46	G46	G46	G46	G46	G46	07	刀尖R补偿(自动决定方向)打开
G43.1	G43.1	G43.1	G43.1	G43.1	G43.1	20	第1主轴控制模式
G44.1	G44.1	G44.1	G44.1	G44.1	G44.1	20	选择主轴控制模式
G47.1	G47.1	G47.1	G47.1	G47.1	G47.1	20	所有主轴同时控制模式
G50	G92	G50	G92	G50	G92	00	主轴钳制速度设定 坐标系设定
*G50.2	*G50.2	*G50.2	*G50.2			11	比例缩放取消
G51.2	G51.2	G51.2	G51.2			11	比例缩放打开
				G50.2 G250	G50.2 G250	00	多边形加工模式取消 (主轴-刀具轴同期)
				G51.2 G251	G51.2 G251	00	多边形加工模式打开 (主轴-刀具轴同期)
G52	G52	G52	G52	G52	G52	00	局部坐标系设定
G53	G53	G53	G53	G53	G53	00	基本机械坐标系选择
*G54	*G54	*G54	*G54	*G54	*G54	12	工件坐标系选择1
G55	G55	G55	G55	G55	G55	12	工件坐标系选择2
G56	G56	G56	G56	G56	G56	12	工件坐标系选择3
G57	G57	G57	G57	G57	G57	12	工件坐标系选择4
G58	G58	G58	G58	G58	G58	12	工件坐标系选择5
G59	G59	G59	G59	G59	G59	12	工件坐标系选择6
G54.1	G54.1	G54.1	G54.1	G54.1	G54.1	12	工件坐标系选择扩展48组
G61	G61	G61	G61	G61	G61	13	准确定位检查
G62	G62	G62	G62	G62	G62	13	自动转角倍率
G63	G63	G63	G63	G63	G63	13/19	攻螺纹模式
*G64	*G64	*G64	*G64	*G64	*G64	13/19	切削模式
G65	G65	G65	G65	G65	G65	00	用户宏程序单纯呼叫
G66	G66	G66	G66	G66	G66	14	用户宏程序模态呼叫A
G66.1	G66.1	G66.1	G66.1	G66.1	G66.1	14	用户宏程序模态呼叫B
*G67	*G67	*G67	*G67	*G67	*G67	14	用户宏程序模态呼叫取消
G68	G68	G68	G68			15	相对刀架镜像打开

续表

G代码系列						组	功能名称
标准		特殊					
2	3	4	5	6	7		
G69	G69	G69	G69			15	相对刀架镜像关闭
				G68	G68	15	相对刀架镜像打开或平衡切削模式打开
				*G69	*G69	15	相对刀架镜像关闭或平衡切削模式取消
G70	G70	G70	G70	G70	G70	09	精加工循环
G71	G71	G71	G71	G71	G71	09	纵向粗加工循环
G72	G72	G72	G72	G72	G72	09	端面粗加工循环
G73	G73	G73	G73	G73	G73	09	型材粗加工循环
G74	G74	G74	G74	G74	G74	09	端面切断循环
G75	G75	G75	G75	G75	G75	09	纵向切断循环
G76	G76	G76	G76	G76	G76	09	复合型螺纹切削循环
G76.1	G76.1	G76.1	G76.1	G76.1	G76.1	09	●双系统同时螺纹切削循环(1)
G76.2	G76.2	G76.2	G76.2	G76.2	G76.2	09	●双系统同时螺纹切削循环(2)
G90	G77	G90	G77	G90	G77	09	纵向切削固定循环
G92	G78	G92	G78	G92	G78	09	螺纹切削固定循环
G94	G79	G94	G79	G94	G79	09	端面切削固定循环
*G80	*G80	*G80	*G80	*G80	*G80	09	钻孔固定循环
G81	G81	G81	G81	G81	G81	09	固定循环(钻孔/定点钻孔)
G82	G82	G82	G82	G82	G82	09	固定循环(钻孔/镗孔)
G79	G83.2	G79	G83.2	G79	G83.2	09	深钻孔循环2
G83	G83	G83	G83	G83	G83	09	深钻孔循环(*Z*轴)
G83.1	G83.1	G83.1	G83.1	G83.1	G83.1	09	步进循环
G84	G84	G84	G84	G84	G84	09	攻螺纹循环(*Z*轴)
G85	G85	G85	G85	G85	G85	09	镗孔循环(*Z*轴)
G87	G87	G87	G87	G87	G87	09	深钻孔循环(*X*轴)
G88	G88	G88	G88	G88	G88	09	攻螺纹循环(*X*轴)
G89	G89	G89	G89	G89	G89	09	镗孔循环(*X*轴)
G84.1	G84.1	G84.1	G84.1	G84.1	G84.1	09	反向攻螺纹循环(*Z*轴)
G84.2	G84.2	G84.2	G84.2	G84.2	G84.2	09	同期攻螺纹循环
G88.1	G88.1	G88.1	G88.1	G88.1	G88.1	09	反向攻螺纹循环(*X*轴)
G50.3	G92.1	G50.3	G92.1	G50.3	G92.1	00	工件坐标系预置
△G96	△G96	△G96	△G96	△G96	△G96	17	恒速控制打开
△G97	△G97	△G97	△G97	△G97	△G97	17	恒速控制关闭
△G98	△G94	△G98	△G94	△G98	△G94	05	每分钟进给(非同期进给)
△G99	△G95	△G99	△G95	△G99	△G95	05	每转进给(同期进给)
	△G90		△G90		△G90	03	绝对值指令
	△G91		△G91		△G91	03	增量值指令
	*G98		*G98		*G98	10	固定循环初始返回
	G99		G99		G99	10	固定循环R点返回
G113	G113	G113	G113			00	主轴同期控制取消/多边形加工(主轴-主轴同期)模式取消
G114.1	G114.1	G114.1	G114.1			00	主轴同期控制
G114.2	G114.2	G114.2	G114.2			00	多边形加工(主轴-主轴同期)模式打开
G114.3	G114.3	G114.3	G114.3			00	刀具主轴同期控制Ⅱ(滚齿加工模式)打开
G115	G115	G115	G115	G115	G115	00	●起点指定等待类型1
G116	G116	G116	G116	G116	G116	00	●起点指定等待类型2
G117	G117	G117	G117	G117	G117	00	●轴移动中辅助功能输出
G126	G126	G126	G126			00	●控制轴重量

注：*表示通电时或执行模态初始化复位时，各组选中的G代码；△表示通电时或执行模态初始化复位时，可作为初始状态进行参数选择的G代码，但仅可在通电时选择英制/公制切换；●表示多系统专用功能。

使用 G 代码时应注意以下问题。

1）指定了 G 代码一览表中没有的 G 代码，则发生程序错误。

2）指定了附加规格中没有的 G 代码，则发生报警。

3）在 1 个程序段当指定了同组内 2 个以上的 G 代码时，最后指定的 G 代码生效。

4）G 代码系列一览表是从前的 G 指令一览表。根据机床的不同，可能会使用呼叫 G 代码宏程序，执行与从前 G 指令不同的动作。可参考机床厂的说明书加以确认。

5）复位输入中是否执行模态初始化，各有不同。

6）G 代码系列 6、7 的注意事项。

① G68，G69。相对刀架镜像选配功能与平衡切削选配功能均有效时，G68、G69 作为相对刀架镜像 ON/OFF 的指令使用（相对刀架镜像优先）。

② G36。G36 是用于自动刀长测定与圆弧螺纹切削（CCW）两个功能的指令。可通过参数“＃1238 set10/bit0”（圆弧螺纹切削）选择执行哪个功能，如表 8-7-12 所示。

表 8-7-12　参数选择及功能

G 代码	功　能	
	“＃1238 set10/bit0”为 0	“＃1238 set10/bit0”为 1
G35	圆弧螺纹切削顺时针旋转(CW)	圆弧螺纹切削顺时针旋转(CW)
G36	自动刀长测定 *X*	圆弧螺纹切削逆时针旋转(CCW)
G37	自动刀长测定 *Z*	自动刀长测定 *Z*

注：将“G 后无数值”指令视为“G00”。

5. 加工前的注意事项

1）创建加工程序时，应选择适当的加工条件。注意不要超过机床 NC 性能、容量的限制。本书中所提到的示例均未考虑加工条件。

2）在实际加工前，应通过图形检查确认空运转、单节运行中的加工程序、刀具偏置量、工件偏置量等数据。

7.2.4　位置指令

1. 增量值指令/绝对值指令 G90、G91

(1) 功能

指定刀具移动量有增量值方式与绝对值方式 2 种方式。关于移动点的坐标，增量值方式是以距当前点的距离发出指令，而绝对值指令则是以距坐标原点的距离发出指令。由轴地址或是 G 指令指定增量值方式/绝对值方式。通过参数的设定选择轴地址与 G 指令哪个有效。如图 8-7-9 表示刀具从点 P_1 移动到点 P_2。

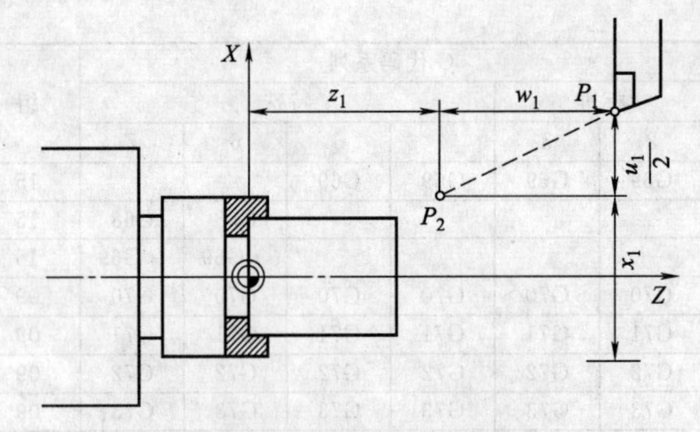

图 8-7-9　刀具从点 P_1 移动到点 P_2 示意图

1）通过轴地址指定移动指令（“＃1076 AbsInc”为“1”时）

绝对值指令：G00 Xx1 Zz1；

增量值指令：G00 Uu1 Ww1；

2）通过 G 指令指定移动指令（“＃1076 AbsInc”为“0”时）

绝对值指令：G90 G00 Xx1 Zz1；

增量值指令：G91 G00 Xu1 Zw1；

(2) 指令格式

G90；绝对值指令

G91；增量值指令

参数“＃1076 AbsInc”为“0”时，通过 G 指令选择绝对值指令/增量值指令。通过指定 G90/G91，将以后的坐标指令作为绝对值或是增量值指令使用。

(3) 通过轴地址选择绝对值指令/增量值指令

参数“＃1076 AbsInc”为“1”时，通过轴地址选择绝对值指令/增量值指令。

1）通过下述参数设定地址与轴的对应。

＃1013 axname

＃1014 incax

表 8-7-13 是将“＃1013 axname”设为“X，Z，C，Y”、将“＃1014 incax”设为“U，W，H，V”时的示例。

表 8-7-13　参数设定地址与轴的对应示例

参数值	轴	指令方法
绝对值	*X* 轴	地址 X
	Z 轴	地址 Z
	C/*Y* 轴	地址 C/Y
增量值	*X* 轴	地址 U
	Z 轴	地址 W
	C/*Y* 轴	地址 H/V

注：*C*/*Y* 轴为附加轴的示例。

2）在相同程序段可共用绝对值与增量值。

例　X__ W__；通过绝对值指定 *X* 轴、通过增

量值指定Z轴

使用时需注意：

① 通常使用增量值指定圆弧半径（R）或圆弧中心（I，J，K）。

② 参数“＃1076 AbsInc”为“1”，在增量指令地址使用H时，M98、G114.2及G10 L50模态中的程序段的地址H作为各指令的参数使用，不执行轴移动。

2. 半径指定/直径指定

可由直径值或半径值指定坐标位置/尺寸法/指令，旋转车床加工中的工件。通过直径值指定时被称为直径指定、通过半径值指定时被称为半径指定。

可通过参数（＃1019 dia）选择是执行半径指定还是直径指定。如图8-7-10及表8-7-14所示。说明刀具从点P_1移动到点P_2时的指令要领。

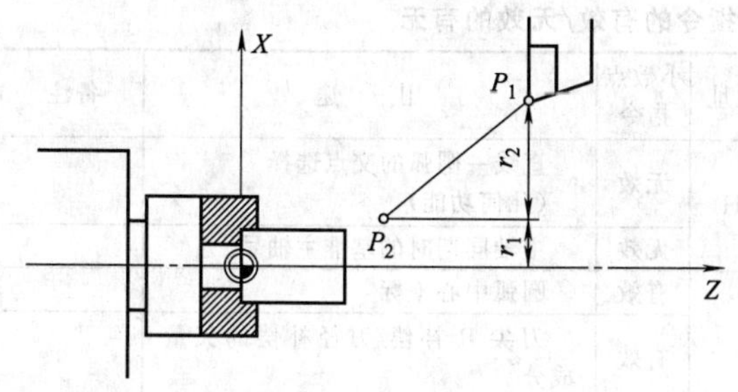

图8-7-10　刀具从点P_1移动到点P_2时的指令要领

表8-7-14　半径指定/直径指定

X指令		U指令		备　注
半径	直径	半径	直径	
X=r1	X=2 * r1	U=r2	U=2 * r2	即使选择了直径指令，也可通过参数“＃1077 radius”，仅将U指令作为半径指令使用“U”是增量指令的地址

注意事项/限制事项：

1）在上述事例中，刀具从P_1移动到P_2，即向X轴的负方向移动。所以当采用增量值指令时，指令的数值将带有负号。

2）为方便起见，假定X、U均采用直径指定加以说明。

3. 英制指令/公制指令切换G20、G21

（1）功能

可通过G20/G21指令切换英制指令与公制指令。

（2）指令格式

G20；英制指令

G21；公制指令

说明：

G20/G21仅用于切换指令单位，无法切换输入单位。

G20/G21切换仅对直线轴有效，对旋转轴无效。

（3）输出单位/指令单位/设定单位

通过参数“＃1041 I_inch”决定计数器及参数的设定/显示单位。对移动/速度指令，“＃1041 I_inch”打开时的G21指令模式显示为公制单位，“＃1041 I_inch”关闭时的G20指令模式将内部单位从公制单位变换为英制单位。通电及复位时的指令单位，取决于参数“＃1041 I_inch”、“＃1151 rstint”、“＃1210 RstGmd/bit5”的组合，如表8-7-15及表8-7-16所示。

表8-7-15　NC轴单位设定

项　目	（内部单位为公制）＃1041 I_inch=0		（内部单位为英制）＃1041 I_inch=1	
	G21	G20	G21	G20
移动/速度指令	公制	公制	英制	英制
计数器显示	公制	公制	英制	英制
速度显示	公制	公制	英制	英制
用户参数设定/显示	公制	公制	英制	英制
工件/刀具偏置设定/显示	公制	公制	英制	英制
手轮进给指令	公制	公制	英制	英制

表8-7-16　PLC轴单位设定

项　目	＃1042 pcinch=0（公制）	＃1042 pcinch=1（英制）
移动/速度指令	公制	英制
计数器显示	公制	英制
用户参数设定/显示	公制	英制

使用时应注意：

1）参数/刀具数据的输入输出单位，取决于“＃1041 I_inch”中设定的单位。当参数输入数据中没有“＃1041 I_inch”时，服从当前NC中设定的单位。

2）PLC窗口的引导、写入单位与参数及G20/G21指令模态无关，固定为公制单位。

3）在相同程序段指定G20/G21指令与下述G代码时，发生程序错误。在其他程序段指定。

① G07.1（圆筒插补）。

② G12.1（极坐标插补）。

4. 小数点输入

（1）功能

在定义刀具轨迹、距离、速度的加工程序输入信息时，可指定mm（公制）或是in（英制）单位的零位小数点输入。可通过参数“＃1078 Decpt2”选择，是以无小数点数据的最低位作为最小输入指令单位（类型1），还是作为零位（类型2）。

（2）详细说明

1）小数点指令对加工程序中的距离、角度、时间、速度指令均有效。

2）有关小数点指令的有效地址的详情请参考表8-7-18“使用地址与小数点指令的有效/无效的有无”。

3）小数点指令中的有效指令值范围如表8-7-17所示（输入指令单位cunit=10时）。

4）小数点指令对子程序使用的变量数据的定义指令也有效。

5）对小数点无效地址发出小数点指令，仅将跳跃了小数点以后部分的整数部分作为数据加以处理。小数点无效地址如下：L，M，N，O，S，T，但将所有变量指令都作为带小数点的数据使用。

(3) 小数点输入Ⅰ、Ⅱ与小数点指令有效、无效

在如表8-7-18所示中，当在小数点指令有效的地址中，发出不使用小数点的指令时，小数点输入Ⅰ、Ⅱ如下动作，发出使用小数点的指令时，小数点输入Ⅰ、Ⅱ做相同动作。

1）小数点输入Ⅰ　指令数据的最低位与指令单位一致。

2）小数点输入Ⅱ　指令数据的最低位与小数点位置一致。

表8-7-17　小数点指令中的有效指令值范围

项目	移动指令(直线)	移动指令(旋转)	进给速度	暂停
输入单位 mm	−99999.999～99999.999	−99999.999～99999.999	0.001～10000000.000	0～99999.999
输入单位 in	−9999.9999～9999.9999		0.0001～1000000.0000	

表8-7-18　使用地址与小数点指令的有效/无效的有无

地址	小数点指令	用途	备注
A	有效	坐标位置数据	
	无效	第2辅助功能代码	
	有效	角度数据	
	无效	MRC程序号	
	无效	可编程参数输入 轴号	
	有效	深钻孔循环(2) 安全距离	
	有效	主轴同期加减速时间常数	
B	有效	坐标位置数据	
	无效	第2辅助功能代码	
C	有效	坐标位置数据	
	无效	第2辅助功能代码	
	有效	转角倒角量	,C
	有效	可编程刀补输入 刀尖R补偿量(增量)	
	有效	倒角宽度(开槽循环)	
D	有效	自动刀长测定减速区域 d	
	无效	可编程参数输入 字节型数据	
	无效	主轴同期时的同期主轴号	
E	有效	英制螺纹圈数、精密螺纹导程	
	有效	转角的切削进给速度	
F	有效	进给速度	
	有效	螺纹导程	
G	有效	准备功能代码	
H	有效	坐标位置数据	
	无效	子程序内的 顺序编号	
	无效	可编程参数输入 bit型数据	

地址	小数点指令	用途	备注
H	无效	直线—圆弧的交点选择 (几何功能)	
	无效	主轴同期时的基准主轴号	
I	有效	圆弧中心坐标	
	有效	刀尖R补偿/刀径补偿的矢量成分	
	有效	深钻孔循环(2) 第1次切入量	
	有效	G0/G1就位宽度 钻孔循环G0就位宽度	,I
J	有效	圆弧中心坐标	
	有效	刀尖R补偿/ 刀径补偿的矢量成分	
	无效	深钻孔循环(2) 返回点的暂停	
	有效	钻孔循环 Gl就位宽度	,J
K	有效	圆弧中心坐标	
	有效	刀尖R补偿/ 刀径补偿的矢量成分	
	无效	钻孔循环 重复次数	
	有效	深钻孔循环(2) 第2次以后的切入量	
	有效	螺纹导程增减量 (可变导程螺纹切削)	
L	无效	子程序 重复次数	
	无效	可编程刀补输入 种类选择	L2 L10 L11

续表

地址	小数点指令	用　途	备注
L	无效	可编程参数输入选择	L70
	无效	可编程参数输入 2 字型数据	4 字节
	无效	等待	
	无效	刀具寿命数据	
M	无效	辅助功能代码	
N	无效	顺序编号	
	无效	可编程参数输入 数据号	
O	无效	程序号	
P	有效	复合型螺纹切削循环 螺纹高度	
	无效	可编程刀补输入 补偿编号	
	无效	可编程参数输入 大区分编号	
	有效	坐标位置数据	
	无效	跳跃信号指令	
	有效	圆弧中心坐标(绝对值) (几何功能)	
	无效	子程序返回地址 顺序编号	
	无效	扩展工件坐标系编号	
	无效	刀具寿命数据组号	
	无效	暂停时间	
	无效	子程序呼叫 程序号	
	无效	第 2、3、4 参考点 编号	
	无效	恒速控制轴号	
	无效	MRC 加工路径开始 顺序编号	
	有效	切断循环 移位量/切入量	
	无效	复合型螺纹切削循环 切入次数、端面倒角、刀尖角度	
Q	无效	主轴最低钳制转速	
	无效	MRC 加工路径结束 PLC 编号	
	有效	切断循环 切入量/移位量	
	有效	复合型螺纹切削循环 最小切入量	
	有效	复合型螺纹切削循环 第 1 次的切入量	
	有效	深钻孔循环(1) 每次的切入量	
	无效	可编程刀补输入 假想刀尖点编号	

地址	小数点指令	用　途	备注
Q	无效	深钻孔循环(2) 切入点的暂停	
	有效	圆弧中心坐标(绝对值) (几何功能)	
	有效	螺纹切削开始移位角度	
	无效	刀具寿命数据管理方式	
R	有效	R 指定圆弧的半径	
	有效	转角 R 圆弧半径	
	有效	自动刀长测定减速区域 r	
	有效	MRC 纵向/端面退刀量	
	无效	MRC 成形分割次数	
	有效	切断循环返回量	
	有效	切断循环退刀量	
	有效	复合型螺纹切削循环 精加工量	
	有效	复合型螺纹切削循环/车削循环锥轴差	
	有效	至钻孔循环/深钻孔循环(2)R 点的距离	
	有效	坐标位置数据	
	有效	粗加工循环(纵向)(端面)余量	
	无效	顺序编号	
	无效	同期攻螺纹/非同期攻螺纹切换	
	有效	同期主轴相位移位量	
S	无效	主轴功能代码	
	无效	主轴最高钳制转速	
	无效	恒速控制表面速度	
	无效	可编程参数输入 字型数据	2 字节
T	无效	刀具功能代码	
U	有效	坐标位置数据	
	有效	可编程刀补输入	
	有效	粗加工循环(纵向) 切入量	
	有效	暂停	
V	有效	坐标位置数据	
	有效	可编程刀补输入	
W	有效	坐标位置数据	
	有效	可编程刀补输入	
	有效	粗加工循环(端面) 切入量	
X	有效	坐标位置数据	
	有效	暂停	
	有效	可编程刀补输入	
Y	有效	坐标位置数据	
	有效	可编程刀补输入	
Z	有效	坐标位置数据	
	有效	可编程刀补输入	

注：对用户宏程序的自变量，小数点均有效。

7.2.5 插补功能

1. 定位（快速进给）G00

(1) 功能

本指令是通过坐标语，以当前点为起点，向坐标语指令的终点高速定位。

(2) 指令格式

G00 X_/U_Z_/W_；定位（快速进给）

X_/U_：X轴终点坐标（X为工件坐标系的绝对值、U为距当前位置的增量值）。

Z_/W_：Z轴终点坐标（Z为工件坐标系的绝对值、W为距当前位置的增量值）。

注：附加指令地址对所有轴均有效。

(3) 刀具路径

可通过参数（＃1086 G0Intp）选择刀具路径是直线或是非直线。直线、非直线对定位时间没有影响。

1）直线路径：参数“＃1086 G0Intp”为“0”时定位时的刀具移动路径为连接起点与终点的最短路径。在指定定位速度的各轴速度不超过快速进给速度的前提下，自动计算定位速度，以确保分配时间最短。

2）非直线路径：参数“＃1086 G0Intp”为“1”时在定位过程中，刀具以各轴的快速进给速度从移动路径起点移动到终点。

(4) 减速检查的注意事项

减速检查方式分为指令减速方式与就位检查方式。可通过参数“＃1193 inpos”选择减速检查方式。对程序中存在就位宽度指令的程序段，临时变更就位宽度执行就位检查（就位宽度PLC指令）。对程序中没有就位宽度指令的程序段，根据基本规格参数“＃1193 inpos”执行减速检查。

错误检测信号为ON时，强制执行就位检查。如表8-7-19及表8-7-20所示。

2. 直线补偿 G01

(1) 功能

该指令是通过坐标语与进给速度指令的组合，以地址F中所指定的速度，将刀具从当前点直线移动（插补）到坐标系所指定的终点。但此时，地址F所指定的进给速度，总是作为相对于刀具中心的进给方向的线速度使用。

(2) 指令格式

G01 X_/U_Z_/W_α _F_ ，I_；直线补偿

X、U、Z、W、α：表示坐标值（α为附加轴）。

F：进给速度（mm/min或（°）/min）。

I：就位宽度。仅对指定的程序段有效。因此在没有该地址的程序段，服从参数“＃1193 inpos”的设定。取值范围1～999999mm。

指令格式示意如图8-7-11所示。

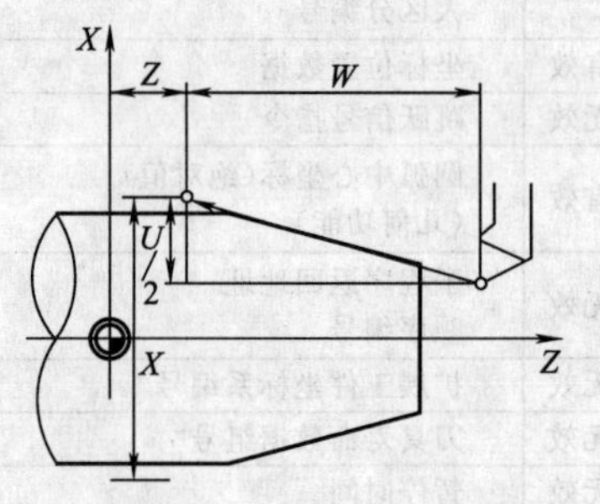

图 8-7-11 指令格式示意

使用时应注意：

1）G01指令为01组的模态指令。连续指定G01指令时，仅可指定下一程序段以后的坐标语。对最初的G01指令未赋予F指令时，发生程序错误。

2）通过（°）/min（小数点位置的单位）指定旋转轴的进给速度（F300＝300（°）/min）。

3）根据G01指令取消（G80）09组的G功能（G70～G89）。

表 8-7-19 快速进给 G00 减速检查

快速进给(G00)		＃1193 inpos	
		0	1
,I指令	无	指令减速方式(在“＃2003 smgst”bit3～0设定的各加减速类型的指令减速检查)	就位检查方式(根据“＃2077 G0inps”“＃2224 SV024”执行就位检查)
	有	就位检查方式(根据“,I…‘＃2077 G0inps’＃2224 SV024”执行就位检查)	

表 8-7-20 切削进给 G01 减速检查

切削进给(G01)		＃1193 inpos	
		0	1
,I指令	无	指令减速方式(在“＃2003 smgst”bit7～4设定的各加减速类型的指令减速检查)	就位检查方式(“根据＃2078 G1inps”“＃2224 SV024”执行就位检查)
	有	就位检查方式(根据“,I…‘＃2078 G1inps’＃2224 SV024”执行就位检查)	

（3）直线补偿指令时的就位宽度 PLC 指令

该指令通过加工程序指定直线补偿指令时的就位宽度，指令格式如下：

G01 X_ Z_ F_，I　；

X，Z：各轴的直线补偿坐标值。

F：进给速度。

I：就位宽度。

在直线插补指令中，仅当执行减速检查时所指定的就位宽度有效。

3. 圆弧补偿 G02、G03

（1）功能

该指令是让刀具沿圆弧移动。

（2）指令格式

G02 X_/U_ Z_/W_ I_ K_ F_；圆弧补偿：顺时针旋转（CW）

G03 X_/U_ Z_/W_ I_ K_ F_；圆弧补偿：逆时针旋转（CCW）

X/U：圆弧终点坐标、*X* 轴（X 为工件坐标系的绝对值、U 为距当前位置的增量值）。

Z/W：圆弧终点坐标、*Z* 轴（Z 为工件坐标系的绝对值、W 为距当前位置的增量值）。

I：圆弧中心、*X* 轴（I 为起点到圆心的 X 坐标的半径指令增量值）。

K：圆弧中心、*Z* 轴（K 为起点到圆心的 Z 坐标的增量值）。

F：进给速度。

（3）直线补偿置换

圆弧指令中未指定中心、半径时，发生程序错误。设定参数"未指定 ♯11029 圆弧中心圆弧-直线切换"，则仅直线补偿至该程序段终点坐标值。但模态依旧为圆弧模态。该功能不适用于几何功能中的圆弧指令。

4. R 指定圆弧补偿 G02、G03

（1）功能

除以往通过指定圆弧中心坐标（I，K）发出圆弧插补指令外，还可以通过直接指定圆弧半径 R 发出圆弧插补指令。

（2）指令格式

指令格式如下。

G02 X_/U_ Z_/W_ R_ F_；R 指定圆弧补偿：顺时针旋转（CW）

G03 X_/U_ Z_/W_ R_ F_；R 指定圆弧补偿：逆时针旋转（CCW）

X/U：*X* 轴终点坐标。

Z/W：*Z* 轴终点坐标。

R：圆弧半径。

F：进给速度。

通过输入设定单位指定圆弧半径。当对输入指令单位各异的轴发出圆弧指令时，需加以注意。为了防止混乱，发出指令时应带上小数点。

（3）圆弧中心坐标补偿

在 R 指定圆弧补偿中，因为计算误差未得到希望的半圆，所以"起点至终点的线段"与"指令半径×2"的误差小于设定值时，应执行补偿，使起点至终点的线段中点为圆弧中心。通过参数"♯11028 圆弧中心误差修正允许值"设定补偿值。

5. 平面选择 G17、G18、G19

（1）功能

是选择控制平面或圆弧所在平面的指令。可通过将 3 个基本轴及与之对应的平行轴作为参数进行登录，选择由任意 2 个非平行轴确定的平面。如果将旋转轴登录为平行轴，也可选择包含旋转轴在内的平面。平面选择用于选择执行圆弧补偿的平面和执行刀尖 R 补偿的平面。

（2）指令格式

G17；*I*、*J*　平面的选择

G18；*K*、*I* 平面的选择

G19；*J*、*K* 平面的选择

I、*J*、*K* 表示各基本轴或其平行轴。通电后及复位时，选择参数"♯1025 I_plane"设定的平面，如图 8-7-12 所示。

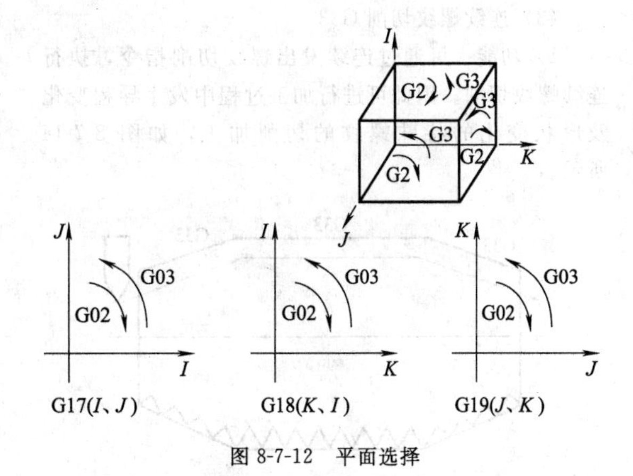

图 8-7-12　平面选择

6. 螺纹切削

（1）固定导程螺纹切削 G33

1）功能　通过 G33 指令进行与主轴旋转同期的刀具进给控制，因此可进行导程固定的直形螺纹切削加工、锥形螺纹切削加工及连续螺纹切削加工，如图 8-7-13 所示。

2）指令格式

G33 Z_/W_ X_/U_ F_ Q_；普通导程螺纹切削

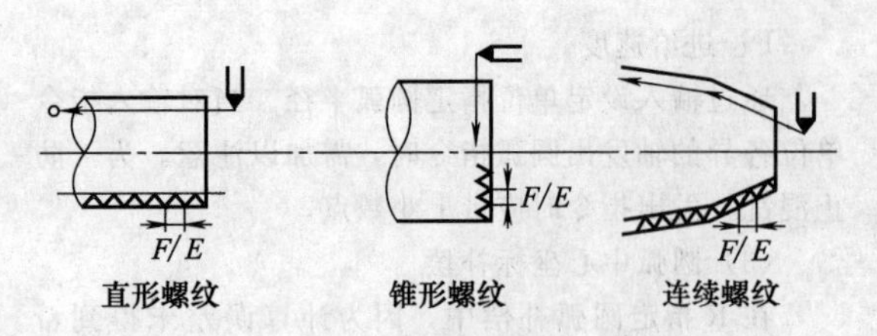

图 8-7-13　连续螺纹切削（1）

Z、W、X、U：螺纹终点坐标。

F：长轴（移动量最大的轴）方向导程。

Q：螺纹切削开始移位角度（0.001°～360.000°）。

G33 Z_/W_ X_/U_ E_ Q_；精密导程螺纹切削

Z、W、X、U：螺纹终点坐标。

E：长轴（移动量最大的轴）方向导程。

Q：螺纹切削开始移位角度（0.001°～360.000°）。

（2）英制螺纹切削 G33

1）功能　只要在 G33 指令中指定长轴方向的每英寸螺纹数，就执行与主轴旋转同期的刀具进给控制。因此可执行固定导程直螺纹切削加工、锥形螺纹切削加工。

2）指令格式

G33　Z_/W_ X_/U_ E_ Q_；英制螺纹切削

Z、W、X、U：螺纹终点坐标。

E：长轴（移动量最大的轴）方向上的每英寸螺纹数（也可发出小数点指令）。

Q：螺纹切削开始移位角度（0.001°～360.000°）。

（3）连续螺纹切削 G33

1）功能　可通过连续发出螺纹切削指令，执行连续螺纹切削。因此可进行加工过程中发生导程变化及形状变化的特殊螺纹的切削加工，如图 8-7-14 所示。

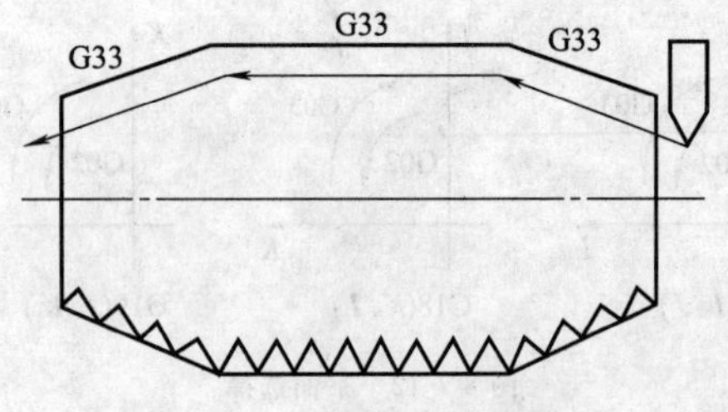

图 8-7-14　连续螺纹切削（2）

2）指令格式

G33 Z*zn*/W*wn* X*xn*/U*un* F*fn*/E*en* Q*qn*；连续螺纹切削

Z*zn*，W*wn*，X*xn*，U*un*：螺纹终点坐标。

F*fn*/E*en*：长轴（移动量最大的轴）方向导程。

Q*qn*：螺纹切削开始移位角度（0.001°～360.000°）

（4）可变导程螺纹切削 G34

1）功能　可通过指定螺纹 1 转的导程增减量，执行可变导程螺纹切削加工。

2）指令格式

G34 X/U Z/W　F/E_K_；可变导程螺纹切削

X/U Z/W：螺纹终点坐标。

F/E：螺纹的基本导程。

K：螺纹 1 转的导程增减量。

（5）圆弧螺纹切削 G35、G36

1）功能　可执行纵向为导程的圆弧螺纹切削加工。

2）指令格式

G36 X_/U_ Z_/W_I_ K_（R_）F/E_ Q_；圆弧螺纹切削，逆时针旋转（CCW）

G35 X_/U_ Z_/W_ I_ K_（R_）F/E_ Q_；圆弧螺纹切削，顺时针旋转（CW）

X/U：*X* 轴圆弧终点坐标（X 为工件坐标系的绝对值、U 为距当前位置的增量值）。

Z/W：*Z* 轴圆弧终点坐标（Z 为工件坐标系的绝对值、W 为距当前位置的增量值）。

I：*X* 轴圆弧中心（起点到圆心的增量值）。

K：*Z* 轴圆弧中心（起点到圆心的增量值）。

R：圆弧半径。

F/E：长轴（移动量最大的轴）方向导程（F：普通导程螺纹切削，E：精密导程螺纹、英制螺纹）。

Q：螺纹切削开始移位角度（0.000°～360.000°）。

7. 螺旋插补 G17、G18、G19 及 G02、G03

（1）功能

当执行包含平面选择的 2 轴的圆弧插补，与其同期的其他轴进行直线插补。当在正交 3 轴中执行螺旋插补时，可以螺旋状移动刀具，如图 8-7-15 所示。

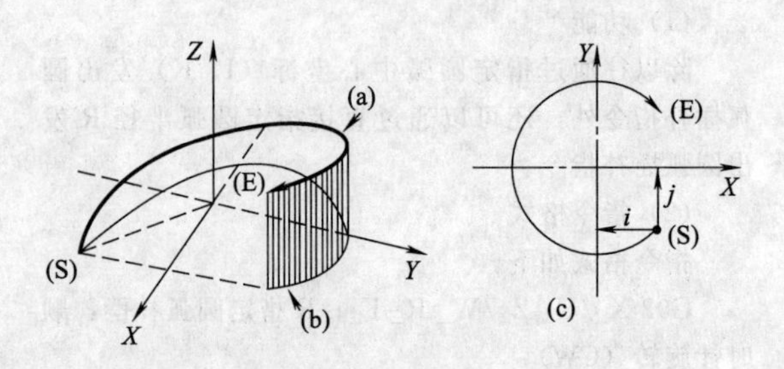

图 8-7-15　螺旋插补

(a)—指令程序轨迹；(b)—指令程序的 *XY* 平面投影轨迹；(c)—*XY* 平面轨迹（投影轨迹）；(S)—起点；(E)—终点

（2）指令格式

第8篇

G17/G18/G19 G02/G03 X_/U_ Y_/V_ Z_/W_ I_ J_ F_ (R_ F_)；螺旋插补

G17/G18/G19：圆弧平面（G17：*XY* 平面、G18：*ZX* 平面、G19：*YZ* 平面）。

G02/G03：圆弧旋转方向（G02：顺时针旋转、G03：逆时针旋转）。

X/U，Y/V：圆弧终点坐标。

Z/W：直线轴终点坐标。

I，J：圆弧中心坐标。

R：圆弧半径。

F：进给速度。

8. 铣削插补 G12.1

(1) 功能

铣削插补是在正交坐标系中，将程序编辑的指令转换为直线轴及旋转轴的移动（工件的旋转）进行轮廓控制的插补方式，如图 8-7-16 所示。(*Y*) 假想轴发出 G12.1 指令可进行铣削加工，发出 G13.1 指令取消铣削加工，进行正常的车削加工。

(2) 指令格式

G12.1 D_E=_；铣削模式打开

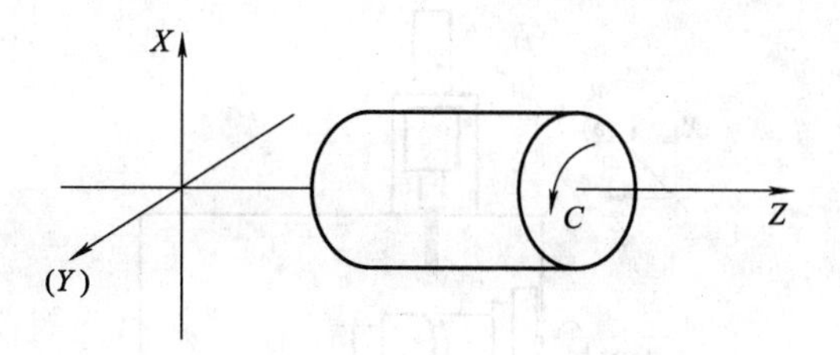

图 8-7-16 铣削插补

D：选择铣削假想轴名称。

E=：指定铣削插补旋转轴。

G13.1；铣削模式关闭（车削模式）

指令格式插补说明如表 8-7-21 所示。

铣削加工选择及条件设定中所需 G 代码如表 8-7-22 所示。

9. 圆弧补偿 G07.1（仅 G 代码系列 6、7）

(1) 功能

将圆筒侧面的形状（圆筒坐标系上的形状）展开为平面，以展开后的形状作为平面坐标发出程序指令，则在进行机床加工时，转换为圆筒坐标的直线轴与旋转轴的移动，进行轮廓控制，如图 8-7-17 所示。

表 8-7-21 插补说明

地址	地址的意义	指令范围(单位)	备 注
D	选择铣削假想轴名称	0:*Y* 轴 1:旋转轴名称	由参数(#1517 mill_C)决定没有D指令时的铣削假想轴名称 只发出 D 指令时,作为 D0 使用 D 指令后续数值指令如果指定 0、1 以外的数值时,发生程序错误
E=	铣削插补旋转轴指定	G12.1 指令系统的旋转轴指令地址	没有“E=”指令时,由参数(#1516 mill_ax) 决定 只发出“E”指令时，发生程序错误（P33） “E”之后未指定轴地址时，发生程序错误 将指令系统内不存在的轴指定为旋转轴名称时，发生程序错误 将数字指定为旋转轴名称时，发生程序错误 “E=旋转轴名称”指令之后执行程序指令时，将“E=旋转轴名称”与其他指令用逗号（,）隔开。当没有逗号时，发生程序错误

表 8-7-22 铣削加工 G 代码

G 代码	功 能	备 注
G12.1	铣削模式打开	初始值为 G13.1
G13.1	铣削模式关闭	
G16	*Y-Z* 圆筒平面选择	初始值(每个 G12.1 指令) 通过以下参数的设定选择 G17、G16、G19 中的任意一个 #8113铣削初始 G16,0:G16 平面以外,1:G16 平面选择 #8114 铣削初始 G19,0:G19 平面以外,1:G19 平面选择
G17	*X-Y* 平面选择	
G19	*Y-Z* 平面选择	
G41	刀径左补偿	初始值为 G40(刀径补偿取消)
G42	刀径右补偿	

第8篇

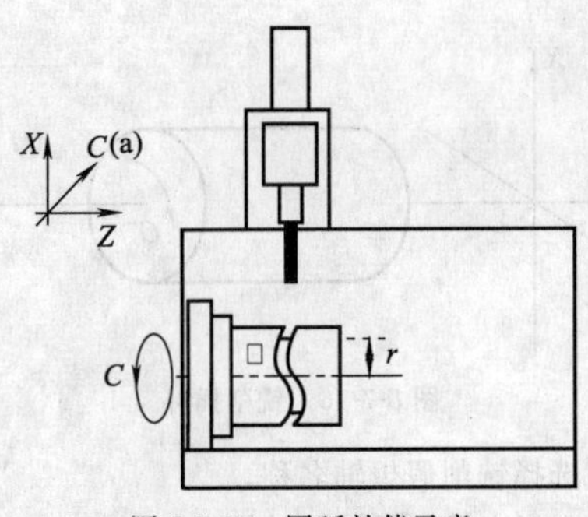

图 8-7-17 圆弧补偿示意

可根据圆筒侧面展开后的形状进行编程，因此该功能对圆筒凸轮等的加工非常有效。通过旋转轴及与其正交的轴发出程序指令，在圆筒侧面上进行切槽等加工，如图 8-7-18 所示。

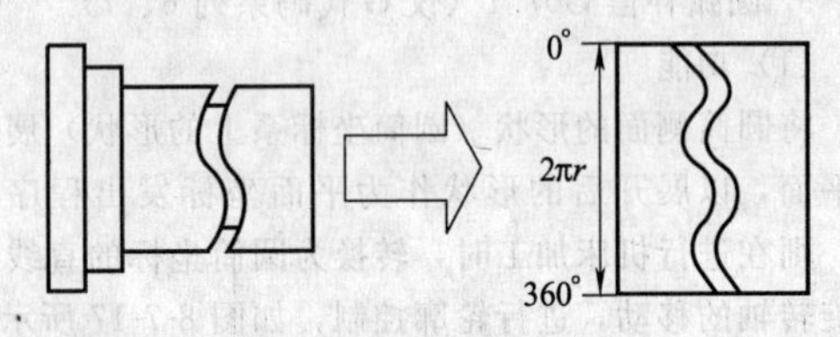

图 8-7-18 加工示意

(2) 指令格式

G07.1 C_；圆筒补偿模式开始/取消

C：圆筒半径值（旋转轴名称为"C"时），半径值≠0：圆筒补偿模式开始；半径值＝0：圆筒补偿模式取消。

(3) 使用时注意事项

1) 圆筒插补模式从开始到取消的区间内的坐标指令为圆筒坐标系。

2) 也可使用 G107 替代 G07.1。

3) 在单独程序段指定 G07.1。与其他 G 代码在相同程序段指定，则发生程序错误。

4) 通过角度创建旋转轴。

5) 在圆筒补偿模式中，可发出直线补偿或圆弧补偿指令。但在 G07.1 程序段前指定平面选择指令。

6) 坐标指令既可以是绝对指令，也可以是增量指令。

7) 对程序指令可附加刀径补偿。对刀径补偿后的路径，执行圆筒补偿。

8) 进给速度通过 F 指定圆筒展开过程中的切线速度。F 的单位为 mm/min 或 in/min。

10. 极坐标插补 G12.1、G13.1/G112、G113（仅 G 代码系列 6、7）

(1) 功能

该功能在正交坐标轴中将程序指令转换为直线轴的移动（刀具的移动）和旋转轴的移动（工件的旋转），然后进行轮廓控制。以直线轴作为平面第 1 轴正交轴，以正交的假想轴作为平面第 2 轴的平面（以下简称为"极坐标插补平面"）。在此平面进行极坐标插补。并且在极坐标插补中，将工件坐标系原点作为坐标系原点，如图 8-7-19 所示。

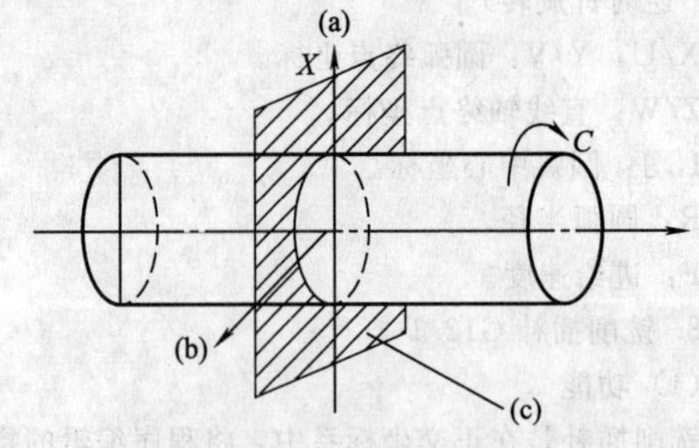

图 8-7-19 极坐标插补示意

(a)—直线轴；(b)—旋转轴（假想轴）；(c)—极坐标插补平面（G17 平面）

该功能适用于在工件外径上对直线上的切口部位进行切削及凸轮轴的切削等加工。

(2) 指令格式

G12.1；极坐标插补模式开始

G13.1；极坐标插补模式取消

(3) 使用时注意事项

1) 坐标指令在极坐标插补模式从开始到取消的区间内，为极坐标插补。

2) 也可使用 G112 和 G113 代替 G12.1 和 G13.1。

3) 在单独程序段指定 G12.1、G13.1 指令。与其他 G 代码在相同程序段指定，则发生程序错误。

4) 在极坐标插补模式可发出直线插补或圆弧插补指令。

5) 坐标指令既可以是绝对指令，也可以是增量指令。

6) 对程序指令可附加刀径补偿。对刀径补偿后的路径，可执行极坐标插补。

7) 进给速度通过 F 指定极坐标插补平面（正交坐标系）中的切线速度。F 的单位为 mm/min 或 in/min。

8) 发出 G12.1/G13.1 指令时，执行减速检查。

11. 指数函数插补 G02.3、G03.3

(1) 功能

指数函数插补是针对直线轴的移动，使旋转轴按指数函数形状变化的插补。此时，其他轴与直线轴之间进行直线插补。因此，可以实现螺旋角始终保持恒定的锥形槽加工（对锥形等的螺旋加工）。该功能可用于立铣刀等刀具的切槽、研磨。

(2) 指令格式

G02.3 Xx1 Yy1 Zz1 Ii1 Jj1 Rr1 Ff1 Qq1；正转插补

G03.3 Xx1 Yy1 Zz1 Ii1 Jj1 Rr1 Ff1 Qq1；反转插补

X：*X* 轴的终点坐标（注1）。

Y：*Y* 轴的终点坐标（注1）。

Z：*Z* 轴的终点坐标（注1）。

I：角度 i1（注2）。

J：角度 j1（注2）。

R：常数值 r1（注3）。

F：初始进给速度（注4）。

Q：终点时的进给速度（注5）。

使用时注意事项：

（注1）指定由参数（＃1514 expLinax）决定的直线轴及与该轴之间进行直线插补的轴终点。

指定由参数（＃1515 expRotax）决定的旋转轴的终点时，执行直线插补而不是指数函数插补。

（注2）指令单位如表8-7-23所示。

表8-7-23 指令单位（1）

设定单位	＃1003＝B	＃1003＝C	＃1003＝D	＃1003＝E
(°)	0.001	0.0001	0.00001	0.000001

指令范围为－89°～＋89°。未指定地址I或J时，发生程序错误。地址I或J的指令值为0时，发生程序错误。

（注3）指令单位如表8-7-24所示。

表8-7-24 指令单位（2）

设定单位	＃1003＝B	＃1003＝C	＃1003＝D	＃1003＝E	单位
公制系统	0.001	0.0001	0.00001	0.000001	mm
英制系统	0.0001	0.00001	0.000001	0.0000001	in

指令范围为不包含0的正值。未指定地址R指令时，发生程序错误。

地址R的指令值为0时，发生程序错误。

（注4）指令单位/指令范围与通常的F代码相同（以每分钟进给指定）。

指定包含旋转轴的合成进给速度。通常的F模态值不随地址F指令发生变化。未指定地址F指令时，发生程序错误。地址F的指令值为0时，发生程序错误。

（注5）指令单位如表8-7-25所示。

指令单位/指令范围与通常的F代码相同。指定包含旋转轴的合成进给速度。通常的F模态值不随地址Q指令变化。在CNC内部，根据直线轴的移动，对初速（F）和终速（Q）之间进行插补。未指定地址Q指令时，将视为指定了与初始进给速度（地址F指令）相同的值进行插补。地址Q的指令值为0时，发生程序错误。

表8-7-25 指令单位（3）

设定单位	＃1003＝B	＃1003＝C	＃1003＝D	＃1003＝E	单位
公制系统	0.001	0.0001	0.00001	0.000001	mm
英制系统	0.0001	0.00001	0.000001	0.0000001	in

7.2.6 进给功能及暂停

1. 快速进给速度

可在各轴独立设定快速进给速度。可设定的速度范围为1～10000000mm/min。但受机床规格、上限速度的限制，有关快速进给速度的设定值参考机床规格书。定位时的路径包括，以直线在起点至终点进行插补的插补型与以各轴的最高速度进行移动的非插补型。可通过参数“＃1086 G0Intp”选择。定位时间均相同。

手动与自动的快速进给，可通过外部输入信号指定倍率。共有2种类型，选择哪种类型取决于PLC规格。

类型1：1%、25%、50%、100%共计4挡倍率。

类型2：0～100%，以1%为1挡的倍率。

2. 切削进给速度

指定切削指令的进给速度是指，指定主轴1转的进给量或是1分钟的进给量。一旦指定，则该值作为模态值被记忆。进给速度模态值的清零仅在通电时有效。切削进给速度的最大值受限于切削进给速度钳制参数（设定范围与切削进给速度相同）。通过地址F与8位数字指定切削进给速度。F8位的指定，包括整数部分5位与小数部分3位、带小数点。切削进给速度对G01、G02、G03、G33、G34指令有效。可指定的速度范围（输入设定单位为1μm时）如表8-7-26所示。

表8-7-26 可指定的速度范围

指令模式	进给速度范围
mm/min	0.001～10000000mm/min
in/min	0.0001～1000000in/min
(°)/min	0.001～10000000(°)/min

注：通电后在最初的切削指令（G01，G02，G03，G33，G34）中没有F指令时，发生程序错误。

3. 螺纹切削模式

在螺纹切削模式（G33、G34、G76、G78指令）中，可通过F指令或E指令指定螺纹导程。螺纹导程的指令范围如表 8-7-27 及表 8-7-28 所示。

表 8-7-27 螺纹切削公制输入

输入设定单位	B(0.001mm)		C(0.0001mm)	
指令地址	F(mm/rev)	E(mm/rev)	F(mm/rev)	E(mm/rev)
最小指令单位	1(=1.0000) (1.=1.0000)	1(=1.00000) (1.=1.00000)	1(=1.00000) (1.=1.00000)	1(=1.000000) (1.=1.000000)
指令范围	0.0001～ 999.9999	0.00001～ 999.99999	0.00001～ 999.99999	0.000001～ 999.999999
输入设定单位	D(0.00001mm)		E(0.000001mm)	
指令地址	F(mm/rev)	E(mm/rev)	F(mm/rev)	E(mm/rev)
最小指令单位	1(=1.000000) (1.=1.000000)	1(=1.0000000) (1.=1.0000000)	1(=1.0000000) (1.=1.0000000)	1(=1.00000000) (1.=1.00000000)
指令范围	0.000001～ 999.999999	0.0000001～ 999.9999999	0.0000001～ 999.9999999	0.00000001～ 999.99999999

表 8-7-28 螺纹切削英制输入

输入设定单位	B(0.0001in)			C(0.00001in)		
指令地址	F(in/rev)	E(in/rev)	E(圈/in)	F(in/rev)	E(in/rev)	E(圈/in)
最小指令单位	1(=1.00000) (1.=1.00000)	1(=1.000000) (1.=1.000000)	1(=1.000) (1.=1.000)	1(=1.000000) (1.=1.000000)	1(=1.0000000) (1.=1.0000000)	1(=1.0000) (1.=1.0000)
指令范围	0.00001～ 39.37007	0.000001～ 39.370078	0.025～ 9999.999	0.000001～ 39.370078	0.0000001～ 39.3700787	0.0254～ 9999.9999
输入设定单位	D(0.000001in)			E(0.0000001in)		
指令地址	F(in/rev)	E(in/rev)	E(圈/in)	F(in/rev)	E(in/rev)	E(圈/in)
最小指令单位	1(=1.0000000) (1.=1.0000000)	1(=1.00000000) (1.=1.00000000)	1(=1.00000) (1.=1.00000)	1(=1.00000000) (1.=1.00000000)	1(=1.000000000) (1.=1.000000000)	1(=1.000000) (1.=1.000000)
指令范围	0.0000001～ 39.3700787	0.00000001～ 39.37007873	0.02540～ 9999.99999	0.00000001～ 39.37007873	0.000000001～ 39.370078736	0.025400～ 9999.999999

4. 自动加减速

快速进给及手动进给的加减速样式为直线加速、直线减速，时间常数 T_r 可通过参数在 1～500ms 的范围内，以每 1ms 为 1 挡，对各轴独立设定。切削进给（手动进给除外）的加减速样式为指数加减速，时间常数 T_c 可通过参数在 1～500ms 的范围内，以 1ms 为 1 挡，对各轴独立设定（通常，所有轴设定的时间常数均相同），如图 8-7-20 所示。

快速进给及手动进给在当前程序段的指令脉冲为“0”且加减速回路的跟踪误差为“0”后，开始执行下一程序段。而切削进给在当前程序段的指令脉冲为“0”，则立即执行下一程序段。但通过外部信号（错误检测）检测的加减速回路的跟踪误差为“0”时，也可执行下一程序段。当减速检查时的就位检查有效（通过参数“＃1193 inpos”选择）时，确认加减速回路的跟踪误差为“0”后，进一步确认位置偏差量小于参数设定值“＃2224 SV024”，然后执行下一程序段。是通过开关进行错误检测，还是通过 M 功能进行错误检测，因机床而异。

5. 快速进给恒斜率加减速

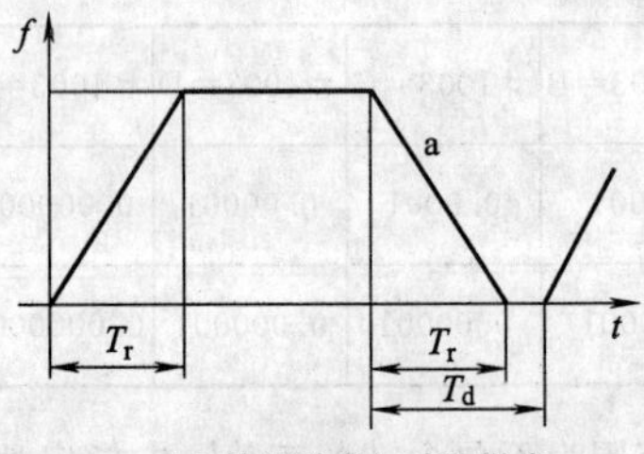

(a) 快速进给加减速样式

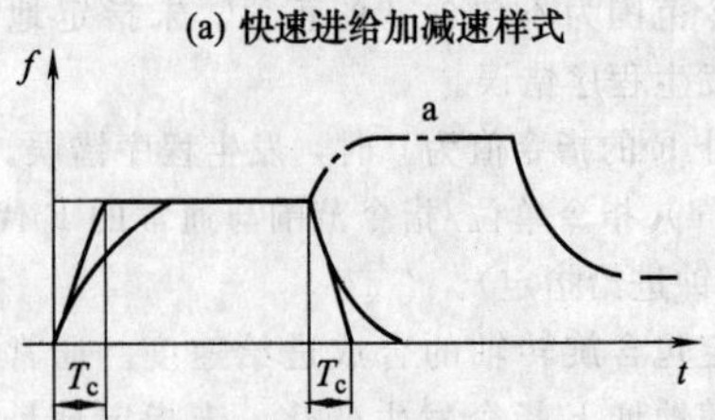

(b) 切削进给加减速样式

图 8-7-20 自动加减速

T_r—快速进给时间常数；T_c—切削进给时间常数；T_d—减速检查时间；a—连续指令时

(1) 功能

在快速进给模式的直线加减速中，保持恒斜率执行加减速。恒斜率加减速方式通过插补后加减速的方式起改善循环时间的效果。

（2）操作过程注意事项

1）快速进给恒斜率加减速仅在发出快速进给指令时有效。且快速进给指令的加减速模式仅在直线加减速时有效。

2）执行快速进给恒斜率加减速时的加减速样式。

插补距离大于加减速距离时，如图 8-7-21 所示。

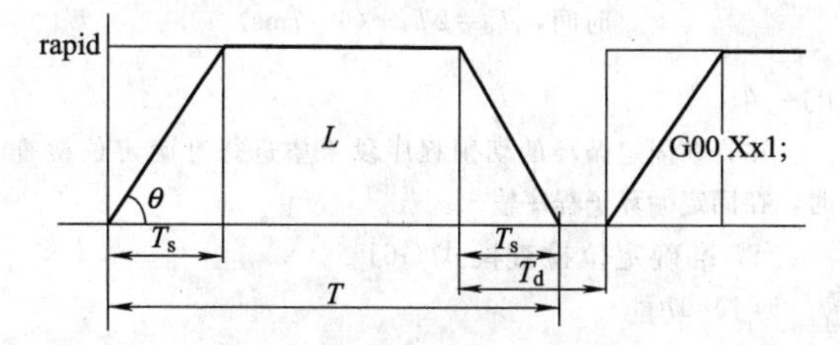

图 8-7-21　插补距离大于加减速距离时

rapid—快速进给速度；T_s—加减速时间常数；T_d—指定减速检查时间；θ—加减速斜率；T—插补时间；L—插补距离

插补距离小于加减速距离时，如图 8-7-22 所示。

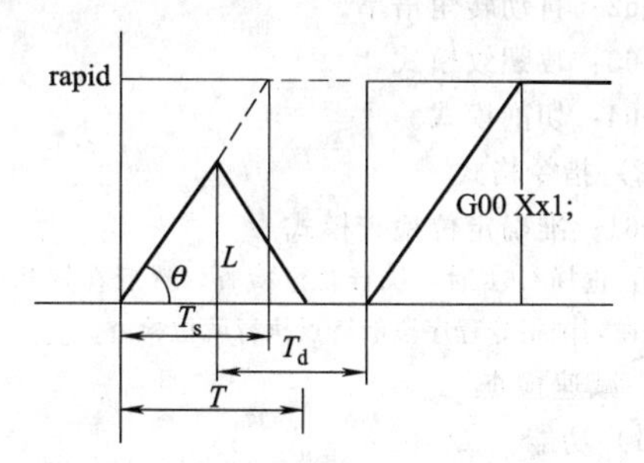

图 8-7-22　插补距离小于加减速距离时

3）快速进给恒斜率加减速时，执行 2 轴同时插补（直线插补）时，各轴的加减速时间由同时指定的轴的快速进给速度、快速进给加减速时间常数及插补距离决定的各轴的加减速时间中选择最长的一个。因此当各轴加减速时间常数不同时，也可执行直线插补。

2 轴同时执行插补时（直线插补 $T_{sx}<T_{sz}$，$L_x \neq L_z$ 时），如图 8-7-23 所示。

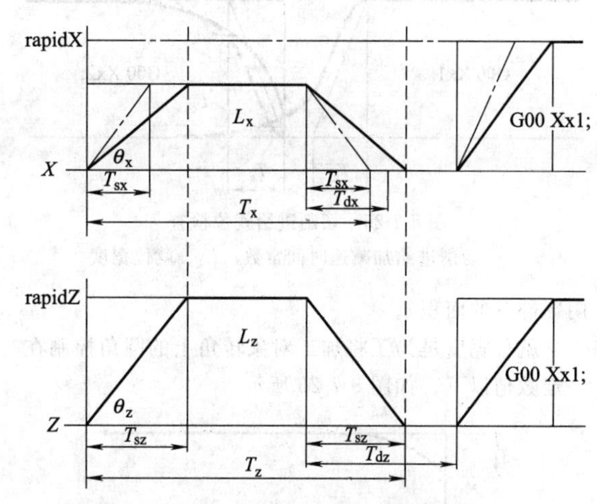

$T_{sz}>T_{sx}$时，$T_{dz}>T_{dx}$、该程序段的 $T_d=T_{dz}$

图 8-7-23　2 轴同时执行插补时

4）执行快速进给恒斜率加减速时的 G00（快速进给指令）的程序格式与该功能无效（时间恒定加减速）时相同。

5）该功能仅在发出 G00（快速进给）指令时有效。

6．速度钳制

应确保在切削进给速度指令的基础上做了补偿后的实际切削进给速度小于预先针对各轴独立设定的速度钳制值。在同期进给、螺纹切削中，无需进行速度钳制。

7．准确定位检查 G09

（1）功能

当刀具的进给速度急剧发生变化时，为了缓和机床碰撞及防止转角切削时的圆角，在机床减速停止后，确认就位状态或经过减速检查时间后，再开始下一程序段的指令。准确定位检查正是为了避免这种情况的发生。在相同程序段发出 G09（准确定位检查）指令时，执行减速检查。G09 指令为非模态指令。可通过参数选择是在减速检查时间中进行控制还是在就位中进行控制。

在伺服参数“＃2224 SV024”或是“＃2077 G0inps”“＃2078 G1inps”中设定就位宽度。

（2）指令格式

G09 G01（G02，G03）；准确定位检查

注：准确定位检查 G09 仅在该程序段发出切削指令（G01～G03）时有效。

（3）操作说明

1）切削进给

① 连续切削进给时，如图 8-7-24 所示。

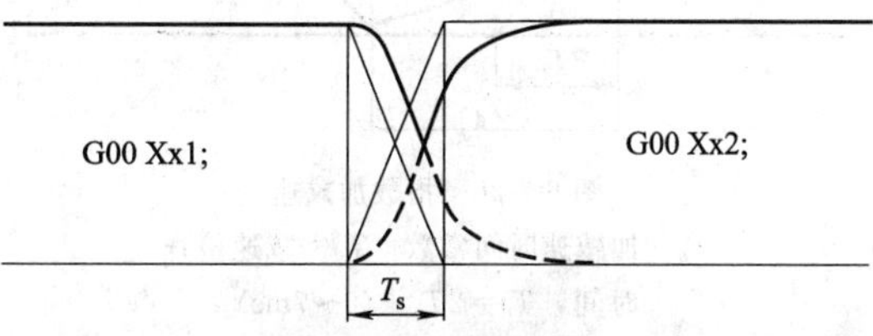

图 8-7-24　连续切削进给

② 切削进给就位检查时，如图 8-7-25 所示。

就位宽度 L_c 在伺服参数“＃2224 SV024”设定，开始下一程序段时上一程序段的剩余距离（图 8-7-25

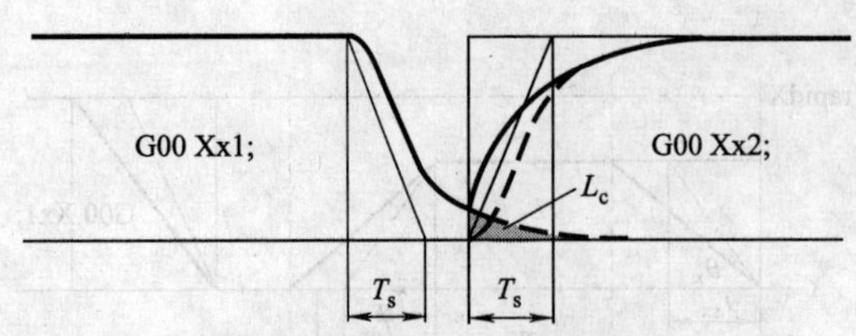

图 8-7-25　切削进给就位检查

T_s—切削进给加减速时间常数；L_c—就位宽度

阴影部分的面积）。

就位宽度是为了将加工对象转角上的圆角控制在一定数值以下，如图 8-7-26 所示。

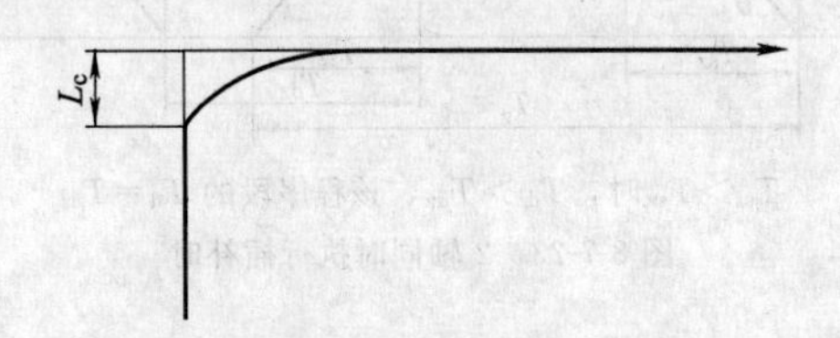

图 8-7-26　就位宽度

当想消除转角的圆角时，将伺服参数“＃2224 SV024”设定为尽可能小的值，进行就位检查或是在程序段间指定暂定（G04）指令。

2）减速检查

① 直线加减速时，如图 8-7-27 所示。

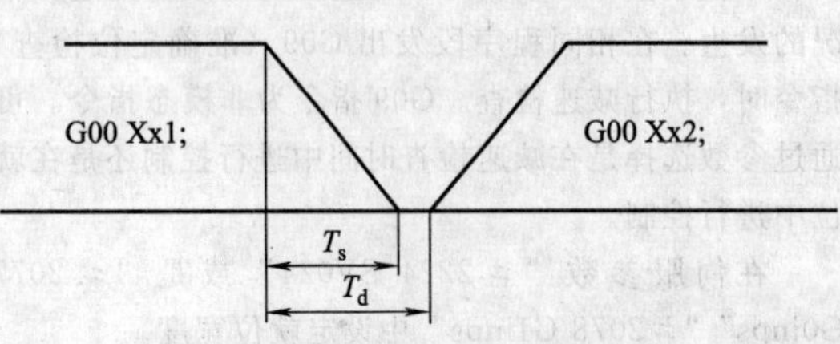

图 8-7-27　直线加减速

T_s—加减速时间常数；T_d—减速检查时间，$T_d=T_s+(0\sim7\text{ms})$

② 指数加减速时，如图 8-7-28 所示。

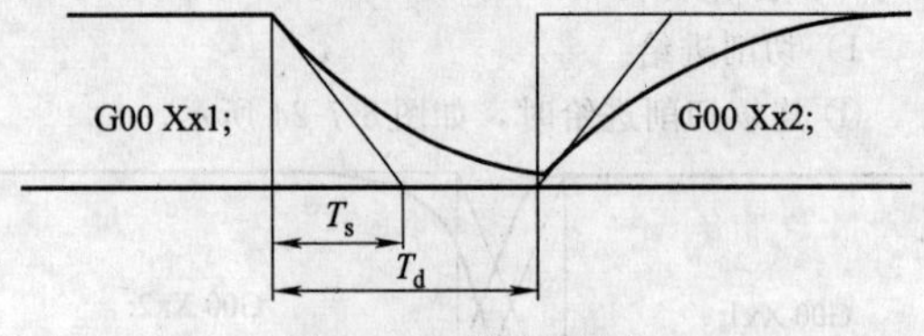

图 8-7-28　指数加减速

T_s—加减速时间常数；T_d—减速检查时间，$T_d=2T_s+(0\sim7\text{ms})$

③ 指数加速/直线减速时，如图 8-7-29 所示。

切削进给时的减速检查所需时间，取决于同时发出指令的轴的切削进给加减速模式及切削进给加减速时间常数所决定的各轴切削进给减速检查时间中最长的一个。

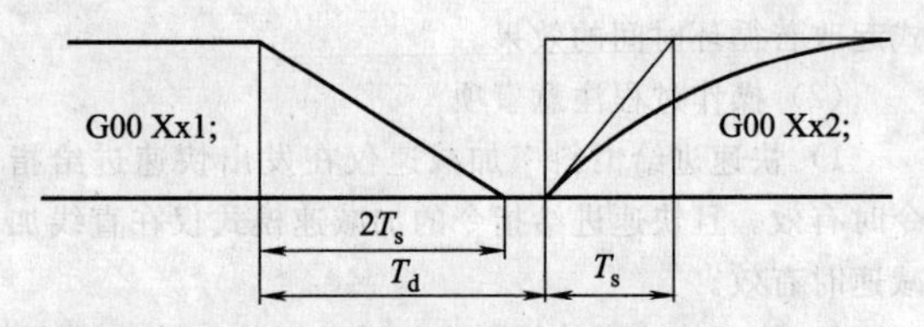

图 8-7-29　指数加速/直线减速

T_s—加减速时间常数；T_d—减速检查时间，$T_d=2T_s+(0\sim7\text{ms})$

注：在固定循环的切削程序段希望进行准确定位检查时，在固定循环子程序输入。

8. 准确定位检查模式 G61

（1）功能

通过 G09 进行准确定位检查，则仅在该程序段进行就位状态的确认，而 G61 作为模态动作。因此 G61 以后的切削指令（G01～G03），全部都在各程序段的终点进行减速、就位状态的检查。

通过下面的指令解除模态。

G62：自动转角倍率。

G63：攻螺纹模式。

G64：切削模式。

（2）指令格式

G61；准确定位检查模式

注：选择 G61 时，执行就位检查。然后在解除检查模式前，在切削指令程序段的终点执行就位检查。

9. 减速检查

（1）功能

减速检查是决定轴移动程序段的移动完成检查方法的功能。减速检查分为就位检查与指令速度检查两种。可选择 G00、G01 的减速检查方式的组合。通过变更参数，可变更 G01→G00 及 G01→G01 反方向时的减速检查。

（2）减速检查的种类

1）指令速度检查　如图 8-7-30 所示。

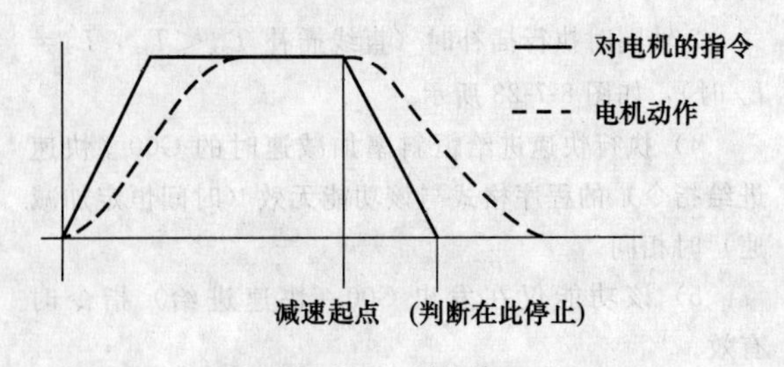

图 8-7-30　减速检查

2）就位检查　在就位检查中，电机移动至参数指定的就位宽度时，判断为减速结束，如图 8-7-31 所示。

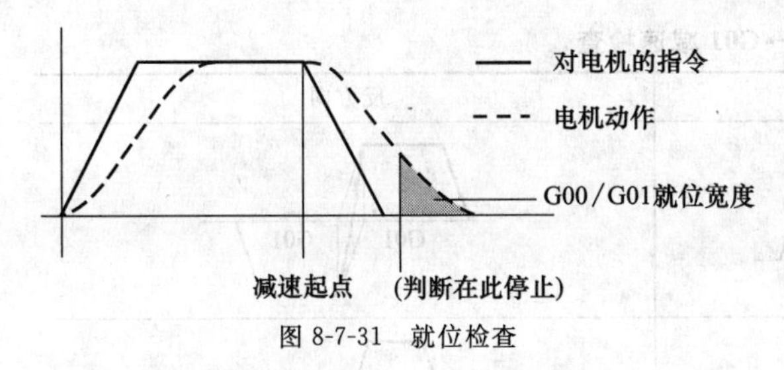

图 8-7-31 就位检查

(3) 减速检查的指定

减速检查的参数指定包括“减速检查指定类型1”与“减速检查指定类型 2”。可通过参数“＃1306 InpsTyp”进行切换。

1) 减速检查指定类型 1(“＃1306 InpsTyp”＝0) 可根据基本规格参数的减速检查方式 1(＃1193 inpos) 及减速检查方式 2(＃1223 AUX07/bit1),选择 G00/G01 等的减速检查方式。如表 8-7-29 所示。

2) 减速检查指定类型 2(“＃1306 InpsTyp”＝1) 通过“＃1193 inpos”指定快速进给与切削进给的就位参数。如表 8-7-30 所示。

(4) G01→G00 减速检查

G01→G00 在连续程序段中,通过变更参数“＃1502 G0 Ipfg”,变更反方向时的减速检查,如表 8-7-31 所示。

(5) G01→G01 减速检查

G01→G01 在连续程序段中,可通过变更参数“＃1503 G1Ipfg”,变更反方向时的减速检查,如表 8-7-32所示。

表 8-7-29 减速检查指定类型 1

参数	快速进给指令	参数	快速进给以外的指令(G01:G00 以外的指令)	
inpos (＃1193)	G00→XX (G00＋G09→XX)	AUX07/bit1 (＃1223/bit1)	G01＋G09→XX	G01→XX
0	指令减速检查	0	指令减速检查	无减速检查
1	就位检查	1	就位检查	

注:1. XX 表示所有指令。
2.“＃1223 AUX07”为系统通用参数。

表 8-7-30 减速检查指定类型 2

参数	指令程序段		
＃1193 inpos	G00	G01＋G09	G01
0	指令减速检查	指令减速检查	无减速检查
1	就位检查	就位检查	无减速检查

注:1.“＃1193 inpos”为各系统参数。
2.“G00”指快速进给、“G01”指切削进给。

表 8-7-31 G01→G00 减速检查

项目	同方向	反方向
G0Ipfg:0	G01 G00	(a) G01 G00 (a) 加速度较G01与G00的速度合成过大
G0Ipfg:1	G01 G00	G01 G00 指令减速

表 8-7-32　G01→G01 减速检查

	同方向	反方向
G0Ipfg:0	G01　G01	G01　G01
G0Ipfg:1	G01　G01	G01　G01 指令减速

10. 自动转角倍率 G62

(1) 功能

在刀尖 R 补偿中执行切削时，为了防止切削负载增大使加工面倾斜，应尽量不增加内侧转角或自动转角 R 在一定时间内的切削量，在切削进给速度中，自动对进给速度发出倍率的指令。在指定刀尖 R 补偿取消（G40)、准确定位检查模式（G61)、攻螺纹模式（G63)、切削模式（G64）之前，自动转角倍率有效。

(2) 指令格式

G62；自动转角倍率

(3) 内侧转角

切削内侧转角时，切削量增大，则刀具负载也增大。因此，在转角的设定范围内自动发出倍率指令降低进给速度、抑制负载的增加，争取进行良好的切削。但仅对创建加工路径的程序有效，如图 8-7-32 所示。

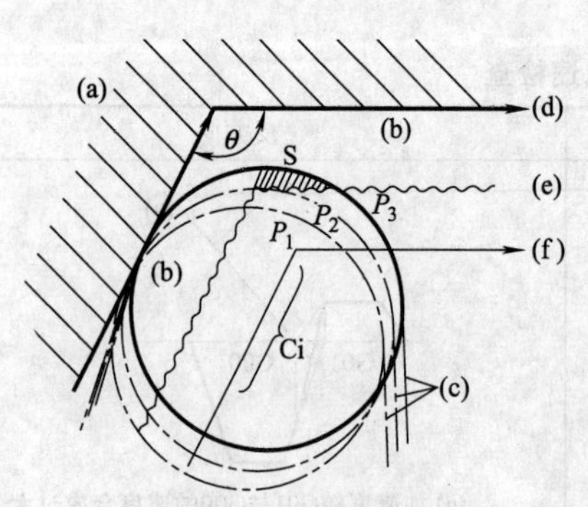

图 8-7-32　内侧转角

(a)—工件；(b)—切削量；(c)—刀具；(d)—程序路径（加工路径)；(e)—工件表面形状；(f)—刀尖 R 中心路径；θ—内侧转角最大角度；Ci—减速区域（IN）

以上操作过程中应注意如下事项。

1) 不使用自动转角倍率　在上图刀具按 $P_1 \to P_2 \to P_3$ 的顺序移动时，由于 P_3 比 P_2 多了阴影 S 面积的切削量，因此刀具负载将增大。

2) 使用自动转角倍率　在内侧转角角度 θ 小于参数中设定的角度时，在减速区域 Ci 中，自动执行参数设定的倍率。

在加工参数中，设定如表 8-7-33 所示参数。

表 8-7-33　参数设定

#	参数	设定范围
#8007	倍率	0～100%
#8008	内侧转角的最大角度 θ	0～180°
#8009	减速区域 Ci	0～99999.99mm 或 0～3937.000in

(4) 自动转角 R

自动转角 R 时，如图 8-7-33 所示。

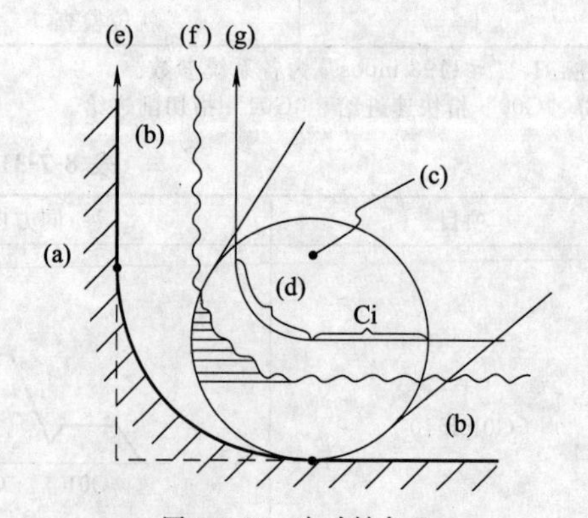

图 8-7-33　自动转角 R

(a)—工件；(b)—切削量；(c)—转角 R 中心；(d)—转角 R 部位；(e)—程序路径；(f)—工件表面形状；(g)—刀尖 R 中心路径

自动转角 R 进行内侧补偿时，在减速区域 Ci 与转角 R 部位自动执行参数设定的倍率（不检查角度）

(5) 与其他功能的关系

自动转角倍率与其他功能的关系如表 8-7-34 所示。

表 8-7-34　与其他功能的关系

功　能	转角倍率
切削进给倍率	切削进给倍率优先于自动转角倍率
倍率取消	通过倍率取消,无法取消自动转角倍率
速度钳制	有效(自动转角倍率后)
空运行	自动转角倍率无效
同期进给	对同期进给速度执行自动转角倍率
螺纹切削	自动转角倍率无效
G31 跳跃	刀尖 R 补偿中的 G31 为程序错误
机床锁定	有效
机床锁定高速	自动转角倍率无效
G00	无效
G01	有效
G02、G03	有效

使用时应注意事项如下。

1）自动转角倍率仅在 G01、G02、G03 模式有效，在 G00 模式无效。且在转角从 G00 切换到 G01（G02、G03）模式（相反时也相同）时，该转角不会在 G00 程序段执行自动转角倍率。

2）即使进入自动转角倍率模式，在刀尖 R 补偿模式前，不执行自动转角倍率。

3）对存在刀尖 R 补偿的开始/取消的转角，不执行自动转角倍率。

4）对存在刀尖 R 补偿的 I、K 矢量指令的转角，不执行自动转角倍率。

5）当不执行交点运算时，不执行自动转角倍率。有 4 个以上不连续的移动指令程序段时不进行交点运算。

6）圆弧指令时的减速区域为圆弧长度。

7）在参数设定中，内侧转角的角度为程序路径上的角度。

8）将参数的最大角度设为 0 或 180，则不进行自动转角倍率。

9）将参数的倍率设为 0 或 100，则不进行自动转角倍率。

11. 攻螺纹模式 G63

（1）功能

1）切削倍率 100%固定。

2）程序段间连续的减速指令无效。

3）进给保持无效。

4）单节无效。

5）攻螺纹模式中信号输出

通过准确定位检查模式（G61）、自动转角倍率（G62）或切削模式（G64）解除 G63。通电时为切削模式状态。

（2）指令格式

G63；攻螺纹模式

12. 切削模式 G64

（1）功能

通过发出 G64 指令，可进入获得平滑切削面的切削模式。在本模式中，与准确定位检查模式（G61）相反，切削进给程序段之间不执行减速停止，而连续执行下一程序段。通过准确定位检查模式（G61）、高精度控制（G61.1）、自动转角倍率（G62）或攻螺纹模式（G63）解除 G64。通电时进入切削模式。

（2）指令格式

G64；切削模式

13. 暂停（指定时间）G04

（1）功能

本功能是通过程序指令暂时停止机床移动，进入时间等待状态。因此，可推迟下一程序段的开始。通过输入跳跃信号可取消时间等待。

（2）指令格式

G04 X_/U_ /P_；暂停（指定时间）

X/U/P：暂停时间。

注：参数决定暂停时间的输入指令单位。除地址 P、X 外，也可使用 U（实际是通过＃1014 incax 指定的，对应 X 轴的地址）。但＃1076 AbsInc 为 0 时无效。

（3）应用时注意事项

1）通过 X、U 指定暂停时间，小数点指令有效。

2）通过 P 指定暂停时间，可通过参数（＃8112）切换小数点指令的有效/无效。参数设定中小数点指令无效时，通过 P 跳跃小数点之后的指令。

3）小数点指令有效/无效时，各暂停时间指令范围如表 8-7-35 所示。

表 8-7-35　暂停时间指令范围

小数点指令有效时指令范围	小数点指令无效时指令范围
0～99999.999s	0～99999999ms

4）通过将参数“＃1078 Decpt2”设为 1，可将无小数点时的暂停时间设定单位设为 1s。仅对 X、U 及小数点指令有效的 P 有效。

5）暂停指令的上一程序段有切削指令，则减速停止结束后开始计算暂停时间。且在相同程序段发出 M、S、T、B 指令时，同时启动。

6）对互锁中的暂停有效。

7）对机床锁定的暂停有效。

8）可通过预先设定参数＃1173 dwlskp，取消暂停。在暂停中输入设定的跳跃信号时，舍弃剩余时间执行下一程序段的处理，如图8-7-34所示。

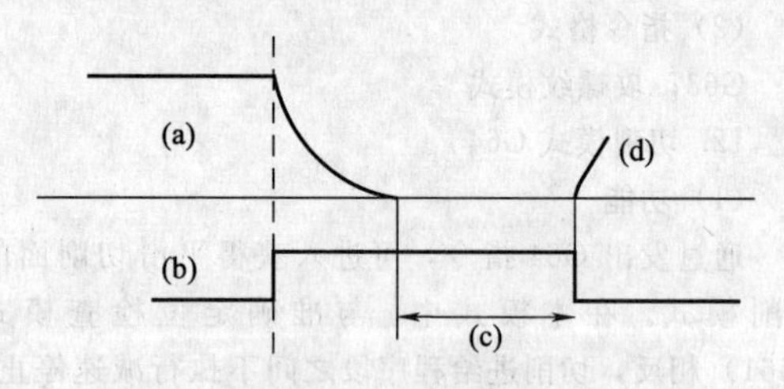

图8-7-34　暂停示意图

(a)—上一程序段切削指令；(b)—暂停指令；(c)—暂停时间；(d)—下一程序段切削指令

9）使用本功能时，为了明确暂停的X、U，在G04后发出X、U指令。

7.2.7　辅助功能

1. 辅助功能（M8位）

（1）功能

辅助功能也称为M功能，是用于指定主轴正转、反转、停止、冷却剂的开/关等机床辅助性功能的指令。

（2）使用说明

辅助功能的详细说明如表8-7-36所示。

1）在本控制装置中，通过地址M后面的8位数值（0～99999999）指定，在单个程序段内最多可指定4组。由参数（＃12005 Mfig）决定相同程序段内可指定的个数。

2）在单个程序段内指定5组以上时，最后4组生效。

3）可通过参数选择是以BCD输出还是以二进制输出辅助功能。

4）M00、M01、M02、M30、M96、M97、M98、M99是8种为特定目的而使用的辅助指令，不作为一般的辅助指令分配。因此可指定92种类型。具体数值与对应功能参考机床厂的说明书。

5）由于M00、M01、M02、M30相关事项执行禁止预读处理，所以下一程序段不会被预读到缓存中。

6）在相同程序段内指定M功能与移动指令时，指令的执行顺序，可能有2种情况，即移动结束后再执行M功能和同时执行移动指令与M功能。适用哪种，取决于机床规格。

7）除M96、M97、M98、M99外，通过PLC处理所有的M指令及结束M指令。

（3）辅助功能

主要辅助功能性能如表8-7-36所示。

表8-7-36　辅助功能

名称	功　能
程序停止M00	读入本辅助功能，则纸带机停止读入下一程序段。作为NC功能，仅停止读入纸带，而主轴旋转、冷却液等机床侧功能是否停止，因机床而异。通过按下机床操作柜的自动启动按钮执行重新启动。是否通过M00执行复位，因机床规格而异
选择性停止M01	在打开机床操作柜选择性停止开关的状态下，读入M01指令，则纸带机停止，起到与上述的M00指令相同的功能。如果关闭选择性停止开关，则跳跃M01指令
程序结束 M02或M30	该指令通常用于加工完成的最终程序段，主要用于纸带的倒带指令。是否进行倒带动作，因机床规格而异。根据机床规格，在倒带及相同程序段内指定的其他指令结束后，由M02、M30执行复位。但是，通过该复位不清除指令位置显示计数器的内容，而取消模态指令、补偿量。在倒带完成时的点（自动运行中指示灯熄灭），停止后续动作，重新启动时，必须执行按下自动启动按钮等操作 注：M00、M01、M02、M30输出各单独信号，通过按下复位键，复位M00、M01、M02、M30的单独输出 注：通过手动数据输入MDI，可发出M02、M30指令。此时，与纸带模式相同，可同时执行其他指令
宏程序插入 M96、M97	M96、M97为用户宏程序插入控制用M代码 用户宏程序插入控制用M代码为内部处理，不执行外部输出 M96、M97作为辅助功能使用时，通过参数（＃1109 subs_M及＃1110 M96_M，＃1111 M97_M）变更其他M代码
子程序呼叫、 结束M98、M99	作为对子程序的分支及分支地址子程序的返回命令使用 由于M98、M99为内部处理，因此不输出M代码信号与选通信号 M00/M01/M02/M30指令时的内部处理读入M00、M01、M02、M30时，内部处理中止预读。除此以外的纸带倒带动作、复位处理所导致的模态初始状态因机床规格而异

2. 第2辅助功能（A8位，B8位或是C8位）

（1）功能

指定分度工作台的位置等。在本控制装置中，可通过地址A、B、C后的8位数值，在0～99999999之间任意指定。哪个代码对应于哪个位置因机床规格而异。

（2）使用说明

1）在第2辅助功能中，通过参数在A、B、C中任意选择使用地址（除轴名称及增量指令轴名称中使用的地址外）。第2辅助功能在单个程序段内最多可指定4组。由参数（#12011 Bfig）决定在相同程序段内可指定的个数。可通过参数选择是以BCD输出还是以二进制输出第2辅助功能。

2）在相同程序段内指定A、B、C功能与移动指令时，指令的执行顺序，可能有以下2种情况。适用哪种，因机床规格而异。

① 移动指令结束后，再执行A、B、C功能。

② 同时执行移动指令与A、B、C功能。

3）通过PLC处理所有的第2辅助功能及结束第2辅助功能。

4）地址组合如表8-7-37所示。附加轴的轴名称与第2辅助功能无法使用相同地址。

表8-7-37　地址组合

项目		附加轴名称		
		A	B	C
第2辅助功能	A	—	○	○
	B	○	—	○
	C	○	○	—

5）当在第2辅助功能地址中指定了A时，无法使用以下功能。

① 直线角度指令。

② 几何指令。

③ 深钻孔循环2指令。

3. 转台分度

（1）功能

通过设定分度轴，执行转台分度。分度指令只是在转台分度设定轴上指定分度角度。无需指定用于工作台的钳制、解除钳制的特殊M代码，易于编程。

（2）使用说明

1）将执行转台分度的轴的“分度轴选择”参数（#2076）设为“1”。

2）根据程序指令，执行所选轴的移动指令（绝对/增量均可）。

3）轴移动前，执行解除钳制动作。

4）解除钳制完成后，再开始指定轴的移动。

5）移动结束后，再执行钳制动作。

6）钳制结束后，再执行下一程序段的处理。动作时序图如图8-7-35所示。

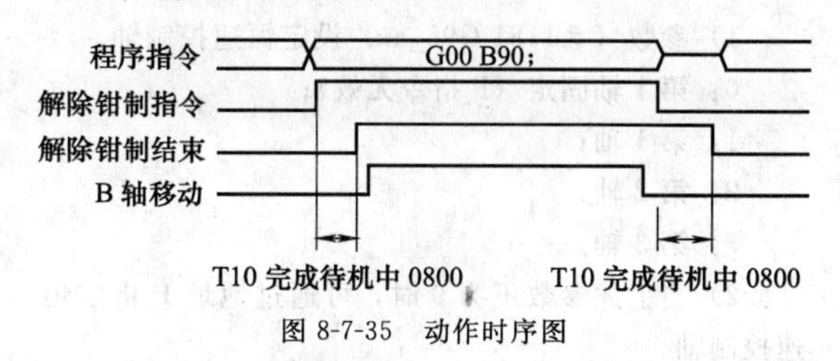

图8-7-35　动作时序图

（3）使用时注意事项

1）可对多个轴设定转台分度轴。

2）转台分度轴的移动速度，取决于此时模态（G00/G01）的进给速度。

3）即使在相同程序段内指定转台分度轴与其他轴，也执行转台分度轴的解除钳制指令。因此，在解除钳制动作完成前，不执行相同程序段内指定的其他轴的移动。但是，执行非插补指令时，执行相同程序段内指定的其他轴的移动。

4）转台分度轴通常用于旋转轴，但对于直线轴，本功能也会执行解除钳制动作。

5）在自动运行中，移动转台分度轴时，若发生导致解除钳制指令关闭的情况，则在解除钳制状态下，转台分度轴减速停止。且在相同程序段内指定的其他轴，除非插补指令，也同样执行减速停止。

6）在转台分度轴的移动中，因为互锁等而导致轴移动中断时，保持解除钳制状态。

7）当转台分度轴的移动指令连续时，不执行钳制、解除钳制动作。但在单节运行时，即使有连续的移动指令，也执行钳制、解除钳制动作。

8）注意不要指定为无法进行钳制的位置。

7.2.8　主轴及刀具功能

1. 主轴功能

可通过地址S后面的8位数值（0～99999999）指定单个程序段内的1组指令。输出信号为带符号的32bit二进制数据。通过PLC处理所有的S指令及结束S指令。

2. 恒速控制G96、G97

（1）功能

在对径向的切削中，根据坐标值的变化，自动对主轴转速进行控制。确保以恒速在切削点进行切削加工。

（2）指令格式

G96 S_ P_；恒速打开

S：转速。

P：恒速控制轴。

G97；恒速取消

(3) 使用时注意事项

1) 参数（＃1181 G96_ax）设定恒速控制轴。

0：第1轴固定（P指令无效）；

1：第1轴；

2：第2轴；

3：第3轴。

2) 当上述参数不为0时，可通过地址P指定恒速控制轴。

例G96_ax为1时如表8-7-38所示。

表8-7-38　G96指令说明

程　　序	控　制　轴
G96 S100；	第1轴
G96 S100 P3；	第3轴

3) 切换程序与动作示例。

G90 G96 G01 X50. Z100. S200；控制主轴转速，确保主轴转速为200r/min。

G97 G01 X50. Z100. F300 S500；控制主轴转速，确保主轴转速为500r/min。

M02；模态返回初始值

4) 由以下条件决定成为控制对象的主轴。

多主轴控制Ⅰ（＃1300 ext36 bit0＝0）时，由G组20的主轴选择指令决定。

多主轴控制Ⅱ（＃1300 ext36 bit0＝1）时，由PLC发出的主轴选择信号（SWS）决定。

5) 恒速控制中（G96模态中），恒速控制对象轴（车床时通常为X轴）在主轴中心附近，则主轴转速变大，会出现超过工件、卡盘等允许转速的情况。此时，加工中的工件会出现飞车，导致刀具/机床损坏、使用者受伤。必须在“主轴转速钳制”有效的状态下使用。应在远离程序原点的位置发出恒速控制指令。

6) 为了安全起见，执行G92指令后再执行对主轴的旋转指令。恒速控制中（G96模态中）恒速控制对象轴（车床时通常为X轴）在主轴中心附近，则主轴转速变大，会出现超过工件、卡盘等允许转速的情况。此时，加工中的工件会出现飞车，导致刀具/机床的损坏、使用者受伤的情况。

3. 主轴钳制速度设定G92

(1) 功能

可通过G92后续的地址S指定主轴的最高钳制转速，通过地址Q指定主轴的最低钳制转速。根据加工对象（安装的工件、主轴的卡盘、刀具等）的规格，需要限制转速时发出本指令。

(2) 指令格式

G92　S_ Q_；主轴钳制速度设定

S：最高钳制转速。

Q：最低钳制转速。

(3) 使用时注意事项

1) 主轴及主轴电机间的齿轮切换，可通过参数，以1r/min为单位，最多设定4级转速范围。由该参数设定的转速范围与“G92 Ss Qq；”设定的转速范围中，上限为较低者有效，下限为较高者有效。

2) 通过参数（＃1146 Sclamp，＃1227 AUX11/bit5）选择只在恒速模式进行转速钳制，还是在恒速取消状态下也进行转速钳制。G92指令时转速钳制动作如表8-7-39所示。

表8-7-39　参数说明

项目		Sclamp＝0		Sclamp＝1	
		AUX11/bit5＝0	AUX11/bit5＝1	AUX11/bit5＝0	AUX11/bit5＝1
指令	G96中	转速钳制指令		转速钳制指令	
	G97中	主轴转速指令		转速钳制指令	
动作	G96中	执行转速钳制		执行转速钳制	
	G97中	无转速钳制		执行转速钳制	无转速钳制

注：使用G92之后的地址Q，与恒速模式无关，为主轴速度钳制指令。

3) 通过模态复位（复位2，复位＆倒带），清零主轴钳制转速的指令值。“＃1210 RstGmd/bit19”打开时，为模态保持。通电时被清零。

4) 在主轴钳制速度设定（G92 S_Q_）中，设定最高钳制速度及最低钳制速度后，即使发出“G92S0”，也无法取消最高速度钳制。此时Q_的值继续有效，由于S0＜Q，所以将Q_作为最高速度钳制速度、S0作为最低速度钳制速度使用。

5) 未指定主轴钳制速度设定（G92 S_ Q_）时，机床会以参数中设定的机床规格最高转速旋转，应特别注意。特别是在指定恒速控制（G96 S_）时，应指定主轴钳制速度设定主轴的最高转速。刀具在主轴中心附件旋转，伴随着主轴转速的增大，可能会出现超出工件、卡盘允许转速的情况。

6) 主轴钳制速度设定指令为模态指令。但从程序途中开始时，应确认G、F的模态、坐标值是否适用。且在程序开始前，有变更坐标系移位指令等坐标系的指令或M、S、T、B指令，则在MDI等模式中进行必要的指定。不执行上述操作，则在设定的程序段执行启动时，机床可能会出现干涉、以无法预想的速度执行动作的情况。

4. 主轴/C轴控制

（1）功能

通过外部信号将 1 台主轴作为 C 轴（旋转轴）使用。

（2）使用时注意事项

1）主轴/C 轴切换　通过 C 轴的伺服接通信号切换。如图 8-7-36 所示。

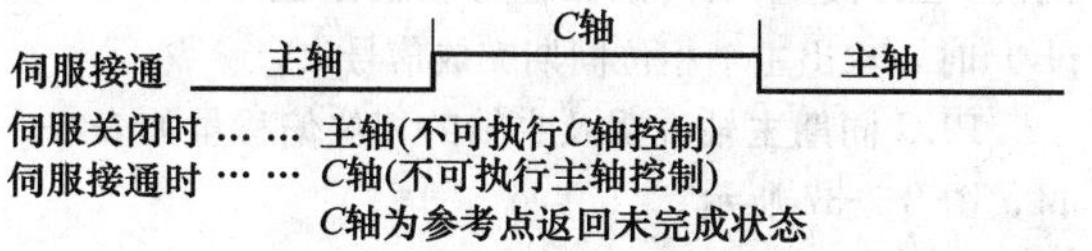

伺服接通　主轴　C轴　主轴
伺服关闭时 …… 主轴(不可执行C轴控制)
伺服接通时 …… C轴(不可执行主轴控制)
C轴为参考点返回未完成状态

图 8-7-36　功能示意

① 参考点返回的状态。Z 相未通过时，为参考点返回未完成状态；Z 相通过时，为参考点返回完成状态。

② C 轴的位置数据。即使对主轴控制中的主轴旋转，也要更新 NC 内部 C 轴的位置数据。

C 轴的坐标值计数器在主轴控制中被保持，C 轴伺服准备就绪时更新主轴控制中的移动部分。伺服接通时 C 轴位置会出现与上次伺服关闭前位置不同的情况。

2）C 轴增益　根据 C 轴的切削状况，切换 C 轴增益（选择最佳增益）。C 轴切削进给时选择切削增益，其他情况下选择非切削增益。

3）包含主轴/C 轴移动的减速检查　在主轴/C 轴中，某个轴在非切削时的位置环增益（主轴参数＃3203 PGC0）与切削时的位置环增益（主轴参数＃3330 PGC1～＃3333 PGC4）设定了不同的值，则移动指令下的减速检查如表 8-7-40 所示。在轴移动中变更增益，则机床会发生振动等情况。

4）伺服关闭中或是定向中发出 C 轴指令，则发生程序错误（P430）。

5）不要在 C 轴指令中执行伺服关闭。

C 轴指令的剩余指令在伺服接通时被清零。C 轴控制中伺服关闭，则进给停止，变为主轴控制。

6）主轴旋转中伺服接通，则旋转停止，变为 C 轴控制。

7）无法进行 C 轴的挡块式参考点返回。作为定向式（主轴基本规格参数“＃3106 zrn_typ/bit8”＝0），或是作为无原点轴（原点返回参数“＃2031 noref”＝1）使用。

5. 主轴同期控制

（1）功能

在具有 2 个以上主轴的机床中，对其中一个主轴（同期主轴）的转速及相位进行控制，使其与另一主轴（基准主轴）的旋转同期。需要使 2 个主轴的转速一致时使用本功能。主轴同期控制分为主轴同期控制Ⅰ与主轴同期控制Ⅱ。

主轴同期控制Ⅰ：通过加工程序内的 G 指令指定同期主轴及同期开始/结束。

主轴同期控制Ⅱ：通过 PLC 指定所有同期主轴的选择及开始同期等操作。

主轴同期控制时，必须执行以下设定：卡盘关闭；临时取消误差；相位监视；多段加减速。

（2）主轴同期控制Ⅰ：G114.1

1）功能　主轴同期控制Ⅰ通过加工程序内的 G 指令指定同期主轴及同期的开始/结束。

2）指令格式

G114.1　H_ D_ R_ A_；主轴同期控制打开

H：基准主轴选择。

D：同期主轴选择。

R：同期主轴相位移位量。

A：主轴同期加减速时间常数。

G113；主轴同期控制取消

通过主轴同期控制启动（G114.1）指令指定基准主轴与同期主轴，使指定的 2 个主轴处于同期状态。且通过指定同期主轴相位移位量，可使基准主轴与同期主轴相位匹配。主轴同期控制取消（G113），根据主轴同期指令可解除同期旋转的 2 个主轴的同期

表 8-7-40　减速检查指令说明

参数	快速进给指令	参数	快速进给以外的指令 （G01、G00 以外的指令）	
Inpos	G00→XX	AUX07/bit1	G01→G00	G01→G01
（＃1193）	（G00＋G09→XX）	（＃1223/bit1）	（G01＋G09→XX）	
0	指令减速检查	0	就位	
1	就位 检查	1	检查 （仅适用于 SV024）	无减速检查

注：1. G01 进给时，无论减速参数如何，都将进行就位检查。

2. XX 表示所有指令。

状态。如表8-7-41所示。

(3) 主轴同期控制Ⅱ

1) 功能　在主轴同期控制Ⅱ中，均通过PLC指定同期主轴的选择及同期开始等操作。

2) 基准主轴及同期主轴的选择　通过PLC选择执行同期控制的基准主轴及同期主轴。如表8-7-42所示。

3) 开始主轴同期　通过输入主轴同期控制信号(SPSY)，进入主轴同期控制模式。在主轴同期控制模式中，与基准主轴的指令转速同期，对同期主轴进行控制。当基准主轴与同期主轴间的转速差达到主轴同期转速等级设定值（＃3050 sprlv）时，输出主轴转速同期结束信号（FSPRV）。同期主轴旋转方向的指定，根据主轴同期旋转方向指定选择是与基准主轴同向还是逆向。如表8-7-43所示。

4) 主轴相位匹配　在主轴同期控制模式中，输入主轴相位同期控制信号（SPPHS），则开始主轴相位同期。当到达主轴同期相位等级设定值（＃3051 spplv）时，输出主轴相位同期完成信号。

PLC同期主轴说明及主轴的相位偏移量如表8-7-44、图8-7-37所示。

表8-7-41　主轴同期控制（1）

地址	地址的意义	指令范围(单位)	备　注
H	基准主轴选择 在同期的2个主轴，指定基准主轴的主轴号	1～6 1:第1主轴 2:第2主轴 3:第3主轴 4:第4主轴 5:第5主轴 6:第6主轴	指定指令范围外的数值或是规格上不存在的主轴号，则发生程序错误 无指令时，发生程序错误 指定未串联的主轴，则发生程序错误
D	同期主轴选择 在同期的2个主轴，指定与基准主轴同期的主轴号	1～6或 −1～−6 1:第1主轴 2:第2主轴 3:第3主轴 4:第4主轴 5:第5主轴 6:第6主轴	指定范围外的数值，则发生程序错误 无指令时，发生程序错误 指定基本主轴选择中所指定的主轴时，也发生程序错误 通过D的符号，指定同期主轴相对基准主轴的转向 指定未串联的主轴，则发生程序错误
R	同期主轴相位移位量 指定从同期主轴的参考点(1转信号)的移位量	0～359.999(°) 0～359999(°)×10^{-3}	指定范围外的数值，则发生程序错误 指令移位量对基准主轴，在顺时针方向有效 无R指令时，不执行相位匹配
A	主轴同期加减速时间常数 指定主轴同期指令转速变化时的加减速时间常数(以参数设定的时间常数，缓慢进行加减速时，执行本指令)	0.001～9.999(s) 1～9999(ms)	指定范围外的数值，则发生程序错误(P35) 指令值小于参数设定的加减速时间常数时，以参数设定值为准

表8-7-42　主轴同期控制（2）

元件号	信号名称	简称	说　明
R7016	基准主轴选择	—	从串联的主轴中选择作为基准主轴控制的主轴 (0:第1主轴) 1:第1主轴 2:第2主轴 3:第3主轴

续表

元件号	信号名称	简称	说明
R7016	基准主轴选择	—	4:第4主轴 5:第5主轴 6:第6主轴 选择了未串联的主轴时,不执行主轴同期控制 指定了“0”时,将第1主轴作为基准主轴加以控制
R7017	同期主轴选择	—	从串联的主轴中选择作为同期主轴控制的主轴 (0:第2主轴) 1:第1主轴 2:第2主轴 3:第3主轴 4:第4主轴 5:第5主轴 6:第6主轴 选择了未串联的主轴及与基准主轴相同的主轴时,不执行主轴同期控制 指定了“0”时,将第2主轴作为基准主轴加以控制

表 8-7-43 主轴同期控制信号

元件号	信号名称	简称	说明
Y18B0	主轴同期控制	SPSY	通过打开本信号,进入主轴同期控制模式
X18A8	主轴同期控制中	SPSYN1	通知处于主轴同期控制中
X18A9	主轴转速同期结束	FSPRV	在主轴同期控制模式中,基准主轴与同期主轴的转速差到达主轴转速等级设定值时,本信号为接通状态 解除主轴控制模式时,或是在主轴同期控制模式中,出现大于主轴转速等级设定值的误差时,本信号为断开状态
Y18B2	主轴同期旋转方向指定		指定主轴同期控制时的基准主轴/同期主轴的旋转方向 0:同期主轴与基准主轴为同向旋转 1:同期主轴与基准主轴为逆向旋转

表 8-7-44 PLC 同期主轴说明

元件号	信号名称	简称	说明
Y18B1	主轴相位同期控制	SPPHS	在主轴同期控制模式中,打开本信号,则开始主轴相位同期 在主轴同期控制模式以外的模式,即使打开本信号,也被跳跃
X18AA	主轴相位同期结束	FSPPH	主轴相位同期开始后,到达主轴同期相位等级时被输出
R7018	相位偏移量设定		指定同期主轴的相位偏移量 单位:360°/4096

第8篇

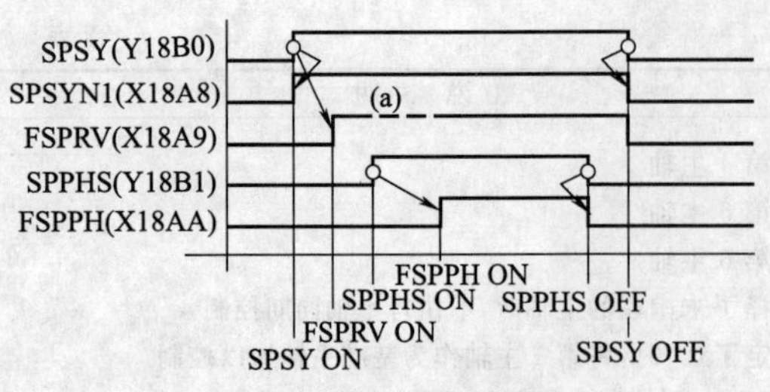

图 8-7-37　主轴的相位偏移量示意图

(a) 一相位同期时，为了变化转速临时关闭；
SPSY—主轴同期控制信号；SPSYN1—主轴同期控制中信号；
FSPRV—主轴同期结束信号；SPPHS—主轴相位同期控制信号；
FSPPH—主轴相位同期结束信号

5）主轴同期相位偏移量的计算与相位偏移量要求　主轴相位偏移量计算功能是在执行主轴同期时，通过接通 PLC 信号，求出并记忆基准主轴与同期主轴的相位差。在主轴相位偏移计算中，可通过手轮转动同期主轴，因此，可通过目测调整主轴间的相位关系。在相位偏移请求信号（SSPHF）接通的状态下，输入主轴相位同期控制信号，将以记忆相位偏移量进行偏移后的位置为基准，进行相位差匹配。如表 8-7-45 所示。

6. 多主轴控制

多主轴控制为控制主侧主轴（第 1 主轴）及副主轴（从第 2 主轴到第 4 主轴）的功能。在多主轴控制Ⅰ与多主轴控制Ⅱ中，主轴的控制方法各有不同。通过参数（♯1300 ext36/bit0）设定选择启用哪个控制方式。

多主轴控制Ⅰ：通过主轴选择指令（G43.1 等）与主轴控制指令（[S＊＊＊＊＊;] 或是 [SO=＊＊＊＊＊;]）等执行控制（ext36/bit0=0）。

多主轴控制Ⅱ：通过外部信号（主轴指令选择信号、主轴选择信号）与主轴控制指令（仅 [S＊＊＊＊＊;]）等执行控制（ext36/bit0=1）。不可使用主轴选择指令、[S O=＊＊＊＊＊;]。

如图 8-7-38 所示。

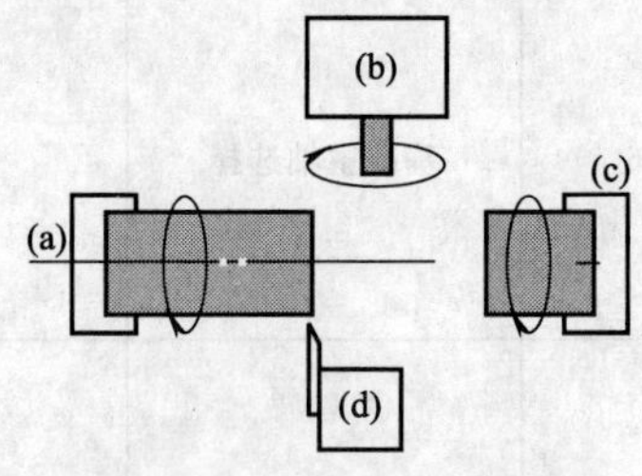

图 8-7-38　多主轴控制示意图

a)—第 1 主轴；(b)—刀具主轴（第 3 主轴）；
(c)—第 2 主轴；(d)—刀塔 1

(1) 多主轴控制Ⅰ（主轴控制指令）S ○=

1）功能及指令　S 指令除了 S＊＊＊＊＊ 指令外，还可通过 S○=＊＊＊＊＊区分指定第 1 主轴至第 4 主轴的指令。

指令格式如下所示：

S○=＊＊＊＊＊；多主轴控制Ⅰ（主轴控制指令）

○：使用 1 个字符指定（1：第 1 主轴/2：第 2 主轴/3：第 3 主轴/4：第 4 主轴）主轴号。可指定变量。

＊＊＊＊＊：转速或是表面速度指令值。可指定变量。

注：① ○的值为 1～4 以外时，发生程序错误。
② G47.1 在模态中，则发生程序错误。

2）详细说明

① 根据○的内容，区分各主轴指令。

② 可在单个程序段同时指定多个主轴指令。

③ 在单个程序段对相同主轴指定了 2 个以上的指令时，仅最后的指令生效。

④ 可通用 S＊＊＊＊＊指令与 S○=＊＊＊＊＊指令。

表 8-7-45　主轴同期相位偏移量

元件号	信号名称	简称	说　明
Y1883	相位偏移计算要求	SSPHM	在接通本信号的状态下，执行主轴同期，则计算、记忆基准主轴与同期主轴的相位差
Y1884	相位偏移要求	SSPHF	在接通本信号的状态下，执行主轴相位同期，则以记忆偏移量进行偏移后的位置为基准位置，进行相位匹配
R6516	相位差输出	—	输出对基准主轴的同期主轴延迟 单位：360°/4096 基准主轴/同期主轴中的任何一个未通过 Z 相，无法进行计算时，输出－1 本数据仅在相位偏移计算中或是主轴相位同期中输出
R6518	相位偏移数据	—	输出通过相位偏移计算记忆的相位差 单位：360°/4096 本数据仅在主轴同期控制中输出

⑤ 通过主轴选择指令，区分 S＊＊＊＊＊ 指令中的对象主轴。也可在各系统的任意加工程序中指定各主轴对应的指令。

(2) 多主轴控制Ⅰ（主轴选择指令）G43.1、G44.1、G47.1

1）功能及指令　通过主轴选择指令（G43.1 等[G 组 20]），可切换 S 指令与第 1 主轴至第 4 主轴中的哪个轴对应。

指令格式如下所示：

G43.1；第 1 主轴控制模式打开

G44.1；选择主轴控制模式打开（在 SnG44.1 中设定选择主轴号）

G47.1；所有主轴同时控制模式打开

2）详细说明

① 在参数（#1534 SnG44.1）中设定选择主轴号。

② 主轴选择指令为模态 G 代码。

③ 主轴选择指令在多主轴控制Ⅱ有效时，发生程序错误（P33）。

④ 每个系统可通过参数设定通电或复位时的主轴控制模式。

⑤ 在相同程序段同时指定了主轴选择指令与 S 指令时，通过主轴选择指令切换的主轴生效。

⑥ 如设定了不存在的主轴，则默认为第 2 主轴。但是当主轴数=1 时，默认为第 1 主轴。

⑦ 无论哪个系统都可以发出指令。

3）与其他功能的关系　主轴选择指令后，切换功能如下。

① S 指令（S＊＊＊＊＊）：G97（转速指令）/G96（恒速指令）中的 S 指令是由主轴选择指令指定的对主轴的指令。

② 主轴钳制速度指令：由 G92 S_Q_发出的主轴钳制速度指令也取决于主轴选择指令的模式。

③ 每转指令（同期进给）：即使在 G95 模式中发出 F 指令，仍将变为主轴选择指令所指定的主轴每转的进给速度。

④ 恒速控制主轴的切换：恒速控制也取决于主轴选择指令的模式。通过 S○＝＊＊＊＊＊，向不同于当前模式的其他主轴发出指令时，○所指定的主轴转速指令优先被处理。

(3) 多主轴控制Ⅱ

1）功能　多主轴控制Ⅱ通过 PLC 发出的信号，指定选择哪个主轴的功能。通过 1 个 S 指令向主轴发出指令。

2）详细说明　主轴指令选择、主轴选择如下。

通过打开 PLC 发出的主轴选择信号（SWS），对所选主轴，向主轴发出的 S 指令作为转速指令输出。所选主轴以输出的转速旋转。因主轴选择信号（SWS）关闭而未选中的主轴则保持未选中前的转速继续旋转。因此可以使各主轴同时以各自的转速旋转。且可通过主轴指令选择信号选择各主轴接收来自哪个系统的 S 指令。

3）与其他功能的关系

① 主轴钳制速度设定：G92 仅对主轴选择信号（SWS）选中的主轴有效。根据主轴选择信号（SWS），未选中的主轴仍保持未选中之前的转速继续旋转（通过 G92 指令保持主轴钳制速度）。

② 恒速控制：可对所有主轴执行恒速控制。在恒速中，由于自动控制主轴转速，因此在以恒速加工过程中，必须保持主轴选择信号（SWS）为接通状态。根据主轴选择信号（SWS），未选中的主轴仍保持未选中之前的转速继续旋转。

③ 螺纹切削/同期进给：对通过主轴选择信号（SWS）选中的主轴，执行螺纹切削。使用由编码器选择信号选中的编码器进行编码器反馈。

④ 多边形加工（伺服-主轴）：通过主轴选择信号（SWS）选择多边形加工主轴。不要选择多个多边形加工主轴。且在多边形加工模式中，不要切换多边形加工主轴选择信号。对多边形加工主轴发出 *C* 轴模式指令时，发生“M01 操作错误 1026”。取消 *C* 轴指令，则解除错误、再启动加工。在多边形加工过程中，执行同期攻螺纹指令时，发生程序错误。

⑤ 同期攻螺纹：通过主轴选择信号（SWS）选择同期攻螺纹主轴。在发出同期攻螺纹指令前，选择同期攻螺纹主轴。在同期攻螺纹模式，不要切换同期攻螺纹主轴的选择信号。对同期攻螺纹主轴，发出 *C* 轴模式指令时，发生“M01 操作错误 1026”。取消 *C* 轴指令，则解除错误、再启动加工。对同期攻螺纹主轴，发出多边形加工指令时，发生“M01 操作错误 1026”。取消多边形加工指令，则解除错误、再启动加工。

⑥ 非同期攻螺纹：通过主轴选择信号（SWS）选择非同期攻螺纹主轴。在发出攻螺纹指令前选择非同期攻螺纹主轴。在切换非同期攻螺纹主轴选择时，输入计算要求。在非同期攻螺纹模式中，不要切换非同期攻螺纹主轴的选择信号。

⑦ 攻螺纹返回：通过主轴选择信号（SWS）选择攻螺纹返回主轴。打开攻螺纹返回信号前，选择在攻螺纹循环过程中中断的主轴。在选择不同主轴的状态下，执行攻螺纹返回时，发生“M01 操作错误 1032”。在攻螺纹返回中不要切换主轴选择信号。

4）限制事项

① 多主轴控制Ⅱ有效时，S 的手动数值指令

无效。

② 多主轴控制Ⅱ有效时，安装参数“＃1199 Sselect”无效。

③ 多主轴控制Ⅱ有效时，无法使用主轴控制模式切换G代码。否则发生程序错误。

④ 多主轴控制Ⅱ有效时，“S1＝＊＊＊”，“S2＝＊＊＊”指令无效。否则发生程序错误。

⑤ 多主轴控制Ⅱ有效时，无法输出主轴齿轮换挡指令输出信号（GR1/GR2）。

7. 刀具功能（T8位BCD）

（1）功能

刀具功能也称为T功能，用于指定刀号及刀具补偿编号。通过地址T后面的8位数值（0～99999999）发出指令，将高6位或是7位作为刀号，低2位或1位作为补偿编号使用。

使用哪个取决于参数“＃1098 TLno.”的设定。可使用的T指令因机床而异，参考机床厂发行的说明书。每个程序段可发出1组T指令。

（2）指令格式

指令格式如下：

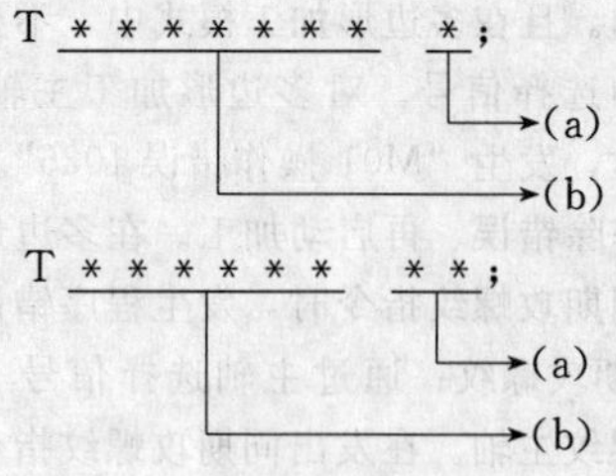

其中（a）代表刀具补偿编号，（b）代表刀号。

程序指定的刀号与实际刀具的对应关系，参考机床厂的说明书。

输出BCD代码与启动信号。

在相同程序段同时指定T功能与移动指令时，执行顺序可能有以下2种状况。使用哪种，取决于机床规格。

① 移动结束后，再执行T功能。

② 同时执行移动指令与T功能。

必须通过PLC处理所有的T指令及结束T指令。

7.2.9　刀具偏置功能

1. 刀具补偿

（1）功能

通过T功能进行刀具补偿，以地址T后续的3位、4位或8位数值发出指令。刀具补偿包括刀长补偿与刀尖磨耗补偿。分为T指令的低1位或2位指定刀长补偿与刀尖磨耗补偿、T指令的低1位或2位指定的刀尖磨耗补偿、以刀号指定刀长补偿，通过参数“＃1098 TLno.”进行切换。通过参数“＃1097 Tldigt”切换是以低1位还是2位执行补偿。

每个程序段可发出1组T指令。

（2）指令格式

1）通过T指令的低1位或2位指定刀长与刀尖磨耗的补偿编号时：

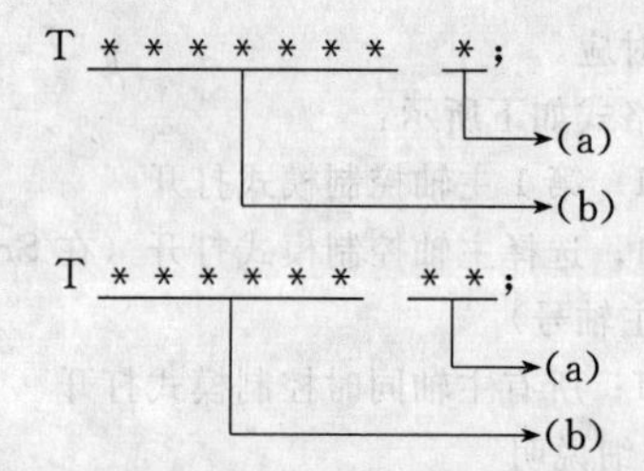

其中（a）代表刀长补偿＋刀尖磨耗补偿，（b）代表刀号。

2）区分刀长补偿编号与刀尖磨耗补偿编号时：

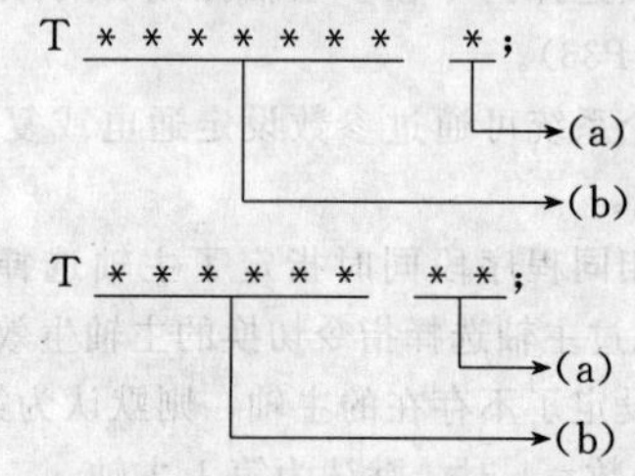

其中（a）代表刀尖磨耗补偿，（b）代表刀号＋刀长补偿。刀长补偿编号为刀号的低2位。

注：多系统时，分为各系统分别拥有刀具数据、系统间拥有通用刀具数据两种情况。可通过参数（＃1051 MemTol）进行选择。

参数＃1051 MemTol 0：各系统分别拥有刀具数据；

参数＃1051 MemTol 1：系统间拥有通用刀具数据。

系统间拥有通用刀具数据时，所有系统的刀具指令的补偿量（指定相同刀具补偿编号时）为相同值。

2. 刀长补偿

（1）刀长补偿的设定

对程序的基准位置，执行刀长补偿。程序基准位置通常位于刀塔中心位置或是基准刀具的刀尖位置。

1）位于刀塔中心位置时，如图8-7-39所示。

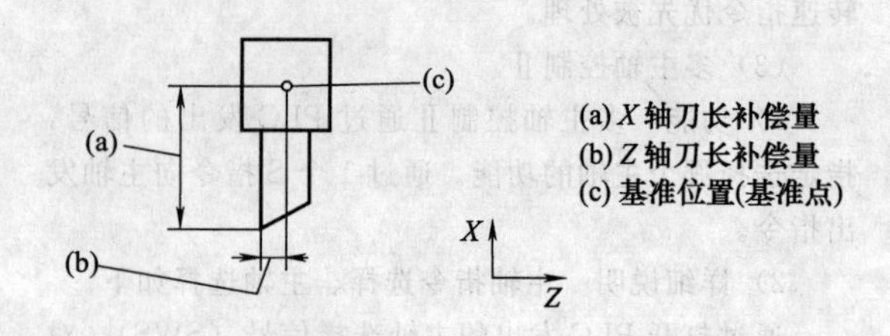

图8-7-39　位于刀塔中心位置时

2）位于基准刀具的刀尖位置时，如图 8-7-40 所示。

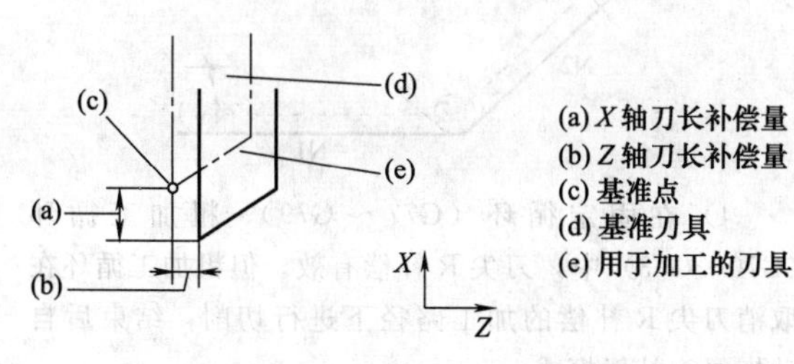

图 8-7-40　位于基准刀具的刀尖位置时

（2）变更刀长补偿编号

变更刀号时，将新刀号对应的刀长补偿量累加到加工程序的移动量。

（3）取消刀长补偿

1）指定补偿编号 0 时　T 指令中的刀长补偿编号为 0 时，取消补偿，如图 8-7-41 所示。

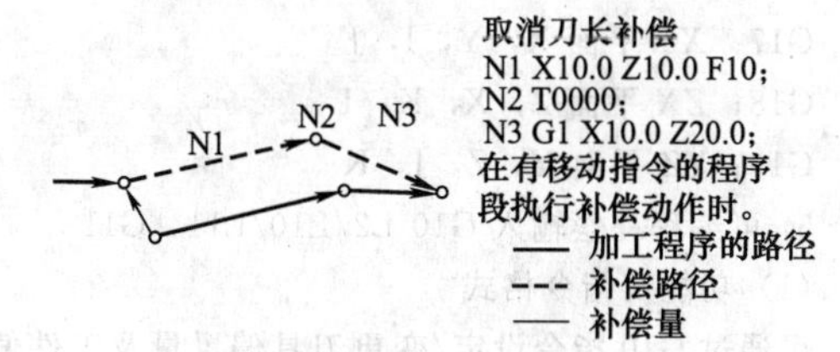

图 8-7-41　指定补偿编号 0 时

2）指定的补偿量为 0 时　T 指令中刀长补偿编号的补偿量为 0 时，取消补偿，如图 8-7-42 所示。

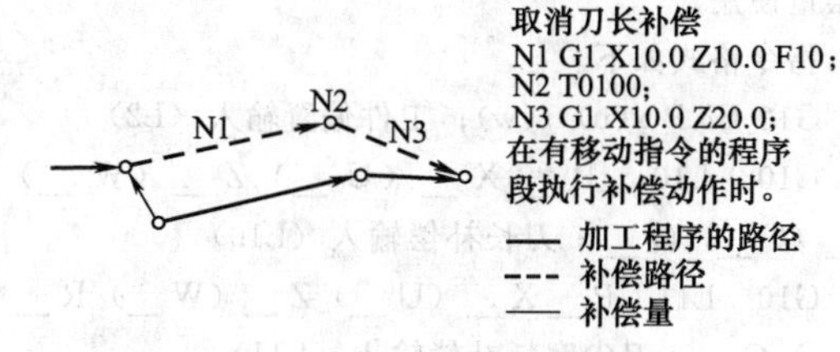

图 8-7-42　指定的补偿量为 0 时

（4）注意事项

1）发出 G28、G29、G30 指令，则临时取消补偿。因此，虽然机床移动到补偿取消的位置，但仍记忆补偿量，所以通过下一个移动指令移动到补偿后的位置。

2）在相同程序段发出了 G28、G29、G30 与补偿取消指令时，虽然机床移动到补偿取消的位置，但仍记忆补偿 量。因此，显示坐标可能会包含补偿量。如不记忆补偿量，则在其他程序段发出指令。

3）在自动运行过程中，即使通过 MDI 等变更当前所选补偿编号的补偿量，只要不再次执行相同编号的 T 指 令，变更后的补偿量就不会生效。

4）通道复位、紧急停止清除刀长补偿、刀尖磨损补偿量。可通过参数“＃1099 Treset”予以保持。

3. 刀尖磨耗补偿

（1）刀尖磨耗补偿量设定

使用刀具的刀尖产生磨耗时，可对其进行补偿，如图 8-7-43 所示。

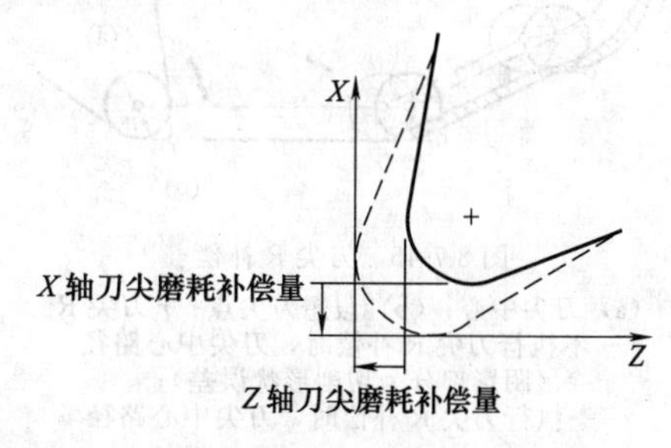

图 8-7-43　刀尖磨耗补偿量

（2）取消刀尖磨耗补偿

刀尖磨耗补偿编号为 0 时，取消补偿，如图 8-7-44 所示。

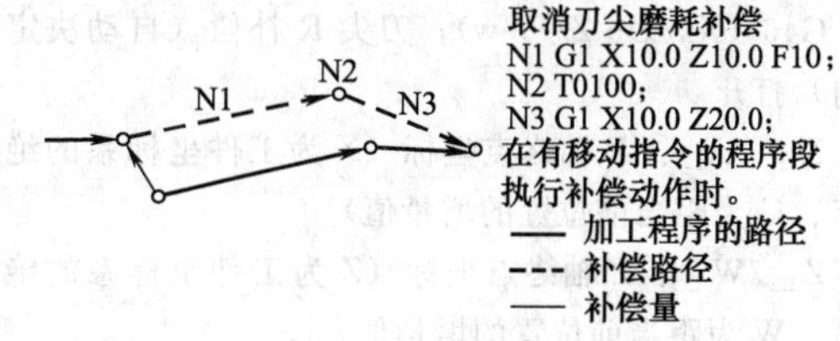

图 8-7-44　取消补偿

（3）注意事项

1）发出 G28、G29、G30 指令，则临时取消补偿。因此，虽然机床移动到补偿取消的位置，但仍记忆补偿量，通过下一个移动指令移动到补偿后的位置。

2）在相同程序段发出了 G28、G29、G30 与补偿取消指令时，虽然机床移动到补偿取消的位置，但仍记忆补偿 量。因此，显示坐标可能会包含补偿量。如不记忆补偿量，则在其他程序段发出指令。

3）在自动运行过程中，即使通过 MDI 等变更当前所选补偿编号的补偿量，只要不再次执行相同编号的 T 指 令，变更后的补偿量就不会生效。

4）通道复位、紧急停止清除刀长补偿、刀尖磨损补偿量。可通过参数“＃1099 Treset”予以保持。

4. 刀尖 R 补偿 G40、G41、G42、G46

（1）功能

由于刀具刀尖一般带有弧度，所以将假想刀尖点视为刀尖进行编程。在进行锥形切削及圆弧切削时，编程形状与切削形状之间，会产生因刀尖弧度导致的误差。刀尖 R 补偿是通过设定刀尖 R 值，自动计算误差并进行补偿。

通过指令代码，可选择固定补偿方向或自动判别补偿方向，如图 8-7-45 所示。

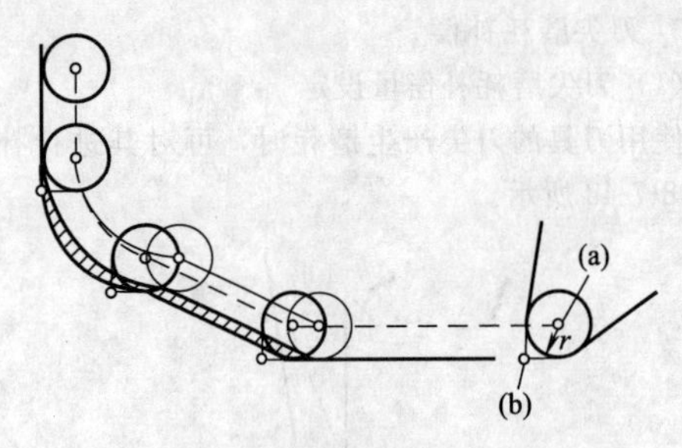

图 8-7-45 刀尖 R 补偿

(a) 刀尖中心；(b) 假想刀尖点；r 刀尖 R
—不执行刀尖 R 补偿时，刀尖中心路径
(阴影部分为切削形状误差)；
- - -执行刀尖 R 补偿时，刀尖中心路径

(2) 指令格式

G40 (Xx/Uu Zz/Ww)；刀尖 R 补偿取消

G41 (Xx/Uu Zz/Ww)；刀尖 R 补偿左

G42 (Xx/Uu Zz/Ww)；刀尖 R 补偿右

G46 (Xx/Uu Zz/Ww)；刀尖 R 补偿（自动决定方向）打开

X _/U _：*X* 轴终点坐标（X 为工件坐标系的绝对值、U 为距当前位置的增量值）

Z _/W _：*Z* 轴终点坐标（Z 为工件坐标系的绝对值、W 为距当前位置的增量值）

(3) 详细说明

1) G41 对进行方向，作为工件左侧的刀具执行刀尖 R 补偿。G42 对进行方向，作为工件右侧的刀具执行刀尖 R 补偿。G46 通过预先设定的假想刀尖点与根据加工程序的移动指令，自动判别补偿方向执行刀尖 R 补偿。G40 为取消刀尖 R 补偿模式。

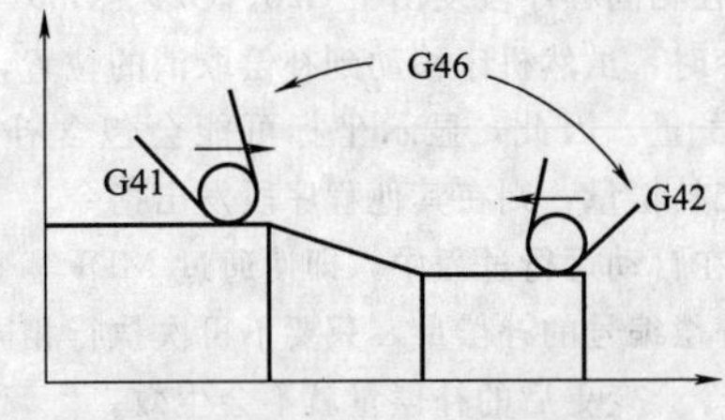

2) 刀尖 R 补偿预读 2 个移动指令的程序段数据（没有移动指令时，最多预读 5 个程序段），根据交点计算公式，将刀尖 R 刀尖中心的轨迹控制在距程序轨迹偏置了刀尖 R 半径后的轨迹上。图中 *r* 为刀尖 R 补偿量（刀尖 R 半径）。刀尖 R 补偿量对应刀长编号，预先与刀尖点同时设定。

3) 在连续 5 个程序段中，当 4 个以上的程序段没有移动量时，会发生过切或切入不足。但跳跃可选程序段跳跃有效的程序段。

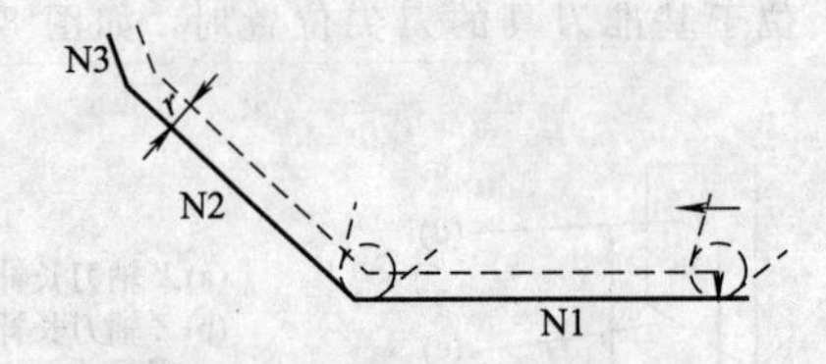

4) 在固定循环（G77～G79）、粗加工循环（G70～G73）中，刀尖 R 补偿有效。但粗加工循环在取消刀尖 R 补偿的加工路径下进行切削，结束后自动恢复为补偿模式。

5) 对螺纹切削指令，在之前的一个程序段临时取消。

6) 在刀尖 R 补偿（G46）中，可发出刀尖 R 补偿（G41/G42）指令。此时，无需通过 G40 取消补偿。

7) 补偿平面、移动轴、下一个进行方向矢量取决于 G17～G19 指定的平面选择指令。

G17；*XY* 平面 X，Y，I，J

G18；*ZX* 平面 Z，X，K，I

G19；*YZ* 平面 Y，Z，J，K

5. 可编程补偿输入 G10 L2/L10/L11，G11

(1) 功能及指令格式

可通过 G10 指令设定/变更刀具偏置量及工件偏置量。以绝对值（X，Z，R）发出指令时，补偿量为新的量；以增量值（U，W，C）发出指令时，将当前设定的补偿量累加至指定的补偿量之后，作为新的补偿量使用。

指令格式如下。

G10 L2 P x(u) z(w)；工件偏置输入（L2）

G10 L10 P _ X _ (U _) Z _ (W _) R _ (C _) Q _；刀长补偿输入（L10）

G10 L11 P _ X _ (U _) Z _ (W _) R _ (C _) Q _；刀尖磨耗补偿输入（L11）

G11；取消补偿输入

P：补偿编号。

X：*X* 轴补偿量（绝对）。

U：*X* 轴补偿量（增量）。

Z：*Z* 轴补偿量（绝对）。

W：*Z* 轴补偿量（增量）。

R：刀尖 R 补偿量（绝对）。

C：刀尖 R 补偿量（增量）。

Q：假想刀尖点。

在刀长补偿输入（L10）、刀尖磨耗补偿输入（L11）中没有 L 指令时，刀长补偿输入指令：P＝10000＋补偿编号，刀尖磨耗补偿输入指令：P＝补偿编号。

（2）详细说明

1）补偿编号及假想刀尖点的设定范围如表 8-7-46 所示。

2）补偿量的设定单位如表 8-7-47 所示。

变更指令值的单位后，存在不符合表中的数值时，发生程序错误。

增量值指令时，补偿量设定范围为当前设定值与指令值之和。

表 8-7-46　补偿编号及假想刀尖点的设定范围

地址	地址的意义	设定范围		
		L2	L10	L11
P	补偿编号	0:外部工件偏置	有 L 指令时 1～最大补偿组数 没有 L 指令时 10001～10000＋最大补偿组数	有/无 L 指令时均为 1～最大补偿组数
		1:G54 工件偏置		
		2:G55 工件偏置		
		3:G56 工件偏置		
		4:G57 工件偏置		
		5:G58 工件偏置		
		6:G59 工件偏置		
Q	假想刀尖点	0～9		

注：在刀具补偿输入（L10/L11）中，P（补偿编号）的最大补偿组数合计最多为 80 组（组数因机种而异，应确认规格）。

表 8-7-47　补偿量的设定单位

设定	刀长补偿量		磨耗补偿量	
	公制系统	英制系统	公制系统	英制系统
＃1003＝B	±99999.999mm	±9999.9999in	±999.999mm	±99.9999in
＃1003＝C	±99999.9999mm	±9999.99999in	± 999.9999mm	± 99.99999in
＃1003＝D	±99999.99999mm	±9999.999999in	± 999.99999mm	± 99.999999in
＃1003＝E	±99999.999999mm	± 9999.9999999in	±999.999999mm	± 99.9999999in

（3）注意事项

1）检查补偿量设定范围，在磨耗补偿量的最大值与增量值指令中，每次的补偿量以磨耗补偿输入检查的磨耗数据最大值和最大增量值为优先，当磨耗补偿量大于该值时，发生程序错误。

2）G10 为非模态，仅对指定程序段有效。

3）第 3 轴也同样可以进行补偿输入，将 C 轴指定为第 3 轴时，在 L10、L11 中，地址 C 可作为刀尖 R 的增量值指令使用。

4）指定了错误的 L 编号、刀具补偿编号，则发生程序错误。

5）在工件偏置输入中省略了 P 指令，则作为当前选中的工件偏置输入使用。

6）补偿量超出设定范围时，发生程序错误（P35）。

7）当在单个程序段混合输入了 X、Z 与 U、W。但指定 X、U 或 Z、W 等相同补偿输入地址时，后输入的地址生效。

8）只要指定了 1 个 G10L（2/10/11）P 以后的地址，则执行补偿输入。当没有指定时，发生程序错误（P33）。

9）补偿量为小数点有效。

10）在相同程序段指定 G40～G42 与 G10 时，忽略 G40～G42。

11）不要在相同程序段指定固定循环及子程序呼叫的指令与 G10。否则可能会导致误动作、发生程序错误。

12）参数“＃1100 Tmove”为“0”，在相同程序段指定 G10 与 T 指令时，在下一程序段执行补偿。

13）多 C 轴系统时，在工件偏置输入中切换双方的 C 轴工件偏置。

6. 刀具寿命管理Ⅱ G10 L3、G11

（1）功能及指令

刀具寿命管理是将所使用的刀具分为若干组，在各组对刀具寿命（使用时间、使用次数）进行管理。当到达寿命时，依次从该刀具所属的组中，选择同类型的预备刀具进行使用，带有预备刀具的刀具寿命管理功能，可长时间进行无人化运行。其主要功能如表 8-7-48 所示。

刀具寿命管理数据设定分为通过刀具寿命管理画面的设定与通过 NC 程序的设定。通过画面设定的详情参考使用说明书。

表 8-7-48 刀具寿命管理的主要功能

序号	项目	功能
1	刀具寿命管理刀具把数	单系统:最多80把;多系统:最多40把/系统
2	组数	单系统:最大80组;多系统:最大40组/系统
3	组编号	1～9999
4	组内刀具把数	最大16把
5	寿命时间	0～999999min(约16667h)
6	寿命次数	0～999999次

通过NC程序设定时，通过与程序补偿输入相同的方法进行登录。

指令格式如下：

1）G10 L3；

P＿L＿N＿；第一组

T＿；

T＿；

P＿L＿N＿；　下一组

T＿；

T＿；开始寿命管理用数据登录

2）G11；完成寿命管理用数据登录

参数说明：

P：组编号（1～9999）

L：1把刀具的寿命（0～999999min或0～999999次）。

N：方式选择（0：时间管理，1：次数管理）。

T：刀号。通过此处登录的顺序选择预备刀具（刀号：1～999999，补偿编号：1～80）。Tn取决于规格。

（2）注意事项

1）利用记忆、MDI模式，通过执行上述程序，进行登录。

2）执行上述程序，则从前登录的数据（组编号、刀号、寿命数据）被全部删除。已登录的数据即使在断电后也会被保持。

3）通过P指定的组编号不连续亦可，但是尽可能按照升序排列。通过画面监视时，因顺序为升序，所以便于查看。无法重复指定组编号。

4）当省略了寿命数据L时，该组的寿命数据为“0”。省略指定方式N时，该组的方式取决于基本规格参数“♯1106 Tcount”。

5）省略剩余寿命数据R时，该组的剩余寿命数据为“0”。剩余寿命数据为“0”时，对指定的刀具，不输出刀具寿命预告信号。省略指定方式N时，该组方式取决于基本规格参数“♯1106 Tcount”。剩余寿命数据R的指定值大于寿命值（R>L），则发生程序错误。省略寿命数据L，指定剩余寿命数据R，则发生程序错误。

6）G10 L3至G11之间，无法带程序号进行编程。

7）使用数据计数有效信号（YC8A）打开时，无法指定G11 L3。

7.2.10 坐标系设定功能

1. 坐标系与控制轴

（1）功能

车床时，如下定义轴名称（坐标系）与方向，如图8-7-46所示。

与主轴垂直的轴轴名称为X轴；与主轴平行的轴轴名称为Z轴。

（2）坐标轴与极性

车床使用右手坐标系，如图8-7-46所示，与X、Z轴垂直的Y轴，在图中以向下方向为正方向。从Y轴正方向看，X、Z平面上的圆弧是以顺时针旋转、逆时针旋转的方式加以表现。

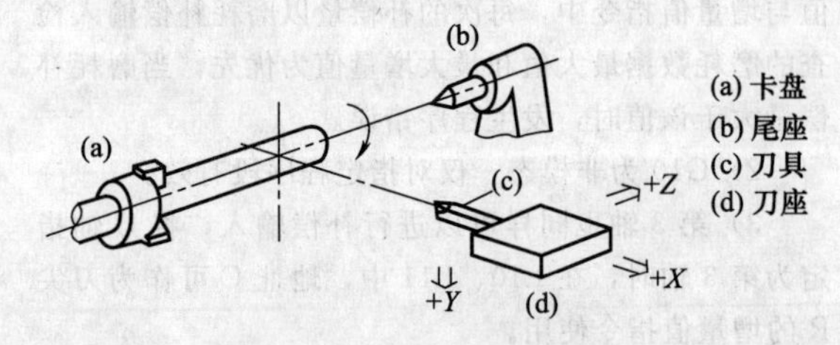

图8-7-46 车床使用右手坐标系

2. 基本机械坐标系、工件坐标系与局部坐标系

基本机械坐标系为机械固有坐标系，是表示机械固有位置的坐标系。工件坐标系是程序员编程时使用的坐标系，是以工件上的基准点为坐标原点设定的坐标系。局部坐标系是在工件坐标系上创建的坐标系，是为了便于创建部分加工程序而设置的坐标系。基本机械坐标系及工件坐标系（G54～G59）在参考点返回结束时，参考参数自动被设定。此时，设定基本机械坐标系，使第1参考点从基本机械坐标系原点（机械原点）移动到参数中所指定的位置。

3. 机械原点与第2参考点（原点）

机械原点作为基本机械坐标系的基准点，是在参考点（原点）返回中决定的机床固有的点。第2参考点（原点）是根据基本机械坐标系的原点，预先通过参数设定的坐标值的位置点。

4. 自动坐标系设定

本功能在NC通电后，通过挡块式参考点返回到达参考点时，根据预先通过设定显示装置输入的参数值，创建各坐标系。再通过上述方式设定的坐标系编辑实际的加工程序。

1）通过本功能创建的坐标系如下。

① 基本机械坐标系。

② 工件坐标系（G54～G59），取消局部坐标系(G52)。

2）与坐标系相关的参数，全部以距离基本机械坐标系原点的距离赋值。因此决定将第1参考点放置在基本机械坐标系的哪个位置后，设定工件坐标系的原点位置。

3）执行自动坐标系设定功能，则取消通过G92进行的工件坐标系移位、通过G52进行的局部坐标系设定、通过初始设置进行的工件坐标系移位、通过手动插入进行的工件坐标系移位。

4）在通电后的第1次手动参考点返回或自动参考点返回时执行挡块式参考点返回。而通过参数选择了挡块式时，在第2次之后的手动参考点返回或自动参考点返回时执行挡块式参考点返回。

5）在自动运行中（包含单节运行中）变更工件坐标偏置量，则从下一程序段或多个程序段之后的指令开始生效。

5. 基本机械坐标系选择G53

（1）功能及指令

通过G53指令与进给模式指令（G01或G00）及之后的坐标指令，将刀具移动到基本机械坐标系上的指令位置。

指令格式如下所示：

G53 G00 X_ Z_α_；

G53 G00 U_W_β_；

α：附加轴

β：附加轴的增量值指令。

（2）详细说明

1）通电时通过自动或手动参考点（原点）返回，以规定的参考点（原点）返回位置为基准自动设定基本机械坐标系。

2）无法通过G92指令变更基本机械坐标系。

3）G53指令仅对指定的程序段有效。

4）增量值指令（U，W，D）时，在所选坐标系中通过增量值执行移动。

5）第1参考点坐标值表示从基本机械坐标系零点到参考点（原点）返回位置的距离。

6）G53指令服从指令模态，通过切削进给或快速进给执行移动。

6. 坐标系设定G92

（1）功能及指令

将刀具定位到任意位置，通过在该位置发出坐标系设定G92指令，设定坐标系。可任意设定该坐标系，但是通常将X轴、Y轴设为工件中心、将Z轴设为工件端面的原点。

指令格式如下所示。

G92 Xx2 Zz2αα2；

αα：附加轴。

（2）详细说明

1）通过G92指令移动基本机械坐标系创建假想机械坐标系，此时同时移动工件坐标系1～6。

2）如果同时发出G92与S或Q指令，则主轴钳制转速被设定（详情参考主轴钳制速度设定项）。

7. 参考点（原点）返回G28、G29

（1）功能及指令

通过发出G28指令，以G00指定轴的定位后，分别以快速进给让各指令轴返回到第1参考点（原点）。通过发出G29指令，让各轴独立、高速定位到G28或G30的中间点后，通过G00在指令位置执行定位。

指令格式如下所示：

G28 Xx1 Zz1αα1；自动参考点返回

G29 Xx2 Zz2αα2；开始位置返回

αα1/αα2：附加轴。

（2）详细说明

1）G28指令与下述指令等价。

G00 Xx1 Zz1 αα 1；

G00 Xx3 Zz3 αα 3；

在此x3、z3、α3为参考点的坐标值。通过参数“＃2037 G53ofs”设定距基本机械坐标系原点的距离。

2）通电后，没有通过手动进行参考点（原点）返回的轴，与手动相同进行挡块式返回。此时，将返回方向视为指令符号方向，第2次后，高速返回到第1次记忆的参考点（原点）。

3）参考点（原点）返回结束，则输出原点到达输出信号，同时在设定显示装置画面轴名称行中显示为＃1。

4）G29指令与下述指令等价。

G00 Xx1 Zz1 αα1；

G00 Xx2 Zz2 αα2；

为各轴独立的快速进给（非插补类型）。在此x1、z1、α1为G28的中间点或G30的中间点坐标值。

5）通电后不执行自动参考点（原点）返回（G28），而是发出G29指令，则发生程序错误。

6）通过绝对值/增量值指定定位点的中间点坐标值（x1，z1，α1）。

7）G29对G28、G30均有效。但返回最新中间点后，再执行指定轴的定位。

8）参考点返回时，刀具偏置未取消，则在参考点返回中临时取消，中间点为补偿后的位置。

9）根据参数“#1091 Mpoint”的设定可忽略中间点。在机床锁定状态中执行参考点（原点）返回，忽略从中间点至参考点（原点）之间的控制。指定轴到达中间点，则执行下一程序段。

10）在镜像中执行参考点（原点）返回，从起点到中间点镜像有效。向指令方向的相反方向移动，而从中间点到参考点（原点），忽略镜像移动到参考点（原点）。

8. 第2、第3、第4参考点（原点）返回G30

（1）功能及指令

通过发出G30 P2（P3，P4）指令，可返回到第2、第3或第4参考点（原点）位置。

指令格式如下。

G30 P2（P3，P4）Xx1 Zz1αα1；

αα1：附加轴。

（2）详细说明

1）通过P2、P3或P4指定第2、第3或第4参考点（原点）返回。无P指令或使用其他指定方法时，执行第2参考点（原点）返回。

2）第2、第3或第4参考点（原点）返回与第1参考点（原点）返回相同，是在经由G30指定的中间点后，返回至第2、第3或第4参考点（原点）位置。

3）第2、第3、第4参考点（原点）位置坐标为机械固有位置，可通过设定显示装置确认。

4）执行第2、第3、第4参考点返回后，指定G29时，G29返回时的中间点位置为最后执行的参考点（原点）返回的中间点位置。

5）补偿中平面的参考点（原点）返回，从中间点到参考点（原点）为无刀尖R补偿（补偿为0）的轨迹。在之后的G29指令中，从参考点（原点）到中间点，是以无刀尖R补偿进行移动，从中间点到G29是以刀尖R补偿进行移动。

6）第2、第3、第4参考点（原点）返回后，临时取消该轴的刀具偏置量。

7）在机床锁定状态中执行第2、第3、第4参考点（原点）返回，忽略从中间点到参考点（原点）的控制。指定轴到达中间点，则执行下一程序段。

8）在镜像中执行第2、第3、第4参考点（原点）返回，从起点到中间点的镜像有效。向指令的相反方向移动，忽略从中间点到参考点（原点）的镜像，向参考点（原点）移动。

9. 参考点检查G27

（1）功能及指令

本指令是定位到通过程序指定的位置后，如果该定位点为第1参考点，则与G28相同，向机床端输出参考点到达信号。因此，如果创建从第1参考点出发，再返回第1参考点的加工程序时，则可在执行该程序后，检查是否返回到了参考点。

指令格式如下：

G27 X_ Z_ α_ P_；检查指令

X、Z、α：返回控制轴。

P：检查编号。

P1：第1参考点检查。

P2：第2参考点检查。

P3：第3参考点检查。

P4：第4参考点检查。

（2）详细说明

1）省略P指令时为第1参考点检查。

2）同时可执行参考点检查的轴数为同时控制轴数。

3）指令结束后未到达参考点时，发生报警。

10. 工件坐标系设定及工件坐标系偏置G54～G59（G54.1）

（1）功能及指令

工件坐标系是以要加工的工件基准点为原点，用于简化工件编程的坐标系。可通过本指令移动到工件坐标系中的位置。工件坐标系是程序员编程时使用的坐标系，除G54～G59这6组外，还有48组追加工件坐标系（48组为选项功能）。通过本指令，在当前选中的工件坐标系中重新设定工件坐标系，使刀具当前位置成为指令的坐标值（刀具当前位置包含刀尖R、刀长、刀具位置偏置的偏置量）。通过本指令设定假想机械坐标系，使刀具当前位置为指定坐标（刀具当前位置包含刀尖R、刀长、刀具位置偏置的偏置量）（G54，G92）。

指令格式如下：

1）G54～G59；工件坐标系选择

2）（G54～G59）G92 X_ Z_ α_；工件坐标系设定

α：附加轴。

3）G54.1 Pn；工件坐标系选择（P1～P48）

4）G54.1 Pn；

G92 X_ Z_；工件坐标系设定（P1～P48）

5）G10 L20 Pn x z；工件坐标系偏置量的设定（P1～P48），替换指定的扩展工件坐标偏置量时；

6）G10 G54.1 Pn X_ Y_ Z_；工件坐标系偏置量的设定（P1～P48），选择扩展工件坐标系，替换偏置量时。

（2）详细说明

1）发出G54～G59指令，即使指定工件坐标系的切换，也不取消指定轴的刀尖R补偿量。

2）通电时，选择G54的坐标系。

3）G54～G59为模态指令（12组）。

4）通过工件坐标系中的G92移动坐标系。

5）工件坐标系的偏置设定量表示距基本机械坐标系O点的距离。

6）可多次变更工件坐标系的偏置设定量（也可通过G10 L2 Pp1 Xx1 Zz1变更）。如表8-7-49所示。

7）通过在G54（工件坐标系1）模式下发出G92指令，设定新的工件坐标系。同时，其他工件坐标系2～6（G55～G59）也将平行移动，设定新的工件坐标系2～6。

8）根据新工件参考点（原点），在工件坐标系偏置后的位置上，创建假想机械坐标系。

9）通过设定假想机械坐标系，从假想机械坐标系原点偏移工件坐标系偏置量的位置上，将设定新工件坐标系。

10）通电后的首次自动（G28）或手动参考点（原点）返回结束后，根据参数自动设定基本机械坐标系、工件坐标系。

11）通电后的参考点返回（自动、手动）后，发出G54X_；指令，则发生程序错误（P62）（以G01速度控制，所以必须要有速度指令。）

12）不要在G54.1的程序段指定使用P代码的G代码。指定时，将P代码视为工件坐标系选择编号。

13）未附加工件偏置组数追加规格时，执行G54.1指令，则发生程序错误。

14）未附加工件偏置组数追加规格时，执行G10 L20指令，则发生程序错误。

15）在G54.1模态中无法使用局部坐标系。在G54.1模态中执行G52指令，则发生程序错误。

16）在G54.1 P1模式下指定G92，则将设定新的工件坐标系P1。同时其他工件坐标系G54～G59，G54.1，P2～P4也将平行移动，设定新的工件坐标系。

17）扩展工件坐标系偏置量将被分配到如表8-7-50所示的变量编号上。

表8-7-49　偏置量设定

指令	详细说明
G10 L2 Pn Xx Zz	n=0:在外部工件坐标系设定偏置量 n=1～6:在指定的工件坐标系设定偏置量 其他:发生程序错误
G10 L2 Xx Zz	在当前所选的工件坐标系设定偏置量 处于G54.1模态时,发生程序错误
G10 L20 Pn Xx Zz	n=1～48:在指定的工件坐标系设定偏置量。其他:发生程序错误
G10 L20 Xx Zz	在当前所选的工件坐标系设定偏置量 处于G54～G59模态时,发生程序错误
G10 Pn Xx Zz G10 Xx Zz G10 G54.1 Xx Yy Zz	没有L时,视为L10(刀具偏置)

表8-7-50　扩展工件坐标偏置系统变量编号表

扩展工件坐标系	1轴～*n*轴	扩展工件坐标系	1轴～*n*轴
P1	＃7001～＃700*n*	P9	＃7161～＃716*n*
P2	＃7021～＃702*n*	P10	＃7181～＃718*n*
P3	＃7041～＃704*n*	P11	＃7201～＃720*n*
P4	＃7061～＃706*n*	P12	＃7221～＃722*n*
P5	＃7081～＃708*n*	P13	＃7241～＃724*n*
P6	＃7101～＃710*n*	P14	＃7261～＃726*n*
P7	＃7121～＃712*n*	P15	＃7281～＃728*n*
P8	＃7141～＃714*n*	P16	＃7301～＃730*n*

续表

扩展工件坐标系	1轴～n轴	扩展工件坐标系	1轴～n轴
P17	＃7321～＃732n	P33	＃7641～＃764n
P18	＃7341～＃734n	P34	＃7661～＃766n
P19	＃7361～＃736n	P35	＃7681～＃768n
P20	＃7381～＃738n	P36	＃7701～＃770n
P21	＃7401～＃740n	P37	＃7721～＃772n
P22	＃7421～＃742n	P38	＃7741～＃774n
P23	＃7441～＃744n	P39	＃7761～＃776n
P24	＃7461～＃746n	P40	＃7781～＃778n
P25	＃7481～＃748n	P41	＃7801～＃780n
P26	＃7501～＃750n	P42	＃7821～＃782n
P27	＃7521～＃752n	P43	＃7841～＃784n
P28	＃7541～＃754n	P44	＃7861～＃786n
P29	＃7561～＃756n	P45	＃7881～＃788n
P30	＃7581～＃758n	P46	＃7901～＃790n
P31	＃7601～＃760n	P47	＃7921～＃792n
P32	＃7621～＃762n	P48	＃7941～＃794n

注：在单节停止时变更工件坐标系偏置量，则从下一程序段开始生效。

11. 局部坐标系设定 G52

(1) 功能及指令

可通过发出 G52 指令，在 G54～G59 的各工件坐标系上独立设定局部坐标系，以确保指令位置为程序原点。

也可使用 G52 指令代替 G92 指令，变更加工程序原点与加工工件原点之间的偏移。

指令格式如下：

G54 (G54～G59) G52X _ Z _ ；

(2) 详细说明

1) 在发出新的 G52 指令前，G52 指令保持有效、不移动。G52 指令不变更工件坐标系（G54～G59）的原点位置，便于使用另一个坐标系。

2) 在通电后的参考点（原点）返回及挡块式手动参考点（原点）返回中，清除局部坐标系偏置。

3) 通过（G54～G59）G52 X0 Z0；取消局部坐标系。

4) 绝对值模式中的坐标指令表示向局部坐标系中的位置移动。

12. 工件坐标系预置 G92.1

本功能通过程序指令（G92.1），将根据手动运行、程序指令进行偏移后的工件坐标系预置到从机械原点偏置工件坐标偏置量之后的工件坐标系中。

执行如下操作或程序指令时，设定的工件坐标系将从机械坐标系发生偏移。

1) 在手动绝对关闭状态中手动介入时。

2) 在机床锁定中执行移动指令时。

3) 在手轮插入中移动时。

4) 在镜像中运行时。

5) 通过 G52 设定局部坐标系。

6) 通过 G92 移动工件坐标系。

本功能与手动参考点返回时相同，将偏移后的工件坐标系预置到从机械原点偏移工件坐标偏置量之后的工件坐标系中，且可通过参数选择是否也对相对坐标进行预置。

指令格式如下。

G92.1 X0 Y0 Z0α0；

(G50.3)

α0：附加轴。

(1) 详细说明

1) 指定预置的轴地址。无法预置未指定的轴。

2) 指令值为 0 以外的值，则发生程序错误（P35）。

3) 根据 G 代码系列，G 代码为“G50.3”。

4) 在手动绝对关闭状态下，通过手动运行及手轮插入移动，则工件坐标系将按照手动移动量进行偏移。本功能是将偏移后的工件坐标原点 W1′返回到原来的工件坐标原点 W1，从 W1 到当前位置的距离作为工件坐标系的当前位置。

5) 在机床锁定状态下执行移动指令，则当前位置不移动，仅工件坐标移动。本功能使移动后的工件坐标返回原来的当前位置，将从 W1 到当前位置的距离作为工件坐标系的当前位置。

6) 在镜像状态下运行，则只有 NC 内部坐标为程序指令坐标、其他坐标为当前位置坐标。本功能使 NC 内部坐标也为当前位置坐标。

7）通过 G52 指令设定局部坐标系，则在局部坐标系执行程序指令。本功能取消已设定的局部坐标系，程序指令等将 W1 作为原点的工件坐标系。被取消的局部坐标系仅为选中的工件坐标系。

8）通过 G92 指令移动工件坐标系，W1′与当前位置的距离为工件坐标系的当前位置。本功能将偏移后的工件坐标原点返回到 W1，将从 W1 到当前位置的距离作为工件坐标系的当前位置。对所有的工件坐标系都有效。

（2）注意事项

1）执行本功能时，取消刀尖 R 补偿、刀长补偿、刀具位置偏置。在未取消状态下执行时，由于工件坐标是机械值减去工件坐标偏置量之后的值，所以将进入补偿矢量临时取消状态。

2）程序再启动时不执行本功能。

3）在比例缩放、坐标旋转、程序镜像的各模式中，不要指定本功能。指定时，发生程序错误。

13. 旋转轴用坐标系

在旋转轴的坐标系控制通过参数指定的旋转轴。旋转轴分为旋转型（取捷径有效/无效）与直线型（工件坐标位置直线型/所有坐标位置直线型）。工件坐标位置的范围在旋转型时为 0～359.999°、直线型时为 0～±99999.999°。机械坐标位置、相对位置因参数而异。旋转轴与英制/公制指定无关，通过度（°）单位指定。可通过每个轴的参数“＃8213 旋转轴类型”设定旋转轴类型。如表 8-7-51 所示。

表 8-7-51　旋转轴类型设定

参数	旋转轴				直线轴
	旋转型旋转轴		直线型旋转轴		
	取捷径无效	取捷径有效	工件坐标位置直线型	所有坐标位置直线型	
“＃8213”的设定值	0	1	2	3	—
工件坐标位置	在 0～359.999°范围内		在 0～±99999.999°范围内		
机械坐标位置/相对位置	在 0～359.999°范围内			在 0～±99999.999°范围内	
ABS 指令	按照终点减去当前位置的增量除以 360°得到的余数，根据符号执行移动	取捷径移动至终点	与通常的直线轴相同，按照终点减去当前位置的移动量（不以 360°取整），根据符号执行移动		
INC 指令	将当前位置指定为起点的增量值，沿指定的符号方向移动				
参考点返回	在同中间点的移动过程中，按照绝对指令或增量指令执行动作				
	从中间点到参考点将以 360°以内的移动返回				沿参考点方向，按中间点到参考点的差值，返回参考点

7.3　M700V/M70V 系列（M 系）数控系统

7.3.1　坐标系与控制轴

1. 坐标系与控制轴

（1）功能

标准规格的控制轴数为 3 轴。通过追加附加轴，最多可控制 4 轴。使用预先决定的字母坐标指定其对应的各加工方向。

（2）*X*-*Y* 工作台

当 *X*-*Y* 工作台运动时其方向如图 8-7-47 所示。

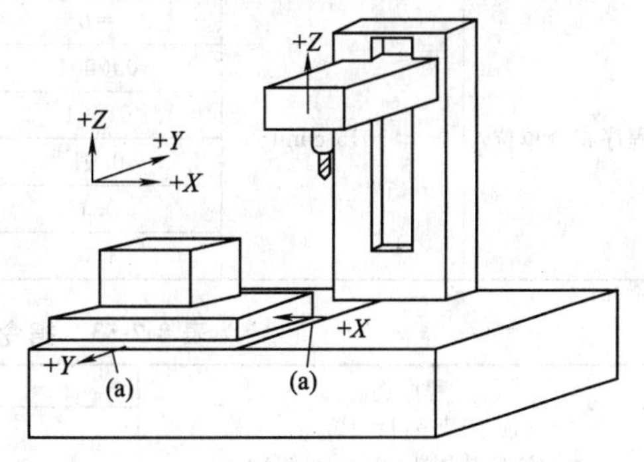

图 8-7-47　工作台移动方向

（a）一工作台移动方向

（3）*X*-*Y* 及旋转工作台

当 *X*-*Y* 及旋转工作台运动时其方向如图 8-7-48 所示。

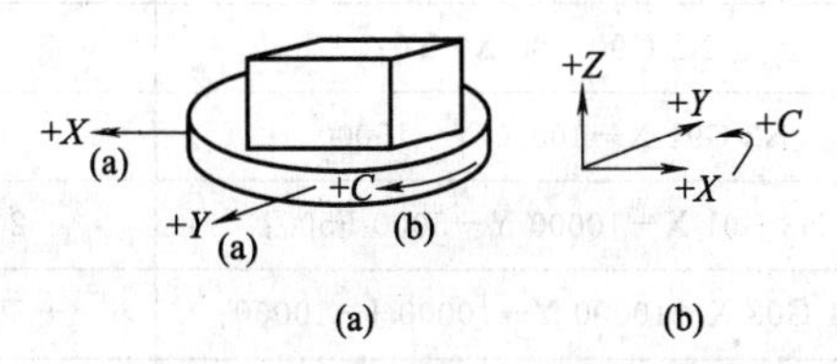

图 8-7-48　工作台反方向

（a）一工作台移动方向；（b）一工作台旋转方向

2. 坐标系与坐标原点标记

参考点：确立坐标系及换刀的特定位置。

机械坐标系原点：机床固有位置。

工件坐标系原点（G54～G59）：⊕工件加工中使用的坐标系原点。

基本机械坐标系是表示机床固有位置（换刀位置、行程终端位置等）的坐标系。工件坐标系是用于工件加工的坐标系。挡块式参考点返回结束时，通过参数值自动确立基本机械坐标系及工件坐标系（G54～G59）。通过参数设定基本机械坐标系原点（机械坐标原点）与参考点的偏置（通常由机床厂设定）。可由坐标系设定功能或工件坐标偏置测量（附加规格）等设定工件坐标系。

7.3.2　最小指令单位

1. 输入设定单位

输入设定单位是刀具补偿量或工件坐标偏置等数据的单位。程序指令单位是程序移动量的单位。显示为mm、in、(°）的单位。通过参数可从如表8-7-52所示的类型中选择各轴的程序指令单位及轴通用的输入设定单位。

在使用过程中应注意的事项如下。

1）通过参数画面（＃1041 I _ inch；仅通电时有效）与G指令（G20，G21）切换英制/公制。

但通过G指令只可切换程序指令单位，无法切换输入设定单位。因此，应预先按照输入设定单位设定刀具补偿量等的补偿量及变量数据。

2）不可同时使用公制与英制。

3）当对程序指令单位不同的轴执行圆弧插补时，使用输入设定单位指定中心指令（I，J，K）及半径指令（R）（为了避免混淆，可以带小数点的形式进行指定）。

2. 指令单位10倍

指令单位10倍的功能及目的如下。

1）根据参数指定，可按照任意倍率使用程序的指令单位。

2）本功能仅对不使用小数点的指令单位有效。

3）通过参数设定倍率。

指令单位10倍的程序例如表8-7-53所示。

表8-7-52　各轴程序指令单位及轴通用输入设定单位

单位	参数		直线轴		旋转轴/(°)
			公制	英制	
输入设定单位	＃1003 iunit	＝B	0.001	0.0001	0.001
		0.0001	＝C	0.0001	0.00001
		0.00001	＝D	0.00001	0.000001
		0.000001	＝E	0.000001	0.0000001
程序指令单位	＃1015 cunit	＝0	由＃1003 iunit决定		
		0.0001	＝1	0.0001	0.00001
		0.001	＝10	0.001	0.0001
		0.01	＝100	0.01	0.001
		0.1	＝1000	0.1	0.01
		1.0	＝10000	1.0	0.1

表8-7-53　指令单位10倍的程序例说明

程序例 （加工程序：1＝10μm） （CNC装置1＝1μm系统）	“指令单位10倍”参数			
	10		1	
	X	*Y*	*X*	*Y*
N1 G90 G00 X0 Y0；	0	0	0	0
N2 G91 X－10000 Y－15000；	－100.000	－150.000	－10.000	－15.000
N3 G01 X－10000 Y－5000 F500；	－200.000	－200.000	－20.000	－20.000
N4 G03 X－10000 Y－10000 J－10000；	－300.000	－300.000	－30.000	－30.000
N5 X10000 Y－10000 R5000；	－200.000	－400.000	－20.000	－40.000
N6 G01 X20.000 Y20.000；	－180.000	－380.000	0.000	－20.000

指令单位 10 倍的开、关状态如图 8-7-49 所示。

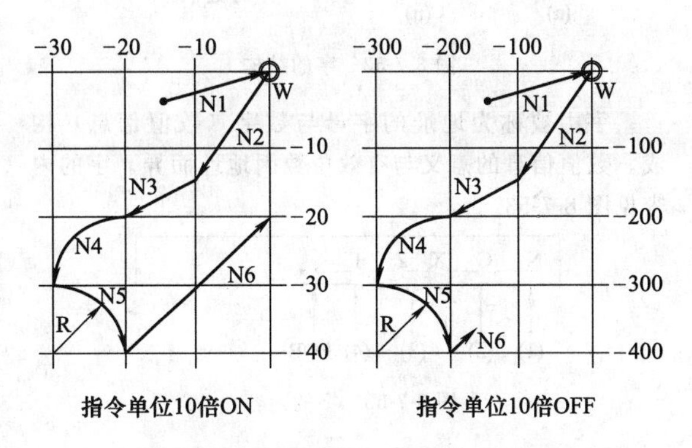

图 8-7-49　指令单位 10 倍的开、关状态

3. 分度单位

分度单位的功能及目的如下。

1) 对旋转轴的指令值起限制的功能。

2) 可用于旋转工作台的分度。当发出分度单位（参数设定值）以外的程序指令时，发生程序错误。

例如分度单位的设定值为 2°时，仅可由终点机械坐标位置为 2°的单位发出指令。发出的指令如表 8-7-54 所示。

使用以下的轴规格参数，参数如表 8-7-55 所示。

7.3.3　程序构成

1. 程序格式

(1) 程序

为使机床动作，赋予 NC 指令的集合称为“程序”。程序是指定工作机床的一种动作（顺序动作），被称为“程序段”的集合。这些指令（程序段）用于叙述实际刀具动作的顺序。程序段被称为包含让机床执行某一种动作命令的字的集合。字是按照一定顺序排列的字符（字母、数字、符号）的集合。程序格式如图 8-7-50 所示。

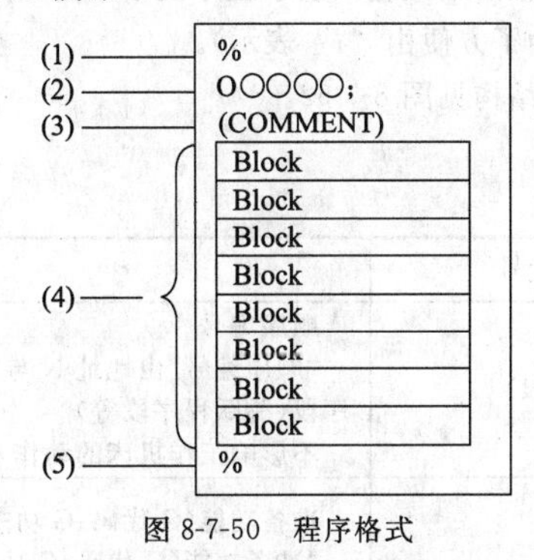

图 8-7-50　程序格式

图 8-7-50 中代号说明如表 8-7-56 所示。

表 8-7-54　分度单位（2°）发出的指令

指令	响应指令
G90 G01 C102.000	移动到 102°的角度
G90 G01 C101.000	发生程序错误
G90 G01 C102	移动到 102°的角度(小数点类型 2)

表 8-7-55　轴规格参数

#	项目		内　容	设定范围单位
2106	Index unit	分度单位	设定可对旋转轴进行定位的分度单位	0～360°

表 8-7-56　代号说明

代号	说　明
(1)	程序启动 在程序的开头输入记录结束代码(EOR、%) 通过 NC 创建程序时，自动被附加。通过外部设备创建程序时，必须在程序的开头输入。详情参考文件格式的说明
(2)	程序号 程序号分为主程序号、子程序号。可由地址“O”与其后续的最多 8 位数字指定。程序号必须在程序开头。并且可禁止编辑程序号为 O8000 与 O9000 的(编辑锁定)程序。有关编辑锁定的详情参考使用说明书
(3)	注释 忽略控制脱开“(”、控制接入“)”包围的部分及其信息 可输入程序名、注释等信息
(4)	程序部分 由多个程序段组成
(5)	程序结束 在程序的最后输入记录结束代码(EOR、%) 通过 NC 创建程序时，自动被附加

（2）程序段与字

程序段的结构如图 8-7-51 所示。

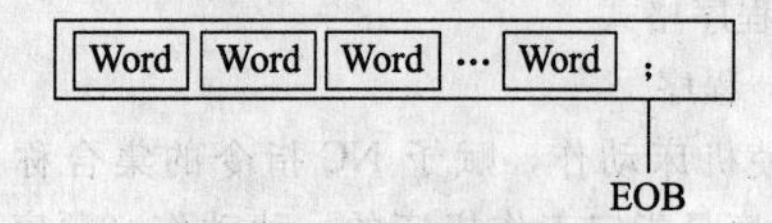

图 8-7-51　程序段结构

程序段是由字构成指令的最小单位。

包含让机床执行某一特定动作所需信息，以程序段单位构成完整的指令。

程序段的结尾输入表示程序段结束的结束程序段(EOB、为了方便由“;”表示)。

字的结构见图 8-7-52。

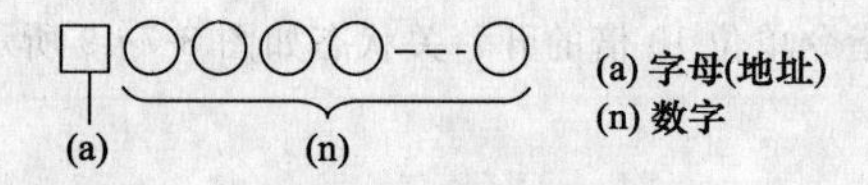

图 8-7-52　字的结构

字由被称为地址的字母与数字（数值信息）构成。数值信息的意义与有效位数因地址而异。字的内容见图 8-7-53。

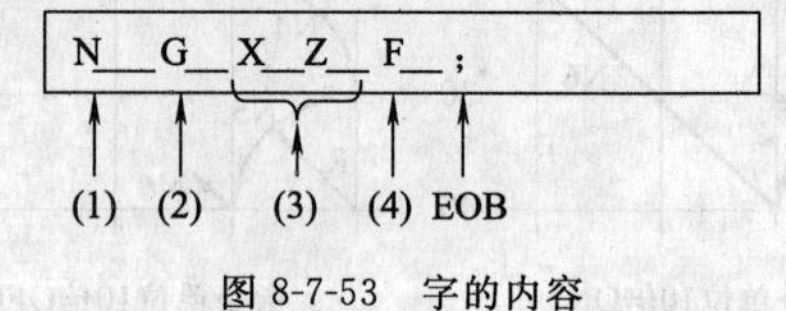

图 8-7-53　字的内容

图 8-7-53 中的代号说明如表 8-7-57 所示。

表 8-7-57　代号说明

代号	说　明
(1)	顺序编号 “顺序编号”由地址 N 与其后续的 6 位(通常为 3 位或 4 位)数字构成。在程序中用于搜索必要的程序段(跳跃程序段等) 不影响工作机床的动作
(2)	准备功能(G 代码、G 功能) “准备功能(G 代码、G 功能)”由地址 G 与其后续的 2 位或 3 位(包含小数点以下 1 位时)数字构成 G 代码主要用于指定轴移动、坐标系设定等功能。例如 G00 指定定位、G01 指定直线插补 G 代码分为 G 代码系列 2、3、4、5、6、7 等 6 个系列。有关可使用的 G 代码详情参考 G 代码系列说明
(3)	坐标语 “坐标语”用于指定工作机床各轴的坐标位置、移动量。表示工作机床各轴的地址与其后续的数值信息(正负符号及数字)构成 地址使用 X、Y、Z、U、V、W、A、B、C 等字母。通过数值指定坐标位置、移动量的方法有“绝对值指令”与“增量值指令”2 种
(4)	进给功能(F 功能) “进给功能(F 功能)”指定对工件的刀具相对速度。由地址 F 与其后续的数字构成

（3）主程序与子程序

主程序与子程序之间的关系如图 8-7-54 所示。

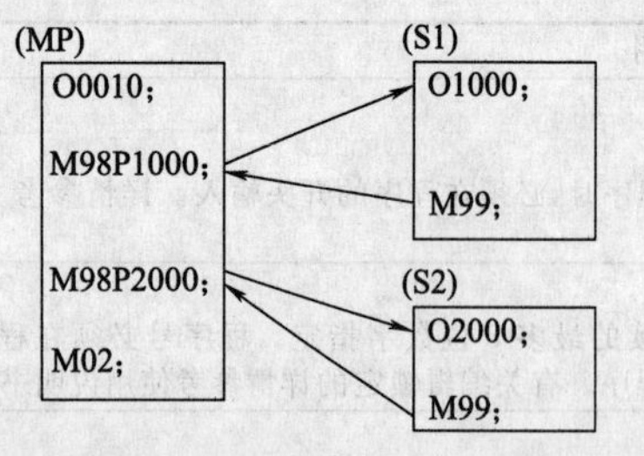

(MP) 主程序　(S1) 子程序 1　(S2) 子程序 2

图 8-7-54　主程序与子程序之间的关系

将某种固定顺序动作、反复使用的参数放置在开头作为子程序保存至存储器，需要时可通过主程序呼叫使用。在执行主程序过程中，存在呼叫子程序的指令，则执行子程序。子程序执行结束，则返回至主程序。有关子程序执行的详情参考子程序控制说明。

2. 文件格式

（1）功能

文件格式的功能及目的如下。

1）通过 NC 的编辑画面或 PC 等工具创建程序文件。

2）在 NC 存储器与外部输入输出设备之间，可输入输出程序文件。也可将 NC 装置内置的硬盘作为外部输入输出设备使用。有关输入输出方法的详情参考使用说明书。

3）程序文件格式因创建程序的设备而异。

（2）可执行输入输出的设备

文件格式可执行输入输出的设备如表 8-7-58 所示。

表 8-7-58　文件格式的可执行输入输出设备

外部输入输出设备	M700VW	M700VS	M70V
NC 存储器	○	○	○
HD(内置硬盘)	○	—	—
串口	○	○	○
存储卡(前置式 IC 卡)	○	○	○
DS(NC 控制器侧微型存储卡)	○	—	—
FD	○	—	—
USB 存储器	—	○	—
以太网	○	○	○
安心网络服务器	○	○	○

注：○表示可执行的输入设备。

(3) 文件格式

各外部输入输出设备的文件格式如下。

1) NC 存储器（通过 NC 创建程序）的文件格式如图 8-7-55 所示。

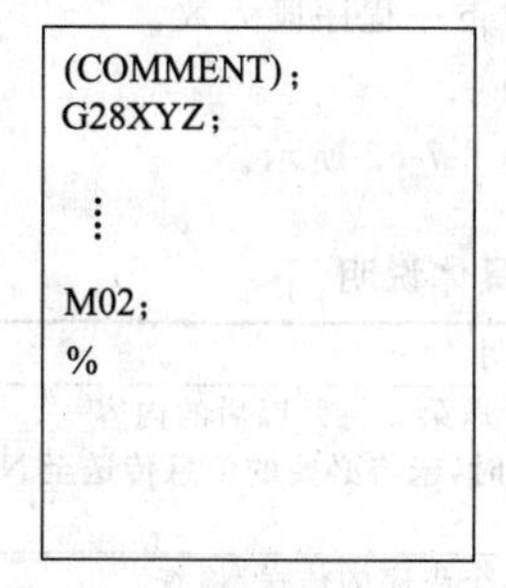

图 8-7-55　NC 存储器的文件格式

NC 存储器的文件格式具体说明如表 8-7-59 所示。

2) 外部设备（存储卡、DS、FD、USB 存储器等串口以外）的文件格式如图 8-7-56 所示。

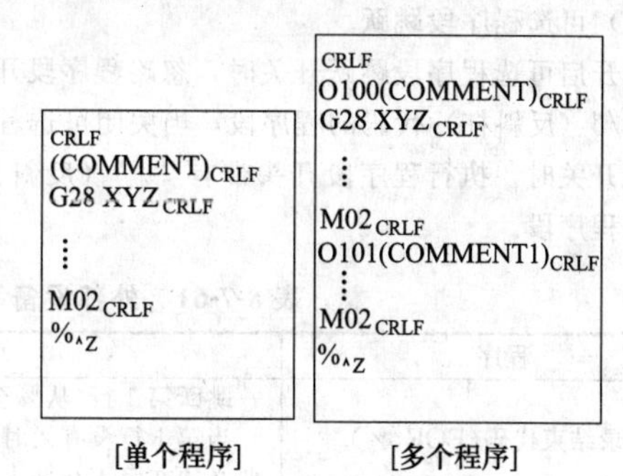

图 8-7-56　外部设备的文件格式

外部设备的文件格式的具体说明如表 8-7-60 所示。

表 8-7-59　NC 存储器的文件格式具体说明

程序	说　明
记录结束代码(EOR、%)	自动附加记录结束代码(EOR、%) 无需输入
程序号(O 号)	不是必需的
文件传输	通过串口将 NC 存储器内的多个程序传送至外部设备，则外部设备侧将接收的文件汇集到一个文件夹 通过串口将包含外部设备侧多个程序的文件传送至 NC 存储器，则一个程序对应 1 个文件

表 8-7-60　外部设备的文件格式及说明

程序	说　明
记录结束代码(EOR、%)	跳跃第 1 行(从%至 LF 或是 CRLF)。且不传送第 2 行%以后的内容 当第 1 行没有%时，在向 NC 存储器执行传送时，未将必要的信息传送至 NC 存储器。因此必须要在第 1 行输入%
程序号(O 号)	忽略(COMMENT)之前的 O 号，文件名优先
文件传输	无法执行串口、串口以外的外部设备之间的多个程序的传送/检查 通过串口将包含外部设备侧多个程序的文件传送至 NC 存储器，则一个程序对应 1 个文件 串口以外的外部设备(多个程序)将每个程序传送至 NC 存储器时，仅在通过装置 B 的文件名栏指定传送前的文件名时，可省略如“(COMMENT)”的开头程序名
程序名	可在字母、数字共计 32 个字符(多系统程序为 29 个字符)内指定程序名
结束程序段(EOB;)	将输入输出参数“CR 输出”设为“1”，则 EOB 变为 CRLF

3）外部设备（串口）的文件格式如图8-7-57所示。

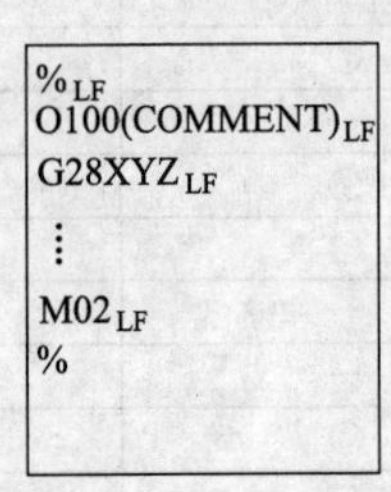

图8-7-57　外部设备（串口）的文件格式

外部设备（串口）的文件格式的具体说明如表8-7-61所示。

3. 可选程序段跳跃

(1) 可选程序段跳跃

当开启可选程序段跳跃开关时，忽略程序段开头带有“/”（反斜杠）代码的程序段，当关闭可选程序段跳跃开关时，执行程序段开头带有“/”（反斜杠）代码的程序段。

此时，不受可选程序段跳跃开关的（开启后关闭）影响，奇偶检查均有效。

(2) 追加可选程序段跳跃

追加可选程序段跳跃的功能如下。

1）在自动运行中及搜索过程中，选择是否执行带有“/n（n：1～9）”（反斜杠）的程序段。

2）通过创建带有“/n”代码的加工程序，1个程序可以加工两个不同的工件。

4. G代码

(1) 模态、非模态

G代码是规定程序内各程序段动作模式的指令，分为模态指令与非模态指令。模态指令在组内的G代码中，通常将1个G代码指定为1个NC动作模式。取消指令或重新指定相同组内其他G代码前，保持该动作模式。仅在指定非模态指令时，为NC动作模式指令。对下一程序段无效。

(2) G指令

G指令如表8-7-62所示。

表8-7-61　外部设备（串口）的文件格式的具体说明

程序	说　明
记录结束代码(EOR、%)	跳跃第1行(从%至LF或是CRLF)。且不传送第2行%以后的内容 当第1行没有%时，在向NC存储器执行传送时，未将必要的信息传送至NC存储器，因此必须在第1行输入%
文件传输	无法在串口、串口以外的外部设备之间执行多个程序的传送/检查 通过串口传送时，仅在通过装置B的文件名栏指定传送前的文件名时，可省略如“(COMMENT)”的开头程序名
程序名	可在字母、数字共计32个字符(多系统程序为29个字符)内指定程序名
结束程序段(EOB;)	将输入输出参数“CR输出”设为“1”，则EOB变为CRLF

表8-7-62　G指令一览表

G代码	组	功　能
△00	01	定位
△01	01	直线插补
02	01	圆弧插补CW R指定圆弧插补CW 螺旋插补CW 涡旋/圆锥插补CW(类型2)
03	01	圆弧插补CCW R指定圆弧插补CCW 螺旋插补CCW 涡旋/圆锥插补CCW(类型2)
02.1	01	涡旋/圆锥插补CW(类型1)
03.1	01	涡旋/圆锥插补CCW(类型1)
02.3	01	指数函数插补正转
03.3	01	指数函数插补反转
02.4	01	三维圆弧插补
03.4	01	三维圆弧插补
04	00	暂停 多段跳跃功能1

续表

G代码	组	功　能
05	00	高速加工模式 高速高精度控制Ⅱ
05.1	00	高速高精度控制Ⅰ 样条曲线
06.2	01	NURBS插补
07	00	假想轴插补
07.1 107	21	圆弧插补
08	00	高精度控制
09	00	准确定位检查
10	00	程序数据输入 (参数/补偿数据/参数坐标旋转数据)
11	00	程序数据输入取消
12	00	圆切削 CW
13	00	圆切削 CCW
12.1 112	21	极坐标插补打开
*13.1 113	21	极坐标插补取消
14		
*15	18	极坐标指令关闭
16	18	极坐标指令打开
△17	02	平面选择 *X-Y*
△18	02	平面选择 *Z-X*
△19	02	平面选择 *Y-Z*
△20	06	英制指令
△21	06	公制指令
22	04	移动前行程检查打开
23	04	移动前行程检查取消
24		
25		
26		
27	00	参考点检查
28	00	参考点返回
29	00	开始位置返回
30	00	第2～4参考点返回
30.1	00	换刀位置返回 1
30.2	00	换刀位置返回 2
30.3	00	换刀位置返回 3
30.4	00	换刀位置返回 4
30.5	00	换刀位置返回 5
30.6	00	换刀位置返回 6
31	00	跳跃 多段跳跃 2
31.1	00	多段跳跃 1-1
31.2	00	多段跳跃 1-2
31.3	00	多段跳跃 1-3
32		
33	01	螺纹切削

第8篇

续表

G代码	组	功能
34	00	特别固定循环(螺栓孔分布圆)
35	00	特别固定循环(直线接转角)
36	00	特别固定循环(弧线)
37	00	自动刀长测定
37.1	00	特别固定循环(栅极)
38	00	刀径补偿矢量指定
39	00	刀径补偿转角圆弧
*40	07	三维刀径补偿取消 5轴加工用刀径补偿取消
41	07	刀径补偿左 三维刀径补偿左
42	07	刀径补偿右 三维刀径补偿右
*40.1	15	法线控制取消
41.1	15	法线控制左打开
42.1	15	法线控制右打开
41.2	07	5轴加工用刀径补偿(左)
42.2	07	5轴加工用刀径补偿(右)
43	08	刀长补偿(+)
44	08	刀长补偿(-)
43.1	08	刀具轴方向刀长补偿
43.4	08	刀尖点控制类型1打开
43.5	08	刀尖点控制类型2打开
45	00	刀具位置偏置(伸长)
46	00	刀具位置偏置(缩小)
47	00	刀具位置偏置(2倍)
48	00	刀具位置偏置(减半)
*49	08	刀长补偿取消 刀具轴方向刀长补偿取消 刀尖点控制取消
*50	11	比例缩放取消
51	11	比例缩放打开
*50.1	19	G指令镜像取消
51.1	19	G指令镜像打开
52	00	局部坐标系设定
53	00	基本机械坐标系选择
53.1	00	刀具轴方向控制
*54	12	工件坐标系1选择
55	12	工件坐标系2选择
56	12	工件坐标系3选择
57	12	工件坐标系4选择
58	12	工件坐标系5选择
59	12	工件坐标系6选择
54.1	12	工件坐标系选择扩展48组/96组
54.4	27	工件设置误差补偿
60	00	单向定位
61	13	准确定位检查模式
61.1	13	高精度控制1打开
61.2	13	高精度样条曲线
62	13	自动转角倍率

续表

G代码	组	功　能
63	13	攻螺纹模式
63.1	13	同期攻螺纹模式(正向攻螺纹)
63.2	13	同期攻螺纹模式(反向攻螺纹)
*64	13	切削模式
65	00	用户宏程序单纯呼叫
66	14	用户宏程序模态呼叫 A
66.1	14	用户宏程序模态呼叫 B
*67	14	用户宏程序模态呼叫取消
68	16	程序坐标旋转模式打开 /三维坐标变换模式打开
68.2	16	斜面加工指令
68.3	16	斜面加工指令(根据刀具轴方向指令)
*69	16	程序坐标旋转模式关闭 /三维坐标变换模式关闭 /斜面加工取消
70	09	用户固定循环
71	09	用户固定循环
72	09	用户固定循环
73	09	固定循环(步进)
74	09	固定循环(反向攻螺纹)
75	09	固定循环(圆切削)
76	09	固定循环(精镗)
77	09	用户固定循环
78	09	用户固定循环
79	09	用户固定循环
*80	09	固定循环取消
81	09	固定循环(钻孔/定点钻孔)
82	09	固定循环(钻孔/镗孔)
83	09	固定循环(深钻孔)
84	09	固定循环(攻螺纹)
85	09	固定循环(镗孔)
86	09	固定循环(镗孔)
87	09	固定循环(背镗)
88	09	固定循环(镗孔)
89	09	固定循环(镗孔)
△90	03	绝对值指令
△91	03	增量值指令
92	00	坐标系设定/主轴钳制速度设定
92.1	00	工件坐标系复位
93	05	反比例进给
△94	05	每分钟进给(非同期进给)
△95	05	每转进给(同期进给)
△96	17	恒速控制打开
△97	17	恒速控制关闭
*98	10	固定循环初始返回
99	10	固定循环 R 点返回
100～225	00	用户宏程序(G代码呼叫)最多10个

注：*标记表示应在初始状态下选择的代码，或已被选中的代码。△标记表示应通过系数，在初始状态下选择的代码，或已被选中的代码。

5. 加工前的注意事项

创建加工程序时，应选择适当的加工条件，注意不要超过机床NC性能、容量的限制。本书中所提到的示例均未考虑加工条件；在实际加工前，应通过图形检查确认空运转、单节运行中的加工程序、刀具偏置量、工件偏置量等数据。

7.3.4 位置指令

1. 位置指令方式 G90、G91

通过指定 G90、G91，可将之后的坐标指令作为绝对值或增量值指令使用。但由 R 指定的圆弧半径、由 I、J、K 指定的圆弧中心通常为增量值指令。

位置指令格式如下：

G90/G91 X_ Y_ Z_α_ ；

G90：绝对值指令。

G91：增量值指令。

X、Y、Z、α：坐标值（α为附加轴）。

2. 英制指令/公制指令切换 G20、G21

（1）功能及指令

可通过 G20/G21 指令切换英制指令与公制指令。G20/G21 指令如下。

G20：英制指令。

G21：公制指令。

注：1. G20/G21 仅用于切换指令单位，无法切换输入单位。

2. G20/G21 切换仅对直线轴有效，对旋转轴无效。

（2）输出单位/指令单位/设定单位

通过参数“＃1041 I_inch”决定计数器及参数的设定/显示单位。对移动/速度指令，“＃1041 I_inch”打开时的 G21 指令模式显示为公制单位，“＃1041 I_inch”关闭时的 G20 指令模式将内部单位从公制单位变换为英制单位。通电及复位时的指令单位，取决于参数“＃1041 I_inch”“＃1151 rstint”“＃1210 RstGmd/bit5”的组合。

NC 轴的具体说明如表 8-7-63 所示。

PLC 轴的具体说明如表 8-7-64 所示。

3. 小数点输入

（1）功能

在定义刀具轨迹、距离、速度的加工程序输入信息时，可指定 mm（公制）或是 in（英制）单位的零位小数点输入。可通过参数“＃1078 Decpt2”选择，是以无小数点数据的最低位作为最小输入指令单位（类型 1），还是作为零位（类型 2）。

（2）使用操作说明

1）小数点指令对加工程序中的距离、角度、时间、速度、换算倍率（仅在 G51 之后）指令均有效。

2）在小数点输入类型 1 与类型 2 中，根据指令单位制，没有小数点数据的指令值有如表 8-7-65 所示的差异。

表 8-7-63 NC 轴公英制说明

项目	初始英制关闭（内部单位为公制）＃1041 I_inch＝0		初始英制打开（内部单位为英制）＃1041 I_inch＝1	
	G21	G20	G21	G20
移动/速度指令	公制	公制	英制	英制
计数器显示	公制	公制	英制	英制
速度显示	公制	公制	英制	英制
用户参数设定/显示	公制	公制	英制	英制
工件/刀具偏置设定/显示	公制	公制	英制	英制
手轮进给指令	公制	公制	英制	英制

表 8-7-64 PLC 轴公英制说明

项目	＃1042 pcinch＝0（公制）	＃1042 pcinch＝1（英制）
移动/速度指令	公制	英制
计数器显示	公制	英制
用户参数设定/显示	公制	英制

表 8-7-65 小数点输入类型

指令	指令单位	类型Ⅰ	类型Ⅱ
X1；	cunit＝10000	1000(μm,10^{-4}in,10^{-3}°)	1[mm,in,(°)]
	cunit＝1000	100	1
	cunit＝100	10	1
	cunit＝10	1	1

3）小数点指令的有效地址为X，Y，Z，U，V，W，A，B，C，D，I，J，K，E，F，G，P，Q，R。但P仅在比例缩放倍率时有效。

4）小数点指令中的有效指令值范围（输入指令单位cunit=10时）如表8-7-66所示。

5）小数点指令对子程序使用的变量数据的定义指令也有效。

6）当小数点指令有效时，未指定小数点指令的最小单位，可选择规格中所规定的最小输入指令单位（1μm，10μm等）或mm。通过参数“＃1078 Decpt2”加以选择。

7）对小数点无效地址发出小数点指令，仅将跳跃了小数点以后部分的整数部分作为数据加以处理。小数点无效地址如下：H，L，M，N，O，S，T。但将所有变量指令都作为带小数点的数据使用。

8）指令单位10倍适用于小数点类型Ⅰ有效时，不适用于小数点类型Ⅱ有效时。

（3）小数点输入Ⅰ、Ⅱ与小数点指令有效、无效

表8-7-67中，当在小数点指令有效的地址中，发出不使用小数点的指令时，小数点输入Ⅰ、Ⅱ如下动作。发出使用小数点的指令时，小数点输入Ⅰ、Ⅱ做相同动作。

1）小数点输入Ⅰ　指令数据的最低位与指令单位一致。

2）小数点输入Ⅱ　指令数据的最低位与小数点位置一致。

使用地址与小数点指令的有效/无效如表8-7-67所示。

表8-7-66　小数点指令中的有效指令值范围

项目	移动指令(直线)	移动指令(旋转)	进给速度	暂停
输入单位 mm	－99999.999～99999.999	－99999.999～99999.999	0.001～10000000.000	0～99999.999
输入单位 in	－9999.9999～9999.9999		0.0001～1000000.0000	

表8-7-67　地址与小数点指令及用途

地址	小数点指令	用　途	备　注
A	有效	坐标位置数据	
	无效	旋转工作台	
	无效	辅助功能代码	
	有效	角度数据	
	无效	数据设定、轴号(G10)	
B	有效	坐标位置数据	
	无效	旋转工作台	
	无效	辅助功能代码	
C	有效	坐标位置数据	
	无效	旋转工作台	
	无效	辅助功能代码	
	有效	转角倒角量	,C
D	无效	补偿编号(刀具位置、刀径)	
	有效	自动刀长测定:减速距离d	
	无效	数据设定:字节型数据	
	无效	子程序存储元件号	,D
E	有效	英制螺纹圈数、精密螺纹导程	
F	有效	进给速度、自动刀长测量速度	
	有效	螺纹导程	
	有效	同期攻螺纹时的Z轴螺距数	
G	有效	准备功能代码	
H	无效	刀长补偿编号	
	无效	子程序内的PLC编号	
	无效	可编程参数输入:bit型数据	
	无效	基准主轴选择	

第8篇

续表

地址	小数点指令	用途	备注
I	有效	圆弧中心/图形旋转中心的坐标	
	有效	刀径补偿的矢量成分	
	有效	特别固定循环的钻孔螺距	
	有效	圆切削的圆半径(增量)	
	有效	G00/G01 就位宽度,钻孔循环 G00 就位宽度	,I
	有效	移动前行程检查下限的坐标	
J	有效	圆弧中心/图形旋转中心的坐标	
	有效	刀径补偿的矢量成分	
	有效	特别固定循环的钻孔螺距或角度	
	有效	G00/G01 就位宽度,钻孔循环 G01 就位宽度	,J
	有效	移动前行程检查下限的坐标	
K	有效	圆弧中心/图形旋转中心的坐标	
	有效	刀径补偿的矢量成分	
	无效	钻孔循环重复次数	
	无效	特别固定循环的孔个数	
	有效	移动前行程检查下限的坐标	
L	无效	固定循环/子程序重复次数	
	无效	程序刀具补偿输入/工件偏置输入:种类选择	L2,L20,L10,L11,L12,L13
	无效	可编程参数输入:数据设定选择	L70
	无效	可编程参数输入:双字型数据	4字节
	无效	刀具寿命数据	
M	无效	辅助功能代码、无效辅助功能代码	
N	无效	PLC 编号	
	无效	可编程参数输入的数据号	
O	无效	程序号	
P	无效	暂停时间	参数
	无效	子程序的呼叫程序号	
	无效	攻螺纹循环的孔底暂停	参数
	无效	特别固定循环的孔个数	
	无效	螺旋的螺距数	
	无效	偏置编号(G10)	
	无效	恒速控制轴号	
	无效	可编程参数输入:大区分编号	
	无效	多段跳跃功能2信号指令	
	无效	子程序返回地址 PLC 编号	
	无效	第2、3、4参考点返回编号	
	有效	比例缩放倍率	
	无效	高速模式类型	
	无效	扩展工件坐标系编号	
	无效	刀具寿命数据组编号	
Q	有效	深钻孔循环的切入量	
	有效	背镗孔的移位量	
	有效	精镗的移位量	
	无效	主轴最低钳制转速	
	有效	螺纹切削开始移位角度	
	无效	刀具寿命数据管理方式	
R	有效	固定循环的R点	
	有效	R指定圆弧的半径	
	有效	转角R圆弧半径	,R

续表

地址	小数点指令	用　　途	备　　注
R	有效	偏置量(G10)	
	无效	同期攻螺纹/非同期攻螺纹切换	
	有效	自动刀长测定:减速距离 r	
	有效	旋转角度	
S	无效	主轴功能代码	
	无效	主轴最高钳制转速	
	无效	恒速控制:表面速度	
	无效	可编程参数输入:字型数据	2字节
T	无效	无效刀具功能代码	
U	有效	坐标位置数据	
V	有效	坐标位置数据	
W	有效	坐标位置数据	
X	有效	坐标位置数据	
	有效	暂停时间	
Y	有效	坐标位置数据	
Z	有效	坐标位置数据	

注：用户宏程序的自变量、小数点均有效。

7.3.5　插补功能

1. 定位（快速进给）G00

（1）功能及指令

本指令是通过坐标语，以当前点为起点，向坐标语指令的终点高速定位的指令。

G00 指令格式如下：

G00 X _ Y _ Z _ α _ ；定位（快速进给）

X，Y，Z，α：表示坐标值。此时根据 G90/G91 的状态表现为绝对位置或是增量位置（α 为附加轴）。

（2）使用说明

1）参数“♯2001 rapid”设定快速进给速度执行定位。

2）G00 指令为 01 组的模态指令。连续指定 G00 指令时，下一程序段以后仅可有坐标语指令。

3）在 G00 模式下，通常在程序段的起点、终点进行加速、减速。在终点指定减速或就位检查中确认移动结束后，进入下一程序段。

4）通过 G00 指令，09 组的 G 功能（G72～G89）转换为取消（G80）模式。

注：“G 后无数值”的指令被视为“G00”。

2. 直线补偿 G01

（1）功能及指令

该指令是通过坐标语与进给速度指令的组合，以地址 F 中所指定的速度，将刀具从当前点直线移动（插补）到坐标语所指定的终点。但此时，地址 F 所指定的进给速度，总是作为相对于刀具中心的进给方向的线速度使用。G01 指令格式如下：

G01 X _ Y _ Z _ α _ F _ ，I _ ；直线补偿

X，Y，Z，α：表示坐标值（α 为附加轴）。

F 进给速度［mm/min 或（°）/min］

I：就位宽度。仅对指定的程序段有效。因此在没有该地址的程序段中，服从参数“♯1193inpos”的设定。取值范围 1～999999mm。

（2）使用说明

G01 指令为 01 组的模态指令。连续指定 G01 指令时，仅可指定下一程序段以后的坐标语。对最初的 G01 指令未赋予 F 指令时，发生程序错误；通过（°）/min（小数点位置的单位）指定旋转轴的进给速度（F300 = 300（°）/min）；根据 G01 指令取消（G80）09 组的 G 功能（G72～G89）。

（3）直线补偿指令时的就位宽度 PLC 指令

该指令通过加工程序指定直线补偿指令时的就位宽度，指令如下：

G01 X _ Y _ Z _ F _ ，I _ ；

X、Y、Z：各轴的直线补偿坐标值。

F：进给速度。

I：就位宽度。

注：① 在直线插补指令中，仅当执行减速检查时所指定的就位宽度有效。

② 就位检查动作，参考“定位（快速进给）G00”。

3. 圆弧插补 G02，G03

（1）功能及指令

本指令使刀具沿圆弧移动。圆弧补偿的指令格式如下：

G02 X _ Y _ I _ J _ F _ ；圆弧补偿：顺时针旋转（CW）

第8篇

G03 X_ Y_ I_ J_ F_ ；圆弧补偿：逆时针旋转（CCW）

X、Y：圆弧终点坐标。

I、J：圆弧中心坐标。

F：进给速度。

（2）圆弧插补的使用说明

1）圆弧指令通过地址X、Y（或Z，或X、Y、Z的平行轴）指定圆弧终点坐标，通过地址I、J（或K）指定圆弧中心坐标。

圆弧终点坐标值的指令可同时使用绝对值、增量值。但必须通过距起点的增量值指定圆弧中心坐标值。通过输入设定单位指定圆弧中心坐标值。当发出程序指令单位（＃1015 cunit）不同的轴的圆弧指令时，需加以注意。为防止混淆，应带上小数点指定。

2）G02（G03）指令是01组的模态指令。连续发出G02（G03）指令时，从下一程序段开始仅可通过坐标指定。通过G02、G03区别圆弧的旋转方向。如图8-7-58所示。

① G02 CW（顺时针旋转）。

② G03 CCW（逆时针旋转）。

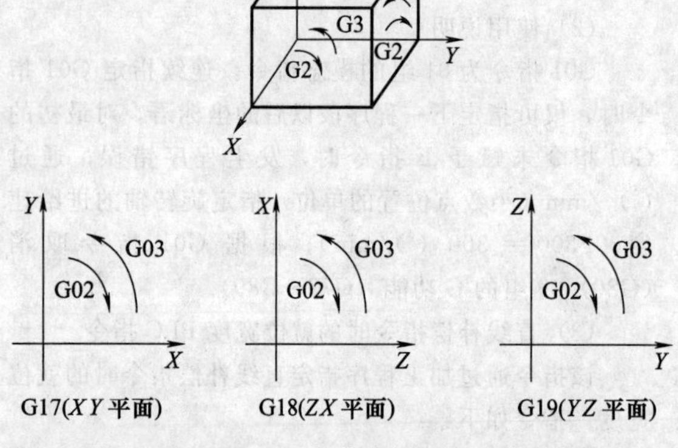

图8-7-58　G02（G03）指令是01组的模态指令

3）通过单程序段指令可执行跨越多个象限的圆弧。

4）执行圆弧插补，需要以下信息。

① 平面选择。是否有与XY、ZX、YZ任意平面平行的圆弧。

② 旋转方向。顺时针旋转（G02）还是逆时针旋转（G03）。

③ 圆弧终点坐标。通过地址X、Y、Z指定。

④ 圆弧中心坐标。通过地址I、J、K指定（增量值指令）。

⑤ 进给速度。通过地址F指定。

4. R指定圆弧插补G02、G03

（1）功能及指令

除通过以往的圆弧中心坐标（I、J、K）指定累加至圆弧插补指令外，也可通过直接指定圆弧半径R发出圆弧插补指令。

R指定圆弧插补的指令格式如下：

G02 X_ Y_ R_ F_ ；R指定圆弧插补，顺时针旋转（CW）

G03 X_ Y_ R_ F_ ；R指定圆弧插补，逆时针旋转（CCW）

X：X轴终点坐标。

Y：Y轴终点坐标。

R：圆弧半径。

F：进给速度。

通过输入设定单位指定圆弧半径。当发出输入指令单位不同的轴的圆弧指令时，需加以注意。为防止混淆，应带上小数点指定。

（2）使用说明

圆弧中心位于连接起点与终点的线段正交的2等分线上，以与起点作为中心的指定半径的圆的交点为指定的圆弧指令中心坐标。

当指令程序的R的符号为正时，是半圆以下的圆弧指令；指令程序的R的符号为负时，是半圆以上的圆弧指令。具体指令操作如图8-7-59所示。

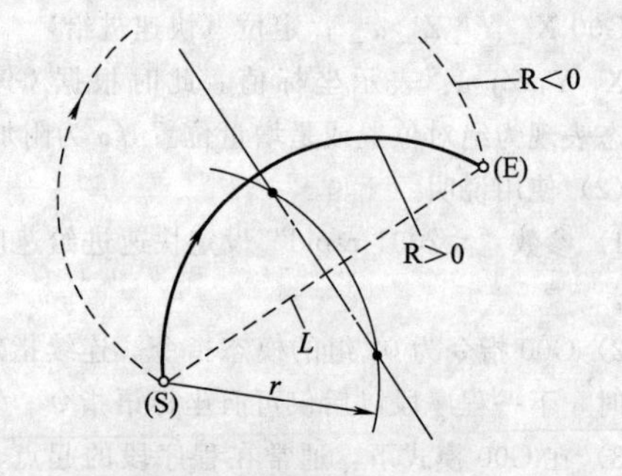

图8-7-59　圆弧指令具体操作
(S)—起点；(E)—终点

R指定圆弧插补指令需满足以下条件。

$$\frac{L}{2r} \leqslant 1$$

$L/2 - r >$ 参数值（＃1084 RadErr）时，发生报警。

在此L为起点至终点的直线。在相同程序段同时指定R指令与I、J（K）时，通过R指定的圆弧指令优先。整圆指令（起点与终点一致）时，R指定圆弧插补指令立即结束、无任何动作。因此应使用I、J（K）指定圆弧指令。且平面选择与I、J、K指定圆弧指令相同。

(3) 圆弧中心坐标补偿

在R指定圆弧插补中，因计算误差无法获得希望的半圆，“连接起点与终点的线段”与“指令半径×2”的误差小于设定值时，执行连接起点与终点的线段的中点为圆弧中心的补偿。在参数“＃11028 圆弧中心误差修正允许值”中设定数值。

5. 平面选择 G17、G18、G19

(1) 功能

通过圆弧插补（包含螺旋切削）及刀径补偿指令，指定刀具移动属于哪个平面的功能。

通过将3个基本轴及与其对应的平面轴作为参数登录，可选择任意2个非平行轴构成的平面。旋转轴作为平行轴登录，即可执行包含旋转轴的平面选择。

平面选择用于选择：

1) 执行圆弧插补（包含螺旋切削）的平面；

2) 执行刀径补偿的平面；

3) 执行固定循环定位的平面。

(2) 平面选择的指令格式

G17；*XY* 平面选择

G18；*ZX* 平面选择

G19；*YZ* 平面选择

X、Y、Z：表示各坐标轴或其平行轴。

6. 螺纹切削

(1) 固定导程螺纹切削 G33

1) 功能及指令　通过G33指令执行与主轴旋转同期的刀具进给控制。因此可执行固定导程的直形螺纹切削加工及锥形螺纹切削加工。通过指定螺纹切削开始角度，可加工多条螺纹。

固定导程螺纹切削的指令格式如下：

G33 Z_ （X_Y_α_）F_Q_；普通导程螺纹切削

Z（X、Y、α）：螺纹终点。

F：长轴（移动量最多的轴）方向导程。

Q：螺纹切削开始移位角度（0.001°～360.000°）。

G33 Z_ （X_Y_α_）E_Q_；精密导程螺纹切削

Z（X、Y、α）：螺纹终点。

E：长轴（移动量最多的轴）方向导程。

Q：螺纹切削开始移位角度（0.001°～360.000°）。

2) 使用说明

① E指令也可用于英制螺纹切削的螺纹圈数，可通过参数设定选择是通过螺纹圈数指定，还是通过精密导程指定（参数“＃1229 set01/bit1”为“1”，则为精密导程指定）。

② 锥形螺纹导程指定长轴方向的导程如图8-7-60所示。

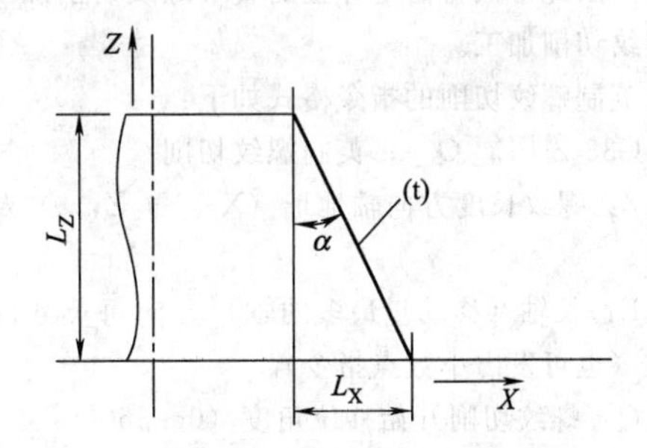

图8-7-60　锥形螺纹导程指定长轴方向的导程

(t)—锥形螺纹部分；$\alpha<45°$时，导程为L_Z；$\alpha>45°$时，导程为L_X；$\alpha=45°$时，导程可为L_X、L_Z中的任意一个

螺纹切削公制输入如表8-7-68所示。

螺纹切削英制输入如表8-7-69所示。

表8-7-68　螺纹切削公制输入

输入设定单位	B(0.001mm)		C(0.0001mm)	
指令地址	F(mm/rev)	E(mm/rev)	F(mm/rev)	E(mm/rev)
最小指令单位	1(＝1.000) (1.＝1.000)	1(＝1.0000) (1.＝1.0000)	1(＝1.0000) (1.＝1.0000)	1(＝1.00000) (1.＝1.00000)
指令范围	0.001～ 999.999	0.0001～ 999.9999	0.0001～ 999.9999	0.00001～ 999.99999
输入设定单位	D(0.00001mm)		E(0.000001mm)	
指令地址	F(mm/rev)	E(mm/rev)	F(mm/rev)	E(mm/rev)
最小指令单位	1(＝1.00000) (1.＝1.00000)	1(＝1.000000) (1.＝1.000000)	1(＝1.000000) (1.＝1.000000)	1(＝1.0000000) (1.＝1.0000000)
指令范围	0.00001～ 999.99999	0.000001～ 999.999999	0.000001～ 999.999999	0.0000001～ 999.9999999

第8篇

表 8-7-69 螺纹切削英制输入

输入设定单位	B(0.0001in)			C(0.00001in)		
指令地址	F(in/rev)	E(in/rev)	E(圈/in)	F(in/rev)	E(in/rev)	E(圈/in)
最小指令单位	1(＝1.0000) (1.＝1.0000)	1(＝1.00000) (1.＝1.00000)	1(＝1.000) (1.＝1.000)	1(＝1.00000) (1.＝1.00000)	1(＝1.000000) (1.＝1.000000)	1(＝1.0000) (1.＝1.0000)
指令范围	0.0001～ 39.3700	0.00001～ 39.37007	0.025～ 9999.999	0.00001～ 39.37007	0.000001～ 39.370078	0.0255～ 9999.9999
输入设定单位	D(0.000001in)			E(0.0000001in)		
指令地址	F(in/rev)	E(in/rev)	E(圈/in)	F(in/rev)	E(in/rev)	E(圈/in)
最小指令单位	1(＝1.000000) (1.＝1.000000)	1(＝1.0000000) (1.＝1.0000000)	1(＝1.00000) (1.＝1.00000)	1(＝1.0000000) (1.＝1.0000000)	1(＝1.00000000) (1.＝1.00000000)	1(＝1.000000) (1.＝1.000000)
指令范围	0.000001～ 39.370078	0.0000001～ 39.3700787	0.02541～ 9999.99999	0.0000001～ 39.3700787	0.00000001～ 39.37007873	0.025401～ 9999.999999

(2) 英制螺纹切削 G33

1) 功能及指令　在 G33 指令中指定长轴方向每英寸的螺纹圈数，则执行与主轴旋转同期的刀具进给控制。因此可执行固定导程的直形螺纹切削加工、锥形螺纹切削加工。

英制螺纹切削的指令格式如下：

G33 Z _ E _ Q _；英制螺纹切削

Z：螺纹长度方向轴地址（X，Y，Z，α）及螺纹长度。

E：长轴（移动量最多的轴）方向每英寸的螺纹圈数（也可发出小数点指令）。

Q：螺纹切削开始移位角度（0～360°）。

2) 英制螺纹切削的说明　通过每英寸的螺纹圈数指定长轴方向的螺纹圈数。将E的指令值换算为导程后，在导程范围内进行设定。E代码也可用于指定精密导程长度，可通过参数选择是通过螺纹圈数指定还是通过精密导程长度指定。其他以“固定导程螺纹切削”为准。

7. 螺旋插补 G17、G18、G19 及 G02、G03

(1) 功能及指令

通过 G02/G03 指令在平面选择 G 代码（G17、G18、G19）选中的平面内，一边进行圆弧插补，一边进行第3轴的直线插补。

通常的螺旋插补速度指定如图 8-7-61 所示。是包括第3轴插补成分的切线速度 F'。而圆弧平面的圆弧插补成分的速度指定如图中所示，指定为圆弧平面切线速度 F。

NC 会自动计算螺旋插补的切线速度 F'，以确保在圆弧平面内的切线速度为 F。

螺旋插补的指令格式如下：

G17/G18/G19 G02/G03 X _ Y _ Z _ I _ J _ P _ F _；螺旋插补（圆弧中心指定）

G17/G18/G19 G02/G03 X _ Y _ Z _ R _ F _；螺旋插补［半径（R）指定］

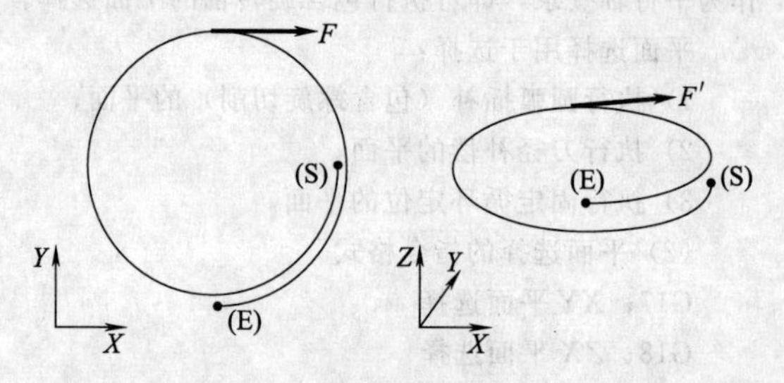

图 8-7-61　螺旋插补

(S)—起点；(E)—终点

G17/G18/G19：圆弧平面（G17：*XY* 平面、G18：*ZX* 平面、G19：*YZ* 平面）。

G02/G03：圆弧旋转方向（G02：顺时针旋转、G03：逆时针旋转）。

X，Y：圆弧终点坐标。

Z：直线轴终点坐标。

I，J：圆弧中心坐标。

P：螺距数。

R：圆弧半径。

F：进给速度。

通过输入设定单位指定圆弧中心坐标、圆弧半径。当对输入指令单位不同的轴发出螺旋插补指令时，加以注意。为防止混淆，应带上小数点指定。可通过绝对/增量指定圆弧终点坐标、直线轴终点坐标。但必须由增量指定圆弧中心坐标。

(2) 通常的速度指定

通常的速度指定如图 8-7-62 所示。

1) 该指令应在圆弧插补指令上指定不包含圆弧轴的其他直线轴（可指令多个轴）。

2) 通过进给速度 F 指定 *X*、*Y*、*Z* 各轴合成方向的速度。

3) 按照下式求螺距 *L*。

第8篇

$$L=\frac{Z}{(2\pi P+\theta)/2\pi}$$

$$\theta=\theta_e\theta_s=\arctan\frac{y_e}{x_e}-\arctan\frac{y_s}{x_s}(0\leqslant\theta\leqslant2\pi)$$

在此 x_s、y_s 为圆弧中心开始的起点坐标，x_e、y_e 为圆弧中心开始的终点坐标。

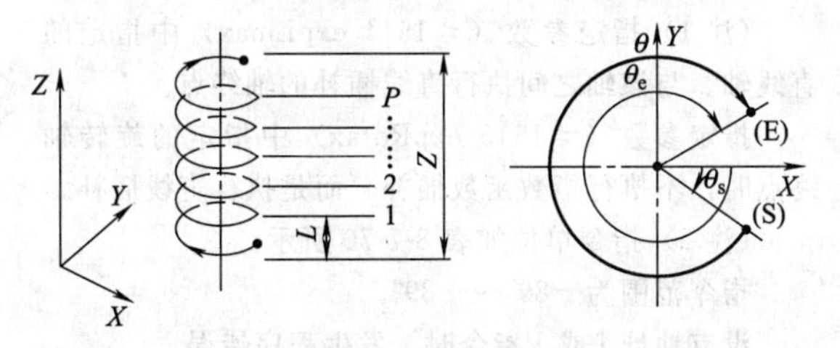

图 8-7-62　通常的速度指定

(S) —起点；(E) —终点

4）螺距数为 0 时，可省略地址 P。

螺距数 P 的指令范围为 0～9999。

5）平面选择　螺旋插补圆弧平面的选择与圆弧插补时相同，取决于平面选择模式与轴地址。螺旋插补指令以通过平面选择 G 代码（G17、G18、G19）指定执行圆弧插补的平面，指定 2 个圆弧插补轴与 3 个直线插补轴（与圆弧平面正交的轴）的轴地址。

① XY 平面圆弧、Z 轴直线。在 G02（G03）模式与 G17（平面选择 G 代码）模式，指定 X、Y、Z 的轴地址。

② ZX 平面圆弧、Y 轴直线。在 G02（G03）模式与 G18（平面选择 G 代码）模式，指定 Z、X、Y 的轴地址。

③ YZ 平面圆弧、X 轴直线。在 G02（G03）模式与 G19（平面选择 G 代码）模式，指定 Y、Z、X 的轴地址。

与圆弧插补相同，可选择附加轴的平面。

④ UY 平面圆弧、Z 轴直线。在 G02（G03）模式与 G17（平面选择 G 代码）模式，指定 U、Y、Z 的轴地址。

（3）圆弧平面的速度指定

选择圆弧平面速度指定时，F 指令与通常的 F 指令相同，作为模态数据使用。接替到以后的 G01、G02、G03 指令。

选择圆弧平面速度指定时，只将螺旋插补的速度指令换算为圆弧平面的指定速度执行动作。其他直线/圆弧指令作为通常的速度指令执行动作。

8. 极坐标插补 G12.1、G13.1/G112、G113

（1）功能及指令

本功能在直角坐标轴中将编程的指令转换为直线轴的移动（刀具的移动）和旋转轴的移动（工件的旋转），然后进行轮廓控制。

所选平面（以下称“极坐标插补平面”）以直线轴作为平面第 1 直角轴，以直角的假想轴作为平面第 2 轴。在此平面上执行极坐标插补。且在极坐标插补中，将工件坐标系原点作为坐标系原点。如图 8-7-63 所示。

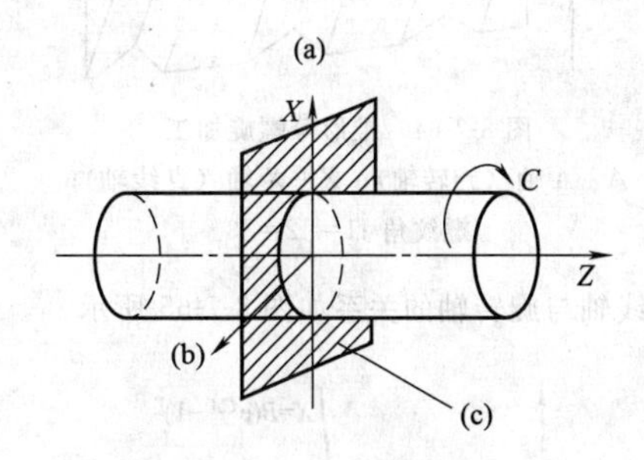

图 8-7-63　极坐标插补的功能目的

(a)—直线轴；(b)—旋转轴（假想轴）；(c)—极坐标插补平面（G17 平面）

在工件外径上对直线上的切口部位进行切削、对凸轮轴切削时有效。

极坐标插补的指令格式：

G12.1；极坐标插补模式开始

G13.1；极坐标插补模式取消

（2）极坐标插补的详细说明

1）从极坐标插补模式开始到取消的区间，坐标指令为极坐标插补。

2）也可使用 G112、G113 代替 G12.1、G13.1。

3）在单独程序段指定 G12.1、G13.1。在相同程序段指定极坐标插补与其他 G 代码，则发生程序错误（P33）。

4）在极坐标插补模式中，可指定直线插补、圆弧插补。

5）坐标指令可为绝对指令、增量指令。

6）对程序指令可执行刀径补偿。对刀径补偿后的路径，执行极坐标插补。

7）在极坐标插补平面（直角坐标系）中，通过 F 指定线速度。F 的单位为 mm/min 或 in/min。

8）发出 G12.1/G13.1 指令时，执行减速检查。

9. 指数函数插补 G02.3、G03.3

（1）功能及指令

指数函数插补是对直线轴的移动，使旋转轴按指数函数变化的插补。

此时，在其他轴与直线轴之间执行直线插补。因此可实现螺纹角（螺旋角）始终保持一致的锥形槽加工（锥形等螺旋加工）。本功能可用于立铣刀等刀具的切槽或研磨。

锥形等螺旋加工如图 8-7-64 所示。

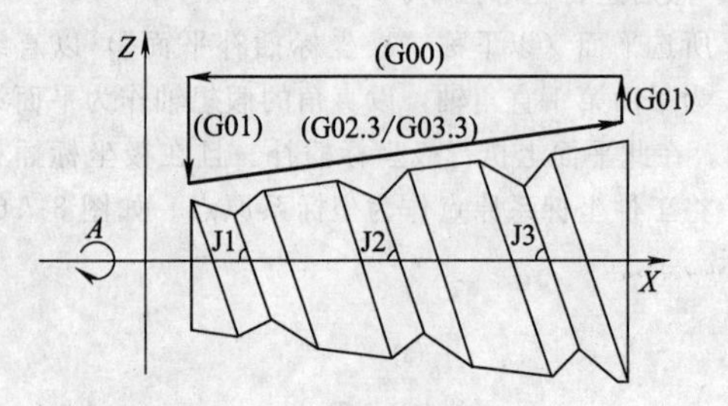

图 8-7-64 锥形等螺旋加工
A—A 轴（旋转轴）；X—X 轴（直线轴）；
螺纹角 J1＝J2＝J3

直线轴与旋转轴的关系如图 8-7-65 所示。

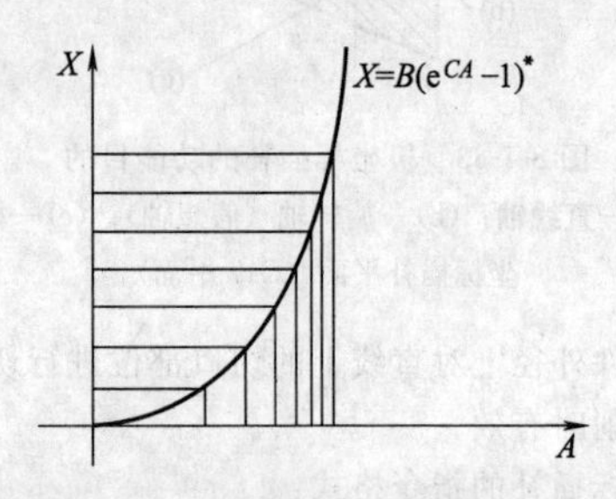

图 8-7-65 直线轴与旋转轴的关系
A—A 轴（旋转轴）；X—X 轴（直线轴）；*—B，C…常数

指数函数插补的指令格式如下：

G02. 3 Xx1 Yy1 Zz1 Ii1 Jj1 Rr1 Ff1 Qq1 Kk1；正转插补（模态）

G03. 3 Xx1 Yy1 Zz1 Ii1 Jj1 Rr1 Ff1 Qq1 Kk1；反转插补（模态）

X：X 轴终点坐标（注 1）。

Y：Y 轴终点坐标（注 1）。

Z：Z 轴终点坐标（注 1）。

I：角度 i1（注 2）。

J：角度 j1（注 2）。

R：常数值 r1（注 3）。

F：初始进给速度（注 4）。

Q：终点时的进给速度（注 5）。

K：忽略指令。

(2) 指数函数插补详细说明

（注 1）指定参数（＃1514 expLinax）中指定的直线轴、与该轴之间执行直线插补的轴终点。

指定参数（＃1515 expRotax）中指定的旋转轴终点时，不执行指数函数插补，而是执行直线插补。

（注 2）指令单位如表 8-7-70 所示。

指令范围为－89°～＋89°。

没有地址 I 或 J 指令时，发生程序错误。

地址 I 或 J 指令值为 0 时，发生程序错误。

（注 3）指令单位如表 8-7-71 所示。

指令范围为不包含 0 的正值。

没有地址 R 指令时，发生程序错误。

地址 R 的指令值为 0 时，发生程序错误。

（注 4）指令单位/指令范围与通常的 F 代码相同（以每分钟进给指定)。

指定包含旋转轴的合成进给速度。

通过地址 F 指令，无法变更通常 F 模态的值。

没有地址 F 指令时，发生程序错误。

地址 F 的指令值为 0 时，发生程序错误。

（注 5）指令单位如表 8-7-72 所示。

指令单位/指令范围与通常的 F 代码相同。

指定包含旋转轴的合成进给速度。

通过地址 Q 指令，无法变更通常 F 模态的值。

在 CNC 根据直线轴的移动，在开始速度（F）和结束速度（Q）之间执行插补。

没有地址 Q 指令时，将以初始进给速度（地址 F 指令）执行插补（起点与终点的进给速度相同)。

地址 Q 的指令值为 0 时，发生程序错误。

表 8-7-70 指数函数插补的指令单位（1）

设定单位	＃1003 ＝ B	＃1003 ＝ C	＃1003 ＝ D	＃1003 ＝ E
(单位 ＝ °)	0.001	0.0001	0.00001	0.000001

表 8-7-71 指数函数插补的指令单位（2）

设定单位	＃1003 ＝ B	＃1003 ＝ C	＃1003 ＝ D	＃1003 ＝ E	单位
公制系统	0.001	0.0001	0.00001	0.000001	mm
英制系统	0.0001	0.00001	0.000001	0.0000001	in

表 8-7-72 指数函数插补的指令单位（3）

设定单位	＃1003＝B	＃1003＝C	＃1003＝D	＃1003＝E	单位
公制系统	0.001	0.0001	0.00001	0.000001	mm
英制系统	0.0001	0.00001	0.000001	0.0000001	in

7.3.6 进给功能

1. 快速进给速度

各轴可通过参数独立设定快速进给速度。可设定的速度范围为1～10000000mm/min。但因机床规格不同，上限速度会受到限制。快速进给速度对G00、G27、G28、G29、G30、G60指令有效。

定位时的路径，分为从起点到终点做直线插补的插补型，按照各轴的最高速度移动的非插补型。通过参数“＃1086 G0Intp”选择路径。两者的定位时间均相同。

在高精度控制、高速高精度控制Ⅰ、高速高精度控制Ⅱ、高精度样条曲线控制、SSS控制中，设定高精度控制模式用快速进给速度，则以此进给速度执行移动。

1）高精度控制模式用快速进给速度的设定值为0时，以快速进给速度移动。

2）各轴可独立设定高精度控制模式用快速进给速度。

3）高精度控制模式用快速进给速度有效的G代码指令为G00、G27、G28、G29、G30、G60。

4）高精度控制模式用快速进给速度可通过外部信号赋予倍率。

2. 切削进给速度

通过地址F与8位（F8位直接指定）数字指定切削进给速度。

通过整数部分5位与小数部分3位带小数点指定F8位。切削进给速度对G01、G02、G03、G02.1、G03.1指令有效。

在高精度控制、高速高精度控制Ⅰ、高速高精度控制Ⅱ、高精度样条曲线控制、SSS控制中，设定高精度控制模式用切削钳制速度，则受此进给速度钳制。

1）高精度控制模式用切削钳制速度为0时，以切削进给钳制速度钳制。

2）切削进给速度受参数的高精度控制模式用切削钳制速度钳制。

可指定的速度范围（输入设定单位为1μm时）如表8-7-73所示。

表8-7-73 可指定的速度范围

指令模式	进给速度范围
mm/min	0.001～10000000mm/min
in/min	0.0001～1000000in/min
(°)/min	0.001～10000000°/min

注：通电后最初的切削指令（G01，G02，G03）没有F指令时，发生程序错误。

3. 进给速度的指定与各控制轴的效果

（1）功能

机床有各种控制轴。这些控制轴分为控制直线运动的直线轴与控制旋转运动的旋转轴。进给速度用于指定这些轴的移位速度。控制直线轴与旋转轴时，对刀具移动速度产生的效果各不相同。

各轴分别指定移位量。但是进给速度并不是对各轴分别指定，而是以相同数值进行指定。所以，当同时控制2个以上的轴时，必须先理解对各轴的作用方式。

（2）控制直线轴时

不论机床仅控制1轴还是同时控制2个以上的轴，都以F指定的进给速度作为刀具进行方向的线速度动作。

（3）控制旋转轴时

控制旋转轴时，指定的进给速度为旋转轴的转速、即作为角速度动作。

因此，刀具进行方向的切削速度即线速度因旋转中心与刀具的距离而发生变化。

程序中指定的速度必须要对此距离加以考虑。

（4）同时控制直线轴与旋转轴时

无论是控制直线轴还是旋转轴，动作均相同。

控制旋转轴时，赋予坐标（A，B，C）的数值为角度、赋予进给速度（F）的数值全部用于线速度。即旋转轴的1°与直线轴1mm等价。

因此，同时控制直线轴与旋转轴时，赋予F的数值对应各轴分量与上述“控制直线轴时”相同。但此时，由于在直线轴控制中，速度成分的大小、方向均不会发生变化，而在旋转轴控制中，速度成分的方向会随着刀具的移动而发生变化（大小不变）。所以，合成后的刀具进行方向上的进给速度会随着刀具的移动而发生变化。

4. 快速进给恒斜率加减速

（1）功能

本功能在快速进给模式的直线加减速中，保持恒斜率执行加减速。恒斜率加减速方式通过插补后加减速的方式起改善循环时间的效果。

（2）详细说明

1）快速进给恒斜率加减速仅在发出快速进给指令时有效。且快速进给指令的加减速模式仅在直线加减速时有效。

2）执行快速进给恒斜率加减速时的加减速示例如下。

① 插补距离大于加减速距离时，如图8-7-66

所示。

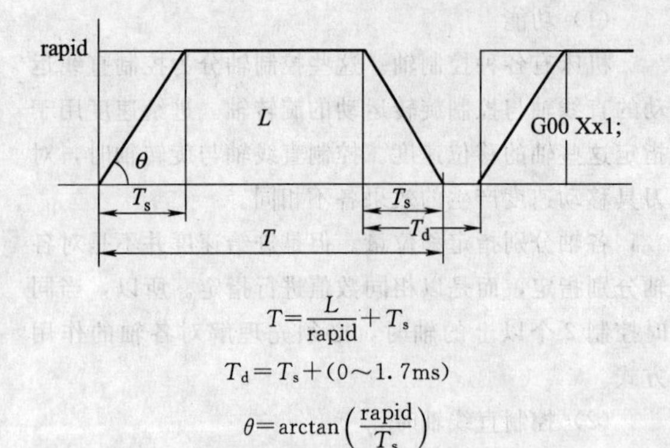

$$T=\frac{L}{rapid}+T_s$$

$$T_d=T_s+(0\sim1.7ms)$$

$$\theta=\arctan\left(\frac{rapid}{T_s}\right)$$

图 8-7-66　执行快速进给恒斜率加减速时的加减速示例（插补距离大于加减速距离）

rapid—快速进给速度；T_s—加减速时间常数；T_d—指定减速检查时间；θ—加减速斜率；T—插补时间；L—插补距离

② 插补距离小于加减速距离时，如图 8-7-67 所示。

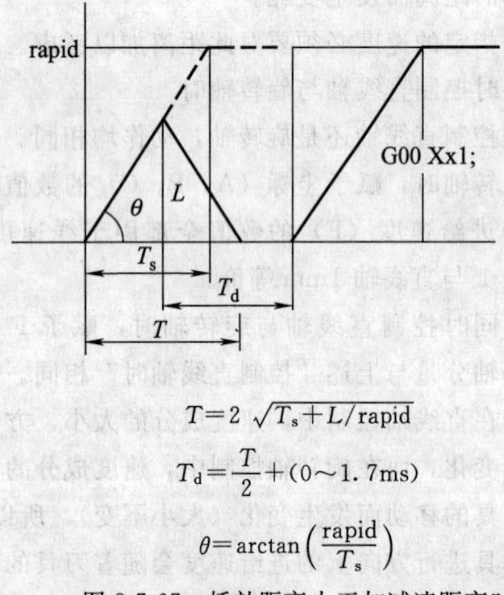

$$T=2\sqrt{T_s+L/rapid}$$

$$T_d=\frac{T}{2}+(0\sim1.7ms)$$

$$\theta=\arctan\left(\frac{rapid}{T_s}\right)$$

图 8-7-67　插补距离小于加减速距离时

3）快速进给恒斜率加减速时，执行 2 轴同时插补（直线插补）时，各轴的加减速时间由同时指定的轴的快速进给速度、快速进给加减速时间常数及插补距离决定的各轴的加减速时间中选择最长的一个。因此当各轴加减速时间常数不同时，也可执行直线插补。2 轴同时执行插补时（直线插补 $T_{sx}<T_{sz}$，$L_x\neq L_z$ 时），如图 8-7-68 所示。

$T_{sz}>T_{sx}$时，$T_{dz}>T_{dx}$、该程序段的$T_d=T_{dz}$。

4）执行快速进给恒斜率加减速时的 G0（快速进给指令）的程序格式与本功能无效（时间恒定加减速）时相同。

5）本功能仅在发出 G0（快速进给）指令时

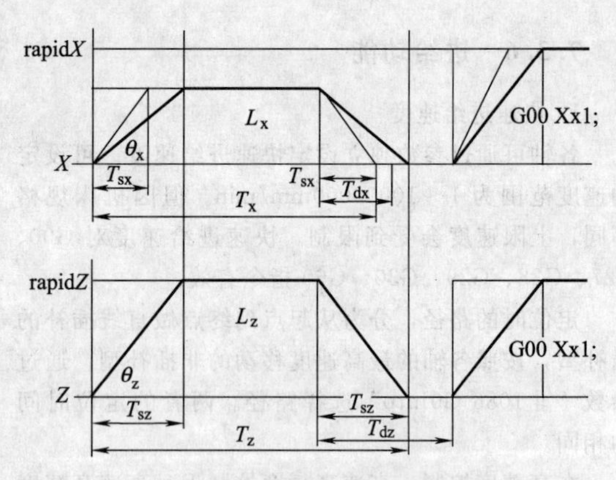

图 8-7-68　2 轴同时执行插补时

有效。

5. 快速进给恒斜率多段加减速

(1) 功能

本功能在自动运行中的快速进给模式的加减速中，配合电机转矩特性执行加减速（手动运行中无法使用）。使用快速进给恒斜率多段加减速方式，则可最大限度发挥电机性能。因此可达到缩短定位时间、改善循环时间的效果。

一般伺服电机的转矩在高速旋转区域中有下降的特性，如图 8-7-69 所示。

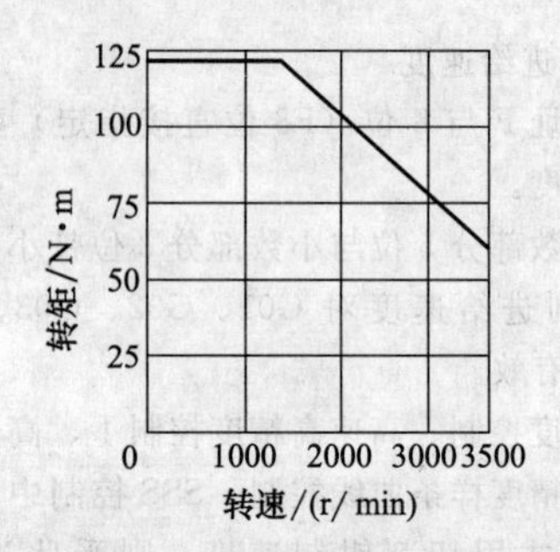

图 8-7-69　高速旋转区域中有下降的特性

注：本特性是输入电压为 AC 380V 时的数据。

在快速进给恒斜率加减速方式中，未考虑此伺服电机转矩特性，因此做加速度恒定动作。所以必须要使用速度范围内最小的加速度。因此在低速区域中加速度还有余量，或低速区域中的加速度发挥至最大限度，则需要降低使用转速的上限。

在此为了最大限度发挥伺服电机性能，执行考虑转矩特性的加减速的是快速进给恒斜率多段加减速。

执行快速进给恒斜率多段加减速时的加减速曲线如图 8-7-70 所示。

(2) 使用条件

1）将基本系统参数“＃1205G0bdcc”设为“2”，

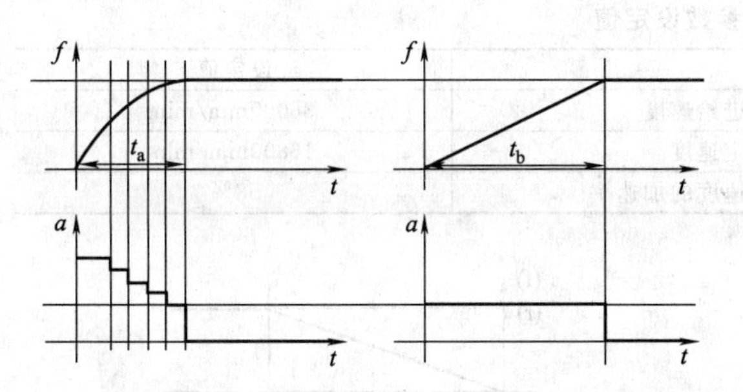

图 8-7-70　执行快速进给恒斜率多段加减速时的加减速曲线

f—速度；t—时间；a—加速度

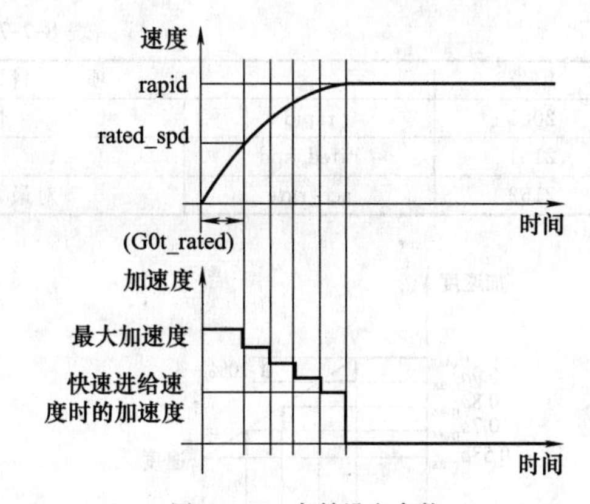

图 8-7-71　各轴设定参数

需使本功能生效。

注：① 第 1 系统以外无法将参数“＃1205G0bdcc”设为“2”。若在第 1 系统以外的系统设为“2”时，发生“Y51 参数异常 17”。

② 没有快速进给恒斜率多段加减速规格时，无法将参数“＃1205G0bdcc”设为“2”。即使设定也为无效。执行通常的时间常数恒定加减速（插补后加减速）。

③ G00 非插补类型（“＃1086G00Intp”＝1）时，即使将参数“＃1205G0bdcc”设为“2”，本功能也为无效。此时，执行通常的时间常数恒定加减速（插补后加减速）。

2）为了使用本功能，需要在各轴设定以下参数。具体如图 8-7-71 所示。

＃2001rapid：快速进给速度（mm/min）。

＃2151rated _ spd：额定速度（mm/min）。

＃2153G0t _ rated：到达额定速度的加速时间（ms）。

＃2152acc _ rate：对快速进给速度时的加速度的最大加速度的分配（%）。

对最大加速度的加速率＝快速进给速度时的加速度/最大加速度

3）满足以下任意条件时，本功能失效。以“快速进给恒斜率加减速”执行动作。将无需执行快速进给恒斜率多段加减速的轴的“＃2151rated _ spd”、“＃2152acc _ rate”、“＃2153G0t _ rated”全部设为“0”。

①“＃2151rated _ spd”（额定速度）为“0”或大于“＃2001rapid”（快速进给速度）时。

②“＃2151rated　spd”（对最大加速度的加速率）为“0”或“100”时。

③ G00 非插补类型（“＃1086G00Intp”＝1）时，即使将参数“＃1205G0bdcc”设为“2”，本功能也为无效。此时，执行通常的时间常数恒定加减速（插补后加减速）。

4）根据参数设定的加减速曲线的比较如表 8-7-74 所示。

（3）段数的决定方法

在快速进给恒斜率多段加减速中，通过设定的参数自动调整段数。

加速度每段递减最大加速度的 10%。因此如下决定段数。

“段数”＝(100－“＃2152acc _ rate”）/10＋1（小数点以下舍弃）

参数设定值如表 8-7-75 所示时，加减速曲线如图 8-7-72 所示。

表 8-7-74　加减速曲线的比较

模式	快速进给斜率恒定多段加减速	＃1086 G00Intp	＃1205 G0bdcc	动　作
G00 指令	ON	0	0	时间常数恒定加减速(插补类型)
			1	恒斜率加减速(插补前加减速)
			2	恒斜率多段加减速
		1	任意	时间常数恒定加减速(非插补类型)
	OFF	0	0	时间常数恒定加减速(插补类型)
			1	恒斜率加减速(插补前加减速)
			2	时间常数恒定加减速(插补类型)
		1	任意	时间常数恒定加减速(非插补类型)
手动快速进给	任意	任意	任意	时间常数恒定加减速(非插补类型)

表 8-7-75　参数设定值

编号	项　　目		设定值
2001	rapid	快速进给速度	36000mm/min
2151	rated_spd	额定速度	16800mm/min
2152	acc_rate	对最大加速度的加速率	58%

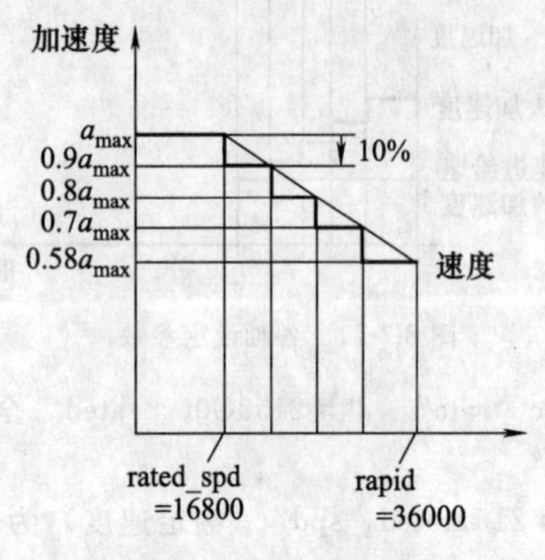

图 8-7-72　加减速曲线

(4) 多轴插补时的加速度曲线

对加速度曲线各异的多个轴执行快速进给移动时，动作分为如下2种。

① 插补型（＃1086G0Intp＝0）：起点至终点以直线移动。

② 非插补型（＃1086G0Intp＝1）：各轴按照各自的参数速度移动。

快速进给恒斜率多段加减速仅在插补型时有效。插补型时，使加速度曲线在不超过各轴允许加速度的范围内，以最大的加速度执行动作。

(5) S形滤波器控制

通过使用S形滤波器控制，可平滑变化快速进给恒斜率多段加减速的加减速。

通过基本规格参数“＃1569SfiltG0”（G00软件加减速滤波器），可在0～200ms的范围内设定。且通过“＃1570Sfilt2”（软件加减速滤波器2）可使加减速更加平滑。

(6) 高精度控制模式用快速进给速度

在精度控制、高速高精度控制Ⅰ、高速高精度控制Ⅱ及高精度样条曲线控制中，可分别设定高精度控制模式用快速进给速度［“＃2109rapid（H-precision）”］、快速进给速度（“＃2001rapid”）。

在高精度控制模式用快速进给速度设定数值时的动作如图8-7-73所示。

①“高精度控制模式用快速进给速度＞快速进给速度”时。本功能为无效，以“快速进给恒斜率加减速”执行动作。

②“高精度控制模式用快速进给速度＜快速进给速度”时。对快速进给速度、额定速度、额定速度之前的G0时间常数、最大加速度，根据从加速率计算的加速度曲线执行加减速，进给速度为高精度控制模式用快速进给速度。速度曲线如图8-7-74所示。

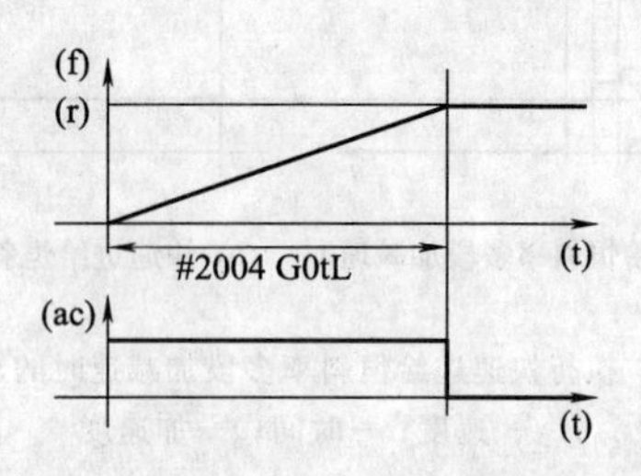

图 8-7-73　高精度控制模式用快速进给速度设定数值时的动作

(f)—速度；(t)—时间；(r)—快速进给速度；(ac)—加速度

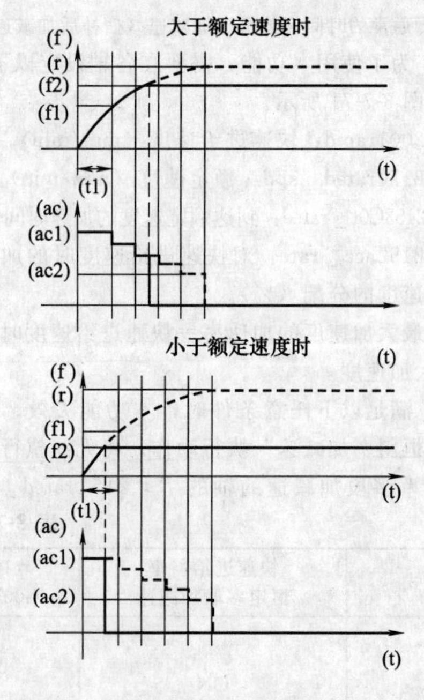

图 8-7-74　速度曲线

(f)—速度；(f1)—额定速度；(f2)—高精度控制模式用快速进给速度；(t)—时间；(t1)—额定速度之前的加速时间；(ac)—加速度；(ac1)—最大加速度；(ac2)—快速进给时的加速度；(r)—快速进给速度

(7) 注意事项

1）快速进给恒斜率多段加减速仅在快速进给指令时有效。但在手动快速进给时，无法使用快速进给恒斜率多段加减速。

手动快速进给时，为时间常数恒定加减速（插补后加减速）。因此加减速取决于以下参数。

＃2001 rapid：快速进给速度。

＃2003 smgst：加减速模式。

＃2004 G0tLG0：时间常数（线性）。

＃2005 G0t1G0：时间常数（1 次延迟）。

如图 8-7-75 所示，快速进给恒斜率多段加减速与手动快速进给中的加速时间（时间常数）各异。

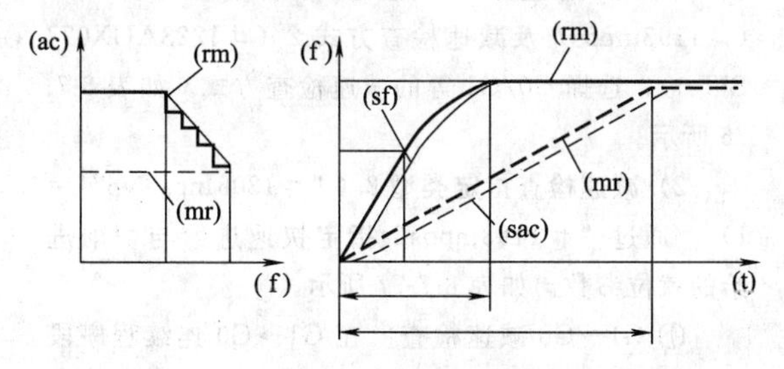

图 8-7-75　快速进给恒斜率多段加减速与手动快速进给中的加速时间

(f)—速度；(t)—时间；(ac)—加速度；(rm)—快速进给恒斜率多段加减速；(mr)—手动快速进给（直线）；(sf)—有 S 形滤波器；(sac)—软件加减速

2）在单系统以外的系统中，无法使用快速进给恒斜率多段加减速。但在双系统以上的系统，只要有第 1 系统就可以使用。

3）快速进给恒斜率多段加减速无效时，即使将参数“＃1205G0bdcc”设为“2”，本功能也为无效。此时，执行通常的时间常数恒定加减速（插补后加减速）。

4）G0 非插补模式时（“＃1086G0Intp”＝“1”），无法使用快速进给恒斜率多段加减速。仅在插补模式时有效。

5）以快速进给恒斜率多段加减速执行动作时，忽略加减速模式的快速进给加减速类型（“＃2003smgst”的 bit0～bit3）。

6）快速进给恒斜率多段加减速有效时，无法使用快速进给简易恒斜率加减速（“＃1200G0 _ acc”）。即使快速进给简易恒斜率加减速有效（“＃1200G0 _ acc”＝“1”）也被忽略。

7）快速进给恒斜率多段加减速有效时，无法使用可编程就位检查。即使指定就位宽度也被忽略。

8）在刀尖点控制中，无法使用本功能。

9）在快速进给恒斜率多段加减速中，前馈无效。

6. 准确定位检查 G09

（1）功能及指令格式

当刀具进给速度发生急剧变化时，为缓和机床振动、防止转角切削时圆角的发生，有时会在确认机床减速停止后的就位状态或经过减速检查时间之后，再执行下一程序段的指令。准确定位检查就用于此情况。

在相同程序段指定 G09（准确定位检查）时，执行减速检查。G09 指令为非模态指令。

可通过参数“＃1193inpos”选择是在减速检查时间执行控制，还是在就位中执行控制。

在伺服参数“＃2224sv024”设定就位宽度。

指令格式如下：

G09；准确定位检查

（2）减速检查

1）直线加减速时如图 8-7-76 所示。

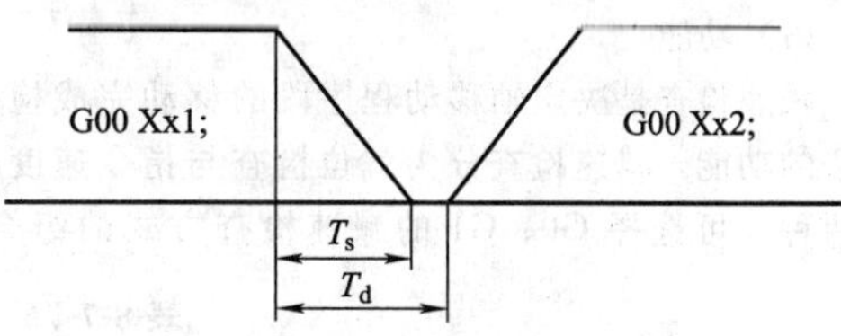

图 8-7-76　直线加减速时

T_s—加减速时间常数；T_d—减速检查时间；

$T_d = T_s + (0 \sim 14ms)$

2）指数加减速时如图 8-7-77 所示。

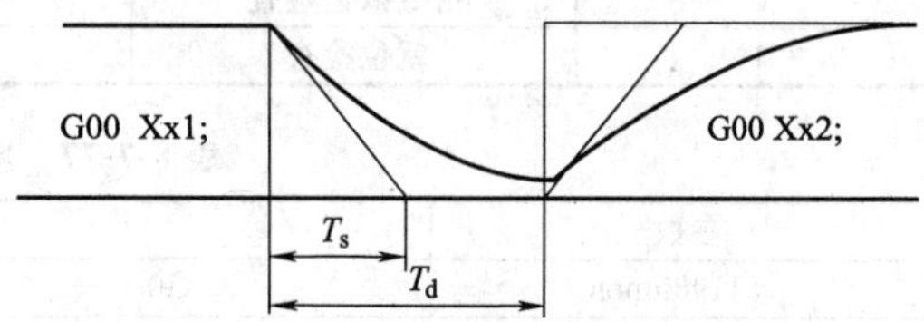

图 8-7-77　指数加减速时

T_s—加减速时间常数；T_d—减速检查时间；

$T_d = 2T_s + (0 \sim 14ms)$

3）指数加速/直线减速时如图 8-7-78 所示。

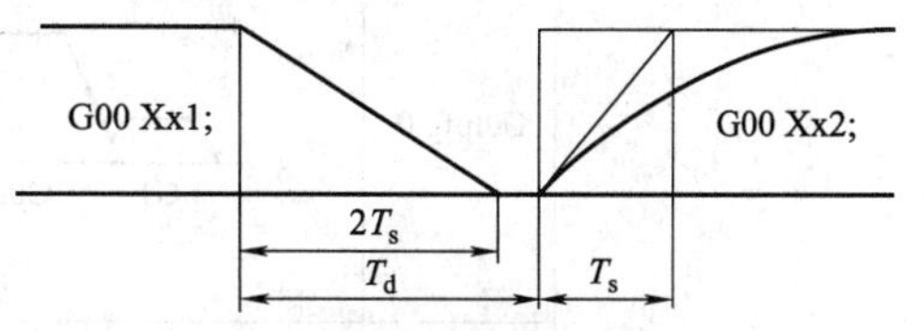

图 8-7-78　指数加速/直线减速时

T_s—加减速时间常数；T_d—减速检查时间；

$T_d = 2T_s + (0 \sim 14ms)$

切削进给时的减速检查所需时间，取决于同时指定轴的切削进给加减速模式及切削进给加减速时间常数决定的各轴的切削进给减速检查时间中最长的一个。

注：在固定循环的切削程序段执行准确定位检查时，在固定循环子程序输入G09。

7. 准确到位检查模式G61

通过G09执行准确到位检查仅确认该程序段的就位状态，G61作为模态执行动作。因此在G61以后的切削指令（G01～G03）中，对所有程序段的终点执行减速、检查就位状态。

通过以下指令解除模态。

G61.1：高精度控制模式。

G62：自动转角倍率。

G63：攻螺纹模式。

G64：切削模式。

指令格式如下：

G61；准确到位检查模式

8. 减速检查

（1）功能

减速检查是决定轴移动程序段的移动完成检查方法的功能。减速检查分为就位检查与指令速度检查两种。可选择G0、G1的减速检查方式的组合。通过变更参数，可变更G1→G0及G1→G1反方向时的减速检查。

（2）减速检查的种类

1）指令速度检查。

2）就位检查。

（3）减速检查的指定

减速检查的参数指定包括“减速检查指定类型1”与“减速检查指定类型2”。可通过参数“＃1306 InpsTyp”进行切换。

1）减速检查指定类型1（“＃1306InpsTyp”＝0）　可根据基本规格参数的减速检查方式1（＃1193inpos）及减速检查方式2（＃1223AUX07/BIT-1），选择G0/G1等的减速检查方式。如表8-7-76所示。

2）减速检查指定类型2（“＃1306InpsTyp”＝1）　通过“＃1193inpos”指定快速进给与切削进给的就位参数。如表8-7-77所示。

① G1→G0减速检查　在G1→G0连续程序段中，通过变更参数“＃1502G0Ipfg”，可变更反方向时的减速检查。如图8-7-79所示。

表8-7-76　减速检查指定类型1

参数	快速进给指令	参数	快速进给以外的指令（G1、G0以外的指令）	
inpos（＃1193）	G0→XX（G0＋G9→XX）	AUX07/BIT-1（＃1223/BIT-1）	G1＋G9→XX	G1→XX
0	指令减速检查	0	指令减速检查	无减速检查
1	就位检查	1	就位检查	无减速检查

表8-7-77　减速检查指定类型2

参数	指令程序段		
＃1193inpos	G0	G1＋G9	G1
0	指令减速检查	指令减速检查	无减速检查
1	就位检查	就位检查	无减速检查

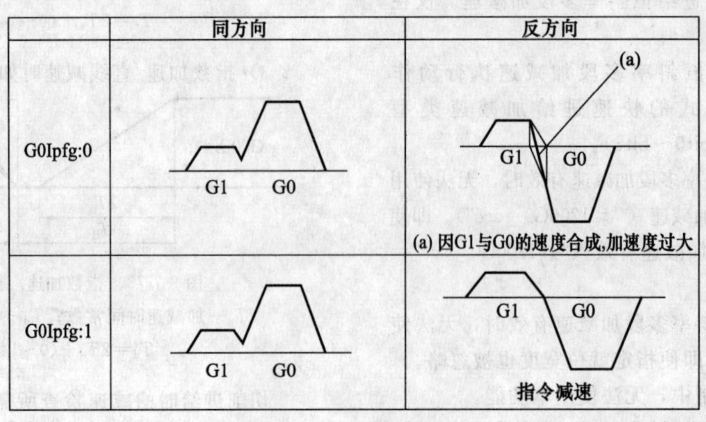

图8-7-79　G1→G0减速检查

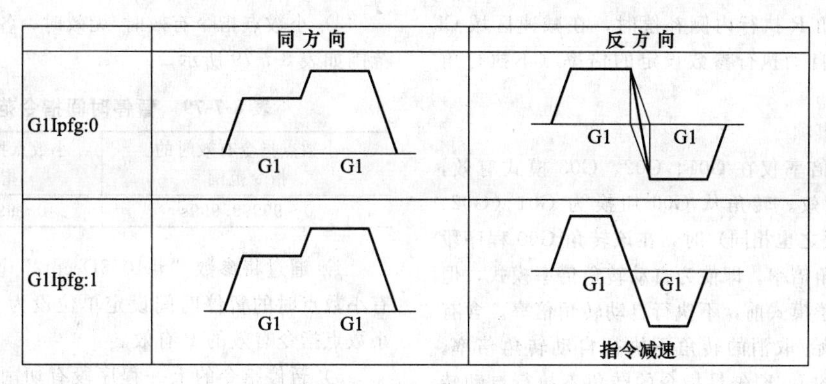

图 8-7-80　G1→G1 减速检查

② G1→G1 减速检查　在 G1→G1 连续程序段中，通过变更参数“#1503G1Ipfg”,可变更反方向时的减速检查。如图 8-7-80 所示。

9. 自动转角倍率 G62

(1) 功能及指令

刀径补偿中，在内侧转角切削时或自动转角 R 的内侧切削时为了减轻负载，可自动对进给速度执行倍率的功能。

自动转角倍率在发出刀径补偿取消 (G40)、准确到位检查模式 (G61)、高精度控制模式 (G61.1)、攻螺纹模式 (G63) 或切削模式 (G64) 指令前，一直有效。

指令格式如下：

G62；自动转角倍率

(2) 内侧转角

如图 8-7-81 所示，切削内侧转角时，切削量变大，则刀具负载变大。因此，在转角的设定范围内自动执行倍率调整，降低进给速度、抑制负载变大。但仅对精加工形状的程序有效。

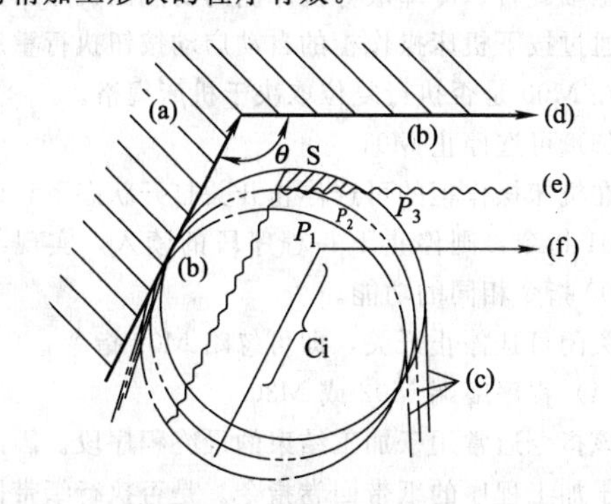

图 8-7-81　精加工形状的程序

(a)—工件；(b)—切削量；(c)—刀具；(d)—程序路径 (精加工形状)；(e)—工件表面形状；(f)—刀具 R 中心路径；θ—内侧转角最大角度；Ci—减速区域 (IN)

1) 动作

① 不执行自动转角倍率时　在图 8-7-81 中，刀具按照 $P_1 \rightarrow P_2 \rightarrow P_3$ 的顺序移动时，由于 P_3 比 P_2 多了阴影 S 面积的切削量，因此刀具负载变大。

② 执行自动转角倍率时　在图 8-7-81 中，内侧转角角度 θ 小于参数设定的角度时，在减速区域 Ci 自动执行参数设定的倍率。

2) 参数的设定　在加工参数中设定如表 8-7-78 所示的参数。

表 8-7-78　参数的设定

#	参数	设定范围
#8007	倍率	0～100%
#8008	内侧转角的最大角度 θ	0～180°
#8009	减速区域的 Ci	0 ～ 99999.99mm 或 0～3937.000in

(3) 自动转角 R

自动转角 R 时如图 8-7-82 所示。

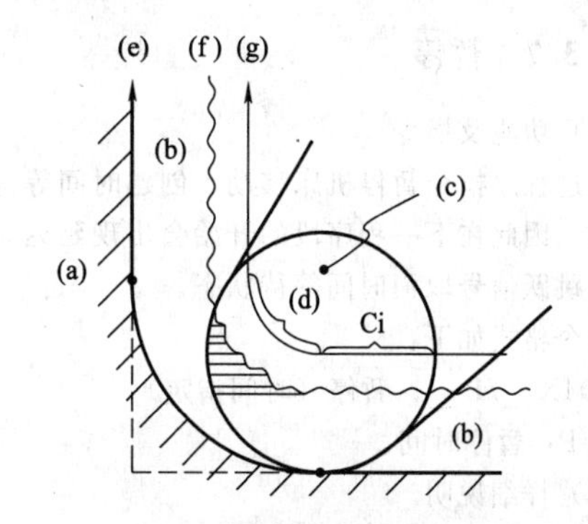

图 8-7-82　自动转角 R

(a)—工件；(b)—切削量；(c)—转角 R 中心；(d)—转角 R 部位；(e)—程序路径；(f)—工件表面形状；(g)—刀具中心路径

以自动转角R执行内侧补偿时，在减速区域Ci与转角R位置自动执行参数设定的倍率（不执行角度检查）。

(4) 注意事项

自动转角倍率仅在G01、G02、G03模式有效，在G00模式无效。转角从G00切换为G01（G02、G03）模式（反之也相同）时，在该转角G00程序段不执行自动转角倍率。即使为自动转角倍率模式，但在进入刀径补偿模式前，不执行自动转角倍率。含有刀径补偿的开始/取消的转角不执行自动转角倍率。含有刀径补偿的I、K矢量指令的转角不执行自动转角倍率。当不执行交点运算时，不执行自动转角倍率。

10. 攻螺纹模式G63

通过G63指令可创建适合攻螺纹加工的控制模式，主要包括：切削倍率100%；程序段间连接的减速指令无效；进给保持无效；单节无效；攻螺纹模式中信号输出。

指令格式如下：

G63；攻螺纹模式

11. 切削模式G64

(1) 功能

通过发出G64指令，可进入获得平滑切削面的切削模式。在本模式中，与准确定位检查模式（G61）相反，切削进给程序段之间不执行减速停止，而连续执行下一程序段。通过准确定位检查模式（G61）、高精度控制（G61.1）、自动转角倍率（G62）或是攻螺纹模式（G63）解除G64。通电时进入切削模式。

(2) 指令格式

指令格式如下：

G64；切削模式

7.3.7 暂停

(1) 功能及指令

通过程序指令暂停机床移动、创建时间等待状态的功能。因此在下一程序段的开始会出现延迟。可通过输入跳跃信号取消时间等待状态。

指令格式如下：

G04X __/P __；暂停（时间指定）

X/P：暂停时间。

(2) 详细说明

1）通过X指定暂停时间，对小数点指令有效。

2）通过P指定暂停时间，可通过参数（＃8112）切换小数点指令有效/无效。在参数设定中小数点指令无效时，忽略通过P指定的小数点以下的指令。

3）小数点指令有效时/无效时，各暂停时间指令范围如表8-7-79所示。

表8-7-79 暂停时间指令范围

小数点指令有效时的指令范围	小数点指令无效时的指令范围
0～99999.999s	0～99999999ms

4）通过将参数“＃1078Decpt2”设为1，可将没有小数点时的暂停时间设定单位设为1s。仅对X及小数点指令有效的P有效。

5）暂停指令的上一程序段有切削指令，则减速停止完成后，开始计算暂停时间。在M，S，T，B指令程序段发出指令时，同时启动。

6）互锁中的暂停有效。

7）对机床锁定暂停也有效。

8）通过预先设定参数＃1173dwlskp，可取消暂停。在暂停时间内输入设定的跳跃信号时，舍去剩余时间执行下一程序段的处理。

7.3.8 辅助功能

1. 辅助功能（M8位）

辅助功能也称为M功能，用于指定主轴正转、反转、停止、冷却液的启动、关闭等机床辅助功能。

(1) 详细说明

在本控制装置中，在地址M后续8位数值（0～99999999）中指定，单个程序段最多可指定4组。相同程序段内可指定的个数取决于参数设定（＃12005Mfig）。

(2) 程序停止M00

读入本辅助功能，则NC将停止下一程序段的读入。作为NC功能，只停止下一程序段的读入，是否停止主轴旋转、冷却液等机床侧的功能因机床而异。

通过按下机床操作柜的自动启动按钮执行重启。

在M00是否执行复位取决于机床规格。

(3) 可选停止M01

在机床操作柜的可选停止开关打开状态下，读入本M01指令，则停止下一程序段的读入，实现与上述M00指令相同的功能。

关闭可选停止开关，即可忽略M01指令。

(4) 程序终端M02或M30

该指令通常用于加工结束的最终程序段。因此主要用于加工程序的纸带回卷指令。是否执行纸带回卷取决于机床规格。

根据机床规格，通过M02、M30，在纸带回卷及相同程序段中指定的其他指令结束后，执行复位（但通过该指令执行复位时，指令位置显示计数器的内容不会被清除，而模态指令、补偿量会被取消）。

纸带回卷结束时（自动运行中指示灯灭），由于停止下一动作，需要再启动时，应按下自动启动按钮。

M02、M30结束后再启动时，如果只使用坐标语指定了最初的移动指令，则在程序结束时的插补模式中执行动作。推荐在最初指定的移动指令中要指定G功能。

注意：① M00、M01、M02、M30虽分别单独输出信号，但通过按下复位键复位M00、M01、M02、M30的单独输出。

② 通过手动数据输入MDI，也可指定M02、M30。此时，可同时指定其他指令。

（5）宏程序插入M96、M97

M96、M97为用户宏程序插入控制用M代码。

用户宏程序插入控制用M代码执行内部处理，不被外部输出。

M96、M97用于辅助功能时，通过参数（#1109subs _ M及#1110M96 _ M，#1111M97 _ M）变更为其他M代码。

（6）子程序呼叫、结束M98、M99

作为到子程序的分支及从分支处的子程序来的返回命令使用。

M98，M99执行内部处理，因此不输出M代码信号与选通信号。

（7）M00/M01/M02/M30指令时的内部处理

读入M00、M01、M02、M30时，内部处理停止预读。除此以外的加工程序纸带回卷动作及复位处理所导致的模态初始状态，因机床规格而异。

2. 第2辅助功能（A8位、B8位或C8位）

用于指定分度工作台的位置等操作。在本控制装置中，通过地址A、B、C后续8位数值，在0～99999999范围内任意指定，但代码与位置的对应关系因机床规格而异。

（1）详细说明

在参数中选择第2辅助功能使用的地址是A、B、C中的哪个（除轴名称中使用的地址）。在单个程序段最多可指定4组第2辅助功能。在相同程序段内可指定的个数因参数设定（#12011Bfig）而异。可通过参数选择第2辅助功能是BCD输出还是二进制输出。

在相同程序段指定A、B、C功能与移动指令时，指令的执行顺序，可能有以下2种状况。适用哪种取决于机床规格。

1）移动指令结束后，再执行A、B、C功能。

2）同时执行移动指令与A、B、C功能。

需通过PLC处理所有第2辅助功能及结束这些功能。

地址组合如表8-7-80所示。即附加轴的轴名称与第2辅助功能无法使用相同的地址。

（2）注意事项

在第2辅助功能地址指定A时，无法使用以下功能。

1）直线角度指令。

2）几何指令。

3. 转台分度

（1）功能

通过设定分度轴，执行转台分度。

分度指令只是在转台分度设定轴上指定分度角度。无需指定用于工作台的钳制解除钳、制的特殊M代码，易于编程。

（2）详细说明

转台分度功能执行如下动作。

（3）注意事项

1）可对多个轴设定转台分度轴。

2）转台分度轴的移动速度，取决于此时模态（G0/G1）的进给速度。

3）即使在相同程序段内指定转台分度轴与其他轴，也执行转台分度轴的解除钳制指令。因此，在解除钳制动作完成前，不执行相同程序段内指定的其他轴的移动。但是，执行非插补指令时，执行相同程序段内指定的其他轴的移动。

4）转台分度轴用于通常旋转轴，但对于直线轴，本功能也会执行解除钳制动作。

5）在自动运行中，移动转台分度轴时，若发生导致解除钳制指令关闭的情况，则在解除钳制状态下，转台分度轴减速停止。且在相同程序段内指定的其他轴，除非插补指令，也同样执行减速停止。

6）在转台分度轴的移动中，因为互锁等而导致轴移动中断时，保持解除钳制状态。

表8-7-80　地址组合

辅助轴		附加轴名称		
		A	B	C
第2辅助功能	A	—	○	○
	B	○	—	○
	C	○	○	—

第8篇

7）当转台分度轴的移动指令连续时，不执行钳制、解除钳制动作。但在单节运行时，即使有连续的移动指令，也执行钳制、解除钳制动作。

8）不要指定为无法进行钳制的位置。

7.3.9　主轴与刀具功能

1. 主轴功能

可通过地址S后面的8位数值（0～99999999）指定单个程序段内的1组指令。

输出信号为带符号的32bit二进制数据。

通过PLC处理所有的S指令及结束S指令。

2. 恒速控制G96，G97

（1）功能及指令

对径向的切削，随着坐标值的变化自动控制主轴转速，在切削点以恒速执行切削加工。

指令格式如下：

G96S＿P＿；恒速打开

S：速度。

P：恒速控制轴。

G97；恒速取消

（2）详细说明

1）在参数（#1181G96＿ax）设定恒速控制轴。

0：第1轴固定（P指令无效）

1：第1轴

2：第2轴

3：第3轴

2）上述参数不为0时，可通过地址P指定恒速控制轴。

3）切换程序与动作例

G90 G96 G01 X50. Z100. S200；控制主轴转速，使速度为200r/min。

⋮

G97 G01 X50. Z100. F300 S500；将主轴转速控制在500r/min。

⋮

M02；模态返回至初始值。

（3）注意事项

恒速控制中（G96模态中），恒速控制对象轴在主轴中心附近，则主轴转速变大，会出现超出工件、卡盘允许转速的情况。此时，加工中的工件会出现飞车，有可能导致刀具/机床损坏、使用者受伤的情况。必须在“主轴转速钳制”有效状态下使用。指定恒速控制时，应在距离程序原点非常远的位置执行指定。

3. 主轴钳制速度设定G92

（1）功能及指令

可通过G92后续的地址S指定主轴的最高钳制转速，通过地址Q指定主轴的最低钳制转速。

根据加工对象（安装在工件、主轴的卡盘、刀具等）的规格，需要限制转速时发出本指令。

指令格式如下：

G92S＿Q＿；主轴钳制速度设定

S：最高钳制转速。

Q：最低钳制转速。

（2）详细说明

1）主轴及主轴电机间的齿轮切换，可通过参数，以1r/min为单位，最多设定4级转速范围。由该参数设定的转速范围与“G92 Ss Qq;”设定的转速范围中，上限为较低者有效，下限为较高者有效。

2）通过参数（#1146 Sclamp，#1227 aux11/bit5）选择只在恒速模式进行转速钳制，还是在恒速取消状态下也进行转速钳制。

3）通过模态复位（复位2，复位&倒带），清零主轴钳制转速的指令值。

①“#1210RstGmd/bit19”打开时，为模态保持。

② 通电时被清零。

（3）注意事项

1）在主轴钳制速度设定（G92S＿Q＿）中，设定最高钳制速度及最低钳制速度后，即使发出“G92S0”，也无法取消最高速度钳制。此时Q＿的值继续有效，由于S0＜Q＿，所以将Q＿作为最高速度钳制速度、S0作为最低速度钳制速度使用。

2）未指定主轴钳制速度设定（G92S＿Q＿）时，机床会以参数中设定的机床规格最高转速旋转，应特别注意。特别是在指定恒速控制（G96 S＿）时，应指定主轴钳制速度设定、主轴的最高转速。刀具在主轴中心附件旋转，伴随着主轴转速的增大，可能会出现超出工件、卡盘允许转速的情况。

注：主轴钳制速度设定指令为模态指令。但从程序途中开始时，应确认G、F的模态、坐标值是否适用。

且在程序开始前，有变更坐标系移位指令等坐标系的指令或M、S、T、B指令，则在MDI等模式中进行必要的指定。不执行上述操作，则在设定的程序段执行启动时，机床可能会出现干涉、以无法预想的速度执行动作的情况。

4. 主轴/C轴控制

本功能通过外部信号，将1个主轴（MDS-A-SP以后）作为C轴（旋转轴）使用的功能。

（1）主轴/C轴切换

通过C轴的伺服接通信号切换，如图8-7-83所示。

1）参考点返回状态　未通过Z相时，为参考点

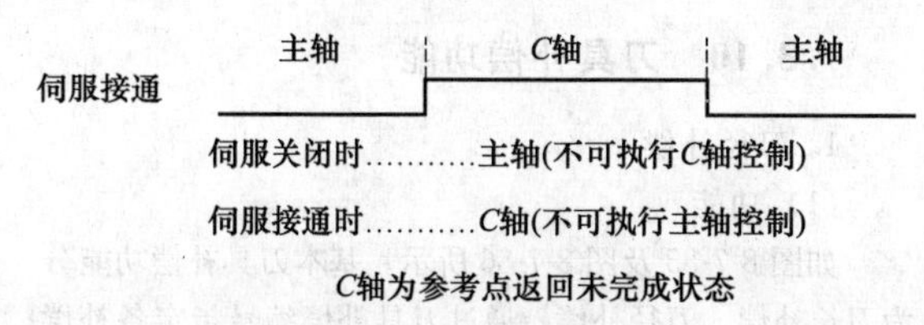

图 8-7-83 主轴/C轴切换

返回未完成状态。

通过Z相时，为参考点返回完成状态。

2）C轴的位置数据 即使对主轴控制中的主轴旋转，也要更新NC内部C轴的位置数据。

C轴的坐标值计数器在主轴控制中被保持，C轴伺服准备就绪时更新主轴控制中的移动部分。伺服接通时C轴位置会出现与上次伺服关闭前不同的情况。

(2) C轴增益

根据C轴的切削状况，进行C轴的增益切换（选择最佳增益）。C轴切削进给时选择切削增益，其他轴切削进给（C轴面切削）时选择切削停止增益，其他情况下选择非切削增益。如图 8-7-84 所示。

注：其他系统的切削进给对C轴增益选择不起作用。

(3) 包含主轴/C轴移动的减速检查

在主轴/C轴中，包含在非切削时的位置环增益（主轴参数＃3203PGC0）与切削时的位置环增益（主轴参数＃3330PGC1～＃3333PGC4）设定不同值的轴的移动指令的减速检查如表 8-7-81 所示。这是因为在轴移动中变更增益，则机床发生振动。

(4) 注意事项/限制事项

1）检测器（PLG、ENC、其他）没有Z相时，无法通过定向执行参考点返回。

更换为带Z相或是直接使用时，将位置控制切换类型作为减速停止后（主轴参数 SP129bitE：1）没有原点的轴（原点返回参数 noref：1）使用。

2）在伺服关闭中或定向中，发出C轴指令，则发生程序错误（P430）。

3）在C轴指令中，不要执行伺服关闭。

C轴指令的剩余指令在伺服接通时被清除（C轴控制中伺服关闭，则进给停止，变为主轴控制）。

4）在主轴旋转中伺服接通，则旋转停止、为C轴控制。

5）无法执行C轴的挡块式参考点返回。作为定向式（主轴参数 SP129 bitE：0）或是没有原点的轴（原点返回参数“＃2031noref”＝1）使用。

5. 多主轴控制

多主轴控制是在主侧主轴（第1主轴）添加副侧主轴（第2主轴到第4主轴）的机床中，为了控制副侧主轴的功能。

多主轴控制Ⅱ：(ext36/bit0＝1)

通过外部信号（主轴指令选择信号、主轴选择信号）与主轴控制指令（仅［S*****；］）执行控制。

不可使用主轴选择指令。

(1) 多主轴控制Ⅱ

多主轴控制Ⅱ是通过来自PLC的信号，指定选择哪个主轴的功能。通过1个S指令进行时主轴的指令。

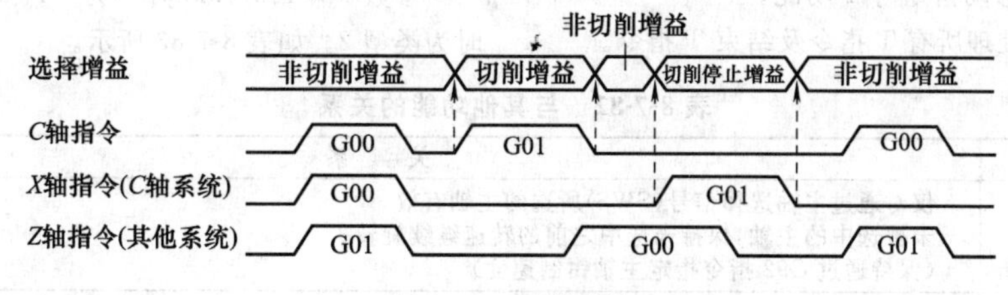

图 8-7-84 C轴增益

表 8-7-81 包含主轴/C轴移动的减速检查

参数	快速进给指令	参数	快速进给以外的指令 (G01、G00以外的指令)	
inpos＃1193	G00→XX (G00＋G09→XX)	AUX07/bit1 (＃1223/bit1)	G01→G00 (G01＋G09→XX)	G01→G01
0	指令减速检查	0	就位检查 (仅适用于SV024)	有减速检查
1	就位检查	1		

注：1. G01进给时，无论减速参数如何，都执行就位检查。

2. XX显示所有的指令。

第8篇

(2) 详细说明

1) 主轴指令选择、主轴选择　对来自PLC的主轴选择信号（SWS）打开而被选择的主轴，将向主轴的S指令作为转速指令输出。所选主轴以输出的转速旋转。因主轴选择信号（SWS）关闭而未被选择的主轴，保持未选择之前的转速继续旋转。

借此可让各主轴同时以各自不同的转速执行旋转。各主轴可通过主轴指令选择信号从哪个系统接收S指令。

2) 与其他功能的关系如表8-7-82所示。

3) 限制事项

① 多主轴控制Ⅱ有效时，S的手动数值指令无效。

② 多主轴控制Ⅱ有效时，安装参数“♯1199 Sselect”无效。

③ 多主轴控制Ⅱ有效时，无法使用主轴控制模式切换G代码。否则发生程序错误（P34）。

④ 多主轴控制Ⅱ有效时，“S1=＊＊＊”、“S2=＊＊＊”指令无效。否则发生程序错误（P33）。

⑤ 多主轴控制Ⅱ有效时，不输出主轴齿轮换挡指令输出信号（GR1/GR2）。

6. 刀具功能（T8位BCD）

刀具功能又被称为T功能，是用于指定刀具编号的功能。通过在地址T后的8位数值（0～99999999）指定本控制装置，在单个程序段内可指定1组指令。输出信号为8位BCD信号与启动信号。

在相同程序段指定T功能与移动指令时，指令的执行顺序有以下2种。适用哪种取决于机床规格。

1) 移动结束后，再执行T功能。

2) 同时执行移动指令与T功能。

需通过PLC处理所有T指令及结束T指令。

7.3.10　刀具补偿功能

1. 刀径补偿

(1) 功能

如图8-7-85及图8-7-86所示。基本刀具补偿功能分为刀长补偿、刀径补偿。通过刀具补偿编号指定各补偿量。且通过设定显示装置或程序输入各补偿量。

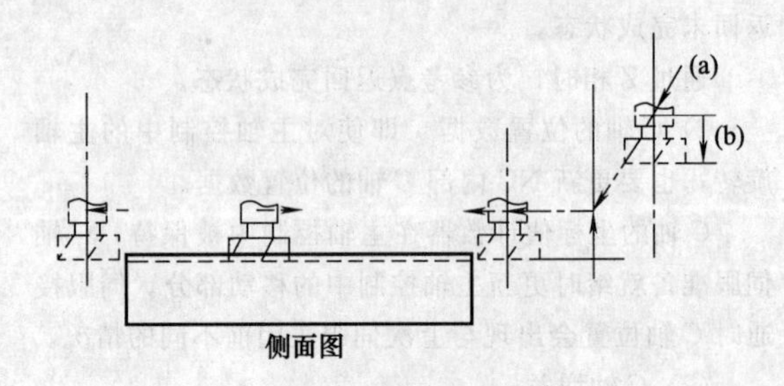

图8-7-85　刀长补偿

(a)—基准点；(b)—刀长

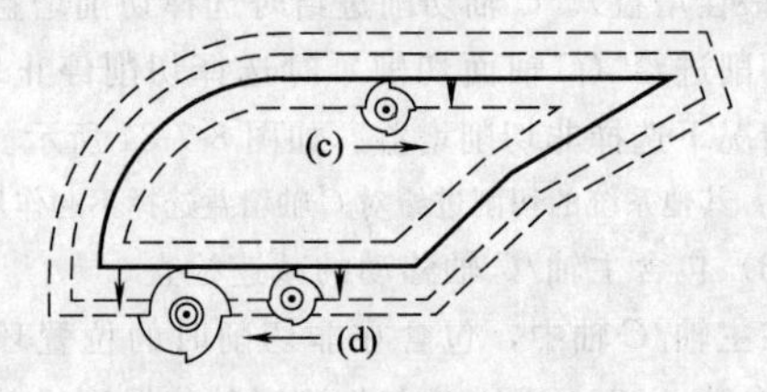

图8-7-86　刀径补偿（平面图）

(c)—右补偿；(d)—左补偿

(2) 刀具补偿量记忆

执行刀具补偿量设定/选择的刀具补偿分为1、2（取决于机床厂规格）。

通过设定显示装置预先设定补偿量。

参数“♯1037cmdtyp”为“1”时为类型1、“2”时为类型2。如表8-7-83所示。

表8-7-82　与其他功能的关系

功能	关　系
主轴钳制速度设定(G92)	仅对通过主轴选择信号(SWS)所选的主轴有效 未被选中的主轴,保持未选中之前的转速继续旋转 (保持通过G92指令指定主轴钳制速度)
恒速控制	可对所有主轴执行恒速控制 在恒速中自动控制主轴转速,所以在恒速加工中,对该主轴必选保持主轴选择信号(SWS)打开状态 未被选中的主轴,保持未选中之前的转速继续旋转
螺纹切削/同期进给	被主轴选择信号(SWS)选中的主轴执行螺纹切削。编码器反馈通过编码器选择信号选择使用
同期攻螺纹	通过主轴选择信号(SWS)选择同期攻螺纹主轴 在同期攻螺纹指令前选择同期攻螺纹主轴。在同期攻螺纹模式中,不要切换同期攻螺纹主轴的选择信号 同期攻螺纹主轴执行*C*轴模式指令时,发生“M01操作错误1026”。取消*C*轴指令,则解除错误,再启动加工 同期攻螺纹主轴执行多边形加工指令时,发生“M01操作错误1026”。取消多边形加工指令,则错误解除,再启动加工

续表

功能	关　系
非同期攻螺纹	通过主轴选择信号(SWS)选择非同期攻螺纹主轴 在攻螺纹指令前选择非同期攻螺纹主轴。切换非同期攻螺纹主轴选择时，输入计算要求。在非同期攻螺纹模式中不要切换非同期攻螺纹主轴的选择信号
攻螺纹返回	通过主轴选择信号(SWS)选择攻螺纹返回主轴 打开攻螺纹返回信号前，选择中断攻螺纹循环的主轴。在选择不同主轴的状态下执行攻螺纹返回时，发生“M01 操作错误 1032”。在攻螺纹返回中，不要切换主轴选择信号

表 8-7-83　类型选择

刀具补偿记忆种类	刀长补偿、刀径补偿的区别	形状补偿、磨耗补偿的区别
类型 1	无	无
类型 2	有	有

1）类型 1　如表 8-7-84 所示，1 个补偿编号对应 1 个补偿量。因此，刀长补偿量、刀径补偿量、形状补偿量、磨耗补偿量没有区别，可全部通用。

(D1)＝a1，(H1)＝a1

(D2)＝a2，(H2)＝a2

⋮

(Dn)＝an，(Hn)＝an

表 8-7-84　类型 1

补偿编号	补偿量
1	a1
2	a2
3	a3
⋮	⋮
n	an

2）类型 2　如表 8-7-85 所示，可独立设定 1 个补偿编号对应的刀长的形状补偿量、磨耗补偿量，刀径的形状补偿量、磨耗补偿量。

通过 H 选择刀长的补偿量、通过 D 选择刀径的补偿量。

(H1)＝b1＋c1，(D1)＝d1＋e1

(H2)＝b2＋c2，(D2)＝d2＋e2

⋮

(Hn)＝bn＋cn，(Dn)＝dn＋en

注意：在自动运行中（包含单节停止中）变更刀具补偿量，则从下一程序段或多个程序段后的指令开始生效。

表 8-7-85　类型 2

补偿编号	刀长(H)		刀径(D)/(位置补偿)	
	形状补偿量	磨耗补偿量	形状补偿量	磨耗补偿量
1	b1	c1	d1	e1
2	b2	c2	d2	e2
3	b3	c3	d3	e3
⋮	⋮	⋮	⋮	⋮
n	bn	cn	dn	en

表 8-7-86　设定值范围与各编号

设定	形状补偿量		磨耗补偿量	
	公制系统	英制系统	公制系统	英制系统
＃1003＝B	±99999.999mm	±9999.9999in	±99999.999mm	±9999.9999in
＃1003＝C	±99999.9999mm	±9999.99999in	±99999.9999mm	±9999.99999in
＃1003＝D	±99999.99999mm	±9999.999999in	±99999.99999mm	±9999.999999in
＃1003＝E	±99999.999999mm	±9999.9999999in	±99999.999999mm	±9999.9999999in

(3) 刀具补偿编号(H/D)

指定刀具补偿编号的地址。

1) H用于刀长补偿、D用于刀具位置补偿及刀径补偿。

2) 一旦指定，则刀具补偿编号在指定新的H或D之前不发生变化。

3) 单个程序段仅指定1次补偿编号指令(指定2次以上时，最后的指定生效)。

4) 可使用的补偿组数因机种而异。

40组时在H01～H40(D0～D40)编号中指定。

5) 设定值大于该数值时，发生程序错误。

6) 设定值范围与各编号如表8-7-86所示。

通过在设定显示装置预先设定对应各补偿编号的补偿量。

2. 刀长补偿/取消 G43、G44/G49

(1) 功能及指令

通过本指令，可对各轴移动指令的终点位置补偿预先设定好的补偿量。使用本功能，将编程时考虑的刀长值与实际偏差值设定为补偿量，从而使程序具有通用性。指令格式如下：

G43ZzHh；刀长补偿＋开始

G44ZzHh；刀长补偿－开始

G49Zz；刀长补偿取消

(2) 刀长补偿的移动量

指定G43或G44的刀长补偿开始指令及G49的刀长补偿取消指令时，根据下式计算移动量。

*Z*轴移动量：

G43ZzHh1；*Z*＋(lh1) 刀具补偿量仅在＋方向补偿

G44ZzHh1；*Z*－(lh1) 刀具补偿量仅在－方向补偿

G49Zz；*Z*－(＋)(lh1) 补偿量取消

lh1；补偿编号h1的补偿量

如上运算所示，与绝对值指令或增量值指令无关，实际终点为编程的移动指令终点坐标值指定的补偿量补偿后的坐标值。

通电时及执行M02后，为G49(刀长补偿取消)模式。

(3) 补偿编号

1) 补偿量因补偿类型而异。

2) 补偿编号的有效范围因规格(补偿组数)而异。

3) 当指定的补偿编号超出规格范围时，发生程序错误。

4) 指定H0，则取消刀长。

5) 在相同程序段指定G43或G44与补偿编号时，作为之后的模态生效。

6) 在G43模态中，再次指定G43时，仅按照补偿编号数据的差执行补偿。

(4) 刀长补偿的有效轴

1) 参数“♯1080Dril _ Z”为“1”时，通常对*Z*轴执行刀长补偿。

2) 参数“♯1080Dril _ Z”为“0”时，取决于与G43在相同程序段指定的轴地址。优先顺序如下所示：

$Z>Y>X$

3) 在G43程序段未指定H(补偿编号)时，对*Z*轴有效。

(5) 在刀长补偿模态中，指定其他指令时的动作

1) 通过G28及手动执行参考点返回动作，则参考点返回完成时为刀长补偿取消。

2) 向G53机械坐标系发出移动指令时，在取消刀具补偿量的状态下，移动至机床位置。

返回至G54～G59工件坐标系时，再次返回至只移动刀具补偿量的坐标。

3. 刀具轴方向刀长补偿 G43.1/G49

(1) 刀具轴方向刀长补偿及补偿量的变更

旋转旋转轴使刀具轴方向不是*Z*轴方向，也可在刀具轴方向执行刀具补偿。使用本功能编程时，将设定的刀长值与实际刀长的偏差设为补偿量，从而使程序具有通用性。特别对旋转轴的移动指令较多的程序有效。

在刀具轴方向刀长补偿模式中且刀具轴方向刀长补偿量变更模式时，通过旋转手动脉冲发生器变更刀具轴方向刀长补偿量。

(2) 机床构成

通过刀具轴方向刀长补偿功能对刀尖轴(旋转轴)方向执行补偿。

决定补偿方向的轴为绕*Z*轴旋转的*C*轴(主轴)与绕*X*轴旋转的*A*轴或绕*Y*轴旋转的*B*轴的组合，可通过参数指定。指令格式如下：

G43.1X _ Y _ Z _ H _；刀具轴方向刀长补偿

G49X _ Y _ Z _；刀长补偿取消

X、Y、Z：移动数据。

H：刀长补偿编号[补偿编号超出规格范围时，发生程序错误(P170)]。

(3) 详细说明

1) G43、G44与G43.1为同组G代码。因此，无法同时执行这些补偿。且取消G43、G44、G43.1时，全部使用G49。

2) 没有刀具轴方向刀长补偿的选项功能时，指定G43.1，则发生程序错误(P930)。

3）在 G43.1 程序段中，X 轴、Y 轴、Z 轴、A 轴、B 轴、C 轴任意 1 轴未完成参考点返回，则发生程序错误（P430）。但在以下情况时，从错误对象中被排除。

① 选择厂家轴时 A 轴、B 轴、C 轴从错误对象中被排除。

② 将原点返回参数“＃2031noref”设为“1”时将 noref 为“1”的轴视为参考点返回完成的轴，从错误对象中被排除。

（4）刀具轴方向刀长补偿量的变更

1）满足以下条件时，通过旋转手动脉冲发生器（简称手轮），在刀具轴方向的刀长补偿量累加手轮移动量。

① 运行模式为 MDI、记忆、纸带中的任意 1 个，状态为单节停止中、进给保持中、切削进给移动的任意 1 个。但在错误中或警告中，无法变更补偿量。

② 在刀具轴方向刀长补偿中（G43.1）。

③ 在刀具轴方向刀长补偿量变更模式（YC92/1）中。

④ 在刀具手轮进给 & 插入模式（YC5E/1）中。

⑤ 手轮选择轴选择第 3 轴（刀具轴）。

2）变更补偿编号，则变更量被取消。

注：① 刀具轴方向刀长补偿量变更模式中的坐标值与手动 ABS 开关（YC28）、基本轴规格参数“＃1061intabs”无关，与手动 ABS 打开做相同动作。

② 在连续运行中、单节停止中、进给保持中变更补偿量，则补偿量从下一程序段开始发生变化。

③ 变更补偿量，则对应实际补偿编号的补偿量将发生变化。但执行 NC 复位或刀具轴方向刀长补偿取消（G49），则返回至原补偿量。

（5）刀具轴方向刀长补偿矢量

通过刀具轴方向刀长补偿的矢量如图 8-7-87 所示。

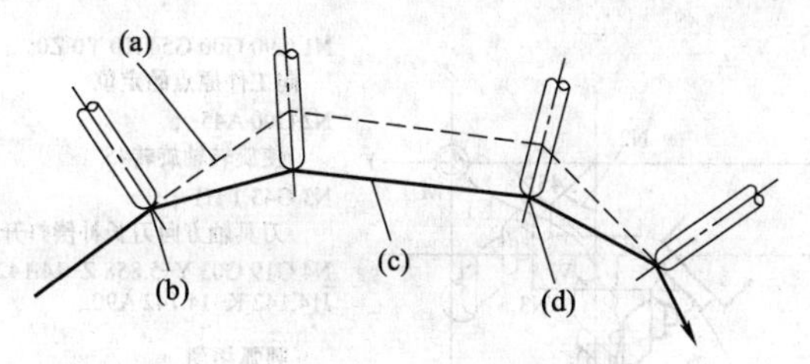

图 8-7-87　刀具轴方向刀长补偿矢量

(a)—刀具轴方向刀长补偿后的路径；(b)—G43.1 指令；(c)—程序路径；(d)—G49 指令

1）旋转轴的设定为 A、C 轴时

Vx＝L＊sin(A)＊sin(C)

Vy＝－L＊sin(A)＊cos(C)

Vz＝L＊cos(A)

2）旋转轴的设定为 B、C 轴时

Vx＝L＊sin(B)＊cos(C)

Vy＝L＊sin(B)＊sin(C)

Vz＝L＊cos(B)

Vx，Vy，Vz：X、Y、Z 轴的刀具轴方向刀长补偿矢量。

L：刀长补偿量。

A、B、C：A、B、C 轴的旋转角度（机械坐标位置）

3）旋转轴角度指令　旋转轴（刀尖轴）的角度因旋转轴种类使用的值而异。

使用伺服轴时：A、B、C 轴的旋转角度用于机械坐标位置。

使用厂家轴时：A、B、C 轴的旋转角度不使用各轴的机械坐标位置，而是使用从 R 寄存器（R2628～R2631）读取的值。

（6）补偿量的复位

出现下面情况时，刀具轴方向刀长补偿量被清除。

1）完成手动参考点返回时。

2）执行复位 1、复位 2、复位 & 倒带时。

3）指定 G49 时。

4）执行补偿编号为 0 的指令时。

5）基本系统参数“＃1151rstint”为“1”，执行 NC 复位时。

6）补偿中直接执行 G53 指令，则临时取消补偿，移动至通过 G53 指定的机床位置。

（7）与其他功能的关系

与三维坐标变换的关系为在刀具轴方向刀长补偿中，执行三维坐标变换，则发生程序错误；在三维坐标变换中，执行刀具轴方向刀长补偿，则发生程序错误；在相同程序段指定三维坐标变换与刀具轴方向刀长补偿，则发生程序错误。

（8）与自动参考点返回的关系

在刀具轴方向刀长补偿中，执行 G27～G30 指令，则发生程序错误（P931）。

（9）与手动参考点返回的关系

1）直角轴的参考点返回取消挡块式参考点返回、高速参考点返回的刀具轴方向刀长补偿。

① Y 轴手动参考点返回，如图 8-7-88 所示。

② Y 轴手动参考点返回后的动作，如图 8-7-89 所示。

2）旋转轴的参考点返回　挡块式参考点返回、高速参考点返回、刀具轴方向刀长补偿同时被取消。

① A 轴手动参考点返回，如图 8-7-90 所示。

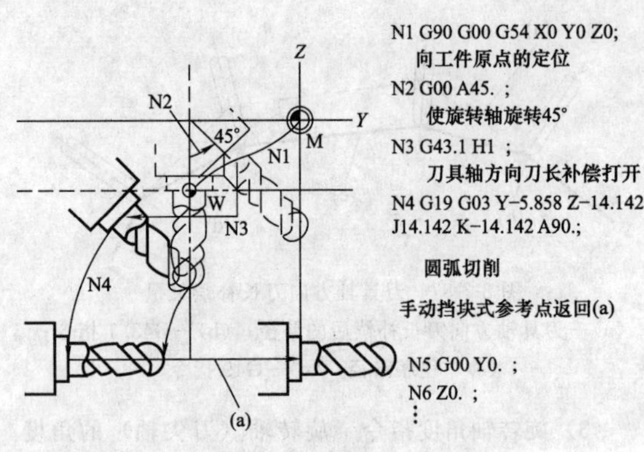

图 8-7-88 *Y* 轴手动参考点返回

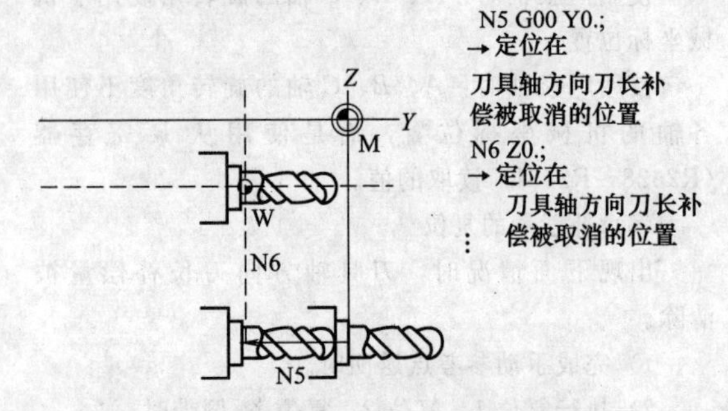

图 8-7-89 *Y* 轴手动参考点返回后的动作

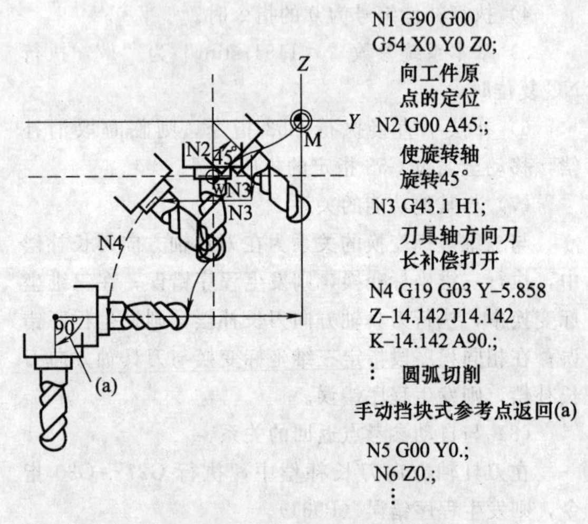

图 8-7-90 *A* 轴手动参考点返回

② *A* 轴手动参考点返回后的动作，如图 8-7-91 所示。

(10) 与图形检查的关系

图形检查描绘补偿后的轨迹。

4. 刀径补偿 G38、G39/G40/G41、G42

(1) 功能及指令

是补偿刀具半径的功能。可在任意矢量方向补偿通过 G 指令（G38～G42）及 D 指令所选的刀具半

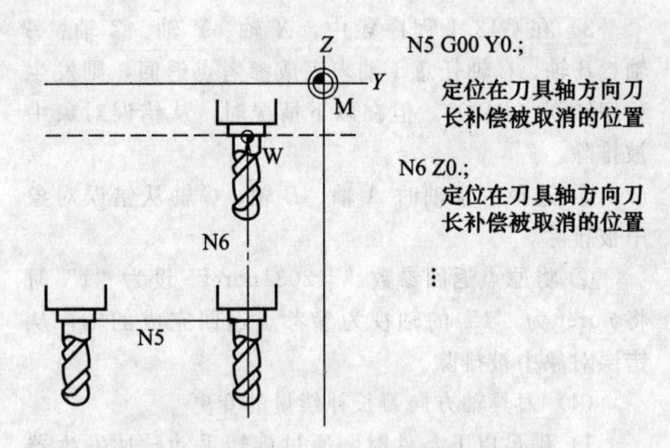

图 8-7-91 *A* 轴手动参考点返回后的动作

径量。

指令格式如下：

G40X _ Y _；刀径补偿取消

G41X _ Y _；刀径补偿（左）

G42X _ Y _；刀径补偿（右）

G38I _ J _；补偿矢量的变更/保持（仅可在刀径补偿模式中指定）

G39X _ Y _；转角切换（仅可在刀径补偿模式中指定）

(2) 详细说明

补偿组数因机种而异（组数指刀长补偿、刀具位置偏置、刀径补偿的总组数）。在刀径补偿中忽略 H 指令，仅 D 指令有效。

且在平面选择 G 代码或轴地址 2 轴中指定的平面内执行刀径补偿，不对指定平面中包含的轴及不平行于指定平面的轴执行补偿。通过 G 代码的平面选择参考平面选择项。

5. 三维刀径补偿 G40/G41、G42

三维刀径补偿是随着指定的三维矢量在三维空间执行刀具补偿。如图 8-7-92 所示。

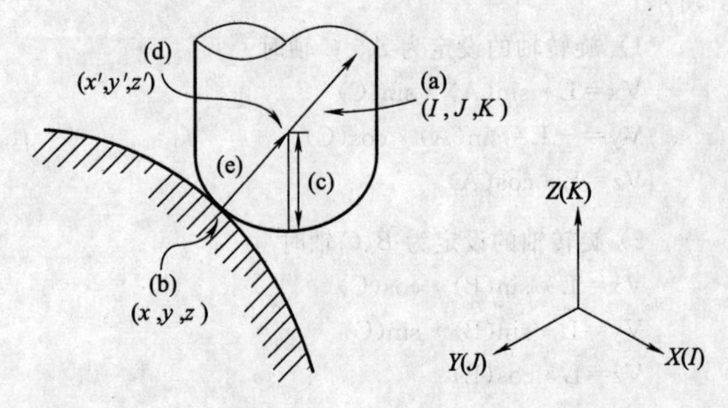

图 8-7-92 三维刀径补偿

随着 (a) 面法线矢量 (I, J, K)，按照 (b) 程序坐标 (x, y, z) 补偿 (c) 刀具半径 r 后的 (d) 刀具中心坐标 (x', y', z') 移动刀具。且三维刀径补偿与创建二维刀径补偿 (I, J, K) 方向成直角的

矢量不同，在（I，J，K）方向创建矢量（在程序段的终点创建矢量）。(e) 三维补偿矢量（补偿）的轴成分如下公式所示。

$$Hx=\frac{I}{\sqrt{I^2+J^2+K^2}}\times r$$

$$Hy=\frac{J}{\sqrt{I^2+J^2+K^2}}\times r$$

$$Hz=\frac{K}{\sqrt{I^2+J^2+K^2}}\times r$$

从而如下表示（d）刀具中心坐标（x'，y'，z'）。但（x，y，z）为程序坐标。

$$x'=x+Hx$$

$$y'=y+Hy$$

$$z'=z+Hz$$

注：① 三维补偿矢量（Hx，Hy，Hz）是与面法线矢量（I，J，K）的方向相同，大小为刀具半径 r 的面法线矢量。

② 将加工参数“＃8071 三维补偿”设为“0”以外的值时，作为 $\sqrt{I^2+J^2+K^2}$ 的值，使用“＃8071 三维补偿”。

③ 本功能为选项功能。指定本规格没有的指令，则发生错误。

指令格式如下：

G41（G42）X_Y_Z_I_J_K_D_；三维刀径补偿开始

X_Y_Z_I_J_K_；新的面法线矢量指令（补偿中）

G40；（或 D00；）三维刀径补偿取消

G40X_Y_Z_；（或 X_Y_Z_D00；）三维刀径补偿取消

G41：三维刀具补偿指令。

G42：三维刀具补偿指令（方向）。

G40：三维刀具补偿取消指令。

X，Y，Z：移动轴指令的补偿空间。

I，J，K：面法线矢量。

D：补偿编号。

6. 5 轴加工用刀径补偿 G40/G41.2、G42.2

本功能在具有 2 个旋转轴的 5 轴加工机中，根据旋转轴的移动考虑工件方向变化及刀具倾斜，执行刀径补偿的功能。通过程序指令计算工件上的刀具移动轨迹，通过对该轨迹在垂直于刀具方向的平面（补偿平面）上计算补偿矢量，执行三维刀径补偿。

本功能仅对 5 轴加工机有效，且需要选项功能。

未附加选项功能时，指定 5 轴加工用刀径补偿，则发生程序错误。

指令格式如下：

G41.2X_Y_Z_A_B_C_D_；5 轴加工用刀径补偿，左

G42.2X_Y_Z_A_B_C_D_；5 轴加工用刀径补偿，右

G40X_Y_Z_A_B_C_；（或 X_Y_Z_A_B_C_D00；）5 轴加工用刀径补偿取消

X、Y、Z：直角坐标轴移动指令（可省略）。

A、B、C：旋转轴移动指令（可省略）。

D：补偿编号。

7. 刀具位置偏置 G45～G48

(1) 功能及指令

按照设定的补偿量伸长、缩短 G45、G46 程序段中指定的轴的移动距离。且 G47、G48 均伸长、缩短设定补偿量的 2 倍。补偿组数因机种而异。

D01～Dn（组数为刀长补偿、刀具位置偏置、刀径补偿的总组数）如图 8-7-93 所示。

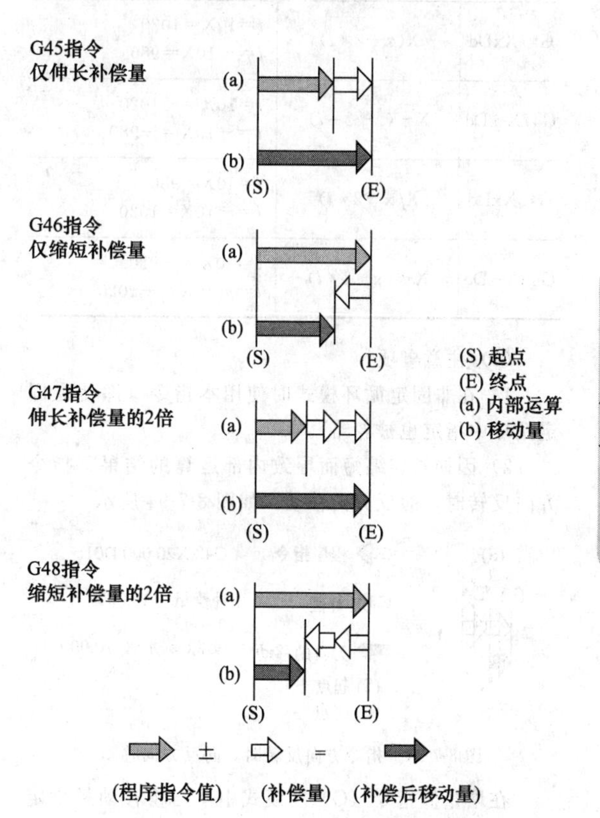

图 8-7-93　刀具位置偏置 G45～G48

指令格式如下：

G45X_Y_Z_D_；仅将补偿记忆中设定的补偿量作为移动量伸长

G46X_Y_Z_D_；仅将补偿记忆中设定的补偿量作为移动量缩短

G47X_Y_Z_D_；仅将补偿记忆中设定的补偿

量的2倍作为移动量伸长

G48X _ Y _ Z _ D _；仅将补偿记忆中设定的补偿量的2倍作为移动量缩短

X、Y、Z：各轴的移动量。

D：刀具补偿编号。

增量值时的对应关系如表8-7-87所示。

表8-7-87　增量值时的对应关系

指令	等价指令的移动量（指定的补偿量=l）	示例（X=1000时）
G45XxDd	X(x+l)	l=10X=1010 l=−10X=990
G45X-xDd	X−(x+l)	l=10X=−1010 l=−10X=−990
G46XxDd	X(x−l)	l=10X=−990 l=−10X=−1010
G47XxDd	X(x+2*l)	l=10X=1020 l=−10X=980
G47X-xDd	X−(x+2*l)	l=10X=−1020 l=−10X=−980
G48XxDd	X(x−2*l)	l=10X=980 l=−10X=1020
G48X-xDd	X−(x−2*l)	l=10X=−980 l=−10X=−1020

（2）注意事项

1）在非固定循环模式时使用本指令（即使在固定循环中指定也被忽略）。

2）因伸长、缩短而导致内部运算的结果、指令方向反转时，向反方向移动。如图8-7-94所示。

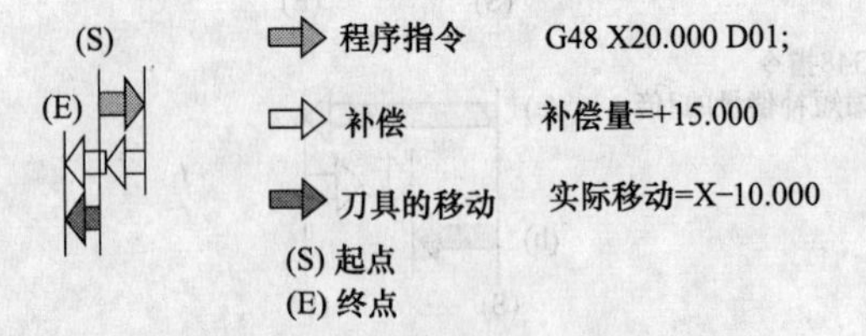

图8-7-94　指令方向反转时，向反方向移动

在增量值指令（G91）模式中，当将移动量指定为0时如表8-7-88所示。

表8-7-88　当将移动量指定为0时

NC指令	G45 X0 D01;	G45 X−0 D01;	G46 X0 D01;	G46 X−0 D01;
等价指令	X1234;	X−1234;	X−1234;	X1234;

在绝对值指令下，当移动量为0时，动作立即结束，不进行补偿量距离的移动。

圆弧插补时，仅对起点及终点在轴上时的1/4圆、1/2圆、3/4圆，可通过G45～G48指令进行刀具半径补偿。

当补偿方向位于圆弧程序路径外侧与内侧时，分别进行指定。

但此时，在圆弧起点所希望的方向进行补偿（当对该圆弧单独进行补偿指令时，圆弧起点半径与圆弧终点半径仅偏移补偿量）。

8. 可编程补偿输入G10、G11

（1）功能及指令

可通过G10指令，从纸带设定/变更刀具补偿及工件偏置。在绝对值（G90）模式中，被指定的补偿量为新的补偿量，而在增量值（G91）模式中，是以当前设定的补偿量加上指令的补偿量，作为新的补偿量。

指令格式如下：

G90（G91）G10L2P _ X _ Y _ Z _；工件偏置输入

P：0，外部工件；1，G54；2，G55；3，G56；4，G57；5，G58；6，G59。

注：在G91模式下，偏置量为增量值，每次执行程序时进行累积。为了避免这样的错误，尽量在G10之前发出G90或G91指令，以引起注意。

（2）详细说明

未附加本规格时输入本指令，则发生程序错误。G10为非模态指令，仅对指定的程序段有效。G10不包含移动。但不要与G54～G59、G90、G91以外的G指令共用。不要在相同程序段指定固定循环及子程序呼叫的指令与G10。否则会发生误动作、程序错误。不要在相同程序段指定工件偏置输入（L2或L20）与刀具补偿输入（L10）。指定错误的L编号、补偿编号，则分别发生程序错误。且补偿量超过最大指令值时，发生程序错误。补偿量为小数点输入有效。通过外部工件坐标系及工件坐标系的补偿量指定距基本机械坐标系原点的距离。通过工件坐标偏置输入更新的工件坐标系，服从以前的模态（G54～G59）或相同程序段的模态（G54～G59）。工件偏置输入时，可省略L2。在工件偏置输入中省略P指令，则作为当前所选中的工件偏置输入使用。

9. 刀具寿命管理数据输入G10、G11

（1）功能及指令

通过G10指令（非模态指令）登录、变更、追加刀具寿命管理数据及删除已登录的组。

指令格式如下：

G10L3；寿命管理用数据登录开始

P _ L _ Q _；（第一组）

T _ H _ D _；

第8篇

T_H_D_;
P_L_Q_;（下一组）
T_H_D_;
P：组编号。
L：寿命。
Q：管理方式。
T：刀号。通过在此登录的顺序选择预备刀具。
H：长度补偿编号。
D：刀径补偿编号。
G10L3P1；寿命管理用数据开始变更或追加组
P_L_Q_；（第一组）
T_H_D_;
T_H_D_;
P_L_Q_；（下一组）
T_H_D_;
P：组编号。
L：寿命。
Q：管理方式。
T：刀号。通过在此登录的顺序选择预备刀具。
H：长度补偿编号。
D：刀径补偿编号。
G10L3P2；寿命管理用数据开始删除组
P_；（第一组）
P_；（下一组）
P：组编号。
G11；寿命管理用数据登录、变更、追加或删除的结束

可指定范围如表 8-7-89 所示。

(2) 刀具寿命管理数据输入的注意事项

计数刀具的使用数据时，机床锁定、辅助轴功能锁定、空运转、单节、跳跃动作不计数。

表 8-7-89　可指定范围

项目	可指定范围
组编号(P*n*)	1～99999999
寿命(L*n*)	0～65000 次(次数管理方式) 0～4000min(时间管理方式)
管理方式(Q*n*)	1～3 1:安装次数管理 2:时间管理 3:切削次数管理
刀号(T*n*)	1～99999999
长度补偿编号(H*n*)	0～999
刀径补偿编号(D*n*)	0～999

7.4 E60/E68 系列（L系）数控系统

7.4.1 操作面板介绍

1. 显示装置的外观

显示装置由显示器与各种按键及菜单键构成。如图 8-7-95 为 E60 显示装置的外观，图 8-7-96 为 E68 显示装置的外观。

2. 各显示区域的功能

画面显示设置了以下 4 个分类。如图 8-7-97 所示。

1）数据显示部位。
2）运转状态、模式及报警显示部位。
3）菜单显示部位。
4）设定部位及键操作信息部位。

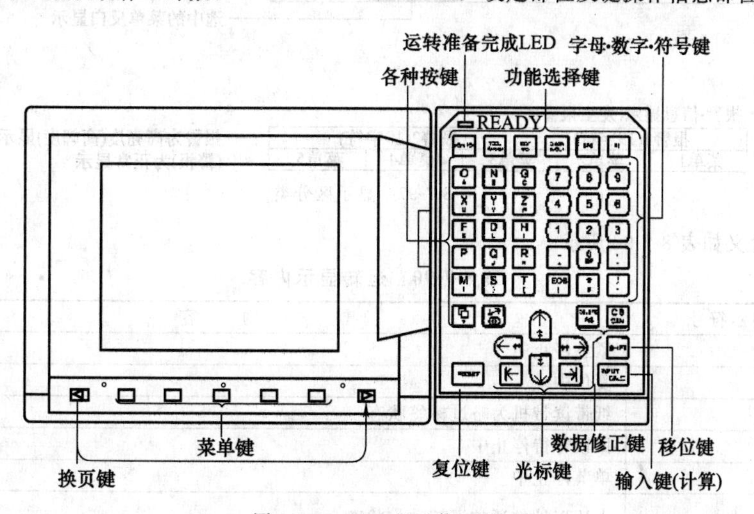

图 8-7-95　E60 显示装置图

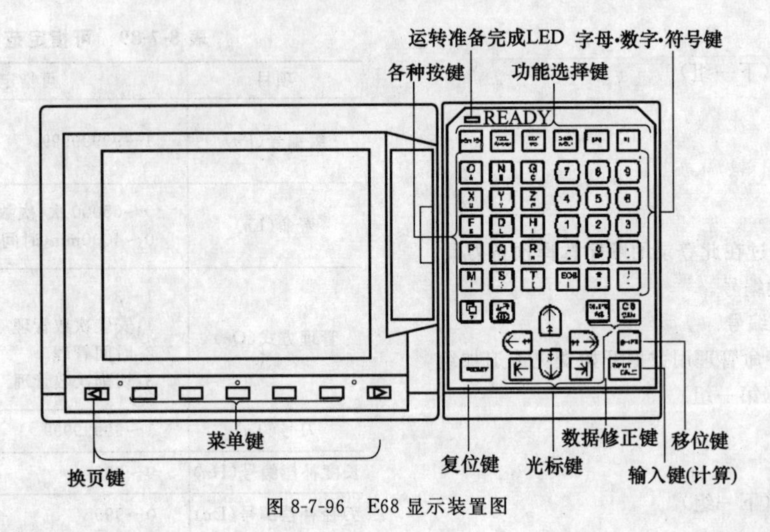

图 8-7-96 E68 显示装置图

最大页数
功能名
位置显示3.1/4
页面编号
菜单编号
功能名称

数据显示部位

键操作信息部位
设定部位
运转状态·模式/报警显示部位
菜单显示部位

运转状态·模式显示与菜单显示(通常运转中)

ST1	ST2	ST3	ST4	ST5	ST6	ST7	ST8	运转模式
菜单1		菜单2		菜单3		菜单4		菜单切换

当有6个以上菜单时显示
选中的菜单反白显示

报警·信息显示(发生报警时)

报警1(19字符)			报警2(19字符)	
菜单1	菜单2	菜单3	菜单4	菜单5

报警为高亮度(高辉度)显示,信息(警报)为正常显示

图 8-7-97 显示区分类

运转显示的含义如表 8-7-90 所示。

表 8-7-90 运转显示内容

位置	显示符号	内 容
ST1	EMG	紧急停止中
	RST	复位中
	LSK	纸带读带机为略过标签状态
	HLD	回馈等待停止中
	STP	单节停止中
		上述以外的通常运转动作状态

续表

位置	显示符号	内　容
ST2	MM	公制指令
	IN.	英制指令
ST3	ABS	绝对值指令模式 G90
	INC	增量值指令模式 G91
ST4	␣␣␣	表示子程序不处于执行状态
	SB1～SB8	正在通过子程序数据进行加工程序的执行控制。1～8 表示子程序的深度
ST5	G54～G59	表示工件坐标系的选择
ST6	G40	刀具半径补偿取消状态
	G41	刀具半径补偿中(左)
	G42	刀具半径补偿中(右)
ST7	FIX	正在执行固定循环
	PR	为了让所设定的参数生效,必须重新接通电源的状态
	␣␣␣	上述以外的状态
ST8		

7.4.2　数据格式

1. 纸带代码

(1) 功能

本控制装置所使用的指令信息，由字母（A、B、C…Z）、数字（0、1、2…9）、符号（＋、－、/…）构成，这些字母、数字、符号统称为字符。在纸带上，这些字符表现为8个孔的有无的组合。这样被表现出的，称为代码。本控制装置使用ISO代码（R-840）。

执行操作时注意事项如下。

1）在运转中，如果指定了“纸带代码一览表”中所没有的代码，则发生程序错误。

2）单节分隔中表示单节结束的（EOB/LF），虽然简化显示为“;”，但是在实际的编程中，如果使用“;”键，则无法编写出正确的程序。

3）“;”“EOB”及“%”，“EOR”是用于说明的表述。在ISO中，与“;”、“EOB”相对应的实际代码为“CR，LF”或“LF”。“%”、“EOR”在ISO中为“%”。

4）在编辑画面中所创建的程序，以“CR，LF”的形式被储存在NC内存中，而通过外部设备创建的程序则可能会是“LF”的形式。

5）对于EIA，则为“EOB（End Of Block）”和“EOR（End Of Record）”。

(2) 详细说明

1）有含义信息分隔（标签跳跃功能）　利用纸带进行自动运转、保存到内存、呼叫动作时，在接通电源或重新启动时，跳跃纸带信息内的首个EOB（;）代码前的信息。即，纸带中的有含义信息，是指重新启动后的首个EOB（;）代码之后，从出现文字或符号代码，到发出重新启动指令为止的区间内的信息。

2）控制输出、控制输入　在ISO代码中，从控制输出“(”到控制输入“)”或“;”之间的所有信息被跳跃。但是，会显示在设定显示装置上。因此，在此范围内，可加入指令纸带的名称编号等与控制无关的信息。

3）EOR（%）代码　录制结束代码，一般打在纸带的两端。

2. 程序格式

(1) 功能

向控制装置提供控制信息时的规定样式，称为程序格式，本控制装置所使用的格式称为字地址格式。

(2) 详细说明

1）字与地址　字（语句）为按照一定顺序排列的字符的集合，以字为单位，对信息进行处理，让机械执行某个特定的动作。在本控制装置中，字由1个字母和接在其后的若干位数字构成（也可以在数字的开头添加-符号）。

2）单节　若干个字的集合称为单节，包含让机械执行某一特定动作所需的信息，以单节为单位，构成完整的指令。单节的结尾通过EOB代码表示分隔。

3）程序　若干个单节的集合，形成一个程序。

3. 程序地址检查

(1) 功能

在运行加工程序时，可以以字为单位，对程序进行检查。

(2) 详细说明

1）地址检查　简便的以字为单位进行检查。当出现连续的字母时，发生程序错误。通过参数“#1227 aux11/bit4”选择是否进行地址检查。但是，以下的场合不是错误。

① 预约字；

② 注释文字。

2）字范围检查 当在字数据部分使用计算公式时，检查1个字数据是否用“[]”括起来。当没有用括号括起来时，发生程序错误。通过参数“#1274ext10/bit7”选择是否进行字范围检查。

4. 纸带记忆格式

记忆纸带与记忆区间（ISO、EIA 自动判别）。记忆到内存中的纸带代码，与纸带运转时相同，可同时使用 ISO 代码、EIA 代码，根据重新启动后的起始 EOB 代码自动判别 ISO/EIA。

记忆到内存中的范围为重新启动之后，从开头的 EOB 到 EOR 代码之间的字符串。

5. 可选单节的跳跃

是选择性的跳跃加工程序中，以“/”（反斜杠）代码开头的特定单节的功能。

当可选单节的跳跃开关 ON 时，单节开头带有“/”（反斜杠）的单节被跳跃，开关 OFF 时，执行可选单节。此时，不管可选单节开关的 ON/OFF 状态如何，校验检查均有效。

跳跃可选节的使用注意事项如下。

1）可选单节的跳跃用的“/”代码务必附加在单节的开头。如果插入到单节的中间，则作为用户宏的除法运算命令加以使用。

2）校验检查（H 及 V）与可选单节的跳跃开关的状态无关，始终进行。

3）在预读缓存之前，进行可选单节的跳跃处理。因此，无法跳跃被读入到预读缓存的单节之前的单节。

4）即使在顺序编号呼叫中，这些功能也有效。

5）在纸带记忆、纸带输出中，不管可选单节的跳跃开关的状态如何，带“/”代码的单节全部进行输入输出。

6. 程序编号、顺序编号及单节编号 O、N

这些编号是用于监视加工程序的执行状况，以及调用加工程序及加工程序中的特定工序。编号详细说明如下。

1）程序编号是与各工件相对应，或是以子程序为单位，对程序进行分类的编号，使用地址“O”（字母 O）和接在后面的最多 8 位数值进行指定。

2）顺序编号是附加在构成加工程序的各指令单节上的编号，使用地址“N”和接在后面的最多 5 位数值进行指定。

3）单节编号是在内部自动创建的编号，每次读入程序编号或顺序编号时，重新启动为 0，如果之后读入的单节中没有指定程序编号或顺序编号，则逐一累加。

因此，如表 8-7-91 所示，加工程序的所有单节可通过程序编号、顺序编号及单节编号的组合，决定其唯一性。

7. 检验 H/V

作为用于检查纸带制作是否正确的手段之一，可使用校验检查。根据检查纸带上的打孔代码是否有错误，即根据检查是否有打孔错误，可分为校验 H 与校验 V 两种。

表 8-7-91 程序编号、顺序编号及单节编号

加工程序	MONITOR 显示		
	程序编号	顺序编号	单节编号
012345678(DEMO,PROG)；	12345678	0	0
N100 G00 G90 X120. Z100.；	12345678	100	0
G94 S1000；	12345678	100	1
N102 G71 P210 Q220 I0.2 K0.2 D0.5 F600；	12345678	102	0
N200 G94 S1200 F300；	12345678	200	0
N210 G01 X0 Z95.；	12345678	210	0
G01 X20.；	12345678	210	1
G03 X50. Z80. K−15.；	12345678	210	2
G01 Z55.；	12345678	210	3
G02 X80. Z40. I15.；	12345678	210	4
G01 X100.；	12345678	210	5
G01 Z30.；	12345678	210	6
G02 Z10. K−15.；	12345678	210	7
N220 G01 Z0 ；	12345678	220	0
N230 G00 X120. Z150.；	12345678	230	0
N240 M02；	12345678	240	0
%	12345678	240	0

(1) 校验 H

校验 H 检查是检查构成 1 个字符的孔的个数，所以在纸带运转、纸带输入、顺序编号呼叫等任何场合下均能进行。

如下条件下为校验 H 错误。

ISO代码：当有含义信息区间内存在奇数个孔的代码时。

(2) 校验 V

当 I/O 参数＃9n15（n 为设备编号，为 1～5）校验 V 为“1”时，在纸带运转、纸带输入或顺序编号呼叫中实施校验 V 检查。但是，在内存运转时，不进行校验 V 检查。

在如下条件下，为校验 V 错误。

在有含义信息区间中，当从纸带垂直方向的首个有含义代码到 EOB（;）之间的代码数量为奇数个时，也就是说，1 单节内的字符数量为奇数个时。

校验 V 错误时，纸带停止在 EOB（;）的后一个代码处。

执行操作时注意事项如下。

在进行校验 V 检查时，纸带代码中存在作为 1 个字符进行计数的代码和不作为 1 个字符进行计数的代码。从首个 EOB 代码到出现地址代码或“/”代码为止，这一区间内的空格代码也是校验 V 的计数对象。

8. G 代码系列

G 代码包括 G 代码系列 2、3、6、7 共 4 个系列。通过参数“＃1037cmdtyp”的设定决定选择哪一个系列。如表 8-7-92 所示。

表 8-7-92 G 代码系列

cmdtyp	G 代码系列
3	系列 2
4	系列 3
7	系列 6
8	系列 7

关于 G 功能的说明，以 G 代码系列 3 为目标，进行说明。

执行操作时注意指定了 G 代码一览表中所没有的 G 代码，则发生程序错误；指定无附加规格的 G 代码，则发生警报。

表 8-7-93 所示为 G 代码系列一览表。

表 8-7-93 G 代码系列一览表

G代码系列				组	功能名	E60	E68
2	3	6	7				
△G00	△G00	△G00	△G00	01	定位	O	O
△G01	△G01	△G01	△G01	01	直线插补	O	O
G02	G02	G02	G02	01	圆弧插补 CW	O	O
G03	G03	G03	G03	01	圆弧插补 CCW	O	O
G04	G04	G04	G04	00	停止	O	O
		G07.1/G107	G07.1/G107	19	圆筒插补	—	O
G09	G09	G09	G09	00	精确停止检查	O	O
G10	G10	G10	G10	00	程序参数/补偿输入	O	O
G11	G11	G11	G11	00	程序参数输入取消	O	O
		G12.1/G112	G12.1/G112	19	极坐标插补 ON	—	O
		G13.1/G113	G13.1/G113	19	极坐标插补取消	—	O
△G17	△G17	△G17	△G17	02	平面选择 *X-Y*	O	O
△G18	△G18	△G18	△G18	02	平面选择 *Z-X*	O	O
△G19	△G19	△G19	△G19	02	平面选择 *Y-Z*	O	O
△G20	△G20	△G20	△G20	06	英制指令	O	O
△G21	△G21	△G21	△G21	06	公制指令	O	O
G22	G22			04	禁区检查 ON	O	O
*G23	*G23			04	禁区检查 OFF	O	O
		G22	G22	00	软件限制 ON	O	O
		G23	G23	00	软件限制 OFF	O	O
G27	G27	G27	G27	00	参考点比对	O	O
G28	G28	G28	G28	00	自动参考点返回	O	O

续表

G代码系列				组	功能名	E60	E68
2	3	6	7				
G29	G29	G29	G29	00	开始点返回	O	O
G30	G30	G30	G30	00	第2、3、4参考点返回	O	O
G30.1	G30.1	G30.1	G30.1	00	刀具更换位置返回1	O	O
G30.2	G30.2			00	刀具更换位置返回2	O	O
G30.3	G30.3			00	刀具更换位置返回3	O	O
G30.4	G30.4			00	刀具更换位置返回4	O	O
G30.5	G30.5			00	刀具更换位置返回5	O	O
G31	G31	G31	G31	00	跳跃/多级跳跃2	O	O
G31.1	G31.1	G31.1	G31.1	00	多级跳跃1-1	O	O
G31.2	G31.2	G31.2	G31.2	00	多级跳跃1-2	O	O
G31.3	G31.3	G31.3	G31.3	00	多级跳跃1-3	O	O
G32	G33	G32	G33	01	螺纹切削	O	O
G34	G34	G34	G34	01	可变导程螺纹切削	O	O
G37	G37	G36/G37	G36/G37	00	自动刀具长度测定	O	O
*G40	*G40	*G40	*G40	07	刀尖R补偿取消	O	O
G41	G41	G41	G41	07	刀尖R补偿左	O	O
G42	G42	G42	G42	07	刀尖R补偿右	O	O
G46	G46	G46	G46	07	刀尖R补偿(方向自动决定)ON	O	O
G43.1	G43.1	G43.1	G43.1	20	第1主轴控制模式	—	O
G44.1	G44.1	G44.1	G44.1	20	第2主轴控制模式	—	O
G47.1	G47.1	G47.1	G47.1	20	全部主轴同期控制模式	—	O
G50	G92	G50	G92	00	坐标系设定/主轴钳位速度设定	O	O
G52	G52	G52	G52	00	局部坐标系设定	O	O
G53	G53	G53	G53	00	机械坐标系选择	O	O
*G54	*G54	*G54	*G54	12	工件坐标系选择1	O	O
G55	G55	G55	G55	12	工件坐标系选择2	O	O
G56	G56	G56	G56	12	工件坐标系选择3	O	O
G57	G57	G57	G57	12	工件坐标系选择4	O	O
G58	G58	G58	G58	12	工件坐标系选择5	O	O
G59	G59	G59	G59	12	工件坐标系选择6	O	O
G54.1	G54.1	G54.1	G54.1	12	工件坐标系选择扩展48组	O	O
G61	G61	G61	G61	13	精确定位校验	O	O
G62	G62	G62	G62	13	自动角超程	O	O
G63	G63	G63	G63	13	钻孔模式	O	O
*G64	*G64	*G64	*G64	13	切削模式	O	O
G65	G65	G65	G65	00	用户宏单纯调用	O	O
G66	G66	G66	G66	14	用户宏模态调用A	O	O
G66.1	G66.1	G66.1	G66.1	14	用户宏模态调用B	O	O
*G67	*G67	*G67	*G67	14	用户宏模态调用取消	O	O
G70	G70	G70	G70	09	精整循环	O	O
G71	G71	G71	G71	09	横向粗切削循环	O	O
G72	G72	G72	G72	09	端面粗切削循环	O	O
G73	G73	G73	G73	09	型材粗切削循环	O	O
G74	G74	G74	G74	09	端面平削循环	O	O
G75	G75	G75	G75	09	长度平削循环	O	O

续表

G代码系列				组	功能名	E60	E68
2	3	6	7				
G76	G76	G76	G76	09	复合型螺纹切削循环	O	O
G90	G77	G90	G77	09	横向切削固定循环	O	O
G92	G78	G92	G78	09	螺纹切削固定循环	O	O
G94	G79	G94	G79	09	端面切削固定循环	O	O
*G80	*G80	*G80	*G80	09	钻孔固定循环取消	O	O
G79	G83.2	G79	G83.2	09	深孔钻孔循环 2	O	O
G83	G83	G83	G83	09	深孔钻孔循环(*Z* 轴)	O	O
G84	G84	G84	G84	09	攻螺纹循环(*Z* 轴)	O	O
G85	G85	G85	G85	09	镗孔循环(*Z* 轴)	O	O
G87	G87	G87	G87	09	深孔钻孔循环(*X* 轴)	O	O
G88	G88	G88	G88	09	攻螺纹循环(*X* 轴)	O	O
G89	G89	G89	G89	09	镗孔循环(*X* 轴)	O	O
G84.1	G84.1			09	反向攻螺纹循环(*Z* 轴)	O	O
G88.1	G88.1			09	反向攻螺纹循环(*X* 轴)	O	O
G50.3	G92.1	G50.3	G92.1	00	工件坐标系预设	—	O
△G96	△G96	△G96	△G96	17	线速度恒定控制 ON	O	O
△G97	△G97	△G97	△G97	17	线速度恒定控制 OFF	O	O
△G98	△G94	△G98	△G94	05	非同步进给（每分钟进给）	O	O
△G99	△G95	△G99	△G95	05	同步进给（每转进给）	O	O
—	△G90	—	△G90	03	绝对值指令	O	O
—	△G91	—	△G91	03	增量值指令	O	O
—	*G98	—	*G98	10	固定循环起始等级返回	O	O
—	G99	—	G99	10	固定循环 R 点等级返回	O	O
G114.1	G114.1			00	主轴同期控制	—	O

注：1. *标记表示在接通电源时，或执行将模态初始化的重新启动时，各组内选中的 G 代码。

2. △标记表示在接通电源时，或执行将模态初始化的重新启动时，可作为初始状态进行参数选择的 G 代码。但是，英制/公制切换仅可在接通电源时选择。

3. 当指定了同一组内的 2 个以上的 G 代码时，最后的 G 代码生效。

4. 本 G 指令一览表为原本的 G 指令的一览表。根据机械不同，可能会通过调用 G 代码宏，执行与原本的 G 指令不同的动作。在参阅机械说明书的基础上，加以确认。

5. 各重新启动输入中是否进行模态初始化，各不相同。

6. “G 后无数值”的指令，被看作为“G00”。

9. 加工前的注意事项

在创建加工程序时，选择适当的加工条件，注意不要超过机床 NC 的性能、容量限制。在进行实际加工之前进行空运转，进行加工程序、刀具偏移量、工件偏移量等的确认。

7.4.3　输入指令单位

1. 输入指令单位

是通过 MDI 输入、指令纸带发出指令的程序中的移动量单位。以 mm、in、度（°）为单位表示。

2. 输入设定单位

是诸如补偿量等各轴通用的设定数据的单位。可通过参数从以下类型中为各轴分别选择输入指令单位，选择轴共用的输入设定单位（关于设定详情，参阅操作说明书）。

(1) E60

E60 输入指令单位如表 8-7-94 所示。

(2) E68

E68 输入指令单位如表 8-7-95 所示。

表 8-7-94　E60 输入指令单位

单位	输入单位参数	直线轴				旋转轴/(°)
		公制		英制		
		直径指令	半径指令	直径指令	半径指令	
输入指令单位	＃1015cunit＝10	0.001	0.001	0.0001	0.0001	0.001
最小移动单位	＃1003iunit＝B	0.0005	0.001	0.00005	0.0001	0.001
输入设定单位	＃1003iunit＝B	0.001	0.001	0.0001	0.0001	0.001

表 8-7-95　E68 输入指令单位

单位	输入单位参数	直线轴				旋转轴/(°)
		公制		英制		
		直径指令	半径指令	直径指令	半径指令	
输入指令单位	＃1015cunit＝10	0.001	0.001	0.0001	0.0001	0.001
	＝1	0.0001	0.0001	0.00001	0.00001	0.0001
最小移动单位	＃1003iunit＝B	0.0005	0.001	0.00005	0.0001	0.001
	＝C	0.00005	0.0001	0.000005	0.00001	0.0001
输入设定单位	＃1003iunit＝B	0.001	0.001	0.0001	0.0001	0.001
	＝C	0.0001	0.0001	0.00001	0.00001	0.0001

执行操作时注意事项如下。

英制/公制的切换，可通过参数画面进行切换（＃1041I_inch；仅接通电源时有效），也可通过G指令（G20、G21）进行切换。但是，通过G指令进行的切换仅能切换输入指令单位，无法切换输入设定单位。因此，刀具偏移量等补偿量及变量数据，预先按照输入设定单位加以设定。公制单位与英制单位不能并用。当在输入指令单位不同的轴之间进行圆弧插补时，使用输入设定单位指定中心指令（I、J、K）及半径指令（R）（为了防止混乱，以带小数点的形式进行指定）。

（3）详细说明

1）各种数据的单位　决定参数设定单位及程序指令单位、PLC轴、DDB、手轮脉冲等外部接口的单位的，是输入设定单位。

表8-7-96给出了随着输入设定单位的变化，各种数据的单位发生变化的规则。该表的对象轴为NC轴、PLC轴。

表 8-7-96　各种数据的单位

数据	公制/英制	设定值	输入设定单位		备注
			B(0.001)	C(0.0001)	
速度数据 例：rapid	公制	20000(mm/min)	20000	200000	①
		设定范围	1～999999	1～999999	
	英制	2000(in/min)	2000	20000	
		设定范围	1～999999	1～999999	
位置数据 例：SoftLimit	公制	123.123(mm)	123.123	123.1230	
		设定范围	±99999.999	±9999.9999	
	英制	12.1234(in)	12.1234	12.1234	
		设定范围	±9999.9999	±999.99999	
插补单位数据	公制	10(μm)	20	20	
		设定范围	±9999	±9999	
	英制	0.01(in)	20	20	
		设定范围	±9999	±9999	

① 当输入设定单位为B（0.001）时，以mm/min、in/min为单位进行设定。

E68 上也可以使用 C（0.0001）作为输入设定单位。当使用 C 时，以 10 倍于使用 B 时的值进行设定。

2）程序指令　程序指令单位见表 8-7-96。

对于有小数点的数据，当输入设定单位缩小时，整数部分的位数减少，小数点部分的位数增加。

对于没有小数点的数据，当发出位置指令时，受到输入设定单位与输入指令单位的影响。

关于进给速度，当输入设定单位缩小时，整数部分的位数仍然保持不变，而小数点部分的位数增加。

7.4.4　位置指令

1. 增量值指令/绝对值指令

在指定刀具移动量时，有增量值方式与绝对值方式 2 种方法。

关于移动点的坐标，增量值方式是以距当前点的距离发出指令，而绝对值指令则是以距坐标原点的距离发出指令。图 8-7-98 表示刀具从点 P_1 移动到点 P_2。

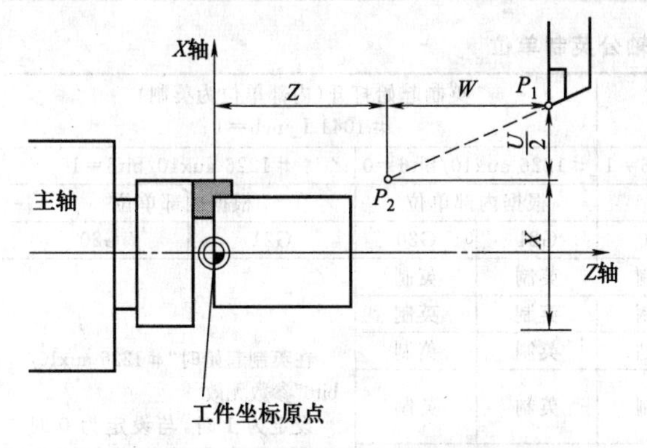

图 8-7-98　增量值指令与绝对值指令

关于 X 轴与 Z 轴，当参数“＃1076AbsInc”为 1 时通过地址区分增量值指令与绝对值指令，为 0 时通过 G 代码（G90/G91）区分增量值指令与绝对值指令。

附加轴（C 或 Y 轴）也同样通过地址或 G 代码加以区分。

表 8-7-97 为绝对值与增量值指令。

表 8-7-97　绝对值与增量值指令

参数	轴	指令方法	备注
绝对值	X 轴	地址 X	在“＃1013 axname”及“＃1014 incax”中设定地址与轴的对应
	Z 轴	地址 Z	
	C/Y 轴	地址 C/Y	
增量值	X 轴	地址 U	在同一单节中可并用绝对值与增量值
	Z 轴	地址 W	
	C/Y 轴	地址 H/V	

当参数“＃1076 AbsInc”为 1，在增量指令地址中使用了 H 时，将 M98、G114.2 及 G10L50 模态中的单节地址 H 作为各指令的参数使用，不进行轴移动。

2. 半径指令/直径指令

以车床加工的工件截面为圆形时，使用圆形的直径值或半径值作为 X 轴方向的移动指令。当使用半径指令时，刀具仅移动所指定的量，而当使用直径指令时，则在 X 轴方向仅移动所指定量的 1/2，而在 Z 轴方向上仅移动指定的量。

对于本装置，可根据参数（＃1019dia）的设定，选择半径指令或直径指令。在图 8-7-99 中，给出了刀具从点 P_1 移动到点 P_2 时的指令要领。表 8-7-98 为工件指令。

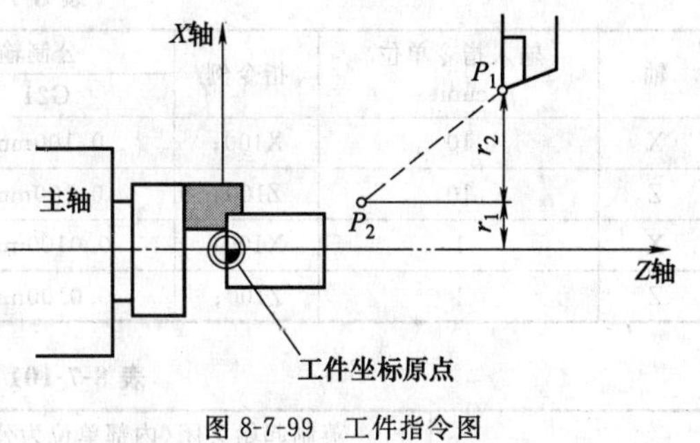

图 8-7-99　工件指令图

3. 英制指令/公制指令切换 G20、G21

（1）功能及指令

可利用 G20/G21 指令切换英制指令与公制指令。

指令格式如下：

G20/G21；

G20：英制指令。

G21：公制指令。

（2）详细说明

G20/G21 仅切换指令单位，无法切换输入单位。另外，G20/G21 的切换仅对直线轴有效。对旋转轴无效。例输入指令单位与 G20/G21 的关系如表 8-7-99 及表 8-7-100 所示（小数点输入类型 1 时）。

1）E60

2）E68

（3）输出单位/指令单位/设定单位

可选择计数器及参数的设定及显示单位是使用 G20/G21 指令模态中所决定的指令单位，还是使用参数“＃1041I _ inch”所决定的内部单位。在基本规格参数“＃1226aux10/bit6”中设定了公制起始（内部单位为公制）时，选择了以指令单位进行设定显示，则在 G21 指令模式时，以公制单位显示计数器及参数，在 G20 指令模式时，将内部单位为公制的数据转换为英制单位进行显示。另外，与内部单位无关，可通过基本规格参数“＃1152I _ G20”选择接通电源及重新启动时的指令单位。如表 8-7-101 及表 8-7-102 所示。

表 8-7-98 工件指令

X指令		U指令		备注
半径	直径	半径	直径	即使在选择了直径指令时，也可以进一步通过参数“＃1077 radius”，仅将U指令作为半径指令
X＝r1	X＝2r1	U＝r2	U＝2r2	

表 8-7-99 E60 指令

轴	输入指令单位 cunit	指令例	公制输出(＃1016 iout＝0)		英制输出(＃1016 iout＝1)	
			G21	G20	G21	G20
X	10	X100；	0.100mm	0.254mm	0.0039in	0.0100in
Z	10	Z100；	0.100mm	0.254mm	0.0039in	0.0100in

表 8-7-100 E68 指令

轴	输入指令单位 cunit	指令例	公制输出(＃1016 iout＝0)		英制输出(＃1016 iout＝1)	
			G21	G20	G21	G20
X	10	X100；	0.100mm	0.254mm	0.0039in	0.0100in
Z	10	Z100；	0.100mm	0.254mm	0.0039in	0.0100in
X	1	X100；	0.0100mm	0.0254mm	0.00039in	0.00100in
Z	1	Z100；	0.0100mm	0.0254mm	0.00039in	0.00100in

表 8-7-101 NC 轴公英制单位

项目	英制起始关闭(内部单位为公制) ＃1041 I_inch＝0				英制起始打开(内部单位为英制) ＃1041 I_inch＝1			
	＃1226 aux10/bit6＝0		＃1226 aux10/bit6＝1		＃1226 aux10/bit6＝0		＃1226 aux10/bit6＝1	
	根据内部单位		根据指令单位		根据内部单位		根据内部单位	
	G21	G20	G21	G20	G21	G20	G21	G20
移动、速度指令	公制	公制	公制	公制	英制	英制	在英制起始时“＃1226 aux10/bit6”参数无效 设定为1时，与设定为0时相同，以内部单位进行设定显示	
计数器显示	公制	公制	公制	公制	英制	英制		
速度显示	公制	公制	公制	公制	英制	英制		
用户参数	公制	公制	公制	公制	英制	英制		
设定、显示								
工件、刀具偏移设定、显示	公制	公制	公制	公制	英制	英制		
手轮进给指令	公制	公制	公制	公制	英制	英制		
安装参数设定、显示	根据“＃1040M_inch”							

表 8-7-102 PLC 轴公英制单位

项目	＃1042 pcinch＝0 (公制)	＃1042 pcinch＝1 (英制)
移动、速度指令	公制	英制
计数器显示	公制	英制
用户参数 设定、显示	公制	英制
安装参数 设定、显示	根据“＃1040M_inch”	

NC轴、PLC轴均作为旋转轴使用时，即使在英制指令下，坐标数据显示等也显示至小数点后3位。

4. 小数点输入

(1) 功能及指令

在定义刀具轨迹、距离及速度的加工程序输入信息中，可以进行指定mm或in的零位小数点输入。另外，可通过参数“＃1078Decpt2”选择是以无小数点数据的最低位作为最小输入指令单位（类型1），还是作为零位（类型2）。

指令格式如下：

○○○○○.○○○　公制体系

○○○○.○○○○　英制体系

(2) 详细说明

1) 小数点指令对加工程序中的距离、角度、时间及速度指令有效。

2) 小数点指令的有效地址，参阅表“使用地址与小数点指令的有效/无效”。

3) 小数点指令中的有效位数如表 8-7-103 所示（输入指令单位 cunit＝10 时）。

4) 小数点指令对子程序等中使用的变量数据也有效。

5) 对于小数点无效地址的小数点指令，仅将跳跃了小数点以下部分后的整数部分作为数据加以处理。小数点无效地址中，包括如下地址：L、M、N、O、S、T，但是，在变量指令中，全部作为带小数点数据加以使用。

(3) 注意事项

当含有四则运算符时，作为带小数点数据加以使用。

(4) 小数点输入Ⅰ、Ⅱ与小数点指令有效、无效

在表 8-7-104 中，当在小数点指令有效的地址发出了未使用小数点的指令时，小数点输入Ⅰ、Ⅱ如表 8-7-105 所示。另外，发出了使用小数点的指令时，小数点输入Ⅰ、Ⅱ相同。

表 8-7-103　小数点指令中的有效位数

单位	移动指令(直线)		移动指令(旋转)		进给速度		延时	
	整数部分	小数部分	整数部分	小数部分	整数部分	小数部分	整数部分	小数部分
mm（公制）	0～99999.	.000～.999	0～99999.	.000～.999	0～60000.	.000～.999	0～99999.	.000～.999
					0～999.	.0000～.9999		
in（英制）	0～9999.	.0000～.9999	99999.（359.）	.0～.999	0～2362.	.0000～.9999	0～99.	.000～.999
					0～99.	.000000～.999999		

注：进给速度的上层为每分钟进给，下层为每转进给时。

表 8-7-104　小数点输入Ⅰ、Ⅱ说明

序号	内　容
小数点输入Ⅰ	指令数据的最低位与指令单位一致 (例)在 1μm 系统中指定了“X1”时，与指定“X0.001”时相同
小数点输入Ⅱ	指令数据的最低位与指令位置一致 (例)在 1μm 系统中指定了“X1”时，与指定“X1.”时相同

表 8-7-105　使用地址与小数点指令的有效/无效说明

地址	小数点指令	用　途	备　注
A	有效	坐标位置数据	
	无效	第 2 辅助功能代码	
	有效	角度数据	
	无效	MRC 程序编号	
	无效	程序参数输入 轴编号	
	有效	深孔钻孔循环(2) 安全距离	
	有效	主轴同期加减速时间常数	
B	有效	坐标位置数据	
	无效	第 2 辅助功能代码	

续表

地址	小数点指令	用途	备注
C	有效	坐标位置数据	,C
	无效	第2辅助功能代码	
	有效	转角倒角量	
	有效	程序刀具补偿输入 刀尖R补偿量(增量)	
	有效	倒角宽度(开槽循环)	
D	有效	自动刀具长度测定减速区域d	
	无效	程序参数输入 Byte型数据	
	无效	主轴同期 同步主轴编号	
E	有效	英制螺纹圈数 精密螺纹导程	
	有效	转角的切削进给速度	
F	有效	进给速度	
	有效	螺纹导程	
G	有效	准备功能代码	
H	有效	坐标位置数据 子程序内的顺序编号	
	无效	程序参数输入 bit型数据	
	无效	直线圆弧的交点选择 (几何加工)	
	无效	主轴同期基准主轴编号	
I	有效	圆弧中心的坐标	,I
	有效	刀尖R补偿/ 刀具半径补偿的矢量成分	
	有效	深孔钻孔循环(2) 第1次切入量	
	有效	G00/G01就位宽度 钻孔循环G00就位宽度	
J	有效	圆弧中心的坐标	,J
	有效	刀尖R补偿/ 刀具半径补偿的矢量成分	
	无效	深孔钻孔循环(2) 在返回点的延时	
	有效	钻孔循环G01就位宽度	
K	有效	圆弧中心的坐标	
	有效	刀尖R补偿/ 刀具直径补偿的矢量成分	
	无效	钻孔循环 重复次数	

续表

地址	小数点指令	用途	备注
K	有效	深孔钻孔循环(2) 第 2 循环以后的切入量	
	有效	螺纹导程增减量 (可变导程螺纹切削)	
L	无效	子程序重复次数	
	无效	程序刀具补偿输入 种类选择	L2 L10 L11
	无效	可编程电流限制值	L14
	无效	程序参数输入 选择	L50
	无效	程序参数输入 双字型数据	4Byte
M	无效	辅助功能代码	
N	无效	编码器编号	
	无效	程序参数输入 数据编号	
O	无效	程序编号	
P	无效	停止时间	
	无效	子程序调用 程序编号	
	无效	第 2、3、4 参考点 编号	
	无效	线速度恒定控制轴编号	
	无效	MRC 精整形状开始 编码器编号	
	有效	平削循环 移位量/切入量	
	无效	复合型螺纹切削循环 切入次数、端面倒角、刀尖角度	
	有效	复合型螺纹切削循环 螺纹高度	
	无效	程序刀具补偿输入 补偿编号	
	无效	程序参数输入 大区分编号	
	无效	来自子程序的 返回顺序编号	
	有效	坐标位置数据	
	无效	跳跃信号指令	
	有效	圆弧中心坐标(绝对值) (几何加工)	
	无效	扩展工件坐标系偏移	

第 8 篇

续表

地址	小数点指令	用途	备注
Q	无效	主轴最低钳位转速	
	无效	MRC 精整形状结束 编码器编号	
	有效	平削循环 切入量/移位量	
	有效	复合型螺纹切削循环 最小切入量	
	有效	复合型螺纹切削循环 第 1 次切入量	
	有效	深孔钻孔循环 1 每次的切入量	
	无效	程序刀具补偿输入 虚拟刀尖点编号	
	无效	深孔钻孔循环(2) 在切入点上的延时	
	有效	圆弧中心坐标(绝对值) (几何加工)	
	有效	螺纹切削开始移位角度	
R	有效	R 指定圆弧半径	,R
	有效	转角 R 圆弧半径	
	有效	自动刀具长度测定减速区域 r	
	有效	MRC 横向端面余量	
	无效	MRC 成型分割次数	
	有效	平削循环返回量	
	有效	平削循环余量	
	有效	复合型螺纹切削循环 精整余量	
	有效	同期主轴位相移位量	

续表

地址	小数点指令	用　途	备　注
R	有效	复合型螺纹切削循环 车削循环锥轴差	
	有效	钻孔循环,深孔钻孔 循环(2)到达 R 点前的距离	
	有效	程序刀具补偿输入 刀尖 R 补偿量(绝对)	
	有效	坐标位置数据	
	有效	粗切削循环(横向) (端面)余量	
	无效	同期攻螺纹/非同期攻螺纹切换	,R
S	无效	主轴功能代码	
	无效	主轴最高钳位转速	
	无效	线速度恒定控制线速度	
	无效	程序参数输入 字型数据	2Byte
T	无效	刀具功能代码	
U	有效	坐标位置数据	
	有效	程序刀具补偿输入	
	有效	粗切削循环(横向)切入量	
	有效	停止	
V	有效	坐标位置数据	
	有效	程序刀具补偿输入	
W	有效	坐标位置数据	
	有效	程序刀具补偿输入	
	有效	粗切削循环(端面)切入量	
X	有效	坐标位置数据	
	有效	停止	
	有效	程序刀具补偿输入	
Y	有效	坐标位置数据	
	有效	程序刀具补偿输入	
Z	有效	坐标位置数据	
	有效	程序刀具补偿输入	

注：对于用户宏自变量，小数点全部有效。

第 8 篇

7.4.5 插补功能

1. 定位（快速进给）G00

(1) 功能及指令

本指令是通过坐标字，以当前点作为起点，通过直线或非直线轨迹定位到坐标字所指定的终点。

指令格式如下：

G00 Xx/Uu Zz/Ww;

x、u、z、w：表示坐标值。

(2) 详细说明

执行一次本指令，则发出变更本G00模式的其他G功能，即发出01组的G01、G02、G03、G33、G34之前，保持G00模式。如果下一指令仍然是G00，则只指定坐标字即可。在G00模式下，总是在单节的起点、终点进行加速、减速，当前单节的指令为0且确认加减速电路的追踪误差状态之后，进入下一单节。通过指令单节的地址（，I）或参数设定就位宽度。根据G00指令，09组的G功能（G83～G89）为取消（G80）模式。可通过参数选择刀具的轨迹为直线或非直线，但是定位的时间不会发生改变。直线轨迹：与直线插补（G01）相同，速度受到各轴的快速进给速度限制。非直线轨迹：以各轴独立的快速进给速度进行定位。当G后无数值时，作为G00加以处理。

(3) 定位指令时的就位宽度编程

本指令是通过加工程序指定定位指令时的就位宽度。

(4) 就位检查的动作

确认定位（快速进给：G00）指令单节及因直线插补（G01）指令而进行减速检查的单节的位置误差量低于本指令的就位宽度，然后开始执行下一单节。

由于本指令的就位宽度仅对指令单节有效，所以，没有就位宽度指令的单节采用基本规格参数“＃1193 inpos”所决定的减速检查方式。

当有多根移动轴时，在确认所有移动轴的位置误差量小于本指令的就位宽度之后，开始执行下一单节。

(5) 就位宽度设定

伺服参数“＃2224 SV024”的设定值小于G00就位宽度“＃2077 G0inps”或G01就位宽度“＃2078 G1inps”的设定值时，根据G00就位宽度、G01就位宽度进行就位检查。

当SV024较大时，输入SV024，则就位检查完成。

就位检查方式取决于减速检查的参数的方式。

2. 直线插补G01

(1) 功能及指令

通过坐标语与进给速度指令的组合，以地址F中所指定的速度，将刀具从当前点直线移动（插补）到坐标语所指定的终点。但是此时，地址F所指定的进给速度，总是作为相对于刀具中心的进给方向的线速度而发挥作用。

指令格式如下：

G01 Xx/Uu Zz/Ww αα Ff;（α为附加轴）

x、u、z、w、α：表示坐标值。

f：进给速度［mm/min或(°)/min］。

(2) 详细说明

执行过一次本指令，则在指定变更该G01模式的其他G功能，即01组的G00、G02、G03、G33、G34之前，保持该模式。借此，如果下一指令仍然是G01，且进给速度没有变化时，仅指定坐标语即可。当最初的G01指令中没有F指令时，发生程序错误。

以(°)/min（小数点位置的单位）指定旋转轴的进给速度［F300＝300 (°)/min］。

根据G01指令，09组的G功能（G70～G89）被取消（G80）。

(3) 直线插补指令时的就位宽度编程指令(E68)

本指令是通过加工程序指定直线插补指令时的就位宽度。

在直线插补指令中，仅当进行减速检查时，所指定的就位宽度有效。

3. 圆弧插补G02、G03

(1) 功能及指令

该指令是让刀具沿着圆弧移动。

指令格式如下：

G02 (G03) Xx/Uu Zz/Ww Ii Kk Ff ;

G02：顺时针旋转（CW）。

G03：逆时针旋转（CCW）。

Xx/Uu：圆弧终点坐标、X轴（X为工件坐标系的绝对值，U为距当前位置的增量值）。

Zz/Ww：圆弧终点坐标、Z轴（Z为工件坐标系的绝对值，W为距当前位置的增量值）

Ii：圆弧中心、X轴（I为从起点看的中心X坐标的半径指令增量值）。

Kk：圆弧中心、Z轴（K为从起点看的中心Z坐标的半径指令增量值）。

Ff：进给速度。

以输入设定单位指定圆弧中心坐标值。当对输入指令单位不同的轴发出圆弧指令时，必须加以注意。为了防止混乱，发出指令时带上小数点。

(2) 详细说明

第8篇

在发出变更G02（G03）模式的其他G指令，即01组的G00或G01或G33之前，保持G02（G03）的状态。可在单个单节指令中执行跨越多个象限的圆弧。为了进行圆弧插补，需要以下的信息。旋转方向：顺时针旋转（G02）还是逆时针旋转（G03）。圆弧终点坐标：通过地址X、Z、U、W赋值。圆弧中心坐标通过地址I、K赋值。（增量值指令）进给速度通过地址F赋值。如果I、K或R未指定，则发生程序错误。I、K是从起点看的距圆弧中心的X轴、Z轴方向上的距离，应考虑符号。无法执行G02/G03模态中的T指令。在G02/G03的模态下发出T指令，则发生程序错误。

4. R指定圆弧插补G02、G03

（1）功能及指令

除以往的通过指定圆弧中心坐标（I、K）进行圆弧插补指令外，还可以通过直接指定圆弧半径R发出圆弧插补指令。

指令格式如下：

G02（G03）　Xx/Uu　Zz/Ww　Rr　Ff；

x/u：X轴终点坐标。

z/w：Z轴终点坐标。

r：圆弧半径。

f：进给速度。

（2）详细说明

圆弧中心位于与连接起点与终点的线段正交的2等分线上，与以开始点为中心的指定半径的圆的交点，就是所指定的圆弧指令的中心坐标。如图8-7-100所示。

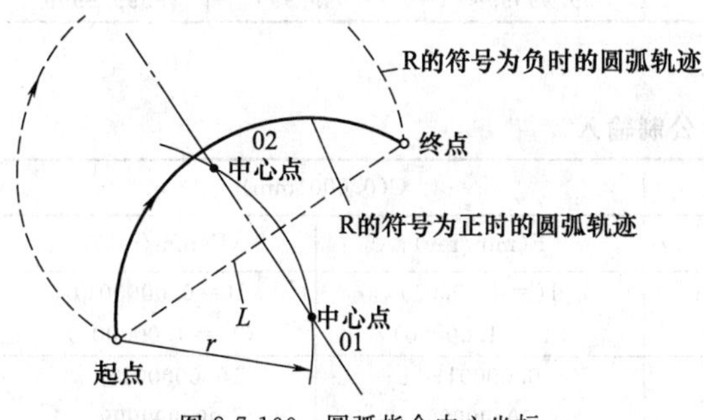

图8-7-100　圆弧指令中心坐标

当指令程序的R的符号为正时，表示半圆以下的圆弧指令，当指令程序的R的符号为负时，变为半圆以上的圆弧指令。

R指定圆弧插补指令需要满足如下的条件。

$$\frac{L}{2r}\leqslant 1$$

$L/2-r>$参数值（＃1084 RadErr）时，报警。

在这里，L为从起点到终点的直线线段。

在同一单节中，同时指定了R指令与I、K指令时，通过指定R发出的圆弧指令优先。

对于整圆指令（起点与终点一致），由于R指定圆弧指令会立即完成，不会进行任何动作，所以使用I、K指定圆弧指令。

5. 平面选择G17、G18、G19

（1）功能及指令

是选择控制平面或圆弧所在平面的指令。可通过将3根基本轴及与之对应的平行轴作为参数加以注册，选择由任意2根非平行轴的轴所确定的平面。如果将旋转轴注册为平行轴，则也可选择包含旋转轴在内的平面。如图8-7-101所示。

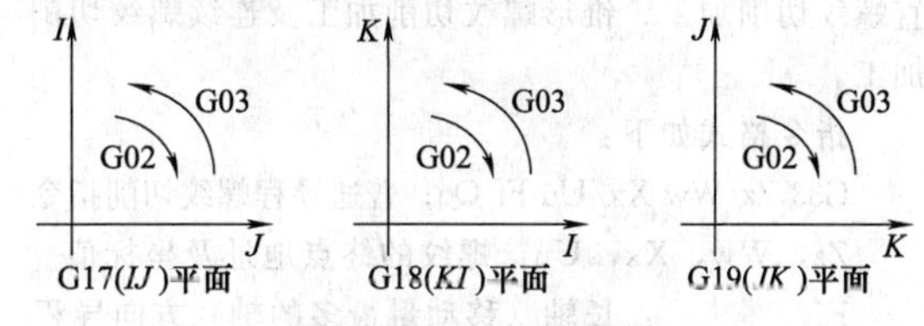

图8-7-101　平面选择图

平面选择用于：

1）进行圆弧插补的平面；

2）进行刀尖R补偿的平面的选择。

指令格式如下：

G17；IJ平面的选择

G18；KI平面的选择

G19；JK平面的选择

I、J、K：表示各基本轴或其平行轴。

接通电源后及重新启动时，“＃1025 I_plane”中所设定的平面被选中。

（2）参数注册

在参数中，可进行基本轴与平行轴的注册。同一轴名称虽然可重复注册，但是如果重复发出指令，则根据（3）平面选择方式4）决定平面。没有注册为控制轴的轴无法设定。

（3）平面选择方式

参数注册表中的平面选择的说明如下。

1）通过平面选择（G17、G18、G19）与同一单节中指定的轴地址，决定是通过基本轴还是通过基本轴的平行轴选择平面。

2）未指定平面选择G代码（G17、G18、G19）指定的单节中，无法进行平面切换。

G18 X_Z_；ZX平面

Y_Z_；ZX平面（不进行平面变化）

3）当在指定了平面选择G代码（G17、G18、G19）的单节中省略了轴地址时，则以3根基本轴的轴地址作为轴地址指令。

G18；（ZX 平面＝G18 XZ；）

4）如果与平面选择 G 代码（G17、G18、G19）在同一单节中重复指定了基本轴或其平行轴，则按照基本轴、平行轴的优先顺序决定平面。

G18 XYZ；ZX 平面被选中。因此，Y 变为与选择平面无关。

5）如果在参数“＃1025 I_plane”中设定“2”，则接通电源时及重新启动时，G18 平面被选中。

6. 螺纹切削

(1) 固定导程螺纹切削 G33

1）功能及指令　由于是通过 G33 指令进行与主轴旋转同步的刀具进给控制，所以可进行固定导程的直螺纹切削加工、锥形螺纹切削加工及连续螺纹切削加工。

指令格式如下：

G33 Zz/Ww Xx/Uu Ff Qq；普通导程螺纹切削指令

Zz，Ww，Xx，Uu：螺纹的终点地址及坐标值

Ff　　：长轴（移动量最多的轴）方向导程

Qq　：切削开始移位角度（0.001°～360.000°）

G33 Zz/Ww Xx/Uu Ee Qq；精密导程螺纹切削指令

Zz，Ww，Xx，Uu　：螺纹的终点地址及坐标值

Ee　；长轴（移动量最多的轴）方向导程

Qq　；螺纹切削开始移位角度（0.001°～360.000°）

2）详细说明

① E 指令也可用于英制螺纹切削的螺纹圈数，可通过参数设定选择是通过螺纹圈数进行指定，还是通过精密导程进行指定（参数“＃1229 set01/bitl”设定为“1”，则为通过精密导程进行指定）。如表 8-7-106～表 8-7-108 所示。

② 指定长轴方向的导程作为锥形螺纹的导程。如图 8-7-102 所示。

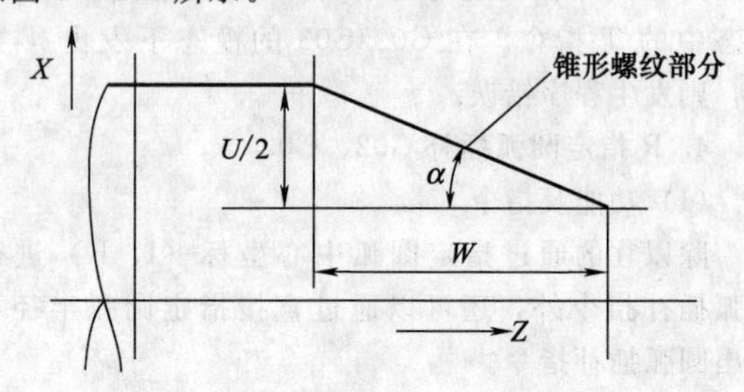

图 8-7-102　锥形螺纹导程

$\alpha<45°$时，导程为 Z 轴方向；$\alpha>45°$时，导程为 X 轴方向；$\alpha=45°$时，导程为 Z、X 轴方向均可

表 8-7-106　E60 公制输入/英制输入

输入单位体系	0.001mm			0.0001in		
指令地址	F(mm/rev)	E(mm/rev)	E[(°)/in]	F(in/rev)	E(in/rev)	E[(°)/in]
最小指令单位	1(＝0.0001) (1＝1.0000)	1(＝0.0001) (1.＝1.00000)	1(＝1) (1.＝1.00)	1(＝0.000001) (1＝1.000000)	1(＝0.0000001) (1.＝1.0000000)	(1.＝1.0000)
指令范围	0.0001～ 999.9999	0.00001～ 999.99999	0.03～ 999.99	0.000001～ 99.999999	0.000010～ 9.9999999	0.0101～ 9999.9999

表 8-7-107　E68 公制输入

输入单位体系	B(0.001mm)		C(0.0001mm)	
指令地址	F(mm/rev)	E(mm/rev)	F(mm/rev)	E(mm/rev)
最小指令单位	1(＝0.0001) (1.＝1.0000)	1(＝0.0001) (1.＝1.00000)	1(＝0.00001) (1.＝1.00000)	1(＝0.000001) (1.＝1.000000)
指令范围	0.0001～ 999.9999	0.00001～ 999.99999	0.00001～ 99.99999	0.000001～ 99.999999

表 8-7-108　E68 英制输入

输入单位体系	B(0.0001in)			C(0.00001in)		
指令地址	F(in/rev)	E(in/rev)	E(圈/in)	F(in/rev)	E(in/rev)	E(圈/in)
最小指令单位	1(＝0.000001) (1.＝1.000000)	1(＝0.0000001) (1.＝1.0000000)	(1.＝1.0000)	1(＝0.0000001) (1.＝1.0000000)	1(＝0.00000001) (1.＝1.00000000)	(1.＝1.00000)
指令范围	0.000001～ 99.999999	0.000010～ 9.9999999	0.0101～ 9999.9999	0.0000001～ 9.9999999	0.00000001～ 0.99999999	0.10001～ 999.99999

(2) 英制螺纹切削G33

1) 功能及指令　在G33指令中指定长轴方向的每英寸螺纹数，则进行与主轴旋转同步的刀具进给控制，所以可进行固定导程的直螺纹切削加工、锥形螺纹切削加工及连续螺纹切削加工。

指令格式如下：

G33　Zz/Ww Xx/Uu Ee Qq；

Zz，Ww，Xx，Uu：螺纹的终点地址及坐标值。

Ee：长轴（移动量最多的轴）方向的每英寸螺纹数（也可发出小数点指令）。

Qq：螺纹切削开始移位角度（0.001°～360.000°）。

2) 详细说明　指定长轴方向的螺纹数作为每英寸的螺纹数。E代码也可用于精密导程长度的指定，可通过参数选择是通过螺纹数量指定还是通过精密导程长度指定。关于E的指令值，设定为进行导程换算之后，在导程值的范围之内的值。

(3) 连续螺纹切削

可通过连续发出螺纹切削指令，进行连续螺纹切削。借此，可进行途中发生导程及形状变化的特殊螺纹的螺纹切削加工。

(4) 可变导程螺纹切削G34

1) 功能及指令　可通过指令每1圈螺纹的导程增减量，进行可变导程螺纹的螺纹切削加工。

指令格式如下：

G34　Xx/Uu Zz/Ww Ff/Ee Kk；

Xx/Uu Zz/Ww：地址及坐标值。

Ff/Ee：螺纹的基本导程。

Kk：每1圈螺纹的导程增减量。

2) 详细说明

① 指令范围如表8-7-109～表8-7-111所示。

② K为正时，变为增加螺距。

1单节的移动量（n螺距）＝(F＋K)＋(F＋2K)＋(F＋3K)＋…＋(F＋nK)

③ K为负时，变为减少螺距。

1单节的移动量（n螺距）＝(F－K)＋(F－2K)＋(F－3K)＋…＋(F－nK)

④ 当螺纹导程没有正确设定时，发生程序错误。

3) 注意事项　可变导程螺纹切削功能的螺纹长度最大值取决于程序格式。

螺纹长度的最大值如表8-7-112所示。超过该最大值，则发生程序错误。

表8-7-109　E60螺纹切削公制输入/英制输入

输入单位体系	B(0.001mm)		C(0.0001in)		K
指令地址	F(mm/rev)	E(mm/rev)	F(in/rev)	E(in/rev)	K(n*mm/rev) n:螺纹数 与F或E相同(带符号)
最小指令单位	1(＝0.0001) (1.＝1.0000)	1(＝0.00001) (1.＝1.00000)	1(＝0.000001) (1.＝1.000000)	1(＝0.0000001) (1.＝1.0000000)	
指令范围	0.0001～ 999.9999	0.00001～ 999.99999	0.000001～ 99.999999	0.0000001～ 9.9999999	

表8-7-110　E68螺纹切削公制输入

输入单位体系	B(0.001mm)		C(0.0001mm)		B/C
指令地址	F(mm/rev)	E(mm/rev)	F(mm/rev)	E(mm/rev)	K(n*mm/rev) n:螺纹数 与F或E相同(带符号)
最小指令单位	(＝0.0001)	1(＝0.00001)	1(＝0.00001)	1(＝0.000001)	
	(1.＝1.0000)	(1.＝1.00000)	(1.＝1.00000)	(1.＝1.000000)	
指令范围	0.0001～ 999.9999	0.00001～ 999.99999	0.00001～ 99.99999	0.000001～ 99.999999	

表8-7-111　E68螺纹切削英制输入

输入单位体系	B(0.0001in)		C(0.00001in)		B/C
指令地址	F(in/rev)	E(in/rev)	F(in/rev)	E(in/rev)	K(n*mm/rev) n:螺纹数 与F或E相同(带符号)
最小指令单位	1(＝0.000001)	1(＝0.0000001)	1(＝0.0000001)	1(＝0.00000001)	
	(1.＝1.000000)	(1.＝1.0000000)	(1.＝1.0000000)	(1.＝1.00000000)	
指令范围	0.000001～ 99.999999	0.0000001～ 9.9999999	0.0000001～ 9.9999999	0.00000001～ 0.99999999	

表 8-7-112　螺纹长度的最大值

指令单位/mm	公制指令/mm	英制指令/in
0.001	10737.377	10737.377
0.0001(E68)	1073.7377	1073.7377

7. 螺旋插补 G17、G18、G19 及 G02、G03

(1) 功能及指令

对被包含在平面选择中的 2 轴进行圆弧插补，同时，同步进行其他轴的直线插补的功能。对直角相交的 3 根轴执行本功能，可让刀具沿螺旋形轨迹进行移动。如图 8-7-103 所示。

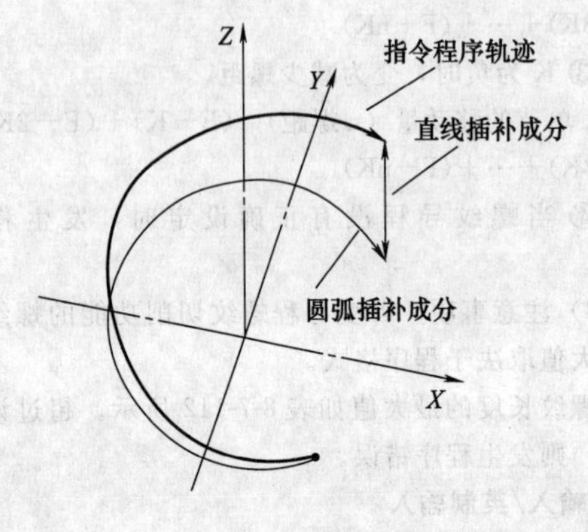

图 8-7-103　螺旋插补

指令格式如下：

G17 G02 (G03) Xx/Uu Yy/Vv Zz/Ww Ii Jj Ff;

G17 G02 (G03) Xx/Uu Yy/Vv Zz/Ww Rr Ff ;

G17：　圆弧平面（G17：*XY* 平面、G18：*ZX* 平面、G19：*YZ* 平面）。

G02 (G03)：　圆弧旋转方向（G02：顺时针、G03：逆时针）。

Xx/Uu，Yy/Vv：　圆弧终点坐标。

Zz/Ww：　直线轴终点坐标。

Ii，Jj：　圆弧中心坐标。

Rr：　圆弧半径。

Ff：　进给速度。

(2) 详细说明

当执行如下所示的指令时，变为如图 8-7-104 所示的动作。

G17 G02 Xx Yy Zz Ii Jj Ff;

左图为处理的立体视图，右图为从正上方看圆弧平面的视图。

(3) 注意及限制事项

进行螺旋插补时，指定不包含圆弧插补指令与圆弧轴的其他直线轴（可指定多根轴）。可同时发出指令的轴为同时轮廓控制轴数。无法执行超过 1 圈的指令。指定各轴合成速度，作为进给速度。在螺旋插补中，构成平面的轴为圆弧插补轴，其他轴为直线插补轴。无法进行图像检查中的描画。在转角倒角/转角 R 中，直线插补轴停止移动，仅圆弧插补轴进行移动。

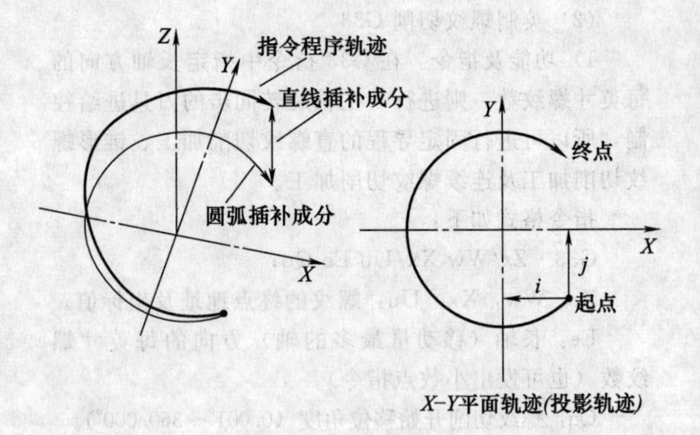

图 8-7-104　螺旋插补视图

8. 圆筒插补 G07.1（仅 G 代码系列 6、7）(E68)

(1) 功能及指令

本功能是将位于圆筒侧面的形状（圆筒坐标系中的形状）展开为平面，将展开后的形状作为平面坐标，发出程序指令，在机械加工时，转换为圆筒坐标的直线轴与旋转轴的移动，进行轮廓控制。如图 8-7-105 所示。

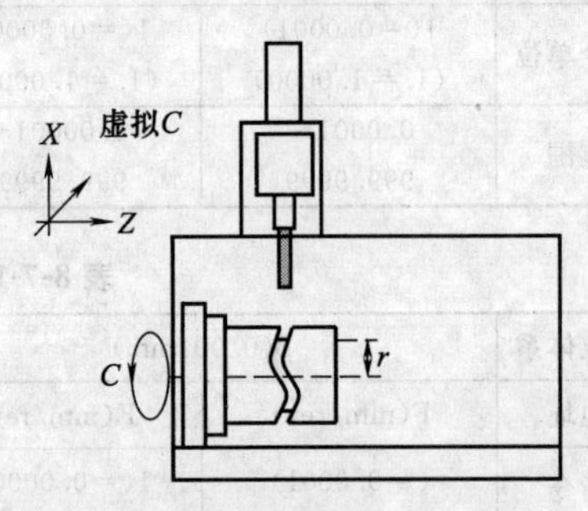

图 8-7-105　圆筒插补

由于可以将圆筒侧面展开后的形状进行编程，所以可进行圆筒凸轮等的加工。在旋转轴及与之直角相交的轴上发出程序指令，则在圆筒侧面进行沟槽等的加工。如图 8-7-106 所示。

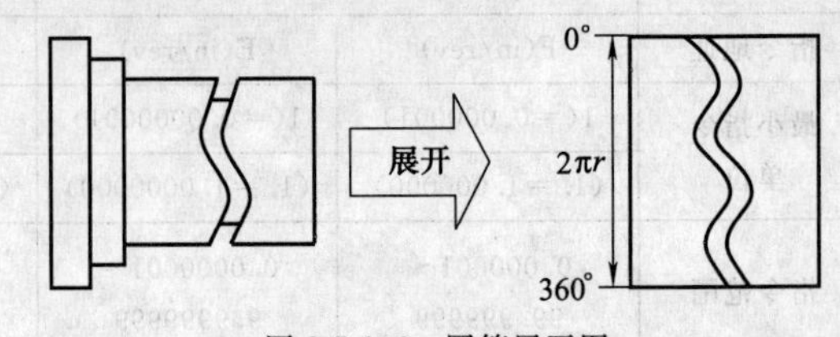

图 8-7-106　圆筒展开图

指令格式如下：

G07.1　Cc；　　圆筒插补模式开始/取消

Cc：圆筒半径值。

半径值≠0：圆筒插补模式开始。

半径值=0：圆筒插补模式取消。

(2) 详细说明

1) 圆筒插补的精度　在圆筒插补模式中，将以角度进行指令的旋转轴移动量转换为圆周上的距离，进行与其他轴之间的直线、圆弧插补运算之后，再次转换为角度。

为此，当圆筒的半径较小时，实际的移动量可能会与指令值不同。不过，此时发生的误差不会累积。

2) 相关参数　如表 8-7-113 所示。

3) 平面选择　必须以平面选择指令设定圆筒插补。

通过参数（#1029、#1030、#1031）设定旋转轴与哪根轴的平行轴对应。

可在该平面上指定圆弧插补、刀具直径补偿等。

在执行 G07.1 指令之前或之后设定平面选择指令，如果在未设定时有移动指令，则发生程序错误。

(3) 与其他功能的关联

1) 圆弧插补

① 在圆筒插补模式中，可在旋转轴与直线轴之间进行圆弧插补。

② 在圆弧插补中，可执行 R 指定指令（无法进行 I、J、K 指定）。

2) 刀具直径补偿　在圆筒插补模式中，可进行刀具直径补偿。

① 与圆弧插补一样，执行平面选择指令。

进行刀具直径补偿时，在圆筒插补模式中进行启动、取消。

② 在刀具直径补偿中发出 G07.1 指令则发生程序错误。

③ 如果在刀具直径补偿取消后，没有执行移动指令就直接指定 G07.1 指令，则将 G07.1 指令单节的轴位置看作刀具直径补偿取消后的位置，进行以下的动作。

3) 切削非同步进给

① 随着圆筒插补模式开始，强制性进入非同步模式。

② 随着圆筒插补模式取消，同步模式恢复为圆筒插补模式开始前的状态。

③ 在线速度恒定控制模式中（G96）执行 G07.1 指令，则发生程序错误。

4) 辅助功能

① 在圆筒插补模式中也可指定辅助功能（M）及第 2 辅助功能。

② 不要使用主轴转速指定圆筒插补模式中的 S 指令，而是使用旋转刀具的转速进行指定。

③ 在圆筒插补开始之前指定 T 指令。在圆筒插补模式中执行 T 指令，则发生程序错误。

④ 在圆筒插补开始之前，完成刀具补偿动作（刀具长度及磨耗补偿量的移动）。

执行圆筒插补开始指令时，如果刀具补偿动作未完成，则如下。

a. 即使指定 G07.1 指令，机械坐标也不发生变化；

b. 执行 G07.1 指令，则工件坐标变为刀具长度补偿动作后的值（即使取消圆筒插补，该工件坐标也不会被解除）。

5) 关于圆筒插补中的 F 指令　根据执行 F 指令前的每分钟进给指令（G94）、每转进给指令（G95）的模式，决定是否使用圆筒插补模式中的 F 指令。如表 8-7-114、表 8-7-115 所示。

表 8-7-113　相关参数及说明

参数	项目		内　容	设定范围(单位)
1516	mill_ax	铣削轴名称	设定极坐标插补、圆筒插补用旋转轴的轴名称。仅设定旋转轴中的一轴	A～Z
8111	铣削半径值		选择进行极坐标插补、圆筒插补的直线轴的直径、半径 0:所有轴半径指令 1:各轴设定(根据#1019 dia 直径指定轴)	0/1
1267 (PR)	ext03 (bit0)	G 代码切换	切换高速高精度的 G 代码类型 0:G61.1 型 1:G08 型	0/1
1270 (PR)	ext06 (bit7)	圆筒插补中 *C* 轴坐标的操作	指定在圆筒插补中,是否继续圆筒插补开始指令前的旋转轴坐标 0:不继续 1:继续	0/1

表 8-7-114　G07.1 中没有 F 指令时

之前的模式	无 F 指令	G07.1 取消后
G94	使用之前的 F	使用之前的 F
G95	程序错误(P62)	使用 G07.1 之前的 F

表 8-7-115　G07.1 中有 F 指令时

之前的模式	有 F 指令	G07.1 取消后
G94	使用指定的 F	使用指定的 F
G95	使用指定的 F①	使用 G07.1 之前的 F

① 在 G07.1 中，按每分钟进给指令进行动作。

① G07.1 之前为 G94 时。当在圆筒插补中没有 F 指令时，直接使用之前的 F 指令的进给速度。圆筒插补模式取消后的进给速度，保持圆筒插补模式开始时，或是圆筒插补中所设定的最终指令的进给速度。

② G07.1 之前为 G95 时。圆筒插补中，由于无法直接使用之前的 F 指令的进给速度，所以必须执行新的指令。

圆筒插补模式取消后的进给速度，恢复到圆筒插补模式开始前的状态。

(4) 限制与注意事项

1) 圆筒插补模式中，能够使用的 G 代码指令如表 8-7-116 所示。

表 8-7-116　G 代码

G 代码	内　容
G00	定位
G01	直线插补
G02	圆弧插补(CW)
G03	圆弧插补(CCW)
G04	延时
G09	精确停止检查
G22/23	卡盘屏障开/关
G40～G42	刀具直径补偿
G61	精确停止模式
G64	切削模式
G65	用户宏(纯调用)
G66	用户宏(模态调用)
G66.1	用户宏(各宏单节调用)
G67	用户宏(模态调用取消)
G80～G89	钻孔固定循环
G90/91	绝对/增量
G94	非同步进给
G98	固定循环/起始点回归
G99	固定循环/R 点回归

如果在圆筒插补中指定了上述以外的 G 代码，则可能会发生程序错误（P481）。

2) 在接通电源时及重新启动时，变为圆筒插补模式取消状态。

3) 如果圆筒插补中的指令轴中，包括原点回归未完成的轴，则发生程序错误（P484）。

4) 在取消圆筒插补模式时，必须取消刀具直径补偿。

5) 通过取消圆筒插补模式切换为车削模式，返回圆筒插补前所选中的平面。

6) 对于圆筒插补中的单节，无法重新启动程序（程序继续）。

7) 当在镜像中执行了圆筒插补指令时，发生程序错误（P486）。

8) 开始与取消圆筒插补模式时，进行减速检查。

9) 在圆筒插补模式中指定圆筒插补、极坐标插补，则发生程序错误（P481）。

10) 在圆筒插补模式中，无法使用 G84、G88 的同步式螺纹切削循环。虽然在圆筒插补模式中可使用同步螺纹切削，但是不要进行同步螺纹切削指令。

9. 极坐标插补 G12.1（仅 G 代码系列 6、7）(E68)

(1) 功能及指令

本功能是将在直角相交坐标系上编程的指令转换为直线轴的移动（刀具的移动）与旋转轴的移动（工件的旋转），进行轮廓控制。以直线轴作为平面第 1 轴直角相交轴、以直角相交的虚拟轴作为平面第 2 轴的平面（以下称为“极坐标插补平面”）被选中。在该平面上进行极坐标插补。另外，在极坐标插补中，将工件坐标系的原点作为坐标系的原点。如图 8-7-107 所示。

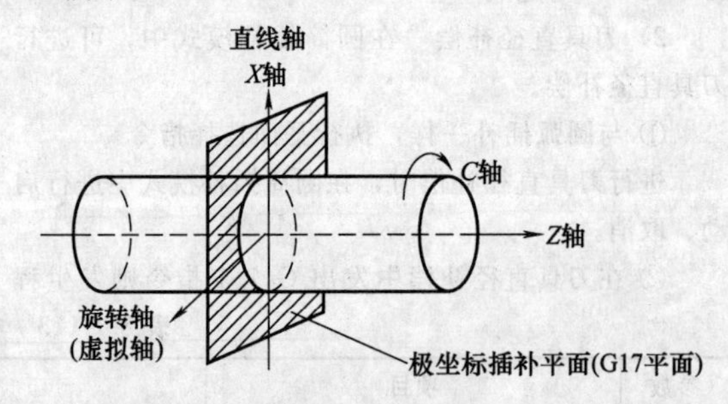

图 8-7-107　极坐标插补

在工件外径上切削位于直线上的切除部位时，以及研削凸轮轴等时，是很有效的功能。

指令格式如下：

G12.1；　极坐标插补模式开始

G13.1；　极坐标插补模式取消

(2) 详细说明

1) 平面选择　必须通过参数预先设定进行极坐标插补的直线轴与旋转轴。

① 通过进行极坐标插补的直线轴的参数(#1533)，决定进行极坐标插补的构成平面。如表 8-7-117 所示。

表 8-7-117　参数与构成平面

＃1533 的设定值	构成平面	＃1533 的设定值	构成平面
X	G17(*XY* 平面)	Z	G18(*ZX* 平面)
Y	G19(*YZ* 平面)	空白(无设定)	G17(*XY* 平面)

表 8-7-118　相关参数

＃	项　目		内　容	设定范围(单位)
1516	mill_ax	铣削轴名称	设定极坐标插补、圆筒插补用旋转轴的轴名称。仅设定旋转轴中的一轴	A～Z
1517	mill_c	铣削插补 虚拟轴名称	在极坐标插补、圆筒插补中，选择虚拟轴的指令名称 0:*Y* 轴指令 1:指定旋转轴名称	0/1
8111	铣削半径值		选择进行极坐标插补、圆筒插补的直线轴的直径、半径 0:所有轴半径指令 1:各轴设定(根据＃1019 dia 直径指定轴)	0/1

② 在极坐标插补模式中执行平面选择指令（G16～G19），则发生程序错误（P485）。

根据机种及版本不同，可能会有没有参数（＃1533）的设备。此时，与参数（＃1533）为空白（无设定）时的动作相同。

2）相关参数　相关参数如表 8-7-118 所示。

（3）与其他功能的关联

1）极坐标插补中的程序指令

① 极坐标插补模式中的程序指令，是在极坐标插补平面上，根据直线轴与旋转轴（虚拟轴）的直角相交坐标值进行指定。

在平面第 2 轴（虚拟轴）的指令轴地址中，指定旋转轴（C）的轴地址。

指令单位不是（°），而是与平面第 1 轴（直线轴）的轴地址指令单位相同（mm 或 in）。

② 指定 G12.1 时，虚拟轴坐标值变为“0”。即将指定 G12.1 时的位置看作为角度＝0，开始极坐标插补。

2）极坐标平面上的圆弧插补　根据直线轴参数（＃1533），决定在极坐标插补模式中进行圆弧插补时的圆弧半径地址。如表 8-7-119 所示。

表 8-7-119　极坐标平面上的圆弧插补

＃1533 的设定值	中心指定指令
X	I,J(将极坐标平面看作为 *XY* 平面)
Y	J、K(将极坐标平面看作为 *YZ* 平面)
Z	K、I(将极坐标平面看作为 *ZX* 平面)
空白(无设定)	I,J(将极坐标平面看作为 *XY* 平面)

另外，也可通过指令指定圆弧半径。

注：根据机种及版本不同，可能会有没有参数（＃1533）的设备。此时，与参数（＃1533）为空白（无设定）时的动作相同。

3）刀具直径补偿　在极坐标插补模式中，可进行刀具直径补偿。

4）切削非同步进给　随着极坐标插补模式开始，强制性进入非同步模式。随着极坐标插补模式取消，同步模式恢复为极坐标插补模式开始前的状态。在线速度恒定控制模式中（G96）执行 G12.1 指令，则发生程序错误。

5）辅助功能　在极坐标插补模式中也可指定辅助功能（M）及第 2 辅助功能。不要使用主轴转速指定极坐标插补模式中的 S 指令，而是使用旋转刀具的转速进行指定。在极坐标插补开始之前指定 T 指令。在极坐标插补模式中执行 T 指令，则发生程序错误。在极坐标插补开始之前，完成刀具补偿动作（刀具长度及磨耗补偿量的移动）。

6）关于极坐标插补中的 F 指令　根据执行 F 指令前的每分钟进给指令（G94）、每转进给指令（G95）的模式，决定是否使用极坐标插补模式中的 F 指令。

① G12.1 之前为 G94 时。当在极坐标插补中没有 F 指令时，直接使用之前的 F 指令的进给速度。

极坐标插补模式取消后的进给速度，保持极坐标插补模式开始时，或是极坐标插补中所设定的最终 F 指令的进给速度。

② G12.1 之前为 G95 时。极坐标插补中，无法使用之前的 F 指令的进给速度。必须指定新的 F 指令。

极坐标插补模式取消后的进给速度，恢复到极坐标插补模式开始前的状态。如表 8-7-120、表 8-7-121 所示。

表 8-7-120　G12.1 中没有 F 指令时

之前的模式	无 F 指令	G13.1 后
G94	使用之前的 F	使用之前的 F
G95	程序错误(P62)	使用 G12.1 之前的 F

表 8-7-121　G12.1 中有 F 指令时

之前的模式	有 F 指令	G13.1 后
G94	使用指定的 F	使用指定的 F
G95	使用指定的 F①	使用 G12.1 之前的 F

① 在 G12.1 中，以每分钟进给指令进行动作。

7）极坐标插补的钻孔固定循环指令中的钻孔轴

在极坐标插补模式中，通过直线轴参数（＃1533）决定钻孔固定循环指令中的钻孔轴。如表 8-7-122 所示。

表 8-7-122　钻孔轴参数设定

＃1533 的设定值	钻孔轴
X	Z(将极坐标平面看作为 *XY* 平面)
Y	X(将极坐标平面看作为 *YZ* 平面)
Z	Y(将极坐标平面看作为 *ZX* 平面)
空白(无设定)	Z(将极坐标平面看作为 *XY* 平面)

（4）限制与注意事项

1）极坐标插补模式中，能够使用的 G 代码指令如表 8-7-123 所示。

表 8-7-123　极坐标插补模式 G 代码指令

G 代码	内　容
G00	定位
G01	直线插补
G02	圆弧插补(CW)
G03	圆弧插补(CCW)
G04	延时
G09	精确停止检查
G22/23	卡盘屏障开/关
G40～G42	刀具直径补偿
G61	精确停止模式
G64	切削模式
G65	用户宏(纯调用)
G66	用户宏(模态调用)
G66.1	用户宏(各宏单节调用)
G67	用户宏(模态调用取消)
G80～G89	钻孔固定循环
G90/91	绝对/增量
G94	非同步进给
G98	固定循环/起始点回归
G99	固定循环/R 点回归

如果在极坐标插补中指定了上述以外的 G 代码，则可能会发生程序错误（P481）。

2）对于极坐标插补中的单节，无法重新启动程序（程序继续）。

3）在指定极坐标插补之前，设定工件坐标系，确保旋转轴的中心成为坐标系原点。在极坐标插补模式中，不要进行坐标系的变更（G50、G52、G53、相对坐标的重新启动、G54～G59 等）。

4）极坐标插补中的进给速度，变为极坐标插补平面（直角相交坐标系）上的插补速度（根据极坐标转换，与刀具间的相对速度发生变化），当在极坐标插补平面（直角相交坐标系）上通过旋转轴的中心附近时，极坐标插补后的旋转轴端进给速度变得很高。

5）极坐标插补中的平面外轴移动指令，与极坐标插补无关。

6）极坐标插补中的当前位置显示，全部是以实际的坐标值加以显示，仅“剩余移动量”显示极坐标输入平面上的移动量。

7）在接通电源时及重新启动时，变为极坐标插补模式取消状态。

8）如果极坐标插补中的指令轴中，包括原点回归未完成的轴，则发生程序错误（P484）。

9）在取消极坐标插补模式时，必须取消刀具直径补偿。

10）通过取消极坐标插补模式切换为车削模式，返回极坐标插补前所选中的平面。

11）当在镜像中执行了极坐标插补指令时，发生程序错误（P486）。

12）在极坐标插补模式中指定圆筒插补、极坐标插补，则发生程序错误（P481）。

13）在极坐标插补模式中，无法使用 G84、G88 的同步式螺纹切削循环。虽然在极坐标插补模式中可使用同步螺纹切削，但是不要进行同步螺纹切削指令。

7.4.6　进给功能

1. 快速进给速度

可各轴独立设定快速进给速度。当输入设定单位为 1μm 时，可设定的速度范围为 1～240000mm/min（E60）或 1～1000000mm/min（E68）之间。但是根据机械规格不同，上限速度受到限制。

关于快速进给速度的设定值，参阅机械的规格书。

定位时的轨迹，包括以直线在起点与终点之间进行插补的插补型，与以各轴的最高速度进行移动的非插补型，通过参数“＃1086 G0Intp”进行选择。定位所需时间均相同。

对于手动与自动快速进给，可通过外部输入信号进行超程。这里有 2 种类型，取决于 PLC 规格。

类型 1：进行 1％、25％、50％、100％共 4 个阶段的超程。

类型 2：从 0～100％，以每 1％为一挡进行超程。

2. 切削进给速度

通过地址 F 与 8 位数字指定切削进给速度。

F8 位的指定，包括整数部分 5 位与小数部分 3 位，带小数点。切削进给速度对 G01、G02、G03、G33 指令有效。

可指令的速度范围如表 8-7-124～表 8-7-125 所示。

(1) E60

表 8-7-124 E60 指令

指令模式	F 指令范围	进给速度范围	备注
mm/min	0.001～240000.000	0.001～240000.000	
in/min	0.0001～9448.8188	0.0001～9448.8188	
(°)/min	0.001～240000.000	0.0001～240000.0000	

(2) E68（输入设定单位为 1μm 时）

接通电源后，当最初的切削指令（G01、G02、G03、G33、G34）中没有 F 指令时，发生程序错误（P62）。

表 8-7-125 E68 指令

指令模式	F 指令范围	进给速度范围	备注
mm/min	0.001～1000000.000	0.001～1000000.000	
in/min	0.0001～39370.0787	0.0001～39370.0787	
(°)/min	0.001～1000000.0000	0.0001～1000000.0000	

3. 螺纹切削模式

对于螺纹切削模式（G33、G34、G76、G78 指令），可通过 F7 位或 E8 位指定螺纹的导程。螺纹导程指令范围为 0.0001～999.9999mm/rev（F7 位），或 0.00001～999.99999mm/rev（E8 位）（输入单位为 μm 时）。如表 8-7-126～表 8-7-128 所示。

4. 自动加减速

快速进给及手动进给的加减速曲线为直线加速、直线减速，时间常数 T_R 可通过参数，在 1～500ms 的范围内以每 1ms 为一挡，对各轴进行独立设定。

自动加减速曲线如图 8-7-108 所示。

表 8-7-126 E60 攻螺纹公制输入、英制输入

输入单位体系	B(0.001mm)			B(0.0001in)		
指令 地址	F(mm/rev)	E(mm/rev)	E(圈/in)	F(in/rev)	E(in/rev)	E(圈/in)
最小指令单位	1(＝0.0001) (1＝1.0000)	1(＝0.00001) (1.＝1.00000)	1(＝1.00) (1.＝1.00)	1(＝0.000001) (1＝1.000000)	1(＝0.0000001) (1.＝1.0000000)	1(＝1.0000) (1.＝1.0000)
指令范围	0.0001～ 999.9999	0.00001～ 999.99999	0.03～ 999.99	0.000001～ 99.999999	0.000010～ 9.9999999	0.0101～ 9999.9999

表 8-7-127 E68 攻螺纹公制输入

输入单位体系	B(0.001mm)		C(0.0001mm)	
指令 地址	F(mm/rev)	E(mm/rev)	F(mm/rev)	E(mm/rev)
最小指令单位	1(＝0.0001) (1.＝1.0000)	1(＝0.0001) (1.＝1.00000)	1(＝0.00001) (1.＝1.00000)	1(＝0.000001) (1.＝1.000000)
指令范围	0.0001～ 999.9999	0.00001～ 999.99999	0.00001～ 99.99999	0.000001～ 99.999999

表 8-7-128 E68 攻螺纹英制输入

输入 单位体系	B(0.0001in)			C(0.00001in)		
指令 地址	F(in/rev)	E(in/rev)	E(圈/in)	F(in/rev)	E(in/rev)	E(圈/in)
最小指令单位	1(＝0.000001) (1.＝1.000000)	1(＝0.0000001) (1.＝1.0000000)	1(＝1.0000) (1.＝1.0000)	1(＝0.0000001) (1.＝1.0000000)	1(＝0.00000001) (1.＝1.00000000)	1(＝1.00000) (1.＝1.00000)
指令范围	0.000001～ 99.999999	0.000010～ 9.9999999	0.0101～ 9999.9999	0.0000001～ 9.9999999	0.0000010～ 0.99999999	0.10001～ 999.99999

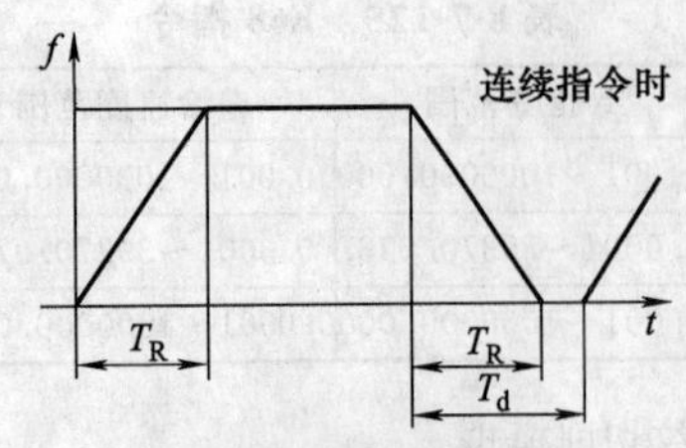

快速进给加减速曲线
(T_R为快速进给时间常数)
(T_d为减速检查时间)

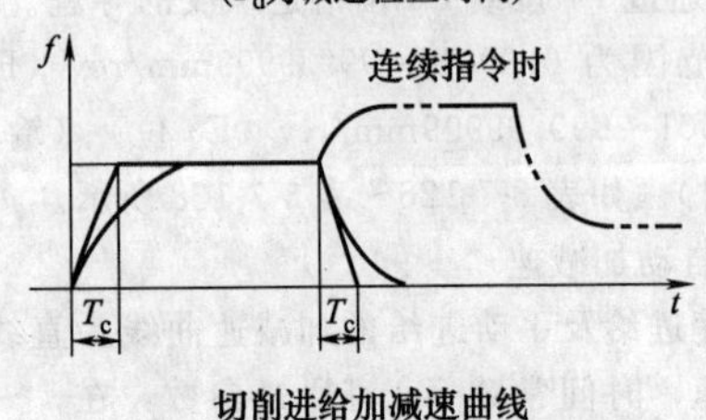

切削进给加减速曲线
(T_c为切削进给时间常数)

图 8-7-108　自动加减速

在快速进给及手动进给中，当前单节的指令脉冲变为“0”，且加减速电路的追踪误差变为“0”之后，执行下一单节。而在切削进给中，当前单节指令脉冲变为“0”，则立即执行下一单节，当通过外部信号（错误检测）检测到加减速电路的追踪误差变为“0”时，也执行下一单节。当减速检查时的就位检查有效（通过参数“＃1193 inpos”选择）时，确认加减速电路的追踪误差变为“0”之后，进一步确认位置偏差量低于参数设定值“＃2224 sv024”，然后执行下一单节。是通过开关进行错误检测，还是通过M功能进行错误检测，因机械而异。

5．速度钳位

在速度控制中，应确保在切削进给速度指令的基础上做了补偿之后的实际切削进给速度，小于预先针对各轴独立设定的速度钳位值。

注：同步进给、攻螺纹中，无需进行速度钳位。

6．精确停止检查 G09

(1) 功能及指令

当刀具的进给速度急剧变化时，为了缓和机械碰撞及防止转角切削时的圆角等，可能会希望在机械减速停止之后，确认就位状态或经过减速检查时间之后再开始下一单节的指令。精确停止检查就是为了应用于这一场合。

可通过参数（＃1193 Inpos）选择是在减速检查时间中进行控制，还是在就位中进行控制。在伺服参数“＃2224 sv024”或“＃2077 G0inps”、“＃2078 G1inps”中设定就位宽度。

指令格式如下：

G09 G01 (G02，G03)；

注：精确停止检查 G09 仅对该单节的切削指令（G01～G03）有效。

(2) 详细动作

1）连续切削进给时。如图 8-7-109 所示。

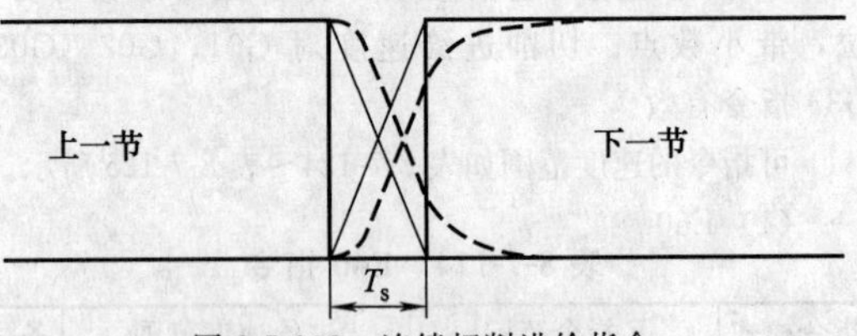

图 8-7-109　连续切削进给指令

2）切削进给就位检查时。如图 8-7-110 所示。

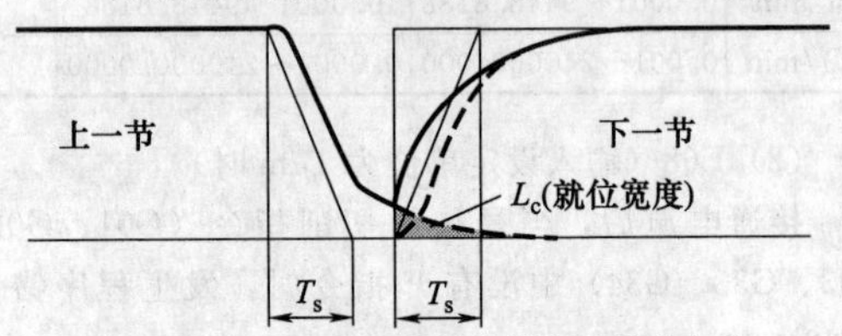

图 8-7-110　切削进给就位检查时的节连接

图 8-7-109、图 8-7-110 中：

T_s：切削进给加减速时间常数；

L_c：就位宽度。

就位宽度 L_c 如图 8-7-111 所示，在伺服参数“＃2224 sv024”中设定开始下一单节时，当前单节的剩余距离。

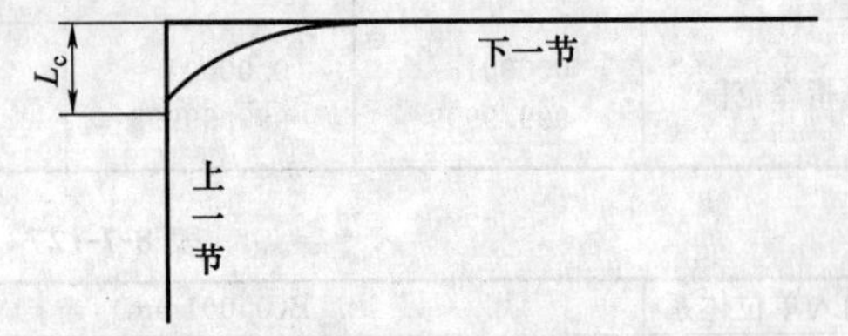

图 8-7-111　就位宽度

就位宽度是为了将加工对象转角上的圆角控制在一定值以下。

当想消除转角的圆角时，将伺服参数“＃2224 sv024”设定为尽可能小的值，进行就位检查，或是在单节间指定延时（G04）指令。

3）进行减速检查时

① 直线加减速时。如图 8-7-112 所示。

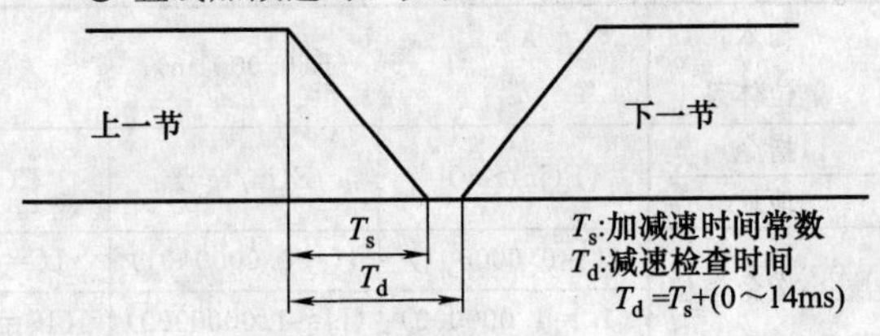

图 8-7-112　直线加减速检查

② 指数加减速时。如图 8-7-113 所示。

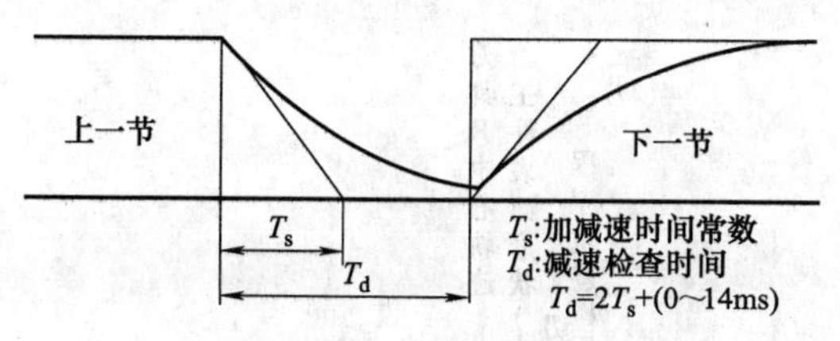

图 8-7-113 指数加减速检查

③ 指数加速、直线减速时。如图 8-7-114 所示。

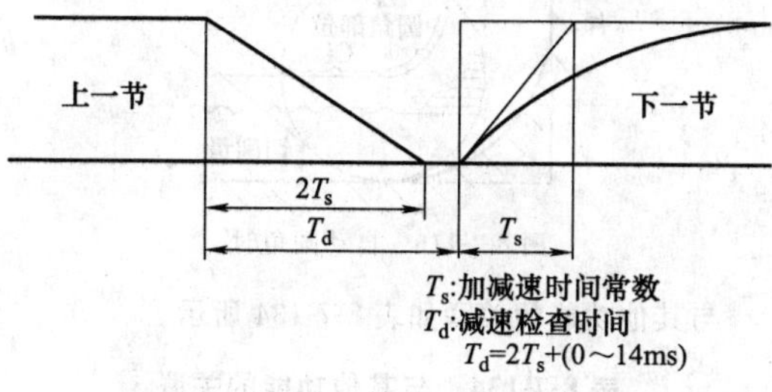

图 8-7-114 指数加速、直线减速检查

切削进给时的减速检查所需时间，取决于同时发出指令的轴的切削进给加减速模式及切削进给加减速时间常数所决定的各轴切削进给减速检查时间中，最长的一个。

7. 精确停止检查模式 G61

(1) 功能

通过 G09 进行精确停止检查，则仅对该指令所在单节进行就位状态的确认，而 G61 则是模态的指令。因此，G61 之后的切削指令（G01～G03）中，全部是在各单节的终点进行减速，进行就位状态的检查。G61 可通过自动转角超程（G62）、螺纹切削模式（G63）或切削模式（G64）被解除。

(2) 指令格式

G61;

8. 减速检查

(1) 功能

减速检查是决定轴移动单节的移动完成检查方法的功能。减速检查分为就位检查与指令速度检查两种。

可选择 G00、G01 的减速检查方式的组合。

可通过参数的变更，变更 G01→G00 及 G01→G01 的反方向时的减速检查。

(2) 减速检查的种类

减速检查的种类如表 8-7-129 所示。

(3) 减速检查的指定

减速检查的参数指定中，包括“减速检查指定类型 1”与“减速检查指定类型 2”，通过参数“＃1306 InpsTyp”进行切换。

1) 减速检查指定类型 1（“＃1306 InpsTyp” = 0） 可根据基本规格参数的减速检查方式 1（inpos）及减速检查方式 2（AUX07/bit1），选择 G00/G01 等减速检查方式。如表 8-7-130、表 8-7-131 所示。

表 8-7-129 减速检查种类图

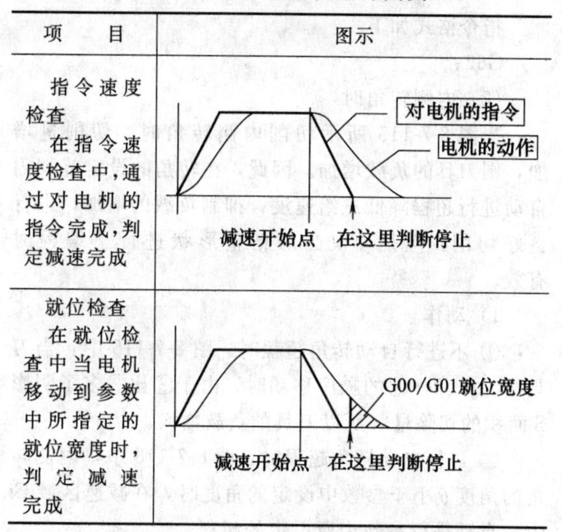

项　目	图示
指令速度检查 在指令速度检查中，通过对电机的指令完成，判定减速完成	对电机的指令 电机的动作 减速开始点　在这里判断停止
就位检查 在就位检查中当电机移动到参数中所指定的就位宽度时，判定减速完成	G00/G01就位宽度 减速开始点　在这里判断停止

表 8-7-130 快速进给指令

参数	快速进给指令
inpos(＃1193)	G00→XX(G00＋G09→XX)
0	指令减速检查
1	就位检查

表 8-7-131 快速进给以外的指令

参数	快速进给以外的指令（G01、G00 以外的指令）	
AUX07/bit1（＃1223/bit1）	G01＋G09→XX	G01→XX
0	指令减速检查	无减速检查
1	就位检查	

注：XX 表示所有的指令。

2) 减速检查指定类型 2（“＃1306 InpsTyp” = 1） 通过“inpos”参数指定快速进给与切削进给的就位。如表 8-7-132 所示。

表 8-7-132 快速进给与切削进给的就位

参数	指令单节		
＃1193 inpos	G00	G01＋G09	G01
0	指令减速检查	指令减速检查	无减速检查
1	就位检查	就位检查	无减速检查

注：“G00”表示快速进给，“G01”表示切削进给。

9. 自动转角超程 G62

(1) 功能及指令

刀具直径补偿中的切削操作中，为了减轻切削内侧转角时或自动切削圆角内侧时的负载，自动对进给速度进行超程的指令。

在指定刀具直径补偿取消（G40）、精确停止检查模式（G61）、螺纹切削模式（G63）或切削模式（G64）之前，自动转角超程一直生效。

指令格式如下：

G62；

（2）内侧转角时

当图 8-7-115 所示切削内侧转角时，切削量增加，则刀具的负载增加。因此，在转角的设定范围内自动进行超程降低进给速度，抑制负载的增加，进行良好切削。但是，仅当对精整形状进行了编程时有效。

1）动作

① 不进行自动转角超程时。图 8-7-115 中，当刀具按①→②→③的顺序移动时，由于③比②多了阴影 S 面积的切除量，所以刀具的负载增大。

② 进行自动转角超程时。图 8-7-115 中，内侧转角的角度 θ 小于参数中设定的角度时，在减速区域 Ci 内，自动进行参数中所设定的超程。

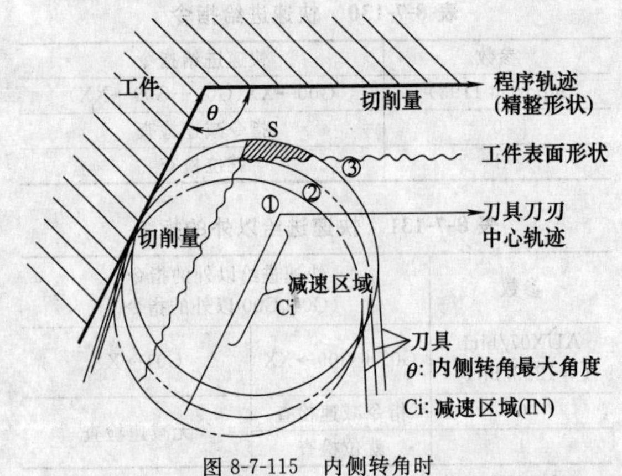

图 8-7-115　内侧转角时

2）参数设定　在加工参数中设定的参数如表 8-7-133 所示。

表 8-7-133　参数设定

#	参数	设定范围
#8007	超程	0～100%
#8008	内侧转角的最大角度 θ	0～180°
#8009	减速区域 Ci	0～99999.99mm 或 0～3937.000in

（3）自动圆角时

如图 8-7-116 所示。

在自动转角 R 进行内侧修正时，在减速区域 Ci 与转角 R 部位自动进行参数中所设定的超程（不进行角度的检查。）

（4）与其他功能的关联

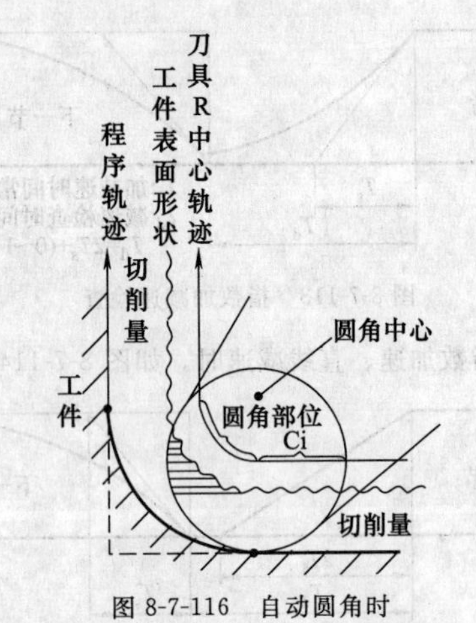

图 8-7-116　自动圆角时

与其他功能的关联如表 8-7-134 所示。

表 8-7-134　与其他功能的关联

功　能	转角上的超程
切削进给超程	在切削进给超程之后，进行自动转角超程
超程取消	在超程取消中，自动转角超程被取消
速度钳制	有效（自动转角超程后）
空运转	自动转角超程无效
同步进给	对同步进给的速度进行自动转角超程
攻螺纹	自动转角超程无效
G31 忽略	刀具 R 补偿中的 G31 为程序错误
机床锁定	有效
机床锁定高速	自动转角超程无效
G00	无效
G01	有效
G02，G03	有效

10. 螺纹切削模式 G63

（1）功能

通过 G63 指令，变为适合于攻螺纹加工的控制模式。

1）切削超程 100%固定。

2）单节间连接的减速指令无效。

3）回馈等待无效。

4）单节无效。

5）螺纹切削模式中输出信号

G63 可通过精确停止检查模式（G61）、自动转角超程（G62）或切削模式（G64）被解除。

（2）指令格式

G63；

11. 切削模式 G64

（1）功能

通过 G64 指令，能够得到平滑的切削面的切削模式。在本模式中，与精确停止检查模式（G61）相反，在切削进给单节间不进行减速停止，而是连续执行下一单节。

G64可通过精确停止检查模式（G61）、自动转角超程（G62）或螺纹切削模式（G63）被解除。

起始状态变为该切削模式。

(2) 指令格式

G64；

7.4.7 辅助功能

1. 辅助功能（M8位BCD）

辅助功能也称为M功能，是用于指令主轴的正转、倒转、停止、冷却油的开、关等机械的辅助性功能的指令。在本控制装置中，通过在地址M后面加上8位数值（0～99999999）进行指定，在1单节中可指定最多4组指令。

下面对用于特殊目的的8种M指令加以说明。

(1) 程序停止M00

读入本辅助功能，则纸带读带机停止读入下一单节。作为NC功能，仅停止纸带的读入，而主轴旋转、钳制等机械端功能是否停止，因机械而异。

通过按机械操作盘的自动启动按钮，进行重新启动。

是否通过M00进行重新启动，取决于机械规格。

(2) 可选停止M01

在机械操作盘的可选停止开关打开的状态下，读入M01指令，则纸带读带机停止，起到与上述的M00指令相同的功能。

如果可选停止开关关闭，则M01指令被跳跃。

(3) 程序结束M02或M30

该指令通常是用于完成加工的最终单节，主要是用于纸带的回卷指令。是否进行回卷动作，取决于机械规格。

另外，根据机械规格，在回卷及同一单节中指令的其他指令完成之后，通过M02、M30重新启动（但是，通过该指令进行重新启动时，指令位置显示计数器的内容不会被清除，而模态指令、补偿量则被取消）。

回卷完成时（自动运转中指示灯熄灭），后续动作停止，所以，在重新启动时，必须进行按下自动启动按钮等操作。

(4) 宏插入M96、M97

M96、M97是用于用户宏插入控制的M代码。

用户宏插入控制用M代码为内部处理，不会被输出。

当将M96、M97作为辅助功能使用时，通过参数（＃1109 subs _ M及＃1110 M96 _ M、＃1111 M97 _ M）变更为其他的M代码。

(5) 子程序调用、结束M98、M99

作为对子程序的分支及分支目标子程序的回归命令使用。

由于M98、M99为内部处理，所以不输出M代码信号与开闭信号。

(6) M00/M01/M02/M30指令时的内部处理

读入M00、M01、M02、M30时，内部处理中止预读。除此以外的纸带回卷动作及重新启动处理所导致的模态初始状态因机械规格而异。

2. 第2辅助功能（A8位、B8位或C8位）

是指定分度平台的位置等。在本控制装置中，可通过地址A、B、C后的8位数值，在0～99999999之间任意指定，哪一个代码对应于哪一个位置，则取决于机械规格。

当在同一单节中同时指定A、B、C功能与移动指令时，指令的执行顺序，可能有以下2种状况。适用哪一种，取决于机械规格。

1) 移动指令完成后，执行A、B、C功能。

2) 在执行移动指令的同时，执行A、B、C功能。

对于所有的第2辅助功能，需要处理及完成顺序。

地址的组合如表8-7-135所示。即，附加轴的轴名称与第2辅助功能不能使用同一地址。

表 8-7-135 地址的组合

附加轴名称 / 第2辅助功能	A	B	C
A	×	○	○
B	○	×	○
C	○	○	×

当在第2辅助功能地址中指定了A时，直线角度指令、几何指令、深孔钻孔循环2指令无法使用。

3. 转台分度（E68）

可通过设定分度轴，进行转台分度。分度指令只是在转台分度设定轴上指令分度角度。无需指令用于平台的钳制、解除钳制的特殊M代码，确保易于进行编程。

(1) 详细说明

1) 将进行转台分度的轴的“分度轴选择”参数（＃2076）设定为“1”。

2) 根据程序指令，执行所选轴的移动指令（绝对/增量均可）。

3) 在轴移动之前，进行解除钳制动作。

4) 解除钳制完成后，开始所指定轴的移动。

5）移动完成后，进行钳制动作。

6）解除钳制完成后，进行下一单节的处理。

（2）注意事项

可对多根轴进行转台分度轴的设定。转台分度轴的移动速度，取决于当时的模态（G00/G01）进给速度。当在同一单节中指令了转台分度轴与其他轴时，也进行转台分度轴的解除钳制指令。因此，在解除钳制动作完成前，也不执行同一单节中指定的其他轴的移动。但是，执行非插补指令时，执行同一单节中指定的其他轴移动。转台分度轴是用于通常旋转轴，但是对于直线轴，本功能也会进行解除钳制动作。自动运转中，转台分度轴移动时，若发生导致解除钳制指令关闭的情况，则在解除钳制状态下，转台分度轴减速停止。另外，同一单节中指定的其他轴，除非插补指令外，也同样减速停止。在转台分度轴的移动中，因为互锁等而导致轴移动中断时，保持解除钳制状态。当连续有转台分度轴的移动指令时，不进行钳制、解除钳制动作。但是，单节运转时，即使有连续的移动指令，也执行钳制、解除钳制动作。注意不要指定为无法进行钳制的位置。

7.4.8　主轴与刀具功能

1. 主轴功能（S功能）

主轴功能也称为S功能，是用于指定主轴转速。当在同一节中同时指定S功能与移动指令时，指令的执行顺序，可能有以下2种状况。适用哪一种，取决于机械规格。

1）移动完成后，执行S功能。

2）在执行移动指令的同时，执行S功能。

（1）主轴功能（S6位模拟）

在S6位功能中，可在S代码后指定6位数值（0～999999）。

另外，此时务必选择S指令二进制输出。

在本功能中，通过S代码后的6位数值指令，输出适当的齿轮信号、与指定的主轴转速相对应的电压及启动信号。

对于所有的S指令，需要处理及按顺序完成。

模拟信号的规格如下。

1）输出电压　0～10V

2）分辨率　1/4096（2^{-12}）

3）负载条件　10kΩ

4）输出阻抗　220Ω

预先设定最多4级各种参数设定，选择与S指令对应的齿轮级数，输出齿轮信号。根据输入齿轮信号进行模拟电压的计算。

① 与各齿轮对应的参数　极限转速、最高转速、移位转速、螺纹切削转速

② 与所有齿轮对应的参数　定位转速、最低转速。

（2）主轴功能（S8位）

通过在地址S后面加上8位数值（0～99999999）进行指定，在1节中可指定最多1组指令。输出信号是以带符号的32bit二进制数据作为启动信号。

对于所有的S指令，需要处理及按顺序完成。

2. 线速度恒定控制G96、G97

对于直径方向的切削，随着坐标值的变化，自动对主轴转速进行控制，确保切削点的速度恒定，进行切削加工。

指令格式如下：

G96　Ss　Pp；线速度恒定控制ON

Ss：线速度。

Pp：线速度恒定控制轴。

G97：取消线速度恒定。

3. 主轴钳制速度设定G92

（1）功能

可通过G92后的地址S指定主轴的最高钳制转速，通过地址Q指定主轴的最低钳制转速。

（2）指令格式

G92　Ss　Qq；

Ss：最高钳制转速。

Qq：最低钳制转速。

与主轴及主轴电机间的齿轮切换相对应，可通过参数，以1r/min为单位，设定最多4级转速范围。通过该参数设定的转速范围，与通过“G92 Ss Qq；”设定的转速范围中，上限较低者与下限较高者有效。

通过参数（＃1146 Sclamp、＃1227 aux11/bit5）选择是仅在线速度恒定模式中进行转速钳制，还是在线速度恒定取消时也进行转速钳制。

G92S指令时及转速钳制动作如表8-7-136所示。

表8-7-136　指令与转速钳制动作

项目		Sclamp＝0		Sclamp＝1	
		aux11/bit5＝0	aux11/bit5＝1	aux11/bit5＝0	aux11/bit5＝1
指令	G96中	转速钳制指令		转速钳制指令	转速钳制指令
	G97中	主轴转速指令		转速钳制指令	转速钳制指令
动作	G96中	执行转速钳制		执行转速钳制	执行转速钳制
	G97中	无转速钳制		执行转速钳制	无转速钳制

4. 主轴/*C* 轴控制（E68）

（1）功能

本功能是通过外部信号将 1 台主轴作为 *C* 轴（旋转轴）使用的功能。

（2）详细说明

1）主轴/*C* 轴切换　通过 *C* 轴的伺服启动信号切换。

2）切换时间　如图 8-7-117 所示。

由于轴指令是在计算时进行参考点返回完成检查，所以当连续执行 *C* 轴伺服启动指令与 *C* 轴指令时，如※2 所示，发生程序错误。

为了应对这样的场合，必须如※1 所示，通过用户 PLC 进行以下 2 项处理。

① 通过伺服启动指令输入重新计算请求信号。

② 在 *C* 轴进入伺服就绪状态之前，等待伺服启动指令。

3）*C* 轴增益　根据 *C* 轴的切削状况，进行 *C* 轴的增益切换（选择最佳增益）。*C* 轴切削进给时选择切削增益，其他轴切削进给（*C* 轴面切削）时选择切削停止增益，其他情况下选择非切削增益。

4）包括主轴/*C* 轴在内的移动减速检查　包含了在非切削时的位置回路增益（主轴参数＃3203 PGC0）与切削时的位置回路增益（主轴参数＃3330 PGC1～＃3333 PGC4）中设定了不同值的轴移动指令时，主轴/*C* 轴的减速检查如表 8-7-137 所示。这是因为，如果在轴移动中变更增益，则机械会发生振动等。

表 8-7-137　主轴/*C* 轴的减速检查

参数	快速进给指令	
inpos （＃1193）	G00→XX （G00＋G09→XX）	
0	指令减速检查	
1	就位检查	
参数	快速进给以外的指令 （G01、G00 以外的指令）	
AUX07/bit1	G01→G00	G01→G01
（＃1223/bit1）	（G01＋G09→XX）	
0	就位检查	无减速检查
1	（仅 SV024 适用）	

注：1. G1 进给时，不管减速参数如何，都进行就位检查。

2. XX 表示所有的指令。

（3）注意及限制事项

编码器（PLG、ENC、其他）上没有 Z 相时，无法通过定位进行参考点返回。当更换为带 Z 相时，或是直接使用时，将位置控制切换类型设定为减速停止后（主轴参数“＃3329 SP129/bitE”＝1），作为无原点轴（原点返回参数“＃2031 noref”＝1）使用。在伺服关闭中或定位中执行 *C* 轴指令，则发生程序错误。不要在执行 *C* 轴指令时进行伺服关闭。*C* 轴指令的剩余指令会在伺服启动时被清除。在主轴旋转中伺服启动，则旋转停止，变为 *C* 轴控制。无法进行 *C* 轴的挡块式参考点返回。使用定位式(主轴参数

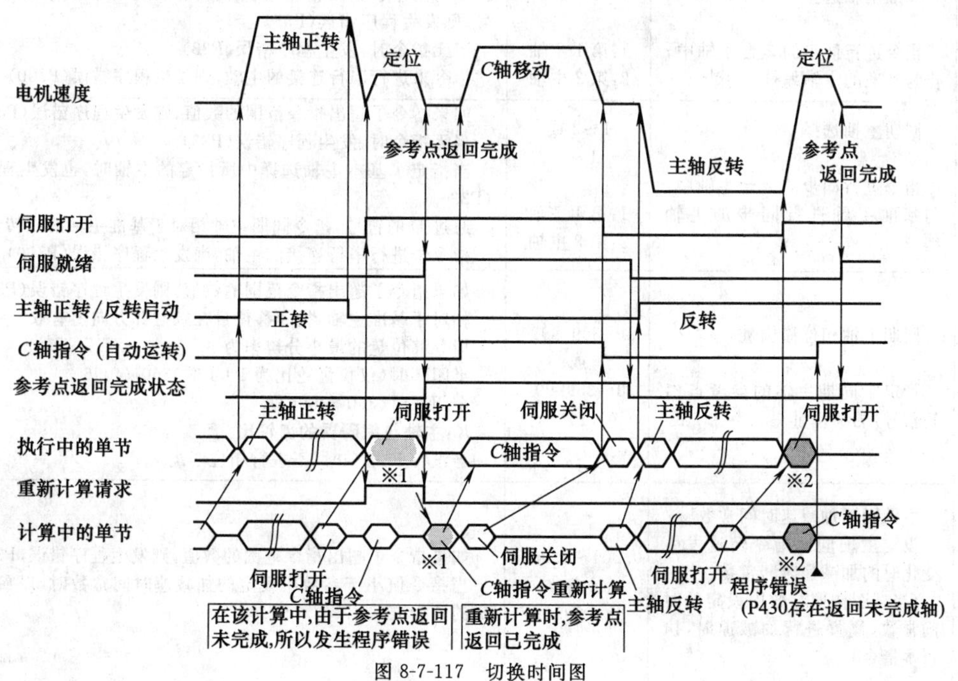

图 8-7-117　切换时间图

“＃3329 SP129/bitE”＝0），或是作为无原点轴（原点返回参数“＃2031 noref”＝1）使用。

5. 主轴同期控制（E68）

(1) 功能

对于具有2台主轴的机械，为与主轴（基准主轴）的旋转同步，对另一主轴（同期主轴）的转速及相位进行控制。

当必须让2台主轴的转速一致时，例如，将由第1主轴夹持的工件转由第2主轴夹持时，或是由第1主轴、第2主轴夹持同一个工件的状态下，为了变更主轴的转速而使用本功能。

主轴同期控制包括主轴同期控制Ⅰ与主轴同期控制Ⅱ。主轴同期控制Ⅰ，通过加工程序内的G指令，进行同期主轴的指定及同步的开始/结束。主轴同期控制Ⅱ，同期主轴的选择及同步开始等全部通过PLC指定。

主轴同期控制Ⅰ、Ⅱ通用设定：进行主轴同期控制时，必须进行以下的设定。

① 夹头闭合。

② 误差临时取消。

③ 相位监视。

④ 多级加减速。

(2) 主轴同期控制Ⅰ G114.1

1) 功能　主轴同期控制Ⅰ是通过加工程序内的G指令，进行同期主轴的指定及同步的开始/结束。

2) 指令格式

① 主轴同期控制启动（G114.1）。该指令进行基准主轴与同期主轴的指定，使所指定的2台主轴处于同步状态。此外，可通过指令同期主轴相位移动量，进行基准主轴与同期主轴的相位匹配。

指令格式如下：

G114.1 H_ D_ R_ A_；

H_：基准主轴选择。

D_：同期主轴选择。

R_：同期主轴相位移位量。

A_：主轴同期加减速时间常数。

② 主轴同期控制取消（G113）。该指令解除因主轴同期指令而同步旋转的2台主轴的同步状态。指令格式如表8-7-138所示。

(3) 主轴同期控制Ⅱ

在主轴同期控制Ⅱ中，同期主轴的选择及同步开始等全部通过PLC指定。详情参阅机械制造商发行的说明书。

1) 基准主轴及同步主轴的选择　通过PLC选择进行同期控制的基准主轴及同期主轴。如表8-7-139所示。

表8-7-138　指令格式

地址	地址的含义	指令范围（单位）	备　注
H	基准主轴选择 指令进行同步的2台主轴中，作为基准的主轴编号	1～2 1:第1主轴 2:第2主轴	如果指令了超出指令范围的数值或规格中不存在的主轴编号，则发生程序错误(P35) 当无指令时，发生程序错误(P33) 指令未进行串行连接的主轴，则发生程序错误(P700)
D	同期主轴选择 指令进行同步的2台主轴中，与基准主轴进行同步的主轴编号	1～2或－1～－2 1:第1主轴 2:第2主轴	如果指令了超出指令范围的数值，则发生程序错误(P35) 当无指令时，发生程序错误(P33) 当指定了基本主轴选择中所指定的主轴时，也发生程序错误(P33) 通过D的符号，指令同期主轴相对于基准主轴的旋转方向 指令未进行串行连接的主轴，则发生程序错误(P700)
R	同期主轴相位移位量 指定距同期主轴的参考点（1转信号）的移位量	0～359.999° 或 0～359999° （$\times 10^{-3}$）	如果指令了超出指令范围的数值，则发生程序错误(P35) 相对于基准主轴，指令移位量在顺时针方向上有效 指令移位量的最小分辨率为 半闭环时(仅仅齿轮比为1∶1时)360°/4096 全闭环时(360°/4096)K K:主轴与编码器的齿轮比 当没有R指令时，不进行相位匹配
A	主轴同期加减速时间常数 设定主轴同期指令转速发生变化时的加减速时间常数 （当试图按照参数中设定的时间常数，慢慢进行加减速时，执行本指令）	0.001～9.999s 或 1～9999ms	如果指令了超出指令范围的数值，则发生程序错误(P35) 当指令值小于参数中设定的加减速时间常数时，以参数中设定的值为准

表 8-7-139 基准主轴及同步主轴的选择

设备编号	信号名称	简称	说 明
R446	基准主轴选择	—	从串行连接的主轴中选择作为基准主轴加以控制的主轴 0:第1主轴、1:第1主轴、2:第2主轴 当选择了未串行连接的主轴时,不进行主轴同期控制 当指定"0"时,将第1主轴作为基准主轴加以控制
R447	同期主轴选择	—	从串行连接的主轴中选择作为同期主轴加以控制的主轴 0:第2主轴、1:第1主轴、2:第2主轴 当选择了未串行连接的主轴及已被选为基准主轴的主轴时,不进行主轴同期控制 当指定"0"时,将第2主轴作为同期主轴加以控制

2）开始主轴同步　通过输入主轴同期控制信号（SPSYC），进入主轴同期控制模式。主轴同期控制模式中，与基准主轴的指令转速同步，控制同期主轴。当基准主轴与同期主轴间的转速差达到主轴同期转速等级设定值（＃3050 sprlv）时，输出主轴转速同步完成信号（FSPRV）。

通过主轴同期旋转方向指定，选择同期主轴的旋转方向是与基准主轴一致，还是反方向旋转。如表 8-7-140 所示。

3）主轴相位匹配　在主轴同期控制模式中输入主轴相位同期控制信号（SPPHS），则开始主轴相位同步，当达到主轴同期相位等级设定值（＃3051 spplv）时，输出主轴相位同步完成信号。如表 8-7-141 所示。另外，也可通过 PLC 指定同期主轴的相位移位量。

4）主轴同期相位移位量的计算与相位偏移请求

主轴相位移位量计算功能，是在执行主轴同期时，通过将 PLC 信号 ON，计算基准主轴与同期主轴的相位差，并加以记忆。在主轴相位移位计算中，可通过手轮旋转同期主轴，所以可通过目视调整主轴间的相位关系。在相位偏移请求信号（SSPHF）ON 的状态下，输入主轴相位同期控制信号，则以按照被记忆的相位移位量进行移位后的位置为基准，进行相位差匹配。如表 8-7-142 所示。

表 8-7-140 开始主轴同步

设备编号	信号名称	简称	说 明
Y398	主轴同期控制信号	SPSYC	通过打开本信号,进入主轴同期控制模式
X308	主轴同期控制中	SPSYN1	通知处于主轴同期控制中
X309	主轴旋转速度同步完成信号	FSPRV	在主轴同期控制模式中,当基准主轴与同期主轴的转速差达到主轴转速等级设定值时,变为 ON 当主轴控制模式被解除时,或是在主轴同期控制模式中,误差超过主轴转速等级设定值时,本信号被关闭
Y39A	主轴同期旋转方向指定	—	指定主轴同期控制时的基准主轴、同期主轴的旋转方向 0:同期主轴与基准主轴向同一方向旋转 1:同期主轴与基准主轴向相反方向旋转

表 8-7-141 主轴位相匹配

设备编号	信号名称	简称	说 明
Y399	主轴相位同期控制信号	SPPHS	在主轴同期控制模式中打开本信号,则开始主轴相位同步 除在主轴同期控制模式中外,即使本信号打开,也被忽略
X30A	主轴相位同步完成信号	FSPPH	主轴相位同步开始后,当达到主轴同期相位等级时,输出本信号
R448	相位移位量设定	—	指定同期主轴的相位移位量 单位:360°/4096

表 8-7-142 主轴同期相位移位量的计算与相位偏移请求

设备编号	信号名称	简称	说 明
Y39B	相位移位计算请求	SSPHM	在将本信号 ON 的状态下进行主轴同期,则计算、记忆基准主轴与同期主轴的相位差

第8篇

续表

设备编号	信号名称	简称	说　明
Y39C	相位偏移请求	SSPHF	在将本信号ON的状态下进行主轴相位同步，则以移动了所记忆的移位量之后的位置作为基准位置，进行相位匹配
R474	相位差输出	—	输出相对于基准主轴的同期主轴延迟 单位：360°/4096 当基准主轴/同期主轴中的任何一个未通过Z相，无法进行计算时，输出1 仅在相位移位计算中或是主轴相位同步中，输出本数据
R490	相位偏移数据	—	输出通过相位移位计算而记忆的相位差 单位：360°/4096 仅在主轴同期控制中输出本数据

6. 多根主轴控制

(1) 功能

多根主轴控制，是针对除了主轴（第1主轴）外，还具有辅助轴（第2主轴）的机床，为了控制其辅助轴而具备的功能。

主轴的控制方法因多根主轴控制Ⅰ与多根主轴控制Ⅱ而异。通过参数（＃1300 ext36/bit0）的设定，选择让多根主轴控制Ⅰ与多根主轴控制Ⅱ的任何一个生效。

(2) 多根主轴控制Ⅰ（多根主轴指令）

1) 功能及指令　S指令除了S∗∗∗∗∗指令外，还可利用S○＝∗∗∗∗∗指令区分第1及第2主轴的指令。

指令格式如下：

S○＝∗∗∗∗∗；

○：使用1个数字（1：第1主轴/2：第2主轴）指定主轴编号。可指定变量。

∗∗∗∗∗：转速或线速度指令值。可指定变量。

注：1. ○的值为1或2以外时，发生程序错误。

2. 在模态中，G47.1为程序错误。

2) 详细说明　根据○的内容，进行各主轴指令的区分。可在1节内同时进行多根主轴的指令。当在1节内对同一主轴进行了2个以上的指令时，则仅最后的指令有效。S∗∗∗∗∗指令与S○＝∗∗∗∗∗指令可并用。通过主轴选择指令，区分S∗∗∗∗∗指令中的指令对象主轴。

(3) 多根主轴控制Ⅰ（主轴选择指令）

1) 功能及指令　根据主轴选择指令［G43.1等(G组20)］，可切换以下的S指令（S∗∗∗∗）是针对第1主轴及第2主轴的哪一根轴进行。

指令格式如下：

G43.1；第1主轴控制模式打开

G44.1；选择主轴控制模式打开（通过SnG44.1设定选择主轴编号）

G47.1；所有主轴同期控制模式打开

2) 详细说明

① 通过参数（＃1534 SnG44.1）设定选择主轴编号。

② 主轴选择指令为模态G代码。

③ 当多根主轴控制Ⅱ有效时，主轴选择指令为程序错误（P33）。

④ 可通过参数设定接通电源时或重新启动时的主轴控制模式。另外，接通电源时或重新启动时的状态，如表8-7-143所示。

表8-7-143　接通电源或重新启动时的状态

G组20模态状态	在安装参数“＃1199 Sselect”中设定 0：G43.1 1：G44.1 2：G47.1
G44.1的主轴编号	在安装参数“＃1534 SnG44.1”中设定 0：第2主轴 1：第1主轴 2：第2主轴

⑤ 当在同一节中同时指定了主轴选择指令与S指令时，则对通过主轴选择指令切换的主轴生效。

⑥ 当设定了不存在的主轴时，为第2主轴。但是，当主轴数＝1时，为第1主轴。

3) 与其他功能的关联　主轴选择指令后进行切换的功能如表8-7-144所示。

表8-7-144　功能说明

功能	说　明
S指令(S∗∗∗∗∗)	G97(转速指令)/G98(线速度恒定指令)中的S指令，只对主轴选择指令所指定的主轴生效
主轴钳制速度指令	通过G92 S_Q_进行的主轴钳制速度指令也取决于主轴选择指令的模式
每转指令(同步进给)	在G95模式中进行了F指令时，也变为主轴选择指令所指定主轴的每转进给速度
线速度恒定控制主轴的切换	线速度恒定控制也取决于主轴选择指令的模式 通过S○＝∗∗∗∗∗，向不同于当前模式的其他主轴发出指令时，○所指定的主轴的转速指令优先

(4) 多根主轴控制Ⅱ

1) 功能　多根主轴控制Ⅱ是通过来自PLC的信号，指定选择哪一根主轴的功能。通过1个S指令进行对主轴的指令。

2) 详细说明　主轴指令选择、主轴选择：对于通过来自PLC的主轴选择信号（SWS）启动而被选中的主轴，对主轴的S指令是作为转速指令而被输出。被选中的主轴以输出的转速旋转。通过主轴选择信号（SWS）关闭而未选中的主轴，保持未选中前的转速，继续旋转。借此，可让各主轴同时以各自的转速进行旋转。

3) 与其他功能的关联　与其他功能的关联如表8-7-145所示。

4) 限制事项

限制事项如下所示：

① 多根主轴控制Ⅱ有效时，S的手动数值指令无效。

② 多根主轴控制Ⅱ有效时，安装参数“＃1199 Sselect”无效。

③ 多根主轴控制Ⅱ有效时，主轴控制模式切换G代码无法使用。发生程序错误（P34）。

④ 多根主轴控制Ⅱ有效时，“S1＝***”、“S2＝***”指令无效。发生程序错误（P33）。

⑤ 多根主轴控制Ⅱ有效时，不输出主轴齿轮移位指令输出信号（GR1/GR2）。

7. 刀具功能

(1) 功能

刀具功能也称为T功能，是用于指定刀具编号及刀具补偿编号的功能。在地址T后面接8位数值（0～99999999）发出指令，前面6位或7位为刀具编号，后面2位或1位为补偿编号。

使用哪一个取决于参数“＃1098 Tlno.”的设定。另外，能够使用的T指令因各机械而异，所以，参阅机械制造商发行的说明书。每1节可发出1组T指令。

(2) 指令格式

T ******* *；

*******：刀具编号。

*：刀具补偿编号。

T ****** **；

******：刀具编号。

**：刀具补偿编号。

程序中指令的刀具编号与实际刀具的对应关系，参阅机械制造商发行的说明书。

以BCD代码与启动信号输出。

当在同一节中同时指定T功能与移动指令时，指令的执行顺序，可能有以下2种状况。适用哪一种，取决于机械规格。

① 移动完成后，执行T功能。

② 在执行移动指令的同时，执行T功能。

对于所有的T指令，需要处理及完成顺序。

表 8-7-145　多根主轴控制与其他功能的关联

功能	关联说明
主轴钳制速度设定(G92)	仅对通过主轴选择信号(SWS)选中的主轴有效 未选中的主轴，保持未选中前的转速，继续旋转 (通过G92指令保持主轴钳制速度)
线速度恒定控制	可在所有的主轴上进行线速度恒定控制 在线速度恒定中，主轴转速为自动控制，所以线速度恒定加工中，该主轴必须保持主轴选择信号(SWS)打开的状态 未选中的主轴，保持未选中前的转速，继续旋转
螺纹切削/同步进给	通过主轴选择信号(SWS)选中的主轴进行螺纹切削。使用通过编码器选择信号选中的编码器进行编码器回馈
同期攻螺纹	通过主轴选择信号(SWS)进行同期攻螺纹主轴的选择 在同步螺纹切削指令之前，进行同期攻螺纹主轴的选择。在同期攻螺纹模式中，不要切换同期攻螺纹主轴的选择信号 对同期攻螺纹主轴进行*C*轴模式指令时，发生“M01 操作错误 1026”。取消*C*轴指令，则解除错误，重新开始加工
非同期攻螺纹	通过主轴选择信号(SWS)进行非同期攻螺纹主轴的选择 在攻螺纹指令之前，进行非同期攻螺纹主轴的选择。在切换非同期攻螺纹主轴选择时，输入计算请求 在非同期攻螺纹模式中，不要切换非同期攻螺纹主轴的选择信号
攻螺纹返回	通过主轴选择信号(SWS)进行攻螺纹返回主轴的选择 在打开攻螺纹返回信号之前，选择中断攻螺纹循环时的主轴。在选择了不同主轴的状态下，执行了攻螺纹返回时，发生“M01 操作错误 1032”。不要在攻螺纹返回中切换主轴选择信号

第8篇

7.4.9 刀具偏移功能

1. 刀具补偿

(1) 功能

通过T指令进行刀具补偿，以接在地址T之后的3位、4位或8位数值发出指令。在刀具补偿中，包括刀具长度补偿与刀具刀尖磨损补偿，通过参数“＃1098 TLno.”切换是以T指令的最后1位或2位指定刀具长度补偿与刀具刀尖磨损补偿，还是以T指令的最后1位或2位指定刀具刀尖磨损补偿、以刀具编号指定刀具长度补偿。

另外，也可通过参数“＃1097 Tldit”切换是以最后1位还是2位指定补偿。

每1节可发出1组T指令。

(2) 指令格式

1) 当以T指令的最后1位或最后2位指定刀具长度与刀尖磨耗的补偿编号时指令格式如下：

T ******** *；

********：刀具编号。

*：刀具长度补偿＋刀具刀尖磨损补偿。

T ****** **；

******：刀具编号。

**：刀具长度补偿＋刀具刀尖磨损补偿。

2) 区分刀具长度补偿编号与刀具刀尖磨损补偿编号时指令格式如下：

T ******** *；

********：刀具编号＋刀具长度补偿。

*：刀具刀尖磨损补偿。

T ******** **；

********：刀具编号＋刀具长度补偿。

**：刀具刀尖磨损补偿。

注：刀具长度补偿编号为刀具编号的最后2位。

2. 刀具长度补偿

(1) 刀具长度补偿设定

补偿刀具相对于程序基准位置的长度。程序基准位置可能位于刀座的中心位置或是基准刀具的刀尖位置。

1) 位于刀座中心位置时。如图8-7-118所示。

2) 位于基准刀具的刀尖位置时。如图8-7-119所示。

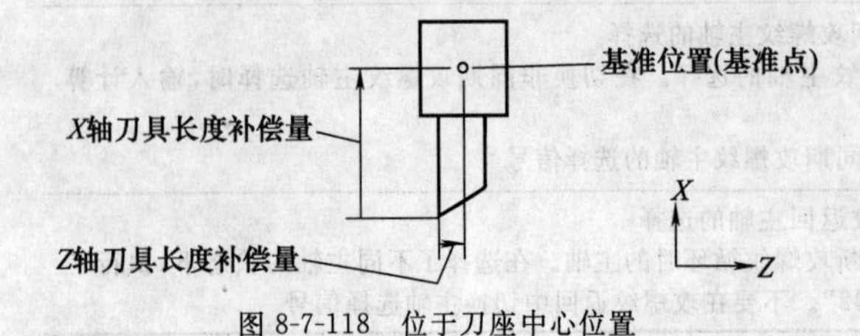

图 8-7-118 位于刀座中心位置

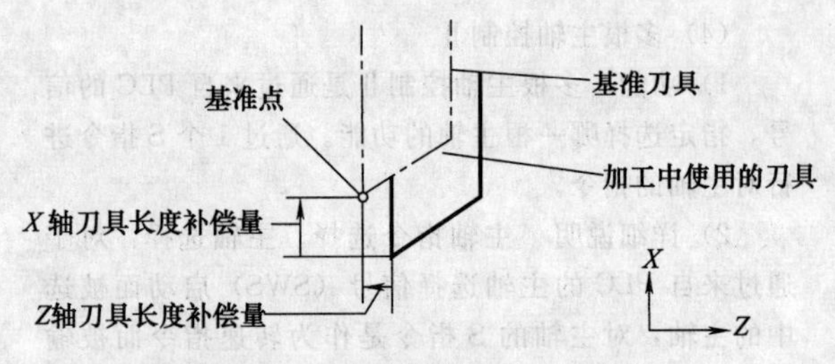

图 8-7-119 位于基准刀具的刀尖位置

(2) 刀具长度补偿编号的变更

变更了刀具编号时，将与新刀具编号对应的刀具长度补偿量累加到加工程序中的移动量上。如图8-7-120所示。

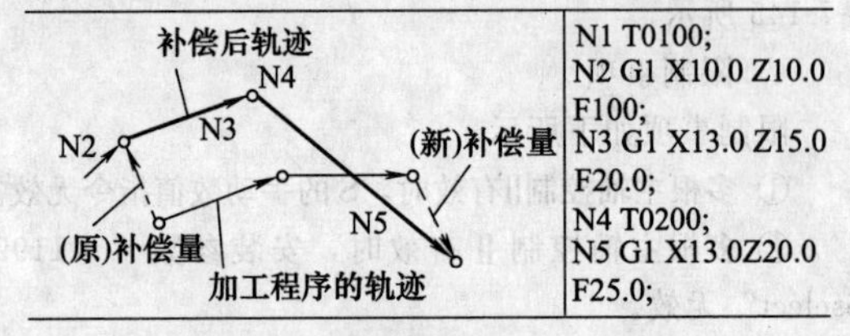

图 8-7-120 刀具长度补偿编号的变更

以刀具编号执行刀具长度补偿，在有移动指令的节中进行补偿动作的范例。

(3) 取消刀具长度补偿

指令了补偿编号0时。在T指令中，将刀具长度补偿编号设定为0时，补偿被取消。如图8-7-121所示。

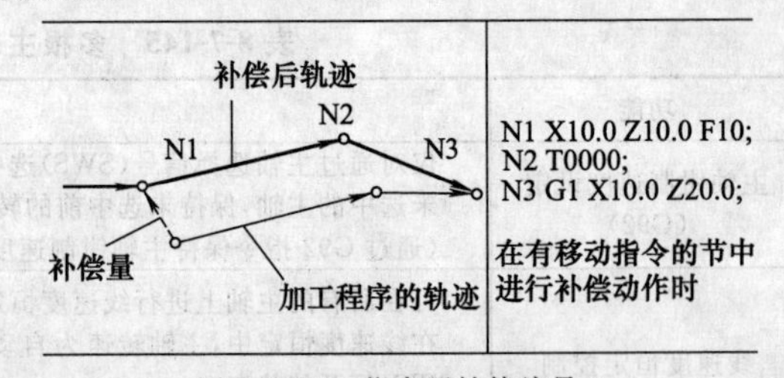

图 8-7-121 指令了补偿编号0

3. 刀具刀尖磨损补偿

(1) 刀具刀尖磨损补偿量设定

所使用刀具的刀尖发生磨损时，可以对其加以补偿。如图8-7-122所示。

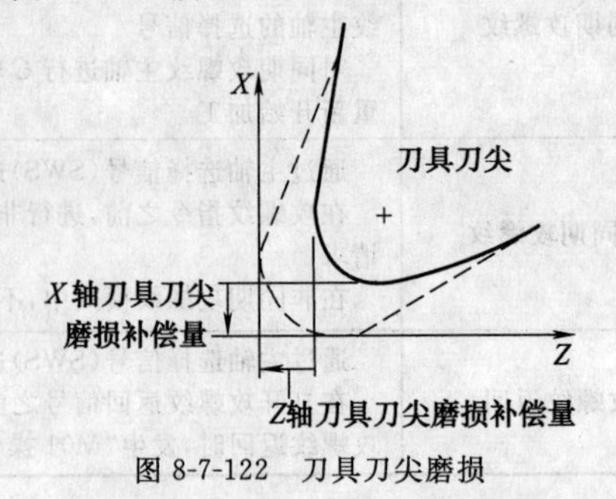

图 8-7-122 刀具刀尖磨损

(2) 取消刀具刀尖磨损补偿

当刀刃磨损补偿编号为0时，补偿被取消。如图8-7-123所示。

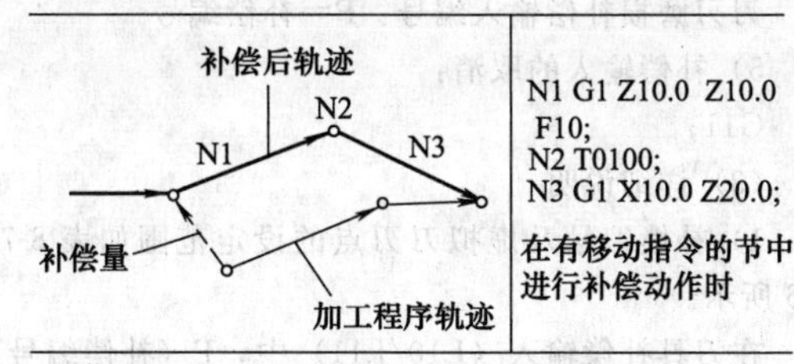

图 8-7-123 刀具磨损取消

4. 刀尖R补偿G40、G41、G42、G46

(1) 功能

由于刀具刀刃一般带有弧度，所以以虚拟刀刃点作为刀具的顶端，进行编程。因此，在进行锥轴切削及圆弧切削时，编程形状与切削形状之间，存在因刀具刀刃的弧度而导致的误差。刀尖R补偿是通过设定刀刃R值，自动计算误差，进行补偿。通过指定代码，可选择是固定补偿方向，还是自动判别补偿方向。如图8-7-124所示。

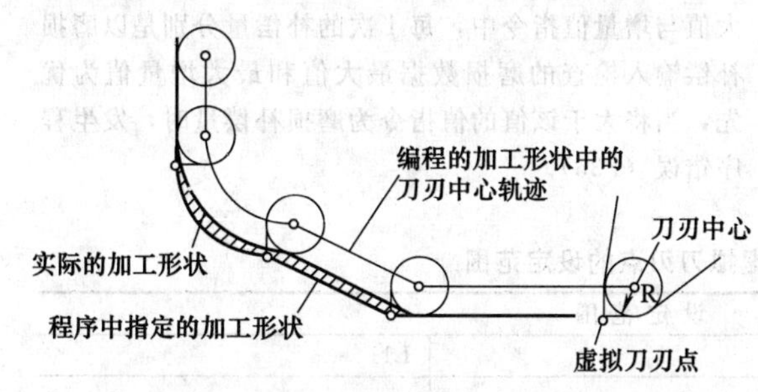

图 8-7-124 刀尖R补偿

(2) 指令格式

指令格式如下：

代码		功能	指令格式
G40	刀尖R补偿模式	取消	G40 (Xx/UuZz/WwIi Kk)
G41	刀尖R补偿	左模式打开	G41 (Xx/UuZz/Ww)
G42	刀尖R补偿	右模式打开	G42 (Xx/UuZz/Ww)
G46	刀尖R补偿	自动方向判别模式打开	G46 (Xx/UuZz/Ww)

注：① 通过G46进行的刀尖R补偿，是根据预先设定的虚拟刀刃点与加工程序的移动指令，自动判别补偿方向，进行刀尖R补偿。

② G40为取消刀尖R补偿模式。刀尖R补偿指令如图8-7-125所示。

③ 刀尖R补偿，是预读2个移动指令的节数据（无移动指令时，最多5节），根据交点计算公式，将刀尖R刀刃中心的轨迹控制在距程序轨迹偏移了刀尖R半径后的轨迹上。如图8-7-126所示。

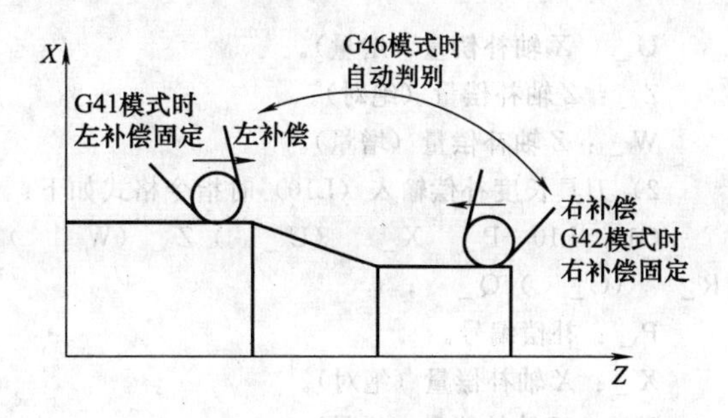

图 8-7-125 刀尖R补偿指令

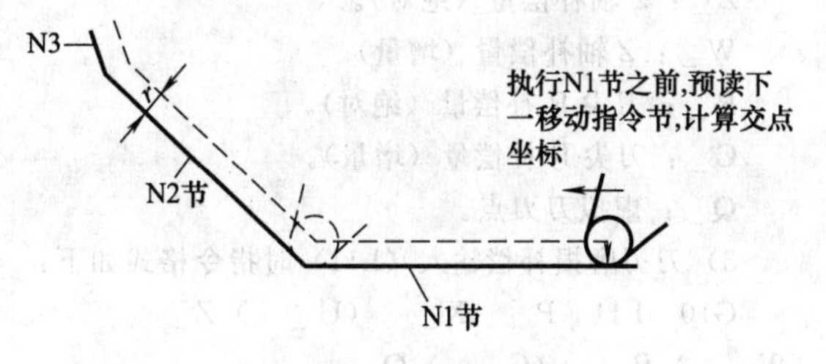

图 8-7-126 刀尖R补偿轨迹

④ 在图8-7-126中，r为刀尖R补偿量（刀尖R半径）。

⑤ 刀尖R补偿量是与刀具长度编号相对应，预先与刀尖点同时设定。

⑥ 当连续5节中，有4节以上没有移动量的节时，会发生过切或切入不足。但是，可选节停止有效的节被跳跃。

⑦ 对于固定循环（G77～G79）、粗切削循环（G70、G71、G72、G73），刀尖R补偿也有效。但是，粗切削循环是在取消进行刀尖R补偿的精整形状的状态下进行切削，结束之后，自动恢复到补偿模式。

⑧ 对于螺纹切削指令，提前1节临时取消。

⑨ 在刀尖R补偿（G46）中，可指定刀尖R补偿（G41/G42）。此时，无需通过G40取消补偿。

⑩ 补偿平面、移动轴、下一前进方向矢量取决于由G17～G19所指定的平面选择指令。

G17：*XY*平面X、Y、I、J。

G18：*ZX*平面Z、X、K、I。

G19：*YZ*平面Y、Z、J、K。

5. 程序补偿输入G10、G11

(1) 功能

可通过G10指令进行刀具偏移量及工件偏移量的设定/变更。当以绝对值（X、Z、R）进行指令时，补偿量为新的量，而当以增量值（U、W、C）进行指令时，以在当前设定的补偿量上增加了指定的补偿量之后的值，作为新的补偿量。

(2) 指令格式

1) 工件偏移输入（L2）时指令格式如下：

G10 L2 P_ X_ (U_) Z_ (W_);

P_：补偿编号。

X_：*X*轴补偿量（绝对）。

第8篇

U_：X轴补偿量（增量）。

Z_：Z轴补偿量（绝对）。

W_：Z轴补偿量（增量）。

2）刀具长度补偿输入（L10）时指令格式如下：

G10 L10 P_ X_ （U_ ）Z_（W_ ）R_ （C_ ）Q_ ；

P_：补偿编号。

X_：X轴补偿量（绝对）。

U_：X轴补偿量（增量）。

Z_：Z轴补偿量（绝对）。

W_：Z轴补偿量（增量）。

R_：刀尖R补偿量（绝对）。

C_：刀尖R补偿量（增量）。

Q_：虚拟刀刃点。

3）刀刃磨损补偿输入（L11）时指令格式如下：

G10 L11 P_ X_ （U_ ）Z_（W_ ）R_ （C_ ）Q_；

P_：补偿编号。

X_：X轴补偿量（绝对）。

U_：X轴补偿量（增量）。

Z_：Z轴补偿量（绝对）。

W_：Z轴补偿量（增量）。

R_：刀尖R补偿量（绝对）。

C_：刀尖R补偿量（增量）。

Q_：虚拟刀刃点。

4）没有通过刀具长度补偿输入（L10）、刀刃磨损补偿输入（L11）进行的L指令时如下。

刀具长度补偿输入指令：P＝10000＋补偿编号

刀刃磨损补偿输入编号：P＝补偿编号

5）补偿输入的取消：

G11；

（3）详细说明

1）补偿编号及虚拟刀刃点的设定范围如表8-7-146所示。

在刀具补偿输入（L10/L11）中，P（补偿编号）的最大补偿组数合计最多80组。

2）补偿量的设定单位

补偿量的设定单位如表8-7-147、表8-7-148所示。

在进行指令值单位转换之后，与表中不符合的值变为程序错误。

另外，对于增量值指令，补偿量设定范围为当前设定值与指令值之和。

（4）注意事项/限制事项

1）补偿量设定范围的检查：在磨损补偿量的最大值与增量值指令中，每1次的补偿量分别是以磨损补偿输入检查的磨损数据最大值和最大增量值为优先，当将大于该值的值指令为磨损补偿量时，发生程序错误（P35）。

表8-7-146 补偿编号及虚拟刀刃点的设定范围

地址	地址的含义	设定范围		
		L2	L10	L11
P	补偿编号	0:外部工件偏移 1:G54工件偏移 2:G55工件偏移 3:G56工件偏移 4:G57工件偏移 5:G58工件偏移 6:G59工件偏移	有L指令时:1～最大补偿组数 无L指令时:10001～10000＋最大补偿组数	有/没有L指令时:1～最大补偿组数
Q	虚拟刀刃点	0～9		

表8-7-147 E60补偿量的设定单位

输入设定单位	刀具长度补偿量		磨损补偿量	
	公制体系	英制体系	公制体系	英制体系
＃1003＝B	±999.999mm	±99.9999in	±99.999mm	±9.9999in

表8-7-148 E68补偿量的设定单位

输入设定单位	刀具长度补偿量		磨损补偿量	
	公制体系	英制体系	公制体系	英制体系
＃1003＝B	±9999.999mm	±999.9999in	±999.999mm	±99.9999in
＃1003＝C	±999.9999mm	±99.99999in	±99.9999mm	±9.99999in

2）G10为非模态，仅指令的节有效。

3）第3轴也同样可以进行补偿输入，即使是将C轴指令为第3轴时，在L10、L11中，地址C可作为刀尖R的增量值指令使用。

4）指令了错误的L编号、刀具补偿编号，则分别发生程序错误（P172、P170）。

5）在工件偏移输入中省略了P指令，则作为当前选中的工件偏移输入使用。

6）当补偿量超过设定范围时，发生程序错误（P35）。

7）当在1节内混合输入X、Z与U、W时，当指令了指令X、U或Z、W等同一补偿输入的地址时，后输入的地址生效。

8）只要指令了哪怕一个G10L（2/10/11）P_之后的地址，则被补偿输入。当1个也没有指令时，发生程序错误（P33）。

9）补偿量为小数点有效。在同一节中指令了G40～G42与G10时，G40～G42被忽略。

10）不要在同一节中指令固定循环及子程序调用指令与G10。可能会导致误动作、程序错误。通过参数“♯1100 Tmove0”，在同一节内同时指令了G10与T指令时，在下一节中进行补偿。

6. 刀具寿命管理Ⅱ

（1）功能

刀具寿命管理，是将所使用的刀具分类为若干组，在各组中，对刀具的寿命（使用时间、使用次数）进行管理，当达到寿命时，依次从该刀具所属的组中，选择同种的后备刀具进行使用，带有后备刀具的刀具寿命管理功能，可以长时间进行无人化运转。

刀具寿命管理说明如表8-7-149所示。

表8-7-149 刀具寿命管理说明

项 目	说 明
刀具寿命管理刀具把数	最多80把
组数	最多80组
组编号	1～9999
组内刀具把数	最多16把
寿命时间	0～999999min
寿命次数	0～999999次

在刀具寿命管理数据设定中，包括通过刀具寿命管理画面进行设定和通过NC程序进行设定2种方法。关于通过画面进行设定的方法，参阅使用说明书。

（2）指令格式

G10 L3；　　寿命管理用数据注册开始

P_ L_ N_；组编号、寿命、方式的注册

T_；　　刀具编号的注册

T_；

P_ L_ N_；下一组组编号、寿命、方式的注册

T_；　　刀具编号的注册

T_；

G11；　　寿命管理用数据注册结束

P　　组编号（1～9999）

L　　每一把刀具的寿命（0～999999min或0～999999次）

N　　方式选择（0：时间管理。1：次数管理）

T　　刀具编号按照此处注册的顺序，进行后备刀具的选择

刀具编号：1～999999，补偿编号：1～80。Tn取决于规格。

7.4.10 坐标系设定功能

1. 坐标与控制轴

对于车床，轴的名称与方向如图8-7-127所示，与主轴平行的轴为Z轴，其正方向为刀座离开主轴座的方向，而与Z轴成直角的轴为X轴，其正方向为离开Z轴的方向。

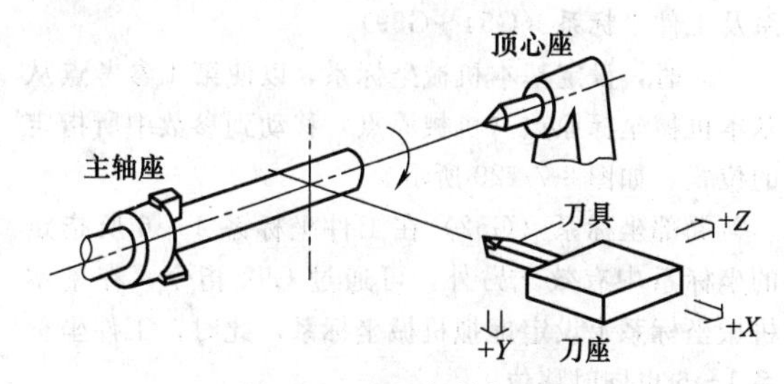

图8-7-127 坐标轴与极性

在车床上是使用右手系统的坐标，所以在如图8-7-127所示的状态下，与X、Z轴直角相交的Y轴以图8-7-128的向下方向为正方向。

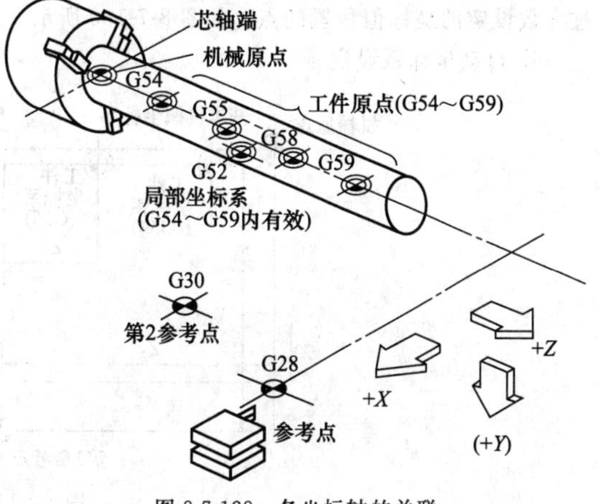

图8-7-128 各坐标轴的关联

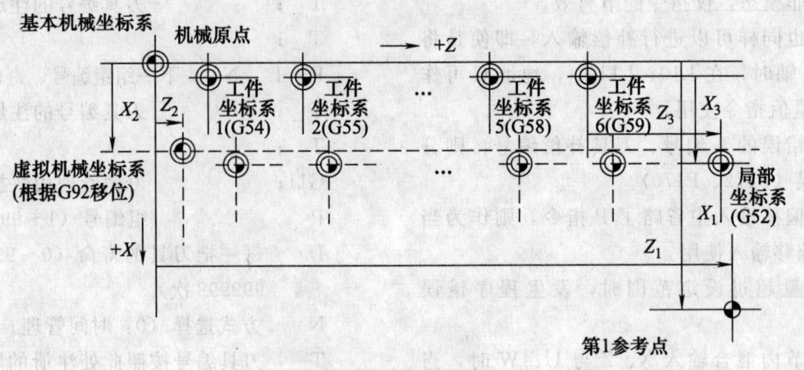

图 8-7-129 基本机械坐标系

从Y轴正方向看，X、Z平面上的圆弧是以顺时针旋转、逆时针旋转的方式加以表现，所以需加以注意。

2. 基本机械坐标系、工件坐标系与局部坐标系

基本机械坐标系为机械固定的坐标系，是表示机械固有位置的坐标系。工件坐标系是程序员编程时使用的坐标系，是以工件上的基准点为坐标原点设定的坐标系。局部坐标系是在工件坐标系上创建的坐标系，是为了易于创建部分加工的程序而设置的。在参考点返回完成时，参阅参数，自动设定基本机械坐标系及工件坐标系（G54～G59）。

此时，设定基本机械坐标系，以使第1参考点从基本机械坐标系原点（机械原点）移动到参数中所指定的位置。如图 8-7-129 所示。

局部坐标系（G52）在工件坐标系 1～6 所指定的坐标系中有效。另外，可通过 G92 指令，在基本机械坐标系上设定虚拟机械坐标系，此时，工件坐标系 1～6 也同时移位。

3. 机械原点与第2参考点（原点）

机械原点是作为基本机械坐标系的基准的点，是参考点（原点）返回中，固定的机械固有点。第2参考点（原点）是根据基本机械坐标系的原点，预先通过参数设定的坐标值位置的点。如图 8-7-130 所示。

4. 自动坐标系设定

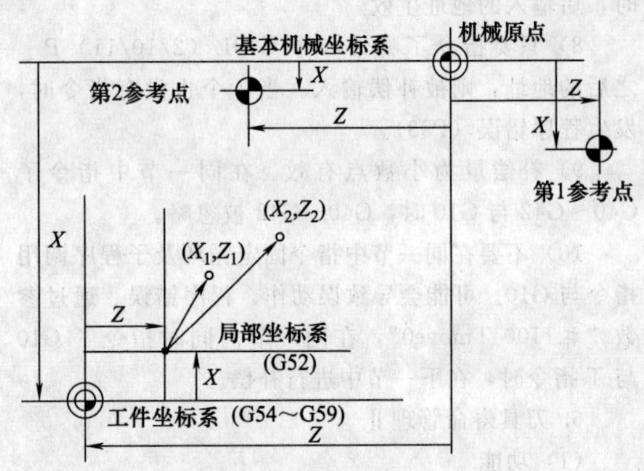

图 8-7-130 机械原点与第2参考点

本功能是接通 NC 电源之后，通过挡块式参考点返回到达参考点时，根据预先通过设定显示装置输入的参数值，创建各种坐标系。实际的加工程序，是在通过上述方式设定的坐标系上进行编程。如图 8-7-131 所示。

5. 机械坐标系选择 G53

(1) 功能

通过 G53 指令与进给模式指令（G01 或 G00）及之后的坐标指令，将刀具移动到基本机械坐标系上的指令位置。

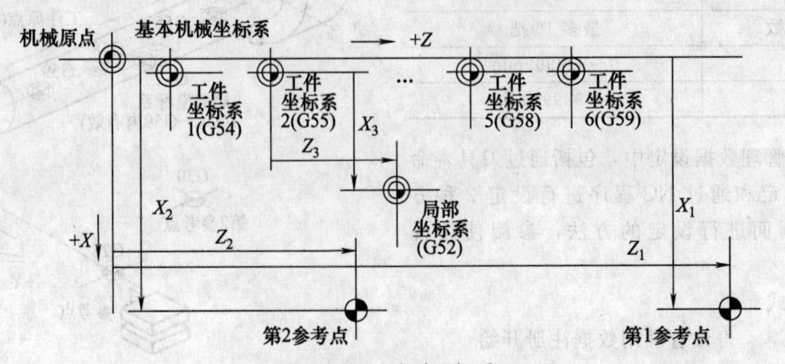

图 8-7-131 自动坐标系

（2）指令格式

G53 G00 Xx Zz αα；

G53 G00 Uu Ww ββ；

αα：附加轴。

ββ：附加轴的增量值指令轴。

（3）详细说明

在接通电源时，通过自动或手动参考点（原点）返回，以规定的参考点（原点）返回位置为基准，自动设定基本机械坐标系。基本机械坐标系不会因 G92 指令而变化。G53 指令，仅对指令的节有效。当 G53 指令为增量值指令模式（U、W、D）时，以增量值在选中的坐标系中移动。第 1 参考点坐标值表示参考点（原点）返回位置距基本机械坐标系 0 点的距离。如图 8-7-132 所示。

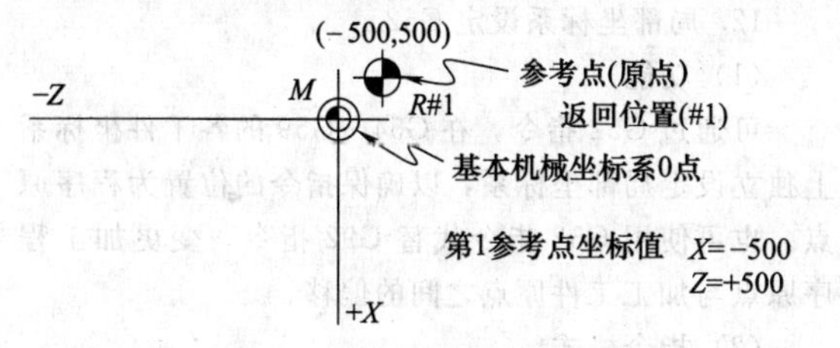

图 8-7-132　机械坐标系选择

6. 坐标系设定 G92

（1）功能

将刀具定位到任意位置，通过在该位置指令坐标系设定 G92，设定坐标系。该坐标系可任意设定，但是通常设定为 X 轴、Y 轴以工件中心为原点，Z 轴以工件的端面为原点。如图 8-7-133 所示。

（2）指令格式

G92 Xx2 Zz2 αα2；

αα：附加轴。

通过 G92 指令，将基本机械坐标系移位，创建虚拟机械坐标系，此时，工件坐标系 1～6 也同时移位。如果与 G92 同时指令 S 或 Q，则设定主轴钳制转速。

7. 参考点（原点）返回 G28、G29

（1）功能

1）通过指令 G28，以 G00 进行指令轴的定位之后，分别以快速进给让各指令轴返回到第 1 参考点（原点）。

2）另外，通过指令 G29，让各轴独立、高速定位到 G28 或 G30 的中间点之后，通过 G00 在指令位置进行定位。如图 8-7-134 所示。

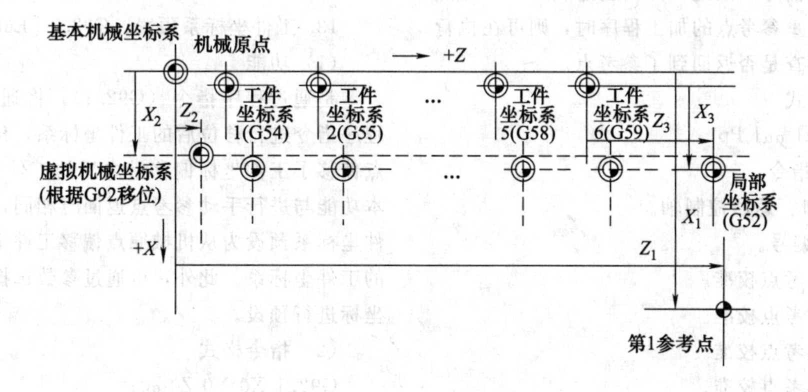

图 8-7-133　坐标系设定

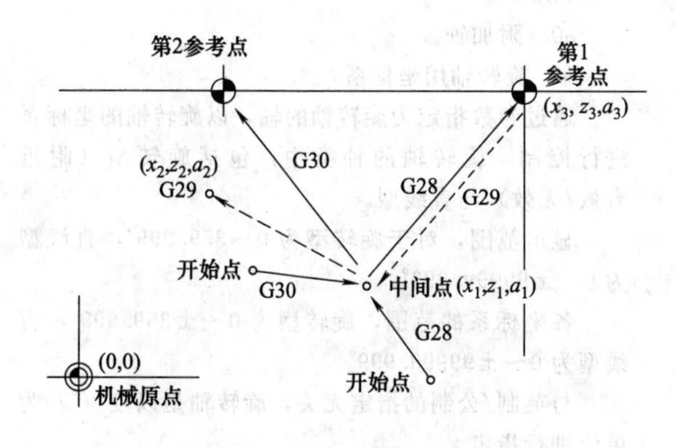

图 8-7-134　参考点（原点）返回

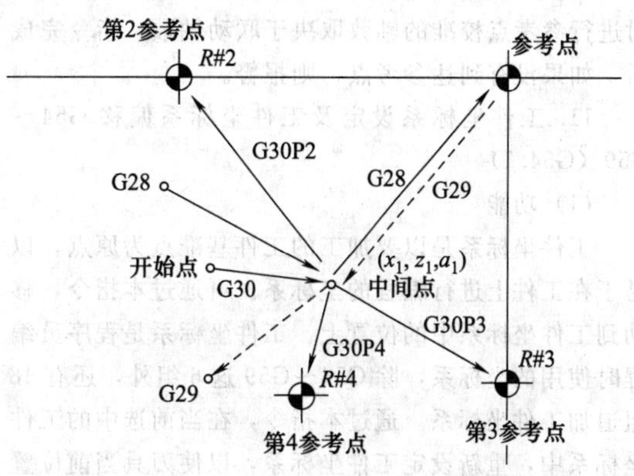

图 8-7-135　第 2、第 3、第 4 参考点（原点）返回

(2) 指令格式

G28 Xx1 Zz1 αα1；　附加轴，自动参考点返回

G29 Xx2 Zz2 αα2；　附加轴，开始位置返回

αα1/αα2：附加轴。

8. 第2、第3、第4参考点（原点）返回G30

(1) 功能

通过指令G30 P2（P3、P4），可返回到第2、第3或第4参考点（原点）位置。如图8-7-135所示。

(2) 指令格式

G30 P2（P3，P4）Xx1 Zz1 αα1；

αα1：附加轴。

9. 简易原点返回

通过参数（＃1222 aux06/bit7）设定，简化G28、G29、G30的定位动作，缩短时间。

被缩短的时间在数十毫秒。

当本功能有效时，定位精度可能会降低。

当倾斜轴有效时，本功能无效。

10. 参考点校准G27

(1) 功能

本指令是定位到通过程序给出的位置之后，如果该定位点为第1参考点，则与G28相同，向机械端输出到达参考点信号。因此，如果创建从第1参考点出发，再返回第1参考点的加工程序时，则可在执行该程序之后，检查是否返回到了参考点。

(2) 指令格式

G27 Xx1 Zz1 αα1 Pp1；

G27：校准指令。

Xx1 Zz1 αα1：返回控制轴。

Pp1：校准编号。

p1：第1参考点校准。

p2：第2参考点校准。

p3：第3参考点校准。

p4：第4参考点校准。

当省略P指令时，变为第1参考点校准。能够同时进行参考点校准的轴数取决于联动轴数。指令完成后，如果没有到达参考点，则报警。

11. 工件坐标系设定及工件坐标系偏移G54～G59（G54.1）

(1) 功能

工件坐标系是以要加工的工件基准点为原点，以易于在工件上进行编程的坐标系。可通过本指令，移动到工件坐标系中的位置上。工件坐标系是程序员编程时使用的坐标系，除G54～G59这6组外，还有48组追加工件坐标系。通过本指令，在当前选中的工件坐标系中，重新设定工件坐标系，以使刀具当前位置成为指令的坐标值。通过本指令，设定虚拟机械坐标系，让刀具的当前位置成为指令的坐标。

(2) 指令格式

1) 工件坐标系（G54～G59）

G54 Xx1 Zz1 αα1；

αα1：附加轴。

2) 工件坐标系设定（G54～G59）

(G54) G92 Xx1 Zz1 αα1；

3) 工件坐标系选择（P1～P48）

G54.1 Pn；

4) 工件坐标系设定（P1～P48）

G54.1 Pn；

G92 Xx Zz；

5) 工件坐标系偏移量的设定（P1～P48）

G10 L20 Pn Xx Zz；

12. 局部坐标系设定G52

(1) 功能

可通过G52指令，在G54～G59的各工件坐标系上独立设定局部坐标系，以确保指令的位置为程序原点。也可使用G52指令代替G92指令，变更加工程序原点与加工工件原点之间的偏移。

(2) 指令格式

G54（G54～G59）G52　Xx1　Zz1；

13. 工件坐标系预置：G92.1［E68］

(1) 功能

是通过程序指令（G92.1），将通过手动运转或程序指令进行移位后的工件坐标系，预设为从机械原点偏移了工件坐标偏移量之后的工件坐标系的功能。本功能与进行手动参考点返回时相同，将移位后的工件坐标系预设为从机械原点偏移工件坐标偏移量之后的工件坐标系。此外，可通过参数选择是否也对相对坐标进行预设。

(2) 指令格式

G92.1 X0 Y0 Z0 α0；

(G50.3)

α0：附加轴。

14. 旋转轴用坐标系

通过参数指定为旋转轴的轴，以旋转轴的坐标系进行控制。旋转轴的种类中，包括旋转型（附近有效/无效）与直线型。

显示范围，对于旋转型为0～359.999°，直线型为0～±99999.999°。

各坐标系的范围，旋转型为0～±359.999°，直线型为0～±99999.999°。

与英制/公制的指定无关，旋转轴是以度（°）为单位进行指定。

旋转轴的种类通过参数“＃1089 Cut _ RT 旋转

轴接近”与“＃1090 Lin _ RT 直线型旋转轴”进行　　设定。如表 8-7-150 所示。

表 8-7-150　旋转轴用坐标系

<table>
<tr><th rowspan="3">参数轴</th><th colspan="3">旋转轴</th><th rowspan="3">直线轴</th></tr>
<tr><th colspan="2">旋转型旋转轴</th><th rowspan="2">直线型旋转轴</th></tr>
<tr><th>附近无效</th><th>附近有效</th></tr>
<tr><td>[＃1089]
设定值</td><td>0</td><td>1</td><td>—</td><td>—</td></tr>
<tr><td>[＃1090]
设定值</td><td colspan="2">0</td><td colspan="2">1</td></tr>
<tr><td>工件坐标位置</td><td colspan="2">以 0～359.999°的范围加以显示</td><td colspan="2">以 0～±99999.999°的范围加以显示</td></tr>
<tr><td>机械坐标位置/
相对位置</td><td colspan="2">以 0～359.999°的范围加以显示</td><td colspan="2">以 0～±99999.999°的范围加以显示</td></tr>
<tr><td>ABS 指令</td><td>用 360°减去从终点到当前位置的增量后剩余的值，根据其符号移动相应的量</td><td>用 360°减去从终点到当前位置的增量后剩余的值，在附近移动相应的量</td><td colspan="2">与通常的直线轴相同，根据符号，移动从终点到当前位置的移动量(不足 360°)</td></tr>
<tr><td>INC 指令</td><td colspan="4">将当前位置向指定符号的方向移动指定的增量</td></tr>
<tr><td rowspan="2">参考点
返回</td><td colspan="4">到中间点的移动，是基于绝对指令或增量指令</td></tr>
<tr><td colspan="2">从中间点到参考点，通过 360°以内的移动进行返回</td><td colspan="2">向参考点方向移动相当于从中间点到参考点之间的量，完成返回</td></tr>
</table>

参考文献

[1] GB/T 18759.1—2002 [S].
[2] GB/T 18759.3—2009 [S].
[3] GB/T 26220—2010 [S].
[4] GB/T 25636—2010 [S].
[5] JB/T 6559.2—2006 [S].
[6] Sinumerik 840D/840Di/810DHMI 高级操作说明.
[7] Sinumerik 840D 系统培训讲义.
[8] Sinumerik 840D sl/840Di sl/828D/802Dsl ISO 铣削编程手册.
[9] 西门子 802D 系统操作编程说明书.
[10] Sinumerik 802Cbaseline 操作编程铣床版.
[11] BEIJING-FANUC0i-MA 系统操作说明书.
[12] FAGOR CNC8070 安装手册.
[13] FAGOR CNC8070 示例手册.
[14] FAGOR CNC8070 快速参考手册.
[15] FAGOR CNC8055 安装手册.
[16] FAGOR CNC8055 操作手册.
[17] FAGOR CNC8055 编程手册.
[18] FAGOR CNC8035 操作手册.
[19] FAGOR CNC8035 编程手册.
[20] GSK928TCa 车床数控系统使用手册.
[21] 世纪星车削数控装置 HNC-21T 操作说明书.
[22] 世纪星车床数控系统编程说明书.
[23] 世纪星铣床数控系统编程说明书.
[24] 胡育辉，袁晓东. 数控机床编程与操作 [M]. 北京：北京大学出版社，2008.
[25] 三菱数控系统使用说明书 M700V/M70V 系列.
[26] 三菱数控系统 M700V/M70V 系列编程说明书（L 系）.
[27] 三菱数控系统 M700V/M70V 系列编程说明书（M 系）.
[28] 三菱数控系统 E60/E68 系列编程说明书（L 系）.
[29] 三菱数控系统 E60/E68 系列使用说明书（L 系）.

索　引

A

A 级外螺纹的螺纹环规　7-142
4A 级公差　7-574,7-576,7-577,7-579
5A 级公差　7-573,7-574,7-576,7-579
ADLL 地址管理　8-34
ADLL 对象字典　8-34
ADLL 服务　8-34
ADLL 数据管理　8-35
ADLL 协议规范　8-36
ADLL 帧定界符　8-37
ATOS 三维扫描仪　7-86
安全进给率　8-282
安全警告　8-99
安全路径　7-44
安全裕度　7-102
安装附具定位面的精度　7-274
按键说明　8-233
凹槽固定循环　8-247
凹圆锥测头　7-28

B

B 代码　8-158
B 级外螺纹的螺纹环规　7-143
B 样条函数法　7-56
Bezier 逼近插补法　7-56
白光测量　7-72
白光测量机　7-72
白光干涉测量　7-73
白光干涉法　7-73
白光干涉仪　7-73
半径指定　8-447
半径指令/直径指令　8-523
包装储运　8-47,8-64
保护接地　8-55
报文　8-69
被测对象　7-95
被动运行模型　8-25
比较仪　7-96
比较仪的示值范围　7-168
比例缩放　8-314
比例增益　8-270,8-283
闭环　8-286
闭环车削复合循环 G73　8-415
边缘检测　7-14
编程模型　8-20
编程实例　8-252,8-346
编辑操作模式　8-308,8-336
编辑模式　8-113
编辑器　8-114
编码器　8-273
编制要求　8-100
变长往复式钻削　8-243
标尺系统　7-24
标识符　8-26
标志脉冲　8-278,8-280
标准带宽　8-281,8-291
标准努氏硬度块　7-210
表面粗糙度　7-567
表面粗糙度比较样块　7-197
表面粗糙度测量　7-591
表面粗糙度评定的取样长度　7-198
补偿编号　8-510
补偿点数　8-183
补偿方向　8-137
补偿量　8-552
补偿量的设定　8-473
补偿量记忆　8-508
不确定度　7-95
部件的连接　8-147

C

C 轴配置　8-188
C 轴运动学　8-223
C 轴增益　8-465
C6 系列　8-437
C64 系列　8-438
C70 系列　8-438
CAN 总线　8-182
CCU　8-124
CloudFrom 三维数据处理软件　7-85
CNC8035M 键盘说明　8-321

CNC8035M 显示屏 8-320
CNC 软键 8-333
CNC 通用操作面板 8-322
CNC 型控制系统 7-27
CoreView Lite 7-91
CT 测量 7-76
CT 图像重建 7-79
CYCLE97 螺纹切削循环 8-127
采样密度 7-43
参考点 8-135,8-166,8-213,8-511,8-555
参考点(原点)返回 8-475
参考点检查 8-476
参考点校准 8-556
参考模型 8-23
参数化编程 8-254
操作步骤 8-140
操作方法 8-298
操作面板 8-110,8-140,8-163,8-230,8-297,8-439
操作模式 8-234,8-235
操作区 8-113
操作说明 8-240
操作协议 8-7
侧刀架 7-226
侧刀架几何精度检验 7-223
测端半径的补偿 7-55
测量 7-95
测量编程 7-39
测量不确定允许值(u_1) 7-102
测量对象 7-95
测量范围 7-22,7-23
测量方法 7-95,7-97
测量工具 7-95
测量机安装地点 一般原则 7-52
测量机工作温度和工作湿度 7-52
测量机供气系统 7-53
测量机室内典型供气系统 7-53
测量机维护 7-53
测量进给控制 7-27
测量精度 7-70,7-95
测量力 7-173,7-175
测量路径规划 7-41
测量路径规划策略 7-44
测量路径优化 7-42
测量面表面的粗糙度 7-131
测量面的硬度 7-121
测量区极限 7-567
测量数据建模 7-55
测量台架 7-207
测量仪 7-153
测量装置 7-59
测头 7-5,7-27
测头半径补偿 7-40
测头的分类 7-27
测头附件 7-34,7-35
测头校验 7-17
插补 8-119,8-166,8-530
插补参数 8-130
插补的方向 8-150
插补功能 8-149,8-450
插补计算 8-23
插入倒角 8-121
差错检测 8-77
差错纠正 8-77
差错控制 8-70
差错控制服务 8-35
产品服务 8-95
产品质量保证文件 8-99
长度测量最大允许示值误差 *MPEE* 7-49
常规状态栏 8-235
常用触发测头 7-36
常用计量器具 7-96
常用商业在机测量软件 7-13
车床编程 8-142
车削固定循环 8-245
车削类机床轴 8-195
车削形面 7-299
车削循环 8-126
车削中心 7-300
成组塞尺 7-117
程序编号、顺序编号及单节编号 8-518
程序编辑 8-165
程序测量 7-17
程序测量方法 7-17
程序存储器 8-172
程序的选择 8-236
程序地址 8-517
程序调用 8-127
程序段 8-156,8-170
程序段跳跃 8-442
程序格式 8-424,8-481,8-517
程序号 8-171,8-262
程序结构 8-127,8-156,8-170,8-440

程序结束　8-158
程序跳转　8-138
程序执行　8-237
程序注册　8-164
程序组成　8-170
尺寸极限偏差　7-197
尺寸系列　7-588
尺寸系统　8-134
尺架的弯曲变形量　7-115
齿厚极限偏差　7-553
齿距累计偏差　7-429,7-438
齿距偏差　7-177,7-429
齿宽　7-539
齿廓偏差　7-177
齿轮　7-539
齿轮测量　7-57
齿轮齿距测量仪　7-154
齿轮齿距测量仪校准规范　7-153
齿轮单面啮合整体误差测量仪　7-175
齿轮和螺纹　7-407
齿轮渐开线样板　7-200
齿轮精度　7-539
齿轮精度等级　7-539,7-552
齿轮螺旋线测量仪　7-158
齿轮螺旋线样板　7-200
齿轮轴系的转位误差　7-179
齿面粗糙度　7-453
冲击试验　8-59
抽样方案　8-102
初始化服务　8-91
初始状态　8-38
储运温度上限　8-58
储运温度下限　8-58
处理器　8-8
触发测头　7-5,7-28,7-29
传动精度　7-437
传感器　8-6
传感器的测量力　7-172
传感器命令　8-40
串口　8-10,8-293
床鞍　7-244
床身导轨　7-254
床身导轨精度　7-293
床身横向导轨　7-494
床身纵向导轨　7-493
创建请求　8-28
创建响应　8-28
垂直刀架　7-223
垂直刀架滑枕　7-224
垂直刀架滑枕 *Z* 轴　7-229
垂直刀架滑座 *X* 轴　7-229
垂直刀架几何精度检验　7-223
垂直度误差　7-52
垂直滑板径向移动　7-450
垂直平面　7-254
垂直砂轮主轴轴线　7-489
垂直铣头　7-402
垂直移动　7-323
从设备　8-69
存储器　8-8,8-156
错误响应　8-29
错误状态　8-38

D

D 型邵氏硬度计　7-209
3D 旋转　8-119
3D Camega　7-83
3D Camega MCS-100　7-85
Delaunay 三角剖分法　7-41
3D Form Inspect　7-15
DNC 加工　8-410
802D 数控系统编程　8-125
大轴径的测量　7-99
代码解释　8-23
带表卡尺主标尺　7-121
带宽　8-69
单地址报文　8-75
单地址传输　8-68
单段执行模式　8-308,8-336
单个齿距偏差　7-453
单列角接触球轴承　7-586,7-589
单刃刀具　7-261
单向定位精度　7-428,7-435,7-436,7-442,7-449,7-450,7-451,7-452,7-471
单向趋近　8-276
单向系统定位偏差　7-300
单向旋转　8-197
单向重复定位精度　7-300,7-428,7-435,7-436,7-442,7-449,7-450,7-451,7-452
单项测量　7-97
氮化物级别　7-108
当量故障数　8-101

当量故障系数 8-101
挡圈型 7-581,7-582
挡圈型滚轮滚针轴承 7-583
挡圈型滚轮滚针轴承外形尺寸 7-581
刀长补偿 8-470
刀长补偿/取消 8-510
刀杆安装基面 7-226
刀杆定心孔轴线 7-225
刀杆支架孔轴线 7-310,7-320
刀架 7-245,7-252,7-253
刀架的几何精度 7-260
刀架工具安装基面 7-248
刀架横向移动 7-261
刀架滑板 7-245,7-433,7-447
刀架回转运动轴线 7-452
刀架轴线 7-253
刀架主轴的径向跳动 7-250
刀架纵向移动 7-260
刀尖R补偿 8-471,8-551
刀尖R补偿量 8-551
刀尖半径补偿 8-137
刀尖磨耗补偿 8-471
刀径补偿 8-508,8-512
刀具 8-137
刀具半径补偿 8-190,8-263,8-271,8-346
刀具半径补偿值 8-432
刀具编号 8-549
刀具标定 8-241,8-311
刀具表 8-166
刀具补偿 8-117,8-137,8-470,8-508,8-550
刀具补偿值 8-430
刀具长度补偿 8-259,8-347,8-550
刀具长度补偿值 8-432
刀具刀刃磨损补偿 8-550
刀具的检查 8-304,8-332
刀具定义 8-342
刀具功能 8-122,8-154,8-470,8-508
刀具检测 8-238,8-301
刀具控制 8-342
刀具路径 8-450
刀具磨损 8-117
刀具磨损补偿 8-270
刀具偏移功能 8-550
刀具偏置 8-167
刀具偏置号 8-265
刀具偏置值 8-155,8-165
刀具寿命 8-154
刀具寿命管理 8-473,8-514,8-553
刀具位置偏置 8-513
刀具预调测量仪 7-183
刀具轴方向刀长补偿 8-510
刀具主轴轴线 7-251,7-252
刀库的配置 8-225
刀库管理 8-225
刀库机械参数 8-224
刀库类型 8-226
刀偏数据 8-430
导轨 7-24
导轨精度 7-268,7-287
导轨磨削工作精度 7-490
导轮修整器 *V* 轴线定位精度 7-459
导轮修整器的检验 7-454
倒角 8-137
倒圆 8-133,8-137
到位 8-149
等半径 *R* 扫描法 7-46
等步长测量法 7-45
等高度 7-260,7-297
等高扫描法 7-46
等距度 7-288,7-445,7-448,7-466,7-469,7-512
等温时间 7-174
地址 8-170
第2、第3、第4参考点 8-556
第2、第3、第4参考点(原点)返回 8-476
第二旋转轴 8-222
第二主轴 8-284
第2辅助功能 8-463,8-505,8-543
典型屏幕 8-239
点到点 8-69
点位测量 7-19
点云采集 7-87
点云分析处理 7-14
电磁兼容 8-33,8-53
电磁兼容性 8-48
电感测微仪 7-172
电柜安全性 8-63
电柜的安全防护 8-55
电火花加工机床数控系统 8-100
电火花、研磨、锉和抛光表面比较样块 7-197
电击防护 8-55
电路连续性 8-63
电气测头 7-26

电压变动对示值的影响 7-175
电压偏置 8-275
电源环境 8-52
电源环境适应性 8-60
电源接口 8-10
电子塞规 7-143
电子数显测高仪 7-175
电子数显卡尺 7-118
电子数显指示表 7-194
电子柱电感测微机 7-173
调出程序 8-164
调度服务 8-90
调零范围 7-172,7-174
迭代法 7-48
顶尖 7-260,7-297
顶尖的跳动 7-271
顶尖轴线 7-260
定位 8-43,8-136,8-149,8-491,8-530
定位槽宽度 7-589
定位槽深度 7-589
定位精度检测 7-64
定位误差 7-51
定心轴颈 7-295,7-317
动力刀头 8-267
动力机械参数 8-220
动态测量 7-98
动作请求 8-27
动作响应 8-27
独立轴 8-192
独立轴的配置 8-202
端到端 8-69
端面 7-267
端面车削固定循环 8-246
端面粗车复合循环 G72 8-415
端面磨头 7-479
端面磨头主轴跳动 7-478
端面磨削 7-480
端面切削循环 G81 8-413
端面砂轮主轴轴线 7-478
端面深孔钻加工循环 G74 8-414
端面跳动 7-250,7-418,7-424,7-431,7-440,7-512
端面坐标轴 8-139
段数 8-499
断开请求 8-30
对刀精度 7-9
对刀探针 7-9
对刀仪 7-9
45°对分分度主轴头 7-515
45°对分连续分度主轴头 7-521
对零误差 7-115
对齐定位方式 7-14
对象读 8-89
对象写 8-89
多次细化测量点法 7-41
多点拟合法 7-48
多根主轴控制 8-548
多根主轴指令 8-548
多重加工 8-249,8-315,8-350
多主轴控制 8-468,8-507

E

E60 8-521
E60 系列 8-437
E68 8-521
E68 系列 8-437
EVTE 检验结果 7-301
二维补偿 7-40
二维光学测头 7-33

F

FAGOR 8035 8-320
FAGOR 8055 8-258
FAGOR 8070 8-178
FANUC 8-144
FANUC 0 8-159
FANUC 0i 8-146
FANUC 0i 编程 8-148
FANUC 16i/18i/21i 8-144
法向模数 7-539
反馈 8-69
反馈分辨率 8-208
反馈输入 8-258
反馈系统 8-162,8-208
反馈装置 8-280
反向差值 7-300,7-422,7-442
反向差值 B 7-280
反向间隙 8-146
反向偏差 7-300
返回参考点 8-151,8-152
返回参考点检查 8-152
方向误差 7-172,7-173
方形角尺 7-117

方形角尺的表面粗糙度 7-118
防护等级 8-50
仿形车床几何精度检验 7-287
仿形刀架 7-292,7-293
仿形刀架床鞍 7-288,7-290,7-291
仿形头垂向移动 7-403
仿形头水平移动 7-402,7-404
仿真模式 8-242
放射路径扫描法 7-46
非关联性故障 8-66
非接触测量 7-97
非金属拉力压力和万能试验机 7-213
55°非密封螺纹量规 7-141
非模态 8-129,8-149
非全齿止端环规 7-137
非全齿止端环规用校对塞规 7-137
非全齿止端量规 7-138
非全形止端量规 7-139
非随机刀库 8-270
非周期通信 8-69
分辨能力 7-22
分波阵面法 7-65
分布式体系结构 8-5
分度测座 7-34,7-35
分度单位 8-481
分度精度检测 7-64
分度圆直径 7-540
分立探测器 7-78
分偏振法(PBS) 7-65
分振幅法 7-65
芬氏黏度计 7-109
服务原语 8-89
浮动零点 8-430,8-432
辐射路径 7-44
辅助功能 8-158,8-462,8-504,8-543
辅助功能 M 8-138
辅助基面法 7-100
辅助主轴 8-292
附加辅助功能 8-122
附加功能 8-122
附件轴线 7-513
复合式三坐标测量机 7-84
复合循环 8-412
复位 8-511
复位刀具坐标系 8-118

G

G 代码 8-125,8-443,8-519
G01 直线插补 8-126
G02 顺时针圆弧插补 8-126
G03 逆时针圆弧插补 8-126
G33 恒螺距螺纹切削 8-126
G500 取消可设定零点偏置功能 8-125
G54 ~ G59 可设定零点偏置功能 8-125
G90 绝对值编程格式 8-125
G91 增量值编程格式 8-126
GSK 983 8-359
GSK 928GA 8-401
GSK 928GE 8-399
GSK 25i 8-366
GSK 218M 8-362
GSK 990MA 8-354
GSK 218MC-H/V 8-366
GSK 928TC 8-396
GSK 928TC-2 8-395
GSK 928TCa 8-390
GSK 928TEⅡ 8-369
GSK 928TEa 8-375
GSK 98T 8-377
GSK 980MDa 8-357
GSK 980MDc 8-351
GSK 980TA1 8-392
GSK 980TA2 8-372
GSK 980TB2 8-370
GSK 980TDb 8-382
GSK 980TDc 8-384
GSK 981T 8-387
GSK 988T 8-378
干扰 8-103
刚性攻螺纹 8-170
杠杆齿轮比较仪 7-153,7-167
杠杆卡规 7-145
杠杆千分尺 7-115
杠杆指示表 7-191
高度差 7-517
告警位 8-39
格拉布斯准则 7-105
跟随误差 8-214,8-275,8-277,8-303
跟随误差延迟 8-215
工件表面钻孔 8-248
工件测量 7-17

工件毛坯尺寸的设置　8-431
工件主轴　7-416,7-417,7-418,7-419
工件主轴单向重复定位精度　7-422
工件主轴双向定位精度　7-422
工件主轴轴线　7-252,7-253,7-419,7-420
工件坐标系　7-47,8-117,8-153,8-166,8-476,8-554,8-556
工件坐标系偏置　8-476
工件坐标系设定　8-476
工件坐标系预置　8-478,8-556
工具　8-251
工具孔轴线　7-224
工具圆锥工作量规　7-134
工频电磁场　8-54
工频电磁场抗扰度　8-63
工业 CT 原理　7-77
工艺功能　8-242
工装状态监测　7-4
工作精度检验　7-233,7-280,7-423,7-429,7-438,7-502
工作模式屏幕　8-232
工作设置　8-207
工作台(*Z* 轴线)直线度　7-460
工作台 *X* 轴线　7-491
工作台导轨　7-445
工作台的运动学　8-221
工作台横向定位孔　7-511
工作台几何精度检验　7-221
工作台面　7-302,7-318,7-324,7-325,7-326,7-352,7-371,7-402,7-403,7-486,7-487,7-488
工作台面的端面跳动　7-231
工作台面的端面跳动检验　7-221
工作台面的平面度　7-230,7-314
工作台面的平面度检验　7-221
工作台面平行度　7-358,7-400
工作台纵向移动　7-309,7-315,7-316,7-324,7-325
弓高弦长法　7-99
公差　7-539,7-571,7-581,7-586
公差特征项目　7-103
公制系列轴承　7-571,7-572
功率　8-267
功能键　8-112
功能型　8-67
攻螺纹固定循环　8-243,8-348
攻螺纹模式　8-461,8-504
共面误差　7-360
固定点　8-135
固定桥式　7-20
固定循环　8-254,8-315,8-423
故障代码　8-88
故障分类　8-102
故障服务　8-92
故障检修　8-103
故障类别　8-101
故障类型　8-66
故障模式　8-101
故障位　8-39
拐点频率　8-206
拐角类型　8-190
关联性故障　8-66
管理命令　8-40
光滑极限量规　7-125
光路布置　7-66
光纤耦合 CCD 射线成像系统　7-82
光学测量　7-63
光学测头　7-26,7-33
光栅式扫描仪 Atos　7-86
广播　8-68
广播报文　8-75
规范表　8-97
滚刀主轴　7-433
滚动导轨　7-24
滚动轴承振动(速度)测量　7-589
滚轮法　7-99
滚轮滚针轴承　7-581
滚切传动精度　7-428
过程视图　8-8
过滤时间　8-288

H

HDI 白光三维扫描仪　7-89
HNC-18xpM/19xpM 铣削系统　8-431
函数接口　8-19
合成径向载荷　7-590
核心配置　8-18
黑箱模型　8-22
恒定湿热　8-59
恒速控制　8-463,8-506
恒斜率加减速　8-497
横刀架横向移动　7-273
横梁　7-485
横梁几何精度检验　7-222

横切刀架 7-291
横向移动的平行度 7-498
红外触发测头 7-5
红外触发测头25.44-HDR 7-7
红外触发测头25.41-HDR 7-6
红外触发测头40.00-TX/RX 7-6
红外对刀仪35.70-OTS 7-12
宏插入 8-543
后顶尖 7-501
后顶尖座孔 7-501
厚度 7-490
厚度指示表 7-191
弧中心校正 8-191
互连原则 8-6
华中世纪星 8-404
滑动摩擦导轨 7-24
滑枕 7-232,7-306,7-513,7-514,7-537
滑枕横向移动 7-309,7-314,7-315,7-324,7-325
环带表面 7-261
环规 7-125
环境适应性 8-50
环境条件 8-103
环境温度 8-56
环境要求 7-52
环形结构 8-69
回参考点 8-116
回程误差 7-172,7-173,7-174
回环路径 7-44
回零 8-43
回零开关 8-286
回零搜索 8-240
回扫执行 8-268
回转刀架 7-275
回转刀架附具安装基准面 7-273
回转刀架工具孔轴线 7-273,7-274
回转刀架转位的定位精度 7-274
回转平面 7-253,7-466,7-467
回转曲面扫描法 7-46
回转位置 7-533
回转运动 7-472,7-473
回转轴线 7-524,7-536
回转轴线的定位精度 7-300
回转轴向行程 7-524
回转主轴头 7-518
获取请求 8-26
获取响应 8-26

I

I/O地址分配 8-12
I/O接口 8-161
I/O控制 8-6
I/O控制命令 8-45
IDE接口 8-10
I18N 8-17
ISO/OSI参考模型 8-69

J

机床 7-407
机床参数 8-147
机床电源 8-147
机床工作方式 8-115
机床零点 8-153
机床零点搜索 8-342
机床锁住与Z轴锁住 8-419
机床位置 8-278
机床原点 8-184,8-201,8-213
机床状态显示 8-114
机床坐标系 8-117,8-153
机器坐标系 7-47
机械参数 8-227
机械传动 7-553
机械式比较仪 7-167
机械原点 8-475
机械原点与第2参考点 8-554
机械坐标系 8-166
机械坐标系选择 8-554
基本API函数 8-21
基本参数 7-177
基本构成 8-145,8-146,8-160
基本机械坐标系 8-474,8-554
基本机械坐标系选择 8-475
基地址 8-15
基准T形槽 7-307,7-308,7-316,7-319,7-326,7-400,
7-487,7-511
基准坐标系 7-47
激光测量 7-63
激光对刀仪35.60-LTS 7-9
激光干涉 7-64
激光跟踪测量系统 7-69
激光跟踪测量仪几何误差分析 7-70
激光跟踪仪 7-67
激光三维测头 7-33

激光扫描仪　7-72
0 级公差　7-556,7-561,7-562,7-566
2 级公差　7-560
4 级公差　7-559,7-564
5 级公差　7-558,7-562,7-563
6 级公差　7-557
5 级精度侧隙指标　7-545
6 级精度侧隙指标　7-545
7 级精度侧隙指标　7-546
8 级精度侧隙指标　7-547
9 级精度侧隙指标　7-548
10 级精度侧隙指标　7-549
11 级精度侧隙指标　7-550
12 级精度侧隙指标　7-551
级联轴　8-179,8-282
极限偏差　7-539,7-590
极坐标　8-252,8-256
极坐标插补　8-454,8-495,8-536,8-537,8-538
极坐标平面上的圆弧插补　8-537
集成性能　8-125
集中式体系结构　8-5
集总帧报文　8-75
集总帧传输　8-68
几何单项误差　7-51
几何精度　7-230,7-260,7-342,7-396,7-525
几何精度检测　7-64,7-234,7-263,7-268,7-283,7-363,7-424,7-439,7-445,7-498
几何元素构造　7-14
计量单位　7-95
计算参数　8-138
技术特点　8-438
技术文件　8-96
技术指标　7-213
加工方法　7-553
加工路线　8-176
加工条件　8-298,8-304
加工中心　7-503,8-176
加工坐标系精度补偿　7-4
加速度　7-590,8-269,8-280
间接测量　7-97
监测方式　8-103
检验 H/V　8-518
减速检查　8-458,8-502,8-507,8-541
简单循环　8-412
简式数控卧式车床工作精度检验　7-276
简式数控卧式车床精度检验　7-268
简式数控卧式车床位置精度检验　7-275
简易原点返回　8-556
建立零件坐标系　7-47
渐开线插补　8-121
鉴别力阈　7-213
键的配置　8-218
键盘布局　8-296
键盘连接器　8-231
键盘鼠标接口　8-10
交叉补偿　8-183,8-261,8-268
角度变换　8-224
角度测量　7-485
角度传动误差　7-437
角度量块　7-215
角度偏差　7-396,7-481,7-482,7-483,7-527,7-528
角度偏差(俯仰)　7-254
角度偏差的检验　7-244,7-245
角运动误差　7-52
接触测量　7-97
接触率　7-131
接触式测头　7-29
接触式测头参数　7-30
接口　8-8
接口卡　8-11
接口说明　8-231
接口协议　8-33
接口信号　8-51,8-139
结点　8-69
结构光三维扫描测量系统　7-86
结束状态　8-38
截面检测　7-14
解除钳制　8-463
介质访问控制　8-69
界面显示信息　8-232
进程间通信子系统　8-19
进程控制子系统　8-19
进刀　8-126
进给功能　8-150,8-497,8-538
进给控制　8-145
进给率　8-120,8-122,8-135,8-192,8-203,8-210,8-266
进给伺服系统　8-161
进给速度　8-150,8-169
精车螺纹　7-282
精车圆盘端面工作精度检验　7-226,7-262
精车圆柱体圆环表面工作精度检验　7-226
精度　7-299,7-456

精度等级 7-553
精度控制 8-174
精度指标 7-23
精加工 8-177
精密车床工作精度检验 7-267
精密车床精度 7-263
精密加工中心 7-525,7-538
精密水平仪 7-302
精确停止 8-169,8-540
精确停止检查模式 8-541
精铣 7-322,7-323
径向测量载荷 7-586
径向接触沟型球轴承 7-574,7-578
径向受力示值变化 7-174
径向跳动的检验 7-242
径向游隙 7-574,7-578,7-580,7-586
径向载荷的加载方向 7-586
径向直螺纹:G33X _ I _ 8-126
径向直线度 7-430,7-439
静不灵敏区 7-293
静电放电抗扰度 8-61
静轴暂停 8-200
镜像功能 8-255,8-314
就绪位 8-39
就绪状态 8-38
局部坐标系 8-118,8-153,8-166,8-554,8-556
局部坐标系设定 8-478
矩形花键量规 7-139
矩形型腔固定循环 8-349
距离编码 8-214
距离误差测量原理 7-72
卷尺反投影法 7-79
绝对测量 7-97
绝对值指令 8-446,8-523
绝缘 7-174
绝缘电阻 8-63

K

卡尺 7-119
卡尺测量面的表面粗糙度 7-121
卡尺的测量范围 7-120
卡尺两外测量面的平面度 7-121
卡尺外测量 7-122
卡规磨床精度检验 7-491
卡盘定位锥面 7-257
开放式数控系统 8-3
开机步骤 8-114
开始主轴同步 8-547
抗扰度 8-48,8-53
靠模轴支架支承孔轴线 7-299
靠模轴轴线 7-299
科里奥利质量流量计 7-211
可编程补偿 8-514
可编程补偿输入 8-472
可靠性 8-67
可靠性试验 8-67
可靠性试验抽样 8-104
可靠性要求 8-56
可选程序段跳跃 8-484
可选单节 8-518
客户服务 8-94
空间要求 7-52
空间坐标测量控制 7-27
控制单元 8-160
控制方法 8-123
控制系统的结构 7-26
控制运行服务 8-92
快速定位 8-166
快速进给 8-450,8-497
快速进给恒斜率加减速 8-456
快速进给速度 8-455,8-538
快速瞬变脉冲群抗扰度 8-61
快速移动 8-119,8-150

L

Linux 操作系统 8-16
Linux 操作系统配置 8-17
莱卡激光跟踪测量仪 7-71
浪涌(冲击) 8-48,8-54
累积相关试验时间 8-100
立柱式 7-21
连接错误 8-29
连接请求 8-29
连接释放状态 8-38
连接响应 8-29
连续扫描测量 7-19
连续手动 8-312
联机编程 7-40
量规 7-125
量规测量面的表面粗糙度 7-127
量规的单项公差 7-139
量规的术语与代号 7-136

量规的制造公差　7-138
量块　7-215
量针　7-147,7-150
量针准确度等级　7-150
灵敏度　7-293
零点　8-154
零点偏移　8-117
零点偏置　8-134,8-266
零点偏置表　8-342
零光程差　7-66
零件端面钻孔　8-248
零件几何元素测量法　7-17
零位平衡　7-172,7-174
溜板　7-294,7-297,7-298
溜板移动　7-258,7-269,7-296,7-404
流动式三维扫描仪　7-84
龙门导轨磨床　7-480
龙门架　7-358
龙门架移动　7-356
龙门式　7-20
龙门轴　8-180
路径手轮　8-340
路径颜色　8-307
滤波器　8-206
滤波器类型　8-281,8-291
轮廓　8-252
轮廓加工　8-316
轮廓重复固定循环　8-245
轮转式自动换刀　8-262
逻辑控制　8-22
逻辑控制单元　8-4
逻辑控制子系统　8-23
逻辑链路控制　8-69
螺距的测量　7-58
螺栓型　7-582,7-583
螺栓型滚轮滚针轴承　7-582
螺栓型滚轮滚针轴承螺栓直径公差　7-584
螺纹测量用三针量针　7-148
螺纹插补　8-135
螺纹的测量　7-58
螺纹工作精度检验　7-262
螺纹量规测量面的表面粗糙度　7-143
螺纹千分尺 V 形测头与锥形测头　7-116
螺纹切削　8-451,8-493,8-532,8-539,8-542
螺纹切削复合循环 G76　8-415
螺纹切削模式　8-455
螺纹切削循环 G82　8-413
螺纹塞规的中径公差值　7-143
螺纹样板　7-201
螺旋插补　8-452,8-494,8-534
螺旋线插补　8-121
螺旋线偏差精度　7-178
螺旋线倾斜偏差　7-439

M

M 代码　8-169
M 功能　8-122,8-158
M 功能表　8-219
MDI 窗口编辑　8-241
MDI 方式　8-164
MDI 模式　8-241,8-304,8-332
M60S 系列　8-437
M70 系列　8-437
M70V 系列　8-436
M700V 系列　8-436
M700V/M70V 系列　8-479
脉冲群　8-48,8-54
枚举　8-69,8-90
面片扫描路径规划　7-43
面探测器　7-78
命令配置　8-217
模块补偿　8-198
模拟程序　8-306
模拟电压　8-275
模拟电压输出　8-259
模拟方式　8-299
模拟接口　8-51
模拟类型　8-326
模拟输出　8-217,8-275
模拟速度　8-307
模拟显示　8-423
模拟执行　8-326
模态指令　8-484
磨损补偿值　8-430
磨头　7-474,7-498,7-499
磨头垂向移动　7-483,7-484
磨头横向滑座　7-480
磨头回转平面　7-486
磨头水平移动　7-482,7-483
磨头移动　7-488
磨削区域　7-486
目的地址　8-70

N

NC参数 8-165
NC操作系统 8-163
NC存储器 8-483
NC轴单位设定 8-447
NC轴公英制单位 8-524
NCP键盘 8-429
NCU 8-111
耐低温性能试验 7-174
耐颠簸性能 7-175
耐电压强度 8-55,8-64
耐高温性能 7-175
耐高温性能试验 7-174
耐湿热性能 7-175
耐压 7-174
耐振动性 7-175
内(外)径粗车复合循环 G71 8-414
内(外)径切削循环 G80 8-412
内侧转角 8-460,8-503,8-542
内测量爪 7-197
内存地址 8-14
内径千分尺 7-113
内径指示表 7-186
内径指示表基本参数 7-188
内腔加工 8-175
内圈 7-556,7-557,7-558,7-559,7-561,7-564,7-565,7-573,7-574,7-576,7-579,7-583,7-589
内、外圈、单列轴承 7-565
内圆磨床精度检验 7-474
内圆磨头主轴轴线 7-469
内圆磨头主轴锥孔 7-468
内锥孔 7-250
逆流黏度计 7-110
黏度测量 7-109
扭簧比较仪 7-167

O

耦合 8-54

P

PC-DMIS NC 7-16
PCU 8-125
PLC轴单位设定 8-447
PLC轴公英制单位 8-524
Power Inspect 测量软件 7-13
PTP同步延时测量 8-82
盘形测头 7-28
判向计数原理 7-67
抛(喷)丸、喷砂表面比较样块 7-197
偏差测量 8-83
频带 7-589
频率范围 7-584,7-586
平板式数字成像系统 7-81
平均无故障工作时间 8-100
平面度 7-267,7-281,7-315,7-324,7-352,7-371,7-486,7-494,7-498,7-533
平面度检验 7-302
平面磨削试件 7-490
平面铣床精度检验 7-301
平面选择 8-154,8-451,8-493,8-531,8-536
平氏黏度计 7-109
平行度的检验 7-251
平行四边形模式 8-250
平行轴 8-119
平移直线路径 7-44
屏幕各键功能 8-114
屏幕划分 8-114

Q

奇偶校验 8-293
气动测量头 7-202
气浮导轨 7-24
气候环境 8-50
气候环境适应性 8-56
气体探测器 7-78
前顶尖 7-502
前顶尖座孔 7-501
前馈 8-211
嵌入式数控 8-6
嵌套 8-139
切换键 8-227
切换条件 8-73
切入磨削圆柱体试件 7-456
切向滑板 7-451
切向综合偏差 7-177
切削方式 8-169
切削进给 8-151,8-497,8-539
切削进给速度 8-455
切削模式 8-461,8-542
切削用量 8-176
侵蚀剂 7-108

轻系列 7-581,7-582
球体取样长度 7-591
球形测头 7-28
曲面测量路径规划方法 7-45
曲面的测量 7-54
曲面检测 7-14
曲面拟合法 7-41
曲面三角形自适应测量法 7-45
曲轴量表 7-194
驱动变量 8-229
驱动地址 8-194
驱动方式 7-24
驱动机构 7-24
驱动命令 8-40
驱动器类型 8-194
取样长度 7-591
缺省状态 8-182,8-189

R

R 指定圆弧补偿 8-451
R 指定圆弧插补 8-492,8-531
RENISHAW 600 系列扫描测头 7-36
热变形 7-300
热位移 7-239
热效应 7-301
热效应检验 7-301
任务窗口 8-234
容栅数显标尺 7-124
柔性齿轮比 8-163
软件部分 7-4
软件的模块划分 8-7
软件结构 8-110
软件轴限位 8-199
软键 8-305
软键菜单 8-236
软盘接口 8-10
润滑油 7-590

S

Sercos 通信卡 8-14
Sercos 总线 8-181
Sinumerik 802C 8-127
Sinumerik 802C base line 8-139
Sinumerik 810D 8-123
Sinumerik 802D solution line 8-124
Sinumerik 840D 数控系统 8-110
SMART310 7-71
SP80 系列扫描测头 7-37
SP25 系列扫描测头 7-37
S、T、M 和 B 功能 8-121
塞尺的厚度尺寸系列 7-117
塞规 7-125
三二一法 7-47
三菱数控系统 8-436
三平面法 7-48
三维白光扫描 7-75
三维白光扫描仪 7-76
三维补偿 7-40
三维刀径补偿 8-512
三针校准规范 7-151
三坐标测量机 7-18,7-19
三坐标测量机测头 7-25
三坐标测量机结构组成 7-24
三坐标测量机控制系统 7-26
三坐标测量机误差补偿 7-49
三坐标测量机误差的检定 7-51
三坐标测量机坐标系 7-47
三坐标误差补偿分类 7-49
扫描测头 7-28,7-33
扫描路径 7-44
砂轮架 7-460,7-461,7-467,7-495
砂轮架移动 7-496
砂轮架主轴 7-465
砂轮架主轴端部 7-496
砂轮架主轴轴线 7-497
砂轮修整器 7-453
砂轮修整器 *U* 轴 7-459
砂轮轴 7-499
砂轮轴定心锥面的径向跳动 7-499
砂轮轴中心线 7-500
砂轮主轴 7-455,7-488
砂轮主轴轴线 7-465,7-466,7-477,7-496
砂轮主轴锥孔 7-476
删除请求 8-28
删除响应 8-28
闪烁探测器 7-78
上、下顶尖轴线的同轴度误差 7-178
设备 8-69
设备安全 8-45
设备地址编号 8-80
设备故障处理服务 8-93
设备数据 8-85

设备通信协议 8-85
设定参数 8-165
设置请求 8-26
设置响应 8-27
射频电磁场辐射 8-54
射频辐射抗扰度 8-62
摄影测量 7-73
深度指示表 7-189
渗氮 7-107
渗氮层脆性级别 7-107
渗氮层疏松级别 7-108
升降台 7-325
升降台垂直移动 7-313,7-315
剩余模拟电压 8-278
失控保护 8-200
时间设置 8-188
时间同步 8-91
时钟管理服务 8-35
时钟同步 8-69
实际转速 7-589
实体图形 8-306
拾取式对刀仪 35.40-TS 7-11
使用手册 8-97
示值变动量 7-179
示值变动性 7-116,7-174
示值误差 7-173,7-175,7-179
世纪星 HNC-18i/18xp/19xp 8-426
世纪星 HNC-18iT/18xpT/19xpT 8-428
世纪星 HNC-21/22M 铣床 8-417
世纪星 HNC-21/ 22T 车床 8-405
试验方案 8-102
试验机的分级 7-213
试验条件 8-102
试验温度 8-57
试验样品及抽样 8-102
视觉自动聚焦原理 7-34
视频关闭 8-341
手持单元 8-405
手持式光学三维扫描仪 CF 系列 7-83
手动(JOG)模式 8-238
手动操作 8-139,8-406
手动操作模式 8-202
手动或自动线性轴线 7-458
手动控制主轴 8-313,8-341
手动路径 8-312
手动模式 8-308
手动数据输入 8-408,8-419
手动数据输入(MDI)运行 8-419
手动旋转轴 8-222
手动移动轴 8-342
手轮 8-203,8-313
手轮配置 8-217
手摇脉冲发生器 8-151
输入缓存区 8-165
输入设定单位 8-480
输入指令单位 8-521
竖向软件菜单 8-239
数据备份 8-116
数据、变量规定 8-46
数据长度 8-41
数据处理 8-104
数据传输服务 8-76
数据存储 8-155
数据点采集 7-42
数据格式 8-70,8-517
数据故障 8-76
数据恢复 8-116
数据交换 8-145
数据结构 8-38
数据类型 8-71
数据链路 8-76
数据链路层 8-31,8-68
数据屏幕 8-236
数据区 8-75
数据审核表 8-108
数据帧 8-74
数据帧指令 8-74
数控车床 7-300
数控车床精度检验 7-221
数控床身铣床几何精度检验 7-332
数控床身铣床精度检验 7-330
数控定位精度和重复定位精度的检验 7-228
数控仿形定梁龙门镗铣床 7-396
数控工作台 7-472
数控滚齿机精度检验 7-430
数控机床动态性能检测 7-64
数控立式车床精度检验 7-228
数控立式卡盘车床精度检验 7-228
数控立式升降台铣床 7-342
数控立式钻床 7-352
数控立式钻床几何精度 7-352
数控龙门移动多主轴钻床 7-356

数控磨床精度检验　7-453
数控磨头 Y 轴线　7-491
数控磨头 Z 轴线　7-492
数控切削工作精度检验　7-226,7-262
数控砂轮架　7-471
数控扇形齿轮插齿机精度检验　7-439
数控升降台立式铣床精度检验　7-323
数控升降台卧式铣床　7-313
数控实时多任务　8-16
数控镗床精度检验　7-371
数控剃齿机精度检验　7-445
数控头架　7-472,7-473
数控卧式车床试验项目　7-238
数控卧式车床性能试验规范　7-238
数控铣床　8-174
数控铣床精度检验　7-301
数控系统可靠性　8-100
数控线性轴线　7-458
数控小型排刀车床精度检验　7-278
数控小型蜗杆铣床精度检验　7-416
数控异型螺杆铣床　7-407
数控轴线　7-361
数控纵切自动车床工作精度检验　7-286
数控纵切自动车床精度检验　7-283
数控钻床精度检验　7-352
数显电感测微仪　7-175
数显轴　8-273
数字控制单元　8-111
数字脉冲接口　8-51
数字输入输出编号　8-184
数字伺服　8-162,8-289
数组　8-47
双金属温度计　7-212
双线形测量　8-81
双向补偿　8-205
双向定位精度　7-300
水平臂式　7-21
水平面内的平行度　7-255
水平面内的直线度　7-255
水平砂轮主轴轴线　7-489
丝杠螺距　8-283
丝杠误差补偿　8-204,8-274
四点接触球轴承　7-586,7-589
伺服单元　8-161
伺服控制　8-147,8-159
伺服驱动单元　8-4
伺服状态　8-44
速度控制　8-44
速度钳制　8-457
速度同步　8-196,8-289
算术参数　8-182
随机刀库　8-260
随行技术文件　8-97

T

T 代码　8-170
T 形槽　7-499
8035TC　8-341
TC 模式　8-324
TC 模式的屏幕　8-322
TC 模式特殊屏幕　8-325
TESASTAR-i 测头　7-37,7-38
TESASTAR-m 测座　7-37,7-38
TESASTAR-p 测头　7-37,7-38
TESA 轴类零件光学测量仪　7-94
T-Scan 激光扫描仪　7-68
35.10-TS 型对刀仪　7-10
台式探针　8-193,8-261
探测进给率　8-277
探测器　8-271
探测系统　7-27
探测运动　8-201
探针　8-185
镗孔　8-132
镗孔固定循环　8-244
镗孔精度检验　7-407
梯形螺纹编程　8-172
体系结构　8-70
剃齿刀　7-446
剃齿刀架　7-448
剃齿刀轴　7-447
条件变量　8-18
条式和框式水平仪　7-179
跳动　7-256,7-290,7-291,7-295,7-303,7-304,7-496
跳动检验　7-475
跳动误差　7-401
跳过任选程序段　8-157
跳线器　8-15
跳线器的配置　8-14
通报请求　8-27
通道配置　8-186
通道轴　8-186

通道属性 8-194
通端花键量规 7-139
通过M功能调用宏 8-122
通信安全 8-45
通信初始态切换 8-84
通信等待态切换 8-84
通信故障处理服务 8-93
通信管理服务 8-35
通信和同步机制 8-17
通信机制 8-17
通信结束态切换 8-84
通信模式 8-73
通信停止态切换 8-84
通信协议 8-12,8-293
通信运行态切换 8-84
通信状态 8-73
通信状态机 8-71
通信准备服务 8-90
通用M功能 8-122
通用OEM参数 8-230
通用机床参数 8-178
通用手轮 8-340
同步传输 8-37
同步机制 8-25
同步精度 7-428
同步控制 8-83
同步连接状态 8-38
同步速度 8-287
同步延时测量 8-81
同步轴 8-272
同轴度 7-225,7-310,7-320,7-426
头架 7-467,7-474
头架回转平面 7-476
头架回转主轴 7-461
头架主轴端部 7-475
头架主轴回转轴线 7-462
头架主轴轴线 7-466,7-469,7-476,7-479
头架主轴锥孔 7-462,7-475
凸轮编辑器 8-230
凸轮轴测量仪 7-182
凸轮轴车床精度检验 7-293
凸缘外径公差 7-566
凸缘轴承 7-578
图标菜单 8-235
图像增强器 7-79
图形参数 8-307,8-432
图形检查 8-512
图形显示 8-306
涂色层厚度 7-131
推荐检定点 7-197
推力轴承0级公差 7-568
推力轴承4级公差 7-571
推力轴承6级公差 7-569
推力轴承5级公差 7-570
托板 7-509
托架的检验 7-454
拖板横向移动 7-279
拖板纵向移动 7-279
脱机编程 7-40
脱机点云分析 7-14
拓扑结构 8-4,8-68,8-79

U

USB接口 8-10

V

VGStudio MAX 7-81
V形测头 7-29

W

外部设备 8-483
外径车削固定循环 8-245
外径千分尺 7-113
外径切槽循环G75 8-414
外圈 7-556,7-557,7-558,7-559,7-561,7-564,7-565,7-574,7-576,7-577,7-579,7-583
外形尺寸 7-571,7-581
外形尺寸符号 7-555
弯曲变形量 7-113
弯曲度公差 7-117
万能齿轮测量仪 7-158
万能工具磨床精度检验 7-498
万能夹头 7-500,7-501
万能渐开线检查仪 7-163
万能角度尺 7-123
网络 8-6
网络复位 8-79
网络子系统 8-19
微分信号 8-273,8-285
微平面法 7-40
微球面法 7-41
围绕法 7-99

位置闭环方式　8-290
位置精度　7-232
位置精度检测　7-64
位置精度检验　7-279
位置控制器　8-6
位置误差　7-116
位置指令　8-446,8-488,8-523
尾架　7-418,7-464
尾架顶尖轴线　7-420
尾架套筒　7-464
尾架套筒锥孔　7-463
尾座　7-260,7-294,7-297,7-419
尾座 *R* 轴　7-245
尾座的几何精度　7-258
尾座顶尖锥面　7-291
尾座靠模轴　7-298
尾座靠模轴顶尖套锥孔轴线　7-298
尾座两顶尖　7-272
尾座套筒　7-246
尾座套筒轴线　7-259,7-271,7-291
尾座套筒锥孔　7-288
尾座套筒锥孔轴线　7-246,7-272,7-296
尾座芯轴轴线　7-260
尾座芯轴锥孔轴线　7-258
尾座移动　7-269
温度变化　7-174
文件格式　8-441,8-482
稳定度　7-175
稳定性　7-172,7-173
蜗杆架升降对上、下顶尖连线的平行度　7-178
蜗杆尾顶尖锥面对蜗杆轴线的斜向圆跳动　7-178
蜗杆轴系的转位误差　7-179
卧式车床几何精度检验　7-240
卧式和带附加主轴头机床　7-525
卧式加工中心　7-503
卧式铣镗床精度检验　7-384
卧镗式　7-21
乌氏黏度计　7-109
无损检测技术　7-83
无线电触发测头　7-7
无线电触发测头 38.10-MINI　7-8
无线电触发测头 20.44-MULTI　7-8
无线电触发测头 20.41-MULTI　7-7
无线电对刀仪 38.70-RTS　7-10
无线电接收器 95.40-RX/TX　7-9
无线电接收器 95.10-SCS　7-9
无心外圆磨床精度检验　7-453
物理层　8-31,8-68
误差补偿的步骤　7-50
误差检测　7-52
误差的检测　7-51

X

X 窗口系统　8-16
6X 级宽度公差　7-562
X 轴　7-251,7-517
X 轴轴线　7-509,7-532
X 轴轴线运动　7-506,7-525,7-527,7-528,7-529
X 轴轴线运动的角度偏差　7-505
X 轴轴线运动的直线度　7-503
XY 水平面　7-356,7-404
铣床编程　8-143
铣刀架纵向移动　7-419
铣刀主轴　7-418
铣刀主轴外圆　7-417
铣头　7-397,7-398
铣削编程　8-116
铣削插补　8-453
铣削固定循环　8-242
系统菜单　8-228
系统的开放程度　8-3
系统功能配置　8-18
系统试运行　8-164
系统性能　8-124,8-127,8-139
系统轴　8-178
下顶尖锥面的斜向圆跳动　7-178
弦模式　8-251
显示布局　8-295
显示格式　8-272
显示模式　8-302
显示说明　8-295
显示选择　8-301,8-339
显示质量　7-174
显示装置　8-515
限制　8-152
限制内容　8-150
线速度恒定控制　8-544,8-549
线形结构　8-68
线性插补　8-120
线性传动误差测量　7-437
线性和回转轴线　7-538
线性加速度　8-211

线性运动 7-503
线性轴 7-301
线性轴线 7-320,7-328,7-404
线阵探测器扫描成像系统 7-82
相对测量 7-97
相对湿度 8-56
相交度 7-427,7-512
相位偏移量 8-468
响应时间 7-172
向心球轴承 7-566
向心轴承 7-556,7-558,7-559,7-560
向心轴承定位槽尺寸 7-586
向心轴承公差 7-555
消息格式 8-26
小模数渐开线圆柱齿轮 7-545,7-546,7-547,7-548,7-549,7-550,7-551
小模数渐开线圆柱齿轮3级精度侧隙指标 7-543
小模数渐开线圆柱齿轮4级精度侧隙指标 7-544
小数点输入 8-447,8-488,8-524
小数点指令中的有效位数 8-525
校对塞规 7-134,7-142,7-143
协议 8-68
斜位修正 7-59
芯轴与轴承内孔配合的公差 7-589
信号 8-18
信号端口 8-48
信号接口 8-48
信号量 8-18
Ⅰ型量针 7-148
Ⅱ型量针 7-148
Ⅲ型量针 7-148
型腔 8-257,8-318
虚拟刀刃点 8-552
虚拟机 8-20
悬臂式 7-21
悬梁导轨 7-309,7-319
旋转精度符号 7-555
旋转轴 8-196
旋转轴角度 8-511
旋转轴用坐标系 8-479,8-556
选择平面 8-118
循环翻转 8-279
循环功能 8-126
循环冗余校验 8-31
循环时间 8-181

Y

*Y*方向的位置差的检验 7-252
*Y*轴轴线 7-509,7-532
*Y*轴轴线运动 7-506,7-507,7-526,7-528,7-529,7-534
*Y*轴轴线运动的直线度 7-504,7-506
压气机叶轮叶型 三坐标测量方法 7-61
压缩程序 8-123
压缩空气质量要求 7-53
岩石平板 7-205
颜色代码 8-49
验收 7-101
样板 7-200
叶盘测量 7-61
叶片测量 7-60
一面两直线法 7-47
仪器台式 7-22
移动量 8-510
移动桥式 7-20
以太网参数 8-294
以太网控制板 8-144
异步传输 8-37
异步刀库 8-226
异步连接状态 8-38
引脚分配 8-12
应用编程接口 8-70
应用层 8-37,8-68
应用层服务 8-69
应用层协议 8-38,8-69
应用软件 8-5
应用实体 8-70
应用协议数据单元 8-70
英制单位 7-580
英制系列轴承 7-574,7-575
英制系列轴承外形尺寸 7-578
英制指令/公制指令切换 8-447,8-523
硬测头种类 7-28
硬度测量 7-111
硬件部分 7-3
硬件结构 8-110,8-124,8-125,8-127,8-230,8-295,8-320
硬件平台 8-5
用户层行规命令 8-39
用户关系 8-94
用户配置 8-18
用户任务 8-70

用于调用子程序的 M 功能 8-122
用于控制主轴的 M 功能 8-122
游标卡尺 7-95
游标卡尺参数 7-121
游标卡尺两外测量面重合度 7-121
游标万能角度尺 7-124
有限状态机 8-24
有效轴 8-510
语句表述要求 8-98
预置 8-339
原点搜索 8-276
圆标尺的零位偏差及定位偏差 7-178
圆度 7-267,7-281,7-469,7-470
圆度仪 7-180
圆工作台面 7-303
圆弧半径 8-150
圆弧补偿 8-451,8-453
圆弧插补 7-323,8-120,8-135,8-149,8-168,8-253,8-491,8-530
圆弧插值测量法 7-45
圆弧端面固定循环 8-246
圆弧模式 8-251,8-315
圆弧内测量爪 7-122
圆盘 7-480
圆筒插补 8-534
圆形型腔固定循环 8-349
圆周面 7-323
圆周模式 8-350
圆柱度 7-267
圆柱滚子轴承 7-589
圆柱体试件 7-457
圆柱体圆环表面工作精度 7-261
圆柱形试件 7-469
圆柱直齿渐开线花键量规 7-135
圆锥测头 7-28
圆锥工作环规 7-132
圆锥工作量规 7-132
圆锥工作量规的锥角公差等级 7-130
圆锥工作塞规 7-131
圆锥滚子轴承 7-561,7-563,7-566
圆锥孔 7-566
圆锥量规的名称、代号 7-130
圆锥量规的锥角公差 7-130
圆锥形状公差 7-132,7-134
源地址 8-70
运动控制子系统 8-22
运动配置 8-220
运行控制 8-433
运行温度变化 8-58

Z

Z 轴 7-251,7-318,7-511,7-514
Z 轴双向定位精度 7-420
Z 轴运动(床鞍运动)对主轴轴线平行度 7-242
Z 轴运动对车削轴线的平行度的检验 7-248
Z 轴轴线 7-508
Z 轴轴线运动 7-507
Z 轴轴线运动的角度偏差 7-505
Z 轴轴线运动的直线度 7-504
ZX 平面 7-466
载荷轴线 7-584,7-585
在机测量 7-3
在机测量的步骤 7-17
在机测量软件 7-13
在机测量软件的特征 7-13
在机测量系统 7-3
在机测量系统的工作原理 7-4
在机测量系统的功能 7-4
在机检测软件 OMV 7-15
暂停 8-461
暂停指令 G04 F _或 G04 S_ 8-126
噪声测量值 8-61
噪声环境 8-52,8-60
增量手动 8-312
增量值指令 8-446,8-523
增益 8-210,8-507
栅格模式 8-250
展成法 7-57
针规 7-147,7-151
振动测量 7-584
振动的影响 7-52
振动试验 8-59
整数变量 8-46
整体误差测量仪 7-177,7-178
整圆模式 8-250
正多面棱体 7-219
正弦波加速度 8-212
正弦规 7-218
帧 8-30,8-69
执行模式 8-297
执行时间 8-184
直角测头 7-29

直角尺检查仪 7-180
直接测量 7-97
直接测量方法 7-17
直径系列 7-586
直径一致性 7-281
直径指定 8-447
直排刀架 7-275
直排刀架的检验 7-249
直线补偿 8-450,8-491
直线插补 7-322,8-149,8-168,8-530
直线度 7-254,7-268,7-269,7-294,7-307,7-308,7-313,7-323,7-326,7-356,7-357,7-397,7-445,7-460,7-474,7-481,7-482,7-493,7-494,7-502,7-503,7-513,7-525,7-526,7-537,7-537
直线度、平面度误差 7-111
直线度运动误差 7-51
直线运动轴线定位精度 7-285
直线坐标单向重复定位精度 *R* 7-280
直线坐标双向定位精度 *A* 7-279
纸带代码 8-517
纸带记忆 8-518
指定时间 8-151
指令 8-69
指令表 8-129
指令单位10倍 8-480
指示表 7-184
指示表的最大允许误差 7-116
指示卡表 7-194
指示元件 8-49
指数函数插补 8-454,8-495
制图符号 7-566
制造商标识符 8-69
中断 8-14
中径的测量 7-59
中文环境 8-17
中心架导孔 7-284
中心轴向测量载荷 7-567
中轴圈 7-568,7-569,7-570,7-571
重定位 8-305
重复定位精度 7-229,7-252,7-275,7-292,7-361,7-428,7-429,7-459,7-471,7-472,7-480,7-491,7-492,7-524,7-538
重复定位精度检验 7-300
重复精度 7-428
重复性 7-172
重合度 7-273,7-284,7-299,7-420,7-431,7-432,7-434,7-446,7-520
重系列 7-582,7-583
重型卧式车床精度检验 7-254
周期报文传输服务 8-92
周期数据 8-69
周期通信 8-69
周期性轴向窜动 7-530
轴参数 8-272
轴承高度 7-568,7-569,7-570,7-571
轴承径向载荷 7-585
轴承内圈旋转轴线 7-584,7-585,7-586
轴承配合表面 7-567
轴承振动 7-589
轴承轴向载荷 7-584,7-585
轴的机械参数 8-194
轴的重定位 8-202
轴和主轴的同步 8-196
5轴加工 8-513
轴肩支承面 7-295
轴圈 7-568,7-569,7-570,7-571
轴润滑 8-216
轴线的重复定位精度 7-236
轴向窜动 7-270,7-278,7-283,7-295,7-416,7-418,7-426,7-430,7-433,7-440,7-508
轴向跳动 7-462
轴向位置 7-586
轴向线性传动误差 7-437
轴向载荷 7-590
轴向载荷轴线 7-586
轴向直螺纹:G33Z _ K _ 8-126
轴向钻孔 8-246
主程序 8-156
主动测量 7-98
主动运行模型 8-25
主平面 8-190
主设备 8-69
主要地址 8-157
主轴 7-243,7-260,7-270,7-272,7-278,7-283,7-295,7-297,7-508,7-530,8-180,8-216
主轴/*C*轴控制 8-464,8-506,8-545
主轴倍率 8-199
主轴的布置 8-223
主轴的类型 8-264
主轴的模块 8-216
主轴的配置 8-198
主轴的同轴度 7-244

主轴的轴向窜动　7-256
主轴顶尖　7-258
主轴顶尖锥面　7-290
主轴定向　8-287
主轴定心轴颈　7-289,7-327
主轴定心轴颈的径向跳动　7-234
主轴端部　7-250,7-304
主轴功能　8-122,8-463,8-506
主轴靠模轴　7-298
主轴靠模轴锥孔轴线　7-297
主轴孔　7-242
主轴控制　8-44,8-145,8-241,8-345,8-419
主轴钳制速度　8-506,8-549
主轴钳制速度设定　8-464,8-544
主轴伺服系统　8-162
主轴通道　8-187
主轴同期控制　8-465,8-546
主轴同期相位移位量的计算与相位偏移请求　8-547
主轴头旋转轴轴线　7-523
主轴推套　7-283
主轴推套锥孔　7-283
主轴相位匹配　8-466,8-547
主轴箱　7-357,7-358
主轴箱垂直移动　7-301
主轴箱滑板　7-326
主轴箱主轴几何精度检验　7-240
主轴旋转　7-301
主轴旋转轴线　7-306,7-307,7-308,7-309,7-310
主轴旋转轴线垂直度　7-359,7-402
主轴选择信号　8-469
主轴选择指令　8-548
主轴与刀具功能　8-506,8-544
主轴运动　8-136
主轴运动学　8-220
主轴轴肩的跳动　7-234
主轴轴肩支承面　7-256,7-270
主轴轴线　7-258,7-271,7-279,7-290,7-291,7-292,7-296,7-318,7-320,7-328,7-360,7-508,7-509,7-515,7-517,7-519,7-523,7-531,7-532
主轴轴线的平行度　7-279,7-283
主轴轴向　7-513,7-514,7-537
主轴转速　8-170
主轴装夹头锥孔　7-278
主轴锥孔　7-327,7-401,7-508,7-530
主轴锥孔轴线　7-257,7-289,7-305,7-317,7-359
柱面插补　8-121
铸铁平板　7-205
转动方向　8-265
转换刀具　8-238
转进给率　8-264
转矩分配　8-282
转速补偿　8-135
转塔刀架　7-285
转塔刀座工具孔　7-284
转塔头几何精度检验　7-223
转台分度　8-463,8-505,8-543
装夹　8-172
状态机　8-69
状态条　8-232
状态显示　8-115
锥角极限偏差　7-131,7-132,7-134
锥孔中心线　7-500
锥孔轴线　7-295
锥螺纹　8-126
准备功能 G 功能　8-148
准确到位检查　8-502
准确定位　8-501
准确定位检查　8-457,8-458
准确度　7-522
子程序　8-138,8-158,8-171,8-192,8-302
子程序功能　8-126
自动编程　7-40
自动换刀　8-317
自动加减速　8-456,8-539
自动加减速控制　8-169
自动模式　8-234
自动搜索　8-300
自动圆角　8-542
自动运行方式　8-164
自动转角　8-503
自动转角倍率　8-460,8-503
自动转角超程　8-541
自动坐标系设定　8-475,8-554
自学习测量　7-17
字符集　8-128
纵横切刀架　7-291
纵横向刀架　7-292
纵拖板　7-283
纵向标尺　定位偏差　7-178
纵向车螺纹　8-247
纵向滑板　7-446,7-447
纵向滑板移动　7-449

纵向移动 7-425,7-426,7-498,7-501
纵向移动的平行度 7-502
总线 8-68
总线管理 8-78
总线管理帧 8-79
总线接口 8-9
总线结构 8-32
总线连接 8-76
总线模型 8-32
总线拓扑 8-33
总线要求 8-32
总线状态 8-69
综合测量 7-97
综合通端环规 7-137
综合通端环规用校对塞规 7-137
综合通端塞规 7-138
综合止端环规 7-137
综合止端环规用校对塞规 7-138
综合止端塞规 7-138
组合机床 7-503
组合线路径 7-44
组件技术 8-20
钻孔轴 8-538
钻削 8-132
钻削固定循环 8-348
钻削加工中心几何精度检验 7-362
钻削头 7-360,7-361
最大测量力 7-567
最大倒角尺寸 7-579
最大工件直径 7-424,7-425
最大角进给率 8-260
最大探针偏差 8-263
最大误差 8-180
最大允许扫描探测误差 *MPETHP* 7-49
最大允许探测误差 *MPEP* 7-49
最大允许误差 7-172,7-197
最大主轴速度 8-284
最小倍率 8-285
最小测头半径 7-567
最小二乘法 7-48
最小模拟输出 8-286
最小曲率半径 7-43
最小指令单位 8-439,8-480
坐标测量机 7-22
坐标测量软件 7-38,7-39
坐标法 7-57
坐标镗床精度检验 7-371
坐标系 8-152,8-553
坐标系的设置 8-431
坐标系建立方法 7-47
坐标系设定 8-475,8-555
坐标系旋转 8-119
坐标系与控制轴 8-474,8-479,8-553
坐标系与坐标原点 8-479
坐标值的清零 8-431
坐标轴 8-131
坐标轴旋转 8-134
坐标轴运动 8-134
座圈 7-568,7-569,7-570,7-571